JN431795

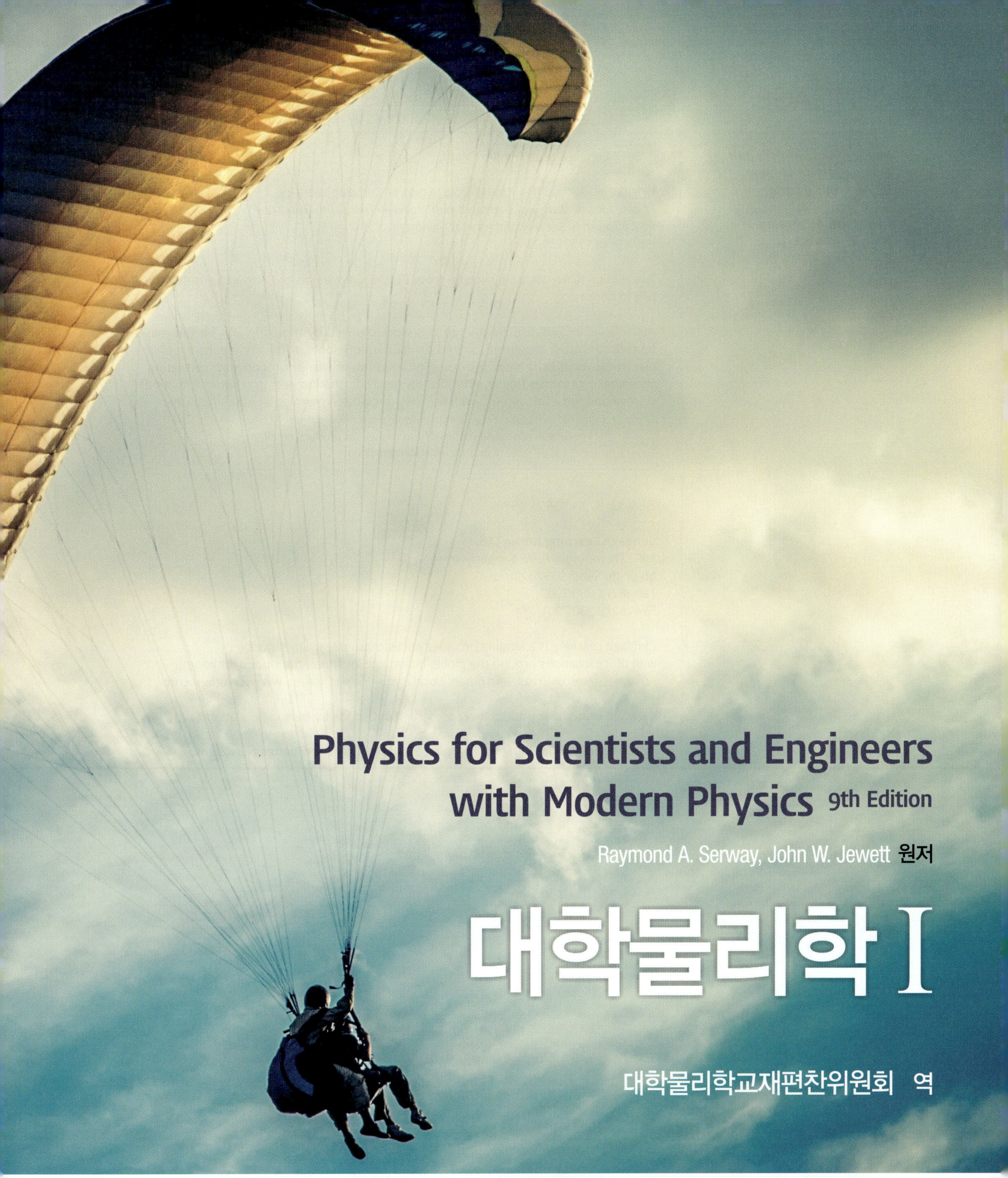

Physics for Scientists and Engineers with Modern Physics 9th Edition

Raymond A. Serway, John W. Jewett 원저

대학물리학 I

대학물리학교재편찬위원회 역

CENGAGE 북스힐

Andover • Melbourne • Mexico City • Stamford, CT • Toronto • Hong Kong • New Delhi • Seoul • Singapore • Tokyo

CENGAGE

***Physics for Scientists and Engineers with Modern Physics*, 9th Edition**

Raymond A. Serway
John W. Jewett, Jr.

© 2017 Cengage Learning Korea Ltd.

Original edition © 2014 Brooks Cole, a part of Cengage Learning.
Physics for Scientists and Engineers with Modern Physics, 9th Edition
by Raymond A. Serway and John W. Jewett, Jr.
ISBN: 9781133953999

This edition is translated by license from Brooks Cole, a part of Cengage Learning, for sale in Korea only.

ALL RIGHTS RESERVED. No part of this work covered by the copyright herein may be reproduced, transmitted, stored or used in any form or by any means graphic, electronic, or mechanical, including but not limited to photocopying, recording, scanning, digitalizing, taping, Web distribution, information networks, or information storage and retrieval systems, without the prior written permission of the publisher.

For permission to use material from this text or product, email to
asia.infokorea@cengage.com

ISBN-13: 979-11-5971-057-5

Cengage Learning Korea Ltd.
14F YTN Newsquare 76 Sangamsan-ro
Mapo-gu Seoul 03926 Korea
Tel: (82) 2 330 7000
Fax: (82) 2 330 7001

Cengage Learning is a leading provider of customized learning solutions with office locations around the globe, including Singapore, the United Kingdom, Australia, Mexico, Brazil, and Japan. Locate your local office at: **www.cengage.com**

Cengage Learning products are represented in Canada by Nelson Education, Ltd.

To learn more about Cengage Learning Solutions, visit **www.cengageasia.com**

Printed in Korea
Print Number: 02 Print Year: 2018

역자 머리말

Jewett 교수와 Serway 교수의 ≪대학물리학(Physics for Scientists and Engineers with Modern Physics)≫ 9판의 번역본이 나오게 된 것을 기쁘게 생각한다. 이공계 및 관련 분야 대학생들에게 대학물리학을 뜻깊게 이해시키는 것이 점점 더 어려워지는 상황에서, 이 교재는 기초적인 물리의 이해를 원하는 학생들이 스스로 학습하는 데 크게 기여할 것으로 예상된다.

저자 두 분은 대학에서의 경험을 바탕으로 학생과 교수에 적합한 강의용 교재를 꾸준히 수정 보완하면서 9판에 이르게 되었다. 이들 저자는 자연과학, 공학, 의학 관련 분야 대학생들이 물리학을 흥미롭게 배울 수 있는 교재를 다수 개발하여, 이미 물리학 교재 저자 중에서 잘 알려져 있다.

9판의 특징은 우리의 경험과 새로운 과학 교육 경향을 바탕으로 물리의 기본 개념과 원리를 전달하고자 하였다. 이를 실현하기 위하여 분석 모형 접근법을 사용하였는데, 이는 많은 물리적인 상황을 단순화한 모형으로부터 기본적인 원리를 쉽게 이해할 수 있도록 하는 방법이다. 많은 예제를 풀어보면 이의 장점을 알게 될 것이다. 교재 내 왼쪽 또는 오른쪽 여백에 '오류 피하기'를 짤막하게 도입하여, 학생들이 잘못 이해하기 쉬운 개념과 상황을 바로잡아주고자 하였다. 번역본에서의 연습문제는 객관식과 주관식 문제를 합쳐 50문항으로 구성하여 다양한 형태로 기본 개념을 익힐 수 있도록 하였다. 객관식 문제에서는 직관력과 상상력을 바탕으로 접근하는 형식의 문제가 주어져 있고, 주관식 문제에서는 기존의 방식인 개념과 식을 이용하여 답을 구하는 형식으로 주어져 있다.

번역을 하면서 주안점을 둔 부분은 학생의 입장에서 물리를 이해할 수 있도록 문맥의 자연스런 연결을 위하여 노력하였으며, 용어는 고등학교 물리 교과목에서 일반적으로 사용하는 것과 한국물리학회에서 정한 용어집을 기본으로 하였다. 이 교재를 공부하게 될 학생들에게 부탁하고 싶은 말은 일단 본문의 내용을 잘 이해하고, 연습문제를 반드시 풀어서 개념을 스스로 정립해나가라는 것이다. 문제를 푸는 과정 중에 물리 법칙에 대한 이해를 높일 수 있고, 완전한 답에 접근하는 방법을 배울 수 있을 것이다.

마지막으로 본 교재가 출판되기까지 번역을 위하여 애쓰신 여러 교수님들에게 감사드리고, 많은 노력을 아끼지 않으신 북스힐 출판사의 조승식 사장님, 김동준 상무님과 편집진 여러분에게 감사를 드립니다.

2017년 2월

역자 일동

저자 머리말

≪대학 물리학≫ 9판을 집필하면서 고려한 점은, 강의를 하면서 그리고 수업을 받으면서 내용을 명확하게 이해하고 새로운 교육학적인 면모를 갖출 수 있도록 한 것이다. 8판 교재의 이용자로부터 피드백 받은 긍정적인 내용을 바탕으로 학생과 교수의 요구를 만족시키기 위하여 교재를 다듬었다.

이 교재는 이공계 학생들이 대학 물리 과목으로 사용하는 데 목적을 두고 집필하였다. 이 교재의 전체 내용은 세 학기에 걸쳐 공부할 수 있도록 하였지만, 장이나 절을 적절히 줄여 짧은 학기의 내용으로 사용하는 것도 가능하다. 이 과목을 이수하고자 하는 학생은 한 학기 정도의 대학 수학을 이수했거나 이수를 동시에 해야 내용을 무난히 이해할 수 있을 것이다.

본문

이 교재는 고전 물리에서의 기본적인 내용과 현대 물리를 소개하고 있다. 이 교재는 여섯 개의 단원으로 구성되어 있다. 단원 1(1~14장)에서는 뉴턴 역학의 기본과 유체 물리를 다루고 있다. 단원 2(15~18장)에서는 진동, 역학적 파동과 음파를 다루고 있다. 단원 3(19~22장)에서는 열과 열역학을 다루고 있으며, 단원 4(23~34장)에서는 전기와 자기를 다룬다. 단원 5(35~38장)에서는 빛과 광학을 다루고, 단원 6(39~43장)에서는 상대론과 현대 물리를 다룬다.

목적

이 교재에는 세 가지 주요한 목적이 내포되어 있다. 물리의 기본 개념과 원리를 명확하고 논리적으로 학생들에게 전달하고, 실제로 널리 알려진 응용을 통하여 개념과 원리의 이해를 강화하며, 효과적으로 잘 짜인 접근을 통하여 수월하게 문제 푸는 요령을 습득하도록 하였다. 이들 목적을 만족하기 위하여 구성이 잘 된 물리적인 논제와 문제 풀이 방법을 강조하였다. 동시에 공학, 화학, 의학 등에서 이용되는 물리의 예를 통해서 학생들에게 동기를 부여하고자 하였다.

9판에서의 변화

9판을 준비하면서 많은 변화와 개선이 있었다. 새로운 일면은 우리의 경험과 과학 교육에서의 새로운 경향을 기초로 하였다는 것이다. 또 다른 변화는 8판의 이용자들이 제안한 내용을 포함시킨 점이다. 다음의 열거한 내용이 9판에서의 주요 변화이다.

분석 모형을 통한 문제 접근

학생들은 물리 과목에서 수백 개의 문제를 접하게 되며, 비교적 적은 수의 기본 원리가 이들 문제의 기본을 형성한다. 어떤 새로운 문제를 접할 때, 물리학자는 이 문제에 적용 가능한 기본 원리를 확인하고 간단히 풀 수 있는 문제의 **모형**을 만든다. 예를 들어 많은 문제가 에너지의 보존, 뉴턴의 제2법칙, 또는 운동학 식을 내포하고 있다. 물리학자는 이들 원리와 이들의 응용을 광범위하게 공부하였기 때문에, 이런 지식을 새로운 문제를 풀 때 모형으로 적용할 수 있다. 학생들이 이와 동일한 과정을 따라하는 것이 이상적임에도 불구하고, 대부분의 학생은 기본적인 원리의 전체적인 팔레트에 익숙해지는 것이 쉽지 않다. 학생들은 기본 원리보다 **상황**을 인식하는 것이 더 쉽다.

단순화한 네 가지 모형

이 개정판에서 초점을 맞춘 **분석 모형 접근**은 대부분의 물리 문제에서 나타나는 표준적인 상황을 제시하고 있다. 이들 상황은 네 가지 단순화한 모형(입자, 계, 강체, 파동) 중 하나에 기초를 둔다. 일단 단순화한 모형을 알게 되면, 학생은 물체가 무엇을 하고 있는 중인지 또는 물체가 주위 환경과 어떻게 상호 작용을 하는지에 대하여 생각한다. 예를 들어 물체가 낙하하면 물체는 일정한 중력 가속도의 영향을 받는 입자로 인식한다. 학생은 **등가속도 입자** 모형이 이 상황을 설명한다는 것을 배웠다. 또한 이 모형에는 2장에서 제시한 관련된 운동학 식이 몇 개 있다. 그러므로 상황의 이해는 분석 모형으로 이어지고, 그러면 제한된 수의 식이 어떤 것인지 알게 된다. 이런 방법으로 분석 모형을 사용함으로써 학생들은 기본적인 원리를 깨닫게 된다. 학습량이 늘어날수록, 분석 모형에 대한 의존은 줄어들게 되며 곧바로 기본적인 원리를 적용하게 될 것이다.

교재의 형태

강의를 하는 많은 교수님들은 "교재는 학생들이 주된 내용을 이해하고 공부하는 데 초점이 적절히 맞추어져 있고, 학생들이 쉽게 접근할 수 있도록 되어 있어야 한다"고 말한다. 이런 점을 고려하여, 학생과 교수 모두의 활용도를 높이기 위하여 다음에 열거한 교육학적인 요소를 교재에 포함시켰다.

예제

본문에 있는 모든 예제는 물리적인 개념을 더 강조하였다. 문제를 푸는 단계를 설명하는 교과서적인 정보를 알려 주고, 이들 단계를 밟아가는 수학적인 연산과 결과를 보여 준다. 이런 형식은 개념과 수학적인 계산 과정을 연결시켜 주고, 학생들이 공부하는 데 짜임새 있게 할 수 있도록 도와준다.

8판을 사용한 분들의 의견을 반영하여, 예제 풀이를 가능한 한 문자로 나타내고 마지막에 주어진 값을 대입하는 형태로 하였다. 이런 접근은 학생들이 문제를 풀면서 중간 단계에서 불필요한 값을 대입하는 대신에 문자로 이해하는 데 도움이 될 것이다.

예제 내의 문제

교재에서 예제 중의 약 3분의 1 정도는 예제 내에 문제가 또 주어져 있다. 예제의 답을 구한 후, 이어 주어지는 문제는 예제에서 주어진 여러 상황을 살펴보도록 한다. 이것은 학생들이 예제의 결과에 대하여 다시 한 번 생각해 보도록 하여 원리의 개념적 이해를 도와준다.

퀴즈

학생들이 퀴즈를 통하여 물리적인 개념의 이해를 확인할 기회를 제공한다. 질문은 학생들이 합리적인 논리에 근거하여 결정할 필요가 있도록 하고, 어떤 질문은 보통 잘못 가지고 있는 개념의 오류를 극복하도록 한다.

오류 피하기

오류 피하기는 학생들이 종종 실수하는 부분과 잘못 이해하고 있는 부분을 바로잡기 위해서 제공된 것이다. 본문의 여백에 위치한 이런 형식은 보통 학생들이 쉽게 빠질 수 있는 함정과 오개념에 주안점을 두고 있다.

연습문제

각 장의 끝에 광범위한 문제를 수록하였으며, 저자는 9판에서 각각의 객관식과 주관식 문제를 읽기 편하고 이해하기 쉽게 구성하였다.

객관식 연습문제

객관식 연습문제는 선다형, 참/거짓, 순위 또는 추정하는 문제들이다. 어떤 문제는 학생들이 식, 사용하는 변수, 개념 사이의 관계에 친숙하도록 고안되었다. 또 다른 문제는 근본적으로 개념적이며 개념적인 사고를 증진시키도록 고안되었다.

도움이 되는 모양

형식

책의 내용을 빠르고 쉽게 이해할 수 있도록, 분명하고 논리적이지만 매력적인 형식으로 쓰려고 하였다. 다소 공식적이지는 않지만, 유연한 표현을 써서 읽는 즐거움을 더하고자 하였다. 새로운 용어는 주의 깊게 정의하였고, 특정 분야의 특수 용어는 가급적 사용하지 않았다.

중요 정의와 식

아주 중요한 정의는 강조와 복습이 용이하도록 굵은 글씨로 꾸며 돋보이게 하였다. 마찬가지로 중요한 식은 쉽게 찾을 수 있도록 배경에 색을 넣어 두드러지게 하였다.

여백의 주

여백에 ▶ 아이콘과 함께 주를 달아 중요 문장, 식, 개념을 쉽게 찾을 수 있도록 하였다.

수학의 난이도

학생들이 가끔 초급 미적분학과 물리학을 동시에 수강한다는 것을 염두에 두고, 미적분을 점진적으로 사용하도록 하였다. 기본 식의 경우 유도 과정을 나타내었고, 필요에 따라 책의 마지막 부분에 있는 부록을 참고하도록 하였다. 3장에서 벡터를 자세히 설명하긴 하였지만, 벡터곱의 연산은 응용이 필요한 곳에서 나중에 자세히 다룬다. 스칼라곱은 계의 에너지를 다루는 7장에서 소개하며, 벡터곱은 각운동량을 다루는 11장에서 소개한다.

유효 숫자

예제와 각 장의 문제에서 유효 자리를 조심스럽게 다루었다. 데이터의 정밀도에 따라 유효 자릿수를 둘 또는 셋에 맞춰 대부분의 예제와 문제를 풀도록 하였다. 연습문제에서 데이터를 제시하고 답은 유효 숫자 세 자리로 답을 나타내었다. 추산 문제에서는 일반적으로 유효 숫자를 한 개로 하였다. (유효 숫자에 대한 자세한 내용은 1장을 참조하기 바란다.)

단위

책 전반에 걸쳐 SI 단위계를 사용하였다. 미국의 관습 단위는 단지 역학과 열역학의 일부 장의 제한적 범위 내에서 사용하였다.

부록

교재의 마지막에 몇 가지 부록을 실었다. 대부분은 이 교재에서 사용한 개념 또는 기법으로 과학적 표기법, 대수, 기하, 삼각함수, 미적분 등이다. 책 전반에 걸쳐 이 부록을 참조할 수 있도록, 부록에 있는 대부분의 수학 부분은 자세한 예시와 답과 함께 예제를 포함하고 있다. 부록에는 수학 부분과 함께 자주 사용하는 물리적 데이터, 바꿈 인수, 원소의 주기율표 뿐만 아니라 SI 단위로 표기한 물리량의 표를 실었다. 이와 더불어 행성에 관한 기본 상수와 같은 물리적 자료와 표준 접두어, 수학 기호, 그리스 문자, 측정 단위의 표준 약어 등을 실었다.

강의 내용 선별

이 교재에서 주제는 다음의 순서로 나타내었다. 고전 역학, 진동과 역학적 파동, 열과 열역학, 그리고 이어서 전기와 자기, 전자기파, 광학, 상대론, 현대 물리의 순이다. 이런 순서는 전기와 자기 전에 역학적 파동이 오는 전통적인 방법이다. 일부 교수는 전기와 자기 후에 역학적 파동과 전자기파를 동시에 가르치기를 선호하기도 한다. 이 경우, 16장부터 18장은 34장과 함께 다루어야 할 것이다. 상대론의 장은 교재의 뒷부분에 놓았는데, 이는 이 주제가 현대 물리의 시대를 소개하는 한 방법으로 다루어지기 때문이다. 시간적으로 여유가 있다면, 뉴턴 역학의 결론으로 13장을 마친 후에 39장을 다루어도 무난하다. 대학 물리를 두 학기 과정으로 가르치는 경우에, 일부 절과 장을 제외해도 내용의 흐름에 별 영향이 없을 것이다. 이런 목적으로 제외를 고려할 만한 절은 다음과 같다.

4.6	상대 속도와 상대 가속도	**6.3**	가속틀에서의 운동
6.4	저항력을 받는 운동	**7.9**	에너지 도표와 계의 평형
9.9	로켓의 추진	**11.5**	자이로스코프와 팽이의 운동
14.7	유체 동역학의 응용	**15.6**	감쇠 진동
15.7	강제 진동	**18.6**	막대와 막에서의 정상파
18.8	비사인형 파동 모양	**25.7**	밀리컨의 기름 방울 실험
25.8	정전기학의 응용	**26.7**	유전체의 원자적 기술
27.5	초전도체	**28.5**	가정용 배선 및 전기 안전
29.3	자기장 내에서 대전 입자 운동의 응용	**29.6**	홀 효과
30.6	물질 내의 자성	**31.6**	맴돌이 전류
33.9	정류기와 여과기	**34.6**	안테나에 발생하는 전자기파
36.5	렌즈의 수차	**36.6**	사진기
36.7	눈	**36.8**	확대경
36.9	복합 현미경	**36.10**	망원경
38.5	결정에 의한 X선 회절	**39.9**	일반 상대성 이론
41.6	터널링의 응용	**42.9**	자발 전이와 유도 전이
42.10	레이저	**43.8**	핵자기 공명과 자기 공명 영상법
43.9	방사선 손상	**43.10**	방사선의 이용

끝으로, 이 교재를 통하여 공부한 학생들이 물리적 지식의 기반 위에 전공 공부를 하는 데 많은 도움이 있기를 바란다.

Raymond A. Serway
St. Petersburg, Florida

John W. Jewett, Jr.
Anaheim, California

차례

I권

II권

Part 4 전기와 자기

Part 5
빛과 광학

Part 6
현대 물리학

역학
Mechanics

PART 1

한정 판매했던 연료 전지를 동력으로 하는 승용차 혼다 FCX 클래러티(Clarity). 승용차 바퀴에 연결된 모터를 구동하기 위하여 연료 전지는 수소 연료를 전기로 변환한다. 동력으로 연료 전지, 가솔린 엔진, 또는 배터리 등 어떤 장치를 사용하는지에 상관없이, 승용차는 이 책의 단원 1에서 공부할 역학의 많은 개념과 원리를 사용한다. 자동차의 작동을 설명하는 데 위치, 속도, 가속도, 힘, 에너지 그리고 운동량 등의 물리량을 사용할 수 있다.
(PRNewsFoto/American Honda)

자연 과학의 가장 기본이 되는 물리학은 우주의 근본 원리를 다룬다. 물리학은 천문학, 생물학, 화학 그리고 지질학과 같은 여러 과학의 토대와 기초가 되며, 또한 많은 공학적인 응용의 기초가 된다. 물리학의 아름다움은 기본 원리가 단순하고, 몇 개의 개념과 모형으로 우리 주변을 둘러싸고 있는 세상에 대한 우리의 관점을 바꾸고 확장시킨다는 데 있다.

물리학이 다루는 분야는 크게 여섯 부분으로 나누어 볼 수 있다.

1. 원자보다 상대적으로 크고 빛의 속력에 비하여 아주 느리게 운동하는 물체의 운동을 다루는 **고전 역학**
2. 빛의 속력과 비슷한 속력으로 움직이는 경우를 포함하여 모든 가능한 속력으로 움직이는 물체를 다루는 **상대성 이론**
3. 열, 일, 온도 그리고 수많은 입자로 구성된 계의 통계적 성질을 다루는 **열역학**
4. 전기, 자기 그리고 전자기장을 다루는 **전자기학**
5. 빛의 성질과 빛과 물질의 상호 작용을 다루는 **광학**
6. 미시적 수준에서 물질의 성질을 거시적 측정값과 연결시키는 이론의 집합인 **양자 역학**

역학과 전자기학 과목은 1900년 이전에 정립된 고전 물리학과 1900년대 이후 현재까지의 현대 물리학의 모든 분야에서 기초가 된다. 본 교재의 첫 번째 부분은 **뉴턴 역학** 또는 간단히 **역학**이라고도 하는 고전 역학에 대하여 다룬다. 역학적인 계를 이해하기 위하여 사용하는 여러 원리와 모형은 다른 분야의 물리학 이론에서도 중요하며, 나아가 많은 자연 현상을 설명하는 데 사용될 수 있다. 따라서 고전 역학은 모든 물리학 분야의 학생들에게 아주 중요한 분야이다. ■

CHAPTER

1

물리학과 측정
Physics and Measurement

영국 남부에 있는 고대의 거석 기념물인 스톤헨지는 수천 년 전에 만들어졌다. 이것의 용도에 대해서는 여러 이론이 제안되었는데, 무덤, 치유를 위한 장소, 조상 숭배를 위한 예식 장소라는 설이 있다. 하지만 아주 흥미로운 이론 중의 하나는 그것이 이번 장에서 공부할 공간에서 물체의 위치, 반복되는 절기 사이의 시간 간격 등의 물리적 양을 측정하는 관측소라는 것이다. *(Stephen Inglis/Shutterstock.com)*

물리학은 다른 과학과 마찬가지로 실험적인 관측과 정량적인 측정에 기초를 두고 있다. 물리학의 주 목표는 자연 현상을 지배하는 한정된 수의 기본 법칙들을 찾아서 임의로 설정한 실험 결과들을 예측할 수 있는 이론을 개발하는 것이다. 이론을 개발하는 데 사용되는 기본 법칙들은 이론과 실험 사이의 교량 역할을 하는 수학이라는 언어로 표현된다.

이론적인 예측과 실험 결과 사이에 모순이 제기되면 그 모순을 제거하기 위한 새로운 이론이나 수정된 이론이 제시되어야 한다. 많은 경우에 어떤 이론은 제한된 조건 하에서만 성립된다. 이런 경우 제한 없이도 성립할 수 있는 더 일반적인 이론이 있을 수 있다. 한 예로서 보통의 속력으로 움직이는 물체를 정확하게 기술하는 뉴턴(Isaac Newton, 1642~1727)의 운동 법칙은 빛의 속력에 견줄 만큼 빠른 속력으로 움직이는 물체에는 적용되지 않는다. 반면에 1900년대 초 아인슈타인(Albert Einstein, 1879~1955)이 제안한 특수 상대성 이론은 느린 속력으로 움직이는 물체뿐만 아니라 빛의 속력에 근접한 빠르기로 움직이는 물체의 운동도 모두 정확히 기술할 수 있다. 그렇기 때문에 아인슈타인의 특수 상대성 이론은 뉴턴의 운동 법칙보다 운동에 대하여 더 일반적인 이론이다.

고전 물리학은 1900년 이전에 밝혀진 고전 역학, 열역학, 광학, 전자기학 분야의 원리를 포함한다. 고전 물리학에 중요한 공헌을 한 뉴턴은 수학적 도구인 미적분학을 창안한 사람 중 한 명이다. 고전 역학의 중요한 발전은 18세기에 계속되었으나 열역학과 전자기학은 19세기 후반까지도 잘 이해되지 못하였는데, 그 주된 이유는 체계적으로 실험할 수 있는 장비가 제대로 갖추어지지 못하였기 때문이었다.

현대 물리라고 하는 물리학에서의 중요한 혁명이 19세기 말에 시작되었다. 고전 물리로는 설명할 수 없는 수많은 물리 현상이 발견되면서 현대 물리학이 발전되었다. 이 시기에 이루어진 가장 중요한 두 가지 발전은 상대성 이론과 양자 역학이다. 아인슈타인의 특수 상대성 이론은 빛의 속력에 가깝게 움직이는 물체의 운동을 정확히 기술할 뿐만 아니라 공간, 시간 및 에너지에 대한 전통적인 개념을 완전히 바꾸어 놓았다. 또한 이 이론은 빛의 속력이 물체가 가질 수 있는 속력의 상한선이며, 질량과 에너지가 연관되어 있다는 것을 보여 주고 있다. 그리고 탁월한 과학자들에 의하여 체계가 이루어진 양자 역학으로 원자 수준에서 일어나는 물리 현상을 기술할 수 있게 되었다. 이 후 양자 역학의 원리를 이용하여 레이저, 트랜지스터와 같은 많은 실용적인 장비가 개발되었다.

과학자들은 기본적인 법칙의 이해를 증진시키기 위하여 꾸준히 연구하고 있다. 최근에 많은 과학자, 공학자 및 기술자들의 노력의 결과로 무인 행성 탐사, 나노 기술 분야에서의 다양한 개발과 응용, 미세 회로와 고속 컴퓨터, 의학에 사용되는 복잡한 영상 처리 기술, 유전 공학에서의 몇 가지 주목할 만한 결과 등 수많은 기술적인 진보가 이루어지고 있다. 이런 발견과 개발이 우리 사회에 미친 영향은 대단하며, 미래의 새로운 발견과 개발은 인간에게 흥분과 도전 그리고 막대한 이익을 가져다 줄 것이다.

1.1 길이, 질량 그리고 시간의 표준
Standards of Length, Mass, and Time

자연 현상을 설명하기 위해서는 다양한 관점에서 자연을 측정해야 한다. 각각의 측정은 물체의 길이와 같은 물리적인 양과 연관되어 있다. 물리학 법칙은 이 책에서 소개하고 논의할 물리량의 수학적인 관계로 표현된다. 역학에서 세 가지 기본량은 길이, 질량, 시간이며, 이것으로 다른 모든 양을 표현할 수 있다.

어떤 물리량을 측정하여 결과를 다른 사람과 주고받으려면, 물리량에 대한 **표준**이 정의되어 있어야 한다. 어떤 행성에서 온 방문자가 우리가 모르는 이상한 길이 단위를 사용해 이야기한다면, 우리는 그것을 이해하지 못할 것이다. 반면에 우리의 측정계와 친숙한 사람이 벽의 높이가 2 m라고 이야기할 때, 길이의 기본 단위가 1 m라고 정의되어 있을 경우, 벽의 높이가 기본 길이 단위의 두 배라는 것을 알 수 있다. 표준으로 선택된 것은 쉽게 이용할 수 있어야 하고 신뢰도 있는 측정을 할 수 있는 성질을 가져야 한다. 그리고 우주의 어떤 다른 장소에서 다른 사람이 측정할 때에도 항상 같은 결과가 나와야 한다. 또한 측정에 사용된 표준은 시간에 따라서 변하면 안 된다.

1960년에 국제위원회는 과학에서 사용되는 기본량에 대한 일련의 표준을 세웠는데, 이를 **SI**(Système International) 단위계라고 부른다. SI 단위계에서 길이, 질량, 시간의 기본 단위는 각각 **미터**(m), **킬로그램**(kg), **초**(s)이다. 국제위원회에서 선정한 부가적인 다른 SI 단위는 온도의 **켈빈**(K), 전류의 **암페어**(A), 광도의 **칸델라**(cd) 그리고 물질의 양을 나타내는 **몰**(mole) 등이다.

길이 Length

공간에서 두 점 사이의 거리를 **길이**(length)로 나타낼 수 있다. 1120년에 영국 왕이 길이의 표준으로 **야드**(yard)를 사용할 것과 1야드는 정확히 자기 코 끝에서부터 쭉 뻗은 팔의 손가락 끝까지의 거리로 할 것을 선포하였다. 마찬가지로 프랑스인들은 피트(feet)의 표준으로 루이 14세의 발 길이를 택하여 1피트의 단위로 채택하였다. 이런 표준은 시간에 따라서 일정하지가 않다. 왜냐하면 왕권이 교체되면, 길이 측정 기준이 바뀌기 때문이다. 이 표준은 1799년 프랑스에서 길이의 법적 표준으로 **미터**(m)가 채택되기 전까지 널리 사용되었다. 그 당시 1미터는 파리를 지나는 경도선의 적도에서 북극까지 거리의 천만분의 1로 정의하였다. 그러나 이것은 지구를 기초로 하는 표준이고 우주 전체에 적용하기 어려운 문제점이 있었다.

1960년에 와서 1미터는 프랑스의 온도와 습도 등이 일정하게 유지되는 곳에 보관된 백금-이리듐 합금으로 만든 특수 봉에 새겨놓은 두 선 사이의 길이로 정의되었다. 이 표준은 나중에 폐기되었는데, 주된 이유는 봉에 새겨놓은 두 선 사이의 거리가 현대 과학과 기술이 필요로 하는 정확도를 만족시키지 못했기 때문이다. 1960년대와 1970년대에는 크립톤 86광원으로부터 방출되는 적황색 빛의 파장의 1 650 763.73배에 해당하는 길이로 1미터가 정의되었다.[1] 그러나 1983년 10월 **1미터(m)는 진공 속에서 빛이 1/299 792 458초 동안 진행한 거리로 다시 정의되었다.** 이 정의는 진공 속에서 빛의 속력이 정확하게 초속 299 792 458미터임을 의미한다. 이 정의는 우주에서 빛의 속력이 어디에서든지 같다는 가정에 근거를 두고 있다.

표 1.1은 여러 가지 측정된 길이의 근삿값을 보여 준다. 이 표뿐만 아니라 그 다음 두 표들도 잘 인지하여, 예를 들어 20 cm의 길이가 어느 정도인지, 100 kg의 질량이 어느 정도인지, 3.2×10^7 s의 시간이 어느 정도인지에 대하여 체감하기 바란다.

오류 피하기 1.1

합리적인 수치 여기서 제시한 양들의 전형적인 수치에 대한 직관을 키우는 것은 아주 중요하다. 문제를 푸는 데 있어 중요한 단계는 마지막에 얻은 결과에 대하여 숙고해 보고, 그 결과가 타당해 보이는지 결정하는 것이다. 집파리의 질량을 계산하는 데 100 kg의 결과를 얻었다면, 이 수치는 **타당하지 않다.** 즉 어디선가 실수가 있었던 것이다.

질량 Mass

질량의 SI 단위인 **킬로그램(kg)은 프랑스 국제 도량형국에 보관되어 있는 백금-이리듐 합금 원기의 질량**으로 정의된다. 이 질량 표준은 1887년에 설정되었는데, 백금-이리듐 합금이 매우 안정적이기 때문에 아직까지 사용되고 있다. 질량 표준 원기와 똑같

[1] 이 책에서는 세 자리 이상의 숫자에 대하여 국제 표준 표기법을 사용할 예정이다. 세 자리의 숫자마다 콤마 대신에 간격으로 분리한다. 그러므로 10 000은 일반적인 미국식 표기 10,000과 같다. 마찬가지로 π = 3.14159265는 3.141 592 65로 표기한다.

Reproduced with permission of the BIPM, which retains full internationally protected copyright.

a

AP Photo/Focke Strangmann

b

그림 1.1 (a) 프랑스에 보관되어 있는 국제 표준 킬로그램 원기와 똑같이 복제된 미국 표준 킬로그램 20번이 미국 표준 연구원의 저장실에 이중으로 된 용기 속에 들어 있다. (b) 세슘 원자시계. 오차는 2천만 년에 1초도 되지 않는다.

표 1.1 여러 가지 측정된 길이들의 근삿값

	길이(m)
지구로부터 가장 먼 퀘이사까지의 거리	1.4×10^{26}
지구로부터 가장 먼 은하까지의 거리	9×10^{25}
지구로부터 가장 가까운 큰 은하(안드로메다자리)까지의 거리	2×10^{22}
태양으로부터 가장 가까운 별(켄타우루스자리 알파 별)까지의 거리	4×10^{16}
1광년	9.46×10^{15}
지구의 평균 공전 궤도 반지름	1.50×10^{11}
지구로부터 달까지의 평균 거리	3.84×10^{8}
적도에서 북극까지의 거리	1.00×10^{7}
지구의 평균 반지름	6.37×10^{6}
지구 주위를 도는 인공위성의 일반 고도	2×10^{5}
미식 축구장의 길이	9.1×10^{1}
집파리의 크기	5×10^{-3}
가장 작은 먼지 입자의 크기	$\sim 10^{-4}$
살아 있는 생명체의 세포 크기	$\sim 10^{-5}$
수소 원자의 지름	$\sim 10^{-10}$
원자핵의 지름	$\sim 10^{-14}$
양성자의 지름	$\sim 10^{-15}$

이 복제된 질량 표준이 미국 메릴랜드 주의 표준 연구원(NIST)에 보관되어 있다(그림 1.1a). 표 1.2는 여러 물체에 대한 질량의 근삿값을 보여 준다.

시간 Time

1967년 이전까지 **시간**(time)의 표준은 1900년도의 평균 태양일을 이용하여 정의되었는데, **평균 태양일**의 $(\frac{1}{60})(\frac{1}{60})(\frac{1}{24})$을 **1초**(s)로 정의하였다(태양일이란 태양이 하늘의 최고점에 다다른 시각부터 다음날 최고점에 다다를 때까지의 시간을 의미한다). 이 정의는 지구의 자전 주기를 기본으로 하였기 때문에, 우주의 시간 표준으로 적합하지 않다.

표 1.2 여러 가지 물체의 질량 (근삿값)

	질량(kg)
관측 가능한 우주	$\sim 10^{52}$
우리 은하	$\sim 10^{42}$
태양	1.99×10^{30}
지구	5.98×10^{24}
달	7.36×10^{22}
상어	$\sim 10^{3}$
사람	$\sim 10^{2}$
개구리	$\sim 10^{-1}$
모기	$\sim 10^{-5}$
박테리아	$\sim 1 \times 10^{-15}$
수소 원자	1.67×10^{-27}
전자	9.11×10^{-31}

표 1.3 여러 가지 시간의 근삿값

	시간(s)
우주의 나이	4×10^{17}
지구의 나이	1.3×10^{17}
대학생의 평균 나이	6.3×10^{8}
1년	3.2×10^{7}
1일	8.6×10^{4}
수업 1시간	3.0×10^{3}
정상적인 심장 박동 주기	8×10^{-1}
가청 음파의 주기	$\sim 10^{-3}$
전형적인 라디오파의 주기	$\sim 10^{-6}$
고체 내 원자의 진동 주기	$\sim 10^{-13}$
가시광선의 주기	$\sim 10^{-15}$
핵 충돌 지속 시간	$\sim 10^{-22}$
빛이 양성자를 가로지르는 데 걸리는 시간	$\sim 10^{-24}$

1967년에 세슘(Cs) 원자의 고유 진동수를 기준으로 하는 원자시계(그림 1.1b)의 높은 정밀도를 이용하여 초를 다시 정의하였다. 현재는 **세슘 133 원자로부터 방사되는 복사 진동 주기의 9 192 631 770배 되는 시간**을 1초로 정의한다.[2] 표 1.3은 시간의 근삿값을 보여 준다.

세계적으로 SI 단위가 통용되고 있지만 미국에서는 미국 관습 단위계가 아직도 사용되고 있는데, 이 단위계의 길이, 질량, 시간 단위는 각각 피트(ft), 슬러그(slug), 초(s)이다. 이 교재에서는 과학계 및 산업계에서 가장 널리 쓰이고 있는 SI 단위계를 사용하기로 한다. 하지만 우리는 고전 역학에서 미국 관습 단위를 제한적으로 사용할 것이다.

미터, 킬로그램, 초와 같은 기본 SI 단위 외에 밀리미터 또는 나노초와 같은 다른 단위도 사용되는데, 여기서 밀리(milli-)와 나노(nano-)는 10의 거듭제곱을 나타내는 접두어이다. 10의 거듭제곱에 관한 접두어와 약자를 표 1.4에 나열하였다. 예를 들어 10^{-3}미터(m)는 1밀리미터(mm)이고, 10^3미터(m)는 1킬로미터(km)이다. 마찬가지로 1킬로그램(kg)은 10^3그램(g)이고, 1메가볼트(MV)는 10^6볼트(V)이다.

길이, 시간 그리고 질량은 **기본량**의 하나이다. 그러나 대부분의 다른 변수들은 **유도량**이며, 이들은 기본량의 수학적인 조합으로 나타낼 수 있다. 이와 같은 예로 **넓이**(두 길이의 곱)와 **속력**(길이와 시간의 비)이 있다.

◀ 그리스 문자표는 부록에 나타내었음

유도량의 또 다른 예로 **밀도**(density)가 있다. 어떤 물질의 밀도 ρ(그리스 문자 로)는 **단위 부피당 질량**으로 정의한다.

$$\rho \equiv \frac{m}{V} \tag{1.1}$$

기본량으로 나타내면 밀도는 질량과 길이의 세제곱의 비이다. 예를 들면 알루미늄의 밀도는 2.70×10^3 kg/m^{3}이고, 철의 밀도는 7.86×10^3 kg/m^{3}이다. 밀도의 극단적인 차이를 느끼기 위해서는 한쪽 손에 한 변이 10 cm인 정육면체 스티로폼을 들고 있고, 다른 손에는 한 변이 10 cm인 정육면체 납을 들고 있다고 상상해 보면 알 수 있다. 14장의 표 14.1에 여러 물질의 밀도를 나타내었다.

표 1.4 10의 거듭제곱을 나타내는 접두어

거듭제곱	접두어	약자	거듭제곱	접두어	약자
10^{-24}	yocto	y	10^{3}	kilo	k
10^{-21}	zepto	z	10^{6}	mega	M
10^{-18}	atto	a	10^{9}	giga	G
10^{-15}	femto	f	10^{12}	tera	T
10^{-12}	pico	p	10^{15}	peta	P
10^{-9}	nano	n	10^{18}	exa	E
10^{-6}	micro	μ	10^{21}	zetta	Z
10^{-3}	milli	m	10^{24}	yotta	Y
10^{-2}	centi	c			
10^{-1}	deci	d			

[2] 주기는 하나의 완전한 진동을 하는 데 필요한 시간 간격으로 정의된다.

Q 퀴즈 1.1 공작소에서 알루미늄과 철로 된 두 개의 자동차 캠(cam)을 제작하였다. 두 캠의 질량이 같다고 하면, 어느 캠이 더 클까? **(a)** 알루미늄 캠이 더 크다. **(b)** 철 캠이 더 크다. **(c)** 두 캠의 크기는 같다.

1.2 물질과 모형 세우기
Matter and Model Building

물리학자가 어떤 현상과 직접 상호 작용할 수 없다면, 그 현상과 관련 있는 물리계에 대한 **모형**(model)을 생각하게 된다. 예를 들어 원자는 너무 작기 때문에 우리가 이들 원자와 직접 상호 작용할 수 없다. 따라서 핵과 핵 주위의 전자로 구성된 계에 기초한 원자의 모형을 세우게 된다. 일단 모형의 물리적인 구성 성분을 알면, 계의 성분 사이의 상호 작용 또는 계와 주위 환경 사이의 상호 작용을 기초로 해서 계의 거동을 예측할 수 있다.

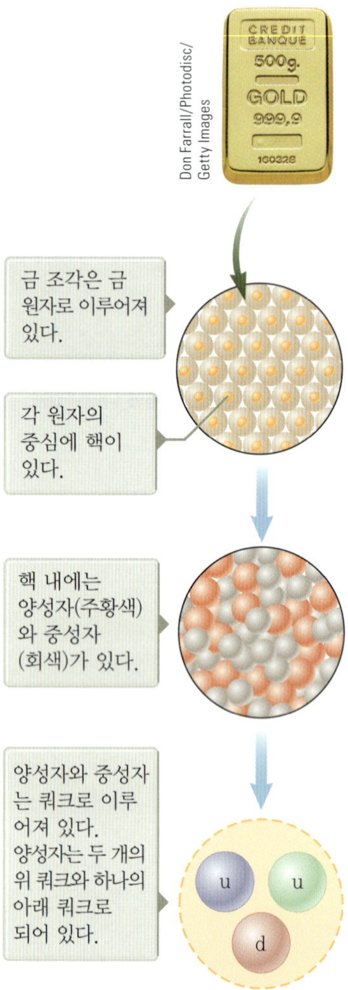

그림 1.2 물질의 구성 단계

예를 들어 **물질**의 거동을 고려해 보자. 그림 1.2의 위에 있는 고체 금 덩어리를 보자. 이 금은 속에 빈 공간이 없는 일반적인 금덩어리이다. 만약 이 덩어리를 반으로 자르면, 두 조각의 화학적 성질은 원래의 금과 같을 것이다. 만약 이 조각을 한없이 자르고 또 자르면 어떻게 될까? 점점 작고 작아지는 조각은 여전히 금일까? 이런 의문은 초기 그리스 철학자들에게까지 거슬러 올라갈 수 있다. 이들 중 그리스의 철학자 레우키포스(Leucippus)와 그의 제자 데모크리토스(Democritus)는 이렇게 물질을 한없이 자를 수 있다는 생각을 받아들일 수가 없었다. 그들은 물질을 자르다 보면 더 이상 잘리지 않는 입자에 이를 것이라고 가정해서 물질에 대한 모형을 만들었다. 그리스어로 **atomos**는 '잘릴 수 없는'이라는 뜻을 가지고 있다. 이로부터 **원자**(atom)라는 말이 나왔다.

물질 구성에 대한 그리스 모형은 모든 일반적인 물질은 그림 1.2의 중간에 제안한 바와 같이 원자로 구성되어 있다는 것이다. 이 모형에는 그 이상의 추가적인 구조가 없다. 원자는 다른 원자와 상호 작용하는 작은 입자로 행동하지만, 원자의 내부 구조는 이 모형에서 고려하지 않거나 없다고 본다.

1897년에 톰슨(J. J. Thomson)은 전자가 대전 입자이고 원자의 구성 성분임을 알아냈다. 이로부터 내부 구조가 포함된 첫 번째 원자 모형이 나오게 되었다. 이 모형은 42장에서 논의할 예정이다.

1911년에 원자핵이 발견된 후, 각각의 원자는 중심의 원자핵과 핵을 둘러싸고 있는 전자로 구성된다는 원자 모형이 나오게 되었다. 금의 원자핵은 그림 1.2에서 볼 수 있다. 그러나 이 모형에 대한 새로운 의문이 제기되었다. 원자핵은 구조를 가지고 있을까? 즉 원자핵은 하나의 입자일까 아니면 입자들의 모임일까? 1930년대 초에, 원자핵 내에 두 개의 기본적인 입자(양성자와 중성자)가 있다는 모형이 나왔다. 양성자는 양(+)전하를 가지고 있으며, 화학적인 원소는 그 원자핵에 있는 양성자수로 나타낼 수 있다. 이 수를 그 원소의 **원자 번호**(atomic number)라고 한다. 예를 들어 수소 원자의 원자핵은 하나의 양성자를 가지고 있고(따라서 수소의 원자 번호는 1이다), 헬륨 원자의 원자핵은 두 개의 양성자를 가지고 있으며(원자 번호 2), 그리고 우라늄 원자의 핵은 92개의 양성자를 가지고 있다(원자 번호 92). 원자 번호 이외에, 원자를 나타내는 두 번째 수는 원자핵 내에 있는 양성자수와 중성자수를 합친 것으로 정의하는 **질량수**(mass number)이다. 원소의 원자 번호는 절대로 변하지 않지만(즉 양성자수는 변하지 않음), 질량수는 변할 수 있다(즉 중성자수는 변함).

그러나 작게 쪼개는 과정은 어디서 멈출까? 현재 양성자, 중성자 그리고 다양한 이름을 지닌 일부 입자(강입자)는 **쿼크**(quark)라고 하는 여섯 가지의 입자로 구성되어 있다고 알려져 있다. 여섯 가지 쿼크의 이름은 **위**(up), **아래**(down), **기묘**(strange), **맵시**(charm), **바닥**(bottom) 그리고 **꼭대기**(top)이다. 위, 맵시, 꼭대기 쿼크는 양성자 전하량의 $+\frac{2}{3}$만큼의 전하량을 가지고 있는 반면에, 아래, 기묘, 바닥 쿼크는 양성자 전하량의 $-\frac{1}{3}$만큼의 전하량을 가지고 있다. 양성자는 그림 1.2의 아래에 있는 바와 같이 두 개의 위 쿼크와 하나의 아래 쿼크로 구성되는데, 이 쿼크들을 u와 d로 표현한다. 이 구조로써 양성자의 정확한 전하량을 예측할 수 있다. 마찬가지로 중성자는 두 개의 아래 쿼크와 하나의 위 쿼크로 구성되며, 알짜 전하가 영이 된다.

1.3 차원 분석
Dimensional Analysis

물리학에서 **차원**이라고 하는 말은 어떤 양의 물리적인 유형을 나타낸다. 예를 들면 두 지점 사이의 거리는 피트나 미터 어느 단위로도 측정할 수 있으며 길이라는 차원을 갖는다.

길이, 질량, 시간의 차원을 나타내기 위하여 이 교재에서 사용하는 기호는 각각 L, M, T이며, 물리량의 차원을 표시하기 위하여 괄호 [ ]를 사용한다.[3] 예를 들면 속력을 나타내는 기호는 v이고 속력의 차원은 $[v] = \mathrm{L/T}$이다. 그리고 넓이 A의 차원은 $[A] = \mathrm{L}^2$이다. 넓이, 부피, 속력 및 가속도의 차원을 사용되는 단위와 함께 표 1.5에 표기하였으며, 힘이나 에너지와 같은 다른 물리량의 차원은 교재에서 소개될 때마다 기술하기로 한다.

많은 경우에 어떤 식을 유도하거나 검증할 필요가 있을 때, **차원 분석**(dimensional analysis)이라는 유용한 방법을 사용할 수 있다. 차원 분석은 차원을 대수적인 양으로 취급할 수 있다는 점을 이용한다. 즉 물리적인 양은 같은 차원일 때만 더하거나 뺄 수

표 1.5 넓이, 부피, 속력 및 가속도의 차원과 단위

물리량	넓이 (A)	부피 (V)	속력 (v)	가속도 (a)
차원	L^2	L^3	L/T	$\mathrm{L/T}^2$
SI 단위계	m^2	m^3	m/s	$\mathrm{m/s}^2$
미국 관습 단위계	ft^2	ft^3	ft/s	$\mathrm{ft/s}^2$

[3] 어떤 물리량의 **차원**은 L과 T처럼 이탤릭체가 아닌 대문자로 나타낸다. 그러나 해당 물리량의 **대수적인 기호**는 이탤릭체로 나타낸다(예를 들어 길이는 L, 시간은 t).

오류 피하기 1.2

물리량을 나타내는 기호 어떤 물리량은 그것을 나타내는 기호가 여러 개인 경우가 있다. 예를 들어 시간을 나타내는 기호는 항상 t 하나뿐이지만, 다른 물리량은 그 사용 용도에 따라 여러 가지 기호로 나타낸다. 길이의 경우, 위치에 대한 것으로 x, y, z가 있고; 반지름에 대한 것으로 r; 직각 삼각형의 변을 나타내는 a, b, c; 물체의 길이를 나타내는 ℓ; 지름을 나타내는 d; 높이를 나타내는 h 등이 있다.

있으며, 수식에서 양변의 항은 같은 차원을 가져야만 한다. 이와 같은 간단한 규칙에 따라 어떤 표현식이 옳고 그른지를, 차원 분석을 통하여 쉽게 판단할 수 있다.

이런 과정을 설명하기 위하여 $x = 0$에서 정지하고 있던 자동차가 등가속도 a로 움직이기 시작하여 시간 t초 동안 이동한 거리 x를 수식으로 유도하려 한다고 가정하자. 이 경우의 정확한 표현은 2장에서 공부하겠지만 $x = \frac{1}{2}at^2$이고, 여기서 이 식의 타당성 여부를 차원 분석으로 점검해 보자. 좌변의 x는 길이의 차원을 가지기 때문에, 이 식이 차원적으로 옳은 식이 되려면 우변도 길이의 차원이 되어야 한다. 가속도의 차원은 L/T^2(표 1.5)이고 시간의 차원은 T이므로, $x = \frac{1}{2}at^2$의 차원을 나타내면

$$L = \frac{L}{\cancel{T^2}} \cdot \cancel{T^2} = L$$

이 되어 시간의 차원은 소거되고, 우변에는 좌변과 마찬가지로 길이의 차원만 남는다.

좀 더 일반적인 차원 분석의 과정은 다음과 같은 형태의 식을 만드는 것이다.

$$x \propto a^n t^m$$

여기서 n과 m은 구하고자 하는 지수이고, 기호 $\propto$는 비례 관계를 나타낸다. 양쪽의 차원이 같으면 이 관계식은 성립한다. 좌변의 차원은 길이이므로 우변의 차원도 길이이어야 한다. 즉

$$[a^n t^m] = L = L^1T^0$$

이다. 가속도의 차원은 L/T^2이고 시간의 차원은 T이므로

$$(L/T^2)^n T^m = L^1T^0 \quad \rightarrow \quad (L^n T^{m-2n}) = L^1T^0$$

로 표현되며, L과 T의 지수가 양변에서 같아야 한다. L의 지수를 보면, $n = 1$임을 금방 알 수 있다. T의 지수를 보면, $m - 2n = 0$이 되고 따라서 $m = 2$가 된다. 다시 원래의 식 $x \propto a^n t^m$로 돌아가서 계산하면 $x \propto at^2$이 된다.

Q 퀴즈 1.2 참 또는 거짓: 차원 분석으로 대수식에서 나타나는 비례 상수의 값을 알 수 있다.

예제 1.1 **수식의 분석**

수식 $v = at$가 차원적으로 올바른지 보이라. 여기서 v, a, t는 각각 속력, 가속도, 시간을 나타낸다.

풀이 표 1.5로부터 v의 차원을 나타낸다.

$$[v] = \frac{L}{T}$$

표 1.5로부터 a의 차원을 나타내고 t의 차원을 곱한다.

$$[at] = \frac{L}{T^{\cancel{2}}}\,\cancel{T} = \frac{L}{T}$$

따라서 $v = at$는 차원적으로 올바른 수식이다. 왜냐하면 양쪽 모두 같은 차원을 가지기 때문이다. (만약 여기서 사용한 수식이 $v = at^2$이라면 차원적으로 올바른 표현이 아니다.)

예제 1.2 **지수 법칙의 분석**

반지름 r인 원둘레를 일정한 속력 v로 움직이는 입자의 가속도 a가 r^n과 v^m에 비례한다고 할 때, n과 m의 값을 결정하고 가속도의 가장 간단한 수식 형태를 쓰라.

풀이 가속도 a의 표현식을 쓴다.

$$a = kr^n v^m$$

여기서 k는 차원이 없는 비례 상수이다. a, r 및 v의 차원을 대입한다.

$$\frac{\mathrm{L}}{\mathrm{T}^2} = \mathrm{L}^n\left(\frac{\mathrm{L}}{\mathrm{T}}\right)^m = \frac{\mathrm{L}^{n+m}}{\mathrm{T}^m}$$

차원 식이 같아지도록 L과 T의 지수를 같게 놓는다.

$$n + m = 1 \text{ 그리고 } m = 2$$

이 두 방정식을 n에 대하여 푼다.

$$n = -1$$

가속도에 대한 식을 쓴다.

$$a = kr^{-1}v^2 = k\frac{v^2}{r}$$

4.4절에서 등속 원운동을 공부할 때, 동일한 기본 단위를 사용하는 경우, $k = 1$이 됨을 알 수 있다. (예를 들어 단위가 v는 km/h이고, a는 $\mathrm{m/s^2}$이라면, 상수 k는 1이 되지 않는다.)

1.4 단위의 환산
Conversion of Units

한 단위계에서 다른 단위계로 환산하는 것은 물론이거니와 킬로미터를 미터로 바꾸는 것과 같이 한 단위계 내에서도 환산이 필요하다. 길이에 대한 SI 단위계와 미국 관습 단위계 사이의 관계는 다음과 같으며, 부록 A에 여러 가지 바꿈 인수를 수록해 놓았다.

$$1\text{ mile} = 1\,609\text{ m} = 1.609\text{ km} \qquad 1\text{ ft} = 0.304\,8\text{ m} = 30.48\text{ cm}$$
$$1\text{ m} = 39.37\text{ in.} = 3.281\text{ ft} \qquad 1\text{ in.} = 0.025\,4\text{ m} = 2.54\text{ cm}$$

차원에서와 같이 단위는 대수적인 양처럼 서로 소거할 수 있다. 예를 들어 15.0 in.를 센티미터로 바꾸어 보자. 1 in.는 2.54 cm이므로

$$15.0\text{ in.} = (15.0\text{ in.})\left(\frac{2.54\text{ cm}}{1\text{ in.}}\right) = 38.1\text{ cm}$$

이다. 여기서 괄호 안의 비는 1이다. 주어진 양의 단위를 소거할 수 있도록 분모에 '인치' 단위를 선택하여 센티미터 단위가 남도록 한다.

오류 피하기 1.3
계산에 대한 검토를 하기 위해서는 항상 단위를 포함해서 계산하라 어떤 계산을 할 때 반드시 그 전 과정에서 모든 양에 단위를 포함시켜서 계산하는 습관을 가져야 한다. 계산 단계마다 단위를 빠뜨리는 일이 없도록 주의하고 최종 답의 수치에는 알고 있는 단위를 붙여야 한다. 계산 단계마다 포함시킨 단위를 살펴보면 최종 결과의 단위가 틀렸을 때 어디에서 잘못되었는지를 알아낼 수 있다.

퀴즈 1.3 두 도시 사이의 거리가 100 mi(마일)일 때, 단위를 km로 환산하면 어떻게 되는가? **(a)** 100보다 작다. **(b)** 100보다 크다. **(c)** 100이다.

예제 1.3 **운전자는 과속하고 있는가?**

제한 속력이 75.0 mi/h인 고속도로에서 38.0 m/s의 속력으로 자동차가 달리고 있다. 이 자동차의 운전자는 제한 속력을 초과하였는가?

풀이 먼저 속력에서 미터를 마일로 바꾼다.

$$(38.0\text{ m/s})\left(\frac{1\text{ mi}}{1\,609\text{ m}}\right) = 2.36 \times 10^{-2}\text{ mi/s}$$

초를 시간으로 바꾼다.

$$(2.36 \times 10^{-2}\ \text{mi}/\cancel{\text{s}})\left(\frac{60\ \cancel{\text{s}}}{1\ \cancel{\text{min}}}\right)\left(\frac{60\ \cancel{\text{min}}}{1\ \text{h}}\right) = 85.0\ \text{mi/h}$$

운전자는 제한 속력을 초과하고 있으므로, 속력을 줄여야 한다.

문제 이 자동차의 속력은 km/h로 얼마인가?

답 마지막 답을 적절한 단위로 바꿀 수 있다.

$$(85.0\ \cancel{\text{mi}}/\text{h})\left(\frac{1.609\ \text{km}}{1\ \cancel{\text{mi}}}\right) = 137\ \text{km/h}$$

그림 1.3은 자동차의 속력을 mi/h와 km/h로 동시에 보여 주는 속력계이다. 이 사진을 이용하여 위에서 변환한 결과를 확인해 보자.

© Cengage Learning/Ed Dodd

그림 1.3 (예제 1.3) 자동차의 속력계에서 자동차의 속력을 mi/h와 km/h 두 가지로 나타내고 있다.

1.5 어림과 크기의 정도 계산
Estimates and Order-of-Magnitude Calculations

누군가가 여러분에게 일반적인 콤팩트디스크 음반에 기록되어 있는 비트(bit) 수를 묻는다고 가정하자. 대개 여러분은 정확한 수로 답하기보다는 과학적인 표기법에 근거한 어림값을 대답할 것이다. 아래와 같이 10의 거듭제곱을 이용하여 **크기의 정도**를 나타내면 어림으로 근삿값을 구할 수 있다.

1. 1에서 10까지의 수에 10의 거듭제곱을 곱한 과학적 표기법으로 수를 나타낸다.
2. 곱하는 수가 3.162(10의 제곱근)보다 작으면, 수의 크기의 정도는 과학적 표기법으로 나타낸 10의 거듭제곱 그 자체이다. 만일 곱하는 수가 3.162보다 크면, 수의 크기의 정도는 10의 거듭제곱에 나타난 지수에 하나를 더 더한 값이 된다.

기호 '~'는 '크기 정도에 있는'이라는 뜻으로 다음과 같이 사용한다.

$$0.008\,6\ \text{m} \sim 10^{-2}\ \text{m} \qquad 0.002\,1\ \text{m} \sim 10^{-3}\ \text{m} \qquad 720\ \text{m} \sim 10^{3}\ \text{m}$$

통상적으로 어떤 양에 대하여 크기의 정도로 어림값이 주어지면, 그 결과는 대략 10배 정도 내에서 신뢰할 만하다. 어떤 양의 크기의 정도(10의 거듭제곱에 나타난 지수)가 3만큼 증가하였다면, 그 양은 대략 $10^3 = 1\ 000$배 증가한 것을 의미한다.

어떤 숫자를 너무 적게 어림잡아 생긴 부정확함은 종종 연산에 포함된 아주 크게 어림잡은 다른 숫자에 의하여 상쇄되기도 한다. 어림값에 대한 연습을 해갈수록 여러분은 점점 어림값의 정확도가 향상되는 것을 알게 될 것이다. 어림 문제를 풀 때, 자유롭게 숫자의 일부 자리의 수를 생략하기도 하고, 모르는 양에 대하여 적절한 근삿값을 시도해 보기도 하며, 문제를 간단하게 하기 위한 가정을 하는 등의 방법으로 문제를 변화시킴으로써 암산을 하거나 종이를 사용하는 계산을 아주 적게 하여 답을 얻을 수 있고, 이 과정에서 재미를 느낄 수도 있다. 이렇게 단순화된 계산은 작은 종잇조각 위에서도 할 수 있다고 해서, '봉투 뒷면 계산'이라고 부르기도 한다.

예제 1.4 **평생 동안의 호흡**

평생 동안의 호흡 횟수를 어림하여 구하라.

풀이 보통 인간 수명을 70년으로 추정하고, 사람의 분당 평균 호흡 횟수를 생각해 보자. 호흡 횟수는 사람이 운동 중인지 수면 중인지, 또는 화가 난 상태인지 차분한 상태인지 등에 따라 달라진다. 가장 근접한 크기의 정도로 평균 호흡 횟수를 분당 10번으로 어림하자(이것은 분명히 분당 1번이나 100번을 선택하는 것보다 훨씬 실제 값에 가깝다).

1년을 분으로 어림하여 계산한다.

$$1\ \cancel{\text{yr}}\left(\frac{400\ \cancel{\text{days}}}{1\ \cancel{\text{yr}}}\right)\left(\frac{25\ \cancel{\text{h}}}{1\ \cancel{\text{day}}}\right)\left(\frac{60\ \text{min}}{1\ \cancel{\text{h}}}\right) = 6 \times 10^5\ \text{min}$$

70년을 분으로 어림하여 계산한다.

$$\text{분수} = (70\ \text{yr})(6 \times 10^5\ \text{min/yr}) = 4 \times 10^7\ \text{min}$$

평생 동안의 호흡 횟수를 어림으로 구한다.

$$\begin{aligned}\text{호흡 횟수} &= (10\ \text{breaths/min})\ (4 \times 10^7\ \text{min}) \\ &= 4 \times 10^8\ \text{breaths}\end{aligned}$$

따라서 사람은 평생 $\sim 10^9$번 호흡을 한다. 위 계산에서 정확하게 365×24로 하는 것보다 400×25로 함으로써 계산이 훨씬 간단해짐에 주목하자.

문제 평균 수명을 70년 대신에 80년으로 어림하면 어떻게 되는가? 최종 어림값이 달라지는가?

답 $(80\ \text{yr})(6 \times 10^5\ \text{min/yr}) = 5 \times 10^7\ \text{min}$이 되어 평생 5×10^8번 호흡하는 것으로 추산된다. 이것도 여전히 $\sim 10^9$번 호흡하는 것이므로 크기의 정도 계산에서 위의 결과와 차이가 없다.

1.6 유효 숫자
Significant Figure

어떤 양을 측정할 때, 측정값은 실험 오차 범위 내에서만 의미가 있다. 이런 불확실 정도는 실험 장치의 정밀도, 실험자의 기술 그리고 실험 횟수 등 여러 가지 요인의 영향을 받는다. 측정에서 **유효 숫자**(significant figure)의 개수는 불확실한 정도를 표현하는 데 사용된다. 다음에 설명하고 있는 것처럼, 유효 숫자의 개수는 측정값을 표현하기 위하여 사용하는 숫자의 개수와 관계가 있다.

자를 사용하여 콤팩트디스크의 반지름을 측정한다고 하자. 이 디스크의 반지름을 측정하는 데 정밀도가 ±0.1 cm라고 가정하자. 불확정도가 ±0.1 cm이기 때문에, 측정된 반지름이 6.0 cm라고 하면 반지름은 5.9 cm와 6.1 cm 사이에 있다. 이 경우 측정값 6.0 cm는 두 개의 유효 숫자를 갖는다고 말한다. 측정값의 유효 숫자는 첫 번째 어림 자리의 수를 포함함에 주목하라. 따라서 우리는 반지름이 (6.0 ± 0.1)cm라고 기록할 것이다.

영(0)은 유효 숫자에 포함될 수도 있고 포함되지 않을 수도 있다. 0.03 또는 0.007 5와 같이 소수점의 위치를 나타내기 위하여 사용된 0은 유효 숫자가 아니다. 따라서 위의 두 수는 각각 한 개와 두 개의 유효 숫자를 가지고 있다. 그러나 다른 숫자 뒤에 위치한 0의 경우 잘못 인식할 가능성이 있으므로 조심해야 한다. 예를 들어 어떤 물체의 질량이 1 500 g이라고 할 때 두 개의 0이 소수점의 위치를 나타내기 위하여 사용된 것인지 또는 측정값의 유효 숫자인지 불확실하다. 이와 같은 불확실성을 배제하기 위하여, 유효 숫자의 수를 확실하게 나타내주는 과학적 표기법을 흔히 사용한다. 위의 경우 유효 숫자가 두 개이면 1.5×10^3 g, 세 개이면 1.50×10^3 g 그리고 네 개이면 1.500×10^3 g으로 표현한다. 1보다 적은 숫자에도 같은 규칙이 적용되어 2.3×10^{-4} g(또는 0.000 23으로 쓸 수 있다)은 두 개의 유효 숫자를 가지며 2.30×10^{-4} g(또는 0.000 230으로 쓸 수 있다)은 세 개의 유효 숫자를 가진다.

문제를 풀 때, 수학적으로 덧셈, 뺄셈, 곱셈, 나눗셈 등을 이용하게 된다. 이때 여러분들은 계산 결과의 값이 적절한 유효 숫자를 갖는지 확인해야 한다. 곱하거나 나누는 경우 유효 숫자의 개수를 결정하는 데 도움을 주는 규칙은 다음과 같다.

여러 가지 양을 곱할 때 결과 값의 유효 숫자의 개수는 곱하는 양 중 가장 작은 유효 숫자의 개수와 같다. 나눗셈의 경우도 마찬가지이다.

위에서 측정한 콤팩트디스크의 반지름 값을 이용하여 콤팩트디스크의 넓이를 구하는데 위의 규칙을 이용해 보자. 원의 넓이를 구하는 식을 이용하면

$$A = \pi r^2 = \pi(6.0\ \text{cm})^2 = 1.1 \times 10^2\ \text{cm}^2$$

이다. 이 계산을 계산기를 이용하여 값을 구하면, 113.097 335 5이다. 이 값 모두를 사용할 필요가 없다는 것은 분명하지만, 결과 값이 113 cm^2라고 말하고 싶을 것이다. 그러나 반지름이 단지 두 개의 유효 숫자를 가지므로 넓이도 두 개의 유효 숫자를 가져야 한다.

덧셈이나 뺄셈의 경우에는 소수점 아래 자릿수를 고려하여 결과 값의 유효 숫자를 결정해야 한다.

오류 피하기 1.4

자세히 읽어라 덧셈과 뺄셈에 관한 규칙은 곱셈이나 나눗셈 규칙과 다르다는 사실을 기억하자. 덧셈이나 뺄셈에서는 **유효 숫자**의 개수가 아닌 **소수점**의 자릿수에 맞춰 계산해야 한다.

숫자를 더하거나 뺄 때, 결과 값에서의 소수점 아래 자릿수는 계산 과정에 포함된 숫자 중 소수점 아래 자릿수가 가장 작은 것과 같아야 한다.

이 규칙의 한 예로서 다음의 덧셈을 고려해 보자.

$$23.2 + 5.174 = 28.4$$

답은 28.374가 아님에 주목한다. 왜냐하면 23.2가 소수점 아래 자릿수가 하나로 가장 작기 때문이다. 따라서 답은 소수점 아래 한 자리만 가져야 한다.

덧셈과 뺄셈의 규칙을 적용하면 답은 때때로 계산을 시작할 때의 숫자와 다른 유효 숫자를 갖게 된다. 예를 들어 다음의 연산을 고려해 보자.

$$1.000\ 1 + 0.000\ 3 = 1.000\ 4$$

$$1.002 - 0.998 = 0.004$$

첫 번째 예에서, 0.000 3이 한 개의 유효 숫자를 갖더라도 결과는 다섯 개의 유효 숫자를 갖는다. 마찬가지로 두 번째 계산에서 각각 네 개와 세 개의 유효 숫자를 가진 수들 사이의 뺄셈이지만 결과는 오직 한 개의 유효 숫자를 갖는다.

이 교재에서 대부분의 예제와 연습문제의 답은 세 개의 유효 숫자를 갖도록 하였다. 크기의 정도를 계산할 때는, 일반적으로 하나의 유효 숫자를 가지고 계산한다.

◀ 이 교재의 유효 숫자 사용 지침임

계산의 결과에서 유효 숫자의 수를 줄여야 하는 경우에는 반올림을 하는 것이 일반적인 규칙이다. 즉 버리는 마지막 자리의 수가 5보다 크거나 같으면 남아 있는 마지막(버리는 자리의 앞) 자리의 수에 1을 더하고(예를 들어 1.346은 1.35가 된다), 5보다 작으면 남아 있는 마지막 자리의 수는 그대로 둔다(예를 들어 1.343은 1.34가 된다). 어떤 사람들은 버리는 마지막 자리의 수가 5일 경우, 남아 있는 마지막 자리의 수가 짝수이면 그대로 두고 홀수이면 1을 더하기도 한다. (이 규칙은 계산에서 누적되는 오차를 줄인다.)

오류 피하기 1.5

수식 형태의 풀이 문제를 풀 때, 수식 형태로 풀이를 한 다음 최종 수식에 값을 대입한다. 이는 계산기를 두드리는 횟수를 줄이는 방법이다. 특히 어떤 값들이 서로 소거되는 경우 그런 값들을 계산기에 입력할 필요가 없게 된다. 더구나 반올림은 최종 결과에서 한 번만 하면 된다.

누적되는 오차를 줄이기 위해서는 최종 결과를 얻을 때까지 긴 계산 과정에서 반올림을 하지 말아야 한다. 계산기에서 마지막 답을 얻을 때까지 기다렸다가 정확한 유효 숫자의 개수로 반올림하라. 이 교재에서는 수를 반올림하여 유효 숫자가 둘 또는 세 개가 되도록 표기하였다. 이는 때때로 어떤 수학적 계산이 이상하거나 틀린 것처럼 보이게 만든다. 예를 들어 앞으로 나올 예제 3.4에서 −17.7 km + 34.6 km = 17.0 km를 보게 될 것이다. 이 뺄셈은 틀린 것처럼 보이지만, 이는 17.7 km와 34.6 km가 표기의 편의상 반올림한 값이기 때문이다. 중간 과정의 수에 있는 자릿수를 모두 그대로 유지하다가 최종값에서만 반올림하면, 17.0 km의 올바른 세 자리 결과를 얻게 된다.

예제 1.5 카펫 깔기

사각형 방에 카펫을 깔려고 하는데, 방의 길이는 12.71 m이고 너비는 3.46 m이다. 방의 넓이를 구하라.

풀이 계산기로 12.71 m와 3.46 m를 곱하면 43.976 6 m^2가 될 것이다. 유효 숫자에 관한 곱셈 규칙에서 측정된 가장 작은 유효 숫자의 개수가 결과의 유효 숫자의 개수와 같아야 한다. 여기서 유효 숫자의 개수가 가장 작은 측정값(3.46 m)이 세 개의 유효 숫자를 가지므로 최종 답은 44.0 m^2가 되어야 한다.

연습문제

객관식

1. 어떤 학생이 물리 교재의 두께를 재는 데 자를 사용하여 4.3 cm ± 0.1 cm 값을 얻었다. 다른 네 학생은 버니어캘리퍼스를 이용하여 각각 (a) 4.32 cm ± 0.01 cm, (b) 4.31 cm ± 0.01 cm, (c) 4.24 cm ± 0.01 cm, (d) 4.43 cm ± 0.01 cm 값을 얻었다. 네 학생의 측정값 중 처음 학생이 받아들일 수 있는 측정값은 어느 것인가?

2. 매물로 나온 집의 넓이가 1 420 ft^2라고 광고하고 있다. 이 넓이는 m^2 단위로 얼마인가? (a) 4 660 m^2 (b) 432 m^2 (c) 158 m^2 (d) 132 m^2 (e) 40.2 m^2

3. 다음 질문에 '예' 또는 '아니오'로 답하라. 다음 연산에서 두 물리량은 동일한 차원을 가져야 하는가? (a) 두 물리량을

더할 때 (b) 두 물리량을 곱할 때 (c) 두 물리량을 뺄 때 (d) 두 물리량을 나눌 때 (e) 두 물리량을 등식으로 놓을 때

4. 어떤 주유소의 휘발유 가격이 1.5유로/리터이다. 한 학생이 휘발유를 사기 위하여 쓸 수 있는 돈은 33유로이다. 1갤런이 4쿼트이고 1쿼트는 거의 1리터에 가깝다고 할 때, 학생이 가지고 있는 돈으로 휘발유 몇 갤런을 살 수 있는가? (a) 1갤런 미만 (b) 대략 5갤런 (c) 대략 8갤런 (d) 10갤런 이상

5. 다음 다섯 개의 값을 큰 것부터 순서대로 나열하라. 두 값의 크기가 같으면 동일한 순위로 두라. (a) 0.032 kg (b) 15 g (c) 2.7×10^5 mg (d) 4.1×10^{-8} Gg (e) 2.7×10^8 μg

6. 측정값들의 합인 21.4 s + 15 s + 17.17 s + 4.003 s의 값으로 옳은 것은 어느 것인가? (a) 57.573 s (b) 57.57 s (c) 57.6 s (d) 58 s (e) 60 s

7. 다음 중 지구에 살고 있는 사람의 전체 질량으로 가장 잘 추정한 값은 어느 것인가? (a) 2×10^8 kg (b) 1×10^9 kg (c) 2×10^{10} kg (d) 3×10^{11} kg (e) 4×10^{12} kg

8. (a) 만일 어떤 식이 차원적으로 옳을 때, 그 식은 반드시 참이라는 의미인가? (b) 만일 어떤 식이 차원적으로 틀릴 때, 그 식은 반드시 참이 아니라는 의미인가?

9. 뉴턴의 운동 제2법칙(5장 참조)은 물체의 질량에 가속도를 곱한 값이 물체에 가해진 알짜힘과 같다고 설명한다. 다음 중 힘의 단위로 옳은 것은 어느 것인가? (a) $\text{kg}\cdot\text{m/s}^2$ (b) $\text{kg}\cdot\text{m}^2/\text{s}^2$ (c) $\text{kg/m}\cdot\text{s}^2$ (d) $\text{kg}\cdot\text{m}^2/\text{s}$ (e) 정답 없음

10. 계산기에 나타난 결과 값이 $1.365\,248\,0 \times 10^7$ kg이다. 결과 값의 불확실도는 ±2 %이다. 이 결과 값의 유효 숫자의 개수는 얼마인가? (a) 0 (b) 1 (c) 2 (d) 3 (e) 4

주관식

1.1 길이, 질량 그리고 시간의 표준

Note: 문제를 풀 때, 이 교재의 부록 및 표를 참조하라. 이 장의 경우, 표 14.1과 부록 B.3은 특히 유용할 것이다.

1. (a) 지구의 평균 밀도를 계산하라(부록 E 참조). (b) 이 계산된 값은 14장의 표 14.1에서 어느 값에 해당하는가? 화강암과 같은 지표면을 덮고 있는 대표적인 암석의 밀도를 조사하라. 그리고 이 값을 지구의 밀도와 비교하라.

2. 질량 원기(표준 킬로그램, 그림 1.1a)는 백금–이리듐 합금으로 만든 높이 39.0 mm, 지름 39.0 mm의 원기둥이다. 이 물질의 밀도는 얼마인가?

3. 자동차 회사가 9.35 kg의 강철로 주조한 신형 자동차 모형을 전시하고 있다. 창립 100주년을 기념하여 동일한 주조틀을 이용하여 금으로 똑같은 자동차 모형을 주조하려고 한다. 필요한 금의 질량은 얼마인가?

4. 어떤 균일한 암석으로부터 두 개의 구를 만든다. 첫 번째 구의 반지름은 4.50 cm이고, 두 번째 구의 질량은 첫 번째보다 다섯 배 더 크다고 할 때, 두 번째 구의 반지름을 구하라.

5. 밀도가 ρ인 물질로 안쪽 반지름이 r_1이고 바깥쪽 반지름이 r_2인 구 껍질을 만드는 데 필요한 질량은 얼마인가?

1.2 물질과 모형 세우기

6. 원자들이 격자 구조를 이루며 반복적으로 쌓여 있는 형태의 결정형 고체가 있다. 결정의 형태가 그림 P1.6a와 같다고 하자. 한 변의 길이가 $L = 0.200$ nm인 정육면체의 꼭짓점에 원자가 한 개씩 있다. 이 결정이 그림 P1.6b와 같이 대각선 방향으로 인접한 면을 따라 쪼개진다고 가정할 때, 이 인접한 쪼개진 면 사이의 거리 d는 얼마인가?

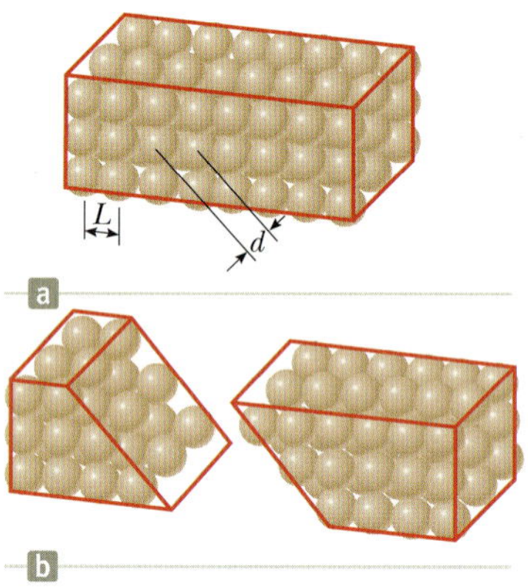

그림 P1.6

7. 구리 원자의 질량은 1.06×10^{-25} kg이고, 구리의 밀도는 8 920 kg/m³이다. (a) 부피 1 cm³ 속에 들어 있는 구리 원자의 수는 몇 개인가? (b) 가운데에 구리 원자 한 개가 들어 있는 동일한 정육면체들로 1 cm³를 채운다고 생각해 보라. 구리 원자 하나가 있는 정육면체 한 개의 부피는 얼마인가? (c) 구리 원자 사이의 거리에 해당하는 이 정육면체의 모서리의 길이를 구하라.

1.3 차원 분석

8. 다음 중 차원이 올바르게 표현되어 있는 식은 어느 것인가? (a) $v_f = v_i + ax$ (b) $k = 2\ \text{m}^{-1}$일 때, $y = (2\ \text{m})\cos(kx)$

9. 그림 P1.9와 같은 원뿔대가 있다. 수식 (a), (b), (c)를 설명하고 있는 물리량 (d), (e), (f)와 연결하라.
(a) $\pi(r_1 + r_2)[h^2 + (r_2 - r_1)^2]^{1/2}$, (b) $2\pi(r_1 + r_2)$, (c) $\pi h(r_1^2 + r_1 r_2 + r_2^2)/3$, (d) 위아래 단면의 원둘레의 합, (e) 부피, (f) 옆넓이.

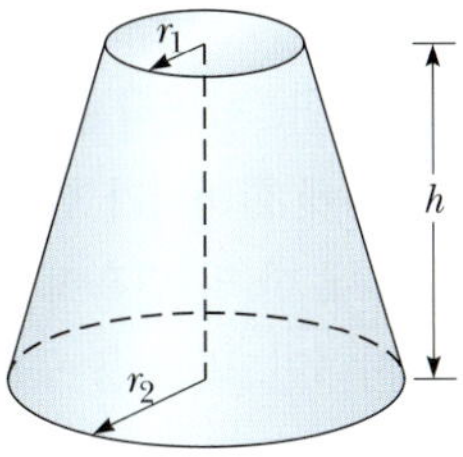

그림 P1.9

10. 운동 에너지 K의 단위는 $kg \cdot m^2/s^2$이다(7장 참조). 운동 에너지는 운동량 p와 질량 m으로 $K = \frac{p^2}{2m}$과 같이 나타낼 수 있다(9장 참조). (a) 차원 분석법을 이용하여 운동량의 단위를 결정하라. (b) 힘의 단위는 뉴턴으로 $1\ N = 1\ kg \cdot m/s^2$이다. 운동량의 단위를 뉴턴과 다른 SI 기본 단위의 조합으로 나타내라.

11. 등가속도 운동하는 입자의 위치는 가속도와 시간의 함수이다. 이 위치가 $x = ka^m t^n$으로 표현된다고 하자. 여기서 k는 차원이 없는 상수이다. 차원 분석법을 이용해서 $m = 1$, $n = 2$일 때 이 식이 타당하다는 것을 보이라. 차원 분석법으로 k 값을 결정할 수 있는가?

12. (a) 식 $x = At^3 + Bt$는 어떤 입자의 운동을 나타낸다. 여기서 x는 길이의 차원을, t는 시간의 차원을 가진다. 상수 A와 B의 차원을 결정하라. (b) 미분 값 $dx/dt = 3At^2 + B$의 차원을 결정하라.

1.4 단위의 환산

13. 고체 납덩어리의 질량이 23.94 g이고 부피가 2.10 cm^3일 때, 납의 밀도를 SI 단위(kg/m^3)로 구하라.

14. 광석 운반차가 광구에서 지상까지 1 200 t/h의 비율로 광석을 옮긴다. 이 비율을 lb/s 단위로 환산하라. 단, 1 t = 2 000 lb이다.

15. 가로와 세로가 각각 75.0 ft와 125 ft인 직사각형 건축 부지의 넓이를 m^2 단위로 구하라.

16. 여러분의 머리카락이 하루당 1/32인치의 비율로 자란다고 가정하자. 이 비율은 nm/s 단위로 얼마인가? 분자를 구성하는 원자 사이의 간격이 0.1 nm라고 할 때, 머리카락 단백질 합성에서 원자 층이 얼마나 빨리 쌓여 가고 있는가?

17. 밑면의 넓이가 13.0에이커(ac)이고 높이가 481 ft인 피라미드가 있다(그림 P1.17). 피라미드의 부피는 $V = (1/3)Bh$이다. 여기서 B는 밑면의 넓이이고 h는 높이이다. 이 피라미드의 부피를 m^3 단위로 구하라. (1 ac = 43 560 ft^2)

Adam Sylvester/Photo Researchers, Inc.

그림 P1.17 문제 17, 18

18. 문제 17에서 묘사한 피라미드는 평균적으로 2.50톤에 달하는 돌 약 200만 개로 이루어졌다. 이 피라미드의 무게를 파운드(lb) 단위로 계산하라.

19. 30.0 gal 휘발유 탱크를 가득 채우는 데 7.00분이 걸린다고 가정하자. (a) 탱크를 채우는 비율을 gal/s 단위로 계산하라. (b) 탱크를 채우는 비율을 m^3/s 단위로 계산하라. (c) 동일한 비율로 부피 1.00 m^3을 채우는 데 걸리는 시간을 h 단위로 계산하라. (1 U.S. gal = 231 $in.^3$)

20. 어떤 땅의 넓이가 1제곱마일(약 640에이커)이다. 1에이커를 제곱미터로 나타내라.

21. 어떤 집의 크기가 가로 50.0 ft, 세로 26 ft, 높이 8.0 ft이다. 이 집의 내부 부피를 세제곱미터와 세제곱센티미터로 나타내라.

22. 알루미늄 1.00 m^3의 질량은 2.70×10^3 kg이고, 같은 부피의 철의 질량은 7.86×10^3 kg이다. 반지름 2.00 cm인 쇠공과 같은 무게를 갖는 알루미늄 공의 반지름은 얼마인가?

23. 알루미늄의 밀도와 철의 밀도가 각각 ρ_{Al}과 ρ_{Fe}이라고 하자. 반지름이 r_{Fe}인 쇠공과 같은 무게를 갖는 고체 알루미늄 공의 반지름을 구하라.

24. 규모가 40.0 m × 20.0 m × 12.0 m인 강당이 있다. 공기의 밀도는 1.20 kg/m^3이다. (a) 강당의 부피는 ft^3 단위로 얼마인가? (b) 강당 안의 공기의 무게는 파운드(lb) 단위로 얼마인가?

25. 수소 원자의 지름은 1.06×10^{-10} m이다. 수소 원자핵의 지름은 대략 2.40×10^{-15} m이다. (a) 수소 원자의 지름을 미

식 축구장의 길이(100 yd = 300 ft)에 대응시키는 축척에서, 핵의 지름은 몇 mm의 길이에 해당하는가? (b) 핵의 부피에 대한 수소 원자의 부피의 비를 구하라.

1.5 어림과 크기의 정도 계산

Note: 26번부터 29번까지의 문제를 풀 때, 여러분이 측정하거나 추정한 물리적인 양과 이때 사용한 값들을 나타내라.

26. 일반적인 크기의 방에 탁구공을 채우려면, 대략 공이 몇 개 필요한지 크기의 정도를 구하라(공은 찌그러지지 않는다고 가정한다).

27. (a) 욕조에 반쯤 채워진 물과 (b) 욕조에 반쯤 채워진 10원 동전의 질량의 크기의 정도를 계산하라.

28. 뉴욕 시에 얼마나 많은 피아노 조율사가 살고 있을까? 크기의 정도로 답하라. 물리학자 페르미는 박사 과정 자격 시험에서 이런 질문을 한 것으로 유명하다.

29. 자동차 타이어가 80 000 km를 달릴 수 있다고 한다. 그 동안 타이어는 몇 번을 회전하는가? 크기의 정도로 답하라.

1.6 유효 숫자

Note: 불확정도의 전파에 대한 다음 문제를 푸는 데 부록 B.8이 유용할 것이다.

30. 사각 접시의 길이는 (21.3 ± 0.2) cm이고 너비는 (9.8 ± 0.1) cm이다. 불확정도를 포함하여 접시의 넓이를 계산하라.

31. 다음 수에서 유효 숫자는 각각 몇 개인가? (a) 78.9 ± 0.2 (b) 3.788×10^9 (c) 2.46×10^{-6} (d) 0.005 3

32. **태양년**은 그해의 춘분날로부터 다음 해 춘분날까지의 시간을 바탕으로 하는 태양력 달력의 기반이다. 태양년 1년은 365.242 199일이다. 1년을 초 단위로 계산하라.

Note: 다음부터 39번까지의 문제는 여러분이 이미 알고 있는 수학적인 지식이 필요하다.

33. 대학교 주차장에서, 일반적인 승용차의 수는 SUV(스포츠형 다목적 차량)의 수보다 94.7 % 더 많다. 승용차 수와 SUV 수의 차이는 18대이다. 주차장에 있는 SUV의 수를 구하라.

34. 유럽 여행을 하는 동안, 할머니께 드릴 헤이즐넛 초콜릿을 구입해야 한다. 하루에 할머니가 한 조각씩 드신다고 할 때, 한 판을 다 드시는 데 한 달 열흘이 걸린다. 할머니가 일 년 동안 초콜릿을 드시려면, 몇 판을 구입해야 할까?

35. 천왕성의 평균 밀도는 1.27×10^3 kg/m^{3}이다. 천왕성에 대한 해왕성의 질량비는 1.19이고, 반지름의 비는 0.969이다. 해왕성의 평균 밀도를 계산하라.

36. $\sin\theta$와 $\cos\theta$의 비율이 −3.00인 각도를 0과 360° 사이에서 모두 찾으라.

37. 다음에 주어진 방정식의 한 해가 $x = -2.22$임을 보이라.

$$2.00x^4 - 3.00x^3 + 5.00x = 70.0$$

38. 어린 양의 질량이 키의 세제곱에 비례하여 빠르게 증가하고 있다. 키가 15.8 % 성장하는 동안 질량이 17.3 kg 증가하였다면 양의 나중 질량은 얼마인가?

39. 미지수 p, q, r, s, t가 포함된 다음의 식에서 t/r의 값을 구하라.

$$p = 3q$$
$$pr = qs$$
$$\tfrac{1}{2}pr^2 + \tfrac{1}{2}qs^2 = \tfrac{1}{2}qt^2$$

40. 크기가 (10.0 ± 0.1) m × (17.0 ± 0.1) m인 수영장 주변에 보도를 만들려고 한다. 보도를 너비가 (1.00 ± 0.01) m이고 두께가 (9.0 ± 0.1) cm로 만들려고 하면, 필요한 콘크리트의 부피와 이 부피의 대략적인 불확정도는 얼마인가?

일차원에서의 운동
Motion in One Dimension

CHAPTER 2

자동차 스피드 경주에서, 운전자는 가능한 한 큰 가속도를 원한다. 자동차는 270 m 운동한 무렵 시속 515 km 이상의 속도에 도달하여, 이 거리를 5초 이내에 지나간다. *(George Lepp/Stone/Getty Images)*

고전 역학을 공부하는 첫 번째 단계로서, 운동을 일으키거나 변화시키는 외부와의 상호 작용을 고려하지 않고, 단지 물체의 운동만을 기술해 보자. 고전 역학의 이런 부분을 **운동학**이라 한다(운동학을 의미하는 kinematics라는 단어는 영화를 의미하는 cinema와 어원이 같다). 이 장에서는 일차원 운동인 직선 운동만을 고려한다.

일상적으로 물체의 운동이란 그 물체의 연속적인 위치 변화라고 알고 있다. 물리학에서 운동은 병진, 회전, 진동의 세 가지 형태로 분류할 수 있다. 고속도로에서 달리는 자동차는 병진 운동의 한 예이고, 지구의 자전은 회전 운동의 한 예이며, 진자의 왕복 운동은 진동 운동의 한 예이다. 이 장과 다음 몇 장에서는 병진 운동만 다룬다(이 교재의 후반부에서는 회전 운동과 진동 운동을 다룬다).

병진 운동을 공부할 때, 움직이는 물체에 대해서는 크기에 상관없이 하나의 입자로 기술하는 **입자 모형**(particle model)을 사용한다. 이 모형에서 **입자는 점과 같은 물체, 즉 질량만 있고 크기가 무시되는 물체이다.** 예를 들어 태양 주위를 운동하는 지구를 기술할 때, 지구를 입자로 취급하여 지구의 궤도를 꽤 정확히 예측할 수 있다. 이런 근사는 지구의 공전 궤도 반지름이 지구와 태양의 크기보다 훨씬 크기 때문에 타당하다. 훨씬 작은 크기의 한 예로서, 용기 내에 들어 있는 기체 분자를 내부 구조를 무시한 입자로 취급하여 기체가 용기 벽에 작용하는 압력을 설명할 수 있다.

2.1 위치, 속도 그리고 속력 Position, Velocity and Speed

위치 ▶

입자의 **위치**(position) x는 좌표계의 원점이라고 생각하여 선택한 기준점에 대한 입자의 위치이다. 시간에 따른 입자의 공간상 위치를 알면 입자의 운동을 완전히 기술할 수 있다.

그림 2.1a와 같이 x축을 따라 앞뒤로 움직이는 자동차를 생각해 보자. 자동차의 출발점은 기준점 $x = 0$의 오른쪽 30 m에 있다. 자동차의 어떤 점, 예를 들어 앞문 손잡이의 위치에 자동차 전체 질량이 있는 것으로 보는 입자 모형을 사용하고자 한다.

시계로 매 10 s마다 자동차의 위치를 기록한다. 표 2.1에서처럼 자동차는 처음 10 s 동안 양(+)의 방향인 오른쪽으로, 즉 위치 Ⓐ에서 Ⓑ로 움직인다. 위치 Ⓑ에서부터는 후진하여 위치 값이 감소한다. 즉 자동차는 위치 Ⓑ에서 Ⓕ까지 뒤로 움직인다. 실제로 측정을 시작한 후 30 s 뒤인 위치 Ⓓ에서, 자동차는 좌표계의 원점에 있다(그림 2.1a 참조). 자동차는 왼쪽으로 계속 움직여서, 여섯 번째 자료 점을 얻은 후 기록을 멈출 때 $x = 0$의 왼쪽으로 50 m 이상 떨어진 점에 있다. 그림 2.1b에 나타낸 이 자료의 그래프를 **위치-시간 그래프**라고 한다.

자동차의 운동에 대하여 사용한 정보의 또 다른 표현에 주목해 보자. 그림 2.1a는 **그림 표현**이고 그림 2.1b는 **그래프 표현**이다. 표 2.1은 같은 정보에 대한 **표 표현**이다. 다

표 2.1 여러 시간에서 자동차의 위치

위치	t(s)	x(m)
Ⓐ	0	30
Ⓑ	10	52
Ⓒ	20	38
Ⓓ	30	0
Ⓔ	40	−37
Ⓕ	50	−53

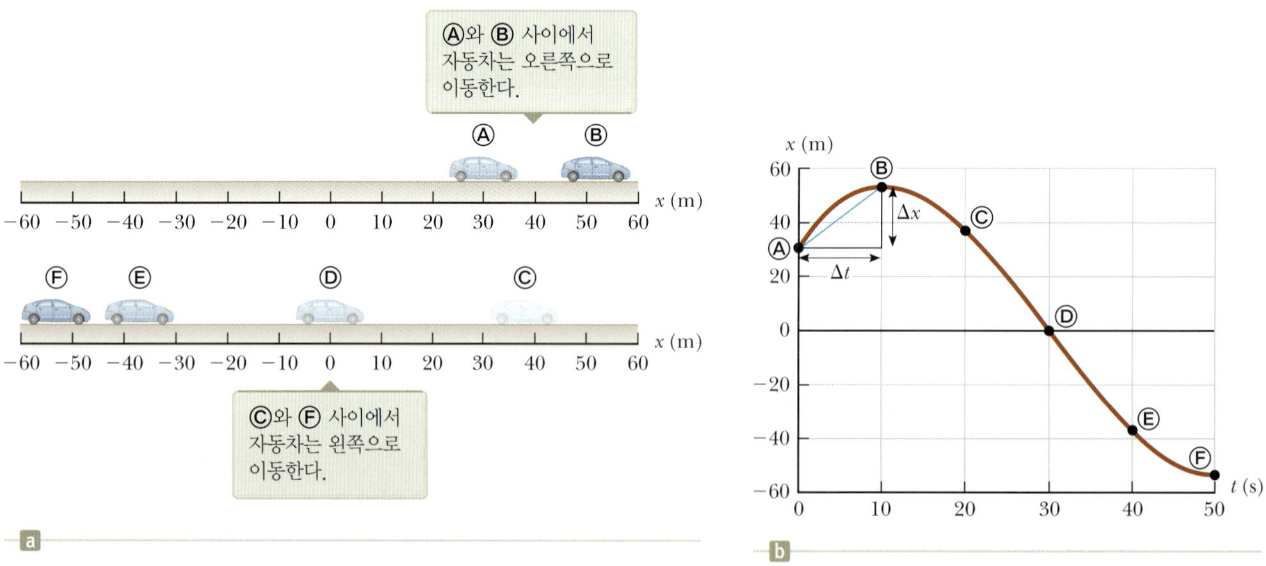

그림 2.1 자동차는 직선을 따라서 앞뒤로 움직인다. 자동차의 병진 운동에만 관심이 있기 때문에, 자동차를 입자로 모형화할 수 있다. 자동차의 운동에 대한 정보를 여러 가지 표현으로 사용할 수 있다. 표 2.1은 이들 정보를 표로 나타낸 것이다. (a) 자동차의 운동에 대한 그림 표현 (b) 자동차의 운동에 대한 그래프 표현 (위치-시간 그래프)

양한 표현법을 사용하는 것이 종종 주어진 문제에서 상황을 이해하기 위한 우수한 전략이 된다. 많은 문제에서 궁극적인 목표는 구하고자 하는 정보를 분석하여 얻을 수 있는 **수학적인 표현**이다.

표 2.1의 자료를 이용하여, 여러 시간 간격 동안 자동차의 위치 변화를 쉽게 결정할 수 있다. 입자의 **변위**(displacement) Δx는 어떤 시간 간격 동안 입자의 위치 변화로 정의된다. 입자가 처음 위치 x_i에서 나중 위치 x_f까지 움직일 때, 입자의 변위는

$$\Delta x \equiv x_f - x_i \tag{2.1}$$

◀ 변위

로 주어진다. 어떤 변화를 표시할 때 그리스 문자 델타(Δ)를 사용한다. 이 정의로부터 x_f가 x_i보다 크면 Δx는 양(+)이고, x_f가 x_i보다 작으면 Δx는 음(−)이다.

변위와 이동 거리의 차이를 인식하는 것은 매우 중요하다. 이동 **거리**(distance)는 입자가 이동한 경로의 길이이다. 예를 들어 그림 2.2의 농구 선수들을 고려해 보자. 한 선수가 자기 팀의 골대에서 상대 팀의 골대까지 뛰어갔다가 되돌아오면, 이 시간 간격 동안 선수의 변위는 출발점과 도착점이 같기 때문에 영이다. 즉 $x_f = x_i$이므로 $\Delta x = 0$이다. 그러나 이 시간 간격 동안 움직인 거리는 농구장 길이의 두 배가 된다. 거리는 항상 양수로 표현되나 변위는 양수 또는 음수가 될 수 있다.

Brian Drake/Time Life Pictures/Getty Images

그림 2.2 농구장에서 선수들은 경기를 하는 동안 앞뒤로 달린다. 선수들이 한 경기 동안에 달린 거리는 영이 아니지만, 선수들의 변위는 같은 지점을 반복해서 떠났다가 되돌아오기 때문에 거의 영이다.

변위는 벡터양의 한 예이다. 위치, 속도 그리고 가속도를 포함해서 다른 많은 물리량이 벡터양이다. 일반적으로 **벡터양은 방향과 크기가 있다.** 반면에 **스칼라양은 크기만 있고 방향은 없다.** 이 장에서는 일차원 운동만을 취급하므로, 양(+)과 음(−)으로 벡터 방향을 나타낸다. 예를 들어 수평 운동에서 오른쪽을 양(+)의 방향으로 선택하자. 항상 오른쪽으로 움직이는 물체는 양(+)의 변위 $\Delta x > 0$을 얻게 되고, 왼쪽으로 움직이는 물체는 음(−)의 변위 $\Delta x < 0$을 얻게 된다. 벡터양은 3장에서 더 자세하게 공부할 예정이다.

아직 언급되지 않은 것으로 표 2.1의 자료는 그림 2.1b의 그래프에서 단지 여섯 개의 데이터 점만 준다는 것이 중요하다. 따라서 모든 시간에서의 위치를 모르기 때문에 입자의 운동을 완전하게 알지 못한다. 그래프에서 여섯 점을 연결한 매끄러운 곡선은 자동차가 실제 움직인 한 가지 가능성만을 나타낸 것이다. 단지 여섯 개의 시간에 대한 정보만을 가지고는, 그 시간들 사이에 어떤 일이 일어났는지 모른다. 매끄러운 곡선은 어떤 일이 있었는지에 대한 한 추측에 불과하다. 만일 곡선이 자동차의 실제 이동을 나타낸다면, 그래프에는 자동차가 움직이는 50 s 동안의 모든 정보가 담겨 있다.

위치의 변화를 말이나 숫자로 나타내면 훨씬 이해하기 쉽다. 예를 들면 자동차는 50 s의 끝 부분보다 중간 부분에서 더 많이 이동한다. 자동차는 위치 Ⓒ와 위치 Ⓓ 사이에 거의 40 m를 움직이지만, 마지막 10 s 동안 위치 Ⓔ와 위치 Ⓕ 사이에서는 그 절반에도 못 미치게 움직인다. 이와 같이 서로 다른 운동을 비교하는 보통의 방법은 변위 Δx를 변위가 일어난 시간 간격 Δt로 나누는 것이다. 이것은 앞으로 많이 사용될 아주 유용한 비율인데, 이 비율을 **평균 속도**(average velocity)라 한다. 한 입자의 평균 속도 $v_{x,\,\mathrm{avg}}$는 입자의 변위 Δx를 변위가 일어난 시간 간격 Δt로 나눈 값으로 정의된다.

평균 속도 ▶

$$v_{x,\text{avg}} \equiv \frac{\Delta x}{\Delta t} \tag{2.2}$$

여기서 아래 첨자 x는 x축을 따라서 일어나는 운동을 나타낸다. 이 정의로부터 평균 속도는 길이를 시간으로 나눈 차원(L/T)을 가지며, SI 단위는 m/s이다.

일차원에서 움직이는 입자의 평균 속도는 변위의 부호에 따라 양(+)이나 음(−)일 수 있다 [시간 간격 Δt는 항상 양(+)이다]. 입자의 좌표가 시간에 따라 증가하면(즉 $x_f > x_i$이면), Δx가 양(+)이고 $v_{x,\text{avg}} = \Delta x/\Delta t$도 양(+)이다. 이 경우는 $+x$ 방향으로, 즉 x가 증가하는 방향으로 움직이는 입자의 경우와 같다. 좌표가 시간에 따라 감소하면(즉 $x_f < x_i$이면), Δx가 음(−)이므로 $v_{x,\text{avg}}$도 음(−)이다. 이 경우는 $-x$ 방향으로 움직이는 입자의 경우에 해당한다.

그림 2.1b의 위치–시간 그래프에 있는 어떤 두 점 사이를 이은 직선으로 평균 속도를 기하학적으로 나타낼 수 있다. 이 직선은 높이 Δx와 밑변 Δt인 직각 삼각형의 빗변이 된다. 이 직선의 기울기는 $\Delta x/\Delta t$의 비이고, 이 비는 식 2.2에서 평균 속도로 정의한 것이다. 예를 들면 그림 2.1b에서 위치 Ⓐ와 Ⓑ를 이은 직선은 두 점의 시간 간격에 대한 자동차의 평균 속도, 즉 (52 m − 30 m)/(10 s − 0) = 2.2 m/s와 같은 값의 기울기를 갖는다.

일상적으로는 속력과 속도는 서로 바꿔쓸 수 있는 용어이다. 그러나 물리학에서는 이 두 양 사이에 명확한 구별이 있다. 40 km 이상을 달려 출발점으로 돌아온 마라톤 선수를 생각해 보자. 그의 전체 변위는 영이므로, 평균 속도도 영이다. 그럼에도 불구하고 그가 얼마나 빨리 달렸는지를 정량적으로 구할 필요가 있다. 그래서 이 경우는 **평균 속력**(average speed) v_{avg}로 나타낸다. 평균 속력은 스칼라양이고, 전체 거리 d를 이동하는 데 걸린 전체 시간 간격으로 나눈 값으로 정의한다.

평균 속력 ▶

$$v_{\text{avg}} \equiv \frac{d}{\Delta t} \tag{2.3}$$

평균 속력의 SI 단위는 평균 속도의 단위(m/s)와 같다. 그러나 평균 속도와 달리 방향이 없으므로 대수적인 부호는 없다. 평균 속도와 평균 속력을 분명히 구분하라. 평균 속도를 나타낸 식 2.2는 변위를 시간 간격으로 나눈 것이고, 식 2.3은 거리를 시간 간격으로 나눈 것이다.

오류 피하기 2.1

평균 속력과 평균 속도 평균 속도의 크기와 평균 속력은 일반적으로 **다르다**. 예를 들어 식 2.3 전에 논의한 마라톤 선수를 고려해 보자. 평균 속도의 크기는 영이지만, 평균 속력은 분명히 영이 아니다.

입자의 평균 속도나 평균 속력을 알더라도 입자 운동에 대한 상세한 정보는 알 수 없다. 예를 들면 여러분이 공항에서 출발문 쪽으로 긴 직선 복도를 따라 100 m 이동하는 데 45.0 s 걸린다고 하자. 그런데 100 m 지점에서 휴게실을 지나쳐 왔음을 깨닫고, 같은 복도를 따라 25.0 m 되돌아가는 데 10.0 s 걸린다고 하자. 여러분의 이동에 대한 평균 속도의 크기는 +75.0 m/55.0 s = +1.36 m/s이고, 평균 속력은 125 m/55.0 s = 2.27 m/s이다. 여러분은 걷는 동안에 다양한 속력으로 움직일 수 있고, 또한 방향을 바꿀 수도 있다. 평균 속도나 평균 속력은 순간순간에 대한 상세한 정보를 제공하지는 않는다.

Q 퀴즈 2.1 일차원 운동하는 입자의 평균 속도의 크기가 평균 속력보다 작은 경우는 다음 중 어느 것인가? **(a)** 입자가 $+x$ 방향으로 움직일 경우 **(b)** 입자가 $-x$ 방향으로 움직일 경우 **(c)** 입자가 $+x$ 방향으로 움직이다가 운동 방향이 바뀐 경우 **(d)** 정답 없음

예제 2.1 **평균 속도와 평균 속력의 계산**

그림 2.1a에 있는 위치 Ⓐ와 위치 Ⓕ 사이에서 자동차의 변위, 평균 속도 그리고 평균 속력을 구하라.

풀이 그림 2.1로부터 자동차의 운동을 머릿속으로 그려 보라. 자동차를 입자로 모형화한다. 그림 2.1b에 주어진 위치-시간 그래프로부터 $t_Ⓐ = 0$ s일 때 $x_Ⓐ = 30$ m이고, $t_Ⓕ = 50$ s일 때 $x_Ⓕ = -53$ m임을 알 수 있다.

식 2.1을 이용하여 자동차의 변위를 구한다.

$$\Delta x = x_Ⓕ - x_Ⓐ = -53 \text{ m} - 30 \text{ m} = \boxed{-83 \text{ m}}$$

이 결과는 자동차가 시작점으로부터 음의 방향으로 (왼쪽으로) 83 m의 지점에 있다는 의미이다. 이 값은 자료에 주어진 것과 같은 정확한 단위를 가지며, 그림 2.1a를 얼핏 보아도 정답임을 알 수 있다.

식 2.2를 이용하여 평균 속도를 구한다.

$$v_{x,\text{avg}} = \frac{x_Ⓕ - x_Ⓐ}{t_Ⓕ - t_Ⓐ}$$

$$= \frac{-53 \text{ m} - 30 \text{ m}}{50 \text{ s} - 0 \text{ s}} = \frac{-83 \text{ m}}{50 \text{ s}}$$

$$= \boxed{-1.7 \text{ m/s}}$$

자료에 나타낸 점들 사이에서 자동차의 위치에 관한 정보가 없기 때문에, 표 2.1의 자료로부터 자동차의 평균 속력을 정확히 구할 수 없다. 자동차의 상세한 위치가 그림 2.1b의 곡선으로 주어진다면, 움직인 거리는 22 m(Ⓐ에서 Ⓑ까지) + 105 m(Ⓑ에서 Ⓕ까지)로, 전체 127 m가 된다.

식 2.3을 이용하여 자동차의 평균 속력을 구한다.

$$v_{\text{avg}} = \frac{127 \text{ m}}{50 \text{ s}} = \boxed{2.5 \text{ m/s}}$$

평균 속력은 양수임에 유의하라. 그림 2.1b에 주어진 갈색 곡선과 다르게 0 s와 10 s 동안에 Ⓐ에서 위로 100 m 간 후 아래의 Ⓑ로 돌아온다고 가정해 보자. 거리가 다르기 때문에 자동차의 평균 속력은 변하지만, 평균 속도는 변하지 않는다.

2.2 순간 속도와 속력
Instantaneous Velocity and Speed

종종 어떤 시간 간격 Δt에 대한 평균 속도보다도 오히려 특정한 순간 t에 입자의 속도를 알아야 할 때가 있다. 예를 들어 어떤 특정한 순간에 일어난 사고의 경우, 그 순간의 위치와 속도를 정확히 알아야 할 것이다. 어떤 특정한 순간에 얼마나 빨리 움직이고 있는지를 제대로 표현하게 된 것은 1600년대 후반의 일이다. 그 당시 과학자들은 미적분학으로 각 순간의 물체 운동이 어떻게 기술되는지를 이해하기 시작하였다.

이것을 알아보기 위하여, 그림 2.1b의 그래프를 다시 그린 그림 2.3a를 고려해 보자. $t = 0$에서 입자의 속도는 얼마인가? 자동차가 위치 Ⓐ에서 Ⓑ까지 (파란색 선으로 그린) 움직이는 동안 평균 속도와 Ⓐ에서 Ⓕ까지 (긴 파란색 선으로 그리고 예제 2.1에서 계산한 변위로서) 움직이는 동안 평균 속도를 이미 알아보았다. Ⓐ에서 자동차는 양(+)의 방향으로 정의한 오른쪽 방향으로 움직이기 시작한다. 따라서 처음 속도가 양(+)의 값이므로, Ⓐ와 Ⓑ 사이의 평균 속도의 값이, 예제 2.1에서 음(−)으로 주어진 Ⓐ와 Ⓕ 사이의 평균 속도의 값보다도 더 처음 속도에 가깝다. 짧은 파란색 선에 관심을 모으고, 그림 2.3b와 같이 점 Ⓑ를 점 Ⓐ로 향하여 곡선을 따라 왼쪽으로 이동시켜 보자. 점들 사이의 선이 점점 가파르게 되고, 두 점이 극단적으로 가까워질 때, 그 선은 그림 2.3b에서 초록색 선으로 표시된 것처럼 곡선의 접선이 된다. 이 접선의 기울기는 점

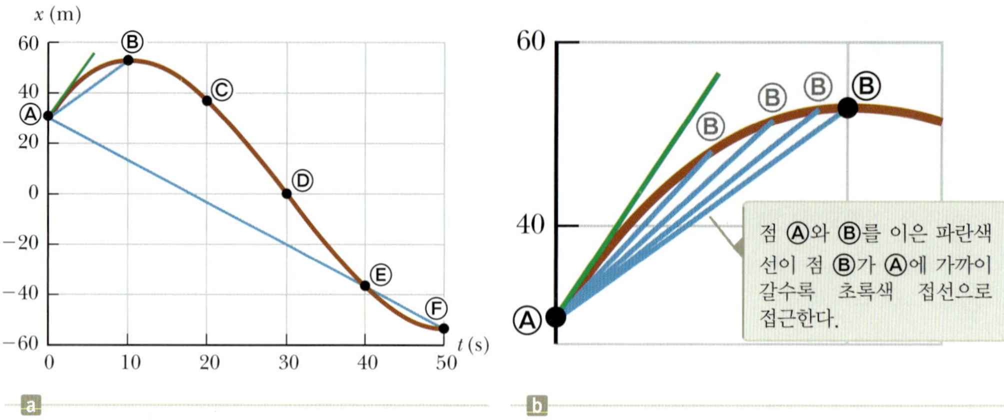

그림 2.3 (a) 그림 2.1에 있는 자동차의 운동을 나타낸 그래프 (b) 그래프의 왼쪽 상단 부분을 확대한 그림

오류 피하기 2.2

그래프의 기울기 물리 데이터의 그래프에서 **기울기**는 가로축에 나타낸 변화량과 세로축에 나타낸 변화량의 비율을 의미한다. 기울기는 (두 축의 단위가 같지 않는 한) **단위**를 갖는다. 따라서 그림 2.1b와 2.3에서 기울기의 단위는 속도의 단위인 m/s이다.

오류 피하기 2.3

순간 속력과 순간 속도 오류 피하기 2.1에서 일반적으로 평균 속도의 크기와 평균 속력은 같지 않다고 하였다. 그러나 순간 속도의 크기는 순간 속력과 같다. 시간 간격이 아주 짧은 경우, 변위의 크기는 입자가 움직인 거리와 같다.

Ⓐ에서, 즉 데이터를 얻기 시작한 순간의 자동차의 속도를 나타낸다. 우리가 한 행위는 출발 순간의 **순간 속도**를 결정한 것이다. 달리 표현하자면, **순간 속도**(instantaneous velocity) v_x는 Δt가 영으로 접근해갈 때 $\Delta x/\Delta t$의 극한값과 같다.[1]

$$v_x \equiv \lim_{\Delta t \to 0} \frac{\Delta x}{\Delta t} \tag{2.4}$$

미분 기호로 나타내면, 이 극한은 t에 관한 x의 **도함수**라 하고 dx/dt로 쓴다.

순간 속도 ▶

$$v_x \equiv \lim_{\Delta t \to 0} \frac{\Delta x}{\Delta t} = \frac{dx}{dt} \tag{2.5}$$

순간 속도는 양, 음 또는 영이 될 수 있다. 그림 2.3에서 처음 10 s 내의 임의의 순간에서와 같이 위치-시간 그래프의 기울기가 양(+)이면, v_x는 양(+)이고 자동차는 x가 증가하는 방향으로 움직일 것이다. 점 Ⓑ 이후 기울기가 음(−)이기 때문에 v_x는 음(−)이고 자동차는 x가 작아지는 방향으로 움직일 것이다. 점 Ⓑ에서 기울기와 순간 속도는 영이고 자동차는 순간적으로 정지한다.

이제부터는 순간 속도를 **속도**라고 한다. **평균 속도**를 말할 때는 항상 **평균**이라는 말을 붙인다.

입자의 **순간 속력**(instantaneous speed)은 순간 속도의 크기로 정의된다. 평균 속력과 같이 순간 속력은 연관된 방향이 없어서 대수적인 부호가 붙지 않는다. 예를 들면 만일 어느 한 입자가 주어진 직선을 따라 +25 m/s의 순간 속도를 가지고, 다른 한 입자가 같은 직선을 따라 −25 m/s의 순간 속도를 가지면, 두 입자는 모두 25 m/s의 속력을 갖는다.[2]

Q 퀴즈 2.2 고속도로 경찰은 운전자의 **(a)** 평균 속력과 **(b)** 순간 속력 중 어느 것에 더 관심이 있는가?

---

[1] Δt가 영에 가까이 갈 때 변위 Δx도 영에 접근하므로, 그 비가 0/0처럼 보이는 것에 유의하라. 이 비는 계산하기 어려운 것처럼 보이지만, 이 비는 특정한 값을 갖는다. Δx와 Δt가 점점 작아질 때, $\Delta x/\Delta t$의 비는 t 대 x의 곡선에서 접선의 기울기에 가까워진다.

[2] 속도에서와 같이, 순간 속력의 경우 '순간'이라는 단어를 생략한다. '속력'은 순간 속력을 의미한다.

예제 2.2 평균 속도와 순간 속도

한 입자가 x축을 따라 움직인다. 입자의 위치는 시간에 따라 $x = -4t + 2t^2$의 식과 같이 변한다. 여기서 x의 단위는 m, t의 단위는 s이다.[3] 이 운동에 대한 위치–시간 그래프는 그림 2.4a로 주어진다. 입자의 위치가 수학적인 함수로 주어졌으므로, 그림 2.1에서의 자동차 운동과는 달리, 이 입자의 운동은 어떤 순간이라도 완전히 알고 있다. 이 입자는 운동의 처음 1 s 동안 $-x$ 방향으로 움직이고, $t = 1$ s에서 순간적으로 정지한 후 시간 $t > 1$ s에서 $+x$ 방향으로 움직인다.

(A) $t = 0$에서 $t = 1$ s까지의 시간 간격과 $t = 1$ s에서 $t = 3$ s까지의 시간 간격에서 입자의 변위를 구하라.

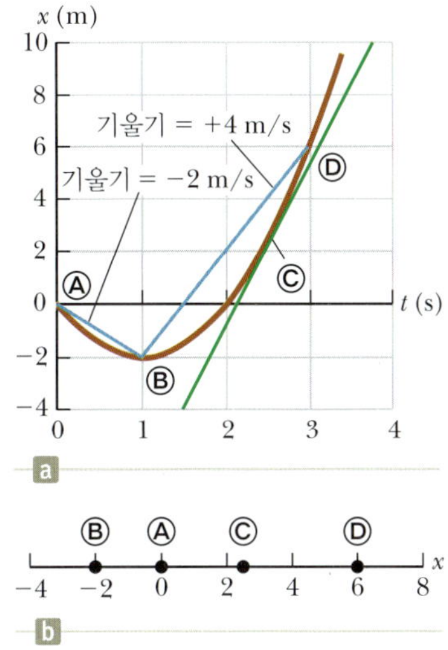

그림 2.4 (예제 2.2) (a) $x = -4t + 2t^2$과 같이 시간에 따라서 변하는 x 좌표를 갖는 입자에 대한 위치–시간 그래프 (b) 입자는 x축을 따라서 일차원 운동을 한다.

풀이 그림 2.4a의 그래프는 입자의 운동을 나타낸 것이다. 그래프에서 갈색 곡선이 입자의 경로가 아님에 유의하라. 이 입자는 그림 2.4b에서와 같이 일차원에서 x축을 따라서만 움직인다. $t = 0$에서 입자는 좌우 어느 방향으로 움직이고 있는가?

첫 번째 시간 간격 동안 곡선의 기울기는 음이므로 평균 속도도 음이다. 그래서 점 Ⓐ와 Ⓑ 사이의 변위는 미터의 단위를 갖는 음수임이 틀림이 없다. 마찬가지로 점 Ⓑ와 Ⓓ 사이의 변위는 양임을 알 수 있다.

첫 번째 시간 간격에서 변위를 구하기 위하여 $t_i = t_Ⓐ = 0$과 $t_f = t_Ⓑ = 1$ s로 놓고, 식 2.1을 이용한다.

$$\Delta x_{Ⓐ\to Ⓑ} = x_f - x_i = x_Ⓑ - x_Ⓐ$$
$$= [-4(1) + 2(1)^2] - [-4(0) + 2(0)^2] = -2 \text{ m}$$

두 번째 시간 간격에서 $t_i = t_Ⓑ = 1$ s와 $t_f = t_Ⓓ = 3$ s로 놓고 변위를 계산한다.

$$\Delta x_{Ⓑ\to Ⓓ} = x_f - x_i = x_Ⓓ - x_Ⓑ$$
$$= [-4(3) + 2(3)^2] - [-4(1) + 2(1)^2] = +8 \text{ m}$$

이들 변위는 위치–시간 그래프에서 직접 구할 수도 있다.

(B) 두 시간 간격 동안의 평균 속도를 구하라.

풀이 첫 번째 시간 간격은 $\Delta t = t_f - t_i = t_Ⓑ - t_Ⓐ = 1$ s이고, 식 2.2를 사용하여 평균 속도를 구한다.

$$v_{x,\text{avg}\,(Ⓐ\to Ⓑ)} = \frac{\Delta x_{Ⓐ\to Ⓑ}}{\Delta t} = \frac{-2 \text{ m}}{1 \text{ s}} = -2 \text{ m/s}$$

두 번째 시간 간격은 $\Delta t = 2$ s이므로

$$v_{x,\text{avg}\,(Ⓑ\to Ⓓ)} = \frac{\Delta x_{Ⓑ\to Ⓓ}}{\Delta t} = \frac{8 \text{ m}}{2 \text{ s}} = +4 \text{ m/s}$$

이다. 이들 값은 그림 2.4에서 이 점들을 연결한 직선의 기울기와 같다.

[3] 식을 단순히 쉽게 읽기 위하여, $x = (-4.00 \text{ m/s})t + (2.00 \text{ m/s}^2)t^{2.00}$과 같이 쓰기보다는 $x = -4t + 2t^2$으로 쓴다. 이 경우처럼 한 식으로 여러 측정을 관련지어 나타낼 때, 식의 계수들은 문제에서 인용된 다른 자료와 같은 수의 유효 숫자를 가지고 있음에 유의하라. 그 계수들은 차원 일치에서 요구되는 단위들을 가진다. $t = 0$에서부터 시간을 잴 때, 영(0)의 유효 숫자가 한 개인 것을 의미하지 않는다. 이 교재에서 영으로 표현된 숫자는 여러분이 필요한 만큼의 유효 숫자를 가질 수 있음에 유의하라.

(C) $t = 2.5$ s에서 입자의 순간 속도를 구하라.

풀이 그림 2.4a에서 $t = 2.5$ s(점 Ⓒ)일 때 초록색 선의 기울기를 측정하여

$$v_x = \frac{10\ \text{m} - (-4\ \text{m})}{3.8\ \text{s} - 1.5\ \text{s}} = +6\ \text{m/s}$$

를 구한다.

이 순간 속도는 앞에서 얻은 결과들과 크기의 정도가 같음에 주목하라. 이것은 여러분이 예상한 결과인가?

2.3 분석 모형: 등속 운동하는 입자
Analysis Model: Particle Under Constant Velocity

분석 모형 ▶

1.2절에서 모형의 중요성에 대하여 논의하였다. 물리 문제의 답을 구하는 데 사용되는 특히 중요한 모형이 분석 모형이다. **분석 모형**(analysis model)은 시간에 따라 변하는 일반적인 상황이다. 이는 일반적인 상황을 나타내므로, 우리가 이미 이전에 풀어본 일반적인 문제 유형을 의미한다. 여러분이 새로운 문제에 대한 분석 모형을 찾으려할 때, 새로운 문제에 대한 답은 이전에 풀었던 문제의 분석 모형을 따라 모형화할 수 있다. 분석 모형은 이런 일반적인 상황을 분석하고 답을 구하는 데 도움을 준다. 분석 모형의 형태는 (1) 어떤 물리적인 실체의 거동 또는 (2) 실체와 환경 사이의 상호 작용을 기술하고 있다. 새로운 문제를 풀 때, 문제의 기본적인 세부 사항을 확인하고, 이전에 여러분이 이미 풀어본 문제 중에서 어떤 형태가 새로운 문제의 모형으로 사용될 수 있는지를 알아보아야 한다. 예를 들면 자동차가 일정한 속력으로 직선 고속도로를 달리고 있다고 가정하자. 여기서 자동차라는 것이 중요한가, 고속도로라는 것이 중요한가? 답은 둘 다 아니며, 자동차가 일정한 속력으로 직선 도로를 이동하고 있다면 자동차를 **등속 운동하는 입자**로 모형화할 수 있다는 것이 중요하다. 이를 이번 절에서 논의해 보자. 일단 문제에서 모형화하면, 그것은 더 이상 자동차에 대한 것이 아니다. 이는 앞에서 공부한 어떤 운동을 하는 입자에 대한 것이다.

이 방법은 법률 업무에서 판례를 찾는 일반적인 방법과 유사하다. 현재의 경우와 아주 유사하면서, 이전에 해결된 경우를 찾아낼 수 있다면, 이를 모형으로 하여 법정에서 논리적으로 대응할 수 있다. 그렇게 하면 이전의 경우에서 찾아낸 내용은 현재의 경우를 해결하는 데 이용될 수 있다. 물리학에서도 문제를 풀 때 이와 유사한 방법을 사용할 수 있다. 주어진 문제에 대하여, 이미 익숙하고 현재 문제에 적용할 수 있는 모형을 찾는다.

네 개의 기본적인 단순화 모형에 근거한 분석 모형을 만들어보겠다. 첫 번째는 이 장의 전반부에서 논의한 입자 모형이다. 여러 형태로 운동하며 주위와 상호 작용하고 있는 입자를 살펴보자. **계**, **강체** 및 **파동**과 같은 좀 더 심도 있는 분석 모형은 후반부의 장에서 소개할 예정이다. 여기서 소개된 분석 모형은 여러 상황의 문제에서 이 모형들이 반복적으로 나타남을 알게 될 것이다.

문제를 풀 때, 문제에서 요구하는 미지의 변수가 포함되어 있는 식을 찾으려고 교재의 여기저기를 두서없이 대강 훑어보는 것은 피해야 한다. 많은 경우, 여러분이 찾은 식은 풀고자 하는 문제와 상관이 없을 수 있다. 다음의 첫 번째 단계를 밟는 것이 훨씬 더 좋다. **문제에 적절한 분석 모형을 설정하라.** 그렇게 하기 위해서는, 문제에서의 상황을 주의 깊게 생각하고 이전에 알고 있던 내용과 연결시킨다. 일단 분석 모형이 설정되면, 그 모형에 적절한 적은 개수의 식, 때로는 단 하나의 식이 있을 것이다. 따라서 **그 모형으로부터 수학적인 표현에 사용할 식이 어떤 것인지 알 수 있게 된다.**

문제 해결을 위한 첫 번째 분석 모형을 만들기 위하여 식 2.2를 이용하자. 등속도로 운동하는 입자를 생각해 보자. **등속 운동하는 입자** 모형은 등속도로 운동하는 어떤 경우에도 적용할 수 있다. 이런 상황은 빈번하게 나타나므로 이 모형은 중요하다.

입자의 속도가 일정하면, 시간 간격 내 어떤 순간에서의 순간 속도는 이 구간에서의 평균 속도와 같다. 다시 말하면 $v_x = v_{x,\text{avg}}$이다. 그러므로 식 2.2로부터 이 경우의 수학적인 표현에 사용될 수 있는 식을 얻을 수 있다.

$$v_x = \frac{\Delta x}{\Delta t} \tag{2.6}$$

여기서 $\Delta x = x_f - x_i$이면, $v_x = (x_f - x_i)/\Delta t$이다. 또는

$$x_f = x_i + v_x \, \Delta t$$

이다. 이 식은 입자의 위치가 $t = 0$에서의 처음 위치 x_i와 시간 간격 Δt 동안에 생긴 변위 $v_x \, \Delta t$와의 합임을 말해 주고 있다. 일반적으로 실제 문제에서 처음 시간을 $t_i = 0$, 나중 시간을 $t_f = t$로 놓으므로, 이 식은 다음과 같이 된다.

$$x_f = x_i + v_x t \quad (v_x\text{는 일정}) \tag{2.7}$$

◀ 등속 운동하는 입자의 모형에서 시간의 함수로 나타낸 위치

식 2.6과 2.7은 등속 운동하는 입자의 모형에 사용되는 중요한 관계식이다. 등속 운동하는 입자로 모형화할 수 있는 문제에서는 언제든지 이들 식을 즉시 적용할 수 있다.

그림 2.5는 등속 운동하는 입자의 그래프 표현이다. 이 위치–시간 그래프에서 운동을 나타내는 직선의 기울기는 일정하고, 이는 속도의 값과 같다. 직선의 식인 식 2.7은 등속 운동하는 입자 모형의 수학적인 표현이다. 두 가지 표현 모두에서 직선의 기울기는 v_x이고 위치를 나타내는 축의 절편은 x_i이다.

다음의 예제 2.3은 등속 운동하는 모형의 응용을 보여 준다.

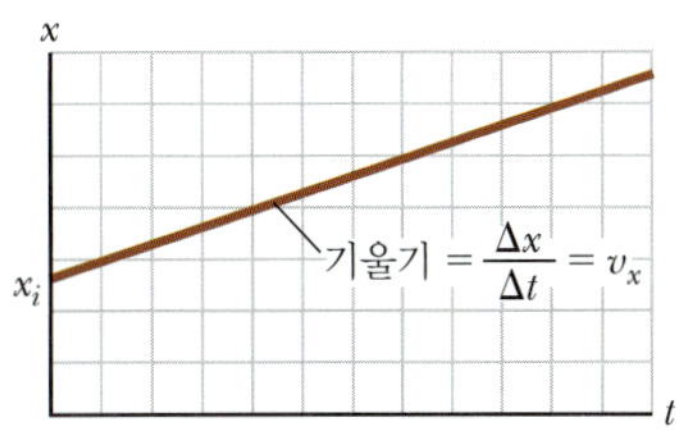

그림 2.5 등속 운동하는 입자의 위치–시간 그래프. 직선의 기울기는 등속도의 값이다.

예제 2.3 달리는 사람을 입자로 모형화

과학자가 인간의 생체 역학을 연구하기 위하여 어떤 남자가 일정한 비율로 직선을 따라서 달리는 동안 실험 대상의 속도를 측정한다. 과학자는 달리는 사람이 어떤 주어진 지점을 통과할 때 초시계를 작동시키고 20 m를 달린 시점에 초시계를 멈춘다. 초시계에 기록된 시간 간격은 4.0 s이다.

(A) 달리는 사람의 속도를 구하라.

풀이 달리는 사람의 크기 및 팔과 다리의 운동은 불필요한 사항이기 때문에, 달리는 사람을 입자로 모형화하자. 문제에서 사람이 일정한 비율로 달리기 때문에, 그를 **등속 운동하는 입자**로 모형화할 수 있다.

모형을 설정하였으므로, 달리는 사람의 등속도를 구하기 위하여, 식 2.6을 이용한다.

$$v_x = \frac{\Delta x}{\Delta t} = \frac{x_f - x_i}{\Delta t} = \frac{20\text{ m} - 0}{4.0\text{ s}} = 5.0\text{ m/s}$$

(B) 초시계가 멈춘 후에도 사람이 계속 달린다면, 처음부터 10 s 후의 위치는 어디인가?

풀이 $t = 10$ s의 시간에서 입자의 위치를 구하기 위하여, 식 2.7과 (A)에서 구한 속도를 이용한다.

$$x_f = x_i + v_x t = 0 + (5.0\text{ m/s})(10\text{ s}) = 50\text{ m}$$

(A)의 결과는 사람에게 합리적인 결과인가? 100 m와 200 m 세계 신기록과 비교해 보라. (B)에서의 이 값은 초시계가 멈추었을 때의 20 m보다 두 배 이상임에 유의하라. 이 값은 10 s가 4.0 s의 두 배 이상인 것과 일치하는가?

등속 운동하는 입자에 대한 수학적인 계산은 식 2.6과 이로부터 유도된 식 2.7로부터 시작된다. 이들 식은 미지의 변수를 구하고자 할 때 사용될 수 있다. 예를 들면 예제 2.3의 (B)에서, 속도와 시간이 주어졌을 때 위치를 구한다. 마찬가지로 속도와 나중 위치를 알고 있다면, 달리는 사람이 이 위치에 있게 되는 시간을 구하기 위하여 식 2.7을 이용할 수도 있다.

등속 운동하는 입자는 직선을 따라 일정한 속력으로 움직인다. 이제 곡선의 경로를 따라서 거리 d를 일정한 속력으로 움직이는 입자를 고려하자. 이 상황은 **일정한 속력으로 운동하는 입자** 모형으로 나타낼 수 있다. 이 모형에서 주요한 식은 식 2.3에서 평균 속력 v_{avg}를 일정한 속력 v로 치환하여 얻는다.

$$v = \frac{d}{\Delta t} \tag{2.8}$$

한 예로 원형 경로에서 일정한 속력으로 움직이는 입자를 고려해 보자. 속력이 5.00 m/s이고 경로의 반지름이 10.0 m인 경우, 원을 따라 한 바퀴 도는 데 걸리는 시간을 계산할 수 있다.

$$v = \frac{d}{\Delta t} \quad \rightarrow \quad \Delta t = \frac{d}{v} = \frac{2\pi r}{v} = \frac{2\pi(10.0\text{ m})}{5.00\text{ m/s}} = 12.6\text{ s}$$

2.4 가속도
Acceleration

예제 2.2에서 입자가 움직일 때 입자의 속도가 변하는 상황을 살펴보았다. 입자의 속도가 시간에 따라 변할 때, 그 입자는 **가속**되고 있다고 말한다. 예를 들면 자동차의 속도 크기는 가속 페달을 밟으면 증가하고 브레이크를 밟으면 감소한다. 가속도를 어떻게 나타내는지 알아보자.

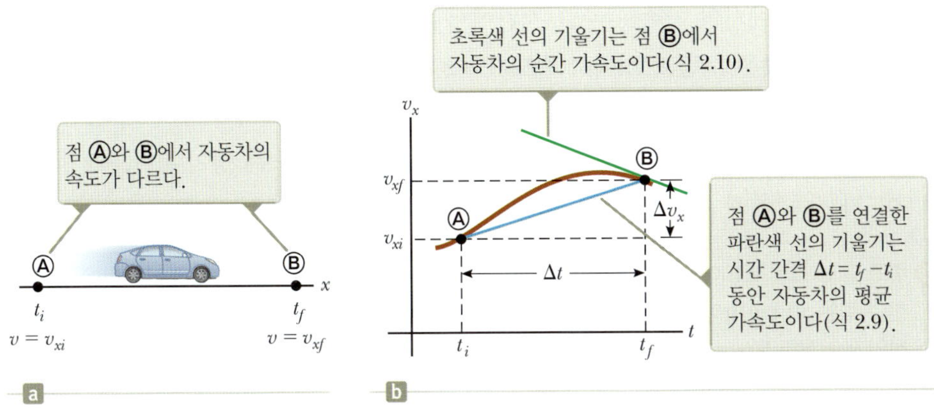

그림 2.6 (a) 입자로 모형화한 자동차가 x축을 따라 Ⓐ에서 Ⓑ까지 움직일 때, $t = t_i$에서 속도는 v_{xi}이고 $t = t_f$에서 속도는 v_{xf}이다. (b) 직선을 따라 움직이는 입자의 속도-시간 그래프(갈색)

그림 2.6a와 같이 시간 t_i에서 처음 속도가 v_{xi}이고, 시간 t_f에서 나중 속도가 v_{xf}인 x축을 따라 움직이는 입자로 모형화한 물체를 생각해 보자. 입자의 **평균 가속도**(average acceleration) $a_{x,\text{avg}}$는 속도 변화 Δv_x를 변화가 일어나는 동안의 시간 간격 Δt로 나눈 값으로 정의된다.

$$a_{x,\text{avg}} \equiv \frac{\Delta v_x}{\Delta t} = \frac{v_{xf} - v_{xi}}{t_f - t_i} \tag{2.9}$$

◀ 평균 가속도

일차원 운동에서는 속도처럼 가속도의 방향을 양(+)과 음(−)의 부호를 사용하여 나타낼 수 있다. 속도의 차원은 L/T이고 시간의 차원은 T이기 때문에, 가속도의 차원은 길이를 시간의 제곱으로 나눈 차원, 즉 L/T^2이다. 가속도의 SI 단위는 m/s^2이다. 예를 들면 한 물체가 $+2 m/s^2$의 가속도를 갖는다고 생각하자. 이는 물체의 속도가 직선을 따라 초당 2 m/s씩 증가하는 상황으로 그려볼 수 있다. 물체가 정지 상태에서 출발한다면, 1 s 후 +2m/s, 2 s 후 +4 m/s 등의 속도로 움직일 것이다.

어떤 경우에 시간 간격에 따라 평균 가속도의 값이 달라질 수 있다. 그래서 Δt가 영으로 접근할 때 평균 가속도의 극한인 **순간 가속도**(instantaneous acceleration)를 정의하는 것이 유용하다. 이 개념은 2.2절에서 논의한 순간 속도의 정의와 유사하다. 그림 2.6a에서 점 Ⓐ가 Ⓑ에 점점 더 가까워지고 Δt가 영에 접근할 때 $\Delta v_x/\Delta t$의 극한이 존재하면, Ⓑ에서의 순간 가속도는

$$a_x \equiv \lim_{\Delta t \to 0} \frac{\Delta v_x}{\Delta t} = \frac{dv_x}{dt} \tag{2.10}$$

◀ 순간 가속도

가 된다. 즉 순간 가속도는 시간에 대한 속도의 도함수와 같고, 속도-시간 그래프의 접선의 기울기가 된다. 그림 2.6b에서 초록색 선의 기울기는 점 Ⓑ에서의 순간 가속도와 같다. 그림 2.6b는 그림 2.1b, 그림 2.3, 그림 2.4, 그림 2.5처럼 위치-시간 그래프가 아니라 속도-시간 그래프임에 주목하라. 그래서 움직이는 입자의 속도는 x-t 그래프 상의 한 점에서 기울기인 것처럼, 입자의 가속도는 $v_x - t$ 그래프 상의 한 점에서 기울기이다. 시간에 대한 속도의 도함수는 속도의 시간 변화율로 해석될 수 있다. a_x가 양(+)이면 가속도는 $+x$ 방향이고, a_x가 음(−)이면 가속도는 $-x$ 방향이다.

그림 2.7은 가속도-시간 그래프가 속도-시간 그래프와 어떻게 관련이 있는지 보여

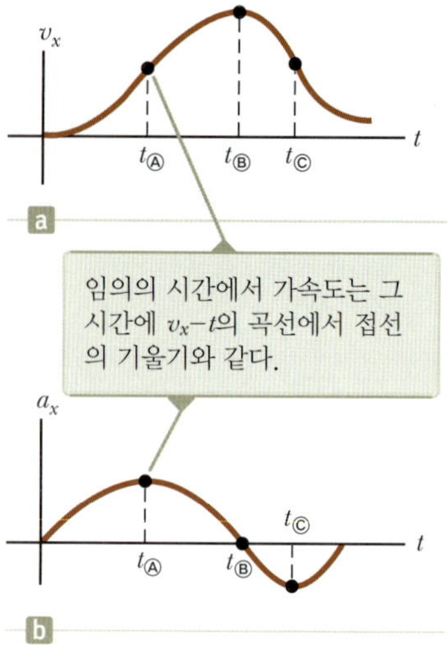

그림 2.7 (a) x축을 따라 이동하는 입자의 속도-시간 그래프 (b) 순간 가속도는 속도-시간 그래프로부터 구할 수 있다.

준다. 어떤 시간에서의 가속도는 그 시간에서 속도-시간 그래프의 기울기와 같다. 양(+)의 가속도 값은 그림 2.7a에서 속도가 $+x$ 방향으로 증가하고 있는 점들에 해당한다. 가속도는 속도-시간 그래프의 기울기가 최대인 시간 $t_Ⓐ$에서 최대가 되며, 속도가 최대인(즉 v_x-t 그래프의 기울기가 영인) 시간 $t_Ⓑ$에서 가속도는 영이 된다. $+x$ 방향에서 속도가 감소할 때 가속도는 음(−)이고, 시간 $t_Ⓒ$에서 최솟값이 된다.

Q 퀴즈 2.3 그림 2.1a에서 자동차에 대한 속도-시간 그래프를 만들어 보자. 도로 표지판에 적힌 제한 속력은 30 km/h이다. 자동차는 0~50 s 시간 간격 내의 어떤 시간에서 제한 속력을 초과한다. 참인가 거짓인가?

직선 운동의 경우 물체의 속도 방향과 가속도 방향이 다음과 같이 연관되어 있다. 물체의 속도와 가속도가 같은 방향일 때 물체의 속력은 증가한다. 반면에 물체의 속도와 가속도가 서로 반대 방향일 때 물체의 속력은 감소한다.

속도와 가속도의 부호에 대한 이런 논의는 물체의 가속도와 물체에 작용하는 힘을 연관시키는 데 도움이 된다. 5장에서 **물체에 작용하는 힘은 물체의 가속도에 비례함**을 공부할 것이다. 즉

$$F_x \propto a_x \tag{2.11}$$

이다. 이 비례식은 가속도가 힘에 의하여 유도됨을 나타낸다. 더욱이 힘과 가속도는 둘 다 벡터양이고 같은 방향으로 작용한다. 이렇게 해서 물체에 힘이 작용하여 가속될 때 속도와 가속도의 부호를 생각해 보자. 속도와 가속도는 같은 방향이라고 생각하자. 이 상황은 어느 한 방향으로 움직이는 물체가 같은 방향으로 작용하는 힘을 받는 경우와 같다. 이런 경우 물체의 속력은 증가한다! 이제 속도와 가속도가 반대 방향에 있는 경우를 생각해 보자. 이 상황에서는 물체가 어느 한 방향으로 움직이고 반대 방향으로 힘이 물체에 작용한다. 따라서 물체의 속력은 감소한다. 가속도의 방향으로 생각하기보다는 물체에 작용하는 힘이 미치는 효과를 생각하는 것이 일상적인 경험에 의하여 알기 쉽기 때문에, 가속도의 방향과 힘의 방향이 같다고 보는 것이 매우 유용하다.

오류 피하기 2.4
음의 가속도 음의 가속도가 반드시 물체의 속력이 감소하는 것을 의미하지는 않는다는 것을 유념하자. 가속도가 음이고 속도가 음이면, 물체의 속력은 증가한다!

오류 피하기 2.5
감가속도 감가속도라는 단어는 흔히 속력이 **감소**한다는 의미로 쓰고 있다. 음의 가속도에 대한 정의와 혼동하지 않도록 이 교재에서는 이 단어를 사용하지 않을 것이다.

Q 퀴즈 2.4 만약 자동차가 동쪽으로 여행하면서 속력이 줄어든다면, 속력이 줄어들게 하는 힘이 자동차에 작용하는 방향은 어느 쪽인가? **(a)** 동쪽 **(b)** 서쪽 **(c)** 동쪽도 아니고 서쪽도 아니다.

지금부터 순간 가속도를 나타내는 용어로 **가속도**라는 표현을 사용할 것이다. 평균 가속도를 나타낼 때는 항상 평균이라는 관형어를 사용할 것이다. $v_x = dx/dt$이기 때문에, 가속도는 또한 다음과 같이 나타낼 수 있다.

$$a_x = \frac{dv_x}{dt} = \frac{d}{dt}\left(\frac{dx}{dt}\right) = \frac{d^2x}{dt^2} \tag{2.12}$$

즉 일차원 운동에서 가속도는 시간에 대한 x의 **이계 도함수**(이차 도함수)와 같다.

예제 2.4 x, v_x 및 a_x의 관계를 나타내는 그래프

x축을 따라서 움직이는 물체의 위치는 시간에 따라 그림 2.8a에서와 같이 변한다. 물체의 속도–시간 그래프와 가속도–시간 그래프를 그리라.

풀이 어떤 순간에서의 속도는 그 순간에 $x-t$ 그래프에서 접선의 기울기와 같다. $t = 0$과 $t = t_Ⓐ$ 사이에서 $x-t$ 그래프의 기울기가 증가하므로, 속도는 그림 2.8b에서와 같이 선형으로 증가한다. $t_Ⓐ$와 $t_Ⓑ$ 사이에서 $x-t$ 그래프의 기울기는 일정하므로, 속도는 일정하다. $t_Ⓑ$와 $t_Ⓓ$ 사이에서 $x-t$ 그래프의 기울기는 감소하므로, v_x-t 그래프에서 속도는 감소한다. $t_Ⓓ$에서 $x-t$ 그래프의 기울기는 영이기 때문에 속도는 그 순간에 영이다. $t_Ⓓ$와 $t_Ⓔ$ 사이에서 $x-t$ 그래프의 기울기, 즉 속도는 이 구간에서 음(−)이고 일정하게 감소한다. $t_Ⓔ$와 $t_Ⓕ$ 구간에서, $x-t$ 그래프의 기울기는 여전히 음(−)이고, $t_Ⓕ$에서 영이 된다. 마지막으로 $t_Ⓕ$ 후에 $x-t$ 그래프의 기울기는 영이고, 이는 $t > t_Ⓕ$에서 입자가 정지해 있음을 의미한다.

어떤 순간에서의 가속도는 그 순간에 $v_x - t$ 그래프에서 접선의 기울기이다. 이 물체에 대한 가속도–시간 그래프를 그림 2.8c에 나타내었다. v_x-t 그래프의 기울기가 양(+)인 $t = 0$과 $t_Ⓐ$ 사이에서 가속도는 일정하고 양(+)이다. $t_Ⓐ$와 $t_Ⓑ$ 사이에서 v_x-t 그래프의 기울기는 영이고 가속도도 영이며, $t > t_Ⓕ$일 때도 마찬가지다. $t_Ⓑ$에서 $t_Ⓔ$까지는 v_x-t 그래프의 기울기가 음(−)이기 때문에, 가속도가 음(−)이다. $t_Ⓔ$와 $t_Ⓕ$ 사이에서 가속도는 $t = 0$과 $t_Ⓐ$ 사이에서처럼 양(+)인데, v_x-t 그래프의 기울기가 더 가파르기 때문에 가속도 값이 더 크다.

그림 2.8c에서처럼 가속도가 급격히 변하는 것은 현실적이지 않음에 유의하라. 이런 순간적인 가속도의 변화는 실제로 일어나지 않는다.

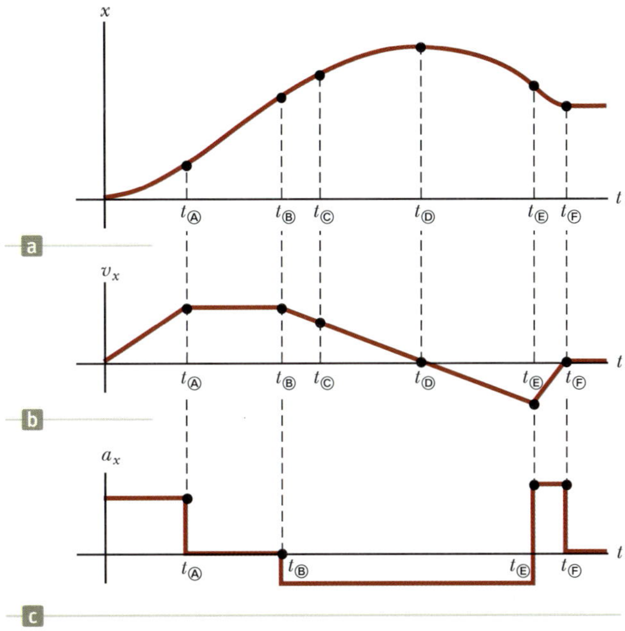

그림 2.8 (예제 2.4) (a) x축을 따라서 움직이는 물체의 위치–시간 그래프 (b) 물체의 속도–시간 그래프는 위치–시간 그래프의 기울기를 측정하여 얻는다. (c) 물체의 가속도–시간 그래프는 각각의 순간에 속도–시간 그래프의 기울기를 측정하여 얻는다.

예제 2.5 평균 가속도와 순간 가속도

x 축을 따라서 운동하는 입자의 속도가 $v_x = 40 - 5t^2$으로 시간에 따라 변한다. 여기서 v_x 의 단위는 m/s이고 t의 단위는 s이다.

(A) $t = 0$ s에서 $t = 2.0$ s까지의 시간 간격 동안 평균 가속도를 구하라.

풀이 수학적인 표현으로부터 입자가 어떤 운동을 하는지 생각해 보자. 입자는 $t = 0$에서 움직이고 있는가? 어느 방향으로 움직이고 있는가? 속력은 증가하는가 또는 감소하는가? 그림 2.9는 문제에서 주어진 속도–시간(v_x-t) 그래프이다. v_x-t 곡선의 기울기가 음(−)이기 때문에, 가속도가 음(−)이라고 예상된다.

$t_i = t_Ⓐ = 0$과 $t_f = t_Ⓑ = 2.0$ s를 속도에 관한 식에 대입한다.

$$v_{xⒶ} = 40 - 5t_Ⓐ^2 = 40 - 5(0)^2 = +40 \text{ (m/s 단위)}$$

$$v_{xⒷ} = 40 - 5t_Ⓑ^2 = 40 - 5(2.0)^2 = +20 \text{ (m/s 단위)}$$

시간 간격 $\Delta t = t_Ⓑ - t_Ⓐ = 2.0$ s 동안 평균 가속도를 구한다.

$$a_{x,\text{avg}} = \frac{v_{xf} - v_{xi}}{t_f - t_i} = \frac{v_{xⒷ} - v_{xⒶ}}{t_Ⓑ - t_Ⓐ} = \frac{20 \text{ m/s} - 40 \text{ m/s}}{2.0 \text{ s} - 0 \text{ s}}$$

$$= -10 \text{ m/s}^2$$

음(−)의 부호는 예상한 것과 일치한다. 즉 속도−시간 그래프에서 시작점과 끝점을 연결한 파란색 직선의 기울기로 표현되는 평균 가속도는 음(−)이다.

(B) $t = 2.0$ s에서의 가속도를 구하라.

풀이 임의의 시간 t에서의 처음 속도가 $v_{xi} = 40 - 5t^2$일 때, $t + \Delta t$에서의 나중 속도를 구한다.

$$v_{xf} = 40 - 5(t + \Delta t)^2 = 40 - 5t^2 - 10t\,\Delta t - 5(\Delta t)^2$$

시간 간격 Δt 동안 속도의 변화를 구한다.

$$\Delta v_x = v_{xf} - v_{xi} = -10t\,\Delta t - 5(\Delta t)^2$$

임의의 시간 t에서의 가속도를 구하기 위하여 이 속도 변화를 Δt로 나누고 Δt를 영으로 접근시킨다.

$$a_x = \lim_{\Delta t \to 0} \frac{\Delta v_x}{\Delta t} = \lim_{\Delta t \to 0}(-10t - 5\,\Delta t) = -10t$$

$t = 2.0$ s를 대입한다.

$$a_x = (-10)(2.0)\ \text{m/s}^2 = \boxed{-20\ \text{m/s}^2}$$

이 순간에 입자의 속도는 양(+)이고, 가속도는 음(−)이기 때문에, 입자의 속도는 감소한다.

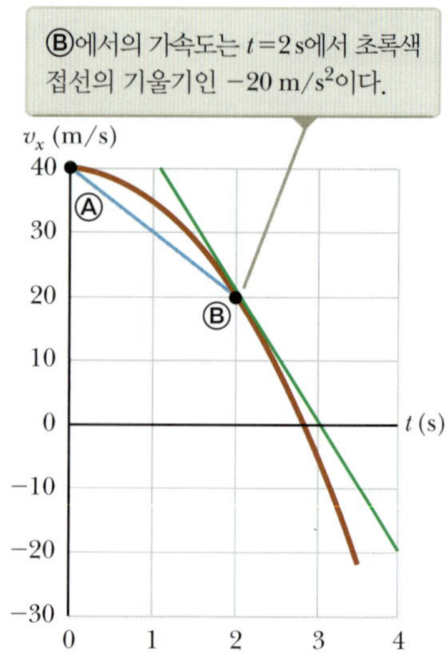

그림 2.9 (예제 2.5) $v_x = 40 - 5t^2$을 만족하면서 x축을 따라서 운동하는 입자의 속도−시간 그래프

(A)와 (B)에 대한 풀이가 다름에 주목하라. (A)에서의 평균 가속도는 그림 2.9에서 점 Ⓐ와 Ⓑ를 연결한 파란색 선의 기울기이다. (B)에서 순간 가속도는 점 Ⓑ에서 곡선의 접선인 초록색 선의 기울기이다. 또한 이 예제에서 가속도가 일정하지 않음에 유의하라. 등가속도를 포함하는 상황은 2.5절에서 다루고 있다.

지금까지 정의에 따라 미소량의 비를 구하고 그 극한을 취해서 어떤 함수의 도함수를 계산하였다. 만일 미적분에 익숙하다면, 도함수를 구할 때 특별한 공식들이 있음을 알고 있을 것이다. 부록 B.6에 있는 이 공식은 도함수를 빨리 계산하는 데 도움이 될 것이다. 이 부록에는 상수의 도함수가 영임을 나타내는 공식도 있다. 다른 예로서

$$x = At^n$$

과 같이 x가 t의 거듭제곱에 비례한다고 하자. 여기서 A와 n은 상수이다(이 식은 아주 흔한 형태의 함수이다). t에 관한 x의 도함수는

$$\frac{dx}{dt} = nAt^{n-1}$$

이다. 이 공식을 $v_x = 40 - 5t^2$으로 주어진 예제 2.5에 적용하여 가속도를 구하면, $a_x = dv_x/dt = -10t$이다.

2.5 분석 모형: 등가속도 운동하는 입자
Analysis Model: Particle Under Constant Acceleration

입자의 가속도가 시간에 따라 변하면 입자의 운동은 복잡하여 분석하기가 어려워진다. 그러나 가속도가 일정한 일차원 운동은 아주 간단하며 이는 자주 마주치는 형태

의 운동이다. 입자의 가속도가 일정하면 시간 간격을 임의로 설정하여도 평균 가속도 $a_{x,\text{avg}}$는 항상 순간 가속도 a_x와 같고, 입자의 속도는 운동하는 전 구간에 걸쳐 같은 비율로 변한다. 이런 상황은 자주 일어나므로 분석 모형의 한 가지로 택할 수 있다. 이 모형을 **등가속도 운동하는 입자**라 한다. 이 모형에서 입자의 운동을 기술하는 몇 가지 관계식을 만들어 보자.

식 2.9에서 $a_{x,\text{avg}}$를 a_x로 치환하고 $t_i = 0$과 $t_f = t$로 두면 다음과 같다.

$$a_x = \frac{v_{xf} - v_{xi}}{t - 0}$$

또는

$$v_{xf} = v_{xi} + a_x t \quad (a_x\text{는 일정}) \tag{2.13}$$

이다. 물체의 처음 속도 v_{xi}와 (일정한) 가속도 a_x를 알면 이 표현을 이용하여 어떤 시간 t에서 물체의 속도를 구할 수 있다. 이 등가속도 운동에 대한 속도–시간 그래프가 그림 2.10b에 나타나 있다. 그래프는 직선이고 직선의 기울기는 가속도 a_x이다. 기울기가 일정하다는 것은 $a_x = dv_x/dt$가 일정하다는 사실과 일치한다. 기울기가 양(+)임에 유의하라. 즉 양(+)의 기울기는 양(+)의 가속도를 나타낸다. 만일 가속도가 음(−)이라면, 그림 2.10b에서 직선의 기울기가 음(−)일 것이다. 가속도가 일정할 때, 시간에 대한 가속도의 그래프는 기울기가 영인 직선이다(그림 2.10c).

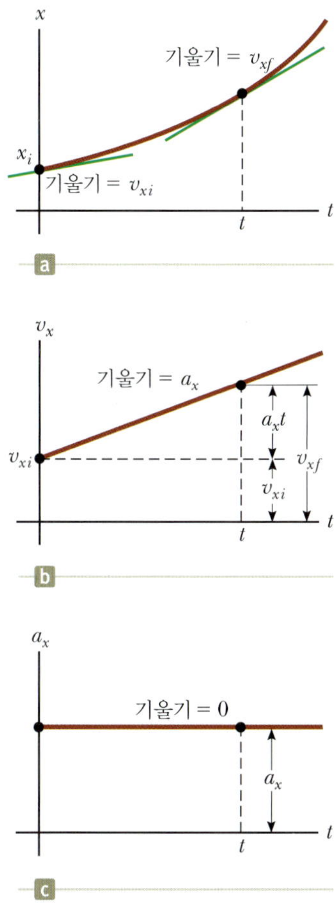

그림 2.10 등가속도 a_x로 x축을 따라 움직이는 입자 (a) 위치–시간 그래프 (b) 속도–시간 그래프 (c) 가속도–시간 그래프

등가속도 운동에서 속도는 식 2.13에 의하여 시간에 따라 선형으로 변하기 때문에, 어떤 시간 간격 동안의 평균 속도는 처음 속도 v_{xi}와 나중 속도 v_{xf}의 산술 평균으로 표현될 수 있다.

$$v_{x,\text{avg}} = \frac{v_{xi} + v_{xf}}{2} \quad (a_x\text{는 일정}) \tag{2.14}$$

평균 속도에 대한 이 표현은 가속도가 일정한 상황에서만 적용된다.

식 2.1, 2.2 그리고 2.14를 사용하여 물체의 위치를 시간의 함수로 구할 수 있다. 식 2.2에서 Δx는 $x_f - x_i$이고 $\Delta t = t_f - t_i = t - 0 = t$임을 고려하면

$$x_f - x_i = v_{x,\text{avg}}\, t = \tfrac{1}{2}(v_{xi} + v_{xf})t$$

$$x_f = x_i + \tfrac{1}{2}(v_{xi} + v_{xf})t \quad (a_x\text{는 일정}) \tag{2.15}$$

◀ 등가속도 운동하는 입자의 모형에서 속도와 시간의 함수로 나타낸 위치

를 얻게 된다. 이 식은 처음 속도와 나중 속도에 의하여, 시간이 t일 때 입자의 나중 위치를 나타낸다.

식 2.13을 식 2.15에 대입함으로써 등가속도 운동하는 입자의 위치에 관한 또 하나의 유용한 식을 얻을 수 있다.

$$x_f = x_i + \tfrac{1}{2}[v_{xi} + (v_{xi} + a_x t)]t$$

$$x_f = x_i + v_{xi}t + \tfrac{1}{2}a_x t^2 \quad (a_x\text{는 일정}) \tag{2.16}$$

◀ 등가속도 운동하는 입자의 모형에서 시간의 함수로 나타낸 위치

이 식은 입자의 처음 속도와 등가속도를 알 때 시간 t에서 입자의 나중 위치를 나타낸다.

그림 2.10a에 나타낸 (양의) 등가속도 운동에 대한 위치–시간 그래프는 식 2.16으로부터 얻을 수 있다. 이 곡선이 포물선임에 주목하라. $t = 0$에서 이 곡선에 대한 접선의 기울기는 처음 속도 v_{xi}와 같고, 나중 시간 t에서 접선의 기울기는 그 시간에서 속도 v_{xf}와 같다.

마지막으로 식 2.13을 식 2.15에 대입하여 t를 소거함으로써, 변수 t를 포함하지 않는 나중 속도에 관한 식을 얻을 수 있다.

$$x_f = x_i + \frac{1}{2}(v_{xi} + v_{xf})\left(\frac{v_{xf} - v_{xi}}{a_x}\right) = x_i + \frac{v_{xf}^2 - v_{xi}^2}{2a_x}$$

등가속도 운동하는 입자의 모형에서 위치의 함수로 나타낸 속도 ▶

$$v_{xf}^2 = v_{xi}^2 + 2a_x(x_f - x_i) \quad (a_x\text{는 일정}) \tag{2.17}$$

이 식은 나중 속도를 입자의 처음 속도, 등가속도 및 위치로 나타낸 것이다.

가속도가 영인 운동의 경우, 식 2.13과 2.16으로부터

$$\left.\begin{aligned} v_{xf} &= v_{xi} = v_x \\ x_f &= x_i + v_x t \end{aligned}\right\} \quad a_x = 0\text{일 때}$$

이다. 즉 입자의 가속도가 영일 때 입자의 속도는 일정하고 위치는 시간에 따라 선형으로 변한다. 모형으로 표현하면, 입자의 가속도가 영일 때 등가속도 운동하는 입자의 모형은 등속도 운동하는 입자의 모형이 된다(2.3절).

식 2.13에서 2.17까지는 등가속도로 움직이는 일차원 운동에 관한 문제를 푸는 데 사용될 수 있는 **운동학 식**(kinematic equations)이다. 가장 자주 사용되는 네 개의 운동학 식을 편의상 표 2.2에 열거하였다. 알고 있는 변수들이 어떤 것인가에 따라 사용할 식을 선택한다. 때때로 미지수 두 개를 구하기 위하여 식 두 개를 사용할 필요도 있다. 등가속도 운동에서 변하는 것은 위치 x_f, 속도 v_{xf} 그리고 시간 t임을 인식하기 바란다.

예제와 문제를 많이 풀어봄으로써 이 식들을 사용하는 데 도움이 되는 경험을 상당히 많이 쌓을 수 있을 것이다. 때때로 풀이를 하는 데 한 가지 이상의 방법이 사용될 수 있음을 발견할 것이다. 이 운동학 식들은 가속도가 시간에 따라 변하는 상황에서는 사용할 수 없음을 기억하라. 이 식들은 가속도가 일정할 때만 사용할 수 있다.

Q 퀴즈 2.5 그림 2.11에 나타낸 (a), (b), (c)의 v_x–t 그래프로 주어진 운동을 가장 잘 묘사하고 있는 a_x–t 그래프를 (d), (e), (f)에서 찾으라.

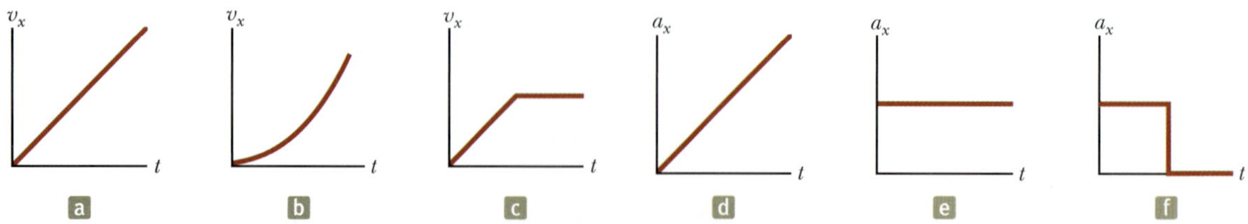

그림 2.11 (퀴즈 2.5) (a), (b), (c)는 일차원 운동에서 물체의 v_x–t 그래프이다. 가속도는 (d), (e), (f)에 순서없이 나타내었다.

표 2.2 등가속도 운동하는 입자의 운동학 식

번호	식	식에 표시된 정보
2.13	$v_{xf} = v_{xi} + a_x t$	시간의 함수로 나타낸 속도
2.14	$v_{x,\text{avg}} = \dfrac{v_{xi} + v_{xf}}{2}$	평균 속도
2.15	$x_f = x_i + \frac{1}{2}(v_{xi} + v_{xf})t$	속도와 시간의 함수로 나타낸 위치
2.16	$x_f = x_i + v_{xi}t + \frac{1}{2}a_x t^2$	시간의 함수로 나타낸 위치
2.17	$v_{xf}{}^2 = v_{xi}{}^2 + 2a_x(x_f - x_i)$	위치의 함수로 나타낸 속도

운동은 x 방향임.

예제 2.6 제한 속도 엄수

45.0 m/s의 일정한 속력으로 달리는 자동차가 광고판 뒤에 숨어 있는 교통경찰을 지나친다. 과속 자동차가 광고판을 지난 뒤 1.00 s 후 교통경찰은 과속한 자동차를 붙잡기 위하여 광고판에서 출발하여 3.00 m/s²으로 일정하게 가속한다. 교통경찰이 과속 자동차를 붙잡는 데 걸린 시간은 얼마인가?

풀이 자동차와 교통경찰을 입자로 생각하자. 그림 2.12는 일련의 사건을 명확히 이해하는 데 도움이 된다. 자동차는 **등속 운동하는 입자** 그리고 교통경찰은 **등가속도 운동하는 입자**로 모형화한다.

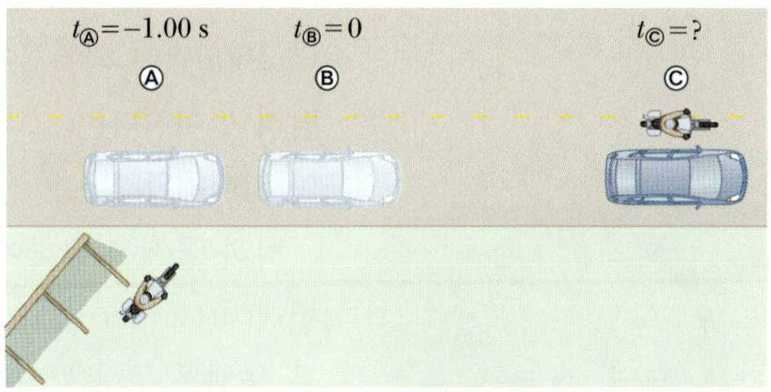

그림 2.12 (예제 2.6) 숨어 있는 교통경찰을 지나치는 과속 자동차

먼저 각 자동차의 위치를 시간의 함수로 나타낸다. 광고판의 위치를 원점으로 선택하고 교통경찰이 움직이기 시작한 시간을 $t_Ⓑ = 0$으로 둔다. 그 순간에 자동차는 1.00 s 동안 $v_x = 45.0$ m/s의 일정한 속력으로 움직였기 때문에, 이미 45.0 m의 거리를 이동하였다. 따라서 과속 자동차의 처음 위치는 $x_Ⓑ = 45.0$ m이다.

등속 운동하는 입자 모형을 이용하여, 임의의 시간 t에서 자동차의 위치는 식 2.7에 적용하여 구한다.

$$x_{\text{car}} = x_Ⓑ + v_{x\,\text{car}}t$$

얼핏 점검해 보면 $t = 0$ s에서 이 식은 교통경찰이 움직이기 시작할 때 자동차의 정확한 처음 위치를 보여 준다. 즉 $x_{\text{car}} = x_Ⓑ = 45.0$ m이다.

교통경찰이 $t_Ⓑ = 0$ s일 때 정지한 상태에서 출발하여 원점으로부터 $a = 3.00$ m/s²의 가속도로 달려 나간다. 따라서 시간 t일 때 교통경찰의 위치는 식 2.16으로 구할 수 있다.

$$x_f = x_i + v_{xi}t + \tfrac{1}{2}a_x t^2$$

$$x_{\text{trooper}} = 0 + (0)t + \tfrac{1}{2}a_x t^2 = \tfrac{1}{2}a_x t^2$$

교통경찰이 위치 Ⓒ에서 과속한 자동차를 붙잡게 되므로, 두 위치를 같게 놓는다.

$$x_{\text{trooper}} = x_{\text{car}}$$

$$\tfrac{1}{2}a_x t^2 = x_Ⓑ + v_{x\,\text{car}}t$$

이 식을 정리하면 이차 방정식이다.

$$\tfrac{1}{2}a_x t^2 - v_{x\,\text{car}}t - x_Ⓑ = 0$$

교통경찰이 자동차를 붙잡게 되는 시간에 대한 이차 방정식을 푼다.(이차 방정식을 푸는 데 있어 도움을 얻으려면 부록 B를 보라.)

$$t = \frac{v_{x\,\text{car}} \pm \sqrt{v_{x\,\text{car}}^2 + 2a_x x_Ⓑ}}{a_x}$$

(1) $$t = \frac{v_{x\,\text{car}}}{a_x} \pm \sqrt{\frac{v_{x\,\text{car}}^2}{a_x^2} + \frac{2x_Ⓑ}{a_x}}$$

해를 구하고, 여기서 시간 $t > 0$과 부합해야 하기 때문에 양의 부호를 선택한다.

$$t = \frac{45.0\ \text{m/s}}{3.00\ \text{m/s}^2} + \sqrt{\frac{(45.0\ \text{m/s})^2}{(3.00\ \text{m/s}^2)^2} + \frac{2(45.0\ \text{m})}{3.00\ \text{m/s}^2}} = 31.0\ \text{s}$$

자동차가 교통경찰을 지나치는 순간의 시간 $t = 0$을 선택하지 않은 이유는 무엇일까? 그렇게 하였다면, 교통경찰에 대하여 등가속도 운동하는 입자의 모형을 사용할 수 없었을 것이다. 교통경찰의 가속도는 처음 1.00 s 동안은 영이고, 나머지 시간 동안 3.00 m/s²이다. 교통경찰이 움직이기 시작할 때를 $t = 0$으로 놓음으로써, 모든 양의 시간에 대하여 등가속도 운동하는 입자 모형을 사용할 수 있다.

문제 교통경찰이 더 큰 가속도를 내는 훨씬 강력한 오토바이를 가졌더라면 어떻게 될 것인가? 그것 때문에 교통경찰이 과속한 자동차를 붙잡는 시간은 어떻게 변화하는가?

답 오토바이가 더 큰 가속도를 갖는다면, 교통경찰은 더 빨리 자동차를 따라 잡기 때문에 시간에 대한 해는 31.0 s보다 더 작을 것이다. 식 (1)의 우변에 있는 모든 항이 분모에 a_x를 가지고 있기 때문에, 가속도가 증가하면 따라잡는 시간이 단축될 것이다.

2.6 자유 낙하 물체
Freely Falling Objects

공기 저항이 없다면, 지표면 부근의 모든 물체는 지구 중력의 영향하에서 똑같은 등가속도로 지구의 중심을 향하여 떨어진다는 사실이 잘 알려져 있지만, 이런 결론은 대략 1600년이 되어서야 받아들여졌다. 그 이전에는 무거운 물체가 가벼운 물체보다 더 빨리 떨어진다는 그리스 철학자 아리스토텔레스(Aristotle, B.C. 384~322)의 가르침이 지배해왔다.

낙하 물체에 관하여 오늘날 우리와 같은 생각을 처음으로 한 사람은 이탈리아의 갈릴레이(Galileo Galilei, 1564~1642)였다. 갈릴레이가 피사의 사탑에서 무게가 다른 두 물체를 동시에 떨어뜨려 두 물체가 거의 동시에 바닥에 도달함을 보임으로써 낙하 물체의 성질을 증명해 보였다는 전설이 있다. 비록 갈릴레이가 이 특별한 실험을 수행하였는지의 여부에는 약간의 의문이 있지만, 그가 경사면에서 움직이는 물체에 관한 많은 실험을 수행하였다는 사실은 잘 알려져 있다. 실험을 통하여 그는 약간 경사진 면에서 공들을 아래로 굴려 연속적으로 일정한 시간 간격 동안 움직인 거리를 측정하였다. 경사면을 사용한 목적은 가속도를 줄이는 데 있었다. 가속도가 감소되었기 때문에 갈릴레이는 일정한 시간 간격에 대응되는 거리를 정확하게 측정할 수 있었다. 경사면의 기울기를 점차 증가시켜 연직면이 되면, 자유 낙하하는 공과 같기 때문에 갈릴레이는 마침내 자유 낙하하는 물체에 대한 결론을 유도해낼 수 있었다.

Georgios Kollidas/Shutterstock.com

갈릴레이
Galileo Galilei, 1564~1642
이탈리아의 물리학자 겸 천문학자

갈릴레이는 자유 낙하하는 물체의 운동을 지배하는 법칙을 공식화하였고 물리학과 천문학에서 많은 다른 중요한 발견을 하였다. 갈릴레이는 공식적으로 태양이 우주의 중심이라는 코페르니쿠스의 주장(태양 중심설)을 옹호하였다. 그는 가톨릭 교회가 이단이라고 주장하는 견해인 코페르니쿠스의 모형을 지지하는 《새로운 두 천체 계들에 관한 대화》를 출판하였다.

다음과 같은 실험을 시도해 보자. 동전과 구겨진 종잇조각을 같은 높이에서 동시에 떨어뜨려 보자. 공기 저항의 효과를 무시하면, 두 물체는 똑같이 운동하여 동시에 바닥에 떨어질 것이다. 공기 저항이 없는 이상적인 경우, 이런 운동을 **자유 낙하**라고 한다. 공기 저항을 사실상 무시할 수 있는 진공에서 이와 같은 실험이 수행될 수 있다면, 종이가 구겨지지 않더라도 종이와 동전은 같은 가속도로 떨어질 것이다. 1971년 8월 2일, 우주 비행사 스콧(David Scott)이 그와 같은 실험을 달에서 수행하였다. 그는 망치와 깃털을 동시에 떨어뜨렸고, 그것들은 달 표면에 동시에 떨어졌다. 이 실험은 분명히 갈릴레이를 기쁘게 했을 것이다!

자유 낙하 물체라는 표현을 사용할 때, 반드시 정지 상태로부터 떨어지는 물체만을 의미하지는 않는다. 자유 낙하 물체는 처음의 운동 상태에 상관없이 중력만의 영향하에서 자유롭게 움직이는 물체이다. 위로 또는 아래로 던져진 물체와 정지한 상태에서 떨어지는 물체 모두 자유롭게 떨어진다. 어떤 자유 낙하 물체의 가속도도 처음 운동과 상관없이 **아래**로 향하며 크기가 같다.

자유 낙하 가속도 또는 **중력 가속도**의 크기를 g로 표기한다. 지표면 근처에서 g의 값은 고도가 높아짐에 따라 감소한다. 더욱이 위도의 변화에 따라 g도 약간 달라진다. 지표면에서 g의 값은 근사적으로 9.80 m/s²이다. 달리 언급이 없으면, 계산을 할 때 g에 대한 이 값을 사용한다. 대략적으로 계산을 빨리 하려면 $g = 10\ \text{m/s}^2$을 사용하라.

공기 저항을 무시하고 자유 낙하 가속도가 변하지 않는다면, 자유 낙하 물체의 연직 방향 운동은 일차원 등가속도 운동과 같다. 그러므로 등가속도 운동하는 물체에 대하여 2.5절에서 유도한 식들을 적용할 수 있다. 자유 낙하 물체를 기술하기 위한 이 식들에 가해야 할 수정이 있다면 운동이 수평 방향(x)이 아니라 연직 방향(y)으로 일어나며, 가속도는 아래 방향으로 9.80 m/s²의 크기를 가진다는 사실이다. 따라서 $a_y = -g = -9.80\ \text{m/s}^2$이고, 여기서 음의 부호는 자유 낙하 물체의 가속도가 아래로 향하고 있음을 의미한다. 고도에 따라 g가 어떻게 변화되는지는 13장에서 공부할 것이다.

오류 피하기 2.6
g와 g 자유 낙하 가속도의 기호로 사용되는 이탤릭체 g와 질량의 그램 단위로 사용되는 g를 혼동하지 않도록 하자.

오류 피하기 2.7
g의 부호 g는 **양수**임을 기억하라. g에 $-9.80\ \text{m/s}^2$을 대입하고 싶은 유혹에 넘어가지 말아야 한다. 중력 가속도가 아래로 향한다는 것은 $a_y = -g$라고 쓴 표현식에 나타나 있다.

오류 피하기 2.8
운동의 꼭대기에서 가속도 포물체 운동의 꼭대기에서 가속도가 영이라고 생각하는 사람들이 흔히 있다. 연직 위로 던진 물체의 운동 꼭대기에서 속도가 순간적으로 영이 되더라도, **중력 가속도는 여전히 존재한다.** 속도와 가속도가 모두 영이라면, 포물체는 꼭대기에 계속 머물게 된다.

퀴즈 2.6 공을 공기 중에서 위로 던진 후 공의 (i) 가속도와 (ii) 속력이 어떻게 되는지를 다음 보기에서 고르라. (a) 증가 (b) 감소 (c) 증가 후 감소 (d) 감소 후 증가 (e) 항상 일정

예제 2.7 초보치고는 잘 던졌어!

한 건물 옥상에서 돌멩이를 처음 속도 20.0 m/s로 연직 위 방향으로 던진다. 건물의 높이가 50.0 m이고, 돌멩이는 그림 2.13과 같이 지붕의 가장자리를 살짝 벗어나 아래로 떨어진다.

(A) 돌멩이가 위치 Ⓐ에서 던지는 사람의 손을 떠나는 시간을 $t_{Ⓐ} = 0$으로 두고, 이를 사용하여 돌멩이가 최고점에 도달한 시간을 구하라.

풀이 떨어지는 물체 또는 위로 던진 물체가 다시 낙하하는 것을 본 적이 있을 것이다. 그래서 이런 문제는 이미 익숙한 경험을 잘 기술할 수 있어야 한다. 이 상황을 묘사하기 위하여, 작은 물체를 위로 던지고 바닥으로 떨어질 때까지의 시간 간격에 주목하라. 이번에는 이 물체를 건물의 옥상에서 위로 던지는 것을 상상하라. 돌멩이는 자유 낙하하기 때문에, 중력을 받으며 **등가속도 운동하는 입자**로 모형화할 수 있다.

돌멩이를 위로 던졌기 때문에 처음 속도는 양이다. 돌멩이가 최고점에 도달한 후에는 속도의 부호가 바뀔 것이다. 그러나 돌멩이의 가속도는 항상 아래 방향이므로 항상 음의 값이다. 돌멩이가 사람의 손을 떠난 순간의 위치를 처음 지점으로 하고 최고점을 나중 지점으로 하자.

돌멩이가 최대 높이에 도달하는 시간을 계산하기 위하여 식 2.13을 이용한다.

$$v_{yf} = v_{yi} + a_y t \quad \rightarrow \quad t = \frac{v_{yf} - v_{yi}}{a_y}$$

주어진 값들을 대입한다.

$$t = t_{Ⓑ} = \frac{0 - 20.0\ \text{m/s}}{-9.80\ \text{m/s}^2} = 2.04\ \text{s}$$

(B) 돌멩이의 최대 높이를 구하라.

풀이 (A)에서와 같이, 시작 지점과 나중 지점을 선택하자.
(A)에서 구한 시간을 식 2.16에 대입하여, 던진 사람의 위치로부터 측정된 최대 높이를 구할 수 있다. 여기서 $y_Ⓐ = 0$으로 놓는다.

$$y_{max} = y_Ⓑ = y_Ⓐ + v_{yⒶ}t + \tfrac{1}{2}a_y t^2$$

$$y_Ⓑ = 0 + (20.0 \text{ m/s})(2.04 \text{ s}) + \tfrac{1}{2}(-9.80 \text{ m/s}^2)(2.04 \text{ s})^2 = 20.4 \text{ m}$$

(C) 돌멩이가 처음 위치로 되돌아왔을 때의 속도를 구하라.

풀이 돌멩이가 던져진 때의 위치를 처음 지점으로 하고, 올라갔다가 내려오면서 같은 지점을 통과할 때의 위치를 나중 지점으로 하자.
식 2.17에 주어진 값들을 대입한다.

$$v_{yⒸ}^2 = v_{yⒶ}^2 + 2a_y(y_Ⓒ - y_Ⓐ)$$

$$v_{yⒸ}^2 = (20.0 \text{ m/s})^2 + 2(-9.80 \text{ m/s}^2)(0-0) = 400 \text{ m}^2/\text{s}^2$$

$$v_{yⒸ} = -20.0 \text{ m/s}$$

돌멩이는 점 Ⓒ에서 아래쪽으로 내려가기 때문에 음의 해를 택한다. 돌멩이가 원래 높이로 되돌아올 때의 속도는 처음 속도와 크기는 같지만 방향은 반대이다.

(D) $t = 5.00$ s일 때 돌멩이의 속도와 위치를 구하라.

풀이 돌멩이가 던져진 때의 위치를 처음 지점으로 하고, 5.00 s 후의 위치를 나중 지점으로 하자.
식 2.13으로부터 Ⓓ에서의 속도를 계산한다.

$$v_{yⒹ} = v_{yⒶ} + a_y t = 20.0 \text{ m/s} + (-9.80 \text{ m/s}^2)(5.00 \text{ s}) = -29.0 \text{ m/s}$$

식 2.16을 이용하여 $t_Ⓓ = 5.00$ s에서 돌멩이의 위치를 구한다.

$$y_Ⓓ = y_Ⓐ + v_{yⒶ}t + \tfrac{1}{2}a_y t^2$$
$$= 0 + (20.0 \text{ m/s})(5.00 \text{ s}) + \tfrac{1}{2}(-9.80 \text{ m/s}^2)(5.00 \text{ s})^2$$
$$= -22.5 \text{ m}$$

$t = 0$으로 놓는 시간은 임의로 편리하게 선택하면 된다. 시간 기준을 임의로 선택하는 예로서 돌멩이가 최고점에 있을 때의 시간을 $t = 0$이라고 하자. 그리고 이 새로운 처음 순간을 이용하여 (C)와 (D)를 다시 풀고 여러분이 얻은 답이 위의 것과 같음을 확인하라.

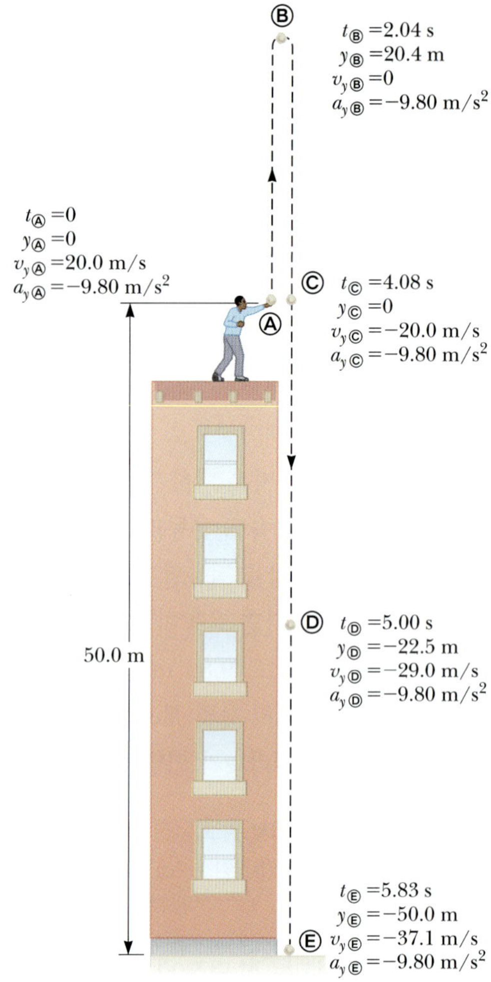

그림 2.13 (예제 2.7) 처음 속도 $v_{yi} = 20.0$ m/s로 연직 위로 던진 자유 낙하하는 돌멩이에 대한 시간에 따른 위치, 속도와 가속도 값. 그림에 여러 위치에서 적어놓은 많은 양들은 예제에서 계산된다. 여러분은 계산되지 않은 다른 여러 값들을 확인할 수 있는가?

문제 건물의 높이가 지면으로부터 50.0 m가 아니라 30.0 m라면, (A)에서 (D)까지의 풀이는 어떻게 바뀌는가?

답 어떤 답도 바뀌지 않을 것이다. 모든 운동이 5.00 s 동안 공중에서 일어난다(30.0 m 높이의 빌딩인 경우에도, 돌은 $t = 5.00$ s일 때도 땅에 도달하지 않는다). 그래서 건물의 높이는 문제가 되지 않는다. 수학적으로 우리가 한 계산을 다시 검토해 보면, 어떤 식에도 건물의 높이가 포함되어 있지 않음을 알 것이다.

연습문제

객관식

1. 움직이는 자동차의 엔진에서 매 5 s마다 기름 방울이 연직으로 떨어진다. 그림 OQ2.1은 길 위에 떨어진 기름 방울 자국을 보여 준다. 그림에 나타난 영역에서 자동차의 평균 속력은 얼마인가? (a) 20 m/s (b) 24 m/s (c) 30 m/s (d) 100 m/s (e) 120 m/s

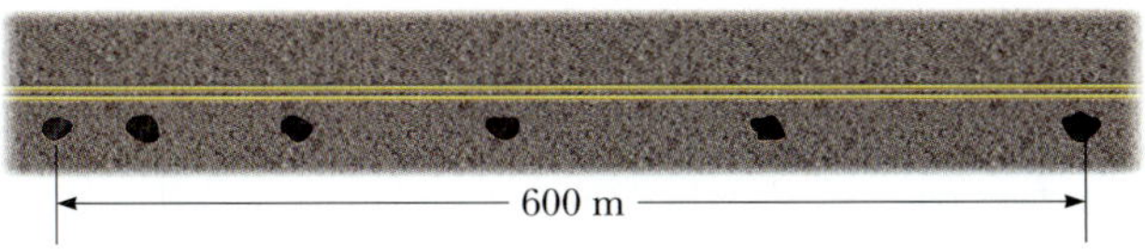

그림 OQ2.1

2. 경주용 차가 $t = 0$에서 정지 상태로부터 출발하여 시간 t에 나중 속력 v에 도달한다. 경주용 차의 가속도가 이 시간 동안 일정할 때, 다음 중 참인 것은 어느 것인가? (a) 경주용 차는 거리 vt를 이동한다. (b) 경주용 차의 평균 속력은 $v/2$이다. (c) 경주용 차의 가속도 크기는 v/t이다. (d) 경주용 차의 속도는 일정하다. (e) (a)부터 (d)는 모두 참이 아니다.

3. 볼링 핀을 공중에 연직으로 던진다. 핀이 손을 떠나서 공중에 있을 때 다음 중 옳은 것은 어느 것인가? (a) 핀의 속도는 항상 핀의 가속도와 같은 방향이다. (b) 핀의 속도는 절대로 가속도와 같은 방향이 아니다. (c) 핀의 가속도는 영이다. (d) 핀이 올라갈 때 핀의 속도는 가속도와 반대 방향이다. (e) 핀이 올라갈 때 핀의 속도는 가속도와 같은 방향이다.

4. 일차원에서 움직이는 물체에 대하여 운동학 식을 적용할 때 다음 중 옳은 것은 어느 것인가? (a) 물체의 속도가 일정하게 유지되어야 한다. (b) 물체의 가속도가 일정하게 유지되어야 한다. (c) 물체의 속도가 시간에 따라 증가해야 한다. (d) 물체의 위치가 시간에 따라 증가해야 한다. (e) 물체의 속도는 가속도와 항상 같은 방향이어야 한다.

5. 대포알이 땅에서 처음 속력 225 m/s로 연직 위 방향으로 발사된다. 포탄은 올라가다가 아래로 내려온다. 얼마의 시간이 지난 후 지면으로부터 6.20×10^2 m 높이에 있는가? 공기 저항은 무시한다. (a) 2.96 s (b) 17.3 s (c) 25.4 s (d) 33.6 s (e) 43.0 s

6. 처음 속력 15.0 m/s로 연직 위 방향으로 화살을 쏜다. 화살이 아래 방향으로 속력이 8.00 m/s가 되는 시간은 몇 초 후인가? (a) 0.714 s (b) 1.24 s (c) 1.87 s (d) 2.35 s (e) 3.22 s

7. 북쪽으로 움직이는 배에서 선장이 프로펠러의 회전 방향을 바꾸면, 배는 남쪽을 향한 가속도를 가지고 움직인다. 배의 가속도의 크기와 방향이 일정하다면 배에는 어떤 일이 일어나는가? (a) 나중에는 정지해서 움직이지 않는다. (b) 결국에 정지하였다가 앞 방향으로 점점 빨라진다. (c) 결국에 정지하였다가 반대 방향으로 점점 빨라진다. (d) 속력이 점점 더 줄어들어 영원히 느려지지만 정지하지는 않는다. (e) 정지하지는 않고 앞으로 계속해서 빨라진다.

8. 돌을 40.0 m 높이에서 아래 방향으로 12 m/s의 처음 속력으로 던진다. 공기 저항을 무시할 때, 지면에 도달하기 직전 공의 속력은 얼마인가? (a) 28 m/s (b) 30 m/s (c) 56 m/s (d) 784 m/s (e) 더 많은 정보가 필요하다.

9. 스케이트보드를 타고 정지 상태로부터 직선 경사면을 따라 등가속도로 6 s 동안 내려온다. 그 다음 두 번째로 탈 때는 같은 경사면을 같은 가속도로 2 s 동안만 내려온다. 두 번째 탈 때 내려온 거리는 첫 번째 탈 때 내려온 거리와 비교해서 (a) 1/3 (b) 3배 (c) 1/9 (d) 9배 (e) $1/\sqrt{3}$ 배이다.

10. 공기 저항에 영향을 받지 않는 고무공이 어깨 높이에서 떨어져서 바닥에서 다시 튀어올라 처음보다 낮은 높이까지 올라왔다가 다시 바닥으로 떨어지는 것을 반복한다. 그림 OQ2.10에서 Ⓐ에서 Ⓔ까지는 일어난 순서에 따른 것이지만 각 구간에서의 시간 간격이 같지는 않다. Ⓓ에서 공의 중심이 가장 아래에 있다. 공의 움직임은 연직 상하 방향으로 연직선 상에 있지만, 그림에서는 중첩을 피하기 위하여 움직임을 약간씩 오른쪽으로 옮겨져 보이도록 하였다. 연직 위 방향을 $+y$ 방향으로 하자. (a) Ⓐ에서 Ⓔ까지의 위치 중에서 공의 속력 $|v_y|$가 큰 것부터 순서대로 나열하라. (b) 공의 가속도 a_y가 큰 것부터 순서대로 나열하라. (순서에서 영은 음의 수보다 크다. 두 값이 같으면 동일한 순위로 두라.)

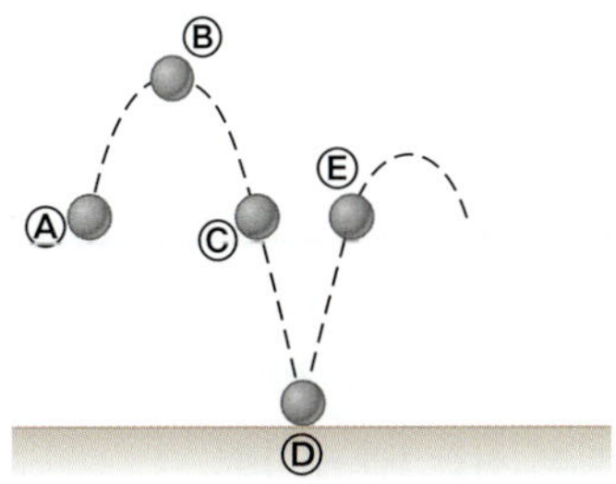

그림 OQ2.10

주관식

2.1 위치, 속도 그리고 속력

1. 그림 P2.1은 x축을 따라 움직이는 입자에 대한 위치−시간 그래프이다. 다음 시간 간격 동안의 평균 속도를 구하라. (a) 0~2 s (b) 0~4 s (c) 2~4 s (d) 4~7 s (e) 0~8 s

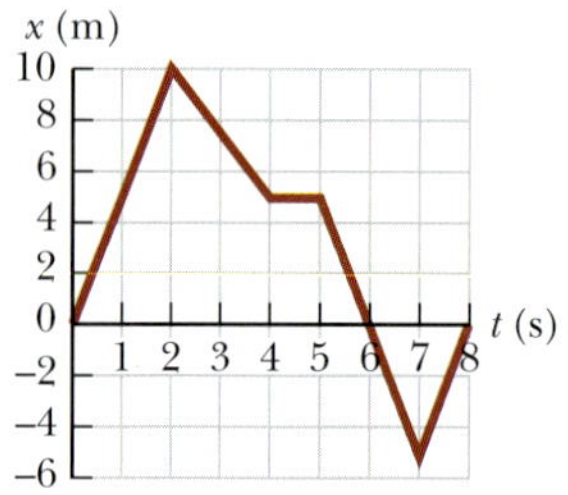

그림 P2.1 문제 1, 8

2. 인체에서 신경 자극이 전달되는 속력은 약 100 m/s이다. 여러분이 어두운 곳에서 발가락이 무언가에 갑자기 채일 때, 신경 자극이 뇌로 전달되는 데 걸리는 시간을 추정하라.

3. 직선 위에서 어떤 사람이 점 Ⓐ에서 Ⓑ까지 처음에 5.00 m/s의 일정한 속력으로 가다가 다시 점 Ⓑ에서 Ⓐ로 3.00 m/s의 일정한 속력으로 돌아온다. (a) 이 사람의 전체 이동하는 동안의 평균 속력은 얼마인가? (b) 이 사람의 전체 이동하는 동안의 평균 속도는 얼마인가?

4. 여러 시간별로 자동차의 위치를 측정해서 그 결과를 다음의 표에 요약하였다. (a) 처음 1 s, (b) 마지막 3 s와 (c) 전체 관측 시간 동안에 자동차의 평균 속도를 구하라.

t(s)	0	1.0	2.0	3.0	4.0	5.0
x(m)	0	2.3	9.2	20.7	36.8	57.5

2.2 순간 속도와 속력

5. 한 입자가 x축을 따라 식 $x = 3t^2$으로 움직인다. 여기서 x의 단위는 m이고 t의 단위는 s이다. (a) $t = 3.00$ s와 (b) $3.00\text{ s} + \Delta t$에서 입자의 위치를 계산하라. (c) $t = 3.00$ s에서의 속도를 구하기 위하여, Δt가 영에 접근할 때 $\Delta x/\Delta t$의 극한값을 계산하라.

6. 그림 P2.6은 x축을 따라 움직이는 입자에 대한 위치−시간 그래프이다. (a) $t = 1.50$ s에서 $t = 4.00$ s까지의 시간 간격 동안 평균 속도를 구하라. (b) 그래프에서 접선의 기울기를 구하여 시간 $t = 2.00$ s에서의 순간 속도를 구하라. (c) 속도가 영일 때의 시간 t를 구하라.

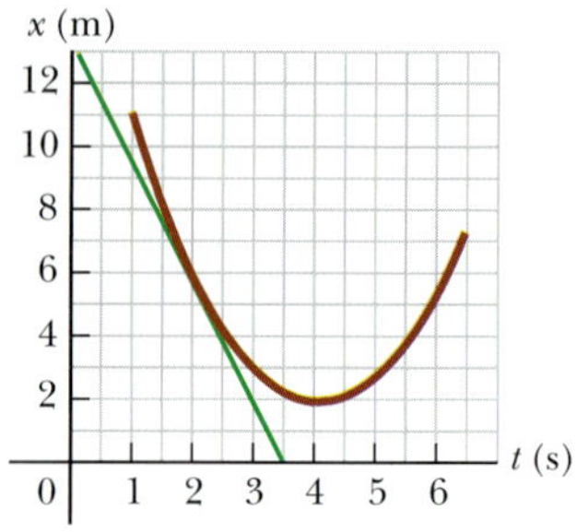

그림 P2.6

7. 수영 선수가 길이 L인 수영장을 시간 t_1 걸려 헤엄쳐서 끝까지 갔다가 시간 t_2 걸려 출발 위치로 돌아온다. 처음에 그가 $+x$ 방향으로 헤엄친다면 (a) 맞은 편 끝까지 가는 동안, (b) 돌아오는 동안 그리고 (c) 왕복하는 동안, 이 사람의 평균 속도를 식으로 나타내라. (d) 이 선수가 왕복하는 동안의 평균 속력은 얼마인가?

8. 그림 P2.1에서 (a) $t = 1.0$ s, (b) $t = 3.0$ s, (c) $t = 4.5$ s, (d) $t = 7.5$ s 시간에서 입자의 순간 속도를 구하라.

2.3 분석 모형: 등속 운동하는 입자

9. 북미 대륙판과 유럽 대륙판은 서로 25 mm/년의 상대 속력으로 멀어진다. 이 속력이 일정하다고 가정하고 둘 사이의 틈이 벌어지기 시작한 때를 구하라. 현재 두 판 사이의 거리는 2.9×10^3 mi만큼 벌어져 있다.

10. 토끼와 거북이가 1.00 km 거리의 직선 코스에서 경주를 한다. 거북이는 결승점을 향하여 0.200 m/s의 속력으로 기어간다. 토끼는 처음 0.800 km까지는 8.00 m/s의 속력으로 뛰다가 멈춰 느림보 거북이가 올 때까지 기다린다. 마침내 거북이는 토끼를 지나치고, 토끼는 거북이가 지나친 후에도 좀 더 머물러 있다가 다시 8.00 m/s의 속력으로 결승점을 향하여 뛴다. 토끼와 거북이는 둘 다 결승점에 똑같이 들어온다. 두 동물 모두는 움직일 때 각자의 속력으로 일정하게 움직인다고 가정하면, (a) 토끼가 다시 뛰기 시작할 때 거북이는 결승점으로부터 얼마나 떨어져 있었는가? (b) 토끼는 중간에 얼마나 오랫동안 쉬었는가?

11. 어떤 자동차가 60.0 mi/h의 일정한 속력으로 거리 d의 직선을 따라 이동한다. 그러고 나서 다른 일정한 속력으로 또 다른 거리 d를 같은 방향으로 이동한다. 이 전체 여행의 평균 속도는 30.0 mi/h이다. (a) 두 번째 거리 d를 이동하는 동안 자동차의 속력은 얼마인가? (b) 이번에는 (a)의 이동 대신 반대 방향으로 같은 거리 d만큼 돌아온다. 왜냐하면 무언가를 두고 와서 (a)에서 구한 일정한 속력으로 집에 돌

아와야만 한다. 이 전체 여행 동안 평균 속도는 얼마인가? (c) 이 새 여행에서의 평균 속력은 얼마인가?

12. 어떤 사람이 22.0분간의 휴식 시간을 제외하고는 89.5 km/h의 일정한 속력으로 자동차 여행을 하고 있다. 이 사람의 평균 속력이 77.8 km/h라고 하면, 이 사람은 어느 정도의 (a) 시간과 (b) 거리를 여행한 것일까?

2.4 가속도

13. 50.0 g의 공이 25.0 m/s로 움직이다가 벽돌 벽에 부딪혀 반대 방향으로 22.0 m/s로 되튀어 나가는 것을 고속 카메라로 촬영한다. 만일 공이 벽과 접촉하는 데 걸린 시간이 3.50 ms 라면, 이 시간 간격 동안 공의 평균 가속도 크기는 얼마인가?

14. 그림 P2.14는 x축을 따라 움직이는 물체에 대한 속도-시간 그래프이다. (a) 가속도-시간 그래프를 그리라. (b) $t=$ 5.00 s에서 $t=15.0$ s의 시간 간격 동안 물체의 평균 가속도와 (c) $t=0$ s에서 $t=20.0$ s의 시간 간격 동안 물체의 평균 가속도를 구하라.

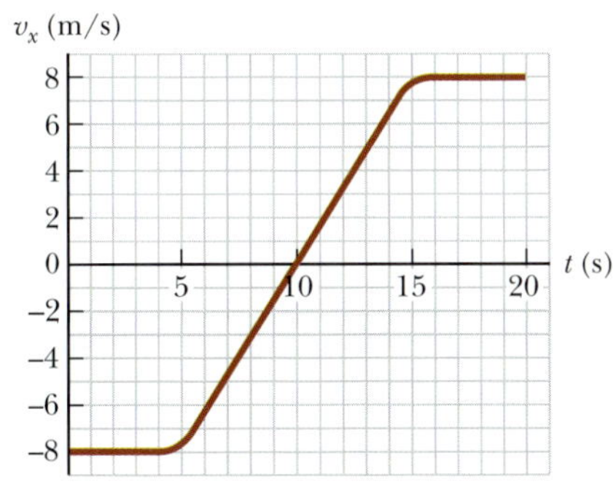

그림 P2.14

15. 그림 P2.15는 경륜 선수가 정지 상태로부터 직선 도로를 따라 움직이는 동안의 v_x-t 그래프이다. (a) $t=0$에서 $t=$ 60.0 s의 시간 간격 동안의 평균 가속도를 구하라. (b) 가속도가 양의 최댓값을 갖게 되는 시간과 그 순간의 가속도 크기를 구하라. (c) 가속도가 영일 때의 시간을 구하라. (d) 가속도가 음이면서 크기가 최대일 때의 가속도의 값과 그때의 시간을 구하라.

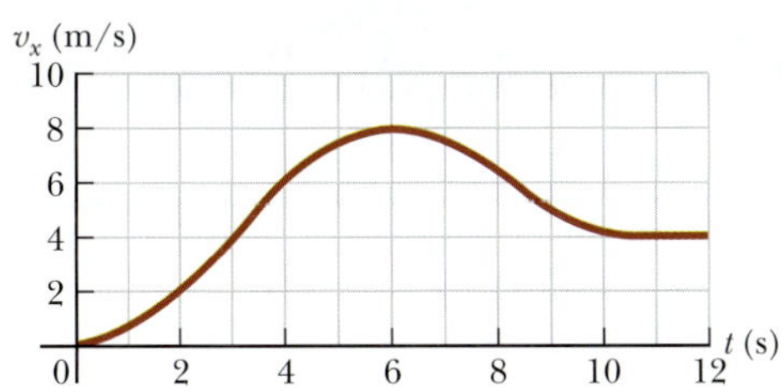

그림 P2.15

16. (a) 문제 4에 있는 자료들을 이용해서 시간에 따른 위치를 매끄러운 그래프로 그리라. (b) $x(t)$ 곡선에 대한 접선들을 그려서 여러 시점에서 자동차의 순간 속도를 구하라. (c) 시간에 따른 순간 속도 그래프를 그리고 이로부터 차의 평균 가속도를 결정하라. (d) 자동차의 처음 속도는 얼마인가?

17. 그림 P2.17에서 입자는 정지 상태에서 가속된다. (a) $t=$ 10.0 s와 $t=20.0$ s에서 입자의 속력을 구하라. (b) 처음 20.0 s 동안에 움직인 거리를 구하라.

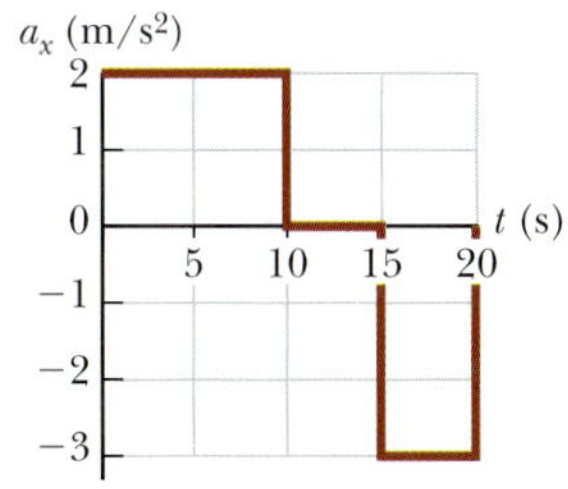

그림 P2.17

18. 어떤 물체가 x축을 따라 식 $x = 3.00t^2 - 2.00t + 3.00$으로 움직인다. 여기서 x의 단위는 m이고 t의 단위는 s이다. 이때 (a) $t=2.00$ s에서 $t=3.00$ s까지의 평균 속력, (b) $t=2.00$ s와 $t=3.00$ s에서의 순간 속력, (c) $t=2.00$ s 에서 $t=3.00$ s까지의 평균 가속도, (d) $t=2.00$ s와 $t=3.00$ s에서의 순간 가속도 그리고 (e) 물체가 정지하는 시간을 구하라.

19. 한 입자가 x축을 따라 식 $x = 2.00 + 3.00t - 1.00t^2$으로 움직인다. 여기서 x의 단위는 m이고 t의 단위는 s이다. 시간 $t=3.00$ s일 때 입자의 (a) 위치, (b) 속도 그리고 (c) 가속도를 구하라.

2.5 분석 모형: 등가속도 운동하는 입자

20. 35.0 mi/h의 속력으로 이동하는 자동차를 멈추게 하는 데 필요한 최소 거리가 40.0 ft이다. 70.0 mi/h로 이동하는 같은 자동차의 최소 제동 거리는 얼마인가? 이때 두 자동차의 가속도는 같다고 가정하자.

21. 음극선관(cathode-ray tube) 내에서 전자가 2.00×10^4 m/s에서 6.00×10^6 m/s로 1.50 cm 이동하며 가속된다. (a) 전자가 1.50 cm 이동하는 데 걸리는 시간은 얼마인가? (b) 전자의 가속도는 얼마인가?

22. 직선 튜브 속에서 등가속도 -4.00 m/s^{2}으로 움직이는 공기 방울의 속도가 10:05:00 am일 때 13.0 m/s이다. (a) 10:05:01 am일 때, (b) 10:05:04 am일 때 그리고 (c)

10:04:59 am일 때 속도를 구하라. (d) 이 공기 방울의 속도–시간 그래프를 그리라. (e) 다음 명제가 참인지 거짓인지 판별하라. "물체의 등가속도의 값만 알면 모든 시간에 대하여 속도를 알 수 있다."

23. 트럭이 부드럽게 속력이 줄면서 8.50 s 동안에 거리 40.0 m를 움직여 나중 속력이 2.80 m/s로 된다. (a) 처음 속력은 얼마인가? (b) 가속도는 얼마인가?

24. 등가속도 운동하는 어떤 물체가 $+x$ 방향으로 12.0 cm/s의 속도로 움직일 때 물체의 x 좌표는 3.00 cm이다. 2.00 s 후 물체의 x 좌표가 −5.00 cm라면, 물체의 가속도는 얼마인가?

25. 미 공군의 스태프 대령(Colonel John P. Stapp)은 조종사가 비상 탈출 시에 살아남을 수 있는지에 대한 연구에 참여하였다. 1954년 3월 19일 그는 트랙을 따라 로켓으로 추진되는 632 mi/h의 속력으로 내려오는 썰매를 탔다. 그와 썰매는 1.40 s 이내에 안전하게 정지하였다(그림 P2.25). (a) 그가 경험한 음의 가속도는 얼마인가? (b) 이 가속도 동안 그가 움직인 거리는 얼마인가?

left, Courtesy U.S. Air Force; *right*, NASA/Photo Researchers, Inc.

그림 P2.25 (왼쪽) 로켓 썰매를 타고 있는 스태프가 아주 짧은 시간 간격 이내에 정지하였다. (오른쪽) 급속한 음의 가속도에 의한 스트레스로 스태프의 얼굴이 일그러져 있다.

26. 예제 2.6 '제한 속도 엄수'를 그래프 방법으로 풀어보라. 같은 그래프 상에서 과속 자동차와 교통경찰에 대하여 위치–시간의 곡선을 각각 그리라. 두 곡선의 교차로부터 교통경찰이 과속 자동차를 따라 잡는 시간을 구하라.

27. 직선 도로에 있는 트럭이 정지 상태에서 출발해서 20.0 m/s의 속력에 도달하기까지 2.00 m/s^{2}로 가속된다. 그 다음 20.0 s 동안 일정한 속력으로 이동하다가 브레이크를 밟아 추가로 5.00 s 동안 균일하게 속력을 줄여 정지한다. (a) 그 동안 트럭은 얼마의 거리를 이동하는가? (b) 기술한 운동 동안 트럭의 평균 속도는 얼마인가?

28. 다음의 상황은 왜 불가능한가? 성난 코뿔소가 정지 상태에서 출발하여 50.0 m 직선 거리를 10.0 s에 이동한다. 이 운동 동안 가속도는 일정하며, 나중 속력은 8.00 m/s이다.

29. 길을 막고 있는 나무를 본 순간 운전자가 급브레이크를 밟았다. 자동차는 4.20 s 동안 −5.60 m/s^{2}의 가속도로 일정하게 감속하여 나무에 부딪쳐 멈출 때까지 62.4 m의 스키드 마크를 남겼다. 자동차가 나무를 들이받을 때의 속력은 얼마인가?

30. 보트가 직선으로 움직이면서 변위 Δx가 200 m 변하는 동안 v_i = 20.0 m/s에서 v_f = 30.0 m/s로 일정한 비율로 속력이 증가한다. 보트가 이 변위를 움직이는 동안 걸리는 시간을 알려고 한다. (a) 이 경우에 대한 좌표계를 선택하고 그리라. (b) 이 상황을 기술하기 위하여 어떤 분석 모형이 적당한가? (c) 이 분석 모형에서 보트의 가속도를 구하기 위하여 어떤 식이 적당한가? (d) (c)에서의 식을 풀어 보트의 가속도를 v_i, v_f와 Δx로 나타내라. (e) 주어진 값들을 대입하여 가속도를 계산하라. (f) 앞에서 말한 시간 간격은 얼마인가?

31. 어떤 입자가 x축을 따라 식 $x = 2 + 3t - 4t^2$으로 움직인다. 여기서 x의 단위는 m이고 t의 단위는 s이다. (a) 입자가 방향을 바꿀 때의 위치와 (b) $t = 0$일 때의 위치로 다시 돌아올 때의 속도를 구하라.

32. 길이 ℓ인 글라이더가 에어트랙 위에 고정되어 있는 포토게이트를 지나간다. 포토게이트(그림 P2.32)는 게이트 사이를 지나는 적외선 빔을 글라이더가 막는 시간 간격 Δt_d를 측정하는 장치이다. $v_d = \ell/\Delta t_d$는 움직이는 글라이더의 평균 속도이다. 글라이더는 등가속도로 움직인다고 가정한다. (a) v_d와 글라이더의 한 가운데가 포토게이트를 지날 때의 순간 속도가 같은지 아니면 다른지를 논하라. (b) 글라이더가 포토게이트를 지나는 시간 간격의 정확히 반이 될 때의 순간 속도가 v_d와 같은지 아니면 다른지를 논하라.

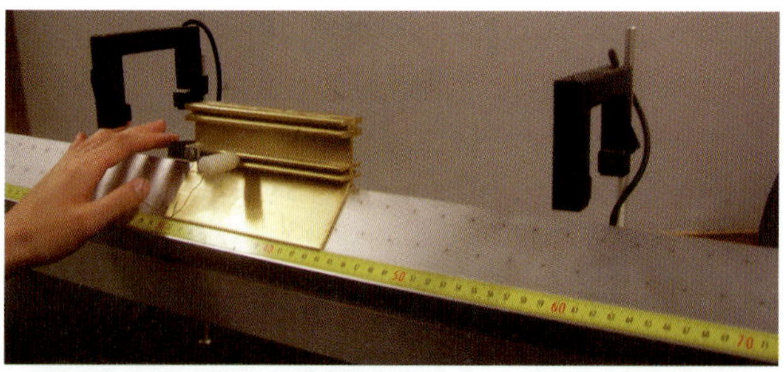

Ralph McGrew

그림 P2.32

33. 등가속도 4.00 m/s^{2}으로 움직이는 물체가 일정한 시간 후 12.0 m/s의 나중 속도에 도달한다. (a) 처음 속도가 6.00 m/s라면 이 시간 간격 동안 물체의 변위는 얼마인가? (b) 이 시간 간격 동안 물체가 실제 움직인 거리는 얼마인가?

(c) 처음 속도가 −6.00 m/s라면 이 시간 간격 동안 물체의 변위는 얼마인가? (d) (c)의 시간 간격 동안 물체가 실제 움직인 거리는 얼마인가?

34. 그림 P2.34는 물리학 전공 학생이 소유한 자동차의 성능 데이터를 보여 준다. (a) 움직인 전체 거리를 갈색 그래프 아래의 넓이로 구하라. (b) $t = 10$ s에서 $t = 40$ s까지 자동차가 움직인 거리를 구하라. (c) $t = 0$에서 $t = 50$ s까지 가속도−시간 그래프를 그리라. (d) $0a$, ab, bc의 각 구간 동안의 운동에 대하여 x를 시간의 함수로 나타내는 식을 구하라. (e) $t = 0$에서 $t = 50$ s까지 자동차의 평균 속도를 구하라.

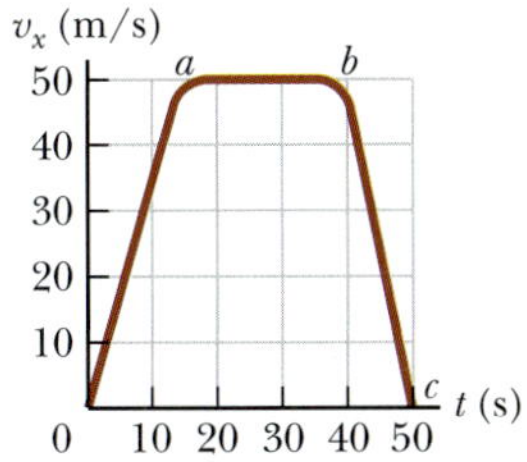

그림 P2.34

35. 한 하키 선수가 빙판 위에 정지해 있을 때, 퍽을 갖고 있는 상대편 선수가 12.0 m/s의 등속도로 그를 지나가고 있다. 이 순간보다 3.00 s 후에 처음 선수가 상대편 선수를 따라잡기로 마음먹었다. 그가 4.00 m/s²의 등가속도로 가속할 때 (a) 상대편을 따라잡는 데 얼마나 걸리는가? (b) 이때까지 얼마나 움직이는가? (퍽을 가진 상대편은 계속 등속도로 움직이고 있다고 가정한다.)

2.6 자유 낙하 물체

Note: 이 절의 모든 문제에서 공기 저항은 무시한다.

36. 9장에서 물체의 질량 중심을 정의하고, 일정한 힘을 받을 때 물체의 운동을 그 질량 중심이 등가속도 운동하는 입자로 모형화하여 증명할 수 있다는 것을 배울 것이다. 체조 선수가 위 방향으로 점프를 한다. 점프를 시작한 순간 그의 질량 중심의 속력이 2.80 m/s이다. 그의 질량 중심은 (a) 0.100 s, (b) 0.200 s, (c) 0.300 s, (d) 0.500 s 후에 처음보다 얼마나 높이 있는가?

37. 다음 상황은 왜 불가능한가? 에밀리는 친구 데이비드와 1 달러짜리 지폐를 다음과 같이 잡을 수 있는지 도전한다. 에밀리는 그림 P2.37과 같이 지폐를 세로로 잡고, 데이비드는 지폐의 한가운데에서 엄지와 검지를 지폐에 닿지 않게 벌리고 있다. 예고도 없이 갑자기 에밀리가 지폐를 놓는다. 데이비드는 손을 내리지 않고 지폐를 잡는다. 단, 데이비드의 반응 시간은 일반적인 사람들의 반응 시간과 같다.

© Cengage Learning/George Semple

그림 P2.37

38. 야구공이 방망이에 맞은 후에 연직 위 방향으로 올라간다. 공이 가장 높이 올라가는 데 걸리는 시간은 3.00 s임이 한 관중에 의하여 측정된다. (a) 공의 처음 속도와 (b) 공이 올라가는 최대 높이를 구하라.

39. 지상으로부터 헬리콥터의 높이가 $h = 3.00\ t^3$으로 주어진다. 여기서 h의 단위는 m이고 t의 단위는 s이다. $t = 2.00$ s 후, 헬리콥터에서 작은 우편 행랑을 떨어뜨린다. 우편 행랑이 떨어져 지상에 도달하는 데 걸리는 시간은 얼마인가?

40. 30.0 m 높이에서 처음 속력 8.00 m/s로 아래 방향으로 공을 던진다. 몇 초 후에 공은 지면에 도달하는가?

벡터
Vectors

CHAPTER 3

미국 플로리다 주의 세인트 피터즈버그에 있는 표지판은 여러 도시로의 거리와 방향을 알려 준다. 크기와 방향으로 정의되는 양을 벡터양이라고 한다.
(Raymond A. Serway)

물리학을 학습할 때 수치값(크기)과 방향을 동시에 가지는 물리량을 다루는 경우가 많다. 2.1절에서 다루었던 변위, 속도, 가속도 등과 같은 물리량은 모두 벡터양이다. 이 장에서는 벡터양의 몇 가지 일반적인 성질에 관하여 관심을 가지고 공부한다. 즉 벡터양의 덧셈, 뺄셈과 이들을 물리적 상황에 적용하는 방법을 익히도록 한다.

벡터양은 이 교재 전체에서 사용되므로, 벡터의 도해 및 대수적 성질을 숙지하는 것이 필요하다.

3.1 좌표계
Coordinate Systems

물리학에서 다양한 문제를 풀기 위해서는 공간상에서 어떤 위치를 나타내야만 한다. 예를 들어 2장에서 시간 변화에 따른 물체의 위치를 수학적으로 기술하는 방법이 필요하다는 것을 알았다. 이차원에서는 원점 O를 기준으로 서로 수직인 두 축을 그린 데

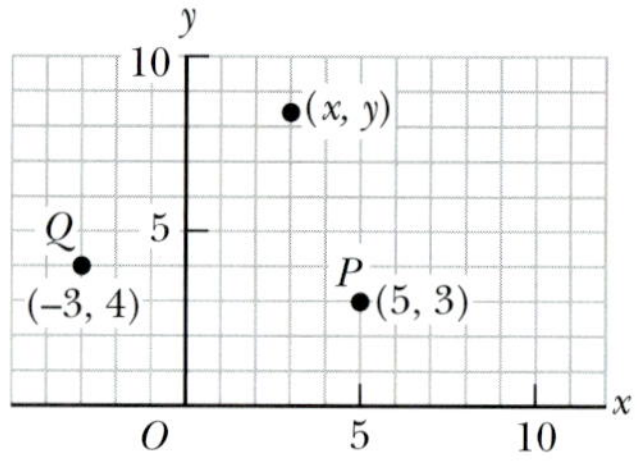

그림 3.1 직각 좌표계에서 점들의 위치 표현법. 모든 점은 좌표 (x, y)로 표시된다.

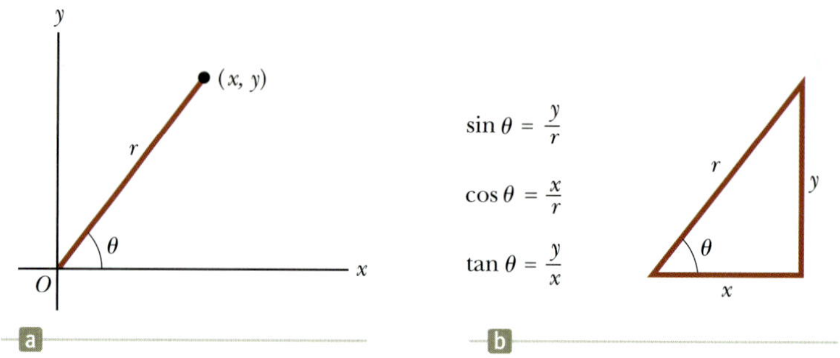

그림 3.2 (a) 한 점의 평면 극좌표는 거리 r와 각도 θ로 표시되며, 각도는 $+x$축에서 시계 반대 방향으로 측정된다. (b) 좌표 (x, y)와 (r, θ)의 관계를 보여 주는 직각 삼각형

카르트 좌표계(Cartesian coordinate system)를 사용하여 기술할 수 있다(그림 3.1). 이 데카르트 좌표를 **직각 좌표**라고도 한다.

평면상의 한 점을 표시할 때 그림 3.2a와 같이 **평면 극좌표** (r, θ)를 사용하는 것이 편리한 경우가 있다. 이 평면 극좌표계에서, r는 직각 좌표의 원점 (0, 0)으로부터 한 점의 위치 (x, y)까지 거리이며, θ는 원점에서 주어진 점까지 그은 선분과 고정된 좌표 x축 사이의 각도이다. 고정축은 보통 $+x$축을 택하고 각도는 시계 반대 방향으로 측정한다. 그리고 그림 3.2b의 직각 삼각형으로부터 $\sin\theta = y/r$ 및 $\cos\theta = x/r$가 됨을 알 수 있다(부록 B.4에 나와 있는 삼각 함수에 대한 식을 참조하라). 따라서 평면 극좌표로 나타낸 좌표로부터 직각 좌표를 얻는 방법은 다음 식과 같다.

극좌표를 직각 좌표로의 변환 ▶

$$x = r\cos\theta \tag{3.1}$$

$$y = r\sin\theta \tag{3.2}$$

또한 우리가 직각 좌표계를 알고 있다면, 삼각 함수의 정의에서

직각 좌표를 극좌표로의 변환 ▶

$$\tan\theta = \frac{y}{x} \tag{3.3}$$

$$r = \sqrt{x^2 + y^2} \tag{3.4}$$

의 관계가 있으며, 식 3.4는 잘 알고 있는 피타고라스의 정리이다.

위의 네 개의 수식에 나타난 좌표 (x, y)와 (r, θ)의 관계는 그림 3.2a와 같이 θ가 정의될 때, 즉 θ를 $+x$축으로부터 시계 반대 방향으로 측정된 각도로 정의할 때에만 사용할 수 있다(계산기에서 제공되는 직각 좌표와 극좌표 사이의 변환은 위와 같은 표준 규정을 바탕으로 한 것이다). 만일 평면 극좌표의 기준 축을 $+x$축으로 하지 않거나, 각도의 증가 방향을 다르게 정의할 경우에는 두 좌표계의 관련된 표현 식은 바뀌게 된다.

예제 3.1 극좌표

그림 3.3과 같이 xy 평면상의 한 점의 직각 좌표가 $(x, y) = (-3.50, -2.50)$ m이다. 이 점을 극좌표로 표현하라.

풀이

개념화 그림 3.3에 있는 그림은 문제를 개념화하는 데 도움을 준다. r와 θ를 구하고자 하며, r는 수 미터 그리고 θ는 180°보다 클 것으로 예상한다.

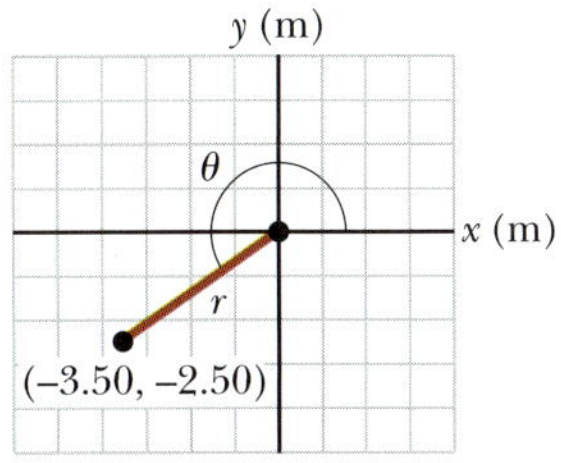

그림 3.3 (예제 3.1) 직각 좌표로 주어질 때 극좌표를 구하는 방법

분류 주어진 문제의 내용과 개념화 과정에 기초하여, 단순히 직각 좌표를 극좌표로 변환하면 된다. 그러므로 이 예제는 대입 문제로 분류한다. 대입 문제는 주어진 식에 값을 대입하는 것 이상의 분석 과정은 없다. 마찬가지로 결론 단계는 주로 단위를 확인하고 답이 합리적인지 검토하고 예상한 값과 일치하는지 보면 된다. 그러므로 대입 문제의 경우 분석과 결론 단계는 생략한다.

식 3.4를 이용하여 r를 구한다.

$$r = \sqrt{x^2 + y^2} = \sqrt{(-3.50\text{ m})^2 + (-2.50\text{ m})^2} = \boxed{4.30\text{ m}}$$

식 3.3을 이용하여 θ를 구한다.

$$\tan\theta = \frac{y}{x} = \frac{-2.50\text{ m}}{-3.50\text{ m}} = 0.714$$

$$\theta = \boxed{216°}$$

x와 y의 부호로부터 이 점이 좌표계의 제3사분면에 위치함을 알 수 있다. 즉 탄젠트 값이 0.714이지만 각도 θ는 35.5°가 아니라 216°이다. 두 결과는 개념화 단계에서의 예상 값과 일치한다.

3.2 벡터양과 스칼라양
Vector and Scalar Quantities

이제 스칼라양과 벡터양의 차이를 살펴보자. 외출 때 입을 옷을 고민하여 밖의 온도를 알고 싶을 때, 필요한 정보는 단지 수치와 그 단위인 섭씨도(°C) 또는 화씨도(°F)이다. 그러므로 온도는 **스칼라양**의 한 예이다.

스칼라양(scalar quantity)은 적절한 물리적 단위는 갖지만, 방향성이 없는 하나의 단순한 수치로 완전하게 정의할 수 있다.

스칼라양의 다른 예로는 부피, 질량, 속력, 시간 그리고 시간 간격 등이 있다. 질량 또는 속력과 같은 스칼라는 항상 양이고, 온도와 같은 스칼라는 양 또는 음의 값을 가질 수 있다. 스칼라양을 취급할 때는 일반적인 산술 규칙을 사용하면 된다.

만약 경비행기를 조종하기 위하여 바람의 속도를 알아야 한다면, 바람의 속력과 동시에 그 방향을 알아야 한다. 속도를 완전하게 서술하려면 방향이 반드시 필요하므로, 속도는 **벡터양**이다.

벡터양(vector quantity)은 스칼라양과 같이 적절한 물리적 단위를 가지며, 크기와 방향을 모두 갖는 양으로 정의한다.

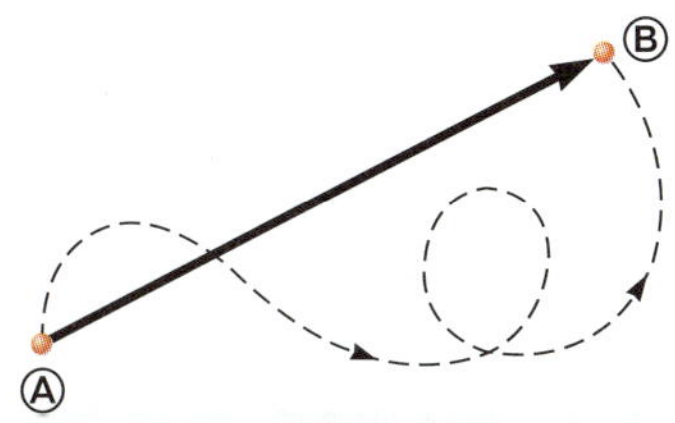

그림 3.4 입자가 위치 Ⓐ에서 Ⓑ로 점선으로 표시된 임의의 경로를 따라 이동할 때, 이 변위는 벡터양이고 위치 Ⓐ에서 Ⓑ를 연결한 화살로 표시된다.

벡터양의 또 다른 예는 2장에서 배운 변위이다. 한 입자가 그림 3.4에서와 같이 한 점 Ⓐ에서 Ⓑ로 직선을 따라 이동한다고 가정하자. 이 변위를 위치 Ⓐ에서 Ⓑ까지 화살표를 그려서 표시할 수 있다. 여기서 화살촉의 방향은 변위의 방향을 나타내고, 화살의 길이는 변위의 크기를 나타낸다. 만약 한 입자가 그림 3.4에서와 같이 위치 Ⓐ에서 Ⓑ까지 점선을 따라 이동하였더라도 변위는 역시 위치 Ⓐ에서 Ⓑ까지 그린 화살표로 표시한다. 변위 벡터는 단순히 시작점과 끝점의 위치에 의존하며, 두 점 사이의 경로에는 무관하다.

이 교재에서는 벡터를 표시하기 위하여 $\vec{\mathbf{A}}$와 같이 글자 위에 화살표를 붙인 볼드체를 이용한다. 또한 벡터를 표시하기 위하여 화살표 없이 간단히 볼드체 **A**를 사용하기도 한다. 벡터 $\vec{\mathbf{A}}$의 크기는 A 또는 $|\vec{\mathbf{A}}|$로 표시한다. 벡터의 크기는 물리적인 단위를 갖는다. 변위를 나타내는 m, 그리고 속도를 나타내는 m/s 등이 그 예이다. 벡터의 크기는 **항상** 양수이다.

퀴즈 3.1 다음에서 벡터양과 스칼라양을 구분하라.
(a) 나이 **(b)** 가속도 **(c)** 속도 **(d)** 속력 **(e)** 질량

3.3 벡터의 성질
Some Properties of Vectors

이 절에서는 물리량을 나타내는 벡터의 일반적인 성질을 알아보고자 한다. 또한 벡터의 덧셈과 뺄셈을 대수적인 방법과 기하학적인 방법을 이용하여 논의하고자 한다.

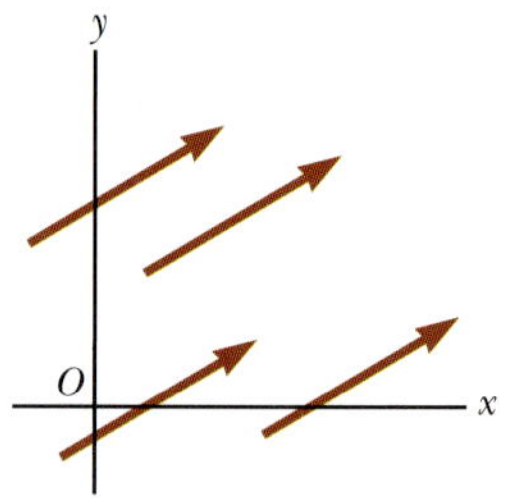

그림 3.5 크기가 같고 방향이 일치하므로 네 벡터는 모두 동등하다.

벡터의 동등성 Equality of Two Vectors

두 벡터 $\vec{\mathbf{A}}$와 $\vec{\mathbf{B}}$가 동등하다는 것은 크기가 같고 방향이 같음을 의미한다. 즉 $\vec{\mathbf{A}} = \vec{\mathbf{B}}$는 $A = B$를 만족하고, $\vec{\mathbf{A}}$와 $\vec{\mathbf{B}}$가 평행선을 따라 같은 방향을 가리킬 때이다. 예를 들면 그림 3.5와 같이 여러 벡터들은 서로 다른 곳에서 출발하지만 모든 벡터들은 크기(길이)가 같고 평행하기 때문에 동등하다. 이런 성질로부터 벡터는 평행 이동이 가능함을 알 수 있다.

오류 피하기 3.1
벡터 덧셈 대 스칼라 덧셈 $\vec{\mathbf{A}} + \vec{\mathbf{B}} = \vec{\mathbf{C}}$는 $A + B = C$와 아주 다름에 유의하자. 전자는 벡터의 합이며 기하학적 방법으로 주의 깊게 다루어야 한다. 후자는 일반적인 산술 규칙으로 다룰 수 있는 단순한 대수적인 덧셈이다.

벡터의 덧셈 Adding Vectors

벡터의 덧셈은 그래프 방법으로 편리하게 이해할 수 있다. 벡터 $\vec{\mathbf{B}}$를 $\vec{\mathbf{A}}$에 더하려면, 그림 3.6과 같이 모눈종이에 먼저 벡터 $\vec{\mathbf{A}}$를 그려 넣고 벡터 $\vec{\mathbf{B}}$를 같은 배율로 벡터 $\vec{\mathbf{B}}$의 꼬리가 $\vec{\mathbf{A}}$의 머리로부터 시작하도록 그린다. 여기서 두 벡터의 덧셈의 결과는 **합 벡터**(resultant vector) $\vec{\mathbf{R}} = \vec{\mathbf{A}} + \vec{\mathbf{B}}$로서, 벡터 $\vec{\mathbf{A}}$의 꼬리에서 벡터 $\vec{\mathbf{B}}$의 머리까지 연결한 벡터이다.

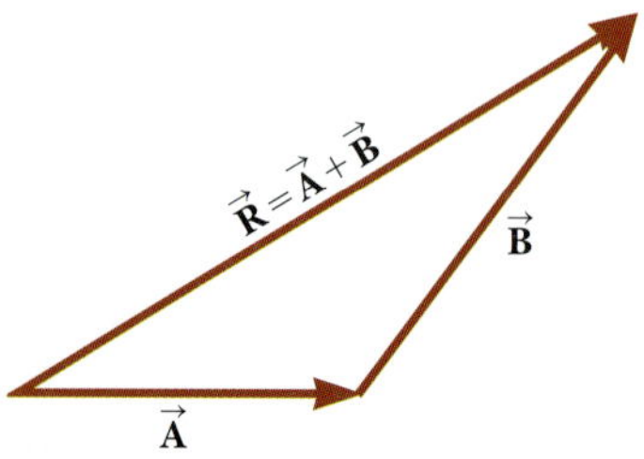

그림 3.6 벡터 $\vec{\mathbf{A}}$와 $\vec{\mathbf{B}}$를 더할 때 합 벡터 $\vec{\mathbf{R}}$은 벡터 $\vec{\mathbf{A}}$의 꼬리에서 벡터 $\vec{\mathbf{B}}$의 머리까지 이어준 벡터이다.

기하학적인 방법은 둘 이상의 벡터를 더할 때도 사용할 수 있다. 그림 3.7은 네 개의 벡터를 더하는 방법을 보여 준다. 합 벡터 $\vec{\mathbf{R}} = \vec{\mathbf{A}} + \vec{\mathbf{B}} + \vec{\mathbf{C}} + \vec{\mathbf{D}}$는 다각형을 완성하는 벡터이다. 다시 말하면 $\vec{\mathbf{R}}$는 처음 벡터의 꼬리에서 마지막 벡터의 머리 부분까지 연결한 벡터이다. 벡터 덧셈에 대한 이 방법을 머리–꼬리법(head to tail method)이라 한다.

두 벡터를 더할 때, 그 합은 덧셈의 순서에 무관하다(이것은 사소한 것처럼 보이나, 7장과 11장에서 벡터의 곱을 배울 때 순서가 중요할 수 있다는 것을 알게 될 것이다). 이

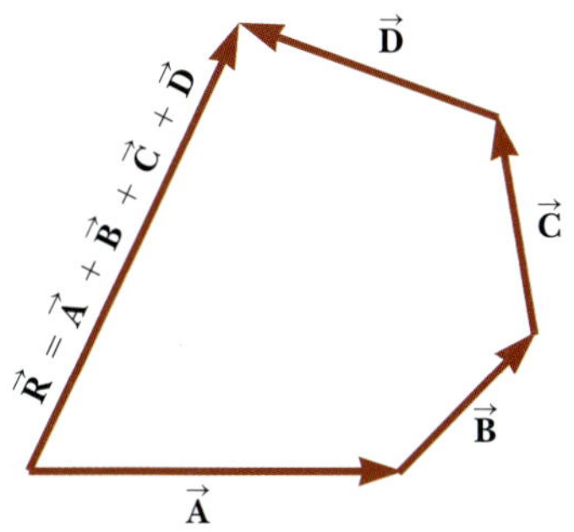

그림 3.7 네 개의 벡터를 더하는 기하학적 방법. 합 벡터 $\vec{R}$는 정의에 따라 다각형을 완성하는 하나의 벡터이다.

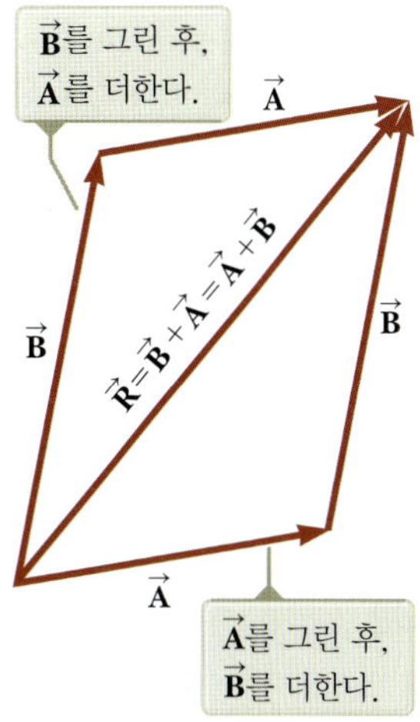

그림 3.8 $\vec{A} + \vec{B} = \vec{B} + \vec{A}$, 즉 벡터 덧셈은 교환할 수 있음을 보여 준다.

런 성질은 그림 3.8과 같이 기하학적인 방법으로 알 수 있으며, 이를 **덧셈의 교환 법칙**(commutative law of addition)이라 한다.

$$\vec{A} + \vec{B} = \vec{B} + \vec{A} \quad (3.5)$$

◀ 덧셈의 교환 법칙

셋 이상의 벡터를 더할 때, 그 합은 어떤 두 벡터를 먼저 더하느냐와 무관하다. 이 규칙의 기하학적인 증명이 그림 3.9에 설명되어 있다. 이를 **덧셈의 결합 법칙**(associative law of addition)이라고 한다.

$$\vec{A} + (\vec{B} + \vec{C}) = (\vec{A} + \vec{B}) + \vec{C} \quad (3.6)$$

◀ 덧셈의 결합 법칙

요약하면 **벡터양은 크기와 방향을 가지며**, 그림 3.6에서 그림 3.9까지 설명한 바와 같이 **벡터의 덧셈 법칙을 따른다**. 둘 이상의 벡터를 서로 더할 때 벡터는 모두 같은 단위를 가져야 하고, 같은 물리량을 나타내어야 한다. 변위 벡터(예를 들어 북쪽으로 200 km)에 속도 벡터(예를 들어 동쪽으로 60 km/h)를 더한다는 것은 아무 의미가 없다. 왜냐하면 그 벡터들은 서로 다른 물리량을 나타내기 때문이다. 이와 같은 규칙은 스칼라양에서도 적용된다. 예를 들어 시간 간격과 온도를 더하는 것은 의미가 없다.

음의 벡터 Negative of a Vector

벡터 $\vec{A}$의 음의 벡터는 $\vec{A}$에 더할 때 그 합이 영이 되는 벡터이다. 즉 $\vec{A} + (-\vec{A})$

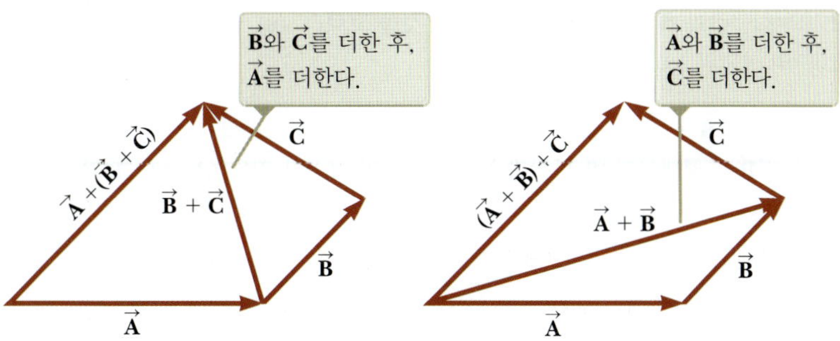

그림 3.9 벡터 덧셈의 결합 법칙을 증명하는 기하학적 방법

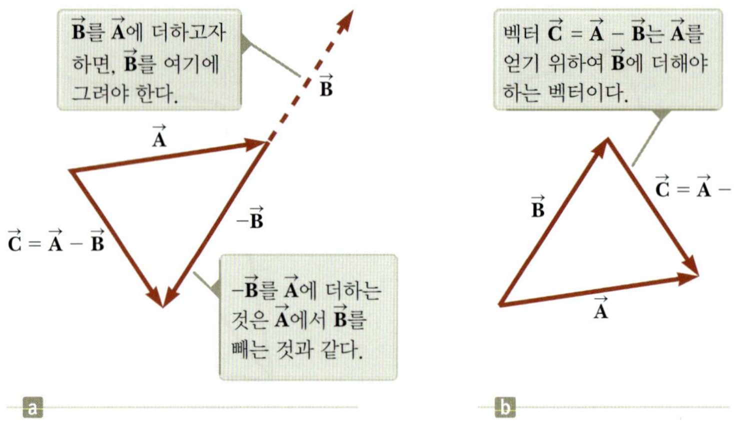

그림 3.10 (a) 벡터 $\vec{\mathbf{A}}$에서 $\vec{\mathbf{B}}$를 빼는 방법을 알아보자. 벡터 $-\vec{\mathbf{B}}$는 벡터 $\vec{\mathbf{B}}$와 크기가 같고 방향은 반대이다. (b) 벡터 뺄셈을 조사하기 위한 두 번째 방법

= 0이다. 벡터 $\vec{\mathbf{A}}$와 $-\vec{\mathbf{A}}$는 크기는 같지만 서로 반대 방향을 가리킨다.

벡터의 뺄셈 Subtracting Vectors

벡터의 뺄셈은 음의 벡터의 정의를 이용하여 구할 수 있다. 연산 $\vec{\mathbf{A}} - \vec{\mathbf{B}}$는 벡터 $\vec{\mathbf{A}}$에 음의 벡터 $-\vec{\mathbf{B}}$를 더하여 구한다.

$$\vec{\mathbf{A}} - \vec{\mathbf{B}} = \vec{\mathbf{A}} + (-\vec{\mathbf{B}}) \tag{3.7}$$

두 벡터의 뺄셈에 대한 기하학적인 방법은 그림 3.10a에 표시되어 있다.

두 벡터 $\vec{\mathbf{A}}$와 $\vec{\mathbf{B}}$의 차 $\vec{\mathbf{A}} - \vec{\mathbf{B}}$를 구하는 다른 도형적인 방법은 두 번째 벡터($\vec{\mathbf{B}}$)에 무슨 벡터를 더하면 첫 번째 벡터($\vec{\mathbf{A}}$)가 되는지 생각해 보는 일이다. 이 경우, 그림 3.10b와 같이 벡터 $\vec{\mathbf{A}} - \vec{\mathbf{B}}$는 두 번째 벡터($\vec{\mathbf{B}}$)의 머리에서 시작하여 첫 번째 벡터($\vec{\mathbf{A}}$)의 머리를 잇는 벡터이다.

벡터와 스칼라의 곱 Multiplying a Vector by a Scalar

벡터 $\vec{\mathbf{A}}$에 양의 스칼라 m을 곱하면, 그 곱 $m\vec{\mathbf{A}}$는 $\vec{\mathbf{A}}$와 방향이 같고 크기가 mA인 벡터이다. 벡터 $\vec{\mathbf{A}}$에 음의 스칼라 $-m$을 곱하면, 그 곱인 $-m\vec{\mathbf{A}}$는 벡터 $\vec{\mathbf{A}}$와 반대 방향이고 크기가 mA인 벡터이다. 예를 들어 벡터 $5\vec{\mathbf{A}}$는 벡터 $\vec{\mathbf{A}}$의 크기의 5배이고, 벡터 $\vec{\mathbf{A}}$와 같은 방향을 향한다. 그리고 벡터 $-\frac{1}{3}\vec{\mathbf{A}}$는 벡터 $\vec{\mathbf{A}}$에 대하여 크기가 1/3배이고 방향이 벡터 $\vec{\mathbf{A}}$와 반대인 벡터이다.

Q 퀴즈 3.2 두 벡터 $\vec{\mathbf{A}}$와 $\vec{\mathbf{B}}$의 크기가 각각 $A = 12$단위와 $B = 8$단위이다. 이때 합 벡터 $\vec{\mathbf{R}} = \vec{\mathbf{A}} + \vec{\mathbf{B}}$의 크기의 최댓값과 최솟값을 바르게 나열한 것을 고르라. **(a)** 14.4단위, 4단위 **(b)** 12단위, 8단위 **(c)** 20단위, 4단위 **(d)** 정답 없음

Q 퀴즈 3.3 벡터 $\vec{\mathbf{B}}$를 $\vec{\mathbf{A}}$에 더하여 영이 되는 조건 두 개를 고르라. **(a)** $\vec{\mathbf{A}}$와 $\vec{\mathbf{B}}$가 평행하며 같은 방향 **(b)** $\vec{\mathbf{A}}$와 $\vec{\mathbf{B}}$가 평행하며 반대 방향 **(c)** $\vec{\mathbf{A}}$와 $\vec{\mathbf{B}}$의 크기가 같음 **(d)** $\vec{\mathbf{A}}$와 $\vec{\mathbf{B}}$가 수직임

예제 3.2 휴가 여행

그림 3.11a에서 보는 것처럼 자동차가 북쪽으로 20.0 km 간 후에, 다시 북서쪽 60.0°의 방향으로 35.0 km를 더 갔다. 자동차의 전체 변위의 크기와 방향을 구하라.

풀이

개념화 그림 3.11a에 그려 놓은 벡터 $\vec{\mathbf{A}}$와 $\vec{\mathbf{B}}$는 문제를 개념화하는 데 도움을 준다. 그림에 나타낸 합 벡터 $\vec{\mathbf{R}}$의 크기는 수십 킬로미터로 예상된다. 합 벡터가 y축과 이루는 각도 β는 벡터 $\vec{\mathbf{B}}$가 y축과 이루는 60°보다 작을 것으로 예상된다.

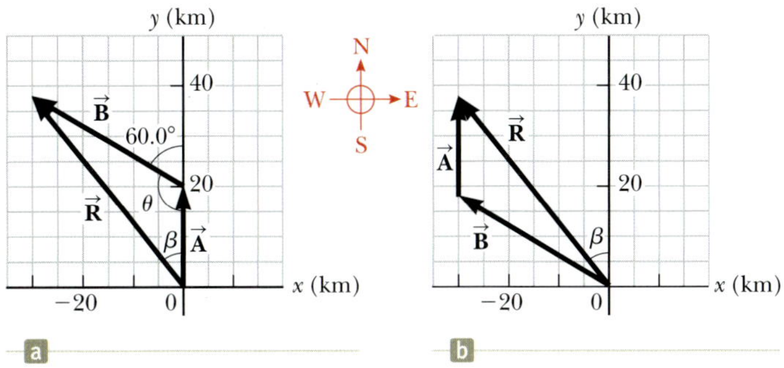

그림 3.11 (예제 3.2) (a) 합 벡터의 변위 $\vec{\mathbf{R}} = \vec{\mathbf{A}} + \vec{\mathbf{B}}$를 나타내는 그래프 방법 (b) 순서를 바꾸어 ($\vec{\mathbf{B}} + \vec{\mathbf{A}}$)로 덧셈을 하여도 동일한 벡터 $\vec{\mathbf{R}}$를 얻는다.

분류 이 예제는 간단한 벡터 덧셈의 분석 문제로 분류할 수 있다. 변위 $\vec{\mathbf{R}}$는 두 변위 $\vec{\mathbf{A}}$와 $\vec{\mathbf{B}}$를 더한 결과이다. 또한 이런 종류의 문제는 삼각형의 분석에 관한 문제로 분류할 수 있으며, 기하학과 삼각 함수 공식이 필요하다.

분석 이 예제에서 두 벡터의 합을 구하는 문제를 분석하는 두 가지 방법을 소개한다. 첫 번째 방법은 그림 3.11a에서와 같이 $\vec{\mathbf{R}}$의 크기와 방향을 측정하기 위하여 모눈종이와 각도기를 이용해서 $\vec{\mathbf{R}}$의 크기와 방향을 측정하여 그래프 방법으로 문제를 푸는 방법이다(사실상 계산을 수행하더라도, 답을 검증하기 위하여 벡터를 그려 보는 것이 좋다). 보통 자와 각도기를 가지고 그림을 그리면 세 자릿수의 정밀도를 나타내지는 못하지만 두 자릿수의 정밀도의 답은 줄 것이다. 그림 3.11a에 있는 $\vec{\mathbf{R}}$에 이 방법을 사용해 보고 아래의 삼각 함수 분석과 비교해 보라.

두 번째 방법은 대수와 삼각 함수로 문제를 분석하는 방법이다. $\vec{\mathbf{R}}$의 크기는 그림 3.11a에서 삼각형의 코사인 법칙을 이용하여 구할 수 있다.

코사인 법칙 $R^2 = A^2 + B^2 - 2AB\cos\theta$를 이용하여 R를 구한다.

$$R = \sqrt{A^2 + B^2 - 2AB\cos\theta}$$

$\theta = 180° - 60° = 120°$이므로 주어진 값을 대입한다.

$$R = \sqrt{(20.0\text{ km})^2 + (35.0\text{ km})^2 - 2(20.0\text{ km})(35.0\text{ km})\cos 120°}$$

$$= 48.2\text{ km}$$

삼각형에서의 사인 법칙을 이용하여 북쪽으로부터 측정한 $\vec{\mathbf{R}}$의 방향을 구한다.

$$\frac{\sin\beta}{B} = \frac{\sin\theta}{R}$$

$$\sin\beta = \frac{B}{R}\sin\theta = \frac{35.0\text{ km}}{48.2\text{ km}}\sin 120° = 0.629$$

$$\beta = 38.9°$$

따라서 자동차의 변위는 48.2 km이고 방향은 북서쪽으로 38.9°이다.

결론 그래프 방법을 사용한 그림 3.11a에서 시각적으로 예측한 값이 계산한 β와 일치하는가? $\vec{\mathbf{R}}$의 크기가 $\vec{\mathbf{A}}$와 $\vec{\mathbf{B}}$의 크기보다 큰 것이 옳은가? $\vec{\mathbf{R}}$의 단위가 맞는가?

벡터 덧셈의 그래프 방법은 간단한 반면에, 두 가지의 단점이 있다. 첫째, 일부 학생은 사인 및 코사인 법칙에 익숙하지 않아 문제를 다루기가 쉽지 않다. 둘째, 벡터 삼각형은 대부분 두 개의 벡터를 더할 때 사용한다. 만약 셋 이상의 벡터를 더하려고 할 때, 결과적인 기하학적 모양은 삼각형이 아니다. 3.4절에서 이 경우에 적합한 새로운 방법을 알게 된다.

문제 두 벡터의 순서를 바꾸어서, 먼저 북서 60.0° 방향으로 35.0 km를 이동한 후, 정북으로 20.0 km를 이동하였다고 가정하자. 합 벡터의 크기와 방향에 어떤 변화가 생기는가?

답 합 벡터는 변하지 않는다. 벡터 덧셈에 관한 교환 법칙에 따라 벡터 덧셈의 순서에는 관계가 없다. 그림 3.11b에서 순서를 바꾸어도 더해진 벡터는 동일함을 보여 준다.

3.4 벡터의 성분과 단위 벡터
Components of a Vector and Unit Vectors

벡터의 덧셈에서 그래프 방법은 정밀도가 요구되거나 삼차원 문제를 다루는 경우에 있어서는 적합하지 않다. 이 절에서는 직각 좌표계의 각 좌표축에 벡터를 사영하여 벡터 덧셈을 하는 방법을 공부하기로 하자. 이런 벡터의 각 좌표축에 대한 사영을 그 벡터의 **성분**(components) 또는 **직각 성분**(rectangular components)이라고 한다. 모든 벡터는 그 성분으로 완벽하게 기술할 수 있다.

xy 평면상에 놓인 벡터 $\vec{\mathbf{A}}$를 고려하자. 그림 3.12a와 같이 벡터는 $+x$축과 θ의 각도를 이루고 있다. 이 벡터 $\vec{\mathbf{A}}$는 x축에 평행한 **성분 벡터** $\vec{\mathbf{A}}_x$와 y축에 평행한 **성분 벡터** $\vec{\mathbf{A}}_y$의 두 벡터합으로 표시될 수 있다. 그림 3.12b에서 세 벡터는 직각 삼각형을 이루고 있으며, $\vec{\mathbf{A}} = \vec{\mathbf{A}}_x + \vec{\mathbf{A}}_y$임을 알 수 있다. 벡터 $\vec{\mathbf{A}}$의 스칼라 성분은 (볼드체가 아닌) A_x와 A_y로 나타낸다. 여기서 성분 A_x는 x축에 대한 벡터 $\vec{\mathbf{A}}$의 사영이고, 성분 A_y는 y축에 대한 벡터 $\vec{\mathbf{A}}$의 사영이다. 이 성분은 양(+)이나 음(−)이 될 수 있다. 만약 성분 벡터 $\vec{\mathbf{A}}_x$의 방향이 $+x$이면 성분 A_x는 양이고, $\vec{\mathbf{A}}_x$의 방향이 $-x$축을 가리키고 있다면 성분 A_x는 음이다. 성분 A_y에 대해서도 마찬가지이다.

오류 피하기 3.2

***x*, *y* 성분** 식 3.8과 3.9에서 x성분은 코사인 함수, y 성분은 사인 함수로 되어 있다. 이런 관계는 각도 θ가 $+x$축으로부터 측정된 경우에만 성립한다. 따라서 이 식을 기계적으로 외우면 안 된다. 각도 θ가 $+y$축으로부터 측정된 각도라면(어떤 문제에는 그렇게 되어 있다), 이 식은 틀린 식이 된다. 삼각형의 어느 변이 빗변이고 어느 변이 각의 대변인지를 생각해서 코사인과 사인을 알맞게 사용해야 한다.

그림 3.12와 삼각 함수의 정의로부터, $\cos\theta = A_x/A$와 $\sin\theta = A_y/A$임을 알 수 있으며, 그러므로 벡터 $\vec{\mathbf{A}}$의 성분들은 다음과 같다.

$$A_x = A\cos\theta \quad \textbf{(3.8)}$$

$$A_y = A\sin\theta \quad \textbf{(3.9)}$$

이 성분들은 두 변이 직교하는 직각 삼각형을 이루며(그림 3.12b), 다른 한 변의 크기는 빗변 A이다. 따라서 벡터 $\vec{\mathbf{A}}$의 크기와 방향은 벡터의 성분들과 다음 관계를 만족한다.

$$A = \sqrt{A_x^{\,2} + A_y^{\,2}} \quad \textbf{(3.10)}$$

$$\theta = \tan^{-1}\left(\frac{A_y}{A_x}\right) \quad \textbf{(3.11)}$$

성분 A_x와 A_y의 부호는 각도 θ에 따라 결정됨에 주의해야 한다. 만약 $\theta = 120°$이면, A_x는 음이고 A_y는 양이다. 그리고 $\theta = 225°$이면, A_x와 A_y는 모두 음이다. 그림 3.13은 벡터 $\vec{\mathbf{A}}$가 각 사분면에 놓여 있을 때 성분들의 부호를 요약한 것이다.

문제 풀이를 할 때 벡터 $\vec{\mathbf{A}}$를 기술하려면, 각 성분 A_x와 A_y를 알든지 또는 크기 A와

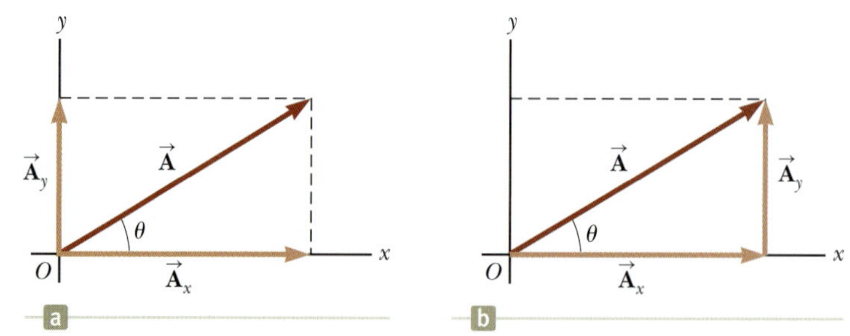

그림 3.12 (a) xy 평면에 놓여 있는 벡터 $\vec{\mathbf{A}}$는 성분 벡터 $\vec{\mathbf{A}}_x$와 $\vec{\mathbf{A}}_y$로 나타낼 수 있다. (b) y축 성분 벡터 $\vec{\mathbf{A}}_y$를 오른쪽으로 평행 이동하여 $\vec{\mathbf{A}}_x$에 더한다. 이 성분 벡터들의 벡터합이 벡터 $\vec{\mathbf{A}}$이다. 이들 세 벡터는 직각 삼각형을 이룬다.

방향 θ를 알면 된다.

어떤 물리 문제에서 벡터를 성분으로 분해한다고 가정하자. 많은 응용 문제에서 반드시 수평과 수직은 아니더라도, 벡터를 서로 수직인 좌표축을 갖는 좌표계에서 각 축의 성분들로 표현하는 것이 편리하다. 예를 들어 경사면을 따라 미끄러지는 물체를 생각해 보자. 이때 x축을 경사면으로 하고, y축을 경사면에 수직이 되게 정하는 것이 편리하다.

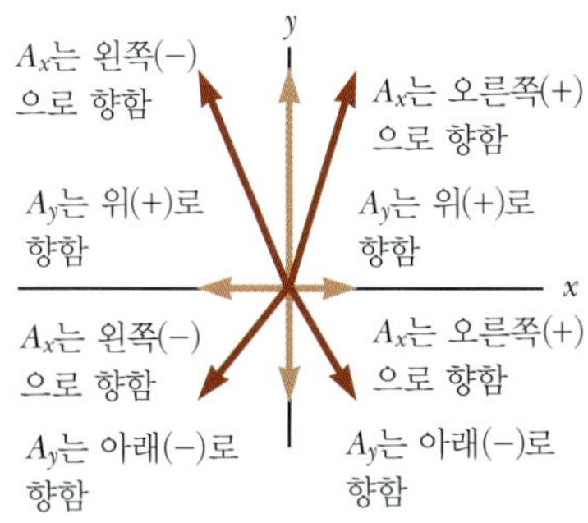

그림 3.13 벡터 $\vec{\mathbf{A}}$ 성분의 기호는 벡터가 위치하는 사분면과 관련이 있다.

Q 퀴즈 3.4 다음의 문장이 참이 되도록 선택하라. 벡터의 성분은 그 벡터의 크기보다 **(a)** 항상 크다. **(b)** 절대로 크지 않다. **(c)** 가끔 크다.

단위 벡터 Unit Vectors

벡터양은 종종 단위 벡터를 이용하여 표시한다. **단위 벡터**(unit vector)는 차원이 없고 크기가 1인 벡터이다. 단위 벡터는 다른 특별한 의미는 없이 주어진 방향만을 표시하기 위하여 사용된다. 단위 벡터는 공간에서 벡터를 나타내는 데 편리하다. 직각 좌표의 단위 벡터(기본 벡터)인 $\hat{\mathbf{i}}, \hat{\mathbf{j}}, \hat{\mathbf{k}}$는 각각 양의 x, y, z축 방향을 나타내는 데 사용한다 ['모자(^)' 기호는 단위 벡터를 나타내는 표준적 표현 방법이다]. 그림 3.14a와 같이 삼차원에서 단위 벡터 $\hat{\mathbf{i}}, \hat{\mathbf{j}}, \hat{\mathbf{k}}$는 서로 수직인 한 세트의 벡터를 구성하며 이들 단위 벡터의 크기는 $|\hat{\mathbf{i}}| = |\hat{\mathbf{j}}| = |\hat{\mathbf{k}}| = 1$이다.

벡터 $\vec{\mathbf{A}}$가 그림 3.14b와 같이 xy 평면에 놓여 있을 때, 성분 A_x와 단위 벡터 $\hat{\mathbf{i}}$의 곱은 벡터 $\vec{\mathbf{A}}_x = A_x\hat{\mathbf{i}}$이고, x축에 평행하며 크기는 $|A_x|$이다. 마찬가지로 $\vec{\mathbf{A}}_y = A_y\hat{\mathbf{j}}$는 크기가 $|A_y|$이고, y축에 평행한 벡터이다. 따라서 단위 벡터를 이용하여 벡터 $\vec{\mathbf{A}}$를 표시하면

$$\vec{\mathbf{A}} = A_x\hat{\mathbf{i}} + A_y\hat{\mathbf{j}} \qquad \textbf{(3.12)}$$

가 된다.

예를 들어 그림 3.15와 같이 xy 평면상에 있고 직각 좌표가 (x, y)인 한 점을 생각해 보자. **위치 벡터**(position vector) $\vec{\mathbf{r}}$로 표시되는 한 점을 단위 벡터 형태로 나타내면

$$\vec{\mathbf{r}} = x\hat{\mathbf{i}} + y\hat{\mathbf{j}} \qquad \textbf{(3.13)}$$

로 주어진다. 즉 $\vec{\mathbf{r}}$의 성분은 좌표 x와 y이다.

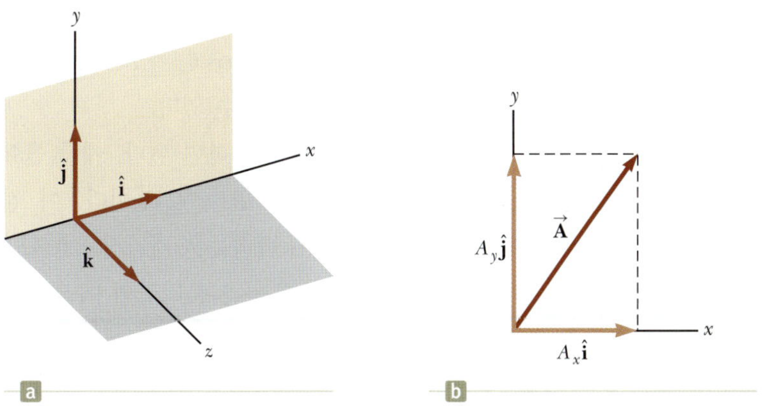

그림 3.14 (a) 단위 벡터 $\hat{\mathbf{i}}, \hat{\mathbf{j}}, \hat{\mathbf{k}}$는 각각 x, y, z축을 향한다. (b) 벡터 $\vec{\mathbf{A}} = A_x\hat{\mathbf{i}} + A_y\hat{\mathbf{j}}$는 xy 평면에 있고 성분들은 A_x와 A_y이다.

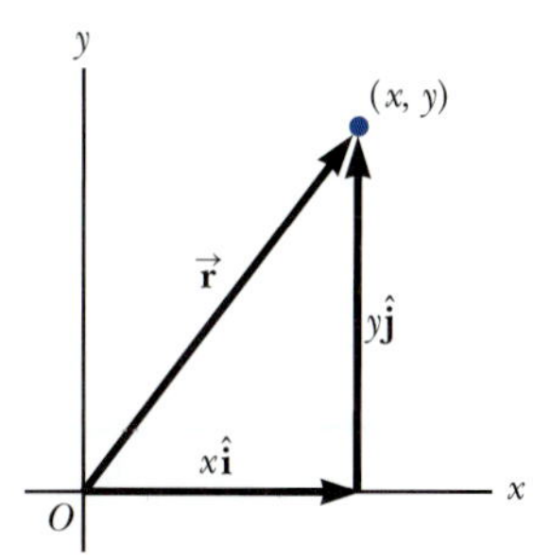

그림 3.15 직각 좌표가 (x, y)인 한 점은 위치 벡터 $\vec{\mathbf{r}} = x\hat{\mathbf{i}} + y\hat{\mathbf{j}}$로 표시된다.

그래프 방법이 충분히 정확하지 않을 때 벡터를 더하기 위하여 성분을 어떻게 사용하는지 살펴보자. 만약 식 3.12에서 성분이 B_x와 B_y인 벡터 $\vec{\mathbf{B}}$를 $\vec{\mathbf{A}}$에 더하려면, x와 y 성분을 각각 분리해서 더하면 된다. 합 벡터 $\vec{\mathbf{R}} = \vec{\mathbf{A}} + \vec{\mathbf{B}}$는

$$\vec{\mathbf{R}} = (A_x\hat{\mathbf{i}} + A_y\hat{\mathbf{j}}) + (B_x\hat{\mathbf{i}} + B_y\hat{\mathbf{j}})$$

즉

$$\vec{\mathbf{R}} = (A_x + B_x)\hat{\mathbf{i}} + (A_y + B_y)\hat{\mathbf{j}} \tag{3.14}$$

가 된다. $\vec{\mathbf{R}} = R_x\hat{\mathbf{i}} + R_y\hat{\mathbf{j}}$이므로, 합 벡터의 성분은 각각

$$\begin{aligned} R_x &= A_x + B_x \\ R_y &= A_y + B_y \end{aligned} \tag{3.15}$$

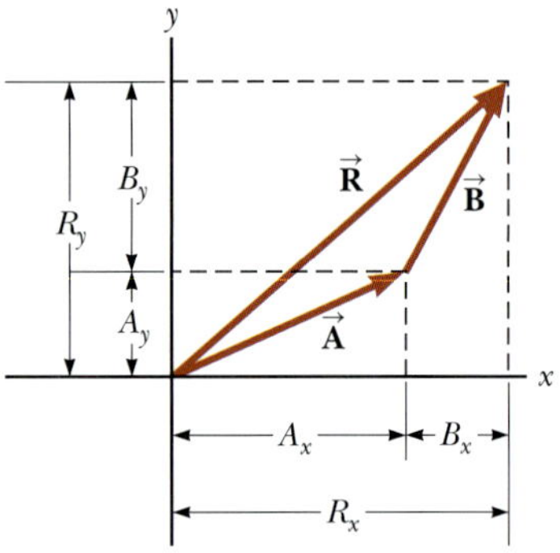

그림 3.16 두 벡터를 더하는 기하학적 방법은 합 벡터 $\vec{\mathbf{R}}$의 성분과 각 벡터의 성분들 사이의 관계를 보이는 것이다.

이다. 따라서 벡터의 성분을 이용하여 더할 때, 각각의 x 성분들을 더하여 합 벡터의 x 성분을 구하고, y 성분에 대해서도 같은 과정을 이용한다. 성분을 이용한 덧셈은 그림 3.16에서와 같이 기하학적인 과정을 통하여 확인해 볼 수 있다.

$\vec{\mathbf{R}}$의 크기와 x축과 이루는 각도는 각각 다음과 같다.

$$R = \sqrt{R_x^2 + R_y^2} = \sqrt{(A_x + B_x)^2 + (A_y + B_y)^2} \tag{3.16}$$

$$\tan\theta = \frac{R_y}{R_x} = \frac{A_y + B_y}{A_x + B_x} \tag{3.17}$$

오류 피하기 3.3

계산기의 탄젠트 식 3.17에 탄젠트 함수를 이용한 각도의 계산이 포함되어 있다. 일반적으로 계산기의 역탄젠트 함수는 −90°와 +90° 사이의 각도를 나타낸다. 따라서 구하려는 벡터가 제2 또는 3 사분면에 놓여 있으면 $+x$축에서부터 측정한 각도는 계산기에서 얻은 각도 더하기 180°이다.

때때로 세 개의 성분 방향을 갖는 삼차원 운동을 고려할 필요가 있다. 이런 방법을 삼차원 벡터로 확장하는 것은 간단하다. 만약 $\vec{\mathbf{A}}$와 $\vec{\mathbf{B}}$가 x, y, z 성분을 갖고 있다면

$$\vec{\mathbf{A}} = A_x\hat{\mathbf{i}} + A_y\hat{\mathbf{j}} + A_z\hat{\mathbf{k}} \tag{3.18}$$

$$\vec{\mathbf{B}} = B_x\hat{\mathbf{i}} + B_y\hat{\mathbf{j}} + B_z\hat{\mathbf{k}} \tag{3.19}$$

로 표현할 수 있고, $\vec{\mathbf{A}}$와 $\vec{\mathbf{B}}$의 합은

$$\vec{\mathbf{R}} = (A_x + B_x)\hat{\mathbf{i}} + (A_y + B_y)\hat{\mathbf{j}} + (A_z + B_z)\hat{\mathbf{k}} \tag{3.20}$$

이다. 식 3.20은 식 3.14와는 다름에 유의하라. 식 3.20에서 합 벡터는 z 성분 $R_z = A_z + B_z$도 갖는다. 만약 벡터 $\vec{\mathbf{R}}$가 x, y, z 성분을 갖는다면, 벡터의 크기는 $R = \sqrt{R_x^2 + R_y^2 + R_z^2}$, 벡터 $\vec{\mathbf{R}}$가 x축과 이루는 각도 θ_x는 $\cos\theta_x = R_x/R$로부터 구할 수 있고, y와 z축에 대한 각도도 비슷한 표현으로부터 구할 수 있다.

두 개 이상의 벡터를 합할 때 이 방법을 확장시켜 사용하면 된다. 예를 들어 $\vec{\mathbf{A}} + \vec{\mathbf{B}} + \vec{\mathbf{C}} = (A_x + B_x + C_x)\hat{\mathbf{i}} + (A_y + B_y + C_y)\hat{\mathbf{j}} + (A_z + B_z + C_z)\hat{\mathbf{k}}$이다. 이 절에서 변위 벡터들을 더하는 것에 대하여 설명하였는데, 변위 벡터들은 개념적으로 쉽게 표현할 수 있기 때문이다. 또한 속도, 힘, 전기장 벡터와 같은 다른 물리량의 벡터들도 더할 수 있는 것을 나중에 배우게 될 것이다.

Q 퀴즈 3.5 다음 중 벡터의 크기가 그 성분 중 하나와 같은 경우를 고르라. **(a)** $\vec{\mathbf{A}} = 2\hat{\mathbf{i}} + 5\hat{\mathbf{j}}$ **(b)** $\vec{\mathbf{B}} = -3\hat{\mathbf{j}}$ **(c)** $\vec{\mathbf{C}} = +5\hat{\mathbf{k}}$

예제 3.3 두 벡터의 덧셈

다음과 같은 xy 평면상의 두 벡터 $\vec{\mathbf{A}}$와 $\vec{\mathbf{B}}$의 합을 구하라.

$$\vec{\mathbf{A}} = (2.0\hat{\mathbf{i}} + 2.0\hat{\mathbf{j}})\text{ m이고, } \vec{\mathbf{B}} = (2.0\hat{\mathbf{i}} - 4.0\hat{\mathbf{j}})\text{ m이다.}$$

풀이

개념화 벡터를 모눈종이에 그려 보면 상황을 개념화할 수 있다. 예상되는 합 벡터를 대략 그린다.

분류 이 예제는 단순한 대입 문제로 분류한다. 앞의 $\vec{\mathbf{A}}$와 일반적인 식 $\vec{\mathbf{A}} = A_x\hat{\mathbf{i}} + A_y\hat{\mathbf{j}} + A_z\hat{\mathbf{k}}$를 비교하면, $A_x = 2.0$ m, $A_y = 2.0$ m, $A_z = 0$임을 알 수 있다. 마찬가지로 $B_x = 2.0$ m, $B_y = -4.0$ m, $B_z = 0$이다.

식 3.14를 이용하여 합 벡터 $\vec{\mathbf{R}}$를 구한다.

$$\vec{\mathbf{R}} = \vec{\mathbf{A}} + \vec{\mathbf{B}} = (2.0 + 2.0)\hat{\mathbf{i}}\text{ m} + (2.0 - 4.0)\hat{\mathbf{j}}\text{ m}$$

$\vec{\mathbf{R}}$의 성분을 구한다.

$$R_x = 4.0\text{ m} \qquad R_y = -2.0\text{ m}$$

식 3.16을 이용하여 $\vec{\mathbf{R}}$의 크기를 구한다.

$$R = \sqrt{R_x^2 + R_y^2} = \sqrt{(4.0\text{ m})^2 + (-2.0\text{ m})^2} = \sqrt{20}\text{ m} = \boxed{4.5\text{ m}}$$

식 3.17을 이용하여 $\vec{\mathbf{R}}$의 방향을 구한다.

$$\tan\theta = \frac{R_y}{R_x} = \frac{-2.0\text{ m}}{4.0\text{ m}} = -0.50$$

계산기로 $\theta = \tan^{-1}(-0.50)$를 계산하면 $-27°$를 구할 수 있다. 이 답은 각도가 x축으로부터 시계 방향으로 27°라고 해석하면 된다. 또한 우리가 도입한 표준 방법은 x축으로부터 시계 반대 방향의 각도를 나타내므로, 이 벡터에 대한 각도는 $\theta = \boxed{333°}$이라고도 할 수 있다.

예제 3.4 도보 여행

한 도보 여행가가 첫째 날에 그의 승용차로부터 남동쪽으로 25.0 km를 간 후, 그곳에서 텐트를 치고 하룻밤을 잤다. 다음 날 동북쪽 60.0° 방향으로 40.0 km를 걷고, 그곳에서 산림 감시원의 망루를 발견하였다.

(A) 첫째 날과 둘째 날의 도보 여행가의 변위를 각각 구하라.

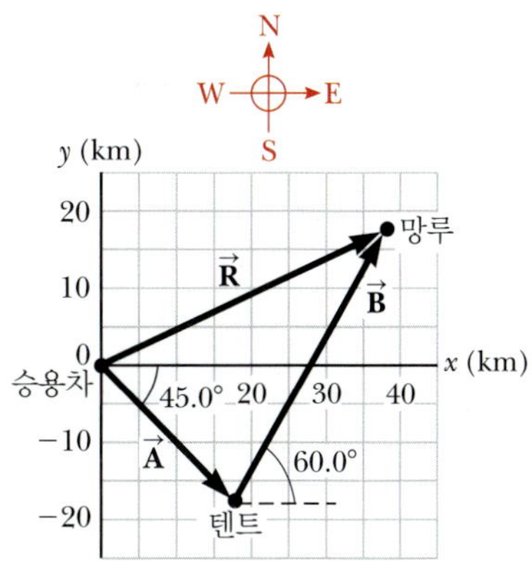

그림 3.17 (예제 3.4) 도보 여행가의 전체 변위는 $\vec{\mathbf{R}} = \vec{\mathbf{A}} + \vec{\mathbf{B}}$이다.

풀이

개념화 첫째 날과 둘째 날의 변위 벡터를 각각 $\vec{\mathbf{A}}$와 $\vec{\mathbf{B}}$로 표시하고, 그의 승용차를 좌표의 원점으로 이용하면, 그림 3.17과 같은 벡터를 얻을 수 있다. 그림에서 보는 바와 같이 합 벡터를 추정하는 데 도움이 된다.

분류 합 벡터 $\vec{\mathbf{R}}$를 그리면, 이 문제는 앞에서 풀었던 문제로 분류할 수 있다(두 벡터의 덧셈). 문제를 개념화하는 데 주의를 기울이면, 많은 새로운 문제가 이미 이전에 풀었던 문제와 유사함을 알 수 있다. 문제를 분류하고 변위 벡터를 이용하면, 더 이상 도보 여행가, 걷기, 자동차 텐트 또는 망루 등의 세세한 내용은 중요하지 않게 되고, 이 문제는 앞에서 이미 풀었던 벡터 덧셈에 대한 문제가 된다.

분석 변위 $\vec{\mathbf{A}}$의 크기는 25.0 km이고 방향은 $+x$축에 대하여 남동쪽으로 45.0°이다.

식 3.8과 3.9를 이용하여 $\vec{\mathbf{A}}$의 성분을 구한다.

$$A_x = A\cos(-45.0°) = (25.0\text{ km})(0.707) = \boxed{17.7\text{ km}}$$

$$A_y = A\sin(-45.0°) = (25.0\text{ km})(-0.707) = \boxed{-17.7\text{ km}}$$

여기서 A_y의 부호가 음인 것은 도보 여행가가 첫째 날 $-y$축 방향으로 걸어갔다는 것을 가리킨다. 그림 3.17에서 A_x와 A_y의 부호가 각각 양, 음인 것은 명백하다.

식 3.8과 3.9를 이용하여 $\vec{\mathbf{B}}$의 성분을 구한다.

$$B_x = B\cos 60.0° = (40.0\text{ km})(0.500) = \boxed{20.0\text{ km}}$$

$$B_y = B\sin 60.0° = (40.0\text{ km})(0.866) = \boxed{34.6\text{ km}}$$

(B) 도보 여행가의 합 변위 벡터 $\vec{\mathbf{R}}$의 성분을 구하라. 단위 벡터들로 $\vec{\mathbf{R}}$를 나타내라.

풀이

여행의 전체 변위, $\vec{\mathbf{R}} = \vec{\mathbf{A}} + \vec{\mathbf{B}}$의 성분은 식 3.15에서 다음과 같이 얻을 수 있다.

$$R_x = A_x + B_x = 17.7\text{ km} + 20.0\text{ km} = \boxed{37.7\text{ km}}$$

$$R_y = A_y + B_y = -17.7\text{ km} + 34.6\text{ km} = \boxed{17.0\text{ km}}$$

단위 벡터를 이용한 표현은

$$\vec{\mathbf{R}} = \boxed{(37.7\hat{\mathbf{i}} + 17.0\hat{\mathbf{j}})\text{ km}}$$

이다.

결론 그림 3.17과 같이 망루의 위치는 대략 (38 km, 17 km)이며, 이는 도보 여행가의 나중 위치를 나타내는 합 변위 벡터 $\vec{\mathbf{R}}$의 성분과 일치한다. 또한 $\vec{\mathbf{R}}$의 성분들은 양의 값이고 좌표계의 제1사분면에 있으므로, 이 성분들은 그림 3.17과 일치한다.

문제 감시 망루에 도착한 후, 도보 여행가는 직선 길을 따라 그의 승용차로 돌아오고자 한다. 이 경로를 나타내는 벡터의 성분은 무엇인가? 경로의 방향은 어느 쪽인가?

답 원하는 벡터 $\vec{\mathbf{R}}_{\text{car}}$는 벡터 $\vec{\mathbf{R}}$의 음이다.

$$\vec{\mathbf{R}}_{\text{car}} = -\vec{\mathbf{R}} = (-37.7\hat{\mathbf{i}} - 17.0\hat{\mathbf{j}})\text{ km}$$

방향은 벡터가 x축과 이루는 각도를 계산하여 구한다.

$$\tan\theta = \frac{R_{\text{car},y}}{R_{\text{car},x}} = \frac{-17.0\text{ km}}{-37.7\text{ km}} = 0.450$$

따라서 $\theta = 204.2°$ 또는 서남쪽으로 24.2°이다.

연습문제

객관식

1. 벡터 $(10\hat{\mathbf{i}} - 10\hat{\mathbf{k}})$ m/s의 크기를 구하라. (a) 0 (b) 10 m/s (c) −10 m/s (d) 10 (e) 14.1 m/s

2. xy 평면에서 어떤 벡터의 두 성분이 서로 다른 부호를 갖는다. 이 벡터는 어느 사분면에 있는가? (a) 제1사분면 (b) 제2사분면 (c) 제3사분면 (d) 제4사분면 (e) 제2 또는 4사분면

3. 그림 OQ3.3은 $\vec{\mathbf{D}}_1$과 $\vec{\mathbf{D}}_2$를 보여 준다. 벡터 $\vec{\mathbf{D}}_2 - 2\vec{\mathbf{D}}_1$은 그림의 (a)부터 (d) 중 어느 것인가? 또는 (e) 정답 없음

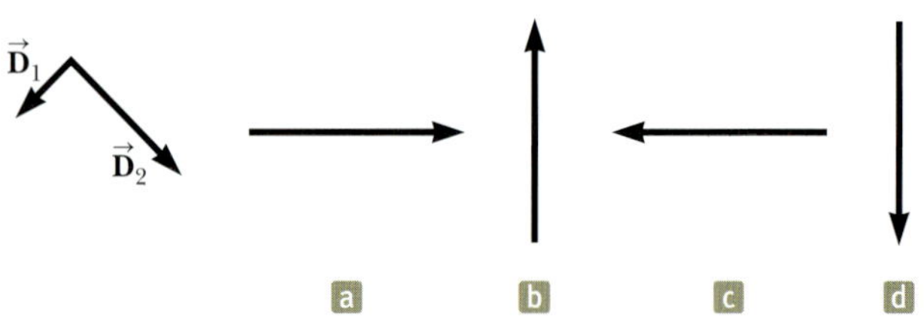

그림 OQ3.3

4. 그림 OQ3.4와 같이 선반 위에서 절삭 도구가 두 번 움직인다. 한 번은 4 cm, 다음 번은 3 cm의 크기로 그림의 (a)에서 (e)와 같이 움직인다. 결과적으로 제일 많이 움직인 순서대로 나열하라. 두 상황에서 전체 변위가 같은 경우 같은 순위로 둔다.

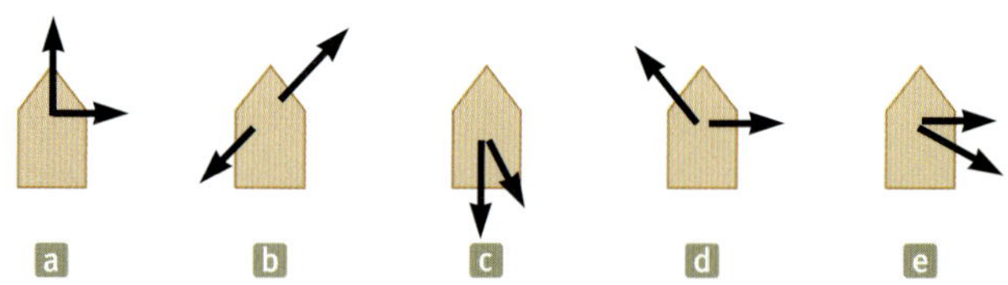

그림 OQ3.4

5. 벡터 $\vec{\mathbf{A}}$의 크기는 8 km이고 벡터 $\vec{\mathbf{B}}$의 크기는 6 km이다. 다음 중 벡터합 $\vec{\mathbf{A}} + \vec{\mathbf{B}}$의 크기가 될 수 있는 것을 모두 고르라. (a) 10 km (b) 8 km (c) 2 km (d) 0 (e) −2 km

6. xy 평면의 원점에서 제2사분면으로 향하는 벡터 $\vec{\mathbf{A}}$가 있고, 벡터 $\vec{\mathbf{B}}$는 원점으로부터 제4사분면으로 향한다. 벡터 $\vec{\mathbf{B}} - \vec{\mathbf{A}}$는 어느 사분면에 있는가? (a) 제1사분면 (b) 제2사

분면 (c) 제3사분면 (d) 제4사분면 또는 (e) 둘 이상의 사분면

7. 다음 질문에 '예' 또는 '아니오'로 답하라. 다음에 주어진 것은 벡터인가? (a) 힘 (b) 온도 (c) 깡통 안 물의 부피 (d) TV 쇼의 등급 (e) 빌딩의 높이 (f) 스포츠카의 속도 (g) 우주의 나이

8. 벡터 $(3\hat{\mathbf{i}} - 8\hat{\mathbf{k}})$ m/s의 y 성분은 얼마인가? (a) 3 m/s (b) −8 m/s (c) 0 (d) 8 m/s (e) 정답 없음

9. 그림 OQ3.9에 있는 벡터의 x 성분은 얼마인가? (a) 3 cm (b) 6 cm (c) −4 cm (d) −6 cm (e) 정답 없음

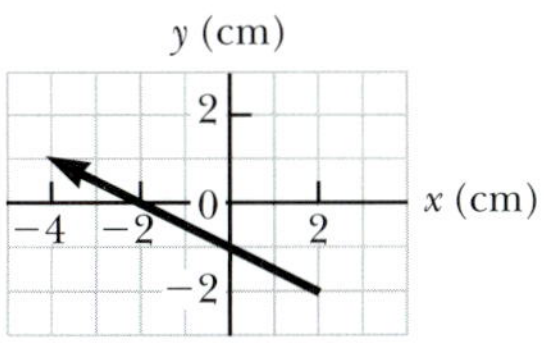

그림 OQ3.9 문제 9, 10

10. 그림 OQ3.9에 있는 벡터의 y 성분은 얼마인가? (a) 3 cm (b) 6 cm (c) −4 cm (d) −6 cm (e) 정답 없음

주관식

3.1 좌표계

1. 극좌표가 $r = 5.50$ m, $\theta = 240°$인 한 점이 있다. 이 점의 직각 좌표를 구하라.

2. 직각 좌표가 $(2, y)$이고 평면 극좌표가 $(r, 30°)$인 한 점이 있다. (a) y와 (b) r의 값을 구하라.

3. xy 평면에서 두 점의 직각 좌표는 (2.00, −4.00) m와 (−3.00, 3.00) m이다. (a) 두 점 사이의 거리와 (b) 이들의 극좌표를 구하라.

4. 평면에서 각각 (2.50 m, 30.0°), (3.80 m, 120.0°)인 두 점이 있다. (a) 두 점을 직각 좌표로 나타내고, (b) 두 점 사이의 거리를 구하라.

5. 극좌표가 $(r = 4.30$ cm, $\theta = 214°)$인 한 점이 있다. (a) 이 점의 직각 좌표 (x, y)를 구하라. 다음 직각 좌표를 극좌표로 나타내라. (b) $(-x, y)$ (c) $(-2x, -2y)$ (d) $(3x, -3y)$

6. 어떤 점의 직각 좌표는 (x, y)이고 극좌표는 (r, θ)이다. 다음 직각 좌표를 극좌표로 나타내라. (a) $(-x, y)$ (b) $(-2x, -2y)$ (c) $(3x, -3y)$

3.2 벡터양과 스칼라양

3.3 벡터의 성질

7. 어떤 관측자가 그림 P3.7에 보이는 방법으로 똑바로 흐르는 강물의 너비를 측정하려 한다. 건너편 강둑 위의 한 나무로부터 바로 건너와 밑변에 해당하는 거리 $d = 100$ m를 걷는다. 그리고 나무를 보아 나무 방향의 변을 빗변으로 한다. 밑변과 빗변이 이루는 각도가 $\theta = 35.0°$로 측정된다. 강물의 너비는 얼마인가?

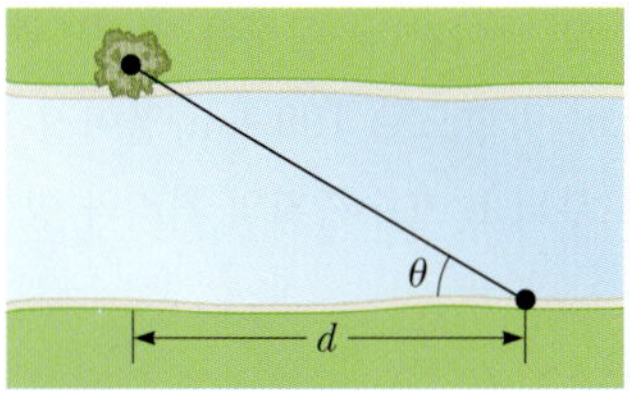

그림 P3.7

8. 크기가 29단위인 벡터 $\vec{\mathbf{A}}$가 $+y$ 방향을 향하고 있다. 벡터 $\vec{\mathbf{B}}$와 $\vec{\mathbf{A}}$를 더한 $\vec{\mathbf{A}} + \vec{\mathbf{B}}$는 크기가 14단위이고 $-y$ 방향을 향하고 있다. 벡터 $\vec{\mathbf{B}}$의 크기와 방향을 구하라.

9. 다음 상황은 왜 불가능한가? 어떤 스케이터가 원형의 경로를 따라 미끄러진다. 이 경로의 어떤 한 점을 원점으로 하자. 나중에, 그녀는 원점으로부터 이동 경로를 따라 이동한 거리가 원점으로부터의 변위 벡터 크기보다 작은 지점을 통과한다.

10. 그림 P3.10과 같이 $+x$축 방향과 $\theta = 30.0°$의 각도를 이루는 방향으로 크기가 6.00단위인 힘 $\vec{\mathbf{F}}_1$이 원점에 놓인 물체에 작용한다. $+y$축 방향으로 크기가 5.00단위인 두 번째 힘 $\vec{\mathbf{F}}_2$도 이 물체에 작용한다. 합력 $\vec{\mathbf{F}}_1 + \vec{\mathbf{F}}_2$의 크기와 방향을 구하라.

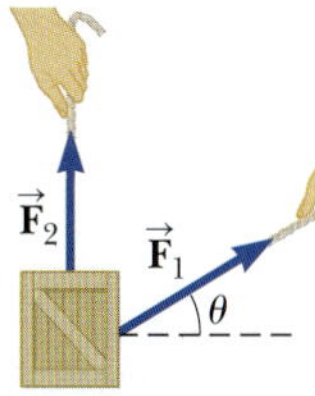

그림 P3.10

11. 그림 P3.11에 보인 변위 벡터 $\vec{\mathbf{A}}$와 $\vec{\mathbf{B}}$의 크기는 3.00 m이다. 벡터 $\vec{\mathbf{A}}$의 방향은 $\theta = 30.0°$이다. 그래프 방법으로 (a) $\vec{\mathbf{A}} + \vec{\mathbf{B}}$, (b) $\vec{\mathbf{A}} - \vec{\mathbf{B}}$, (c) $\vec{\mathbf{B}} - \vec{\mathbf{A}}$, (d) $\vec{\mathbf{A}} - 2\vec{\mathbf{B}}$를 구하라. 모든 각도는 x축에서 시계 반대 방향으로 측정한다.

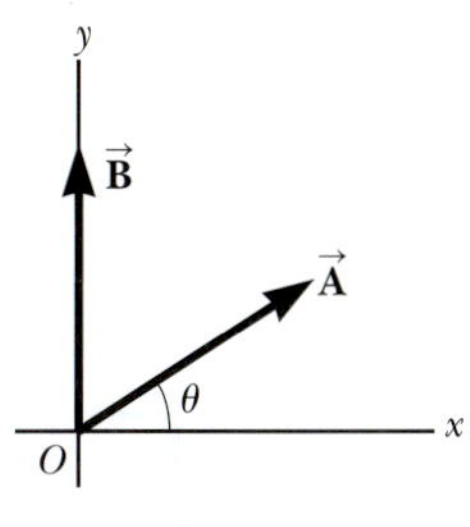

그림 P3.11 문제 11, 21

12. $\vec{\mathbf{A}} = 200$ m 정남 방향, $\vec{\mathbf{B}} = 250$ m 정서 방향 그리고 $\vec{\mathbf{C}} = 150$ m 북동 30.0° 방향인 세 개의 위치 벡터가 있다. (a) $\vec{\mathbf{R}}_1 = \vec{\mathbf{A}} + \vec{\mathbf{B}} + \vec{\mathbf{C}}$, $\vec{\mathbf{R}}_2 = \vec{\mathbf{B}} + \vec{\mathbf{C}} + \vec{\mathbf{A}}$, $\vec{\mathbf{R}}_3 = \vec{\mathbf{C}}$

$+ \vec{\mathbf{B}} + \vec{\mathbf{A}}$의 세 벡터를 더하는 여러 가능한 방법에 대한 덧셈 도표를 그리라. (b) 이 도표들로부터 알아낸 결론을 설명하라.

13. 롤러코스트 차가 수평 방향으로 200 ft 간 후 수평 방향과 30.0° 위쪽으로 135 ft를 간다. 그 다음 40.0°의 각도로 아래로 135 ft를 움직인다. 출발점에서 나중 위치까지의 변위는 얼마인가? 그림을 이용하여 구하라.

14. 공항에서 출발한 비행기가 동북 20.0° 방향으로 280 km 떨어진 A 호수로 날아간다. 물품을 떨어뜨린 후, A 호수로부터 북서 30.0° 방향으로 190 km 떨어진 B 호수로 날아간다. 공항으로부터 B 호수까지의 거리와 방향을 그래프로 구하라.

3.4 벡터의 성분과 단위 벡터

15. 어떤 벡터의 x와 y 성분이 각각 −25.0과 40.0이다. 이 벡터의 크기와 방향을 구하라.

16. 벡터 $\vec{\mathbf{A}}$의 크기는 35.0단위이고, 이 벡터의 방향은 $+x$축과 시계 반대 방향으로 325°의 각도를 이룬다. 이 벡터의 x와 y 성분을 구하라.

17. 어떤 사람이 동북 25.0° 방향으로 3.10 km 걸어간다. 다른 사람은 정북으로 갔다가 정동으로 가서 같은 위치에 도달한다. 두 번째 사람이 걸은 거리는 얼마인가?

18. 다음의 극좌표로 주어진 위치 벡터의 직각 좌표 성분을 구하라. (a) 12.8 m, 150° (b) 3.30 cm, 60.0° (c) 22.0 in., 215°

19. 한 신문 배달 소녀가 서쪽으로 3.00블록, 북쪽으로 4.00블록 그리고 동쪽으로 6.00블록을 이동한다. (a) 이 소녀의 합 변위를 구하라. (b) 이 소녀가 움직인 전체 거리를 구하라.

20. 동굴을 탐험하는 동안, 동굴 탐험가가 입구에서 출발하여 수평면에서 다음의 거리를 이동한다. 그녀는 75.0 m 북쪽, 250 m 동쪽, 125 m 북동쪽 $\theta = 30.0°$ 방향, 그리고 150 m 남쪽으로 이동한다. 동굴 입구로부터의 합 변위를 구하라. 그림 P3.20은 이 상황을 대략적으로 그린 그림이다.

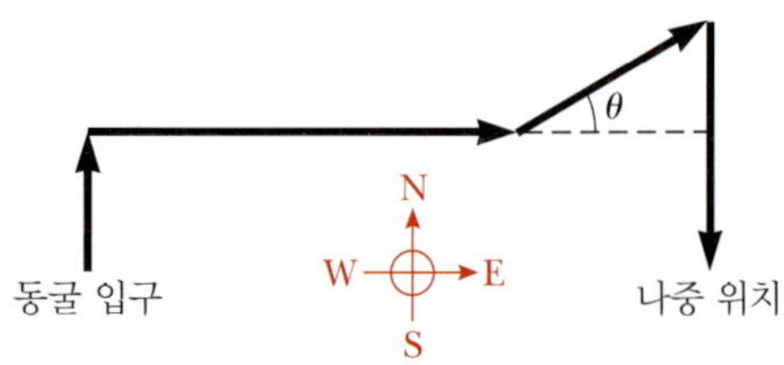

그림 P3.20

21. 그림 P3.11에 보인 벡터 $\vec{\mathbf{A}}$와 $\vec{\mathbf{B}}$를 성분 방법을 이용하여 더해 보자. 두 벡터의 크기는 3.00 m이고 벡터 $\vec{\mathbf{A}}$는 x축과 $\theta = 30.0°$의 각도를 이룬다. 단위 벡터를 이용하여 합 벡터 $\vec{\mathbf{A}} + \vec{\mathbf{B}}$를 나타내라.

22. $\vec{\mathbf{A}} = 3\hat{\mathbf{i}} - 2\hat{\mathbf{j}}$이고 $\vec{\mathbf{B}} = -\hat{\mathbf{i}} - 4\hat{\mathbf{j}}$일 때 다음을 계산하라. (a) $\vec{\mathbf{A}} + \vec{\mathbf{B}}$, (b) $\vec{\mathbf{A}} - \vec{\mathbf{B}}$, (c) $|\vec{\mathbf{A}} + \vec{\mathbf{B}}|$, (d) $|\vec{\mathbf{A}} - \vec{\mathbf{B}}|$, (e) $\vec{\mathbf{A}} + \vec{\mathbf{B}}$와 $\vec{\mathbf{A}} - \vec{\mathbf{B}}$의 방향

23. 개가 뒤뜰 잔디에서 달리고 있다. 개는 연속적으로 3.50 m 남쪽, 8.20 m 북동쪽, 그리고 15.0 m 서쪽으로의 변위를 보이고 있다. 합 변위를 구하라.

24. $\vec{\mathbf{A}} = 2.00\hat{\mathbf{i}} + 6.00\hat{\mathbf{j}}$, $\vec{\mathbf{B}} = 3.00\hat{\mathbf{i}} - 2.00\hat{\mathbf{j}}$인 두 벡터가 있다. (a) 벡터의 합 $\vec{\mathbf{C}} = \vec{\mathbf{A}} + \vec{\mathbf{B}}$와 벡터의 차 $\vec{\mathbf{D}} = \vec{\mathbf{A}} - \vec{\mathbf{B}}$를 그림으로 그리라. (b) $\vec{\mathbf{C}}$와 $\vec{\mathbf{D}}$를 단위 벡터들로 표현하라. (c) $\vec{\mathbf{C}}$와 $\vec{\mathbf{D}}$를 극좌표로 나타내라. 각도는 $+x$축으로부터 측정한다.

25. 초보 골퍼가 그린 위에서 공을 넣기 위하여 세 번 공을 친다. 공은 연속적으로 북쪽을 4.00 m, 북동쪽으로 2.00 m, 그리고 남서쪽 30.0° 방향으로 1.00 m 이동한다(그림 P3.25). 처음 지점에서 프로 골퍼가 한 번에 홀에 공을 넣으려면 변위를 어디로 해야 하는가?

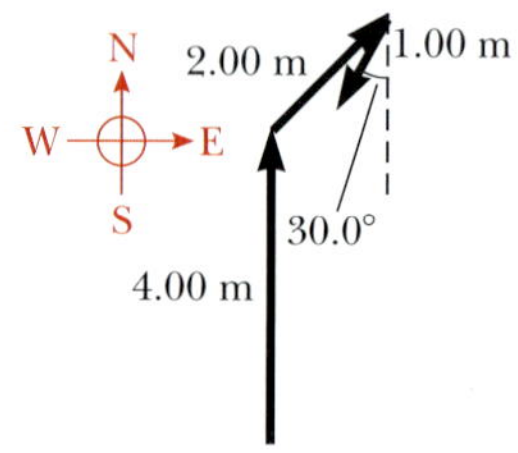

그림 P3.25

26. 눈이 쌓인 스키 슬로프가 수평과 35.0°의 각도를 이루고 있다. 스키 점퍼가 슬로프에 낙하할 때, 눈덩이 하나가 튀어 오르는데, 그림 P3.26과 같이 최대 변위는 연직 방향과 16.0°를 이루고 크기가 1.50 m이다. 이 최대 변위의 (a) 표면에 평행한, (b) 표면에 수직인 성분을 각각 구하라.

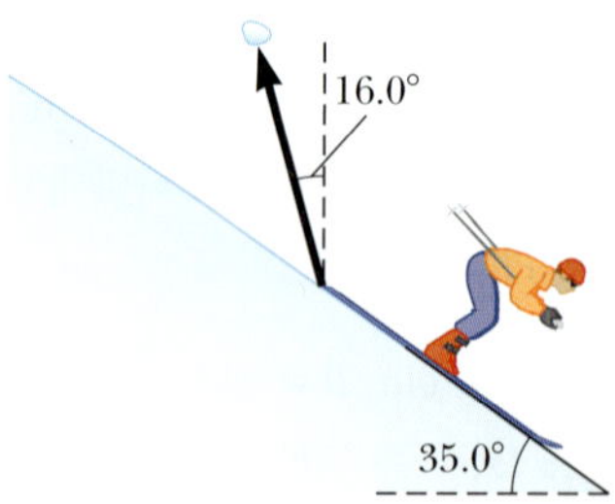

그림 P3.26

27. 그림 P3.27은 두 사람이 고집 센 노새를 끌고 있는 모습을 헬리콥터에서 본 그림이다. 오른쪽에 있는 사람은 크기가 120 N이고 방향이 $\theta_1 = 60.0°$인 힘 $\vec{\mathbf{F}}_1$으로 끈다. 왼쪽에 있

는 사람은 크기가 80.0 N이고 방향이 $\theta_2 = 75.0°$인 힘 $\vec{\mathbf{F}}_2$로 끈다. 이때 (a) 그림에 보인 두 힘과 동등한 단 하나의 힘과 (b) 만약 세 번째 사람이 노새에게 힘을 가해서 노새가 받는 힘의 합이 영이 되도록 하는 힘을 구하라. 힘의 단위는 N이다.

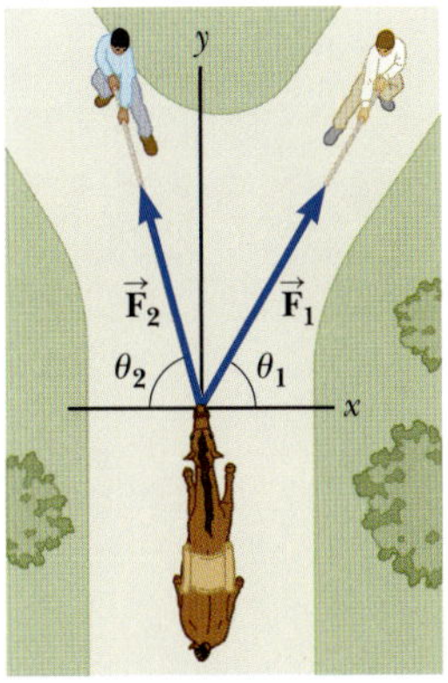

그림 P3.27

28. 미식 축구 게임에서 쿼터백이 공을 잡은 채로 스크리미지 선으로부터 10.0야드를 뒤로 달리다가, 15.0야드를 스크리미지 선과 평행하게 달린다. 이 지점에서, 그는 스크리미지 선과 수직 방향이고 앞쪽으로 50.0야드 떨어진 곳으로 공을 던진다. 공의 합 변위의 크기는 얼마인가? (참고: 스크리미지 선은 공격이 시작되는 위치에서 옆 줄에 수직 방향으로 그은 가상 선이다.)

29. $\vec{\mathbf{A}} = (3\hat{\mathbf{i}} - 3\hat{\mathbf{j}})$ m, $\vec{\mathbf{B}} = (\hat{\mathbf{i}} - 4\hat{\mathbf{j}})$ m, $\vec{\mathbf{C}} = (-2\hat{\mathbf{i}} + 5\hat{\mathbf{j}})$ m인 세 변위 벡터가 있다. 성분법을 이용하여 다음 벡터의 크기와 방향을 구하라. (a) $\vec{\mathbf{D}} = \vec{\mathbf{A}} + \vec{\mathbf{B}} + \vec{\mathbf{C}}$ (b) $\vec{\mathbf{E}} = -\vec{\mathbf{A}} - \vec{\mathbf{B}} + \vec{\mathbf{C}}$

30. 벡터 $\vec{\mathbf{A}}$의 x와 y 성분은 각각 −8.70 cm와 15.0 cm이고, 벡터 $\vec{\mathbf{B}}$의 x와 y 성분은 각각 13.2 cm와 −6.60cm이다. $\vec{\mathbf{A}} - \vec{\mathbf{B}} + 3\vec{\mathbf{C}} = 0$일 때 $\vec{\mathbf{C}}$의 성분을 구하라.

31. 벡터 $\vec{\mathbf{A}}$의 x, y, z 성분은 각각 8.00, 12.0, −4.00단위이다. (a) $\vec{\mathbf{A}}$를 단위 벡터로 나타내라. (b) $\vec{\mathbf{A}}$와 방향이 같고 크기가 $\vec{\mathbf{A}}$의 1/4인 벡터 $\vec{\mathbf{B}}$를 단위 벡터로 나타내라. (c) $\vec{\mathbf{A}}$와 방향이 반대이고 크기가 $\vec{\mathbf{A}}$의 세 배인 벡터 $\vec{\mathbf{C}}$를 단위 벡터로 나타내라.

32. 벡터 $\vec{\mathbf{B}}$의 x, y, z 성분은 각각 4.00, 6.00, 3.00단위이다. (a) $\vec{\mathbf{B}}$의 크기와 (b) $\vec{\mathbf{B}}$가 각 좌표축과 이루는 각도를 계산하라.

33. 벡터 $\vec{\mathbf{A}}$의 x 성분은 −3.00단위이고 y 성분은 +2.00단위이다. (a) 벡터 $\vec{\mathbf{A}}$를 단위 벡터로 나타내라. (b) 벡터 $\vec{\mathbf{A}}$의 크기와 방향을 구하라. (c) 벡터 $\vec{\mathbf{A}}$에 벡터 $\vec{\mathbf{B}}$를 더하여 x 성분 없이 y 성분이 −4.00단위가 된다. 이때 벡터 $\vec{\mathbf{B}}$를 구하라.

34. 다음과 같이 두 변위 벡터 $\vec{\mathbf{A}} = (3\hat{\mathbf{i}} - 4\hat{\mathbf{j}} + 4\hat{\mathbf{k}})$ m와 $\vec{\mathbf{B}} = (2\hat{\mathbf{i}} + 3\hat{\mathbf{j}} - 7\hat{\mathbf{k}})$ m가 주어질 때 (a) $\vec{\mathbf{C}} = \vec{\mathbf{A}} + \vec{\mathbf{B}}$와 (b) $\vec{\mathbf{D}} = 2\vec{\mathbf{A}} - \vec{\mathbf{B}}$의 크기를 구하고, 또한 각각을 직각 성분으로 나타내라.

35. (a) 벡터 $\vec{\mathbf{A}} = (6.00\hat{\mathbf{i}} - 8.00\hat{\mathbf{j}})$단위, $\vec{\mathbf{B}} = (-8.00\hat{\mathbf{i}} + 3.00\hat{\mathbf{j}})$단위, $\vec{\mathbf{C}} = (26.0\hat{\mathbf{i}} + 19.0\hat{\mathbf{j}})$단위가 있다. 이때 $a\vec{\mathbf{A}} + b\vec{\mathbf{B}} + \vec{\mathbf{C}} = 0$이 되는 a와 b를 구하라. (b) 수학에서 미지수가 두 개이면, 하나의 식으로 구할 수 없다고 배웠다. 문제 (a)에서 하나의 식으로 a와 b를 구할 수 있는 이유를 설명하라.

36. 크로켓 공의 변위를 나타내는 세 벡터가 그림 P3.36에 주어져 있다. 이때 $|\vec{\mathbf{A}}| = 20.0$단위, $|\vec{\mathbf{B}}| = 40.0$단위, $|\vec{\mathbf{C}}| = 30.0$단위이다. (a) 합 변위를 단위 벡터로 구하고 (b) 합 변위의 크기와 방향을 구하라.

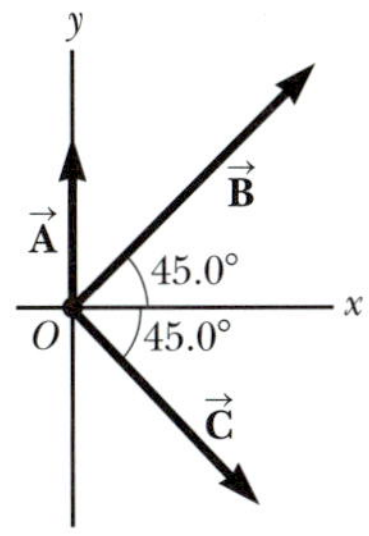

그림 P3.36

37. 한 남자가 두 번의 걸레질을 한다. 첫 번째는 $+x$축으로부터 120° 방향으로 150 cm 이동한다. 합 변위는 $+x$축으로부터 35.0° 방향으로 140 cm이다. 두 번째 변위의 크기와 방향을 구하라.

38. 그림 P3.38은 일반적인 남자(m)와 여자(f)의 인체 비례 관계를 나타낸 것이다. 발바닥에서 배꼽까지의 변위 $\vec{\mathbf{d}}_{1m}$과 $\vec{\mathbf{d}}_{1f}$의 크기는 각각 104 cm와 84.0 cm이다. 배꼽에서 쭉 뻗은 손끝까지의 변위 $\vec{\mathbf{d}}_{2m}$과 $\vec{\mathbf{d}}_{2f}$의 크기는 각각 100 cm와 86.0 cm이다. 이들 변위의 합 벡터 $\vec{\mathbf{d}}_3 = \vec{\mathbf{d}}_1 + \vec{\mathbf{d}}_2$를 남녀에 대하여 각각 구하라.

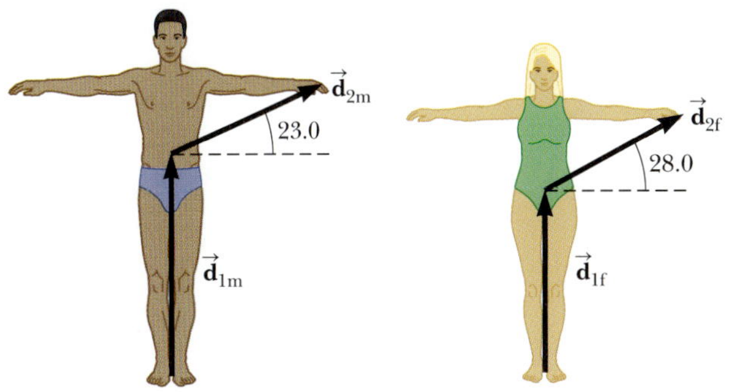

그림 P3.38

39. 크기가 각각 17.0 cm인 다음의 벡터를 단위 벡터 기호로 나타내라. (a) 벡터 $\vec{\mathbf{E}}$는 $+x$축과 시계 반대 방향으로 27.0°를 향한다. (b) 벡터 $\vec{\mathbf{F}}$는 $+y$축과 시계 반대 방향으로 27.0°를

향한다. (c) 벡터 $\vec{\mathbf{G}}$는 $-y$축과 시계 반대 방향으로 27.0°를 향한다.

40. 한 레이더 관측소에서 침몰 중인 배의 위치를 북에서 시계 방향 136° 방향으로 17.3 km되는 지점으로 파악하였다. 구조 비행기의 위치는 관측소로부터 북에서 시계 방향 153° 방향으로 19.6 km 되는 지점에서 고도 2.20 km에 위치하고 있다. (a) 비행기에서 본 배의 위치 벡터를 표시하라(단, $\hat{\mathbf{i}}$는 동쪽, $\hat{\mathbf{j}}$는 북쪽, $\hat{\mathbf{k}}$는 위쪽을 가리킨다). (b) 비행기와 배는 얼마나 떨어져 있는가?

CHAPTER

4

이차원에서의 운동

Motion in Two Dimensions

호주의 뉴사우스 웨일즈에 있는 시드니 항구 다리에서의 웅장한 불꽃놀이. 공중으로 터져 나온 불꽃의 포물선 경로에 주목하라. 공기 저항이 없을 때 모든 포물체는 포물선 경로를 따라 움직인다. *(Graham Monro/Photolibrary/Jupiter Images)*

이 장에서는 이차원에서 움직이는 입자의 운동학에 대하여 알아보고자 한다. 이차원 운동에 대한 기본 내용을 안다면, 앞으로 배우게 될 궤도상에 있는 인공위성의 운동에서부터 균일한 전기장 내에서의 전자 운동에 이르기까지 다양한 운동을 다룰 수 있게 된다. 먼저 위치, 속도, 가속도의 벡터적 성질에 대하여 자세하게 배운다. 그런 다음 이차원 운동의 특별한 경우로서 포물체 운동과 등속 원운동을 다루게 된다. 또한 상대 운동의 개념을 논의하게 되는데, 이는 다른 좌표계에 있는 관측자가 주어진 입자의 위치와 속도를 왜 다른 값으로 측정하는지를 보여 준다.

4.1 위치, 속도 그리고 가속도 벡터

The Position, Velocity, and Acceleration Vectors

2장에서 입자의 위치가 시간의 함수로 주어지면 x축과 같은 일직선 상에서 움직이는 입자의 운동을 완전히 파악할 수 있다는 것을 알았다. 같은 개념을 xy 평면에서 입자의 이차원 운동으로 확장시켜 보자. 일차원의 경우, 입자의 위치를 하나의 숫자로 기술하지만, 이차원의 경우 그림 4.1과 같이 xy 평면에서 입자의 위치는 좌표계의 원점으로부터 입자까지 연결한 **위치 벡터**(position vector) $\vec{\mathbf{r}}$로 표시한다. 처음 시간 t_i에서 입자는 위치 벡터 $\vec{\mathbf{r}}_i$로 기술되는 점 Ⓐ에 있고, 나중 시간 t_f에서는 위치 벡터 $\vec{\mathbf{r}}_f$로 기술되는 점 Ⓑ에 있다. Ⓐ에서 Ⓑ로 가는 입자의 경로가 일직선일 필요는 없다. 입자가 시간 간격 $\Delta t = t_f - t_i$ 동안 Ⓐ에서 Ⓑ로 움직이면 위치 벡터는 $\vec{\mathbf{r}}_i$에서 $\vec{\mathbf{r}}_f$로 변한다. 2장에서 배웠듯이 변위는 벡터이고, 입자의 변위는 나중 위치와 처음 위치의 차이다. 따라서 그림 4.1에서처럼 입자의 **변위 벡터**(displacement vector) $\Delta\vec{\mathbf{r}}$는 나중 위치 벡터에서 처음 위치 벡터를 뺀 것으로 정의한다.

변위 벡터 ▶

$$\Delta\vec{\mathbf{r}} \equiv \vec{\mathbf{r}}_f - \vec{\mathbf{r}}_i \tag{4.1}$$

$\Delta\vec{\mathbf{r}}$의 방향은 그림 4.1에 나타나 있다. 그림 4.1에서처럼 $\Delta\vec{\mathbf{r}}$의 크기는 곡선의 경로를 따라 진행한 거리보다 클 수 없다.

2장에서 배운 것과 같이 운동을 정량화하기 위하여, 변위를 변위가 일어나는 시간 간격으로 나눈 비로 표현되는 위치 변화율을 살펴보는 것이 유용하다. 이차원 (또는 삼차원) 운동학에서는 모든 것이 일차원 운동학과 똑같다. 단지 유의해야 할 것은 운동의 방향을 표시하기 위하여 양(+)과 음(−)의 부호 대신 완전한 벡터 표기를 사용해야 한다는 점이다.

시간 Δt 동안 입자의 **평균 속도**(average velocity) $\vec{\mathbf{v}}_{\text{avg}}$는 입자의 변위를 시간 간격으로 나눈 것으로 정의한다.

평균 속도 ▶

$$\vec{\mathbf{v}}_{\text{avg}} \equiv \frac{\Delta\vec{\mathbf{r}}}{\Delta t} \tag{4.2}$$

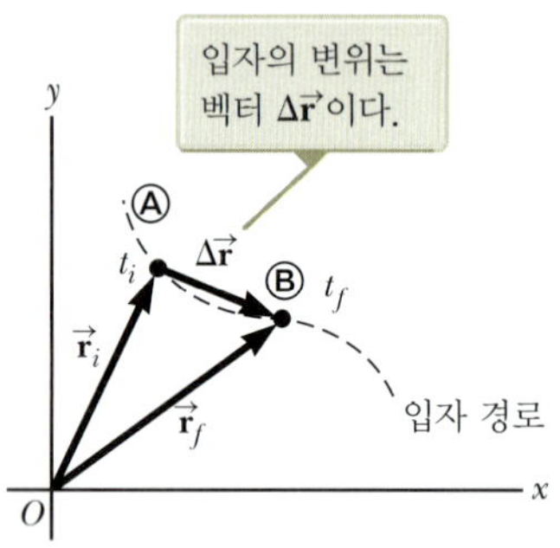

그림 4.1 xy 평면에서 운동하는 입자의 위치는 원점에서부터 입자까지 연결한 위치 벡터 $\vec{\mathbf{r}}$로 나타낸다. 시간 간격 $\Delta t = t_f - t_i$ 동안 Ⓐ에서 Ⓑ로 이동한 입자의 변위는 벡터 $\Delta\vec{\mathbf{r}} = \vec{\mathbf{r}}_f - \vec{\mathbf{r}}_i$이다.

벡터양을 Δt와 같은 양(+)의 스칼라양으로 곱하거나 나누게 되면 벡터의 크기만 변하고 방향은 변하지 않는다. 변위는 벡터양이고 시간은 양(+)의 스칼라양이므로, 평균 속도는 $\Delta\vec{\mathbf{r}}$의 방향을 가지는 벡터양이다. 식 4.2를 일차원에 해당하는 식 2.2와 비교해 보자.

두 점 사이에서 평균 속도는 입자가 택한 **경로와 무관**하다. 그것은 평균 속도가 입자가 택한 경로가 아닌, 처음과 나중 위치 벡터에만 의존하는 변위에 비례하기 때문이다. 일차원 운동과 같이 입자가 한 점을 출발하여 임의의 경로를 거쳐 같은 점으로 되돌아온다면, 변위는 영이므로 이 이동에 대한 평균 속도도 영이다. 그림 2.2에서 보인 코트에 있는 농구 선수를 다시 고려해 보자. 이전의 논의에서 우리는 농구 골대 사이를 앞뒤로 오가는 일차원 운동만을 고려하였다. 그러나 실제로 농구 선수들은 농구 골대 사이를 오고 가는 것뿐 아니라 코트의 폭을 가로질러 좌우로도 달리면서 이차원 표면 위를 움직인다. 어떤 선수는 한 농구 골대에서 시작하여 매우 복잡한 이차원 경로를 따라 움직일 수도 있다. 그러나 그 선수가 처음 골대로 다시 돌아왔을 때 그 선수의 전체 움직임에 대한 변위는 영이 되므로 그 선수의 평균 속도는 영이다.

그림 4.2와 같이 xy 평면에서 두 점 사이를 운동하는 입자를 다시 생각해 보자. 점선

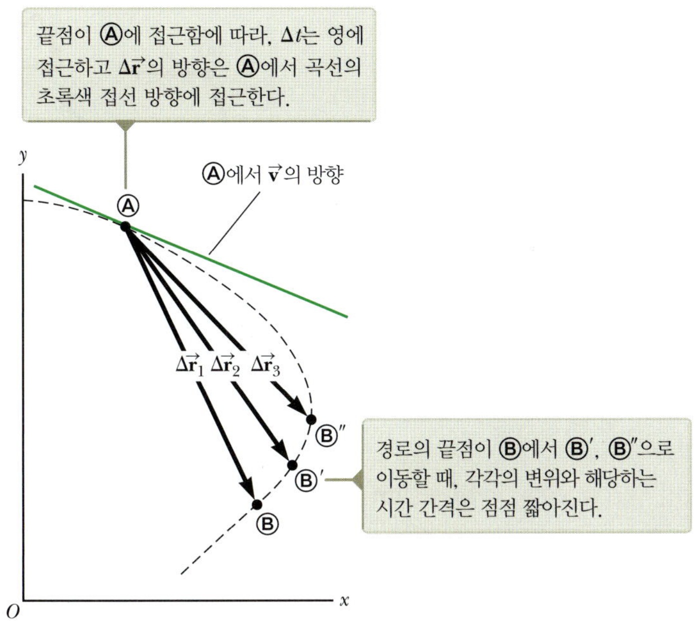

그림 4.2 입자가 두 점 사이를 운동할 때, 입자의 평균 속도는 변위 벡터 $\Delta\vec{\mathbf{r}}$의 방향과 같다. 정의에 따라 점 Ⓐ에서의 순간 속도는 Ⓐ에서 곡선의 접선과 같은 방향이다.

은 입자의 경로를 보여 준다. 관측하는 입자 운동의 시간 간격이 점점 짧아질수록 (즉 점 Ⓑ는 Ⓑ′으로 이동하고 다시 Ⓑ″으로 이동하는 등등), 변위의 방향은 점 Ⓐ에서 경로의 접선 방향으로 근접한다. **순간 속도**(instantaneous velocity) $\vec{\mathbf{v}}$는 Δt가 영으로 접근하는 평균 속도 $\Delta\vec{\mathbf{r}}/\Delta t$의 극한으로 정의한다.

$$\vec{\mathbf{v}} \equiv \lim_{\Delta t \to 0} \frac{\Delta\vec{\mathbf{r}}}{\Delta t} = \frac{d\vec{\mathbf{r}}}{dt} \tag{4.3}$$

◀ 순간 속도

즉 순간 속도는 시간에 대한 위치 벡터의 도함수와 같다. 입자의 경로상에 있는 임의의 점에서 순간 속도 벡터의 방향은 그 점에서 경로의 접선과 일치하고 입자의 운동 방향과 같다. 식 4.3을 일차원에서 해당하는 식 2.5와 비교해 보라. 순간 속도 벡터의 크기 $v = |\vec{\mathbf{v}}|$는 **속력**이라고 하며 스칼라양이다.

입자가 어떤 경로를 따라 한 점에서 다른 점으로 이동할 때, 입자의 순간 속도 벡터는 시간 t_i일 때 $\vec{\mathbf{v}}_i$에서 시간 t_f일 때 $\vec{\mathbf{v}}_f$로 변한다. 이들 점에서의 순간 속도 벡터를 알면 입자의 평균 가속도를 결정할 수 있다. 입자가 운동할 때 **평균 가속도**(average acceleration) $\vec{\mathbf{a}}_{\text{avg}}$는 순간 속도 벡터의 변화 $\Delta\vec{\mathbf{v}}$를 걸린 시간 Δt로 나눈 비로 정의한다.

$$\vec{\mathbf{a}}_{\text{avg}} \equiv \frac{\Delta\vec{\mathbf{v}}}{\Delta t} = \frac{\vec{\mathbf{v}}_f - \vec{\mathbf{v}}_i}{t_f - t_i} \tag{4.4}$$

◀ 평균 가속도

$\vec{\mathbf{a}}_{\text{avg}}$는 벡터 $\Delta\vec{\mathbf{v}}$와 양의 스칼라 Δt의 비이므로, 평균 가속도는 $\Delta\vec{\mathbf{v}}$와 같은 방향을 가지는 벡터라고 결론지을 수 있다. 그림 4.3에서 나타나듯이 $\Delta\vec{\mathbf{v}}$의 방향은 벡터 $-\vec{\mathbf{v}}_i$ [$\vec{\mathbf{v}}_i$의 음의 값]와 벡터 $\vec{\mathbf{v}}_f$의 합으로 얻을 수 있는데, 그 이유는 $\Delta\vec{\mathbf{v}} = \vec{\mathbf{v}}_f - \vec{\mathbf{v}}_i$이기 때문이다. 식 4.4와 식 2.9를 비교해 보라.

입자의 평균 가속도가 시간에 따라 변하는 경우 순간 가속도를 정의하면 편리하다.

오류 피하기 4.1

벡터의 덧셈 3장에서 **변위** 벡터와 관련된 벡터의 덧셈을 공부하였지만, 벡터의 덧셈은 **모든** 벡터양에 적용된다. 예를 들어 그림 4.3은 **속도** 벡터의 덧셈을 그림으로 보여 주고 있다.

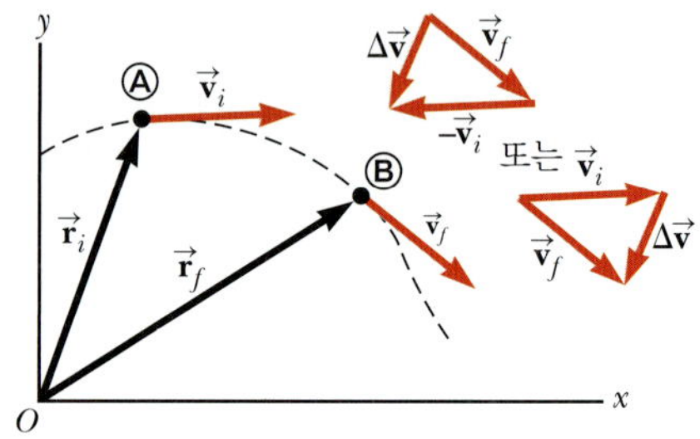

그림 4.3 입자가 Ⓐ에서 Ⓑ로 운동한다. 속도 벡터는 $\vec{\mathbf{v}}_i$에서 $\vec{\mathbf{v}}_f$로 변한다. 오른쪽 위에 있는 벡터 그림은 처음과 나중 벡터로부터 벡터 $\Delta\vec{\mathbf{v}}$를 결정하는 두 가지 방법을 보여 준다.

순간 가속도(instantaneous acceleration) $\vec{\mathbf{a}}$는 Δt가 영에 접근할 때 $\Delta\vec{\mathbf{v}}/\Delta t$의 극한값으로 정의한다.

순간 가속도 ▶

$$\vec{\mathbf{a}} \equiv \lim_{\Delta t \to 0} \frac{\Delta\vec{\mathbf{v}}}{\Delta t} = \frac{d\vec{\mathbf{v}}}{dt} \tag{4.5}$$

다시 말하면 순간 가속도는 시간에 대한 속도 벡터의 일차 도함수와 같다. 식 4.5와 식 2.10을 비교해 보라.

입자의 여러 가지 속도 변화에서 가속도가 나타남을 인식하는 것은 중요하다. 첫째, 일직선(일차원) 운동에서와 같이 속도 벡터의 크기(속력)가 시간에 따라 변할 수 있다. 둘째, 곡선 경로를 따라 가는 이차원 운동에서 속도의 크기(속력)는 일정하더라도, 속도의 방향이 시간에 따라 변하기도 한다. 마지막으로 속도의 크기와 방향이 모두 변하는 경우이다.

Q 퀴즈 4.1 이동하는 자동차를 제어하는 장치로 가속 페달, 브레이크 그리고 운전대를 생각해 보자. 열거한 제어 장치 중 자동차가 가속도를 갖게 하는 장치는 무엇인가? **(a)** 세 가지 모두 **(b)** 가속 페달과 브레이크 **(c)** 브레이크 **(d)** 가속 페달 **(e)** 운전대

4.2 이차원 등가속도 운동
Two-Dimensional Motion with Constant Acceleration

2.5절에서 입자의 일차원 등가속도 운동을 고찰하였고, 등가속도 운동하는 입자 모형을 전개하였다. 이제 가속도의 크기와 방향이 일정한 이차원 운동을 생각해 보자. 나중에 알게 되겠지만, 이 방법은 흔히 일어날 수 있는 종류의 운동을 분석하는 데 유용하다.

분석하기에 앞서서, 이차원 운동에 관한 한 가지 중요한 점을 강조할 필요가 있다. 마찰이 없는 에어 하키 테이블의 표면을 따라 직선 운동하는 에어 하키 퍽을 상상하자. 그림 4.4a는 위에서 내려다본 퍽의 운동을 나타낸 것이다. 2.4절에서 물체의 가속도를 그 물체에 작용하는 힘과 연관시켰다는 사실을 상기하자. 수평 방향으로는 퍽에 아무런 힘도 작용하지 않으므로, 퍽은 x축 방향으로 등속 운동을 한다. 이제 이 퍽이 관찰 지점을 통과할 때, y 방향으로 바람을 순간적으로 일으켜 이 방향으로 힘을 가한다면, 정확히 y 방향의 가속도가 생긴다. 바람이 지나간 후에 y 방향의 속도 성분은 일정하다. 한편 이와 같은 현상이 생기는 동안에도 x 방향의 속도 성분은 그림 4.4b에서 보듯이 변하지

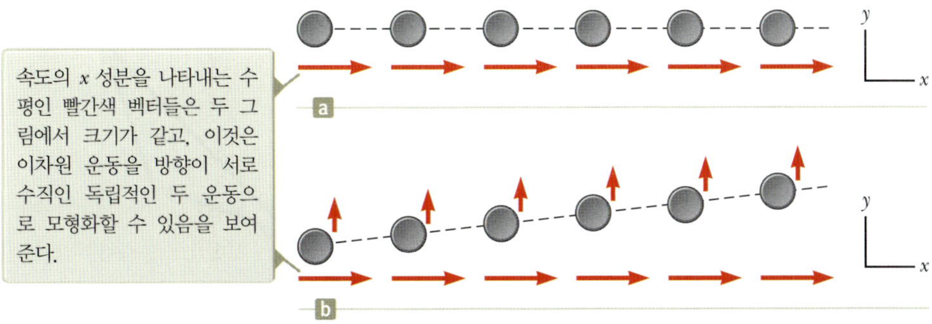

그림 4.4 (a) 퍽이 x 방향에서 등속도로 수평 에어 하키 테이블을 가로질러 움직인다. (b) 퍽에 y 방향으로 바람이 휙 분 후 퍽이 y 성분의 속도를 얻는다. 그러나 x 성분은 수직 방향의 힘에 영향을 받지 않는다.

않는다. 이 간단한 실험을 일반화시키면, **이차원 운동은 x축과 y축 방향의 각각 독립된 두 개의 운동으로 기술될 수 있다. 즉 y 방향으로의 어떤 영향도 x 방향의 운동에 영향을 주지 않는다. 그리고 그 반대의 경우도 마찬가지이다.**

xy 평면에서 운동하는 입자의 위치 벡터 $\vec{\mathbf{r}}$는 다음과 같이 쓸 수 있다.

$$\vec{\mathbf{r}} = x\hat{\mathbf{i}} + y\hat{\mathbf{j}} \tag{4.6}$$

여기서 x, y, $\vec{\mathbf{r}}$는 입자가 운동하면서 시간에 따라 변하지만 단위 벡터인 $\hat{\mathbf{i}}$와 $\hat{\mathbf{j}}$는 일정하게 유지된다. 위치 벡터를 안다면, 입자의 속도는 식 4.3과 4.6에 의하여 다음과 같이 쓸 수 있다.

$$\vec{\mathbf{v}} = \frac{d\vec{\mathbf{r}}}{dt} = \frac{dx}{dt}\hat{\mathbf{i}} + \frac{dy}{dt}\hat{\mathbf{j}} = v_x\hat{\mathbf{i}} + v_y\hat{\mathbf{j}} \tag{4.7}$$

가속도 $\vec{\mathbf{a}}$가 상수라고 가정하였기 때문에, 이의 성분인 a_x와 a_y도 상수이다. 그러므로 이 운동을 두 방향 각각에 대하여 독립적으로 등가속도 운동하는 입자로 모형화할 수 있고, 속도 벡터의 x와 y 성분을 분리하여 운동학 식을 적용할 수 있다. 식 2.13으로부터, $v_{xf} = v_{xi} + a_x t$와 $v_{yf} = v_{yi} + a_y t$를 식 4.7에 대입하면 임의의 시간 t에서의 나중 속도는 다음과 같다.

$$\vec{\mathbf{v}}_f = (v_{xi} + a_x t)\hat{\mathbf{i}} + (v_{yi} + a_y t)\hat{\mathbf{j}} = (v_{xi}\hat{\mathbf{i}} + v_{yi}\hat{\mathbf{j}}) + (a_x\hat{\mathbf{i}} + a_y\hat{\mathbf{j}})t$$

$$\vec{\mathbf{v}}_f = \vec{\mathbf{v}}_i + \vec{\mathbf{a}}t \tag{4.8}$$

◀ 이차원 등가속도 운동하는 입자의 시간에 따른 속도 벡터

이 결과를 통하여, 임의의 시간 t에서 입자의 속도는 시간 $t = 0$에서 처음 속도 $\vec{\mathbf{v}}_i$와 시간 t 동안 등가속도의 결과로 더해지는 속도 $\vec{\mathbf{a}}t$의 합임을 알 수 있다. 식 4.8은 식 2.13의 벡터 형태이다.

마찬가지로 식 2.16으로부터, 등가속도 운동하는 입자의 x와 y 좌표는 다음과 같이 표현할 수 있다.

$$x_f = x_i + v_{xi}t + \tfrac{1}{2}a_x t^2 \qquad y_f = y_i + v_{yi}t + \tfrac{1}{2}a_y t^2$$

이 식들을 식 4.6에 대입하면, 나중 위치 벡터 $\vec{\mathbf{r}}_f$는 다음과 같은 식으로 주어진다.

$$\begin{aligned}\vec{\mathbf{r}}_f &= (x_i + v_{xi}t + \tfrac{1}{2}a_x t^2)\hat{\mathbf{i}} + (y_i + v_{yi}t + \tfrac{1}{2}a_y t^2)\hat{\mathbf{j}} \\ &= (x_i\hat{\mathbf{i}} + y_i\hat{\mathbf{j}}) + (v_{xi}\hat{\mathbf{i}} + v_{yi}\hat{\mathbf{j}})t + \tfrac{1}{2}(a_x\hat{\mathbf{i}} + a_y\hat{\mathbf{j}})t^2\end{aligned}$$

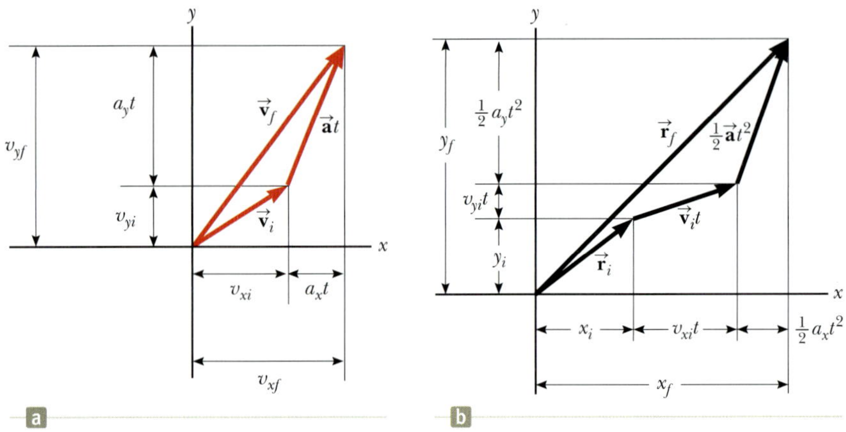

그림 4.5 이차원 등가속도 운동하는 입자의 (a) 속도와 (b) 위치의 벡터 표현과 성분

이차원 등가속도 운동하는 입자의 시간에 따른 위치 벡터 ▶

$$\vec{\mathbf{r}}_f = \vec{\mathbf{r}}_i + \vec{\mathbf{v}}_i t + \tfrac{1}{2}\vec{\mathbf{a}}t^2 \qquad \textbf{(4.9)}$$

이것은 식 2.16의 벡터 형태이다. 식 4.9는 위치 벡터 $\vec{\mathbf{r}}_f$가 처음 위치 $\vec{\mathbf{r}}_i$, 입자의 처음 속도에 의하여 생기는 변위 $\vec{\mathbf{v}}_i t$ 그리고 등가속도에 의하여 생기는 변위 $\frac{1}{2}\vec{\mathbf{a}}t^2$의 벡터합임을 말해 준다.

식 4.8과 4.9를 이차원 등가속도 운동하는 입자 모형의 수학적인 표현으로 볼 수 있다. 그림 4.5는 식 4.8과 4.9를 그래프로 표현한 것이다. 위치와 속도의 성분들도 함께 나타내었다. 그림 4.5a에서 $\vec{\mathbf{v}}_f$는 일반적으로 $\vec{\mathbf{v}}_i$와 $\vec{\mathbf{a}}$ 둘 중 어느 것과도 방향이 다를 수 있다. 왜냐하면 각 양들 사이의 관계가 벡터 표현이기 때문이다. 같은 이유로 그림 4.5b에서 $\vec{\mathbf{r}}_f$는 일반적으로 $\vec{\mathbf{r}}_i$, $\vec{\mathbf{v}}_i$, $\vec{\mathbf{a}}$ 중 어느 것과도 방향이 다를 수 있다. 또 $\vec{\mathbf{v}}_f$와 $\vec{\mathbf{r}}_f$는 일반적으로 같은 방향이 아니다.

예제 4.1 평면에서의 운동

xy 평면에서 입자가 시간 $t = 0$일 때, x 성분은 20 m/s, y 성분은 −15 m/s의 처음 속도로 원점에서 운동하기 시작한다. 이 입자는 x 성분의 가속도 $a_x = 4.0\ \text{m/s}^2$으로 운동한다.

(A) 임의의 시간에서 속도 벡터를 구하라.

풀이

개념화 처음 속도의 성분을 통하여 입자가 오른쪽 아래 방향으로 움직이기 시작한다는 것을 알 수 있다. 속도의 x 성분은 20 m/s에서 시작하여 초당 4.0 m/s만큼 증가한다. 속도의 y 성분은 처음 값 −15 m/s에서 전혀 변하지 않는다. 그림 4.6에서 운동이 일어나는 상황을 대략 표시하였다. 입자가 $+x$ 방향으로 가속되고 있기 때문에, 이 방향의 속도 성분은 증가할 것이고 경로는 그림과 같은 곡선을 나타낸다. 속력이 증가하므로 연속된 상들 사이의 간격은 시간이 지남에 따라 증가함에 유의하라. 그림 4.6에 그려 놓은 가속도 벡터와 속도 벡터는 상황을 개념적으로 깊이 이해하는 데 도움을 준다.

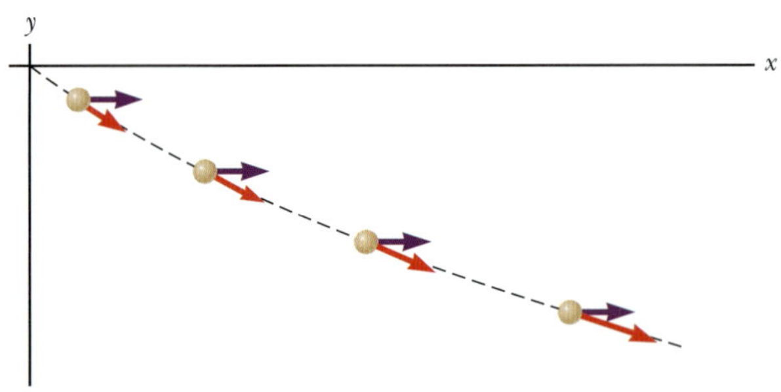

그림 4.6 (예제 4.1) 입자의 운동을 나타낸 그림

분류 처음 속도는 x와 y 방향의 성분을 모두 가지고 있기 때문에, 이 문제는 이차원에서 운동하는 입자를 포함하는 문제의 범주에 속한다. 입자는 x 성분의 가속도만 가지기 때문에, 입자는 x 방향으로는 등가속도 운동을 하고 y 방향으로는 등속도 운동을 하는 것으로 다루게 된다.

분석 수학적인 분석을 시작하기 위하여, 다음과 같이 변수를 정한다.

$$v_{xi} = 20\ \text{m/s},\ v_{yi} = -15\ \text{m/s},\ a_x = 4.0\ \text{m/s}^2,\ a_y = 0$$

속도 벡터에 대한 식 4.8을 사용한다.

$$\vec{\mathbf{v}}_f = \vec{\mathbf{v}}_i + \vec{\mathbf{a}}t = (v_{xi} + a_x t)\hat{\mathbf{i}} + (v_{yi} + a_y t)\hat{\mathbf{j}}$$

속도는 m/s, 시간은 s의 단위로 주어진 값들을 대입한다.

$$\vec{\mathbf{v}}_f = [20 + (4.0)t]\hat{\mathbf{i}} + [-15 + (0)t]\hat{\mathbf{j}}$$

(1) $$\vec{\mathbf{v}}_f = [(20 + 4.0t)\hat{\mathbf{i}} - 15\hat{\mathbf{j}}]$$

결론 속도의 x 성분은 시간에 따라 증가하지만 y 성분은 상수로 남아 있음에 주목하라. 이 결과는 예측한 것과 일치한다.

(B) 시간 $t = 5.0$ s일 때 입자의 속도와 속력, 속도 벡터가 x축과 이루는 각도를 구하라.

풀이

분석 식 (1)을 이용하여 시간 $t = 5.0$ s일 때의 결과를 계산한다.

$$\vec{\mathbf{v}}_f = [(20 + 4.0(5.0))\hat{\mathbf{i}} - 15\hat{\mathbf{j}}] = (40\hat{\mathbf{i}} - 15\hat{\mathbf{j}})\ \text{m/s}$$

$t = 5.0$ s일 때 $\vec{\mathbf{v}}_f$가 x축과 이루는 각도 θ를 구한다.

$$\theta = \tan^{-1}\left(\frac{v_{yf}}{v_{xf}}\right) = \tan^{-1}\left(\frac{-15\ \text{m/s}}{40\ \text{m/s}}\right) = -21°$$

입자의 속력은 $\vec{\mathbf{v}}_f$의 크기로 다음과 같이 계산된다.

$$v_f = |\vec{\mathbf{v}}_f| = \sqrt{v_{xf}^2 + v_{yf}^2} = \sqrt{(40)^2 + (-15)^2}\ \text{m/s} = 43\ \text{m/s}$$

결론 각도 θ에 대한 음의 부호는 속도 벡터가 x축에서 시계 방향으로 21° 돌아간 방향을 나타낸다. 만약 $\vec{\mathbf{v}}_i$의 x와 y 성분으로부터 v_i를 구한다면, $v_f > v_i$임을 알게 된다. 이 결과는 예측한 것과 일치한다.

(C) 임의의 시간 t에서 입자의 x 및 y 좌표와 그 시간에서 입자의 위치 벡터를 구하라.

풀이

분석 시간 $t = 0$에서 $x_i = y_i = 0$인 것과 식 4.9의 성분들을 이용한다. x와 y의 단위는 m이고, t의 단위는 s이다.

$$x_f = v_{xi}t + \tfrac{1}{2}a_x t^2 = 20t + 2.0t^2$$

$$y_f = v_{yi}t = -15t$$

임의의 시간 t에서 입자의 위치 벡터를 표현한다.

$$\vec{\mathbf{r}}_f = x_f\hat{\mathbf{i}} + y_f\hat{\mathbf{j}} = (20t + 2.0t^2)\hat{\mathbf{i}} - 15t\hat{\mathbf{j}}$$

결론 t의 값이 매우 큰 경우를 고려한다.

문제 만약 매우 오랜 시간 동안 기다리고 나서 입자의 운동을 관찰하면 어떠한가? 매우 큰 시간 값에 대하여 입자의 운동은 어떻게 기술되는가?

답 그림 4.6에서 x축을 향하여 휜 입자의 경로를 볼 수 있다. 이런 경향이 바뀔 것이라고 가정할 그 어떤 이유도 없으며, 그것은 시간이 오래 지나감에 따라 경로가 점점 더 x축에 나란하게 된다는 것을 암시한다. 수학적으로 식 (1)은 속도의 x 성분이 시간에 따라 선형적으로 증가하지만 y 성분은 일정함을 보여 준다. 그러므로 시간 t가 매우 클 때, 속도의 x 성분은 y 성분보다 훨씬 더 커지게 되어 속도 벡터가 x축에 점점 더 나란하게 됨을 암시한다. x_f와 y_f의 크기는 둘 다 시간에 따라 계속 증가한다. 하지만 x_f가 훨씬 더 빠르게 증가한다.

오류 피하기 4.2

최고점에서의 가속도 오류 피하기 2.8에서 이야기한 바와 같이 많은 사람들은 포물체가 최고점에 있을 때의 가속도는 영이라고 주장한다. 이런 오해는 연직 방향으로의 속도가 영인 것과 가속도가 영인 것 사이의 혼동에서 생긴다. 포물체가 최고점에서 가속도가 영이라면, 그 점에서의 속도는 변하지 않아야 하며, 이후 포물체는 계속 수평 방향으로 움직여야 한다. 그러나 포물체의 궤도 운동 상의 어느 곳에서나 가속도가 영이 **아니므로** 그런 일은 일어나지 않는다.

Lester Lefkowitz/Taxi/Getty Images

용접공이 뜨거운 용접기로 강한 금속 철골에 구멍을 내고 있다. 이때 발생하는 불꽃은 포물선 경로로 튄다.

4.3 포물체 운동
Projectile Motion

공중으로 던진 야구공의 운동에서 포물체 운동을 관찰할 수 있다. 야구공은 곡선 경로를 따라 운동하고 결국 땅에 떨어진다. 다음의 두 가지 가정을 통하여 **포물체 운동**(projectile motion)을 간단히 분석할 수 있다. (1) 자유 낙하 가속도는 일정하고 아래를 향한다.[1] (2) 공기 저항은 무시한다.[2] 이런 가정하에 포물체 경로의 궤적은 그림 4.7에서처럼 항상 포물선이다. **이 장 전체에서는 앞의 두 가정을 사용하겠다.**

위치 벡터에 대한 포물체의 식은 시간의 함수로서, 중력 가속도 $\vec{\mathbf{a}} = \vec{\mathbf{g}}$를 식 4.9에 대입하여 다음과 같은 식을 얻는다.

$$\vec{\mathbf{r}}_f = \vec{\mathbf{r}}_i + \vec{\mathbf{v}}_i t + \tfrac{1}{2}\vec{\mathbf{g}}t^2 \tag{4.10}$$

여기서 포물체 운동이 가지는 처음 속도의 x와 y 성분은 다음과 같다.

$$v_{xi} = v_i \cos\theta_i \qquad v_{yi} = v_i \sin\theta_i \tag{4.11}$$

원점, 즉 $\vec{\mathbf{r}}_i = 0$에서 쏜 포물체에 대한 식 4.10을 그림으로 표현하면 그림 4.8과 같다. 입자의 나중 위치는 처음 위치 $\vec{\mathbf{r}}_i$, 가속도가 없을 때의 변위 $\vec{\mathbf{v}}_i t$, 중력 가속도 때문에 생기는 $\frac{1}{2}\vec{\mathbf{g}}t^2$의 중첩으로 볼 수 있다. 다시 말해서 만약 중력 가속도가 없다면, 입자는 $\vec{\mathbf{v}}_i$ 방향으로 직선 경로를 따라 운동할 것이다. 중력 가속도에 의하여 입자가 연직 방향으로 $\frac{1}{2}\vec{\mathbf{g}}t^2$만큼 입자의 변위가 더 생기는데, 그 거리는 자유 낙하하는 물체가 같은 시간 동안 떨어진 거리와 같다.

4.2절에서 언급한 것과 같이 이차원 등가속도 운동은 가속도 a_x와 a_y를 가지는 x와 y 방향의 두 개의 독립적인 운동의 결합으로 이해될 수 있다. 포물체 운동은 이차원 등가속도 운동의 특별한 경우이므로, x 방향으로의 가속도 $a_x = 0$이고 y 방향으로 가속도

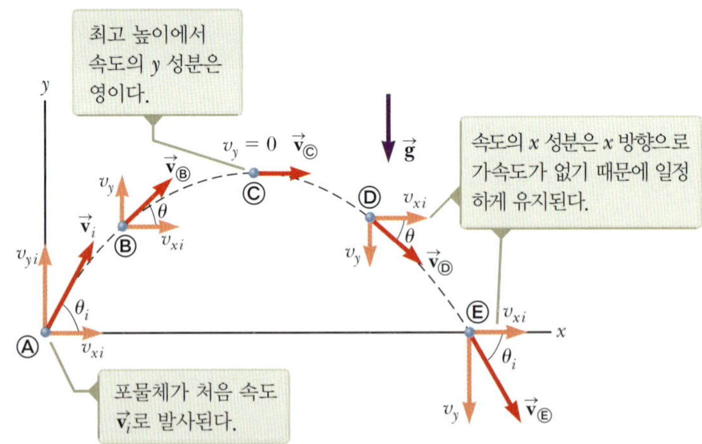

그림 4.7 처음 속도 $\vec{\mathbf{v}}_i$로 원점을 떠나는 포물체의 포물선 경로. 속도 벡터 $\vec{\mathbf{v}}$는 시간에 따라 크기와 방향이 변한다. 이 변화는 $-y$ 방향의 가속도 $\vec{\mathbf{a}} = \vec{\mathbf{g}}$에 의한 결과이다.

---

[1] 이 가정은 운동의 범위가 지구의 반지름 (6.4×10^6 m)에 비하여 작기만 하면 타당하다. 즉 고려하고 있는 운동의 범위에 대하여 지구가 평평하다고 가정하는 것과 동일하다.

[2] 이 가정은 일반적으로 타당하지는 않다. 특히 빠른 속도에서는 더욱 그렇다. 덧붙여 투수가 커브 공을 던질 때같이, 포물체가 자전하면 14장에서 논의할 공기 역학에 관련된 매우 흥미로운 효과를 일으킬 수 있다.

$a_y = -g$인 운동으로 다룰 수 있다. 따라서 포물체 운동 문제를 풀 때, 두 분석 모형을 사용한다. (1) 수평 방향의 등속 운동하는 입자(식 2.7)

$$x_f = x_i + v_{xi}t$$

그리고 (2) 연직 방향의 등가속도 운동하는 입자(식 2.13~2.17, x는 y로 $a_y = -g$로 치환)

$$v_{yf} = v_{yi} - gt$$
$$v_{y,\text{avg}} = \frac{v_{yi} + v_{yf}}{2}$$
$$y_f = y_i + \tfrac{1}{2}(v_{yi} + v_{yf})t$$
$$y_f = y_i + v_{yi}t - \tfrac{1}{2}gt^2$$
$$v_{yf}^2 = v_{yi}^2 - 2g(y_f - y_i)$$

포물체 운동의 수평 성분과 연직 성분은 서로 완전히 독립적이며 따로 다룰 수 있다. 다만 시간 t는 두 성분에 대하여 공통 변수이다.

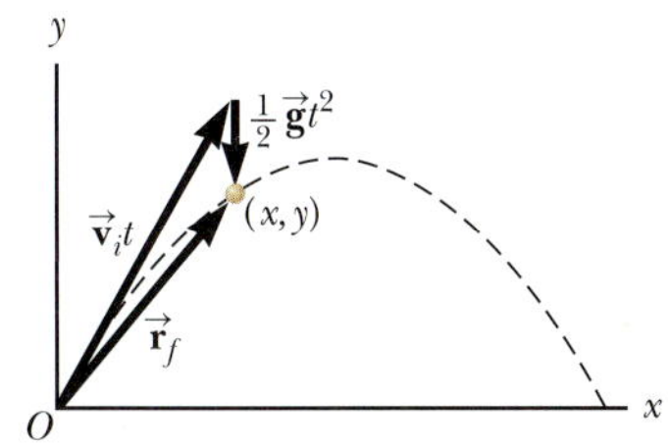

그림 4.8 처음 속도 $\vec{\mathbf{v}}_i$로 쏘아 올린 포물체의 위치 벡터 $\vec{\mathbf{r}}_f$. 벡터 $\vec{\mathbf{v}}_i t$는 중력이 없을 때 포물체의 변위이고, 벡터 $\frac{1}{2}\vec{\mathbf{g}}t^2$은 아래 방향으로 작용하는 중력 가속도로 인한 연직 방향의 변위이다.

퀴즈 4.2 **(i)** 위로 쏘아 올린 포물체가 그림 4.8에서처럼 포물선 모양의 경로로 움직일 때, 경로 상의 어느 점에서 포물체의 속도와 가속도 벡터가 서로 수직이 되는가? (a) 그런 점이 없다. (b) 가장 높은 지점 (c) 발사 지점 **(ii)** 위 보기 중 포물체의 속도와 가속도가 서로 평행하게 되는 지점은 어디인가?

포물체 운동의 수평 도달 거리와 최대 높이
Horizontal Range and Maximum Height of a Projectile

다양한 예제를 다루기 전에, 종종 일어나는 포물체 운동의 특수한 경우를 고려해 보자. 그림 4.9에서처럼 포물체가 $t_i = 0$일 때 $+v_{xi}$ 및 $+v_{yi}$ 성분으로 쏘아 올려진 다음, 다시 같은 수평 높이까지 되돌아온다고 가정하자. 이런 상황은 야구, 축구, 골프와 같은 스포츠에서 흔히 볼 수 있다.

분석할 때 특별히 관심 있는 두 위치는 $(R/2, h)$인 최고점 Ⓐ와 $(R, 0)$인 점 Ⓑ이다. 여기서 거리 R를 포물체의 **수평 도달 거리**라고 하며, 거리 h를 **최대 높이**라고 한다. 수학적으로 최대 높이 h와 수평 도달 거리 R를 v_i, θ_i, g로 나타내 보자.

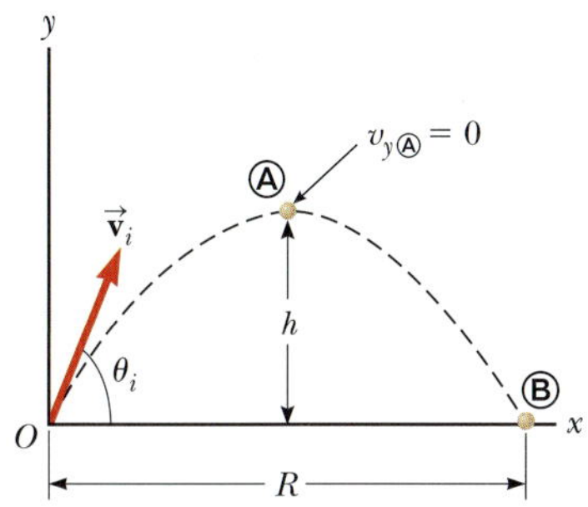

그림 4.9 $t_i = 0$일 때 원점에서 처음 속도 $\vec{\mathbf{v}}_i$로 쏘아 올린 포물체. 포물체의 최대 높이는 h이고 최대 수평 도달 거리는 R이다. 궤적의 최고점 Ⓐ에서 포물체의 좌표는 $(R/2, h)$이다.

최대 높이 h는 최고점에서 $v_{yⒶ} = 0$임을 이용하여 구할 수 있다. 그러므로 등가속도 운동하는 입자 모형으로부터 식 2.13의 y 방향을 이용하여 포물체가 최고점에 도달하는 시간 $t_Ⓐ$를 결정할 수 있다.

$$v_{yf} = v_{yi} - gt \quad \rightarrow \quad 0 = v_i \sin\theta_i - gt_Ⓐ$$
$$t_Ⓐ = \frac{v_i \sin\theta_i}{g}$$

$t_Ⓐ$에 대한 식을 식 2.16의 y 방향에 대입하고 $y_f = y_Ⓐ$를 h로 바꾸면, 처음 속도 벡터의 크기와 방향으로 h를 표현할 수 있다.

$$y_f = y_i + v_{yi}t - \tfrac{1}{2}gt^2 \;\rightarrow\; h = (v_i \sin\theta_i)\frac{v_i \sin\theta_i}{g} - \tfrac{1}{2}g\left(\frac{v_i \sin\theta_i}{g}\right)^2$$

$$h = \frac{v_i^2 \sin^2\theta_i}{2g} \tag{4.12}$$

수평 도달 거리 R는 포물체가 최고점까지 가는 데 걸린 시간의 두 배, 즉 $t_{Ⓑ} = 2t_{Ⓐ}$ 동안 이동한 수평 위치이다. 등속 운동하는 입자 모형을 이용하고 $v_{xi} = v_{xⒷ} = v_i \cos\theta_i$인 관계를 이용하여, $t = 2t_{Ⓐ}$일 때 $x_{Ⓑ} = R$로 두면 다음과 같은 식을 얻는다.

$$x_f = x_i + v_{xi}t \;\rightarrow\; R = v_{xi}t_{Ⓑ} = (v_i \cos\theta_i)2t_{Ⓐ}$$
$$= (v_i \cos\theta_i)\frac{2v_i \sin\theta_i}{g}$$
$$= \frac{2v_i^2 \sin\theta_i \cos\theta_i}{g}$$

오류 피하기 4.3

도달 거리 식 식 4.13은 그림 4.10에서와 같이 대칭 경로에 대해서만 R를 계산하는 데 유용하다는 것을 명심하자. 경로가 대칭이 아니면 이 식을 사용하면 안 된다. 등속도 운동하는 입자 모형과 등가속도 운동하는 입자 모형은 중요한 시작점인데, 왜냐하면 이들은 이차원 등가속도 운동하는 **모든** 포물체에 대하여 시간 t에서 포물체의 좌표와 속도 성분을 주기 때문이다.

항등식 $\sin 2\theta = 2\sin\theta\cos\theta$(부록 B.4 참조)를 이용하면, 다음과 같이 좀 더 간단한 형태로 R를 쓸 수 있다.

$$R = \frac{v_i^2 \sin 2\theta_i}{g} \tag{4.13}$$

R의 최댓값은 식 4.13으로부터 $R_{max} = v_i^2/g$이다. 이것은 $\sin 2\theta_i$의 최댓값이 $2\theta_i = 90°$일 때 1이라는 사실로부터 나온다. 그러므로 R는 $\theta_i = 45°$에서 최대이다.

그림 4.10에 똑같은 처음 속력으로 여러 각도에서 쏘아 올린 포물체의 궤적을 그렸다. 그래프에서 알 수 있듯이, $\theta_i = 45°$일 때 수평 도달 거리가 최대가 된다. 또한 45° 이외의 처음 각도 θ_i의 경우에는, 이 각도의 여각으로 출발하더라도 직각 좌표가 $(R, 0)$인 곳에 같이 도달한다. 예를 들어 θ_i가 75°와 15°인 경우 R 값은 동일하다. 물론 두 각도에 대하여 최대 높이와 비행 시간은 서로 다르다.

Q 퀴즈 4.3 그림 4.10에 있는 다섯 가지 경로에 대한 처음 각도를 비행 시간이 짧은 경우부터 순서대로 나열하라.

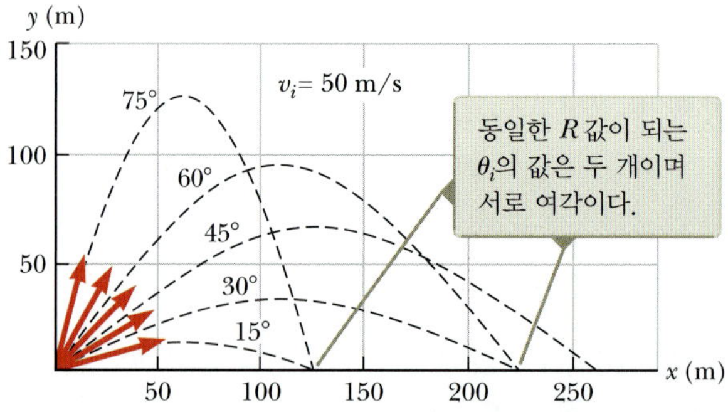

그림 4.10 원점에서 처음 속력 50 m/s로 쏘아 올린 포물체의 여러 처음 각도에 대한 궤적

예제 4.2 멀리 뛰기

멀리 뛰기 선수(그림 4.11)가 수평 위 20.0°의 각도로 비스듬하게 속력 11.0 m/s로 뛰어오른다.

(A) 수평 방향으로 얼마나 멀리 뛰는가?

Sipa via AP Images

그림 4.11 (예제 4.2) 2008년 베이징 올림픽 경기에서 남자 10종 경기 중 멀리 뛰기를 하는 프랑스의 로메인 바라스(Romain Barras)

풀이

개념화 멀리 뛰기 선수의 팔과 다리는 복잡한 운동을 하지만, 이 운동은 무시하기로 한다. 멀리 뛰기 선수의 운동을 간단한 포물체 운동으로 간주하자.

분류 예제를 포물체 운동으로 분류한다. 처음 속력과 뛰어오른 각도는 주어져 있고, 나중 높이는 처음 높이와 같으므로, 이 문제는 식 4.12와 4.13이 사용될 수 있는 조건을 만족하는 경우에 해당한다. 이 방법은 문제를 분석하는 데 있어서 지름길로 가는 최상의 방법이 된다.

분석 식 4.13을 사용하여 선수의 수평 도달 거리를 구한다.

$$R = \frac{v_i^2 \sin 2\theta_i}{g} = \frac{(11.0 \text{ m/s})^2 \sin 2(20.0°)}{9.80 \text{ m/s}^2} = 7.94 \text{ m}$$

(B) 도달한 최대 높이를 구하라.

풀이

분석 식 4.12를 사용하여 도달한 최대 높이를 구한다.

$$h = \frac{v_i^2 \sin^2\theta_i}{2g} = \frac{(11.0 \text{ m/s})^2(\sin 20.0°)^2}{2(9.80 \text{ m/s}^2)}$$

$$= 0.722 \text{ m}$$

결론 만약 일반적인 방법을 사용하여 (A)와 (B)의 질문에 대한 답을 구하면, 그 결과는 일치해야 한다. 멀리 뛰기 선수를 입자로 다루는 것은 지나치게 단순화시킨 해석이다. 그럼에도 불구하고 우리가 얻은 결과 값은 운동 경기에서 경험하게 되는 것과 일치한다. 우리는 멀리 뛰기 선수와 같은 복잡한 계를 하나의 입자로 모형화할 수 있고, 이를 통하여 여전히 타당한 결과를 얻을 수 있다.

예제 4.3 백발백중

물리 수업에서 인기 있는 실험 중의 하나는 포물체로 표적을 맞추는 실험이다. 이때 표적이 정지 상태에서 떨어지는 순간 포물체는 표적을 향하여 발사된다. 처음에 총이 정지해 있는 표적을 겨냥하였다면, 그림 4.12a에 나타낸 것과 같이 포물체가 떨어지는 표적에 명중한다는 것을 증명하라.

풀이

개념화 그림 4.12a를 보면서 문제를 개념화할 수 있다. 이 문제는 어떤 값에 대해서도 묻고 있지 않음에 주목하라. 대수적인 논의로 예상되는 결과를 이끌어내야 한다.

분류 두 물체는 중력에만 영향을 받으므로 표적은 일차원 자유 낙하 운동을 하고, 포물체는 이차원 자유 낙하 운동을 하는 문제로 분류할 수 있다. 표적 T는 일차원 **등가속도 운동하는 입자**로 모형화한다. 포물체 P는 y 방향으로는 등가속도 운동을 하고, x 방향으로는 **등속도 운동하는 입자**로 모형화한다.

분석 그림 4.12b에서 표적의 처음 y 좌표 y_{iT}가 $x_T \tan \theta_i$이고, 표적의 처음 속도는 영임을 보여 준다. 표적은 가속도 $a_y = -g$로 떨어진다.

표적의 처음 속도가 영임에 유의하면서, 떨어진 후 임의의 순간

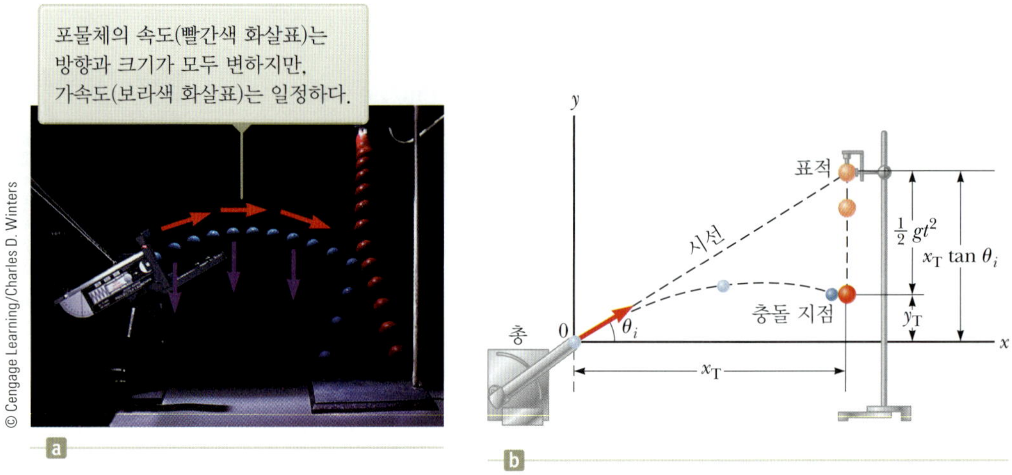

그림 4.12 (예제 4.3) (a) 포물체-표적 실험의 연속 사진. 총이 직접 표적을 겨누고 있고 표적이 떨어지는 순간 총을 쐈다면 포물체는 표적을 맞출 것이다. (b) 포물체-표적 실험의 개략도

에서 표적의 y 좌표에 대한 식을 쓴다.

(1) $$y_T = y_{iT} + (0)t - \tfrac{1}{2}gt^2 = x_T \tan\theta_i - \tfrac{1}{2}gt^2$$

임의의 순간 t에서 포물체의 y 좌표에 대한 식을 쓴다.

(2) $$\begin{aligned} y_P &= y_{iP} + v_{yiP}t - \tfrac{1}{2}gt^2 \\ &= 0 + (v_{iP}\sin\theta_i)t - \tfrac{1}{2}gt^2 \\ &= (v_{iP}\sin\theta_i)t - \tfrac{1}{2}gt^2 \end{aligned}$$

임의의 순간 t에서 포물체의 x 좌표에 대한 식을 쓴다.

$$x_P = x_{iP} + v_{xiP}t = 0 + (v_{iP}\cos\theta_i)t = (v_{iP}\cos\theta_i)t$$

포물체의 수평 위치의 함수로 시간에 대하여 이 식을 푼다.

$$t = \frac{x_P}{v_{iP}\cos\theta_i}$$

이 식을 식 (2)에 대입한다.

(3) $$\begin{aligned} y_P &= (v_{iP}\sin\theta_i)\left(\frac{x_P}{v_{iP}\cos\theta_i}\right) - \tfrac{1}{2}gt^2 \\ &= x_P \tan\theta_i - \tfrac{1}{2}gt^2 \end{aligned}$$

결론 식 (1)과 (3)을 비교하자. 포물체와 표적의 x 좌표들이 같을 때, 즉 $x_T = x_P$일 때 식 (1)과 (3)으로 주어지는 y 좌표들도 같으므로 충돌이 일어남을 알 수 있다.

예제 4.4 스키 점프 도약대

그림 4.13에서 보듯이 한 스키 점프 선수가 수평 방향 25.0 m/s의 속력으로 스키 트랙을 떠난다. 선수가 착지할 경사면은 35.0° 기울어져 있다. 선수는 경사면 어느 지점에 착지하게 되는가?

풀이

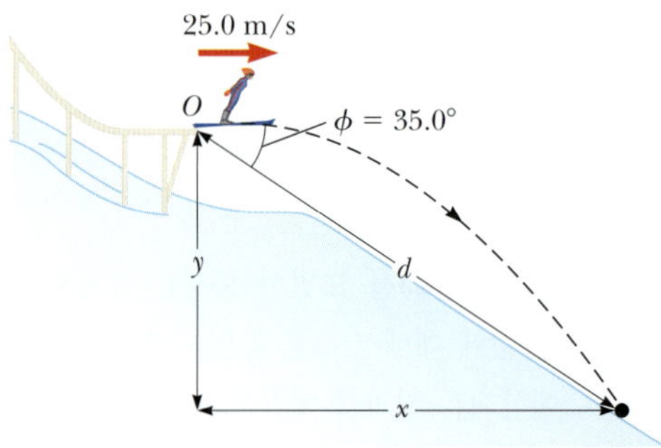

그림 4.13 (예제 4.4) 스키 점프 선수가 수평 방향으로 트랙을 떠난다.

개념화 이 문제를 동계 올림픽 스키 경기를 관전한 기억들을 바탕으로 개념화하자. 스키 선수는 약 4 s 동안 떠 있고 수평으로 약 100 m의 거리를 이동하는 것으로 추정된다. 경사면에서의 거리 d의 값도 크기의 정도가 비슷할 것이다.

분류 이 문제는 포물체 운동을 하는 입자 문제로 분류할 수 있다. 다른 여러 포물체 운동 문제에서와 같이, 수평 운동은 **등속 운동하는 입자 모형**, 연직 운동은 **등가속도 운동하는 입자 모형**을 이용한다.

분석 점프의 시작을 원점으로 정하면 편리하다. 처음 속도 성분은 $v_{xi} = 25.0$ m/s

와 $v_{yi} = 0$이다. 그림 4.13에 있는 직각 삼각형으로부터 착지점에서 선수의 x와 y 좌표 성분이 $x_f = d\cos\phi$와 $y_f = -d\sin\phi$로 주어짐을 알 수 있다.

x는 등속 운동하는 입자 모형 그리고 y는 등가속도 운동하는 입자 모형을 이용하여 선수의 좌표를 시간의 함수로 표현한다.

(1) $$x_f = v_{xi}t$$

(2) $$y_f = v_{yi}t - \tfrac{1}{2}gt^2$$

(3) $$d\cos\phi = v_{xi}t$$

(4) $$-d\sin\phi = -\tfrac{1}{2}gt^2$$

시간 t에 대하여 식 (3)의 해를 구하고, 그 결과를 식 (4)에 대입한다.

$$-d\sin\phi = -\tfrac{1}{2}g\left(\frac{d\cos\phi}{v_{xi}}\right)^2$$

위 식에서 d에 대한 해를 구하고 주어진 값들을 대입한다.

$$d = \frac{2v_{xi}^2\sin\phi}{g\cos^2\phi} = \frac{2(25.0\ \text{m/s})^2\sin 35.0°}{(9.80\ \text{m/s}^2)\cos^2 35.0°} = 109\ \text{m}$$

선수가 착지하는 지점의 x와 y 좌표를 계산한다.

$$x_f = d\cos\phi = (109\ \text{m})\cos 35.0° = 89.3\ \text{m}$$

$$y_f = -d\sin\phi = -(109\ \text{m})\sin 35.0° = -62.5\ \text{m}$$

결론 이 결과를 예측값과 비교하자. 수평 도달 거리가 100 m 정도로 예측되었고, 89.3 m인 이 결과와는 크기의 정도가 같다. 선수가 공기 중에 떠 있는 시간을 계산하고 그것을 약 4 s 정도인 추정치와 비교하는 것은 유용할 것이다.

문제 예제와 동일한 조건에서, 스키 점프 선수가 위쪽으로 도약하도록 도약대의 끝이 휘었다고 하자. 이런 설계가 점프 거리를 최대화하는 데 더 유리한가?

답 처음 속도가 위 방향 성분을 갖는다면, 선수는 상공에 더 오래 떠 있게 될 것이고, 따라서 더 멀리 이동할 수도 있다. 그러나 처음 속도 벡터 성분을 위 방향으로 편향시키는 것은 처음 속도의 수평 성분을 줄이게 될 것이다. 따라서 스키 트랙의 끝을 위 방향의 큰 각도로 기울이는 것은 수평 도달 거리를 줄일 수 있다. 극단의 예를 들어 보자. 선수가 수평에 대하여 90°로 도약하면, 선수는 트랙 끝에서 단순히 위로 갔다가 아래로 떨어진다. 이 논의는 체공 시간을 늘리는 것과 수평 속도 성분을 더 작게 하는 것 사이에 균형을 나타내는 0°와 90° 사이의 최적의 각도가 있음을 암시한다.

이 최적의 각도를 수학적으로 구하자. 다음과 같이 식 (1)~(4)를 수정한다. 선수가 임의의 각도 θ로 기울어진 트랙에서 수평선을 기준으로 각도 θ로 점프하고, 경사면은 수평선과 ϕ의 각도를 이룬다고 가정한다.

(1)과 (3) → $x_f = (v_i\cos\theta)t = d\cos\phi$

(2)와 (4) → $y_f = (v_i\sin\theta)t - \tfrac{1}{2}gt^2 = -d\sin\phi$

이 식들 사이에서 시간을 소거하여 d를 구하고 이것이 최댓값을 갖는 ϕ를 구하기 위하여 미분법을 사용한다. 그 결과는 다음과 같다.

$$\theta = 45° - \frac{\phi}{2}$$

그림 4.13에 있는 경사각은 $\phi = 35.0°$이다. 따라서 이 식은 도약대를 떠날 때 최적의 각도가 $\theta = 27.5°$임을 보여 준다. 수평면을 의미하는 $\phi = 0°$인 각도에 대하여 이 식은 기대하는 것처럼 $\theta = 45°$가 최적의 각도가 되게 한다(그림 4.10 참조).

4.4 분석 모형: 등속 원운동하는 입자
Analysis Model: Particle in Uniform Circular Motion

그림 4.14a는 원 궤도를 따라 도는 자동차를 보여 주고 있다. 이런 운동을 **원운동**(circular motion)이라고 한다. 자동차가 일정한 속력 v로 이 경로를 따라 움직이면, 이를 **등속 원운동**(uniform circular motion)이라고 한다. 주변에서 흔히 보는 이런 형태의 운동은 **등속 원운동하는 입자**라고 하는 분석 모형을 세워 취급하는 것이 좋다. 이 절에서는 이 모형에 대하여 공부한다.

학생들은 물체가 일정한 속력으로 원 궤도를 따라 운동할 때에도 **가속도**가 있다는

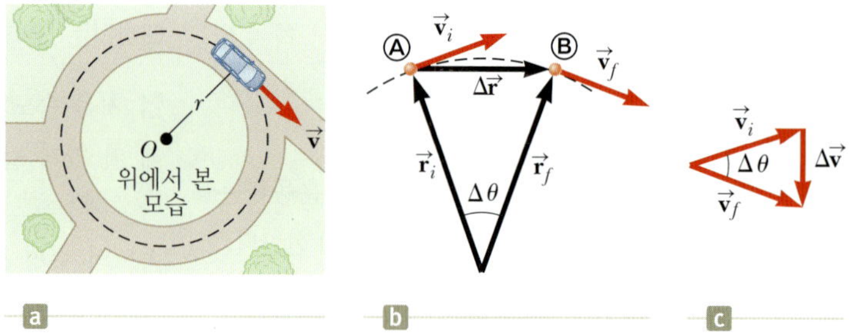

그림 4.14 (a) 자동차가 일정한 속력으로 원형 길을 따라 움직이면 등속 원운동을 하게 된다. (b) 입자가 Ⓐ에서 Ⓑ로 원형 길의 일부분을 따라 운동하는 동안 속도 벡터는 $\vec{\mathbf{v}}_i$에서 $\vec{\mathbf{v}}_f$로 변한다. (c) 속도 변화 $\Delta\vec{\mathbf{v}}$의 방향을 결정하기 위한 그림. $\Delta\vec{\mathbf{r}}$의 크기가 작으면 $\Delta\vec{\mathbf{v}}$는 원의 중심을 향한다.

오류 피하기 4.4

등속 원운동하는 입자의 가속도 물리학에서 가속도는 **속력**의 변화가 아니라 **속도**의 변화로 정의한다(일상생활에서의 개념과는 다르다). 원운동에서는 속도 벡터가 항상 방향을 바꾸기 때문에 가속도가 생긴다.

것을 알 때 종종 놀란다. 그 이유를 알기 위하여 가속도를 정의하는 식 $\vec{\mathbf{a}} = d\vec{\mathbf{v}}/dt$ (식 4.5)를 고려해 보자. 가속도는 속도 벡터가 변하기 때문에 생긴다. 속도는 벡터이기 때문에 가속도가 있는 경우는 4.1절에서 언급하였듯이 두 가지가 있다. 즉 속도의 **크기**가 변하는 경우와 **방향**이 변하는 경우이다. 원형 경로에서 일정한 속력으로 운동하는 물체의 경우가 방향의 변화로 가속도가 생기는 경우이다. 크기가 일정한 속도 벡터는 항상 경로의 접선 방향이고, 원형 경로의 반지름에 수직이다. 따라서 속도 벡터의 방향은 항상 변한다.

등속 원운동에서 가속도 벡터가 경로에 수직이고, 항상 원의 중심을 향한다는 것을 알 수 있다. 만약 그렇지 않다면 경로에 평행한, 즉 속도 벡터와 평행한 성분이 있어야 한다. 그런 가속도 성분은 경로에 평행한 입자의 속력에 변화를 준다. 그러나 이 경우는 속력이 일정하다는 등속 원운동이 아니다. 따라서 **등속** 원운동에서 가속도 벡터는 원의 중심을 향하고 경로에 수직인 성분만 가질 수 있다.

이제 입자의 가속도의 크기를 구해 보자. 그림 4.14b에 그려진 위치 벡터와 속도 벡터를 고려하자. 또한 그림에는 임의의 시간 동안 위치의 변화를 표현한 벡터 $\Delta\vec{\mathbf{r}}$이 그려져 있다. 입자는 반지름 r인 원형 경로를 따르는데, 그 일부분을 점선으로 표시하였다. 입자가 시간 t_i일 때 Ⓐ에 있고 속도는 $\vec{\mathbf{v}}_i$이며, 조금 지난 시간 t_f일 때 입자는 Ⓑ에 있고 속도는 $\vec{\mathbf{v}}_f$가 된다. $\vec{\mathbf{v}}_i$와 $\vec{\mathbf{v}}_f$는 크기는 같고 방향만 다르다(즉 **등속** 원운동이므로 $v_i = v_f = v$).

그림 4.14c에서는 그림 4.14b에 있는 속도 벡터들의 꼬리(시작점)를 일치시켜 다시 그렸다. 그림 4.14c는 벡터합 $\vec{\mathbf{v}}_f = \vec{\mathbf{v}}_i + \Delta\vec{\mathbf{v}}$를 나타내고, 벡터 $\Delta\vec{\mathbf{v}}$는 두 속도 벡터 머리를 연결한 것이다. 그림 4.14b와 4.14c에서 운동을 분석할 때 유용한 두 개의 삼각형이 있음을 확인할 수 있다. 그림 4.14b에서 두 위치 벡터가 이루는 각도 $\Delta\theta$는 그림 4.14c에서 속도 벡터가 이루는 각도와 같다. 왜냐하면 속도 벡터 $\vec{\mathbf{v}}$는 항상 위치 벡터 $\vec{\mathbf{r}}$와 수직이기 때문이다. 따라서 두 삼각형은 닮은꼴이다(두 변 사이의 각도가 같고 이 두 변의 길이 비가 같으면, 두 삼각형은 닮은꼴이다). 그림 4.14b와 4.14c에 있는 두 삼각형에서 변의 길이 사이의 관계를 다음과 같이 쓸 수 있다.

$$\frac{|\Delta\vec{\mathbf{v}}|}{v} = \frac{|\Delta\vec{\mathbf{r}}|}{r}$$

여기서 $v = v_i = v_f$이고 $r = r_i = r_f$이다. 이 식에서 $|\Delta\vec{\mathbf{v}}|$를 구하여 그 결과를 평균 가속

도 $\vec{\mathbf{a}}_{avg} = \Delta\vec{\mathbf{v}}/\Delta t$에 대입하면, 입자가 Ⓐ에서 Ⓑ로 운동하는 시간 동안의 평균 가속도 크기를 다음과 같이 구할 수 있다.

$$|\vec{\mathbf{a}}_{avg}| = \frac{|\Delta\vec{\mathbf{v}}|}{|\Delta t|} = \frac{v|\Delta\vec{\mathbf{r}}|}{r\Delta t}$$

이제 그림 4.14b에서 두 점 Ⓐ와 Ⓑ가 매우 가까이 접근한다고 상상해 보자. Ⓐ와 Ⓑ가 서로 접근함에 따라 Δt는 영으로 접근하고, 이때 $|\Delta\vec{\mathbf{r}}|$는 원호를 따르는 입자의 이동 거리에 접근하며, 따라서 $|\Delta\vec{\mathbf{r}}|/\Delta t$는 속력 v에 접근한다. 또한 평균 가속도는 점 Ⓐ에서의 순간 가속도가 된다. 그러므로 $\Delta t \to 0$인 극한에서 가속도의 크기는 다음과 같다.

$$a_c = \frac{v^2}{r} \quad \textbf{(4.14)}$$

◀ 등속 원운동하는 입자의 구심 가속도

이런 가속도를 **구심 가속도**(centripetal acceleration)라 한다. 가속도 표기에서 아래 첨자는 가속도가 중심을 향하고 있음을 나타낸다.

반지름 r인 원 위에서 등속 운동하는 입자의 운동에서 **주기**(period) T를 도입하면 편리하다. 여기서 주기는 한 번 회전하는 데 걸리는 시간으로 정의한다. 한 주기 T 동안 입자는 원 둘레인 $2\pi r$만큼 이동한다. 그리고 속력은 원 둘레를 주기로 나눈 $v = 2\pi r/T$이므로, 주기는 다음과 같이 표현된다.

$$T = \frac{2\pi r}{v} \quad \textbf{(4.15)}$$

◀ 등속 원운동하는 입자의 원운동 주기

등속 원운동에서 입자의 주기는 원 주위로 입자가 한 번 회전하는 데 걸리는 시간을 나타낸다. 주기의 역수는 초당 회전수를 나타내는 **회전률**이다. 원 주위로 입자가 한 번 회전하면 2π rad이므로, 2π와 회전률을 곱하면 입자의 **각속력**(angular speed) ω가 된다. 이때 단위는 rad/s 또는 s^{-1}가 된다.

$$\omega = \frac{2\pi}{T} \quad \textbf{(4.16)}$$

이 식을 식 4.15와 조합하면, 입자가 원의 경로를 따라 이동할 때 각속력과 병진 속력 사이의 관계를 알 수 있다.

$$\omega = 2\pi\left(\frac{v}{2\pi r}\right) = \frac{v}{r} \quad \rightarrow \quad v = r\omega \quad \textbf{(4.17)}$$

식 4.17은 각속력이 일정할 때, 지름 방향 위치가 커질수록 병진 속력이 더 커짐을 보여주고 있다. 따라서 예를 들어 회전목마가 일정한 각속력 ω로 회전할 때, r가 큰 바깥쪽에 타고 있는 사람은 r가 작은 안쪽에 있는 사람보다 더 빠르게 이동하게 된다. 10장에서 식 4.16과 4.17을 자세히 공부할 예정이다.

식 4.14와 4.17을 이용하여 등속 원운동하는 입자의 구심 가속도를 각속력으로 표현할 수 있다.

오류 피하기 4.5

구심 가속도는 일정하지 않다 등속 원운동에서 구심 가속도 벡터의 크기는 일정하지만, **구심 가속도 벡터는 일정하지 않다.** 그 벡터는 항상 원의 중심을 향하고 있지만, 물체가 원형 경로를 따라 움직이므로 계속해서 방향이 변한다.

$$a_c = \frac{(r\omega)^2}{r}$$

$$a_c = r\omega^2 \tag{4.18}$$

식 4.14~4.18은 등속 원운동하는 입자 모형이 주어진 상황에 적절할 때 사용된다.

Q 퀴즈 4.4 한 입자가 속력 v로 반지름 r인 원 궤도를 운동하고 있다. 이 입자의 속력이 같은 원 궤도를 따라 움직이는 동안 $2v$로 증가된다. **(i)** 입자의 구심 가속도는 몇 배 증가하는가(하나만 고르라)? (a) 0.25 (b) 0.5 (c) 2 (d) 4 (e) 결정할 수 없다. **(ii)** 입자의 주기는 몇 배로 변하는가? 앞의 보기에서 고르라.

예제 4.5 지구의 구심 가속도

(A) 태양 주위로 공전하는 지구의 구심 가속도를 구하라.

풀이

개념화 태양을 중심으로 원 궤도를 돌고 있는 지구를 생각해 보자. 지구를 입자로, 궤도를 원으로 가정하여 (13장에서 논의하겠지만 사실은 약간 타원이다) 문제를 간단히 하자.

분류 개념화 단계에서 이 문제를 **등속 원운동하는 입자** 문제로 분류할 수 있다.

분석 식 4.14에 대입할 지구의 공전 속력을 모른다. 하지만 식 4.15에 지구 공전의 주기인 일 년과 지구 궤도 반지름 1.496×10^{11} m를 대입하면 공전 속력을 구할 수 있다.

식 4.14와 4.15를 결합한다.

$$a_c = \frac{v^2}{r} = \frac{\left(\frac{2\pi r}{T}\right)^2}{r} = \frac{4\pi^2 r}{T^2}$$

주어진 값들을 대입한다.

$$a_c = \frac{4\pi^2(1.496 \times 10^{11}\text{ m})}{(1\text{ yr})^2}\left(\frac{1\text{ yr}}{3.156 \times 10^7\text{ s}}\right)^2$$

$$= 5.93 \times 10^{-3}\text{ m/s}^2$$

(B) 태양 주위로 공전하는 지구의 각속력을 구하라.

풀이

분석 식 4.16에 주어진 값들을 대입한다.

$$\omega = \frac{2\pi}{1\text{ yr}}\left(\frac{1\text{ yr}}{3.156 \times 10^7\text{ s}}\right) = 1.99 \times 10^{-7}\text{s}^{-1}$$

결론 (A)에서의 가속도는 지표면에서의 자유 낙하 가속도보다 훨씬 작다. 여기서 알아야 할 중요한 사항은 운동의 속력 v를 주기 T로 바꾸는 기교이다. 많은 문제에서 v보다는 T를 알고 있는 경우가 더 많다. (B)에서 지구의 각속력은 매우 작다. 이는 지구가 원형 경로를 한 번 도는 데 1년이 걸리기 때문에 작을 것으로 예상되는 값이다.

4.5 접선 및 지름 가속도
Tangential and Radial Acceleration

4.4절에서 배운 것보다 더 일반적인 운동을 고려해 보자. 그림 4.15에서처럼 입자가 곡선 경로를 따라 오른쪽으로 움직이고 속도의 크기와 방향이 모두 변하는 경우, 속도 벡터는 항상 경로의 접선 방향이지만 가속도 $\vec{\mathbf{a}}$는 경로와 어떤 각도를 이루고 있다. 그

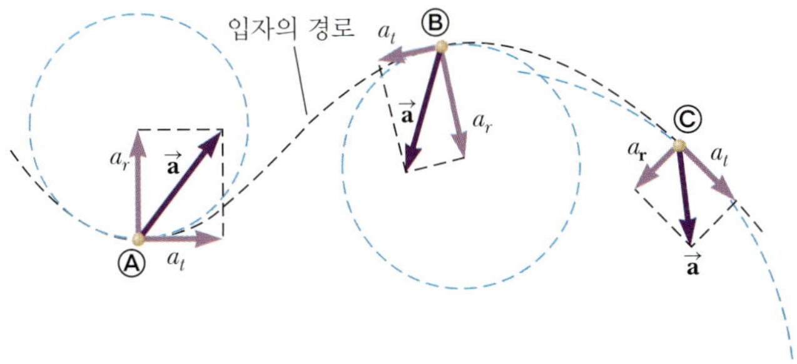

그림 4.15 xy 평면에 있는 임의의 곡선 경로를 따라 움직이는 입자의 운동. 경로에 접하는 속도 벡터 $\vec{\mathbf{v}}$의 크기와 방향이 변할 때, 가속도 벡터 $\vec{\mathbf{a}}$는 접선 성분 a_t와 지름 성분 a_r를 갖는다.

림 4.15에 있는 각 점 Ⓐ와 Ⓑ 그리고 Ⓒ에서, 파란색 점선 원은 각 점에서 실제 경로의 곡률을 나타낸다. 이들 원의 반지름은 각 점에서 경로가 갖는 곡률 반지름과 같다.

그림 4.15에서 곡선 경로를 따라 입자가 이동할 때 전체 가속도 $\vec{\mathbf{a}}$의 방향은 위치에 따라 변한다. 임의의 순간에 이 벡터는 그 순간에 대응하는 점선 원의 중심을 원점으로 하여 두 개의 성분으로 분리할 수 있는데, 하나는 원의 지름 방향인 지름 성분 a_r이고 다른 하나는 반지름에 수직인 접선 성분 a_t이다. 전체 가속도 벡터 $\vec{\mathbf{a}}$는 두 벡터 성분의 벡터합으로 쓸 수 있다.

$$\vec{\mathbf{a}} = \vec{\mathbf{a}}_r + \vec{\mathbf{a}}_t \tag{4.19}$$

◀ 전체 가속도

접선 가속도 성분은 입자의 속력 변화로 생긴다. 이 성분은 순간 속도에 평행하고, 크기는 다음과 같이 주어진다.

$$a_t = \left|\frac{dv}{dt}\right| \tag{4.20}$$

◀ 접선 가속도

지름 가속도 성분은 속도 벡터 방향의 변화로 인하여 생기며 다음과 같이 주어진다.

$$a_r = -a_c = -\frac{v^2}{r} \tag{4.21}$$

◀ 지름 가속도

여기서 r는 해당하는 점에서 경로의 곡률 반지름이다. 가속도의 지름 성분의 크기가 등속 원운동하는 입자 모형에 대하여 4.4절에서 논의했던 구심 가속도임을 알 수 있다. 그러나 원형 경로를 따라 속력이 변하는 입자의 경우에도 식 4.14는 구심 가속도로 사용할 수 있다. 이 경우, 이 식은 **순간** 구심 가속도가 된다. 식 4.21에 음의 부호를 붙인 것은 구심 가속도 방향이 원의 중심을 향하고, 원의 중심에서 항상 밖을 향하는 지름 단위 벡터 $\hat{\mathbf{r}}$과 반대임을 나타낸다.

서로 수직인 $\vec{\mathbf{a}}_r$와 $\vec{\mathbf{a}}_t$는 $\vec{\mathbf{a}}$의 벡터 성분들이므로 $\vec{\mathbf{a}}$의 크기는 $a = \sqrt{a_r^2 + a_t^2}$이다. 주어진 속력에서 (그림 4.15에 있는 점 Ⓐ와 Ⓑ처럼) 곡률 반지름이 작을 때 a_r는 크고 (점 Ⓒ에서처럼) r가 클 때 a_r는 작다. $\vec{\mathbf{a}}_t$의 방향은 속력 v가 증가하면 $\vec{\mathbf{v}}$와 같은 방향이고, v가 감소하면(점 Ⓑ에서) $\vec{\mathbf{v}}$와 반대 방향이다.

v가 일정한 등속 원운동에서는 $a_t = 0$이고, 가속도는 4.4절에서 기술했던 것처럼 항상 지름 방향이다. 다시 말하면 등속 원운동은 일반적인 곡선 경로 운동 중 특별한 경우이다. 보다 특별한 경우로, $\vec{\mathbf{v}}$의 방향이 변하지 않으면 지름 가속도는 생기지 않고, 운동은 일차원이 된다(이 경우 $a_r = 0$이지만 a_t는 영이 아닐 수 있다).

Q 퀴즈 4.5 한 입자가 어떤 경로를 따라 움직이고 있으며, 그 속력이 시간에 따라 증가하고 있다. **(i)** 다음 중 입자의 가속도 벡터와 속도 벡터가 평행한 경우는 어느 것인가? (a) 경로가 원형일 때 (b) 경로가 직선일 때 (c) 경로가 포물선 형태일 때 (d) 정답 없음 **(ii)** 앞의 보기 중 입자의 가속도 벡터와 속도 벡터가 경로 위의 모든 지점에서 수직인 경우는 어느 것인가?

예제 4.6 고개 넘기

어떤 자동차가 정지 표지판으로부터 출발하여 도로를 따라 $0.300\ \mathrm{m/s^2}$의 등가속도로 달리고 있다. 자동차가 도로에 있는 언덕을 넘어가는데, 언덕의 꼭대기는 반지름 500 m인 원호 모양이다. 자동차가 언덕 꼭대기에 도달하는 순간에, 속도 벡터는 수평이고 크기는 6.00 m/s이다. 이 순간 자동차의 전체 가속도의 크기와 방향을 구하라.

풀이

개념화 그림 4.16a에 그려진 상황과 언덕길에서 운전했던 경험을 개념화하자.

분류 가속하는 자동차는 곡선 경로를 따라 이동하고 있으므로, 이 문제를 접선 가속도와 지름 가속도 모두가 작용하는 입자 문제로 분류한다. 이렇게 개념화하면 문제가 상대적으로 간단한 문제임을 알 것이다.

접선 가속도 벡터는 크기가 $0.300\ \mathrm{m/s^2}$이고 수평 방향이다. 지름 가속도는 식 4.21로 주어지고 $v = 6.00\ \mathrm{m/s}$이고 $r = 500\ \mathrm{m}$이다. 지름 가속도 벡터는 아래 방향을 향한다.

지름 가속도를 계산한다.

$$a_r = -\frac{v^2}{r} = -\frac{(6.00\ \mathrm{m/s})^2}{500\ \mathrm{m}} = -0.072\,0\ \mathrm{m/s^2}$$

$\vec{\mathbf{a}}$의 크기를 구한다.

$$\sqrt{a_r^2 + a_t^2} = \sqrt{(-0.072\,0\ \mathrm{m/s^2})^2 + (0.300\ \mathrm{m/s^2})^2} = 0.309\ \mathrm{m/s^2}$$

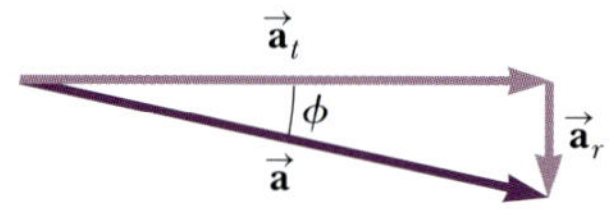

그림 4.16 (예제 4.6) (a) 자동차가 원호 모양의 언덕을 넘어간다. (b) 전체 가속도 벡터 $\vec{\mathbf{a}}$는 접선 가속도 벡터 $\vec{\mathbf{a}}_t$와 지름 가속도 벡터 $\vec{\mathbf{a}}_r$의 합이다.

수평 기준 $\vec{\mathbf{a}}$의 방향각 ϕ(그림 4.16b 참조)를 구한다.

$$\phi = \tan^{-1}\frac{a_r}{a_t} = \tan^{-1}\left(\frac{-0.072\,0\ \mathrm{m/s^2}}{0.300\ \mathrm{m/s^2}}\right) = -13.5°$$

4.6 상대 속도와 상대 가속도
Relative Velocity and Relative Acceleration

이번 절에서는 서로 다른 기준틀에 있는 관측자의 관측이 서로 어떻게 관련되는지 설명하고자 한다. 기준틀은 관측자가 원점에 정지해 있는 직각 좌표계이다.

관측자들이 서로 다르게 관측하게 될 어떤 상황을 개념화하자. 그림 4.17a에서 수평선에 위치한 두 관측자 A와 B를 생각하자. 관측자 A는 관측자 B의 오른쪽 5의 위치에 있다. 두 관측자는 $x_A = +5$에 위치한 점 P의 위치를 측정한다. 그림 4.17b에서처럼 관측자 B는 자신의 위치를 x_B축의 원점으로 정하였다고 하자. 두 관측자는 점 P의 위치

값을 각각 다르게 읽는다. 관측자 A는 점 P가 +5의 값을 갖는 위치에 있다고 주장할 것이고, 관측자 B는 점 P가 +10의 값을 갖는 위치에 있다고 주장할 것이다. 비록 두 관측자가 다른 측정값을 말하더라도 둘 다 옳다. 두 관측자는 서로 다른 기준틀에서 측정하기 때문에 그들의 측정값은 서로 다르다.

이제 그림 4.17b에서 관측자 B가 x_B축을 따라 오른쪽으로 움직인다고 생각해 보자. 이 경우 두 측정은 훨씬 더 달라진다. 관측자 A는 점 P가 +5의 값을 갖는 위치에 그대로 정지해 있다고 주장하고, 관측자 B는 점 P의 위치가 시간에 따라 연속적으로 변하여, 자신이 있는 쪽으로 다가와서 자신을 지나 뒤로 간다고 말할 것이다. 서로 다른 기준틀로부터 측정한 값이 차이가 나더라도 두 관측자의 관측 결과는 모두 옳다.

이 현상을 그림 4.18에서와 같이 공항에 있는 움직이는 무빙워크에서 걷고 있는 한 남자를 쳐다보는 두 관측자를 고려함으로써 더 자세히 탐구하자. 움직이는 무빙워크 위에 서 있는 여자는 남자가 보통 걷는 속력으로 이동하고 있다고 관측할 것이다. 바닥에 멈춰 서서 관측하고 있는 여자는 남자가 좀 더 빠른 속력으로 이동하고 있다고 관측할 것이다. 왜냐하면 무빙워크 속력이 남자가 걷는 속력에 더해지기 때문이다. 두 관측자는 같은 남자를 보면서도 서로 다른 속력 값으로 결론을 내리게 된다. 그러나 두 명 다 옳다. 측정에서 생기는 차이는 두 기준틀 사이의 상대 속도가 원인이다.

보다 일반적인 경우로 그림 4.19에서 점 P에 놓인 입자를 생각해 보자. 이 입자의 운동을 두 명의 관측자가 측정한다고 하자. 관측자 A는 지구에 대하여 상대적으로 고정된 기준틀 S_A에 있고, 관측자 B는 S_A에 대하여 상대적으로 (따라서 지구에 대하여 상대적으로) 오른쪽으로 일정한 속도 $\vec{\mathbf{v}}_{BA}$를 갖고 이동하는 기준틀 S_B에 있다. 상대 속도에 대한 이같은 논의에서는 이중 아래 첨자 표시법을 사용한다. 첫 번째 아래 첨자는 관측 대상을 나타내고, 두 번째 첨자는 관측자를 나타낸다. 따라서 $\vec{\mathbf{v}}_{BA}$는 관측자 A가 측정하는 관측자 B(기준틀 S_B)의 속도를 의미한다. 이 표시법으로 관측자 B는 A가 속도 $\vec{\mathbf{v}}_{AB} = -\vec{\mathbf{v}}_{BA}$로 왼쪽으로 움직인다고 관측하게 된다. 이 논의를 위하여 각 관측자는 각자의 좌표계의 원점에 있다고 하자.

두 기준틀의 원점이 일치하는 순간을 시간 $t = 0$이라 가정하자. 그러면 시간 t에서는 두 기준틀의 원점 사이의 거리가 $\vec{\mathbf{v}}_{BA}t$만큼 벌어질 것이다. 시간 t일 때 관측자 A에 대한 입자의 상대적인 위치 P를 위치 벡터 $\vec{\mathbf{r}}_{PA}$라 하고, 관측자 B에 대한 상대적인 위치 P를 위치 벡터 $\vec{\mathbf{r}}_{PB}$라 하자. 그림 4.19에서 위치 벡터 $\vec{\mathbf{r}}_{PA}$와 $\vec{\mathbf{r}}_{PB}$는 다음의 관계식으로 서로 연관되어 있음을 알 수 있다.

$$\vec{\mathbf{r}}_{PA} = \vec{\mathbf{r}}_{PB} + \vec{\mathbf{v}}_{BA}t \tag{4.22}$$

식 4.22를 시간에 대하여 미분하고 벡터 $\vec{\mathbf{v}}_{BA}$가 상수임을 감안하면, 다음을 얻을 수 있다.

$$\frac{d\vec{\mathbf{r}}_{PA}}{dt} = \frac{d\vec{\mathbf{r}}_{PB}}{dt} + \vec{\mathbf{v}}_{BA}$$

$$\vec{\mathbf{u}}_{PA} = \vec{\mathbf{u}}_{PB} + \vec{\mathbf{v}}_{BA} \tag{4.23}$$

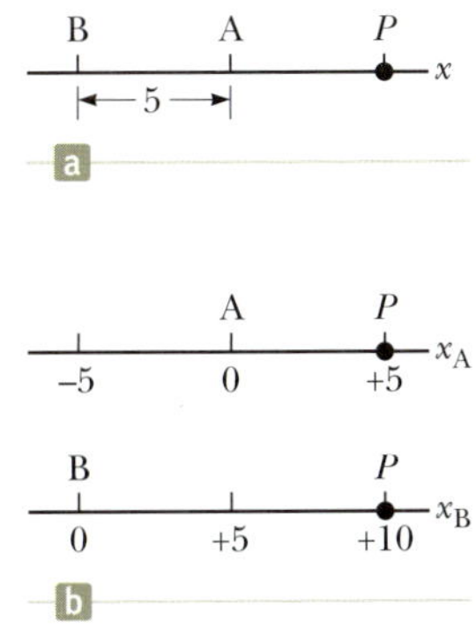

그림 4.17 관측자가 다르면 측정값도 달라진다. (a) 관측자 A는 관측자 B의 오른쪽 5의 위치에 있다. 두 관측자는 입자 P의 위치를 측정한다. (b) 두 관측자가 그들 자신의 위치를 각각 좌표계의 원점으로 삼아 측정하면 P에 있는 입자의 위치 값은 일치하지 않는다.

그림 4.18 두 관측자가 무빙워크에서 걷는 한 남자의 속력을 측정하고 있다.

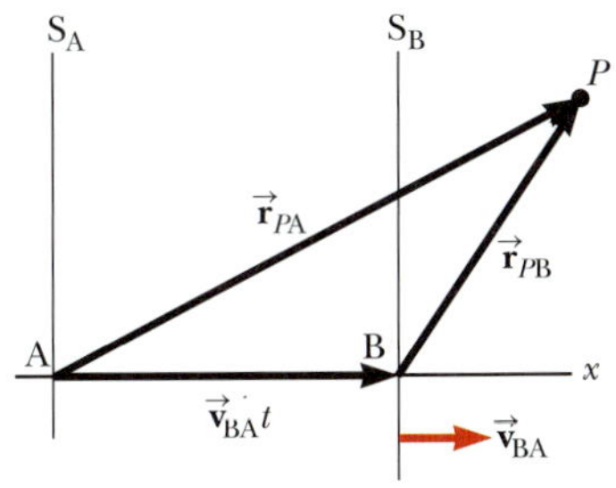

그림 4.19 P에 위치한 입자를 두 명의 관측자, 즉 고정된 기준틀 S_A의 한 사람과 등속도 $\vec{\mathbf{v}}_{BA}$로 오른쪽으로 이동하는 기준틀 S_B에 있는 다른 한 사람이 기술한다고 하자. 벡터 $\vec{\mathbf{r}}_{PA}$는 S_A계에서 본 입자의 위치 벡터이고 $\vec{\mathbf{r}}_{PB}$는 S_B계에서 본 위치 벡터이다.

◀ **갈릴레이 속도 변환**

여기서 $\vec{\mathbf{u}}_{PA}$는 관측자 A가 측정한 점 P에 있는 입자의 속도이고, $\vec{\mathbf{u}}_{PB}$는 관측자 B가 측정한 점 P에 있는 입자의 속도이다(이 절에서는 입자의 속도에 대하여 $\vec{\mathbf{v}}$보다 기호 $\vec{\mathbf{u}}$를 사용하는데, $\vec{\mathbf{v}}$는 두 기준틀의 상대 속도에 사용된다). 식 4.22와 4.23은 **갈릴레이 변환식**(Galilean transformation equations)으로 알려져 있다. 이 식은 상대적으로 운동 중인 관측자가 측정하는 입자의 위치와 속도를 연결시켜 준다. 식 4.23에서 아래 첨자의 배치에 주의하라. 상대 속도들이 더해질 때 안쪽의 아래 첨자(B)가 같으면, 바깥의 아래 첨자(P, A)는 식의 좌변에 있는 속도의 아래 첨자와 일치한다.

비록 두 기준틀에서 관측자들이 입자의 속도를 다르게 측정하더라도, $\vec{\mathbf{v}}_{BA}$가 일정하면 두 기준틀에서 **동일한 가속도**를 측정하게 된다. 이는 식 4.23의 시간에 대한 도함수를 얻음으로써 확인할 수 있다.

$$\frac{d\vec{\mathbf{u}}_{PA}}{dt} = \frac{d\vec{\mathbf{u}}_{PB}}{dt} + \frac{d\vec{\mathbf{v}}_{BA}}{dt}$$

$\vec{\mathbf{v}}_{BA}$가 일정하기 때문에 $d\vec{\mathbf{v}}_{BA}/dt = 0$이다. 따라서 $\vec{\mathbf{a}}_{PA} = d\vec{\mathbf{u}}_{PA}/dt$이고 $\vec{\mathbf{a}}_{PB} = d\vec{\mathbf{u}}_{PB}/dt$이므로 $\vec{\mathbf{a}}_{PA} = \vec{\mathbf{a}}_{PB}$라고 결론내릴 수 있다. 즉 한 기준틀에 있는 관측자가 측정한 입자의 가속도는 그 기준틀에 대하여 등속도로 상대 운동을 하는 다른 관측자가 측정한 가속도와 같다.

예제 4.7 강을 가로질러 가는 배

넓은 강을 건너는 배가 물에 대하여 상대적으로 10.0 km/h의 속력으로 움직인다. 강물은 지면에 대하여 동쪽으로 5.00 km/h의 일정한 속력으로 흐르고 있다.

(A) 배가 북쪽을 향하고 있을 때, 강둑에 서 있는 관측자에 대한 배의 상대 속도를 구하라.

풀이

개념화 강을 건널 때, 물살을 따라 배가 하류로 밀리고 있다고 상상해 보자. 배는 강을 곧장 가로질러 가지 못하고 그림 4.20a와 같이 하류로 떠내려가면서 반대편 강둑에 도달할 것이다.

분류 지면에 대한 배와 강의 속도들이 연관되어 있으므로, 이 문제를 상대 속도가 관계된 문제로 분류할 수 있다.

분석 **강물**에 대한 **배**의 상대 속도 $\vec{\mathbf{v}}_{br}$, **지면**에 대한 **강물**의 상대 속도 $\vec{\mathbf{v}}_{rE}$를 알고 있다. 구해야 할 것은 $\vec{\mathbf{v}}_{bE}$, 즉 **지면**에 대한 **배**의 상대 속도이다. 이 세 가지 양들 사이의 관계는 $\vec{\mathbf{v}}_{bE} = \vec{\mathbf{v}}_{br} + \vec{\mathbf{v}}_{rE}$로 나타낼 수 있다. 식에 있는 항들은 그림 4.20a에서 보듯이 벡터로 다루어야 한다. 벡터 $\vec{\mathbf{v}}_{br}$는 북쪽, $\vec{\mathbf{v}}_{rE}$는 동쪽 그리고 둘의 합 벡터는 그림 4.20a에 나타낸 것처럼 북동 θ인 방향에 있다.

피타고라스의 정리를 사용하여 지면에 대한 배의 상대 속력 v_{bE}를 구한다.

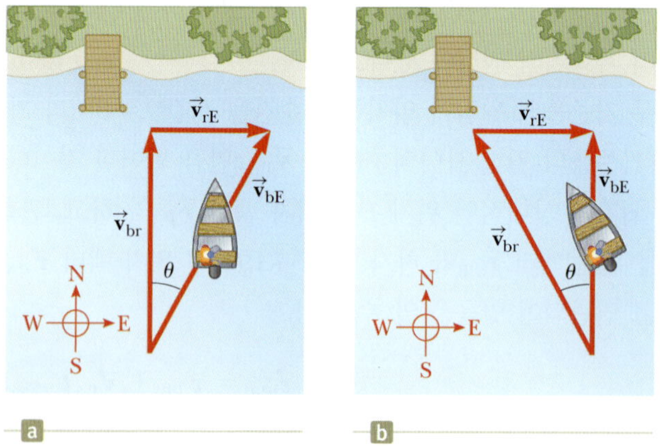

그림 4.20 (예제 4.7) (a) 배는 강을 곧장 가로질러 가려 하지만 하류에 도달한다. (b) 강을 곧장 가로질러 가려면, 배는 상류를 향해야 한다.

$$v_{bE} = \sqrt{v_{br}^2 + v_{rE}^2} = \sqrt{(10.0 \text{ km/h})^2 + (5.00 \text{ km/h})^2}$$

$$= 11.2 \text{ km/h}$$

$\vec{\mathbf{v}}_{bE}$의 방향을 구한다.

$$\theta = \tan^{-1}\left(\frac{v_{rE}}{v_{br}}\right) = \tan^{-1}\left(\frac{5.00}{10.0}\right) = 26.6°$$

결론 배는 지면에 대하여 상대적으로 북쪽에서 동쪽으로 26.6° 방향으로 11.2 km/h의 속력을 갖고 이동한다. 속력 11.2 km/h는 배의 속력 10.0 km/h보다 빠르다는 것에 주목하라. 배의 속력은 유속 때문에 더 큰 속력이 된다. 그림 4.20a에서 보면 결과적으로 배의 속도는 강을 가로지르는 방향에 대하여 어떤 각도를 갖게 되어, 결국 배는 예상보다 하류인 지점에 도달한다.

(B) 강물에 대한 배의 상대 속력은 10.0 km/h로 같지만 그림 4.20b에 나타나 있는 바와 같이 북쪽으로 이동하려 할 때, 배가 향해야 하는 방향은 어느 쪽인가?

풀이

개념화/분류 이 질문은 (A)의 확장이다. 따라서 앞서 문제를 이미 개념화하고 분류하였다. 그러나 이 경우 배가 강을 똑바로 가로질러 가도록 해야 한다는 것이다.

분석 그림 4.20b에서처럼 새로운 삼각형으로 분석해야 한다. (A)에서처럼 $\vec{\mathbf{v}}_{rE}$와 벡터 $\vec{\mathbf{v}}_{br}$의 크기를 알고 있고, $\vec{\mathbf{v}}_{bE}$가 강을 가로지르는 방향이 되기를 원한다. 그림 4.20a에 있는 삼각형과 그림 4.20b에 있는 삼각형의 차이에 주목하라. 그림 4.20b의 직각 삼각형의 빗변은 더 이상 $\vec{\mathbf{v}}_{bE}$가 아니다.

피타고라스의 정리를 사용하여 $\vec{\mathbf{v}}_{bE}$를 구한다.

$$v_{bE} = \sqrt{v_{br}^2 - v_{rE}^2} = \sqrt{(10.0 \text{ km/h})^2 - (5.00 \text{ km/h})^2}$$
$$= 8.66 \text{ km/h}$$

배가 향하는 방향을 구한다.

$$\theta = \tan^{-1}\left(\frac{v_{rE}}{v_{bE}}\right) = \tan^{-1}\left(\frac{5.00}{8.66}\right) = 30.0°$$

결론 배가 강을 가로질러 정북쪽으로 이동하려면 상류쪽을 향해야 한다. 주어진 상황에 대하여 배는 북서쪽으로 30.0°가 되도록 키를 잡아야 한다. 유속이 빠를수록 배는 더 큰 각도로 상류를 향해야만 한다.

문제 (A)와 (B)에서 두 배가 강을 가로질러 경주를 한다고 생각하자. 어느 배가 반대 둑에 먼저 도달하는가?

답 (A)에서는 강을 가로지르는 속도 성분이 10 km/h이다. (B)에서는 이 북쪽 속도 성분이 8.66 km/h이다. 운동의 각 성분은 서로 독립적이므로 (A)에서의 배가 북쪽 속도 성분이 더 커서 먼저 도착한다.

연습문제

객관식

1. 그림 OQ4.1은 고속도로 곡선 길을 지나는 승용차를 상공에서 본 그림이다. 승용차가 지점 1에서 지점 2로 이동하는 동안 차의 속력은 두 배가 된다. (a)~(e) 중 두 지점 사이를 이동하는 승용차의 평균 가속도 벡터를 나타낸 것은 어느 것인가?

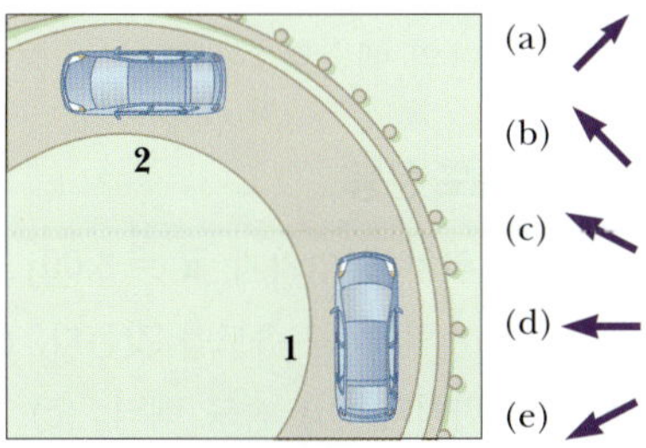

그림 OQ4.1

2. 첫 번째 학생이 높은 빌딩의 발코니에서 처음 속력 v_i로 무거운 빨간 공을 지면과 수평으로 던진다. 같은 순간 두 번째 학생은 좀 더 가벼운 파란 공을 발코니에서 떨어뜨린다. 공기 저항을 무시할 때, 다음 중 참인 것은 어느 것인가? (a) 파란 공이 지면에 먼저 도달한다. (b) 두 공은 같은 순간에 지면에 도달한다. (c) 빨간 공이 지면에 먼저 도달한다. (d) 두 공은 같은 속력으로 지면에 도달한다. (e) 정답 없음

3. 지구에서 포물체가 어떤 처음 속도로 발사되어 공기 저항을 받지 않으며 운동하고 있다. 다른 포물체가 같은 처음 속도로 중력 가속도가 지구의 1/6인 달 위에서 발사될 때, 올라갈 수 있는 최고점의 높이는 지구에서 포물체의 최고점의

높이와 비교할 때 어떠한가? (a) 지구에서 높이의 1/6이다. (b) 같다. (c) 지구에서 높이의 $\sqrt{6}$ 배이다. (d) 지구에서 높이의 여섯 배이다. (e) 지구에서 높이의 36배이다.

4. 우주 비행사가 달에서 골프공을 칠 때, 다음 중 골프공이 달 표면의 진공 속에서 움직이는 동안 그 값이 유지되는 것은 어느 것인가? (a) 속력 (b) 가속도 (c) 속도의 수평 성분 (d) 속도의 연직 성분 (e) 속도

5. 지구에서 포물체가 어떤 처음 속도로 발사되어 공기 저항을 받지 않으며 운동하고 있다. 다른 포물체가 같은 처음 속도로 중력 가속도가 지구의 1/6인 달 위에서 발사될 때 도달 거리는 지구에서 포물체의 도달 거리와 비교할 때 어떠한가? (a) 지구에서 도달 거리의 1/6이다. (b) 같다. (c) 지구에서 도달 거리의 $\sqrt{6}$ 배이다. (d) 지구에서 도달 거리의 여섯 배이다. (e) 지구에서 도달 거리의 36배이다.

6. 직선 도로에서 8 m/s로 인라인 스케이트를 타는 소녀가 5 m/s로 스케이트를 타는 소년을 따라잡고 있다. 소년이 자신에 대하여 12 m/s의 속력으로 소녀에게 뒤로 공을 던질 때, 공을 받는 소녀에 대한 공의 속력은 얼마인가? (a) (8 + 5 + 12) m/s (b) (8 − 5 − 12) m/s (c) (8 + 5 − 12) m/s (d) (8 − 5 + 12) m/s (e) (−8 + 5 − 12) m/s

7. 등속도로 움직이는 빠른 배에서 항해사가 돛대 위에서 렌치를 연직으로 떨어뜨린다. 렌치는 배의 갑판 어느 부분에 떨어지는가? 바람이나 공기의 저항력 등은 무시하라.
(a) 돛대 앞 (b) 돛대 (c) 돛대 뒤 (d) 바람이 불어오는 쪽 (e) 정답 없음

8. 외야수가 야구공을 포수에게 던진다. 공이 최고점에 도달할 때, 다음 중 참인 것은 어느 것인가? (a) 공의 속도와 가속도는 모두 영이다. (b) 공의 속도는 영이 아니지만 가속도는 영이다. (c) 공의 속도와 가속도는 수직이다. (d) 공의 가속도는 공이 던져진 각도에 영향을 받는다. (e) 정답 없음

9. 다음 상황 중 포물체 운동을 하는 물체의 모형을 사용하기에 적합한 것은 어느 것인가? 정답을 모두 고르라. (a) 임의의 방향으로 던진 신발 (b) 엔진의 추진력에 의하여 하늘을 나는 제트 비행기 (c) 발사대를 떠나는 로켓 (d) 연료를 다 사용한 후 음속보다 훨씬 작은 속력으로 하늘을 비행하는 로켓 (e) 잠수부가 수중에서 던진 돌

10. 어떤 트럭이 반지름 150 m인 곡선 길을 최대 속력 32.0 m/s로 지날 수 있다. 같은 가속도로 반지름 75.0 m인 곡선 길을 지날 때의 최대 속력은 얼마인가? (a) 64 m/s (b) 45 m/s (c) 32 m/s (d) 23m/s (e) 16m/s

주관식

4.1 위치, 속도 그리고 가속도 벡터

1. 운전사가 남쪽으로 20.0 m/s의 속력으로 3.00분 동안 달린 뒤, 서쪽으로 25.0 m/s의 속력으로 2.00분 동안 달리고, 마지막으로 북서쪽으로 30.0 m/s의 속력으로 1.00분 동안 달린다. 전체 6.00분 동안의 주행에서 (a) 전체 변위 벡터, (b) 평균 속력, (c) 평균 속도를 구하라. 단, 동쪽 방향을 $+x$축으로 한다.

2. 태양이 적도 인근 지역의 하늘 정중앙에 있을 때, 독수리 한 마리가 수평에 대해 아래쪽으로 60.0° 방향이고 5.00 m/s인 등속도로 지면으로 강하하고 있다. 이 독수리의 지면에서의 그림자의 속력을 구하라.

3. 어떤 입자의 위치 벡터가 시간의 함수로 $\vec{\mathbf{r}}(t) = x(t)\hat{\mathbf{i}} + y(t)\hat{\mathbf{j}}$로 주어진다. 여기서 $x(t) = at + b$이고 $y(t) = ct^2 + d$이며, $a = 1.00$ m/s, $b = 1.00$ m, $c = 0.125$ m/s^2, $d = 1.00$ m이다. (a) $t = 2.00$ s부터 $t = 4.00$ s까지의 시간 간격 동안 평균 속도를 계산하라. (b) $t = 2.00$ s에서의 속도와 속력을 구하라.

4. xy 평면에서 운동하는 물체의 좌표가 $x = -5.00 \sin\omega t$와 $y = 4.00 - 5.00 \cos \omega t$로 변한다. 여기서 ω는 상수, x와 y의 단위는 m, t의 단위는 s이다. (a) $t = 0$에서 물체의 속도 성분을 결정하라. (b) $t = 0$에서 물체의 가속도 성분을 결정하라. (c) $t > 0$의 시간에서 위치 벡터, 속도 벡터, 가속도 벡터의 식을 쓰라. (d) xy 직각 좌표계에서 물체의 경로를 기술하라.

5. 절벽 끝에서 골프공을 친다. 공의 x와 y의 좌표는 시간의 함수로 $x = 18.0t$와 $y = 4.00 - 4.90t^2$으로 주어진다. 여기서 x와 y의 단위는 m이고 t는 s이다. (a) 단위 벡터 $\hat{\mathbf{i}}$와 $\hat{\mathbf{j}}$를 사용하여 공의 위치를 시간의 함수로 나타내라. 미분을 하여, (b) 속도 벡터 $\vec{\mathbf{v}}$와 (c) 가속도 벡터 $\vec{\mathbf{a}}$를 시간의 함수로 나타내라. (d) 이번에는 $t = 3.00$ s일 때, 골프공의 위치, 속도, 가속도를 단위 벡터로 나타내라.

4.2 이차원 등가속도 운동

6. 처음 원점에 위치한 입자가 $\vec{\mathbf{a}} = 3.00\hat{\mathbf{j}}$ m/s^{2}의 가속도와 $\vec{\mathbf{v}}_i = 5.00\hat{\mathbf{i}}$ m/s의 처음 속도를 갖는다. (a) 임의의 시간 t에서 입자의 위치와 (b) 속도 벡터, (c) $t = 2.00$ s에서 입자의 좌표와 (d) 속력을 구하라.

7. 시간에 따른 입자의 위치 벡터가 $\vec{\mathbf{r}} = 3.00\hat{\mathbf{i}} - 6.00t^2\hat{\mathbf{j}}$로 주어진다. 여기서 $\vec{\mathbf{r}}$의 단위는 m이고, t의 단위는 s이다. (a) 입자의 속도를 시간의 함수로 나타내라. (b) 입자의 가속도를 시간의 함수로 나타내라. (c) $t = 1.00$ s에서 입자의 위치와 속도를 계산하라.

8. 바다의 어떤 바위를 기준으로 $\vec{\mathbf{r}}_i = (10.0\hat{\mathbf{i}} - 4.00\hat{\mathbf{j}})$ m에 있는 물고기가 수평 방향으로 이동하는 속도는 $\vec{\mathbf{v}}_i = (4.00\hat{\mathbf{i}} + 1.00\hat{\mathbf{j}})$ m/s이다. 등가속도로 20.0 s 동안 이동한 뒤 물고기의 속도는 $\vec{\mathbf{v}} = (20.0\hat{\mathbf{i}} - 5.00\hat{\mathbf{j}})$ m/s가 되었다. (a) 가속도의 성분들을 구하라. (b) 단위 벡터 $\hat{\mathbf{i}}$에 대한 가속도의 방향을 구하라. (c) 만약 물고기가 등가속도를 유지한다고 할 때, $t = 25.0$ s에서 물고기의 위치와 이동 방향을 구하라.

9. 눈자동차(스노모빌)가 처음에 x축으로부터 시계 반대 방향으로 95.0° 방향의 20.0 m인 곳에 있다. 여기서 40.0° 방향으로 4.50 m/s의 속도로 이동한다. 눈자동차가 200° 방향으로 1.90 m/s²의 등가속도로 이동하고 있을 때, 5.00 s 후, 이의 (a) 속도와 (b) 위치 벡터를 구하라.

4.3 포물체 운동

> ***Note***: 모든 문제에서 공기 저항은 무시하고 지표면에서 $g = 9.80\ \text{m/s}^2$이다.

10. 마야족의 왕이나 학교 운동부는 점프를 잘하는 퓨마나 쿠거(산사자) 등의 동물명으로 이름을 짓기도 한다. 쿠거는 45.0°의 각도로 지면을 떠날 때 12.0 ft의 높이를 도약할 수 있다. 이런 도약을 하기 위하여 지면을 떠날 때 SI 단위로 얼마의 속력을 갖는가?

11. 어떤 행성에서 우주인이 처음 속력 3.00 m/s로 점프할 때, 최대 수평 거리가 15.0 m이다. 이 행성에서의 자유 낙하 가속도는 얼마인가?

12. 동네 술집에서 고객이 리필을 요청하며 빈 맥주 머그잔을 카운터로 미끄러뜨린다. 카운터의 높이는 1.22 m이다. 머그잔은 카운터 끝에서 1.40 m를 날아가 바닥에 떨어진다. (a) 카운터에서 떨어질 때 머그잔의 속도를 구하라. (b) 마루에 부딪치기 바로 직전 머그잔의 속도의 방향을 구하라.

13. 동네 술집에서 고객이 리필을 요청하며 빈 맥주 머그잔을 카운터로 미끄러뜨린다. 카운터의 높이는 h이다. 머그잔은 카운터 끝에서 d를 날아가 바닥에 떨어진다. (a) 카운터에서 떨어질 때 머그잔의 속도를 구하라. (b) 마루에 부딪치기 바로 직전 머그잔의 속도의 방향을 구하라.

14. 포물체의 수평 도달 거리가 최대 높이의 세 배가 되도록 하려면 발사각은 얼마가 되어야 하는가?

15. 산비탈에서 눈사태를 유도하기 위하여 대포를 처음 속력 300 m/s, 수평 위 55.0° 각도로 발포한다. 발포 후 42.0 s만에 포탄이 산 쪽에서 폭발한다. 폭발한 곳의 x와 y 좌표는 발포점에 대하여 상대적으로 얼마인가?

16. 돌을 지면에서 위로 던져 수평 도달 거리 R와 최대 높이를 같게 하려고 한다. (a) 돌은 얼마의 각도 θ로 던져야 하는가? (b) 속력은 그대로 두고 각도를 변하여 던졌을 때, 돌이 도달할 수 있는 최대 수평 도달 거리 R_{max}를 R로 나타내라. (c) 만약 다른 행성에서 같은 속력으로 돌을 던진다면 (a)의 답은 달라지는가? 이에 대하여 설명하라.

17. 포물체가 최대 높이에 도달할 때의 속력은 공이 최대 높이의 절반일 때 속력의 절반이다. 포물체의 처음 발사 각도는 얼마인가?

18. 건물의 위층 창문을 통하여 수평에서 아래 방향으로 20.0°의 각도, 8.00 m/s로 공을 던진다. 공은 3.00 s 후에 지면에 도달한다. (a) 공이 지면에 도달한 지점과 건물 바닥과의 수평 거리를 구하라. (b) 공이 출발한 높이를 구하라. (c) 공이 출발한 높이에서 10.0 m 아래에 도달하는 시간을 구하라.

19. 그림 P4.19처럼 소방관이 화재가 발생한 건물에서 d만큼 떨어져서 소방 호수로 수평과의 각도가 θ_i인 방향으로 물을 쏘고 있다. 물의 처음 속력이 v_i일 때 물이 도달하는 건물의 높이 h를 구하라.

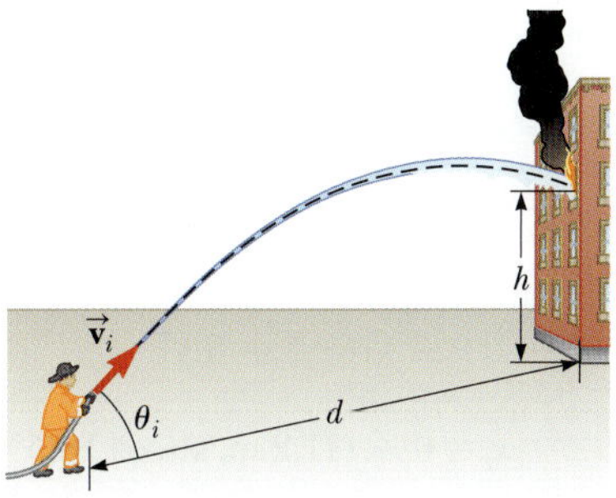

그림 P4.19

20. 조경사가 도시 공원에 인공 폭포를 조성하려고 한다. 물은 높이 $h = 2.35$ m인 벽 위 수평 수로의 끝에서 1.70 m/s로 흐르다가 웅덩이로 떨어진다(그림 P4.20). (a) 폭포와 벽 사이는 보행로를 만들기에 충분한 거리인가? (b) 기획안을 시의회에 제출하기 위하여 실제 크기의 1/12인 미니어처를

만들어야 하는데, 미니어처에서 물의 속력은 얼마로 해야 하는가?

그림 P4.20

21. 아래에 있는 도로로부터 높이 6.00 m인 학교 건물 평평한 옥상에 놀이터가 있다(그림 P4.21). 건물 벽의 높이는 $h = 7.00$ m이고 놀이터 주변에는 1 m 높이로 난간을 세워 놓았다. 공이 거리로 떨어져 밑에 있던 보행자가 건물로부터 거리 $d = 24.0$ m만큼 떨어진 곳에서 각도 $\theta = 53.0°$로 공을 차 돌려주었다. 공이 벽 바로 위 위치에 도달하는 데 2.20 s가 걸렸다. (a) 찬 공의 속력을 구하라. (b) 공이 벽 위를 지날 때의 연직 높이를 구하라. (c) 공이 지붕에 떨어진 곳부터 벽까지의 수평 거리를 구하라.

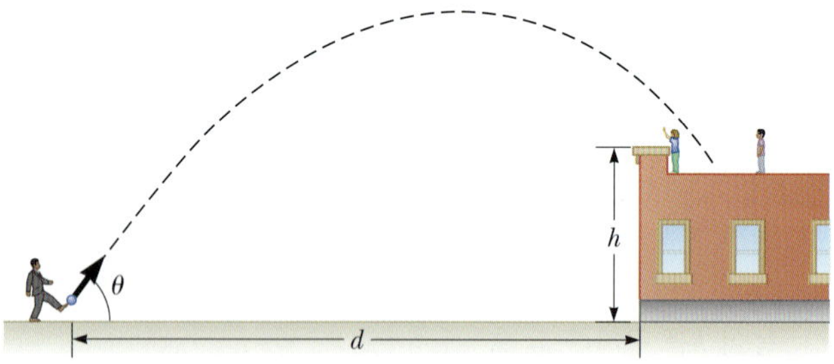

그림 P4.21

22. 9장에서 공부할 내용이지만 공간에서 인체의 운동은 인체의 질량 중심을 나타내는 입자 운동으로 모형화할 수 있다. 멀리 뛰기를 하는 운동 선수의 질량 중심의 변위의 성분들은 다음과 같은 식으로 나타낼 수 있다.

$$x_f = 0 + (11.2\ \text{m/s})(\cos 18.5°)t$$
$$0.360\ \text{m} = 0.840\ \text{m} + (11.2\ \text{m/s})(\sin 18.5°)t - \tfrac{1}{2}(9.80\ \text{m/s}^2)t^2$$

여기서 t의 단위는 s이며, 운동 선수가 착지하는 순간의 시간을 나타낸다. 이때 (a) 뛰는 순간의 운동 선수의 위치, (b) 속도 벡터, (c) 운동 선수가 뛴 거리를 구하라.

23. 축구 선수가 40.0 m 높이의 낭떠러지에서 물웅덩이로 수평 방향으로 돌을 찬다. 만약 축구 선수가 3.00 s 후에 물이 튀는 소리를 들었다면, 돌의 처음 속력은 얼마인가? 공기 중의 음속은 343 m/s로 가정한다.

24. 포물체가 바다로부터 높이 h인 절벽 위에서 처음 속력 v_i로 바다를 향하여 발사된다. 발사 방향은 지면에서 위쪽으로 각도 θ를 이룬다. (a) 포물체가 최대 높이에 도달하는 시간을 v_i, g, θ로 나타내라. (b) (a)의 결과를 이용하여 바다로부터 포물체가 올라갈 수 있는 최대 높이 h_{max}를 h, v_i, g, θ를 이용하여 나타내라.

25. 한 학생이 벼랑 끝에 서서 수평 방향으로 돌을 $v_i = 18.0$ m/s의 속력으로 던진다. 벼랑은 그림 P4.25와 같이 물표면으로부터 $h = 50.0$ m 위에 있다. (a) 돌의 처음 위치의 좌표를 구하라. (b) 돌의 처음 속도의 성분을 구하라. (c) 돌의 연직 운동에 대한 적절한 분석 모형은 무엇인가? (d) 돌의 수평 운동에 대한 적절한 분석 모형은 무엇인가? (e) 돌 속도의 x 성분과 y 성분에 대한 식을 시간으로 나타내라. (f) 돌의 위치에 대한 식을 시간으로 나타내라. (g) 돌이 벼랑 끝을 떠나서 그 아래 물에 도달하는 데 걸리는 시간은 얼마인가? (h) 돌이 수면에 충돌할 때의 속력과 각도는 얼마인가?

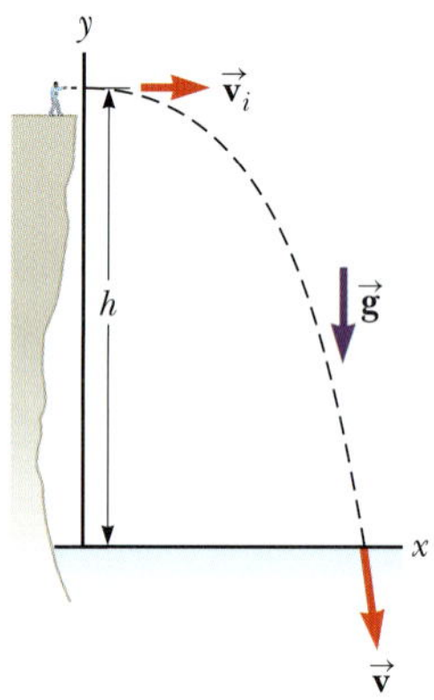

그림 P4.25

26. 다이빙 대에 서 있는 소년이 물을 향하여 돌을 던진다. 돌이 출발한 높이는 수면 위 2.50 m이고, 처음 속도는 수평에서 위쪽 60.0°인 방향으로 4.00 m/s이다. 돌이 수면에 떨어지면, 돌의 속력은 수면에 도달하기 직전에 비하여 반으로 급격히 줄고, 그 후 물속에서는 속력이 일정하게 유지되어 운동한다. 수영장의 깊이가 3.00 m일 때, 돌을 던진 순간부터 수영장 바닥에 도달하기까지 걸리는 시간은 얼마인가?

4.4 분석 모형: 등속 원운동하는 입자

27. 그림 P4.27이 보여 주는 것처럼 운동 선수가 반지름 1.06 m인 원 궤도를 따라서 1.00 kg의 원반을 회전시킨다. 원반

의 최대 속력은 20.0 m/s이다. 원반의 최대 지름 가속도의 크기를 구하라.

그림 P4.27

28. 예제 4.5에서 태양 주위를 공전하는 지구의 구심 가속도를 구해 보았다. 이 교재 부록에 주어진 정보를 이용하여 지구가 자전함에 따라 생기는 지구 적도 위 한 점에서의 구심 가속도를 계산하라.

29. 반지름이 0.500 m인 바퀴가 200 rev/min의 일정한 비율로 회전한다. 바퀴의 가장 바깥쪽에 박힌 조그만 돌의 속력과 가속도를 구하라.

30. 미국 NASA에 있는 20g의 원심 분리기는 그림 P4.30에 있는 바와 같이 길이가 58.0 ft인 수평 원통관이다. 훈련 중인 우주인이 한쪽 끝 의자에 앉아 있고, 29.0 ft 떨어져 있는 회전축을 보고 있다고 하자. 우주인이 20.0g의 구심 가속도를 얻기 위한 회전률(초당 회전수)을 결정하라.

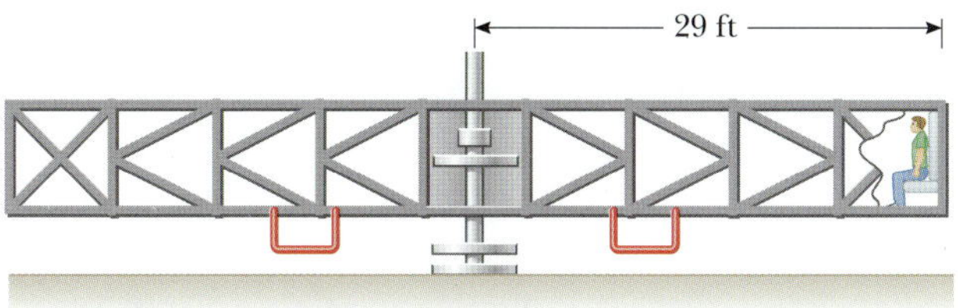

그림 P4.30

31. 한 운동 선수가 공을 줄에 매달아 수평 원을 그리며 돌리고 있다. 운동 선수는 줄의 길이가 0.600 m일 때는 8.00 rev/s의 각속력으로, 줄의 길이가 0.900 m일 때는 6.00 rev/s의 각속력으로 공을 돌릴 수 있다. (a) 두 경우 중 어느 회전에서 공의 속력이 더 빠른가? (b) 8.00 rev/s의 각속력으로 회전할 때의 구심 가속도를 구하라. (c) 6.00 rev/s의 각속력으로 회전할 때의 구심 가속도를 구하라.

32. 그림 P4.32의 지구 주위를 도는 우주비행사가 베스타 VI 인공위성과 도킹을 준비 중에 있다. 인공위성은 지표면에서 600 km 상공의 원 궤도에 있고, 이곳의 자유 낙하 가속도는 8.21 m/s²이다. 지구의 반지름은 6 400 km로 잡는다. 인공위성의 속력과 지구 주위를 한 번 완전히 도는 데 걸리는 시간(인공위성의 주기)을 구하라.

그림 P4.32

4.5 접선 및 지름 가속도

33. 그림 P4.33은 어떤 순간에 반지름 2.50 m의 원둘레에서 시계 방향으로 운동하는 입자의 전체 가속도를 나타낸다. 이 순간의 (a) 지름 가속도, (b) 입자의 속력, (c) 접선 가속도를 구하라.

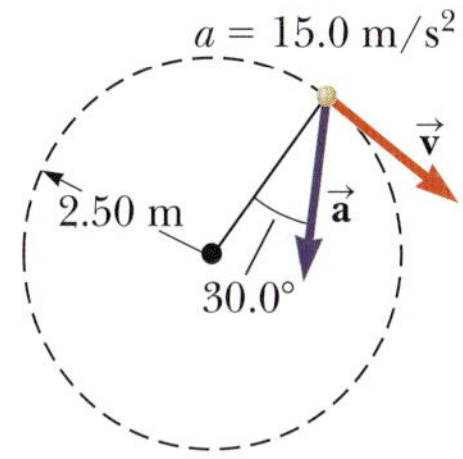

그림 P4.33

34. 기차가 급격한 수평 회전을 하면서 15.0 s 동안에 90.0 km/h에서 50.0 km/h로 속력을 낮추었다. 커브의 반지름은 150 m이다. 기차가 50.0 km/h의 속력에 도달하는 순간의 가속도를 구하라. 기차는 같은 비율로 감속한다고 가정한다.

35. (a) 반지름이 2.00 m인 곡선 경로를 순간 속력 3.00 m/s로 운동하는 입자의 가속도 크기가 6.00 m/s²일 수 있는가? (b) 이 입자는 가속도 크기가 4.00 m/s²일 수 있는가? 각각의 경우, 가능한지 아닌지, 그 이유를 설명하라.

4.6 상대 속도와 상대 가속도

36. 비행기 조종사는 계기로부터 정서쪽을 향하고 있다는 것을 알았다. 공기에 대한 비행기의 속력은 150 km/h이다. 공기는 북쪽을 향하여 30.0 km/h로 바람을 따라 움직이고 있다. 땅에 대한 비행기의 속도를 구하라.

37. 비행기가 북쪽으로 750 km 떨어진 도시로 공기에 대하여 630 km/h의 속력으로 이동한다. (a) 남쪽으로 35.0 km/h의 맞바람이 부는 경우, 비행기가 이동하는 데 걸리는 시간 간격은 얼마인가? (b) 같은 속력으로 뒷바람이 부는 경우, 비행기가 이동하는 데 걸리는 시간 간격은 얼마인가? (c)

지표면에 대하여 동쪽으로 35.0 km/h의 바람이 부는 경우, 비행기가 이동하는 데 걸리는 시간 간격은 얼마인가?

38. 공항에 길이가 L이고 v_1의 속력으로 움직이는 무빙워크가 있다. 한 여자는 무빙워크에 서서 한끝에서 다른 끝으로 움직이고, 남자는 빨리 비행기를 타기 위하여 서둘러 무빙워크에 대한 상대 속력 v_2로 걸어가고 있다. (a) 여자가 거리 L을 가는 동안 걸리는 시간은 얼마인가? (b) 남자가 거리 L을 가는 동안 걸리는 시간은 얼마인가? (c) 길이와 속력은 같지만 반대 방향으로 움직이는 두 번째 무빙워크가 첫 번째 무빙워크 바로 옆에 있다. 남자가 첫 번째 무빙워크 위에 올라서서, 무빙워크에 대한 상대 속력 v_2로 걸어가기 시작한 순간, 반대쪽 끝에서 한 아이가 두 번째 무빙워크에 올라서서 걷지 않고 서 있을 때, 얼마 후에 남자가 아이를 지나치는가?

39. 자동차가 50.0 km/h의 속력으로 동쪽을 향하여 움직이고 있다. 비가 지면에 수직 방향으로 일정한 속력으로 떨어지고 있다. 차의 옆 유리창에 떨어진 빗물 자국이 수직 방향과 60.0°를 이루고 있다. 이때 (a) 자동차에 대한 비의 상대 속도, (b) 지면에 대한 비의 상대 속도를 구하라.

40. 강물이 0.500 m/s의 일정한 속력으로 흐르고 있다. 한 학생이 상류를 향하여 1.00 km 거리를 헤엄쳐 간 뒤 출발점으로 되돌아온다. 학생은 흐르지 않는 물에서 1.20 m/s의 속력으로 수영할 수 있다. (a) 위와 같이 강을 왕복하는 데 걸리는 시간을 구하라. (b) 물이 흐르지 않는 경우 왕복하는 데 걸리는 시간을 구하라. (c) 흐르는 강에서 왕복할 때 시간이 더 걸림을 직관적으로 설명하라.

CHAPTER

5

운동의 법칙

The Laws of Motion

잔잔한 강물에서 한 사람이 조정 경기용 보트를 타고 있다. 물은 보트를 가속시키기 위하여 노에 힘을 작용한다. *(Tetra Images/Getty Images)*

2장과 4장에서 운동이 일어나는 원인은 고려하지 않고 위치, 속도, 가속도를 사용하여 물체의 운동을 기술하였다. 이제 물체의 운동에 영향을 주는 원인에 대하여 살펴보자. 물체의 운동은 왜 바뀌는가? 물체가 정지 상태를 계속 유지하도록 하거나 또는 물체가 가속하도록 하는 것은 무엇인가? 왜 일반적으로 큰 물체보다 작은 물체가 더 쉽게 움직이는가? 우리가 고려해야 할 두 가지 중요한 요인은 물체에 작용하는 **힘**과 물체의 **질량**이다. 이 장에서는 300여 년 전 뉴턴에 의하여 공식화된 힘과 질량을 다루는 세 가지 기본 운동 법칙을 다룸으로써 **동역학**에 관한 공부를 시작한다.

5.1 힘의 개념
The Concept of Force

누구나 일상의 경험으로부터 힘에 대한 기본적인 개념을 이해하고 있다. 식탁 위의 접시를 밀 때 그 물체에 힘을 가한다. 마찬가지로 공을 던지거나 찰 때에도 그 공에 힘

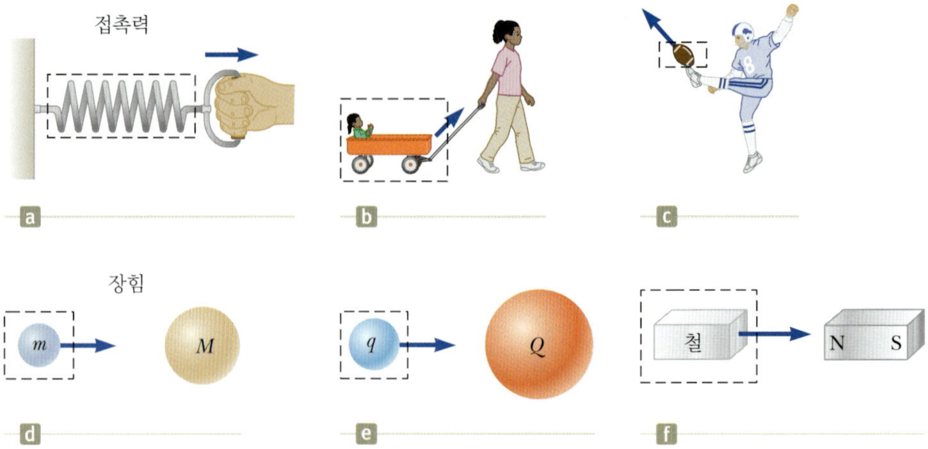

그림 5.1 힘이 작용하는 몇 가지 예. 각각의 경우 점선으로 표시된 네모 속의 물체에 힘이 작용한다. 네모 부분 바깥 주위 환경의 어떤 요인이 물체에 힘을 작용한다.

을 가한다. 이들 예에서, **힘**이란 단어는 인체의 근육 활동과 물체의 상호 작용으로 물체의 속도가 변화할 때 사용한다. 그렇지만 힘이 언제나 운동을 유발시키는 것은 아니다. 예를 들어 앉아 있을 때 우리의 몸은 중력을 받고 있지만 정지한 채로 있다. 또 커다란 바위를 밀더라도 바위는 거의 움직이지 않는다.

달이 지구 주위를 돌게 하는 힘은 무엇일까? 뉴턴은 이것과 관련된 질문에 대한 답으로서, 힘은 물체의 속도를 변화시키는 것이라고 설명을 하였다. 달은 지구를 중심으로 거의 원운동을 하므로 방향에 따라서 속도가 변한다. 이런 속도의 변화는 지구와 달 사이의 중력 때문에 생긴다.

그림 5.1a와 같이 용수철을 잡아당기면 용수철은 늘어난다. 그림 5.1b와 같이 정지한 수레를 끌어당기면 수레는 움직이게 된다. 그림 5.1c와 같이 축구공을 발로 차면 공은 변형됨과 동시에 운동을 시작한다. 이 상황들은 모두 **접촉력**이라고 하는 힘의 예이다. 즉 이런 힘은 두 물체 사이에 물리적인 접촉을 수반한다. 접촉력의 다른 예로 용기의 벽을 밖으로 밀어내는 기체 분자에 의한 힘과 마룻바닥을 미는 발에 의한 힘 등이 있다.

또 다른 종류의 힘으로 두 물체 사이에 물리적인 접촉을 수반하지 않고 작용하는 **장힘**(field forces)이 있다. 장힘은 빈 공간을 통하여 작용한다. 그림 5.1d에 나타낸 질량을 가진 두 물체 사이에 인력으로 작용하는 중력은 이런 종류의 힘의 예이다. 중력은 물체들이 지구에 붙잡혀 있도록 하고 행성들이 태양 둘레의 궤도를 유지하도록 한다. 장힘의 또 다른 예는 그림 5.1e와 같이 한 전하가 다른 전하에 작용하는 전기력이다. 수소 원자를 이루는 전자와 양성자 사이에 작용하는 전기적 인력이 그 예이다. 장힘의 세 번째 예는 그림 5.1f와 같이 막대자석이 쇠붙이에 작용하는 자기력이다.

그러나 앞에서 살펴본 것처럼 접촉력과 장힘이 명확하게 구분되는 것은 아니다. 접촉력은 원자 크기 수준에서 보면 그림 5.1e에 나타낸 전기력에 의하여 생겨나는 것으로 판명되었다. 그럼에도 불구하고 거시적인 현상을 설명하기 위한 모형으로서 두 종류의 힘을 모두 사용하는 것이 편리하다. 실제로 자연에 알려진 **기본 힘**은 모두 장힘으로 (1) 물체들 사이의 **중력**, (2) 전하들 사이에 작용하는 **전자기력**, (3) 아원자 입자들 사이에서 작용하는 **강력**, (4) 방사성 붕괴 과정에서 나타나는 **약력** 등이 있다. 고전 물리학에서는 중력과 전자기력에 대해서만 고려한다.

Bridgeman-Giraudon/Art Resource, NY

뉴턴
Isaac Newton, 1642~1727
영국의 물리학자 겸 수학자

아이작 뉴턴은 역사상 가장 위대한 과학자 중의 한 사람이다. 30세가 되기 전에 이미 역학의 기본 개념과 법칙들을 정립하였고, 만유인력의 법칙을 발견하였으며 미적분에 대한 수학적인 방법론을 창시하였다. 뉴턴은 자신의 이론의 결과로서 행성들의 운동을 설명하고, 밀물과 썰물 등 지구와 달의 운동에 관한 많은 현상들을 설명하였다. 그는 또한 빛의 성질에 대한 많은 기본적인 관측들을 설명하였다. 물리학 이론에 대한 그의 공헌은 이후 두 세기 동안 과학적인 사고의 근간이 되어 왔으며 오늘날까지 중요한 영향을 미치고 있다.

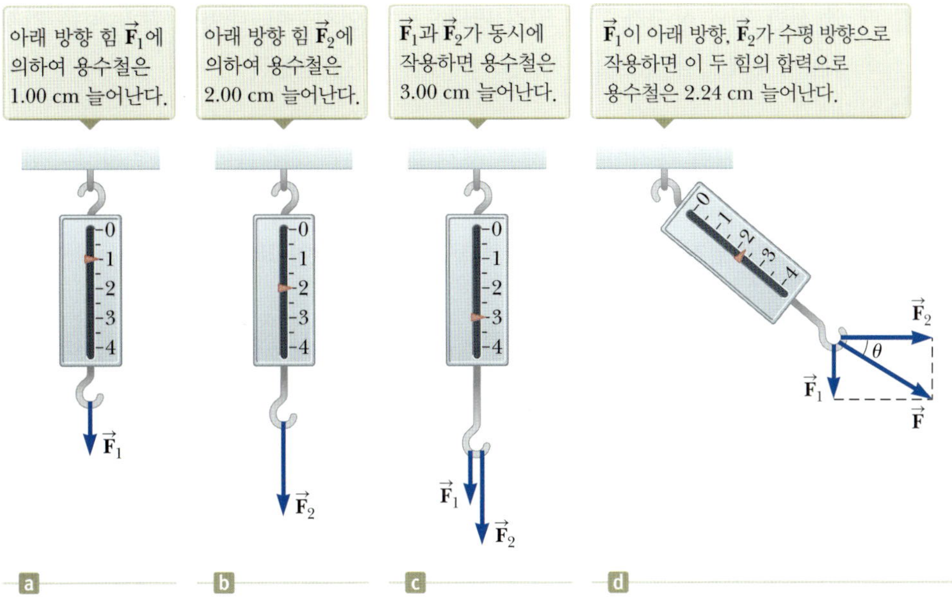

그림 5.2 용수철저울을 통하여 힘의 벡터적인 성질을 확인할 수 있다.

힘의 벡터적인 성질 The Vector Nature of Force

용수철의 변형을 이용하여 힘을 측정할 수 있다. 그림 5.2a와 같이 위 끝이 고정된 용수철에 아래 방향으로 작용하는 힘이 용수철의 눈금에 표시된다. 힘을 가하면 용수철은 늘어나고 이 늘어난 길이를 눈금으로 읽어서 가해진 힘을 측정한다. 기준이 되는 힘 $\vec{\mathbf{F}}_1$을 용수철이 1.00 cm 늘어나게 한 힘으로 정의하면, 저울의 눈금을 매길 수 있다. 그림 5.2b와 같이 다른 힘 $\vec{\mathbf{F}}_2$가 작용하여 2.00 cm 늘어났다면 $\vec{\mathbf{F}}_2$는 기준 힘 $\vec{\mathbf{F}}_1$의 두 배의 크기를 갖는다. 그림 5.2c에서 두 힘이 동시에 같은 방향으로 작용할 때는 각각의 힘을 합한 것과 같은 효과를 보이고 있다.

그림 5.2d처럼 $\vec{\mathbf{F}}_1$은 아래로 $\vec{\mathbf{F}}_2$는 수평으로 동시에 작용하는 상황을 고려해 보자. 이때 늘어난 용수철은 눈금 2.24 cm를 가리킨다. 이와 같은 결과를 만드는 단일 힘 $\vec{\mathbf{F}}$는 $\vec{\mathbf{F}}_1$과 $\vec{\mathbf{F}}_2$의 벡터합과 같다. 즉 $|\vec{\mathbf{F}}| = \sqrt{F_1^2 + F_2^2} = 2.24$배이고, 방향은 $\theta = \tan^{-1}(-0.500) = -26.6°$이다. 실험을 통하여 힘이 벡터로 판명되었기 때문에, 물체에 작용하는 알짜힘을 얻기 위하여 벡터 덧셈에 대한 규칙을 적용해야 한다.

5.2 뉴턴의 제1법칙과 관성틀
Newton's First Law and Inertial Frames

다음과 같은 상황으로부터 힘에 대한 논의를 시작해 보자. 수평으로 놓인 평판의 중간 중간에 구멍이 있고, 그 구멍으로부터 공기가 뿜어져 나와 그 위의 하키 퍽이 자유롭게 움직일 수 있는 수평 에어 하키 테이블 실험 장치를 생각해 보자(그림 5.3). 퍽을 테이블 위에 가만히 놓으면 그 자리에 그대로 있을 것이다. 완벽할 정도로 매끄러운 철로 위를 등속으로 움직이는 기차에 이 실험 장치를 싣고 같은 실험을 하더라도 퍽은 그 자리에 그대로 있을 것이다. 그러나 기차가 가속되기 시작하면, 마치 자동차를 가속

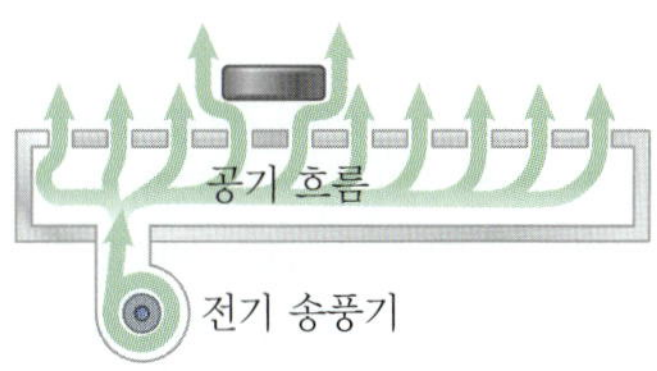

그림 5.3 구멍이 뚫린 테이블 밑에서 바람을 불어 넣어 그 위의 퍽을 거의 마찰 없이 움직일 수 있도록 한 수평 에어 하키 테이블 실험 장치. 테이블이 가속되지 않는다면 그 위의 퍽은 정지 상태를 유지할 것이다.

시킬 때 앞 선반 위의 상자가 뒤로 밀려 바닥으로 떨어지듯이, 테이블 위의 퍽은 기차가 가속되는 방향과 반대 방향, 즉 테이블이 움직이려는 방향과 반대로 움직이기 시작할 것이다.

4.6절에서 본 것처럼 움직이는 물체는 서로 다른 여러 기준틀에서 관측될 수 있다. **뉴턴의 운동 제1법칙**(Newton's first law of motion)은 **관성틀**이라는 특별한 기준틀을 정의하므로 **관성의 법칙**이라고 한다. 이 법칙은 다음과 같이 표현된다.

뉴턴의 제1법칙 ▶

> 한 물체가 다른 어떤 물체와도 상호 작용하지 않으면, 이 물체의 가속도가 영이 되는 기준틀이 존재한다.

관성 기준틀 ▶

이런 기준틀을 **관성 기준틀**(inertial frame of reference)이라고 한다. 앞서 실험에서 실험 장치가 지상에 놓여 있는 경우, 관성 기준틀에서 퍽의 운동을 관측하는 것이다. 테이블 위의 퍽에 수평 방향의 힘이 전혀 작용하지 않으므로 이 기준틀에서는 퍽의 수평 방향 가속도가 영으로 측정된다. 만약 등속으로 움직이는 기차에 타서 지상의 실험 장치를 관측한다고 해도 여전히 관성 기준틀에서 관측하는 것이다. 즉 관성틀에 대하여 등속으로 움직이는 기준틀은 모두 관성틀이다. 그러나 여러분이 탄 실험 장치가 있는 기차가 가속하고 있다면, 즉 관성틀인 지상에 대하여 상대적으로 가속하고 있는 기차 안의 관측자는 **비관성 기준틀**(noninertial reference frame)에서 퍽의 운동을 관측하는 것이 된다. 비록 관측자에게는 퍽이 가속도가 있는 것처럼 보이더라도, 우리는 퍽의 가속도가 영인 기준틀을 찾아낼 수 있다. 예를 들어 기차 밖의 지상에 있는 관측자는 퍽이 기차가 가속하기 전과 똑같은 등속도로 움직이는 것으로 보인다. 왜냐하면 퍽과 테이블을 묶어 놓을 수 있는 마찰이 거의 없기 때문이다. 그러므로 기차에 타고 있는 여러분이 자신에 대하여 겉보기 가속도를 관측하더라도 뉴턴의 제1법칙은 여전히 성립한다.

먼 거리에 있는 별들에 대하여 등속도로 운동하는 기준틀은 근사적으로 거의 관성틀이며 지구도 그와 같은 관성틀로 취급할 수 있다. 실제로 지구는 태양 주위로 공전 운동을 하고 지구 축에 대하여 자전 운동을 해서 두 회전 운동의 구심 가속도를 가지므로 관성틀이 아니다. 그러나 이 가속도는 중력 가속도 g에 비하여 작아서 무시할 수 있다. 따라서 지구와 지구 상에 고정된 좌표계를 관성틀로 취급하자.

관성 기준틀에서 어떤 물체를 관측한다고 가정해 보자(6.3절에서 비관성틀의 경우에 대하여 다시 살펴볼 것이다). 1600년대 이전에는 물체가 정지해 있는 것이 자연스러운 상태라고 믿었다. 경험을 바탕으로, 운동하는 물체는 결국 정지한다고 본 것이다. 물체의 자연 상태와 운동에 대하여 새로운 접근을 시도한 최초의 인물은 갈릴레이이다. 사고 실험(또는 생각 실험)을 통하여 운동하는 물체가 정지하려는 속성을 가진 것이 아니라, **운동 상태의 변화를 거스르려는 속성**을 가졌다는 결론을 내렸다. 그의 말을 빌리자면, "운동하는 물체의 속도는 외부에서 그 운동을 방해하는 요인이 없으면 끝없이 일정하게 유지된다." 예를 들어 엔진을 끈 채 우주를 날아가고 있는 우주선은 그 속력을 영원히 유지하며 움직일 것이다.

> **오류 피하기 5.1**
>
> **뉴턴의 제1법칙** 뉴턴의 제1법칙은 물체에 작용하는 여러 힘이 상쇄되어 **알짜힘이 영**인 경우에 대한 기술이 아니고, **외력이 작용하지 않는** 경우에 대한 기술이다. 이 미묘하지만 중요한 차이로 인해서 물체의 운동 상태를 변하게 하는 원인으로서의 힘을 정의할 수 있다. 합력이 영이 되는 여러 힘의 영향 아래에 있는 물체의 경우 뉴턴의 제2법칙으로 기술한다.

관성 기준틀에서의 측정을 논의하는 경우에 뉴턴의 운동 제1법칙을 좀 더 실용적인 문구로 다음과 같이 표현할 수 있다.

> 관성 기준틀에서 볼 때, 외력이 없다면 정지해 있는 물체는 정지 상태를 유지하고, 등속 직선 운동하는 물체는 계속해서 등속 운동 상태를 유지한다.

◀ 뉴턴의 제1법칙의 다른 표현

간단히 말해서 **물체에 작용하는 힘이 없다면 그 물체의 가속도는 영이다.** 제1법칙에 따르면 **고립된 물체**(주위와 상호 작용을 하지 않는 물체)는 정지해 있거나 등속 운동을 하게 된다. 물체가 그 속도를 변화시키려는 시도를 거스르려고 하는 성향을 **관성**(inertia)이라 한다. 또한 제1법칙으로부터 가속하고 있는 물체에는 반드시 어떤 힘이 작용하고 있다고 결론지을 수 있으며, 이로부터 **힘이란 물체의 운동을 변화시키는 것**이라고 정의할 수 있다.

◀ 힘의 정의

Q 퀴즈 5.1 다음 중 옳은 설명은 어느 것인가? **(a)** 물체에 어떤 힘이 작용하지 않아도 운동이 가능하다. **(b)** 물체에 힘이 작용해도 정지 상태를 유지하는 것이 가능하다. **(c)** (a)와 (b) 모두 옳지 않다. **(d)** (a)와 (b) 모두 옳다.

오류 피하기 5.2

힘은 운동 상태가 변하는 원인이다 뉴턴의 제1법칙에서 기술한 바와 같이 물체는 힘이 작용하지 않아도 움직일 수 있다. 따라서 힘이 **운동**의 원인이라고 생각해서는 안 된다. 힘은 **운동 상태가 변하**는 원인이다.

5.3 질량
Mass

움직이는 농구공이나 볼링공을 손으로 붙잡으려 할 때 어느 공을 붙잡기 힘들까? 어느 공을 던지기가 더 어려울까? 볼링공이 붙잡기도 더 힘들고 던지기도 더 어렵다. 물리학의 언어로 표현하면 농구공보다 볼링공이 속도를 변화시키려는 시도에 더 강하게 저항한다. 이런 개념을 어떻게 정량화할 수 있을까?

질량(mass)은 속도의 변화를 거스르는 정도를 나타내는 물체의 속성이다. 1.1절에서 살펴본 대로 질량은 SI 단위계에서 kg으로 나타낸다. 같은 힘을 물체에 작용할 때 물체의 질량이 커질수록 물체의 가속도는 작아진다는 것을 실험을 통하여 알 수 있다.

◀ 질량의 정의

질량을 정량적으로 나타내기 위하여 주어진 힘에 대하여 질량이 서로 다른 두 물체가 얻는 가속도를 비교하는 실험을 수행하자. 질량 m_1인 물체에 작용하는 힘이 가속도 $\vec{\mathbf{a}}_1$로 운동을 변화시키고, 질량 m_2인 물체에 같은 힘이 작용해서 $\vec{\mathbf{a}}_2$로 가속시킨다고 가정하자. 두 질량의 비는 작용한 힘에 의하여 발생하는 두 가속도 크기의 비의 역수(또는 역비)로 정의된다.

$$\frac{m_1}{m_2} \equiv \frac{a_2}{a_1} \tag{5.1}$$

예를 들어 어떤 힘이 3 kg인 물체에 작용하여 물체가 4 m/s^{2}으로 가속된다면, 같은 힘을 6 kg인 물체가 받으면 2 m/s^{2}으로 가속된다. 많은 유사한 실험을 통하여 얻은 결론은 어떤 주어진 힘에 의하여 발생한 물체의 가속도 크기는 물체의 질량에 반비례한다는 것이다. 만일 한 물체의 질량을 알고 있다면 다른 물체의 질량은 이들의 가속도를 측정하여 알아낼 수 있다.

질량은 물체가 가지고 있는 고유 속성으로 주위 환경과 그것을 측정하는 방법과는 무관하다. 또한 질량은 스칼라양이며 보통의 산술 법칙을 따른다. 예를 들어 질량 3 kg과 5 kg을 더하면 8 kg이 된다. 이는 여러 물체 하나하나에 대해서와 이들을 하나로 묶은 것에 대해서, 동일한 힘으로 각각의 가속도를 측정해서 실험적으로 검증할 수 있다.

질량과 무게는 서로 다른 물리량이다 ▶

질량을 무게와 혼동해서는 안 된다. 질량과 무게는 서로 다른 물리량이다. 물체의 무게는 그것에 작용하는 중력의 크기와 같고, 따라서 그 크기는 물체의 위치에 따라 달라진다(5.5절 참조). 예를 들어 지구 상에서 무게가 600 N인 사람의 달에서의 무게는 100 N에 불과하다. 반면에 질량은 그 물체가 어디에 있거나 같다. 즉 질량이 2 kg인 물체는 그것이 지구에 있거나 달에 있거나 동일한 2 kg의 질량을 갖고 있다.

5.4 뉴턴의 제2법칙
Newton's Second Law

뉴턴의 제1법칙은 물체가 힘을 받지 않을 때 물체에 어떤 일이 일어나는지를 설명한다. 물체는 원래의 운동 상태를 유지한다. 즉 물체는 정지 상태를 유지하거나 일정한 속력으로 직선 운동을 한다. 뉴턴의 제2법칙은 물체에 하나 또는 여러 힘이 작용할 때 어떤 일이 일어나는지를 설명한다.

마찰이 없는 수평면을 가로질러 질량 m인 물체를 미는 실험을 생각해 보자. 물체에 수평력 $\vec{\mathbf{F}}$를 가하면 이 물체는 가속도 $\vec{\mathbf{a}}$로 가속된다. 만일 같은 물체에 가하는 힘을 두 배로 하면, 실험 결과는 물체의 가속도가 두 배임을 보여 준다. 가하는 힘을 $3\vec{\mathbf{F}}$로 한다면 가속도도 세 배가 된다. 이런 관측을 통하여 물체의 가속도는 물체에 작용한 힘에 비례한다고 결론을 내릴 수 있다. 즉 $\vec{\mathbf{F}} \propto \vec{\mathbf{a}}$이다. 이러한 개념은 2.4절에서 물체의 가속되는 방향을 이야기할 때 이미 소개한 바 있다. 앞 절에서 설명한 것처럼 물체의 가속도 크기는 질량에 반비례한다. 즉 $|\vec{\mathbf{a}}| \propto 1/m$이다.

이런 관측의 결과는 **뉴턴의 제2법칙**(Newton's second law)으로 정리된다.

오류 피하기 5.3

$m\vec{\mathbf{a}}$는 힘이 아니다 식 5.2는 질량과 가속도의 곱 $m\vec{\mathbf{a}}$가 힘이라는 의미는 아니다. 식의 좌변은 물체에 작용하는 모든 힘의 벡터합인 알짜힘이다. 그러고 나서 이 알짜힘이 물체의 질량과 가속도의 곱과 같다고 둔 것인데, 여기서 가속도는 알짜힘의 결과이다. 물체에 작용하는 여러 힘을 분석할 때 '$m\vec{\mathbf{a}}$ 힘'이라는 힘을 포함하면 안 된다.

관성 기준틀에서 관측할 때, 물체의 가속도는 그 물체에 작용하는 알짜힘에 비례하고 물체의 질량에 반비례한다.

$$\vec{\mathbf{a}} \propto \frac{\sum \vec{\mathbf{F}}}{m}$$

비례 상수를 1로 두고 질량, 가속도, 힘의 관계를 나타내는 뉴턴의 제2법칙을 수학적으로 표현하면

뉴턴의 제2법칙 ▶

$$\sum \vec{\mathbf{F}} = m\vec{\mathbf{a}} \tag{5.2}$$

가 된다.[1] 문장이나 수식으로 표현한 뉴턴의 제2법칙에서 물체의 가속도는 물체에 작용하는 **알짜힘** $\sum \vec{\mathbf{F}}$에 기인하고 있음을 알 수 있다. 알짜힘은 물체에 작용하는 모든 힘의 벡터합이다(종종 알짜힘을 **전체 힘**, **합성 힘** 또는 **불균형 힘**이라고 부르기도 한다). 뉴턴의 제2법칙을 이용해서 문제를 풀 때에는 물체에 작용하는 알짜힘을 정확히 구해야 한다. 물체에 작용하는 힘은 많을 수 있지만 물체의 가속도는 단 하나이다.

식 5.2는 벡터 표현이므로 세 가지 성분 식으로 나타낼 수 있다.

$$\sum F_x = ma_x \qquad \sum F_y = ma_y \qquad \sum F_z = ma_z \tag{5.3}$$

◀ 뉴턴의 제2법칙의 성분 표현

퀴즈 5.2 가속되지 않는 물체가 있다. 다음 중 이 물체에 대한 설명으로 틀린 것은 어느 것인가? **(a)** 물체에 단 하나의 힘만이 작용하고 있다. **(b)** 물체에 어떤 힘도 작용하지 않고 있다. **(c)** 물체에 여러 힘이 작용하지만 모두 상쇄된다.

퀴즈 5.3 마찰이 없는 바닥 위에 정지하고 있던 물체를 Δt 시간 동안 일정한 힘으로 밀어서 물체의 속력이 v가 되었다. 같은 실험을 반복하는데, 이번에는 두 배의 힘을 작용한다. 이때 속력 v에 도달하는 데 걸리는 시간은 얼마인가? **(a)** $4\Delta t$ **(b)** $2\Delta t$ **(c)** Δt **(d)** $\Delta t/2$ **(e)** $\Delta t/4$

SI 단위계에서 힘의 단위는 **뉴턴**(N)이다. 1 N은 1 kg인 물체를 1 m/s²으로 가속되게 하는 힘이다. 이 정의와 뉴턴의 제2법칙으로부터 뉴턴을 질량, 길이 및 시간의 기본 단위로 표현하면 다음과 같다.

$$1\ \text{N} \equiv 1\ \text{kg} \cdot \text{m/s}^2 \tag{5.4}$$

◀ 뉴턴의 정의

미국 관습 단위계에서 힘의 단위는 파운드(lb)로서, 이는 질량이 1슬러그(slug)[2]인 물체를 1 ft/s²으로 가속시키는 힘이다.

$$1\ \text{lb} \equiv 1\ \text{slug} \cdot \text{ft/s}^2$$

근사적으로 $1\ \text{N} \approx \frac{1}{4}\ \text{lb}$이다.

예제 5.1 가속되는 하키 퍽

질량이 0.30 kg인 하키 퍽이 스케이트장의 마찰 없는 수평면에서 미끄러지고 있다. 그림 5.4처럼 두 개의 하키 스틱이 동시에 퍽을 가격하여 힘이 작용하였다. $\vec{\mathbf{F}}_1$은 크기가 5.0 N이고, x축 아래로 $\theta = 20°$를 향한다. $\vec{\mathbf{F}}_2$는 크기가 8.0 N이고, x축 위로 $\phi = 60°$를 향한다. 퍽이 가속되는 가속도의 크기와 방향을 구하라.

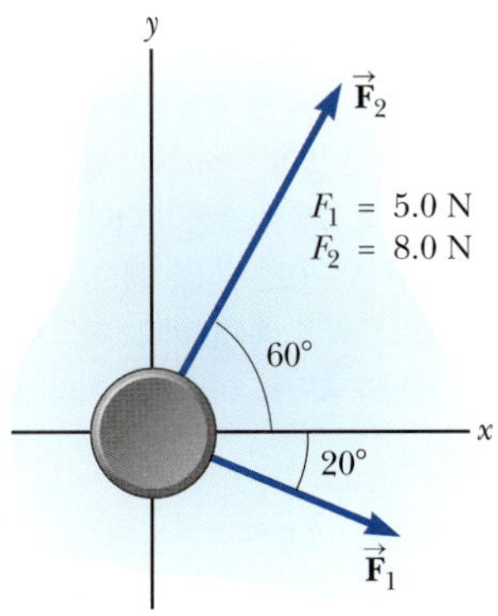

그림 5.4 (예제 5.1) 하키 퍽이 마찰 없는 면 위에서 두 힘 $\vec{\mathbf{F}}_1$과 $\vec{\mathbf{F}}_2$를 받고 있다.

풀이

개념화 그림 5.4를 살펴보고 3장에서 배운 벡터의 덧셈을 이용해서 퍽에 작용하는 알짜힘 벡터의 대략적인 방향을 예상해 본

[1] 식 5.2는 물체의 속력이 빛의 속력에 비하여 매우 작을 때에만 성립된다. 상대론적인 상황은 39장에서 다룬다.

[2] 슬러그는 미국 관습 단위계에서 질량의 단위이며, 이에 대응하는 SI 단위계의 단위는 킬로그램이다. 고전역학에서 대부분의 계산을 SI 단위로 다룰 것이므로, 슬러그는 이 교재에서 거의 사용하지 않는다.

다. 퍽의 가속도는 그와 같은 방향을 가질 것이다.

분류 알짜힘을 결정할 수 있고 가속도를 구하는 문제이므로 뉴턴의 제2법칙으로 풀 수 있는 문제로 분류된다. 5.7절에서 이와 같은 상황을 설명하기 위하여 알짜힘을 받는 입자 모형을 정식으로 공부할 것이다.

분석 퍽에 작용하는 알짜힘의 x 방향 성분을 구한다.

$$\sum F_x = F_{1x} + F_{2x} = F_1 \cos\theta + F_2 \cos\phi$$

y 방향으로 작용하는 알짜힘을 구한다.

$$\sum F_y = F_{1y} + F_{2y} = F_1 \sin\theta + F_2 \sin\phi$$

이제 뉴턴의 제2법칙의 성분 표현인 식 5.3으로부터 퍽의 x와 y 방향의 가속도를 찾을 수 있다.

$$a_x = \frac{\sum F_x}{m} = \frac{F_1 \cos\theta + F_2 \cos\phi}{m}$$

$$a_y = \frac{\sum F_y}{m} = \frac{F_1 \sin\theta + F_2 \sin\phi}{m}$$

주어진 값들을 대입한다.

$$a_x = \frac{(5.0\text{ N})\cos(-20°) + (8.0\text{ N})\cos(60°)}{0.30\text{ kg}} = 29\text{ m/s}^2$$

$$a_y = \frac{(5.0\text{ N})\sin(-20°) + (8.0\text{ N})\sin(60°)}{0.30\text{ kg}} = 17\text{ m/s}^2$$

가속도의 크기를 구한다.

$$a = \sqrt{(29\text{ m/s}^2)^2 + (17\text{ m/s}^2)^2} = 34\text{ m/s}^2$$

방향은 x축에 대하여 다음과 같다.

$$\theta = \tan^{-1}\left(\frac{a_y}{a_x}\right) = \tan^{-1}\left(\frac{17}{29}\right) = 31°$$

결론 그림 5.4에서 두 힘을 평행사변형법으로 합성해 보면, 위에서 구한 답이 적절한지를 판단할 수 있다. 가속도 벡터가 합력의 방향으로 놓이므로 작도를 해서 답이 타당한지 확인할 수 있다.(꼭 해볼 것!)

문제 세 개의 스틱이 동시에 작용하는데, 그중 두 개는 그림 5.4와 같고 나머지 한 힘은 하키 퍽의 가속도가 영이 되게 작용한다면 세 번째 힘의 성분은 어떻게 되는가?

답 퍽의 가속도가 영이라면 퍽에 작용하는 알짜힘이 영임을 의미하므로 세 번째 힘은 첫 번째와 두 번째 힘의 합력을 상쇄해야만 한다. 그러므로 세 번째 힘의 성분은 이 합력과 크기는 같고 부호는 반대여야 한다. 따라서 $F_{3x} = -\sum F_x = -(0.30\text{ kg})(29\text{ m/s}^2) = -8.7\text{ N}$, $F_{3y} = -\sum F_y = -(0.30\text{ kg})(17\text{ m/s}^2) = -5.2\text{ N}$이다.

5.5 중력과 무게
The Gravitational Force and Weight

지구는 모든 물체를 끌어당긴다. 지구가 물체에 작용하는 이 인력을 **중력**(gravitational force) $\vec{\mathbf{F}}_g$라고 한다. 이 힘은 지구의 중심[3]을 향하고, 이 힘의 크기를 **무게**(weight)라고 한다.

2.6절에서 자유 낙하하는 물체는 지구의 중심 방향으로 가속도 $\vec{\mathbf{g}}$로 가속된다는 것을 보았다. 따라서 자유 낙하하는 질량 m인 물체에 뉴턴의 제2법칙 $\sum\vec{\mathbf{F}} = m\vec{\mathbf{a}}$를 적용하면 $\vec{\mathbf{a}} = \vec{\mathbf{g}}$이고 $\sum\vec{\mathbf{F}} = \vec{\mathbf{F}}_g$이므로

$$\vec{\mathbf{F}}_g = m\vec{\mathbf{g}} \quad (5.5)$$

를 얻는다. 따라서 $\vec{\mathbf{F}}_g$의 크기로 정의된 물체의 무게는 mg와 같다.

$$F_g = mg \quad (5.6)$$

오류 피하기 5.4

물체의 무게 우리는 일상생활에서 '물체의 무게'라는 말에 익숙하다. 그러나 무게는 물체의 고유한 속성이 아니다. 무게는 물체와 지구(또는 다른 행성) 사이에 작용하는 중력의 측정값이다. 따라서 무게는 물체와 지구를 아우르는 계의 성질이다.

오류 피하기 5.5

킬로그램은 무게의 단위가 아니다 1 kg = 2.2 lb라는 '변환'을 본 적이 있을 것이다. 통상적으로 무게를 킬로그램으로 표현하지만 킬로그램은 **무게**의 단위가 아니라 **질량**의 단위이다. 위의 변환 식은 항등식이 아니다. 이 변환은 지표면에서만 성립하는 **등식**일 뿐이다.

[3] 지구의 질량 분포를 완전한 구형으로 가정한다.

무게는 g에 의존하므로 지리적인 위치에 따라 달라진다. g는 지구의 중심으로부터 멀어질수록 줄어들기 때문에 고도가 높아질수록 물체의 무게는 작아진다. 예를 들어 엠파이어스테이트 빌딩을 짓는 데 사용한 1 000 kg의 건축용 벽돌의 무게는 1층에서는 9 800 N이지만 꼭대기 층에서는 1 N 정도 덜 나간다. 다른 한 예로 질량이 70.0 kg인 사람을 생각해 보자. $g = 9.80\ \mathrm{m/s^2}$인 곳에서 이 사람의 무게는 686 N이지만, $g = 9.77\ \mathrm{m/s^2}$인 어떤 산의 꼭대기에서는 684 N이 된다. 만일 다이어트를 하지 않고 몸무게를 줄이려면 높은 산의 정상에서, 혹은 30 000 ft 상공을 날아가는 비행기 안에서 몸무게를 재보라.

물체가 정지해 있거나 움직이는 것에 관계없이 또는 물체에 여러 종류의 힘이 작용하는 경우에도, 물체가 받는 중력의 크기는 식 5.6으로 기술된다. 이로부터 질량에 대한 해석을 달리 할 수 있다. 식 5.6에서 질량 m은 지구와 물체 사이의 중력의 크기를 결정하는 역할을 하고 있다. 이는 앞에서 설명한 질량의 역할, 즉 외력에 의한 운동 변화에 저항하는 척도로서의 역할과 확연히 다르다. 이런 역할을 하는 경우 **관성 질량**(inertial mass)이라고 한다. 식 5.6에서 사용한 질량 m을 **중력 질량**(gravitational mass)이라 한다. 중력 질량은 관성 질량과 개념적으로 다르지만 뉴턴의 동역학에서는 두 값이 같다는 것이 실험으로 확인되었다.

지구가 다른 물체에 작용하는 중력에 대해서만 살펴보았으나, 이런 개념은 다른 어떤 행성에 대해서도 적용된다. g의 값은 행성마다 다르지만 중력의 크기는 항상 mg로 주어진다.

우주비행사 슈미트(Harrison Schmitt)가 등에 지고 있는 생명 유지 장치는 지상에서 무게가 약 300 lb이고 질량이 136 kg이다. 지상에서 훈련을 할 때 그는 질량이 23 kg인 50 lb 무게의 모형을 짊어졌다. 비록 달에서 무게가 덜 나간다는 것을 감안한 것이지만, 질량은 변하지 않는다는 것을 제대로 반영한 것은 아니다. 지구에서 23 kg의 장비를 가속시키는 것보다 달에서 136 kg의 장비를 뛰거나 갑자기 방향을 틀거나 해서 가속시키는 것이 더 힘들다.

Q 퀴즈 5.4 지구에 살고 있는 사람이 달에 살고 있는 친구와 행성 간 전화로 통화를 한다고 가정하자. 달에 사는 친구가 경기에 나가서 1N짜리 금메달을 받았고 지구에 있는 사람도 같은 경기 종목에 나가서 역시 1N짜리 금메달을 받았다고 한다. 누가 더 부자인가? **(a)** 지구에 있는 사람 **(b)** 달에 사는 친구 **(c)** 같다.

5.6 뉴턴의 제3법칙
Newton's Third Law

만일 이 책의 모서리를 손가락 끝으로 살짝 밀면 책도 손가락을 되밀어서 손가락 피부가 약간 눌릴 것이다. 더 세게 민다면 책이 되미는 힘도 커지고 따라서 손가락 피부는 더 많이 눌릴 것이다. 이 간단한 실험은 힘이 두 물체 사이의 **상호 작용**임을 보여준다. 즉 손가락이 책을 밀 때 책도 손가락을 민다. 이 중요한 원리는 **뉴턴의 제3법칙**(Newton's third law)으로 알려져 있다.

◀ 뉴턴의 제3법칙

두 물체가 상호 작용할 때, 물체 1이 물체 2에 작용하는 힘 $\vec{\mathbf{F}}_{12}$는 물체 2가 물체 1에 작용하는 힘 $\vec{\mathbf{F}}_{21}$과 크기는 같고 방향은 반대이다.

$$\vec{\mathbf{F}}_{12} = -\vec{\mathbf{F}}_{21} \tag{5.7}$$

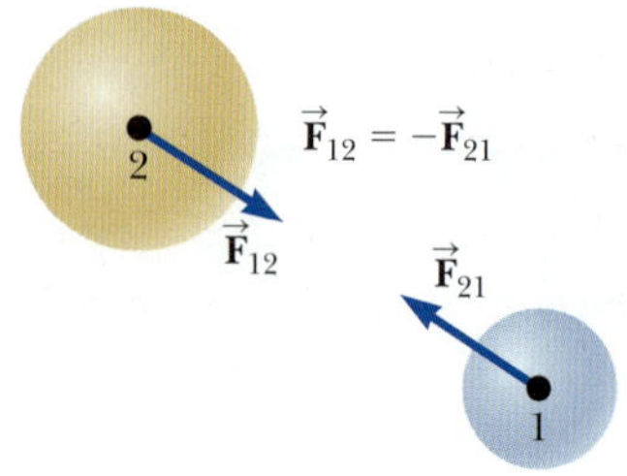

그림 5.5 뉴턴의 제3법칙. 물체 1이 물체 2에 작용하는 힘 $\vec{F}_{12}$는 물체 2가 물체 1에 작용하는 힘 $\vec{F}_{21}$과 크기는 같고 방향은 반대이다.

힘을 두 물체 사이의 상호 작용으로 나타낼 때 $\vec{F}_{ab}$처럼 아래 첨자를 써서 나타내는데, 이는 a가 b에 작용하는 힘을 의미한다. 그림 5.5에서 보인 것처럼 물체 1이 물체 2에 작용하는 힘을 흔히 **작용력**(action force)이라 하고, 물체 2가 물체 1에 작용하는 힘을 **반작용력**(reaction force)이라 한다. 기준으로 하는 물체에 따라 두 힘은 서로 입장이 바뀐다. 작용력과 반작용력은 과학적인 용어가 아니지만 편의상 사용한다. 모든 경우에 작용력과 반작용력은 서로 다른 물체에 작용하고 같은 종류(중력, 전기력 등등)의 힘이어야만 한다. 예를 들어 자유 낙하하는 포물체에 작용하는 힘은 지구에 의한 중력으로 $\vec{F}_g = \vec{F}_{Ep}$(E는 지구, p는 포물체)이고, 크기는 mg이다. 이 힘에 대한 반작용력 $\vec{F}_{pE} = -\vec{F}_{Ep}$는 포물체가 지구에 작용해서 포물체 쪽으로 지구를 가속시킨다. 마찬가지로 작용력 $\vec{F}_{Ep}$는 지구 쪽으로 포물체를 가속시킨다. 그러나 지구는 매우 큰 질량을 가지고 있으므로, 이런 반작용력에 의한 가속도의 크기는 무시할 정도로 작다.

그림 5.6a와 같이 컴퓨터 모니터가 책상 위에 정지해 있다면 모니터가 받는 중력은 $\vec{F}_g = \vec{F}_{Em}$이다. 이 힘의 반작용력은 모니터가 지구에 작용하는 힘 $\vec{F}_{mE} = -\vec{F}_{Em}$이다. 모니터는 책상이 받치고 있기 때문에 가속되지 않는다. 책상은 모니터에 대하여 **수직항력**(normal force)이라고 하는 책상 윗면에 수직 방향인 힘 $\vec{n} = \vec{F}_{tm}$을 작용한다. 일반적으로 물체가 표면에 접촉하고 있으면 표면은 물체에 항상 수직항력을 작용한다. 모니터에 작용하는 수직항력은 책상이 부서지기 전까지는 요구되는 어떤 값이라도 가질 수 있다. 모니터의 가속도는 영이기 때문에, 뉴턴의 제2법칙에 따라 모니터에 작용하는 힘은 $\sum \vec{F} = \vec{n} + m\vec{g} = 0$이므로 $n\hat{j} - mg\hat{j} = 0$ 또는 $n = mg$이다. 수직항력은 모니터에 작용하는 중력과 상쇄되어서 모니터에 작용하는 알짜힘은 영이다. $\vec{n}$에 대한 반작용력은 모니터가 책상을 아래로 미는 힘 $\vec{F}_{mt} = -\vec{F}_{tm} = -\vec{n}$이다.

수직항력 ▶

그림 5.6b에 나타난 것처럼 모니터에 작용하는 힘은 $\vec{F}_g$와 $\vec{n}$이고, 두 힘 $\vec{F}_{mE}$와 $\vec{F}_{mt}$는 모니터가 아닌 다른 물체(지구와 책상)에 작용한다는 것을 명심해야 한다.

그림 5.6은 힘과 관련된 문제를 푸는 데 매우 중요한 과정을 예시하고 있다. 그림 5.6a는 이 상황과 관련된 모니터, 지구 및 책상 등에 작용하는 힘을 보여 준다. 반면에 그림 5.6b는 모니터라는 한 물체에 작용하는 힘들만을 보여 주는데, 이를 **힘 도형**(force diagram) 또는 **물체에 작용하는 힘들을 보여 주는 도형**이라고 한다. 그림 5.6c

오류 피하기 5.6

***n* 값이 항상 *mg* 값과 동일한 것은 아니다** 그림 5.6과 같은 상황 또는 대부분의 경우 $n = mg$이다(수직항력은 중력의 크기와 같다). 그러나 이 결과가 일반적인 진리는 아니다. 만일 물체가 경사면에 놓여 있거나, 수직 방향으로 외력이 작용할 때, 또는 계가 수직 방향으로 가속될 경우 $n \neq mg$이다. n 값과 mg 값 사이의 관계를 구하기 위해서는 **항상** 뉴턴의 제2법칙을 적용해야 한다.

오류 피하기 5.7

뉴턴의 제3법칙 뉴턴의 제3법칙에서 작용력과 반작용력은 **상대** 물체에 작용하는 힘이라는 것을 항상 기억하라. 예를 들어 그림 5.6에서 $\vec{n} = \vec{F}_{tm} = -m\vec{g} = -\vec{F}_{Em}$이다. 힘 $\vec{n}$과 $m\vec{g}$는 크기가 같고 방향이 반대이지만, 두 힘은 모니터라는 **동일한** 물체에 작용하기 때문에 작용-반작용을 이루는 한 쌍의 힘이 아니다.

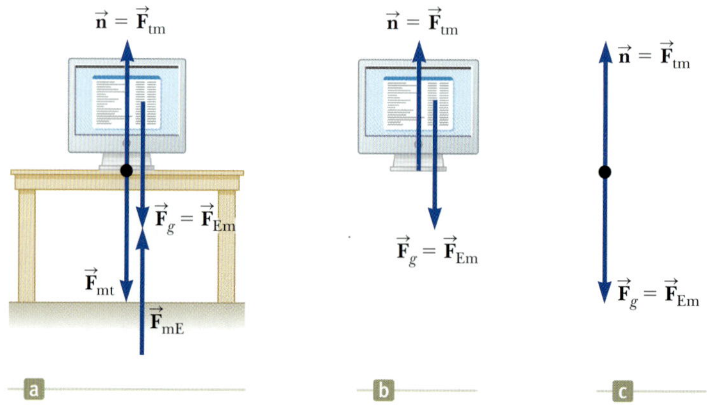

그림 5.6 (a) 책상 위에 정지해 있는 컴퓨터 모니터에 작용하는 힘은 수직항력 $\vec{n}$과 중력 $\vec{F}_g$이다. $\vec{n}$에 대한 반작용은 모니터가 책상에 작용하는 힘 $\vec{F}_{mt}$이고, 중력 $\vec{F}_g$에 대한 반작용은 모니터가 지구에 작용하는 힘 $\vec{F}_{mE}$이다. (b) 힘 도형은 모니터에 작용하는 힘들을 보여 준다. (c) 모니터에 대한 자유 물체 도형. 모니터는 검은 점으로 표시하였다.

는 **자유 물체 도형**(free-body diagram)*이라고 하는 중요한 그림 표현이다. 자유 물체 도형에서는 물체를 점 또는 입자로 표현하며, 물체에 작용하는 힘을 점에 작용하는 것으로 표현한다. 입자로 모형화할 물체의 운동을 분석할 때에는 그 물체에 작용하는 알짜힘에 관심을 가져야 한다. 따라서 자유 물체 도형을 그려보면, 우리가 관심을 가지고 있는 물체에 작용하는 힘만을 표현하게 되므로, 물체의 운동을 쉽게 분석하고 이해할 수 있다.

오류 피하기 5.8

자유 물체 도형 뉴턴의 법칙을 이용해서 문제를 풀 때 **가장 중요한** 단계는 자유 물체 도형을 그리는 것이다. 자유 물체 도형을 그릴 때는 물체에 작용하는 힘만을 그려야 하며, 중력과 같은 장힘까지 포함하여 물체에 작용하는 **모든** 힘을 그려야 함을 명심하라.

퀴즈 5.5 **(i)** 파리가 매우 빨리 달리는 버스의 전면 유리창에 부딪칠 경우 더 큰 충격력을 받는 것은 어느 쪽인가? (a) 파리 (b) 버스 (c) 둘 다 같은 힘 **(ii)** 더 큰 가속을 받는 것은 어느 쪽인가? (a) 파리 (b) 버스 (c) 둘 다 같은 크기의 가속도

5.7 뉴턴의 제2법칙을 이용한 분석 모형
Analysis Models Using Newton's Second Law

이 절에서는 평형 상태($\vec{\mathbf{a}} = 0$)에 있거나 일정한 외력에 의하여 가속 운동하는 물체에 대한 문제를 푸는 두 가지 분석 모형을 다룬다. 뉴턴의 법칙을 적용할 때에는 물체에 작용하는 외력이 무엇인지 명확하게 알아야 한다. 이 절에 나오는 모든 물체가 크기를 무시할 수 있는 입자라 가정하면 물체의 회전 운동은 고려할 필요가 없다. 또한 운동하는 물체에 작용하는 마찰의 효과도 무시한다. 즉 물체는 마찰이 없는 표면 위에서 움직이는 것과 같다(마찰력은 5.8절에서 다룬다).

별도의 언급이 없는 한, 줄이나 끈의 질량을 무시한다. 이와 같은 가정에 의하여 줄의 한 점에서 바로 옆의 점에 작용하는 힘은 줄을 따라 어디에서나 일정하게 작용한다. 문제에서 **가볍다거나 무시할 만한 질량**이라는 말이 사용되면, 이는 관련된 질량을 무시하라는 의미이다. 줄이 한 물체에 연결되어 물체를 당기고 있다면, 물체에는 줄과 평행한 방향으로 힘이 작용한다. 이 힘의 크기를 줄의 **장력**(tension)이라 한다. 장력이 어떤 물체에 힘을 주는 경우 그 힘은 대개 벡터 $\vec{\mathbf{T}}$로 표시한다.**

분석 모형: 평형 상태의 입자 Analysis Model: The Particle in Equilibrium

입자로 볼 수 있는 물체의 가속도가 영이라면, 이 물체는 **평형 상태의 입자** 모형으로 분석한다. 이런 모형에서 물체에 작용하는 알짜힘은 영이다.

$$\sum \vec{\mathbf{F}} = 0 \qquad \textbf{(5.8)}$$

그림 5.7a처럼 천장에 매달려 있는 등을 생각해 보자. 이 등에 대한 힘 도형(그림 5.7b)은 등에 작용하는 아래 방향으로의 중력 $\vec{\mathbf{F}}_g$와 줄이 위로 작용하는 힘 $\vec{\mathbf{T}}$를 보여 주고 있다. x 방향으로는 이무런 힘이 작용하지 않으므로 $\sum F_x = 0$은 별나른 정보를 주지 않

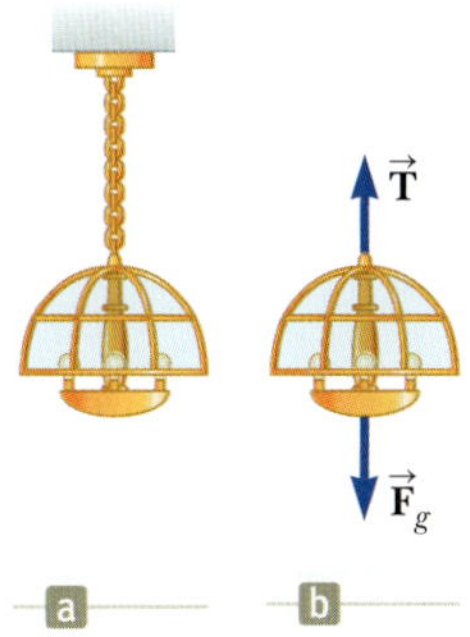

그림 5.7 (a) 질량을 무시할 수 있는 줄에 의하여 천장에 매달려 있는 등 (b) 등에 작용하는 힘은 중력 $\vec{\mathbf{F}}_g$와 줄이 작용하는 힘 $\vec{\mathbf{T}}$가 있다.

* 대개 힘 도형과 자유 물체 도형은 이 교재의 힘 도형을 나타내는 말로 둘 다 쓰인다. 이 교재에서 자유 물체 도형이란 용어는 입자 모형의 경우에만 사용한다.: 역자 주

**이 벡터를 편의상 장력이라고 부르기도 한다.: 역자 주

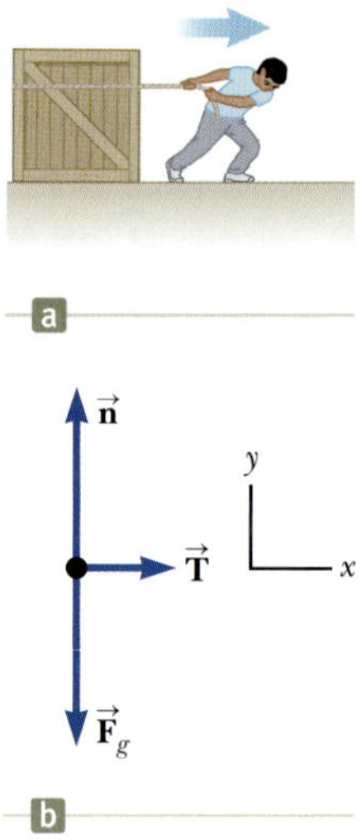

그림 5.8 (a) 마찰이 없는 표면 위의 나무 상자를 오른쪽으로 끌고 있다. (b) 상자에 작용하는 외력을 모두 표시한 자유 물체 도형

는다. y 방향의 경우 조건 $\sum F_y = 0$은

$$\sum F_y = T - F_g = 0 \quad \text{또는} \quad T = F_g$$

이다. 여기서 $\vec{\mathbf{T}}$와 $\vec{\mathbf{F}}_g$는 같은 물체인 등에 작용하기 때문에 작용–반작용 쌍이 아님을 명심해야 한다. $\vec{\mathbf{T}}$에 대한 반작용은 등이 줄을 아래로 당기는 힘이 된다.

예제 5.2는 평형 상태의 입자 모형 적용을 보여 준다.

분석 모형: 알짜힘을 받는 입자 Analysis Model: The Particle Under a Net Force

만일 물체가 가속되고 있다면, 물체의 운동은 **알짜힘을 받는 입자** 모형으로 분석할 수 있다. 이 모형에 대한 적합한 식은 뉴턴의 제2법칙(식 5.2)이다.

$$\sum \vec{\mathbf{F}} = m\vec{\mathbf{a}} \tag{5.2}$$

그림 5.8a처럼 상자를 마찰이 무시되는 수평의 마루 위에서 오른쪽으로 끌고 가는 상황을 생각해 보자. 물론 소년과 마루 사이에는 마찰이 있어야 한다. 그렇지 않으면 소년이 상자를 끌어당기려고 할 때 발이 바로 미끄러질 것이다. 여기서 상자의 가속도와 마루가 상자에 작용하는 힘을 찾는 것이 문제라고 하자. 그림 5.8b에 이 상자에 작용하는 힘의 자유 물체 도형을 나타내었다. 먼저 줄이 상자를 끄는 힘 $\vec{\mathbf{T}}$를 주목하자. 이 $\vec{\mathbf{T}}$의 크기가 바로 장력이다. 상자에 대한 자유 물체 도형은 $\vec{\mathbf{T}}$뿐만 아니라 중력 $\vec{\mathbf{F}}_g$와 마루가 상자에 작용하는 수직항력 $\vec{\mathbf{n}}$을 포함한다.

상자에 대한 뉴턴의 법칙을 각 성분별로 표시할 수 있다. x 방향으로 작용하는 유일한 힘은 $\vec{\mathbf{T}}$이므로, $\sum F_x = ma_x$를 수평 방향의 운동에 적용하면

$$\sum F_x = T = ma_x \quad \text{또는} \quad a_x = \frac{T}{m}$$

를 얻을 수 있다.

한편 상자는 수평 방향으로만 움직이므로 y 방향으로는 가속도가 없다. 따라서 y 방향으로는 평형 상태의 입자 모형을 적용한다. 식 5.8의 y 성분을 적용하면

$$\sum F_y = n - F_g = 0 \quad \text{또는} \quad n = F_g$$

를 얻을 수 있다. 즉 수직항력은 중력과 크기는 같지만 방향은 반대이어서 서로 상쇄된다.

만일 $\vec{\mathbf{T}}$가 일정하다면 가속도 또한 $a_x = T/m$로 일정하다. 따라서 상자는 x 방향으로 등가속도 운동하는 입자 모형으로 설명할 수 있으며, 2장에서 배운 운동학 식을 이용해서 상자의 위치 x와 속력 v_x를 시간의 함수로 얻을 수 있다.

이 논의에서, 앞으로 문제 풀이에 중요한 두 가지 개념에 주목하자. (1) 주어진 문제에서, 서로 다른 방향에 서로 다른 분석 모형을 적용하는 것이 가능하다. 그림 5.8의 나무 상자는 연직 방향은 평형 상태의 입자이고 수평 방향은 알짜힘을 받는 입자이다. (2) 여러 개의 분석 모형으로 입자를 설명할 수 있다. 나무 상자는 수평 방향에서 알짜힘을 받는 입자이면서 또한 같은 방향으로 등가속도 운동하는 입자이다.

이 상황에서 수직항력 $\vec{\mathbf{n}}$은 중력 $\vec{\mathbf{F}}_g$와 크기가 같지만, 오류 피하기 5.6에서처럼 모든 경우에 다 그렇다는 것은 아니다. 예를 들어 그림 5.9에서처럼 책상 위에 놓인 책을 손바닥으로 $\vec{\mathbf{F}}$의 힘으로 누른다고 가정해 보자. 책은 정지 상태로 있고 가속되지 않으므로 $\Sigma F_y = 0$이고 이로부터 $n - F_g - F = 0$ 또는 $n = F_g + F = mg + F$이다. 이 경우에는 수직항력이 중력보다 더 크다. $n \neq F_g$인 예를 뒤에서 다시 살펴본다.

다음의 여러 예제는 알짜힘을 받는 입자 모형을 보여 준다.

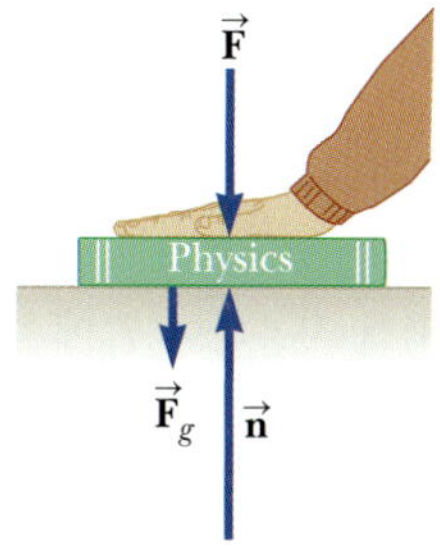

그림 5.9 어떤 힘 $\vec{\mathbf{F}}$가 물체를 아래로 누를 때, 물체에 대한 수직항력 $\vec{\mathbf{n}}$이 중력보다 크다. 여기서 $n = F_g + F$이다.

예제 5.2 매달려 있는 신호등

무게가 122 N인 신호등이 그림 5.10a처럼 세 줄에 매달려 있다. 위의 두 줄은 수평면과 $\theta_1 = 37.0°$와 $\theta_2 = 53.0°$를 이루고 있다. 이 두 줄은 연직 줄에 비하여 그렇게 강하지 못하여 장력이 100 N을 초과하면 끊어진다. 이 상태에서 신호등은 잘 매달려 있을 수 있을까? 아니면 둘 중 하나는 줄이 끊어질까?

풀이

개념화 그림 5.10a의 상황을 잘 살펴보자. 우선 줄이 끊어지지 않는 상태로 있다고 가정한다.

분류 아무것도 움직이지 않는다면 어느 부분도 가속되지 않는다. 따라서 신호등을 알짜힘이 영인 **평형 상태의 입자** 모형으로 분류할 수 있다. 마찬가지로 매듭에 작용하는 알짜힘도 영이므로, **평형 상태의 입자**로 모형화할 수 있다(그림 5.10c).

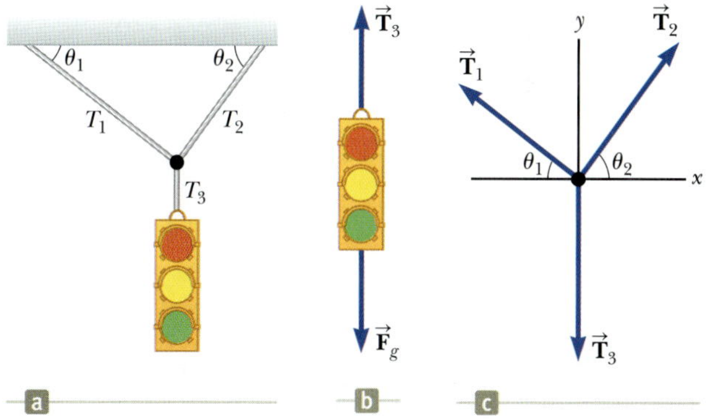

그림 5.10 (예제 5.2) (a) 줄에 매달린 신호등 (b) 신호등에 작용하는 힘 (c) 세 줄이 연결된 매듭에서의 자유 물체 도형

분석 그림 5.10b에 보인 바와 같이 신호등에 작용하는 힘 도형과 그림 5.10c에서와 같이 세 줄이 묶여 있는 매듭에 대한 자유 물체 도형을 그린다. 매듭은 문제에서 관심을 가지고 있는 모든 힘이 작용하고 있어 특히 중요하다.

평형 상태의 입자 모형으로부터 신호등에서 y 방향에 대하여 식 5.8을 적용한다.

$$\sum F_y = 0 \ \rightarrow \ T_3 - F_g = 0$$

$$T_3 = F_g$$

그림 5.10c처럼 좌표계를 도입하여 매듭에 작용하는 힘을 각 성분으로 분해한다.

힘	x 성분	y 성분
$\vec{\mathbf{T}}_1$	$-T_1 \cos\theta_1$	$T_1 \sin\theta_1$
$\vec{\mathbf{T}}_2$	$T_2 \cos\theta_2$	$T_2 \sin\theta_2$
$\vec{\mathbf{T}}_3$	0	$-F_g$

매듭에 평형 상태의 입자 모형을 적용한다.

(1) $$\sum F_x = -T_1 \cos\theta_1 + T_2 \cos\theta_2 = 0$$

(2) $$\sum F_y = T_1 \sin\theta_1 + T_2 \sin\theta_2 + (-F_g) = 0$$

식 (1)로부터 $\vec{\mathbf{T}}_1$과 $\vec{\mathbf{T}}_2$ 각각의 수평 성분의 크기가 서로 같다는 것과 식 (2)로부터 $\vec{\mathbf{T}}_1$과 $\vec{\mathbf{T}}_2$ 각각의 연직 성분의 합이 아래 방향 힘 $\vec{\mathbf{T}}_3$과 비긴다는 것을 알 수 있다.

T_2에 대한 식 (1)을 T_1에 관하여 정리한다.

(3) $$T_2 = T_1\left(\frac{\cos\theta_1}{\cos\theta_2}\right)$$

이를 식 (2)에 대입한다.

$$T_1 \sin\theta_1 + T_1\left(\frac{\cos\theta_1}{\cos\theta_2}\right)(\sin\theta_2) - F_g = 0$$

T_1에 대하여 푼다.

$$T_1 = \frac{F_g}{\sin\theta_1 + \cos\theta_1 \tan\theta_2}$$

주어진 값들을 대입한다.

$$T_1 = \frac{122\ \text{N}}{\sin 37.0° + \cos 37.0° \tan 53.0°} = 73.4\ \text{N}$$

식 (3)을 사용하여 T_2에 대하여 푼다.

$$T_2 = (73.4\ \text{N})\left(\frac{\cos 37.0°}{\cos 53.0°}\right) = 97.4\ \text{N}$$

두 힘이 모두 100 N보다 작으므로, 줄은 끊어지지 않고 버틸 수 있다.

결론 다음처럼 상황이 바뀌면 어떻게 될지를 생각하면서 이 문제를 마무리하자.

문제 그림 5.10a에서 두 줄이 수평면과 이루는 각도가 같다면 T_1과 T_2의 관계는 어떻게 되는가?

답 대칭성에 의하여 장력 T_1과 T_2는 서로 같을 것이라고 판단할 수 있다. 수학적으로 풀이하면, 같은 각도를 θ라 할 경우 식 (3)은

$$T_2 = T_1\left(\frac{\cos\theta}{\cos\theta}\right) = T_1$$

이 되어 장력은 크기가 같다. θ의 값이 주어지지 않는다면 T_1과 T_2의 값은 구할 수 없지만, 두 장력은 θ의 값에 관계없이 크기가 같다.

예제 5.3 미끄러지는 자동차

그림 5.11a처럼 경사각이 θ이고 비탈진 빙판길에 질량 m인 자동차가 있다.

(A) 비탈길이 마찰이 없다고 가정하고, 자동차의 가속도를 구하라.

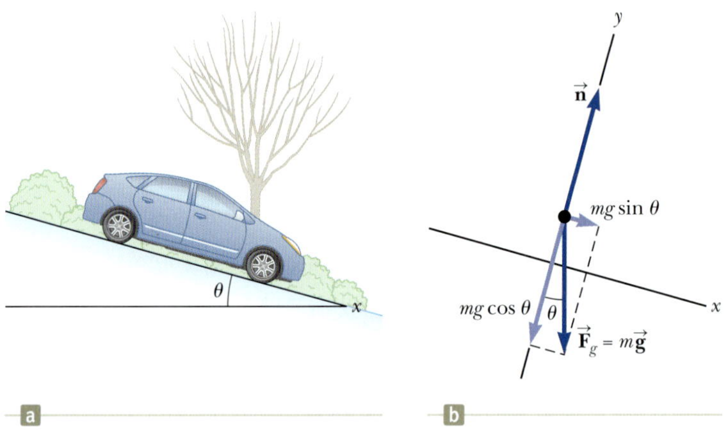

그림 5.11 (예제 5.3) (a) 마찰이 없는 비탈길에 있는 질량 m인 자동차 (b) 자동차의 자유 물체 도형. 검은 점은 자동차의 질량 중심의 위치를 나타낸다. 질량 중심에 대하여서는 9장에서 공부한다.

풀이

개념화 상황을 개념화하기 위하여 그림 5.11a를 보자. 일상적인 경험으로부터 빙판인 비탈길에 있는 자동차는 비탈 아래로 가속될 것이다(브레이크가 고장난 자동차의 경우도 같은 상황이다).

분류 자동차가 가속되므로, 이 자동차를 **알짜힘을 받는 입자** 모형으로 분류한다. 이 예제는 경사진 평면 위에서 중력의 영향을 받아 움직이는 물체의 운동에 해당한다.

분석 그림 5.11b는 자동차의 자유 물체 도형을 나타낸다. 자동차에 작용하는 힘은 경사면이 면과 수직 방향으로 작용하는 수직항력 $\vec{\mathbf{n}}$과 아래 방향으로 작용하는 중력 $\vec{\mathbf{F}}_g = m\vec{\mathbf{g}}$뿐이다. 경사진 평면과 관련된 문제의 경우 그림 5.11b처럼 경사면을 따라 x축을 정하고 그것에 수직인 방향을 y 방향으로 정하는 것이 편리하다. 이 축들에 대하여 $+x$축을 따르는 중력의 성분 $mg\sin\theta$와 $-y$축을 따르는 중력의 성분 $mg\cos\theta$를 가지고 문제를 푼다. 선택한 축들은 자동차를 x 방향으로는 알짜힘을 받는 입자 모형으로, y 방향으로는 평형 상태의 입자 모형으로 다룰 수 있게 한다.

이들 모형을 자동차에 적용한다.

(1) $$\sum F_x = mg\sin\theta = ma_x$$

(2) $$\sum F_y = n - mg\cos\theta = 0$$

a_x에 대하여 식 (1)을 정리하면 다음과 같다.

(3) $$a_x = g\sin\theta$$

결론 가속도의 x 방향 성분 a_x는 자동차의 질량과 무관한 형태로 주어지고, 오직 경사각과 중력 가속도 g에만 의존하게 된다. 식 (2)로부터 힘 $\vec{\mathbf{F}}_g$의 경사면에 수직인 성분은 수직항력과 상쇄된다. 즉 $n = mg\cos\theta$이다. 이 상황은 오류 피하기 5.6에 설명한 바와 같이 수직항력이 물체의 무게와 같지 않은 경우의 예에 해당한다.

조금 불편하긴 하지만 수평축과 연직축을 좌표축으로 삼아도 된다. 연습삼아 각자 해 보기 바란다.

(B) 자동차가 정지 상태에서 비탈길 꼭대기로부터 운동을 시작하고 자동차의 앞 범퍼에서 비탈길 맨 아래까지의 거리가 d라고 가정하자. 앞 범퍼가 비탈길 맨 아래에 도달하는 데 걸리는 시간과 그곳에서 자동차의 속력을 구하라.

풀이

개념화 자동차가 비탈길을 미끄러져 내려가고 있고 비탈길 맨 아래에 도달하는 데 걸리는 시간을 초시계로 측정한다고 생각해 보자.

분류 이 부분의 문제는 동역학보다 운동학의 문제이다. 식 (3)은 가속도 a_x가 일정함을 보이므로, 여기서는 자동차를 등가속도 운동하는 입자로 분류해야 한다.

분석 앞 범퍼의 처음 위치를 $x_i = 0$, 나중 위치를 $x_f = d$로 정의하면 처음 속력은 $v_{xi} = 0$이므로, 등가속도 운동 입자 모형인 식 2.16의 $x_f = x_i + v_{xi}t + \frac{1}{2}a_x t^2$에서

$$d = \tfrac{1}{2}a_x t^2$$

이다. 시간 t에 대하여 풀면

$$t = \sqrt{\frac{2d}{a_x}} = \sqrt{\frac{2d}{g\sin\theta}} \qquad (4)$$

가 된다. $v_{xi} = 0$과 식 2.17을 이용하면 자동차의 나중 속도는 다음과 같다.

$${v_{xf}}^2 = 2a_x d$$

$$v_{xf} = \sqrt{2a_x d} = \sqrt{2gd\sin\theta} \qquad (5)$$

결론 식 (4)와 (5)에서 자동차가 비탈길의 맨 아래에 도착하는 데 걸리는 시간 t와 나중 속력 v_{xf}는 가속도와 마찬가지로 자동차의 질량과 무관하다. 이 예제에서는 2장에서 배운 내용과 현재의 장에서 배운 내용을 연결시켜서 문제를 해결하였다는 것에 주목하라. 앞으로 배우게 될 내용과 함께 이 교재의 여러 곳에서 이와 같은 식으로 여러 가지 분석 모형과 풀이 방법을 결합해서 문제를 해결할 것이다.

문제 $\theta = 90°$이면 상황이 어떻게 될지 설명하라.

답 그림 5.11에서 θ가 90°에 이르는 상황을 생각해 보자. 경사면은 수직면이 되고 자동차는 자유 낙하하므로, 식 (3)에서

$$a_x = g\sin\theta = g\sin 90° = g$$

와 같이 자유 낙하 가속도를 얻는다($a_x = -g$가 아니고 $a_x = g$의 결과를 얻은 것은 그림 5.11처럼 $+x$ 방향을 아래 방향으로 정했기 때문이다). 또한 조건 $n = mg\cos\theta$는 $n = mg\cos 90° = 0$이라는 결과를 준다. 이는 연직면에서 자동차가 자유 낙하하는 것과 일맥상통하며, 이 경우 자동차와 평면 사이에 접촉력은 없다.

예제 5.4 승강기 안에서 물고기의 무게 측정

어떤 사람이 그림 5.12처럼 승강기 천장에 달려 있는 용수철저울로 질량 m인 물고기의 무게를 측정하고 있다.

(A) 승강기가 위 또는 아래 방향으로 가속되면 용수철저울이 가리키는 눈금은 물고기의 실제 무게와 다름을 보이라.

풀이

개념화 용수철저울이 가리키는 눈금은 그림 5.2에서처럼 용수철의 끝에 작용하는 힘과 관련되어 있다. 물고기가 용수철저울의 끝에 달린 줄에 매달려 있다고 생각해 보자. 이 경우 용수철에 작용하는 힘의 크기는 줄에 작용하는 장력 T와 같고, 힘 $\vec{\mathbf{T}}$는 물고기를 위로 끌어올린다.

분류 이 문제는 물고기를 승강기가 가속하지 않으면 **평형 상태의 입자**, 또는 승강기가 가속하면 **알짜힘을 받는 입자**로 분류할 수 있다.

분석 그림 5.12의 자유 물체 도형을 보면 물고기에 작용하는 외력은 아래 방향으로 작용하는 중력 $\vec{\mathbf{F}}_g = m\vec{\mathbf{g}}$와 줄의 작용에 의한 힘 $\vec{\mathbf{T}}$라는 것을 알 수 있다. 승강기가 정지해 있거나 등속도로 움직인다면, 입자는 평형 상태에 있으므로 $\sum F_y = T - F_g = 0$, 즉 $T = F_g = mg$이다(스칼라양 mg는 물고기의 무게임을 기억하라).

이제 승강기가 관성틀인 외부에서 정지하고 있는 관측자에 대하여 가속도 $\vec{\mathbf{a}}$로 움직인다고 가정하자. 물고기는 알짜힘을 받는 입자로 볼 수 있다.

물고기에 뉴턴의 제2법칙을 적용한다.

$$\sum F_y = T - mg = ma_y$$

이 식을 T에 대하여 푼다.

$$(1) \qquad T = ma_y + mg = mg\left(\frac{a_y}{g} + 1\right) = F_g\left(\frac{a_y}{g} + 1\right)$$

이때 위 방향을 $+y$ 방향으로 정하였다. 식 (1)로부터 T를 표시하는 용수철저울의 눈금은 만일 $\vec{\mathbf{a}}$가 위 방향이면 a_y가 양(+)이므로 물고기의 무게 mg보다 더 큰 값을 가리키고(그림 5.12a), 만일 $\vec{\mathbf{a}}$가 아래 방향이면 a_y가 음이므로 mg보다 더 작은 값을 가리킨다(그림 5.12b).

(B) 만일 승강기가 $a_y = \pm 2.00\ \mathrm{m/s^2}$으로 움직인다면 40.0 N인 물고기에 대하여 용수철저울이 가리키는 눈금을 구하라.

풀이 $\vec{\mathbf{a}}$가 위 방향일 경우, 식 (1)로부터 용수철저울이 가리키는 눈금을 구한다.

$$T = (40.0\ \mathrm{N})\left(\frac{2.00\ \mathrm{m/s^2}}{9.80\ \mathrm{m/s^2}} + 1\right) = \boxed{48.2\ \mathrm{N}}$$

$\vec{\mathbf{a}}$가 아래 방향일 경우, 식 (1)로부터 용수철저울이 가리키는 눈금을 구한다.

$$T = (40.0\ \mathrm{N})\left(\frac{-2.00\ \mathrm{m/s^2}}{9.80\ \mathrm{m/s^2}} + 1\right) = \boxed{31.8\ \mathrm{N}}$$

결론 충고를 하자면, 여러분이 승강기 안에서 물고기를 살 경우가 있다면, 승강기가 정지하고 있거나 아래 방향으로 가속하고 있는 동안에 물고기의 무게를 측정해야 할 것이다. 한편 여기에서 주어진 정보들로는 승강기의 운동 방향은 알 수 없다.

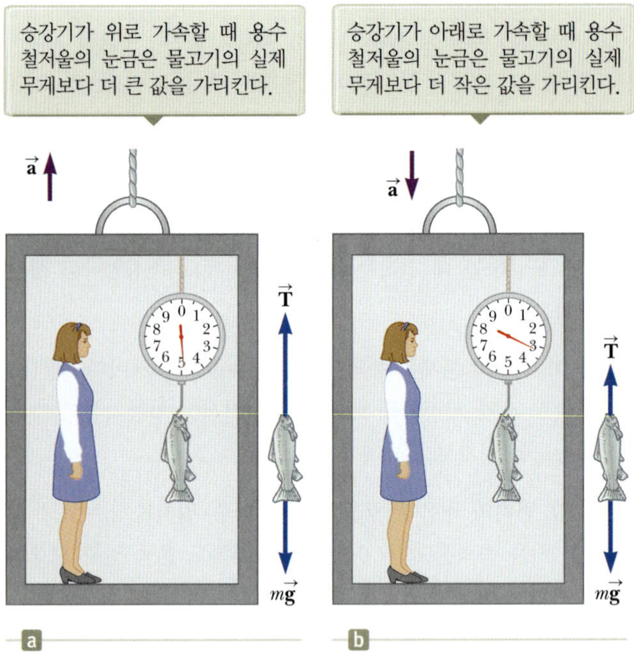

그림 5.12 (예제 5.4) 가속하는 승강기 안에서 용수철저울로 물고기의 무게를 재고 있다.

문제 승강기의 줄이 끊어져서 승강기와 그 안의 물체들이 자유 낙하한다고 가정해 보자. 용수철저울이 가리키는 눈금은 얼마인가?

답 만일 승강기가 자유 낙하한다면 가속도는 $a_y = -g$이다. 이 경우는 식 (1)로부터 T가 영이 됨을 알 수 있다. 즉 물고기의 겉보기 무게가 영이 된다.

예제 5.5 애트우드 기계

질량이 서로 다른 두 물체가 그림 5.13a와 같이 질량을 무시할 수 있고 마찰이 없는 도르래에 연직으로 매달려 있다. 이런 장치를 애트우드 기계(Atwood machine)라 한다. 이 장치는 종종 실험실에서 중력 가속도 g를 결정하는 데 쓰인다. 이때 두 물체의 가속도와 줄에 걸리는 장력을 구하라.

풀이

개념화 그림 5.13a와 같이 한 물체는 위쪽으로, 다른 물체는 아래쪽으로 움직인다고 생각해 보자. 두 물체는 늘어나지 않는 줄로 연결되어 있으므로 가속도의 크기는 같을 것이다.

분류 애트우드 기계에서 두 물체는 모두 중력과 줄에 의한 장력을 받아서 움직이므로, 이 문제를 **알짜힘을 받는 입자** 모형으로 분류할 수 있다.

분석 두 물체에 대한 자유 물체 도형은 그림 5.13b와 같다. 각 물체에 작용하는 두 힘은

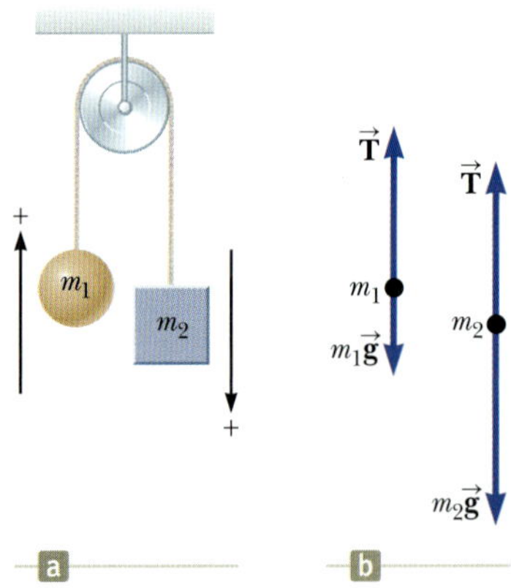

그림 5.13 (예제 5.5) 애트우드 기계. (a) 두 물체가 마찰 없는 도르래를 통하여 가벼운 줄에 연결되어 있다. (b) 두 물체에 대한 자유 물체 도형

줄에 의하여 작용하는 위 방향으로의 장력 $\vec{\mathbf{T}}$와 아래 방향으로의 중력이다. 여기서는 도르래의 질량과 마찰이 모두 없는 것으로 가정하였으므로, 두 물체에 걸리는 장력은 같다. 도르래가 질량을 갖거나 마찰이 있다면, 양쪽 줄에 작용하는 장력은 같지 않으며 이 경우는 10장에서 다루게 된다.

문제에서 다음과 같이 부호에 주의를 기울여야 한다. 그림 5.13a에서처럼 물체 1이 위쪽으로 가속되면 물체 2는 아래쪽으로 가속되므로 부호의 일관성을 위하여, 물체 1의 운동 방향인 위쪽을 $+y$ 방향으로 정할 경우 물체 2는 아래쪽을 $+y$ 방향으로 정한다. 이렇게 좌표축을 정하면 두 물체의 가속도는 부호가 같아진다. 이렇게 하면 물체 1에 작용하는 힘의 y 성분은 $T - m_1 g$이고, 물체 2에 작용하는 힘의 y 성분은 $m_2 g - T$가 된다.

알짜힘을 받는 입자 모형으로부터, 물체 1에 뉴턴의 제2법칙을 적용한다.

(1) $$\sum F_y = T - m_1 g = m_1 a_y$$

물체 2에 뉴턴의 제2법칙을 적용한다.

(2) $$\sum F_y = m_2 g - T = m_2 a_y$$

식 (1)과 (2)를 더하면 다음과 같다.

$$-m_1 g + m_2 g = m_1 a_y + m_2 a_y$$

이때 T는 소거된다. 이제 가속도를 구한다.

(3) $$a_y = \left(\frac{m_2 - m_1}{m_1 + m_2}\right) g$$

식 (3)을 식 (1)에 대입해서 T를 구한다.

(4) $$T = m_1(g + a_y) = \left(\frac{2m_1 m_2}{m_1 + m_2}\right) g$$

결론 뉴턴의 제2법칙으로부터 예상할 수 있는 것처럼, 식 (3)은 $(m_2 - m_1)g$의 힘을 받는 $(m_1 + m_2)$의 질량을 가진 물체의 가속도로 이해할 수 있다. 가속도의 부호는 두 물체의 상대적인 질량에 의존한다.

문제 두 물체의 질량이 같다면, 즉 $m_1 = m_2$일 경우 계의 운동을 설명하라.

답 두 물체의 질량이 같다면 서로 평형을 이루기 때문에 가속이 되지 않을 것이다. 식 (3)에 $m_1 = m_2$를 대입하면 $a_y = 0$을 얻을 수 있다.

문제 만일 한 물체의 질량이 다른 것보다 훨씬 더 크다면($m_1 \gg m_2$), 어떤 운동을 하게 되는가?

답 이 경우에는 질량이 작은 물체의 효과는 무시할 수 있다. 따라서 질량이 작은 물체는 없는 것처럼, 질량이 큰 물체는 단순히 자유 낙하할 것이다. 식 (3)에서 $m_1 \gg m_2$라고 가정하면 $a_y = -g$가 되는 것을 확인할 수 있다.

예제 5.6 줄로 연결된 두 물체의 가속도

그림 5.14a와 같이 가벼운 줄에 의하여 질량을 무시할 수 있고, 마찰 없는 도르래에 질량 m_1과 m_2인 두 물체가 연결되어 있다. 질량 m_2인 물체는 경사각 θ의 비탈면에 놓여 있다. 두 물체의 가속도와 줄의 장력을 구하라.

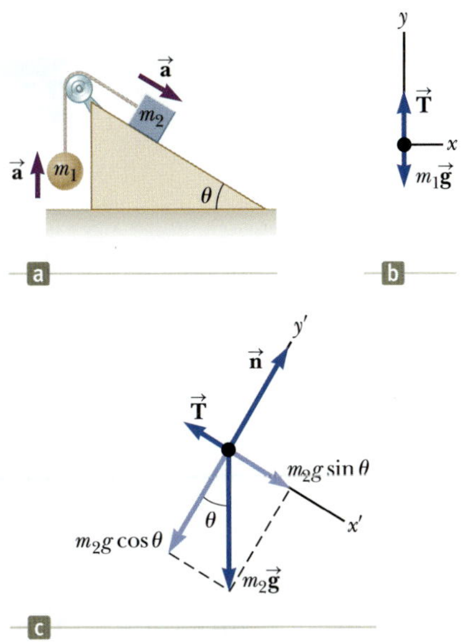

그림 5.14 (예제 5.6) (a) 두 물체는 마찰이 없는 도르래와 늘어나지 않는 가벼운 줄로 연결되어 있다. (b) 공의 자유 물체 도형 (c) 블록의 자유 물체 도형(경사면은 마찰이 없다)

풀이

개념화 그림 5.14처럼 운동하는 물체를 생각해 보자. 만일 m_2가 비탈을 따라 아래로 움직인다면 m_1은 위로 움직일 것이다. 또한 두 물체는 늘어나지 않는 줄로 연결되어 있으므로, 가속도는 같을 것이다. 공에 대한 그림 5.14b는 일반적인 좌표축 그리고 블록에 대한 그림 5.14c는 경사진 축을 사용함에 주목하자.

분류 두 물체가 함께 힘을 받고 있고 가속도를 구해야 하므로 물체를 **알짜힘을 받는 입자** 모형으로 분류할 수 있다. 블록의 경우, 이 모형은 x' 방향에서만 타당하다. y' 방향의 경우, 블록은 이 방향으로 가속하지 않기 때문에 **평형 상태의 입자** 모형을 적용한다.

분석 그림 5.14b와 5.14c와 같은 자유 물체 도형을 고려하자. 위 방향을 양(+)으로 정하고, y 방향의 공에 대하여 뉴턴의 제2법칙을 적용한다.

(1) $$\sum F_y = T - m_1 g = m_1 a_y = m_1 a$$

공이 위 방향으로 가속되기 위해서는 $T > m_1 g$이어야 한다는 것을 알 수 있다. 식 (1)에서 가속도는 오직 y 성분만 있으므로 a_y를 a로 대치하였다.

블록의 경우, 그림 5.14c처럼 비탈을 따라 아래 방향을 $+x'$의 방향으로 선택하는 것이 편리하다.

블록의 x' 방향은 알짜힘을 받는 입자 모형 그리고 y' 모형은 평형 상태의 입자 모형을 적용한다.

(2) $$\sum F_{x'} = m_2 g \sin\theta - T = m_2 a_{x'} = m_2 a$$

(3) $$\sum F_{y'} = n - m_2 g \cos\theta = 0$$

식 (2)에서 두 물체는 같은 크기의 가속도 a를 가지므로 $a_{x'}$을 a로 치환하였다.

식 (1)을 T에 대하여 푼다.

(4) $$T = m_1(g + a)$$

T에 대한 이 식을 식 (2)에 대입한다.

$$m_2 g \sin\theta - m_1(g + a) = m_2 a$$

a에 대하여 푼다.

(5) $$a = \left(\frac{m_2 \sin\theta - m_1}{m_1 + m_2}\right)g$$

a에 대한 이 표현을 식 (4)에 대입해서 T를 구하면 다음과 같다.

(6) $$T = \left(\frac{m_1 m_2(\sin\theta + 1)}{m_1 + m_2}\right)g$$

결론 $m_2 \sin\theta > m_1$인 경우에만 블록이 비탈 아래로 가속되고, $m_1 > m_2 \sin\theta$인 경우에는 블록이 비탈 위로 가속되며 공은 아래로 가속된다. 또한 식 (5)에서 구한 가속도는 공과 블록 전체에 작용하는 외부 알짜힘의 크기와 공과 블록의 전체 질량의 비로 주어진다. 이는 뉴턴의 제2법칙과 일치한다.

문제 만일 $\theta = 90°$라면 어떻게 되는가?

답 $\theta = 90°$라면 비탈면은 연직면이 되어 물체 m_2와 면 사이에는 아무런 힘이 작용하지 않는다. 따라서 이 문제는 예제 5.5의 애트우드 기계 문제가 된다. 식 (5)와 (6)에 $\theta \to 90°$를 대입하면 예제 5.5의 식 (3)과 (4)로 된다.

문제 만일 $m_1 = 0$이라면 어떻게 되는가?

답 만일 $m_1 = 0$이라면 물체 m_2는 줄을 통하여 m_1과 작용하지 않고 단순히 비탈면을 따라 미끄러지게 된다. 따라서 이 문제는 예제 5.3의 미끄러지는 자동차 문제가 된다. 식 (6)에 $m_1 \to 0$을 대입하면 예제 5.3의 식 (3)이 된다.

5.8 마찰력
Force of Friction

물체가 어떤 표면 위를 운동하거나 공기나 물과 같은 점성이 있는 매질 속에서 운동할 때 물체는 주위와의 상호 작용 때문에 운동하는 데 저항을 받는다. 이런 저항을 **마찰력**(force of friction)이라고 한다. 마찰력은 일상생활에서 매우 중요하다. 걷거나 달리기 또는 자동차의 운동 등이 모두 마찰력 때문에 가능하다.

마찰력 ▶

마당에서 쓰레기로 가득 찬 쓰레기통을 그림 5.15a와 같이 콘크리트 위에서 끌고 있다고 하자. 쓰레기통과 콘크리트 표면은 마찰이 없는 이상적인 면이 아니다. 만일 오른쪽 수평 방향으로 작용하는 외력 $\vec{\mathbf{F}}$가 그다지 크지 않으면 쓰레기통은 움직이지 않을 것이다. 외력 $\vec{\mathbf{F}}$에 맞서서 쓰레기통이 움직이지 못하게 왼쪽으로 작용하는 힘을 **정지 마찰력**(force of static friction) $\vec{\mathbf{f}}_s$라 한다. 쓰레기통이 움직이지 않는 한 $f_s = F$이

정지 마찰력 ▶

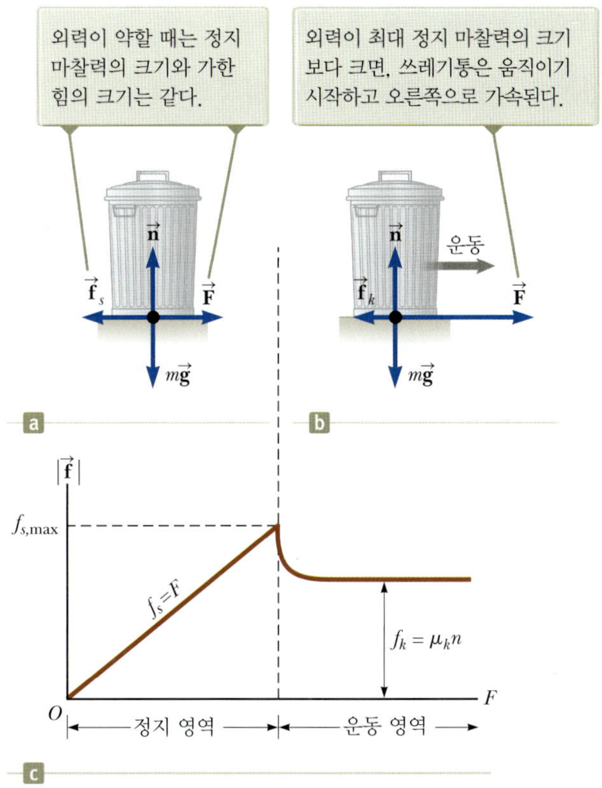

그림 5.15 (a)와 (b) 쓰레기통을 끌 때, 통과 거친 표면 사이의 마찰력 $\vec{\mathbf{f}}$는 외력 $\vec{\mathbf{F}}$와 반대 방향으로 작용한다. (c) 가한 힘과 마찰력의 크기에 대한 도표. 여기서 $f_{s,\max} > f_k$이다.

므로, $\vec{\mathbf{F}}$가 커지면 그에 따라 $\vec{\mathbf{f}}_s$도 커진다. 마찬가지로 $\vec{\mathbf{F}}$가 줄어들면 그에 따라 $\vec{\mathbf{f}}_s$도 줄어든다.

실험을 통하여 마찰력은 두 표면의 특성에서 기인한다는 것을 알 수 있다. 표면이 거칠기 때문에 접촉은 물질의 돌출부가 만나는 단지 몇 개의 점에서만 일어나기 때문이다. 이런 점들에서 한 돌출부가 다른 표면의 돌출부의 운동에 물리적으로 저항하는 것과 두 표면의 돌출부끼리 접촉할 때 화학적인 결합에 의하여 마찰력이 일어난다. 비록 원자 수준에서 볼 때 마찰은 매우 복잡하지만 실제로 마찰력의 본질은 표면의 원자나 분자들 사이의 전기적 상호 작용이다.

그림 5.15b와 같이 $\vec{\mathbf{F}}$의 크기가 증가하면 쓰레기통이 결국에는 움직이기 시작한다. 쓰레기통이 막 움직이려는 순간에는 그림 5.15c에서처럼 정지 마찰력 f_s가 최댓값 $f_{s,\max}$를 가진다. F가 최대 정지 마찰력 $f_{s,\max}$보다 크면, 쓰레기통은 움직이기 시작하고 오른쪽으로 가속한다. 운동하고 있는 물체에 대한 마찰력을 **운동 마찰력**(force of kinetic friction) $\vec{\mathbf{f}}_k$라 한다. 쓰레기통이 움직일 때 통에 대한 운동 마찰력은 $f_{s,\max}$보다 작다(그림 5.15c). x 방향의 알짜힘 $F-f_k$는 뉴턴의 제2법칙에 따라 통을 오른쪽으로 가속시킨다. 만일 $F=f_k$이면 가속도는 영이고 쓰레기통은 일정한 속력으로 오른쪽을 향하여 움직인다. 통에 가하는 외력 $\vec{\mathbf{F}}$를 제거하면 왼쪽으로 작용하는 마찰력 $\vec{\mathbf{f}}_k$가 쓰레기통에 $-x$ 방향으로 가속도를 가해서 결국에는 멈추게 만드는데, 이는 뉴턴의 제2법칙과 잘 들어맞는다.

◀ 운동 마찰력

$f_{s,\max}$와 f_k는 표면이 물체에 작용하는 수직항력의 크기에 근사적으로 비례한다는 것이 실험적으로 알려진 사실이다. 실험적 관측에 근거를 둔 다음과 같은 마찰력의 특징

오류 피하기 5.9

등호는 제한된 경우에만 사용된다 식 5.9의 등호는 표면을 막 떠나 미끄러지기 시작하는 순간에만 사용된다. 모든 정적인 상태에서 $f_s = \mu_s n$을 사용하는 흔한 실수를 범하지 말라.

오류 피하기 5.10

마찰 식 식 5.9와 5.10은 벡터 식이 **아니라** 마찰력과 수직항력의 **크기**의 관계를 나타내는 식이다. 마찰력과 수직항력은 서로 수직이므로, 두 벡터는 상수를 곱하여 관계를 나타낼 수 없다.

오류 피하기 5.11

마찰력의 방향 흔히 물체와 면 사이에서 물체가 받는 마찰력의 방향이 운동 방향 또는 임박한 운동 방향의 반대 방향이라고 말하는데, 이 말은 정확하지 않다. 올바른 진술은 다음과 같다. "물체가 받는 마찰력의 방향은 **면에 대한** 상대 운동의 방향, 또는 면에 대한 임박한 운동의 방향과 반대 방향이다."

들은 마찰력이 포함된 문제를 다룰 때 유용하다.

- 접촉하고 있는 두 물체 사이의 정지 마찰력의 크기는

$$f_s \leq \mu_s n \tag{5.9}$$

이다. 여기서 μ_s는 차원이 없는 상수로서 **정지 마찰 계수**(coefficient of static friction)이다. 그리고 n은 접촉면에 의하여 물체가 받는 수직항력의 크기이다. 식 5.9에서 등호는 물체가 막 움직이기 시작할 때, 즉 $f_s = f_{s,\max} = \mu_s n$일 때 성립한다. 이 상황을 **임박한 운동**이라고 한다. 부등호는 물체가 표면에서 미끄러지지 않고 표면에 대하여 정지해 있을 때 성립한다.

- 접촉하고 있는 두 물체 사이의 운동 마찰력의 크기는

$$f_k = \mu_k n \tag{5.10}$$

이다. 여기서 μ_k는 **운동 마찰 계수**(coefficient of kinetic friction)이다. 비록 물체의 속력에 따라 이 값은 변하지만 여기서는 상수로 취급한다.

- μ_k와 μ_s는 표면의 성질에 의존하며 일반적으로 μ_k는 μ_s보다 작다. 이들의 전형적인 값은 0.03~1.0 정도이다. 표 5.1에 이들 값을 정리하였다.
- 마찰력의 방향은 접촉하고 있는 물체의 표면에 평행하고 움직이는 방향과 반대이며, 정지 마찰력의 경우에는 움직이려는 방향과 반대 방향으로 작용한다.
- 마찰 계수는 접촉면의 넓이와 거의 무관하다. 물체의 접촉 넓이가 최대가 되면 마찰력이 증가할 것이라 예상하지만 실제로는 그렇지 않다. 이 경우는 접촉하는 점들의 개수가 더 많이 증가하지만, 물체의 무게가 더 넓은 지역에 걸쳐 분산되어 각 점에 가해지는 힘은 감소하게 된다. 이런 효과에 의하여 근사적으로 마찰력은 접촉면의 넓이와는 무관하다.

표 5.1 마찰 계수

	μ_s	μ_k
콘크리트 위의 고무	1.0	0.8
강철 위의 강철	0.74	0.57
강철 위의 알루미늄	0.61	0.47
유리 위의 유리	0.94	0.4
강철 위의 구리	0.53	0.36
나무 위의 나무	0.25~0.5	0.2
젖은 눈 위의 왁스칠한 나무	0.14	0.1
마른 눈 위의 왁스칠한 나무	–	0.04
금속 위의 금속(윤활유를 칠한 경우)	0.15	0.06
테플론 위의 테플론	0.04	0.04
얼음 위의 얼음	0.1	0.03
인체의 관절	0.01	0.003

Note: 모든 값은 근삿값이다. 어떤 경우에는 마찰 계수가 1.0을 넘기도 한다.

그림 5.16 (퀴즈 5.7) (a) 아빠가 딸의 썰매를 등 뒤에서 밀고 있다. (b) 아빠가 딸의 썰매를 줄을 이용해서 끌어당기고 있다.

퀴즈 5.6 물리학 책을 수직 벽에 대고 누를 경우 벽이 책에 작용하는 마찰력의 방향은 어느 쪽인가? **(a)** 아래 방향 **(b)** 위 방향 **(c)** 벽으로부터 나오는 방향 **(d)** 벽으로 들어가는 방향

퀴즈 5.7 아빠가 수평인 눈썰매장에서 딸의 썰매를 끌 때 다음 중 어느 것이 더 쉬운가? **(a)** 그림 5.16a처럼 딸의 뒤에서 어깨를 수평과 30° 아래 방향으로 민다. **(b)** 그림 5.16b처럼 썰매에 줄을 묶어 수평과 30° 위 방향으로 끌어당긴다.

예제 5.7 실험으로 μ_s와 μ_k 결정하기

다음에서 물체와 거친 표면 사이의 마찰 계수를 측정하는 간단한 방법을 알아보자. 그림 5.17과 같이 수평면에 대하여 기울어진 비탈면에 물체를 둔다. 이때 비탈면의 경사를 수평에서 물체가 막 미끄러질 때까지 서서히 증가시키자. 물체가 미끄러지기 시작할 때의 임계각 θ_c를 측정하여 μ_s를 얻을 수 있음을 보이라.

풀이

개념화 그림 5.17의 자유 물체 도형을 보자. 물체가 중력에 의하여 비탈면을 미끄러져 내려온다고 생각해 보자. 이와 같은 상황을 실현해 보기 위하여, 이 책의 겉면에 동전을 놓고 동전이 미끄러지기 시작할 때까지 수평과 책 사이의 각도를 증가시켜 보자. 이 예제가 예제 5.3과 어떻게 다른지에 주목하자. 경사면에 마찰이 없으면, 약간의 경사각을 주더라도 정지 물체는 운동하기 시작한다. 그러나 마찰이 있으면, 임계각보다 작은 각도에서는 물체가 움직이지 않는다.

분류 물체는 경사가 증가함에 따라 막 미끄러지기 직전까지 변하는 힘을 받게 되지만 움직이지 않으므로 물체를 **평형 상태의 입자** 문제로 분류할 수 있다.

분석 그림 5.17의 도형에서 볼 수 있는 것처럼, 물체에 작용하는 힘은 중력 $m\vec{\mathbf{g}}$, 수직항력 $\vec{\mathbf{n}}$, 정지 마찰력 $\vec{\mathbf{f}}_s$가 있다. x축을 비탈면에 나란한 방향으로 y축을 비탈면에 수직인 방향으로 정의한다.

평형 상태의 입자 모형으로부터, x와 y 방향 모두에서 물체에 식 5.8을 적용한다.

$$(1) \qquad \sum F_x = mg\sin\theta - f_s = 0$$

$$(2) \qquad \sum F_y = n - mg\cos\theta = 0$$

식 (2)로부터 $mg = n/\cos\theta$을 식 (1)에 대입한다.

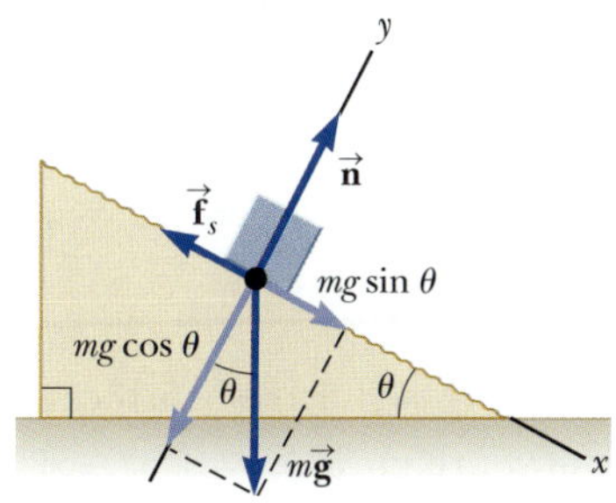

그림 5.17 (예제 5.7) 거친 비탈면에 놓여 있는 물체에 작용하는 외력은 중력 $m\vec{\mathbf{g}}$, 수직항력 $\vec{\mathbf{n}}$, 마찰력 $\vec{\mathbf{f}}_s$가 있다. 편의상 중력을 비탈면에 평행한 성분 $mg\sin\theta$와 수직인 성분 $mg\cos\theta$로 나눈다.

$$(3) \qquad f_s = mg\sin\theta = \left(\frac{n}{\cos\theta}\right)\sin\theta = n\tan\theta$$

물체가 막 미끄러지는 순간까지 경사각을 크게 하면 정지 마찰력은 최댓값 $\mu_s n$까지 커진다. 이 경우 각도 θ는 임계각 θ_c이다. 이들을 식 (3)에 대입한다.

$$\mu_s n = n\tan\theta_c$$

$$\mu_s = \tan\theta_c$$

정지 마찰 계수는 임계각에만 관계있음을 보였다. 예를 들어 물체가 $\theta_c = 20.0°$에서 막 미끄러졌다면 $\mu_s = \tan 20.0° = 0.364$가 된다.

결론 만일 $\theta \geq \theta_c$이면 물체는 아래로 가속되고, 이때의 운동 마찰력은 $f_k = \mu_k n$이다. 그러나 θ를 다시 θ_c 이하로 줄여 나가면, 물체가 평형 상태의 입자로서 등속 운동($a_x = 0$)을 하는 각도

θ'_c을 구할 수 있다. 이때 식 (1)과 (2)로부터 f_s를 f_k로 바꾸면 $\mu_k = \tan\theta'_c$이고 $\theta'_c < \theta_c$이다.

예제 5.8 마찰이 있는 경우 연결된 두 물체의 가속도

그림 5.18a처럼 거친 수평면 위에 질량 m_2인 물체가 가볍고 마찰 없는 도르래에 걸쳐진 가벼운 줄에 의하여 질량 m_1인 공과 연결되어 있다. 그림에서 보는 것처럼 수평과 이루는 각도가 θ인 방향으로 물체에 힘 F가 작용해서 오른쪽으로 미끄러지고 있다. 물체와 표면 사이의 운동 마찰 계수는 μ_k이다. 두 물체의 가속도의 크기를 구하라.

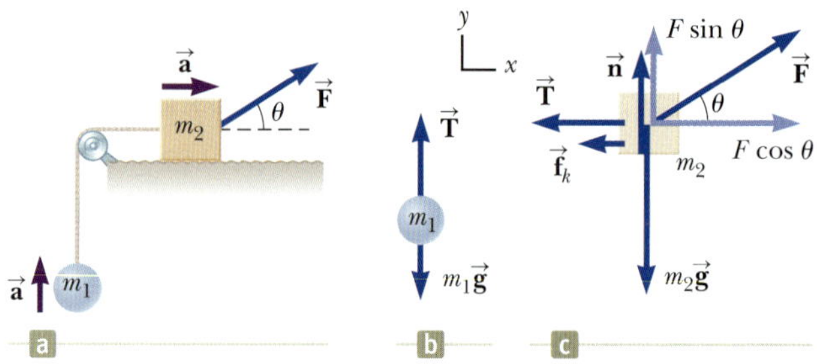

그림 5.18 (예제 5.8) (a) 외력 $\vec{F}$가 작용하여 물체는 오른쪽으로 가속된다. (b, c) 물체는 오른쪽으로, 공은 위 방향으로 가속된다고 가정할 때, 두 물체에 작용하는 힘을 보여 주는 도형

풀이

개념화 물체에 힘 $\vec{F}$가 작용할 때 어떻게 될 것인가? 정지 마찰을 이길 정도이지만, 물체를 끌어올릴 정도로 $\vec{F}$가 크지는 않다고 가정하면, 물체는 오른쪽으로 미끄러지고 공은 위로 올라갈 것이다.

분류 주어진 힘들로부터 물체의 가속도를 구해야 하므로 이 문제를 물체와 공 모두 **알짜힘을 받는 입자**인 문제로 분류할 수 있다. 외력이 물체를 공중으로 들어 올리지 않는다고 가정하기 때문에, 연직 방향에서의 물체는 **평형 상태의 입자**로 모형화한다.

분석 우선 그림 5.18b와 5.18c처럼 두 물체에 대한 자유 물체 도형을 그린다. 줄은 물체 모두에 크기가 T인 힘을 작용한다. 작용한 힘 $\vec{F}$는 각각 x 성분 $F\cos\theta$와 y 성분 $F\sin\theta$로 분해할 수 있다. 두 물체는 연결되어 있으므로 물체의 가속도의 x 성분과 공의 가속도의 y 성분이 같고 이를 a로 둔다. 물체가 오른쪽으로 움직인다고 가정한다.

수평 방향에 대하여 물체에 알짜힘을 받는 입자 모형을 적용한다.

(1) $$\sum F_x = F\cos\theta - f_k - T = m_2 a_x = m_2 a$$

물체는 수평으로만 움직이므로, 연직 방향에 대하여 물체에 평형 상태의 입자 모형을 적용한다.

(2) $$\sum F_y = n + F\sin\theta - m_2 g = 0$$

연직 방향에 대하여 구에 알짜힘을 받는 입자 모형을 적용한다.

(3) $$\sum F_y = T - m_1 g = m_1 a_y = m_1 a$$

식 (2)를 n에 대하여 푼다.

$$n = m_2 g - F\sin\theta$$

n을 식 5.10의 $f_k = \mu_k n$에 대입한다.

(4) $$f_k = \mu_k(m_2 g - F\sin\theta)$$

식 (4)와 (3)으로부터 나온 값 T와 f_k를 식 (1)에 대입한다.

$$F\cos\theta - \mu_k(m_2 g - F\sin\theta) - m_1(a + g) = m_2 a$$

이제 a를 구하면 다음과 같다.

(5) $$a = \frac{F(\cos\theta + \mu_k \sin\theta) - (m_1 + \mu_k m_2)g}{m_1 + m_2}$$

결론 물체의 가속도는 식 (5)의 분자의 부호에 따라 오른쪽 또는 왼쪽이 될 수 있다. 만일 물체가 왼쪽으로 움직이면 마찰력이 표면에 대한 물체의 운동과 반대 방향이어야 하므로, 식 (1)에서 f_k의 부호가 반대가 되어야 한다. 이 경우 a의 값은 식 (5)의 분자에 있는 두 양의 부호를 음의 부호로 바꾼 것과 같다.

힘 $\vec{F}$를 제거하여 표면이 마찰이 없게 되면 식 (5)는 어떻게 될까? 이때 나타난 식을 식 (6)이라고 하자. 이 식은 이런 경우의 물리적 상황과 직관적으로 일치하는가? 예제 5.6으로 돌아가서 풀이에서의 식 (6)에 각도 θ를 영으로 놓자. 이 결과 식을 여기에서 얻은 예제 5.8의 식 (6)과 비교해 보라. 물리적인 상황에 기초하여 이들 식을 이런 방법으로 비교해 보는 일은 공부가 된다.

연습문제

객관식

1. 빈 트럭을 고속으로 운전하던 운전수가 급브레이크를 밟아서 거리 d만큼 스키드 마크를 남기고 정지하였다. 두 번째 시도에서 트럭에 짐을 실어 질량이 두 배가 된 트럭으로 동일한 실험을 할 때 트럭의 스키드 마크 거리는 얼마인가? (a) $4d$ (b) $2d$ (c) $\sqrt{2}\,d$ (d) d (e) $d/2$

2. 그림 OQ5.2에서 기관차가 기차역의 벽을 뚫고 나갔다. 충돌하는 동안 기관차가 벽에 작용한 힘에 대한 설명으로 옳은 것은 어느 것인가? (a) 기관차가 벽에 작용한 힘은 벽이 기관차에 작용할 수 있는 힘보다 크다. (b) 기관차가 벽에 작용한 힘은 벽이 기관차에 작용한 힘과 크기가 같다. (c) 기관차가 벽에 작용한 힘은 벽이 기관차에 작용한 힘보다 작다. (d) 충돌 후 벽이 부서졌기 때문에 벽이 힘을 작용하였다고 할 수 없다.

© ND/Roger Viollet/The Image Works

그림 OQ5.2

3. 어느 백화점의 매니저가 셔츠 박스를 200 N의 힘으로 수평 방향으로 민다. 상자는 수평 바닥면에서 미끄러지면서 가속된다. 이 상자에 다른 힘이 작용하지 않을 때, 상자에 작용하는 운동 마찰력의 크기는 어떠한가? (하나만 고르라.) (a) 200 N보다 크다. (b) 200 N보다 작다. (c) 200 N이다. (d) 정답 없음

4. 그림 5.13a와 같이 두 개의 물체가 줄로 연결되어 있고 그 줄은 마찰이 없는 도르래에 걸려 있다. 만약 $m_1 < m_2$이고 각각의 가속도를 a_1과 a_2라고 할 때, 질량이 m_2인 물체의 가속도 a_2의 크기로 옳은 것은 어느 것인가? (a) $a_2 < g$ (b) $a_2 > g$ (c) $a_2 = g$ (d) $a_2 < a_1$ (e) $a_2 > a_1$

5. 질량 m인 물체가 속력 v_i로 운동 마찰 계수 μ인 수평 테이블에서 운동하고 있다. 이 물체가 거리 d만큼 이동 후 정지한다. 다음 중 v_i를 적절하게 나타낸 식은 어느 것인가? (a) $v_i = \sqrt{-2\mu mgd}$ (b) $v_i = \sqrt{2\mu mgd}$ (c) $v_i = \sqrt{-2\mu gd}$ (d) $v_i = \sqrt{2\mu gd}$ (e) $v_i = \sqrt{2\mu d}$

6. 모래가 적재된 트럭이 고속도로에서 가속한다. 트럭을 가속시키는 힘은 일정하다. 만약 적재하는 트레일러 바닥에 구멍이 나서 모래가 일정한 비율로 빠져나간다면, 가속도는 어떻게 되는가? (a) 일정한 비율로 줄어든다. (b) 일정한 비율로 증가한다. (c) 증가하다가 감소한다. (d) 감소하다가 증가한다. (e) 일정하게 유지된다.

7. 질량이 m인 커다란 나무상자를 트럭의 평평한 화물칸에 밧줄로 고정하지 않고 실었다. 트럭이 가속도 a로 앞으로 움직일 때 상자는 트럭 바닥에 대하여 정지 상태를 유지하였다. 상자를 가속시키는 원인이 되는 힘은 무엇인가? (a) 수직항력 (b) 중력 (c) 마찰력 (d) 상자에 의하여 생긴 힘 ma (e) 어떤 힘도 필요 없다.

8. 어떤 물체가 평형 상태에 있을 때, 다음 중 옳지 않은 것은 어느 것인가? (a) 물체의 속력은 일정하다. (b) 물체의 가속도는 영이다. (c) 물체에 작용하는 알짜힘은 영이다. (d) 물체는 정지해 있어야 한다. (e) 물체에 적어도 두 개의 힘이 작용해야 한다.

9. 수평면에 대하여 기울어진 경사면에 나무상자가 정지하고 있다. 나무상자에 작용하는 마찰력의 크기에 대한 설명으로 옳은 것을 모두 고르라. (a) 나무상자의 무게보다 크다. (b) $\mu_s n$ 값과 동일하다. (c) 경사면에 나란한 중력 성분의 크기보다 크다. (d) 경사면에 나란한 중력 성분의 크기와 같다. (e) 경사면에 나란한 중력 성분의 크기보다 작다.

10. 질량 m인 물체가 가속도 $\vec{\mathbf{a}}$로 울퉁불퉁한 경사를 내려가고 있다. 다음 중 어떤 힘들이 자유 물체 도형에 표기되어야 하는가? 정답을 모두 고르라. (a) 중력 (b) 운동 방향에서의 $m\vec{\mathbf{a}}$ (c) 경사면이 작용하는 수직항력 (d) 경사면이 작용하는 마찰력 (e) 물체가 경사면에 작용하는 힘

주관식

5.1 힘의 개념

1. 질량이 3.00 kg인 물체가 $\vec{\mathbf{a}} = (2.00\hat{\mathbf{i}} + 5.00\hat{\mathbf{j}})$ m/s²으로 가속되고 있다. 이 물체에 작용하는 (a) 알짜힘과 (b) 크기를 구하라.

2. 수평면(xy 평면)에서 마찰 없이 미끄러질 수 있는 큰 하키 퍽에 장난감 로켓 엔진을 단단히 고정시킨다. 질량이 4.00 kg인 퍽이 어떤 순간에 속도가 $3.00\hat{\mathbf{i}}$ m/s가 된다. 8 s 후, 퍽의 속도는 $(8\hat{\mathbf{i}} + 10\hat{\mathbf{j}})$ m/s가 된다. 로켓 엔진이 일정한 수평력을 작용한다고 가정할 때 (a) 작용한 힘의 성분들과 (b) 힘의 크기를 구하라.

5.2 뉴턴의 제1법칙과 관성틀

3. (a) 질량이 850 kg인 자동차가 1.44 m/s의 일정한 속력으로 오른쪽으로 움직이고 있다. 자동차에 작용하는 알짜힘은 얼마인가? (b) 만약 자동차가 왼쪽으로 움직인다면 자동차에 작용하는 알짜힘은 얼마인가?

5.3 질 량

4. 몸무게가 120 lb인 여성이 있다. (a) 그녀의 몸무게를 뉴턴 단위로 구하라. (b) 그녀의 질량을 킬로그램 단위로 구하라.

5.4 뉴턴의 제2법칙

5. 질량이 9.11×10^{-31} kg인 전자가 처음 속력 3.00×10^5 m/s로 움직이고 있다. 직선 상에서 움직이는 이 전자가 일정하게 가속되어 5.00 cm 이동하는 동안 속력이 7.00×10^5 m/s로 증가한다면, (a) 전자에 작용하는 힘의 크기는 얼마인가? (b) 전자가 받는 힘과 전자의 무게를 비교하라.

6. 질량 2.80 kg의 물체에 중력과 또 다른 일정한 힘이 작용하고 있다. 물체는 처음에 정지하고 있다가 1.20 s 후에 변위가 $(4.20\hat{\mathbf{i}} - 3.30\hat{\mathbf{j}})$ m이다. 여기서 $\hat{\mathbf{j}}$ 방향은 수직 위 방향이다. 물체에 작용한 이 또 다른 힘을 구하라.

7. 처음에 좌표 (−2.00 m, +4.00 m)에 정지하고 있던 질량 2.00 kg의 입자에 $\vec{\mathbf{F}}_1 = (-6.00\hat{\mathbf{i}} - 4.00\hat{\mathbf{j}})$ N과 $\vec{\mathbf{F}}_2 = (-3.00\hat{\mathbf{i}} + 7.00\hat{\mathbf{j}})$ N의 두 힘이 작용한다. (a) t = 10.0 s일 때 입자의 속도 성분을 구하라. (b) t = 10.0 s일 때 입자가 움직이는 방향을 구하라. (c) 처음 10.0 s 동안 입자의 변위를 구하라. (d) t = 10.0 s일 때 입자의 좌표를 구하라.

8. 질량 m_1인 물체에 $\vec{\mathbf{F}}$의 힘이 작용하여 3.00 m/s²로 가속된다. 같은 힘이 질량 m_2인 물체에 작용하여 1.00 m/s²으로 가속된다면, (a) m_1/m_2의 비는 얼마인가? (b) 질량 m_1과 m_2인 두 물체가 하나로 합쳐진 물체에 $\vec{\mathbf{F}}$의 힘이 작용한다면 얼마만큼 가속되는가?

9. 5.00 kg인 물체에 두 힘 $\vec{\mathbf{F}}_1$과 $\vec{\mathbf{F}}_2$가 작용한다. 두 힘의 크기는 각각 F_1 = 20.0 N과 F_2 = 15.0 N이다. 그림 P5.9에서 (a)와 (b)의 경우에 대하여 각각의 가속도를 구하라.

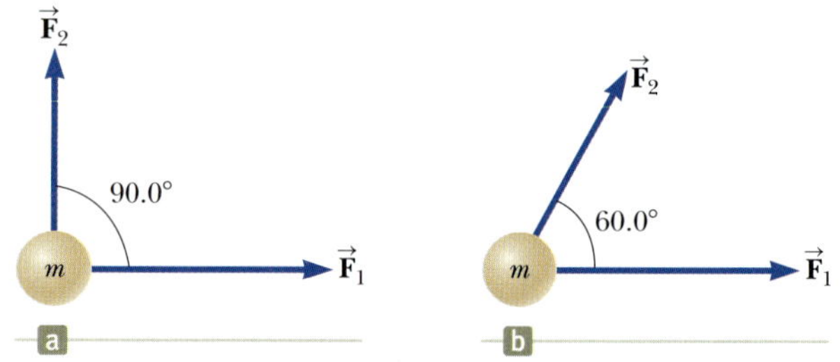

그림 P5.9

10. 마루 위에 15.0 lb인 물체가 정지해 있다. (a) 마루가 물체에 작용하는 힘은 얼마인가? (b) 물체에 줄을 연결하고 연직 위로 당겨 도르래에 걸친 후 줄의 다른 한쪽 끝에 10.0 lb인 물체를 매단다. 이제 마루가 15.0 lb인 물체에 작용하는 힘은 얼마인가? (c) (b)에서 10.0 lb인 물체 대신 20.0 lb인 물체를 매단다면, 마루가 15.0 lb인 물체에 작용하는 힘은 얼마인가?

5.5 중력과 무게

11. 한 남성의 몸무게가 지구에서 900 N이다. 중력 가속도가 25.9 m/s²인 목성에서 이 남성의 몸무게는 얼마인가?

12. 질량과 무게를 처음으로 구분한 사람은 1671년에 추시계를 가지고 프랑스 파리에서 아프리카의 프랑스령 기아나의 수도 카옌으로 여행한 장 리셰(Jean Richer)이다. 그는 추시계가 파리에서보다 카옌에서 아주 규칙적으로 느리게 간다는 사실을 알았다. 이 현상은 시계가 파리에 돌아왔을 때 원래대로 회복되었다. 질량이 90.0 kg인 사람이 중력 가속도 g = 9.809 5 m/s²인 파리에서 중력 가속도 g = 9.780 8 m/s²인 카옌으로 여행할 때 그의 몸무게는 얼마나 감소하는가? (중력 가속도가 진자의 주기에 미치는 영향에 대해서는 15.5절에서 공부한다.)

5.6 뉴턴의 제3법칙

13. 질량 1 000 kg인 자동차가 질량 300 kg인 트레일러를 끌고 있다. 자동차와 트레일러가 함께 2.15 m/s²의 가속도로 움

직이고 있다. 공기 저항과 마찰력을 무시할 때, (a) 자동차에 작용하는 알짜힘을 구하라. (b) 트레일러에 작용하는 알짜힘을 구하라. (c) 자동차가 트레일러에 작용하는 힘을 구하라. (d) 자동차가 도로에 작용하는 알짜힘을 구하라.

5.7 뉴턴의 제2법칙을 이용한 분석 모형

14. 그림 P5.14에 있는 계는 모두 평형 상태에 있다. 용수철저울의 눈금이 모두 N 단위로 되어 있다면, 각각의 용수철저울에서 읽을 수 있는 값들은 얼마인가? 모든 경우에 도르래의 질량, 줄의 질량, 마찰은 무시할 수 있다.

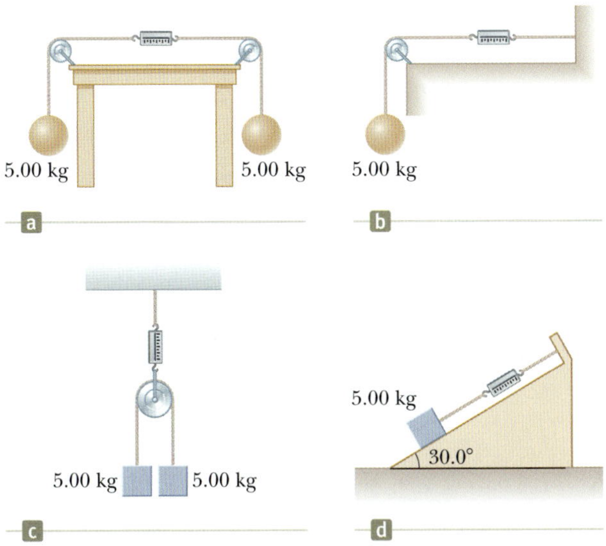

그림 P5.14

15. 세 개의 블록이 그림 P5.15와 같이 마찰이 없는 평면 위에 배열되어 있다. 그림에서와 같이 3.0 kg의 블록에 42 N의 힘이 작용할 때, 블록 전체의 가속도를 구하라. (b) 3.0 kg과 1.0 kg 블록을 잇는 줄의 장력을 구하라. (c) 1.0 kg의 블록이 2.0 kg의 블록에 작용하는 힘을 구하라.

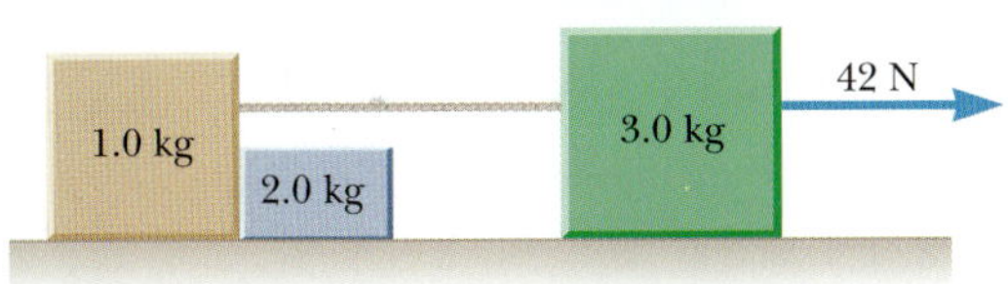

그림 P5.15

16. 어떤 물체가 수평면과 $\theta = 15.0°$의 각도를 이루고 있는 마찰이 없는 경사면을 미끄러져 내려오고 있다. 물체는 경사면의 제일 높은 쪽 끝에서 출발하고 경사면의 전체 길이는 2.00 m이다. (a) 물체의 자유 물체 도형를 그리라. (b) 물체의 가속도와 (c) 물체가 경사면의 아래쪽 끝에 도달할 때의 속력을 구하라.

17. 전신주 사이 간격이 50.0 m인 전선의 중간 지점에 1.00 kg인 새가 앉으면 줄이 아래로 0.200 m 처진다. (a) 새에 대한 자유 물체 도형을 그리고, (b) 전선의 무게를 무시할 때 새로 인한 전선의 장력을 구하라.

18. 질량이 3.00 kg인 물체가 xy 평면 위에서 움직이고 있다. 이 물체의 위치를 나타내는 x, y 좌표가 $x = 5t^2 - 1$, $y = 3t^2 + 2$로 주어진다고 한다. 여기서 x와 y의 단위는 m이고 t의 단위는 s이다. $t = 2.00$ s일 때 물체에 작용하는 알짜힘의 크기를 구하라.

19. 무게가 325 N인 시멘트 포대가 그림 P5.19와 같이 세 줄에 평형 상태로 매달려 있다. 위의 두 줄은 수평면과 각각 $\theta_1 = 60.0°$, $\theta_2 = 40.0°$를 이루고 있다. 이 상태를 평형 상태라고 가정할 때, 각 줄에 걸리는 장력 T_1, T_2, T_3을 구하라.

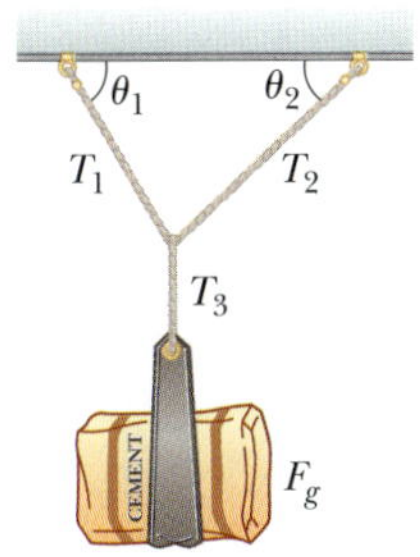

그림 P5.19 문제 19, 20

20. 그림 P5.19에서 시멘트 포대의 무게를 F_g라 하고, 두 줄이 수평면과 이루는 각을 각각 θ_1, θ_2라고 할 때 평형 상태에서 왼쪽의 줄에 걸리는 장력 T_1이 다음과 같음을 보이라.

$$T_1 = \frac{F_g \cos\theta_2}{\sin(\theta_1 + \theta_2)}$$

21. 질량 $m = 1.00$ kg인 물체의 가속도는 $\vec{\mathbf{a}}$인데, 그 크기는 10.0 m/s²이고 방향은 북동 60.0° 방향으로 기울어져 있다. 그림 P5.21은 물체를 위에서 본 모습이다. 물체에 작용하는 $\vec{\mathbf{F}}_2$의 크기는 5.00 N이고 방향은 북쪽이라고 할 때, 물체에 작용하는 다른 힘 $\vec{\mathbf{F}}_1$의 크기와 방향을 구하라.

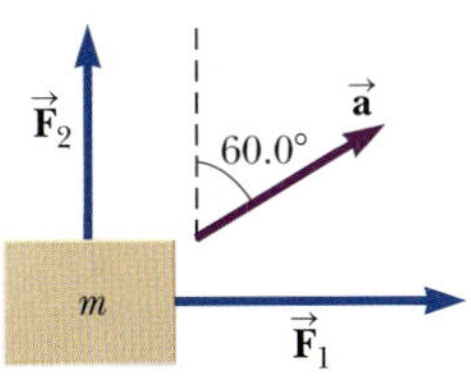

그림 P5.21

22. 그림 P5.22에서와 같이 마찰이 없는 수평 테이블에 놓인 질량 $m_1 = 5.00$ kg인 물체가, 테이블에 고정된 질량을 무시할

수 있고 마찰이 없는 도르래를 통하여, 질량 $m_2 = 9.00$ kg인 물체와 줄로 연결되어 있다. 이때 (a) 두 물체의 자유 물체 도형을 그리라. (b) 물체의 가속도의 크기와 (c) 줄의 장력을 구하라.

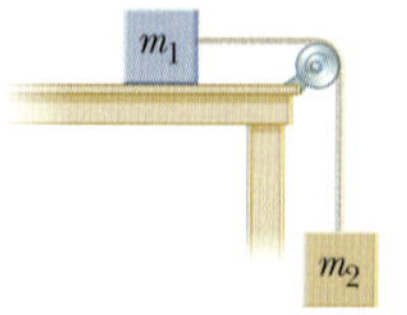

그림 P5.22 문제 22, 34

23. 그림 P5.23은 턱걸이를 하는 사람의 몸의 속력을 나타낸다. 운동은 연직 방향이고 사람의 질량이 64.0 kg이라면, 다음 각각의 시간에서 턱걸이 봉이 사람에 작용하는 힘을 구하라. (a) $t = 0$ s (b) $t = 0.5$ s (c) $t = 1.1$ s (d) $t = 1.6$ s

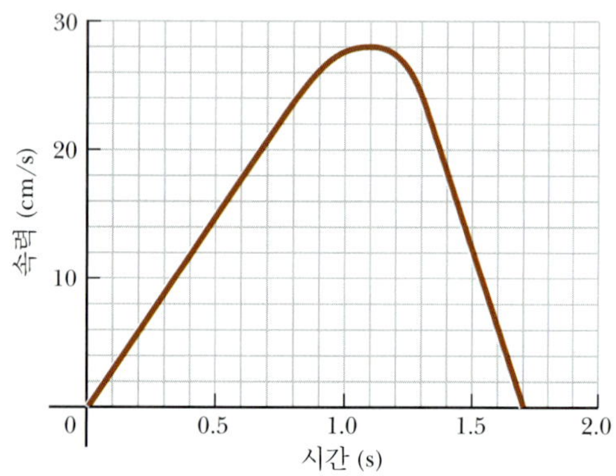

그림 P5.23

24. 그림 P5.24와 같이 두 물체가 가벼운 줄로 연결되어 마찰이 없는 도르래에 걸려 있다. $m_1 = 2.00$ kg, $m_2 = 6.00$ kg, $\theta = 55.0°$이고 경사면에 마찰은 없다고 가정한다. (a) 두 물체에 대한 자유 물체 도형을 그리라. (b) 두 물체의 가속도를 구하라. (c) 줄의 장력을 구하라. (d) 물체를 정지 상태에서 놓은 후 2.00 s에서 물체의 속력을 구하라.

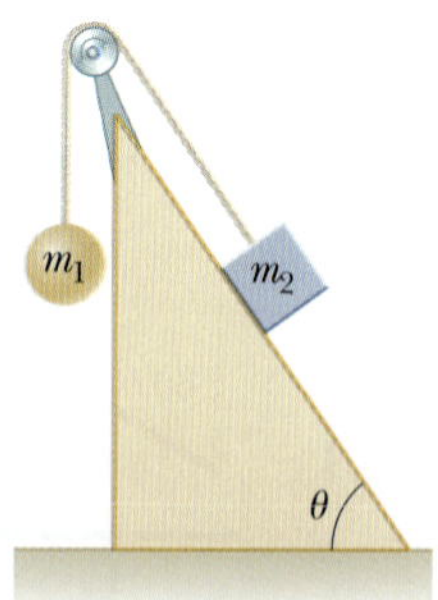

그림 P5.24

25. 그림 P5.25에 보인 계에서, 질량 $m_2 = 8.00$ kg인 물체에 수평력 $\vec{\mathbf{F}}_x$가 작용한다. 이때 수평면은 마찰이 없다. 미끄러지는 물체의 가속도는 수평력의 크기 F_x의 함수로 주어진다. (a) 질량 $m_1 = 2.00$ kg인 물체가 위 방향으로 가속되려면 F_x는 어떤 값을 가져야 하는가? (b) 끈의 장력이 0이 되려면 F_x는 어떤 값을 가져야 하는가? (c) F_x를 −100 N에서부터 +100 N까지 변화를 주며 F_x에 따른 수평면 위 물체 m_2의 가속도를 그래프로 그리라.

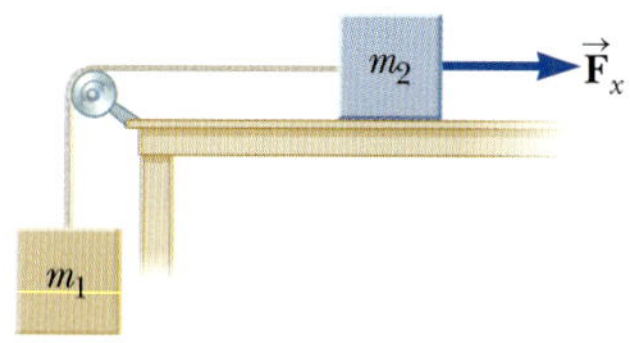

그림 P5.25

26. 그림 P5.26과 같이 블록이 마찰이 없는 $\theta = 20.0°$인 경사면에 놓여 있다. 경사면 위 방향으로 처음 속력 5.00 m/s가 주어졌다면 블록이 정지할 때까지 올라간 거리는 얼마인가?

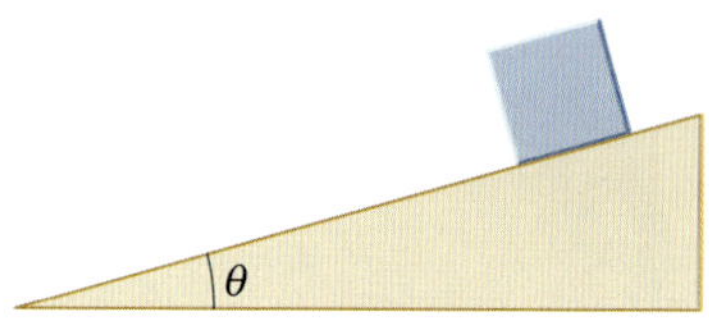

그림 P5.26

27. 그림 P5.27과 같이 두 블록이 가벼운 줄로 연결되어 마찰이 없는 도르래에 걸려 있다. $m_1 = 3.50$ kg, $m_2 = 8.00$ kg이고 경사면에 마찰은 없다. (a) 두 물체의 가속도를 구하라. (b) 줄의 장력을 구하라.

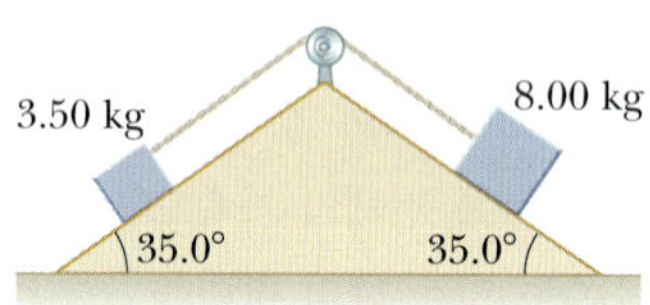

그림 P5.27 문제 27, 39

28. 질량 M인 물체가 그림 P5.28에 보인 것처럼 두 개의 도르래로 만들어진 장치에 매달려 있고 이 장치에 힘 $\vec{\mathbf{F}}$가 작용하고 있다. 이 장치에 사용된 도르래들은 질량이 없고 마찰도 없다. (a) 각 도르래에 작용하는 힘 도형을 그리라. (b) 각 줄에 걸리는 장력 T_1, T_2, T_3, T_4, T_5와 (c) $\vec{\mathbf{F}}$의 크기를 구하라.

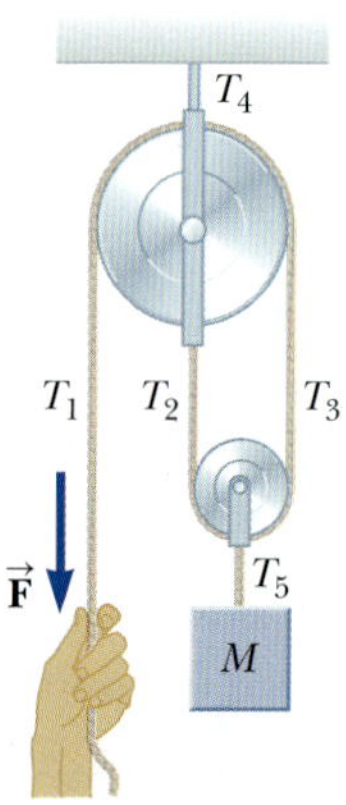

그림 P5.28

5.8 마찰력

29. 질량이 12.0 g인 라이플총의 탄환이 오른쪽 방향으로 260 m/s의 속력으로 날아가 큰 모래 주머니에 23.0 cm 깊이로 박힌다. 모래 주머니가 탄환에 작용한 마찰력의 방향과 크기를 구하라. 마찰력은 일정하다고 가정한다.

30. 수평 고속도로에서 자동차가 시속 50.0마일로 달리고 있다. (a) 비가 오는 날 도로와 바퀴 사이의 정지 마찰 계수가 0.100일 때 자동차가 멈추기 위한 최소 거리를 구하라. (b) 도로면이 말라 있고 $\mu_s = 0.600$일 때 정지 거리를 구하라.

31. 25.0 kg인 물체가 수평면에 정지해 있다. 물체를 정지 상태에서 움직이게 하기 위해서는 75.0 N의 힘이 필요하다. 물체가 움직이기 시작한 후 물체가 일정한 속력으로 움직이게 하기 위해서는 60.0 N의 힘이 필요하다. 이때 물체와 수평면 사이의 (a) 정지 마찰 계수와 (b) 운동 마찰 계수를 구하라.

32. 공항에서 한 여자가 20.0 kg의 여행용 가방을 일정한 속력으로 끌고 있는데, 여행용 가방의 가죽끈과 수평면 사이의 각도는 θ로 유지된다(그림 P5.32). 여자는 가죽끈을 35.0 N의 힘으로 당기고 있고 여행용 가방에 작용하는 마찰력은 20.0 N이다. 이때 (a) 여행용 가방의 자유 물체 도형를 그리라. (b) 수평면과 가죽끈이 이루는 각도 θ는 얼마인가? (c) 바닥이 여행용 가방에 작용하는 수직항력의 크기는 얼마인가?

그림 P5.32

33. 30.0°로 기울어져 있는 경사면 위쪽 끝에 멈춰 있던 3.00 kg인 물체가 미끄러지기 시작하여 1.50 s 동안 2.00 m의 거리를 미끄러져 내려온다. 이때 (a) 물체의 가속도, (b) 물체와 경사면 사이의 운동 마찰 계수, (c) 물체에 작용한 마찰력, (d) 2.00 m를 미끄러진 후 물체의 속력을 구하라.

34. 질량이 $m_2 = 9.00$ kg인 물체가 가볍고 늘어나지 않는 줄로 가볍고 마찰 없는 도르래를 통하여 질량이 $m_1 = 5.00$ kg인 물체와 그림 P5.22처럼 연결되어 있다. 5.00 kg인 물체는 수평 테이블 위에서 미끄러지고 있다. 운동 마찰 계수가 0.200일 때 줄에 작용하는 장력을 구하라.

35. 그림 P5.35와 같이 세 물체가 테이블 위에 연결되어 있다. 질량 m_2인 물체와 테이블 사이의 운동 마찰 계수는 0.350이다. 도르래는 마찰이 없고, 각 물체의 질량은 $m_1 = 4.00$ kg, $m_2 = 1.00$ kg, $m_3 = 2.00$ kg이다. 이때 (a) 각 물체의 자유 물체 도형을 그리라. (b) 각 물체의 가속도의 크기와 방향을 구하라. (c) 연결된 두 줄의 장력을 각각 구하라. (d) 만약 테이블의 윗면이 매끄럽다면 장력은 증가할까, 감소할까, 아니면 그 전과 같을까? 왜 그런지 설명하라.

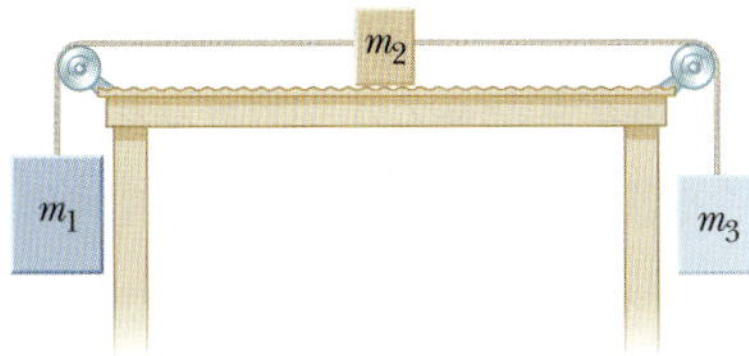

그림 P5.35

36. 두 물체가 질량을 무시할 수 있는 줄로 연결되어 수평력에 의하여 수평으로 끌려가고 있다(그림 P5.36). $F = 68.0$ N이고, $m_1 = 12.0$ kg, $m_2 = 18.0$ kg 그리고 물체와 바닥 사이의 운동 마찰 계수는 0.100이라고 하자. (a) 각 물체의 자유 물체 도형을 그리라. (b) 계의 가속도와 (c) 줄에 걸리는 장력 T를 구하라.

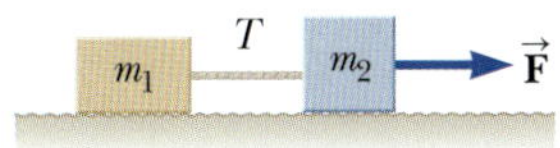

그림 P5.36

37. 마술사가 수평으로 놓인 책상 위에 보자기를 깔고 그 위에 200 g의 머그컵을 올려 놓았다. 머그컵은 보자기 끝으로부터 30.0 cm 되는 곳에 놓여 있으며 보자기가 머그컵에 미치는 마찰력은 0.100 N이다. 마술사가 3.00 m/s²의 등가속도로 보자기를 잡아당길 때 보자기가 완전히 빠지는 동안 머그컵이 책상 위에서 움직인 거리를 구하라. 이 과정에서 보자기가 움직인 거리는 30 cm보다 크다.

38. 그림 P5.38과 같이 5.00 kg의 블록이 벽에 고정된 줄에 매인 채 10.0 kg의 블록 위에 놓여 있다. 블록과 바닥, 블록과 블록 사이의 운동 마찰 계수는 0.200이다. 10.0 kg의 물체에 45.0 N의 힘이 수평 방향으로 작용할 때, (a) 각 물체의 자유 물체 도형을 그리고, 두 블록 사이의 작용–반작용력을 밝히라. (b) 벽에 고정된 줄의 장력과 10.0 kg 블록의 가속도를 구하라.

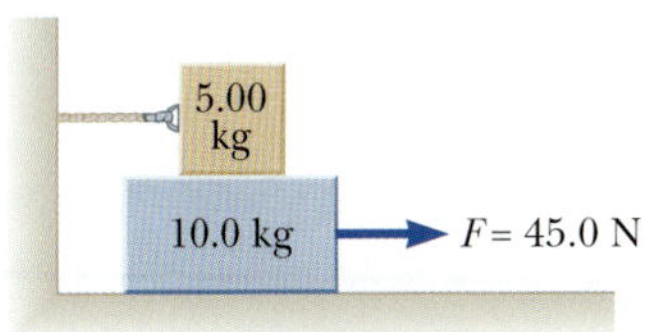

그림 P5.38

39. 그림 P5.27에 나타낸 계에서 가속도의 크기가 1.50 m/s²이

고 블록과 양쪽 경사면 사이의 운동 마찰 계수가 동일하다 고 가정할 때, (a) 운동 마찰 계수와 (b) 줄의 장력을 구하라.

40. 그림 P5.40처럼 무게 95.5 N인 널빤지가 다른 두 개의 널빤지 사이에 끼어 있다. 널빤지 사이의 정지 마찰 계수가 0.663일 때, 가운데 널빤지가 미끄러지지 않도록 하려면 양쪽 면에 수평 방향으로 크기가 얼마인 압축력을 가해야 하는가?

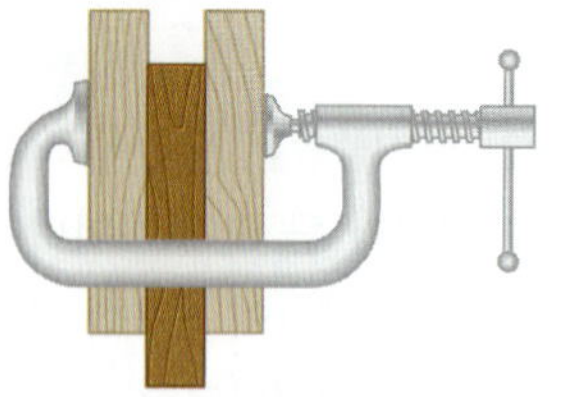

그림 P5.40

원운동과 뉴턴 법칙의 적용

Circular Motion and Other Applications of Newton's Laws

CHAPTER

6

미국 조지아 주 햄프턴에 있는 애틀랜타 자동차 스피드웨이에서 2008년 3월 9일에 있었던 NASCAR 스프린트 컵 시리즈 코발트 툴스(Kobalt Tools) 500 대회에서 18번 스니커스 토요타 운전자인 부시(Kyle Busch)가 24번 두폰 시보레 운전자인 고든(Jeff Gordon)을 앞서 가고 있다. *(Chris Graythen/Getty Images for NASCAR)*

앞 장에서 뉴턴의 운동 법칙을 소개하였고, 이들을 직선 운동에 대한 두 개의 분석 모형에 적용하였다. 이제 약간 더 복잡한 운동에 대하여 논의하고자 한다. 예를 들면 원 궤도를 따라 움직이는 물체에 뉴턴의 법칙을 적용할 것이다. 또한 가속 기준틀에서 바라본 물체의 운동과 점성이 있는 매질 속에 있는 물체의 운동에 대하여 논의할 예정이다. 이 장의 대부분은 뉴턴의 법칙을 다양한 상황에 적용하여 설명하는 일련의 예제들로 구성되어 있다.

6.1 등속 원운동하는 입자 모형의 확장

Extending the Particle in Uniform Circular Motion Model

4.4절에서 일정한 속력 v로 반지름 r인 원 궤도를 따라 움직이는 등속 원운동하는 입자 모형에 대하여 논의하였다. 이는 가속도 운동이며, 가속도의 크기는

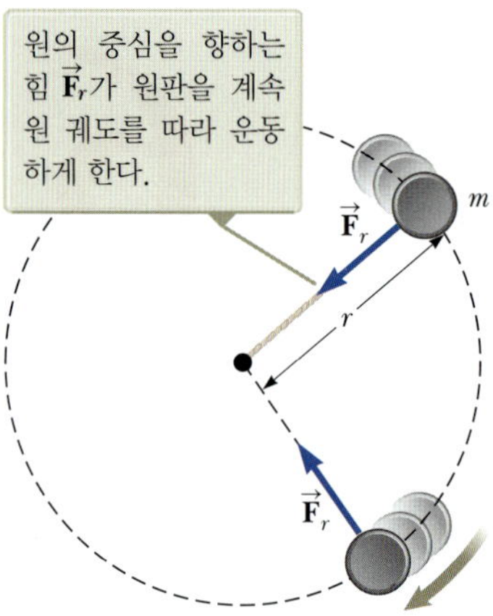

그림 6.1 수평면에서 원 궤도를 따라 운동하는 원판을 위에서 본 그림

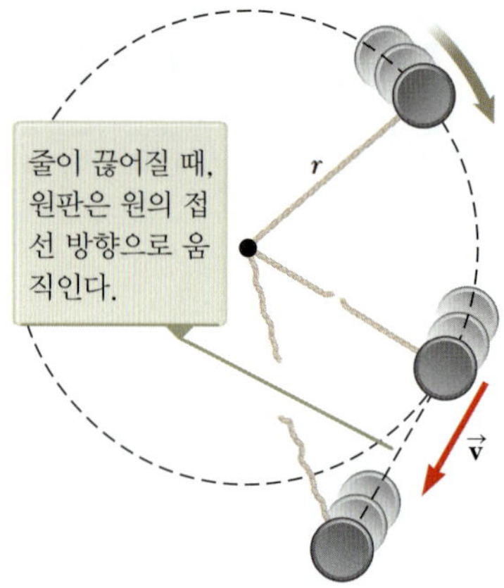

그림 6.2 원 궤도를 따라 운동하는 원판을 잡아주던 줄이 끊어진다.

$$a_c = \frac{v^2}{r}$$

이다. 가속도 $\vec{a}_c$가 원의 중심을 향하기 때문에 이 가속도를 **구심 가속도**(centripetal acceleration)라 한다. 그리고 $\vec{a}_c$는 항상 속도 벡터 $\vec{v}$에 수직이다(만약 가속도가 속도 벡터 $\vec{v}$에 평행한 성분을 갖는다면, 입자의 속력은 변할 것이다).

이제 4.4절의 등속 원운동하는 입자 모형을 힘의 개념과 결합하여 확장시켜 보자. 그림 6.1과 같이 질량 m인 원판이 길이 r인 줄에 묶여 수평 원 궤도를 따라 빙빙 돌고 있는 경우를 생각해 보자. 입자의 무게는 마찰이 없는 책상이 받치고 있고, 줄은 원판의 원형 경로 중심에 못으로 고정되어 있다. 원판은 왜 원을 따라 움직이는가? 뉴턴의 제1법칙에 따르면, 원판에 작용하는 힘이 없으면 원판은 직선을 따라 운동할 것이다. 그러나 줄이 원판에 지름 방향의 힘 $\vec{F}_r$를 작용함으로써, 원판이 직선을 따라 운동하는 것을 방해하여 원 궤도를 따르게 만든다. 이 힘은 그림 6.1에 나타난 것처럼 줄을 따라 원의 중심을 향한다.

뉴턴의 제2법칙을 지름 방향에 적용하면, 구심 가속도를 일으키는 알짜힘은 가속도와 다음의 관계를 갖는다.

구심 가속도를 일으키는 힘 ▶

$$\sum F = ma_c = m\frac{v^2}{r} \tag{6.1}$$

구심 가속도를 일으키는 힘은 원 궤도의 중심을 향하여 작용하고 속도 벡터의 방향을 변화시킨다. 만약 이 힘이 사라지면, 물체는 더 이상 원 궤도를 따라 운동하지 않을 것이다. 대신 그것은 힘이 사라진 순간의 점에서 원에 접선인 직선을 따라 운동할 것이다. 그림 6.2에서처럼 만약 줄이 어느 순간 끊어지면, 원판은 그 순간 원판이 있던 지점의 원에 접하는 직선을 따라 움직인다.

오류 피하기 6.1

줄이 끊어질 때의 운동 방향 그림 6.2를 주의 깊게 살펴보자. 많은 학생들이 줄이 끊어질 때 원판이 원의 중심에서 **지름 방향**으로 진행한다고 (잘못) 생각한다. 원판의 속도는 원의 **접선 방향**이다. 뉴턴의 제1법칙에 따라 원판은 줄이 주던 힘이 사라질 때 움직이는 방향으로 계속 움직이려고 한다.

Q 퀴즈 6.1 여러분은 일정한 속력으로 돌고 있는 회전식 관람차를 타고 있다. 여러분이 타고 있는 관람차는 뒤집어지지 않고 언제나 똑바로 위를 향하도록 유지된다. **(i)** 여러분이 회전식 관람차의 맨 꼭대기에 있을 때 의자가 여러분에게 작용하는 수직항력의 방향은 어느 쪽인가? (a) 위쪽 (b) 아래쪽 (c) 결정할 수 없다. **(ii)** 같은 경우 여러분이 회전식 관람차의 맨 꼭대기에 있을 때 여러분에게 작용하는 알짜힘은 어느 쪽인가? 앞의 보기에서 고르라.

예제 6.1 원추 진자

질량 m인 작은 공이 길이 L인 줄에 매달려 있다. 그림 6.3처럼 이 공은 수평면에서 반지름 r인 원 위를 일정한 속력 v로 돌고 있다(줄이 원뿔의 표면을 쓸며 움직이기 때문에 이 계를 원추 진자라 한다). 진자의 속력 v에 대한 식을 그림 6.3의 기하 정보를 이용하여 구하라.

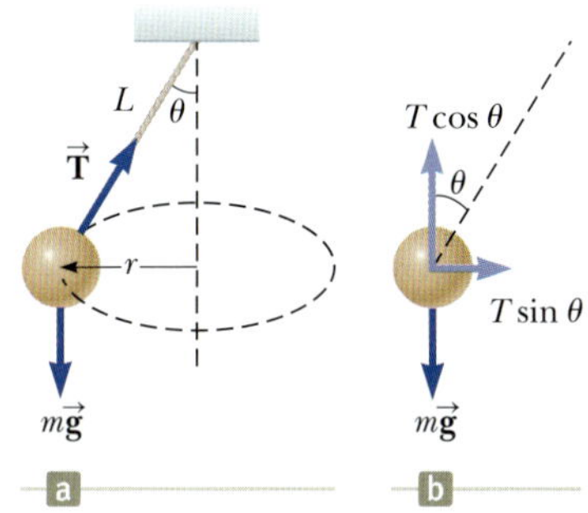

그림 6.3 (예제 6.1) (a) 원추 진자. 공의 운동 궤도는 수평 원이다. (b) 공에 작용하는 여러 힘

풀이

개념화 그림 6.3a와 같은 공의 운동을 상상하여, 줄이 원뿔의 표면을 쓸고, 공이 수평인 면에서 원운동하는 것으로 이해한다.

분류 그림 6.3의 공은 연직 방향으로는 가속되지 않는다. 그러므로 이 공을 연직 방향에 대하여 **평형 상태의 입자**로 모형화한다. 이 공은 수평 방향에 대해서는 구심 가속도가 있으므로, 이 방향에 대해서는 **등속 원운동하는 입자**로 생각한다.

분석 θ는 줄과 연직 방향과의 각도를 나타낸다. 그림 6.3b의 공에 대한 힘 도형에서 줄이 공에 작용하는 장력 $\vec{\mathbf{T}}$를 연직 성분 $T\cos\theta$와 원 궤도의 중심을 향하여 작용하는 수평 성분 $T\sin\theta$로 분해하였다.

연직 방향에 평형 상태의 입자 모형을 적용한다.

$$\sum F_y = T\cos\theta - mg = 0$$

$$(1) \qquad T\cos\theta = mg$$

수평 방향에 등속 원운동하는 입자 모형으로부터 식 6.1을 사용한다.

$$(2) \qquad \sum F_x = T\sin\theta = ma_c = \frac{mv^2}{r}$$

식 (2)를 식 (1)로 나누고 $\sin\theta/\cos\theta = \tan\theta$를 이용한다.

$$\tan\theta = \frac{v^2}{rg}$$

v에 대하여 푼다.

$$v = \sqrt{rg\tan\theta}$$

그림 6.3a의 도형으로부터 $r = L\sin\theta$의 관계식을 결합시킨다.

$$v = \boxed{\sqrt{Lg\sin\theta\tan\theta}}$$

결론 속력은 공의 질량에 무관함에 주목하자. 각도 θ가 90°가 되어 줄이 수평이 되는 경우 어떤 일이 일어날지 생각해 보자. tan 90°는 무한대이기 때문에, 속력 v는 무한대가 되어야 하고 이것은 줄이 수평이 되는 것이 불가함을 말해 준다. 만약 줄이 수평이라면, 공에 작용하는 중력을 상쇄하기 위한 줄의 장력 $\vec{\mathbf{T}}$의 연직 성분이 존재하지 않는다. 그림 6.1과 관련하여 마찰이 없는 책상에 의하여 원판의 무게가 지지된다고 한 이유가 바로 이 때문이다.

예제 6.2 얼마나 빨리 돌 수 있나?

질량 0.500 kg인 원판이 길이 1.50 m인 밧줄 끝에 붙어 있다. 이 원판은 그림 6.1에서처럼 수평면 위의 원을 따라 돌고 있다. 만약 밧줄이 50.0 N의 최대 장력을 버틸 수 있다면, 밧줄이 끊어지지 않고 돌 수 있는 원판의 최대 속력은 얼마인가? 줄은 운동의 전 과정에서 수평으로 유지된다고 가정한다.

풀이

개념화 밧줄이 튼튼할수록 밧줄이 끊어지지 않고 돌 수 있는 원판의 최대 속력이 크다는 것은 이치에 맞는다. 또 원판의 질량이 커질수록 더 작은 속력에서 밧줄이 끊어지리라 생각한다. (볼링공을 밧줄에 묶어 돌린다고 생각해 보라!)

분류 원판이 원을 따라 운동하므로, **등속 원운동하는 입자**로 모형화한다.

분석 식 6.1에서와 같이 뉴턴의 제2법칙에 장력과 구심력을 결합한다.

$$T = m\frac{v^2}{r}$$

v에 대하여 푼다.

$$v = \sqrt{\frac{Tr}{m}} \quad (1)$$

줄이 견딜 수 있는 최대 장력에 대응되는 원판의 최대 속력을 구한다.

$$v_{\max} = \sqrt{\frac{T_{\max} r}{m}} = \sqrt{\frac{(50.0\ \mathrm{N})(1.50\ \mathrm{m})}{0.500\ \mathrm{kg}}} = 12.2\ \mathrm{m/s}$$

결론 식 (1)은 속력 v가 장력 T가 커짐에 따라 증가하고, 질량 m이 커짐에 따라 감소함을 보여 준다. 이것은 이 문제의 개념화 단계에서 예상한 것과 일치한다.

문제 원판이 같은 속력 v로 더 큰 반지름을 갖는 원을 따라 돈다고 가정해 보자. 이때 밧줄은 더 잘 끊어질까, 아니면 그 반대일까?

답 반지름이 더 크다는 것은 주어진 시간 간격 동안에 속도 벡터의 방향 변화가 더 작다는 것을 의미한다. 그러므로 가속도는 더 작아지고 줄에 걸리는 장력도 작아진다. 그 결과 원판이 더 큰 반지름을 갖는 원을 따라 돌 때, 줄은 이전보다 잘 끊어지지 않을 것이다.

예제 6.3 회전식 관람차

질량 m인 어린이가 그림 6.4a처럼 회전식 관람차를 타고 있다. 어린이는 반지름이 10.0 m인 연직 원을 3.00 m/s의 일정한 속력으로 운동한다.

(A) 관람차가 연직 원의 맨 아래에 있을 때 좌석이 어린이에게 작용하는 힘을 구하라. 답을 어린이의 무게 mg로 표현하라.

풀이

개념화 그림 6.4a를 주의 깊게 살펴보자. 여러분은 차를 몰고 도로 위의 작은 언덕을 넘어가거나 회전식 관람차의 맨 꼭대기를 지나갈 때의 경험을 바탕으로, 원 궤도의 맨 꼭대기에서 몸이 더 가볍다고 느끼고 원 궤도의 바닥에서 더 무겁다고 느낄 것으로 예상한다. 원 궤도의 맨 꼭대기와 바닥에서 모두 어린이에게 작용하는 수직항력과 중력은 반대 방향으로 작용한다. 이들 두 힘의 벡터합은 일정한 크기의 힘을 주어 어린이가 원 궤도를 따라 일정한 속력을 유지하도록 한다. 같은 크기의 알짜힘 벡터를 주려면, 원 궤도 바닥에서의 수직항력은 꼭대기에서보다 더 커야 한다.

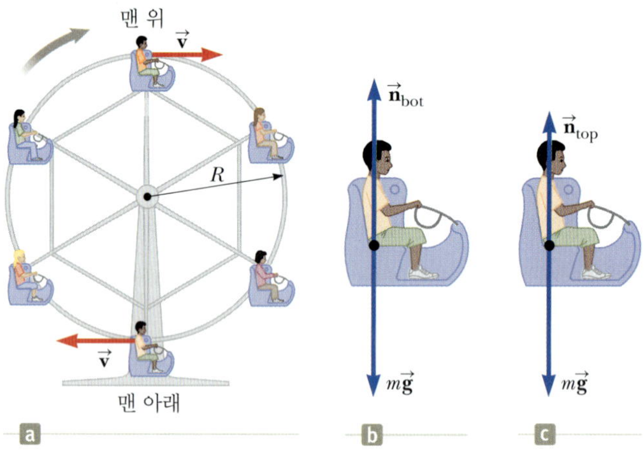

그림 6.4 (예제 6.3) (a) 어린이가 회전식 관람차를 타고 있다. (b) 원주의 맨 아래에서 어린이에게 작용하는 힘 (c) 원주의 맨 꼭대기에서 어린이에게 작용하는 힘

분류 어린이의 속력은 일정하므로, 이 문제를 **등속 원운동하는 입자**(어린이)를 포함하며, 매 순간 중력이 어린이에게 작용하는 복잡한 문제로 분류할 수 있다.

분석 그림 6.4b와 같이 원 궤도의 맨 아래에 있는 어린이에게 작용하는 힘 도형을 그린다. 어린이에게 작용하는 힘들은 아래 방향의 중력 $\vec{\mathbf{F}}_g = m\vec{\mathbf{g}}$와 의자가 위쪽으로 작용하는 힘 $\vec{\mathbf{n}}_{bot}$뿐이다. 어린이의 구심 가속도를 주는 알짜힘은 $n_{bot} - mg$의 크기로 위쪽을 향한다.

등속 원운동하는 입자 모형을 이용하여, 어린이가 바닥에 있을 때 지름 방향에 대하여 뉴턴의 제2법칙을 어린이에게 적용한다.

$$\sum F = n_{bot} - mg = m\frac{v^2}{r}$$

의자가 어린이에게 작용하는 힘에 대하여 푼다.

$$n_{bot} = mg + m\frac{v^2}{r} = mg\left(1 + \frac{v^2}{rg}\right)$$

속력과 반지름에 대하여 주어진 값들을 대입한다.

$$n_{bot} = mg\left[1 + \frac{(3.00\ \mathrm{m/s})^2}{(10.0\ \mathrm{m})(9.80\ \mathrm{m/s^2})}\right]$$

$$= 1.09\ mg$$

그러므로 의자가 어린이에게 작용하는 힘 $\vec{\mathbf{n}}_{bot}$의 크기는 어린이의 무게보다 1.09배 크다. 결국 어린이는 자신의 실제 무게보다 1.09배 큰 겉보기 무게를 경험한다.

(B) 원 궤도의 맨 꼭대기에서 의자가 어린이에게 작용하는 힘을 구하라.

풀이

분석 원 궤도의 맨 꼭대기에서 어린이에게 작용하는 힘 도형이 그림 6.4c에 나타나 있다. 구심 가속도를 주는 알짜 아래 방향 힘의 크기는 $mg - n_{\text{top}}$이다.

뉴턴의 제2법칙을 이 지점에서의 어린이에게 적용한다.

$$\sum F = mg - n_{\text{top}} = m\frac{v^2}{r}$$

의자가 어린이에게 작용하는 힘에 대하여 푼다.

$$n_{\text{top}} = mg - m\frac{v^2}{r} = mg\left(1 - \frac{v^2}{rg}\right)$$

주어진 값들을 대입한다.

$$n_{\text{top}} = mg\left[1 - \frac{(3.00 \text{ m/s})^2}{(10.0 \text{ m})(9.80 \text{ m/s}^2)}\right]$$

$$= \boxed{0.908\, mg}$$

이 경우에는 의자가 어린이에게 작용하는 힘의 크기가 실제 어린이 무게의 0.908배로 줄게 되어, 어린이는 몸이 가벼워짐을 느낀다.

결론 수직항력이 변하는 것은 이 문제의 개념화 단계에서 예측한 것과 일치한다.

문제 회전식 관람차에 이상이 생겨 어린이의 속력이 10.0 m/s로 증가하였다고 하자. 이 경우 원 궤도의 맨 꼭대기에서 어린이가 받는 힘은 어떻게 되는가?

답 앞의 계산을 $v = 10.0$ m/s로 하여 수행하면, 원 궤도의 꼭대기에서 수직항력의 크기는 음수이며, 이는 불가능하다. 우리는 이것을 어린이에게 필요한 구심 가속도는 중력 가속도보다 더 크다는 것을 의미한다고 해석한다. 그 결과 어린이는 의자와 떨어지게 될 것이고, 어린이가 의자에 붙어 있게끔 아래 방향으로의 힘을 제공하는 안전 벨트와 같은 장치가 있을 경우에만 원 궤도를 유지할 수 있을 것이다. 원 궤도의 바닥에서 수직항력은 2.02 mg이며, 이 정도면 불편할 수 있다.

6.2 비등속 원운동
Nonuniform Circular Motion

입자가 원 궤도를 일정하지 않은 속력으로 운동하면, 가속도의 지름 성분 외에도 $|dv/dt|$의 크기를 갖는 접선 성분이 있다는 것을 4장에서 배웠다. 그러므로 입자에 작용하는 힘도 또한 접선 성분과 지름 성분을 가져야 한다. 전체 가속도가 $\vec{\mathbf{a}} = \vec{\mathbf{a}}_r + \vec{\mathbf{a}}_t$이기 때문에, 입자에 작용하는 전체 힘은 그림 6.5와 같이 $\sum\vec{\mathbf{F}} = \sum\vec{\mathbf{F}}_r + \sum\vec{\mathbf{F}}_t$이다(지름 방향 힘과 접선 방향 힘 각각은 결합되는 여러 힘으로 구성되어 있을 수 있으므로, 합 기호를 사용하여 알짜힘을 나타낸다). 벡터 $\sum\vec{\mathbf{F}}_r$는 원의 중심을 향하고 구심 가속도를 만든다. 원에 접하는 벡터 $\sum\vec{\mathbf{F}}_t$는 시간에 따른 입자의 속력 변화를 나타내는 접선 가속도를 만든다.

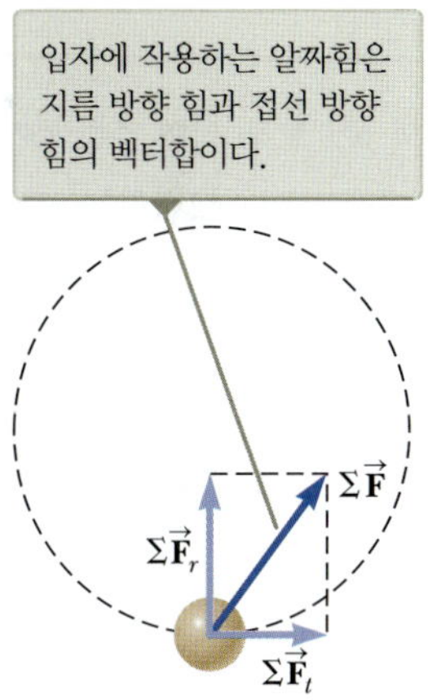

그림 6.5 원운동하는 입자에 작용하는 알짜힘이 접선 성분 $\Sigma\vec{\mathbf{F}}_t$를 가지면, 입자의 속력이 변한다.

Q 퀴즈 6.2 그림 6.6에 나타난 것처럼 목걸이 구슬이 수평면 위에 놓여 있는 구부러진 철선을 따라 일정한 속력으로 자유롭게 미끄러지고 있다. **(a)** 점 Ⓐ, Ⓑ, Ⓒ에서 철선이 구슬에 작용하는 힘을 나타내는 벡터를 그리라. **(b)** 그림 6.6의 구슬이 오른쪽을 향하여 움직이며 일정한 접선 가속도를 가지고 속력이 증가하고 있다고 가정한다. 점 Ⓐ, Ⓑ, Ⓒ에서 구슬에 작용하는 힘을 나타내는 벡터를 그리라.

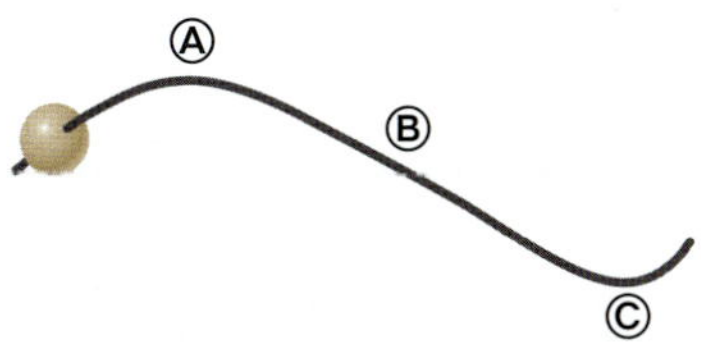

그림 6.6 (퀴즈 6.2) 구부러진 철선을 따라 미끄러지는 목걸이 구슬

예제 6.4 공에 주목

그림 6.7에서처럼 질량 m인 작은 구가 길이 R의 줄 끝에 매달려 고정된 점 O를 중심으로 연직면에서 원운동을 하고 있다. 이 구의 속력이 v이고 줄이 연직 방향과 각도 θ를 이루고 있을 때 구의 접선 가속도와 줄의 장력을 구하라.

풀이

개념화 그림 6.7의 구의 운동을 예제 6.3의 그림 6.4a의 어린이의 운동과 비교한다. 두 물체 모두 원 궤도를 따라 움직인다. 그러나 이 예제에서 구의 속력은 궤도 상의 대부분의 점에서 예제 6.3의 어린이와 달리 일정하지 않은데, 이는 구에 작용하는 중력 가속도의 접선 성분 때문이다.

분류 구를 원 궤도를 따라 움직이는 **알짜힘을 받는 입자**로 모형화하지만, 이 입자의 운동은 **등속** 원운동은 아니다. 이 절에서 논의한 비등속 원운동에 대한 방법을 사용해야 한다.

분석 그림 6.7의 힘 도형으로부터 구에 작용하는 힘은 지구가 작용하는 중력 $\vec{\mathbf{F}}_g = m\vec{\mathbf{g}}$와 줄이 작용하는 힘 $\vec{\mathbf{T}}$뿐이라는 것을 알고 있다. $\vec{\mathbf{F}}_g$를 접선 성분 $mg\sin\theta$와 지름 성분 $mg\cos\theta$로 분해한다.

알짜힘을 받는 입자 모형으로부터, 구의 접선 방향에 대하여 뉴턴의 제2법칙을 적용한다.

$$\sum F_t = mg\sin\theta = ma_t$$

$$a_t = g\sin\theta$$

$\vec{\mathbf{T}}$와 $\vec{\mathbf{a}}_r$, 모두 원의 중심 O를 향하는 것에 주목하여, 지름 방향에 대해 뉴턴 제2법칙을 적용한다. 구심 가속도에 대한 식 4.14를 사용하여 운동 방정식을 얻고, 이로부터 장력을 나타내는 식을 구한다.

$$\left|\sum F_r\right| = T - mg\cos\theta = \frac{mv^2}{R}$$

$$T = mg\left(\frac{v^2}{Rg} + \cos\theta\right)$$

결론 원 궤도의 맨 꼭대기와 맨 아래에서의 결과를 계산한다(그림 6.7).

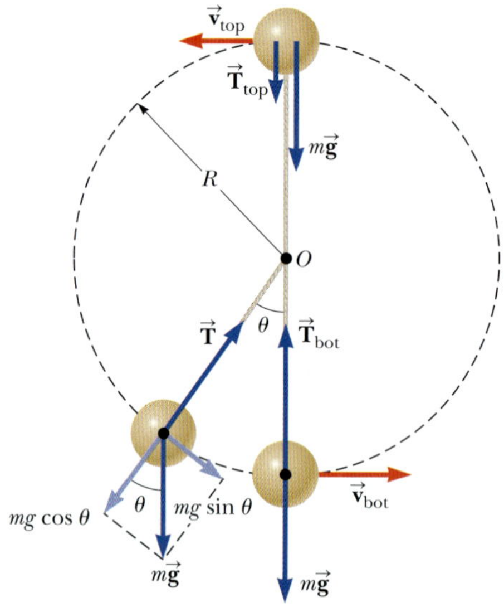

그림 6.7 (예제 6.4) 길이 R인 줄에 연결되어 O를 중심으로 연직 원을 그리며 돌고 있는 질량 m인 구에 작용하는 힘. 구가 맨 꼭대기와 아래 그리고 임의의 위치에 있을 때 구에 작용하는 힘을 보이고 있다.

$$T_{top} = mg\left(\frac{v_{top}^2}{Rg} - 1\right) \qquad T_{bot} = mg\left(\frac{v_{bot}^2}{Rg} + 1\right)$$

이 결과들은 예제 6.3의 어린이에 작용하는 수직항력 n_{top}과 n_{bot}에 대한 식과 수학적으로 같은 형태인데, 이것은 예제 6.3의 어린이에 작용하는 수직항력이 지금 예제의 줄에 작용하는 장력과 같은 역할을 한다는 점에서 일관성이 있다. 그러나 예제 6.3에서 어린이에 작용하는 수직항력 $\vec{\mathbf{n}}$은 항상 위 방향인 반면에, 이 예제에서의 힘 $\vec{\mathbf{T}}$는 줄을 따라서 안쪽 방향으로 항상 향해야 하기 때문에 방향이 바뀐다는 것을 기억하자. 또한 예제 6.3의 속력 v는 상수인 반면에 위 식의 v는 아래 첨자로 구별한 것처럼, 구의 위치에 따라 변하는 것에 주목한다.

문제 만약 공이 더 느린 속력으로 운동한다면 어떻게 되는가?

(A) 원의 맨 꼭대기에서 줄의 장력이 순간적으로 없어진다면(영이 된다면), 이 점을 지나는 공의 속력은 얼마인가?

답 T_{top}의 식에서 장력을 영으로 놓으면 다음과 같다.

$$0 = mg\left(\frac{v_{top}^2}{Rg} - 1\right) \rightarrow v_{top} = \sqrt{gR}$$

(B) 만약 맨 꼭대기에서의 속력이 이 값보다 작다면 어떻게 되는가? 어떤 일이 일어날 것인가?

답 이 경우 공은 원의 꼭대기에 결코 도달하지 못한다. 꼭대기를 향하여 올라가는 중간 지점에서 끈의 장력은 영이 되고 공은 쏘아진 물체가 된다. 공의 운동은 그 점에서 포물선 궤도를 따라 짧게 운동하다가 장력이 다시 영이 아닌 값을 갖는 점에서부터 다시 원운동하게 된다.

6.3 가속틀에서의 운동
Motion in Accelerated Frames

5장에서 소개한 뉴턴의 운동 법칙은 관성 기준틀에서 관측된 결과를 설명한다. 이 절에서는 뉴턴의 법칙이 어떻게 비관성 기준틀, 즉 가속되고 있는 틀에 있는 관측자에게 적용되는지를 분석하고자 한다. 예를 들어 5.2절에서 다루었던 기차 안에서 뜬 채로 이동하는 퍽을 떠올려 보자. 등속도로 움직이는 기차는 관성틀이다. 기차 안에 있는 관측자는 정지한 퍽이 계속 정지해 있는 것을 보게 되고, 뉴턴의 제1법칙이 성립하는 것으로 보인다. 가속되는 기차는 관성틀이 아니다. 이 기차 안의 관측자로서 여러분에게는 알짜힘이 퍽에 작용하지 않는 것처럼 보인다. 그러나 퍽은 정지 상태에서 기차의 뒤쪽 방향으로 가속되는데, 이것은 뉴턴의 제1법칙을 위배하는 것처럼 보인다. 이 성질은 일반적으로 비관성틀에서 관측되는 것이다. 비관성틀에 단단하게 고정되지 않은 물체에는 설명되지 않은 가속도가 있는 것같이 보인다. 물론 뉴턴의 제1법칙은 깨지지 않는다. 단지 비관성틀에서 관측이 이루어졌기 때문에 깨지는 것처럼 보인다.

가속되는 기차에서 퍽이 기차 뒤쪽으로 가속되는 것을 보았을 때, 뉴턴의 제2법칙에 대한 믿음에 근거하여 퍽을 가속시키기 위한 힘이 작용하였다고 결론을 내릴 수도 있다. 이와 같은 가상의 힘을 **겉보기 힘**(fictitious force)이라 하는데, 이것은 이 힘이 실제 힘이 아니고 단지 가속 기준틀에서만 측정되는 힘이기 때문이다. 겉보기 힘은 어떤 물체에 실제 힘과 같은 방식으로 작용하는 것 같이 보인다. 그러나 실제 힘은 언제나 두 물체 간의 상호 작용이지만, 겉보기 힘에 대해서는 두 번째 물체를 찾을 수 없다(퍽을 가속하도록 퍽과 상호 작용하는 두 번째 물체는 어떤 것일까?). 일반적으로 간단한 겉보기 힘은 비관성틀의 가속 방향과 **반대** 방향으로 작용하는 것처럼 보인다. 예를 들어 기차가 앞으로 가속할 때 기차 뒤쪽으로 퍽이 미끄러지도록 하는 겉보기 힘이 있는 것처럼 보인다.

기차의 예는 기차 속력의 변화 때문에 생기는 겉보기 힘을 보여 준다. 겉보기 힘에는 속도 벡터의 **방향** 변화에 기인하는 것도 있다. 방향 변화로 인한 비관성틀의 운동을 이해하기 위하여 빠른 속력으로 고속도로를 달리는 자동차가 그림 6.8a에 나타난 것처럼 왼쪽에 있는 굽은 진출로로 접근하는 경우를 생각해 보자. 차가 진출로에서 급하게 왼쪽으로 돌 때, 좌석에 앉아 있는 승객은 오른쪽으로 기대거나 미끄러지며 문에 충돌한다. 그때 문이 승객에게 작용하는 힘은 승객이 차 밖으로 날아가는 것을 막아준다. 무엇

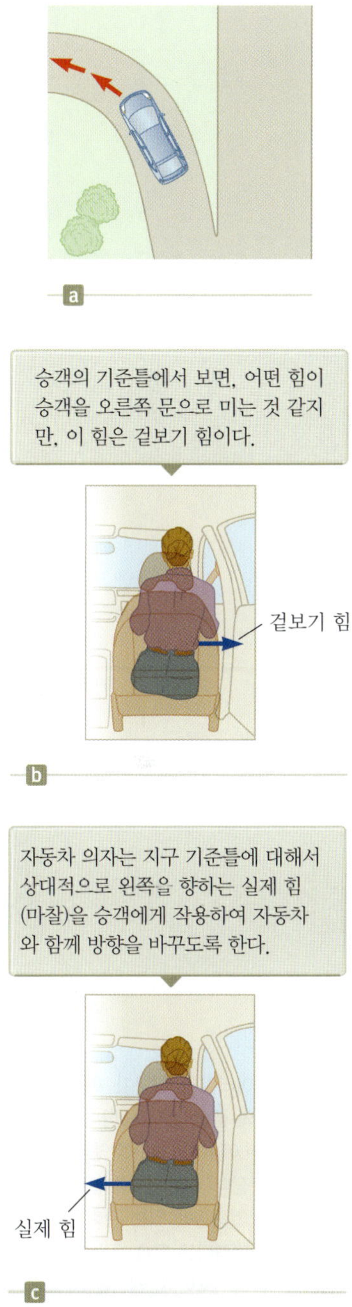

그림 6.8 (a) 굽은 진출로로 접근하는 자동차. 앞좌석에 있는 승객을 오른쪽 문으로 움직이게 하는 것은 무엇인가? (b) 승객의 기준틀 (c) 지구의 기준틀

이 승객을 문 쪽으로 움직이게 하나? 널리 쓰이기는 하지만 부정확한 해석은 그림 6.8b처럼 오른쪽으로 작용하는 힘이 승객을 원 궤도의 중심에서 바깥으로 밀어낸다는 것이다. 흔히 이 힘을 원심력이라 하지만, 이것은 겉보기 힘이다. 자동차와 같이 운동하는 기준틀은 원형 경로의 중심으로 향하는 구심 가속도가 있는 비관성 기준틀이다. 그 결과 승객은 원형 경로로부터 바깥쪽으로 향하는, (그림 6.8b에서 오른쪽으로 향하는) 가속도와 반대 방향인 겉보기 힘을 느끼게 된다.

이 현상을 뉴턴의 제2법칙으로 설명하면 다음과 같다. 자동차가 진출로로 진입하기 전, 승객은 직선 경로를 따라 운동하고 있다. 자동차가 진출로로 진입하며 굽은 도로를 따라 운행할 때, 승객은 뉴턴의 제1법칙에 따라 원래의 직선 운동을 지속하려는 경향이 있다. 물체가 직선 운동을 지속하려는 것은 자연스런 경향이다. 그러나 만일 그림 6.8c처럼 승객에 작용하는 힘(곡률 중심을 향한)이 충분히 크다면, 승객은 자동차를 따라 원 궤도를 돌게 된다. 이 힘은 승객과 자동차 의자 사이의 마찰력이다. 만일 마찰력이 충분히 크지 않다면, 자동차 의자는 굽은 궤도를 따르지만 승객은 자동차가 돌기 전의 직선 궤도를 유지한다. 그러므로 자동차 안의 관측자 관점에서는, 승객이 좌석에 대하여 오른쪽으로 기울거나 미끄러진다. 결국 승객은 자동차 문에 충돌하여 자신을 자동차와 똑같은 굽은 궤도를 따라 운동하게 할 수 있는 충분한 크기의 힘을 제공받는다.

흥미 있는 또 하나의 겉보기 힘은 '코리올리 힘'이다. 이것은 회전하는 좌표계에서 물체의 지름 방향 위치가 변하여 나타나는 겉보기 힘이다.

예를 들어 여러분과 친구가 회전하는 원판의 가장자리 정반대편에 있고 친구에게 공을 던지려 한다고 가정하자. 그림 6.9a는 시계 방향으로 회전하는 원판 위에 떠서 정지해 있는 관측자가 공을 보았을 때, 보이는 공의 궤적을 나타내고 있다. 관성 기준틀에 있는 이 관측자에 따르면, 뉴턴의 제1법칙에 따라 당연히 공은 직선을 따라 움직인다. 시간 $t = 0$에서 친구를 향하여 공을 던지지만, 공이 원판을 가로질러 가는 시간 t_f까지

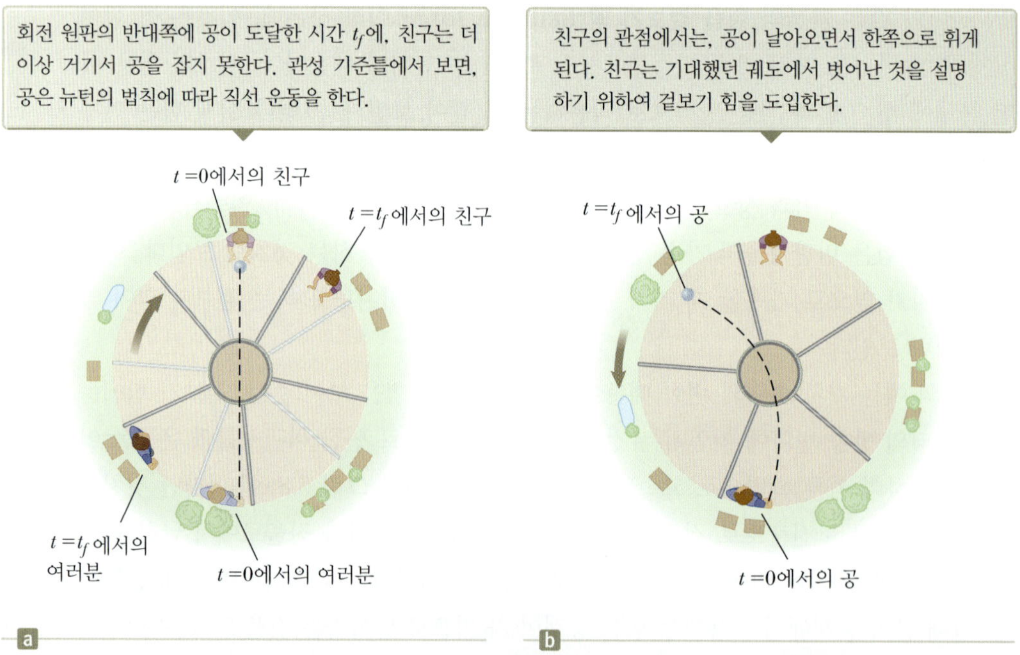

그림 6.9 여러분과 친구가 회전하는 원판의 끝에 앉아 있다. 여러분이 $t = 0$일 때 친구를 향하여 공을 던진다. (a) 지구에 붙어 있는 관성 기준틀에 있는 관측자가 위에서 내려다본 모습. 지면은 정지한 것으로 보이고, 원판은 시계 방향으로 회전한다. (b) 원판에 고정된 관성 기준틀에 있는 관측자가 위에서 내려다본 모습. 원판은 정지한 것으로 보이고, 지면은 시계 반대 방향으로 회전한다.

친구는 새로운 위치로 움직인다. 그러나 이제 친구의 관점에서 상황을 고려해 보자. 친구는 지표면의 관성틀에 대하여 구심 가속도가 있는 비관성 기준틀에 있다. 친구는 공이 자신을 향하여 날아오기 시작하는 것을 보지만, 공은 원판을 건너면서 그림 6.9b에 나타난 것처럼 한쪽으로 방향을 바꾼다. 그러므로 회전하는 원판에 있는 친구는 공이 뉴턴의 제1법칙을 만족하지 않는다고 말하고, 어떤 힘에 의하여 공이 굽은 궤도를 따르게 되었다고 주장한다. 이 가상의 힘을 코리올리 힘이라 한다.

겉보기 힘은 관성 기준틀에서는 없는 힘이지만 실제로 영향을 미칠 수 있다. 자동차의 가속 페달을 밟으면, 자동차 계기판 위에 놓인 물체는 실제로 미끄러져 떨어진다. 회전목마를 타는 동안, 마치 가상의 '원심력' 때문인 것처럼 바깥으로 밀리는 것을 느낀다. 회전목마가 도는 동안 지름 방향의 선을 따라 걸어간다면, 코리올리 힘 때문에 떨어져 나가 다치기 쉽다(저자들 중 한 사람이 실제로 그렇게 해서 떨어졌고 갈빗대의 인대가 파열되는 고통을 겪었다). 지구의 회전에 의한 코리올리 힘은 허리케인의 회전을 일으키고, 대규모의 대양 해류를 일으킨다.

오류 피하기 6.2

원심력 보통 듣게 되는 '원심력'이란 말은 원 궤도를 따라 움직이는 물체를 **바깥쪽**으로 당기는 힘으로 표현된다. 돌고 있는 회전목마 위에서 원심력을 느낀다면, 어떤 물체가 여러분과 상호 작용하는 것인가? 여러분은 이 또 다른 물체를 알아낼 수 없다. 왜냐하면 원심력은 비관성 기준틀에서만 작용하는 가상의 힘이기 때문이다. 따라서 원심력의 반작용력은 없다.

퀴즈 6.3 그림 6.8의 왼쪽으로 회전하는 자동차의 승객에 대하여 생각해 보자. 만약 승객이 오른쪽 문에 접촉하고 있다면, 다음 중 수평 방향의 힘에 대하여 옳은 설명은 어느 것인가? **(a)** 승객은 오른쪽으로 작용하는 실제 힘과 왼쪽으로 작용하는 실제 힘 사이에서 평형을 이루고 있다. **(b)** 승객은 오직 오른쪽으로 작용하는 실제 힘만 받는다. **(c)** 승객은 오직 왼쪽으로 작용하는 실제 힘만 받는다. **(d)** 정답 없음

예제 6.5 선운동에서의 겉보기 힘

질량 m인 작은 공이 그림 6.10처럼 오른쪽으로 가속되고 있는 유개화차의 천장에 줄로 매달려 있다. 그림 6.10a에 있는 관성 기준틀의 관측자와 그림 6.10b에서 기차에 있는 비관성 기준틀의 관측자는 줄이 연직 방향에 대하여 θ의 각도를 이루고 있음에 동의한다. 비관성 기준틀의 관측자는 우리가 겉보기 힘으로 알고 있는 어떤 힘이 줄을 연직 방향으로부터 벗어나게 하였다고 주장한다. 그림 6.10a의 관성 기준틀 관측자가 측정한 유개화차의 가속도와 관계되는 이 힘의 크기를 구하라.

풀이

개념화 여러분 자신이 그림 6.10의 두 관측자 역할을 해 보자. 지표면에 있는 관성 기준틀의 관측자로서 여러분은 유개화차가 가속되는 것을 보고 줄이 기울어진 것이 화차의 가속도 때문이라는 것을 안다. 유개화차 안의 비관성 기준틀의 관측자로서 여러분은 화차의 운동에 의하여 나타나는 어느 효과도 알지 못해 화차의 가속도에 대하여 모른다고 생각해 보자. 여러분은 화차의 가속도를 깨닫지 못하므로, 어떤 힘이 구를 옆으로 밀어서 줄을 연직 방향으로부터 벗어나게 하였다고 주장한다. 개념을 좀 더 확실히 이해하기 위하여 줄에 매달린 물체를 가지고 달리기 시작해 보라. 그러면 마치 어떤 힘이 물체를 뒤쪽으로 민 것처럼 줄이 연직 방향과 어떤 각도를 이루는 것을 알게 될 것이다.

분류 관성 기준틀의 관측자에 대하여 공은 수평 방향으로 알짜 힘을 받고 있고, 연직 방향에 대해서는 **평형 상태의 입자**로 모형화한다. 비관성 기준틀의 관측자에 대해서는 공을 양쪽 방향 모두에서 **평형 상태의 입자**로 모형화한다.

분석 정지해 있는 관성 기준틀의 관측자에 따르면(그림 6.10a), 공에 작용하는 힘은 줄에 의한 힘 $\vec{\mathbf{T}}$와 중력이다. 관성 기준틀의 관측자는 공의 가속도가 유개화차의 가속도와 같고, 이 가속도는 $\vec{\mathbf{T}}$의 수평 성분에 의한 것이라 결론짓는다.

이 관측자의 경우, 두 방향에 대하여 각각 알짜힘을 받는 입자 및 평형 상태의 입자 모형을 적용한다.

관성 기준틀 관측자 $\begin{cases} (1) \quad \sum F_x = T\sin\theta = ma \\ (2) \quad \sum F_y = T\cos\theta - mg = 0 \end{cases}$

화차에 타고 있는 비관성 기준틀 관측자에 따르면(그림 6.10b)

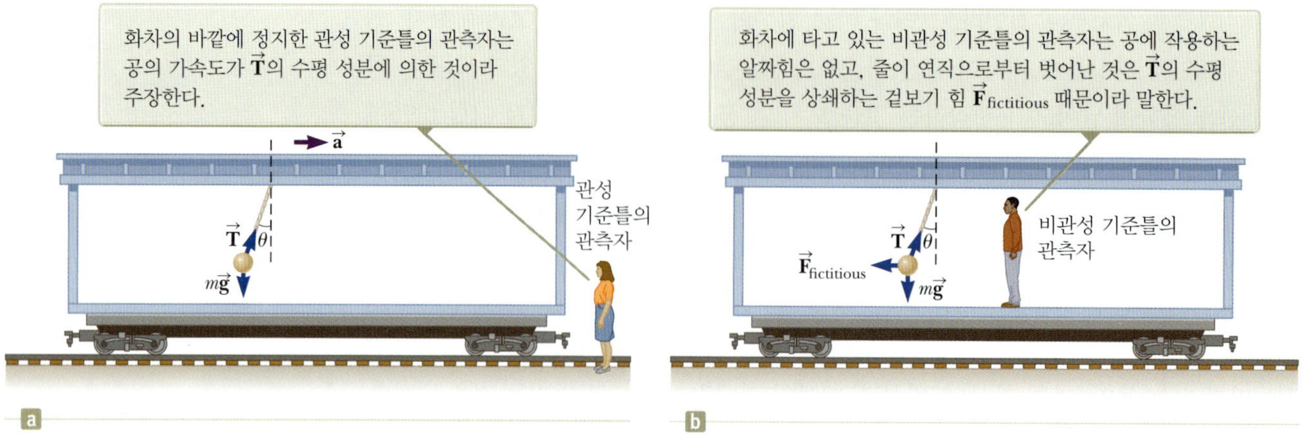

그림 6.10 (예제 6.5) 오른쪽으로 가속되는 유개화차의 천장에 매달린 작은 공이 그림에 보인 것처럼 편향된다.

줄은 역시 연직 방향에 대하여 각도 θ를 이루고 있다. 그러나 관측자에게 구는 정지해 있고 따라서 공의 가속도는 영이다. 그러므로 비관성 기준틀 관측자는 $\vec{\mathbf{T}}$의 수평 성분을 상쇄하기 위하여 수평 방향에 겉보기 힘을 도입하여 공에 작용하는 알짜힘이 영이라 주장한다.

이 관측자의 경우, 평형 상태의 입자 모형을 두 방향에 적용한다.

$$\text{비관성 기준틀 관측자} \begin{cases} \sum F'_x = T\sin\theta - F_{\text{fictitious}} = 0 \\ \sum F'_y = T\cos\theta - mg = 0 \end{cases}$$

만약 $F_{\text{fictitious}} = ma$ 라 놓으면, 이 표현식은 식 (1), (2)와 같다. 여기서 a는 관성틀 관측자에 대한 가속도이다.

결론 이 치환식을 위의 $\Sigma F'_x$에 대한 식에 대입하면, 관성 기준틀의 관측자와 수학적으로 같은 결과를 얻는다. 그러나 두 기준틀에서 줄의 기울어짐에 대한 물리적 해석은 다르다.

문제 관성 기준틀 관측자가 진자(줄에 매달린 공)를 가지고 기차의 가속도를 측정하려 한다고 생각해 보자. 어떻게 그렇게 할 수 있는가?

답 직관적으로 가속도가 증가함에 따라 줄이 연직 방향과 이루는 각도 θ도 증가해야 한다고 생각한다. a에 대한 식 (1)과 (2)를 연립해 풀어, $a = g\tan\theta$를 구한다. 따라서 관성 기준틀의 관측자는 각도 θ를 측정하고 이 관계를 사용하여 화차의 가속도의 크기를 결정할 수 있다. 줄이 연직 방향으로부터 벗어나는 각도로 가속도를 측정할 수 있기 때문에, **단진자는 가속도 측정 장치로 사용할 수 있다.**

6.4 저항력을 받는 운동
Motion in the Presence of Resistive Forces

5장에서 표면 위를 운동하는 물체에 작용하는 운동 마찰력을 설명하였다. 그 외에는 움직이는 물체와 그 물체 주위의 매질 사이의 어떤 상호 작용도 모두 무시하였다. 이제 매질이 액체든 기체든 그것의 효과에 대하여 살펴보자. 매질은 매질 내에서 운동하는 물체에 **저항력**(resistive force) $\vec{\mathbf{R}}$를 작용한다. 예를 들면 자동차의 움직임과 관련된 공기 저항(때로 공기 항력 또는 공기 끌림힘이라고 한다) 그리고 액체 속에서 움직이는 물체에 작용하는 점성력 등이 이 경우에 속한다. $\vec{\mathbf{R}}$의 크기는 물체의 속력과 같은 요소에 의하여 결정되며, $\vec{\mathbf{R}}$의 방향은 언제나 물체의 매질에 대한 상대적인 운동 방향과 반대이다. 관측자 입장에서 볼 때 이 방향은 물체의 운동 방향과 반대일 수도 있고 아닐 수도 있다. 예를 들어 샴푸 병 안에 구슬을 떨어뜨리면, 구슬은 아래로 이동하지만 저항력은 구슬의 낙하를 방해하는 위 방향을 향한다. 이와 대조적으로 바람이 불지 않

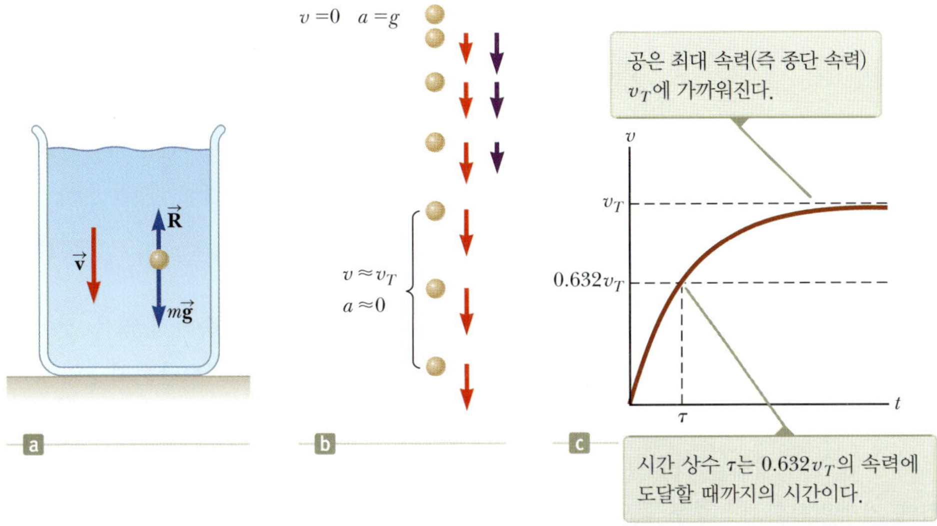

그림 6.11 (a) 액체 속에서 낙하하는 작은 공 (b) 낙하하는 공의 운동 그림. 첫 번째 그림 이후 각 그림에 속도 벡터(빨강)와 가속도 벡터(보라)가 그려져 있다. (c) 공에 대한 속력-시간 그래프

을 때 여러분이 깃대에 축 처진 채로 걸려 있는 깃발을 보고 있다고 생각해 보자. 산들바람이 오른쪽으로 불기 시작하면, 깃발은 오른쪽으로 움직인다. 이 경우 이동하는 공기로부터 깃발에 작용하는 끌림힘은 오른쪽을 향하며, 이에 반응하는 깃발의 운동 역시 끌림힘의 방향과 **같은** 오른쪽을 향한다. 공기는 깃발에 대하여 오른쪽으로 이동하므로, 깃발은 공기에 대하여 왼쪽으로 움직인다. 따라서 끌림힘의 방향은 실제로 공기에 대하여 깃발의 운동 방향과 반대이다.

저항력의 크기는 속력에 따라 복잡한 방식으로 변하는데, 여기서는 두 가지 간단한 상황만 생각해 보자. 첫째, 저항력이 움직이는 물체의 속력에 비례하는 경우이다. 이 경우는 액체 속에서 천천히 낙하하는 물체와 공기 속에서 운동하는 먼지 입자와 같이 아주 작은 입자에 유효하다. 둘째, 저항력이 운동하는 물체의 속력의 제곱에 비례하는 경우이다. 공기 속에서 자유 낙하하는 스카이다이버와 같이 커다란 물체는 이런 힘을 받는다.

모형 1: 물체의 속도에 비례하는 저항력

Model 1: Resistive Force Proportional to Object Velocity

액체나 기체에서 운동하는 물체에 작용하는 저항력이 물체의 속도에 비례하는 경우, 저항력은 다음과 같이 표현될 수 있다.

$$\vec{\mathbf{R}} = -b\vec{\mathbf{v}} \tag{6.2}$$

여기서 b는 물체의 모양과 크기 그리고 매질의 성질에 의존하는 값으로 상수이고, $\vec{\mathbf{v}}$는 물체의 매질에 대한 상대 속도이다. 음의 부호는 $\vec{\mathbf{R}}$가 $\vec{\mathbf{v}}$와 반대 방향임을 의미한다.

그림 6.11a에서처럼 액체 속에서 정지해 있다가 떨어지는 질량 m인 작은 공을 생각해 보자. 공에 작용하는 힘은 저항력 $\vec{\mathbf{R}} = -b\vec{\mathbf{v}}$와 중력 $\vec{\mathbf{F}}_g$뿐이라 가정하고, 공의 운동을 기술해 보자.[1] 공은 알짜힘을 받는 입자로 모형화한다. 아래 방향을 양(+)의 방향

[1] 액체에 잠긴 물체에는 부력도 작용한다. 이 힘은 일정하며, 그 크기는 밀어낸 액체의 무게와 같다. 이 힘은 공의 겉보기 무게를 상수배만큼 변화시키는 것으로 모형화할 수 있으므로, 여기서는 이 힘을 무시한다. 14장에서 부력에 대하여 논의할 것이다.

으로 두고 $\sum F_y = mg - bv$에 유의하여, 공의 연직 운동에 뉴턴의 제2법칙을 적용하면

$$\sum F_y = ma \quad \rightarrow \quad mg - bv = ma \tag{6.3}$$

를 얻는데, 여기서 공의 가속도는 아래 방향이다. 이 식을 가속도 dv/dt에 대하여 풀면 다음과 같다.

$$\frac{dv}{dt} = g - \frac{b}{m}v \tag{6.4}$$

이 방정식은 **미분 방정식**이라 하는데, 아직 이것을 푸는 방법에 익숙하지 않을 것이다. 그러나 처음에 $v = 0$일 때 저항력의 크기 또한 영이고 공의 가속도는 단순히 g임에 유의하라. 시간 t가 증가하면서 저항력의 크기는 증가하고 가속도는 감소한다. 저항력의 크기가 공의 무게에 가까워지면, 공에 작용하는 알짜힘이 영에 가까워지므로 가속도도 영에 가까워진다. 이 경우 공의 속력은 **종단 속력**(terminal speed) v_T에 가까워진다.

종단 속력 ▶

종단 속력은 식 6.4에 $dv/dt = 0$으로 놓아 얻을 수 있다. 이것은

$$mg - bv_T = 0 \quad \text{즉} \quad v_T = \frac{mg}{b} \tag{6.5}$$

이다.

여러분이 아직 미분 방정식에 익숙하지 않기 때문에, 시간 t에 대한 v의 식을 얻게 되는 자세한 풀이 과정을 보이지는 않겠다. $t = 0$일 때 $v = 0$인 식 6.4를 만족하는 v의 식은

$$v = \frac{mg}{b}(1 - e^{-bt/m}) = v_T(1 - e^{-t/\tau}) \tag{6.6}$$

이다. 이 함수는 그림 6.11c에 그려져 있다. 기호 e는 자연 로그의 밑이고, **오일러 수**라고도 하며 $e = 2.718\ 28$이다. **시간 상수**(time constant) $\tau = m/b$(그리스 문자 타우)은 $t = 0$에서 놓인 공이 종단 속력의 63.2 %에 도달할 때까지의 시간이다. $t = \tau$를 대입하면 식 6.6이 $v = 0.632\ v_T$임을 알 수 있다(0.632는 $1 - e^{-1}$이다).

식 6.6이 식 6.4의 해가 됨을 직접 미분하여 검산할 수 있다.

$$\frac{dv}{dt} = \frac{d}{dt}\left[\frac{mg}{b}(1 - e^{-bt/m})\right] = \frac{mg}{b}\left(0 + \frac{b}{m}e^{-bt/m}\right) = ge^{-bt/m}$$

(지수 함수에 대한 미분은 부록의 표 B.4 참조) 식 6.4에 dv/dt에 대한 위 식과 식 6.6에 주어진 v에 대한 식을 대입하면, 해가 미분 방정식을 만족하는 것을 볼 수 있다.

예제 6.6 기름 속에서 가라앉는 공

물체의 속력에 비례하는 저항력을 가진 기름으로 채운 커다란 용기 속에서 질량 2.00 g인 작은 공을 놓는다. 공의 종단 속력은 5.00 cm/s이다. 시간 상수와 공이 종단 속력의 90.0 %에 도달하는 시간을 구하라.

풀이

개념화 그림 6.11을 보며, 공이 기름 속에서 정지 상태로부터 낙하하여 용기의 바닥으로 가라앉고 있다고 상상하자. 만일 걸쭉한 샴푸가 있으면, 그 안에 공깃돌을 떨어뜨리고 그것의 운동을 지켜보자.

분류 공을 **알짜힘을 받는 입자**로 모형화하는데, 공에 작용하는

힘 중 하나는 공의 속력에 비례하는 저항력이다. 이 모형의 결과는 식 6.5이다.

분석 식 6.5로부터 계수 b를 구한다.

$$b = \frac{mg}{v_T}$$

시간 상수 τ를 구한다.

$$\tau = \frac{m}{b} = m\left(\frac{v_T}{mg}\right) = \frac{v_T}{g}$$

주어진 값들을 대입한다.

$$\tau = \frac{5.00\ \text{cm/s}}{980\ \text{cm/s}^2} = 5.10 \times 10^{-3}\ \text{s}$$

식 6.6에 $v = 0.900v_T$로 놓고 시간 t에 대하여 풀어서 공이 $0.900\,v_T$의 속도에 도달하는 시간 t를 구한다.

$$0.900v_T = v_T(1 - e^{-t/\tau})$$
$$1 - e^{-t/\tau} = 0.900$$
$$e^{-t/\tau} = 0.100$$
$$-\frac{t}{\tau} = \ln(0.100) = -2.30$$
$$t = 2.30\tau = 2.30(5.10 \times 10^{-3}\ \text{s}) = 11.7 \times 10^{-3}\ \text{s}$$
$$= 11.7\ \text{ms}$$

결론 공은 매우 짧은 시간만에 종단 속력의 90.0 %에 도달한다. 구슬과 샴푸로 이 실험을 한다면 이와 같은 현상을 볼 것이다. 종단 속력에 도달하는 데 필요한 시간이 짧기 때문에, 이 시간 간격을 전혀 눈치채지 못할 수도 있다. 구슬이 샴푸 속에서 곧바로 등속 운동하는 것을 본 적이 있을 것이다.

모형 2: 물체 속력의 제곱에 비례하는 저항력
Model 2: Resistive Force Proportional to Object Speed Squared

비행기, 스카이다이버, 자동차 또는 야구공처럼 공기 중에서 빠른 속력으로 운동하는 물체에 대해서는, 저항력이 속력의 제곱에 비례하는 것으로 비교적 잘 모형화할 수 있다. 이런 경우에 저항력의 크기를 다음과 같이 나타낼 수 있다.

$$R = \tfrac{1}{2}D\rho Av^2 \tag{6.7}$$

여기서 D는 차원이 없는 실험값인 **끌림 계수**(drag coefficient)이다. ρ는 공기의 밀도, A는 운동하는 물체의 속도(운동 방향)에 수직인 평면에서 측정한 물체의 단면적이다. 끌림 계수는 구형 물체의 경우 약 0.5 정도의 값을 가지지만 불규칙하게 생긴 물체의 경우에는 2 정도 크기의 값을 가질 수 있다.

위 방향으로 크기가 $R = \frac{1}{2}D\rho Av^2$인 공기 저항력을 받는 낙하 물체의 운동을 분석해 보자. 질량 m인 물체가 정지 상태에서 자유 낙하하는 경우 물체에는 그림 6.12에 보인 것처럼 두 가지 외력이 작용한다.[2] 아래 방향의 중력 $\vec{\mathbf{F}}_g = m\vec{\mathbf{g}}$와 위 방향의 저항력 $\vec{\mathbf{R}}$이다. 그러므로 알짜힘의 크기는

$$\sum F = mg - \tfrac{1}{2}D\rho Av^2 \tag{6.8}$$

이고, 여기서 연직 아래 방향을 양(+)의 방향으로 잡았다. 물체를 알짜힘을 받는 입자로 모형화하자. 알짜힘이 식 6.8로 주어질 때 이 물체의 아래 방향 가속도는 다음과 같다.

$$a = g - \left(\frac{D\rho A}{2m}\right)v^2 \tag{6.9}$$

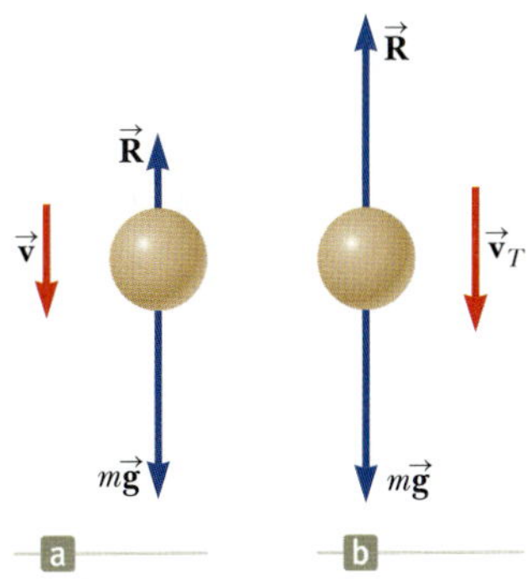

그림 6.12 (a) 공기 중에서 낙하하는 물체에는 저항력 $\vec{\mathbf{R}}$와 중력 $\vec{\mathbf{F}}_g = m\vec{\mathbf{g}}$가 작용한다. (b) 물체에 작용하는 알짜힘이 영일 때, 즉 $\vec{\mathbf{R}} = -\vec{\mathbf{F}}_g$이거나 $R = mg$일 때 물체는 종단 속력에 도달한다.

[2] 모형 1에서처럼, 무시된 위 방향의 부력도 존재한다.

표 6.1 공기 중에서 낙하하는 여러 물체들의 종단 속력

물체	질량 (kg)	단면적 (m^2)	v_T (m/s)
스카이다이버	75	0.70	60
야구공 (반지름 3.7 cm)	0.145	4.2×10^{-3}	43
골프공 (반지름 2.1 cm)	0.046	1.4×10^{-3}	44
우박 (반지름 0.50 cm)	4.8×10^{-4}	7.9×10^{-5}	14
빗방울 (반지름 0.20 cm)	3.4×10^{-5}	1.3×10^{-5}	9.0

중력이 저항력과 상쇄될 때, 이 물체에 작용하는 알짜힘은 영이 되고, 따라서 가속도가 영이 된다는 것으로부터 종단 속력 v_T를 구할 수 있다. 식 6.9에서 $a = 0$으로 놓으면

$$g - \left(\frac{D\rho A}{2m}\right)v_T^2 = 0$$

을 얻어서

$$v_T = \sqrt{\frac{2mg}{D\rho A}} \tag{6.10}$$

가 된다.

표 6.1은 공기 중을 낙하하는 여러 물체의 종단 속력을 나열하고 있다.

퀴즈 6.4 질량이 같은 야구공과 농구공이 있다. 처음에 공들이 바닥면의 높이가 지표면에서 1 m 정도인 곳에서 정지 상태에서 공기 중으로 떨어진다. 어느 공이 먼저 땅에 도달하는가? **(a)** 야구공이 먼저 땅에 도달한다. **(b)** 농구공이 먼저 땅에 도달한다. **(c)** 두 공이 동시에 땅에 도달한다.

예제 6.7 야구공에 작용하는 저항력

투수가 타자에게 0.145 kg인 야구공을 40.2 m/s(= 90 mi/h)의 속력으로 던졌다. 이 속력에서 공에 작용하는 저항력을 구하라.

풀이

개념화 이 예제는 물체가 중력과 저항력을 받으며 연직으로 운동하는 대신에, 공기 중에서 수평으로 운동한다는 점에서 앞의 예제들과 다르다. 중력은 공의 궤적을 아래로 휘게 하는 반면, 저항력은 공을 느리게 한다. 공이 40.2 m/s로 움직이는 순간의 속도 벡터는 정확히 수평이라고 가정한다.

분류 일반적으로 공은 **알짜힘을 받는 입자**이다. 그러나 단지 한순간만을 고려하기 때문에, 가속도에 대하여 관심이 없고, 그래서 단순히 저항력의 값을 구하는 문제가 된다.

분석 끌림 계수 D를 구하기 위하여, 야구공을 떨어뜨려 종단 속력에 도달하는 것을 생각해 보자. D에 대하여 식 6.10을 푼다.

$$D = \frac{2mg}{v_T^2 \rho A}$$

앞에서 얻은 D의 표현을 식 6.7에 대입하여 저항력의 크기에 대한 식을 구한다.

$$R = \tfrac{1}{2}D\rho A v^2 = \frac{1}{2}\left(\frac{2mg}{v_T^2 \rho A}\right)\rho A v^2 = mg\left(\frac{v}{v_T}\right)^2$$

표 6.1의 종단 속력을 포함하여 주어진 값들을 대입한다.

$$R = (0.145\ \text{kg})(9.80\ \text{m/s}^2)\left(\frac{40.2\ \text{m/s}}{43\ \text{m/s}}\right)^2$$
$$= 1.2\ \text{N}$$

결론 저항력의 크기는 약 1.4 N인 야구공의 무게와 크기가 비슷하다. 그러므로 투수가 던진 여러 종류의 커브 공이나, 떠오르는 볼, 싱커 등에서 분명히 증명되듯이 공기 저항이 공의 운동에 주요한 역할을 한다.

연습문제

객관식

1. 어린이가 BMX 자전거 경주 시합을 대비하여 경주 코스에서 연습을 한다. BMX 경주 코스를 위에서 내려다보면 그림 OQ6.1과 같으며, 자전거를 탄 아이는 경주 코스를 시계 반대 방향으로 일정한 속력으로 돌고 있다. (a) *A*, *B*, *C*, *D*, *E* 지점 중에서 각 지점에서 자전거의 가속도의 크기가 큰 것부터 순서대로 나열하라. 이때 어떤 두 지점에서 가속도의 크기가 같다면 이 사실을 표시하고, 또한 가속도가 영이라면 이를 역시 표시하라. (b) 자전거가 *A*, *B*, *C* 지점을 지날 때 속도의 방향은 어떻게 되는가? 각 지점에 대하여, 동서남북(EWSN) 또는 방향 없음 중 하나로 나타내라. (c) *A*, *B*, *C* 지점에서 각각 가속도의 방향을 나타내라.

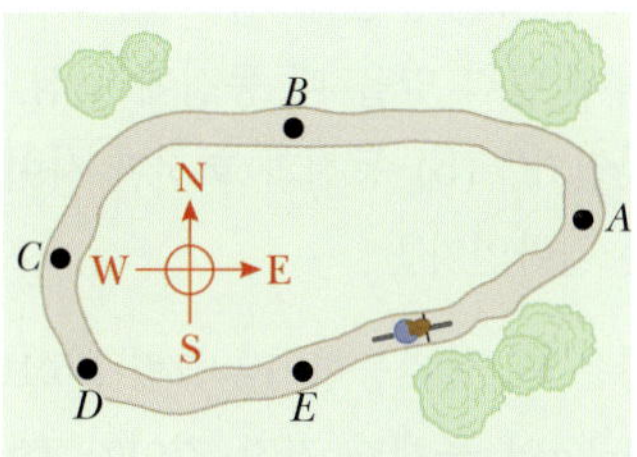

그림 OQ6.1

2. 스카이다이버가 헬리콥터에서 뛰어내려 공기를 가르며 낙하한다. 스카이다이버가 종단 속력에 이르기 전에 낙하산을 펴지 않는다면, 낙하 속력은 (a) 증가하는가, (b) 감소하는가, 또는 (c) 일정하게 유지되는가?

3. 사무실이나 병원의 문에는 문이 일정한 속력으로 부드럽게 닫히도록 만들어 주는 공압식 닫힘 장치를 장착하는 경우가 많다. 이렇게 일정한 속력으로 문이 닫힐 때, 문의 손잡이는 (a) 구심 가속도를 갖는가, (b) 접선 가속도를 갖는가?

4. 그림 OQ6.4와 같이 작은 크기의 추가 가벼운 줄에 매달려 진자를 구성하고 있다. 이때 추는 저항을 받지 않고 움직여서 좌우의 끝에서 같은 높이까지 오르내리며 흔들리게 된다. 진자의 추는 되돌림점 *A* 지점에서 출발하여 *B* 지점을 거친 후 *C* 지점에서 최대 속력에 도달한다. (a) 이들 세 지점 가운데, 진자의 지름 가속도는 영이 아니고 접선 가속도는 영인 지점이 존재하는가? 만약 존재한다면, 어떤 지점이고 그때 전체 가속도의 방향은 어떻게 되는가? (b) 이들 세 지점 가운데, 진자의 접선 가속도가 영이 아니고 지름 가속도는 영인 지점이 존재하는가? 만약 존재한다면, 어느 지점이고 그때 전체 가속도의 방향은 어떻게 되는가? (c) 진자의 전체 가속도가 영인 지점이 존재하는가? 만약 존재한다면, 어느 지점인가? (d) 진자가 접선 방향과 지름 방향 모두에서 가속도를 갖는 지점이 존재하는가? 만약 존재한다면, 어느 지점이고 그때 전체 가속도의 방향은 어떻게 되는가?

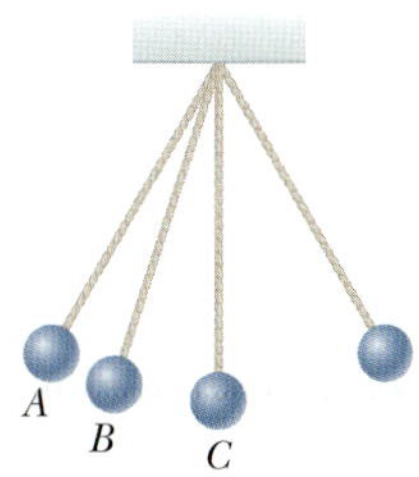

그림 OQ6.4

5. 대기에서 빗방울이 떨어질 때, 빗방울의 속력은 낙하 초기에 증가하다가 종단 속력에 이르게 된다. 종단 속력에 이르기 전까지 가속도의 크기는 (a) 증가하는가, (b) 감소하는가, (c) 영의 상태를 유지하는가, (d) 9.80 m/s^{2}을 유지하는가, 또는 (e) 또 다른 어떤 값을 유지하는가?

6. 순간적인 힘을 받아 열린 사무실의 문은 곧이어 닫힘 장치의 저항을 받아 감속되다가 다시 반대로 움직이며 닫히게 된다. 문이 최대로 열린 순간 문의 손잡이는 (a) 구심 가속도를 갖는가, (b) 접선 가속도를 갖는가?

7. 비행기에 탑승한 학생이 MP3 플레이어에 이어폰을 꽂고, 손으로 이어폰 선을 잡아 MP3 플레이어가 매달리도록 만든다. 비행기가 이륙 전 정지하여 대기 중일 때, MP3 플레이어는 똑바로 아래를 향하게 된다. 곧이어 비행기가 활주로를 달리면서 급속히 속력이 증가한다. **(i)** 속력이 증가할 때 학생의 손을 기준으로 MP3 플레이어는 (a) 비행기 머리 쪽으로 이동하는가, (b) 똑바로 매달린 상태를 유지하는가, 또는 (c) 비행기의 꼬리 쪽으로 이동하는가? **(ii)** 비행기가 수초 동안 등가속도로 속력이 증가한다면, 이런 시간 간격 동안 이어폰 선이 연직선과 이루는 각도는 (a) 증가하는가, (b) 그 상태를 유지하는가, 또는 (c) 감소하는가?

주관식

6.1 등속 원운동하는 입자 모형의 확장

1. 그림 P6.1과 같이 가벼운 줄에 매달린 질량 $m = 3.00$ kg의 물체가 수평 책상 면에서 마찰 없이 원운동을 하고 있다. 원의 반지름 $r = 0.800$ m이고, 이 줄은 최대 25.0 kg까지 정

지 하중을 견딜 수 있다고 한다. 줄이 끊어지지 않고 물체가 가질 수 있는 속력의 범위를 구하라.

그림 P6.1

2. 우주선이 달 표면으로부터 100 km 상공의 원 궤도를 따라 달 주위를 공전하고 있다. 달의 중력 가속도는 1.52 m/s^{2}이고 달의 반지름은 1.70×10^6 m일 때, (a) 우주선의 공전 속력과 (b) 우주선의 공전 주기를 구하라.

3. 보어의 수소 원자 모형에서 전자는 원자핵 주위를 원 궤도를 그리며 공전한다. 여기서 전자의 속력은 2.20×10^6 m/s이고 궤도의 반지름은 0.529×10^{-10} m일 때, (a) 전자에 작용하는 힘과 (b) 전자의 구심 가속도를 구하라.

4. 자동차가 원형으로 구부러진 평탄한 커브 길을 달리고 있다. 자동차가 14.0 m/s의 일정한 속력으로 이 커브를 통과할 때, 운전자에게 작용한 힘의 크기는 130 N이다. 만약 같은 조건에서 커브를 18.0 m/s의 속력으로 통과한다면, 운전자에게 작용하는 힘의 크기는 얼마인가?

5. 입자 가속기의 일종인 사이클로트론 내에서 중양성자(질량은 2.00 u)가 반지름 0.480 m의 원운동을 하면서 빛의 속력의 10.0 %인 나중 속력에 도달하였다. 중양성자가 이 원 궤도를 유지하도록 하는 자기력의 크기는 무엇인가?

6. 처음에 동쪽을 향하여 이동하던 자동차가 그림 P6.6에 보인 것처럼 일정한 속력으로 북쪽을 향하여 원 궤도를 돌았다. 호 ABC의 길이는 235 m이고, 회전을 마친 시간은 36.0 s이다. (a) 자동차가 35.0° 되는 B의 위치에 있을 때의 가속도는 얼마인가? 단위 벡터 $\hat{\mathbf{i}}$와 $\hat{\mathbf{j}}$를 사용하여 답하라. 36.0 s의 구간 동안, 자동차의 (b) 평균 속력과 (c) 평균 가속도를 구하라.

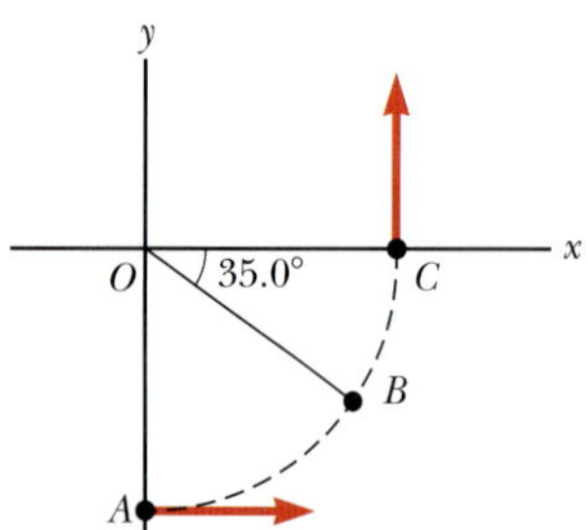

그림 P6.6

7. 지름 120 m인 수레바퀴 모양의 우주 정거장이 중심부를 축으로 회전하여 바퀴 부분에 거주하는 근무자에게 3.00 m/s^2 크기의 '인공 중력'을 제공하려 한다. 이를 위한 우주 정거장의 회전율을 분당 회전수로 계산하라.

8. 그림 P6.8과 같이 줄에 매달린 추가 연직선과 일정한 각도를 유지한 채 수평 원을 그리며 회전하는 원추 진자가 있다. 추의 질량이 $m = 80.0$ kg, 줄의 길이가 $L = 10.0$ m이고, 줄이 연직선과 이루는 각 $\theta = 5.00°$일 때 원추 진자에 대하여 (a) 줄이 추에 작용하는 힘의 수평 성분과 연직 성분의 크기와 (b) 추의 구심 가속도를 구하라.

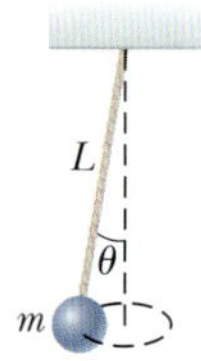

그림 P6.8

9. 수평하게 놓여 일정한 회전율로 회전을 하는 회전판이 있다. 이 회전판 위에 그 회전축에서 30.0 cm 떨어진 지점에 동전을 올려놓는다. 회전율을 서서히 높여 회전판의 속력이 50.0 cm/s가 되면 동전이 미끄러지기 시작한다. (a) 동전이 회전판 위에 멈춰 있을 때 동전에 구심 가속도를 일으키는 힘은 무엇인가? (b) 동전과 회전판 사이 마찰력의 정지 마찰 계수는 얼마인가?

10. 다음 상황은 왜 불가능한가? 그림 P6.10에서와 같이 질량 $m = 4.00$ kg인 물체가 각각 길이가 $\ell = 2.00$ m인 두 줄에 묶여 수직으로 놓인 기둥에 연결되어 있고, 이 두 연결점은 서로 $d = 3.00$ m만큼 떨어져 있다. 줄에 묶인 물체는 $v = 3.00$ m/s의 일정한 속력으로 두 줄을 팽팽하게 만들며 수평 원을 따라 회전한다. 기둥은 물체를 따라 회전하기 때문에 줄이 기둥에 감기지는 않는다. 만약에 이 상황이 다른 행성에서라면 가능할까?

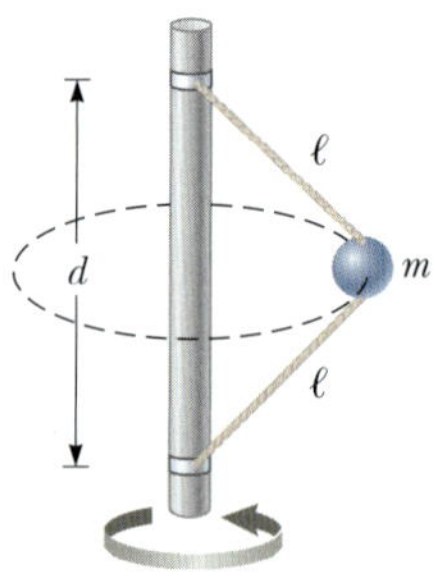

그림 P6.10

11. 트럭이 편평한 도로를 반지름 35.0 m의 호를 따라 회전할 때, 달걀 상자가 트럭의 짐칸 가운데 놓여 있다. 상자와 트럭 사이의 정지 마찰 계수가 0.600이면 상자가 미끄러지지 않게 트럭이 돌 수 있는 최고 속력은 얼마인가?

12. 그림 P6.12와 같이 수평 도로가 원의 형태로 굽어 있고 자동차가 일정한 속력으로 도로를 지나간다. 자동차가 (a) Ⓐ 지점을 지날 때와 (b) Ⓑ 지점을 지날 때 각각의 경우에 대하여, 자동차의 속도와 가속도의 방향을 나타내라.

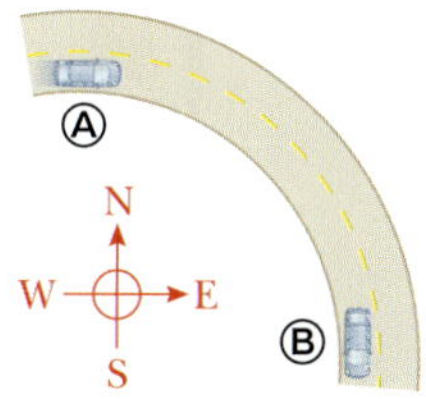

그림 P6.12

13. 노벨상 수상자 콤프턴(Arthur H. Compton)은 연구실 인근 도로의 과속 차량 때문에 연구에 방해를 받자 과속 방지 턱을 고안하여 도로에 설치하였다. 방지 턱은 그림 P6.13에서 보는 바와 같이 원통의 일부처럼 도로면 위로 솟은 형태이다. 1 800 kg의 자동차가 곡률 반지름 20.4 m인 방지 턱을 통과한다고 보자. (a) 30.0 km/h의 속력으로 방지 턱의 가장 높은 지점을 통과할 때, 도로가 자동차에 작용하는 힘의 크기는 얼마인가? (b) 자동차가 방지 턱의 가장 높은 지점을 위로 튕겨나지 않고 접촉하여 통과할 수 있는 최대 속력은 얼마인가?

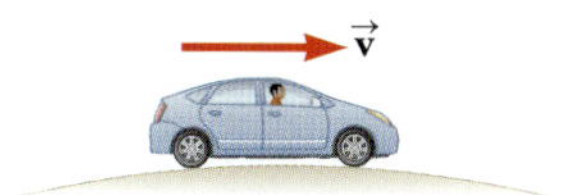

그림 P6.13

6.2 비등속 원운동

14. 물을 채운 양동이의 손잡이를 잡고 반지름 1.00 m인 수직 원을 만들며 돌린다. (a) 양동이 안의 물에 작용하는 두 가지 힘은 무엇인가? (b) 이 두 힘 중에서 어떤 힘이 양동이 안의 물이 원운동을 하게 만드는 데 더 중요한가? (c) 양동이의 원운동에서 가장 높은 지점에 이르렀을 때에 물이 양동이 밖으로 넘치지 않기 위하여 필요한 최소 속력은 얼마인가? (d) 가장 높은 지점에서의 속력이 (c)에서 구한 값이라 하고, 이 위치에서 양동이만 갑자기 사라졌다고 가정하자. 그 이후의 물의 운동을 설명하라. 이후 물의 운동은 포물체의 운동과 다른가?

15. 하늘에서 매가 4.00 m/s의 일정한 속력으로 반지름 12.0 m인 수평 원을 그리며 날고 있다. 이때 (a) 매의 구심 가속도를 구하라. (b) 이번엔 매가 같은 곡선을 그리며 비행을 하는데, 다만 그 속력이 1.20 m/s^{2}의 비율로 일정하게 증가하고 있다. 매의 속력이 4.00 m/s가 되는 순간에 가속도의 크기와 방향을 구하라.

16. 질량이 40.0 kg인 어린이가 줄의 길이가 각각 3.00 m인 두 줄로 연결된 그네를 타고 있다. 그네가 가장 낮은 위치에 있을 때 각 줄의 장력이 350 N이라면, 이때 (a) 어린이의 속력과 (b) 어린이가 의자로부터 받는 힘을 구하라. 단, 의자의 질량은 무시한다.

17. 질량이 m인 어린이가 줄의 길이가 각각 R인 두 줄로 연결된 그네를 타고 있다. 그네가 가장 낮은 위치에 있을 때, 각 줄의 장력이 T라면, 이때 (a) 어린이의 속력과 (b) 어린이가 의자로부터 받는 힘을 구하라. 단, 의자의 질량은 무시한다.

18. 롤러코스터에서 승객을 포함한 질량 500 kg인 궤도차가 그림 P6.18과 같은 선로를 지나고 있다. 열차는 처음 위치에서 Ⓑ 지점까지 진행할 때 오직 상하 운동만 하여 좌우 운동은 무시할 수 있다. 롤러코스터 선로는 Ⓐ와 Ⓑ 지점 부근에서 반지름이 각각 $r_1 = 10.0$ m 및 $r_2 = 15.0$ m인 원과 같은 곡률을 갖는다. (a) 만약 Ⓐ 지점에서 롤러코스터 열차의 속력이 20.0 m/s에 이른다면, 이 지점에서 롤러코스터 선로가 열차에 작용하는 힘은 얼마인가? (b) 열차가 Ⓑ 지점을 지날 때, 선로에서 이탈하지 않는 열차의 최대 속력은 얼마인가?

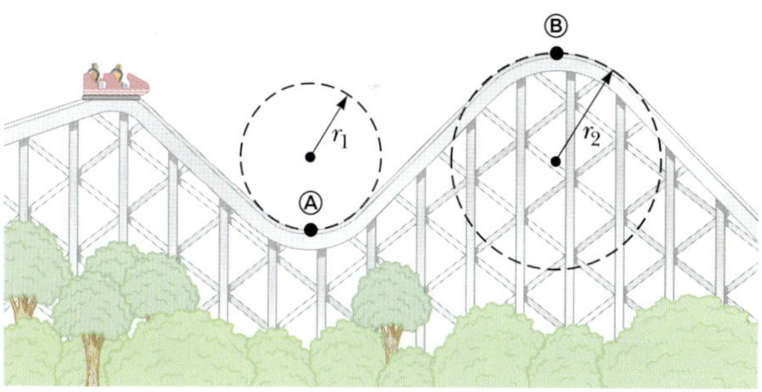

그림 P6.18

19. 뛰어난 설계와 물리학의 기본 원리를 따라 만든 롤러코스터가 있다. 수직 루프는 원형 궤도 대신에 눈물방울 모양으로 만들었다(그림 P6.19). 관람차는 최고점에서 충분한 속력을 가지고 궤도의 안쪽을 안정적으로 타고 돈다. 가장 큰 루프의 높이는 40.0 m이다. 루프의 꼭대기에서의 속력은 13.0 m/s이고 구심 가속도는 2g이다. (a) 꼭대기에서의 눈물방울 궤도의 곡률 반지름은 얼마인가? (b) 관람차와 승객의 전체 질량을 M이라고 하면, 선로가 관람차에 미치는 힘은 꼭대기에서 얼마인가? (c) 롤러코스터가 20.0 m 반지름의 원형 루프를 돈다고 가정하자. 꼭대기에서 관람차의 속력이 13.0 m/s로 같다고 하면, 승객이 받는 구심 가속도는 얼마

인가? (d) (c)에서 설명된 상황에서의 수직항력에 관하여 논하고, 눈물방울 모양이 갖는 장점에 관하여 논하라.

그림 P6.19

20. 그림 P6.20과 같이 0.500 kg의 물체를 일정한 길이의 줄로 천정에 매달아 진자를 구성하고 물체가 연직면에서 반지름 2.00 m의 원을 따라 흔들리게 하였다. 줄의 각도 $\theta = 20.0°$가 되는 어느 순간에 물체의 속력이 8.00 m/s라면, 이 순간에 대하여 (a) 줄의 장력, (b) 접선 가속도와 지름 가속도 그리고 (c) 전체 가속도를 구하라. (d) 위에서 구한 결과는 물체가 아래로 내려갈 때와 위로 올라갈 때 서로 다른가? (e) 그 이유를 설명하라.

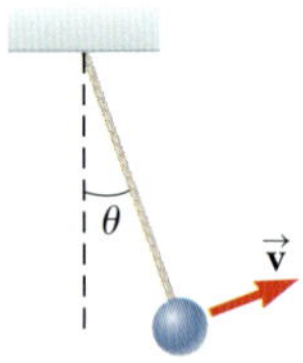

그림 P6.20

21. 고고학자($m = 85.0$ kg)가 덩굴에 매달려서 강을 건너려 하고 있다. 덩굴의 길이는 10.0 m이고 바닥점에서 고고학자의 속력은 8.00 m/s이다. 고고학자는 덩굴이 1 000 N까지 견딜 수 있음을 모르고 있다. 그는 무사히 강을 건널 수 있는가?

22. 그림 P6.22와 같이 줄에 돌멩이를 매달아 저항이 없는 수평면 위에서 운동시키고 줄의 반대쪽 끝은 책상의 구멍을 통하여 잡아서 돌멩이가 원운동을 하도록 한다. 돌멩이의 속력이 20.4 m/s일 때 반지름 2.50 m를 유지하기 위해서는 장력 50.0 N이 필요하다. 돌멩이가 운동하고 있는 상태에서 이제 줄을 서서히 당겨서 원운동의 반지름이 1.00 m가 되고 돌멩이의 속력이 51.0 m/s로 증가하면 줄이 끊어진다. 줄이 견딜 수 있는 장력의 크기는 얼마인가?

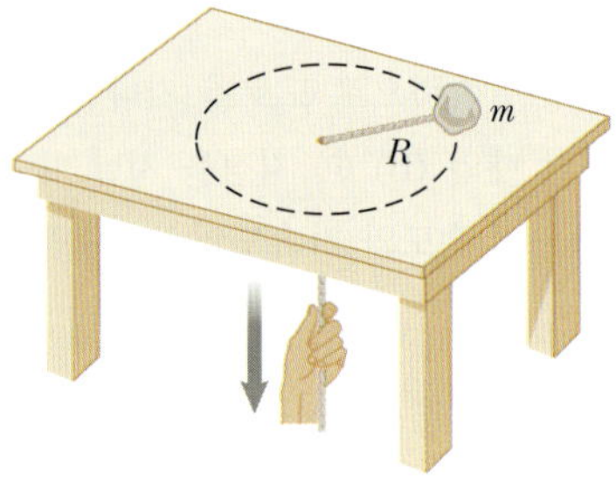

그림 P6.22

23. 그림 P6.23과 같이 질량 $m_1 = 4.00$ kg인 물체가 질량 $m_2 = 3.00$ kg인 물체와 길이 $\ell = 0.500$ m인 줄 1로 함께 묶여 있고, 이는 다시 같은 종류와 길이의 줄 2에 묶여 연직으로 놓인 원을 따라 함께 회전한다. 회전 운동을 하는 동안 두 줄은 항상 같은 방향에 놓인다. 원운동의 가장 높은 지점에 이를 때 물체 m_2의 속력이 $v = 4.00$ m/s라면, 이 순간 (a) 줄 1과 (b) 줄 2에 가해지는 장력의 크기는 얼마인가? (c) 회전 속력을 서서히 증가시키면 두 줄 가운데 어느 줄이 먼저 끊어지는가?

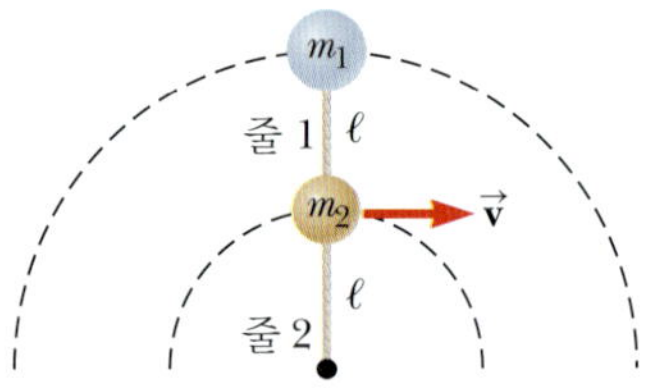

그림 P6.23

6.3 가속틀에서의 운동

24. 그림 P6.24에서와 같이 기차 화물칸의 마찰이 없는 수평한 마루 위에 질량 $m = 5.00$ kg의 물체가 용수철저울에 연결되어 있고, 기차가 정지해 있을 때 용수철저울의 눈금은 영이었다. (a) 기차가 움직이는 동안 용수철저울의 눈금이 18.0 N을 가리킨다면, 이때 기차의 가속도는 얼마인가? (b) 만약 기차가 등속도로 움직인다면, 용수철저울은 어떤 값을 나타내는가? (c) 이 물체에 작용한 힘을 기차 안과 기차 밖에 서 있는 사람의 입장에서 각각 설명하라.

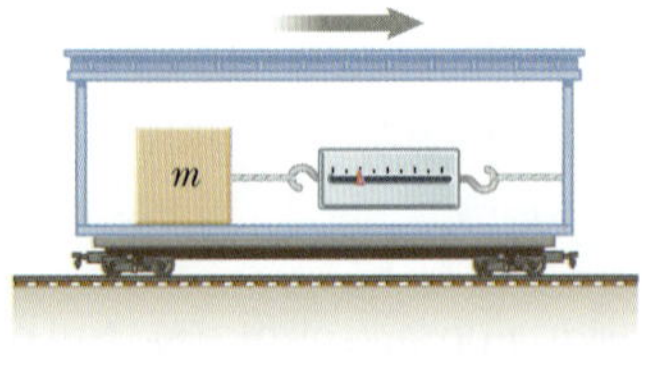

그림 P6.24

25. 그림 P6.25와 같이 질량이 $m = 0.500$ kg인 물체가 가속하고 있는 트럭의 천정에 매달려 있다. 트럭의 가속도가

$a = 3.00$ m/s^{2}일 때, (a) 줄과 연직선이 이루는 각도 θ와 (b) 줄의 장력 T를 구하라.

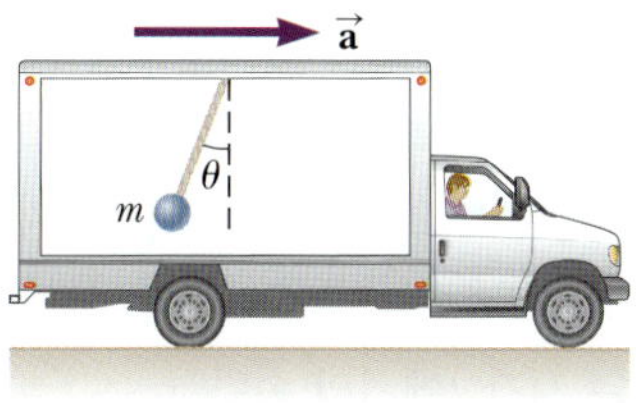

그림 P6.25

26. 한 아이가 등을 바닥에 기대고 누워서 자신의 발끝을 보기 위하여 고개를 들 때, 목 양쪽 근육에 가해지는 장력은 55.0 N이다. 이 아이가 물놀이 공원의 워터 슬라이드에서 누운 채로 아래로 미끄러져 내려온 후 종단 속력 5.70 m/s로 수평인 원형 구간에 진입한다. 반지름이 2.40 m인 이 구간에서 아이의 몸은 바깥쪽으로 붙어 기울어진다. (경로의 단면이 둥글기 때문에 바깥쪽 위로 좀 올라간 위치에서 원운동한다.) 기울어진 이 구간에서 아이가 자신의 발끝을 보기 위하여 고개를 들 때 목 양쪽 근육에 가해지는 장력을 구하라.

27. 어떤 사람이 승강기 안에서 저울 위에 올라서 있다. 승강기가 움직이기 시작할 때 저울은 591 N을 가리키고, 움직이다가 정지할 때는 391 N을 가리킨다. 움직이기 시작할 때와 정지할 때 가속도의 크기가 서로 같다면, (a) 사람의 무게, (b) 사람의 질량과 (c) 승강기의 가속도는 얼마인가?

28. 한 아이가 가방을 가지고 가속도 a로 위로 올라가는 승강기를 타고 있다. 시간 $t = 0$에서 아이가 바닥에 놓고 찬 가방이 속도 v로 출발하였다. 바닥에 미끄러져 움직인 가방은 t초 뒤 거리 L만큼 떨어진 반대편 벽에 가서 부딪혔다. 가방과 승강기 바닥 사이에 운동 마찰 계수 μ_k를 구하라.

29. 작은 용기에 물을 담아 전자레인지의 회전판에서 중심으로부터 12.0 cm 떨어진 가장자리 지점에 올려놓았다. 회전판이 7.25 s에 한 바퀴씩 회전한다면, 수평면에 대하여 물의 표면은 얼마나 기울어지게 되는가?

6.4 저항력을 받는 운동

30. (a) 끌림 계수가 0.500이고, 반지름이 8.00 cm인 나무 공(밀도: 0.830 g/cm^3)이 공기 중에서 낙하할 때 종단 속력을 구하라. (b) 공기 저항이 없을 때, 나무 공이 앞에서 구한 종단 속력에 도달할 때까지 떨어진 거리를 구하라.

31. 질량 1 200 kg의 스포츠카의 끌림 계수는 0.250이고 전면의 넓이가 2.20 m^{2}이다. 이 자동차가 100 km/h로 달리다가 변속기를 중립으로 놓고 동력 없이 미끄러지고 있다. 공기 저항 이외의 마찰 요소를 무시할 때, 변속기를 중립으로 놓은 직후의 가속도는 얼마인가?

32. 질량 80.0 kg의 스카이다이버가 저속의 비행기에서 뛰어내려 낙하하다가 50.0 m/s의 종단 속력에 이르렀다. (a) 스카이다이버의 낙하 속력이 30.0 m/s일 때 가속도는 얼마인가? (b) 속력이 50.0 m/s일 때와 30.0 m/s일 때의 공기 끌림힘은 각각 얼마인가?

33. 반지름이 2.00 cm인 구리 공을 유체 속에서 9.00 cm/s의 일정한 속력으로 꺼내기 위하여 필요한 힘을 계산하라. 끌림힘은 속력에 비례하고, 끌림 계수는 0.950 kg/s이다. 단, 부력은 무시한다.

34. 포장할 때 쓰이는 작은 스티로폼 조각이 지면으로부터 2.00 m의 높이에서 떨어졌다. 종단 속력에 도달하기 전까지 떨어진 스티로폼 조각의 가속도의 크기는 $a = g - Bv$로 주어졌다. 스티로폼은 0.500 m만큼 떨어진 후 실질적으로 종단 속력에 도달하였고, 다시 5.00 s만큼의 시간이 흐른 후 지면에 도달하였다. (a) 상수 B의 값을 구하라. (b) $t = 0$에서 가속도를 구하라. (c) 속력이 0.150 m/s일 때, 물체의 가속도를 구하라.

35. 크기가 작고 질량이 3.00 g인 구형 구슬을 점성이 있는 액체 속에서 정지 상태로부터 $t = 0$의 순간에 놓는다. 이의 종단 속력이 $v_T = 2.00$ cm/s로 측정된다면, (a) 교재 본문의 식 6.2에서 상수 b의 값, (b) 속력이 $0.632v_T$가 되는 데 걸리는 시간 t, 그리고 (c) 종단 속력에 다다를 때 저항력의 크기는 얼마인가?

36. 야구 경기에서 투수가 던진 공의 구속을 전광판에 나타내는 것은 흔한 일이다. 이 속력은 홈 플레이트 뒤에 서 있는 사람이 레이더 건으로 측정하게 된다. 레이더 건은 야구공에서 반사되는 마이크로파의 도플러 이동 효과(39장 참조)를 이용하여 속력을 측정한다. 레이더 건은 방아쇠를 당겼을 때, 특정 지점에서의 공의 속력을 측정한다. 공에 가해지는 공기 끌림힘은 주어진 식 $R = kmv^2$에 따라 속력의 제곱에 비례한다. 공기 마찰력 때문에 홈 플레이트까지 18.3 m를 날아가는 공의 속력은 식 $v = v_i e^{-kx}$에 따라 감소한다. 공이 투수의 손을 떠날 때의 속도가 90.0 mi/h = 40.2 m/s이고, 공의 수직 운동은 무시한다. 예제 6.7에서의 야구공에 가해지는 끌림힘 R의 계산식을 이용하여, 홈 플레이트를 지날 때의 공의 속력을 구하라.

37. 스케이트 선수에 작용하는 저항력이 속력 v의 제곱에 비례

한다고 가정하면 $f = -kmv^2$으로 표현할 수 있다. 여기서 k는 비례 상수이고, m은 스케이트 선수의 질량이다. 스케이트 선수가 결승점을 지나고 난 직후 속력이 v_i이고 이후에 직선 방향으로 미끄러져 가면서 속력이 떨어진다. 스케이트 선수의 속력이 결승점 통과 후 시간 t에 대하여 $v(t) = v_i/(1 + ktv_i)$임을 보이라.

38. 창문을 닦는 사람은 고무 롤러를 기다란 수직 형 창문에 문질러 닦는다. 롤러의 질량은 160 g이고 가벼운 막대 끝에 달려 있다. 롤러와 건조한 유리 사이의 운동 마찰 계수는 0.900이다. 창문 닦는 사람은 수평 성분이 4.00 N인 힘으로 롤러를 창문에 대고 누르고 있다. (a) 롤러를 창문 아래로 등속으로 움직이도록 하려면 이 사람이 주는 힘의 수직 성분은 얼마인가? (b) 다른 힘들은 같다는 조건에서, 창문 닦는 사람이 롤러 아래 방향의 힘 성분만 25.0 % 증가시킬 때, 롤러의 가속도를 구하라. (c) 롤러가 유리창의 젖은 부분으로 들어가서, 끌림힘 $R = -20.0v$를 받게 된다. 여기서 R의 단위는 N이고, v의 단위는 m/s이다. 창문 닦는 사람이 (b)에서와 같은 힘을 롤러에 준다고 가정할 때, 롤러가 도달하게 되는 종단 속력을 구하라.

39. 모터보트가 속력 10.0 m/s로 달리다가 갑자기 엔진을 멈추고 물의 저항을 받으며 수면을 미끄러지며 정지한다. 이 시간 동안 모터보트의 운동을 설명하는 식은 $v = v_i e^{-ct}$인데, 여기서 v는 시간 t에서의 속력, v_i는 $t = 0$에서의 처음 속력이고, c는 상수이다. 시간 $t = 20.0$ s에서 모터보트의 속력이 5.00 m/s라면, 모터보트의 운동에 대하여, (a) 상수 c의 값을 구하라. (b) $t = 40.0$ s에서 모터보트의 속력은 얼마인가? (c) 이와 더불어 $v(t)$에 대한 식을 미분하여 모터보트의 가속도가 속력에 비례함을 보이라.

40. 달리는 자동차의 창문을 열고 팔을 뻗으면 공기 끌림을 손에서 느낄 수 있다. 위험하니 조심해야 한다. 이 힘의 크기의 정도는 얼마인가? 측정하거나 예측하여 그 값을 구하라.

계의 에너지

Energy of a System

CHAPTER **7**

영국의 리버풀에 있는 머지(Mersey) 강 어귀의 풍력 발전 지역에서 불어오는 바람은 풍차의 날개에 일을 하여 날개를 돌려 발전기 로터를 가동시킨다. 에너지는 풍차의 계로부터 전기의 형태로 전달된다. *(Christopher Furlong/Getty Images)*

위치, 속도, 가속도, 힘과 같은 양을 정의하고 뉴턴의 제2법칙 등과 관련된 원리들을 적용하면 다양한 문제를 해결할 수 있다. 하지만 원리적으로 뉴턴의 법칙을 사용해서 풀 수 있는 문제들도 실제로 해결하기에는 매우 어려울 때가 있다. 이런 문제들의 일부는 다른 접근 방법으로 훨씬 간단히 해결할 수 있다. 이 장과 다음 장에서는 이 새로운 접근 방법을 배울 것인데, 여기서는 별로 친숙하지 않은 양들에 대한 정의가 포함될 것이다. 또한 익숙해 보이는 양이라고 하더라도 물리학에서는 일상생활에서보다 좀 더 특별한 의미를 가질 수도 있다. 이런 논의를 **에너지**라는 용어를 살펴보는 것에서 시작해 보자.

과학과 공학에서 에너지라는 개념은 가장 중요한 주제 중 하나이다. 일상생활에서 에너지라 하면 교통수단이나 난방에 필요한 연료, 전등이나 가전제품을 사용하기 위한 전기, 소비하는 음식 등으로 이해한다. 그러나 이런 생각들은 에너지를 제대로 정의한 것이 아니다. 그저 연료란 어떤 작업을 위하여 필요한 것이고, 연료로써 에너지를 제공한다는 것일 뿐이다.

에너지는 우주에 여러 가지 형태로 존재한다. 우주에서 일어나는 모든 물리적인 과정은 에너지와 에너지의 전달 또는 변환을 포함한다. 에너지는 매우 중요한 것이지만, 불행히도 쉽게 정의할 수 있는 것은 아니다. 앞서 등장한 변수들은 비교적 구체적이었다. 예를 들면 속도나 힘은 일상적으로 경험한다. 에너지에 대해서도 자동차의 연료가 떨어졌다거나, 거센 폭풍 후에 전기가 끊어졌다는 식의 경험이 있기는 하지만, 에너지라는 개념은 보다 추상적이다.

역학계에 뉴턴의 법칙을 적용하지 않고, 에너지 보존의 법칙에서 출발하여 문제를 해결할 수 있는 경우도 있다. 더욱이 에너지 개념을 사용한 접근 방법은 이 교재의 뒤에 나올 열적 현상과 전기적 현상을 이해하는 데 도움을 준다.

앞 장들에서 소개한 분석 모형들은 입자 하나의 운동 또는 하나의 입자로 모형화할 수 있는 물체의 운동에 관한 것이었다. 이제 새롭게 단순화한 모형, 계(system)와 계의 모형에 기초한 분석 모형에 대하여 집중적으로 알아보자. 이런 분석 모형들은 8장에서 자세히 소개할 예정이다. 이 장에서는 계 그리고 계에 에너지를 저장하는 세 가지 방법을 소개한다.

7.1 계와 환경
Systems and Environments

> **오류 피하기 7.1**
> **계를 정의하라** 에너지 접근 방법을 이용해서 문제를 풀기 위한 가장 중요한 **첫 번째** 단계는 대상이 되는 적절한 계를 정의하는 것이다.

계 모형에서는, 우리는 우주의 작은 한 부분, 즉 **계**(system)에 대하여 관심을 집중하고 그 계를 제외한 우주의 나머지 부분에 대한 구체적인 사항은 무시한다. 계 모형을 문제에 적용함에 있어 핵심적인 기술은 바로 **계를 정의**하는 것이다. 유효한 계는

- 하나의 물체 또는 입자일 수 있다.
- 물체나 입자들의 집합일 수 있다.
- 공간의 일부 영역일 수 있다(예를 들어 자동차 엔진의 연소 실린더 내부).
- 시간에 따라 크기와 모양이 변할 수 있다(예를 들어 벽에 부딪쳐서 형태가 변하는 고무공).

주어진 문제에서 특정한 계가 무엇이든 간에, **계의 경계**(system boundary)라는 가상의 면(꼭 물리적 표면과 일치시킬 필요는 없다)이 있는데, 이 면은 우주를 계와 그 계를 둘러싼 **환경**(environment)으로 나눈다.

예를 들어 빈 공간에 있는 어떤 물체에 작용하는 힘을 생각해 보자. 그 물체를 계로 정의하고 물체의 표면을 계의 경계로 정의할 수 있을 것이다. 외력은 환경으로부터, 경계를 넘어 계에 작용한다. 다음 절에서 계의 접근 방법으로 이 상황을 어떻게 분석하는지를 보게 될 것이다.

또 다른 예는 예제 5.6에서 보았다. 계는 공과 블록 그리고 줄의 조합으로 정의할 수 있다. 환경으로부터의 영향은 공과 블록에 작용하는 중력, 블록에 작용하는 수직항력과 마찰력, 도르래가 줄에 작용하는 힘이다. 줄이 공과 블록에 작용하는 힘은 계의 내력이며, 따라서 환경으로부터 영향을 받지 않는다.

© Cengage Learning/Charles D. Winters

그림 7.1 수평 방향에 대하여 각기 다른 각도로 작용하는 힘에 의하여 분필 지우개가 분필 가루받이를 따라 미끄러지고 있다.

우리는 환경으로부터 계가 영향을 받는 많은 메커니즘들을 보게 될 것이다. 먼저 **일**에 대하여 살펴보기로 하자.

> **오류 피하기 7.2**
>
> **…이 ~에 일을 하였다** 계를 정의하는 것뿐만 아니라 주위 환경의 어떤 힘이 계에 일을 하고 있는지를 확인해야 한다. 일을 논의할 때 항상 다음 문구를 사용하자. "…이 ~에 일을 하였다" '이' 앞에는 계와 직접적으로 상호 작용하는 환경의 일부를 집어 넣는다. '에' 앞에는 계를 집어 넣는다. 예를 들면 "망치가 못에 일을 하였다"는 표현은 못이 계임을 의미하고, 또한 망치가 못에 가하는 힘이 환경과의 상호 작용임을 나타낸다.

7.2 일정한 힘이 한 일
Work Done by a Constant Force

속도, 가속도, 힘과 같이 지금까지 사용한 거의 모든 용어들은 물리학에서도 일상생활에서와 유사한 의미를 가진다. 그러나 이제는 물리학에서 사용되는 의미가 일상적인 의미와 현저하게 다른 용어를 접하게 된다. 바로 그 예가 **일**이다.

계에 작용하는 영향으로서의 일이 물리학자에게 무엇을 의미하는지 이해하기 위하여 그림 7.1에 나타난 상황을 생각해 보자. 계로 설정할 수 있는 분필 지우개에 힘 $\vec{\mathbf{F}}$가 작용하여 지우개는 분필 가루받이를 따라 미끄러진다. 이 힘이 지우개를 미는 데 얼마나 효율적인지를 알고 싶다면 힘의 크기뿐만 아니라 방향까지도 알아야 한다. 그림 7.1에서 손가락이 지우개에 서로 다른 세 방향으로 힘을 작용하는 것에 주목하자. 세 장의 사진에서 작용하는 힘의 크기가 모두 같다고 가정한다면, 그림 7.1b에서 미는 힘은 그림 7.1a에서 미는 힘보다 지우개를 더 밀게 된다. 반면 그림 7.1c는 아무리 세게 밀어도 지우개를 전혀 밀지 못한다(물론 분필 가루받이를 부숴버릴 정도로 센 힘을 가하지 않는다면 말이다). 이런 결과는 힘을 분석하여 그 힘이 계에 미치는 영향을 결정하기 위해서는 힘의 벡터 성질을 고려해야 함을 보여 주고 있다. 또한 힘의 크기도 고려해야만 한다. 크기가 $|\vec{\mathbf{F}}| = 2$ N인 힘으로 변위시키는 동안 한 효과는 1 N의 힘으로 같은 변위 동안 한 효과보다 크다. 변위의 크기 역시 중요한 항이다. 동일한 힘을 작용하여 지우개를 3 m 움직이는 것은 2 cm 움직이는 것보다 더 많은 효과를 준다.

그림 7.2의 상황을 살펴보자. 여기서 물체(계)는 직선 상에서 위치가 변하는데, 크기가 F인 일정한 힘이 변위의 방향과 각도 θ를 이루며 작용한다.

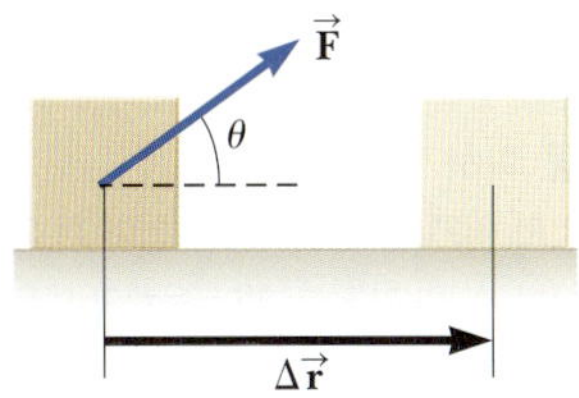

그림 7.2 물체는 일정한 힘 $\vec{\mathbf{F}}$를 받아 $\Delta\vec{\mathbf{r}}$만큼 변위가 발생한다.

어떤 계에 일정한 크기의 힘을 가하는 주체가 계에 한 **일**(work) W는 힘의 크기 F, 힘의 작용점의 변위 크기 Δr 그리고 $\cos\theta$의 곱이다. 여기서 θ는 힘과 변위 벡터가 이루는 각도이다.

◀ 일정한 힘이 한 일

$$W \equiv F\Delta r\cos\theta \qquad (7.1)$$

식 7.1에서 주목해야 할 점은 일이 힘 $\vec{\mathbf{F}}$와 변위 $\Delta\vec{\mathbf{r}}$ 두 개의 벡터에 의하여 정의되지만, 일은 스칼라양이라는 것이다. 7.3절에서 두 개의 벡터를 결합하여 스칼라양을 형성하는 방법에 대하여 다룰 것이다.

또한 식 7.1에서의 변위는 힘의 작용점의 변위임에 주목한다. 힘이 입자 또는 입자로 모형화할 수 있는 강체에 작용하면, 이 변위는 입자의 변위와 같다. 그러나 변형 가능한 계의 경우 이들 변위는 같지 않다. 예를 들어 풍선의 양쪽을 두 손으로 누른다고 생각해 보자. 풍선 중심의 변위는 영이다. 그러나 여러분의 손으로부터 풍선 양쪽 힘의 작용점은 실제로 풍선이 압축됨에 따라 이동한다. 이것이 식 7.1에서 사용되는 변위이다. 앞으로 용수철이나 용기 내의 기체와 같은 변형 가능한 계의 또 다른 예들도 살펴볼 예정이다.

일에 대한 정의와 일상생활에서 이해하는 용어에 차이가 있음을 보여 주는 예로서 무거운 의자를 3분 동안 팔을 뻗어 들고 있는 경우를 생각해 보자. 3분이 지나면 지친 팔 때문에 아마 의자에 엄청난 양의 일을 하였다고 생각할 것이다. 그러나 물리적 정의에 따르면 어찌되었건 아무 일도 하지 않은 것이다. 의자를 받치기 위하여 힘을 가하였지만 전혀 움직이지 않았다. 어떤 힘이 물체의 위치를 바꾸지 못하였다면 물체에 한 일은 없는 것이다. 식 7.1에서 $\Delta r = 0$이라면 $W = 0$인 것을 알 수 있는데, 그 예가 그림 7.1c이다.

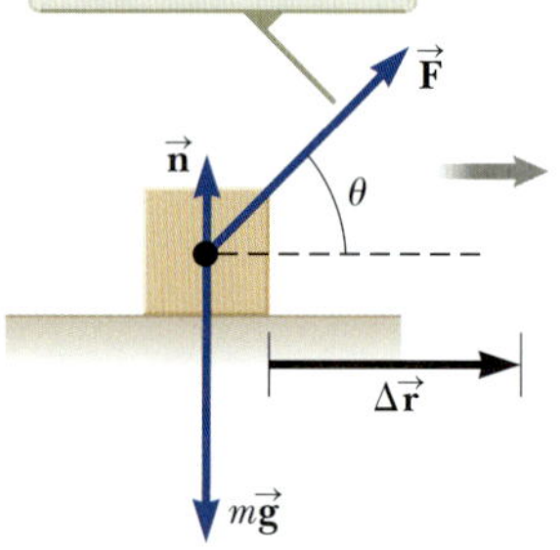

그림 7.3 물체가 마찰이 없고 수평인 면을 따라 움직일 때 수직항력 $\vec{\mathbf{n}}$과 중력 $m\vec{\mathbf{g}}$는 물체에 대하여 일을 하지 않는다.

식 7.1에서 한 가지 더 주목해야 하는 것은 움직이는 물체에 작용한 힘이 작용점의 변위에 대하여 수직이라면 그 힘이 한 일은 영이란 것이다. 즉 $\theta = 90°$라면 $\cos 90° = 0$이므로 $W = 0$인 것이다. 예를 들어 그림 7.3에서 물체에 수직항력이 한 일과 중력이 물체에 한 일은, 두 힘 모두 변위에 대하여 수직이고 $\Delta\vec{\mathbf{r}}$ 방향 축에 대한 두 힘의 성분값이 영이므로 모두 영이다.

일의 부호는 또한 $\Delta\vec{\mathbf{r}}$에 대한 $\vec{\mathbf{F}}$의 방향에도 의존한다. 작용한 힘이 한 일은 $\Delta\vec{\mathbf{r}}$에 대한 $\vec{\mathbf{F}}$의 사영이 변위의 방향과 같을 때 양(+)이다. 예를 들어 어떤 물체를 들어 올릴 때 작용한 힘이 한 일은 양(+)인데, 이것은 힘이 위쪽 방향이어서 작용점의 변위와 같은 방향이기 때문이다. $\Delta\vec{\mathbf{r}}$에 대한 $\vec{\mathbf{F}}$의 사영이 변위와 반대 방향이면 W는 음(−)이다. 예를 들어 어떤 물체를 들어 올릴 때 중력이 물체에 한 일은 음(−)이다. W의 식 7.1에서 $\cos\theta$가 자동적으로 일의 부호를 결정한다.

오류 피하기 7.3

변위의 원인 물체에 작용한 힘이 한 일을 계산할 수 있으나 그 힘이 물체의 변위의 원인이 아닐 수도 있다. 예를 들면 물체를 들어 올리면 중력이 물체를 위로 움직이게 하는 원인이 아니라 하더라도 중력은 물체에 음(−)의 일을 한다.

작용한 힘 $\vec{\mathbf{F}}$가 변위 $\Delta\vec{\mathbf{r}}$와 같은 방향이라면 $\theta = 0$이고 $\cos 0 = 1$이다. 이 경우 식 7.1은 다음과 같이 된다.

$$W = F\Delta r$$

일의 단위는 힘에 길이를 곱한 것이다. 따라서 일의 SI 단위는 **뉴턴 · 미터**($\mathrm{N \cdot m = kg \cdot m^2/s^2}$)이다. 이 단위의 조합은 자주 사용되므로 **줄**(J)이라는 고유한 이름을 붙였다.

계를 사용하여 문제를 해결하기 위하여 고려해야 할 중요한 점은 **일은 에너지의 전달**이라는 것이다. W가 계에 더해진 일이고 W가 양(+)이라면 에너지는 계로 전달된 것이고, W가 음(−)이라면 에너지는 계로부터 주위 환경으로 전달된 것이다. 따라서 계가 주위 환경과 상호 작용한다면 이 상호 작용은 계의 경계를 통한 에너지의 전달로 묘사할 수 있다. 이 결과로 계에 저장된 에너지가 변한다. 일의 양상을 좀 더 살펴본 다음 7.5절에서 에너지 저장의 첫 번째 형태를 배우게 될 것이다.

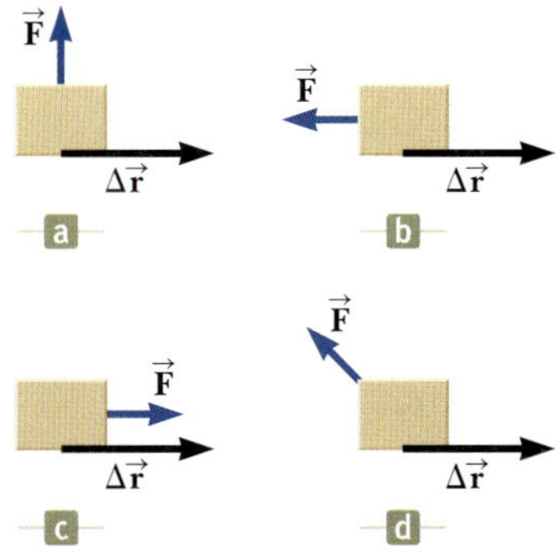

그림 7.4 (퀴즈 7.2) 물체에 네 가지 다른 방향의 힘이 작용하여 움직인다. 각각의 경우 물체의 변위는 오른쪽 방향으로 같은 크기이다.

Q 퀴즈 7.1 태양이 지구에 작용하는 중력에 의하여 지구는 태양 주위의 궤도를 유지하고 있다. 이 궤도가 완전한 원이라고 가정하자. 지구가 궤도를 따라 이동하는 도중의 짧은 시간 동안 태양의 중력이 한 일은? **(a)** 0 **(b)** 양(+) **(c)** 음(−) **(d)** 결정할 수 없다.

Q 퀴즈 7.2 그림 7.4는 힘이 물체에 작용하는 네 가지 경우를 보여 준다. 모든 경우에 있어서 힘은 같은 크기이고, 물체의 변위는 오른쪽 방향으로 같은 크기이다. 힘이 물체에 한 일을 가장 큰 값부터 순서대로 나열하라.

예제 7.1 진공청소기를 끄는 남자

그림 7.5와 같이 마루를 청소하는 사람이 $F = 50.0$ N의 힘으로 수평 방향과 30.0°의 각도로 진공청소기를 끌고 있다. 진공청소기가 오른쪽으로 3.00 m 움직이는 동안 이 힘이 진공청소기에 한 일을 구하라.

풀이

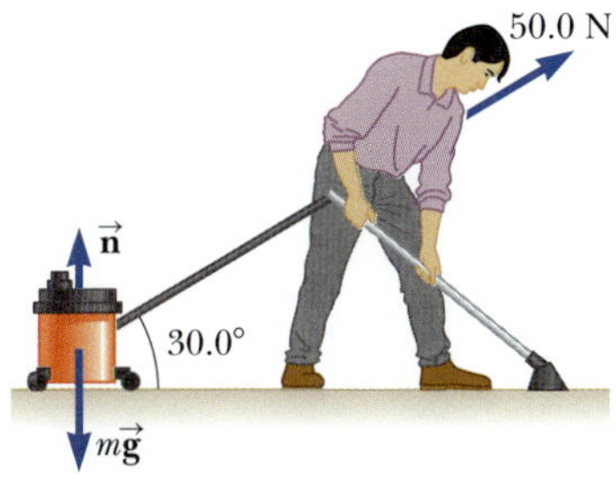

그림 7.5 (예제 7.1) 수평과 30.0°의 각도로 진공 청소기를 끌고 있다.

개념화 이 상황을 개념화한 것이 그림 7.5이다. 일상생활에서 어떤 물체를 밧줄이나 끈을 사용하여 마루 위에서 끌었던 경험을 생각해 보자.

분류 힘이 물체에 한 일을 물어보았고 물체에 작용하는 힘, 물체의 변위, 이들 두 벡터 사이의 각도가 주어졌으므로, 이 문제를 대입 문제로 분류할 수 있다. 진공청소기를 계로 설정한다.

일의 정의인 식 7.1을 사용한다.

$$W = F\Delta r\cos\theta = (50.0\text{ N})(3.00\text{ m})(\cos 30.0°) = 130\text{ J}$$

여기서 수직항력 $\vec{n}$과 중력 $\vec{F}_g = m\vec{g}$는 이들 작용점의 변위에 수직이므로 일을 하지 않는다는 것에 주목하자. 더욱이 진공청소기와 마루 사이에 마찰이 있었는지에 대한 언급이 없었다. 작용한 힘이 한 일을 계산할 때 마찰이 있는지 또는 없는지의 여부는 중요하지 않다. 또한 이 일은 진공청소기가 등속도로 움직이든지 또는 가속하든지 상관이 없다.

7.3 두 벡터의 스칼라곱
The Scalar Product of Two Vectors

식 7.1과 같이 힘과 변위 벡터가 조합을 이루므로, 두 벡터의 **스칼라곱**(scalar product)이라는 간편한 수학적 도구를 사용하면 도움이 된다. 벡터 $\vec{A}$와 $\vec{B}$의 스칼라곱은 $\vec{A}\cdot\vec{B}$로 쓰기로 한다. 도트(dot) 부호를 사용하므로 **도트곱**(dot product)이라고도 한다.

임의의 두 벡터 $\vec{A}$와 $\vec{B}$의 스칼라곱은 두 벡터의 크기와 두 벡터 사이의 각 θ의 코사인의 곱으로 정의되는 스칼라양이다.

오류 피하기 7.4
일은 스칼라이다 식 7.3은 두 벡터를 사용하여 일을 정의하지만, **일은 스칼라**이다. 따라서 일과 연관된 방향이 없다. **모든** 형태의 에너지와 에너지 전달은 스칼라이다. 에너지가 스칼라양이기 때문에 벡터 계산을 하지 않아도 되는 것이 에너지로 문제를 푸는 방법의 장점이다.

임의의 두 벡터 $\vec{\mathbf{A}}$와 $\vec{\mathbf{B}}$의 스칼라곱 ▶

$$\vec{\mathbf{A}} \cdot \vec{\mathbf{B}} \equiv AB\cos\theta \tag{7.2}$$

$\vec{\mathbf{A}}$와 $\vec{\mathbf{B}}$는 단위가 같을 필요가 없는데, 이것은 어떤 곱셈의 경우도 마찬가지다.

이 정의를 식 7.1과 비교해 보면, 식 7.1을 다음의 스칼라곱으로 바꾸어 쓸 수 있다.

$$W = F\Delta r\cos\theta = \vec{\mathbf{F}} \cdot \Delta\vec{\mathbf{r}} \tag{7.3}$$

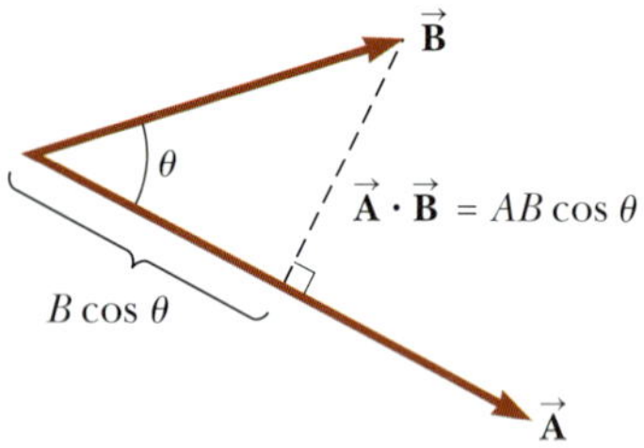

그림 7.6 스칼라곱 $\vec{\mathbf{A}} \cdot \vec{\mathbf{B}}$는 $\vec{\mathbf{A}}$의 크기와 $B\cos\theta$, 즉 $\vec{\mathbf{A}}$에 대한 $\vec{\mathbf{B}}$의 사영을 곱한 것과 같다.

다시 말해서 $\vec{\mathbf{F}} \cdot \Delta\vec{\mathbf{r}}$은 $F\Delta r\cos\theta$의 간단한 표현이다.

일에 대한 논의를 계속하기 전에, 스칼라곱의 성질을 살펴보기로 하자. 그림 7.6에는 스칼라곱을 정의할 때 사용된 두 벡터 $\vec{\mathbf{A}}$와 $\vec{\mathbf{B}}$ 그리고 사이의 각 θ가 표시되어 있다. 여기서 $B\cos\theta$는 $\vec{\mathbf{A}}$에 대한 $\vec{\mathbf{B}}$의 사영이므로, 식 7.2에서 $\vec{\mathbf{A}} \cdot \vec{\mathbf{B}}$는 $\vec{\mathbf{A}}$의 크기와 $\vec{\mathbf{A}}$에 대한 $\vec{\mathbf{B}}$의 사영을 곱한 것이다.[1]

식 7.2의 우변으로부터 스칼라곱은 **교환 법칙**(commutative law)이 성립함을 알 수 있다.[2] 즉

$$\vec{\mathbf{A}} \cdot \vec{\mathbf{B}} = \vec{\mathbf{B}} \cdot \vec{\mathbf{A}}$$

마지막으로 스칼라곱은 다음과 같이 **분배 법칙**(distributive law)을 만족한다.

$$\vec{\mathbf{A}} \cdot (\vec{\mathbf{B}} + \vec{\mathbf{C}}) = \vec{\mathbf{A}} \cdot \vec{\mathbf{B}} + \vec{\mathbf{A}} \cdot \vec{\mathbf{C}}$$

스칼라곱은 $\vec{\mathbf{A}}$가 $\vec{\mathbf{B}}$에 수직이거나 평행이라면 식 7.2로부터 쉽게 구할 수 있다. 만약 $\vec{\mathbf{A}}$가 $\vec{\mathbf{B}}$에 수직($\theta = 90°$)이라면 $\vec{\mathbf{A}} \cdot \vec{\mathbf{B}} = 0$이다(등식 $\vec{\mathbf{A}} \cdot \vec{\mathbf{B}} = 0$은 $\vec{\mathbf{A}}$ 또는 $\vec{\mathbf{B}}$가 영인 명백한 경우에도 성립된다). 만약 $\vec{\mathbf{A}}$가 $\vec{\mathbf{B}}$에 평행하여 같은 방향을 향하면 ($\theta = 0$), $\vec{\mathbf{A}} \cdot \vec{\mathbf{B}} = AB$이다. $\vec{\mathbf{A}}$가 $\vec{\mathbf{B}}$와 평행하기는 하지만 서로 반대 방향이라면 ($\theta = 180°$), $\vec{\mathbf{A}} \cdot \vec{\mathbf{B}} = -AB$이다. 스칼라곱은 $90° < \theta \le 180°$일 때 음(−)이다.

3장에서 정의한 단위 벡터 $\hat{\mathbf{i}}, \hat{\mathbf{j}}, \hat{\mathbf{k}}$는 각각 양(+)의 x, y, z 방향을 향한다. 따라서 $\vec{\mathbf{A}} \cdot \vec{\mathbf{B}}$의 정의에 따라 이들 단위 벡터의 스칼라곱은 다음과 같다.

단위 벡터의 스칼라곱 ▶

$$\hat{\mathbf{i}} \cdot \hat{\mathbf{i}} = \hat{\mathbf{j}} \cdot \hat{\mathbf{j}} = \hat{\mathbf{k}} \cdot \hat{\mathbf{k}} = 1 \tag{7.4}$$

$$\hat{\mathbf{i}} \cdot \hat{\mathbf{j}} = \hat{\mathbf{i}} \cdot \hat{\mathbf{k}} = \hat{\mathbf{j}} \cdot \hat{\mathbf{k}} = 0 \tag{7.5}$$

식 3.18과 3.19에 따라 두 벡터 $\vec{\mathbf{A}}$와 $\vec{\mathbf{B}}$를 각각 성분 벡터의 형태로 쓰면 다음과 같다.

$$\vec{\mathbf{A}} = A_x\hat{\mathbf{i}} + A_y\hat{\mathbf{j}} + A_z\hat{\mathbf{k}}$$

$$\vec{\mathbf{B}} = B_x\hat{\mathbf{i}} + B_y\hat{\mathbf{j}} + B_z\hat{\mathbf{k}}$$

벡터에 대한 이들 표현식과 식 7.4와 7.5를 이용하면 $\vec{\mathbf{A}}$와 $\vec{\mathbf{B}}$의 스칼라곱은 다음과 같이 간단히 표현된다.

---

[1] $\vec{\mathbf{A}} \cdot \vec{\mathbf{B}}$가 $\vec{\mathbf{B}}$의 크기와 $\vec{\mathbf{B}}$에 대한 $\vec{\mathbf{A}}$의 사영을 곱한 것이라고 해도 마찬가지다.

[2] 11장에서 물리에 유용하지만 교환 법칙이 성립하지 않는 또 다른 벡터곱을 배운다.

$$\vec{\mathbf{A}} \cdot \vec{\mathbf{B}} = A_x B_x + A_y B_y + A_z B_z \quad (7.6)$$

$\vec{\mathbf{A}} = \vec{\mathbf{B}}$인 특수한 경우는

$$\vec{\mathbf{A}} \cdot \vec{\mathbf{A}} = A_x^2 + A_y^2 + A_z^2 = A^2$$

임을 알 수 있다.

Q 퀴즈 7.3 두 벡터의 스칼라곱과 두 벡터 크기의 곱 사이의 관계에 대한 설명으로 옳은 것은 어느 것인가? **(a)** $\vec{\mathbf{A}} \cdot \vec{\mathbf{B}}$가 AB보다 크다. **(b)** $\vec{\mathbf{A}} \cdot \vec{\mathbf{B}}$가 AB보다 작다. **(c)** $\vec{\mathbf{A}} \cdot \vec{\mathbf{B}}$는 두 벡터 사이의 각도에 따라 AB보다 클 수도 작을 수도 있다. **(d)** $\vec{\mathbf{A}} \cdot \vec{\mathbf{B}}$는 AB와 같을 수 있다.

예제 7.2 스칼라곱

벡터 $\vec{\mathbf{A}}$와 $\vec{\mathbf{B}}$가 $\vec{\mathbf{A}} = 2\hat{\mathbf{i}} + 3\hat{\mathbf{j}}$, $\vec{\mathbf{B}} = -\hat{\mathbf{i}} + 2\hat{\mathbf{j}}$라고 하자.

(A) 스칼라곱 $\vec{\mathbf{A}} \cdot \vec{\mathbf{B}}$를 구하라.

풀이

개념화 여기서 생각해 볼 물리적인 계는 없다. 순수하게 두 벡터를 사용하는 수학적인 문제이다.

분류 스칼라곱에 대한 정의를 알고 있으므로 예제를 대입 문제로 분류한다.

벡터 $\vec{\mathbf{A}}$와 $\vec{\mathbf{B}}$의 위 표현을 대입한다.

$$\begin{aligned}\vec{\mathbf{A}} \cdot \vec{\mathbf{B}} &= (2\hat{\mathbf{i}} + 3\hat{\mathbf{j}}) \cdot (-\hat{\mathbf{i}} + 2\hat{\mathbf{j}}) \\ &= -2\hat{\mathbf{i}} \cdot \hat{\mathbf{i}} + 2\hat{\mathbf{i}} \cdot 2\hat{\mathbf{j}} - 3\hat{\mathbf{j}} \cdot \hat{\mathbf{i}} + 3\hat{\mathbf{j}} \cdot 2\hat{\mathbf{j}} \\ &= -2(1) + 4(0) - 3(0) + 6(1) \\ &= -2 + 6 = 4\end{aligned}$$

물론 식 7.6을 직접 사용해도 같은 결과를 얻는데, 이때 $A_x = 2$, $A_y = 3$, $B_x = -1$, $B_y = 2$이다.

(B) $\vec{\mathbf{A}}$와 $\vec{\mathbf{B}}$의 사이각 θ를 구하라.

풀이 피타고라스의 정리를 이용하여 $\vec{\mathbf{A}}$와 $\vec{\mathbf{B}}$의 크기를 계산한다.

$$A = \sqrt{A_x^2 + A_y^2} = \sqrt{(2)^2 + (3)^2} = \sqrt{13}$$

$$B = \sqrt{B_x^2 + B_y^2} = \sqrt{(-1)^2 + (2)^2} = \sqrt{5}$$

(A)의 결과와 식 7.2를 사용하여 사이의 각도 θ을 구하면 다음과 같다.

$$\cos\theta = \frac{\vec{\mathbf{A}} \cdot \vec{\mathbf{B}}}{AB} = \frac{4}{\sqrt{13}\sqrt{5}} = \frac{4}{\sqrt{65}}$$

$$\theta = \cos^{-1}\frac{4}{\sqrt{65}} = 60.3°$$

예제 7.3 일정한 힘이 한 일

xy 평면에서 어떤 입자가 $\Delta\vec{\mathbf{r}} = (2.0\hat{\mathbf{i}} + 3.0\hat{\mathbf{j}})$ m의 변위만큼 움직이는 동안 $\vec{\mathbf{F}} = (5.0\hat{\mathbf{i}} + 2.0\hat{\mathbf{j}})$ N의 일정한 힘이 작용한다. $\vec{\mathbf{F}}$가 입자에 한 일을 계산하라.

풀이

개념화 힘과 변위가 주어진다는 점에서 앞의 예제에 비하여 보다 물리적이기는 하지만, 수학적인 구조에 있어서는 비슷한 문제이다.

분류 힘과 변위 벡터가 주어지고 이 힘이 입자에 한 일을 구하라고 하였으므로, 예제를 대입 문제로 분류한다.

$\vec{\mathbf{F}}$와 $\Delta\vec{\mathbf{r}}$를 식 7.3에 대입하고 식 7.4와 7.5를 이용한다.

$$W = \vec{\mathbf{F}}\cdot\Delta\vec{\mathbf{r}} = [(5.0\hat{\mathbf{i}} + 2.0\hat{\mathbf{j}})\ \mathrm{N}]\cdot[(2.0\hat{\mathbf{i}} + 3.0\hat{\mathbf{j}})\ \mathrm{m}]$$
$$= (5.0\hat{\mathbf{i}}\cdot 2.0\hat{\mathbf{i}} + 5.0\hat{\mathbf{i}}\cdot 3.0\hat{\mathbf{j}} + 2.0\hat{\mathbf{j}}\cdot 2.0\hat{\mathbf{i}} + 2.0\hat{\mathbf{j}}\cdot 3.0\hat{\mathbf{j}})\ \mathrm{N\cdot m}$$
$$= [10 + 0 + 0 + 6]\ \mathrm{N\cdot m} = 16\ \mathrm{J}$$

7.4 변하는 힘이 한 일
Work Done by a Varying Force

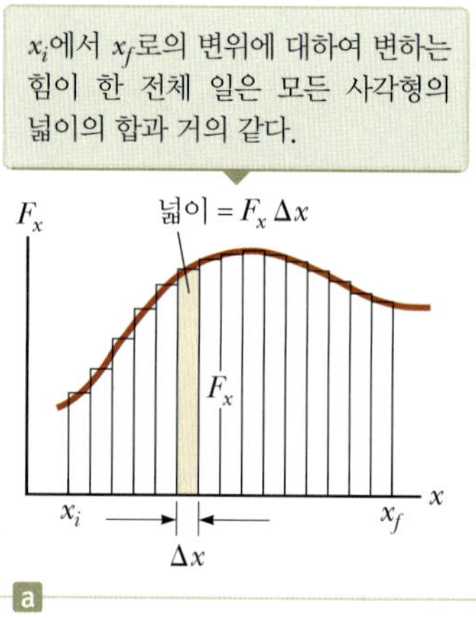

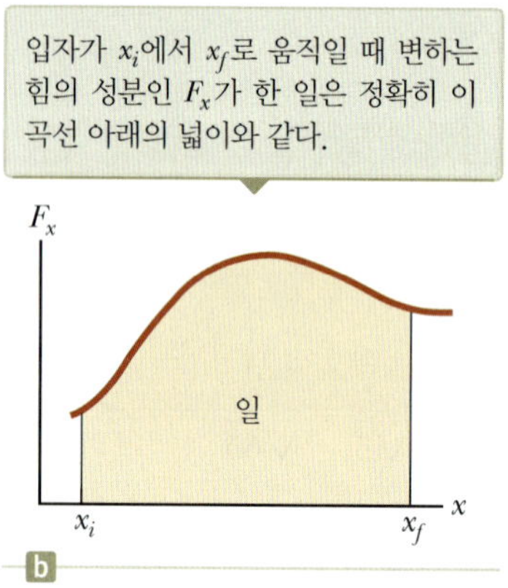

그림 7.7 (a) 작은 변위 Δx에 대하여 힘의 성분 F_x가 입자에 한 일은 $F_x\,\Delta x$인데, 이 값은 색칠한 사각형의 넓이와 같다. (b) 각 사각형의 너비 Δx는 영으로 접근한다.

위치에 따라 변하는 힘의 작용을 받아 x축으로 움직이는 입자를 생각해 보자. 이런 상황이라면 힘이 한 일을 식 7.1로 계산할 수 없는데, 그 이유는 이 식이 $\vec{\mathbf{F}}$의 크기와 방향이 변하지 않을 때에만 적용되기 때문이다. 그림 7.7a는 처음 위치 x_i에서 나중 위치 x_f로 이동하는 입자에 작용하는 변하는 힘을 보여 주고 있다. 이 그림에서와 같이 매우 작은 Δx만큼의 변위만이 있었다고 가상한다면, 이 작은 구간에 대하여 힘의 x 성분인 F_x는 근사적으로 일정하다. 이 작은 변위에 대하여, 이 힘이 한 일은 식 7.1을 이용하여

$$W \approx F_x \Delta x$$

로 근사적으로 쓸 수 있다. 이 값은 그림 7.7a에 나타난 색칠한 사각형의 넓이이다. 만약 $F_x - x$ 곡선을 동일한 간격으로 많이 나눈다면, x_i에서 x_f로의 변위 동안 일의 전체 합은 근사적으로 다음과 같은 많은 항의 합으로 쓸 수 있다.

$$W \approx \sum_{x_i}^{x_f} F_x\,\Delta x$$

만일 작은 구간의 크기 Δx를 영에 접근시킬 수 있다면, 위의 합에 사용될 항의 개수는 무한히 늘어나지만 합의 값은 다음과 같이 F_x 곡선과 x축 사이의 넓이와 같은 값이 된다.

$$\lim_{\Delta x \to 0} \sum_{x_i}^{x_f} F_x\,\Delta x = \int_{x_i}^{x_f} F_x\,dx$$

따라서 입자계가 x_i에서 x_f로 움직일 때 F_x가 한 일은

$$W = \int_{x_i}^{x_f} F_x\,dx \qquad \mathbf{(7.7)}$$

와 같이 나타낼 수 있다. 이 식은 힘의 성분 $F_x = F\cos\theta$가 일정하다면 식 7.1이 된다.

어떤 계에 하나 이상의 힘이 작용하고 **그 계를 입자로 모형화할 수 있다면**, 그 계에 대하여 한 전체 일은 알짜힘이 한 일과 같다. x 방향으로의 알짜힘을 $\sum F_x$라고 하면, 입자가 x_i에서 x_f로 움직일 때 전체 일 또는 **알짜일**은 다음과 같다.

$$\sum W = W_{\text{ext}} = \int_{x_i}^{x_f} \left(\sum F_x\right) dx \quad \text{(입자)}$$

보다 일반적인 경우로서 알짜힘이 $\sum\vec{\mathbf{F}}$이고 크기와 방향이 모두 변하는 경우, 스칼라곱

을 사용하여 다음과 같이 쓸 수 있다.

$$\sum W = W_{\text{ext}} = \int \left(\sum \vec{\mathbf{F}}\right) \cdot d\vec{\mathbf{r}} \quad \text{(입자)} \tag{7.8}$$

식 7.8은 입자가 공간에서 움직이는 경로에 대하여 계산하는 것이다. 일에 붙인 아래첨자 'ext'는 **외부**에서 계에 알짜일을 하였다는 뜻이다. 이 장에서는 **내부** 일과 이 일을 구분하기 위하여 이 기호를 사용할 예정이다.

계를 입자로 모형화할 수 없는 경우(예를 들어 계가 변형 가능하면), 식 7.8을 사용할 수 없다. 왜냐하면 계에 작용하는 서로 다른 힘에 대한 변위가 각기 다를 수 있기 때문이다. 이 경우는 각각의 힘이 한 일을 따로 구하고, 그것을 산술적으로 다시 더해야 알짜일을 구할 수 있다.

$$\sum W = W_{\text{ext}} = \sum_{\text{forces}} \left(\int \vec{\mathbf{F}} \cdot d\vec{\mathbf{r}} \right) \quad \text{(변형 가능한 계)}$$

예제 7.4 그래프로 전체 일 계산하기

어떤 입자에 작용하는 힘이 그림 7.8과 같이 x에 따라 변한다. 입자가 $x = 0$에서부터 $x = 6.0$ m까지 움직이는 동안 이 힘이 한 일을 구하라.

풀이

개념화 그림 7.8의 힘을 받는 입자를 상상해 보자. 입자가 처음 4.0 m를 움직이는 동안은 힘이 일정하고, 그 후 선형적으로 감소하여 6.0 m 지점에서는 영이 된다. 앞의 운동에 대한 논의로부터, 이 입자는 처음 4.0 m 동안 일정한 힘을 받기 때문에 등가속도 운동하는 입자로 모형화할 수 있을 것이다. 그러나 4.0 m와 6.0 m 사이에서는 입자의 가속도가 변하기 때문에, 앞에서의 분석 모형을 적용할 수 없다. 입자가 정지 상태에서 출발하면, 속력은 운동하는 동안 증가하고 이 입자는 $+x$ 방향으로 계속 이동한다. 그러나 속력과 방향에 대한 정보는 한 일을 계산하는 데 필요하지는 않다.

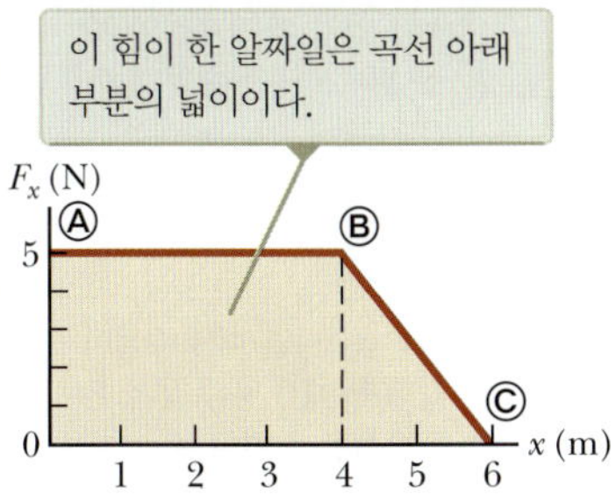

그림 7.8 (예제 7.4) 입자에 작용하는 힘이 처음 4.0 m 움직이는 동안은 일정하고, 그 후 $x_{Ⓑ} = 4.0$ m로부터 $x_{Ⓒ} = 6.0$ m까지는 x에 대하여 선형적으로 감소한다.

분류 입자가 움직이는 동안 힘이 변하므로, 변하는 힘이 한 일의 계산 방법을 사용해야 한다. 이 경우 그림 7.8의 그래프를 이용하여 일을 구할 수 있다.

분석 힘이 한 일은 $x_{Ⓐ} = 0$에서부터 $x_{Ⓒ} = 6.0$ m까지 곡선 아래의 넓이와 같다. 이 넓이는 Ⓐ와 Ⓑ 사이의 사각형 부분의 넓이와 Ⓑ와 Ⓒ 사이의 삼각형 부분의 넓이의 합이다.

사각형 부분의 넓이를 계산한다.

$$W_{ⒶⒷ} = (5.0\text{ N})(4.0\text{ m}) = 20\text{ J}$$

삼각형 부분의 넓이를 계산한다.

$$W_{ⒷⒸ} = \tfrac{1}{2}(5.0\text{ N})(2.0\text{ m}) = 5.0\text{ J}$$

힘이 입자에 한 전체 일을 계산한다.

$$W_{ⒶⒸ} = W_{ⒶⒷ} + W_{ⒷⒸ} = 20\text{ J} + 5.0\text{ J} = \boxed{25\text{ J}}$$

결론 힘의 그래프가 직선들로 이루어져 있으므로 전체 일을 계산하는 데 있어서 간단한 도형들의 넓이를 구하는 방법을 사용할 수 있다. 힘이 선형적으로 변하지 않는 경우에 있어서는 이런 방법을 사용할 수가 없고, 식 7.7 또는 7.8과 같이 위치의 함수인 힘을 적분해야 한다.

용수철이 한 일 Work Done by a Spring

그림 7.9는 위치에 따라 힘이 변하는 통상적인 물리계의 모형을 보여 준다. 수평이며 마찰이 없는 면 위에 용수철에 연결된 물체가 있다. 용수철이 늘어나지 않은 상태, 즉 평형 상태에서 작은 거리만큼 늘어나거나 줄어들면 용수철이 물체에 작용하는 힘은 다음과 같다.

용수철 힘 ▶

$$F_s = -kx \tag{7.9}$$

여기서 x는 평형 상태($x = 0$)에 대한 물체의 위치이고, k는 용수철의 **힘 상수**(force constant) 또는 **용수철 상수**(spring constant)라고 하는데, 양수이다. 다시 말하면 용수철을 늘이거나 압축시킬 때 필요한 힘은 늘어나거나 줄어든 길이 x에 비례한다. 용수철의 힘에 관한 이 법칙은 **훅의 법칙**(Hooke's law)이라고 한다. k의 값은 용수철의 **탄성**을 나타낸다. 단단한 용수철은 k 값이 크고, 무른 용수철은 k 값이 작다. 식 7.9에서 알 수 있듯이 k의 단위는 N/m이다.

식 7.9를 벡터 형식으로 쓰면 다음과 같다.

$$\vec{\mathbf{F}}_s = F_s\hat{\mathbf{i}} = -kx\hat{\mathbf{i}} \tag{7.10}$$

여기서 x축은 용수철이 늘어나거나 압축되는 방향과 나란하도록 선택하였다.

식 7.9와 7.10에서 음(−)의 부호는 용수철 힘이 언제나 평형 위치로부터의 변위와 **반대** 방향이라는 것을 의미한다. 그림 7.9a와 같이 $x > 0$이면 물체는 평형 위치의 오른쪽에 있고, 용수철 힘은 왼쪽, 즉 $-x$ 방향이 된다. 그림 7.9c와 같이 $x < 0$이면 물체

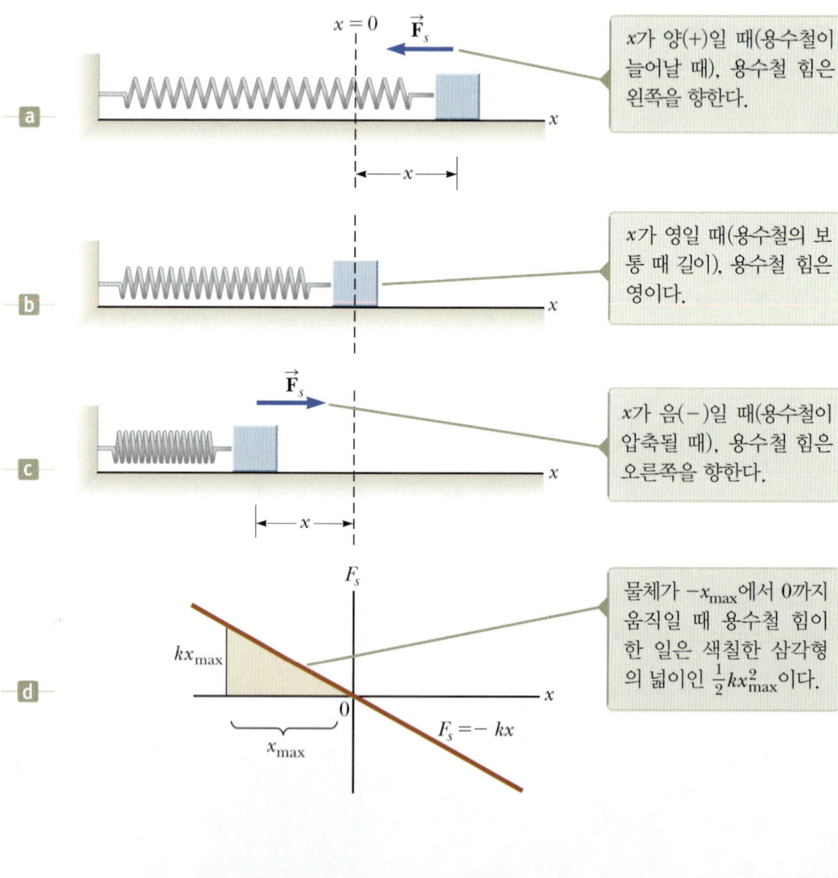

그림 7.9 용수철이 물체에 작용하는 힘은 평형 위치($x = 0$)로부터 물체의 위치 x에 따라 변한다. (a) x가 양일 때 (b) x가 영일 때 (c) x가 음일 때 (d) 물체–용수철 계의 $F_s - x$ 그래프

는 평형 위치의 왼쪽에 있고, 용수철 힘은 오른쪽, 즉 $+x$ 방향이 된다. 그림 7.9b와 같이 $x = 0$이면 용수철은 늘어나지 않았으므로 $F_s = 0$이다. 용수철 힘은 항상 평형 위치($x = 0$)로 향하기 때문에 **복원력**이라고 한다.

물체가 $-x_{max}$의 위치까지 움직이도록 용수철을 압축한 후 놓으면, 물체는 $-x_{max}$로부터 영을 지나 $+x_{max}$까지 움직인다. 그런 다음에 방향을 바꾸어 $-x_{max}$까지 되돌아가므로 왕복 진동은 계속된다. 15장에서 진동에 대하여 자세히 공부할 예정이다. 당분간은 한 번 진동하는 영역의 작은 부분에서 용수철이 물체에 한 일을 알아보도록 하자.

물체를 $-x_{max}$까지 왼쪽으로 밀어 놓은 경우를 생각해 보자. 물체만을 계라고 정하고 $x_i = -x_{max}$에서 $x_f = 0$까지 물체가 움직일 때, 용수철이 물체에 한 일 W_s를 계산해 보자. 식 7.8을 적용하고 물체를 입자로 취급할 수 있다고 가정하면, 일은 다음과 같다.

$$W_s = \int \vec{\mathbf{F}}_s \cdot d\vec{\mathbf{r}} = \int_{x_i}^{x_f} (-kx\hat{\mathbf{i}}) \cdot (dx\hat{\mathbf{i}}) = \int_{-x_{max}}^{0} (-kx)\, dx = \tfrac{1}{2}kx_{max}^2 \qquad \textbf{(7.11)}$$

여기서 $n = 1$일 때 부정적분 $\int x^n\, dx = x^{n+1}/(n+1)$을 사용하였다. 용수철 힘이 한 일은 양(+)인데, 이것은 힘이 물체의 변위와 같은 방향이기 때문이다(둘 다 오른쪽이다). 물체가 $x = 0$에 도달할 때 속력이 영이 아니므로 물체는 $+x_{max}$에 도달할 때까지 계속 움직인다. 물체가 $x_i = 0$에서 $x_f = x_{max}$까지 움직이는 동안 용수철 힘이 물체에 한 일은 $W_s = -\frac{1}{2}kx_{max}^2$이다. 이 부분의 운동에서 용수철 힘의 방향은 왼쪽이고 변위의 방향은 오른쪽이기 때문에 일은 음이다. 따라서 $x_i = -x_{max}$에서 $x_f = +x_{max}$까지 물체가 움직이는 동안 용수철 힘이 한 **알짜**일은 영이다.

그림 7.9d는 $F_s - x$ 그래프이다. 식 7.11에서 구한 일은 색칠한 삼각형의 넓이로, $-x_{max}$에서 0까지의 변위에 대한 것이다. 삼각형의 밑변은 x_{max}이고 높이는 kx_{max}이므로 넓이는 $\frac{1}{2}kx_{max}^2$이고, 이는 식 7.11에서 구한 용수철이 한 일과 일치한다.

물체가 $x = x_i$에서 $x = x_f$까지 임의의 변위를 움직인다면, 용수철 힘이 물체에 한 일은 다음과 같다.

$$W_s = \int_{x_i}^{x_f} (-kx)\, dx = \tfrac{1}{2}kx_i^2 - \tfrac{1}{2}kx_f^2 \qquad \textbf{(7.12)}$$

◀ 용수철이 한 일

식 7.12에서 알 수 있는 것은 시작점이 끝점과 같게 되는 ($x_i = x_f$) 운동에 대해서도 용수철 힘이 한 일은 영이라는 것이다. 8장에서는 이 중요한 결과를 사용하여 물체–용수철 계의 운동에 대하여 보다 상세하게 다룰 것이다.

식 7.11과 7.12는 용수철 힘이 물체에 한 일이다. 이제 그림 7.10과 같이 **외력**이 작용하여 물체를 $x_i = -x_{max}$에서 $x_f = 0$까지 **매우 천천히** 움직이도록 한 경우 그 힘이 물체에 한 일을 생각해 보자. 어느 위치에서든지 이 **외력** $\vec{\mathbf{F}}_{app}$는 용수철 힘 $\vec{\mathbf{F}}_s$와 크기는 같고 방향은 반대이므로 $\vec{\mathbf{F}}_{app} = F_{app}\hat{\mathbf{i}} = -\vec{\mathbf{F}}_s = -(-kx\hat{\mathbf{i}}) = kx\hat{\mathbf{i}}$라는 것에 주목하면 그 일을 구할 수 있다. 따라서 외력이 물체의 계에 한 일은 다음과 같다.

$$W_{ext} = \int \vec{\mathbf{F}}_{app} \cdot d\vec{\mathbf{r}} = \int_{x_i}^{x_f} (kx\hat{\mathbf{i}}) \cdot (dx\hat{\mathbf{i}}) = \int_{-x_{max}}^{0} kx\, dx = -\tfrac{1}{2}kx_{max}^2$$

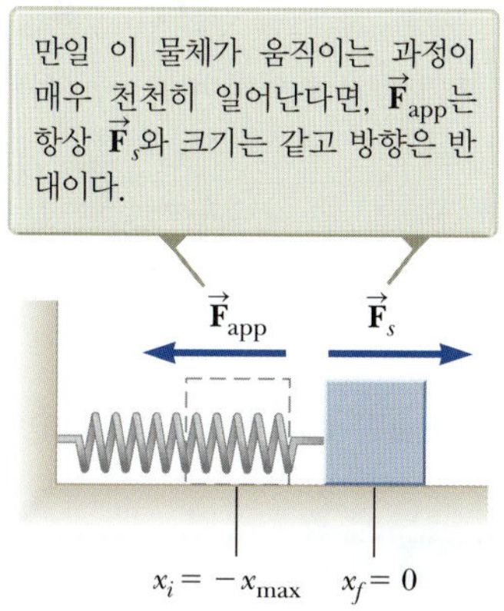

그림 7.10 힘 $\vec{\mathbf{F}}_{app}$가 작용하여 물체가 마찰이 없는 면 위에서 $x_i = -x_{max}$로부터 $x_f = 0$까지 움직인다.

이 일은 같은 변위에 대하여 용수철 힘이 한 일의 음(−)과 같다. 그 이유는 물체가 $-x_{max}$에서 0까지 움직이는 동안 외력이 용수철이 늘어나지 못하도록 안쪽으로 밀어 주어 그 방향이 힘의 작용점의 변위와 반대가 되기 때문이다.

물체가 $x = x_i$에서 $x = x_f$까지 움직이는 동안 (용수철 힘이 아닌) 외력이 계에 한 일은

$$W_{ext} = \int_{x_i}^{x_f} kx\,dx = \tfrac{1}{2}kx_f^2 - \tfrac{1}{2}kx_i^2 \tag{7.13}$$

이다. 이 식은 식 7.12의 음(−)과 같음에 주목하자.

Q 퀴즈 7.4 용수철이 내장된 장난감 화살총에 작은 화살을 장전하는 경우 용수철을 x만큼 압축해야 한다. 두 번째 화살을 장전하기 위해서는 용수철을 $2x$만큼 압축해야 한다. 두 번째 화살을 장전하는 데에는 첫 번째 화살을 장전하는 데 필요한 일의 몇 배가 드는가? **(a)** 네 배 **(b)** 두 배 **(c)** 같음 **(d)** 1/2 **(e)** 1/4

예제 7.5 용수철의 힘 상수 k 측정하기

용수철의 힘 상수를 구하는 통상적인 방법이 그림 7.11에 나타나 있다. 그림 7.11a와 같이 용수철은 연직으로 매달려 있고, 질량 m인 물체를 그 아래쪽 끝에 매단다. 용수철은 그림 7.11b와 같이 매달린 mg의 물체에 의하여 평형 위치로부터 거리 d만큼 늘어난다.

(A) 질량이 0.55 kg인 물체가 매달려 2.0 cm만큼 늘어났다면 용수철의 힘 상수는 얼마인가?

풀이

개념화 그림 7.11b를 보면, 물체가 매달릴 때 용수철에 어떤 변화가 생기는지를 알 수 있다. 이 상황은 고무줄에 물체를 매다는 경우처럼 생각할 수 있다.

분류 그림 7.11b의 물체는 가속되지 않는다. 따라서 **평형 상태의 입자**로 모형화할 수 있다.

분석 물체가 평형 상태에 있으므로, 작용하는 알짜힘은 영이 되어 위쪽 방향의 용수철 힘이 아래쪽으로 중력 $m\vec{\mathbf{g}}$와 균형을 이룬다(그림 7.11c).

물체에 평형 상태의 입자 모형을 적용한다.

$$\vec{\mathbf{F}}_s + m\vec{\mathbf{g}} = 0 \quad\rightarrow\quad F_s - mg = 0 \quad\rightarrow\quad F_s = mg$$

훅의 법칙에 의하여 $F_s = kd$이므로 k를 구하면 다음과 같다.

$$k = \frac{mg}{d} = \frac{(0.55\text{ kg})(9.80\text{ m/s}^2)}{2.0\times10^{-2}\text{ m}} = \boxed{2.7\times10^2\text{ N/m}}$$

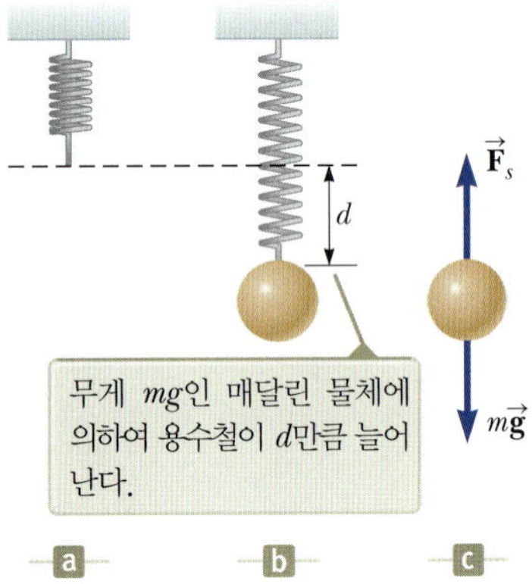

그림 7.11 (예제 7.5) 용수철의 힘 상수 k 구하기

(B) 길이가 늘어나는 동안 용수철이 한 일을 구하라.

풀이 식 7.12를 사용하면 용수철이 물체에 한 일을 구할 수 있다.

$$W_s = 0 - \tfrac{1}{2}kd^2 = -\tfrac{1}{2}(2.7\times10^2\text{ N/m})(2.0\times10^{-2}\text{ m})^2$$
$$= \boxed{-5.4\times10^{-2}\text{ J}}$$

결론 용수철 힘은 물체에 위 방향으로 작용하고 물체의 작용점(용수철이 물체와 만나는 지점)은 아래로 이동하기 때문에, 이 일은 음이다. 물체가 2.0 cm의 거리를 움직일 때, 중력도 역시 일을 한다. 중력의 방향과 작용점의 변위가 모두 아래쪽이므로

이 일은 양(+)의 값이 된다. 방향이 용수철 힘과 반대인 중력이 한 일은 $+5.4 \times 10^{-2}$ J이라고 할 수 있는가?
중력이 물체에 한 일을 계산하면 다음과 같다.

$$W = \vec{\mathbf{F}} \cdot \Delta\vec{\mathbf{r}} = (mg)(d)\cos 0 = mgd$$
$$= (0.55\text{ kg})(9.80\text{ m/s}^2)(2.0 \times 10^{-2}\text{ m}) = 1.1 \times 10^{-1}\text{ J}$$

중력이 한 일이 용수철이 한 일에 단순히 양(+)의 부호를 붙인 것과 같을 것이라고 생각하였다면, 이 결과가 놀라울 것이다. 왜 그렇게 되지 않는지를 이해하기 위해서는 다음 절에서 설명할 내용들을 좀 더 살펴보아야 할 것이다.

7.5 운동 에너지와 일–운동 에너지 정리
Kinetic Energy and the Work-Kinetic Energy Theorem

앞에서 일이란 어떤 계로 에너지를 전달하는 메커니즘이라고 규정하였다. 앞에서 일은 환경으로부터 계에 주는 효과라고 하였지만, 그 효과의 결과에 대해서는 논의하지 않았다. 계에 일을 하여 얻을 수 있는 결과 중 하나는 계의 속력이 바뀔 수 있다는 것이다. 이번 절에서는 이런 상황을 살펴보고, 계가 가질 수 있는 에너지의 첫 번째 형태인 **운동 에너지**를 소개한다.

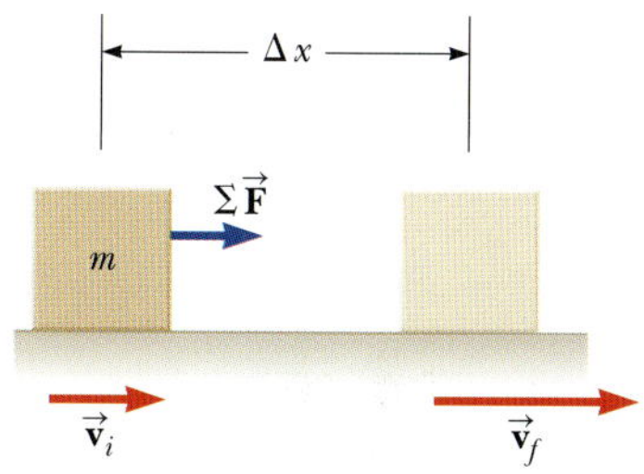

그림 7.12 일정한 알짜힘 $\sum\vec{\mathbf{F}}$가 작용하면서 물체의 속도가 변하고, 변위 $\Delta\vec{\mathbf{r}} = \Delta x\hat{\mathbf{i}}$만큼 이동한다.

단일 물체로 이루어진 계를 생각해 보자. 그림 7.12에서 질량 m인 물체는 오른쪽 방향의 알짜힘 $\sum\vec{\mathbf{F}}$에 의하여 오른쪽 방향으로의 변위를 얻으며 움직이고 있다. 뉴턴의 제2법칙으로부터 물체는 가속도 $\vec{\mathbf{a}}$를 얻게 된다. 물체의 움직이는 변위가 $\Delta\vec{\mathbf{r}} = \Delta x\hat{\mathbf{i}} = (x_f - x_i)\hat{\mathbf{i}}$이라면, 알짜힘 $\sum\vec{\mathbf{F}}$가 한 일은 다음과 같다.

$$W_{\text{ext}} = \int_{x_i}^{x_f} \sum F\,dx \tag{7.14}$$

뉴턴의 제2법칙을 사용하여, 알짜힘의 크기를 $\sum F = ma$로 대입한 후 다음의 연쇄 법칙(chain-rule)을 적분에 활용하자.

$$W_{\text{ext}} = \int_{x_i}^{x_f} ma\,dx = \int_{x_i}^{x_f} m\frac{dv}{dt}\,dx = \int_{x_i}^{x_f} m\frac{dv}{dx}\frac{dx}{dt}\,dx = \int_{v_i}^{v_f} mv\,dv$$
$$W_{\text{ext}} = \tfrac{1}{2}mv_f^2 - \tfrac{1}{2}mv_i^2 \tag{7.15}$$

여기서 v_i는 $x = x_i$일 때 물체의 속력이며 v_f는 $x = x_f$일 때의 속력이다.

식 7.15는 일차원인 특수한 상황에 대하여 유도되었지만 사실은 일반적인 결과이다. 즉 알짜힘이 질량 m인 입자에 한 일은 $\frac{1}{2}mv^2$의 처음 값과 나중 값의 차이와 같다. 이는 매우 중요한 양으로 특별히 **운동 에너지**(kinetic energy)라고 부른다.

$$K \equiv \tfrac{1}{2}mv^2 \tag{7.16}$$

◀ 운동 에너지

운동 에너지는 입자의 운동과 관련된 에너지를 나타낸다. 운동 에너지는 스칼라양이며 일과 단위가 같음에 주목하자. 예를 들어 2.0 kg의 물체가 4.0 m/s의 속력으로 움직이고 있다면 운동 에너지는 16 J이다. 표 7.1은 다양한 물체의 운동 에너지를 보여 준다.

표 7.1 여러 물체의 운동 에너지

물체	질량 (kg)	속력 (m/s)	운동 에너지 (J)
태양 주위를 도는 지구	5.97×10^{24}	2.98×10^{4}	2.66×10^{33}
지구 주위를 도는 달	7.35×10^{22}	1.02×10^{3}	3.82×10^{28}
탈출 속력으로 움직이는 로켓[a]	500	1.12×10^{4}	3.14×10^{10}
시속 100 km의 자동차	2 000	25	8.4×10^{5}
달리기 선수	70	10	3 500
10 m 높이에서 떨어지는 돌	1.0	14	98
종단 속력으로 움직이는 골프공	0.046	44	45
종단 속력으로 떨어지는 빗방울	3.5×10^{-5}	9.0	1.4×10^{-3}
대기 중의 산소 분자	5.3×10^{-26}	500	6.6×10^{-21}

[a] 탈출 속력이란 임의의 물체가 지표로부터 무한히 먼 곳까지 움직이기 위한 지표 부근에서의 최소 속력이다.

식 7.15는 알짜힘 $\sum \vec{\mathbf{F}}$가 입자에 작용할 때 한 일은 입자의 운동 에너지의 변화와 같다는 것을 말한다. 식 7.15는 다음 형태로 나타내는 것이 편리한 경우도 있다.

$$W_{\text{ext}} = K_f - K_i = \Delta K \qquad \textbf{(7.17)}$$

$K_f = K_i + W_{\text{ext}}$로 쓸 수도 있으며, 나중 운동 에너지는 처음 운동 에너지에 알짜힘이 한 일을 더한 것과 같다.

식 7.17은 입자에 일을 하는 경우를 생각하여 유도되었다. 각 부분이 서로에 대하여 움직임으로써 모양이 변형될 수 있는 계에도 일을 할 수 있다. 이런 경우에도, 앞의 식 7.8을 설명할 때 언급한 바와 같이, 각각의 힘이 한 일을 계산한 다음 그 일들을 더하는 방법으로 알짜일을 계산한다면 여전히 식 7.17이 유효하다.

식 7.17은 중요한 결과이며 **일-운동 에너지 정리**(work-kinetic energy theorem)라고 한다.

일-운동 에너지 정리 ▶

어떤 계에 일이 가해지고 계의 유일한 변화가 속력이라면, 계에 한 알짜일은 식 7.17에서 $W = \Delta K$로 표현한 것처럼 계의 운동 에너지의 변화와 같다.

오류 피하기 7.5

일-운동 에너지 정리의 조건 일-운동 에너지 정리는 중요하지만 그 응용에는 한계가 있다. 즉 일반적인 원리는 아니다. 많은 경우에, 속력이 변하는 것 말고도 계 내의 다른 것들이 변할 수 있고, 계가 일 이외의 다른 방법으로 환경과 상호 작용할 수도 있다. 에너지와 관련된 더 일반적인 원리는 8.1절에 나오는 **에너지의 보존**이다.

일-운동 에너지 정리에 의하면 행해진 알짜일의 부호가 **양**(+)이면 어떤 계의 속력은 **증가**하는데, 그 이유는 나중 운동 에너지가 처음 운동 에너지보다 크기 때문이다. 알짜일이 **음**(−)이면 속력은 **감소**하는데, 이것은 나중 운동 에너지가 처음 운동 에너지보다 작기 때문이다.

지금까지 병진 운동에 대해서만 살펴보고 있으므로 병진 운동이 있는 상황을 분석하여 일-운동 에너지 정리를 논하였다. 운동의 또 다른 형태는 **회전 운동**인데, 물체가 어떤 축에 대하여 돌고 있는 경우이다. 이런 운동은 10장에서 배우게 될 것이다. 일-운동 에너지 정리는 계에 작용한 일 때문에 회전 속력이 바뀌는 계에 대해서도 적용된다. 이 장 도입부에 등장한 풍차가 회전 운동을 일으키는 일의 예이다.

일-운동 에너지 정리는 이 장의 앞부분에서 보았던, 어쩌면 이상하게도 보일 수 있는 결과를 명확하게 설명해 준다. 7.4절에서 용수철이 물체를 $x_i = -x_{max}$에서 $x_f = x_{max}$까지 밀 때 한 일은 영이라고 하였다. 이 과정 동안 용수철에 달린 물체의 속력은 계속 바뀔 것이어서 이 과정을 분석하는 것이 복잡해 보일지도 모른다. 그러나 일-운동 에너지 정리의 ΔK는 단지 처음과 나중 위치에서의 속력에만 관계하고, 이 두 점 사이의 구체적인 경로와는 무관하다. 따라서 이 운동의 처음과 나중 위치 모두에서 속력이 영이므로 물체에 한 알짜일은 영이다. 문제를 다룸에 있어 경로와 무관하다는 식의 개념은 앞으로 종종 등장할 것이다.

오류 피하기 7.6

일-운동 에너지 정리: 속도가 아니라 속력 일-운동 에너지 정리는 일을 속도의 변화가 아닌 계의 **속력**의 변화와 연관시킨다. 예를 들어 어떤 물체가 등속 원운동을 한다면, 속력은 일정하다. 속도가 변하더라도 원운동을 유지하는 힘은 물체에 일을 하지 않는다.

예제 7.5의 결론 부분에서 나온 의문점에 대해서도 다시 살펴보자. 왜 중력이 한 일은 용수철이 한 일에 단순히 양(+)의 부호를 붙인 것과 다른 것인가? 중력이 한 일은 용수철이 한 일의 크기보다 크다는 것에 주목하자. 따라서 물체에 작용하는 모든 힘에 의한 알짜일은 양(+)의 값이다. 이제 어떻게 하면 물체에 작용하는 힘이 용수철 힘과 중력뿐인 상황을 만들 수 있는지 상상해 보자. 물체를 가장 높은 지점에서 손으로 받치고 있다가 손을 떼서 물체가 떨어지도록 한다고 하자. 그렇게 한다면 식 7.17에 따라 여러분은 물체가 손 아래로 2.0 cm 지점에 이르렀을 때 움직이고 있어야 한다는 것을 안다. 왜냐하면 양(+)의 알짜일을 물체에 하였으므로 물체가 2.0 cm 지점을 통과할 때 물체는 운동 에너지를 가지고 있기 때문이다.

물체가 2.0 cm를 움직인 후에도 운동 에너지를 갖지 않도록 하는 유일한 방법은 그 물체를 손으로 받치면서 천천히 내려가도록 하는 것이다. 그런 경우에는 물체에 일을 하는 세 번째의 힘이 존재하게 되는데, 바로 손으로부터의 수직항력이다. 만일 이 일을 계산하여 용수철 힘과 중력이 한 일에 더해 준다면, 물체에 한 알짜일이 영이 될 것이고, 이는 물체가 2.0 cm 지점에서 움직이지 않는다는 사실과 일치한다.

앞에서 일이란 것은 어떤 계로 에너지가 전달되는 메커니즘 중의 하나임을 지적하였다. 식 7.17은 이 개념의 수학 식이다. 어떤 계에 W_{ext}의 일을 하면, 계의 경계를 거쳐 에너지의 전달이 일어난다. 그 결과 계에 주어지는 것은 식 7.17에서 운동 에너지의 변화인 ΔK이다. 다음 절에서는 계에 일을 한 결과로서 계에 저장될 수 있는 또 다른 형태의 에너지에 대하여 고찰할 것이다.

Q 퀴즈 7.5 작은 화살을 용수철이 내장된 장난감 화살총에 장전하는 경우 용수철을 x만큼 압축해야 한다. 두 번째 화살을 장전하기 위해서는 용수철을 $2x$만큼 압축해야 한다. 두 번째 화살은 첫 번째 화살에 비하여 얼마나 빠른 속력으로 화살총에서 발사되는가? **(a)** 네 배 **(b)** 두 배 **(c)** 같음 **(d)** 1/2 **(e)** 1/4

예제 7.6 마찰이 없는 평면에서 물체를 밀기

6.0 kg인 물체가 처음에 정지해 있다가 크기가 12 N인 일정한 수평력을 받아서 마찰이 없는 수평면을 따라 오른쪽으로 움직이고 있다. 물체가 수평 방향으로 3.0 m 움직인 후의 속력은 얼마인가?

풀이

개념화 주어진 상황은 그림 7.13과 같다. 장난감 자동차를 앞쪽에 부착된 고무줄을 사용하여 탁자 위에서 당기는 경우를 상상해 보자. 늘어난 고무줄의 길이를 항상 일정하게 함으로써 자동차에 작용하는 힘을 일정하게 유지할 수 있다.

분류 운동학 식을 적용하여 답을 찾을 수도 있지만, 에너지 접근 방법을 연습해 보자. 계는 물체이고 그 계에는 세 가지 힘이 작용한다. 수직항력과 중력은 균형을 이루고, 모두 물체에 연직 방향으로 작용하여 일은 하지 않는다. 이들 힘의 작용점은 수평의 변위를 갖기 때문이다.

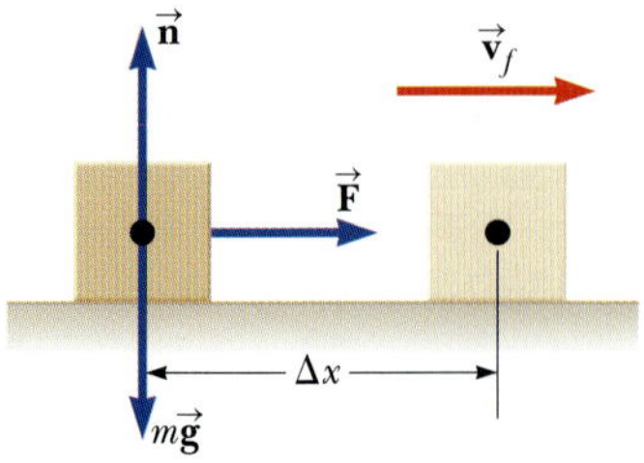

그림 7.13 (예제 7.6) 일정한 수평력이 마찰이 없는 면에서 물체를 오른쪽으로 당기고 있다.

분석 물체에 작용하는 알짜 외력은 수평력 12 N이다.

물체에 대한 일–운동 에너지 정리를 사용하고, 처음 운동 에너지가 영임을 고려한다.

$$W_{ext} = \Delta K = K_f - K_i = \tfrac{1}{2}mv_f^2 - 0 = \tfrac{1}{2}mv_f^2$$

v_f를 구하고 $\vec{F}$가 물체에 한 일에 대한 식 7.1을 사용한다.

$$v_f = \sqrt{\frac{2W_{ext}}{m}} = \sqrt{\frac{2F\,\Delta x}{m}}$$

주어진 값들을 대입한다.

$$v_f = \sqrt{\frac{2(12\text{ N})(3.0\text{ m})}{6.0\text{ kg}}} = 3.5\text{ m/s}$$

결론 물체를 **알짜힘을 받는 입자**로 모형화하여 가속도를 구한 후, **등가속도 운동하는 입자**로 모형화하여 나중 속도를 찾는 방법으로 이 문제를 다시 풀어보기 바란다. 앞에서 계산한 에너지 과정은 8장에서 배울 **비고립계** 분석 모형의 한 예이다.

문제 이 예제에서 힘의 크기가 두 배가 되어 $F' = 2F$라고 가정하자. 6.0 kg의 물체는 그 힘에 의하여 가속되어 속력이 3.5 m/s가 될 때까지 변위 $\Delta x'$만큼 움직인다고 하자. 변위 $\Delta x'$은 처음의 변위 Δx와 비교해서 어떻게 되는가?

답 더 세게 당기면 물체는 같은 속력으로 가속되는 데 거리가 더 짧아질 것이다. 따라서 $\Delta x' < \Delta x$라고 예상할 수 있다. 두 경우 모두 물체의 운동 에너지 변화 ΔK는 같다. 수학적으로 일–운동 에너지 정리로부터 다음과 같이 됨을 알 수 있다.

$$W_{ext} = F'\Delta x' = \Delta K = F\Delta x$$

$$\Delta x' = \frac{F}{F'}\Delta x = \frac{F}{2F}\Delta x = \tfrac{1}{2}\Delta x$$

개념화 단계에서 예상한 바와 같이 거리가 짧아진다.

7.6 계의 퍼텐셜 에너지
Potential Energy of a System

지금까지 계를 일반적으로 정의하였으나, 외력을 받는 한 개의 입자나 물체를 주로 다루었다. 이제는 여러 개의 입자나 물체로 구성된 계에서, 그 입자나 물체들이 **내력**에 의하여 서로 상호 작용하는 경우를 생각해 보자. 이런 계의 운동 에너지는 계의 모든 구성 요소들의 운동 에너지의 대수적인 합과 같다. 그러나 어떤 계에서는 한 물체가 매우 무거워 그 물체는 움직이지 않으므로 운동 에너지도 무시할 수 있는 경우가 있다. 예를 들어 공이 지면으로 떨어지는 경우에, 공–지구 계에서 계의 운동 에너지는 공의 운동 에너지만 고려하면 된다. 이 과정에서 공을 향한 지구의 운동은 무시할 수 있기 때문에 지구의 운동 에너지는 무시할 수 있다. 반면 두 전자 계의 운동 에너지는 두 입자의 운동 에너지를 모두 포함해야 한다.

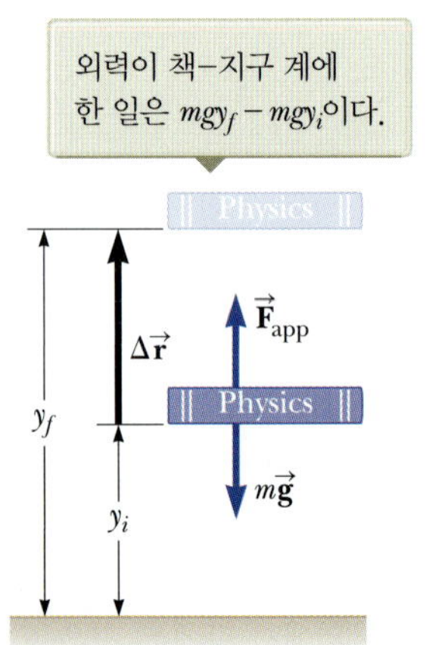

그림 7.14 외력이 책을 높이 y_i에서 y_f로 천천히 들어 올린다.

중력으로 상호 작용을 하는 책과 지구로 된 계를 생각해 보자. 그림 7.14와 같이 책을 높이 $\Delta\vec{r} = (y_f - y_i)\hat{\mathbf{j}}$로 천천히 들어 올리면서 외력이 계에 일을 한다. 일은 에너지의 전달이라고 한 것을 생각하면, 계에 한 일은 계의 에너지 증가로 나타나야 한다. 책은 일을 하기 전에 정지 상태이고, 일을 한 후에도 정지 상태이다. 따라서 계의 운동 에너지는 변하지 않는다.

계의 에너지 변화가 운동 에너지 변화가 아니기 때문에, 일–운동 에너지 정리는 여기에 적용되지 않으며, 에너지는 운동 에너지 이외의 다른 형태의 에너지로 저장되어야 한다. 책을 들어 올린 후 놓으면, 원래 위치 y_i로 낙하한다. 이때 책(따라서 계)은 운동 에너지를 가지며, 그 에너지는 책을 들어 올릴 때 한 일에서 온 것임에 주목하라. 책이 가장 높은 위치에 있을 때, 계에는 운동 에너지로 바뀔 수 있는 **잠재적인** 에너지가 있고, 이것은 책이 떨어지면서 운동 에너지로 바뀌게 된 것이다. 책을 놓기 전의 이런 에너지 저장 형태를 **퍼텐셜 에너지**(potential energy)라 한다. 여러분은 퍼텐셜 에너지가 계의 구성 요소들 사이에 작용하는 특별한 형태의 힘에만 연관됨을 알게 될 것이다. 퍼텐셜 에너지의 크기는 계의 구성 요소들의 **배열 상태**에 따라 결정된다. 계의 구성 요소들을 다른 위치로 이동시키거나 회전시키는 경우, 계의 배열 상태가 변하게 되고 따라서 퍼텐셜 에너지가 변하게 된다.

오류 피하기 7.7
퍼텐셜 에너지 **퍼텐셜 에너지**라는 용어가 에너지가 될 가능성이 있는 뭔가를 뜻하는 것은 아니다. 퍼텐셜 에너지 자체가 에너지이다.

오류 피하기 7.8
어떤 계에 속해 있는 퍼텐셜 에너지 퍼텐셜 에너지는 둘 이상의 물체가 상호 작용하는 어떤 **계**와 연관이 있다. 어떤 작은 물체가 지표면 가까이에서 중력을 받고 움직일 때의 퍼텐셜 에너지는, 지구가 거의 움직이지 않기 때문에 엄밀하게 '계에 연관된' 것이라고 하기보다는 '그 물체에 연관된' 것이라고 말해도 된다. 그러나 '그 물체의' 퍼텐셜 에너지라고 말하지는 않는다. 그렇게 하면 지구의 역할이 무시되기 때문이다.

이제 지표면 위로 특정한 위치에 놓인 물체와 관련된 퍼텐셜 에너지 식을 유도하자. 그림 7.14와 같이 질량 m인 물체를 지면으로부터 처음 높이 y_i에서 나중 높이 y_f까지 들어 올리는 경우를 고려해 보자. 물체를 가속도 없이 천천히 들어 올리는 경우, 들어 올리는 힘은 물체에 작용하는 중력과 크기가 같으며, 이때 물체는 평형 상태에서 등속 운동하는 입자로 모형화할 수 있다. 물체가 위쪽 방향으로 움직이는 동안 외력이 계(물체와 지구)에 한 일은, 위로 작용하는 힘 $\vec{\mathbf{F}}_{\text{app}}$와 위쪽 방향의 변위 $\Delta\vec{\mathbf{r}} = \Delta y\hat{\mathbf{j}}$와의 곱과 같다.

$$W_{\text{ext}} = (\vec{\mathbf{F}}_{\text{app}})\cdot\Delta\vec{\mathbf{r}} = (mg\hat{\mathbf{j}})\cdot[(y_f - y_i)\hat{\mathbf{j}}] = mgy_f - mgy_i \qquad \textbf{(7.18)}$$

환경으로부터 계에 작용하는 힘은 들어 올리는 힘뿐이므로, 이 결과는 계에 한 알짜일이 된다. 중력은 계에서 내력이다. 식 7.18이 식 7.15와 유사함에 주목하라. 각 식에서 계에 한 일은 어떤 양의 처음과 나중 값의 차이와 같다. 식 7.15에서 일은 계로 전달되는 에너지를 나타내고, 계의 에너지 증가는 운동 에너지의 형태이다. 식 7.18에서는 일에 의하여 계로 에너지가 전달되는데, 계의 에너지 변화는 다른 형태로 나타나고 이를 퍼텐셜 에너지라고 하였다.

따라서 mgy를 **중력 퍼텐셜 에너지**(gravitational potential energy) U_g로 정의할 수 있다.

$$U_g \equiv mgy \qquad \textbf{(7.19)}$$

◀ 중력 퍼텐셜 에너지

중력 퍼텐셜 에너지 단위는 J이며, 일과 운동 에너지의 단위와 같다. 퍼텐셜 에너지는 일과 운동 에너지와 같이 스칼라양이다. 식 7.19는 지표면 근처의 물체에만 유효하며, 이때 g는 근사적으로 일정하다.[3]

중력 퍼텐셜 에너지의 정의를 사용하면 식 7.18은 다음과 같이 쓸 수 있다.

$$W_{\text{ext}} = \Delta U_g \qquad \textbf{(7.20)}$$

이는 외력들이 계에 한 알짜일은 운동 에너지의 변화가 없을 때 계의 중력 퍼텐셜 에너

[3] g가 일정하다고 하는 가정은 물체의 높이가 지구 반지름에 비하여 충분히 작을 때 성립한다.

지의 변화로 나타남을 수학적으로 표현한 것이다.

식 7.20은 일–운동 에너지 정리인 식 7.17과 형태가 비슷하다. 식 7.17에서는 계에 일을 하면 에너지는 계 내에서 구성 요소의 **운동**을 나타내는 운동 에너지 형태로 나타난다. 식 7.20에서는 계에 일을 하면 에너지는 계 내에서 구성 요소의 **배열** 변화를 나타내는 퍼텐셜 에너지로 나타난다.

중력 퍼텐셜 에너지는 단지 지표면 위 물체의 연직 높이에만 의존한다. 물체–지구 계에 한 일은 물체를 연직 방향으로 들어 올리거나, 같은 지점에서 출발하여 마찰이 없는 경사면을 따라 같은 높이까지 밀어 올릴 때 한 일과 같다. 이는 일반적으로 외력이 연직 및 수평 성분을 모두 가진 변위에 대하여 한 일을 계산함으로써 참임을 보일 수 있다.

$$W_{\text{ext}} = (\vec{\mathbf{F}}_{\text{app}})\cdot\Delta\vec{\mathbf{r}} = (mg\hat{\mathbf{j}})\cdot[(x_f - x_i)\hat{\mathbf{i}} + (y_f - y_i)\hat{\mathbf{j}}] = mgy_f - mgy_i$$

여기서 $\hat{\mathbf{j}}\cdot\hat{\mathbf{i}} = 0$이므로 마지막 결과에서 x항이 포함되지 않는다.

중력 퍼텐셜 에너지를 포함한 문제를 풀 때, 중력 퍼텐셜 에너지가 어떤 기준값(보통의 경우 영으로 잡음)이 되는 기준 위치를 정할 필요가 있다. 기준점의 선택은 완전히 임의적인데, 그 이유는 퍼텐셜 에너지의 **차이**가 중요하고, 그 차이는 기준점의 선택과 무관하기 때문이다.

보통 지표면에 물체가 놓여 있을 때 퍼텐셜 에너지를 영으로 하는 것이 편리하다. 그러나 반드시 그럴 필요는 없다. 문제의 상황에 따라 사용할 기준점을 선택한다.

퀴즈 7.6 옳은 답을 고르라. 계의 중력 퍼텐셜 에너지는 **(a)** 항상 양(+)이다. **(b)** 항상 음(−)이다. **(c)** 양(+)일 수도 있고 음(−)일 수도 있다.

예제 7.7 훌륭한 운동 선수와 아픈 발가락

운동 선수의 부주의로 손에서 트로피가 미끄러져 선수의 발가락에 떨어졌다. 바닥을 좌표의 원점($y = 0$)으로 하고, 트로피가 떨어짐에 따라 트로피–지구 계의 중력 퍼텐셜 에너지의 변화를 추정하라. 또한 운동 선수의 머리를 좌표의 원점으로 하고 앞의 계산을 다시 하라.

풀이

개념화 트로피는 지표면으로부터의 연직 방향 위치가 변한다. 이 위치의 변화에 따라 중력 퍼텐셜 에너지가 변하게 된다.

분류 이 절에서 정의된 중력 퍼텐셜 에너지의 변화를 구하면 되므로, 이 예제는 대입 문제에 해당된다. 숫자가 주어지지 않았으므로, 이는 추정 문제이다.

문제를 읽어보면 퍼텐셜 에너지가 영이 되는 트로피–지구 계의 기준 위치는 트로피의 아래가 바닥에 놓여 있을 때임을 알 수 있다. 계의 퍼텐셜 에너지 변화를 구하기 위하여 몇 가지 값들을 추정할 필요가 있다. 트로피의 질량은 대략 2 kg이고, 발가락의 높이는 대략 0.05 m이다. 또한 트로피는 1.4 m의 높이에서 떨어졌다고 가정한다.

트로피가 떨어지기 직전의 트로피–지구 계의 중력 퍼텐셜 에너지를 계산한다.

$$U_i = mgy_i = (2\text{ kg})(9.80\text{ m/s}^2)(1.4\text{ m}) = 27.4\text{ J}$$

트로피가 선수의 발가락 위에 떨어지는 순간의 트로피–지구 계의 중력 퍼텐셜 에너지를 계산한다.

$$U_f = mgy_f = (2\text{ kg})(9.80\text{ m/s}^2)(0.05\text{ m}) = 0.98\text{ J}$$

트로피–지구 계의 중력 퍼텐셜 에너지의 변화를 계산한다.

$$\Delta U_g = 0.98\text{ J} - 27.4\text{ J} = -26.4\text{ J}$$

여러 값을 대략적으로 추정하였기 때문에, 이 값도 근사적으로 추정하여 중력 퍼텐셜 에너지의 변화는 대략 -26 J이라고 할 수 있다. 이 계는 트로피가 떨어지기 전에 27 J의 중력 퍼텐셜 에너지를 가지고 있었고, 트로피가 발가락에 떨어지는 순간 거의 1 J에 가까운 퍼텐셜 에너지를 가지게 되었다.

두 번째 질문은 트로피가 선수의 머리 위치에 있을 때를 퍼텐셜 에너지가 영이 되는 기준으로 하는 경우이므로 (트로피는 실제로 이 높이로 올라가지는 않는다), 이 위치를 바닥으로부터 대략 2.0 m라고 추정한다.

트로피가 떨어지기 직전에는 선수의 머리로부터 0.6 m 아래에 위치하므로 트로피–지구 계의 중력 퍼텐셜 에너지는

$$U_i = mgy_i = (2\ \mathrm{kg})(9.80\ \mathrm{m/s^2})(-0.6\ \mathrm{m}) = -11.8\ \mathrm{J}$$

이 되고, 트로피가 선수의 발가락에 도달하는 순간에는 선수의 머리로부터 1.95 m 아래에 있으므로 트로피–지구 계의 중력 퍼텐셜 에너지는

$$U_f = mgy_f = (2\ \mathrm{kg})(9.80\ \mathrm{m/s^2})(-1.95\ \mathrm{m}) = -38.2\ \mathrm{J}$$

이 된다. 트로피–지구 계의 중력 퍼텐셜 에너지의 변화를 계산하면

$$\Delta U_g = -38.2\ \mathrm{J} - (-11.8\ \mathrm{J}) = -26.4\ \mathrm{J} \approx -26\ \mathrm{J}$$

이 되어 앞에서 계산한 값과 당연히 같다. 퍼텐셜 에너지의 변화는 퍼텐셜 에너지가 영을 나타내는 계의 배열과 무관하다. 추정값을 유효 숫자 한 개로 표현하고자 하면, 3×10^1 J로 쓰면 된다.

탄성 퍼텐셜 에너지 Elastic Potential Energy

계의 구성 요소들은 서로 다른 형태의 힘으로 상호 작용할 수 있으므로, 계에는 서로 다른 형태의 퍼텐셜 에너지가 존재할 수 있다. 앞에서는 구성 요소들이 중력에 의하여 상호 작용하는 계의 중력 퍼텐셜 에너지에 대하여 살펴보았으므로, 이번에는 계가 가질 수 있는 두 번째 형태의 퍼텐셜 에너지를 생각해 보자.

그림 7.15와 같이 용수철과 물체로 구성된 계를 고려하자. 7.4절에서는 물체만을 계의 구성 요소로 하였다. 이번에는 물체와 용수철 모두가 계를 구성하고 있으며, 용수철 힘이 계의 구성 요소 사이의 상호 작용이다. 용수철이 물체에 작용하는 힘은 $F_s = -kx$ (식 7.9)이다. 외력 F_{app}가 용수철–물체 계에 한 외부 일은 식 7.13으로 주어진다.

$$W_{\mathrm{ext}} = \tfrac{1}{2}kx_f^2 - \tfrac{1}{2}kx_i^2 \tag{7.21}$$

여기서 물체의 처음과 나중 x 좌표는 평형 위치($x = 0$)로부터 측정한다. 중력의 경우와 마찬가지로, 외력이 계에 한 일은 계의 배열과 관련된 어떤 양의 처음과 나중 값의 차이와 같다. 용수철–물체 계에서의 **탄성 퍼텐셜 에너지**(elastic potential energy) 함수는

$$U_s \equiv \tfrac{1}{2}kx^2 \tag{7.22}$$

◀ 탄성 퍼텐셜 에너지

으로 정의한다.

식 7.21은

$$W_{\mathrm{ext}} = \Delta U_s \tag{7.23}$$

로 표현할 수 있다. 이 식을 식 7.17 그리고 7.20과 비교해 보라. 세 경우 모두, 계에 일을 하면 그 결과로 계 내에 저장된 에너지의 형태가 변한다.

계의 탄성 퍼텐셜 에너지는 변형된(평형 위치로부터 압축되거나 늘어남) 용수철에 저장된 에너지로 생각할 수 있다. 용수철에 저장된 탄성 퍼텐셜 에너지는 용수철이 변

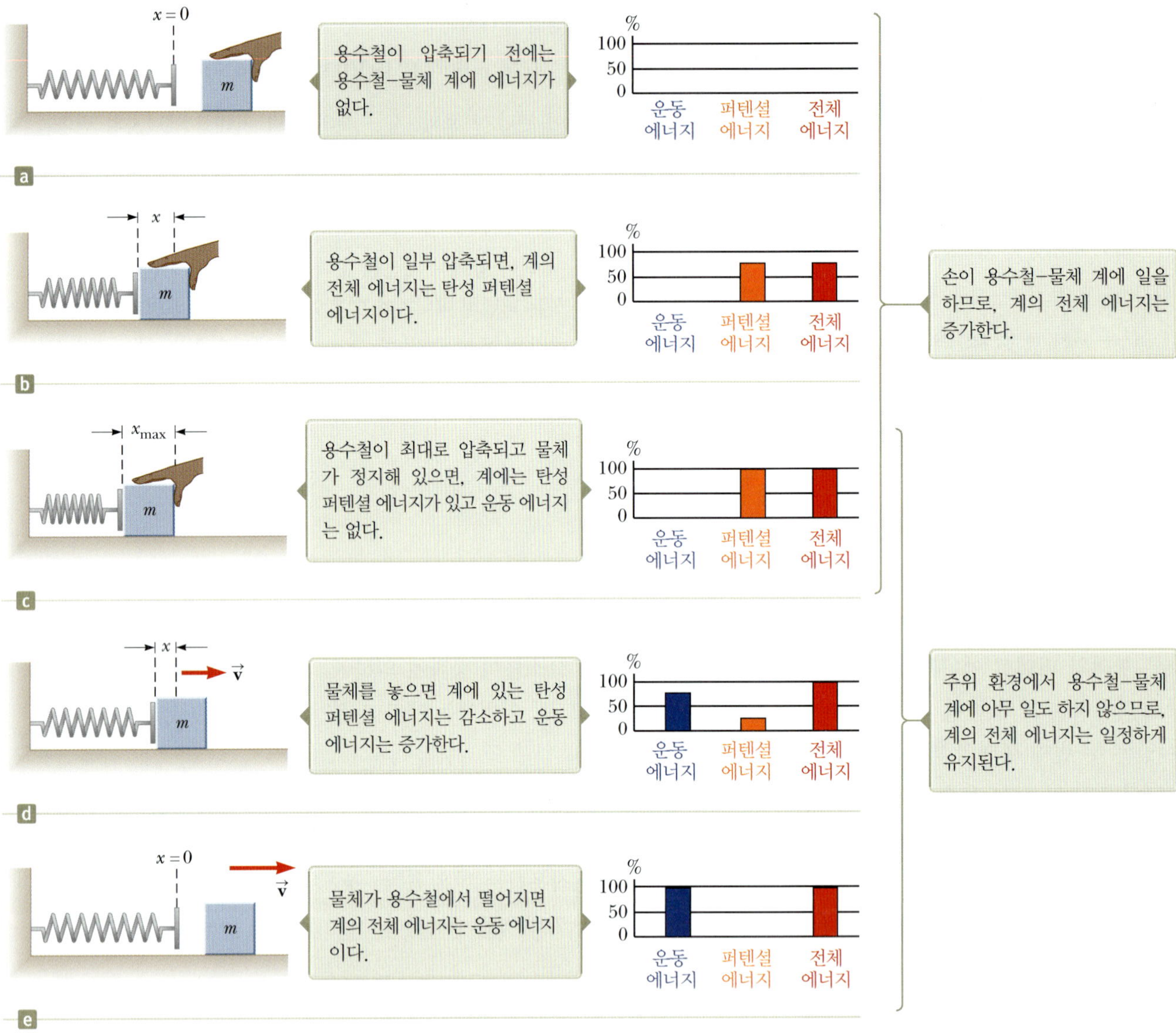

그림 7.15 질량 m인 물체를 밀어 마찰이 없는 수평면 위에 놓인 용수철을 거리 x_{max}만큼 압축한다. 그리고 물체를 정지 상태에서 놓으면, 용수철은 물체를 오른쪽으로 밀어, 결국에는 물체가 용수철에서 떨어지게 된다. (a)부터 (e)는 과정 중 각각의 순간을 보여 주고 있다. 오른쪽의 에너지 막대그래프는 각각의 경우에 있어서 계의 에너지를 파악하는 데 도움을 준다.

형되지 않았을 때($x = 0$)에는 영이다. 용수철이 늘어나거나 압축된 경우에만 에너지가 저장된다. 탄성 퍼텐셜 에너지가 x^2에 비례하므로, 변형된 용수철의 U_s는 항상 양(+)의 값을 갖는다. 일상생활에서 탄성 퍼텐셜 에너지 저장에 대한 예를 찾아보면 용수철 태엽으로 작동하는 구식 시계와 태엽 감는 어린이 장난감 인형을 들 수 있다.

그림 7.15와 같이 마찰이 없는 수평면 위에 있는 용수철을 고려하자. 그림 7.15b와 같이 외력으로 물체를 용수철에 대하여 압축하면, 계의 탄성 퍼텐셜 에너지와 전체 에너지는 증가한다. 용수철을 거리 x_{max}만큼 압축하면(그림 7.15c), 용수철에 저장된 탄성 퍼텐셜 에너지는 $\frac{1}{2}kx_{max}^2$ 이다. 물체를 정지 상태로부터 놓으면 용수철은 물체에 힘을 작용하여 물체를 오른쪽으로 민다. 계의 탄성 퍼텐셜 에너지는 감소하는 반면에, 운

동 에너지는 증가하고 전체 에너지는 변함이 없다(그림 7.15d). 용수철이 원래의 평형 위치로 돌아오면, 저장된 탄성 퍼텐셜 에너지는 완전히 물체의 운동 에너지로 변환된다(그림 7.15e).

그림 7.16 (퀴즈 7.7) 질량이 없는 용수철에 공이 매달려 있다. 공을 아래로 당기는 경우 어떤 종류의 퍼텐셜 에너지가 존재하는가?

퀴즈 7.7 그림 7.16과 같이 질량을 무시할 수 있는 용수철에 공이 매달려 있다. 평형 위치로부터 아래로 당긴 후 놓으면 공은 위아래로 진동한다. **(i)** 공, 용수철 및 지구로 이루어진 계에서, 어떤 종류의 에너지가 존재하는가? **(a)** 운동 에너지와 탄성 퍼텐셜 에너지 **(b)** 운동 에너지와 중력 퍼텐셜 에너지 **(c)** 운동 에너지, 탄성 퍼텐셜 에너지, 중력 퍼텐셜에너지 **(d)** 탄성 퍼텐셜 에너지와 중력 퍼텐셜 에너지. **(ii)** 공과 용수철로 이루어진 계에서는 어떤 종류의 에너지가 존재하는가? 앞의 보기 **(a)**~**(d)**에서 고르라.

에너지 막대그래프 Energy Bar Chart

그림 7.15는 계의 에너지와 관련된 중요한 정보를 그래프로 보여 주는데, 이를 **에너지 막대그래프**(energy bar chart)라고 한다. 세로축은 계의 유형별 에너지양을 나타내고, 가로축은 계에 존재하는 에너지 유형을 표시한다. 그림 7.15a의 막대그래프는 용수철이 평형 상태에 있고 물체는 움직이지 않으므로, 계의 에너지가 영이라는 것을 보여준다. 그림 7.15a에서 그림 7.15c로 가는 동안, 손이 계에 일을 함으로써 용수철을 압축시켜 계에 탄성 퍼텐셜 에너지를 저장하게 된다. 그림 7.15d에서는 물체를 놓아 오른쪽으로 이동하며, 물체는 여전히 용수철과 접하고 있다. 계의 탄성 퍼텐셜 에너지에 대한 막대의 높이는 감소하고 운동 에너지 막대는 증가하며, 전체 에너지는 일정하게 유지된다. 그림 7.15e에서는 용수철이 원래의 평형 위치로 돌아옴으로써, 계에는 물체의 운동에 의한 운동 에너지만이 존재한다.

에너지 막대그래프는 계에 있는 에너지의 여러 유형 변화를 추적하는 데 매우 유용한 표현이 될 수 있다. 예를 들어 그림 7.14에서 책을 높은 위치에서 낙하시킬 때 책-지구 계의 에너지 막대그래프를 만들어 보라. 퀴즈 7.7에 있는 그림 7.16 또한 에너지 막대그래프를 그려 볼 수 있는 좋은 예이다. 이 장에서 에너지 막대그래프가 종종 나타난다.

7.7 보존력과 비보존력 Conservative and Nonconservative Forces

이번에는 계가 가질 수 있는 세 번째 종류의 에너지를 살펴보자. 그림 7.17a와 같이 책이 무거운 탁자의 표면에서 오른쪽으로 미끄러져 움직이다가 마찰력에 의하여 멈추게 되는 경우를 생각해 보자. **표면**을 계라고 생각하면 미끄러지는 책으로부터의 마찰력은 표면에 일을 한다. 표면에 작용하는 힘은 오른쪽이고 책이 오른쪽으로 움직였기 때문에, 힘의 작용점의 변위는 오른쪽이다. 따라서 표면에 한 일은 양(+)이지만, 책이 움직이는 동안 표면이 이동하지 않는다. 표면에 양의 일이 작용하지만, 표면의 운동 에너

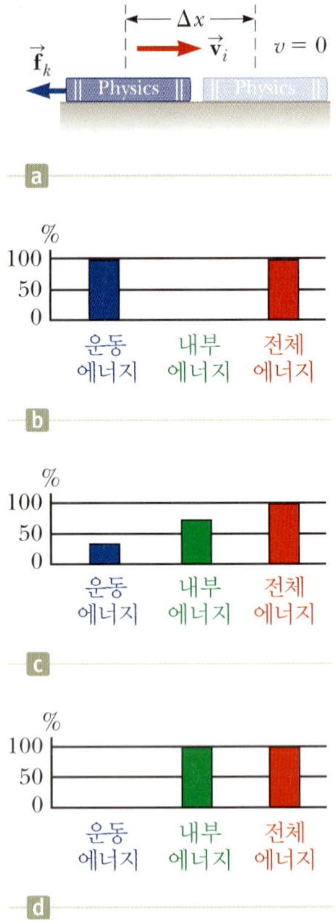

그림 7.17 (a) 수평면 위에서 오른쪽으로 미끄러지는 책이 왼쪽으로 작용하는 운동 마찰력에 의하여 속력이 줄어든다. (b) 운동의 처음 상태에서 책과 표면의 계에 대한 에너지 막대그래프. 계의 에너지는 모두 운동 에너지이다. (c) 책이 미끄러지는 동안, 계의 운동 에너지는 내부 에너지로 변환되면서 감소한다. (d) 책이 멈춘 후에는 계의 에너지는 모두 내부 에너지이다.

지 또는 계의 퍼텐셜 에너지 증가는 없다.* 그렇다면 에너지는 어디에 있는가?

마찰이 있는 표면에서 미끄러질 때의 일상 경험으로부터 아마도 책이 미끄러진 후 책과 책상의 표면이 다소 따뜻해졌을 것이라 짐작할 수 있을 것이다. 책과 책상 표면으로 이루어진 계를 생각하면 책의 운동 에너지는 두 표면을 따뜻하게 하는 데 사용된 셈이다. 계의 온도와 연관된 에너지를 **내부 에너지**(internal energy)라고 하고 E_{int}라고 나타낸다(20장에서 내부 에너지를 보다 일반적으로 정의할 것이다). 이 경우, 표면에 작용한 일은 계로 전달된 에너지를 나타내지만 그 에너지는 계에서 운동 에너지나 퍼텐셜 에너지가 아닌 내부 에너지로 존재한다.

그림 7.17a에서 책과 책상 표면을 합한 계를 생각하자. 처음에는 책이 움직이고 있으므로 계에는 운동 에너지가 있다. 책이 미끄러지는 동안, 계의 내부 에너지는 증가하고 책과 표면은 이전보다 더 따뜻해진다. 책이 멈추면 운동 에너지는 내부 에너지로 완전히 변환된다. 계 내부에서(즉 책과 표면 사이에서)의 비보존력을 에너지의 **변환 메커니즘**이라고 생각할 수 있다. 이 비보존력에 의하여 계의 운동 에너지가 내부 에너지로 변환된다. 이 효과를 경험해 보기 위하여 여러분의 두 손을 마주 대고 문질러 보라.

그림 7.17b에서 7.17d까지는 7.17a의 상황에 대한 에너지 막대그래프를 보여 준다. 그림 7.17b에서는 책이 움직이기 시작할 때 계에 운동 에너지가 있다는 것을 알 수 있다. 이때 계의 내부 에너지는 영이라고 정의한다. 그림 7.17c는 마찰력 때문에 책이 느려지면서 내부 에너지 E_{int}로 변환된 운동 에너지를 보여 준다. 그림 7.17d에서는 책이 멈춘 후에 운동 에너지가 영이고 계에는 내부 에너지만 존재하는 것을 보여 준다. 이 과정 동안 빨간색의 전체 에너지 막대는 변하지 않음에 주목하라. 책이 멈춘 후, 계의 내부 에너지는 처음에 계에 있는 운동 에너지와 같다. 이것은 **에너지 보존**이라고 하는 중요한 원리에 의하여 설명된다. 이 원리를 8장에서 살펴보게 될 것이다.

지표면 근처에서 아래로 움직이는 물체에 대하여 다시 살펴보자. 중력이 물체에 한 일은 물체가 연직으로 떨어지거나 마찰이 있는 경사면을 미끄러지는 것과는 무관하다. 중요한 것은 물체의 높이 변화이다. 그러나 경사면에서의 마찰에 의한 내부 에너지로의 에너지 변환은 물체가 미끄러지는 거리에 매우 의존한다. 경사가 길면 길수록, 더 많은 퍼테셜 에너지가 내부 에너지로 변환된다. 다시 말하면 중력이 한 일은 경로에 따른 차이가 없으나, 마찰력에 의한 에너지 변환은 경로에 따라 차이가 있다. 이런 경로 의존성은 힘을 **보존력**과 **비보존력**으로 구분하는 데 사용할 수 있다. 방금 살펴본 힘 중에서, 중력은 보존력이고 마찰력은 비보존력이다.

보존력 Conservative Forces

보존력은 두 가지 성질이 있다.

---

* 힘의 작용점의 이동은 있다. 그런데 힘의 대상 물체인 책상 위의 순간적인 작용점의 속도는 영이므로 일률이 영이고 이 힘이 한 일은 없다고 보는 것이 일반적인 관점이다. 그러나 저자들은 이 힘이 일을 한다고 본다. 일반적인 견해는 책과 책상으로 이루어진 계에서 마찰력이 음의 내부 일(internal work)을 행하고 그 크기(절댓값)만큼 계의 내부 에너지가 증가한다고 본다. 또 책만을 계로 보면 마찰력이 음의 일을 한다고 간주한다. 저자들의 견해는 일반적인 견해와 다소 다르다.: 역자 주

▶ 보존력의 성질

1. 두 점 사이를 이동하는 입자에 보존력이 한 일은 이동 경로와 무관하다.
2. 닫힌 경로를 따라 이동하는 입자에 보존력이 한 일은 영이다(닫힌 경로는 출발점과 도착점이 같은 경로를 말한다).

보존력의 한 예로 중력이 있고, 또 다른 예로 이상적인 용수철에 달린 물체에 작용하는 용수철 힘이 있다. 지표면 근처에서 두 점 사이를 이동하는 물체에 중력이 한 일은 $W_g = -mg\hat{\mathbf{j}} \cdot [(y_f - y_i)\hat{\mathbf{j}}] = mgy_i - mgy_f$이다. 이 식으로부터 W_g는 물체의 처음과 마지막 y 좌표에만 의존하고 두 점 사이의 경로와는 무관함을 알 수 있다. 더욱이 물체가 임의의 닫힌 경로를 이동할 경우($y_i = y_f$) W_g는 영이다.

물체-용수철 계의 경우, 용수철이 한 일은 $W_s = \frac{1}{2}kx_i^2 - \frac{1}{2}kx_f^2$(식 7.12)이다. W_s는 물체의 처음과 나중 x 좌표에만 의존하고 닫힌 경로에 대해서는 영이므로, 용수철 힘은 보존력이라는 것을 알 수 있다.

계의 구성 요소 사이에 작용하는 힘에 대하여 퍼텐셜 에너지를 연관시키려면, 그 힘이 보존력인 경우에만 그렇게 할 수 있다. 일반적으로 계가 한 배열 상태에서 다른 배열 상태로 변할 때, 계의 구성 요소 중의 하나인 물체에 보존력이 한 일 W_{int}는 계의 퍼텐셜 에너지의 처음 값에서 나중 값을 뺀 것과 같다.

$$W_{\text{int}} = U_i - U_f = -\Delta U \tag{7.24}$$

식 7.24에서 아래 첨자 'int'는 우리가 논의하는 일이 계의 구성 요소 중의 하나가 다른 구성 요소에 한 일이므로, 일은 계의 내부적인 것을 의미한다. 이는 외력이 전반적으로 계에 한 일 W_{ext}와는 다르다. 예를 들어 식 7.24를 용수철의 길이가 변할 때 물체-용수철 계에 외력이 한 일(식 7.23)과 비교해 보라.

오류 피하기 7.9
비슷한 식에 대한 유의점 식 7.20을 7.24와 비교해 보라. 이들 식은 음의 부호만 빼놓고 비슷하다. 그것 때문에 혼란이 일어날 수 있다. 식 7.20은 어떤 계에 **외부**에서 양의 일을 하는 것이 계의 퍼텐셜 에너지의 변화(운동 에너지 또는 내부 에너지의 변화 없이)가 일어나는 원인이 됨을 의미한다. 식 7.24는 **계 내부**의 보존력이 계의 일부에 일을 해서 계의 퍼텐셜 에너지의 감소가 일어나게 함을 의미한다.

비보존력 Nonconservative Forces

앞에서의 성질 1과 2를 만족하지 못하면 그 힘은 **비보존력**이다. 비보존력이 한 일은 경로에 의존한다. 계의 운동 에너지와 퍼텐셜 에너지의 합을 **역학적 에너지**(mechanical energy)라고 정의한다.

$$E_{\text{mech}} \equiv K + U \tag{7.25}$$

여기서 K는 계의 모든 구성 요소의 운동 에너지를 포함하고, U는 계의 모든 형태의 퍼텐셜 에너지를 포함한다. 중력의 영향으로 떨어지는 책의 경우, 책-지구 계의 역학적 에너지는 일정하게 유지된다. 중력 퍼텐셜 에너지는 운동 에너지로 변환되며 계의 전체 에너지는 일정하다. 계 내부에서 작용하는 비보존력은 역학적 에너지의 **변화**를 초래한다. 예를 들어 책이 마찰이 있는 수평면 위를 미끄러진다면, 앞에서 살펴보았듯이 책-표면 계의 역학적 에너지는 내부 에너지로 변환된다(그림 7.17a). 이때 책의 운동 에너지 중 일부는 책의 내부 에너지로 변환되고, 나머지는 표면의 내부 에너지로 변환된다(여러분이 체육관 바닥에 넘어져 미끄러지면, 무릎뿐만 아니라 바닥도 따뜻해진다). 운동 마찰력은 계의 역학적 에너지를 내부 에너지로 변환시키므로 비보존력이다.

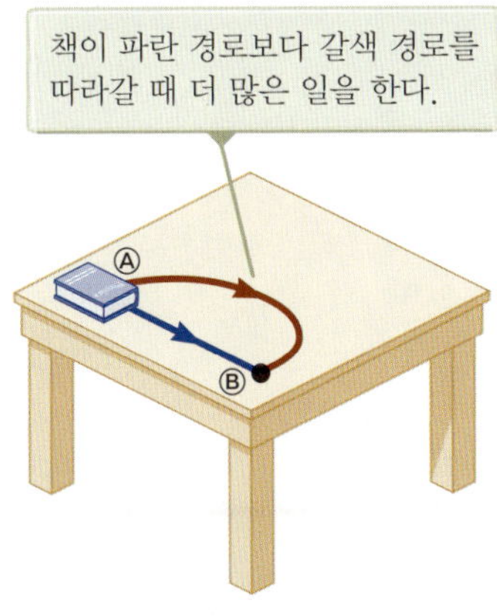

그림 7.18 책을 Ⓐ에서 Ⓑ로 밀 때 운동 마찰력에 대항하여 한 일은 경로에 의존한다.

비보존력이 한 일이 경로에 의존하는 예로서 그림 7.18을 보며 생각해 보자. 책상 위의 두 점 사이에서 책을 옮긴다고 가정하자. 그림 7.18과 같이 책이 점 Ⓐ와 Ⓑ 사이의 파란 경로를 따라 직선으로 이동할 때, 외부에서 마찰력과 같은 크기의 힘으로 일을 하면 책은 등속 운동을 할 것이다. 이번에는 그림 7.18의 갈색 반원 경로를 따라 책을 민다고 하자. 직선 경로보다 더 먼 거리를 밀어야 하므로 마찰력에 대항하여 한 일이 더 많다. 책에 한 일이 경로에 의존하므로, 마찰력은 보존력일 수 없다.

7.8 보존력과 퍼텐셜 에너지의 관계
Relationship Between Conservative Forces and Potential Energy

앞 절에서 계의 구성 요소 중 한 물체가 이동하는 동안 보존력이 한 일은 물체가 움직인 경로와 무관하다는 것을 알았다. 일은 단지 처음과 나중 좌표에만 의존한다. 따라서 보존력이 계 내부에서 한 일이 식 7.24에서와 같이 계의 퍼텐셜 에너지 변화의 음의 값과 같은 **퍼텐셜 에너지 함수**(potential energy function) U를 정의할 수 있다. 입자들 사이에 보존력 $\vec{\mathbf{F}}$가 작용하는 여러 입자로 구성된 계를 생각해 보자. 또한 입자 하나가 x축을 따라 움직임에 따라 계의 배열 상태가 변하는 경우를 생각해 보자. 입자가 x축을 따라 움직이는 동안 이 힘이 한 내부 일[4]은 식 7.7과 7.24를 이용하면 다음과 같다.

$$W_{\text{int}} = \int_{x_i}^{x_f} F_x\,dx = -\Delta U \tag{7.26}$$

여기서 F_x는 $\vec{\mathbf{F}}$의 변위 방향 성분이다. 또한 식 7.26을 다음과 같이 나타낼 수 있다.

$$\Delta U = U_f - U_i = -\int_{x_i}^{x_f} F_x\,dx \tag{7.27}$$

따라서 F_x와 dx가 같은 방향일 때 ΔU는 음(−)이 되는데, 중력장에서 물체를 아래로 내리는 경우 또는 용수철이 물체를 평형 위치로 미는 경우 등이 이에 해당된다.

보통 계의 구성 요소 중 한 개의 위치에 대하여 임의의 기준점 x_i를 잡고 이 점에 대한 모든 퍼텐셜 에너지의 차이를 측정하는 것이 편리하다. 이 경우 퍼텐셜 에너지 함수를 다음과 같이 정의할 수 있다.

$$U_f(x) = -\int_{x_i}^{x_f} F_x\,dx + U_i \tag{7.28}$$

기준점에서 U_i의 값을 종종 영으로 잡는다. 실제로 U_i를 어떤 값으로 정하든지 관계가 없다. 왜냐하면 영이 아닌 값은 $U_f(x)$를 일정량만큼만 이동시킬 뿐이고, 물리적으로 의미를 갖는 것은 퍼텐셜 에너지의 **변화**이기 때문이다.

만약 힘의 작용점이 작은 변위 dx만큼 움직인다면, 계의 작은 퍼텐셜 에너지 변화 dU는

---

[4] 일반적인 변위에 대하여 이차원이나 삼차원에서 한 일은 $-\Delta U$와 같은데, 이 경우 $U = U(x, y, z)$이다. 이 식을 $W_{\text{int}} = \int_i^f \vec{\mathbf{F}} \cdot d\vec{\mathbf{r}} = U_i - U_f$의 형태로 쓴다.

$$dU = -F_x\, dx$$

이다. 따라서 보존력은 퍼텐셜 에너지 함수와 다음과 같은 관계가 있다.[5]

$$F_x = -\frac{dU}{dx} \qquad (7.29)$$

◀ 계의 구성 요소 사이의 힘과 계의 퍼텐셜 에너지의 관계

즉 계 내부의 한 물체에 작용하는 보존력의 x 성분은 퍼텐셜 에너지의 x에 대한 미분값에 음(−)의 부호를 붙인 것과 같다.

이미 배웠던 두 가지 예에 대하여 식 7.29를 쉽게 확인해 볼 수 있다. 변형된 용수철의 경우, $U_s = \frac{1}{2}kx^2$이므로

$$F_s = -\frac{dU_s}{dx} = -\frac{d}{dx}\left(\tfrac{1}{2}kx^2\right) = -kx$$

가 된다. 이것은 용수철의 복원력과 일치한다(훅의 법칙). 중력 퍼텐셜 에너지 함수는 $U_g = mgy$이기 때문에, 식 7.29를 이용하여 U_g를 x 대신 y에 대하여 미분하면 $F_g = -mg$가 된다.

지금까지 본 바와 같이 보존력은 U로부터 얻을 수 있기 때문에 U는 중요한 함수이다. 또한 식 7.29는 퍼텐셜 에너지 함수에 상수를 더하는 것이 중요하지 않음을 명확히 보여 주는데, 왜냐하면 상수를 미분하면 영이기 때문이다.

퀴즈 7.8 $U(x)$를 x에 대하여 그린 그래프에서 기울기는 무엇을 나타내는가? **(a)** 물체에 작용하는 힘의 크기 **(b)** 물체에 작용하는 힘의 크기에 음(−)의 부호를 붙인 것 **(c)** 물체에 작용하는 힘의 x 성분 **(d)** 물체에 작용하는 힘의 x 성분에 음(−)의 부호를 붙인 것

7.9 에너지 도표와 계의 평형
Energy Diagrams and Equilibrium of a System

계의 운동은 종종 계 구성 요소의 퍼텐셜 에너지–위치 그래프를 통하여 이해할 수 있다. 물체–용수철 계의 퍼텐셜 에너지 함수는 $U_s = \frac{1}{2}kx^2$이다. 그림 7.19a는 이 함수의 그래프이며, 여기서 x는 물체의 위치이다. 용수철이 물체에 작용하는 힘 F_s는 식 7.29에 따라 U_s와 다음과 같은 관계에 있다.

$$F_s = -\frac{dU_s}{dx} = -kx$$

퀴즈 7.8에서 본 것처럼, $U-x$ 그래프에서 기울기에 음(−)의 부호를 붙인 것이 힘의 x 성분이 된다. 물체가 용수철의 평형 위치($x = 0$)에서 정지 상태에 있을 때 $F_s = 0$이 되

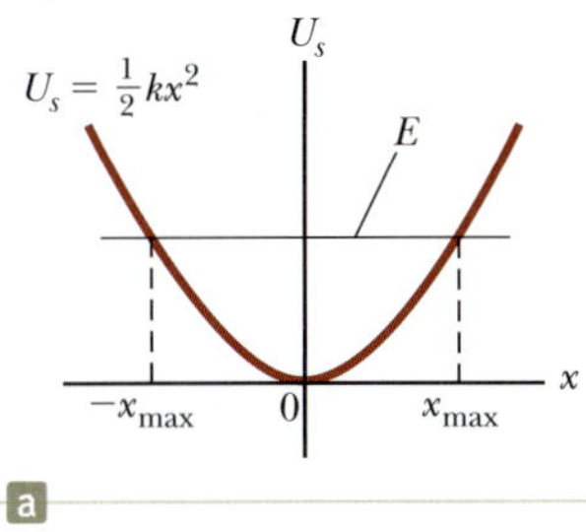

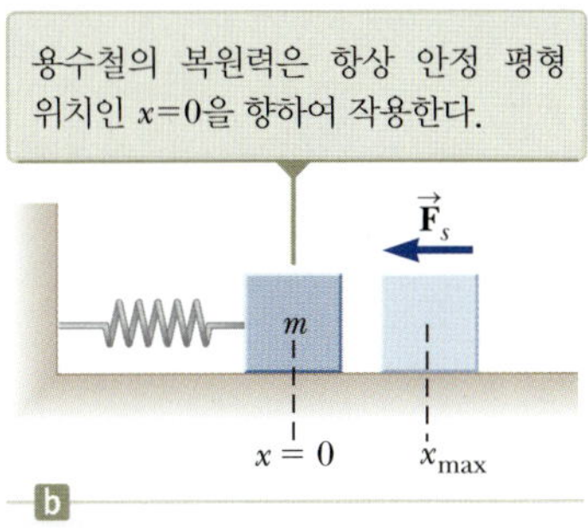

그림 7.19 (a) 마찰이 없는 표면 위에 있는 물체–용수철 계의 $U_s - x$ 그래프 (b) 주어진 계의 에너지 E에 대하여, 물체는 되돌림점 $x = \pm x_{max}$ 사이에서 진동한다.

---

[5] 삼차원에서는 이 식을 다음과 같이 쓸 수 있다.

$$\vec{\mathbf{F}} = -\frac{\partial U}{\partial x}\hat{\mathbf{i}} - \frac{\partial U}{\partial y}\hat{\mathbf{j}} - \frac{\partial U}{\partial z}\hat{\mathbf{k}}$$

여기서 $(\partial U/\partial x)$는 편미분을 뜻한다. 벡터 미적분학에서 사용하는 말로 표현하면 $\vec{\mathbf{F}}$는 스칼라양인 $U(x, y, z)$의 음(−)의 그레이디언트(gradient)이다.

오류 피하기 7.10

에너지 도표 흔히 에너지 도표에서 그래프의 퍼텐셜 에너지가 어떤 물체의 높이를 나타낸다고 생각하는 실수를 저지른다. 그림 7.19에 보인 물체가 단지 수평 방향으로 이동하는 상황은 그런 생각이 틀린 예이다.

고, 다른 외력 F_{ext}가 없는 한 물체는 정지 상태를 유지한다. 외력이 작용해서 용수철이 평형으로부터 늘어나면, x는 양(+)이고 기울기 dU/dx도 양(+)이다. 따라서 용수철이 물체에 작용한 힘 F_s는 음(−)이고, 물체를 놓으면 평형 위치($x = 0$)를 향하여 가속된다. 만약 외력이 평형으로부터 용수철을 압축하면, x는 음(−)이고 기울기도 음(−)이다. 따라서 F_s는 양(+)이고, 물체를 놓으면 $x = 0$을 향하여 가속된다.

이런 해석으로부터, 물체-용수철 계에서 $x = 0$ 위치가 **안정 평형**(stable equilibrium)이라는 것을 알 수 있다. 이 위치로부터 멀어지는 운동은 $x = 0$을 향하여 다시 되돌아가는 힘을 받게 된다. 일반적으로 계의 안정 평형 상태는 $U(x)$가 극소가 되는 상태에 해당된다.

그림 7.19에서 만약 물체를 처음에 x_{max} 위치로 가져간 후 정지 상태로부터 놓으면, 처음의 전체 에너지는 용수철에 저장된 퍼텐셜 에너지 $\frac{1}{2}kx_{max}^2$이다. 물체가 움직이기 시작하면, 계는 운동 에너지를 얻고 퍼텐셜 에너지를 잃는다. 물체는 $x = -x_{max}$와 $x = +x_{max}$인 두 **되돌림점** 사이에서 진동한다. 마찰력에 의하여 내부 에너지로 변환되는 에너지가 없으므로, 물체는 영원히 진동한다(진동에 관해서는 15장에서 더 논의할 것이다).

안정 평형을 이루고 있는 또 다른 간단한 역학적 계로 우묵한 그릇 바닥을 구르는 공을 들 수 있다. 바닥에서 멀어지면 언제나 밑바닥 위치로 되돌아가려는 경향이 있다.

이제 U−x 그래프가 그림 7.20처럼 나타나는 보존력 F_x의 영향하에 x축을 따라 운동하는 입자를 생각해 보자. $x = 0$에서 $F_x = 0$이고, 입자는 이 위치에서 평형 상태이다. 그러나 이 위치는 다음의 이유로 **불안정 평형**(unstable equilibrium)이다. 입자를 오른쪽($x > 0$)으로 움직인다고 가정하자. $x > 0$에서 기울기는 음(−)이므로, $F_x = -dU/dx$는 양(+)이고 입자는 $x = 0$으로부터 멀어지며 가속된다. 만약 입자가 $x = 0$에 있다가 왼쪽($x < 0$)으로 움직이면, $x < 0$에서 기울기는 양(+)이므로, 힘은 음(−)이고 입자는 평형 위치로부터 멀어지며 가속된다. 이 경우 $x = 0$의 위치는 이 위치에서 조금만 벗어나도 힘이 입자를 평형으로부터 더 멀어지게 만들기 때문에 불안정 평형이다. 힘은 입자를 퍼텐셜 에너지가 더 낮은 점으로 민다. 연필 끝으로 균형을 잡은 연필은 불안정 평형에 있다. 연필이 연직 방향에서 조금 벗어나면 쓰러진다. 일반적으로 계의 불안정 평형은 $U(x)$가 극대가 되는 값에 해당한다.

마지막으로 U가 어떤 영역에 걸쳐 일정한 경우에 **중립 평형**(neutral equilibrium) 상태가 생겨난다. 이 위치로부터 조금 벗어나는 경우에 복원력이나 멀어지게 하는 힘이 생기지 않는다. 평평한 수평면 위에 놓인 공이 중립 평형에 있는 물체의 좋은 예이다.

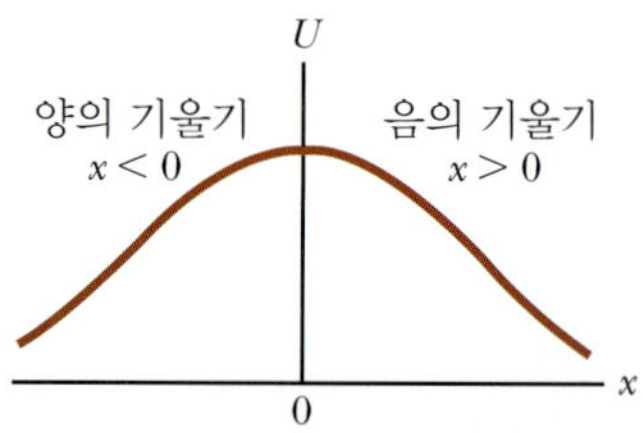

그림 7.20 $x = 0$에서 불안정 평형인 입자에 대한 U−x 그래프. 입자의 어떤 유한한 변위에 대하여 입자에 작용하는 힘은 $x = 0$으로부터 멀어지는 방향이다.

예제 7.8 **원자 크기에서의 힘과 에너지**

분자 내 두 중성 원자 사이의 힘에 관련된 퍼텐셜 에너지는 레너드−존스 퍼텐셜 에너지 함수(Lennard-Jones potential energy function)로 모형화할 수 있다.

$$U(x) = 4\epsilon\left[\left(\frac{\sigma}{x}\right)^{12} - \left(\frac{\sigma}{x}\right)^{6}\right]$$

여기서 x는 원자 간 간격이다. 함수 $U(x)$는 실험으로부터 정해진 두 매개변수 σ와 ϵ을 가진다. 분자 내 두 원자 사이의 인력에 대한 값은 $\sigma = 0.263$ nm와 $\epsilon = 1.51 \times 10^{-22}$ J이다. 이 함수의 그래프를 그리고, 두 원자 사이의 평형 거리를 구하라.

풀이

개념화 분자 내의 두 원자를 하나의 계라고 생각하자. 안정된 분자가 존재한다는 사실로부터 두 원자가 평형 거리에 있는 안정 평형 상태가 있을 것으로 예측할 수 있다.

분류 퍼텐셜 에너지 함수가 주어졌으므로 원자 사이에 작용하는 힘은 보존력이라고 할 수 있다. 보존력의 경우 식 7.29에 의하여 힘과 퍼텐셜 에너지 함수 사이의 관계가 주어진다.

분석 두 원자로 이루어진 계의 퍼텐셜 에너지가 극소가 되는 거리에 대하여 안정 평형 상태가 존재할 것이다.
함수 $U(x)$의 도함수를 계산한다.

$$\frac{dU(x)}{dx} = 4\epsilon\frac{d}{dx}\left[\left(\frac{\sigma}{x}\right)^{12} - \left(\frac{\sigma}{x}\right)^{6}\right] = 4\epsilon\left[\frac{-12\sigma^{12}}{x^{13}} + \frac{6\sigma^{6}}{x^{7}}\right]$$

이 도함수를 영으로 놓아 $U(x)$의 극소점을 찾는다.

$$4\epsilon\left[\frac{-12\sigma^{12}}{x_{eq}{}^{13}} + \frac{6\sigma^{6}}{x_{eq}{}^{7}}\right] = 0 \quad\rightarrow\quad x_{eq} = (2)^{1/6}\sigma$$

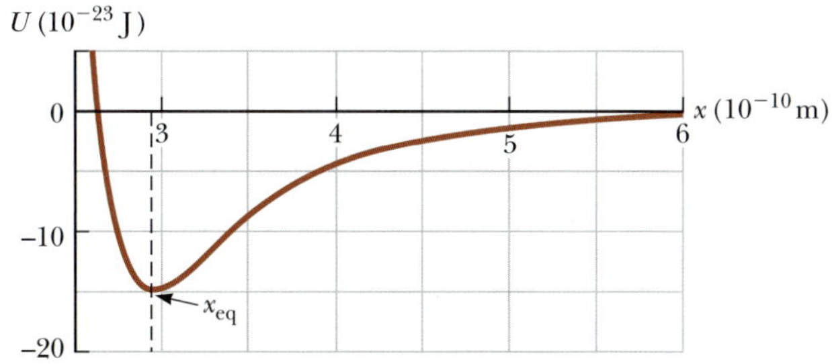

그림 7.21 (예제 7.8) 분자와 관련된 퍼텐셜 에너지 곡선. 거리 x는 분자를 구성하는 두 원자 사이의 간격이다.

주어진 값을 대입하여 평형 거리 x_{eq}를 계산한다.

$$x_{eq} = (2)^{1/6}(0.263\text{ nm}) = 2.95 \times 10^{-10}\text{ m}$$

이 값의 주변에서 레너드−존스 함수를 그리면 그림 7.21이 된다.

결론 원자 사이의 거리가 매우 가까운 경우 $U(x)$의 값이 매우 크고, 평형 거리에서 극솟값이 되었다가, 원자 사이의 거리가 멀어지면 다시 증가하는 것에 주목하라. $U(x)$가 극소일 때 원자들은 안정 평형 상태에 있고, 이때 원자들 사이의 거리가 평형 거리가 된다.

연습문제

객관식

1. 만약 외력이 입자에 한 알짜일이 영일 경우, 입자에 대한 설명으로 옳은 것은 어느 것인가? (a) 속도는 영이다. (b) 속도는 감소한다. (c) 속도는 변하지 않는다. (d) 속력은 변하지 않는다. (e) 더 많은 정보가 필요하다.

2. 한 노동자가 바퀴 하나 달린 손수레를 평평한 땅 위에서 수평 방향으로 50 N의 힘으로 밀어서 5.0 m의 거리를 움직인다. 만약 노동자가 미는 방향과 반대 방향으로 43 N의 마찰력이 작용한다면, 이때 노동자가 손수레에 한 일은 얼마인가? (a) 250 J (b) 215 J (c) 35 J (d) 10 J (e) 정답 없음

3. 카트가 매번 같은 속력으로 수평 테이블을 가로질러 가도록 설정한다. 카트가 모래밭으로 들어가 달릴 경우, 카트는 모래에 6 N의 평균 수평력을 작용하고 6 cm의 거리를 이동

한 후 멈춘다. 똑같은 카트가 자갈밭으로 들어가 9 N의 평균 수평력을 자갈밭에 작용하는 경우 멈출 때까지 이동한 카트의 거리는 얼마인가? (a) 9 cm (b) 6 cm (c) 4 cm (d) 3 cm (e) 정답 없음

4. 마찰이 없는 수평면 위에 놓인 물체를 속력 v에서 $2v$로 가속시키기 위하여 외력이 일을 가한다고 하자. 이때 필요한 일은 다음 중 어느 것인가? (a) 속력 $v = 0$을 v로 가속시키기 위하여 필요한 일과 동일 (b) 속력 $v = 0$을 v로 가속시키기 위하여 필요한 일의 두 배 (c) 속력 $v = 0$을 v로 가속시키기 위하여 필요한 일의 세 배 (d) 속력 $v = 0$을 v로 가속시키기 위하여 필요한 일의 네 배 (e) 가속도를 모르므로 알 수 없다.

5. 질량 m인 물체를 사무실 건물의 4층에서 떨어뜨린다고 하자. 이 물체가 인도와 부딪칠 때의 속력(충돌 직전 속력)이 v라면, 몇 층에서 떨어뜨려야 충돌 속력이 두 배가 되는가? (a) 6층 (b) 8층 (c) 10층 (d) 12층 (e) 16층

6. 단진자가 앞뒤로 흔들릴 때, 매달려 있는 물체에 작용하는 힘은 (a) 중력, (b) 끈에 의한 장력, 그리고 (c) 공기 저항력이다. **(i)** 어떤 순간에도 일을 하지 않는 힘을 있는 대로 고르라. **(ii)** 진동하는 동안 물체에 음의 일을 하는 힘은 어느 것인가?

7. 총알 2의 질량은 총알 1의 질량의 두 배이다. 두 총알 모두 같은 속력으로 발사된다고 할 때, 총알 1의 운동 에너지가 K라면 총알 2의 운동 에너지는 얼마인가? (a) $0.25K$ (b) $0.5K$ (c) $0.71K$ (d) K (e) $2K$

8. 그림 OQ7.8과 같이 왼쪽으로 F_s의 힘이 작용하고 용수철이 약간 늘어나 있는 물체가 있다. **(i)** 이 물체는 용수철에 힘을 작용하고 있는가? 옳은 것을 모두 고르라. (a) 작용하고 있지 않다. (b) 왼쪽으로 작용하고 있다. (c) 오른쪽으로 작용하고 있다. (d) 힘을 작용하고 있으며, 이 힘의 크기는 F_s보다 크다. (e) 힘을 작용하고 있으며, 이 힘의 크기는 F_s와 같다. **(ii)** 용수철은 벽면에 힘을 작용하고 있는가? 앞의 보기 (a)~(e)에서 옳은 것을 모두 고르라.

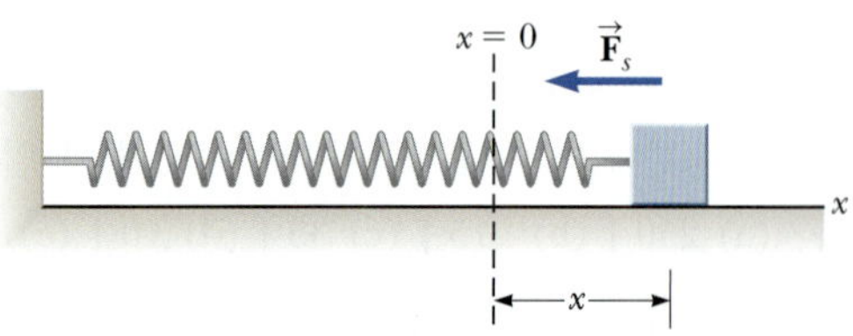

그림 OQ7.8

9. 어떤 입자의 속력이 두 배가 되면, 그 입자의 운동 에너지는 어떻게 되는가? (a) 네 배로 증가 (b) 두 배로 증가 (c) $\sqrt{2}$ 배로 증가 (d) 변함없음 (e) 반으로 감소

10. 카트가 매번 같은 속력으로 수평 테이블을 가로질러 가도록 설정한다. 카트가 모래밭으로 들어가 달릴 경우, 카트는 모래에 6 N의 평균 수평력을 작용하고 6 cm의 거리를 이동한 후 멈춘다. 똑같은 카트가 밀가루 밭으로 들어가 18 cm를 이동한 후 멈춘다. 카트가 밀가루에 작용한 평균 수평력은 얼마인가? (a) 2 N (b) 3 N (c) 6 N (d) 18 N (e) 정답 없음

주관식

7.2 일정한 힘이 한 일

1. 슈퍼마켓에서 한 구매자가 쇼핑 카트를 수평 아래 25.0°의 각도로 35.0 N의 힘으로 밀고 있다. 이 힘은 다양한 마찰력과 균형을 이루고 있으므로 쇼핑 카트는 일정한 속력으로 움직인다. (a) 구매자가 쇼핑 카트를 밀고 길이 50.0 m인 통로에서 이동할 때 구매자가 쇼핑 카트에 한 일을 구하라. (b) 모든 힘이 쇼핑 카트에 한 알짜일은 얼마인가? 왜 그런가? (c) 구매자가 다음 통로에서 수평 방향으로 힘을 주면서 같은 속력을 유지하며 이동한다. 만약 마찰력이 바뀌지 않았다면, 구매자가 주어야 하는 힘은 더 큰가, 같은가, 아니면 보다 작은가? (d) 구매자가 쇼핑 카트에 한 일은 어떠한가?

2. 3.35×10^{-5} kg의 빗방울이 중력과 공기 저항의 영향에 따라 일정한 속력으로 연직으로 떨어진다. 빗방울은 입자로 모형화한다. 이 빗방울이 100 m를 떨어진다고 할 때 (a) 중력이 빗방울에 한 일과 (b) 공기 저항이 빗방울에 한 일을 구하라.

3. 그림 P7.3에서와 같이, 질량 $m = 2.50$ kg인 물체가 크기 $F = 16.0$ N이고 수평 방향과 각도 $\theta = 25.0°$를 이루는 일정한 힘을 받아, 마찰이 없는 책상의 수평면 위에서 $d = 2.20$ m 움직인다. 이때 (a) 외력이 물체에 한 일, (b) 책상에 의한 수직항력이 한 일, (c) 중력이 한 일, (d) 물체에 작용하는 알짜힘이 한 일을 구하라.

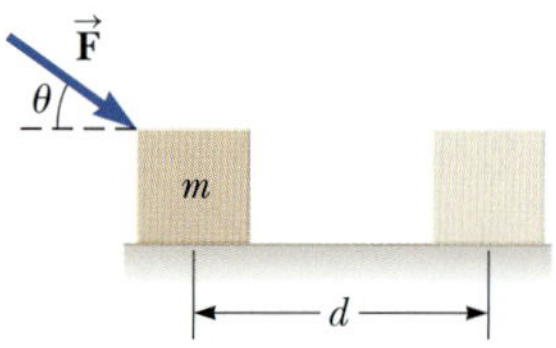

그림 P7.3

7.3 두 벡터의 스칼라곱

4. 벡터 $\vec{\mathbf{A}}$의 크기는 5.00단위이고 벡터 $\vec{\mathbf{B}}$의 크기는 9.00단위이다. 두 벡터는 50.0°의 각도를 이루고 있다. $\vec{\mathbf{A}}\cdot\vec{\mathbf{B}}$를 구하라.

> ***Note***: 5번부터 6번까지의 문제에서, 계산은 보통 때와 마찬가지로 유효숫자 세 자리까지 하라.

5. 벡터 $\vec{\mathbf{A}} = 3\hat{\mathbf{i}} + \hat{\mathbf{j}} - \hat{\mathbf{k}}$, $\vec{\mathbf{B}} = -\hat{\mathbf{i}} + 2\hat{\mathbf{j}} + 5\hat{\mathbf{k}}$, $\vec{\mathbf{C}} = 2\hat{\mathbf{j}} - 3\hat{\mathbf{k}}$일 때, $\vec{\mathbf{C}}\cdot(\vec{\mathbf{A}} - \vec{\mathbf{B}})$를 구하라.

6. 그림 P7.6에서 두 벡터의 스칼라곱을 구하라.

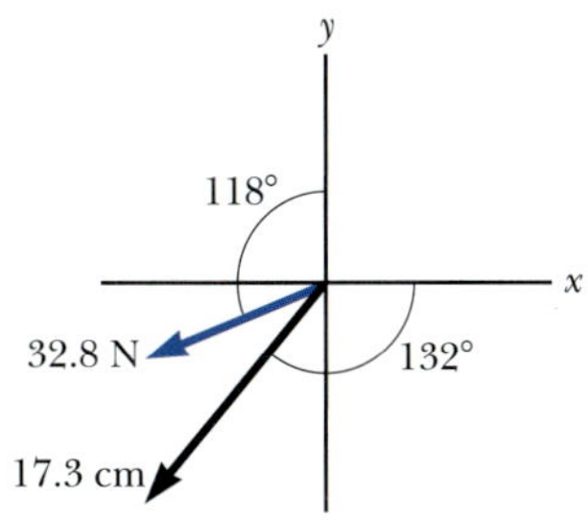

그림 P7.6

7. $\vec{\mathbf{B}}$는 크기가 5.00 m이고 x축과 60.0°를 이룬다. $\vec{\mathbf{C}}$는 $\vec{\mathbf{A}}$와 크기가 같고 방향은 x축과 $\vec{\mathbf{A}}$에 비하여 25.0°만큼 큰 각도를 이룬다. $\vec{\mathbf{A}}\cdot\vec{\mathbf{B}} = 30.0\ \mathrm{m^2}$이고 $\vec{\mathbf{B}}\cdot\vec{\mathbf{C}} = 35.0\ \mathrm{m^2}$이라고 할 때, $\vec{\mathbf{A}}$의 크기와 방향을 구하라.

7.4 변하는 힘이 한 일

8. 그림 P7.8과 같이 힘이 입자에 작용하고 있다. 입자가 (a) $x = 0$부터 $x = 8.00$ m까지, (b) $x = 8.00$ m부터 $x = 10.0$ m까지, (c) $x = 0$부터 $x = 10.0$ m까지 움직이는 동안 힘이 입자에 한 일을 구하라.

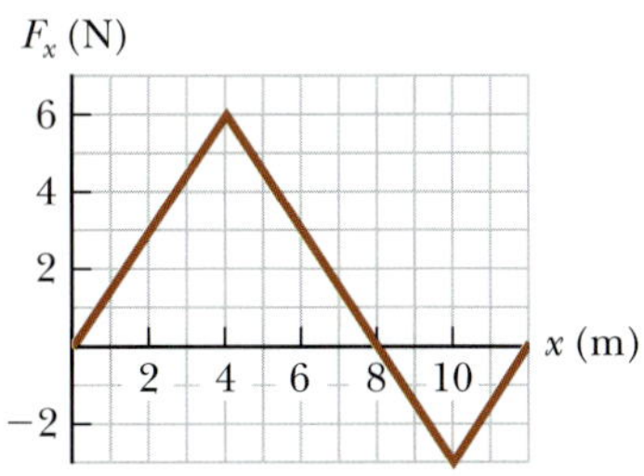

그림 P7.8

9. 그림 P7.9와 같이 어떤 입자가 위치에 따라 변하는 힘 F_x를 받는다. 입자가 (a) $x = 0$에서부터 $x = 5.00$ m까지, (b) $x = 5.00$ m에서부터 $x = 10.0$ m까지, (c) $x = 10.0$ m에서부터 $x = 15.0$ m까지 움직이는 동안 힘이 한 일을 계산하고, (d) $x = 0$에서부터 $x = 15.0$ m까지 한 전체 일을 구하라.

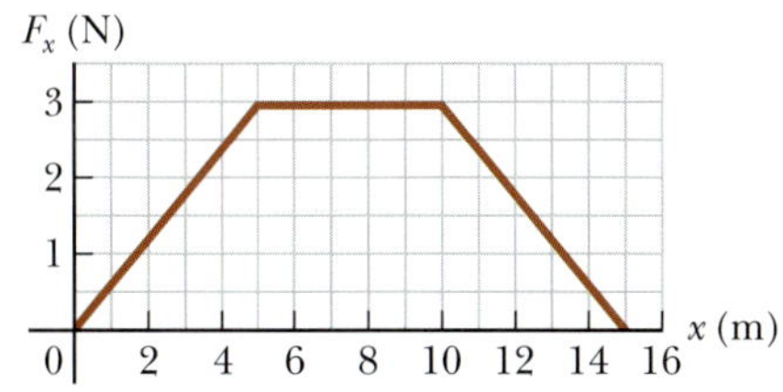

그림 P7.9 문제 9, 26

10. 어떤 제어 시스템에서 쓰이는 가속도계는 정확하게 수평인 레일 위에서 움직이는 질량 4.70 g의 물체를 포함한다. 질량이 작은 용수철이 레일의 끝에 있는 판에 고정되어 물체와 연결되어 있다. 레일에 그리스가 묻어 있어 정지 마찰을 무시할 수 있고, 움직이는 물체의 진동을 신속히 감쇠한다. 일정한 가속도 0.800g를 갖는 상황에서 물체가 평형 위치로부터 0.500 cm의 거리만큼 떨어져 있다. 보정이 잘 된 결과일 때 용수철의 힘 상수를 구하라.

11. 질량 4.00 kg의 물체가 훅의 법칙을 따르는 가벼운 용수철에 수직으로 매달려 있을 때, 용수철은 2.50 cm 늘어난다. 4.00 kg의 물체를 제거하고, (a) 1.5 kg의 물체를 매달면 얼마나 늘어나는가? (b) 외부 인자가 평형 위치로부터 4.0 cm를 늘이는 데 한 일은 얼마인가?

12. 훅의 법칙을 따르는 가벼운 용수철의 늘이지 않은 처음 길이는 35.0 cm이다. 용수철의 한쪽 끝을 문틀의 상부에 부착하고 7.50 kg의 물체를 용수철의 다른 쪽 끝에 매달았을 때, 용수철의 길이는 41.5 cm이다. (a) 용수철의 힘 상수를 구하라. (b) 용수철을 수평으로 놓고 두 명이 용수철의 양 끝에서 190 N의 힘으로 서로 반대 방향으로 잡아당긴다. 이 상황에서 용수철의 길이를 구하라.

13. 궁수가 활시위를 자신의 몸 쪽으로 0.400 m 당긴다. 이때 작용하는 힘은 0에서 230 N까지 일정하게 증가한다. (a) 이 활의 등가 용수철 상수는 얼마인가? (b) 궁수가 활시위에 한 일은 얼마인가?

14. 용수철 상수가 1 200 N/m인 가벼운 용수철이 높은 곳에 매달려 있다. 이 용수철의 끝 부분에는 용수철 상수가 1 800 N/m인 가벼운 두 번째 용수철이 매달려 있다. 1.50 kg의 물체가 용수철의 끝에 매달려 정지하고 있다고 할 때 (a) 두 용수철의 늘어난 전체 길이는 얼마인가? (b) 이 계에서 두 용수철의 유효 용수철 상수는 얼마인가? 용수철은 직렬 연결되어 있다.

15. 힘 상수가 k_1인 용수철이 천장에 걸려 있다. 그 용수철 아래

끝에 힘 상수가 k_2인 다른 용수철이 또 걸려 있다. 질량이 m인 물체가 아래 용수철의 하단에 걸려 있는 채로 정지해 있다. (a) 두 용수철의 전체 늘어난 길이를 구하라. (b) 이 용수철 쌍의 유효 용수철 상수를 구하라.

16. 식당에서 쓰이는 식판 디스펜서(공급기)는 네 개의 동일한 나선형 용수철이 선반의 각 모서리 근처에 하나씩 달려 있는 모습이고, 늘어난 용수철은 선반과 그 위의 식판을 위로 올리는 역할을 한다. 식판은 가로 45.3 cm, 세로 35.6 cm, 두께 0.450 cm이며 질량은 580 g이다. (a) 제일 위에 있는 식판의 위치 높이가 선반 위의 식판 개수에 관계없이 일정하게 장치를 제작할 수 있음을 보이라. (b) 디스펜서가 이런 편리한 방식으로 작동하게 하는 용수철의 용수철 상수를 구하라. (c) 이런 결정을 하는 데 불필요한 데이터는 무엇인가?

17. 수평면에서 힘 상수가 3.85 N/m인 가벼운 용수철이 8.00 cm만큼 압축되어 왼쪽에 있는 0.250 kg의 블록과 오른쪽에 있는 0.500 kg의 블록 사이에서 평형을 유지하고 있다. 용수철은 고정된 두 블록에 각각 미는 힘을 작용한다. 블록은 동시에 정지 상태에서 해제된다. 블록과 표면 사이의 운동 마찰 계수가 (a) 0, (b) 0.100, (c) 0.462일 때 각각의 블록이 움직이기 시작하는 순간의 가속도를 구하라.

18. 그림 P7.18과 같이 질량 m인 입자에 줄을 매어 마찰이 없는 반원통(반지름 R)의 꼭대기로 잡아당긴다. (a) 입자가 일정한 속력으로 움직인다고 가정하고, $F = mg\cos\theta$임을 보이라. 주의: 입자가 일정한 속력으로 움직인다면 반원통의 접선 방향의 가속도 성분은 항상 영이 되어야 한다. (b) $W = \int \vec{\mathbf{F}} \cdot d\vec{\mathbf{r}}$을 적분하여 입자가 바닥에서부터 반원통의 꼭대기까지 일정한 속력으로 움직이는 동안 한 일을 구하라.

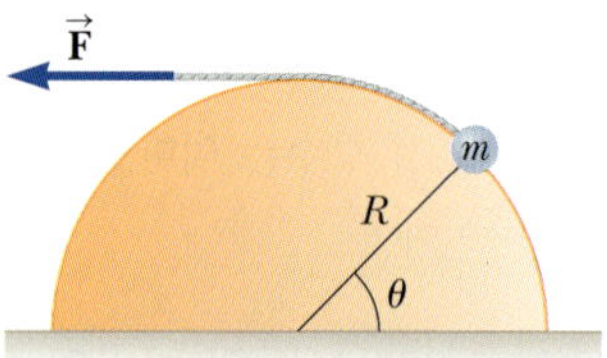

그림 P7.18

19. 입자에 작용하는 힘이 $F_x = (8x - 16)$이며, 여기서 힘 F의 단위는 N이고, x의 단위는 m이다. (a) 이 힘의 그래프를 $x = 0$에서 $x = 3.00$ m까지 그리라. (b) 이 그래프로부터, 입자가 $x = 0$에서 $x = 3.00$ m까지 이동할 경우 이 힘이 입자에 한 알짜일을 구하라.

20. 질량이 다른 물체를 용수철에 매달면, 다음 표와 같이 길이가 달리 늘어나게 된다. (a) 작용한 힘 대 늘어난 용수철 길이를 그래프로 그리라. (b) 그래프를 최소 제곱법으로 분석하고, 가장 잘 맞는 직선을 구하라. (c) (b)에서 최소 제곱법을 적용할 때 모든 점들을 포함시켰는지, 또는 어떤 점들은 무시하였는지 설명하라. (d) 가장 잘 맞는 직선의 기울기로부터, 용수철 상수 k를 구하라. (e) 용수철이 길이 105 mm만큼 늘어날 때, 이 용수철이 매달린 물체에 작용하는 힘을 구하라.

F (N)	2.0	4.0	6.0	8.0	10	12	14	16	18	20	22
L (mm)	15	32	49	64	79	98	112	126	149	175	190

21. 총신의 길이가 0.600 m인 소총에서 질량 100 g인 총알이 발사된다. 총알이 움직이기 시작한 위치를 원점으로 한다. 그리고 팽창 기체가 총알에 가한 힘(단위는 N)은 $15\,000 + 10\,000x - 25\,000x^2$이고 여기서 x의 단위는 m이다. (a) 총알이 총신을 통과하는 동안 팽창 기체가 총알에 한 일을 구하라. (b) 만약 총신이 길어져 1.00 m인 경우, 얼마나 많은 일을 할까? (c) 이 값을 (a)에서 구한 값과 비교하라.

22. 물체가 x 방향으로 원점에서 $x = 5.00$ m까지 이동하면서 힘 $\vec{\mathbf{F}} = (4x\hat{\mathbf{i}} + 3y\hat{\mathbf{j}})$를 받는다. 여기서 힘 F의 단위는 N이고, x와 y의 단위는 m이다. 이 힘이 물체에 한 일 $W = \int \vec{\mathbf{F}} \cdot d\vec{\mathbf{r}}$를 구하라.

23. 그림 P7.23의 그래프가 두 변수 u와 v 사이의 관계를 나타낼 때 (a) $\int_a^b u\,dv$, (b) $\int_b^a u\,dv$, (c) $\int_a^b v\,du$를 구하라.

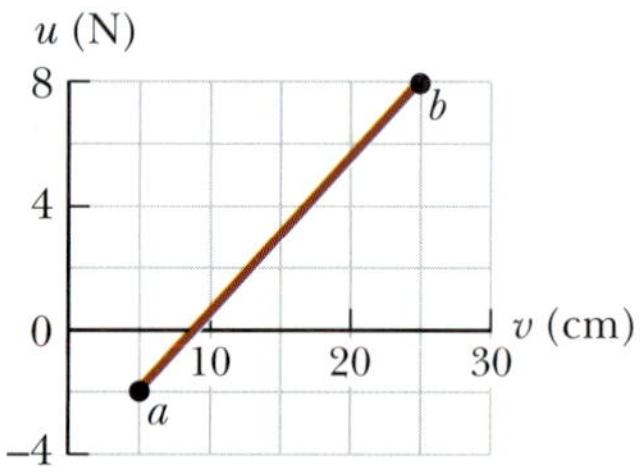

그림 P7.23

7.5 운동 에너지와 일–운동 에너지 정리

24. 질량이 3.00 kg인 물체가 속도 $(6.00\hat{\mathbf{i}} - 2.00\hat{\mathbf{j}})$ m/s로 움직인다. (a) 이 순간 운동 에너지는 얼마인가? (b) 속도가 $(8.00\hat{\mathbf{i}} + 4.00\hat{\mathbf{j}})$ m/s가 되는 동안 알짜힘이 물체에 한 일은 얼마인가? (*Note*: 스칼라곱의 정의에서 $v^2 = \vec{\mathbf{v}} \cdot \vec{\mathbf{v}}$이다.)

25. 한 노동자가 35.0 kg의 나무상자를 일정한 속력으로 나무바닥을 따라 밀어 12.0 m의 거리를 움직였다. 이때 나무상자에 일정한 수평력 F를 가해서 한 일은 350 J이다. 이때

(a) F의 값을 구하라. (b) 만약 노동자가 F보다 큰 힘을 가한다면, 나무상자의 움직임은 어떻게 되는가? (c) 또 F보다 작은 힘을 가한다면 어떻게 되는가?

26. 그림 P7.9에서처럼 4.00 kg의 입자가 위치에 따라 변하는 알짜힘을 받고 있다. 이 물체는 $x = 0$에서 정지 상태로부터 출발한다. (a) $x = 5.00$ m, (b) $x = 10.0$ m, (c) $x = 15.0$ m에서 속력은 각각 얼마인가?

27. 2 100 kg짜리 말뚝박는 기계로 I빔을 땅에 박으려고 한다. 빔의 머리를 때리기에 앞서 해머는 5.00 m를 낙하하고, 빔을 땅속으로 12.0 cm 박은 후 멈추게 된다. 에너지를 고려하여 해머가 정지할 때까지 빔이 해머에 작용하는 평균력을 구하라.

28. 5.75 kg인 물체가 시간 $t = 0$에서 원점을 지나갈 때, 속도의 x 성분은 5.00 m/s이고 y 성분은 −3.00 m/s이다. 이때 (a) 물체의 운동 에너지는 얼마인가? (b) $t = 2.00$ s일 때, 물체는 $x = 8.50$ m와 $y = 5.00$ m의 위치에 있다. 이 시간 간격 동안 물체에 작용한 일정한 힘은 얼마인가? (c) $t = 2.00$ s일 때, 입자의 속력은 얼마인가?

7.6 계의 퍼텐셜 에너지

29. 1 000 kg의 롤러코스터가 레일의 맨 꼭대기인 점 Ⓐ에서 정지해 있다가 수평으로부터 각도 40° 아래 방향으로 하단의 점 Ⓑ를 향하여 135 ft 이동한다. (a) 롤러코스터와 지구의 계에서 점 Ⓑ를 롤러코스터의 중력 퍼텐셜 에너지가 영인 지점으로 놓는다. 롤러코스터의 위치가 점 Ⓐ와 Ⓑ일 때 각각 롤러코스터의 중력 퍼텐셜 에너지를 구하고, 두 중력 퍼텐셜 에너지의 차를 계산하라. (b) 롤러코스터와 지구의 계에서 점 Ⓐ를 롤러코스터의 중력 퍼텐셜 에너지가 영인 지점으로 택하고 (a)의 계산을 반복하라.

30. 0.20 kg의 돌이 우물의 맨 위쪽에서 1.3 m 위에 고정되어 있다가 우물 안으로 떨어진다. 우물의 깊이는 5.0 m이다. 우물의 맨 위쪽에 돌이 있는 위치를 기준으로 하여, (a) 돌이 떨어지기 전과 (b) 돌이 우물 바닥에 도달하는 순간에서의 돌–지구 계의 중력 퍼텐셜 에너지를 구하라. (c) 돌이 떨어지기 시작할 때부터 우물 바닥에 도달하기까지 돌–지구 계의 중력 퍼텐셜 에너지는 얼마나 변하는가?

31. 무게 400 N인 어린이가 길이 2.00 m인 한 쌍의 밧줄에 매달려서 앞뒤로 흔들리고 있다. 어린이가 가장 최하점에 있을 때를 기준으로 해서 (a) 밧줄이 수평일 때, (b) 밧줄이 연직과 30.0°의 각도를 이룰 때, (c) 어린이가 원호의 맨 아래에 있을 때의 어린이–지구 계의 중력 퍼텐셜 에너지를 구하라.

7.7 보존력과 비보존력

32. 4.00 kg의 입자가 원점으로부터 위치 Ⓒ로 이동한다. Ⓒ의 좌표는 $x = 5.00$ m이고 $y = 5.00$ m이다(그림 P7.32). 입자에 작용하는 힘 중 하나는 $-y$ 방향으로 작용하는 중력이다. 식 7.3을 사용하여, 입자가 O에서 Ⓒ까지 (a) 보라색 경로, (b) 빨간색 경로, (c) 파란색 경로를 따라 이동하는 동안, 중력이 입자에 한 일을 계산하라. 이들 결과는 모두 같아야 한다. 왜 그럴까?

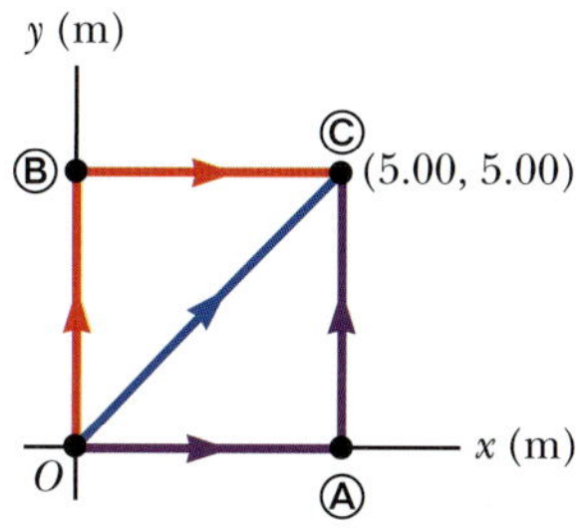

그림 P7.32 문제 32, 33

33. (a) 물체에 일정한 힘이 작용한다고 가정하자. 이 힘은 시간, 물체의 위치 또는 속도와 무관하다. 힘이 한 일에 대한 일반적인 정의인

$$W = \int_i^f \vec{\mathbf{F}} \cdot d\vec{\mathbf{r}}$$

로부터 출발하여, 이 힘은 보존됨을 보이라. (b) 그림 P7.32에서 원점 O로부터 Ⓒ로 움직이는 입자에 $\vec{\mathbf{F}} = (3\hat{\mathbf{i}} + 4\hat{\mathbf{j}})$ N의 힘이 작용하는 특별한 경우를 가정해 보자. 그림에서 보인 세 가지 경로를 따라 입자가 움직이는 경우, $\vec{\mathbf{F}}$가 입자에 한 일을 계산하고, 세 가지 경로를 따라서 한 일이 모두 같음을 보이라.

34. xy 평면에서 움직이는 입자에 작용하는 힘이 $\vec{\mathbf{F}} = (2y\hat{\mathbf{i}} + x^2\hat{\mathbf{j}})$으로 주어진다. 여기서 $\vec{\mathbf{F}}$의 단위는 N이고 x와 y의 단위는 m이다. 그림 P7.32와 같이 원점에서 좌표 $x = 5.00$ m와 $y = 5.00$ m인 나중 위치로 이동한다. (a) 보라색 경로 (b) 빨간색 경로, 그리고 (c) 파란색 경로를 따라 이동할 때 입자에 힘 $\vec{\mathbf{F}}$가 한 일을 계산하라. (d) 이 힘은 보존력인가 비보존력인가? (e) 앞의 (d)의 답을 설명하라.

7.8 보존력과 퍼텐셜 에너지의 관계

35. 거리 r만큼 떨어진 두 입자계의 퍼텐셜 에너지가 $U(r) = A/r$라고 한다. 여기서 A는 상수이다. 한 입자가 다른 입자에 작용하는 중심력 $\vec{\mathbf{F}}_r$를 구하라.

36. 이차원 힘이 작용하는 경우, 계의 퍼텐셜 에너지 함수가 $U = 3x^3y - 7x$로 주어진다. 점 (x, y)에서 작용하는 힘을 구하라.

37. 어떤 계 내부의 입자에 하나의 보존력 $\vec{\mathbf{F}} = (-Ax + Bx^2)\hat{\mathbf{i}}$가 작용한다. 여기서 A와 B는 상수이고, $\vec{\mathbf{F}}$의 단위는 N이고 x의 단위는 m이다. (a) $x = 0$에서 $U = 0$일 때, 이 힘과 연관된 퍼텐셜 에너지 함수 $U(x)$를 계산하라. 입자가 $x = 2.00$ m에서 $x = 3.00$ m로 움직일 때, 계의 (b) 퍼텐셜 에너지의 변화와 (c) 운동 에너지의 변화를 구하라.

38. 어떤 계에서 5.00 kg의 입자와 계의 나머지 부분과의 상호 작용으로 입자에 보존력이 작용한다. 위치에 따른 힘은 $F_x = 2x + 4$이고 여기서 F_x의 단위는 N이고 x는 m이다. 입자가 x축을 따라 $x = 1.00$ m에서 $x = 5.00$ m까지 이동할 때, (a) 이 힘이 입자에 한 일, (b) 계의 퍼텐셜 에너지 변화, (c) 입자의 속력이 $x = 1.00$ m에서 3.00 m/s인 경우 $x = 5.00$ m에서 운동 에너지를 계산하라.

7.9 에너지 도표와 계의 평형

39. 그림 P7.39는 퍼텐셜 에너지 곡선이다. (a) 표시된 다섯 개의 점에서 힘 F_x가 양(+), 0, 음(−)인지를 판정하라. (b) 안정, 불안정, 중립 평형점을 표시하라. (c) $x = 0$에서 $x = 9.5$ m까지 $F_x - x$의 곡선을 그리라.

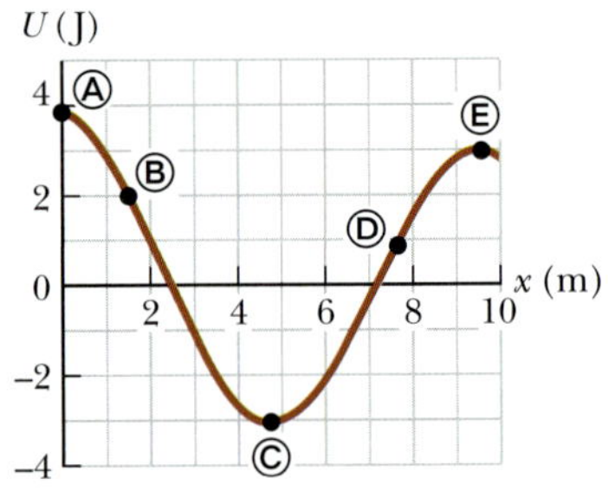

그림 P7.39

40. 이론적으로 원뿔 기둥은 세 가지 방법으로 수평 표면에서 평형이 될 수 있다. 세 가지 평형인 배치를 그리고, 안정, 불안정, 중립 평형을 구별하라.

에너지의 보존

Conservation of Energy

CHAPTER

8

세 어린이가 물 미끄럼틀에서 퍼텐셜 에너지가 운동 에너지로 변환되는 것을 즐기고 있다. 이와 같은 과정들은 이 장에서 공부할 방법으로 분석할 수 있다.
(Jade Lee/Asia Images /Getty Images)

7장에서 하나의 계(system)에 에너지를 저장하는 세 가지 방법을 소개하였다. 이들은 계의 구성 요소들의 운동과 관련된 운동 에너지, 배열과 관련된 퍼텐셜 에너지 그리고 온도와 관련된 내부 에너지이다.

이 장에서는 두 종류의 계, 즉 **비고립계**와 **고립계**에 대한 물리적인 상황을 앞의 에너지 개념 접근 방식을 사용하여 분석해 보자. 비고립계에서는 에너지가 계의 경계를 넘을 수 있기 때문에 결과적으로 비고립계의 전체 에너지가 변한다. 이 에너지 변화를 분석하여 **에너지 보존**이라는 매우 중요한 원리를 얻는다. 에너지 보존 원리는 물리학을 넘어서 생체, 기술적 시스템 및 공학적인 상황 등에 광범위하게 적용되고 있다.

고립계에서는 에너지가 계의 경계를 넘을 수 없다. 따라서 고립계의 전체 에너지는 일정하다. 고립계 내부에 어떤 비보존력도 작용하고 있지 않은(다시 말해서 보존력만 작용하는) 상황이라면, **역학적 에너지의 보존**을 적용하여 많은 문제를 쉽게 풀 수 있다.

비보존력이 작용하여 역학적 에너지가 내부 에너지로 변환되는 상황은 특별하게 다루어야 한다. 이런 형태의 문제들에 대하여 알아보고자 한다.

이 장의 마지막에서는 에너지가 하나의 계를 넘을 때 시간에 대한 비율이 다양함을 다룰 것이다. 이런 에너지 전달 비율은 **일률**로 기술한다.

8.1 분석 모형: 비고립계(에너지)
Analysis Model: Nonisolated System (Energy)

7장에서 이미 배웠듯이 입자로 모형화한 물체에 여러 힘이 작용할 때 일-운동 에너지 정리에 따라서 입자의 운동 에너지가 변할 수 있다. 물체를 계로 선택하면 이런 간단한 상황이 **비고립계** 모형의 첫 번째 예이다. 이 예에서 계와 환경이 서로 작용하는 시간 동안 에너지는 계의 경계를 넘는 것을 알 수 있다. 이런 상황은 많은 물리 문제에 흔히 나타난다. 계가 환경과 어떤 작용도 하지 않을 때는 그 계는 고립되어 있는 것이다. 8.2절에서 **고립계**를 다룰 것이다.

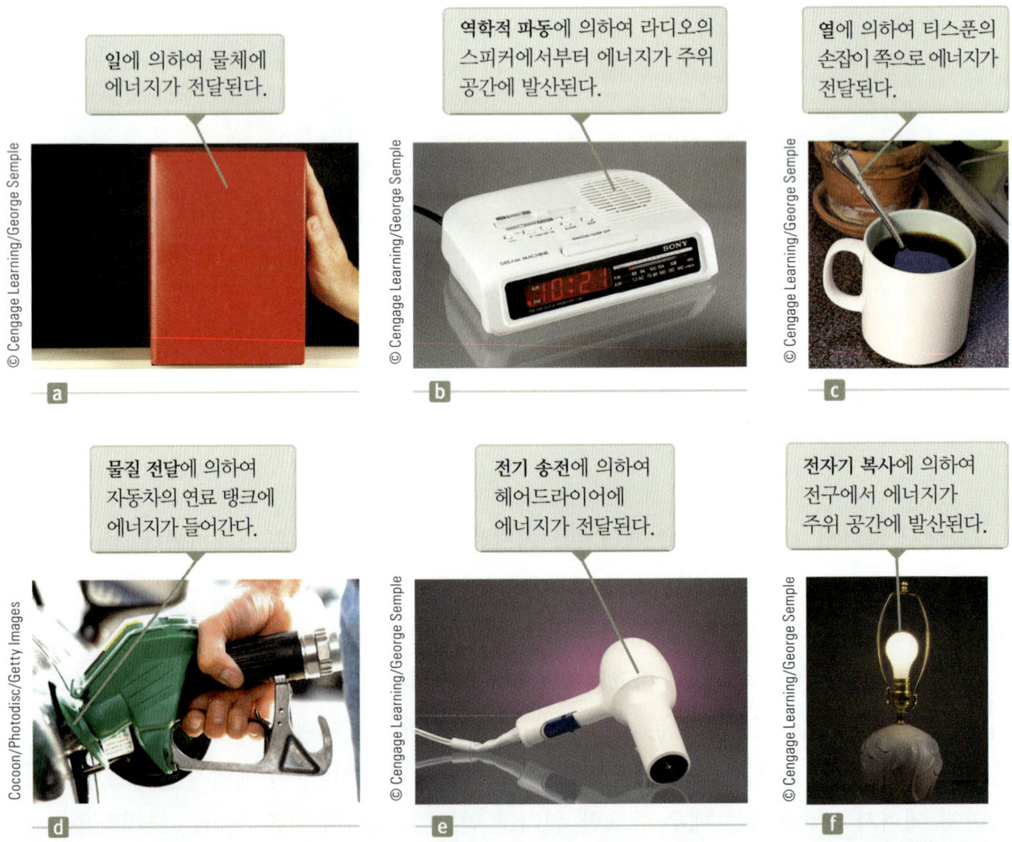

그림 8.1 에너지 전달 과정. 각각의 경우, 에너지가 내부 또는 외부로 전달되는 계를 나타낸다.

일–운동 에너지 정리는 비고립계에 에너지 식을 적용한 첫 번째 예이다. 이 정리의 경우에서는 계와 주위 환경 사이의 상호 작용은 외력이 한 일이고, 이에 따라 계 내부의 변화되는 양은 운동 에너지가 된다.

지금까지 계에 에너지를 전달할 때 일에 의한 한 가지 방법만 고려해 왔다. 이제 계의 내부 또는 외부로 에너지를 전달하는 몇 가지 다른 방법들을 논의해 보자. 각 방법에 대한 자세한 내용은 다른 장에서 다룰 것이다. 에너지 전달 과정들을 그림 8.1에 나타내었고, 각각에 대한 간단한 설명은 다음과 같다.

일(work): 7장에서 살펴본 바와 같이 계에 작용하는 힘과 힘의 작용점의 변위에 의하여 에너지가 전달되는 방법이다(그림 8.1a).

역학적 파동(mechanical waves, 16~18장): 공기나 다른 매질을 통하여 교란(disturbance)함으로써 에너지를 전달하는 방법이다. 음파의 경우 라디오의 확성기에서 나온 소리가 공기를 통하여 여러분의 귀로 에너지를 전달한다(그림 8.1b). 다른 역학적 파동의 예로는 지진파와 해양파가 있다.

열(heat, 20장): 계와 주위 환경 사이의 온도 차이에 의하여 에너지를 전달하는 메커니즘이다. 예를 들어 금속 티스푼이 커피잔에 담긴 뜨거운 커피 속에 잠겨 있는 상황을 고려해 보자. 밖에 나와 있는 손잡이 부분을 계로 선택하면, 잠긴 부분과 커피는 주위 환경이다. 티스푼의 손잡이는 점점 뜨거워지는데, 이는 티스푼의 잠겨 있는 부분에서 빠르게 움직이고 있는 전자와 원자들이 손잡이와 가까운 이웃의 보다 느린 전자와 원자들과 충돌하기 때문이다(그림 8.1c). 충돌 과정에 의하여 이웃의 느린 전자와 원자들은 빨라지게 되고, 이들은 인근의 또 다른 보다 느린 입자 그룹과 충돌한다. 따라서 이런 연속적인 과정에 의한 에너지 전달을 통하여 티스푼 손잡이의 내부 에너지가 증가하게 된다.

> **오류 피하기 8.1**
> **열은 에너지의 한 형태가 아니다** **열**이라는 단어는 우리가 자주 쓰는 말 중에서 학문의 정의와 가장 어긋나게 사용하는 단어 중 하나이다. 열이라는 말은 에너지 저장의 형태가 아니라 에너지를 **전달**하는 방법을 말한다. 그러므로 '열의 양', '여름날의 열' 또는 '잃어버린 열' 등의 말들은 물리학의 정의와는 다르게 사용되는 예이다. 20장 참조

물질 전달(matter transfer, 20장): 물질을 물리적으로 계의 경계를 넘게 하여 물질과 함께 직접적으로 에너지를 전달하는 방법이다. 휘발유를 자동차 연료통에 주입(그림 8.1d)하는 것과 벽난로로부터 뜨거운 공기를 실내에 순환시키는 **대류** 현상을 예로 들 수 있다.

전기 송전(electrical transmission, 27, 28장): 전류를 매개로 하여 계 내부로 또는 계로부터 외부로 에너지를 전달하는 방법이다. 이것이 헤어드라이어(그림 8.1e), 오디오 시스템 또는 여러 다른 전기용품에 에너지를 전달하는 방식이다.

전자기 복사(electromagnetic radiation, 34장): 빛, 마이크로파 그리고 라디오파와 같은 전자기파를 매개로 하여 계의 경계를 넘어 에너지를 전달하는 방법이다(그림 8.1f). 전자레인지에서 감자를 굽는 것과 우주 공간을 통하여 태양에서 지구에 빛으로 전달되는 에너지가 이런 예이다.[1]

에너지 접근법의 핵심은 에너지는 생성되지도 않고 소멸되지도 않아 항상 **보존**된다는 점이다. 에너지 보존은 헤아릴 수 없는 많은 실험으로 입증되어 왔고, 이것을 위배하

[1] 전자기 복사와 장힘에 의한 일은 주위와의 경계에 있는 물질 분자들의 매개 없이 계의 경계를 넘어 에너지를 전달하는 방식이다. 그러므로 행성과 같이 진공으로 둘러싸여 있는 계가 환경과 에너지를 주고받을 수 있는 에너지 전달 방법은 이 두 가지뿐이다.

는 것을 보여 주는 어떤 실험의 결과도 없었다. 그러므로 **계의 전체 에너지가 변한다면, 그 이유는 오직 앞에서 나열한 에너지 전달 방법 중 하나와 같은 에너지 전달 방식으로 에너지가 계의 경계를 넘기 때문이다.**

에너지는 물리학에서 보존되는 양 중의 하나이다. 다음 여러 장에서 또 다른 보존되는 양들을 공부할 것이다. 보존 원리를 따르지 않는 물리적인 양들은 많다. 예를 들어 힘 보존의 원리 또는 속도 보존의 원리는 없다. 마찬가지로 일상생활과 같은 물리적인 양 이외의 영역에서, 어떤 양은 보존되고 어떤 것들은 보존되지 않는다. 예를 들어 여러분의 은행 계좌에 있는 돈은 보존될 수 있는 양이다. 계좌의 잔고가 변하는 유일한 방법은 돈이 입금 또는 출금이 이루어지는 경우이다. 이때 은행 계좌가 하나의 계에 해당한다. 반면에 어떤 나라의 인구는 보존되지 않으며, 여기서 나라가 하나의 계에 해당한다. 실제로 사람이 계의 경계를 넘어 전체 인구가 변할 수 있으며, 또한 사망 또는 출생에 의해서도 인구는 변할 수 있다. 사람이 계의 경계를 넘지 않더라도, 사망과 출생에 의하여 계에 있는 인구수가 변할 것이다. 에너지의 개념에는 사망 또는 출생에 해당하는 것이 없다. 이 일반적인 **에너지 보존**(conservation of energy)의 원리를 수학적으로 표현한 **에너지 보존 식**(conservation of energy equation)은 다음과 같다.

에너지의 보존 ▶

$$\Delta E_{\text{system}} = \sum T \tag{8.1}$$

여기서 E_{system}은 계의 전체 에너지로서 계에 저장할 수 있는 모든 에너지(운동 에너지, 퍼텐셜 에너지 그리고 내부 에너지)를 나타내고, T는 어떤 **전달** 메커니즘을 거치면서 계의 경계를 넘어 전달되는 에너지양이다. 전달 메커니즘 중 두 개는 잘 정립된 기호 표시가 있다. 7장에서 논의한 대로 일은 $T_{\text{work}} = W$로, 20장에서 정의하게 될 열은 $T_{\text{heat}} = Q$로 표시한다. (이제 일에 대하여 익숙해졌으므로, 간단한 기호 W가 계에 작용한 외부 일 W_{ext}로 나타낸다고 놓음으로써, 이들 식을 간단히 표현할 수 있다. 내부 일의 경우, W와 구분하기 위하여 항상 W_{int}를 사용할 예정이다.) 나머지 네 개의 전달 과정은 별도의 정립된 기호가 없으므로, 편의상 T_{MW}(역학적 파동), T_{MT}(물질 전달), T_{ET}(전기 송전), T_{ER}(전자기 복사)로 표시하도록 하자.

식 8.1을 완전히 전개하면 다음과 같다.

$$\Delta K + \Delta U + \Delta E_{\text{int}} = W + Q + T_{\text{MW}} + T_{\text{MT}} + T_{\text{ET}} + T_{\text{ER}} \tag{8.2}$$

이것은 **비고립계**(nonisolated system) 에너지 분석 모형의 주요한 수학적인 표현이다(이후의 장들에서 선운동량과 각운동량을 포함한 여러 비고립계 모형을 배우게 될 것이다). 대부분의 경우 특별한 상황에서 여러 항들이 영이 되기 때문에 식 8.2는 보다 간단한 형태가 된다. 만일 주어진 계에 대하여 에너지 보존 식의 우변의 모든 항들이 영인 경우, 계는 **고립계**이고 다음 절에서 다룰 것이다.

에너지 보존 식은 여러분의 은행 계좌 잔고 명세서보다 이론적으로 더 복잡하지 않다. 여러분의 계좌가 계라고 하면, 한 달 동안의 계좌 잔고의 변화는 모든 이체(입금, 출금, 수수료, 이자)들의 합이다. 여러분은 에너지를 **자연의 통화**라고 생각하면 도움이 될 것이다.

비고립계에 하나의 힘이 작용하고 힘의 작용점이 움직여서 변위가 일어났다고 가정하자. 그리고 힘은 오직 속력에만 영향을 끼쳤다고 가정하자. 이 경우 유용한 에너지 전달 과정은 일이고(그 결과 식 8.2의 우변에는 오직 W만 남게 된다), 계의 에너지에는 운동 에너지의 변화만 있게 된다(그 결과 식 8.2의 좌변에는 ΔK만 남게 된다). 따라서 식 8.2는

$$\Delta K = W$$

가 되는데, 이것이 바로 일–운동 에너지 정리이다. 이 정리는 보다 일반적인 에너지 보존 원리의 특수한 경우이다. 앞으로 여러 장에서 다른 특수한 경우를 더 보게 될 것이다.

퀴즈 8.1 다음에 주어진 계에서 어떤 에너지 전달 방법으로 에너지가 들어오고 나가게 되는가? **(a)** 텔레비전 수상기 **(b)** 등유를 연료로 하는 잔디깎기용 차 **(c)** 수동 연필깎이

퀴즈 8.2 마찰이 있는 표면 위에서 미끄러지는 물체를 생각해 보자. 미끄러질 때 나는 소리는 무시한다. **(i)** 계가 물체인 경우, **(ii)** 계가 표면인 경우 및 **(iii)** 계가 물체와 표면으로 구성되어 있을 경우, 각각에 대하여 다음의 보기 **(a)~(c)** 중에서 계의 상태를 선택하라. **(a)** 고립계 **(b)** 비고립계 **(c)** 결정할 수 없음

8.2 분석 모형: 고립계 (에너지)
Analysis Model: Isolated System (Energy)

이 절에서는 많은 물리 문제들에서 공통적으로 나타나는 **고립계**(isolated system)에 대하여 알아본다. 고립계에서는 계의 경계를 넘는 어떤 방식의 에너지 전달도 없다. 먼저 중력이 작용하는 상황을 고려해 보자. 앞 장의 그림 7.14의 책–지구 계를 생각해 보자. 책을 들면 계에 중력 퍼텐셜 에너지가 저장된다. 이 에너지는 외력이 책을 들면서 계에 한 일, 즉 $W = \Delta U_g$를 이용하여 계산할 수 있다(이 식이 앞에서 살펴본 식 8.2에 포함되어 있는지를 확인해 보라).

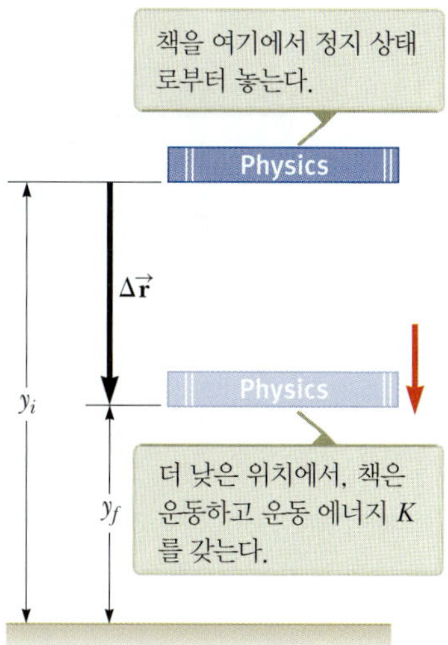

그림 8.2 책을 정지 상태에서 놓으면 중력에 의하여 책이 낙하하고 중력은 책에 일을 한다.

들어 올렸던 책이 원래 위치로 되돌아올 때 중력이 책에 한 일에만 초점을 맞추어 보자(그림 8.2). 책이 y_i에서 y_f로 낙하할 때 중력이 책에 한 일은*

$$W_{\text{on book}} = (m\vec{\mathbf{g}}) \cdot \Delta\vec{\mathbf{r}} = (-mg\hat{\mathbf{j}}) \cdot [(y_f - y_i)\hat{\mathbf{j}}] = mgy_i - mgy_f \qquad \textbf{(8.3)}$$

이다. 7장의 일–운동 에너지 정리에 따르면, 책에 한 일은 책의 운동 에너지의 변화와 같다.

$$W_{\text{on book}} = \Delta K_{\text{book}}$$

책에 한 일에 대한 두 식을 같게 놓을 수 있으므로

$$\Delta K_{\text{book}} = mgy_i - mgy_f \qquad \textbf{(8.4)}$$

이다. 이제 위 식의 양변을 책과 지구로 구성된 계와 관련지어 보자. 우변은

* 여기서부터 식 8.4까지는 책 만을 계로 본 것이다.: 역자 주

$$mgy_i - mgy_f = -(mgy_f - mgy_i) = -\Delta U_g$$

이고, 여기서 $U_g = mgy$는 계의 중력 퍼텐셜 에너지이다. 식 8.4의 좌변은 책이 계에서 유일하게 움직이는 부분이므로 $\Delta K_{book} = \Delta K$이고, 여기서 K는 계의 운동 에너지이다. 그러므로 식 8.4의 각 변을 책–지구 계에 해당하는 양으로 대치하면

$$\Delta K = -\Delta U_g \tag{8.5}$$

가 된다. 이 식을 변화시켜 역학 문제를 풀 때 매우 중요한 일반적인 결과를 얻을 수 있다. 우선 퍼텐셜 에너지 변화를 이 식의 좌변으로 옮기면

$$\Delta K + \Delta U_g = 0$$

이며, 좌변은 계에 저장된 에너지 변화의 합을 나타낸다. 우변은 책–지구 계가 주위로부터 **고립**되어 있어 계의 경계를 넘는 어떤 에너지 전달도 없으므로 영이다. 앞의 식을 중력 퍼텐셜 에너지가 있는 하나의 중력계에서 유도하였지만, 다른 형태의 퍼텐셜 에너지를 갖는 계에서도 유도할 수 있다. 그러므로 한 고립계에 대하여 다음과 같은 식이 성립한다.

오류 피하기 8.2

식 8.6에서의 조건 식 8.6은 보존력만 작용하는 계에서 성립한다. 비보존력이 작용하는 경우는 8.3절과 8.4절에서 다룬다.

$$\Delta K + \Delta U = 0 \tag{8.6}$$

(이 식이 식 8.2에 포함되어 있는지를 확인해 보라.)

7장에서 계의 역학적 에너지를 운동 에너지와 퍼텐셜 에너지의 합이라 정의하였다.

계의 역학적 에너지 ▶

$$E_{mech} \equiv K + U \tag{8.7}$$

여기서 U는 **모든** 형태의 퍼텐셜 에너지를 포함한 것이다. 지금 고려하고 있는 계가 고립계이므로, 식 8.6과 8.7은 역학적 에너지가 보존됨을 알 수 있다.

비보존력이 작용하지 않는 고립계의 역학적 에너지는 보존된다 ▶

$$\Delta E_{mech} = 0 \tag{8.8}$$

식 8.8은 계에 비보존력이 작용하지 않는 고립계에 대한 **역학적 에너지의 보존**(conservation of mechanical energy)을 표현한 식이다. 고립계에서는 역학적 에너지가 보존되어, 운동 에너지와 퍼텐셜 에너지의 합은 항상 일정하다.

식 8.6의 에너지 변화를 자세히 풀어 쓰면,

$$(K_f - K_i) + (U_f - U_i) = 0$$

$$K_f + U_f = K_i + U_i \tag{8.9}$$

이다. 중력에 의하여 낙하하는 책의 경우 식 8.9는 다음과 같다.

$$\tfrac{1}{2}mv_f^2 + mgy_f = \tfrac{1}{2}mv_i^2 + mgy_i$$

책이 지구로 낙하하면서, 책–지구 계는 퍼텐셜 에너지를 잃고 운동 에너지를 얻는다. 이때 두 종류의 에너지의 합인 전체 에너지는 떨어지는 매순간 항상 일정하다($E_{total,\,i} = E_{total,\,f}$).

계 내부에서 작용하는 비보존력이 있다면, 7.7절에서 논의하였듯이 이 힘에 의하여

역학적 에너지는 내부 에너지로 변환된다. 고립계 내부에서 작용하는 비보존력이 있다면, 역학적 에너지는 보존되지 않지만 계의 전체 에너지는 보존된다. 이 경우 계의 에너지 보존은 다음과 같이 표현된다.

$$\Delta E_{\text{system}} = 0 \tag{8.10}$$

◀ 고립계의 전체 에너지는 보존된다

여기서 E_{system}은 운동, 퍼텐셜 및 내부 에너지 모두를 포함한 것이다. 이 식은 **고립계 모형**(isolated system model)에 대한 가장 일반적인 에너지 보존을 기술한 것이다. 이는 식 8.2에서 우변이 모두 영인 식과 같다.

Q 퀴즈 8.3 질량 m인 돌이 높이 h에서 지표면으로 떨어진다. 질량이 $2m$인 두 번째 돌이 같은 높이에서 떨어진다. 두 번째 돌이 지표면에 도달하는 순간 운동 에너지는 얼마인가? **(a)** 첫 번째 돌의 두 배 **(b)** 첫 번째 돌의 네 배 **(c)** 첫 번째 돌과 같음 **(d)** 첫 번째 돌의 절반 **(e)** 결정할 수 없음

Q 퀴즈 8.4 세 개의 똑같은 공을 동일한 처음 속력으로 건물의 옥상에서 던졌다. 그림 8.3에서와 같이 첫 번째 공은 수평으로, 두 번째 공은 수평보다 위인 각도로, 세 번째 공은 수평보다 아래인 같은 각도로 던졌다. 공기 저항을 무시하고 각각의 공이 지표면에 도달할 때 공의 속력을 순서대로 나열하라.

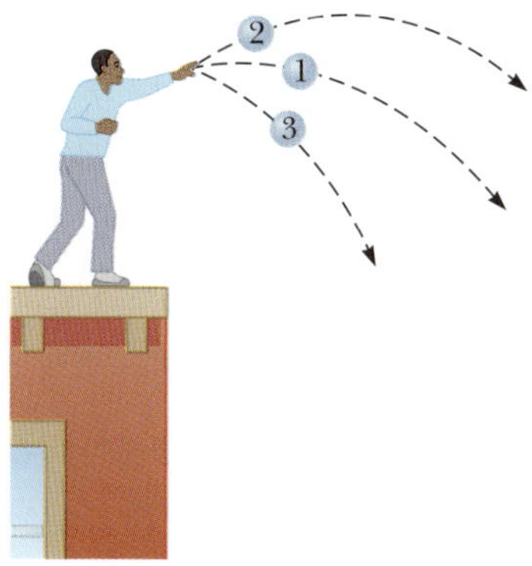

그림 8.3 (퀴즈 8.4) 세 개의 똑같은 공을 동일한 처음 속력으로 건물의 옥상에서 던진다.

예제 8.1 자유 낙하하는 공

그림 8.4와 같이 질량 m인 공을 지면에서 높이 h인 곳에서 떨어뜨린다.

(A) 공기 저항을 무시하고 지면에서 높이 y에 도달할 때 공의 속력을 구하라. 공과 지구를 계로 선택하라.

풀이

개념화 그림 8.4와 일상생활의 경험을 바탕으로 낙하하는 물체의 상황을 정의한다. 2장에서 공부한 방법으로 이 문제를 쉽게 풀 수 있지만, 에너지 방법으로 풀어보자.

분류 문제에 주어져 있는 것처럼, 계는 공과 지구로 구성되어 있는 것으로 정의한다. 공기 저항이 없고 계를 구성하고 있는 물체와 환경 사이에 상호 작용이 없으므로, 계는 고립되어 있고 우리는 **고립계** 모형을 사용한다. 계를 구성하고 있는 물체 간에 작용하는 힘은 중력뿐이고, 이 힘은 보존력이다.

분석 공-지구 계는 고립되어 있고 계의 내부에 어떤 비보존력도 없으므로 역학적 에너지 보존 원리를 적용한다. 공을 놓은 순간, 공의 운동 에너지는 $K_i = 0$이고 중력 퍼텐셜 에너지는 $U_{gi} = mgh$이다. 공이 지면에서 높이 y인 곳에 도달하는 순간에, 공의 운동 에너지는 $K_f = \frac{1}{2}mv_f^2$이고 중력 퍼텐셜 에너지는 $U_{gf} = mgy$이다.

계 내에서 변하는 에너지는 운동 에너지와 중력 퍼텐셜 에너지임에 주목하면서, 식 8.2를 적절하게 줄여서 표현한다.

$$\Delta K + \Delta U_g = 0$$

처음과 나중 에너지들을 대입한다.

$$(\tfrac{1}{2}mv_f^2 - 0) + (mgy - mgh) = 0$$

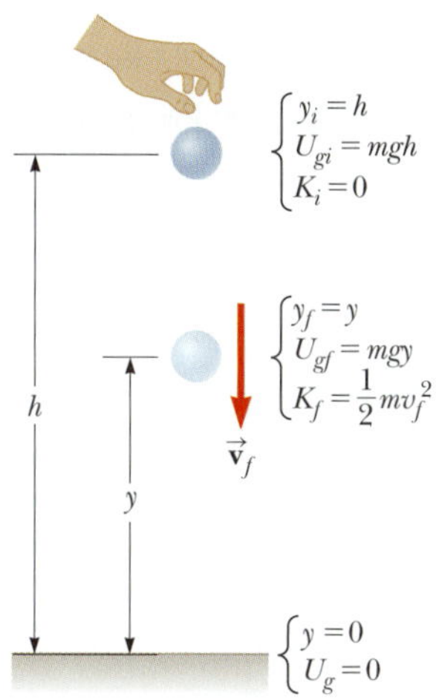

그림 8.4 (예제 8.1) 공을 지면에서 높이 h인 곳에서 떨어뜨린다. 이 높이에서 공-지구 계의 처음 전체 에너지는 중력 퍼텐셜 에너지 mgh이다. 임의의 높이 y에서 전체 에너지는 운동 에너지와 중력 퍼텐셜 에너지의 합이다.

v_f에 대하여 푼다.

$$v_f^2 = 2g(h-y) \quad \rightarrow \quad v_f = \sqrt{2g(h-y)}$$

속력은 항상 양(+)이다. 공의 속도를 구하려면, 속도의 y 성분이 아래 방향을 향하고 있으므로 음의 제곱근을 택해야 한다.

(B) 공을 계로 선택하여 높이 y에 도달할 때 공의 속력을 다시 구하라.

풀이

분류 이 경우, 계 내에서 변하는 유일한 에너지 형태는 운동 에너지이다. 입자로 모형화할 수 있는 하나의 입자는 퍼텐셜 에너지를 가질 수 없다. 중력의 효과는 계의 경계를 넘어 공에 일을 하는 것이다. 우리는 **비고립계** 모형을 사용한다.

분석 식 8.2를 적절히 줄여서 쓴다.

$$\Delta K = W$$

처음과 나중 운동 에너지와 일을 대입한다.

$$(\tfrac{1}{2}mv_f^2 - 0) = \vec{\mathbf{F}}_g \cdot \Delta\vec{\mathbf{r}} = -mg\hat{\mathbf{j}} \cdot \Delta y\hat{\mathbf{j}}$$
$$= -mg\Delta y = -mg(y-h) = mg(h-y)$$

v_f에 대하여 푼다.

$$v_f^2 = 2g(h-y) \quad \rightarrow \quad v_f = \sqrt{2g(h-y)}$$

결론 계의 선택에 상관없이 결과는 같다. 앞으로 문제를 풀 때, 계의 선택은 여러분의 몫임을 기억하라. 때때로 분석하고자 하는 계에 대하여 합당한 선택을 하면 문제는 훨씬 쉽게 풀린다.

문제 가장 높은 위치에서 공을 속력 v_i로 아래 방향으로 던지면 어떻게 되는가? 높이 y에서 공의 속력은 얼마일까?

답 공을 처음에 아래로 던지면, 높이 y에서 공의 속력은 가만히 놓는 것보다 더 커질 것으로 예상된다. "공 하나" 또는 "공과 지구"를 계로 선택하라. 어떤 선택을 하든지간에 다음의 결과를 얻게 된다.

$$v_f = \sqrt{v_i^2 + 2g(h-y)}$$

예제 8.2 배우의 무대 입장

연극 공연 중 무대 위로 날아서 등장하는 배우를 지탱할 수 있는 무대 장치를 설계한다고 하자. 배우의 질량은 65.0 kg이다. 그림 8.5a와 같이 배우 몸을 지탱해주는 멜빵 장치와 130 kg의 모래주머니가 가벼운 철선으로 연결되어 마찰이 없는 두 도르래 위를 움직이도록 한다. 멜빵 장치와 가장 가까운 도르래 사이의 철선의 길이가 3.00 m가 되도록 하고 무대 커튼의 뒤에 있는 도르래가 안 보이도록 한다. 배우가 공중에서부터 무대 바닥으로 줄에 매달려 날아와 사뿐히 착지하도록 하기 위해서는 모래주머니가 절대 바닥에서 들리면 안 된다. 처음에 철선이 무대 바닥에 수직인 방향과 이룬 각도를 θ라 하자. 모래주머니가 들리지 않기 위한 최대 각도를 구하라.

풀이

개념화 이 문제를 풀기 위해서는 여러 개념을 사용해야만 한다. 배우가 회전하면서 바닥으로 접근할 때 어떤 일이 일어나는지를 상상해 보자. 바닥 위치에서는 줄이 연직으로 서 있게 되어 배우의 무게와 위 방향의 구심력을 지탱해야만 한다. 그네를 타는 동안 이 위치에서 줄의 장력이 가장 커져 모래주머니가 바닥에서 들릴 가능성이 가장 크다.

분류 배우가 처음 위치에서부터 가장 낮은 위치로 이동하는 것을 고려하여 배우와 지구를 **고립계**로 모형화한다. 공기 저항을 무시하면 배우에게 작용하는 비보존력은 없다. 주위에 있는 줄과 계 사이의 작용 때문에 계가 비고립계인 것으로 간주할 오류를 범할 수 있다. 그러나 줄이 배우에게 작용하는 힘은 항상 배우의 모든 변위 요소에 수직이어서 일을 하지 않는다. 그러므로 계의 경계를 넘는 에너지 전달이 없다는 점에서 계는 고립계이다.

분석 먼저 배우가 무대 바닥에 도달할 때의 속력을 구한다. 이때 배우의 운동이 원의 경로를 가지므로, 반지름을 R라 하고 R와 처음 각도 θ의 함수로 속력을 구한다.

고립계 모형으로부터, 배우–지구 계에 대하여 식 8.2를 적절히 줄인다.

$$\Delta K + \Delta U_g = 0$$

무대 바닥에서부터 배우의 높이를 y_i, 착지 바로 전의 순간 속력

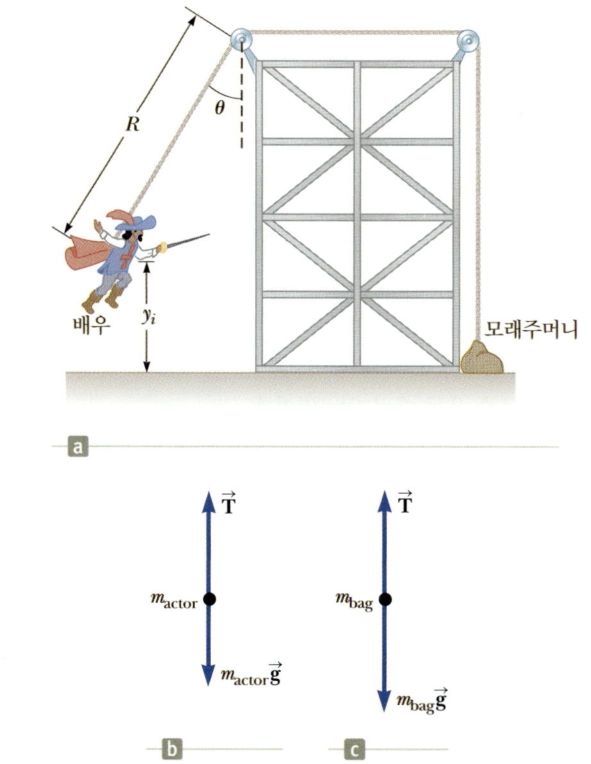

그림 8.5 (예제 8.2) (a) 배우가 줄에 매달려 날아와 사뿐히 착지하면서 입장하는 무대 장치 (b) 원의 궤적 중 가장 낮은 위치에 있는 순간에서의 배우에 대한 자유 물체 도형 (c) 무대 바닥에 의한 수직항력이 영인 순간에서의 모래주머니에 대한 자유 물체 도형

을 v_f라 하자(배우가 정지 상태에서 출발하였기 때문에 $K_i = 0$이고, 배우가 바닥에 있는 상태의 중력 퍼텐셜 에너지를 영이라 정의하였다는 점에 유의하자).

(1) $$(\tfrac{1}{2}m_{actor}v_f^2 - 0) + (0 - m_{actor}gy_i) = 0$$

그림 8.5a에서 $y_i = 0$임에 착안하면, $y_i = R - R\cos\theta = R(1-\cos\theta)$이다. 이 기하학적 관계식을 식 (1)에 적용하여 v_f^2에 대하여 푼다.

(2) $$v_f^2 = 2gR(1 - \cos\theta)$$

분류 다음으로 배우가 가장 낮은 위치에 있는 순간에 초점을 맞추어 보자. 이 순간에 줄의 장력은 모래주머니에 작용하는 힘으로 전달되므로, 배우는 **알짜힘을 받는 입자**로 모형화할 수 있다. 배우는 원호를 따라 운동하므로 원운동의 바닥에서 위로 향하는 구심 가속도가 있고, 크기는 v_f^2/R의 힘을 받는다.

분석 배우의 이동 경로 중 바닥 위치에 있을 때, 그림 8.5b의 자유 물체 도형을 이용하여, 배우에 알짜힘이 작용하는 입자 모형으로부터 뉴턴의 제2법칙을 적용한다. 이때 가속도는 구심 가속도이다.

$$\sum F_y = T - m_{actor}g = m_{actor}\frac{v_f^2}{R}$$

(3) $$T = m_{actor}g + m_{actor}\frac{v_f^2}{R}$$

분류 끝으로, 모래주머니는 중력보다 위 방향으로 작용하는 줄에 의한 장력이 커지게 되는 순간 들리게 되고 이때 바닥으로부터의 수직항력은 영이다. 그러나 모래주머니가 들리는 것은 우리가 원하는 상황이 아니다. 모래주머니는 정지한 상태를 유지해야만 하므로, 모래주머니를 **평형 상태의 입자**로 가정한다.

분석 식 (3)으로 주어지는 힘의 크기 T는 줄을 통하여 모래주머니에 전달된다. 줄에 작용하는 장력이 점점 커지는 상황에서 모래주머니가 들리기 직전의 정지 상태에 놓여 있다고 가정하면, 그 순간의 수직항력은 영이고, 그림 8.5c에서처럼 평형 상태의 입자 모형에 의하여 $T = m_{bag}\,g$이다.
이 조건과 식 (2)를 식 (3)에 대입한다.

$$m_{bag}g = m_{actor}g + m_{actor}\frac{2gR(1 - \cos\theta)}{R}$$

$\cos\theta$에 대하여 풀고 주어진 값들을 대입한다.

$$\cos\theta = \frac{3m_{actor} - m_{bag}}{2m_{actor}} = \frac{3(65.0\text{ kg}) - 130\text{ kg}}{2(65.0\text{ kg})} = 0.500$$

$$\theta = 60.0°$$

결론 이 문제에서는 이제까지 학습한 서로 다른 두 분야의 여러 기법을 다 사용해야 하였다. 그리고 배우의 멜빵 장치와 좌측 도르래 사이의 줄의 길이 R는 최종 식 $\cos\theta$에 나타나지 않는다. 그러므로 각도 θ는 R에 의존하지 않는다.

예제 8.3 용수철 공기총

용수철 공기총의 작동 원리는 방아쇠를 당겨 용수철이 튕겨나가도록 하는 구조이다(그림 8.6a). 이 용수철을 $y_Ⓐ$만큼 압축하여 방아쇠를 당긴다. 질량 m의 총알은 연직으로 발사되어, 용수철을 떠나는 위치부터 최대 높이 $y_Ⓒ$까지 올라간다. 그림 8.6b에서 $y_Ⓑ = 0$이다. 여기서 $m = 0.035$ kg, $y_Ⓐ = -0.120$ m, $y_Ⓒ = 20.0$ m라고 하자.

(A) 모든 저항력을 무시하고 용수철 상수를 구하라.

풀이

개념화 그림 8.6의 (a)와 (b)에서 묘사되어 있는 것을 머릿속에 그려 보자. 처음 Ⓐ에 정지한 총알이 용수철에 의하여 밀리면서 속력이 커져 Ⓑ에서 용수철을 이탈하고 올라간다. 그리고 총알은 아래 방향의 중력에 의하여 점점 감속하여 Ⓒ에서 한순간 멈춘다.

분류 계는 총알, 용수철 및 지구로 구성된 것으로 정의하자. 총알에 대한 공기 저항과 총열의 마찰력은 무시하고, 계를 어떤 비보존력도 작용하지 않는 고립계로 가정한다.

분석 총알이 정지한 상태에서 발사되므로 처음 운동 에너지는 영이다. 총알이 용수철을 떠나는 순간 계의 배열 상태를 계의 중력 퍼텐셜 에너지가 영이 되는 기준 위치로 택한다. 이때 탄성 퍼텐셜 에너지 또한 영이다.

총을 발사하면 총알은 최대 높이 $y_Ⓒ$까지 올라간다. 최대 높이에서 총알의 나중 운동 에너지는 영이다.

고립계 모형으로부터, 총알이 지점 Ⓐ와 Ⓒ에 있을 때 계에 대한 역학적 에너지 보존 식을 쓴다.

(1) $$\Delta K + \Delta U_g + \Delta U_s = 0$$

처음과 나중의 에너지를 대입한다.

$$(0-0) + (mgy_Ⓒ - mgy_Ⓐ) + (0 - \tfrac{1}{2}kx^2) = 0$$

k에 대하여 푼다.

$$k = \frac{2mg(y_Ⓒ - y_Ⓐ)}{x^2}$$

주어진 값들을 대입한다.

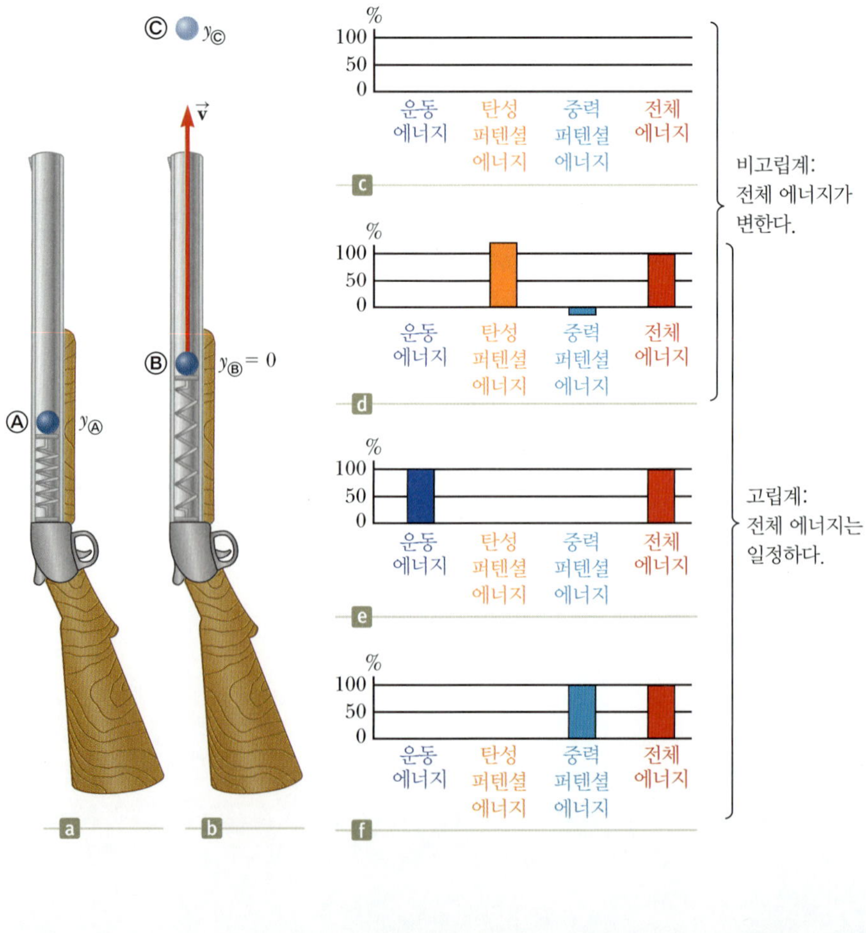

그림 8.6 (예제 8.3) 용수철 공기총. (a) 발사 전 상태 (b) 용수철이 평형 위치까지 이완된 상태 (c) 총알을 장전하기 전의 총-총알-지구 계에 대한 에너지 막대그래프. 계의 에너지는 영이다. (d) 외부에서 계에 일을 하여 용수철을 아래로 밀어 총을 장전한다. 따라서 이 과정 동안 계는 고립되어 있지 않다. 총을 장전한 후, 용수철에는 탄성 퍼텐셜 에너지가 저장되고 총알은 지점 Ⓑ 아래에 있으므로 계의 중력 퍼텐셜 에너지는 낮아진다. (e) 총알이 지점 Ⓑ를 지나가면서, 고립계의 에너지는 모두 운동 에너지이다. (f) 총알이 지점 Ⓒ에 도달하면, 고립계의 에너지는 모두 중력 퍼텐셜 에너지이다.

$$k = \frac{2(0.035\,0\text{ kg})(9.80\text{ m/s}^2)[20.0\text{ m} - (-0.120\text{ m})]}{(0.120\text{ m})^2} = 958\text{ N/m}$$

(B) 그림 8.6b와 같이 용수철의 평형 위치 Ⓑ를 지날 때 총알의 속력을 구하라.

풀이

분석 총알이 용수철의 평형 위치를 지나는 순간, 계의 에너지는 오직 총알의 운동 에너지 $\frac{1}{2}mv_{Ⓑ}^2$ 뿐이다. 이런 계의 배열 상태에서 두 퍼텐셜 에너지는 모두 영이다.

지점 Ⓐ와 Ⓑ의 계에 대한 식 (1)을 쓴다.

$$\Delta K + \Delta U_g + \Delta U_s = 0$$

처음과 나중의 에너지를 대입한다.

$$(\tfrac{1}{2}mv_{Ⓑ}^2 - 0) + (0 - mgy_{Ⓐ}) + (0 - \tfrac{1}{2}kx^2) = 0$$

$v_{Ⓑ}$에 대하여 푼다.

$$v_{Ⓑ} = \sqrt{\frac{kx^2}{m} + 2gy_{Ⓐ}}$$

주어진 값들을 대입한다.

$$v_{Ⓑ} = \sqrt{\frac{(958\text{ N/m})(0.120\text{ m})^2}{(0.035\,0\text{ kg})} + 2(9.80\text{ m/s}^2)(-0.120\text{ m})}$$

$$= 19.8\text{ m/s}$$

결론 이 예제는 처음으로 다른 두 형태의 퍼텐셜 에너지를 포함시켜야만 하는 경우에 해당한다. (A)에서 우리는 지점 Ⓐ와 Ⓒ 사이에 있는 총알의 속력을 고려할 필요가 전혀 없었다. 운동 에너지와 퍼텐셜 에너지의 변화는 처음과 나중 값들에만 의존하며, 배열 상태 사이에서 어떤 일이 일어나는지와는 무관하다.

8.3 운동 마찰이 포함되어 있는 상황
Situations Involving Kinetic Friction

그림 7.17a에서 표면이 거친 책상 위에서 마찰력에 의하여 감속되면서 오른쪽으로 움직이는 책을 고려해 보자. 힘과 변위가 존재하므로 마찰력은 책에 일을 한다. 일을 표현한 식에 **힘의 작용점**의 변위가 포함되어 있음에 유의하자. 그림 8.7a는 책과 표면 사이의 마찰력에 대한 간단한 모형을 보여 준다. 책과 표면 사이의 전체 마찰력을, 두 개의 똑같은 톱니 모양 돌출부가 점 결합되어 발생하는 미시적인 힘의 합으로 생각한다.[2] 표면에 있는 위 방향의 돌출부와 책의 아래 방향 돌출부가 한 곳에서 접합되어 있다. 이 미시적인 마찰력은 접합점에 작용한다. 그림 8.7b와 같이 책이 오른쪽으로 짧은 거리 d만큼 움직인다고 생각해 보자. 두 돌출부가 동일한 것으로 모형화하였기 때문에, 돌출부의 접합점은 오른쪽으로 $d/2$만큼 움직인다. 따라서 마찰력의 작용점의 변위는 $d/2$인 반면, 책의 변위는 d가 된다!

실제 상황에서는 표면 위를 미끄러지고 있는 물체의 접촉면 전체 넓이에 마찰력이 분포되어 있기 때문에, 힘은 한 점에 모여 있지 않다. 더욱이 각각의 접합점이 문드러지면서 여러 접합점의 위치마다 마찰력의 크기가 계속 변하기 때문에, 표면과 책은 국소

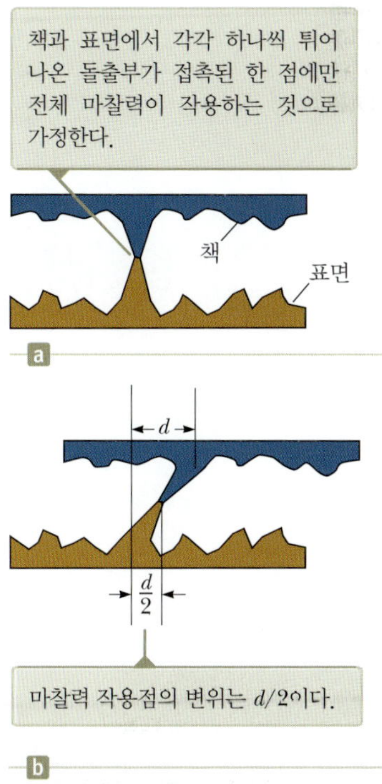

그림 8.7 (a) 책과 표면 사이에 있는 마찰에 대한 간단한 모형 (b) 책이 오른쪽으로 거리 d만큼 이동한다.

[2] 그림 8.7과 관련된 논의는 마찰력에 대한 B. A. Sherwood와 W. H. Bernard의 논문에 실린 내용을 인용한 것이다. 인용한 논문과 참고문헌은 다음과 같다. "Work and heat transfer in the presence of sliding friction," *American Journal of Physics*, **52**:1001, 1984.

적으로 계속 변형되어 마찰력의 작용점의 변위가 책의 변위와 전혀 일치하지 않게 된다. 사실상 미시적인 마찰력의 작용점의 변위를 계산할 수 없고, 따라서 마찰력이 한 일도 계산할 수 없다.

일–운동 에너지 정리는 입자로 모형화가 가능한 입자나 물체에 대하여 유효하다. 그러나 마찰력이 존재할 때는 마찰력이 한 일을 계산할 수 없다. 이런 상황에서는 일–운동 에너지 정리는 계에 유효하지 않더라도, 뉴턴의 제2법칙은 여전히 유효하다. 표면 위에서 미끄러지는 책처럼 변형이 없는 물체의 경우는 비교적 쉽게 다룰 수 있다.[3]

마찰력을 포함한 힘들이 책에 작용하는 상황에 대한 논의를 시작할 때, 식 7.17을 유도하는 과정과 비슷한 방식을 따를 수 있다. 물체에 작용하는 마찰력 외의 다른 힘들에 대하여 식 7.8을 써보자.

$$\sum W_{\text{other forces}} = \int \left(\sum \vec{\mathbf{F}}_{\text{other forces}}\right) \cdot d\vec{\mathbf{r}} \tag{8.11}$$

이 식에서 $d\vec{\mathbf{r}}$는 물체의 변위이다. 마찰력을 제외한 힘들이 물체를 변형시키지 않는다고 가정하면, 물체의 변위는 이 힘들의 작용점의 변위와 같다. 식 8.11의 양변에 운동 마찰력과 변위의 스칼라곱을 적분한 것을 더해 보자. 이렇게 하는 데 있어서, 우리는 이 양을 일이라고 정의하지 않는다. 단지 수학적으로 계산할 수 있는 양일 뿐이며, 이는 다음과 같이 사용하는 데 유용한 것임을 보여 준다.

$$\begin{aligned}\sum W_{\text{other forces}} + \int \vec{\mathbf{f}}_k \cdot d\vec{\mathbf{r}} &= \int \left(\sum \vec{\mathbf{F}}_{\text{other forces}}\right) \cdot d\vec{\mathbf{r}} + \int \vec{\mathbf{f}}_k \cdot d\vec{\mathbf{r}} \\ &= \int \left(\sum \vec{\mathbf{F}}_{\text{other forces}} + \vec{\mathbf{f}}_k\right) \cdot d\vec{\mathbf{r}}\end{aligned}$$

우변의 괄호 속은 물체에 작용하는 알짜힘 $\sum \vec{\mathbf{F}}$이므로

$$\sum W_{\text{other forces}} + \int \vec{\mathbf{f}}_k \cdot d\vec{\mathbf{r}} = \int \sum \vec{\mathbf{F}} \cdot d\vec{\mathbf{r}}$$

이다. 뉴턴의 제2법칙 $\sum \vec{\mathbf{F}} = m\vec{\mathbf{a}}$를 대입하면

$$\begin{aligned}\sum W_{\text{other forces}} + \int \vec{\mathbf{f}}_{\text{k}} \cdot d\vec{\mathbf{r}} &= \int m\vec{\mathbf{a}} \cdot d\vec{\mathbf{r}} \\ &= \int m\frac{d\vec{\mathbf{v}}}{dt} \cdot d\vec{\mathbf{r}} = \int_{t_i}^{t_f} m\frac{d\vec{\mathbf{v}}}{dt} \cdot \vec{\mathbf{v}}\,dt\end{aligned} \tag{8.12}$$

이다. 여기서 $d\vec{\mathbf{r}}$을 $\vec{\mathbf{v}}\,dt$로 쓸 때 식 4.3을 사용하였다. 스칼라곱은 미분의 곱의 법칙을 따르므로(부록 B.6 식 B.30 참조), $\vec{\mathbf{v}}$와 자신과의 스칼라곱의 미분은 다음과 같이 주어진다.

$$\frac{d}{dt}(\vec{\mathbf{v}} \cdot \vec{\mathbf{v}}) = \frac{d\vec{\mathbf{v}}}{dt} \cdot \vec{\mathbf{v}} + \vec{\mathbf{v}} \cdot \frac{d\vec{\mathbf{v}}}{dt} = 2\frac{d\vec{\mathbf{v}}}{dt} \cdot \vec{\mathbf{v}}$$

---

[3] 책의 전체 형태가 똑같이 유지되고 있다는 점에서 책을 변형이 되지 않는 물체로 간주한다. 그러나 미시적으로는 표면 위를 미끄러지는 동안 책의 표면에 변형이 발생한다.

마지막 식을 얻을 때 스칼라곱의 교환 법칙을 사용하였다. 따라서

$$\frac{d\vec{\mathbf{v}}}{dt}\cdot\vec{\mathbf{v}} = \frac{1}{2}\frac{d}{dt}(\vec{\mathbf{v}}\cdot\vec{\mathbf{v}}) = \frac{1}{2}\frac{dv^2}{dt}$$

이다. 이 결과를 식 8.12에 대입하면

$$\sum W_{\text{other forces}} + \int \vec{\mathbf{f}}_k\cdot d\vec{\mathbf{r}} = \int_{t_i}^{t_f} m\left(\frac{1}{2}\frac{dv^2}{dt}\right)dt$$

$$= \frac{1}{2}m\int_{v_i}^{v_f} d(v^2) = \frac{1}{2}mv_f^2 - \frac{1}{2}mv_i^2 = \Delta K$$

이다. 이 식의 좌변을 살펴보면 관성틀인 표면에서 볼 때, 물체의 경로에 있는 모든 변위 요소 $d\vec{\mathbf{r}}$에 대하여 $\vec{\mathbf{f}}_k$와 $d\vec{\mathbf{r}}$는 반대 방향이다. 그래서 $\vec{\mathbf{f}}_k\cdot d\vec{\mathbf{r}} = -f_k\,dr$이므로 위 식은

$$\sum W_{\text{other forces}} - \int f_k\,dr = \Delta K$$

가 된다. 마찰에 대한 모형에서 운동 마찰력의 크기가 일정하므로 f_k는 적분 기호 밖으로 내보낼 수 있다. 남은 적분 $\int dr$는 경로를 따라 길이 요소의 단순한 합인 전체 경로 길이 d이다. 그러므로

$$\sum W_{\text{other forces}} - f_k d = \Delta K \quad \textbf{(8.13)}$$

식 8.13은 물체에 마찰력이 작용할 때 사용할 수 있다. 운동 에너지의 변화는 마찰력을 제외한 모든 힘들이 한 일에서 마찰력이 한 일과 관련이 있는 $f_k\,d$ 항을 뺀 것과 같다.*

미끄러지는 책의 상황을 다시 고려하여, 마찰력만의 영향으로 감속하는 책과 표면으로 구성된 더 큰 계를 생각해 보자. 계와 환경 사이에 상호 작용이 없으므로 다른 힘들이 계의 경계를 넘어 하는 일은 없다. 책이 미끄러질 때 나는 불가피한 소리를 무시하면, 계의 경계를 넘는 어떤 형태의 에너지 전달도 없다! 이 경우 식 8.2는 다음과 같다.

$$\Delta E_{\text{system}} = \Delta K + \Delta E_{\text{int}} = 0$$

책-표면으로 구성된 계에서 계의 운동 에너지의 변화는 유일하게 움직이는 부분인 책만의 운동 에너지의 변화와 같다. 그러므로 이것을 식 8.13과 함께 생각해 보면, 운동 에너지 변화 $\Delta K = -f_k\,d$이므로

$$-f_k d + \Delta E_{\text{int}} = 0$$

$$\Delta E_{\text{int}} = f_k d \quad \textbf{(8.14)}$$

◀ 일정한 마찰력에 의한 계의 내부 에너지 변화

이다. 식 8.14로부터 계의 내부 에너지 증가는 마찰력과 책이 이동한 경로의 길이와의 곱임을 알 수 있다. 요약하면, 마찰력은 계의 내부에 있는 운동 에너지를 내부 에너지

---

* 흔히 $-f_k d$를 운동 마찰력이 한 일이라고 부르는데, 그렇게 정의할 경우 바로 일반적인 의미의 일–운동 에너지 정리에 의하여 식 8.13을 얻을 수 있다.: 역자 주

로 변환시킨다. 이때 계의 내부 에너지 증가량은 운동 에너지의 감소량과 같다. 식 8.14를 이용하면, 식 8.13에서 마찰 이외의 힘들이 계에 한 일은 다음과 같이 쓸 수 있다.

$$\sum W_{\text{other forces}} = W = \Delta K + \Delta E_{\text{int}} \quad \textbf{(8.15)}$$

이는 식 8.2의 축소된 형태이며 비보존력이 작용하는 계에 대한 비고립계 모형을 나타낸다.

퀴즈 8.5 100 km/h의 속력으로 고속도로를 주행하는 자동차가 있다. 자동차는 운동 에너지를 가지고 있다. 병목 현상때문에 갑자기 브레이크를 밟는다고 하자. 운동 에너지는 어떻게 되는가? **(a)** 도로의 내부 에너지로 모두 변환된다. **(b)** 바퀴의 내부 에너지로 모두 변환된다. **(c)** 일부는 내부 에너지로 나머지는 역학적 파동으로 변환된다. **(d)** 자동차로부터 여러 형태의 에너지로 모두 변환되어 발산된다.

예제 8.4 거친 표면 위에서 물체 끌기

수평면 위에서 처음에 정지하고 있는 6.0 kg의 물체를 크기가 일정한 12 N인 수평 방향의 힘으로 오른쪽으로 당긴다고 가정하자.

(A) 물체가 접촉한 표면의 운동 마찰 계수가 0.15일 때 3.0 m 이동된 후 물체의 속력을 구하라.

풀이

개념화 이 예제는 예제 7.6에 마찰력을 추가한 것이다. 거친 표면에서는 물체에 작용하는 힘의 방향과 반대 방향으로 마찰력이 작용한다. 그 결과 속력은 예제 7.6에서 구한 값보다 작아질 것으로 예상된다.

분류 어떤 힘이 물체를 끌고, 표면이 거친 것을 고려하여 물체와 표면을 비보존력이 작용하고 있는 **비고립계**로 모형화한다.

분석 그림 8.8a는 이런 계의 상황을 보여 준다. 수직항력이나 중력 어느 힘도 계에 일을 하지 않는다. 왜냐하면 작용점들이 수평으로 변위되기 때문이다.

예제 7.6에서와 같이 힘이 계에 한 일을 구한다.

$$\sum W_{\text{other forces}} = W_F = F\Delta x$$

물체를 연직 방향에 대하여 **평형 상태의 입자**로 가정한다.

$$\sum F_y = 0 \ \rightarrow \ n - mg = 0 \ \rightarrow \ n = mg$$

마찰력의 크기를 구한다.

$$f_k = \mu_k n = \mu_k mg = (0.15)(6.0\ \text{kg})(9.80\ \text{m/s}^2) = 8.82\ \text{N}$$

식 8.15에 에너지들을 대입하고 물체의 나중 속력을 구한다.

$$F\Delta x = \Delta K + \Delta E_{\text{int}} = (\tfrac{1}{2}mv_f^2 - 0) + f_k d$$

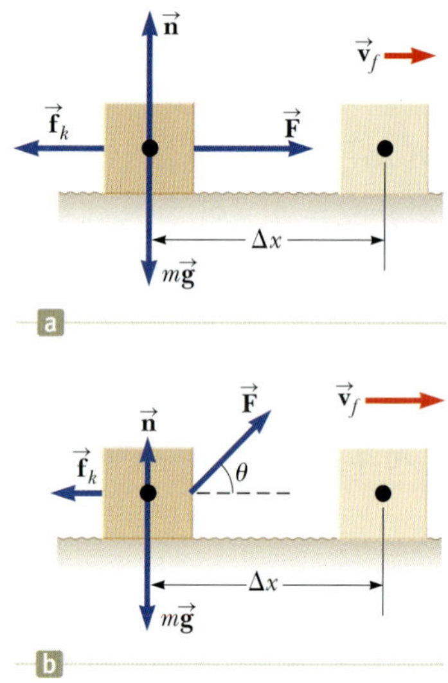

그림 8.8 (예제 8.4) (a) 수평 방향의 일정한 힘으로 물체를 오른쪽으로 당긴다. (b) 수평 방향에 대하여 각도 θ인 방향으로 힘이 작용한다.

$$v_f = \sqrt{\frac{2}{m}(-f_k d + F\Delta x)}$$

주어진 값들을 대입한다.

$$v_f = \sqrt{\frac{2}{6.0\ \text{kg}}[-(8.82\ \text{N})(3.0\ \text{m}) + (12\ \text{N})(3.0\ \text{m})]} = 1.8\ \text{m/s}$$

결론 예상대로 이 값은 마찰이 없는 표면에서 미끄러지는 예제 7.6의 값 3.5 m/s보다 작다. 예제 7.6에서의 물체와 이 예제에서의 운동 에너지 차이는 이 예제에서 물체–표면 계의 내부 에너지 증가와 같다.

(B) 그림 8.8b와 같이 힘 $\vec{\mathbf{F}}$가 수평면에 대하여 각도 θ를 이루면서 물체를 오른쪽으로 3.0 m 끈다고 가정하자. 이때 물체의 최대 속력에 이르게 하는 힘의 각도를 구하라.

풀이

개념화 힘이 각도 $\theta = 0$으로 작용할 때 최대 속력을 낼 것으로 추측할 수 있다. 힘이 물체의 운동 방향, 즉 표면과 평행한 수평 방향으로 최대가 되기 때문이다. 그러나 영이 아닌 임의의 각도를 고려해 보자. 힘의 수평 방향 성분은 비록 줄어들지만 생겨난 연직 방향 성분은 수직항력을 작게 만들어 마찰력을 감소시킨다. 따라서 $\theta = 0$이 아닌 어떤 각도로 끌 때 물체의 속력이 최대가 될 수 있다.

분류 (A)에서와 같이 물체와 표면을 비보존력이 작용하고 있는 **비고립계**로 모형화한다.

분석 물체가 직선 경로를 따라 이동하므로 $\Delta x = d$임을 고려하여 외부에서 작용한 힘이 한 일을 구한다.

(1) $$\sum W_{\text{other forces}} = W_F = F\Delta x\cos\theta = Fd\cos\theta$$

연직 방향에 대하여 물체를 평형 상태의 입자로 가정한다.

$$\sum F_y = n + F\sin\theta - mg = 0$$

n에 대하여 푼다.

(2) $$n = mg - F\sin\theta$$

식 8.15를 이용하여 이 상황에서의 나중 운동 에너지를 구한다.

$$W_F = \Delta K + \Delta E_{\text{int}} = (K_f - 0) + f_k d \ \rightarrow\ K_f = W_F - f_k d$$

식 (1)과 (2)의 결과를 대입하면

$$K_f = Fd\cos\theta - \mu_k nd = Fd\cos\theta - \mu_k(mg - F\sin\theta)d$$

속력을 최대로 하려면 나중 운동 에너지를 최대로 해야 한다. 따라서 K_f를 θ에 대하여 미분하고 그 결과를 영으로 놓는다.

$$\frac{dK_f}{d\theta} = -Fd\sin\theta - \mu_k(0 - F\cos\theta)d = 0$$

$$-\sin\theta + \mu_k\cos\theta = 0$$

$$\tan\theta = \mu_k$$

$\mu_k = 0.15$일 때의 θ를 구한다.

$$\theta = \tan^{-1}(\mu_k) = \tan^{-1}(0.15) = 8.5°$$

결론 실제로 물체가 최대 속력을 갖도록 하는 힘의 각도가 $\theta = 0$이 아닌 것에 주의하자. 그리고 각도가 8.5°보다 커질 때에는, 줄어드는 마찰력의 크기에 비하여 작용하는 힘의 수평 방향의 성분이 더 크게 줄어들어, 물체의 속력은 최댓값보다 작아지기 시작한다.

예제 8.5 안전 운전을 위한 물리학 응용

처음 속력 v인 자동차의 브레이크를 밟았더니 거리 d만큼 미끄러져 정지한다. 만일 처음 속력이 v 대신에 $2v$일 경우에 정지할 때까지의 이동 거리를 구하라.

풀이 자동차와 도로 표면 사이의 운동 마찰력이 일정하고 두 속력에 대하여 같다고 가정하자. 식 8.13에 따르면 마찰력에 거리를 곱한 것은 자동차의 처음 운동 에너지와 같다(왜냐하면 $K_f = 0$이고 다른 힘에 의한 일이 없기 때문이다). 이 예제에서와 같이 속력이 두 배가 되면 운동 에너지는 네 배가 된다. 주어진 마찰력에 대하여, 처음 속력이 두 배가 되면 이동하는 거리는 네 배가 되어 자동차의 미끄러지는 제동 거리는 $4d$이다.

예제 8.6 물체–용수철 계

그림 8.9a와 같이 질량이 1.6 kg인 물체가 용수철 상수 1 000 N/m인 수평 방향의 용수철에 연결되어 있다. 용수철을 2.0 cm만큼 압축한 뒤 정지 상태로부터 놓는다.

(A) 표면의 마찰력이 없을 경우 물체가 평형 위치 $x = 0$을 통과할 때의 속력을 구하라.

풀이

개념화 이 상황은 이전에 논의된 적이 있어, 물체가 용수철에 의하여 오른쪽으로 밀리면서 어떤 속력을 갖고 이동하는 것을 쉽게 그려볼 수 있다.

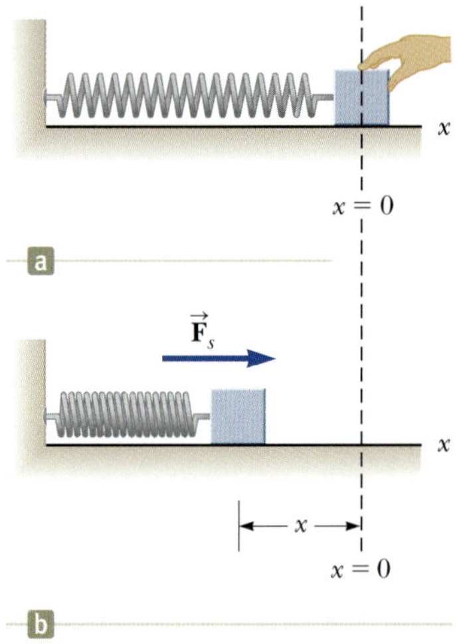

그림 8.9 (예제 8.6) (a) 용수철에 매달린 물체가 외력을 받아 처음 위치 $x = 0$으로부터 안쪽으로 밀린다. (b) 위치 x에서 물체를 정지 상태에서 놓으면 용수철은 물체를 오른쪽으로 밀어낸다.

분류 계를 물체 하나만 있는 **비고립계**로 가정한다.

분석 이 경우 물체는 $x_i = -2.0$ cm에서 $v_i = 0$으로 이동하기 시작하며, $x_f = 0$에서의 속력 v_f를 구하려고 한다.

식 7.11을 사용하여 $x_{max} = x_i$라 두고 용수철이 계에 한 일을 구한다.

$$W_s = \frac{1}{2}kx_{max}^2$$

물체에 일을 하므로 물체의 속력이 변한다. 에너지 보존 식인 식 8.2는 일–운동 에너지 정리로 간단하게 줄어든다. 이 정리를 사용하여 $x = 0$에서의 속력을 구한다.

$$W_s = \frac{1}{2}mv_f^2 - \frac{1}{2}mv_i^2$$

$$v_f = \sqrt{v_i^2 + \frac{2}{m}W_s} = \sqrt{v_i^2 + \frac{2}{m}\left(\frac{1}{2}kx_{max}^2\right)}$$

주어진 값들을 대입한다.

$$v_f = \sqrt{0 + \frac{2}{1.6\text{ kg}}\left[\frac{1}{2}(1\,000\text{ N/m})(0.020\text{ m})^2\right]}$$

$$= 0.50\text{ m/s}$$

결론 이 문제는 7장에서 풀어볼 수도 있었으나, 여기서 다루는 이유는 이 장에서 배운 에너지 방법으로 푼 다음 (B)와 비교해 보기 위해서이다.

(B) 물체를 놓는 순간부터 운동에 저항하는 일정한 마찰력 4.0 N이 작용할 경우 물체가 평형 위치를 통과할 때의 속력을 구하라.

풀이

개념화 답은 마찰력이 물체의 운동을 방해하므로 위의 (A)의 속력보다 작아야만 한다.

분류 물체와 표면으로 이루어진 계로 모형화한다. 용수철이 일을 하기 때문에 계는 **비고립계**이다. 또 계의 내부에는 물체와 표면 사이에 작용하는 비보존력인 마찰력이 있다.

분석 식 8.15를 쓴다.

$$W_s = \Delta K + \Delta E_{int} = \left(\frac{1}{2}mv_f^2 - 0\right) + f_k d$$

v_f에 대하여 푼다.

$$v_f = \sqrt{\frac{2}{m}(W_s - f_k d)}$$

용수철이 한 일을 대입한다.

$$v_f = \sqrt{\frac{2}{m}\left(\frac{1}{2}kx_{max}^2 - f_k d\right)}$$

주어진 값들을 대입한다.

$$v_f = \sqrt{\frac{2}{1.6\text{ kg}}\left[\frac{1}{2}(1\,000\text{ N/m})(0.020\text{ m})^2 - (4.0\text{ N})(0.020\text{ m})\right]}$$

$$= 0.39\text{ m/s}$$

결론 예상대로 이 속력은 마찰력이 없는 (A) 경우의 0.50 m/s 보다 작다.

문제 마찰력이 10.0 N으로 증가한다면 물체의 속력은 얼마인가? $x = 0$에서 물체의 속력은 얼마인가?

답 이 경우 물체가 $x = 0$까지 이동할 때 $f_k d$의 값은

$$f_k d = (10.0\text{ N})(0.020\text{ m}) = 0.20\text{ J}$$

이다. 이것은 마찰력이 없을 때의 운동 에너지 크기와 같다(각자 증명해 보라!). 그러므로 물체가 $x = 0$에 도달할 때 전체 운동 에너지가 마찰에 의하여 내부 에너지로 변환되어 속력 $v = 0$이 된다. 이런 상황에서는 (B)에서와 마찬가지로 $x = 0$이 아닌 다른 위치에서 물체의 속력이 최대가 된다. 이들 위치는 각자 구해 보자.

8.4 비보존력에 의한 역학적 에너지의 변화
Changes in Mechanical Energy for Nonconservative Forces

앞 절에서 다룬 표면 위에서 미끄러지는 책을 생각해 보자. 책이 거리 d만큼 이동하는 동안 책에 작용하면서 일을 하는 힘은 운동 마찰력뿐이다. 식 8.13에서 기술하였듯이, 이 힘이 책의 운동 에너지에 $-f_k d$만큼의 변화를 일으킨 것이다.

이제 책도 계의 일부로 포함하여 퍼텐셜 에너지의 변화도 존재하는 계를 생각해 보자. 이 경우 $-f_k d$는 운동 마찰력에 의한 **역학적** 에너지의 변화량이 된다. 예를 들어 책이 마찰이 있는 경사면 위를 따라 이동한다면, 책–지구 계의 운동 에너지뿐만 아니라 퍼텐셜 에너지 모두에 변화가 생긴다. 결과적으로

$$\Delta E_{\text{mech}} = \Delta K + \Delta U_g = -f_k d = -\Delta E_{\text{int}}$$

이다. 이 식을 일반화하면 고립계에서 비보존력이 작용할 때는

$$\Delta K + \Delta U + \Delta E_{\text{int}} = 0 \tag{8.16}$$

라고 놓을 수 있다. 여기서 ΔU는 모든 형태의 퍼텐셜 에너지의 변화량이다. 식 8.16은 계의 경계를 넘어 에너지 전달이 없을 때의 식 8.2임을 확인할 수 있다.

비고립계 안에서 다른 비보존력이 작용하고 계에 작용하는 외부 영향이 일의 형태로 주어진다고 하면, 식 8.13을 일반화하여

$$\sum W_{\text{other forces}} - f_k d = \Delta E_{\text{mech}}$$

가 되고, 식 8.7과 8.14를 이용하면 이 식은

$$\sum W_{\text{other forces}} = W = \Delta K + \Delta U + \Delta E_{\text{int}} \tag{8.17}$$

로 쓸 수 있다. 식 8.2의 이렇게 축약된 형태는 계의 비고립계 모형을 나타낸다. 이 계는 퍼텐셜 에너지를 가지며 이 계 내부에는 비보존력이 작용한다.

예제 8.7 경사면을 따라 미끄러져 내려오는 나무상자

질량 3.00 kg인 물건을 담은 나무상자가 경사면을 따라 미끄러져 내려온다. 그림 8.10과 같이 경사면의 길이는 1.00 m이고 경사각은 30.0°이다. 나무상자는 경사면의 상단에서 정지 상태에서부터 움직이기 시작하여 5.00 N 크기의 마찰력을 계속 받으며 내려온다. 경사면을 내려온 후에도 수평인 지표면 바닥을 따라 짧은 거리만큼 움직이다가 멈춘다.

(A) 에너지 방법을 사용하여 경사면 아래 끝에서 나무상자의 속력을 구하라.

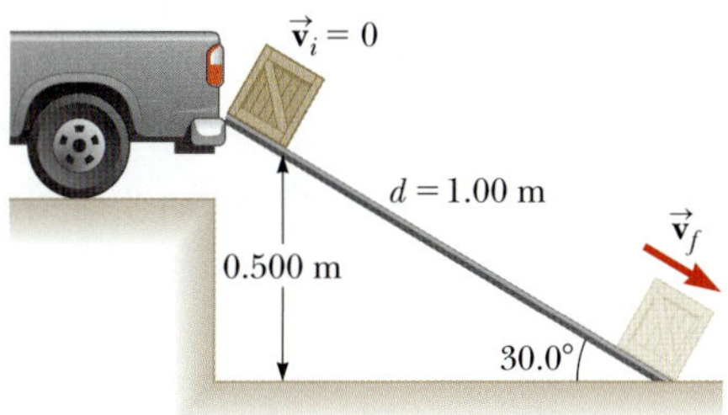

그림 8.10 (예제 8.7) 물건을 담은 나무상자가 중력의 영향으로 경사면을 따라 미끄러져 내려온다. 내려오는 동안 계의 중력 퍼텐셜 에너지가 감소하고 운동 에너지가 증가한다.

풀이

개념화 그림 8.10과 같이 경사면의 표면을 따라 미끄러져 내려오는 나무상자를 상상해 보자. 마찰력이 클수록 나무상자는 더 천천히 미끄러져 내려올 것이다.

분류 나무상자, 경사면 그리고 지구는 비보존력이 작용하는 **고립계**로 분류된다.

분석 처음에 경사면의 위쪽 끝에서 나무상자가 정지($v_i = 0$)하고 있으므로, 운동 에너지는 영이다. 나무상자의 나중 위치에서 계의 중력 퍼텐셜 에너지가 영이 되도록 경사면의 아래 끝을 좌표의 기준으로 삼아, 위 방향을 양으로 하여 y축을 정한다. 그러면 나무상자의 처음 위치는 $y_i = 0.500$ m가 된다.

이 계에 대한 에너지보존 식(식 8.2)을 쓴다.

$$\Delta K + \Delta U + \Delta E_{\text{int}} = 0$$

에너지들을 대입한다.

$$(\tfrac{1}{2}mv_f^2 - 0) + (0 - mgy_i) + f_k d = 0$$

v_f에 대하여 푼다.

$$(1) \qquad v_f = \sqrt{\frac{2}{m}(mgy_i - f_k d)}$$

주어진 값들을 대입한다.

$$v_f = \sqrt{\frac{2}{3.00 \text{ kg}}[(3.00 \text{ kg})(9.80 \text{ m/s}^2)(0.500 \text{ m}) - (5.00 \text{ N})(1.00 \text{ m})]}$$

$$= 2.54 \text{ m/s}$$

(B) 나무상자가 경사면을 내려온 후에도 수평인 지표면 바닥을 따라 크기가 5.00 N인 마찰력을 받는다면, 나무상자는 얼마만큼 이동하는가?

풀이

분석 (A)와 똑같은 방법으로 푼다. 그러나 이 경우에서는 계의 퍼텐셜 에너지가 일정하게 유지되기 때문에, 계의 역학적 에너지에는 운동 에너지만 있다는 것을 고려해야 한다.

이 상황에 대한 에너지의 보존식을 쓴다.

$$\Delta K + \Delta E_{\text{int}} = 0$$

에너지들을 대입한다.

$$(0 - \tfrac{1}{2}mv_i^2) + f_k d = 0$$

거리 d에 대하여 풀고 주어진 값들을 대입한다.

$$d = \frac{mv_i^2}{2f_k} = \frac{(3.00 \text{ kg})(2.54 \text{ m/s})^2}{2(5.00 \text{ N})} = 1.94 \text{ m}$$

결론 경사면 아래 끝을 지날 때의 나무상자의 속력을 경사면에 마찰이 없을 때의 속력과 비교하여 예제 8.6과 같이 마찰력의 영향을 알아볼 수도 있다. 또한 비보존력인 마찰력에 의하여 나무상자가 경사면을 미끄러져 내려올 때 증가된 내부 에너지는 $f_k d = (5.00 \text{ N})(1.00\text{m}) = 5.00$ J이다. 이 에너지는 나무상자와 지표면에 나누어져서 두 물체를 약간 뜨겁게 만든다.

또한 상자가 수평 지표면을 미끄러질 때 마찰이 없다면 이동 거리 d는 무한대가 되는 것을 알 수 있다. 여러분이 개념화한 상황과 일치하는가?

문제 세심한 작업자가 경사면의 아래 끝에 도달할 때 나무상자의 속력이 너무 커서 상자에 실린 내용물이 손상되는 것을 걱정하여, 길이가 긴 경사면으로 교체한다고 하자. 새 경사면의 지표면과의 각도는 25.0°라고 하자. 새로운 긴 경사면을 쓰면 상자가 지표면에 도달할 때의 속력이 줄어드는가?

답 경사면의 길이가 더 길어졌으므로 마찰력이 더 긴 거리에 걸쳐 작용하여, 더 많은 역학적 에너지를 내부 에너지로 변환시킨다. 그 결과 상자의 운동 에너지가 줄어들어 상자가 지표면에 도달할 때 상자의 속력이 줄어들 것으로 예상할 수 있다.

새 경사면의 길이 d를 구한다.

$$\sin 25.0° = \frac{0.500 \text{ m}}{d} \quad \rightarrow \quad d = \frac{0.500 \text{ m}}{\sin 25.0°} = 1.18 \text{ m}$$

(A)의 마지막 식 (1)로부터 v_f를 구한다.

$$v_f = \sqrt{\frac{2}{3.00 \text{ kg}}[(3.00 \text{ kg})(9.80 \text{ m/s}^2)(0.500 \text{ m}) - (5.00 \text{ N})(1.18 \text{ m})]}$$

$$= 2.42 \text{ m/s}$$

나중 속력은 더 높은 각도의 경사면일 때의 속력보다 확실히 작다.

예제 8.8 물체-용수철 충돌

그림 8.11과 같이 질량이 0.80 kg인 물체가 처음 속력 $v_{Ⓐ} = 1.2$ m/s로 오른쪽으로 움직여 용수철과 충돌한다. 용수철의 질량은 무시하고 용수철 상수는 $k = 50$ N/m이다.

(A) 표면에 마찰이 없다고 가정하고 충돌 후 용수철의 최대 압축 길이를 계산하라.

풀이

개념화 그림 8.11에 있는 여러 그림은 문제 상황에서 물체의 거동을 상상하는 데 도움을 준다. 모든 운동은 수평면 내에서 일어나므로 중력 퍼텐셜 에너지를 고려할 필요는 없다.

분류 계가 물체와 용수철로 이루어진 것으로 가정하자. 물체–용수철 계는 비보존력이 작용하지 않는 **고립계**로 모형화한다.

분석 물체는 충돌 전 위치 Ⓐ에 있을 때 운동 에너지를 가지고 있고, 용수철은 압축되지 않은 상태이므로 계에 저장된 탄성 퍼텐셜 에너지는 영이다. 그러므로 충돌 전의 전체 역학적 에너지는 $\frac{1}{2}mv_{Ⓐ}^2$이다. 충돌 후 물체가 Ⓒ에 있을 때, 물체는 정지하고 용수철은 최대한 압축되어 있다. 때문에 운동 에너지가 영이지만 계에 저장된 탄성 퍼텐셜 에너지는 최댓값인 $\frac{1}{2}kx^2 = \frac{1}{2}kx_{\max}^2$을 갖는다. 여기서 물체의 원점 $x = 0$은 용수철의 평형점을, 최대 변위 $x_{\max}$는 용수철이 최대로 압축된 점 $x_{Ⓒ}$를 선택하였다. 고립계 내에서 비보존력이 작용하지 않으므로 계의 전체 역학적 에너지는 보존된다.

역학적 에너지 보존 식을 쓴다.

$$\Delta K + \Delta U = 0$$

$$\left(0 - \tfrac{1}{2}mv_{Ⓐ}^2\right) + \left(\tfrac{1}{2}kx_{\max}^2 - 0\right) = 0$$

$x_{\max}$에 대하여 풀고 값을 구한다.

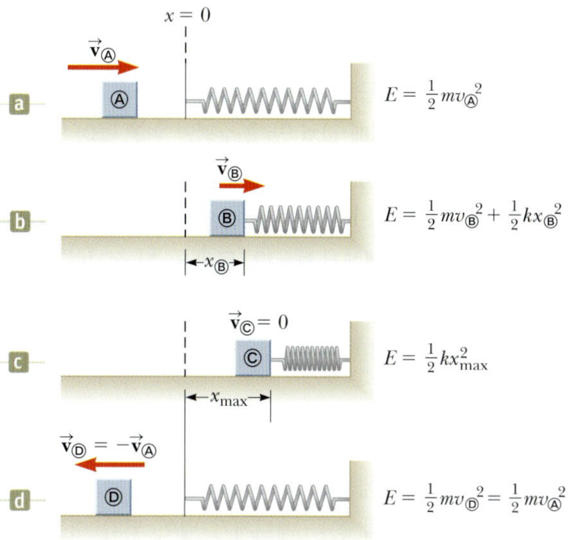

그림 8.11 (예제 8.8) 물체가 마찰이 없는 수평면 위를 미끄러져 움직이다가 가벼운 용수철과 충돌한다. (a) 처음 전체 역학적 에너지는 운동 에너지뿐이다. (b) 역학적 에너지는 물체의 운동 에너지와 용수철에 저장된 탄성 퍼텐셜 에너지의 합이다. (c) 에너지는 전부 탄성 퍼텐셜 에너지로 변환된다. (d) 이 에너지는 물체의 처음 운동 에너지로 다시 변환된다. 따라서 전 운동 과정 동안, 계의 전체 에너지는 일정하게 유지된다.

$$x_{\max} = \sqrt{\frac{m}{k}}\,v_{Ⓐ} = \sqrt{\frac{0.80\text{ kg}}{50\text{ N/m}}}(1.2\text{ m/s}) = 0.15\text{ m}$$

(B) 표면과 물체 사이에 마찰 계수 $\mu_k = 0.50$인 일정한 운동 마찰력이 작용한다고 가정하자. 용수철과 충돌하는 순간에 물체의 속력이 $v_{Ⓐ} = 1.2$ m/s이면, 용수철의 최대 압축 길이 $x_{Ⓒ}$는 얼마인가?

풀이

개념화 마찰력에 의하여 운동 에너지의 일부가 물체와 표면의 내부 에너지로 변환되기 때문에, 용수철의 압축 길이는 (A)에서보다 작아질 것으로 예상된다.

분류 물체, 표면 그리고 용수철로 구성된 계로 모형화한다. 계는 비보존력이 있는 **고립계**이다.

분석 이 경우 마찰력이 물체에 작용하므로 계의 역학적 에너지 $E_{\text{mech}} = K + U_s$는 보존되지 않는다. 연직 방향에 대하여 **평형 상태의 입자** 모형으로부터 $n = mg$를 얻는다.

마찰력의 크기를 구한다.

$$f_k = \mu_k n = \mu_k mg$$

이 상황에 대한 에너지 보존식을 쓴다.

$$\Delta K + \Delta U + \Delta E_{\text{int}} = 0$$

처음과 나중 에너지를 대입한다.

$$\left(0 - \tfrac{1}{2}mv_{Ⓐ}^2\right) + \left(\tfrac{1}{2}kx_{Ⓒ}^2 - 0\right) + \mu_k mgx_{Ⓒ} = 0$$

이차 방정식으로 정렬한다.

$$kx_{Ⓒ}^2 + 2\mu_k mgx_{Ⓒ} - mv_{Ⓐ}^2 = 0$$

주어진 값들을 대입한다.

$$50x_{Ⓒ}^2 + 2(0.50)(0.80)(9.80)x_{Ⓒ} - (0.80)(1.2)^2 = 0$$

$$50x_{Ⓒ}^2 + 7.84x_{Ⓒ} - 1.15 = 0$$

$x_{Ⓒ}$에 대한 이차 방정식을 풀면, $x_{Ⓒ} = 0.092$ m와 $x_{Ⓒ} = -0.25$ m이다. 물리적으로 의미가 있는 해는 $x_{Ⓒ} = 0.092$ m 이다.

결론 이 상황에서 음수인 해는 적용되지 않는다. 물체가 정지할 때까지 오른쪽(양의 x 방향)으로 움직이기 때문이다. 예상대로 0.092 m는 마찰이 없는 경우의 (A)에서 얻은 값보다 작다.

예제 8.9 연결된 물체의 운동

그림 8.12와 같이 두 물체가 가벼운 줄의 양 끝에 연결되어 마찰이 없는 도르래에 걸쳐 있다. 수평면 위에 놓여 있는 질량 m_1인 물체는 용수철 상수 k인 용수철에 연결되어 있다. 용수철이 평형일 때, 물체 m_1과 매달려 있는 질량 m_2인 물체를 정지 상태에서 놓는다. 물체 m_2가 정지하기 전까지 거리 h만큼 떨어질 때, 물체 m_1과 수평면 사이의 운동 마찰 계수를 계산하라.

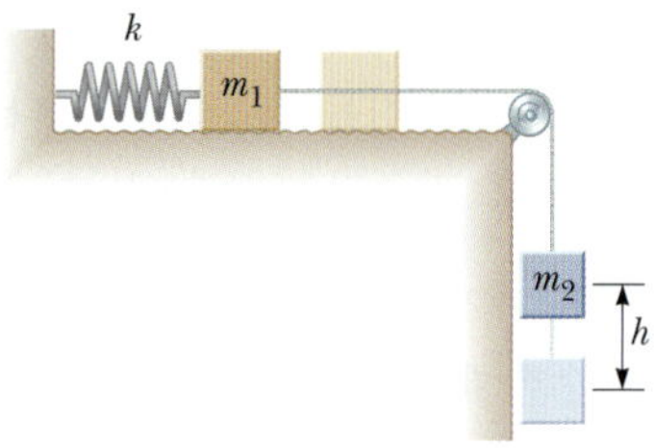

그림 8.12 (예제 8.9) 매달려 있는 물체가 최고점에서 최저점으로 움직이는 동안, 계의 중력 퍼텐셜 에너지는 감소하지만, 용수철에 저장되는 탄성 퍼텐셜 에너지는 증가한다. 수평면 위에서 미끄러지는 물체와 표면 사이의 마찰 때문에 약간의 역학적 에너지는 내부 에너지로 변환된다.

풀이

개념화 문제의 설명에서 **정지**라는 핵심어가 두 번 나타난다. 정지 상태에서는 계의 운동 에너지가 영이 되기 때문에, 계의 처음과 나중 상태를 대표하는 좋은 후보가 된다.

분류 이 상황에서는 계를 두 개의 물체, 용수철, 표면 그리고 지구로 구성된 계로 모형화한다. 계는 비보존력이 있는 **고립계**이다. 또한 미끄러지는 물체를 연직 방향에 대하여 **평형 상태의 입자**로 모형화하면 $n = m_1 g$를 얻는다.

분석 두 가지 퍼텐셜 에너지, 즉 중력 퍼텐셜 에너지와 탄성 퍼텐셜 에너지가 필요하다. $\Delta U_g = U_{gf} - U_{gi}$는 계의 중력 퍼텐셜 에너지의 변화이고, $\Delta U_s = U_{sf} - U_{si}$는 계의 탄성 퍼텐셜 에너지의 변화이다. 중력 퍼텐셜 에너지의 변화는 떨어지는 물체에만 관련이 있다. 수평으로 미끄러지는 물체의 연직 좌표는 변하지 않기 때문이다. 계의 처음과 나중 운동 에너지가 영이므로 $\Delta K = 0$이다.

식 8.2를 적절히 줄여 쓴다.

(1) $$\Delta U_g + \Delta U_s + \Delta E_{\text{int}} = 0$$

매달린 물체가 h만큼 떨어지면 수평으로 운동하는 물체도 같은 거리 h만큼 오른쪽으로 이동하고 용수철로 거리 h만큼 늘어나는 것에 유의하면서, 에너지들을 대입한다.

$$(0 - m_2gh) + (\tfrac{1}{2}kh^2 - 0) + f_kh = 0$$

마찰력을 대입한다.

$$-m_2gh + \tfrac{1}{2}kh^2 + \mu_k m_1gh = 0$$

μ_k에 대하여 푼다.

$$\mu_k = \frac{m_2g - \frac{1}{2}kh}{m_1g}$$

결론 이 장치는 실제로 물체와 어떤 표면 사이의 운동 마찰 계수를 측정하는 방법 중 하나이다. 이 장에서 예제들을 에너지 접근으로 어떻게 풀었는지 주목하자. 우리는 식 8.2로부터 시작해서 물리적인 상황에 맞춰 이 식을 활용한다. 이 과정에서 운동 에너지 항이나 기타 항들을 없앨 수 있고, 때로는 이 예제에서처럼 식 8.2의 우변에 있는 모든 항을 소거할 수도 있다. 이 예제에서 두 가지 형태의 퍼텐셜 에너지로 ΔU를 다시 쓰는 것처럼 항들을 늘릴 경우도 있을 수 있다.

8.5 일률
Power

경사면을 이용하여 트럭 안으로 냉장고를 올려놓는 상황을 생각해 보자. 경사면의 길이에 상관없이 하는 일은 똑같다는 것을 모르고, 작업자가 완만히 올릴 수 있는 긴 경사면을 설치한다고 가정하자.* 길이가 짧은 경사면을 사용한 다른 작업자와 같은 양의 일을 함에도 불구하고, 냉장고를 더 먼 거리로 이동시켜야 하므로 일을 하는 시간이 더 걸린다. 두 경사면에서 한 일의 양은 같지만 작업을 하는 데 무엇인가 다른 것이 있다. 그

* 마찰이 있는 경우, 긴 경사면을 사용하면 보다 많은 일을 해야 한다.: 역자 주

것은 바로 일을 하는 동안에 걸린 시간 간격이다.

에너지 전달의 시간에 대한 비율을 **순간 일률**(instantaneous power) P라 하고 다음과 같이 정의한다.

$$P \equiv \frac{dE}{dt} \tag{8.18}$$

◀ 일률의 정의

여기서 일에 의한 에너지 전달에만 초점을 맞추어 논의하겠지만, 8.1절에서 논의한 다른 에너지 전달 수단에 대해서도 일률의 정의를 똑같이 적용할 수 있다는 것을 명심하자. 외력이 작용하는 시간 Δt 동안에 물체(입자로 모형화할 수 있다)에 한 일을 W라고 한다면, 이 시간 동안의 **평균 일률**(average power)은

$$P_{\text{avg}} = \frac{W}{\Delta t}$$

이다. 그러므로 앞에서 살펴본 두 경사면을 이용하여 냉장고를 올릴 때 한 일은 같지만 길이가 긴 경사면을 쓸 때 일률이 작다.

속도와 가속도를 정의할 때 적용한 방식과 유사하게, 순간 일률은 Δt가 영에 접근할 때의 평균 일률의 극한이다.

$$P = \lim_{\Delta t \to 0} \frac{W}{\Delta t} = \frac{dW}{dt}$$

여기서 매우 작은 일을 dW로 표시하였다. 식 7.3으로부터 $dW = \vec{\mathbf{F}} \cdot d\vec{\mathbf{r}}$로 주어진다. 그러므로 순간 일률은

$$P = \frac{dW}{dt} = \vec{\mathbf{F}} \cdot \frac{d\vec{\mathbf{r}}}{dt} = \vec{\mathbf{F}} \cdot \vec{\mathbf{v}} \tag{8.19}$$

로 쓸 수 있고, 여기서 $\vec{\mathbf{v}} = d\vec{\mathbf{r}}/dt$이다.

일률의 SI 단위는 줄/초(J/s)이고, 와트(James Watt)의 업적을 기리기 위하여 **와트**(watt, W)라고 한다.

$$1\text{ W} = 1\text{ J/s} = 1\text{ kg}\cdot\text{m}^2/\text{s}^3$$

◀ 와트

미국 관습 단위계에서 일률의 단위는 **마력**(horsepower, hp)이다.

$$1\text{ hp} = 746\text{ W}$$

에너지(또는 일)의 단위를 일률의 단위로 표시할 수도 있다. **1킬로와트-시**(kWh)는 1 kW = 1 000 J/s인 일정한 일률로 한 시간 동안 전달된 에너지 양으로

$$1\text{ kWh} = (10^3\text{ W})(3\,600\text{ s}) = 3.60 \times 10^6\text{ J}$$

이다. 1킬로와트-시는 일률의 단위가 아닌 에너지 단위이다. 가정에서 전기료를 지불할 때 송전선을 통하여 주어진 기간 동안 가정으로 공급된 에너지를 구매한 것이며, 그렇기 때문에 전기료 고지서를 받아보면 사용량이 kWh 단위로 표시되어 있다. 한 달 동안에 900 kWh의 전기 에너지를 사용하였고 1킬로와트-시당 100원 가격으로 청구된 전

오류 피하기 8.3

W, *W*, watts 와트를 나타내는 W와 일을 나타내는 이탤릭체의 W와 혼동하지 말 것. 또한 와트는 이미 에너지의 전달률을 나타내기 때문에 '초당 와트'란 말은 잘못된 것이다. 와트는 이미 초당 줄과 **같다**.

기료 고지서를 예를 들어보자. 소비한 에너지에 해당하는 지불해야 할 전기료는 90 000 원이 된다. 또 다른 예로서 전구의 일률을 100 W라고 가정하자. 1.00시간 사용하면 송전선을 통하여 전달된 에너지의 양은 (0.100 kW)(1.00 h) = 0.100 kWh = 3.60×10^5 J 이다.

예제 8.10 승강기용 전동기의 일률

전동기가 질량 1 600 kg인 승강기(그림 8.13a)와 전체 질량이 200 kg인 승객을 나르고 있다. 일정한 마찰력 4 000 N이 작용하여 승강기의 운동을 느리게 하고 있다.

(A) 승객을 실은 승강기를 일정한 속력 3.00 m/s로 올리려면 전동기는 얼마의 일률로 일을 해야 하는가?

풀이

개념화 전동기는 승강기를 위로 올리는 데 필요한 크기 T인 힘을 공급해야만 한다.

분류 마찰력 때문에 승강기를 올리는 힘(또는 일률)은 더 필요하다. 승강기의 속력이 일정하므로 $a = 0$이다. 승강기를 **평형 상태의 입자**로 가정한다.

분석 그림 8.13b의 자유 물체 도형에 나타낸 것 같이 위 방향을 $+y$축으로 가정하자. 승객을 포함한 승강기의 **전체** 질량 M은 1 800 kg이다.

평형 상태의 입자 모형을 이용하여, 승강기에 뉴턴의 제2법칙을 적용한다.

$$\sum F_y = T - f - Mg = 0$$

T에 대하여 푼다.

$$T = Mg + f$$

$\vec{\mathbf{T}}$가 $\vec{\mathbf{v}}$와 같은 방향인 것을 고려하여 식 8.19를 적용하여 일률을 구한다.

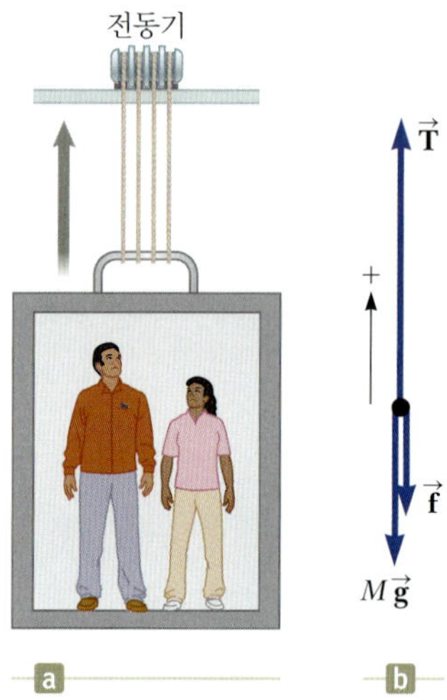

그림 8.13 (예제 8.10) (a) 전동기가 힘 $\vec{\mathbf{T}}$로 승강기를 위로 끌어올린다. 이 힘의 크기는 승강기와 전동기 사이를 연결하는 줄의 장력 T이다. 승강기에 작용하는 아래 방향의 힘은 마찰력 $\vec{\mathbf{f}}$와 중력 $\vec{\mathbf{F}}_g = M\vec{\mathbf{g}}$이다. (b) 승강기에 대한 자유 물체 도형

$$P = \vec{\mathbf{T}} \cdot \vec{\mathbf{v}} = Tv = (Mg + f)v$$

주어진 값들을 대입한다.

$$P = [(1\ 800\ \text{kg})(9.80\ \text{m/s}^2) + (4\ 000\ \text{N})](3.00\ \text{m/s})$$

$$= 6.49 \times 10^4\ \text{W}$$

(B) 승강기를 1.00 m/s²의 가속도로 올리도록 설계되었다면 승강기의 속력이 v인 순간 전동기의 일률은 얼마인가?

풀이

개념화 이 경우에 전동기는 승강기의 속력을 증가시키며 위로 올리기 위한 크기 T인 힘을 공급해야만 한다. 전동기가 승강기를 가속시키는 부가적인 일을 하기 때문에, (A)의 경우보다 더 큰 일률이 필요할 것으로 예상된다.

분류 이 경우에는 승강기가 가속하고 있으므로 승강기를 **알짜 힘을 받고 있는 입자**로 가정한다.

분석 알짜힘을 받고 있는 입자 모형을 이용하여, 승강기에 뉴턴의 제2법칙을 적용한다.

$$\sum F_y = T - f - Mg = Ma$$

T에 대하여 푼다.

$$T = M(a + g) + f$$

식 8.19를 이용하여 일률을 구한다.

$$P = Tv = [M(a + g) + f]v$$

주어진 값들을 대입한다.

$$P = [(1\,800\text{ kg})(1.00\text{ m/s}^2 + 9.80\text{ m/s}^2) + 4\,000\text{ N}]v$$
$$= (2.34 \times 10^4)v$$

여기서 v는 m/s로 표시된 승강기의 순간 속력이고 P의 단위는 W이다.

결론 $v = 3.00$ m/s일 때의 일률을 구하여 (A)와 비교하면

$$P = (2.34 \times 10^4\text{ N})(3.00\text{ m/s}) = 7.02 \times 10^4\text{ W}$$

이므로, 예상대로 (A)의 값보다 더 크다.

연습문제

객관식

1. 새총으로 돌멩이를 발사할 때 수평 방향 속력은 200 cm/s이다. 같은 방법으로 콩을 발사할 때의 수평 방향 속력은 600 cm/s이다. 돌멩이에 대한 콩의 질량비를 구하라. (a) 1/9 (b) 1/3 (c) 1 (d) 3 (e) 9

2. 두 아이가 수영장과 이어진 미끄럼틀 상단에 있다. 작은 아이는 미끄럼틀을 타지 않고 바로 떨어지고, 큰 아이는 마찰력이 없는 미끄럼틀을 타고 동시에 떨어진다. **(i)** 물에 도달할 때, 작은 아이의 운동 에너지는 큰 아이의 운동 에너지에 비하여 (a) 크다. (b) 작다. (c) 같다. **(ii)** 물에 도달할 때, 작은 아이의 속력은 큰 아이의 속력에 비하여 (a) 빠르다. (b) 느리다. (c) 같다. **(iii)** 물로 떨어지는 동안, 작은 아이의 평균 가속도는 큰 아이의 평균 가속도에 비하여 (a) 크다. (b) 작다. (c) 같다.

3. 각도 θ로 경사진 에어 트랙 위에 질량 m의 글라이더가 있다. 경사면 위쪽으로 민 글라이더가 거리 d만큼 이동하면서 속력이 줄어 멈추고, 다시 처음 위치로 되돌아오는 실험을 한다. 이번에는 동일한 글라이더를 첫 번째 글라이더 위에 올려놓고, 앞의 실험을 같은 방법으로 반복한다. 에어 트랙의 공기 흐름은 두 글라이더를 띄울 만큼 충분하여 트랙과 글라이더 사이의 마찰력은 무시할 수 있다. 첫 번째 글라이더와 두 번째 글라이더 사이의 정지 마찰로 인하여 두 글라이더가 움직이는 동안 서로 붙어 있다. 두 글라이더 사이의 정지 마찰 계수는 μ_s이다. 트랙을 올라갔다 내려오는 두 글라이더–지구 계의 역학적 에너지는 얼마나 변하는가? (a) $-2\mu_s mg$ (b) $-2mgd\cos\theta$ (c) $-2\mu_s mgd\cos\theta$ (d) 0 (e) $+2\mu_s mgd\cos\theta$

4. 운동선수가 연직 방향으로 8.5 m/s의 속도로 트램펄린에서 뛰어오른다. 선수가 도달하는 최대 높이는 얼마인가? (a) 13 m (b) 2.3 m (c) 3.7 m (d) 0.27 m (e) 선수의 몸무게가 주어지지 않았으므로 답을 구할 수 없다.

5. 다음 질문에 '예' 또는 '아니오'로 답하라. (a) 물체–지구 계는 중력 퍼텐셜 에너지 없이 운동 에너지만 가질 수 있을까? (b) 운동 에너지 없이 퍼텐셜 에너지만 가질 수 있을까? (c) 같은 순간에 두 형태의 에너지를 모두 가질 수 있을까? (d) 어떤 것도 가지지 않는 것이 가능할까?

6. 자동차가 미끄러지면서 멈추는 실험을 하기 위하여, 두 물체를 이용하여 네 번 실험을 한다. 두 물체의 질량은 같지만 책상과 운동 마찰 계수는 각각 $\mu_k = 0.2$와 0.8이다. 수평 책상에서 각각의 물체가 $v_i = 1$ m/s의 속력으로 출발하면 미끄러지면서 멈추게 된다. 이 과정이 처음 두 번의 측정이다. 다음의 두 측정은 앞의 과정을 반복하지만, 두 물체가 $v_i = 2$ m/s의 속력으로 출발한다. 이때 다음 네 가지 경우에 대하여 미끄러져 멈출 때까지의 거리가 가장 큰 것부터 순서대로 나열하라. 만약 같은 거리를 미끄러진 경우는 동일한 순위로 두라. (a) $v_i = 1$ m/s, $\mu_k = 0.2$ (b) $v_i = 1$ m/s, $\mu_k = 0.8$ (c) $v_i = 2$ m/s, $\mu_k = 0.2$ (d) $v_i = 2$ m/s, $\mu_k = 0.8$

7. 높이가 325 m인 꼭대기를 95.0분 걸려 올라가는 질량 70.0 kg인 산악인의 평균 일률은 얼마인가? (a) 39.1 W (b) 54.6 W (c) 25.5 W (d) 67.0 W (e) 88.4 W

8. 점토로 만든 공이 딱딱한 바닥으로 자유 낙하한다. 이것은 바닥에 도달하여 되튐이 없이 매우 빠르게 멈춘다. 공이 떨어지는 동안 있었던 공–지구계의 에너지는 어떻게 되는가? (a) 에너지는 아래로 떨어지는 운동에 사용되었다. (b) 퍼텐셜 에너지로 변환되었다. (c) 공에 열로 전달되었다. (d) 에너지는

공과 마루(그리고 벽)에 보이지 않는 분자 운동의 에너지로 존재한다. (e) 대부분은 소리로 갔다.

9. 무거운 물체를 이용한 말뚝 박는 기계로 반복하여 땅에 말뚝을 박는다. 말뚝은 매번 같은 높이에서 떨어지는 무거운 물체에 의하여 박힌다고 가정한다. 떨어지는 물체의 무게가 두 배로 된다면, 물체–지구 계의 역학적 에너지는 몇 배로 되는가? (a) 1/2 (b) 1; 에너지는 같다. (c) 2 (d) 4

주관식

8.1 분석 모형: 비고립계 (에너지)

1. 다음에 나열된 계에 대하여 주어진 시간 동안에 발생한 여러 가지 에너지 전달에 알맞게 에너지 보존 식 8.2를 구체적으로 표현하라. (a) 전원을 켠 후 5 s 동안 가열된 토스터기의 열선 (b) 주유소에서 연료를 넣은 후 속력 v로 나온 자동차 (c) 조용히 앉아 땅콩버터와 젤리를 바른 샌드위치 점심을 먹은 사람 (d) 일정한 온도가 유지되면서 5분 동안 따뜻한 햇볕을 받은 집

2. 질량 m인 공이 높이 h에서 지면으로 떨어진다. (a) 공과 지구 계에 대하여 식 8.2를 적절하게 쓰고, 공이 바닥에 떨어지기 직전 공의 속력을 계산하라. (b) 공을 계로 선택하여 식 8.2를 적절하게 쓰고, 공이 지구에 떨어지기 직전 공의 속력을 계산하라.

8.2 분석 모형: 고립계 (에너지)

3. 용수철의 힘 상수가 5 000 N/m인 가벼운 용수철이 연직 방향으로 서 있다. 이 용수철 위에 질량 0.250 kg인 물체를 놓고 용수철을 아래 방향으로 0.100 m 압축한다. 물체를 정지 상태에서 놓으면, 물체는 위로 움직이다가 용수철을 떠나게 된다. 물체가 올라간 최대 높이를 놓은 위치로부터 구하라.

4. 20.0 kg의 포탄이 포신 끝에서 처음 속도 1 000 m/s로 수평과 37.0°의 각도로 발사된다. 두 번째 같은 포탄이 90.0°로 발사되었다. 고립계 모형을 사용해서 (a) 각 포탄의 최고 높이를 구하고 (b) 각 포탄이 최고 높이에 도달할 때 포탄–지구 계의 역학적 에너지를 구하라. 포탄의 처음 위치는 같다고 가정하고 $y = 0$으로 한다.

5. 그림 P8.5와 같이 곡선과 원 형태로 되어있는 장치(loop-the-loop)에서 구슬이 마찰 없이 미끄러진다. 구슬을 높이 $h = 3.50R$에서 놓는다면, (a) 점 Ⓐ에서 구슬의 속력은 얼마인가?

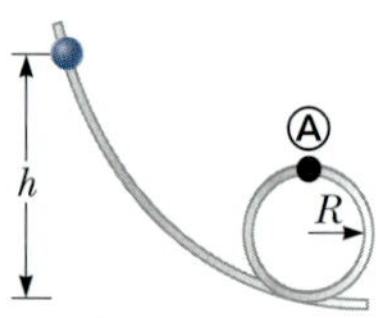

그림 P8.5

(b) 구슬의 질량이 5.00 g일 때, 점 Ⓐ에서 구슬에 작용하는 수직항력은 얼마인가?

6. 질량이 5.00 kg인 물체를 점 Ⓐ에서 놓으면, 물체는 그림 P8.6에서 보는 바와 같이 마찰이 없는 트랙을 따라 미끄러진다. (a) 점 Ⓑ와 Ⓒ에서 물체의 속력을 결정하라. (b) 점 Ⓐ에서 Ⓒ까지 움직이는 동안 중력이 물체에 한 알짜일을 구하라.

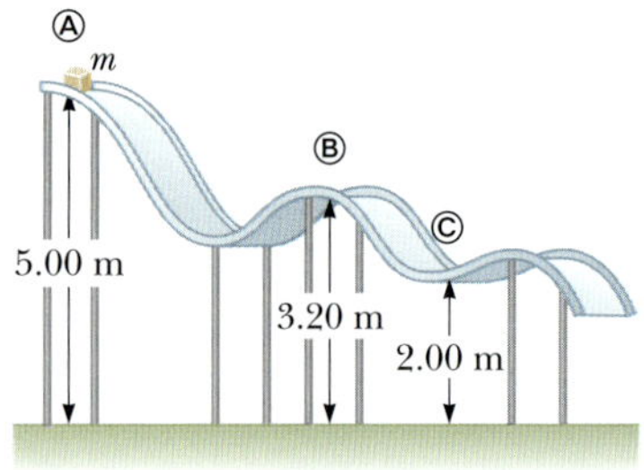

그림 P8.6

7. 그림 P8.7과 같이 두 물체가 가볍고 마찰이 없는 도르래를 통하여 가벼운 줄로 연결되어 있다. 질량 $m_1 = 5.00$ kg인 물체를 책상으로부터 높이 $h = 4.00$ m에서 정지 상태로부터 놓는다. 고립계 모형을 사용하여, (a) 5.00 kg인 물체가 책상에 도달하는 순간에 $m_2 = 3.00$ kg인 물체의 속력을 결정하라. (b) 3.00 kg인 물체가 책상으로부터 올라가는 최고 높이를 구하라.

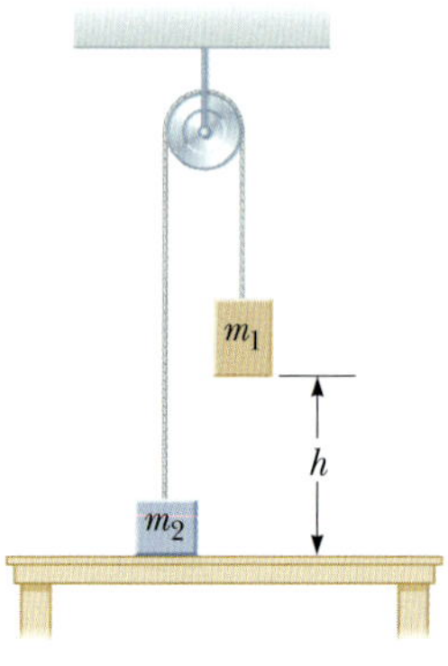

그림 P8.7 문제 7, 8

8. 그림 P8.7과 같이 두 물체가 가볍고 마찰이 없는 도르래를 통하여 가벼운 줄로 연결되어 있다. 질량 m_1인 물체를 책상으로부터 높이 h에서 정지 상태로부터 놓는다. 고립계 모형을 사용하여, (a) m_1인 물체가 책상에 도달하는 순간에 m_2인 물체의 속력을 결정하라. (b) m_2가 책상으로부터 올라가는 최대 높이를 구하라.

9. 가벼운 강체 막대의 길이가 77.0 cm이다. 이 막대기의 꼭대기는 마찰이 없는 수평 회전축에 대하여 회전할 수 있도록

되어 있다. 막대의 아래쪽에는 작고 무거운 공을 매달아 막대가 연직으로 놓여 정지 상태에 있다. 공을 갑자기 때려 수평 성분의 속도를 갖게 하여 공을 원 궤도로 돌린다고 하자. 이때 공이 원 궤도의 꼭대기에 도달하는 데 필요한 바닥에서의 최소 속력을 구하라.

10. 2001년 9월 7일 오전 11시에 백만 명이 넘는 영국 아이들이 지진을 시뮬레이션 하기 위하여 1분 동안 계속 점프를 하였다. (a) 이 실험에서 아이들의 몸에서 나온 에너지가 땅과 아이들의 내부 에너지와 지진파로 전파되어 나가는 에너지로 바뀐 양은 얼마인가? 평균 질량이 36.0 kg인 1 050 000 명의 아이들이 그들의 질량 중심이 25.0 cm 위로 올라가는 점프를 12번 하였다고 가정하고 각 점프 사이에는 잠깐 동안 휴식이 있었다고 가정한다. (b) 땅으로 전파되는 에너지 중 대부분은 고진동수인 상시 미동 진동을 일으켜 땅에서 바로 감쇠되어 멀리 가지 못하였다. 발생하는 전체 에너지의 0.01 %가 멀리 도달하는 지진파로 전달된다고 가정한다. 지진의 세기는 리히터 규모로

$$M = \frac{\log E - 4.8}{1.5}$$

로 표시되며 여기서 E는 지진파의 에너지로 단위는 J이다. 이 모형으로 계산한 모의 지진의 세기는 얼마인가?

11. 그림 P8.11의 계는 가볍고 늘어나지 않는 줄, 가볍고 마찰이 없는 도르래, 질량이 같은 두 물체로 구성되어 있다. 물체 B가 도르래 하나에 연결되어 있음에 주목하라. 이 계는 처음에 정지하고 있고 두 물체는 지면으로부터 같은 높이에 있다. 그 후 두 물체를 놓는다. 두 물체 사이의 연직 거리가 h가 되는 순간에 물체 A의 속력을 구하라.

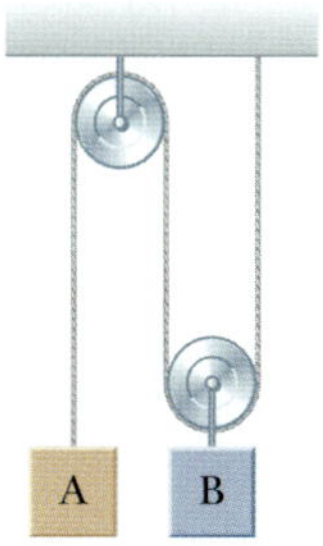

그림 P8.11

8.3 운동 마찰이 포함되어 있는 경우

12. 얼어붙은 연못 위에서 질량 m인 썰매를 발로 찬다. 이로 인한 썰매의 처음 속력은 2.00 m/s이고, 썰매와 얼음 사이의 운동 마찰 계수는 0.100이다. 에너지를 고려하여 썰매가 정지할 때까지 이동한 거리를 구하라.

13. 얼어붙은 연못 위에서 질량 m인 썰매를 발로 찬다. 이로 인한 썰매의 처음 속력은 v이고, 썰매와 얼음 사이의 운동 마찰 계수는 μ_k이다. 에너지를 고려하여 썰매가 정지할 때까지 이동한 거리를 구하라.

14. 질량이 10.0 kg인 짐바구니를 거친 경사면 위쪽으로 처음 속력 1.50 m/s로 끌고 있다. 끄는 힘은 경사면과 평행하고 크기는 100 N이다. 경사면은 수평면과 20.0°의 각도를 이룬다. 운동 마찰 계수는 0.400이고 짐바구니는 5.00 m 이동한다. 이때 (a) 중력이 짐바구니에 한 일은 얼마인가? (b) 마찰에 의한 짐바구니–경사면 계의 증가한 내부 에너지를 구하라. (c) 100 N의 힘이 짐바구니에 한 일은 얼마인가? (d) 짐바구니의 운동 에너지는 얼마나 변하는가? (e) 5.00 m 이동한 짐바구니의 속력은 얼마인가?

15. 그림 P8.15와 같이 질량 $m = 2.00$ kg인 물체가 힘 상수가 $k = 500$ N/m인 용수철에 연결되어 있다. 물체를 평형 위치에서 오른쪽으로 $x_i = 5.00$ cm만큼 당긴 후, 정지 상태로부터 놓는다. 이때 (a) 수평면이 마찰이 없는 경우와 (b) 물체와 표면 사이의 마찰 계수가 $\mu_k = 0.350$인 경우 물체가 평형 위치를 지날 때의 속력을 구하라.

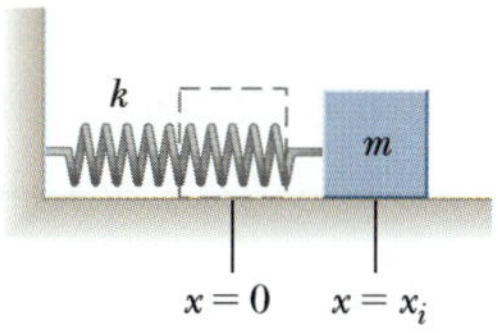

그림 P8.15

16. 처음에 정지하고 있는 질량 40.0 kg인 상자가 수평 방향으로 일정한 130 N의 힘을 받아 거친 수평 바닥에서 5.00 m 이동한다. 상자와 바닥 사이의 마찰 계수가 0.300일 때, (a) 수평 방향의 힘이 한 일, (b) 마찰력으로 인한 상자–바닥 계의 내부 에너지의 증가, (c) 수직항력이 한 일, (d) 중력이 한 일, (e) 상자의 운동 에너지의 변화, (f) 상자의 나중 속력을 구하라.

17. 반지름이 0.500 m인 부드럽고 둥근 후프가 바닥에 수평으로 놓여 있다. 0.400 kg의 입자가 후프의 안쪽을 따라 바닥에서 미끄러지며 돈다. 처음 입자의 속력은 8.00 m/s이다. 한 바퀴를 돈 후에 입자의 속력은 바닥과의 마찰로 6.00 m/s로 줄어들었다. (a) 입자–후프–바닥 계에서 한 바퀴 돈 후 마찰에 의하여 역학적 에너지가 내부 에너지로 바뀐 양을 구하라. (b) 입자는 정지하기까지 몇 바퀴를 도는가? 입자가 움직이는 동안 마찰력은 일정하다고 가정한다.

8.4 비보존력에 의한 역학적 에너지의 변화

18. 시간 t_i일 때 입자의 운동 에너지는 30.0 J이고 입자가 속한 계의 퍼텐셜 에너지는 10.0 J이다. 나중 시간 t_f일 때 입자의 운동 에너지는 18.0 J이다. (a) 만일 보존력만이 작용하였다면 시간 t_f일 때 퍼텐셜 에너지와 계의 전체 에너지는 얼마인가? (b) 만일 시간 t_f일 때 계의 퍼텐셜 에너지가 5.00 J이라면 입자에 비보존력이 작용하였는가? (c) (b)의 결과를 설명하라.

19. 휠체어에 탄 소년(전체 질량 47.0 kg)이 높이가 2.60 m, 길이가 12.4 m인 경사면의 꼭대기로부터 1.40 m/s의 속력으로 내려오기 시작한다. 경사면 바닥에서 소년의 속력은 6.20 m/s이다. 공기 저항과 구름 저항은 41.0 N으로 일정하다고 가정한다. 경사면을 내려오는 동안 소년이 휠체어 바퀴를 밀면서 한 일을 구하라.

20. 그림 P8.20에서 보는 것처럼 질량 25 g인 녹색 구슬이 직선 철사를 따라 미끄러진다. Ⓐ에서 Ⓑ까지 철사의 길이는 0.600 m이고 Ⓐ는 Ⓑ보다 0.200 m 높다. 0.025 0 N의 일정한 마찰력이 구슬에 작용한다. (a) 구슬을 정지 상태로부터 점 Ⓐ에서 놓으면 Ⓑ에 왔을 때 속력은 얼마인가? (b) 질량이 25 g인 빨간 구슬이 녹색 구슬과 마찬가지의 일정한 마찰력을 받으며 곡선 모양의 철사를 따라 내려온다. 만일 녹색과 빨간 구슬을 Ⓐ에서부터 동시에 정지 상태로부터 놓으면 어느 구슬이 더 빠른 속력으로 Ⓑ에 도달하는가? 이유를 설명하라.

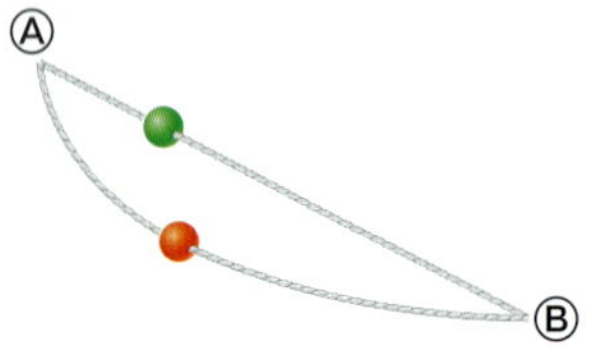

그림 P8.20

21. 5.30 g인 고무공을 용수철을 이용하여 수평으로 발사하는 장난감 대포가 있다. 용수철의 힘 상수는 8.00 N/m이고 발사 전에 5.00 cm만큼 압축되어 있다. 발사된 고무공은 길이 15.0cm인 수평 포신을 따라 움직이고, 포신은 고무공에 0.032 0 N의 일정한 마찰력을 작용한다. (a) 고무공이 대포의 포신을 떠날 때의 속력은 얼마인가? (b) 어떤 위치에서 공의 속력이 최대가 되는가? (c) 최대 속력은 얼마인가?

22. 그림 P8.22에서 $m_1 = 3.00$ kg의 물체와 표면 사이의 운동 마찰 계수 $\mu_k = 0.400$이다. 줄로 연결된 물체와 공이 정지 상태에서 출발한다. 질량이 $m_2 = 5.00$ kg인 공이 $h = 1.50$ m 떨어졌을 때 속력은 얼마인가? 줄과 도르래 사이의 마찰과 도르래의 질량은 무시한다.

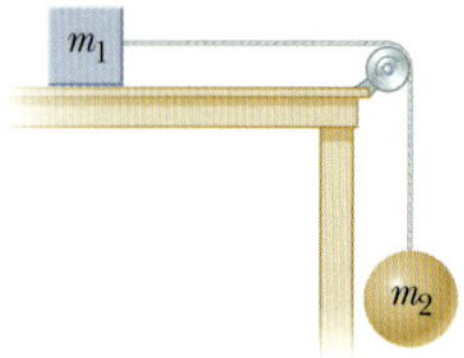

그림 P8.22

23. 그림 P8.23과 같이 5.00 kg의 물체가 경사면에서 처음 속력 $v_i = 8.00$ m/s로 위 방향으로 이동한다. 물체는 경사면을 따라 $d = 3.00$ m 이동한 후 멈춘다. 경사면의 경사각은 수평에 대하여 $\theta = 30.0°$이다. 이 운동에 대하여 (a) 물체의 운동 에너지의 변화량, (b) 물체-지구 계의 퍼텐셜 에너지의 변화량, (c) 물체에 작용한 마찰력(상수로 가정), (d) 운동 마찰 계수를 구하라.

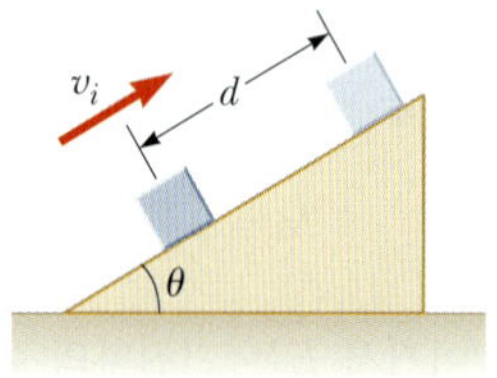

그림 P8.23

24. 60.0° 기울어진 경사면에서 질량이 200 g인 물체를 힘 상수가 1.40 kN/m인 용수철에 대하여 10.0 cm 압축한 후 놓는다. 용수철의 아래 끝은 경사면의 바닥에 붙어 있다. 에너지를 고려하여 (a) 만약 경사로가 물체에 마찰력을 작용하지 않는다면, 이 물체가 멈출 때까지 처음 위치로부터 얼마나 올라가는지 구하라. (b) 만약 운동 마찰 계수가 0.400이라면, 이 물체가 멈출 때까지 처음 위치로부터 얼마나 올라가는지 구하라(운동 거리를 구한다).

25. 질량이 80.0 kg인 스카이다이버가 고도 1 000 m에서 열기구 풍선으로부터 뛰어내려 고도 200 m에서 낙하산을 펼친다. (a) 스카이다이버에 작용하는 전체 저항력은 낙하산을 펼치지 않을 때 50.0 N이고, 낙하산을 펼칠 때 3 600 N으로 일정하다고 가정하여, 스카이다이버가 지면에 도달할 때의 속력을 구하라. (b) 여러분은 스카이다이버가 부상을 입을 것이라고 생각하는가? 설명하라. (c) 지면에 도달할 때 스카이다이버의 속력이 5.00 m/s가 되게 하려면, 낙하산을 몇 미터 높이에서 펼쳐야 하는가? (d) 전체 저항력이 일정하다고 한 가정이 현실적인가? 설명하라.

26. 질량 m인 어린이가 정지 상태로부터 높이 h인 미끄럼틀에

서 마찰 없이 풀장으로 미끄러져 내려온다(그림 P8.26). 어린이는 높이 $h/5$인 곳에서 미끄럼틀을 떠나 공중으로 향한다. 이 어린이가 수면 위에서 포물체 운동을 할 때 어린이의 최고 높이를 구하고 싶다. (a) 어린이–지구 계는 고립되었는가 고립되지 않았는가? 왜 그런가? (b) 계 내에서 비보존력이 작용하는가? (c) 어린이가 수면 높이에 있을 때가 중력 퍼텐셜 에너지가 영이라고 하자. 어린이가 미끄럼틀의 제일 높은 곳에 있을 때 계의 전체 에너지는 얼마인가? (d) 어린이가 미끄럼틀을 떠날 때 계의 전체 에너지는 얼마인가? (e) 어린이가 공중에 떠서 최고 높이에 있을 때 계의 전체 에너지는 얼마인가? (f) (c)와 (d)에서 어린이가 미끄럼틀을 떠날 때의 속도 v_i를 g와 h로 나타내라. (g) (d), (e), (f)에서 어린이의 공중에서 최고 높이 y_{max}를 h와 처음 각 θ로 나타내라. (h) 만일 미끄럼틀에 마찰이 있다면 결과가 같을까? 설명하라.

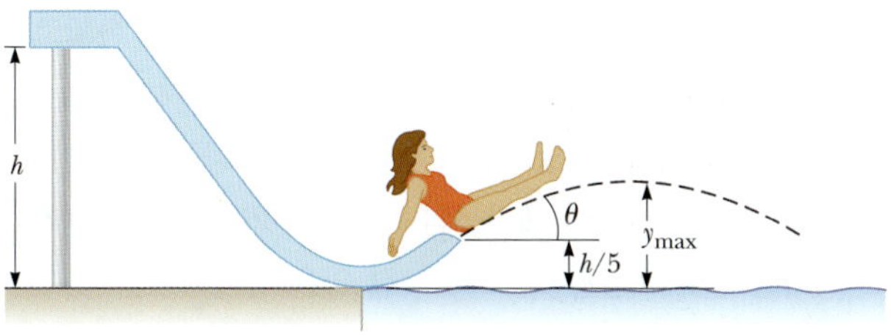

그림 P8.26

8.5 일률

27. 하수 처리장에서 펌프를 통하여 하루에 1 890 000 L의 하수를 연직으로 5.49 m 올린다. 하수의 밀도는 1 050 kg/m^{3}이고 일정한 지름의 파이프를 통하여 펌프에 들어가며 들어갈 때와 나올 때의 압력은 대기압으로 같다. (a) 이 처리장의 역학적인 일률은 얼마인가? (b) 계속 돌아가는 5.90 kW의 전기 모터가 펌프를 작동시킨다면 효율은 얼마인가?

28. 820 N인 해병대원이 기본 훈련 중에 길이 12.0 m의 연직으로 매달린 밧줄을 8.00 s 동안 일정한 속력으로 올라간다. 그가 한 일의 일률은 얼마인가?

29. 모형 전기 기차가 정지 상태에서 0.620 m/s로 가속하는 데 21.0 ms가 걸린다. 모형 기차의 전체 질량은 875 g이다. 이때 (a) 가속하는 동안 금속 레일로부터 송전에 의하여 기차로 전달되는 최소 일률(전력)을 구하라. (b) 왜 이것이 최소 일률일까?

30. 자동차가 일정한 속력으로 도로를 달릴 때, 엔진이 공급한 대부분의 일률은 공기와 도로가 자동차에 작용하는 마찰력에 의하여 변환되는 에너지를 보상하는 데 사용된다. 엔진이 공급한 일률이 175마력일 때, 자동차가 29 m/s로 달릴 때 자동차에 작용하는 전체 마찰력을 추정하라. 1마력은 746 W이다.

31. 비구름이 1.75 km의 고도에서 3.20×10^7 kg의 수증기를 포함하고 있다. 2.70 kW의 펌프를 사용하여, 지표면으로부터 구름의 고도로 구름이 포함하고 있는 물의 양만큼 끌어올리는 데 드는 시간은 얼마인가?

32. 28.0 W를 소비하는 절전 형광등이 다른 보통 전구가 100 W에서 내는 밝기와 같은 밝기를 낼 수 있다. 절전 형광등의 수명은 10 000 h이고 가격은 4.50달러이다. 반면 보통 전구는 수명이 750 h이고 가격은 0.42달러이다. 절전 형광등을 수명이 다할 때까지 사용하면 같은 시간 동안 다른 보통 전구를 사용할 때보다 얼마를 절약할 수 있는가? 에너지의 가격은 킬로와트-시당 0.200달러이다.

33. 120 Wh의 에너지를 공급할 수 있는 전지를 장착한 전기 스쿠터가 있다. 만약 마찰력과 다른 손실들이 에너지 사용량의 60.0 %를 차지한다면, 경사가 급한 지형에서 운행할 때 운전자가 올라갈 수 있는 높이의 변화는 얼마인가? 운전자와 스쿠터를 합친 무게는 890 N이라 하자.

34. 자동차가 일반적인 고속도로에서의 제한 속력까지 속력을 올리는 데 엔진이 기여하는 일률의 크기가 어느 정도인지 추정하라. 크기의 정도를 추정할 때, 데이터로 사용하는 물리적인 양들과 이들을 측정하거나 추정한 값들에 대하여 설명하라. 자동차의 질량은 일반적으로 사용 설명서에 있다.

35. 어떤 구형 자동차는 속력을 0에서 v로 올리는 데 Δt의 시간이 걸린다. 조금 더 힘 있는 신형 스포츠카는 속력을 0에서 $2v$로 올리는 데 동일한 시간이 걸린다. 엔진으로부터 나오는 에너지가 모두 자동차의 운동 에너지로 쓰인다고 가정할 때, 두 자동차의 일률을 비교하라.

36. 에너지 절약을 생각하면 걷거나 자전거를 타는 것이 자동차를 타는 것보다 훨씬 더 효율적이다. 예를 들어 10.0 mi/h로 자전거를 탈 때 타는 사람은 가만히 앉아 있을 때보다 400 kcal/h만큼 더 음식 에너지를 사용한다. (운동 생리학에서는 일률을 종종 와트가 아니고 kcal/h 단위로 측정한다. 여기서 1 kcal = 1 영양학 Calorie = 4 186 J이다.) 3.00 mi/h로 걸으면 약 220 kcal/h가 필요하다. 이 값들을 자동차로 움직일 때의 에너지 소비와 비교해 보자. 휘발유의 에너지는 약 1.30×10^8 J/gal이다. 사람이 (a) 걸을 때와 (b) 자전거를 탈 때의 에너지 소비를 등가의 갤런당 마일(miles per gallon)로 구하라.

37. 650 kg인 승강기가 정지 상태로부터 출발한다. 승강기는 3.00 s 동안 1.75 m/s의 일정한 운행 속력에 도달할 때까지 등가속도 운동을 한다. (a) 이 시간 동안 승강기 모터의 평균 일률은 얼마인가? (b) 승강기가 일정한 운행 속력으로 움직이고 있을 때, 모터의 일률과 (a)의 일률을 비교하라.

38. 3.50 kN 무게의 피아노를 세 인부가 건물 꼭대기에 설치된 고정된 도르래를 이용해서 지상 25.0 m 높이의 아파트에 일정한 속도로 끌어 올리려 한다. 각 인부는 165 W의 일률로 일할 수 있고 도르래의 효율은 75.0 %이다. (따라서 25.0 %의 역학적 에너지는 도르래의 마찰에 의하여 다른 형태로 바뀐다.) 도르래의 질량을 무시하고 피아노를 아파트에 올려놓는 데 걸리는 시간을 구하라.

39. 에너지는 줄 단위 말고도 보통 Calorie 단위로도 많이 측정한다. 영양학에서 1 Calorie는 1 kilocalorie로 1 kcal = 4 186 J이다. 지방 1 g을 대사하면 9.00 kcal가 나온다. 어느 학생이 운동을 해서 살을 빼려 한다. 이 학생은 축구 경기장의 계단을 최대한 빨리 그리고 필요한 만큼 많이 오르내리려 한다. 이 프로그램의 평가를 위하여 한 번에 높이가 각각 0.150 m인 계단 80개를 65.0초에 뛰어 오른다고 하자. 문제를 단순화시키기 위하여 내려올 때 필요한 (아주 작은) 에너지는 무시한다. 사람 근육의 효율을 보통 20.0 %로 잡는다. 즉 사람의 몸이 지방을 대사해서 100 J을 얻으면 그중 20 J을 역학적인 일(여기서는 계단을 오르는 일)로 바꿀 수 있다. 나머지는 다른 내부 에너지로 바뀐다. 학생의 질량이 75.0 kg이라고 하자. (a) 학생이 지방 1.00 kg을 빼기 위하여는 축구장의 계단을 몇 번 올라가야 하는가? (b) 학생이 계단을 오를 때 학생의 일률은 와트 단위로 그리고 마력 단위로 얼마인가? (c) 이 계단 오르기 운동이 살을 빼기 위한 실용적인 방법인가?

40. 탄광에서 질량 950 kg만큼 짐을 실은 수레가 레일 위를 마찰 없이 움직인다. 수레는 정지 상태로부터 갱도를 따라 케이블로 끌려 올라간다. 갱도는 수평으로부터 위 방향으로 30° 기울어져 있다. 수레는 처음 12.0초 동안 일정한 가속도로 2.20 m/s까지 가속되며 그 후에는 일정한 속도로 움직인다. (a) 수레가 일정한 속도로 올라갈 때 케이블의 모터가 공급하는 일률은 얼마인가? (b) 모터가 공급하는 최대 일률은 얼마인가? (c) 케이블의 길이가 1 250 m라면 수레가 반대편 끝에 도달할 때 모터가 한 일은 얼마인가?

선운동량과 충돌

Linear Momentum and Collisions

CHAPTER

9

위의 사진에서와 같이 **두 자동차가 충돌할 때 일어나는 일을 생각하자.** 두 자동차는 충돌로 인하여 대단히 큰 속도에서 정지 상태로 운동이 변한다. 각각의 자동차는 아주 짧은 시간 동안에 큰 속도 변화를 일으키므로 자동차에 작용하는 평균 힘은 크다. 뉴턴의 제3법칙에 의하여 각각의 자동차는 같은 크기의 힘을 받는다. 뉴턴의 제2법칙에 의하여, 자동차의 운동에 미치는 이들 힘의 결과는 자동차의 질량에 의존한다.

이 장의 주요 목표 중 하나는 위와 같은 현상을 간단한 방법으로 이해하고 분석하는 것이다. 첫째로 움직이는 물체를 기술하기 위하여 **운동량**이라는 개념을 도입한다. 물체의 운동량은 질량과 속도 모두와 관련이 있다. 운동량의 개념으로부터 두 번째의 보존 법칙인 운동량 보존의 법칙을 이끌어낼 수 있다. 이로부터 고립계와 비고립계에 대한 운동량의 새로운 분석 모형을 알아볼 수 있다. 이들 모형은 물체 사이의 충돌 문제를 다루거나 로켓의 추진을 분석하는 데 아주 유용하게 쓰인다. 또한 이 장에서는 질량 중심의 개념을 도입하여 입자계의 운동을 질량 중심에 있는 대표 입자 한 개의 움직임으로 기술할 수 있음을 알게 될 것이다.

운동량의 개념을 이용하면 자동차가 충돌할 때 포함된 힘에 관한 정보가 없어도 그 충돌을 분석할 수 있다. 이런 분석으로 충돌 전의 자동차의 상대 속도를 알 수 있으며, 나아가서 기술자들이 좀 더 안전한 차를 설계하는 데 도움을 준다. (뒤에 있는 초록색 간판의 내용은 우리말로 '수리나 주유를 위하여 잠깐 들르세요'라는 뜻이다.) *(AP photos/Keystone/Regina Kuehne)*

9.1 선운동량
Linear Momentum

8장에서 뉴턴의 법칙으로 해석하기 어려운 현상을 다루었다. 이런 현상을 포함하는 문제는 계를 규정하고 에너지 보존의 법칙이라는 보존 원리를 적용하여 풀 수 있었다. 여기서는 다른 상황을 생각해 보고 이제까지 공부한 모형으로 이를 풀 수 있는지 살펴보자.

> 60 kg인 궁수가 마찰이 없는 빙판에 서서 0.030 kg의 화살을 수평 방향으로 85 m/s로 쏜다. 화살을 쏜 후 궁수는 빙판에서 얼마의 속도로 움직이겠는가?

뉴턴의 제3법칙에 따라 활과 화살 사이에 서로 주고받는 힘은 크기가 같고 방향이 반대이기 때문에, 그 결과 궁수는 빙판에서 뒤쪽 방향으로 문제에서 물어본 속력으로 미끄러진다. 그러나 이때 궁수가 미끄러지는 속력을 등가속도 운동하는 입자와 같은 운동 모형으로 결정할 수 없다. 왜냐하면 궁수의 가속도에 대한 정보가 하나도 없기 때문이다. 우리는 알짜힘을 받는 입자와 같은 힘 모형을 사용할 수 없다. 역시 힘에 대하여 아는 것이 하나도 없기 때문이다. 활시위를 뒤로 잡아당길 때 한 일 또는 팽팽해진 활시위에 저장된 계의 탄성 퍼텐셜 에너지에 대하여 아무것도 모르기 때문에, 에너지 모형도 도움이 되지 않는다.

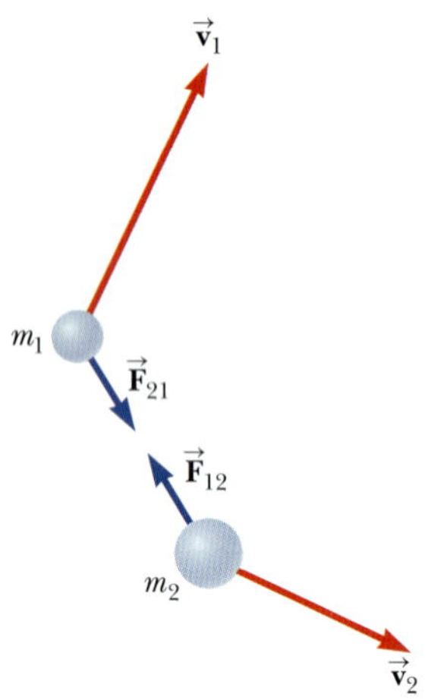

그림 9.1 두 입자가 서로 상호 작용한다. 뉴턴의 제3법칙에 따라 $\vec{F}_{12} = -\vec{F}_{21}$이다.

지금까지 배운 모형을 이용하여 궁수 문제를 푸는 것은 어렵지만, **선운동량**이라는 새로운 물리량을 도입하면 아주 쉽게 풀 수 있다. 새 물리량을 도입하기 위하여, 그림 9.1과 같이 질량이 m_1, m_2인 두 입자가 속도 $\vec{\mathbf{v}}_1$, $\vec{\mathbf{v}}_2$로 동시에 움직이는 고립계를 생각하자. 계는 고립되어 있으므로 한 입자에 작용하는 유일한 힘은 다른 입자로부터 오는 힘이다. 만일 입자 1로부터 힘이(예를 들면 중력) 입자 2에 작용한다면, 입자 2가 입자 1에 작용하는 크기가 같고 방향이 반대인 두 번째 힘이 있어야 한다. 즉 이들 입자에 작용하는 힘은 뉴턴의 제3법칙인 작용–반작용 쌍인 $\vec{\mathbf{F}}_{12} = -\vec{\mathbf{F}}_{21}$을 형성한다. 그러므로 이 조건은 다음과 같이 표현할 수 있다.

$$\vec{\mathbf{F}}_{21} + \vec{\mathbf{F}}_{12} = 0$$

계 모형에서 보면, 이 식은 고립계에서 입자에 작용하는 힘들을 더하면 그 합이 영임을 말해 주고 있다.

뉴턴의 제2법칙을 이용하여 이 상황을 분석해 보자. 그림 9.1에 보인 그 순간에, 계에서 상호 작용하는 입자들은 힘에 반응하여 가속된다. 그러므로 각 입자에 작용하는 힘을 $m\vec{\mathbf{a}}$로 대체하면 다음과 같이 된다.

$$m_1\vec{\mathbf{a}}_1 + m_2\vec{\mathbf{a}}_2 = 0$$

이제 가속도를 식 4.5에서 정의한 것으로 대체하면

$$m_1\frac{d\vec{\mathbf{v}}_1}{dt} + m_2\frac{d\vec{\mathbf{v}}_2}{dt} = 0$$

이다. 질량 m_1과 m_2가 일정하면, 이들을 미분 연산 안으로 가져갈 수 있다.

$$\frac{d(m_1\vec{\mathbf{v}}_1)}{dt} + \frac{d(m_2\vec{\mathbf{v}}_2)}{dt} = 0$$

$$\frac{d}{dt}(m_1\vec{\mathbf{v}}_1 + m_2\vec{\mathbf{v}}_2) = 0 \tag{9.1}$$

합 $m_1\vec{\mathbf{v}}_1 + m_2\vec{\mathbf{v}}_2$의 시간에 대한 도함수가 영이므로, 이 합은 일정해야 한다. 이 논의로부터 고립된 입자계에서 각 입자에 대한 이들의 합이 보존된다는 면에서 입자에 대한 $m\vec{\mathbf{v}}$가 중요함을 알 수 있다. 이 양을 **선운동량**이라고 한다.

◀ 입자의 선운동량 정의

속도 $\vec{\mathbf{v}}$로 움직이는 질량 m인 입자 또는 물체의 **선운동량**(linear momentum)은 질량과 속도의 곱으로 정의된다.

$$\vec{\mathbf{p}} \equiv m\vec{\mathbf{v}} \tag{9.2}$$

이렇게 정의된 선운동량은 스칼라양 m과 벡터양 $\vec{\mathbf{v}}$를 곱한 것이므로 벡터양이다. 이 벡터의 방향은 $\vec{\mathbf{v}}$ 방향이고 차원은 ML/T이다. 선운동량의 SI 단위는 kg · m/s이다.

만일 삼차원 공간에서 입자가 임의의 방향으로 움직인다면 운동량[1] $\vec{\mathbf{p}}$는 세 개의 성분을 갖는다. 따라서 식 9.2는 세 개의 성분 식으로 표현된다.

$$p_x = mv_x \qquad p_y = mv_y \qquad p_z = mv_z$$

정의로부터 알 수 있듯이 운동량의 개념은 같은 속도로 움직이는 무거운 입자와 가벼운 입자의 움직임에 대하여 그 운동의 정량적인 차이를 나타낸다. 예를 들면 볼링공의 운동량은 같은 속력으로 움직이는 테니스공의 운동량보다 훨씬 크다. 뉴턴은 질량과 속도의 곱 $m\vec{\mathbf{v}}$를 **운동의 양**(quantity of motion)이라고 표현하였다. 이는 움직임을 뜻하는 라틴어에서 유래한 것으로서 현재 사용하는 **운동량**(momentum)이라는 단어보다 좀 더 의미를 잘 나타내고 있다.

우리는 질량과 속력으로 나타낸 운동 에너지라는 양을 배웠었다. 그러면 질량과 속도로 나타내는 또 다른 운동량이라는 것이 왜 필요한 것인지 하는 의문이 들 것이다. 운동 에너지와 운동량에는 분명한 차이점이 있다. 첫 번째로 운동 에너지는 스칼라인 반면에 운동량은 벡터이다. 질량이 같은 두 입자가 같은 속력으로 일직선 상에서 서로 접근해 오는 계를 생각해 보자. 계의 구성 요소들이 운동하고 있기 때문에 이 계에는 운동 에너지가 있다. 그러나 운동량은 벡터이기 때문에, 이 계의 운동량은 영이다. 두 번째 큰 차이점은 운동 에너지가 퍼텐셜 에너지 또는 내부 에너지와 같은 여러 형태의 에너지로 변환될 수 있다는 점이다. 선운동량에는 하나의 형태밖에 없으므로, 운동량을 이용하여 문제를 접근할 때는 이런 변환을 볼 수 없다. 문제를 풀 때 사용할 독립적인 방법이 있다면, 이런 차이점이 에너지에 기초한 것과 별도로 운동량에 기초한 모형을 만

[1] 이 장에서 운동량은 선운동량을 의미한다. 회전 운동을 다루는 11장에서는 각운동량이란 물리량에 대하여 기술하게 된다.

들기에 충분한 이유가 된다.

뉴턴의 제2법칙을 사용하여 입자의 선운동량과 그 입자에 작용하는 힘 사이의 관계식을 이끌어낼 수 있다. 뉴턴의 제2법칙으로 시작하고 가속도의 정의를 대입하면

$$\sum \vec{\mathbf{F}} = m\vec{\mathbf{a}} = m\frac{d\vec{\mathbf{v}}}{dt}$$

이다. 뉴턴의 제2법칙에서 질량 m이 일정하다면, m을 미분 연산 안으로 가져갈 수 있다.

입자에 대한 뉴턴의 제2법칙 ▶

$$\sum \vec{\mathbf{F}} = \frac{d(m\vec{\mathbf{v}})}{dt} = \frac{d\vec{\mathbf{p}}}{dt} \tag{9.3}$$

이 식은 **입자의 선운동량의 시간 변화율이 그 입자에 작용하는 알짜힘과 같다**라는 것을 보여 준다. 5장에서, 힘이란 물체의 운동 변화를 일으키는 것이라고 배웠다(5.2절). 뉴턴의 제2법칙에서(식 5.2), 운동 변화를 나타내기 위하여 가속도 $\vec{\mathbf{a}}$를 사용하였다. 이번에는 식 9.3을 보면 운동 변화를 나타내기 위하여 운동량 $\vec{\mathbf{p}}$의 시간에 대한 미분을 사용해도 됨을 알 수 있다.

또한 이 식은 5장에서 뉴턴의 제2법칙에 대한 표현보다 더욱더 일반화한 표현이다. 속도 벡터가 시간에 따라 변하는 상황 이외에도, 식 9.3은 질량이 변하는 현상에도 적용할 수 있다. 예를 들면 로켓의 연료가 타서 외부로 방출되면 로켓의 전체 질량은 변한다. 이때 로켓의 추진력을 분석하기 위하여 $\sum \vec{\mathbf{F}} = m\vec{\mathbf{a}}$는 사용할 수 없고, 9.9절에서 보게 될 운동량으로 접근하는 방법을 사용해야 한다.

퀴즈 9.1 운동 에너지가 같은 두 물체의 운동량 크기를 비교하라. **(a)** $p_1 < p_2$ **(b)** $p_1 = p_2$ **(c)** $p_1 > p_2$ **(d)** 답을 말할 수 있는 충분한 정보가 없다.

퀴즈 9.2 물리 선생님이 여러분에게 어떤 속력으로 야구공을 던졌다. 그 다음 선생님이 질량이 10배로 큰 마법의 공을 던지려 한다. 만일 여러분이 마법의 공을 **(a)** 야구공과 같은 속력으로, **(b)** 같은 운동량으로, **(c)** 같은 운동 에너지로 던질 수 있다면, 마법의 공을 붙잡기가 가장 쉬운 경우부터 순서대로 나열하라.

9.2 분석 모형: 고립계 (운동량)
Analysis Model: Isolated System (Momentum)

오류 피하기 9.1

고립계의 운동량은 보존된다 고립계의 운동량이 보존되더라도, 고립계 안에 있는 한 **입자**의 운동량은 일반적으로 보존되지 않는다. 왜냐하면 계 내의 다른 입자와 상호 작용할 수 있기 때문이다. 한 입자에 운동량 보존을 적용하면 안 된다.

운동량의 정의를 사용하면 식 9.1은

$$\frac{d}{dt}(\vec{\mathbf{p}}_1 + \vec{\mathbf{p}}_2) = 0$$

이 된다. 이 식에서 전체 운동량 $\vec{\mathbf{p}}_{\text{tot}} = \vec{\mathbf{p}}_1 + \vec{\mathbf{p}}_2$의 시간에 대한 도함수가 **영**이므로, 그림 9.1에서 두 입자로 이루어진 고립계의 **전체** 운동량은 일정해야 한다.

$$\vec{\mathbf{p}}_{\text{tot}} = \text{일정} \tag{9.4}$$

또는 어떤 시간 간격 동안 다음과 같다.

$$\Delta\vec{\mathbf{p}}_{\text{tot}} = 0 \tag{9.5}$$

식 9.5는 다음과 같이 쓸 수 있다.

$$\vec{\mathbf{p}}_{1i} + \vec{\mathbf{p}}_{2i} = \vec{\mathbf{p}}_{1f} + \vec{\mathbf{p}}_{2f}$$

여기서 $\vec{\mathbf{p}}_{1i}$와 $\vec{\mathbf{p}}_{2i}$는 입자가 상호 작용하는 동안 두 입자의 처음 운동량이고, $\vec{\mathbf{p}}_{1f}$와 $\vec{\mathbf{p}}_{2f}$는 나중 운동량이다. 이 식을 성분으로 나타내면, 전체 운동량의 x, y, z 방향에 따른 성분이 각각 독립적으로 보존됨을 말한다. 즉

$$p_{1ix} + p_{2ix} = p_{1fx} + p_{2fx} \quad p_{1iy} + p_{2iy} = p_{1fy} + p_{2fy} \quad p_{1iz} + p_{2iz} = p_{1fz} + p_{2fz} \tag{9.6}$$

이다. 식 9.5는 새로운 분석 모형, **고립계(운동량)**의 수학적인 표현이다. 9.7절에서 보이겠지만, 이는 많은 입자로 이루어진 고립계로 확장시킬 수 있다. 우리는 8장에서 고립계 모형의 에너지($\Delta E_{\text{system}} = 0$)를 공부하였으며, 이제 운동량을 공부하고 있다. 일반적으로 식 9.5는 다음과 같이 기술할 수 있다.

◀ 고립계 모형의 운동량

고립계에 있는 두 입자 또는 더 많은 입자가 상호 작용할 때, 이들 계의 전체 운동량은 항상 일정하게 유지된다.

즉 고립계의 전체 운동량은 항상 처음 운동량과 같다.

앞의 논의에서 계의 입자에 작용하는 힘이 보존력인지 비보존력인지에 대한 아무런 언급이 없음에 유의하라. 또한 힘들이 일정한지에 대하여 언급한 것도 없었다. 유일한 요건은 작용하는 힘들이 계의 **내부**에 있어야 한다는 것이다. 이 하나의 요건이 이 새로운 모형의 중요성에 대한 힌트를 제공하고 있다.

예제 9.1 활 쏘는 사람

9.1절의 앞부분에서 설정한 상황을 고려해 보자. 60 kg인 궁수가 마찰이 없는 빙판에 서서 0.030 kg의 화살을 수평 방향으로 85 m/s로 쏘았다(그림 9.2). 화살을 쏜 후에 반대 방향으로 궁수가 얼마의 속도로 빙판에서 미끄러지는가?

그림 9.2 (예제 9.1) 궁수가 오른쪽으로 수평하게 화살을 쏜다. 궁수는 마찰이 없는 빙판에 서 있기 때문에 왼쪽으로 미끄러지기 시작할 것이다.

풀이

개념화 여러분은 이 문제를 9.1절의 앞부분에 소개할 때 벌써 개념화하였다. 화살은 한 방향으로 날아가고 궁수는 반대 방향으로 반동한다.

분류 9.1절에서 논의한 바와 같이 이 문제는 운동, 힘 또는 에너지 모형으로 풀 수 없다. 그러나 운동량을 이용하면 이 문제를 쉽게 풀 수 있다.

여기서 계는 궁수(활 포함)와 화살로 구성되어 있다. 이 계는 중력과 빙판으로부터 수직항력이 계에 작용하고 있기 때문에 고립계가 아니다. 그러나 이 힘들은 연직 방향이고 계의 운동 방향에 수직으로 작용한다. 수평 방향으로는 외력이 존재하지 않는 고립계로 생각할 수 있다. 그리고 이 방향에서 운동량 성분에 관해서도 **고립계**로 생각할 수 있다.

분석 화살이 발사되기 전에 계의 어떤 것도 움직이지 않기 때문에 계의 전체 수평 성분 운동량은 영이다. 그러므로 화살이 발사된 후에 계의 전체 수평 운동량은 영이 되어야 한다. 화살이 발사되는 방향을 $+x$ 방향이라 하자. 여기서 궁수는 입자 1로, 화살은 입자 2로 취급할 때 $m_1 = 60$ kg, $m_2 = 0.030$ kg, $\vec{\mathbf{v}}_{2f} = 85\hat{\mathbf{i}}$ m/s이다.

고립계(운동량) 모형을 이용하고, 식 9.5로 시작한다.

$$\Delta\vec{\mathbf{p}} = 0 \quad \rightarrow \quad \vec{\mathbf{p}}_f - \vec{\mathbf{p}}_i = 0 \quad \rightarrow \quad \vec{\mathbf{p}}_f = \vec{\mathbf{p}}_i$$

$$\rightarrow \quad m_1\vec{\mathbf{v}}_{1f} + m_2\vec{\mathbf{v}}_{2f} = 0$$

$\vec{\mathbf{v}}_{1f}$에 대하여 이 식을 풀고 주어진 값들을 대입한다.

$$\vec{\mathbf{v}}_{1f} = -\frac{m_2}{m_1}\vec{\mathbf{v}}_{2f} = -\left(\frac{0.030\text{ kg}}{60\text{ kg}}\right)(85\hat{\mathbf{i}}\text{ m/s})$$

$$= -0.042\hat{\mathbf{i}}\text{ m/s}$$

결론 $\vec{\mathbf{v}}_{1f}$의 음(−) 부호는 화살이 발사된 후에 궁수가 그림 9.2에서 왼쪽으로 움직이는 것을 표현한다. 뉴턴의 제3법칙에 따라 화살이 날아가는 방향과 반대 방향인 왼쪽으로 움직인다는 것이다. 궁수는 화살에 비하여 훨씬 더 질량이 크므로, 궁수의 속도와 가속도는 화살에 비하여 훨씬 작다. 이 문제는 매우 간단한 것처럼 보이지만, 운동, 힘 또는 에너지에 기초한 모형으로는 풀 수 없다. 새로운 운동량 모형은 단순해 보일 뿐만 아니라 실제로도 단순하다.

문제 만일 화살을 수평선 상에서 각도 θ인 방향으로 쏘았다면 궁수의 반동 속도는 어떻게 되는가?

답 화살의 속도 성분은 x 방향으로만 작용하기 때문에 반동 속도의 크기는 감소한다. x 방향에서 운동량 보존은 다음과 같다.

$$m_1v_{1f} + m_2v_{2f}\cos\theta = 0$$

여기서

$$v_{1f} = -\frac{m_2}{m_1}v_{2f}\cos\theta$$

이다. $\theta = 0$이면 $\cos\theta = 1$이므로, 화살을 수평으로 쏠 때, 궁수의 나중 속도는 이 값으로 그 크기가 감소한다. θ가 영이 아닌 값에 대하여 $\cos\theta$는 1보다 작은 값을 가지므로, 반동 속력은 $\theta = 0$일 때보다 작은 값을 갖는다. 만일 $\theta = 90°$이면 $\cos\theta = 0$이고, $v_{1f} = 0$이므로 반동 속도는 없다. 이 경우 궁수는 화살을 쏘면 아래 방향으로 빙판을 밀게 된다.

예제 9.2 지구의 운동 에너지를 실제로 무시할 수 있는가?

7.6절에서 지구와 낙하하는 공으로 구성된 계의 에너지를 생각할 때 지구의 운동 에너지는 무시할 수 있다고 주장하였다. 이 주장을 증명하라.

풀이

개념화 지표면으로 공이 떨어진다고 상상하자. 여러분의 입장에서 보면 공은 지구가 정지 상태로 있는 동안 떨어진다. 그러나 뉴턴의 제3법칙에 의하면 공이 떨어지는 동안 지구는 위쪽 방향의 힘과 가속도를 받는다. 다음 계산에서 이 운동은 매우 작아서 무시할 수 있음을 보일 것이다.

분류 공과 지구로 계를 정의한다. 외부 세계에서 계에 작용하는 힘들이 없다고 가정한다. **고립계 모형의 운동량**을 사용하자.

분석 지구와 공의 운동 에너지의 비율을 계산함으로써 이 주장을 증명할 것이다. 여기서 v_E와 v_b는 공이 얼마의 거리를 낙하한 후의 지구와 공의 속력이다.

운동 에너지의 정의를 사용하면 공의 운동 에너지에 대한 지구의 운동 에너지 비는 다음과 같다.

$$(1) \qquad \frac{K_E}{K_b} = \frac{\frac{1}{2}m_Ev_E^{\,2}}{\frac{1}{2}m_bv_b^{\,2}} = \left(\frac{m_E}{m_b}\right)\left(\frac{v_E}{v_b}\right)^2$$

계의 처음과 나중의 운동량이 영임을 인식하면서 고립계(운동량) 모형을 적용한다.

$$\Delta\vec{\mathbf{p}} = 0 \quad \rightarrow \quad p_i = p_f \quad \rightarrow \quad 0 = m_bv_b + m_Ev_E$$

속력의 비에 대하여 방정식을 푼다.

$$\frac{v_E}{v_b} = \frac{m_b}{m_E}$$

식 (1)에 v_E/v_b에 대한 식을 대입한다.

$$\frac{K_E}{K_b} = \left(\frac{m_E}{m_b}\right)\left(\frac{m_b}{m_E}\right)^2 = \frac{m_b}{m_E}$$

질량의 어림수를 대입한다.

$$\frac{K_E}{K_b} = \frac{m_b}{m_E} \sim \frac{1\text{ kg}}{10^{25}\text{ kg}} \sim 10^{-25}$$

결론 지구의 운동 에너지는 공의 운동 에너지에 비하여 매우 작다. 그래서 우리는 계의 운동 에너지에서 지구의 운동 에너지를 무시하는 이유를 증명하였다.

9.3 분석 모형: 비고립계 (운동량)
Analysis Model: Nonisolated System (Momentum)

식 9.3에 의하면 알짜힘이 입자에 가해질 때 그 입자의 운동량은 변한다. 9.7절에서 공부하겠지만 같은 표현을 계에 작용하는 알짜힘에 대해서도 할 수 있다. 주위 환경으로부터 계에 알짜힘이 작용하면 계의 운동량이 변한다. 이는 8장에서 에너지에 대하여 논의한 것과 비슷해 보인다. 에너지가 계와 주위 환경 사이에서 이동하면 계의 에너지는 변한다. 이 절에서는 **비고립계**를 고려한다. 에너지 관점에서 비고립계는 8.1절에서 소개한 대로 에너지가 계의 경계를 통과하면 비고립계이다. 운동량 관점에서 환경으로부터 알짜힘이 주어진 시간 동안 계에 작용하면 비고립계이다. 이 경우에 우리는 운동량이 주위로부터 계로 알짜힘에 의하여 전달된다고 생각할 수 있다. 힘에 의한 운동량의 변화를 아는 것은 여러 가지 형태의 문제를 푸는 데 유용하다. 중요한 개념을 더 쉽게 이해하기 위하여 입자에 알짜힘 $\sum \vec{\mathbf{F}}$가 작용하고, 이 힘이 시간에 따라 변한다고 가정해 보자. 뉴턴의 제2법칙에 의하면 $\sum \vec{\mathbf{F}} = d\vec{\mathbf{p}}/dt$이거나 또는

$$d\vec{\mathbf{p}} = \sum \vec{\mathbf{F}}\, dt \tag{9.7}$$

로 쓸 수 있다. 힘이 어떤 시간 간격 동안 작용할 때, 이 식을 적분하면[2] 입자의 운동량 변화를 구할 수 있다. 만일 입자의 운동량이 시간 t_i일 때 $\vec{\mathbf{p}}_i$에서 시간 t_f일 때 $\vec{\mathbf{p}}_f$로 바뀌었다면, 식 9.7을 적분하여

$$\Delta\vec{\mathbf{p}} = \vec{\mathbf{p}}_f - \vec{\mathbf{p}}_i = \int_{t_i}^{t_f} \sum \vec{\mathbf{F}}\, dt \tag{9.8}$$

를 얻는다. 적분을 계산하기 위하여 알짜힘이 시간에 따라 어떻게 변하는지 알 필요가 있다. 식 9.8의 오른쪽 항의 값을 시간 간격 $\Delta t = t_f - t_i$ 동안 입자에 작용한 알짜힘 $\sum \vec{\mathbf{F}}$의 **충격량**(impulse)이라 한다.

$$\vec{\mathbf{I}} \equiv \int_{t_i}^{t_f} \sum \vec{\mathbf{F}}\, dt \tag{9.9}$$

◀ 힘의 충격량

이 정의로부터 충격량 $\vec{\mathbf{I}}$는 그림 9.3a에 표시된 것과 같이 힘–시간 곡선 아래의 넓이와 같은 크기를 갖는 벡터양임을 알 수 있다. 이 그림에서 힘이 일반적인 방법으로 시간에 따라 변하고, 시간 간격 $\Delta t = t_f - t_i$ 사이에서 작용한다고 가정하였다. 충격량 벡

[2] 이 적분은 시간에 대하여 힘을 적분하는 것이다. 7장에서 힘이 한 일을 구하기 위하여 위치에 대하여 힘을 적분하였음을 기억하자.

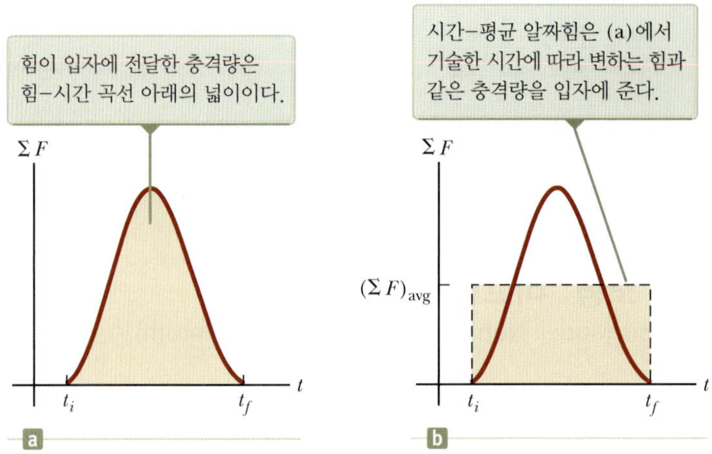

그림 9.3 (a) 입자에 작용하는 알짜힘은 시간에 따라 변할 수 있다. (b) 일정한 힘 $(\Sigma F)_{avg}$(수평 점선)은 직사각형의 넓이 $(\Sigma F)_{avg}\,\Delta t$가 (a)에서 곡선 아래의 넓이와 같도록 선택한 것이다.

터의 방향은 운동량 변화의 방향과 같다. 충격량은 운동량과 같은 차원이다. 즉 ML/T의 차원을 갖는다. 충격량은 입자 자체의 성질이 **아니고**, 외력이 입자의 운동량을 변화시키는 정도를 나타내는 양이다.

입자에 충격량을 가하는 알짜힘은 일반적으로 시간에 따라 변하기 때문에 시간에 대한 평균 알짜힘을 정의하는 것이 편리하다.

$$\left(\sum \vec{\mathbf{F}}\right)_{avg} \equiv \frac{1}{\Delta t}\int_{t_i}^{t_f} \sum \vec{\mathbf{F}}\, dt \tag{9.10}$$

여기서 $\Delta t = t_f - t_i$이다(이 식은 미적분학에서 평균값 정리의 응용이다). 따라서 식 9.9는

$$\vec{\mathbf{I}} = \left(\sum \vec{\mathbf{F}}\right)_{avg} \Delta t \tag{9.11}$$

로 표현할 수 있다. 그림 9.3b에서 보는 바와 같이 시간에 대한 평균 알짜힘은 시간에 따라 변하는 힘이 시간 간격 Δt 동안 입자에 작용하는 것과 같은 크기의 충격량을 같은 시간 동안에 줄 수 있는 일정한 힘으로 해석할 수 있다.

원리적으로 $\sum \vec{\mathbf{F}}$가 시간의 함수라면 충격량은 식 9.9로부터 계산할 수 있다. 이 계산은 만일 입자에 작용하는 힘이 일정하면 특히 간단하다. 이 경우에 $\left(\sum \vec{\mathbf{F}}\right)_{avg} = \sum \vec{\mathbf{F}}$이다. 여기서 $\sum \vec{\mathbf{F}}$는 일정한 알짜힘이고, 식 9.11은 다음과 같다.

$$\vec{\mathbf{I}} = \sum \vec{\mathbf{F}}\, \Delta t \tag{9.12}$$

식 9.8과 9.9를 결합하면 **충격량–운동량 정리**(impulse-momentum theorem)로 알려진 중요한 식을 얻게 된다.

입자의 충격량–운동량 정리 ▶

입자의 운동량의 변화는 입자에 작용하는 알짜힘의 충격량과 같다.

$$\Delta \vec{\mathbf{p}} = \vec{\mathbf{I}} \tag{9.13}$$

이 정리는 뉴턴의 제2법칙과 동등하다. 충격량이 입자에 가해졌다는 말은 외부의 인자에 의하여 입자에 운동량이 전달되었음을 의미한다. 식 9.13은 식 8.1과 이를 자세

히 나타낸 식 8.2의 에너지 보존 식과 동일한 구조를 가진다. 식 9.13은 **운동량 보존**(conservation of momentum)의 원리를 가장 일반적으로 나타낸 표현이고, 이를 **운동량 보존 식**(conservation of momentum equation)이라고 한다. 운동량 접근의 경우 비고립계보다 고립계의 문제에서 더 많이 나타난다. 그러므로 실제는 특별한 경우인 식 9.5를 종종 운동량 보존 식이라고 한다.

식 9.13의 좌변은 계(여기서는 입자 하나)의 운동량 변화를 나타내고, 우변은 계에 작용하는 알짜힘으로 인하여 얼마나 많은 운동량이 계의 경계를 지나가는지에 대한 척도이다. 식 9.13은 새로운 분석 모형인 **비고립계(운동량)** 모형의 수학적인 표현이다. 이 식이 식 8.1과 형태가 비슷하지만, 문제에 적용하는 데에는 몇 가지 차이점이 있다. 첫째, 식 9.13은 벡터 식인 반면에 식 8.1은 스칼라 식이다. 따라서 식 9.13에서는 방향이 중요하다. 둘째, 운동량에는 하나의 형태만이 있으므로 계에 운동량을 저장하는 방법으로 한 가지만 있게 된다. 이와 대조적으로 식 8.2에서 본 것처럼 계에 에너지를 저장하는 방법은 운동 에너지, 퍼텐셜 에너지 그리고 내부 에너지로 세 가지가 있다. 셋째, 힘을 계에 적절한 시간 동안 작용하는 것이 운동량을 계에 전달하는 유일한 방법이다. 그런데 식 8.2는 에너지를 계에 전달하는 여섯 가지 방법이 있음을 보여 주고 있다. 그러나 식 8.2와 유사하게 식 9.13을 더 자세하게 표현하는 방법은 없다.

많은 물리적 상황에서 **충격량 근사**(impulse approximation)를 사용한다. 충격량 근사는 입자에 작용하는 힘 중 하나가 짧은 시간 동안 작용하지만 다른 어떤 힘보다 훨씬 크다고 가정한다. 이 경우에 식 9.9의 알짜힘 $\sum \vec{\mathbf{F}}$는 입자에 작용하는 충격량을 알기 위하여 그 하나의 힘 $\vec{\mathbf{F}}$로 대치되어야 한다. 이 근사는 충돌 시간이 아주 짧은 충돌을 다루는 데 특히 유용하다. 이런 근사가 사용될 때 그 힘을 **충격력**이라고 한다. 예를 들어 야구 방망이로 공을 칠 때 충돌 시간은 약 0.01 s이고 방망이가 이 시간에 공에 가하는 평균 힘은 대략 수천 N이 된다. 이 접촉력은 공을 치는 동안 공과 방망이에 미치는 중력보다 훨씬 크므로 충격량 근사가 쓰일 수 있다. 이 근사를 사용할 때 $\vec{\mathbf{p}}_i$와 $\vec{\mathbf{p}}_f$는 각각 충돌 직전과 직후의 운동량을 나타낸다는 것을 인식하는 것이 중요하다. 그러므로 충격량 근사를 사용하는 어떤 상황에서도 충돌 중에 입자의 움직임은 매우 적다.

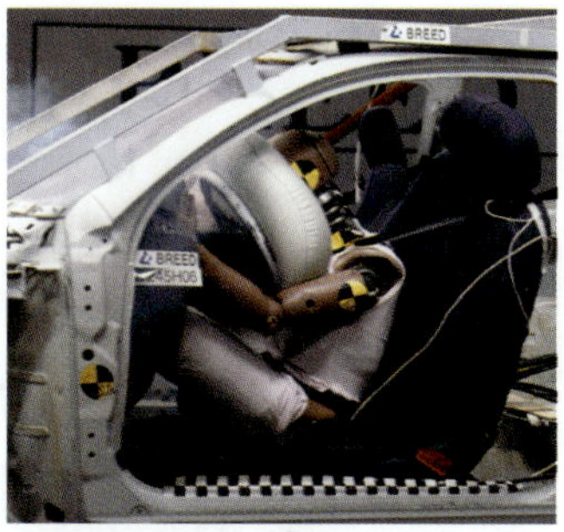

© David Woods/CORBIS

자동차에 있는 에어백은 사고에서 많은 생명을 구하고 있다. 에어백은 승객이 정지할 때까지의 시간 간격을 증가시켜서, 승객에 가해지는 힘(그래서 나타나는 부상)을 감소시킨다.

퀴즈 9.3 두 물체가 마찰이 없는 표면에 정지해 있다. 물체 1은 물체 2보다 질량이 더 크다. **(i)** 일정한 힘이 물체 1에 작용할 때, 물체 1은 직선 거리 d만큼 가속 운동한다. 물체 1에 작용한 힘을 제거하여 물체 2에 작용시키면 순간적으로 물체 2가 같은 거리 d만큼 가속 운동한다. 이때 다음 중 어떤 것이 참인가? (a) $p_1 < p_2$ (b) $p_1 = p_2$ (c) $p_1 > p_2$ (d) $K_1 < K_2$ (e) $K_1 = K_2$ (f) $K_1 > K_2$ **(ii)** 힘이 물체 1에 작용할 때 시간 간격 Δt 동안 가속된다. 물체 1에서 힘을 제거하고 물체 2에 힘을 작용한다. 물체 2가 같은 시간 간격 Δt 동안 가속된 후에는 앞의 보기 중 어떤 것이 참인가?

퀴즈 9.4 자동차의 계기판(대시보드), 안전벨트, 에어백이 같은 속력으로 따로따로 앞 좌석 승객과 충돌을 할 때 승객에게 전달되는 **(a)** 충격량과 **(b)** 평균 힘에 대하여 큰 것부터 순서대로 나열하라.

예제 9.3 범퍼가 얼마나 좋은가

자동차 충돌 실험에서 질량 1 500 kg인 자동차가 그림 9.4와 같이 벽과 충돌한다. 충돌 전, 후 자동차의 속도는 각각 $\vec{\mathbf{v}}_i = -15.0\hat{\mathbf{i}}$ m/s와 $\vec{\mathbf{v}}_f = 2.60\hat{\mathbf{i}}$ m/s이다. 충돌이 0.150 s 동안에 일어난다면, 이때 충돌에 의한 충격량과 자동차에 가해지는 평균 힘은 얼마인가?

풀이

개념화 충돌 시간은 짧다. 그래서 자동차는 매우 빠르게 정지 상태에 도달한 후에 감소된 속력으로 반대 방향으로 움직이는 것을 상상할 수 있다.

분류 충돌할 때 벽이 자동차에 작용하는 알짜힘과 지표면으로부터의 마찰은 다른 힘(예를 들어 공기 저항력)에 비하여 아주 크다고 가정하자. 특히 도로가 자동차에 작용하는 중력이나 수직항력은 운동 방향에 수직으로 작용하기 때문에, 수평 성분의 운동량에는 아무런 영향을 주지 못한다. 그러므로 우리는 수평 방향 운동에서 충격량 근사를 적용할 수 있는 문제로 분류한다. 또한 환경으로부터 충격량에 의하여 자동차의 운동량이 변함을 볼 수 있다. 따라서 **비고립계(운동량)** 모형을 적용할 수 있다.

분석 식 9.13을 사용하여 자동차에 가해지는 충격량을 구한다.

$$\vec{\mathbf{I}} = \Delta\vec{\mathbf{p}} = \vec{\mathbf{p}}_f - \vec{\mathbf{p}}_i = m\vec{\mathbf{v}}_f - m\vec{\mathbf{v}}_i = m(\vec{\mathbf{v}}_f - \vec{\mathbf{v}}_i)$$

$$= (1\,500 \text{ kg})[2.60\hat{\mathbf{i}} \text{ m/s} - (-15.0\hat{\mathbf{i}} \text{ m/s})]$$

$$= 2.64 \times 10^4 \hat{\mathbf{i}} \text{ kg}\cdot\text{m/s}$$

식 9.11을 사용하여 자동차에 작용하는 평균 알짜힘을 계산한다.

$$\left(\sum \vec{\mathbf{F}}\right)_{\text{avg}} = \frac{\vec{\mathbf{I}}}{\Delta t} = \frac{2.64 \times 10^4 \hat{\mathbf{i}} \text{ kg}\cdot\text{m/s}}{0.150 \text{ s}}$$

$$= 1.76 \times 10^5 \hat{\mathbf{i}} \text{ N}$$

결론 앞에서 얻은 알짜힘은 자동차의 앞부분이 충돌에 의하여 구겨짐에 따라 벽으로부터 자동차에 작용하는 수직항력과 바퀴와 지표면 사이의 마찰력의 조합에 의한 것이다. 충돌이 일어나는 동안 브레이크가 작동하지 않고 구겨지는 금속이 바퀴의 자유로운 회전에 방해를 주지 않는다면, 자유롭게 회전하는 바퀴 때문에 마찰력은 비교적 작을 것이다. 예제에서 두 속도의 부호가 반대임에 유의하자. 만일 처음과 나중 속도가 부호가 같다면 어떤 상황을 나타내는가?

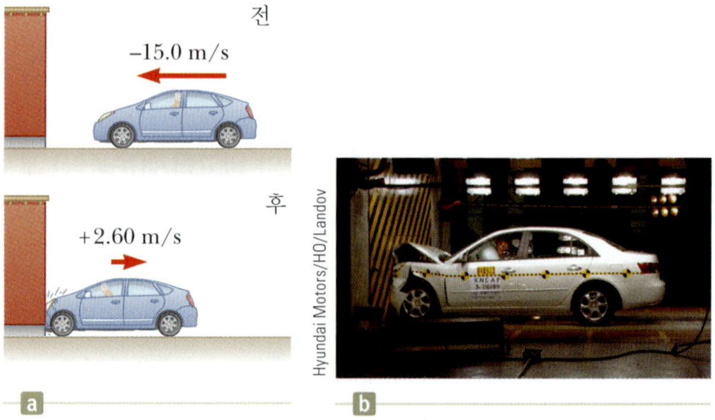

그림 9.4 (예제 9.3) (a) 자동차의 운동량은 벽과 충돌의 결과로 인하여 변한다. (b) 충돌 실험에서 자동차의 처음 운동 에너지 대부분이 자동차를 파괴시키는 에너지로 변환된다.

문제 자동차가 벽으로부터 튕겨나가지 않는다면 어떤 일이 일어날까? 자동차의 나중 속도가 영이고 충돌이 그대로 0.150 s 동안 일어난다면, 자동차에 가해진 알짜힘이 원래의 경우와 비교하여 큰지 작은지를 판별하라.

답 자동차가 튕겨나가는 원래의 상황에서 벽이 자동차에 가한 힘은 두 가지 작용을 한다. (1) 자동차를 멈추게 한다. (2) 충돌 후에 2.60 m/s의 속력으로 자동차를 벽에서부터 멀어지게 한다. 만일 자동차가 튕겨나가지 않는다면, 알짜힘은 자동차를 멈추는 첫 단계에만 작용한다. 그러므로 **더 작은** 힘이 가해진다.

수학적으로 자동차가 튕겨나가지 않을 때, 충격량은

$$\vec{\mathbf{I}} = \Delta\vec{\mathbf{p}} = \vec{\mathbf{p}}_f - \vec{\mathbf{p}}_i = 0 - (1\,500 \text{ kg})(-15.0\hat{\mathbf{i}} \text{ m/s})$$

$$= 2.25 \times 10^4 \hat{\mathbf{i}} \text{ kg}\cdot\text{m/s}$$

이고, 벽이 자동차에 가한 평균 알짜힘은

$$\left(\sum \vec{\mathbf{F}}\right)_{\text{avg}} = \frac{\vec{\mathbf{I}}}{\Delta t} = \frac{2.25 \times 10^4 \hat{\mathbf{i}} \text{ kg}\cdot\text{m/s}}{0.150 \text{ s}} = 1.50 \times 10^5 \hat{\mathbf{i}} \text{ N}$$

이다. 이 값은 앞 예제의 경우에 비하여 작다.

9.4 일차원 충돌
Collisions in One Dimension

이 절에서는 고립계(운동량) 모형을 이용하여 두 개의 입자가 충돌할 경우 일어나는 현상을 다룬다. 여기서 **충돌**(collision)이라는 용어는 두 입자가 짧은 시간 동안 작용하여 서로에게 힘으로 상호 작용하는 경우를 나타낸다. 이때 상호 작용하는 힘은 다른 어떤 외력보다 훨씬 크다고 가정하고 충격량 근사를 사용한다.

충돌이란 그림 9.5a와 같이 두 거시적인 물체 사이의 물리적 접촉을 포함할 수 있으나, 미시 수준에서는 물리적 접촉이 제대로 정의되지 않아 무의미하므로 충돌의 의미를 좀 더 일반화시켜야 한다. 이 개념을 이해하기 위하여 그림 9.5b와 같이 양성자와 알파입자(헬륨의 원자핵)의 충돌의 경우를 생각해 보자. 두 입자는 모두 양전하를 띠고 있으므로, 가까운 거리에서 그들 사이의 강한 정전기력에 의하여 서로 반발하여 물리적 접촉을 하지 않게 된다.

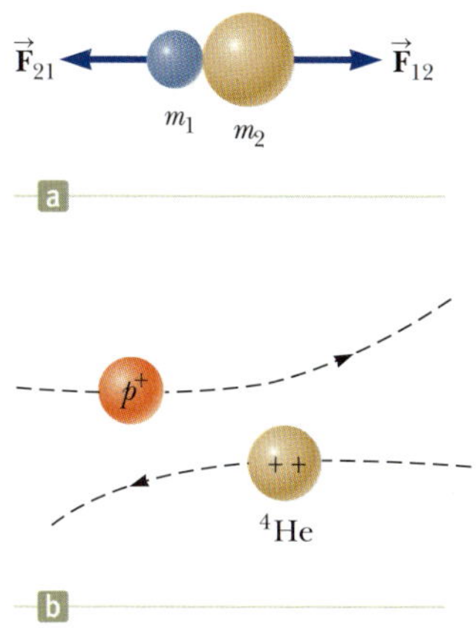

그림 9.5 (a) 물체가 직접 접촉해서 일어나는 충돌 (b) 전하를 띤 물체들의 충돌

그림 9.5와 같이 질량 m_1과 m_2인 두 입자가 충돌할 때 충격력은 복잡한 방법으로 시간에 따라 변할 수 있는데, 그림 9.3은 그 한 예이다. 그러나 충격력의 시간에 대한 변화가 복잡함에도 불구하고, 이 힘은 두 입자계에서 내력이다. 그러므로 두 입자는 고립계를 구성하며 계의 운동량은 어떤 충돌에서도 보존되어야 한다.

이와는 대조적으로 충돌 형태에 따라 계의 전체 운동 에너지는 보존될 수도 보존되지 않을 수도 있다. 그래서 운동 에너지가 보존되면 탄성 충돌, 보존되지 않으면 비탄성 충돌로 구분한다.

두 물체 사이의 **탄성 충돌**(elastic collision)은 계의(전체 운동량뿐만 아니라) 전체 운동 에너지가 충돌 전과 후에 같다. 예를 들면 당구공과 같이 거시적인 세계에서 어떤 물체 사이의 충돌은 약간의 변형과 운동 에너지의 손실이 일어나므로 단지 **근사적으로** 탄성이다. 즉 당구공이 충돌하는 소리는 계의 에너지 일부가 소리로 변환된 것이다. 탄성 충돌에서는 소리가 하나도 발생하지 않아야 한다. 완전한 탄성 충돌은 원자와 아원자 입자 사이에서 일어난다. 이런 충돌은 에너지와 운동량 모두 고립계 모형으로 설명된다. 게다가 계 내에서 운동 에너지가 다른 형태의 에너지로 변환되는 것이 없어야 한다.

비탄성 충돌(inelastic collision)은 (계의 운동량은 보존되더라도) 계의 전체 운동 에너지가 충돌 전과 후에 같지 않은 경우이다. 비탄성 충돌에는 두 가지 형태가 있다. 두 물체가 충돌하여 서로 붙어버리는 경우, 예를 들면 운석이 지구와 충돌하여 지구에 박히는 경우 이를 **완전 비탄성 충돌**(perfectly inelastic collisions)이라 한다. 두 물체가 충돌하여 합쳐지지 않고 단지 운동 에너지의 일부가 변환되거나 전달되어 없어지는 경우, 예를 들면 고무공과 단단한 면이 충돌하는 경우 이를 **비탄성 충돌**(inelastic collisions)이라 한다. 이 경우에 고무공의 운동 에너지 일부는 공이 면과 접촉하면서 변형될 때 변환된다. 외력이 작용하지 않는 비탄성 충돌은 운동량에 대한 고립계 모형으로 설명된다. 계는 운동 에너지가 퍼텐셜 에너지 또는 내부 에너지로 변환되는 경우 에너지 측면에서 고립될 수 있다. 계가 고립되어 있지 않으면, 어떤 형태로든지 계를 떠

오류 피하기 9.2
비탄성 충돌 일반적으로 비탄성 충돌은 추가적인 정보가 없으면 분석이 어렵다. 정보가 부족하면 방정식보다 미지수가 더 많이 수식에 나타나게 된다.

나는 에너지가 있을 수 있다. 후자의 경우도 계 내에서 에너지의 일부가 다른 형태로 변환될 수 있다. 이들 중 어떤 경우이든 계의 운동 에너지는 변한다.

이 절의 나머지 부분에서 일차원 충돌에 대한 수학적인 내용을 다루며, 서로 양극단인 완전 비탄성 충돌과 탄성 충돌을 생각해 본다.

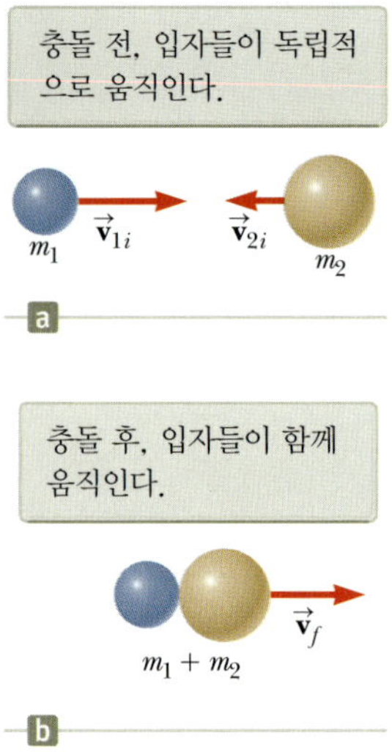

그림 9.6 두 입자 사이의 완전 비탄성 정면 충돌

완전 비탄성 충돌 Perfectly Inelastic Collisions

그림 9.6과 같이 질량 m_1과 m_2인 두 입자가 같은 직선을 따라 각각 속도 $\vec{\mathbf{v}}_{1i}$와 $\vec{\mathbf{v}}_{2i}$로 움직이는 경우를 생각해 보자. 이 두 입자가 정면 충돌하여 서로 붙은 뒤, 어떤 속도 $\vec{\mathbf{v}}_f$로 움직인다. **어떤** 충돌에서도 고립계의 운동량이 보존되므로, 충돌 전의 전체 운동량은 충돌 후에 합쳐진 물체의 전체 운동량과 같다.

$$\Delta\vec{\mathbf{p}} = 0 \quad \rightarrow \quad \vec{\mathbf{p}}_i = \vec{\mathbf{p}}_f \quad \rightarrow \quad m_1\vec{\mathbf{v}}_{1i} + m_2\vec{\mathbf{v}}_{2i} = (m_1 + m_2)\vec{\mathbf{v}}_f \tag{9.14}$$

나중 속도에 대하여 풀면 다음과 같다.

$$\vec{\mathbf{v}}_f = \frac{m_1\vec{\mathbf{v}}_{1i} + m_2\vec{\mathbf{v}}_{2i}}{m_1 + m_2} \tag{9.15}$$

탄성 충돌 Elastic Collisions

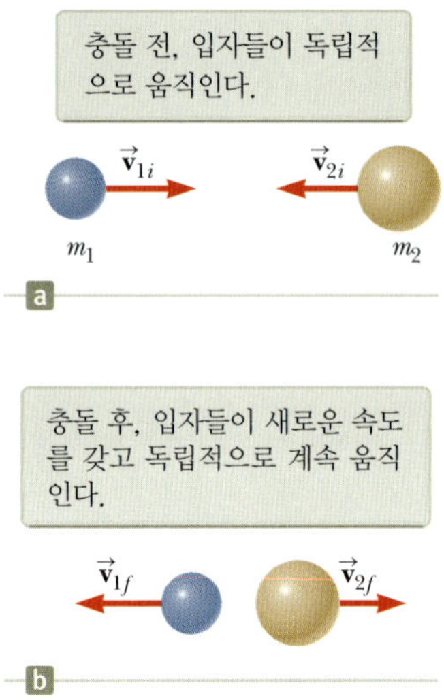

그림 9.7 두 입자 사이의 탄성 정면 충돌

그림 9.7과 같이 질량 m_1과 m_2인 두 입자가 같은 직선을 따라 처음 속도 $\vec{\mathbf{v}}_{1i}$와 $\vec{\mathbf{v}}_{2i}$로 움직인다고 생각해 보자. 두 입자가 정면 충돌한 후 각각 다른 속도 $\vec{\mathbf{v}}_{1f}$와 $\vec{\mathbf{v}}_{2f}$로 충돌 위치를 벗어난다. 탄성 충돌에서 계의 운동량과 운동 에너지 모두 보존된다. 그러므로 그림 9.7에서 수평 방향으로의 속도를 고려할 때, 다음과 같다.

$$p_i = p_f \quad \rightarrow \quad m_1v_{1i} + m_2v_{2i} = m_1v_{1f} + m_2v_{2f} \tag{9.16}$$

$$K_i = K_f \quad \rightarrow \quad \tfrac{1}{2}m_1{v_{1i}}^2 + \tfrac{1}{2}m_2{v_{2i}}^2 = \tfrac{1}{2}m_1{v_{1f}}^2 + \tfrac{1}{2}m_2{v_{2f}}^2 \tag{9.17}$$

그림 9.7의 속도는 왼쪽이나 오른쪽을 향하고 있으므로 이들을 각각의 속력에 방향을 나타내는 부호를 덧붙여 표시할 수 있는데, 입자가 오른쪽으로 움직이는 경우는 v를 양(+)으로, 왼쪽으로 움직이는 경우는 음(−)으로 잡는다.

탄성 충돌에 관한 일반적인 문제의 경우, 두 개의 미지수가 있게 되는데, 이들은 식 9.16과 9.17을 연립으로 풀면 구할 수 있다. 그러나 다른 방법에 따라 식 9.17을 수학적으로 다루면, 이 과정을 단순화할 수 있다. 이를 알아보기 위하여, 식 9.17에서 $\frac{1}{2}$을 소거하고 아래 첨자 1의 항은 좌변에 그리고 아래 첨자 2의 항은 우변에 옮겨 정리하면 다음과 같이 다시 쓸 수 있다.

$$m_1({v_{1i}}^2 - {v_{1f}}^2) = m_2({v_{2f}}^2 - {v_{2i}}^2)$$

이 식의 양변을 인수분해하면

$$m_1(v_{1i} - v_{1f})(v_{1i} + v_{1f}) = m_2(v_{2f} - v_{2i})(v_{2f} + v_{2i}) \tag{9.18}$$

가 된다.

이번에는 식 9.16에서 m_1과 m_2를 포함하는 항을 같은 방법으로 분리하면

$$m_1(v_{1i} - v_{1f}) = m_2(v_{2f} - v_{2i}) \tag{9.19}$$

가 된다. 나중 결과를 구하기 위하여 식 9.18을 식 9.19로 나누면

$$v_{1i} + v_{1f} = v_{2f} + v_{2i}$$

이번에는 다시 한 번 처음 관련 항을 좌변에, 나중 관련 항을 우변에 옮겨 정리하면

$$v_{1i} - v_{2i} = -(v_{1f} - v_{2f}) \tag{9.20}$$

를 얻는다. 이 식을 식 9.16과 함께 사용하여 탄성 충돌에 관계된 문제를 풀 수 있다. 이 두 개의 식 9.16과 9.20은 식 9.16과 9.17보다 다루기가 쉽다. 왜냐하면 식 9.17에서와 같이 이차식이 없기 때문이다. 식 9.20에 따르면 충돌 전의 두 입자의 **상대 속도** $v_{1i} - v_{2i}$는 충돌 후의 상대 속도의 음의 값인 $-(v_{1f} - v_{2f})$와 같다. 즉 충돌 후 상대 속력은 변하지 않는다.

오류 피하기 9.3

일반적인 개념이 아니다 식 9.20은 두 입자가 일차원 탄성 충돌을 하는 아주 **특별한** 경우에만 쓸 수 있다. 고립계에 대한 **일반적인** 개념은 운동량 보존(그리고 탄성 충돌일 경우에는 에너지 보존)이다.

두 입자의 질량과 처음 속도를 모두 알고 있다고 하자. 그러면 두 개의 미지수가 있기 때문에, 식 9.16과 9.20을 이용하면 충돌 후의 속도들을 충돌 전의 속도들로 구할 수 있다.

$$v_{1f} = \left(\frac{m_1 - m_2}{m_1 + m_2}\right)v_{1i} + \left(\frac{2m_2}{m_1 + m_2}\right)v_{2i} \tag{9.21}$$

$$v_{2f} = \left(\frac{2m_1}{m_1 + m_2}\right)v_{1i} + \left(\frac{m_2 - m_1}{m_1 + m_2}\right)v_{2i} \tag{9.22}$$

식 9.21과 9.22에서 v_{1i}와 v_{2i} 값에 올바른 부호를 사용하는 것이 중요하다.

몇 가지 특별한 경우를 생각해 보자. 만일 $m_1 = m_2$이면, 식 9.21과 9.22에 의하여 $v_{1f} = v_{2i}$이고 $v_{2f} = v_{1i}$이다. 즉 같은 질량인 경우 입자들의 속도가 서로 바뀐다. 이 현상은 당구공이 정면 충돌할 때 보이는 것과 비슷하다. 처음에 움직이던 당구공은 정지하고, 정지해 있던 당구공은 움직이는 당구공과 같은 속도로 충돌 위치에서 멀어진다.

만일 m_2가 처음에 정지해 있다면, $v_{2i} = 0$이고 식 9.21과 9.22는

◀ 탄성 충돌: 입자 2는 처음에 정지 상태

$$v_{1f} = \left(\frac{m_1 - m_2}{m_1 + m_2}\right)v_{1i} \tag{9.23}$$

$$v_{2f} = \left(\frac{2m_1}{m_1 + m_2}\right)v_{1i} \tag{9.24}$$

가 된다. 또한 m_1이 m_2보다 훨씬 크고 $v_{2i} = 0$이면, 식 9.23과 9.24로부터 $v_{1f} \approx v_{1i}$, $v_{2f} \approx 2v_{1i}$가 된다. 즉 매우 무거운 입자가 정지하고 있는 아주 가벼운 입자와 부딪히면 무거운 입자는 충돌 후 변함없이 원래의 속도로 움직이고, 가벼운 입자는 무거운 입자가 갖고 있는 속도의 두 배에 가까운 속도로 튕겨 나간다. 이런 충돌의 한 예는 우라늄과 같은 무거운 원자가 움직이다가 수소와 같은 가벼운 원자와 충돌하는 경우이다.

m_2가 m_1보다 훨씬 크고 m_2가 처음에 정지해 있는 경우는 $v_{1f} \approx -v_{1i}$이고 $v_{2f} \approx 0$이

된다. 즉 아주 가벼운 입자가 정지해 있는 매우 무거운 입자와 정면 충돌하면, 가벼운 입자는 속도가 정반대 방향으로 바뀌고 무거운 입자는 거의 움직이지 않는다. 예를 들어 다음의 퀴즈 9.6에서와 같이 볼링공에 탁구공을 던지면 어떻게 될지 생각해 보라.

Q 퀴즈 9.5 움직이는 두 물체 사이에서 완전 비탄성 일차원 충돌인 경우, 충돌 후 계의 나중 운동 에너지가 영이 되는 유일한 조건은 무엇인가? **(a)** 물체들의 처음 운동량은 크기는 같고 방향이 반대이어야 한다. **(b)** 물체들의 질량이 같아야 한다. **(c)** 물체들의 처음 속도가 같아야 한다. **(d)** 물체들은 충돌 전 반대 방향의 속도를 가지며, 처음 속력은 같아야 한다.

Q 퀴즈 9.6 탁구공을 정지하고 있는 볼링공을 향하여 던진다. 탁구공은 일차원 탄성 충돌 후 같은 선 상에서 반대 방향으로 튕겨 나간다. 충돌 후에 볼링공과 비교할 때, 탁구공에 대하여 말한 것으로 옳은 것은 어느 것인가? **(a)** 운동량 크기는 더 크고, 운동 에너지는 더 많다. **(b)** 운동량 크기는 더 작고 운동 에너지는 더 많다. **(c)** 운동량 크기는 더 크고, 운동 에너지는 더 적다. **(d)** 운동량 크기는 더 작고, 운동 에너지는 더 적다. **(e)** 운동량 크기와 운동 에너지는 각각 볼링공의 그것들과 같다.

예제 9.4 잘 튀는 공 장치

그림 9.8과 같은 정교한 장치를 통하여 운동량과 운동 에너지의 보존에 대한 예를 보일 수 있다. 이 장치는 다섯 개의 단단한 공이 길이가 같은 줄에 매달려 있다. 만일 공 1을 당겼다가 놓으면, 공 1은 공 2와 거의 탄성 충돌을 한 후에 그림 9.8b와 같이 공 1은 멈추고 공 5가 밖으로 움직인다. 공 1과 2를 동시에 당겨서 놓으면, 그것들은 충돌 후에 멈추고 공 4와 5가 동시에 밖으로 움직인다. 만일 그림 9.8c와 같이 공 1을 당겨서 속력 v로 충돌시키면, 충돌 후 공 1은 멈추고 공 4와 5가 동시에 $v/2$ 속력으로 튕겨 나갈 수 있는가?

풀이

개념화 그림 9.8c와 같이 하나의 공이 왼쪽에서 와서 충돌하여 두 개의 공이 오른쪽으로 밀려난다고 상상하자. 이 현상이 일어날 수 있는지를 시험하려고 한다.

분류 왼쪽에서부터 공이 도착하는 시점과 오른쪽으로 공이 출발하는 시점 사이에 시간 간격이 매우 짧기 때문에, 공에 작용하는 중력을 무시하는 충격량 근사를 사용할 수 있다. 그리고 다섯 개의 공에 대한 계는 **운동량**과 **에너지** 모두에 관하여 **고립**된 것으로 분류할 수 있다. 공은 딱딱하기 때문에 공 사이의 충돌은 탄성 충돌로 분류하여 계산한다.

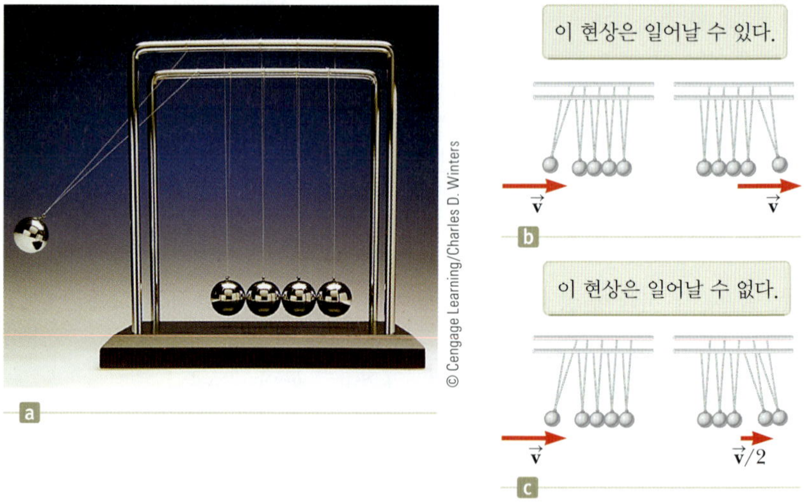

그림 9.8 (예제 9.4) (a) 잘 튀는 공 장치 (b) 왼쪽 끝에서 하나의 공이 아래로 진동하여 충돌한다면, 오른쪽 끝에서 하나의 공이 밖으로 진동한다. (c) 왼쪽 끝에서 하나의 공이 아래로 진동하여 충돌한다면, 오른쪽 끝에서 두 개의 공이 처음 공의 1/2 속력으로 튕겨나가는 것이 가능한가? (b)와 (c)에서 나타낸 속도 벡터는 충돌 직전과 직후 공의 속도를 나타낸다.

분석 그림 9.8c의 상황을 고려해 보자. 충돌 전 계의 운동량은 mv이다. 여기서 m은 공 1의 질량이고 v는 충돌 직전의 속력이다. 충돌 후에 공 1은 멈추고 공 4와 5는 각각 $v/2$의 속력으로 바깥쪽으로 운동한다고 상상해 보자. 충돌 후에 계의 전체 운동량은 $m(v/2) + m(v/2) = mv$가 될 것이다. 그러므로 그림 9.8c의 상황의 경우 계의 운동량은 보존된다.

충돌 직전 운동 에너지는 $K_i = \frac{1}{2}mv^2$이고, 충돌 후 운동 에너지는 $K_f = \frac{1}{2}m(v/2)^2 + \frac{1}{2}m(v/2)^2 = \frac{1}{4}mv^2$이다. 이것은 계의 운동 에너지가 보존되지 않는다는 것을 보여 준다. 이 사실은 충

돌이 탄성 충돌이라는 가정과 일치하지 않는다.

결론 분석은 공 1을 당겼다가 놓을 때 공 4와 5가 튕겨 나갈 수 없다는 것을 보여 준다. 계의 운동량과 운동 에너지 모두 보존되는 유일한 방법은 한 개의 공을 당겼다가 놓으면 한 개의 공이 밖으로 움직이고, 두 개의 공을 당겼다가 놓으면 두 개의 공이 밖으로 움직이는 경우이다.

문제 공 4와 5를 붙여 놓은 상황을 생각해 보자. 공 1을 당겼다가 놓으면 어떻게 되는가?

답 이 상황에서 공 4와 5는 충돌 후에 합쳐져서 하나의 물체로 움직여야 한다. 우리는 이 경우에 계의 운동량과 운동 에너지 모두 보존될 수 없다는 것을 논의하였다. 그러나 공 1은 공 2를 때린 후에 정지한다고 가정하였다. 우리가 이 가정을 하지 않으면 어떻게 되는가? 충돌 후에 공 1이 움직인다는 가정과 함께 보존 식을 생각해 보자. 운동량 보존 법칙에서

$$p_i = p_f$$

$$mv_{1i} = mv_{1f} + 2mv_{4,5}$$

여기서 $v_{4,5}$는 공 4와 5가 붙어서 움직이는 나중 속력이다. 운동 에너지의 보존에서

$$K_i = K_f$$

$$\tfrac{1}{2}mv_{1i}^2 = \tfrac{1}{2}mv_{1f}^2 + \tfrac{1}{2}(2m)v_{4,5}^2$$

을 얻어 위의 두 방정식을 풀면

$$v_{4,5} = \tfrac{2}{3}v_{1i} \qquad v_{1f} = -\tfrac{1}{3}v_{1i}$$

이다. 그러므로 충돌 후에 공 4와 5는 하나의 물체로 움직이는 반면, 공 1은 충돌 전 속력의 1/3로 반대 방향으로 튕겨 나간다.

예제 9.5 자동차 충돌 사고

신호등 앞에 정지해 있던 질량 1 800 kg인 대형차를 뒤에서 질량 900 kg인 자동차가 들이받았다. 두 자동차는 엉겨 붙어서 처음 움직이던 자동차와 같은 방향으로 움직였다. 만일 소형차가 충돌 전에 20.0 m/s로 움직였다면, 충돌 후에 엉겨 붙은 자동차들의 속도를 구하라.

풀이

개념화 이 충돌은 쉽게 그려진다. 충돌 후에 두 자동차는 처음 움직이던 자동차와 같은 방향으로 움직이는 것을 예상할 수 있다. 처음 움직이던 자동차는 정지하고 있던 자동차의 질량의 절반이므로, 두 자동차의 나중 속력은 상대적으로 작다고 예상한다.

분류 두 자동차로 이루어진 계를 수평 방향에서 운동량은 고립된 것으로 하고 짧은 충돌 시간 동안 충격량 근사를 적용한다. 엉겨 붙었으므로 충돌은 완전 비탄성으로 분류한다.

분석 대형차는 처음에 정지하여 있었으므로 충돌 전 계의 전체 운동량의 크기는 소형차의 운동량 크기와 같다.
운동량에 대한 고립계 모형을 사용한다.

$$\Delta\vec{\mathbf{p}} = 0 \quad\rightarrow\quad p_i = p_f \quad\rightarrow\quad m_1v_i = (m_1 + m_2)v_f$$

v_f에 대하여 풀고 주어진 값들을 대입한다.

$$v_f = \frac{m_1v_i}{m_1 + m_2} = \frac{(900\ \text{kg})(20.0\ \text{m/s})}{900\ \text{kg} + 1\ 800\ \text{kg}} = 6.67\ \text{m/s}$$

결론 나중 속도는 양(+)이므로, 예상대로 붙은 두 자동차의 나중 속도의 방향은 처음 움직이던 자동차의 방향과 같다. 붙은 두 자동차의 속력은 움직이던 자동차의 처음 속력보다 훨씬 작다.

문제 자동차의 질량을 반대로 가정하자. 정지 상태의 900 kg 자동차를 움직이는 1 800 kg 자동차가 들이받았다면 나중 속력은 앞의 것과 같은가?

답 만일 처음 움직이던 자동차가 질량이 더 큰 자동차라면, 직관적으로 엉겨 붙은 자동차의 나중 속력은 6.67 m/s보다 크다고 추측할 수 있다. 수학적으로 처음에 움직이던 자동차가 질량이 더 크다면 계는 더 큰 운동량을 갖기 때문이다. 새로운 나중 속도를 계산하면 다음과 같다.

$$v_f = \frac{m_1v_i}{m_1 + m_2} = \frac{(1\ 800\ \text{kg})(20.0\ \text{m/s})}{1\ 800\ \text{kg} + 900\ \text{kg}} = 13.3\ \text{m/s}$$

이것은 앞에서 구한 나중 속력보다 두 배 정도 크다.

예제 9.6 탄동 진자

탄동 진자(그림 9.9)는 총알과 같이 매우 빠르게 움직이는 물체의 속력을 측정하는 데 사용하는 장치이다. 질량 m_1인 총알이 가벼운 줄에 매달려 있는 질량 m_2인 커다란 나무토막에 발사되었다. 총알이 나무토막에 박힌 채로 높이 h만큼 끌려 올라갔다. 이 높이 h의 값을 알 때 총알의 속력을 구하라.

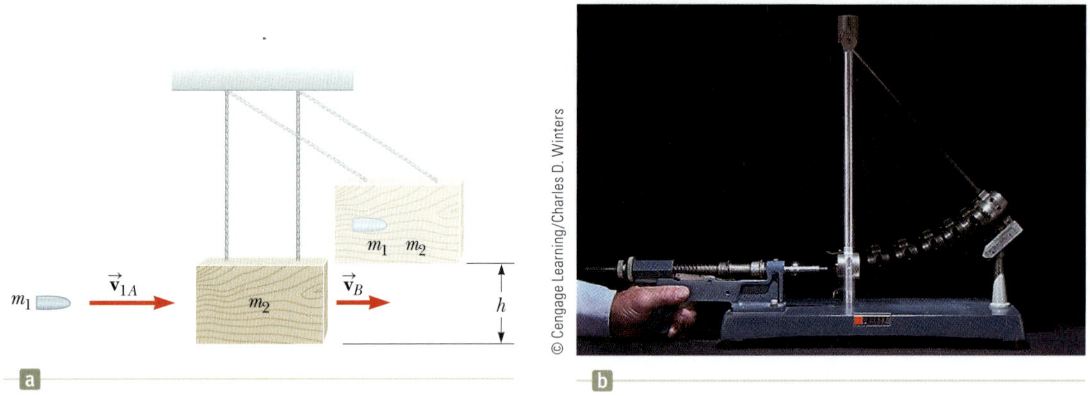

그림 9.9 (예제 9.6) (a) 탄동 진자의 그림. $\vec{\mathbf{v}}_{1A}$는 충돌 직전 발사체의 속도, $\vec{\mathbf{v}}_B$는 완전 비탄성 충돌 직후 발사체–나무토막 계의 속도 (b) 실험실에서 사용된 탄동 진자의 연속 사진

풀이

개념화 그림 9.9a는 이 상황을 개념화하는 데 도움을 준다. 다음 상황을 상상해 보라. 발사체가 진자에 박혀서 진자가 진동하다가 어떤 높이에서 정지하였다.

분류 발사체와 나무토막은 **운동량 고립계**를 형성한다. 충돌 전의 총알과 나무토막의 배치 형태를 A, 충돌 직후의 총알과 나무토막의 배치 형태를 B로 나타내었다. 총알이 나무토막에 박혀 있기 때문에 그들 사이의 충돌을 완전 비탄성 충돌로 분류할 수 있다.

분석 충돌을 분석하기 위하여 충격량 근사를 가정할 때, 식 9.15로부터 충돌 직후 계의 속력을 구할 수 있다.

$v_{2A} = 0$이므로 식 9.15에서 v_B를 구한다.

$$(1)\qquad v_B = \frac{m_1 v_{1A}}{m_1 + m_2}$$

분류 총알이 나무토막에 박혀서 높이 h만큼 올라가는 과정(배치 형태 C라고 하자)에 대하여, 총알, 나무토막, 지구로 구성된 **다른** 계를 생각하자. 이 문제는 비보존력이 작용하지 않는 **에너지**에 대한 **고립계**로 분류한다.

분석 충돌 직후 계의 전체 운동 에너지에 대한 식을 쓴다.

$$(2)\qquad K_B = \tfrac{1}{2}(m_1 + m_2)v_B^{\,2}$$

식 (1)의 v_B 값을 식 (2)에 대입한다.

$$K_B = \frac{m_1^{\,2} v_{1A}^{\,2}}{2(m_1 + m_2)}$$

충돌 직후 계의 운동 에너지는 비탄성 충돌에서 예상한 것과 같이 발사체의 처음 운동 에너지보다 더 적다.

배치 형태 B에 대한 계의 중력 퍼텐셜 에너지는 영으로 정의한다. 그러므로 $U_B = 0$인 반면에 $U_C = (m_1 + m_2)gh$이다.

고립계 모형을 계에 적용한다.

$$\Delta K + \Delta U = 0 \quad \rightarrow \quad (K_C - K_B) + (U_C - U_B) = 0$$

에너지들을 대입한다.

$$\left(0 - \frac{m_1^{\,2} v_{1A}^{\,2}}{2(m_1 + m_2)}\right) + [(m_1 + m_2)gh - 0] = 0$$

v_{1A}에 대하여 푼다.

$$v_{1A} = \left(\frac{m_1 + m_2}{m_1}\right)\sqrt{2gh}$$

결론 이 문제를 두 단계로 풀어야 하였다. 각각의 단계는 다른 계와 다른 분석 모형[첫 번째 단계는 고립계(운동량) 그리고 두 번째는 고립계(에너지)]를 포함하고 있다. 충돌을 완전 비탄성 충돌로 가정하였기 때문에, 역학적 에너지의 일부가 충돌하는 동안 내부 에너지로 변환되었다. 따라서 입사하는 발사체의 처음 운동 에너지를 발사체–나무토막–지구 계의 나중 중력 퍼텐셜 에너지와 같다고 놓는 고립계(에너지) 모형을 적용하면 **틀린** 답을 얻게 될 것이다.

9.5 이차원 충돌
Collisions in Two Dimensions

9.2절에서 계가 고립되어 있을 때 두 입자로 된 계의 운동량이 보존된다는 것을 보았다. 일반적인 두 입자의 충돌에서 x, y, z의 각 방향에 대한 운동량은 보존되어야 한다. 충돌 중 평면에서 일어나는 충돌도 흔하고 중요하다. 당구 경기는 다중 충돌이 이차원 평면 상에서 일어나는 잘 알려진 예이다. 이런 이차원 충돌에 대하여 운동량 보존에 관한 두 성분의 식을 얻는다.

$$m_1v_{1ix} + m_2v_{2ix} = m_1v_{1fx} + m_2v_{2fx}$$
$$m_1v_{1iy} + m_2v_{2iy} = m_1v_{1fy} + m_2v_{2fy}$$

여기에 이들 방정식에 있는 속도 성분의 아래 첨자는 각각 다음을 나타낸다. (1, 2)는 물체를 나타내고, (i, f)는 처음과 나중 값, 그리고 (x, y)는 속도 성분을 나타낸다.

그림 9.10과 같이 질량 m_1인 입자가 질량 m_2로 처음에 정지해 있는 입자와 충돌하는 특별한 경우를 생각해 보자. 충돌 후(그림 9.10b) m_1은 수평에 대하여 각도 θ의 방향으로 움직이고, m_2는 수평에 대하여 각도 ϕ의 방향으로 움직인다. 이것을 **스침 충돌**(glancing collision)이라 한다. 성분별로 운동량 보존의 법칙을 적용하자. 두 입자계의 운동량의 처음 y 성분이 영이므로

$$\Delta p_x = 0 \quad \rightarrow \quad p_{ix} = p_{fx} \quad \rightarrow \quad m_1v_{1i} = m_1v_{1f}\cos\theta + m_2v_{2f}\cos\phi \qquad \textbf{(9.25)}$$

$$\Delta p_y = 0 \quad \rightarrow \quad p_{iy} = p_{fy} \quad \rightarrow \quad 0 = m_1v_{1f}\sin\theta - m_2v_{2f}\sin\phi \qquad \textbf{(9.26)}$$

를 얻는다. 식 9.26에서 음의 부호는 충돌 후 입자 2의 y 방향 속도 성분이 아래 방향이라는 것을 나타낸다(이들 특정한 방정식에서 기호 v는 속도 성분이 아닌 속력이다. 성분 벡터의 방향은 양 또는 음의 부호로 나타낸다). 지금 우리는 두 개의 독립적인 방정식을 갖고 있다. 식 9.25와 9.26에 있는 일곱 개 값 중에 두 개만 미지수이므로 이 문제를 풀 수 있다.

만일 탄성 충돌의 경우라면 식 9.17(운동 에너지의 보존)에 $v_{2i} = 0$을 이용하여

$$K_i = K_f \quad \rightarrow \quad \tfrac{1}{2}m_1v_{1i}^2 = \tfrac{1}{2}m_1v_{1f}^2 + \tfrac{1}{2}m_2v_{2f}^2 \qquad \textbf{(9.27)}$$

을 얻는다. 입자 1의 처음 속력과 두 질량 값을 알고 있으므로 네 개의 미지수(v_{1f}, v_{2f}, θ, ϕ)가 남는다. 그런데 방정식이 세 개밖에 없으므로, 네 개의 미지수 중 하나가 주어져야 보존의 법칙만으로 탄성 충돌 후의 운동을 계산할 수 있다.

만일 비탄성 충돌의 경우라면 운동 에너지가 보존되지 않고, 식 9.27을 사용할 수 없다.

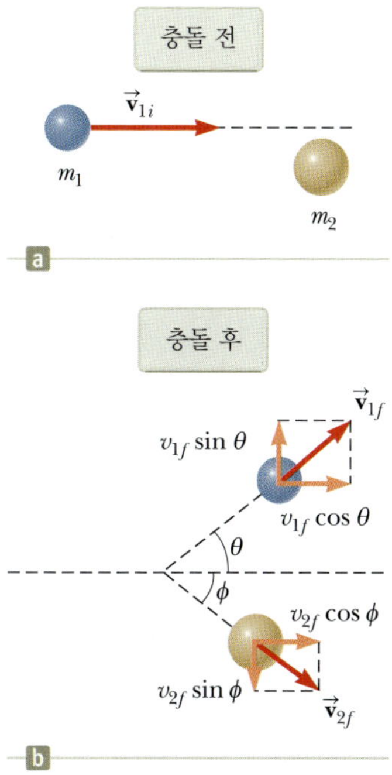

그림 9.10 두 입자 사이 탄성 스침 충돌

오류 피하기 9.4

식 9.20을 함부로 사용하지 말라 탄성 충돌하는 두 물체의 처음과 나중의 상대 속도를 보여 주는 식 9.20은 일차원 충돌의 경우에만 성립한다. 이차원 충돌을 분석할 때는 이 식을 사용하지 말라.

예제 9.7 교차로에서 충돌

그림 9.11에서와 같이 1 500 kg인 승용차가 25.0 m/s의 속력으로 동쪽으로 달리다가 북쪽으로 20.0 m/s의 속력으로 달리는 2 500 kg인 트럭과 교차로에서 충돌하였다. 충돌 후 두 자동차의 속도의 크기와 방향을 구하라. 두 자동차는 충돌 후에 서로 붙어 있다고 가정한다.

풀이

개념화 그림 9.11은 충돌 전, 후에 대한 상황을 개념화하는 것을 도와준다. 동쪽을 $+x$축 방향, 북쪽을 $+y$축 방향으로 선택하자.

분류 시간 간격을 정의할 때 충돌 직전과 충돌 직후의 순간들을 고려하기 때문에, 마찰력이 자동차 바퀴에 작용하는 작은 효과는 무시한다. 그리고 두 자동차는 **운동량 고립계**로 모형화한다. 역시 자동차의 크기는 무시하고 자동차를 입자로 간주한다. 두 자동차가 충돌 후에 함께 붙어 있으므로 완전 비탄성 충돌이다.

분석 충돌 전에 x 방향의 운동량을 가지는 유일한 물체는 승용차이다. 그러므로 x 방향에서 계(승용차와 트럭)의 전체 처음 운동량의 크기는 단지 승용차의 운동량이다. 마찬가지로 y 방향에서 계의 전체 처음 운동량은 트럭의 운동량이다. 충돌 후 잔해물이 x축에 대하여 각도 θ와 속력 v_f로 움직인다고 가정하자.

x 방향에 운동량 고립계 모형을 적용한다.

$$\Delta p_x = 0 \quad \rightarrow \quad \sum p_{xi} = \sum p_{xf}$$

$$\rightarrow \quad (1) \quad m_1 v_{1i} = (m_1 + m_2) v_f \cos\theta$$

y 방향에 운동량 고립계 모형을 적용한다.

$$\Delta p_y = 0 \quad \rightarrow \quad \sum p_{yi} = \sum p_{yf}$$

$$\rightarrow \quad (2) \quad m_2 v_{2i} = (m_1 + m_2) v_f \sin\theta$$

식 (2)를 식 (1)로 나눈다.

$$\frac{m_2 v_{2i}}{m_1 v_{1i}} = \frac{\sin\theta}{\cos\theta} = \tan\theta$$

θ에 대하여 풀고 주어진 값들을 대입한다.

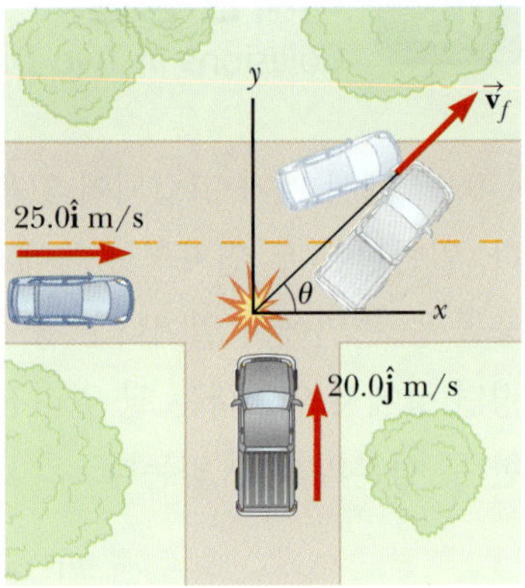

그림 9.11 (예제 9.7) 동쪽을 향하는 승용차와 북쪽을 향하는 트럭이 충돌하고 있다.

$$\theta = \tan^{-1}\left(\frac{m_2 v_{2i}}{m_1 v_{1i}}\right) = \tan^{-1}\left[\frac{(2\,500\text{ kg})(20.0\text{ m/s})}{(1\,500\text{ kg})(25.0\text{ m/s})}\right]$$

$$= 53.1°$$

v_f 값을 구하기 위하여 식 (2)를 사용하고 주어진 값들을 대입한다.

$$v_f = \frac{m_2 v_{2i}}{(m_1 + m_2)\sin\theta} = \frac{(2\,500\text{ kg})(20.0\text{ m/s})}{(1\,500\text{ kg} + 2\,500\text{ kg})\sin 53.1°}$$

$$= 15.6\text{ m/s}$$

결론 각도 θ는 그림 9.11과 정성적으로 일치한다는 것에 주목하자. 역시 결합된 자동차의 나중 속력이 두 자동차의 처음 속력보다 작다는 것에 주목하자. 이 결과는 비탄성 충돌로 인하여 계의 운동 에너지가 감소한다는 것과 일치한다. 충돌 전의 각 자동차의 운동량 벡터와 충돌 후의 결합된 두 자동차의 운동량 벡터를 그려보면 이해하는 데 도움이 될 것이다.

9.6 질량 중심
The Center of Mass

이 절에서는 계의 전반적인 운동을 계의 **질량 중심**(center of mass)이라는 특별한 관점에서 기술하려고 한다. 계는 적은 수의 입자들일 수도 있고, 공중을 뛰어오르는 체조 선수와 같이 크기를 가진 물체일 수도 있다. 이런 계의 운동은 마치 모든 질량이 질량 중심 한 곳에 모여 있는 것과 같이 움직이는 것을 알게 될 것이다. 즉 계는 마치 알짜 외력이 질량 중심에 있는 단일 입자에 작용한 것처럼 움직인다. 이것이 2장에서 소개하였던 **입자 모형**이다. 이 움직임은 계의 회전이나 진동 또는 계의 변형(예를 들어 체조 선수가 몸을 접을 때)과 같은 다른 운동과 별개로 일어난다.

질량이 다르며 가볍고 단단한 막대로 연결된 한 쌍의 입자로 이루어진 계를 생각해 보자(그림 9.12). 계의 질량 중심의 위치는 계의 질량의 **평균 위치**로 기술될 수 있다. 이 계의 질량 중심은 두 입자를 연결하는 선 상의 어딘가에 있으면서 질량이 큰 입자 쪽으로 가까운 곳에 위치한다. 만일 힘이 막대의 질량 중심 위 부분에 작용한다면, 계는 시계 방향으로 회전하게 된다(그림 9.12a). 반대로 힘이 막대의 질량 중심 아래 부분에 작용한다면, 계는 시계 반대 방향으로 회전하게 된다(그림 9.12b). 만일 힘이 질량 중심에 작용한다면, 계는 회전하지 않고 힘의 방향으로 움직인다(그림 9.12c). 이와 같은 방법으로 질량 중심을 쉽게 알아낼 수 있다.

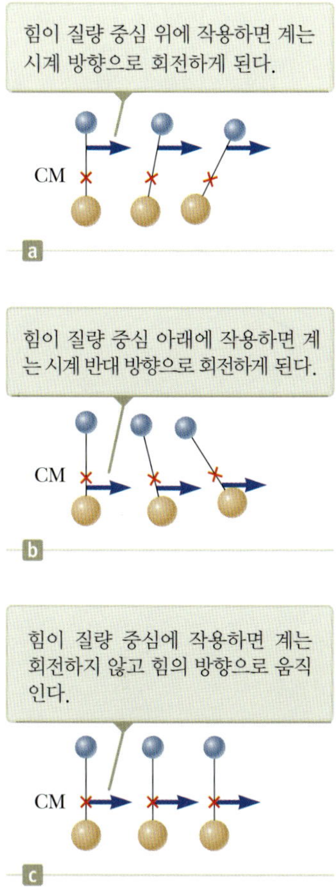

그림 9.12 질량이 다른 두 입자가 가볍고 단단한 막대로 연결되어 있는 계에 힘을 작용한다.

그림 9.13의 경우 두 입자에 대한 질량 중심은 x축 위에 놓여 있으며, 입자 사이의 어딘가에 놓여 있다. 그 x 좌표 값은 다음과 같이 정의된다.

$$x_{\rm CM} \equiv \frac{m_1x_1 + m_2x_2}{m_1 + m_2} \tag{9.28}$$

예를 들어 $x_1 = 0$, $x_2 = d$이고, $m_2 = 2m_1$이라면, $x_{\rm CM} = \frac{2}{3}d$가 된다. 즉 질량 중심은 질량이 큰 입자에 가깝다. 만일 질량이 같다면 질량 중심은 입자 사이의 중간에 놓이게 된다.

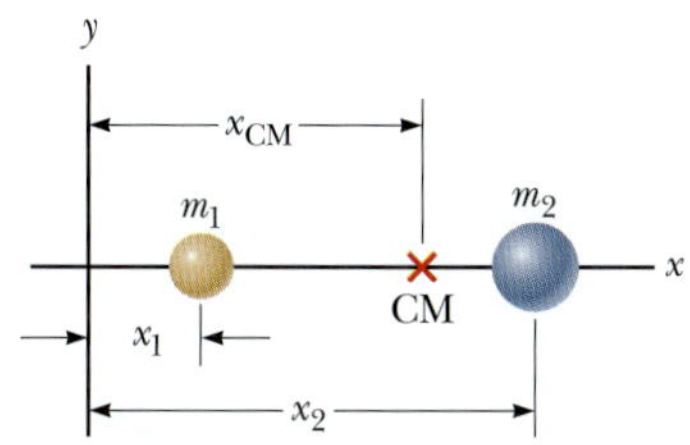

그림 9.13 질량이 다른 두 입자에 대한 질량 중심은 x축 $x_{\rm CM}$에 위치한다. 이 점은 두 입자 사이에 있고 질량이 큰 쪽에 가깝다.

이런 질량 중심의 개념을 삼차원에서 질량 m_i인 많은 입자로 이루어진 계로 확장할 수 있다. n개 입자의 질량 중심의 x 좌표는 다음과 같이 정의된다.

$$x_{\rm CM} \equiv \frac{m_1x_1 + m_2x_2 + m_3x_3 + \cdots + m_nx_n}{m_1 + m_2 + m_3 + \cdots + m_n}$$

$$= \frac{\sum_i m_ix_i}{\sum_i m_i} = \frac{\sum_i m_ix_i}{M} = \frac{1}{M}\sum_i m_ix_i \tag{9.29}$$

여기서 x_i는 i번째 입자의 x 좌표이고 전체 질량을 $M \equiv \Sigma_i\, m_i$로 표시하는데, 이때 합은 n개 입자 모두에 대한 것이다. 질량 중심의 y와 z 좌표에 대해서도 같은 방법으로

$$y_{\rm CM} \equiv \frac{1}{M}\sum_i m_iy_i \quad 그리고 \quad z_{\rm CM} \equiv \frac{1}{M}\sum_i m_iz_i \tag{9.30}$$

로 정의된다.

질량 중심은 삼차원에서 위치 벡터 $\vec{\mathbf{r}}_{\rm CM}$으로 나타낼 수 있다. 이 벡터의 성분은 식 9.29와 9.30에 정의된 $x_{\rm CM}$, $y_{\rm CM}$, $z_{\rm CM}$이다. 따라서

$$\vec{\mathbf{r}}_{\rm CM} = x_{\rm CM}\hat{\mathbf{i}} + y_{\rm CM}\hat{\mathbf{j}} + z_{\rm CM}\hat{\mathbf{k}} = \frac{1}{M}\sum_i m_ix_i\hat{\mathbf{i}} + \frac{1}{M}\sum_i m_iy_i\hat{\mathbf{j}} + \frac{1}{M}\sum_i m_iz_i\hat{\mathbf{k}}$$

$$\vec{\mathbf{r}}_{\rm CM} \equiv \frac{1}{M}\sum_i m_i\vec{\mathbf{r}}_i \tag{9.31}$$

가 된다. 여기서 $\vec{\mathbf{r}}_i$는 i번째 입자의 위치 벡터

$$\vec{\mathbf{r}}_i \equiv x_i\hat{\mathbf{i}} + y_i\hat{\mathbf{j}} + z_i\hat{\mathbf{k}}$$

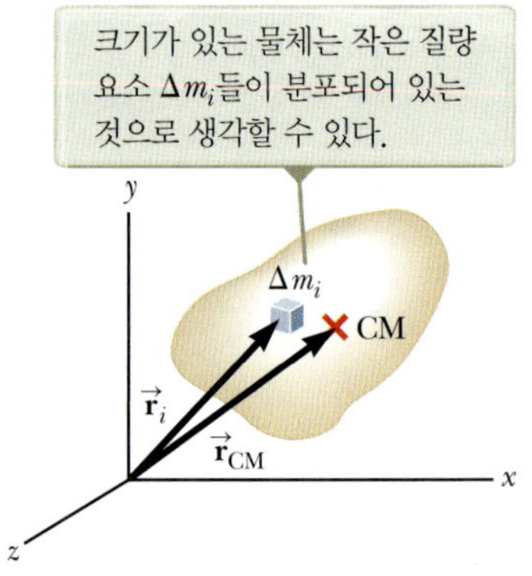

그림 9.14 질량 중심은 좌표가 x_{CM}, y_{CM}, z_{CM}인 위치 벡터 $\vec{\mathbf{r}}_{CM}$에 있다.

로 정의된다.

크기가 있고 연속적인 물체의 질량 중심을 구하는 것은 입자계의 질량 중심을 찾는 것보다 좀 더 복잡하지만, 우리가 논의한 기본 개념은 여전히 적용된다. 크기가 있는 물체는 그림 9.14와 같이 아주 많은 수의 질량이 적은 정육면체 요소로 구성된 계로 볼 수 있다. 그러나 질량 요소 사이의 간격이 매우 작으므로, 물체의 질량 분포가 연속적인 것으로 간주할 수 있다. 물체를 x_i, y_i, z_i 좌표에 있는 질량 요소 Δm_i로 나누면, 질량 중심의 x성분은 대략

$$x_{CM} \approx \frac{1}{M}\sum_i x_i\,\Delta m_i$$

가 되고, y_{CM}, z_{CM}도 같은 형태로 주어진다. 만일 질량 요소의 수 n을 무한대로 하고 각 요소의 크기가 영에 접근하면 x_{CM}은 정확하게 주어진다. 이런 극한에서 합을 적분으로 바꾸고 Δm_i를 미분 요소 dm으로 바꾸면

$$x_{CM} = \lim_{\Delta m_i \to 0}\frac{1}{M}\sum_i x_i\,\Delta m_i = \frac{1}{M}\int x\,dm \qquad \textbf{(9.32)}$$

이 된다. 마찬가지로 y_{CM}과 z_{CM}은

$$y_{CM} = \frac{1}{M}\int y\,dm \quad \text{그리고} \quad z_{CM} = \frac{1}{M}\int z\,dm \qquad \textbf{(9.33)}$$

이 된다. 크기가 있는 물체의 질량 중심의 위치 벡터는

$$\vec{\mathbf{r}}_{CM} = \frac{1}{M}\int \vec{\mathbf{r}}\,dm \qquad \textbf{(9.34)}$$

으로 표현할 수 있다. 이는 식 9.32와 9.33에 의하여 주어지는 세 가지 표현과 같다.

질량이 균일하고 대칭적인 물체의 질량 중심은 대칭축과 대칭면 위에 놓인다. 예를 들면 균일한 막대의 질량 중심은 막대 양 끝으로부터 같은 거리인 중심에 있다. 구나 육면체의 질량 중심은 기하학적 중심에 있다.

크기가 있는 물체는 질량이 연속으로 분포되어 있어서 각각의 작은 질량 요소에 중력이 작용한다. 이들 힘의 알짜 효과는 **무게 중심**(center of gravity)이라 하는 한 점에 작용하는 단일 힘 $M\vec{\mathbf{g}}$의 효과와 같다. 만일 $\vec{\mathbf{g}}$가 위치에 무관하게 일정하다면, 무게 중심은 질량 중심과 일치한다. 크기를 가진 물체를 무게 중심 위에다 받쳐 세우면, 물체는 어떤 자세로도 균형을 이룬다.

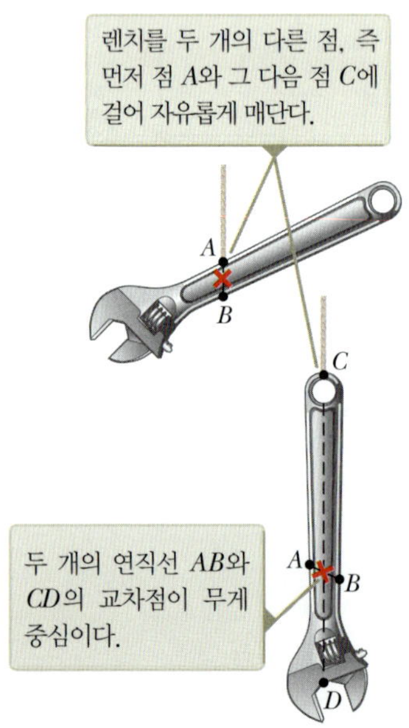

그림 9.15 렌치의 무게 중심을 결정하기 위한 실험적 방법

렌치같이 모양이 불규칙한 물체의 무게 중심은 먼저 물체의 한 점에 걸어 매달고, 다시 다른 점에 걸어 매달아 봄으로써 구할 수 있다. 그림 9.15에서 렌치를 먼저 점 A에 걸어 매달아 흔들리지 않게 될 때 연직선 AB를 그린다(연직선은 추가 달린 줄을 사용하여 확인할 수 있다). 그 다음으로 점 C에 매달아 두 번째 연직선 CD를 그린다. 무게 중심은 이 두 직선이 만나는 점이 된다. 일반적으로 렌치가 임의의 점으로부터 자유롭게 매달려 있으면, 이 점을 지나는 연직선은 반드시 무게 중심을 지난다.

퀴즈 9.7 밀도가 균일한 야구 방망이를 그림 9.16과 같이 질량 중심의 위치에서 잘랐다. 어떤 조각의 질량이 더 작은가? **(a)** 오른쪽 조각 **(b)** 왼쪽 조각 **(c)** 두 조각의 질량은 같다. **(d)** 결정할 수 없다.

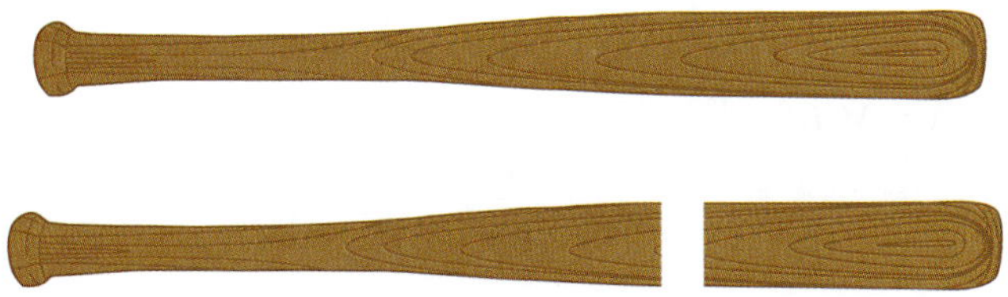

그림 9.16 (퀴즈 9.7) 질량 중심의 위치에서 자른 야구 방망이

예제 9.8 세 입자의 질량 중심

그림 9.17과 같이 위치하는 세 입자로 이루어진 계가 있다. 계의 질량 중심을 구하라. 입자의 질량은 $m_1 = m_2 = 1.0$ kg, $m_3 = 2.0$ kg이다.

풀이

개념화 그림 9.17은 세 개의 질량을 보여 준다. 직관적으로 질량 중심은 그림에서와 같이 파란색의 입자와 황갈색 입자 쌍 사이의 어떤 지점에 위치한다고 말할 수 있다.

분류 이 장에서 기술한 질량 중심에 대한 식을 사용할 것이기 때문에 예제를 대입 문제로 분류한다.

질량 중심의 좌표에 대한 정의 식을 사용하고 $z_{CM} = 0$임에 주목하자.

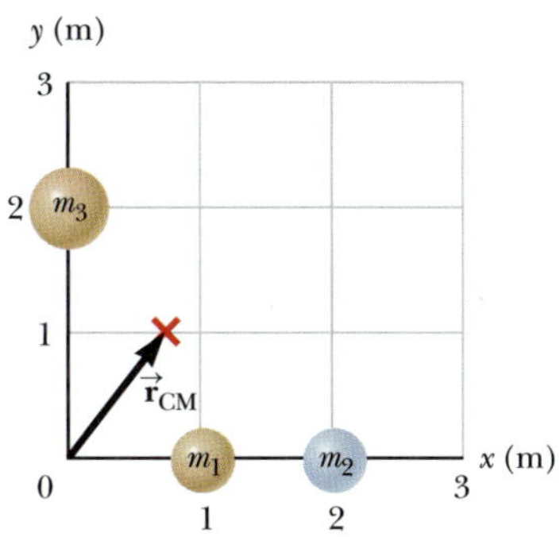

그림 9.17 (예제 9.8) 두 입자는 x축 위에, 그리고 한 입자는 y축 위에 위치한다. 벡터는 계의 질량 중심의 위치를 나타낸다.

$$x_{CM} = \frac{1}{M}\sum_i m_i x_i = \frac{m_1x_1 + m_2x_2 + m_3x_3}{m_1 + m_2 + m_3}$$

$$= \frac{(1.0\text{ kg})(1.0\text{ m}) + (1.0\text{ kg})(2.0\text{ m}) + (2.0\text{ kg})(0)}{1.0\text{ kg} + 1.0\text{ kg} + 2.0\text{ kg}}$$

$$= \frac{3.0\text{ kg}\cdot\text{m}}{4.0\text{ kg}} = 0.75\text{ m}$$

$$y_{CM} = \frac{1}{M}\sum_i m_i y_i = \frac{m_1y_1 + m_2y_2 + m_3y_3}{m_1 + m_2 + m_3}$$

$$= \frac{(1.0\text{ kg})(0) + (1.0\text{ kg})(0) + (2.0\text{ kg})(2.0\text{ m})}{4.0\text{ kg}}$$

$$= \frac{4.0\text{ kg}\cdot\text{m}}{4.0\text{ kg}} = 1.0\text{ m}$$

질량 중심의 위치 벡터는

$$\vec{\mathbf{r}}_{CM} \equiv x_{CM}\hat{\mathbf{i}} + y_{CM}\hat{\mathbf{j}} = (0.75\hat{\mathbf{i}} + 1.0\hat{\mathbf{j}})\text{ m}$$

이다.

예제 9.9 막대의 질량 중심

(A) 질량이 M이고, 길이가 L인 막대의 질량 중심은 양 끝 사이의 중간에 있음을 보이라. 단, 막대의 단위 길이당 질량이 균일하다고 가정한다.

풀이

개념화 막대는 그림 9.18과 같이 x축 위에 놓여 있어서 $y_{CM} = z_{CM} = 0$이다. 여러분은 x_{CM}이 어디에 있다고 생각하는가?

분류 식 9.32에서 막대를 작은 조각들로 나누어 적분하기 때문

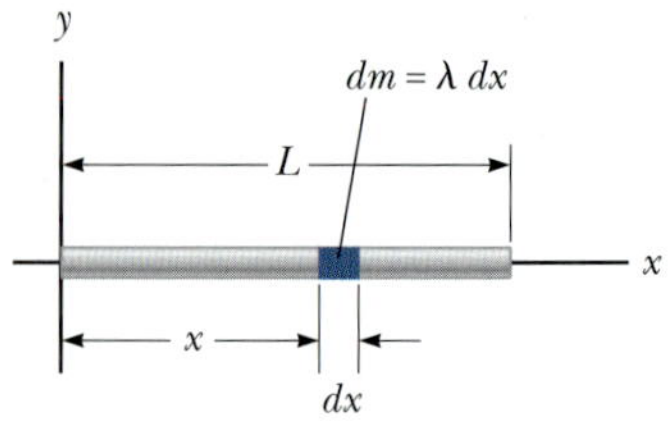

그림 9.18 (예제 9.9) 균일한 막대의 질량 중심을 찾기 위한 기하학적인 표현

에 예제를 분석 문제로 분류한다.

분석 균일한 막대의 단위 길이당 질량(**선질량 밀도**)은 $\lambda = M/L$이다. 만일 막대를 길이가 dx인 조각으로 나눈다면, 각 조각의 질량은 $dm = \lambda\, dx$이다.

x_{CM}에 대한 표현을 얻기 위하여 식 9.32를 사용한다.

$$x_{CM} = \frac{1}{M}\int x\, dm = \frac{1}{M}\int_0^L x\lambda\, dx = \frac{\lambda}{M}\frac{x^2}{2}\bigg|_0^L = \frac{\lambda L^2}{2M}$$

$\lambda = M/L$을 대입한다.

$$x_{CM} = \frac{L^2}{2M}\left(\frac{M}{L}\right) = \frac{1}{2}L$$

이 막대의 대칭성을 논의해도 같은 결과를 얻는다.

(B) 만일 막대가 균일하지 않아서 단위 길이당 질량이 $\lambda = \alpha x$(α는 상수)로 변할 때, 질량 중심의 x 좌표를 L 값으로 구하라.

풀이

개념화 단위 길이당 질량이 일정하지 않고 x에 비례하기 때문에, 오른쪽에 있는 막대의 조각들은 막대의 왼쪽 끝 가까이 있는 조각들보다 더 무겁다.

분류 이 문제는 선질량 밀도가 일정하지 않은 경우이지만 (A)와 비슷하게 분류한다.

분석 이 경우 식 9.32에서 dm을 $\lambda\, dx$로 치환한다. 여기에서 $\lambda = \alpha x$이다.

식 9.32를 사용하여 x_{CM}에 대한 식으로 만든다.

$$x_{CM} = \frac{1}{M}\int x\, dm = \frac{1}{M}\int_0^L x\lambda\, dx = \frac{1}{M}\int_0^L x\alpha x\, dx$$

$$= \frac{\alpha}{M}\int_0^L x^2\, dx = \frac{\alpha L^3}{3M}$$

막대의 전체 질량을 구한다.

$$M = \int dm = \int_0^L \lambda\, dx = \int_0^L \alpha x\, dx = \frac{\alpha L^2}{2}$$

M을 x_{CM}에 대한 식에 대입한다.

$$x_{CM} = \frac{\alpha L^3}{3\alpha L^2/2} = \frac{2}{3}L$$

결론 (B)에서의 질량 중심은 (A)에서의 질량 중심보다 더 오른쪽에 치우쳐 있다. 이 결과는 (B)에서 막대의 조각들이 오른쪽 끝에 가까울수록 더 큰 질량을 가지기 때문이다.

9.7 다입자계
Systems of Many Particles

다입자계를 도입하여 질량 중심에 대하여 알아보자. 식 9.31로 주어진 위치 벡터를 시간에 대하여 미분함으로써 질량 중심 개념의 물리적 중요성과 활용도를 이해할 수 있다. 4.1절에서 위치 벡터의 시간 미분을 속도 벡터로 정의하였다. 입자계의 M이 일정하다면, 즉 입자들이 계로 들어가거나 나오지 않는다면, 계의 **질량 중심의 속도**(velocity of the center of mass)를 다음과 같이 얻을 수 있다.

입자계의 질량 중심의 속도 ▶

$$\vec{\mathbf{v}}_{CM} = \frac{d\vec{\mathbf{r}}_{CM}}{dt} = \frac{1}{M}\sum_i m_i \frac{d\vec{\mathbf{r}}_i}{dt} = \frac{1}{M}\sum_i m_i \vec{\mathbf{v}}_i \quad (9.35)$$

여기서 $\vec{\mathbf{v}}_i$는 i번째 입자의 속도이다. 식 9.35를 다시 정리하면

$$M\vec{\mathbf{v}}_{\mathrm{CM}} = \sum_i m_i \vec{\mathbf{v}}_i = \sum_i \vec{\mathbf{p}}_i = \vec{\mathbf{p}}_{\mathrm{tot}} \tag{9.36}$$

◀ 입자계의 전체 운동량

와 같이 쓸 수 있다. 그러므로 계의 전체 선운동량은 전체 질량에 질량 중심의 속도를 곱한 것과 같다. 다시 말해서 계의 전체 선운동량은 질량 M인 단일 입자가 속도 $\vec{\mathbf{v}}_{\mathrm{CM}}$으로 움직이는 운동량과 같다.

만일 식 9.35를 시간에 대하여 미분하면, 계의 **질량 중심의 가속도**(acceleration of the center of mass)를 구할 수 있다.

$$\vec{\mathbf{a}}_{\mathrm{CM}} = \frac{d\vec{\mathbf{v}}_{\mathrm{CM}}}{dt} = \frac{1}{M}\sum_i m_i \frac{d\vec{\mathbf{v}}_i}{dt} = \frac{1}{M}\sum_i m_i \vec{\mathbf{a}}_i \tag{9.37}$$

◀ 입자계의 질량 중심의 가속도

이 식을 다시 정리하여 뉴턴의 제2법칙을 이용하면

$$M\vec{\mathbf{a}}_{\mathrm{CM}} = \sum_i m_i \vec{\mathbf{a}}_i = \sum_i \vec{\mathbf{F}}_i \tag{9.38}$$

를 얻는다. 여기서 $\vec{\mathbf{F}}_i$는 i번째 입자에 작용하는 알짜힘이다.

계의 어떤 입자에 작용하는 힘은 외력(계의 외부로부터)과 내력(계의 내부로부터)을 둘 다 포함할 수 있다. 그러나 뉴턴의 제3법칙에 의하면, 입자 1이 입자 2에 작용하는 내력은 입자 2가 입자 1에 작용하는 내력과 크기가 같고 방향이 반대이다. 따라서 식 9.38에 있는 모든 내력 벡터를 더할 때, 이들은 쌍으로 서로 상쇄되어 계에 작용하는 알짜힘은 단지 외력에 의한 것 뿐이다. 그러므로 식 9.38은

$$\sum \vec{\mathbf{F}}_{\mathrm{ext}} = M\vec{\mathbf{a}}_{\mathrm{CM}} \tag{9.39}$$

◀ 입자계에 대한 뉴턴의 제2법칙

과 같이 쓸 수 있다. 즉 입자계에 작용하는 알짜 외력은 계의 전체 질량에 질량 중심의 가속도를 곱한 것과 같다. 식 9.39와 단일 입자에 대한 뉴턴의 제2법칙과 비교하면, 우리가 여러 장에서 사용한 입자 모형이 질량 중심으로 기술될 수 있음을 알 수 있다.

> 알짜 외력을 받아 운동하는 전체 질량 M인 계의 질량 중심의 궤적은 같은 힘을 받는 질량 M인 입자 한 개의 궤적과 같다.

식 9.39를 유한한 시간 간격에서 적분하자.

$$\int \sum \vec{\mathbf{F}}_{\mathrm{ext}}\, dt = \int M\vec{\mathbf{a}}_{\mathrm{CM}}\, dt = \int M\frac{d\vec{\mathbf{v}}_{\mathrm{CM}}}{dt}\, dt = M\int d\vec{\mathbf{v}}_{\mathrm{CM}} = M\Delta\vec{\mathbf{v}}_{\mathrm{CM}}$$

이 식은 다음과 같이 쓸 수 있다.

$$\Delta\vec{\mathbf{p}}_{\mathrm{tot}} = \vec{\mathbf{I}} \tag{9.40}$$

◀ 입자계에 대한 충격량-운동량 정리

여기서 $\vec{\mathbf{I}}$는 외력이 계에 전달한 충격량이며 $\vec{\mathbf{p}}_{\mathrm{tot}}$는 계의 운동량이다. 식 9.40은 입자에 대한 충격량-운동량 정리(식 9.13)를 입자계에 일반화한 것이다. 이는 또한 다입자계에 대한 비고립계(운동량) 모형의 수학적인 표현이기도 하다.

마지막으로 만일 계에 작용하는 알짜 외력이 영이어서 계가 고립되어 있다면, 식

9.39로부터

$$M\vec{\mathbf{a}}_{\text{CM}} = M\frac{d\vec{\mathbf{v}}_{\text{CM}}}{dt} = 0$$

이 되고, 따라서 다입자계에 대한 운동량 고립계 모형은

$$\Delta\vec{\mathbf{p}}_{\text{tot}} = 0 \tag{9.41}$$

으로 기술할 수 있고, 이는 다시

$$M\vec{\mathbf{v}}_{\text{CM}} = \vec{\mathbf{p}}_{\text{tot}} = \text{상수} \quad \left(\sum\vec{\mathbf{F}}_{\text{ext}} = 0\text{일 때}\right) \tag{9.42}$$

로 쓸 수 있다. 즉 입자계에 작용하는 알짜 외력이 없다면 입자계의 전체 선운동량은 보존된다. 그러므로 고립된 입자계에 대하여 전체 운동량과 질량 중심의 속도 모두 시간에 대하여 일정하다. 이는 다입자계에 대한 고립계(운동량) 모형을 일반화시킨 것이다.

둘 이상의 구성 요소로 이루어진 고립계의 질량 중심이 정지해 있다고 가정하자. 이런 계의 질량 중심은 계에 작용하는 알짜힘이 없으면 계속 정지하고 있다. 예를 들면 수영하는 사람과 뗏목으로 이루어진 계가 처음에 정지해 있었던 경우를 생각해 보자. 수영하는 사람이 뗏목에서 수평으로 다이빙을 할 때, 뗏목은 수영하는 사람의 방향과 반대로 움직이고 계의 질량 중심은 정지해 있다(단, 뗏목과 물 사이의 마찰을 무시하는 경우). 더욱이 다이버의 선운동량은 뗏목의 선운동량과 크기가 같으나 방향은 반대이다.

Q 퀴즈 9.8 유람선이 물에서 일정한 속력으로 움직이고 있다. 승객들은 다음 목적지에 도착하기를 열망하고 있다. 그래서 그들은 배 앞쪽에 모여서 유람선의 속력을 높이고자 배 뒤쪽을 향하여 함께 뛰어가기로 결정하였다. **(i)** 그들이 배 뒤쪽으로 뛰어가는 동안 배의 속력은 어떻게 되는가? **(a)** 전보다 빨라진다. **(b)** 변화 없다. **(c)** 전보다 느려진다. **(d)** 결정할 수 없다. **(ii)** 승객들은 배 뒤쪽에 도착한 후, 달리기를 멈추었다. 그들이 달리기를 멈춘 후에 배의 속력은 어떻게 되는가? **(a)** 달리기를 시작하기 전보다 높다. **(b)** 달리기를 시작하기 전과 변화가 없다. **(c)** 달리기를 시작하기 전보다 느려진다. **(d)** 결정할 수 없다.

예제 9.10 로켓의 폭발

로켓이 연직으로 발사되어 고도 1 000 m, 속력 $v_i = 300$ m/s에 도달했을 때 폭발해서 질량이 같은 세 조각으로 쪼개졌다. 폭발 후 한 조각은 $v_1 = 450$ m/s의 속력으로 위쪽으로 움직이고, 다른 한 조각은 폭발 후 동쪽으로 $v_2 = 240$ m/s의 속력으로 움직인다면, 폭발 직후 세 번째 조각의 속도를 구하라.

풀이

개념화 첫 번째 파편은 위쪽으로 향하고, 두 번째 파편은 동쪽을 향하여 수평으로 움직이는 폭발을 상상하자. 세 번째 조각이 움직이는 방향에 관하여 드는 직관적인 생각은 무엇인가?

분류 예제는 폭발 후에 두 파편이 연직 방향으로 움직일 뿐만 아니라 세 번째 파편도 다른 두 파편의 속도 벡터에 의하여 만들어지는 평면에서 임의의 방향으로 움직이기 때문에 이차원 문제이다. 폭발하는 시간 간격이 매우 짧다고 가정하고, 중력과 공기 저항을 무시하는 충격량 근사를 사용할 수 있다. 폭발의 힘들이 계(로켓)의 내부에 있기 때문에, 계를 **운동량**에 관해서는 **고립계**로 모형화한다. 따라서 폭발 직전 로켓의 전체 운동량 $\vec{\mathbf{p}}_i$는 폭발 직후 파편들의 전체 운동량 $\vec{\mathbf{p}}_f$와 같아야 한다.

분석 세 파편의 질량이 같으므로 각 파편의 질량은 $M/3$이다.

여기서 M은 로켓의 전체 질량이다. $\vec{\mathbf{v}}_3$은 세 번째 파편의 모르는 속도를 나타낸다고 하자.

고립계(운동량) 모형을 이용하여, 계의 처음과 나중 운동량을 같다고 놓고 운동량을 질량과 속도로 나타낸다.

$$\Delta\vec{\mathbf{p}} = 0 \quad \rightarrow \quad \vec{\mathbf{p}}_i = \vec{\mathbf{p}}_f$$

$$\rightarrow \quad M\vec{\mathbf{v}}_i = \frac{M}{3}\vec{\mathbf{v}}_1 + \frac{M}{3}\vec{\mathbf{v}}_2 + \frac{M}{3}\vec{\mathbf{v}}_3$$

$\vec{\mathbf{v}}_3$에 대하여 푼다.

$$\vec{\mathbf{v}}_3 = 3\vec{\mathbf{v}}_i - \vec{\mathbf{v}}_1 - \vec{\mathbf{v}}_2$$

주어진 값들을 대입한다.

$$\vec{\mathbf{v}}_3 = 3(300\hat{\mathbf{j}}\ \mathrm{m/s}) - (450\hat{\mathbf{j}}\ \mathrm{m/s}) - (240\hat{\mathbf{i}}\ \mathrm{m/s})$$

$$= (-240\hat{\mathbf{i}} + 450\hat{\mathbf{j}})\ \mathrm{m/s}$$

결론 이 사건은 완전 비탄성 충돌의 역이다. 충돌 전에 한 개의 물체가 충돌 후에 세 개의 물체가 되었다. 이 사건이 일어나는 영상을 거꾸로 돌린다고 상상하자. 세 개의 물체가 합쳐져서 한 개의 물체가 된다. 완전 비탄성 충돌에서 계의 운동 에너지는 감소한다. 만일 이 예제에서 사건 전후에 운동 에너지를 계산한다면 계의 운동 에너지가 증가하는 것을 발견할 것이다(계산을 시도해 보라). 운동 에너지는 로켓을 폭발하는 데 쓰인 연료 속에 저장된 화학적 퍼텐셜 에너지를 소모하여 증가하였다.

9.8 변형 가능한 계
Deformable Systems

이때까지 역학의 논의에서 입자 또는 입자로 취급할 수 있는 변형되지 않는 계의 운동을 분석하였다. 9.7절에서의 논의는 변형 가능한 계의 운동에 적용할 수 있다. 예를 들어 여러분이 스케이트보드 위에서 벽을 밀어서 벽에서 멀어지는 운동을 한다고 가정하자. 이 상황이 진행되는 동안 여러분의 몸은 변형되었다. 여러분의 팔은 이 상황 전에 접혀졌고, 팔은 여러분이 벽을 밀치면서 펴졌다. 우리는 이런 상황을 어떻게 기술할 것인가?

벽으로부터 여러분 손에 작용하는 힘은 변위가 영이다. 힘은 항상 벽과 여러분의 손 사이에 위치한다. 따라서 이 힘은 계에 일을 하지 않는다. 여기서 계는 여러분과 스케이트보드이다. 그러나 벽을 밀치면 실제로 계의 운동 에너지 변화가 초래된다. 이 상황을 설명하기 위하여 일-운동 에너지 정리($W = \Delta K$)를 사용하고자 하면, 이 식의 좌변은 영이지만 우변은 영이 아님을 알게 될 것이다. 이 경우 일-운동 에너지 정리는 성립하지 않으며, 일반적으로 변형 가능한 계의 경우는 성립하지 않는다.*

변형 가능한 계의 운동을 분석하기 위하여, 에너지 보존 식인 식 8.2와 충격량-운동량 정리인 식 9.40을 도입한다. 여러분이 스케이트보드 위에서 벽을 밀어내는 예의 경우, 여러분과 스케이트보드를 계로 하면, 식 8.2는

* 여기서 변형이란 내부 에너지 변화를 수반하는 변형을 말하며 이때 내부 일이 있다. 책상 위의 책이 운동마찰에 의하여 물체가 정지하는 경우처럼 전체 계(책과 지구에 고정된 책상)의 내부 일에 의하여 운동 에너지가 내부 에너지로 변하는 계가 이런 점에서 변형 가능한 계와 닮았다. 마찰력에 의한 음(−)의 일이 운동 에너지 변화를 일으킨다고 보는 이들이 있듯이, 자동차가 벽에 비탄성 충돌하여 정지할 경우도 상황이 자동차-벽(지구) 계의 내부 일을 자동차만을 계로 볼 때 외부 일로 보는 관점이 가능한지 논란이 있을 수 있다. (자동차를 구성하고 있는 물체들은 내부 힘을 받아서 정지하므로 내부 일이 있다.) 전체 계의 내부 일을, 자동차만 계로 볼 때 작용점이 움직이지 않으므로 외부 일로 보지 않는 것이 저자들의 입장이다.: 역자 주

$$\Delta E_{\text{system}} = \sum T \quad \rightarrow \quad \Delta K + \Delta U = 0$$

이 된다. 여기서 ΔK는 계의 속력 증가와 관련된 운동 에너지의 변화이고 ΔU는 섭취한 음식으로부터 몸에 저장되어 있는 퍼텐셜 에너지의 감소이다. 이 식은 벽을 미는 데 근육이 사용됨에 따라 계의 퍼텐셜 에너지가 운동 에너지로 변환됨을 말해 주고 있다. 이 계는 에너지의 경우 고립되어 있지만, 운동량의 경우 비고립되어 있음을 주목하라.

이런 상황에 식 9.40을 적용하면

$$\Delta \vec{\mathbf{p}}_{\text{tot}} = \vec{\mathbf{I}} \quad \rightarrow \quad m\,\Delta \vec{\mathbf{v}} = \int \vec{\mathbf{F}}_{\text{wall}}\, dt$$

가 된다. 여기서 $\vec{\mathbf{F}}_{\text{wall}}$은 벽이 손에 작용하는 힘이고, m은 여러분과 스케이트보드의 질량, 그리고 $\Delta \vec{\mathbf{v}}$는 이 상황이 진행되는 동안 계의 속도 변화이다. 이 식의 우변을 구하기 위하여 벽으로부터 힘이 어떻게 시간에 따라 변하는지를 알 필요가 있다. 일반적으로 이 과정은 복잡하다. 그러나 일정한 힘의 경우나 힘이 잘 정의되는 경우에, 식의 우변에 있는 적분을 계산할 수 있다.

9.9 로켓의 추진
Rocket Propulsion

자동차 같은 일반적인 차량이 움직여 나갈 때의 구동력은 마찰력에 기인한다. 자동차의 경우 구동력은 도로가 자동차에 작용하는 힘이다. 우리는 자동차를 운동량에 관하여는 비고립계로 모형화할 수 있다. 도로로부터 자동차에 충격량이 작용하고, 그 결과로 식 9.40에서와 같이 자동차의 운동량 변화가 생긴다.

Courtesy of NASA

우주인을 잡아주는 생명줄 없이도 손으로 조절할 수 있는 질소 추진 장치를 이용하여 우주 공간을 자유롭게 이동할 수 있다. 이 장치는 질소 방출로 추진력을 얻는다.

그러나 우주 공간을 움직이는 로켓의 경우는 밀어낼 도로가 없다. 로켓은 운동량에 관해서는 고립계이다. 그러므로 로켓 추진의 근원은 외력과는 다른 것이어야 한다. 로켓의 작동은 로켓과 분사된 연료로 구성된 고립계에 작용하는 선운동량 보존의 법칙에 의존한다.

로켓의 추진은 먼저 예제 9.1에서 마찰이 없는 빙판에 서 있는 궁수를 생각하면 이해할 수 있다. 궁수가 여러 개의 화살을 수평 방향으로 쏘고 있다고 상상하자. 발사된 각각의 화살에 대하여 궁수는 반대 방향으로 보상하는 운동량(compensating momentum)을 받게 된다. 더 많은 화살을 발사할 때, 궁수는 빙판에서 더 빠르게 반대 방향으로 움직인다. 운동량에 관한 이런 분석 이외에, 이 현상을 뉴턴의 제2법칙과 제3법칙으로 이해할 수도 있다. 활이 화살을 앞으로 밀어낼 때마다, 화살은 활(그리고 궁수)을 뒤로 밀며, 이들 힘이 궁수를 가속시키게 된다.

비슷한 방법으로 로켓이 빈 우주 공간에서 움직이므로 질량의 일부가 배기 기체의 형태로 배출될 때 운동량이 변한다. 기체가 엔진으로부터 배출될 때 운동량을 갖고 있으므로, 로켓은 반대 방향으로 보상하는 운동량을 받게 된다. 그러므로 로켓은 배기 기체로부터 받는 미는 힘, 즉 추진력의 결과로 가속된다. 우주 공간에서 계(로켓과 분사

기체)의 질량 중심은 추진 과정에 관계없이 일정하게 움직인다.[3]

어떤 시간 t에서 로켓과 연료의 운동량 크기를 $(M + \Delta m)v$라고 하자. 여기서 v는 지구에 대한 로켓의 속력이다(그림 9.19a). 짧은 시간 간격 Δt 동안에 로켓은 질량 Δm의 연료를 분사하고, 이 시간 간격 후에 로켓의 질량은 M 그리고 속력은 $v + \Delta v$가 된다. 여기서 Δv는 로켓 속력의 변화이다(그림 9.19b). 만일 연료가 로켓에 대하여 속력 v_e로 분사되었다면(아래 첨자 e는 exhaust를 나타내고, v_e는 **배기 속력**이라 한다), 지구에 대한 연료의 속도는 $v - v_e$가 된다. 로켓과 분사 연료 계는 고립되어 있으므로, 운동량에 대한 고립계 모형을 적용하면

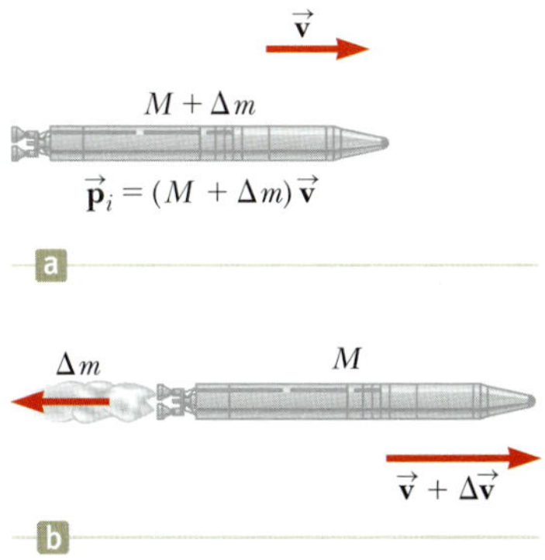

그림 9.19 로켓의 추진. (a) 시간 t일 때 로켓과 모든 연료의 처음 질량은 $M + \Delta m$이고 속력은 v이다. (b) 시간 $t + \Delta t$일 때 로켓의 질량은 M으로 감소하고 Δm만큼의 연료가 분사된다. 이때 로켓의 속력은 Δv만큼 증가한다.

$$\Delta p = 0 \;\rightarrow\; p_i = p_f \;\rightarrow\; (M + \Delta m)v = M(v + \Delta v) + \Delta m(v - v_e)$$

를 얻는다. 이 식을 정리하면

$$M\,\Delta v = v_e\,\Delta m$$

이 된다.

만일 Δt가 영이 되는 극한을 취하면, $\Delta v \rightarrow dv$, $\Delta m \rightarrow dm$이 된다. 더욱이 분사된 질량의 증가 dm은 로켓의 질량이 감소한 것과 같으므로 $dm = -dM$이다. 로켓 질량의 변화 dM은 질량이 감소하므로 음이다. 그래서 $-dM$은 양수이다. 이 사실을 이용하여 다음 식을 얻는다.

$$M\,dv = v_e\,dm = -v_e\,dM \tag{9.43}$$

이번에는 식을 M으로 나누고 적분하자. 여기서 로켓과 연료를 합한 처음 질량을 M_i 그리고 로켓과 남아 있는 연료의 나중 질량을 M_f로 하자. 그 결과는 다음과 같다.

$$\int_{v_i}^{v_f} dv = -v_e \int_{M_i}^{M_f} \frac{dM}{M}$$

$$v_f - v_i = v_e \ln\left(\frac{M_i}{M_f}\right) \tag{9.44}$$

◀ 로켓 추진에 대한 표현 식

이 식은 로켓 추진의 기본 식이다. 첫째, 식 9.43은 로켓 속력의 증가는 분사된 기체의 배기 속력 v_e에 비례한다. 그러므로 배기 속력은 매우 커야 한다. 둘째, 로켓 속력은 M_i/M_f 비의 로그 값에 비례하여 증가한다. 그러므로 이 비율이 가능하면 커야 한다. 이것은 연료를 제외한 로켓 자체의 질량이 가능하면 작아야 하고 로켓은 가능한 한 많은 연료를 실어야 함을 의미한다.

로켓의 **추진력**(또는 추력, thrust)은 분사된 배기 기체가 로켓에 작용하는 힘이다. 뉴턴의 제2법칙과 식 9.43으로부터 추진력에 대한 다음의 식을 얻는다.

$$\text{추진력} = M\frac{dv}{dt} = \left|v_e\frac{dM}{dt}\right| \tag{9.45}$$

[3] 로켓과 궁수는 둘 다 완전 비탄성 충돌의 시간에 대한 역과정을 나타내고 있다. 운동량은 보존되지만 로켓–배기 기체 계의 운동 에너지는 연료에 있는 화학적 퍼텐셜 에너지를 소모하여 증가한다. 역시 마찬가지로 궁수–화살 계의 운동 에너지는 궁수가 음식 에너지로부터 얻은 화학적 퍼텐셜 에너지를 소모하여 증가한다.

여기서 추진력은 배기 속력이 클수록 그리고 질량 변화율(또는 **연소율**)이 커질수록 증가함을 알 수 있다.

예제 9.11 진화 작업

두 소방관이 3 600 L/min의 비율로 물을 방출하기 위해서는 호스에 총 600 N의 일정한 힘을 가해야 한다. 호스의 끝(nozzle)에서 물의 속력을 구하라.

풀이

개념화 물이 호스를 떠날 때, 로켓 엔진으로부터 기체가 분사되는 것과 비슷한 작용을 한다. 그 결과 힘(추진력)이 물이 움직이는 방향과 반대 방향으로 소방관에게 작용한다. 이 경우에 호스 끝은 로켓과 같이 가속되기보다는 정지 상태를 유지하려고 한다. 결론적으로 호스 끝을 정지 상태로 유지하기 위하여 소방관은 작용하는 추진력과 같은 크기의 힘을 반대 방향으로 주어야 한다.

분류 예제는 이 절에서 유도된 식에 주어진 값을 대입하는 문제이다. 물은 분당 3 600 L, 즉 초당 60 L를 방출한다. 물 1 L의 질량은 1 kg이므로 호스의 끝에서 초당 약 60 kg의 물이 방출된다.

추진력에 대한 식 9.45를 사용한다.

$$\text{추진력} = \left| v_e \frac{dM}{dt} \right|$$

방출 속력에 대하여 푼다.

$$v_e = \frac{\text{추진력}}{|dM/dt|}$$

주어진 값들을 대입한다.

$$v_e = \frac{600\ \text{N}}{60\ \text{kg/s}} = \boxed{10\ \text{m/s}}$$

예제 9.12 우주 공간의 로켓

우주 공간에서 로켓이 지구에 대하여 3.0×10^3 m/s의 속력으로 멀어지고 있다. 엔진을 가동해서 로켓의 운동과 반대 방향으로 로켓에 대하여 5.0×10^3 m/s 상대 속력으로 연료를 분사한다.

(A) 로켓의 질량이 점화하기 전 질량의 반이 되었을 때, 지구에 대한 로켓의 속력은 얼마인가?

풀이

개념화 그림 9.19는 이 문제에서의 상황을 보여 주고 있다. 이 절의 논의와 공상 과학 영화의 장면으로부터, 엔진이 작동함에 따라 로켓이 더 빠른 속력으로 가속되는 것을 쉽게 상상할 수 있다.

분류 예제는 이 절에서 유도된 식에 주어진 값을 대입하는 문제이다.

식 9.44를 나중 속력에 대하여 풀고 주어진 값들을 대입하여 푼다.

$$\begin{aligned} v_f &= v_i + v_e \ln\left(\frac{M_i}{M_f}\right) \\ &= 3.0 \times 10^3\ \text{m/s} + (5.0 \times 10^3\ \text{m/s}) \ln\left(\frac{M_i}{0.50 M_i}\right) \\ &= \boxed{6.5 \times 10^3\ \text{m/s}} \end{aligned}$$

(B) 만일 로켓이 50 kg/s의 비율로 연료를 연소하면 로켓에 작동하는 추진력은 얼마인가?

풀이 식 9.45와 (A)의 결과를 이용한다. $dM/dt = 50$ kg/s이다.

$$\begin{aligned} \text{추진력} &= \left| v_e \frac{dM}{dt} \right| = (5.0 \times 10^3\ \text{m/s})(50\ \text{kg/s}) \\ &= \boxed{2.5 \times 10^5\ \text{N}} \end{aligned}$$

연습문제

객관식

1. 육중한 트랙터가 시골길을 굴러 내려가고 있다. 소형 스포츠카가 뒤에서 트랙터로 달려가서 충돌한다. 이 충돌을 완전 비탄성 충돌로 취급한다. **(i)** 트랙터와 스포츠카 중 어느 것이 운동량 크기 변화가 더 큰가? (a) 스포츠카 (b) 트랙터 (c) 둘 다 같은 크기 (d) 둘 중 하나. **(ii)** 트랙터와 스포츠카 중 어느 것이 운동 에너지 변화가 더 큰가? (a) 스포츠카 (b) 트랙터 (c) 둘 다 같은 크기 (d) 둘 중 하나

2. 4 m/s의 속력으로 오른쪽으로 움직이는 2 kg의 물체가 정지하고 있는 1 kg의 물체와 정면으로 탄성 충돌한다. 충돌 후에 1 kg의 속도는 (a) 4 m/s보다 크다. (b) 4 m/s보다 작다. (c) 4 m/s이다. (d) 영이다. (e) 주어진 정보로는 답을 구할 수 없다.

3. 물체의 운동량 크기를 네 배로 증가시킨다. 운동 에너지는 몇 배로 변하는가? (a) 16 (b) 8 (c) 4 (d) 2 (e) 1

4. 물체의 운동 에너지를 네 배로 증가시킨다. 운동량 크기는 몇 배로 변하는가? (a) 16 (b) 8 (c) 4 (d) 2 (e) 1

5. 만일 두 입자의 운동량이 같다면 운동 에너지도 같은가? (a) 예, 항상 (b) 아니오, 절대 (c) 아니오, 두 입자의 속력이 같을 때를 제외하고 (d) 예, 두 입자가 평행선을 따라 움직일 동안만

6. 만일 두 입자의 운동 에너지가 같다면 운동량도 같은가? (a) 예, 항상 (b) 아니오, 절대 (c) 예, 두 입자의 질량이 같을 때만 (d) 예, 두 입자의 질량과 운동 방향이 같을 때만 (e) 예, 두 입자가 평행선을 따라 움직일 동안만

7. 10.0 g의 총알이 수평면 위에 정지하고 있는 200 g의 나무토막으로 발사된다. 충돌 후에 나무토막은 8.00 m 미끄러진 후에 정지한다. 만일 나무토막과 수평면 사이의 마찰 계수가 0.400이라면, 충돌 전 총알의 속력은 얼마인가? (a) 106 m/s (b) 166 m/s (c) 226 m/s (d) 286 m/s (e) 정답 없음

8. 질량이 서로 다른 두 입자가 정지 상태에서 출발한다. 두 입자에 작용한 알짜힘은 같고 같은 거리를 움직인다. 두 입자의 나중 운동량 크기를 비교한 설명으로 옳은 것은 어느 것인가? (a) 질량이 큰 입자의 운동량이 더 크다. (b) 질량이 작은 입자의 운동량이 더 크다. (c) 두 입자의 운동량은 같다. (d) 둘 중에 어느 입자든 더 큰 운동량을 가져야 한다.

9. 공중으로 던져 올린 농구공이 자유롭게 낙하하여 마룻바닥으로부터 튕겨 오른다. 공이 던져진 순간으로부터 공이 첫 번째 튀어올라 높이가 최대가 될 때까지, 운동량이 보존되는 가장 작은 계는 무엇인가? (a) 공 (b) 공과 던진 사람 (c) 공과 마루 (d) 공과 지구 (e) 운동량은 어떤 계에서도 보존되지 않는다.

10. 질량 m인 승용차가 속력 v로 달려오다가 교차로 중앙에 정지해 있는 질량 $2m$인 트럭의 후미를 들이받는다. 만일 이 충돌이 완전 비탄성 충돌이라면, 승용차와 트럭이 합쳐져서 움직이는 속력은 얼마인가? (a) v (b) $v/2$ (c) $v/3$ (d) $2v$ (e) 정답 없음

주관식

9.1 선운동량

1. 질량이 m인 입자가 운동량 크기 p로 움직인다. (a) 입자의 운동 에너지가 $K = p^2/2m$임을 보이라. (b) 입자의 운동량 크기를 운동 에너지와 질량으로 표현하라.

2. 어떤 물체의 운동 에너지가 275 J이고 운동량의 크기가 25.0 kg · m/s일 때, 이 물체의 속력과 질량을 구하라.

3. 3.00 kg인 입자의 속도가 $(3.00\hat{\mathbf{i}} - 4.00\hat{\mathbf{j}})$ m/s이다. (a) 운동량의 x 및 y 성분을 구하라. (b) 운동량의 크기와 방향을 구하라.

4. 45.0 m/s 속력의 야구공이 홈 플레이트로 향하여 수평으로 날아오고 있다. 이 공을 야구방망이로 때려서 수직으로 55.0 m/s로 날려 보내려 한다. 이때 공과 방망이의 접촉 시간은 2.00 ms이고 야구공의 질량은 145 g이다. 이 충돌이 일어나고 있는 동안, 공이 방망이에 작용하는 평균 힘 벡터를 구하라.

9.2 분석 모형: 고립계 (운동량)

5. 질량이 m_g인 소녀가 질량이 m_p인 널빤지 위에 서 있다. 처음에 정지해 있던 널빤지는 평평하고 마찰이 없는 얼어붙은 호수 위에서 자유롭게 미끄러진다. 소녀가 널빤지에 대하여 오른쪽으로 등속도 v_{gp}로 걷기 시작한다. (a) 빙판 표면에

대한 널빤지의 속도 v_{pi}는 얼마인가? (b) 빙판 표면에 대한 소녀의 속도 v_{gi}는 얼마인가?

6. 65.0 kg의 소년과 40.0 kg인 그의 누이가 모두 롤러 블레이드를 신고 정지 상태에서 서로 마주보고 있다. 누이가 소년을 세게 밀어 서쪽으로 2.90 m/s의 속도로 물러나게 한다. 마찰을 무시할 때, (a) 누이의 다음에 이어지는 운동 상태를 기술하라. (b) 누이의 몸속의(화학) 퍼텐셜 에너지 중 얼마가 소년–누이 계의 역학적 에너지로 변환되는가? (c) 소년–누이 계의 운동량은 밀어내는 과정에서 보존되는가? 그렇다면 (d) 작용하는 힘이 클 때와 (e) 처음에는 운동이 없다가 나중에 큰 운동이 일어남을 고려하여 (c)의 답이 어떻게 가능한지를 설명하라.

7. 심장학과 운동생리학에서 인간의 심장이 한 번 뛸 때 뿜는 혈액의 질량을 알아야 하는 경우가 있다. 이에 관한 정보는 **심탄동계**로 얻을 수 있다. 이 장치는 다음과 같이 작용한다. 인체가 얇은 공기층 위에 떠 있는 수평 받침대 위에 놓여 있다. 받침대의 마찰은 무시한다. 처음에 계의 운동량은 영이다. 심장이 뛰면 질량 m의 혈액이 대동맥에 속력 v로 방출되고, 인체와 받침대는 반대 방향으로 속력 V로 움직인다. 혈액 속도는 독립적으로 정할 수 있다(예: 초음파의 도플러 효과의 관측). 대략 v 값이 50.0 cm/s라고 가정하자. 인체와 받침대를 합한 질량은 54.0 kg이다. 받침대는 한 번의 심장 박동에서 0.160 s 동안에 6.00×10^{-5} m 이동한다. 심장을 출발하는 혈액 질량을 계산하라. 혈액의 질량은 사람의 질량에 비하여 무시할 수 있다고 가정한다. (이 간단한 예는 심탄동계의 원리를 설명하지만 실제로는 좀 더 정교한 심장 기능 모형을 이용한다.)

8. 여러분이 연직 위로 최대한 높이 점프할 때, 여러분이 지구에 주는 최대 되튐 속력의 크기는 어느 정도인가? 지구를 완전한 구형 물체로 모형화하라. 여러분의 풀이에서, 데이터로 사용하는 물리적인 양과 측정하거나 추정하는 값들을 말하여라.

9. 질량이 m과 $3m$인 두 물체가 마찰이 없는 수평면 위에 놓여 있다. 가벼운 용수철이 무거운 물체에 붙어 있고, 이들 물체를 서로 밀어서 용수철을 압축시켜 줄로 연결한다(그림 P9.9). 두 물체를 붙들고 있던 줄이 불에 타서 질량 $3m$의 물체가 2.00 m/s의 속력으로 오른쪽으로 움직인다. (a) 질량 m인 물체의 속도는 얼마인가? (b) m = 0.350 kg이라면, 이 계가 원래 가지고 있는 탄성 퍼텐셜 에너지를 구하라. (c) 원래 가지고 있는 에너지는 용수철과 줄 중에 어느 것이 가지고 있는가? (d) (c)에 대한 답을 설명하라. (e) 서로 분리되는 과정에서 계의 운동량은 보존되는가? (f) 큰 힘이 작용하고 (g) 처음에는 운동이 없다가 나중에 큰 운동이 일어남을 고려하여 (e)의 답이 어떻게 가능한지를 설명하라.

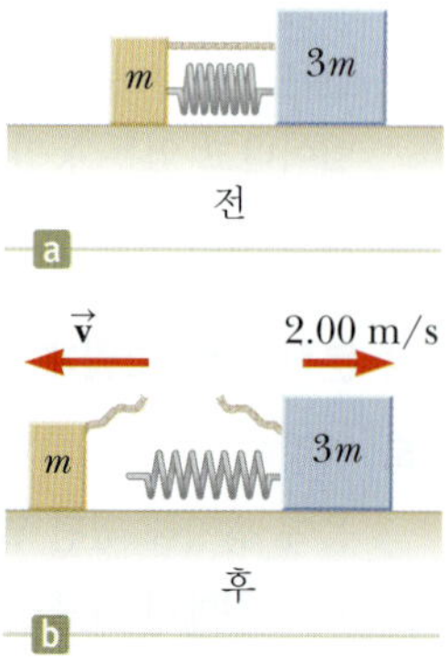

그림 P9.9

9.3 분석 모형: 비고립계 (운동량)

10. 방망이로 야구공을 칠 때 나타나는 힘–시간 곡선이 그림 P9.10과 같다. 이 곡선으로부터 (a) 공에 전달되는 충격량의 크기와 (b) 공에 작용한 평균력을 구하라.

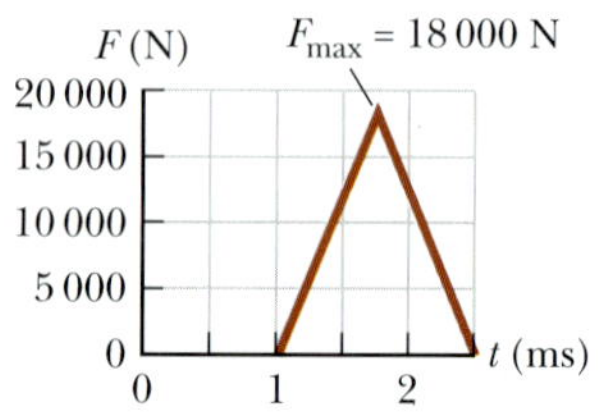

그림 P9.10

11. 질량 m인 글라이더가 수평 에어 트랙에서 자유롭게 미끄러진다. 트랙의 한 끝에서 글라이더를 발사대에 장착한다. 발사대를 힘 상수가 k인 가벼운 용수철이 거리 x만큼 압축되어 있는 것으로 모형화하자. 글라이더는 정지 상태로부터 출발한다. (a) 글라이더가 얻는 속력이 $v = x(k/m)^{1/2}$임을 보이라. (b) 글라이더에 전달된 충격량의 크기가 $I = x(km)^{1/2}$로 주어짐을 보이라. (c) 질량이 더 크거나 보다 작으면 글라이더에 전달된 일이 더 커지는가?

12. 2.50 kg인 입자에 작용하는 x 방향의 알짜힘 크기가 그림 P9.12와 같이 시간에 따라 변한다. 이때 (a) 5.00 s 시간 동안 힘의 충격량, (b) 만일 입자가 처음에 정지해 있을 경우 입자가 얻은 나중 속도, (c) 처음 속도가 $-2.00\hat{\mathbf{i}}$ m/s일 경우 나중 속도, (d) 0~5.00 s 사이의 시간 간격 동안 입자에 작용한 평균 힘을 구하라.

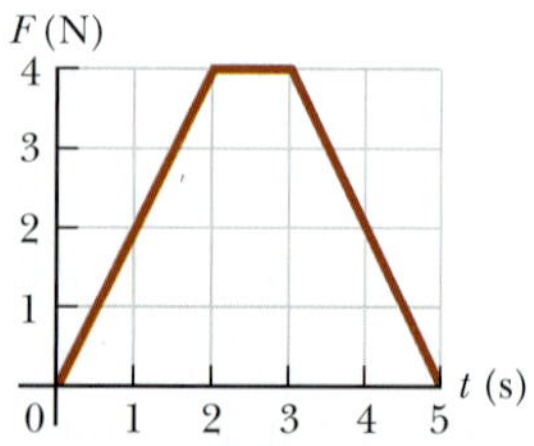

그림 P9.12

13. **힘 플랫폼**은 운동 선수가 바닥에 미치는 수직력을 시간의 함수로 측정함으로써 운동 선수의 능력을 분석하는 기구이다. 정지하고 있는 65.0 kg의 운동 선수가 0.600 m의 높이에서 플랫폼으로 뛰어내린다. 선수가 시간 간격 $0 < t < 0.800$ s 동안 플랫폼에 작용한 힘은 다음과 같다.

$$F = 9\,200t - 11\,500\,t^2$$

여기서 F의 단위는 N이고 t의 단위는 s이다. (a) 선수가 플랫폼으로부터 받는 충격량을 구하라. (b) 선수가 플랫폼에 막 닿을 때 속력은 얼마인가? (c) 선수가 플랫폼으로부터 튀어 떠날 때 속도는 얼마인가? (d) 선수가 플랫폼을 떠나 위쪽으로 올라갈 수 있는 높이는 얼마인가?

14. 물이 2.60 m 높이에서 0.250 L/s의 비율로 물이 튀지 않게 저울 위에 있는 0.750 kg의 용기에 떨어진다. 처음에 용기가 비어 있었다면, 물이 3.00 s 동안 떨어진 순간 저울의 눈금은 뉴턴 단위로 얼마가 될까?

9.4 일차원 충돌

15. 10.0 g의 총알이 정지해 있는 $m = 5.00$ kg의 나무토막에 박힌다. 박힌 직후에 총알과 나무토막의 속력이 0.600 m/s이라면, 총알의 원래 속력은 얼마인가?

16. 질량이 2.50×10^4 kg인 철도차량이 4.00 m/s 속력으로 움직인다. 이 차량이 2.00 m/s로 움직이는 다른 열차와 충돌한 뒤 붙어서 운동한다. 충돌 전 열차는 처음 차량과 동일한 차량 세 대가 연결되어 있다. (a) 충돌 후 차량 네 대의 속력은 얼마인가? (b) 충돌 시 잃은 역학적 에너지는 얼마인가?

17. 핵반응로에서 중성자가 처음에 정지해 있는 탄소 원자핵과 정면 탄성 충돌을 한다. (a) 중성자의 운동 에너지 중 탄소핵의 운동 에너지로 전환되는 비율은 얼마인가? (b) 중성자의 처음 운동 에너지가 1.60×10^{-13} J일 때, 충돌 후 중성자의 나중 운동 에너지와 탄소핵의 운동 에너지를 구하라(탄소핵의 질량은 중성자 질량의 약 12.0배이다).

18. 질량이 57.0 g인 테니스공이 그림 P9.18에서와 같이 질량이 590 g인 농구공 위에 바로 붙어 있다. 이들 공의 중심은 연직선 상에 위치한다. 붙어 있는 두 공은 높이 1.20 m에서 같은 순간에, 정지 상태로부터 자유 낙하하여 농구공의 아랫부분이 바닥과 충돌한다. (a) 농구공이 바닥에 도달할 때의 아래로 향하는 속도의 크기를 구하라. (b) 테니스공이 여전히 아래로 운동하는 동안 바닥과의 탄성 충돌로 인하여 농구공이 되튀어 속도가 순간적으로 반대 방향이 된다고 가정하자. 그 결과로 두 공은 탄성 충돌이 일어난다. 테니스공이 되튀는 높이는 얼마인가?

그림 P9.18

19. 그림 P9.19에서와 같이 질량 m이고 속력 v인 총알이 질량 M인 단진자 추를 관통하여 지나간다. 관통 후 총알의 속력은 $v/2$이다. 단진자의 추는 길이 ℓ이고 질량을 무시할 수 있는 딱딱한 막대기(줄이 아님)에 붙어 있다. 단진자의 추가 연직면에서 간신히 원운동을 할 수 있을 속력 v의 최솟값은 얼마인가?

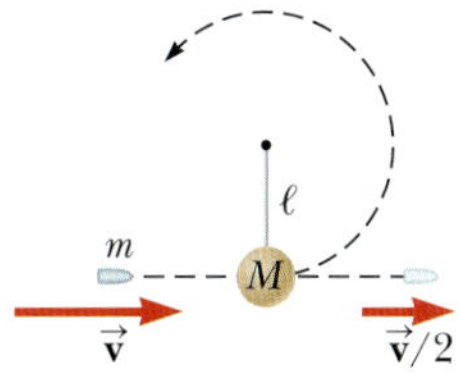

그림 P9.19

20. 12.0 g의 끈적이는 찰흙 덩어리를 수평면에 정지하고 있는 100 g의 나무토막을 향하여 수평으로 던졌다. 찰흙 덩어리는 나무토막에 들러붙게 되며, 충돌 후에 나무토막은 7.50 m를 미끄러진다. 만일 나무토막과 운동면 사이의 마찰 계수가 0.650이라면, 충돌 직전 찰흙 덩어리의 속력은 얼마인가?

21. 두 블록이 그림 P9.21에서 같이 마찰 없는 나무 트랙을 따라 자유롭게 미끄러진다. 질량 $m_1 = 5.00$ kg의 블록을 그림에 있는 바와 같이 트랙의 평평한 부분으로부터 높이가 $h = 5.00$ m인 지점에서 놓는다. 이 블록의 정면에는 강한 자석의 N극이 돌출되어 있어서 정지해 있는 질량 $m_2 = 10.0$ kg인 블록의 뒷부분에도 장착되어 있는 동일한 자석의 N극을 접촉하지 않고 밀어낸다. 탄성 충돌 후에 m_1이 올라갈 수 있는 최대 높이를 계산하라.

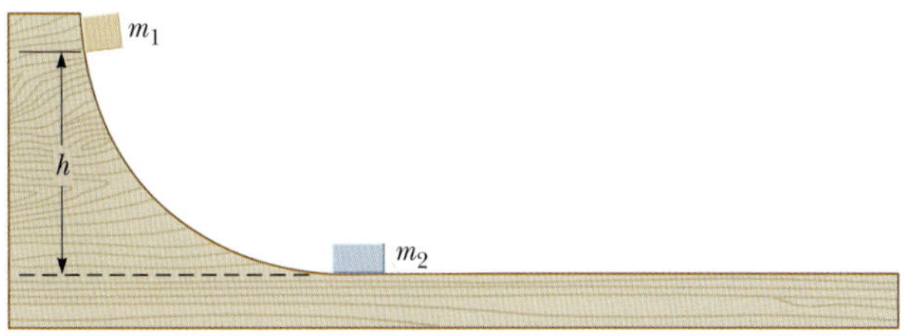

그림 P9.21

9.5 이차원 충돌

22. 마찰이 없는 수평면에서 정지 상태에 있는 0.300 kg의 퍽이 x축을 따라 2.00 m/s의 속력으로 이동하는 0.200 kg의 퍽과 충돌한다. 충돌 후, 0.200 kg의 퍽은 $+x$축으로부터

$\theta = 53.0°$의 각도에서 1.00 m/s의 속력을 갖는다. (a) 충돌 후 0.300 kg인 퍽의 속도를 결정하라. (b) 충돌 과정에서 전달되거나 다른 형태로 변환된 운동 에너지의 비율을 구하라.

23. 질량이 같은 두 자동차가 교차로에서 서로 다가오고 있다. 한 자동차는 동쪽을 향하여 13.0 m/s의 속력으로, 다른 자동차는 북쪽을 향하여 v_{2i}의 속력으로 달려가고 있다. 각 운전자는 서로를 보지 못하고 있다. 교차로에서 두 자동차가 충돌 후에 동북 55.0° 방향으로 함께 붙어서 이동한다. 두 도로에 대한 제한 속력이 35 mi/h이다. 충돌이 일어났을 때 북쪽으로 달리던 운전자가 제한 속력 내에서 달렸다고 주장한다. 이 주장이 사실인가를 판단해 보라.

24. 처음 속도가 $5.00\hat{\mathbf{i}}$ m/s인 질량 3.00 kg의 물체가 처음 속도 $-3.00\hat{\mathbf{j}}$ m/s인 질량 2.00 kg의 물체와 충돌해서 붙었다. 합쳐진 물체의 나중 속도를 구하라.

25. 5.00 m/s로 움직이는 당구공이 정지해 있는 같은 질량의 당구공과 부딪혔다. 충돌 후 첫 번째 공이 원래 움직이던 방향과 30.0°의 각도로 4.33 m/s로 움직인다. 탄성 충돌이라고 가정할 때 (마찰과 회전 운동을 무시하라), 충돌 후 두 번째 공의 속도를 구하라.

26. 그림 P9.26에서와 같이 파란색 원반의 질량이 초록색 원반의 질량보다 20.0 % 크다. 충돌 전에 원반들은 서로 방향이 반대이고 크기가 같은 운동량을 가지며, 초록색 원반의 처음 속력은 10.0 m/s이다. 충돌하는 동안 운동 에너지의 반이 내부 에너지로 변환된다면, 충돌 후 이 원반들의 속력은 각각 얼마인가?

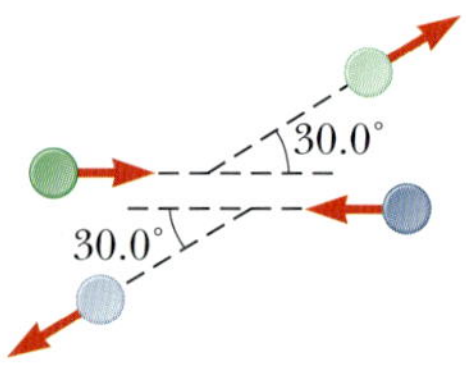

그림 P9.26

9.6 질량 중심

27. 네 개의 물체가 다음과 같이 y축을 따라 위치하고 있다. 2.00 kg의 물체는 +3.00 m에, 3.00 kg의 물체는 +2.50 m에, 2.50 kg의 물체는 원점에, 4.00 kg의 물체는 −0.500 m에 위치한다. 이 물체들의 질량 중심을 구하라.

28. 지구의 질량은 5.97×10^{24} kg이고 달의 질량은 7.35×10^{22} kg이다. 두 중심 사이의 거리는 3.84×10^{8} m이다. 지구−달 계의 질량 중심은 지구 중심으로부터 얼마나 떨어져 있는가?

29. 그림 P9.29와 같은 모양의 균일한 철판 조각이 있다. 판의 질량 중심의 x와 y 좌표를 구하라.

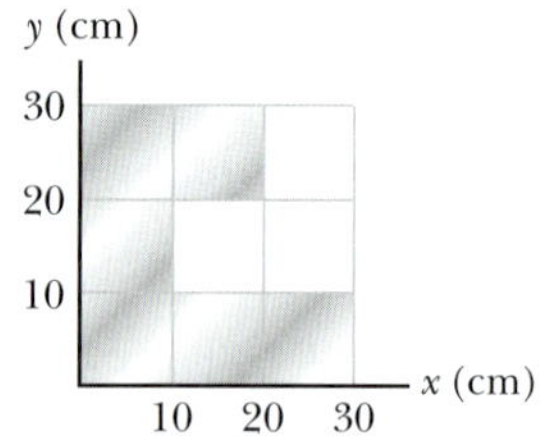

그림 P9.29

30. 길이 30.0 cm인 막대의 선 밀도(단위 길이당 질량)는

$$\lambda = 50.0 + 20.0x$$

이다. 여기서 x는 한쪽 끝에서부터의 거리이며, 단위는 m이고 λ의 단위는 g/m이다. (a) 막대의 전체 질량은 얼마인가? (b) $x = 0$인 막대 끝에서부터 질량 중심의 위치는 어디인가?

9.7 다입자계

31. 물 분자는 한 개의 산소 원자와 두 개의 수소 원자가 결합되어 있다(그림 P9.31). 두 결합 사이의 각도는 106°이다. 결합 길이가 0.100 nm이면, 이 분자의 질량 중심은 어디인가?

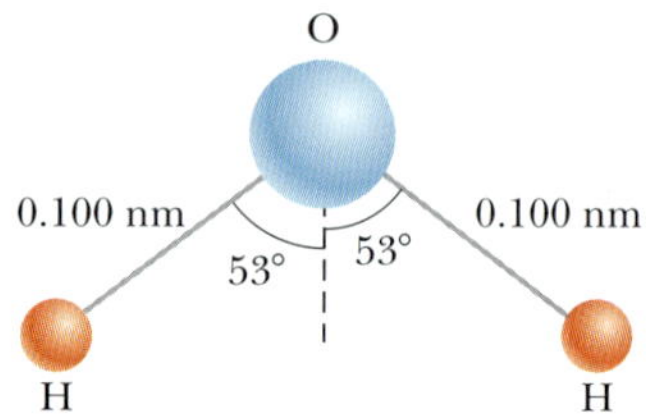

그림 P9.31

32. 2.00 kg인 입자의 속도는 $(2.00\hat{\mathbf{i}} - 3.00\hat{\mathbf{j}})$ m/s이고, 3.00 kg인 입자의 속도는 $(1.00\hat{\mathbf{i}} + 6.00\hat{\mathbf{j}})$ m/s이다. 계의 (a) 질량 중심의 속도, (b) 전체 운동량을 구하라.

33. 로미오(77.0 kg)가 잔잔한 호수에 정지해 있는 보트 뒤쪽에서 줄리엣(55.0 kg)을 위하여 기타를 연주하고 있다. 로미오는 배 앞쪽에 있는 줄리엣으로부터 2.70 m 떨어져 있다. 세레나데를 연주한 후 줄리엣은 로미오의 뺨에 키스하기 위하여 조심스럽게 배 뒤쪽(호수에서 멀어지는 쪽)으로 움직인다. 호숫가를 향하고 있는 80.0 kg 보트는 호숫가를 향하여 얼마나 움직이는가?

34. xy 평면에서 움직이는 3.50 g의 입자에 대한 위치 벡터 $\vec{\mathbf{r}}_1 = (3\hat{\mathbf{i}} + 3\hat{\mathbf{j}})t + 2\hat{\mathbf{j}}t^2$이다. 여기서 t의 단위는 s이고 $\vec{\mathbf{r}}$의 단위는 cm이다. 같은 시간에 5.50 g의 입자에 대한 위치 벡터 $\vec{\mathbf{r}}_2 = 3\hat{\mathbf{i}} - 2\hat{\mathbf{i}}t^2 - 6\hat{\mathbf{j}}t$이다. $t = 2.50$ s일 때 (a) 질량 중심의 위치 벡터, (b) 계의 선운동량, (c) 질량 중심의 속도, (d) 질량 중심의 가속도, (e) 두 입자계에 작용하는 알짜힘을 구하라.

9.8 변형 가능한 계

35. 한 입자가 그림 P9.35a에서와 같이 길이 L인 가벼운 줄에 의하여 카트의 꼭대기에 있는 막대에 매달려 있다. 카트와 입자는 처음에 연직 줄과 함께 오른쪽으로 일정한 속력 v_i로 이동하고 있다. 그런데 그림 P9.35b에서와 같이 카트가 벽에 충돌하여 벽에 붙으면서 정지하게 된다. 매달려 있던 입자는 회전하여 각도 θ를 이룬다. (a) 카트의 처음 속력은 $v_i = \sqrt{2gL(1 - \cos\theta)}$로부터 계산할 수 있음을 보이라. (b) 매달려 있는 입자가 연직으로부터 최대 각도의 위치에 있을 때 벽이 여전히 카트에 수평력을 작용한다면, 어느 순간에 벽이 작용하는 수평력이 멈추는가?

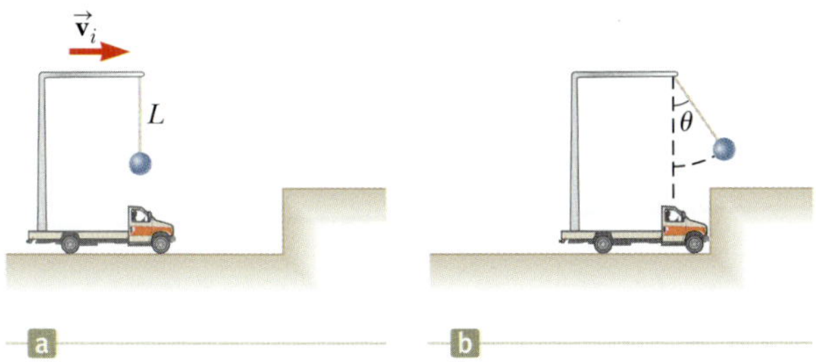

그림 P9.35

36. 60.0 kg의 어떤 사람이 무릎을 구부렸다가 수직으로 점프한다. 그의 발이 마룻바닥을 떠난 후, 그의 운동은 공기 저항을 받지 않고 질량 중심만 최대 15.0 cm 올라간다. 마룻바닥은 단단하고 움직이지 않는다. (a) 마룻바닥은 사람에게 충격량을 주는가? (b) 마룻바닥은 사람에게 일을 하는가? (c) 사람이 마룻바닥을 떠날 때의 운동량은 얼마인가? (d) 이 운동량이 마룻바닥으로부터 왔다고 말하는 것이 맞는 말인가? 설명하라. (e) 사람이 마룻바닥을 떠날 때의 운동 에너지는 얼마인가? (f) 이 운동 에너지는 마룻바닥으로부터 왔다고 말하는 것이 맞는 말인가? 설명하라.

37. 그림 P9.37a는 마찰 없는 얼음 위에 질량 m인 두 개의 원반이 있는 배치를 위에서 본 모습이다. 두 원반은 질량을 무시할 수 있는 길이 ℓ인 줄에 묶여 있다. 시간 $t = 0$에서 일정한 힘 F로 줄의 중심에서 오른쪽으로 끌기 시작한다. 시간 t에서 움직이는 원반들은 서로 충돌하면서 함께 붙는다. 이 동안에 힘의 작용점은 거리 d를 움직이고 원반들은 속력 v를 얻는다(그림 P9.37b). (a) v를 F, d, ℓ, m으로 나타내라. (b) 이 힘이 한 일에 의하여 계에 전달된 에너지의 얼마 정도가 내부 에너지로 변환되는가?

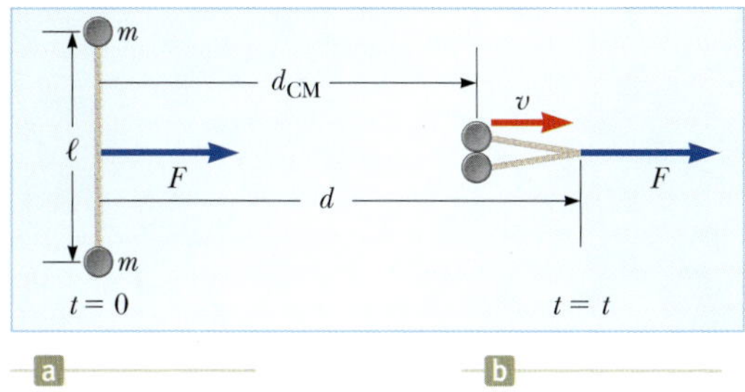

그림 P9.37

9.9 로켓의 추진

38. 평균 추진력이 5.26 N인 로켓 엔진 모형이 있다. 엔진의 처음 질량은 12.7 g의 연료를 포함해서 25.5 g이다. 연료가 타는 시간은 1.90 s이다. (a) 엔진의 평균 배기 속도는 얼마인가? (b) 엔진이 53.5 g의 로켓 본체에 탑재되어 있다. 우주에서 유영 중인 우주인에 의하여 로켓이 정지 상태에서 발사된다면, 로켓의 나중 속도는 얼마인가? 연료는 일정한 비율로 탄다고 가정하자.

39. 정원 호스를 그림 P9.39에서와 같이 붙잡고 있다. 처음에 호스에는 움직임이 없는 물이 채워져 있다. 물이 25.0 m/s의 속력과 0.600 kg/s의 흐름률로 흐르도록 할 때, 호스 노즐이 정지 상태를 유지하도록 잡아주기 위한 추가적인 힘은 얼마인가?

그림 P9.39

40. 새턴 V 우주선은 1.50×10^4 kg/s의 비율로 연료와 산화제를 소모하여 2.60×10^3 m/s의 배기 속력을 얻는다. (a) 이 엔진에 의하여 얻어지는 추진력을 구하라. (b) 우주선의 처음 질량을 3.00×10^6 kg으로 하고, 우주선이 지구에 있는 발사대에서 수직으로 이륙할 때의 가속도를 구하라.

CHAPTER 10

고정축에 대한 강체의 회전

Rotation of a Rigid Object About a Fixed Axis

말레이시아의 놀이 중에 질량이 5 kg까지 나가는 팽이를 돌리는 것이 있다. 숙련된 사람은 팽이를 수 시간 동안 돌릴 수 있다. 이번 장에서는 이런 팽이와 같은 물체의 회전 운동에 대하여 공부한다. *(Courtesy Tourism Malaysia)*

바퀴처럼 크기가 있는 물체가 한 축을 중심으로 회전할 때는, 어떤 한 순간에서 물체의 서로 다른 부분의 선속도와 선가속도가 서로 다르기 때문에 그 물체를 하나의 입자로 모형화하여 물체의 운동을 분석할 수 없다. 하지만 9.7절에서 논의한 바와 같이 크기가 있는 물체를 각각의 선속도와 선가속도를 갖고 있는 다입자계로 모형화하여 운동을 분석할 수 있다.

회전하는 물체를 다룰 때 그 물체가 강체라고 가정하면 분석이 아주 간단해진다. **강체**(rigid body)는 변형되지 않는 물체를 말한다. 이 말은 물체를 이루고 있는 모든 입자 간 상대 위치가 일정한 것을 말한다. 사실 모든 물체는 어느 정도 변형이 있다. 강체 모형은 변형이 무시할 수 있을 만큼 작을 때 유용하다. 앞에서 우리는 입자와 계에 기초한 분석 모형을 공부하였다. 이 장에서는 강체 모형에 기초한 다른 종류의 분석 모형들을 소개한다.

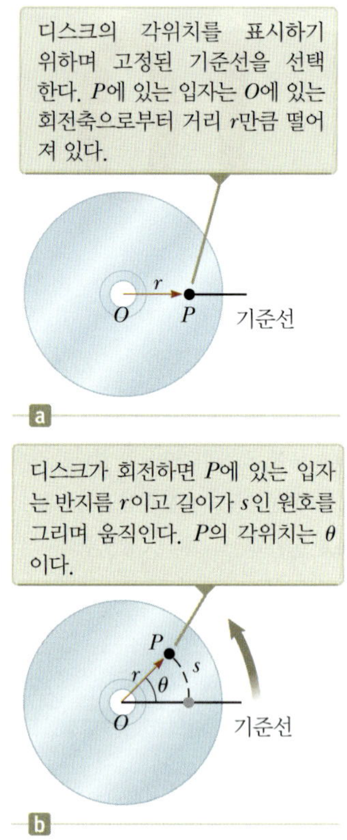

그림 10.1 종이면에 수직이고 O를 관통하는 고정축에 대하여 회전하고 있는 CD

오류 피하기 10.1

라디안을 기억하자 회전과 관련된 식에서는 각도를 라디안 단위로만 사용해야 한다. 회전과 관련된 식에서 각도를 도 단위로 나타내는 오류에 빠지지 않도록 하자.

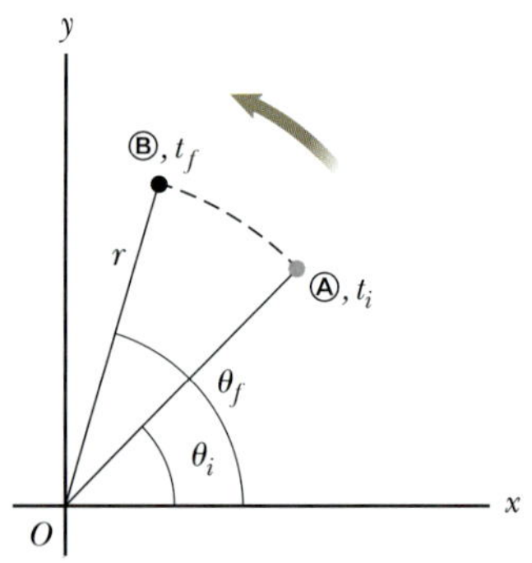

그림 10.2 회전하는 강체 위의 한 입자가 원호를 따라 Ⓐ에서 Ⓑ로 움직인다. 시간 간격 $\Delta t = t_f - t_i$ 동안에 길이 r인 지름 방향선은 각변위 $\Delta\theta = \theta_f - \theta_i$만큼 이동한다.

10.1 각위치, 각속도, 각가속도
Angular Position, Velocity and Acceleration

회전 운동에 대한 이해를 앞의 여러 장에서 공부한 병진 운동에서 사용한 방법으로 기술하고자 한다. 2장에서 위치, 속도, 가속도의 운동학 변수를 정의하면서 시작하였다. 여기서 회전 운동의 경우도 같은 방법으로 시작한다.

그림 10.1은 회전하는 CD(콤팩트디스크)를 위에서 본 모습을 보여 준다. CD는 종이면에 수직이고 디스크의 중심 O를 지나는 고정축 주위로 회전하고 있다. P에 있는 디스크의 아주 작은 조각을 하나의 입자라고 가정하면, 이 입자는 원점에서 일정한 거리 r만큼 떨어져 반지름 r인 원을 따라서 회전한다(사실 디스크 상의 모든 입자는 O를 중심으로 원운동을 하고 있다). 이때 P의 위치는 극좌표 (r, θ)로 표현하는 것이 편리하다. 여기서 r는 원점으로부터의 거리를 표시하고, θ는 그림 10.1a에 나타낸 기준선에서 **시계 반대 방향**으로 측정한다. 이 표현에서 각도 θ는 r가 일정하게 유지된 상태에서 시간에 따라 변한다. 입자가 기준선($\theta = 0$)에서 출발하여 원을 따라 움직일 때, 그림 10.1b처럼 길이 s의 원호를 그린다. 이 원호의 길이 s와 각도 θ의 관계는 다음의 식으로 나타낼 수 있다.

$$s = r\theta \tag{10.1a}$$

$$\theta = \frac{s}{r} \tag{10.1b}$$

θ는 호의 길이와 원의 반지름의 비이기 때문에, 단위가 없는 순수한 수(pure number)이다. 그러나 보통 θ에 인위적인 단위 **라디안**(rad)을 부여하며, 1라디안은 호의 길이가 호의 반지름과 같을 때의 각도이다. 원둘레의 길이가 $2\pi r$이기 때문에, 식 10.1b로부터 360°는 $(2\pi r/r)$ rad $= 2\pi$ rad임을 알 수 있다. 따라서 1 rad $= 360°/2\pi \approx 57.3°$이다. 도(degree)로 표현된 각도를 라디안으로 바꿀 때 π rad $= 180°$를 이용하면

$$\theta(\text{rad}) = \frac{\pi}{180°}\theta(\text{deg})$$

가 된다. 예를 들면 60°는 $\pi/3$ rad이고 45°는 $\pi/4$ rad이다.

그림 10.1의 디스크는 강체이기 때문에 이 입자가 기준선으로부터 각도 θ만큼 이동하면 강체에 속한 모든 다른 입자도 같은 각도 θ만큼 회전한다. 따라서 각각의 입자와 마찬가지로 전체 강체에 각도 θ를 부여할 수 있으므로, 회전하는 강체의 **각위치**(angular position)를 정의할 수 있다. O와 물체 위의 선택한 한 점을 이어 지름 방향선을 정한다. 강체의 각위치는 이 물체 위의 지름 방향선과 고정된 기준선(보통 x축으로 한다)이 이루는 각도 θ로 정한다. 이것은 병진 운동에서 원점($x = 0$)을 기준으로 하여, 좌표 x로 물체의 위치를 정하는 것과 같다. 따라서 병진 운동에서 위치 x의 역할을 회전 운동에서 각도 θ가 한다.

그림 10.2에 표시된 것처럼 강체 위의 한 입자가 시간 간격 Δt 동안 위치 Ⓐ에서 Ⓑ로 이동할 때, 강체에 고정된 기준선은 각도 $\Delta\theta = \theta_f - \theta_i$만큼 돌아간다. 이 $\Delta\theta$를 강체

의 **각변위**(angular displacement)로 정의한다.

$$\Delta\theta \equiv \theta_f - \theta_i$$

이 각변위가 일어나는 시간에 대한 비율은 다를 수 있다. 강체가 빠르게 돌면 이 변위는 짧은 시간 간격 동안에 일어난다. 천천히 돌 때는 같은 변위가 더 긴 시간 간격 동안에 일어난다. 이렇게 다른 회전 비율을 정량화하기 위하여, 강체의 각변위를 그 변위가 일어나는 시간 간격 Δt로 나눈 비율을 **평균 각속도**(average angular velocity) ω_{avg}(그리스 문자 오메가)로 정의한다.

$$\omega_{\text{avg}} \equiv \frac{\theta_f - \theta_i}{t_f - t_i} = \frac{\Delta\theta}{\Delta t} \tag{10.2}$$

◀ 평균 각속도

병진 속도와 마찬가지로 **순간 각속도**(instantaneous angular velocity) ω는 Δt가 영에 접근할 때 평균 각속도의 극한으로 정의한다.

$$\omega \equiv \lim_{\Delta t \to 0} \frac{\Delta\theta}{\Delta t} = \frac{d\theta}{dt} \tag{10.3}$$

◀ 순간 각속도

각속도의 단위는 rad/s이지만, 라디안은 차원이 없는 단위이므로 s^{-1}로 쓸 수 있다. θ가 증가할 때(그림 10.2에서 시계 반대 방향으로 움직임) ω는 양(+)이고, θ가 감소할 때(그림 10.2에서 시계 방향으로 움직임) 음(−)이다. 일반적으로 각속도의 크기를 각속력이라 한다.

Q 퀴즈 10.1 강체가 고정축 주위로 시계 반대 방향으로 회전하고 있다. 다음 보기의 각 쌍은 강체의 처음 각위치와 나중 각위치를 나타낸다. **(a)** 3 rad, 6 rad **(b)** −1 rad, 1 rad **(c)** 1 rad, 5 rad **(i)** 강체가 180°보다 더 회전하는 경우에 해당하는 것은 어느 것인가? **(ii)** 1 s 동안 각 쌍에 각위치의 변화가 일어났다고 하자. 평균 각속도가 가장 작은 경우는 어느 것인가?

만약 물체의 순간 각속도가 시간 간격 Δt 동안에 ω_i에서 ω_f로 변하였다면 그 물체는 각가속도를 가진다. 회전하는 강체의 **평균 각가속도**(average angular acceleration) α_{avg}(그리스 문자 알파)는 강체의 각속도 변화와 그 변화가 일어나는 데 소요된 시간 간격 Δt의 비율로 정의한다.

$$\alpha_{\text{avg}} \equiv \frac{\omega_f - \omega_i}{t_f - t_i} = \frac{\Delta\omega}{\Delta t} \tag{10.4}$$

◀ 평균 각속도

병진 가속도의 경우와 마찬가지로 **순간 각가속도**(instantaneous angular acceleration)는 Δt가 영에 접근할 때 평균 각가속도의 극한으로 정의한다.

$$\alpha \equiv \lim_{\Delta t \to 0} \frac{\Delta\omega}{\Delta t} = \frac{d\omega}{dt} \tag{10.5}$$

◀ 순간 각속도

각가속도의 단위는 rad/s^2 또는 간단히 s^{-2}이다. 시계 반대 방향으로 회전하는 강체가 빨라지거나 시계 방향으로 회전하는 강체가 느려질 때 α는 양(+)의 값을 갖는다.

강체가 **고정**축에 대하여 회전할 때, 물체 위의 모든 입자는 주어진 시간 간격 동안에 같은 각도만큼 회전하고 같은 각속도와 같은 각가속도를 갖는다. 즉 θ, ω와 α는 물체의 구성 입자뿐만 아니라 전체 강체의 회전 운동을 규정한다.

회전 운동의 각위치(θ), 각속도(ω), 각가속도(α)는 병진 운동의 병진 위치(x), 병진 속도(v), 병진 가속도(a)와 유사하다. 변수 θ, ω, α의 차원은 변수 x, v, a와 비교하여 길이 단위만큼 다르다(10.3절 참고).

우리는 각속도와 각가속도의 방향에 대해서는 아직까지 설명하지 않았다. 엄밀히 말해서 ω와 α의 크기는 각속도와 각가속도 벡터[1] $\vec{\boldsymbol{\omega}}$와 $\vec{\boldsymbol{\alpha}}$의 크기이다. 그러나 우리는 고정축에 대한 회전을 고려하고 있으므로 벡터 기호를 사용하지 않고, 이미 식 10.3과 10.5에 설명한 대로 양(+)의 부호와 음(−)의 부호를 ω와 α에 포함하여 벡터 방향을 표시한다. 고정축에 대한 회전에서는 회전축의 방향이 회전 운동의 방향을 정하게 되며, 따라서 $\vec{\boldsymbol{\omega}}$와 $\vec{\boldsymbol{\alpha}}$의 방향도 이 축 방향에 놓이게 된다. 만약 그림 10.2에서처럼 입자가 xy 평면 상에서 회전하면, 각속도 $\vec{\boldsymbol{\omega}}$의 방향은 시계 반대 방향으로 회전할 때 그림이 있는 평면으로부터 나오는 방향이고, 시계 방향으로 회전할 때는 평면으로 들어가는 방향이다. 이 방향을 기억하려면 그림 10.3에 표시된 것처럼 **오른손 규칙**을 사용하면 편리하다. 오른손의 네 손가락을 회전 방향으로 감아쥘 때, 엄지손가락은 벡터 $\vec{\boldsymbol{\omega}}$의 방향을 가리킨다. $\vec{\boldsymbol{\alpha}}$의 방향은 $\vec{\boldsymbol{\alpha}} \equiv d\vec{\boldsymbol{\omega}}/dt$의 정의로부터 정해진다. 고정축에 대한 회전의 경우, $\vec{\boldsymbol{\alpha}}$는 각속력이 시간에 따라 증가하면 $\vec{\boldsymbol{\omega}}$와 같은 방향이고, 각속력이 시간에 따라 감소하면 $\vec{\boldsymbol{\omega}}$와 반대 방향이다.

오류 피하기 10.2

회전축을 정하라 회전에 관련된 문제를 풀 때는 회전축을 명확하게 정해야만 한다. 이런 것은 병진 운동을 공부할 때는 없었던 것이다. 회전축은 임의로 정할 수 있으나, 회전축을 한 번 정하면 문제를 다 풀 때까지 일관성 있게 유지해야 한다. 자동차 바퀴의 회전에 대한 문제처럼, 어떤 문제에서는 물리적인 상황이 회전축을 자연스럽게 정해 준다. 그 외의 다른 문제에서는 축이 명백하지 않을 수 있으며 그 때는 이리저리 판단해 보고 정해야 한다.

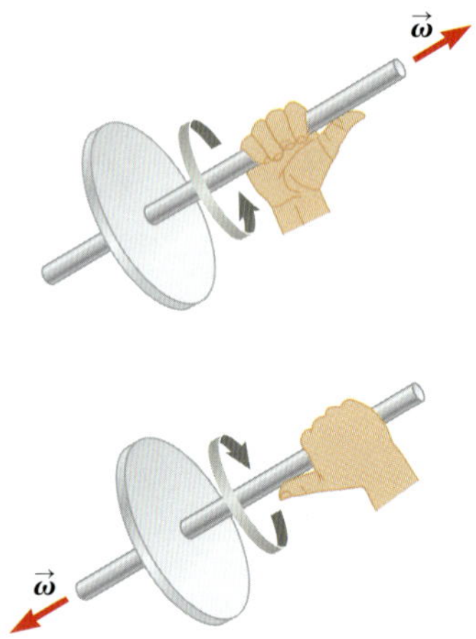

그림 10.3 각속도 벡터의 방향을 정하기 위한 오른손 규칙

10.2 분석 모형: 각가속도가 일정한 강체
Analysis Model: Rigid Object Under Constant Angular Acceleration

병진 운동을 공부할 때, 운동학 변수를 도입한 후 등가속도 운동하는 입자를 고려하였다. 여기서도 같은 방법으로 각가속도가 일정한 강체의 운동을 다룬다.

그림 10.1에서의 CD처럼 고정축을 중심으로 강체가 회전하고 각가속도가 일정한 경우를 고려해 보자. 등가속도 운동하는 입자의 분석 모형과 유사하게, **각가속도가 일정한 강체**라고 하는 회전 운동에 대한 새로운 분석 모형을 만든다. 이 모형은 등가속도 운동의 경우와 유사하다. 이 절에서 이 모형에 대한 운동학적 관계를 유도해 보자. 식 10.5를 $d\omega = \alpha\,dt$로 쓰고 $t_i = 0$에서 $t_f = t$까지 적분하면

회전 운동학 식 ▶

$$\omega_f = \omega_i + \alpha t \quad (\alpha\text{는 일정}) \tag{10.6}$$

가 된다. 여기서 ω_i는 시간 $t = 0$에서의 강체의 각속도이다. 식 10.6으로부터 임의의 시간 t 이후의 각속도 ω_f를 얻을 수 있다. 식 10.6을 10.3에 대입하고 한 번 더 적분하면 다음의 식을 얻는다.

[1] 여기서 분명하게 보이진 않았지만, 순간 각속도와 순간 각가속도는 벡터인 반면에 대응되는 평균값은 벡터가 아니다. 왜냐하면 유한한 회전의 경우 각변위를 벡터처럼 더할 수 없기 때문이다.

$$\theta_f = \theta_i + \omega_i t + \tfrac{1}{2}\alpha t^2 \quad (\alpha\text{는 일정}) \tag{10.7}$$

여기서 θ_i는 시간 $t = 0$에서의 강체의 각위치이다. 식 10.7로부터 임의의 시간 t 이후의 각위치 θ_f를 얻을 수 있다. 식 10.6과 10.7에서 t를 소거하면 다음의 식을 얻는다.

$$\omega_f^2 = \omega_i^2 + 2\alpha(\theta_f - \theta_i) \quad (\alpha\text{는 일정}) \tag{10.8}$$

이 식으로부터 임의의 각위치 값 θ_f에 대응하는 강체의 각속도 ω_f를 얻을 수 있다. 식 10.6과 10.7에서 α를 소거하면

$$\theta_f = \theta_i + \tfrac{1}{2}(\omega_i + \omega_f)t \quad (\alpha\text{는 일정}) \tag{10.9}$$

의 관계식을 얻는다.

일정한 각가속도로 회전하는 강체에 대한 이런 운동학 식들은 등가속도 운동하는 입자에 대한 식들과 수학적으로 같은 형태를 갖는다(2장 참고). 이것들은 병진 운동의 식에서 $x \rightarrow \theta$, $v \rightarrow \omega$, $a \rightarrow \alpha$로 치환하여 얻을 수 있다. 표 10.1은 각가속도가 일정한 강체의 경우와 가속도가 일정한 입자 모형에 대한 운동학 식을 비교한 것이다.

오류 피하기 10.3

병진 운동에서의 식과 똑같은가? 식 10.6에서 10.9까지 및 표 10.1은 회전 운동학 식이 마치 병진 운동학에서의 식과 같은 것처럼 암시하고 있다. 그것은 거의 사실이지만 다음의 두 가지 중요한 차이가 있다. (1) 회전 운동학에서는 회전축을 지정해야 한다(오류 피하기 10.2에서 이야기하였음). (2) 회전 운동에서 물체는 반복해서 원래 방향으로 돌아올 수 있다. 따라서 강체의 회전수에 관심을 가져야 한다. 이들 개념은 병진 운동과 유사성이 없다.

표 10.1 가속도가 일정한 회전 운동과 병진 운동의 운동학 식

각가속도가 일정한 강체		등가속도 입자	
$\omega_f = \omega_i + \alpha t$	(10.6)	$v_f = v_i + at$	(2.13)
$\theta_f = \theta_i + \omega_i t + \frac{1}{2}\alpha t^2$	(10.7)	$x_f = x_i + v_i t + \frac{1}{2}at^2$	(2.16)
$\omega_f^2 = \omega_i^2 + 2\alpha(\theta_f - \theta_i)$	(10.8)	$v_f^2 = v_i^2 + 2a(x_f - x_i)$	(2.17)
$\theta_f = \theta_i + \frac{1}{2}(\omega_i + \omega_f)t$	(10.9)	$x_f = x_i + \frac{1}{2}(v_i + v_f)t$	(2.15)

Q 퀴즈 10.2 퀴즈 10.1에서 다른 강체에 대한 각위치의 쌍들을 다시 생각해 보자. 모든 세 쌍의 경우에 대하여 처음 각위치에서 정지 상태에 있다가 시계 반대 방향으로 일정한 각가속도로 회전하여 나중 각위치에서 동일한 각속도를 가진다면, 이들 중 각가속도가 가장 큰 것은 어느 경우인가?

예제 10.1 회전 바퀴

바퀴가 3.50 rad/s²의 일정한 각가속도로 회전하고 있다.

(A) $t_i = 0$에서 바퀴의 각속력이 2.00 rad/s일 때, 2.00 s 동안 바퀴가 회전한 각변위를 구하라.

풀이

개념화 그림 10.1과 같이 CD가 일정한 비율로 각속력이 빨라지면서 회전하고 있다고 가정하자. CD가 2.00 rad/s로 회전하는 순간 초시계를 작동시켰다고 하자. 이런 상상이 이 예제의 바퀴 운동에 대한 모형이다.

분류 '일정한 각가속도'라는 말은 바퀴에 **일정한 각가속도로 회전하는 강체**의 모형을 사용할 수 있음을 뜻한다.

분석 각가속도가 일정한 강체 모형으로부터, 식 10.7을 정리하여 바퀴의 각변위를 표시한다.

$$\Delta\theta = \theta_f - \theta_i = \omega_i t + \tfrac{1}{2}\alpha t^2$$

알고 있는 값을 대입하여 $t = 2.00$ s일 때의 각변위를 구한다.

$$\Delta\theta = (2.00\text{ rad/s})(2.00\text{ s}) + \tfrac{1}{2}(3.50\text{ rad/s}^2)(2.00\text{ s})^2$$

$$= \boxed{11.0\text{ rad}} = (11.0\text{ rad})(180°/\pi\text{ rad}) = \boxed{630°}$$

(B) 이 시간 간격 동안에 바퀴는 몇 바퀴 회전하는가?

풀이 (A)에서 알아낸 각변위에 회전수로 바꿔주는 바꿈 인수를 곱한다.

$$\Delta\theta = 630°\left(\frac{1\text{ rev}}{360°}\right) = \boxed{1.75\text{ rev}}$$

(C) $t = 2.00$ s에서 바퀴의 각속도를 구하라.

풀이 각가속도가 일정한 강체 모형으로부터 식 10.6을 사용하여 $t = 2.00$ s에서의 각속력을 구한다.

$$\omega_f = \omega_i + \alpha t = 2.00\text{ rad/s} + (3.50\text{ rad/s}^2)(2.00\text{ s})$$
$$= \boxed{9.00\text{ rad/s}}$$

결론 식 10.8과 (A)의 결과를 사용하여 같은 답을 얻을 수 있다. (직접 해 보기 바란다.)

문제 3.50 m/s²의 등가속도로 직선 상에서 움직이는 한 입자가 있다. 만약 $t_i = 0$에서 입자의 속도가 2.00 m/s라면 2.00 s 동안 이동한 변위는 얼마인가? $t = 2.00$ s에서 입자의 속도를 구하라.

답 원래 문제 (A)와 (C)의 형태와 유사한 병진 운동에 대한 문제이다. 수학적으로 풀어보면 정확하게 같은 형태이다. 등가속도 운동하는 입자 모형으로부터 변위는

$$\Delta x = x_f - x_i = v_i t + \tfrac{1}{2}at^2$$
$$= (2.00\text{ m/s})(2.00\text{ s}) + \tfrac{1}{2}(3.50\text{ m/s}^2)(2.00\text{ s})^2$$
$$= 11.0\text{ m}$$

이고, 속도는 다음과 같다.

$$v_f = v_i + at = 2.00\text{ m/s} + (3.50\text{ m/s}^2)(2.00\text{ s})$$
$$= 9.00\text{ m/s}$$

이 병진 운동에는 회전 운동과 같은 반복성이 없기 때문에 (B)에 해당하는 유형은 없다.

10.3 회전 운동과 병진 운동의 물리량
Angular and Translational Quantities

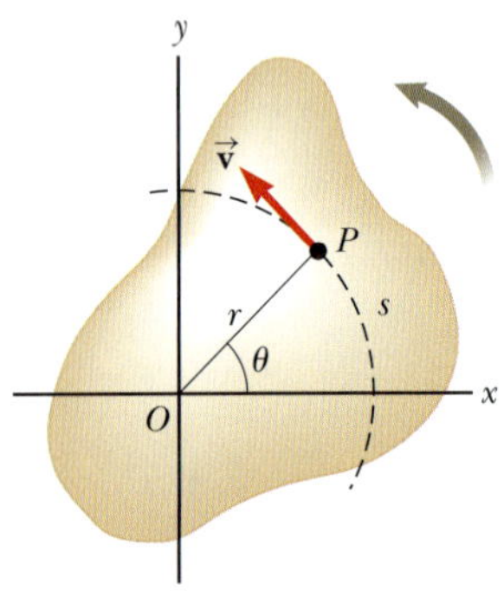

그림 10.4 강체가 O를 통과하는 고정축(z축)에 대하여 회전할 때, 점 P는 반지름이 r인 원의 경로에 접하는 접선 속도 $\vec{v}$를 갖는다.

이 절에서는 회전 강체의 각속력 및 각가속도와 강체 내의 한 점의 병진 속력 및 병진 가속도 사이의 관계식을 유도하자. 여기서 염두에 두어야 하는 것은 그림 10.4와 같이 강체가 고정축에 대하여 회전할 때 강체의 모든 입자들이 회전축을 중심으로 원운동을 한다는 점이다.

그림 10.4의 점 P는 원을 따라 움직이기 때문에, 병진 속도 벡터 $\vec{v}$는 항상 원둘레의 접선 방향이므로 **접선 속도**라고 한다. 점 P의 접선 속도의 크기는 접선 속력 $v = ds/dt$로 정의된다. 여기서 s는 이 점이 원둘레 상에서 움직인 거리이다. 편의상 시계 반대 방향의 회전을 고려한다. $s = r\theta$(식 10.1a)와 r가 상수라는 사실을 이용하여, 다음 식을 얻을 수 있다.

$$v = \frac{ds}{dt} = r\frac{d\theta}{dt}$$

$d\theta/dt = \omega$(식 10.3)이므로

접선 속력과 각속력의 관계 ▶

$$v = r\omega \tag{10.10}$$

이다. 식 4.17에서 본 바와 같이 회전하는 강체에 있는 한 점의 접선 속력은 회전축으로부터 그 점까지의 수직 거리에 각속력을 곱한 것과 같다. 그러므로 강체 내의 모든 점

의 **각속력**은 같아도, r가 각 점마다 다르기 때문에 **접선 속력**은 같지 않다. 직관적으로 알고 있듯이, 식 10.10은 회전체 내에 있는 한 점의 접선 속력이 회전 중심에서 멀어질수록 커진다는 사실을 보인다. 예를 들면 골프 채를 휘두를 때 바깥쪽 끝이 손잡이 부분보다 훨씬 빠르게 움직인다.

점 P의 접선 가속도와 회전하는 강체의 각가속도 사이의 관계는 v를 시간으로 미분하여 얻을 수 있다.

$$a_t = \frac{dv}{dt} = r\frac{d\omega}{dt}$$

$$a_t = r\alpha \tag{10.11}$$

◀ 접선 가속도와 각가속도의 관계

즉 회전 강체에 있는 한 점의 병진 가속도의 접선 성분은 회전축으로부터 그 점까지의 수직 거리에 각가속도를 곱한 값과 같다.

4.4절에서 원형 경로를 따라 회전하고 있는 한 점은 크기가 v^2/r이고, 회전 중심을 향하는 지름 가속도 a_r를 갖는다는 것을 알았다(그림 10.5). 회전체 내의 점 P에서 $v = r\omega$이므로, 이 점에서 구심 가속도 크기는 각속력을 사용하여 다음과 같이 쓸 수 있다.

$$a_c = \frac{v^2}{r} = r\omega^2 \tag{10.12}$$

이 점에서의 전체 가속도 벡터는 $\vec{\mathbf{a}} = \vec{\mathbf{a}}_t + \vec{\mathbf{a}}_r$이며, 여기서 $\vec{\mathbf{a}}_r$의 크기는 구심 가속도 a_c이다. 가속도 $\vec{\mathbf{a}}$는 지름 성분과 접선 성분을 갖는 벡터이기 때문에, 회전 강체에 있는 점 P에서의 가속도 $\vec{\mathbf{a}}$의 크기는 다음과 같다.

$$a = \sqrt{a_t^2 + a_r^2} = \sqrt{r^2\alpha^2 + r^2\omega^4} = r\sqrt{\alpha^2 + \omega^4} \tag{10.13}$$

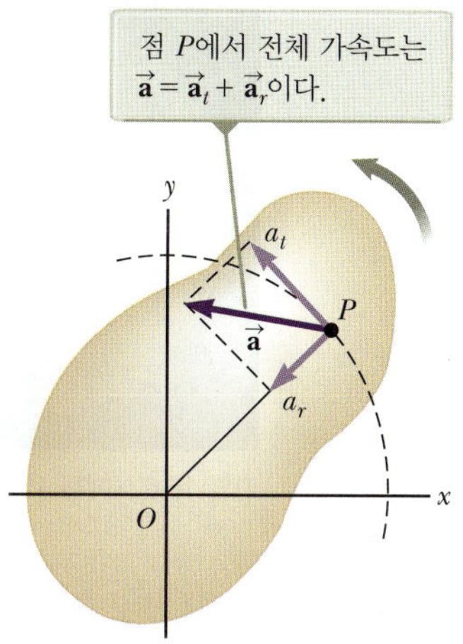

그림 10.5 강체가 O를 통과하는 고정축(z축)을 중심으로 회전할 때, 점 P는 병진 가속도의 접선 성분 a_t와 지름 성분 a_r를 갖는다.

Q 퀴즈 10.3 알렉스와 브라이언이 회전목마를 타고 있다. 알렉스는 원형 무대의 바깥쪽에 있는 목마를 타고 있는데, 안쪽 목마를 타고 있는 브라이언에 비하여 중심에서 두 배 떨어져 있다. **(i)** 회전목마가 일정한 각속력으로 돌고 있다면 알렉스의 각속력은 얼마인가? **(a)** 브라이언의 두 배 **(b)** 브라이언과 같음 **(c)** 브라이언의 절반 **(d)** 알 수 없다. **(ii)** 회전목마가 일정한 각속력으로 돌고 있다면, 알렉스의 접선 속력을 앞의 보기에서 고르라.

예제 10.2 CD 플레이어

그림 10.6에 있는 CD에는 디지털로 디스크 표면에 패인 홈 부분과 평평한 부분에 소리에 대한 정보가 연속으로 저장되어 있다. 표면의 패인 홈 부분과 평평한 부분은 이진법의 1과 0을 교대로 나타내고, 이것은 플레이어에서 읽혀 소리로 바뀐다. 레이저와 렌즈로 구성된 시스템에서 볼록하거나 평평한 부분이 판독된다. 정보의 한 비트를 나타내는 0과 1을 나타내는 부분의 길이는 그 정보가 디스크 중앙에 있든지 디스크 가장자리에 있든지 디스크 상의 어디에서나 동일하다. 그러므로 동일한 한 비트의 길이가 같은 시간 간격 동안에 레이저–렌즈 시스템을 통과하기 위해서는, 렌즈와 가장 가까운 디스크 표면의 접선 속력이 일정해야 한다. 식 10.10에 따라 각속력은 레이저–렌즈 시스템이 디스크 위에서 지름 방향으로 이동함에 따라 달라져야 한다. 보통의 플레이어에서는 레이저–렌즈 시스템이 있는 점에서의 속력은 1.3 m/s로 일정하다.

(A) 가장 안쪽의 첫 트랙(r = 23 mm)에서 정보가 읽힐 때의 디스크의 각속력과 가장 바깥 트랙(r = 58 mm)에서 읽힐 때의 각속력을 분당 회전수(rpm)로 구하라.

풀이

개념화 그림 10.6에 CD의 사진이 있다. '23 mm'라고 표시되어 있는 원을 따라 손가락을 돌려보고, 한 번 회전하는 데 걸리는 시간 간격을 추정해 보라. 이번에는 앞에서 작은 원을 따라 손가락을 돌릴 때와 같은 속력으로 '58 mm'라고 표시되어 있는 원을 따라가 보자. 손가락이 더 큰 원을 따라 돌 때 손가락이 얼마나 더 오래 걸리는지에 주목하라. 손가락이 디스크를 읽는 레이저를 나타낸다면, 레이저가 바깥쪽 원에서 정보를 읽을 때 디스크는 한 번 회전하는 데 더 오랜 시간이 걸린다. 따라서

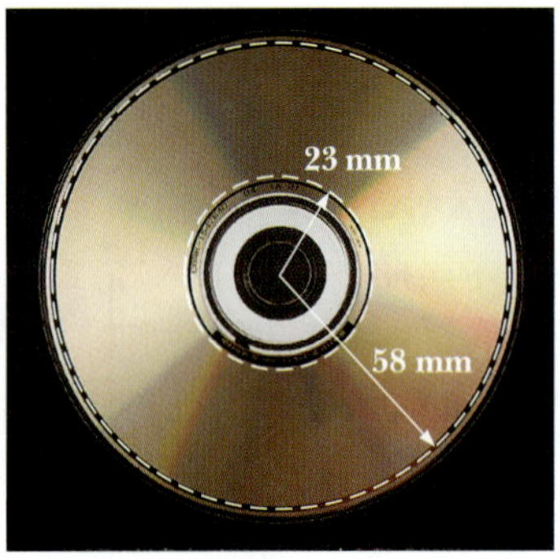

그림 10.6 (예제 10.2) 콤팩트디스크

레이저가 디스크의 이 부분으로부터 정보를 읽을 때 더 천천히 회전해야만 한다.

분류 예제의 이 부분은 간단한 대입 문제로 분류된다. 뒷부분에서는 분석 모형을 확인할 필요가 있다.

식 10.10을 사용하여 안쪽 트랙의 위치에서 원하는 접선 속력을 주는 각속력을 구한다.

$$\omega_i = \frac{v}{r_i} = \frac{1.3 \text{ m/s}}{2.3 \times 10^{-2} \text{ m}} = 57 \text{ rad/s}$$
$$= (57 \text{ rad/s})\left(\frac{1 \text{ rev}}{2\pi \text{ rad}}\right)\left(\frac{60 \text{ s}}{1 \text{ min}}\right)$$
$$= 5.4 \times 10^2 \text{ rev/min}$$

바깥 트랙에서도 같은 방법을 적용한다.

$$\omega_f = \frac{v}{r_f} = \frac{1.3 \text{ m/s}}{5.8 \times 10^{-2} \text{ m}} = 22 \text{ rad/s}$$
$$= 2.1 \times 10^2 \text{ rev/min}$$

CD 플레이어는 이 범위 안에서 각속력 ω를 조정하여 일정한 비율로 정보가 대물 렌즈를 지나가도록 한다.

(B) 정상적인 음악 CD의 최대 연주 시간은 74분 33초이다. 이 시간 동안 디스크의 회전수를 구하라.

풀이

개념화 (A)에서 디스크가 돌아감에 따라 각속력이 줄어든다는 것을 알았다. α가 일정하게 유지되면서 각속력이 줄어든다고 가정하자. 그러면 디스크를 **일정한 각가속도로 회전하는 강체 모형**으로 다룰 수 있다.

분석 $t = 0$이 디스크가 57 rad/s의 각속력으로 돌기 시작한 순간이라면, 나중 시간 t는 (74분)(60초/분) + 33초 = 4 473초이다. 이 시간 간격 동안 진행한 각변위 $\Delta\theta$를 구한다.

식 10.9를 사용하여 t = 4 473 s에서 디스크의 각변위를 구한다.

$$\Delta\theta = \theta_f - \theta_i = \tfrac{1}{2}(\omega_i + \omega_f)t$$
$$= \tfrac{1}{2}(57 \text{ rad/s} + 22 \text{ rad/s})(4\,473 \text{ s})$$
$$= 1.8 \times 10^5 \text{ rad}$$

이 각변위를 회전수로 환산한다.

$$\Delta\theta = (1.8 \times 10^5 \text{ rad})\left(\frac{1 \text{ rev}}{2\pi \text{ rad}}\right)$$
$$= 2.8 \times 10^4 \text{ rev}$$

(C) 4 473 s 동안 CD의 각가속도를 구하라.

풀이

개념화 다시 디스크를 **일정한 각가속도로 회전하는 강체**로 모형화할 수 있다. 이 경우 식 10.6으로부터 일정한 각가속도의 값을 구할 수 있다. 또 다른 방법은 식 10.4를 사용하여 평균 각가속도를 구하는 경우로서, 각가속도가 일정하다고 가정하지 않는다. 두 식으로부터 같은 값을 얻게 되며, 단지 결과에 대한 해석이 다를 뿐이다.

분석 식 10.6을 사용하여 각가속도를 구한다.

$$\alpha = \frac{\omega_f - \omega_i}{t} = \frac{22 \text{ rad/s} - 57 \text{ rad/s}}{4\,473 \text{ s}}$$
$$= -7.6 \times 10^{-3} \text{ rad/s}^2$$

결론 각속력이 처음 값에서 나중 값으로 변하는 데 시간이 오래 걸린다는 사실에서 짐작하듯이, 디스크의 회전 비율은 아주 천천히 감소한다. 실제로 디스크의 각가속도는 일정하지 않다.

10.4 돌림힘
Torque

병진 운동을 공부할 때, 운동을 살펴본 후 운동의 변화를 일으키는 원인인 힘에 대하여 공부하였다. 이번에도 같은 방법으로 공부하는데, 회전 운동의 변화를 일으키는 것은 무엇인가?

경첩에서 어떤 거리만큼 떨어진 위치에서 문에 수직 방향으로 크기가 F인 힘을 가하여 회전시키는 경우를 생각해 보자. 경첩에 가까운 곳보다 손잡이에 가까운 곳에 힘을 줄 때 회전률이 더 빠르다는 것을 알 수 있다.

회전 중심점이 있는 강체에 힘을 작용하면, 물체는 그 점에 대하여 회전하려 한다. 이와 같이 어떤 축에 대하여 힘이 물체를 회전시키고자 하는 경향을 **돌림힘**(또는 토크, torque) $\vec{\boldsymbol{\tau}}$(그리스 문자 타우)라고 하는 벡터양으로 측정한다. 돌림힘은 벡터지만 여기서는 크기만을 사용하고, 11장에서 벡터적 성질을 다룬다.

그림 10.7과 같이 볼트의 중심을 지나고 그림 면에 수직인 축에 대하여 볼트를 돌리는 렌치를 생각해 보자. 가해진 힘 $\vec{\mathbf{F}}$는 수평에 대하여 각도 ϕ로 작용한다. O를 통과하여 지나는 축에 대하여 힘 $\vec{\mathbf{F}}$에 의한 돌림힘의 크기는 다음과 같이 정의한다.

$$\tau \equiv rF\sin\phi = Fd \tag{10.14}$$

여기서 r는 회전축과 $\vec{\mathbf{F}}$의 작용점 사이의 거리이고, d는 회전축과 $\vec{\mathbf{F}}$의 작용선 사이의 수직 거리이다(힘의 **작용선**은 힘을 나타내는 벡터의 양 끝을 연장한 가상의 선이다. 그림 10.7에서 $\vec{\mathbf{F}}$의 꼬리에서 연장한 점선은 $\vec{\mathbf{F}}$의 작용선의 한 부분이다). 그림 10.7에서 렌치를 빗변으로 하는 직각 삼각형에서 $d = r\sin\phi$임을 알 수 있다. 이 크기 d를 힘 $\vec{\mathbf{F}}$의 **모멘트 팔**(moment arm)이라 한다.

◀ 모멘트 팔

그림 10.7에서 보듯이 O를 지나는 축을 중심으로 렌치를 회전하게 하는 $\vec{\mathbf{F}}$의 성분은 $F\sin\phi$이다. 즉 회전축에서 힘의 작용점까지 이르는 직선에 대하여 수직인 성분이다. 수평 성분 $F\cos\phi$는 작용선이 O를 지나기 때문에, O를 지나는 축에 대하여 회전을 일으키지 않는다. 돌림힘의 정의로부터 회전의 능률은 F가 증가하거나 d가 증가할 때 증가한다. 문을 열 때 경첩에서 가까운 곳보다 손잡이를 미는 것이 더 쉬운 이유가 이 때문이다. 또 될 수 있는 대로 ϕ가 90°에 가까워지도록 문에 수직으로 힘을 가해야 한다. 손잡이를 옆으로 밀어서는($\phi = 0$) 문을 열 수 없다.

그림 10.8에서처럼 두 가지 이상의 힘이 물체에 작용할 때는 각각 O를 지나는 축에 대하여 회전을 일으키려 한다. 이 예에서 $\vec{\mathbf{F}}_2$는 물체를 시계 방향으로, $\vec{\mathbf{F}}_1$은 시계 반대 방향으로 돌리려 한다. 일반적으로 돌리려 하는 힘이 시계 반대 방향이면 힘에 의한 돌림힘의 부호는 양(+)이고, 시계 방향이면 음(−)으로 정한다. 예를 들어 그림 10.8의 경우 모멘트 팔이 d_1인 힘 $\vec{\mathbf{F}}_1$에 의한 돌림힘은 양이고 크기는 $+F_1d_1$이며, $\vec{\mathbf{F}}_2$에 의한 돌림힘은 음이고 크기는 $-F_2d_2$가 된다. 따라서 O를 지나는 축에 대한 알짜 돌림힘은 다음과 같다.

$$\sum\tau = \tau_1 + \tau_2 = F_1d_1 - F_2d_2$$

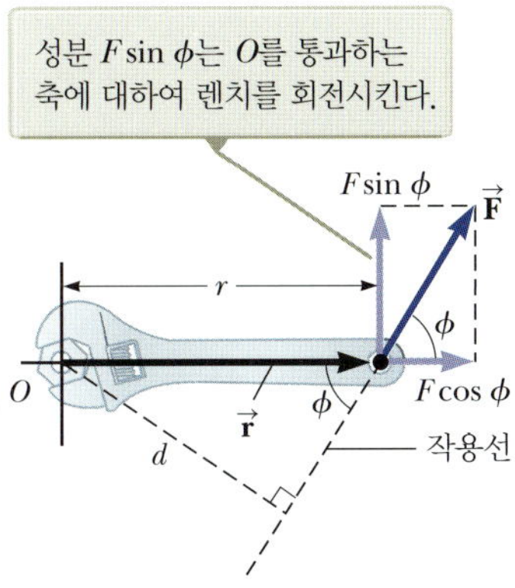

그림 10.7 힘 $\vec{\mathbf{F}}$의 크기가 증가하고 모멘트 팔 d가 길어질수록, O를 지나는 축에 대한 회전 능률이 커진다.

오류 피하기 10.4

돌림힘은 축의 선택에 의존한다 물체에 작용하는 돌림힘은 하나의 값으로 정해지지 않고, 어떤 회전축을 택하느냐에 따라 달라진다.

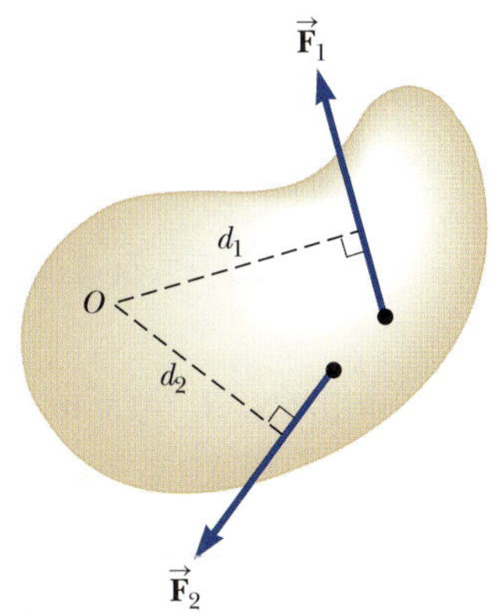

그림 10.8 O를 지나는 축에 대하여 힘 $\vec{\mathbf{F}}_1$은 시계 반대 방향으로 물체를 돌리려 하고, 힘 $\vec{\mathbf{F}}_2$는 시계 방향으로 돌리려 한다.

돌림힘과 힘을 혼동하지 말아야 한다. 힘은 뉴턴의 제2법칙이 기술하듯이 병진 운동을 변화시킨다. 힘은 또 회전 운동을 변화시키지만, 이렇게 운동 상태를 변화시키는 힘의 효과는 **돌림힘**이라 하는 복합량에 의하여, 다시 말해서 힘과 모멘트 팔의 두 가지 크기 모두에 의하여 영향을 받는다. SI 단위계에서 돌림힘의 단위는 힘과 길이의 곱인 N · m (뉴턴 · 미터)이다. 돌림힘과 일도 혼동하지 말아야 한다. 이 둘은 단위는 같지만 개념은 아주 다르다.

Q 퀴즈 10.4 (i) 판자에 아주 단단히 박힌 나사못을 드라이버를 써서 풀려고 하다 실패하였다면 어떤 손잡이로 된 드라이버를 사용해야 하는가? (a) 더 긴 손잡이 (b) 더 굵은 손잡이 (ii) 철판에 아주 단단히 박힌 볼트를 렌치를 써서 풀려고 하다 실패하였다면 어떤 손잡이로 된 렌치를 사용해야 하는가? (a) 더 긴 손잡이 (b) 더 굵은 손잡이

예제 10.3 원통에 작용하는 알짜 돌림힘

그림 10.9와 같이 큰 원통에서 가운데 부분이 튀어나온 2단 원통이 있다. 원통은 그림에서 보듯이 중심 z축에 대하여 자유롭게 회전하고 있다. 반지름 R_1인 원통에 감긴 밧줄에는 원통의 오른쪽 방향으로 $\vec{\mathbf{T}}_1$의 힘이 작용하고, 반지름 R_2의 원통에 감긴 밧줄에는 원통의 아래쪽 방향으로 힘 $\vec{\mathbf{T}}_2$가 작용한다.

(A) 회전축(그림 10.9에서 z축)에 대하여 원통에 작용하는 알짜 돌림힘을 구하라.

풀이

개념화 그림 10.9에 있는 원통이 기계 속의 굴대(shaft)라고 생각해 보자. 힘 $\vec{\mathbf{T}}_2$는 드럼을 감고 있는 벨트에 의하여 가해지는 힘이라 하고, 힘 $\vec{\mathbf{T}}_1$은 큰 원통 표면에서의 마찰 브레이크에 의한 힘이라고 하자.

분류 예제는 식 10.14를 사용하여 알짜 돌림힘을 계산하는 대입 문제이다.

회전축에 대하여 $\vec{\mathbf{T}}_1$에 의한 돌림힘은 $-R_1T_1$이다(돌림힘이 시계 방향 회전을 일으키려 하고 있기 때문에 부호는 음이다). $\vec{\mathbf{T}}_2$에 의한 돌림힘은 $+R_2T_2$이다(돌림힘이 시계 반대 방향 회전을 일으키려 하고 있기 때문에 부호는 양이다).

회전축에 대한 알짜 돌림힘을 계산한다.

$$\sum \tau = \tau_1 + \tau_2 = R_2T_2 - R_1T_1$$

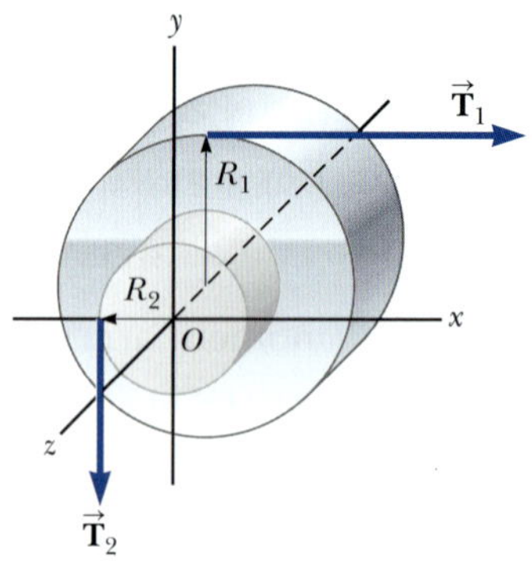

그림 10.9 (예제 10.3) 속이 찬 원통이 O를 통과하는 z축을 중심으로 회전한다. $\vec{\mathbf{T}}_1$의 모멘트 팔은 R_1이고, $\vec{\mathbf{T}}_2$의 모멘트 팔은 R_2이다.

두 힘의 크기가 같을 때를 생각하여 검증할 수 있다. 정지 상태에서 같은 크기의 힘이 가해지면, 알짜 돌림힘은 $R_1 > R_2$이기 때문에 음이다. 따라서 $\vec{\mathbf{T}}_2$보다 $\vec{\mathbf{T}}_1$에 의한 돌림힘이 더 크기 때문에 원통은 시계 방향으로 회전한다.

(B) $T_1 = 5.0$ N, $R_1 = 1.0$ m, $T_2 = 15.0$ N, $R_2 = 0.50$ m라고 하자. 회전축에 대한 알짜 돌림힘을 구하라. 그리고 정지 상태에서 시작하였다면 어느 방향으로 원통이 회전하는가?

풀이 주어진 값들을 대입한다.

$$\sum \tau = (0.50\text{ m})(15\text{ N}) - (1.0\text{ m})(5.0\text{ N}) = 2.5\text{ N}\cdot\text{m}$$

돌림힘이 양(+)이므로 원통은 시계 반대 방향으로 돌기 시작한다.

10.5 분석 모형: 알짜 돌림힘을 받는 강체
Analysis Model: Rigid Object Under a Net Torque

5장에서 물체에 가해진 알짜힘이 물체의 가속도의 원인이고, 가속도는 알짜힘에 비례한다는 것을 배웠다. 이런 사실은 수학적으로 뉴턴의 제2법칙으로 표현되는 알짜힘 모형에 속하는 입자 운동의 기초가 된다. 이 절에서는 회전 운동에서 뉴턴의 제2법칙에 대응되는 법칙, 즉 고정축에 대하여 회전하는 강체의 각가속도가 그 축에 대하여 작용하는 알짜 돌림힘에 비례함을 보인다. 보다 복잡한 강체 회전의 경우를 다루기 이전에, 외력의 영향을 받아 고정된 점을 중심으로 원을 따라 회전하는 입자의 경우를 먼저 생각해 보자.

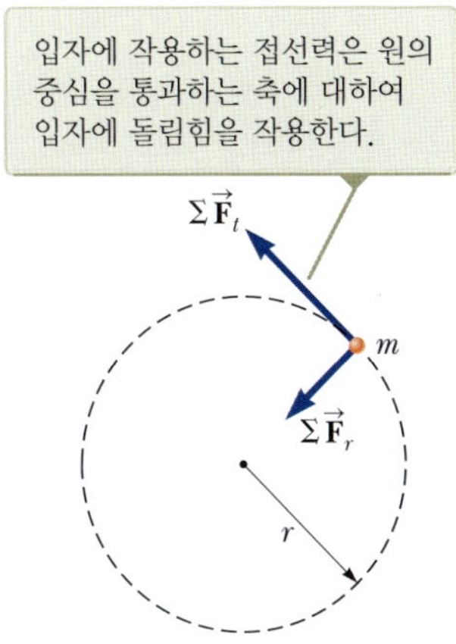

그림 10.10 접선 방향의 알짜힘 $\Sigma \vec{\mathbf{F}}_t$의 영향을 받는 한 입자가 원을 따라 돌고 있다. 원운동을 유지하기 위한 지름 방향의 알짜힘 $\Sigma \vec{\mathbf{F}}_r$도 존재한다.

그림 10.10과 같이 접선 방향의 알짜힘 $\Sigma \vec{\mathbf{F}}_t$와 지름 방향의 알짜힘 $\Sigma \vec{\mathbf{F}}_r$에 의하여 반지름 r인 원주 위를 회전하는 질량 m인 입자를 생각해 보자. 접선 방향의 힘은 접선 가속도 $\vec{\mathbf{a}}_t$를 만들고

$$\sum F_t = ma_t$$

이다. 원의 중심을 통과하고 종이면에 수직인 축에 대하여 입자에 작용하는 $\Sigma \vec{\mathbf{F}}_t$에 의한 알짜 돌림힘의 크기는

$$\sum \tau = \sum F_t r = (ma_t)r$$

이다. 접선 가속도와 각가속도의 관계는 $a_t = r\alpha$(식 10.11)로 주어지므로, 알짜 돌림힘은 다음과 같이 표현된다.

$$\sum \tau = (mr\alpha)r = (mr^2)\alpha \tag{10.15}$$

당분간 mr^2을 I로 나타내고, 이 양에 대해서는 아래에서 좀 더 설명할 것이다. 이 기호를 이용하면, 식 10.15는

$$\sum \tau = I\alpha \tag{10.16}$$

와 같이 쓸 수 있다. 즉 입자에 작용하는 알짜 돌림힘은 각가속도에 비례한다. $\Sigma \tau = I\alpha$는 뉴턴의 제2법칙 $\Sigma F = ma$와 수학적으로 같은 형태임에 유의하자.

이 결과를 그림 10.11과 같이 점 O를 지나는 고정축에 대하여 회전하는 임의의 모양의 강체로 확장해 보자. 강체는 질량 m_i의 입자 집단으로 생각할 수 있다. 만약 물체에 직각 좌표계를 적용하면, 각각의 입자는 원점을 중심으로 원운동을 하며, 크기가 F_i인 외부 접선력에 의하여 접선 가속도 a_i를 갖는다. 주어진 입자에 대하여 뉴턴의 제2법칙을 적용하면

$$F_i = m_i a_i$$

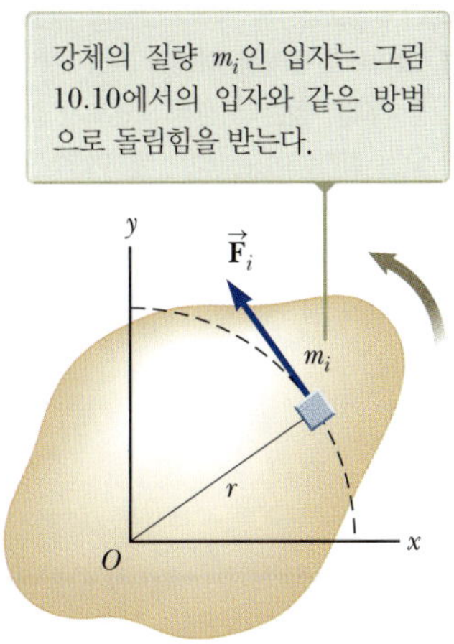

그림 10.11 강체가 O를 통과하는 축에 대하여 돌고 있다. 질량 m_i인 각각의 입자는 회전축에 대하여 같은 각가속도 α로 돌고 있다.

를 얻는다. 힘 $\vec{\mathbf{F}}_i$에 의한 외부 돌림힘 $\vec{\boldsymbol{\tau}}_i$는 원점에 대하여 작용하고 크기는

$$\tau_i = r_i F_i = r_i m_i a_i$$

이다. 여기서 $a_i = r_i \alpha$이므로 τ_i는 다음과 같다.

$$\tau_i = m_i r_i^2 \alpha$$

비록 강체 내의 각 입자는 서로 다른 접선 병진 가속도 a_i를 갖더라도 모두 **같은** 각가속도 α를 갖는다. 이를 염두에 두고 강체를 구성하는 모든 입자에 작용하는 돌림힘을 합하면, 모든 외력에 의하여 만들어진 O를 지나는 축에 대한 알짜 돌림힘을 구할 수 있다.

$$\sum \tau_{\text{ext}} = \sum_i \tau_i = \sum_i m_i r_i^2 \alpha = \left(\sum_i m_i r_i^2\right)\alpha \qquad \textbf{(10.17)}$$

여기서 모든 입자에 대하여 α는 일정하므로, Σ 기호 밖으로 내보낼 수 있다. 괄호 안의 양을 I로 하면 $\Sigma\,\tau_{\text{ext}}$에 대한 최종 표현은 다음과 같다.

강체에 작용하는 돌림힘은 각가속도에 비례한다 ▶

$$\sum \tau_{\text{ext}} = I\alpha \qquad \textbf{(10.18)}$$

강체에 대한 이 식은 앞에서 얻은 원 궤도로 운동하는 입자에 대한 식 10.16과 같다. 회전축에 대한 알짜 돌림힘은 강체의 각가속도에 비례하며, 비례 상수는 아직 자세히 설명하지 않은 물리량 I이다. 식 10.18은 **알짜 돌림힘을 받는 강체**에 대한 분석 모형의 수식 표현으로, 알짜힘을 받는 입자와 유사하다.

이번에는 다음과 같이 정의되는 I에 대하여 살펴보자.

$$I = \sum_i m_i r_i^2 \qquad \textbf{(10.19)}$$

이 양은 물체의 **관성 모멘트**(moment of inertia)라고 하며, 물체를 구성하는 입자들의 질량과 회전축으로부터의 거리에 의존한다. 식 10.19는 단일 입자의 경우 $I = mr^2$으로 되며, 이는 식 10.15부터 식 10.16에서 사용한 기호 I와 일치한다. 관성 모멘트의 SI 단위는 $\text{kg}\cdot\text{m}^2$이다.

오류 피하기 10.5

관성 모멘트는 회전축에 따라 다르다 관성 모멘트는 질량과 유사성을 가지지만 중요한 다른 점이 있다. 질량은 물체의 고유한 성질이며, 단일 값을 가진다. 물체의 관성 모멘트는 회전축의 선택에 의존한다. 그러므로 물체는 하나의 관성 모멘트 값을 가지지 않는다. 관성 모멘트가 최소가 되는 회전축이 존재하는데, 이 축은 물체의 질량 중심을 지난다.

식 10.18은 입자계에 대한 뉴턴의 제2법칙인 식 9.39와 같은 형태를 갖고 있다.

$$\sum \vec{\mathbf{F}}_{\text{ext}} = M\vec{\mathbf{a}}_{\text{CM}}$$

결과적으로 관성 모멘트 I는 병진 운동에서 질량의 역할처럼 회전 운동에서 같은 역할을 한다. 관성 모멘트는 회전 운동에 변화를 줄 때 물체가 저항하는 정도이다. 이 저항은 물체의 질량뿐만 아니라, 회전축 주위로 질량이 어떻게 분포하는지에 의존한다. 표 10.2에 여러 가지 물체에 대하여 특정 축에 대한 관성 모멘트[2]를 나타내었다. 대칭성이 아주 좋은 간단한 모양인 강체의 관성 모멘트는 회전축이 대칭축과 일치하는 경우, 다음 절에서와 같이 비교적 쉽게 계산할 수 있다.

Q 퀴즈 10.5 전기 드릴의 스위치를 끄고 드릴의 마찰에 의하여 날이 정지할 때까지 걸리는 시간이 Δt인 것을 알았다. 드릴의 회전부를 관성 모멘트가 두 배인 더 큰 드릴 날로 교체하였다. 더 큰 날이 처음에 같은 각속력으로 회전하고 있었다. 스위치를 끄자 앞의 경우와 같은 마찰 돌림힘이 작용하였다. 두 번째 날이 정지할 때까지 걸리는 시간을 구하라. **(a)** $4\Delta t$ **(b)** $2\Delta t$ **(c)** Δt **(d)** $0.5\Delta t$ **(e)** $0.25\Delta t$ **(f)** 결정할 수 없다.

---

[2] 토목 공학자들은 관성 모멘트를 하중을 받는 보와 같은 구조물의 탄성(강도) 특성을 나타낼 때 사용한다. 그러므로 이것은 실제 회전이 일어나지 않는 상황에서도 종종 유용하게 쓰인다.

표 10.2 여러 가지 모양의 균일한 강체의 관성 모멘트

굴렁쇠나 얇은 원통
$I_{CM} = MR^2$

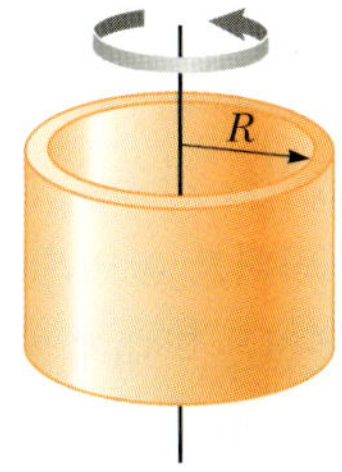

속이 빈 원통
$I_{CM} = \frac{1}{2}M(R_1{}^2 + R_2{}^2)$

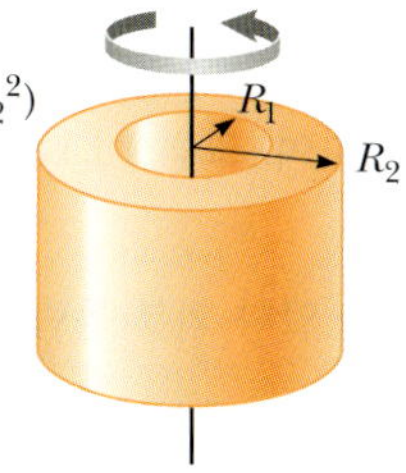

속이 꽉 찬 원통 또는 원판
$I_{CM} = \frac{1}{2}MR^2$

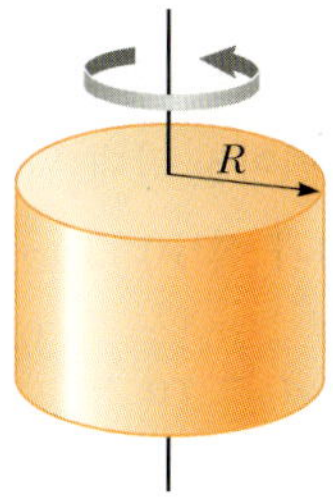

사각형 판
$I_{CM} = \frac{1}{12}M(a^2 + b^2)$

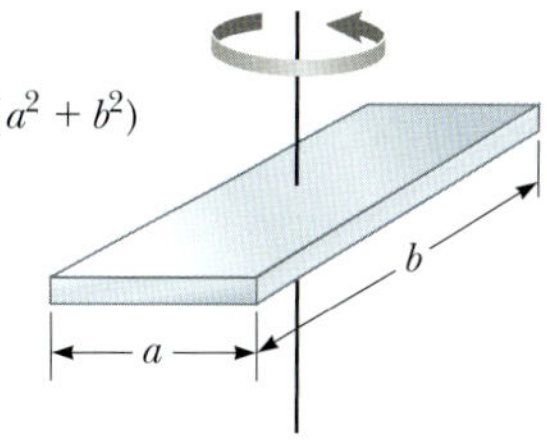

회전축이 중심을 지나는 길고 가는 막대
$I_{CM} = \frac{1}{12}ML^2$

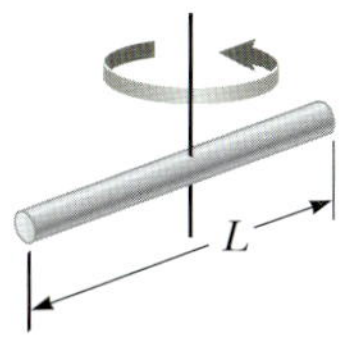

회전축이 끝을 지나는 길고 가는 막대
$I = \frac{1}{3}ML^2$

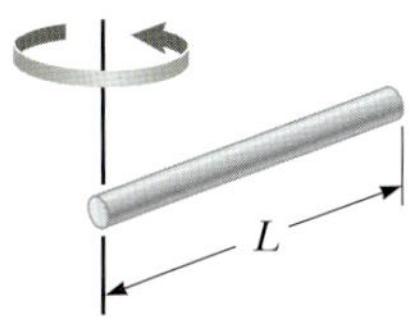

속이 꽉 찬 구
$I_{CM} = \frac{2}{5}MR^2$

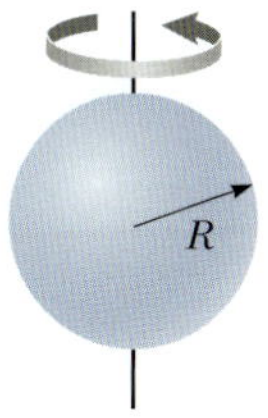

속이 빈 구껍질
$I_{CM} = \frac{2}{3}MR^2$

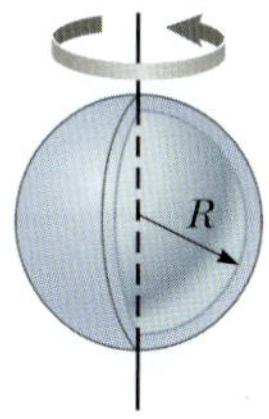

예제 10.4 회전하는 막대

그림 10.12와 같이 길이 L이고 질량 M인 균일한 막대의 한쪽 끝이 마찰이 없는 회전 중심점에 연결되어 있고, 수직인 평면에서 회전 중심점에 대하여 자유롭게 회전한다. 정지 상태에 있는 막대를 수평 위치에서 놓는다. 막대의 처음 각가속도와 막대의 오른쪽 끝의 처음 병진 가속도를 구하라.

풀이

개념화 그림 10.12에 있는 막대를 놓으면 무슨 일이 일어날지 생각해 보라. 왼쪽 끝에 있는 회전 중심점에 대하여 시계 방향으로 회전할 것이다.

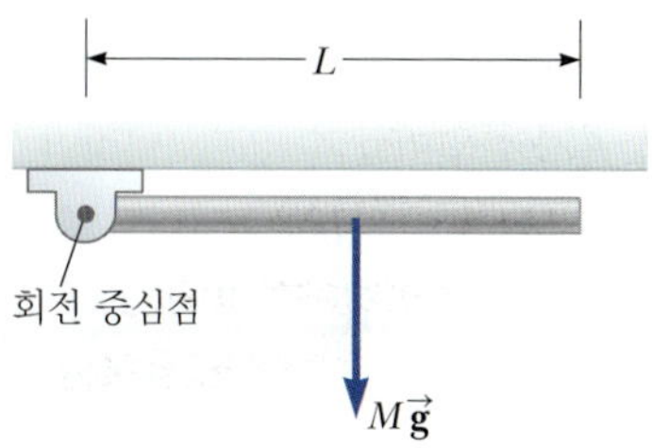

그림 10.12 (예제 10.4) 막대가 왼쪽 끝의 회전 중심점에 대하여 자유롭게 회전하고 있다. 막대의 중력은 막대의 질량 중심에서 작용한다.

분류 막대는 **알짜 돌림힘을 받는 강체**로 분류할 수 있다. 회전축점을 그림 10.12에 있는 회전 중심점을 지나도록 선택하면, 이 돌림힘은 순전히 막대에 작용하는 중력에 의한 것이다. 막대는 일정한 각가속도 운동을 하는 강체로 분류할 수 없는데, 그 이유는 막대에 가해지고 있는 돌림힘, 따라서 막대의 각가속도는 각위치에 따라 변하기 때문이다.

분석 회전 중심점을 통과하는 축에 대하여 돌림힘에 기여하는 유일한 힘은 막대에 작용하는 중력 $M\vec{g}$뿐이다(회전 중심점이 막대에 작용하는 힘은 모멘트 팔이 영이기 때문에 돌림힘이 영이다). 막대에 작용하는 돌림힘을 계산하기 위하여, 그림 10.12처럼 중력이 질량 중심에 작용한다고 가정한다.

회전 중심점을 지나는 축에 대하여 중력에 의한 알짜 외부 돌림힘의 크기는 다음과 같다.

$$\sum \tau_{\text{ext}} = Mg\left(\frac{L}{2}\right)$$

막대의 관성 모멘트는 표 10.2에 있는 값을 사용하고, 식 10.18을 사용하여 막대의 각가속도를 구한다.

$$(1) \qquad \alpha = \frac{\sum \tau_{\text{ext}}}{I} = \frac{Mg(L/2)}{\frac{1}{3}ML^2} = \frac{3g}{2L}$$

식 10.11과 $r = L$을 사용하여 막대 오른쪽 끝의 처음 병진 가속도를 구한다.

$$a_t = L\alpha = \tfrac{3}{2}g$$

결론 이 값들은 회전 운동과 병진 운동 가속도의 **처음** 값들이다. 막대가 회전하기 시작하면, 중력은 더 이상 막대에 직각을 유지하지 않으며 두 가속도 값은 감소하여 막대가 연직 방향을 통과하는 순간 영이 된다.

문제 막대 한 끝에 동전을 올려놓은 후, 막대를 놓으면 어떻게 되는가? 동전이 막대에 계속 붙어 있을까?

답 막대 끝의 한 점의 처음 가속도에 대한 결과를 보면 $a_t > g$이다. 받혀주지 않은 동전은 가속도 g로 떨어진다. 그래서 막대 끝에 동전을 올려놓고 막대를 놓으면, 막대의 끝은 동전보다 빨리 떨어진다. 따라서 동전은 막대에 계속 붙어 있을 수 없다(막대자와 동전을 가지고 실제로 한번 해 보라!).

이제 질문은 동전을 막대의 어느 점에 올려놓으면 함께 떨어지면서 동전이 계속 붙어 있는가에 대한 것이다. 회전 중심점으로부터 거리 $r < L$만큼 떨어진 막대 위 임의의 점의 병진 가속도를 알기 위하여 식 (1)과 식 10.11을 결합한다.

$$a_t = r\alpha = \frac{3g}{2L}r$$

동전이 계속 막대에 붙어 있기 위한 경계 조건은 병진 가속도가 중력 가속도와 같아야 한다는 것이다.

$$a_t = g = \frac{3g}{2L}r$$

$$r = \tfrac{2}{3}L$$

따라서 막대 길이의 2/3보다 회전 중심점 가까이 놓인 동전은 떨어지는 막대에 붙어 있지만, 이 점보다 먼 곳에 놓인 동전은 붙어 있을 수 없다.

예제 10.5 넘어지는 굴뚝과 무너지는 벽돌

높은 굴뚝이 넘어질 때, 그림 10.13처럼 그것이 바닥에 닿기 전에 가끔 중간 어디쯤에서 부러진다. 왜 이런 일이 일어나는가?

풀이 굴뚝이 바닥에 대하여 회전할 때, 식 10.11에 따라 굴뚝의 윗부분은 아랫부분보다 더 큰 접선 가속도를 가지고 떨어진다. 굴뚝이 기울어질수록 각가속도가 커진다. 결국 굴뚝이 넘어짐에 따라 굴뚝의 높은 부분은 중력에 의한 가속도보다 더 큰 가속도를 받게 된다. 이것은 예제 10.4에 기술한 상황과 유사하다. 이것은 이 부분이 중력 외에도 어떤 힘에 의하여 아래로 당겨져야 일어날 수 있다. 이것이 일어나도록 하는 힘은 굴뚝 아랫부분으로부터의 층밀리기 힘이다. 결국에는 이 가속도를 주는 층밀리기 힘이 굴뚝이 견뎌낼 수 있는 정도를 넘어서서 굴뚝이 부러지는 것이다. 같은 일이 아이들 장난감 벽돌로 높이 쌓은 탑에서도 일어난다. 장난감 벽돌로 탑을 높이 쌓아보라. 밀어서 넘어뜨리면, 탑은 바닥에 닿기 전에 벽돌이 분해되어 무너지는 것을 볼 수 있다.

Kevin Spreekmeester/AGE fotostock

그림 10.13 (예제 10.5) 넘어지는 굴뚝이 중간 어느 지점에서 부러지고 있다.

예제 10.6 바퀴의 각가속도

반지름 R, 질량 M, 관성 모멘트 I인 바퀴가 그림 10.14처럼 마찰이 없는 수평축에 설치되어 있다. 바퀴에 감긴 가벼운 줄에 질량 m인 물체가 달려 있다. 바퀴를 놓으면, 물체는 아래 방향으로 가속하고 줄은 바퀴에서 풀리며, 바퀴는 각가속도를 갖고 회전한다. 바퀴의 각가속도, 물체의 병진 가속도, 줄에 걸린 장력에 대한 식을 구하라.

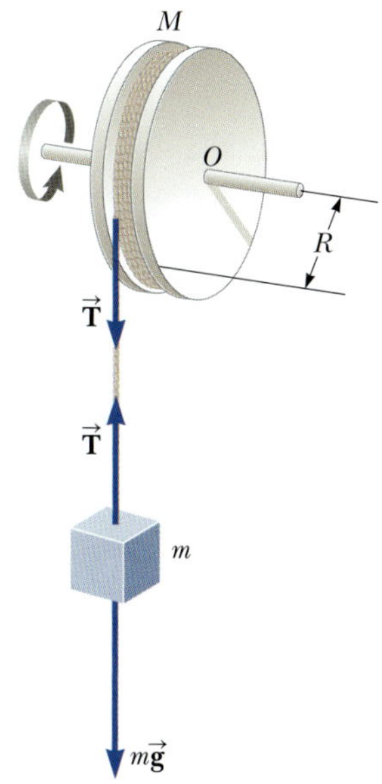

그림 10.14 (예제 10.6) 바퀴에 감긴 줄에 물체가 달려 있다.

풀이

개념화 물체가 재래식 우물 속의 두레박이라고 생각하자. 두레박을 끌어올리도록 회전 손잡이가 달린 도르래에 줄이 감겨 있고, 그 끝에 두레박이 달려 있다. 두레박을 끌어올린 다음 줄을 가만히 놓으면, 줄이 원통에서 풀려나면서 두레박은 아래로 가속도 운동을 한다.

분류 여기서 두 개의 분석 모형을 적용한다. 물체는 **알짜힘을 받는 입자**로, 바퀴는 **알짜 돌림힘을 받는 강체**로 취급한다.

분석 회전축에 대하여 바퀴에 작용하는 돌림힘의 크기는 $\tau = TR$이다. 여기서 T는 줄이 바퀴의 테에 작용하는 힘을 나타낸다(지구가 바퀴를 당기는 중력과 축이 바퀴에 작용하는 수직 방향 힘은 회전축을 통과하기 때문에 돌림힘이 없다).

알짜 돌림힘을 받는 강체 모형으로부터 식 10.18을 쓴다.

$$\sum \tau_{\text{ext}} = I\alpha$$

α에 대하여 풀고 알짜 돌림힘을 대입한다.

$$(1) \qquad \alpha = \frac{\sum \tau_{\text{ext}}}{I} = \frac{TR}{I}$$

알짜힘을 받는 입자 모형에 따라 뉴턴의 제2법칙을 물체의 운동에 적용하고 아래쪽 운동 방향을 양으로 한다.

$$\sum F_y = mg - T = ma$$

가속도 a에 대하여 푼다.

$$(2) \qquad a = \frac{mg - T}{m}$$

식 (1)과 (2)에는 세 개의 미지수 α, a, T가 있다. 물체와 바퀴는 미끄러지지 않는 줄에 의하여 연결되어 있으므로, 매달려 있는 물체의 병진 가속도는 바퀴 테 위의 한 점의 접선 가속도와 같다. 따라서 바퀴의 각가속도 α와 물체의 병진 가속도는 $a = R\alpha$로 관계되어 있다.

이 내용과 식 (1), (2)를 함께 이용한다.

$$(3) \qquad a = R\alpha = \frac{TR^2}{I} = \frac{mg - T}{m}$$

장력 T를 구한다.

$$(4) \qquad T = \frac{mg}{1 + (mR^2/I)}$$

식 (4)를 식 (2)에 대입하고 a를 구한다.

$$(5) \qquad a = \frac{g}{1 + (I/mR^2)}$$

식 (5)와 $a = R\alpha$를 이용하여 α를 구한다.

$$\alpha = \frac{a}{R} = \frac{g}{R + (I/mR)}$$

결론 몇 가지 극한 경우를 생각하여 이 문제를 마무리한다.

문제 바퀴의 질량이 아주 커서 I가 매우 커지면 어떻게 되는가? 또한 물체의 가속도 a와 장력 T는 어떻게 되는가?

답 바퀴가 한없이 무거우면, 질량 m의 물체는 바퀴를 회전시키지 않고 줄에 그대로 매달려 있을 것이다.

수학적으로 $I \to \infty$의 극한을 택하여 보일 수 있다. 그러면 식 (5)는

$$a = \frac{g}{1 + (I/mR^2)} \to 0$$

이 된다. 이것은 물체가 정지할 것이라는 예상과 일치한다. 또 식 (4)는

$$T = \frac{mg}{1 + (mR^2/I)} \to mg$$

가 되고, 이것은 모순이 없다. 왜냐하면 정지 상태면 중력과 실의 장력이 평형을 이루고 있기 때문이다.

10.6 관성 모멘트 계산
Calculation of Moments of Inertia

불연속적인 입자계의 관성 모멘트는 식 10.19를 이용하여 직접 계산할 수 있다. 연속적인 강체의 관성 모멘트는 그 물체가 각각 질량 Δm_i인, 수많은 작은 요소들로 이루어졌다고 가정하여 구할 수 있다. 식 $I = \Sigma_i r_i^2 \Delta m_i$를 사용하고, 이 합에 대하여 $\Delta m_i \to 0$의 극한을 구한다. 이 극한에서 합은 물체의 부피에 대한 적분이 된다.

강체의 관성 모멘트 ▶

$$I = \lim_{\Delta m_i \to 0} \sum_i r_i^2 \Delta m_i = \int r^2\, dm \tag{10.20}$$

일반적으로 관성 모멘트를 계산할 때, 질량 요소보다는 부피 요소를 사용하여 계산하는 것이 쉽기 때문에, 식 1.1의 $\rho \equiv m/V$을 이용하여 바꿀 수 있다. 여기서 ρ는 물체의 밀도이고, V는 부피이다. 이 식으로부터 작은 부피 요소의 질량은 $dm = \rho\, dV$가 된다. 이것을 식 10.20에 대입하여 다음을 얻는다.

$$I = \int \rho r^2\, dV \tag{10.21}$$

물체가 균일하면 ρ는 일정하므로, 주어진 기하학적 형태에 대하여 그 적분 값을 계산할 수 있다. ρ가 일정하지 않으면 위치의 변화를 알아야 적분할 수 있다.

$\rho = m/V$으로 주어지는 밀도는 단위 부피에 대한 질량을 표시하기 때문에 **부피 질량 밀도**라고도 한다. 종종 다른 방법으로 표현한 밀도를 사용할 때가 있다. 예를 들어 두께 t로 균일한 널빤지를 다룰 때는 단위 넓이당 질량을 나타내는 **표면 질량 밀도** $\sigma = \rho t$를 사용한다. 또 단면의 넓이 A가 일정한 막대에 질량이 균일하게 분포한 경우 단위 길이당 질량을 나타내는 **선질량 밀도** $\lambda = M/L = \rho A$를 사용한다.

예제 10.7 균일한 강체 막대

그림 10.15와 같이 길이가 L이고, 질량이 M인 균일한 강체 막대가 있다. 막대에 수직이고 질량 중심을 지나는 축(y'축)에 대한 관성 모멘트를 구하라.

풀이

개념화 그림 10.15에 있는 막대를 손가락을 이용하여 중간점을 중심으로 돌린다고 상상해 보라. 휴대용 막대자가 있으면 이를 돌려서 얇은 막대의 회전을 시험해 보고, 회전을 시작시키려고 할 때의 저항을 느껴보자.

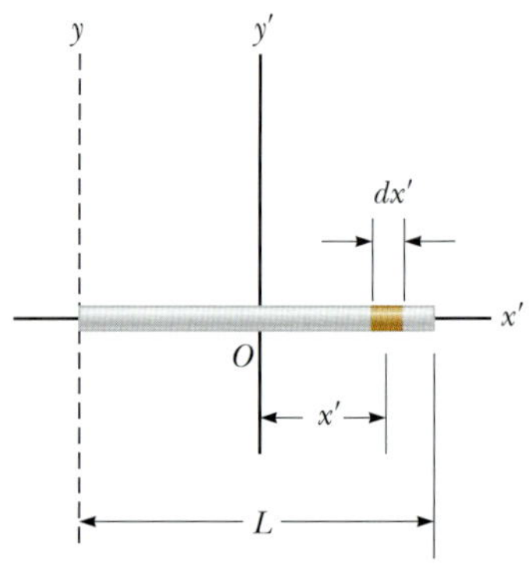

그림 10.15 (예제 10.7) 길이 L인 균일한 강체 막대. y'축에 대한 관성 모멘트는 y축에 대한 관성 모멘트보다 작다.

분류 예제는 식 10.20에 있는 관성 모멘트의 정의를 적용하는 대입 문제이다. 보통의 적분 문제처럼 변수가 하나인 피적분 함수가 되도록 단순화한다.

그림 10.15에서 색칠한 길이 요소 dx'은 단위 길이당 질량 λ에 dx'을 곱한 값과 같은 질량 dm을 가진다.

dm을 dx'으로 표현한다.

$$dm = \lambda\, dx' = \frac{M}{L}\, dx'$$

이것을 $r^2 = (x')^2$과 함께 식 10.20에 대입한다.

$$I_{y'} = \int r^2\, dm = \int_{-L/2}^{L/2} (x')^2 \frac{M}{L}\, dx' = \frac{M}{L}\int_{-L/2}^{L/2} (x')^2\, dx'$$

$$= \frac{M}{L}\left[\frac{(x')^3}{3}\right]_{-L/2}^{L/2} = \tfrac{1}{12}ML^2$$

이 결과를 표 10.2에서 확인해 보라.

예제 10.8 속이 찬 균일한 원통

반지름은 R, 질량이 M, 길이가 L인 속이 찬 균일한 원통이 있다. 중심축(그림 10.16에서 z축)에 대한 관성 모멘트를 구하라.

풀이

개념화 속이 언 주스 캔을 중심축을 중심으로 돌린다고 생각해 보자. 야채 스프 캔을 회전시키지 말라. 그것은 강체가 아니다. 액체는 금속 캔에 대하여 움직일 수 있다.

분류 예제는 관성 모멘트의 정의를 사용하는 대입 문제이다. 예제 10.7과 마찬가지로 적분 변수가 하나인 문제로 단순화한다. 원통을 반지름 r, 두께 dr이고 그림 10.16에서 보는 것처럼 길이 L인 여러 겹의 원통형 껍질로 나누어 생각하면 이해하기 쉽다. 원통의 밀도는 ρ이다. 각 껍질의 부피 dV는 단면의 넓이와 길이의 곱이므로 $dV = L\,dA = L(2\pi r)\,dr$이다.

dm을 dr로 표현한다.

$$dm = \rho\, dV = \rho L(2\pi r)\, dr$$

이것을 식 10.20에 대입한다.

$$I_z = \int r^2\, dm = \int r^2[\rho L(2\pi r)\, dr] = 2\pi\rho L\int_0^R r^3\, dr$$

$$= \tfrac{1}{2}\pi\rho L R^4$$

원통의 전체 부피 $\pi R^2 L$을 이용해서 밀도를 나타낸다.

$$\rho = \frac{M}{V} = \frac{M}{\pi R^2 L}$$

이 값을 I_z에 대한 식에 대입한다.

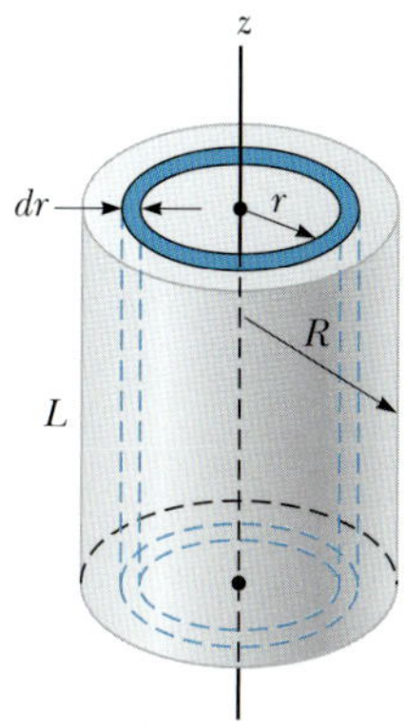

그림 10.16 (예제 10.8) 속이 찬 균일한 원통의 z축에 대한 I 계산

$$I_z = \tfrac{1}{2}\pi\left(\frac{M}{\pi R^2 L}\right)LR^4 = \tfrac{1}{2}MR^2$$

이 결과를 표 10.2에서 확인해 보라.

문제 그림 10.16에서 원통의 질량 M과 반지름 R는 그대로 두고, 길이만 $2L$로 늘이면 어떻게 되는가? 원통의 관성 모멘트는 어떻게 변하는가?

답 위의 결과에서 원통의 관성 모멘트는 원통의 길이 L과 무관함에 주목하라. 질량과 반지름이 똑같은 긴 원통 또는 납작한 원판의 관성 모멘트는 같다. 따라서 원통의 관성 모멘트는 길이에 따라 질량이 어떻게 분포되어 있는지에 영향을 받지 않는다.

대칭성이 아주 좋은 물체의 경우일지라도 임의의 축에 대한 관성 모멘트의 계산은 다소 복잡하다. 다행히 **평행축 정리**(parallel-axis theorem)를 사용하면 관성 모멘트를 쉽게 계산할 수 있다.

평행축 정리를 유도하기 위하여 그림 10.17a처럼 z축에 대하여 회전하고 있는 물체를 생각해 보자. 예제 10.8에서 보듯이 원통의 관성 모멘트는 길이와 관계없으므로, z

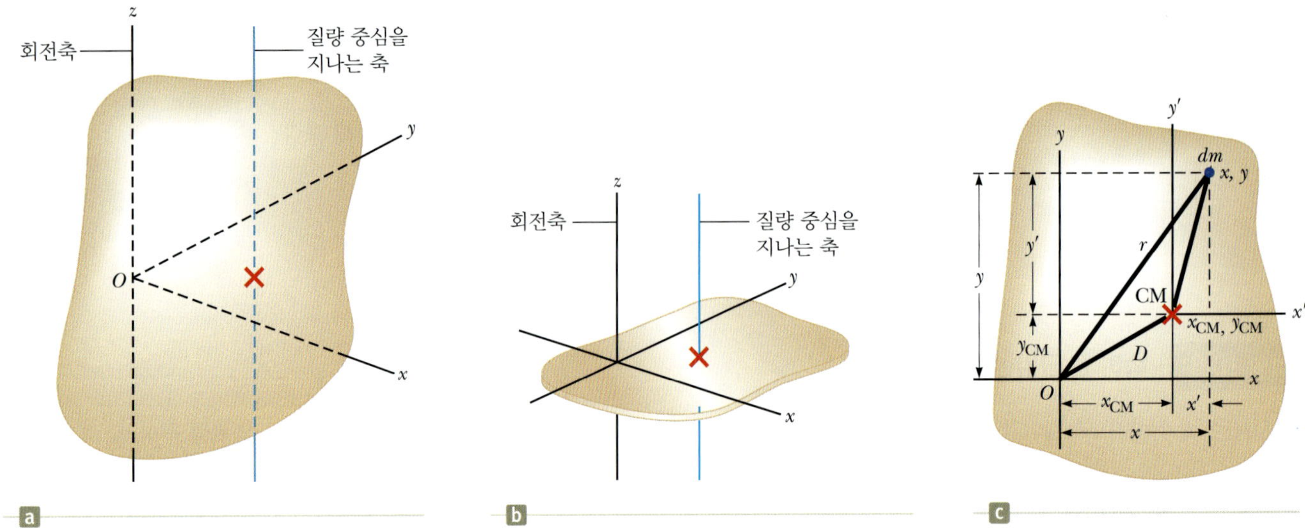

그림 10.17 (a) 임의의 모양의 강체. 좌표계의 원점은 물체의 중심에 있지 않다. z축에 대하여 회전하는 물체를 생각해 보자. (b) 물체의 모든 질량 요소들이 평면 물체를 형성하기 위하여 z축에 평행하게 납작히 주저앉았다. (c) 임의의 질량 요소 dm을 z축을 위에서 내려다본 그림에서 파란색으로 나타내었다. z축에 대한 원래 물체의 관성 모멘트를 결정하기 위하여 평행축 정리를 주어진 그림에 적용하여 계산할 수 있다.

축을 따라 질량이 어떻게 분포하고 있는지에 상관없다. 삼차원 물체를 그림 10.17b처럼 평평한 물체로 압축시킨다고 생각해 보자. 이런 가상의 과정에서 모든 질량은 xy 평면에 도달할 때까지 z축에 나란하게 움직인다. 이제 물체의 질량 중심 좌표는 x_{CM}, y_{CM}, $z_{CM} = 0$이다. 그림 10.17c의 z축을 아래로 내려다본 그림에서처럼 질량 요소 dm의 좌표는 $(x, y, 0)$이 된다. z축으로부터 질량 요소까지의 거리가 $r = \sqrt{x^2 + y^2}$이기 때문에, z축에 대한 물체 전체의 관성 모멘트는 다음과 같다.

$$I = \int r^2\, dm = \int (x^2 + y^2)\, dm$$

여기서 질량 요소 dm의 좌표 (x, y)는 질량 중심을 원점으로 하는 좌표계에서의 좌표 (x', y')과 연관시킬 수 있다. 만약 O를 중심으로 하는 원래의 좌표계에서 질량 중심 좌표가 x_{CM}, y_{CM}, $z_{CM} = 0$이라면, 그림 10.17a에서 새로운 좌표계(primed)와 원래 좌표계(unprimed)의 좌표는 $x = x' + x_{CM}$, $y = y' + y_{CM}$, $z = z' = 0$의 관계에 있다. 따라서

$$\begin{aligned} I &= \int [(x' + x_{CM})^2 + (y' + y_{CM})^2]\, dm \\ &= \int [(x')^2 + (y')^2]\, dm + 2x_{CM} \int x'\, dm + 2y_{CM} \int y'\, dm + (x_{CM}{}^2 + y_{CM}{}^2) \int dm \end{aligned}$$

이 된다. 첫 번째 적분은 정의에 따라 z축과 평행하고 질량 중심을 통과하는 축에 대한 관성 모멘트 I_{CM}이다. 다음 두 적분은 질량 중심의 정의에 따라 $\int x'\, dm = \int y'\, dm = 0$이다. 마지막 적분은 $\int dm = M$이고 $D^2 = x_{CM}{}^2 + y_{CM}{}^2$이므로 간단히 MD^2이 된다. 그러므로

$$I = I_{CM} + MD^2 \qquad (10.22)$$

◀ 평행축 정리

이 된다.

예제 10.9 평행축 정리의 적용

그림 10.15에 보인 질량 M, 길이 L인 균일한 막대를 다시 한 번 생각해 보자. 막대의 한쪽 끝을 지나면서 막대에 수직인 축(그림 10.15에서 y축)에 대한 막대의 관성 모멘트를 구하라.

풀이

개념화 중간점이 아니고 끝점을 축으로 회전하는 막대를 생각해 보자. 휴대용 막대자가 있으면, 중간점을 중심으로 회전할 때보다 끝점을 중심으로 회전할 때 더 힘들다는 것을 알 수 있다.

분류 예제는 평행축 정리를 포함하는 대입 문제이다.

직관적으로 관성 모멘트가 예제 10.7의 결과 $I_{CM} = \frac{1}{12}ML^2$보다 클 것이다. 왜냐하면 예제 10.7에서는 회전축으로부터 가장 멀리 있는 질량과의 거리가 $L/2$에 불과하지만, 여기서는 질량이 축으로부터 거리 L까지 분포하고 있기 때문이다. 질량 중심 축과 y축까지의 거리는 $D = L/2$이다.

평행축 정리를 이용한다.

$$I = I_{CM} + MD^2 = \frac{1}{12}ML^2 + M\left(\frac{L}{2}\right)^2 = \frac{1}{3}ML^2$$

이 결과를 표 10.2에서 확인해 보라.

10.7 회전 운동 에너지
Rotational Kinetic Energy

병진 운동에서 힘의 역할을 공부한 후에, 에너지를 사용하는 접근법에 대하여 알아보았다. 현재 공부하고 있는 회전 운동에서도 같은 방법을 적용한다.

7장에서 공간에서 물체의 운동과 관련된 에너지로 운동 에너지를 정의하였다. 고정축에 대하여 회전하고 있는 물체는 공간에서의 위치가 변하지 않으므로 병진 운동과 관련된 운동 에너지는 없다. 그러나 회전체를 이루고 있는 개개 입자들은 공간에서 원을 따라 운동하고 있으며, 따라서 회전 운동과 관련된 운동 에너지를 갖는다.

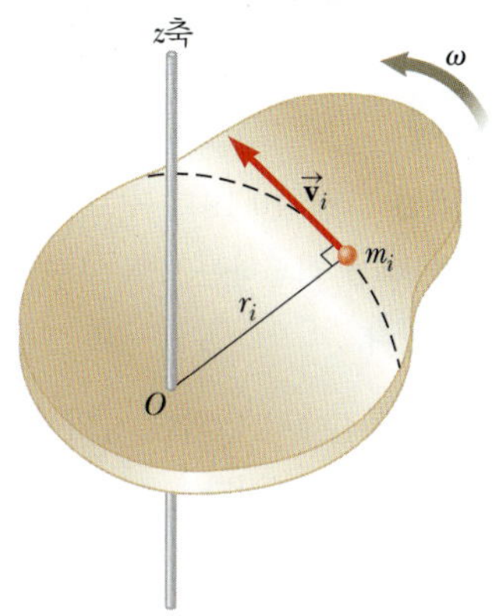

그림 10.18 강체가 z축을 중심으로 ω로 회전하고 있다. 질량 m_i인 입자의 운동 에너지는 $\frac{1}{2}m_iv_i^2$이다. 이 물체의 전체 운동 에너지를 회전 운동 에너지라고 한다.

강체를 작은 입자들의 집합으로 생각하고, 이 강체가 고정된 z축을 중심으로 각속력 ω로 회전한다고 가정하자. 그림 10.18은 회전체와 회전축으로부터 r_i만큼 떨어진 곳에 위치한 한 입자를 보여 주고 있다. i번째 입자의 질량을 m_i 그리고 접선 속력을 v_i라 하면, 이 입자의 운동 에너지는

$$K_i = \frac{1}{2}m_iv_i^2$$

이 된다. 강체 내의 모든 입자들은 같은 각속력 ω를 갖지만, 이들 각각의 접선 속력은 식 10.10과 같이 회전축으로부터의 거리 r_i에 의존한다. 회전 강체의 **전체** 운동 에너지는 각 입자의 운동 에너지의 합이다.

$$K_R = \sum_i K_i = \sum_i \frac{1}{2}m_iv_i^2 = \frac{1}{2}\sum_i m_ir_i^2\omega^2$$

이 식을 다시 쓰면 다음과 같다.

$$K_R = \frac{1}{2}\left(\sum_i m_i r_i^2\right)\omega^2 \tag{10.23}$$

여기서 ω^2은 모든 입자에 대하여 동일하므로 괄호 밖으로 빼냈다. 괄호 안의 양은 10.5절에서 소개한 강체의 관성 모멘트이다. 따라서 식 10.23을 다시 쓰면 다음과 같다.

회전 운동 에너지 ▶

$$K_R = \frac{1}{2}I\omega^2 \tag{10.24}$$

$\frac{1}{2}I\omega^2$을 **회전 운동 에너지**(rotational kinetic energy)라고 하지만, 새로운 형태의 에너지는 아니다. 강체를 이루는 입자들 각각의 운동 에너지의 합으로부터 유도하였으므로 일반적인 운동 에너지이다. I를 계산하는 방법만 알 수 있으면, 식 10.24에 있는 운동 에너지의 수학적 형태는 회전 운동을 다룰 때 아주 편리하다.

Q 퀴즈 10.6 반지름, 질량, 길이가 같은 속이 빈 원통과 속이 찬 원통이 있다. 둘 다 각각의 긴 중심축에 대하여 같은 각속력으로 돌고 있다. 회전 운동 에너지가 더 큰 것은 어느 것인가? **(a)** 속이 빈 원통 **(b)** 속이 찬 원통 **(c)** 회전 운동 에너지는 같다. **(d)** 결정할 수 없다.

예제 10.10 회전하는 네 개의 물체

그림 10.19와 같이 네 개의 작은 구가 xy 평면에서 질량을 무시할 수 있는 지휘봉 모양의 두 막대기 끝에 달려 있다. 구의 반지름은 막대기의 크기에 비하여 아주 작다고 가정한다.

(A) 그림 10.19a와 같이 계가 y축을 중심으로 각속력 ω로 회전할 때, 이 축에 대한 계의 관성 모멘트와 회전 운동 에너지를 구하라.

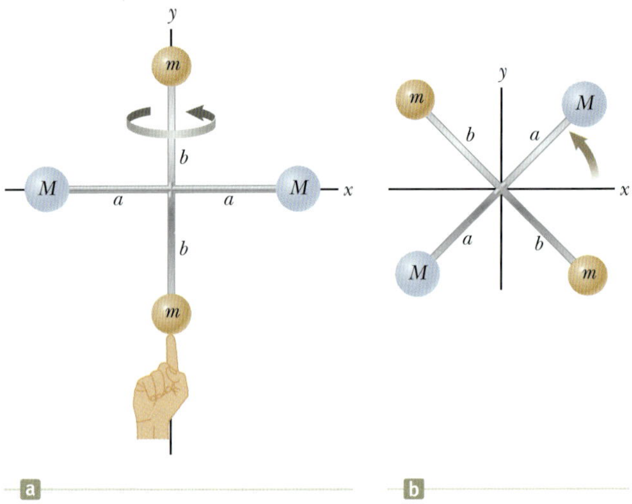

그림 10.19 (예제 10.10) 끝에 구가 달린 십자 모양 지휘봉. (a) y축을 중심으로 회전하는 지휘봉 (b) z축을 중심으로 회전하는 지휘봉

풀이

개념화 그림 10.19는 구로 구성된 계를 개념화하고, 또 그것이 어떻게 회전하는지를 보여 주는 설명이다. 구를 입자로 모형화한다.

분류 이 절에서 논의한 정의를 직접적으로 적용하기 때문에 예제는 대입 문제이다.

식 10.19를 계에 적용한다.

$$I_y = \sum_i m_i r_i^2 = Ma^2 + Ma^2 = 2Ma^2$$

식 10.24를 사용하여 회전 운동 에너지를 구한다.

$$K_R = \frac{1}{2}I_y\omega^2 = \frac{1}{2}(2Ma^2)\omega^2 = Ma^2\omega^2$$

이 결과식에서 두 구의 질량 m이 포함되지 않은 이유는, 두 구의 반지름을 무시할 수 있으므로 회전축에 대한 운동은 없다고 보고, 회전 운동 에너지를 무시하기 때문이다. 같은 논리에 따라 x축에 대한 관성 모멘트는 $I_x = 2mb^2$이고, 그 축에 대한 회전 운동 에너지는 $K_R = mb^2\omega^2$이라는 것을 알 수 있다.

(B) 그림 10.19b와 같이 이 계가 지휘봉의 중심을 관통하는 축(z축)을 중심으로 xy 평면에서 회전한다고 가정하자. 이 축에 대한 관성 모멘트와 회전 운동 에너지를 구하라.

풀이 식 10.19를 새로운 회전축에 적용한다.

$$I_z = \sum_i m_i r_i^2 = Ma^2 + Ma^2 + mb^2 + mb^2$$
$$= 2Ma^2 + 2mb^2$$

식 10.24를 사용하여 회전 운동 에너지를 구한다.

$$K_R = \tfrac{1}{2}I_z\omega^2 = \tfrac{1}{2}(2Ma^2 + 2mb^2)\omega^2$$
$$= (Ma^2 + mb^2)\omega^2$$

(A)와 (B)에 대한 결과를 비교하면, 주어진 각속력에 대하여 관성 모멘트와 회전 운동 에너지가 회전축에 따라 달라짐을 알 수 있다. (B)의 경우 네 개의 질량이 모두 xy 평면에서 회전하기 때문에, 결과식이 네 개의 질량과 거리가 포함될 것으로 예상된다. 일–운동 에너지 정리에 따르면, (A)의 회전 운동 에너지가 (B)에서보다 더 작은 것은 z축을 중심으로 회전시키는 것보다는 y축을 중심으로 회전시키는 데 더 적은 일이 필요하다는 것을 의미한다.

문제 질량 M이 m보다 아주 큰 경우는 어떻게 되는가? (A)와 (B)의 답은 어떻게 비교할 수 있는가?

답 만약 $M \gg m$이면, m은 무시할 수 있고 (B)에서 관성 모멘트와 회전 운동 에너지는

$$I_z = 2Ma^2 \quad \text{그리고} \quad K_R = Ma^2\omega^2$$

이 되며, 이 결과는 (A)의 답과 같다. 그림 10.19에 있는 두 주황색 구의 질량 m을 무시하면, 이 구들은 그림에서 제거되고 y축이나 z축에 대한 회전은 동등하다.

10.8 회전 운동에서의 에너지 고찰
Energy Considerations in Rotational Motion

10.7절에서 회전 운동 에너지를 소개하였으므로, 이제는 회전 문제를 풀 때 에너지 접근법이 얼마나 유용한지를 살펴보자. 강체에 작용하는 돌림힘과 그 결과인 회전 운동과의 관계를 다시 한 번 생각하여, 회전에서의 일률과 일–운동 에너지 정리의 표현을 유도하려 한다. 그림 10.20의 점 O에 대하여 회전하는 강체를 생각해 보자. 그림이 있는 면 위에서 단일 외력 $\vec{\mathbf{F}}$가 점 P에 작용한다고 하자. 물체가 작은 거리 $ds = r d\theta$를 회전할 때 $\vec{\mathbf{F}}$가 물체에 한 일은 다음과 같다.

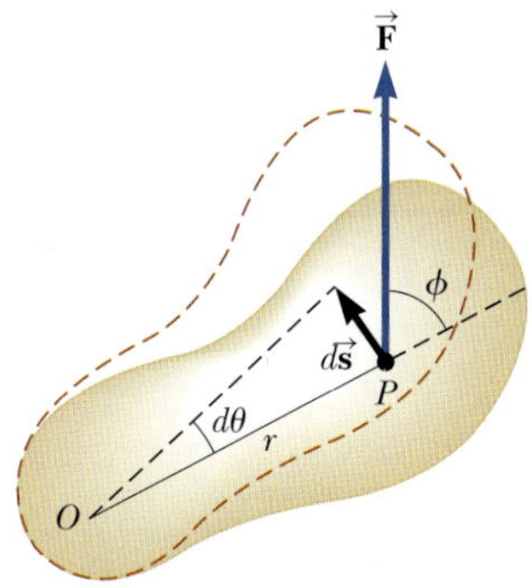

그림 10.20 점 P에 외력 $\vec{\mathbf{F}}$가 작용할 때, 강체가 점 O를 지나는 축을 중심으로 회전한다.

$$dW = \vec{\mathbf{F}} \cdot d\vec{\mathbf{s}} = (F\sin\phi) r\, d\theta$$

여기서 $F\sin\phi$는 $\vec{\mathbf{F}}$의 접선 성분 또는 힘의 변위 방향 성분이다. $\vec{\mathbf{F}}$의 지름 성분 벡터는 $\vec{\mathbf{F}}$의 작용점의 변위에 수직이기 때문에, 물체에 일을 하지 않는다.

O를 지나는 축에 대하여 $\vec{\mathbf{F}}$에 의한 돌림힘의 크기가 식 10.14에서 $rF\sin\phi$로 주어지므로, 작은 회전 동안 한 일은 다음과 같다.

$$dW = \tau\, d\theta \tag{10.25}$$

시간 dt 동안 고정축에 대하여 물체가 $d\theta$만큼 회전하는 동안 $\vec{\mathbf{F}}$가 한 일률은

$$\frac{dW}{dt} = \tau \frac{d\theta}{dt}$$

로 주어진다. dW/dt는 힘이 전달한 순간 일률 P(8.5절 참고)이고 $d\theta/dt = \omega$이므로, 이 식은 다시 다음과 같이 쓸 수 있다.

회전하는 강체에 전달되는 일률 ▶

$$P = \frac{dW}{dt} = \tau\omega \tag{10.26}$$

이 식은 병진 운동의 $P = Fv$와 유사하고, 식 10.25는 $dW = F_x\,dx$와 유사하다.

병진 운동에 대하여 공부할 때 에너지 접근 방식이 계의 운동을 기술하는 데 매우 유용함을 알았다. 병진 운동에서의 경험에 따라 대칭성 있는 물체가 고정축에 대하여 회전할 때, 외력이 한 일이 회전 운동 에너지의 변화와 같다는 것을 예상할 수 있다.

이것을 증명하기 위하여 수학 식이 $\Sigma\tau_{\text{ext}} = I\alpha$인 알짜 돌림힘을 받는 강체 모형으로 시작하자. 수학의 연쇄 법칙을 이용하면 알짜 돌림힘은 다음과 같이 쓸 수 있다.

$$\sum\tau_{\text{ext}} = I\alpha = I\frac{d\omega}{dt} = I\frac{d\omega}{d\theta}\frac{d\theta}{dt} = I\frac{d\omega}{d\theta}\,\omega$$

$\Sigma\tau_{\text{ext}}\,d\theta = dW$이므로, 이 식을 정리하면

$$\sum\tau_{\text{ext}}\,d\theta = dW = I\omega\,d\omega$$

이다. 이 식을 적분하면 알짜 외력이 회전계에 대하여 한 전체 일을 구할 수 있다.

회전 운동에 대한 일–운동 에너지 정리 ▶

$$W = \int_{\omega_i}^{\omega_f} I\omega\,d\omega = \tfrac{1}{2}I\omega_f^2 - \tfrac{1}{2}I\omega_i^2 \tag{10.27}$$

여기서 각속력은 ω_i에서 ω_f로 변한다. 식 10.27은 **회전 운동에 대한 일–운동 에너지 정리**(work-kinetic energy theorem for rotational motion)이다. 병진 운동(7.5절)의 일–운동 에너지 정리처럼, 이 정리는 고정축에 대하여 대칭꼴의 강체가 회전할 때 외력이 한 일이 물체의 회전 운동 에너지의 변화와 같음을 말해 준다.

이 정리는 8장에서 논의한 비고립계(에너지) 모형의 한 형태이다. 강체 계에 한 일은 계의 경계를 넘어서 전달되는 에너지를 나타내는데, 이것은 물체의 회전 운동 에너지의 증가로 나타난다.

일반적으로 이 정리를 7장의 병진 운동의 일–운동 에너지 정리와 묶어 볼 수 있다. 따라서 외력이 물체에 한 일은 **전체** 운동 에너지(병진 운동 에너지와 회전 운동 에너지의 합)의 변화와 같다. 예를 들어 투수가 공을 던질 때, 투수의 손이 공에 한 일은 공간을 진행하는 공의 병진 운동 에너지와 공의 회전과 관련된 회전 운동 에너지의 합으로 나타난다.

일–운동 에너지 정리와 더불어, 다른 에너지 원리도 회전 운동에 적용할 수 있다. 예를 들어 회전체를 포함한 계가 고립되어 있고 계 내에 비보존력이 없다면, 다음 예제 10.11처럼 고립계 모형과 역학적 에너지의 보존 원리를 사용하여 이 계를 분석할 수 있다. 일반적으로, 에너지 보존 식인 식 8.2를 회전의 경우에도 적용한다. 이때 운동 에너지 변화 ΔK는 병진과 회전 운동 에너지 변화들을 모두 포함한다.

마지막으로 어떤 때에는 에너지를 이용한 분석 방법으로는 문제가 명확히 풀리지 않는 경우가 있다. 이럴 때에는 10.9절의 예제 10.14에서 설명하는 것처럼 운동량을 결합해서 풀어야 한다.

표 10.3에 여러 가지 회전 운동에 대한 식과 병진 운동에 대한 식들을 비교해 놓았

표 10.3 회전 운동과 병진 운동에서의 유용한 식

고정축에 대한 회전 운동	병진 운동
각속력 $\omega = d\theta/dt$	병진 속력 $v = dx/dt$
각가속도 $\alpha = d\omega/dt$	병진 가속도 $a = dv/dt$
알짜 돌림힘 $\Sigma\tau_{\text{ext}} = I\alpha$	알짜힘 $\Sigma F = ma$
$\alpha =$ 일정 $\begin{cases} \omega_f = \omega_i + \alpha t \\ \theta_f = \theta_i + \omega_i t + \frac{1}{2}\alpha t^2 \\ \omega_f^2 = \omega_i^2 + 2\alpha(\theta_f - \theta_i) \end{cases}$	$a =$ 일정 $\begin{cases} v_f = v_i + at \\ x_f = x_i + v_i t + \frac{1}{2}at^2 \\ v_f^2 = v_i^2 + 2a(x_f - x_i) \end{cases}$
일 $W = \int_{\theta_i}^{\theta_f} \tau\, d\theta$	일 $W = \int_{x_i}^{x_f} F_x\, dx$
회전 운동 에너지 $K_R = \frac{1}{2}I\omega^2$	병진 운동 에너지 $K = \frac{1}{2}mv^2$
일률 $P = \tau\omega$	일률 $P = Fv$
각운동량 $L = I\omega$	선운동량 $p = mv$
알짜 돌림힘 $\Sigma\tau = dL/dt$	알짜힘 $\Sigma F = dp/dt$

다. 이들 식의 수학적인 표현이 유사함에 주목하라. 각운동량 L을 포함하는 표 10.3의 왼쪽 열에서 마지막 두 식은 11장에서 다루기로 하고, 여기서는 다만 표의 완성을 위하여 수록하였다.

예제 10.11 회전하는 막대 다시 보기

길이 L이고 질량 M인 균일한 막대가 한쪽 끝을 통과하는 마찰이 없는 회전 중심점을 중심으로 회전하고 있다(그림 10.21). 정지 상태에 있는 막대를 수평 위치에서 놓는다.

(A) 막대가 가장 낮은 위치에 도달할 때 각속력을 구하라.

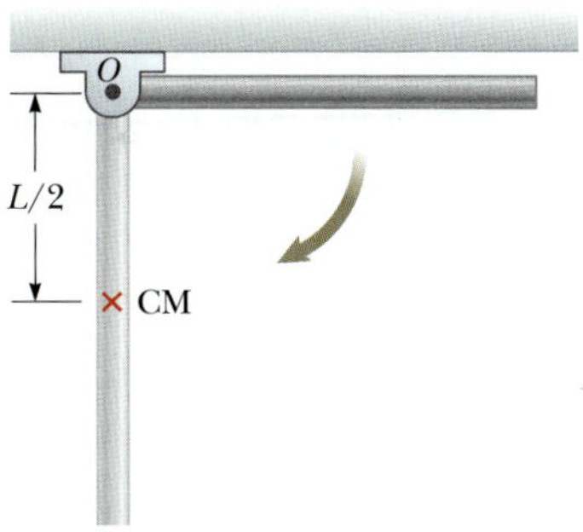

그림 10.21 (예제 10.11) 점 O를 회전 중심점으로 해서 균일한 막대가 중력의 영향에 의하여 연직면에서 회전하고 있다.

풀이

개념화 그림 10.21을 보고 왼쪽 끝에 위치한 회전 중심점에 대하여 아래로 1/4바퀴만큼 회전하였다고 생각해 보자. 또 예제 10.8을 돌이켜보면 동일한 물리적 상황이다.

분류 예제 10.4에서 언급한 대로 막대의 각가속도가 일정하지 않다. 따라서 이 경우 10.2절의 회전 운동학 식은 사용할 수 없다. 막대의 계와 지구를 함께 비보존력이 작용하지 않는 **고립계**로 분류하고 역학적 **에너지**의 보존 원리를 사용한다.

분석 막대가 똑바로 아래로 늘어져 있을 때를 중력 퍼텐셜 에너지의 기준으로 하고, 이때의 퍼텐셜 에너지 값을 영으로 둔다. 막대가 수평 위치에 있을 때 회전 운동 에너지는 없고, 이때의 퍼텐셜 에너지는 $MgL/2$이 된다. 막대의 질량 중심이 기준 배열에서의 질량 중심 위치보다 $L/2$만큼 높기 때문이다. 막대가 가장 낮은 위치에 도달할 때, 계의 에너지는 순전히 회전 운동 에너지 $\frac{1}{2}I\omega^2$이다. 여기서 I는 막대의 회전 중심점을 통과하는 축에 대한 관성 모멘트이다.

고립계(에너지) 모형을 사용하여 식 8.2를 적절히 줄여 쓴다.

$$\Delta K + \Delta U = 0$$

처음과 나중의 에너지를 대입한다.

$$\left(\tfrac{1}{2}I\omega^2 - 0\right) + \left(0 - \tfrac{1}{2}MgL\right) = 0$$

ω에 대하여 풀고 막대에 대한 관성 모멘트 $I = \frac{1}{3}ML^2$(표 10.2 참조)을 사용한다.

$$\omega = \sqrt{\frac{MgL}{I}} = \sqrt{\frac{MgL}{\frac{1}{3}ML^2}} = \boxed{\sqrt{\frac{3g}{L}}}$$

(B) 연직 위치에 있는 경우, 질량 중심의 접선 속력과 막대의 가장 낮은 점의 접선 속력을 구하라.

풀이 식 10.10과 (A)의 결과를 사용한다.

$$v_{CM} = r\omega = \frac{L}{2}\omega = \frac{1}{2}\sqrt{3gL}$$

막대의 가장 낮은 지점에서의 r는 질량 중심 위치의 두 배이므로, 가장 낮은 지점에서의 접선 속력 역시 두 배가 된다.

$$v = 2v_{CM} = \sqrt{3gL}$$

결론 이 예제의 처음 배열은 예제 10.4의 경우와 같다. 그러나 예제 10.4에서는 막대의 처음 각가속도만을 알 수 있었다. 이 예제에서는 에너지 보존의 법칙을 적용함으로써, 가장 낮은 지점에서의 막대의 각속력과 같은 부가적인 정보를 얻을 수 있다. 어떤 각도에서든지 막대의 각속력을 구할 수 있다.

문제 막대가 수평과 45.0°의 각도를 이룰 때, 막대의 각속력을 구하라. 이 각도는 앞에서 푼 문제의 90.0°의 반이므로, 이 배열에서의 각속력은 앞에서 구한 각속력의 반인 $\frac{1}{2}\sqrt{3g/L}$인가?

답 그림 10.21에서 각도가 45.0°인 막대를 상상해 보자. 이 위치에서의 막대를 연필 또는 자로 생각한다. 이 배열에서 질량 중심은 거리 $L/2$의 반 이상 떨어짐에 주목하라. 따라서 처음 중력 퍼텐셜 에너지의 반 이상이 회전 운동 에너지로 변환되었다. 그러므로 각속력의 값이 앞에서 추정한 것과 같이 단순하지 않음을 예상할 수 있다.

막대의 질량 중심은 막대가 연직 위치에 도달할 때 $0.500L$의 거리를 떨어진다. 막대가 수평에 대하여 45.0°에 있으면, 막대의 질량 중심은 $0.354L$의 거리를 떨어짐을 보일 수 있다. 계산을 계속하면, 이 배열에서 막대의 각속력은 $\frac{1}{2}\sqrt{3g/L}$이 아니라 $0.841\sqrt{3g/L}$이 된다.

예제 10.12 에너지와 애트우드 기계

그림 10.22처럼 도르래를 통하여 줄로 연결된 서로 다른 질량 m_1과 m_2를 가진 두 물체를 생각해 보자. 도르래의 반지름은 R이고, 관성 모멘트는 I이다. 줄은 도르래에서 미끄러지지 않고 전체 계는 정지 상태에서 시작하였다. 물체 2가 거리 h만큼 내려왔을 때, 각 물체의 병진 속력을 구하고, 이때 도르래의 각속력도 함께 구하라.

풀이

개념화 이미 애트우드 기계를 포함하는 예제를 다루었기 때문에, 그림 10.22에 있는 물체의 운동을 쉽게 상상할 수 있을 것이다.

분류 줄이 미끄러지지 않기 때문에 도르래는 축을 중심으로 회전한다. 축의 반지름은 도르래의 반지름보다 아주 작기 때문에 축에서의 저항은 무시할 수 있다. 따라서 마찰에 의한 돌림힘도 질량이 서로 많이 다른 두 물체에 의한 돌림힘보다 훨씬 작다. 결국 두 개의 물체와 도르래 그리고 지구로 이루어진 계는 다른 비보존력이 작용하지 않고 고립되어 있다. 따라서 이 계의 역학적 에너지는 보존된다.

분석 이 계가 시작될 때를 중력 퍼텐셜 에너지가 영이라고 하자. 그림 10.22에서 물체 2의 낙하는 계의 퍼텐셜 에너지 감소와 연계되어 있고, 물체 1의 상승은 퍼텐셜 에너지의 증가와 연계되어 있다.

고립계(에너지) 모형을 이용하여 에너지 보존 식을 적절히 줄여 쓴다.

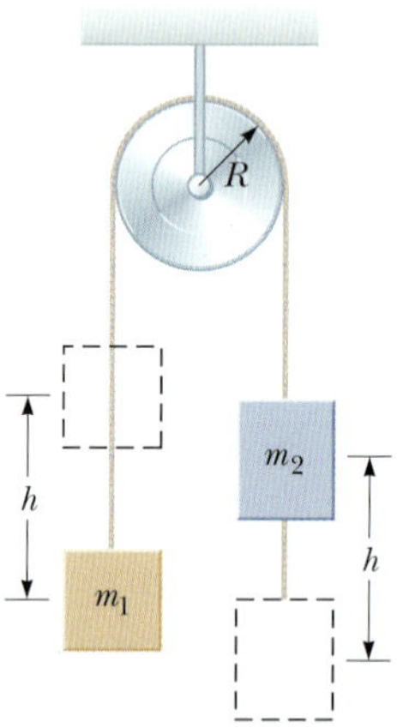

그림 10.22 (예제 10.12) 무거운 도르래로 된 애트우드 기계

$$\Delta K + \Delta U = 0$$

각각의 에너지를 대입한다.

$$\left[\left(\tfrac{1}{2}m_1v_f^2 + \tfrac{1}{2}m_2v_f^2 + \tfrac{1}{2}I\omega_f^2\right) - 0\right] + \left[(m_1gh - m_2gh) - 0\right] = 0$$

$v_f = R\omega_f$를 이용하여 ω_f에 대입한다.

$$\tfrac{1}{2}m_1v_f^{\,2} + \tfrac{1}{2}m_2v_f^{\,2} + \tfrac{1}{2}I\frac{v_f^{\,2}}{R^2} = m_2gh - m_1gh$$

$$\tfrac{1}{2}\left(m_1 + m_2 + \frac{I}{R^2}\right)v_f^{\,2} = (m_2 - m_1)gh$$

v_f에 대하여 푼다.

$$(1) \qquad v_f = \left[\frac{2(m_2 - m_1)gh}{m_1 + m_2 + I/R^2}\right]^{1/2}$$

$v_f = R\omega_f$를 사용하여 ω_f를 구한다.

$$\omega_f = \frac{v_f}{R} = \frac{1}{R}\left[\frac{2(m_2 - m_1)gh}{m_1 + m_2 + I/R^2}\right]^{1/2}$$

결론 각각의 물체는 일정한 알짜힘을 받기 때문에 **등가속도 운동하는 입자**로 모형화할 수 있다. 식 (1)을 사용하여 원통의 가속도를 알아내려면 어떻게 해야 할지 생각해 보라. 그리고 도르래의 질량이 영(0)일 때의 물체의 가속도를 결정하라. 이 결과와 예제 5.5의 결과가 어떤지 비교해 보라.

10.9 강체의 굴림 운동
Rolling Motion of a Rigid Object

이 절에서는 평평한 표면을 따라 굴러가는 강체의 운동을 다룬다. 일반적으로 이런 운동은 아주 복잡하다. 예를 들어 원통의 회전축이 처음과 같이 면에 평행하게 유지된 채 굴러가고 있다고 가정해 보자. 그림 10.23에서 보듯이 원통 표면의 한 점은 **사이클로이드**(cycloid)라는 복잡한 궤적을 그린다. 하지만 구르는 물체 표면의 한 점보다는 질량 중심에 초점을 맞춰 문제를 단순화할 수 있다. 그림 10.23과 같이 질량 중심은 직선을 따라 움직인다. 만약 원통과 같은 물체가 표면에서 미끄러지지 않고 굴러가면(이것을 **순수 굴림 운동**이라고 함), 회전과 병진 운동 사이에 간단한 관계가 있다.

미끄러지지 않고 수평면 위에서 굴러가고 있는 반지름 R인 원통을 생각해 보자(그림 10.24). 원통이 각도 θ를 돌아가는 동안, 질량 중심은 직선 거리 $s = R\theta$를 움직인다(식 10.1a). 따라서 순수 굴림 운동에서 질량 중심의 선속력은 다음과 같다.

$$v_{CM} = \frac{ds}{dt} = R\frac{d\theta}{dt} = R\omega \tag{10.28}$$

여기서 ω는 원통의 각속력이다. 식 10.28은 원통이나 구가 미끄러지지 않고 굴러갈 때는 언제나 성립하고 **순수 굴림 운동의 조건**(condition for pure rolling motion)이 된다. 순수 굴림 운동에서 질량 중심의 병진 가속도의 크기는

$$a_{CM} = \frac{dv_{CM}}{dt} = R\frac{d\omega}{dt} = R\alpha \tag{10.29}$$

오류 피하기 10.6

식 10.28은 익숙해 보인다 식 10.28은 식 10.10과 매우 유사해 보인다. 그러므로 차이점에 대하여 분명히 하자. 식 10.10은 물체가 각속력 ω로 회전할 때 고정된 회전축으로부터 거리 r의 위치에 있는 **회전** 물체 위의 한 점의 **접선** 속력이다. 식 10.28은 각속력 ω로 회전하는 반지름 R인 **구르는** 물체의 질량 중심의 **병진** 속력이다.

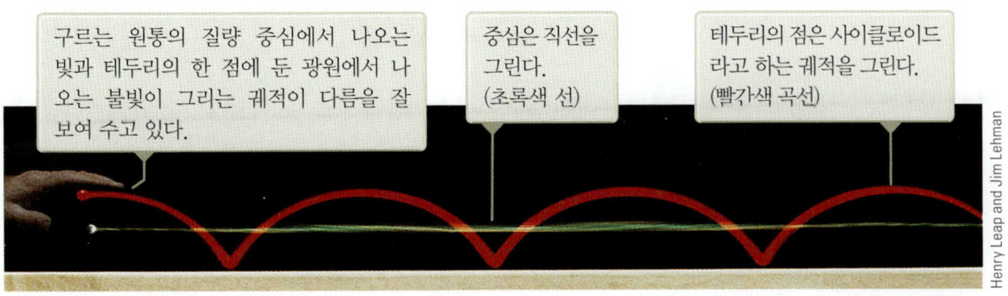

그림 10.23 구르는 물체 위의 두 점은 서로 다른 궤적을 그린다.

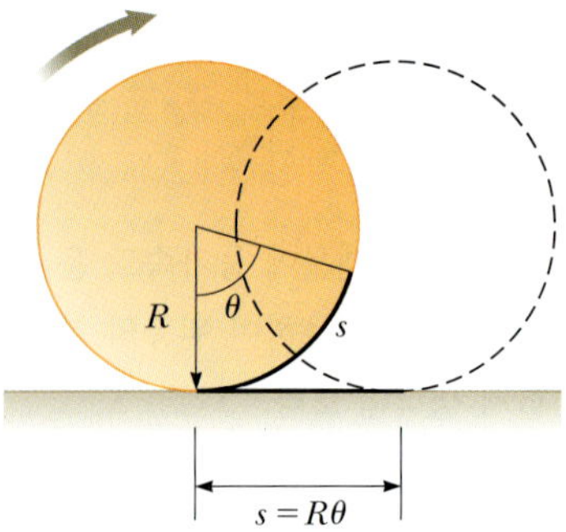

그림 10.24 순수 굴림 운동에서 원통이 각도 θ만큼 돌아가면, 중심은 $s = R\theta$의 직선 거리를 움직인다.

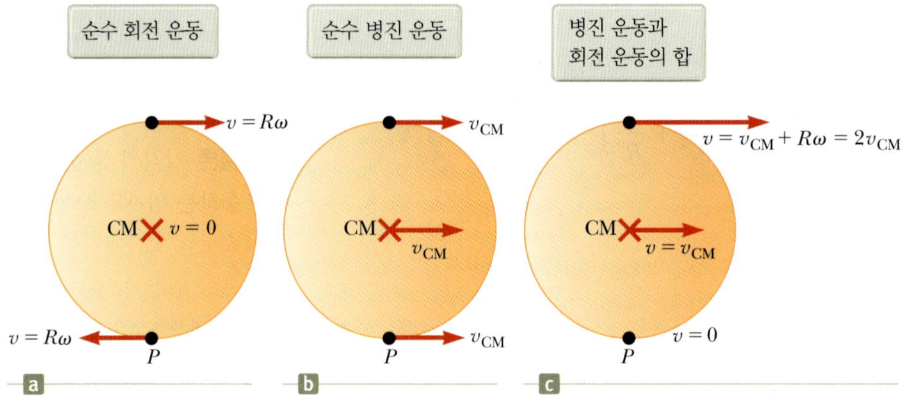

그림 10.25 물체의 굴림 운동은 순수 병진 운동과 회전 운동의 합으로 모형화할 수 있다.

가 된다. 여기서 α는 원통의 각가속도이다.

구르는 물체를 따라 속력 v_{CM}으로 움직이고 있다고 가정하면, 물체의 질량 중심은 마치 정지해 있는 것 같다. 물체를 관측하면, 물체가 질량 중심 주위를 단지 회전하는 것을 알 수 있다. 그림 10.25a는 이 기준틀에서 관찰한 물체의 꼭대기, 중심, 바닥에 있는 각 점의 속도를 나타내고 있다. 이들 속도뿐만 아니라 물체에 있는 모든 점들이 구르는 면에 대하여 같은 방향과 같은 속력 v_{CM}으로 움직인다. 그림 10.25b는 바닥에 정지해 있는 기준틀에서 측정한, 구르지 않는 물체에 대한 속도들을 보여 주고 있다. 이 기준틀에서 측정한 구르는 물체 상의 한 점의 속도는 그림 10.25a와 10.25b에서 보인 속도들의 합이다. 그림 10.25c는 이들 속도를 합한 결과이다.

그림 10.25c에서 면과 구르는 원통이 접하는 점의 병진 속력은 영이다. 이 순간에 구르는 물체는, 구르는 면이 제거되고 물체가 점 P에서 지지되어 P를 지나는 축에 대하여 회전하는 경우와 정확히 같은 방법으로 움직인다. 이 가상의 회전 운동하는 물체의 전체 운동 에너지는

$$K = \frac{1}{2}I_P\omega^2 \tag{10.30}$$

이고, 여기서 I_P는 P를 지나는 축에 대한 관성 모멘트이다.

가상의 회전 운동 물체의 운동은 실제 구르는 물체와 같기 때문에, 식 10.30도 구르는 물체의 운동 에너지이다. 평행축 정리를 적용하여 식 10.30에 $I_P = I_{CM} + MR^2$을 대입하면

$$K = \frac{1}{2}I_{CM}\omega^2 + \frac{1}{2}MR^2\omega^2$$

을 얻는다. $v_{CM} = R\omega$를 사용하면 이 식은 다음과 같다.

구르는 물체의 전체 운동 에너지 ▶

$$K = \frac{1}{2}I_{CM}\omega^2 + \frac{1}{2}Mv_{CM}^2 \tag{10.31}$$

$\frac{1}{2}I_{CM}\omega^2$항은 물체의 질량 중심에 대한 회전 운동 에너지를 나타내고, $\frac{1}{2}Mv_{CM}^2$항은 회전 없이 공간을 병진 이동할 경우에 대한 물체의 운동 에너지를 나타낸다. 따라서 구르는 물체의 전체 운동 에너지는 질량 중심에 대한 회전 운동 에너지와 질량 중심의 병진 운동 에너지의 합이다. 이 설명은 물체 위 한 점의 속도는 질량 중심에 대하여 회전하

는 접선 속도와 질량 중심 속도의 합임을 보이는 그림 10.25에서 설명하는 상황과 일치한다.

에너지 방법을 사용하여 거친 경사면을 따라 내려가는 구르는 물체와 관련된 일련의 문제를 풀 수 있다. 예를 들어 그림 10.26의 경우를 생각해 보자. 경사면의 꼭대기에서 정지 상태에서 미끄러지지 않고 구르는 구가 있다. 가속되며 구르는 운동은 구와 경사면 사이에 마찰력이 있어 질량 중심에 대한 알짜 돌림힘이 만들어져야 가능하다. 마찰이 있음에도 불구하고 접촉점은 매 순간 표면에 대하여 정지하기 때문에, 물체 변형이 무시될 때는 역학적 에너지 손실이 없다(반면에 구가 미끄러지면 구–경사면–지구 계의 역학적 에너지는 운동 마찰이라는 비보존력으로 인하여 감소한다).

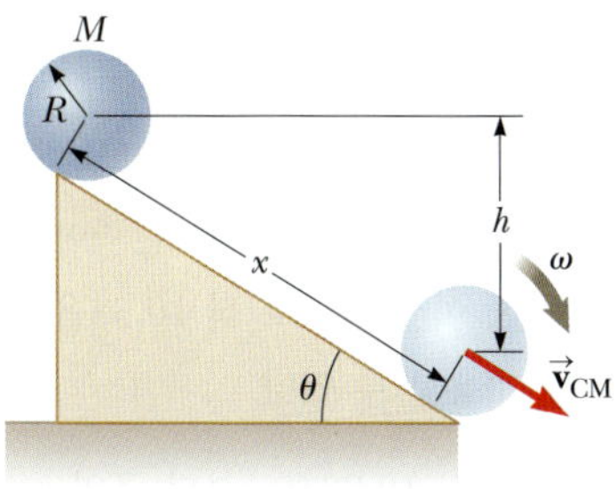

그림 10.26 구가 경사면을 따라 굴러서 내려가고 있다. 미끄러지지 않으면 구–지구 계의 역학적 에너지는 보존된다.

실제로는 **굴림 마찰**도 역학적 에너지가 내부 에너지로 변환되는 원인이다. 굴림 마찰은 구르는 물체와 면의 변형이 원인이다. 예를 들어 자동차의 바퀴는 도로를 달릴 때 눌리는데, 이것은 역학적 에너지가 내부 에너지로 변환되는 예이다. 도로 역시 약간 변형되는데, 이것이 추가적인 굴림 마찰을 준다. 문제 풀이에서 특별히 다른 언급이 없으면 굴림 마찰은 무시한다.

순수 굴림 운동에 대하여 $v_{CM} = R\omega$를 사용하면 식 10.31을 다음과 같이 쓸 수 있다.

$$K = \tfrac{1}{2}I_{CM}\left(\frac{v_{CM}}{R}\right)^2 + \tfrac{1}{2}Mv_{CM}^2$$

$$K = \tfrac{1}{2}\left(\frac{I_{CM}}{R^2} + M\right)v_{CM}^2 \quad \textbf{(10.32)}$$

그림 10.26의 구–지구 계에서 구가 경사면 바닥에 있을 때 중력 퍼텐셜 에너지가 영이라고 하자. 그러면 식 8.2는 다음과 같이 된다.

$$\Delta K + \Delta U = 0$$

$$\left[\tfrac{1}{2}\left(\frac{I_{CM}}{R^2} + M\right)v_{CM}^2 - 0\right] + (0 - Mgh) = 0$$

$$v_{CM} = \left[\frac{2gh}{1 + (I_{CM}/MR^2)}\right]^{1/2} \quad \textbf{(10.33)}$$

Q 퀴즈 10.7 공 하나가 정지 상태에서 출발하여 미끄러지지 않고 빗면 A를 따라 굴러 내려오고 있다. 동시에 정지해 있던 상자가 빗면 B를 따라 미끄러져 내려오고 있다. 이 빗면은 마찰이 없다는 점만 빼고는 빗면 A와 같다. 어느 쪽이 바닥에 먼저 도착하는가? **(a)** 공 **(b)** 상자 **(c)** 동시에 도착 **(d)** 정할 수 없다.

예제 10.13 경사면을 굴러 내려가는 구

그림 10.26에 있는 속이 찬 구에 대하여 경시면 바닥에서 질량 중심의 병진 속력과 병진 가속도의 크기를 구하라.

풀이

개념화 경사면을 따라 굴러 내려가는 구를 생각하자. 마찰이 없는 경사면을 미끄러져 내려가는 책과 비교해 보자. 아마도 경사면에서 굴러 내려가는 물체에 대한 평소의 경험에 따라, 구가 책보다 빠르게 경사면을 내려간다고 할 것이다. 하지만 여러분은 마찰이 없는 경사면을 미끄러져 내려가는 물체에 대한 경험이 없다. 그러면 대체 어떤 물체가 바닥에 먼저 도착하는가?

분류 구와 지구를 비보존력이 작용하지 않는 **고립계**로 모형화한다. 이 모형으로 식 10.33을 얻었기 때문에, 이 경우 그 결과를 사용할 수 있다.

분석 식 10.33으로부터 구의 질량 중심의 속력을 구한다.

$$(1)\qquad v_{\mathrm{CM}} = \left[\frac{2gh}{1 + \left(\frac{2}{5}MR^2/MR^2\right)}\right]^{1/2} = \left(\tfrac{10}{7}gh\right)^{1/2}$$

이 결과는 물체가 회전 없이 경사면을 미끄러 내려갈 경우의 값 $\sqrt{2gh}$ 보다 작다(식 10.33에서 $I_{\mathrm{CM}} = 0$로 하면 회전이 없는 경우를 얻는다).

질량 중심의 병진 가속도를 계산하기 위하여, 구의 연직 변위와 경사면에서 이동 거리 x와의 관계 $h = x\sin\theta$를 사용한다.

위 관계를 식 (1)에 적용한다.

$$v_{\mathrm{CM}}{}^2 = \tfrac{10}{7}gx\sin\theta$$

식 2.17을 정지 상태에서 출발하여 등가속도 운동하여 거리 x만큼 움직인 물체에 적용한다.

$$v_{\mathrm{CM}}{}^2 = 2a_{\mathrm{CM}}x$$

두 표현식이 같다고 놓아 a_{CM}을 구한다.

$$a_{\mathrm{CM}} = \tfrac{5}{7}g\sin\theta$$

결론 질량 중심의 속력과 가속도는 구의 질량이나 반지름과 **무관**하다. 즉 속이 찬 균일한 구는 주어진 경사면에서 모두 같은 속력과 가속도 값을 갖는다. 대리석 공과 크리켓 공같이 서로 크기가 다른 두 공을 사용한 실험을 통하여 이 말이 옳음을 검증한다.

속이 빈 구, 속이 찬 원통, 굴렁쇠 등에 대하여 가속도 계산을 다시하면, 비슷한 결과를 얻으며 단지 $g\sin\theta$ 앞의 계수만 달라진다. v_{CM}과 a_{CM} 식에 나타나는 계수는 특정 물체의 질량 중심에 대한 관성 모멘트 값에 의해서만 달라진다. 모든 경우에 질량 중심의 가속도는 경사면에 마찰이 없고 굴림이 없는 경우의 값인 $g\sin\theta$ 보다 작다.

예제 10.14 둥근 실패 당기기[3]

질량 m이고, 반지름 R인 원통 모양의 실패가 마찰이 있는 수평 탁자 위에 정지해 있다(그림 10.27). 반지름 r인 축에 감긴 질량이 없는 줄을 손으로 잡고, 수평 방향으로 크기 T인 일정한 힘을 사용하여 오른쪽으로 당기고 있다. 그 결과 실패는 굴림 마찰이 없는 탁자를 따라 길이 L만큼 미끄러지지 않고 굴러간다.

(A) 실패의 질량 중심의 나중 병진 속력을 구하라.

풀이

개념화 그림 10.27을 보면서 줄을 당겼을 때 실패의 운동을 상상해 보라. 실패가 길이 L을 구르도록 하기 위해서는 줄을 L과 **다른** 길이만큼 당겨야 한다는 점에 주의하라.

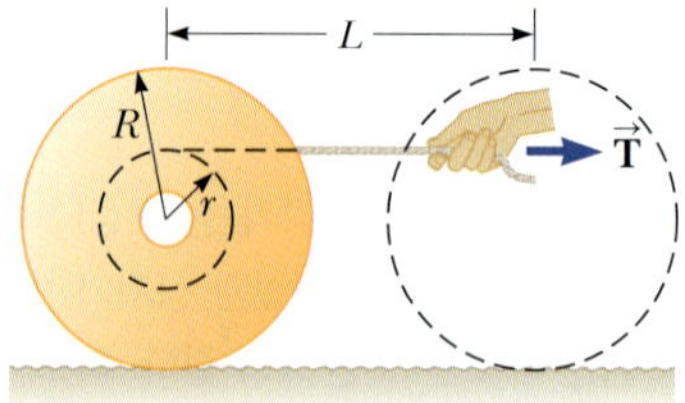

그림 10.27 (예제 10.14) 수평 탁자 위에 실패가 정지해 있다. 축 주위에 감긴 실을 손으로 잡아 오른쪽으로 끌고 있다.

분류 실패는 **알짜 돌림힘을 받는 강체**에 해당하지만, 이 알짜 돌림힘은 실패의 바닥에서 모르는 마찰력에 의한 돌림힘도 포함하고 있다. 그러므로 알짜 돌림힘을 받는 강체의 모형으로 접근해서는 문제를 해결할 수 없다. 에너지에 관하여 비고립계를 구성하는 실과 실패에 대하여 손이 일을 하고 있다. **비고립계 (에너지)** 모형에 근거한 접근 방법이 효과적인지 확인해 보자.

분석 이 계에서 유일하게 변하는 에너지 형태는 실패의 운동 에너지이다. 굴림 마찰이 없기 때문에 내부 에너지의 변화는 없다. 에너지가 계의 경계를 넘어가는 유일한 방법은 실을 당기

[3] 예제 10.14는 C. E. Mungan의 논문 “A primer on work-energy relationships for introductory physics,” *The Physics Teachers*, **43**:10, (2005)에서 영감을 얻었다.

는 손이 한 일이다. 실패 바닥의 정지 마찰력은 아무 일을 하지 않는다(그림 10.27에서 오른쪽으로). 힘의 작용점이 변위 없이 이동하기 때문이다.*

식 8.2의 에너지 보존 식을 간략히 나타낸다.

(1) $$W = \Delta K = \Delta K_{\text{trans}} + \Delta K_{\text{rot}}$$

여기서 W는 손이 줄에 한 일이다. 이 일을 알아내기 위해서는 손이 이동한 거리를 알아야 한다.

먼저 실패에서 풀린 실의 길이를 알아내자. 만약 실패가 거리 L 만큼 굴러서 이동하면, 회전하는 동안 변한 각도 $\theta = L/R$이다. 축 또한 이 각도만큼 회전한다.

식 10.1a를 사용하여 축이 회전한 호의 전체 길이를 구한다.

$$\ell = r\theta = \frac{r}{R}L$$

이 결과는 또 축에서 풀린 실의 길이이기도 하다. 손이 당긴 전체 길이는 이 길이에다 실패가 움직인 거리 L을 더해야 한다. 따라서 손이 당기는 힘의 작용점이 움직인 거리는 $\ell + L = L(1 + r/R)$이다.

손이 줄에 한 일을 계산한다.

(2) $$W = TL\left(1 + \frac{r}{R}\right)$$

식 (2)를 식 (1)에 대입한다.

$$TL\left(1 + \frac{r}{R}\right) = \tfrac{1}{2}mv_{\text{CM}}^2 + \tfrac{1}{2}I\omega^2$$

여기서 I는 실패의 질량 중심에 대한 관성 모멘트이고, v_{CM}과 ω는 실패가 길이 L을 구른 다음 나중 값이다.

미끄러지지 않고 구르는 조건 $\omega = v_{\text{CM}}/R$을 적용한다.

$$TL\left(1 + \frac{r}{R}\right) = \tfrac{1}{2}mv_{\text{CM}}^2 + \tfrac{1}{2}I\frac{v_{\text{CM}}^2}{R^2}$$

v_{CM}에 대하여 푼다.

(3) $$v_{\text{CM}} = \sqrt{\frac{2TL(1 + r/R)}{m(1 + I/mR^2)}}$$

(B) 마찰력 f의 값을 구하라.

풀이

개념화 마찰력이 일을 하지 않기 때문에 에너지로 접근해서는 마찰력을 구할 수 없다. 실패를 **비고립계**로 모형화하였지만 이번에는 **운동량**으로 모형화한다. 실은 계의 경계를 넘어서 힘을 제공하여 계에 충격량을 준다. 실패에 작용하는 힘이 시간에 대하여 일정하기 때문에, 실패의 질량 중심을 **등가속도 운동하는 입자**로 취급할 수 있다.

분석 실패에 충격량–운동량 정리(식 9.40)를 적용한다.

$$m(v_{\text{CM}} - 0) = (T - f)\Delta t$$

(4) $$mv_{\text{CM}} = (T - f)\Delta t$$

정지 상태에서 출발하여 등가속도 운동하는 입자의 경우, 식 2.14로부터 질량 중심의 평균 속도가 나중 속력의 절반임을 알 수 있다.

식 2.2를 사용하여 실패의 질량 중심이 정지 상태에서 출발하여 길이 L을 움직인 후, 나중 속력 v_{CM}에 도달하는 데 걸리는 시간을 구한다.

(5) $$\Delta t = \frac{L}{v_{\text{CM,avg}}} = \frac{2L}{v_{\text{CM}}}$$

식 (5)를 식 (4)에 대입한다.

$$mv_{\text{CM}} = (T - f)\frac{2L}{v_{\text{CM}}}$$

마찰력 f에 대하여 푼다.

$$f = T - \frac{mv_{\text{CM}}^2}{2L}$$

식 (3)에서 v_{CM}을 대입한다.

$$f = T - \frac{m}{2L}\left[\frac{2TL(1 + r/R)}{m(1 + I/mR^2)}\right]$$

$$= T - T\frac{(1 + r/R)}{(1 + I/mR^2)} = T\left[\frac{I - mrR}{I + mR^2}\right]$$

결론 실패가 회전한다는 사실을 무시하면서 실패의 병진 운동에 대하여 충격량–운동량 정리를 사용할 수 있다는 점에 주목하라. 이 사실은 문제를 풀 때 점점 다양해지고 있는 접근 방법의 위력을 보여 준다.

* 실제 작용점의 속도가 영이므로 일이 없다. 그런데 작용점의 변위가 무엇인지 애매하다. 저자들은 변위는 없는데, 이동은 있다고 보는 것이다.: 역자 주

연습문제

객관식

1. 어떤 사람이 반지름이 0.500 m인 바퀴가 달린 자전거를 타고 캠퍼스를 가로질러 간다. 앞바퀴 테에 달라붙은 플라스틱 한 조각이 돌면서 포크를 지날 때마다 부딪치면서 소리를 낸다. 이 사람이 자전거를 타고 자신의 아파트에서 카페테리아에 도착할 때까지 딸깍 소리를 320번 들었다면, 이 사람은 얼마나 이동한 것인가? (a) 0.50 km (b) 0.80 km (c) 1.0 km (d) 1.5 km (e) 1.8 km

2. 돌고 있는 원판 위에 한 물체가 중심에서 r만큼 떨어져 있는 곳에 정지 마찰에 의하여 붙어 있다. 이 물체에 대한 설명으로 틀린 것은 어느 것인가? (a) 각속력이 일정할 경우, 물체의 접선 속력은 일정하다. (b) 각속력이 일정할 경우, 물체는 가속되고 있지 않다. (c) 물체는 원판이 각가속도를 가졌을 때만 접선 가속도를 갖는다. (d) 원판이 각가속도를 갖는다면 물체는 구심 가속도와 접선 가속도를 갖는다. (e) 물체는 각속력이 영이 아닌 한 언제나 구심 가속도를 갖는다.

3. 고정축을 중심으로 일정한 각가속도 3 rad/s²로 바퀴가 회전하고 있다. 각기 다른 시간에서 각속도가 −2 rad/s, 0, +2 rad/s이다. 이 바퀴 테 위에 있는 한 점에 대하여, 각 시각의 경우에 대하여, 가속도의 접선 성분 크기와 지름 성분 크기를 생각해 보자. 다음 다섯 가지 양들을 가장 큰 것부터 순서대로 나열하라. (a) $\omega = -2$ rad/s일 때의 $|a_t|$ (b) $\omega = -2$ rad/s일 때의 $|a_r|$ (c) $\omega = 0$일 때의 $|a_r|$ (d) $\omega = 2$ rad/s일 때의 $|a_t|$ (e) $\omega = 2$ rad/s일 때의 $|a_r|$. 만일 두 값의 크기가 같으면 동일한 순위로 두라. 만약 그 값이 영인 경우에는 그 사실을 순위와 함께 말하라.

4. 회전숫돌의 각속력이 4.00 s 동안에 4.00 rad/s에서 12.00 rad/s로 증가한다. 만약 각가속도가 일정하다면, 이 시간 동안 회전한 각도는 얼마인가? (a) 8.00 rad (b) 12.0 rad (c) 16.0 rad (d) 32.0 rad (e) 64.0 rad

5. 자동차 바퀴의 표준이 지금보다 지름이 1.30배 큰 값으로 바뀌었다고 가정해 보자. **(i)** 자동차의 속도계가 가리키는 눈금은 어떻게 바뀌는가? (a) 1.69배로 증가 (b) 1.30배로 증가 (c) 변함없음 (d) 1/1.30로 감소 (e) 1/1.69로 감소 (f) 배수를 정할 수 없이 부정확 **(ii)** 자동차의 연료 경제성을 표시하는 연비(km/L)는 어떻게 되는가? (a) 1.69배로 좋아짐 (b) 1.30배로 좋아짐 (c) 변함없음 (d) 1.30배로 나빠짐 (e) 1.69배로 나빠짐

6. 그림 OQ10.6처럼 가벼운 강체 막대로 연결된 네 개의 입자가 있다. $a = b$이고 M은 m보다 크다고 하자. 회전축이 어느 좌표축일 때 이 계의 관성 모멘트가 **(i)** 최소 그리고 **(ii)** 최대가 되는가? (a) x축 (b) y축 (c) z축 (d) 관성 모멘트는 두 축에 대하여 같은 작은 값을 갖는다. (e) 세 축에 대한 관성 모멘트는 다 같다.

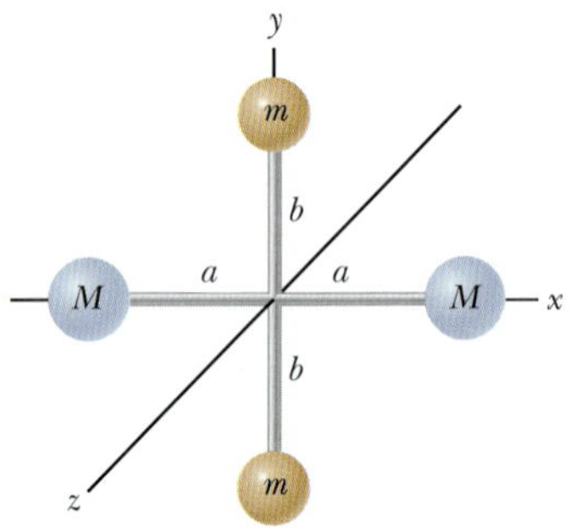

그림 OQ10.6

7. 그림 OQ10.7에 나타난 것처럼 고정되어 있고, 마찰이 없는 수평축에 설치된 원통 형태의 바퀴에 줄이 감겨 있다. 각가속도 크기가 더 큰 경우는 어느 것인가? (a) 50 N의 일정한 힘으로 줄을 아래 방향으로 당길 때 (b) 무게가 50 N인 물체를 줄에 매달 때 (c) (a)와 (b)의 경우 각가속도는 같다. (d) 어느 경우인지 정할 수 없다.

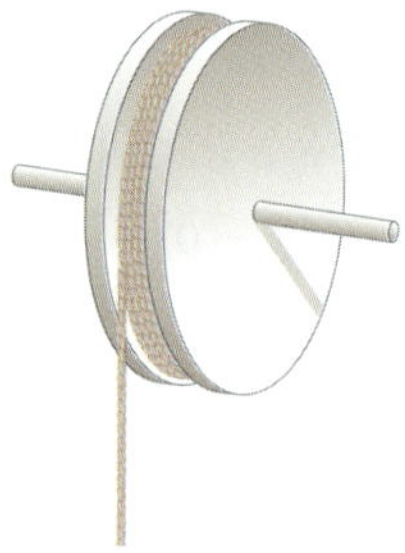
그림 OQ10.7

8. 일정한 알짜 돌림힘이 어떤 물체에 가해진다. 다음 중 일정하지 않은 양은 어느 것인가? 정답을 모두 고르라. (a) 각위치 (b) 각속도 (c) 각가속도 (d) 관성 모멘트 (e) 운동 에너지

9. 줄에 연결되어 천장에 매달려 있는 장난감 비행기가 있다. 비행기를 시계 방향으로 여러 번 돌려 줄을 꼰 후 놓는다.

비행기는 시계 반대 방향으로 처음에 천천히 회전하기 시작하다가 점점 더 빨라진다. 시계 반대 방향을 양(+)의 방향으로 하고 마찰은 없다고 가정하자. 줄이 완전히 풀렸을 때, 비행기는 가장 높은 회전률을 갖는다. **(i)** 이 순간에서의 각가속도는 (a) 양, (b) 음, (c) 영이다. **(ii)** 비행기는 시계 반대 방향으로 속력이 줄면서 계속 돌기 시작한다. 비행기가 순간적으로 멈추는 순간에, 각가속도는 (a) 양, (b) 음, (c) 영이다.

10. 반지름 R인 속이 찬 알루미늄 구가 중심을 지나는 축에 대하여 관성 모멘트 I를 갖는다. 반지름 $2R$인 속이 찬 알루미늄 구의 중심축에 대한 관성 모멘트는 얼마인가? (a) $2I$ (b) $4I$ (c) $8I$ (d) $16I$ (e) $32I$

주관식

10.1 각위치, 각속도, 각가속도

1. (a) 지구의 자전하는 각속력을 구하라. (b) 이런 회전이 지구의 모양에 미치는 영향은 무엇인가?

2. 물레가 정지 상태에서 일정한 각가속도로 돌기 시작해서 30.0 s만에 1.00 rev/s의 각속력으로 돈다. (a) 평균 각가속도를 rad/s²의 단위로 구하라. (b) 같은 시간 동안 각가속도를 두 배로 하면 나중 각속력도 두 배가 되는가?

3. 어떤 시간 동안, 회전해서 열리는 문의 각위치가 $\theta = 5.00 + 10.0t + 2.00t^2$의 함수로 표현된다. 여기서 θ의 단위는 rad, t의 단위는 s이다. 시간 (a) $t = 0$, (b) $t = 3.0$ s에 문의 각위치, 각속력, 각가속도를 구하라.

4. 한쪽 끝이 고정된 막대가 멈춰져 있다가 $\alpha = 10 + 6t$의 각가속도로 회전하기 시작한다. 여기서 α와 t의 단위는 각각 rad/s²과 s이다. 처음 4.00 s 후 막대의 각위치를 라디안 값으로 구하라.

10.2 분석 모형: 각가속도가 일정한 강체

5. 정지되어 있는 바퀴가 일정한 각가속도로 운동을 하여 3.00 s 후에 12.0 rad/s의 각속력에 도달한다. (a) 바퀴의 각가속도 크기를 구하라. (b) 이 시간 동안 회전한 각도를 라디안으로 표현하라.

6. 의학 실험실에서 사용하는 원심 분리기는 3 600 rev/min의 각속력으로 회전한다. 스위치가 꺼지면 정지할 때까지 50.0바퀴 회전한다. 그동안 원심 분리기의 일정한 각가속도를 구하라.

7. 공작실 회전숫돌을 1.00×10^2 rev/min로 돌리고 있던 전기 모터가 꺼진다. 정지할 때까지 회전숫돌의 각가속도가 -2.00 rad/s²라고 가정하자. (a) 회전숫돌이 정지할 때까지 걸리는 시간은 얼마인가? (b) (a)의 시간 동안 회전숫돌이 회전한 각도는 몇 라디안인가?

8. 다음 상황은 왜 불가능한가? 정지 상태에서 시작한 원판이 10.0 s 동안에 고정축을 중심으로 50.0 rad 회전한다. 이 동안 각가속도가 일정하다고 할 때, 나중 각속력은 8.00 rad/s이다.

9. 세탁기의 통이 정지 상태에서 돌아가기 시작해서 8.00 s 동안 각속력이 일정한 비율로 증가해서 5.00 rev/s의 회전률에 도달하였다. 이 상태에서 어떤 사람이 세탁기의 문을 열어서 안전 스위치가 꺼졌다. 통이 감속해서 12.0 s 후 멈췄다. 통이 멈출 때까지 얼마나 많은 회전을 하였는가?

10.3 회전 운동과 병진 운동의 물리량

10. 경주용 자동차가 반지름이 250 m인 원형 트랙을 돈다. 자동차가 45.0 m/s의 일정한 속력으로 이동한다고 가정할 때, (a) 각속력과 (b) 가속도의 방향과 크기를 구하라.

11. 자동차 바퀴가 보통 1년 동안 회전하는 수를 대략 추정하라. 측정하거나 근삿값을 취한 양들이 무엇인지 말하고, 그 값도 말하라.

12. 그림 P10.12에 있는 자전거는 지름 67.3 cm의 바퀴와 길이 17.5 cm의 페달이 달려 있다. 이 자전거를 탄 사람은 76.0 rev/min의 일정한 비율로 페달을 돌리고 있다. 체인이 지름 15.2 cm의 앞 사슬 톱니바퀴와 지름 7.00 cm의 뒤 사슬 톱니바퀴를 연결하고 있다. 이때 (a) 자전거 프레임에 대한 체인의 속력, (b) 자전거 바퀴의 각속력, (c) 길에 대한 자전거의 상대 속력을 계산하라. (d) 이 계산에 불필요한 자료가 있다면 그것은 무엇인가?

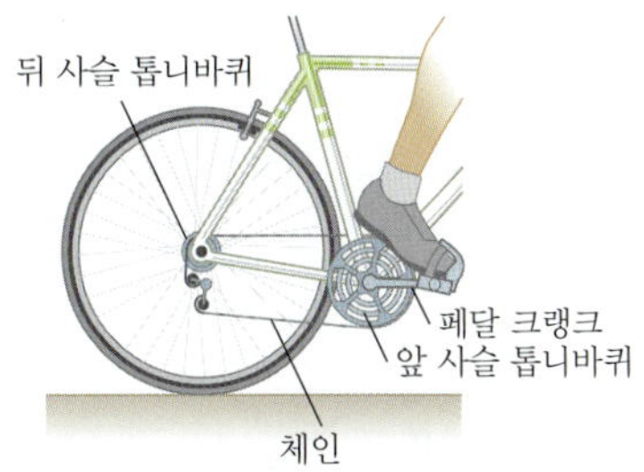

그림 P10.12

13. 자동차가 정지 상태에서 출발하여 일정하게 가속되어 9.00 s 만에 22.0 m/s의 속력에 도달한다. 차바퀴의 지름이 58.0 cm라고 가정하고 (a) 이 운동 동안 바퀴의 회전수를 구하라.

그 동안 미끄러짐은 없다고 가정한다. (b) 차바퀴의 나중 각속력을 초당 회전수로 답하라.

14. 반지름이 8.00 cm인 원판이 중심축 주위로 1 200 rev/min의 일정한 각속력으로 회전한다. 이때 (a) 각속력, (b) 중심에서 3.00 cm 떨어진 점의 접선 속력, (c) 가장자리에 있는 점의 지름 가속도, (d) 가장자리에 있는 점이 2.00 s 동안 진행한 거리를 구하라.

15. 똑바른 사다리 하나가 어떤 집 벽에 기대어 있다. 이 사다리는 4.90 m 길이의 두 레일과 이 레일을 잇는 0.410 m의 가로대로 이루어져 있다. 사다리의 아래쪽 끝이 단단하지만 기울어진 바닥에 놓여 있어, 위쪽 끝이 원래 있어야 할 곳으로부터 0.690 m 왼쪽으로 기울어져 오르기가 위험하다. 바닥이 기울어진 것을 보정하기 위하여 납작한 돌을 사다리 다리 한쪽 밑에 끼워 넣고자 한다. (a) 돌의 두께는 얼마로 해야 하는가? (b) 이 장에 나오는 여러 아이디어를 사용하여 (a)의 답을 쉽게 설명하라.

10.4 돌림힘

16. 그림 P10.16에 나타낸 것처럼 O를 지나는 회전축을 기준으로 할 때 바퀴에 작용하는 알짜 돌림힘은 얼마인가? 여기서 $a = 10.0$ cm, $b = 25.0$ cm이다.

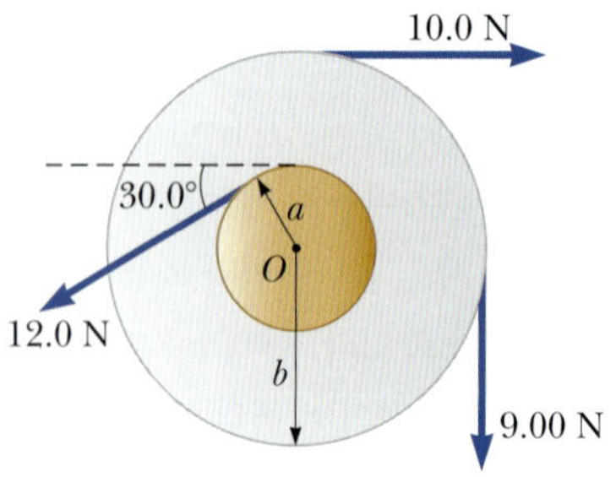

그림 P10.16

17. 그림 P10.17에서처럼 낚싯대가 수평과 20.0°의 각도를 이루고 있다. 만약 물고기가 수평면 아래로 37.0°의 각도를 이루는 $\vec{\mathbf{F}} = 100$ N의 힘으로 낚싯줄을 당긴다면, 종이면에 수직이고 낚시꾼의 손을 지나는 축에 대하여 물고기가 작용하는 돌림힘은 얼마인가? 낚싯줄은 낚시꾼의 손에서 2.00 m에 위치해 있다.

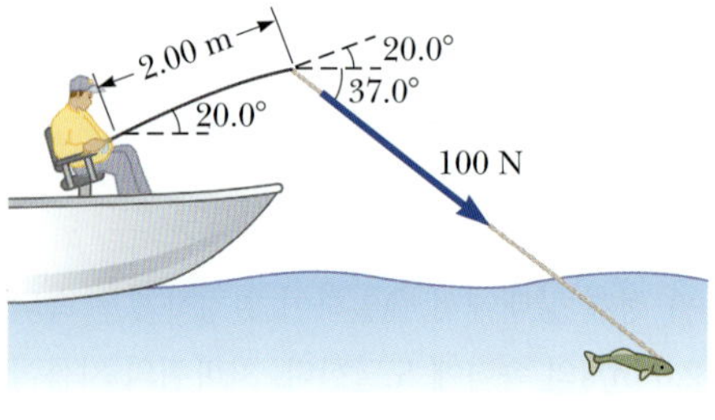

그림 P10.17

10.5 분석 모형: 알짜 돌림힘을 받는 강체

18. 전기 모터가 연결된 플라이휠(속력을 조절하는 바퀴)을 돌리고 있다. 그림 P10.18에서처럼 구동 벨트가 모터의 도르래와 플라이휠의 도르래를 연결하고 있다. 플라이휠은 속이 찬 원반으로, 질량이 80.0 kg이고 반지름 $R = 0.625$ m이다. 플라이휠은 마찰이 없는 축에 대하여 회전한다. 여기에 달린 도르래는 질량이 훨씬 작고 반지름 $r = 0.230$ m이다. 위쪽 팽팽한 벨트에 걸리는 장력 T_u는 135 N이고, 플라이휠은 시계 방향으로 1.67 rad/s^{2}의 각가속도를 갖는다. 아래쪽 느슨한 벨트에 걸리는 장력을 구하라.

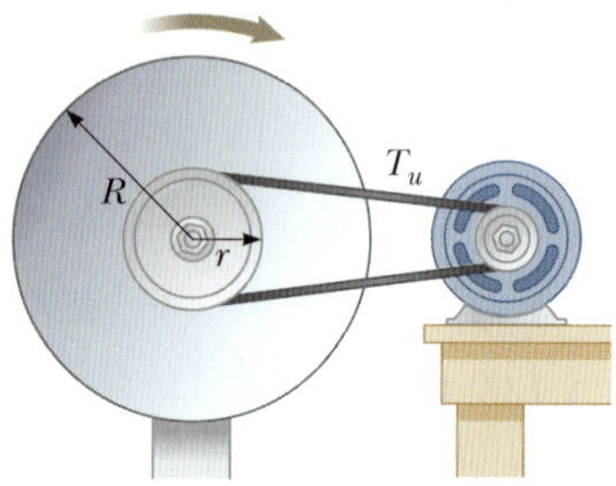

그림 P10.18

19. 단단하고 균일한 원반 형태인 회전숫돌의 반지름이 7.00 cm이고 질량이 2.00 kg이다. 모터가 회전숫돌에 작용하는 0.600 N · m의 일정한 돌림힘에 의하여 정지 상태로부터 일정하게 가속된다. (a) 회전숫돌이 1 200 rev/min의 속력에 도달하는 데 걸리는 시간은 얼마인가? (b) 가속하는 동안 회전숫돌은 몇 번 회전하는가?

20. 반지름이 1.50 m이고 150 kg의 균일하고 속이 찬 수평 원반 모양의 회전목마가 원반의 가장자리에 줄을 감고 그 줄을 당김으로써 움직이도록 되어 있다. 정지 상태로부터 2.00 s가 지나 0.500 rev/s의 각속력을 얻기 위하여 얼마만큼의 일정한 힘이 줄에 작용해야 하는가?

21. 질량 $m_1 = 2.00$ kg인 물체와 질량 $m_2 = 6.00$ kg인 두 물체가 반지름 $R = 0.250$ m, 질량 $M = 10.0$ kg인 도르래 위로 질량이 없는 줄에 의하여 연결되어 있다. 그림 P10.21에 보인 것처럼 질량 하나는 쐐기 모양의 경사면 위에 있고 각 $\theta = 30.0°$이다. 두 물체의 운동 마찰 계수는 0.360이다. (a) 두 물체와 도르래에 대한 힘 도형을 그리라. (b) 두 물체의 가속도와 (c) 도르래 양쪽의 줄에 걸린 장력을 구하라.

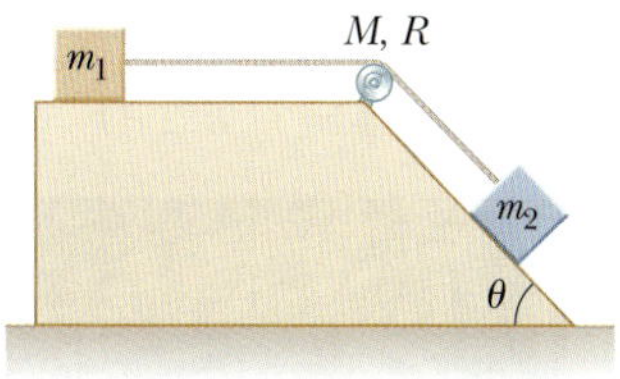

그림 P10.21

22. 질량 0.750 kg의 모형 비행기가 줄에 매달려 반지름 30.0 m의 원을 그리며 날고 있다. 비행기 엔진이 매달린 줄에 수직인 방향으로 0.800 N의 알짜 추진력을 제공하고 있다. (a) 원의 중심에 대하여 알짜 추진력이 내는 돌림힘을 구하라. (b) 비행기가 수평 비행을 할 때의 각가속도를 구하라. (c) 비행기의 경로의 접선 방향 병진 가속도를 구하라.

23. 100 kg · m^{2}의 관성 모멘트를 갖는 원판이 정지 상태에서 시작하여 원판의 중심을 지나는 축을 중심으로 마찰 없이 회전하고 있다. 크기가 $F = 0$에서부터 $F = 50.0$ N까지 변할 수 있는 접선 방향의 힘이 회전축으로부터 거리가 $R = 0$에서부터 $R = 3.00$ m 사이의 지점에 작용할 수 있다. (a) 10.0 s에 2.00회전을 할 수 있도록 하는 F와 R의 값을 구하라. (b) (a)의 답은 하나뿐인가? 아니면 여러 개인가?

24. 반지름 0.500 m, 질량 100 kg의 두꺼운 돌로 된 원반 모양 도자기 제작용 돌림판이 50.0 rev/min로 돌고 있다. 도공은 젖은 행주로 돌림판을 누르면서 중심 쪽으로 70.0 N의 힘을 가하여 6.00 s만에 바퀴를 멈출 수 있다. 돌림판과 행주 사이에 작용하는 운동 마찰 계수를 구하라.

10.6 관성 모멘트 계산

25. 높이가 2.20 m, 너비가 0.870 m, 질량이 23.0 kg인 속이 균일하게 찬 얇은 문이 있다. (a) 경첩을 중심으로 회전하는 경우, 문의 관성 모멘트는 얼마인가? (b) 이 계산에 필요하지 않은 자료가 있는가?

26. 질량이 각각 M과 m인 두 개의 공이 길이 L인 질량이 없는 강체 막대로 연결되어 있다(그림 P10.26). 막대에 수직인 축에 대하여, (a) 이 축이 질량 중심을 통과할 때, 이 계의 관성 모멘트는 최소가 됨을 보이라. (b) 이때 관성 모멘트가 $I = \mu L^2$임을 보이라. 여기서 $\mu = mM/(m + M)$이다.

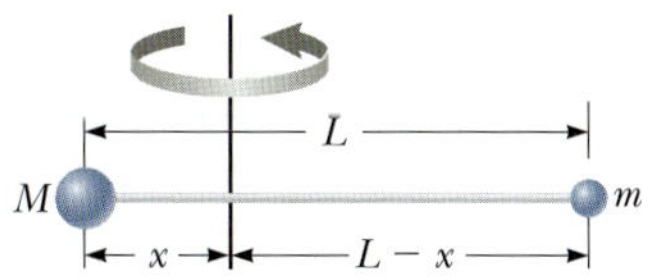

그림 P10.26

27. 그림 P10.27은 자동차 타이어의 옆면을 보여 주고 있다. 이것을 두 측벽의 두께가 0.635 cm로 일정하고 접지면이 두께 2.50 cm, 너비 20.0 cm로 일정한 물체로 생각해 보라. 고무는 1.10×10^3 kg/m^{3}의 균일한 밀도를 갖는 것으로 가정한다. 종이면에 수직이고 중심을 지나는 축에 대한 관성 모멘트를 계산하라.

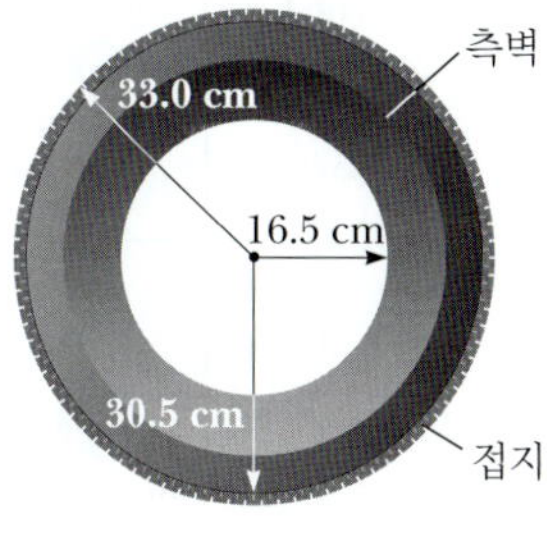

그림 P10.27

28. 예제 10.7에서의 풀이 과정을 따라서, 그림 10.15에 있는 강체의 y축에 대한 관성 모멘트가 $\frac{1}{3}ML^2$임을 보이라.

29. 그림 P10.29에 있는 것처럼 길이 L, 질량 m인 세 개의 얇은 막대가 서로 직각으로 용접되어 있다. 이 구조물이 막대 한 끝을 지나고 다른 막대와는 평행한 축에 대하여 회전한다. 이 구조물의 관성 모멘트를 구하라.

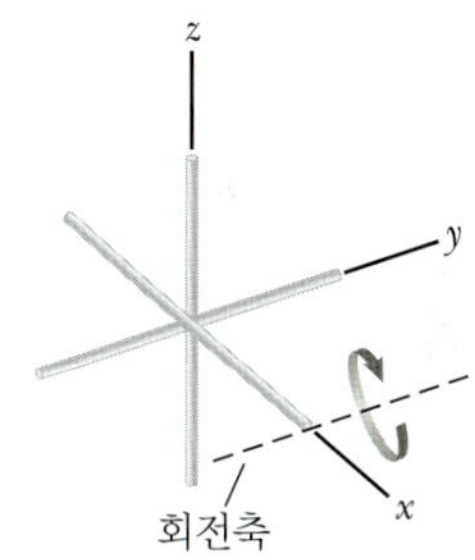

그림 P10.29

10.7 회전 운동 에너지

30. y축에 놓인 질량을 무시할 수 있는 강체 막대에 세 개의 입자가 연결되어 있다(그림 P10.30). 이 계가 x축을 중심으로 2.00 rad/s의 각속력으로 회전한다. (a) x축을 중심으로 하는 관성 모멘트를 구하라. (b) 전체 회전 운동 에너지를 $\frac{1}{2}I\omega^2$으로부터 구하라. (c) 각 입자의 접선 속력을 구하라. (d) 전체 운동 에너지를 $\sum\frac{1}{2}m_iv_i^2$으로부터 구하라. (e) (b)와 (d)의 결과를 비교 설명하라.

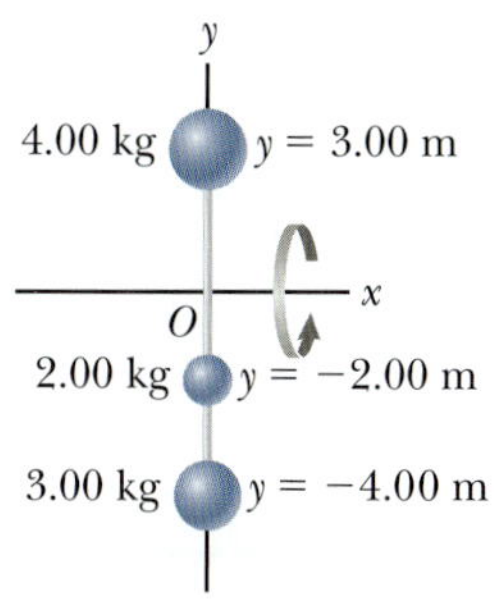

그림 P10.30

31. 그림 P10.31과 같이 질량이 무시되는 강체 막대에 네 입자가 연결되어 있다. 원점은 사각형의 가운데이다. 이 계가 z축을 중심으로 xy 평면에서 6.00 rad/s의 각속력으로 회전하고 있다. (a) z축을 중심으로 하는 관성 모멘트를 구하라. (b) 이 계의 회전 운동 에너지를 구하라.

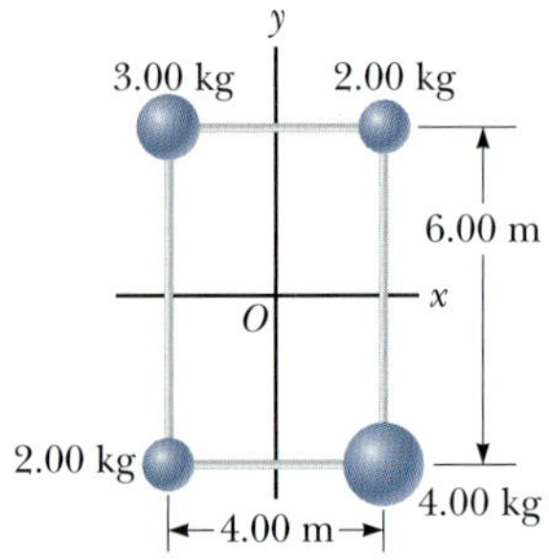

그림 P10.31

32. 밸브를 여닫을 때처럼 많은 기계들이 여러 가지 목적으로 캠을 이용한다. 그림 P10.32에서 보듯이 캠은 지름 R인 구멍이 뚫려 있는 반지름 R인 원반 형태이다. 이 구멍은 원반의 중심을 지나지 않는다. 구멍이 뚫린 캠의 질량을 M이라 하자. 이 캠이 지름 R이고 질량 M인 균일하고 속이 찬 원통 형태의 샤프트에 장착되어 있다. 샤프트의 중심축에 대하여 ω의 각속력으로 회전할 경우, 캠–샤프트 결합체의 운동 에너지는 얼마인가?

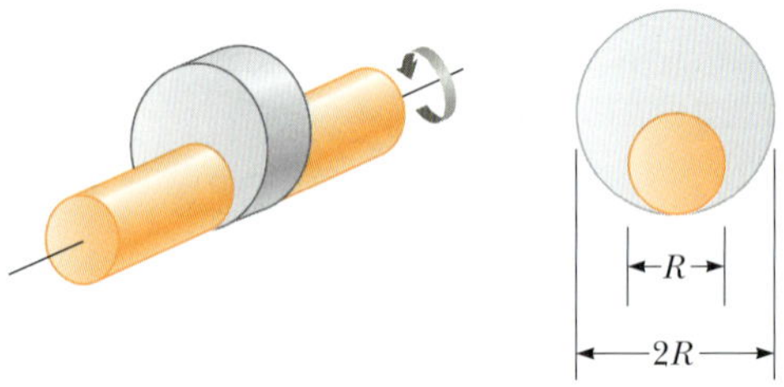

그림 P10.32

10.8 회전 운동에서의 에너지 고찰

33. 수평으로 놓인 800 N의 회전목마는 반지름이 1.50 m인 고체 원반이다. 이 회전목마의 가장자리에 접선 방향으로 50.0 N의 일정한 수평력이 작용하여, 회전목마가 정지 상태로부터 움직이기 시작한다. 3.00 s 후 회전목마의 운동 에너지를 구하라.

34. 런던탑에 걸려 있는 시계 빅벤(Big Ben)의 시침은 질량이 60.0 kg, 길이가 2.70 m이고, 분침은 질량이 100 kg, 길이가 4.50 m이다(그림 P10.34). 회전축을 기준으로 두 침이 갖는 전체 회전 운동 에너지를 계산하라(여기서 두 침을 한 끝이 고정된 채로 회전하는 가늘고 긴 막대로 간주할 수 있다. 시침과 분침은 일정한 비율로 각기 12시간과 60분마다 1바퀴씩 회전하는 것으로 가정한다).

Travelpix Ltd/Stone/Getty Images

그림 P10.34

35. 그림 P10.35에 있는 팽이의 관성 모멘트는 4.00×10^{-4} kg · m^{2}이다. 팽이는 처음에 정지해 있고 고정되어 있는 축 AA'에 대하여 자유롭게 회전할 수 있다. 팽이 회전축을 따라 장착된 실패에 감겨 있는 실을 5.57 N의 장력이 일정하게 작용하도록 당기고 있다. 실패에서 실이 미끄러지지 않고 풀린다면, 실이 80.0 cm 풀렸을 때 팽이의 각속력은 얼마인가?

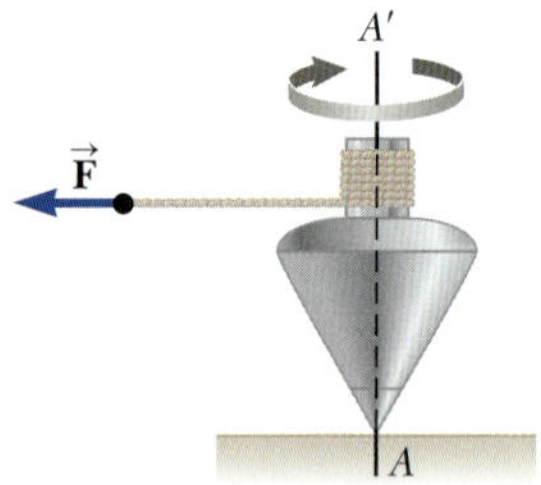

그림 P10.35

36. 반지름 R, 질량 M인 속이 찬 균일한 원반이 그림 P10.36처럼 가장자리에 있는 한 점을 지나는 회전축에 대하여 돌고 있다. 원반을 그림의 구리색 부분에서 정지 상태에서 놓는다면 (a) 원반이 점선으로 표시된 부분에 도달할 때, 질량 중심의 속력은 얼마인가? (b) 이 위치에서 원반의 가장 낮은 점의 속력은 얼마인가? (c) 만약 원반 대신 균일한 고리를 사용한다면 (a) 문제의 답은 어떻게 되는가?

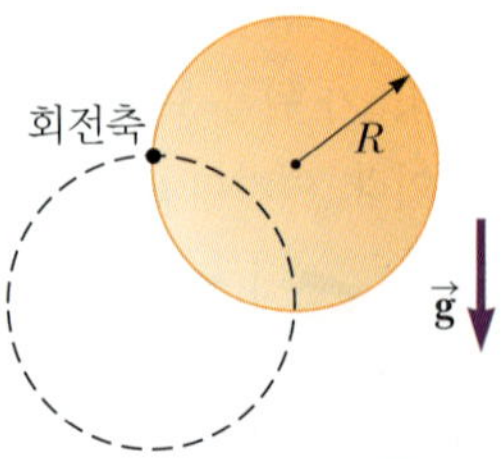

그림 P10.36

10.9 강체의 굴림 운동

37. 질량이 10.0 kg인 원통 형태의 물체가 미끄러짐 없이 수평면을 굴러가고 있다. 어느 순간 질량 중심의 속력이 10.0 m/s가 된다. 이때 (a) 질량 중심의 병진 운동 에너지, (b) 질량 중심에 대한 회전 운동 에너지, (c) 전체 운동 에너지를 구하라.

38. (a) 속이 찬 균일한 원반이 수평면과 θ의 각도를 이룬 경사면를 따라 굴러내려 올 때 질량 중심의 가속도를 구하라. (b) 원반을 균일한 고리로 대치할 경우의 가속도를 (a)의 결과와 비교하라. (c) 원반이 순수 굴림 운동을 하기 위한 마찰계수의 최솟값은 얼마인가?

39. 테니스공은 얇은 벽으로 된 속이 빈 구이다. 그림 P10.39에 표시된 트랙의 수평 부분에서 미끄러짐이 없이 4.03 m/s의 속력으로 구르고 있다. 공은 반지름 $r = 45.0$ cm의 연직 원형 고리의 안쪽을 따라 구르다가 결국은 수평보다 $h = 20.0$ cm 아랫부분에서 트랙을 벗어난다. (a) 고리의 최고점에서의 속력을 구하라. (b) 공이 고리의 최고점에서 트랙을 벗어나지 않음을 보이라. (c) 트랙을 떠날 때의 속력을 구하라. (d) 공과 트랙 사이의 마찰력이 무시할 수 있을 만큼 작아 공이 트랙에서 구르지 않고 미끄러진다고 가정하자. 고리의 최고점에서의 속력은 더 늘어나는가 아니면 줄어드는가? (e) (d)에서 얻은 답을 설명하라.

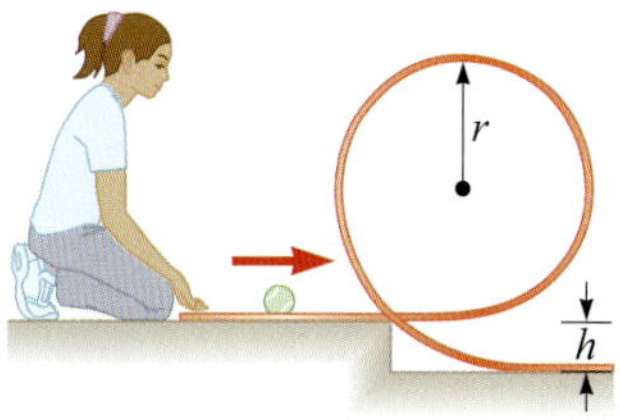

그림 P10.39

40. 진한 송이 스프가 담겨 있는 깡통은 질량이 215 g, 높이가 10.8 cm, 지름이 6.38 cm이다. 이 물체가 수평면에 대하여 25.0° 기울어진 3.00 m 길이의 경사면의 꼭대기에 놓여 있다가 똑바르게 굴러내려 간다. 1.50 s 후 바닥에 도달한다. (a) 역학적 에너지가 보존된다고 할 때 깡통의 관성 모멘트를 계산하라. (b) 이 계산에 불필요한 자료가 있다면 그것은 무엇인가? (c) 왜 관성 모멘트를 원통 형태의 깡통에 대한 식 $I = \frac{1}{2}mr^2$으로부터 계산할 수 없는가?

CHAPTER 11

각운동량
Angular Momentum

두 모터사이클 경주자가 트랙을 아슬아슬하게 기울어져 돌고 있다. 이와 같이 기울어져 도는 운동의 분석은 각운동량과 관련된 원리에 기초하고 있다. *(Stuart Westmorland/The Image Bank/Getty Images)*

이 장의 중심 주제는 회전 동역학에서 중요한 역할을 하는 각운동량이다. 선운동량 보존의 원리와 유사하게 각운동량 보존의 원리도 있다. 고립계의 각운동량도 일정하다. 각운동량의 경우 고립계는 외부 돌림힘이 계에 작용하지 않는 계이다. 알짜 외부 돌림힘이 계에 작용하면 그 계는 비고립계이다. 선운동량 보존의 법칙과 마찬가지로 각운동량 보존의 법칙은 상대론적인 계나 양자 계에 똑같이 적용되는 기본적인 물리 법칙이다.

11.1 벡터곱과 돌림힘
The Vector Product and Torque

각운동량을 정의할 때 중요한 고려 대상은 **벡터곱**을 사용하여 두 벡터를 곱하는 계산 과정이다. 앞 장에서 도입한 바와 같이 돌림힘(또는 토크)를 고려함으로써 벡터곱을 도입하고자 한다.

그림 11.1과 같이 위치 벡터 $\vec{\mathbf{r}}$로 표현하고 점 P에 있는 입자에 작용하는 힘 $\vec{\mathbf{F}}$를 생각해 보자. 10.6절에서 본 바와 같이 원점을 통과하는 축에 대하여 이 힘에 의한 돌림힘의 **크기**는 $rF\sin\phi$이고, 이때 ϕ는 $\vec{\mathbf{r}}$와 $\vec{\mathbf{F}}$의 사이각이다. $\vec{\mathbf{F}}$는 $\vec{\mathbf{r}}$와 $\vec{\mathbf{F}}$가 이루는 평면에 수직인 축에 대하여 회전 효과를 준다.

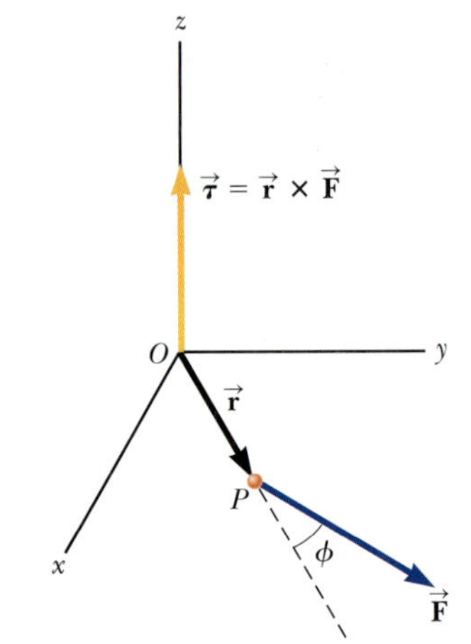

그림 11.1 돌림힘 벡터 $\vec{\boldsymbol{\tau}}$는 위치 벡터 $\vec{\mathbf{r}}$와 작용한 힘 $\vec{\mathbf{F}}$가 이루는 평면에 수직인 방향을 향한다. 이 그림의 경우 $\vec{\mathbf{r}}$와 $\vec{\mathbf{F}}$는 xy 평면에 놓여 있으므로 돌림힘은 z축을 향한다.

돌림힘 $\vec{\boldsymbol{\tau}}$는 두 벡터 $\vec{\mathbf{r}}$와 $\vec{\mathbf{F}}$와 관련이 있다. **벡터곱**(vector product; 크로스곱 또는 외적)이라 하는 수학적 연산

$$\vec{\boldsymbol{\tau}} \equiv \vec{\mathbf{r}} \times \vec{\mathbf{F}} \tag{11.1}$$

를 이용하여 $\vec{\boldsymbol{\tau}}$, $\vec{\mathbf{r}}$, $\vec{\mathbf{F}}$ 사이의 수학적 관계를 확립할 수 있다.

이제 벡터곱의 정의를 살펴보자. 어떤 두 벡터 $\vec{\mathbf{A}}$와 $\vec{\mathbf{B}}$가 있다면, 벡터곱 $\vec{\mathbf{A}} \times \vec{\mathbf{B}}$는 크기가 $AB\sin\theta$인 제3의 벡터 $\vec{\mathbf{C}}$로 정의된다. 여기서 θ는 $\vec{\mathbf{A}}$와 $\vec{\mathbf{B}}$ 사이의 각도이다. 즉 $\vec{\mathbf{C}}$가

$$\vec{\mathbf{C}} = \vec{\mathbf{A}} \times \vec{\mathbf{B}} \tag{11.2}$$

로 주어진다면, $\vec{\mathbf{C}}$의 크기는

$$C = AB\sin\theta \tag{11.3}$$

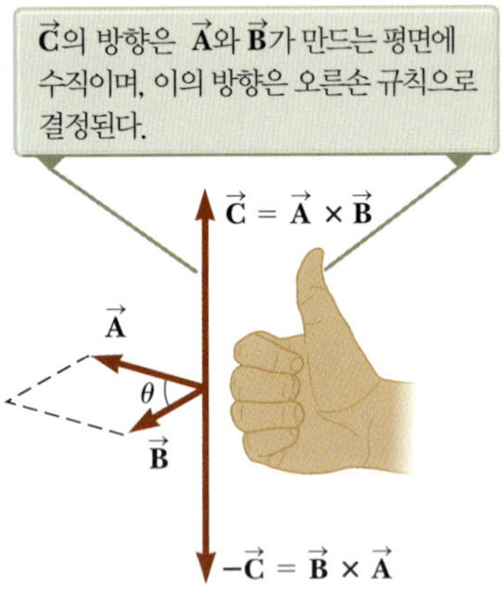

그림 11.2 벡터곱 $\vec{\mathbf{A}} \times \vec{\mathbf{B}}$는 평행사변형의 넓이와 같은 $AB\sin\theta$의 크기를 갖는 제3의 벡터 $\vec{\mathbf{C}}$이다.

이다. $AB\sin\theta$는 그림 11.2에 나타낸 것처럼 $\vec{\mathbf{A}}$와 $\vec{\mathbf{B}}$가 만드는 평행사변형의 넓이와 같다. $\vec{\mathbf{C}}$의 방향은 $\vec{\mathbf{A}}$와 $\vec{\mathbf{B}}$가 만드는 평면에 수직이고, 이 방향을 결정하는 가장 좋은 방법은 그림 11.2처럼 오른손 규칙을 사용하는 것이다. 오른손의 엄지를 제외한 네 손가락을 $\vec{\mathbf{A}}$로 향하게 한 뒤, 각도 θ를 지나 $\vec{\mathbf{A}}$에서 $\vec{\mathbf{B}}$로 회전하는 방향으로 감아쥔다. 바로 선 엄지손가락의 방향이 $\vec{\mathbf{A}} \times \vec{\mathbf{B}} = \vec{\mathbf{C}}$의 방향이다. 기호 때문에 $\vec{\mathbf{A}} \times \vec{\mathbf{B}}$는 종종 "$\vec{\mathbf{A}}$ 크로스 $\vec{\mathbf{B}}$"라고 읽으며, 이 때문에 **크로스곱**(cross product)이라고도 한다.

정의로부터 알 수 있는 벡터곱의 몇 가지 성질은 다음과 같다.

벡터곱의 성질 ▶

1. 스칼라곱과 달리 벡터곱은 교환 법칙이 성립하지 않는다. 대신에 벡터곱에서는 두 벡터를 곱하는 순서가 중요하다.

$$\vec{\mathbf{A}} \times \vec{\mathbf{B}} = -\vec{\mathbf{B}} \times \vec{\mathbf{A}} \tag{11.4}$$

그러므로 벡터곱에서 벡터의 순서를 바꾸면 반드시 부호도 바꾸어야 한다. 오른손 규칙을 이용하여 이 관계를 쉽게 확인해 볼 수 있다.

2. 만약 $\vec{\mathbf{A}}$가 $\vec{\mathbf{B}}$와 나란하면 ($\theta = 0$ 또는 180°) $\vec{\mathbf{A}} \times \vec{\mathbf{B}} = 0$이다. 따라서 $\vec{\mathbf{A}} \times \vec{\mathbf{A}} = 0$이다.
3. 만약 $\vec{\mathbf{A}}$가 $\vec{\mathbf{B}}$에 수직이면 $|\vec{\mathbf{A}} \times \vec{\mathbf{B}}| = AB$이다.
4. 벡터곱은 분배 법칙을 만족한다. 즉

$$\vec{\mathbf{A}} \times (\vec{\mathbf{B}} + \vec{\mathbf{C}}) = \vec{\mathbf{A}} \times \vec{\mathbf{B}} + \vec{\mathbf{A}} \times \vec{\mathbf{C}} \tag{11.5}$$

이다.

5. t와 같은 변수에 대한 벡터곱의 미분은 다음과 같다.

$$\frac{d}{dt}(\vec{\mathbf{A}} \times \vec{\mathbf{B}}) = \frac{d\vec{\mathbf{A}}}{dt} \times \vec{\mathbf{B}} + \vec{\mathbf{A}} \times \frac{d\vec{\mathbf{B}}}{dt} \tag{11.6}$$

여기서 식 11.4를 고려할 때, $\vec{\mathbf{A}}$와 $\vec{\mathbf{B}}$의 곱하는 순서를 유지하는 것이 중요하다.

식 11.3과 11.4 그리고 단위 벡터의 정의로부터 직각 좌표계의 단위 벡터 $\hat{\mathbf{i}}$, $\hat{\mathbf{j}}$, $\hat{\mathbf{k}}$가 다음의 관계식을 만족함을 보이는 것은 연습문제(주관식 4번)로 남겨둔다.

◀ 단위 벡터의 벡터곱

$$\hat{\mathbf{i}} \times \hat{\mathbf{i}} = \hat{\mathbf{j}} \times \hat{\mathbf{j}} = \hat{\mathbf{k}} \times \hat{\mathbf{k}} = 0 \tag{11.7a}$$

$$\hat{\mathbf{i}} \times \hat{\mathbf{j}} = -\hat{\mathbf{j}} \times \hat{\mathbf{i}} = \hat{\mathbf{k}} \tag{11.7b}$$

$$\hat{\mathbf{j}} \times \hat{\mathbf{k}} = -\hat{\mathbf{k}} \times \hat{\mathbf{j}} = \hat{\mathbf{i}} \tag{11.7c}$$

$$\hat{\mathbf{k}} \times \hat{\mathbf{i}} = -\hat{\mathbf{i}} \times \hat{\mathbf{k}} = \hat{\mathbf{j}} \tag{11.7d}$$

벡터곱에서 부호는 교환할 수 있다. 예를 들면 $\vec{\mathbf{A}} \times (-\vec{\mathbf{B}}) = -\vec{\mathbf{A}} \times \vec{\mathbf{B}}$, $\hat{\mathbf{i}} \times (-\hat{\mathbf{j}}) = -\hat{\mathbf{i}} \times \hat{\mathbf{j}}$이다.

임의의 두 벡터 $\vec{\mathbf{A}}$와 $\vec{\mathbf{B}}$의 벡터곱은 다음과 같은 행렬식 형태로 표현할 수 있다.

$$\vec{\mathbf{A}} \times \vec{\mathbf{B}} = \begin{vmatrix} \hat{\mathbf{i}} & \hat{\mathbf{j}} & \hat{\mathbf{k}} \\ A_x & A_y & A_z \\ B_x & B_y & B_z \end{vmatrix} = \begin{vmatrix} A_y & A_z \\ B_y & B_z \end{vmatrix}\hat{\mathbf{i}} + \begin{vmatrix} A_z & A_x \\ B_z & B_x \end{vmatrix}\hat{\mathbf{j}} + \begin{vmatrix} A_x & A_y \\ B_x & B_y \end{vmatrix}\hat{\mathbf{k}}$$

오류 피하기 11.1
벡터곱은 벡터이다 두 벡터의 벡터곱을 하면 그 결과는 **새로운 벡터**가 된다. 식 11.3은 이 벡터의 크기만을 보여 준다.

이 행렬식을 전개하면 다음의 결과를 얻을 수 있다.

$$\vec{\mathbf{A}} \times \vec{\mathbf{B}} = (A_yB_z - A_zB_y)\,\hat{\mathbf{i}} + (A_zB_x - A_xB_z)\,\hat{\mathbf{j}} + (A_xB_y - A_yB_x)\,\hat{\mathbf{k}} \tag{11.8}$$

주어진 벡터곱의 정의를 이용하여 돌림힘 벡터의 방향을 결정할 수 있다. 만약 그림 11.1처럼 위치 벡터와 힘이 xy 평면에 놓여 있다면, 돌림힘 $\vec{\boldsymbol{\tau}}$는 z축에 평행한 벡터가 된다. 그림 11.1의 힘은 물체를 z축 주위로 시계 반대 방향으로 돌리려고 하는 돌림힘을 만든다. 그러므로 $\vec{\boldsymbol{\tau}}$의 방향은 z가 증가하는 방향이고, 따라서 $\vec{\boldsymbol{\tau}}$는 $+z$ 방향을 향한다. 만약 그림 11.1에서 $\vec{\mathbf{F}}$의 방향을 거꾸로 뒤집으면, $\vec{\boldsymbol{\tau}}$는 $-z$ 방향을 향하게 된다.

Q 퀴즈 11.1 두 벡터의 벡터곱 크기와 그 벡터의 크기를 곱한 것 사이의 관계를 바르게 설명한 것은 어느 것인가? **(a)** $|\vec{\mathbf{A}} \times \vec{\mathbf{B}}|$는 AB보다 크다. **(b)** $|\vec{\mathbf{A}} \times \vec{\mathbf{B}}|$는 AB보다 작다. **(c)** $|\vec{\mathbf{A}} \times \vec{\mathbf{B}}|$는 벡터 사이의 각도에 따라 AB보다 더 클 수도 있고 작을 수도 있다. **(d)** $|\vec{\mathbf{A}} \times \vec{\mathbf{B}}|$는 AB와 같을 수도 있다.

예제 11.1 벡터곱

xy 평면에 놓인 두 벡터 $\vec{\mathbf{A}} = 2\hat{\mathbf{i}} + 3\hat{\mathbf{j}}$와 $\vec{\mathbf{B}} = -\hat{\mathbf{i}} + 2\hat{\mathbf{j}}$가 있다. $\vec{\mathbf{A}} \times \vec{\mathbf{B}}$를 계산하고, $\vec{\mathbf{A}} \times \vec{\mathbf{B}} = -\vec{\mathbf{B}} \times \vec{\mathbf{A}}$임을 보이라.

풀이

개념화 단위 벡터로 표현하는 방법을 이용하여 공간에서 벡터가 가리키는 방향을 생각해 보자. 그래프 용지에 벡터를 그리고, 그림 11.2와 같은 평행사변형을 만들어 구한다.

분류 이 절에서 논의된 벡터곱의 정의를 이용하기 때문에 예제를 대입 문제로 분류한다.

두 벡터의 벡터곱을 쓴다.

$$\vec{\mathbf{A}} \times \vec{\mathbf{B}} = (2\,\hat{\mathbf{i}} + 3\,\hat{\mathbf{j}}) \times (-\hat{\mathbf{i}} + 2\,\hat{\mathbf{j}})$$

곱셈을 연산한다.

$$\vec{\mathbf{A}} \times \vec{\mathbf{B}} = 2\,\hat{\mathbf{i}} \times (-\hat{\mathbf{i}}) + 2\,\hat{\mathbf{i}} \times 2\,\hat{\mathbf{j}} + 3\,\hat{\mathbf{j}} \times (-\hat{\mathbf{i}}) + 3\,\hat{\mathbf{j}} \times 2\,\hat{\mathbf{j}}$$

식 11.7a부터 식 11.7d를 이용하여 계산한다.

$$\vec{\mathbf{A}} \times \vec{\mathbf{B}} = 0 + 4\hat{\mathbf{k}} + 3\hat{\mathbf{k}} + 0 = 7\hat{\mathbf{k}}$$

$\vec{\mathbf{B}} \times \vec{\mathbf{A}}$를 구하여 $\vec{\mathbf{A}} \times \vec{\mathbf{B}} = -\vec{\mathbf{B}} \times \vec{\mathbf{A}}$임을 증명한다.

$$\vec{\mathbf{B}} \times \vec{\mathbf{A}} = (-\hat{\mathbf{i}} + 2\,\hat{\mathbf{j}}) \times (2\,\hat{\mathbf{i}} + 3\,\hat{\mathbf{j}})$$

곱셈을 연산한다.

$$\vec{\mathbf{B}} \times \vec{\mathbf{A}} = (-\hat{\mathbf{i}}) \times 2\,\hat{\mathbf{i}} + (-\hat{\mathbf{i}}) \times 3\,\hat{\mathbf{j}} + 2\,\hat{\mathbf{j}} \times 2\,\hat{\mathbf{i}} + 2\,\hat{\mathbf{j}} \times 3\,\hat{\mathbf{j}}$$

식 11.7a부터 식 11.7d를 이용하여 계산한다.

$$\vec{\mathbf{B}} \times \vec{\mathbf{A}} = 0 - 3\hat{\mathbf{k}} - 4\hat{\mathbf{k}} + 0 = -7\hat{\mathbf{k}}$$

그러므로 $\vec{\mathbf{A}} \times \vec{\mathbf{B}} = -\vec{\mathbf{B}} \times \vec{\mathbf{A}}$이다. 다른 방법으로 식 11.8을 이용할 수 있다. 각자 해 보기 바란다.

예제 11.2 돌림힘 벡터

$\vec{\mathbf{F}} = (2.00\,\hat{\mathbf{i}} + 3.00\,\hat{\mathbf{j}})$ N의 힘이 z축과 나란한 고정축 주위로 회전하는 물체에 작용한다. 이 힘이 $\vec{\mathbf{r}} = (4.00\,\hat{\mathbf{i}} + 5.00\,\hat{\mathbf{j}})$ m에 위치한 점에 작용할 때, 이 물체에 작용한 돌림힘 벡터 $\vec{\boldsymbol{\tau}}$를 구하라.

풀이

개념화 단위 벡터로 표현하는 방법을 이용하여 힘과 위치 벡터의 방향을 생각해 보자. 그 위치에 그 힘이 작용되면 물체는 원점을 중심으로 어느 방향으로 회전하는가?

분류 이 절에서 논의된 벡터곱의 정의를 이용하기 때문에 예제를 대입 문제로 분류한다.

식 11.1을 이용하여 돌림힘 벡터를 쓴다.

$$\vec{\boldsymbol{\tau}} = \vec{\mathbf{r}} \times \vec{\mathbf{F}} = [(4.00\,\hat{\mathbf{i}} + 5.00\,\hat{\mathbf{j}})\text{ m}] \times [(2.00\,\hat{\mathbf{i}} + 3.00\,\hat{\mathbf{j}})\text{ N}]$$

곱셈을 연산한다.

$$\vec{\boldsymbol{\tau}} = [(4.00)(2.00)\,\hat{\mathbf{i}} \times \hat{\mathbf{i}} + (4.00)(3.00)\,\hat{\mathbf{i}} \times \hat{\mathbf{j}} + (5.00)(2.00)\hat{\mathbf{j}} \times \hat{\mathbf{i}} + (5.00)(3.00)\hat{\mathbf{j}} \times \hat{\mathbf{j}}]\text{ N}\cdot\text{m}$$

식 11.7a부터 식 11.7d를 이용하여 계산한다.

$$\vec{\boldsymbol{\tau}} = [0 + 12.0\hat{\mathbf{k}} - 10.0\hat{\mathbf{k}} + 0]\text{ N}\cdot\text{m} = 2.0\hat{\mathbf{k}}\text{ N}\cdot\text{m}$$

$\vec{\mathbf{r}}$와 $\vec{\mathbf{F}}$ 모두 xy 평면에 있음에 주목하자. 예측대로 오직 z 성분만 가지는 돌림힘 벡터는 이 평면에 수직이다. 1.6절에서 논의한 유효 숫자의 규칙에 맞추어 답에는 두 개의 유효 숫자로 나타내었다.

11.2 분석 모형: 비고립계(각운동량)
Analysis Model: Nonisolated System (Angular Momentum)

그림 11.3 스케이트를 타는 사람이 막대 옆을 지나가면서 막대를 잡았다. 이 때문에 그녀는 급격하게 막대 주위에서 원 궤도를 그리면서 돌게 된다.

그림 11.3과 같이 얼음이 언 연못에 수직으로 꽂혀 있는 단단한 막대가 있다고 생각해 보자. 한 사람이 막대에 부딪히지 않을 만큼 막대로부터 떨어진 지점을 향하여 빠르게 스케이트를 타고 접근하고 있다. 그녀가 막대 근처에 도착해서 손을 뻗어 막대를 잡았고, 그 때문에 그녀는 막대 주위에서 원을 그리면서 운동을 하게 된다. 선운동량이 병진 운동을 분석하는 데 도움을 주는 것과 같이, **각운동량**도 스케이트 타는 사람의 운동이나 회전 운동을 하는 물체의 운동을 분석하는 데 도움을 준다.

9장에서 선운동량을 수학적으로 전개하는 것부터 시작해서, 이 새로운 양이 문제를 해결하는 데 얼마나 도움이 되는지를 보여 주었다. 각운동량의 경우에도 이와 유사한 과정을 따른다.

그림 11.4와 같이 위치 $\vec{\mathbf{r}}$에서 선운동량 $\vec{\mathbf{p}}$를 갖고 움직이는 질량 m인 입자를 생각해 보자. 선운동량을 설명하면서 입자에 작용하는 알짜힘이 선운동량의 시간 변화율과 같다는 것을 알았다. 즉 $\sum \vec{\mathbf{F}} = d\vec{\mathbf{p}}/dt$이다(식 9.3 참조). 식 9.3의 양변의 왼쪽에서 $\vec{\mathbf{r}}$를 벡터곱하면, 식의 좌변은 입자에 작용한 알짜 돌림힘이 된다. 즉

$$\vec{\mathbf{r}} \times \sum \vec{\mathbf{F}} = \sum \vec{\boldsymbol{\tau}} = \vec{\mathbf{r}} \times \frac{d\vec{\mathbf{p}}}{dt}$$

이다. 이제 위 식 우변에 $(d\vec{\mathbf{r}}/dt) \times \vec{\mathbf{p}}$를 더한다. 이 값은 영인데, $d\vec{\mathbf{r}}/dt = \vec{\mathbf{v}}$이고, $\vec{\mathbf{v}}$는 $\vec{\mathbf{p}}$와 평행하기 때문이다. 그러므로

$$\sum \vec{\boldsymbol{\tau}} = \vec{\mathbf{r}} \times \frac{d\vec{\mathbf{p}}}{dt} + \frac{d\vec{\mathbf{r}}}{dt} \times \vec{\mathbf{p}}$$

이다. 이 식의 우변은 $\vec{\mathbf{r}} \times \vec{\mathbf{p}}$의 도함수이다(식 11.6 참조). 그러므로

$$\sum \vec{\boldsymbol{\tau}} = \frac{d(\vec{\mathbf{r}} \times \vec{\mathbf{p}})}{dt} \tag{11.9}$$

이다. 이 식은 형태적으로 식 9.3인 $\sum \vec{\mathbf{F}} = d\vec{\mathbf{p}}/dt$와 매우 유사하다. 회전 운동에서 돌림힘이 병진 운동에서의 힘과 같은 역할을 하기 때문에, 이것은 회전 운동에서 $\vec{\mathbf{r}} \times \vec{\mathbf{p}}$가 병진 운동에서의 $\vec{\mathbf{p}}$와 유사한 역할을 함을 의미한다. 이 물리량을 입자의 **각운동량**이라고 한다.

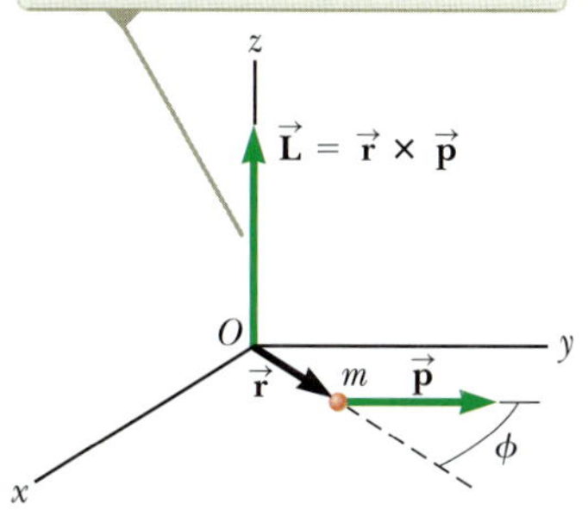

그림 11.4 입자의 각운동량은 $\vec{\mathbf{L}} = \vec{\mathbf{r}} \times \vec{\mathbf{p}}$로 주어지는 벡터이다.

원점 O를 지나는 한 축에 대한 입자의 순간 **각운동량**(angular momentum) $\vec{\mathbf{L}}$은 입자의 순간 위치 벡터 $\vec{\mathbf{r}}$와 순간 선운동량 $\vec{\mathbf{p}}$의 벡터곱으로 정의된다.*

$$\vec{\mathbf{L}} \equiv \vec{\mathbf{r}} \times \vec{\mathbf{p}} \tag{11.10}$$

◀ 입자의 각운동량

이 식을 이용하여 식 11.9를

$$\sum \vec{\boldsymbol{\tau}} = \frac{d\vec{\mathbf{L}}}{dt} \tag{11.11}$$

로 나타낼 수 있고, 이 식은 뉴턴의 제2법칙 $\sum \vec{\mathbf{F}} = d\vec{\mathbf{p}}/dt$의 회전 운동에 대한 대응식이다. 힘이 선운동량 $\vec{\mathbf{p}}$를 변화시키듯이 돌림힘은 각운동량 $\vec{\mathbf{L}}$을 변화시킨다.

식 11.11은 $\sum \vec{\boldsymbol{\tau}}$와 $\vec{\mathbf{L}}$이 같은 축에 대하여 측정될 경우에만 성립하는 것에 주목해야 한다. 그뿐 아니라 이 식은 관성 기준틀에 고정된 어떤 축에 대해서도 타당하다.

각운동량의 SI 단위는 $\text{kg}\cdot\text{m}^2/\text{s}$이다. $\vec{\mathbf{L}}$의 크기와 방향은 어떤 축을 선택하느냐에 따라 달라짐에 유의하라. 오른손 규칙에 따라 $\vec{\mathbf{L}}$의 방향은 $\vec{\mathbf{r}}$과 $\vec{\mathbf{p}}$가 만드는 평면에 수직임을 알 수 있다. 그림 11.4에서 $\vec{\mathbf{r}}$와 $\vec{\mathbf{p}}$는 xy 평면에 있고, 따라서 $\vec{\mathbf{L}}$은 z 방향을 향

* 원서에서 원점을 지나는 한 축에 대한 각운동량 벡터를 같은 수식으로 정의하는데, 이 경우 $\vec{\mathbf{r}}$의 시점은 회전축과 입자 사이의 최단 거리에 해당하는 선분과 축이 만나는 점이다. 이 교재에서는 제대로 정의하지 않고 축에 대한 돌림힘 벡터 개념을 사용하기도 하는데, 이 경우도 위치 벡터의 시점은 앞 문장에서 서술한 점이다. 이 벡터들은 기준 원점을 중심으로 정의한 각운동량이나 돌림힘의 축 방향 벡터 성분에 해당한다.: 역자 주

한다. $\vec{\mathbf{p}} = m\vec{\mathbf{v}}$이므로, $\vec{\mathbf{L}}$의 크기는

$$L = mvr \sin \phi \tag{11.12}$$

이고, 여기서 ϕ는 $\vec{\mathbf{r}}$와 $\vec{\mathbf{p}}$ 사이의 각도이다. 이 식으로부터 $\vec{\mathbf{r}}$가 $\vec{\mathbf{p}}$와 평행할 때 ($\phi = 0$ 또는 180°), $\vec{\mathbf{L}}$은 영임을 알 수 있다. 다시 말하면 입자의 병진 속도가 축을 지나는 어떤 직선과 나란하면, 그 축에 대한 입자의 각운동량은 영이다. 만약 $\vec{\mathbf{r}}$가 $\vec{\mathbf{p}}$와 수직이면 ($\phi = 90°$) $L = mvr$이 된다. 이 경우 입자는 $\vec{\mathbf{r}}$와 $\vec{\mathbf{p}}$가 만드는 평면에서 축에 대하여 회전하는 바퀴의 가장자리에 있는 것처럼 움직인다.

오류 피하기 11.2

회전이 없으면 각운동량은 영인가? 각운동량은 입자가 원형 경로를 움직이지 않더라도 정의할 수 있다. 입자가 직선 경로로 움직이더라도 입자는 경로로부터 떨어진 축에 대한 각운동량을 가진다.

퀴즈 11.2 앞에서 설명한 스케이트 타는 여성을 다시 생각해 보자. 그녀의 질량을 m이라 하자. **(i)** 그녀가 막대에서 거리 d만큼 떨어진 곳에서 속력 v로 막대를 향하여 접근할 때, 막대에 대한 그녀의 각운동량은 얼마인가? **(a)** 0 **(b)** mvd **(c)** 결정할 수 없다. **(ii)** 막대와의 수직 거리가 a인 직선을 따라가면서 막대와 d만큼 떨어진 곳을 지날 때, 막대에 대한 그녀의 각운동량은 얼마인가? **(a)** 0 **(b)** mvd **(c)** mva **(d)** 결정할 수 없다.

예제 11.3 원운동하는 입자의 각운동량

그림 11.5와 같이 한 입자가 xy 평면에서 반지름 r인 원 궤도를 돌고 있다. 입자의 속도가 $\vec{\mathbf{v}}$일 때 O를 지나는 축에 대한 입자의 각운동량의 크기와 방향을 구하라.

풀이

개념화 입자의 선운동량은 항상 변한다(크기는 같지만 방향이 바뀐다). 따라서 입자의 각운동량도 항상 변한다고 생각할지 모른다. 그러나 이 경우에는 그렇지 않다. 왜 그런지 확인하자.

분류 이 절에서 논의한 각운동량의 정의를 이용하기 때문에 예제를 대입 문제로 분류한다.

식 11.12로부터 $\vec{\mathbf{L}}$의 크기를 구한다.

$$L = mvr \sin 90° = mvr$$

우변에 나타나는 세 가지 물리량은 모두 상수이므로 L의 값 또한 상수이다. 비록 $\vec{\mathbf{p}} = m\vec{\mathbf{v}}$의 방향이 변하더라도 $\vec{\mathbf{L}}$의 방향에는 변함이 없다. 그림 11.5에서 오른손 규칙을 적용하여 $\vec{\mathbf{L}} = \vec{\mathbf{r}} \times \vec{\mathbf{p}} = m\vec{\mathbf{r}} \times \vec{\mathbf{v}}$의 방향을 구하면 이를 쉽게 알 수 있다. 여러분의 엄지손가락은 종이면으로부터 나오는 방향을 향하게 되고, 이것이 $\vec{\mathbf{L}}$의 방향이다. 따라서 우리는 $\vec{\mathbf{L}}$을 벡터 표현으로 $\vec{\mathbf{L}} = (mvr)\hat{\mathbf{k}}$로 나타낼 수 있다. 만약 입자가 시계 방향으로 움직인다면 $\vec{\mathbf{L}}$은 종이면 안쪽을 향할 것이고 $\vec{\mathbf{L}} = -(mvr)\hat{\mathbf{k}}$이다. 등속 원운동하는 입자는 궤도의 중심을 통과하는 축에 대하여 일정한 각운동량을 갖는다.

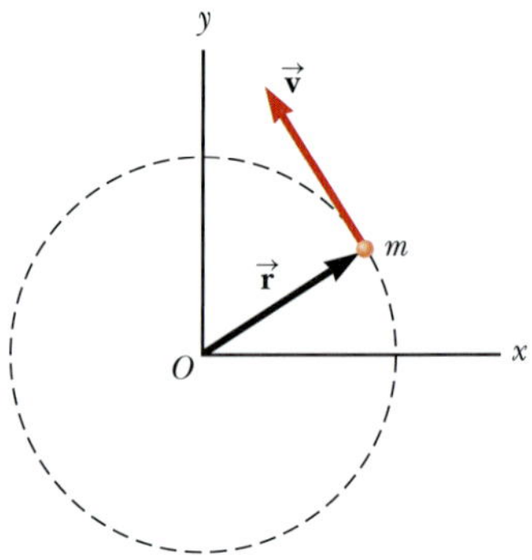

그림 11.5 (예제 11.3) 반지름 r인 원 위를 운동하는 입자는 O를 지나는 축에 대하여 크기 mvr인 각운동량을 갖는다. 벡터 $\vec{\mathbf{L}} = \vec{\mathbf{r}} \times \vec{\mathbf{p}}$의 방향은 종이면으로부터 나오는 방향이다.

입자계의 각운동량 Angular Momentum of a System of Particles

9.7절의 방법을 이용하여 입자계에 대한 뉴턴의 제2법칙은 다음과 같음을 보일 수 있다.

$$\sum \vec{\mathbf{F}}_{\text{ext}} = \frac{d\vec{\mathbf{p}}_{\text{tot}}}{dt}$$

이 식은 입자계에 작용한 외부 알짜힘은 이 계의 전체 선운동량의 시간 변화율과 같다는 것을 의미한다. 회전 운동에서도 비슷한 논의가 가능하다. 어떤 점에 대한 입자계의 전체 각운동량은 개별 입자의 각운동량의 벡터합으로 정의된다. 즉

$$\vec{\mathbf{L}}_{\text{tot}} = \vec{\mathbf{L}}_1 + \vec{\mathbf{L}}_2 + \cdots + \vec{\mathbf{L}}_n = \sum_i \vec{\mathbf{L}}_i$$

이다. 이때 벡터합은 계 안에 있는 n개의 모든 입자에 대한 합이다.

이 식을 시간에 대하여 미분을 하면

$$\frac{d\vec{\mathbf{L}}_{\text{tot}}}{dt} = \sum_i \frac{d\vec{\mathbf{L}}_i}{dt} = \sum_i \vec{\boldsymbol{\tau}}_i$$

가 된다. 여기서 개별 입자의 각운동량의 시간 변화율을 입자에 작용하는 알짜 돌림힘으로 바꾸기 위하여 식 11.11을 사용하였다.

계의 입자에 작용하는 돌림힘은 입자들 사이의 내력과 관련된 돌림힘과 외력과 관련된 돌림힘이 있다. 그러나 모든 내력과 관련된 알짜 돌림힘은 영이다. 이 점을 이해하기 위하여 뉴턴의 제3법칙에 의하면, 내력은 크기가 같고 방향이 정반대인 쌍으로 나타남을 상기하라. 만약 이들 힘이 각각의 입자 쌍을 연결하는 직선 상에 놓인다면 각각의 작용-반작용력 쌍에 의하여 원점 O를 지나는 임의의 축에 대한 알짜 돌림힘은 영이다. 즉 원점 O로부터 힘의 작용선까지 거리인 모멘트 팔 d는 두 입자 모두에게 같고, 힘은 반대 방향을 가리킨다. 따라서 알짜 내부 돌림힘은 상쇄된다. 오로지 외력에 의한 알짜 돌림힘이 계에 작용할 때에만 계의 전체 각운동량이 시간에 따라 변한다고 말할 수 있다. 그러므로

$$\sum \vec{\boldsymbol{\tau}}_{\text{ext}} = \frac{d\vec{\mathbf{L}}_{\text{tot}}}{dt} \tag{11.13}$$

◀ 계에 작용하는 알짜 외부 돌림힘은 계의 각운동량의 시간 변화율과 같다

이 된다. 식 11.13은 회전 운동을 하는 입자계에 대한 **비고립계 모형의 각운동량**에 대한 수학적인 표현으로, 병진 운동을 하는 입자계에 대한 식 $\sum \vec{\mathbf{F}}_{\text{ext}} = d\vec{\mathbf{p}}_{\text{tot}}/dt$와 대응된다. 계에 작용하는 알짜 돌림힘이 있다는 점에서 계가 고립되어 있지 않다면, 돌림힘은 각운동량의 시간 변화율과 같다. 비록 여기서 증명하지는 않겠지만, 이 명제는 계의 질량 중심의 운동과 상관없이 참이다. 질량 중심을 원점으로 하여 돌림힘과 각운동량을 계산한다면, 이 정리는 질량 중심이 가속되고 있을 때에도 적용할 수 있다.

식 11.13을 정리하고 적분하여

$$\Delta \vec{\mathbf{L}}_{\text{tot}} = \int \left(\sum \vec{\boldsymbol{\tau}}_{\text{ext}}\right) dt$$

를 얻게 된다. 이 식은 병진 운동에 대한 식 9.40에 대응된다. 이는 **각충격량-각운동량 정리**를 나타낸다.

예제 11.4 끈으로 연결된 두 물체

그림 11.6과 같이 질량 m_1인 구와 질량 m_2인 상자가 도르래를 통하여 가벼운 끈으로 연결되어 있다. 도르래의 반지름은 R이고 테의 질량은 M이며, 도르래 살의 무게는 무시할 수 있다. 상자가 마찰이 없는 수평면에서 미끄러진다고 할 때, 각운동량과 돌림힘의 개념을 이용하여 두 물체의 선가속도를 구하라.

풀이

개념화 물체가 움직이기 시작할 때, 상자는 왼쪽으로 운동하고 공은 아래 방향으로 운동하며, 도르래는 시계 반대 방향으로 회전한다. 이 경우 각운동량의 개념을 사용한다는 사실만 제외하면, 이 상황은 전에 풀었던 문제와 유사하다.

분류 상자와 구 그리고 도르래로 이루어진 계는 **각운동량에 대한 비고립계**이다. 구에 작용하는 중력이 외부 돌림힘을 만들기 때문이다. 도르래의 회전축과 일치하는 축에 대한 돌림힘과 각운동량을 구한다. 계의 각운동량은 병진 운동을 하는 두 물체(구와 상자)와 순수하게 회전 운동을 하는 하나의 물체(도르래)의 각운동량을 포함한다.

분석 구와 상자가 속력 v를 갖는 어떤 순간에, 도르래 축에 대한 구의 각운동량은 m_1vR이고 상자의 각운동량은 m_2vR이다. 그 순간 도르래 테의 모든 점 또한 속력 v로 움직이므로, 도르래의 각운동량은 MvR이다.

이제 도르래 축에 대하여 계에 작용한 전체 외부 돌림힘을 계산해 보자. 모멘트 팔이 영이므로, 회전축에 의하여 도르래에 작용한 힘은 돌림힘을 만들지 못한다. 게다가 상자에 작용하는 수직항력은 중력 $m_2\vec{\mathbf{g}}$와 상쇄되므로, 이들 힘은 돌림힘에 기여를 하지 않는다. 구에 작용하는 중력 $m_1\vec{\mathbf{g}}$는 축에 대하여 크기가 m_1gR인 돌림힘을 만든다. 여기서 R는 중력 $m_1\vec{\mathbf{g}}$의 축에 대한 모멘트 팔이다. 이것이 도르래 축에 대한 전체 외부 돌림힘이다. 즉 $\sum \tau_{\text{ext}} = m_1gR$이다.

계의 전체 각운동량에 대한 식을 쓴다.

$$(1) \quad L = m_1vR + m_2vR + MvR = (m_1 + m_2 + M)vR$$

이 식과 전체 외부 돌림힘을 각운동량에 대한 비고립계의 운동 방정식인 식 11.13에 대입한다.

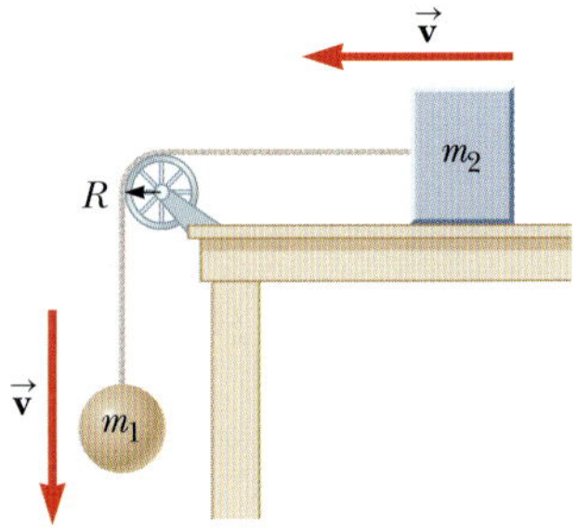

그림 11.6 (예제 11.4) 계를 놓아 주면, 구는 아래로 움직이고 상자는 왼쪽으로 움직인다.

$$\sum \tau_{\text{ext}} = \frac{dL}{dt}$$

$$m_1gR = \frac{d}{dt}[(m_1 + m_2 + M)vR]$$

$$(2) \quad m_1gR = (m_1 + m_2 + M)R\frac{dv}{dt}$$

$dv/dt = a$이므로, 식 (2)를 a에 대하여 푼다.

$$(3) \quad a = \frac{m_1g}{m_1 + m_2 + M}$$

결론 축에 대한 알짜 돌림힘을 구할 때, 줄이 물체에 작용하는 힘들인 계의 내력은 포함시키지 않았다. 그 대신 우리는 계를 전체적으로 분석하였다. 오직 외부 돌림힘만이 계의 각운동량 변화에 기여한다. 식 (3)에서 $M \to 0$으로 놓고 이 결과를 식 (A)라고 하자. 이번에는 예제 5.6의 식 (6)에서 $\theta \to 0$으로 놓고, 이 결과를 (B)라고 하자. 식 (A)와 (B)는 일치하는가? 이들 극한에서 그림 5.14와 11.6을 보면, 이들 식이 일치해야 하는가?

11.3 회전하는 강체의 각운동량
Angular Momentum of a Rotating Rigid Object

예제 11.4에서, 변형 가능한 입자계의 각운동량을 고려하였다. 이번에는 강체와 같이 변형되지 않는 계에 대하여 살펴보자. 그림 11.7과 같은 좌표계에서 z축과 일치하는 고정축 주위로 회전하는 강체의 각운동량을 결정하자. 강체 내의 **입자**들은 xy 평면 내에서 z축 주위를 각속력 ω로 회전한다. 질량 m_i인 입자의 z축에 대한 각운동량의 크기는 $m_i v_i r_i$이다. $v_i = r_i \omega$이므로(식 10.10), 이 입자의 각운동량 크기는

$$L_i = m_i r_i^2 \omega$$

와 같이 표현된다. 이 입자의 축에 대한 각운동량 벡터 $\vec{\mathbf{L}}_i$는 벡터 $\vec{\boldsymbol{\omega}}$의 방향인 z축을 향하고, 이 크기를 갖는 벡터라고 정의한다.

이제 물체를 구성하는 모든 입자에 대하여 L_i를 합함으로써, 강체의 각운동량(이 경우 오직 z 성분만을 갖고 있다)을 구할 수 있다.

$$L_z = \sum_i L_i = \sum_i m_i r_i^2 \omega = \left(\sum_i m_i r_i^2 \right) \omega$$

$$L_z = I\omega \tag{11.14}$$

여기서 $\Sigma_i m_i r_i^2$은 z축에 대한 강체의 관성 모멘트 I이다(식 10.19). 식 11.14는 선운동량에 대한 식 9.2의 $\vec{\mathbf{p}} = m\vec{\mathbf{v}}$와 수학적인 형태가 유사함에 주목하자.

강체에서는 I가 상수임을 고려하여, 식 11.14를 시간에 대하여 미분하면

$$\frac{dL_z}{dt} = I\frac{d\omega}{dt} = I\alpha \tag{11.15}$$

가 된다. 여기서 α는 회전축에 대한 각가속도이다. dL_z/dt는 알짜 외부 돌림힘과 같으므로 (식 11.13 참조), 식 11.15는

$$\sum \tau_{\text{ext}} = I\alpha \tag{11.16}$$

◀ 회전 운동에서 뉴턴의 제2법칙

로 나타낼 수 있다. 즉 고정축 주위로 회전하는 강체에 작용하는 알짜 외부 돌림힘은 회전축에 대한 관성 모멘트와 그 축에 대한 물체의 각가속도의 곱과 같다. 이 결과는 힘으로부터 유도한 식 10.18과 같지만, 식 11.16은 각운동량의 개념으로부터 유도하였다. 10.7절에서 본 바와 같이 식 11.16은 알짜 돌림힘을 받는 강체의 운동에 대한 수학적인 표현이다. 이 식은 또한 움직이는 축이 (1) 질량 중심을 지나고 (2) 대칭축이라면, 움직이는 축 주위로 회전하는 강체에서도 성립한다.

만약 대칭적인 물체가 질량 중심을 지나는 고정축 주위로 회전한다면, 식 11.14를 $\vec{\mathbf{L}} = I\vec{\boldsymbol{\omega}}$와 같이 벡터 형태로 쓸 수 있다. 만약 $\vec{\mathbf{L}}$이 물체의 전체 각운동량의 회전축 방향 벡터 성분이라면 이 표현은 물체의 대칭성과 무관하게 모든 물체에 대하여 성립한다.[1]

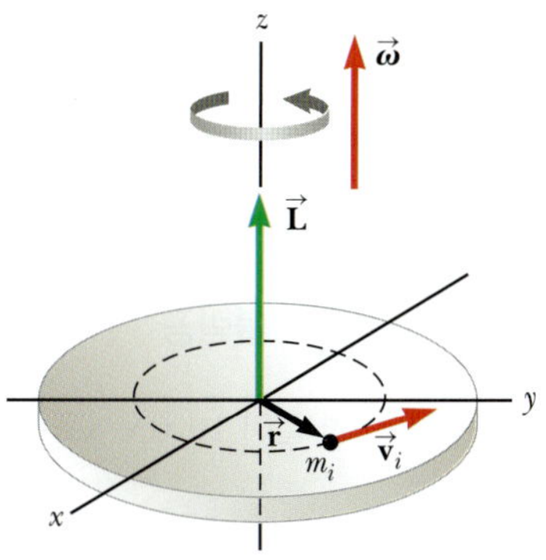

그림 11.7 강체가 축 주위로 회전하면, 식 $\vec{\mathbf{L}} = I\vec{\boldsymbol{\omega}}$에 따라 축에 대한 각운동량 $\vec{\mathbf{L}}$은 각속도 $\vec{\boldsymbol{\omega}}$와 같은 방향이다.

---

[1] 이 교재에서는 축에 대한 각운동량을, 벡터양으로 취급하여 벡터 부호를 붙여서 사용하므로 혼란이 생긴다. 이 벡터는 기준 원점에 대한 각운동량 벡터의 회전축 방향 성분 벡터이다. 일반적으로 기준 원점에 대한 각운동량의 경우는 $\vec{\mathbf{L}} = I\vec{\boldsymbol{\omega}}$가 항상 성립하는 것은 아니다. 강체가 임의의 축 주위로 회전한다면, $\vec{\mathbf{L}}$과 $\vec{\boldsymbol{\omega}}$는 서로 다른 방향을 향할 수 있다. 이런 경우 관성 모멘트는 스칼라로 취급할 수가 없다. 질량 중심을 지나는 서로 수직인 세 개의 축 중에서 주축이라고 부르는 축의 하나 주위로 회전하는, 임의의 형태를 갖는 강체에 대하여는 $\vec{\mathbf{L}} = I\vec{\boldsymbol{\omega}}$가 성립된다. 이에 관해서는 좀 더 높은 수준의 역학 책에서 다루고 있다.

퀴즈 11.3 질량과 반지름이 같은 속이 찬 구와 속이 빈 구가 있다. 두 구가 같은 각속도로 회전할 때 각운동량이 더 큰 것은 다음 중 어느 것인가? **(a)** 속이 찬 구 **(b)** 속이 빈 구 **(c)** 두 구의 각운동량은 같다. **(d)** 결정할 수 없다.

예제 11.5 볼링공

그림 11.8과 같이 10 rev/s로 회전하는 볼링공의 각운동량의 크기를 구하라.

풀이

개념화 볼링 레인을 따라 회전하는 볼링공을 상상하라. 볼링공이 무겁기 때문에 각운동량이 클 것이다.

분류 식 11.14를 이용하여 각운동량을 계산하므로 예제를 대입 문제로 분류한다.

먼저 볼링공을 딱딱하고 균일한 구로 간주하고, 또한 문제와 관계된 몇 가지 변수들을 정하자. 보통 볼링공은 질량이 7.0 kg이고 반지름이 12 cm 정도이다.

중심을 지나는 축에 대한 구의 관성 모멘트는 표 10.2로부터 구한다.

$$I = \frac{2}{5}MR^2 = \frac{2}{5}(7.0\text{ kg})(0.12\text{ m})^2 = 0.040\text{ kg}\cdot\text{m}^2$$

식 11.14를 이용하여 각운동량의 크기를 구한다.

$$L_z = I\omega = (0.040\text{ kg}\cdot\text{m}^2)(10\text{ rev/s})(2\pi\text{ rad/rev}) = 2.53\text{ kg}\cdot\text{m}^2/\text{s}$$

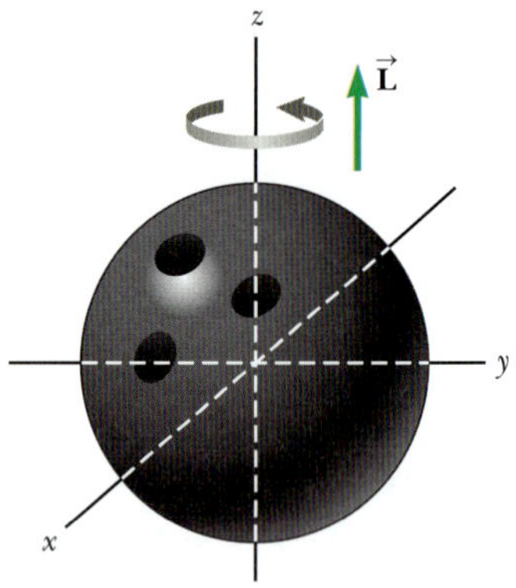

그림 11.8 (예제 11.5) 그림과 같이 z축 주위로 회전하는 볼링공은 $+z$ 방향으로 각운동량 $\vec{\mathbf{L}}$을 갖는다. 회전의 방향이 반대가 되면 $\vec{\mathbf{L}}$은 $-z$ 방향을 향한다.

대략적인 계산이기 때문에, 한 개의 유효 숫자만을 취해도 된다. 따라서 $L_z =$ $3\text{ kg}\cdot\text{m}^2/\text{s}$ 이다.

예제 11.6 시소

질량 m_f인 아버지와 질량 m_d인 딸이 그림 11.9와 같이 중심에서 같은 거리만큼 떨어져 시소의 양 끝에 앉아 있다. 시소를 길이 ℓ이고 질량 M인 마찰이 없이 회전하는 강체로 생각한다. 시소, 아버지, 딸로 구성된 계가 순간 각속력 ω로 회전한다.

(A) 계의 각운동량 크기를 구하라.

풀이

개념화 그림 11.9와 같이 O를 지나는 z축을 회전축으로 하자. 이 축에 대하여 회전하는 계는 각운동량을 갖는다.

분류 아버지와 딸의 팔과 다리의 운동은 무시하고 그들을 입자로 취급한다. 결국 계는 강체로 구성된 것으로 간주한다. 예제의 앞쪽은 대입 문제로 분류한다.

계의 관성 모멘트는 시소, 아버지, 딸의 관성 모멘트를 더한 것과 같다. 표 10.2를 이용하여 계의 관성 모멘트를 구한다. 아버지와 딸의 관성 모멘트는 $I = mr^2$을 이용하여 구한다.

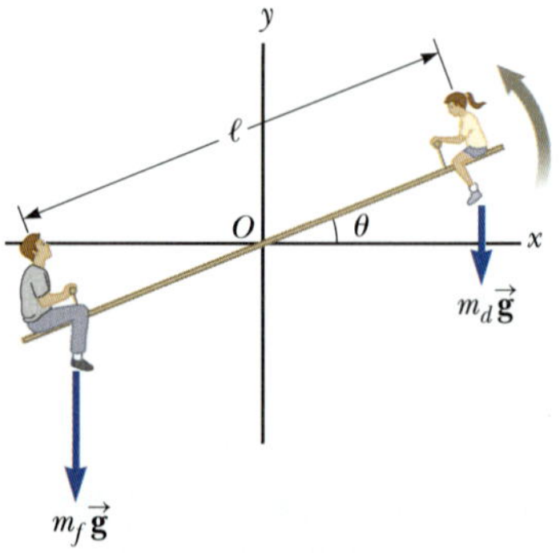

그림 11.9 (예제 11.6) 아버지와 딸은 시소 위에서 각각의 각운동량을 갖는다.

O를 지나는 z축에 대한 계의 전체 관성 모멘트를 구한다.

$$I = \frac{1}{12}M\ell^2 + m_f\left(\frac{\ell}{2}\right)^2 + m_d\left(\frac{\ell}{2}\right)^2 = \frac{\ell^2}{4}\left(\frac{M}{3} + m_f + m_d\right)$$

계의 각운동량의 크기를 구한다.

$$L = I\omega = \frac{\ell^2}{4}\left(\frac{M}{3} + m_f + m_d\right)\omega$$

(B) 시소가 수평면과 각도 θ를 이룰 때 계의 각가속도의 크기를 구하라.

풀이

개념화 일반적으로 아버지는 딸보다 무겁고 그래서 계는 평형을 이룰 수 없고 각가속도를 갖는다. 그림 11.9에서 보듯 각가속도가 양(+)의 값을 가질 것으로 예상된다.

분류 아버지와 딸에 작용하는 중력에 의한 외부 돌림힘 때문에 시소판, 아버지, 딸의 계는 **알짜 돌림힘을 받는 강체**이다. 그림 11.9에서 보듯이 z축을 회전축으로 한다.

분석 임의의 각도 θ에서 계의 각가속도를 구하기 위하여, 계에 작용하는 알짜 돌림힘을 먼저 계산한다. 그리고 알짜 돌림힘을 받는 강체 모형으로부터 $\sum \tau_{\text{ext}} = I\alpha$를 이용하여 α를 구한다.

아버지에 작용하는 중력에 의한 돌림힘을 구한다.

$$\tau_f = m_f g \frac{\ell}{2}\cos\theta \quad (\vec{\tau}_f\text{는 종이면으로부터 수직하게 나옴})$$

딸에 작용하는 중력에 의한 돌림힘을 구한다.

$$\tau_d = -m_d g \frac{\ell}{2}\cos\theta \quad (\vec{\tau}_d\text{는 종이면으로 수직하게 들어감})$$

계에 작용하는 알짜 외부 돌림힘을 구한다.

$$\sum \tau_{\text{ext}} = \tau_f + \tau_d = \tfrac{1}{2}(m_f - m_d)g\ell\cos\theta$$

식 11.16과 (A)에서 구한 I를 이용하여 각가속도 α를 구한다.

$$\alpha = \frac{\sum \tau_{\text{ext}}}{I} = \frac{2(m_f - m_d)g\cos\theta}{\ell[(M/3) + m_f + m_d]}$$

결론 딸보다 아버지가 무거운 경우 예상대로 각가속도가 양이 된다. 그림 11.9와 같이 수평 상태, 즉 각도가 영인 상태에서 회전을 시작한 시소는 시계 반대 방향으로 돌고 아버지 쪽이 아래로 내려간다. 이것은 일상에서 일어나는 현상과 일치한다.

문제 아버지가 안쪽으로 이동하여 회전축에서 d만큼 떨어진 곳에 위치한다. 임의의 각도 θ에서 시소가 움직이기 시작할 때 계의 각가속도는 얼마인가?

답 계가 보다 더 균형을 이루면 계의 각가속도는 줄어든다.

O를 지나는 z축에 대한 변경된 계의 전체 관성 모멘트를 구한다.

$$I = \frac{1}{12}M\ell^2 + m_f d^2 + m_d\left(\frac{\ell}{2}\right)^2 = \frac{\ell^2}{4}\left(\frac{M}{3} + m_d\right) + m_f d^2$$

O를 지나는 축에 대하여 계에 작용하는 알짜 돌림힘을 구한다.

$$\sum \tau_{\text{ext}} = \tau_f + \tau_d = m_f g d\cos\theta - \tfrac{1}{2}m_d g\ell\cos\theta$$

계의 새로운 각가속도를 구한다.

$$\alpha = \frac{\sum \tau_{\text{ext}}}{I} = \frac{(m_f d - \frac{1}{2}m_d\ell)g\cos\theta}{(\ell^2/4)[(M/3) + m_d] + m_f d^2}$$

각가속도가 영일 때 시소는 평형을 이룬다. 이 상황에서 아버지와 딸 모두 땅을 밀면서 가능한 최대 지점에 올라갈 수 있다.

$\alpha = 0$으로 놓고 아버지의 위치를 구한다.

$$\alpha = \frac{(m_f d - \frac{1}{2}m_d\ell)g\cos\theta}{(\ell^2/4)[(M/3) + m_d] + m_f d^2} = 0$$

$$m_f d - \tfrac{1}{2}m_d\ell = 0 \quad \rightarrow \quad d = \left(\frac{m_d}{m_f}\right)\frac{\ell}{2}$$

아버지와 딸의 몸무게가 같은 경우에 아버지는 시소의 끝, $d = \ell/2$에 위치한다.

11.4 분석 모형: 고립계 (각운동량)
Analysis Model: Isolated System (Angular Momentum)

9장에서 계가 고립되어 있으면, 다시 말해서 계에 작용하는 알짜 외력이 영일 때 입자계의 전체 선운동량은 일정한 값을 유지함을 보였다. 회전 운동도 이와 유사한 보존의 법칙이 있다.

각운동량의 보존 ▶

계에 작용하는 알짜 외부 돌림힘이 영일 때, 즉 계가 고립되어 있으면 계의 전체 각운동량은 크기와 방향 모두 일정하다.

이 명제를 **각운동량 보존**(conservation of angular momentum)의 원리라고 하며,[2] **고립계 모형의 각운동량**(angular momentum version of the isolated system model)을 통한 묘사의 기본이다. 이 원리는 식 11.13으로부터 바로 유도할 수 있다. 즉

$$\sum \vec{\boldsymbol{\tau}}_{\text{ext}} = \frac{d\vec{\mathbf{L}}_{\text{tot}}}{dt} = 0 \tag{11.17}$$

이면

$$\Delta \vec{\mathbf{L}}_{\text{tot}} = 0 \tag{11.18}$$

팔과 다리가 몸 가까이에 있으면, 스케이터의 관성 모멘트는 작고 각속력은 크다.

Clive Rose/Getty Images

이고, 식 11.18을 달리 표현하면

$$\vec{\mathbf{L}}_{\text{tot}} = \text{일정} \quad \text{또는} \quad \vec{\mathbf{L}}_i = \vec{\mathbf{L}}_f$$

가 된다. 많은 입자로 이루어진 고립계의 경우, 이 보존의 법칙은 $\vec{\mathbf{L}}_{\text{tot}} = \sum \vec{\mathbf{L}}_n =$ '일정'이다. 여기서 첨자 n은 계 내에서 n번째 입자를 나타낸다.

만약 고립된 회전계가 변형 가능하다면, 계의 질량은 어떤 형태로든 재분포를 하게 되어 계의 관성 모멘트가 변하게 된다. 계의 각운동량의 크기 $L = I\omega$(식 11.14)이므로, 각운동량 보존의 법칙에 따라 I와 ω의 곱은 일정하게 남아 있어야 한다. 따라서 고립계에서 I가 변하면 ω도 변하게 된다. 이 경우 각운동량 보존의 법칙은 다음과 같이 표현된다.

$$I_i\omega_i = I_f\omega_f = \text{상수} \tag{11.19}$$

회전을 끝내기 위하여 팔과 다리를 뻗어 관성 모멘트를 크게 한다.

Al Bello/Getty Images

그림 11.10 2006 토리노 동계 올림픽 경기에서 러시아 금메달리스트 플류셴코가 각운동량 보존으로 설명할 수 있는 테크닉을 보여 준다.

이 식은 고정축에 대한 회전 또는 움직이는 계의 질량 중심을 지나는 축(축의 방향은 변하지 않아야 한다)에 대한 회전에 대하여 모두 성립한다. 이 식이 성립하기 위하여 중요한 것은 알짜 외부 돌림힘이 영이어야 한다는 것이다.

각운동량 보존을 보여 주는 예는 많이 있다. 피겨 스케이터들이 공연의 마지막에 몸을 회전시키는 것을 본 적이 있을 것이다(그림 11.10). 스케이터는 팔과 다리를 몸 가까이로 끌어당김으로써 I를 감소시켜 각속력을 증가시킨다. (스케이터의 머리카락을 보라!) 스케이트와 빙판 사이의 마찰을 무시하면, 어떤 알짜 외부 돌림힘도 스케이터에 작용하지 않는다. 회전을 멈추고자 할 때, 그의 손과 발을 몸으로부터 멀리하면 몸의 관성 모멘트가 증가한다. 각운동량 보존의 원리에 의하면, 그의 각속력은 감소하여야 한다. 마찬가지로 다이버나 곡예사가 공중제비를 돌려고 할 때, 더 빠르게 돌기 위하여 팔과 다리를 자신의 몸 가까이로 끌어당긴다. 이 경우에 중력에 의한 외력은 사람의 질량 중심에 작용하므로, 질량 중심을 지나는 축에 대하여 돌림힘이 작용하지 않는다. 따라

[2] 가장 일반적인 각운동량 보존식은 식 11.13이며, 이는 계가 환경과 어떻게 상호 작용하는지를 보여 준다.

서 질량 중심에 대한 각운동량은 보존되어야만 한다. 즉 $I_i\omega_i = I_f\omega_f$이다. 예를 들어 다이버들이 자신의 각속력을 두 배로 빠르게 하고 싶으면 자신의 관성 모멘트를 처음 값의 반으로 줄여야 한다.

식 11.18에서 고립계 모형의 세 번째 보존 법칙을 얻었다. 즉 고립계에서는 에너지, 선운동량 그리고 각운동량 모두가 일정하다고 말할 수 있다.

$$\Delta E_{\text{system}} = 0 \quad \text{(계의 경계를 넘어 에너지 전달이 없을 경우)}$$

$$\Delta \vec{\mathbf{p}}_{\text{tot}} = 0 \quad \text{(계에 작용하는 알짜 외력이 영일 경우)}$$

$$\Delta \vec{\mathbf{L}}_{\text{tot}} = 0 \quad \text{(계에 작용하는 알짜 외부 돌림힘이 영일 경우)}$$

계는 이들 물리량 중 하나의 관점에서 고립될지도 모르나, 또 다른 관점에서는 아니다. 계가 운동량이나 각운동량의 관점에서 고립되지 않으면, 이 계는 에너지의 관점에서도 많은 경우에 고립되지 않을 것이다. 왜냐하면 계는 이 계에 작용하는 알짜힘이나 돌림힘을 가지고 있으며, 알짜힘이나 돌림힘은 계에 일을 할 것이기 때문이다. 그렇지만 우리는 에너지의 관점에서는 고립되지 않으나 운동량의 관점에서는 고립된 계들을 구분할 수 있다. 예를 들어 풍선을 양손에 들고 민다고 생각해 보자. 이 풍선(계)을 미는 데 일을 하므로, 계는 에너지의 관점에서는 고립되지 않지만, 계에 작용하는 알짜힘은 영이다. 그러므로 계는 운동량의 관점에서 고립되어 있다. 비슷한 예로 탄성이 있는 긴 금속 조각의 끝을 양손으로 잡고 비트는 경우를 들 수 있다. 금속(계)에 일을 할 때, 에너지는 탄성 퍼텐셜 에너지로 비고립계에 저장되지만, 계에 작용하는 알짜 돌림힘은 영이다. 그러므로 계는 각운동량의 관점에서 고립되어 있다. 다른 예는 거시적인 물체들의 충돌에서 볼 수 있는데, 이들 물체는 운동량의 관점에서는 고립계이나, 역학적 파동(음파)으로 계에서 에너지를 내보내기 때문에 에너지의 관점에서는 비고립계를 나타낸다.

퀴즈 11.4 다이빙 선수가 다이빙 보드를 떠나 몸을 천천히 회전시킨다. 그녀가 팔과 다리를 당겨 몸을 동그랗게 한다. 그녀의 회전 운동 에너지는 어떻게 되는가? **(a)** 증가한다. **(b)** 감소한다. **(c)** 변화 없다. **(d)** 결정할 수 없다.

예제 11.7 회전목마

원반 모양의 수평판이 그림 11.11과 같이 마찰이 없는 수직축을 중심으로 자유롭게 회전하고 있다. 수평판의 질량은 $M = 100$ kg이고 반지름은 $R = 2.0$ m이다. 질량 $m = 60$ kg인 학생이 원반의 가장자리로부터 중심을 향하여 천천히 걸어가고 있다. 학생이 원반의 가장자리에 있을 때 계의 각속력이 2.0 rad/s이었다면, 학생이 중심으로부터 $r = 0.50$ m 떨어진 지점에 도달했을 때 계의 각속력은 얼마인가?

풀이

개념화 이 문제의 속력 변화는 돌고 있는 스케이터가 팔을 몸 쪽으로 끌어당겼을 때, 각속력이 증가하는 것과 유사하다. 예제의 경우 일부의 관성 모멘트(학생의 관성 모멘트)는 변하고, 나머지 관성 모멘트(원반의 관성 모멘트)는 변하지 않는다.

분류 원반은 마찰이 없이 회전하므로 원반과 학생의 계를 **각운동량**에 대하여는 **고립계**로 본다.

분석 수평판의 관성 모멘트를 I_p, 학생의 관성 모멘트를 I_s라고 하자. 학생을 입자로 간주한다.

회전축에 대한 계(학생과 원반의 합)의 처음 관성 모멘트 I_i를

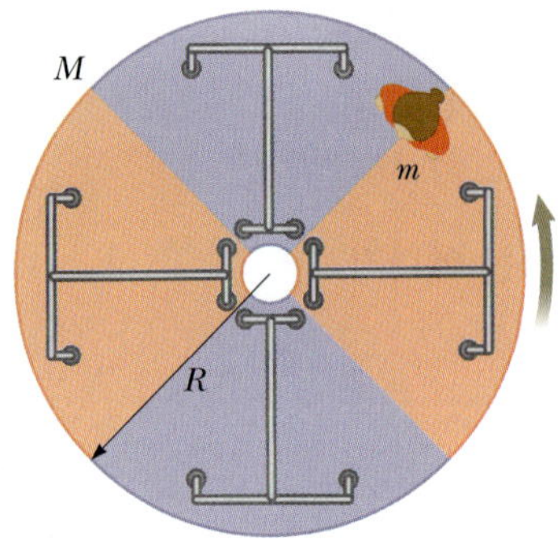

그림 11.11 (예제 11.7) 계의 각운동량이 보존되어야 하기 때문에, 학생이 회전하는 원반의 중심을 향하여 걸어감에 따라 계의 각속력이 증가한다.

구한다.

$$I_i = I_{pi} + I_{si} = \frac{1}{2}MR^2 + mR^2$$

학생이 $r < R$인 지점으로 걸어감에 따른 계의 관성 모멘트를 구한다.

$$I_f = I_{pf} + I_{sf} = \frac{1}{2}MR^2 + mr^2$$

계에 대하여 식 11.19를 쓴다.

$$I_i\omega_i = I_f\omega_f$$

관성 모멘트를 대입한다.

$$(\tfrac{1}{2}MR^2 + mR^2)\omega_i = (\tfrac{1}{2}MR^2 + mr^2)\omega_f$$

나중의 각속력을 구한다.

$$\omega_f = \left(\frac{\frac{1}{2}MR^2 + mR^2}{\frac{1}{2}MR^2 + mr^2}\right)\omega_i$$

주어진 값들을 대입한다.

$$\omega_f = \left[\frac{\frac{1}{2}(100\text{ kg})(2.0\text{ m})^2 + (60\text{ kg})(2.0\text{ m})^2}{\frac{1}{2}(100\text{ kg})(2.0\text{ m})^2 + (60\text{ kg})(0.50\text{ m})^2}\right](2.0\text{ rad/s})$$

$$= 4.1\text{ rad/s}$$

결론 예상대로 각속력은 증가한다. 학생이 원반의 중심에 다다를 때 계는 최대의 각속력으로 회전한다. 그때의 각속력이 4.4 rad/s임을 계산해 보기 바란다. 6.3절에 설명한 코리올리의 힘 때문에 이런 행동을 하는 것은 위험한 일이다.

문제 만약 학생이 안쪽으로 걷기 전과 후의 계의 운동 에너지를 비교한다면 어떻게 되는가? 에너지는 같은가?

답 계가 고립되어 있기 때문에 에너지가 보존된다고 생각하기 쉽다. 하지만 에너지는 여러 가지 형태로 변하므로, 에너지 문제는 주의 깊게 다루어야 한다는 것을 명심해야 한다.

처음 운동 에너지를 구한다.

$$K_i = \tfrac{1}{2}I_i\omega_i^2 = \tfrac{1}{2}(440\text{ kg}\cdot\text{m}^2)(2.0\text{ rad/s})^2 = 880\text{ J}$$

나중 운동 에너지를 구한다.

$$K_f = \tfrac{1}{2}I_f\omega_f^2 = \tfrac{1}{2}(215\text{ kg}\cdot\text{m}^2)(4.1\text{ rad/s})^2$$
$$= 1.80 \times 10^3\text{ J}$$

그러므로 계의 운동 에너지가 **증가**한 것을 알 수 있다. 학생은 회전 중심으로 이동하기 위하여 근육 운동을 해야만 하고, 따라서 이 증가한 운동 에너지는 식사를 통하여 학생 몸에 저장된 퍼텐셜 에너지로부터 나온 것이다. 이 계는 에너지에 관해서는 고립되어 있지만, 계 내에서 변환 과정은 퍼텐셜 에너지로부터 운동 에너지로 변하게 된다.

11.5 자이로스코프와 팽이의 운동
The Motion of Gyroscopes and Tops

그림 11.12a와 같이 대칭축 주위로 회전하는 매우 특이하고 매력적인 팽이의 운동에 대하여 알아보자. 만약 팽이가 매우 빨리 돈다면, 대칭축은 원뿔 모양을 그리면서 z축 주위로 회전한다(그림 11.12b). **세차 운동**(precessional motion)으로 알려져 있는, 연직선에 대한 대칭축의 운동은 보통 팽이의 회전 운동에 비하여 상대적으로 느리다.

왜 팽이가 쓰러지지 않는지 의문을 갖는 것은 당연하다. 질량 중심이 팽이와 지면의 회전 중심점 O의 바로 위에 있지 않으므로, O를 지나는 축에 대한 알짜 돌림힘(중력 $M\vec{\mathbf{g}}$에 기인하는 돌림힘)이 팽이에 작용한다. 만약 회전하지 않으면 팽이는 분명히 쓰러질 것이다. 그러나 회전하고 있기 때문에, 팽이는 대칭축 방향과 나란한 각운동량 $\vec{\mathbf{L}}$을 가진다. 돌림힘이 대칭축의 **방향**을 바꾸기 때문에, 대칭축은 z축 주위로 움직인다

(세차 운동이 발생)는 것을 보이겠다. 이것은 각운동량의 벡터 특성의 중요성을 보여주는 좋은 예이다.

그림 11.13a에 나타낸 간단한 자이로스코프를 살펴보면 세차 운동의 본질적인 특징을 설명할 수 있다. 자이로스코프에 작용하는 두 힘은 아래 방향의 중력 $M\vec{\mathbf{g}}$와 회전 중심점 O에서 위로 향하는 수직항력 $\vec{\mathbf{n}}$이다(그림 11.13b). 회전 중심점을 지나는 축에 대한 모멘트 팔의 길이가 영이므로, 수직항력은 회전 중심점에 대한 어떤 돌림힘도 만들지 못한다. 그러나 중력은 O를 지나는 축에 대하여 돌림힘 $\vec{\boldsymbol{\tau}} = \vec{\mathbf{r}} \times M\vec{\mathbf{g}}$를 만들고, 이때 $\vec{\boldsymbol{\tau}}$의 방향은 $\vec{\mathbf{r}}$과 $M\vec{\mathbf{g}}$가 만드는 평면에 수직인 방향이다. 따라서 벡터 $\vec{\boldsymbol{\tau}}$는 xy 평면상에 있는데, 각운동량 벡터에 수직이다. 자이로스코프의 알짜 돌림힘과 각운동량 사이의 관계는 식 11.13으로 주어진다.

$$\sum \vec{\boldsymbol{\tau}}_{\text{ext}} = \frac{d\vec{\mathbf{L}}}{dt}$$

이 식은 작은 시간 dt에서 영이 아닌 돌림힘이 각운동량의 변화 $d\vec{\mathbf{L}}$을 일으킴을 보여준다(이 변화는 $\vec{\boldsymbol{\tau}}$와 방향이 같다). 따라서 돌림힘 벡터와 같이 $d\vec{\mathbf{L}}$ 또한 $\vec{\mathbf{L}}$과 수직이어야 한다. 그림 11.13c는 이 결과로 생기는 자이로스코프 대칭축의 세차 운동을 보여 준다. 시간 dt 동안 각운동량의 변화는 $d\vec{\mathbf{L}} = \vec{\mathbf{L}}_f - \vec{\mathbf{L}}_i = \vec{\boldsymbol{\tau}}\,dt$이다. $d\vec{\mathbf{L}}$이 $\vec{\mathbf{L}}$에 수직이기 때문에 $\vec{\mathbf{L}}$의 크기는 변하지 않는다($|\vec{\mathbf{L}}_i| = |\vec{\mathbf{L}}_f|$). 변하는 것은 $\vec{\mathbf{L}}$의 **방향**뿐이다. 각운동량의 변화 $d\vec{\mathbf{L}}$은 xy 평면에 놓여 있는 $\vec{\boldsymbol{\tau}}$의 방향과 같기 때문에, 자이로스코프는 세차 운동을 하게 된다.

계를 간단히 설명하기 위하여, 다음과 같은 가정을 하자. 세차 운동을 하는 바퀴의 전체 각운동량은 회전에 의한 각운동량 $I\vec{\boldsymbol{\omega}}$와 질량 중심의 회전 중심점에 대한 운동에 기인하는 각운동량의 합이다. 여기서는 질량 중심의 운동에 의한 기여는 무시하고, 전체 각운동량으로 오직 $I\vec{\boldsymbol{\omega}}$만 취하겠다. 만약 $\vec{\boldsymbol{\omega}}$가 매우 클 경우 이것은 매우 좋은 근사가 된다.

그림 11.13c의 벡터 그림으로부터 시간 dt 동안 각운동량 벡터는 축이 회전한 각도인 $d\phi$만큼 회전함을 알 수 있다. 벡터 $\vec{\mathbf{L}}_i$, $\vec{\mathbf{L}}_f$, $d\vec{\mathbf{L}}$로 만들어지는 벡터 삼각형으로부터

$$d\phi = \frac{dL}{L} = \frac{\sum \tau_{\text{ext}}\,dt}{L} = \frac{(Mgr_{\text{CM}})\,dt}{L}$$

임을 알 수 있다. 각 항을 dt로 나누고 $L = I\omega$를 이용하면, 자이로스코프의 축이 연직축에 대하여 회전하는 비율

$$\omega_p = \frac{d\phi}{dt} = \frac{Mgr_{\text{CM}}}{I\omega} \tag{11.20}$$

을 얻을 수 있다. 각속력 ω_p는 **세차 진동수**(precessional frequency)라 한다. 이 결과는 $\omega_p \ll \omega$일 때에만 타당하다. 그렇지 않으면 운동은 상당히 복잡해진다. 식 11.20에서 알 수 있듯이 조건 $\omega_p \ll \omega$는 ω가 클 때, 즉 바퀴가 빨리 회전할 때 성립한다. 또한 ω가 증가함에 따라, 즉 바퀴가 대칭축 주위로 더 빨리 돌수록 세차 진동수는 감소함을 알 수 있다.

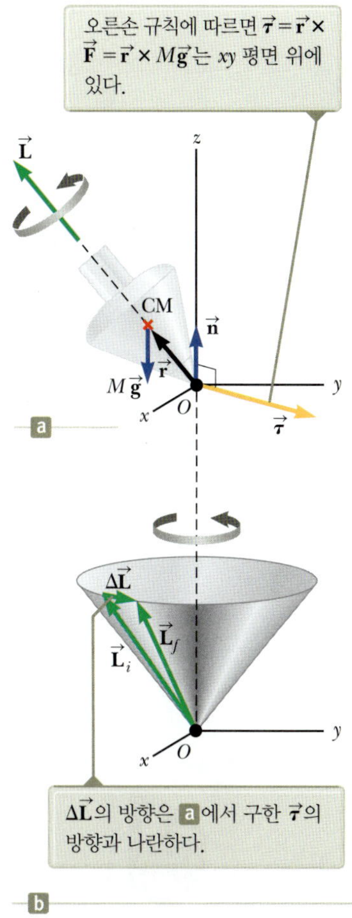

그림 11.12 대칭축 주위로 회전하는 팽이의 세차 운동. (a) 팽이에 작용하는 외력은 수직항력 $\vec{\mathbf{n}}$과 중력 $M\vec{\mathbf{g}}$이다. 각운동량 $\vec{\mathbf{L}}$의 방향은 대칭축과 나란하다. (b) $\vec{\mathbf{L}}_f = \Delta\vec{\mathbf{L}} + \vec{\mathbf{L}}_i$이므로 팽이는 z축 주위로 세차 운동을 한다.

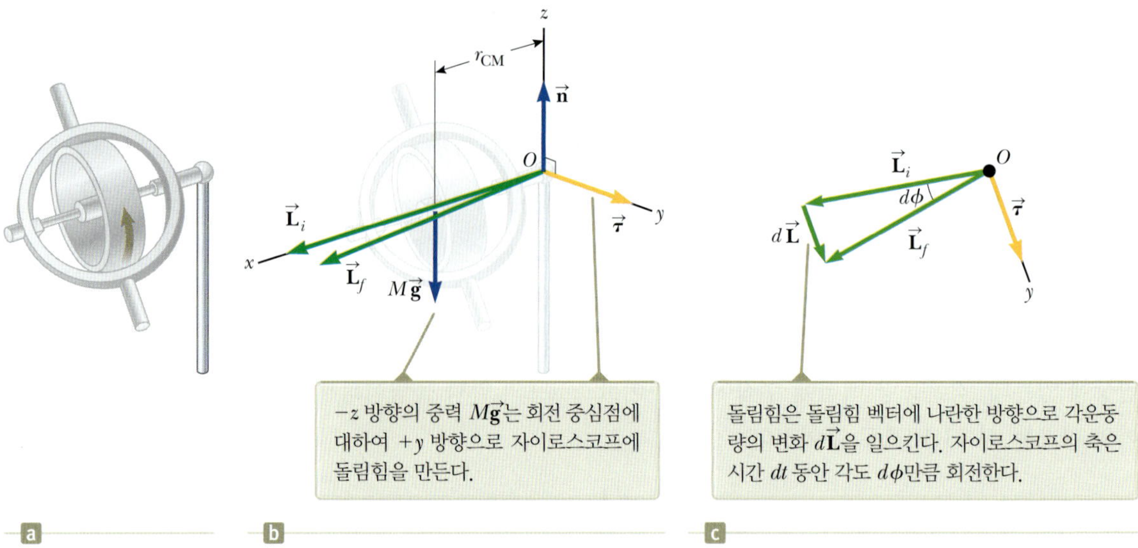

그림 11.13 (a) 회전하는 자이로스코프가 오른쪽 끝에 있는 회전 중심점 위에 놓여 있다. (b) 힘, 돌림힘 그리고 각운동량을 보여 주는 회전하는 자이로스코프 그림 (c) 작은 시간 dt 동안 자이로스코프의 처음과 나중 각운동량을 위에서 본 모습(z축 아래로 내려다봄)

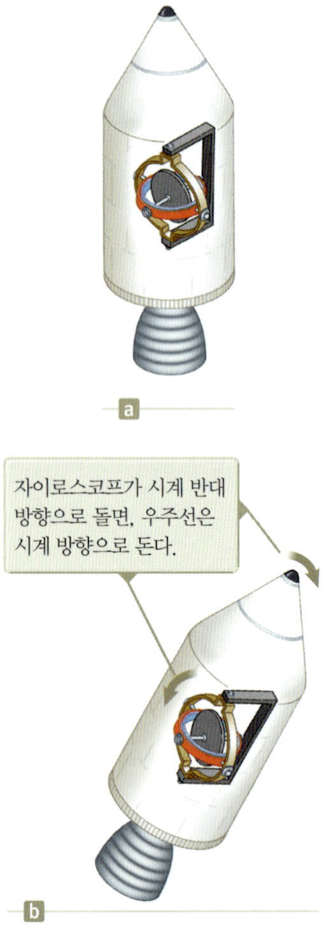

그림 11.14 (a) 우주선에 회전하지 않는 자이로스코프가 탑재되어 있다. (b) 자이로스코프가 회전하고 있다.

자이로스코프를 이용하는 예로서 여러분이 우주 공간을 날고 있는 우주선 안에 있고 궤도를 변경할 필요가 있다고 생각해 보자. 궤도를 변경하기 위해서는 엔진을 점화하기 전에 우주선을 원하는 방향으로 돌려야 한다. 하지만 빈 공간에서 우주선을 어떻게 회전시키는가? 한 가지 방법은 질량 중심 주위로 돌림힘이 발생하도록 우주선의 옆면에 수직으로 분사하는 작은 로켓 엔진을 다는 것이다. 이런 방법은 타당하며 실제로 많은 우주선이 그런 로켓을 달고 있다.

그러나 우주선 연료의 소비가 필요 없는 또 다른 방법을 생각해 보자. 그림 11.14a와 같이 우주선 안에 회전하지 않는 자이로스코프를 설치하였다고 가정하자. 이 경우 질량 중심에 대한 우주선의 각운동량은 영이다. 자이로스코프를 회전시켜 자이로스코프가 영이 아닌 각운동량을 갖도록 하였다고 생각해 보자. 우주선과 자이로스코프로 이루어진 고립계에 외부 돌림힘은 작용하지 않았으므로, 고립계(각운동량) 모형에 의하여 이 계의 각운동량은 영이 되어야 한다. 이 영의 값은 우주선이 자이로스코프의 회전 방향과 반대 방향으로 회전하여 자이로스코프의 각운동량과 우주선의 각운동량이 상쇄될 때에만 성립된다. 그림 11.14b에 나타난 것처럼 자이로스코프를 회전시킨 결과 우주선이 회전하게 된다. 서로 수직인 세 개의 자이로스코프를 설치하면, 우주 공간에서 어떤 방향으로든 회전을 할 수 있다.

이 효과가 우주선 **보이저 2호**의 비행 중에 원하지 않은 현상을 일으켰다. 우주선에는 고속 회전하는 테이프가 장착된 녹음기가 설치되어 있었다. 녹음기가 작동하는 매 순간 테이프는 자이로스코프와 같은 작용을 하여, 우주선은 반대 방향으로 원하지 않은 회전을 하였다. 이 때문에 우주 비행 관제소는 회전을 **멈추기** 위하여 측면을 향한 로켓 엔진을 작동시켜야만 하였다!

연습문제

객관식

1. 피겨 스케이트 선수가 양팔을 옆으로 편 채 회전을 시작한다. 이때 선수는 스케이트 끝으로 균형을 잡고 얼음과 마찰 없이 회전을 한다고 가정한다. 회전 도중 팔을 안쪽으로 오므려 관성 모멘트가 처음보다 1/2로 줄어든다. 이 과정에서 선수의 운동 에너지는 어떻게 변하는가? (a) 네 배로 증가한다. (b) 두 배로 증가한다. (c) 변하지 않는다. (d) 1/2로 감소한다. (e) 1/4로 감소한다.

2. 애완용 생쥐 한 마리가 정지되어 있는 수평 회전반 동쪽 끝 근처에서 자고 있다. 회전반은 중심에 마찰이 없는 연직 회전축에 의하여 지지되어 있다. 생쥐가 잠에서 깨어 북쪽으로 걷기 시작한다. **(i)** 생쥐가 첫 걸음을 뗄 때, 정지한 방바닥에 대하여 생쥐의 변위는 어느 방향인가? (a) 북쪽 (b) 남쪽 (c) 변위 변화 없음. **(ii)** 이 과정에서, 회전반에서 생쥐가 졸고 있었던 지점은 방바닥에 대하여 어느 방향으로 변하는가? (a) 북쪽 (b) 남쪽 (c) 변위 변화 없음. 다음 질문에 '예' 또는 '아니오'로 답하라. **(iii)** 이 과정에서 생쥐–회전반 계의 역학적 에너지는 일정한가? **(iv)** 이 계의 운동량은 일정한가? **(v)** 이 계의 각운동량은 일정한가?

3. 수직으로 놓인 텔레비전 화면을 바라보고 있는 여러분으로부터 오른쪽, 위쪽, 뒤쪽(화면에서 여러분을 향하는 방향)의 서로 수직인 세 방향을 고려해 보자. 이 세 방향의 단위 벡터를 각각 $\hat{\mathbf{r}}$, $\hat{\mathbf{u}}$, $\hat{\mathbf{t}}$라 하자. 이때 $(-3\hat{\mathbf{u}} \times 2\hat{\mathbf{t}})$를 고려하면, **(i)** 이 벡터의 크기는 얼마인가? (a) 6 (b) 3 (c) 2 (d) 0 **(ii)** 이 벡터의 방향은 어디인가? (a) 아래 (b) 뒤쪽 (c) 위 (d) 앞쪽 (e) 왼쪽

4. 나침반의 동서남북 네 방위를 각각 단위 벡터 $\hat{\mathbf{e}}$, $\hat{\mathbf{w}}$, $\hat{\mathbf{s}}$, $\hat{\mathbf{n}}$으로 표시하며, 연직 위와 아래 방향은 각각 $\hat{\mathbf{u}}$와 $\hat{\mathbf{d}}$의 단위 벡터로 표시하기로 한다. 또한 북동 방향과 같이 중간 방향은 단위 벡터 $\widehat{\mathbf{ne}}$와 같이 표시하기로 한다. 다음에 주어진 벡터곱을 크기가 큰 것부터 순서대로 나열하라. 만약 크기가 같거나 영인 경우가 생기면 표시하라. (a) $\hat{\mathbf{n}} \times \hat{\mathbf{n}}$ (b) $\hat{\mathbf{w}} \times \widehat{\mathbf{ne}}$ (c) $\hat{\mathbf{u}} \times \widehat{\mathbf{ne}}$ (d) $\hat{\mathbf{n}} \times \widehat{\mathbf{nw}}$ (e) $\hat{\mathbf{n}} \times \hat{\mathbf{e}}$

5. 다음 질문에 '예' 또는 '아니오'로 답하라. (a) 회전축을 표시하지 않고 강체에 작용하는 돌림힘을 계산할 수 있는가? (b) 돌림힘은 회전축의 위치에 무관한가?

6. 벡터 $\vec{\mathbf{A}}$는 $-y$ 방향이고 벡터 $\vec{\mathbf{B}}$는 $-x$ 방향이다. **(i)** $\vec{\mathbf{A}} \times \vec{\mathbf{B}}$는 어느 방향인가? (a) 스칼라이므로 방향이 없다. (b) x (c) $-y$ (d) z (e) $-z$. **(ii)** $\vec{\mathbf{B}} \times \vec{\mathbf{A}}$는 어느 방향인가? 앞의 보기 (a)~(e)에서 고르라.

7. 질량이 같은 두 망아지가 커다란 회전반의 반대쪽 양 끝에 서 있고, 이 회전반은 연직 방향인 중심축에 대하여 마찰 없이 회전하고 있다. 두 망아지가 서로 마주보며 상대를 향하여 동시에 움직이기 시작한다. **(i)** 회전반의 각속력은 어떻게 되는가? (a) 증가한다. (b) 감소한다. (c) 변화 없다. 망아지–회전반 계에서 다음 질문에 '예' 또는 '아니오'로 답하라. **(ii)** 이 계의 역학적 에너지는 보존되는가? **(iii)** 이 계의 운동량은 보존되는가? **(iv)** 이 계의 각운동량은 보존되는가?

8. 빈 공간에서 운동하는 고립계를 고려하자. 이 계는 상호 작용하는 물체들로 구성되어 있으며, 상대적인 위치를 바꿀 수 있다고 한다. 다음 중 시간에 따라 변하는 물리량은 어느 것인가? (a) 계의 각운동량 (b) 계의 선운동량 (c) 계의 각운동량과 선운동량 모두 (d) 계의 각운동량과 선운동량 모두 아님

주관식

11.1 벡터곱과 돌림힘

1. $\vec{\mathbf{M}} = 2\hat{\mathbf{i}} - 3\hat{\mathbf{j}} + \hat{\mathbf{k}}$이고 $\vec{\mathbf{N}} = 4\hat{\mathbf{i}} + 5\hat{\mathbf{j}} - 2\hat{\mathbf{k}}$일 때, 벡터곱 $\vec{\mathbf{M}} \times \vec{\mathbf{N}}$을 계산하라.

2. 원점에서 시작하는 변위를 나타내는 두 벡터의 크기와 각도(x축에 대하여 시계 반대 방향으로 측정한 값)가 하나는 42.0 cm와 15.0°이고 다른 하나는 23.0 cm와 65.0°이다. (a) 이 두 벡터를 두 변으로 하여 만들어지는 평행사변형의 넓이를 구하라. (b) 평행사변형의 긴 대각선의 길이를 구하라.

3. 주어진 두 벡터 $\vec{\mathbf{A}} = \hat{\mathbf{i}} + 2\hat{\mathbf{j}}$와 $\vec{\mathbf{B}} = -2\hat{\mathbf{i}} + 3\hat{\mathbf{j}}$에 대하여 (a) $\vec{\mathbf{A}} \times \vec{\mathbf{B}}$와 (b) 두 벡터 $\vec{\mathbf{A}}$와 $\vec{\mathbf{B}}$가 이루는 각도를 구하라.

4. 벡터곱과 단위 벡터 $\hat{\mathbf{i}}$, $\hat{\mathbf{j}}$, $\hat{\mathbf{k}}$의 정의를 이용하여 식 11.7을 증명하라. 이때 x축은 오른쪽으로, y축은 위로, z축은 여러분을 향하여 수평으로 나오는 방향으로 한다. 이렇게 좌표를 잡는 경우를 오른손 좌표계라 한다.

5. 그림 P11.5에서와 같이 (a) 종이면에 수직이고 O를 지나는

회전축에 대하여(b) 종이면에 수직이고 C를 지나는 회전축에 대하여, 막대에 작용하는 알짜 돌림힘(크기와 방향)을 각각 구하라.

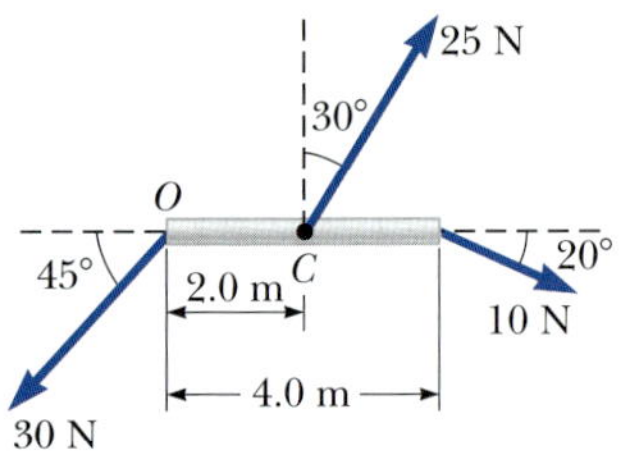

그림 P11.5

6. 두 벡터 $\vec{\mathbf{A}} = -3\hat{\mathbf{i}} + 7\hat{\mathbf{j}} - 4\hat{\mathbf{k}}$와 $\vec{\mathbf{B}} = 6\hat{\mathbf{i}} - 10\hat{\mathbf{j}} + 9\hat{\mathbf{k}}$가 있다. (a) $\cos^{-1}[\vec{\mathbf{A}} \cdot \vec{\mathbf{B}}/AB]$, (b) $\sin^{-1}[|\vec{\mathbf{A}} \times \vec{\mathbf{B}}|/AB]$를 계산하라. (c) 둘 중 어느 것이 두 벡터 사이의 각도인가?

7. 만약 $|\vec{\mathbf{A}} \times \vec{\mathbf{B}}| = \vec{\mathbf{A}} \cdot \vec{\mathbf{B}}$이면 $\vec{\mathbf{A}}$와 $\vec{\mathbf{B}}$ 사이의 각도는 얼마인가?

8. $\vec{\mathbf{r}} = (4.00\hat{\mathbf{i}} + 6.00\hat{\mathbf{j}})$ m에 위치해 있는 입자에 힘 $\vec{\mathbf{F}} = (3.00\hat{\mathbf{i}} + 2.00\hat{\mathbf{j}})$ N이 작용하고 있다. (a) 원점에 대하여 이 입자에 작용하는 돌림힘은 얼마인가? (b) 이 힘에 의하여 생긴 돌림힘이 (a)의 결과에 비하여 크기가 반이고 방향이 반대인 기준점이 있는가? (c) 이런 지점이 둘 이상 있는가? (d) 이런 지점이 y축에 있을 수 있는가? (e) y축에 이런 점이 둘 이상 있을 수 있는가? (f) 이런 점 하나의 위치 벡터를 구하라.

9. 그림 P11.9처럼 두 힘 $\vec{\mathbf{F}}_1$과 $\vec{\mathbf{F}}_2$가 정삼각형의 두 변을 따라 작용하고 있다. 점 O는 삼각형 수선들의 교점이다. (a) 점 O에 대하여 알짜 돌림힘이 영이 되도록 선분 BC를 따라 점 B에 작용하는 제3의 힘 $\vec{\mathbf{F}}_3$을 구하라. (b) 만약 $\vec{\mathbf{F}}_3$이 점 B가 아니라 선분 BC 사이의 다른 점에 작용하면, 알짜 돌림힘은 변하는가?

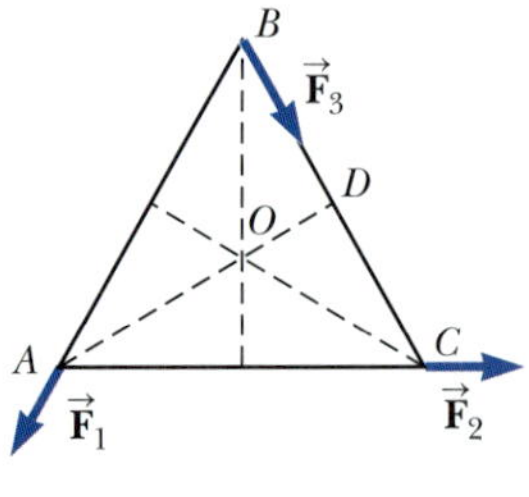

그림 P11.9

10. 한 학생이 식 $(2\hat{\mathbf{i}} - 3\hat{\mathbf{j}} + 4\hat{\mathbf{k}}) \times \vec{\mathbf{A}} = (4\hat{\mathbf{i}} + 3\hat{\mathbf{j}} - \hat{\mathbf{k}})$를 만족하는 벡터 $\vec{\mathbf{A}}$를 찾았다고 주장한다. (a) 이 주장이 옳은가? (b) 왜 옳은지 또는 옳지 않은지 설명하라.

11.2 분석 모형: 비고립계 (각운동량)

11. 길이 $\ell = 1.00$ m인 가벼운 강체 막대의 양 끝에 질량 $m_1 = 4.00$ kg과 $m_2 = 3.00$ kg인 두 물체가 연결되어 있다. 연결된 물체들이 막대의 중앙을 중심으로 xy 평면에서 회전하고 있다(그림 P11.11). 두 물체의 속력이 5.00 m/s일 때, 원점에 대한 계의 각운동량을 구하라.

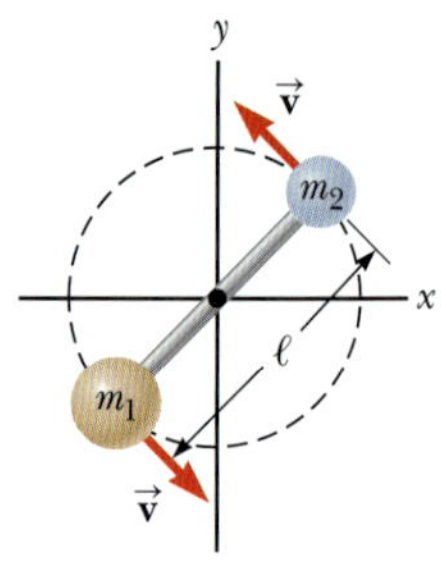

그림 P11.11

12. 1.50 kg인 입자가 xy 평면에서 $\vec{\mathbf{v}} = (4.20\hat{\mathbf{i}} - 3.60\hat{\mathbf{j}})$ m/s의 속도로 움직인다. 이 입자의 위치 벡터가 $\vec{\mathbf{r}} = (1.50\hat{\mathbf{i}} + 2.20\hat{\mathbf{j}})$ m일 때, 원점에 대한 입자의 각운동량을 결정하라.

13. 질량 m인 입자가 $\vec{\mathbf{v}} = v_x\hat{\mathbf{i}} + v_y\hat{\mathbf{j}}$의 속도로 xy 평면에서 운동하고 있다. 이 입자의 위치 벡터가 $\vec{\mathbf{r}} = x\hat{\mathbf{i}} + y\hat{\mathbf{j}}$일 때 원점에 대한 입자의 각운동량을 구하라.

14. 질량이 12 000 kg인 한 비행기가 미국의 캔자스 평원을 고도 4.30 km로 일정하게 유지하며 서쪽으로 175 m/s의 등속도로 파이크스 피크(Pike's Peak; 미국 콜로라도에 있는 산) 정상을 향하여 직선으로 운항하고 있다. (a) 비행기 바로 아래 지상에 있는 밀 농사꾼에 대한 비행기의 벡터 각운동량은 얼마인가? (b) 비행기가 계속 직선으로 날아가는 경우 이 값은 변하는가? (c) 파이크스 피크 정상에 대한 각운동량은 얼마인가?

15. 그림 P11.15처럼 질량 m인 포물체가 처음 속도 $\vec{\mathbf{v}}_i$로 수평과 각도 θ를 이루며 발사된다. 포물체는 지구의 중력을 받으며 운동을 한다. 다음의 경우에 대하여 원점에 대한 포물체의 각운동량을 구하라. 포물체가 (a) 원점에 있을 때, (b) 경로의 최고점에 있을 때, (c) 지면에 떨어지기 직전의 순간에 있을 때. (d) 어떤 돌림힘이 각운동량을 변하게 하는가?

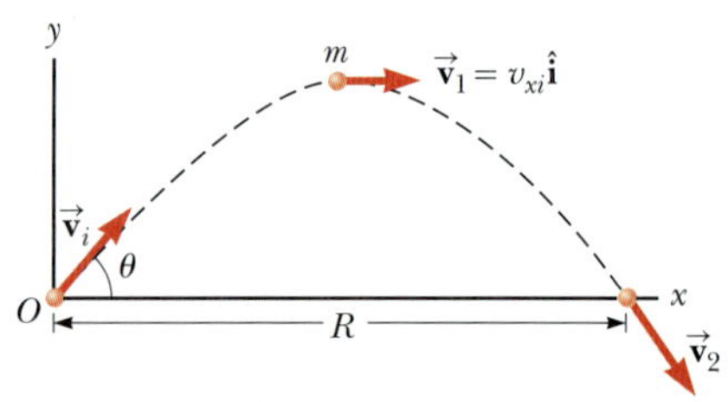

그림 P11.15

16. 그림 P11.16과 같이 질량 m인 추가 수평면에서 원운동을 그리고 있는 원추 진자가 있다. 운동 중 길이 ℓ인 줄은 연직과 일정한 각도 θ를 유지하고 있다. 진자추의 연직 점선에

대한 각운동량 L의 크기가 다음과 같음을 보이라.

$$L = \left(\frac{m^2 g \ell^3 \sin^4 \theta}{\cos \theta}\right)^{1/2}$$

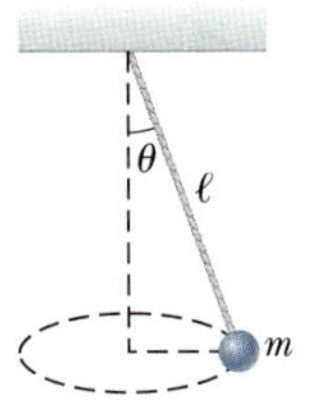

그림 P11.16

17. 질량 m인 입자가 그림 P11.17처럼 일정한 속력 v로 반지름 R인 원을 따라 돌고 있다. 만약 운동이 시간 $t = 0$일 때 점 Q에서 시작하였다면, 점 P를 지나고 종이면에 수직인 축에 대한 입자의 각운동량을 시간의 함수로 나타내라.

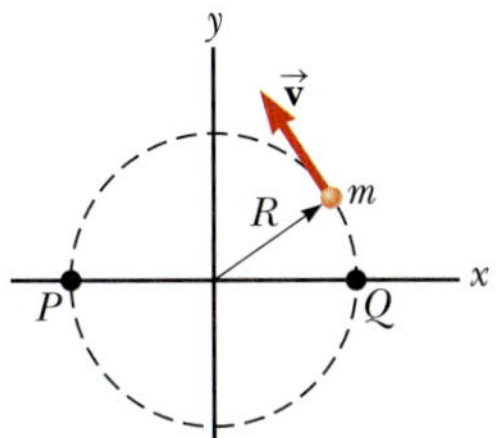

그림 P11.17 문제 17, 31

18. 그림 P11.18과 같이 질량 $m = 4.00$ kg인 물체가 도르래에 감긴 질량을 무시할 수 있는 가벼운 줄 끝에 매달려 있다. 도르래는 반지름 $R = 8.00$ cm이고 질량 $M = 2.00$ kg인 얇은 고리 모양이고, 실의 질량은 무시한다. (a) 계에 작용하는 도르래의 축에 대한 알짜 돌림힘의 크기는 얼마인가? (b) 물체가 속력 v에 도달할 때 도르래의 각속력은 $\omega = v/R$이다. 도르래 축에 대한 계의 전체 각운동량의 크기를 계산하라. (c) (b)에서 얻은 결과와 $\vec{\tau} = d\vec{L}/dt$을 이용하여 물체의 가속도를 구하라.

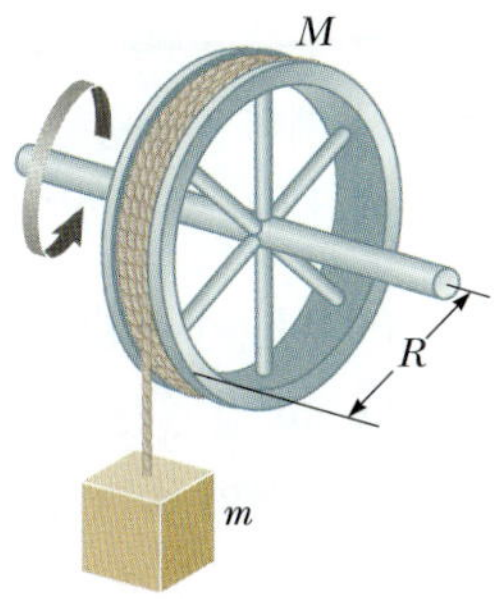

그림 P11.18

19. 질량이 2.00 kg인 입자의 위치 벡터가 시간의 함수인 $\vec{r} = (6.00\hat{i} + 5.00t\hat{j})$로 주어진다. 여기서 $\vec{r}$과 t의 단위는 각각 m와 s이다. 원점에 대한 입자의 각운동량을 시간의 함수로 구하라.

20. 질량이 5.00 kg인 입자가 원점에서 시간 0 s에서 움직이기 시작하며 시간 t일 때의 속도가

$$\vec{v} = 6t^2\hat{i} + 2t\hat{j}$$

로 주어진다. 여기서 $\vec{v}$의 단위는 m/s이고 시간의 단위는 s이다. (a) 위치를 시간의 함수로 구하라. (b) 이 운동을 정성적으로 분석해 보라. 그리고 시간의 함수로서 다음을 구하라. (c) 입자의 가속도, (d) 입자에 작용하는 알짜힘, (e) 입자에 작용하는 원점에 대한 알짜 돌림힘, (f) 입자의 각운동량, (g) 입자의 운동 에너지, (h) 입자계에 전달되는 일률

21. 질량이 m인 공이 그림 P11.21에서와 같이 높은 건물벽의 점 P에 붙은 깃대의 끝에 고정되어 있다. 깃대의 길이는 ℓ이고, x축과 θ의 각도를 이룬다. 공은 점점 풀려서 가속도 $-g\hat{j}$로 떨어지기 시작한다. (a) 점 P에 대한 각운동량을 시간의 함수로 나타내라. (b) 어떤 물리적 이유로 각운동량이 변하는가? (c) 점 P에 대한 각운동량의 변화율은 얼마인가?

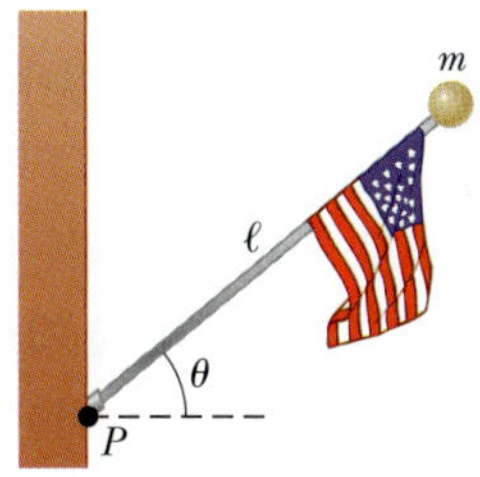

그림 P11.21

11.3 회전하는 강체의 각운동량

22. 반지름 $r = 0.500$ m, 질량 $m = 15.0$ kg인 속이 찬 균일한 구가 중심을 지나는 연직축에 대하여 시계 반대 방향으로 회전하고 있다. 각속력이 3.00 rad/s일 때 각운동량 벡터를 구하라.

23. 고정축을 중심으로 각운동량 $L = I\omega$로 회전하는 물체의 운동 에너지가 $K = L^2/2I$으로 주어짐을 보이라.

24. 질량 $m = 3.00$ kg, 반지름 $r = 0.200$ m인 균일한 원판이 표면에 수직인 고정축 주위로 회전하고 있다. 각진동수가 6.00 rad/s일 때 회전축이 (a) 질량 중심을 지날 때와 (b) 중심과 가장자리의 중간 지점을 지날 때의 각운동량 크기를 각각 구하라.

25. 지구를 속이 균일한 구라 가정하자. (a) 지축에 대한 자전에 의한 지구의 각운동량을 계산하라. (b) 태양을 중심으로 궤도 운동을 하는 지구의 각운동량을 계산하라. (c) 자전에 의하여 한 바퀴 도는 것보다 태양을 중심으로 궤도 원운동을 하는 것이 훨씬 시간이 많이 걸리지만 (b)의 결과가 (a)의 결과보다 더 큰 이유를 설명하라.

26. 질량이 0.400 kg인 입자가 질량이 0.100 kg인 미터자의 눈금이 100 cm인 곳에 붙어 있다. 미터자가 평평하고 마찰이 없는 수평 탁자 위에서 각속력 4.00 rad/s로 회전하고 있다. (a) 50.0 cm 눈금을 지나고 탁자에 수직인 축에 대하여 회전할 경우와 (b) 0 cm 눈금을 지나고 탁자에 수직인 축에 대하여 회전할 경우 계의 각운동량을 구하라.

27. 두 바퀴의 중심 사이의 거리가 155 cm인 오토바이가 있다. 운전자를 포함한 오토바이의 질량 중심이 두 바퀴의 중간 지점, 지면에서 높이 88.0 cm에 있다. 두 바퀴의 질량은 오토바이 몸체 질량에 비하여 현저히 작다고 가정한다. 엔진은 뒷바퀴에만 작용한다. 어느 정도의 수평 방향 가속이 있어야 앞바퀴가 지면에서 위로 뜰 수 있는가?

28. 우주 정거장이 질량 5.00×10^4 kg의 빈 고리 모양으로 만들어진다. 승무원들이 반지름 $r = 100$ m인 고리 바깥벽 안쪽 면 위를 걷는다. 처음에 정지 상태에 있던 우주 정거장을 내부의 승무원들이 g와 같은 유효 자유 낙하 가속도를 느끼도록 중심축에 대하여 회전하게 만든다(그림 P11.28). 정거장은 고리 외부의 반대편에 각각 접선 방향으로 부착된 두 개의 작은 로켓을 점화함으로써 회전한다. (a) 우주 정거장은 얼마의 각운동량을 얻어야 하는가? (b) 만약 각각의 로켓이 125 N의 추진력을 낸다면 얼마나 오랫동안 로켓을 작동해야 하는가?

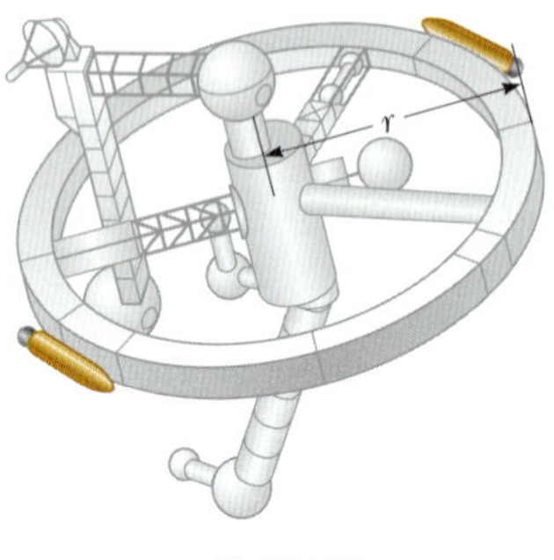

그림 P11.28

11.4 분석 모형: 고립계 (각운동량)

29. 관성 모멘트가 I_1인 한 원판이 마찰이 없는 연직축에 대하여 각속력 ω_i로 회전하고 있다. 관성 모멘트가 I_2이며 처음에 회전하고 있지 않은 두 번째 원판이 첫 번째 원판으로 떨어진다(그림 P11.29). 원판 표면 사이의 마찰에 의하여 두 원판은 결국에는 나중 각속력 ω_f로 회전한다. 이때 (a) ω_f를 계산하라. (b) 나중과 처음 회전 운동 에너지의 비를 구하라.

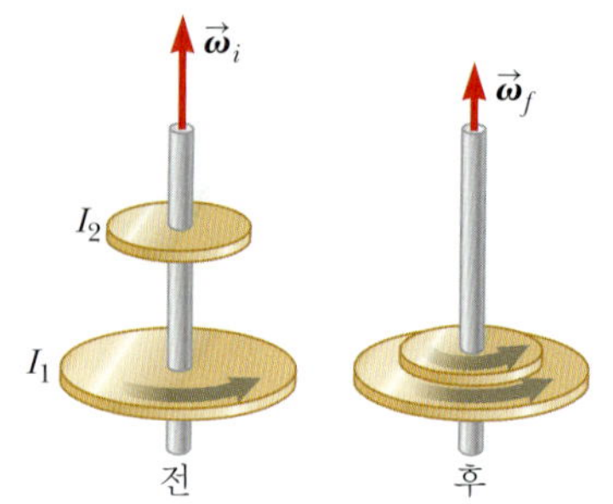

그림 P11.29

30. 반지름 $R = 2.00$ m, 관성 모멘트 $I = 250$ kg·m^{2}인 회전목마가 마찰이 없는 연직축에 대하여 10.0 rev/min의 각속력으로 회전하고 있다. 회전축을 향하여 25.0 kg의 어린이가 회전목마 위로 뛰어올라 가장자리에 앉는다. 회전목마의 새로운 각속력은 얼마인가?

31. 그림 P11.17은 마찰이 없는 수평면에서 질량 $m = 2.40$ kg의 작고 평평한 퍽이 운동하는 모습을 보여 준다. 이 퍽은 질량을 무시할 수 있고 길이가 $R = 1.50$ m인 막대의 한쪽 끝에 붙어 있고, 다른 쪽 끝에 고정된 축에 원형 궤도를 돌고 있다. 처음에 퍽은 $v = 5.00$ m/s의 속력을 갖는다. 퍽으로부터 약간 위에 있던 1.30 kg의 접착제 공이 연직 방향으로 떨어져서 퍽에 순간적으로 붙는다. (a) 새로운 회전 주기는 얼마인가? (b) 이 과정에서 회전축에 대한 퍽–접착제 계의 각운동량은 일정한가? (c) 접착제가 퍽에 붙는 과정에서 계의 운동량은 일정한가? (d) 이 과정에서 계의 역학적 에너지는 일정한가?

32. 60.0 kg의 여성이 반지름이 2.00 m이고 관성 모멘트가 500 kg·m^{2}인 수평 회전반의 서쪽 가장자리에 서 있다. 회전반은 처음에 정지 상태에 있으며, 중심을 지나는 마찰이 없는 연직축 주위로 자유롭게 회전할 수 있다. 여성이 지구에 대하여 1.50 m/s의 일정한 속력으로 (계를 위에서 볼 때) 시계 방향으로 가장자리를 따라 걷기 시작한다. 여성–회전반 계의 운동을 고려해 보자. (a) 계의 역학적 에너지는 일정한가? (b) 계의 운동량은 일정한가? (c) 계의 각운동량은 일정한가? (d) 회전반은 어느 방향으로 얼마의 각속력으로 돌게 되는가? (e) 여성이 운동을 시작하고 회전반이 움직이기 시작하면서, 인체의 화학적 에너지 중 얼마만큼이 여성–회전반 계의 역학적 에너지로 변환되는가?

33. 어떤 학생이 일인용 회전의자에 질량이 각각 3.00 kg인 아령을 들고 앉아 있다(그림 P11.33). 그림 P11.33a처럼 학생이 양팔을 수평으로 벌릴 때, 회전축에서 아령까지의 거리

는 1.00 m이고 각속력은 0.750 rad/s이다. 학생과 의자의 관성 모멘트가 3.00 kg·m^{2}로 팔의 위치와 관계없이 일정하다고 가정한다. 그림 P11.33b처럼 회전하는 도중에 학생이 팔을 안으로 오므려 회전축과 아령 사이의 거리가 0.300 m가 되게 한다. 이때 (a) 새로운 각속력을 구하라. (b) 팔을 벌릴 때와 안으로 오므릴 때, 이 회전하는 계의 운동 에너지를 각각 구하라.

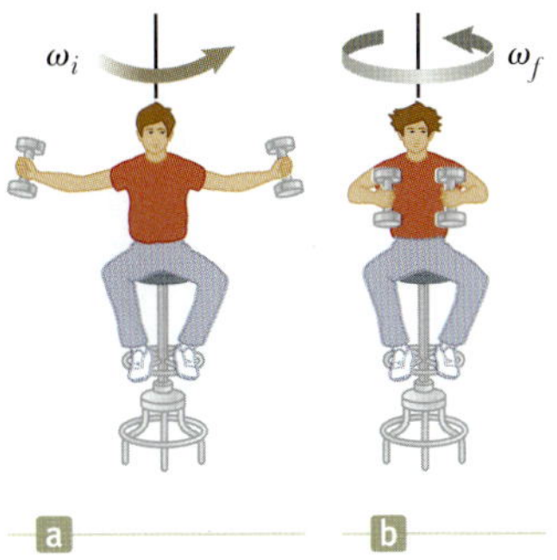

그림 P11.33

34. 반지름이 1.90 m이고 질량이 30.0 kg인 원통형 회전반이 4π rad/s의 처음 각속력으로 수평면에서 시계 반대 방향으로 회전하고 있다. 회전반의 베어링은 마찰이 없다고 간주한다. 이때 크기를 무시할 수 있는 질량 2.25 kg의 진흙 덩어리가 회전반 바로 위에서 떨어져 회전축에서 동쪽으로 1.80 m 떨어진 곳에 붙어서 같이 회전하게 된다. (a) 진흙과 회전반의 나중 각속력을 구하라. (b) 이 과정에서 회전반–진흙 계의 역학적 에너지는 일정한가? 계산을 통해서 답을 구하고 이를 설명하라. (c) 이 과정에서 계의 운동량은 일정한지 설명하라.

35. 그림 P11.35a와 같이 질량이 $m_1 = 80.0$ g이고 반지름이 $r_1 = 4.00$ cm인 퍽이 공기 테이블을 따라 $v = 1.50$ m/s의 속력으로 미끄러진다. 이 퍽이 정지해 있는 반지름이 $r_2 =$ 6.00 cm이고 질량이 $m_2 = 120$ g인 두 번째 퍽에 가장자리가 스치듯 충돌하였다. 이들의 가장자리에 접착제가 입혀져 있기 때문에, 퍽들은 충돌 후 함께 붙어서 회전한다(그림 P11.35b). (a) 질량 중심에 대한 계의 각운동량은 얼마인가? (b) 질량 중심에 대한 각속력은 얼마인가?

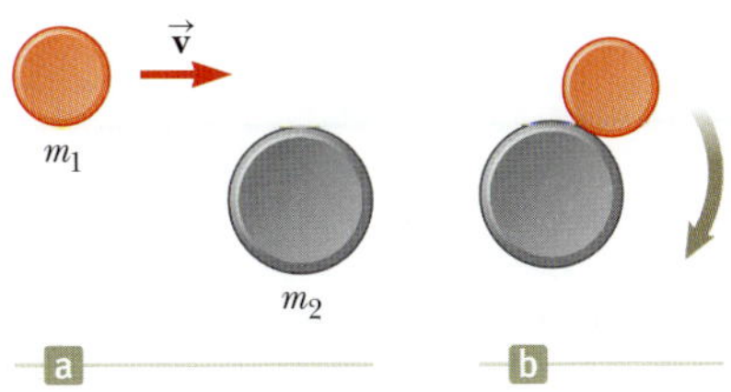

그림 P11.35

36. 마찰이 없는 수평면 위에 정지해 있는 질량 M의 나무 조각이 길이 ℓ인 질량을 무시할 수 있는 강체 막대에 붙어 있다(그림 P11.36). 막대의 다른 한쪽 끝을 고정시켜 회전할 수 있도록 하였다. 수평면에 평행하고 막대에 수직인 방향으로 속력 v로 움직이던 질량 m인 총알이 나무 조각에 충돌하여 박힌다. (a) 막대의 회전축에 대한 총알–나무 조각 계의 각운동량은 얼마인가? (b) 총알이 원래 갖고 있던 운동 에너지의 어느 정도가 충돌 과정에서 계의 내부 에너지로 변환되는가?

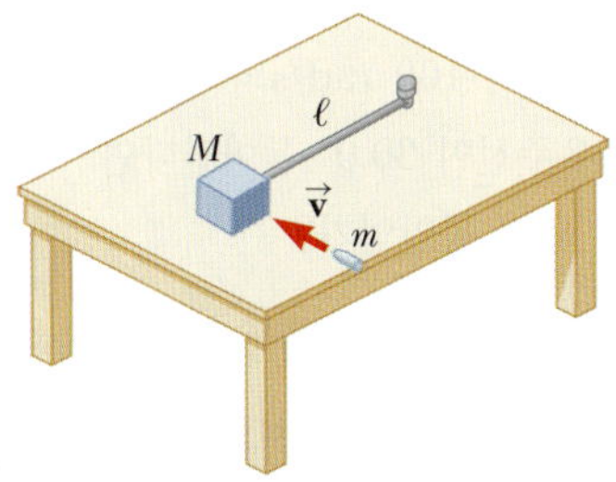

그림 P11.36

37. 얇고 균일한 직사각형의 간판이 가게의 문 위에 연직으로 매달려 있다. 간판의 위쪽 변은 정지 상태의 수평 막대에 붙어 있고, 간판은 막대를 축으로 마찰 없이 흔들릴 수 있다. 간판의 질량은 2.40 kg이고, 연직 방향의 길이는 50.0 cm이다. 아이들이 재미로 흔들리고 있는 간판에 눈뭉치를 던져 맞히려고 한다. 간판의 최대 각변위는 연직 축에 대하여 양쪽 방향으로 25.0°이다. 간판이 연직 위치에 있고 왼쪽으로 이동하려는 순간에, 속도 160 cm/s로 수평 방향 오른쪽으로 운동하던 질량이 400 g인 눈뭉치가 간판의 아래쪽 변에 충돌하여 거기에 붙는다. (a) 충돌 직전 간판의 각속력을 계산하라. (b) 충돌 직후 간판의 각속력을 계산하라. (c) 흔들려서 올라가는 최대 각도는 얼마인가?

38. 질량 m, 속도 $\vec{\mathbf{v}}_i$인 진흙 덩어리가 질량 M, 반지름이 R인 고체 원통에 발사된다(그림 P11.38). 원통은 처음에 움직이지 않고 있었으며, 질량 중심을 지나는 수평축에 고정되어 있다. 진흙은 수평축에 수직으로 중심에서 d만큼 위로 지나가게 된다($d < R$). 이때 (a) 진흙이 원통에 충돌한 후 원통 표면에 붙어서 회전할 경우, 충돌 직후의 각속력을 구하라. (b) 이 과정에서 진흙–원통 계의 역학적 에너지는 일정

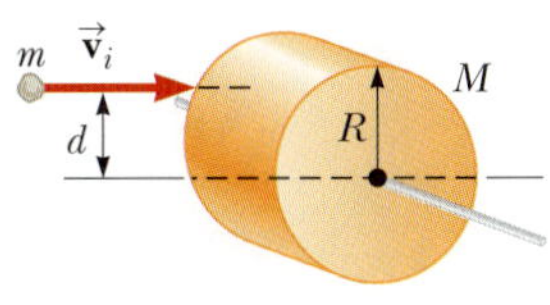

그림 P11.38

한가? 결과에 대하여 설명하라. (c) 이 과정에서 진흙–원통계의 운동량은 충돌 전후 일정한가? 결과에 대하여 설명하라.

11.5 자이로스코프와 팽이의 운동

39. 자이로스코프 축에 대한 관성 모멘트 $I_g = 20.0\ \text{kg}\cdot\text{m}^2$인 자이로스코프를 실은 우주선이 우주 공간에 있다. 같은 축에 대하여 우주선의 관성 모멘트 $I_s = 5.00 \times 10^5\ \text{kg}\cdot\text{m}^2$이다. 우주선과 자이로스코프 모두 처음에는 회전하지 않았다. 무시할 수 있을 정도의 아주 짧은 시간 동안 자이로스코프에 힘이 가해져 100 rad/s의 각속력으로 회전하기 시작한다. 만약 우주선이 30.0° 돌아간다면, 자이로스코프가 작동한 시간은 얼마 동안인가?

40. 그림 11.40과 같이 세차 운동하는 자이로스코프의 각운동량 벡터는 원뿔 면을 쓸며 지나간다. 세차 진동수라고 하는 각운동량 벡터 끝의 각속력은 $\omega_p = \tau/L$로 주어지고, 여기서 τ는 자이로스코프에 작용한 돌림힘의 크기이고 L은 각운동량의 크기이다. 지구의 회전축은 2.58×10^4년의 주기로 공전면에 수직인 방향 주위로 세차 운동을 하고, 이를 춘분점의 세차 운동(precession of the equinoxes)이라 한다. 지구를 균일한 구라고 가정하고, 지구에 작용하여 세차 운동을 일으키는 돌림힘의 크기를 구하라.

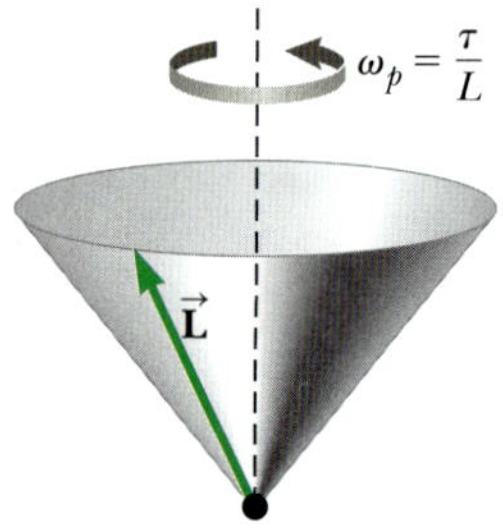

그림 P11.40 세차 운동하는 각운동량 벡터는 공간에서 원뿔 면을 쓸며 지나간다.

CHAPTER

12

정적 평형과 탄성

Static Equilibrium and Elasticity

10장과 11장에서 강체의 동역학에 관하여 배웠다. 이 장에서는 강체가 평형을 이루는 조건에 대하여 공부한다. **평형**이란 어떤 물체가 관성 기준틀에서 관측자에 대하여 등속도와 등각속도로 움직이고 있다는 것을 의미한다. 여기서는 물체의 이 두 속도가 모두 영인 특별한 경우만을 다루며, 이 경우 물체는 **정적 평형** 상태에 있다고 한다. 정적 평형은 토목 공사에서 자주 마주치게 되는 대표적인 상황으로서, 특히 토목 기사와 건축 설계사 및 기계 기사들은 특히 그 원리를 잘 이해해야 한다. 공학도들은 앞으로 배울 고급 과정의 정역학 과목을 확실하게 이수해야 할 것이다.

이 장의 마지막 절에서는 힘을 받는 물체들이 어떻게 변형되는지에 관하여 다룬다. 가해진 변형력이 사라지면 원래의 모양으로 되돌아가는 것이 **탄성체**이다. 서로 다른 종류의 변형에 대하여 각각의 탄성 계수를 정의한다.

삼백만 kg의 거석이 수백만 년 동안이나 정적 평형 상태를 유지하고 있는 유타주 아치국립공원(Arches National Park)의 균형바위(Balanced Rock). 근처에 있던 균형바위의 아우 부전자전바위는 1975년 겨울에 붕괴되었다. 영화 '인디아나 존스 III–최후의 성전'의 시작 화면에 보이는 바위가 바로 균형바위이다. 이 장에서는 물체의 평형 조건에 대하여 공부한다. *(John W. Jewett Jr.)*

12.1 분석 모형: 평형 상태의 강체
Analysis Model: Rigid Object in Equilibrium

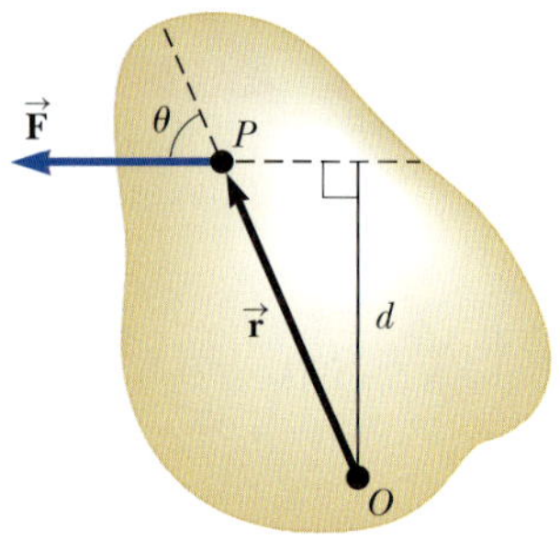

그림 12.1 강체의 한 점 P에 단 하나의 힘 $\vec{\mathbf{F}}$가 작용한다.

5장에서 우리는 입자에 작용하는 알짜힘이 영이어서 등속도로 운동하는 평형 상태의 입자 모형에 대하여 배웠다. 크기가 있는 실제 물체는 단순히 입자로 다룰 수 없는 경우가 많기 때문에 상황이 좀 더 복잡해진다. 크기가 있는 물체가 평형 상태에 있으려면, 두 번째 조건이 충족되어야만 한다. 이 두 번째 조건에는 크기가 있는 물체의 회전 운동에 대한 부분이 들어 있다.

그림 12.1에서처럼 강체에 단 하나의 힘 $\vec{\mathbf{F}}$가 작용한다고 하자. O를 지나는 축에 대하여 힘 $\vec{\mathbf{F}}$에 의하여 생긴 돌림힘은 식 11.1로 주어짐을 상기하자.

$$\vec{\boldsymbol{\tau}} = \vec{\mathbf{r}} \times \vec{\mathbf{F}}$$

식 10.14를 참조하면 $\vec{\boldsymbol{\tau}}$의 크기는 Fd가 되며, 여기서 d는 그림 12.1에 보인 모멘트 팔이다. 식 10.18에 따르면 강체에 작용하는 알짜 돌림힘은 각가속도를 일으키는 원인이 된다.

이제 이렇게 회전하는 강체의 각가속도가 영인 경우를 살펴보자. 이런 물체를 **회전 평형**(rotational equilibrium) 상태에 있다고 한다. 하나의 고정축에 대한 회전 운동에서 $\Sigma \tau_{\text{ext}} = I\alpha$이므로, 회전 평형에 관한 필요 조건은 어떤 축에 대해서라도 알짜 돌림힘이 반드시 영이어야 한다는 것이다. 어떤 물체가 평형 상태에 있으려면 다음 두 가지 필요 조건을 만족해야 한다.

오류 피하기 12.1

돌림힘이 영 알짜 돌림힘이 영이라고 해서 회전 운동이 없다고 생각하면 안 된다. 어떤 물체가 일정한 각속력으로 회전하고 있을 때에도 물체에 작용하는 알짜 돌림힘은 영이다. 병진 운동의 경우에도 이와 유사한 말을 할 수 있다. 알짜힘이 영인 것이 병진 운동이 없음을 의미하는 것은 아니다.

1. 물체에 작용하는 알짜 외력이 반드시 영이어야 한다.

$$\sum \vec{\mathbf{F}}_{\text{ext}} = 0 \tag{12.1}$$

2. 어떤 원점이나 축에 관해서든 물체에 작용하는 알짜 외부 돌림힘이 반드시 영이어야 한다.

$$\sum \vec{\boldsymbol{\tau}}_{\text{ext}} = 0 \tag{12.2}$$

위의 조건은 **평형 상태의 강체**(rigid object in equilibrium)를 분석하는 모형을 기술하고 있다. 첫 번째 조건은 병진 평형에 대한 것이다. 이는 관성 기준틀에서 볼 때, 물체의 질량 중심의 병진 가속도가 반드시 영이어야 한다는 뜻이다. 두 번째 조건은 회전 평형에 관한 표현으로서, 어떤 축에 대해서라도 각가속도가 반드시 영이 되어야 한다는 뜻이다. 이 장에서 다루는 특별한 경우인 **정적 평형**(static equilibrium)에서는 물체가 관측자에 대하여 정지해 있어서 병진 속력과 각속력을 갖지 않는다(즉 $v_{\text{CM}} = 0$이고 $\omega = 0$이다).

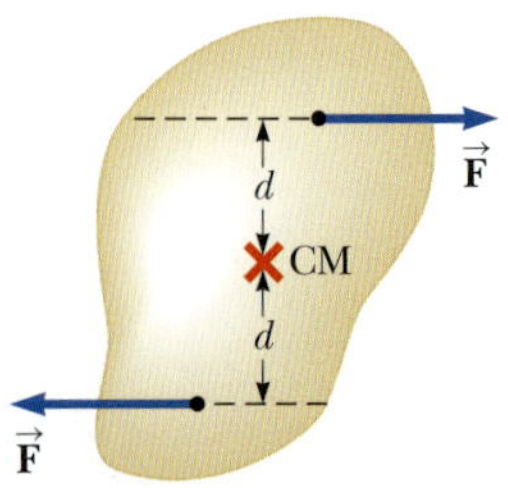

그림 12.2 (퀴즈 12.1) 크기가 같은 두 힘이 강체의 질량 중심으로부터 같은 거리에 있는 두 점에 작용한다.

퀴즈 12.1 그림 12.2에서처럼 크기가 같은 두 힘이 작용하고 있는 물체에 대하여 생각해 보자. 이 상황에 대한 올바른 설명을 고르라. **(a)** 물체는 힘의 평형 상태에 있으나 돌림힘의 평형 상태는 아니다. **(b)** 물체는 돌림힘의 평형 상태에 있으나 힘의 평형 상태는 아니다. **(c)** 물체는 힘과 돌림힘 둘 다 평형 상태에 있다. **(d)** 물체는 힘과 돌림힘 둘 다 평형 상태가 아니다.

Q 퀴즈 12.2 그림 12.3에서와 같이 세 힘이 작용하고 있는 물체에 대하여 생각해 보자. 이 상황에 대한 올바른 설명을 고르라. **(a)** 물체는 힘의 평형 상태에 있으나 돌림힘의 평형 상태는 아니다. **(b)** 물체는 돌림힘의 평형 상태에 있으나 힘의 평형 상태는 아니다. **(c)** 물체는 힘과 돌림힘 둘 다 평형 상태에 있다. **(d)** 물체는 힘과 돌림힘 둘 다 평형 상태가 아니다.

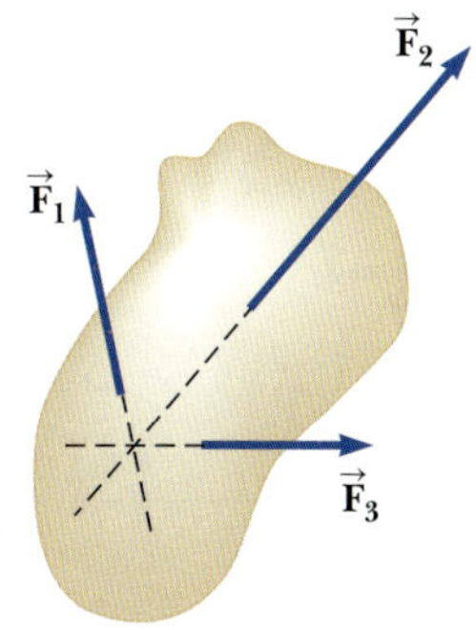

그림 12.3 (퀴즈 12.2) 세 힘이 물체에 작용하고 있다. 세 힘의 작용선이 한 점에서 만나고 있음에 주목하라.

보통 식 12.1과 12.2의 두 벡터 식은 여섯 개의 스칼라 식으로 주어진다. 두 평형 조건에서 x, y, z 성분에 대응하는 식이 각각 세 개씩 나온다. 따라서 제각각의 방향으로 작용하는 여러 힘이 있는 복잡한 계에서는 미지수를 다수 포함하는 방정식의 집합을 풀어야만 한다. 여기서는 작용하는 모든 힘이 xy 평면에만 놓이도록 제한한다[힘 벡터들이 같은 평면 위에 있으면 **동일 평면**(coplanar)에 있는 힘들이라고 한다]. 그러면 단 세 개의 스칼라 식만 다루면 된다. 그중 둘은 x와 y 방향에서의 힘의 평형에서 나온다. 세 번째 식은 돌림힘 식에서 나온다. 다시 말하면 xy 평면 상의 임의의 점을 관통하는 수직축에 대한 알짜 돌림힘은 영이어야만 한다. 이 수직축은 필연적으로 z축에 평행할 것이므로, 강체의 평형에 관한 두 조건에서 다음의 식이 나온다.

$$\sum F_x = 0 \qquad \sum F_y = 0 \qquad \sum \tau_z = 0 \tag{12.3}$$

여기서 돌림힘 축의 위치는 어디라도 상관없다.

12.2 무게 중심 알아보기
More on the Center of Gravity

강체를 다룰 때 절대 빠뜨리면 안 되는 힘 중의 하나가 강체에 작용하는 중력이며, 반드시 중력의 작용점을 알고 있어야 한다. 9.5절에서 배운 대로 모든 물체에는 무게 중심이라고 하는 특별한 점이 있다. 한 물체의 모든 서로 다른 질량 성분에 작용하는 서로 다른 중력 모두는 무게 중심점에 작용하는 단 하나의 중력과 동등하다. 따라서 질량 M인 물체에 작용하는 중력 때문에 생기는 돌림힘을 구하려면, 그 물체의 무게 중심에 작용하는 힘 $M\vec{\mathbf{g}}$만 알면 된다.

이 특별한 무게 중심점을 어떻게 찾을 수 있을까? 9.5절에서 언급한 대로 $\vec{\mathbf{g}}$가 물체 전반에 균일하다면, 물체의 무게 중심은 질량 중심과 일치한다. 왜 그런지 확인하기 위하여, 그림 12.4에서처럼 xy 평면 위에 놓여 있는 모양이 일정하지 않은 물체를 생각하자. 그 물체는 (x_1, y_1), (x_2, y_2), (x_3, y_3), …에 놓여 있는 질량이 m_1, m_2, m_3, …인 입자들로 이루어져 있다고 가정하자. 식 9.29에서 이런 물체의 질량 중심의 x 좌표를 다음과 같이 정의하였다.

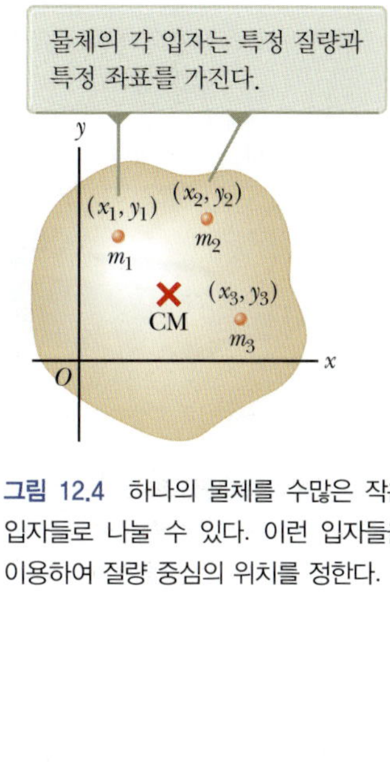

그림 12.4 하나의 물체를 수많은 작은 입자들로 나눌 수 있다. 이런 입자들을 이용하여 질량 중심의 위치를 정한다.

$$x_{\text{CM}} = \frac{m_1x_1 + m_2x_2 + m_3x_3 + \cdots}{m_1 + m_2 + m_3 + \cdots} = \frac{\sum_i m_ix_i}{\sum_i m_i}$$

질량 중심의 y 성분을 정의하려면 위 식에서 각각의 x 성분을 y 성분으로 바꾸면 된다.

이제 그림 12.5에 나타낸 것처럼 개별 입자에 작용하는 중력을 고려하여 또 다른 관

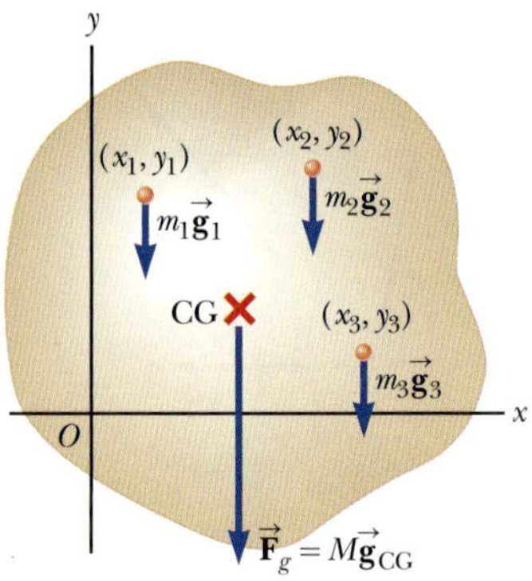

그림 12.5 물체를 수많은 입자들로 나누어, 이의 무게 중심을 구할 수 있다.

점에서 상황을 살펴보자. 각각의 입자들에 작용하는 중력은 원점에 대한 돌림힘을 주며, 돌림힘의 크기는 입자의 무게 mg에 모멘트 팔을 곱한 것과 같다. 예를 들어 힘 $m_1\vec{g}_1$에 의한 돌림힘의 크기는 $m_1 g_1 x_1$이며, 이때 g_1은 질량 m_1인 입자가 있는 위치에서의 중력 가속도 값이다. 이제 각각의 중력 $m_i\vec{g}_i$가 회전에 작용하는 효과를 전부 합한 것과 동등한 결과를 주는 단일 중력 $M\vec{g}_{CG}$가 작용하는 점인 무게 중심의 위치를 찾아보자. 여기서 $M = m_1 + m_2 + m_3 + \cdots$는 물체의 전체 질량이고, $\vec{g}_{CG}$는 무게 중심에서의 중력 가속도이다. 무게 중심에 $M\vec{g}_{CG}$가 작용하여 생기는 돌림힘과 개개의 입자들에 작용하는 돌림힘의 합을 같게 놓으면 다음과 같다.

$$(m_1 + m_2 + m_3 + \cdots)g_{CG}\, x_{CG} = m_1 g_1 x_1 + m_2 g_2 x_2 + m_3 g_3 x_3 + \cdots$$

이 식은 g의 값이 일반적으로 물체 내의 위치에 따라서 다른 값을 가질 수 있다는 사실을 나타낸다. 만일 물체 전반에 대하여 g가 균일하다고(보통은 그렇다) 가정하면, g 인수들이 소거되고

$$x_{CG} = \frac{m_1 x_1 + m_2 x_2 + m_3 x_3 + \cdots}{m_1 + m_2 + m_3 + \cdots} \tag{12.4}$$

를 얻는다. 이 결과를 식 9.29와 비교하면, $\vec{g}$가 물체 전반에 대하여 균일하면 무게 중심의 위치는 질량 중심의 위치와 같다는 것을 알 수 있다. 다음 절에 나오는 몇몇 예에서는 균일하고 대칭적인 물체를 다루게 된다. 이런 물체는 예외없이 무게 중심이 기하학적인 중심과 일치한다.

퀴즈 12.3 밀도가 균일한 1 m 막대자를 눈금 25 cm 되는 지점에 줄을 묶어 매달았다. 이 막대자의 한쪽 끝 눈금이 0 cm인 지점에 0.50 kg의 물체를 매달았더니 막대자가 수평을 유지하였다. 막대자의 질량은 얼마인가? **(a)** 0.25 kg, **(b)** 0.50 kg, **(c)** 0.75 kg, **(d)** 1.0 kg, **(e)** 2.0 kg, **(f)** 주어진 정보만으로는 결정할 수 없다.

© Cengage Learning/Charles D. Winters

그림 12.6 이런 식의 와인병 거치는 정적 평형을 이용한 묘기이다.

12.3 정적 평형 상태에 있는 강체의 예
Examples of Rigid Objects in Static Equilibrium

그림 12.6에서 중력을 무시하는 것처럼 보이는 와인병 거치 사진은 균형이 잘 잡힌 역학계의 한 예를 보여 준다. 계(병+거치대)가 평형 상태에 있으려면 알짜 외력이 영이어야 하며(식 12.1 참조), 알짜 외부 돌림힘 역시 영이어야 한다(식 12.2 참조). 두 번째 조건은 계의 무게 중심이 지지점 바로 위에 있을 때만 만족된다.

예제 12.1 다시 보는 시소 문제

그림 12.7과 같이 질량 M, 길이 ℓ인 균일한 판자로 만들어진 시소에 각각의 질량이 m_f와 m_d인 아버지와 딸이 타고 있다. 지지점(시소의 받침대)이 판자의 무게 중심 아래에서 받치고 있으며, 아버지는 중심으로부터 거리 d, 딸은 중심으로부터 거리 $\ell/2$ 되는 지점에 앉아 있다.

(A) 지지점이 위쪽 방향으로 판자를 받치는 힘 $\vec{n}$의 크기를 구하라.

풀이

개념화 관심의 초점을 판자에 두고, 판자에 직접적인 영향을 주는 힘인 아버지와 딸에게 작용하는 중력을 고려하자. 딸의 무게는 지지점에 대하여 판자를 시계 방향으로 회전시키려는, 아버지의 무게는 시계 반대 방향으로 회전시키려는 돌림힘을 만든다.

분류 문제의 시소에 대한 설명에서 계는 정지 상태를 유지하므로 판자를 **평형 상태의 강체**로 모형화한다. 그러나 이 문제를 푸는 데는 첫 번째 평형 조건만 필요하므로, 판자를 **평형 상태에 있는 하나의 입자**로 모형화할 수 있다.

분석 위쪽을 $+y$ 방향으로 잡고 식 12.1에 판자에 작용하는 모든 힘을 대입한다.

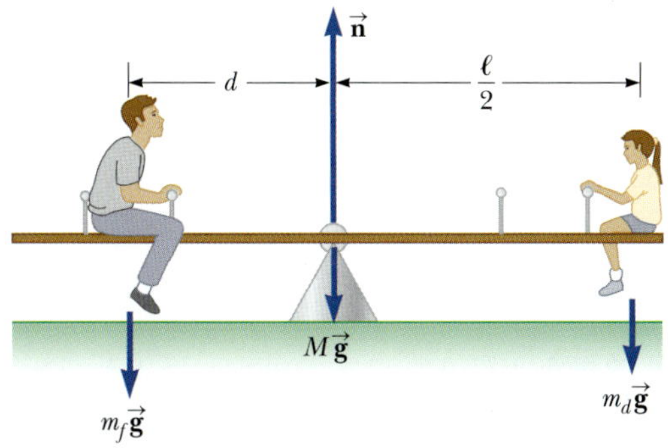

그림 12.7 (예제 12.1) 균형을 이루고 있는 계

$$n - m_f g - m_d g - Mg = 0$$

힘 $\vec{n}$의 크기에 대하여 푼다.

$$(1) \qquad n = m_f g + m_d g + Mg = (m_f + m_d + M)g$$

(B) 계가 균형을 이루려면 아버지가 어디에 앉아야 하는가?

풀이

분류 아버지의 위치를 찾기 위해서는 평형의 둘째 조건인 돌림힘을 도입해야 한다. 판자를 **평형 상태의 강체**로 모형화한다.

분석 판자는 균일하다고 하였으므로 판자의 무게 중심은 기하학적 중심과 일치한다. 회전축을 판자의 무게 중심을 지나고 이 책의 종이면과 수직이 되게 잡으면, 이 축에 대한 수직항력 $\vec{n}$과 판자에 작용하는 중력에 의하여 발생하는 돌림힘은 영이다.

아버지와 딸이 판자에 작용하는 돌림힘을 식 12.2에 대입한다.

$$(m_f g)(d) - (m_d g)\frac{\ell}{2} = 0$$

d에 대하여 푼다.

$$d = \left(\frac{m_d}{m_f}\right)\frac{\ell}{2}$$

결론 이 결과는 예제 11.6에서 계의 각가속도를 구해서 그 값을 영으로 놓았을 때 얻은 것과 같다.

문제 회전축이 다른 점을 지나면 어떻게 되는가? 예를 들어 이 점이 종이면에 수직이면서 아버지가 앉은 자리에 있다고 하자. (A)와 (B)의 결과는 달라지는가?

답 알짜힘의 계산에 회전축에 대한 요소는 들어 있지 않기 때문에 (A)의 결론은 영향을 받지 않는다. 또한 평형의 제2조건에서 회전축을 어떻게 잡더라도 돌림힘은 영이라고 하였으므로, 개념상으로는 (B)의 계산에서 회전축을 달리해도 변화가 없을 것으로 예측된다.

이를 수학적으로 확인해 보자. 어떤 힘에 의하여 계가 시계 반대 방향으로 돌려고 하면 그 힘과 연관된 돌림힘의 부호는 양(+), 반대로 계가 시계 방향으로 돌려고 하면 돌림힘의 부호는 음(−)으로 앞에서 정하였다. 시소에서 종이면에 수직하고 아버지가 앉은 자리를 통과하는 회전축을 선택하자.

이 축에 대하여 판자에 대한 돌림힘들을 식 12.2에 대입한다.

$$n(d) - (Mg)(d) - (m_d g)\left(d + \frac{\ell}{2}\right) = 0$$

(A)에서 얻은 식 (1)을 대입하고 d에 대하여 푼다.

$$(m_f + m_d + M)g(d) - (Mg)(d) - (m_d g)\left(d + \frac{\ell}{2}\right) = 0$$

$$(m_f g)(d) - (m_d g)\left(\frac{\ell}{2}\right) = 0 \ \rightarrow \ d = \left(\frac{m_d}{m_f}\right)\frac{\ell}{2}$$

이는 (B)에서 얻은 결론과 일치한다.

예제 12.2 벽에 기대놓은 사다리

매끈한 수직 벽에 길이 ℓ인 균일한 사다리를 기대 세웠다. 그림 12.8a와 같이 사다리의 질량이 m이고, 사다리와 바닥면 사이의 정지 마찰 계수가 $\mu_s = 0.400$이라고 할 때, 사다리가 미끄러지지 않을 최소 각도 $\theta_{\min}$을 구하라.

풀이

개념화 우리가 사다리를 타고 올라가는 경우를 생각해 보자. 사다리 밑과 바닥면 사이에 마찰이 큰 경우가 좋은가, 작은 경우가 좋은가? 만약 마찰력이 영이라면 사다리가 서 있을 수 있는가? 막대자를 연직인 벽면에 기대어 세워 보고 결과를 유추해 보라. 어떤 각도에서 자가 미끄러지고, 어떤 각도에서 미끄러지지 않고 서 있는가?

분류 사다리가 미끄러지지 않고 정지해 있어야 하므로 사다리를 **평형 상태의 강체**로 모형화한다.

분석 그림 12.8b는 사다리에 작용하는 모든 외력을 표시한 도형이다. 바닥면에서 사다리를 받치는 힘은 수직항력 $\vec{\mathbf{n}}$과 정지 마찰력 $\vec{\mathbf{f}}_s$의 벡터합이다. 사다리의 꼭대기에서 벽은 수직력 $\vec{\mathbf{P}}$를 작용하지만, 벽에서는 마찰이 없다. 그러므로 사다리의 꼭대기에 작용하는 알짜힘은 벽에 수직하고 크기가 P이다.

사다리에 평형에 대한 제1조건을 x와 y 방향 모두에 적용한다.

(1) $$\sum F_x = f_s - P = 0$$

(2) $$\sum F_y = n - mg = 0$$

식 (1)을 P에 대하여 푼다.

(3) $$P = f_s$$

식 (2)를 n에 대하여 푼다.

(4) $$n = mg$$

사다리가 미끄러지기 직전의 상태에 있을 때, 마찰력은 최대인 $f_{s,\max} = \mu_s n$이 되어야 한다. 이 식을 위의 식 (3)과 (4)와 결합시킨다.

(5) $$P_{\max} = f_{s,\max} = \mu_s n = \mu_s mg$$

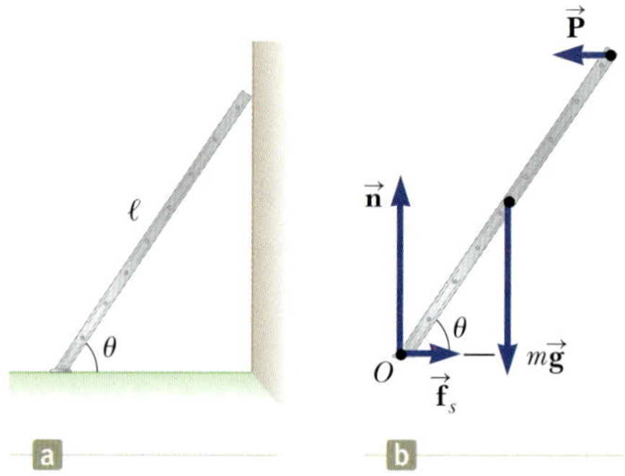

그림 12.8 (예제 12.2) (a) 매끈한 벽에 기대 서 있는 균일한 사다리. 지면은 거칠거칠하다. (b) 사다리에 작용하는 여러 힘

사다리에 평형에 대한 제2조건을 적용하고 그림에서 O를 지나고 종이면에 수직한 축에 대한 돌림힘을 구한다.

$$\sum \tau_O = P\ell \sin\theta - mg\frac{\ell}{2}\cos\theta = 0$$

$\tan\theta$에 대하여 푼다.

$$\frac{\sin\theta}{\cos\theta} = \tan\theta = \frac{mg}{2P} \rightarrow \theta = \tan^{-1}\left(\frac{mg}{2P}\right)$$

사다리가 미끄러지기 직전이라는 조건의 경우, θ는 $\theta_{\min}$이 되고 $P_{\max}$는 식 (5)로 주어진다. 이들을 대입한다.

$$\theta_{\min} = \tan^{-1}\left(\frac{mg}{2P_{\max}}\right) = \tan^{-1}\left(\frac{1}{2\mu_s}\right)$$

$$= \tan^{-1}\left[\frac{1}{2(0.40)}\right] = 51°$$

결론 사다리가 미끄러지기 시작하는 각도는 오직 마찰 계수에만 의존하고 사다리의 길이나 질량과 무관함에 주목하라.

예제 12.3 경계턱 넘기

(A) 그림 12.9a와 같이 휠체어의 큰 바퀴가 보도 경계턱을 굴러서 올라갈 때, 환자가 수평 방향으로 작용해야 하는 힘 $\vec{\mathbf{F}}$의 크기를 구하라. 큰 바퀴의 반지름은 r이고 경계턱의 높이는 h이다.

풀이

개념화 휠체어를 타고 건물에 들어선다고 가정해 보자. 대부분의 건물은 휠체어를 위한 경사로가 마련되어 있다. 경계턱과 같은 계단형 구조물은 휠체어를 탄 사람에게 심각한 장벽이다.

분류 사람이 충분히 큰 힘을 작용하여 바퀴의 아랫부분이 접촉된 바닥에서 분리되며 막 공중에 뜨는 순간을 상상해 보자. 이 순간 바퀴는 **평형 상태의 강체**로 모형화한다.

분석 사람의 손은 대개 큰 바퀴와 같은 중심인 약간 작은 바퀴에 필요한 힘을 가한다. 그러나 문제를 간단하게 하기 위하여 이 두 번째 바퀴의 반지름과 큰 바퀴의 반지름이 같다고 가정한다. 휠체어와 사람의 중력 크기는 $mg = 1\ 400$ N이고, 이 중력의 작용선은 큰 바퀴축을 지난다. 바퀴의 반지름은 $r = 30$ cm, 경계턱의 높이는 $h = 10$ cm라고 가정하자. 또한 휠체어와 사람은 대칭을 이루며 각각의 바퀴가 700 N씩 지탱한다고 가정한다. 따라서 한쪽 바퀴에 대하여 분석하기로 한다. 그림 12.9b에 한쪽 바퀴에 대한 기하학적 구조가 잘 나타나 있다.

바퀴가 도로에서 막 올라서려는 순간, 점 B에서 지면이 바퀴에 작용하는 수직항력은 영이다. 따라서 이 순간 바퀴에는 그림 12.9c의 힘 도형에서 보는 바와 같이 오직 세 힘만이 작용한다. 힘 $\vec{\mathbf{R}}$는 지점 A에서 경계턱이 바퀴에 작용하는 힘이다. 따라서 회전축을 종이면에 수직하고 점 A를 지나도록 잡으면 돌림힘 식에서 힘 $\vec{\mathbf{R}}$를 포함시킬 필요가 없다. 점 A에 대하여 힘 $\vec{\mathbf{F}}$의 모멘트 팔은 $2r - h$이다(그림 12.9c).

그림 12.9b의 삼각형 OAC에서 점 A를 지나는 축에 대하여 바퀴에 작용하는 중력 $m\vec{\mathbf{g}}$의 모멘트 팔 d를 구한다.

(1) $$d = \sqrt{r^2 - (r-h)^2} = \sqrt{2rh - h^2}$$

점 A를 지나는 축에 대한 돌림힘으로서 바퀴에 대하여 평형의 제2조건을 적용한다.

(2) $$\sum \tau_A = mgd - F(2r - h) = 0$$

식 (1)의 d를 대입한다.

$$mg\sqrt{2rh - h^2} - F(2r - h) = 0$$

F에 대하여 푼다.

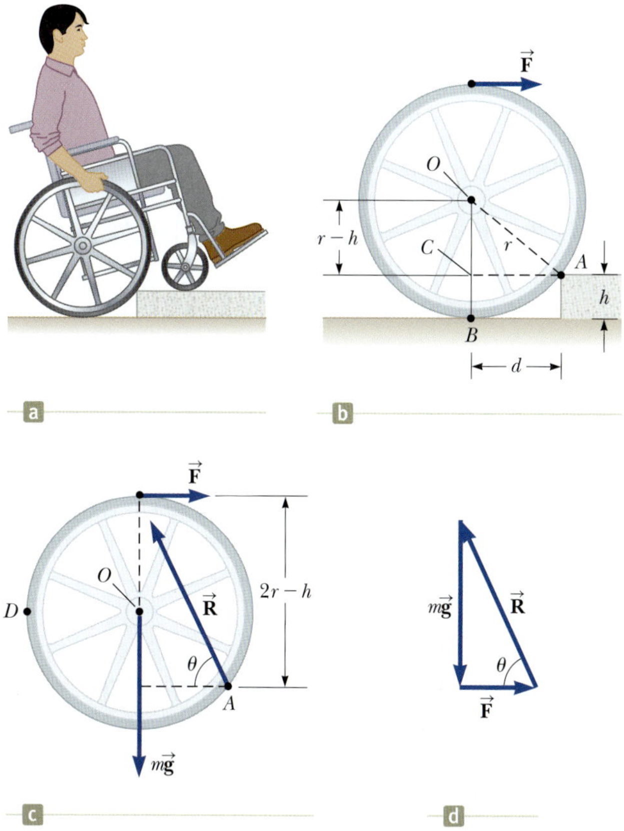

그림 12.9 (예제 12.3) (a) 휠체어를 탄 사람이 경계턱을 넘으려고 하고 있다. (b) 바퀴와 경계턱에 대한 세부 설명. 사람이 바퀴 꼭대기에 수평 방향으로 힘 $\vec{\mathbf{F}}$를 작용한다. (c) 바퀴가 경계턱을 오르기 직전의 바퀴에 대한 힘 도형. 이 순간 바퀴에는 세 힘, 즉 손이 작용하는 힘 $\vec{\mathbf{F}}$, 경계턱이 바퀴를 미는 힘 $\vec{\mathbf{R}}$ 그리고 중력 $m\vec{\mathbf{g}}$가 작용하고 있다. (d) 바퀴에 작용하는 세 외력의 벡터합은 영이다.

(3) $$F = \frac{mg\sqrt{2rh - h^2}}{2r - h}$$

단순화한다.

$$F = mg\frac{\sqrt{h}\sqrt{2r - h}}{2r - h} = mg\sqrt{\frac{h}{2r - h}}$$

알고 있는 값들을 대입하면 다음과 같다.

$$F = (700\ \text{N})\sqrt{\frac{0.1\ \text{m}}{2(0.3\ \text{m}) - 0.1\ \text{m}}}$$
$$= 3 \times 10^2\ \text{N}$$

(B) $\vec{\mathbf{R}}$의 크기와 방향을 결정하라.

풀이 바퀴에 평형에 대한 제1조건을 힘의 x와 y 성분 모두에 적용한다.

(4) $$\sum F_x = F - R\cos\theta = 0$$

(5) $$\sum F_y = R\sin\theta - mg = 0$$

식 (5)를 식 (4)로 나눈다.

$$\frac{R\sin\theta}{R\cos\theta} = \tan\theta = \frac{mg}{F}$$

각도 θ에 대하여 푼다.

$$\theta = \tan^{-1}\left(\frac{mg}{F}\right) = \tan^{-1}\left(\frac{700\text{ N}}{300\text{ N}}\right) = 70°$$

식 (5)를 R에 대하여 풀고 주어진 값들을 대입한다.

$$R = \frac{mg}{\sin\theta} = \frac{700\text{ N}}{\sin 70°} = 8\times 10^2\text{ N}$$

결론 유효 숫자를 한 개만 취하였음에 유의하라(각도를 $7\times 10^{1°}$ 라고 쓰면 이상하여 70°로 표현하였다). 결과는 바퀴에 작용해야 할 힘이 그럴듯한 값임을 말해 주고 있다. 일반 보도에서 경사로를 타고 휠체어를 굴려 올릴 때 드는 힘을 계산하여 비교해 보라.

문제 그림 12.9c의 점 D에 힘을 주어 들어 올리는 경우, 상대적으로 적은 힘으로 경계턱을 넘을 수 있는가?

답 만일 그림 12.9c에서 힘 $\vec{\mathbf{F}}$가 90°만큼 회전하여 점 D에 작용한다고 하면, 모멘트 팔은 $d + r$이다. 점 D에 작용하는 새로운 힘의 크기를 F'이라고 하자.
식 (2)를 이 상황에 맞게 고친다.

$$\sum \tau_A = mgd - F'(d+r) = 0$$

이 식을 F'에 대하여 풀고 d 값을 대입한다.

$$F' = \frac{mgd}{d+r} = \frac{mg\sqrt{2rh-h^2}}{\sqrt{2rh-h^2}+r}$$

이 힘과 식 (3)에 주어진 원래의 힘과의 비를 구하고, 바퀴의 반지름과 경계턱의 높이의 비 h/r의 형태로 표현한다.

$$\frac{F'}{F} = \frac{\dfrac{mg\sqrt{2rh-h^2}}{\sqrt{2rh-h^2}+r}}{\dfrac{mg\sqrt{2rh-h^2}}{2r-h}} = \frac{2r-h}{\sqrt{2rh-h^2}+r}$$

$$= \frac{2-\left(\dfrac{h}{r}\right)}{\sqrt{2\left(\dfrac{h}{r}\right)-\left(\dfrac{h}{r}\right)^2}+1}$$

주어진 값으로부터 $h/r = 0.33$을 대입한다.

$$\frac{F'}{F} = \frac{2-0.33}{\sqrt{2(0.33)-(0.33)^2}+1} = 0.96$$

이 결과는 바퀴의 꼭대기에서 수평으로 힘을 작용하는 것보다 점 D에서 위로 들어 올리는 것이 약간 힘이 덜 든다는 것을 말해 준다. 경계턱이 매우 높아 h/r의 값이 1에 가까워지면, 그림 12.9b에서 점 A의 위치가 거의 바퀴의 오른쪽 끝에 오므로 F'/F의 비는 거의 0.5에 가깝게 줄어든다. 점 D의 힘은 점 A로부터 대략 $2r$ 떨어진 곳에 작용하는 반면에, 바퀴의 꼭대기에 작용하는 힘의 모멘트 팔은 대략 r에 해당한다. 그러므로 높은 경계턱의 경우 어차피 큰 힘이 요구되지만 점 D에서 위로 들어 올리는 것이 상책이다. 높이가 낮은 경계턱의 경우는 바퀴의 상단에 힘을 작용하는 것이 낫다. 점 A는 바퀴의 바닥에 가까워지고 바퀴의 꼭대기에 작용하는 힘은 점 D에 작용하는 힘보다 더 큰 모멘트 팔을 갖는다. 대략 $h/r = 0.3$ 정도일 때부터 F'/F의 값이 1보다 커진다.
마지막으로 이 수학적 결과의 타당성을 논의해 보자. 그림 12.9d에서 벡터 $\vec{\mathbf{F}}$가 오른쪽을 향하지 않고 위쪽을 향한다고 가정해 보자. 그렇게 되면 평형의 제1조건에 해당하는 세 힘의 합력이 영이 될 수 있는 방법은 없다. 그러므로 점 D에서 들어 올리는 위의 결론은 정성적으로는 타당할지 몰라도 정량적으로는 옳지 않다. 힘 $\vec{\mathbf{R}}$의 수평 성분을 상쇄하기 위하여 점 D에 작용하는 힘은 위로 똑바로 향하기보다는 약간의 각도를 가지고 작용되어야만 한다. 이 경우 계산은 좀 더 복잡해지고 평형의 두 가지 조건을 다 고려해야 한다.

12.4 고체의 탄성
Elastic Properties of Solids

이제까지는 용수철에 관한 경우를 제외하면, 물체에 외력이 작용하더라도 물체의 모양은 유지된다고 가정해 왔다. 앞의 9.8절에서 변형이 가능한 계에 대하여 알아보았다. 실제로 모든 물체는 어느 정도 모양이 변할 수 있다. 즉 어떤 물체에 외력을 가함으로써 모양이나 크기(또는 둘 다)에 변화를 주는 것이 가능하다. 그러나 변화가 일어남에 따라, 물체의 내력은 모양의 변화에 저항한다.

고체의 모양이 달라지는 것은 변형력과 변형의 개념으로 설명된다. **변형력**(stress)은 모습의 변화를 일으키는 힘에 비례하는 양이다. 좀 더 구체적으로 말하면, 변형력이란 단면의 단위 넓이당 물체에 작용하는 외력이다. 변형력의 결과로 나타나는 **변형**(strain)은 형태의 변화 정도에 관한 척도이다. 변형력이 아주 작을 때 변형력은 변형에 비례함이 알려져 있다. 비례 상수는 모양이 변화되는 물질과 그 변화의 성질에 따라 달라진다. 이 비례 상수가 바로 **탄성률**(elastic modulus)이다. 따라서 탄성률은 변형력의 결과로 나타난 변형에 대한 그 변형력의 비로 정의된다.

$$\text{탄성률} \equiv \frac{\text{변형력}}{\text{변형}} \tag{12.5}$$

탄성률이란 일반적으로 딱딱한 물체에 가한 작용(힘의 작용)과 그 물체의 반응(모양의 변화 정도)과의 관계를 말한다. 이것은 마치 식 7.9와 같은 훅의 법칙에서, 용수철에 작용하는 힘과 용수철의 변형(용수철이 압축되거나 늘어난 길이)과의 관계를 나타내는 용수철 상수 k와 유사하다.

변형의 세 가지 유형을 고찰하여 각각의 탄성률을 정의하면 다음과 같다.

1. **영률**(Young's modulus)은 고체의 길이 방향의 변화에 대한 저항의 척도이다.
2. **층밀리기 탄성률**(shear modulus)은 고체 내에서 서로 나란한 면들의 상대적 움직임에 대한 저항의 척도이다.
3. **부피 탄성률**(bulk modulus)은 고체나 액체의 부피 변화에 대한 저항의 척도이다.

영률: 길이 방향으로의 탄성 Young's Modulus: Elasticity in Length

단면적이 A이고, 처음 길이가 L_i인 긴 막대가 그림 12.10처럼 한쪽 끝이 죔쇠로 고정되어 있다고 하자. 단면에 수직으로 외력이 작용하면, 막대 내의 내부 분자력은 변형(늘어남)에 저항한다. 그렇지만 막대는 결국 나중 길이 L_f가 L_i보다 길게 늘어나고, 외력이 정확히 내력과 맞먹게 되는 평형 상태에 이른다. 이런 상황에서 막대는 변형력을 받은 것이다. **인장 변형력**(tensile stress)은 힘 벡터에 수직인 단면적 A에 대한 외력의 크기 F의 비율로 정의된다. 이 경우에 생긴 **인장 변형**(tensile strain)은 원래의 길이 L_i에 대한 길이의 변화 ΔL의 비율이 된다. 이 두 비율의 조합으로 **영률**(Young's modulus)을 정의하면 다음과 같다.

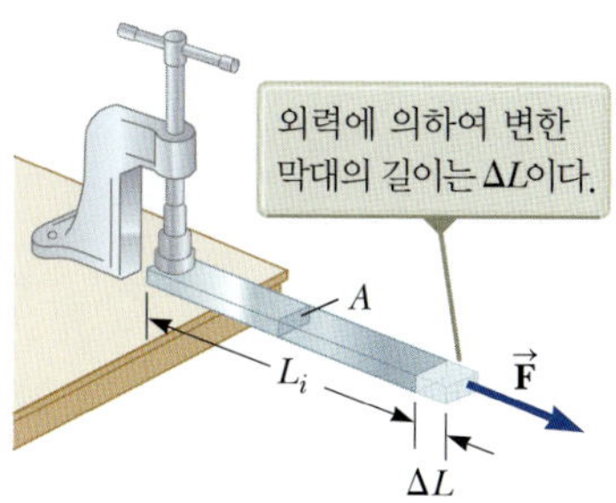

그림 12.10 한쪽 끝이 죔쇠로 단단히 고정된 막대에 대하여 반대편 자유로운 끝에 힘 $\vec{\mathbf{F}}$를 작용한다.

$$Y \equiv \frac{\text{인장 변형력}}{\text{인장 변형}} = \frac{F/A}{\Delta L/L_i} \tag{12.6}$$

◀ 영률

잡아 늘이거나 반대로 압축시키는 변형력을 받고 있는 막대나 금속선(wire)의 특성을 나타내는 데에 일반적으로 영률이 사용된다. 변형은 차원이 없는 양이기 때문에, Y는 단위 넓이당 힘의 단위로 주어진다. 몇몇 영률의 전형적인 값을 표 12.1에 정리하였다.

표 12.1 탄성률의 전형적인 값

물질	영률 (N/m^2)	층밀리기 탄성률 (N/m^2)	부피 탄성률 (N/m^2)
텅스텐	35×10^{10}	14×10^{10}	20×10^{10}
철	20×10^{10}	8.4×10^{10}	6×10^{10}
구리	11×10^{10}	4.2×10^{10}	14×10^{10}
황동(놋쇠)	9.1×10^{10}	3.5×10^{10}	6.1×10^{10}
알루미늄	7.0×10^{10}	2.5×10^{10}	7.0×10^{10}
유리	$6.5\sim7.8 \times 10^{10}$	$2.6\sim3.2 \times 10^{10}$	$5.0\sim5.5 \times 10^{10}$
석영	5.6×10^{10}	2.6×10^{10}	2.7×10^{10}
물	—	—	0.21×10^{10}
수은	—	—	2.8×10^{10}

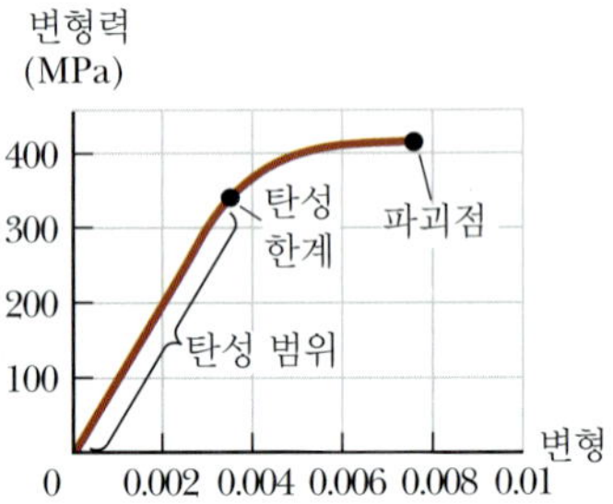

그림 12.11 고체 탄성체에 관한 변형력-변형 곡선

변형력이 비교적 작을 때는, 변형력이 제거되면 막대는 다시 원래의 길이로 돌아온다. 물질의 **탄성 한계**(elastic limit)는 영구적인 변형이 일어나서 원래의 길이를 회복하지 못하게 되기 직전까지 물질에 작용할 수 있는 최대 변형력으로 정의된다. 그림 12.11에서 보듯이 충분히 큰 변형력을 가하면 물질의 탄성 한계를 넘어선다. 변형력–변형 곡선의 처음 부분은 직선이다. 그러나 변형력이 점점 커짐에 따라 그래프는 더 이상 직선을 유지하지 못한다. 변형력이 탄성 한계를 넘어서는 순간, 물질은 영구적으로 일그러져 변형력을 제거하더라도 원래의 모습으로 돌아가지 못한다. 변형력이 그보다 훨씬 더 커지면 물질은 마침내 파괴된다.

층밀리기 탄성률: 형태에 대한 탄성 Shear Modulus: Elasticity of Shape

그림 12.12a와 같이 물체가 한 면에 평행한 힘을 받고 있고, 반대 면은 또 다른 힘에 의하여 고정되어 있을 때 또 다른 유형의 변형이 생긴다. 이런 변형력을 층밀리기 변형력(또는 전단 변형력)이라고 한다. 원래 직육면체인 물체가 층밀리기 변형력을 받으면 단면이 평행사변형으로 된다. 그림 12.12b에서 옆 방향으로 밀리고 있는 책은 층밀리기 변형력을 받는 한 예이다. 이런 변형에서는 1차 근사적으로(일그러짐이 작은 경우) 부피의 변화가 일어나지 않는다.

층밀리기 변형력(shear stress)은 F/A, 즉 층밀리는 면의 넓이 A에 대한 접선 방향

그림 12.12 (a) 크기가 같고 방향이 반대인 두 힘이 직육면체의 마주보는 두 면에 각각 작용하여 일그러진 층밀리기 변형 (b) 책 표지에 얹은 손이 책 등으로부터 멀어지는 방향으로 수평력을 작용할 때, 층밀리기 변형력을 받고 있는 책

힘의 비로 정의된다. **층밀리기 변형**(shear strain)은 $\Delta x/h$로 정의되며, 여기서 Δx는 층밀리는 면이 움직인 수평 거리이고, h는 물체의 높이이다. 따라서 **층밀리기 탄성률**(shear modulus)은 다음과 같다.

$$S \equiv \frac{\text{층밀리기 변형력}}{\text{층밀리기 변형}} = \frac{F/A}{\Delta x/h} \quad \textbf{(12.7)}$$

◀ 층밀리기 탄성률

몇몇 대표적인 물질의 층밀리기 탄성률 값을 표 12.1에 정리하였다. 영률과 마찬가지로 층밀리기 탄성률의 단위는 단위 넓이당 힘의 비율이다.

부피 탄성률: 부피에 대한 탄성 Bulk Modulus: Volume Elasticity

그림 12.13과 같이 균일한 크기의 힘이 물체의 전체 표면에 걸쳐 수직으로 작용하여 물체의 모양이 달라지는 반응의 특성을 나타낸 것이 부피 탄성률이다(여기서 물질은 한 가지 재질로만 구성되어 있다고 가정한다). 앞으로 14장에서 보게 되는데, 물체가 유체 내에 잠겨 있을 때 이렇게 힘이 고르게 분포한다. 이런 식의 변형을 받는 물체는 부피는 변하지만 모양은 유지된다. **부피 변형력**(volume stress)은 표면에 작용하는 전체 힘의 크기 F와 표면적 A의 비율로 정의된다. 물리량 $P = F/A$를 **압력**(pressure)이라고 하며, 압력에 대하여는 14장에서 더 자세하게 살펴보기로 한다. 물체에 작용하는 압력이 $\Delta P = \Delta F/A$만큼 바뀌면, 부피는 ΔV만큼 변한다. **부피 변형**(volume strain)은 부피의 변화 ΔV를 원래의 부피 V_i로 나눈 것과 같다. 따라서 식 12.5로부터 부피 압축의 특성을 **부피 탄성률**(bulk modulus)로 나타낼 수 있다. 이때 부피 탄성률은

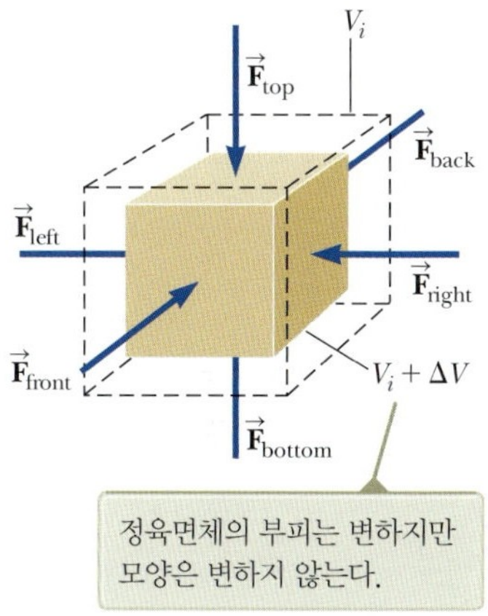

그림 12.13 정육면체에 일정한 압력이 가해지면 여섯 면 전체가 각각 수직 방향의 힘을 받아서 압축된다. 정육면체의 보이지 않는 면에 작용하는 힘 벡터의 화살표 표시는 정육면체에 가려져 있다.

$$B \equiv \frac{\text{부피 변형력}}{\text{부피 변형}} = -\frac{\Delta F/A}{\Delta V/V_i} = -\frac{\Delta P}{\Delta V/V_i} \quad \textbf{(12.8)}$$

◀ 부피 탄성률

로 정의된다. 식에서 B를 양수로 만들기 위하여 음(−)의 부호를 식에 넣었다. 압력이 증가하면(ΔP가 양의 값) 부피가 감소하고(ΔV가 음의 값), 반대로 압력이 감소하면 부피가 증가하기 때문에 이렇게 부호를 표시하는 것이 필요하다.

몇몇 물질의 부피 탄성률을 표 12.1에 정리하였다. 다른 자료에서는 종종 부피 탄성률을 역수로 나타내기도 한다. 부피 탄성률의 역수를 물질의 **압축률**(compressibility)이라고 한다.

표 12.1을 주의 깊게 보면 고체와 액체에는 모두 부피 탄성률이 있음을 알 수 있다. 그러나 액체에는 층밀리기 탄성률과 영률이 존재하지 않는다. 이는 층밀리기 변형력이나 인장 변형력에 대하여 액체가 지탱하지 못하기 때문이다. 만일에 층밀리기 변형력이나 인장 변형력을 액체에 작용하면 액체는 단순히 흐르는 반응을 보일 뿐이다.

Q 퀴즈 12.4 아래의 세 퀴즈의 질문에 대하여 변형력과 변형 사이의 관계를 가장 잘 설명하는 탄성률에 대한 다음의 보기 중 옳은 답을 고르라. **(a)** 영률 **(b)** 층밀리기 탄성률 **(c)** 부피 탄성률 **(d)** 정답 없음 **(i)** 철벽돌이 수평면 위에서 미끄러지고 있다. 벽돌과 수평면 사이에 작용하는 마찰력이 벽돌에 변형을 일으킨다. **(ii)** 곡예사가 줄을 잡고 원호를 그리며 그네를 타고 있다. 그네가 가장

낮은 점을 지날 때 장력이 증가하기 때문에 곡예사를 지탱해 주는 줄이 정지 상태에서 매달려 있을 때보다 더 길어진다. **(iii)** 금속 구를 우주선에 실어 대기의 압력이 지구보다 훨씬 큰 행성에 가져갔다. 압력이 높아 구의 반지름이 줄어들었다.

프리스트레스트 콘크리트 Prestressed Concrete

고체에 작용하는 변형력이 어떤 한도를 넘으면 물체는 부서진다. 물체가 파괴되기 직전까지 가할 수 있는 최대 변형력은 물질의 성질과 작용하는 변형력의 종류에 따라 다르다. 예를 들어 콘크리트의 인장 강도는 약 2×10^6 N/m^2, 압축 강도는 20×10^6 N/m^2, 층밀리기 강도는 2×10^6 N/m^{2}이다. 콘크리트는 이 값보다 큰 변형력을 받으면 부서진다. 보편적으로 콘크리트 구조물의 붕괴를 막기 위하여 강도를 더욱 높이는 안전 조치를 취한다.

얇은 판 모양으로 주조된 콘크리트는 정상 상태로는 매우 잘 부서진다. 따라서 콘크리트 슬래브는 그림 12.14a에서 보듯이, 받치지 않은 부분이 꺼지고 갈라지기 쉽다. 그림 12.14b는 콘크리트를 보강하기 위하여 철근을 사용하여 슬래브를 강화한 그림이다. 콘크리트는 인장력(잡아 늘이기)이나 층밀림보다는 압축(눌림)에 훨씬 강하기 때문에, 콘크리트 수직 기둥은 아주 큰 하중에도 거뜬히 지탱할 수 있는 반면에 콘크리트 슬래브는 가운데가 처지면서 균열이 잘 발생한다. 그러나 그림 12.14c에서 보는 것처럼, 프리스트레스 처리를 하여 보강된 콘크리트는 층밀리기 강도가 현저히 증가한다. 콘크리트를 부을 때, 철근이 외력에 의한 장력을 받게 한다. 콘크리트 양생 후에 외력을 제거하면 결과적으로 강철은 영구적인 장력을 받으며, 따라서 콘크리트에 압축 변형력을 가한다. 이는 콘크리트 슬래브가 훨씬 큰 하중에도 버틸 수 있도록 한다.

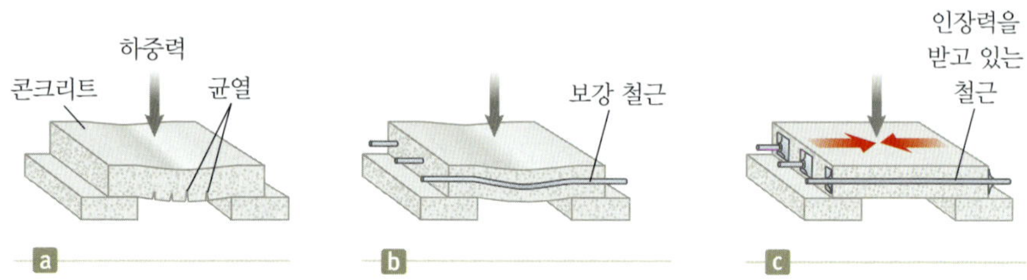

그림 12.14 (a) 보강하지 않은 콘크리트 슬래브는 무거운 하중이 실리면 쉽게 갈라진다. (b) 콘크리트를 철근으로 보강하면 강도가 증가한다. (c) 철근이 인장력을 받도록 프리스트레스(하중을 받는 부분에 미리 인장력을 가하여 콘크리트를 양생함으로써 콘크리트가 압축 변형력을 받게 하는 처리)를 해주면 콘크리트가 훨씬 더 강해진다.

예제 12.4 무대 디자인

예제 8.2에서 줄에 매달려 그네를 타는 연기자에 대한 문제를 풀었다. 연기자가 가장 낮은 지점을 지날 때 줄의 장력이 940 N이라고 가정하자. 주어진 조건하에서 10 m 길이의 철선이 0.50 cm 이상 늘어나지 않으려면 철선의 지름이 얼마이어야 하는가?

풀이

개념화 예제 8.2로 돌아가 이 상황에서 어떤 일이 일어나는지 복습해 보자. 그때는 철선이 늘어나는 효과를 무시하였다. 그러나 여기서는 팽창 현상을 염두에 두어야 한다.

분류 먼저 식 12.6을 이용하여 간단히 계산할 수 있으므로 예제를 대입 문제로 분류한다.

분석 식 12.6을 줄의 단면적에 대하여 푼다.

$$A = \frac{FL_i}{Y\,\Delta L}$$

단면이 원형이라고 가정하고, $d = 2r$이고 $A = \pi r^2$으로부터 줄의 지름을 구한다.

$$d = 2r = 2\sqrt{\frac{A}{\pi}} = 2\sqrt{\frac{FL_i}{\pi Y \Delta L}}$$

알고 있는 값들을 대입한다.

$$d = 2\sqrt{\frac{(940\ \text{N})(10\ \text{m})}{\pi(20 \times 10^{10}\ \text{N/m}^2)(0.005\,0\ \text{m})}}$$

$$= 3.5 \times 10^{-3}\ \text{m} = 3.5\ \text{mm}$$

실제로는 안전을 기하기 위하여 대개의 경우, 작은 줄을 많이 모아 전체 단면의 굵기가 계산한 값보다 훨씬 큰 유연한 줄을 사용한다.

예제 12.5 놋쇠 공 압축하기

단단한 놋쇠 공이 공기 중에서 정상 대기압인 $1.0 \times 10^5\ \text{N/m}^2$의 압력을 받고 있다고 하자. 공을 $2.0 \times 10^7\ \text{N/m}^2$의 압력을 받는 깊이까지 바닷속에 가라앉혔다. 대기 중에서 공의 부피는 $0.50\ \text{m}^3$이다. 물에 잠긴 놋쇠 공의 부피는 얼마나 변하는가?

풀이

개념화 잠수부가 잠수정을 타고 상당히 깊은 곳까지 잠수하는 장면을 담은 영화 또는 TV 프로그램을 생각해 보자. 잠수정은 큰 수압에 견딜 수 있을 만큼 충분히 견고해야 한다. 수압은 잠수정을 압축하여 부피를 감소시킨다.

분류 먼저 식 12.8을 이용하여 간단히 계산할 수 있으므로 예제를 대입 문제로 분류한다.

식 12.8을 공의 부피 변화에 대하여 푼다.

$$\Delta V = -\frac{V_i \Delta P}{B}$$

주어진 값들을 대입한다.

$$\Delta V = -\frac{(0.50\ \text{m}^3)(2.0 \times 10^7\ \text{N/m}^2 - 1.0 \times 10^5\ \text{N/m}^2)}{6.1 \times 10^{10}\ \text{N/m}^2}$$

$$= \boxed{-1.6 \times 10^{-4}\ \text{m}^3}$$

음의 부호는 공의 부피가 줄어든다는 의미이다.

연습문제

객관식

1. 중력 가속도는 지표면 위로 고도가 1 m 올라갈 때마다 천만 분의 삼 정도씩 약해진다. 각 층의 평면도가 같고 균일한 평균 밀도를 가진 100층 높이의 한 고층 건물이 있다고 하자. 이 건물의 질량 중심의 위치와 무게 중심의 위치를 비교하라. 다음 중에서 하나를 선택하라. (a) 질량 중심이 수 미터 정도 더 높다. (b) 질량 중심이 수 밀리미터 정도 더 높다. (c) 질량 중심과 무게 중심은 같은 위치에 있다. (d) 무게 중심이 수 밀리미디 정도 더 높다. (e) 무게 중심이 수 미터 정도 더 높다.

2. 길이 7.0 m인 막대가 왼쪽 끝에서 2.0 m 지점을 회전축으로 하여 회전할 수 있다. 왼쪽 끝에서 50 N의 힘이 아래로 작용하고, 오른쪽 끝에서 200 N의 힘이 아래로 작용한다. 회전 평형을 유지하기 위하여 회전축에서 오른쪽으로 얼마만한 거리에 위로 향하는 300 N의 힘을 작용시켜야 하는가? 막대의 무게는 무시한다. (a) 1.0 m (b) 2.0 m (c) 3.0 m (d) 4.0 m (e) 3.5 m

3. 그림 OQ12.3에서처럼 하나의 힘이 물체에 작용한다. 이 힘의 작용선은 물체의 질량 중심을 지나지 않는다. 이 힘으로 인한 물체의 질량 중심의 가속도는 (a) 이 힘이 질량 중심에 가해졌을 때와 같다. (b) 이 힘이 질량 중심에 가해졌을 때보다 크다. (c) 이 힘이 질량 중심에 가해졌을 때보다 작다. (d) 이 힘은 질량 중심에 관한 각가속도만 일으키므로 영이다.

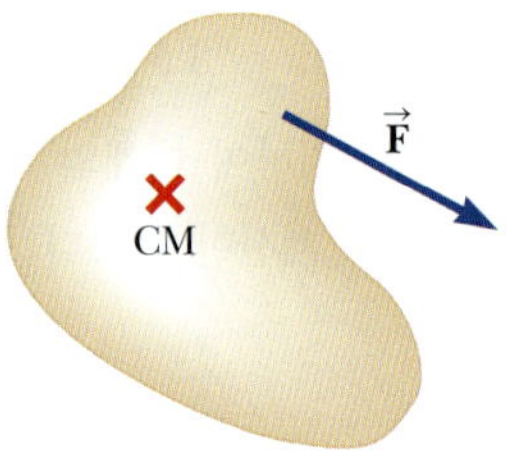

그림 OQ12.3

4. 두 힘이 한 물체에 작용하고 있다. 다음 중 옳은 설명은 어느 것인가? (a) 두 힘의 크기가 같고 방향이 반대이면, 물체는 평형을 유지한다. (b) 알짜 돌림힘이 영이면 물체는 평형을 유지한다. (c) 두 힘이 물체의 같은 지점에 작용하면 물체는 평형을 유지한다. (d) 알짜힘과 알짜 돌림힘이 모두 영이면 물체는 평형을 유지한다. (e) 한 개 이상의 힘이 물체에 작용하므로 물체는 평형을 유지할 수 없다.

5. 탄산 음료가 배의 선실 붙박이 판매대에 받침 접시 모양의 움푹 들어간 부분에 놓여 있다. 배가 천천히 출렁이면 캔은 기울어질 수 있다. 어느 경우에 캔이 엎어지지 않고 가장 안정할까? (a) 캔이 가득 차 있을 때 (b) 반만 채워져 있을 때 (c) 비어 있을 때 (d) 앞에서 말한 것 중 두 가지 경우 (e) 앞에서 말한 모든 경우

6. 길이가 4.00 m인 20.0 kg의 널빤지가 두 받침대 위에 수평으로 놓여 있다. 받침대는 왼쪽 끝에 하나, 오른쪽 끝에서 1.00 m 떨어진 곳에 하나가 있다. 오른쪽 받침대가 널빤지에 작용하는 힘의 크기는 얼마인가? (a) 32.0 N (b) 45.2 N (c) 112 N (d) 131 N (e) 98.2 N

7. 그림 OQ12.7에서처럼 자전거 프레임에 300 N의 힘이 작용한다고 가정하자. 점 A부터 E까지의 각 점을 지나면서 종이면에 수직인 축에 대하여 이 힘이 만드는 돌림힘을 생각해 보자. 여기서 E는 프레임의 질량 중심이다. 돌림힘 τ_A, τ_B, τ_C, τ_D, τ_E의 값을 큰 것부터 순서대로 나열하여라. 단, 음의 값은 영보다 작음에 유의하라. 두 돌림힘이 같다면 동일한 순위로 두라.

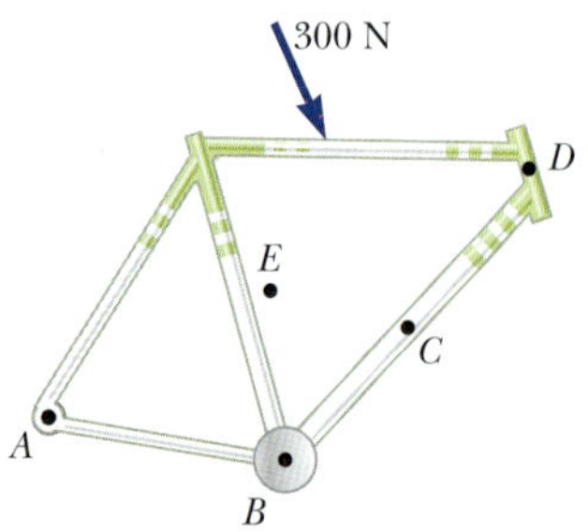

그림 OQ12.7

8. 평평한 강체의 평형을 분석할 때 축을 선택하여 그에 관한 돌림힘을 계산해야 한다. 다음 중 어떤 축을 선택해야 하는가? (a) 물체의 질량 중심을 지나는 축 (b) 물체의 한쪽 끝을 지나는 축 (c) x축 또는 y축 (d) 물체 내 임의의 점을 지나는 축 (e) 물체의 내부 또는 외부에 있는 어떤 축이라도.

9. 길이가 3 m인 어떤 줄이 200 N의 장력에 의하여 1.2 mm 만큼 늘어난다. **(i)** 같은 재질로 만든 같은 굵기의 6 m짜리 줄은 같은 장력에 의하여 얼마나 늘어나는가? (a) 4.8 mm (b) 2.4 mm (c) 1.2 mm (d) 0.6 mm (e) 0.3 mm **(ii)** 같은 재질로 만든 굵기가 두 배인 3 m짜리 줄은 같은 장력에 의하여 얼마나 늘어나는가? 앞의 보기 (a) (e)에서 고르라.

10. 도끼의 무게 중심은 손잡이 중앙선 상에서 머리에 가까운 쪽에 있다. 손잡이를 무게 중심을 통과하여 가로로 잘라서 양쪽 무게를 재자. 다음 중 옳은 설명은 어느 것인가? (a) 손잡이 쪽이 머리 쪽보다 무겁다. (b) 머리 쪽이 손잡이 쪽보다 무겁다. (c) 양쪽의 무게가 같다. (d) 어느 쪽이 무거운지 알 수 없다.

주관식

12.1 분석 모형: 평형 상태의 강체

1. 그림 P12.1에 나타낸 물체가 평형을 이루기 위하여 필요한 조건을 쓰라. 점 O를 지나는 축에 대한 돌림힘을 구하라.

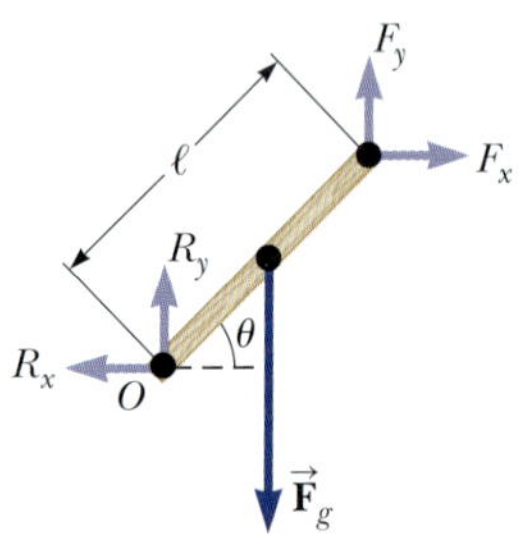

그림 P12.1

2. 다음 상황은 왜 불가능한가? 질량 $m_b = 3.00$ kg, 길이 $\ell = 1.00$ m인 균일한 보가 그림 P12.2처럼 질량 $m_1 = 5.00$ kg, $m_2 = 15.0$ kg인 물체를 두 점에서 받치고 있다. 보는 두 삼각 기둥의 날카로운 모서리 위에 놓여 있다. 점 P가 무게 중심으로부터 오른쪽으로 거리 $d = 0.300$ m 떨어져 있다고 할 때 질량 m_2인 물체의 위치를 조절하면 점 O에서 수직항력은 영이 된다.

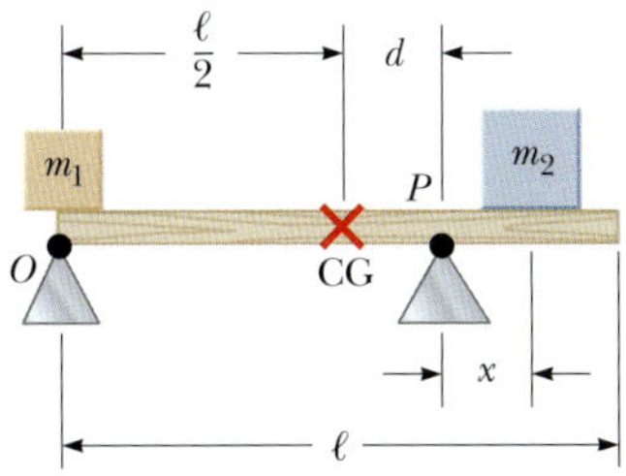

그림 P12.2

12.2 무게 중심 알아보기

3. 목수용 직각자는 L자 모양을 하고 있다(그림 P12.3). 무게 중심의 위치를 구하라.

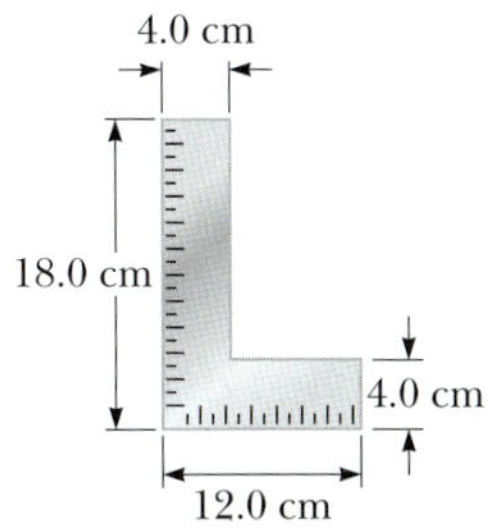

그림 P12.3

4. 다음과 같은 물체의 배치를 고려한다. 5.00 kg의 물체는 (0, 0) m에, 3.00 kg의 물체는 (0, 4.00) m에, 4.00 kg의 물체는 (3.00, 0) m에 무게 중심이 위치하고 있다. 질량이 8.00 kg인 네 번째 물체를 어디에 놓아야 전체 배치의 무게 중심이 (0, 0)에 있게 되는가?

5. 한 학생이 나무를 이용하여 장난감 자동차용 트랙을 그림 P12.5와 같이 만든다. 트랙은 너비가 5.00 cm이고, 높이 1.00 m에 길이가 3.00 m이다. 이 곡선의 트랙 면이 $y = (x-3)^2/9$인 포물선 식을 만족하도록 윗면을 마감한다. 이 트랙의 무게 중심의 수평 좌표를 구하라.

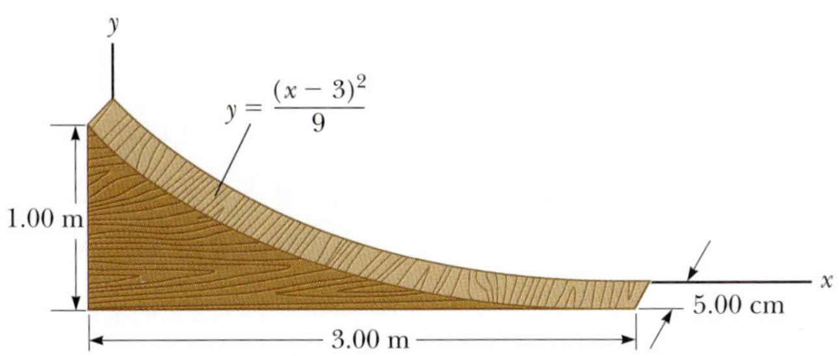

그림 P12.5

6. 반지름이 R인 원형 피자로부터 그림 P12.6에서처럼 반지름이 $R/2$인 원형 조각을 떼어냈다. 나머지 피자의 무게 중심이 원래의 중심 C로부터 x축을 따라 C'으로 옮겨 갔다. C와 C' 사이의 거리가 $R/6$이 됨을 보이라. 피자의 두께와 밀도는 균일하다고 가정한다.

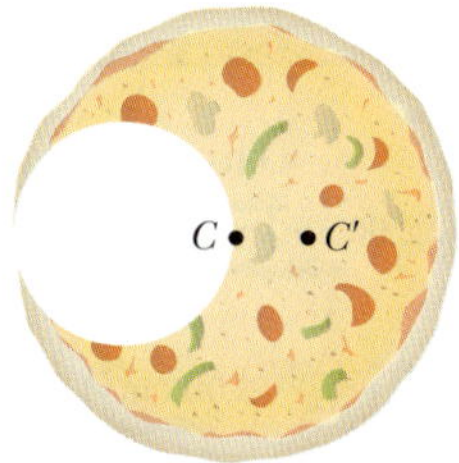

그림 P12.6

7. 그림 P12.7은 질량이 각각 $m_1 = 6.00$ kg, $m_2 = 3.00$ kg, $m_3 = 5.00$ kg인 긴 막대, 직각 삼각형, 정사각형 등 세 가지 균일한 물체를 나타내고 있다. 물체의 좌표는 미터로 나타낸다. 세 물체로 이루어진 계의 무게 중심 좌표를 구하라.

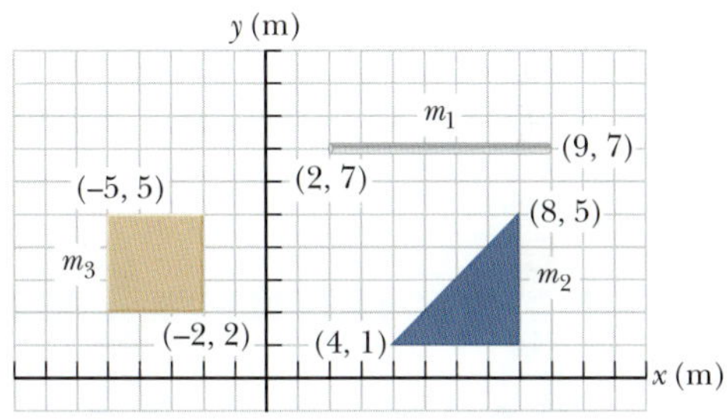

그림 P12.7

12.3 정적 평형 상태에 있는 강체의 예

8. 1 500 kg인 자동차의 차축 거리(자동차의 앞뒤 차축 사이의 거리)가 3.00 m이다. 자동차의 질량 중심은 앞 차축에서 뒤쪽으로 1.20 m 떨어진 지점의 중심선 상에 있다. 지면이 각 바퀴에 작용하는 힘을 구하라.

9. 그림 P12.9에서 경사각 $\theta = 45°$인 비탈면 위의 질량 $M = 1\,500$ kg인 트럭과 평형을 이루는 데 필요한 평형추의 질량 m을 구하라. 모든 도르래는 마찰과 질량이 없다고 가정한다.

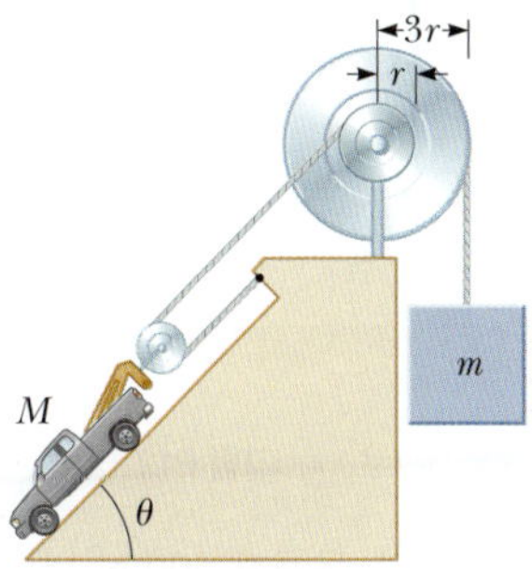

그림 P12.9

10. 그림 P12.10과 같이 가벼운 막대와 줄, 그리고 바닷가에서 구한 기념물을 이용하여 만든 모빌이 있다. 만약 $m_4 =$

12.0 g이고 막대가 수평을 이루고 있을 때, (a) m_1, (b) m_2, (c) m_3을 구하라.

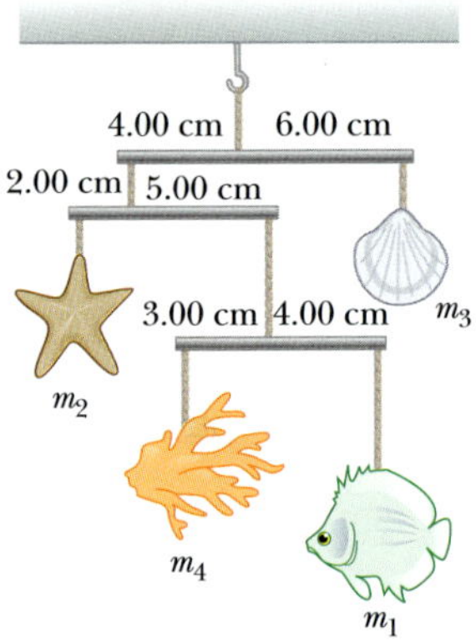

그림 P12.10

11. 길이가 7.60 m이고 무게가 4.50 × 10² N인 균일한 막대를 그림 P12.11에서와 같이 두 작업자 샘(Sam)과 조(Joe)가 운반한다. 각자가 막대에 작용하는 힘을 결정하라.

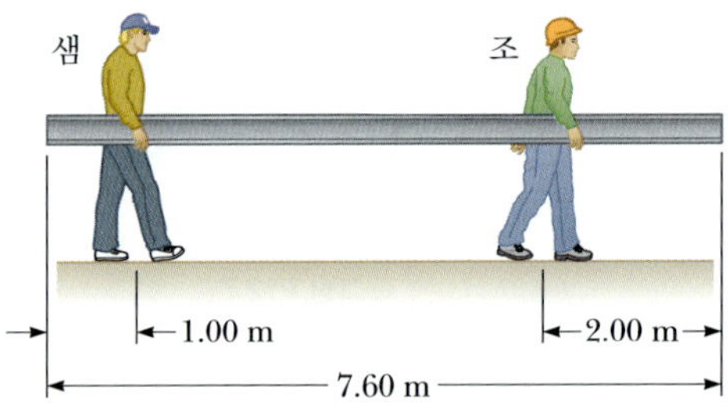

그림 P12.11

12. 장대높이뛰기 선수가 29.4 N의 장대를 들고 있다. 한 손으로는 위 방향으로의 힘 $\vec{\mathbf{U}}$를 주어 장대를 들어 올리고, 다른 손으로는 아래 방향으로의 힘 $\vec{\mathbf{D}}$로 장대를 눌러 평형을 유지하고 있다(그림 P12.12). 점 C는 장대의 무게 중심이다. 이때 (a) $\vec{\mathbf{U}}$와 (b) $\vec{\mathbf{D}}$의 크기를 구하라.

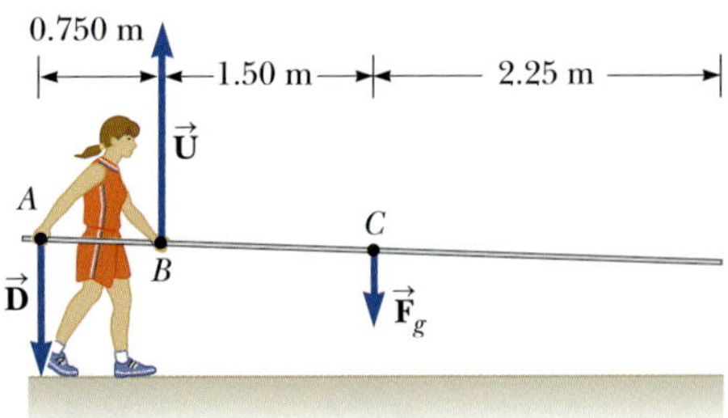

그림 P12.12

13. 길이가 15.0 m이고 무게가 500 N 나가는 균일한 사다리를 마찰이 없는 벽에 기대 세운다. 사다리와 수평과의 각도는 60.0°이다. (a) 800 N의 소방관이 사다리의 길이 방향으로 4.00 m 올라가 있을 때, 지면이 사다리의 발에 작용하는 수평 방향 힘과 연직 방향 힘을 구하라. (b) 만일 소방관이 길이 방향으로 9.00 m 올라갔을 때 사다리가 거의 미끄러지기 직전이라면, 사다리와 지면 사이의 정지 마찰 계수는 얼마인가?

14. 길이가 L이고 질량이 m_1인 균일한 사다리가 마찰이 없는 벽에 기대어 있다. 사다리는 수평과 θ의 각도를 이루고 있다. (a) 질량이 m_2인 소방관이 사다리의 길이 방향으로 거리 x만큼 올라갈 때, 지면이 사다리 아래 끝에 작용하는 수평 방향과 연직 방향의 힘을 구하라. (b) 소방관이 바닥으로부터 사다리의 길이 방향으로 거리 d의 위치에 있을 때 사다리가 미끄러지기 시작하려고 한다면, 사다리와 지면 사이의 정지 마찰 계수는 얼마인가?

15. 그림 P12.15와 같이 무게가 40.0 N인 유연한 사슬이 같은 높이에 박힌 두 걸이 사이에 걸려 있다. 각 걸이에서 사슬의 접선은 수평과 $\theta = 42.0°$의 각도를 이룬다. (a) 각 걸이가 사슬에 작용하는 힘의 크기와 (b) 사슬의 중심점에서 장력의 크기를 구하라. **도움말:** (b)에서 사슬의 절반에 대한 힘 도형을 그린다.

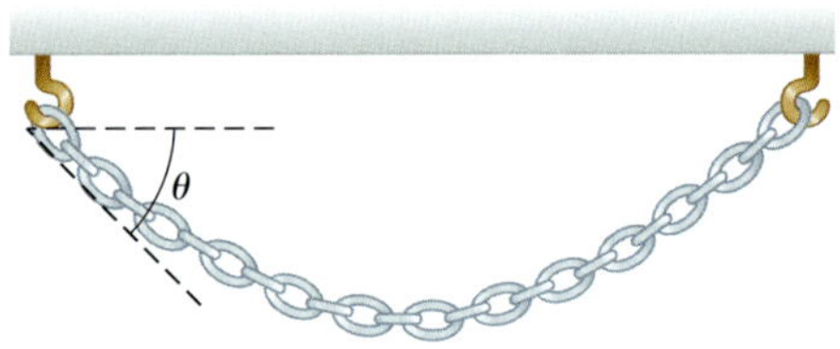

그림 P12.15

16. 그림 P12.16에서와 같이 길이가 L이고 질량이 m인 균일한 막대가 수평과 θ의 각도를 이루고 있다. 이의 위쪽 끝은 줄로 벽에 연결되어 있고, 아래쪽 끝은 거친 수평면에 놓여 있다. 막대와 수평면 사이의 정지 마찰 계수는 μ_s이다. 각도 θ는 정지 마찰력이 최대일 때의 각도라고 가정하자. (a) 막대에 대한 힘 도형을 그리라. (b) 회전 평형 조건을 사용하여, 줄에 걸리는 장력 T를 m, g, θ의 식으로 나타내라. (c) 병진 평형 조건을 사용하여, T를 μ_s, m, g의 식으로 나타내라. (d) (a)에서 (c)까지의 결과를 사용하여, 각도 θ를 μ_s의 식으로 구하라. (e) 사다리를 위로 들어 올려서 아래를 약간 왼쪽으로 이동하면 어떻게 되는지 설명하라.

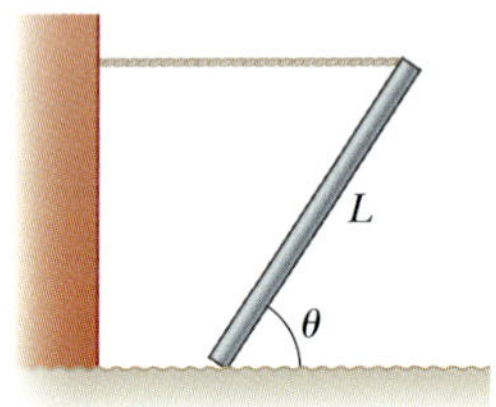

그림 P12.16

17. 그림 P12.17은 평평한 판에서 못을 뽑는 데 사용되는 장도

리의 그림이다. 장도리의 질량은 1.00 kg이다. 그림에서처럼 수평 방향으로 150 N의 힘을 주었을 때 (a) 장도리의 못뽑이 부분이 못에 작용하는 힘을 구하고, (b) 표면이 장도리 머리의 접촉점에 작용하는 힘을 구하라. 장도리가 못에 작용하는 힘은 못과 평행하다고 가정한다.

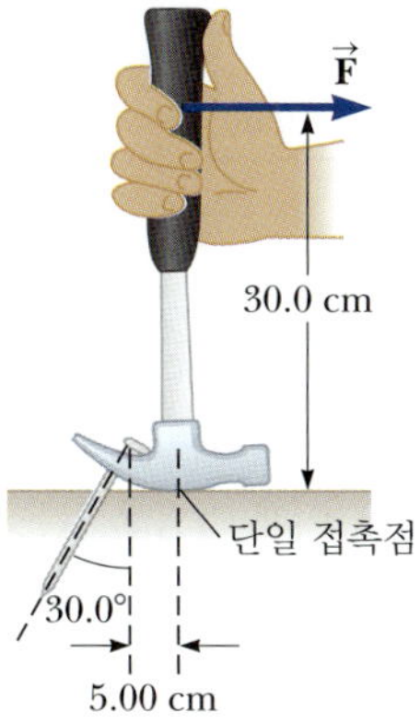

그림 P12.17

18. 그림 P12.18에서와 같이 공원에 있는 20.0 kg의 투광 조명등이 질량을 무시할 수 있는 수평 막대의 끝에 매달려 있다. 막대의 다른 쪽 끝은 기둥에 경첩으로 연결되어 있다. 조명등을 지지하고 있는 막대와 케이블은 $\theta = 30.0°$의 각도를 이루고 있다. (a) 막대에 대한 힘 도형을 그리라. 막대의 왼쪽 끝에 있는 경첩의 축에 대한 돌림힘을 계산하여 (b) 케이블에 걸리는 장력과 (c) 기둥이 막대에 작용하는 수평 성분의 힘과 (d) 연직 성분의 힘을 구하라. 이번에는 막대의 오른쪽 끝에서 케이블과 막대 사이의 접점에 대한 돌림힘을 계산함으로써 (a)의 힘 도형으로부터 같은 문제를 풀라. (e) 기둥이 막대에 작용한 힘의 연직 성분을 구하라. (f) 케이블에 걸리는 장력을 구하라. (g) 기둥이 막대에 작용하는 힘의 수평 성분을 구하라. (h) (b)부터 (d)까지의 답을 (e)부터 (g)까지의 답과 비교하라. 어느 답이 더 정확한가?

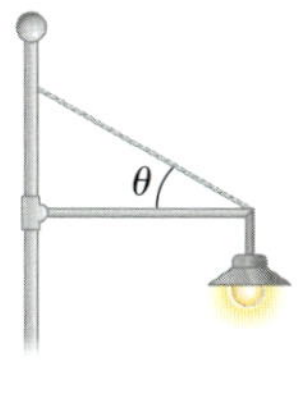

그림 P12.18

19. 그림 P12.19에서와 같이 갑옷을 입은 어떤 기사가 믿음직한 말을 타고 성을 나온다. 일반적으로, 도개교(들어 올릴 수 있는 다리)는 다리의 반대편이 판판한 돌에 걸칠 수 있도록 수평 위치로 내려온다. 불행하게도, 이 도개교가 충분히 내려오지 못하고 수평으로부터 위쪽 $\theta = 20.0°$ 되는 곳에서 멈춘다. 기사와 말은 이들의 전체 질량 중심이 다리의 끝으로부터 $d = 1.00$ m일 때 멈춘다. 균일한 다리는 길이가 $\ell = 8.00$ m이고 질량이 2 000 kg이다. 들어 올리는 케이블은 경첩으로부터 5.00 m인 곳에 연결되어 있고 성벽에는 다리 위쪽으로 $h = 12.0$ m인 곳에 연결되어 있다. 갑옷을 입은 기사와 말의 전체 질량은 1 000 kg이다. 이때 (a) 케이블에 걸리는 장력, 경첩에서 다리에 작용하는 (b) 수평 성분과 (c) 연직 성분의 힘을 구하라.

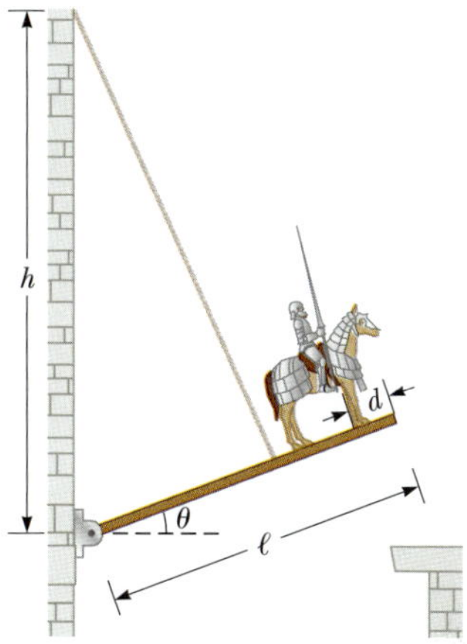

그림 P12.19

20. 아빠가 외바퀴 손수레에 딸을 태워 밀고 있다. 그러다 수레가 높이 8.00 cm인 벽돌에 걸려 멈춰버렸다(그림 P12.20). 손잡이는 지면에서 대하여 $\theta = 15.0°$의 각도를 이루고 있다. 딸과 손수레의 무게 때문에, 반지름이 20.0 cm인 바퀴의 중심에 아래 방향으로 400 N의 힘이 작용한다. (a) 바퀴가 벽돌을 넘어가기 시작하는 순간에 (즉 바퀴가 땅에서 막 떨어지는 순간에) 손잡이 방향으로 아빠는 얼마의 힘을 가해야 하는가? (b) 이 순간 벽돌이 바퀴에 작용하는 힘(크기와 방향)을 구하라. 두 경우 모두, 벽돌은 고정되어 있고 지면에서 미끄러지지 않는다고 가정한다. 또한 아빠는 정확히 바퀴의 중심 방향으로 힘을 가한다고 가정한다(그림이 다소 부정확하다.: 역자 주).

그림 P12.20 문제 20, 21

21. 아빠가 외바퀴 손수레에 딸을 태워 밀고 있다. 그러다 수레가 높이 h인 벽돌에 걸려 멈춰버렸다(그림 P12.20). 손잡이는 지면에서 대하여 θ의 각도를 이루고 있다. 딸과 손수레의 무게 때문에, 반지름이 R인 바퀴의 중심에 아래 방향으

로 mg의 힘이 작용한다. (a) 바퀴가 벽돌을 넘어가기 시작하는 순간에 손잡이 방향으로 아빠는 얼마의 힘 F를 가해야 하는가? (b) 이 순간 벽돌이 바퀴에 작용하는 힘의 성분을 구하라. 두 경우 모두, 벽돌은 고정되어 있고 지면에서 미끄러지지 않는다고 가정한다. 또한 아빠는 정확히 바퀴의 중심 방향으로 힘을 가한다고 가정한다.

22. 그림 P12.22에서처럼 길이가 4.00 m이고 무게가 F_g인 균일한 막대의 한 끝이 $\theta = 37°$의 각도를 이루며 케이블에 매달려 지지되고 있다. 또 다른 끝은 벽에 닿아 마찰에 의하여 지탱된다. 벽과 막대 사이의 정지 마찰 계수는 $\mu_s = 0.500$이다. 막대와 같은 무게 F_g를 점 A로부터 x인 곳에 추가로 매달아도 점 A에 걸쳐 있는 막대가 미끄러져 떨어지지 않을 거리 x의 최솟값을 구하라.

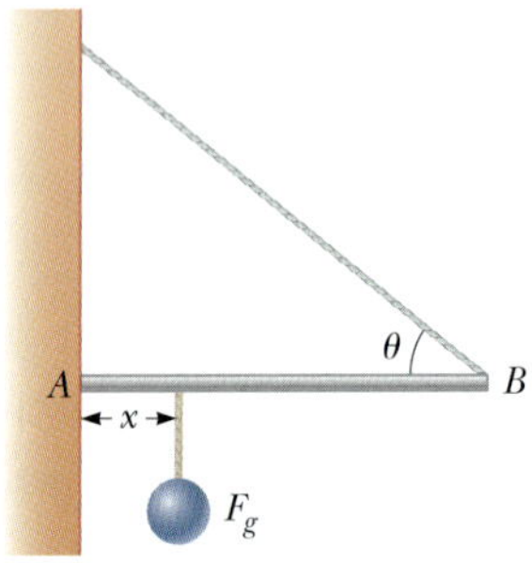

그림 P12.22

23. 그림 P12.23에서와 같이 10.0 kg인 원숭이가 무게가 1.20×10^2 N이고 길이가 $L = 3.00$ m인 사다리를 올라가고 있다. 사다리는 벽에 걸쳐 있고 지면과 $\theta = 60.0°$의 각도를 이루고 있다. 사다리의 위 끝과 아래 끝은 마찰이 없는 면에 놓여 있다. 아래 끝은 수평 줄로 벽에 연결되어 있고 최대 80.0 N의 장력을 견딘다. (a) 사다리에 대한 힘 도형을 그리라. (b) 사다리의 바닥에 작용하는 수직항력을 구하라. (c) 원숭이가 사다리 위로 2/3 올라갈 때 줄에 걸리는 장력을 구하라. (d) 줄이 끊어지기 전까지 원숭이가 올라갈 수 있는 최대 거리 d를 구하라. (e) 수평면이 거칠고 줄이 없다면 이 문제의 분석은 어떻게 달라지는가? (c)와 (d)의 답을 위하여 필요한 추가적인 정보는 어떤 것이 있는가?

그림 P12.23

24. 그림 P12.24와 같이 길이가 50.0 m이고 질량이 8.00×10^4 kg인 다리 양 끝이 교각 위에 놓여 있다. 질량이 3.00×10^4 kg인 트럭이 한쪽 끝으로부터 15.0 m 떨어진 곳에 서 있는 경우, 다리의 지지점 A와 B에서 다리가 받는 힘의 크기를 구하라.

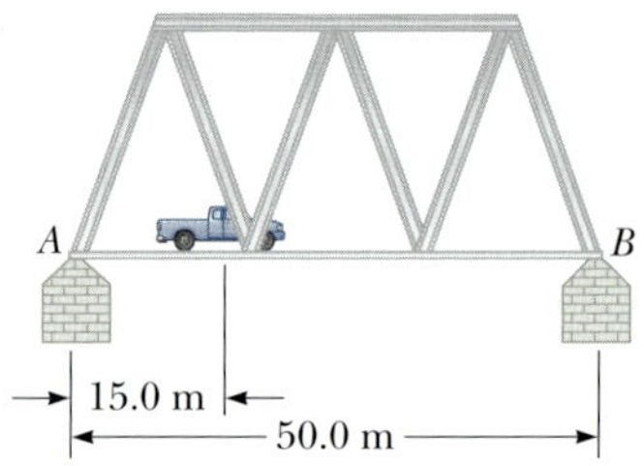

그림 P12.24

25. 운동 생리학에서는 사람의 질량 중심을 구하는 것이 종종 중요하다. 이를 구하기 위하여 그림 P12.25와 같은 자세를 이용한다고 하자. 이때 가볍고 얇은 널빤지가 두 저울 사이에 있고, 저울의 눈금은 각각 $F_{g1} = 380$ N, $F_{g2} = 320$ N을 가리키고 있다. 저울 사이의 거리가 1.65 m라 하면, 누워 있는 사람의 질량 중심은 발끝으로부터 얼마나 떨어져 있는가?

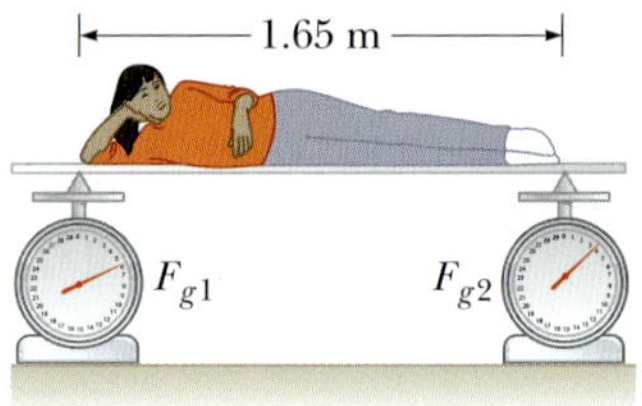

그림 P12.25

26. 아래는 농장의 직사각형 형태의 대문의 힘 도형에서 얻은 식들로 이 문은 좌측에서 두 개의 경첩으로 고정되어 있으며, 문의 우측 걸쇠에 곡물이 담긴 양동이 하나가 걸려 있다.

$$-A + C = 0$$
$$+B - 392 \text{ N} - 50.0 \text{ N} = 0$$
$$A(0) + B(0) + C(1.80 \text{ m}) - 392 \text{ N}(1.50 \text{ m}) - 50.0 \text{ N}(3.00 \text{ m}) = 0$$

(a) 힘 도형을 그려 미지의 양이 무엇인지 밝히고 문제를 완성시키라. (b) 미지의 양을 구하고 이들의 물리적 의미를 말하라.

27. 그림 P12.27처럼 무게 F_g, 너비 $2L$인 균일한 간판이 벽에 돌쩌귀(경첩)으로 연결된 수평 봉에 걸려 있으며 이 봉은 줄로 지지되고 있다. 이때 (a) 줄에 작용하는 장력을 구하라. (b) 벽에 의하여 봉에 작용하는 반작용력의 성분들을 F_g, d, L, θ의 함수로 나타내라.

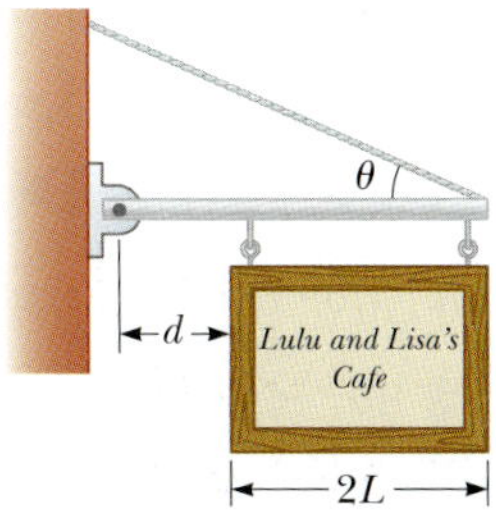

그림 P12.27

28. 질량이 1 200 N인 봉이 그림 P12.28과 같이 $\phi = 65°$를 이루며 수평으로부터 $\theta = 25.0°$를 이루는 줄에 의하여 지지되어 서 있다. 봉의 바닥에는 돌쩌귀가 있고 봉의 꼭대기에는 무게가 $m = 2\ 000$ N인 물체가 매달려 있다. 이때 (a) 줄의 장력과 (b) 바닥이 봉에 작용하는 반작용력의 성분들을 구하라.

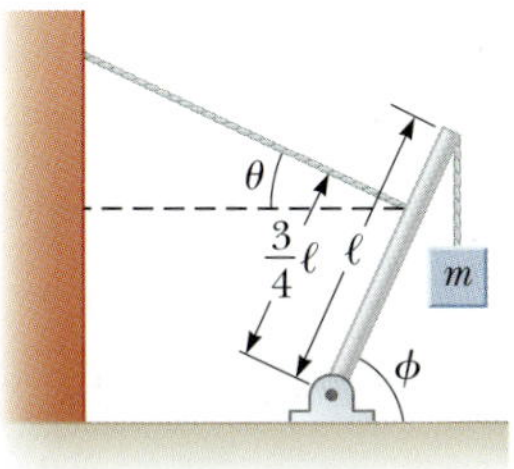

그림 P12.28

29. 질량 $m_1 = 3\ 000$ kg인 크레인이 질량 $m_2 = 10\ 000$ kg인 물체를 그림 P12.29와 같이 매달고 있다. 크레인은 마찰이 없는 핀에 의하여 점 A에 연결되어 있고 점 B에서 부드럽게 지지되어 서 있다. (a) 점 A와 (b) B에서 작용하는 반작용력을 구하라.

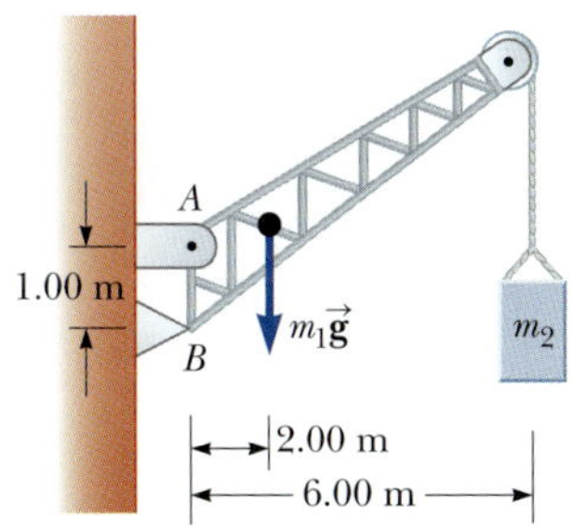

그림 P12.29

12.4 고체의 탄성

30. 지름 1 mm의 철선이 0.2 kN의 장력을 지탱할 수 있다. 20 kN의 장력을 견디기 위한 철선의 지름을 구하라.

31. 태평양의 마리아나 해구에서 바다의 가장 깊은 곳은 약 11 km이다. 이 깊이에서의 압력은 매우 커서 약 1.13×10^8 N/m^{2}이다. (a) 표면으로부터 1.00 m^{3}의 바닷물이 이 심해로 이동한다고 할 때 부피 변화를 계산하라. (b) 표면에서 바닷물의 밀도는 1.03×10^3 kg/m^{3}이다. 바닥에서 바닷물의 밀도를 구하라. (c) 바닷물을 비압축성으로 가정하기에 좋은 경우는 어떤 때인지 설명하라.

32. 뼈의 영률이 1.50×10^{10} N/m^{2}이라고 가정하자. 만일 1.50×10^8 N/m^{2}보다 큰 변형력이 작용하면 뼈는 부서진다. (a) 만일 넓적다리 뼈의 최소 지름이 2.50 cm라면, 이 뼈에 작용할 수 있는 최대 힘은 얼마인가? (b) 만일 (a)에서 구한 힘이 압축력으로 작용한다면 25.0 cm 길이의 뼈가 얼마나 짧아지는가?

33. 고무 밑창이 달린 신을 신은 아이가 마루에서 미끄럼을 탄다. 한쪽 발에 작용하는 마찰력은 20.0 N이다. 신발 한 짝의 바닥 넓이는 14.0 cm^{2}이고, 밑창의 두께는 5.00 mm이다. 밑창의 윗면과 아랫면이 수평 방향으로 서로 밀린 거리를 구하라. 고무의 층밀리기 탄성률은 3.00 MN/m^{2}이다.

34. 변형력–변형 곡선이 그림 12.11에 해당하는 물질의 영률을 계산하라.

35. 강철에 4.00×10^8 N/m^{2}를 초과하는 층밀리기 변형력을 가하면 강철은 파열된다. (a) 지름이 1.00 cm인 강철 볼트를 절단하는 데 필요한 층밀리기 힘과 (b) 두께가 0.500 cm인 강철판에 지름이 1.00 cm인 구멍을 뚫기에 필요한 층밀리기 힘을 구하라.

36. 물은 얼면 약 9.00 % 팽창한다. 자동차 엔진 블록 안의 물이 얼면, 엔진 내부에서 증가하는 압력은 얼마나 되는가? (얼음의 부피 탄성률은 2.00×10^9 N/m^{2}이다.)

37. 길이가 4.00 m이고, 단면적이 0.200×10^{-4} m^{2}인 케이블에 200 kg의 물체가 매달려 있다. 케이블의 영률이 8.00×10^{10} N/m^{2}이면, 늘어난 길이는 얼마인가?

38. 어느 호텔 로비의 공중을 가로질러 매달려 있는 보도가 있다. 보도는 가장자리를 따라 수많은 지점에서 각 점 위로는 수직 케이블로, 아래로는 수직 기둥으로 지탱된다. 강철 케이블은 지름이 1.27 cm, 하중을 받기 전의 길이는 5.75 m이다. 알루미늄 기둥은 속이 빈 실린더로 안지름이 16.14 cm이고 바깥지름이 16.24 cm이며, 하중이 실리지 않은 길이가 3.25 m이다. 보도가 지지점 중의 한 곳에 8 500 N의 하중력을 작용하면, 그 점은 얼마나 아래로 처지는가?

39. 길이가 2.00 m이고 단면의 지름이 4.00 mm인 원통형 강선이 가볍고 마찰이 없는 도르래에 걸려 있다. 그림 P12.39와 같이 줄 한쪽 끝에는 질량 $m_1 = 5.00$ kg, 다른 끝에는 질

그림 P12.39

량 $m_2 = 3.00$ kg인 물체가 달려 있다. 물체들이 자유롭게 움직이도록 놓는다. 물체들이 움직이는 동안 늘어난 줄의 길이를 구하여 물체를 매달기 전 줄의 길이와 비교하라.

40. 반지름이 2.30 cm인 강철 못을 질량이 30.0 kg이고 속력이 2.00 m/s인 망치로 내리치고 있다. 내리치고 나서 0.110 s 후 망치의 되튄 속력이 10.0 m/s이라면, 못이 충격을 받는 동안 평균 변형은 얼마인가?

만유인력
Universal Gravitation

CHAPTER 13

2005년 허블 망원경으로 찍은 M51, 소용돌이(나선형) 은하의 영상이다. 나선형 M51 은하의 팔들은 수소 기체를 압축해서 새로운 성단을 생성한다. 천문학자들은 이 은하가 한쪽 팔 끝에서 작고 노란 은하 NGC 5195와 가깝게 만나고 있기 때문에 팔들이 잘 보이는 것으로 생각하고 있다. *(NASA, Hubble Heritage Team, (STScI/AURA), ESA, S. Beckwith (STScI). Additional Processing: Robert Gendler)*

1687년 이전까지 달과 행성의 운동에 대한 수많은 관측 자료가 쌓였음에도 불구하고, 이들 운동과 연관된 힘을 분명하게 이해할 수는 없었다. 그러나 그해에 뉴턴은 하늘의 비밀을 푸는 열쇠를 제공하였다. 뉴턴은 제1법칙인 관성의 법칙에 의하여 달에는 어떤 알짜힘이 작용하고 있음을 알았는데, 그런 힘이 없다면 달은 거의 원형에 가까운 궤도를 그리기보다는 직선 경로를 따라 운동할 것이기 때문이다. 뉴턴은 달과 지구 사이의 이 힘이 인력이라고 추론하였다. 그는 지구와 달 사이의 인력과 태양과 행성 사이의 인력에 관련된 힘이 이런 계에만 나타나는 특정한 것이 아니라, 모든 물체 간에 작용하는 일반적이고 보편적인 인력의 구체적인 사례라고 인식하였다. 다시 말하면 뉴턴은 달이 지구 주위의 경로를 따라 돌게 하는 인력이 바로 사과를 나무에서 떨어지게 한다고 본 것이다. 이것은 지상에서의 움직임과 천체에서의 움직임이 하나의 원리로 설명되는 첫 순간이었다.

이 장에서는 만유인력의 법칙에 대하여 공부하고자 한다. 천문학 자료가 만유인력의 법칙을 검증하는 중요한 자료가 되는 만큼 행성의 운동을 중점적으로 다룰 것이다. 그 다음 만유인력의 법칙과 고립계에서 각운동량 보존의 원리로 케플러(Johannes Kepler)가 발견한 행성의 운동 법칙들을 설명할 수 있음을 보일 것이다. 끝으로 계의 중력 퍼텐셜 에너지의 일반적인 식을 유도하고 행성과 인공위성의 동역학에 대하여 공부한다.

13.1 뉴턴의 만유인력 법칙
Newton's Law of Universal Gravitation

사과나무 아래에서 낮잠을 자던 뉴턴이 나무에서 떨어진 사과에 머리를 맞았다는 일화가 있다. 뉴턴은 아마도 이 사건으로부터 사과가 땅으로 끌리듯이 우주에 있는 모든 물체는 서로 끌어당긴다고 생각하게 되었을 것이다. 뉴턴은 지구 주위를 도는 달의 움직임에 대한 천문 관측 자료를 분석하여 대담하게도 행성들의 움직임을 지배하는 힘의 법칙이 사과를 땅에 떨어지게 하는 힘의 법칙과 똑같다고 주장하였다.

뉴턴은 1687년에 출간한 《자연 철학의 수학적 원리》에서 중력의 법칙에 대한 연구 결과를 발표하였다. **뉴턴의 만유인력 법칙**(Newton's law of universal gravitation)에 따르면

만유인력의 법칙 ▶

우주의 모든 입자는 다른 모든 입자를 끌어당기며 그 인력은 두 입자의 질량의 곱에 비례하고 그들 사이의 거리의 제곱에 반비례한다.

질량 m_1과 m_2인 두 입자가 거리 r만큼 떨어져 있다면, 중력의 크기는

$$F_g = G\frac{m_1 m_2}{r^2} \tag{13.1}$$

이다. 여기서 G는 **만유인력 상수**이고, 그 값은 SI 단위로 나타내면 다음과 같다.

$$G = 6.674 \times 10^{-11}\ \mathrm{N \cdot m^2/kg^2} \tag{13.2}$$

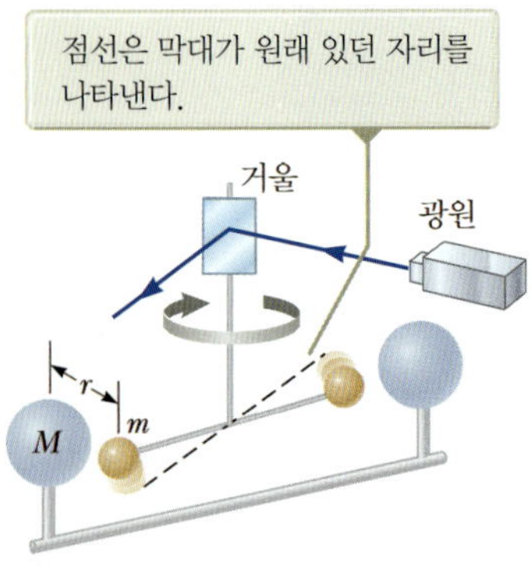

그림 13.1 중력을 측정하기 위한 캐번디시의 장치

만유인력 상수 G는 1798년 캐번디시 경(Sir Henry Cavendish 1731~1810)이 수행한 중요한 실험 결과를 바탕으로 하였지만 19세기 말이 되어서야 처음으로 계산되었다. 뉴턴이 발표한 당시의 만유인력의 법칙은 식 13.1의 형태로 표현되지 않았고, 뉴턴은 만유인력 상수 G와 같은 상수에 대하여 언급하지도 않았다. 사실 캐번디시 시대에는 당시의 단위계에 힘의 단위가 포함되지 않았었다. 캐번디시의 목적은 지구의 밀도를 측정하는 것이었다. 100년이 지나서야 후대의 과학자들은 그의 결과물을 이용해서 만

유인력 상수 G 값을 계산하였다.

캐번디시의 장치는 그림 13.1처럼 가는 금속 철사나 얇은 섬유 줄에 매달린 가벼운 수평 막대의 끝에 고정되어 있는 질량 m인 두 개의 작은 공으로 이루어져 있다. 여기에 질량 M인 두 개의 큰 공이 작은 공들에 다가가면 작은 공과 큰 공 사이에 작용하는 인력이 막대를 회전시켜 줄을 꼬이게 하고, 새로운 평형 위치에 도달하게 한다. 이때 회전각은 연직 줄에 달아 놓은 거울에 반사된 빛의 방향 변화를 측정하여 잰다.

식 13.1로 주어지는 힘의 법칙 형태는 힘의 크기가 두 입자 사이 거리의 제곱에 반비례하기 때문에 **역제곱 법칙**(inverse-square law)이라고도 한다.[1] 다음에 배울 장에서도 이런 종류의 힘의 법칙이 적용되는 다른 예를 보게 될 것이다. 이 힘은 단위 벡터 $\hat{\mathbf{r}}_{12}$를 이용하여 벡터 형태로 표시할 수 있다(그림 13.2). 이 단위 벡터는 입자 1에서 입자 2로 향하므로 입자 1이 입자 2에 작용하는 힘은

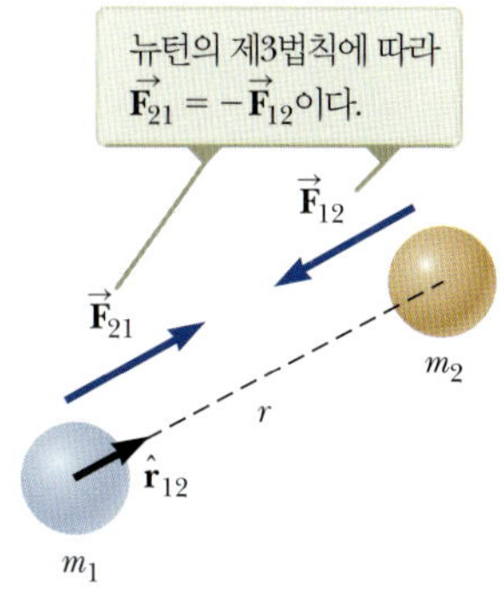

그림 13.2 두 입자 사이에 작용하는 중력은 서로 잡아당기는 힘이다. 단위 벡터 $\hat{\mathbf{r}}_{12}$는 입자 1에서 입자 2로 향한다.

$$\vec{\mathbf{F}}_{12} = -G\frac{m_1 m_2}{r^2}\hat{\mathbf{r}}_{12} \qquad \textbf{(13.3)}$$

이다. 여기서 음(−)의 부호는 입자 2가 입자 1에 끌림을 나타낸다. 그러므로 입자 2에 작용하는 힘은 입자 1을 향한다. 뉴턴의 제3법칙에 따라 입자 2에 의하여 입자 1이 받는 힘 $\vec{\mathbf{F}}_{21}$은 $\vec{\mathbf{F}}_{12}$와 크기는 같고 방향은 반대이다. 즉 이 두 힘은 작용–반작용의 쌍을 이루며, $\vec{\mathbf{F}}_{21} = -\vec{\mathbf{F}}_{12}$이다.

식 13.3에서 두 가지를 주목하자. 첫째 중력은 두 물체 중간에 놓여 있는 물질에 관계없이 두 물체 간에 항상 작용하는 장힘(field force)이라는 것이다. 둘째 이 힘은 입자 사이 거리의 제곱에 반비례하기 때문에 거리가 멀어지면 급속히 작아진다.

오류 피하기 13.1

g와 G의 구분 g는 행성 근처에서 자유 낙하 가속도의 크기를 나타낸다. 지표면에서 g의 평균값은 9.80 m/s²이다. 반면에 G는 우주의 모든 곳에서 같은 값을 가지는 보편 상수이다.

또 다른 중요한 사실은 유한한 크기의 구 대칭인 질량 분포가 바깥에 있는 입자에 작용하는 중력은 마치 구 대칭으로 분포하고 있는 질량 전체가 구의 중심에 놓여 있다고 가정할 때와 같다는 것을 식 13.3을 이용해서 증명할 수 있다는 것이다. 예를 들어 지표면 근처에 있는 질량 m인 입자에 지구가 작용하는 힘의 크기는 다음과 같다.

$$F_g = G\frac{M_E m}{R_E^2} \qquad \textbf{(13.4)}$$

여기서 M_E는 지구의 질량이고 R_E는 지구의 반지름이다. 이 힘은 지구의 중심을 향한다.

Q 퀴즈 13.1 질량이 같은 두 개의 위성을 가지고 있는 행성이 있다. 위성 1은 반지름 r인 원 궤도를 돌고 위성 2는 반지름 $2r$인 원 궤도를 돈다. 행성이 위성 2에 작용하는 힘의 크기는 얼마인가? **(a)** 위성 1이 받는 힘의 네 배 **(b)** 위성 1이 받는 힘의 두 배 **(c)** 위성 1이 받는 힘과 같다. **(d)** 위성 1이 받는 힘의 1/2 **(e)** 위성 1이 받는 힘의 1/4

예제 13.1 누구, 당구 칠래요?

그림 13.3에서 보듯이 0.300 kg인 세 개의 당구공이 당구대에서 직각 삼각형을 이루고 있다. 직각 삼각형의 세 변의 길이는 $a = 0.400$ m, $b = 0.300$ cm, $c = 0.500$ m이다. 다른 두 공이 큐 공(질량 m_1)에 작용하는 중력의 크기와 방향을 구하고 벡터로 나타내라.

---

[1] 두 양 x와 y 사이의 반비례 관계는 $y = k/x$이고, 여기서 k는 상수이다. x와 y 사이의 비례 관계는 $y = kx$이다.

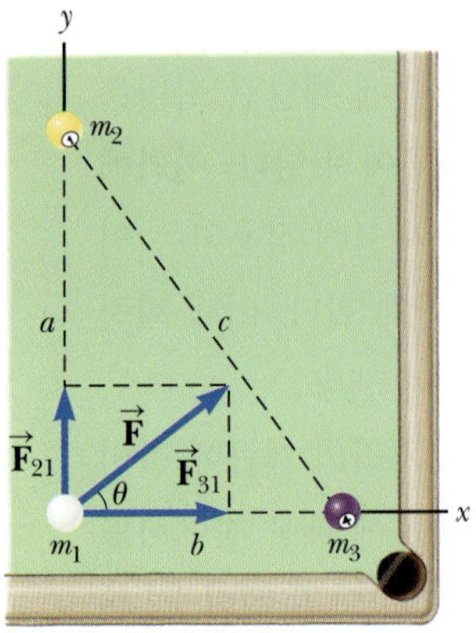

그림 13.3 (예제 13.1) 큐 공에 작용하는 중력은 결과적으로 $\vec{\mathbf{F}}_{21} + \vec{\mathbf{F}}_{31}$의 벡터합이다.

풀이

개념화 그림 13.3에서 큐 공은 중력에 의하여 다른 두 공에 끌린다. 그러므로 알짜힘은 오른쪽 위를 향한다는 것을 알 수 있다. 그림 13.3과 같이 큐 공의 위치를 원점으로 하여 좌표축을 잡는다.

분류 식 13.3을 이용해 큐 공에 작용하는 중력을 계산한 다음 벡터합으로 알짜힘을 구하는 문제이다.

분석 m_2가 큐 공에 작용하는 힘을 구한다.

$$\vec{\mathbf{F}}_{21} = G\frac{m_2 m_1}{a^2}\hat{\mathbf{j}}$$

$$= (6.674 \times 10^{-11}\ \text{N}\cdot\text{m}^2/\text{kg}^2)\frac{(0.300\ \text{kg})(0.300\ \text{kg})}{(0.400\ \text{m})^2}\hat{\mathbf{j}}$$

$$= 3.75 \times 10^{-11}\,\hat{\mathbf{j}}\ \text{N}$$

m_3이 큐 공에 작용하는 힘을 구한다.

$$\vec{\mathbf{F}}_{31} = G\frac{m_3 m_1}{b^2}\hat{\mathbf{i}}$$

$$= (6.674 \times 10^{-11}\ \text{N}\cdot\text{m}^2/\text{kg}^2)\frac{(0.300\ \text{kg})(0.300\ \text{kg})}{(0.300\ \text{m})^2}\hat{\mathbf{i}}$$

$$= 6.67 \times 10^{-11}\,\hat{\mathbf{i}}\ \text{N}$$

이 두 힘 벡터를 더해서 큐 공에 작용하는 알짜 중력을 구한다.

$$\vec{\mathbf{F}} = \vec{\mathbf{F}}_{31} + \vec{\mathbf{F}}_{21} = (6.67\,\hat{\mathbf{i}} + 3.75\,\hat{\mathbf{j}}) \times 10^{-11}\ \text{N}$$

이 힘의 크기를 구한다.

$$F = \sqrt{F_{31}^{\,2} + F_{21}^{\,2}} = \sqrt{(6.67)^2 + (3.75)^2} \times 10^{-11}\ \text{N}$$

$$= 7.66 \times 10^{-11}\ \text{N}$$

알짜힘 벡터의 각도 θ의 tan 값을 구한다.

$$\tan\theta = \frac{F_y}{F_x} = \frac{F_{21}}{F_{31}} = \frac{3.75 \times 10^{-11}\ \text{N}}{6.67 \times 10^{-11}\ \text{N}} = 0.562$$

각도 θ를 계산한다.

$$\theta = \tan^{-1}(0.562) = 29.4°$$

결론 F에 대한 결과를 보면 일상생활에서 보통 물체들 사이에 작용하는 중력은 극도로 작은 값이라는 것을 알 수 있다.

13.2 자유 낙하 가속도와 중력
Free-Fall Acceleration and the Gravitational Force

표 13.1 지표면으로부터 여러 고도에서의 자유 낙하 가속도 g

고도 h (km)	g (m/s²)
1 000	7.33
2 000	5.68
3 000	4.53
4 000	3.70
5 000	3.08
6 000	2.60
7 000	2.23
8 000	1.93
9 000	1.69
10 000	1.49
50 000	0.13
∞	0

지표면 근처에서 물체에 작용하는 중력의 크기를 그 물체의 **무게**라고 하며, 여기서 무게는 식 5.6으로 주어진다. 식 13.4는 이 힘의 또 다른 표현식이다. 따라서 식 5.6과 13.4를 같게 놓으면 다음과 같다.

$$mg = G\frac{M_E m}{R_E^{\,2}}$$

$$g = G\frac{M_E}{R_E^{\,2}} \tag{13.5}$$

식 13.5는 자유 낙하 가속도 g와 지구 질량 및 지구 반지름 같은 물리적 변수와의 관계를 보이고 있으며, 앞 장들에서 사용한 9.80 m/s²이라는 값의 근원을 밝히고 있다. 이제 지표면에서 고도 h만큼 떨어진 곳에 있는 질량 m인 물체를 생각해 보자. 지구 중심으로부터의 거리는 $r = R_E + h$가 되므로, 이 물체에 작용하는 중력의 크기는 다음과 같다.

$$F_g = G\frac{M_E m}{r^2} = G\frac{M_E m}{(R_E + h)^2}$$

이 위치에 있는 물체에 작용하는 중력의 크기 또한 $F_g = mg$이며, 여기서 g는 고도 h에서의 자유 낙하 가속도의 크기이다. $F_g = mg$를 위 식에 넣으면 g 값은 다음과 같다.

$$g = \frac{GM_E}{r^2} = \frac{GM_E}{(R_E + h)^2} \qquad (13.6)$$

◀ 고도에 따른 g의 변화

그러므로 **g 값은 고도가 높아질수록 작아진다.** 여러 고도에서의 g 값들을 표 13.1에 나타내었다. 물체의 무게는 mg이므로 $r \to \infty$로 갈수록 무게는 영으로 된다.

퀴즈 13.2 슈퍼맨이 매우 높은 산 꼭대기에 서서 야구공을 수평으로 던져 공이 지구 둘레를 원운동하면서 돌게 한다. 공이 궤도를 돌 때 공이 갖는 가속도의 크기는 얼마인가? **(a)** 던진 공의 속도에 따라 다르다. **(b)** 공이 땅으로 떨어지지 않으므로 가속도는 영이다. **(c)** $9.8 \mathrm{m/s^2}$보다 조금 작다. **(d)** $9.8 \mathrm{m/s^2}$이다.

예제 13.2 지구의 밀도

알려진 지구의 반지름과 지표면에서의 $g = 9.80 \mathrm{~m/s^2}$를 이용하여 지구의 평균 밀도를 구하라.

풀이

개념화 지구를 완전한 구라고 가정하자. 지구를 구성하는 물질의 밀도는 다양하지만, 문제를 간단하게 하기 위하여 지구 밀도가 균일하다고 가정한다. 구하는 값은 지구의 평균 밀도이다.

분류 이 예제도 비교적 간단한 대입 문제이다.

식 13.5를 지구 질량에 대하여 푼다.

$$M_E = \frac{gR_E^{\,2}}{G}$$

이 질량과 구의 부피를 밀도의 식 1.1에 대입한다.

$$\rho_E = \frac{M_E}{V_E} = \frac{gR_E^{\,2}/G}{\frac{4}{3}\pi R_E^{\,3}} = \frac{3}{4}\frac{g}{\pi G R_E}$$

$$= \frac{3}{4}\frac{9.80 \mathrm{~m/s^2}}{\pi(6.674 \times 10^{-11} \mathrm{~N \cdot m^2/kg^2})(6.37 \times 10^6 \mathrm{~m})}$$

$$= 5.50 \times 10^3 \mathrm{~kg/m^3}$$

문제 지표면에서 보통 화강암의 밀도가 $2.75 \times 10^3 \mathrm{~kg/m^3}$라면, 지구 내부에서 물질의 밀도는 어떻다고 유추할 수 있는가?

답 화강암의 밀도가 지구 전체의 평균 밀도의 반 정도밖에 되지 않으므로 지구의 내부 핵에서는 밀도가 평균 밀도보다 훨씬 크다고 결론지을 수 있다. 캐번디시의 실험(G를 결정할 수 있게 함. 오늘날은 간단한 실험대 위에서도 할 수 있음)과 간단한 자유 낙하 측정을 통한 가속도 g 값을 결합하여 지구의 내부 핵 속의 정보를 유추할 수 있다는 것은 대단히 놀라운 일이다.

13.3 분석 모형: 중력장 내의 입자
Analysis Model: Particle in a Field (Gravitational)

뉴턴의 만유인력에 대한 이론은 발표 당시 행성의 운동에 대하여 만족할 만한 설명을 하였기 때문에 성공적인 것으로 간주되었다. 이는 지구에서 적용되는 법칙들이 행성과 같은 큰 물체를 비롯하여 우주 전체에도 동일하게 적용될 수 있다는 강력한 증거가 되었다. 1687년 이후로 혜성의 운동, 캐번디시 실험, 쌍성(binary star)의 궤도 그리고 은하의 회전 등을 설명하기 위하여 뉴턴의 이론이 사용되었다. 그럼에도 불구하고, 뉴턴의 동시대 과학자들과 그의 후계자들은 아주 먼 거리에서 작용하는 힘의 개념에 대하여 선뜻 받아들이려고 하지 않았다. 그들은 어떻게 태양과 지구와 같은 두 물체가 접촉하지도 않고 서로에게 힘을 미치는 것이 가능한지 의문을 가졌다. 뉴턴도 그 물음에 대하여 대답을 하지 못하였다.

서로 닿아 있지 않은 물체들 간의 상호 작용을 설명하려는 시도는 뉴턴이 죽고 나서 한참 후에야 이루어졌다. 이 시도는 **중력장**(gravitational field)이 공간의 어느 곳에나 존재한다는 개념을 이용해서 중력 작용을 매우 다른 시각으로 보는 방법이다. 중력장이 있는 곳에 입자가 놓여 있으면 이 물체는 중력을 받는다. 다시 말해 두 물체가 직접적으로 상호 작용을 한다기보다는 공간에 퍼져 있는 장이 물체에 힘을 작용한다고 생각하는 것이다. 중력장 $\vec{\mathbf{g}}$는

중력장 ▶

$$\vec{\mathbf{g}} \equiv \frac{\vec{\mathbf{F}}_g}{m_0} \tag{13.7}$$

로 정의한다. 즉 공간의 어느 지점에서 중력장은 그 점에 놓인 **시험 입자**(test particle)에 작용하는 중력 $\vec{\mathbf{F}}_g$를 시험 입자의 질량 m_0으로 나눈 것이다. 중력을 만들어 내는 물체를 **원천 입자**(source particle)라고 한다(지구가 입자는 아니지만 지구가 만든 중력장을 계산하기 위하여 지구를 입자라고 간주할 수 있음을 보일 수 있다). 여기서 장은 시험 입자의 유무와 관계없이 존재한다는 것에 주목하자. 원천 입자가 중력장을 만들어 내는 것이다. 중력장을 찾고 그 크기를 알려면 그 장 속에 시험 입자를 놓고 시험 입자가 받는 힘을 측정하면 된다. 본질적으로 어떤 물체(예를 들어 지구)가 주위의 빈 공간에 미치는 영향을 다른 물체가 그 공간에 위치한다고 가정할 때 다른 물체가 받는 힘으로서 기술하는 것이다.[2]

장의 개념은 **장 내의 입자**(particle in a field) 분석 모형의 핵심이다. 일반화된 이 모형은 장이 존재하는 공간 영역에 있는 입자에 대하여 설명한다. 장의 존재와 입자의 성질 때문에, 입자는 힘을 받는다. 여기서 논의하고 있는 중력장 내의 입자 경우, 장의 형태는 중력장이고, 힘을 받는 입자의 성질은 입자의 질량 m이다. 중력장 내의 입자 모형에 대한 힘의 수학적인 표현은 다음 식 5.5이다.

$$\vec{\mathbf{F}}_g = m\vec{\mathbf{g}} \tag{5.5}$$

장 내의 입자 모형의 또 다른 두 가지 형태를 전자기학에서 보게 될 것이다. 전기장의 경우 힘을 받는 입자의 성질은 **전하**이다. 대전 입자가 **전기장** 내에 놓이면 힘을 받는다. 이 힘의 크기는 식 5.5에서의 중력과 같은 형태로 전하와 전기장의 곱이다. 자기장 내의 입자 모형에서, 대전 입자는 **자기장** 내에 있다. 이 입자가 힘을 받으려면 다른 속성

중력장 벡터의 방향은 어떤 입자가 그 장 내에 있을 때 받게 되는 가속도의 방향이다. 어떤 점에서든지 장 벡터의 크기는 그 지점에서 자유 낙하 가속도의 크기이다.

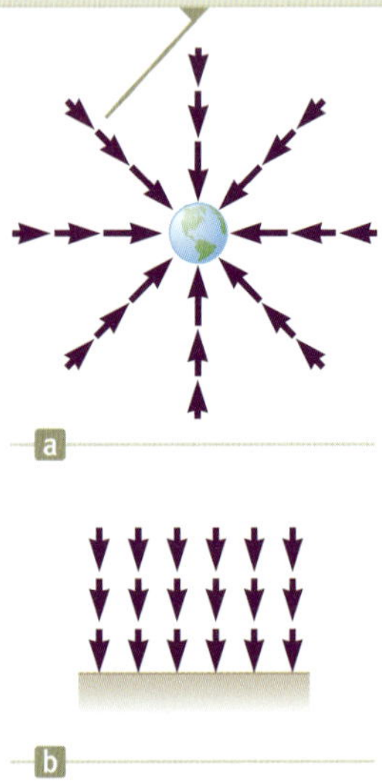

그림 13.4 (a) 지구와 같이 균일한 구형 물체 주변에서 중력장 벡터는 방향과 크기가 변한다. (b) 지표면의 좁은 영역에서, 중력장 벡터는 크기와 방향이 일정하다.

[2] 질량이 주위의 공간에 영향을 미친다는 이 생각은 39장에서 아인슈타인의 중력 이론을 논할 때 다시 언급하기로 한다.

이 필요하다. 입자는 자기장과 같거나 반대 방향이 아닌 **속도**를 가져야만 한다. 전기장과 자기장 내에 있는 입자의 모형은 23~24장에서 공부할 **전자기학**의 원리를 이해하는 데 중요하다.

물체에 작용하는 중력의 크기는 $GM_E m/r^2$(식 13.4 참조)이므로, 지구 중심으로부터 거리 r만큼 떨어진 곳에서의 중력장 $\vec{\mathbf{g}}$는 다음과 같다.

$$\vec{\mathbf{g}} = \frac{\vec{\mathbf{F}}_g}{m} = -\frac{GM_E}{r^2}\hat{\mathbf{r}} \tag{13.8}$$

그림 13.4a에서 보듯이, $\hat{\mathbf{r}}$는 지구 중심으로부터 바깥 방향으로 향하는 단위 벡터이므로, 음(−)의 부호는 중력장이 지구 중심으로 향하는 것을 의미한다. 지구 주위에서 중력장 벡터는 위치에 따라 크기와 방향이 모두 변함에 주목하라. 지표면의 좁은 영역에서 중력장 $\vec{\mathbf{g}}$는 그림 13.4b와 같이 아래로 향하며 거의 일정하다. 식 13.8은 지구가 구형이라고 가정하면 지표면 바깥의 모든 점에서 성립하며, $r = R_E$인 지표면에서 $\vec{\mathbf{g}}$의 크기는 9.80 N/kg이다(단위 N/kg은 m/s^2과 같다).

예제 13.3 **우주 정거장의 무게**

350 km의 고도에 국제 우주 정거장이 있다. 최종 건설 계획에 의하면, 지표면에서 무게 4.22×10^6 N으로 측정된 재료를 여러 대의 우주선을 이용하여 지표면으로부터 궤도에 올리려고 계획하고 있다. 공전 궤도에 있을 때 이 우주 정거장의 무게는 얼마인가?

풀이

개념화 우주 정거장의 질량은 일정하다. 질량은 위치에 무관하다. 이번 절과 13.2절에서 공부한 내용에 의하면, g 값은 우주 정거장의 궤도 높이에서 줄어들 것이다. 따라서 우주 정거장의 무게는 지표면서의 값보다 작을 것이다.

분류 우주 정거장을 **중력장 내의 입자**로 모형화한다.

분석 장 내의 입자 모형으로부터, 지표면에서의 무게로부터 우주 정거장의 질량을 구한다.

$$m = \frac{F_g}{g} = \frac{4.22 \times 10^6\ \text{N}}{9.80\ \text{m/s}^2} = 4.31 \times 10^5\ \text{kg}$$

공전 궤도 위치에서의 중력장 크기를 구하기 위하여 식 13.6에 h = 350 km를 넣는다.

$$g = \frac{GM_E}{(R_E + h)^2}$$

$$= \frac{(6.674 \times 10^{-11}\ \text{N}\cdot\text{m}^2/\text{kg}^2)(5.97 \times 10^{24}\ \text{kg})}{(6.37 \times 10^6\ \text{m} + 0.350 \times 10^6\ \text{m})^2}$$

$$= 8.82\ \text{m/s}^2$$

공전 궤도에서 우주 정거장의 무게를 구하기 위하여 장 내의 입자 모형을 사용한다.

$$F_g = mg = (4.31 \times 10^5\ \text{kg})(8.82\ \text{m/s}^2)$$

$$= 3.80 \times 10^6\ \text{N}$$

결론 예상대로 우주 정거장의 무게는 궤도에 있을 때 더 작다. 지표면에 있을 때보다 무게가 약 10 % 줄어들었다. 이는 중력장의 크기가 10 % 줄어들었음을 의미한다.

13.4 케플러의 법칙과 행성의 운동

Kepler's Laws and the Motion of Planets

인류는 수천 년 동안 행성, 별 및 다른 많은 천체들의 운동을 관찰해 왔다. 옛날에는 이런 관찰을 바탕으로 과학자들은 지구가 우주의 중심이라고 생각하였다. 이 **지구 중심 모형**은 2세기경에 그리스 천문학자 프톨레마이오스(Claudius Ptolemy, 약 100~170)에 의하여 구체화되고 정립되어, 이후 1400년여 동안 받아들여져 왔다. 1543년에 폴란드의 천문학자 코페르니쿠스(Nicolaus Copernicus, 1473~1543)는 지구와 여러 행성들이 태양을 중심으로 하는 원 궤도를 돈다고 제안하였다(**태양 중심 모형**).

덴마크 천문학자 브라헤(Tycho Brahe, 1546~1601)는 천체가 어떻게 구성되었는지를 알기 위하여 행성들과 별들의 위치를 관찰하고 연구하였다. 그는 행성들과 육안으로 볼 수 있는 777개의 별들을 관측하는 데 육분의(sextant)와 나침반만을 사용하였다(그 당시에는 망원경이 없었다).

독일 천문학자 케플러(Johannes Kepler)는 브라헤가 죽기 직전 짧은 기간 동안 브라헤의 조수였는데, 스승의 자료를 받아 16년만에 행성들의 움직임에 관한 수학적 모형을 이끌어냈다. 이 관측 자료들은 분석하기 어려웠는데, 그 이유는 움직이는 행성들을 움직이고 있는 지구에서 관측하였기 때문이다. 수많은 힘든 계산을 통하여 케플러는 태양 주위를 도는 화성의 운동에 대한 브라헤의 자료로부터 성공적인 모형을 이끌어낼 수 있음을 알았다.

행성의 운동에 대한 케플러의 모든 해석은 **케플러의 법칙**(Kepler's laws)이라는 다음의 세 법칙으로 요약할 수 있다.

케플러의 법칙 ▶

1. 모든 행성들은 태양을 한 초점으로 하는 타원 궤도를 따라서 운동한다.
2. 태양과 행성을 잇는 반지름 벡터는 같은 시간 간격 동안에 같은 넓이를 쓸고 지나간다.
3. 모든 행성의 궤도 주기의 제곱은 그 행성 궤도의 긴반지름의 세제곱에 비례한다.

케플러의 제1법칙 Kepler's First Law

태양계에 대한 지구 중심 모형과 초기의 태양 중심 모형은 모두 천체가 원 궤도로 운동한다고 가정하였다. 케플러의 제1법칙에 따르면 원 궤도는 매우 특별한 경우이고 일반적인 행성 운동은 타원 궤도를 그린다. 이런 행성 운동은 그 당시의 과학자들에게는 받아들이기 어려운 사실이었는데, 그 이유는 행성이 완전한 원 궤도를 가지는 것이 하늘의 완전함을 뜻하는 것이라고 생각하였기 때문이다.

그림 13.5는 행성의 타원 궤도를 나타내는 타원형 그림을 보여 준다. 수학적으로 타원은 두 점 F_1과 F_2를 **초점**(focus)으로 잡고 이 초점으로부터의 거리 r_1과 r_2의 합이 일정한 점들을 모아 놓은 곡선이다. 타원 위의 두 점을 지나며 중심을 지나는 가장 긴 길이를 **장축**(major axis)의 길이라 하고(타원의 두 초점을 지남), 이 길이는 $2a$이다. 그림 13.5에서 장축은 x축 상에 있다. 길이 a를 **긴반지름**(semimajor axis)이라고 한다. 마찬가지로 타원 위의 두 점을 지나며 중심을 지나는 가장 짧은 길이 $2b$를 **단축**(minor axis)의 길이라 하고, 길이 b를 **짧은반지름**(semiminor axis)이라고 한다. 두 초점은 각각 중심으로부터 c의 거리에 있고 여기서 $a^2 = b^2 + c^2$이다. 태양 주위를 도는 행성의 타원 궤도에서 태양은 타원 궤도의 한 초점에 위치하고 다른 초점에는 아무것도 없다.

케플러
Johannes Kepler, 1571~1630
독일의 천문학자

케플러는 브라헤(Tycho Brahe)의 정밀한 관측을 바탕으로 행성 운동 법칙을 발견한 것으로 유명하다.

타원의 **이심률**(eccentricity)은 $e = c/a$로 정의하고 이것은 타원의 모양을 결정한다. 원은 $c = 0$이고 이심률이 영이다. 그림 13.5에서처럼 a에 비하여 b가 작으면 타원은 x축 방향 쪽에 비하여 y축 방향 쪽이 짧아진다. b가 작아짐에 따라 c는 증가하면서 e도 증가한다. 따라서 이심률이 크면 길고 가는 타원이 된다. 타원의 이심률의 범위는 $0 < e < 1$이다.

태양계 내에 행성 궤도의 이심률은 다양하다. 지구 궤도의 이심률은 0.017인데, 이것은 거의 원 궤도이다. 이와 달리 수성 궤도의 이심률은 0.21로 여덟 개 행성 중 가장 크다. 그림 13.6a는 수성 궤도와 이심률이 같은 타원을 보여 준다. 그렇지만 이심률이 가장 큰 수성 궤도와 같은 타원도 원 궤도와 구분하기가 힘들 정도이고, 이는 케플러의 제1법칙이 대단히 위대한 업적임을 보여 준다. 핼리 혜성 궤도의 이심률은 0.97로서 그림 13.6b에서처럼 장축이 단축에 비하여 대단히 긴 타원이다. 따라서 핼리 혜성은 76년 주기 중 대부분을 태양에서 멀리 떨어져 있고 지구에서 보이지 않는다. 핼리 혜성은 태양과 근접한 궤도에 있을 때만 눈으로 볼 수 있다.

그림 13.5에서처럼 태양이 초점 중 하나인 F_2에 위치해 있는 타원 궤도를 도는 행성을 생각해 보자. 행성이 그림에서 왼쪽 끝에 있을 때 행성과 태양의 거리는 $a + c$가 된다. 이 지점을 **원일점**이라 하며, 이 점에 위치할 때 행성은 태양으로부터 가장 먼 거리에 있다(지구 주위를 공전하는 물체들에 대하여는 **원지점**이라고 한다). 반대로 행성이 타원에서 가장 오른쪽에 있으면 행성과 태양의 거리는 $a - c$로서, 이 점을 **근일점**(지구 주위를 공전하는 물체들에 대하여는 **근지점**)이라고 하며 태양으로부터 가장 가까운 거리에 있다.

케플러의 제1법칙은 중력이 가진 거리의 제곱에 반비례하는 속성의 직접적인 결과이다. 중력에 **속박**되어 있는 물체는 원 또는 타원 궤도를 그린다. 이런 물체들에는 태양 둘레를 주기적으로 공전하는 행성, 소행성 그리고 혜성들뿐만 아니라 행성 주위의 달도 포함된다. 또한 우주 먼 곳에서 와서 태양 근처까지 왔다가 다시 사라져 돌아오지 않는, 태양에 **속박되지 않은** 유성체도 있다. 이런 물체들과 태양 사이의 중력도 거리의 제곱에 반비례하며, 포물선($e = 1$) 또는 쌍곡선($e > 1$) 등의 궤도 곡선을 그린다.

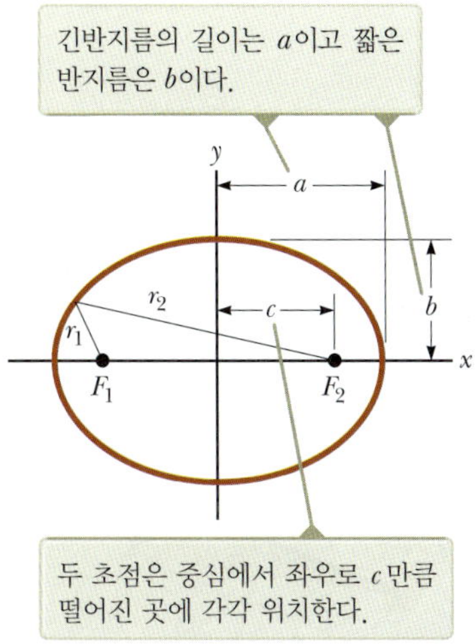

그림 13.5 타원형 그림

오류 피하기 13.2

태양은 어디 있는가? 태양은 행성이 그리는 타원 궤도의 중심이 아니라 그 한 초점에 위치한다.

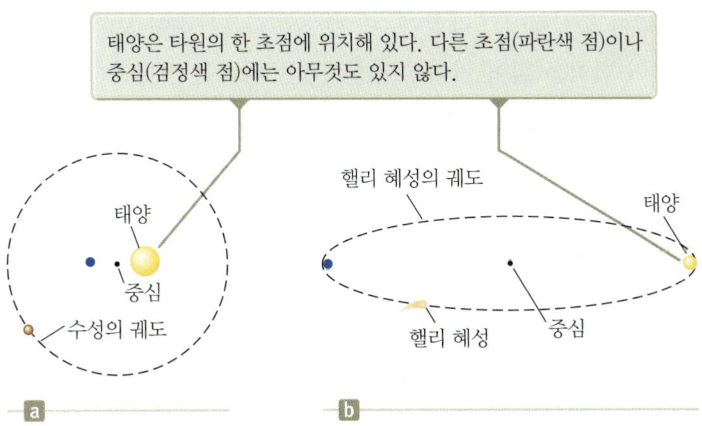

그림 13.6 (a) 수성 궤도의 모양. 수성 궤도는 태양계의 여덟 행성 중에서 이심률이 가장 크다($e = 0.21$). (b) 핼리 혜성의 궤도 모양. 혜성과 태양은 잘 보이게 하기 위하여 실제보다 크게 나타내었다.

케플러의 제2법칙 Kepler's Second Law

케플러의 제2법칙은 각운동량에 대한 고립계 모형의 결과임을 설명할 수 있다. 그림 13.7a와 같이 질량 M_p인 행성이 타원 궤도로 태양 주위를 돌고 있다고 가정하자. 행성을 하나의 계로 생각하자. 태양이 행성에 비하여 훨씬 더 큰 질량을 가지고 있으며, 태양은 움직이지 않는다고 가정한다. 태양이 행성에 작용하는 중력은 중심력이며, 태양을 향하는 반지름 벡터이다(그림 13.7a). 그러므로 이 중심력이 행성에 작용하는 태양을 지나는 축에 대한 돌림힘은 $\vec{\mathbf{F}}_g$가 $\vec{\mathbf{r}}$에 평행이므로 영이다.

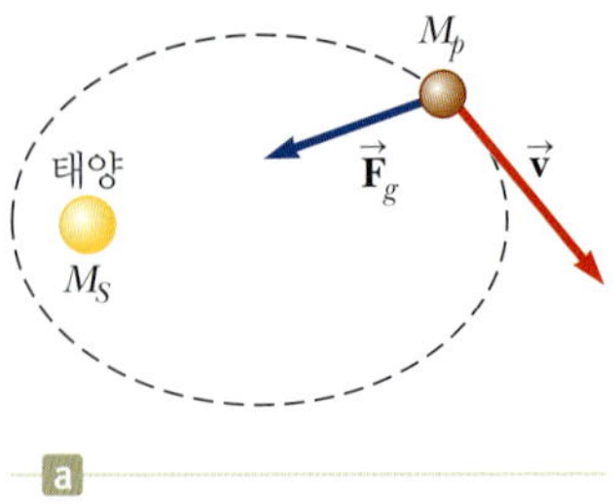

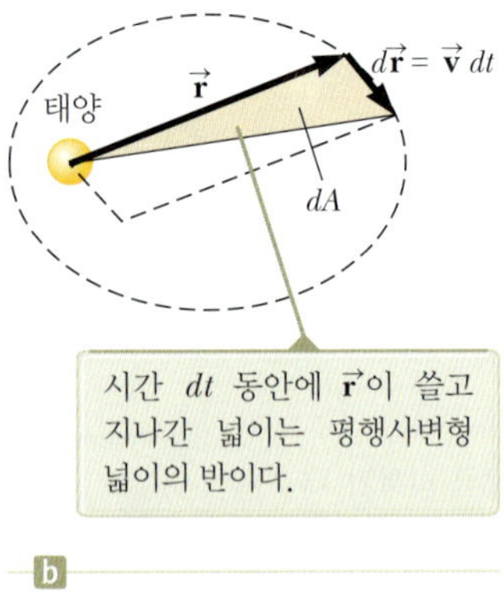

그림 13.7 (a) 행성에 작용한 중력은 태양을 향한다. (b) 시간 dt 동안에 벡터 $\vec{\mathbf{r}}$와 $d\vec{\mathbf{r}} = \vec{\mathbf{v}}\,dt$는 평행사변형을 만든다.

그러므로 행성에 작용하는 외부 돌림힘이 영이므로, 행성 운동은 각운동량을 가지는 고립계로 모형화된다. 행성의 각운동량 $\vec{\mathbf{L}}$은 일정하다. 즉

$$\Delta\vec{\mathbf{L}} = 0 \rightarrow \vec{\mathbf{L}} = \text{상수}$$

이다. 행성의 $\vec{\mathbf{L}}$을 계산하면 다음과 같다.

$$\vec{\mathbf{L}} = \vec{\mathbf{r}} \times \vec{\mathbf{p}} = M_p\vec{\mathbf{r}} \times \vec{\mathbf{v}} \rightarrow L = M_p|\vec{\mathbf{r}} \times \vec{\mathbf{v}}| \tag{13.9}$$

이 결과를 다음과 같이 기하학적인 논의와 연결시킬 수 있다. 그림 13.7b에서 반지름 벡터 $\vec{\mathbf{r}}$는 시간 dt 동안 넓이 dA를 쓸고 지나가는데, 이 넓이는 벡터 $\vec{\mathbf{r}}$와 $d\vec{\mathbf{r}}$가 만든 평행사변형의 넓이 $|\vec{\mathbf{r}} \times d\vec{\mathbf{r}}|$의 반이다. 시간 dt 동안 행성의 변위는 $d\vec{\mathbf{r}} = \vec{\mathbf{v}}\,dt$이므로

$$dA = \tfrac{1}{2}|\vec{\mathbf{r}} \times d\vec{\mathbf{r}}| = \tfrac{1}{2}|\vec{\mathbf{r}} \times \vec{\mathbf{v}}\,dt| = \tfrac{1}{2}|\vec{\mathbf{r}} \times \vec{\mathbf{v}}|\,dt$$

이고, 식 13.9에서 벡터곱의 절댓값을 구하여 대입하면

$$dA = \tfrac{1}{2}\left(\frac{L}{M_p}\right)dt$$

가 된다. 양변을 dt로 나누면

$$\frac{dA}{dt} = \frac{L}{2M_p} \tag{13.10}$$

이고, 여기서 L과 M_p는 모두 상수이다. 따라서 케플러 제2법칙에서 언급한 바와 같이, 태양과 행성을 잇는 반지름 벡터는 같은 시간 동안에 같은 넓이를 쓸고 지나간다는 것을 보여 준다. 즉 도함수 dA/dt는 일정하다.

이 결론은 중력이 중심력이기 때문에, 즉 행성의 각운동량이 보존된다는 사실에 기인한다. 그러므로 이 법칙은 힘이 거리의 제곱에 반비례하든 아니든 간에, 힘이 중심력이면 **모든** 상황에서도 적용된다.

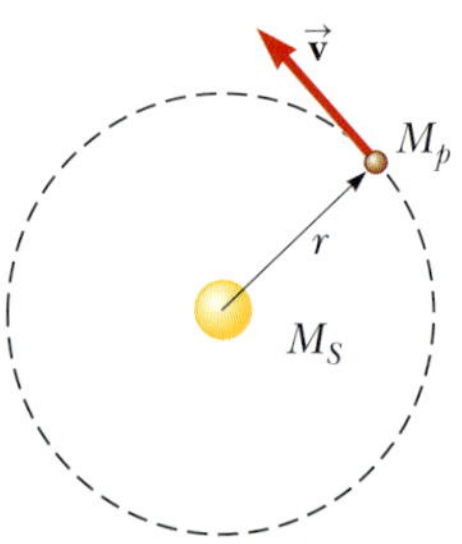

그림 13.8 태양 주위를 원운동하는 질량 M_p인 행성. 수성을 제외한 모든 행성들의 궤도는 거의 원 궤도이다.

케플러의 제3법칙 Kepler's Third Law

케플러의 제3법칙은 원 궤도에서 거리의 제곱에 반비례하는 힘의 법칙과 우리의 분석 모형들로부터 예측할 수 있다. 그림 13.8과 같이 태양(질량 M_s) 주위를 원운동하는 질량 M_p인 행성을 생각해 보자. 행성이 원운동할 때 행성의 구심 가속도를 제공하는 것은 중력이다. 이때 행성은 알짜힘을 받으며 등속 원운동하는 입자로 모형화할 수 있

으며, 여기에 뉴턴의 만유인력의 법칙을 적용하면

$$F_g = M_p a \quad \rightarrow \quad \frac{GM_S M_p}{r^2} = M_p\left(\frac{v^2}{r}\right)$$

이 된다. 또한 주기가 T라면 행성의 궤도 속력은 $2\pi r/T$이므로, 앞의 식은

$$\frac{GM_S}{r^2} = \frac{(2\pi r/T)^2}{r}$$

$$T^2 = \left(\frac{4\pi^2}{GM_S}\right)r^3 = K_S r^3$$

이 되고, 여기서 K_s는 상수로서

$$K_S = \frac{4\pi^2}{GM_S} = 2.97 \times 10^{-19}\ \mathrm{s^2/m^3}$$

이다. 이 식은 타원 궤도인 경우에도 적용되는데, 이때에는 r를 긴반지름 a로(그림 13.5) 바꾸면 된다.

$$T^2 = \left(\frac{4\pi^2}{GM_S}\right)a^3 = K_S a^3 \tag{13.11}$$

◀ 케플러의 제3법칙

식 13.11은 케플러의 제3법칙으로, 주기의 제곱이 긴반지름의 세제곱에 비례함을 뜻한다. 원 궤도에서는 긴반지름이 반지름이기 때문에, 이 식은 원이든 타원 궤도이든 성립한다. 비례 상수 K_s는 행성의 질량과 무관함에 주목하자.[3] 그러므로 식 13.8은 **어느** 행성에나 적용된다. 만일 지구 주위를 도는 달 같은 위성의 궤도를 생각하면, 이 식에서 상수는 다른 값을 가지는데, 태양의 질량 대신 지구의 질량을 대입한 $K_E = 4\pi^2/GM_E$이 된다.

표 13.2는 태양계에서 행성 등에 대한 유용한 자료를 모아 놓은 것이다. 가장 오른쪽 칸에서 태양을 도는 모든 물체들의 T^2/r^3 값이 일정함을 확인할 수 있다. 값들이 미세하게 차이가 나는 것은 행성의 주기와 긴반지름의 측정값에 오차가 있기 때문이다.

최근 천문학자들은 태양계의 해왕성 궤도 바깥에서 수많은 천체들을 발견하였다. 일반적으로 이런 천체들은 30 AU(해왕성 궤도의 반지름)에서 50 AU에 이르는 **카이퍼 띠**(Kuiper belt)를 형성하고 있다[AU는 지구 궤도 반지름을 말하는 **천문단위**(astronomical unit)이다]. 현재의 관측에 따르면 이 공간에 지름이 100 km가 넘는 천체만 해도 적어도 70 000개가 된다. 첫 번째 카이퍼 띠 천체(Kuiper Belt Object, KBO)는 1930년에 발견되어 공식적인 행성으로 분류되었던 명왕성이다. 바루나(Varuna, 2000년에 발견), 익사이온(Ixion, 2001년에 발견), 콰오아(Quaoar, 2002년에 발견), 세드나(Sedna, 2003년에 발견), 하우메아(Haumea, 2004년에 발견), 오르쿠스(Orcus, 2004년에 발견) 그리고 마케마케(Makemake, 2005년에 발견) 등과 같이 지름이 1 000 km 정도 되는 행성들이 1992년 이후에 많이 발견되었다. KBO 중 하나인 2005년에 발견

[3] 식 13.11은 T^2과 a^3의 비가 일정하므로 비례식이다. 비례식에서 변수들이 반드시 일차식이어야 하는 것은 아니다.

표 13.2 유용한 행성 데이터

물체	질량 (kg)	평균 반지름 (m)	공전 주기 (s)	태양으로부터 평균 거리 (m)	$\frac{T^2}{r^3}$ (s^2/m^3)
수성	3.30×10^{23}	2.44×10^{6}	7.60×10^{6}	5.79×10^{10}	2.98×10^{-19}
금성	4.87×10^{24}	6.05×10^{6}	1.94×10^{7}	1.08×10^{11}	2.99×10^{-19}
지구	5.97×10^{24}	6.37×10^{6}	3.156×10^{7}	1.496×10^{11}	2.97×10^{-19}
화성	6.42×10^{23}	3.39×10^{6}	5.94×10^{7}	2.28×10^{11}	2.98×10^{-19}
목성	1.90×10^{27}	6.99×10^{7}	3.74×10^{8}	7.78×10^{11}	2.97×10^{-19}
토성	5.68×10^{26}	5.82×10^{7}	9.29×10^{8}	1.43×10^{12}	2.95×10^{-19}
천왕성	8.68×10^{25}	2.54×10^{7}	2.65×10^{9}	2.87×10^{12}	2.97×10^{-19}
해왕성	1.02×10^{26}	2.46×10^{7}	5.18×10^{9}	4.50×10^{12}	2.94×10^{-19}
명왕성[a]	1.25×10^{22}	1.20×10^{6}	7.82×10^{9}	5.91×10^{12}	2.96×10^{-19}
달	7.35×10^{22}	1.74×10^{6}	—	—	—
태양	1.989×10^{30}	6.96×10^{8}	—	—	—

[a] 2006년 8월에 국제 천문 협회는 명왕성을 행성 지위에서 박탈하여 다른 여덟 행성과 구분하는 정의를 내렸다. 명왕성은 현재 소행성 케레스처럼 왜소행성으로 정의한다.

된 에리스(Eris)는 명왕성보다 훨씬 더 큰 것으로 생각된다. 다른 KBO들의 이름은 아직 없지만 발견된 날짜를 따서 2009 YE7과 2010 EK139 등으로 불린다.

이들 중 약 1 400개는 명왕성족(Plutinos)이라고 하는데, 그 이유는 해왕성이 태양을 세 번 도는 시간 동안, 명왕성처럼 명왕성족이 태양을 두 번 도는 공명 현상을 보이기 때문이다. 케플러 법칙의 현대적 응용과 다소 생소하게 들리는 행성의 각운동량 교환, 행성의 이주 등은 현재 활발히 진행되고 있는 이 분야의 흥미로운 연구들에서 잘 보여 주고 있다.

퀴즈 13.3 어느 소행성이 태양 주위를 상당히 납작한 타원 궤도로 돌고 있다. 이 소행성의 공전 주기는 90일이다. 이 소행성과 지구와의 충돌 가능성에 대한 설명으로 옳은 것은 다음 중 어느 것인가? **(a)** 충돌의 위험은 전혀 없다. **(b)** 충돌의 가능성이 있다. **(c)** 충돌의 위험이 있는지를 판단할 정보가 부족하다.

예제 13.4 태양의 질량

태양을 도는 지구의 공전 주기가 3.156×10^7 s이고, 태양에서 지구까지의 거리가 1.496×10^{11} m인 것을 이용하여 태양의 질량을 구하라.

풀이

개념화 식 13.11로 표현된 케플러의 제3법칙으로부터, 중력계의 중심 물체의 질량은 이 중심 물체 주위를 도는 물체 궤도의 반지름과 공전 주기와 관련이 있다.

분류 예제는 비교적 간단한 대입 문제이다.

태양의 질량에 대하여 식 13.11을 푼다.

$$M_S = \frac{4\pi^2 r^3}{GT^2}$$

주어진 값들을 대입한다.

$$M_S = \frac{4\pi^2(1.496 \times 10^{11}\ \text{m})^3}{(6.674 \times 10^{-11}\ \text{N}\cdot\text{m}^2/\text{kg}^2)(3.156 \times 10^7\ \text{s})^2}$$

$$= 1.99 \times 10^{30}\ \text{kg}$$

예제 13.2에서 지구의 핵의 밀도를 구하는 데 중력을 이용한 것처럼, 태양의 질량을 구하는 데도 중력이 이용되었다.

예제 13.5 지구 정지 궤도 상에 있는 위성

그림 13.9와 같이 지표면으로부터 고도 h에서 지구 주위를 일정한 속력 v로 원운동하고 있는 질량 m인 위성이 있다.

(A) 위성의 속력을 G, h, R_E(지구의 반지름), M_E(지구의 질량)으로 나타내라.

풀이

개념화 중력하에서 지구 주위를 원 궤도로 도는 위성을 생각하라. 이 운동은 지구 주위를 도는 국제 우주 정거장, 허블 우주 망원경 등과 같은 물체의 운동과 비슷하다.

분류 위성은 등속 원운동을 한다. 따라서 이 위성을 **알짜힘을 받는 입자**뿐만 아니라 **등속 원운동하는 입자**로 분류할 수 있다.

분석 위성에 작용하는 유일한 외력은 지구로부터의 중력으로서, 이 힘은 지구 중심을 향하며 위성이 원 궤도를 따라 돌게 한다.

알짜힘을 받고 등속 원운동하는 입자 모형을 위성에 적용한다.

$$F_g = ma \quad \rightarrow \quad G\frac{M_E m}{r^2} = m\left(\frac{v^2}{r}\right)$$

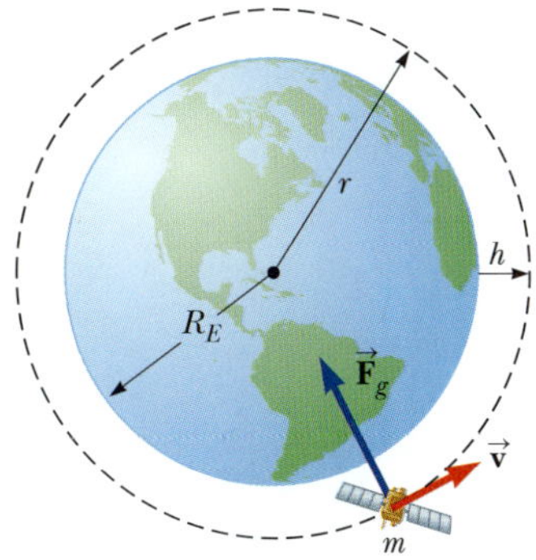

그림 13.9 (예제 13.5) 질량 m인 위성이 지구 주위의 반지름 r인 원 궤도를 일정한 속력 v로 돌고 있다. 위성에 작용하는 유일한 힘은 중력 $\vec{\mathbf{F}}_g$이다.

지구 중심에서 위성까지의 거리가 $r = R_E + h$라는 것을 이용하여 v를 구한다.

$$(1) \qquad v = \sqrt{\frac{GM_E}{r}} = \sqrt{\frac{GM_E}{R_E + h}}$$

(B) 위성이 지구 정지 궤도 상에 있다면(즉 지구 상 한 점 위에서 고정되어 있는 것처럼 보인다면), 이 위성의 속력은 얼마인가?

풀이 지구 상의 한 점에 머물러 있으려면, 위성의 주기가 24 h = 86 400 s이고 위성의 궤도가 적도 바로 위에 위치해야 한다. 케플러의 제3법칙을 (식 13.11, $a = r$, $M_S \rightarrow M_E$로 바꾸어) r에 대하여 푼다.

$$r = \left(\frac{GM_E T^2}{4\pi^2}\right)^{1/3}$$

주어진 값들을 대입한다.

$$r = \left[\frac{(6.674 \times 10^{-11}\ \mathrm{N \cdot m^2/kg^2})(5.97 \times 10^{24}\ \mathrm{kg})(86\,400\ \mathrm{s})^2}{4\pi^2}\right]^{1/3}$$

$$= 4.22 \times 10^7\ \mathrm{m}$$

식 (1)을 이용하여 위성의 속력을 구한다.

$$v = \sqrt{\frac{(6.674 \times 10^{-11}\ \mathrm{N \cdot m^2/kg^2})(5.97 \times 10^{24}\ \mathrm{kg})}{4.22 \times 10^7\ \mathrm{m}}}$$

$$= 3.07 \times 10^3\ \mathrm{m/s}$$

결론 여기서 구한 r 값에 의하면 지표면에서 위성까지의 고도는 거의 36 000 km에 이른다. 그러므로 지구 정지 궤도 위성은 지구에서 안테나를 한 방향으로 고정시켜 놓으면 되는 장점이 있지만, 지구에서 위성까지 신호가 상당한 거리를 이동해야 하는 단점이 있다. 또한 지구 정지 궤도 위성은 너무 높은 고도에 있어 지표면을 광학적으로 관측하는 데 적합하지 않다.

문제 (A)에서와 같은 위성의 원운동이 지구보다 더 무겁지만 반지름은 같은 행성 표면 위의 고도 h 높이에서 이루어진다면, 위성은 지구 주위를 돌 때보다 더 빠른 속력으로 도는가 아니면 더 느린 속력으로 도는가?

답 행성의 질량이 더 커서 중력이 더 커지면 위성은 표면으로 떨어지지 않기 위하여 더욱 빠르게 움직여야 한다. 결론적으로 속력 v가 행성의 질량의 제곱근에 비례하므로, 행성의 질량이 증가하면 위성의 속력도 증가한다는 식 (1)의 예상과 일치한다.

13.5 중력 퍼텐셜 에너지 Gravitational Potential Energy

8장에서 중력으로 서로 상호 작용하는 물체들로 이루어진 계의 배열과 관련해서 중력 퍼텐셜 에너지라는 개념을 공부하였다. 그리고 이때의 입자-지구 계의 중력 퍼텐셜 에너지 함수 $U = mgy$는 질량이 m인 입자가 지표면 근처에 있어서 중력이 y에 무관하게 일정할 때만 유효하다는 것을 강조하였다. 중력 퍼텐셜 에너지에 대한 이 식은 매우 질량이 큰 물체(지구와 같은)가 크기가 g인 중력장을 만들고 이 중력장 내에 질량 m이 훨씬 작은 물체가 있는 경우에만 적용된다. 두 입자 사이의 중력은 $1/r^2$로 변하기 때문에, 앞에서 언급한 제약 조건이 있는 상황이 아니고, 모든 곳에서 적용되는 중력 퍼텐셜 에너지 함수의 일반적인 표현식은 $U = mgy$와는 다를 것으로 예상된다.

식 7.27에서 어떤 계에서 입자의 위치가 바뀔 때, 그 계의 퍼텐셜 에너지의 변화는 이 과정 동안 중력이 입자 변위를 바꿀 때 한 내부 일에 음(−) 부호를 붙인 값으로 정의하였다는 것을 기억하자.

$$\Delta U = U_f - U_i = -\int_{r_i}^{r_f} F(r)\, dr \qquad (13.12)$$

이 식을 이용해서 일반적인 중력 퍼텐셜 에너지 함수를 구해 보자. 그림 13.10과 같이 지상 위의 점 Ⓐ에서 Ⓑ로 움직이는 질량 m인 입자를 생각해 보자. 이 입자는 식 13.1과 같은 중력의 영향을 받는다. 이 힘은 다음과 같다.

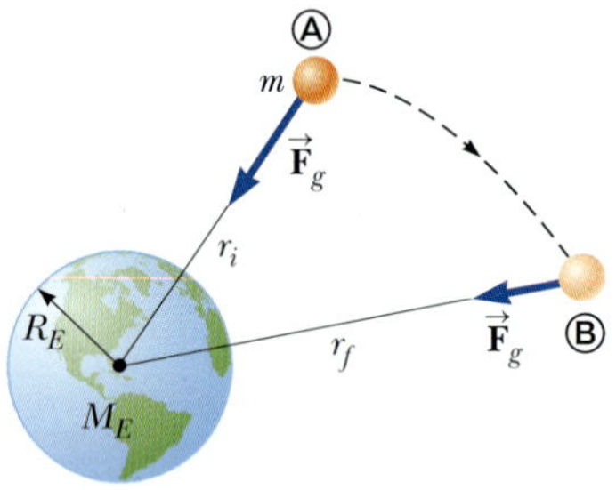

그림 13.10 지상 위의 점 Ⓐ에서 Ⓑ로 질량 m인 입자가 움직이면 식 13.12에 따라 입자-지구 계의 중력 퍼텐셜 에너지가 변한다.

$$F(r) = -\frac{GM_E m}{r^2}$$

여기서 음(−)의 부호는 힘이 인력임을 나타낸다. 이것을 식 13.12의 $F(r)$에 대입하면, 입자-지구 계에서 두 물체 사이 거리 r의 변화에 따르는 중력 퍼텐셜 에너지 함수의 변화를 구할 수 있다.

$$U_f - U_i = GM_E m \int_{r_i}^{r_f} \frac{dr}{r^2} = GM_E m \left[-\frac{1}{r} \right]_{r_i}^{r_f}$$

$$U_f - U_i = -GM_E m \left(\frac{1}{r_f} - \frac{1}{r_i} \right) \qquad (13.13)$$

퍼텐셜 에너지의 기준이 되는 배치는 자유롭게 임의로 선택할 수 있다. 보통 힘이 영으로 되는 배열을 퍼텐셜 에너지가 영으로 되는 기준 배열로 선택하는 것이 일반적이다. $r_i = \infty$에서 $U_i = 0$으로 하면 다음과 같은 중요한 결과를 얻는다.

입자-지구 계의 중력 퍼텐셜 에너지 ▶

$$U(r) = -\frac{GM_E m}{r} \qquad (13.14)$$

이 식은 입자가 지구 중심으로부터 거리 r만큼 떨어져 있고 $r \geq R_E$이면 성립한다. 만일 입자가 지구 속에 있어서 $r < R_E$이면, 이 식은 성립하지 않는다. 위와 같이 U_i를 선택하면 U는 항상 음(−)이다(그림 13.11).

식 13.14가 입자–지구 계에 대하여 유도되었지만, 두 입자로 된 다른 모든 계에도 비슷한 형태의 식이 적용된다. 즉 서로 거리 r만큼 떨어진 질량 m_1과 m_2인 두 입자로 구성된 계가 갖는 중력 퍼텐셜 에너지는

$$U = -\frac{Gm_1m_2}{r} \tag{13.15}$$

이다. 이 식에서 보는 바와 같이 두 입자 간에 작용하는 힘은 $1/r^2$로 변하지만, 입자 사이의 중력 퍼텐셜 에너지는 $1/r$로 변한다. 더욱이 힘이 인력이고 입자 사이의 거리가 무한대일 때 퍼텐셜 에너지를 영으로 하였기 때문에, 퍼텐셜 에너지는 음(−)이다. 둘 사이에 작용하는 힘이 인력이기 때문에, 둘 사이의 거리를 멀어지게 하기 위해서는 외력이 양(+)의 일을 해야 한다. 두 입자가 멀어지면서 외력이 한 일은 퍼텐셜 에너지를 증가시킨다. 즉 r가 증가하면서 음(−)의 값을 가지는 U는 크기가 더 작아진다.

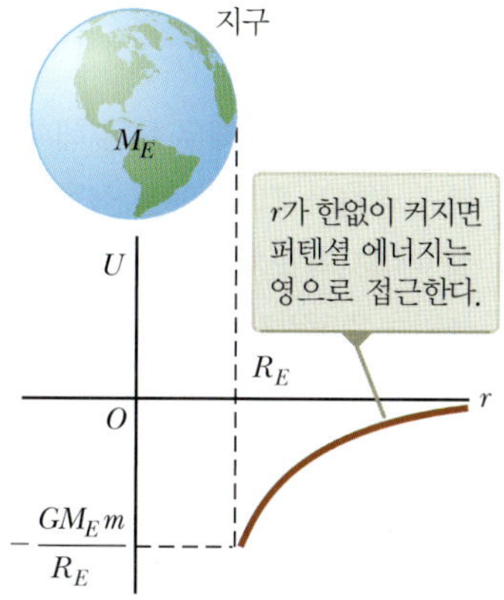

그림 13.11 지표면 위에 있는 물체 계에 대한 중력 퍼텐셜 에너지 U 대 거리 r 그래프

서로 거리 r만큼 떨어져 있고 정지해 있는 두 입자를 무한히 먼 곳으로 떨어뜨려 놓기 위해서는 외력이 적어도 $+Gm_1m_2/r$만큼의 일을 해야 한다. 따라서 퍼텐셜 에너지의 절댓값을 계의 **결합 에너지**라고 생각하면 편리하다. 만일 외력이 계의 결합 에너지보다 더 큰 에너지를 공급하면 입자들이 서로 한없이 멀리 떨어지게 되고, 남은 에너지는 계의 입자들의 운동 에너지 형태로 바뀐다.

이런 개념을 세 개 이상의 입자들에도 적용할 수 있다. 이 경우 계의 전체 퍼텐셜 에너지는 각 쌍의 퍼텐셜 에너지를 모두 더하면 된다. 각 쌍이 식 13.15 형태의 항으로 기여를 하게 된다. 예를 들어 그림 13.12와 같이 계가 세 입자로 이루어져 있으면

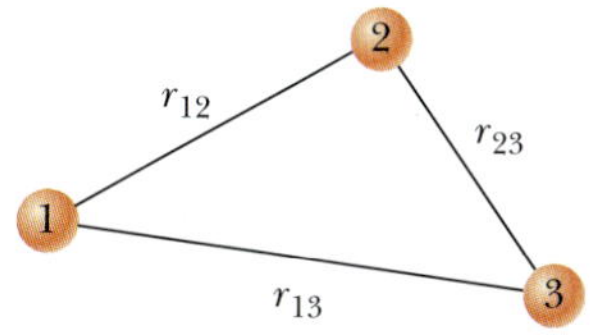

그림 13.12 상호 작용하는 세 입자

$$U_{\text{total}} = U_{12} + U_{13} + U_{23} = -G\left(\frac{m_1m_2}{r_{12}} + \frac{m_1m_3}{r_{13}} + \frac{m_2m_3}{r_{23}}\right)$$

이다. U_{total}의 절댓값은 모든 입자들을 서로 무한히 멀리 떼어놓는 데 필요한 일을 뜻한다.

예제 13.6 퍼텐셜 에너지의 변화

질량 m인 입자가 지표면 위에서 연직으로 작은 거리 Δy만큼 이동한다. 이 경우 식 13.13으로 주어지는 중력 퍼텐셜 에너지의 변화는 우리에게 친숙한 $\Delta U = mg\Delta y$임을 보이라.

풀이

개념화 중력 퍼텐셜 에너지에 대하여 식을 얻은 두 가지 상황을 비교해 보자. (1) 행성과 물체가 매우 멀리 떨어져 있어서 에너지가 식 13.14로 주어지는 경우와 (2) 행성 표면 근처에 있는 작은 입자의 경우로 에너지가 식 7.19로 주어지는 경우, 이 두 식이 동일하다는 것을 보이고자 한다.

분류 예제는 대입 문제이다.

식 13.13에서 분모를 통분한다.

$$(1) \qquad \Delta U = -GM_Em\left(\frac{1}{r_f} - \frac{1}{r_i}\right) = GM_Em\left(\frac{r_f - r_i}{r_ir_f}\right)$$

입자의 처음과 나중 위치가 지표면에서 아주 가까울 때 $r_f - r_i$와 r_ir_f의 값을 계산한다.

$$r_f - r_i = \Delta y \qquad r_ir_f \approx R_E^2$$

이 식들을 식 (1)에 대입한다.

$$\Delta U \approx \frac{GM_Em}{R_E^2}\Delta y = mg\Delta y$$

여기서 $g = GM_E/R_E^2$ (식 13.5)이다.

문제 여러분이 매우 높은 대기권 상층에서 실험을 하는데, 여러분의 상사가 지표면에서 적용되는 식 $\Delta U = mg\,\Delta y$로 구한 퍼텐셜 에너지의 오차가 1.0 %인 지표면 위 고도를 구하라고 한다. 이 높이는 얼마인가?

답 지표면 식은 g가 상수라는 가정을 하고 있으므로, 이렇게 구한 ΔU 값은 식 13.13으로 구한 값보다 더 크다.

오차가 1.0 %인 식을 세운다.

$$\frac{\Delta U_{\text{surface}}}{\Delta U_{\text{general}}} = 1.010$$

각각의 식에 ΔU를 나타내는 식을 대입한다.

$$\frac{mg\,\Delta y}{GM_E m(\Delta y/r_i r_f)} = \frac{g r_i r_f}{GM_E} = 1.010$$

식 13.5를 이용해 r_i, r_f, g 값을 대입한다.

$$\frac{(GM_E/R_E^2)R_E(R_E + \Delta y)}{GM_E} = \frac{R_E + \Delta y}{R_E} = 1 + \frac{\Delta y}{R_E}$$
$$= 1.010$$

Δy에 대하여 푼다.

$$\Delta y = 0.010 R_E = 0.010(6.37 \times 10^6 \text{ m})$$
$$= 6.37 \times 10^4 \text{ m} = 63.7 \text{ km}$$

13.6 행성과 위성의 운동에서 에너지 관계
Energy Considerations in Planetary and Satellite Motion

13.5절에서 중력 퍼텐셜 에너지의 일반적인 식을 얻었으므로, 이제 에너지 분석 모형을 중력계에 적용해 보자.

매우 큰 질량 M을 가진 물체 주위를 속력 v로 도는 질량 m인 물체를 생각해 보자. 여기서 $M \gg m$이다. 태양 주위를 운동하는 행성이나 지구 주위를 도는 인공 위성이나 태양 주위를 단 한 번만 지나는 혜성 같은 것들이 이런 계가 될 수 있다. 질량 M인 물체가 관성 기준틀에서 정지해 있다고 가정하면, 이 두 물체로 이루어진 계(둘 사이의 거리가 r)의 전체 역학적 에너지는 질량 m인 물체의 운동 에너지와 식 13.15로 주어지는 계의 퍼텐셜 에너지의 합이다.

$$E = K + U$$
$$E = \tfrac{1}{2}mv^2 - \frac{GMm}{r} \qquad \textbf{(13.16)}$$

질량 m인 물체와 질량 M인 물체계가 고립계이고 계 내에 작용하는 비보존력이 없으면, 식 13.16으로 주어지는 역학적 에너지는 계의 전체 에너지이고 이 에너지는 보존된다.

$$\Delta E_{\text{system}} = 0 \;\rightarrow\; \Delta K + \Delta U_g = 0 \;\rightarrow\; E_i = E_f$$

그러므로 그림 13.10에서 질량 m인 물체가 Ⓐ에서 Ⓑ로 움직일 때 전체 에너지는 일정하게 유지되므로, 식 13.16에서

$$\tfrac{1}{2}mv_i^2 - \frac{GMm}{r_i} = \tfrac{1}{2}mv_f^2 - \frac{GMm}{r_f} \qquad \textbf{(13.17)}$$

이다. 앞에서 설명한 각운동량 보존에 이 에너지 보존 설명을 묶어서 다음과 같이 말할 수 있다. 즉 중력으로 묶여 있는 두 물체로 이루어진 계에서 전체 에너지와 전체 각운동량은 일정하다.

식 13.16은 v의 값에 따라 E의 값이 양, 음 또는 영이 될 수 있음을 보여 준다. 그렇지만 지구–태양 계처럼 묶여 있는 계에서는 $r \to \infty$일 때 $U \to 0$으로 하였기 때문에, E는 항상 **영보다 작다**.

질량 m인 물체가 질량이 $M \gg m$인 훨씬 무거운 물체 주위를 원운동하는 계에서는 $E < 0$임을 쉽게 보일 수 있다(그림 13.13). 질량 m인 물체를 알짜힘을 받으며 등속 원운동하는 입자로 모형화하면

$$F_g = ma \quad \rightarrow \quad \frac{GMm}{r^2} = \frac{mv^2}{r}$$

이다. 양변에 r를 곱하고 2로 나누면

$$\tfrac{1}{2}mv^2 = \frac{GMm}{2r} \tag{13.18}$$

이고, 식 13.16에 이 식을 대입하면

$$E = \frac{GMm}{2r} - \frac{GMm}{r}$$

$$E = -\frac{GMm}{2r} \quad \text{(원 궤도)} \tag{13.19}$$

◀ 질량이 $M \gg m$인 물체 주위에서 질량 m인 물체가 원 궤도 운동할 때의 전체 에너지

이다. 이 결과는 원 궤도의 경우 전체 역학적 에너지는 음(−)이라는 것을 보여 준다. 여기서 운동 에너지는 양(+)이고 퍼텐셜 에너지의 절댓값의 반이다. 또한 E의 절댓값은 두 물체를 무한히 멀리 떼어놓는 데 필요한 에너지이므로 계의 결합 에너지와 같다.

타원 궤도의 경우도 전체 역학적 에너지는 음(−)이다. 타원 궤도의 경우에는 식 13.19에서 r 대신 긴반지름 a로 바꾸면 전체 역학적 에너지 E가 된다.

$$E = -\frac{GMm}{2a} \quad \text{(타원 궤도)} \tag{13.20}$$

◀ 질량이 $M \gg m$인 물체 주위에서 질량 m인 물체가 타원 궤도 운동할 때의 전체 에너지

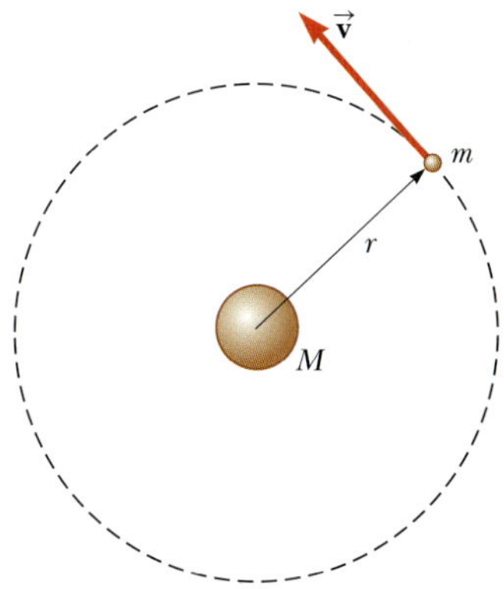

그림 13.13 매우 큰 질량 M을 가지는 물체 주위를 원 궤도로 도는 질량 m인 물체

Q 퀴즈 13.4 혜성이 태양 주위를 타원 궤도로 돈다. 다음 값이 최대가 되는 곳은 이 궤도의 원일점과 근일점 중 어느 곳인가? **(a)** 혜성의 속력 **(b)** 혜성–태양 계의 퍼텐셜 에너지 **(c)** 혜성의 운동 에너지 **(d)** 혜성–태양 계의 전체 에너지

예제 13.7 위성의 궤도 수정

우주 왕복선이 지표면에서 고도 280 km의 상공 궤도를 돌다가 470 kg인 통신 위성을 분리시킨다. 위성에 장착된 로켓 엔진이 위성을 지구 정지 궤도까지 올려 놓는다. 엔진은 얼마만큼의 에너지를 소모하는가?

풀이

개념화 고도 280 km는 예제 13.5에서 언급한 지구 정지 궤도인 36 000 km보다 훨씬 낮다. 그러므로 훨씬 높은 위치에 위성을 올려 놓으려면 에너지가 필요하다.

분류 예제는 대입 문제이다.

위성이 왕복선에 실려 있을 때의 처음 궤도 반지름을 구한다.

$$r_i = R_E + 280 \text{ km} = 6.65 \times 10^6 \text{ m}$$

식 13.19를 이용해서 위성이 처음과 나중 궤도에 있을 때 위

성–지구 계의 에너지 차이를 구한다.

$$\Delta E = E_f - E_i = -\frac{GM_E m}{2r_f} - \left(-\frac{GM_E m}{2r_i}\right)$$

$$= -\frac{GM_E m}{2}\left(\frac{1}{r_f} - \frac{1}{r_i}\right)$$

예제 13.5에서의 $r_f = 4.22 \times 10^7$ m와 주어진 값들을 대입한다.

$$\Delta E = -\frac{(6.674 \times 10^{-11}\ \text{N}\cdot\text{m}^2/\text{kg}^2)(5.97 \times 10^{24}\ \text{kg})(470\ \text{kg})}{2}$$

$$\times\left(\frac{1}{4.22 \times 10^7\ \text{m}} - \frac{1}{6.65 \times 10^6\ \text{m}}\right)$$

$$= 1.19 \times 10^{10}\ \text{J}$$

이 값은 휘발유 89갤런에 해당하는 에너지이다. 여기서는 다루지 않았지만 NASA의 과학자들은 위성이 연료를 태우면서 분사할 때 위성의 질량 변화를 함께 생각해야 한다. 이런 질량 변화를 고려하면 엔진이 소모하는 에너지는 더 많아지는가, 더 적어지는가?

탈출 속력 Escape Speed

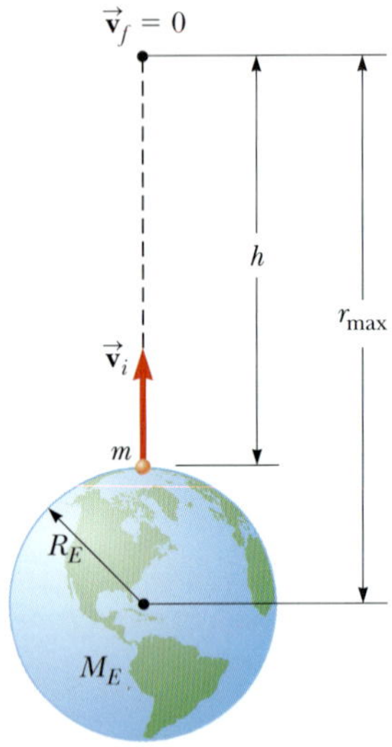

그림 13.14 질량 m인 물체가 지표면에서 연직 위 방향으로 처음 속력 v_i로 던져져 최고 높이 h까지 올라간다.

그림 13.14와 같이 질량 m인 물체가 지표면에서 처음 속력 v_i로 연직 위 방향으로 발사된다고 하자. 에너지 관계를 고려해서 물체가 지구로부터 떨어져 있는 어떤 거리에 도달하게 하는 처음 속력의 값을 구해 보자. 식 13.16은 임의의 배열에서 계의 전체 에너지를 보여 준다. 물체가 지표면에서 위로 발사될 때, $v = v_i$이고 $r = r_i = R_E$이다. 물체가 최고 높이에 도달하면 $v = v_f = 0$이고 $r = r_f = r_{max}$이다. 물체–지구 계는 고립되어 있으므로, 이들 값을 식 13.17로 주어진 고립계 모형 식에 대입하면

$$\tfrac{1}{2}mv_i^2 - \frac{GM_E m}{R_E} = -\frac{GM_E m}{r_{max}}$$

이다. v_i^2을 구하면

$$v_i^2 = 2GM_E\left(\frac{1}{R_E} - \frac{1}{r_{max}}\right) \quad \textbf{(13.21)}$$

이다. 최고 높이 $h = r_{max} - R_E$가 주어지면, 이 식으로 처음 속력을 구할 수 있다.

이제 지구로부터 무한히 멀어지기 위하여 지표면에서 물체가 가져야 하는 최소한의 속력인 **탈출 속력**(escape speed)을 계산할 수 있다. 이 최소 속력으로 출발하면 물체는 지구로부터 점점 멀어지면서 속력은 영에 접근하게 된다. 식 13.21에서 $r_{max} \to \infty$로 놓고 $v_i = v_{esc}$라 하면

$$v_{esc} = \sqrt{\frac{2GM_E}{R_E}} \quad \textbf{(13.22)}$$

이다. 여기서 v_{esc}는 물체의 질량과 무관하다. 즉 우주선의 탈출 속력은 분자의 탈출 속력과 같다. 또한 속도의 방향과도 상관이 없으며 여기서 공기의 저항은 무시되었다.

물체의 처음 속력이 v_{esc}로 주어지면 계의 전체 에너지는 영이다. $r \to \infty$일 때 물체의 운동 에너지와 계의 퍼텐셜 에너지는 모두 영이다. 그러나 만일 v_i가 v_{esc}보다 크면 전체 에너지는 영보다 크고 물체는 $r \to \infty$에서도 운동 에너지가 남아 있다.

오류 피하기 13.3

여러분은 실제로 탈출할 수 없다 식 13.22로부터 지구에서의 '탈출 속력'을 알 수 있지만, 중력은 그 작용 범위가 무한대에 미치므로 지구 중력의 영향으로부터 **완전히** 벗어나는 것은 불가능하다.

예제 13.8 로켓의 탈출 속력

5 000 kg인 우주선이 지구로부터 무한히 멀어지기 위한 탈출 속력과 지표면에서 필요한 우주선의 운동 에너지를 구하라.

풀이

개념화 우주선이 지표면을 떠나 지구로부터 점점 멀어지면서 속력이 점점 느려지는 경우를 생각하자. 그렇지만 우주선이 중간에 다시 돌아서 지구로 떨어지지 않도록 우주선의 속력은 중간에 절대로 영이 되지 않아야 한다.

분류 예제는 대입 문제이다.

식 13.22를 이용해서 탈출 속력을 구한다.

$$v_{\text{esc}} = \sqrt{\frac{2GM_E}{R_E}}$$

$$= \sqrt{\frac{2(6.674 \times 10^{-11}\ \text{N}\cdot\text{m}^2/\text{kg}^2)(5.97 \times 10^{24}\ \text{kg})}{6.37 \times 10^6\ \text{m}}}$$

$$= 1.12 \times 10^4\ \text{m/s}$$

식 7.16으로부터 우주선의 운동 에너지를 계산한다.

$$K = \tfrac{1}{2}mv_{\text{esc}}^2 = \tfrac{1}{2}(5.00 \times 10^3\ \text{kg})(1.12 \times 10^4\ \text{m/s})^2$$

$$= 3.13 \times 10^{11}\ \text{J}$$

계산한 탈출 속력은 약 25 000 mi/h이다. 우주선이 필요한 운동 에너지는 휘발유 2 300갤런을 태워서 얻는 에너지와 같다.

문제 1 000 kg인 우주선을 쏘아 올리는 데 필요한 탈출 속력과 에너지를 구하라.

답 식 13.22에서 탈출 속력은 운동하는 물체의 질량과 무관하다. 그러므로 1 000 kg인 우주선의 탈출 속력은 5 000 kg인 우주선의 탈출 속력과 같다. 운동 에너지의 차이는 질량에서 오므로 1 000 kg인 우주선은 5 000 kg인 우주선의 1/5만큼의 에너지가 필요하다.

$$K = \tfrac{1}{5}(3.13 \times 10^{11}\ \text{J}) = 6.25 \times 10^{10}\ \text{J}$$

식 13.21과 13.22는 어떤 행성에서 쏘아 올린 물체에도 적용할 수 있다. 즉 일반적으로 질량이 M이고 반지름이 R인 행성의 표면에서 탈출 속력은

$$v_{\text{esc}} = \sqrt{\frac{2GM}{R}} \tag{13.23}$$

이다.

표 13.3 여러 행성과 달, 태양 표면에서의 탈출 속력

행성	v_{esc} (km/s)
수성	4.3
금성	10.3
지구	11.2
화성	5.0
목성	60
토성	36
천왕성	22
해왕성	24
달	2.3
태양	618

표 13.3에 행성들과 달, 태양으로부터의 탈출 속력이 나와 있다. 그 값들은 달에서의 탈출 속력인 2.3 km/s에서부터 태양에서의 탈출 속력은 618 km/s이며, 행성들의 탈출 속력은 그 사이의 다양한 값을 갖는다. 이 결과들을 기체의 운동론(21장 참조)에 응용하면, 왜 어떤 행성들에는 대기가 있고 어떤 행성들에는 대기가 없는지를 설명할 수 있다. 21장에서 보겠지만, 어떤 온도에서 기체 분자의 평균 운동 에너지는 분자의 질량에만 관계가 있다. 따라서 수소나 헬륨같이 가벼운 분자들은 같은 온도에서 무거운 분자들보다 평균 속력이 더 빠르다. 가벼운 입자들의 평균 속력이 그 행성의 탈출 속력보다 아주 작지 않으면 그들 중 상당량이 탈출할 기회를 갖게 된다.

또한 마찬가지 이유로, 지구의 대기가 왜 수소나 헬륨 같은 기체가 아닌 산소나 질소처럼 무거운 분자들로 구성되어 있는지를 설명할 수 있다. 이와는 다르게 목성에서 탈출 속력은 아주 크기 때문에 대기 중의 대부분이 수소로 이루어져 있다.

블랙홀 Black Holes

초신성과 같은 물체의 중심핵에 남아 있는 물질들은 붕괴를 거듭하며, 이런 핵의 궁

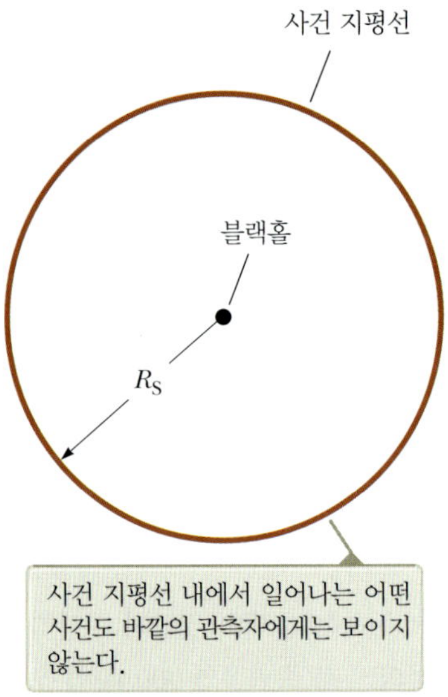

그림 13.15 블랙홀. 거리 R_S는 슈바르츠실트 반지름과 같다.

극적 운명은 질량에 달려 있다. 핵이 태양 질량의 1.4배보다 작으면, 그것은 점차 식어 가면서 백색 왜성으로 생애를 마감한다. 그러나 핵의 질량이 이보다 크면, 중력에 의한 붕괴를 지속하게 되어 종래에는 중성자별이 되는데, 이 경우 별의 질량은 10 km 정도의 반지름 속으로 압축되게 된다(지구에서 찻숟갈 하나 정도의 분량이 50억 톤의 무게가 나간다!).

핵이 태양에 비하여 세 배 이상 큰 질량을 가지게 되면, 더욱더 특별한 별의 죽음이 일어날 수 있다. 별은 대개 **블랙홀**(black hole)이라고 불리는 공간에서 아주 작은 물체가 될 때까지 계속 붕괴될 수 있다. 사실 블랙홀은 자신의 중력으로 인하여 붕괴된 별의 잔재이다. 우주선 같은 물체가 블랙홀 근처로 접근하면 엄청나게 강한 중력으로 인하여 영원히 빠져 나올 수 없게 된다.

블랙홀은 별이 아주 작은 크기의 공 형태로 질량이 밀집되어 있기 때문에 이 경우 탈출 속력은 매우 크다(식 13.23 참조). 탈출 속력이 빛의 속력인 c를 능가하게 되면, 물체로부터의 (가시광선 등과 같은) 복사(radiation)도 탈출할 수 없게 되어, 물체는 검게 보인다. 이런 이유로 '블랙홀'이라는 이름이 붙게 되었다. 탈출 속력이 c인 임계 반지름 R_S를 **슈바르츠실트 반지름**(Schwarzschild radius)이라고 한다(그림 13.15). 블랙홀을 둘러싼 이 반지름을 가지는 가상의 구의 표면을 **사건 지평선**(event horizon)이라고 한다. 이것은 블랙홀로 접근할 때 탈출하기를 기대할 수 있는 극한 구역이다.

거대 초블랙홀이 은하계의 중심부에 존재하리라는 증거가 있는데, 그 질량은 태양보다 훨씬 크다(태양 질량의 2~3백만 배 정도 되는 초질량 블랙홀이 우리 은하계 중심부에 존재한다는 강력한 증거가 있다).

암흑 물질 Dark Matter

예제 13.5에 있는 식 (1)은 지구 주위를 돌고 있는 물체의 속력이 지구로부터 멀어짐에 따라 감소함을 보여 주고 있다.

$$v = \sqrt{\frac{GM_E}{r}} \tag{13.24}$$

태양 주위를 공전하는 행성의 속력을 구하기 위하여 표 13.2에 있는 자료들을 이용하면, 행성들에 대한 같은 거동을 알게 된다. 그림 13.16은 우리 태양계의 여덟 행성들에 대한 거동을 보여 주고 있다. 식 13.24에서 지구의 질량을 태양의 질량으로 치환하여 태양으로부터의 거리에 따른 행성 속력의 이론적인 예측을 갈색으로 나타내었다. 각 행성들에 대한 데이터는 이 곡선 위에 정확히 위치한다. 이 거동은 매우 큰 대부분의 태양계 질량이 작은 공간(즉 태양)에 있다는 것으로부터 얻은 것이다.

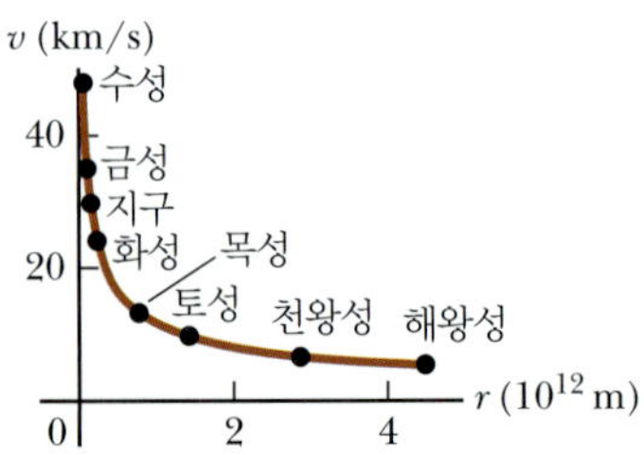

그림 13.16 태양계의 여덟 행성에 대한 태양으로부터의 거리 r의 함수로 나타낸 공전 속력 v. 이론 곡선은 갈색이고 행성에 대한 데이터 점은 검정색이다.

이 개념을 더 확장하면 은하에서도 같은 거동이 예상된다. 초질량 블랙홀을 포함해서 눈에 보이는 은하계 질량의 많은 부분이 은하의 중심핵 근처에 있다. 이 장의 도입부에 있는 사진은 은하의 팔들로 둘러싸여 있는 매우 밝은 영역이 소용돌이 은하의 중심 핵임을 보여 주고 있다. 이 중심 핵 주위로 물질이 공전하고 있다. 이런 물질의 분포를 분석하여 은하에서 물체의 속력을 구해 보면, 은하 바깥 부분에 있는 물체의 속력은 태양계 행성에서처럼 중심에 가까운 물체의 속력보다 더 작을 것으로 예측된다.

그러나 이는 관측된 것과는 다르다. 그림 13.17은 안드로메다 은하에서 은하 중심으로부터의 거리에 따른 물체의 속력을 측정한 결과이다.[4] 갈색 곡선은 질량이 중심 핵에 집중되어 있고 이 주위로 이 물체들이 원 궤도 운동을 할 때 예상되는 속력을 보여 준다. 은하에서 각 물체에 대하여 검정색 점으로 나타낸 데이터는 모두 이론 곡선보다 값이 많이 크다. 지난 반세기 동안 수집한 방대한 양의 데이터뿐만 아니라 이들 데이터는 은하의 중심 핵 바깥에 있는 물체의 경우, 은하 중심으로부터의 거리에 따른 속력의 곡선은 먼 거리에서 감소하기보다는 거의 평평함을 보여 주고 있다. 그러므로 은하계에서 우리의 태양계를 포함한 이들 물체는 눈에 보이는 은하에 의한 중력으로 설명할 수 있는 것보다 더 빠르게 회전한다! 이 놀라운 결과는 이들 물체가 그렇게 빠르게 공전할 수 있도록 하는 더 큰 분포의 추가적인 질량이 있음을 의미한다. 이로부터 과학자들이 **암흑 물질**(dark matter)을 제안하게 되었다. 이 물질은 각 은하 주위에 큰 무리(눈에 보이는 은하 반지름보다 반지름이 10배까지 큼) 형태로 존재할 것으로 예상된다. 이 물질은 빛을 내지 않으므로(즉 전자기 복사를 방출하지 않음), 이는 매우 차거나 전기적으로 중성임에 틀림없다. 따라서 우리는 중력 효과를 제외하고는 암흑 물질을 볼 수 없다.

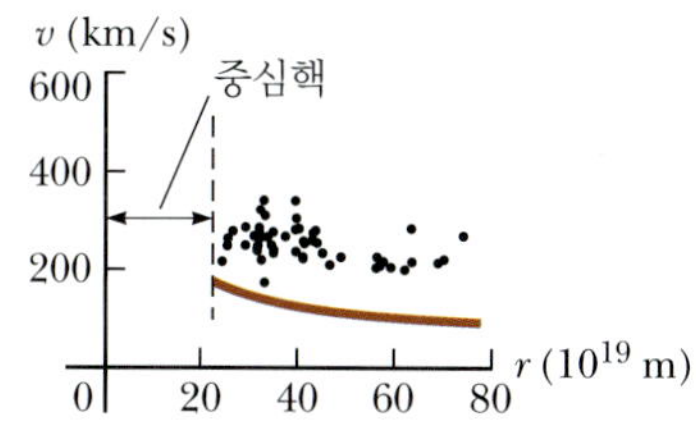

그림 13.17 안드로메다 은하 중심 핵의 중심으로부터 거리 r의 함수로 나타낸 은하 물체의 공전 속력 v. 이론 곡선은 갈색이고 은하 물체에 대한 데이터는 검정색이다. 은하의 중심 핵 내부의 거동은 더 복잡하기 때문에 왼쪽 데이터는 포함시키지 않았다.

또한 암흑 물질이 존재한다는 사실은 은하 집단(galaxy clusters)이라고 알려진 중력으로 묶여 있는 거대한 구조물들에서 이미 관측된 결과에서도 암시되고 있다.[5] 이들 관측은 한 집단 내에서 은하들의 공전 속력이 평균적으로 너무 커서 그 집단 내의 발광 물질의 질량만으로는 설명할 수 없음을 말해 주고 있다. 개별 은하의 속력이 너무 크므로, 은하 집단 내에 개별 은하의 질량보다 50배 이상 무거운 암흑 물질들이 있을 것으로 추정된다.

은하의 공전 속력에 영향을 주는 암흑 물질은 행성들의 공전 속력에는 영향을 주지 않는가? 하나의 태양계는 공전 속력의 거동에 영향을 줄 만한 암흑 물질을 갖고 있기에는 너무 작은 구조로 되어 있는 것으로 보인다. 반면에 하나의 은하 또는 은하 집단은 굉장히 많은 암흑 물질을 갖고 있어서, 놀라운 거동을 유발하게 된다.

그렇다면 암흑 물질은 무엇인가? 현재, 아무도 모른다. 어떤 이론은 암흑 물질이 약하게 상호 작용하는 무거운 입자(또는 WIMP)로 되어 있다고 주장한다. 이 이론이 맞다고 하고 계산해 보면, 한 순간에 약 200개의 WIMP 입자가 인간의 몸을 지나간다. 유럽에 있는 새로운 강입자충돌기(Large Hadron Collider)는 WIMP 입자를 생성하고 검출하기에 충분한 에너지를 가진 첫 번째 입자 가속기이다. 여기에서 암흑 물질에 대한 많은 흥미로운 관심들을 만들어 내고 있다. 이 연구를 지켜보면 미래에 흥미진진한 일이 발생할 것이다.

[4] V. C. Rubin and W. K. Ford, "Rotation of the Andromeda Nebula from a Spectroscopic Survey of Emission Regions," *Astrophysical Journal* **159:** 379–403 (1970).

[5] F. Zwicky, "On the Masses of Nebulae and of Clusters of Nebulae," *Astrophysical Journal* **86:** 217–246 (1937).

연습문제

객관식

1. 다섯 개의 입자들로 이루어진 계가 있다. 이 계의 전체 중력 퍼텐셜 에너지 식은 몇 개의 항으로 이루어지는가? (a) 4 (b) 5 (c) 10 (d) 20 (e) 25

2. 다음의 에너지 값을 큰 것부터 순서대로 나열하라. (a) 태양-지구 계의 평균 퍼텐셜 에너지의 절댓값 (b) 태양 주위에서 궤도 운동하는 지구의 평균 운동 에너지 (c) 태양-지구 계의 전체 에너지의 절댓값

3. 인공위성이 지구 주위를 일정한 속력으로 원운동하고 있다. 다음 중 옳은 것은 어느 것인가? (a) 인공위성에 아무런 힘도 작용하지 않는다. (b) 일정한 속력이므로 가속도는 없다. (c) 인공위성은 지구로부터 멀어지는 쪽으로 향하는 가속도를 가진다. (d) 인공위성은 지구 쪽 방향의 가속도를 가진다. (e) 중력장이 인공위성에 일을 한다.

4. 목성에 속한 어떤 위성 A의 중력 가속도는 표면에서 2 m/s^2이다. 위성 B는 위성 A보다 질량과 반지름이 두 배 더 크다. 위성 B의 표면에서 중력 가속도는 얼마인가? 목성에 의한 중력 가속도는 무시한다. (a) 8 m/s^2 (b) 4 m/s^2 (c) 2 m/s^2 (d) 1 m/s^2 (e) 0.5 m/s^2

5. 질소를 포함한 대기 중의 기체가 물에서 더 안정하여, 이들이 모두 해양에 흡수된다고 가정하자. 그러면 대기압은 영이 될 것이고 지표면 밖이 바로 바깥 우주 공간이 된다. 지구는 중력장을 갖게 되는가? (a) 예, 중력장은 지표면에서 9.8 N/kg보다 클 것이다. (b) 예, 9.8 N/kg과 같을 것이다. (c) 아니오, 9.8 N/kg보다 약간 작을 것이다. (d) 예, 9.8 N/kg보다 훨씬 작을 것이다. (c) 아니오, 중력장은 없을 것이다.

6. 질량 m인 물체가 질량이 M이고 반지름이 R인 구형 행성 표면에 놓여 있다. 다음 중 행성으로부터의 탈출 속력에 영향을 미치지 않는 것은 어느 것인가? (a) M (b) m (c) 행성의 밀도 (d) R (e) 행성의 중력 가속도

7. 인공위성이 지구 주위로 반지름 R의 원 궤도를 돌고 있다. 이 인공위성이 반지름 $4R$의 원 궤도로 옮겨간다고 가정하자. **(i)** 인공위성에 작용하는 힘은 어떻게 되는가? (a) 8배 (b) 4배 (c) 1/2배 (d) 1/8배 (e) 1/16배 **(ii)** 인공위성의 속력은 어떻게 되는가? 앞의 보기 (a)~(e)에서 고르라. **(iii)** 인공위성의 주기는 어떻게 되는가? 앞의 보기 (a)~(e)에서 고르라.

8. 지구의 공전 궤도에서 춘분점과 추분점은 서로 180° 떨어져 있다. 즉 지구는 이들 지점을 지날 때 태양의 완전 반대 지점에 있게 된다. 춘분점으로부터 추분점까지 185.4일이 걸린다. 추분점으로부터 다음 춘분점까지 단지 179.8일이 걸린다. 3월(춘분점)에서 하지를 지나 9월(추분점)까지의 기간이 9월추분점에서 동지를 지나 3월 춘분점까지의 기간보다 더 긴 이유는 무엇인지 다음에서 하나를 고르라. (a) 이들은 실제로 같지만, 지구가 여름 기간 동안 더 빠르게 자전하므로 더 짧다. (b) 여름 기간 동안 지구는 태양으로부터 더 멀리 떨어져 있으므로, 지구가 더 천천히 이동한다. (c) 3~9월 기간 동안, 지구는 태양에 더 가까이 있으므로 지구가 더 천천히 이동한다. (d) 지구는 따뜻할 때 운동 에너지가 더 작다. (e) 지구는 따뜻할 때 각운동량이 더 작다.

9. 다음 중력을 크기가 큰 것부터 순서대로 나열하라. (a) 2 kg 물체에서 1 m 떨어진 3 kg 물체에 작용하는 힘 (b) 2 kg 물체에서 1 m 떨어진 9 kg 물체에 작용하는 힘 (c) 2 kg 물체에서 2 m 떨어진 9 kg 물체에 작용하는 힘 (d) 9 kg 물체에서 2 m 떨어진 2 kg 물체에 작용하는 힘 (e) 4 kg 물체에서 2 m 떨어진 4 kg 물체에 작용하는 힘

10. 지표면에서 우주인에게 작용하는 중력은 아래 방향으로 650 N이다. 우주인이 지구 주위를 도는 우주선에 있을 때, 우주인에게 작용하는 중력은 어떤가? (a) 더 크다. (b) 같다. (c) 더 작다. (d) 매우 작지만 영은 아니다. (e) 영이다.

주관식

13.1 뉴턴의 만유인력 법칙

1. 실험실에서 중력 상수 G를 측정하기 위하여 사용하는 표준 캐번디시 장치는 1.50 kg짜리 큰 공과 15.0 g짜리 작은 공으로 구성되어 있다. 두 공의 질량 중심 사이의 거리는 4.50 cm이다. 이들 공 사이에 작용하는 중력을 구하라. 단, 이때 공들은 중심에 질량이 집중되어 있는 입자로 취급한다.

2. 한 사람이 옆으로 2 m 떨어진 다른 사람에 작용하는 중력의 크기는 대략 얼마인가? 계산에서 측정하거나 추론해야 하는

양들의 값은 얼마인가?

3. 200 kg의 물체와 500 kg의 물체가 4.00 m 떨어져 있다. (a) 이 둘 사이의 한가운데에 놓인 50.0 kg의 물체에 이 두 물체가 작용하는 알짜 중력을 구하라. (b) 50.0 kg인 물체를 어디에 놓으면 (무한히 먼 곳 말고) 두 물체로부터 작용하는 알짜힘이 영이 되는가?

4. 일식이 일어나는 동안 달, 지구, 태양이 일직선 상에 놓이게 되며, 달이 지구와 태양 사이에 있게 된다. (a) 태양이 달에 작용하는 힘을 구하라. (b) 지구가 달에 작용하는 힘을 구하라. (c) 태양이 지구에 작용하는 힘을 구하라. (d) (a)와 (b)의 답을 비교하라. 왜 태양은 달을 잡아당겨 지구로부터 멀어지게 하지 않는가?

5. 질량이 40 000톤인 두 기선이 서로 100 m 떨어져서 평행하게 진행하고 있다. 두 배 사이의 만유인력에 의한 한 배에서 다른 배로 향하는 가속도의 크기는 얼마인가? 배는 입자로 모형화한다.

6. 질량이 $m_1 = 2.00$ kg, $m_2 = 4.00$ kg, $m_3 = 6.00$ kg인 균일한 세 공이 그림 P13.6에서처럼 직각삼각형의 꼭짓점에 각각 놓여 있다. 이 공들이 우주로부터 고립되어 있다고 가정하면, 질량 m_2인 물체에 작용하는 중력은 얼마인가?

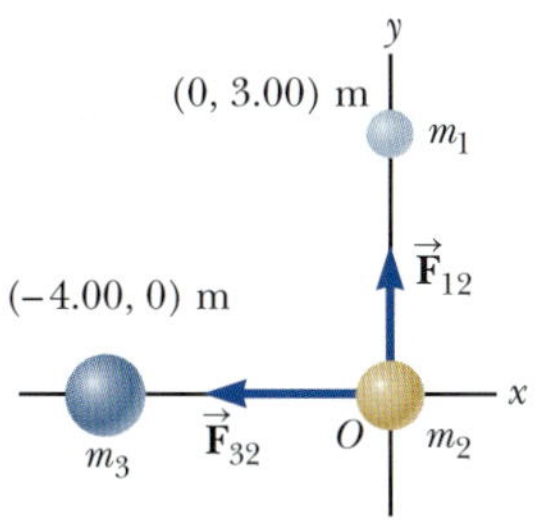

그림 P13.6

7. 외부로부터 고립된 두 개의 동일한 입자가 있다. 입자 하나의 질량은 2.00 kg이고 두 입자 사이의 거리는 30.0 cm이다. 한 입자가 다른 입자로부터 받는 중력의 크기는 얼마인가?

8. 다음 상황은 왜 불가능한가? 두 균일한 구의 중심 사이의 거리가 1.00 m이다. 구는 주기율표에서 같은 원소로 만들어졌다. 두 구 사이의 중력은 1.00 N이다.

9. 두 물체가 20.0 cm 거리를 두고 있다. 두 물체 사이의 중력의 크기가 1.00×10^{-8} N이다. 두 물체의 전체 질량이 5.00 kg이라면, 각각의 질량은 얼마인가?

13.2 자유 낙하 가속도와 중력

10. 떨어지는 운석이 지표면으로부터 지구 반지름의 3.00배만큼 떨어져 있다면, 지구의 중력 가속도는 얼마인가?

11. 달 표면에서 자유 낙하 가속도는 지표면에서보다 약 1/6 정도이다. 달의 반지름은 약 $0.250R_E$이다(R_E = 지구 반지름 = 6.37×10^6 m임). 달과 지구의 평균 밀도의 비 $\rho_{\text{Moon}}/\rho_{\text{Earth}}$를 구하라.

12. 그림 P13.12a는 천왕성의 위성인 미란다(Miranda)의 모습이다. 이 위성은 반지름 242 km, 질량 6.68×10^{19} kg인 구로 모형화될 수 있다. (a) 위성 표면에서의 자유 낙하 가속도를 구하라. (b) 미란다 내에 5.00 km 높이의 절벽이 있는데 그림 P13.12a의 11시 방향 가장자리에 보이며 확대된 것을 그림 P13.12b에서 볼 수 있다. 극한 스포츠를 즐기는 사람이 수평 방향으로 8.50 m/s의 속도로 절벽을 뛰어내릴 때, 그 사람이 공중에 떠 있는 시간을 구하라. (c) 그 사람은 수직 절벽의 바닥 지점으로부터 얼마나 멀리 떨어진 미란다의 얼음 표면에 도달하는가? (d) 그 사람이 표면에 도달할 때의 속도 벡터를 구하라.

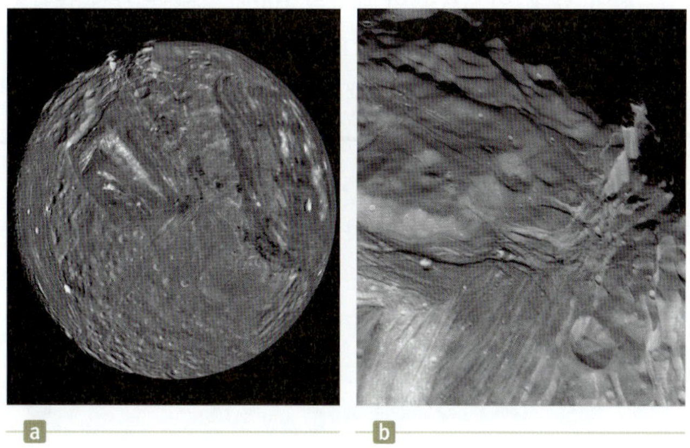

그림 P13.12

13.3 분석 모형: 중력장 내의 입자

13. (a) 그림 P13.13에서처럼 질량이 같고 거리가 $2a$ 떨어져

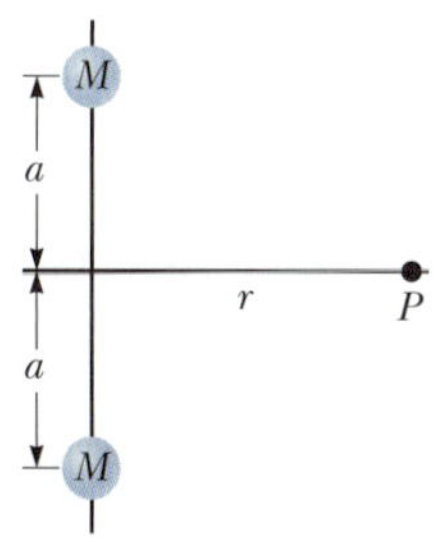

그림 P13.13

있는 두 물체를 잇는 선을 수직으로 이등분하는 선 위의 한 점 P에서 중력장 벡터를 구하라. (b) $r \to 0$에 접근함에 따라 왜 중력장이 영으로 가는지 물리적으로 설명하라. (c) (a)에서의 답이 그렇게 된다는 것을 수학적으로 보이라. (d) $r \to \infty$에 접근함에 따라 장의 크기가 왜 $2GM/r^2$으로 되는지 물리적으로 설명하라. (e) (a)에서의 답이 이런 극한에서 그렇게 된다는 것을 수학적으로 보이라.

14. 그림 P13.14에서처럼 질량이 같은 세 물체가 한 변의 길이가 ℓ인 정사각형의 세 꼭짓점에 놓여 있다. 이 물체들에 의하여 나머지 네 번째 꼭짓점에서 생기는 중력장의 크기와 방향을 구하라.

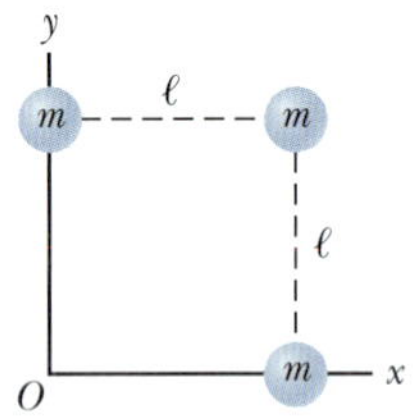

그림 P13.14

15. 길이가 100 m이고 질량이 1 000 kg인 긴 원통 모양의 우주선이 있다. 이 우주선이 태양의 100배 질량을 가진 블랙홀에 근접해 있다(그림 P13.15). 우주선의 선수(nose)는 블랙홀을 향하고 있으며 블랙홀 중심에서 10.0 km만큼 떨어져 있다. (a) 우주선에 작용하는 전체 힘을 결정하라. (b) 우주선 선수에서의 중력장과 선미에서의 중력장의 차이는 얼마인가? (이 가속도의 차이는 블랙홀에 접근할수록 빠르게 커져 우주선 몸체는 매우 큰 장력을 받게 되어 결국에는 찢어진다.)

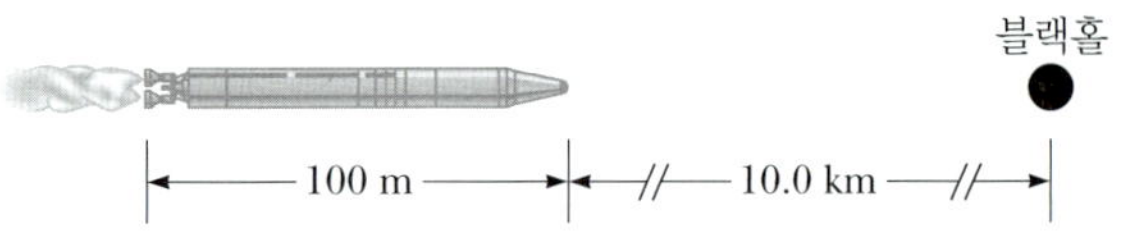

그림 P13.15

13.4 케플러의 법칙과 행성의 운동

16. 인공위성이 중력 가속도가 9.00 m/s^{2}인 원형 궤도에서 지구 주위를 돌고 있다. 이 위성의 공전 주기를 결정하라.

17. 목성의 위성 이오는 1.77일의 궤도 주기와 4.22×10^5 km의 궤도 반지름을 가지고 있다. 이 자료로부터 목성의 질량을 구하라.

18. 최소 에너지로 우주선을 바깥 행성으로 이동시키는 방법은 출발 위치의 행성을 근일점으로 하고 도착 위치의 행성을 원일점으로 하는 타원 궤도이다. (a) 케플러의 제3법칙을 사용하여 지구로부터 화성까지 그림 P13.18과 같은 궤도로 가는 데 얼마나 걸리는지 계산하라. (b) 그런 궤도는 항상 가능할까? 그 이유를 설명하라.

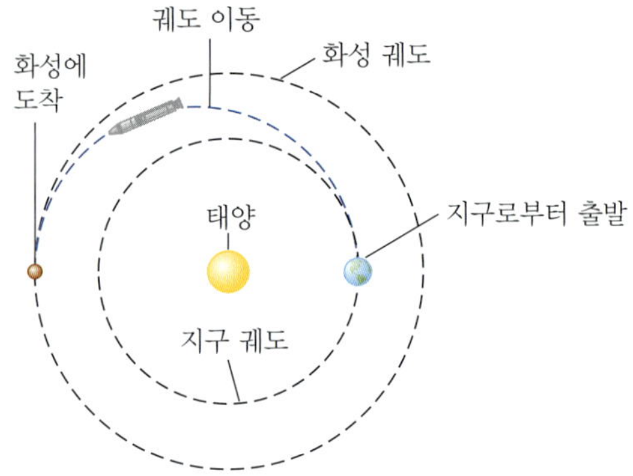

그림 P13.18

19. 질량 m인 입자가 x축으로부터 거리 b만큼 떨어져 x 방향으로 등속도 $\vec{\mathbf{v}}_0$로 직선 운동한다(그림 P13.19). (a) 입자는 원점에 관한 각운동량을 가지는가? (b) 각운동량의 크기가 변한다면 그 이유를, 또는 일정하다면 그 이유를 설명하라. (c) 그림에서 $t_{Ⓓ} - t_{Ⓒ} = t_{Ⓑ} - t_{Ⓐ}$일 때 빗금 친 두 삼각형의 넓이가 같다는 것을 보여 케플러의 제2법칙이 성립함을 보이라.

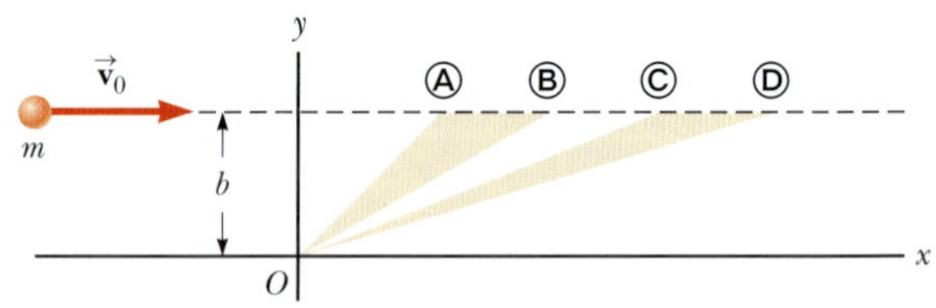

그림 P13.19

20. 플라스켓(Plaskett) 쌍성 계에 있는 두 별이 공통의 질량 중심에 대하여 공전하고 있다. 이는 그림 P13.20에서와 같이 두 별의 질량이 서로 같음을 의미한다. 별의 공전 속력이 $|\vec{\mathbf{v}}| = 220$ km/s이고, 공전 주기가 14.4일일 때, 각 별의 질량 M을 구하라(참고로 비교를 하자면 태양 질량은 1.99×10^{39} kg이다).

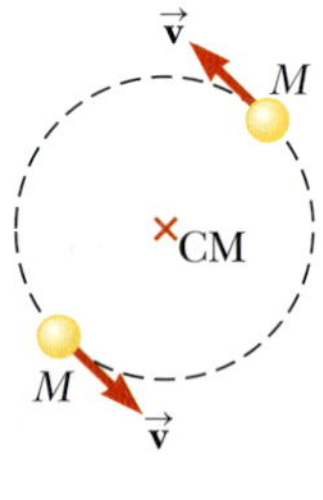

그림 P13.20

21. 그림 P13.21처럼 두 행성 X와 Y가 한 별 주위에서 시계 반대 방향의 원 궤도로 돌고 있다. 궤도 반지름의 비는 3:1이다. 어떤 한 순간에 두 행성은 그림 P13.21a처럼 별과 일직선 상에 놓여 있다. 5년이 지난 후 행성 X는 그림 P13.21b에서 보이는 것처럼 각변위가 90.0°이다. 이때 행성 Y의 각변위는 어떻게 되는가?

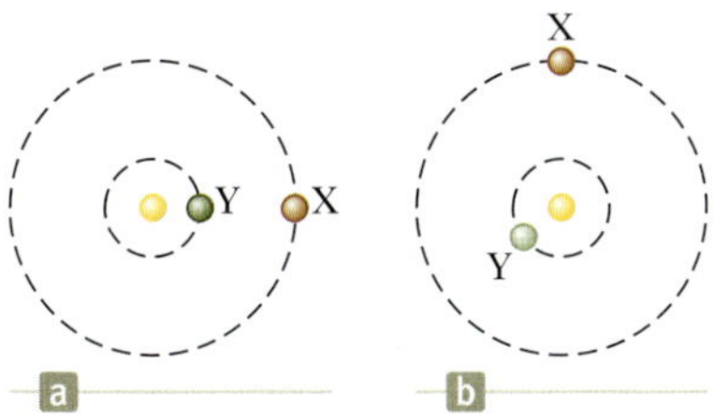

그림 P13.21

22. 핼리 혜성은 태양에서 0.570 AU까지 접근하며 75.6년의 주기로 궤도를 돌고 있다. 핼리 혜성은 태양으로부터 얼마나 멀리까지 가는가? (1 AU는 1.50×10^{11} m로 지구와 태양 간의 평균 거리인 천문 단위이다.)

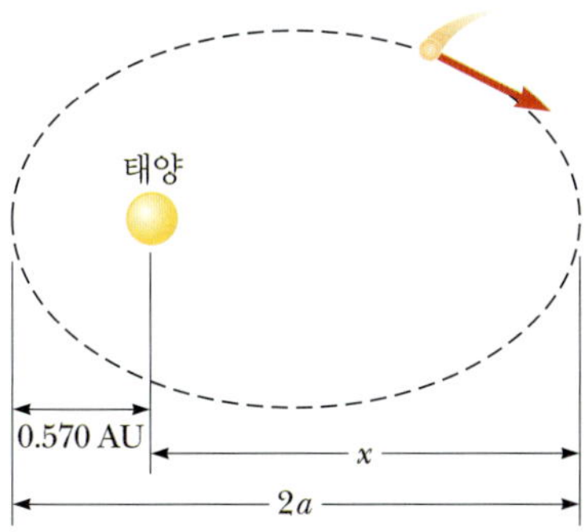

그림 P13.22 (궤도는 척도에 맞지 않는다.)

23. 전리층 연구를 위하여, 1990년 11월 3일에 궤도에 올린 익스플로러 VIII는 다음과 같은 궤도 변수를 가지고 있다. 근지점 459 km; 원지점 2 290 km (이들 모두 지표면으로부터의 거리임); 주기 112.7 min. 근지점과 원지점에서의 속력 비 v_p/v_a를 구하라.

24. 우주선이 지구 중심에서 거리가 6 670 km인 위치에서 거리가 385 000 km인 달까지 타원 궤도로 이동한다. 케플러의 제3법칙을 사용하여 이 여행에 며칠이 걸리는지 결정하라.

25. 중성자별은 초신성 폭발의 잔해로 만들어진 밀도가 매우 큰 별이며 대부분 매우 빠르게 자전한다. 한 중성자별의 질량이 태양의 두 배이고 반지름은 10.0 km라 가정하자. 이 중성자별의 적도 표면에 있는 물질이 중력에 의하여 간신히 붙어 있을 수 있는 최대 자전 각속력을 구하라.

26. 행성의 적도 위 늘 같은 위치에 머무르는 동기위성(同期衛星)을 목성의 대적반(red spot) 연구를 위하여 목성 위에 띄운다. 목성의 자전 주기는 9.84 h이다. 표 13.2의 자료를 이용하여 목성 표면으로부터 이 위성의 고도를 계산하라.

27. (a) 지구에 관한 달의 궤도 주기는 27.32일이고, 지구의 중심에서 달의 중심까지의 거리는 3.84×10^8 m이다. 식 13.11을 이용하여 지구의 질량을 계산하라. (b) 왜 계산된 값이 실제 값보다 다소 크게 나오는가?

28. 태양의 중력이 갑자기 없어졌다고 가정하자. 뉴턴의 제1법칙에 의하여 행성들은 그 원형에 가까운 궤도에서 벗어나 직선 운동을 하게 된다. (a) 수성이 명왕성보다 태양에서 더 멀어질 수 있는가? (b) 만약 그렇게 된다면 그렇게 되기까지 걸리는 시간을 구하라. 만약 그렇게 되지 않는다면 명왕성이 수성보다 항상 태양으로부터 멀리 있게 된다는 이유를 기술하라.

13.5 중력 퍼텐셜 에너지

Note: 29~40번 문제에서 $r = \infty$일 때 $U = 0$으로 가정한다.

29. 지구 주위를 도는 인공위성의 질량은 100 kg이고 2.00×10^6 m의 고도에 있다. (a) 위성–지구 계의 퍼텐셜 에너지는 얼마인가? (b) 지구가 위성에 작용하는 중력의 크기는 얼마인가? (c) 위성은 지구에 어떤 힘을 작용하는가?

30. 외부 공간에서 운석이 날아와 달 표면에 충돌할 때, 달의 중력장이 1 000 kg의 운석에 얼마의 일을 하는가?

31. 지표면으로부터 지구 반지름의 두 배인 고도에 1 000 kg의 물체를 이동시키는 데 필요한 에너지는 얼마인가?

32. 태양이 핵 연료를 다 소모한 후의 궁극적 운명은 백색 왜성 상태로의 붕괴라고 생각된다. 그 상태에서는 질량은 거의 비슷하지만 크기는 지구 정도가 될 것이다. 이때 (a) 백색 왜성의 평균 밀도, (b) 백색 왜성의 표면에서 자유 낙하 가속도 그리고 (c) 백색 왜성의 표면에서 1.00 kg의 물체가 갖는 중력 퍼텐셜 에너지를 구하라.

33. 어떤 물체를 지표면에서 고도 h인 곳에서 정지 상태에서 놓는다. (a) 지구 중심으로부터의 거리가 r이고 $R_E \le r \le R_E + h$일 때 물체의 속력이

$$v = \sqrt{2GM_E\left(\frac{1}{r} - \frac{1}{R_E + h}\right)}$$

이 됨을 보이라. (b) 놓여진 고도가 500 km라고 하자. 다음

적분을 계산하여 물체가 놓여진 지점에서 지표면까지 떨어지는 시간을 구하라.

$$\Delta t = \int_i^f dt = -\int_i^f \frac{dr}{v}$$

물체가 반지름의 반대 방향으로 움직이기 때문에 음(−)의 부호로 나타나며 속력은 $v = -dr/dt$이다. 적분을 수치 해석 방법으로 하라.

34. 한 변의 길이가 30.0 cm인 정삼각형의 세 꼭짓점 위에 질량이 각각 5.00 g인 세 입자가 놓여 있는 계가 있다. (a) 계의 퍼텐셜 에너지를 구하라. (b) 세 물체를 동시에 놓는다고 가정하자. 그 후에 각 물체의 움직임은 어떻게 되는가? 충돌이 일어나는가? 설명하라.

13.6 행성과 위성의 운동에서 에너지 관계

35. 지표면에서 2.00×10^4 m/s의 처음 속력으로 우주 탐사선을 발사한다. 지구로부터 아주 멀리 있을 때, 그 속력은 얼마인가? 대기와의 마찰과 지구의 자전은 무시한다.

36. 500 kg인 인공위성이 지표면으로부터 500 km인 고도에서 원 운동하고 있다. 공기 마찰 때문에, 이 위성은 결국 지표면으로 떨어진다. 지표면에 도달할 때의 속력은 2.00 km/s이다. 공기 마찰에 의하여 내부 에너지로 변환된 에너지는 얼마인가?

37. '나무 높이 위성'은 행성이 표면 바로 위의 원 궤도를 따라서 움직인다. 공기 저항은 없다고 간주한다. 이때 속력 v와 이 행성의 탈출 속력 v_{esc}와는 $v_{esc} = \sqrt{2}v$의 관계가 있음을 보이라.

38. 1 000 kg인 인공위성이 100 km의 일정한 고도에서 지구 주위로 돌고 있다. (a) 위성이 200 km의 고도에서 원운동하기 위하여 계에 추가해야 할 에너지는 얼마인가? 계의 (b) 운동 에너지와 (c) 퍼텐셜 에너지 변화를 구하라.

39. 질량이 1.20×10^{10} kg인 혜성이 태양 주위를 타원 궤도로 돈다. 혜성과 태양 사이의 거리는 0.500 AU부터 50.0 AU까지 변한다. (a) 궤도의 이심률은 얼마인가? (b) 주기는 얼마인가? (c) 원일점에서 혜성–태양 계의 퍼텐셜 에너지는 얼마인가? 여기서 1 AU = 1천문단위 = 지구와 태양 사이의 평균 거리 = 1.496×10^{11} m이다.

40. 원운동하고 있는 질량이 m인 지구 인공위성을 궤도 반지름 $2R_E$에서 $3R_E$로 이동시키는 데 필요한 일의 식을 유도하라.

유체 역학
Fluid Mechanics

CHAPTER
14

물고기가 먹이를 찾아서 산호초 주위로 모여들고 있다. 왼쪽 위에 있는 줄무늬 나비고기는 물속에서 어떻게 위아래로 움직일 수 있을까? 이 장에서 답을 찾아보도록 하자. *(Vlad61/Shutterstock.com)*

물질은 보통 고체, 액체, 기체 상태로 분류할 수 있다. 일반적으로 고체는 일정한 부피와 모양을 지니고 있다. 액체는 부피가 일정하지만 모양은 일정하지 않으며, 기체는 부피와 모양이 모두 일정하지 않다. 이런 구분은 물질의 상태를 이해하는 데에는 도움을 주지만 다소 인위적이다. 예를 들면 아스팔트나 플라스틱은 고체로 분류되지만, 오랜 시간이 지나면 액체처럼 흘러가는 경향이 있다. 마찬가지로 대부분의 물질은 온도와 압력에 따라 고체, 액체 또는 기체(또는 이들의 혼합)로 변화할 수 있다. 일반적으로 한 물질에 외력이 작용하여 형태를 변화시키는 데 소요되는 시간에 따라 물질은 고체, 액체 또는 기체로 취급된다.

유체(fluid)는 약한 응집력과 용기 벽이 작용하는 힘에 의하여 결집된 무질서한 분자들의 집합이다. 액체와 기체는 모두 유체이다.

유체 역학을 다루는 데 있어, 이미 배운 원리와 분석 모형을 사용할 것이다. 우선 정지되어 있는 유체 역학인 **유체 정역학**을 다루고, 이후에 유체가 운동하는 현상인 **유체 동역학**에 대하여 논의한다.

14.1 압력
Pressure

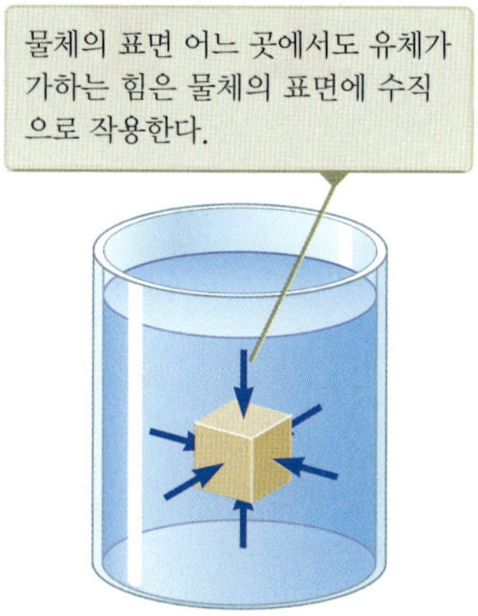

그림 14.1 유체 속에 잠긴 물체의 표면에 유체가 작용하는 힘

정지 상태의 유체는 유체 속 물체에 대하여 12장에서 공부한 층밀리기 변형력과 인장 변형력을 가하지 않으며, 단지 물체를 모든 방향으로부터 압축만 시킨다. 다시 말해서 유체가 물체에 가하는 힘은 그림 14.1과 같이 항상 물체의 표면에 수직으로 작용한다. 이 상황을 12.4절에서 논의하였다.

유체 내부의 압력은 그림 14.2에 있는 장치를 이용하여 측정할 수 있다. 이 장치는 용수철에 연결된 가벼운 피스톤이 진공 원통 속에 삽입되어 있는 구조로 되어 있다. 이 장치를 유체 속에 넣으면, 유체가 피스톤을 안으로 미는 힘과 용수철이 밖으로 밀어내는 힘이 평형을 이룰 때까지 유체는 피스톤을 눌러 용수철을 압축시킨다. 용수철을 사전에 보정해 놓으면 유체의 압력을 바로 측정할 수 있다. 만일 피스톤에 작용하는 힘이 F이고 피스톤의 넓이가 A이면, 장치가 잠긴 위치에서 유체의 **압력**(pressure) P는 단위 넓이당 힘의 크기로 정의한다.

압력의 정의 ▶

$$P \equiv \frac{F}{A} \tag{14.1}$$

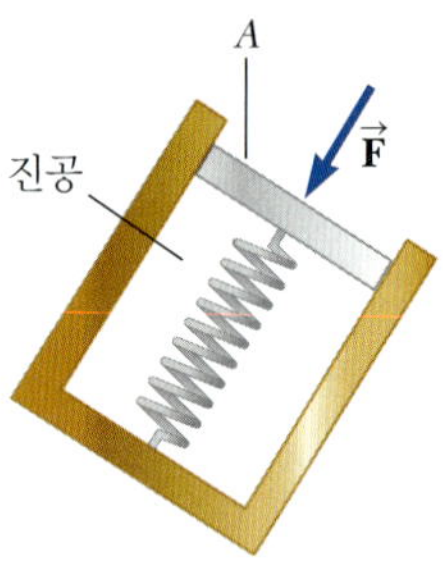

그림 14.2 유체 내부의 압력을 재는 간단한 장치

압력은 피스톤에 작용하는 힘의 크기에 비례하므로 스칼라양이다.

만일 압력이 면 위의 위치에 따라 다르다면, 작은 넓이 dA에 작용하는 작은 힘 dF는 다음과 같이 주어진다.

$$dF = P\,dA \tag{14.2}$$

여기서 P는 넓이 dA가 있는 위치에서의 압력이다. 용기의 벽에 작용하는 전체 힘을 구하기 위해서는 식 14.2를 전체 면에 대하여 적분해야 한다.

압력의 단위는 SI 단위계에서 N/m^2이다. 이것의 다른 이름은 **파스칼**(Pa)이다.

$$1\ \text{Pa} \equiv 1\ \text{N/m}^2 \tag{14.3}$$

압력의 정의를 직접 느낄 수 있는 예로서, 압정을 엄지와 검지 사이에 쥐어 보자. 압정의 뾰족한 끝은 엄지 위에, 압정의 머리는 검지에 놓는다. 이제 천천히 엄지와 검지를 마주 눌러보자. 엄지는 통증을 바로 느끼기 시작하지만, 검지의 경우는 그렇지 않다. 압정은 엄지와 검지에 같은 크기의 힘을 가하지만, 엄지 위에서는 힘이 가해지는 넓이가 작기 때문에 압력이 훨씬 크다.

오류 피하기 14.1

힘과 압력 식 14.1과 14.2는 힘과 압력의 분명한 차이를 보여 주고 있다. 또 다른 중요한 차이는 **힘은 벡터양**이고 **압력은 스칼라양**이라는 점이다. 압력 자체에는 방향이 없지만, 압력의 결과인 힘의 방향은 압력이 작용하는 면에 수직이다.

퀴즈 14.1 어떤 사람의 뒤에 서 있는데, 앞 사람이 실수로 뒤로 물러서면서 신발 뒷굽으로 여러분의 발을 밟았다고 하자. 그 사람이 **(a)** 운동화를 신고 있는 덩치가 큰 남자 프로 농구 선수인 경우와 **(b)** 뾰족한 굽으로 된 구두를 신고 있는 몸집이 작은 여자인 경우 중 어느 경우가 덜 아플까?

예제 14.1 **물침대**

가로 및 세로의 길이가 각각 2.00 m이고, 높이가 30.0 cm인 물침대가 있다.

(A) 침대에 들어 있는 물의 무게를 구하라.

풀이

개념화 물이 가득 찬 항아리를 옮기는 경우 얼마나 무거운지 생각해 보자. 이제 침대에 들어 있는 물의 양을 상상해 보면 상당히 무거울 것으로 짐작할 수 있다.

분류 예제는 대입 문제이다.

침대를 채우고 있는 물의 부피를 계산한다.

$$V = (2.00\ \text{m})(2.00\ \text{m})(0.300\ \text{m}) = 1.20\ \text{m}^3$$

식 1.1과 물의 밀도(표 14.1 참조)를 사용하여, 물침대의 질량을 계산한다.

$$M = \rho V = (1\,000\ \text{kg/m}^3)(1.20\ \text{m}^3) = 1.20 \times 10^3\ \text{kg}$$

침대의 무게를 구한다.

$$Mg = (1.20 \times 10^3\ \text{kg})(9.80\ \text{m/s}^2) = \boxed{1.18 \times 10^4\ \text{N}}$$

이 값은 대략 2 650 lb이다. 대략 무게가 300 lb인 매트리스, 용수철, 프레임으로 이루어진 일반 침대보다 훨씬 무겁기 때문에, 물침대는 지하실이나 튼튼한 바닥 위에 놓는 것이 좋다.

(B) 침대가 올바르게 놓여 있을 때 침대가 마룻바닥에 작용하는 압력을 구하라. 침대의 아랫면 전체가 바닥과 닿는다고 가정한다.

풀이 침대가 바르게 놓여 있을 때 바닥과 닿는 부분의 넓이는 4.00 m²이다. 식 14.1을 사용하여 압력을 계산한다.

$$P = \frac{1.18 \times 10^4\ \text{N}}{4.00\ \text{m}^2} = \boxed{2.94 \times 10^3\ \text{Pa}}$$

문제 물침대 대신에 무게가 300 lb인 보통 침대가 네 개의 다리로 지지되어 있다면 어떻게 되는가? 이때 각 다리는 반지름이 2.00 cm인 원형이라고 하자. 침대가 마룻바닥에 작용하는 압력을 구하라.

답 침대의 무게가 네 다리의 원형 단면적에 나누어지므로, 압력은

$$P = \frac{F}{A} = \frac{mg}{4(\pi r^2)} = \frac{300\ \text{lb}}{4\pi(0.020\,0\ \text{m})^2}\left(\frac{1\ \text{N}}{0.225\ \text{lb}}\right)$$
$$= 2.65 \times 10^5\ \text{Pa}$$

이다. 이 값은 물침대 압력의 약 100배이다. 이는 일반 침대의 무게가 비록 물침대 무게보다 작지만 침대를 받치는 네 다리의 넓이가 작기 때문이다. 일반 침대의 다리를 통하여 바닥에 작용하는 큰 압력은 마룻바닥에 흠을 낼 수도 있고 카펫에 자국을 영구히 남길 수도 있다.

14.2 깊이에 따른 압력의 변화
Variation of Pressure with Depth

잠수부들이 잘 알고 있는 바와 같이 수압은 깊이에 따라 증가한다. 마찬가지로 대기압은 고도가 높아질수록 감소한다. 이런 까닭에 높은 고도로 비행하는 비행기는 승객들을 위하여 기내에 압력을 가해야 한다.

이제 액체의 압력이 깊이에 따라 어떻게 증가하는지 알아보자. 식 1.1에서 보듯이 물질의 **밀도**는 단위 부피당 질량으로 정의된다. 표 14.1에 여러 가지 물질에 대한 밀도를 정리해 놓았다. 이 값들은 온도에 따라 약간씩 바뀌는데, 이것은 부피가 온도에 따라 변하기 때문이다(19장 참조). 표준 상태(0 °C, 대기압)에서 기체의 밀도가 고체 및 액체 밀도의 약 1/1 000이 됨에 주목하라. 이 차이는 표준 상태에서 기체 속에 있는 분자들

표 14.1 표준 상태(0°C, 대기압)에서 여러 가지 물질의 밀도

물질	ρ (kg/m^3)	물질	ρ (kg/m^3)
공기	1.29	철	7.86×10^3
공기(20°C, 대기압)	1.20	납	11.3×10^3
알루미늄	2.70×10^3	수은	13.6×10^3
벤젠	0.879×10^3	질소 기체	1.25
황동	8.4×10^3	떡갈나무	0.710×10^3
구리	8.92×10^3	오스뮴	22.6×10^3
에틸 알코올	0.806×10^3	산소 기체	1.43
순수한 물	1.00×10^3	소나무	0.373×10^3
글리세린	1.26×10^3	백금	21.4×10^3
금	19.3×10^3	바닷물	1.03×10^3
헬륨	1.79×10^{-1}	은	10.5×10^3
수소	8.99×10^{-2}	주석	7.30×10^3
얼음	0.917×10^3	우라늄	19.1×10^3

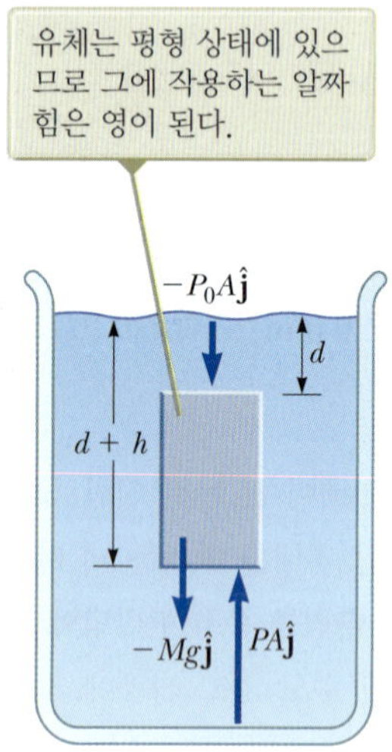

그림 14.3 부피가 큰 유체 속에 있는 진한 부분의 유체를 생각한다.

사이의 평균 거리가 고체 또는 액체 속에 있는 분자 사이의 거리보다 열 배 정도 크다는 것을 의미한다.

그림 14.3과 같이 밀도 ρ인 정지한 액체를 생각해 보자. ρ는 유체 내부에서 일정한 값이라고 가정하자. 즉 이 액체는 압축할 수 없다는 것을 의미한다. 이제 단면적 A인 가상의 원통이 똑바로 깊이 d인 곳에서부터 $d+h$인 곳까지 있다고 생각하고, 그 속에 들어 있는 액체를 생각해 보자. 원통 바깥에 있는 액체는 원통 표면의 모든 곳에서 표면에 수직 방향으로 힘을 가할 것이다. 원통의 밑면에서 액체가 가하는 압력은 P이고, 윗면이 받는 압력은 P_0이다. 따라서 원통의 밑면에서 액체가 위쪽 방향으로 작용하는 힘은 PA이고, 원통의 윗면에서 아래쪽 방향으로 작용하는 힘은 P_0A이다. 원통 속에 있는 액체의 질량은 $M=\rho V=\rho Ah$이므로, 원통 속에 있는 액체의 무게는 $Mg=\rho Ahg$이다. 원통이 정지해 있으므로 평형 상태의 입자로 모형화할 수 있다. 따라서 작용하는 알짜 힘은 영이어야 한다. 위쪽을 $+y$ 방향으로 선택하면, 다음과 같은 식을 얻을 수 있다.

$$\sum \vec{\mathbf{F}} = PA\hat{\mathbf{j}} - P_0A\hat{\mathbf{j}} - Mg\hat{\mathbf{j}} = 0$$

또는

$$PA - P_0A - \rho Ahg = 0$$

깊이에 따른 압력의 변화 ▶

$$P = P_0 + \rho gh \tag{14.4}$$

즉 액체 내부에서 압력이 P_0인 위치로부터 깊이가 h인 지점의 압력 P는 P_0보다 ρgh만큼 크다. 만약 액체가 대기 중에 노출되어 P_0이 액체 표면에서의 압력이라면 P_0의 값은 **대기압**(atmospheric pressure)이 된다. 이때 대기압은 다음과 같다.

$$P_0 = 1.00\text{ atm} = 1.013 \times 10^5\text{ Pa}$$

식 14.4는 용기의 모양에 관계없이 깊이가 같은 모든 지점에서의 압력이 같다는 것을 의미한다.

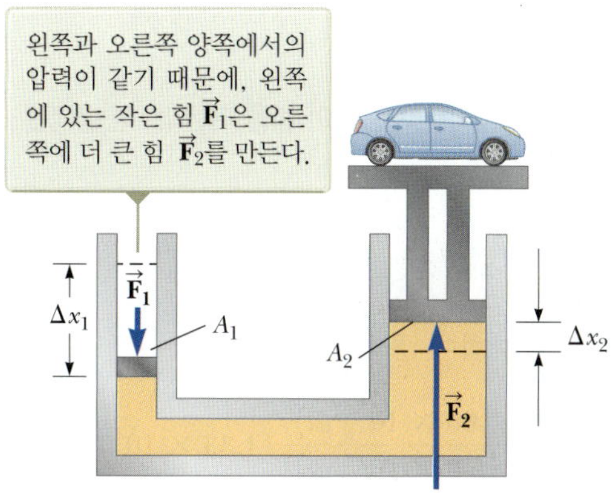

그림 14.4 (a) 유압 프레스의 개략도 (b) 정비소에서 수리를 위하여 자동차를 리프트로 받치고 있다.

유체에 의한 압력은 깊이와 P_0의 값에 따라 달라지므로, 유체 표면에 압력을 증가시키면 압력은 유체 내부의 각 점에 똑같이 전달된다. 이같은 사실은 프랑스 과학자 파스칼(Blaise Pascal, 1623~1662)이 처음 발견하여 **파스칼의 법칙**(Pascal's law)이라 한다. **유체에 작용하는 압력의 변화는 유체 내의 각 점과 용기의 벽에 똑같이 전달된다.**

◀ 파스칼의 법칙

파스칼의 법칙의 중요한 응용으로 그림 14.4a에 있는 유압 프레스(hydraulic press) 장치를 들 수 있다. 단면적 A_1인 작은 피스톤에 힘 F_1을 가하면 압축되지 않는 액체를 통하여 단면적 A_2인 큰 피스톤에 압력이 전달된다. 양쪽의 압력이 같아야 하므로, $P = F_1/A_1 = F_2/A_2$가 성립한다. 따라서 힘 F_2가 F_1보다 A_2/A_1 비율만큼 더 크다. 결국 넓이 A_1과 A_2를 적당히 선택함으로써, 작은 힘을 입력해도 큰 힘이 출력되는 유압 프레스를 제작할 수 있다. 유압 브레이크, 자동차 리프트, 유압 잭, 지게차 등이 이 원리를 이용한 것이다(그림 14.4b).

이 계에는 액체가 더해지지도 않고 감해지지도 않으므로, 그림 14.4a에서 왼쪽의 피스톤이 Δx_1만큼 아래로 움직일 때 내려간 액체의 부피와 오른쪽 피스톤이 Δx_2만큼 위로 움직일 때 올라간 액체의 부피가 같다. 즉 $A_1\,\Delta x_1 = A_2\,\Delta x_2$이므로 $A_2/A_1 = \Delta x_1/\Delta x_2$이다. 이미 $A_2/A_1 = F_2/F_1$임을 알고 있다. 따라서 $F_2/F_1 = \Delta x_1/\Delta x_2$, 즉 $F_1\,\Delta x_1 = F_2\,\Delta x_2$이다. 이 식의 양변은 각각의 힘이 피스톤에 한 일에 해당한다. 따라서 힘 $\vec{F}_1$이 입력 피스톤에 한 일과 힘 $\vec{F}_2$가 출력 피스톤에 한 일은 같은데, 이것은 에너지가 보존되어야 하기 때문이다. (이 과정은 비고립계 모형의 특별한 경우로 모형화할 수 있다. 즉 **정상 상태의 비고립계**로 모형화한다. 계 내부로 그리고 계 바깥으로의 에너지 전달이 있지만, 이들 에너지 전달이 균형을 이루므로 계의 에너지 알짜 변화는 없다.)

Q 퀴즈 14.2 물이 가득 찬 유리잔 바닥에서의 압력이 P이다(물의 밀도는 $\rho = 1\,000\ \text{kg/m}^3$이다). 물을 비우고 유리잔을 에틸 알코올($\rho = 806\ \text{kg/m}^3$)로 채웠다. 유리잔 바닥에서의 압력은 어떻게 되는가? **(a)** P보다 작다. **(b)** P와 같다. **(c)** P보다 크다. **(d)** 알 수 없다.

예제 14.2 자동차 리프트

정비소에서 사용하는 자동차 리프트의 경우, 반지름이 5.00 cm인 원형의 작은 피스톤에 압축된 공기를 사용하여 힘을 가한다. 이 압력은 액체를 통하여 반지름이 15.0 cm인 피스톤으로 전달된다.

(A) 무게가 13 300 N인 자동차를 들어 올리기 위하여 압축된 공기가 가해야 하는 힘은 얼마인가?

풀이

개념화 파스칼의 법칙에 관한 설명을 복습하고 자동차 리프트가 어떻게 작동하는지 이해한다.

분류 이 예제는 대입 문제이다.

$F_1/A_1 = F_2/A_2$를 F_1에 대하여 푼다.

$$F_1 = \left(\frac{A_1}{A_2}\right)F_2 = \frac{\pi(5.00 \times 10^{-2}\ \mathrm{m})^2}{\pi(15.0 \times 10^{-2}\ \mathrm{m})^2}(1.33 \times 10^4\ \mathrm{N})$$
$$= 1.48 \times 10^3\ \mathrm{N}$$

(B) 이 힘을 얻기 위해서는 공기의 압력을 얼마로 해야 하는가?

풀이 식 14.1을 사용하여 이 힘을 얻기 위한 공기압을 계산한다.

$$P = \frac{F_1}{A_1} = \frac{1.48 \times 10^3\ \mathrm{N}}{\pi(5.00 \times 10^{-2}\ \mathrm{m})^2} = 1.88 \times 10^5\ \mathrm{Pa}$$

이 압력은 대략 대기압의 두 배이다.

예제 14.3 귀의 고통

깊이가 5.0 m인 수영장의 바닥에서 수영을 할 때, 물이 고막에 작용하는 힘을 구하라.

풀이

개념화 물속에서 아래쪽으로 내려갈수록 압력은 증가한다. 수영장, 호수, 바다 등에서 다이빙을 할 때 이런 압력의 증가를 경험했을 수도 있다. 문제에서 주어진 깊이에 대하여 고막에 작용하는 압력 차이를 계산할 수 있다. 그런 후 고막의 넓이를 대략적으로 추산함으로써 물이 고막에 작용하는 힘을 계산할 수 있다.

분류 예제는 대입 문제이다.

귓속의 공기는 보통 대기압 P_0을 유지하고 있다. 따라서 고막에 작용하는 알짜힘을 구하기 위해서는 수영장 바닥에서의 압력과 대기압 간의 차이를 알아야 한다. 고막의 넓이는 대략 $1\ \mathrm{cm}^2 = 1 \times 10^{-4}\ \mathrm{m}^2$이라고 하자.

식 14.4를 사용하여 압력 차이를 계산한다.

$$P_{\mathrm{bot}} - P_0 = \rho g h$$
$$= (1.00 \times 10^3\ \mathrm{kg/m^3})(9.80\ \mathrm{m/s^2})(5.0\ \mathrm{m})$$
$$= 4.9 \times 10^4\ \mathrm{Pa}$$

식 14.1을 사용하여 귀에 작용하는 알짜힘의 크기를 계산한다.

$$F = (P_{\mathrm{bot}} - P_0)A$$
$$= (4.9 \times 10^4\ \mathrm{Pa})(1 \times 10^{-4}\ \mathrm{m}^2) \approx 5\ \mathrm{N}$$

이 정도 크기의 힘이 고막에 작용하면 매우 불편함을 느끼기 때문에, 수영하는 사람들은 물속에서 소위 '막힌 귀 뚫기'라는 것을 하는데, 이는 폐 속의 공기를 귓속으로 불어넣는 동작을 말한다. 이와 같은 방법으로 고막 양쪽의 압력을 같게 함으로써 불편함을 해소하게 된다.

14.3 압력의 측정
Pressure Measurements

텔레비전 뉴스 프로그램의 일기예보를 보면 **기압**에 대한 정보를 알 수 있다. 이것은 알려진 표준값으로부터 변화된 대기의 현재 압력을 나타낸다. 어떻게 이 값들을 측정할 수 있는가?

토리첼리(Evangelista Torricelli, 1608~1647)에 의하여 대기 중의 압력을 측정하는 기압계가 만들어졌다. 그림 14.5a와 같이 수은으로 채운 긴 관을 뒤집어 수은이 채워진 용기에 수직으로 세운다. 관의 위쪽 끝이 막혀 있어 생긴 빈 공간은 진공 상태에 가깝고 따라서 압력을 영이라고 할 수 있다. 그림 14.5a에서 수은 기둥 때문에 생기는 점 A의 압력과 대기압에 의하여 생기는 점 B의 압력은 같다. 만약 그렇지 않다면 압력 차에 의한 알짜힘이 존재하게 되고, 수은이 한쪽에서 다른 쪽으로 이동하여 결국은 평형 상태에 이르게 될 것이다. 따라서 대기압은 $P_0 = \rho_{Hg} gh$이며, 여기서 ρ_{Hg}는 수은의 밀도이고 h는 수은 기둥의 높이이다. 대기압이 변하면 수은 기둥의 높이가 변하게 되고, 따라서 수은 기둥의 높이로부터 대기압을 측정할 수 있다. 대기압이 1기압일 때, 즉 $P_0 = 1\ \text{atm} = 1.013 \times 10^5\ \text{Pa}$인 경우, 수은 기둥의 높이를 계산해 보자.

$$P_0 = \rho_{Hg} gh \quad \rightarrow \quad h = \frac{P_0}{\rho_{Hg} g} = \frac{1.013 \times 10^5\ \text{Pa}}{(13.6 \times 10^3\ \text{kg/m}^3)(9.80\ \text{m/s}^2)}$$
$$= 0.760\ \text{m}$$

이 계산에 따라서, 1기압은 0 °C에서 수은 기둥의 높이가 정확히 0.760 0 m에 해당하는 압력으로 정의한다.

용기에 담겨 있는 기체의 압력을 측정하는 장치로서 그림 14.5b와 같이 한쪽 끝이 열린 관으로 된 압력계가 있다. 액체가 담긴 U자 관의 한쪽 끝은 개방되어 대기와 접촉하고 있으며, 다른 쪽 끝은 압력 P인 기체 용기에 연결되어 있다. 평형 상태에서는 점 A에서의 압력과 점 B에서의 압력이 같아야 한다(그렇지 않다면 구부러진 관 속의 액체는 알짜힘을 받아 움직이게 될 것이다). 점 A에서의 압력은 바로 용기 속 기체의 압력 P이다. 따라서 미지의 압력 P와 점 B에서의 압력이 같다고 놓으면, $P = P_0 + \rho gh$임을 알 수 있다. 즉 압력 P에 해당하는 높이 h를 정할 수 있다.

그림 14.5의 두 부분에서 압력차 $P - P_0$은 ρgh가 된다. 압력 P를 **절대 압력**(absolute pressure)이라 하고, 압력차 $P - P_0$은 **계기 압력**(gauge pressure)이라 한다. 예를 들면 자전거 바퀴에서 측정하는 압력은 계기 압력이다.

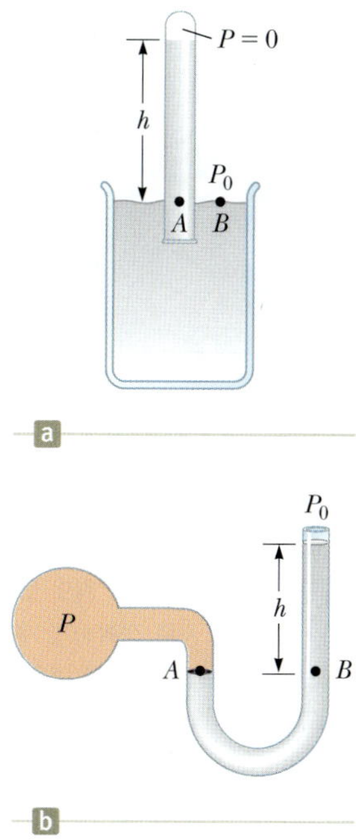

그림 14.5 압력을 측정하는 두 장치. (a) 수은 기압계 (b) 열린 관 압력계

Q 퀴즈 14.3 다른 종류의 유체를 사용하여 여러 개의 기압계를 만들었다. 유체 기둥의 높이가 가장 높아지는 경우는 어떤 유체를 사용했을 때인가? **(a)** 수은 **(b)** 물 **(c)** 에틸 알코올 **(d)** 벤젠

© iStockphoto.com/HultonArchive

아르키메데스

Archimedes, BC 287~212

그리스의 수학자, 물리학자, 공학자

아르키메데스는 고대에서 가장 위대한 과학자 중 한 명일 것이다. 원의 둘레와 지름의 비를 가장 처음 정확하게 계산하였고, 또한 구, 원통을 비롯한 여러 기하학적 도형의 부피와 표면적을 계산하는 방법도 알아내었다. 부력의 원리를 발견한 것으로 유명한 그는 뛰어난 발명가이기도 하였다. 그의 발명품 중 오늘날에도 사용되는 것으로 아르키메데스의 나사를 들 수 있는데, 회전하는 나선형 코일이 들어 있는 관을 기울인 형태로 배의 선창으로부터 물을 끌어올리는 데 사용되었다. 그는 또한 투석기를 발명하였고, 지레, 도르래, 추를 이용하여 무거운 물체를 들어 올리는 장치도 발명하였다. 이런 발명품들은 2년 동안 로마의 공격으로부터 그가 살던 도시 시라큐스를 성공적으로 방어하는 데 사용되었다.

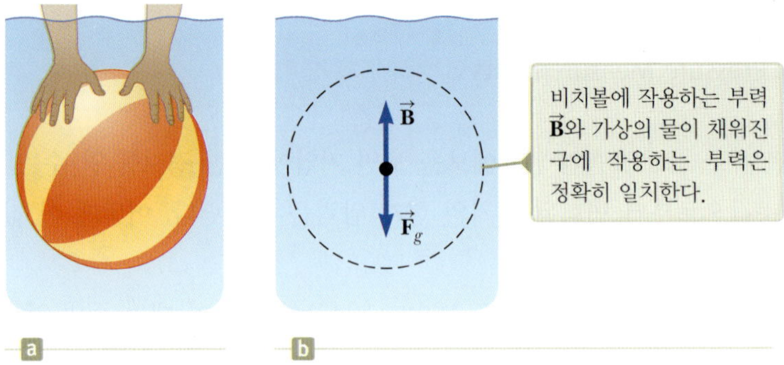

그림 14.6 (a) 비치볼을 물속으로 넣기 위하여 누르고 있다. (b) 비치볼 크기의 가상의 구에 작용하는 힘

14.4 부력과 아르키메데스의 원리

Buoyant Forces and Archimedes's Principle

그림 14.6a와 같이 여러분은 비치볼을 물속으로 밀어 넣어본 적이 있는가? 이는 매우 어려운 일이다. 왜냐하면 비치볼을 위로 떠오르게 하는 큰 힘을 물이 가하기 때문이다. 유체에 잠긴 물체에 작용하여 위로 떠오르게 하는 힘을 **부력**(buoyant force)이라고 한다. 몇 단계의 논리적 사고를 통하여 부력의 크기를 결정할 수 있다. 우선 그림 14.6b에서 보듯이 물속에 비치볼 크기의 가상의 구가 있다고 생각해 보자. 평형 상태에 있는 가상의 구에는 중력에 의한 아래 방향의 힘을 상쇄시키는 위쪽 방향의 힘이 작용하고 있다. 이 위쪽 방향의 힘이 바로 부력이다. 그리고 부력의 크기는 가상의 구를 채우고 있는 물의 무게와 같다. 이런 부력은 가상의 구 주위를 둘러싸고 있는 유체가 가상의 구에 힘을 작용하기 때문에 생겨나는데, 이런 힘을 모두 합한 것이 부력이 된다.

이제 가상의 구를 실제의 비치볼로 바꾸어서 생각해 보자. 비치볼을 둘러싼 유체가 작용하는 알짜힘은 앞에서의 가상의 구에 주변 유체가 작용하는 힘과 같다. 따라서 **어떤 물체에 작용하는 부력은 그 물체가 밀어낸 유체의 무게와 같다.** 이것이 **아르키메데스의 원리**(Archimedes's principle)이다.

결국 물속에 잠긴 비치볼에 작용하는 부력은 비치볼 크기의 물의 무게와 같으며 비치볼의 무게보다 훨씬 크다. 따라서 위쪽 방향의 큰 알짜힘이 존재하게 되고, 비치볼을 물속에 집어넣기가 아주 힘들다. 아르키메데스의 원리는 물체가 무엇으로 만들어졌는지에는 상관없음에 주목하자. 부력은 유체가 작용하는 힘이므로 물체의 구성 성분은 고려할 사항이 아니다.

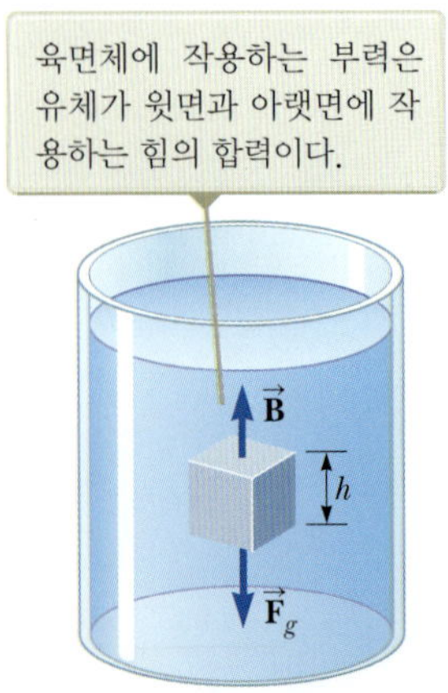

그림 14.7 잠긴 육면체에 작용하는 외력은 중력 $\vec{\mathbf{F}}_g$와 부력 $\vec{\mathbf{B}}$이다.

부력의 발생 원리를 보다 잘 이해하기 위하여, 그림 14.7과 같이 유체 속에 잠긴 딱딱한 물질의 육면체를 생각해 보자. 식 14.4에 따르면, 육면체 밑면의 압력 P_{bot}은 윗면에 작용하는 압력 P_{top}보다 $\rho_{fluid}\, gh$ 만큼 크다. 여기서 ρ_{fluid}는 유체의 밀도이고, h는 육면체의 높이이다. 육면체 밑면의 압력은 **위**로 향하는 힘을 만드는데, 이는 $P_{bot}A$와 같다. 이때 A는 육면체 밑면의 넓이이다. 육면체 윗면의 압력은 **아래**로 향하는 힘을 만드는데, 이는 $P_{top}\, A$와 같다. 이 두 가지 힘에 의하여 나타나는 것이 부력 $\vec{\mathbf{B}}$이며, 크기는 다음과 같이 나타낼 수 있다.

$$B = (P_{\text{bot}} - P_{\text{top}})A = (\rho_{\text{fluid}} gh)A$$

$$B = \rho_{\text{fluid}} g V_{\text{disp}} \tag{14.5}$$

◀ 부력

여기서 $V_{\text{disp}} = Ah$는 육면체가 밀어낸 유체의 부피이다. $\rho_{\text{fluid}} V_{\text{disp}}$ 물체가 밀어낸 유체의 질량과 같으므로

$$B = Mg$$

가 되는데, 여기서 Mg는 육면체가 밀어낸 유체의 무게이다. 이 결과는 비치볼을 가지고 논의한 것을 토대로 앞에서 처음에 말한 아르키메데스의 원리와 일치한다.

보통 조건에서 이 장의 도입부 사진에서 보인 물고기의 무게는 부력보다 약간 크다. 따라서 물고기가 부력을 조절할 수 있는 방법이 없다면 가라앉게 될 것이다. 물고기는 몸속에 공기가 채워진 부레의 크기를 조절하여 자신의 부피를 키움으로써 식 14.5에 따라 몸에 작용하는 부력을 크게 만든다. 이런 방법을 통하여 물고기는 다양한 깊이에서 헤엄칠 수 있다.

몇 가지 예제를 살펴보기 전에, 완전히 잠긴 물체와 떠 있는 (또는 부분적으로 잠긴) 물체의 두 가지 상황에 대하여 생각해 보는 것이 도움이 될 것이다.

오류 피하기 14.2

유체에 의한 부력 부력은 유체가 작용하는 힘임을 기억하자. 그것은 잠긴 물체의 성질과는 무관하다. 단지 그 물체가 밀어낸 액체의 양에만 관계된다. 따라서 밀도는 다르나 부피가 같은 여러 가지 물체가 유체에 잠겨 있다면, 모두 같은 크기의 부력을 받는다. 떠 있느냐 가라앉느냐 하는 문제는 부력과 중력 사이의 관계에 의하여 결정된다.

경우 1. 완전히 잠긴 물체 밀도 ρ_{fluid}인 유체 속에 물체가 완전히 잠기면, 밀려난 유체의 부피 V_{disp}는 물체의 부피 V_{obj}와 같으므로, 식 14.5로부터 위로 향하는 부력의 크기는 $B = \rho_{\text{fluid}} g V_{\text{obj}}$이다. 만일 물체의 질량이 M이고 밀도가 ρ_{obj}이면, 물체의 무게는 $F_g = Mg = \rho_{\text{obj}} g V_{\text{obj}}$이며, 물체에 작용하는 알짜힘은 $B - F_g = (\rho_{\text{fluid}} - \rho_{\text{obj}}) g V_{\text{obj}}$이다. 따라서 물체의 밀도가 유체의 밀도보다 작으면 아래 방향의 중력이 부력보다 작게 되고, 고정되지 않은 물체는 위로 가속될 것이다(그림 14.8a). 만일 물체의 밀도가 유체의 밀도보다 크면 위쪽 방향의 부력이 아래 방향의 중력보다 작게 되고, 고정되지 않은 물체는 가라앉을 것이다(그림 14.8b). 만일 물체의 밀도가 유체의 밀도와 같은 경우는 물체에 작용하는 알짜힘은 영이 되고, 물체는 평형 상태에 있게 된다. 따라서 유체 속에 잠겨 있는 물체의 운동 방향은 물체와 유체의 밀도에 의해서만 결정된다.

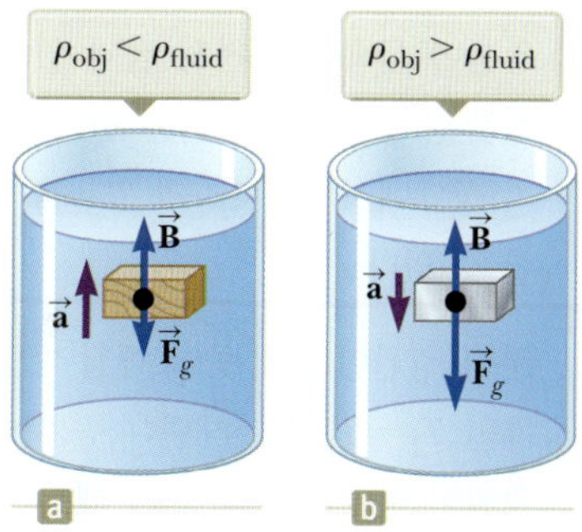

그림 14.8 (a) 완전히 잠긴 물체가 유체보다 밀도가 작으면 위쪽 방향의 알짜힘을 받게 되어, 가만히 놓으면 표면으로 떠오른다. (b) 완전히 잠긴 물체의 밀도가 유체의 밀도보다 크면 아래쪽 방향의 알짜힘을 받아 물체는 가라앉는다.

경우 2. 떠 있는 물체 이제 부피가 V_{obj}이고 밀도가 $\rho_{\text{obj}} < \rho_{\text{fluid}}$인 물체가 유체 위에 떠서 평형 상태를 유지하고 있다고 생각해 보자. 즉 물체는 **일부**만이 물속에 잠겨 있다(그림 14.9). 이 경우, 위쪽 방향의 부력은 아래쪽 방향의 중력과 균형을 이룬다. 물체에 의하여 밀려난 유체의 부피가 V_{disp}이면(유체면 아래에 잠긴 물체의 부피와 같다), 부력의 크기는 $B = \rho_{\text{fluid}} g V_{\text{disp}}$이다. 물체의 무게가 $F_g = Mg = \rho_{\text{obj}} g V_{\text{obj}}$이고 $F_g = B$이므로, $\rho_{\text{fluid}} g V_{\text{disp}} = \rho_{\text{obj}} g V_{\text{obj}}$ 또는

$$\frac{V_{\text{disp}}}{V_{\text{obj}}} = \frac{\rho_{\text{obj}}}{\rho_{\text{fluid}}} \tag{14.6}$$

임을 알 수 있다. 이 식은 떠 있는 물체의 전체 부피 중 유체 표면 아래쪽의 부피가 차지

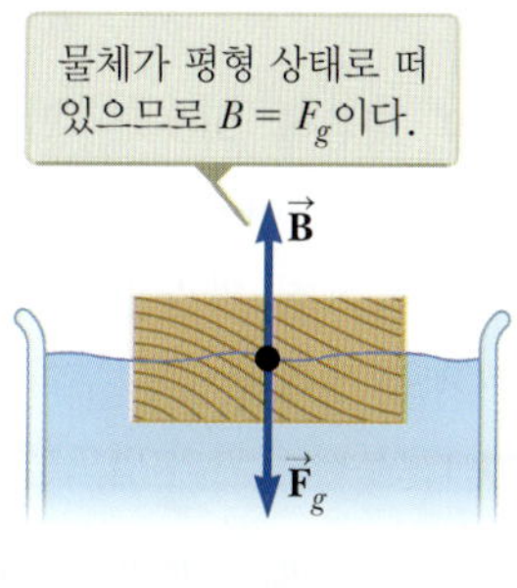

그림 14.9 유체 표면에 떠 있는 물체에 작용하는 외력은 중력 $\vec{\mathbf{F}}_g$와 부력 $\vec{\mathbf{B}}$이다.

하는 비율은 유체 밀도에 대한 물체 밀도의 비율과 같다는 것을 보여 준다.

Q 퀴즈 14.4 배가 난파되어서 바다 한가운데 뗏목 위에 있다고 하자. 뗏목 위에 실려 있는 짐 중에는 배가 가라앉기 전에 찾아낸 금으로 가득 채워진 보물 상자가 있고, 뗏목은 간신히 떠 있다고 하자. 물 위에서 가능한 높이 떠 있으려면 **(a)** 보물 상자를 뗏목 위에 놓아야 한다. **(b)** 보물 상자를 뗏목 바로 아래에 고정시켜야 한다. **(c)** 보물 상자에 줄을 달아 물속에 매달아 두어야 한다(보물 상자를 던져 버리는 것은 고려하지 않는다고 하자).

예제 14.4 유레카(Eureka!)

왕으로부터 왕관이 순금인지 판별해 달라는 요청을 받은 아르키메데스는 이 문제를 해결하기 위하여 그림 14.10과 같이 왕관의 무게를 공기 중과 물속에서 측정하였다. 이때 공기 중에서는 7.84 N이었고, 물속에서는 6.84 N이었다고 하자. 아르키메데스는 왕에게 어떻게 대답했을까?

풀이

개념화 그림 14.10을 보면 어떤 일이 일어나는지를 상상하는 데 도움이 된다. 부력 때문에 용수철 저울의 측정값이 그림 14.10b의 경우에 그림 14.10a보다 작다.

분류 이 문제는 이전에 논의한 경우 1에 해당된다. 왜냐하면 왕관이 물속에 완전히 잠겨 있기 때문이다. 용수철 저울의 측정값은 왕관에 작용하는 한 힘의 크기에 해당되고, 왕관은 정지 상태에 있다. 따라서 왕관을 **평형 상태에 있는 입자**로 분류할 수 있다.

분석 왕관이 공기 중에 매달려 있을 때, 저울은 왕관의 실제 무게인 $T_1 = F_g$를 나타낸다(공기에 의한 작은 부력은 무시한다). 왕관이 물속에 잠겨 있을 때, 저울은 부력 $\vec{\mathbf{B}}$에 의하여 줄어든 **겉보기** 무게인 $T_2 = F_g - B$를 나타낸다.

물속에 있는 왕관에 대하여 힘의 평형 상태의 입자 모형을 적용한다.

$$\sum F = B + T_2 - F_g = 0$$

이를 B에 대하여 푼다.

$$B = F_g - T_2$$

부력은 왕관에 의하여 밀려난 물의 무게와 같으므로, $B = \rho_w g V_{\text{disp}}$이며, 여기서 V_{disp}는 밀려난 물의 부피이고, ρ_w는 물의 밀도이다. 또한 왕관은 물속에 완전히 잠겨 있으므로, 왕관의 부피 V_c는 밀려난 물의 부피와 같다. 즉 $B = \rho_w g V_c$이다.

식 1.1로부터 왕관의 밀도를 구한다.

$$\rho_c = \frac{m_c}{V_c} = \frac{m_c g}{V_c g} = \frac{m_c g}{(B/\rho_w)} = \frac{m_c g \rho_w}{B} = \frac{m_c g \rho_w}{F_g - T_2}$$

주어진 값들을 대입한다.

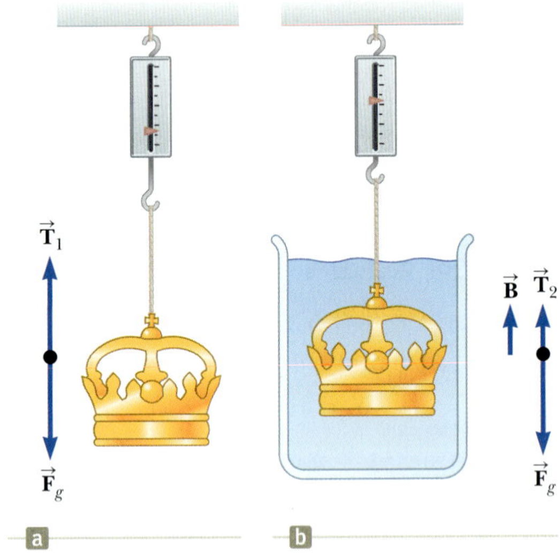

그림 14.10 (예제 14.4) (a) 왕관을 공기 중에서 용수철 저울에 매달면 $T_1 = F_g$이므로 왕관의 실제 무게가 측정된다(공기에 의한 부력은 무시할 만큼 작다). (b) 왕관을 물속에 넣으면 부력 $\vec{\mathbf{B}}$ 때문에 용수철 저울의 측정값이 감소한다. 즉 $T_2 = F_g - B$이다.

$$\rho_c = \frac{(7.84\text{ N})(1\,000\text{ kg/m}^3)}{7.84\text{ N} - 6.84\text{ N}} = 7.84 \times 10^3\text{ kg/m}^3$$

결론 표 14.1에서 금의 밀도는 $19.3 \times 10^3\text{ kg/m}^3$이다. 따라서 아르키메데스는 왕이 속임수에 당했다고 이야기했을 것이다. 왕관은 속이 비어 있거나, 순금으로 만들어지지 않았을 것이다.

문제 같은 무게의 왕관이 순금으로 만들어졌고 속이 비어 있지 않다면, 물속에 넣었을 때 무게는 얼마인가?

답 왕관에 작용하는 부력을 구한다.

$$B = \rho_w g V_w = \rho_w g V_c = \rho_w g\left(\frac{m_c}{\rho_c}\right) = \rho_w\left(\frac{m_c g}{\rho_c}\right)$$

주어진 값들을 대입한다.

$$B = (1.00 \times 10^3\ \text{kg/m}^3)\frac{7.84\ \text{N}}{19.3 \times 10^3\ \text{kg/m}^3} = 0.406\ \text{N}$$

용수철저울에 나타나는 무게는 다음과 같다.

$$T_2 = F_g - B = 7.84\ \text{N} - 0.406\ \text{N} = 7.43\ \text{N}$$

예제 14.5 타이타닉 호의 침몰

그림 14.11a와 같이 바다 위에 떠 있는 빙산은 대부분이 표면 아래에 있기 때문에 매우 위험하다. 눈에 보이는 부분으로부터는 배가 충분한 거리에 떨어져 있어도 숨겨져 있는 부분 때문에 배가 파손될 수 있다. 해수면 아래에 있는 빙산의 부분이 차지하는 비율은 얼마인가?

풀이

개념화 '빙산의 일각'이라는 말을 들어 보았을 것이다. 이 유명한 말의 근원은 떠 있는 빙산의 대부분은 수면 아래에 존재한다는 사실에 있다(그림 14.11b).

분류 예제는 빙산의 일부가 물속에 있으므로 경우 2에 해당된다. 또한 식 14.6을 사용하는 간단한 대입 문제이다.

표 14.1에 있는 얼음과 바닷물의 밀도를 사용하여, 식 14.6을 계산한다.

$$f = \frac{V_{\text{disp}}}{V_{\text{ice}}} = \frac{\rho_{\text{ice}}}{\rho_{\text{seawater}}} = \frac{917\ \text{kg/m}^3}{1\ 030\ \text{kg/m}^3}$$

$$= 0.890 \text{ 또는 } 89.0\%$$

그림 14.11 (예제 14.5) (a) 빙산의 부피는 대부분 물 아래에 있다. (b) 빙산의 보이는 부분과 가까이 있지 않아도 선박이 피해를 볼 수 있다.

따라서 빙산의 보이는 부분이 차지하는 비율은 약 11 %이다. 배에 위협이 되는 부분은 수면 아래의 보이지 않는 89 %이다.

14.5 유체 동역학
Fluid Dynamics

이제까지 유체에 대하여 논의한 것은 정지된 유체에 한정되었다. 이제 움직이는 유체에 대하여 알아보자. 유체가 움직일 때, 유체의 흐름은 다음의 두 유형 중 하나로 설명할 수 있다. 그림 14.12와 같이 유체를 구성하는 각각의 입자*가 매끄러운 경로를 따라 이동하여 다른 입자의 경로와 교차되지 않는 경우, 이런 유체의 흐름을 **정상류**(steady flow) 또는 **층흐름**(laminar flow, 층류)이라 한다. 층흐름은 대개, 특정한 한 지점을 지나는 모든 유체 입자의 속도가 일정한 정상류이다.

그림 14.12 풍동 실험에서 자동차 주변에 생겨나는 층흐름

어떤 한계 속력 이상에서는 유체의 흐름이 **난류**(turbulence)가 된다. 난류는 그림 14.13과 같이 작은 소용돌이로 대표되는 비정상류이다.

점성도(viscosity)라는 용어는 일반적으로 유체에서 내부 마찰력의 크기를 나타내기 위하여 사용한다. 내부 마찰력 또는 **점성력**은 유체 내의 두 인접 층이 서로 상대적으로

---

* 작은 부피 속의 유체를 의미하며 분자 하나하나를 뜻하는 것이 아니다.: 역자 주

그림 14.13 담배에 의하여 가열된 더운 공기는 연기 입자를 통하여 관측된다. 연기는 처음에는 아래쪽에서 층흐름으로 움직이다가 위로 올라가서 난류가 된다.

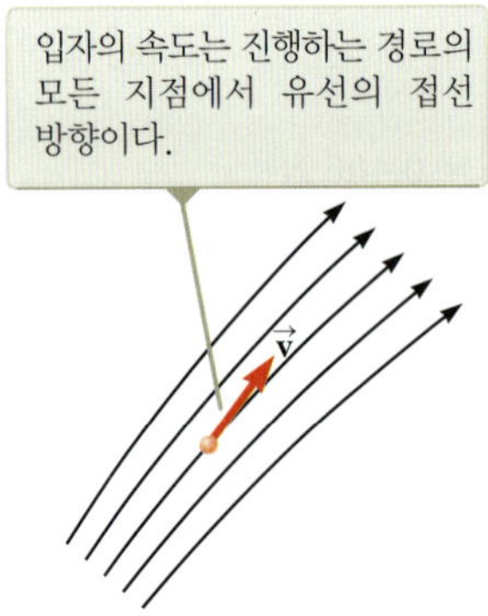

그림 14.14 층흐름 속의 입자는 유선을 따라 이동한다.

이동할 때 생기는 저항과 관련이 있다. 점성도 때문에 유체의 운동 에너지의 일부가 내부 에너지로 전환된다. 이 과정은, 8.3절과 8.4절에서 공부한, 물체가 거친 수평면 위에서 미끄러지면서 운동 에너지를 잃는 과정과 유사하다.

실제 유체의 운동은 복잡하여 완벽하게 설명할 수 없기 때문에 가정을 통하여 단순화한다. 우리는 다음의 네 가지 가정을 만족하는 **이상 유체**(ideal fluid)라는 모형을 사용한다.

1. **비점성 유체**(The fluid is nonviscous.): 내부 마찰력이 무시된다. 물체는 점성력을 받지 않고 유체를 통과한다.
2. **정상류**(The flow is steady.): 한 지점을 통과하는 모든 입자들의 속도가 같다.
3. **비압축성**(The fluid is incompressible.): 유체의 밀도는 항상 일정하게 유지된다.
4. **비회전성 흐름**(The flow is irrotational.): 임의의 한 점에 대해서 각운동량을 갖고 있지 않다면 유체의 흐름은 비회전성이다. 유체 내의 임의의 지점에 놓인 작은 바퀴가 자신의 질량 중심에 대하여 회전하지 않는다면, 이 유체는 비회전성이다.

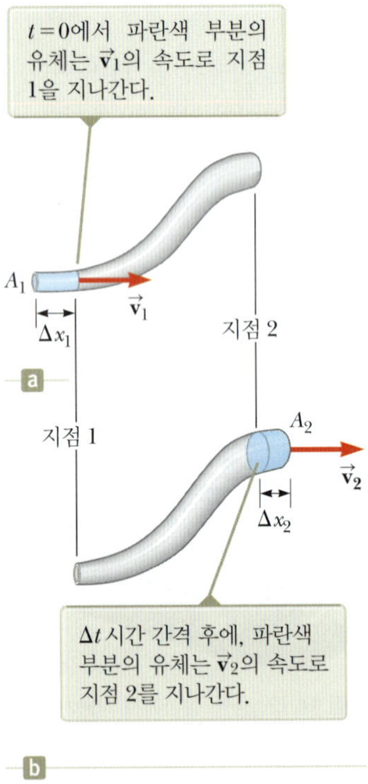

그림 14.15 단면적이 일정하지 않은 관에서 유체의 층흐름. (a) $t = 0$에서, 왼쪽에 있는 작은 파란색 부분의 유체는 단면적 A_1을 통과하여 지나간다. (b) Δt 시간 간격 후에, 그림에서의 파란색 부분은 단면적 A_2를 통과하여 지나온 유체이다.

정상류에서 유체 입자가 흘러가는 경로를 **유선**(streamline)이라고 한다. 입자의 속도는 그림 14.14와 같이 항상 유선의 접선 방향을 향하여, 유선 다발이 모여 **흐름관**(tube of flow)을 형성한다. 유체 입자는 이 관의 안쪽에서 바깥쪽으로 흐를 수 없다. 왜냐하면 그렇게 할 경우 유선이 서로 교차되기 때문이다.

그림 14.15와 같이 크기가 일정하지 않은 관으로 흘러가는 이상 유체를 생각해 보자. 관 내의 유체 일부분에 집중하도록 하자. 그림 14.15a는 지점 1과 2 사이의 회색 부분과 지점 1 왼쪽의 짧은 파란색 부분으로 구성된 유체를 보여 주고 있다. Δt의 시간 간격 동안 길이 Δx_1인 파란색 부분의 유체는 v_1의 속력으로 단면적 A_1인 지점 1을 지나간다. 같은 시간 간격 동안에, 오른쪽 끝 부분의 유체가 관 내에서 지점 2를 지나간다. 그림 14.15b는 Δt 시간 간격 후의 상황을 보여 주고 있다. 오른쪽 끝의 파란색 부분은 v_2의 속력으로 단면적 A_2인 지점 2를 지나온 유체를 나타낸다.

그림 14.15a에서 파란색 부분 안에 있는 유체의 질량은 $m_1 = \rho A_1 \Delta x_1 = \rho A_1 v_1 \Delta t$이다. 여기서 ρ는 이상 유체의 (변하지 않는) 밀도이다. 같은 방법으로 그림 14.15b에

© Cengage Learning/George Semple

그림 14.16 손가락으로 호스의 입구를 좁히면 뿜어져 나오는 물의 속력은 점점 증가한다.

서 파란색 부분 안에 있는 유체의 질량은 $m_2 = \rho A_2\ \Delta x_2 = \rho A_2 v_2\ \Delta t$이다. 그러나 유체가 비압축성이고 흐름이 정상류이기 때문에, Δt 시간 간격 동안 지점 1을 통과한 유체의 질량과 같은 시간 동안 지점 2를 통과한 유체의 질량은 같아야 한다. 즉 $m_1 = m_2$, 또는 $\rho A_1 v_1\ \Delta t = \rho A_2 v_2\ \Delta t$이다. 따라서

$$A_1 v_1 = A_2 v_2 = \text{일정} \tag{14.7}$$

◀ 연속 방정식

이고, 이 식을 **유체의 연속 방정식**(equation of continuity for fluids)이라고 한다. 이는 비압축성 유체의 경우, 관의 모든 지점에서 유체의 속력과 단면적의 곱은 일정하다는 것을 의미한다. 식 14.7에 따르면, 관이 좁은 곳(단면적 A가 작은 곳)에서 유체의 속력은 빠르고, 넓은 곳(단면적 A가 큰 곳)에서 느림을 알 수 있다. "부피/시간"의 차원을 갖는 곱 Av를 **부피 선속**(volume flux, 부피 다발) 또는 **흐름률**(flow rate)이라 한다. Av가 일정하다는 조건은 유체가 중간에서 새나가지 않는다고 가정할 때, 동일한 시간 동안 관 한쪽을 통하여 흘러 들어오는 유체의 양과 흘러 나가는 유체의 양이 같다는 것이다.

그림 14.16과 같이 정원에 물을 뿌릴 때 손가락으로 호스의 입구를 막아 실제로 연속 방정식을 확인해 볼 수 있다. 손가락으로 호스의 입구를 일부 막으면, 물이 나오는 단면적이 작아진다. 그러면 결과적으로 물이 나오는 속력이 증가하여 더 멀리 물을 뿌릴 수가 있다.

예제 14.6 정원에 물주기

정원사가 호스를 사용하여 30.0 L의 양동이에 물을 채운다. 정원사가 양동이를 다 채우는 데 1.00분이 걸렸다. 이제 단면적이 0.500 cm^{2}인 노즐을 호스에 연결하여, 지상 1.00 m 높이에서 수평으로 물을 뿌린다면, 물은 수평으로 얼마나 멀리 날아가는가?

풀이

개념화 호스의 끝에 여러분의 엄지손가락 또는 노즐을 붙여서 수평 호스로 물을 뿌리던 경험을 떠올려 보자. 호스에서 나오는 물이 빠르면 빠를수록 물은 더 멀리 날아가 땅에 떨어지게 된다.

분류 물이 호스를 빠져나간 후에는 자유 낙하 상태에 있게 된다. 따라서 물의 한 부분을 포물체로 볼 수 있다. 그 부분은 연직 방향으로는 (중력에 의한) **등가속도로 운동**하고, 수평 방향으로는 **등속 운동하는 입자**로 모형화할 수 있다. 그 부분이 수평 방향으로 날아가는 거리는 발사되는 속력에 따라 결정된다. 예제는 호스의 단면적이 변하는 것을 포함하므로, 유체의 연속

방정식을 사용하는 문제로 분류할 수 있다.

분석 부피 흐름률 R를 호스의 넓이와 물의 속력으로 표현한다.

$$R = A_1 v_1$$

호스에서 물의 속력에 대하여 푼다.

$$v_1 = \frac{R}{A_1}$$

이 속력을 v_1이라고 나타내었는데, 이는 호스 내부를 위치 1로 생각하기 때문이다. 노즐의 바로 바깥쪽 공기를 위치 2로 생각한다. 물이 노즐을 빠져나가는 속력 $v_2 = v_{xi}$를 찾아야 한다. 아래 첨자 i는 물의 **처음** 속도라는 것을 의미하고, 아래 첨자 x는 처음 속도 벡터가 수평 방향이라는 것을 의미한다.

유체의 연속 방정식을 풀어 v_2를 나타낸다.

$$(1) \qquad v_2 = v_{xi} = \frac{A_1}{A_2} v_1 = \frac{A_1}{A_2}\left(\frac{R}{A_1}\right) = \frac{R}{A_2}$$

이제 유체에 대해서는 생각하지 말고, 포물체 운동에 대하여 생각해 보자. 연직 방향으로는 물이 정지 상태에서 출발하여 1.00 m의 연직 거리를 낙하한다.

식 2.16을 사용하고 물을 등가속도 운동하는 입자로 취급하여 연직 방향의 위치를 나타낸다.

$$y_f = y_i + v_{yi}t - \tfrac{1}{2}gt^2$$

물의 처음 위치를 $y_i = 0$으로 하고 물의 처음 연직 속도 성분이 영임을 상기하자. 물이 바닥에 도달하는 시간에 대하여 푼다.

$$(2) \qquad y_f = 0 + 0 - \tfrac{1}{2}gt^2 \;\rightarrow\; t = \sqrt{\frac{-2y_f}{g}}$$

식 2.7을 사용하고 물을 등속 운동하는 입자로 생각하여 이 시간에서의 수평 방향 위치를 구한다.

$$x_f = x_i + v_{xi}t = 0 + v_2 t = v_2 t$$

식 (1)과 (2)의 표현을 대입한다.

$$x_f = \frac{R}{A_2}\sqrt{\frac{-2y_f}{g}}$$

주어진 값들을 대입한다.

$$x_f = \frac{30.0\ \text{L/min}}{0.500\ \text{cm}^2}\sqrt{\frac{-2(-1.00\ \text{m})}{9.80\ \text{m/s}^2}}\left(\frac{10^3\ \text{cm}^3}{1\ \text{L}}\right)\left(\frac{1\ \text{min}}{60\ \text{s}}\right)$$

$$= 452\ \text{cm} = 4.52\ \text{m}$$

결론 물이 땅에 떨어지는 데 걸리는 시간은 물의 속력이 변하더라도 변하지 않는다. 물을 뿜어내는 속력을 증가시키면 물은 더 멀리 날아가 떨어지게 되지만, 땅에 떨어지는 데 걸리는 시간은 변함이 없다.

14.6 베르누이 방정식
Bernoulli's Equation

여러분은 고속도로에서 승용차를 타고 갈 때, 큰 트럭이 빠른 속력으로 옆을 지나가는 경우, 승용차가 트럭 쪽으로 빨려드는 듯한 무서운 느낌을 받은 적이 있을 것이다. 이 절에서는 이런 현상의 원인에 대하여 살펴보고자 한다.

유체가 어떤 영역을 통과하는 동안 속력이 변하거나 지표면으로부터의 고도가 변하게 되면, 유체의 압력 또한 이런 변화에 따라서 같이 변하게 된다. 유체의 속력과 압력 그리고 고도 사이의 관계는 1738년 스위스 물리학자 베르누이(Daniel Bernoulli)에 의하여 처음으로 유도되었다. 그림 14.17에 보인 바와 같이 균일하지 않은 관을 통하여 시간 간격 Δt 동안 이동하는 이상 유체의 한 부분을 생각해 보자. 이 그림은 연속 방정식을 유도하는 데 사용한 그림 14.15와 매우 유사하다. 두 부분을 추가하였는데, 바깥쪽 끝의 파란색 유체 부분들에 작용하는 힘과 기준 위치 $y = 0$에 대한 이들 부분의 높이이다.

유체가 그림 14.17a에 있는 파란색 부분의 왼쪽에 작용하는 힘의 크기는 P_1A_1이다. 이 힘이 Δt 시간 동안 이 부분에 한 일은 $W_1 = F_1\Delta x_1 = P_1A_1\Delta x_1 = P_1V$이며, 여기서 V는 그림 14.17a에서 지점 1을 지나는 파란색 유체 부분의 부피이다. 동일한 방법으로

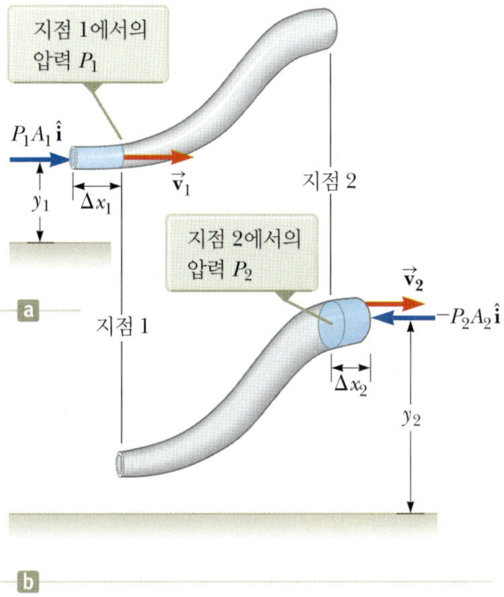

그림 14.17 유체가 유선을 따라 좁은 관에서 흐른다. (a) $t = 0$에서 유체의 부분. 파란색 유체의 작은 부분은 기준 위치로부터 높이 y_1에 있다. (b) Δt 시간 간격 후에 전체 부분은 오른쪽으로 이동하였다. 유체의 파란색 부분은 지점 2를 지나 높이 y_2에 있다.

베르누이
Daniel Bernoulli, 1700~1782
스위스의 물리학자

베르누이는 유체 역학에 관한 많은 발견을 하였다. 베르누이의 가장 유명한 저서로 1738년에 발표된 《유체 역학(*Hydrodynamica*)》이 있다. 여기에 평형, 압력 및 유체의 속력에 대한 실험 및 이론 연구를 실었다. 그는 유체의 속력이 증가함에 따라 압력이 감소함을 증명하였다. 이는 베르누이의 원리라고 불리는데, 화학 실험실에서 물이 빨리 흐르는 관에 용기를 연결하여 진공을 만드는 데 이용되었다.

같은 시간 간격 Δt 동안 유체가 오른쪽 부분에 한 일은 $W_2 = -P_2A_2\Delta x_2 = -P_2V$이다. 여기서 V는 그림 14.17b에서 지점 2를 지나는 파란색 부분의 유체 부피이다(유체가 비압축성이므로 그림 14.17a와 14.17b에서 파란색 유체 부분의 부피는 같다). 이 일이 음의 값인 것은 유체 부분에 작용하는 힘은 왼쪽 방향이고, 힘의 작용점의 변위는 오른쪽 방향이기 때문이다. 따라서 Δt 시간 동안 이들 힘이 유체에 한 알짜일은

$$W = (P_1 - P_2)V$$

이다. 이 일의 일부는 유체의 운동 에너지를 변화시키고, 남은 일부는 유체–지구 계의 중력 퍼텐셜 에너지를 변화시킨다. 정상류에 대하여 생각하고 있으므로, 회색 부분의 운동 에너지 K_{gray}는 그림 14.17의 양쪽 부분에서 같다. 따라서 유체의 운동 에너지 변화는

$$\Delta K = \left(\tfrac{1}{2}mv_2^2 + K_{\text{gray}}\right) - \left(\tfrac{1}{2}mv_1^2 + K_{\text{gray}}\right) = \tfrac{1}{2}mv_2^2 - \tfrac{1}{2}mv_1^2$$

이 된다. 여기서 m은 그림 14.17의 양쪽 부분에서 파란색 유체 부분의 질량이다(두 영역의 부피가 같으므로 질량도 같다).

유체–지구 계의 중력 퍼텐션 에너지를 생각하면, 회색 영역과 관련된 중력 퍼텐셜 에너지 U_{gray}는 이 시간 동안 마찬가지로 변하지 않는다. 따라서 중력 퍼텐셜 에너지의 변화는 다음과 같다.

$$\Delta U = (mgy_2 + U_{\text{gray}}) - (mgy_1 + U_{\text{gray}}) = mgy_2 - mgy_1$$

식 8.2로부터 그림에 보인 유체 바깥의 유체가 계에 한 전체 일은 계의 역학적 에너지의 변화와 같으므로, $W = \Delta K + \Delta U$이다. 앞에서 구한 식들을 대입하면

$$(P_1 - P_2)V = \tfrac{1}{2}mv_2^2 - \tfrac{1}{2}mv_1^2 + mgy_2 - mgy_1$$

이다. 각 항을 V로 나누고 $\rho = m/V$을 이용하면, 이 식은 다음과 같이 된다.

$$P_1 - P_2 = \tfrac{1}{2}\rho v_2^2 - \tfrac{1}{2}\rho v_1^2 + \rho g y_2 - \rho g y_1$$

다시 정리하면

$$P_1 + \frac{1}{2}\rho v_1^2 + \rho g y_1 = P_2 + \frac{1}{2}\rho v_2^2 + \rho g y_2 \quad \textbf{(14.8)}$$

를 얻는다. 이 식이 이상 유체에 적용되는 **베르누이 방정식**(Bernoulli's equation)이다. 이 식을 때때로 다음과 같이 나타내기도 한다.

베르누이 방정식 ▶

$$P + \frac{1}{2}\rho v^2 + \rho g y = \text{일정} \quad \textbf{(14.9)}$$

베르누이 방정식은 유체의 속력이 증가함에 따라 유체의 압력이 줄어든다는 것을 보여 준다. 또한 고도가 높아짐에 따라 압력이 낮아진다는 것도 보여 준다. 높은 건물의 위쪽 층에서는 수도관에서 나오는 물의 압력이 낮은 이유가 여기에 있다.

유체가 정지해 있을 때는, $v_1 = v_2 = 0$이며 식 14.8은 다음과 같이 된다.

$$P_1 - P_2 = \rho g(y_2 - y_1) = \rho g h$$

이는 식 14.4와 같은 결과이다.

식 14.9는 비압축성 유체에 대하여 성립하지만, 속력과 압력 사이의 관계는 기체에 대하여도 성립한다. 즉 속력이 커질수록 압력이 감소한다. 이런 **베르누이 효과**가 앞에서 언급한 고속도로에서의 트럭과 관련된 현상을 설명해 준다. 공기가 트럭과 여러분의 차 사이를 통과할 때에는 상대적으로 좁은 영역을 지나가야 하는데, 연속 방정식에 따르면 공기의 속력이 커지게 된다. 한편 여러분 차의 반대쪽에서는 공기의 속력이 상대적으로 느린데, 베르누이 효과에 따르면 빠른 속력의 공기는 여러분 차에 느린 속력의 공기보다 작은 크기의 압력을 가하게 된다. 따라서 여러분의 차를 트럭 쪽으로 밀어주는 알짜힘이 존재하게 된다.

Q 퀴즈 14.5 두 개의 헬륨 풍선이 탁자에 고정된 실에 연결되어 나란히 떠 있다. 두 풍선은 1~2 cm 정도의 간격을 두고 떨어져 있다. 그 사이로 바람을 불어넣는 경우 풍선은 어떻게 되는가? **(a)** 서로 가까이 끌린다. **(b)** 서로에게서 멀어진다. **(c)** 아무런 변화가 없다.

예제 14.7 벤투리관 (The Venturi Tube)

그림 14.18과 같이 한쪽 끝이 좁은 관을 벤투리관이라 하며, 비압축성 유체의 속력을 측정하는 데 사용한다. 압력차 $P_1 - P_2$가 주어질 때 그림 14.18a의 지점 2에서의 속력을 구하라.

풀이

개념화 베르누이 방정식은 이상 유체의 속력이 증가함에 따라 압력이 어떻게 감소하는지를 보여 준다. 따라서 압력을 측정하면 속력을 얻을 수 있도록 하는 기구를 만들 수 있다.

분류 문제에서 유체가 비압축성이라고 하였으므로, 유체의 연속 방정식과 베르누이 방정식을 사용하는 문제로 분류할 수 있다.

분석 관이 수평으로 놓여 있으므로 $y_1 = y_2$이며, 이를 식 14.8에 대입한다.

$$(1) \qquad P_1 + \frac{1}{2}\rho v_1^2 = P_2 + \frac{1}{2}\rho v_2^2$$

연속 방정식을 풀어 v_1을 구한다.

$$v_1 = \frac{A_2}{A_1} v_2$$

이 결과를 식 (1)에 대입한다.

$$P_1 + \frac{1}{2}\rho\left(\frac{A_2}{A_1}\right)^2 v_2^2 = P_2 + \frac{1}{2}\rho v_2^2$$

v_2에 대하여 푼다.

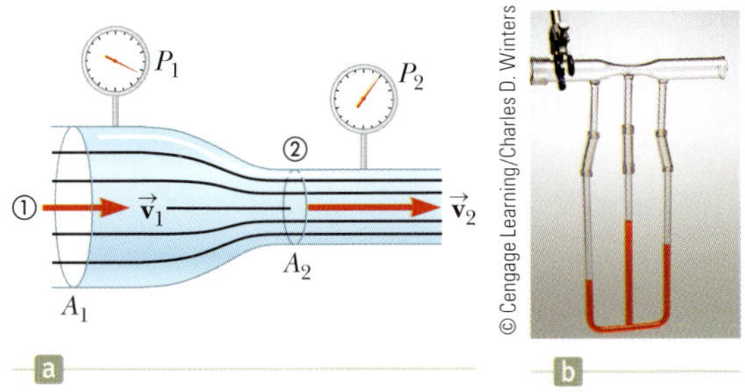

그림 14.18 (예제 14.7) (a) $v_1 < v_2$이므로 압력 P_1이 P_2보다 크다. 이 장치는 유체의 속력을 측정하는 데 사용된다. (b) 사진의 위쪽에 벤투리관이 있다. 가운데 실린더의 유체 수위가 더 높은 것은 벤투리관의 좁은 부분에서 압력이 다른 곳보다 낮다는 것을 알 수 있다.

$$v_2 = A_1\sqrt{\frac{2(P_1 - P_2)}{\rho(A_1^2 - A_2^2)}}$$

결론 관의 크기(넓이 A_1과 A_2)와 압력차 $P_1 - P_2$로부터, 유체의 속력을 계산할 수 있다. 유체의 속력과 압력차 사이의 관계를 보기 위하여 두 개의 빈 음료수 깡통을 탁자 위에 2 cm 정도의 간격을 두고 놓은 후, 두 깡통 사이에 수평으로 바람을 불어 넣어 보자. 각 깡통의 바깥쪽에 정지하고 있는 공기와 둘 사이에 움직이는 공기 사이의 압력차에 의하여 깡통이 가까워지려고 구르는 것을 관찰할 수 있다. 바람을 강하게 불면 압력차가 증가되어 더 빨리 구르는 것을 볼 수 있다.

예제 14.8 토리첼리의 법칙

밀도 ρ인 액체가 담긴 통의 한 면에 바닥으로부터 y_1인 곳에 작은 구멍이 나 있다. 그림 14.19와 같이 구멍의 지름은 통의 지름에 비하여 매우 작다. 액체 위의 공기의 압력은 P로 일정하게 유지된다. 구멍으로부터 h의 높이에 액체면이 있을 때, 이 구멍을 통하여 흘러나오는 액체의 속력을 구하라.

풀이

개념화 통이 소화기라고 상상해 보자. 구멍이 열릴 때, 액체는 특정 속력으로 흘러나온다. 액체 윗부분의 압력 P가 증가하면, 액체는 더 빠른 속력으로 흘러나온다. 압력 P가 지나치게 낮아진다면, 액체는 낮은 속력으로 흘러나올 것이고 소화기를 교체해야 할 것이다.

분류 그림 14.19를 보면 두 곳의 압력을 알고 한 곳의 속력을 안다. 이로부터 다른 한 곳의 속력을 알아내고자 한다. 따라서 예제는 베르누이의 방정식을 적용할 수 있는 문제로 분류할 수 있다.

분석 $A_2 \gg A_1$이므로 액체는 윗부분에서 거의 정지해 있고, 그 곳의 압력은 P이다. 구멍에서의 압력 P_1은 대기압 P_0과 같다. 베르누이 방정식을 지점 1과 2에 적용한다.

$$P_0 + \tfrac{1}{2}\rho v_1^2 + \rho g y_1 = P + \rho g y_2$$

$y_2 - y_1 = h$이므로 v_1에 대하여 풀면 다음과 같다.

$$v_1 = \sqrt{\frac{2(P - P_0)}{\rho} + 2gh}$$

결론 압력 P가 P_0보다 매우 크다면(따라서 $2gh$는 무시할 수 있음), 유출 속력은 P에만 의존한다. 통의 뚜껑이 없이 대기와

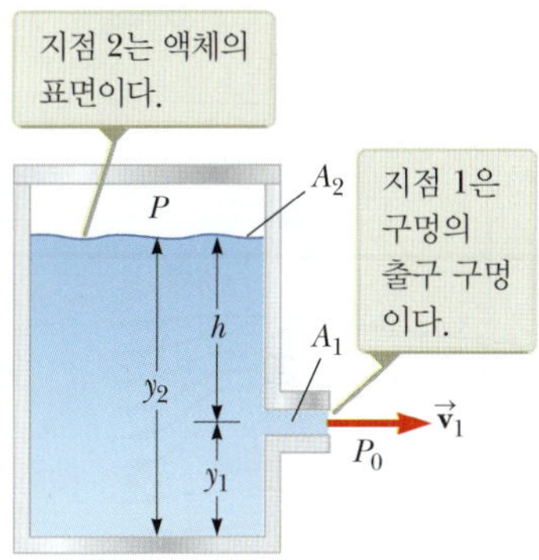

그림 14.19 (예제 14.8) 통에 있는 구멍에서 유체가 속력 v_1로 나오고 있다.

접하고 있다면 $P = P_0$이고 $v_1 = \sqrt{2gh}$이다. 바꾸어 말하면 뚜껑이 없는 통에 담겨 있는 액체가 액체 표면으로부터 h만큼의 아래쪽에 위치한 구멍을 통하여 나오는 경우 유출 속력은 높이 h에서 자유 낙하하는 물체의 속력과 같다. 이것을 **토리첼리의 법칙**(Torricelli's law)이라 한다.

문제 그림 14.19에서 구멍의 높이를 조절할 수 있다면 어떨까? 통은 위쪽이 열려 있는 상태로 탁자 위에 놓여 있다고 하자. 구멍의 높이를 얼마로 하면 흘러나오는 물이 통으로부터 가장 멀리까지 날아가 탁자 위에 떨어지게 되는가?

답 이 구멍에서 나오는 물줄기를 포물체로 모형화한다. **등가속도 운동하는 입자** 모형으로부터, 물줄기가 임의의 위치 y_1에 있는 구멍으로부터 탁자에 떨어지는 데 걸리는 시간을 구한다.

$$y_f = y_i + v_{yi}t - \tfrac{1}{2}gt^2$$
$$0 = y_1 + 0 - \tfrac{1}{2}gt^2$$
$$t = \sqrt{\frac{2y_1}{g}}$$

등속 운동하는 입자 모형으로부터, 물줄기가 이 시간 동안 수평 방향으로 날아간 거리를 구한다.

$$x_f = x_i + v_{xi}t = 0 + \sqrt{2g(y_2 - y_1)}\sqrt{\frac{2y_1}{g}}$$
$$= 2\sqrt{(y_2y_1 - y_1^2)}$$

수평 거리의 최댓값을 구하기 위하여 x_f를 y_1로 미분한 값이 영이 되는 곳을 찾는다.

$$\frac{dx_f}{dy_1} = \tfrac{1}{2}(2)(y_2y_1 - y_1^2)^{-1/2}(y_2 - 2y_1) = 0$$

y_1에 대하여 푼다.

$$y_1 = \tfrac{1}{2}y_2$$

따라서 수평으로 물이 날아가는 거리를 최대로 하려면 구멍을 통의 바닥과 수면의 중간 위치에 놓아야 한다. 이보다 아래쪽에서는, 물이 나오는 속력은 더 빠르지만 바닥에 더 짧은 시간 내에 떨어지기 때문에 날아가는 거리가 줄어든다. 반대로 중간보다 더 위쪽에 구멍이 있으면, 물이 날아가는 시간은 더 길지만 흘러나오는 속력이 줄어들게 된다.

14.7 유체 동역학의 응용
Other Applications of Fluid Dynamics

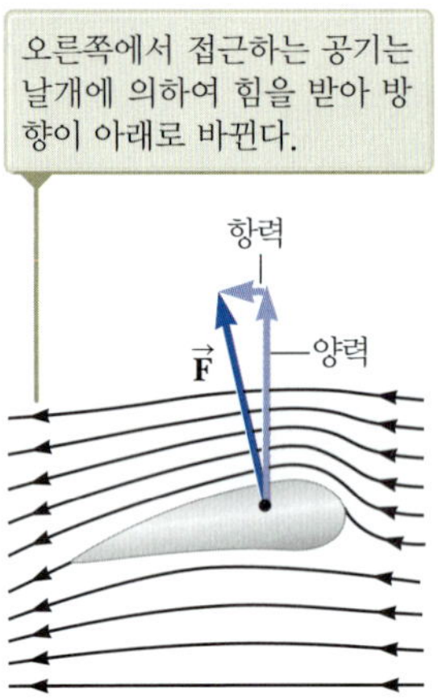

그림 14.20 비행기 날개 주변 유선의 움직임. 뉴턴의 제3법칙으로부터, 날개에 의하여 편향된 공기는 공기가 날개를 위로 밀어주는 힘인 **양력**을 초래한다. 공기의 저항 때문에 날개의 속도와 반대 방향으로 또 다른 힘인 **항력**도 존재한다.

그림 14.20에 보인 비행기 날개 주변에 흐르는 유선들에 대하여 생각해 보자. 기류가 $\vec{\mathbf{v}}_1$의 속도로 오른쪽에서 수평으로 날개에 접근한다고 가정하자. 경사진 날개는 기류를 $\vec{\mathbf{v}}_2$의 속도로 아래 방향으로 편향시킨다. 날개에 의하여 기류가 편향되기 때문에 날개는 기류에 힘을 가하게 된다. 뉴턴의 제3법칙에 따라 기류는 같은 크기의 반대 방향의 힘 $\vec{\mathbf{F}}$를 날개에 작용한다. 이 힘은 **양력**(lift)이라는 연직 성분과 **항력**(drag)이라는 수평 성분을 갖는다. 양력은 비행기의 속력, 날개의 넓이 및 곡률, 날개의 수평각 등 여러 가지 변수에 의존한다. 날개의 곡률은 베르누이 효과에 의하여 날개 위쪽의 압력이 날개 아래쪽의 압력보다 낮게 만들어 준다. 이런 압력차로도 양력을 설명할 수 있다. 날개의 각도가 증가하면 날개 위에 난류가 발생하여 양력을 감소시킨다.

일반적으로 유체가 물체 주위를 통과할 때 유체의 진행 방향이 변하게 되어 물체에 양력을 미치게 된다. 양력에 영향을 주는 요인으로는 물체의 형태, 물체의 유체에 대한 방향, 회전 운동 및 물체 표면의 상태 등이 있다. 예를 들면 골프공을 클럽으로 쳤을 때 클럽의 경사면 때문에 공은 빠른 역회전을 하게 된다. 골프공의 표면에는 작은 홈들이 있는데, 이것 때문에 공기에 대한 마찰력이 증가되어 표면에 공기를 밀착시키는 효과를 준다. 그림 14.21에서 확인할 수 있듯이 공에 밀착된 공기는 아래 방향으로 편향되어 흐른다. 이때 골프공이 공기를 아래로 밀기 때문에 공기는 골프공을 위로 밀어 올리게 된다. 골프공에 홈이 없으면 저항은 적어지고 골프공은 멀리 날아갈 수 없게 된다. 공기 저항이 증가하여 골프공이 더 멀리 날아간다는 것은 언뜻 생각하면 논리적이지 않은 것 같다. 그러나 공기 저항에 의하여 손실되는 거리에 비하여 골프공의 회전에 의하여 얻는 거리가 더 크다. 같은 이유로 야구공의 실밥은 회전하는 공에 공기가 더 잘 밀착되게 함으로써 공기의 흐름을 편향시키고 커브볼을 던졌을 때 잘 휘어지도록 한다.

많은 장치들이 유체의 속력 차이에서 비롯되는 압력차를 이용하여 작동한다. 그림

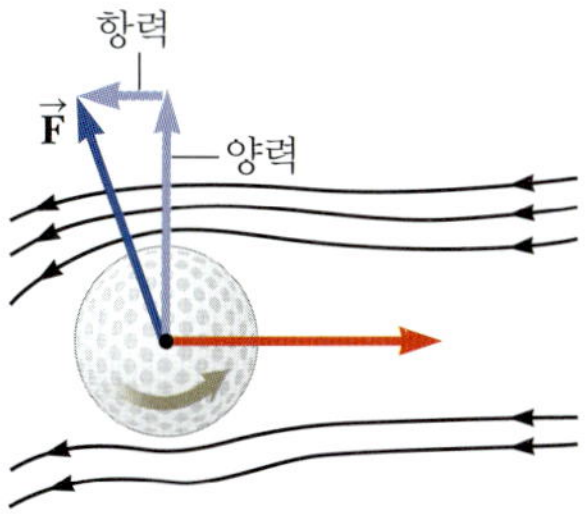

그림 14.21 공기가 편향되어 흐름으로써, 회전하는 골프공은 위로 상승하는 힘을 받아 회전이 없는 골프공보다 더 멀리 날아간다.

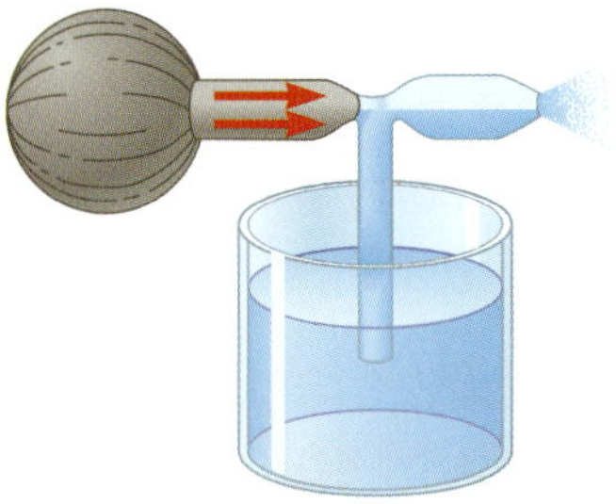

그림 14.22 액체에 잠겨 있는 관 위를 통과하는 공기의 흐름이 관 속의 액체를 끌어올린다.

14.22와 같이 액체에 한쪽 끝이 잠겨 있는 관 위를 통과하는 공기의 흐름은 관 위의 압력을 감소시킨다. 이와 같은 압력의 감소에 의하여 액체는 공기가 흐르는 곳으로 빨려 올라가게 된다. 그리고 액체는 작은 물방울이 되어 분산된다. 이는 **분무기**라 부르는 장치로서 향수병이나 페인트 분무기 등에 사용된다.

연습문제

객관식

1. 그림 OQ14.1은 두 댐을 위에서 본 모습이다. 두 댐의 너비와 높이는 같으며, 단지 다른 점은 왼쪽 댐은 넓은 호수를 막은 것이고 오른쪽 댐은 좁은 강을 막은 것이다. 지금 두 댐이 같은 깊이의 물을 담고 있다고 할 때, 어떤 댐을 더 튼튼하게 만들어야 하는가? (a) 왼쪽 (b) 오른쪽 (c) 둘 다 같은 정도 (d) 예측할 수 없다.

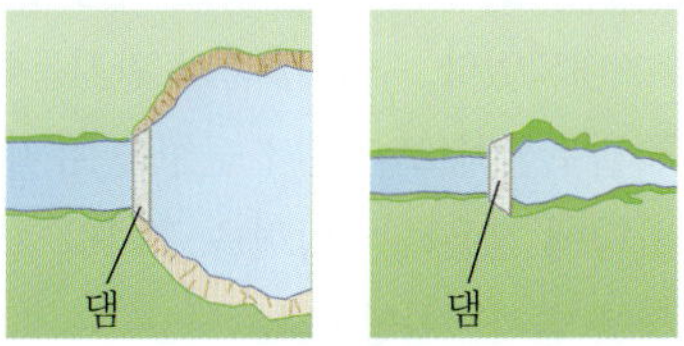

그림 OQ14.1

2. 공기로 가득 채운 비치볼을 수영장의 1 m 깊이까지 밀어 넣은 후, 가만히 놓았다. 비치볼의 크기는 변하지 않는다고 할 때 다음 중 옳은 것을 모두 고르라. (a) 비치볼이 떠오름에 따라 부력이 증가한다. (b) 비치볼을 놓을 때 부력이 중력보다 크므로 비치볼은 위쪽으로 가속된다. (c) 비치볼이 수면에 접근함에 따라 부력은 감소한다. (d) 비치볼에 작용하는 부력은 비치볼의 무게와 같으며 비치볼이 떠오르는 동안 일정하다. (e) 비치볼이 물에 잠겨 있는 동안의 부력은 비치볼의 부피만큼을 채울 물의 무게와 같다.

3. 그림 OQ14.3과 같이 물 위에 나무토막이 떠 있고 나무토막 아래에는 금속 물체가 줄에 연결되어 늘어진 채로 잠겨 있다. 이 상태가 유지되고 있을 때의 설명으로 옳은 것은 어느 것인가? (a) 금속 물체에 작용하는 부력은 금속 물체의 무게와 같다. (b) 나무토막에 작용하는 부력은 나무토막의 무게와 같다. (c) 줄에 작용하는 장력은 금속 물체의 무게와 같다. (d) 줄에 작용하는 장력은 금속 물체의 무게보다 작다. (e) 나무토막에 작용하는 부력은 나무토막이 밀어낸 물의 무게와 같다.

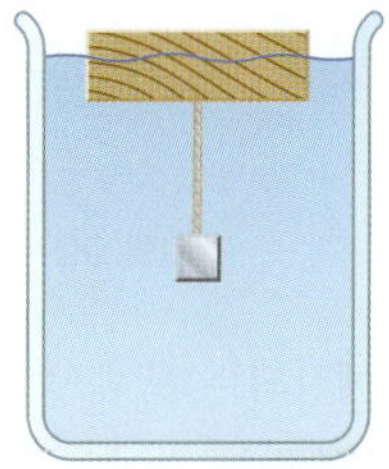

그림 OQ14.3

4. 사과 하나를 손으로 잡고 용기 속에 있는 물 표면 바로 아래에 완전히 잠기도록 한다. 그러고 나서 이 사과를 물속 더

깊은 지점으로 이동한다. 표면 바로 아래에 사과가 있도록 잡아주는 데 필요한 힘과 비교해 볼 때, 더 깊은 지점에서 사과를 잡아주는 데 필요한 힘은 어떻게 되는가? (a) 더 커진다. (b) 같다. (c) 더 작아진다. (d) 결정할 수 없다.

5. 얇은 플라스틱 재질의 비치볼을 공기 중에서 부풀린 후 수영장 바닥까지 가지고 내려갔다. 비치볼이 늘어나는 재질은 아니라고 가정할 때, 완전히 잠겨 바닥까지 내려가는 동안 비치볼에 작용하는 부력은 어떻게 되는가? (a) 증가한다. (b) 일정하다. (c) 감소한다. (d) 결정할 수 없다.

6. 같은 크기의 쇠공과 납공이 각각 줄에 매달려 물이 담긴 그릇에 잠겨 있다. 두 공이 모두 바닥에 닿지 않은 채로 잠겨 있다고 할 때, 다음 중 옳은 것을 모두 고르라. 단, 납의 밀도는 쇠의 밀도보다 크다. (a) 두 금속 공에 작용하는 부력은 같다. (b) 납의 밀도가 높은 관계로 납공에 작용하는 부력이 쇠공의 부력보다 크다. (c) 납공이 연결된 줄에 작용하는 장력이 쇠공이 연결된 줄의 장력보다 크다. (d) 납공이 더 많은 물을 밀어내므로 쇠공에 작용하는 부력이 납공에 작용하는 부력보다 크다. (e) 정답 없음

7. 그림 OQ14.7과 같이 서로 다른 모양을 한 세 개의 그릇에 같은 높이만큼의 물이 채워져 있다. 세 그릇의 바닥 넓이는 같다고 할 때 다음 중 옳은 것을 모두 고르라. (a) 그릇 A의 표면이 가장 넓으므로 표면의 압력은 A가 가장 높다. (b) 그릇 A가 가장 많은 물을 담고 있으므로 바닥의 압력은 A가 가장 높다. (c) 각 그릇 바닥에서의 압력은 모두 같다. (d) 각 그릇 바닥에서의 압력은 같지 않다. (e) 주어진 깊이에서 그릇 A의 경사가 가장 급하므로 옆면에 작용하는 압력은 A가 가장 크다.

그림 OQ14.7

8. 지구 온난화로 예상되는 문제 중 하나는 극지방의 얼음이 녹아 해수면이 상승하는 것이다. 다음 중 문제가 더 심각한 경우는 어느 것인가? (a) 대부분의 얼음이 물 위에 떠 있는 북극 지방의 얼음이 녹는 경우 (b) 대부분의 얼음이 육지에 있는 남극 지방의 얼음이 녹는 경우 (c) 얼음이 녹을 경우 남북극이 미치는 영향은 같다. (d) 극지방의 얼음이 녹는 것과는 무관하다.

9. 나무토막에 작은 쇳덩이가 매달려 있다. 이 쇳덩이를 나무토막 위에 얹은 상태에서 물통에 넣었더니 나무토막의 절반이 물에 잠긴다. 이번에는 나무토막을 뒤집어 쇳덩이가 물에 잠기게 한다. 이때 **(i)** 나무토막이 물에 잠기는 양은 쇳덩이가 나무토막 위에 있을 때에 비하여 (a) 증가한다. (b) 감소한다. (c) 변화 없다. **(ii)** 물통의 수위는 (a) 증가한다. (b) 감소한다. (c) 변화 없다.

10. 작은 연못에 떠 있는 배에서 어떤 사람이 닻을 연못으로 던진다. 연못의 수위는 어떻게 되는가? (a) 상승한다. (b) 하강한다. (c) 변화가 없다.

주관식

14.1 압 력

1. 어떤 사람이 다리가 네 개 달린 의자 위에 올라 앉아 바닥에 닿지 않게 발을 들고 있다. 의자와 사람의 질량의 합은 95.0 kg이다. 만약 바닥과 닿는 의자 다리 밑바닥의 반지름이 각각 0.500 cm의 원이라면, 다리 하나가 바닥에 작용하는 압력의 크기는 얼마인가?

2. 원자핵은 여러 개의 양성자와 중성자가 매우 가까이 있는 것으로 모형화할 수 있다. 각 입자의 질량은 1.67×10^{-27} kg이고 반지름은 대략 10^{-15} m이다. (a) 이 모형과 주어진 값들을 사용하여 원자핵의 밀도를 추산하라. (b) 얻은 결과를 철과 같은 물질의 밀도와 비교해 보라. 여러분이 얻은 결과가 물질의 구조에 관하여 무엇을 의미하는지 설명하라.

3. 하이힐을 신은 질량이 50.0 kg인 여성이 부엌에 비닐이 깔린 집에 초대되었다. 구두 뒤축의 반지름이 0.500 cm이다. (a) 한쪽 발뒤꿈치로만 서서 균형을 유지하고 있을 때, 이 여성이 바닥에 작용하는 압력을 구하라. (b) 이 경우 집 주인이 신경을 쓸까? 설명하라.

4. 지구 대기의 전체 질량을 추정해 보라. 단, 지구의 반지름은 6.37×10^6 m이며 지표면에서의 대기압은 1.013×10^5 Pa이다.

5. 크기가 4.50 cm × 11.0 cm × 26.0 cm인 금괴의 질량을 계산하라.

14.2 깊이에 따른 압력의 변화

6. (a) 흡기구의 지름이 2.86 cm인 강력한 진공 청소기가 있

다. 벽돌을 반듯하게 놓고 그 표면에 흡기구를 수직으로 세운 후 공기를 빨아들이면서 들어 올린다면 몇 kg의 벽돌까지 들어 올릴 수 있을까? (b) 문어는 지름이 2.86 cm인 빨판을 이용하여 대합조개의 양쪽 껍데기를 붙들어 떼어낼 수 있다. 32.3 m 깊이의 해저에서 문어가 대합조개의 껍데기를 벌리기 위하여 낼 수 있는 최대 힘을 구하라.

7. 다음 그림 P14.7과 같은 유압식 리프트의 작은 피스톤의 단면적은 3.00 cm²이고 큰 피스톤의 단면적은 200 cm²이다. 큰 피스톤에 올라 있는 F_g = 15.0 kN의 자동차를 밀어 올리기 위하여 작은 피스톤에 가해야 하는 힘 F_1의 크기는 얼마인가?

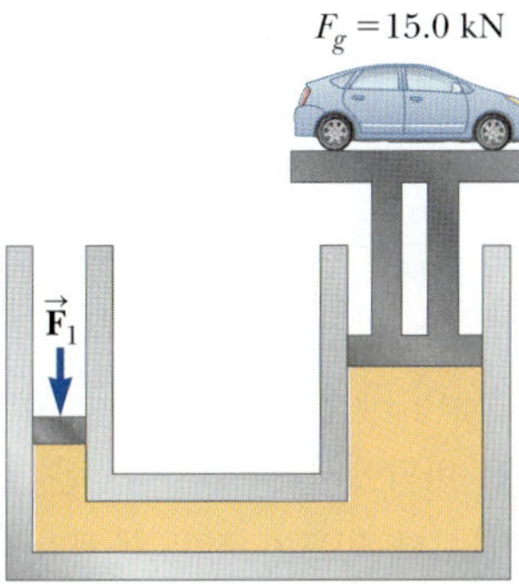

그림 P14.7

8. 몸무게가 80.0 kg인 학생이 흡반을 이용해서 천장에 매달리려면 흡반(완전히 배기된)과 천장의 접촉 넓이는 얼마이어야 하는가?

9. 크기가 30.0 m × 10.0 m이고 바닥이 평평한 수영장이 있다. 이 수영장에 깊이 2.00 m의 맑은 물을 채울 때, 물에 의하여 (a) 바닥 (b) 양 끝 면 그리고 (c) 양 측면에 작용하는 힘은 각각 얼마인가?

10. (a) 깊이가 27.5 m인 호수의 바닥에서의 압력은 얼마인지 계산하라. 물의 밀도는 1.00×10^3 kg/m³이고 표면 위의 대기압은 101.3 kPa이다. (b) 이 깊이에 있는 잠수함의 유리창에 물이 작용하는 힘은 얼마인가? 유리창은 원형이며 지름이 35.0 cm이다.

11. 다음 상황은 왜 불가능한가? 그림 P14.11에서 슈퍼맨은 길이 ℓ = 12.0 m의 빨대를 이용하여 그릇에 담겨 있는 차가운 물을 마시려 하고 있다. 빨대는 충분히 강해서 찌그러지지 않는다고 할 때, 슈퍼맨이 최대의 강도로 빨아올리면 물을 마실 수 있다.

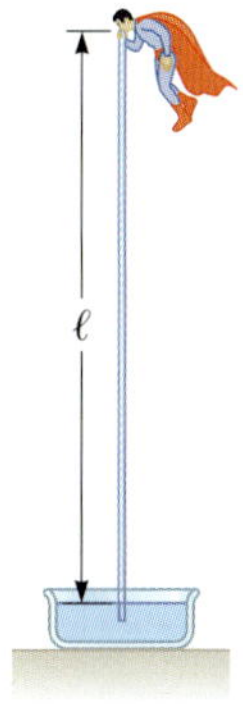

그림 P14.11

12. 새로 짓는 집에 지하실을 만들기 위하여 땅속에 깊이가 2.40 m인 연직 벽면이 있는 큰 구덩이를 파고 너비가 9.60 m 되는 콘크리트 기초벽을 도로에 가까운 쪽에 만들었다. 기초 구덩이 전면의 간격은 0.183 m이다. 장마철이 되어 비가 많이 오자 도로의 하수구 물이 콘크리트 벽 앞 공간에 흘러들어 왔으나 지하실 쪽으로 넘쳐 들어오지는 않았다. 콘크리트 벽 앞 공간에 채워진 물이 점토로 스며들지 않는다고 가정하고 물이 벽에 작용하는 힘을 구하라. 그 안에 채워진 물의 전체 무게는 2.40 m × 9.60 m × 0.183 m × 1 000 kg/m³ × 9.80 m/s² = 41.3 kN이다. 답을 이 값과 비교하라.

13. 용기에 20.0 cm 깊이까지 물을 채운다. 물 위에 두께가 30.0 cm인 기름층이 떠 있다. 이 기름의 비중은 0.700이다. 용기 바닥에서의 절대 압력은 얼마인가?

14. 그림 P14.14에 있는 탱크에 물을 d = 2.00 m의 깊이까지 채운다. 한쪽 벽 아래에 직사각형 문이 있는데, 높이는 h = 1.00 m이고 너비는 2.00 m이다. 이 문 위에 경첩이 있다. (a) 물이 이 문에 작용하는 힘의 크기를 결정하라. (b) 경첩에 대하여 물이 작용하는 돌림힘의 크기를 구하라.

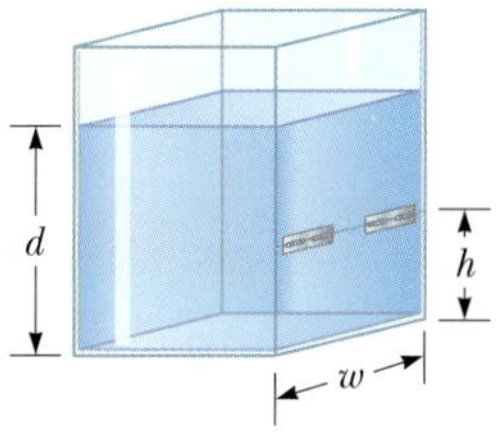

그림 P14.14 문제 14, 15

15. 그림 P14.15에 있는 탱크에 물을 깊이 d까지 채운다. 한쪽 벽 아래에 직사각형 문이 있는데, 이의 높이는 h이고 너비는 w이다. 이 문 위에 경첩이 있다. (a) 물이 이 문에 작용하는 힘의 크기를 결정하라. (b) 경첩에 대하여 물이 작용하는 돌

림힘의 크기를 구하라.

16. 그림 P14.16에서 피스톤 ①의 지름은 0.250 in.이고 피스톤 ②의 지름은 1.50 in.이다. 마찰이 없다고 가정하고 500 lb의 짐을 들어 올리는 데 필요한 힘 F의 크기를 구하라.

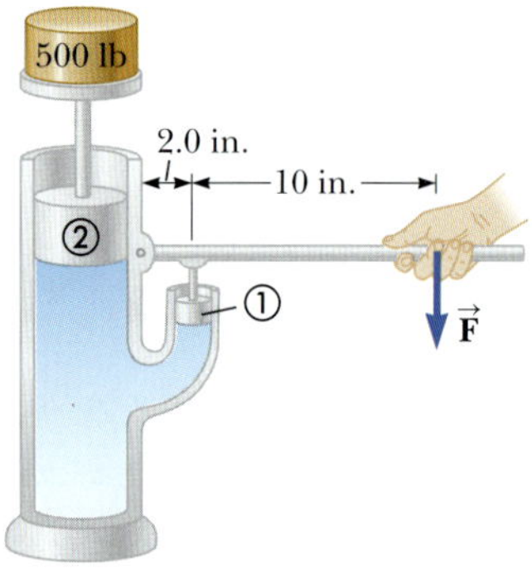

그림 P14.16

17. 지름이 3.00 m인 구형의 놋쇠(부피 탄성률은 14.0×10^{10} N/m)를 바다에 던진다. 이 놋쇠가 깊이 1.00 km까지 가라앉을 때 구의 지름은 어느 정도 감소하는가?

14.3 압력의 측정

18. 평상시의 대기압은 1.013×10^5 Pa이다. 폭풍이 다가옴에 따라 수은 기압계의 높이가 정상적인 위치에서 20.0 mm만큼 낮아진다. 이때의 대기압을 구하라.

19. 파스칼은 붉은 보르도 포도주를 이용해서 토리첼리 압력계를 만들었다(그림 P14.19). 포도주의 밀도는 984 kg/m³이다. (a) 표준 대기압에서 포도주 기둥의 높이 h는 얼마나 되는가? (b) 관의 맨 위에 수은의 경우와 같이 좋은 진공이 형성되는가?

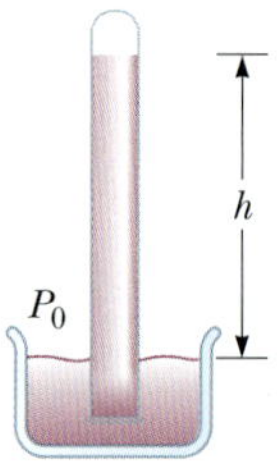

그림 P14.19

20. 그림 P14.20a와 같은 U자관에 수은을 부어 넣었다. U자관의 왼쪽 관의 단면적 $A_1 = 10.0$ cm², 오른쪽 관의 단면적 $A_2 = 5.00$ cm²이다. 이때 오른쪽 관에 100 g의 물을 부어 넣었더니 그림 P14.20b와 같이 왼쪽 수은의 높이가 약간 올라갔다. (a) 오른쪽에 부어 넣은 물기둥의 높이는 얼마인가? (b) 수은의 밀도를 13.6 g/cm³라고 할 때, 왼쪽 관에서 올라간 수은의 높이 h는 얼마인가?

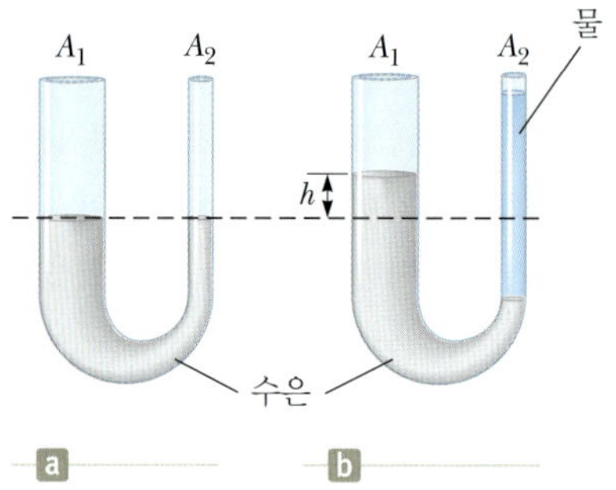

그림 P14.20

21. 뒤뜰에 지름 6.00 m이고 1.50 m의 깊이로 물이 채워진 간이 수영장이 있다. (a) 수영장 바닥의 절대 압력은 얼마인가? (b) 두 사람이 수영장에 들어가서 움직이지 않고 둥둥 떠 있다. 두 사람의 질량의 합이 150 kg이라고 할 때, 수영장 바닥의 압력은 얼마나 증가하는가?

22. 평평한 바닥의 넓이가 A이고 연직면으로 이루어진 탱크에 깊이 h까지 물이 차 있다. 위쪽 물 표면에서의 압력은 P_0이다. (a) 탱크 바닥에서의 절대 압력은 얼마인가? (b) 질량이 M이고 물보다 밀도가 작은 물체가 탱크에서 떠다닌다. 이때 물은 넘쳐 흐르지 않는다. 결과적으로 탱크 바닥에서 압력은 얼마나 증가하는가?

14.4 부력과 아르키메데스의 원리

23. 탁구공의 지름은 3.80 cm이고 평균 밀도는 0.084 0 g/cm³이다. 탁구공을 물속에 완전히 잠기게 하려면 얼마의 힘이 필요한가?

24. 어떤 물체에 작용하는 중력을 측정하였더니 5.00 N이었다. 이 물체를 용수철 저울에 매단 후 그림 P14.24와 같이 물속에 담갔더니 용수철 저울의 눈금이 3.50 N을 가리켰다. 이 물체의 밀도를 구하라.

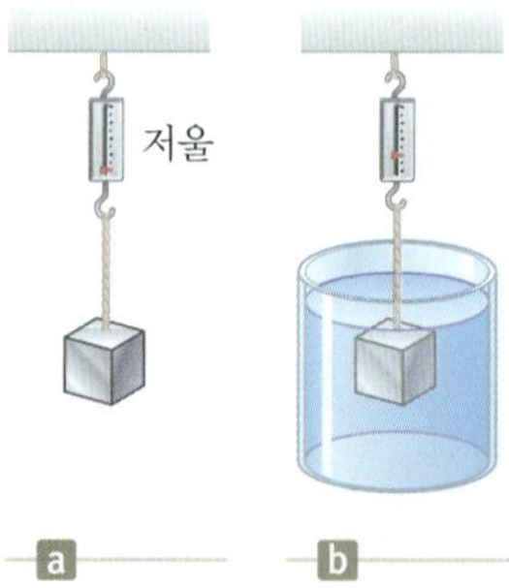

그림 P14.24 문제 24, 25

25. 질량이 10.0 kg이고 크기가 12.0 cm × 10.0 cm × 10.0 cm

인 금속 물체가 그림 P14.24b와 같이 저울에 매달려 물속에 잠겨 있다. 물체의 높이가 12.0 cm라고 하고, 물체의 윗면은 수면으로부터 5.00 cm 아래에 위치한다. (a) 물체의 윗면과 아랫면에 작용하는 힘의 크기를 구하라. (b) 저울의 눈금을 구하라. (c) 윗면과 아랫면에 작용하는 힘의 차이가 부력과 같음을 보이라.

26. 가벼운 풍선에 대기압의 헬륨 400 m^3가 들어 있다. (a) 0 °C일 때 이 풍선은 질량이 얼마인 짐을 들어 올릴 수 있을까? (b) 표 14.1에서, 수소의 밀도는 거의 헬륨 밀도의 반이다. 이 풍선을 모두 수소로 채운다면 질량이 얼마인 짐을 들어 올릴 수 있을까?

27. 한 변의 길이가 20.0 cm이고 밀도가 650 kg/m^3인 정육면체 나무토막이 물에 떠 있다. (a) 나무토막의 위 표면에서 수면까지의 거리는 얼마인가? (b) 위 표면과 수면이 같게 하려면 나무토막 위에 납을 얼마나 올려놓아야 하는가?

28. 어떤 플라스틱 공이 물 위에 떠 있을 경우 50.0 %가 잠긴 상태를 유지한다. 같은 공을 글리세린 위에 띄우면 40.0 %만이 잠긴다. 이때 (a) 글리세린의 밀도와 (b) 공의 밀도를 구하라.

29. 질량 226 kg인 기상 관측용 풍선에 헬륨 기체를 불어 넣어 부피가 325 m^3로 된다. 공기의 밀도를 1.20 kg/m^3, 헬륨의 밀도를 0.179 kg/m^3라 할 때 (a) 풍선에 작용하는 부력의 크기를 구하라. (b) 풍선에 작용하는 알짜힘을 구하고 풍선을 놓을 때, 풍선이 떠오를지 아니면 가라앉을지를 판단하라. (c) 힘의 평형 상태를 유지하려면 풍선에 얼마만큼의 질량을 달아놓아야 하는가?

30. 2001년 10월 21일, 영국의 애쉬폴(Ian Ashpole)은 600개의 장난감 헬륨 풍선으로 만든 기구를 이용하여 3.35 km(11 000 ft)를 올라가는 기록을 세웠다. 각각의 장난감 헬륨 풍선은 반지름이 0.50 m이고 질량은 0.30 kg이다. (a) 600개의 장난감 풍선에 작용하는 부력을 추정해 보라. (b) 600개의 장난감 풍선에 의한 알짜 상방향 힘을 추정해 보라. (c) 높은 고도에서 풍선들이 터지기 시작하여 부력이 감소하자 애쉬폴은 낙하산을 이용하여 지상으로 내려왔다. 높은 고도에서 풍선들이 터진 이유는 무엇인가?

31. 8 000 m 고도에서 하중이 400 kg인 기구를 들어 올리려면 헬륨이 몇 m^3 필요한가? $\rho_{He} = 0.179$ kg/m^3이다. 기구는 일정한 부피를 유지하고 공기의 밀도는 식 $\rho_{air} = \rho_0\, e^{-z/8\,000}$에 의하여 고도 z에 따라 감소한다고 가정한다. 여기서 z의 단위는 m이고 $\rho_0 = 1.20$ kg/m^3는 해수면에서의 공기 밀도이다.

14.5 유체 동역학

14.6 베르누이 방정식

32. 정원의 수도 호스의 지름은 2.74 cm이고 이를 이용하여 25 L의 양동이를 가득 채우는 데는 1.50분이 걸린다. (a) 호스 끝에서 뿜어져 나오는 물의 속력은 얼마인가? (b) 호스 끝에 노즐을 달아 지름을 1/3로 줄일 경우, 뿜어져 나오는 물의 속력은 어떻게 되는가?

33. 그림 P14.33과 같이 끝이 좁아지는 관을 통하여 물이 이상적인 정상 흐름으로 흐르고 있다. 낮은 쪽은 관의 지름이 6.00 cm이고 압력은 $P_1 = 1.75 \times 10^4$ Pa이며, $y = 0.250$ m 더 높은 다른 쪽은 관의 지름이 3.00 cm이고 압력은 $P_2 = 1.20 \times 10^4$ Pa이다. (a) 낮은 쪽에서와 (b) 높은 쪽에서 물이 흐르는 속력을 구하라. (c) 관에서의 부피 흐름률을 구하라.

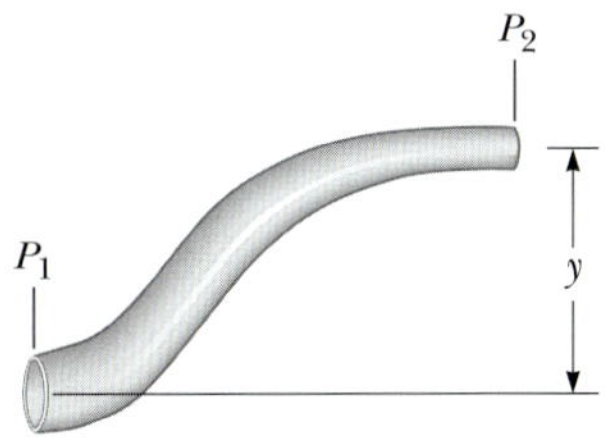

그림 P14.33

34. 그림 P14.34는 부엌의 수도꼭지에서 정상류의 형태로 나오는 물을 보여 준다. 수도꼭지 출구에서 물줄기의 지름은 0.960 cm이다. 이 물로 125 cm^3의 용기를 16.3 s 동안에 채울 수 있다. 수도꼭지로부터 13.0 cm 아래에서 물줄기의 지름을 구하라.

© Cengage Learning/George Semple

그림 P14.34

35. 뚜껑이 없는 비상용 물탱크의 바닥에 지름 6.60 cm의 호스가 연결되어 있다. 이 호스의 끝에는 지름 2.20 cm의 노즐이 끼워져 있는데, 비상시가 아닌 경우에는 노즐 구멍을 고무마개로 막아두게 되어 있다. 물탱크의 수위는 항상 노즐에서부터 7.50 m 높이로 유지된다고 가정한다. 이때 (a) 노즐에 의하여 고무마개에 작용하는 마찰력은 얼마인가? (b) 고무마개를 빼면 2시간 동안 얼마만큼의 물이 흘러나오는가? (c) 물이 뿜어져 나오기 전 노즐 바로 뒤에서의 물의 계기압력을 계산하라.

36. 둑에 난 1.20 cm 지름의 구멍을 손가락으로 막은 네덜란드 소년의 이야기가 있다. 구멍이 북해의 해수면으로부터 2.00 m 아래쪽에 있었다면(해수의 밀도는 1 030 kg/m^{3}임), (a) 손가락에 작용하는 힘은 얼마인가? (b) 손가락을 구멍에서 뺀다면, 거기에서 나오는 물이 1에이커(ac) 넓이의 땅을 깊이 1 ft까지 채우는 데 얼마의 시간이 걸리는가? 구멍의 크기는 일정하게 유지된다고 가정한다.

37. 콜로라도 강에서 물을 펌프로 퍼 올려서 협곡 주변에 있는 그랜드캐니언 마을에 공급한다. 강의 고도는 564 m이고 마을의 고도는 2 096 m이다. 지름이 15.0 m인 관 하나를 이용해서 강 바로 옆에 있는 펌프 한 대로 물을 퍼 올린다고 하자. (a) 물을 마을까지 보내려 한다면 물을 퍼 올리는 곳에서의 최소 압력은 얼마인가? (b) 하루에 4 500 m^{3}의 물을 퍼 올린다면 관 속을 흐르는 물의 속력은 얼마인가? *Note*: 이 정도의 고도 범위 내에서 자유 낙하 가속도와 공기의 밀도가 일정하다고 가정할 수 있다. 여기서 계산되는 압력은 보통의 관을 이용하기에는 너무 크다. 실제로는 그런 높이로 물을 퍼 올리려면 짧은 관과 여러 대의 펌프를 이용해서 단계적으로 퍼 올려야 한다.

14.7 유체 동역학의 응용

38. 비행기가 고도 10 km 상공에서 비행하고 있다. 비행기 외부의 대기압은 0.287 atm이며 객실 내부는 1.00 atm이고 온도는 20 °C이다. 객실 내의 한쪽 유리창 구석에 아주 작은 구멍이 있어서 공기가 새어 나가기 시작한다. 공기를 이상 유체로 간주하고 이 구멍을 빠져나가는 공기 흐름의 속력을 구하라.

39. 비행기의 질량이 1.60×10^4 kg이며, 각 날개의 넓이는 40.0 m^{2}이다. 수평 비행 시 날개 밑 부분에 작용하는 압력이 7.00×10^4 Pa이다. (a) 비행기에 작용하는 양력이 압력 차이에 의하여 생긴다고 가정하자. 위 날개 면에 작용하는 압력을 결정하라. (b) 더 현실적으로, 양력의 의미 있는 부분은 날개에 의하여 아래로 편향되는 공기에 의한 것이다. 이 힘을 포함하면 (a)에서 얻은 압력은 더 클까 아니면 더 작을까? 설명하라.

40. 그림 P14.40과 같이 사이펀을 이용하여 탱크의 물을 빼고 있다. 이때 마찰은 없고 정상류라고 가정한다. (a) h = 1.00 m일 때 관의 끝에서 나오는 물의 속력을 구하라. (b) 수면 위로 관이 올라갈 수 있는 최대 높이를 구하라. 단, 물의 흐름이 연속적이기 위해서는 압력이 물의 증기압 이하로 떨어져서는 안 된다. 물의 온도를 20.0 °C, 증기압은 2.3 kPa로 가정하라.

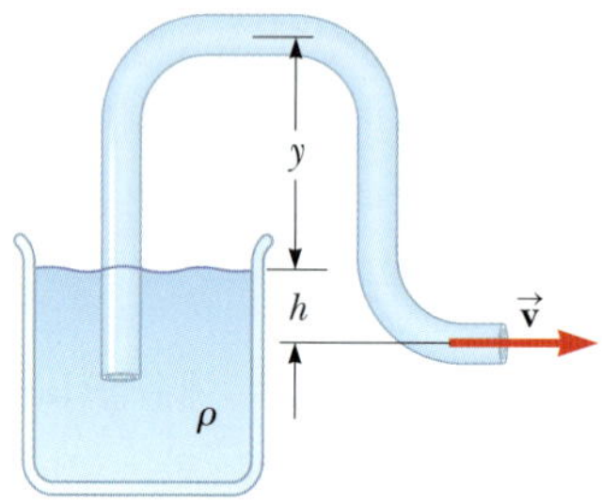

그림 P14.40

진동과 역학적 파동
Oscillations and Mechanical Waves

PART
2

떨어지는 물방울에 의한 교란으로 수면이 진동한다. 이 진동은 물방울이 떨어진 지점에서부터 멀어져가는 파동과 관련이 있다. 단원 2에서는 진동과 파동에 관한 원리를 살펴볼 예정이다. *(Marga Buschbell Steeger/ Photographer's Choice/ Getty Images)*

주기 운동이라고 하는 물체의 특별한 운동, 즉 물체가 일정 시간 간격 후에 특정 위치로 돌아오는 운동을 되풀이하는 물체의 반복 운동에 대하여 살펴보는 것으로 단원 2를 시작하고자 한다. 물체의 반복 운동을 **진동**이라고 하며, 진동의 한 특수한 경우인 **단조화 운동**(simple harmonic motion)에 초점을 맞추어 공부하기로 한다. 모든 주기 운동은 단조화 운동들의 합으로 나타낼 수 있다.

또한 단조화 운동은 우리가 **역학적 파동**을 이해하기 위한 기초가 된다. 음파, 지진파, 줄에서의 파동 그리고 수면파는 모두 진동하는 원천에 의하여 생성된다. 소리가 공기 중을 통과할 때 공기의 요소는 앞뒤로 진동하며, 연못의 수면파에서는 물의 요소가 위아래로 그리고 앞뒤로 진동한다. 매질 요소의 운동은 진동하는 단진자나 용수철에 매달린 물체의 주기 운동과 매우 유사하다.

자연의 많은 여러 다른 현상을 설명하기 위하여 진동과 파동의 개념을 이해할 필요가 있다. 예를 들면 마천루와 교량은 겉으로 보기에는 정지한 것 같으나 실제로는 진동하고 있으며, 이런 것들을 설계하고 만들고자 하는 건축가와 공학자들은 반드시 진동을 고려해야 한다. TV와 라디오의 작동 원리를 이해하려면 전자기파의 원인과 성질 그리고 그것이 공간을 전파해 나가는 원리를 이해해야 한다. 마지막으로 과학자들이 알게 된 원자 구조에 관한 많은 지식들은 파동이 전달해 주는 정보로부터 나왔다. 따라서 원자 물리학 이론이나 개념을 이해하기 위해서는 먼저 진동과 파동에 관하여 알아야 한다. ■

진동
Oscillatory Motion

CHAPTER

15

런던의 템스 강을 가로지르는 런던 밀레니엄 다리. 개통식이 있던 날, 보행자들은 다리가 흔들리는 것을 느꼈는데, 그래서 '흔들 다리'라 이름 붙여졌다. 이 다리는 이틀 후에 폐쇄되어 2년 후에 다시 열었다. 50개 이상의 동조 질량 감쇠기[대각보 위에 붙어 있는 용수철이 장착된 구조물 쌍(화살표)]를 다리에 부착한 것이다. 이 장에서는 진동과 진동의 감쇠에 대하여 공부할 예정이다. *(Monkey Business Images/Shutterstock.com)*

주기 운동은 규칙적으로 일정한 시간 간격 후에 원래 위치로 되돌아오기를 반복하는 운동이다. 일상생활에서 여러 가지 유형의 주기 운동을 찾아볼 수 있다. 매일 오후 여러분의 자동차는 차도를 따라 되돌아온다. 여러분은 매일 저녁 식사를 하기 위하여 식탁으로 돌아온다. 흔들리는 샹들리에는 앞뒤로 왔다 갔다 하면서 일정한 시간 간격으로 같은 위치로 되돌아온다. 지구는 매년 태양 주위로 궤도를 따라 돌며 사계절을 만든 다음 같은 위치로 되돌아온다.

물체에 작용하는 힘이 평형 위치로부터의 변위에 비례할 때, 특별한 주기 운동이 역학계에서 일어난다. 이 힘이 항상 평형 위치 쪽으로 향하면 **단조화 운동**을 하며, 이 장에서 주로 논의하고자 하는 내용이다.

15.1 용수철에 연결된 물체의 운동
Motion of an Object Attached to a Spring

단조화 운동의 예로 그림 15.1과 같이 용수철 끝에 매달린 질량 m인 물체가 평평하고 마찰이 없는 수평면 위에서 자유롭게 운동하는 것을 들 수 있다. 용수철이 늘어나거나 압축되어 있지 않을 때, 물체는 계의 **평형 위치**(equilibrium position)에 정지하고 있으며, 그 위치를 $x = 0$으로 정한다(그림 15.1b). 이와 같은 계가 평형 위치로부터 교란되면 앞뒤로 진동한다는 것을 경험으로 안다.

물체의 위치가 x까지 변위될 때, 용수철이 **훅의 법칙**(Hooke's law, 7.4절 참조)에 의하여 변위에 비례하는 힘을 물체에 작용하는 것을 상기하면, 그림 15.1에서 물체의 운동을 정성적으로 이해할 수 있다. 훅의 법칙은

훅의 법칙 ▶

$$F_s = -kx \tag{15.1}$$

이다. 식 15.1로 표현된 힘을 **복원력**(restoring force)이라 한다. 왜냐하면 이 힘은 항상 평형 위치를 향하며, 따라서 평형으로부터 물체의 변위와 **반대** 방향이다. 즉 그림 15.1a에서 물체가 $x = 0$의 오른쪽으로 변위될 때, 위치는 양(+)이고 복원력은 왼쪽으로 향한다. 그림 15.1c에서처럼 물체가 $x = 0$의 왼쪽으로 변위될 때, 위치는 음(−)이고 복원력은 오른쪽으로 향한다.

물체를 평형 위치로부터 변위시킨 후 놓으면, 이는 알짜힘을 받는 입자이므로 가속도를 갖게 된다. x 방향으로 작용하는 알짜힘에 관한 식 15.1과 물체의 운동에 관한 알짜힘을 받는 입자 모형을 적용하면

$$\sum F_x = ma_x \;\rightarrow\; -kx = ma_x$$

$$a_x = -\frac{k}{m}x \tag{15.2}$$

를 얻는다. 즉 물체의 가속도는 위치에 비례하고 평형 위치로부터의 물체 변위와 반대 방향으로 향한다. 이와 같이 운동하는 계를 **단조화 운동**(simple harmonic motion)이라 한다. 가속도가 항상 위치에 비례하고 평형 위치로부터의 변위와 반대 방향으로 향하면, 그 물체는 단조화 운동을 하게 된다.

오류 피하기 15.1

용수철의 방향 그림 15.1에서 **수평 방향**으로 놓여 있는 물체가 마찰 없는 면에서 운동한다. 다른 가능한 경우는 물체가 **연직 방향**으로 매달린 경우이다. 한 가지만 빼고 이 두 경우는 모두 같은 결과를 준다. 물체가 연직 방향의 용수철에 매달린 경우에는 그 무게 때문에 용수철이 늘어난다. 물체가 정지해서 매달린 곳을 $x = 0$이라 하면, 이 장에서 얻은 결과를 이 경우에도 적용할 수 있다.

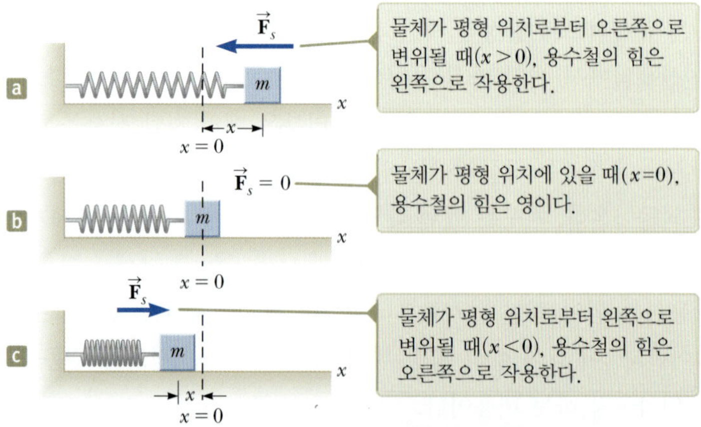

그림 15.1 마찰이 없는 수평면 위에서 움직이고 있는 용수철에 매달린 물체

만일 그림 15.1과 같이 물체를 $x = A$에서 정지 상태로부터 놓으면, **처음** 가속도는 $-kA/m$이다. 물체가 평형 위치 $x = 0$을 통과할 때 가속도는 영이다. 이 순간에 가속도의 부호가 바뀌기 때문에 속력은 최대가 된다. 그러면 물체는 평형 위치의 왼쪽으로 양(+)의 가속도로 계속 움직여 $x = -A$에 도달한다. 7.4절과 7.9절에서 논의하였듯이, 이때의 가속도는 $+kA/m$이며 속력은 다시 영이 된다. 물체는 최대 속력으로 $x = 0$인 지점을 다시 통과하고 난 다음 처음 위치에 되돌아옴으로써 완전하게 한 번 주기 운동을 하게 된다. 그러므로 물체는 되돌림점 $x = \pm A$ 사이에서 진동하게 된다. 마찰이 없을 경우 용수철이 작용한 힘은 보존력이므로, 이 이상적인 운동은 영원히 계속 운동하게 된다. 실제 모든 계에서는 마찰력이 항상 존재하므로 영원히 진동하지는 않는다. 마찰이 있는 경우에 대해서는 15.6절에서 상세하게 다룬다.

Q 퀴즈 15.1 용수철 끝에 매달려 있는 물체를 $x = A$ 위치로 당긴 후 정지 상태에서 놓는다. 한 번 왕복 운동하는 동안 물체가 움직인 전체 거리를 구하라. **(a)** $A/2$ **(b)** A **(c)** $2A$ **(d)** $4A$

15.2 분석 모형: 단조화 운동을 하는 입자
Analysis Model: Particle in Simple Harmonic Motion

앞에서 언급한 운동은 주변에서 자주 일어나는 운동으로서 이 상황을 나타내기 위하여 **단조화 운동을 하는 입자** 모형으로 간주한다. 이 모형에 대한 수학적인 표현을 구하기 위하여, 일반적으로 진동이 일어나는 축을 x축으로 한다. 이 장에서는 진동 방향을 나타내는 아래 첨자 x를 생략한다. $a = dv/dt = d^2x/dt^2$이므로, 식 15.2를 다음과 같이 나타낼 수 있다.

$$\frac{d^2x}{dt^2} = -\frac{k}{m}x \tag{15.3}$$

k/m를 기호 ω^2으로 나타내자(해를 보다 간단한 형태로 나타내기 위하여 ω 대신 ω^2을 사용한다).

$$\omega^2 = \frac{k}{m} \tag{15.4}$$

그러면 식 15.3은 다음과 같이 나타낼 수 있다.

$$\frac{d^2x}{dt^2} = -\omega^2 x \tag{15.5}$$

식 15.5의 수학적인 해를 찾아보자. 즉 이차 미분 방정식을 만족하는 함수 $x(t)$를 구하는 것이다. 이것은 입자의 위치를 시간의 함수로 나타낸 수학 식이다. 어떤 함수의 이차 미분이 이 함수에 ω^2이 곱해지고 부호가 음(−)인 함수 $x(t)$를 찾는다. 삼각 함수인 사인 및 코사인 함수가 이런 성질을 가지고 있으므로, 이들 둘 또는 하나를 사용하여 해를 나타낼 수 있다. 다음에 나타낸 코사인 함수가 미분 방정식의 한 해이다.

$$x(t) = A\cos(\omega t + \phi) \tag{15.6}$$

◀ 단조화 운동을 하는 입자의 위치 대 시간

오류 피하기 15.2
일정하지 않은 가속도 단조화 운동에서 입자의 가속도는 일정하지 않다. 식 15.3은 가속도가 위치 x에 대하여 변하는 것을 보여 준다. 따라서 이 경우에 2장에서의 운동학 식들을 사용할 수 **없다**.

오류 피하기 15.3

삼각형은 어디에 있는가? 식 15.6은 삼각형이 있든지 없든지 간에 사용할 수 있는 **수학 함수**인 삼각 함수를 포함하고 있다. 이 경우 코사인 함수는 단조화 운동을 하는 입자의 위치를 우연히 정확하게 표현한다.

여기서 A, ω와 ϕ는 상수이다. 식 15.6이 식 15.5를 만족한다는 것을 명백히 하기 위하여 다음에 주목한다.

$$\frac{dx}{dt} = A\frac{d}{dt}\cos(\omega t + \phi) = -\omega A \sin(\omega t + \phi) \tag{15.7}$$

$$\frac{d^2x}{dt^2} = -\omega A\frac{d}{dt}\sin(\omega t + \phi) = -\omega^2 A \cos(\omega t + \phi) \tag{15.8}$$

식 15.6을 15.8에 대입하면 $d^2x/dt^2 = -\omega^2 x$이고, 식 15.5가 만족됨을 알 수 있다.

변수 A, ω와 ϕ는 운동 상수이다. 이 상수들의 물리적 의미를 알아보기 위하여 그림 15.2a와 같이 x를 t의 함수로 그리는 것이 편리하다. 운동의 **진폭**(amplitude)이라 하는 A는 $+x$ 방향 또는 $-x$ 방향과 상관없이 입자 위치의 최댓값이다. 상수 ω는 **각진동수**(angular frequency)라 하고 단위[1]는 rad/s이다. 이것은 진동이 얼마나 빨리 행해지는지의 척도이다. 단위 시간당 진동이 빠를수록 ω의 값은 더 크다. 식 15.4에서 알 수 있듯이 각진동수는 다음과 같다.

$$\omega = \sqrt{\frac{k}{m}} \tag{15.9}$$

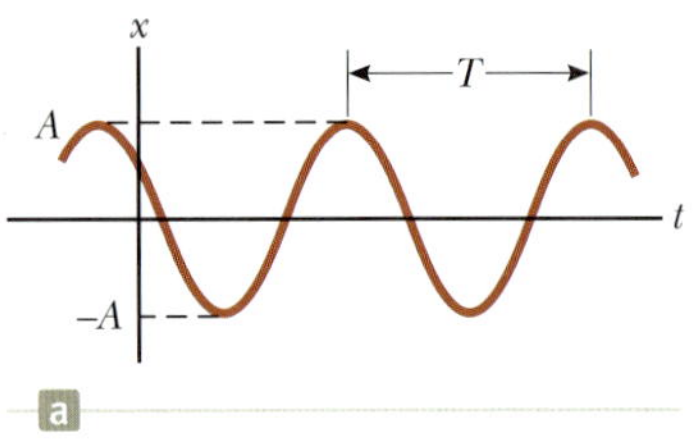

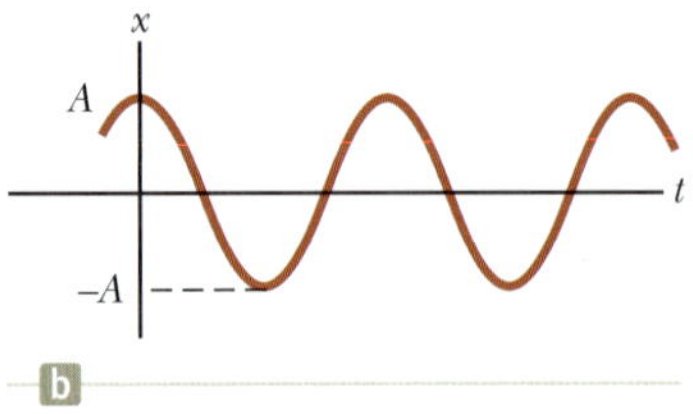

그림 15.2 (a) 단조화 운동을 하는 물체에 대한 $x-t$ 그래프. 이때 진폭은 A, 주기는 T(식 15.10에서 정의)이다. (b) $t = 0$일 때 $x = A$이고 $\phi = 0$인 특별한 경우의 $x-t$ 그래프

각도 ϕ는 **위상 상수**(phase constant, 또는 처음 위상각)라 하며, 진폭 A와 함께 $t = 0$에서 입자의 위치와 속도에 의하여 결정된다. 만약 입자가 $t = 0$일 때 $x = A$의 최대 위치에 있다면 위상 상수 ϕ는 영이다. 이 운동에 대한 그래프 표현은 그림 15.2b에 나타나 있다. $(\omega t + \phi)$를 운동의 **위상**(phase)이라 한다. 함수 $x(t)$는 주기적이고, 그 값은 ωt가 2π rad 증가할 때마다 같은 값을 가진다.

식 15.1, 15.5와 15.6은 단조화 운동을 수학적으로 표현하는 데 기본적으로 사용된다. 입자에 작용하는 힘이 식 15.1과 같은 형태임을 알고 계의 상태를 분석한다면 운동이 단조화 운동임을 알 수 있고, 입자의 위치는 식 15.6을 이용하여 나타낼 수 있다. 어떤 계가 식 15.5처럼 미분 방정식으로 표현되면 그 운동은 단조화 진동자의 운동과 같다. 계를 분석한 후 입자의 위치가 식 15.6에 의하여 기술된다는 것을 안다면, 입자가 단조화 운동을 한다는 것을 알 수 있다.

퀴즈 15.2 식 15.6에 기술된 것과 같은 단조화 운동의 그래프 표현(그림 15.3)을 고려하자. 그래프에서 입자가 점 Ⓐ에 있을 때 입자의 위치와 속도에 대하여 어떻게 말할 수 있는가? **(a)** 위치와 속도는 둘 다 양이다. **(b)** 위치와 속도 둘 다 음이다. **(c)** 위치는 양이고 속도는 영이다. **(d)** 위치는 음이고 속도는 영이다. **(e)** 위치는 양이고 속도는 음이다. **(f)** 위치는 음이고 속도는 양이다.

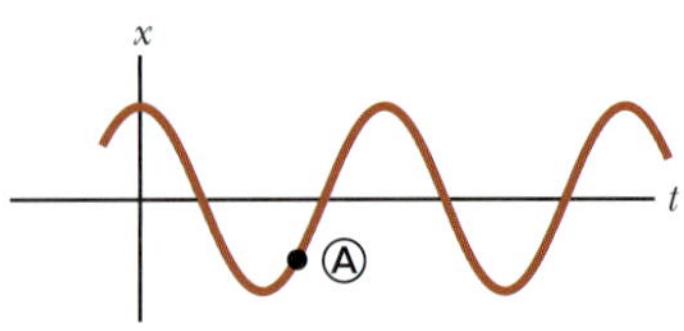

그림 15.3 (퀴즈 15.2) 단조화 운동을 하는 입자의 $x-t$ 그래프. 특정한 시간에 입자의 위치는 그래프에서 Ⓐ로 표시되어 있다.

[1] 우리는 각도를 사용하는 삼각 함수 예를 앞 장에서 많이 보았다. 사인과 코사인 같은 삼각 함수의 인수는 무명수(단위 없는 수)이어야 한다. 라디안은 길이의 비이기 때문에 무명수이다. 도(°)는 인위적인 단위이기 때문에 도(°)로 나타낸 각은 무명수이다. 그것은 길이의 측정과 무관하다. 식 15.6에서 삼각 함수의 위상은 단순한 숫자이어야 한다. 그러므로 t가 초를 나타내면 ω는 rad/s로 표현되어야만 한다. 마찬가지로 로그 함수와 지수 함수의 인수도 단순한 숫자이어야 한다.

퀴즈 15.3 그림 15.4는 단조화 운동을 하는 입자를 나타내는 두 곡선을 보여 준다. 두 운동을 바르게 기술한 것은 어느 것인가? 단조화 운동하는 입자 B의 **(a)** 각진동수와 진폭이 입자 A보다 크다. **(b)** 각진동수가 입자 A보다 크고, 진폭이 입자 A보다 작다. **(c)** 각진동수가 입자 A보다 작고, 진폭이 입자 A보다 크다. **(d)** 각진동수와 진폭이 입자 A보다 작다.

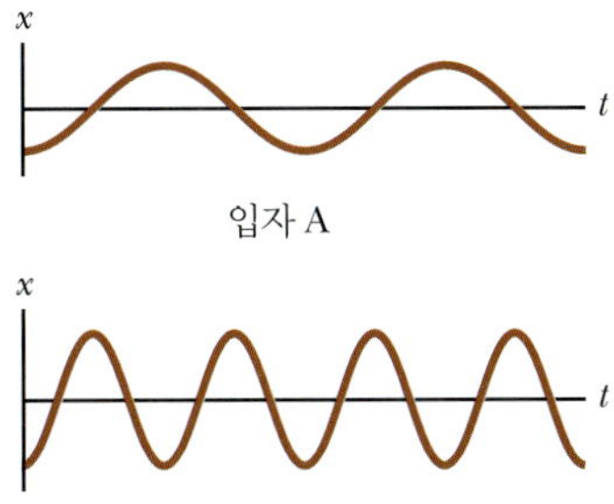

그림 15.4 (퀴즈 15.3) 단조화 운동을 하고 있는 두 입자의 x–t 그래프. 이들 두 입자의 진폭과 주기는 다르다.

단조화 운동을 수학적으로 좀 더 자세하게 기술해 보자. 운동의 **주기**(period) T는 그림 15.2a와 같이 입자가 한 번의 완전한 반복 운동을 하는 데 걸리는 시간이다. 즉 시간 t에서 입자의 x와 v의 값은 시간 $t+T$에서의 x와 v의 값과 같다. 위상이 시간 간격 T 동안 2π만큼 증가하기 때문에

$$[\omega(t+T)+\phi]-(\omega t+\phi)=2\pi$$

이다. 그러므로 $\omega T=2\pi$, 즉 다음과 같이 나타낼 수 있다.

$$T=\frac{2\pi}{\omega} \qquad (15.10)$$

주기의 역수를 운동의 **진동수**(frequency) f라 한다. 주기는 한 번 반복 운동하는 데 걸린 시간인 반면, 진동수는 입자가 단위 시간당 진동하는 횟수를 나타낸다.

$$f=\frac{1}{T}=\frac{\omega}{2\pi} \qquad (15.11)$$

f의 단위는 초당 반복 횟수인 **헤르츠**(Hz)이다. 식 15.11을 다시 정리하면 다음과 같다.

$$\omega=2\pi f=\frac{2\pi}{T} \qquad (15.12)$$

오류 피하기 15.4

진동수의 종류 단조화 진동자에는 두 가지 진동수가 있다. 단순히 **진동수**라고 하는 f는 단위가 헤르츠이고, **각진동수** ω는 단위가 라디안/초이다. 주어진 문제에서 어느 진동수를 말하는지 명확히 구분하도록 주의한다. 식 15.11과 15.12는 두 진동수 사이의 관계를 보여 준다.

계의 특성을 결정하는 m과 k가 주어져 단조화 운동을 하는 입자의 운동 주기와 진동수를 식 15.9부터 15.11을 사용하여 나타내면 다음과 같다.

$$T=\frac{2\pi}{\omega}=2\pi\sqrt{\frac{m}{k}} \qquad (15.13)$$

◀ 주기

$$f=\frac{1}{T}=\frac{1}{2\pi}\sqrt{\frac{k}{m}} \qquad (15.14)$$

◀ 진동수

즉 주기와 진동수는 단지 입자의 질량과 용수철의 힘 상수에만 의존하고 A와 ϕ 같은 운동 변수에는 의존하지 않는다. 용수철이 뻣뻣할수록(즉 k 값이 클수록) 진동수는 커지게 되고, 입자의 질량이 증가할수록 진동수가 작아진다는 것은 우리가 예측하는 바와 같다.

단조화 운동을 하는 입자의 속도와 가속도[2]를 식 15.7과 15.8로부터 얻을 수 있다.

[2] 단조화 진동자의 운동이 일차원에서 일어나므로 속도를 v, 가속도를 a로 나타내고 2장에서와 같이 양(+) 또는 음(−)의 부호로 방향을 나타낸다.

단조화 운동을 하는 입자의 속도 ▶

$$v = \frac{dx}{dt} = -\omega A \sin(\omega t + \phi) \tag{15.15}$$

단조화 운동을 하는 입자의 가속도 ▶

$$a = \frac{d^2x}{dt^2} = -\omega^2 A \cos(\omega t + \phi) \tag{15.16}$$

사인 함수와 코사인 함수가 +1과 −1 사이에서 변하기 때문에, 식 15.15로부터 속도 v의 극값은 $\pm\omega A$임을 알 수 있다. 같은 논리로 식 15.16으로부터 a의 극값은 $\pm\omega^2 A$임을 알 수 있다. 그러므로 속도와 가속도 크기의 최댓값은 다음과 같다.

단조화 운동 시 속도와 가속도의 최대 크기 ▶

$$v_{\max} = \omega A = \sqrt{\frac{k}{m}}\,A \tag{15.17}$$

$$a_{\max} = \omega^2 A = \frac{k}{m}A \tag{15.18}$$

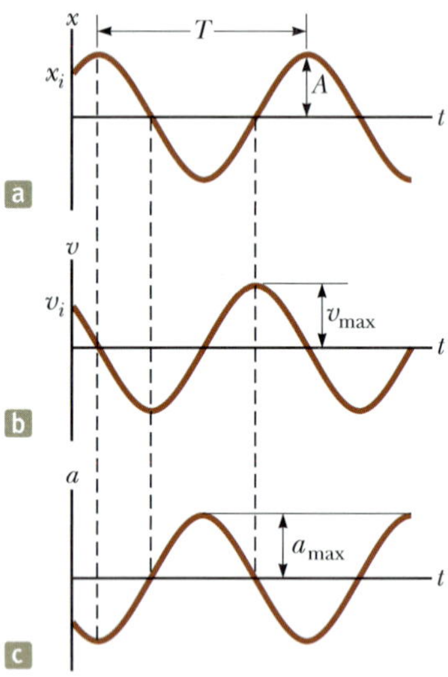

그림 15.5 단조화 운동의 그래프 표현. (a) 위치 대 시간 (b) 속도 대 시간 (c) 가속도 대 시간. 어느 시간에나 속도는 위치에 대하여 90° 위상차가 있고, 가속도는 위치에 대하여 180°의 위상차가 있음에 주목한다.

그림 15.5a는 임의의 위상 상수값에 대한 위치 대 시간을 나타낸다. 시간에 대한 속도와 가속도 곡선들은 그림 15.5b와 15.5c에 나타나 있다. 이 그림은 속도의 위상이 위치의 위상과 $\pi/2$ rad(또는 90°)만큼 차이가 난다는 것을 보여 준다. 즉 x가 최대나 최소일 때 속도가 영이 된다. 같은 방식으로 x가 영일 때 속력은 최대가 된다. 또한 가속도의 위상이 위치의 위상과 π rad(또는 180°)만큼 차이가 나는 것에 주목하자. 예를 들어 x가 최대일 때 a는 반대 방향으로 최대 크기이다.

퀴즈 15.4 질량 m인 물체가 용수철에 매달려 진동 운동을 하고 있다. 진동의 주기가 T로 측정되었다. 질량 m인 물체를 제거하고 질량 $2m$인 물체로 대체하였다. 이 물체가 진동 운동을 할 때 이 운동의 주기는 얼마인가? **(a)** $2T$ **(b)** $\sqrt{2}\,T$ **(c)** T **(d)** $T/\sqrt{2}$ **(e)** $T/2$

식 15.6은 일반적으로 입자의 단조화 운동을 기술한다. 이제 운동 상수를 어떻게 계산하는지 알아보자. 각진동수 ω는 식 15.9를 사용하여 구한다. 상수 A와 ϕ는 처음 조건, 즉 $t = 0$에서의 진동자의 상태로부터 결정된다.

그림 15.6과 같이 입자를 평형 위치로부터 거리 A만큼 당긴 후, $t = 0$인 정지 상태에서 놓으면 운동을 한다고 하자. 이때 $x(t)$와 $v(t)$의 해, 식 15.6과 15.15는 처음 조건 $x(0) = A$와 $v(0) = 0$을 만족해야 한다.

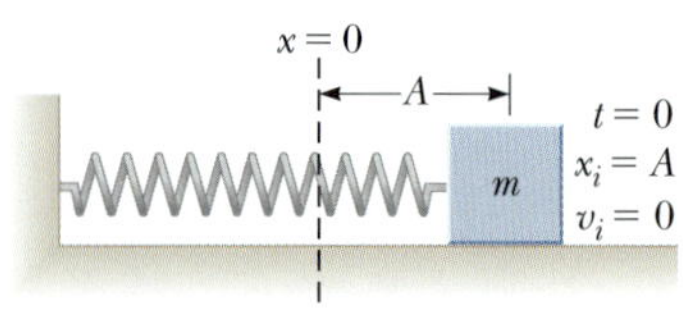

그림 15.6 $t = 0$에서 $x = A$인 정지 상태로부터 출발하는 물체–용수철 계

$$x(0) = A\cos\phi = A$$
$$v(0) = -\omega A \sin\phi = 0$$

$\phi = 0$을 선택하면 위의 조건들이 만족되고, 이때 해는 $x = A\cos\omega t$가 된다. $\phi = 0$이면 $\cos 0 = 1$이기 때문에 $x(0) = A$인 조건을 만족한다는 것에 주목하라.

이런 특별한 경우에서의 시간에 대한 물체의 위치, 속도 그리고 가속도가 그림 15.7a에 나타나 있다. 위치가 극값 $\pm A$를 갖을 때, 가속도는 $\mp\omega^2 A$의 극값을 갖는다. 또한 $x = 0$에서 속도는 극값 $\pm\omega A$를 갖는다. 그러므로 정량적인 해가 이 계의 정성적인 기술과 일치한다.

또 다른 경우를 생각해 보자. 그림 15.8과 같이 계가 진동을 하고 있고, 물체가 오른

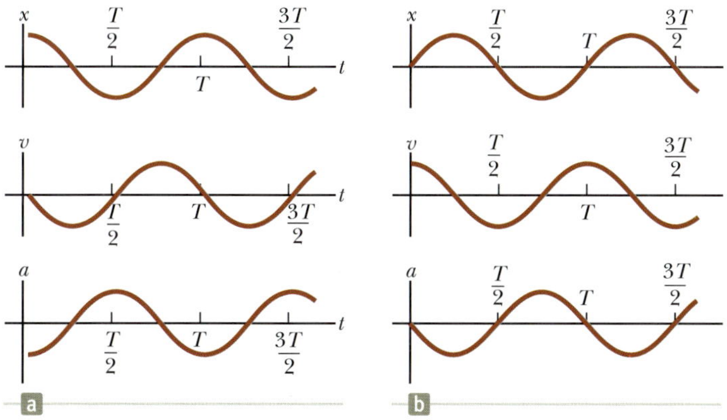

그림 15.7 (a) $t = 0$에서 $x(0) = A$이고 $v(0) = 0$인 처음 조건에서 그림 15.6에 있는 물체에 대한 위치, 속도, 가속도 대 시간 (b) $t = 0$에서 $x(0) = 0$이고 $v(0) = v_i$인 처음 조건에서 그림 15.8에 있는 물체에 대한 위치, 속도, 가속도 대 시간

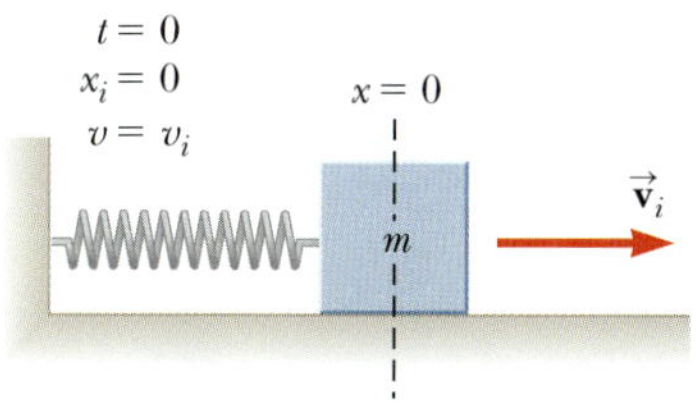

그림 15.8 물체-용수철 계가 진동을 하고 있는데, $t = 0$은 물체가 평형 위치 $x = 0$인 지점을 통과하는 시간으로 정하고, 이때 물체는 속력 v_i로 오른쪽으로 운동한다.

쪽으로 움직이며, 용수철의 늘어나지 않은 상태일 때의 위치를 통과하는 순간을 $t = 0$이라 하자. 이 경우에 $x(t)$와 $v(t)$에 대한 해는 처음 조건 $x(0) = 0$과 $v(0) = v_i$를 만족해야 한다.

$$x(0) = A\cos\phi = 0$$
$$v(0) = -\omega A\sin\phi = v_i$$

첫 번째 조건은 $\phi = \pm\pi/2$인 것을 말해 준다. 이 값을 두 번째 조건에 이용하면 $A = \mp v_i/\omega$임을 알 수 있다. 처음 속도가 양(+)의 값이고 진폭이 양(+)의 값이어야 하기 때문에 $\phi = -\pi/2$이어야 한다. 그러므로 해는 다음과 같다.

$$x = \frac{v_i}{\omega}\cos\left(\omega t - \frac{\pi}{2}\right)$$

이와 같이 $t = 0$인 순간을 선택할 때, 시간에 대한 위치, 속도와 가속도에 대한 그래프는 그림 15.7b와 같다. 이들 곡선은 그림 15.7a의 곡선들이 한 주기의 1/4만큼 오른쪽으로 이동한 것과 같다. 이 이동은 수학적으로 위상 상수 $\phi = -\pi/2$로 표현되며, 이것은 한 주기에 대응하는 각도 2π의 1/4이다.

예제 15.1 물체-용수철 계

질량이 200 g인 물체가 힘 상수 5.00 N/m인 가벼운 용수철에 매달려 마찰이 없는 수평면 위에서 자유롭게 진동한다. 이 물체를 그림 15.6에서처럼 평형 위치에서 5.00 cm만큼 당긴 후 정지 상태에서 놓을 때

(A) 운동의 주기를 구하라.

풀이

개념화 그림 15.6을 보면서, 물체를 놓으면 단조화 운동을 하리라는 것을 상상해 보자.

분류 물체를 **단조화 운동을 하는 입자**로 모형화한다.

분석 식 15.9를 이용하여 물체-용수철 계의 각진동수를 구한다.

$$\omega = \sqrt{\frac{k}{m}} = \sqrt{\frac{5.00\ \text{N/m}}{200 \times 10^{-3}\ \text{kg}}}$$
$$= 5.00\ \text{rad/s}$$

식 15.13을 이용하여 계의 주기를 구한다.

$$T = \frac{2\pi}{\omega} = \frac{2\pi}{5.00 \text{ rad/s}} = \boxed{1.26 \text{ s}}$$

(B) 물체의 최대 속력을 구하라.

풀이 식 15.17을 이용하여 $v_{\max}$를 구한다.

$$v_{\max} = \omega A = (5.00 \text{ rad/s})(5.00 \times 10^{-2} \text{ m}) = \boxed{0.250 \text{ m/s}}$$

(C) 물체의 최대 가속도를 구하라.

풀이 식 15.18을 이용하여 $a_{\max}$를 구한다.

$$a_{\max} = \omega^2 A = (5.00 \text{ rad/s})^2(5.00 \times 10^{-2} \text{ m}) = \boxed{1.25 \text{ m/s}^2}$$

(D) 변위, 속도, 가속도를 시간의 함수로 나타내라(SI 단위).

풀이 $t = 0$에서 $x = A$인 처음 조건으로부터 위상 상수를 구한다.

$$x(0) = A\cos\phi = A \rightarrow \phi = 0$$

식 15.6을 이용하여 $x(t)$에 대한 식을 쓴다.

$$x = A\cos(\omega t + \phi) = \boxed{0.050\,0 \cos 5.00t}$$

식 15.15를 이용하여 $v(t)$에 대한 식을 쓴다.

$$v = -\omega A \sin(\omega t + \phi) = \boxed{-0.250 \sin 5.00t}$$

식 15.16을 이용하여 $a(t)$에 대한 식을 쓴다.

$$a = -\omega^2 A\cos(\omega t + \phi) = \boxed{-1.25 \cos 5.00t}$$

결론 이 문제에서 물체의 움직임을 그래프로 표현한 그림 15.7a를 살펴보자. 이 그래프는 (D)에서 구한 수학 식과 일치함을 확인할 수 있다.

문제 물체를 같은 처음 위치 $x_i = 5.00$ cm에서 $v_i = -0.100$ m/s의 처음 속도로 놓았다고 하자. 풀이 중 어느 부분이 바뀌는가? 바뀐 것들의 새로운 답은 무엇인가?

답 주기는 진동자가 어떻게 운동을 시작하는가에 무관하기 때문에 (A) 부분은 변하지 않는다. (B), (C), (D) 부분은 바뀔 것이다.

처음 조건에 대한 위치와 속도 식을 쓴다.

(1) $x(0) = A\cos\phi = x_i$

(2) $v(0) = -\omega A\sin\phi = v_i$

식 (2)를 식 (1)로 나누어 위상 상수를 구한다.

$$\frac{-\omega A \sin\phi}{A\cos\phi} = \frac{v_i}{x_i}$$

$$\tan\phi = -\frac{v_i}{\omega x_i} = -\frac{-0.100 \text{ m/s}}{(5.00 \text{ rad/s})(0.050\,0 \text{ m})} = 0.400$$

$$\phi = \tan^{-1}(0.400) = 0.121\pi$$

식 (1)을 사용하여 A를 구한다.

$$A = \frac{x_i}{\cos\phi} = \frac{0.050\,0 \text{ m}}{\cos(0.121\pi)} = 0.053\,9 \text{ m}$$

새로운 최대 속력을 구한다.

$$v_{\max} = \omega A = (5.00 \text{ rad/s})(5.39 \times 10^{-2} \text{ m}) = 0.269 \text{ m/s}$$

새로운 최대 가속도의 크기를 구한다.

$$a_{\max} = \omega^2 A = (5.00 \text{ rad/s})^2(5.39 \times 10^{-2} \text{ m})$$
$$= 1.35 \text{ m/s}^2$$

위치, 속도, 가속도의 새로운 식들을 SI 단위로 구한다.

$$x = 0.053\,9 \cos(5.00t + 0.121\pi)$$
$$v = -0.269 \sin(5.00t + 0.121\pi)$$
$$a = -1.35 \cos(5.00t + 0.121\pi)$$

7장과 8장에서 본 바와 같이, 많은 문제에서 운동의 변수에 기초한 접근보다는 에너지 접근 방법으로 푸는 것이 더 쉽다. 이 문제의 경우에도 에너지 접근 방법으로 푸는 것이 더 쉽다. 따라서 다음 절에서는 단조화 진동자의 에너지를 공부할 것이다.

15.3 단조화 진동자의 에너지
Energy of the Simple Harmonic Oscillator

지금까지 입자 모형을 쓸 수 있는 물체에 대한 새로운 문제를 풀 때, 운동과 그 운동에 영향을 주는 힘을 살펴본 후에는 **에너지**로 관심을 돌렸다. 그림 15.1에서 설명한 물체–용수철 계처럼, 입자가 단조화 운동하는 계의 역학적 에너지를 조사해 보자. 표면에 마찰이 없기 때문에, 계는 고립된 상태에 있고 계의 전체 역학적 에너지는 일정하다는 것을 예상할 수 있다. 용수철의 질량을 고려하지 않으면, 계의 운동 에너지는 단지 물체의 운동 에너지와 같게 된다. 식 15.15를 이용하여 물체의 운동 에너지를 다음과 같이 나타낼 수 있다.

$$K = \tfrac{1}{2}mv^2 = \tfrac{1}{2}m\omega^2A^2\sin^2(\omega t + \phi) \qquad (15.19)$$

◀ 단조화 진동자의 운동 에너지

x만큼 늘어난 용수철에 저장된 탄성 퍼텐셜 에너지는 $\frac{1}{2}kx^2$(식 7.22 참조)으로 주어진다. 식 15.6을 이용하면

$$U = \tfrac{1}{2}kx^2 = \tfrac{1}{2}kA^2\cos^2(\omega t + \phi) \qquad (15.20)$$

◀ 단조화 진동자의 퍼텐셜 에너지

를 얻는다. K와 U는 **항상** 영 또는 양(+)의 값을 갖는다. $\omega^2 = k/m$이기 때문에, 단조화 진동자의 전체 역학적 에너지는 다음과 같이 나타낼 수 있다.

$$E = K + U = \tfrac{1}{2}kA^2[\sin^2(\omega t + \phi) + \cos^2(\omega t + \phi)]$$

$\sin^2\theta + \cos^2\theta = 1$이므로 괄호 안의 값은 1이 되고, 따라서 위의 식은 다음과 같다.

$$E = \tfrac{1}{2}kA^2 \qquad (15.21)$$

◀ 단조화 진동자의 전체 에너지

$x = \pm A$일 때 $v = 0$이고, 따라서 운동 에너지는 영이므로, 이 점에서 전체 역학적 에너지는 용수철에 저장된 최대 퍼텐셜 에너지와 같다. 평형 위치에서는 $x = 0$이므로 $U = 0$이고, 따라서 이 점에서 전체 에너지 $\frac{1}{2}kA^2$은 운동 에너지와 같다.

시간에 대한 운동 에너지와 퍼텐셜 에너지를 그림 15.9a에 나타내었다. 여기서 위상 상수는 $\phi = 0$을 택하였다. 운동 에너지와 퍼텐셜 에너지의 합은 항상 일정하고 그 값은

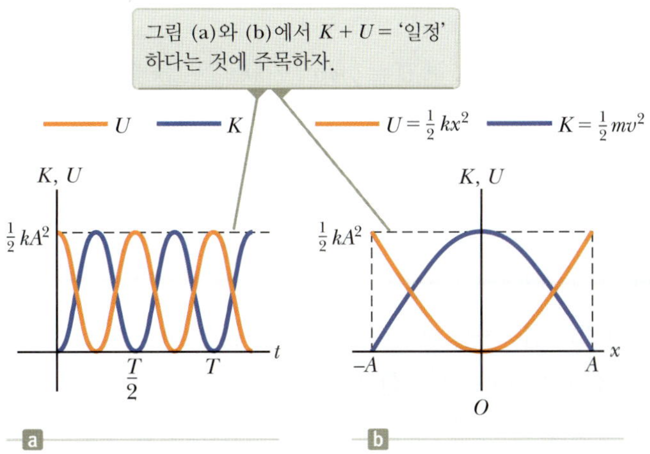

그림 15.9 (a) $\phi = 0$인 단조화 진동자에 대한 운동 에너지와 퍼텐셜 에너지 대 시간 (b) 단조화 진동자에 대한 운동 에너지와 퍼텐셜 에너지 대 위치

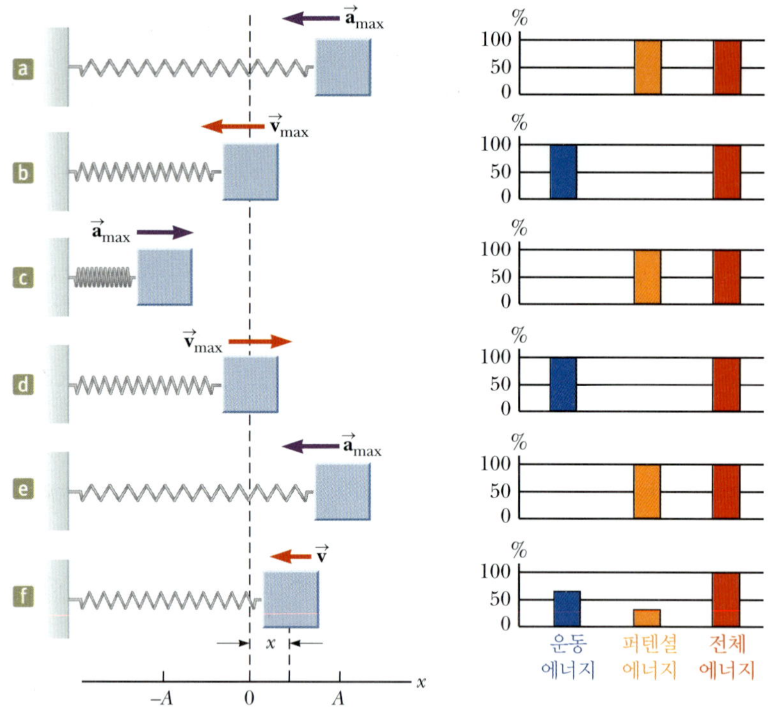

t	x	v	a	K	U
0	A	0	$-\omega^2 A$	0	$\frac{1}{2}kA^2$
$\frac{T}{4}$	0	$-\omega A$	0	$\frac{1}{2}kA^2$	0
$\frac{T}{2}$	$-A$	0	$\omega^2 A$	0	$\frac{1}{2}kA^2$
$\frac{3T}{4}$	0	ωA	0	$\frac{1}{2}kA^2$	0
T	A	0	$-\omega^2 A$	0	$\frac{1}{2}kA^2$
t	x	v	$-\omega^2 x$	$\frac{1}{2}mv^2$	$\frac{1}{2}kx^2$

그림 15.10 (a)~(e) 물체-용수철 계가 단조화 운동을 하는 동안의 몇몇 경우들. 에너지 막대그래프들은 각 위치에서 계의 에너지 분포를 보여 준다. 오른쪽 표에 있는 값은 $t = 0$일 때 $x = A$이고 따라서 $x = A\cos\omega t$인 물체-용수철 계를 나타낸다. 이들 다섯 가지 특별한 경우, 에너지의 한 형태는 영이다. (f) 임의의 한 위치에 있는 진동자. 이 계는 막대그래프에 보인 것처럼 이 순간에 운동 에너지와 퍼텐셜 에너지를 모두 갖고 있다.

계의 전체 에너지인 $\frac{1}{2}kA^2$과 같다.

물체의 위치 x에 따른 K와 U의 변화를 그림 15.9b에 나타내었다. 용수철에 저장된 퍼텐셜 에너지와 물체의 운동 에너지 사이에서 에너지가 연속적으로 변환됨을 알 수 있다.

그림 15.10은 한 번의 완전한 운동 주기 동안 물체-용수철 계의 위치, 속도, 가속도, 운동 에너지 그리고 퍼텐셜 에너지를 나타낸다. 지금까지 논의된 대부분의 개념은 이 중요한 그림에 포함되어 있다. 이 그림을 완전히 이해할 수 있도록 공부하기 바란다.

마지막으로 다음과 같은 전체 에너지의 표현을 이용하여 임의의 위치 x에서의 물체의 속도를 구할 수 있다.

$$E = K + U = \frac{1}{2}mv^2 + \frac{1}{2}kx^2 = \frac{1}{2}kA^2$$

단조화 진동자의 위치에 따른 속도 ▶

$$v = \pm\sqrt{\frac{k}{m}(A^2 - x^2)} = \pm\omega\sqrt{A^2 - x^2} \qquad \textbf{(15.22)}$$

이 결과는 다시 한 번 속력이 $x = 0$에서 최대이고, 되돌림점 $x = \pm A$에서 영이라는 사실을 보여 준다.

여러분은 왜 단조화 진동자를 배우는 데 이렇게 많은 시간을 소비하는지 궁금해할지도 모른다. 이 단조화 진동자는 다양한 물리적 현상의 좋은 모형이기 때문에 많은 시간을 들여 배운다. 예를 들면 예제 7.8에서 언급한 레너드-존스 퍼텐셜 에너지 함수를 떠

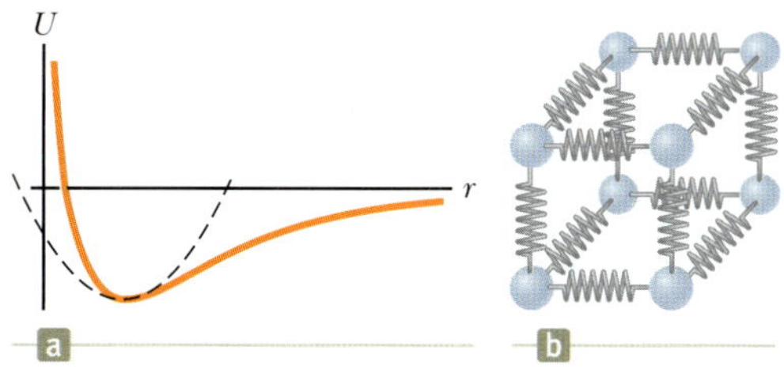

그림 15.11 (a) 분자 내에 있는 원자가 평형 위치로부터 너무 멀리 떨어지지 않은 상태에서 운동하면, 퍼텐셜 에너지 대 원자 간 떨어진 거리의 그래프는 단조화 진동자의 퍼텐셜 에너지 대 변위의 그래프와 비슷하다(검은 점선으로 된 곡선). (b) 고체 내 원자들 간의 힘은 이웃하는 원자들 사이에 용수철이 연결되어 있는 것으로 모형화할 수 있다.

올려 보자. 이 복잡한 함수는 원자들을 함께 묶는 힘을 기술한다. 그림 15.11a는 평형 위치로부터의 조그만 변위에 대하여, 이 함수의 퍼텐셜 에너지 곡선은 근사적으로 포물선임을 보여 주고, 이는 단조화 진동자에 대한 퍼텐셜 에너지 함수를 나타낸다. 이와 같이 복잡한 원자 간 결합력을 그림 15.11b와 같이 아주 작은 용수철에서 작용한 힘들로 간주할 수 있다.

이 장에서 제시된 개념들은 비록 물체–용수철 계와 원자들뿐만 아니라 번지 점프, 악기 연주 그리고 레이저에서 발생된 빛을 이해하는 데에도 적용할 수 있다. 이 교재를 공부하면서 단조화 진동자에 대한 더 많은 예들을 접하게 될 것이다.

예제 15.2 수평면 위에서의 진동

질량이 0.500 kg인 물체가 힘 상수 20.0 N/m의 가벼운 용수철에 매달려 마찰이 없는 수평 트랙 위에서 진동한다.

(A) 운동의 진폭이 3.00 cm일 때 물체의 최대 속력을 계산하라.

풀이

개념화 계는 그림 15.10에 있는 물체와 똑같이 진동한다. 따라서 이 그림을 연상한다.

분류 물체를 **단조화 운동을 하는 입자**로 모형화한다.

분석 식 15.21을 이용하여 진동자 계의 전체 에너지를 구하고, 이를 물체가 $x = 0$에 있을 때 계의 운동 에너지와 같게 놓는다.

$$E = \tfrac{1}{2}kA^2 = \tfrac{1}{2}mv_{\max}^2$$

최대 속력에 대하여 풀고 주어진 값들을 대입한다.

$$v_{\max} = \sqrt{\frac{k}{m}}A = \sqrt{\frac{20.0\ \text{N/m}}{0.500\ \text{kg}}}(0.030\,0\ \text{m}) = \boxed{0.190\ \text{m/s}}$$

(B) 위치가 2.00 cm일 때 물체의 속도를 구하라.

풀이 식 15.22를 이용하여 속도를 계산한다.

$$v = \pm\sqrt{\frac{k}{m}(A^2 - x^2)}$$

$$= \pm\sqrt{\frac{20.0\ \text{N/m}}{0.500\ \text{kg}}[(0.030\,0\ \text{m})^2 - (0.020\,0\ \text{m})^2]}$$

$$= \boxed{\pm 0.141\ \text{m/s}}$$

양과 음의 부호는 물체가 오른쪽 또는 왼쪽으로 움직이는 것을 나타낸다.

(C) 물체의 위치가 2.00 cm일 때 계의 운동 에너지와 퍼텐셜 에너지를 계산하라.

풀이 (B)의 결과를 이용하여 $x = 0.020\,0$ m에서의 운동 에너지를 계산한다.

$$K = \tfrac{1}{2}mv^2 = \tfrac{1}{2}(0.500\ \text{kg})(0.141\ \text{m/s})^2 = \boxed{5.00 \times 10^{-3}\ \text{J}}$$

$x = 0.020\,0$ m에서 탄성 퍼텐셜 에너지를 계산한다.

$$U = \frac{1}{2}kx^2 = \frac{1}{2}(20.0\ \mathrm{N/m})(0.020\,0\ \mathrm{m})^2 = 4.00 \times 10^{-3}\ \mathrm{J}$$

결론 (C)에서 운동 에너지와 퍼텐셜 에너지의 합은 식 15.21로부터 구할 수 있는 전체 에너지 E와 같다. 이는 물체의 **어느** 지점에서든지 성립해야 한다.

문제 이 예제에서 물체는 $x = 3.00$ cm에서 정지 상태로부터 놓아 운동을 하게 할 수 있다. 이번에는 물체를 같은 위치에서, 그러나 $v = -0.100$ m/s의 처음 속도로 놓으면 어떻게 될까? 새로운 진폭과 물체의 최대 속력은 얼마인가?

답 이 질문은 예제 15.1의 끝에서 물어보았던 것과 같은 유형이지만, 여기서는 에너지 접근 방법을 적용하겠다.

먼저 $t = 0$에서 계의 전체 에너지를 계산한다.

$$\begin{aligned} E &= \frac{1}{2}mv^2 + \frac{1}{2}kx^2 \\ &= \frac{1}{2}(0.500\ \mathrm{kg})(-0.100\ \mathrm{m/s})^2 \\ &\quad + \frac{1}{2}(20.0\ \mathrm{N/m})(0.030\,0\ \mathrm{m})^2 \\ &= 1.15 \times 10^{-2}\ \mathrm{J} \end{aligned}$$

이 전체 에너지를 물체가 운동의 끝 지점에 있을 때 계의 퍼텐셜 에너지와 같다고 놓는다.

$$E = \frac{1}{2}kA^2$$

진폭 A에 대하여 푼다.

$$A = \sqrt{\frac{2E}{k}} = \sqrt{\frac{2(1.15 \times 10^{-2}\ \mathrm{J})}{20.0\ \mathrm{N/m}}} = 0.033\,9\ \mathrm{m}$$

전체 에너지를 물체가 평행 위치에 있을 때 계의 운동 에너지와 같다고 놓는다.

$$E = \frac{1}{2}mv_{\max}^2$$

최대 속력에 대하여 푼다.

$$v_{\max} = \sqrt{\frac{2E}{m}} = \sqrt{\frac{2(1.15 \times 10^{-2}\ \mathrm{J})}{0.500\ \mathrm{kg}}} = 0.214\ \mathrm{m/s}$$

$t = 0$에서 물체의 처음 속도가 주어져 있기 때문에, 진폭과 최대 속력은 앞에서의 값들보다 크다.

15.4 단조화 운동과 등속 원운동의 비교
Comparing Simple Harmonic Motion with Uniform Circular Motion

일상생활에서 쉽게 볼 수 있는 몇몇 장치들은 진동 운동과 원운동과의 관계를 보여준다. 예를 들어 그림 15.12에 있는 비전동식 재봉틀의 구동 원리를 고려해 보자. 재봉틀을 동작시키는 사람은 그의 발을 디딤판에 올려놓고 앞뒤로 진동시킨다. 이런 진동 운동은 오른쪽에 있는 큰 바퀴 같은 기계를 원운동하게 한다. 사진에 보이는 빨간색의 구동 벨트는 이 원운동을 재봉 기계 장치(사진 위)로 전달하여 결국 재봉 바늘이 진

그림 15.12 20세기 초에 사용된 디딤판 형태의 재봉틀 기계의 아랫부분. 디딤판은 금속 격자 모양으로 된 넓고 평평한 발판이다.

동 운동하게 한다. 이 절에서는 이들 두 운동 유형 사이의 재미있는 관계를 살펴본다.

그림 15.13은 이들 관계를 보여 주는 실험 장치를 위에서 본 그림이다. 조그만 공을 반지름 A인 회전판의 가장자리에 붙여 놓고 램프로 위쪽에서 비춘다. 이 공은 스크린에 그림자를 만든다. 회전판이 일정한 각속력으로 회전하면, 공의 그림자는 왔다 갔다 하면서 단조화 운동을 하게 된다.

그림 15.14a와 같이 반지름 A인 원의 원주 위의 한 점 P에 놓여 있는 입자를 살펴보자. 이때 선 OP는 $t = 0$일 때 x축과 각도 ϕ를 이룬다. 단조화 운동과 등속 원운동을 비교하기 위하여 이 원을 **기준 원**(reference circle)이라 하고, $t = 0$일 때 P의 위치를 기준점으로 택한다. 그림 15.14b와 같이 $t > 0$일 때 OP가 x축과 각도 θ를 이룰 때까지 입자가 일정한 각속력 ω로 원을 따라 움직인다면, $\theta = \omega t + \phi$이다. 입자가 원 주위를 따라 움직인다면, x축 위에 P의 그림자 Q는 $x = +A$와 $x = -A$ 사이를 왔다 갔다 하면서 운동하게 된다.

점 P와 Q는 항상 같은 x 좌표를 가진다는 것에 주목하라. 직각 삼각형 OPQ로부터 x 좌표는 다음 식과 같음을 알게 된다.

$$x(t) = A\cos(\omega t + \phi) \quad \textbf{(15.23)}$$

이 식은 식 15.6과 같고 따라서 점 Q는 x축을 따라 단조화 운동을 하게 된다. 그러므로 직선을 따라 단조화 운동을 하는 입자로 모형화한 물체의 운동은, 기준 원의 지름을 따라 등속 원운동하는 입자로 모형화한 물체의 그림자로 나타낼 수 있다.

이 기하학적인 해석은 기준 원 위의 점 P가 한 번 회전하는 데 소요되는 시간이 $x = +A$와 $x = -A$ 사이에서 일어나는 단조화 운동의 주기 T와 같다는 것을 보여 준다. 그러므로 점 P의 각속력 ω는 x축을 따라 운동하는 단조화 운동의 각진동수 ω와 같다(그래서 각속력과 각진동수는 같은 문자 ω로 표현한다). 단조화 운동의 위상 상수 ϕ는 OP와 x축이 이루는 처음 각도와 같다. 기준 원의 반지름 A는 단조화 운동의 진폭

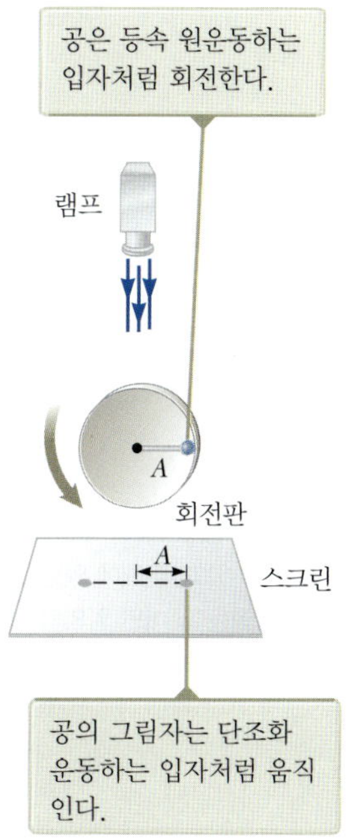

그림 15.13 단조화 운동하는 입자와 등속 원운동하는 입자 사이의 관계를 설명하는 실험 개략도

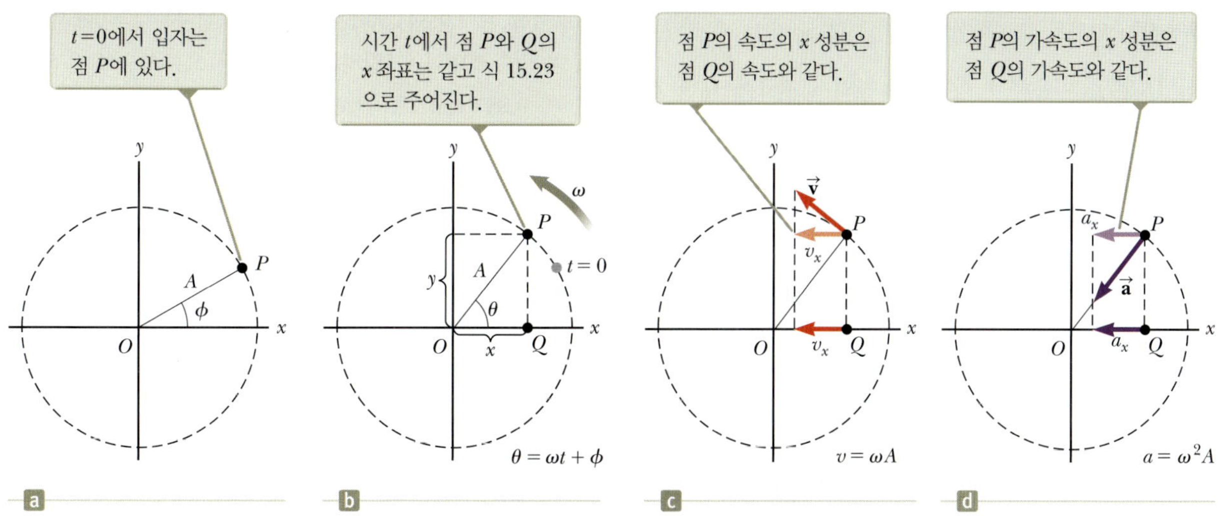

그림 15.14 점 P의 등속 원운동과 점 Q의 단조화 운동과의 관계. 점 P에 있는 입자는 일정한 각속력 ω로 반지름 A인 원 위에서 운동한다.

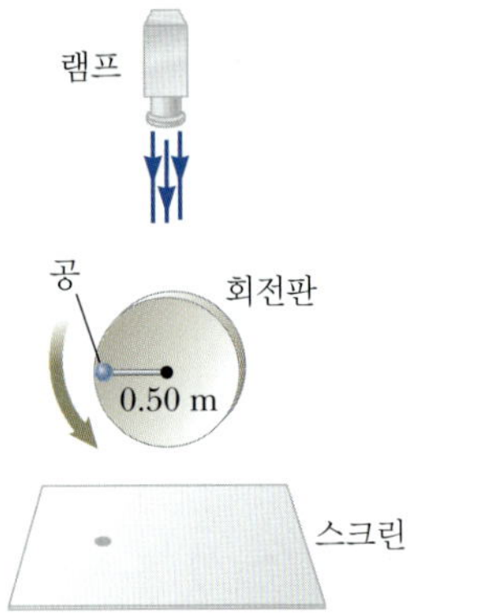

그림 15.15 (퀴즈 15.5) 어떤 물체가 원운동을 하고 있고, 아래에 있는 스크린에 그림자를 만든다. 어떤 임의의 그림자의 시간에 위치가 나타나 있다.

과 같다.

식 10.10과 같이 원운동에서 선속력과 각속력의 관계는 $v = r\omega$이기 때문에, 반지름 A의 기준 원 위에서 움직이는 입자의 속력은 ωA이다. 그림 15.14c로부터 이 속도의 x 성분은 $-\omega A\sin(\omega t + \phi)$이라는 것을 알게 된다. 정의에 따라 점 Q의 속도는 dx/dt로 주어진다. 식 15.23을 시간에 대하여 미분하면 Q의 속도는 P의 속도의 x 성분과 같음을 알게 된다.

기준 원 위 P의 가속도는 점 O를 향해서 지름 방향 안쪽으로 향하고, 가속도의 크기는 $v^2/A = \omega^2 A$이다. 그림 15.14d로부터 이 가속도의 x 성분은 $-\omega^2 A\cos(\omega t + \phi)$임을 알 수 있다. 식 15.23을 두 번 미분함으로써 확인할 수 있듯이, 이 값은 x축을 따라서 투영된 점 Q의 가속도이다.

퀴즈 15.5 그림 15.15는 시간 $t = 0$에서 등속 원운동을 하는 물체의 위치를 나타낸다. 빛을 위에서 비추어 원운동을 하고 있는 물체 아래쪽에 놓여진 스크린에 물체의 그림자를 투영한다. 이 그림자의 단조화 운동의 진폭과 위상은 얼마인가? (x축의 양의 방향은 오른쪽이다.) **(a)** 0.50 m와 0 **(b)** 1.00 m와 0 **(c)** 0.50 m와 π **(d)** 1.00 m와 π

예제 15.3 일정한 각속력을 가진 원운동

그림 15.13에 있는 공이 반지름이 3.00 m인 원 위에서 일정한 각속력 8.00 rad/s로 시계 반대 방향으로 돌고 있다. $t = 0$일 때 공의 그림자 위치의 x 성분은 2.00 m이고 오른쪽으로 움직인다.

(A) 시간의 함수로 그림자의 x좌표를 SI 단위로 나타내라.

풀이

개념화 그림 15.13에서 설명한 바와 같이, 공의 원운동과 그림자의 단조화 운동 사이의 관계를 이해한다. $t = 0$에서 그림자의 위치는 최대가 아님에 유의한다.

분류 회전판 위의 공은 등속 원운동하는 입자이다. 그림자는 **단조화 운동하는 입자**로 모형화한다.

분석 식 15.23을 이용하여 회전하는 공의 x 좌표에 대한 식을 쓴다.

$$x = A\cos(\omega t + \phi)$$

위상 상수에 대하여 푼다.

$$\phi = \cos^{-1}\left(\frac{x}{A}\right) - \omega t$$

처음 조건에 대한 주어진 값들을 대입한다.

$$\phi = \cos^{-1}\left(\frac{2.00\text{ m}}{3.00\text{ m}}\right) - 0 = \pm 48.2° = \pm 0.841\text{ rad}$$

해로서 $\phi = +0.841$ rad을 택하면, 그림자는 $t = 0$에서 왼쪽으로 움직일 것이다. 그림자는 $t = 0$에서 오른쪽으로 움직이므로 $\phi = -0.841$ rad으로 택해야 한다.

시간의 함수로 x 좌표를 쓴다.

$$x = 3.00\cos(8.00t - 0.841)$$

(B) 임의의 시간 t에서 그림자 속도의 x 성분과 가속도의 x 성분을 구하라.

풀이 x 좌표를 시간에 대하여 미분하여 임의의 시간에 속도(m/s)를 구한다.

$$v_x = \frac{dx}{dt} = (-3.00\text{ m})(8.00\text{ rad/s})\sin(8.00t - 0.841)$$
$$= -24.0\sin(8.00t - 0.841)$$

속도를 시간에 대하여 미분하여 임의의 시간에 가속도(m/s^2)를 구한다.

$$a_x = \frac{dv_x}{dt} = (-24.0\text{ m/s})(8.00\text{ rad/s})\cos(8.00t - 0.841)$$
$$= -192\cos(8.00t - 0.841)$$

결론 이들 결과는 등속 원운동하는 공과 단조화 운동을 하는 그림자 모두에 대하여 성립한다. 위상 상수의 값은 공을 그림 15.14의 xy 좌표계의 제4사분면에 놓이게 하는데, 이는 그림자의 x값이 양수이고 오른쪽으로 움직인다는 것과 일치한다.

15.5 진자 The Pendulum

단진자(simple pendulum)는 주기 운동을 하는 또 다른 역학적인 계이다. 그림 15.16과 같이 길이가 L이고 위쪽 끝이 고정된 가벼운 줄에 매달린 단진자를 고려하자. 운동은 연직면 내에서 일어나며 중력에 의하여 구동된다. 각도 θ가 작다면(약 10° 이내), 이 운동은 단조화 진동자의 운동과 아주 가까움을 보이겠다.

물체에 작용하는 힘은 줄이 작용하는 힘 $\vec{\mathbf{T}}$와 중력 $m\vec{\mathbf{g}}$이다. 중력의 접선 성분은 $mg\sin\theta$이고 항상 변위와 반대 방향인 $\theta = 0$ 쪽으로 작용한다. 그러므로 접선 방향으로의 힘은 복원력이고, 뉴턴의 제2법칙을 사용하여 접선 방향의 운동 방정식을

$$F_t = ma_t \;\rightarrow\; -mg\sin\theta = m\frac{d^2s}{dt^2}$$

로 쓸 수 있다. 여기서 s는 호를 따라 측정된 추의 위치이고, 음(−)의 부호는 접선력이 평형 위치 쪽으로 향한다는 것을 나타낸다. 접선 가속도를 위치 s의 이차 도함수로 나타내었다. 식 10.1a와 같이 $s = L\theta$이고 L이 일정하기 때문에, 이 식은 다음과 같이 된다.

$$\frac{d^2\theta}{dt^2} = -\frac{g}{L}\sin\theta$$

각위치 θ에 대한 이 식을 식 15.3과 비교해 보자. 이것은 같은 수학적 형태인가? 그렇지 않다! 우변은 θ에 비례하지 않고 $\sin\theta$에 비례하므로 이 경우는 식 15.3의 형태가 아니기 때문에 단조화 운동이 아니다. 그러나 θ가 작다고 가정할 때(약 10° 또는 0.2 rad보다 작은 경우), **작은 각도 근사**(small angle approximation)를 사용하면 $\sin\theta \approx \theta$가 된다. 여기서 θ는 라디안으로 나타낸다. 표 15.1은 각도를 도(°)로 표시한 값과 라디안으로 표시한 값, 그리고 이 각도의 사인값을 보여 준다. 각도가 10°보다 작

θ가 작을 때 단진자의 운동은 평형 위치(θ = 0) 주변에서의 단조화 운동으로 모형화할 수 있다.

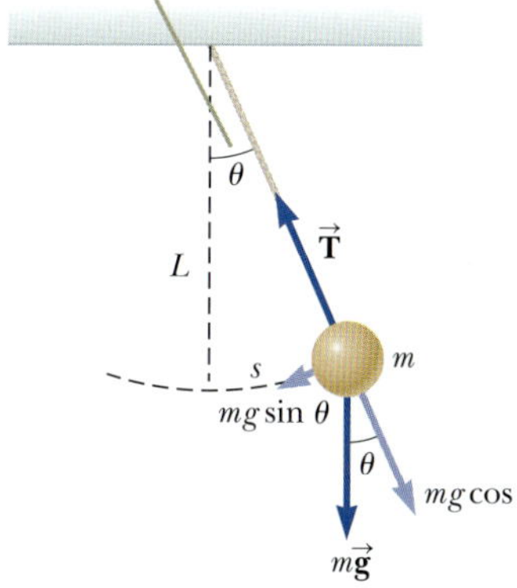

그림 15.16 단진자

표 15.1 각도와 그 각도의 사인값

각도(°)	각도 (rad)	사인값	차이 (백분율)
0°	0.000 0	0.000 0	0.0 %
1°	0.017 5	0.017 5	0.0 %
2°	0.034 9	0.034 9	0.0 %
3°	0.052 4	0.052 3	0.0 %
5°	0.087 3	0.087 2	0.1 %
10°	0.174 5	0.173 6	0.5 %
15°	0.261 8	0.258 8	1.2 %
20°	0.349 1	0.342 0	2.1 %
30°	0.523 6	0.500 0	4.7 %

오류 피하기 15.5

진정한 단조화 운동이 아님 모든 각도에서도 진자는 엄밀하게 단조화 운동을 **하지는 않는다.** 각도가 약 10°보다 작으면, 그 운동을 단조화 운동으로 **모형화**할 수 있을 뿐이다.

으면, 라디안 단위의 각도나 그 각도의 사인값이 1.0 %보다 작은 정확도 내에서 같다.

따라서 각도가 작을 경우 운동 방정식은

$$\frac{d^2\theta}{dt^2} = -\frac{g}{L}\theta \quad (\theta\text{가 작은 경우}) \tag{15.24}$$

가 된다. 이 식은 식 15.3과 같은 형태이므로, θ가 작을 때의 진동은 단조화 운동으로 모형화할 수 있다. 그러므로 식 15.24의 해는 식 15.6과 같은 형태로 주어져서 $\theta = \theta_{max}\cos(\omega t + \phi)$로 쓸 수 있다. 여기서 θ_{max}는 **최대 각위치**이고, 각진동수 ω는

단진자의 각진동수 ▶

$$\omega = \sqrt{\frac{g}{L}} \tag{15.25}$$

이다. 운동의 주기는

단진자의 주기 ▶

$$T = \frac{2\pi}{\omega} = 2\pi\sqrt{\frac{L}{g}} \tag{15.26}$$

이다. 즉 단진자의 주기와 진동수는 줄의 길이와 중력 가속도에만 의존한다. 주기가 질량에 무관하기 때문에, 동일한 길이의 같은 지점에 있는(그러므로 g는 일정) 모든 단진자는 같은 주기로 진동한다고 말할 수 있다.

단진자의 주기는 단지 길이와 그 지점의 g(중력 가속도) 값에만 의존하므로 단진자는 시간 측정기로 이용될 수 있으며, 자유 낙하 가속도를 정확히 측정하는 편리한 도구가 된다. 또한 지역에 따른 g 값은 석유나 다른 가치 있는 지하 자원의 위치에 대한 정보를 제공해 주기 때문에, g 값을 정확히 측정하는 것이 중요하다.

Q 퀴즈 15.6 큰 괘종 시계에서 시간이 정확하려면 진자 주기가 일정하게 유지되어야 한다. **(i)** 괘종 시계를 정확하게 맞춘 후 장난기 심한 어린이가 진자 막대를 타고 아래쪽 끝으로 미끄러져 내려와 매달린다. 괘종 시계는 **(a)** 더 느리게 간다. **(b)** 더 빠르게 간다. **(c)** 정확하다. **(ii)** 괘종 시계를 해수면 위치에서 정확하게 맞춘 후 그 시계를 매우 높은 산꼭대기로 가져가면 괘종 시계는 **(a)** 더 느리게 간다. **(b)** 더 빠르게 간다. **(c)** 정확하다.

예제 15.4 길이와 시간 사이의 관계

역사상 위대한 시계 제작자인 하위헌스(Christian Huygens, 1629~1695)는 길이의 국제 단위는 정확하게 주기가 1 s인 단진자의 길이로 정의될 수 있다고 제안하였다. 그의 제안을 받아들이면 길이 단위가 얼마나 짧아지는가?

풀이

개념화 1 s에 정확히 한 번 왕복 운동하는 진자를 상상해 보라. 진동하는 물체를 관찰해 본 여러분의 경험을 바탕으로, 필요한 길이를 추정해 볼 수 있는가? 줄에 작은 물체를 매달고 1 s 진자를 만들어 보라.

분류 예제는 단진자를 포함하고 있으므로, 이를 이 절에서 공부한 개념의 적용으로 분류한다.

분석 길이에 대하여 식 15.26을 풀고 주어진 값들을 대입한다.

$$L = \frac{T^2 g}{4\pi^2} = \frac{(1.00\text{ s})^2(9.80\text{ m/s}^2)}{4\pi^2} = 0.248\text{ m}$$

이 자의 길이는 현재 길이의 표준인 1 m의 $\frac{1}{4}$보다 조금 작다. 시간이 정확히 1 s로 정의되어 있기 때문에 유효 숫자의 개수는

g 값의 정확도에 의존한다.

문제 만약에 하위헌스가 다른 행성에 태어났다면 어떻게 되었을까? 하위헌스의 진자에 기초한 진자의 길이가 우리가 사용하는 1 m와 같아지려면 행성에서의 g 값은 얼마가 되어야 하는가?

답 식 15.26을 g에 대하여 푼다.

$$g = \frac{4\pi^2 L}{T^2} = \frac{4\pi^2(1.00\ \text{m})}{(1.00\ \text{s})^2} = 4\pi^2\ \text{m/s}^2$$

$$= 39.5\ \text{m/s}^2$$

우리 태양계에서는 어떤 행성도 이렇게 큰 중력 가속도를 갖고 있지 않다.

물리 진자 Physical Pendulum

손가락에 옷걸이를 걸어 균형을 맞추고 있다고 상상해 보자. 다른 손으로 옷걸이를 건드려 조금이라도 각변위가 생기면, 옷걸이는 진동한다. 매달린 물체가 질량 중심을 통과하지 않는 고정축을 중심으로 진동하고 그 물체를 점 입자로 근사시킬 수 없다면, 그 계를 단진자로 취급할 수 없다. 이 경우 그 계를 **물리 진자**(physical pendulum)라 한다.

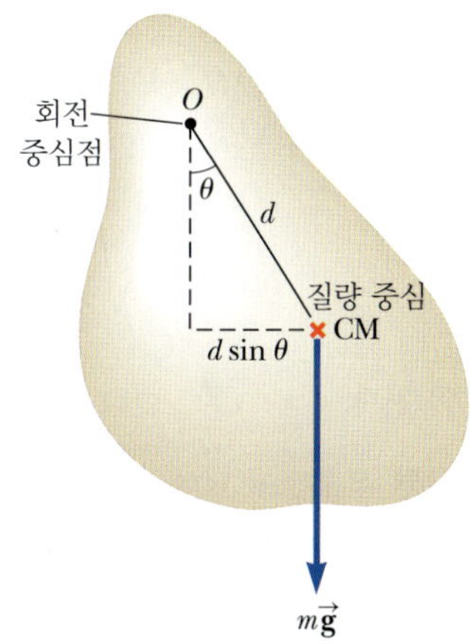

그림 15.17 점 O를 회전 중심점으로 하는 물리 진자

그림 15.17과 같이 질량 중심에서 거리 d만큼 떨어진 점 O를 회전 중심점으로 하여 매달린 강체를 고려하자. 중력은 점 O를 지나는 축에 대하여 돌림힘이 생기도록 하며, 이 돌림힘의 크기는 $mgd\sin\theta$이고 θ는 그림 15.17에 나타나 있다. 물체를 알짜 돌림힘을 받는 강체로 모형화하고, 회전 운동에 대한 뉴턴의 제2법칙 $\sum \tau_{\text{ext}} = I\alpha$을 이용하자. 여기서 I는 O를 지나는 축에 대한 물체의 관성 모멘트이다. 그 결과는

$$-mgd\sin\theta = I\frac{d^2\theta}{dt^2}$$

이다. 음(−)의 부호는 그림에서 O에 대한 돌림힘이 시계 방향(각도 θ를 줄이는 방향)으로 작용한다는 것을 나타낸다. 즉 중력은 복원 돌림힘을 만든다. 여기서 각도 θ가 작다고 가정하면, $\sin\theta \approx \theta$이므로 운동 방정식은 다음과 같이 된다.

$$\frac{d^2\theta}{dt^2} = -\left(\frac{mgd}{I}\right)\theta = -\omega^2\theta \qquad \textbf{(15.27)}$$

이 식은 식 15.3과 수학적으로 같은 형태이므로 운동은 단조화 운동이 된다. 즉 식 15.27의 해는 $\theta = \theta_{\max}\cos(\omega t + \phi)$로 주어지며, 여기서 $\theta_{\max}$는 최대 각위치이다. 각진동수는

$$\omega = \sqrt{\frac{mgd}{I}}$$

이고, 주기는

$$T = \frac{2\pi}{\omega} = 2\pi\sqrt{\frac{I}{mgd}} \qquad \textbf{(15.28)}$$

◀ 물리 진자의 주기

이다. 이 결과는 평면 강체의 관성 모멘트를 측정하기 위하여 이용될 수 있다. 만일 질량 중심의 위치가 알려져 있어서 d 값을 안다면, 관성 모멘트는 주기를 측정해서 얻을 수 있다. 마지막으로 식 15.28의 관성 모멘트가 $I = md^2$일 때, 즉 모든 질량이 질량 중심에 집중되어 있을 때, 식 15.28은 단진자의 주기(식 15.26)가 된다는 것에 주목하라.

예제 15.5 흔들리는 막대

질량이 M이고 길이가 L인 균일한 막대가 그림 15.18과 같이 고정된 한쪽 끝을 중심으로 연직면에서 진동한다. 운동의 진폭이 작을 때 진동의 주기를 구하라.

풀이

개념화 한 끝을 중심으로 해서 좌우로 흔들리는 막대를 생각해 보자. 미터자 또는 나무 조각으로 시도해 본다.

분류 막대는 점 입자가 아니므로 이를 물리 진자로 분류한다.

분석 10장에서 한 끝을 통과하는 축에 대한 균일한 막대의 관성 모멘트는 $\frac{1}{3}ML^2$임을 알았다. 회전 중심점으로부터 질량 중심까지의 거리 d는 $L/2$이므로, 식 15.28을 이용하면

$$T = 2\pi\sqrt{\frac{\frac{1}{3}ML^2}{Mg(L/2)}} = 2\pi\sqrt{\frac{2L}{3g}}$$

이 된다.

결론 우주선이 달에 착륙했을 때, 달 표면을 걷는 우주인의 우주복에는 벨트가 달려 있었는데, 이 벨트가 물리 진자처럼 진동을 하였다. 텔레비전에서 이 운동을 본 지구의 한 과학자가 달에서의 자유 낙하 가속도를 추정해 보았다. 과학자는 어떻게 계산을 한 것일까?

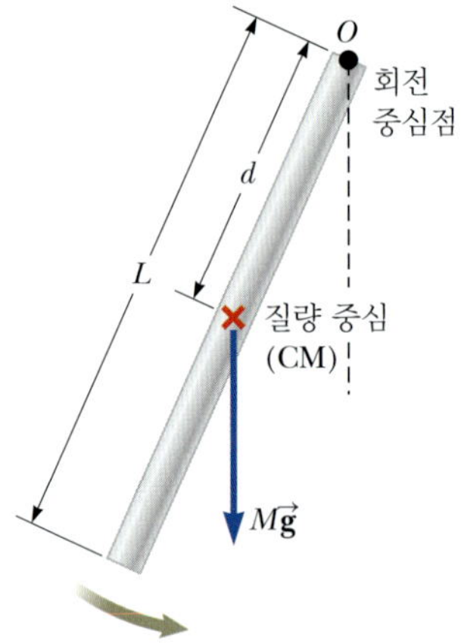

그림 15.18 (예제 15.5) 회전 중심점 주위로 진동하는 강체는 $d = L/2$인 물리 진자이다.

비틀림 진자 Torsional Pendulum

그림 15.19는 고정된 지지대의 꼭대기에 붙어 있는 철사에 매달린 강체를 나타내고 있다. 강체가 어떤 작은 각도 θ로 비틀릴 때, 비틀린 철사는 각위치에 비례하는 복원 돌림힘을 강체에 작용한다. 즉

$$\tau = -\kappa\theta$$

이다. 여기서 κ(그리스 문자 카파)는 철사의 **비틀림 상수**이며, 이는 용수철에서의 힘 상수 k에 대응된다. κ의 값은 알려진 돌림힘을 적용하여 철사를 비틀 때, 비틀어진 각도 θ를 측정함으로써 얻을 수 있다. 회전 운동에 대한 뉴턴의 제2법칙을 적용하면

$$\sum \tau = I\alpha \rightarrow -\kappa\theta = I\frac{d^2\theta}{dt^2}$$

$$\frac{d^2\theta}{dt^2} = -\frac{\kappa}{I}\theta \qquad \textbf{(15.29)}$$

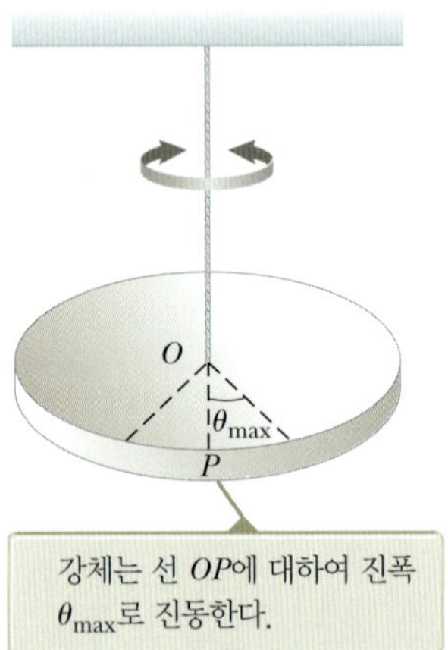

그림 15.19 비틀림 진자

가 된다. 다시 이 식은 $\omega = \sqrt{\kappa/I}$와 주기

비틀림 진자의 주기 ▶

$$T = 2\pi\sqrt{\frac{I}{\kappa}} \qquad \textbf{(15.30)}$$

를 가진 단조화 진동자의 운동 방정식이 된다. 이런 계를 **비틀림 진자**라고 한다. 이 경우 철사의 탄성 한계를 초과하지 않는 한 작은 각도 근사를 고려해야 하는 제한은 없다.

15.6 감쇠 진동
Damped Oscillations

지금까지 고려해 온 진동 운동은 이상적인 계, 즉 선형 복원력의 작용하에 무한히 진동하는 계에 대한 것이었다. 그러나 실제의 경우는 마찰 또는 공기 저항 같은 비보존력이 존재하여 계의 운동을 방해하므로, 계의 역학적 에너지는 시간이 지남에 따라 감소한다. 이런 경우 운동이 **감쇠**된다고 말한다. 역학적 에너지는 물체와 저항 매질 내의 내부 에너지로 변환된다. 그림 15.20은 감쇠 운동하는 계의 한 예를 보여 준다. 용수철에 매달린 물체가 점성 있는 유체에 잠겨 있다. 또 다른 예는 공기 속에서 진동하는 단진자이다. 운동을 시작한 후, 진자는 공기 저항 때문에 결국 진동을 멈춘다. 이 장의 도입부 사진은 실제 사용되는 감쇠 진동을 보여 준다. 다리 아래에 부착한 용수철이 들어 있는 장치는 진동하는 다리의 역학적 에너지를 내부 에너지로 변환시키는 감쇠기이다.

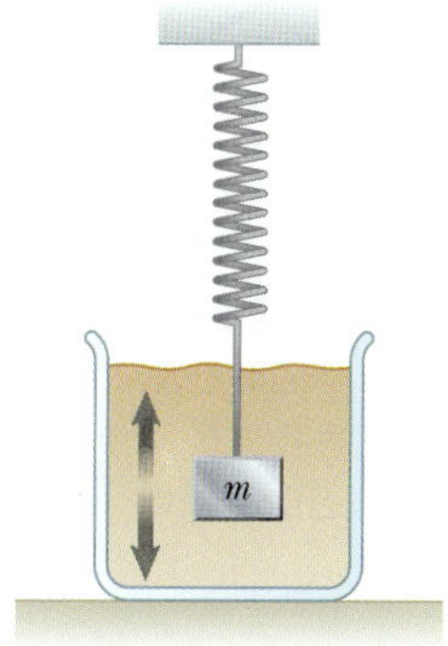

그림 15.20 감쇠 진동자의 한 예로 용수철에 매달린 물체가 점성이 있는 액체에 잠겨 있다.

흔한 형태의 저항력(retarding force)은 6.4절에서 논의되었던 것처럼 속력에 비례하며 운동 방향과 반대쪽으로 작용한다. 이 저항력은 흔히 물체가 유체 속에서 움직일 때 관찰된다. 저항력은 $\vec{\mathbf{R}} = -b\vec{\mathbf{v}}$ (여기서 b는 **감쇠 계수**로서 상수이다)로 표현될 수 있으며, 계의 복원력은 $-kx$이므로 뉴턴의 제2법칙을 이용하면

$$\sum F_x = -kx - bv_x = ma_x$$

$$-kx - b\frac{dx}{dt} = m\frac{d^2x}{dt^2} \qquad (15.31)$$

이다. 이 식의 해를 구하기 위해서는 아직 익숙하지 않은 미분 방정식을 풀어야 할 것이다. 여기서는 증명없이 그 해를 제시하기로 한다. 저항력이 최대 복원력에 비하여 작을 때, 즉 감쇠 계수 b가 작을 때 식 15.31의 해는

$$x = Ae^{-(b/2m)t}\cos(\omega t + \phi) \qquad (15.32)$$

의 형태가 되며, 여기서 진동의 각진동수는 다음과 같다.

$$\omega = \sqrt{\frac{k}{m} - \left(\frac{b}{2m}\right)^2} \qquad (15.33)$$

이 결과는 식 15.32를 15.31에 대입시킴으로써 검증할 수 있다. 감쇠 진동자의 각진동수를

$$\omega = \sqrt{\omega_0^{\,2} - \left(\frac{b}{2m}\right)^2}$$

의 형태로 나타내는 것이 편리한데, 여기서 $\omega_0 = \sqrt{k/m}$는 저항력이 없을 때(비감쇠 진동자)의 각진동수를 나타내는 **자연 진동수**(natural frequency)이다.

그림 15.21은 저항력이 존재할 때 진동하는 물체의 위치를 시간의 함수로서 나타낸 것이다. 저항력이 작을 때 운동의 진동 특성은 보존되지만, 진폭은 시간에 따라서 지수적으로 줄어들며, 운동은 궁극적으로 측정이 안될 만큼 작아지게 된다. 이런 식으로 움직이는 계를 **감쇠 진동자**(damped oscillator)라고 한다. 그림 15.21에서 진동 곡선의

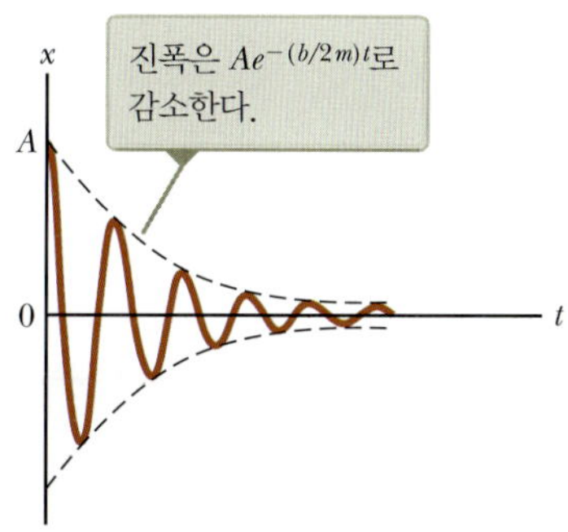

그림 15.21 감쇠 진동자의 위치 대 시간 그래프

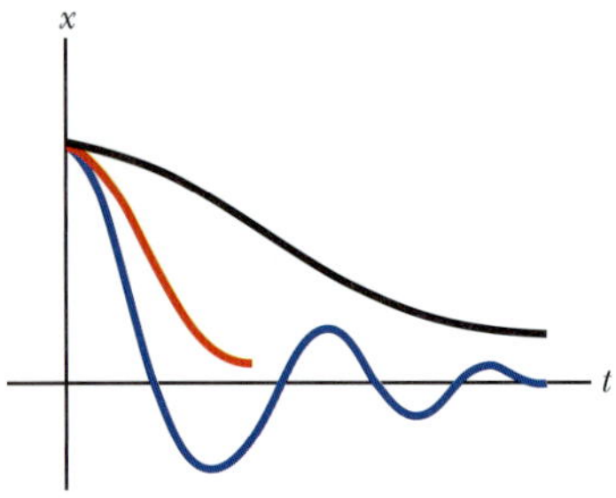

그림 15.22 감쇠 진동자에 대한 위치 대 시간 그래프. 저감쇠 진동자(파란 곡선), 임계 감쇠 진동자(빨간 곡선), 과감쇠 진동자(검은 곡선).

포락선을 나타내는 검은 점선은 진동의 진폭이 시간에 따라 지수 함수적으로 감소함을 보여 주는데, 식 15.32에서 지수항을 나타낸다. 용수철 상수와 물체의 질량이 주어질 때, 보다 큰 저항력에 대해서는 진동이 매우 빨리 감쇠한다.

저항력의 크기가 $b/2m < \omega_0$일 때 계는 **저감쇠**(underdamped)라고 한다. 이 운동은 그림 15.21과 그림 15.22의 파란 곡선으로 나타나 있다. b의 값이 커질수록 진동의 진폭은 점점 더 빨리 감소하게 된다. b가 $b_c/2m = \omega_0$인 임계값 b_c에 도달할 때, 계는 진동하지 않고 **임계 감쇠**(critically damped)된다. 이 경우 어떤 비평형 위치로부터 정지 상태에서 놓으면, 계는 평형 위치로 접근하지만 평형 위치를 통과하지 못한다. 이 경우 시간에 따른 위치의 그래프는 그림 15.22의 빨간 곡선이다.

매질의 점성이 매우 커서 저항력이 복원력보다 훨씬 크면, 즉 $b/2m > \omega_0$이면, 계는 **과감쇠**(overdamped)된다. 이 경우에도 평형을 벗어난 계는 진동하지 못하고 단순히 평형 위치로 되돌아온다. 다만 감쇠가 커지면, 변위가 평형에 도달하는 데 걸리는 시간은 그림 15.22의 검은 곡선과 같이 길어진다. 임계 감쇠와 과감쇠인 계에 대해서는 각진동수 ω가 없고, 식 15.32에 주어진 해는 성립하지 않는다.

15.7 강제 진동
Forced Oscillations

감쇠 진동자의 역학적 에너지는 저항력 때문에 시간에 따라 감소한다. 계에 양(+)의 일을 하는 주기적인 외력을 가함으로써 감쇠 진동자의 에너지 손실을 보상하는 것이 가능하다. 어떤 순간에 진동자의 운동 방향으로 작용하는 힘에 의하여 에너지가 계에 주입될 수 있다. 예를 들면 그네에 탄 아이를 적절한 타이밍으로 밀어줌으로써 그 아이를 계속 운동 상태에 있게 할 수 있다. 만일 운동의 한 주기당 주입되는 에너지가 한 주기 동안 저항력에 의한 역학적 에너지 손실과 정확히 같다면 운동의 진폭은 일정하게 유지된다.

강제 진동의 한 예가 $F(t) = F_0 \sin \omega t$로 주기적으로 변하는 외력(구동력)에 의하여 움직이는 감쇠 진동자이다. 여기서 ω는 구동력의 진동수이고 F_0는 상수이다. 일반적으로 구동력의 각진동수 ω는 변수이고, 반면에 진동자의 고유 각진동수 ω_0는 k와 m 값에 의하여 결정된다. 저항력과 구동력을 모두 받는 진동자를 알짜힘을 받는 입자로 모형화하고, 이 상황에 뉴턴의 제2법칙을 적용하면

$$\sum F_x = ma_x \rightarrow F_0 \sin \omega t - b\frac{dx}{dt} - kx = m\frac{d^2x}{dt^2} \qquad \textbf{(15.34)}$$

가 된다. 이 방정식의 해는 다소 길어서 여기에 나타내지 않는다. 처음에 정지해 있는 물체에 구동력이 작용하기 시작하면 진동의 진폭은 증가할 것이다. 진동자와 주위 매질로 구성된 계는 비고립계이다. 구동력이 일을 하여 계의 진동 에너지(물체의 운동 에너지, 용수철에서의 탄성 퍼텐셜 에너지)와 물체와 계의 내부 에너지는 증가한다. 충분한 시간이 경과한 후, 한 주기당 구동력으로부터 주입되는 에너지의 양이 내부 에너지

로 변환되는 역학적 에너지의 양과 같을 때, 계는 진동의 진폭이 일정하게 유지되는 정상 상태의 조건에 도달한다. 이 경우에 식 15.34의 해는

$$x = A\cos(\omega t + \phi) \tag{15.35}$$

의 형태로 나타낼 수 있다. 여기서

$$A = \frac{F_0/m}{\sqrt{(\omega^2 - \omega_0{}^2)^2 + \left(\dfrac{b\omega}{m}\right)^2}} \tag{15.36}$$

◀ 강제 진동자의 진폭

이며, $\omega_0 = \sqrt{k/m}$는 비감쇠 진동자($b = 0$)의 고유 진동수이다.

식 15.35와 15.36은 강제 진동자가 구동력의 진동수와 같게 진동한다는 것과 진동자의 진폭은 주어진 구동력에 대하여 일정함을 보여 준다. 이것은 외력에 의하여 정상 상태에서 구동되기 때문이다. 작은 감쇠에 대하여 구동력의 진동수가 진동의 자연 진동수와 비슷할 때, 즉 $\omega \approx \omega_0$일 때 진폭은 크게 된다. 고유 각진동수 ω_0 근처에서 진폭의 급격한 증가를 **공명**(resonance)이라고 하며, 자연 진동수 ω_0을 계의 **공명 각진동수**(resonance frequency)라고도 부른다.

공명 각진동수에서 진폭이 급격히 커지는 이유는 가장 좋은 조건에서 계에 에너지가 전달되기 때문이다. 식 15.35에서 x를 시간에 대하여 일차 미분하면, 진동자의 속도에 대한 표현이 되며 이것으로부터 잘 이해할 수 있다. v는 $\sin(\omega t + \phi)$에 비례함을 알게 되고 이것은 구동력을 기술하는 것과 같은 삼각 함수이다. 따라서 외력 $\vec{\mathbf{F}}$가 속도와 같은 위상을 갖게 된다. $\vec{\mathbf{F}}$가 진동자에 하는 일의 시간 비율은 $\vec{\mathbf{F}} \cdot \vec{\mathbf{v}}$와 같으며, 이 비율이 진동자에 전달되는 일률이다. $\vec{\mathbf{F}}$와 $\vec{\mathbf{v}}$가 같은 위상에 있을 때 곱 $\vec{\mathbf{F}} \cdot \vec{\mathbf{v}}$는 최댓값을 가지므로, 공명 상태에서 외력은 속도와 같은 위상에 있고 진동자에 전달된 일률은 최대가 된다.

그림 15.23은 강제 진동자에서 저항력의 크기(감쇠가 있을 경우와 없을 경우)에 따른 진폭 대 진동수의 그래프이다. 진폭은 감쇠가 감소할 때($b \to 0$) 증가하고, 공명 곡선은 감쇠(b 값)가 증가될 때 넓어진다는 것에 주목하라. 저항력이 없을 때($b = 0$), 식 15.36으로부터 정상 상태 진폭이 ω가 ω_0에 가까워짐에 따라 무한대에 접근한다는 것을 알 수 있다. 다시 말해서 계에 어떤 손실이 없을 때, 속도와 위상이 동일한 주기적인 힘으로 진동자를 구동시키면 운동의 진폭은 무한히 커진다(그림 15.23에서 갈색 곡선). 그러나 실제의 경우 어떤 형태로든지 감쇠가 항상 존재하기 때문에 진폭의 무한한 증가는 일어나지 않는다.

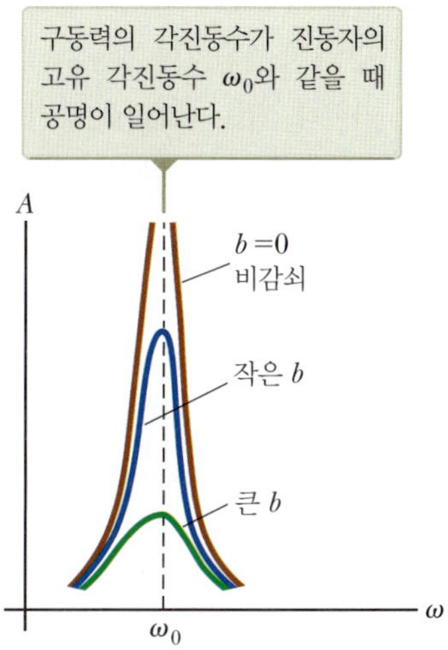

그림 15.23 주기적인 구동력이 존재할 때 감쇠 진동자에 대한 진폭 대 각진동수 그래프. 공명 곡선의 형태는 감쇠 계수의 크기에 의존함에 주목하자.

이 교재의 후반부에서 공명은 물리의 다른 영역에서도 일어난다는 것을 배울 것이다. 예를 들면 전기 회로에서도 자연 진동수를 가지며, 주어진 진동수에서 인가 전압을 변화시켜 강한 공명을 일으킬 수 있다. 또한 모든 교량은 자연 진동수를 가지고 있어서 적절한 구동력에 의하여 공명이 일어날 수 있다. 이와 같은 공명의 놀랄 만한 예는 1940년에 일어난 워싱턴 주에 있는 타코마 협교의 공명 진동에 의한 붕괴이다. 이 교량은 바람이 특별히 세게 불지 않았는데도 불어오는 바람 때문에 생긴 교란(주기적인 외력)이 구조물의 자연 진동수와 같은 진동수로 일어났기 때문에 결과적으로 붕괴되었다(그림

그림 15.24 (a) 1940년에 소용돌이치는 바람이 타코마 협교에 비틀림 진동을 일으키고, 교량의 자연 진동수 중의 하나에 가까운 진동수로 진동하게 되었다. (b) 자연 진동수로 교량이 진동하게 되면 공명에 의하여 교량은 붕괴된다(현재 수학자와 물리학자들은 이에 대한 해석을 둘러싸고 연구에 매진하고 있다).

15.24). 교량이 적절한 내부 안전성을 고려하지 않고 설계되었기 때문이다.

공명 진동의 다른 예들이 실제로 많이 있다. 여러분이 경험했을 공명 진동은 바람 속에서 전화선의 울림 소리이다. 기계는 흔히 한 진동 부분이 어떤 다른 움직이는 부분과 공명 상태에 놓이면 망가진다. 발을 맞추어 교량을 건너는 군인들은 구조물과 공명 진동을 일으켜 결과적으로 교량을 붕괴시킬 수 있다. 어떤 물리계가 공명 진동수에 가까운 진동수로 구동되면 언제든지 진폭이 매우 큰 진동을 관측할 수 있다.

연습문제

객관식

1. 작은 진폭으로 단조화 운동을 하는 단진자의 길이를 두 배로 하면 단진자의 진동수는 어떻게 되는가? (a) 두 배로 증가한다. (b) $\sqrt{2}$배로 증가한다. (c) 1/2로 감소한다. (d) $1/\sqrt{2}$로 감소한다. (e) 같다.

2. 연직으로 매달린 용수철 끝에 물체를 매달았다. 천천히 물체를 놓으면 용수철은 15.0 cm만큼 늘어난 후 평형 상태를 유지한다. 그러고 나서 물체를 처음 위치로 들어 올린 다음 정지 상태에서 놓으면, 물체는 아래 방향으로 최대 몇 cm 움직이는가? (a) 7.5 cm (b) 15.0 cm (c) 30.0 cm (d) 60.0 cm (e) 질량과 용수철 상수 값을 모르면 계산할 수 없다.

3. 진폭이 6.0 cm이고 마찰이 없는 수평면 위에서 단조화 운동하는 물체–용수철 계의 에너지는 12 J이다. 물체의 질량을 두 배로 하고 단조화 운동의 진폭은 6.0 cm로 같게 할 경우 계의 에너지는 얼마인가? (a) 12 J (b) 24 J (c) 6 J (d) 48 J (e) 정답 없음

4. 진폭 A로 단조화 운동을 하는 물체–용수철 계가 있다. 물체의 운동 에너지가 용수철에 저장된 퍼텐셜 에너지의 두 배가 될 때, 물체 x의 위치는 얼마인가? (a) A (b) $\frac{1}{3}A$ (c) $A/\sqrt{3}$ (d) 0 (e) 정답 없음

5. 질량이 0.40 kg인 물체가 용수철 상수 8.0 N/m인 용수철에 매달려 단조화 운동을 하고 있다. 물체의 위치가 최대 변위인 0.10 m일 때 물체의 가속도 크기는 얼마인가? (a) 0 (b) 0.45 m/s^2 (c) 1.0 m/s^2 (d) 2.0 m/s^2 (e) 2.4 m/s^2

6. 질량이 3.0×10^5 kg인 기차가 2.0 m/s로 달리다가 트랙 끝에서 용수철이 들어 있는 범퍼와 탄성 충돌하였다. 범퍼의 용수철 상수가 2.0×10^6 N/m라면, 충돌하는 동안 용수철의 최대 압축 길이는 얼마인가? (a) 0.77 m (b) 0.58 m (c) 0.34 m (d) 1.07 m (e) 1.24 m

7. 단조화 운동을 하는 물체의 위치가 $x = 4\cos(6\pi t)$로 주어진다. 여기서 x와 t의 단위는 m와 s이다. 이 진동하는 계의 주기는 얼마인가? (a) 4 s (b) $\frac{1}{6}$ s (c) $\frac{1}{3}$ s (d) 6π s (e) 주어진 정보로 결정할 수 없음.

8. 가벼운 용수철에 매달린 물체의 질량을 m에서 $9m$으로 바꾸면 단조화 진동하는 계의 진동수는 몇 배로 변하는가? (a) $\frac{1}{9}$ (b) $\frac{1}{3}$ (c) 3.0배 (d) 9.0배 (e) 6.0배

9. 단조화 진동자에 대한 다음 질문에 '예' 또는 '아니오'로 답하라. (a) 위치와 속도는 같은 부호인가? (b) 속도와 가속도는 같은 부호인가? (c) 위치와 가속도는 같은 부호인가?

10. 위쪽이 고정되어 있는 용수철 아래로 그림 OQ15.10a와 같이 물체가 매달려 있다. 진동하는 계의 진동수는 f이다. 처음 물체와 똑같은 두 개의 물체 및 용수철을 지구 근처를 돌고 있는 우주 왕복선에 가져와 두 물체를 용수철 양 끝에 매달았다. 그림 OQ15.10b와 같이 용수철 코일끼리 부딪치지 않을 정도로 압축시킨 후, 그림 OQ15.10c와 같이 우주 왕복선 객실 안에 떠있는 동안 단조화 운동하도록 놓는다. 이 진동하는 계의 진동수는 얼마인가? (a) $f/2$ (b) $f\sqrt{2}$ (c) $4f$ (d) $\sqrt{2}f$ (e) $2f$

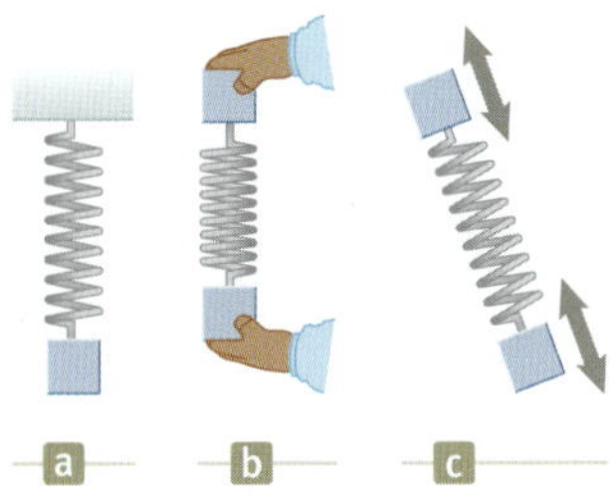

그림 OQ15.10

주관식

15.1 용수철에 연결된 물체의 운동

1. 0.60 kg인 벽돌이 용수철 상수가 130 N/m인 용수철에 매달려 마찰이 없는 수평면 위에서 자유롭게 움직일 수 있다(그림 15.1). 용수철을 0.13 m만큼 당긴 다음 정지 상태에서 벽돌을 놓는다면, 그 순간 (a) 벽돌에 작용하는 힘과 (b) 벽돌의 가속도는 얼마인가?

2. 연직으로 놓인 용수철 위로 질량이 4.25 kg인 물체를 올려 놓았더니 용수철이 2.62 cm만큼 압축되었다. 이 용수철의 힘 상수를 구하라.

15.2 분석 모형: 단조화 운동을 하는 입자

3. 연직으로 놓인 용수철에 질량이 10 g인 물체를 매달면 3.9 cm만큼 늘어난다. 질량이 25 g인 물체로 바꾸어 달아 위아래로 단조화 운동을 하게 한다. 이 운동의 주기를 계산하라.

4. 자동차 엔진의 피스톤이 단조화 운동을 한다. 이때 피스톤의 위치에 대한 식은

$$x = 5.00\cos\left(2t + \frac{\pi}{6}\right)$$

이며, 여기서 x의 단위는 cm이고 t의 단위는 s이다. $t = 0$일 때 (a) 피스톤의 위치와 (b) 속도 그리고 (c) 가속도를 구하라. (d) 운동의 주기와 (e) 진폭을 구하라.

5. 임의의 시간 t에서 입자의 변위가 $x = 4.00\cos(3.00\pi t + \pi)$로 주어진다. 여기서 x의 단위는 m이고 t의 단위는 s이다. 이 운동의 (a) 진동수, (b) 주기, (c) 진폭, (d) 위상 상수를 구하라. (e) $t = 0.250$ s에서 입자의 위치를 구하라.

6. 가솔린 엔진의 피스톤이 단조화 운동을 한다. 엔진이 3 600 rev/min의 각속도로 회전 운동한다. 피스톤의 중심점으로부터 양 끝 위치가 ±5.00 cm일 때 피스톤의 (a) 최대 속도의 크기와 (b) 최대 가속도의 크기를 구하라.

7. 수평으로 놓인 용수철에 질량 1.00 kg의 물체가 매달려 있다. 용수철을 처음에 0.100 m 당긴 후 정지 상태에서 놓으면 마찰이 없는 면 위에서 계속 운동한다. 0.500 s 후에 물체의 속력이 두 번째로 영이 된다면, 물체의 최대 속력은 얼마인가?

8. 단조화 진동자가 완전하게 5회 진동하는 데 12.0 s 걸린다. 이 운동의 (a) 주기, (b) 진동수(Hz) 그리고 (c) 각진동수(rad/s)를 구하라.

9. 질량이 7.00 kg인 물체가 대들보와 연직으로 연결된 용수철의 밑 부분 끝에 매달려 있다. 물체가 연직 방향으로 2.60 s의 주기로 진동한다. 용수철의 힘 상수를 구하라.

10. 노천 시장에서, 바나나 덩어리를 힘 상수가 16.0 N/m인 연직 방향의 용수철 바닥에 매달아 20.0 cm의 진폭으로 진동을 시킨다. 바나나 덩어리의 최대 속력은 40.0 cm/s로 관측되었다. 바나나 덩어리의 무게는 몇 뉴턴인가?

11. 높이 4.00 m로부터 공이 떨어져 바닥과 탄성 충돌한다. 공기 저항에 의하여 역학적 에너지를 잃지 않는다면, (a) 계속되는 운동이 주기적임을 보이라. (b) 이 운동의 주기를 구하라. (c) 이 운동이 단조화 운동인가? 답을 설명하라.

12. x축을 따라 단조화 운동을 하는 입자가 $t = 0$에서 평형 위치인 원점에서 오른쪽으로 출발한다. 운동의 진폭은 2.00 cm이고 진동수는 1.50 Hz이다. (a) 입자의 위치에 대한 식을 시간의 함수로 구하라. (b) 입자의 최대 속력과 (c) 최대 속력을 가지게 되는 첫 번째 시간($t > 0$)을 구하라. (d) 입자가 갖는 양의 최대 가속도와 (e) 양의 최대 가속도를 가지게

되는 첫 번째 시간($t > 0$)을 구하라. (f) 입자가 $t = 0$ s에서 1.00 s 사이에 움직인 전체 거리를 구하라.

13. 단조화 운동하는 물체의 $t = 0$에서의 위치, 속도, 가속도가 각각 x_i, v_i, a_i이고, 각진동수는 ω이다. (a) 이 물체의 위치와 속도를 모든 시간에 대하여 다음과 같이 쓸 수 있음을 보이라.

$$x(t) = x_i \cos \omega t + \left(\frac{v_i}{\omega}\right) \sin \omega t$$

$$v(t) = -x_i \omega \sin \omega t + v_i \cos \omega t$$

(b) 진폭을 A라 할 때 다음을 보이라.

$$v^2 - ax = v_i^2 - a_i x_i = \omega^2 A^2$$

14. 단조화 운동하는 입자의 진동수가 3.00 Hz이고 진폭이 5.00 cm이다. (a) 한 주기 동안 입자가 이동한 전체 거리는 얼마인가? (b) 최대 속력은 얼마인가? 최대 속력인 위치는 어디인가? (c) 입자의 최대 가속도를 구하라. 가속도가 최대인 위치는 어디인가?

15. 힘 상수가 8.00 N/m인 용수철에 매달린 0.500 kg의 물체가 10.0 cm의 진폭으로 진동한다. (a) 속력의 최댓값, (b) 가속도의 최댓값, 물체가 평형 위치로부터 6.00 cm에 있을 때 (c) 속력, (d) 가속도 그리고 (e) $x = 0$에서 $x = 8.00$ cm까지 물체가 움직이는 데 걸리는 (최소) 시간을 구하라.

15.3 단조화 진동자의 에너지

16. 질량이 1 000 kg인 자동차가 안전 검사에서 벽돌로 만든 벽면을 향하여 돌진한다. 범퍼는 힘 상수가 5.00×10^6 N/m인 용수철처럼 거동하여 자동차가 정지할 때까지 3.16 cm 압축된다. 벽과 충돌하는 동안 역학적 에너지 손실이 전혀 없다고 가정하면, 충돌 전 자동차의 속력은 얼마인가?

17. 수평으로 놓인 용수철에 질량 200 g의 물체가 부착되어 주기 0.250 s로 단조화 운동을 한다. 이 계의 전체 에너지는 2.00 J이다. 이 운동에서 (a) 용수철의 힘 상수와 (b) 진폭을 구하라.

18. 질량을 알지 못하는 물체가 용수철 상수 6.50 N/m인 용수철에 매달려 진폭 10.0 cm의 단조화 운동을 한다. 평형 위치와 끝점의 중간 지점에서 물체의 속력이 30.0 cm/s이다. (a) 물체의 질량, (b) 주기, (c) 최대 가속도를 구하라.

19. 물체–용수철 계가 3.50 cm의 진폭으로 진동하고 있다. 용수철 상수는 250 N/m이고 물체의 질량은 0.500 kg이다. (a) 계의 역학적 에너지, (b) 물체의 최대 속력과 (c) 최대 가속도를 구하라.

20. 한 입자가 진폭 3.00 cm로 단조화 운동을 한다. 속력이 최대 속력의 절반인 지점의 위치는 어디인가?

21. 단조화 운동을 하는 계의 진폭이 두 배가 되었다. (a) 전체 에너지의 변화, (b) 최대 속력의 변화, (c) 최대 가속도의 변화, (d) 주기의 변화를 계산하라.

22. 용수철 상수가 35.0 N/m인 용수철에 매달린 질량 50.0 g의 물체가 마찰이 없는 수평면 상에서 4.00 cm의 진폭으로 진동하고 있다. (a) 이 계의 전체 에너지, (b) 물체가 1.00 cm 위치에 있을 때 물체의 속력을 구하라. 물체가 3.00 cm 위치에 있을 때 (c) 운동 에너지와 (d) 퍼텐셜 에너지를 구하라.

23. 질량 2.00 kg의 물체가 마찰이 없는 수평면 상에 놓인 용수철에 매달려 있다. 용수철을 평형 위치(x축의 원점)로부터 0.200 m 당겨 정지 상태를 유지하는 데 20.0 N의 수평 방향 힘이 필요하다. 이 물체를 늘어난 위치에서 정지 상태로부터 놓으면 단조화 운동을 하게 된다. 이때 (a) 용수철의 힘 상수, (b) 운동의 진동수 그리고 (c) 물체의 최대 속력을 구하라. (d) 최대 속력은 어느 지점을 지날 때인가? (e) 물체의 최대 가속도를 구하라. (f) 최대 가속도는 어느 지점을 지날 때인가? (g) 진동하는 계의 전체 에너지를 구하라. 물체의 위치가 위치 최댓값의 $\frac{1}{3}$지점에 있을 때, 물체의 (h) 속력과 (i) 가속도를 구하라.

24. 어떤 단진자의 진폭은 A이고 전체 에너지는 E이다. 위치가 진폭의 $\frac{1}{3}$인 지점에서 (a) 운동 에너지와 (b) 퍼텐셜 에너지를 구하라. (c) 운동 에너지가 퍼텐셜 에너지의 반이 되는 지점은 어디인가? (d) 운동 에너지가 최대 퍼텐셜 에너지보다 큰 지점이 존재하는가? 설명하라.

25. 용수철에 매달려 있는 질량 326 g인 물체가 주기 0.250 s로 단조화 운동을 한다. 이 계의 전체 에너지가 5.83 J이라 할 때 (a) 물체의 최대 속력, (b) 용수철의 힘 상수, (c) 운동의 진폭을 구하라.

15.4 단조화 운동과 등속 원운동의 비교

26. 3.00 m/s의 속력으로 가는 자동차의 뒤를 따라가다가 바퀴 가장자리에 작은 혹이 붙어 있는 것을 발견하였다(그림 P15.26). (a) 자동차의 뒤에서 볼 때, 혹이 왜 단조화 운동을 하는 것으로 보이는지 설명하라. (b) 바퀴의 반지름이 0.300 m라면, 혹의 운동 주기는 얼마인가?

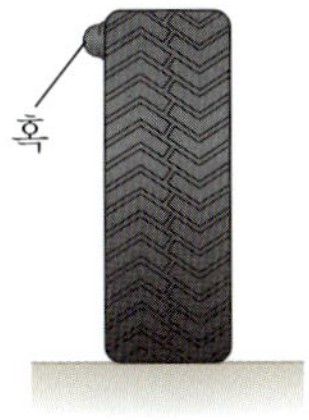

그림 P15.26

15.5 진자

27. '초 진자'는 평형 위치를 초당 한 번씩 지나가는 진자이다. (이 진자의 주기는 정확히 2 s이다.) 초 진자의 길이는 일본 도쿄에 있는 것은 0.992 7 m이고, 영국 케임브리지에 있는 것은 0.994 2 m이다. 이들 두 지점에서 자유 낙하 가속도의 비는 얼마인가?

28. 중력 가속도가 $g = 9.80\ \text{m/s}^2$인 위치에 놓인 단진자가 3분 동안에 120회 단조화 운동하고 있다. 단진자의 (a) 주기와 (b) 길이를 구하라.

29. 질량 m인 입자가 반지름 R의 반구 형태의 그릇 내부에서 미끄러진다. 평형 위치로부터 작은 변위에 대하여 입자가 길이 R의 단진자와 같은 각진동수로 단조화 운동을 한다는 것을 보이라. 즉 $\omega = \sqrt{g/R}$임을 보이라.

30. 평판 형태의 물리 진자가 0.450 Hz의 진동수로 단조화 운동을 한다. 진자의 질량은 2.20 kg이며, 판에 수직인 회전축이 질량 중심으로부터 0.350 m 떨어져 있다. 회전축에 대한 진자의 관성 모멘트를 구하라.

31. 평판 형태의 물리 진자가 f의 진동수로 단조화 운동을 한다. 진자의 질량은 m이며, 판에 수직인 회전축이 질량 중심으로부터 거리 d만큼 떨어져 있다. 회전축에 대한 진자의 관성 모멘트를 구하라.

32. 각변위가 $\theta = 0.032\ 0 \cos \omega t$로 주어진 진자가 있다. 여기서 θ는 라디안 단위이고 $\omega = 4.43\ \text{rad/s}$이다. 이 진자의 주기와 길이를 구하라.

33. 그림 15.17의 물리 진자를 고려해 보자. (a) 질량 중심을 지나는 축(진자의 회전축에 평행함)에 대한 관성 모멘트를 I_{CM}이라 하자. 이 물리 진자의 주기가

$$T = 2\pi\sqrt{\frac{I_{\text{CM}} + md^2}{mgd}}$$

임을 보이라. 여기서 d는 회전축과 질량 중심 사이의 거리이다. (b) d가 $md^2 = I_{\text{CM}}$을 만족할 때, 주기가 최솟값이 됨을 보이라.

34. 질량이 0.250 kg이고 길이가 1.00 m인 단진자가 있다. 이 단진자를 평형 위치로부터 15.0° 각도의 위치에서 놓았다. 단조화 운동을 하는 입자 분석 모형을 이용하여, (a) 진자의 최대 속력, (b) 최대 각가속도, (c) 진자에 작용하는 최대 복원력을 구하라. (d) 이전 장들에서 나온 분석 모형들을 사용하여 (a)에서 (c)까지 풀라. 어떻게 될까? (e) 구한 해를 비교하라.

15.6 감쇠 진동

35. 길이 1.00 m의 단진자를 15.0°의 위치에서 놓는다. 1 000 s 후에 단진자의 각도가 마찰에 의하여 5.50°로 감소된다면, $b/2m$ 값은 얼마인가?

36. 구동력이 없는 감쇠 진동자의 역학적 에너지의 시간 변화율이 $dE/dt = -bv^2$임을 보이라. 따라서 이는 항상 음의 값이다. 진동자의 역학적 에너지 $E = \frac{1}{2}mv^2 + \frac{1}{2}kx^2$을 미분하고 식 15.31을 사용하여 계산하라.

37. $b^2 < 4mk$이면 식 15.32가 식 15.31의 해임을 보이라.

15.7 강제 진동

38. 무게 40.0 N인 물체가 힘 상수가 200 N/m인 용수철에 매달려 있다. 이 계는 감쇠가 없으며($b = 0$) 진동수가 10.0 Hz인 조화 구동력을 받아 2.00 cm의 진폭으로 강제 진동을 한다. 구동력의 최댓값을 구하라.

39. 용수철에 매달린 질량 2.00 kg인 물체가 마찰이 없는 상태($b = 0$)에서 외력 $F = 3.00 \sin(2\pi t)$에 의하여 강제 진동하고 있다. F의 단위는 N, t의 단위는 s, 용수철의 힘 상수는 20.0 N/m이다. 이때 (a) 계의 공명 각진동수, (b) 구동력의 각진동수, (c) 운동의 진폭을 구하라.

40. 감쇠가 없는 강제 진동자($b = 0$)의 경우, 식 15.35는 식 15.34의 해임을 보이고, 진폭은 식 15.36으로 주어짐을 보이라.

CHAPTER 16

파동의 운동

Wave Motion

호주의 뉴사우스 웨일스에 있는 인명 구조원들이 보트를 타고 해변 근처에서 대형 수면파를 가로지르면서 훈련을 하고 있다. 수면 위에서의 파도는 역학적 파동의 한 예이다. *(Travel Ink/Gallo Images/Getty Images)*

누구나 어린 시절에 연못에 돌을 던져 동그란 수면파가 생기는 것을 본 적이 있을 것이다. 돌이 수면 위에 떨어지는 바로 그 지점에서 원형의 파동이 생성되며, 이 파동이 점점 퍼지면서 결국 연못가에 이르게 된다. 물 위에 떠 있는 공의 운동을 주의 깊게 관찰해 보면, 동그란 모양의 파동은 한 곳에서 다른 곳으로 이동하지만 물은 돌이 떨어진 지점으로부터 멀어지거나 다가가는 알짜 변위는 없다. 단지 원 위치에서 수평과 수직으로 진동하는 것을 알게 된다. 돌이 닿은 곳에서 가까운 곳에 있는 물의 요소*뿐만 아니라 수면 위의 모든 물의 요소들도 유사한 운동을 한다. 즉 **수면파**는 파동이 발생한 지점으로부터 가장자리로 이동하지만, 물이 같이 이동하지는 않는다.

이 세상에는 **역학적 파동**과 **전자기파**로 대별되는 두 종류의 파동으로 가득 차 있다.

---

* 물 분자가 아니라 작은 부피 요소 속의 물을 뜻한다.:역자 주

음파나 수면파, 밀밭의 파동과 같은 역학적 파동의 경우에는 공기, 물 및 곡식의 줄기처럼 물리적인 매질이 존재한다. 가시광선, 라디오파, 텔레비전 전파, X선 등과 같은 전자기파는 매질이 없어도 전파되는 특수한 종류의 파동이다. 이번 장에서는 매질을 통해서만 전달되는 역학적 파동을 공부한다.

물 위에 떠 있는 조그만 물체를 다시 생각해 보자. 다른 지점에 돌을 던짐으로써 물체를 물 위의 한 지점에서 움직이게 하였다. 물체가 운동 에너지를 얻었다는 뜻이고, 따라서 에너지가 돌이 떨어진 지점에서 물체가 있는 위치까지 전달되었음을 알 수 있다. 이 개념이 파동 운동의 핵심이다. **에너지**는 다른 곳까지 전달되지만 **물질**은 전달되지 않는다.

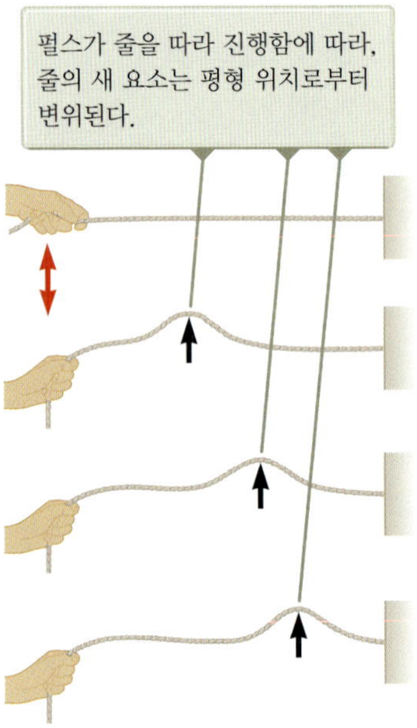

그림 16.1 팽팽한 줄의 한 끝을 손으로 잡고 위아래로 한 번 흔들면(빨간 화살표), 줄을 따라 펄스가 진행한다.

16.1 파동의 전파
Propagation of a Disturbance

이 장의 도입부에서 언급한 파동 운동의 핵심은 물질의 전달이 없이도 가능한 공간상 에너지의 전달이다. 8장에서 열거한 에너지 전달 메커니즘 중에서 역학적 파동과 전자기 복사가 파동에 의한 것이다. 다른 하나의 메커니즘이 물질 전달인데, 여기서 에너지 전달은 그 과정이 파동의 성질이 아닌 공간에서 물질이 이동함으로써 이루어진다.

이 장에서 논의할 모든 역학적 파동은 (1) 파원(source of disturbance), (2) 매질 그리고 (3) 매질 내의 한 점과 서로 이웃한 점 사이의 물리적인 관계에 의하여 결정된다. 파동을 보여 주는 한 가지 방법은 그림 16.1처럼 기다란 끈을 한쪽은 벽에 고정시키고 팽팽하게 잡은 상태에서 다른 쪽을 한 번 흔들어주는 것이다. 이때 하나의 **펄스**가 형성되어 유한한 속력을 가지고 줄을 따라서 이동한다. 그림 16.1은 진행하는 펄스의 생성과 전달에 대한 네 개의 연속적인 포착 사진이다. 손은 파원이고 줄은 펄스가 진행하는 매질이다. 줄의 각각의 요소들은 평형 위치로부터 흔들리게 된다. 줄의 이들 요소는 서로 연결되어 있어서 서로 영향을 준다. 이 매질(줄)을 따라서 진행할 때, 펄스는 일정한 높이와 일정한 진행 속력을 갖는다. 펄스의 모양은 줄을 따라서 이동하는 동안 거의 일정하다.[1]

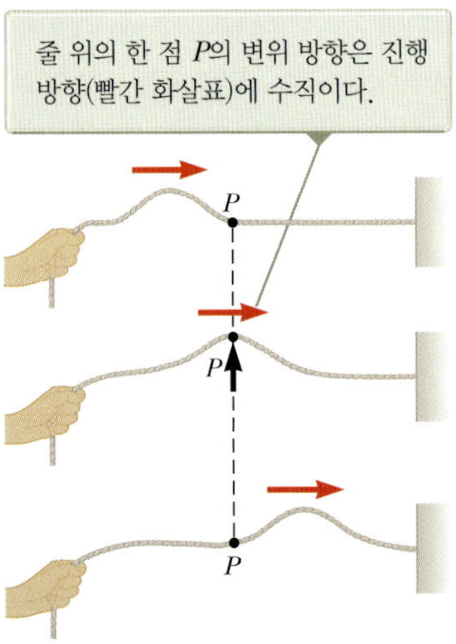

그림 16.2 팽팽한 줄을 따라 진행하는 횡파에 대한 특정한 줄 요소의 변위

우리는 먼저 매질을 통하여 진행하는 펄스에 대하여 살펴보겠다. 일단 펄스의 거동을 공부한 후에, 매질을 통하여 주기적으로 변하면서 진행하는 **파동**에 대하여 관심을 갖도록 하겠다. 그림 16.1에서처럼 줄의 끝을 한 번 가볍게 탁 쳐서 펄스를 생성한다. 줄의 끝을 위아래로 반복해서 흔들면, 펄스가 갖지 못하는 특성을 보이는 진행파가 생길 것이다. 이들 특성은 16.2절에서 공부할 예정이다.

그림 16.1에서 펄스가 진행함에 따라, 줄의 각 요소는 전파 방향에 **수직**인 방향으로 움직인다. 그림 16.2는 특정한 점 *P*에서의 운동을 예로 든 것이다. 전파되는 방향으로는 줄의 어느 부분도 이동하지 않았음에 주목하라. 이와 같이 전파되는 방향과 매질의

[1] 사실상 펄스의 모양도 변하는데, 운동하는 동안 점점 옆으로 퍼진다. **분산**(dispersion)이라 부르는 이 효과는 많은 역학적 파동뿐만 아니라 전자기파에서도 공통적인 것이다. 이 장에서는 분산을 고려하지 않겠다.

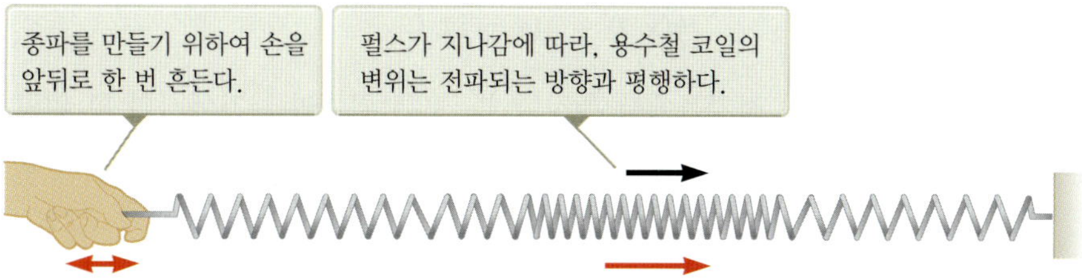

그림 16.3 팽팽한 용수철을 따라서 진행하는 종파

요소가 수직인 방향으로 움직이는 진행파 또는 펄스를 **횡파**(transverse wave)라 한다.

이 파동을 또 다른 형태의 펄스인 그림 16.3에서 보듯이 길고 팽팽한 용수철을 따라 이동하는 종방향 펄스(longitudinal pulse)와 비교해 보자. 용수철의 왼쪽 끝을 오른쪽으로 짧게 밀고 왼쪽으로 짧게 잡아당기면, 이 움직임으로 갑작스럽게 용수철이 압축된다. 압축된 부분은 용수철을 따라 진행한다. 용수철 코일 변위의 방향은 압축된 영역의 전파되는 방향과 평행임에 주목하라. 전파되는 방향과 매질의 요소들이 평행한 방향으로 움직이는 진행파 또는 펄스를 **종파**(longitudinal wave)라 한다.

17장에서 논의할 음파는 종파의 예이다. 공기 중에서, 음파는 진행하는 방향과 같은 방향으로 교란에 의하여 생기는 소하고 밀한 영역이 연속적으로 반복된 채로 이동한다.

자연에는 횡파나 종파는 아니지만 이 두 파동이 복합된 파동이 존재한다. 수면파가 그 좋은 예이다. 수면파가 수심이 깊은 물의 표면을 따라 전달될 때, 수면의 분자들은 그림 16.4와 같이 거의 원에 가까운 운동을 한다. 그리고 수면파는 연속된 골과 마루를 형성한다. 파동은 횡적 성분과 종적 성분을 모두 갖는다. 그림 16.4처럼 횡적 변위는 물의 요소가 상하로 움직이는 것을, 종적 변위는 물의 요소가 수평 방향에서 좌우로 움직이는 것을 일컫는다.

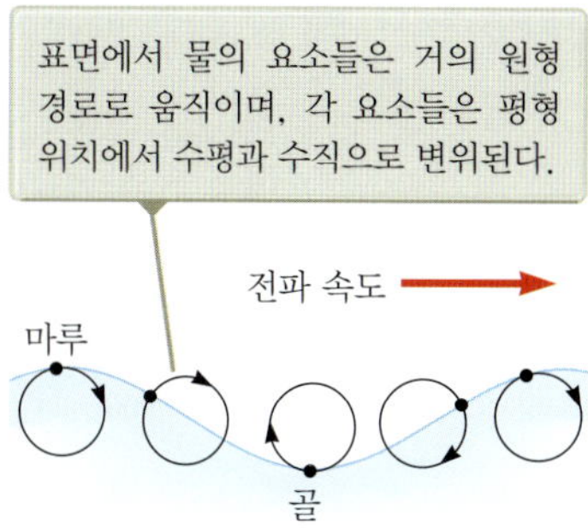

그림 16.4 수심이 깊은 물의 표면에서 파동이 진행할 때, 물의 요소들의 운동은 횡적 변위와 종적 변위가 결합되어 있다.

지진이 일어난 곳에서 단층을 따라 지표면까지 전달되는 삼차원 파동에는 종파도 있고 횡파도 있다. 종파가 횡파보다 빠르며 지표면에 7~8 km/s의 속력으로 도달한다. 횡파보다 지진계에 더 빨리 도달하기 때문에 이를 **P파**('최초'를 의미)라 한다. 더 늦은 횡파는('2차'를 의미) **S파**라 하고 지표면면 근처에서는 4~5 km/s의 속력으로 전파한다. 이 두 종류의 파가 지진계에 도달되는 시간 간격을 기록하여 파동의 발생점까지의 거리를 결정한다. 이 거리는 지진계를 중심으로 하는 가상적인 구의 반지름이며, 파원은 그 구면 위 어느 곳에 있다. 지구 상의 멀리 떨어진 세 곳 이상의 관측소에서 얻어진 가상적인 구면은 지구의 한 지점에서 교차하고, 이 지점이 바로 지진이 최초 발생한 지점인 것이다.

그림 16.5와 같이 길고 팽팽한 줄 위에서 오른쪽을 향하여 움직이는 펄스를 생각해 보자. 그림 16.5a는 $t = 0$에서 펄스의 모양과 위치를 나타낸다. 이때 펄스의 모양은 어떤 모양이든지 간에, 수학적인 함수 $y(x, 0) = f(x)$의 형태로 나타낼 수 있다. 이 함수는 시간 $t = 0$에서 각각의 x 값에 대한 줄 요소의 횡 위치 y를 나타낸다. 펄스의 속력은 v이므로, t초 후에 펄스는 그림 16.5b와 같이 거리 vt만큼 오른쪽으로 진행한다. 여기서 펄스의 모양은 시간이 지남에 따라 변하지 않는다고 가정한다. 그러면 그림 16.5a에서처럼, 시간 t일 때의 펄스 모양은 $t = 0$일 때의 것과 같다. 따라서 이 시간 t에서 수평 지점 x에서 줄의 요소 y 값은 $t = 0$일 때 수평 지점 $x - vt$에서의 y 값과 같다.

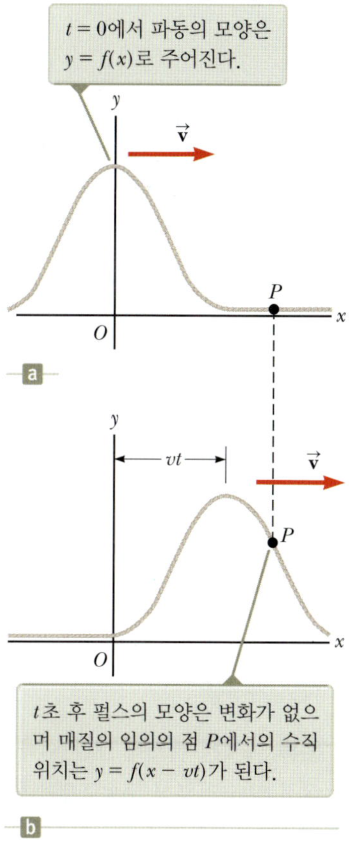

그림 16.5 속력 v로 오른쪽으로 진행하는 일차원 펄스

$$y(x,\ t) = y(x - vt,\ 0)$$

일반적으로 원점이 O인 정지틀에서 측정할 때, 모든 위치와 시간에서의 횡 위치 y는 다음과 같이 쓸 수 있다.

$$y(x,\ t) = f(x - vt) \tag{16.1}$$

같은 방법으로 펄스가 왼쪽으로 진행한다면, 줄 요소의 횡 위치는

$$y(x,\ t) = f(x + vt) \tag{16.2}$$

가 된다.

이때 y는 두 변수 x와 t의 함수로서 **파동 함수**(wave function)라 한다. 이런 이유로 $y(x,\ t)$로 기술하며, 이를 'x와 t의 함수 y'라고 읽는다.

y의 의미를 이해하는 것이 중요하다. 그림 16.5에서 줄 위의 한 특별한 점 P를 생각해 보자. 펄스가 점 P를 지날 때 P의 y 좌표는 증가하여 최대가 된 후 다시 영으로 감소한다. 따라서 파동 함수 $y(x,\ t)$는 임의의 시간 t에서 요소의 위치가 x일 때 점 P의 y 좌표를 나타낸다. 더욱이 t를 고정하면(예를 들어 펄스의 스냅 사진을 찍는 것처럼), **파형**(waveform)이라고 부르는 파동 함수 $y(x)$는 이 시간에서 펄스의 실제 형태를 나타내는 곡선으로 정의된다. 이 곡선은 이 시간에서 펄스의 기하학적인 모양을 나타낸다.

Q 퀴즈 16.1 **(i)** 차표를 사기 위하여 사람들이 일렬로 길게 서 있다가 맨 앞사람이 떠나면 간격을 메꾸기 위하여 사람들이 앞으로 다가감에 따라 펄스 운동이 일어난다. 각자가 앞으로 걸어감에 따라 간격이 줄을 따라 움직인다. 이 간격의 전파는 **(a)** 횡파인가 **(b)** 종파인가? **(ii)** 야구 경기의 파도타기에서 '파동'을 고려하자. 각자가 자신의 위치에 파동이 도달하면 일어나서 손을 위로 든다. 그 결과 경기장 전체에 펄스 운동이 발생한다. 이 파동은 **(a)** 횡파인가 **(b)** 종파인가?

예제 16.1 오른쪽으로 움직이는 펄스

x축을 따라 오른쪽으로 움직이는 펄스의 파동 함수가 다음과 같다.

$$y(x,\ t) = \frac{2}{(x - 3.0t)^2 + 1}$$

여기서 x와 y의 단위는 cm이고 t의 단위는 s이다. $t = 0$, $t = 1.0$ s, $t = 2.0$ s에서 파동 함수의 식을 구하라.

풀이

개념화 그림 16.6a에서는 $t = 0$일 때 이 파동을 나타내는 펄스가 나타나 있다. 이 펄스가 3.0 cm/s의 속력으로 오른쪽으로 이동하여 그림 16.6b와 16.6c에서 제시된 것처럼, 모양이 일정하다고 가정한다.

분류 예제는 펄스에 대한 수학적 표현으로 해석할 수 있는 비교적 간단한 분석 문제로 분류할 수 있다.

분석 파동 함수는 $y = f(x - vt)$의 형태이다. $y(x,\ t)$의 식을 살펴보고 식 16.1과 비교해 보면 파동의 속력 v는 3.0 cm/s이다. 또한 $x - 3.0t = 0$으로부터 y의 최댓값 A는 2.0 cm임을 알 수 있다.

$t = 0$에서의 파동 함수 식을 쓴다.

$$y(x,\ 0) = \frac{2}{x^2 + 1}$$

$t = 1.0$ s에서 파동 함수 식을 쓴다.

$$y(x,\ 1.0) = \frac{2}{(x - 3.0)^2 + 1}$$

$t = 2.0$ s에서 파동 함수 식을 쓴다.

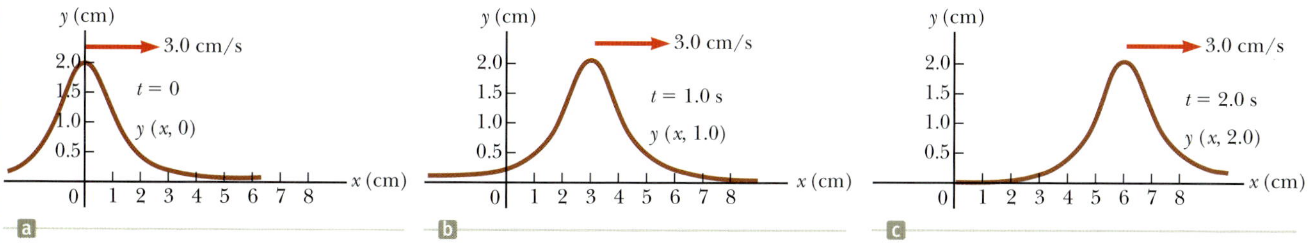

그림 16.6 (예제 16.1) 함수 $y(x, t) = 2/[(x - 3.0t)^2 + 1]$의 (a) $t = 0$, (b) $t = 1.0$ s, (c) $t = 2.0$ s에서의 그래프

$$y(x, 2.0) = \frac{2}{(x - 6.0)^2 + 1}$$

이 식을 이용하여 각각의 시간에 대하여 x와 y의 함수의 도표로 그린 것이 그림 16.6에서 세 가지 그림으로 나타나 있다.

결론 이 스냅 사진은 모양의 변형 없이 오른쪽으로 3.0 cm/s의 속력으로 이동하는 펄스를 보여 준다.

문제 만약 파동 함수가 다음과 같다면 모든 것들이 어떻게 바뀌나?

$$y(x, t) = \frac{4}{(x + 3.0t)^2 + 1}$$

답 이 식에서 분모에 (−) 부호 대신 (+) 부호가 있다. 새 식은 그림 16.6과 비슷한 펄스 모양이지만 왼쪽으로 진행한다. 새 식의 분자에는 2 대신 4가 있기 때문에, 그림 16.6의 것보다 최고점의 높이가 두 배인 펄스를 나타낸다.

16.2 분석 모형: 진행파
Analysis Model: Traveling Wave

이 절에서는 모양이 그림 16.7과 같은 중요한 파동 함수를 소개하고자 한다. 이런 곡선으로 나타내는 파동은 함수 sin θ의 곡선과 같아서 **사인형 파동**(sinusoidal wave)이라고 한다. 그림 16.1에서 줄의 끝을 단조화 운동으로 위아래로 흔들어서 사인형 파동을 얻을 수 있다.

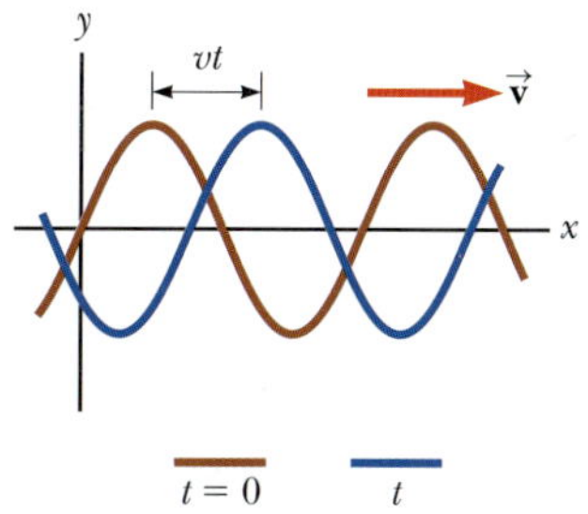

그림 16.7 속력 v로 오른쪽으로 진행하는 일차원 사인형 파동. 갈색 곡선은 $t = 0$에서의 파동의 상태를 나타내고, 파란색 곡선은 t초 후의 상태를 나타낸다.

사인형 파동은 연속적인 주기 파동의 가장 간단한 예로서, 더 복잡한 파동을 만들 때에 사용된다(18.8절 참조). 그림 16.7에서 갈색 곡선은 $t = 0$에서 진행하는 사인형 파동의 스냅 사진을 나타내고, 파란색 곡선은 t초 후 파동의 스냅 사진을 나타낸다. 가능한 두 가지 종류의 운동을 상상해 보라. 첫째로 그림 16.7의 완전한 파형이 오른쪽으로 이동하여 갈색 곡선이 오른쪽으로 이동하고, 결국 파란색 곡선의 위치에 도달하게 된다. 이런 이동이 **파동**의 운동이다. 만일 $x = 0$에 있는 매질의 한 요소에 초점을 맞춘다면, 각 요소는 y축을 따라서 단조화 운동을 하며 상하로 움직이는 것을 알 수 있다. 이 같은 이동이 매질 요소의 운동이다. 파동의 운동과 **매질 요소**의 운동 간의 차이를 아는 것은 중요하다.

이 교재의 앞 장들에서 세 가지 단순화시킨 보형(입자, 계, 강체)을 이용하여 몇 가지 분석 모형들을 보였다. 여러 가지 파동을 소개함으로써 단순화된 새로운 모형인 **파동** 모형을 개발할 수 있고, 이로써 문제 풀이를 위하여 활용할 수 있는 더 많은 분석 모형을 갖게 된다. 이상적인 입자는 크기가 영이다. 우리는 입자들을 조합하여 크기가 있

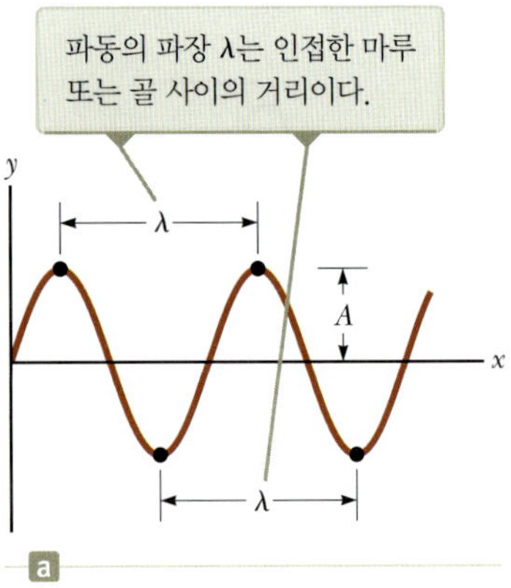

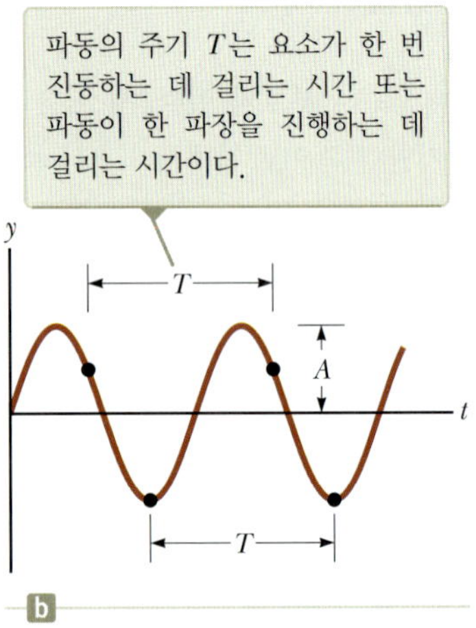

그림 16.8 (a) 사인형 파동의 스냅 사진 (b) 시간의 함수로 표시된 한 매질 요소의 위치

는 물리적인 물체를 만들 수 있다. 따라서 입자를 기본 구성 요소로 볼 수 있다. 이상적인 파동은 하나의 진동수를 갖고 길이는 무한대인데, 말하자면 파동이 우주 전체에 걸쳐 놓여 있다는 뜻이다(길이가 유한한 파동은 반드시 여러 진동수가 합성되어야 한다). 18.8절에서 이 개념을 공부할 때 이상적인 파동도 입자들의 결합처럼 결합될 수 있음을 알게 될 것이다.

다음에서 **진행파**(traveling wave)라는 분석 모형에 대한 특징과 수학적인 기술을 다루고, 이 모형을 이용하여 다른 파동이나 입자와의 상호 작용 없이 파동이 공간을 이동할 수 있음을 보일 것이다.

그림 16.8a에서 매질을 통하여 진행하는 파동을 볼 수 있다. 그림 16.8b에서는 시간의 함수로서 한 매질 요소의 위치 그래프를 볼 수 있다. 그림 16.8a에서 기준 위치로부터 요소의 변위가 최고점을 파동의 **마루**(crest)라 하고 최저점을 파동의 **골**(trough)이라 한다. 한 마루에서 다음 마루까지의 거리를 **파장**(wavelength) λ(그리스 문자 람다)라고 한다. 더 일반적으로 파장은 어떤 파동의 한 점과 같은 변위를 가지는 가장 인접한 점 사이의 거리이며, 그림 16.8a에서 볼 수 있다.

만일 공간의 주어진 점에서 이웃한 두 마루가 도착하는 시간을 잰다면, 파동의 **주기**(period) T를 측정하는 것이다. 일반적으로 그림 16.8b에 보인 것처럼 주기는 한 파장이 이동하는 데 걸리는 시간이다. 파동의 주기는 매질 요소의 단조화 진동의 주기와 같다.

주기의 역수는 **진동수**(frequency) f이다. 일반적으로 주기적인 파동의 진동수는 단위 시간당 주어진 점을 지나가는 마루의 수이다. 사인형 파동의 진동수는 주기의 역수이다.

$$f = \frac{1}{T} \tag{16.3}$$

파동의 진동수는 매질 요소의 단조화 진동의 진동수와 같다. 진동수에 대한 가장 일반적인 단위는 15장에서 배운 s^{-1} 또는 **헤르츠**(Hz)이며, T의 단위는 초(s)이다.

그림 16.8에 나타낸 것처럼 매질 요소의 평형으로부터의 최대 위치를 파동의 **진폭**(amplitude) A라고 한다.

파동은 매질의 성질에 의존하는 특정 속력으로 전파된다. 예를 들면 음파의 속력은 20 °C의 공기 중에서 약 343 m/s이고, 매질이 고체인 경우에는 대부분 343 m/s보다 더 빨라진다.

그림 16.8a에서 $t = 0$일 때의 파동의 위치를 보이는 사인형 파동을 고려해 보자. 파동은 사인형이므로 파동 함수를 이 순간에 $y(x, 0) = A \sin ax$로 나타낼 수 있다. 여기서 A는 진폭이고, a는 구해야 할 상수이다. $x = 0$일 때 $y(0, 0) = A \sin a(0) = 0$이며 그림 16.8(a)와 일치한다. y가 영이 되는 x의 다음 값은 $x = \lambda/2$이다. 그러므로

$$y\left(\frac{\lambda}{2}, 0\right) = A \sin\left(a\frac{\lambda}{2}\right) = 0$$

이다. 이 식이 성립하려면 $a\lambda/2 = \pi$ 또는 $a = 2\pi/\lambda$ 값을 가져야 한다. 그래서 사인형

오류 피하기 16.1

그림 16.8a와 16.8b의 차이점은 무엇인가? 그림 16.8a와 16.8b는 언뜻 보면 비슷해 보인다. 그림 16.8a와 16.8b의 형태는 동일하지만, (a)는 수직 위치 대 수평 위치의 그래프이고, (b)는 수직 위치 대 시간의 그래프를 나타내고 있다. 그림 16.8a는 파동에서 **일련의 매질 요소**의 변위를 나타내고 있는 그림으로 어떤 순간의 모습이다. 그림 16.8b는 한 **매질 요소**의 위치를 시간의 함수로 나타낸 그림이다. 파동은 위치와 시간의 함수이다. 두 그림이 다 식 16.1에 의하여 그려지므로 두 그림이 **동일한** 모양인 것은 당연하다.

파동이 통과하는 매질 요소의 위치를 나타내는 함수는 다음과 같다.

$$y(x, 0) = A \sin\left(\frac{2\pi}{\lambda} x\right) \quad \textbf{(16.4)}$$

여기서 상수 A는 파동의 진폭이고, 상수 λ는 파장이다. 따라서 임의의 점에서 수직 변위는 x가 λ의 정수배만큼 증가할 때마다 같은 값이 된다. 식 16.1에서 설명한 것을 기초로 하여, 파동이 오른쪽으로 v의 속력으로 움직일 때, 시간 t 후의 파동 함수는

$$y(x, t) = A \sin\left[\frac{2\pi}{\lambda}(x - vt)\right] \quad \textbf{(16.5)}$$

로 주어진다. 파동이 왼쪽으로 진행하는 경우에는 식 16.1과 16.2에서 본 바와 같이 $x - vt$가 $x + vt$로 바뀌게 됨에 주목하라.

정의에 따라 파동이 한 파장 λ를 이동하는 데 걸리는 시간을 주기 T라고 한다. 그러므로 파동의 속력, 파장 그리고 주기 사이의 관계식은 다음과 같이 쓸 수 있다.

$$v = \frac{\Delta x}{\Delta t} = \frac{\lambda}{T} \quad \textbf{(16.6)}$$

v에 대한 이 식을 식 16.5에 대입하면

$$y = A \sin\left[2\pi\left(\frac{x}{\lambda} - \frac{t}{T}\right)\right] \quad \textbf{(16.7)}$$

가 된다. 이 파동 함수의 식은 y의 **주기성**을 잘 보여 준다. 우리는 종종 $y(x, t)$보다는 y를 사용한다. 임의의 주어진 시간 t에서 y는 x, $x + \lambda$, $x + 2\lambda$ 등에서 **같은** 값을 갖는다. 또한 임의의 주어진 위치 x에서 y의 값은 시간 t, $t + T$, $t + 2T$ 등에서 같은 값을 갖는다.

새로운 두 가지 양을 정의하여 파동 함수를 간단한 형태로 바꿀 수 있다. 두 양은 **파수**(wave number) k와 **각진동수**(angular frequency) ω로 다음과 같이 정의한다.

$$k \equiv \frac{2\pi}{\lambda} \quad \textbf{(16.8)}$$

◀ 파수

$$\omega \equiv \frac{2\pi}{T} = 2\pi f \quad \textbf{(16.9)}$$

◀ 각진동수

이 정의를 이용하여 식 16.7을 다시 쓰면

$$y = A \sin(kx - \omega t) \quad \textbf{(16.10)}$$

◀ 사인형 파동의 파동 함수

가 된다.

식 16.3, 16.8과 식 16.9를 이용하여 원래 식 16.6으로 주어진 파동의 속력 v를 다음과 같이 나타낼 수 있다.

$$v = \frac{\omega}{k} \quad \textbf{(16.11)}$$

사인형 파동의 속력 ▶

$$v = \lambda f \tag{16.12}$$

식 16.10에 주어진 파동 함수는 $x = 0$, $t = 0$에서 매질 요소의 위치 y가 영이라고 가정한 것이지만, 일반적으로 그럴 필요는 없다. 이런 경우, 일반적인 형태의 파동 함수는 다음과 같이 표현한다.

사인형 파동의 일반적인 식 ▶

$$y = A \sin (kx - \omega t + \phi) \tag{16.13}$$

여기서 ϕ는 15장의 주기 운동에서 배운 **위상 상수**(phase constant)로서, 처음 조건에 의하여 결정된다. 진행파 분석 모형의 수학적인 표현에서 주요한 식들은 식 16.3, 16.10, 16.12이다.

Q 퀴즈 16.2 진동수 f인 사인형 파동이 팽팽한 줄을 따라서 이동한다. 이 진동을 멈춘 다음 두 번째로 진동수 $2f$인 파동을 만든다. **(i)** 두 번째 파동의 속력은 얼마인가? **(a)** 첫 번째 파동의 두 배 **(b)** 첫 번째 파동의 1/2 **(c)** 첫 번째 파동과 같음 **(d)** 알 수 없다. **(ii)** 동일한 상황에서 두 번째 파동의 파장에 대하여 설명하라. **(iii)** 동일한 상황에서 두 번째 파동의 진폭에 대하여 설명하라.

예제 16.2 진행하는 사인형 파동

$+x$ 방향으로 진행하는 사인형 파동이 있다. 진폭이 15.0 cm, 파장이 40.0 cm, 진동수가 8.00 Hz이며, $t = 0$과 $x = 0$에서 매질 요소의 수직 위치는 그림 16.9와 같이 15.0 cm이다.

(A) 파수 k, 주기 T, 각진동수 ω 및 파동의 속력 v를 구하라.

풀이

개념화 그림 16.9에 $t = 0$일 때의 파동이 나타나 있다. 파동이 모양을 그대로 유지하면서 오른쪽으로 이동한다고 상상해 보자.

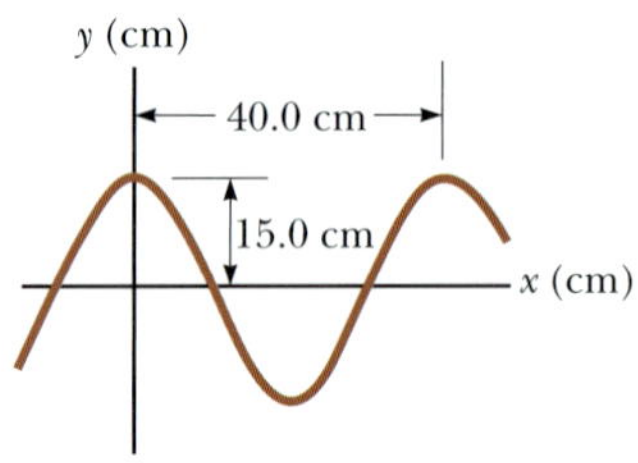

그림 16.9 (예제 16.2) 파장 $\lambda = 40.0$ cm, 진폭 $A = 15.0$ cm인 사인형 파동

분류 문제를 읽어 보면, 매질을 통하여 이동하는 역학적 파동을 분석하는 것이므로, **진행파** 모형의 문제로 분류한다.

식 16.8로부터 파수를 계산한다.

$$k = \frac{2\pi}{\lambda} = \frac{2\pi \text{ rad}}{40.0 \text{ cm}} = 15.7 \text{ rad/m}$$

식 16.3으로부터 파동의 주기를 계산한다.

$$T = \frac{1}{f} = \frac{1}{8.00 \text{ s}^{-1}} = 0.125 \text{ s}$$

식 16.9로부터 파동의 각진동수를 계산한다.

$$\omega = 2\pi f = 2\pi(8.00 \text{ s}^{-1}) = 50.3 \text{ rad/s}$$

식 16.12로부터 파동 속력을 계산한다.

$$v = \lambda f = (40.0 \text{ cm})(8.00 \text{ s}^{-1}) = 3.20 \text{ m/s}$$

(B) 위상 상수 ϕ와 파동 함수를 구하라.

풀이 $A = 15.0$ cm, $y = 15.0$ cm, $x = 0$ 그리고 $t = 0$을 식 16.13에 대입한다.

$$15.0 = (15.0) \sin \phi \;\rightarrow\; \sin \phi = 1 \;\rightarrow\; \phi = \frac{\pi}{2} \text{ rad}$$

파동 함수를 쓴다.

$$y = A \sin \left(kx - \omega t + \frac{\pi}{2} \right) = A \cos (kx - \omega t)$$

A, k, ω의 SI 단위 값을 이 식에 대입한다.

$$y = 0.150 \cos (15.7x - 50.3t)$$

결론 결과를 주의깊게 보고 여러분이 잘 이해하고 있는지를 확인하라. 위상각이 영이면, 그림 16.9는 어떻게 달라지는가? 진폭이 30.0 cm이면 그림은 어떻게 달라지는가? 파장이 10.0 cm이면 그림은 어떻게 달라지는가?

줄에서의 사인형 파동 Sinusoidal Waves on Strings

그림 16.1에서 긴 줄을 위아래로 한 번 흔들어서 펄스를 만드는 방법을 보였다. 연속적인 펄스를 간단히 파동이라고 하고, 손으로 흔드는 대신 단조화 운동하는 진동자로 파동을 만들 수 있다. 그림 16.10은 한 주기 T의 1/4 간격마다의 순간적인 파형을 나타낸다. 진동자가 단조화 운동하므로 P와 같이 줄에서의 각 요소는 y 방향으로 단조화 운동을 한다. 그러므로 줄의 각 부분들을 진동자의 진동수와 같은 진동수를 갖는 단조화 진동자로 취급할 수 있다.[2] 비록 줄의 각 요소는 y 방향으로 진동하지만, 파동은 $+x$ 방향으로 속력 v로 전달된다. 물론 이것은 횡파의 정의에 부합한다.

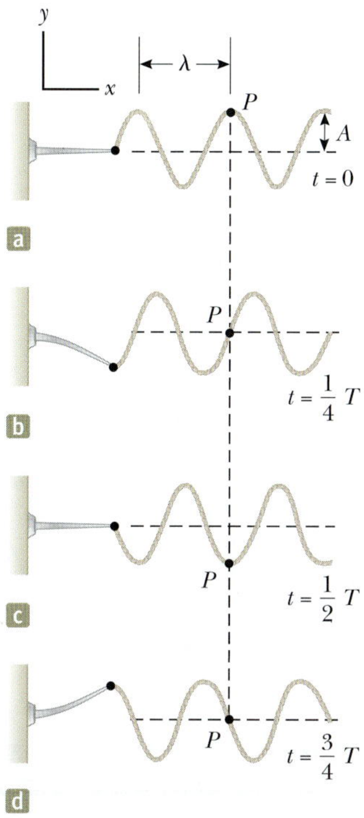

그림 16.10 줄에서 사인형 파동을 만드는 방법. 줄의 왼쪽 끝은 진동하는 진동자에 연결되어 있다. 네 그림은 점 P가 수직 방향으로 단조화 운동하는 것을 보여 준다.

만일 $t = 0$에서 줄의 모습이 그림 16.10a와 같다면, 파동 함수는 다음과 같이 쓸 수 있다.

$$y = A\sin(kx - \omega t)$$

이 식은 줄의 어떤 요소의 운동에도 적용할 수 있다. 점 P(또는 줄에서 어떤 다른 점)는 수직 운동을 하므로 x 좌표는 항상 상수로 남는다. 그러므로 줄 요소의 **횡속도**(transverse speed) v_y와 **횡가속도**(transverse acceleration) a_y는 다음과 같이 주어진다(파동 속력 v와 혼동하지 말라).

$$v_y = \left.\frac{dy}{dt}\right]_{x=\text{constant}} = \frac{\partial y}{\partial t} = -\omega A\cos(kx - \omega t) \tag{16.14}$$

$$a_y = \left.\frac{dv_y}{dt}\right]_{x=\text{constant}} = \frac{\partial v_y}{\partial t} = -\omega^2 A\sin(kx - \omega t) \tag{16.15}$$

위 식들에서는 y가 x와 t의 복합 함수이기 때문에 편미분을 포함하고 있다. 예를 들면 $\partial y/\partial t$는 x를 상수로 고정시킨 상태에서 t에 대하여 미분한 것이다. 횡속도와 횡가속도의 최대 크기는

$$v_{y,\max} = \omega A \tag{16.16}$$

$$a_{y,\max} = \omega^2 A \tag{16.17}$$

이다. 또한 횡속도와 횡가속도의 크기는 동시에 최댓값을 가질 수 없다. 사실상 횡속도는 변위 $y = 0$일 때 최댓값(ωA)을 갖고, 횡가속도의 크기는 $y = \pm A$일 때 최댓값($\omega^2 A$)을 갖는다. 결국 식 16.16과 16.17은 단조화 운동의 식 15.17과 15.18에 대응하는 식이다.

[2] 이 같은 운동 배열에서 줄의 각 요소는 항상 수직선 상에서 진동한다고 가정한다. 만약 줄 요소가 수평 양쪽으로도 이동한다고 하면, 줄의 장력이 변한다. 이 경우 해석은 매우 복잡해질 것이다.

오류 피하기 16.2

두 종류의 속력/속도 줄을 따라 전파되는 파동의 속력 v와 줄 요소의 횡속도인 v_y를 혼동하지 말라. 균일한 매질에서 속력 v는 일정하지만 v_y는 사인형으로 변한다.

Q 퀴즈 16.3 다른 변수는 고정시킨 후 파동의 진폭을 두 배로 하였다. 그 결과 다음 중 옳은 것은 어느 것인가? **(a)** 파동의 속력이 변한다. **(b)** 파동의 진동수가 변한다. **(c)** 매질 요소가 갖는 최대 횡속력이 변한다. **(d)** **(a)** **(b)** **(c)** 모두 옳다. **(e)** **(a)** **(b)** **(c)** 모두 틀리다.

16.3 줄에서 파동의 속력
The Speed of Waves on Strings

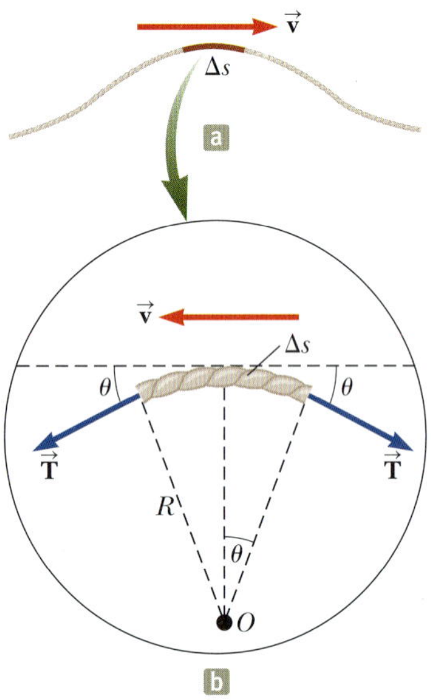

그림 16.11 (a) 지구의 기준틀에서, 펄스는 속력 v로 줄에서 오른쪽으로 움직인다. (b) 펄스와 함께 오른쪽으로 움직이는 기준틀에서, 길이 Δs의 작은 요소는 속력 v로 왼쪽으로 움직인다.

선형 역학 파동의 한 가지 특징은 파동 속력이 파동이 진행하는 매질의 특성에 관계된다는 것이다. 진폭 A가 파장 λ에 비하여 작은 경우의 파동은 선형 파동으로 잘 설명된다(16.6절 참조). 이 절에서는 팽팽한 줄을 따라 진행하는 횡파의 속력을 구할 것이다.

장력이 T인 팽팽한 줄을 따라 진행하는 펄스 속력의 식을 역학적 분석을 통하여 유도해 보자. 그림 16.11a에 보인 바와 같이 지구에 대하여 정지한 관성 기준틀에 대하여 일정한 속력 v로 오른쪽으로 진행하는 펄스를 생각하자. 뉴턴의 법칙들은 모든 관성 기준틀에 대하여 유효하다는 것을 상기하자. 따라서 그림 16.11b와 같이 펄스와 같은 속력으로 움직이는 다른 관성 기준틀을 생각하면, 이 펄스가 그 기준틀에 대하여 정지한 것으로 보인다. 이 기준틀에서 펄스는 정지되어 있고 줄의 모든 요소가 펄스 모양을 따라 왼쪽으로 이동한다.

길이 Δs인 줄의 작은 요소는 그림 16.11b의 확대한 그림에서 보듯이 반지름 R인 원호를 이룬다. 움직이는 기준틀에서 줄의 요소는 이 원호를 통하여 속력 v로 왼쪽으로 운동한다. 호를 통과하는 동안 이 요소를 등속 원운동하는 하나의 입자로 모형화할 수 있다. 이 요소는 v^2/R의 구심 가속도를 가지는데, 이것을 일으키는 힘은 줄 요소의 양 끝에 작용하는 힘 $\vec{T}$의 성분이다.* 그림 16.11b와 같이 힘 $\vec{T}$는 요소의 양 끝에 접선 방향으로 작용한다. $\vec{T}$의 수평 방향 성분은 상쇄되고, 수직 방향 성분 $T\sin\theta$는 호의 중심을 향한다. 따라서 요소에 작용하는 지름 방향 전체 힘의 크기는 $2T\sin\theta$이다. 요소가 작으므로 θ도 작고, 따라서 작은 각 근사 $\sin\theta \approx \theta$를 사용할 수 있다. 그러므로 지름 방향 전체 힘의 크기는 다음과 같다.

$$F_r = 2T\sin\theta \approx 2T\theta$$

요소는 질량 $m = \mu\Delta s$를 갖고 있으며, 여기서 μ는 줄의 단위 길이당 질량이다. 이 요소는 호의 일부이고 중심에서의 각도는 2θ이므로, $\Delta s = R(2\theta)$이고, 따라서 다음과 같다.

$$m = \mu\Delta s = 2\mu R\theta$$

줄의 요소는 알짜힘을 받는 입자로 모형화할 수 있으므로, 이 요소에 뉴턴의 제2법칙을 적용하면, 운동의 지름 성분의 크기는 다음과 같다.

$$F_r = \frac{mv^2}{R} \rightarrow 2T\theta = \frac{2\mu R\theta v^2}{R} \rightarrow T = \mu v^2$$

* 편의상 가끔 방향이 다른 두 벡터를 동일한 부호로 표시하기도 한다.: 역자 주

v에 대하여 풀면 다음을 얻는다.

$$v = \sqrt{\frac{T}{\mu}} \tag{16.18}$$

◀ 팽팽한 줄에서의 파동 속력

위 식의 증명에서 펄스의 높이가 줄의 길이에 비하여 작은 경우라고 가정하였다. 이 가정에 의하여 $\sin\theta \approx \theta$로 근사할 수 있었으며, 더욱이 장력 T는 펄스의 영향을 받지 않는다고 가정하였으므로 T는 줄의 모든 점에서 똑같다. 또한 이 증명은 펄스의 모양을 특정화하지 **않았다**. **어떤 모양**의 펄스도 모양의 변함없이 속력 $v = \sqrt{T/\mu}$로 줄을 따라 진행한다고 결론지을 수 있다.

오류 피하기 16.3

다양한 T 16장에서 파동의 주기를 나타내는 기호 T와 16.18에서 장력을 나타낸 T를 혼동하지 말라. 어떤 물리량이 무엇을 뜻하는지는 식의 내용을 보면 구분할 수 있다. 알파벳 한 글자를 변수 하나에만 대응시켜 그 물리량만을 표현하기에는 글자수가 부족하다.

Q 퀴즈 16.4 팽팽한 줄의 한쪽 끝을 손으로 잡고 $t = 0$에서 위아래로 움직여 펄스를 만든다. 줄의 다른 쪽 끝은 멀리 벽에 고정되어 있다. 펄스가 시간 t일 때 벽에 도착한다. 다음 중에서 펄스가 벽까지 도달하는 데 걸리는 시간을 단축시키는 경우를 찾으라. 정답은 하나 이상일 수 있다. **(a)** 위아래 거리는 일정하게 유지하며 손이 짧은 시간 동안 움직일 때 **(b)** 위아래 거리는 일정하게 유지하며 손이 느리게 움직일 때 **(c)** 걸리는 시간은 일정하며 위아래 거리가 길 때 **(d)** 걸리는 시간은 일정하며 위아래 거리가 짧을 때 **(e)** 동일 장력으로 동일 거리를 움직이지만 무거운 줄일 때 **(f)** 동일 장력으로 동일 거리를 움직이지만 가벼운 줄일 때 **(g)** 줄의 선질량 밀도는 그대로이지만 장력이 작을 때 **(h)** 줄의 선질량 밀도는 그대로이지만 장력이 클 때

예제 16.3 줄에서 펄스의 속력

그림 16.12에서 균일한 줄의 질량은 0.300 kg이고 길이는 6.00 m이다. 줄은 도르래를 통하여 2.00 kg의 물체를 매달고 있다. 이 줄을 따라 진행하는 펄스의 속력을 구하라.

풀이

개념화 그림 16.12에서 매달린 물체 때문에 수평 줄에 장력이 걸린다. 이 장력이 줄 위에서 오가는 파동의 속력을 결정한다.

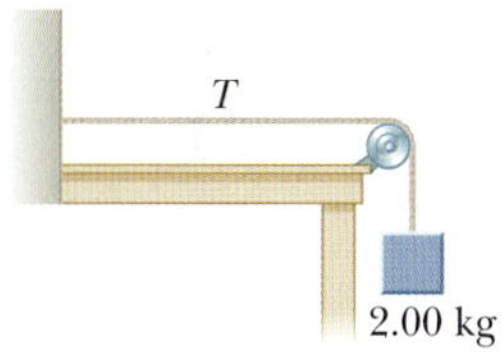

그림 16.12 (예제 16.3) 매달린 질량에 의하여 줄의 장력 T가 유지된다. 줄을 따라 진행하는 파동의 속력은 $v = \sqrt{T/\mu}$ 이다.

분류 줄 내부의 장력을 구하기 위하여 매달린 물체를 평형 상태의 입자로 모형화한다. 그러면 장력을 이용하여 식 16.18을 써서 줄에서의 파동 속력을 구할 수 있다.

분석 물체에 평형 상태의 입자 모형을 적용한다.

$$\sum F_y = T - m_{\text{block}}g = 0$$

줄에서의 장력에 대하여 푼다.

$$T = m_{\text{block}}g$$

줄의 선질량 밀도 $\mu = m_{\text{string}}/\ell$과 식 16.18을 이용하여 파동의 속력을 구한다.

$$v = \sqrt{\frac{T}{\mu}} = \sqrt{\frac{m_{\text{block}}g\ell}{m_{\text{string}}}}$$

파동의 속력을 계산한다.

$$v = \sqrt{\frac{(2.00\text{ kg})(9.80\text{ m/s}^2)(6.00\text{ m})}{0.300\text{ kg}}} = 19.8\text{ m/s}$$

결론 장력 계산에서 질량이 작은 줄의 질량을 무시하였다. 엄밀히 말하면 줄은 결코 일직선이 될 수 없다. 따라서 장력은 균일하지 못하다.

문제 만약 물체가 연직축에 대하여 진자처럼 수평으로 진동 운동을 하면, 줄에서의 파동 속력에 어떤 영향을 주는가?

답 왕복하는 물체는 **알짜힘을 받는 입자**로 볼 수 있다. 물체에 작용하는 힘들 중 한 힘의 크기는 줄의 장력인데, 이것이 파동의 속력을 결정한다. 물체가 왕복할 때 장력은 변하기 때문에 파동의 속력도 변한다.

진동하는 물체의 위치가 최저점일 때, 줄은 연직이고 알짜힘이 물체의 구심 가속도를 위쪽으로 공급해야 하므로, 장력이 물체의 무게보다도 더 크다. 따라서 파동의 속력은 19.8 m/s보다 더 커야 한다.
물체가 진동의 끝점인 최고점에 있을 때 순간적으로 정지하기 때문에, 이 순간에 구심 가속도는 영이다. 이 순간에 물체는 지름 방향으로 평형 상태를 유지하는 하나의 입자와 같다. 장력과 물체에 작용하는 중력의 성분과 평형을 이룬다. 따라서 장력은 무게보다 작으며, 파동의 속력은 19.8 m/s보다 작다. 파동의 속력은 진동수에 따라 어떻게 변하는가? 이는 진자의 진동수와 같은가?

예제 16.4 등산객 구조

질량이 80.0 kg인 등산객이 폭풍우를 만나 산봉우리에 고립되었다. 헬리콥터가 조난객의 머리 위에 머물면서 밧줄을 내려 구조하려고 한다. 밧줄 질량은 8.00 kg이고 길이는 15.0 m이다. 질량 70.0 kg인 삼각멜빵이 밧줄의 끝에 매달려 있다. 조난객이 멜빵을 붙잡고 헬리콥터는 위로 가속 운동을 한다. 공중에서 밧줄에 매달려 공포심을 느낀 조난객이 밧줄 위로 횡방향 펄스를 보내어 조종사에게 신호를 보내려 한다. 펄스가 밧줄 전체 길이를 지나가는 데 걸리는 시간이 0.250 s일 때, 헬리콥터의 가속도를 구하라. 줄에서의 장력은 균일하다고 가정한다.

풀이

개념화 헬리콥터의 가속도가 밧줄에 미치는 영향을 고려한다. 위로 향하는 가속도가 크면 클수록 밧줄의 장력은 커진다. 더불어 장력이 커질수록 밧줄에서 펄스의 속력은 커질 것이다.

분류 예제는 줄에서의 펄스 속력 문제와 조난객과 멜빵을 합쳐 **알짜힘을 받는 입자**로 모형화하는 문제가 결합된 것으로 분류할 수 있다.

분석 조난객으로부터 헬리콥터까지 펄스가 이동하는 데 걸리는 시간을 이용하여 밧줄에서의 펄스 속력을 구한다.

$$v = \frac{\Delta x}{\Delta t} = \frac{15.0\ \text{m}}{0.250\ \text{s}} = 60.0\ \text{m/s}$$

밧줄에서의 장력을 구하기 위하여 식 16.18을 T에 대하여 푼다.

$$(1) \qquad v = \sqrt{\frac{T}{\mu}} \rightarrow T = \mu v^2$$

조난객과 멜빵을 알짜힘이 작용하는 하나의 입자로 모형화한다. 이때 질량 m인 입자의 가속도와 헬리콥터의 가속도는 같음에 주목하자.

$$\sum F = ma \rightarrow T - mg = ma$$

가속도에 대하여 풀고 식 (1)의 장력을 대입한다.

$$a = \frac{T}{m} - g = \frac{\mu v^2}{m} - g = \frac{m_{\text{cable}}\, v^2}{\ell_{\text{cable}}\, m} - g$$

주어진 값들을 대입한다.

$$a = \frac{(8.00\ \text{kg})(60.0\ \text{m/s})^2}{(15.0\ \text{m})(150.0\ \text{kg})} - 9.80\ \text{m/s}^2 = 3.00\ \text{m/s}^2$$

결론 실제 밧줄은 장력뿐만 아니라 뻣뻣함(강도; 휘지 않는 성질)을 갖고 있다. 이 뻣뻣함 때문에 장력이 없다 해도 밧줄은 기본적으로 직선형을 유지하려고 한다. 예를 들면 피아노 줄이 용기 속에서는 구부러져 있다가도 밖으로 나오면 직선으로 뻗는 성질이 있는 것과 같다.
장력과 더불어 뻣뻣함은 복원력을 증가시키고, 이 결과 파동의 속력이 커진다. 따라서 실제 밧줄에서는, 이 문제에서 구한 답인 속력 60.0 m/s는 헬리콥터의 가속도가 앞에서 계산하여 얻은 값보다 작은 가속도일 때의 속력 값이라 하겠다.

16.4 반사와 투과
Reflection and Transmission

진행파 모형은 파동이 진행하는 동안 다른 것과 상호 작용 없이 균일한 매질을 통하여 지나가는 파동을 설명한다. 이제 매질이 변하면 진행파는 어떻게 되는지 생각해 보

자. 예를 들어 그림 16.13과 같이 한 끝이 벽에 고정되어 있는 줄을 따라 진행하는 펄스를 생각해 보자. 펄스가 벽에 가까워질수록 매질은 급격히 바뀌므로, 그 결과 펄스는 **반사**(reflection)된다. 즉 펄스는 반대 방향으로 줄을 따라 이동하게 된다.

이때 반사된 펄스는 뒤집힘에 주목하자. 이것은 다음과 같이 설명할 수 있다. 펄스가 줄의 고정된 끝에 도달하면 이 줄은 벽의 위 방향으로 힘을 가하게 된다. 뉴턴의 제3법칙에 따라 벽은 크기가 같고 방향이 반대(아래 방향)인 반작용력을 줄에게 주어, 결과적으로 아래 방향의 힘으로 위상이 반대가 되는 반사 펄스가 형성된다.

그림 16.14와 같이, 줄의 한쪽 끝이 수직으로 자유롭게 움직이는 자유단에 펄스가 도달하는 경우를 생각해 보자. 자유단에는 질량을 무시할 수 있는 고리가 기둥과 마찰 없이 수직으로 움직일 수 있어서 장력이 유지된다. 이번에도 펄스는 반사되지만 뒤집히지 않는다. 펄스는 막대에 도달하면 자유단에 힘을 전달해서 고리를 위로 가속시킨다. 고리가 입사 펄스의 크기를 넘어간 다음에는 장력의 아래 방향 성분에 의하여 원래의 위치로 되돌아온다. 이런 고리의 운동은 입사 펄스의 진폭과 같은 뒤집어지지 않은 반사 펄스를 만든다.

마지막으로 경계가 고정되지도 않고 자유롭지도 않은 중간 정도인 경우를 살펴보자. 이 경우에 입사 펄스 에너지의 일부는 **투과**(transmission)되고 일부는 반사된다. 즉 에너지의 일부는 경계를 넘어 지나간다. 예를 들어 그림 16.15와 같이 가벼운 줄이 무거운 줄에 연결된 경우에 펄스가 가벼운 줄을 지나 경계에 도달할 때, 펄스의 일부는 반사되어 뒤집히고 일부는 더 무거운 줄로 투과된다. 반사 펄스가 뒤집히는 것은 앞에서 설명한 경계가 고정된 경우와 같기 때문이다.

반사 펄스는 입사 펄스보다 진폭이 작다. 16.5절에서 파동이 전달하는 에너지는 진폭과 관계가 있음을 보일 예정이다. 에너지 보존의 원리에 따르면, 펄스가 경계에서 반사 펄스와 투과 펄스로 나누어질 때, 두 펄스가 갖는 에너지의 전체 합은 입사 펄스의 에너지와 같아야 한다. 반사 펄스는 입사 펄스의 에너지 중에서 일부분만 포함하므로, 반사 펄스의 진폭은 줄어들어야 한다.

펄스가 무거운 줄을 진행해서 가벼운 줄과의 경계에 도달할 때도 그림 16.16과 같

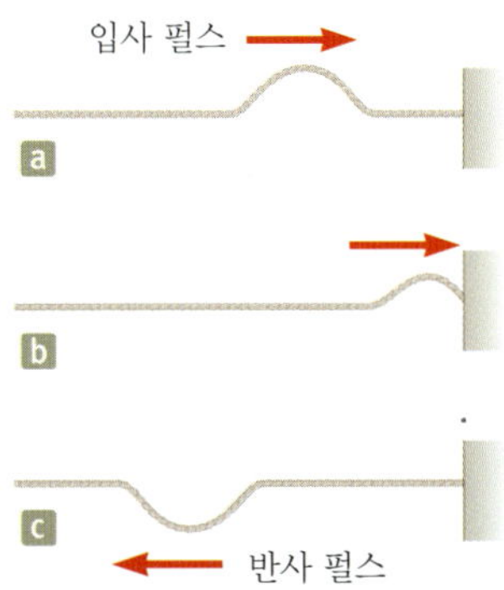

그림 16.13 한 끝이 고정된 줄에서 진행하는 펄스의 반사. 반사 펄스의 위상은 반대가 되지만 모양은 변하지 않는다.

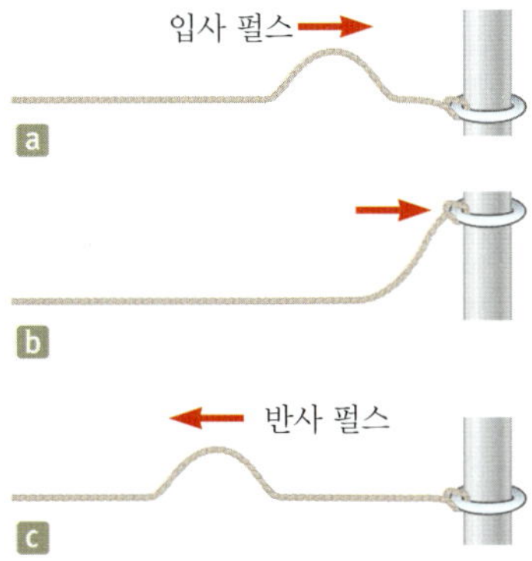

그림 16.14 한 끝이 자유로운 줄에서 진행하는 펄스의 반사. 이 경우에 반사 펄스는 뒤집히지 않는다.

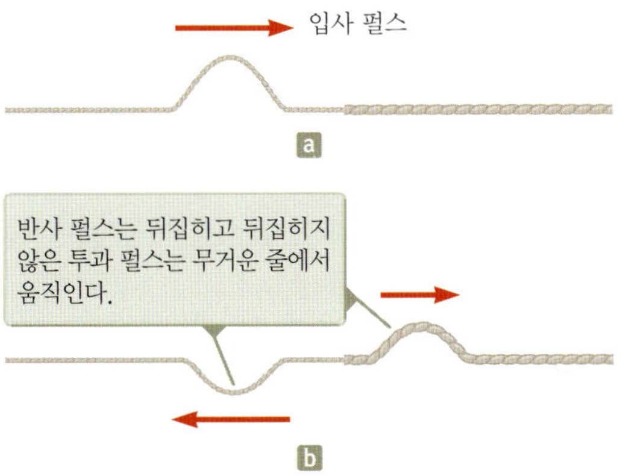

그림 16.15 (a) 가벼운 줄에서 무거운 줄로 오른쪽으로 진행하는 펄스 (b) 펄스가 경계에 도달한 후의 상황

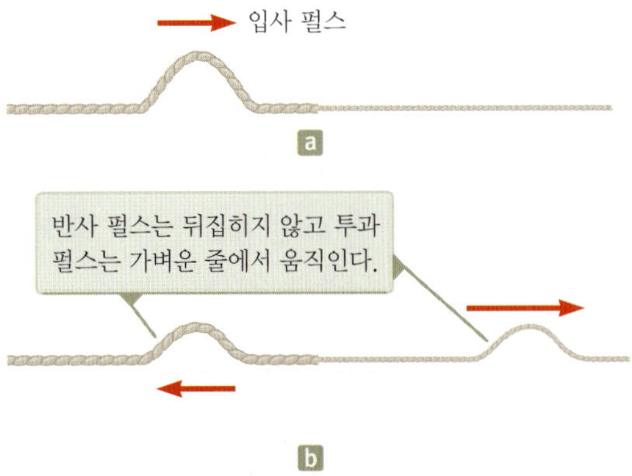

그림 16.16 (a) 무거운 줄에서 가벼운 줄로 오른쪽으로 진행하는 펄스 (b) 펄스가 경계에 도달한 후의 상황

이 일부는 반사되고 일부는 투과된다. 그러나 이 경우에 반사 펄스는 뒤집히지 않는다.

어느 경우나 반사 펄스와 투과 펄스의 상대적인 진폭은 두 줄의 상대적인 밀도에 의존한다. 만일 줄이 경계면에서 동일하다면 경계에서 끊어짐이 없고 반사도 일어나지 않는다.

식 16.18에 의하면, 줄에서 파동의 속력은 줄의 단위 길이당 질량이 증가함에 따라서 감소한다는 것을 알았다. 다시 말해서 파동은 장력이 일정한 줄인 경우에 무거운 줄보다 가벼운 줄에서 더 빠르게 이동한다. 반사 파동인 경우는 다음과 같은 일반적인 규칙을 따른다. 파동 또는 펄스가 매질 A에서 B로 진행하고 $v_A > v_B$인 경우(B가 A보다 밀한 경우), 반사 파동 또는 펄스는 뒤집힌다. 파동 또는 펄스가 매질 A에서 B로 진행하고 $v_A < v_B$인 경우(A가 B보다 더 밀한 경우), 반사 파동 또는 펄스는 뒤집히지 않는다.

16.5 줄에서 사인형 파동의 에너지 전달률
Rate of Energy Transfer by Sinusoidal Waves on Strings

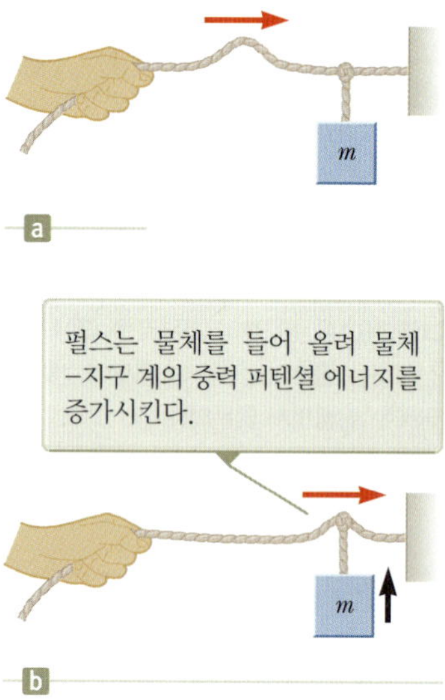

그림 16.17 (a) 물체가 매달려 있는 줄에서 오른쪽으로 에너지를 갖고 진행하는 펄스 (b) 펄스의 에너지가 줄에 매달려 있는 물체에 도달한다.

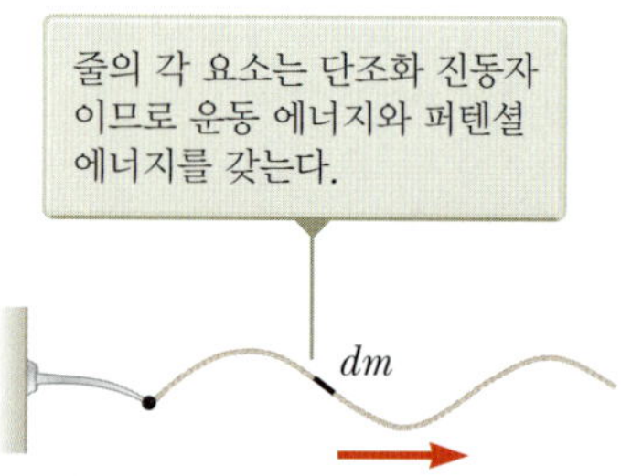

그림 16.18 팽팽한 줄에서 x축 방향으로 진행하는 사인형 파동

매질을 통하여 진행하는 파동은 에너지를 전달한다. 이것은 그림 16.17a와 같이 줄의 한 점에 물체를 매달고, 펄스를 줄에 보냄으로써 쉽게 설명할 수 있다. 그림 16.17b와 같이 매달려 있는 물체에 펄스가 전달되면, 물체는 일시적으로 위로 올라간다. 이 과정에서 에너지가 물체에 전달되어, 물체-지구 계에서 중력 퍼텐셜 에너지는 증가한다. 이 절에서는 일차원 사인형 파동이 줄을 따라서 전달하는 에너지 전달률을 알아본다.

그림 16.18에서처럼 사인형 파동이 줄을 따라 진행하는 경우에, 에너지원은 줄의 왼쪽 끝에서 외부에서 가해주는 일이다. 줄은 비고립계로 간주할 수 있다. 외부에서 줄의 끝에 일을 해주면 줄은 위아래로 움직이게 되고, 에너지가 줄의 계로 들어가 줄의 길이를 따라 전달된다. 길이가 dx, 질량이 dm인 줄의 작은 요소를 생각해 보자. 각 요소의 위치는 식 15.6과 같이 위아래로 진동한다. 따라서 줄의 작은 요소를 y 방향으로 단조화 운동을 하는 입자로 모형화할 수 있다. 작은 요소의 각진동수 ω 및 진폭 A는 모두 같다. 움직이는 입자의 운동 에너지는 $K = \frac{1}{2}mv^2$이다. 이 식을 길이 요소가 dx이고 질량 요소가 dm인 물체에 적용하면, 위아래로 운동하는 이 요소의 운동 에너지 dK는

$$dK = \tfrac{1}{2}(dm)v_y^2$$

이다. 여기서 v_y는 요소의 횡속도이다. 만일 μ가 줄의 단위 길이당 질량이라면, 길이 요소 dx인 물질의 질량 요소 dm은 μdx가 된다. 그러므로 줄의 한 요소의 운동 에너지는 다음과 같다.

$$dK = \tfrac{1}{2}(\mu\, dx)v_y^2 \qquad \textbf{(16.19)}$$

식 16.14를 이용하여 횡속도를 매질 요소의 단조화 진동의 일반적인 횡속도로 대치하면

$$dK = \frac{1}{2}\mu[-\omega A \cos(kx - \omega t)]^2 dx = \frac{1}{2}\mu\omega^2 A^2 \cos^2(kx - \omega t)\, dx$$

가 된다. $t = 0$일 때의 파동에 대하여, 주어진 요소의 운동 에너지는

$$dK = \frac{1}{2}\mu\omega^2 A^2 \cos^2 kx\, dx$$

이다. 이 식을 파동의 한 파장 내에서 줄의 모든 요소에 대하여 적분하면, 한 파장 내의 전체 운동 에너지 K_λ는 다음과 같다.

$$K_\lambda = \int dK = \int_0^\lambda \frac{1}{2}\mu\omega^2 A^2 \cos^2 kx\, dx = \frac{1}{2}\mu\omega^2 A^2 \int_0^\lambda \cos^2 kx\, dx$$

$$= \frac{1}{2}\mu\omega^2 A^2 \left[\frac{1}{2}x + \frac{1}{4k}\sin 2kx\right]_0^\lambda = \frac{1}{2}\mu\omega^2 A^2 \left[\frac{1}{2}\lambda\right] = \frac{1}{4}\mu\omega^2 A^2 \lambda$$

운동 에너지 이외에, 줄의 각 요소는 평형 상태로부터의 변위와 이웃하는 성분으로부터의 복원력으로 인하여 퍼텐셜 에너지를 갖는다. 한 파장 내에서 전체 퍼텐셜 에너지 U_λ에 대하여 마찬가지 방법으로 계산하면, 정확히 같은 결과를 얻는다.

$$U_\lambda = \frac{1}{4}\mu\omega^2 A^2 \lambda$$

파동의 한 파장 내에서 전체 에너지는 퍼텐셜 에너지와 운동 에너지의 합이므로

$$E_\lambda = U_\lambda + K_\lambda = \frac{1}{2}\mu\omega^2 A^2 \lambda \qquad \textbf{(16.20)}$$

이다. 파동이 줄을 따라서 진행할 때, 이 에너지가 한 주기 동안 줄 위의 주어진 점을 지나간다. 그러므로 역학적 파동과 관련 있는 일률(P), 즉 에너지 전달률 T_{MW}는

$$P = \frac{T_{\mathrm{MW}}}{\Delta t} = \frac{E_\lambda}{T} = \frac{\frac{1}{2}\mu\omega^2 A^2 \lambda}{T} = \frac{1}{2}\mu\omega^2 A^2 \left(\frac{\lambda}{T}\right)$$

$$P = \frac{1}{2}\mu\omega^2 A^2 v \qquad \textbf{(16.21)}$$

◀ 파동의 일률

이다. 이 식은 줄에서 사인형 파동에 의한 에너지 전달률이 (a) 진동수의 제곱, (b) 진폭의 제곱과 (c) 파동의 속력에 비례함을 보여 주고 있다. 사실 모든 사인형 파동의 에너지 전달률은 각진동수의 제곱과 진폭의 제곱에 비례한다.

Q 퀴즈 16.5 다음 중 줄을 따라 이동하는 파동이 전달하는 에너지 전달률을 증가시키기 위한 가장 효과적인 방법은 어느 것인가? **(a)** 선질량 밀도를 절반으로 줄인다. **(b)** 파장을 두 배로 늘린다. **(c)** 줄의 장력을 두 배로 늘린다. **(d)** 파동의 진폭을 두 배로 늘린다.

예제 16.5 진동하는 줄에 공급되는 일률

단위 길이당 질량 $\mu = 5.00 \times 10^{-2}$ kg/m인 팽팽한 줄에 80.0 N의 장력이 작용하고 있다. 진동수가 60.0 Hz이고 진폭이 6.00 cm인 사인형 파동을 만들기 위하여, 줄에 공급해야 할 일률은 얼마인가?

풀이

개념화 그림 16.10을 보며 진동 날이 어떤 비율로 줄에 에너지를 공급하는지 상기하자. 이 에너지가 줄을 따라서 오른쪽으로 전파된다.

분류 이 장에서 유도한 식을 이용하여 물리량을 구하는 문제이므로, 예제를 대입 문제로 분류한다.

식 16.21을 사용하여 일률을 계산한다.

$$P = \tfrac{1}{2}\mu\omega^2 A^2 v$$

식 16.9와 16.18을 사용하여 ω와 v를 대입한다.

$$P = \tfrac{1}{2}\mu(2\pi f)^2 A^2\left(\sqrt{\frac{T}{\mu}}\right) = 2\pi^2 f^2 A^2 \sqrt{\mu T}$$

주어진 값들을 대입한다.

$$P = 2\pi^2(60.0\ \text{Hz})^2(0.060\ 0\ \text{m})^2\sqrt{(0.050\ 0\ \text{kg/m})(80.0\ \text{N})}$$
$$= 512\ \text{W}$$

문제 만약 줄의 에너지 전달률이 1 000 W라면 어떤가? 다른 변수들이 동일하다면 진폭은 얼마이어야 하는가?

답 처음과 나중의 일률의 비율을 오직 진폭만 변한다고 하여 구하면

$$\frac{P_{\text{new}}}{P_{\text{old}}} = \frac{\frac{1}{2}\mu\omega^2 A_{\text{new}}^2\, v}{\frac{1}{2}\mu\omega^2 A_{\text{old}}^2\, v} = \frac{A_{\text{new}}^2}{A_{\text{old}}^2}$$

나중 진폭에 대하여 풀면 다음과 같다.

$$A_{\text{new}} = A_{\text{old}}\sqrt{\frac{P_{\text{new}}}{P_{\text{old}}}} = (6.00\ \text{cm})\sqrt{\frac{1\ 000\ \text{W}}{512\ \text{W}}}$$
$$= 8.39\ \text{cm}$$

16.6 선형 파동 방정식
The Linear Wave Equation

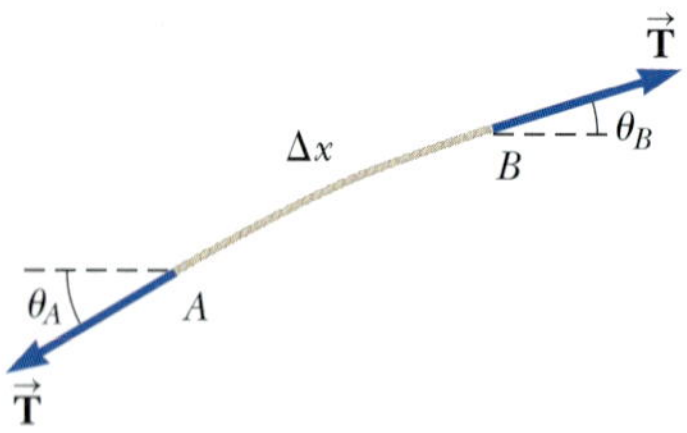

그림 16.19 장력 T가 작용하는 줄의 요소

16.1절에서 줄에서 진행하는 파동을 기술하는 파동 방정식의 개념을 소개하였다. 모든 파동 함수 $y(x, t)$는 **선형 파동 방정식**이라 하는 방정식의 해를 나타낸다. 이 식은 파동 운동을 완전하게 기술하고, 이 식에서 파동의 속력을 구할 수 있다. 더욱이 선형 파동 방정식은 파동 운동의 여러 형태들의 기본이 된다. 여기에서 이 식을 줄에서 진행하는 파동에 적용하도록 유도할 것이다.

진행파가 그림 16.19와 같이 장력 T가 작용하는 줄을 따라서 진행한다고 가정하자. 줄의 작은 길이 요소 Δx를 고려해 보자. 줄의 양 끝은 x축과 작은 각도 θ_A와 θ_B를 이루고 있다. 힘들은 이웃한 요소들과 연결된 줄 요소의 끝에 작용한다. 그러므로 이 요소는 알짜힘을 받는 입자로 모형화한다. 줄에 작용하는 수직 방향의 요소에 작용하는 알짜힘은

$$\sum F_y = T\sin\theta_B - T\sin\theta_A = T(\sin\theta_B - \sin\theta_A)$$

이다. 각도가 작기 때문에, 작은 각 근사 $\sin\theta \approx \tan\theta$를 사용하여 알짜힘을

$$\sum F_y \approx T(\tan\theta_B - \tan\theta_A) \qquad \textbf{(16.22)}$$

로 나타낼 수 있다. 힘 $\vec{\mathbf{T}}$를 나타내는 파란선을 따라서 그림 16.19에서 줄의 요소의 양 끝에서 바깥쪽으로 약간 변위한다고 하자. 이 변위는 매우 작은 x 성분과 y 성분을 가지며, 벡터 $dx\,\hat{\mathbf{i}} + dy\,\hat{\mathbf{j}}$로 나타낼 수 있다. 이 변위에서 x축에 대한 각도의 탄젠트는 dy/dx이다. 어떤 특정한 순간에 이 접선을 구하기 때문에 $\partial y/\partial x$로 나타내야 한다. 식 16.22에 탄젠트값을 대입하면

$$\sum F_y \approx T\left[\left(\frac{\partial y}{\partial x}\right)_B - \left(\frac{\partial y}{\partial x}\right)_A\right] \qquad \textbf{(16.23)}$$

가 된다. 알짜힘을 받는 입자 모형으로부터 $m = \mu\,\Delta x$로 주어지는 요소의 질량에 뉴턴의 제2법칙을 적용하면

$$\sum F_y = ma_y = \mu\,\Delta x\left(\frac{\partial^2 y}{\partial t^2}\right) \tag{16.24}$$

가 된다. 식 16.23과 16.24를 결합하면

$$\mu\,\Delta x\left(\frac{\partial^2 y}{\partial t^2}\right) = T\left[\left(\frac{\partial y}{\partial x}\right)_B - \left(\frac{\partial y}{\partial x}\right)_A\right]$$

$$\frac{\mu}{T}\,\frac{\partial^2 y}{\partial t^2} = \frac{(\partial y/\partial x)_B - (\partial y/dx)_A}{\Delta x} \tag{16.25}$$

를 얻는다. 이 식의 우변은 임의의 함수의 편미분 도함수를 다음과 같이 정의한다면, 다른 형태로 쓸 수 있다.

$$\frac{\partial f}{\partial x} \equiv \lim_{\Delta x \to 0} \frac{f(x + \Delta x) - f(x)}{\Delta x}$$

$f(x + \Delta x)$는 $(\partial y/\partial x)_B$와 그리고 $f(x)$는 $(\partial y/\partial x)_A$와 연관시키면, $\Delta x \to 0$의 극한에서 식 16.25는

$$\frac{\mu}{T}\,\frac{\partial^2 y}{\partial t^2} = \frac{\partial^2 y}{\partial x^2} \tag{16.26}$$

◀ 줄에서의 선형 파동 방정식

가 된다. 이 식이 줄을 따라 진행하는 파동에 적용되는 선형 파동 방정식이다.

선형 파동 방정식 16.26은

$$\frac{\partial^2 y}{\partial x^2} = \frac{1}{v^2}\,\frac{\partial^2 y}{\partial t^2} \tag{16.27}$$

◀ 일반적인 선형 파동 방정식

형태로 종종 쓰이고, 진행하는 파동의 여러 가지 형태에 일반적으로 적용된다. 줄을 따라 진행하는 파동에 대하여, y는 줄의 요소의 수직 위치를 나타낸다. 기체를 통하여 전파되는 음파의 경우, y는 평형 상태에서 기체 요소의 종변위에 대응하거나 기체의 압력 또는 밀도의 변화에 대응한다. 전자기파의 경우에 y는 전기장과 자기장의 성분에 대응한다.

사인형 파동 함수인 식 16.10은 선형 파동 방정식 16.27의 한 해라는 것을 보였다. 여기서 증명하지는 않겠지만, 선형 파동 방정식은 $y = f(x \pm vt)$인 형태를 갖는 **어떤** 파동 함수도 만족한다. 더욱이 선형 파동 방정식이 파동이 진행하는 줄의 요소에 알짜힘을 받는 입자 모형을 적용한 결과라는 것을 알았다.

연습문제

객관식

1. 무거운 줄의 끝이 가벼운 줄의 끝과 연결되어 있고, 파동이 무거운 줄에서 가벼운 줄로 진행할 때, **(i)** 파동의 속력은 어떻게 되는가? (a) 증가한다. (b) 감소한다. (c) 변함없다. (d) 예측할 수 없다. **(ii)** 진동수는 어떻게 되는가? (a) 증가한다. (b) 감소한다. (c) 변함없다. (d) 예측할 수 없다. **(iii)** 파장은 어떻게 되는가? 앞의 보기에서 고르라.

2. 고무 호스를 팽팽하게 잡아당겼다가 튕기면 호스의 위아래로 진행하는 펄스를 볼 수 있다. **(i)** 만일 호스를 더 팽팽히 당긴다면 펄스의 속력은 어떻게 되는가? (a) 증가한다. (b) 감소한다. (c) 변함없다. (d) 예측할 수 없다. **(ii)** 만일 호스에 물을 채운다면 펄스의 속력은 어떻게 되는가? 앞의 보기에서 고르라.

3. 다음 함수로 표시된 파동 (a)~(e)를 **(i)** 진폭, **(ii)** 파장, **(iii)** 진동수, **(iv)** 주기, **(v)** 속력에 따라 큰 것부터 순서대로 나열하라. 만일 두 파동의 물리량이 같으면 동일한 순위로 두라. 모든 함수에서 x와 y의 단위는 m이고 t의 단위는 s이다. $y = 4 \sin(3x - 15t)$ (b) $y = 6 \cos(3x + 15t - 2)$ (c) $y = 8 \sin(2x + 15t)$ (d) $y = 8 \cos(4x + 20t)$ (e) $y = 7 \sin(6x - 24t)$

4. 팽팽한 줄에서 파동 속력을 두 배로 하기 위해서는 장력을 몇 배로 증가시켜야 하는가? 줄은 늘어나지 않는다고 가정한다. (a) 8배 (b) 4배 (c) 2배 (d) 0.5배 (e) 장력을 변화시켜 두 배만큼의 속력을 변화시킬 수 없다.

5. 그림 OQ16.5에 보이는 기타의 모든 줄을 같은 장력으로 당기고 있다. 가장 굵은 베이스 줄 파동의 속력은 가는 줄 파동의 속력보다 (a) 빠르다. (b) 느리다. (c) 같다. (d) 정답 없음

그림 OQ16.5

6. 다음 중 역학적 파동과 관계없는 것은 어느 것인가? (a) 교란에 의하여 형성된다. (b) 완전한 사인형이다. (c) 에너지를 전달한다. (d) 전달을 위한 매질이 필요하다. (e) 파동의 속력은 진행하는 매질의 성질에 따라 결정된다.

7. (a) 줄에서의 파동은 줄 요소의 최대 횡속도 $v_{y,\max}$보다 더 빠르게 이동할 수 있는가? (b) 파동의 속력은 최대 요소 속력보다 훨씬 더 클 수 있는가? (c) 파동의 속력은 최대 요소 속력과 같을 수 있는가? (d) 파동 속력은 $v_{y,\max}$보다 더 작을 수 있는가?

8. 일정한 진동수로 진동하는 파원에서 일정한 장력을 받는 줄에 사인형 파동을 발생시키고 있다. 만일 줄에 가해지는 일률이 두 배가 된다면 진폭은 몇 배가 되는가? (a) 4배 (b) 2배 (c) $\sqrt{2}$배 (d) 0.707배 (e) 예측할 수 없다.

9. 줄을 따라 진행하는 사인형 파동의 연속하는 두 마루 사이의 거리가 2 m이다. 파동의 진동수가 4 Hz라면 파동의 속력은 얼마인가? (a) 4 m/s (b) 1 m/s (c) 8 m/s (d) 2 m/s (e) 주어진 정보로는 답을 구할 수 없다.

주관식

16.1 파동의 전파

1. 지진이 발생하여 지진 기록 관측소에 S파와 P파가 도달하는데 이들 사이의 시간 간격이 17.3 s이다. 두 파동의 이동 경로는 동일하고, 속력은 각각 4.50 km/s와 7.80 km/s이다. 지진 기록계로부터 진원지까지 떨어진 거리를 구하라.

2. 마루에서 마루까지의 거리가 10.0 m인 파도의 파동 함수가 다음과 같다.

$$y(x, t) = 0.800 \sin[0.628(x - vt)]$$

여기서 x와 y의 단위는 m, t의 단위는 s이고 $v = 1.20$ m/s이다. (a) $t = 0$ s일 때 $y(x, t)$를 그리라. (b) $t = 2.00$ s일 때 $y(x, t)$를 그리라. (c) 두 그래프 (a)와 (b)를 비교하여 공통점과 차이점을 설명하라. (d) 두 그래프 (a)와 (b) 사이에 파동은 어떻게 이동하는가?

3. 줄을 따라 진행하는 횡파가 $t = 0$에서 다음과 같은 함수로 주어진다.

$$y = \frac{6.00}{x^2 + 3.00}$$

여기서 x와 y의 단위는 m이다. 파동이 $+x$ 방향으로 속력

4.50 m/s로 진행할 때, 이 펄스를 나타내는 함수 $y(x, t)$를 쓰라.

4. 그림 P16.4에서처럼 지표면 위의 두 점 A와 B는 경도는 같으나 위도가 60.0° 차이가 난다. 점 A에서 지진이 일어나 P파가 발생하여 지구 내부에서 두 점을 직선으로 이은 경로를 따라 일정한 속력 7.80 km/s로 이동하여 점 B에 도달한다. 지진에 의하여 레일리파(Rayleigh wave)가 역시 발생하여 속력 4.50 km/s로 움직인다. P파 및 S파와 더불어 레일리파는 제3의 지진파인데, 이것은 지구 내부가 아니라 지표면을 따라서 진행한다. (a) 두 지진파 중에서 어느 것이 점 B에 먼저 도달하는가? (b) 두 파동이 점 B에 도달하는 데 걸리는 시간 차이는 얼마인가?

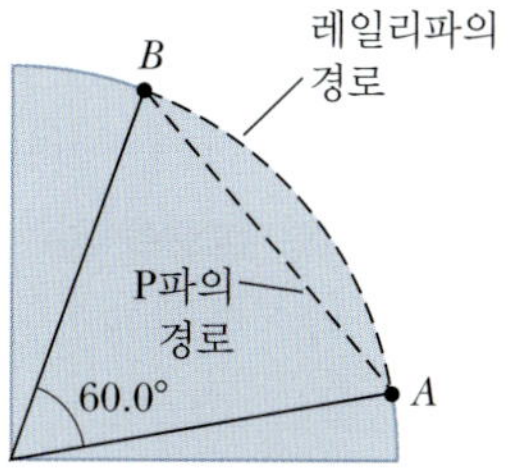

그림 P16.4

16.2 분석 모형: 진행파

5. $y = 0.020\,0 \sin(kx - \omega t)$로 주어진 파동에서 $k = 2.11$ rad/m, $\omega = 3.62$ rad/s이다. x와 y의 단위는 m이고 t의 단위는 s이다. 이때 파동의 (a) 진폭, (b) 파장, (c) 진동수, (d) 속력을 구하라.

6. 어떤 균일한 줄이 일정한 장력을 받고 있다. (a) 교재에서 보인 그림에서와 같이 줄에서의 순간적인 사인형 파동의 모습을 그리라. (b) (a)에서 그린 그림 바로 아래에, 파동의 1/4주기 뒤에서의 모습을 그리라. (c) 그러고 나서 (a)에서 그린 파동보다 진폭이 1.5배인 파동을 그리라. (d) 다음에는 (a)에서 그린 그림보다 파장이 1.5배인 파동을 그리라. (e) 마지막으로 (a)에서 그린 파동보다 진동수가 1.5배인 파동을 그리라.

7. 밧줄을 따라 진행하는 사인형 파동이 있다. 진동자는 30.0 s 동안 40.0회 진동을 발생시킨다. 파동의 마루는 줄을 따라 10.0 s 동안 425 cm를 진행한다. 이 파동의 파장을 구하라.

8. 어떤 횡파에 대하여 연속하는 두 개의 마루 사이의 간격이 1.20 m이고, 여덟 개의 마루가 12.0 s마다 이동하는 방향의 어떤 주어진 지점을 통과한다. 파동의 속력을 구하라.

9. 팽팽한 줄 위를 진행하는 어떤 파동의 파동 함수가 (SI 단위로) 다음처럼 주어진다.

$$y(x, t) = 0.350 \sin\left(10\pi t - 3\pi x + \frac{\pi}{4}\right)$$

(a) 파동의 속력과 진행 방향을 구하라. (b) $t = 0$, $x = 0.100$일 때 줄 요소의 수직 위치를 구하라. (c) 파장을 구하라. (d) 진동수를 구하라. (e) 줄 요소의 최대 횡속도를 구하라.

10. 어떤 줄이 진동수 4.00 Hz로 진동함에 따라 파장 60.0 cm인 횡파가 만들어진다. 줄을 따라 진행하는 파동의 속력을 구하라.

11. 그림 P16.11에 있는 줄이 진동수 5.00 Hz로 구동된다. 운동의 진폭은 $A = 12.0$ cm이고, 파동의 속력은 $v = 20.0$ m/s이다. 또한 $x = 0$, $t = 0$일 때 $y = 0$이다. (a) 각진동수와 (b) 파수를 구하고, (c) 파동 함수에 대한 식을 쓰라. 줄의 요소에 대한 (d) 최대 횡속도와 (e) 최대 횡가속도를 계산하라.

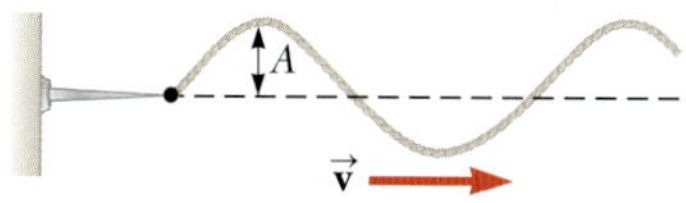

그림 P16.11

12. 예제 16.2와 같이 파동 함수가 $y = 0.150 \cos(15.7x - 50.3t)$인 사인형 파동을 고려하자. 여기서 x와 y의 단위는 m이고 t의 단위는 s이다. 점 A는 원점이고, 점 B는 어떤 순간 파동의 위상이 원점에서의 위상과 60° 차이가 있는 가장 가까운 점이다. B의 좌표를 구하라.

13. 파장이 2.00 m, 진폭이 0.100 m인 사인형 파동이 줄을 따라서 오른쪽으로 속력 1.00 m/s로 진행하고 있다. $t = 0$일 때 줄의 왼쪽 끝의 원점에서 횡 변위가 영이다. 이 파동에 대하여 (a) 진동수, (b) 각진동수, (c) 파수, (d) 파동 함수를 SI 단위로 구하라. 또한 (e) 줄의 왼쪽 끝 지점에 대하여, (f) 줄의 왼쪽 끝에서 오른쪽으로 $x = 1.50$ m만큼 떨어진 지점에 대하여 횡 변위를 SI 단위로 구하라. (g) 줄 요소의 최대 속력은 얼마인가?

14. (a) 사인형 파동 함수 $y = 0.150 \cos(15.7x - 50.3t)$에서 $x = 0$일 때, y를 t의 함수로 그리라. 여기서 x와 y의 단위는 m이고 t의 단위는 s이다. (b) 진동자의 주기를 구하라. (c) 예제 16.2에서 구한 값과 비교하여 설명하라.

15. 어떤 줄에서의 파동이 파동 함수 $y = 0.100 \sin(0.50x - 20t)$로 주어진다. 여기서 x와 y의 단위는 m이고 t의 단위는 s이다. (a) $x = 2.00$ m에 위치한 줄 요소가 조화 운동을 함을

보이라. (b) 이 요소의 진동수를 구하라.

16. 사인형 파동의 파동 함수가 $y = 0.25 \sin (0.30x - 40t)$로 표현된다. 여기서 x와 y의 단위는 m이고 t의 단위는 s이다. 이 파동에 대하여 (a) 진폭, (b) 각진동수, (c) 파수, (d) 파장, (e) 파동 속력, (f) 진행 방향을 구하라.

17. (a) 다음의 특성을 갖고 $-x$ 방향으로 진행하는 사인형 파동에 대한 x와 t의 함수 y를 쓰라(x와 y는 SI 단위). $A = 8.00$ cm, $\lambda = 80.0$ cm, $f = 3.00$ Hz, $t = 0$일 때, $y(0, t) = 0$이다. (b) 앞의 (a)에서 $x = 10.0$ cm일 때 $y(x, 0) = 0$이라면, 이 파동의 파동 함수 y를 구하라.

18. 줄에서의 사인형 횡파가 주기 $T = 25.0$ ms이고 속력 30.0 m/s로 $-x$ 방향으로 진행하고 있다. $t = 0$일 때, $x = 0$에서 줄의 요소는 횡 방향 위치가 2.00 cm이고 속력 2.00 m/s로 아래로 진행할 때 (a) 파동의 진폭은 얼마인가? (b) 처음의 위상은 얼마인가? (c) 줄 요소의 최대 횡속도는 얼마인가? (d) 이 파동에 대한 파동 함수를 쓰라.

16.3 줄에서의 파동의 속력

19. 철선의 탄성 한계는 2.70×10^8 Pa이다. 이 같은 변형 한도 내에서 선을 따라 진행하는 횡파의 가능한 최대 속력을 구하라. (철의 밀도는 7.86×10^3 kg/m^{3}이다.)

20. 단위 길이당 질량이 5.00×10^{-3} kg/m인 피아노 줄에 1 350 N의 장력이 작용할 때, 이 줄에서 진행하는 파동의 속력을 구하라.

21. 6.00 N의 장력을 받고 있는 줄에서 횡파가 20.0 m/s의 속력으로 진행한다. 같은 줄에서 30.0 m/s의 파동 속력으로 진행하는 데 필요한 장력은 얼마인가?

22. 시험을 치르고 있는 학생에게 다음과 같은 두 개의 식

$$f = \frac{1}{T} \quad \text{그리고} \quad v = \sqrt{\frac{T}{\mu}}$$

가 참조용으로 주어졌는데, 어떤 학생이 이들 식에서 T의 의미를 기억 못하고 있다. (a) 차원 분석으로 두 식에서 T에 대하여 단위를 각각 구하라. (b) 구한 답으로부터 각각의 T가 어떤 물리량을 나타내는지 설명하라.

23. 길이가 4.00 m이고 질량이 0.200 kg인 통신용 케이블이 있다. 팽팽한 케이블의 한쪽 끝을 잡아당겨 횡 방향의 펄스를 만든다. 이 펄스는 케이블을 따라서 시간 0.800 s 동안에 4회 왕복한다. 케이블의 장력을 구하라.

24. 지름이 모두 1.00 mm이고, 길이가 30.0 m인 철선과 길이가 20.0 m인 구리선이 끝과 끝이 연결되어 팽팽히 매어져 있고, 150 N의 장력이 작용하고 있다. 횡파가 두 도선의 전체 길이를 진행하는 데 걸리는 시간 간격을 구하라.

25. 다음 상황은 왜 불가능한가? 예제 16.3에서 논의된 그림 16.12의 기구를 사용하여 어떤 우주인이 달에서 파동의 운동을 연구한다. 그는 수평 방향으로 놓인 줄에서 펄스가 운동하는 데 걸리는 시간 간격을 측정한다. 수평으로 놓인 줄의 질량은 4.00 g이고 길이는 1.60 m이며, 한쪽 끝에 달린 도르래를 따라 늘어진 줄에는 질량 3.00 kg의 물체가 매달려 있다. 펄스는 26.1 ms만에 줄을 가로질러 지나갈 수 있다.

26. 그림 P16.26과 같이 줄에 장력이 작용하고 있다. 매달린 질량이 $m = 3.00$ kg일 때 파동 속력이 $v = 24.0$ m/s이었다. (a) 줄의 단위 길이당 질량은 얼마인가? (b) 만약 매달린 질량이 $m = 2.00$ kg이라면 파동 속력은 얼마인가?

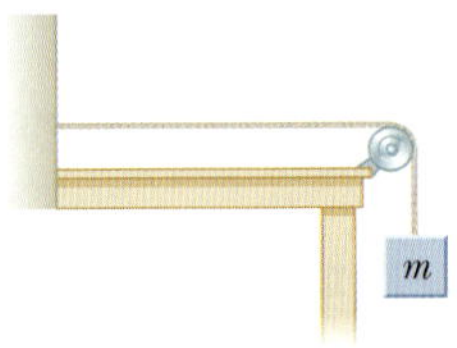

그림 P16.26

27. 단위 길이당 질량이 8.00 g/m인 가벼운 줄의 양쪽 끝이 줄 길이의 3/4만큼 떨어져 있는 두 벽의 양쪽에 고정되어 있다 (그림 P16.27). 질량 m인 물체가 줄 중앙에 매달려 장력을 주고 있다. (a) 매달린 물체의 질량의 함수로 줄에서 횡파의 속력을 표현하는 식을 구하라. (b) 만약 파동 속력이 60.0 m/s이라면 줄에 매달린 질량은 얼마인가?

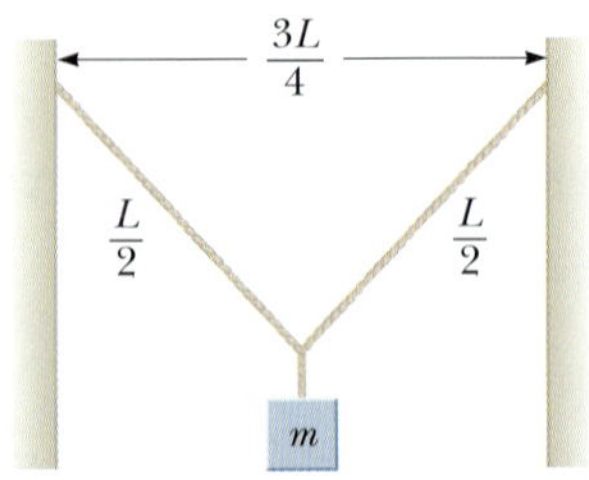

그림 P16.27

28. 지름이 1.50 mm인 팽팽한 구리선에 200 m/s의 속력으로 횡파가 진행하고 있다. 이때 구리선의 장력은 얼마인가? (구리의 밀도는 8.92 g/m^{3}이다.)

16.5 줄에서 사인형 파동의 에너지 전달률

29. 지진의 진앙으로부터 멀리 떨어진 지역에서, 지진파는 줄에서의 파동과 같이 흡수 없이 한 방향으로 에너지를 전달하는 것으로 모형화할 수 있다. 지진파가 화강암에서 밀도는 비슷하지만 부피 탄성률이 훨씬 작은 진흙으로 진행한다. 파동의 속력은 1/25로 서서히 줄어들고, 파동의 반사는 무시한다. (a) 지층의 흔들림 진폭이 증가할지 또는 감소할지 설명하라. (b) 진폭의 변화는 예측할 수 있는 정도인가? (1989년 로마 프리에타 지진에서, 이 현상으로 인하여 미국 캘리포니아의 오클랜드에 있는 니미츠 고속도로가 일부 붕괴되었다.)

30. 일정한 장력이 작용하는 줄에 횡파가 만들어진다. (a) 줄의 길이가 두 배가 되고 각진동수는 변화가 없도록, (b) 진폭이 두 배가 되고 각진동수가 절반이 되도록, (c) 파장과 진폭이 둘 다 두 배가 되도록, (d) 줄의 길이도 파장도 둘 다 절반이 되도록 증가 또는 감소해야 할 일률의 배수를 구하라.

31. 선질량 밀도가 4.00×10^{-2} kg/m인 줄을 따라서 진폭이 5.00 cm인 사인형 파동이 전달되고 있다. 파원의 최대 일률은 300 W이고 줄의 장력은 100 N이다. 파원이 일으킬 수 있는 파동의 최대 진동수 f를 구하라.

32. 줄을 따라 진행하는 사인형 파동의 파동 함수가 다음과 같다.

$$y = 0.15 \sin (0.80x - 50t)$$

여기서 x와 y의 단위는 m이고 t의 단위는 s이다. 줄의 단위 길이당 질량은 12.0 g/m이다. 이때 (a) 파동의 속력, (b) 파장, (c) 진동수, (d) 파동의 에너지 전달률을 구하라.

33. 질량이 0.180 kg이고 길이가 3.60 m인 팽팽한 밧줄이 있다. 이 줄에 진폭이 0.100 m이고 파장이 0.500 m, 진행 속력이 30.0 m/s인 사인형 파동이 발생하기 위하여 밧줄에 공급해야 할 일률은 얼마인가?

34. 매우 긴 줄이 파동을 운반한다. 줄의 일부분 6.00 m에는 네 개의 완전한 파장이 들어 있고, 그 질량은 180 g이다. 줄은 사인형으로 진동하는데, 진동수는 50.0 Hz이고 마루–골 변위가 15.0 cm이다. ('마루–골 변위'란 세로축 상으로 가장 높은 지점부터 가장 낮은 지점까지 거리이다.) (a) $+x$ 방향으로 진행하는 이 파동에 대한 파동 함수를 쓰라. (b) 줄에 공급되는 일률은 얼마인가?

35. 어떤 팽팽한 줄에서 파동의 파동 함수가 다음과 같다.

$$y(x, t) = 0.350 \sin \left(10\pi t - 3\pi x + \frac{\pi}{4}\right)$$

여기서 x와 y의 단위는 m이고 t의 단위는 s이다. 만약 줄의 선질량 밀도가 75.0 g/m라면 (a) 에너지가 줄을 따라서 전달되는 평균 일률은 얼마인가? (b) 파동의 한 주기가 갖고 있는 에너지는 얼마인가?

36. 이차원 수면파가 원형의 물결을 이루며 퍼져 나간다. 처음 발생 지점으로부터 r만큼 떨어진 지점에서 진폭 A가 $1/\sqrt{r}$에 비례함을 보이라. **힌트**: 밖으로 향하는 물결 하나가 운반하는 에너지를 생각해 보라.

16.6 선형 파동 방정식

37. 파동 함수 $y = \ln [b(x - vt)]$는 식 16.27의 해가 됨을 보이라. 여기서 b는 상수이다.

38. (a) 스칼라 식 $4(7 + 3) = A$에서 A를 구하라. (b) 벡터 식 $700\hat{\mathbf{i}} + 3.00\hat{\mathbf{k}} = A\hat{\mathbf{i}} + B\hat{\mathbf{j}} + C\hat{\mathbf{k}}$에서 A, B, C를 구하라. (c) 미지수가 세 개인데 어떻게 하나의 방정식으로 풀 수 있는지 설명하라. (d) 다음의 함수 등식 또는 항등식

$$A + B \cos (Cx + Dt + E) = 7.00 \cos (3x + 4t + 2)$$

가 변수 x와 t의 모든 값에 대하여 성립한다고 할 때, 상수 A, B, C, D, E를 구하라. 여기서 x와 y의 단위는 m이고 t의 단위는 s이다. (e) (d)의 답을 유도한 과정을 설명하라.

39. 파동 함수 $y = e^{b(x-vt)}$가 선형 파동 방정식(식 16.27)의 해가 됨을 보이라. 여기서 b는 상수이다.

40. (a) 함수 $y(x, t) = x^2 + v^2t^2$가 파동 방정식의 해가 됨을 보이라. (b) (a)에서 사용된 함수를 $f(x + vt) + g(x - vt)$로 쓸 수 있음을 보이고 f와 g의 함수 형태를 구하라. (c) 함수 $y(x, t) = \sin(x) \cos(vt)$로 (a)와 (b)의 과정을 반복하라.

CHAPTER 17

음파
Sound Waves

스위스의 발레(Valais)에서 세 사람이 알펜 호른(기다란 나무 피리)을 연주하고 있다. 이 장에서는 이와 같이 큰 악기에서 나오는 음파의 거동을 공부한다.
(Stefano Cellai/AGE fotostock)

16장에서 공부한 대부분의 파동은 일차원 매질을 따라 움직이는 것이었다. 예를 들어 그림 16.7의 파동은 x축을 따라 움직이는 순전히 수학적인 구성이다. 그림 16.10의 파동은 줄의 길이를 따라 움직이는 것으로 제한되어 있다. 또한 단원 2의 소개 부분에서 물 표면에서의 물결과 그림 16.4의 바다 표면 위를 따라 움직이는 파동처럼 이차원 매질을 통하여 움직이는 파동도 살펴보았다. 이 장에서는 삼차원 매질을 통하여 움직이는 역학적 파동을 공부한다. 예를 들어 지진의 진원을 출발한 지진파는 삼차원 지구 내부를 통하여 이동한다.

여기서는 물질을 통하여 진행하는 **음파**(sound waves)에 대하여 자세히 살펴보겠다. 음파는 역학적 파동으로서 공기를 통하여 진행하며 일상적으로 대부분 귀를 통하여 감지된다. 음파가 공기를 통하여 진행할 때, 공기를 구성하는 모든 요소는 그들의 평형 위치로부터 교란된다. 이들의 운동에 동반되는 것은 파동의 운동 방향에서 공기 밀도와 압력의 변화이다. 만약 음원이 사인형으로 진동한다면, 밀도와 압력의 변화 또한 사인형 파동이 된다. 사인형 음파의 수학적인 기술은 16장에서 논의한 줄에서의 사인형 파동과 매우 유사하다.

음파는 진동수 범위에 따라 세 가지로 나눌 수 있다. (1) **가청 음파**는 사람의 귀로 감지할 수 있는 범위 내의 파동이다. 이런 가청 음파는 악기, 음성, 확성기 등 다양한 방법으로 얻을 수 있다. (2) **초저주파**는 가청 음파 이하의 진동수를 갖는다. 코끼리들은 수십 킬로미터 떨어져 있는 코끼리에게 서로의 연락 수단으로써 초저주파를 사용할 수 있다. (3) **초음파**는 가청 음파 이상의 진동수를 갖는다. 사냥꾼들은 개를 부를 때 '묵음(silent)' 호각을 사용할 수 있다. 인간은 초음파를 전혀 감지할 수는 없지만, 개들은 이 호각이 방출하는 초음파를 쉽게 들을 수 있다. 초음파는 또한 의학용 영상에도 사용된다.

이 장은 먼저 음파의 압력 변화, 음파의 속력과 파동 진폭의 함수인 파동의 세기를 논의하며 시작한다. 그 다음은 편의상 인간의 귀가 느낄 수 있는 음향 강도에서의 소리 준위에 대하여 서술하고자 한다. 또한 음원과 관측자의 운동이 음파의 진동수에 미치는 효과에 대하여 탐구한다.

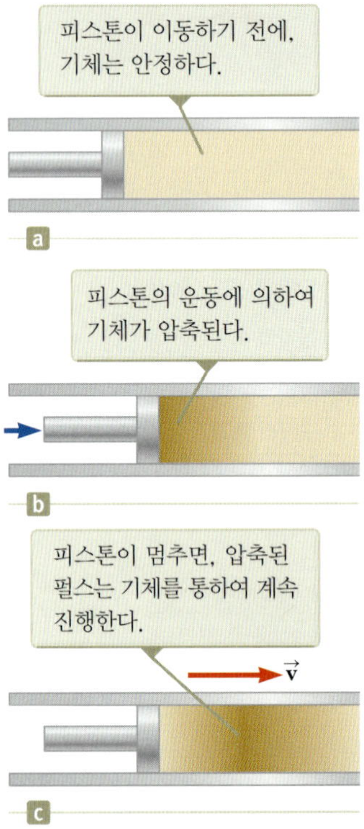

그림 17.1 압축성 기체를 통하여 진행하는 종파의 운동. 압축 상태(진한 부분)는 피스톤을 움직여 만든다.

17.1 음파에서의 압력 변화
Pressure Variations in Sound Waves

16장에서 줄(그림 16.1) 또는 용수철(그림 16.3)을 따라 진행하는 하나의 펄스를 가정하여 파동의 특성을 살펴보는 것으로 시작하였다. 소리의 경우도 이와 비슷하게 시작해 보자. 그림 17.1과 같이 압축성 기체가 들어 있는 긴 관을 통하여 이동하는 일차원 종파 펄스의 운동을 기술하자. 왼쪽 끝에 있는 피스톤은 기체를 압축하여 오른쪽으로 빠르게 이동시켜, 펄스를 생성시킬 수 있다. 피스톤이 움직이기 전에, 기체는 그림 17.1a에서 균일한 색으로 칠해진 부분처럼 교란되지 않은 안정한 상태이고 밀도도 균일하다. 피스톤을 그림 17.1b와 같이 오른쪽으로 밀면, 피스톤 바로 앞부분의 기체는 압축된다(다른 부분보다 더 진한 부분). 이 부분의 압력과 밀도는 피스톤을 움직이기 전보다 더 높다. 그림 17.1c와 같이 피스톤이 움직이다 멈추면, 기체 중의 압축된 부분은 오른쪽으로 계속 진행한다. 이는 속력 v로 관을 통하여 진행하는 종파 펄스에 해당한다.

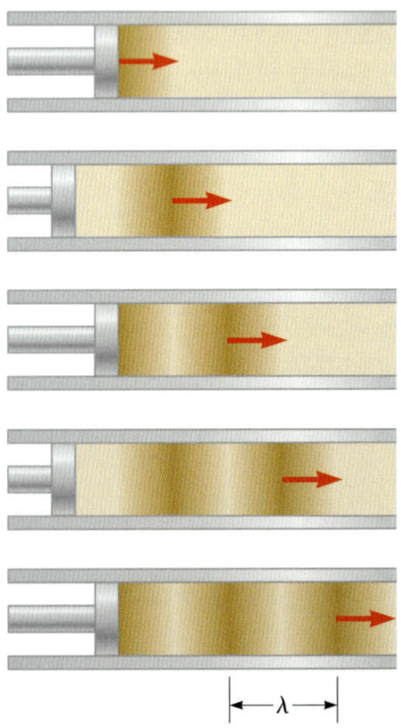

그림 17.2 기체로 채워진 관을 따라 전파하는 종파. 파원은 왼쪽에 있는 진동하는 피스톤이다.

일차원의 주기적인 음파는 그림 17.1에 있는 기체관에서 피스톤을 단조화 운동을 시킴으로써 만들 수 있다. 이 결과가 그림 17.2에 있다. 그림 17.2에서 진한 부분은 기체가 압축된 부분을 나타내며, 이 부분의 밀도와 압력은 평형값보다 크다. 압축된 부분은 피스톤이 관 내부로 밀려들어갈 때마다 생긴다. 압축된 **밀**(compression)한 부분은 관을 따라 이동하면서 앞부분을 연속적으로 압축한다. 피스톤을 뒤로 잡아당기면, 피스톤 앞부분의 기체는 팽창하고 이 영역의 압력과 밀도는 평형값 이하로 떨어진다(그림 17.2에서 밝게 나타낸 부분). 낮은 압력의 **소**(rarefaction)한 부분도 역시 관을 따라 이동하면서 압축 영역을 뒤따른다. 두 영역 모두 그 매질 내의 음속으로 이동한다.

피스톤이 사인형으로 진동함에 따라 밀한 부분과 소한 부분이 연속적으로 생성된다. 두 개의 연속적인 밀(또는 두 개의 연속적인 소)한 부분 사이의 거리는 음파의 파장 λ와 같다. 음파는 종파이므로, 밀과 소가 관을 따라 진행함에 따라 매질의 작은 요소는 파동이 진행하는 방향과 나란하게 단조화 운동을 한다. 만일 $s(x, t)$가 평형 위치에 대한 작은 요소의 변위라고 하면,[1] 이런 조화 위치 함수는 다음과 같다.

$$s(x, t) = s_{max} \cos (kx - \omega t) \tag{17.1}$$

여기서 s_{max}는 평형 위치에 대한 요소의 최대 위치이다. 이 변수는 종종 **변위 진폭**(displacement amplitude)이라 한다. 변수 k는 파수, ω는 파동의 각진동수이다. 요소의 변위는 음파의 진행 방향인 x 방향임에 주목하라.

평형값으로부터 기체 압력의 변화 ΔP도 역시 주기적이며, 이때 식 17.1의 변위에서와 같은 파수와 각진동수를 갖는다. 따라서 다음과 같이 쓸 수 있다.

$$\Delta P = \Delta P_{max} \sin (kx - \omega t) \tag{17.2}$$

여기서 **압력 진폭**(pressure amplitude) ΔP_{max}란 압력의 평형값으로부터의 최대 변화이다.

앞에서 변위는 코사인 함수로, 압력은 사인 함수로 표현하였음에 주목하라. 왜 이렇게 선택하였는지를 다음의 과정을 통하여 보이겠고 압력 진폭 ΔP_{max}와 변위 진폭 s_{max}를 관련짓도록 하겠다. 다시 한 번 그림 17.1의 피스톤–관의 배열을 고려해 보자. 그림 17.3a에서 길이가 Δx이고 단면적이 A인 교란되지 않은 원통의 작은 요소를 보면, 이 요소의 부피는 $V_i = A\Delta x$이다.

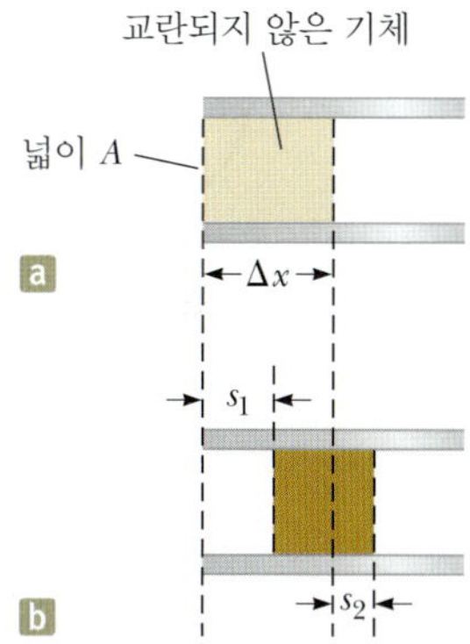

그림 17.3 (a) 단면적이 A인 관에서 길이 Δx인 교란되지 않은 기체 요소 (b) 음파가 기체를 통하여 진행할 때, 이 요소는 새 위치로 이동하고 다른 길이를 갖게 된다. 변수 s_1과 s_2는 평형 위치로부터 이 요소 양 끝의 변위를 나타낸다.

그림 17.3b는 음파가 지나간 후에 이 요소의 새 위치를 보여 준다. 원반의 두 평평한 면은 서로 다른 거리 s_1과 s_2를 이동한다. 새 위치에서 이 요소의 부피 변화 ΔV는 $A\Delta s$와 같으며, 여기서 $\Delta s = s_1 - s_2$이다.

식 12.8에 주어진 부피 탄성률의 정의로부터, 기체 요소에서 압력 변화를 부피 변화의 함수로 표현한다.

$$\Delta P = -B\frac{\Delta V}{V_i}$$

요소의 처음 부피와 부피 변화를 대입하자.

$$\Delta P = -B\frac{A\,\Delta s}{A\,\Delta x}$$

원반 두께 Δx를 영으로 접근시켜, $\Delta s/\Delta x$가 편미분 도함수가 되게 하자.

$$\Delta P = -B\frac{\partial s}{\partial x} \tag{17.3}$$

식 17.1에 주어진 위치 함수를 대입한다.

$$\Delta P = -B\frac{\partial}{\partial x}[s_{max} \cos (kx - \omega t)] = Bs_{max}k \sin (kx - \omega t)$$

이 결과로부터 코사인 함수로 변위를 표현하면, 압력은 사인 함수가 됨을 알 수 있다. 또한 변위 진폭과 압력 진폭은 다음의 관계가 있음을 알 수 있다.

---

[1] 물질 요소들의 변위는 x 방향에 수직이 아니므로 $y(x, t)$ 대신에 여기서 $s(x, t)$를 사용한다.

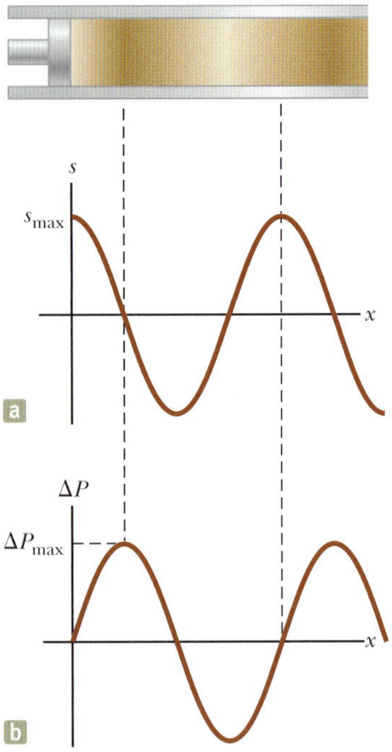

그림 17.4 사인형 종파에서 위치에 따른 (a) 변위 진폭과 (b) 압력 진폭

$$\Delta P_{max} = B s_{max} k \quad \textbf{(17.4)}$$

이 관계식은 기체의 부피 탄성률에 의존한다. 17.2절에서 음속을 알게 되면, ΔP_{max}와 s_{max} 사이의 관계식을 기체의 밀도로 표현하는 것이 가능하다.

이런 논의로부터 음파를 변위파 또는 압력파로 생각할 수 있다. 식 17.1과 17.2를 비교해 보면, 압력파는 변위파와 90° 위상차가 있음을 알 수 있다. 이런 함수의 그래프를 그림 17.4에 나타내었다. 평형으로부터의 변위가 영일 때 압력 변화는 최대인 반면에, 압력 변화가 영일 때 평형으로부터 변위의 크기는 최대이다.

퀴즈 17.1 빈 음료수 병을 옆에서 불면, 음파 펄스가 병 속의 공기를 통하여 아래로 이동한다. 병 바닥에 펄스가 도달한 순간, 평형 위치로부터 공기 요소의 변위와 이 점에서 공기 압력에 대한 설명으로 옳은 것은 어느 것인가? **(a)** 변위와 압력 모두 최대이다. **(b)** 변위와 압력 모두 최소이다. **(c)** 변위는 영이고 압력은 최대이다. **(d)** 변위는 영이고 압력은 최소이다.

17.2 음파의 속력
Speed of Sound Waves

기체에서의 음속을 계산하기 위하여 17.1절에서 공부한 내용을 확장해 보자. 그림 17.5a에서 피스톤과 점선 사이의 원통형 기체 요소를 고려하자. 이 기체 요소는 왼쪽의 피스톤과 오른쪽의 정지 기체로부터 크기가 같은 힘을 받아 평형 상태에 있다. 이들 힘의 크기는 PA이며, 여기서 P는 기체 내의 압력이고 A는 관의 단면적이다.

그림 17.5b는 Δt 시간 후의 상황이다. 이 시간 동안 피스톤은 왼쪽으로부터 피스톤에 작용하는 힘에 의하여 일정한 속력 v_x의 속력으로 오른쪽으로 움직이며, 이때 힘의 크기는 $(P + \Delta P)A$가 된다. Δt 시간 후에 이 요소 내의 모든 기체는 v_x의 속력으로 이동한다. 이는 일반적으로 거시적인 기체 요소에서는 맞지 않지만, 요소의 길이를 매우 작게 하면 이는 맞게 된다.

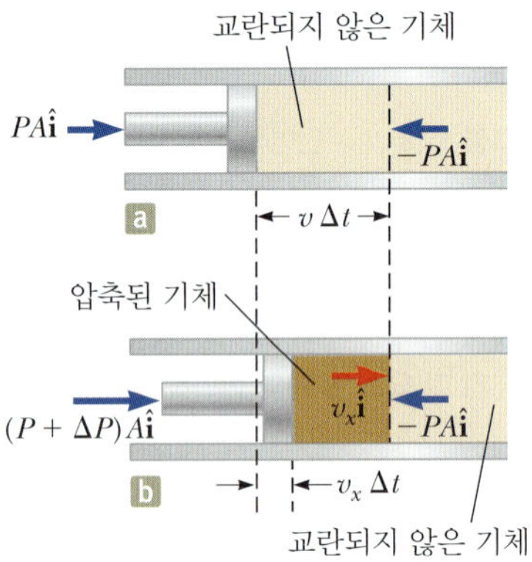

그림 17.5 (a) 단면적이 A인 관에서 길이가 $v\Delta t$인 교란되지 않은 기체 요소. 이 요소는 끝 쪽에 작용하는 힘들 사이에서 평형을 유지하고 있다. (b) 왼쪽에 작용하는 증가하는 힘에 의하여 피스톤이 등속도 v_x로 안쪽으로 움직일 때, 이 요소 역시 같은 속도로 움직인다.

교란되지 않는 기체 요소의 길이를 $v\Delta t$로 한다. 여기서 v는 기체 내에서의 음속이고 Δt는 그림 17.5a와 17.5b 모습 사이의 시간 간격이다. 따라서 Δt 시간 후 음파는 바로 원통형 기체 요소의 오른쪽 끝에 도달할 것이다. 이 요소의 오른쪽에 있는 기체는 음파가 아직 도달하지 않았기 때문에 교란되지 않는다.

기체 요소는 운동량에 관해서 비고립계 모형이다. 피스톤으로부터의 힘은 이 요소에 충격량을 주게 되어 운동량의 변화를 보여 준다. 따라서 충격량–운동량 정리의 양변을 계산한다.

$$\Delta\vec{\mathbf{p}} = \vec{\mathbf{I}} \quad \textbf{(17.5)}$$

좌변에서 피스톤에 작용하는 압력이 증가하여 생긴 일정한 힘이 충격량으로 작용한다.

$$\vec{\mathbf{I}} = \sum \vec{\mathbf{F}}\,\Delta t = (A\,\Delta P\,\Delta t)\,\hat{\mathbf{i}}$$

압력의 변화 ΔP는 부피 변화와 연관될 수 있어서 부피 탄성률을 통하여 속력 v와 v_x

와 연관될 수 있다.

$$\Delta P = -B\frac{\Delta V}{V_i} = -B\frac{(-v_x A\,\Delta t)}{vA\,\Delta t} = B\frac{v_x}{v}$$

따라서 충격량은

$$\vec{\mathbf{I}} = \left(AB\frac{v_x}{v}\Delta t\right)\hat{\mathbf{i}} \tag{17.6}$$

가 된다. 충격량–운동량 정리인 식 17.5의 우변에서 질량 m인 기체 요소의 운동량 변화는 다음과 같다.

$$\Delta\vec{\mathbf{p}} = m\,\Delta\vec{\mathbf{v}} = (\rho V_i)(v_x\hat{\mathbf{i}} - 0) = (\rho v v_x A\,\Delta t)\hat{\mathbf{i}} \tag{17.7}$$

식 17.6과 17.7을 식 17.5에 대입하면

$$\rho v v_x A\,\Delta t = AB\frac{v_x}{v}\Delta t$$

를 얻게 된다. 이는 기체에서 음속에 대한 식으로 나타낼 수 있다.

$$v = \sqrt{\frac{B}{\rho}} \tag{17.8}$$

줄에서의 횡파에 대한 속력 $v = \sqrt{T/\mu}$(식 16.18)와 이 식을 비교하는 것은 흥미롭다. 이 두 가지 경우에 파동 속력은 매질의 탄성적 특성(부피 탄성률 B 또는 줄의 장력 T)과 매질의 관성적 특성(부피 밀도 ρ 또는 선밀도 μ)에 의존한다. 사실 모든 역학적 파동의 속력은 다음과 같은 일반적인 형태를 가진다.

$$v = \sqrt{\frac{\text{탄성적 특성}}{\text{관성적 특성}}}$$

예로서 고체인 막대 안에서 종파인 음파의 음속은 영률 Y와 밀도 ρ에 의존한다. 표 17.1에 여러 물질 내에서의 음속을 나타내고 있다.

표 17.1 여러 매질 내의 음속

매질	v (m/s)	매질	v (m/s)	매질	v (m/s)
기체		**25 °C의 액체**		**고체**[a]	
수소 (0 °C)	1 286	글리세롤	1 904	파이렉스 유리	5 640
헬륨 (0 °C)	972	바닷물	1 533	철	5 950
공기 (20 °C)	343	물	1 493	알루미늄	6 420
공기 (0 °C)	331	수은	1 450	놋쇠	4 700
산소 (0 °C)	317	등유	1 324	구리	5 010
		메틸 알코올	1 143	금	3 240
		사염화 탄소	926	루사이드	2 680
				납	1 960
				고무	1 600

[a] 주어진 값은 큰 매질 내에서 종파의 전달 속력이다. 가는 막대에서 종파의 속력은 더 작아지고 큰 매질 내에서 횡파의 속력도 매우 작아진다.

음속은 또한 매질의 온도에 의존한다. 공기를 통하여 이동하는 소리에 대하여 음속과 매질의 온도 사이의 연관성은 다음과 같다.

$$v = 331\sqrt{1 + \frac{T_C}{273}} \tag{17.9}$$

여기서 v의 단위는 m/s이고, 331 m/s는 0 °C에서 공기 중의 음속이고, T_C는 공기의 섭씨 온도이다. 이 식에서 20 °C의 공기 중에서 음속은 근사적으로 343 m/s라는 것을 알 수 있다.

이런 정보는 뇌우의 거리를 예측하는 편리한 방법을 제공한다. 먼저 번개와 천둥 소리 사이에 몇 초의 간격이 있는지를 계산한다. 소리의 속력인 343 m/s는 근사적으로 1/3 km/s이므로, 앞에 계산된 시간 간격을 3으로 나누면 번개가 친 곳까지 몇 킬로미터가 되는지 근사적으로 알 수 있다. ft/s 단위의 음속은(1 125 ft/s) 근사적으로 1/5 mi/s이므로, 이 시간 간격(s 단위)을 5로 나누면 마일(mile) 단위의 거리를 근사적으로 얻을 수 있다.

음속에 대한 식(식 17.8)을 얻었으므로, 이제는 음파(식 17.4)에 대한 압력 진폭과 변위 진폭의 관계식을 다음과 같이 표현할 수 있다.

$$\Delta P_{\max} = Bs_{\max}k = (\rho v^2)s_{\max}\left(\frac{\omega}{v}\right) = \rho v \omega s_{\max} \tag{17.10}$$

기체의 밀도가 부피 탄성률보다 더 접근하기 쉬우므로, 이 식은 식 17.4보다 더 유용하다.

17.3 주기적인 음파의 세기
Intensity of Periodic Sound Waves

16장에서 팽팽한 줄을 따라 진행하는 파동이 에너지를 전달함을 보았는데, 이는 식 8.2에서 역학적 파동에 의한 에너지 전달 개념과 일치한다. 자연스럽게 우리는 음파 역시 에너지를 전달할 것으로 예상할 수 있다. 그림 17.5에서 피스톤이 기체 요소에 작용하는 것을 고려하자. 피스톤이 각진동수 ω로 단조화 운동하면서 앞뒤로 운동한다고 하자. 또한 요소의 길이가 매우 작아서 전체 요소가 피스톤과 같은 속도로 운동한다고 하자. 그러면 요소를 피스톤이 일을 해주는 입자로 모형화할 수 있다. 어떤 순간에 피스톤이 요소에 하는 일의 시간 비율은 식 8.19로 주어진다.

$$\text{일률} = \vec{\mathbf{F}} \cdot \vec{\mathbf{v}}_x$$

여기서 P 대신 일률이라고 사용하였는데, 이는 일률 P와 압력 P와의 혼동을 막기 위해서이다. 기체 요소에 작용하는 힘 $\vec{\mathbf{F}}$는 압력과 관련이 있고, 요소의 속도 $\vec{\mathbf{v}}_x$는 변위 함수의 미분이므로

$$\text{일률} = [\Delta P(x, t)A]\hat{\mathbf{i}} \cdot \frac{\partial}{\partial t}[s(x, t)\hat{\mathbf{i}}]$$

$$= [\rho v \omega A s_{max} \sin (kx - \omega t)]\left\{\frac{\partial}{\partial t}[s_{max} \cos (kx - \omega t)]\right\}$$
$$= \rho v \omega A s_{max} \sin (kx - \omega t)][\omega s_{max} \sin (kx - \omega t)]$$
$$= \rho v \omega^2 A s_{max}^2 \sin^2 (kx - \omega t)$$

이다. 이제 한 주기 동안의 시간에 대한 평균 일률을 구하자. 주어진 x 값에 대하여, $x = 0$을 선택할 수 있으며, 한 주기 T에 대한 $\sin^2 (kx - \omega t)$의 평균값은

$$\frac{1}{T}\int_0^T \sin^2 (0 - \omega t)\, dt = \frac{1}{T}\int_0^T \sin^2 \omega t\, dt = \frac{1}{T}\left(\frac{t}{2} + \frac{\sin 2\omega t}{2\omega}\right)\bigg|_0^T = \frac{1}{2}$$

이다. 따라서

$$(\text{일률})_{avg} = \tfrac{1}{2}\rho v \omega^2 A s_{max}^2$$

이 된다.

파동의 **세기**(intensity) I 또는 단위 넓이당 일률은 파동이 진행하는 방향에 수직인 단위 넓이 A를 통하여 진행하는 파동이 전달하는 에너지 일률로 정의한다.

$$I \equiv \frac{(\text{일률})_{avg}}{A} \tag{17.11}$$

◀ 음파의 세기

이 경우 세기는 다음과 같다.

$$I = \tfrac{1}{2}\rho v(\omega s_{max})^2$$

그러므로 주기적인 음파의 세기는 변위 진폭의 제곱과 각진동수의 제곱에 비례한다. 이 식은 또한 압력 진폭 ΔP_{max}로 쓸 수 있으며, 식 17.10을 이용하면 다음과 같다.

$$I = \frac{(\Delta P_{max})^2}{2\rho v} \tag{17.12}$$

16장에서 공부한 줄에서의 파동은 이 장의 도입부에서 언급한 바와 같이 일차원 줄을 따라 움직이도록 제한되어 있다. 그림 17.1부터 17.3 그리고 17.5에 대하여 공부한 음파는 관의 길이 방향을 따라 일차원적으로 움직이도록 제한되어 있다. 그러나 도입부에서 말한 바와 같이, 음파는 삼차원적으로 진행할 수 있으므로, 음원을 열린 공기 중에 놓고 결과들에 대하여 공부하자.

지금 모든 방향으로 균일하게 음파가 퍼져 나가는 점 파원의 특수한 경우를 생각해 보자. 파원 부근의 공기가 완전히 균일하면, 모든 방향으로 퍼져 나가는 소리의 일률은 같고 모든 방향에서의 음속은 같다. 이런 상황의 결과를 **구면파**(spherical wave)라고 부른다. 그림 17.6에서 파원을 동심으로 하는 원호의 연속으로 이들 구면파를 볼 수 있다. 각각의 원호는 파동의 위상이 일정한 표면을 나타낸다. 이와 같이 위상이 일정한 표면을 **파면**(wave front)이라 한다. 같은 위상을 갖는 인접한 파면 사이의 지름 방향의 거리는 파동의 파장 λ이다. 파원으로부터 바깥으로 향하는 지름 방향의 선을 **파선**(ray)이라 하며, 이는 파동의 전파 방향을 나타낸다.

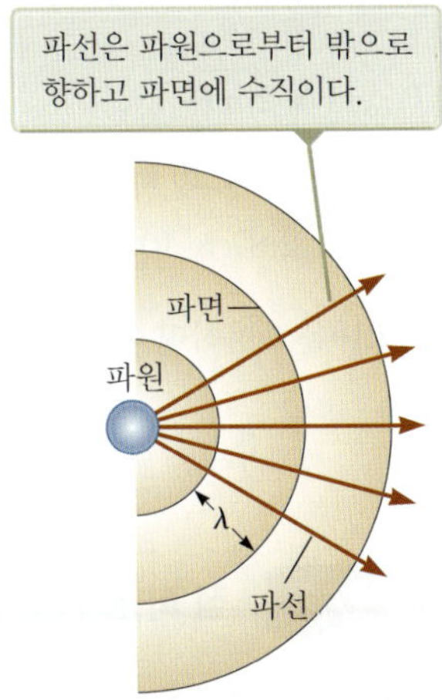

그림 17.6 점 파원에 의하여 방출된 구면파. 원호들은 파원에 중심을 둔 구면파의 파면을 나타낸다.

파원에 의하여 방출된 평균 일률은 표면적이 $4\pi r^2$인 구형 파면에 균등하게 분배되어야 한다. 그러므로 파원으로부터 거리 r에서 파동의 세기는 다음과 같다.

$$I = \frac{(\text{일률})_{\text{avg}}}{A} = \frac{(\text{일률})_{\text{avg}}}{4\pi r^2} \quad \textbf{(17.13)}$$

이 역제곱 법칙은 13장에서 다룬 중력의 법칙을 상기시키며, 세기가 파원으로부터 거리의 제곱에 반비례함을 말해 주고 있다.

Q 퀴즈 17.2 진동하는 기타 줄은 기타에 감겨 있지 않으면 매우 작은 소리를 낸다. 줄을 기타에 감으면 소리가 보다 큰 세기를 갖는 이유는 무엇인가? **(a)** 줄이 더 큰 에너지로 진동한다. **(b)** 에너지가 보다 큰 비율로 기타를 떠난다. **(c)** 소리 일률은 청취자 위치에서 더 큰 부분으로 퍼진다. **(d)** 소리 일률은 청취자 위치의 더 작은 부분으로 집중된다. **(e)** 음속이 기타 몸통 매질 내에서 더 높다. **(f)** 정답 없음

예제 17.1 가청 한계

1 000 Hz 진동수에서 인간의 귀로 들을 수 있는 가장 미약한 소리는 약 $1.00 \times 10^{-12}\ \text{W/m}^2$ 정도의 세기에 해당하는데, 이를 가청 문턱이라 한다. 이 진동수에서 귀가 견딜 수 있는 가장 큰 소리는 $1.00\ \text{W/m}^2$ 정도의 세기에 해당하며, 이를 고통 문턱이라 한다. 이런 두 한계에 해당하는 압력 진폭과 변위 진폭을 구하라.

풀이

개념화 가장 조용한 환경을 생각하라. 이런 가장 조용한 환경에서도 음의 세기는 가청 문턱보다 더 높을 가능성이 있다.

분류 세기가 주어져 있고, 압력과 변위 진폭을 계산해야 한다. 예제는 이 절에서 논의된 개념이 필요한 분석 문제이다.

분석 가청 문턱에서 압력 변화의 진폭을 구하기 위하여, 공기 중에서의 음속 $v = 343$ m/s와 공기의 밀도 $\rho = 1.20\ \text{kg/m}^3$를 이용하여 푼다. 식 17.12를 이용한다.

$$\Delta P_{\max} = \sqrt{2\rho v I}$$
$$= \sqrt{2(1.20\ \text{kg/m}^3)(343\ \text{m/s})(1.00 \times 10^{-12}\ \text{W/m}^2)}$$
$$= 2.87 \times 10^{-5}\ \text{N/m}^2$$

식 17.10을 이용하여 이에 해당하는 변위 진폭을 구한다. $\omega = 2\pi f$임을 기억하라(식 16.9).

$$s_{\max} = \frac{\Delta P_{\max}}{\rho v \omega}$$
$$= \frac{2.87 \times 10^{-5}\ \text{N/m}^2}{(1.20\ \text{kg/m}^3)(343\ \text{m/s})(2\pi \times 1\,000\ \text{Hz})}$$
$$= 1.11 \times 10^{-11}\ \text{m}$$

같은 방법으로 우리 귀가 견딜 수 있는 최대로 큰 소리를 구하면 압력 진폭은 $28.7\ \text{N/m}^2$ 이고, 변위 진폭은 1.11×10^{-5} m 에 해당한다는 것을 알 수 있다.

결론 대기압이 약 $10^5\ \text{N/m}^2$이므로 압력 진폭에 대한 결과는 압력 변동이 10^{10} 중에 3 정도만큼 작아도 귀가 민감하게 반응한다는 것을 말한다. 또한 변위 진폭도 매우 작은 값이다. $s_{\max}$에 대한 결과를 원자 크기(약 10^{-10} m)에 비교하면, 귀가 음파에 매우 민감한 검출기임을 알 수 있다.

예제 17.2 점 파원의 세기 변화

한 점 파원이 평균 일률 80.0 W로 음파를 방출한다.

(A) 파원으로부터 3.00 m 떨어진 곳에서 세기를 구하라.

풀이

개념화 평균 일률 80.0 W로 모든 방향으로 균일하게 소리를 내보내는 작은 확성기를 상상하라. 여러분은 확성기로부터 3.00 m 떨어져 서 있다. 소리가 전파됨에 따라 음파의 에너지는 끝없이 확장되는 구 내부에 퍼져 있으므로, 소리의 세기는 거리에 따라 감소한다.

분류 이 절에서 구한 식으로부터 세기를 구하므로 예제를 대입 문제로 분류한다.

점 파원은 구면파 형태로 에너지를 방출하므로, 식 17.13을 이용하여 세기를 구한다.

$$I = \frac{(\text{일률})_{\text{avg}}}{4\pi r^2} = \frac{80.0\text{ W}}{4\pi(3.00\text{ m})^2} = 0.707\text{ W/m}^2$$

이는 고통 문턱에 가까운 세기이다.

(B) 소리의 세기가 1.00×10^{-8} W/m²인 거리를 구하라.

풀이 주어진 I의 값을 이용하고 식 17.13에서 r에 대하여 푼다.

$$r = \sqrt{\frac{(\text{일률})_{\text{avg}}}{4\pi I}} = \sqrt{\frac{80.0\text{ W}}{4\pi(1.00 \times 10^{-8}\text{ W/m}^2)}}$$

$$= 2.52 \times 10^4\text{ m}$$

데시벨 단위의 소리 준위 Sound Level in Decibels

예제 17.1은 인간이 들을 수 있는 세기의 넓은 범위를 설명하고 있다. 이 범위는 매우 넓기 때문에 로그 눈금을 이용하는 것이 편리하며, **소리 준위**(sound level) β(그리스 문자 베타)는 다음과 같은 식으로 정의한다.

$$\beta \equiv 10 \log\left(\frac{I}{I_0}\right) \tag{17.14}$$

◀ 데시벨 단위의 소리 준위

상수 I_0은 **기준 세기**로서 가청 문턱값($I_0 = 1.00 \times 10^{-12}$ W/m²)이고, I는 소리 준위 β에 해당하는 W/m² 단위로 나타낸 세기이다. β는 **데시벨**(dB) 단위로 측정된다.[2] 이런 눈금에서 고통 문턱($I = 1.00$ W/m²)은 소리 준위 $\beta = 10 \log[(1\text{ W/m}^2)/(10^{-12}\text{ W/m}^2)] = 10 \log(10^{12}) = 120$ dB에 해당하고, 가청 문턱은 소리 준위 $\beta = 10 \log[(10^{-12}\text{ W/m}^2)/(10^{-12}\text{ W/m}^2)] = 0$ dB에 해당한다.

높은 소리 준위에 오래 노출되면 귀에 심각한 손상을 줄 수 있다. 소리 준위가 90 dB를 넘으면 귀마개를 착용하는 것이 좋다. 최근의 연구 결과는 소음 공해가 고혈압, 불안, 신경쇠약 등을 일으키는 한 요인이 될 수도 있음을 제시하고 있다. 표 17.2에 전형적인 소리 준위를 정리하였다.

표 17.2 소리 준위

음 원	β (dB)
제트기 근처	150
수동 착암기; 총	130
사이렌; 록 콘서트	120
지하철	100
도로	80
진공 청소기	70
일상적 대화	60
모기 소리	40
속삭임	30
바스락거리는 낙엽 소리	10
가청 문턱	0

Q 퀴즈 17.3 음의 세기를 100배 증가시키면 소리 준위는 어느 정도 증가하는가? **(a)** 100 dB **(b)** 20 dB **(c)** 10 dB **(d)** 2 dB

[2] 단위 bel은 전화기 발명가 벨(Alexander Graham Bell, 1847~1922)의 이름을 따서 명명되었다. 접두어 데시(deci-)는 SI 접두어로서 10^{-1}을 나타낸다.

예제 17.3 **소리의 준위**

두 대의 동일한 기계가 작업자로부터 같은 거리에 위치하고 있다. 작업자의 위치에서 각각의 기계가 전달하는 소리의 세기는 2.0×10^{-7} W/m^{2}이다.

(A) 한 대의 기계가 작동할 때 작업자가 듣는 소리 준위를 구하라.

풀이

개념화 한 대의 음원이 작동하고 있고 두 번째 동일한 음원이 작동하기 시작하는 상황을 상상하라. 한 사람이 말하는데 동시에 두 번째 사람이 말하는 경우, 또는 한 악기를 연주하는데 같은 종류의 두 번째 악기가 연주되는 경우이다.

분류 이 예제는 식 17.14를 필요로 하는 비교적 단순한 계산 문제이다.

분석 한 대의 기계가 작동했을 때 작업자의 위치에서 소리 준위의 계산은 식 17.14를 이용한다.

$$\beta_1 = 10 \log \left(\frac{2.0 \times 10^{-7}\ \mathrm{W/m^2}}{1.00 \times 10^{-12}\ \mathrm{W/m^2}} \right) = 10 \log (2.0 \times 10^5)$$

$$= 53\ \mathrm{dB}$$

(B) 두 대의 기계가 모두 작동할 때 작업자가 듣는 소리 준위를 구하라.

풀이 세기가 두 배일 때, 작업자의 위치에서 소리 준위는 식 17.14를 이용하여 계산한다.

$$\beta_2 = 10 \log \left(\frac{4.0 \times 10^{-7}\ \mathrm{W/m^2}}{1.00 \times 10^{-12}\ \mathrm{W/m^2}} \right) = 10 \log (4.0 \times 10^5)$$

$$= 56\ \mathrm{dB}$$

결론 이런 결과로부터, 소리의 세기가 두 배가 되었을 때 소리의 준위는 단지 3 dB만 증가한다는 것을 알 수 있다. 이 3 dB 증가는 처음 소리 준위와 무관하다. (각자 증명해 보라!)

문제 소리 크기는 음에 대한 심리적 반응이다. 이것은 소리의 세기와 진동수에 의존한다. 경험적으로 소리 크기(loudness)를 두 배로 올리려면 대략 소리 준위 10 dB을 증가시켜야 한다. (이는 경험적으로 상대적으로 매우 낮거나 높은 진동수에서 부정확하다.) 예제에서 기계들에서 나는 소리의 크기가 두 배로 된다면, 작업자로부터 같은 거리에 몇 대의 기계가 작동되어야 하는가?

답 경험적인 값을 이용하자면, 소리 크기가 두 배라면 소리 준위는 10 dB 오른 것에 해당한다. 따라서

$$\beta_2 - \beta_1 = 10\ \mathrm{dB} = 10 \log \left(\frac{I_2}{I_0} \right) - 10 \log \left(\frac{I_1}{I_0} \right)$$

$$= 10 \log \left(\frac{I_2}{I_1} \right)$$

$$\log \left(\frac{I_2}{I_1} \right) = 1 \ \rightarrow \ I_2 = 10 I_1$$

그러므로 소리 크기를 두 배로 하려면 10대의 기계를 작동해야 한다.

소리의 크기와 진동수 Loudness and Frequency

데시벨 단위로 소리의 준위를 논하는 것은 소리의 세기에 대한 물리적 측정을 논하는 것과 같다. 소리의 세기에 대한 심리적인 측정과 관련하여 예제 17.3의 논의를 계속해 보자.

물론 외부의 자극에 대한 반응을 수치로 나타낼 수 없다. 기준 소리와 다른 소리를 비교하는 방법으로 어느 정도 반응을 정량화할 수 있으나 쉽지 않다. 예를 들면 0 dB의 세기에 대응하는 문턱 세기는 10^{-12} W/m^{2}라는 것을 앞에서 언급하였다. 사실 이 값은 단지 1 000 Hz 진동수의 소리에 대한 문턱이고, 이 진동수는 음향학에서 표준 기준 진동수이다. 만약 다른 진동수에서 문턱 세기를 측정하기 위한 실험을 한다면, 이 문턱

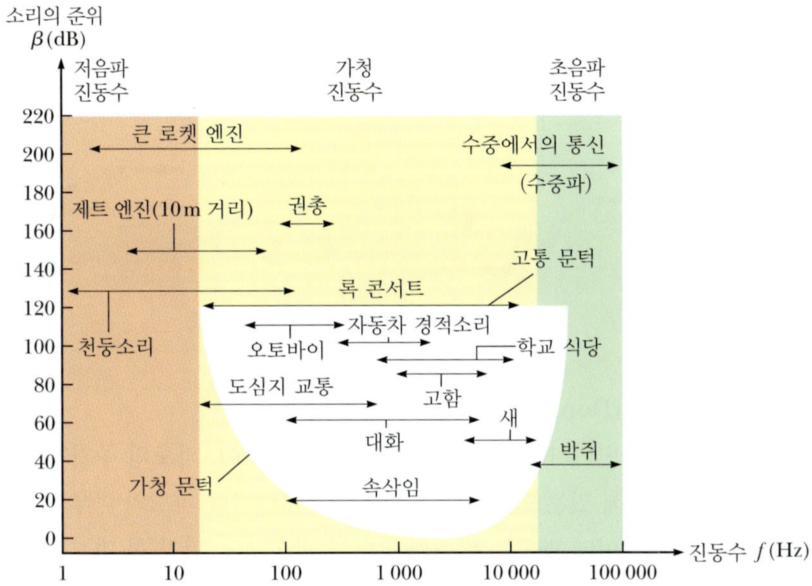

그림 17.7 여러 가지 음원의 진동수와 소리 준위의 범위. 흰색 부분은 인간이 들을 수 있는 진동수와 소리 준위의 범위를 나타내고 있다. (From R. L. Reese, *University Physics*, Pacific Grove, Brooks/Cole, 2000.)

세기의 명확한 변화를 진동수의 함수로 찾아야 한다. 예를 들면 100 Hz에서 소리를 겨우 듣기 위해서는 약 30 dB의 세기를 가져야 한다. 불행하게도 물리적 측정과 심리적 측정 사이의 상관 관계는 없다. 100 Hz, 30 dB의 소리는 심리적으로 1 000 Hz, 0 dB의 소리와 같다(둘 다 간신히 들리는 경우). 그러나 그것들은 물리적으로 같지 않다(30 dB $\neq$ 0 dB).

실험 재료들을 이용하여, 소리에 대한 인간의 반응이 연구되어 왔다. 그 결과는 그림 17.7의 흰색 부분에 나타나 있는데, 이 밖에도 여러 음원의 진동수 범위와 소리 준위 범위가 표시되어 있다. 흰색 부분 가장 밑의 선은 가청 문턱에 해당한다. 진동수에 따른 변화는 이 도표로 명백해진다. 인간은 약 20~20 000 Hz 범위의 진동수에 대하여 민감하다는 것에 주목하자. 흰색 부분 위 경계는 고통 문턱이다. 여기서 흰색 부분의 경계는 직선이다. 왜냐하면 심리적 반응은 이런 높은 소리 준위에서 비교적 진동수에 무관하기 때문이다.

진동수에 따른 가장 인상적인 변화는 왼쪽 아랫부분인 낮은 진동수와 낮은 세기의 흰색 부분이다. 사람의 귀는 이 부분에서 특히 무감각하다. 만약 높은 볼륨으로 저음(낮은 진동수)과 고음(높은 진동수)으로 가정용 오락 시스템을 듣고 있다면, 볼륨을 낮추고 다시 듣기를 시도해 보라. 아마도 베이스가 약하다는 것을 알게 될 것이고, 이는 그림 17.7과 같이 낮은 소리 준위에서 낮은 진동수에 귀가 민감하지 않기 때문이다.

17.4 도플러 효과
The Doppler Effect

자동차가 경적을 울리며 지나갈 때, 자동차의 경적 음이 어떻게 변화하는지 알고 있을 것이다. 사람이 듣는 경적 진동수는 자동차가 접근하면 높아지고, 멀어지면 낮아진

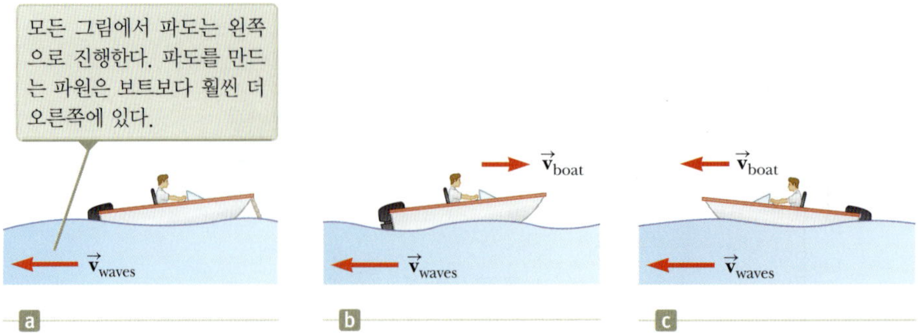

그림 17.8 (a) 정지 상태인 보트를 향하여 진행하는 파도 (b) 보트는 파원을 향하여 진행한다. (c) 보트가 파원으로부터 멀어지는 방향으로 진행한다.

다. 이것이 **도플러 효과**(Doppler effect)의 한 예이다.[3]

이런 겉보기 진동수 변화의 원인이 무엇인지 알기 위하여, 파도의 주기가 $T = 3.0$ s인 고요한 바다에 정박해 있는 한 보트를 상상하자. 3.0 s마다 파도의 마루가 보트를 친다. 그림 17.8a와 같이 이때 파도는 왼쪽을 향하여 진행한다. 만약 한 마루가 부딪칠 때를 $t = 0$으로 놓으면, 다음 마루가 부딪칠 때는 3.0 s이고, 세 번째 파도가 부딪칠 때의 시간은 6.0 s이다. 이런 관측으로부터 파도의 진동수가 $f = 1/T = 1/(3.0\text{ s}) = 0.33$ Hz라는 결론을 내릴 수 있다. 그림 17.8b와 같이 엔진을 가동시켜 뱃머리가 파동 속도의 반대 방향을 향하게 하여 출발한다고 가정하자. 역시 마루가 보트의 앞부분에 도달할 때를 시간 $t = 0$으로 설정한다. 그러나 보트는 접근하는 다음 마루를 향하여 진행하므로 첫 번째 마루가 부딪친 후 3.0 s 이내에 다시 부딪칠 것이다. 다른 말로 하면, 여러분이 관측한 주기는 보트가 정지했을 때의 주기인 3.0 s보다 짧아진다는 것을 의미한다. $f = 1/T$이기 때문에 보트가 정지했을 때의 진동수보다 더욱 높은 진동수를 관측할 것이다.

만약 그림 17.8c와 같이 보트를 되돌려서 파도의 진행 방향과 동일한 방향으로 진행한다면, 앞의 결과와 반대의 결과가 예상된다. 보트의 뒤를 마루가 부딪친 시간을 $t = 0$이라 하자. 파도로부터 멀어지는 방향으로 움직이므로 다음 마루가 우리를 뒤쫓는 시간은 3.0 s보다 더 많이 걸린다는 것을 관측할 수 있다. 그러므로 보트가 정지할 때의 진동수보다 낮은 진동수가 관측된다.

이런 효과는 보트와 파도 사이의 **상대 속력**이 보트의 속력과 진행 방향에 의존하기 때문에 발생한다(4.6절 참조). 그림 17.8b와 같이 보트가 오른쪽으로 움직인다면, 이 상대 속력은 실제 파도의 속력보다 더 빠르게 되며, 이로 인하여 진동수의 증가를 관측하게 된다. 보트를 되돌려 왼쪽으로 움직인다면, 상대 속력은 느려지고 따라서 수면파의 진동수도 낮아진다.

수면파 대신 음파에 관한 유사한 상황을 살펴보자. 여기서 음파가 파동이고 매질은 공기이다. 또한 소리를 듣는 관측자 O는 움직이고 음원 S는 정지 상태이다. 간단히 그림 17.9와 같이 공기는 정지해 있고 관측자는 속력 v_O로 정지 상태의 점 음원($v_S = 0$)을 향하여 움직인다고 하자. 여기서 **정지 상태**란 매질인 공기에 대하여 음원이 정지해 있음을 의미한다.

그림 17.9 관측자는 정지하고 있는 트럭의 앞부분이 점 음원이 되는 S를 향하여 v_O의 속력으로 진행하고 있다. 관측자는 음원의 진동수보다 더욱 큰 진동수 f'을 듣게 된다.

---

[3] 오스트리아 물리학자 도플러(Christian Johann Doppler, 1803~1853)의 이름을 따서 명명되었고, 1842년에 음파와 빛(광파) 모두에 대하여 이 효과를 예측하였다.

만일 점 음원이 음파를 방출하고 매질이 균일하다면, 파동은 음원으로부터 방사형의 모든 방향으로 동일한 속력으로 진행할 것이다. 그 결과는 구면파이며, 구면파에 대해서는 17.3절에서 설명하였다. 인접한 파면 사이의 거리는 파장 λ와 같다. 그림 17.9에서 원들은 삼차원 파면들을 이차원으로 보기 위하여 삼차원 파면의 단면을 나타낸 것이다.

그림 17.9에서 음원의 진동수를 f, 파장을 λ 그리고 음속을 v라 하자. 관측자가 정지하고 있을 때, 관측자는 초당 f개의 파면을 관측하게 된다(즉 $v_O = 0$이고 $v_S = 0$일 때, 관측되는 진동수는 파원의 진동수와 같다). 관측자가 음원을 향하여 움직일 때, 그림 17.8에서 보트의 경우처럼 관측자에 대한 상대적인 음속은 $v' = v + v_O$이지만 파장 λ는 변하지 않는다. 그러므로 식 16.12의 $v = \lambda f$를 이용하여, 관측자가 듣는 진동수 f'은 **증가**하게 된다고 말할 수 있고 다음과 같이 주어진다.

$$f' = \frac{v'}{\lambda} = \frac{v + v_O}{\lambda}$$

또한 $\lambda = v/f$이므로 f'에 대하여 다음과 같이 나타낼 수 있다.

$$f' = \left(\frac{v + v_O}{v}\right)f \quad \text{(관측자가 음원을 향하여 움직일 때)} \qquad \textbf{(17.15)}$$

만약 관측자가 음원으로부터 멀어질 때, 관측자에 대한 상대적인 음속은 $v' = v - v_O$가 된다. 이 경우 관측자가 듣는 진동수는 **감소**하게 되며, 다음과 같이 주어진다.

$$f' = \left(\frac{v - v_O}{v}\right)f \quad \text{(관측자가 음원에서 멀어질 때)} \qquad \textbf{(17.16)}$$

이들 두 식은 부호를 적절히 사용하여 하나의 식으로 나타낼 수 있다. 관측자가 정지해 있는 음원에 대하여 v_O의 속력으로 움직일 때 관측자가 듣는 진동수는 식 17.15로 표현하며, 관측자의 속력 v_O가 양(+)의 부호이면 관측자가 음원을 향하여 움직이는 것을 나타내고, 음(−)의 부호이면 관측자가 음원으로부터 멀어지는 것을 의미한다.

다음은 음원이 이동하고 관측자가 정지해 있는 경우를 생각해 보자. 그림 17.10a와 같이 음원이 관측자 A를 향하여 움직이면, 각각의 새로운 파동은 직전 파동의 원점 오른쪽 위치에서 방출된다. 그 결과 관측자가 듣는 파면들 사이의 거리는 음원이 움직이지 않는 경우의 거리보다 가깝게 관측된다. 그림 17.10b는 물 표면에서 진행하는 파

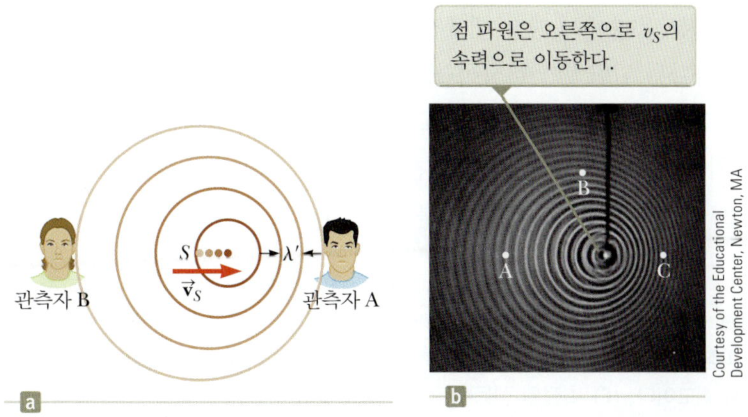

그림 17.10 (a) v_S의 속력으로 움직이는 음원 S가 정지하고 있는 관측자 B로부터는 멀어지고, 정지하고 있는 관측자 A를 향해서는 다가가고 있다. 이때 관측자 A는 증가된 진동수를 듣고, 관측자 B는 감소된 진동수를 듣는다. (b) 잔물결 통에서 관측된 물에서의 도플러 효과. 사진에 있는 알파벳은 퀴즈 17.4에서 사용한다.

동의 이런 효과를 보여 준다. 결과적으로 관측자 A에서 측정되는 새로운 파장 λ'은 음원의 파장 λ보다 짧아진다. 시간 T(주기) 동안 일어나는 한 번의 진동마다 음원은 거리 $v_S T = v_S/f$만큼 진행하여 파장은 이 거리만큼 **짧아**진다. 따라서 관측되는 파장 λ'은 다음과 같다.

$$\lambda' = \lambda - \Delta\lambda = \lambda - \frac{v_S}{f}$$

또한 $\lambda = v/f$이므로 관측자 A가 듣는 진동수 f'은 다음과 같다.

$$f' = \frac{v}{\lambda'} = \frac{v}{\lambda - (v_S/f)} = \frac{v}{(v/f) - (v_S/f)}$$

$$f' = \left(\frac{v}{v - v_S}\right)f \quad \text{(음원이 관측자를 향하여 움직일 때)} \qquad \textbf{(17.17)}$$

즉 음원이 관측자를 향하여 이동할 때 진동수는 **증가**한다.

음원이 정지하고 있는 관측자 B로부터 멀어질 때, 그림 17.10a와 같이 관측자는 λ보다 더 **큰** 파장 λ'을 측정하게 되어 **감소**된 진동수를 듣게 된다.

$$f' = \left(\frac{v}{v + v_S}\right)f \quad \text{(음원이 관측자로부터 멀어질 때)} \qquad \textbf{(17.18)}$$

v_O와 v_S에 같은 부호를 적용하여, 식 17.17을 관측자가 정지하고 음원이 이동하는 경우 관측된 진동수에 대한 일반적인 관계식으로 삼는다. 음원이 관측자를 향하여 이동하는 경우 양(+)의 값을 v_S에 대입하고, 음원이 관측자로부터 멀어지는 경우 음(−)의 값을 대입한다.

마지막으로 식 17.15와 17.17을 결합하면, 식 17.15부터 17.18까지 설명한 네 가지 모든 조건을 포함하는 진동수에 대한 일반적인 관계식을 얻을 수 있다.

일반적인 도플러 이동 식 ▶

$$f' = \left(\frac{v + v_O}{v - v_S}\right)f \qquad \textbf{(17.19)}$$

위 식에서 v_O와 v_S에 대한 부호는 속도의 방향에 의존한다. 양(+)의 값은 관측자나 음원이 서로 가까워지는 경우(관측된 진동수의 **증가**와 관련)이고, 음(−)의 값은 서로 멀어지는 경우(관측된 진동수의 **감소**와 관련)이다.

도플러 효과는 음파에서 가장 대표적으로 경험할 수 있는 사실이며, 이 효과는 모든 파동에서 나타나는 일반적인 현상이다. 예를 들면 광원이나 관측자의 상대적인 운동은 광파의 진동수를 변화시킨다. 도플러 효과는 경찰이 자동차의 속력을 측정하기 위한 속력 측정 장치로 사용된다. 마찬가지로 천문학자들은 별, 은하, 지구와 관계되는 천체에 대한 속력을 결정하기 위하여 이 효과를 사용한다.

오류 피하기 17.1

도플러 효과는 거리와 상관없다 도플러 효과에 대한 흔한 오해는 이것이 음원과 관측자 간의 거리에 관계된다는 것이다. 거리가 변하면 소리의 **세기**는 변하지만, 관측자가 측정하는 **진동수**는 음원과 관측자의 상대 속력에만 의존한다. 다가오는 음원을 들을 때 관측자는 세기의 증가를 감지하지만 진동수는 일정하다. 관측자는 갑자기 진동수가 떨어진 소리를 듣는다. 이 진동수는 일정하나 소리의 세기는 점점 감소한다.

Q 퀴즈 17.4 그림 17.10b에 있는 점 A, B, C에 수면파 검출기를 놓는다고 생각하자. 다음 중 옳은 것은 어느 것인가? **(a)** 파동 속력은 점 A에서 최고이다. **(b)** 파동 속력은 점 C에서 최고이다. **(c)** 측정된 파장은 점 B에서 가장 크다. **(d)** 측정된 파장은 점 C에서 가장 크다. **(e)** 측정된 진동수는 점 C에서 최고이다. **(f)** 측정된 진동수는 점 A에서 최고이다.

퀴즈 17.5 기차역 플랫폼에 서서 등속도로 역으로 접근하는 기차 소리를 듣는다. 기차가 접근하는 중이라면 어떤 현상이 일어나는가? **(a)** 소리의 세기와 진동수 모두가 계속 증가한다. **(b)** 소리의 세기와 진동수 모두가 계속 감소한다. **(c)** 세기는 계속 증가하고 진동수는 계속 감소한다. **(d)** 세기는 계속 감소하고 진동수는 계속 증가한다. **(e)** 세기는 계속 증가하고 진동수는 변화 없다. **(f)** 세기는 계속 감소하고 진동수는 변화 없다.

예제 17.4 부서진 시계 라디오

시계 라디오가 진동수 600 Hz로 규칙적인 소리를 일정하게 내어 잠을 깨운다. 어느 날 아침 이 라디오가 고장이 나서 끌 수 없었다. 화가 나서 높이 15.0 m인 기숙사 4층 창문 밖으로 내던졌다. 공기 중 음속은 343 m/s로 가정한다. 떨어지는 시계 라디오를 듣고 있다고 할 때, 라디오가 지표면에 도달하기 직전 여러분이 듣는 진동수는 얼마인가?

풀이

개념화 시계 라디오가 떨어지는 동안 속력은 증가한다. 그러므로 음원은 여러분으로부터 멀어지고 속력은 증가한다. 여러분이 듣는 진동수는 600 Hz보다 작아야 한다.

분류 자유 낙하 라디오에 대한 **등가속도 운동하는 입자**와 도플러 효과에 의한 소리의 진동수 변환에 대한 이해를 결합해야 하는 것으로 문제를 분류한다.

분석 시계 라디오를 중력에 의한 등가속도 운동하는 입자로 모형화하였으므로, 식 2.13을 이용하여 음원의 속력을 나타낸다.

(1) $$v_S = v_{yi} + a_y t = 0 - gt = -gt$$

식 2.16으로부터 시계 라디오가 땅에 도달할 때까지의 시간을 구한다.

$$y_f = y_i + v_{yi}t - \tfrac{1}{2}gt^2 = 0 + 0 - \tfrac{1}{2}gt^2 \quad \rightarrow \quad t = \sqrt{-\frac{2y_f}{g}}$$

식 (1)에 대입한다.

$$v_S = (-g)\sqrt{-\frac{2y_f}{g}} = -\sqrt{-2gy_f}$$

떨어지는 시계 라디오로부터 듣는 도플러 이동 진동수를 구하기 위하여 식 17.19를 이용한다.

$$f' = \left[\frac{v+0}{v-(-\sqrt{-2gy_f})}\right]f = \left(\frac{v}{v+\sqrt{-2gy_f}}\right)f$$

주어진 값들을 대입한다.

$$f' = \left[\frac{343\ \text{m/s}}{343\ \text{m/s} + \sqrt{-2(9.80\ \text{m/s}^2)(-15.0\ \text{m})}}\right](600\ \text{Hz})$$

$$= 571\ \text{Hz}$$

결론 시계 라디오가 여러분으로부터 멀어지기 때문에 진동수는 실제 진동수 600 Hz보다 낮아진다. 더 높은 층에서 떨어진다면 시계 라디오는 계속 가속될 것이며, 진동수는 계속 낮아질 것이다.

예제 17.5 도플러 잠수함

잠수함 A가 물속에서 8.00 m/s의 속력으로 움직이면서 진동수 1 400 Hz인 수중 음파를 방출하고 있다. 물속에서 음파의 속력은 1 533 m/s이다. 잠수함 B는 잠수함 A를 향하여 속력 9.00 m/s로 움직이고 있다.

(A) 잠수함이 서로 접근하는 동안 잠수함 B에 타고 있는 관측자가 감지하는 진동수를 구하라.

풀이

개념화 비록 이 문제는 물속에서 이동하는 잠수함이 포함되어 있으나, 공기 중에서 이동하는 자동차에서 발생한 음을 이동하는 또 다른 자동차에서 듣는 것과 같은 도플러 효과가 일어난다.

분류 잠수함이 서로 이동하므로 이동하는 음원과 이동하는 관측자 모두가 포함된 도플러 효과로 문제를 분류한다.

분석 잠수함 B에 있는 관측자가 듣는 도플러 이동 진동수를 구하기 위하여 식 17.19를 이용한다. 음원과 관측자 속력의 부호에 주의한다.

$$f' = \left(\frac{v + v_O}{v - v_S}\right)f$$

$$f' = \left[\frac{1\,533\ \mathrm{m/s} + (+9.00\ \mathrm{m/s})}{1\,533\ \mathrm{m/s} - (+8.00\ \mathrm{m/s})}\right](1\,400\ \mathrm{Hz})$$

$$= 1\,416\ \mathrm{Hz}$$

(B) 두 잠수함은 서로 부딪히지 않고 간신히 지나간다. 잠수함이 서로 멀어질 때 잠수함 B에 타고 있는 관측자가 감지하는 진동수를 구하라.

풀이 잠수함 B에 있는 관측자가 듣는 도플러 이동 진동수를 구하기 위하여 식 17.19를 이용한다. 다시 한 번 음원과 관측자 속력의 부호에 주의한다.

$$f' = \left(\frac{v + v_O}{v - v_S}\right)f$$

$$f' = \left[\frac{1\,533\ \mathrm{m/s} + (-9.00\ \mathrm{m/s})}{1\,533\ \mathrm{m/s} - (-8.00\ \mathrm{m/s})}\right](1\,400\ \mathrm{Hz})$$

$$= 1\,385\ \mathrm{Hz}$$

잠수함이 서로 지나감에 따라 진동수가 1 416 Hz에서 1 385 Hz로 낮아짐에 주목한다. 이 효과는 자동차가 경적을 울리면서 여러분의 곁을 지나갈 때 듣는 진동수 낮아짐과 유사하다.

(C) 잠수함이 서로 접근하는 동안 잠수함 A에서 나온 음파 중 일부는 잠수함 B에서 반사되어 잠수함 A로 되돌아간다. 이 반사음을 잠수함 A의 관측자가 탐지한다면 진동수는 얼마인가?

풀이 (A)에서 구한 겉보기 진동수 1 416 Hz인 음파가 이동하는 잠수함 B로부터 반사되고, 이동하는 관측자에 의하여 탐지된다. 잠수함 A에서 탐지된 진동수를 구한다.

$$f'' = \left(\frac{v + v_O}{v - v_S}\right)f'$$

$$= \left[\frac{1\,533\ \mathrm{m/s} + (+8.00\ \mathrm{m/s})}{1\,533\ \mathrm{m/s} - (+9.00\ \mathrm{m/s})}\right](1\,416\ \mathrm{Hz})$$

$$= 1\,432\ \mathrm{Hz}$$

결론 경찰이 움직이는 차량의 속력을 측정할 때 이 기술을 이용한다. 순찰차로부터 마이크로파가 방출되고 움직이는 차량으로부터 반사된다. 반사된 마이크로파의 도플러 이동 진동수를 탐지하여 경찰관은 움직이는 차량의 속력을 결정할 수 있다.

충격파 Shock Waves

음원의 속력 v_S가 음속 v보다 빠를 때 어떤 현상이 일어나는지 생각해 보자. 이와 같은 현상이 그림 17.11a에 나타나 있다. 원은 음원이 이동하면서 서로 다른 시간에서 방출한 구형 파면을 나타낸다. $t = 0$일 때 음원은 S_0에 있고 오른쪽으로 이동한다. 이후에는 음원이 S_1, S_2 등등에 있게 된다. 시간 t에서 S_0을 중심으로 하는 파면은 반지름 vt에 도달한다. 같은 시간 동안 음원도 S_n으로 v_St 거리만큼 이동한다. 그림 17.11a에서 여러 순간에 만들어진 모든 파면에 접하는 직선을 그을 수 있음에 주목하라. 그러므로 이런 파면의 포락선은 원뿔이 되며, 꼭지 반각 θ[마하각(Mach angle)]는 다음과 같다.

$$\sin\theta = \frac{vt}{v_St} = \frac{v}{v_S}$$

여기서 v_S/v의 비를 **마하수**(Mach number)라 한다. $v_S > v$(초음속)일 때 형성되는

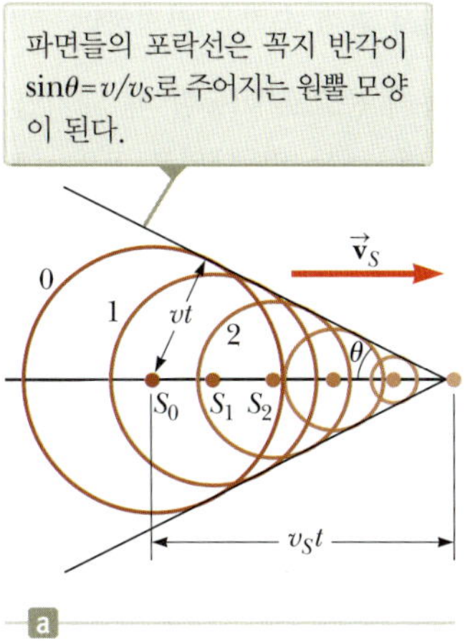

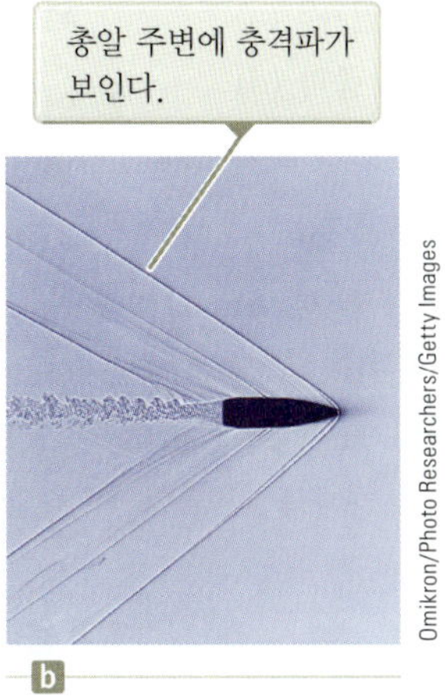

그림 17.11 (a) 음원이 매질 내에서의 음속보다 빠른 v_S의 속력으로, S_0으로부터 오른쪽으로 움직일 때 만들어지는 충격파 (b) 촛불 위의 뜨거운 공기를 통과하여 초음속으로 지나가는 총알의 스트로보스코프(stroboscope: 급속히 운동하는 물체를 촬영하는 장치) 사진

원뿔 모양의 파면을 **충격파**라 한다. 충격파와 유사하게 보트의 속력이 표면 물결파의 속력보다 클 때 생기는 V형 파면(뱃머리파)도 있다(그림 17.12).

초음속으로 비행하는 제트기는 충격파를 발생시키며, 우리가 듣는 큰 폭발음인 "쿵" 소리의 원인이다. 충격파는 원뿔 표면에 집중되어 있는 많은 양의 에너지를 운반하고 이에 상응하는 큰 압력 변화를 동반한다. 이런 충격파는 듣기 거북하며 초음속기가 낮은 높이로 비행할 때 건물들에 손상을 야기할 수 있다. 사실 초음속으로 날아가는 비행기에서 하나는 비행기 앞부분, 다른 하나는 꼬리로부터 두 개의 충격 파면을 만들기 때문에 두 번의 폭발음이 난다. 우주 왕복선이 착륙 지점으로 활공할 때 근처에 있는 사람들은 간발의 차이로 나는 두 개의 천둥 소리를 듣는다고 한다.

퀴즈 17.6 등속도로 날고 있는 비행기가 찬 기단으로부터 더운 기단으로 이동한다. 이때 마하수는 **(a)** 증가한다. **(b)** 감소한다. **(c)** 같다.

그림 17.12 보트의 속력이 물결파의 속력보다 더 빠르기 때문에 보트는 V형 물결파를 만든다. 뱃머리파는 소리보다 빠르게 이동하는 비행기가 만드는 충격파와 비슷하다.

연습문제

객관식

1. 표 17.1을 보면, 음속은 기체보다 고체에서 일반적으로 10배 정도 더 빠르다. 이에 가장 많이 직접적으로 기여하는 것은 어느 것인가? (a) 고체와 기체의 밀도 차이 (b) 고체와 기체의 압축률 차이 (c) 자유 기체에 비하여 고체 물체의 제한된 크기 (d) 기체를 의미 있는 장력으로 잡아두는 것이 불가능함

2. 두 개의 사이렌 A와 B가 울리는데, A에서 오는 진동수는 B에서 오는 진동수의 두 배이다. A에서 오는 음속은 B에서 오는 음속의 (a) 두 배임 (b) 1/2임 (c) 네 배임 (d) 1/4임 (e) 같다.

3. 음파가 공기 중에서 물속으로 전파하면 어떻게 되는가? (a) 음파의 세기가 증가한다. (b) 음파의 파장이 감소한다. (c) 음파의 진동수가 증가한다. (d) 음파의 진동수는 같다. (e) 음파의 속도가 감소한다.

4. 1.00 kHz의 음원이 음원으로부터 멀어지는 방향으로 30.0 m/s의 속력으로 이동하는 관측자를 향하여 50.0 m/s의 속력으로 움직인다. 관측자가 듣는 겉보기 진동수는 얼마인가? (a) 796 Hz (b) 949 Hz (c) 1 000 Hz (d) 1 068 Hz (e) 1 273 Hz

5. 음파의 특성에 대한 설명으로 옳은 것은 어느 것인가? (a) 횡파 (b) 종파 (c) 음원의 성질에 따라 횡파이거나 종파 (d) 에너지를 운반하지 않는 파동 (e) 한 장소에서 다른 곳으로 전파될 때 매질이 필요 없는 파동

6. 음원에서 공기 중 음파의 파장을 1/2로 줄인다고 할 때 **(i)** 진동수는 어떻게 되는가? (a) 네 배로 증가한다. (b) 두 배로 증가한다. (c) 변화 없다. (d) 1/2로 감소한다. (e) 예측할 수 없다. **(ii)** 속력은 어떻게 되는가? (i)의 보기에서 고르라.

7. 점 음원이 균일한 매질 속으로 음파를 방송한다. 음원으로부터 거리를 세 배로 하면, 세기는 어떻게 변하는가? (a) 적어도 1/9이 된다. (b) 적어도 1/3이 된다. (c) 변화 없다. (d) 세 배로 커진다. (e) 아홉 배로 커진다.

8. 음원이 일정한 진동수로 진동한다. 다음 경우에서 관측된 진동수를 높은 것부터 순서대로 나열하라. 만일 두 진동수가 같으면 동일한 순위로 두라. 언급되는 모든 운동의 속력은 25 m/s로 같다. (a) 음원과 관측자는 정지해 있다. (b) 음원이 정지한 관측자를 향하여 움직인다. (c) 음원이 정지한 관측자로부터 멀어진다. (d) 관측자가 정지한 음원을 향하여 움직인다. (e) 관측자가 정지한 음원으로부터 멀어진다.

9. 단일 진동수를 방출하는 음원으로부터 출력을 두 배로 하면 데시벨 준위에서는 어느 정도 증가하는가? (a) 0.50 dB (b) 2.0 dB (c) 3.0 dB (d) 4.0 dB (e) 20 dB 이상

10. 다음 소리 중 60 dB의 소리 준위에 가장 가까운 것은 어느 것인가? (a) 록 음악 콘서트 (b) 이 교재 한 장을 넘기는 것 (c) 만찬 대화 (d) 축구장에서 환호하는 군중

주관식

> ***Note***: 이 장에서 압력의 변화 ΔP는 대기압 1.013×10^5 Pa에 따라 측정한다.

17.1 음파에서의 압력 변화

1. 매질을 통과하여 이동하는 사인형 음파의 변위 파동 함수가 다음과 같다.

$$s(x, t) = 2.00 \cos (15.7x - 858t)$$

여기서 s의 단위는 μm, x의 단위는 m, t의 단위는 s이다. 이때 이 파동의 (a) 진폭, (b) 파장, (c) 속력을 구하라. (d) 위치 $x = 0.050\,0$ m와 시간 $t = 3.00$ m/s에서 매질 요소의 순간 변위를 평형 상태를 기준으로 결정하라. (e) 매질 요소의 진동 운동에서 최대 속력을 결정하라.

2. 어떤 음파가 공기 중으로 이동할 때 대기압 위아래로 압력 변화를 만드는데, 이는 SI 단위로 $\Delta P = 1.27 \sin (\pi x - 340\pi t)$와 같이 주어진다. 이때 음파의 (a) 압력 변화의 진폭, (b) 진동수, (c) 공기 중에서 파장, (d) 속력을 구하라.

3. 공기 중에서 사인형 음파의 압력 변화를 위치와 시간의 함수로 쓰라. 음속은 343 m/s, $\lambda = 0.100$ m, $\Delta P_{max} = 0.200$ Pa로 가정한다.

17.2 음파의 속력

> ***Note***: 이 장의 나머지 부분에서 달리 언급이 없으면 공기의 평형 밀도는 $\rho = 1.20$ kg/m^3, 공기 중에서 음속은 $v = 343$ m/s로 한다. 다른 매질 내의 음속은 표 17.1을 참고한다.

4. 어떤 실험자가 공기 중에서 변위 진폭이 5.50×10^{-6} m인 음파를 발생시키려 한다. 압력 진폭은 0.840 Pa까지로 제한한다. 음파가 가질 수 있는 최소 파장은 얼마인가?

5. 공기 중에서 진동수 2.00 kHz인 음파의 변위 진폭이 2.00×10^{-8} m라고 가정할 때 압력 진폭을 계산하라.

6. 지표면에 있는 단층선에서 발생하는 지진은 지진파를 생성하는데, 이는 종파(P파)이거나 횡파(S파)이다. P파의 속력이 약 7 km/s이고, 바위의 밀도가 대략 2 500 kg/m^{3}일 때 지표면의 평균 부피 탄성률을 추정하라.

7. 온도 25 °C인 바닷물에서 돌고래(그림 P17.7)는 150 m 밑의 대양 바닥으로 음파를 방출한다. 시간이 얼마나 흐른 뒤 메아리를 들을 수 있는가?

그림 P17.7

8. 27 °C에서 진동수가 4.00 kHz인 음파가 공기에서 진행한다. 이 음파는 온도가 서서히 변하는 지역을 통과한 후 0 °C인 공기를 지나간다. 다음 질문에 대하여 가능한 정도의 숫자로 답하고, 음파에 물리적으로 어떤 일이 생기는지를 설명하라. (a) 이렇게 진행하는 동안 음파의 속력은 어떻게 될

까? (b) 음파의 진동수는 어떻게 될까? (c) 음파의 파장은 어떻게 될까?

9. 공기 중에서 음파는 압력 진폭이 4.00×10^{-3} Pa인 값을 갖는다. 진동수 10.0 kHz에서 파동의 변위 진폭을 계산하라.

10. 번개가 치고 난 다음 16.2 s 후에 천둥소리를 들었다고 하자. 공기 중에서 빛의 속력은 3.00×10^8 m/s이다. (a) 관측자는 번개가 친 곳으로부터 얼마나 멀리 떨어져 있는가? (b) 답을 구하는 데 빛의 속력 값을 알 필요가 있는가? 설명하라.

11. 구조 비행기가 고장 난 배를 수색하며 일정한 속력으로 수평으로 날고 있다. 비행기가 배 바로 위에 있을 때, 배의 선원이 큰 기적을 울린다. 비행기의 청음기가 기적음을 수신할 때, 비행기는 해상 고도의 반에 해당하는 거리를 이동한다. 비행기에 소리가 도달하는 데 2.00 s 걸린다고 가정하고 (a) 비행기의 속력과 (b) 비행기의 고도를 결정하라.

12. 그림 P17.12처럼 보도 위 높이 $d = 20.0$ m인 발코니로부터 화병이 떨어져, 이 사실을 모르는 바로 아래 서 있는 키 $h = 1.75$ m인 사람에게 향한다. 이 사람은 경고에 반응하는 데 $\Delta t = 0.300$ s의 시간이 필요하다고 가정한다. 보도로부터 화분의 높이가 얼마일 때 발코니에서 그 사람에게 경고음을 보내야 피할 수 있는가?

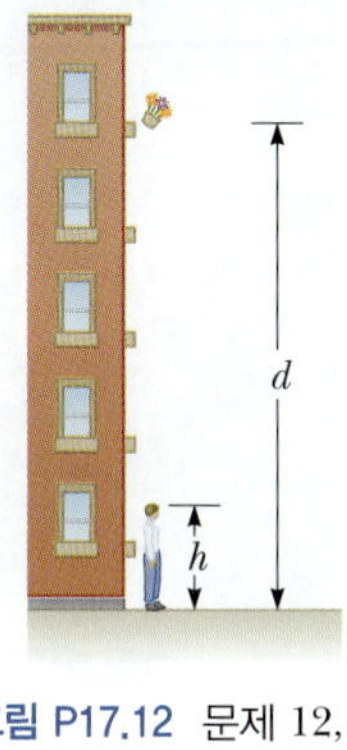

그림 P17.12 문제 12, 13

13. 그림 P17.12처럼 보도 위 높이 d인 발코니로부터 화병이 떨어져, 이 사실을 모르는 바로 아래 서 있는 키가 h인 사람에게 향한다. 이 사람은 경고에 반응하는 데 Δt의 시간이 필요하다고 가정한다. 보도로부터 화분의 높이가 얼마일 때, 발코니에서 그 사람에게 경고음을 보내야 피할 수 있는가? 음속의 기호는 v로 사용한다.

14. 공기 중에서 음파의 속력(m/s)은 온도에 의존하며 근사적인 식은 다음과 같다.

$$v = 331.5 + 0.607\ T_C$$

여기서 T_C는 섭씨 온도이다. 건조한 날, 고도 150 m 상승할 때마다 온도가 약 1 °C씩 감소한다. (a) 이 변화는 고도 9 000 m까지 일정하다고 가정한다. 지상 온도가 30 °C인 건조한 날, 9 000 m 상공을 지나가는 비행기의 소리가 지상에 도달할 때까지 걸리는 시간은 얼마인가? (b) 만약 공기 온도가 30 °C로 균일하다면, 이 시간은 얼마인가? 어느 시간 간격이 더 긴가?

15. 음파가 그림 17.2에서처럼 원통형 관 아래로 이동한다. 파동의 압력 변화가 $\Delta P = \pm \rho v \omega \sqrt{s_{\max}^2 - s^2}$임을 보이라. 여기서 $s = s(x, t)$는 식 17.1에 주어져 있다.

16. 길이 8.50 m인 두꺼운 철 레일의 한쪽 끝을 해머로 때린다. 레일 반대쪽에 위치한 마이크로폰은 공기를 통하여 이동하는 음파와 레일을 통하여 이동하는 종파인 두 개의 음 펄스를 검출한다. (a) 어느 펄스가 마이크로폰에 먼저 도달하는가? (b) 두 펄스의 도착 사이의 시간 간격을 구하라.

17. 카우보이가 평행한 두 연직 절벽 사이의 수평인 땅에 서 있다. 그가 절벽 사이의 한가운데에 있는 것은 아니다. 그는 총을 쏘고 메아리를 듣는다. 두 번째 메아리는 첫 번째 메아리를 들은 후 1.92 s만에, 그리고 세 번째 메아리가 도달하기 1.47 s 전에 듣는다. 소리는 땅에 평행하게 진행하여 벽에서만 반사된다고 가정한다. 이때 (a) 절벽 사이의 거리는 얼마인가? (b) 그가 네 번째 메아리를 들을 수 있다면, 세 번째 메아리가 도달한 지 얼마가 경과한 후인가?

17.3 주기적인 음파의 세기

18. 4.00 μW/m^{2}인 음파의 소리 준위를 데시벨 단위로 계산하라.

19. 일반적인 고막의 넓이는 5.00×10^{-5} m^{2}이다. (a) 1.00 W/m^{2}의 세기에 해당하는 고통 문턱에서 고막에 입사하는 소리의 평균 일률을 계산하라. (b) 1분 동안 이 소리에 노출된 고막으로 전달된 에너지는 얼마인가?

20. 1.00 kHz로 진동하는 확성기로부터 적당히 떨어져 있는 곳에서 음파의 세기는 0.600 W/m^{2}이다. (a) 변위 진폭은 일정하게 유지하면서 진동수를 2.50 kHz로 증가시킬 때 세기를 결정하라. (b) 진동수를 0.500 kHz로 줄이고 변위 진폭은 두 배로 늘릴 때의 세기를 계산하라.

21. 진동수 f로 진동하는 확성기로부터 적당히 떨어져 있는 곳에서 음파의 세기는 I이다. (a) 변위 진폭은 일정하게 유지하면서 진동수를 f'으로 증가시킬 때 세기를 결정하라. (b) 진동수를 $f/2$로 줄이고 변위 진폭은 두 배로 늘릴 때의 세기를 계산하라.

22. 어떤 사람이 모든 가청 진동수 내에서 30.0 dB까지 균일하게 소리 준위를 증가시키는 보청기를 끼고 있다. 보청기는 세기가 3.0×10^{-11} W/m^{2}이고 진동수가 250 Hz인 음파를 잡는다. 고막에 전달된 세기는 얼마인가?

23. 시끄러운 발전기로부터 16 m 떨어진 곳에서 소리의 세기가 0.25 W/m^{2}로 측정되었다. 발전기로부터 28 m 떨어진 곳에서 소리의 세기는 얼마인가?

24. 어떤 확성기의 출력은 6.00 W이다. 모든 방향으로 균등하게 방송한다고 가정하자. (a) 확성기로부터 어느 정도 거리 내에 있으면 확성기의 소리가 귀에 고통스러운가? (b) 확성기로부터 어느 정도 떨어지면 소리가 겨우 들리는가?

25. 어떤 점에서 경찰 사이렌의 음파는 100.0 W/m^{2}의 세기를 갖는다. 근방 구급차에서 오는 음파는 같은 지점에서 경찰 사이렌 음파보다 10 dB 더 큰 소리 준위를 갖는다. 구급차에서 오는 음파의 소리 준위는 얼마인가?

26. 기차가 건널목에 접근하면서, 기적 소리를 울린다. 10 km 떨어진 관측자는 50 dB의 세기 준위로 이 기적 소리를 듣는다. (a) 기적 소리의 평균 일률은 얼마인가? (b) 기차에서 50 m 떨어진 건널목에서 기다리고 있는 사람이 듣는 기적 소리의 세기 준위는 얼마인가? 기적 소리를 점 음원으로 취급하고, 공기에 의한 소리의 흡수는 무시한다.

27. 교회에서 찬송가를 부르는 동안 교회 내부 모든 곳에서 소리 준위는 101 dB이다. 소리는 벽을 통과할 수 없으나 여름 아침에는 모든 창문과 문들을 열어 놓는다. 이들 전체 넓이는 22.0 m^{2}이다. (a) 20.0분 동안 얼마나 많은 소리 에너지가 방출되는가? (b) 땅은 좋은 반사체이고 모든 수평 및 위 방향으로 균일하게 소리를 방출한다고 가정한다. 1.00 km 떨어진 곳에서 소리 준위를 구하라.

28. 소리 준위 β_1과 β_2의 차이는 음원으로부터 거리 r_1과 r_2의 비율에 다음과 같이 관련되어 있음을 보이라.

$$\beta_2 - \beta_1 = 20 \log \left(\frac{r_1}{r_2}\right)$$

29. 실내 경기장에서 빙상 쇼가 벌어지고 있다. 준위 80.0 dB인 음악에 맞추어 스케이터가 연기를 한다. 음악이 너무 커서 아이가 75.0 dB로 운다. (a) 전체 소리의 세기를 구하라. (b) 합쳐진 소리 준위는 얼마인가?

30. 불꽃놀이 로켓이 지상 100 m에서 폭발한다. 폭발 지점 바로 밑에 있는 지상 관측자는 0.200 s 동안 평균 7.00×10^{-2} W/m^{2}의 소리 세기를 경험한다. (a) 폭발로부터 소리에 의하여 전달되어 나간 전체 에너지는 얼마인가? (b) 관측자가 듣는 소리 준위(dB)는 얼마인가?

31. 음원으로부터 3.00 m의 거리에서 소리 준위는 120 dB이다. 어느 거리에서 소리 준위가 (a) 100 dB, (b) 10.0 dB인가?

17.4 도플러 효과

32. 42 m/s로 이동하는 구급차에서 울린 사이렌 소리의 진동수가 450 Hz이다. 구급차와 같은 방향으로 25 m/s로 자동차가 이동한다. 이때 (a) 구급차가 자동차에 접근할 때, (b) 구급차가 자동차를 추월한 후 자동차에 있는 사람이 듣는 진동수는 얼마인가?

33. 고에너지 대전 입자들이 투명한 매질에서 그 매질 속 빛의 속력보다 빠르게 이동하면 충격파가 생성된다. 이런 현상을 체렌코프(Cerenkov) 효과라고 부른다. 원자로가 큰 물웅덩이로 차폐되어 있는 경우, 물속에서 고속으로 이동하는 전자들 때문에 노심 근방에서 푸른빛의 체렌코프 복사선을 볼 수 있다(그림 P17.33). 어떤 체렌코프 복사선이 꼭지 반각이 53.0°인 파면을 생성한다. 물속에서 전자의 속력을 계산하라. 물속에서 빛의 속력은 2.25×10^8 m/s이다.

U.S. Department of Energy/Photo Researchers, Inc.

그림 P17.33

34. 한 운전자가 고속도로에서 북쪽을 향하여 25.0 m/s의 속력으로 달린다. 경찰차가 2 500 Hz의 진동수로 사이렌을 울리면서 남쪽으로 40.0 m/s의 속력으로 다가온다. (a) 경찰차가 다가오는 동안 운전자가 듣는 진동수는 얼마인가? (b) 경찰차가 지나간 후 운전자가 듣는 진동수는 얼마인가? (c) 경찰차가 운전자 뒤에서 북쪽을 향하여 달리는 경우 (a)와 (b)를 되풀이하라.

35. 잠수함 A가 대양에서 수평 상태이며 속력 11.0 m/s로 이동한다. 앞 방향으로 진동수 $f = 5.27 \times 10^3$ Hz인 소나 신호를 방출한다. 잠수함 B는 잠수함 A 앞에 있고 같은 방향

으로 3.00 m/s로 이동한다. 잠수함 B의 승무원은 잠수함 A로부터 오는 음파("핑")를 탐지하기 위하여 장비를 사용한다. 잠수함 B의 승무원이 듣는 것을 결정하고자 한다. (a) 식 17.19에 의하여 표현되는 진동수 f'을 탐지하는 승무원은 어느 잠수함에 속하는가? (b) 식 17.19에서 v_S의 부호는 양인가 음인가? (c) 식 17.19에서 v_O의 부호는 양인가 음인가? (d) 식 17.19에서 사용해야 할 음속은 얼마인가? (e) 잠수함 B의 승무원이 탐지한 소리의 진동수를 구하라.

36. 확성기를 단 물체가 용수철 상수 $k = 20.0$ N/m인 용수철에 연결되어 그림 P17.36과 같이 진동한다. 물체와 확성기의 전체 질량은 5.00 kg이며, 이들 운동의 진폭은 0.500 m이다. 확성기는 진동수 440 Hz인 음파를 방출한다. 이때 확성기 정면에 있는 사람이 듣는 (a) 최대 및 (b) 최소 진동수를 결정하라. (c) 확성기가 가장 근접한 거리인 $d = 1.00$ m에서 사람이 듣는 최대 소리 준위가 60.0 dB이라면, 관측자가 듣는 최소 소리 준위는 얼마인가?

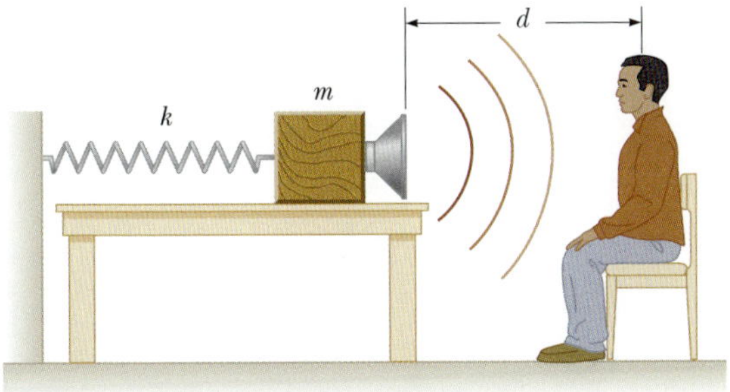

그림 P17.36 문제 36, 37

37. 확성기를 단 물체가 용수철 상수 k인 용수철에 연결되어 그림 P17.36과 같이 진동한다. 물체와 확성기의 전체 질량은 m이며, 이들 운동의 진폭은 A이다. 확성기는 진동수 f인 음파를 방출한다. 이때 확성기 정면에 있는 사람이 듣는 (a) 최대 및 (b) 최소 진동수를 결정하라. (c) 확성기가 가장 근접한 거리인 d에서 사람이 듣는 최대 소리 준위가 β라면, 관측자가 듣는 최소 소리 준위는 얼마인가?

38. 출산을 앞둔 부부가 배 속 아기의 심장 박동 소리를 초음파 의료 기기로 들으며 기뻐하고 있다. 태아의 심실 벽이 단조화 운동을 한다고 가정하자. 이때 진폭이 1.80 mm, 진동수는 분당 115회라 하자. (a) 심실 벽의 최대 선속력을 구하라. 초음파 기기에서 엄마 복부에 부착한 음원이 2 000 000 Hz의 음을 발생하며, 이는 1.50 km/s로 인체 조직을 이동한다. (b) 아이의 심실 벽에 도달하는 음과 음원이 방출하는 음 사이의 최대 진동수 변화를 구하라. (c) 의료 기기에서 받은 반사된 음과 음원이 방출한 음 사이의 최대 진동수 변화를 구하라.

39. 다음 상황은 왜 불가능한가? 하계 올림픽에서 여자 육상 선수가 직선 트랙에서 일정한 속력으로 달리고 있으며, 트랙 거의 끝에 있는 한 관람객이 일정한 진동수로 경적을 울린다. 선수가 경적을 지나간 후, 그녀는 단삼도(minor third) 음정만큼 낮은 진동수의 소리를 듣는다. 즉 그녀는 원래 값의 5/6로 떨어진 진동수를 듣는다.

40. 교차로에서 구급차가 진동수 560 Hz로 사이렌을 울리며 다가오고 있다. 구급차가 지나간 후 관측된 진동수는 480 Hz이다. 이들 자료로부터 구급차의 속력을 결정하라.

CHAPTER

18

중첩과 정상파

Superposition and Standing Waves

블루스의 거장 킹(B. B. King)이 줄에서의 정상파를 이용하고 있다. 그는 지판의 프렛에 줄을 눌러 진동하는 기타 줄의 길이가 짧아지도록 하여 고음을 낸다. *(AP Photo/Danny Moloshok)*

앞의 두 장에서 파동 모형을 소개하였다. 파동이 입자와는 매우 다름을 알았다. 입자는 크기가 영인 반면에, 파동은 파장이라고 하는 특정 크기를 가지고 있다. 입자와 파동의 또 다른 중요한 차이는 같은 매질 내 한 지점에서 두 개 이상의 파동이 결합할 수 있다는 것이다. 입자들을 결합시켜 크기가 있는 물체를 만들 수는 있지만, 입자들은 **서로 다른** 지점에 위치하게 된다. 이와는 대조적으로 두 개의 파동은 동시에 같은 위치에 존재할 수 있으며, 이 장에서는 이런 가능성의 결과를 조사하고자 한다.

어떤 계에서 파동이 결합될 때 경계 조건에 맞는 특정 허용 진동수만이 존재할 수 있다. 이를 **양자화**되어 있다고 한다. 양자화는 40장에서 소개할 양자 역학의 핵심 개념으로, 경계 조건을 만족하는 파동이 많은 양자 현상을 설명할 것이다. 이 장에서는 줄과 공기 관을 이용하는 다양한 악기의 거동을 이해하는 데 양자화 개념을 이용한다.

또한 서로 다른 진동수와 파장을 갖는 파동의 결합도 고려할 것이다. 거의 같은 진동수를 갖는 두 개의 파동이 간섭할 때, **맥놀이**라고 하는 큰 소리의 변화를 듣게 된다. 마지막으로 어떻게 비사인형(nonsinusoidal)의 주기적인 파동이 사인 및 코사인 함수의 합으로 기술될 수 있는지 살펴볼 것이다.

18.1 분석 모형: 파동의 간섭
Analysis Model: Waves in Interference

자연계의 다양하고 흥미로운 파동 현상을 한 개의 진행 파동으로 기술할 수는 없다. 대신에 이 현상들은 진행하는 여러 파동의 결합으로 분석해야 한다. 도입부에서 언급한 바와 같이, 파동은 공간의 **같은** 지점에서 결합시킬 수 있다는 관점에서 입자와는 분명한 차이를 보이고 있다. 이런 파동의 결합을 분석하기 위하여 **중첩의 원리**(superposition principle)를 사용한다.

중첩의 원리 ▶

두 개 이상의 진행 파동이 매질을 통하여 이동할 때, 임의의 한 점에서 합성 파동의 함숫값은 각 파동의 함숫값의 대수 합이다.

이런 중첩의 원리를 따르는 파동을 **선형 파동**이라 한다(16.6절 참조). 역학적인 파동의 경우, 일반적으로 선형 파동의 특징은 파장에 비하여 훨씬 작은 진폭을 갖는다. 중첩의 원리가 만족되지 않는 파동을 **비선형 파동**이라 하며, 큰 진폭을 갖는 특징을 나타낸다. 이 교재에서는 선형 파동만을 다루기로 한다.

중첩의 원리의 한 가지 결과는 진행하는 두 파동은 서로를 변화시키거나 파괴시키지 않고 서로를 통과해 간다는 것이다. 예를 들어 두 개의 돌을 던져 연못의 서로 다른 위치에 떨어지게 되면, 두 지점으로부터 퍼져 나가는 원형 표면 파동들은 서로를 파괴하지 않고 단순히 통과해 간다. 결과적으로 생긴 복잡한 무늬는 두 개의 퍼져 나가는 독립적인 원형 파동의 조합으로 볼 수 있다.

그림 18.1은 두 펄스의 중첩에 대한 모식도이다. 오른쪽으로 진행하는 펄스의 파동 함수는 y_1이고, 왼쪽으로 진행하는 펄스의 파동 함수는 y_2이다. 두 펄스는 속력은 같지만 모양이 다르고, 매질(줄) 요소의 변위는 두 펄스 모두 $+y$ 값을 갖는다. 그림 18.1b와 같이 두 파동이 중첩될 때, 합성 파동의 파동 함수는 $y_1 + y_2$로 주어진다. 그림 18.1c와 같이 펄스의 마루가 일치될 때, $y_1 + y_2$로 주어지는 합성 파동은 각각의 펄스보다 더 큰 진폭을 갖는다. 결국 두 펄스는 그림 18.1d와 같이 분리되어 각각 본래의 진행 방향으로 나아간다. 상호 작용 후에도 각각의 펄스 모양은 두 파동이 전혀 만나지 않았던 것처럼 변하지 않음에 유의하자.

공간상 같은 점에서 독립된 파동들이 결합하여 합성 파동을 만드는 것을 **간섭**(interference)이라고 한다. 그림 18.1에 나타낸 두 펄스에 대하여, 매질 요소의 변위는 두 펄스 모두에서 $+y$ 값을 가진다. 그 결과 합성 펄스(각 펄스가 겹쳤을 때 만들어진)의

오류 피하기 18.1

파동은 정말 간섭하는가? 일반적인 쓰임에서, **간섭**이라는 단어는 누군가가 어떤 일이 일어나지 않도록 어떤 상황에 어떤 방법으로든 영향을 미치는 것을 의미한다. 예를 들어 미식축구에서 **패스 간섭**(pass interference)은 수비수가 리시버에 영향을 주어서 리시버가 공을 못 잡게 하는 것을 의미한다. 이 단어는 물리학에서는 매우 다르게 사용된다. 물리학에서 파동들이 서로 지나가면서 간섭한다고 표현하는 경우에도 파동들은 서로 어떤 형식으로도 영향을 주지 않는다. 물리학에서 간섭이라는 단어는 이 장에서 이미 언급되었듯이 **결합**의 개념과 유사하다.

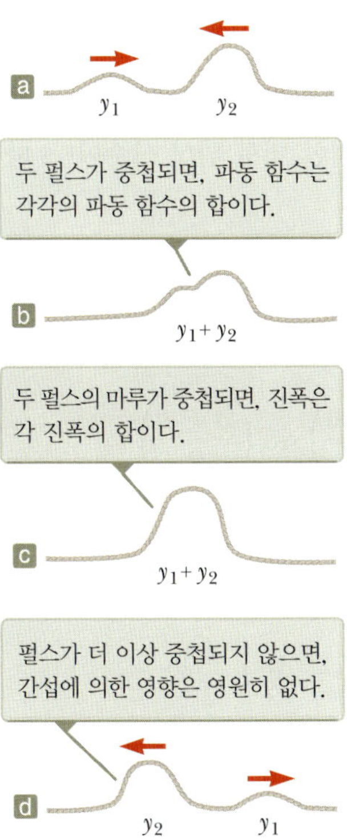

그림 18.1 보강 간섭. 팽팽한 줄에서 서로 반대 방향으로 진행하는 두 펄스가 중첩한다.

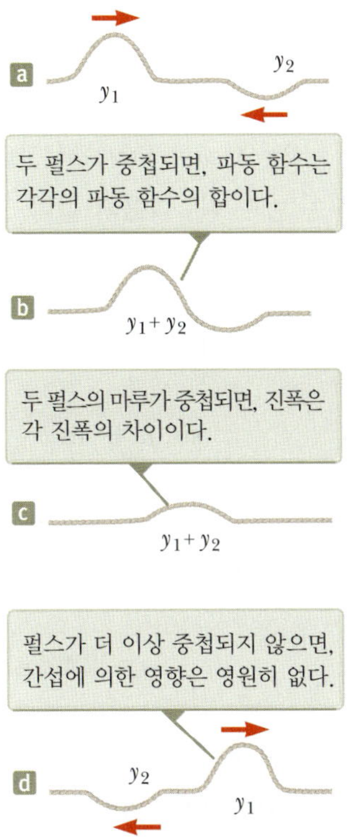

그림 18.2 상쇄 간섭. 하나는 양(+)이고 다른 하나는 음(−)인 두 펄스가 팽팽한 줄에서 서로 반대 방향으로 진행하여 중첩한다.

진폭은 각 펄스의 값보다 커진다. 두 펄스에 의하여 야기된 변위가 서로 같은 방향이므로, 이들 중첩을 **보강 간섭**(constructive interference)이라고 한다.

◀ 보강 간섭

이제 그림 18.2와 같이 팽팽한 줄에서 서로 반대 방향으로 진행하는 두 펄스를 생각해 보자. 여기에서 한 펄스는 다른 펄스에 대하여 반전되어 있다. 이 경우 펄스가 겹쳐지기 시작할 때, 합성 펄스는 $y_1 + y_2$로 주어지지만 함숫값 y_2는 음(−)이다. 다시 두 펄스는 서로를 통과해 가지만, 두 펄스에 의하여 야기된 변위가 서로 다른 방향이므로, 이들 중첩을 **상쇄 간섭**(destructive interference)이라고 한다.

◀ 상쇄 간섭

중첩의 원리는 **파동의 간섭**(waves in interference)을 분석하는 중요한 원리이다. 음향학과 광학 등 많은 분야에서 파동은 이 원리에 따라 결합하고 실제로 응용할 수 있는 흥미로운 현상들을 나타낸다.

Q 퀴즈 18.1 줄 위에서 모양이 같은 두 펄스가 서로 다른 방향으로 이동하는데, 하나는 줄의 요소 변위가 양(+)이고 다른 하나는 음(−)이다. 줄에서 두 펄스가 완전히 중첩되는 경우 어떤 일이 일어나는가? **(a)** 펄스와 관련된 에너지가 사라진다. **(b)** 줄이 움직이지 않는다. **(c)** 줄은 직선이 된다. **(d)** 펄스는 상쇄되고 다시 나타나지 않을 것이다.

사인형 파동의 중첩 Superposition of Sinusoidal Waves

선형 매질에서 서로 같은 방향으로 진행하는 두 사인형 파동에 중첩의 원리를 적용해 보자. 만일 두 파동이 오른쪽으로 진행하고 있으며, 진동수 및 파장과 진폭은 서로 같고 위상만 다르다면, 각각의 파동 함수는 다음과 같이 나타낼 수 있다.

$$y_1 = A\sin(kx - \omega t) \quad y_2 = A\sin(kx - \omega t + \phi)$$

여기서 $k = 2\pi/\lambda$, $\omega = 2\pi f$, ϕ는 16.2절에서 논의한 대로 위상 상수이다. 따라서 합성 파동의 파동 함수 y는 다음과 같다.

$$y = y_1 + y_2 = A\,[\sin(kx - \omega t) + \sin(kx - \omega t + \phi)]$$

이 식을 간단히 하기 위하여, 삼각 함수의 항등식

$$\sin a + \sin b = 2\cos\left(\frac{a-b}{2}\right)\sin\left(\frac{a+b}{2}\right)$$

를 이용한다. $a = kx - \omega t$, $b = kx - \omega t + \phi$라 놓으면, 합성 파동 함수 y는 다음과 같이 간단히 할 수 있다.

진행하는 두 사인형 파동의 중첩 ▶

$$y = 2A\cos\left(\frac{\phi}{2}\right)\sin\left(kx - \omega t + \frac{\phi}{2}\right)$$

이 결과는 몇 가지 중요한 특성을 갖는다. 합성 파동 함수 y는 여전히 사인형이며, 원래 파동 함수에 나타났던 동일한 k 값과 ω를 갖는 사인 함수를 합했기 때문에 각각의 파동과 동일한 진동수와 파장을 갖는다. 합성 파동의 진폭은 $2A\cos(\phi/2)$이며 위상 상수는 $\phi/2$이다. 만일 원래 파동의 위상 상수 ϕ가 영이면, $\cos(\phi/2) = \cos(0) = 1$이고 합성 파동의 진폭은 $2A$로 각 파동 진폭의 두 배이다. 이 경우 두 파동의 마루는 공간에서 같은 위치에 있고 파동은 어디에서나 **같은 위상**에 있다고 말하고, 결과적으로 보강 간섭이 일어난다. 즉 그림 18.3a에서처럼 파동 y_1과 y_2는 결합하여 진폭 $2A$인 갈색 곡선 y가 된다. 그림 18.3a의 파란색 곡선처럼 각 파동들은 위상이 같기 때문에 서로 구별되지 않는다. 일반적으로 보강 간섭은 $\cos(\phi/2) = \pm 1$일 때 발생한다. 예를 들어 $\phi = 0$, 2π, 4π, ⋯ rad일 때이다. 즉 π의 짝수 배일 때이다.

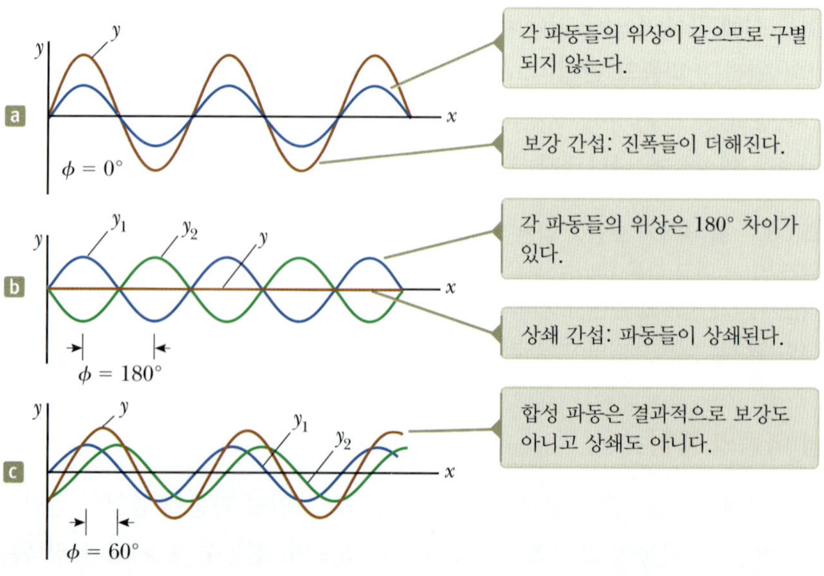

그림 18.3 동일한 두 파동 y_1(파란색)과 y_2(초록색)가 중첩되어 합성 파동(갈색)을 만든다.

ϕ가 π rad이거나 π의 **홀수** 배이면, $\cos(\phi/2) = \cos(\pi/2) = 0$이고, 한 파동의 마루는 다른 파동의 골과 같은 위치에서 발생한다(그림 18.3b). 따라서 상쇄 간섭의 결과로 합성 파동의 진폭은 그림 18.3b에서 갈색 직선으로 보인 것처럼 모든 곳에서 **영**이다. 마지막으로 위상 상수가 그림 18.3c와 같이 0이나 π rad의 정수배가 아닌 다른 값을 가지면, 합성 파동의 진폭은 0과 $2A$의 사이 값을 갖는다.

파동들의 파장이 같고 진폭이 같지 않은 일반적인 경우, 그 결과들은 다음 사항들을 제외하고 유사하다. 위상이 같은 경우 합성 파동의 진폭은 단일 파동 진폭의 두 배가 아니고 두 파동의 진폭의 합이다. 두 파동의 위상이 π rad 다른 경우, 그림 18.3b와 같이 파동들이 완전히 상쇄되지는 않는다. 합성 파동의 진폭은 개개 파동의 진폭의 차이다.

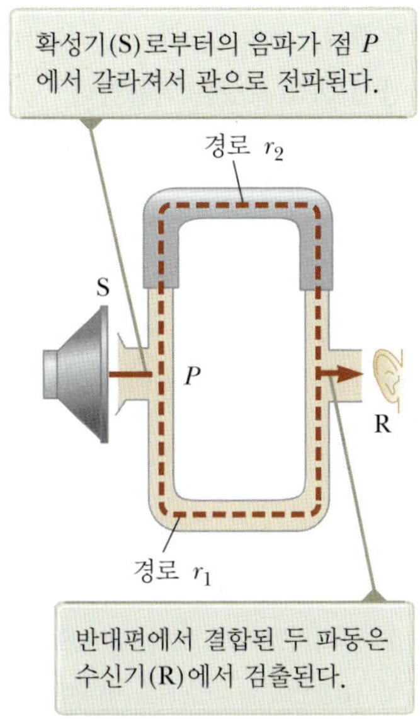

그림 18.4 음파의 간섭을 보여 주는 음향 장치. 위쪽 경로 r_2는 관의 윗부분을 밀어서 변화시킬 수 있다.

음파의 간섭 Interference of Sound Waves

음파의 간섭을 보여 주는 간단한 장치가 그림 18.4에 나타나 있다. 확성기 S로부터의 음파는 점 P에서 갈라져 T자 모양의 관으로 보내진다. 음파의 반은 한쪽으로 나머지 반은 반대 방향으로 진행한다. 즉 수신기 R에 도달하는 음파들은 서로 다른 두 경로를 거치게 된다. 확성기에서 수신기까지의 거리를 **경로**(path length) r라 한다. 아래쪽 경로 r_1은 고정되어 있으나, 위쪽 경로 r_2는 트롬본처럼 U자 모양의 관을 밀어서 변화시킬 수 있다. 경로차 $\Delta r = |r_2 - r_1|$이 영이거나 파장 λ의 정수배일 때(즉 $\Delta r = n\lambda$, 여기서 $n = 0, 1, 2, 3, \ldots$) 수신기에 도달되는 두 음파는 항상 위상이 같고, 그림 18.3a와 같이 보강 간섭을 한다. 이 경우 최대의 음파 세기가 수신기에서 검출된다. 만일 경로 r_2를 조절하여 $\Delta r = \lambda/2, 3\lambda/2, \ldots, n\lambda/2$($n$은 홀수)가 되도록 한다면, 두 음파의 위상차는 정확히 π(또는 180°)가 되어 수신기에서 서로 상쇄된다. 이 경우 상쇄 간섭이 일어나고 수신기에서는 아무런 음파도 검출되지 않는다. 이 간단한 실험은 같은 파원에서 발생된 두 파동이 서로 다른 경로를 거치면 위상차가 생길 수 있음을 설명한다. 이런 중요한 현상은 37장에서 광파의 간섭을 배울 때 매우 유용하다.

예제 18.1 같은 음원으로 구동되는 두 확성기

같은 진동자(그림 18.5)로 구동되는 한 쌍의 확성기가 서로 3.00 m 떨어져 있다. 청취자는 처음에 두 확성기를 잇는 선분의 중심으로부터 8.00 m 떨어진 점 O에 있다. 청취자가 점 O로부터 수직 방향으로 0.350 m인 점 P에 도달했을 때 음파 세기의 **일차 극소**를 들었다면, 진동자의 진동수는 얼마인가?

풀이

개념화 그림 18.4에서 음파는 관으로 들어가 반대편에서 결합하기 전에 다른 두 경로로 갈라져 **음향적으로** 분리된다. 예제에서 음을 내는 신호는 **전기적으로** 분리되고 다른 확성기로 보내진다. 확성기를 떠난 음파는 청취자 위치에서 재결합한다. 분리가 일어나는 방법의 차이에도 불구하고 그림 18.4에 대한 경로 차이의 논의를 여기에 적용할 수 있다.

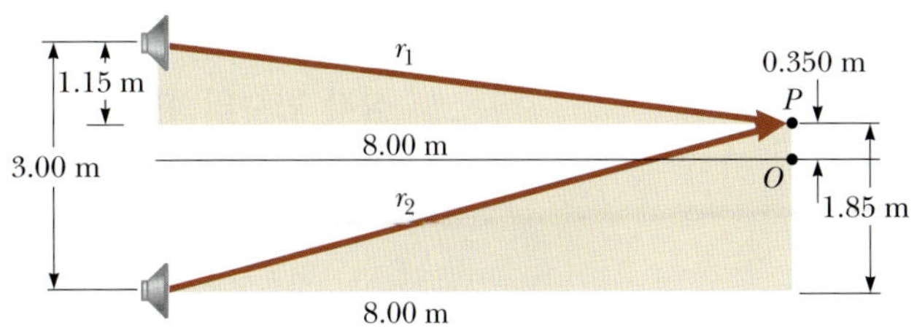

그림 18.5 (예제 18.1) 두 확성기가 점 P에 있는 청취자에게 음파를 방출한다.

분류 두 개의 분리된 음원에서 나온 음파가 결합하므로 **파동의 간섭** 해석 모형을 적용한다.

분석 그림 18.5에서 확성기의 물리적 배열을 볼 수 있다. 두 개의 색칠한 삼각형으로부터 각각의 경로를 계산할 수 있다. 청취자가 점 P에 도달할 때 일차 극소가 일어난다. 다시 말해서 이들의 경로차 Δr는 $\lambda/2$이다.

색칠한 삼각형으로부터 확성기에서 청취자까지의 거리를 구한다.

$$r_1 = \sqrt{(8.00\ \text{m})^2 + (1.15\ \text{m})^2} = 8.08\ \text{m}$$

$$r_2 = \sqrt{(8.00\ \text{m})^2 + (1.85\ \text{m})^2} = 8.21\ \text{m}$$

따라서 경로차는 $r_2 - r_1 = 0.13$ m이다. 이 경로차는 일차 극소에 해당하는 $\lambda/2$와 같으므로, $\lambda = 0.26$ m임을 알 수 있다.

식 16.12의 $v = \lambda f$를 이용하여 진동자의 진동수를 구한다. 여기서 공기 중의 음속 v는 343 m/s이다.

$$f = \frac{v}{\lambda} = \frac{343\ \text{m/s}}{0.26\ \text{m}} = \boxed{1.3\ \text{kHz}}$$

결론 예제에서 입체 음향 계에서 확성기 선이 정확하게 연결되어야 하는 이유를 이해할 수 있다. 한 확성기에서 양(+)의 선(빨간색)을 음(−)의 선(검정색)에 연결하고 다른 확성기는 제대로 연결했을 경우, 확성기는 서로 '반대 위상(out of phase)'에 있다고 한다. 한 확성기 진동자가 밖으로 움직이면 다른 확성기 진동자는 안으로 움직인다. 결과적으로 그림 18.5에 있는 점 O에서 두 확성기에서 오는 음파는 서로 상쇄 간섭한다. 한 확성기에 의하여 생긴 소(희박) 영역이 다른 확성기에 의한 밀(압축) 영역과 중첩된다. 일반적으로 왼쪽과 오른쪽의 입체 음향 신호가 같지 않기 때문에, 두 음은 아마도 완전히 상쇄되지 않더라도, 점 O에서 음질의 상당한 손실이 일어난다.

문제 확성기가 반대 위상으로 연결되어 있다면 그림 18.5의 점 P에서 어떤 일이 일어나는가?

답 이 경우 경로차 $\lambda/2$는 잘못 연결되어 발생한 위상차 $\lambda/2$와 결합하여 점 P에서 λ의 경로차가 생긴다. 그 결과 파동은 같은 위상이 되고 점 P에서 최대 세기가 된다.

18.2 정상파 Standing Waves

그림 18.6 서로를 향하여 음파를 방출하는 두 확성기. 두 음파가 겹쳐질 때, 서로 반대 방향으로 진행하는 동일한 파동은 결합하여 정상파가 형성된다.

예제 18.1에서 두 확성기에서 나오는 음파는 앞으로 진행하고, 확성기 앞면의 한 점에서의 간섭을 고려하였다. 두 확성기를 마주보도록 돌려 놓고, 진폭과 진동수가 같은 음파를 방출한다고 가정한다. 이런 상황에서 동일한 두 파동은 그림 18.6과 같이 동일 매질에서 반대 방향으로 진행한다. 이들 파동은 간섭 모형에 따라 결합된다.

이런 상황은 동일한 매질에서 진폭, 진동수 및 파장이 같지만 서로 반대 방향으로 진행하는 두 사인형 횡파의 파동 함수를 고려하여 분석할 수 있다.

$$y_1 = A \sin (kx - \omega t) \qquad y_2 = A \sin (kx + \omega t)$$

여기서 y_1은 $+x$ 방향으로 진행하는 파동을 나타내고, y_2는 $-x$ 방향으로 진행하는 파동을 나타낸다. 중첩의 원리에 의하여 두 함수를 합하면 합성 파동 함수 y를 얻을 수 있다.

$$y = y_1 + y_2 = A \sin (kx - \omega t) + A \sin (kx + \omega t)$$

삼각 함수의 항등식 $\sin (a \pm b) = \sin a \cos b \pm \cos a \sin b$를 쓰면, 앞의 식은 다음과 같이 간단히 할 수 있다.

$$y = (2A \sin kx) \cos \omega t \tag{18.1}$$

식 18.1은 **정상파**(standing wave)의 파동 함수를 나타낸다. 그림 18.7에 있는 줄에서의 정상파는 서로 반대 방향으로 진행하는 동일한 파동의 중첩으로 만들어진 **정지한**

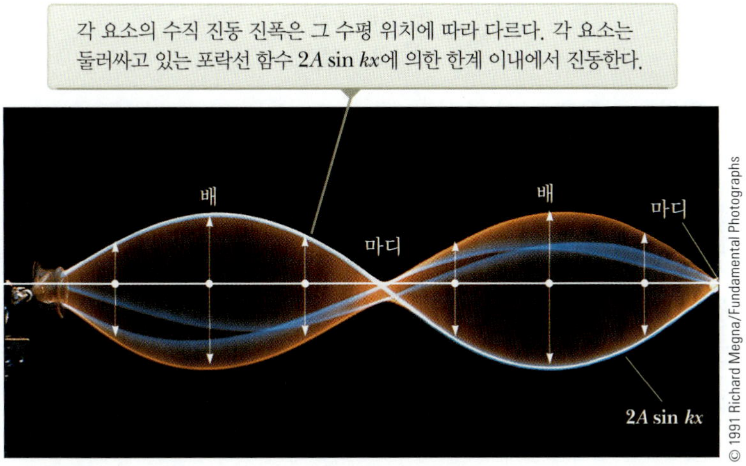

그림 18.7 줄에서의 정상파에 대한 다중섬광 사진. 줄의 각 요소들에 대한 평형 위치로부터의 수직 변위는 $\cos \omega t$에 의존한다. 즉 모든 요소들은 하나의 진동수 ω로 진동한다.

진동 모양이다.

식 18.1은 $kx - \omega t$의 함수를 포함하지 않는다. 그러므로 진행하는 파동의 표현이 아니다. 정상파를 보면, 중첩되는 본래의 파동들이 진행하던 방향으로의 파동 이동이 나타나지 않는다. 식 15.6과 비교해 보면, 식 18.1은 특수한 종류의 단조화 진동 운동을 나타냄을 알 수 있다. (식에서 $\cos \omega t$ 인자에 따라) 매질의 모든 요소는 같은 진동수 ω로 단조화 운동을 한다. 하지만 (코사인 함수의 계수에 해당하는 $2A \sin kx$로 주어지는) 한 요소의 단조화 운동의 진폭은 매질 내의 위치 x에 따라 달라진다.

예전에 많이 사용된 수화기와 전화기 몸통이 꼬인 줄로 연결된 전화기를 보면, 정상파와 진행파 사이의 차이점을 볼 수 있다. 꼬인 줄을 팽팽하게 잡아당기고 이를 손가락으로 가볍게 튕겨 보라. 여러분은 줄을 따라 진행하는 펄스를 보게 될 것이다. 이번에는 수화기를 위아래로 흔들어보는데, 이 흔들어주는 진동수가 줄에서 각각의 꼬인 부분이 같은 진동수로 위아래로 운동하도록 한다. 이것이 여러분의 손으로부터 멀어지면서 이동하는 파동과 전화기 몸통으로부터 여러분 손쪽으로 반사되어 오는 파동이 결합된 정상파이다. 펄스의 경우 줄을 따라 진행하는 느낌이 있고, 정상파의 경우는 줄을 따라 진행한다는 느낌이 없음에 주목하라. 여러분은 단지 줄의 요소들이 위아래로 운동하는 것을 보게 된다.

> **오류 피하기 18.2**
>
> **진폭의 세 가지 유형** **개별 파동의 진폭**인 A와 **매질 요소의 단조화 운동**의 진폭인 $2A \sin kx$를 잘 구별해야 한다. x가 매질 요소의 위치일 때 정상파의 매질 요소는 **포락선** 함수 $2A \sin kx$에 의하여 정해지는 진폭으로 진동한다. 이런 진동은 모든 요소가 같은 진폭과 같은 진동수로 진동하는 진행형 사인형 파동과는 대조적이다. 사인형 파동에서 파동의 진폭 A는 매질 요소의 단조화 운동의 진폭과 같다. 마지막으로 $2A$를 **정상파의 진폭**이라 부른다.

식 18.1은 매질 요소의 단조화 운동의 진폭은 $\sin kx = 0$을 만족하는 x에서 최솟값을 가짐을 보여 준다. 즉

$$kx = 0, \pi, 2\pi, 3\pi, \ldots$$

이다. $k = 2\pi/\lambda$이므로, 위의 kx의 값들로부터

$$x = 0, \frac{\lambda}{2}, \lambda, \frac{3\lambda}{2}, \ldots = \frac{n\lambda}{2} \quad n = 0, 1, 2, 3, \ldots \tag{18.2}$$

◀ 마디의 위치

가 얻어지고, 이들 진폭이 영인 점들을 **마디**(node)라고 한다.

평형 위치로부터 최대로 변위될 수 있는 매질 요소는 $2A$의 진폭을 가지며, 이를 정상파의 진폭으로 정의한다. 최대 변위가 발생하는 이런 위치를 **배**(antinode)라고 한다. 배는 $\sin kx = \pm 1$을 만족하는 위치 x에서 발생한다. 즉

$$kx = \frac{\pi}{2}, \frac{3\pi}{2}, \frac{5\pi}{2}, \ldots$$

이므로 배의 위치는 다음과 같이 주어진다.

배의 위치 ▶

$$x = \frac{\lambda}{4}, \frac{3\lambda}{4}, \frac{5\lambda}{4}, \ldots = \frac{n\lambda}{4} \quad n = 1, 3, 5, \ldots \tag{18.3}$$

그림 18.7에 있는 정상파에서 두 개의 마디와 두 개의 배를 볼 수 있다. 그림 18.7에서 $2A \sin kx$인 밝은 파란색 곡선은 진행파의 한 파장을 나타내고, 결합하여 정상파를 형성한다. 그림 18.7과 식 18.2와 18.3은 마디와 배의 위치에 대한 다음과 같은 중요한 특성들을 제공한다.

이웃한 배들 사이의 간격은 $\lambda/2$이다.
이웃한 마디들 사이의 간격은 $\lambda/2$이다.
한 마디와 이웃한 배와의 간격은 $\lambda/4$이다.

서로 반대 방향으로 진행하는 두 횡파에 의하여 만들어지는 매질 요소의 파동 모양을 여러 시간에 따라 그림 18.8에 나타내었다. 파란색과 초록색 곡선은 진행하는 각각의 파동에 대한 파동 모양이고, 갈색 곡선은 합성 정상파의 파동 모양이다. 그림 18.8a와 같이 $t = 0$에서, 두 진행파는 위상이 같고 매질의 각 요소들은 정지해 있으며, 평형으로부터 변위가 최대인 파동 모양을 만든다. 그림 18.8b와 같이 1/4주기 이후인 $t = T/4$에서, 두 진행파들은 파장의 1/4만큼 이동한다(하나는 오른쪽으로, 다른 하나는 왼쪽으로). 이 시간에서 진행파들이 서로 반대 위상을 가지므로, 매질의 각 요소들은 단조화 운동으로 평형 위치를 지난다. 그 결과 모든 x 값에 대하여 요소들의 변위가 영이고 파동은 직선이 된다. 그림 18.8c와 같이 $t = T/2$에서 진행파들은 다시 위상이 같으며, $t = 0$에 대하여 반전된 파동 모양을 형성한다. 정상파에서 매질의 각 요소들은 그림 18.8a와 c에서 보인 극한 사이를 시간에 따라 진동한다.

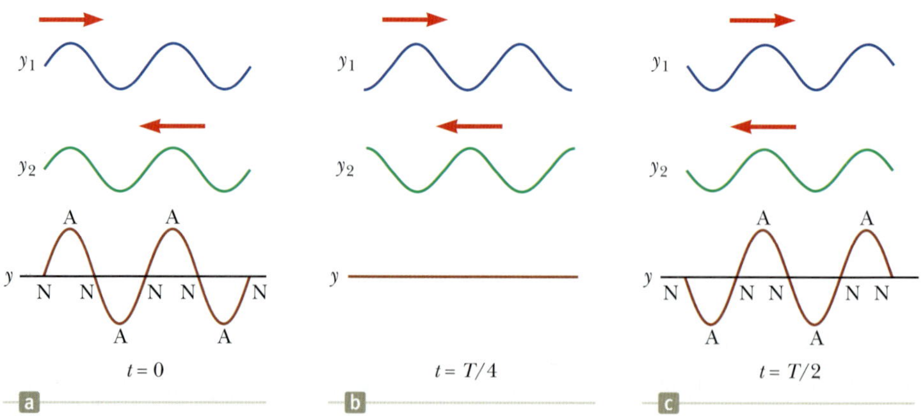

그림 18.8 여러 시간에서 서로 반대 방향으로 진행하는 진폭이 같은 두 파동에 의하여 만들어지는 정상파의 모양. 합성 파동 y의 경우, 마디(N)는 변위가 영인 점들이고, 배(A)는 변위가 최대인 점들이다.

퀴즈 18.2 그림 18.8과 같이 줄에서의 정상파를 생각하자. 그림에서 줄의 요소들이 위 방향으로 이동하면 속도는 양(+)의 값으로 정의한다. **(i)** 줄의 모양이 그림 18.8a의 갈색 곡선인 순간에, 줄 요소의 순간 속도는 얼마인가? **(a)** 모든 요소에 대하여 영 **(b)** 모든 요소에 대하여 양(+) **(c)** 모든 요소에 대하여 음(−) **(d)** 요소의 위치에 따라 변함 **(ii)** 줄의 모양이 그림 18.8b의 갈색 곡선인 순간에, 줄 요소의 순간 속도를 앞의 보기에서 고르라.

예제 18.2 정상파의 형성

서로 반대 방향으로 진행하는 두 파동이 정상파를 만든다. 각각의 파동 함수는

$$y_1 = 4.0 \sin (3.0x - 2.0t)$$
$$y_2 = 4.0 \sin (3.0x + 2.0t)$$

이며, 여기서 x, y의 단위는 cm이고 t의 단위는 s이다.

(A) $x = 2.3$ cm에 위치한 매질 요소의 단조화 운동의 진폭을 구하라.

풀이

개념화 주어진 식으로 묘사된 파동들은 이동 방향을 제외하고 동일하다. 따라서 이 절에서 논의한 바와 같이 정상파를 결합해서 형성한다. 파동들을 그림 18.8에서 파란색과 초록색 곡선으로 나타낼 수 있다.

분류 이 절에서 전개한 식에 값들을 대입할 것이다. 따라서 예제를 대입 문제로 분류한다.

파동에 대한 식으로부터, $A = 4.0$ cm, $k = 3.0$ rad/cm이고 $\omega = 2.0$ rad/s이다. 식 18.1을 이용하여 정상파에 대한 식을 쓴다.

$$y = (2A \sin kx) \cos \omega t = 8.0 \sin 3.0x \cos 2.0t$$

위치 $x = 2.3$ cm에서 요소의 단조화 운동 진폭을 그 위치에서의 코사인 함수의 계수를 계산하여 구한다.

$$y_{max} = (8.0 \text{ cm}) \sin 3.0x \,\big|_{x=2.3}$$
$$= (8.0 \text{ cm}) \sin (6.9 \text{ rad}) = 4.6 \text{ cm}$$

(B) 줄의 한쪽 끝이 $x = 0$일 때 마디와 배의 위치를 구하라.

풀이 진행파의 파장을 구한다.

$$k = \frac{2\pi}{\lambda} = 3.0 \text{ rad/cm} \rightarrow \lambda = \frac{2\pi}{3.0} \text{ cm}$$

식 18.2를 이용하여 마디의 위치를 구한다.

$$x = n\frac{\lambda}{2} = n\left(\frac{\pi}{3.0}\right) \text{cm} \quad n = 0, 1, 2, 3, \ldots$$

식 18.3을 이용하여 배의 위치를 구한다.

$$x = n\frac{\lambda}{4} = n\left(\frac{\pi}{6.0}\right) \text{cm} \quad n = 1, 3, 5, 7, \ldots$$

18.3 분석 모형: 경계 조건하의 파동

Analysis Model: Waves Under Boundary Conditions

그림 18.9와 같이 양쪽 끝이 고정된 길이 L인 줄을 생각해 보자. 기타 줄이나 피아노 줄에 대한 모형으로서 이 계를 이용할 수 있다. 파동들은 줄에서 양쪽 방향으로 진행할 수 있다. 그러므로 양쪽 끝으로 입사하고 반사하는 파동들의 연속적인 중첩으로 인하여

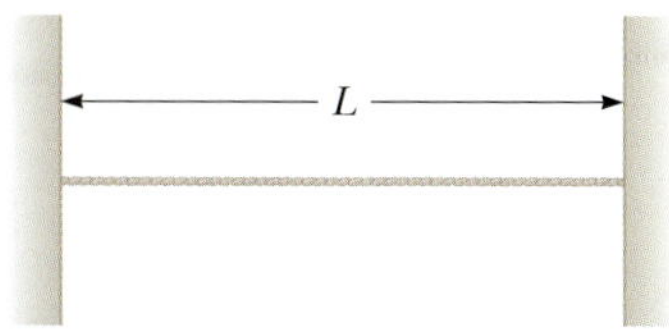

그림 18.9 양쪽 끝이 고정된 길이 L인 줄

줄에 정상파가 생긴다. 이 줄에는 파동에 대한 **경계 조건**이 존재함에 유의하자. 줄의 양쪽 끝은 고정되어 있기 때문에 양쪽 끝에서의 변위는 영이고, 정의에 따라 마디가 됨을 알 수 있다. 줄의 양 끝이 마디가 되어야만 한다는 조건은 식 18.2에 따라서 줄에서의 정상파 파장을 정하며, 이로 인하여 파동의 진동수가 결정된다. 경계 조건으로 인하여 줄에 수많은 불연속적인 고유 진동 모양, 즉 **정규 모드**(normal modes)가 발생한다. 각각의 정규 모드는 특성 진동수를 가지기 때문에 계산이 쉽다. 특성 진동수의 진동만이 허용되는 이런 상황을 **양자화**(quantization)라고 한다. 양자화는 파동이 경계 조건을 가질 때 일반적으로 발생하며, 이 교재의 확장판에서 양자 물리학을 다룰 때 핵심 개념이 될 것이다. 그림 18.8에서는 경계 조건이 없으므로 어떤 진동수를 가진 정상파도 만들 수 있다. 경계 조건 없이는 양자화도 없다. 파동에서 경계 조건은 매우 자주 나타나므로, 이를 뒤에서 논의할 **경계 조건하의 파동**(waves under boundary conditions)이라고 부르는 분석 모형으로 간주한다.

그림 18.9의 줄에서 진동의 정규 모드는 양 끝이 마디가 되어야 하고, 마디와 배는 1/2파장 떨어져 있고 배와 배 사이의 중간에 마디가 있어야 한다는 경계 조건을 적용하여 설명할 수 있다. 첫 번째 정규 모드인 기본 진동은 그림 18.10a와 같이 양 끝이 마디이고 중앙에 한 개의 배를 가진다. 이 진동은 경계 조건에 일치하는 가장 긴 파장의 진동이고, 파장이 줄의 길이의 두 배, 즉 $\lambda_1 = 2L$에서 발생한다. 한 마디에서 다음 마디까지 정상파의 구간을 **고리**(loop)라고 한다. 기본 진동의 경우 줄은 한 개의 고리 내에서 진동한다. 두 번째 정규 모드인 2배 진동의 경우(그림 18.10b) 줄은 두 개의 고리 내에서 진동한다. 줄의 왼쪽 반이 위로 이동할 때, 오른쪽 반은 아래로 이동한다. 이 경우 파장 λ_2는 줄의 길이와 같고 $\lambda_2 = L$로 표현한다. 세 번째 정규 모드인 3배 진동(그림 18.10c)은 $\lambda_3 = 2L/3$인 경우에 해당하며, 이때 줄은 세 개의 고리 내에서 진동한다. 일반적으로 양 끝이 고정된 길이 L의 줄에 대한 정규 모드의 파장은 다음과 같다.

정규 모드의 파장 ▶

$$\lambda_n = \frac{2L}{n} \quad n = 1, 2, 3, \ldots \tag{18.4}$$

여기서 n은 진동의 n번째 모드를 나타낸다. 이들 모드는 원리적으로는 다 생길 수 있으나, 줄에서 실제로 발생하는 모드의 수는 유한하며 이에 대해서는 곧 논의한다.

정규 모드의 자연 진동수(고유 진동수)는 $f = v/\lambda$의 관계식으로부터 얻을 수 있다. 여기서 파동 속력 v는 모든 진동수에 대하여 동일하다. 식 18.4를 이용하면 정규 모드의 자연 진동수 f_n은 다음과 같다.

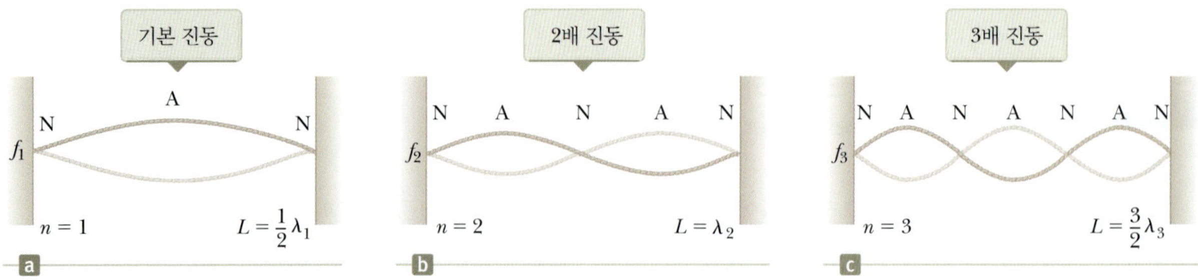

그림 18.10 그림 18.9에서 줄의 진동에 따른 정규 모드는 조화열을 형성한다. 줄은 고정된 양 끝 사이에서 진동한다.

$$f_n = \frac{v}{\lambda_n} = n\frac{v}{2L} \quad n = 1, 2, 3, \ldots \tag{18.5}$$

◀ 파동 속력과 줄의 길이로 나타낸 정규 모드의 자연 진동수

이런 자연 진동수를 양쪽이 고정된 줄에서의 진동에 대한 **양자화된 진동수**라고 한다.

줄에서의 파동에 대하여 $v = \sqrt{T/\mu}$ (식 16.18)이므로(여기서 T는 줄의 장력이고, μ는 줄의 선질량 밀도이다), 팽팽한 줄에서의 자연 진동수는 다음과 같다.

$$f_n = \frac{n}{2L}\sqrt{\frac{T}{\mu}} \quad n = 1, 2, 3, \ldots \tag{18.6}$$

◀ 줄의 장력과 선질량 밀도로 나타낸 정규 모드의 자연 진동수

$n = 1$에 해당하는 가장 낮은 진동수 f_1을 **기본 진동수**(fundamental frequency)라고 하며, 다음과 같이 주어진다.

$$f_1 = \frac{1}{2L}\sqrt{\frac{T}{\mu}} \tag{18.7}$$

◀ 팽팽한 줄의 기본 진동수

나머지 정규 모드의 진동수는 기본 진동수의 정수배이다(식 18.5). 이와 같이 정수배 관계를 갖는 정규 모드의 진동수는 **조화열**(harmonic series)을 형성하며, 이들 정규 모드를 **조화 모드**(harmonics)라고 부른다. 기본 진동수 f_1은 1차 조화 진동수이고, 진동수 $f_2 = 2f_1$은 2차 조화 진동수이며, 진동수 $f_n = nf_1$은 n차 조화 진동수이다. 드럼과 같은 진동 계들도 정규 모드가 있으나, 그 진동수는 기본 진동수의 정수배가 아니다(18.6절 참조). 따라서 이런 형태의 진동 계에서는 조화열이란 말을 사용하지 않는다.

어떻게 줄에서 다양한 조화 모드가 만들어지는지 좀 더 조사해 보자. 만일 한 개의 조화 모드만 발생시키려면, 원하는 조화 모드로 줄을 변형시켜야 할 것이다. 줄을 변형시킨 후 놓으면, 줄은 조화 모드의 진동수로 진동할 것이다. 하지만 이런 조작은 실행하기 어려우며, 악기의 줄을 튕기는 방법도 아니다. 만일 줄을 사인형이 아닌 일반적인 모양으로 변형시킨다면, 그 결과로 생긴 진동은 다양한 조화 모드를 포함한다. 이런 변형은 기타 줄을 튕기거나 첼로를 켜거나 피아노를 칠 때처럼 악기에서 발생한다. 줄의 변형이 사인형이 아니라면, 경계 조건을 만족하는 파동만이 줄에 남는다. 이들 파동이 조화 모드이다.

음계를 정의하는 줄의 진동수는 다른 조화 모드들이 존재할지라도 기본 진동수이다. 진동수는 줄의 길이나 장력을 바꾸어 변화시킬 수 있다. 예를 들어 기타와 바이올린 줄의 장력은 조절나사 장치나 악기의 목에 있는 줄감개를 돌려서 변화시킬 수 있다. 식 18.6에 따라 장력이 증가할수록 정규 모드의 진동수는 증가한다. 일단 악기가 조율되면, 연주자는 악기의 목을 따라 손을 움직여 줄이 진동하는 부분의 길이를 바꿈으로써 진동수를 변화시킨다. 식 18.6과 같이 정규 모드 진동수는 줄의 길이에 반비례하므로, 줄의 길이가 짧아질수록 진동수는 증가한다.

Q 퀴즈 18.3 양 끝이 고정된 줄에 정상파가 형성될 때의 설명으로 옳은 것은 어느 것인가? **(a)** 마디의 수는 배의 수와 같다. **(b)** 파장은 줄의 길이를 정수로 나눈 값과 같다. **(c)** 진동수는 마디의 수와 기본 진동수의 곱과 같다. **(d)** 어떤 순간 줄의 모양은 줄의 중앙점에 대하여 대칭이다.

예제 18.3 C음을 쳐 보라!

피아노에서 중간 C줄의 기본 진동수는 262 Hz이며, 중간 C 위의 첫 번째 A줄의 기본 진동수는 440 Hz이다.

(A) C줄의 다음 두 배진동의 진동수를 계산하라.

풀이

개념화 진동하는 줄의 배진동은 기본 진동수의 정수배인 진동수를 가짐을 기억하자.

분류 예제의 첫 부분은 단순 대입 문제이다.

기본 진동수는 $f_1 = 262$ Hz로 알려져 있으므로 정수를 곱하여 다음 배진동의 진동수를 구한다.

$$f_2 = 2f_1 = \boxed{524 \text{ Hz}}$$

$$f_3 = 3f_1 = \boxed{786 \text{ Hz}}$$

(B) 만약 A줄과 C줄의 길이 L과 선질량 밀도 μ가 같다면, 두 줄의 장력 비는 얼마인가?

풀이

분류 이 부분은 (A)와 달리 분석 문제이고, 경계 조건하의 파동 모형을 사용한다.

분석 두 줄의 기본 진동수들을 표현하기 위하여 식 18.7을 이용한다.

$$f_{1A} = \frac{1}{2L}\sqrt{\frac{T_A}{\mu}} \qquad f_{1C} = \frac{1}{2L}\sqrt{\frac{T_C}{\mu}}$$

첫째 식을 둘째 식으로 나누어 장력 비를 구한다.

$$\frac{f_{1A}}{f_{1C}} = \sqrt{\frac{T_A}{T_C}} \rightarrow \frac{T_A}{T_C} = \left(\frac{f_{1A}}{f_{1C}}\right)^2 = \left(\frac{440}{262}\right)^2 = \boxed{2.82}$$

결론 피아노 줄의 진동수가 장력에 의해서만 결정된다면, 이 결과는 피아노에서 가장 낮은 줄과 가장 높은 줄의 장력 비가 엄청날 것임을 암시한다. 장력이 크면 줄을 지지하기 위한 틀을 설계하기 어렵다. 실제 피아노 줄의 진동수는 줄의 길이와 단위 길이당 질량을 포함하는 부가적인 요소에 따라 달라진다.

문제 실제 피아노 내부를 보면 (B)에서 사용한 가정은 일부만 사실임을 알 것이다. 줄의 길이는 모두 같지 않다. 주어진 음에 대하여 줄의 밀도는 같을 수는 있지만, A줄의 길이는 단지 C줄의 길이의 64 %라고 가정하라. 두 줄의 장력 비는 얼마인가?

답 식 18.7을 다시 이용하여 진동수 비를 구한다.

$$\frac{f_{1A}}{f_{1C}} = \frac{L_C}{L_A}\sqrt{\frac{T_A}{T_C}} \rightarrow \frac{T_A}{T_C} = \left(\frac{L_A}{L_C}\right)^2\left(\frac{f_{1A}}{f_{1C}}\right)^2$$

$$\frac{T_A}{T_C} = (0.64)^2\left(\frac{440}{262}\right)^2 = 1.16$$

(B)에서 장력이 182 % 증가된 것에 비하면, 이 결과는 장력이 단지 16 % 증가되었음을 나타낸다.

예제 18.4 물로 줄의 진동 바꾸기

그림 18.11a와 같이, 수평인 줄의 한 끝이 진동 날에 연결되어 있고 반대편은 도르래에 걸쳐 있다. 줄의 끝에는 질량 2.00 kg의 구가 매달려 있다. 줄은 2배 진동으로 진동하고 있다. 이제 물이 담긴 용기를 아래에서 들어 올려 구가 완전히 잠기도록 한다. 이때 줄은 그림 18.11b와 같이 5배 진동으로 진동하게 된다. 구의 반지름을 구하라.

풀이

개념화 구가 물에 잠기는 경우 어떤 일이 일어나는지 추측해 보자. 부력이 구의 위 방향으로 작용하여, 줄의 장력이 감소한다. 장력이 변하면 줄에서 파동의 속력이 변하고, 따라서 파동의 파장이 변한다. 이런 파장의 변화가 줄의 진동을 2배 진동에서 5배 진동으로 변화시킨다.

분류 매달린 구는 **평형 상태에 있는 입자**로 모형화할 수 있다. 이것에 작용하는 힘 중 하나는 물로부터의 부력이다. 또한 줄에 **경계 조건하의 파동** 모형을 적용할 수 있다.

분석 그림 18.11a에 있는 구에 평형 상태에 있는 입자 모형을 적용한다. 구는 공기 중에 매달려 있고 줄의 장력은 T_1로 간주한다.

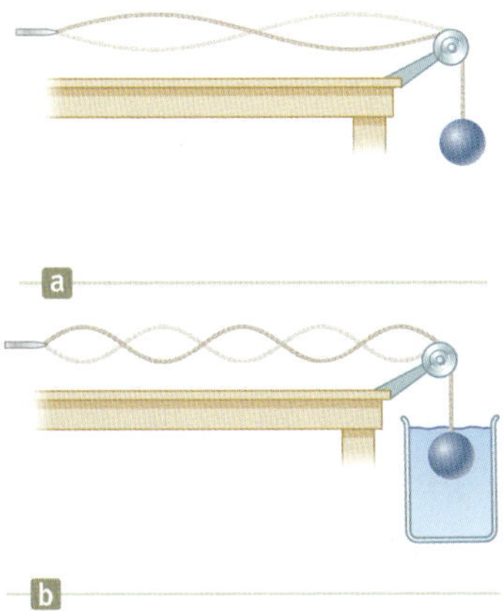

그림 18.11 (예제 18.4) (a) 구가 공기 중에 매달려 있을 때, 줄은 2배 진동으로 진동한다. (b) 구가 물에 잠기면, 줄은 5배 진동으로 진동한다.

$$\sum F = T_1 - mg = 0$$
$$T_1 = mg$$

그림 18.11b에 있는 구에 평형 상태에 있는 입자 모형을 적용한다. 구는 물속에 잠겨 있고 줄의 장력은 T_2로 간주한다.

$$T_2 + B - mg = 0$$
$$(1) \qquad B = mg - T_2$$

구하려는 구의 반지름은 부력 B에 대한 식에 나타날 것이다. 계속하기 전에 정상파에 대한 정보로부터 T_2를 계산해야 한다. 줄에서의 정상파 진동수에 대한 식 18.6을 두 번 쓴다. 하나는 구가 물에 잠기기 전이고 다른 하나는 잠긴 후이다. 진동수 f는 이들 경우에 모두 같다. 그 이유는 진동 날에 의하여 결정되기 때문이다. 나아가 줄의 진동 부분의 길이 L과 선질량 밀도 μ는 양쪽 모두 같다. 이 식들을 나눈다.

$$\left.\begin{aligned} f &= \frac{n_1}{2L}\sqrt{\frac{T_1}{\mu}} \\ f &= \frac{n_2}{2L}\sqrt{\frac{T_2}{\mu}} \end{aligned}\right\} \rightarrow \quad 1 = \frac{n_1}{n_2}\sqrt{\frac{T_1}{T_2}}$$

T_2를 구한다.

$$T_2 = \left(\frac{n_1}{n_2}\right)^2 T_1 = \left(\frac{n_1}{n_2}\right)^2 mg$$

이 결과를 식 (1)에 대입한다.

$$(2) \qquad B = mg - \left(\frac{n_1}{n_2}\right)^2 mg = mg\left[1 - \left(\frac{n_1}{n_2}\right)^2\right]$$

식 14.5를 이용하여 구의 반지름으로 부력을 표현한다.

$$B = \rho_{\text{water}}\, g V_{\text{sphere}} = \rho_{\text{water}}\, g\left(\tfrac{4}{3}\pi r^3\right)$$

구의 반지름에 대하여 풀고 식 (2)를 대입한다.

$$r = \left(\frac{3B}{4\pi\rho_{\text{water}}\, g}\right)^{1/3} = \left\{\frac{3m}{4\pi\rho_{\text{water}}}\left[1 - \left(\frac{n_1}{n_2}\right)^2\right]\right\}^{1/3}$$

주어진 값들을 대입한다.

$$r = \left\{\frac{3(2.00\ \text{kg})}{4\pi(1\,000\ \text{kg/m}^3)}\left[1 - \left(\frac{2}{5}\right)^2\right]\right\}^{1/3}$$
$$= 0.073\,7\ \text{m} = 7.37\ \text{cm}$$

결론 단지 구의 특정 반지름만이 배진동으로 줄을 진동할 수 있게 함에 주의하라. 줄 위의 파동 속력은 줄의 길이가 반파장의 정수배가 되는 값으로 변화되어야 한다. 이런 제한은 이 장의 도입부에서 소개한 **양자화**의 특성이다. 줄을 배진동으로 진동하게 하는 구의 반지름은 **양자화**되어 있다.

18.4 공명
Resonance

팽팽한 줄과 같은 계는 한 개 또는 더 많은 배진동으로 진동할 수 있음을 보았다. 그림 18.12에서처럼 진동 날로 줄을 진동시킨다고 하자. 주기적인 힘이 이런 계에 작용하면, 그 결과로 생기는 운동의 진폭은 작용한 힘의 진동수가 계의 자연 진동수 중 하나와 일치할 때 가장 커짐을 알 수 있다. **공명**이라고 알려진 이런 현상은 15.7절의 단조화 진동자에서 대략적으로 설명하였다. 물체–용수철 계 또는 단진자는 하나의 자연 진동수만을 가지지만, 정상파 계들은 줄에 대한 식 18.6에 주어진 바와 같이, 많은 자연 진동

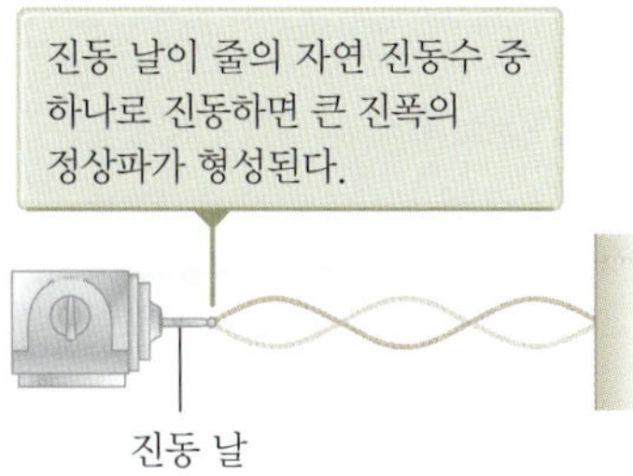

그림 18.12 한쪽 끝이 진동 날에 연결된 줄에 정상파가 만들어진다.

수를 가진다. 진동계는 자연 진동수 중 어느 한 진동수로 구동될 때 큰 진폭을 나타내기 때문에, 이런 진동수를 **공명 진동수**(resonance frequency)라고 한다.

다시 한 번 그림 18.12에 있는 줄을 생각해 보자. 고정된 끝은 마디이고, 진동 날에 연결된 끝도 진동 날의 운동 진폭이 줄의 진폭에 비하여 작으므로 거의 마디에 해당한다. 진동 날이 진동하면 줄에 전해지는 횡파는 고정된 끝에서 반사된다. 18.3절에서 배운 바와 같이, 줄은 그 길이와 장력, 선질량 밀도로 결정되는 자연 진동수를 갖는다(식 18.6 참조). 진동 날의 진동수가 줄의 자연 진동수의 하나와 일치할 때, 정상파가 형성되고 줄은 더 큰 진폭으로 진동한다. 이 공명의 경우, 진동 날에 의하여 만들어진 파동의 위상은 반사파의 위상과 일치하며, 줄은 진동 날로부터의 에너지를 흡수한다. 만일 구동 진동수가 줄의 자연 진동수 중 하나와 일치하지 않으면, 진동의 진폭은 작아지고 불안정한 모양을 나타낸다.

공명은 공기 관을 기반으로 하는 악기의 연주에 매우 중요하다. 이런 공명의 응용은 18.5절에서 다룰 것이다.

18.5 공기 관에서의 정상파
Standing Waves in Air Columns

경계 조건하의 파동 모형은 오르간의 관 또는 클라리넷 내부와 같은 공기 관에 있는 음파에도 적용될 수 있다. 이 경우의 정상파는 서로 반대 방향으로 진행하는 종파 간의 간섭으로 발생한다.

한쪽 끝이 닫혀 있는 관에서 닫힌 끝은 단단한 장벽으로 공기의 종적인 운동을 허용하지 않기 때문에 **변위 마디**(displacement node)에 해당한다. 압력파는 변위파와 위상이 90° 어긋나기 때문에(17.1절), 닫힌 관의 끝은 **압력 배**(pressure antinode)에 해당한다(즉 그곳에서 압력 변화가 최대이다).

공기 관의 열린 끝은 근사적으로 **변위 배**(displacement antinode)이고 압력 마디이다.[1] 왜 압력의 변화가 관의 열린 끝에서 일어나지 않는가 하는 의문은 관의 끝은 대기에 노출되어 있고, 따라서 그곳에서의 압력은 대기압으로 일정하게 유지해야 함을 알면 이해할 수 있다.

관의 열린 끝에서는 매질의 변화가 없는데, 어떻게 음파가 반사될 수 있는지 의아할 것이다. 음파가 전파되는 관의 내부와 외부의 공기는 분명히 같은 공기이다. 하지만 음파는 압력파로 나타낼 수 있고, 관의 내부에서는 음파의 압축 영역이 관의 옆면에 의하여 제한된다. 압축된 부분이 관의 열린 끝 바깥으로 나오면 관의 구속 조건은 없어지고, 압축된 공기는 대기 중으로 자유로이 팽창할 수 있다. 따라서 관의 내부와 외부에서 매

[1] 엄격히 말하면 공기 관의 열린 끝은 정확히 변위 배가 아니다. 열린 끝에 도달한 압축은 끝을 훨씬 지날 때까지는 반사하지 않는다. 단면의 모양이 원이고 반지름 R인 관의 경우, 끝 보정은 대략 $0.6R$ 정도로 공기 관의 길이에 반드시 더해야 한다. 따라서 공기 관의 유효 길이는 관의 길이 L보다 길다. 이 장의 논의에서 끝 보정을 무시한다.

질의 **재료**는 다르지 않지만 매질의 **특성**은 변하는 것이다. 특성의 변화는 반사를 일으키기에 충분하다.

공기 관의 양쪽 끝에서 마디와 배에 대한 경계 조건을 알면, 양쪽 끝이 고정된 줄에서 했던 것처럼 배진동을 구할 수 있다. 즉 공기 관은 양자화된 진동수를 갖는다.

양쪽 끝이 열린 관에서의 처음 세 개의 배진동을 그림 18.13a에 나타내었다. 양쪽 끝은 근사적으로 변위 배임에 주목하자. 기본 진동에서 정상파는 파장의 반인 서로 이웃한 배 사이에 펼쳐 있다. 따라서 파장은 관의 길이의 두 배이고, 기본 진동수는 $f_1 = v/2L$이다. 그림 18.13a와 같이 더 높은 배진동의 진동수는 $2f_1, 3f_1, \ldots$ 등이다.

양쪽 끝이 열린 관에서, 진동의 자연 진동수는 기본 진동수의 정수배를 모두 포함하는 조화열을 이룬다.

모든 배진동이 존재하고, 기본 진동수는 줄에서의 식과 같게 주어지므로(식 18.5), 배진동의 자연 진동수는 다음과 같이 표현할 수 있다.

$$f_n = n\frac{v}{2L} \quad n = 1, 2, 3, \ldots \tag{18.8}$$

◀ 양 끝이 열려 있는 관의 자연 진동수

식 18.5와 18.8이 서로 유사하지만, 식 18.5의 v는 줄에서의 파동 속력이고, 식 18.8에서 v는 공기에서의 음속이다.

만일 관의 한쪽 끝은 닫혀 있고 다른 쪽 끝은 열려 있다면, 닫힌 끝은 변위 마디이다(그림 18.13b 참조). 이 경우 기본 진동에 대한 정상파는 파장의 1/4 거리인 배로부

오류 피하기 18.3

공기 중에서의 음파는 횡파가 아니라 종파이다 종파인 정상파를 그림 18.13과 같이 횡파처럼 그리기도 한다. 이들은 진행 방향이 같기 때문에, 종적 변위를 그리는 것이 어렵다. 그러므로 그림 18.13의 갈색 곡선의 수직 좌표가 매질 요소의 수평 변위 $s(x, t)$를 나타낸다고 이해하면, 이 그림은 종파의 그래프 표현이 된다.

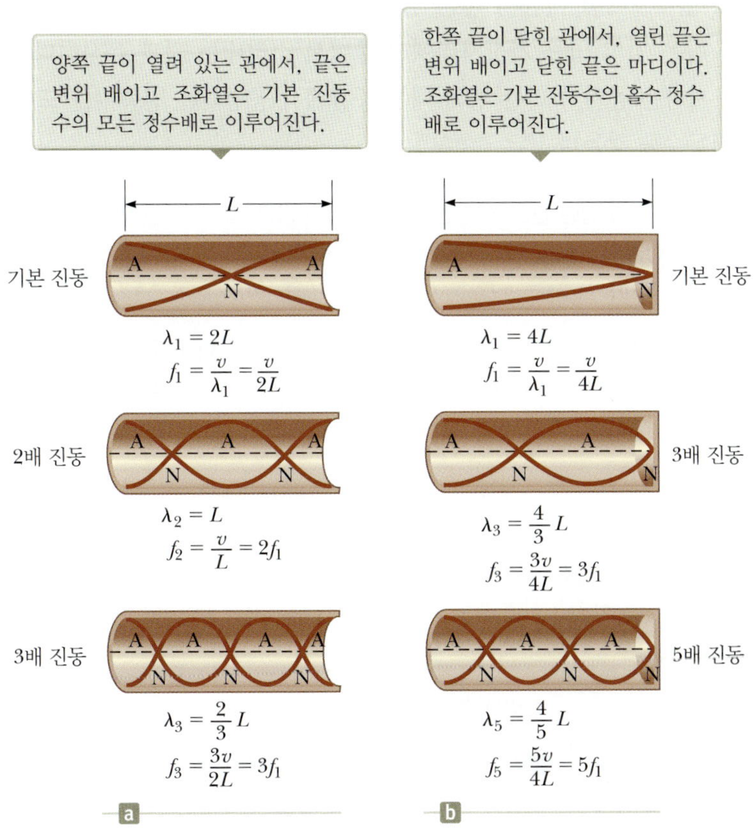

그림 18.13 종파인 정상파에서 공기 요소 움직임의 그림 표현. (a) 양쪽 끝이 열려 있는 관 (b) 한쪽 끝이 닫혀 있는 관

터 이웃한 마디까지 펼쳐져 있다. 그러므로 기본 진동의 파장은 $4L$이고, 기본 진동수는 $f_1 = v/4L$이다. 그림 18.13b와 같이 경계 조건을 만족하는 더 높은 진동수의 파동들은 닫힌 끝에서 마디를, 열린 끝에서는 배를 갖는 것들이다. 따라서 더 높은 배진동은 $3f_1$, $5f_1$, . . .의 진동수를 갖는다.

> 한쪽 끝이 닫힌 관에서, 진동의 자연 진동수는 기본 진동수의 홀수 정수배만을 포함하는 조화열을 이룬다.

이 결과를 식으로 나타내면 다음과 같다.

한쪽 끝이 열려 있고 다른 쪽 끝이 닫혀 있는 관의 자연 진동수 ▶

$$f_n = n\frac{v}{4L} \quad n = 1, 3, 5, \ldots \tag{18.9}$$

줄과 공기 관에 기초한 악기들의 진동수가 연주 중에 온도가 올라감에 따라 어떻게 변하는지 조사해 보는 것은 흥미롭다. 예를 들어 플루트에서 나는 음은 따뜻해질수록 높아진다(진동수가 증가한다). 플루트 안의 데워진 공기에서 소리의 속력이 증가하기 때문이다(식 18.8을 생각해 보자). 바이올린에서의 음은 온도가 올라가면 낮아진다(진동수가 감소한다). 이는 줄이 열 팽창하면 줄의 장력이 감소하기 때문이다(식 18.6 참조).

공기 관에 기초한 악기들은 일반적으로 공명에 의하여 연주된다. 공기 관에서 다양한 진동수를 갖는 음파를 낼 수 있다. 공기 관은 조화 모드 중 양자화 조건에 맞는 진동수들에 큰 진폭의 진동으로 반응한다. 많은 목관 악기에서 처음의 강한 음은 진동 리드(reed)에 의하여 제공된다. 금관 악기에서 이런 들뜸은 연주자의 입술의 진동에 의하여 제공된다. 플루트에서 처음의 음은 취구(부는 구멍) 가장자리를 통하여 불면 된다. 이것은 목이 좁은 병의 입구 가장자리에서 불어서 소리내는 것과 유사하다. 열려 있는 병의 입구를 지나는 공기 소리는 병의 내부 공간에서 공명되는 진동수를 포함하기 때문에 다양한 진동수를 갖는다.

Q 퀴즈 18.4 양쪽 끝이 열린 관은 기본 진동수 f_{open}에서 공명한다. 한쪽을 막고 관이 공명되도록 만들면, 이때 기본 진동수는 f_{closed}이다. 다음 중 두 진동수의 관계를 바르게 나타낸 것은 어느 것인가? **(a)** $f_{\text{closed}} = f_{\text{open}}$ **(b)** $f_{\text{closed}} = \frac{1}{2}f_{\text{open}}$ **(c)** $f_{\text{closed}} = 2f_{\text{open}}$ **(d)** $f_{\text{closed}} = \frac{3}{2}f_{\text{open}}$

Q 퀴즈 18.5 미국 샌디에이고에 있는 발보아(Balboa) 공원에는 야외 오르간이 있다. 기온이 상승하면, 오르간 관의 기본 진동수는 **(a)** 같은 값이다. **(b)** 내려간다. **(c)** 올라간다. **(d)** 알 수 없다.

예제 18.5 배수거(culvert: 큰 하수관)에 부는 바람

길이 1.23 m인 배수거 구획에서 바람이 열린 끝 부분을 가로질러 불 때 엄청난 소음이 난다.

(A) 배수거가 원통형이며 양쪽이 열려 있는 경우, 배수거의 처음 세 배진동의 진동수를 구하라. 공기 중 음속은 $v = 343$ m/s이다.

풀이

개념화 관의 끝을 가로질러 부는 바람 소리는 많은 진동수를 포함하며, 배수거는 공기 기둥의 자연 진동수에 따라 진동하여 소리에 반응한다.

분류 예제는 비교적 단순한 대입 문제이다.

양쪽 끝이 열린 공기 기둥을 모형으로 하여 배수거의 기본 진동의 진동수를 구한다.

$$f_1 = \frac{v}{2L} = \frac{343\ \text{m/s}}{2(1.23\ \text{m})} = 139\ \text{Hz}$$

정수들을 곱하여 다음 배진동의 진동수를 구한다.

$$f_2 = 2f_1 = 279\ \text{Hz}$$

$$f_3 = 3f_1 = 418\ \text{Hz}$$

(B) 한쪽이 막혀 있는 경우 배수거의 처음 세 자연 진동수를 구하라.

풀이 한쪽 끝이 닫힌 공기 기둥을 모형으로 하여 배수거의 기본 진동의 진동수를 구한다.

$$f_1 = \frac{v}{4L} = \frac{343\ \text{m/s}}{4(1.23\ \text{m})} = 69.7\ \text{Hz}$$

홀수의 정수들을 곱하여 다음의 두 배진동을 구한다.

$$f_3 = 3f_1 = 209\ \text{Hz}$$

$$f_5 = 5f_1 = 349\ \text{Hz}$$

예제 18.6 소리굽쇠의 진동수 측정하기

공기 관에서의 공명을 설명하는 간단한 장치가 그림 18.14에 나타나 있다. 양쪽 끝이 열린 수직 관이 물에 일부 잠겨 있고, 미지의 진동수로 진동하는 소리굽쇠가 관의 위쪽 끝 근처에 있다. 공기 기둥의 길이 L은 관 속의 물을 연직으로 이동하여 조절할 수 있다. 소리굽쇠에 의하여 만들어진 음파는 L이 관의 공명 진동수 중 하나에 해당할 때 강해진다. 어떤 관에서 공명이 일어나는 최소 길이 L은 9.00 cm이다.

(A) 소리굽쇠의 진동수를 구하라.

풀이

개념화 소리굽쇠가 만든 음파가 관의 위쪽 끝으로 들어간다. 관의 아래쪽 끝이 물이 드나들 수 있도록 열려 있어도, 물 표면이 장벽 역할을 한다. 물 표면에서 파동은 반사되어 아래로 내려오는 파동과 결합하여 정상파를 형성한다.

분류 물 표면에서 음파의 반사 때문에, 관을 위쪽이 열려 있고 아래쪽이 닫혀 있는 것으로 모형화할 수 있다. 그러므로 이 상황에 **경계 조건하의 파동** 모형을 적용할 수 있다.

분석 길이 $L = 0.090\ 0$ cm인 경우 식 18.9를 이용하여 기본 진동수를 구한다.

$$f_1 = \frac{v}{4L} = \frac{343\ \text{m/s}}{4(0.090\ 0\ \text{m})} = 953\ \text{Hz}$$

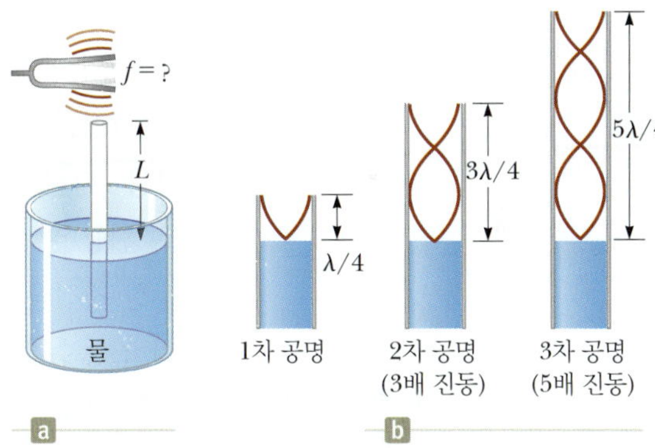

그림 18.14 (예제 18.6) (a) 한쪽 끝이 닫힌 관에서의 공명을 입증하기 위한 장치. 공기 기둥의 길이 L은 관 속의 물을 연직으로 이동하여 조절한다. (b) (a)에 보인 계에 대한 처음 세 정규 모드

소리굽쇠가 공기 기둥을 이 진동수에 공명하도록 만들기 때문에, 이 진동수는 소리굽쇠의 진동수이다.

(B) 앞의 공명 진동수 다음의 두 공명 조건에 대한 공기 관의 길이 L을 구하라.

풀이 식 16.12를 이용하여 소리굽쇠로부터 음파의 파장을 구한다.

$$\lambda = \frac{v}{f} = \frac{343\ \text{m/s}}{953\ \text{Hz}} = 0.360\ \text{m}$$

그림 18.14b로부터 2차 공명에 대한 공기 기둥의 길이는 3 $\lambda/4$이다.

$$L = 3\lambda/4 = 0.270\ \text{m}$$

그림 18.14b로부터 3차 공명에 대한 공기 기둥의 길이는 $5\lambda/4$이다.

$$L = 5\lambda/4 = \boxed{0.450 \text{ m}}$$

결론 이 문제가 앞의 예제와 어떻게 다른지 생각해 보자. 배수거에서 길이는 고정되어 있고 공기 관에 많은 진동수의 파동이 섞여 있음을 보였다. 이 예제에서 관에는 소리굽쇠로부터 나온 한 진동수의 파동이 있고, 관의 길이가 공명이 일어날 때까지 변한다.

18.6 막대와 막에서의 정상파
Standing Waves in Rods and Membranes

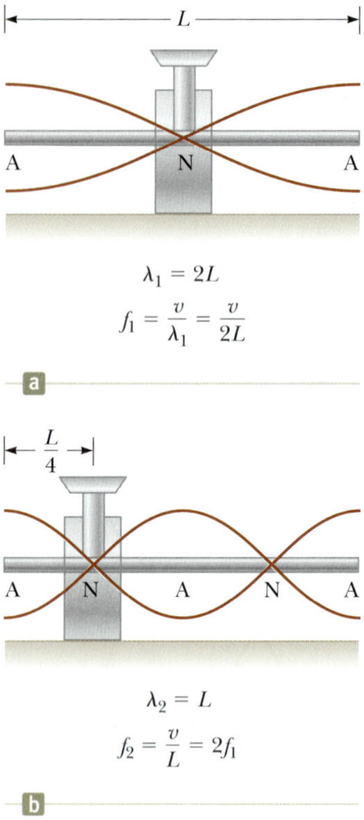

그림 18.15 길이 L인 막대의 종 방향 진동. (a) 중간을 고정하여 기본 진동을 만든다. (b) 한쪽 끝으로부터 $L/4$인 곳을 고정하여 2배 진동을 만든다. 갈색 곡선은 막대에 나란한 진동(종파)의 그림 표현임에 주목하라.

막대나 막에서도 정상파가 만들어질 수 있다. 그림 18.15a와 같이, 막대의 중간을 고정시키고 한쪽 끝을 막대와 나란하게 치면 막대는 진동한다. 막대 요소의 진동은 종적이고, 그림 18.15에서 갈색 곡선은 막대의 여러 부분에 대한 종적 변위를 나타낸다. 더 명확히 하기 위하여 변위를 공기 기둥에서처럼 횡 방향으로 나타내었다. 중앙은 죔쇠로 고정되어 있으므로 변위 마디가 되고, 반대로 양쪽 끝은 자유로이 진동할 수 있기 때문에 변위 배이다. 이 장치의 진동은 양쪽 끝이 열린 관에서와 유사하다. 그림 18.15a에서 갈색 곡선은 기본 진동을 나타내며, 파장은 $2L$이고 진동수는 $f = v/2L$이다. 여기서 v는 막대에서의 종파 속력이다. 다른 배진동은 막대의 다른 곳을 조여 발생시킬 수 있다. 예를 들어 2배 진동은 그림 18.15b와 같이 막대의 한쪽 끝으로부터 $L/4$인 곳을 고정시켜 발생시킬 수 있다.

막대에서 횡 방향의 정상파가 만들어질 수 있다. 막대에서의 정상파를 이용하는 악기로는 트라이앵글, 마림바, 실로폰, 철금, 차임, 비브라폰 등이 있다. 진동 막대로부터 소리를 만드는 다른 악기로는 자명악, 풍경 등이 있다.

이차원 진동은 가죽 북처럼 원형의 테에 팽팽하게 씌워진 유연한 막에서 만들 수 있다. 막의 한 지점을 치면 고정된 테두리에 도달하는 파동은 여러 번 반사된다. 합성음은 정상파의 진동수가 정수배의 관계를 갖지 않기 때문에 배진동이 아니다. 이런 조화의 관계가 없으므로 소리는 음악이라기보다 **소음**으로 분류하는 것이 타당하다. 소음은 음악적인 소리를 만들어 내는 관악기와 현악기의 상황과는 대조적으로 발생한다.

이차원 원형 막에서 형성될 수 있는 몇 가지 정규 모드가 그림 18.16에 나타나 있다. 줄이나 공기 기둥에서 일차원 정상파의 마디는 한 **점**인 반면, 이차원 진동자의 마디는

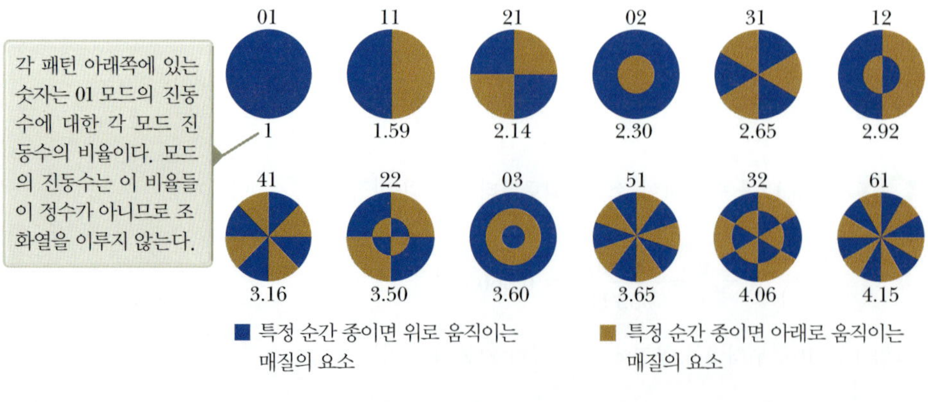

그림 18.16 테두리가 고정된 원형 막에서 형성될 수 있는 몇 가지 정규 모드의 표현. 각 패턴 위쪽에 있는 번호쌍은 지름 마디(radial node)와 원형 마디(circular node)의 수를 나타낸다. 각 그림에서 막의 요소들은, 색으로 나타낸 것처럼 마디선의 양쪽에서 서로 반대 방향으로 움직인다(*Adapted from T. D. Rossing,* The Science of Sound, 3rd ed., *Reading, Massachusetts, Addison-Wesley Publishing Co., 2001*).

곡선을 이루는데, 마디에서는 매질의 변위가 없다. 진동수 f_1을 갖는 기본 진동은 한 개의 마디 곡선을 포함하며, 이 곡선은 막의 가장자리를 지난다. 다른 가능한 정규 모드들은 추가적인 마디 곡선을 보이며, 이들은 막의 지름 방향의 직선과 원이다.

18.7 맥놀이: 시간적 간섭
Beats: Interference in Time

지금까지 다룬 간섭 현상은 진동수가 동일한 두 파동 이상의 중첩이었다. 매질 요소의 진동 진폭은 공간에서 요소의 위치에 따라 달라지므로, 이런 파동에서 나타나는 간섭 현상을 **공간적 간섭**이라고 한다. 줄이나 관에서의 정상파는 공간적 간섭의 일반적인 예이다.

진동수가 약간 다른 두 파동의 중첩으로 나타나는 다른 형태의 간섭을 고려해 보자. 이 경우 두 파동을 공간의 한 점에서 관측하면, 이들은 주기적으로 위상이 같거나 달라진다. 즉 보강 간섭과 상쇄 간섭이 시간적으로 교대된다. 결과적으로 이 현상을 **시간적 간섭**이라고 한다. 예를 들어 진동수가 약간 다른 두 소리굽쇠를 울리면, 주기적으로 진폭이 변화하는 소리를 듣게 된다. 이 현상을 **맥놀이**(beating)라고 한다.

> 맥놀이는 진동수가 약간 다른 두 파동의 중첩에 의하여 한 점에서 진폭이 주기적으로 변화하는 것이다.

◀ 맥놀이의 정의

매초 들리는 최대 진폭의 수, 또는 **맥놀이 진동수**는 다음에서 보는 바와 같이 두 음원의 진동수 차이와 같다. 우리 귀로 탐지할 수 있는 최대 맥놀이 진동수는 대략 20 beats/s이다. 맥놀이 진동수가 이 값을 초과하게 되면, 맥놀이는 알아들을 수 없게 원래 파동들과 섞여 버린다.

진폭이 같고, 진동수가 f_1과 f_2로 약간 다른 두 음파가 매질을 통하여 진행하고 있다고 생각해 보자. $x = 0$인 지점에서 이들 두 파동에 대한 파동 함수를 나타내기 위하여 식 16.13과 유사한 식을 이용한다. 또한 식 16.13에서 위상을 $\phi = \pi/2$로 선택하면 다음과 같다.

$$y_1 = A\sin\left(\frac{\pi}{2} - \omega_1 t\right) = A\cos\,(2\pi f_1 t)$$

$$y_2 = A\sin\left(\frac{\pi}{2} - \omega_2 t\right) = A\cos\,(2\pi f_2 t)$$

중첩의 원리를 이용하여 이 위치에서의 합성 파동 함수를 구할 수 있다.

$$y = y_1 + y_2 = A\,(\cos 2\pi f_1 t + \cos 2\pi f_2 t)$$

삼각 함수의 항등식

$$\cos a + \cos b = 2\cos\left(\frac{a-b}{2}\right)\cos\left(\frac{a+b}{2}\right)$$

를 이용하면, y에 대한 식은 다음과 같다.

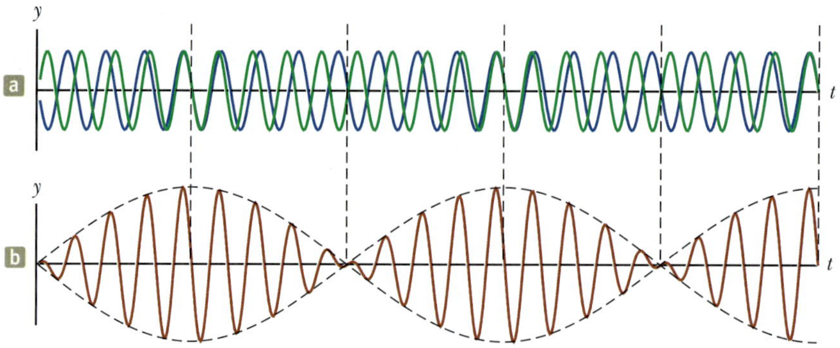

그림 18.17 맥놀이는 진동수가 약간 다른 두 파동이 중첩할 때 형성된다. (a) 각각의 파동 (b) 합성 파동. 점선으로 표시된 포락선 파동은 중첩된 음의 맥놀이를 나타낸다.

진폭은 같지만 진동수가 다른 두 파동의 합 ▶

$$y = \left[2A\cos 2\pi\left(\frac{f_1 - f_2}{2}\right)t\right]\cos 2\pi\left(\frac{f_1 + f_2}{2}\right)t \tag{18.10}$$

각각의 파동과 합성 파동을 그림 18.17에 나타내었다. 식 18.10의 계수들로부터 합성 파동은 평균 진동수 $(f_1 + f_2)/2$와 같은 유효 진동수를 가짐을 알 수 있다. 이 파동을 각괄호 안의 식으로 주어진 포락선 파동과 곱한다.

$$y_{\text{envelope}} = 2A\cos 2\pi\left(\frac{f_1 - f_2}{2}\right)t \tag{18.11}$$

즉 합성된 음의 진폭과 세기는 시간에 따라 변한다. 그림 18.17b의 검정색 점선은 식 18.11에 있는 포락선 파동을 나타낸 것이며, 이는 진동수 $(f_1 - f_2)/2$로 변하는 사인파이다.

합성 음파의 최대 진폭은 다음 조건을 만족하면 언제든지 검출된다.

$$\cos 2\pi\left(\frac{f_1 - f_2}{2}\right)t = \pm 1$$

그러므로 포락선 파동은 한 주기당 **두 번** 최대 진폭이 생성된다. 진폭은 $(f_1 - f_2)/2$의 진동수로 변하기 때문에 초당 맥놀이 수, 즉 맥놀이 진동수 f_{beat}는 이 값의 두 배이다. 즉

맥놀이 진동수 ▶

$$f_{\text{beat}} = |f_1 - f_2| \tag{18.12}$$

이다. 예를 들어 한 소리굽쇠가 438 Hz로 진동하고, 두 번째 소리굽쇠가 442 Hz로 진동하면, 결합된 합성 음파의 진동수는 440 Hz(A음)가 되고, 맥놀이 진동수는 4 Hz이다. 청취자는 440 Hz의 음이 매초 네 번의 최대 세기를 갖는 것을 듣게 될 것이다.

예제 18.7 잘못 조율된 피아노 줄

길이 0.750 m인 동일한 두 개의 피아노 줄이 각각 정확히 440 Hz에 조율되어 있다. 이제 한 줄의 장력을 1.0 % 증가시켰다. 두 줄을 튕기면 두 줄의 기본 진동수 간의 맥놀이 진동수는 얼마인가?

풀이

개념화 한 줄의 장력이 변함에 따라 기본 진동수도 변한다. 그러므로 양쪽 줄이 연주되면 이들은 다른 진동수를 가질 것이므로 맥놀이가 들릴 것이다.

분류 맥놀이에 대한 새로운 지식과 줄에 대한 **경계 조건하의 파동**을 결합해야 한다.

분석 식 18.5를 이용하여 두 줄의 기본 진동수 비율 식을 세운다.

$$\frac{f_2}{f_1} = \frac{(v_2/2L)}{(v_1/2L)} = \frac{v_2}{v_1}$$

식 16.18을 이용하여 줄에서의 파동 속력을 대입한다.

$$\frac{f_2}{f_1} = \frac{\sqrt{T_2/\mu}}{\sqrt{T_1/\mu}} = \sqrt{\frac{T_2}{T_1}}$$

한 줄의 장력은 다른 것보다 1.0% 크다는 점을 구체화한다. 즉 $T_2 = 1.010T_1$이다.

$$\frac{f_2}{f_1} = \sqrt{\frac{1.010T_1}{T_1}} = 1.005$$

조여진 줄의 진동수에 대하여 푼다.

$$f_2 = 1.005f_1 = 1.005(440\text{ Hz}) = 442\text{ Hz}$$

식 18.12를 이용하여 맥놀이 진동수를 구한다.

$$f_{\text{beat}} = 442\text{ Hz} - 440\text{ Hz} = \boxed{2\text{ Hz}}$$

결론 장력에서 1.0 % 잘못 조율하여 맥놀이 진동수 2 Hz가 변한 음을 들었다. 피아노 조율사는 알려진 진동수의 기준 음에 대한 맥놀이 음을 이용하여 줄의 장력을 조정한다. 즉 조율사는 줄과 기준 음에 의하여 형성된 맥놀이가 드물게 일어나 인지할 수 없을 정도까지 줄을 조이거나 풀어서 조율한다.

18.8 비사인형 파동 모양
Nonsinusoidal Wave Patterns

둘 다 같은 음을 연주하고 있더라도, 바이올린과 색소폰의 소리는 서로 구별하기가 비교적 쉽다. 반면에 음악에 조예가 깊지 않은 사람은 같은 음을 연주하는 클라리넷과 오보에의 소리를 구별하기가 어려울 것이다. 이런 효과를 설명하기 위하여 다양한 음원으로부터의 파동 모양을 이용할 수 있다.

기본 진동수의 정수배 진동수가 결합하여 음을 만들어 낸 결과가 음악 소리이다. 듣는 사람은 기본 진동수에 기초하여 음높이를 결정할 수 있다. 음높이는 음에 대한 심리적 반응으로 듣는 사람으로 하여금 음의 높고 낮은(베이스에서 소프라노까지) 정도를 정하도록 한다. 기본 진동수의 정수배가 아닌 진동수의 조합은 음악 소리가 아닌 소음을 유발한다. 음악보다 소음의 음높이를 결정하는 것이 청취자에게 훨씬 어렵다.

악기에 의하여 생성된 파동 모양은 기본 진동수의 정수배인 진동수의 중첩 결과이다. 이런 중첩이 다양해지면 음색(tone)에 차이가 난다. 조화 진동의 다양한 혼합과 관련된 사람의 지각적 반응은 음질(quality) 또는 음색(timbre)으로 나타난다. 예를 들어 트럼펫의 소리는 쇳소리의 음질을 주게 된다(그 소리와 함께 쇳소리를 연상하는 것을 배우게 된다). 이런 음질은 갈대 피리소리 같은 색소폰의 소리와 트럼펫의 소리를 구별할 수 있게 해준다. 하지만 클라리넷과 오보에는 모두 리드에 의하여 발생된 공기 기둥을 포함하며, 이런 유사성으로 인하여 이 진동수들을 유사하게 혼합하므로 음질에 기초해서 귀로 이 둘을 구별하기가 더욱 어렵다.

대부분의 악기가 만들어 내는 음파 모양은 비사인형이다. 그림 18.18은 소리굽쇠, 플루트와 클라리넷으로 각각 같은 음을 연주할 때 만들어진 특징적인 음파 모양이다. 각 악기는 고유의 음파 모양을 나타낸다. 각자 모양은 다르지만 주기적이다. 이 점이 이들 파동을 해석하는 데 중요하다.

오류 피하기 18.4

피치와 진동수 **피치**(음높이 또는 음감)와 **진동수**를 혼동하지 말라. 진동수는 초당 진동하는 횟수의 물리적인 측정값이다. 피치는 사람이 소리를 듣고 고음과 저음 사이의 어느 음으로 느끼는 심리적 반응이다. 그러므로 진동수는 자극이고 피치는 반응이다. 피치가 주로 (그러나 전부는 아님) 진동수와 관련이 있을지라도, 이들은 같지 않다. 피치는 소리의 물리적인 특성이 아니기 때문에, '소리의 피치'라는 말은 옳지 않다.

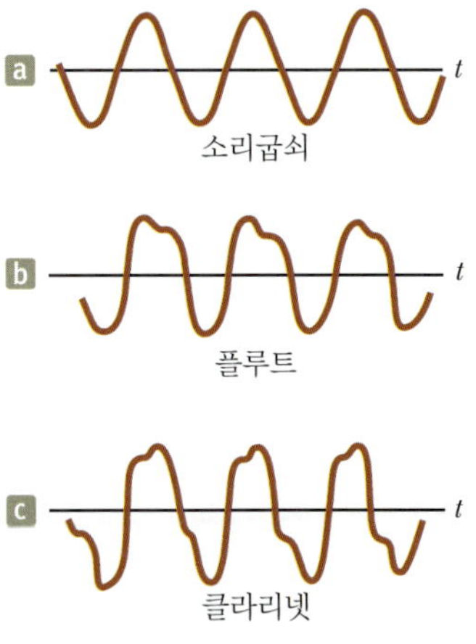

그림 18.18 거의 같은 진동수의 음을 내는 (a) 소리굽쇠, (b) 플루트, (c) 클라리넷이 만들어 낸 음파 모양

비사인형 파동 모양을 분석하는 문제는 언뜻 봐서는 만만치 않은 일이다. 하지만 파동 모양이 주기적이라면, 조화열을 이루는 충분히 수많은 사인형 파동을 조합함으로써 원하는 만큼 최대한 근접하게 표현할 수 있다. 사실 임의의 주기 함수는 **푸리에 정리**(Fourier's theorem)[2]에 기초한 수학적 기법을 써서 사인 및 코사인 항의 급수로 표현할 수 있다. 주기적 파동 모양을 표현하는 해당 항들의 합을 **푸리에 급수**(Fourier series)라고 한다. $y(t)$를 주기 T를 갖는 임의의 주기 함수, 즉 $y(t+T) = y(t)$라고 하자. 푸리에 정리에 따르면, 이 함수는 다음과 같이 나타낼 수 있다.

푸리에 정리 ▶

$$y(t) = \sum (A_n \sin 2\pi f_n t + B_n \cos 2\pi f_n t) \tag{18.13}$$

여기서 가장 낮은 진동수는 $f_1 = 1/T$이다. 더 높은 진동수들은 기본 진동수의 정수배, 즉 $f_n = nf_1$이고, A_n과 B_n은 다양한 파동의 진폭을 나타낸다. 그림 18.19는 그림 18.18에 보인 파동 모양에 대한 조화 진동을 분석한 것이다. 울린 소리굽쇠는 한 가지 조화 진동(1차)만을 발생시키지만, 플루트나 클라리넷은 1차와 더 많은 고차 조화 진동을 발생시킴에 유의하자.

또 플루트와 클라리넷에 대한 다양한 조화 진동의 상대적인 세기 변화에 유의하자. 일반적으로 임의의 음악 소리는 기본 진동수 f와 서로 다른 세기를 갖는 f의 정수배인 다른 진동수로 이루어진다.

이상으로 푸리에 정리를 이용한 파동 모양의 **분석**에 대하여 논의하였다. 분석을 위해서는 파동 모양에 대한 지식으로부터 식 18.13에 있는 조화 진동의 계수들을 결정해야 한다. 이제 반대 과정인 **푸리에 합성**(Fourier synthesis)을 살펴보자. 이 과정에서는 다양한 조화 진동을 서로 합하여 합성 파동 모양을 만든다. 푸리에 합성의 예로서, 그림 18.20에 보인 사각형 파동 만들기를 생각하자. 사각형 파동의 대칭성 때문에 이 합성에는 기본 진동수의 홀수 배의 조합만 쓰인다. 그림 18.20a에서 파란색 선은 f와 $3f$의 조합이다. 그림 18.20b에서는 $5f$를 더하여 초록색 선을 얻었다. 비록 위와 아래 부분에서 평평하지 않지만, 사각형 파동의 일반적인 모양으로 어떻게 접근하는지 주목하자.

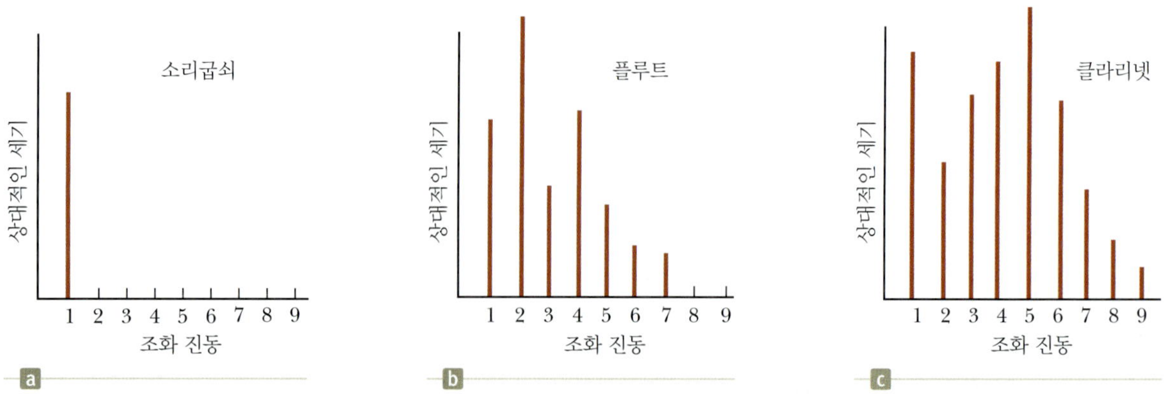

그림 18.19 그림 18.18에 보인 파동 모양에 대한 조화 진동. 각 조화 진동의 세기가 달라짐에 유의하자. (a), (b), (c)는 그림 18.18의 파동 모양에 순서대로 대응한다.

---

[2] 푸리에(Jean Baptiste Joseph Fourier, 1786~1830)가 개발한 이론

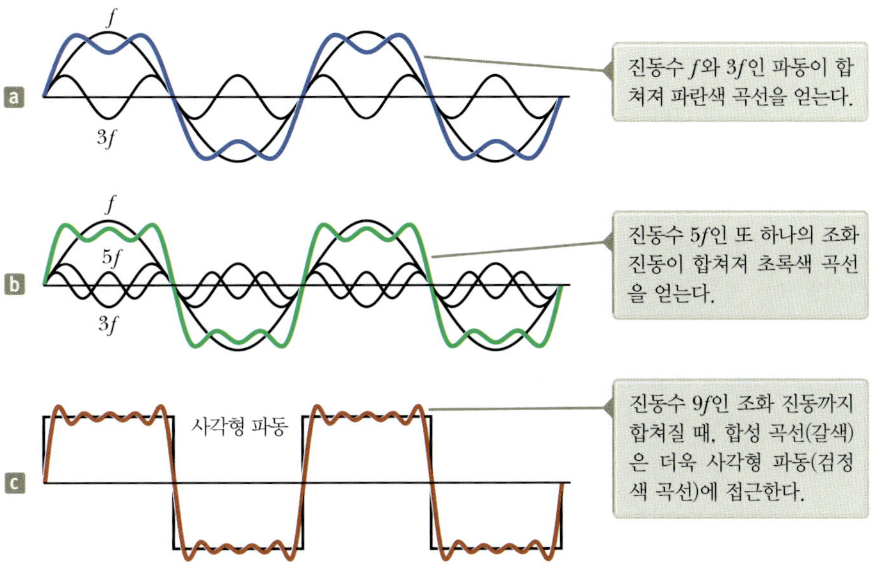

그림 18.20 진동수 f인 1차 조화 진동의 홀수 배 진동수 조화 진동의 합으로 나타나는 사각형 파동의 푸리에 합성

그림 18.20c에서 $9f$까지의 홀수 배 조화 진동이 합쳐진 결과를 볼 수 있다. 이 근사는(갈색 곡선) 그림 18.20a와 18.20b에서 근사한 것보다 사각형 파동에 더욱 가깝다. 최대한 사각형 파동에 가깝게 만들려면 모든 홀수 배 진동수의 조화 진동을 무한대까지 합해야 할 것이다.

현대 기술을 이용하여, 임의 개수의 조화 진동을 서로 다른 진폭으로 합성하여 전자 음악을 만들어 낼 수 있다. 이런 전자 음악 합성기가 널리 쓰이면서 다양한 음색을 무한히 만들어 낼 수 있게 되었다.

연습문제

객관식

1. 그림 OQ18.1에 파장 0.8 m인 음파가 동일한 세기로 나뉘어져 각각 경로를 지나 재결합해서 보강 간섭하는데, 처음 경로차는 $|r_2 - r_1| = 0.8$ m이다. 수신기에서 음파의 세기가 높은 경우부터 순서대로 나열하라. 관의 벽은 음파를 흡수하지 않는다고 가정한다. 세기가 같을 경우 동일한 순위로 두라. (a) 움직이는 관을 원래 위치로부터 0.1 m 바깥쪽으로 이동한다. (b) 추가로 0.1 m 더 이동한다. (c) 다시 한 번 0.1 m를 더 이동한다. (d) 다시 한 번 0.1 m를 더 이동한다.

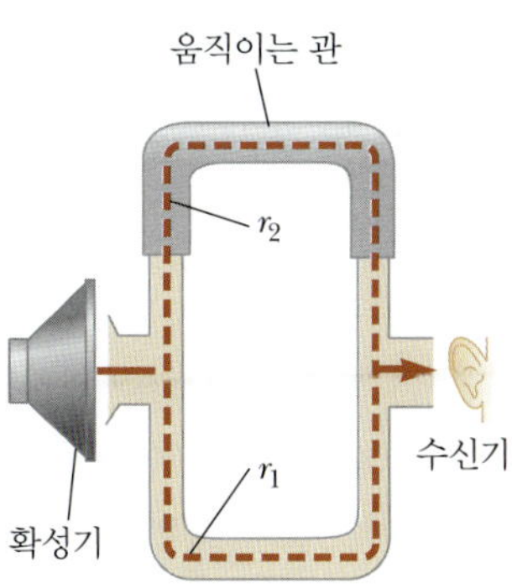

그림 OQ18.1

2. 길이가 L이고 선질량 밀도가 μ인 줄에 장력 T가 가해진 상태에서 줄이 기본 진동수로 진동한다. **(i)** 다른 모든 것은 고정하고 줄의 길이를 두 배로 하면, 기본 진동수는 어떻게 되는가? (a) 두 배로 된다. (b) $\sqrt{2}$ 배로 된다. (c) 변화 없다. (d) $1/\sqrt{2}$로 된다. (e) 1/2로 된다. **(ii)** 다른 모든 것은 고정하고 선밀도를 두 배로 하면, 기본 진동수는 어떻게 되는가? (i)의 보기에서 고르라. **(iii)** 다른 모든 것은 고정하고

장력을 두 배로 하면, 기본 진동수는 어떻게 되는가? (i)의 보기에서 고르라.

3. 예제 18.1에서 1.3 kHz의 진동자로 구동되는 옆으로 나란히 놓인 두 개의 같은 확성기를 조사하였다. 점 O에서 청취자는 최대 세기로 듣고, 반면에 점 P에서 최소 세기로 듣는 것을 보았다. 점 P에서 세기는 얼마인가? (a) 점 O의 세기에 매우 근접하나 작다. (b) 점 O의 반이다. (c) 매우 낮은 값이나 영은 아니다. (d) 영 (e) 결정할 수 없다.

4. 각각 진폭이 0.1 m인 일련의 펄스가 한쪽 끝이 기둥에 묶여 있는 줄을 따라 전파한다. 이 펄스는 기둥에서 반사되고 진폭의 손실 없이 줄을 따라 되돌아 이동한다. **(i)** 이들 두 펄스가 마주치는 줄 위의 점에서 알짜 변위는 얼마인가? 줄이 기둥에 단단히 묶여 있다고 가정한다. (a) 0.4 m (b) 0.3 m (c) 0.2 m (d) 0.1 m (e) 0 **(ii)** 다음은 반사가 일어나는 끝 지점은 위아래로 자유롭게 이동할 수 있다고 가정한다. 이 경우 두 펄스가 마주치는 줄 위의 점에서 알짜 변위는 얼마인가? (i)의 보기에서 고르라.

5. 플루트의 길이는 58.0 cm이다. 공기 중의 음속이 343 m/s라면, 플루트의 기본 진동수는 얼마인가? 관의 한쪽 끝은 닫혀 있고 다른 한쪽은 열려 있다고 가정한다. (a) 148 Hz (b) 296 Hz (c) 444 Hz (d) 591 Hz (e) 정답 없음

6. 두 개의 소리굽쇠가 동시에 소리를 낼 때, 5 Hz의 맥놀이 진동수가 일어났다. 한 소리굽쇠의 진동수가 245 Hz라면, 다른 소리굽쇠의 진동수는 얼마인가? (a) 240 Hz (b) 242.5 Hz (c) 247.5 Hz (d) 250 Hz (e) 답은 한 개 이상이다.

7. 한 소리굽쇠가 262 Hz의 진동수로 진동하고 있다. 만돌린 줄과 같이 소리를 내면 초당 네 개의 맥놀이가 들린다. 소리굽쇠 가지에 테이프를 붙인 다음, 만돌린 줄과 같이 소리를 내면 초당 다섯 개의 맥놀이가 들린다. 줄의 진동수는 얼마인가? (a) 257 Hz (b) 258 Hz (c) 262 Hz (d) 266 Hz (e) 267 Hz

8. 같은 모양이지만 서로 뒤집힌 형태의 펄스가 줄 위에서 서로 반대로 이동하며 마주친다. 특정 순간에 줄에는 어느 점에서도 평형 위치로부터 변위가 나타나지 않는다. 이 순간 펄스에 의하여 운반된 에너지는 어떻게 되는가? (a) 앞의 운동을 생성하는 데 사용되었다. (b) 모두 퍼텐셜 에너지로 된다. (c) 모두 내부 에너지로 된다. (d) 모두 운동 에너지로 된다. (e) 한 펄스의 양의 에너지가 다른 펄스의 음의 에너지와 더해져 영이 된다.

9. 마디가 세 개인 정상파가 양쪽 끝이 고정된 줄 위에 생기도록 하였다. 파동의 진동수를 두 배로 하면, 얼마나 많은 배가 생기는가? (a) 2 (b) 3 (c) 4 (d) 5 (e) 6

10. 같은 길이의 기타 줄 여섯 개를 손가락을 사용하지 않고, 즉 어떤 프렛도 누르지 않고 연주한다고 가정하자. 여섯 개의 줄에서 똑같이 나타나는 물리량은 어느 것인가? 정답을 모두 고르라. (a) 기본 진동수 (b) 줄의 기본 파장 (c) 방출된 음의 기본 파장 (d) 줄에서의 파동 속력 (e) 방출된 음의 속력

주관식

Note: 특별히 다른 언급이 없으면, 공기에서의 음속은 20.0 °C에서의 값인 343 m/s로 가정한다. 다른 섭씨 온도 T_C에서 공기 중 음속은 다음과 같다.

$$v = 331\sqrt{1 + \frac{T_C}{273}}$$

여기서 v의 단위는 m/s이고 T_C의 단위는 °C이다.

18.1 분석 모형: 파동의 간섭

1. 팽팽한 줄을 따라 두 파동이 같은 방향으로 이동한다. 이들 파동은 90.0°의 위상차가 난다. 파동의 진폭은 각각 4.00 cm이다. 합성 파동의 진폭을 구하라.

2. 두 펄스 파동 A와 B가 각각 $v = 2.00$ cm/s의 속력으로 서로 반대 방향으로 진행하고 있다. A의 진폭은 B의 진폭의 두 배이다. $t = 0$에서 두 펄스는 그림 P18.2와 같다. $t = 1.00$ s, 1.50 s, 2.50 s, 3.00 s일 때, 파동의 모습을 그리라.

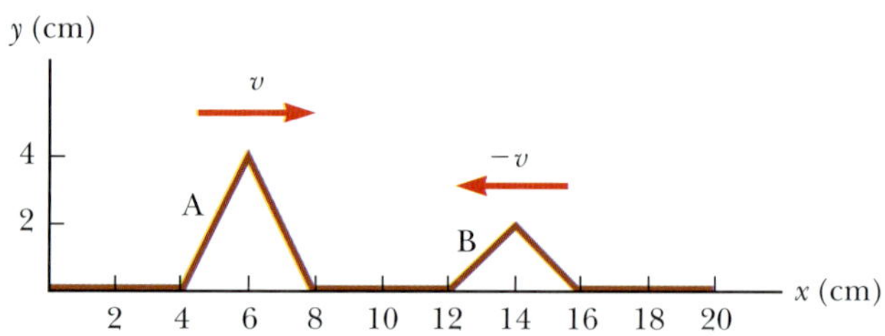

그림 P18.2

3. 한 줄에서 이동하는 두 파동의 파동 함수가 다음과 같다.

$$y_1 = 3.0\cos(4.0x - 1.6t) \qquad y_2 = 4.0\sin(5.0x - 2.0t)$$

여기서 x와 y의 단위는 cm이고 t의 단위는 s이다. 다음 점에서 합성 파동의 함수 $y_1 + y_2$를 구하라. (a) $x = 1.00$, $t = 1.00$ (b) $x = 1.00$, $t = 0.500$ (c) $x = 0.500$, $t = 0$ *Note*: 삼각 함수의 인수는 라디안 단위이다.

4. 진폭이 서로 다른 두 펄스가 각각 $v = 1.00$ cm/s의 속력으

로 서로 반대 방향으로 접근하고 있다. 그림 P18.4는 시간 $t = 0$에서의 모습을 보여 주고 있다. (a) $t = 2.00$ s, 4.00 s, 5.00 s, 6.00 s일 때, 파동의 모습을 그리라. (b) 오른쪽에 있는 펄스가 뒤집혀 위로 향하고 있다면, (a)에 주어진 시간에서 파동의 모습은 어떻게 달라지는가?

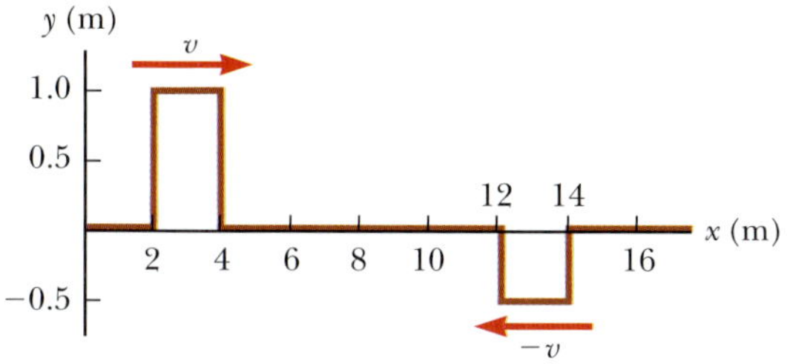

그림 P18.4

5. 소리굽쇠는 246 Hz의 진동수로 음파를 만들어 낸다. 복도를 따라 서로 반대 방향으로 진행하는 두 파동이 복도 끝의 벽에 반사되어 돌아온다. 복도의 길이는 47.0 m이고 소리굽쇠는 한쪽 끝에서 14.0 m에 위치해 있다. 반사파가 소리굽쇠에 도달할 때 반사파 간 위상차는 얼마인가? 공기 중 음속은 343 m/s이다.

6. 같은 줄에서 이동하는 다음과 같은 두 개의 펄스가 있다.

$$y_1 = \frac{5}{(3x - 4t)^2 + 2} \qquad y_2 = \frac{-5}{(3x + 4t - 6)^2 + 2}$$

(a) 각각의 펄스는 어느 방향으로 진행하는가? (b) 어느 순간에 모든 곳에서 두 개의 펄스가 상쇄되는가? (c) 어느 지점에서 두 펄스가 항상 상쇄되는가?

7. 두 개의 똑같은 확성기가 2.00 m 떨어져 벽 위에 놓여 있다. 청취자는 벽으로부터 3.00 m 떨어져 한 확성기 바로 앞에 서 있다. 진동수가 300 Hz인 진동자에 의하여 확성기가 구동되고 있다. (a) 두 확성기로부터 나오는 파동이 청취자에게 도달할 때, 이들 사이의 위상차를 라디안 단위로 나타내라. (b) 만약 청취자가 최소 세기의 소리를 듣도록 진동자를 조절할 수 있다면, 그 진동수들 중 300 Hz에 가장 가까운 진동수는 얼마인가?

8. 줄에서 두 사인형 파동의 파동 함수가 다음과 같다.

$$y_1 = 2.00 \sin (20.0x - 32.0t)$$
$$y_2 = 2.00 \sin (25.0x - 40.0t)$$

여기서 x, y_1과 y_2의 단위는 cm이고 t의 단위는 s이다. (a) 점 $x = 5.00$ cm와 $t = 2.00$ s에서 이들 두 파동 사이의 위상차는 얼마인가? (b) 시간 $t = 2.00$ s에서 위상이 $\pm\pi$ 차이가 나는 양의 x 값 중 원점에 가장 가까운 값은 얼마인가? (그 위치에서 두 파동의 합은 영이다.)

9. 음속이 344 m/s인 지역에서, 진동수 $f = 21.5$ Hz인 한 개의 진동자에 의하여 구동되는 두 개의 동일한 확성기가 10.0 m 떨어져 있다(그림 P18.9). (a) A에 있는 관측자가 두 확성기로부터 오는 소리를 들을 때 세기가 최소임을 보이라. (b) 만일 관측자가 두 확성기가 있는 평면에서 움직인다면, 최소 세기를 듣게 되는 경로가 쌍곡선 $9x^2 - 16y^2 = 144$임을 보이라(그림 P18.9에서 갈색). (c) 관측자가 계속 최소 세기의 소리를 들으면서 두 음원으로부터 매우 멀리 이동할 수 있는가? 그렇다면 가능한 경로의 극한 형태를 결정하라. 그렇지 않다면 얼마나 멀리 갈 수 있는지 설명하라.

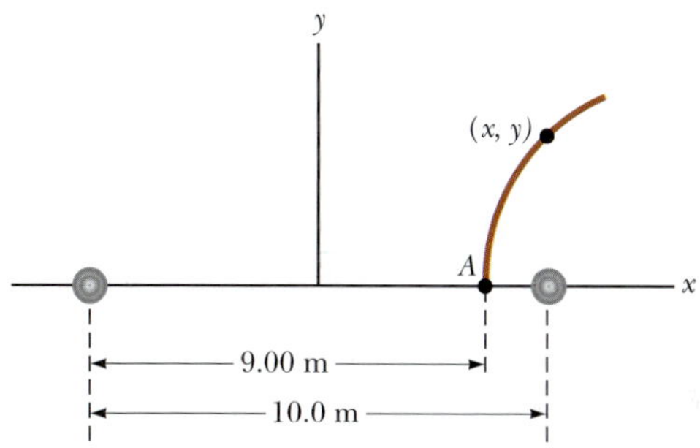

그림 P18.9

18.2 정상파

10. 긴 줄 위에 있는 위상차 ϕ인 두 파동이 결합하여 생성된 정상파가 다음과 같다.

$$y(x, t) = 2A \sin \left(kx + \frac{\phi}{2}\right) \cos \left(\omega t - \frac{\phi}{2}\right)$$

(a) 위상차 ϕ에도 불구하고, 마디 사이는 반 파장 떨어져 있는 것이 사실인가? 설명하라. (b) 마디는 ϕ가 영인 경우와 어떤 형태로든 달라지는가? 설명하라.

11. 반대 방향으로 이동하는 두 사인형 파동이 다음과 같은 파동 함수로 정상파를 형성하며 간섭한다.

$$y = 1.50 \sin (0.400x) \cos (200t)$$

여기서 x와 y의 단위는 m이고 t의 단위는 s이다. 이때 간섭 파동의 (a) 파장, (b) 진동수, (c) 속력을 구하라.

12. 식 18.1로 주어진 정상파에 대한 파동 함수

$$y = (2A \sin kx) \cos \omega t$$

가 일반적인 선형 파동 방정식(식 16.27)

$$\frac{\partial^2 y}{\partial x^2} = \frac{1}{v^2} \frac{\partial^2 y}{\partial t^2}$$

의 해임을 직접 대입해서 증명하라.

13. 매질 내에서 결합되는 두 사인형 횡파의 파동 함수가 다음과 같다.

$$y_1 = 3.00 \sin \pi(x + 0.600t) \quad y_2 = 3.00 \sin \pi(x - 0.600t)$$

여기서 x, y_1과 y_2의 단위는 cm이고 t의 단위는 s이다. (a) $x = 0.250$ cm, (b) $x = 0.500$ cm, (c) $x = 1.50$ cm에서 매질 요소의 최대 횡 위치를 구하라. (d) 배에 해당하는 가장 작은 세 x 값을 구하라.

14. 다음과 같은 함수로 주어진 정상파가 있다.

$$y = 6 \sin\left(\frac{\pi}{2}x\right) \cos(100\pi t)$$

여기서 x와 y의 단위는 m이고 t의 단위는 s이다. (a) $t = 0.5$ ms, 10 ms, 15 ms, 20 ms일 때, y를 x의 함수로 그리라. (b) 그래프에서 파동의 파장을 표시하고, 어떻게 구하는지 설명하라. (c) 그래프에서 파동의 진동수를 표시하고, 어떻게 구하는지 설명하라. (d) 식에서 파동의 파동을 직접 구하고, 어떻게 구하는지 설명하라. (e) 식에서 진동수를 직접 구하고, 어떻게 구하는지 설명하라.

15. 두 개의 똑같은 확성기가 같은 진동자에 의하여 800 Hz로 구동되고 있다. 두 확성기는 1.25 m 떨어져 서로 마주 보고 있다. 두 확성기를 연결한 선을 따라 음압 진폭의 상대 극소가 기대되는 점들을 지정하라.

18.3 분석 모형: 경계 조건하의 파동

16. 양 끝이 고정된 120 cm의 줄에 정상파가 생긴다. 120 Hz로 구동될 때, 이 줄은 네 부분으로 진동한다. (a) 파장을 구하라. (b) 줄의 기본 진동수는 얼마인가?

17. 그림 P18.17과 같이, 질량이 $m = 8.00$ g이고 길이가 $L = 5.00$ m인 줄의 한쪽 끝은 벽에 매달려 있고, 다른 쪽 끝은 벽으로부터 $d = 4.00$ m 떨어진 곳에 있는 작은 고정 도르래에 걸쳐 질량 $M = 4.00$ kg인 물체에 연결되어 있다. 줄의 수평 부분을 살짝 퉁길 때, 이 진동의 기본 진동수는 얼마인가?

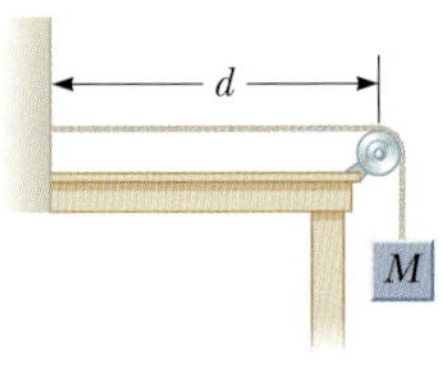

그림 P18.17

18. 첼로 A줄이 첫 번째 정규 모드인 220 Hz의 진동수로 진동한다. 진동 구간은 길이가 70.0 cm이고 질량이 1.20 g이다. (a) 줄에서의 장력을 구하라. (b) 줄이 세 부분으로 진동할 때 진동수를 구하라.

19. 길이가 30.0 cm이고 단위 길이당 질량이 9.00×10^{-3} kg/m인 줄을 20.0 N의 장력으로 당긴다. 이 줄 위에 정상파를 만들 수 있는 (a) 기본 진동수와 (b) 다음 세 진동수를 구하라.

20. 그림 P18.20과 같이, 물체가 가벼운 도르래에 걸쳐 줄(선질량 밀도 $\mu = 0.002\,00$ kg/m)에 매달려 있다. 줄은 진동자(일정한 진동수 f)에 연결되어 있고, 점 P와 도르래 사이의 길이는 $L = 2.00$ m이다. 물체의 질량 m이 16.0 kg이거나 25.0 kg일 때에는 정상파가 관측되었으나, 이 사이의 값일 때에는 아무런 정상파도 관측되지 않았다. (a) 진동자의 진동수는 얼마인가? (*Note*: 줄의 장력이 커질수록 정상파 마디의 수는 줄어든다). (b) 정상파가 관측될 수 있는 최대 물체 질량은 얼마인가?

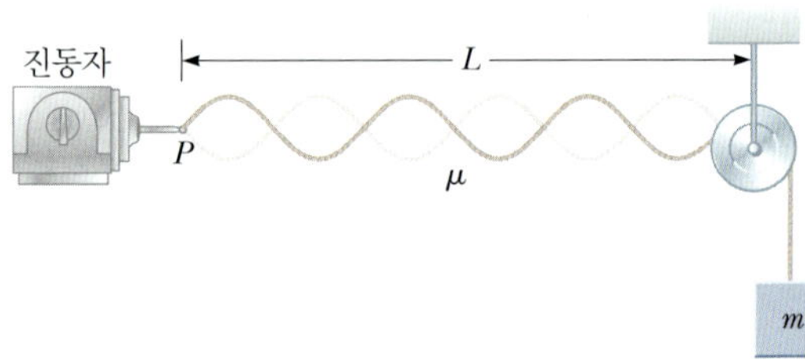

그림 P18.20

21. 그림 P18.21처럼 질량 $M = 1.00$ kg인 구가 길이 $L = 0.300$ m이고 가벼운 수평 막대 끝에 걸친 줄에 매달려 있다. 줄이 막대와 만드는 각도는 $\theta = 35.0°$이다. 막대 위의 줄에서 정상파의 기본 진동수는 $f = 60.0$ Hz이다. 줄에서 막대 위에 있는 이 부분의 질량을 구하라.

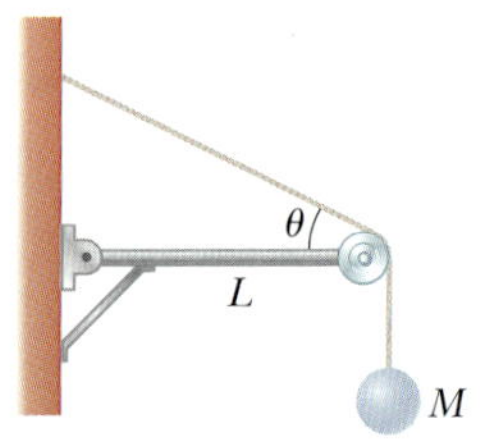

그림 P18.21 문제 21, 22

22. 그림 P18.21처럼 질량 M인 구가 길이 L이고 가벼운 수평 막대 끝에 걸친 줄에 매달려 있다. 줄이 막대와 만드는 각도는 θ이다. 막대 위의 줄에서 정상파의 기본 진동수는 f이다. 줄에서 막대 위에 있는 이 부분의 질량을 구하라.

23. 바이올린의 길이가 0.350 m, 진동수가 $f_G = 392$ Hz인 G음

에 맞추어져 있다. (a) 진동수가 $f_A = 440$ Hz인 A음을 내기 위해서는 손가락이 줄의 한쪽 끝에서 얼마나 떨어진 지점을 눌러야 되는가? (b) 이 지점이 손가락 너비의 1/2 내에서 정확히 유지하기 위해서는 (즉 0.600 cm 이내), 줄 장력 변화의 최대 허용 백분율은 얼마인가?

24. 고체 구리 물체가 질량을 무시할 수 있는 강철 줄에 매달려 있다. 줄의 윗부분은 고정되어 있다. 줄을 튕기면 기본 진동수 300 Hz인 소리를 낸다. 그 다음 구리 물체를 부피의 반이 수면 아래에 있도록 물속에 담근다. 새로운 기본 진동수를 구하라.

25. 길이가 3.00 m인 얇은 철사에 정상파 모양이 관측되었다. 이의 파동 함수는

$$y = 0.002\ 00 \sin (\pi x) \cos (100\pi t)$$

이며, 여기서 x와 y의 단위는 m이고 t의 단위는 s이다. (a) 이 모양에서 몇 개의 고리가 나타나는가? (b) 철사의 기본 진동수는 얼마인가? (c) 만약 원래 진동수는 일정하게 유지하고 철사의 장력을 9배로 증가시키면, 새로운 모양에서는 몇 개의 고리가 생기는가?

18.4 공 명

26. 지진은 호수에 정진동을 만들 수 있으며, 이때 물은 현저하게 큰 진폭과 긴 주기로 끝에서 끝까지 앞뒤로 출렁인다. 농장 연못에 정진동*이 생긴 경우를 고려하자. 이 연못은 길이가 9.15 m이며, 너비와 깊이는 일정하다고 가정하자. 펄스가 한쪽 끝에서 다른 쪽 끝에 도달하는 시간은 2.50 s로 측정된다. 이때 (a) 파동 속력은 얼마인가? (b) 연못 양 끝이 배이고 연못 중앙이 마디인 정상파의 정진동을 만들기 위하여, 지진이 발생하는 동안 땅의 진동수는 얼마가 되어야 하는가?

27. 높은 진동수의 소리를 이용하여 와인 유리잔에 정상파 진동을 만들 수 있다. 둘레가 20.0 cm인 와인 유리잔의 가장자리를 따라 네 개의 배와 네 개의 마디를 갖는 정상파가 형성됨을 보았다. 횡파가 유리잔 주위를 900 m/s로 이동한다고 할 때, 그림 P18.27처럼 공명 진동으로 유리잔을 산산조각 내려면 오페라 가수가 어떤 진동수의 높은 배진동을 발성해야 하는가?

그림 P18.27

* 정진동(seiche)이란 지진에 의한 힘이 멈춘 후 둘러싸인 물이 진자와 같이 진동하는 것을 의미한다.: 역자 주

18.5 공기 관에서의 정상파

28. 미국흰두루미의 기관은 길이가 5.00 ft이다. 새의 기관을 너비가 좁은 한쪽 끝이 닫힌 관이라 생각하면 기본 진동수는 얼마인가? 온도는 37 °C로 가정한다.

29. 파이프가 (a) 한쪽이 닫힌 경우와 (b) 양쪽이 열린 경우, 기본 진동수가 240 Hz로 되는 파이프의 길이를 계산하라.

30. 어떤 오르간의 가장 긴 관은 4.88 m이다. 0.00 °C에서 관의 (a) 한쪽 끝이 닫혀 있고 (b) 양쪽 끝이 열려 있을 때의 기본 진동수는 얼마인가? (c) 20.0 °C에서의 이들 진동수는 얼마인가?

31. 유리관 속의 공기 기둥은 한쪽이 열려 있고 다른 쪽은 움직일 수 있는 피스톤에 의하여 막혀 있다. 관 속의 공기는 실내 공기보다 따뜻하게 데우고, 열린 쪽에 384 Hz의 소리굽쇠를 가까이 놓는다. 열린 끝으로부터 $d_1 = 22.8$ cm의 거리에 피스톤이 있을 때 공명음을 들었고, $d_2 = 68.3$ cm 거리에서 다시 공명음을 들었다. (a) 이 자료로부터 음속을 구하라. (b) 다음 공명음이 들릴 때 피스톤의 위치는 열린 끝에서 얼마나 멀리 떨어져 있는가?

32. 크기가 86.0 cm × 86.0 cm × 210 cm인 샤워실이 있다. 샤워실은 양쪽 끝이 닫혀서 정상파의 마디가 되는 관이라고 가정한다. 노래 소리의 진동수 범위는 130 Hz에서 2 000 Hz이고 음속은 355 m/s로 가정한다. 이 샤워실에서 노래를 할 경우, 공명에 의하여 어떤 진동수의 음이 가장 풍부해지는가?

33. 양쪽 끝이 열려 있는 길이가 L인 유리관이 진동수 $f = 680$ Hz인 오디오 확성기 근처에 있다. 확성기와 공명할 수 있는 관의 길이는 얼마인가?

18.6 막대와 막에서의 정상파

34. 길이 L인 루미늄 막대의 한쪽 끝으로부터 $L/4$ 되는 위치를 고정시킨 후, 가변 진동수의 구동력을 가하여 종파 진동을 일으킨다. 공명을 일으키는 가장 낮은 진동수가 4 400 Hz이고, 알루미늄에서의 음속은 5 100 m/s이다. 막대의 길이 L을 결정하라.

35. 길이가 1.60 m인 알루미늄 막대의 중간이 고정되어 있다. 종파를 발생시키기 위하여 송진을 묻힌 천으로 문질렀다. 얇은 알루미늄 막대에서의 음속은 5 100 m/s이다. (a) 막

대에 발생되는 파동의 기본 진동수는 얼마인가? (b) 이런 방법으로 고정된 막대에서는 어떤 배진동이 만들어지는가? (c) 만약 막대가 음속이 3 560 m/s인 구리 막대라면, 기본 진동수는 얼마인가?

18.7 맥놀이: 시간적 간섭

36. 523 Hz가 되게 C음을 조율하는 동안, 피아노 조율사는 기준 진동자와 줄 사이에 초당 2.00회의 맥놀이를 듣는다. (a) 줄에서 발생할 수 있는 진동수를 모두 구하라. (b) 줄을 약간 조이면, 그녀는 초당 3.00회의 맥놀이를 듣는다. 이때 줄의 진동수는 얼마인가? (c) 제대로 C음을 조율하기 위해서는 줄의 장력을 어느 정도 변화시켜야 하는가? 백분율(%)로 나타내라.

37. 피아노 음 중 일부는 여러 개의 줄이 같은 음을 내게 조율해서 소리를 크게 한다. 예를 들어 110 Hz의 음은 두 개의 줄로 이 진동수를 낸다. 한 줄의 장력이 정상 장력인 600 N에서 540 N으로 변한다면, 망치로 두 줄을 동시에 칠 때 듣게 되는 맥놀이 진동수는 얼마인가?

38. 한 학생이 256 Hz로 진동하는 소리굽쇠를 가지고 1.33 m/s의 속력으로 벽을 향하여 걷고 있다. (a) 그는 소리굽쇠와 메아리 사이에 어떤 맥놀이 진동수를 듣는가? (b) 5.00 Hz의 맥놀이 진동수를 들으려면 그는 얼마나 빨리 벽으로부터 멀어져야 하는가?

18.8 비사인형 파동 모양

39. A 메이저 코드는 A, C#, E 음이 이루는 화음이다. 피아노에서 기본 진동수 440.00 Hz, 554.37 Hz, 659.26 Hz의 줄을 동시에 쳐서 연주할 수 있다. 세 음의 고차 조화 모드의 진동수가 가장 비슷해질 때 풍부한 협화음을 이룬다. 각 줄에 대한 처음 다섯 조화 모드까지를 고려해서, 어떤 조화 모드들이 가장 가까운 값을 가지는지 결정하라.

40. 플루트 연주자가 변위 진폭 $A_1 = 100$ nm인 기본 진동으로 523 Hz의 C음을 연주한다고 가정하자. 그림 18.19b의 조화 진동 2에서 7까지의 변위 진폭을 비례적으로 읽으라. 음의 푸리에 해석에서 이들 값을 A_2에서 A_7까지의 값으로 하고 $B_1 = B_2 = \cdots = B_7 = 0$으로 가정하여, 음의 파형 그래프를 그리라. 여러분이 그린 파형은 코사인 항을 무시하여 단순화하였기 때문에, 그림 18.18b에 있는 플루트 파형과 정확하게 같지는 않을 것이다. 그럼에도 불구하고, 이런 파형의 소리는 사람이 들을 때 같은 느낌을 준다.

열역학
Thermodynamics

PART 3

미국 옐로우스톤 국립 공원에 있는 많은 머드 포트 중 하나에서 거품이 터지는 순간의 모습이다. 머드 포트는 거품이 이는 뜨거운 진흙 저수지라고 할 수 있으며, 이는 지표면 아래에서 열역학 과정이 일어나고 있음을 보여 준다. *(© Adambooth/Dreamstime.com)*

이제 열역학으로 관심을 돌려보자. 열역학은 에너지 전달로 인하여 계의 온도나 상(고체, 액체, 기체)이 변하는 상황과 연관이 있다. 나중에 알게 되겠지만 열역학은 물질의 거시적 성질과, 원자와 분자의 역학과의 상관 관계를 아주 성공적으로 설명한다.

역사적으로 열역학은 물질의 원자론과 나란히 발전하였다. 1820년대까지 원자의 존재에 대한 분명한 증거를 제공한 것은 화학 실험이었다. 그 당시 과학자들은 열역학이 물질의 구조와 상관 관계가 있어야 한다는 인식이 있었다. 1827년 식물학자 브라운은 액체에 떠 있는 꽃가루 알갱이가 항상 요동치는 것처럼 불규칙적으로 이리저리 움직이는 것을 보고하였다. 1905년 아인슈타인은 오늘날 **브라운 운동**이라 부르는 이 불규칙한 운동의 원인을 설명하기 위하여 운동론을 사용하였다. 아인슈타인은 꽃가루 알갱이가 액체 속에 있는 '보이지 않는' 분자와 지속적인 충돌을 한다는 가정하에 알갱이의 불규칙적인 운동을 설명하였다. 과학자들은 이런 설명을 통하여 분자 운동이라는 개념에 대한 통찰력을 갖게 되었고, 물질이 원자로 되어 있다는 생각에 대한 믿음을 갖게 되었다. 따라서 일상적인 것과 이 세상을 이루는 작고 보이지 않는 구성 요소 사이에 연결 고리가 만들어졌다.

또한 열역학은 좀 더 실질적인 문제를 다룬다. 냉장고가 어떻게 내용물을 차갑게 하는지, 자동차의 엔진과 발전소에서는 어떤 변화가 일어나는지, 또는 움직이는 물체가 정지할 때 운동 에너지는 어떻게 되는지 생각해 보았는가? 이런 질문과 그와 관련된 현상에 관한 해답을 바로 열역학 법칙에서 찾을 수 있다. ■

온 도
Temperature

CHAPTER
19

이 구조물의 설계자는 왜 이렇게 이상한 루프를 중간 중간에 넣었을까? 액체를 운반하는 파이프 선에 종종 이런 루프가 있는 이유는 온도 변화에 따라 팽창과 수축이 이루어지도록 하기 위해서이다. 이 장에서는 열팽창에 대하여 공부해 보자. *(©Lowell Georgia/CORBIS)*

역학에서 물리 현상을 정량적으로 취급하기 위하여 질량, 힘, 운동 에너지의 개념을 신중하게 정의한 것처럼, 열적 현상도 정량적으로 취급하기 위해서는 **온도, 열, 내부 에너지**의 개념을 주의 깊게 정의해야 한다. 이 장에서는 먼저 온도에 대하여 다루고자 한다.

이어서 열적 현상을 공부할 때, 우리가 탐구하는 특정 물질의 중요성을 고려할 것이다. 예를 들면 액체나 고체를 가열하면 아주 조금 팽창하지만, 기체를 가열하면 많이 팽창한다.

이 장은 이상 기체를 거시적인 측면에서 고찰하는 것으로 끝을 맺는다. 여기서 기체의 압력, 부피, 온도 사이의 관계를 다루게 된다. 21장에서는 작은 입자 모형을 사용하여 기체를 미시 수준에서 살펴보기로 한다.

19.1 온도와 열역학 제0법칙
Temperature and the Zeroth Law of Thermodynamics

어떤 물체를 만질 때 느끼게 되는 뜨겁고 차가운 정도를 대개 온도 개념과 연관시킨다. 이런 방식으로 우리의 감각은 온도를 정성적으로 파악한다. 그러나 우리의 감각은 이따금 그릇된 정보를 제공하기도 한다. 예를 들어 여러분이 한 발은 카펫 위에 두고 다른 발은 옆에 있는 타일 바닥에 두고 서 있다면, **두 물체의 온도가 사실상 같은데도** 카펫보다 타일이 더 차다고 느낀다. 두 물체의 온도를 다르게 느끼는 이유는 타일이 카펫보다 에너지를 열의 형태로 더 빠르게 전달하기 때문이다. 여러분의 피부는 실제 온도보다는 에너지가 열로 얼마나 빠르게 전달되는가를 측정하는 것이다. 따라서 물체의 열전도 속도가 아닌, 상대적으로 뜨겁고 찬 정도를 나타낼 수 있는 신뢰성이 있고 재현성이 좋은 온도 측정 방법이 필요하다. 그동안 여러 과학자들이 물체의 온도를 정량적으로 측정할 수 있는 다양한 온도계를 개발하였다.

처음 온도가 서로 다른 두 물체를 접촉시키면 두 물체의 온도는 결국 두 물체의 온도 중간의 한 온도에 도달한다는 것을 잘 알고 있다. 예를 들면 뜨거운 물을 차가운 물이 담겨 있는 욕조에 부으면, 에너지는 뜨거운 물에서 차가운 물로 전달되고 결국 욕조에 담겨 있는 물의 나중 온도는 처음의 뜨거운 물과 차가운 물 사이의 어느 온도에 이르게 된다.

열접촉을 이해하기 위하여 먼저 단열 용기 속에 들어 있는 두 물체를 생각해 보자. 이들은 열의 출입이 차단된 용기 속에 있기 때문에 외부와 상호 작용은 하지 않고 두 물체 사이에만 상호 작용이 있다. 만약 물체의 온도가 서로 다르면 두 물체가 물리적으로 접촉하고 있지 않더라도 두 물체 사이에는 에너지가 교환된다. 8장에서 언급한 에너지 전달 방식 중 여기서 다루는 것은 열과 전자기 복사이다. 이 장의 학습 목표에 따라서, 두 물체 사이에 에너지가 온도 차이에 의하여 위와 같은 방식으로 서로 교환될 수 있으면, 이때 두 물체는 **열접촉**(thermal contact) 상태에 있다고 가정한다. **열평형**(thermal equilibrium)은 열접촉 상태에 놓인 두 물체 사이에 열이나 전자기 복사에 의한 에너지 교환이 없는 상태를 말한다.

열접촉 상태에 놓여 있지 않은 물체 A와 B 그리고 C(온도계)가 있다고 하자. 지금 A와 B가 열평형 상태인지 아닌지를 밝히고자 한다. 먼저 C(온도계)를 그림 19.1a와 같

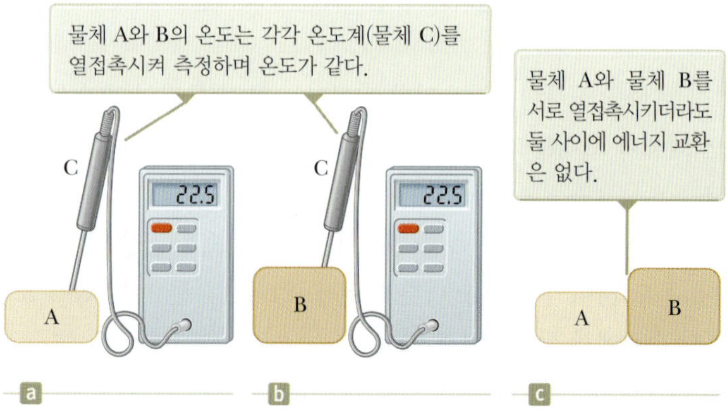

그림 19.1 열역학 제0법칙

이 물체 A에 열접촉시켜 열평형에 다다르도록 한다. 열평형일 때 온도계의 수치는 일정하게 유지되므로, 그 수치를 기록한다.[1] 그 후 온도계를 A에서 떼고 그림 19.1b와 같이 물체 B에 열접촉시킨다. 역시 열평형에 이를 때까지 기다린 후 온도를 측정한다. 만약 두 수치가 같다면, 물체 A와 B는 서로 열평형 상태에 있다고 할 수 있다. A와 B 두 물체를 그림 19.1c와 같이 접촉시키더라도, 두 물체 사이에는 에너지의 교환이 없다.

우리는 이 결과를 평형의 법칙인 **열역학 제0법칙**(zeroth law of thermodynamics)으로 요약할 수 있다.

만약 두 물체 A와 B가 제3의 물체 C와 각각 열평형 상태에 있으면, A와 B는 서로 열평형 상태에 있다.

◀ 열역학 제0법칙

위의 열역학 제0법칙은 실험적으로 쉽게 증명되고, 온도를 정의하는 데 사용되기 때문에 매우 중요하다. **온도**(temperature)를 두 물체 간의 열평형 상태 여부를 결정하는 개념으로 생각할 수 있다. 두 물체가 서로 열평형 상태에 있으면 두 물체의 온도는 서로 같다. 이제 우리는 온도라는 것이 열접촉된 두 물체 사이에 에너지가 전달될 것인지를 결정하는 것임을 알았다. 21장에서 온도와 분자의 역학적인 거동을 연관지을 예정이다.

퀴즈 19.1 크기, 질량 그리고 온도가 서로 다른 두 물체가 열접촉 상태에 있다. 에너지는 어떤 방향으로 이동하는가? **(a)** 에너지는 크기가 큰 물체에서 작은 물체로 이동한다. **(b)** 에너지는 질량이 큰 물체에서 질량이 작은 물체로 이동한다. **(c)** 에너지는 온도가 높은 물체에서 온도가 낮은 물체로 이동한다.

19.2 온도계와 섭씨 온도 눈금
Thermometers and the Celsius Temperature Scale

온도계는 계의 온도를 측정하는 기구이다. 모든 온도계는 온도에 따라 변하는 몇 가지 물리적인 성질을 이용하여 온도를 측정한다. 온도에 따라서 변하는 물리적인 성질로는 (1) 액체의 부피, (2) 고체의 길이, (3) 부피가 일정할 때 기체의 압력, (4) 압력이 일정할 때 기체의 부피, (5) 도체의 전기 저항 그리고 (6) 물체의 색깔 등이 있다.

흔히 사용하는 가장 일반적인 온도계는 액체 온도계이다. 액체 온도계에 사용되는 액체는 보통 수은과 알코올인데, 온도가 올라갈 때 유리 모세관에서 팽창하는 정도를 이용한 것이다(그림 19.2). 이 경우 변화하는 물리적 성질은 액체의 부피이다. 온도계 범위 내에 있는 어떤 온도 변화라도 액체 기둥의 길이 변화에 비례한다고 정의될 수 있다. 그리고 일정한 온도로 유지되는 자연계(natural system)와 온도계를 열접촉시킴으로

[1] 여기서 온도계와 물체 A 사이의 에너지 이동은 이들이 열접촉하고 있는 시간 간격 동안 무시해도 될 정도라고 가정한다. 이 가정이 없이는 물체의 온도를 측정하는 것이 계(system)를 변화시키므로, 측정된 온도는 물체의 처음 온도와 약간 다를 수 있다. 일상생활에서는 온도계로 온도를 측정할 때 나온 값은 원래 계의 온도가 아니라 변화된 계의 온도를 측정한 값이다.

써, 온도계의 눈금을 매길 수 있다. 온도계의 눈금을 매기기에 적합한 자연계 중 하나는 대기압하에서 열평형 상태에 있는 물과 얼음의 혼합물이다. **섭씨 온도 눈금**(Celsius temperature scale)에서는 이 혼합물의 온도를 0 °C로 정의하고, 이 온도를 물의 **어는점**이라고 한다. 온도계의 눈금을 매기기에 적합한 다른 자연계 중 하나는 대기압하에서 열평형 상태에 있는 물과 수증기의 혼합물이다. 이 온도를 100 °C로 정의하고 이 온도를 물의 **끓는점**이라고 한다. 여기서 온도계의 액체 기둥의 높이를 물의 어는점(0 °C)과 끓는점(100 °C)에서 각각 측정하여 그 사이를 100등분함으로써 1 °C 온도 변화를 나타내는 눈금을 얻게 된다.

이런 방법으로 눈금을 매긴 온도계는 아주 정밀한 측정이 필요한 경우에는 문제가 있다. 예를 들면 물의 어는점(0 °C)과 끓는점(100 °C)으로 눈금을 매긴 알코올 온도계와 수은 온도계의 눈금은 0 °C와 100 °C에서는 두 온도계의 눈금이 일치한다. 그러나 수은과 알코올은 열팽창 정도가 다르기 때문에 수은 온도계가 50 °C를 가리키고 있을 때, 같은 환경에 놓인 알코올 온도계는 약간 다른 값을 나타낼 수가 있다. 특히 눈금을 매긴 두 온도로부터 멀리 떨어진 온도를 측정할 경우 두 온도계 사이의 눈금은 훨씬 차이가 난다.[2]

더구나 이들 온도계는 측정할 수 있는 온도의 범위에 한계가 있다. 예를 들면 수은 온도계는 수은의 어는점(−39 °C) 이하에서는 사용할 수 없고, 알코올 온도계는 알코올의 끓는점(85 °C) 이상의 온도를 측정하는 데는 부적절하다. 이런 문제점을 극복하기 위하여, 사용한 물질에 관계없이 온도를 측정할 수 있는 범용 온도계의 개발이 필요하게 되었다. 다음 절에서 다룰 기체 온도계는 이런 요구를 비교적 잘 만족시킨다.

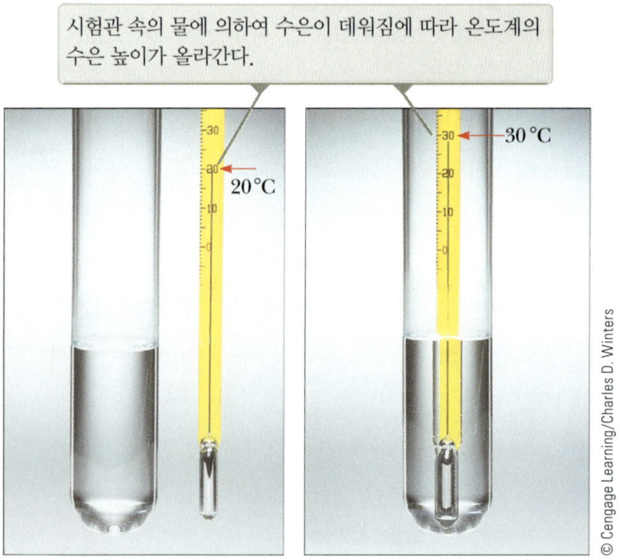

그림 19.2 온도를 올리기 전후의 수은 온도계

[2] 같은 액체를 사용한 온도계라도 같은 온도에서 다른 측정값을 나타낼 수 있다. 이것은 모세관을 균일한 두께로 만들기가 어렵기 때문이다.

19.3 등적 기체 온도계와 절대 온도 눈금
The Constant-Volume Gas Thermometer and the Absolute Temperature Scale

그림 19.3은 기체 온도계 중 하나인 등적 기체 온도계이다. 이 온도계는 일정한 부피를 갖는 기체의 압력이 온도에 따라 변하는 물리적 성질을 이용한다. 플라스크를 얼음물에 넣고 수은 용기 *B*를 올리거나 내려서, 수은 용기 *A*의 수은주 꼭대기가 눈금자의 0에 도달하도록 한다. 수은주 *A*와 *B*의 높이차 *h*는 식 14.4의 $P = P_0 + \rho gh$로 주어지는 0 °C에서 플라스크 속의 압력을 나타낸다.

이번에는 기체가 든 플라스크를 끓는 물속에 넣고, 수은 용기 *B*를 다시 조정하여 수은주 *A*의 꼭대기가 다시 눈금자의 0에 오도록 한다. 이렇게 함으로써, 기체의 부피는 플라스크를 얼음물에 넣었을 때와 같게 유지된다(그래서 등적이라는 표현을 사용한다). 수은 용기 *B*를 조정하면 100 °C에서의 기체 압력을 구할 수 있다. 이렇게 구한 기체의 두 압력과 온도를 그림 19.4와 같이 각각 점으로 표시한다. 이 두 점을 연결한 직선은 미지의 온도를 알아내기 위한 눈금 매김 선으로 사용된다. 다른 실험에 의하면, 압력과 온도 간의 선형 관계가 아주 좋은 가정이라는 것을 보여 준다. 어떤 물체의 온도를 측정하고 싶으면, 그림 19.3의 기체가 담긴 플라스크를 측정하고자 하는 물체와 열접촉시키고, 수은주 *B*를 조정하여 수은주 *A*의 꼭대기가 눈금자의 0에 오도록 한다. 수은주 *B*의 높이는 기체의 압력을 나타내며, 압력을 알면 그림 19.4의 그래프를 이용하여 물체의 온도를 알아낼 수 있다.

처음 압력이 서로 다른 기체를 사용하는 여러 가지 기체 온도계로 온도를 측정한다고 가정해 보자. 실험의 결과를 보면, 기체의 압력이 낮고 온도가 기체의 액화점보다 훨씬 높은 경우에는, 측정 온도가 기체의 종류에 크게 의존하지 않는다는 것을 알 수 있다(그림 19.5). 기체의 압력이 낮을수록, 여러 가지 기체를 사용한 기체 온도계 사이의 차이는 작아진다.

그림 19.5에서 각각의 직선을 0 °C 이하의 방향으로 연장시키면, 놀라운 사실을 알아낼 수 있다. **모든 기체는 온도가 −273.15 °C일 때 압력이 영이 된다.** 이것은 이 특정

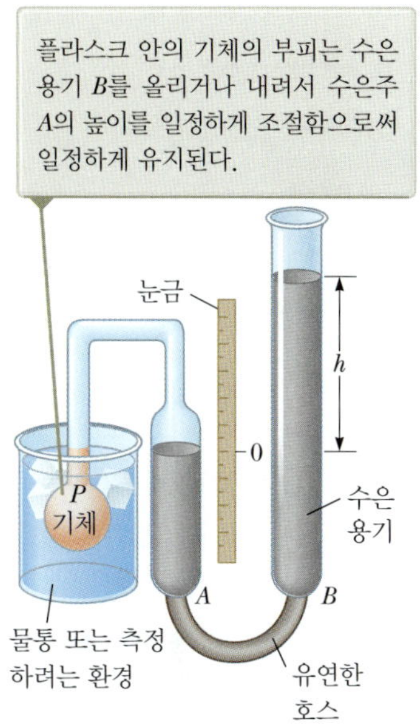

그림 19.3 등적 기체 온도계는 물속에 잠겨 있는 플라스크 안에 들어 있는 기체의 압력을 측정한다.

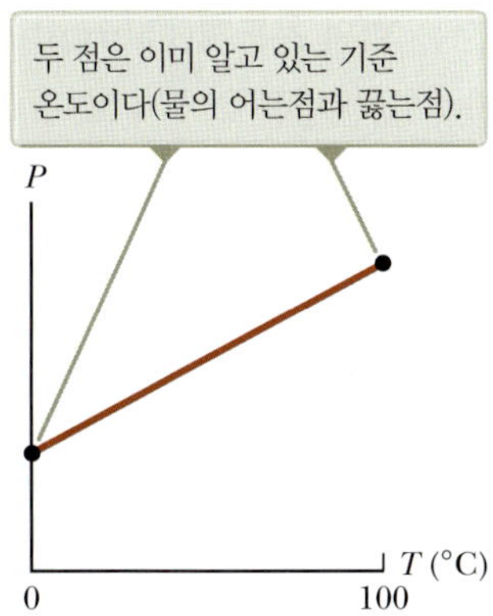

그림 19.4 등적 기체 온도계로 측정한 결과로 얻은 전형적인 압력 대 온도 그래프

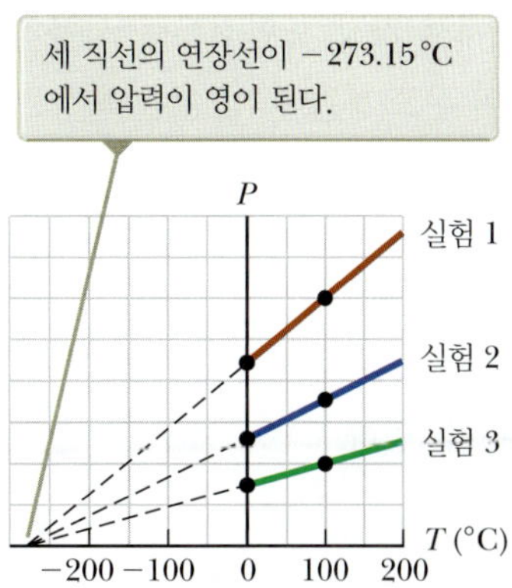

그림 19.5 등적 기체 온도계에서 각기 다른 압력하에서 실험한 압력 대 온도 그래프

그림 19.6 여러 가지 물리적 과정이 나타나는 절대 온도

오류 피하기 19.1

도 문제(a matter of degree) 켈빈 눈금에서 온도의 표기를 할 때 도(°) 부호를 사용하지 않는다. 켈빈 온도 단위는 단순히 켈빈(kelvin, K)이지 도켈빈(degrees kelvin)이 아니다.

온도가 뭔가 특별한 역할을 한다는 것을 말해 준다. 이 현상이 −273.15 °C를 영점으로 하는 **절대 온도 눈금**(absolute temperature scale)의 기초가 되었다. −273.15 °C를 흔히 **절대 영도**(absolute zero)라고 한다. 이 수치가 영이라고 지시된 이유는, 이보다 낮은 온도에서 기체 압력은 음의 값이 되고 이는 의미가 없기 때문이다. 절대 온도에서 한 눈금 차이는 섭씨 온도에서 1 °C 차이와 같게 설정되었다. 그래서 섭씨 온도와 절대 온도 사이의 관계를 다음 식으로 나타낼 수 있다.

$$T_C = T - 273.15 \tag{19.1}$$

여기서 T_C 는 섭씨 온도이며, T는 절대 온도이다.

물의 어는점과 끓는점은 실험적인 재현성이 나쁘기 때문에, 국제 도량형국에서는 1954년에 새로운 두 고정점을 바탕으로 한 절대 온도 눈금을 채택하였다. 첫 번째 고정점은 절대 영도이고, 두 번째 고정점은 **물의 삼중점**(triple point of water: 물이 특정한 온도와 압력에서 기체, 액체, 고체의 세 상이 평형 상태로 공존하는 지점)이다. 이 삼중점은 0.01 °C의 온도와 4.58 mmHg의 압력일 때 나타난다. 켈빈을 단위로 하는 이 새로운 온도 눈금에서 물의 삼중점은 273.16켈빈(273.16K)이다. 물론 물의 어는점과 끓는점을 기준으로 한 앞의 온도계와 물의 삼중점을 기준으로 한 새로운 온도계의 눈금이 잘 일치되도록 한 선택이다. 이 새로운 **절대 온도 눈금**(Kelvin scale)은 절대 온도의 SI 단위인 **켈빈**을 사용하며, 절대 영도와 물의 삼중점 온도 차이의 1/273.16로 정의하였다.

그림 19.6은 여러 가지 물리 현상과 구조에 대한 켈빈 온도를 나타낸다. 절대 영도(0 K)에는 도달할 수 없지만, 실험실에서는 1나노켈빈 이하로 절대 영도에 매우 근접해 왔다.

섭씨, 화씨 그리고 켈빈 온도 눈금[3] The Celsius, Fahrenheit, and Kelvin Temperature Scales

식 19.1은 섭씨 온도 T_C가 절대 온도 T로부터 273.15°만큼 이동되어 있음을 보여준다. 두 온도계에서 한 눈금의 크기가 같기 때문에 섭씨 온도 5 °C 차이와 절대 온도 5 K 차이는 같다. 다만 두 눈금의 영점이 다를 뿐이다. 그래서 물의 어는점인 273.15 K는 0.00 °C이고, 물의 끓는점인 373.15 K는 100.00 °C이다.

미국에서 가장 보편적으로 사용하고 있는 온도계는 **화씨 온도계**(Fahrenheit scale)이다. 이 온도계는 물의 어는점을 32 °F로 하고, 물의 끓는점을 212 °F로 정하였다. 섭씨 온도와 화씨 온도의 관계식은 다음과 같다.

$$T_F = \tfrac{9}{5}T_C + 32°\text{F} \tag{19.2}$$

식 19.1과 19.2를 사용하여 섭씨 온도, 절대 온도와 화씨 온도 사이의 온도 변화 관계를 얻을 수 있다.

$$\Delta T_C = \Delta T = \tfrac{5}{9}\Delta T_F \tag{19.3}$$

---

[3] 셀시우스(Anders Celsius, 1701~1744), 파렌하이트(Daniel Gabriel Fahrenheit, 1686~1736) 그리고 켈빈(William Thomson, Lord Kelvin, 1824~1907)의 이름을 따서 명명되었다.

앞에서 언급한 세 가지 온도 중 유일하게 켈빈 눈금이 실제 영의 온도 값에 바탕을 둔다. 섭씨 온도와 화씨 온도는 특정 행성인 지구에 있는 특정 물질인 물과 관여한 어떤 임의의 온도를 영점으로 정하였다. 따라서 온도 T가 관여한 어떤 방정식을 풀거나, 온도의 비 등이 관련된 경우, 모든 온도 단위를 켈빈으로 변환시켜야만 한다. 그 식이 온도 변화 ΔT를 나타내고자 할 때 식 19.3과 같이 섭씨 온도를 써도 옳은 답을 구할 수 있지만, 절대 온도로 바꾸는 것이 가장 확실한 방법이라 할 수 있다.

퀴즈 19.2 다음 짝지어진 물질 중 한쪽이 다른 쪽 온도의 두 배가 되는 짝은 어느 것인가? **(a)** 100 °C의 끓는 물, 50 °C의 물 한 잔 **(b)** 100 °C의 끓는 물, −50 °C의 냉동 메테인 **(c)** −20 °C의 얼음 조각, 서커스에서 불을 뿜는 사람이 내뿜는 233 °C의 불꽃 **(d)** 정답 없음

예제 19.1 온도의 변환

어느 날의 기온이 50 °F이다. 이것을 섭씨 온도와 켈빈 온도로 바꾸라.

풀이

개념화 미국에서는 50 °F라는 온도가 익숙하지만, 전 세계 여러 나라에서는 이 온도가 의미 없을 수 있다. 그 이유는 섭씨 온도계를 사용하기 때문이다.

분류 이는 간단한 대입 문제이다.

식 19.2를 풀어 섭씨 온도의 표현을 구하고 주어진 값들을 대입한다.

$$T_C = \tfrac{5}{9}(T_F - 32) = \tfrac{5}{9}(50 - 32) = \boxed{10°C}$$

식 19.1을 이용하여 켈빈 온도를 구한다.

$$T = T_C + 273.15 = 10°C + 273.15 = \boxed{283\ K}$$

날씨와 관련하여 알고 있으면 편한 몇 가지 온도 변환;

물의 어는점 0 °C = 32 °F, 시원한 온도 10 °C = 50 °F, 실내 온도 20 °C = 68 °F, 따뜻한 온도 30 °C = 86 °F, 더운 온도 40 °C = 104 °F

19.4 고체와 액체의 열팽창
Thermal Expansion of Solids and Liquids

지금까지 공부한 액체 온도계는 물질에서 일어나는 매우 보편적인 변화, 즉 온도를 높이면 부피가 증가한다는 것을 이용한 것이다. 이 현상을 **열팽창**(thermal expansion)이라고 하는데, 많은 공학적 응용 분야에서 매우 중요한 역할을 한다. 예를 들면 그림 19.7에 나타난 것과 같은 열팽창 이음매는 건물, 콘크리트 고가도로, 열차 선로, 벽돌벽 그리고 다리에서 온도의 변화에 따른 길이 변화를 보정하기 위하여 필요하다.

일반적으로 물체의 열팽창은 물체를 구성하고 있는 원자나 분자 사이의 평균 거리가 변하기 때문에 생긴다. 이 현상을 이해하기 위하여 고체 속의 원자들이 15.3절에서 설명한 바와 같이 서로 단단한 용수철에 의하여 연결되어 있다고 생각해 보자(그림 15.11b). 상온에서 고체 속의 원자는 평형 위치에서 약 10^{-11} m 정도의 진폭과 약 10^{13} Hz 정도의 진동수로 진동하고 있다. 이때 원자 사이의 평균 거리는 약 10^{-10} m 정도이다. 고체의 온도를 높이면 고체 원자는 더 큰 진폭으로 진동하게 되고, 원자 사이의 평

그림 19.7 (a) 다리와 (b) 벽에서의 열팽창 이음매

균 거리도 멀어지게 된다.[4] 결과적으로 고체는 이런 과정을 통하여 팽창한다.

만약 어떤 물체의 열팽창 정도가 물체의 처음 크기에 비하여 훨씬 작다면 열팽창에 의한 길이 변화는 근사적으로 온도 변화에 비례하게 된다. 한 물체가 어떤 온도에서 특정 방향으로 L_i만큼의 처음 길이를 갖는다고 하고, 온도 변화 ΔT에 따른 길이 변화를 ΔL이라고 하자. 여기서 **평균 선팽창 계수**(average coefficient of linear expansion) α를 다음과 같이 정의한다.

$$\alpha \equiv \frac{\Delta L/L_i}{\Delta T}$$

온도 변화가 작을 때 α는 일정하다는 것을 실험적으로 알 수 있다. 편의상 이 식은 보통 다음과 같이 다시 써서 계산에 이용한다.

일차원 열팽창 ▶

$$\Delta L = \alpha L_i \Delta T \tag{19.4}$$

또는

$$L_f - L_i = \alpha L_i (T_f - T_i) \tag{19.5}$$

여기서 L_f는 나중 길이이고, T_i와 T_f는 각각 처음 온도와 나중 온도이다. 그리고 비례 상수 α는 주어진 물체의 평균 선팽창 계수이며 단위는 $(°C)^{-1}$이다. 식 19.4는 물질의 온도가 증가할 때의 열팽창이나, 물질의 온도가 내려갈 때의 열수축에 모두 사용할 수 있다.

이해하기 쉽게 말해서 열팽창의 결과는 어떤 물체의 확대 사진 정도로 생각하면 된다. 예를 들면 그림 19.8과 같이 금속 고리를 가열하면, 고리 구멍의 반지름을 포함한 모든 방향으로의 크기가 식 19.4에 따라 증가한다. 열팽창하는 물질 속의 빈 공간도 물질이 차 있는 것과 다름없이 팽창한다.

오류 피하기 19.2

구멍은 더 커질까, 더 작아질까? 물체의 온도가 올라갈 때, 모든 방향으로 길이가 늘어난다. 그림 19.8에 보인 바와 같이, 물체 내의 어떤 구멍도 마치 그 구멍에 같은 물질이 채워져 있는 것처럼 팽창하게 된다.

[4] 더 정확하게 말하면, 고체의 열팽창은 그림 15.11a와 같이 고체 원자의 퍼텐셜 에너지 곡선의 비대칭성에 의하여 나타난다. 만약 진동자가 완벽한 조화 진동을 한다면, 원자의 평균 거리는 진폭에 관계없이 변하지 않을 것이다.

표 19.1 상온에서 여러 가지 물질의 평균 팽창 계수

물질 (고체)	평균 선팽창 계수 $(\alpha)(°C)^{-1}$	물질 (액체 및 기체)	평균 부피 팽창 계수 $(\beta)(°C)^{-1}$
알루미늄	24×10^{-6}	아세톤	1.5×10^{-4}
황동과 청동	19×10^{-6}	에틸 알코올	1.12×10^{-4}
콘크리트	12×10^{-6}	벤젠	1.24×10^{-4}
구리	17×10^{-6}	휘발유	9.6×10^{-4}
보통 유리	19×10^{-6}	글리세린	4.85×10^{-4}
파이렉스 유리	3.2×10^{-6}	수은	1.82×10^{-4}
불변강(Ni-Fe 합금)	0.9×10^{-6}	송진	9.0×10^{-4}
납	29×10^{-6}	0 °C의 공기[a]	3.67×10^{-3}
강철	11×10^{-6}	헬륨[a]	3.665×10^{-3}

[a] 기체는 어떤 과정을 거치느냐에 따라 다르게 팽창하기 때문에 특정한 부피 팽창 계수 값이 없다. 이 표에 제시한 값들은 일정한 압력하에서 팽창한다고 가정하고 주어져 있다.

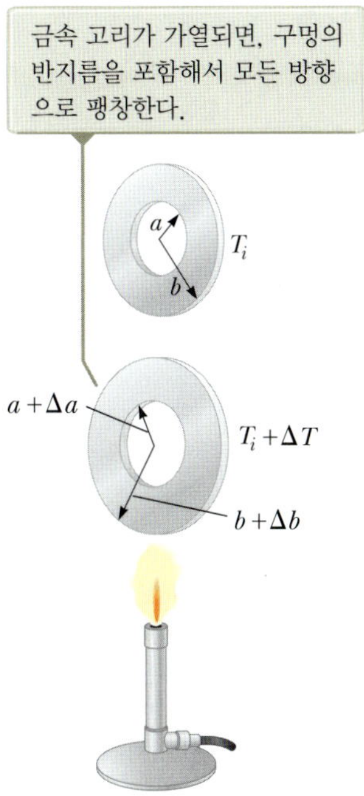

그림 19.8 밀도가 균일한 금속 고리의 열팽창. 그림에서는 열팽창이 조금 과장되어 있다.

표 19.1에 여러 가지 물질의 평균 선팽창 계수를 나타내었다. 이들 물질의 경우, α는 양(+)의 값을 갖는데, 이는 온도를 높였을 때 길이가 늘어난다는 것을 뜻한다. 그러나 어떤 경우에는 온도를 높였을 때 길이가 줄어드는 경우도 있다. 예를 들면 방해석($CaCO_3$)과 같은 물질은 온도를 높였을 때, 한쪽 방향으로는 팽창하여 α 값이 양(+)이 되지만 다른 쪽 방향으로는 수축되어 α 값이 음(−)이 된다.

어떤 물체의 길이가 온도에 따라서 변하기 때문에 표면적과 부피도 온도에 따라 변한다. 일정한 압력하에서 부피의 변화는 다음 식과 같이 처음 부피 V_i와 온도 변화에 비례한다.

◀ 삼차원에서의 열팽창

$$\Delta V = \beta V_i \,\Delta T \tag{19.6}$$

여기서 β는 **평균 부피 팽창 계수**(average coefficient of volume expansion)이다. β와 α의 관계를 알아내기 위하여, 고체에서 평균 선팽창 계수는 모든 방향에서 같다고 가정한다. 즉 물체가 **등방성**을 가진다고 가정한다. 가로, 세로, 높이가 각각 ℓ, w, h인 직육면체를 생각해 보자. 온도 T_i에서의 부피는 $V_i = \ell wh$이다. 온도가 $T_i + \Delta T$로 변하면, 부피는 $V_i + \Delta V$가 되며, 각각의 크기(가로, 세로, 높이)는 식 19.4에 따라 변한다. 따라서

$$\begin{aligned} V_i + \Delta V &= (\ell + \Delta\ell)(w + \Delta w)(h + \Delta h) \\ &= (\ell + \alpha\ell\,\Delta T)(w + \alpha w\,\Delta T)(h + \alpha h\,\Delta T) \\ &= \ell wh(1 + \alpha\,\Delta T)^3 \\ &= V_i[1 + 3\alpha\,\Delta T + 3(\alpha\,\Delta T)^2 + (\alpha\,\Delta T)^3] \end{aligned}$$

양변을 V_i로 나누고 $\Delta V/V_i$에 관하여 나타내면, 부피 변화율은 다음과 같다.

$$\frac{\Delta V}{V_i} = 3\alpha\,\Delta T + 3(\alpha\,\Delta T)^2 + (\alpha\,\Delta T)^3$$

일반적인 $\Delta T(<\sim 100\ °C)$ 범위 내에서 $\alpha\Delta T \ll 1$이므로, $3(\alpha\Delta T)^2$ 항과 $(\alpha\Delta T)^3$ 항

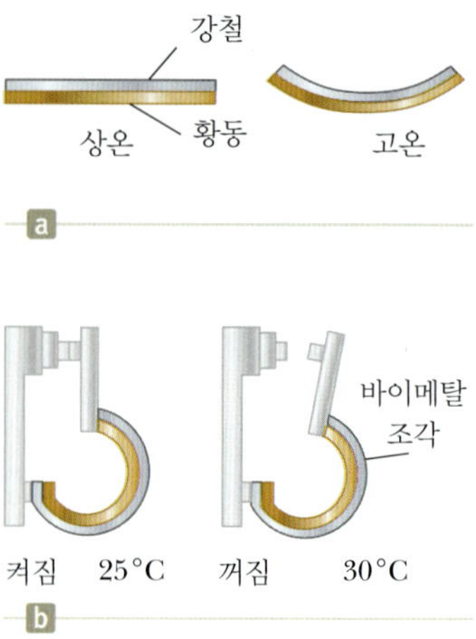

그림 19.9 (a) 바이메탈은 두 금속의 팽창 계수가 다르기 때문에 온도가 변하면 구부러진다. (b) 자동 온도 조절 장치에 사용되는 바이메탈은 전기 회로를 연결하거나 끊는 역할을 한다.

을 무시할 수 있다. 따라서 다음과 같은 근삿값을 얻는다.

$$\frac{\Delta V}{V_i} = 3\alpha\,\Delta T \;\rightarrow\; \Delta V = (3\alpha)V_i\,\Delta T$$

이 식을 식 19.6과 비교하면 다음을 확인할 수 있다.

$$\beta = 3\alpha$$

이와 비슷한 방법으로 직사각형 모양의 판의 넓이 변화가 $\Delta A = 2\alpha A_i\,\Delta T$임을 알 수 있다.

자동 온도 조절 장치와 같은 일상적인 장치에 사용되는 바이메탈은 서로 다른 물질의 팽창 계수의 차이를 이용한다. 이는 팽창 계수가 다른 금속으로 구성된 두 개의 얇고 길쭉한 조각이 서로 붙어 있는 형태를 띤다. 그림 19.9와 같이 바이메탈의 온도가 올라가면, 두 금속은 각각 팽창하는 정도가 달라서 바이메탈은 구부러진다.

Q 퀴즈 19.3 아주 민감한 유리 온도계를 만들려고 한다. 다음 중 어떤 액체를 선택해야 하는가? **(a)** 수은 **(b)** 알코올 **(c)** 휘발유 **(c)** 글리세린

Q 퀴즈 19.4 두 개의 구가 같은 금속으로 이루어져 있고, 반지름이 같다. 그러나 한 개는 속이 비어 있고 다른 하나는 속이 가득 차 있다. 이들의 온도를 동일하게 상승시켰을 때, 어느 구가 더 팽창하는가? **(a)** 속이 가득 찬 금속 구가 더 팽창한다. **(b)** 속이 빈 금속 구가 더 팽창한다. **(c)** 둘은 같은 정도로 팽창한다. **(d)** 주어진 정보로는 판단할 수 없다.

예제 19.2 기차 선로의 팽창

0.0 °C에서 길이가 30.000 m인 강철로 된 기차 선로가 있다.

(A) 온도가 40.0 °C일 때 길이를 구하라.

풀이

개념화 기차 선로가 상대적으로 길기 때문에, 40.0 °C로 온도가 상승할 때 측정 가능한 길이 변화를 예상할 수 있다.

분류 이 장에서 다루었던 내용들을 이용하여 길이 변화를 구할 것이다. 따라서 예제는 대입 문제이다.

식 19.4와 표 19.1의 선팽창 계수를 이용한다.

$$\Delta L = \alpha L_i\,\Delta T = [11\times10^{-6}\,(°\mathrm{C})^{-1}](30.000\ \mathrm{m})(40.0°\mathrm{C}) = 0.013\ \mathrm{m}$$

선로의 새로운 길이를 구한다.

$$L_f = 30.000\ \mathrm{m} + 0.013\ \mathrm{m} = 30.013\ \mathrm{m}$$

(B) 0.0 °C에서 선로의 양 끝이 단단하게 고정되어 있어 팽창이 억제되어 있다고 가정해 보자. 40.0 °C로 온도가 상승할 때 선로가 받는 열적 변형력을 구하라.

풀이

분류 이 부분은 다른 장에서 다룬 개념들을 이용해야 하므로 분석 문제이다.

분석 열적 변형력은 선로가 자유로이 팽창하였다가 역학적인 힘 F에 의하여 다시 원래의 길이로 돌아갈 때 받는 인장 변형력과 같다.

식 12.6과 표 12.1에서 강철의 영률을 이용하여 인장 변형력을 구한다.

$$\text{인장 변형력} = \frac{F}{A} = Y\frac{\Delta L}{L_i}$$

$$\frac{F}{A} = (20 \times 10^{10}\ \mathrm{N/m^2})\left(\frac{0.013\ \mathrm{m}}{30.000\ \mathrm{m}}\right)$$

$$= 8.7 \times 10^7\ \mathrm{N/m^2}$$

결론 (A)에서 팽창된 길이는 1.3 cm이다. 개념화 단계에서 예상한 바와 같이, 팽창된 길이는 측정 가능하다. (B)에서의 열적 변형력은 선로가 이어지는 부분에 작은 팽창 공간을 줌으로써 피할 수 있다.

문제 온도가 −40.0 °C로 내려간다면? 고정되지 않은 선로의 길이를 구하라.

답 식 19.4에서 길이 변화는 온도가 올라가거나 내려가는 경우에 동일하게 작용한다. 따라서 온도가 40 °C만큼 올라갈 때 길이가 0.013 m만큼 증가한다면, 온도가 40 °C만큼 감소할 때 길이는 0.013 m만큼 감소한다(α는 모든 온도 범위에서 동일하다고 가정한다). −40.0 °C에서 새로운 길이는 30.000 m − 0.013 m = 29.987 m이다.

예제 19.3 열팽창에 의한 전기합선

어떤 전자 기기가 잘못 설계되어 그림 19.10과 같이 서로 다른 쪽에 달려 있는 볼트가 안쪽에서 거의 맞닿게 되었다. 강철 볼트와 황동 볼트는 각기 다른 전위에 놓여 있어 서로 닿을 경우, 단락(합선) 회로가 형성되어 기기가 손상을 입게 된다(전위에 대해서는 25장에서 알아보기로 한다). 27 °C일 때 두 볼트 사이의 간격이 5.0 μm였다면, 두 볼트가 접촉하게 되는 온도는 몇 도인가? 두 벽 사이의 거리는 온도에 영향을 받지 않는다고 가정한다.

풀이

개념화 온도가 오름에 따라 두 볼트의 끝이 틈을 좁혀가는 방향으로 팽창한다고 생각해 보자.

분류 이것을 열팽창 문제로 분류할 수 있다. 여기서 두 볼트의 길이 변화의 합은 온도가 변하기 전 두 볼트 사이의 간격과 같아야 한다고 놓고 푼다.

분석 길이 변화의 합이 두 볼트 사이의 간격과 같다고 놓는다.

$$\Delta L_{\mathrm{br}} + \Delta L_{\mathrm{st}} = \alpha_{\mathrm{br}} L_{i,\mathrm{br}}\, \Delta T + \alpha_{\mathrm{st}} L_{i,\mathrm{st}}\, \Delta T = d$$

ΔT에 관하여 푼다.

$$\Delta T = \frac{d}{\alpha_{\mathrm{br}} L_{i,\mathrm{br}} + \alpha_{\mathrm{st}} L_{i,\mathrm{st}}}$$

주어진 값들을 대입한다.

$$\Delta T = \frac{5.0 \times 10^{-6}\ \mathrm{m}}{[19 \times 10^{-6}\ (^\circ\mathrm{C})^{-1}](0.030\ \mathrm{m}) + [11 \times 10^{-6}\ (^\circ\mathrm{C})^{-1}](0.010\ \mathrm{m})}$$

$$= 7.4\ ^\circ\mathrm{C}$$

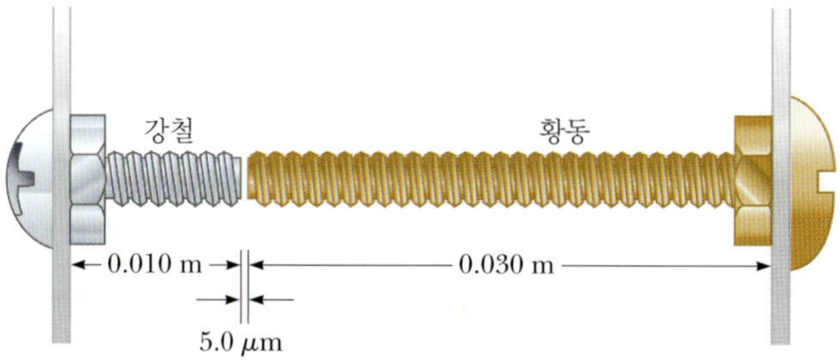

그림 19.10 (예제 19.3) 어떤 전자 기기의 다른 부분에 달려 있는 두 볼트가 27 °C일 때 거의 서로에 닿을 정도 거리에 놓여 있다. 온도가 올라감에 따라 두 볼트는 서로를 향하여 팽창한다.

두 볼트가 접촉할 때의 온도를 구한다.

$$T = 27^\circ\mathrm{C} + 7.4^\circ\mathrm{C} = 34^\circ\mathrm{C}$$

결론 이 온도는 더운 여름날 오랜 기간 동안 건물에서 냉방 시설이 작동하지 않을 경우 도달할 만한 온도이다.

물의 특이한 성질 The Unusual Behavior of Water

액체는 일반적으로 온도가 높아지면 부피가 증가하며, 액체의 평균 부피 팽창 계수는 보통 고체보다 10배 정도 크다. 그러나 차가운 물은 이 법칙을 따르지 않는다. 그림 19.11에 나와 있는 밀도–온도 곡선에서 볼 수 있듯이, 온도가 0 °C에서 4 °C로 증가할

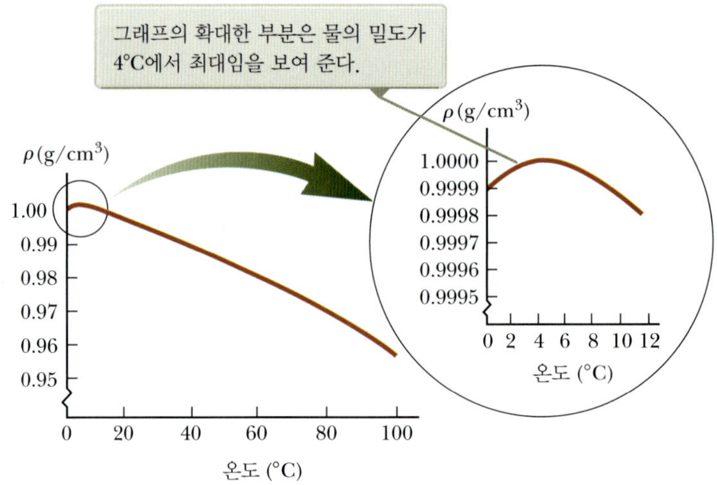

그림 19.11 대기압하에서 물의 온도 변화에 따른 밀도 변화

때, 물은 수축하여 밀도가 증가한다. 4 °C 이상에서는, 물은 온도가 올라감에 따라 부피가 팽창하며 밀도가 낮아진다. 그러므로 물의 밀도는 4 °C일 때 최댓값인 1.000g/cm^{3}에 다다르게 된다.

이런 물의 특이한 열팽창 성질을 이용하여 왜 연못의 물이 바닥부터가 아닌 표면부터 얼기 시작하는지를 설명할 수 있다. 대기의 온도가 7 °C에서 6 °C로 낮아지면, 연못 표면에 있는 물의 온도도 같이 내려가게 되고 결국 부피가 줄어든다. 그 아래의 물은 온도가 내려가지 않으므로 밀도가 그대로이다. 따라서 상대적으로 밀도가 큰 표면의 물이 아래로 내려가게 되고, 그 밑에 있던 상대적으로 따뜻한 물은 위로 올라오게 된다. 그러나 대기의 온도가 4 °C에서 0 °C 사이가 되면 표면의 물은 온도가 낮아짐에 따라 팽창하게 되어 아래쪽의 물에 비하여 밀도가 낮아지게 된다. 그래서 아래쪽의 물과 섞이는 과정이 중단되고 결국 표면의 물은 얼게 된다. 물이 얼어서 얼음이 되면 물보다 밀도가 낮아지게 되므로 표면에 머물게 된다. 온도가 계속 내려가면 표면에서는 점점 얼음이 두꺼워지고, 연못 밑바닥에서 물은 4 °C인 채로 머물게 된다. 만약 물이 위와 같이 얼지 않고 바닥부터 언다면, 물고기나 다른 해양 생물은 생존하지 못했을 것이다.

19.5 이상 기체의 거시적 기술
Macroscopic Description of an Ideal Gas

부피 팽창 식 $\Delta V = \beta V_i \Delta T$는 온도 변화가 일어나기 전 물체가 처음 부피 V_i를 가지고 있다는 가정하에 성립한다. 물질이 고체나 액체인 경우 특정 온도에서의 부피가 정해져 있기 때문에 이 식이 적용된다.

그러나 기체의 경우는 완전히 다르다. 기체 원자 간의 힘은 매우 약해서 대개의 경우 거의 존재하지 않는다고 보아도 크게 무리는 없다. 따라서 원자 사이의 **평형 거리가 정의되지 않으며**, 주어진 온도하에서 '표준' 부피가 없다. 부피는 용기의 크기에 의존한다. 결과적으로 변화 전 부피 V_i가 정해져 있지 않으므로, 식 19.6을 이용하여 기체에 작용하는 과정 동안 부피의 변화 ΔV를 표현할 수가 없다. 기체를 다루는 식은 처음 값으로부터의 부피 변화보다는 부피 V를 변수로 사용한다.

기체의 경우, 질량이 m인 기체의 부피 V, 압력 P, 온도 T 사이의 관계가 어떤지 알아보는 것이 유용하다. 일반적으로 이들 물리량 사이의 관계를 나타내는 식인 **상태 방정식**은 매우 복잡하다. 그러나 기체가 아주 낮은 압력하에 있으면(또는 낮은 밀도) 상태 방정식은 상당히 간단해지고, 실험적으로 알아낼 수 있다. 이 밀도가 낮은 기체를 일반적으로 **이상 기체**(ideal gas)[5]라고 한다. **이상 기체 모형**(ideal gas model)을 이용하여 낮은 압력 상태의 실제 기체의 성질을 설명할 수 있다.

일정한 부피에 들어 있는 기체의 양을 **몰**(mole)**수** n으로 나타내면 편리하다. 1몰의 물질은 **아보가드로수**(Avogadro's number) $N_A = 6.022 \times 10^{23}$만큼의 구성 물질(원자나 분자)을 갖고 있다는 것을 의미한다. 어떤 물질의 몰수 n은 질량과 다음과 같은 관계가 있다.

$$n = \frac{m}{M} \tag{19.7}$$

여기서 M은 물질의 분자량이다. 각 원소의 분자량은 원자 질량이고, 단위는 (g/mol)을 쓴다. 예를 들면 He 원자의 질량은 4.00 u(원자 질량 단위)이다. 그래서 He의 분자량은 4.00 g/mol이다.

이제 그림 19.12와 같이 피스톤으로 부피가 조절되는 원통 속에 이상 기체가 들어 있다고 생각해 보자. 여기서 원통이 완벽하게 밀폐되어 있다고 가정하면, 원통 속의 기체의 질량 혹은 몰수는 일정하게 유지된다. 이런 조건에서 수행된 여러 가지 실험 결과에서 다음과 같은 정보를 얻을 수 있다.

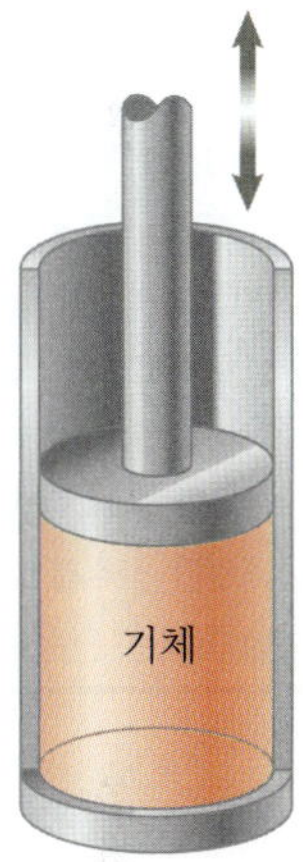

그림 19.12 피스톤의 움직임에 따라 부피가 변하는 원통 속의 이상 기체

- 기체의 온도가 일정할 때, 압력은 부피에 반비례한다(보일의 법칙).
- 기체의 압력이 일정할 때, 부피는 온도에 정비례한다(샤를의 법칙).
- 기체의 부피가 일정할 때, 압력은 온도에 정비례한다(게이-뤼삭의 법칙).

위 관찰 결과들은 **이상 기체의 상태 방정식**(equation of state for an ideal gas)으로 요약할 수 있다.

◀ 이상 기체의 상태 방정식

$$PV = nRT \tag{19.8}$$

일반적으로 **이상 기체 법칙**(ideal gas law)으로 불리는 식 19.8에서 n은 기체의 몰수이며, R는 상수이다. 여러 기체에 대한 실험 결과에서 압력이 영으로 접근할 때, 기체의 종류에 관계없이 PV/nT는 R 값에 접근함을 알 수 있다. 이런 이유로 R를 **보편 기체 상수**(universal gas constant)라고 한다. SI 단위에서, 압력은 파스칼(Pa)로 나타내고 (1 Pa = 1 N/m^2), 부피는 세제곱미터(m^3)로 나타낸다. 따라서 압력과 부피의 곱 PV의 단위는 N · m 또는 J로 나타낸다. 또한 R 값은 다음과 같다.

[5] 더 정확히 말하면, 여기서 가정하고 있는 것은 기체의 온도가 너무 낮거나(기체가 액화되어서는 안 된다) 너무 높으면 안 되고, 압력만 낮아야 한다는 것이다. 이상 기체의 개념은 기체 분자가 용기와 충돌할 때를 제외하고는 상호 작용하지 않아야 하고, 분자 자체의 부피는 기체를 담고 있는 용기의 부피에 비하여 무시할 수 있을 정도여야 한다는 것이다. 이상 기체는 실제로 존재하지 않는다. 그러나 이상 기체의 개념은 아주 유용하다. 왜냐하면 낮은 기압에 놓여 있는 실제 기체는 이상 기체와 같이 행동하기 때문이다.

Image copyright digitalife, 2009. Used under license from Shutterstock.com

그림 19.13 샴페인 병을 흔든 다음 마개를 열었을 때의 모습. 액체가 입구로부터 뿜어져 나온다. 일반적으로 병을 흔들었을 때 병 안의 압력이 증가할 것이라고 잘못 생각하기 쉽다.

$$R = 8.314\ \text{J/mol}\cdot\text{K} \qquad \textbf{(19.9)}$$

압력을 대기압으로, 부피를 리터($1\ \text{L} = 10^3\ \text{cm}^3 = 10^{-3}\ \text{m}^3$)로 표현하면 R 값은 다음과 같다.

$$R = 0.082\ 06\ \text{L}\cdot\text{atm/mol}\cdot\text{K}$$

위의 R 값과 식 19.8을 이용하여, 대기압하에 있고, 온도가 0 °C(273 K)인 기체 1몰의 부피는 기체의 종류에 관계없이 22.4 L임을 알 수 있다.

이상 기체 법칙은 일정한 양의 기체가 있을 때, 온도와 부피가 변하지 않으면 압력 또한 일정하다는 것을 말해 준다. 그림 19.13과 같이 샴페인 병을 흔든 다음 마개를 열었을 때 샴페인이 튀어나오는 것을 생각해 보자. 샴페인 병을 흔들었을 때 병 안의 압력이 높아질 것이라고 잘못 생각하기 쉽다. 그러나 뚜껑이 봉해져 있는 한, 병 안의 부피와 온도는 일정하기 때문에 압력 또한 일정하다. 코르크 마개 대신 압력계로 병 입구를 막으면 그것을 확인할 수 있다. 이에 대한 올바른 설명은 다음과 같다. 이산화탄소 기체는 액체의 표면과 코르크 마개 사이에 존재한다. 이 공간의 기체 압력은 병에 채워지는 과정에서 대기압보다 높게 설정된다. 병을 흔들면 이산화탄소 기체 중 일부가 액체 안으로 들어가 기체 방울을 형성한다. 기체 방울들은 병의 안쪽에 붙는다. (흔드는 과정에서 새로운 기체는 생성되지 않는다.) 병이 열리면, 압력은 대기압으로 낮아지고, 이 때문에 기체 방울의 부피가 갑작스레 증가하게 된다. 기체 방울들이 액체 표면 아래의 병 벽면에 붙어 있다면, 급격하게 팽창할 때 액체를 병으로부터 밖으로 밀어낼 것이다. 만약 뚜껑을 열기 전, 액체의 표면 아래에 기체 방울이 존재하지 않을 때까지 병을 약하게 두드린다면, 뚜껑이 열려서 압력이 낮아진다고 해도 액체는 쏟아져 나오지 않을 것이다.

오류 피하기 19.3

너무나 많은 k가 존재한다 물리학에서는 아주 다양한 물리량에 대하여 문자 k가 사용된다. 앞서 이미 두 가지 사용 예, 즉 용수철의 힘 상수(15장)와 역학적 파동의 파수(16장)를 보았다. 볼츠만 상수는 또 다른 k이고, 20장에서 열전도도로서 23장에서 전기 상수로서 k를 또 만나게 될 것이다. 이런 혼란을 줄이기 위하여, 볼츠만 상수에는 첨자를 붙여 구별할 것이다. 이 책에서는 볼츠만 상수를 k_B로 나타내지만, 다른 문헌에서는 단순히 k로 나타내기도 한다.

이상 기체 법칙은 종종 기체 분자의 전체 수(N)로 표현된다. 몰수 n은 전체 분자 수를 아보가드로수 N_A로 나눈 값과 같기 때문에, 식 19.8은 다음과 같이 표현된다.

$$PV = nRT = \frac{N}{N_A}RT$$

$$PV = Nk_BT \qquad \textbf{(19.10)}$$

여기서 k_B는 **볼츠만 상수**(Boltzmann's constant)이고, 다음의 값을 갖는다.

볼츠만 상수 ▶

$$k_B = \frac{R}{N_A} = 1.38 \times 10^{-23}\ \text{J/K} \qquad \textbf{(19.11)}$$

보통 P, V, T와 같은 양을 이상 기체의 **열역학 변수**(thermodynamic variable)라고 한다. 만약 상태 방정식이 주어지면, 하나의 변수는 항상 다른 두 변수의 함수 형태로 표현될 수 있다.

Q 퀴즈 19.5 짐을 꾸릴 때 충격 완화용으로 사용되는 재료는 아주 얇은 플라스틱을 서로 포갠 후, 공기를 가두어서 만든다. 이 재료는 어떤 날씨에 재료를 옮길 때 내용물을 보호하는 데 더 효과적인가? **(a)** 더운 날 **(b)** 추운 날 **(c)** 날씨와 무관

퀴즈 19.6 겨울날, 난방기를 켜면 집안의 기온이 올라간다. 집의 공기가 정상적 범위 내에서 새어 나가고 들어온다고 가정하자. 더 따뜻해진 상태에서 집안 공기의 몰수는 **(a)** 전보다 커진다. **(b)** 전보다 작아진다. **(c)** 전과 같다.

예제 19.4 스프레이 캔 데우기

스프레이 캔에 기체가 들어 있다. 캔 내부의 압력은 대기압의 두 배(202 kPa)이고, 부피는 125.00 cm^3이며 온도는 22 °C이다. 이 캔을 불 속에 던져 넣는다. (주의: 이 실험은 매우 위험하므로 실제로 하지는 말라.) 캔 내부 기체의 온도가 195 °C에 도달할 때, 캔 내부의 압력을 구하라. 캔의 부피 변화는 무시한다.

풀이

개념화 직관적으로 온도가 증가함에 따라 용기 내부의 기체 압력이 증가할 것으로 기대한다.

분류 캔 내부의 기체를 이상 기체로 가정하고 이상 기체 법칙을 이용하여 새로운 압력을 구한다.

분석 식 19.8을 다시 정리한다.

$$\frac{PV}{T} = nR \qquad (1)$$

압축 과정에서 공기가 빠져나가지 않으므로 n과 nR는 일정하게 유지된다. 따라서 식 (1)의 좌변의 처음 값이 나중 값과 같다고 놓는다.

$$\frac{P_i V_i}{T_i} = \frac{P_f V_f}{T_f} \qquad (2)$$

기체의 처음 부피와 나중 부피가 같다고 가정하므로, 양변의 부피를 소거한다.

$$\frac{P_i}{T_i} = \frac{P_f}{T_f} \qquad (3)$$

P_f에 대하여 푼다.

$$P_f = \left(\frac{T_f}{T_i}\right)P_i = \left(\frac{468\ \text{K}}{295\ \text{K}}\right)(202\ \text{kPa}) = 320\ \text{kPa}$$

결론 온도가 높을수록 갇혀 있는 기체가 작용하는 압력은 더 높아진다. 압력이 계속 높아지면 당연히 캔이 폭발할 것이다. 이런 가능성 때문에 스프레이 캔을 절대 불에 던져서는 안 된다.

문제 온도가 올라감에 따라 열팽창으로 인한 강철 스프레이 캔의 부피 변화를 포함한다고 가정해 보자. 이것이 나중 압력에 대한 답을 크게 변화시키는가?

답 강철의 열팽창 계수는 매우 작기 때문에 답에 큰 변화는 주지 못한다.

식 19.6과 표 19.1로부터 강철의 α를 이용하여 캔의 부피 변화를 구한다.

$$\Delta V = \beta V_i \Delta T = 3\alpha V_i \Delta T$$
$$= 3[11 \times 10^{-6}\ (°\text{C})^{-1}](125.00\ \text{cm}^3)(173°\text{C})$$
$$= 0.71\ \text{cm}^3$$

식 (2)를 다시 이용하여 나중 압력에 대한 식을 구한다.

$$P_f = \left(\frac{T_f}{T_i}\right)\left(\frac{V_i}{V_f}\right)P_i$$

이 결과는 식 (3)과 비교할 때, (V_i/V_f)만 빼고 다 같다. (V_i/V_f) 값을 구한다.

$$\frac{V_i}{V_f} = \frac{125.00\ \text{cm}^3}{(125.00\ \text{cm}^3 + 0.71\ \text{cm}^3)} = 0.994 = 99.4\ \%$$

따라서 나중 압력의 값은 열팽창을 무시하고 계산한 값과 0.6 %밖에 차이가 나지 않는다. 처음에 열팽창을 무시하고 구한 압력에 99.4 %를 구하면, 열팽창을 포함한 나중 압력은 318 kPa이 된다.

연습문제

객관식

1. 22 °C의 온도에서 강철 테이프에 길이를 표시하였다. 같은 테이프로 온도가 27 °C인 날에 측정을 한다. 측정하는 물체의 선팽창 계수가 강철보다 작다고 가정한다면, 이 측정 결과는 (a) 너무 길다 (b) 너무 짧다 또는 (c) 정확하다.

2. 어떤 기체가 25.0 °C, 5.00×10^6 Pa에서 팽창하여 원래 부피의 세 배, 1.07×10^6 Pa인 상태가 되었다. 나중 온도는 얼마인가? (a) 450 K (b) 233 K (c) 212 K (d) 191 K (e) 115 K

3. 이상 기체의 온도가 네 배가 되는 동안 부피는 두 배가 된다. 압력은 (a) 일정하다. (b) 1/2로 감소한다. (c) 1/4로 감소한다. (d) 두 배로 증가한다. (e) 네 배로 증가한다.

4. 162 °F의 온도는 절대 온도로 몇 도인가? (a) 373 K (b) 288 K (c) 345 K (d) 201 K (e) 308 K

5. 원통에 달려 있는 피스톤이 절대 압력 4.0 atm, 부피 0.50 m^3의 산소를 가두고 있다. 피스톤을 바깥으로 잡아당겨 압력이 1.0 atm으로 낮아질 때까지 부피를 증가시킨다. 온도가 일정하다면 산소 기체의 새 부피는 얼마인가? (a) 1.0 m^3 (b) 1.5 m^3 (c) 2.0 m^3 (d) 0.12 m^3 (e) 2.5 m^3

6. 온도를 올려 온도계의 유리가 내부의 액체보다 더 팽창한다고 가정하면 어떤 일이 생기는가? (a) 온도계가 부서진다. (b) 이 온도계는 상온 아래에서만 사용할 수 있다. (c) 온도계의 둥근 부분이 위로 가게 잡고 있어야 할 것이다. (d) 온도계의 눈금이 역전되어 둥근 부분 가까운 쪽이 높은 온도 값이 될 것이다. (e) 눈금이 등 간격으로 배열되지 않을 것이다.

7. 온도가 같은 두 원통 A와 B에 같은 질량의 동일한 기체가 들어 있다. 원통 A의 부피는 원통 B의 세 배이다. 기체가 작용하는 압력에 대하여 어떤 결론을 내릴 수 있는가? (a) 압력에 대하여 결론을 내릴 수 없다. (b) A의 압력이 B의 압력의 세 배이다. (c) 압력은 같아야 한다. (d) A의 압력은 B의 압력의 1/3이다.

8. 1 atm, 300 K에서 1 L의 공기를 고무풍선에 채워 100 K의 냉각기에 넣는다. 고무는 냉각되어도 탄력을 유지한다. **(i)** 풍선의 부피는 어떻게 되는가? (a) $\frac{1}{3}$ L로 감소한다. (b) $1/\sqrt{3}$ L로 감소한다. (c) 일정하다. (d) $\sqrt{3}$ L로 증가한다. (e) 3 L로 증가한다. **(ii)** 풍선 내의 공기압력은 어떻게 되는가? (a) $\frac{1}{3}$ atm으로 감소한다. (b) $1/\sqrt{3}$ atm으로 감소한다. (c) 일정하다. (d) $\sqrt{3}$ atm으로 증가한다. (e) 3 atm으로 증가한다.

9. 구리의 평균 선팽창 계수는 17×10^{-6} (°C)$^{-1}$이다. 자유의 여신상의 높이는 25 °C의 여름 아침에는 93 m이다. 여신상을 감싸고 있는 구리판은 열팽창 이음매(열에 의한 팽창이나 수축을 흡수하는 이음매)없이 가장자리끼리 접합되어 있고, 더운 낮에도 구리판은 뒤틀리거나 골격에 붙지 않는다고 가정하자. 여신상의 높이 증가 정도는 얼마인가? (a) 0.1 mm (b) 1 mm (c) 1 cm (d) 10 cm (e) 1 m

10. 금속판에 구멍을 뚫는다. 금속의 온도를 높이면 구멍의 지름은 어떻게 되는가? (a) 감소한다. (b) 증가한다. (c) 일정하다. (d) 금속의 처음 온도에 따라 다르다. (e) 정답 없음

주관식

19.2 온도계와 섭씨 온도 눈금

19.3 등적 기체 온도계와 절대 온도 눈금

1. 간호사가 측정한 환자의 체온이 41.5 °C이다. (a) 화씨 온도로는 얼마인가? (b) 여러분이 생각하기에 이 환자는 많이 아프다고 생각하는가? 그 이유를 설명하라.

2. 어느 추운 겨울 날, 집 안과 바깥의 온도 차가 57.0 °F이다. 이를 (a) 섭씨 온도 차와 (b) 절대 온도 차로 표현하라.

3. 다음 온도를 화씨 온도와 절대 온도로 변환하라. (a) 드라이아이스의 승화점: 78.5 °C, (b) 사람 체온: 37.0 °C

4. 액체 수소의 끓는점은 대기압에서 20.3 K이다. 이 온도는 (a) 섭씨 온도와 (b) 화씨 온도로는 얼마인가?

5. 대기압하에서 액체 질소의 끓는점은 −195.81 °C이다. 이 온도를 (a) 화씨 온도와 (b) 절대 온도로 표현하라.

6. 교육용 등적 기체 온도계에 드라이아이스의 끓는점(−78.5 °C)과 에틸 알코올의 끓는점(78.0 °C)의 눈금을 매긴다. 이때 압력은 각각 0.900 atm과 1.635 atm이다. (a) 눈금 매김으로 얻은 절대 영도의 값은 섭씨 온도로는 얼마인가? (b) 물의 어는점에서 압력은 얼마인가? (c) 물의 끓는점에서 압력은 얼마인가? 힌트: 선형 관계식 $P = A + BT$ 를 이용한다.

여기서 A, B는 상수이다.

19.4 고체와 액체의 열팽창

Note: 이 절의 문제에서 필요에 따라 표 19.1을 활용한다.

7. 콘크리트로 된 고속도로의 한 구간이 25.0 m이다. 이 구간은 10.0 °C에서 만들어졌다. 만약 이 콘크리트가 안전하게 50.0 °C의 온도에 도달할 경우에 대비하려면, 최소 얼마의 틈새가 필요한가?

8. 어떤 레이저의 활성 요소는 지름이 1.50 cm이고 길이가 30.0 cm인 유리봉으로 되어 있다. 유리의 평균 선팽창 계수를 $9.00 \times 10^{-6}\ (°C)^{-1}$로 가정하고 유리봉의 온도를 65.0 °C 더 높인다면, 유리봉의 (a) 길이, (b) 지름, (c) 부피는 얼마나 늘어나는가?

9. 집의 벽 안에 있는 L자 모양의 온수 관이 세 부분, 즉 길이가 $h = 28.0$ cm인 곧은 수평 부분, 엘보(팔꿈치 모양의 꺾인 부분), 길이가 $\ell = 134$ cm인 곧은 연직 부분으로 되어 있다(그림 P19.9). 샛기둥과 이층의 판이 구리 관을 지지하고 있다. 관의 온도를 18.0 °C에서 46.5 °C로 올리면서 물을 흘려줄 때, 파이프 엘보의 변위의 크기와 방향을 구하라.

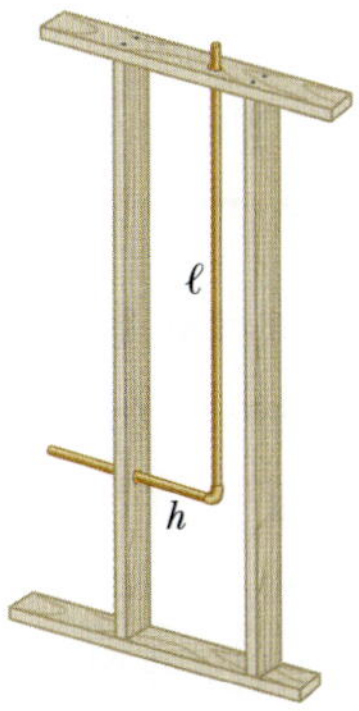

그림 P19.9

10. 35.0 m 정도 떨어진 두 전신주 사이에 연결된 구리 전화선은 −20.0 °C의 겨울철에는 처짐이 전혀 없다. 35.0 °C의 여름철에는 전화선이 얼마나 늘어나는가?

11. 에폭시 플라스틱으로 만들어진 안경테가 실온(20.0 °C)에서 반지름이 2.20 cm인 원형의 렌즈 구멍을 갖는다. 반지름이 2.21 cm인 렌즈를 안경테에 넣으려면 온도를 얼마까지 올려야 하는가? 에폭시의 평균 선팽창 계수는 $1.30 \times 10^{-4}\ (°C)^{-1}$이다.

12. 트랜스-알래스카(Trans-Alaska) 송유관은 길이가 1 300 km이고, 프루도 만(Prudhoe Bay)에서 밸디즈(Valdez)항까지 이어져 있다. 이 송유관은 −73 °C에서 +35 °C까지의 온도 변화를 겪는다. 이 온도 변화로 강철 송유관이 얼마나 팽창하게 되는가? 이 팽창을 어떻게 상쇄시킬 수 있는가?

13. 매년 수천 명의 어린이들이 뜨거운 (수도꼭지) 물에 심하게 데고 있다. 그림 P19.13은 이런 사고를 미연에 방지하기 위하여 화상 방지용으로 수도꼭지에 부착하는 장치의 단면도를 보여 준다. 장치 속에는 아주 큰 열팽창 계수의 물질로 만들어진 용수철이 플런저(plunger)의 움직임을 제어한다. 물의 온도가 미리 맞춰 놓은 안전한 값을 넘어서면 용수철이 팽창해서 플런저가 물의 흐름을 차단하게 된다. 용수철이 뜨거운 물의 영향을 받지 않은 처음 길이를 2.40 cm, 용수철의 선팽창 계수를 $22.0 \times 10^{-6}\ (°C)^{-1}$라고 가정하고, 물의 온도가 30.0 °C 상승할 때 용수철의 길이는 얼마나 증가하는가? (길이의 증가가 너무 작다는 것을 발견하게 될 것이다. 예견된 온도 변화에 대하여 밸브 열림의 보다 큰 변화를 얻기 위하여 실제 장치는 더 복잡한 구조로 되어 있다.)

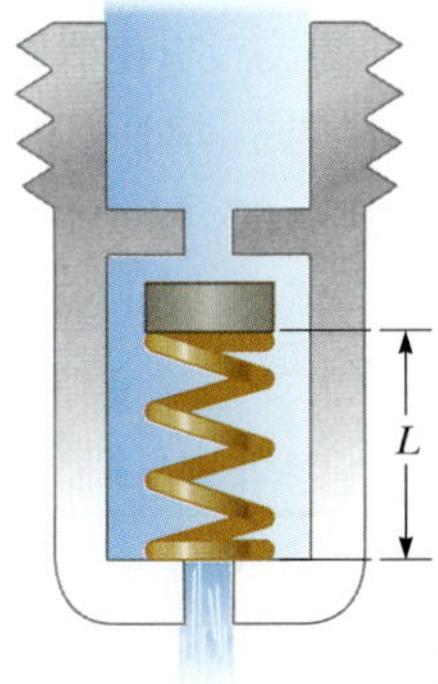

그림 P19.13

14. 구리판에 한 변이 8.00 cm인 정사각형 구멍을 냈다. (a) 구리판의 온도가 50.0 K 상승할 때 이 구멍의 넓이 변화를 계산하라. (b) 이 변화는 구멍을 둘러싼 넓이를 증가시키는가, 아니면 감소시키는가?

15. 사염화탄소(carbon tetrachloride)의 평균 부피 팽창 계수는 $5.81 \times 10^{-4}\ (°C\ )^{-1}$이다. 10.0 °C에서 50.0갤런의 강철 용기를 사염화탄소로 완전히 채운다면, 온도를 30.0 °C로 올릴 때 넘치는 양은 얼마나 되는가?

16. 20.0 °C에서 알루미늄 고리의 안쪽 지름이 5.000 0 cm이고 황동 막대의 지름은 5.050 0 cm이다. (a) 고리만을 가열한다면, 고리가 막대를 미끄러져 들어가도록 하는 온도는 얼마인가? (b) 고리와 막대를 모두 가열한다면, 고리가 막대를 간신히 미끄러져 들어가도록 하는 온도는 얼마인가? (c) 두 번째 과정은 실제 일어날까? 이를 설명하라. 힌트: 다음 장

에 나오는 표 20.2를 참조한다.

17. 다음 상황은 왜 불가능한가? 얇은 황동 고리의 안지름은 20.0 °C에서 10.00 cm이다. 속이 찬 고체 알루미늄 원통의 지름은 20.0 °C에서 10.02 cm이다. 두 금속의 평균 선팽창 계수는 일정하다고 가정하자. 두 금속을 함께 냉각시키면 황동 고리가 고체 알루미늄 원통 한쪽 끝으로 미끄러져 들어갈 수 있다.

18. 20.0 °C에서 부피 측정용 파이렉스 플라스크에 눈금을 매겼다. 이 플라스크에 35.0 °C의 아세톤을 100 mL 표시된 곳까지 채웠다. 플라스크를 채운 후 아세톤은 식고 플라스크는 따뜻해져, 아세톤과 플라스크가 32.0 °C의 일정한 온도에 도달한다. 그 다음 아세톤이 채워진 플라스크를 다시 20.0 °C로 냉각시킨다. (a) 20.0 °C로 냉각될 때 아세톤의 부피는 얼마인가? (b) 32.0 °C의 온도에서 아세톤의 표면은 플라스크의 100 mL 표시된 곳 아래인가 또는 위에 있는가? 이를 설명하라.

19. 20.0 °C에서 속이 빈 알루미늄 원통의 깊이는 20.0 cm, 용량은 2.000 L이다. 원통 속에 송진을 가득 채워 80.0 °C까지 서서히 가열한다. (a) 얼마만큼 송진이 넘쳐흐르는가? (b) 80.0 °C에서 원통에 남아 있는 송진의 부피는 얼마인가? (c) 이 송진의 양과 함께 원통을 다시 20.0 °C까지 식히면 송진의 표면이 원통의 테두리로부터 얼마나 내려가는가?

20. 어떤 고체 물질의 질량은 m이고 밀도는 온도 T_0에서 ρ_0이다. (a) 이 물질의 부피 팽창 계수 β를 이용하여 온도를 ΔT 증가시킨다. 이때 물질의 밀도를 구하라. (b) 온도를 ΔT 증가시킬 때 물질의 질량은 얼마인가?

21. 지하에 있는 휘발유 탱크가 52.0 °F에서 1.00×10^3갤런의 휘발유를 담을 수 있다. 만약 외부 온도(와 휘발유 운반 트럭의 온도)가 95.0 °F인 어느 날 탱크를 채운다면, 트럭으로부터 몇 갤런의 휘발유를 채울 수 있는가? 휘발유는 탱크로 들어오는 순간 급속히 온도 95.0 °F에서 52.0 °F로 냉각된다고 가정한다.

22. 25.00 °C에서 강철 구의 지름이 2.540 cm이다. (a) 온도를 100.0 °C로 올리면 지름은 얼마가 되는가? (b) 부피를 1.000 % 증가시키려면 온도를 얼마나 변화시켜야 하는가?

19.5 이상 기체의 거시적 기술

23. 이상 기체 1.50몰이 단단한 용기에 들어 있다. 기체의 압력을 25.0 atm에서 5.00 atm으로 낮추기 위하여 탱크에서 빼내야할 기체의 몰수를 결정하라. 이 과정 동안 탱크의 부피와 기체의 온도는 일정하다고 가정한다.

24. 어떤 용기 안에 압력 11.0 atm, 온도 25.0 °C 상태의 기체가 담겨 있다. 이 기체의 2/3를 내보내고 온도를 75.0 °C로 올린다면 용기 내부의 새로운 압력은 얼마인가?

25. 온도 20.0 °C, 압력 9.00 atm인 기체가 8.00 L의 용기에 들어 있다. (a) 용기 내의 기체 몰수를 구하라. (b) 용기 내에 있는 분자의 수를 구하라.

26. 대기압이고 300 K인 온도에서 한 변의 길이가 10.0 cm인 정육면체의 용기에 공기가 들어 있다(등가 몰질량은 28.9 g/mol이다). 이때 (a) 기체의 질량, (b) 기체에 작용하는 중력, (c) 기체가 육면체의 한 면에 작용하는 힘을 구하라. (d) 이렇게 작은 양의 기체가 어떻게 이 큰 힘을 작용할 수 있을까?

27. 크기가 10.0 m × 20.0 m × 30.0 m인 한 강당이 있다. 20.0 °C, 101 kPa(1.00 atm)의 압력에서 이 강당을 공기로 모두 채울 경우 공기 분자의 수를 구하라.

28. 용기에 부착된 압력계는 내부 압력과 외부 압력의 차이인 계기 압력을 나타낸다. 용기가 산소(O_2)로 가득 차 있을 때, 40.0 atm의 압력에서 용기에는 12.0 kg의 산소가 있다. 용기에서 산소를 일부 빼내어 압력이 25.0 atm이 될 때, 용기로부터 빼낸 산소의 질량을 구하라. 단, 탱크의 온도는 일정하다고 가정한다.

29. (a) 20.0 °C, 1기압하에서 부피 1.00 m^3 내에 들어 있는 이상 기체의 몰수를 구하라. (b) 공기의 경우 아보가드로수만큼 분자가 존재할 때 질량이 28.9 g이다. 1.00 m^3 내에 들어 있는 공기의 질량을 계산하라. (c) 이 결과와 표에 주어진 20.0 °C에서의 공기 밀도와 어떻게 비교되는지 설명하라.

30. 아보가드로수의 정의를 사용하여 헬륨 원자의 질량을 구하라.

31. 1.00 L의 콜라 속에 6.50 g의 이산화탄소가 용해되어 있다. 이산화탄소가 기화하여 1.00 atm, 20.0 °C에서 원통 속에 갇혀 있다면, 기체가 차지한 부피는 얼마인가?

32. 첨단 진공 장비에서 1.00×10^{-9} Pa의 낮은 압력을 얻을 수 있다. 27.0 °C의 온도와 이 압력에서 1.00 m^3의 용기 내에 있는 분자의 수를 계산하라.

33. 10.0 °C, 보통의 대기압에서 자동차 바퀴에 공기를 넣는다. 이 과정에서 공기는 원래 부피의 28.0 %까지 압축되고 온도는 40.0 °C까지 올라간다. (a) 바퀴의 절대 압력은 얼마인가? (b) 자동차를 고속 주행하고 나니, 바퀴의 공기 온도는

85.0 °C까지 상승하고 내부 부피는 2.00 % 증가하였다. 이 때 바퀴의 절대 압력은 얼마인가?

34. 새가 물고기를 잡기 위하여 바다 표면으로부터 잠수하는 깊이를 재기 위하여, 어떤 과학자가 켈빈 경(Lord Kelvin)이 최초로 창안한 방법을 이용하였다. 그는 플라스틱관의 내벽에 설탕 가루를 바르고 한쪽 끝을 밀봉하였다. 그는 밤중에 둥지에서 새를 찾아내 새의 등 쪽에 관을 부착하였다. 그는 다음 날 밤에 같은 새를 잡아 관을 제거하였다. 한 번의 실험에서 관의 길이가 6.50 cm, 물이 관 속으로 들어와 설탕 가루가 씻겨나간 길이가 관의 열린 끝으로부터 2.70 cm라고 하자. 관 속의 공기가 일정한 온도에 머물러 있다고 가정하고, 새가 잠수한 최대 깊이를 구하라.

35. 공기가 내부에 없을 때 질량이 200 kg인 열기구가 있다. 열기구 풍선 외부 공기의 온도는 10.0 °C이고, 압력은 101 kPa이다. 그리고 풍선의 부피는 400 m^3이다. 이 풍선을 띄우기 위하여 풍선 안의 공기를 몇 도로 가열해야 하는가? (10.0 °C에서 공기 밀도는 1.244 kg/m^3이다.)

36. 부피가 V인 방 속에 몰질량이 M(g/mol)인 기체가 들어 있다. 공기압은 P_0으로 일정하게 유지된다고 가정하고, 방의 온도가 T_1에서 T_2로 올라갈 때, 방 밖으로 빠져나간 공기의 질량을 구하라.

37. 해수면 아래 25.0 m에서의 온도는 5.00 °C이고, 그곳에서 잠수부가 내뿜는 공기 방울의 부피는 1.00 cm^3이다. 만약 해수면의 온도가 20.0 °C라면, 공기 방울이 수면으로 떠올라 터지기 직전의 부피는 얼마인가?

38. 여러분의 침실에 있는 공기의 질량을 추산하라. 자료로 사용한 물리적인 양과 측정 또는 추정한 이들의 값을 말하라.

39. 요리사가 2.00 L의 압력 밥솥에 9.00 g의 물을 붓고 500 °C로 가열한다. 용기 내의 압력은 얼마인가?

40. 기체가 든 원통에 부착된 압력계는 외부 압력 P_0과 내부 압력과의 차이를 나타낸다. 이것을 계기 압력 P_g라고 하자. 원통을 기체로 꽉 채울 때, 그 안에 있는 공기의 질량은 m_i 이고 계기 압력은 P_{gi}이다. 원통의 온도가 일정하게 유지된다고 가정하고, 계기 압력이 P_{gf}가 될 때, 원통 내부에 남아 있는 기체의 질량은 다음과 같음을 보이라.

$$m_f = m_i\left(\frac{P_{gf} + P_0}{P_{gi} + P_0}\right)$$

열역학 제1법칙

The First Law of Thermodynamics

CHAPTER

20

미국 워싱턴 주 벨링햄 근처에 있는 베이커 산의 모습에서 물의 세 가지 상태를 볼 수 있다. 호수에는 액체인 물, 땅 위에는 고체 물인 눈이 있다. 하늘의 구름은 공기 중의 수증기로부터 응집된 물방울로 이루어져 있다. 물질의 상전이는 에너지의 전달에 의하여 일어난다. *(©iStockphoto.com/KingWu)*

약 1850년까지만 해도 열역학과 역학은 과학에서 분명하게 다른 분야로 간주되었으며, 에너지 보존의 원리는 역학적 계의 경우에만 적용되는 것으로 간주되었다. 19세기 중엽, 영국의 줄(James Joule, 1818~1889)과 여러 학자들은 실험을 통하여 열과정에서 열에 의한 에너지 전달과 역학적 과정에서 일에 의한 에너지 전달 사이에는 긴밀한 관련이 있음을 증명하였다. 지금 우리는 역학적 에너지가 내부 에너지로 변환될 수 있다는 것을 알고 있다. 내부 에너지에 관해서는 이 장에서 자세히 배우게 될 것이다. 에너지의 개념을 역학적 에너지로부터 내부 에너지까지 포함시키는 것으로 일반화시키면, 8장에서 공부한 에너지 보존의 원리는 자연의 보편적인 법칙이다.

이 장에서는 내부 에너지의 개념, 열역학 제1법칙 그리고 열역학 제1법칙의 여러 중요한 적용에 대하여 살펴보고자 한다. 열역학 제1법칙이 적용되는 계에서 에너지의 변화는 내부 에너지만에 의해서 일어나고 에너지 전달은 열과 일에 의해서만 일어난다. 역학의 대부분의 장에서 다룬 일과 이 장에서 논의하는 일의 중요한 차이는 **변형 가능한 계**에 해준 일을 고려한다는 것이다.

20.1 열과 내부 에너지
Heat and Internal Energy

처음부터 열과 내부 에너지의 차이점을 명확히 하는 것이 중요하다. 이들 용어는 많은 경우에 부정확하게 바뀌어 사용되곤 한다.

내부 에너지(internal energy)는 계의 질량 중심에 대하여 정지해 있는 기준틀에서 볼 때 계의 미시적 구성 성분들(원자와 분자)이 갖는 모든 에너지를 의미한다.

따라서 내부 에너지에는 계 전체가 공간을 이동할 때의 운동 에너지는 포함되지 않는 한편, 분자들의 무질서한 병진, 회전, 진동에 의한 운동 에너지, 그리고 분자 내 원자들 사이의 힘과 관련된 전기적 위치 에너지 등은 모두 포함된다. 내부 에너지를 물체의 온도와 관련시키는 것은 유용하지만 이 관련은 제한적이다. 20.3절에서 내부 에너지의 변화가 온도 변화 없이도 일어날 수 있음을 보일 것이다. 이 논의에서, 녹는 과정이나 끓는 과정과 같은 상변화와 관련된 물리적 변화가 있는 계의 내부 에너지를 공부할 것이다. 식 8.2에서는 화학 반응과 연관된 화학적 변화와 관련 있는 에너지를 내부 에너지가 아니라 퍼텐셜 에너지로 지정한다. 그러므로 예를 들어 인체(이전에 섭취한 음식), 자동차 기름 탱크(연료 주입에 의한), 전기 회로에서의 전지(제조 과정에서 만들 때 전지 내에 위치한 것)에서의 **화학적 퍼텐셜 에너지**를 논의한다.

열(heat)이란 계와 주위 환경 사이의 온도 차이 때문에 계의 경계를 넘나드는 에너지의 전달 과정을 뜻한다. 열은 또한 이 과정에 의하여 전달된 에너지의 양 Q이다.

물질을 가열한다는 것은, 그 계보다 더 높은 온도의 주위 환경에 계를 접촉시킴으로써 계에 에너지를 전달하는 것이다. 예를 들면 차가운 물이 든 그릇을 난로 위에 놓는 경우, 즉 난로는 물보다 온도가 더 높기 때문에 물은 난로로부터 열에 의하여 에너지를 얻는다.

열(식 8.2에서 Q)에 대한 이 정의를 매우 주의 깊게 읽도록 하라. 특히 다음의 일반적인 인용에서 어떤 것이 열이 아닌지 주목하라. (1) 열은 뜨거운 물질의 에너지가 아니다. 예를 들어 "끓는 물은 많은 열을 가지고 있다"는 문장은 틀린 표현이다. "끓는 물은 큰 **내부 에너지** E_{int}를 가지고 있다"가 맞는 표현이다. (2) 열은 복사(radiation)가 아니다. 예를 들어 "도로가 열을 복사하기 때문에 너무 더웠다"는 문장은 틀린 표현이다. 에너지는 식 8.2에서 "**전자기 복사** T_{ER}의 형태로 도로에서 나온다"가 맞는 표현이다. (3) 열은 주위 환경의 온기가 아니다. 예를 들어 "공기 열이 너무 숨막힐 정도였다"는 문장은 틀린 표현이다. 더운 날, "공기는 높은 **온도** T를 갖는다"가 맞는 표현이다.

이와 유사한 경우로 7장에서 논의한 일과 내부 에너지의 차이점에 대하여 생각해 보자. 계에 한 일은 계와 주위 환경 사이의 에너지 전달 척도인 반면, 역학적 에너지(운동 에너지와 퍼텐셜 에너지의 합)는 운동의 결과와 계의 위치에 의존한다. 따라서 어떤 사람이 계에 일을 하면, 일을 한 사람으로부터 계에 에너지가 전달된다. 어떤 계의

오류 피하기 20.1

내부 에너지와 열 에너지 다른 문헌을 보면 **열 에너지**란 용어를 볼 때가 있다. 열 에너지는 대충 온도와 관련된 내부 에너지란 뜻인데 정확히 정의되는 양이 아니다. 다만 간단한 기체계에서는 내부 에너지와 거의 같은 뜻이다. 다른 문헌을 볼 때 느낄 수 있는 혼란을 줄이려고 열 에너지에 대하여 말하지만 이 용어를 굳이 사용할 필요가 없기 때문에 이 책에서는 사용하지 않는다.

오류 피하기 20.2

열, 온도, 내부 에너지는 모두 다르다 여러분이 신문을 읽을 때나 인터넷을 볼 때, **열**이란 단어를 포함하는 문장 중에서 잘못 사용된 경우를 살펴보고 올바른 단어로 대치시켜 보라. "트럭이 정지하기 위하여 브레이크를 밟아서 마찰에 의하여 많은 열이 발생하였다", "더운 여름날의 열이…" 등이 예시이다.

일 그 자체만을 논의하는 것은 아무런 의미가 없다. 계에(또는 계로부터) 에너지가 전달되는 과정이 일어났을 때에만 계에(또는 계가) 한 일에 대하여 언급할 수 있다. 마찬가지로 계의 열에 대하여 논의하는 것은 의미가 없다. 온도 차이의 결과로 에너지가 전달될 때에만 열에 대하여 언급할 수 있다. 열과 일 둘 다 계와 주위 환경 사이의 에너지 전달 방법이다.

© The Art Gallery Collection/Alamy

줄

James Prescott Joule, 1818~1889

영국의 물리학자

줄은 돌턴(John Dalton)으로부터 수학, 철학, 화학 분야에 대한 정규 교육을 어느 정도 받았지만 대부분은 독학을 하였다. 줄의 연구로부터 에너지 보존의 원리가 확립되었다. 그는 열의 전기적, 역학적, 화학적 효과에 대한 정량적 관계를 연구한 결과로부터 1843년에 단위 열에너지를 내기 위한 일의 양, 소위 열의 일당량의 관계식을 이끌어냈다.

열의 단위 Units of Heat

앞서 언급한 바와 같이 열에 대한 초창기 연구들은 물질(주로 물)의 온도 증가에 초점이 맞추어졌다. 초기에는 열이란 **열소**(熱素, caloric)라는 유체의 기본 입자들이 한 물질에서 다른 물질로 이동하여 온도의 변화를 가져오는 것으로 여겼다. 열 과정에 관련된 에너지의 단위, **칼로리**(cal)는 바로 이 가공의 유체의 명칭으로부터 온 것이다. 1 cal는 1 g의 물을 14.5 °C에서 15.5 °C로 올리는 데 필요한 에너지 전달의 양으로 정의되었다[1](음식물의 에너지 함량을 기술할 때, 대문자 C를 사용하여 Cal로 사용하는데, 이는 실제로 kcal이다). 마찬가지로 영국 공학 단위계에서의 열량 단위는 **Btu**(British thermal unit)이며, 1 Btu는 1 lb의 물을 63 °F에서 64 °F로 올리는 데 필요한 에너지 전달의 양이다.

열과 역학적 과정에서의 에너지 관계가 분명해졌으므로 열과 에너지의 단위를 분리시킬 필요가 없게 되었다. 비록 줄(J)은 역학적 과정에 기초한 에너지 단위로 정의되었지만, 과학자들은 열 과정에서 점차 칼로리나 Btu 대신 줄을 사용하게 되었다. 이 교재에서도 열, 일 그리고 내부 에너지의 단위는 대부분 줄로 나타낼 것이다.

열의 일당량 The Mechanical Equivalent of Heat

7장과 8장에서 역학적 에너지의 개념을 공부할 때, 역학적 계에 마찰력이 작용하면 역학적 에너지의 일부가 감소한다는 것을 알았다. 즉 비보존력이 존재하면 역학적 에너지는 보존되지 않는다. 여러 가지 실험 결과에 의하면 이렇게 감소한 역학적 에너지는 없어지는 것이 아니라, 내부 에너지로 전환됨을 보여 준다. 이에 대한 실험으로는 나무토막에 못을 박는 것에서도 알 수 있다. 망치질을 다 끝냈을 때 망치의 운동 에너지는 모두 어떻게 되었는가? 못이 따뜻해졌다는 사실로부터 증명되듯이 에너지의 일부는 못의 내부 에너지로 바뀌었다. 이 과정에서 열에 의한 에너지 전달이 없음에 주목하라. 식 8.2는 $\Delta E_{\text{int}} = W + T_{\text{MW}}$가 되며, 여기서 W는 망치가 못에 한 일이고 T_{MW}는 못을 때릴 때 음파로 계를 떠나는 에너지이다. 역학적 에너지와 내부 에너지 사이의 이런 관계는 톰슨(Benjamin Thompson)이 처음 제안하였지만, 역학적 에너지의 감소와 내부 에너지 증가의 동등성은 줄이 처음으로 정립하였다.

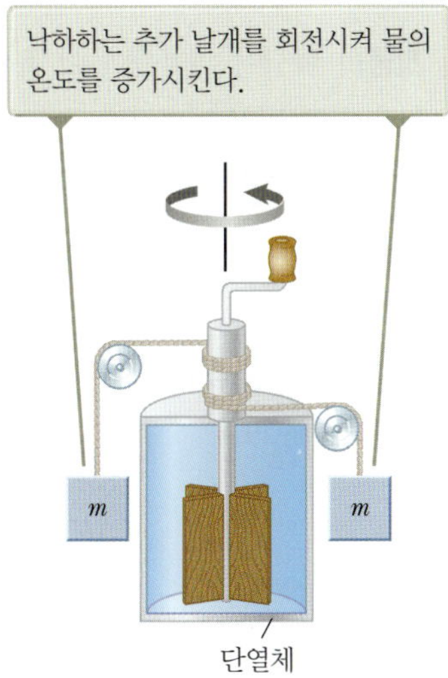

그림 20.1 열의 일당량을 결정하는 줄의 실험 장치

그림 20.1은 줄의 유명한 실험 장치의 개략도이다. 고려하는 계는 지구, 두 개의 추 그리고 단열된 용기에 들어 있는 물이다. 추가 일정한 속력으로 낙하하면 날개가 회전

[1] 원래 칼로리는 1 g의 물을 1 °C 올리는 데 필요한 '열'로 정의되었다. 그러나 정밀하게 측정해 보면 1 °C 변화를 시키기 위하여 필요한 에너지는 처음 온도에 어느 정도 의존한다. 그러므로 더 정확한 정의가 제안되었다.

하면서 계 내에서 물에 일이 행해진다. 베어링에서 변환된 에너지와 벽을 통하여 열로 빠져나가는 에너지를 무시하면, 추가 낙하함에 따라 계의 퍼텐셜 에너지 감소분은 회전 날개가 물에 한 일과 같게 되어, 결국 물의 내부 에너지가 증가하게 된다. 두 개의 추가 거리 h만큼 낙하하면, 계의 퍼텐셜 에너지는 $2mgh$만큼 감소하고, 이 에너지가 물의 온도를 증가시키게 된다. 여기서 m은 추 하나의 질량이다. 줄은 조건을 변화시키면서 실험을 계속한 결과, 역학적 에너지의 감소는 물의 질량과 온도 증가의 곱에 비례함을 알아냈다. 비례 상수는 약 4.18 J/g·°C로 밝혀졌다. 따라서 4.18 J의 역학적 에너지는 1 g의 물을 1 °C 올릴 수 있다. 이후 더 정밀한 실험을 통하여 물을 14.5 °C에서 15.5 °C로 올릴 때, 비례 상수가 4.186 J/g·°C임을 알게 되었다. 이 '15도(degree) 칼로리' 값을

$$1 \text{ cal} = 4.186 \text{ J} \tag{20.1}$$

로 정하고, 단지 역사적인 이유로 이를 **열의 일당량**(mechanical equivalent of heat)이라 한다. 더 적절한 이름은 역학적 에너지와 내부 에너지 사이의 등가성일 것이다. 그러나 열이라는 단어가 부정확하게 사용됨에도 불구하고, 관습적으로 사용해 온 이름이 우리의 언어에 확고히 자리잡고 있다.

예제 20.1 힘들게 체중 줄이는 방법

어떤 학생이 2 000(식품) Cal의 저녁을 먹는다. 이 학생이 같은 양의 일을 하기 위하여 체육관에서 질량 50.0 kg의 역기를 들어 올린다고 하자. 2 000 Cal의 에너지를 소모하기 위하여 역기를 몇 번 들어야 하는가? 매번 역기를 2.00 m 높이로 들어 올리며, 바닥에 역기를 내릴 때는 일을 하지 않는다고 가정한다.

풀이

개념화 학생이 역기를 들어 올릴 때는 역기와 지구에 대하여 일을 하게 되어 에너지가 그의 몸을 떠난다. 이 학생이 해야 할 일의 총량은 2 000 Cal이다.

분류 역기와 지구로 구성된 계를 **에너지에 대하여 비고립계**로 모형화한다.

분석 식 8.2의 에너지 보존식을 역기와 지구 계에 대한 적당한 표현으로 바꾼다.

(1) $$\Delta U_{\text{total}} = W_{\text{total}}$$

역기를 한 번 들어 올린 후, 계의 중력 퍼텐셜 에너지의 변화를 나타낸다.

$$\Delta U = mgh$$

역기를 n번 들어 올리는 경우 일로서 계로 전달되어야만 하는 전체 에너지를 표현한다. 이때 역기를 내릴 때 얻는 에너지는 무시한다.

(2) $$\Delta U_{\text{total}} = nmgh$$

식 (1)에 식 (2)를 대입한다.

$$nmgh = W_{\text{total}}$$

n에 대하여 푼다.

$$n = \frac{W_{\text{total}}}{mgh}$$

주어진 값들을 대입한다.

$$n = \frac{(2\,000 \text{ Cal})}{(50.0 \text{ kg})(9.80 \text{ m/s}^2)(2.00 \text{ m})}\left(\frac{1.00 \times 10^3 \text{ cal}}{\text{Calorie}}\right)\left(\frac{4.186 \text{ J}}{1 \text{ cal}}\right)$$
$$= 8.54 \times 10^3 \text{번}$$

결론 만약 학생이 컨디션이 좋아서 5초마다 역기를 들어 올린다면, 12시간이 걸릴 것이다. 이 학생은 다이어트를 하는 것이 훨씬 쉬울 것이다.

사실상 인체는 100 %의 효율을 내지 못한다. 저녁 식사에서 몸에 전달된 모든 에너지가 역기 운동에 의한 일로 전부 전환되지 않는다. 에너지의 일부는 심장 박동 및 다른 일을 하는 데 소모된다. 그러므로 2 000 Cal를 소모하기 위해서는, 체내의 다른 에너지 소모를 고려할 때 역기 운동은 12시간 미만으로 해도 된다.

20.2 비열과 열량 측정법
Specific Heat and Calorimetry

계의 운동 에너지나 퍼텐셜 에너지의 변화없이 계에 에너지가 더해지면, 일반적으로 계의 온도가 올라간다(다음 절에서 논의할 예정이지만, 액체에서 기체로 바뀌거나 기체가 팽창하는 것과 같이 물질이 **상변화**하는 경우는 예외이다). 주어진 물질의 양을 일정한 온도만큼 올리는 데 필요한 열 에너지의 양은 물질에 따라 다르다. 예를 들어 1 kg의 물을 1 °C 올리는 데 필요한 열량은 4 186 J이지만, 1 kg의 구리를 1 °C 올리는 데 필요한 에너지는 단지 387 J이다. 당분간 에너지 전달의 예로서 열을 사용하지만, 다른 에너지 전달 방법을 통해서도 계의 온도를 바꿀 수 있음을 기억해야 한다.

물질의 **열용량**(heat capacity) C는 물질의 온도를 1 °C 올리는 데 필요한 에너지의 양으로 정의한다. 이런 정의로부터 에너지 Q를 어떤 물질에 가하여 ΔT의 온도 변화를 일으킨다면 다음과 같다.

$$Q = C\,\Delta T \tag{20.2}$$

물질의 **비열**(specific heat) c는 단위 질량당의 열용량이다. 따라서 질량 m인 물질에 에너지 Q가 전달되어 ΔT의 온도가 변할 때, 물질의 비열은

$$c \equiv \frac{Q}{m\,\Delta T} \tag{20.3}$$

◀ 비열

이다. 비열이란 에너지의 증가에 대하여 물질이 얼마나 열적으로 덜 민감한지를 측정하는 것이다. 비열이 큰 물질일수록 온도 변화를 일으키기 위하여 더 많은 에너지가 필요하다. 표 20.1에 여러 물질의 비열이 나열되어 있다.

비열의 정의로부터 질량 m인 물질과 주위의 상호 작용에 의하여 ΔT만큼 온도를 변화시키기 위하여 전달된 에너지 Q는 다음과 같이 쓸 수 있다.

$$Q = mc\,\Delta T \tag{20.4}$$

예를 들어 0.500 kg의 물의 온도를 3.00 °C 올리는 데 필요한 에너지는 $Q = (0.500\ \text{kg})(4\,186\ \text{J/kg}\cdot{}^\circ\text{C})(3.00\ {}^\circ\text{C}) = 6.28 \times 10^3\ \text{J}$이다. 온도가 올라가면 Q와 ΔT는 양(+)이므로 에너지는 계로 들어오며, 반대로 온도가 내려가면 Q와 ΔT는 음(−)이며 에너지는 계로부터 빠져나간다.

계의 열팽창이나 수축을 무시하면, $mc\Delta T$는 계의 내부 에너지 변화로 생각할 수 있다. (열팽창이나 수축 시 주위 공기는 계에 아주 작은 양의 일을 하게 된다.) 그러면 식 20.4는 식 8.2의 축소된 형태, 즉 $\Delta E_{\text{int}} = Q$이다. 계의 내부 에너지는 어떤 메커니즘에

오류 피하기 20.3

잘못 정해진 전문 용어의 예 비열이란 이름은 열역학과 역학이 서로 독립적으로 발달했던 시절의 불행한 잔류물이다. 그러나 이 용어가 너무나 견고히 뿌리를 박고 있어 대치하기가 불가능하다.

오류 피하기 20.4

에너지는 어떤 방법으로도 전달될 수 있다 기호 Q는 전달된 에너지를 나타내지만, 식 20.4에서 에너지 전달은 8장에서 소개한 **어떤** 방법으로도 될 수 있음을 기억하라. 그것이 열일 필요는 없다. 예를 들어 옷걸이를 반복적으로 구부렸다 폈다 하면, **일**에 의하여 구부러진 지점의 온도가 올라간다.

표 20.1 25 °C, 대기압에서 여러 물질의 비열

물질	비열 c (J/kg · °C)	물질	비열 c (J/kg · °C)
단원자 고체		다른 고체	
알루미늄	900	황동 (놋쇠)	380
베릴륨	1 830	유리	837
카드뮴	230	얼음 (−5 °C)	2 090
구리	387	대리석	860
저마늄	322	나무	1 700
금	129	액체	
철	448	에틸 알코올	2 400
납	128	수은	140
규소	703	물 (15 °C)	4 186
은	234	기체	
		수증기 (100 °C)	2 010

Note: 여기에 주어진 값들을 cal/g · °C의 단위로 나타내려면 4 186으로 나누면 된다.

의하여 계로 에너지가 전달됨으로써 변할 수 있다. 예를 들어 계가 전자레인지에서 구운 감자라고 하면, 식 8.2는 식 20.4와 다음의 유사성이 있다. 즉 $\Delta E_{\text{int}} = T_{\text{ER}} = mc\Delta T$이다. 여기서 T_{ER}는 전자레인지에서 전자기 복사에 의하여 감자로 전달된 에너지이다. 계가 자전거 펌프에서의 공기라고 하자. 펌프가 작동하면 펌프는 뜨거워진다. 이때 식 8.2는 식 20.4와 다음의 유사성이 있다. 즉 $\Delta E_{\text{int}} = W = mc\Delta T$이다. 여기서 W는 사람이 펌프에 한 일이다. $mc\Delta T$를 ΔE_{int}로 간주함으로써, 온도에 대한 이해를 한 단계 더 높일 수 있다. 온도는 계의 분자 에너지와 관련이 있다. 이 관계식에 대해서는 21장에서 더 자세히 공부할 예정이다.

물질의 비열은 온도에 따라 다소 변한다. 만일 온도 간격이 아주 크지 않다면 온도에 의한 변화는 무시할 수 있고, c를 상수 취급할 수 있다.[2] 예를 들면 대기압에서 물의 비열은 0 °C부터 100 °C까지 약 1%만 변하므로 특별히 언급하지 않는 한 이런 차이는 무시한다.

퀴즈 20.1 각각 1 kg인 철, 유리, 물의 온도가 똑같이 10 °C이다. **(a)** 각 물질에 100 J의 에너지를 공급할 경우, 온도가 가장 높게 되는 것부터 순서대로 나열하라. **(b)** 각 물질의 온도를 20 °C 더 올리기 위하여, 전달되어야 하는 열 에너지가 가장 큰 것부터 순서대로 나열하라.

표 20.1에서 보는 바와 같이 지구에 있는 물질 중에서 물의 비열이 가장 크다는 것은 흥미롭다. 물의 비열이 크기 때문에 물이 풍부한 지역의 기후는 온화하다. 겨울 동안 물의 온도가 내려가면 물에서 방출된 열이 공기로 전달되고 공기의 내부 에너지가 증가된다. 물의 비열이 크기 때문에 물의 온도가 낮아질 때 비교적 큰 에너지가 공기로 전달된다. 그래서 이 열은 바람을 타고 육지로 이동한다. 예를 들면 미국 서해안의 바람은 동쪽의 육지를 향하여 분다. 그러므로 겨울에 태평양 물이 식으면서 방출되는 에너

[2] 식 20.4의 정의는 비열이 $\Delta T = T_f - T_i$의 온도 영역에서 비열이 변하지 않는다고 가정한다. 비열이 온도에 따라 변하면 Q는 $Q = m\int_{T_i}^{T_f} c\, dT$로 나타내어야 옳다.

지는 서해안 대륙을 따뜻하게 한다. 이 때문에 겨울에는 바람이 육지 쪽으로 에너지를 이동시키지 않는 추운 동해안 지역보다 따스한 서해안 지역을 사람들이 더 선호한다.

열량 측정법 Calorimetry

비열을 측정하는 한 방법은 측정하고자 하는 물체를 어떤 온도 T_x로 가열하여, 질량과 온도($T_w < T_x$)를 알고 있는 물이 담겨 있는 용기 속에 넣어서 열평형에 도달시킨 후 온도를 측정하는 것이다. 이와 같이 측정하는 기술을 **열량 측정법**(calorimetry)이라 하고, 이렇게 열에 의하여 에너지 전달이 일어나는 장치를 **열량계**(calorimeter)라고 한다. 그림 20.2는 찬물 속에 있는 뜨거운 시료로 이루어진 계의 고온 부분에서 저온 부분으로 열에 의하여 에너지가 전달되는 것을 보여 준다. 시료인 물질과 물로 이루어진 계는 고립되어 있으므로, 시료(비열이 알려지지 않은)에서 나간 에너지 Q_{hot}는 물속으로 들어간 에너지 Q_{cold}와 동일하다는 에너지 보존의 원리가 성립된다.[3] 에너지의 보존을 다음과 같이 수학적으로 나타낼 수 있다.

$$Q_{\text{cold}} = -Q_{\text{hot}} \quad \textbf{(20.5)}$$

그림 20.2에 보인 것처럼 비열을 알고자 하는 물질의 질량을 m_x, 비열을 c_x, 처음 온도를 T_x라 하고, 마찬가지로 물에 대한 이들의 값을 각각 m_w, c_w, T_w라 하자. 만일 T_f를 계가 평형이 된 후의 나중 온도라고 하면, 식 20.4로부터 물의 경우 에너지 전달은 $m_w c_w(T_f - T_w)$이고 $T_f > T_w$이므로 양(+)이다. 비열을 모르는 물질의 열전달에 의한 에너지 변화는 $m_x c_x(T_f - T_x)$로 음(−)이다. 이들을 식 20.5에 대입하면

$$m_w c_w(T_f - T_w) = -m_x c_x(T_f - T_x)$$

이고, 이를 c_x에 대하여 푼다.

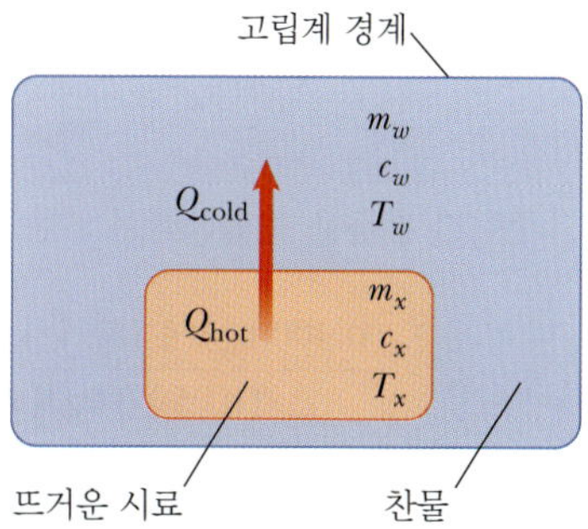

그림 20.2 열량 측정법 실험에서, 주위 환경으로부터 계를 고립시킨 용기 속에서 비열을 모르는 뜨거운 시료가 찬물 속에 잠긴다.

오류 피하기 20.5

음의 부호를 기억하라 식 20.5에 음(−)의 부호를 포함시키는 것은 **매우 중요하다.** 식에서 음의 부호는 에너지 전달에 관한 우리의 부호 규약의 일관성을 유지하기 위하여 필요하다. 에너지 전달 Q_{hot}은 뜨거운 물체로부터 에너지가 떠나가므로 음이다. 식에서 음의 부호는 우변이 양수가 됨을 확실히 해 주며, 차가운 물체 속으로 에너지가 들어오므로 양수인 좌변과 부호를 일치시켜 준다.

예제 20.2 금속 덩어리 식히기

0.050 0 kg의 금속 덩어리를 200.0 °C로 가열하였다가 처음 온도가 20.0 °C인 0.400 kg의 물 열량계 속에 담갔다. 금속 덩어리가 담긴 물의 온도는 22.4 °C로 상승되었다. 금속 덩어리의 비열을 구하라.

풀이

개념화 그림 20.2의 고립계에서 일어나는 과정을 생각해 보면, 뜨거운 금속 덩어리에서 에너지가 떠나서 차가운 물에 들어간다. 그래서 금속 덩어리는 식고 물은 따뜻해진다. 둘 다 동일한 온도에 도달하면 에너지 전달은 멈추게 된다.

분류 이 절에서 배운 식으로 푸는 문제이므로, 예제를 대입 문제로 분류한다.

식 20.4를 이용하여 식 20.5의 양변을 계산한다.

$$m_w c_w(T_f - T_w) = -m_x c_x(T_f - T_x)$$

c_x에 대하여 푼다.

[3] 정확한 측정을 하기 위하여 물이 담긴 용기도 시료와 에너지 교환을 하기 때문에 계산에 포함시켜야 한다. 그러기 위해서는 용기의 질량과 구성 물질을 알아야 한다. 물의 질량이 용기보다 훨씬 크다면 용기에 의한 것은 무시할 수 있다.

$$c_x = \frac{m_w c_w(T_f - T_w)}{m_x(T_x - T_f)}$$

주어진 값들을 대입한다.

$$c_x = \frac{(0.400\ \text{kg})(4\ 186\ \text{J/kg}\cdot{}^\circ\text{C})(22.4^\circ\text{C} - 20.0^\circ\text{C})}{(0.050\ 0\ \text{kg})(200.0^\circ\text{C} - 22.4^\circ\text{C})}$$

$$= 453\ \text{J/kg}\cdot{}^\circ\text{C}$$

금속 덩어리의 비열은 표 20.1에서 주어진 철의 비열과 비슷하다. 금속 덩어리의 처음 온도는 물의 기화 온도보다 높다. 그러므로 금속 덩어리를 물에 담글 때 물의 일부분은 증발할 것이다. 그러나 계는 닫혀 있으므로 수증기가 빠져나갈 수 없고, 나중 온도가 물의 끓는점보다 낮으므로, 수증기는 물로 응축된다고 가정한다.

문제 어떤 물질의 비열을 알기 위하여 실험실에서 이와 같은 방법으로 실험을 한다고 가정하자. 비열 c_x의 전반적인 불확정도를 줄이기 원한다. 이 예제의 주어진 데이터 중에서 불확정도를 줄이기 위한 가장 효과적인 방법으로 어느 값을 바꾸면 되는가?

답 가장 큰 실험적 불확정도는 물에 대한 2.4 °C 온도의 작은 차이와 관련된다. 예를 들어 부록 B.8에 불확정도의 전파에 관한 규칙을 이용하면, T_f와 T_w에서의 각각 0.1 °C의 불확정도는 그 차이에 있어서 8 %의 불확정도를 가져온다. 그러므로 온도의 차이를 크게 하기 위한 가장 좋은 방법은 **물의 양을 줄이는 것**이다.

예제 20.3 카우보이 놀이

한 카우보이가 은 총알을 200 m/s의 속력으로 술집의 소나무 벽에 쏘았다. 충격에 의하여 생기는 내부 에너지 모두 총알에 남아 있다고 한다면 총알의 온도는 얼마나 변하는가?

풀이

개념화 운동 중인 물체가 멈출때 역학적인 에너지가 내부 에너지로 바뀌는 비슷한 경우를 생각해 보자. 20.1절에서 못을 망치로 여러 번 치면 따뜻해지는 것과 같은 예이다.

분류 총알을 **고립계**로 모형화한다. 벽으로부터의 힘은 변위가 없이 진행되므로 계에 하는 일은 없다. 예제는 9.7절에서 벽을 미는 스케이트보더의 경우와 유사하다. 그때 벽이 스케이트보더에 일을 하지 않고, 섭취한 음식으로부터 몸에 저장된 퍼텐셜 에너지가 운동 에너지로 변환된다. 여기서는 벽이 총알에 일을 하지 않고 운동 에너지는 내부 에너지로 바뀐다.

분석 에너지의 보존 식 8.2를 총알 계에 대한 적절한 식으로 바꾼다.

(1) $$\Delta K + \Delta E_{\text{int}} = 0$$

총알의 내부 에너지 변화는 이의 온도 변화와 관련이 있다.

(2) $$\Delta E_{\text{int}} = mc\,\Delta T$$

식 (2)를 식 (1)에 대입한다.

$$(0 - \tfrac{1}{2}mv^2) + mc\,\Delta T = 0$$

은의 비열 234 J/kg · °C(표 20.1 참조)를 이용하여 ΔT에 대하여 푼다.

(3) $$\Delta T = \frac{\frac{1}{2}mv^2}{mc} = \frac{v^2}{2c} = \frac{(200\ \text{m/s})^2}{2(234\ \text{J/kg}\cdot{}^\circ\text{C})} = 85.5^\circ\text{C}$$

결론 이 결과는 총알의 질량과는 무관함에 주목하라.

문제 만약 카우보이가 은 총알이 떨어져 납 총알을 벽에 같은 속력으로 쏘았다고 하자. 총알의 온도 변화는 더 큰가, 작은가?

답 표 20.1에서 납의 비열은 128 J/kg · °C로 은보다 더 작다. 따라서 은보다는 납 총알의 나중 온도가 더 높이 올라갈 것이다. 식 (3)에 납의 비열을 넣고 계산하면

$$\Delta T = \frac{v^2}{2c} = \frac{(200\ \text{m/s})^2}{2(128\ \text{J/kg}\cdot{}^\circ\text{C})} = 156^\circ\text{C}$$

이다. 은이나 납 총알의 질량은 이 온도를 얻는 데 관계가 없다. 속력만 같으면 된다.

20.3 숨은열
Latent Heat

앞 절에서 공부하였듯이, 물질은 일반적으로 그 물질과 주위 환경 사이에 에너지 교환이 일어날 때 온도의 변화가 발생한다. 그러나 어떤 경우에는 에너지 교환이 일어나더라도 온도의 변화가 없기도 한다. 이런 경우가 바로 물질의 물리적 상이 한 형태에서 다른 형태로 바뀌는 변화, 즉 **상변화**(phase change)이다. 흔히 알 수 있는 두 가지 상변화로는 고체에서 액체로(융해), 액체에서 기체로(기화)의 변화가 있다. 또 다른 상변화로서 고체의 결정 구조 변화가 있다. 이런 모든 상변화에는 온도의 변화 없이 내부 에너지의 변화가 수반된다. 예를 들면 기화에서 내부 에너지의 증가는 액체 상태의 분자 간의 결합을 깨는 것을 의미한다. 분자 간의 결합이 끊어진다는 것은 분자들이 기체 상태에서는 서로 더 멀어지게 되어 분자 간 퍼텐셜 에너지가 더 증가하는 것을 나타낸다.

예상되는 바와 같이 물질이 다르면 내부 분자 배열도 다르기 때문에, 상변화가 일어날 때 필요한 에너지양도 각각 다르다. 물론 상변화가 일어나는 동안에 전달되는 에너지양은 물질의 양에도 의존한다(얼음 한 조각을 녹이는 것이 얼어 있는 호수를 녹이는 것보다 에너지가 적게 든다). 어떤 물질의 두 가지 상태를 논의할 때, 더 높은 온도에서 존재하는 물질을 의미할 경우 **높은 상 물질**이라는 용어를 사용할 것이다. 그러므로 예를 들어 물과 얼음을 논의하는 경우에는 물이 높은 상 물질인 반면에, 물과 증기를 논의하는 경우에는 증기가 높은 상 물질이다. 물과 얼음같이 두 상태가 평형을 이루고 있는 계를 생각해 보자. 이 계에서 높은 상 물질인 물의 처음 질량이 m_i이다. 이제 에너지 Q가 계에 들어간다고 하자. 그 결과 얼음의 일부가 녹으므로 물의 나중 질량은 m_f이다. 따라서 새로운 물의 양과 같은 녹은 얼음의 양은 $\Delta m = m_f - m_i$이다. 이 상변화에 대한 **숨은열**(latent heat)은 다음과 같이 정의된다.

$$L \equiv \frac{Q}{\Delta m} \tag{20.6}$$

이 변수는 에너지를 더하거나 빼더라도 온도의 변화를 일으키지 않기 때문에 숨은열(잠열)이라고 한다. 숨은열 L은 물질의 고유한 특성이며 어떤 상변화인가에 따라서 다르다. 낮은 상 물질의 전체 양이 상변화를 한다면, 높은 상 물질로의 질량 변화 Δm은 낮은 상 물질의 처음 질량과 같다. 예를 들어 접시 위에 있는 질량 m의 얼음 덩어리가 완전히 녹으면, 물의 질량 변화는 $m_f - 0 = m$이다. 이 질량 변화는 새로운 물의 질량이고 또한 얼음 덩어리의 처음 질량과 같다.

숨은열의 정의로부터, 그리고 열을 에너지 전달 메커니즘으로 할 때, 순수한 물질의 상태를 바꾸기 위하여 필요한 에너지는 다음과 같다.

$$Q = L\,\Delta m \tag{20.7}$$

◀ 상변화 동안 물질에 전달된 에너지

여기서 Δm은 높은 상 물질의 질량 변화이다.

융해열(latent heat of fusion) L_f는 고체에서 액체로 상태가 변할 때 사용하는 용어이고, **기화열**(latent heat of vaporization) L_v는 액체에서 기체로 상태가 변할 때

표 20.2 융해열과 기화열

물질	녹는점 (°C)	융해열 (J/kg)	끓는점 (°C)	기화열 (J/kg)
헬륨[a]	−272.2	5.23×10^3	−268.93	2.09×10^4
산소	−218.79	1.38×10^4	−182.97	2.13×10^5
질소	−209.97	2.55×10^4	−195.81	2.01×10^5
에틸 알코올	−114	1.04×10^5	78	8.54×10^5
물	0.00	3.33×10^5	100.00	2.26×10^6
황	119	3.81×10^4	444.60	3.26×10^5
납	327.3	2.45×10^4	1 750	8.70×10^5
알루미늄	660	3.97×10^5	2 450	1.14×10^7
은	960.80	8.82×10^4	2 193	2.33×10^6
금	1 063.00	6.44×10^4	2 660	1.58×10^6
구리	1 083	1.34×10^5	1 187	5.06×10^6

[a] 헬륨은 대기압에서 고체가 되지 않는다. 여기에 주어진 녹는점은 압력 2.5 MPa에서의 값이다.

오류 피하기 20.6

부호에 주의한다 학생들이 열량계 관계식을 사용할 때 부호에서 실수가 종종 일어난다. 상변화에 대한 식 20.7에 있는 Δm은 항상 높은 상 물질의 질량 변화이다. 식 20.4에서 ΔT는 **항상** 나중 온도에서 처음 온도를 뺀 값임을 명심해야 한다. 그리고 식 20.5의 우변에는 **항상** 음의 부호를 포함시켜야 한다.

사용하는 용어이다.[4] 표 20.2에 여러 가지 물질의 숨은열이 나열되어 있다. 에너지가 계로 들어가면 융해 또는 기화가 일어나, 높은 상 물질의 양이 증가하므로 Δm은 양(+)이고 Q도 양(+)이다. 이는 우리가 약속한 부호와 일치한다. 에너지가 계로부터 나오면 액화 또는 응고가 일어나, 높은 상 물질의 양이 감소하므로 Δm은 음(−)이고 Q도 음(−)이다. 역시 이는 우리가 약속한 부호와 일치한다. 식 20.7에서 Δm은 항상 높은 상 물질을 기준으로 하고 있음을 기억하자.

상변화에서 숨은열의 역할을 이해하기 위하여 −30.0 °C에서 1.00 g의 얼음 덩어리를 120.0 °C의 수증기로 변환시키는 데 필요한 에너지를 고려해 보자. 그림 20.3은 얼음에 에너지를 점차적으로 공급해 주면서 얻은 실험 결과이다. 결과는 계의 온도와 계에 공급한 에너지와의 그래프를 보여 주고 있다. A에서 E까지 나누어진 갈색 곡선의 구간을 구간별로 각각 살펴보자.

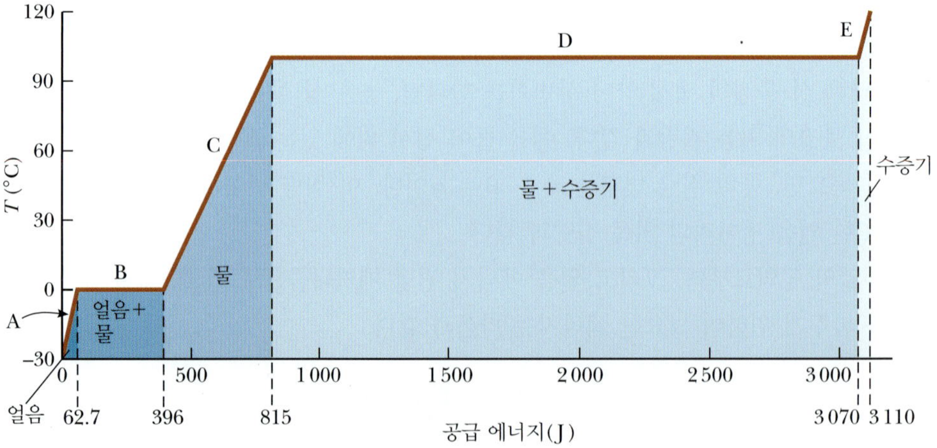

그림 20.3 −30.0 °C의 얼음 1.00 g의 계가 120.0 °C의 수증기로 변화될 때, 온도와 공급 에너지의 관계

[4] 기체가 냉각될 때 응집되어서 액체 상태로 돌아온다. 단위 질량당 방출하는 에너지는 **액화열**로서 기화열과 같은 값이다. 마찬가지로 액체가 냉각되면 고체로 응고되는데, 이때 **응고열**은 융해열과 값이 같다.

A 구간 이 부분에서 얼음의 온도가 −30.0 °C에서 0.0 °C로 변한다. 식 20.4는 에너지가 더해지면 온도는 에너지에 비례해서 높아지는 것을 보여 준다. 그러므로 실험 결과는 그래프에서 직선이 된다. 얼음의 비열이 2 090 J/kg · °C이므로, 공급한 에너지의 양은 식 20.4를 이용하여 구할 수 있다.

$$Q = m_i c_i \Delta T = (1.00 \times 10^{-3}\ \text{kg})(2\,090\ \text{J/kg} \cdot {}^\circ\text{C})(30.0^\circ\text{C}) = 62.7\ \text{J}$$

B 구간 얼음이 0.0 °C에 도달하면, 이 온도에서는 얼음이 모두 녹을 때까지 에너지가 더해지더라도 얼음과 물의 혼합물이 함께 존재한다. 0.0 °C에서 얼음 1.00 g을 녹이는 데 필요한 에너지는 식 20.7로부터 구할 수 있다.

$$Q = L_f\, \Delta m_w = L_f m_i = (3.33 \times 10^5\ \text{J/kg})(1.00 \times 10^{-3}\ \text{kg}) = 333\ \text{J}$$

이곳에서 그림 20.3의 에너지 축에 표시한 396 J(= 62.7 J + 333 J)로 이동한다.

C 구간 0.0 °C와 100.0 °C 사이에서는 별 특별한 것이 없다. 이 영역에서는 상변화가 일어나지 않고 계(이 경우, 물임)에 더해진 에너지는 물의 온도를 상승시키는 데 사용된다. 0.0 °C에서 100.0 °C까지 온도를 상승시키는 데 필요한 에너지의 양은 다음과 같다.

$$Q = m_w c_w\, \Delta T = (1.00 \times 10^{-3}\ \text{kg})(4.19 \times 10^3\ \text{J/kg} \cdot {}^\circ\text{C})(100.0^\circ\text{C}) = 419\ \text{J}$$

여기서 m_w는 계 내에 있는 물의 질량인데, 이는 원래 얼음의 질량 m_i이다.

D 구간 100.0 °C에서 물이 수증기로 변하는 또 다른 상변화가 일어난다. B 구간과 마찬가지로 에너지가 공급되더라도 물이 모두 수증기로 변할 때까지 물과 증기가 함께 존재한다. 100.0 °C에서 물 1.00 g을 수증기로 변화시키는 데 필요한 에너지는 다음과 같다.

$$Q = L_v\, \Delta m_s = L_v m_w = (2.26 \times 10^6\ \text{J/kg})(1.00 \times 10^{-3}\ \text{kg}) = 2.26 \times 10^3\ \text{J}$$

E 구간 A와 C 구간에서처럼 이 부분의 곡선에서는 상변화가 없다. 따라서 공급된 모든 에너지는 계(이 경우, 수증기임)의 온도를 올리는 데 사용된다. 수증기의 온도를 100.0 °C에서 120.0 °C까지 올리는 데 필요한 에너지는 다음과 같다.

$$Q = m_s c_s\, \Delta T = (1.00 \times 10^{-3}\ \text{kg})(2.01 \times 10^3\ \text{J/kg} \cdot {}^\circ\text{C})(20.0^\circ\text{C}) = 40.2\ \text{J}$$

1 g의 얼음을 −30.0 °C에서 120.0 °C의 수증기로 변화시킬 때, 계에 공급해야 할 전체 에너지의 양은 곡선의 다섯 구간의 결과를 합한 3.11×10^3 J이다. 역과정으로 120.0 °C에서 1 g의 수증기를 −30.0 °C의 얼음으로 냉각시키려면, 3.11×10^3 J의 에너지를 제거해야만 한다.

그림 20.3에서 물에서 수증기로 기화하는 데 비교적 많은 양의 에너지가 필요함에 수목하라. 이것의 역과성을 상상해 보라. 수증기로부터 물로 응집되는 데 많은 양의 에너지가 방출된다. 이것이 바로 100 °C의 물보다 100 °C의 수증기에 피부가 닿으면 화상을 더 심하게 입는 이유이다. 수증기로부터 매우 많은 양의 에너지가 피부에 닿아서 물로 응집되는 동안 온도는 계속 100 °C가 유지된다. 역으로 여러분의 피부가 100 °C

의 물에 닿으면, 물에서 피부로 에너지가 전달되면서 물의 온도는 바로 낮아진다.

매우 깨끗한 그릇에 고요한 상태로 담겨 있는 물의 온도가 0 °C보다 낮아져도 얼음으로 얼지 않고 물로서 그냥 유지되는데, 이 현상을 **과냉각**(supercooling)이라고 한다. 19.4절에서 설명한 것처럼 이 현상은 분자들이 좀 더 멀어지도록 움직여 크고 열린 얼음 구조를 형성하는데, 물에 교란이 필요하기 때문에 일어난다. 과냉각된 물을 살짝 교란시키면 갑자기 얼게 된다. 따라서 얼음 구조로 결합된 분자들은 더 낮은 에너지 상태가 되고 방출된 에너지는 온도를 0 °C로 상승시킨다.

손난로는 밀봉된 플라스틱 주머니 속에 액체 나트륨 아세테이트를 넣은 제품이다. 주머니 속의 용액은 안정된 과냉각 상태인데, 주머니 속의 조그만 금속 단추를 손으로 '똑딱'거리면 액체는 굳어 고체가 되면서 온도가 올라간다. 바로 과냉각된 물의 경우와 마찬가지이다. 그러나 이 경우에는 액체가 응고되는 온도가 체온보다 높기 때문에 난로 주머니는 따뜻하게 느껴진다. 이 손난로를 다시 사용하기 위해서는 고체가 다 녹을 때까지 끓여야 된다. 액체 상태가 된 다음 용액을 가만히 식히면 응고되는 온도보다 낮은 온도에서 과냉각 상태가 된다.

마찬가지로 **과가열**(superheating)도 만들어질 수 있다. 예를 들면 매우 깨끗한 컵에 깨끗한 물을 담아 전자레인지에 넣고 가열을 하면, 끓지 않고 100 °C보다 높은 온도까지 상승시킬 수 있다. 왜냐하면 물에서 증기 거품이 형성되려면 거품이 생기기 위한 씨앗(nucleation site) 역할로서 컵에 긁힘이 있거나 물에 어떤 종류이든 불순물이 있어야 하기 때문이다. 컵을 전자레인지에서 꺼내게 되면 과가열되었던 물은 갑자기 폭발적인 거품을 형성하고 뜨거운 물이 컵 위로 치솟게 된다.

퀴즈 20.2 앞서 공부한 얼음 덩어리에 에너지를 공급하는 동일한 과정을 다시 살펴보자. 이번에는 공급하는 에너지의 함수로 계의 내부 에너지를 그래프로 그린다면 어떤 모양이 되는가?

예제 20.4 수증기의 응축

100 g의 유리 용기에 담겨 있는 200 g의 물을 20.0 °C에서 50.0 °C까지 데우는 데 필요한 130 °C인 수증기의 질량을 구하라.

풀이

개념화 단열 용기에 물과 수증기를 함께 담아두었다고 하자. 이 계는 마지막에 50.0 °C의 물로 남게 되는 경우이다.

분류 이 상황에 대하여 개념을 이해하고, 이 예제는 상변화가 일어나는 경우의 열량 측정법으로 분류한다. 열량계는 **에너지**에 대하여 **고립계**이다. 계의 구성 요소 사이에 에너지가 전달되지만 에너지가 계와 주위 환경 사이의 경계를 지나지는 않는다.

분석 식 20.5를 쓰고 열량 측정 과정을 서술한다.

(1) $$Q_{\text{cold}} = -Q_{\text{hot}}$$

수증기는 세 단계로 변화한다. 첫째로 온도가 100 °C로 감소되고, 그 이후 액체의 물로 응집되고, 마지막으로 50.0 °C의 물로 온도가 감소한다. 첫 번째 단계에서 미지의 수증기 질량 m_s를 사용하여 에너지 전달을 구한다.

$$Q_1 = m_s c_s \, \Delta T_s$$

두 번째 단계에서 에너지 전달을 구한다.

$$Q_2 = L_v \, \Delta m_s = L_v(0 - m_s) = -m_s L_v$$

세 번째 단계에서 에너지 전달을 구한다.

$$Q_3 = m_s c_w \, \Delta T_{\text{hot water}}$$

이 세 단계에서 전달된 에너지를 더한다.

(2) $$Q_{\text{hot}} = Q_1 + Q_2 + Q_3 = m_s(c_s\,\Delta T_s - L_v + c_w\,\Delta T_{\text{hot water}})$$

20.0 °C 물과 유리는 50.0 °C로 온도가 상승하는 한 과정만 고려하면 된다. 이 과정에서 에너지 전달을 구한다.

(3) $$Q_{\text{cold}} = m_w c_w\,\Delta T_{\text{cold water}} + m_g c_g\,\Delta T_{\text{glass}}$$

식 (2)와 (3)을 식 (1)에 대입한다.

$$m_w c_w\,\Delta T_{\text{cold water}} + m_g c_g\,\Delta T_{\text{glass}} = -m_s(c_s\,\Delta T_s - L_v + c_w\,\Delta T_{\text{hot water}})$$

m_s에 대하여 푼다.

$$m_s = -\frac{m_w c_w\,\Delta T_{\text{cold water}} + m_g c_g\,\Delta T_{\text{glass}}}{c_s\,\Delta T_s - L_v + c_w\,\Delta T_{\text{hot water}}}$$

주어진 값들을 대입한다.

$$m_s = -\frac{\left[\begin{array}{l}(0.200\text{ kg})(4\,186\text{ J/kg}\cdot{}^\circ\text{C})(50.0^\circ\text{C} - 20.0^\circ\text{C}) \\ \quad + (0.100\text{ kg})(837\text{ J/kg}\cdot{}^\circ\text{C})(50.0^\circ\text{C} - 20.0^\circ\text{C})\end{array}\right]}{\left[\begin{array}{l}(2\,010\text{ J/kg}\cdot{}^\circ\text{C})(100^\circ\text{C} - 130^\circ\text{C}) - (2.26\times10^6\text{ J/kg}) \\ \quad + (4\,186\text{ J/kg}\cdot{}^\circ\text{C})(50.0^\circ\text{C} - 100^\circ\text{C})\end{array}\right]}$$

$$= 1.09\times10^{-2}\text{ kg} = \boxed{10.9\text{ g}}$$

문제 계의 나중 상태가 100 °C 물이라면, 수증기가 더 많이 또는 더 적게 필요한가?

답 물과 유리잔의 온도를 50.0 °C 대신에 100 °C로 상승시키기 위하여 더 많은 양의 수증기가 필요하다. 풀이에 주요한 변화가 두 가지 있다. 첫째 Q_3에서 증기에서 응집된 물은 100 °C 이하로 내려가지 않는다. 둘째 Q_{cold}에서 온도 변화는 30.0 °C가 아니라 80.0 °C가 될 것이다. 실제로 필요한 수증기가 31.8 g임을 보인다.

20.4 열역학 과정에서의 일과 열
Work and Heat in Thermodynamic Processes

열역학에서 계의 **상태**는 압력, 부피, 온도 및 내부 에너지와 같은 변수들로 기술된다. 이런 양들을 **상태 변수**(state variable)라 한다. 계의 주어진 배열에서 상태 변수의 값들을 알 수 있다(역학적인 계의 경우, 상태 변수는 운동 에너지 K와 퍼텐셜 에너지 U를 포함한다). 계의 상태는 계가 내부적으로 열평형을 이루고 있어야만 기술할 수가 있다. 용기에 들어 있는 기체의 경우, 내적 열평형이 되기 위해서는 기체의 모든 부분의 압력과 온도가 같아야 한다.

에너지 관련 변수 중 두 번째 범주에 해당하는 것은 **전달 변수**(transfer variable)이다. 이 변수들은 에너지 보존 식(식 8.2)의 우변에 해당한다. 에너지가 계의 경계를 통하여 전달되는 과정이라면 이런 변수는 영이 아닌 값이다. 에너지가 계에 흡수되느냐 방출되느냐에 따라 이 변수들의 부호는 양(+)이나 음(−)이 된다. 경계를 통하는 에너지 전달은 계에서의 변화를 나타내기 때문에, 전달 변수들은 계의 주어진 상태가 아니라 계의 상태의 **변화**와 관련된다.

앞 절에서 전달 변수로서 열을 언급하였다. 이 절에서 열역학 계의 중요한 또 하나의 전달 변수인 일에 대하여 공부할 것이다. 입자들에 관한 일은 7장에서 공부하였으며, 이번에는 변형 가능한 계인 기체에 한 일을 공부하게 된다. 그림 20.4와 같이 피스톤으로 부피를 조절할 수 있는 원통 속에 들어 있는 기체를 고찰해 보자. 평형 상태에서 기체의 부피는 V이고 원통 벽과 피스톤에 일정한 압력 P가 작용되고 있다. 피스톤의 단면적을 A라 하면, 기체가 피스톤을 미는 힘의 크기는 $F = PA$이다. 뉴턴의 제3법칙에 의하면, 피스톤이 기체에 작용하는 힘의 크기 역시 PA이다. 피스톤을 안으로 천천히

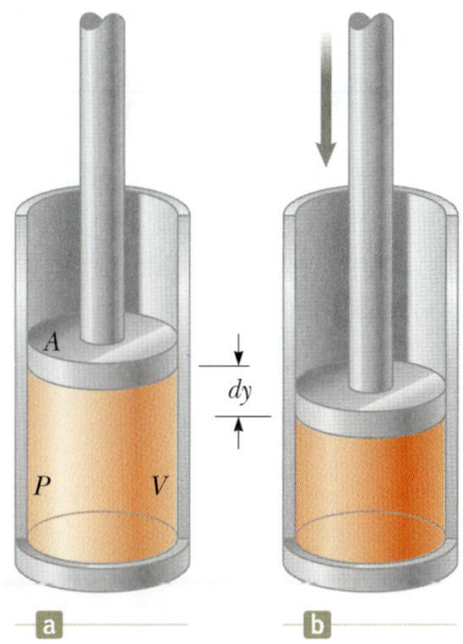

그림 20.4 기체가 담긴 원통에서 피스톤이 압력 P로 아래로 누를 때 기체에 한 일. 이때 기체는 압축된다.

밀어 이 기체가 **준정적**(quasi-statically)으로 압축한다고 하자. 즉 아주 천천히 압축해서 모든 순간에 열역학 평형 상태를 유지한 채로 변한다고 하자. 기체에 작용하는 힘의 작용점은 피스톤의 바닥에 있다. 그림 20.4b에서처럼 피스톤에 아래로 외력 $\vec{\mathbf{F}} = -F\hat{\mathbf{j}}$에 의하여 일어난 변위가 $d\vec{\mathbf{r}} = dy\hat{\mathbf{j}}$이면, 7장에서의 일의 정의에 따라 기체에 한 일은

$$dW = \vec{\mathbf{F}} \cdot d\vec{\mathbf{r}} = -F\hat{\mathbf{j}} \cdot dy\hat{\mathbf{j}} = -F\,dy = -PA\,dy$$

이다. 여기서 피스톤의 질량은 무시한다. $A\,dy$는 기체의 부피 변화 dV이므로, 기체에 한 일은 다음과 같다.

$$dW = -P\,dV \tag{20.8}$$

기체가 압축되면 dV는 음(−)이고 기체에 한 일은 양(+)이 된다. 기체가 팽창하면 dV는 양(+)이고 기체에 한 일은 음(−)이 되고, 부피가 일정할 때 기체에 한 일은 영이다. 기체의 부피가 V_i에서 V_f로 변할 때, 기체에 한 전체 일은 식 20.8을 적분하면 된다.

기체에 한 일 ▶

$$W = -\int_{V_i}^{V_f} P\,dV \tag{20.9}$$

이 적분값을 구하려면 이 과정을 통하여 압력이 어떻게 변하는가를 알아야 한다.

일반적으로 기체가 지나가는 과정 동안 압력은 일정하지 않지만 부피와 온도에 의존한다. 과정의 각 단계에서 압력과 부피를 알면, 기체의 상태는 그림 20.5와 같이 중요한 ***PV* 도표**(*PV* diagram)에서 곡선으로 나타낼 수 있다. 이런 유형의 도표는 기체에서 진행되는 과정을 잘 보여 준다. *PV* 도표의 곡선은 처음 상태와 나중 상태 사이를 이어주는 **경로**이다.

식 20.9에서 적분은 *PV* 도표에서 곡선 아래 넓이와 같다.*

> 기체의 처음 상태로부터 나중 상태까지 일어나는 준정적 과정에서 기체에 한 일은 *PV* 도표에서 처음 상태와 나중 상태 사이의 곡선 아래의 넓이와 크기는 같고 부호는 반대이다.

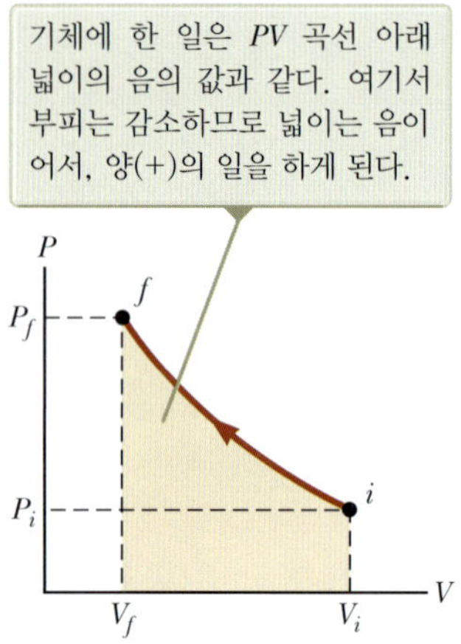

그림 20.5 기체가 상태 i에서 상태 f로 준정적으로 (천천히) 압축되는 과정이다. 외력은 압축하기 위하여 기체에 양(+)의 일을 해야만 한다.

그림 20.5와 같이 원통 내의 기체를 처음 상태에서 나중 상태로 압축할 때, 기체에 한 일은 두 상태 사이의 경로에 따라 다르다. 이 중요한 점을 설명하기 위하여, i와 f를 연결하는 여러 개의 다른 경로에 대하여 고찰하자(그림 20.6 참조). 그림 20.6a의 과정에서는 처음에 일정한 압력 P_i에서 부피가 V_i에서 V_f로 압축하고, 그 다음 일정한 부피 V_f에서 기체를 가열함으로써 압력을 P_i에서 P_f로 증가시킨다. 이 경로를 따라 기체에 한 일은 $-P_i(V_f - V_i)$이다. 그림 20.6b에서는 처음에 일정한 부피 V_i에서 기체의 압력을 P_i에서 P_f로 증가시킨 후, 압력을 P_f로 유지한 채로 기체의 부피를 V_i에서 V_f로 압축시킨다. 이 경우 기체에 한 일은 $-P_f(V_f - V_i)$가 되며, 그림 20.6a의 과정에서보다 크다. 왜냐하면 피스톤이 더 큰 힘에 의하여 같은 변위를 이동하였기 때문이다. 마지

* 곡선 아래의 넓이란 정적분을 의미하는 것으로 부호가 있음에 유의하자.: 역자 주

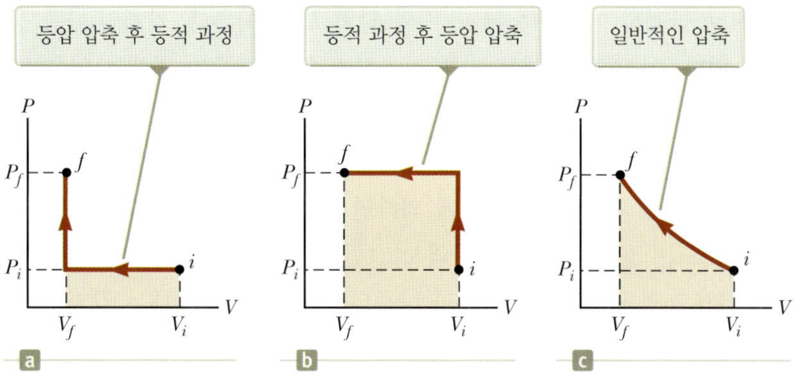

그림 20.6 처음 상태에서 나중 상태로 가는 동안 기체에 한 일은 두 상태 사이의 경로에 따라 달라진다.

막으로 그림 20.6c의 과정에서는 P와 V가 모두 연속적으로 변하면서 일을 하는 경우로서, 앞의 두 과정에서 얻은 값의 중간 정도가 된다. 이 경우의 일을 구하기 위해서는 $P(V)$ 함수를 알아야 식 20.9의 적분을 계산할 수 있다.

마찬가지로 열로서 계에 출입하는 에너지 전달 Q도 경로에 따라 달라진다. 그림 20.7에 있는 상황을 살펴보자. 각각의 경우 모두 처음에는 부피, 온도, 압력이 같은 이상 기체라고 가정하자. 그림 20.7a에서의 기체로 채워진 구역의 바닥은 에너지 저장고와 접촉하고 있고, 나머지는 모두와 단열되어 있다. **에너지 저장고**(또는 열원)란 유한한 에너지 출입에도 온도가 변하지 않는 에너지 공급처이다. 피스톤을 처음 위치에 위치하도록 손으로 약간 누르고 있다가, 천천히 놓으면 그림 20.7b에서처럼 피스톤이 나중 위치로 올라온다. 피스톤이 위로 올라왔으므로 기체는 피스톤에 일을 한 것이다. 나중 부피 V_f로 팽창하는 동안, 에너지 저장고로부터 충분한 열 에너지가 기체로 전달되어 일정한 온도 T_i를 유지하게 된다.

이제 그림 20.7c의 완전히 단열된 계에 대하여 생각해 보자. 분리막이 터지면 기체

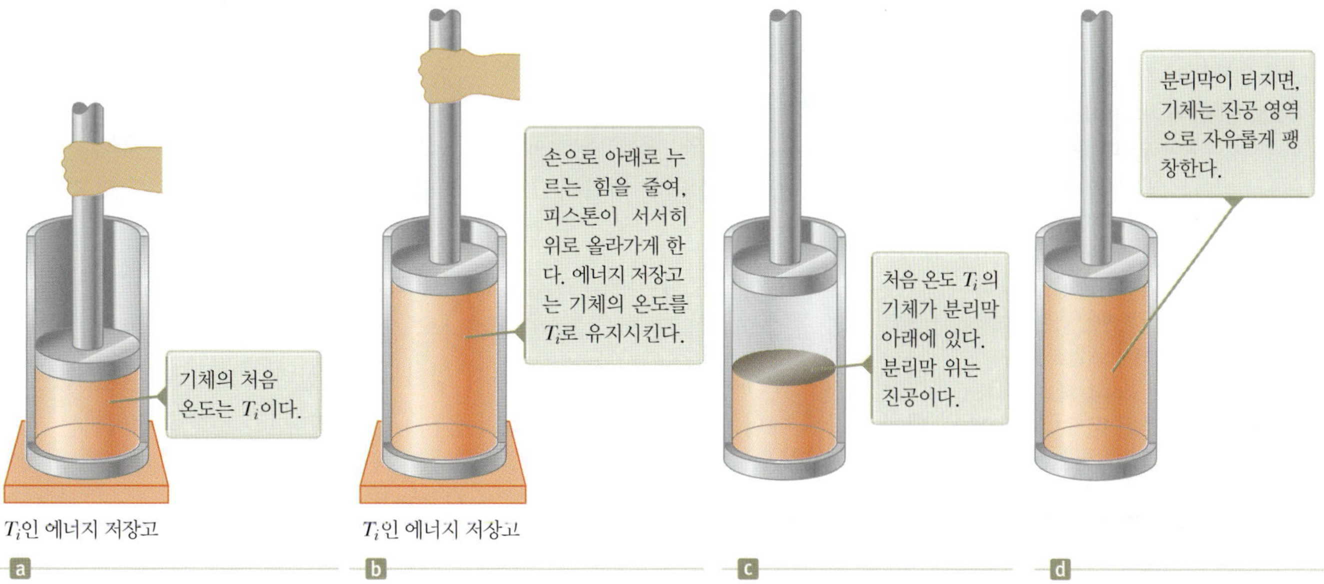

그림 20.7 원통 내의 기체. (a) 기체가 에너지 저장고와 접촉하고 있다. 원통의 벽은 완전히 고립되어 있지만, 에너지 저장고와 접하고 있는 바닥은 전도가 된다. (b) 기체는 더 큰 부피로 천천히 팽창한다. (c) 부피의 반에는 기체가 들어 있고, 나머지 반은 진공이다. 원통 전체는 완전히 고립되어 있다. (d) 기체가 더 큰 부피로 천천히 팽창한다.

는 진공 속으로 급격히 팽창하여 부피 V_f와 압력 P_f에 이른다. 기체의 나중 상태가 그림 20.7d에 있다. 이 경우 기체는 힘을 작용하지 않기 때문에 기체는 일을 하지 않는다. 진공으로 팽창하는 데 힘이 필요하지 않다. 또한 단열된 벽이므로 열 에너지가 전달되지는 않는다.

20.5절에서 논의할 것이지만, 실험에 의하면 그림 20.7c와 20.7d에 보인 과정에서 이상 기체의 온도는 변하지 않는다. 따라서 그림 20.7a와 20.7b의 처음과 나중의 이상 기체는 그림 20.7c와 20.7d에서 처음과 나중의 이상 기체와 상태는 같지만 경로는 다르다. 첫 번째 경우 기체는 피스톤에 일을 하고 열 에너지는 기체로 서서히 전달된다. 두 번째 경우에서는 열 에너지가 전달되지 않고 한 일도 영이다. 따라서 일처럼 열 에너지 전달도 계의 처음과 나중 그리고 중간 상태에 따라 달라진다. 다시 말해서 열과 일은 *PV* 도표에서 처음과 나중 상태 사이의 경로에 따라 달라지므로, 어느 것도 열역학 과정에서의 처음 상태와 나중 상태로만 결정되지 않는다.

20.5 열역학 제1법칙
The First Law of Thermodynamics

8장에서 에너지 보존의 법칙을 공부할 때, 계의 에너지 변화는 계의 경계를 넘나드는 모든 에너지 전달의 합과 같다고 하였다(식 8.2). **열역학 제1법칙**(The first law of thermodynamics)은 에너지 보존 법칙의 특수한 경우로서, 계에서 유일하게 내부 에너지의 변화만 일어나며 에너지는 열과 일에 의해서만 전달되는 경우이다.[5]

열역학 제1법칙 ▶

$$\Delta E_{\text{int}} = Q + W \tag{20.10}$$

열역학 제1법칙이 일반적인 식인 식 8.2에 포함되어 있음을 확인해 보라.

열역학 제1법칙을 적용할 수 있는 몇 가지 특수한 경우를 살펴보자. 먼저 주위와 상호 작용이 없는 **고립계**를 생각해 보자. 이 경우 열에 의한 에너지 전달도 없고 계에 한 일도 영이므로, 내부 에너지는 일정하게 유지된다. 즉 $Q = W = 0$이므로 $\Delta E_{\text{int}} = 0$ 이 되어 $E_{\text{int},i} = E_{\text{int},f}$가 된다. 따라서 고립계의 내부 에너지 E_{int}는 일정하다고 결론지을 수 있다.

다음은 계가 시작한 상태와 끝이 동일한 상태로 돌아오는 **순환 과정**(cyclic process)에서 계와 그 주위와의 에너지 교환이 일어나는 경우를 생각해 보자. 이 경우 E_{int}는 상태 변수이므로 내부 에너지의 변화는 다시 영이어야만 한다. 그러므로 순환하는 동안 계에 공급된 에너지 Q는 계에 한 일 W의 음(−) 값이 된다. 즉 순환 과정에서는

$$\Delta E_{\text{int}} = 0 \qquad \text{그리고} \qquad Q = -W \qquad \text{(순환 과정)}$$

오류 피하기 20.7

부호를 정하는 두 가지 방식 몇몇 다른 물리학 교재나 공학 교재에서는 제1법칙을 $\Delta E_{\text{int}} = Q - W$ 식처럼 열(Q)과 일(W) 사이에 [양(+)의 부호 대신에] 음(−)의 부호를 넣어 표현한다. 우리의 논의에서는 (외부로부터) 기체에 일이 행해질 때 양의 일로 정의하는 반면에, 다른 책에서는 기체가 일을 할 때 양의 일로 정의하기 때문에 부호가 바뀐 것이다. 식 20.9에 해당되는 일의 정의 식은 $W = \int_{V_i}^{V_f} P\,dV$이다. 그러므로 기체가 양의 일을 한다면 에너지는 계를 떠나고 제1법칙에 음의 부호가 나타나게 된다.

화학 또는 공학 과정 공부를 하거나 다른 물리 교재로 공부할 경우 제1법칙에 어떤 부호 약속이 사용되는지 반드시 확인해야 한다.

[5] 7장에서 퍼텐셜 에너지를 전통적으로 U로 표시하는데, 내부 에너지를 전통적으로 동일한 U로 표시하는 것은 역사적으로 불행한 실수이다. 퍼텐셜 에너지와 내부 에너지를 구분하기 위하여 이 교재에서는 내부 에너지를 E_{int}로 나타낸다. 다른 열역학 강의에서는 내부 에너지를 U로 표현하곤 한다.

이다. PV 도표에서 순환 과정은 닫힌 곡선으로 그려진다(그림 20.6의 과정은 처음 상태와 나중 상태가 다르므로 열린 곡선으로 그려진다). 기체의 경우 한 순환 과정에서 계에 한 알짜일은 PV 도표에서 과정을 나타내는 경로로 둘러싸인 넓이와 같다.

20.6 열역학 제1법칙의 적용
Some Applications of the First Law of Thermodynamics

이 절에서는 제1법칙을 기체가 포함된 과정에 적용하여 살펴본다. 그림 20.8에서처럼 피스톤–원통 기구에 기체가 들어 있는 경우를 고려해 보자. 이 그림은 기체에 한 일과 열로 전달된 에너지에 의하여 기체의 내부 에너지가 증가하는 것을 보여 준다. 다음의 논의에서는 이 그림을 참고로 하여 열역학에서 일어나는 여러 과정의 경우, 에너지 전달의 방향을 별도로 고려하면 된다.

특정한 계에 열역학 제1법칙을 적용하기 위해서는 먼저 몇 가지 흔히 접하는 열역학 과정을 정의하는 것이 편리하다. **단열 과정**(adiabatic process)은 계에 열이 들어오거나 나가지 않는, 즉 $Q = 0$인 과정으로 정의한다. 단열 과정은 스티로폼이나 진공으로 된 벽을 이용하여 계를 주위로부터 열적으로 차단하거나 과정을 신속히 진행하여, 열에 의하여 에너지를 전달하는 시간을 매우 짧게 하여 열 전달이 무시되게 할 수 있다. 단열 과정에 열역학 제1법칙을 적용하면

$$\Delta E_{\text{int}} = W \qquad \text{(단열 과정)} \tag{20.11}$$

이다. 이 결과로부터 기체가 단열 압축을 하면, W가 양(+)이므로 ΔE_{int}도 양(+)이며 기체의 온도는 올라간다. 역으로 단열 팽창하면 기체의 온도는 내려간다.

단열 과정은 공학에 중요하게 응용된다. 단열 과정의 일상적인 예로는 내연 기관에서 뜨거운 기체의 팽창과 냉각 장치에서 기체의 액화 및 디젤 기관에서의 압축을 들 수 있다.

그림 20.7c와 20.7d에 설명한 **단열 자유 팽창**(adiabatic free expansion)은 매우 특이한 과정이다. 이 과정은 고립된 용기에서 일어나기 때문에 단열 과정이다. 기체가 진공 속으로 팽창하기 때문에, 그림 20.7a와 20.7b의 경우처럼 피스톤을 움직이도록 힘을 작용한 것도 아니므로, 기체가 한 일 또는 기체에 한 일은 없다. 그러므로 $Q = 0$이며 $W = 0$인 단열 과정이다. 그 결과 제1법칙에 의하여 $\Delta E_{\text{int}} = 0$이 된다. 즉 단열 자유 팽창에서 기체의 처음과 나중 상태의 내부 에너지는 같다. 21장에서 공부하겠지만 이상 기체의 내부 에너지는 온도에만 관계되므로, 단열 자유 팽창에서는 온도 변화가 없을 것으로 예측할 수 있다. 이 예측은 낮은 압력에서 수행한 실험의 경우에는 잘 일치한다. (높은 압력에 놓인 실세 기체에서 수행한 실험은 이상 기체 모형과는 달리 분자 사이의 상호 작용에 의한 팽창 때문에 온도에 약간의 변화가 생기는 것으로 나타난다.)

일정한 압력하에서 일어나는 과정을 **등압 과정**(isobaric process)이라 한다. 그림

오류 피하기 20.8

열역학 제1법칙 이 책에서 다룬 에너지의 관점에서 볼 때 열역학 제1법칙은 식 8.2의 특별한 경우이다. 어떤 물리학자들은 제1법칙은 식 8.2와 동등하게 에너지 보존에 대한 일반적인 식이라고 주장한다. 이런 접근에서, 제1법칙은 확장해서 열린 계에 적용할 수 있다. 열은 전자기 복사를 포함하여 설명되고 일은 전기 전송(전기적 일)과 역학적 파동(분자 운동에 의한 일)을 포함하여 설명된다. 다른 문헌에서 열역학 제1법칙을 접할 때 이 내용을 명심하라.

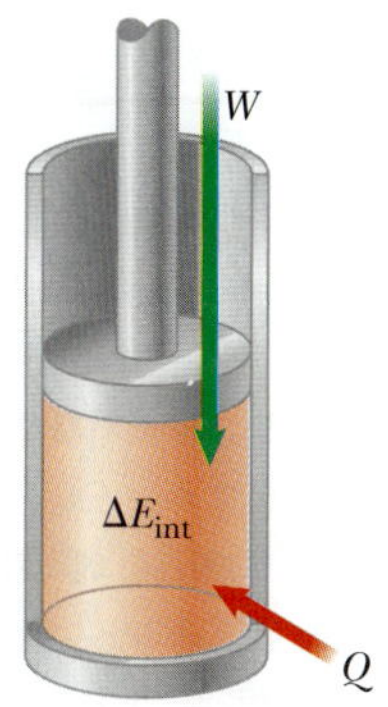

그림 20.8 열역학 제1법칙은 계의 내부 에너지 E_{int}의 변화는 계에 열로서 전달되는 알짜 에너지 Q와 한 일 W의 합과 같음을 의미한다. 이 그림의 경우 기체의 내부 에너지는 증가한다.

20.8의 등압 과정은 피스톤이 자유롭게 움직일 수 있기 때문에, 기체가 위로 미는 알짜 힘과, 피스톤의 무게와 대기압이 아래로 누르는 힘을 합한 것이 항상 평형 상태이다. 그림 20.6a에서의 첫 번째 과정과 그림 20.6b에서의 두 번째 과정은 모두 등압 과정이다.

이런 과정에서 열과 일은 일반적으로 모두 영이 아니다. 등압 과정에서 기체에 한 일은 단순히

등압 과정 ▶

$$W = -P(V_f - V_i) \qquad \text{(등압 과정)} \tag{20.12}$$

이다. 여기서 P는 과정 동안 일정한 기체의 압력이다.

일정한 부피에서 일어나는 과정을 **등적 과정**(isovolumetric process)이라 한다. 그림 20.8에서 피스톤의 위치를 고정시키면 등적 과정이 된다. 그림 20.6a에서의 두 번째 과정과 그림 20.6b에서의 첫 번째 과정은 모두 등적 과정이다.

이런 과정에서 기체의 부피는 변하지 않으므로, 식 20.9로 주어진 일은 영이다. 따라서 제1법칙으로부터 $W = 0$인 등적 과정에서는

등적 과정 ▶

$$\Delta E_{\text{int}} = Q \qquad \text{(등적 과정)} \tag{20.13}$$

임을 알 수 있다. 이는 일정한 부피의 계에 열에 의하여 에너지가 공급되면, 모든 전달된 에너지는 계의 내부 에너지를 증가시키는 데 쓰임을 말해 준다. 예를 들면 스프레이 페인트 깡통을 불 속에 던지면, 계(깡통 속의 기체)에 깡통의 금속 벽을 통하여 열로서 에너지가 들어간다. 결과적으로 깡통 속의 온도와 압력이 증가하여 깡통이 폭발할 것이다.

등온 과정 ▶

일정한 온도에서 일어나는 과정을 **등온 과정**(isothermal process)이라 한다. 그림 20.8에서 원통을 얼음 물통 속에 집어넣거나 다른 어떤 일정 온도의 용기에 접촉시킴으로써 일어날 수 있다. 일정한 온도에서 이상 기체의 PV 도표는 **등온선**이라는 쌍곡선이 된다. 이상 기체의 내부 에너지는 온도만의 함수이다. 따라서 이상 기체의 등온 과정에서 온도가 변하지 않으므로, $\Delta E_{\text{int}} = 0$이어야 한다. 등온 과정의 경우 제1법칙으로부터 에너지 전달 Q는 기체에 한 일의 음의 값과 같아야만 한다. 즉 $Q = -W$이다. 계에 들어간 열 에너지는 일로서 계 외부로 다 전달된다. 그 결과 등온 과정에서 계의 내부 에너지는 변화가 없다.

오류 피하기 20.9

등온 과정에서 $Q \neq 0$일 수 있다 등온 과정에서처럼 온도가 변하지 않으면 열에 의한 에너지 전달은 없어야만 한다고 생각하는 흔한 오류에 빠지지 말자. 왜냐하면 온도에 변화를 주는 요인은 열뿐만 아니라 일도 있기 때문에, 에너지가 열에 의하여 기체에 유입되더라도 온도는 여전히 일정하게 유지될 수 있다. 이는 열에 의하여 기체에 유입된 에너지가 일로서 빠져나가는 경우에만 일어난다.

Q 퀴즈 20.3 다음 표에서 Q, W, ΔE_{int}에 대한 올바른 부호(−, + 또는 0)를 적으라. 각각의 경우 고려해야 할 계를 밝혀두었다.

상황	계	Q	W	ΔE_{int}
(a) 자전거 바퀴에 펌프로 공기를 급속히 주입할 때	펌프 속의 공기			
(b) 뜨거운 난로 위에 놓인 상온의 냄비	냄비 속의 물			
(c) 풍선에서 공기가 급속히 빠지고 있을 때	풍선 속에 있던 원래 공기			

이상 기체의 등온 팽창 Isothermal Expansion of an Ideal Gas

그림 20.9의 PV 도표와 같이 일정한 온도에서 이상 기체가 준정적으로 팽창한다고 가정하자. 곡선은 쌍곡선(부록 B의 식 B.23 참조)이며, 일정한 온도에서 이상 기체의

법칙(식 19.8)은 이 곡선의 식이 '$PV = nRT =$ 일정'임을 보여 준다.

처음 상태 i에서 나중 상태 f로 팽창할 때 기체에 한 일을 구해 보자. 기체에 한 일은 식 20.9로 주어진다. 이 기체의 등온 팽창은 기체가 이상 기체이고 과정이 준정적이므로, 경로의 각 점에 대하여 이상 기체의 법칙을 적용할 수 있다. 따라서 다음과 같이 된다.

$$W = -\int_{V_i}^{V_f} P\,dV = -\int_{V_i}^{V_f} \frac{nRT}{V}\,dV$$

이 경우 T는 일정하므로, n, R와 함께 적분 기호 앞으로 빼낼 수 있다.

$$W = -nRT\int_{V_i}^{V_f} \frac{dV}{V} = -nRT\ln V\Big|_{V_i}^{V_f}$$

이 적분을 계산하기 위하여 $\int (dx/x) = \ln x$ (부록 B 참조)를 사용하면

$$W = nRT\ln\left(\frac{V_i}{V_f}\right) \qquad \textbf{(20.14)}$$

가 된다. 수치적으로 이 일 W는 그림 20.9에서 PV 곡선 아래 색칠한 부분의 넓이의 음의 값이다. 기체가 등온 팽창을 하면, $V_f > V_i$이고 예상대로 기체에 한 일은 음(−)이 된다. 기체가 등온 압축되면, $V_f < V_i$이고 기체에 한 일은 양(+)이 된다.

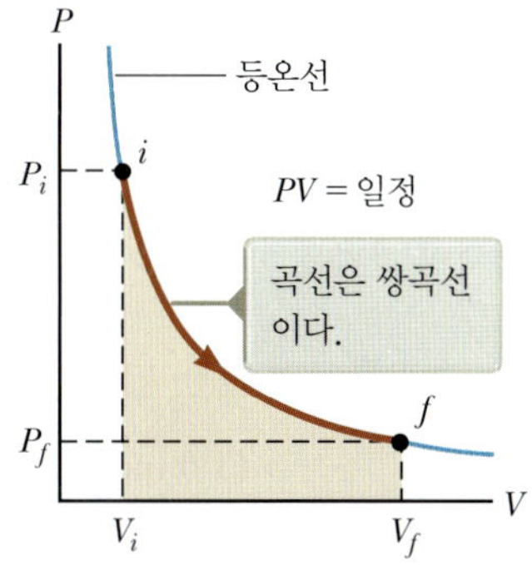

그림 20.9 처음 상태에서 나중 상태로 등온 팽창하는 이상 기체의 PV 도표

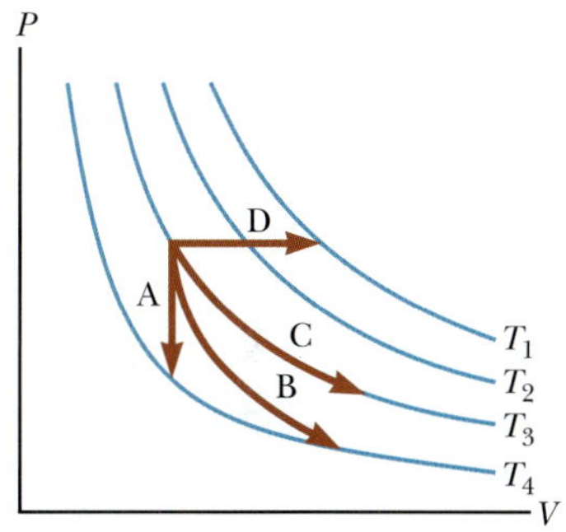

그림 20.10 (퀴즈 20.4) 경로 A, B, C, D가 어떤 경로인지 알아보라.

Q 퀴즈 20.4 그림 20.10에서 각 경로가 등온, 등압, 등적 및 단열 과정 중 어떤 과정에 해당하는지 결정하라. 경로 B에서 $Q = 0$이다. 파란색 곡선은 등온선이다.

예제 20.5 등온 팽창

0.0 °C에서 1.0몰의 이상 기체가 3.0 L에서 10.0 L로 팽창할 때

(A) 기체가 팽창하는 동안 기체에 한 일을 구하라.

풀이

개념화 그림 20.8에서의 원통은 얼음 물통에 담겨 있고, 피스톤을 밖으로 당겨 기체의 부피를 증가시키는 과정을 상상하여 본다. 또한 이 과정을 개념화하기 위하여 그림 20.9에 있는 그림 표현을 이용할 수도 있다.

분류 앞 절에서 유도한 식들을 이용하여 변수의 값을 구하게 되므로, 예제를 대입 문제로 분류한다. 기체의 온도가 일정하므로 이 과정은 등온 과정이다.

주어진 값들을 식 20.14에 대입한다.

$$W = nRT\ln\left(\frac{V_i}{V_f}\right)$$

$$= (1.0\text{ mol})(8.31\text{ J/mol}\cdot\text{K})(273\text{ K})\ln\left(\frac{3.0\text{ L}}{10.0\text{ L}}\right)$$

$$= -2.7\times10^3\text{ J}$$

(B) 이 과정에서 기체와 주위 환경 사이에 열에 의한 에너지 전달은 얼마인가?

풀이

제1법칙으로부터 열을 구한다.

$$\Delta E_{\text{int}} = Q + W$$

$$0 = Q + W$$

$$Q = -W = 2.7\times10^3\text{ J}$$

(C) 기체가 등압 과정을 거쳐 원래의 부피로 돌아왔다면 이 과정에서 기체에 한 일을 구하라.

풀이 식 20.12를 이용한다. 압력이 주어지지 않았으므로 이상 기체의 법칙을 이용해야 한다.

$$W = -P(V_f - V_i) = -\frac{nRT_i}{V_i}(V_f - V_i)$$

$$= -\frac{(1.0\text{ mol})(8.31\text{ J/mol}\cdot\text{K})(273\text{ K})}{10.0\times10^{-3}\text{ m}^3}(3.0\times10^{-3}\text{ m}^3 - 10.0\times10^{-3}\text{ m}^3)$$

$$= \boxed{1.6\times10^3\text{ J}}$$

나중 온도가 주어지지 않았으므로 일정 압력 값 대신에 처음 온도와 부피를 이용하였다. 기체가 압축되었으므로 기체에 한 일은 양(+)이다.

예제 20.6 끓는 물

1.00 g의 물이 대기압 (1.013×10^5 Pa)에서 등압하에 끓고 있다. 액체 상태에서 물의 부피는 $V_i = V_{\text{liquid}} = 1.00\text{ cm}^3$이고 수증기 상태에서 부피는 $V_f = V_{\text{vapor}} = 1\,671\text{ cm}^3$가 된다. 계가 팽창할 때 한 일과 내부 에너지 변화를 구하라. 수증기가 주변의 공기를 밀어낸다고 가정하여 수증기와 공기의 혼합은 무시한다.

풀이

개념화 계의 온도가 변하지 않는 것에 주목하라. 물이 수증기로 바뀌는 상변화이다.

분류 이 팽창은 일정한 압력하에 일어나므로 이 과정을 등압 과정으로 분류한다. 앞 절에서 공부한 식들을 이용하여 풀 수 있는 문제이다.

식 20.12를 이용하여 공기가 밀려나감에 따라 계에 한 일을 구한다.

$$W = -P(V_f - V_i)$$

$$= -(1.013\times10^5\text{ Pa})(1\,671\times10^{-6}\text{ m}^3 - 1.00\times10^{-6}\text{ m}^3)$$

$$= \boxed{-169\text{ J}}$$

식 20.7과 물에 대한 기화열을 이용하여 계에 열로 전달된 에너지를 구한다.

$$Q = L_v\,\Delta m_s = m_s L_v = (1.00\times10^{-3}\text{ kg})(2.26\times10^6\text{ J/kg})$$

$$= 2\,260\text{ J}$$

제1법칙을 이용하여 계의 내부 에너지 변화를 구한다.

$$\Delta E_{\text{int}} = Q + W = 2\,260\text{ J} + (-169\text{ J}) = \boxed{2.09\text{ kJ}}$$

ΔE_{int}가 양(+)이라는 것은 계의 내부 에너지가 증가함을 의미한다. 계에 전달된 에너지의 가장 큰 부분(2 090 J/2 260 J = 93 %)은 계의 내부 에너지를 증가시키는 데 사용되었다. 전달된 에너지의 나머지 7 %는 수증기가 주위에 대하여 한 일에 의하여 없어진 에너지이다.

20.7 열 과정에서 에너지 전달 메커니즘

Energy Transfer Mechanisms in Thermal Processes

8장에서 물리적 과정의 에너지 분석을 식 8.1 $\Delta E_{\text{system}} = \Sigma\, T$($T$는 여러 메커니즘에서 일어날 수 있는 에너지 전달을 의미한다)를 통한 보편적인 접근을 소개하였다. 이 장의 전반부에서 이 식의 우변에 있는 두 항인 일 W와 열 Q에 대하여 논의하였다. 이 절에서는 에너지 전달 수단으로서 열 그리고 온도 변화와 관련된 두 가지 다른 에너지 전달 방법인 대류(물질 전달의 한 형태 T_{MT})와 전자기 복사 T_{ER}에 대하여 논의한다.*

열전도 Thermal Conduction

열에 의하여 에너지가 전달되는 과정(식 8.2에서 Q)을 **전도**(conduction) 또는 **열전도**(thermal conduction)라 한다. 이 과정에서의 열 에너지 전달은 원자 크기 수준에서 볼 때, 에너지가 작은 분자, 원자 또는 자유 전자와 같은 미세한 입자들이 에너지가 큰 입자들과 충돌함으로써 얻게 되는 미세한 입자들 간의 운동 에너지 교환으로 볼 수 있다. 예를 들어 금속 막대의 한쪽 끝을 붙잡고 반대쪽을 불 속에 넣으면, 붙잡고 있는 쪽의 온도가 높아지는 것을 알 수 있다. 에너지는 전도를 통하여 손에 전달된다. 처음에, 막대를 불 속에 넣기 전에는 금속 내 원자들은 자신의 평형 위치에서 진동하고 있다. 불이 막대를 가열하면, 불 근처에 있는 금속의 원자는 더욱 더 큰 진폭으로 진동하기 시작하고, 자유 전자들은 빨라진다. 이들은 연쇄적으로 주위의 원자나 전자와 충돌하면서 자신의 에너지 일부를 전달한다. 서서히 금속 막대의 반대편 끝에 있는 원자의 진동 진폭이 커지고, 자유 전자들이 빨라지게 되어 결국 금속 내 모든 원자의 에너지가 증가한다. 이 효과로 금속의 온도가 올라가, 아마도 손을 델지도 모른다.

열전도율은 물질의 성질에 의존한다. 예를 들면 석면 조각의 한쪽을 가열해도 다른 쪽을 오랫동안 붙잡고 있을 수 있다. 이는 석면을 통한 열의 전달이 거의 없다는 것을 의미한다. 일반적으로 금속은 열적 양도체인 반면에 석면, 코르크, 종이 등은 부도체이다. 기체 역시 입자들 사이의 거리가 매우 멀기 때문에 부도체이다. 금속의 경우 금속 내를 자유롭게 움직이면서 에너지를 전달할 수 있는 자유 전자를 많이 가지고 있기 때문에 양도체이다. 따라서 구리와 같은 양도체에서는 원자의 진동과 자유 전자의 운동에 의하여 전도가 일어난다.

전도체의 양 끝 사이에 온도 차가 있을 때에만 전도가 일어난다. 예를 들어 그림 20.11과 같이 두께가 Δx이고 단면적이 A인 널판의 양면의 온도가 T_c와 $T_h(>T_c)$인 물체를 고려하자. 실험에 의하면 Δt 시간 동안에 뜨거운 쪽에서 찬 쪽으로 에너지 Q가 흐르는데, 열이 흐르는 비율 $P = Q/\Delta t$는 단면적과 온도 차 $\Delta T = T_h - T_c$에 비례하고 두께에 반비례한다. 막대를 통하여 전도된 에너지 전달률은 다음과 같이 표현된다.

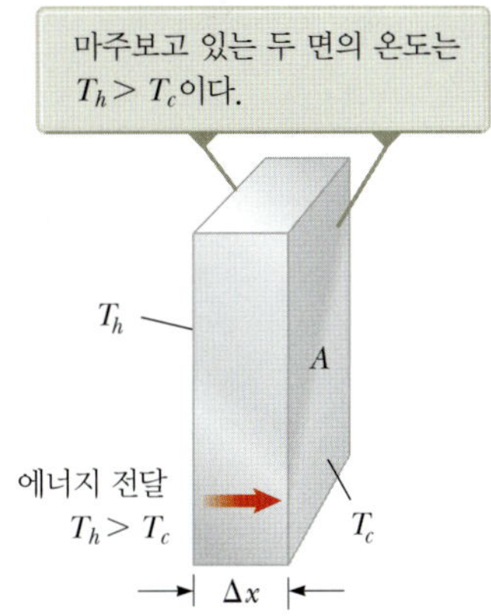

그림 20.11 단면적이 A이고 두께가 Δx인 도체판을 통한 열전달

$$P = \frac{Q}{\Delta t} \propto A\frac{\Delta T}{\Delta x}$$

Q의 단위가 J이고 Δt의 단위가 s이면, P의 단위는 와트(watt)이다. P는 일률인데, 열에 의하여 전달되는 에너지의 시간 비율이다. 두께가 dx이고 온도 차가 dT인 얇은 판에 대한 **열전도의 법칙**(law of thermal conduction)은 다음과 같이 쓸 수 있다.

$$P = kA\left|\frac{dT}{dx}\right| \tag{20.15}$$

◀ 열전도의 법칙

* 이 두 가지도 열전달의 방법으로 보는 경우가 많다.: 역자 주

표 20.3 여러 물질의 열전도도

물질	열전도도 (W/m · °C)	물질	열전도도 (W/m · °C)	물질	열전도도 (W/m · °C)
금속 (25 °C)		비금속 (근삿값)		기체 (20 °C)	
알루미늄	238	석면	0.08	공기	0.0234
구리	397	콘크리트	0.8	헬륨	0.138
금	314	다이아몬드	2 300	수소	0.172
철	79.5	유리	0.8	질소	0.0234
납	34.7	얼음	2	산소	0.0238
은	427	고무	0.2		
		물	0.6		
		나무	0.08		

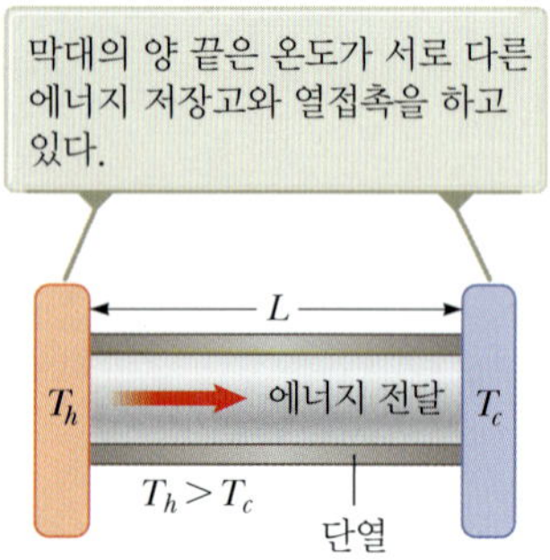

그림 20.12 길이 L인 균일한 단열 막대를 통한 에너지 전도

여기서 비례 상수 k는 물질의 **열전도도**(thermal conductivity)이고, $|dT/dx|$는 **온도 기울기**(temperature gradient: 위치에 따른 온도의 변화율)이다.

열이 잘 전도되는 물질은 열전도도 값이 크고, 부도체는 열전도도 값이 작다. 여러 가지 물질에 대한 열전도도 값이 표 20.3에 수록되어 있다. 일반적으로 금속이 비금속보다 더 좋은 열전도체이다.

그림 20.12와 같이 길이 L인 균일한 긴 막대의 양 끝이 각각 T_c와 $T_h(> T_c)$인 두 에너지 저장고에 접촉되어 있고, 막대의 양 끝을 제외하고는 열 에너지가 빠져나갈 수 없도록 절연되어 있는 막대가 있다고 하자. 정상 상태에 도달할 때, 막대의 모든 점에서 온도 기울기는 시간에 대하여 일정하다. 이 경우 k가 온도의 함수가 아니라고 가정하면, 막대의 모든 점에 대한 온도의 기울기는 같으며

$$\left|\frac{dT}{dx}\right| = \frac{T_h - T_c}{L}$$

이다. 따라서 막대를 통한 에너지 전달률은 다음과 같다.

$$P = kA\left(\frac{T_h - T_c}{L}\right) \tag{20.16}$$

두께가 L_1, L_2, $\cdots$이고, 열전도도가 k_1, k_2, $\cdots$인 여러 가지 물질로 된 합판에 대한 정상 상태에서 판을 통한 에너지 전달률은 다음 식과 같다.

$$P = \frac{A(T_h - T_c)}{\sum_i (L_i/k_i)} \tag{20.17}$$

여기서 T_h와 T_c는 판의 가장 바깥쪽의 온도로 일정하게 유지된다고 가정한다. 분모의 합으로 표시된 항은 모든 판에 대한 값들의 합이다. 예제 20.7은 이 결과를 증명해 보이는 예이다.

Q 퀴즈 20.5 길이와 지름이 같지만 다른 물질로 만들어진 두 막대가 있다. 두 막대를 통하여 온도가 다른 두 영역을 연결하여 열을 전달하는 데 사용하려고 한다. 두 막대를 그림 20.13a에서처럼 직렬로 연결하거나 그림 20.13b와 같이 병렬로 연결할 수 있다. 어떤 경우에 열 에너지 전달률이 더 큰가? **(a)** 막대를 직렬로 연결할 경우 에너지 전달률이 더 크다. **(b)** 병렬로 연결할 경우 에너지 전달률이 더 크다. **(c)** 두 경우 동일하다.

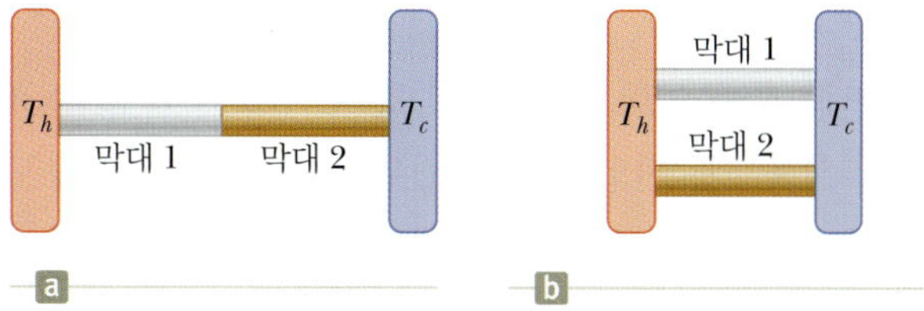

그림 20.13 (퀴즈 20.5) 어떤 경우에 에너지 전달률이 더 큰가?

예제 20.7 두 판을 통한 열전달

두께가 L_1과 L_2이고 열전도도가 k_1과 k_2인 두 판이 그림 20.14와 같이 서로 접촉되어 있다. 바깥면의 온도는 각각 T_c와 $T_h(> T_c)$이다. 접촉면에서의 온도와 정상 상태에서 넓이가 A인 판을 통하여 전도되는 에너지 전달률을 구하라.

풀이

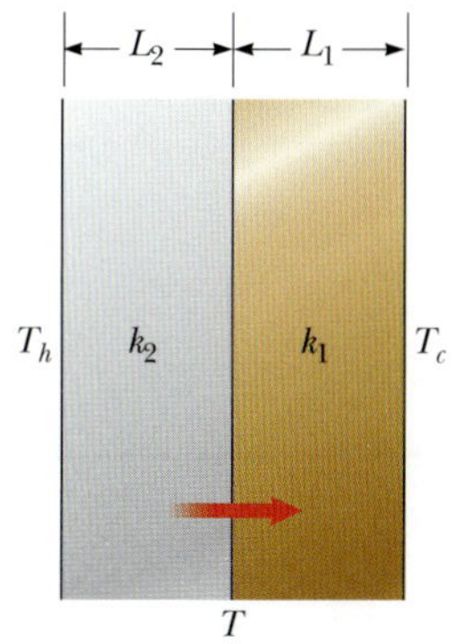

그림 20.14 (예제 20.7) 서로 열접촉하고 있는 두 판을 통한 전도에 의한 에너지 전달. 정상 상태에서 판 1을 통한 에너지 전달률은 판 2를 통한 에너지 전달률과 같다.

개념화 정상 상태 조건이란 것에 주목하라. 이 문구는 접촉되어 있는 판들을 통하여 전달되는 에너지율이 어느 곳에서든지 동일하다는 것을 의미한다. 그렇지 않으면 어떤 부분에서는 에너지가 쌓이기도 하고 사라지기도 한다. 나아가 판의 온도는 합성판의 부분마다 다른 비율로 위치에 따라 변하게 된다. 계가 정상 상태에 있을 때 판의 경계면은 일정 온도 T에 놓이게 된다.

분류 예제를 열전도에 대한 문제로 분류하고, 일률은 물질의 양쪽 판에서 같다고 가정한다.

분석 식 20.16을 이용하여 판 1의 넓이 A를 통한 에너지 전달률을 표현한다.

$$(1) \qquad P_1 = k_1 A\left(\frac{T - T_c}{L_1}\right)$$

마찬가지로 판 2의 같은 넓이를 통한 에너지 전달률을 표현한다.

$$(2) \qquad P_2 = k_2 A\left(\frac{T_h - T}{L_2}\right)$$

정상 상태를 나타내기 위하여 두 식을 같다고 놓는다.

$$k_1 A\left(\frac{T - T_c}{L_1}\right) = k_2 A\left(\frac{T_h - T}{L_2}\right)$$

T에 대하여 푼다.

$$(3) \qquad T = \frac{k_1 L_2 T_c + k_2 L_1 T_h}{k_1 L_2 + k_2 L_1}$$

식 (3)을 식 (1) 또는 (2)에 대입한다.

$$(4) \qquad P = \frac{A(T_h - T_c)}{(L_1/k_1) + (L_2/k_2)}$$

결론 이 모형을 여러 개의 합판에 대하여 확장시키면 식 20.17이 된다.

문제 두 층의 단열재로 단열되는 콘테이너를 만들 때, 식 (4)에 의하여 구한 에너지 전달률이 너무 높다. 두 층의 절연체에서 하나의 두께를 20 % 늘릴 수 있다면 어느 층을 늘릴 것인가?

답 전달률을 가능한 작게 줄이려면 식 (4)의 분모를 가능한 크게 해야 한다. L_1과 L_2의 어느 두께를 늘리든 간에 L/k을 20 % 증가시킨다. 이 비의 변화가 크면 된다. 그러므로 L/k 값이 더 큰 층의 두께를 늘리면 된다.

집의 단열 Home Insulation

실용 공학에서 물질의 L/k은 그 물질의 **R 값**으로 나타낸다. 그러므로 식 20.17은

$$P = \frac{A(T_h - T_c)}{\sum_i R_i} \tag{20.18}$$

로 나타낼 수 있는데, $R_i = L_i/k_i$이다. 몇몇 건축 재료의 R 값은 표 20.4에 주어졌다. 미국에서는 건물에 사용되는 단열재는 SI 단위가 아닌 미국 관습 단위로 나타낸다. 그러므로 표 20.4에서 R 값은 영국 열 단위, 피트, 시간과 화씨 온도(°F)로 주어진다.

공기에 노출된 수직벽에는 매우 얇은 정체된 공기층이 붙어 있다. 벽의 R 값을 결정할 때 이 층도 고려해야 하며, 벽 바깥에 있는 이 층의 두께는 바람의 속력에 의존한다. 바람 부는 날 집의 에너지 손실은 고요한 날의 손실보다 더 크다. 이 공기층의 R 값은 표 20.4에 주어져 있다.

표 20.4 일반적인 건축 재료의 *R* 값

물질	R 값 ($ft^2 \cdot °F \cdot h/Btu$)
두꺼운 나무 판자 (1인치 두께)	0.91
판자널 (겹쳐 있는)	0.87
벽돌 (4인치 두께)	4.00
콘크리트 블록	1.93
유리 섬유 단열재 (3.5인치 두께)	10.90
유리 섬유 단열재 (6인치 두께)	18.80
유리 섬유판 (1인치 두께)	4.35
섬유소 실 (1인치 두께)	3.70
평판 유리 (0.125인치 두께)	0.89
절연 유리 (0.25인치 두께)	1.54
공기층 (3.5인치 두께)	1.01
정체된 공기층	0.17
건식 벽 (0.5인치 두께)	0.45
덮개 (피복판, 0.5인치 두께)	1.32

예제 20.8 전형적인 벽의 *R* 값

그림 20.15a와 같은 벽의 R 값을 구하라. 벽은 외부(그림의 앞쪽)로부터 안쪽으로, 벽돌 4인치와 내장벽 0.5인치와 공기층 3.5인치의 건식 벽체로 이루어져 있다.

풀이

개념화 그림 20.15를 이용하여 벽의 구조를 개념화한다. 집의 안과 밖에 정체된 공기층이 있음을 잊지 말라.

분류 이 절에서 집의 단열을 위하여 적어놓은 구체적인 식을 이용하여 푸는 문제이다.

표 20.4로부터 각 층의 R 값을 구한다.

$$\begin{aligned} R_1 \text{ (외부 공기층)} &= 0.17 \text{ ft}^2 \cdot °\text{F} \cdot \text{h/Btu} \\ R_2 \text{ (벽돌)} &= 4.00 \text{ ft}^2 \cdot °\text{F} \cdot \text{h/Btu} \\ R_3 \text{ (내장)} &= 1.32 \text{ ft}^2 \cdot °\text{F} \cdot \text{h/Btu} \\ R_4 \text{ (공기층)} &= 1.01 \text{ ft}^2 \cdot °\text{F} \cdot \text{h/Btu} \end{aligned}$$

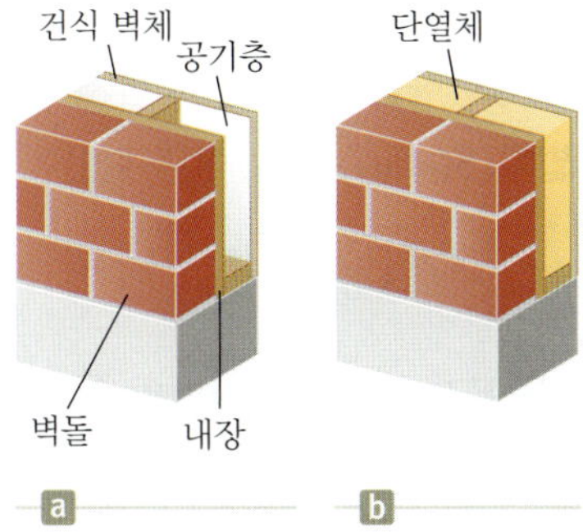

그림 20.15 (예제 20.8) 집의 벽이 (a) 공기층 또는 (b) 절연층을 포함하는 경우

$$R_5 \text{ (건식 벽체)} = 0.45 \text{ ft}^2 \cdot {}^\circ\text{F} \cdot \text{h/Btu}$$
$$R_6 \text{ (내부 공기층)} = 0.17 \text{ ft}^2 \cdot {}^\circ\text{F} \cdot \text{h/Btu}$$

모두 더하여 벽에 대한 전체 R 값을 구한다.

$$R_{\text{total}} = R_1 + R_2 + R_3 + R_4 + R_5 + R_6 = 7.12 \text{ ft}^2 \cdot {}^\circ\text{F} \cdot \text{h/Btu}$$

문제 벽의 R 값이 만족스럽지 않다. 벽의 전체 구조는 바꿀 수 없으나 그림 20.15b와 같이 공기층을 채울 수가 있다. R_{total}을 최대화하려면 어떤 물질로 채워야 하는가?

답 표 20.4에 따르면 3.5인치의 유리 섬유층의 R 값이 공기층보다 10배나 더 크다. 그러므로 공기층을 유리 섬유로 채우면 된다. 결과적으로 1.01 ft^2·°F·h/Btu인 공기층의 R 값을 빼고 10.90 ft^2·°F·h/Btu인 유리 섬유의 R 값을 더하면 9.89 ft^2·°F·h/Btu가 더해진다. 따라서 R_{total}은 7.12 ft^2·°F·h/Btu + 9.89 ft^2·°F·h/Btu = 17.01 ft^2·°F·h/Btu가 된다.

대류 Convection

불 위에 손을 올려 놓으면 손이 따뜻해진다. 이 경우 불 위의 공기는 가열되어 팽창한다. 그 결과로 공기의 밀도가 감소하여 공기가 위로 상승한다. 이 공기는 이동하면서 손을 따뜻하게 한다. 가열된 물질의 이동에 의하여 전달되는 에너지를 **대류**(convection)에 의하여 전달된다고 말한다. 이는 식 8.2에서 물질 전달의 형태인 T_{MT}이다. 불 주위의 공기처럼 뜨거운 곳과 찬 곳의 밀도 차에 의하여 흐름이 일어나는 것을 **자연 대류**(natural convection)라 한다. 호수 표면의 물이 냉각되어 가라앉으면서 혼합되는 것처럼(19.4절 참조), 해변에서의 공기 흐름도 자연 대류의 한 예이다. 난방 장치에서 따뜻한 공기나 물을 순환시킬 때처럼, 팬이나 펌프에 의하여 물질의 이동이 강제로 이루어지는 것을 **강제 대류**(forced convection)라고 한다.

대류의 흐름이 없다면 물을 끓이기가 매우 어려울 것이다. 주전자의 물을 데우면 바닥에 가까운 층이 먼저 따뜻해진다. 이렇게 따뜻해진 물은 팽창하게 되어 밀도가 낮아지기 때문에 위로 올라간다. 동시에 상대적으로 밀도가 높은 찬물은 주전자 바닥으로 이동하여 다시 따뜻해진다.

방을 난방기로 가열할 때에도 같은 과정이 일어난다. 뜨거운 난방기는 방의 작은 영역에서 공기를 따뜻하게 한다. 따뜻해진 공기는 팽창하여 밀도가 낮아지므로 천장으로 올라간다. 위쪽에 있던 밀도가 상대적으로 높은 찬 공기는 아래 쪽으로 이동한다. 따라서 그림 20.16과 같이 연속적인 공기의 흐름이 형성된다.

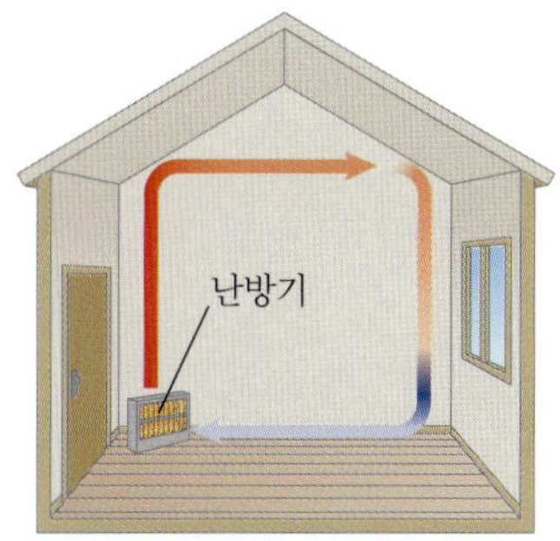

그림 20.16 난방기로 가열한 방에 대류의 흐름이 형성되는 모양

복사 Radiation

에너지를 전달하는 세 번째 방법이 **복사**(thermal radiation)이다. 이는 식 8.2에서 T_{ER}이다. 모든 물체는 34장에서 논의할 분자들의 열 진동에 의하여 전자기파의 형태로 에너지를 계속 방출한다. 전기스토브, 전기난로 또는 토스터기의 코일이 주황색의 빛을

내는 것과 같은 전자기파의 복사에 친숙할 것이다.

물체의 표면이 복사 에너지를 방출하는 비율은 그 물체 표면의 절대 온도의 네제곱에 비례한다. 이것이 **슈테판의 법칙**(Stefan's law)이며 다음과 같이 표현된다.

슈테판의 법칙 ▶

$$P = \sigma AeT^4 \tag{20.19}$$

여기서 P는 물체의 표면으로부터 복사되는 전자기파의 일률을 나타내며, σ는 5.669 6 $\times 10^{-8}$ W/m$^2 \cdot$ K^{4}의 값을 갖는 상수이다. 또 A는 물체의 표면적을 m^{2}로 표시한 것이며, e는 **방출률**(emissivity), T는 켈빈 단위의 표면 온도이다. e 값은 물체 표면의 성질에 따라 0에서 1 사이의 값을 갖는다. 방출률은 들어오는 복사 중에서 표면이 흡수하는 비율을 의미하는 **흡수율**(absorptivity)과 같은 값이다. 거울은 입사광의 대부분을 반사시키기 때문에 흡수율이 매우 낮다. 그러므로 거울면은 방출률도 매우 낮다. **이상 흡수체**(ideal absorber)는 그 물체로 들어오는 모든 에너지를 흡수하는 물체로 정의한다. 극단적인 경우 검은 표면은 흡수율과 방출률이 매우 크다. 이런 물체의 경우 $e = 1$이며, 때때로 이 물체를 **흑체**(black body)라고 한다. 40장에서 흑체로부터의 복사를 실험적, 이론적으로 살펴볼 것이다.

전자기파의 복사를 통하여, 태양으로부터 초당 약 1 370 J의 에너지가 지구 대기권 꼭대기 1 m^{2}의 넓이에 도달한다. 이 복사는 주로 가시광선이지만 자외선 양도 충분히 수반된다. 34장에서 이 영역의 복사를 자세하게 공부할 것이다. 이 에너지의 일부는 우주로 반사되고, 다른 일부는 대기에 흡수되며, 우리가 지구 상에서 매일 필요로 하는 에너지의 수백 배에 해당하는 태양 에너지가 지구 표면에 도달한다. 태양 에너지를 이용하는 집이 늘어나는 것과 미국에서 '태양 에너지 농장'이 제안되는 것은 이같이 풍부한 에너지를 이용하고자 하는 좋은 예이다.

복사에 의한 에너지 전달의 또 다른 예로 밤에 대기 온도에 미치는 영향을 살펴보자. 지구에 구름층이 형성된다면 구름에 있는 수증기는 지구에서 방출하는 적외선 복사의 일부를 반사시켜 지구 온도를 적절한 수준으로 유지시킨다. 만약에 이런 구름층이 없다면, 우주로 방출되는 복사를 막을 수가 없게 된다. 따라서 구름 낀 밤보다 맑은 밤에 온도가 더 낮다.

식 20.19로 주어진 비율에 따라 에너지를 방출하는 동시에 한편으로는 전자기파를 흡수하는 물체가 있다. 만일 방출만 일어난다면 물체는 자신의 모든 에너지를 방출하여 물체의 온도는 절대 영도에 도달할 것이다. 에너지를 방출하는 주위의 다른 물체로부터 물체는 에너지를 흡수한다. 물체의 온도가 T이고 주위의 온도가 T_0이라면, 복사로 인하여 얻는 (또는 잃는) 단위 시간당의 알짜 에너지는 다음과 같다.

$$P_{\text{net}} = \sigma Ae(T^4 - T_0{}^4) \tag{20.20}$$

물체가 주위와 평형을 이루고 있을 때, 이 물체는 같은 비율로 에너지를 방출하거나 흡수해서 온도가 일정하게 유지된다. 물체가 주위보다 뜨거울 때, 그 물체는 흡수하는 에너지보다 방출하는 에너지가 많아져서 냉각된다.

보온병 The Dewar Flask

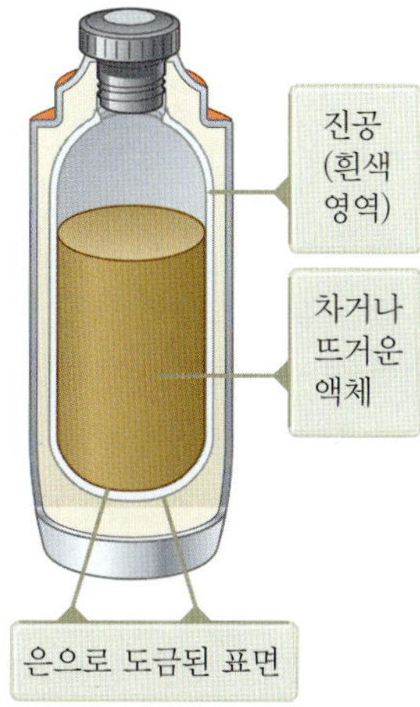

그림 20.17 뜨겁거나 찬 액체 또는 다른 물질들을 저장하는 데 사용하는 듀어 플라스크 용기의 단면

과학계에서 듀어 플라스크(Dewar flask)[6]라고 하는 용기는 전도, 대류, 복사에 의한 열 에너지 손실이 최소화되도록 설계된 보온병이다. 이런 용기는 차거나 뜨거운 액체를 오랫동안 저장하는 데 사용된다(Thermos 보온병은 듀어 플라스크와 같은 개념의 일상적인 가정용품이다). 이 용기의 전형적인 구조는 안쪽 벽이 은으로 도금된 이중 파이렉스 용기이다(그림 20.17). 벽 사이의 공간은 진공이어서 전도와 대류에 의한 에너지 전달을 최소화한다. 은으로 도금된 표면은 복사의 대부분을 반사함으로써 복사에 의한 에너지 전달을 최소화한다. 유리는 열전도도가 좋지 않기 때문에 병의 입구에서 열의 손실이 크지 않으며 입구의 크기를 작게 함으로써 열 에너지 손실을 한층 더 줄일 수 있다. 듀어 플라스크는 액체 질소(끓는점 77 K)나 액체 산소(끓는점 90 K)를 저장하는 데 많이 쓰인다.

기화열이 아주 작은 액체 헬륨(끓는점 4.2 K)을 저장하기 위해서는, 듀어 플라스크를 또 다른 듀어 플라스크로 둘러싼 이중 듀어 플라스크를 사용한다. 이때 두 플라스크 사이의 공간을 액체 질소로 채운다.

새로운 듀어 플라스크는 유리 섬유가 채워진 여러 겹의 반사 물질로 이루어진 '초단열(superinsulation)재'를 이용한다. 이들은 진공 속에 들어 있으며 액체 질소가 필요 없다.

---

[6] 듀어(James Dewar, 1842~1923) 경이 발명하였다.

연습문제

객관식

1. 이상 기체가 몇몇 과정을 거쳐 처음 부피의 반으로 압축된다. 다음 중 이상 기체에 가장 큰 일을 한 과정은 어느 것인가? (a) 등온 과정 (b) 단열 과정 (c) 등압 과정 (d) 한 일은 과정과 무관하다.

2. 벽난로용 부지깽이는 비가연성 막대라야 한다. 안전하고 편하게 사용하려면 어떤 물질로 만드는 것이 좋은가? (a) 비열이 높고 열전도도가 높은 물질 (b) 비열이 낮고 열전도도가 낮은 물질 (c) 비열이 낮고 열전도도는 높은 물질 (d) 비열이 높고 열전도도는 낮은 물질

3. 여러분이 물이 들어 있는 열량계를 사용하여 원래의 뜨거운 금속 시료의 비열을 측정한다고 가정하자. 하지만 이 열량계가 완벽하게 단열을 하지 못해, 열량계 내부 물질(물)과 방 사이에 열에 의한 에너지 교환이 이루어질 수 있다. 가장 정확한 금속의 비열 값을 얻기 위하여, 열량계의 처음 물의 온도를 어떻게 해야 하는가? (a) 실온보다 약간 낮게 (b) 실온과 같게 (c) 실온보다 약간 더 높게 (d) 처음 온도와는 무관하다.

4. 상당한 양의 에너지를 얼음에 가했더니, −10 °C에서 −5 °C까지 온도가 올라갔다. 더 많은 양의 에너지를 동일한 질량의 물에 가했더니, 15 °C에서 20 °C까지 온도가 올라갔다. 이런 결과로 어떤 결론을 내릴 수 있는가? (a) 얼음의 융해열을 넘어서는 에너지가 유입되어야 한다. (b) 얼음의 융해열은 계에 약간의 에너지를 전달한다. (c) 얼음의 비열은 물의 비열보다 낮다. (d) 얼음의 비열은 물의 비열보다 높다. (e) 좀 더 정보가 있어야 결론지을 수 있다.

5. 납 5.00 kg을 20.0 °C에서 녹는점인 327 °C까지 온도를

상승시킬 때 필요한 에너지양은 얼마인가? 납의 비열은 128 J/kg·°C이다. (a) 4.04×10^5 J (b) 1.07×10^5 J (c) 8.15×10^4 J (d) 2.13×10^4 J (e) 1.96×10^5 J

6. 에틸 알코올의 비열은 물의 약 1/2이다. 분리된 용기 내에 있는 같은 질량의 액체 알코올과 물 시료 속으로 동일한 양의 열 에너지가 전달된다고 가정하자. 물이 25 °C로 상승한다면, 알코올의 온도는 얼마나 상승하는가? (a) 12 °C (b) 25 °C (c) 50 °C (d) 에너지 전달 비율에 따라 다르다. (e) 온도는 상승하지 않는다.

7. 물질 A의 비열은 물질 B의 비열보다 크다. 시료 A, B의 처음 온도는 같고, 이후 같은 양의 에너지를 양쪽에 더한다. 녹거나 기화하지 않는다고 가정한다면, 물질 A의 나중 온도 T_A와 물질 B의 나중 온도 T_B에 대하여 어떻게 결론지을 수 있는가? (a) $T_A > T_B$ (b) $T_A < T_B$ (c) $T_A = T_B$ (d) 더 많은 정보가 필요하다.

8. 베릴륨의 비열은 물(H_2O)의 1/2이다. 다음의 경우에 필요한 에너지의 양을 가장 큰 것부터 순서대로 나열하라. 필요한 에너지가 같으면 동일한 순위로 두라. (a) 20 °C에서 26 °C까지 물 1 kg의 온도를 올릴 때 (b) 20 °C에서 23 °C까지 물 2 kg의 온도를 올릴 때 (c) 1 °C에서 4 °C까지 물 2 kg의 온도를 올릴 때 (d) −1 °C에서 2 °C까지 베릴륨 2 kg의 온도를 올릴 때 (e) −1 °C에서 2 °C까지 물 2 kg의 온도를 올릴 때

9. 어떤 사람이 뜨거운 커피가 들어 있는 보온병을 잠깐 동안 흔들었다. **(i)** 커피의 온도는 어떻게 변하는가? (a) 크게 감소 (b) 약간 감소 (c) 변화 없음 (d) 약간 증가 (e) 크게 증가 **(ii)** 커피의 내부 에너지는 어떻게 변화하는가? 앞의 보기에서 고르라.

10. 처음 온도가 95.0 °C인 100 g의 구리 조각을 280 g의 알루미늄 캔에 담긴 물 200 g에 떨어뜨렸다. 물과 캔의 처음 온도가 15.0 °C일 때 계의 나중 온도를 구하라. (단, 구리와 알루미늄의 비열은 각각 0.092 cal/g·°C, 0.215 cal/g·°C 이다.) (a) 16 °C (b) 18 °C (c) 24 °C (d) 26 °C (e) 정답 없음

주관식

20.1 열과 내부 에너지

1. 55.0 kg의 여성이 그녀의 식단을 어기고 아침 식사로 540 Cal(540 kcal) 젤리 도넛 하나를 먹었다. (a) 젤리 도넛 한 개의 열량은 에너지로 몇 J인가? (b) 젤리 도넛 한 개의 음식 에너지를 사람−지구 계의 중력 퍼텐셜 에너지로 바꾸려면 얼마나 많은 계단을 올라야 하는가? 계단 하나의 높이는 15.0 cm라고 가정한다. (c) 사람의 몸이 화학적 에너지를 역학적 에너지로 변환하는 데 25.0 %의 효율을 갖는다면, 그녀의 아침식사에 해당하는 에너지를 소모하려면 얼마나 많은 계단을 올라야 하는가?

20.2 비열과 열량 측정법

2. 그림 20.1의 '줄의 실험 장치'에서 두 물체의 질량은 각각 1.50 kg이고, 단열 용기에 200 g의 물이 채워져 있다. 두 물체가 3.00 m만큼 떨어질 때 물의 온도는 얼마나 증가하는가?

3. 세상에서 가장 높은 폭포는 베네수엘라의 앙헬(Salto Angel) 폭포로서 단일 폭포의 최고 높이는 807 m이다. 그 폭포의 꼭대기에서 물 온도가 15.0 °C라면 폭포 바닥에서 물의 최대 온도는 얼마인가? 바닥에 도달할 때 물의 모든 운동 에너지는 온도를 올리는 데 사용된다고 가정한다.

4. 처음 온도가 150 °C인 1.85 kg의 알루미늄 덩어리가 25.0 °C의 물과 섞여 65.0 °C에서 열평형 상태가 된다. 25.0 °C의 물의 질량을 구하라. 물은 증기로 되었다가 다시 응결된다고 가정한다.

5. 은 막대가 1.23 kJ의 열을 흡수하면 온도가 10.0 °C 상승한다. 은 막대의 질량이 525 g일 때 은의 비열을 구하라.

6. 처음 온도가 25.0 °C인 구리 시료 50.0 g에 1 200 J의 열에 의한 에너지가 공급되면, 구리의 나중 온도는 얼마인가?

7. 200 g의 알루미늄 컵에 800 g의 물이 담겨 있고, 80 °C로 컵과 물이 열평형 상태에 있다. 컵과 물은 모두 분당 1.50 °C의 비율로 온도가 낮아지도록 균일하게 냉각되고 있다. 에너지가 제거되는 비율은 얼마인가? 와트 단위로 답하라.

8. 온도 T_h의 질량 m_h인 물을 온도 T_c의 질량 m_c인 물이 담겨 있는 질량 m_{Al}인 알루미늄 컵에 붓는다. 이때 $T_h > T_c$이다. 계의 평형 온도는 얼마인가?

9. 600 °C, 1.50 kg의 철로 만든 편자를 25.0 °C, 20.0 kg의 물통에 떨어뜨린다. 물−편자 계의 나중 온도를 구하라. 용기의 열용량은 무시하고 물이 끓어 증발하는 양은 무시할 정도라고 가정한다.

10. 전동 드릴을 사용하여 질량이 M = 240 g인 정육면체 강철 블록에 구멍을 뚫는다. 사용하는 강철로 된 드릴 비트는 질

량이 m = 27.0 g이고 지름이 0.635 cm이다. 강철의 물성이 보통의 철과 동일하다고 가정한다. 이 구멍 뚫기 과정에서 비트 끝의 한 점이 모든 역할을 한다고 모형화한다. 이 점이 나선 운동을 통하여 블록에 일정한 힘을 가하며 뚫고 들어간다. 이 점의 접선 속력은 40.0 m/s이며, 이 점이 블록에 가한 힘은 3.20 N이다. 그림 P20.10에 보인 것처럼 금속 파편은 비트 옆면의 홈을 따라 올라와, 블록 윗면 구멍 주위에 쌓인다. 드릴이 작동된 시간은 15.0 s이고 구멍을 뚫는 과정에서 발생한 열은 모두 전도되어 블록 전체의 온도는 균일하다고 가정한다. 또한 외부 계로의 에너지 손실은 없다고 가정한다. (a) 15.0 s 동안 드릴의 비트가 블록의 3/4을 뚫고 들어갔다고 할 때, 강철 전체의 온도 변화를 계산하라. (b) 드릴 비트 끝이 무뎌서 15.0 s 동안 블록 길이의 1/8만 뚫었다고 할 때 강철 전체의 온도 변화를 계산하라. (c) 위의 결과를 얻는 과정에서 필요 없는 정보는 무엇인가?

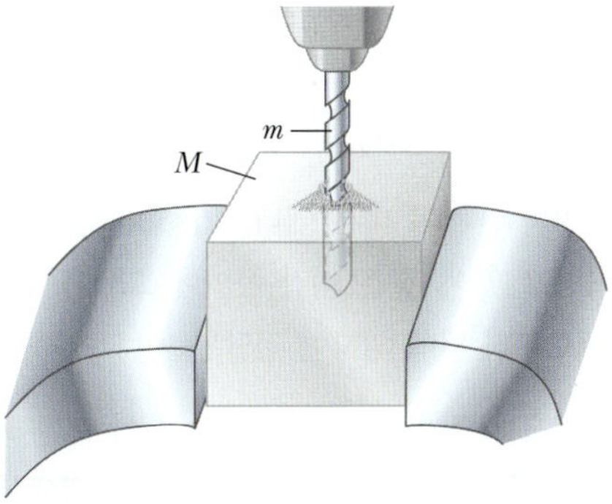

그림 P20.10

11. 100 g의 알루미늄 열량계에는 250 g의 물이 들어 있다. 열량계와 물은 10.0 °C에서 열평형 상태에 있다. 여기에 질량이 50.0 g이고 온도가 80.0 °C인 구리와 질량이 70.0 g이고 처음 온도가 100.0 °C인 어떤 금속 물체를 물에 넣었다. 전체 계가 열평형 상태에 다다라 나중 온도는 20.0 °C가 되었다. (a) 미지의 물체의 비열을 구하라. (b) 표 20.1을 이용하여 미지의 물체가 무엇인지 맞춰볼 수 있는가? (c) (b)의 답에 대하여 그 이유를 설명하라.

12. 온도가 25.0 °C인 3.00 g의 구리 동전이 50.0 m의 높이에서 땅에 떨어진다. (a) 동전–지구 계의 중력 퍼텐셜 에너지의 60.0 %가 동전의 내부 에너지로 변환된다고 할 때, 동전의 나중 온도를 결정하라. (b) 이 결과는 동전의 질량에 의존하는가? 설명하라.

13. 두 개의 단열 용기가 그림 P20.13에서 보이는 것처럼, 밸브(처음에는 잠겨 있음)가 달린 좁은 관으로 연결되어 있다. 한쪽 용기에는 온도 300 K, 압력 1.75 atm의 산소 16.8 L가 있고, 다른 쪽 용기에는 온도 450 K, 압력 2.25 atm의 산소 22.4 L가 담겨 있다. 밸브가 열리면, 두 용기에 들어 있는 기체가 섞여 온도와 압력이 균일해진다. (a) 나중 온도는 얼마인가? (b) 나중 압력은 얼마인가?

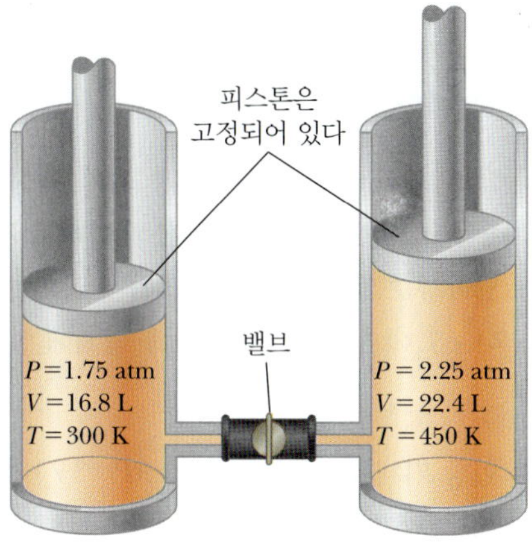

그림 P20.13

20.3 숨은열

14. 50.0 g의 구리 열량계가 20.0 °C의 물 250 g을 담고 있다. 계의 나중 온도가 50.0 °C가 되기 위해서는 100 °C에서 얼마의 수증기가 물로 액화되어야 하는가?

15. −10.0 °C, 40.0 g의 얼음이 110 °C인 수증기로 되기 위하여 필요한 에너지는 얼마인가?

16. 0 °C, 75.0 g의 얼음 덩어리를 25.0 °C, 825 g의 물에 넣는다. 이 혼합물의 나중 온도는 얼마인가?

17. 30.0 °C에서 3.00 g의 납 총알이 240 m/s의 속력으로 날아가다가 0 °C의 얼음 덩어리에 박힌다. 녹은 얼음의 양은 얼마인가?

18. 100 °의 수증기와 0 °C의 얼음을 섞는다. (a) 수증기가 10.0 g이고 얼음이 50.0 g일 때, 얼음이 녹은 양과 나중 온도를 구하라. (b) 수증기가 1.00 g이고 얼음이 50.0 g일 때, 얼음이 녹은 양과 나중 온도를 구하라.

19. 20 °C의 구리 1.00 kg을 77.3 K의 액체 질소가 들어 있는 큰 용기 속에 떨어뜨린다. 구리의 온도가 77.3 K가 될 때까지 몇 킬로그램의 액체 질소가 끓어 달아나는가? (구리의 비열은 0.092 0 cal/g · °C이고, 질소의 기화열은 48.0 cal/g이다.)

20. 단열 용기 내에 있는 0 °C의 얼음 250 g에 18.0 °C의 물 600 g을 붓는다. (a) 계의 나중 온도를 구하라. (b) 계가 평

형 상태에 도달할 때 남아 있는 얼음의 양은 얼마인가?

20.4 열역학 과정에서의 일과 열

21. 피스톤으로 부피가 조절되는 원통에 이상 기체가 들어 있다. 질량 8 000 g, 넓이 5.00 cm^2인 피스톤은 위아래로 자유롭게 움직일 수 있어서 기체의 압력을 일정하게 유지한다. 0.200몰의 기체를 20.0 °C에서 300 °C로 올리는 데 기체에 한 일은 얼마인가?

22. 피스톤으로 부피가 조절되는 원통 속에 이상 기체가 들어 있다. 질량 m, 넓이 A인 피스톤은 위아래로 자유롭게 움직일 수 있어서 기체의 압력을 일정하게 유지한다. n몰의 기체를 온도 T_1에서 T_2로 올리는 데 기체에 한 일은 얼마인가?

23. 1몰의 이상 기체를 (P_i, V_i)에서 $(3P_i, 3V_i)$까지 압력과 부피의 비례 관계를 유지하도록 하면서 천천히 열을 가한다. (a) 이 과정에서 기체에 한 일은 얼마인가? (b) 이 과정에서 나중 부피에서 기체의 온도는 얼마인가?

24. (a) 그림 P20.24에서 점 i에서 f로 팽창하는 기체에 한 일을 구하라. (b) 만약 같은 경로로 f에서 i까지 압축한다면 기체에 한 일은 얼마인가?

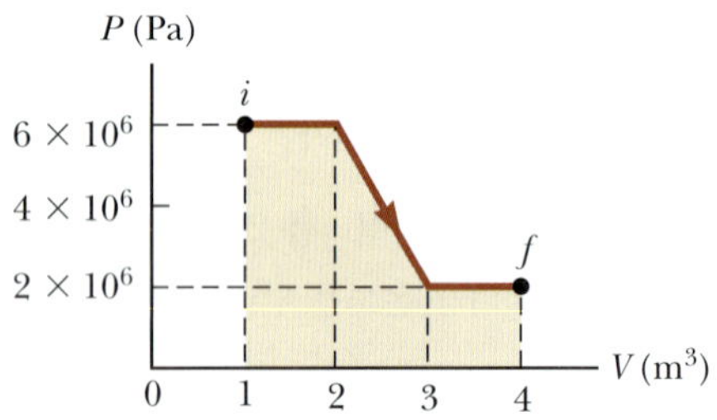

그림 P20.24

25. 이상 기체가 그림 P20.25와 같이 $P = \alpha V^2$을 만족하면서 준정적 과정을 거쳐 처음 부피 1.00 m^3에서 두 배로 팽창한다. 여기서 $\alpha = 5.00\ atm/m^6$이다. 이 과정에서 팽창하는 기체에 한 일은 얼마인가?

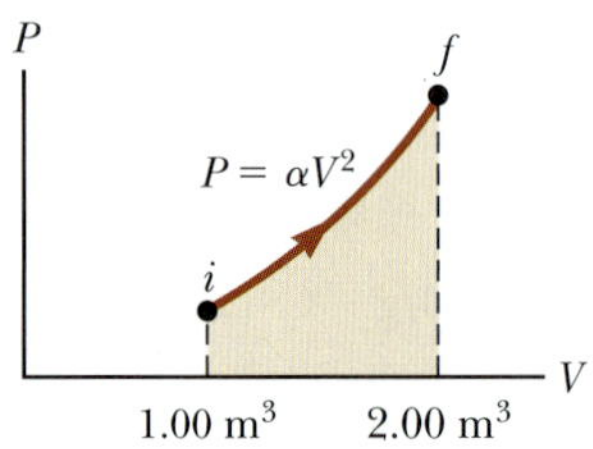

그림 P20.25

20.5 열역학 제1법칙

26. 어떤 기체가 그림 P20.26에서와 같은 순환 과정을 거친다. (a) 한 순환 과정 동안 계에 전달된 열에 의한 알짜 에너지를 구하라. (b) 순환 과정이 거꾸로 일어나면, 즉 과정이 $ACBA$ 경로를 따르면 한 순환 과정 동안 들어오는 열에 의한 알짜 에너지는 얼마인가?

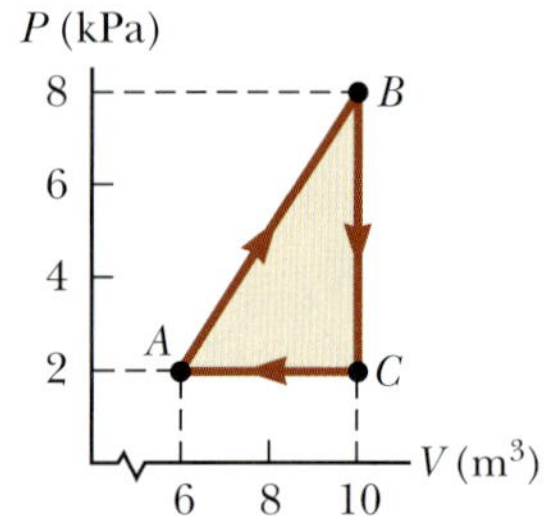

그림 P20.26 문제 26, 27

27. 그림 P20.26에 있는 순환 과정을 생각해 보자. 만약 BC 과정 동안 Q는 음이고, CA 과정에서 ΔE_{int}는 음이면, 각 과정에 연관된 Q, W, ΔE_{int}의 부호는 무엇인가?

28. 어떤 열역학 계의 내부 에너지가 500 J만큼 줄어드는 과정을 거치고 있다. 같은 시간 동안에 220 J의 일을 계에 한다면, 계로부터 열에 의하여 전달된 에너지를 구하라.

29. 이상 기체 시료가 그림 P20.29와 같이 순환 과정을 겪는다. A에서 B까지의 과정은 단열 과정이고, B에서 C까지의 과정은 345 kJ의 열이 계로 들어가는 등압 과정이다. C에서 D까지는 등온 과정이고, D에서 A까지의 과정은 371 kJ의 열이 계로부터 나오는 등압 과정이다. 내부 에너지 차이 $E_{int,B} - E_{int,A}$를 구하라.

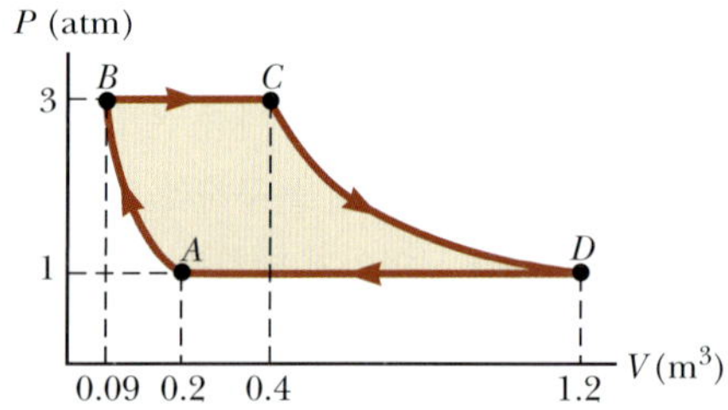

그림 P20.29

20.6 열역학 제1법칙의 응용

30. 처음에 300 K이고 0.400 atm인 2.00몰의 헬륨 기체를 등온 과정을 거쳐 1.20 atm으로 압축하였다. 헬륨을 이상 기체라고 할 때 (a) 기체의 나중 부피, (b) 기체에 한 일, (c) 전달된 열을 구하라.

31. 처음에 300 K인 이상 기체가 2.50 kPa에서 등압 팽창을 한다. 부피가 1.00 m^3에서 3.00 m^3으로 증가하고 기체에 12.5 kJ의 열이 전달될 때 (a) 내부 에너지의 변화와 (b) 나중 온도는 얼마인가?

32. 이상 기체 1몰이 주변에 3 000 J의 일을 하여 나중 압력이 1.00 atm, 부피가 25.0 L로 등온 팽창한다. (a) 기체의 처음 부피와 (b) 온도를 구하라.

33. 1.00 kg의 알루미늄 덩어리를 대기압에서 가열하여 온도를 22.0 °C에서 40.0 °C로 올린다. 이때 (a) 알루미늄에 한 일, (b) 알루미늄에 열에 의하여 공급된 에너지, (c) 알루미늄의 내부 에너지 변화를 구하라.

34. 그림 P20.34에 보인 것과 같은 처음 상태가 P_i, V_i, T_i인 이상 기체의 순환 과정이 있다. (a) 한 순환 과정 동안 기체에 한 알짜일을 구하라. (b) 한 순환 과정 동안 계에 더해진 알짜열은 얼마인가?

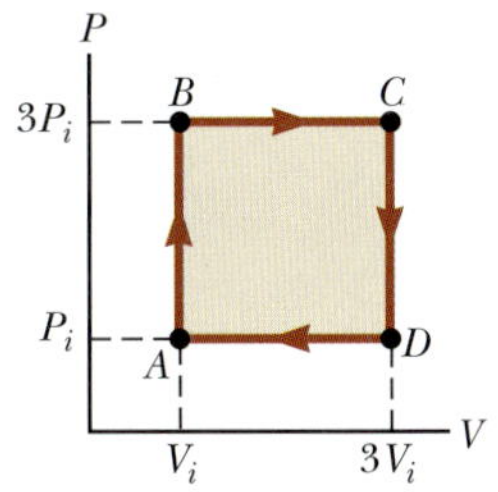

그림 P20.34

20.7 열 과정에서 에너지 전달 메커니즘

35. 한 학생이 무엇을 입을까 고민하고 있다. 그의 방은 20.0 °C이고, 피부 온도는 35.0 °C이다. 노출된 피부 넓이는 1.50 m^2이다. 사람들의 피부는 원적외선 영역에서 검은 편이며 복사율이 0.900이다. 10.0분 동안 그의 몸으로부터 복사되는 알짜 에너지를 구하라.

36. 태양의 표면 온도는 약 5 800 K이고, 태양의 반지름은 6.96 × 10^8 m이다. 초당 태양이 방출하는 전체 에너지를 계산하라. 태양의 방출률은 0.986으로 가정한다.

37. 어떤 100 W 전구의 텅스텐 필라멘트는 2.00 W의 빛을 발한다(나머지 98 W는 대류와 전도에 의하여 방출된다). 필라멘트의 표면적은 0.250 mm^2이며 복사율은 0.950이다. 필라멘트의 온도를 구하라. (텅스텐의 녹는점은 3 683 K이다.)

38. 지름에 비하여 훨씬 길이가 긴 원통형 필라멘트를 갖는 두 개의 전구가 있다. 한 전구는 2 100 °C에서 빛을 내고, 다른 하나는 2 000 °C에서 빛을 내는 것을 제외하면 동일한 진공 전구이다. (a) 보다 뜨거운 전구와 보다 차가운 전구에서 방출되는 일률의 비를 구하라. (b) 동일한 온도들에서 빛을 낼 때, 차가운 전구는 뜨거운 전구와 같은 일률의 빛을 내기 위하여 필라멘트를 더 두껍게 조절한다. 이 필라멘트의 반지름을 몇 배 증가시켜야 하는가?

39. 전체 표면적이 1.20 m^2이고 벽의 두께가 4.00 cm인 단열재로 만들어진 상자가 있다. 상자 내에는 10.0 W의 전기 히터가 내부 온도를 외부 온도보다 15.0 °C 높게 유지하고 있다. 이 단열재의 열전도도 k를 구하라.

40. 지구에서 태양 복사의 세기는 1 370 W/m^2이다. 지구의 온도는 지표면에서 발산하는 적외선을 대기가 흡수하여 대기가 없을 때보다 지표면 온도를 더 높이는 대기의 온실 효과에 영향을 받는다. 비교해 보기 위하여, 태양과 지구 사이의 거리와 같은 곳에 대기가 없는 반지름 r의 구형 물체가 있다고 생각해 보자. 그 구형 물체의 방출률은 모든 종류의 전자기파에 대하여 지구와 동일하고, 표면 온도도 일정하다고 가정한다. (a) 태양 빛을 흡수하는 사영 넓이는 πr^2이고, 복사하는 표면적은 $4\pi r^2$인 이유를 설명하라. (b) 정상 상태의 온도를 계산하라. 더 추운가?

기체의 운동론

The Kinetic Theory of Gases

CHAPTER

21

수동 펌프로 자전거 바퀴에 공기를 넣고 있다. 운동론은 펌프 내의 공기를 자세히 설명하는 데 도움이 된다. (©CengageLearning/George Semple)

19장에서는 이상 기체의 성질을 온도, 부피 그리고 압력과 같은 거시적인 변수들을 사용하여 알아보았다. 물질은 분자들의 모임이므로 이런 거시적 성질들은 미시적으로도 기술할 수 있다. 뉴턴의 운동 법칙을 입자들의 집합계에 통계적인 방법으로 적용하면, 열역학 과정을 합리적으로 기술할 수 있다. 기체의 경우 기체 분자 간 상호 작용의 크기가 액체나 고체 내부에 있는 분자 사이의 상호 작용보다 작으므로, 수학 계산을 간단하게 하기 위하여 이 장에서는 주로 기체의 특성에 대하여 고려하고자 한다.

기체에서 분자 운동을 압력과 부피를 관련시키며 시작하겠다. 이들 결과를 기초로 하여, 기체의 몰비열을 추정해 보겠다. 이런 추정의 일부는 맞고 일부는 맞지 않을 것이다. 더 단순한 모형으로 정확히 예측되지 않는 이들 값을 설명하기 위하여, 우리의 모형을 확장하도록 하겠다. 마지막으로 기체의 속력 분포에 대하여 논의하고자 한다.

21.1 이상 기체의 분자 모형
Molecular Model of an Ideal Gas

이 장에서는 이상 기체의 **구조 모형**에 대하여 공부할 예정이다. **구조 모형**(structural model)은 너무 크거나 작아서 직접적으로 볼 수 없는 계를 나타내기 위한 이론적인 설계이다. 예를 들어 우리는 태양계를 내부에서만 볼 수 있고, 태양계 바깥을 여행하면서 태양계가 어떻게 생겼는지 돌아볼 수 없다. 이런 제한 때문에 역사적으로 여러 가지 다른 태양계 모형이 나왔다. 그중 대표적인 것들은 지구가 중심에 있는 **지구 중심설**과 태양이 중심에 있는 **태양 중심설**이다. 물론, 후자의 경우가 옳은 것으로 판명이 났다. 직접적으로 관찰하기에 너무 작은 계의 예로는 수소가 있다. 이 계를 설명하기 위하여 **보어 모형**(42.3절)과 **양자 모형**(42.4절)과 같은 다양한 구조 모형이 만들어졌다. 일단 구조 모형이 만들어지면, 실험적 관측에 대한 다양한 예측이 가능해진다. 예를 들어 태양계의 지구 중심설은 지구에서 화성이 어떻게 보이는지를 예측하게 한다. 결과적으로 이들 예측이 관측과 일치하지 않는 것으로 판명되었다. 이렇게 구조 모형이 맞지 않게 되면, 이 모형은 다른 모형으로 대체되거나 수정되어야 한다.

이상 기체에 대하여 공부할 구조 모형을 **운동론**(kinetic theory)이라 한다. 이 모형은 이상 기체를 다음과 같은 성질을 갖는 분자 모임으로 가정한다.

1. 물리적 성분

기체는 한 변의 길이가 d인 정육면체 용기 내에 있는 수많은 동일한 분자로 구성된다. 기체 내의 분자 수는 아주 많고, 분자 사이의 평균 거리는 분자 자신의 크기에 비하여 훨씬 크다. 그러므로 분자들은 용기 내에서 무시할 정도의 아주 작은 부피를 차지하고 있다. 이 가정은 분자를 점으로 생각하는 이상 기체 모형과 일치한다.

2. 성분들의 거동

(a) 분자들은 뉴턴의 운동 법칙을 따르지만, 전체적으로 분자들의 운동은 등방적이다. 등방적 운동이란 어떤 크기의 속력으로 어떤 방향으로든 운동할 수 있음을 뜻한다.

(b) 탄성 충돌이 일어나는 동안 분자 사이에는 근거리 힘을 주고받는다. 이 가정은 분자 사이에 장거리 힘이 작용하지 않는다는 이상 기체 모형과 일치한다.*

(c) 분자들은 벽과 탄성 충돌을 한다.

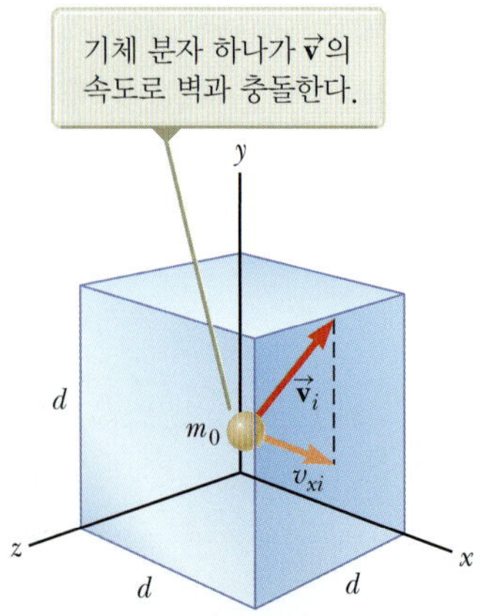

그림 21.1 한 변의 길이가 d인 정육면체 용기에 이상 기체가 들어 있다.

비록 가끔 이상 기체를 한 종류의 단원자로 구성된 기체로 생각하기도 하지만, 분자로 이루어진 기체의 특성도 낮은 압력에서는 이상 기체의 특성으로 잘 근사할 수 있다. 일반적으로는 분자의 회전 운동이나 진동 운동이 여기서 다루고자 하는 운동에는 아무런 영향을 주지 않기 때문이다.

이제 운동론을 적용하여, 거시적 변수인 압력 P를 미시적인 양들과 연관시켜 보자. 부피 V인 용기에 N개의 이상 기체 분자가 있는 경우를 생각해 보자. 위에서 언급한 바와 같이, N개의 분자로 이루어진 이상 기체가 그림 21.1과 같이 한 변의 길이 d, 부피

* 이상 기체의 경우 일반적으로 이 가정을 사용하지 않고, 충돌은 무시한다.: 역자 주

V인 정육면체로 된 용기에 들어 있을 때, 이상 기체의 거시적 변수인 압력 P를 미시적인 물리량으로 표현하는 식을 유도해 보자. 우선 질량 m_0인 분자들 중에서 하나의 분자만을 생각하고, 그 분자가 그림 21.2와 같이 x 방향의 속도 성분을 가지고 움직인다고 하자(아래 첨자 i는 처음 값이 아니라 i번째 분자를 의미한다. 모든 분자에 의한 효과는 곧 알게 될 것이다). 분자가 벽과 탄성 충돌을 하면[특성 2(c)], 벽의 질량이 분자의 질량에 비하여 상당히 크므로, 벽에 수직인 분자의 속도 성분은 방향이 바뀌게 된다. 벽으로부터의 충격량이 분자의 운동량 변화를 일으키는 비고립계로 모형화할 수 있다. 분자가 벽에 충돌하기 전 분자의 운동량 성분 p_{xi}는 $m_0 v_{xi}$이고 충돌 후는 $-m_0 v_{xi}$이므로, 분자의 x 성분 운동량의 변화는 다음과 같다.

$$\Delta p_{xi} = -m_0 v_{xi} - (m_0 v_{xi}) = -2m_0 v_{xi} \tag{21.1}$$

운동량에 대한 비고립계 모형으로부터 분자에 충격량–운동량 정리(식 9.11과 9.13)를 적용하면 다음을 얻게 된다.

$$\bar{F}_{i,\text{on molecule}} \Delta t_{\text{collision}} = \Delta p_{xi} = -2m_0 v_{xi} \tag{21.2}$$

여기서 $\bar{F}_{i,\text{on molecule}}$는 분자가 벽에 충돌하는 동안 벽이 분자에 작용하는 평균력[1]의 x 성분이고, $\Delta t_{\text{collision}}$는 충돌이 일어나는 동안의 시간 간격이다. 분자가 벽과 충돌 후 같은 벽에 두 번째 충돌을 하기 위해서는 x 방향으로 $2d$(용기를 왕복하는)의 거리를 운동해야 한다. 따라서 첫 번째와 두 번째 충돌 사이의 시간 간격은 다음과 같다.

$$\Delta t = \frac{2d}{v_{xi}} \tag{21.3}$$

분자가 벽과 충돌할 때 분자의 운동량을 변화시키는 힘이 오직 충돌 중에만 분자에 작용하지만, 식 21.2에서의 힘을 분자가 정육면체 용기 내부를 한 번 왕복하는 시간인 식 21.3의 Δt 동안에 대하여 평균을 하여 정육면체 내부를 많이 왕복하는 긴 시간 동안의 평균력을 구할 수 있다. 왕복 운동을 여러 번 할 때, 한 번 왕복하는 동안의 평균적인 운동량 변화는 충돌이 일어나는 짧은 시간 동안의 운동량 변화와 같다. 따라서 식 21.2를 다음과 같이 다시 표현할 수 있다.

$$\bar{F}_i \Delta t = -2m_0 v_{xi} \tag{21.4}$$

여기서 $\bar{F}_i$는 분자가 정육면체 내부를 한 번 왕복 운동하는 시간 간격 동안 받는 평균 힘 성분이다. 이 시간 간격 동안 단 한 번의 충돌이 일어나므로, 이 결과는 또한 Δt의 배수가 되는 긴 시간 간격 동안 분자에 작용하는 평균력이다.

식 21.3과 21.4로부터 용기의 벽이 분자에 작용하는 긴 시간 동안의 평균력의 x 성분 식을 다음과 같이 쓸 수 있다.

$$\bar{F}_i = -\frac{2m_0 v_{xi}}{\Delta t} = -\frac{2m_0 v_{xi}^2}{2d} = -\frac{m_0 v_{xi}^2}{d} \tag{21.5}$$

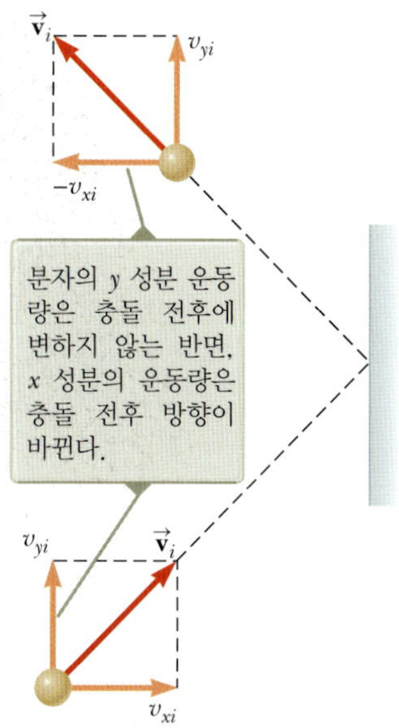

그림 21.2 용기 벽과 탄성 충돌하는 분자. 이 그림에서 분자는 xy 평면에서 움직인다고 가정한다.

[1] 변수에 여러 가지 아래 첨자를 사용함으로써 발생할 수 있는 혼동을 피하기 위하여 변수의 평균값을, 평균력을 $\bar{F}$로 표현한 것처럼, 아래 첨자 'avg' 대신 변수 위에 선을 그어 표시하기로 하자.

이제 뉴턴의 제3법칙에 의하여 **기체 분자**가 **벽**에 작용하는 긴 시간 동안의 평균력의 x 성분은 다음과 같이 크기가 같고 방향이 반대가 된다.

$$\bar{F}_{i,\text{on wall}} = -\bar{F}_i = -\left(-\frac{m_0 v_{xi}^2}{d}\right) = \frac{m_0 v_{xi}^2}{d} \quad \textbf{(21.6)}$$

기체가 벽에 작용한 전체 평균력 $\bar{F}$는 각 분자가 벽에 작용한 힘을 더한 것과 같다. 특성 1에 따르면 모든 분자가 동일하다. 따라서 분자의 질량이 모두 m_0이고, 용기의 길이가 같으므로 모든 분자에 대하여 식 21.6과 같은 항을 더하면 다음 식을 얻게 된다.

$$\bar{F} = \sum_{i=1}^{N} \frac{m_0 v_{xi}^2}{d} = \frac{m_0}{d} \sum_{i=1}^{N} v_{xi}^2 \quad \textbf{(21.7)}$$

이제 분자 수가 많다는 특성 1의 추가적인 특징을 적용하자. 분자 수가 적다면, 분자가 벽에 충돌하는 순간 동안 벽에 작용하는 힘은 영이 아니지만 분자가 벽에 충돌하지 않는 동안은 벽에 미치는 힘이 영일 것이므로, 벽에 미치는 실제 힘이 시간에 따라 변하게 될 것이다. 그러나 아보가드로수와 같이 매우 많은 수의 분자가 있다면, 시간에 따른 힘의 변화를 무시할 수 있으므로 평균력이 임의의 어떤 시간 동안에도 앞에서 구한 것과 같게 될 것이다. 따라서 분자 충돌에 의하여 다음과 같은 **일정한** 힘 F가 벽에 작용하게 된다.

$$F = \frac{m_0}{d} \sum_{i=1}^{N} v_{xi}^2 \quad \textbf{(21.8)}$$

보통 어떤 집합의 평균값이란 집합 내의 모든 원소값을 합하여 그 집합의 원소 수로 나눈 값이므로, N개 분자의 x 성분 속도의 제곱에 대한 평균값은 다음과 같다.

$$\overline{v_x^2} = \frac{\sum_{i=1}^{N} v_{xi}^2}{N} \rightarrow \sum_{i=1}^{N} v_{xi}^2 = N\overline{v_x^2} \quad \textbf{(21.9)}$$

식 21.8의 합에 식 21.9를 대입하면 다음과 같이 쓸 수 있다.

$$F = \frac{m_0}{d} N\overline{v_x^2} \quad \textbf{(21.10)}$$

이제 한 분자의 속도 성분 v_{xi}, v_{yi}, v_{zi}에 대하여 다시 살펴보자. 피타고라스의 정리에 따라 분자 속력의 제곱은 각 속도 성분의 제곱과 다음 관계가 성립한다.

$$v_i^2 = v_{xi}^2 + v_{yi}^2 + v_{zi}^2 \quad \textbf{(21.11)}$$

따라서 용기 내의 모든 분자에 대하여 v^2의 평균값은 v_x^2, v_y^2, v_z^2의 평균값과 다음 관계가 성립한다.

$$\overline{v^2} = \overline{v_x^2} + \overline{v_y^2} + \overline{v_z^2} \quad \textbf{(21.12)}$$

분자의 운동은 등방적이므로[앞의 특성 2(a)], 평균값 $\overline{v_x^2}$, $\overline{v_y^2}$, $\overline{v_z^2}$은 모두 서로 같다. 이것과 식 21.12를 이용하면 다음 식을 얻는다.

$$\overline{v^2} = 3\overline{v_x{}^2} \tag{21.13}$$

그러므로 식 21.10으로부터 용기의 벽에 작용하는 전체 힘은 다음과 같다.

$$F = \tfrac{1}{3}N\frac{m_0\overline{v^2}}{d} \tag{21.14}$$

이 식으로부터 용기의 벽에 작용하는 전체 압력은 다음과 같이 구할 수 있다.

$$P = \frac{F}{A} = \frac{F}{d^2} = \tfrac{1}{3}N\frac{m_0\overline{v^2}}{d^3} = \tfrac{1}{3}\left(\frac{N}{V}\right)m_0\overline{v^2}$$

$$P = \tfrac{2}{3}\left(\frac{N}{V}\right)\left(\tfrac{1}{2}m_0\overline{v^2}\right) \tag{21.15}$$

◀ 압력과 분자 운동 에너지와의 관계

여기서 d^3을 정육면체의 부피 V로 나타내었다.

식 21.15에 의하면 기체의 압력은 (1) 단위 부피당 기체 분자 수와 (2) 분자의 평균 병진 운동 에너지 $\frac{1}{2}m_0\overline{v^2}$에 비례한다. 간단한 이상 기체 모형을 통하여, 압력이라는 거시적인 물리량이 분자 속력의 제곱의 평균이라는 미시적인 물리량과 연관되어 있다는 중요한 결과를 얻었다. 결국 분자 세계와 거시적 세계를 연결하는 연결 고리를 만든 것이다.

식 21.15는 이미 익숙하게 알고 있는 압력의 특징을 보여 주고 있다. 즉 용기 내의 압력을 증가시키는 방법 중 하나는 바퀴에 공기를 주입할 때와 같이, 용기 내 단위 부피당 분자 수 N/V을 증가시키는 것이다. 또는 바퀴 내부 공기 분자의 평균 병진 운동 에너지를 증가시킴으로써, 바퀴의 공기압을 올릴 수 있다. 분자의 평균 병진 운동 에너지는 바퀴 내부 공기의 온도를 올리는 것으로도 상승시킬 수 있다. 그러므로 오랜 운행으로 바퀴가 따뜻해지면서 바퀴의 공기압이 증가하게 되는 것이다. 바퀴가 노면을 따라 움직일 때, 바퀴는 눌리고 펴지면서 일을 하게 된다. 이 일은 고무의 내부 에너지를 증가시키고, 고무의 온도가 증가하면 바퀴 내부의 공기로 열에 의하여 에너지가 전달된다. 이런 전달은 공기의 온도를 상승시키고, 결국 공기압의 증가로 나타나는 것이다.

온도에 대한 분자적 해석 Molecular Interpretation of Temperature

이번에는 또 다른 거시적인 변수인 기체의 온도 T에 대하여 생각해 보자. 식 21.15를 다음과 같이 표현함으로써 온도의 의미를 더 잘 이해할 수 있다.

$$PV = \tfrac{2}{3}N\left(\tfrac{1}{2}m_0\overline{v^2}\right) \tag{21.16}$$

이 식을 다음과 같은 이상 기체의 상태 방정식 19.10과 비교해 보자.

$$PV = Nk_\mathrm{B}T \tag{21.17}$$

식 21.16과 21.17에서 우변을 같게 놓고 T에 대하여 풀면 다음의 식을 얻게 된다.

$$T = \frac{2}{3k_\mathrm{B}}\left(\tfrac{1}{2}m_0\overline{v^2}\right) \tag{21.18}$$

◀ 온도와 분자의 평균 운동 에너지와의 관계

이 결과는 온도가 분자의 평균 운동 에너지를 나타내는 직접적인 척도임을 말해 준다. 식 21.18을 정리하면, 다음과 같이 분자의 병진 운동 에너지를 온도와 연관시킬 수 있다.

분자당 평균 운동 에너지 ▶

$$\frac{1}{2}m_0\overline{v^2} = \frac{3}{2}k_B T \tag{21.19}$$

즉 분자당 평균 병진 운동 에너지는 $\frac{3}{2}k_B T$이다. 그런데 $\overline{v_x^2} = \frac{1}{3}\overline{v^2}$ (식 21.13)이므로 다음을 얻을 수 있다.

$$\frac{1}{2}m_0\overline{v_x^2} = \frac{1}{2}k_B T \tag{21.20}$$

비슷한 방법으로 y와 z 방향에 대하여 생각하면, 다음의 식을 얻게 된다.

$$\frac{1}{2}m_0\overline{v_y^2} = \frac{1}{2}k_B T \quad \text{그리고} \quad \frac{1}{2}m_0\overline{v_z^2} = \frac{1}{2}k_B T$$

따라서 기체의 병진 운동에서 각각의 자유도는 $\frac{1}{2}k_B T$ 만큼씩 같은 에너지를 갖게 된다(일반적으로 '자유도'는 분자가 독립적으로 에너지를 가질 수 있는 방법의 수를 일컫는 것이다). 이 결과를 일반화한 것을 **에너지 등분배 정리**(theorem of equipartition of energy)라고 하며, 다음과 같다.

에너지 등분배 정리 ▶

각각의 자유도가 계에 기여하는 에너지의 양은 $\frac{1}{2}k_B T$만큼씩이며, 자유도는 병진 운동에 의한 것뿐만 아니라 분자의 진동 운동과 회전 운동에 의한 것도 포함된다.

N개의 분자로 된 기체의 전체 병진 운동 에너지는 식 21.19의 분자당 평균 에너지를 N배하면 된다.

N개 분자의 전체 병진 운동 에너지 ▶

$$K_{\text{tot trans}} = N\left(\frac{1}{2}m_0\overline{v^2}\right) = \frac{3}{2}Nk_B T = \frac{3}{2}nRT \tag{21.21}$$

여기서 $k_B = R/N_A$는 볼츠만 상수이며, $n = N/N_A$은 기체의 몰수이다. 기체가 병진 운동 에너지만을 가지고 있다면, 식 21.21은 기체의 내부 에너지를 나타내게 된다. 이 결과는 이상 기체의 내부 에너지는 온도만의 함수라는 의미가 된다. 21.2절에서 이 점에 대하여 더 알아보기로 한다.

$\overline{v^2}$의 제곱근을 분자의 **제곱–평균–제곱근**(rms) **속력**이라 한다. 식 21.19에서 제곱–평균–제곱근 속력은 다음과 같이 구할 수 있다.

제곱–평균–제곱근 속력 ▶

$$v_{\text{rms}} = \sqrt{\overline{v^2}} = \sqrt{\frac{3k_B T}{m_0}} = \sqrt{\frac{3RT}{M}} \tag{21.22}$$

여기서 M은 몰질량(kg/mol)으로 $m_0 N_A$와 같다. 따라서 일정 온도에서 가벼운 분자가 평균적으로 무거운 분자보다 더 빠르다는 것을 알 수 있다. 예를 들면 같은 온도에서 몰질량이 2.02×10^{-3} kg/mol인 수소 분자의 평균 속력은 몰질량이 32.0×10^{-3} kg/mol인 산소 분자보다 대략 네 배 빠르다. 표 21.1은 20 °C에서 여러 가지 분자의 제곱–평균–제곱근(rms) 속력을 나타낸 것이다.

표 21.1 여러 분자의 제곱-평균-제곱근 속력

기체	몰질량 (g/mol)	v_{rms} (m/s) (20 °C에서)	기체	몰질량 (g/mol)	v_{rms} (m/s) (20 °C에서)
H_2	2.02	1 902	NO	30.0	494
He	4.00	1 352	O_2	32.0	478
H_2O	18.0	637	CO_2	44.0	408
Ne	20.2	602	SO_2	64.1	338
N_2 또는 CO	28.0	511			

오류 피하기 21.1

제곱의 제곱근? $\overline{v^2}$의 제곱근이 제곱을 무효화한다는 의미가 아니다. 왜냐하면 제곱의 평균 후에 제곱근을 구하기 때문이다. $(\overline{v})^2$의 제곱근은 $\overline{v} = v_{avg}$이지만, $\overline{v^2}$의 제곱근은 v_{avg}가 **아니라** v_{rms}이다.

Q 퀴즈 21.1 온도와 압력이 같은 두 용기에 같은 종류의 이상 기체가 들어 있다고 하자. 용기 B의 부피가 용기 A보다 두 배 크다고 할 때 **(i)** 용기 B에 있는 기체의 분자당 평균 운동 에너지는? (a) 용기 A의 두 배이다. (b) 용기 A와 같다. (c) 용기 A의 절반이다. (d) 알 수 없다. **(ii)** 용기 B에 있는 기체의 내부 에너지는? 앞의 보기에서 고르라.

예제 21.1 헬륨 용기

부피가 0.300 m^{3}인 용기에 20.0 °C 헬륨 기체 2.00몰을 채우려고 한다. 헬륨을 이상 기체로 가정할 때 다음을 구하라.

(A) 기체 분자의 전체 병진 운동 에너지를 구하라.

풀이

개념화 기체를 미시적 모형으로 적용해서 온도 상승에 따라 분자가 용기 안에서 더 빠르게 움직이는 것을 볼 수 있다고 상상한다. 단원자 기체이므로, 분자들의 전체 병진 운동 에너지는 기체의 내부 에너지이다.

분류 예제는 앞의 논의 과정에서 얻은 식의 변수에 값을 대입하면 답을 구할 수 있는 대입 문제이다.

식 21.21에 n = 2.00몰과 T = 293 K를 대입한다.

$$E_{int} = \tfrac{3}{2}nRT = \tfrac{3}{2}(2.00\text{ mol})(8.31\text{ J/mol}\cdot\text{K})(293\text{ K})$$
$$= \boxed{7.30 \times 10^3\text{ J}}$$

(B) 분자당 평균 운동 에너지를 구하라.

풀이 식 21.19를 이용한다.

$$\tfrac{1}{2}m_0\overline{v^2} = \tfrac{3}{2}k_BT = \tfrac{3}{2}(1.38 \times 10^{-23}\text{ J/K})(293\text{ K})$$
$$= \boxed{6.07 \times 10^{-21}\text{ J}}$$

문제 온도가 20.0 °C에서 40.0 °C로 상승할 때 40.0이 20.0의 두 배이므로 기체 분자의 병진 운동 에너지는 40.0 °C에서 20.0 °C보다 두 배가 되는가?

답 전체 병진 운동 에너지는 온도에 의존한다. 온도는 섭씨가 아니라 절대 온도로 나타내야 하므로 40.0/20.0의 비는 적절하지 않다. 섭씨 온도를 절대 온도로 변환하면 20.0 °C는 293 K이고 40.0 °C는 313 K이므로, 전체 병진 운동 에너지는 313 K/293 K = 1.07배만큼 상승한다.

21.2 이상 기체의 몰비열
Molar Specific Heat of an Ideal Gas

이상 기체의 온도 변화가 모두 $\Delta T = T_f - T_i$로 동일한 여러 열역학 과정을 생각해 보자. 그림 21.3과 같이 한 등온선에서 다른 등온선으로 가는 경로는 여러 가지가 있을

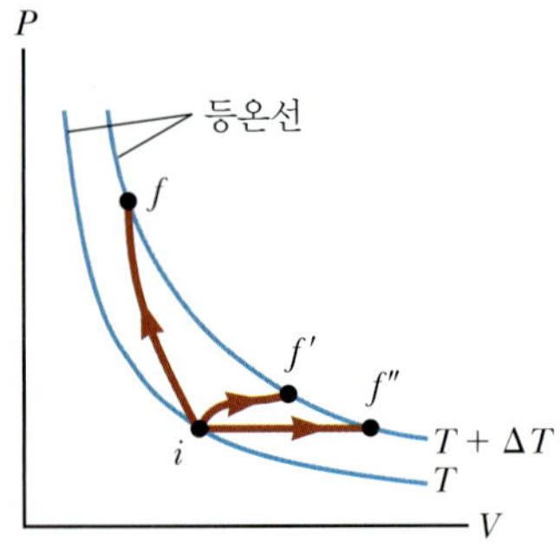

그림 21.3 이상 기체가 온도 T인 등온선에서 세 가지 다른 경로를 따라 온도 $T + \Delta T$인 등온선으로 이동하는 경우

수 있다. ΔT가 모든 경로에서 같으므로 내부 에너지 변화 ΔE_{int}는 모든 경로에서 같지만, 기체에 한 일 W(곡선 아래 넓이의 음의 값)는 각 과정마다 다르다. 따라서 열역학 제1법칙으로부터, 주어진 온도 변화와 연관된 열 $Q = \Delta E_{\text{int}} - W$는 20.4절에서 논의한 바와 같이 유일하게 정해지지 않는다.

열역학 과정에서 가장 많이 사용되는 앞에서 공부한 두 가지 특별한 과정인 등적 과정과 등압 과정에 대한 비열을 정의함으로써, 이런 문제의 복잡성을 단순화시킬 수 있다. 기체의 양을 측정하는 편리한 척도가 몰수이기 때문에, 이들 과정과 관련된 **몰비열**(molar specific heats)을 다음과 같이 정의한다.

$$Q = nC_V\,\Delta T \qquad \text{(일정 부피)} \tag{21.23}$$

$$Q = nC_P\,\Delta T \qquad \text{(일정 압력)} \tag{21.24}$$

여기서 C_V는 **등적 몰비열**(molar specific heat at constant volume)이고 C_P는 **등압 몰비열**(molar specific heat at constant pressure)이다. 압력이 일정한 상태에서 기체에 열에 의한 에너지를 공급하면 기체의 내부 에너지가 증가할 뿐만 아니라, 일정한 압력을 유지하는 데 필요한 부피 변화 때문에 기체에 음(−)의 일을 하게 된다. 그러므로 식 21.24의 열 Q는 내부 에너지의 증가와 일에 의하여 계로부터 나오는 에너지 전달을 포함해야 한다. 이런 이유로 n과 ΔT가 일정할 때 식 21.24의 Q는 식 21.23의 Q보다 커지고, 따라서 C_P는 C_V보다 커진다.

앞 절에서 기체의 온도가 기체 분자의 평균 병진 운동 에너지를 나타내는 척도라는 것을 알았다. 이 운동 에너지는 개개 분자의 질량 중심 운동과 관련된 에너지이며, 분자 내부의 운동, 즉 질량 중심에 대한 진동과 회전 운동과 연관된 에너지는 포함하고 있지 않다.

이제 가장 간단한 단원자 이상 기체, 즉 헬륨, 네온, 아르곤과 같은 단원자로 이루어진 기체에 대하여 생각해 보자. 일정 부피의 용기에 들어 있는 단원자 기체에 에너지를 공급하면, 단원자 기체에 에너지를 저장할 수 있는 방법이 없으므로, 공급된 모든 에너지는 원자의 병진 운동 에너지를 증가시키는 데 사용된다. 따라서 식 21.21에서 N개(또는 n몰)의 단원자 이상 기체 분자의 내부 에너지 E_{int}는 다음과 같게 된다.

단원자 이상 기체의 내부 에너지 ▶

$$E_{\text{int}} = K_{\text{tot trans}} = \tfrac{3}{2}Nk_{\text{B}}T = \tfrac{3}{2}nRT \tag{21.25}$$

즉 단원자 이상 기체의 E_{int}는 식 21.25와 같이 T만의 함수인 것이다. 일반적으로 이상 기체의 내부 에너지는 T만의 함수이며, 정확한 관계식은 기체의 종류에 따라 다르다.

부피가 일정한 상태에서 계에 열에 의한 에너지를 공급하면 계에 한 일은 없게 된다. 즉 등적 과정에서는 $W = -\int P\,dV = 0$이 된다. 따라서 열역학 제1법칙으로부터 다음의 식을 얻을 수 있다.

$$Q = \Delta E_{\text{int}} \tag{21.26}$$

다시 말해서 열에 의하여 전달된 모든 에너지는 계의 내부 에너지를 증가시키는 데 사용된다. 이상 기체의 경우 상태 i에서 상태 f로 가는 등적 과정을 그림 21.4에 나타내었다. 이 그림에서 ΔT는 두 등온선 사이의 온도 차를 나타낸다. 식 21.23의 Q를 식

21.26에 대입하면, 다음의 식을 얻게 된다.

$$\Delta E_{\text{int}} = nC_V \, \Delta T \tag{21.27}$$

이 식은 단원자 이상 기체뿐만 아니라 다원자 분자로 된 이상 기체까지 모든 이상 기체에 적용할 수 있다.

식 21.27을 이용하여 작은 변화에 대한 등적 몰비열을 다음과 같이 나타낼 수 있다.

$$C_V = \frac{1}{n}\frac{dE_{\text{int}}}{dT} \tag{21.28}$$

이제 이 식을 단원자 기체에 적용하기 위하여, 내부 에너지 식 21.25를 식 21.28에 대입하면 다음과 같이 된다.

$$C_V = \tfrac{3}{2}R = 12.5\,\text{J/mol}\cdot\text{K} \tag{21.29}$$

이 식은 **모든** 단원자 기체가 $C_V = \frac{3}{2}R$임을 의미하며, 실제로 헬륨, 네온, 아르곤, 크세논과 같은 기체에 대한 몰비열 측정값이 넓은 온도 범위에서 매우 잘 들어맞음을 알 수 있다(표 21.2). 표 21.2에 나타난 실험값과 이론값과의 차이는 실제 기체가 이상 기체가 아니기 때문에, 분자 사이에 작용하는 약한 상호 작용에 기인하는 것이다.

이제 그림 21.4와 같이 기체가 경로 $i \rightarrow f'$으로 등압 과정을 거친다고 하자. 이 과정에서 온도는 ΔT만큼 증가한다. 이 과정에서 기체에 열에 의하여 전달되어야 하는 에너

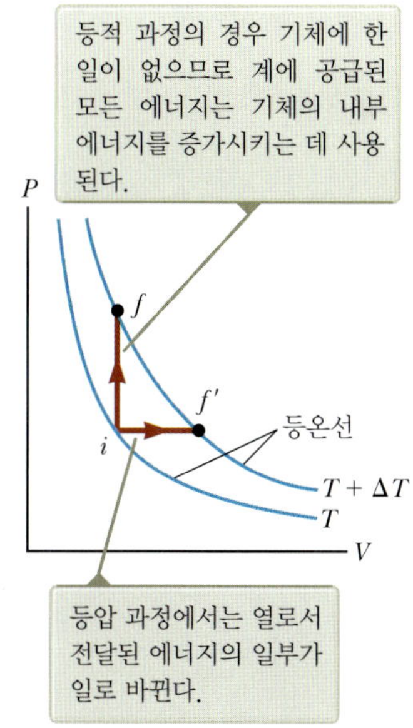

그림 21.4 열이 이상 기체에 전달되는 두 가지 방법

표 21.2 여러 기체의 몰비열

기체	몰비열 (J/mol · K)[a]			
	C_P	C_V	$C_P - C_V$	$\gamma = C_P/C_V$
단원자 기체				
He	20.8	12.5	8.33	1.67
Ar	20.8	12.5	8.33	1.67
Ne	20.8	12.7	8.12	1.64
Kr	20.8	12.3	8.49	1.69
이원자 기체				
H_2	28.8	20.4	8.33	1.41
N_2	29.1	20.8	8.33	1.40
O_2	29.4	21.1	8.33	1.40
CO	29.3	21.0	8.33	1.40
Cl_2	34.7	25.7	8.96	1.35
다원자 기체				
CO_2	37.0	28.5	8.50	1.30
SO_2	40.4	31.4	9.00	1.29
H_2O	35.4	27.0	8.37	1.30
CH_4	35.5	27.1	8.41	1.31

[a] H_2O를 제외하고 모두 300 K에서 측정한 값이다.

지는 $Q = nC_P\Delta T$이다. 이 과정 동안 압력 P는 등압 과정이므로 일정하고 부피는 변하므로, 기체에 한 일은 $W = -P\Delta V$로 주어지게 된다. 이 과정에 열역학 제1법칙을 적용하면 다음과 같이 된다.

$$\Delta E_{\text{int}} = Q + W = nC_P\,\Delta T + (-P\,\Delta V) \tag{21.30}$$

이 경우 기체에 열에 의하여 공급되는 에너지의 일부는 기체가 일을 함으로써, 즉 기체가 피스톤을 움직임으로써 바깥으로 방출되고, 나머지는 기체의 내부 에너지 증가로 나타나게 된다. 내부 에너지 E_{int}는 이상 기체의 경우 온도만의 함수이고 $i \to f'$ 과정과 $i \to f$ 과정은 모두 온도 차 ΔT가 같으므로, 두 과정의 내부 에너지 변화는 같게 된다. 또한 등압 과정의 경우 $PV = nRT$에서 $P\Delta V = nR\,\Delta T$이므로, $P\Delta V = nR\,\Delta T$와 식 21.27의 $\Delta E_{\text{int}} = nC_V\,\Delta T$를 식 21.30에 대입하면 다음의 식이 된다.

$$nC_V\,\Delta T = nC_P\,\Delta T - nR\,\Delta T$$
$$C_P - C_V = R \tag{21.31}$$

이 식은 **모든** 이상 기체에 적용되며, 등압 몰비열이 등적 몰비열보다 기체 상수 $R(= 8.31\ \text{J/mol}\cdot\text{K})$ 만큼 크다는 것을 의미한다. 이 식은 표 21.2와 같이 실제 기체에 적용할 수 있다.

단원자 이상 기체의 경우 $C_V = \frac{3}{2}R$이므로, 식 21.31에 따르면 등압 몰비열은 $C_P = \frac{5}{2}R = 20.8\ \text{J/mol}\cdot\text{K}$가 된다. 두 몰비열의 비를 비열비라 하며, 차원이 없는 양 γ(그리스 문자 감마)로 표시한다.

단원자 이상 기체의 몰비열 비 ▶

$$\gamma = \frac{C_P}{C_V} = \frac{5R/2}{3R/2} = \frac{5}{3} = 1.67 \tag{21.32}$$

단원자 기체의 경우 C_V, C_P, γ 값에 대한 실험값과 이론값이 잘 일치하지만, 복잡한 기체의 경우에는 잘 일치하지 않는다(표 21.2 참조). 그 이유는 $C_V = \frac{3}{2}R$ 값은 단원자 이상 기체의 경우에 유도한 값이며, 더 복잡한 분자의 경우 분자 내부 구조에 의한 몰비열 값의 변화가 있기 때문이다. 21.3절에서 기체의 몰비열에 대한 기체의 분자 구조의 영향에 대하여 기술할 것이다. 복잡한 기체 분자의 내부 에너지, 즉 몰비열에는 분자의 진동과 회전에 의한 에너지 부분을 포함시켜야만 한다.

일정한 압력하에서 가열되는 고체나 액체는 열팽창이 적어 이 과정 동안 열팽창에 의한 일의 양이 매우 적으므로, C_P와 C_V가 거의 같은 값이 된다.

퀴즈 21.2 **(i)** 그림 21.4에서 이상 기체가 $i \to f$ 과정을 거칠 때 이상 기체의 내부 에너지는 어떻게 변하는가? **(a)** E_{int} 증가 **(b)** E_{int} 감소 **(c)** E_{int} 변화 없음 **(d)** E_{int}의 변화를 알기에는 정보 부족 **(ii)** 그림 21.4에서 $T + \Delta T$로 표시된 등온선을 따라 이상 기체가 $f \to f'$ 과정을 거칠 때 내부 에너지는 어떻게 변하는지 앞의 보기에서 고르라.

예제 21.2 **헬륨 용기의 가열**

3.00몰의 헬륨 기체가 온도가 300 K인 용기에 담겨 있다.

(A) 헬륨 기체를 등적 과정으로 500 K까지 온도를 올리는 데 필요한 열을 구하라.

풀이

개념화 그림 19.12와 같이 피스톤과 원통으로 구성된 장치로 열역학 과정을 작동시킨다고 생각한다. 기체의 부피를 일정하게 유지하기 위하여 피스톤이 고정된 위치에 있다고 생각한다.

분류 앞의 논의에 따른 결과로부터 식에 주어진 값들을 대입하면 답을 구할 수 있으므로, 예제는 대입 문제이다.

식 21.23을 사용하여 에너지 전달을 구한다.

$$Q_1 = nC_V\,\Delta T$$

주어진 값들을 대입한다.

$$Q_1 = (3.00\text{ mol})(12.5\text{ J/mol}\cdot\text{K})(500\text{ K} - 300\text{ K})$$

$$= 7.50 \times 10^3\text{ J}$$

(B) 등압 과정으로 헬륨 기체를 500 K까지 온도를 올리는 데 필요한 열을 구하라.

풀이 식 21.24를 사용하여 에너지 전달을 구한다.

$$Q_2 = nC_P\,\Delta T$$

주어진 값들을 대입한다.

$$Q_2 = (3.00\text{ mol})(20.8\text{ J/mol}\cdot\text{K})(500\text{ K} - 300\text{ K})$$

$$= 12.5 \times 10^3\text{ J}$$

이 값은 등압 과정 동안 피스톤을 올리기 위하여 기체가 일을 함으로써 기체 밖으로 에너지의 전달이 있기 때문에 Q_1 값보다 크다.

21.3 에너지 등분배
The Equipartition of Energy

앞에서 살펴본 바와 같이 단원자 기체의 경우 이론적 몰비열 값이 실험값과 잘 일치하지만, 복잡한 기체의 몰비열은 이론값과 실험값이 잘 일치하지 않는다는 것을 알았다(표 21.2 참조). 그러나 $C_P - C_V = R$는 모든 기체에 대하여 적용이 된다. 그런 일관성은 두 비열의 차이가 기체에 행해진 일의 결과로부터 계산된 것이기 때문이다. 기체에 행해진 일은 분자 구조와 무관하다.

단원자 기체보다 더 복잡한 구조를 지닌 기체의 C_V와 C_P의 변화를 명확히 하기 위하여, 몰비열의 근원이 무엇인지 더 자세히 살펴보도록 하자. 지금까지는 기체의 내부 에너지를 분자의 병진 운동 에너지에 의한 것만 고려하였으나, 단원자가 아닌 분자의 내부 에너지에는 분자의 병진 운동뿐만 아니라 분자의 진동 운동과 회전 운동에 의한 운동 에너지도 포함된다. 분자의 회전 운동과 진동 운동은 분자 사이의 충돌에 의하여 활성화될 수 있으므로 분자의 병진 운동과 결합되어 있다. **통계역학**이라고 하는 물리학의 한 분야에 의하면, 뉴턴 역학을 따르는 수많은 입자로 구성된 계에 대하여 입자의 독립적인 각각의 자유도는 입자가 가질 수 있는 평균적 에너지를 동일한 양으로 나누어 갖게 된다. 21.1절에서 배운, 평형 상태에서 분자당 각 자유도에 $\frac{1}{2}k_BT$의 에너지가 있다는 등분배 정리를 상기하라.

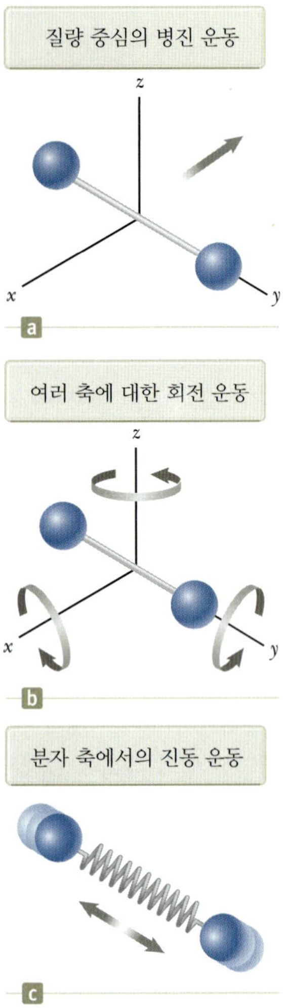

그림 21.5 이원자 분자의 운동

그림 21.5와 같이 아령 모양의 이원자 기체를 생각해 보자. 이 모형에서 분자의 질량 중심은 그림 21.5a와 같이 x, y, z 방향으로 병진 운동을 할 수 있고, 그림 21.5b와 같이 서로 수직인 세 축을 중심으로 회전 운동도 할 수 있다. y축에 대한 분자의 관성 모멘트 I_y와 회전 운동 에너지 $\frac{1}{2}I_y\omega^2$이 x와 z축에 의한 것에 비하여 무시할 수 있을 정도로 작기 때문에, y축에 대한 분자의 회전 운동은 무시할 수 있다(두 원자를 점 질량으로 보면 I_y는 영이 된다). 따라서 병진 운동에 의한 자유도가 셋이고 회전 운동에 의한 자유도가 둘이므로, 이 분자는 전체 다섯 개의 자유도를 갖게 된다. 각 분자당 하나의 자유도에 평균 에너지가 $\frac{1}{2}k_BT$에 해당하므로, N개의 분자로 된 계의 내부 에너지는 진동 운동에 의한 내부 에너지를 제외하면 다음과 같이 된다.

$$E_{int} = 3N(\tfrac{1}{2}k_BT) + 2N(\tfrac{1}{2}k_BT) = \tfrac{5}{2}Nk_BT = \tfrac{5}{2}nRT$$

이 식과 식 21.28로부터 등적 몰비열을 다음과 같이 구할 수 있다.

$$C_V = \frac{1}{n}\frac{dE_{int}}{dT} = \frac{1}{n}\frac{d}{dT}(\tfrac{5}{2}nRT) = \tfrac{5}{2}R = 20.8\ \text{J/mol}\cdot\text{K} \qquad \textbf{(21.33)}$$

식 21.31과 21.32에서 C_P와 γ를 구하면 다음과 같다.

$$C_P = C_V + R = \tfrac{7}{2}R = 29.1\ \text{J/mol}\cdot\text{K}$$

$$\gamma = \frac{C_P}{C_V} = \frac{\frac{7}{2}R}{\frac{5}{2}R} = \frac{7}{5} = 1.40$$

분자의 진동 운동에 대한 가능성을 배제하였음에도, 이 결과는 표 21.2의 이원자 기체에 대한 결과와 대부분 잘 일치한다.

분자의 진동 운동을 고려하기 위하여, 두 원자가 용수철로 연결되어 있다고 가정하자(그림 21.5c). 진동 운동은 분자의 길이 방향으로 진동하는 운동에 의한 운동 에너지와 퍼텐셜 에너지(탄성 에너지)에 해당하는 두 개의 운동 자유도가 있게 된다. 따라서 모든 가능한 운동의 자유도를 포함하면 전체 내부 에너지는 다음과 같고

$$E_{int} = 3N(\tfrac{1}{2}k_BT) + 2N(\tfrac{1}{2}k_BT) + 2N(\tfrac{1}{2}k_BT) = \tfrac{7}{2}Nk_BT = \tfrac{7}{2}nRT$$

등적 몰비열은 다음과 같이 얻을 수 있다.

$$C_V = \frac{1}{n}\frac{dE_{int}}{dT} = \frac{1}{n}\frac{d}{dT}(\tfrac{7}{2}nRT) = \tfrac{7}{2}R = 29.1\ \text{J/mol}\cdot\text{K} \qquad \textbf{(21.34)}$$

이런 이론적인 값은 H_2, N_2와 같은 분자의 실험값과 일치하지 않으며(표 21.2 참조), 따라서 고전 물리학에 기초한 이론적 유도 방법의 한계를 나타낸다고 할 수 있다.

위의 결과에 대하여 이원자 분자에 대한 몰비열의 이론적 예측 방법이 잘못되었다고 생각할 수 있으나, 만일 표 21.2에 나타낸 것처럼 몰비열을 하나의 온도에서 측정하는 것이 아니고 광범위한 온도에서 몰비열을 측정하면 위의 고전적 방법에 의한 결과가 쓰임새가 있다고 할 수도 있다. 그림 21.6은 온도에 따른 수소 분자의 몰비열을 나타낸 것이다. 평평한 영역이 세 곳이 있으며, 이 평평한 영역에서의 몰비열은 식 21.29, 21.33, 21.34에 의한 값과 같은 값이다. 저온에서 이원자 수소 분자는 몰비열이 단원자 기체와

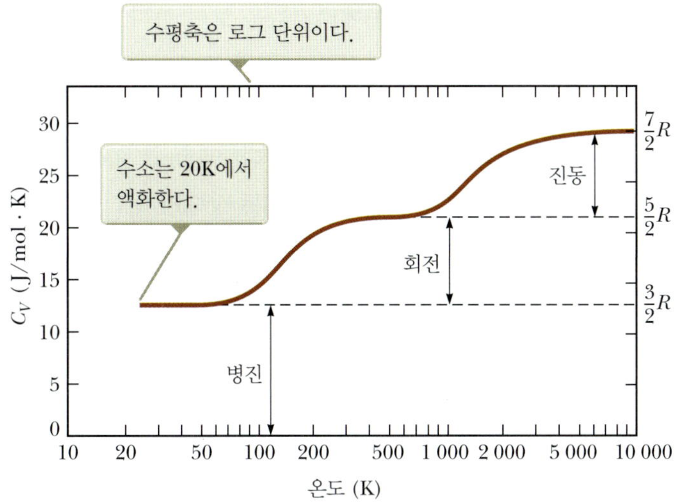

그림 21.6 온도에 따른 수소 분자의 몰비열

같고, 온도 상승에 따라 몰비열이 상승하여 상온에서 이원자 기체는 진동 운동을 제외한 회전 운동과 병진 운동에 의한 몰비열 값을 갖게 되며, 더 높은 온도에서는 모든 종류의 운동을 포함시킨 경우와 같은 몰비열 값을 갖게 된다.

이와 같이 온도 상승에 따라 몰비열이 신기하게 변화하는 원인에 대하여 알아보기 전에 잠시 다원자 기체의 특성에 대하여 알아보자. 세 개 이상의 원자로 구성된 분자는 세 개의 회전축이 존재하며, 이들의 진동 운동은 이원자 기체의 경우보다 더 복잡하여 자유도 또한 더 많게 된다. 따라서 이론적 몰비열 값은 더 커지며 이는 정성적으로 실험 결과와 일치한다. 표 21.2를 보면 다원자 기체의 몰비열 값이 이원자 기체의 몰비열 값보다 더 크다는 것을 알 수 있다. 분자의 자유도가 크면 에너지를 저장할 방법이 더 많아져서 몰비열의 증가로 나타난다는 것을 알 수 있다.

에너지 양자화에 대한 개관 A Hint of Energy Quantization

지금까지 몰비열을 구하기 위하여 완전히 고전적인 개념을 적용한 분자 모형을 사용하였다. 그림 21.6을 보면 앞에서 구한 이원자 기체의 이론적 몰비열 값이 고온에서만 일치함을 알 수 있다. 우리가 구한 몰비열 값이 고온에서만 일치하는 이유와 그림 21.6에서 평평한 영역이 있는 이유를 이해하기 위하여, 고전 물리학을 넘어 양자 물리학에 대하여 알 필요가 있다. 18장에서 진동하는 줄과 공기 관의 진동에서 특정 진동수의 정상파만 존재할 수 있음, 즉 양자화되어 있음을 배웠고, 이런 현상은 경계 조건하의 파동이 보여 주는 자연적인 현상이라는 것을 알고 있다.

양자 물리학(40장 이후)에 의하면 원자와 분자는 경계 조건을 만족하는 파동 물리학으로 기술할 수 있으며, 따라서 이런 파동의 진동수는 양자화되어 있다. 양자 물리학에서 계의 에너지는 계를 나타내는 파동의 진동수에 비례하므로 결국 **원자와 분자의 에너지는 양자화**되어 있게 된다.

양자 물리학에 따르면 분자의 회전 운동과 진동 운동 에너지는 양자화되어 있다. 그림 21.7은 이원자 분자의 회전 운동과 진동 운동의 양자 상태에 대한 **에너지 준위 도표**(energy-level diagram)를 나타낸 것이다. 가장 낮은 에너지 상태를 **바닥상태**(ground

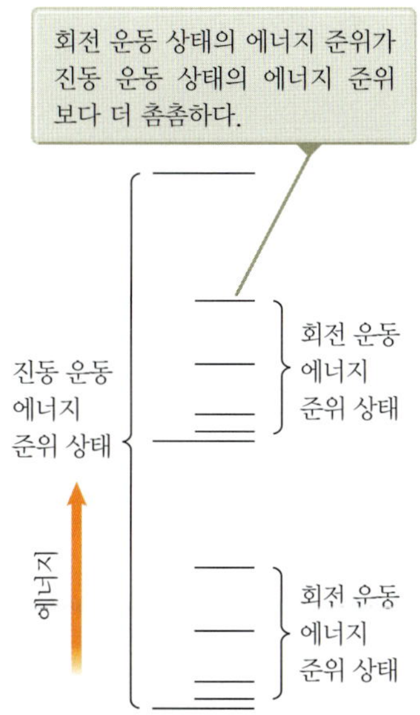

그림 21.7 이원자 기체의 진동 및 회전 운동 상태에 대한 에너지 준위 도표

state)라 한다. 검은 선들은 분자의 허용 에너지들을 보여 준다. 진동 운동 상태들의 에너지 간격이 회전 운동 상태의 에너지 간격보다 훨씬 크다.

저온에서는 분자가 다른 분자와 충돌하여 얻을 수 있는 에너지가 적어, 진동 운동 에너지나 회전 운동 에너지 상태의 첫 번째 들뜬상태(excited state)로 들뜨기 어렵다. 그러므로 고전적으로는 허용된 진동 운동, 회전 운동 상태라 하더라도 양자 물리학적으로는 분자를 그 상태로 들뜨게 할 수 없게 된다. 따라서 분자의 평균 에너지는 분자의 병진 운동에 의한 것만 고려되어, 몰비열이 식 21.29의 계산 값과 같아진다.

온도 상승에 따라 분자의 평균 에너지는 상승하며, 분자들 사이의 충돌에 의하여 분자가 첫 번째 들뜬 회전 상태로 들뜰 수 있는 에너지를 갖을 수 있게 된다. 온도가 더 올라가면 더 많은 분자가 들뜬상태가 될 수 있고, 분자의 내부 에너지에 회전 운동 에너지가 포함되어 몰비열이 상승하게 된다. 그림 21.6을 보면, 상온은 두 번째 평평한 영역에 해당하며 몰비열에 회전 운동 에너지가 완전히 포함되었다는 것을 알 수 있다. 따라서 이 온도에서 몰비열이 식 21.33의 계산 값과 같게 된다.

상온에서 분자는 진동 운동이 바닥상태에 있으므로, 상온에서 진동 운동에 의한 몰비열의 상승 효과는 없다. 분자를 첫 번째 들뜬 진동 운동 상태로 들뜨게 하기 위해서는 온도를 더 높여야 한다. 그림 21.6에서 1 000 K와 10 000 K 사이가 이에 해당한다. 그림의 오른쪽 가장자리의 10 000 K 근방에서는 분자의 진동 운동 에너지가 분자의 내부 에너지에 완전히 포함되어 몰비열이 식 21.34의 값과 일치하게 된다.

따라서 앞에서 설명한 온도에 따른 몰비열의 변화는 에너지 등분배 정리가 타당하다는 것을 나타낸다고 할 수 있으며, 그림 21.6을 양자 물리학의 에너지 양자화 개념으로 완전히 이해할 수 있다.

Q 퀴즈 21.3 이원자 기체의 등적 몰비열이 29.1 J/mol · K이다. 이 몰비열에 어떤 종류의 에너지가 포함되는가? **(a)** 병진 운동 에너지만 포함 **(b)** 병진 운동 에너지와 회전 운동 에너지만 포함 **(c)** 병진 운동 에너지와 진동 운동 에너지만 포함 **(d)** 병진 운동 에너지, 회전 운동 에너지, 진동 운동 에너지 모두 포함

Q 퀴즈 21.4 어떤 기체의 등적 몰비열이 $11R/2$이라 한다. 이 기체는 다음 중 어떤 종류일 가능성이 가장 큰가? **(a)** 단원자 **(b)** 이원자 **(c)** 다원자

21.4 이상 기체의 단열 과정
Adiabatic Processes for an Ideal Gas

단열 과정(adiabatic process)이란 20.6절에서와 같이 어떤 계와 그 계 주위에 열 에너지 전달이 없는 과정이다. 예를 들어 기체를 급격하게 압축(또는 팽창)하면, 계로부터 나오는(또는 계로 들어가는) 열의 전달이 거의 없으므로 단열 과정으로 볼 수 있다. 가솔린 기관의 행정 과정에서 이런 단열 과정이 일어나며, 가솔린 기관의 작동에 대해서는 22장에서 자세히 살펴보기로 한다. 주위와 단열된 기체가 매우 서서히 팽창하는 경우도 단열 과정의 한 예가 된다. 단열 과정 중에는 이상 기체 법칙의 세 변수 P, V, T

가 모두 변하게 된다.

작은 부피 변화 dV와 이에 따른 작은 온도 변화 dT가 일어나는 단열 기체 과정을 생각해 보자. 기체에 한 일은 $-P\,dV$이고, 이상 기체의 내부 에너지는 온도만의 함수이므로 단열 과정에서의 내부 에너지 변화는, 동일한 온도 변화를 하는 등적 과정에서의 내부 에너지 변화, 즉 식 21.27의 $dE_{\text{int}} = nC_V\,dT$와 같다. 따라서 열역학 제1법칙 $\Delta E_{\text{int}} = Q + W$에서 $Q = 0$이므로

$$dE_{\text{int}} = nC_V\,dT = -P\,dV \tag{21.35}$$

를 얻고, 이상 기체의 상태 방정식 $PV = nRT$를 전미분하면

$$P\,dV + V\,dP = nR\,dT \tag{21.36}$$

가 된다. 식 21.35와 21.36으로부터 dT를 소거하면

$$P\,dV + V\,dP = -\frac{R}{C_V}P\,dV$$

를 얻게 된다. 이 식에 $R = C_P - C_V$를 대입하고 양변을 PV로 나누면 다음의 식을 구할 수 있다.

$$\frac{dV}{V} + \frac{dP}{P} = -\left(\frac{C_P - C_V}{C_V}\right)\frac{dV}{V} = (1-\gamma)\frac{dV}{V}$$

$$\frac{dP}{P} + \gamma\frac{dV}{V} = 0$$

이 식을 적분하면 다음과 같이 된다.

$$\ln P + \gamma \ln V = \text{일정}$$

이 식은 다음과 같이 쓸 수 있다.

$$PV^{\gamma} = \text{일정} \tag{21.37}$$

◀ 이상 기체의 단열 과정에서 P와 V의 관계

단열 팽창에 대한 PV 도표를 그림 21.8에 나타내었다. $\gamma > 1$이므로 PV 곡선의 기울기가 등온 팽창의 곡선인 'PV = 일정'보다 더 가파르다. 단열 과정의 정의에 따라 계의 내 외부로 열 에너지의 전달이 없다. 그러므로 열역학 제1법칙에 의하여 ΔE_{int}가 음의 값(기체가 일을 하므로 내부 에너지가 감소함)이 되고 따라서 ΔT 또한 음의 값(기체가 일을 하므로 내부 에너지가 감소함)이 된다. 따라서 단열 팽창 과정 동안 기체의 온도는 감소($T_f < T_i$)하게 된다.[2] 역으로 기체가 단열 압축되는 경우 기체의 온도는 높아지게 된다. 식 21.37을 처음과 나중 상태에 적용하면 다음 식을 얻을 수 있다.

$$P_iV_i^{\gamma} = P_fV_f^{\gamma} \tag{21.38}$$

이상 기체의 법칙을 이용하면, 식 21.37은 다음과 같이 나타낼 수 있다.

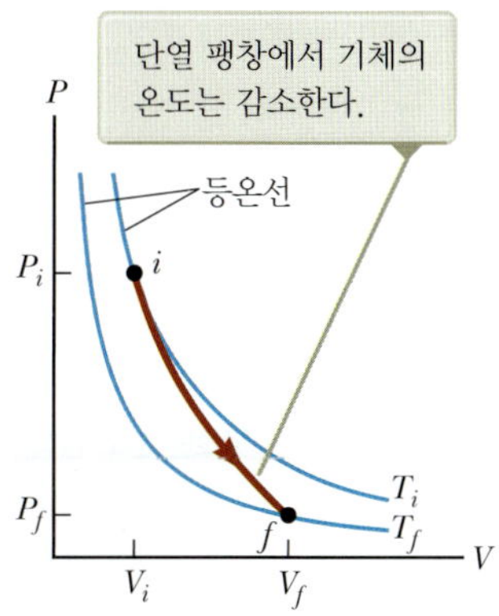

그림 21.8 이상 기체의 단열 팽창에 대한 PV 도표

[2] 20.6절에서 살펴본 단열 자유 팽창의 경우 온도는 일정하게 유지된다. 이 경우 기체가 진공으로 팽창하므로 기체가 한 일이 없는 특별한 상황이며, 일반적으로는 기체가 일을 하는 단열 팽창의 경우에만 온도가 낮아지게 된다.

이상 기체의 단열 과정에서 T와 V의 관계 ▶

$$TV^{\gamma-1} = \text{일정} \qquad (21.39)$$

예제 21.3 디젤 기관의 실린더 내부

디젤 기관 실린더 내에 처음 1.00 atm, 20.0 °C 공기를 800.0 cm³의 부피에서 60.0 cm³의 부피로 압축한다. 공기를 $\gamma = 1.40$인 이상 기체로 가정하고 압축이 단열 과정으로 일어난다고 할 때, 공기가 압축된 후 온도와 압력을 구하라.

풀이

개념화 기체를 더 작은 부피로 압축하면 어떻게 되는지 생각해 보자. 그림 21.8과 앞에서 살펴본 바에 의하여 압력과 온도가 모두 상승한다는 것을 알 수 있다.

분류 예제를 단열 과정과 관련한 문제로 분류한다.

분석 식 21.38을 이용하여 나중 압력을 구한다.

$$P_f = P_i\left(\frac{V_i}{V_f}\right)^{\gamma} = (1.00\ \text{atm})\left(\frac{800.0\ \text{cm}^3}{60.0\ \text{cm}^3}\right)^{1.40}$$

$$= 37.6\ \text{atm}$$

이상 기체의 법칙을 이용하여 나중 온도를 구한다.

$$\frac{P_iV_i}{T_i} = \frac{P_fV_f}{T_f}$$

$$T_f = \frac{P_fV_f}{P_iV_i}T_i = \frac{(37.6\ \text{atm})(60.0\ \text{cm}^3)}{(1.00\ \text{atm})(800.0\ \text{cm}^3)}(293\ \text{K})$$

$$= 826\ \text{K} = 553°\text{C}$$

결론 기체의 온도가 826 K/293 K = 2.82배 정도 증가한다는 것을 알 수 있다. 압축비가 높은 디젤 기관에서는 점화 플러그 없이도 연료의 온도가 연료를 연소시키기 위한 온도까지 올라가게 된다.

21.5 분자의 속력 분포
Distribution of Molecular Speeds

> **오류 피하기 21.2**
> **분포 함수** 분포 함수 $n_V(E)$는 에너지 E를 가진 분자 수라기 보다는 E와 $E + dE$ 사이의 에너지를 가진 분자 수를 dE로 나눈 값으로 정의된다. 분자 수는 유한하고 가능한 에너지의 가짓수는 무한대이기 때문에, **정확히** 에너지 E를 가진 분자 수는 아마도 영일 것이다.

지금까지 모든 기체 분자의 평균 에너지만을 생각하였고, 각 분자들 사이의 에너지 분포에 관한 것은 생각하지 않았다. 실제로 분자의 움직임은 매우 불규칙적이고, 초당 보통 수십억 회 정도로 많은 충돌을 하며, 이런 충돌에 의하여 각 분자들의 운동 방향과 속력의 변화가 일어나게 된다. 식 21.22는 분자의 제곱-평균-제곱근 속력이 온도에 따라 증가한다는 것을 보여 준다. 어떤 주어진 시간에, 일정 수의 기체 분자 중에서 특정 에너지를 갖는 분자 수는 얼마나 될까?

이 문제를 **수 밀도**(number density) $n_V(E)$를 고려함으로써 살펴보고자 한다. $n_V(E)$를 **분포 함수**라 하고 $n_V(E)\,dE$는 단위 부피당 에너지가 E와 $E + dE$ 사이에 있는 분자 수를 나타낸다(어떤 특성을 갖는 분자 수를 전체 분자 수로 나눈 비는 한 분자가 그런 특성을 가질 확률을 나타낸다). 일반적으로 수 밀도는 통계적인 방법으로 다음과 같이 구할 수 있다.

볼츠만 분포 법칙 ▶

$$n_V(E) = n_0 e^{-E/k_BT} \qquad (21.40)$$

여기서 n_0은 $n_0\,dE$가 단위 부피당 에너지가 $E = 0$에서 $E = dE$ 사이에 있는 분자 수가 되도록 정의한 값이다. 이 식을 **볼츠만 분포 법칙**(Boltzmann distribution law)이라 하며, 수많은 분자를 통계적 방법으로 기술할 때 중요하게 쓰이는 식이다. 이 식은 '분자들이 특정 에너지 상태에 있을 수 있는 확률은, 그 특정 에너지의 음의 값을 $k_B T$로 나눈 값에 지수 함수적으로 의존한다'라는 의미를 가지고 있다. 따라서 분자가 온도 T의 열적 자극에 의한 동요로 높은 에너지 상태로 들뜨지 않는다면, 모든 분자는 가장 낮은 에너지 상태에 있게 된다.

예제 21.4 원자 에너지 준위의 열적 들뜸

21.4절에서 살펴본 바와 같이 원자는 불연속적인 에너지 준위만을 차지할 수 있다. 이제 온도 2 500 K 상태에 있는 기체 원자가 1.50 eV 에너지 간격으로 떨어진 두 에너지 준위에만 있을 수 있다고 하자(그림 21.9). 1 eV(전자볼트)는 에너지 단위로 1.60×10^{-19} J과 같다. 이때 낮은 에너지 상태에 있는 원자 수에 대하여 높은 에너지 상태에 있는 원자 수의 비를 구하라.

풀이

개념화 예제를 시각화하기 위하여 여기서 고려하고 있는 원자는 두 가지 에너지 상태에만 있을 수 있음을 염두에 두어야 한다. 그림 21.9는 에너지 준위 도표에 이 원자의 가능한 에너지 준위를 나타낸 것이다. 이 예제의 경우 원자가 있을 수 있는 에너지 준위는 E_1과 E_2뿐으로 $E_1 < E_2$의 관계에 있다.

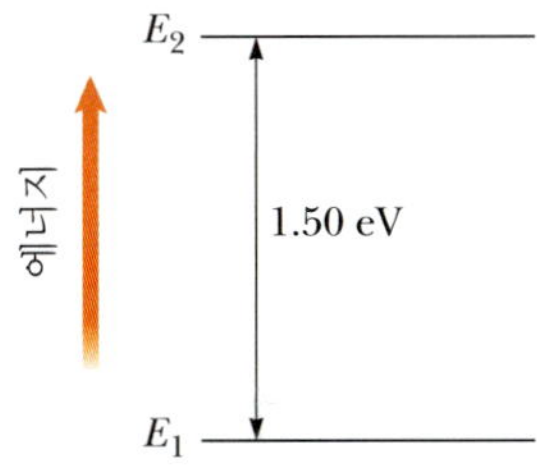

그림 21.9 (예제 21.4) 기체의 원자가 두 에너지 상태만 차지할 수 있다고 할 때의 에너지 준위 도표

분류 예제는 이 준위계의 입자를 대상으로 하는 문제로 분류한다. 이 계에 볼츠만 분포를 적용한다.

분석 낮은 에너지 준위에 있는 원자 수에 대한 높은 에너지 준위에 있는 원자 수의 비는 식 21.40을 이용하면 다음과 같다.

$$(1) \quad \frac{n_V(E_2)}{n_V(E_1)} = \frac{n_0 e^{-E_2/k_B T}}{n_0 e^{-E_1/k_B T}} = e^{-(E_2 - E_1)/k_B T}$$

지수에 있는 $k_B T$ 값을 계산한다.

$$k_B T = (1.38 \times 10^{-23}\,\text{J/K})(2\,500\,\text{K})\left(\frac{1\,\text{eV}}{1.60 \times 10^{-19}\,\text{J}}\right)$$
$$= 0.216\,\text{eV}$$

이 값을 식 (1)에 대입한다.

$$\frac{n_V(E_2)}{n_V(E_1)} = e^{-1.50\,\text{eV}/0.216\,\text{eV}} = e^{-6.96} = 9.52 \times 10^{-4}$$

결론 이 계산 결과에 의하면 T = 2 500 K 상태에서 높은 에너지 준위에 있는 원자 수는 아주 일부에 불과하다는 것을 알 수 있다. 사실 높은 에너지 준위에 있는 원자 하나에 대하여 낮은 에너지 준위에 있는 원자 수가 대략 1 000개쯤 된다. 더 높은 온도에서 높은 에너지 준위에 있을 수 있는 원자 수가 증가하기는 하지만 분포 법칙에 따르면 평형 상태에서는 낮은 준위에 있는 원자 수가 높은 준위에 있는 원자 수보다 항상 많게 된다.

문제 그림 21.9에 나타낸 에너지 준위 사이의 간격이 작아지면, 높은 에너지 준위에 있는 원자 수는 증가하는가, 아니면 감소하는가?

답 그림 21.9에 나타낸 것보다 들뜬 에너지 준위가 낮아지면, 낮은 준위에 있는 원자를 높은 준위로 열적으로 들뜨게 하기 쉬워진다. 따라서 높은 준위에 있을 수 있는 원자 수의 비가 증가하게 된다. r_2를 E_1에 있을 원자 수에 대한 E_2에 있을 원자 수의 비율이라고 할 때, 식 (1)은 다음과 같이 표현할 수 있고

$$r_2 = e^{-(E_2 - E_1)/k_B T}$$

이것을 E_2로 미분하면 다음을 얻는다.

$$\frac{dr_2}{dE_2} = \frac{d}{dE_2}\left[e^{-(E_2 - E_1)/k_B T}\right] = -\frac{1}{k_B T} e^{-(E_2 - E_1)/k_B T} < 0$$

이 식의 미분값이 음이므로, E_2가 낮아지면 r_2가 증가하게 됨을 알 수 있다.

앞에서 기체 분자의 에너지 분포에 대하여 알아보았는데, 이제는 분자의 속력 분포에 대하여 알아보도록 하자. 맥스웰(James Clerk Maxwell, 1831~1879)은 1860년

© INTERFOTO/Alamy

볼츠만
Ludwig Boltzmann, 1844~1906
오스트리아의 물리학자

볼츠만은 기체 운동론, 전자기학, 열역학 분야에 많은 공헌을 하였다. 운동론에 관한 선구자적 업적으로 물리학에서 통계 역학이라는 분야가 만들어졌다.

에 매우 명확한 방법으로 분자의 속력 분포를 나타내는 식을 유도하였으나, 그 당시 실험적으로 분자를 감지할 방법이 없었으므로 맥스웰의 연구 결과에 대하여 다른 과학자들이 많은 문제점을 제기하였다. 그러나 60년 후 맥스웰의 예측을 검증할 수 있는 여러 실험에 의하여 맥스웰이 옳았음이 확인되었다.

기체로 채워진 용기 내의 기체 분자들이 어떤 속력 분포를 갖는 경우를 생각해 보자. 예를 들어 속력이 400~401 m/s의 범위를 갖는 기체 분자의 수를 알고자 할 때 직관적으로 분자의 속력 분포는 온도에 따라 다르다고 생각할 것이고, 속력 분포의 봉우리는 v_{rms} 근방이라고 기대할 것이다. 즉 v_{rms}보다 훨씬 더 크거나 훨씬 더 작은 속력을 갖는 분자는 이런 분자가 만들어지기 위한 연쇄 충돌 과정의 확률이 낮아 그 수가 적을 것이라 예측하게 된다.

그림 21.10은 열평형 상태에 있는 기체 분자에 대하여 관찰한 속력 분포를 나타낸 것이다. **맥스웰-볼츠만 속력 분포 함수**(Maxwell-Boltzmann speed distribution function)인 N_v는 다음과 같이 정의된다. N을 분자 전체 수라고 하면, 속력이 v에서 $v + dv$ 범위 사이인 분자 수는 $dN = N_v\,dv$가 되고 그림 21.10에서 색칠한 직사각형의 넓이와 같다. 전체 분자에 대하여 속력이 v에서 $v + dv$ 사이에 있는 분자 수의 비는 $(N_v\,dv)/N$ 이며, 이 비는 한 개의 분자가 속력이 v에서 $v + dv$ 사이에 있을 확률과 같다.

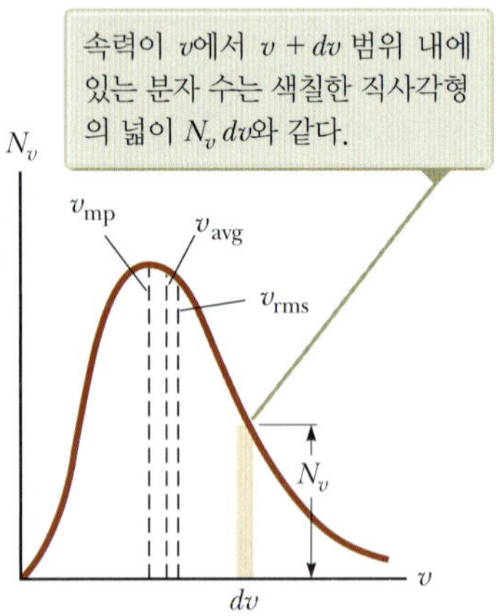

그림 21.10 어떤 특정 온도에서 기체 분자의 속력 분포. 분자 속력 v가 무한대로 접근하면 분포 함수 N_v는 영에 접근한다.

기체 분자 N개의 속력 분포를 나타내는 기본 식은 다음과 같다.[3]

$$N_v = 4\pi N\left(\frac{m_0}{2\pi k_{\text{B}}T}\right)^{3/2} v^2 e^{-m_0v^2/2k_{\text{B}}T} \tag{21.41}$$

여기서 m_0은 기체 분자의 질량이며, k_{B}는 볼츠만 상수, T는 절대 온도이다. 이 식에 볼츠만 인자 $e^{-E/k_{\text{B}}T}$가 있음에 주목하라($E = \frac{1}{2}m_0v^2$).

그림 21.10에 보인 바와 같이 평균 속력은 rms 속력보다 약간 작다. **최빈 속력** v_{mp}는 속력 분포 함수가 최대가 되는 속력이다. 식 21.41을 이용하면 다음을 얻을 수 있다.

$$v_{\text{rms}} = \sqrt{\overline{v^2}} = \sqrt{\frac{3k_{\text{B}}T}{m_0}} = 1.73\sqrt{\frac{k_{\text{B}}T}{m_0}} \tag{21.42}$$

$$v_{\text{avg}} = \sqrt{\frac{8k_{\text{B}}T}{\pi m_0}} = 1.60\sqrt{\frac{k_{\text{B}}T}{m_0}} \tag{21.43}$$

$$v_{\text{mp}} = \sqrt{\frac{2k_{\text{B}}T}{m_0}} = 1.41\sqrt{\frac{k_{\text{B}}T}{m_0}} \tag{21.44}$$

식 21.42는 이미 식 21.22에 나타낸 것과 같은 것이고, 식 21.41로부터 이 식들을 유도하는 자세한 과정은 여러분 스스로 해 보기 바라며, 이들 식으로부터 속력의 크기가 다음과 같음을 알 수 있다.

$$v_{\text{rms}} > v_{\text{avg}} > v_{\text{mp}}$$

---

[3] 이 식에 대한 자세한 유도 과정은 다른 열역학 교과서를 참고하기 바란다.

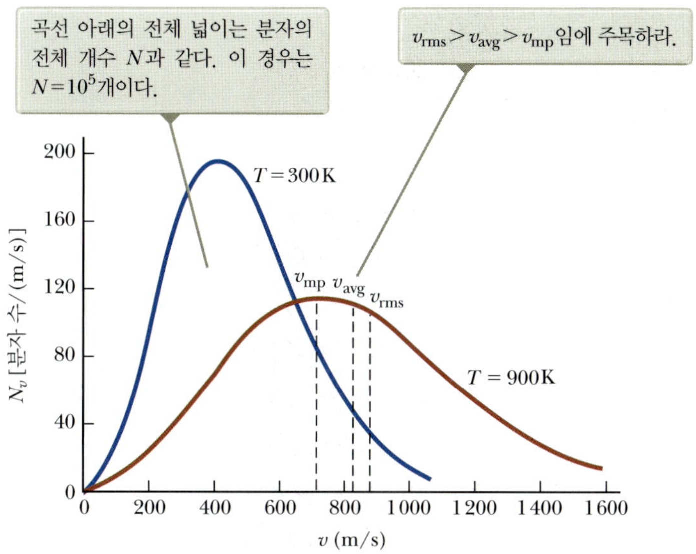

그림 21.11 300 K와 900 K에서 10^5개의 질소 분자의 속력 분포 함수

그림 21.11은 질소 분자 N_2의 속력 분포를 나타낸 곡선으로, 다른 두 온도에서 식 21.41을 이용하여 속력 분포 함수를 계산하여 나타낸 것이다. 온도 상승에 따라 곡선의 봉우리가 오른쪽으로 이동하는 것에 주목하라. 이런 이동은 온도 상승에 따라 평균 속력이 증가함을 의미한다. 분자가 가질 수 있는 최저 속력은 영인 반면 분자가 가질 수 있는 속력의 상한은 고전적으로 무한대이기 때문에, 분자의 속력 분포 곡선이 비대칭이 된다(39장에서 속력의 상한이 빛의 속력이라는 것을 배우게 된다).

식 21.41을 보면 기체 분자의 속력 분포는 온도뿐만 아니라 질량에 의해서도 달라진다는 것을 알 수 있다. 일정 온도에서 질량이 작은 분자일수록 질량이 큰 분자보다 속력이 빠른 입자 수가 더 많게 된다. 그러므로 수소 분자나 헬륨같이 가벼운 분자가 질소나 산소같이 무거운 분자보다 지구 대기권에서 쉽게 탈출하는 이유가 된다(13장의 탈출 속력에 관한 사항을 참고하라. 달에서의 탈출 속력이 지구에서의 탈출 속력보다 작기 때문에 기체 분자는 달에서 더 쉽게 탈출한다).

액체에서 액체 내 분자의 속력 분포는 그림 21.11에 나타낸 속력 분포와 비슷하다. 따라서 액체 내의 어떤 분자는 다른 분자들보다 더 활발하게 움직이며, 액체 분자의 속력 분포로부터 액체의 증발 현상을 이해할 수 있다. 그러므로 끓는 온도보다 훨씬 낮은 온도에서도 액체 내에서 빠르게 움직이는 일부 액체 분자들은 액체 표면에서 이탈한다. 증발에 의하여 액체 표면을 이탈하는 분자들은 액체 상태를 이루는 분자들 사이의 인력을 극복하기에 충분한 운동 에너지를 가지고 있는 것이다. 결과적으로 액체 상태로 남아 있는 분자들은 평균 운동 에너지가 낮은 것들이므로 액체의 온도가 낮아지게 된다. 결국 증발 과정은 온도를 낮추는 과정인 것이다. 열이 있는 환자의 머리에 알코올을 적신 수건을 올려놓아 열을 식혀 환자를 안정시키는 것은 증발에 의한 냉각 작용의 좋은 예이다.

예제 21.5 아홉 개의 입자로 된 계

입자 아홉 개가 5.00, 8.00, 12.0, 12.0, 12.0, 14.0, 14.0, 17.0, 20.0 m/s의 속력을 갖는다고 할 때 다음을 구하라.

(A) 입자의 평균 속력 v_{avg}을 구하라.

풀이

개념화 아홉 개의 입자가 각기 문제에서 주어진 속력으로 임의의 방향으로 움직인다고 상상한다. 이 상황은 많은 기체 분자를 대표할 수 없으므로, 결과가 통계역학의 결과와 일치할 것으로 기대하지는 않는다.

분류 입자의 수가 적으므로 평균 속력을 직접 계산할 수 있다.

분석 각 입자의 속력을 모두 합한 값을 입자 수로 나누어 평균 속력을 계산한다.

$$v_{avg} = \frac{(5.00 + 8.00 + 12.0 + 12.0 + 12.0 + 14.0 + 14.0 + 17.0 + 20.0)\ \text{m/s}}{9} = 12.7\ \text{m/s}$$

(B) 입자의 rms 속력 v_{rms}를 구하라.

풀이 속력의 제곱 평균은 각 입자의 속력의 제곱을 모두 합한 것을 전체 입자의 수로 나누어 다음과 같이 구한다.

$$\overline{v^2} = \frac{(5.00^2 + 8.00^2 + 12.0^2 + 12.0^2 + 12.0^2 + 14.0^2 + 14.0^2 + 17.0^2 + 20.0^2)\ \text{m}^2/\text{s}^2}{9} = 178\ \text{m}^2/\text{s}^2$$

이 값에 제곱근을 취하여 다음과 같이 입자의 rms 속력을 구한다.

$$v_{rms} = \sqrt{\overline{v^2}} = \sqrt{178\ \text{m}^2/\text{s}^2} = 13.3\ \text{m/s}$$

(C) 입자의 최빈 속력 v_{mp}를 구하라.

풀이 입자 세 개는 속력이 12.0 m/s이고 입자 두 개는 14.0 m/s이며 나머지는 각기 다른 값을 가지므로, 최빈 속력 v_{mp}는 12.0 m/s이다.

결론 입자의 수가 적고 각 입자의 속력을 모두 알고 있는 이 예제와 다음 예제를 비교해 보자.

예제 21.6 수소 기체에서 분자의 속력

0.500몰의 수소 기체가 온도 300 K의 상태에 있다.

(A) 수소 분자의 평균 속력, rms 속력, 최빈 속력을 구하라.

풀이

개념화 수많은 기체 분자가 모두 서로 다른 속력으로 임의의 방향으로 움직이고 있는 상황을 상상해 본다.

분류 각 분자의 속력을 알 수 없으므로 예제 21.5와 같은 방법으로 평균 속력을 계산할 수 없다. 그러나 많은 수의 입자를 다루고 있으므로 맥스웰–볼츠만 속력 분포 함수를 사용할 수 있다.

분석 식 21.43을 사용하여 평균 속력을 구한다.

$$v_{avg} = 1.60\sqrt{\frac{k_BT}{m_0}} = 1.60\sqrt{\frac{(1.38 \times 10^{-23}\ \text{J/K})(300\ \text{K})}{2(1.67 \times 10^{-27}\ \text{kg})}} = 1.78 \times 10^3\ \text{m/s}$$

rms 속력은 식 21.42를 사용하여 구한다.

$$v_{rms} = 1.73\sqrt{\frac{k_BT}{m_0}} = 1.73\sqrt{\frac{(1.38 \times 10^{-23}\ \text{J/K})(300\ \text{K})}{2(1.67 \times 10^{-27}\ \text{kg})}} = 1.93 \times 10^3\ \text{m/s}$$

최빈 속력은 식 21.44를 사용하여 구한다.

$$v_{mp} = 1.41\sqrt{\frac{k_BT}{m_0}} = 1.41\sqrt{\frac{(1.38 \times 10^{-23}\text{ J/K})(300\text{ K})}{2(1.67 \times 10^{-27}\text{ kg})}}$$

$$= 1.57 \times 10^3\text{ m/s}$$

(B) 속력이 400~401 m/s 사이에 있는 분자 수를 구하라.

풀이 속력이 v와 $v + dv$의 좁은 범위에 있는 분자 수를 식 21.41을 이용하여 계산한다.

$$(1) \qquad N_v\,dv = 4\pi N\left(\frac{m_0}{2\pi k_BT}\right)^{3/2} v^2 e^{-m_0v^2/2k_BT}\,dv$$

v^2 앞의 상수를 계산한다.

$$4\pi N\left(\frac{m_0}{2\pi k_BT}\right)^{3/2} = 4\pi nN_A\left(\frac{m_0}{2\pi k_BT}\right)^{3/2}$$

$$= 4\pi(0.500\text{ mol})(6.02 \times 10^{23}\text{ mol}^{-1})\left[\frac{2(1.67 \times 10^{-27}\text{ kg})}{2\pi(1.38 \times 10^{-23}\text{ J/K})(300\text{ K})}\right]^{3/2}$$

$$= 1.74 \times 10^{14}\text{ s}^3/\text{m}^3$$

식 (1)에 있는 e의 지수 값을 결정한다.

$$-\frac{m_0v^2}{2k_BT} = -\frac{2(1.67 \times 10^{-27}\text{ kg})(400\text{ m/s})^2}{2(1.38 \times 10^{-23}\text{ J/K})(300\text{ K})} = -0.064\,5$$

식 (1)을 이용하여 $N_v\,dv$ 값을 계산한다.

$$N_v\,dv = (1.74 \times 10^{14}\text{ s}^3/\text{m}^3)(400\text{ m/s})^2 e^{-0.064\,5}(1\text{ m/s})$$

$$= 2.61 \times 10^{19}\text{ 분자}$$

결론 앞의 계산에서 $dv = 1$ m/s가 $v = 400$ m/s보다 상당히 작은 값이므로 적분을 하지 않고 원하는 값을 구하였다. 그러나 만일 속력이 400~500 m/s 사이에 있는 분자 수를 구하고자 할 때는 식 (1)을 속력 400~500 m/s 구간에서 적분해야 한다.

연습문제

객관식

1. 원통 A에는 산소(O_2), B에는 질소(N_2) 기체가 들어 있다. 두 원통 내 분자들의 rms 속력이 같다면, 다음 중 틀린 것은 어느 것인가? (a) 두 기체의 온도는 다르다. (b) 원통 B의 온도가 A의 온도보다 낮다. (c) 원통 B의 온도가 A의 온도보다 높다. (d) 질소 분자의 평균 운동 에너지는 산소 분자의 평균 운동 에너지보다 작다.

2. 압력이 일정한 어떤 이상 기체가 있다. 만일 이 기체의 온도가 200 K에서 600 K로 증가하면, 이 분자들의 rms 속력은 어떻게 되는가? (a) 세 배로 증가한다. (b) 일정하게 유지된다. (c) 원래 속력의 1/3이 된다. (d) 원래 속력의 $\sqrt{3}$배가 된다. (e) 6배 증가한다.

3. 이상 기체가 들어 있는 용기 A와 B의 압력과 밀도가 서로 같다. B의 부피는 A의 두 배이다. B에 들어 있는 분자들의 rms 속력은 얼마인가? (a) A에 있는 분자의 두 배이다. (b) A에 있는 분자와 같다. (c) A에 있는 분자의 반이다. (d) 결정할 수 없다.

4. 상온에서 헬륨 기체로 가득 채운 라텍스 풍선을 냉동실에 넣는다. 라텍스는 유연한 상태를 그대로 유지한다. 이때 **(i)** 풍선의 부피는 (a) 증가한다. (b) 감소한다. (c) 변화 없다. **(ii)** 헬륨 기체의 압력은 (a) 현저하게 증가한다. (b) 현저하게 감소한다. (c) 거의 같다.

5. 어떤 기체의 온도가 200 K이다. 이 기체 속 분자들의 rms 속력을 두 배로 증가시키려면, 온도를 몇 K로 올려야 하는가? (a) 283 K (b) 400 K (c) 566 K (d) 800 K (e) 1 130 K

6. 다음의 양들을 큰 것부터 순서대로 (같은 경우도 포함하여) 나열하라. (a) 이상 기체 분자들의 평균 속력 (b) 최빈 속력 (c) 제곱-평균-제곱근 속력 (d) 분자들의 평균 속도 벡터의 크기

7. 어떤 기체를 온도계와 함께 용기에 담아 뜨거운 판 위에 올려 놓는다. 한 학생에게 온도계의 온도가 어떻게 올라가게 되는지 단계적으로 설명하라고 하였더니 다음과 같은 단계적인 설명을 한다. (a) 분자들의 속력이 증가한다. (b) 따라서 분자들 사이의 충돌 빈도가 증가한다. (c) 내부 마찰 때문에 분자들 사이의 충돌은 비탄성 충돌이다. (d) 충돌에 의하여 열이 발생한다. (e) 결국 분자들이 온도계와 충돌할 때 더 많은 에너지를 온도계에 전달하게 되어, 온도가 올라가게 된다. (f) 이와 같은 과정은 뜨거운 판이 없어도 일어날 수 있다. 즉 기체가 들어 있는 단열 원통의 피스톤을 빠르게 누르면, 이와 같은 과정이 일어날 수 있다. **(i)** (a)~(f) 중에서, 분명하고 완전히 옳은 설명은 어느 것인가? **(ii)** 온도계의 눈금을 올리는 데 필요 없는 설명은 어느 것인가? **(iii)** 틀린 설명은 어느 것인가?

8. 용기 속에 온도 300 K인 이상 기체가 들어 있다. 기체 온도가 증가하여 900 K가 된다. **(i)** 분자들의 평균 운동 에너지는 몇 배로 되는가? (a) 9배 (b) 3배 (c) $\sqrt{3}$배 (d) 1배 (e) $\frac{1}{3}$배 **(ii)** 분자들의 rms 속력, **(iii)** 분자 하나가 용기 벽에 충돌할 때 평균 운동량 변화, **(iv)** 단위 시간당 벽에 충돌하는 분자의 개수, **(v)** 기체 압력은 각각 몇 배로 되는가? 앞의 (a)~(e) 보기에서 고르라.

9. 다음 중 기체의 운동론을 이끌어낼 때 하지 않는 가정은 어느 것인가? (a) 분자의 수는 매우 많다. (b) 분자들은 뉴턴의 운동 법칙을 따른다. (c) 분자들 사이의 힘은 먼 거리에서도 작용한다. (d) 기체는 순수한 물질이다. (e) 분자들 사이의 간격은 그들의 크기에 비하여 매우 크다.

주관식

21.1 이상 기체의 분자 모형

1. (a) 20.0 °C, 1.00 atm에서 지름이 30.0 cm인 구형 풍선에 헬륨이 채워져 있다. 이 풍선에 들어 있는 헬륨 원자의 수를 구하라. (b) 헬륨 원자의 평균 운동 에너지는 얼마인가? (c) 헬륨 원자의 rms 속력은 얼마인가?

2. 원통형 용기 속에서 헬륨과 아르곤의 혼합 기체가 150 °C에서 평형 상태를 유지하고 있다. (a) 각 기체 분자의 평균 운동 에너지는 얼마인가? (b) 각 기체 분자의 rms 속력은 얼마인가?

3. 우박 500개가 30.0 s 동안 넓이가 0.600 m^{2}인 창문에 45.0°의 각도로 부딪친다. 우박 한 개의 질량은 5.00 g이고, 속력은 8.00 m/s이다. 탄성 충돌이라 가정하고, 이 시간 동안 창문에 작용하는 (a) 평균 힘과 (b) 평균 압력을 구하라.

4. 보통 압력이 10^{-7} Pa 이하인 상태를 초고진공이라 한다. 어떤 초고진공 상태에 있는 계의 압력이 1.00×10^{-10} torr (1 torr = 133 Pa)이다. 이 계의 온도가 300 K일 때 1.00 m^3 속의 분자 수를 구하라.

5. 부피가 4.00×10^3 cm^{3}인 구형 풍선에 헬륨 기체가 1.20×10^5 Pa의 압력으로 들어 있다. 헬륨 원자들의 평균 운동 에너지가 3.60×10^{-22} J이라면, 풍선 안에는 헬륨 기체 몇 몰이 들어 있는가?

6. 부피가 V인 구형 풍선에 담긴 헬륨의 압력이 P이다. 헬륨 원자들의 평균 운동 에너지가 $\overline{K}$이라면, 풍선 안에는 헬륨 기체 몇 몰이 들어 있는가?

7. 2.00몰의 산소 기체가 8.00 atm의 압력에서 5.00 L인 용기에 갇혀 있다. 이런 상태에 있는 산소 분자들의 평균 병진 운동 에너지를 구하라.

8. 이상 기체로 모형화할 수 있는 산소가 용기에 들어 있고 온도가 77.0 °C이다. 용기에 있는 기체 분자들 운동량의 rms 평균 크기는 얼마인가?

9. (a) 헬륨, (b) 철, (c) 납의 원자량이 각각 4.00 u, 55.9 u, 207 u라 할 때 각 원자의 질량을 kg 단위로 계산하라.

10. 산소 기체 용기에 있는 산소 분자(O_2)의 rms 속력은 625 m/s이다. 이 기체의 온도는 얼마인가?

11. 5.00 L 용기에 들어 있는 질소 기체의 온도가 27.0 °C이고 압력이 3.00 atm이다. (a) 기체 분자들의 전체 병진 운동 에너지와 (b) 분자당 평균 운동 에너지를 구하라.

12. 7.00 L 용기에 3.50몰의 기체가 들어 있고 압력이 1.60×10^6 Pa이다. (a) 기체의 온도와 (b) 용기 내 기체 분자들의 평균 운동 에너지를 구하라. (c) 기체 분자들의 평균 속력을 구하라는 문제가 주어지면, 어떤 정보가 더 필요할까?

13. 1.00 s 동안에 5.00×10^{23}개의 질소 분자들이 넓이가 8.00 cm^{2}인 벽에 충돌한다. 분자들의 속력은 300 m/s이고 벽에는 정면으로 탄성 충돌한다. 벽에 가하는 압력은 얼마인가? 단, 질소 분자 한 개의 질량은 4.65×10^{-26} kg이다.

21.2 이상 기체의 몰비열

Note: 문제를 풀 때 표 21.2에 주어진 여러 기체에 대한 자료를 활용하라. 여기서 단원자 이상 기체의 몰비열은 각각 $C_V = \frac{3}{2}R$와 $C_P = \frac{5}{2}R$이며, 이원자 이상 기체의 몰비열은 각각 $C_V = \frac{5}{2}R$와 $C_P = \frac{7}{2}R$이다.

14. 처음에 300 K에 있는 단원자 이상 기체 1.00몰에 등적 과정을 통하여 209 J의 열을 전달한다. 이때 (a) 기체에 한 일, (b) 기체의 내부 에너지 증가량, (c) 기체의 나중 온도는 얼마인가?

15. 어떤 이원자 이상 기체의 압력과 부피가 각각 P와 V이다. 이 기체를 데웠더니 압력은 세 배로, 부피는 두 배로 증가하였다. 이때 처음에는 일정한 압력에서 데우고, 두 번째는 일정한 부피에서 데웠다. 기체에 전달되는 열의 양을 구하라.

16. 단열이 잘되는 벽으로 된 방에 300 K에서 100 m^3의 공기가 들어 있다. (a) 방 안의 온도를 1.00 °C 올리는 데 필요한 에너지를 계산하라. 단, 공기는 이원자 분자로 이루어진 이상 기체이다. (b) 만일 이 에너지로 질량 m인 물체를 2.00 m 올리는 데 사용한다면, 물체의 질량 m은 얼마인가?

17. 수소 기체 1.00몰을 등압 과정을 통하여 300 K에서 420 K로 올린다. 이때 (a) 기체에 전달되는 열, (b) 기체의 내부 에너지 증가량, (c) 기체에 한 일을 구하라.

18. 300 K에서 연직으로 놓인 원통 속의 공기를 무거운 피스톤이 누르고 있다. 처음 압력은 2.00×10^5 Pa이고, 처음 부피는 0.350 m^3이다. 공기의 몰질량은 28.9 g/mol이고 $C_V = \frac{5}{2}R$라고 하자. (a) 부피가 일정할 때 공기의 비열을 J/kg · °C의 단위로 나타내라. (b) 원통 속에 있는 공기의 질량을 구하라. (c) 피스톤을 움직이지 못하도록 고정시킨 가운데 공기의 온도를 700 K로 올리려고 할 때 필요한 에너지를 구하라. (d) 처음 상태를 다시 가정하고, 온도를 700 K로 올리려고 할 때 필요한 에너지를 구하라. 단, 피스톤은 자유로이 움직일 수 있다고 가정한다.

19. 3.00몰의 헬륨 기체의 온도를 2.00 K 올릴 때, 내부 에너지의 변화를 계산하라.

20. 단열된 부피 1.00 L인 병에 온도 90.0 °C인 차가 가득 담겨 있다. 이 병에서 차를 한 컵 따르고 빨리 병뚜껑을 닫았다. 병에 남은 차의 온도가 상온의 공기가 병으로 유입되어 변화를 일으켰다. 이 변화의 정도를 크기의 정도로 계산하라. 이때 크기의 정도 계산을 위하여 사용한 데이터 그리고 물리적 양이나 값들을 설명하라.

21.3 에너지 등분배

21. 어떤 분자의 자유도가 f이다. 이런 분자들로 이루어진 이상 기체가 다음과 같은 성질을 갖고 있음을 보이라. (a) 기체의 전체 내부 에너지는 $fnRT/2$이다. (b) 등적 몰비열은 $fR/2$이다. (c) 등압 몰비열은 $(f + 2)R/2$이다. (d) 비열비는 $\gamma = C_P/C_V = (f + 2)/f$이다.

22. 그림 P21.22는 회전 운동하는 이원자 염소 분자(Cl_2)의 모형이다. 두 염소 원자가 서로 2.00×10^{-10} m 떨어져서 질량 중심에 대하여 각속력 $\omega = 2.00 \times 10^{12}$ rad/s로 회전한다. 염소 분자(Cl_2) 하나의 회전 운동 에너지는 얼마인가? 단, 염소 분자의 몰질량은 70.0 g/mol이다.

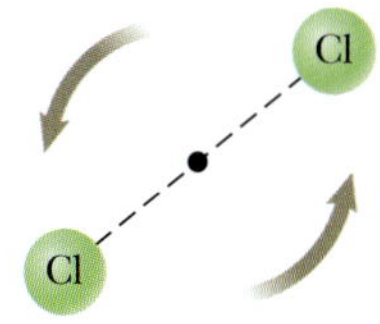

그림 P21.22

23. 다음 상황은 왜 불가능한가? 어떤 연구팀이 새로운 기체를 발견한다. 이 기체의 비열비는 $\gamma = C_P/C_V = 1.75$이다.

24. 20.2절에서 어떤 시료의 열용량과 비열에 대한 관계를 설명하였다. 예를 들어 2.00몰의 이원자 이상 기체로 이루어진 시료를 생각해 보자. 이들 분자가 진동하지 않고 회전 운동만 한다고 가정하자. (a) 이 시료의 부피가 일정할 때 전체 열용량과 (b) 압력이 일정할 때 전체 열용량을 구하라. (c) 분자들이 진동과 회전 운동을 모두 한다고 가정하고 앞의 두 질문에 답하라.

21.4 이상 기체의 단열 과정

25. 2.00몰의 이원자 이상 기체가 처음 압력 5.00 atm, 부피 12.0 L부터 서서히 단열 과정을 거쳐 30.0 L까지 팽창한다. (a) 기체의 나중 압력은 얼마인가? (b) 처음과 나중 온도는 얼마인가? 이 과정에서 (c) Q, (d) ΔE_{int}, (e) W를 구하라.

26. 어떤 가솔린 엔진에서 압축 과정 동안 압력이 1.00 atm에서 20.0 atm으로 증가한다. 이 과정이 단열 과정이고 공기–연료 혼합 기체는 이원자 이상 기체라고 가정할 때 (a) 부피의 변화와 (b) 온도의 변화는 각각 몇 배인가? 처음에 0.016 0몰의 기체가 27.0 °C에서 압축이 시작된다고 가정할 때, 이 과정에서 (c) Q, (d) ΔE_{int}, (e) W를 구하라.

27. (a) 20.0 °C, 1.00 atm에서 5.00몰의 공기를 등온 과정을 거쳐 처음 부피의 1/10로 압축하는 데 필요한 일은 얼마인가? (b) 만일 단열 과정을 거친다면, 같은 압축을 하는 데 필요한 일은 얼마인가? (c) (a)에서 나중 압력은 얼마인가? (d) (b)에서 나중 압력은 얼마인가?

28. 천둥 구름(뇌운) 속의 공기는 높이 올라가면서 팽창한다. 이 공기의 처음 온도가 300 K이고 팽창 과정에서 열전도에 의

한 에너지 손실은 없다고 할 때, 처음 부피의 두 배가 될 때 이 공기의 온도는 몇 도인가?

29. 4행정 자동차 기관의 동력 행정에서, 연소물과 공기가 섞이면 단열 팽창하는 동안 피스톤이 아래로 내려가게 된다. 다음 사항을 가정하자. (a) 기관이 분당 2 500회 작동한다. (2) 팽창 직전의 계기 압력은 20.0 atm이다. (3) 팽창 직전과 직후 혼합물의 부피는 각각 50.0 cm^3과 400 cm^3이다(그림 P21.29). (4) 팽창하는 시간 간격은 전체 주기의 1/4이다. (5) 혼합물은 비열비가 1.40인 이상 기체처럼 거동한다. 이때 동력 행정 동안 해내는 평균 일률을 구하라.

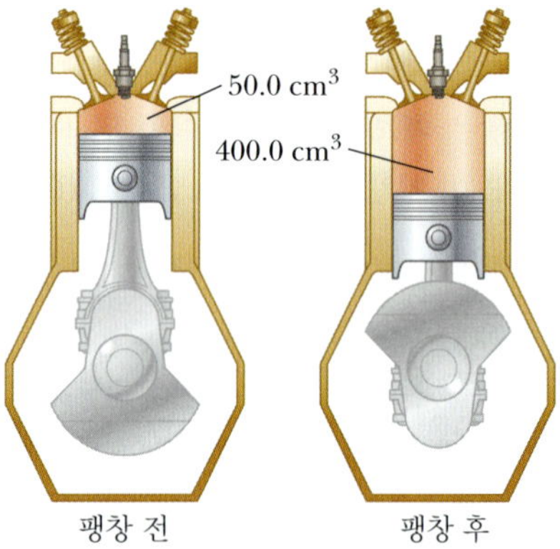

그림 P21.29

30. 비열비가 1.40인 4.00 L의 이원자 이상 기체가 원통에서 다음과 같은 순환 과정을 거친다. 처음에 기체는 압력이 1.00 atm이고 온도가 300 K이다. 먼저, 기체는 등적 과정을 거쳐 압력이 세 배로 된 다음, 단열 팽창을 거쳐 처음의 압력으로 팽창한 후, 마지막으로 등압 과정을 거쳐 처음의 부피로 압축된다. (a) 이 순환 과정에 대한 *PV* 도표를 그리라. (b) 단열 팽창이 끝날 때 기체의 부피를 구하라. (c) 단열 팽창이 시작될 때 기체의 온도와 (d) 이 순환 과정이 끝날 때의 온도를 구하라. (e) 이 순환 과정 동안 기체에 한 알짜일은 얼마인가?

31. 비열비가 γ인 이상 기체가 원통에서 다음과 같은 순환 과정을 거친다. 처음에 기체는 P_i, V_i, T_i에 있다. 먼저 기체는 등적 과정을 거쳐 압력이 세 배로 된 다음, 단열 팽창을 거쳐 처음의 압력으로 팽창한 후, 마지막으로 등압 과정을 거쳐 처음의 부피로 압축된다. (a) 이 순환 과정에 대한 *PV* 도표를 그리라. (b) 단열 팽창이 끝날 때 기체의 부피를 구하라. (c) 단열 팽창이 시작될 때 기체의 온도와 (d) 이 순환 과정이 끝날 때의 온도를 구하라. (e) 이 순환 과정 동안 기체에 한 알짜일은 얼마인가?

21.5 분자의 속력 분포

32. 헬륨 기체가 4.20 K에서 액체 헬륨과 열접촉하고 있다. 비록 이 온도가 액화되는 온도이지만, 기체를 이상 기체로 모형화하고 이 안에 있는 헬륨 원자의 최빈 속력을 결정하라. (질량 = 6.64×10^{-27} kg)

33. 동일한 입자 열다섯 개의 속력이 다양하다. 즉 2.00 m/s 한 개, 3.00 m/s 두 개, 5.00 m/s 세 개, 7.00 m/s 네 개, 9.00 m/s 세 개 그리고 12.0 m/s 두 개이다. 이때 (a) 평균 속력, (b) rms 속력, (c) 최빈 속력을 구하라.

34. 0 °C, 대기압에서 수소 원자 1 m^3에는 대략 2.70×10^{25}개의 원자가 들어 있다. 수소 원자의 첫 번째 들뜬상태의 에너지는 바닥상태 에너지보다 10.2 eV만큼 위에 있다. 볼츠만 인자를 이용하여 (a) 0 °C, (b) (1.00×10^4) °C에서 첫 번째 들뜬상태에 있는 수소 원자의 수를 구하라.

35. 두 기체로 이루어진 혼합물이 각각의 rms 속력에 비례하는 비율로 여과기를 통하여 확산된다. (a) 염소의 두 동위 원소 ^{35}Cl와 ^{37}Cl이 공기 중으로 확산될 때, 속력의 비를 구하라. (b) 어떤 동위 원소가 더 빨리 움직이는가?

36. 헬륨 원자의 평균 속력이 (a) 지구로부터의 탈출 속력 1.12×10^4 m/s, (b) 달로부터의 탈출 속력 2.37×10^3 m/s과 같아지기 위한 헬륨 기체의 온도를 구하라. *Note*: 헬륨 원자의 질량은 6.64×10^{-27} kg이다.

37. 900 K에서 질소 기체를 담고 있는 용기가 있다. 이때 분자의 (a) 최빈 속력, (b) 평균 속력, (c) rms 속력을 구하라. (d) 구한 결과들을 그림 21.11에 있는 값들과 비교하여 설명하라.

38. 지구 대기의 온도가 20.0 °C로 일정하고 대기의 조성도 일정해서 1몰의 질량이 28.9 g, 즉 28.9 g/몰이라 가정할 때, (a) 고도에 따라 공기 분자 수 밀도, 즉 단위 부피당 공기 분자 수가 다음 식으로 주어짐을 보이라.

$$n_V(y) = n_0 e^{-m_0 g y / k_B T}$$

여기서 n_0은 해수면($y = 0$)에서 분자 수 밀도이다. 이 식을 **대기 법칙**(law of atmospheres)이라 한다. (b) 보통 제트 여객기는 고도 11.0 km 상공에서 운항한다. 해수면에서의 대기 밀도에 대한 이 고도에서의 대기 밀도 비를 구하라.

39. 맥스웰–볼츠만 속력 분포를 이용하여 기체 분자의 최빈 속력이 식 21.44와 같이 됨을 보이라. *Note*: 최빈 속력은 속력 분포 곡선의 기울기 dN_v/dv가 영이 되는 곳에 해당한다.

40. 대기 법칙은 대기에서 분자 수 밀도가 해수면 위 높이 y에 따라 다음과 같이 의존한다.

$$n_V(y) = n_0 e^{-m_0 g y / k_B T}$$

여기서 n_0은 해수면($y = 0$)에서 분자 수 밀도이다. 지구 대기에서 분자의 평균 높이는

$$y_{avg} = \frac{\int_0^\infty y n_V(y)\, dy}{\int_0^\infty n_V(y)\, dy} = \frac{\int_0^\infty y e^{-m_0 g y / k_B T}\, dy}{\int_0^\infty e^{-m_0 g y / k_B T}\, dy}$$

로 주어진다. (a) 이 평균 높이가 $k_B T / m_0 g$와 같음을 보이라. (b) 평균 높이를 계산하라. 이때 온도는 10.0 °C, 분자 질량은 28.9 u이고, 대기 전체에 걸쳐 이들이 일정하다고 가정한다.

CHAPTER 22

열기관, 엔트로피 및 열역학 제2법칙

Heat Engines, Entropy, and the Second Law of Thermodynamics

19세기 초의 스털링(Stirling) 엔진. 외부 연소 장치를 통하여 아래쪽 원통 내의 공기가 가열된다. 가열된 공기는 팽창하고 피스톤을 밀어 움직이게 한다. 그후 공기는 냉각되고, 순환 과정은 다시 시작된다. 이는 이번 장에서 공부할 열기관의 한 예이다. *(©SSPL/The Image Works)*

20장에서 배운 열역학 제1법칙은 에너지 보존 법칙을 의미하며, 식 8.2의 특별한 경우이다. 이 법칙에 의하면 계의 내부 에너지 변화는 열이나 일 또는 두 가지 모두에 의하여 전달된 에너지의 결과로 생긴다. 열역학 제1법칙이 매우 중요하지만, 자연계에서 자발적으로 일어나는 것과 그렇지 않은 과정들 간의 차이를 밝히지 않고 있다. 그러나 자연에서는 어떤 조건을 충족하는 에너지 변환과 에너지 전달만이 실제로 일어나고 있다. 이 장의 주요 내용인 **열역학 제2법칙**은 어떤 과정은 일어나고, 어떤 과정은 일어

© Mary Evans Picture Library/Alamy

켈빈 경
Lord Kelvin, 1824~1907
영국의 물리학자이자 수학자

벨파스트에서 윌리엄 톰슨(William Thomson)이라는 이름으로 출생한 켈빈은 절대 온도 눈금의 사용을 제안한 최초의 인물이다. 절대 온도 눈금은 그의 이름을 기념하여 켈빈 온도 눈금이라고 명명되었다. 열역학에 관한 켈빈의 업적은 에너지가 차가운 물체에서 뜨거운 물체로 자발적으로 이동할 수 없다는 생각을 이끌어낸 것이다.

나지 않는가를 알게 해 준다. 다음에 열거한 것들은 어떤 방향으로 일어나더라도 열역학 제1법칙을 위반하지 않지만, 실제로는 오직 한쪽 방향으로만 진행하는 과정들의 예이다.

- 서로 다른 온도의 두 물체가 서로 열접촉되어 있을 때 열에 의한 알짜 에너지 전달은 항상 뜨거운 물체에서 차가운 물체로만 일어나고, 차가운 물체에서 뜨거운 물체로의 열 전달은 결코 일어나지 않는다.
- 바닥에 떨어진 고무공은 여러 차례 되튀어오르다가 결국에는 정지한다. 그러나 바닥에 있던 공은 절대로 바닥의 내부 에너지를 얻어서 저절로 튀어오르지 못한다.
- 진동하는 진자는 공기 분자와의 충돌이나 매단 곳의 마찰에 의하여 결국은 정지하게 된다. 계의 역학적 에너지는 공기, 진자 및 매달린 곳의 내부 에너지로 변환되지만, 그 역과정은 결코 일어나지 않는다.

이들 모든 과정들은 **비가역**이다. 즉 자연에서 한쪽 방향으로만 일어나는 과정이다. 거꾸로 작동하는 비가역 과정은 관측된 적이 결코 없었다. 만일 있었다면, 그것은 열역학 제2법칙을 깨는 사건일 것이다.[1]

22.1 열기관과 열역학 제2법칙
Heat Engines and the Second Law of Thermodynamics

열기관(heat engine)이란 열의 형태로 에너지[2]를 흡수하여 한 순환 과정 동안 작동하고 에너지의 일부를 일의 형태로 내보내는 장치이다. 예를 들어 전기를 생산하는 발전소에서는 석탄과 같은 연료를 태워서 나오는 고온의 기체는 물을 수증기로 변환하는 데 사용한다. 이 수증기가 터빈의 날개를 돌리고 터빈의 회전에 의한 역학적 에너지가 발전기를 돌린다. 또 다른 형태의 열기관은 자동차의 내연 기관이다. 자동차의 내연 기관은 연료를 태워서 피스톤이 일을 하게 하여 자동차를 움직인다.

열기관의 작동을 자세히 살펴보자. 열기관 속의 작동 물질은 (1) 고온 에너지 저장고에서 열의 형태로 에너지를 흡수하여, (2) 기관이 일을 하고, (3) 저온 에너지 저장고로 열 에너지를 내보내는 순환 과정을 거치면서 작동한다. 예를 들어 물을 작동 물질로 사용하는 증기 기관의 동작을 살펴보자(그림 22.1). 보일러 속의 물은 연료를 태운 에너지를 흡수하여 증기를 만들고, 그 증기가 피스톤을 밀어내어 일을 한다. 증기가 식으면서 응축되어 생긴 물은 다시 보일러 속으로 들어가서 순환 과정이 되풀이된다.

© Andy Moore/Photolibrary/Jupiterimages

그림 22.1 이 증기 기관차는 나무나 석탄을 태워서 에너지를 얻는다. 이 에너지는 물을 증기로 바꾸어서 기관차를 움직인다. 현대식 기관차는 나무나 석탄 대신 디젤 연료를 사용한다. 구식이든 현대식이든 기관차는 연료를 태워서 나온 에너지의 일부를 역학적 에너지로 바꾸는 열기관으로 모형화할 수 있다.

---

[1] 시간이 역전된 것으로 보이는 과정은 결코 관찰된 적이 없지만, (동역학적으로) 불가능한 것은 아니다. 이 장의 뒷부분에서 알게 되겠지만 그런 과정이 일어날 확률은 매우 작다. 이런 의미에서 주어진 방향으로 일어나는 확률이 그 반대 방향으로 일어나는 확률보다 엄청나게 큰 과정을 비가역 과정이라고 한다.

[2] 여기서는 열기관으로 들어가는 에너지를 열이라고 할 것이다. 그러나 열기관 모형에서 에너지를 전달하는 다른 방법이 없는 것은 아니다. 예를 들어 지구의 대기를 열기관으로 모형화할 수 있다. 이 경우 지구의 대기로 들어가는 입력 에너지는 태양으로부터 나오는 전자기 복사 에너지가 된다. 대기 열기관의 출력은 대기에서 바람을 불게 하는 원인을 제공한다.

열기관을 그림 22.2처럼 나타내면 이해가 빠를 것이다. 열기관은 고온 저장고에서 에너지 $|Q_h|$를 흡수한다. 앞으로 열기관에 대하여 이야기할 때 모든 열로서 전달되는 에너지 값을 절댓값으로 나타내고, 전달되는 방향은 양(+) 또는 음(−)의 부호로 나타내기로 하자. 기관은 일 W_{eng}를 하고(즉 음의 일 $W = -W_{eng}$를 기관에 한다), 에너지 $|Q_c|$를 저온 저장고로 내보낸다. 작동 물질이 순환 과정을 따라 순환하므로, 작동 물질의 처음과 나중 내부 에너지는 같다. 즉 $\Delta E_{int} = 0$이다. 그러므로 열역학 제1법칙에 따라 $\Delta E_{int} = Q + W = Q - W_{eng} = 0$이므로, 열기관이 한 알짜일 W_{eng}는 열기관에 전달된 알짜 에너지 Q_{net}와 같다. 그림 22.2에서 알 수 있는 바와 같이 $Q_{net} = |Q_h| - |Q_c|$이다. 그러므로

$$W_{eng} = |Q_h| - |Q_c| \tag{22.1}$$

이다. 열기관의 **열효율**(thermal efficiency) e는 한 순환 과정 동안 기관이 한 알짜일을 기관이 고온에서 한 순환 과정 동안 흡수한 에너지로 나눈 값이다. 즉

$$e \equiv \frac{W_{eng}}{|Q_h|} = \frac{|Q_h| - |Q_c|}{|Q_h|} = 1 - \frac{|Q_c|}{|Q_h|} \tag{22.2}$$

◀ 열기관의 열효율

효율이란 얻은 값(일)을 공급한 값(고온에서의 에너지 전달)으로 나눈 것으로 생각할 수 있다. 실제에서는, 모든 열기관은 흡수한 에너지 Q_h의 일부만 역학적인 일로 바뀌기 때문에 효율은 항상 100 %보다 작다. 예를 들어 아주 좋은 자동차 기관의 효율은 약 20 %이며 디젤 기관의 효율은 35~40 % 사이이다.

식 22.2는 $|Q_c| = 0$인 경우, 즉 저온 저장고로 내보내는 에너지가 전혀 없을 때, 열기관 효율이 100 %$(e = 1)$임을 나타낸다. 다시 말해서 완벽한 효율을 갖는 열기관은 흡수한 열을 모두 일로 바꾸는 것이어야 한다. 실제의 열기관 효율이 100 %보다 훨씬 작다는 것을 근거로 **열역학 제2법칙에 대한 켈빈-플랑크 표현**(Kelvin-Planck form of the second law of thermodynamics)은 다음과 같다.

> 저장고에서 열에 의하여 에너지를 흡수하여 한 순환 과정 동안 작동하면서 그 에너지를 남김없이 모두 일로 바꾸는 열기관을 만드는 것은 불가능하다.

이런 제2법칙의 표현은 작동 중인 열기관은 W_{eng}와 $|Q_h|$가 결코 같을 수 없어서 에너지 일부 $|Q_c|$가 주위 환경으로 방출되어야만 한다는 의미이다. 그림 22.3에서 '완전한' 열기관을 만드는 것은 불가능함을 설명하고 있다.

퀴즈 22.1 어떤 열기관에 공급되는 에너지가 그 기관이 한 일보다 4.00배 크다. **(i)** 열효율은 얼마인가? (a) 4.00 (b) 1.00 (c) 0.250 (d) 알 수 없다. **(ii)** 공급된 에너지에서 어느 정도의 비율이 저온 저장고로 방출되는가? (a) 0.250 (b) 0.750 (c) 1.00 (d) 알 수 없다.

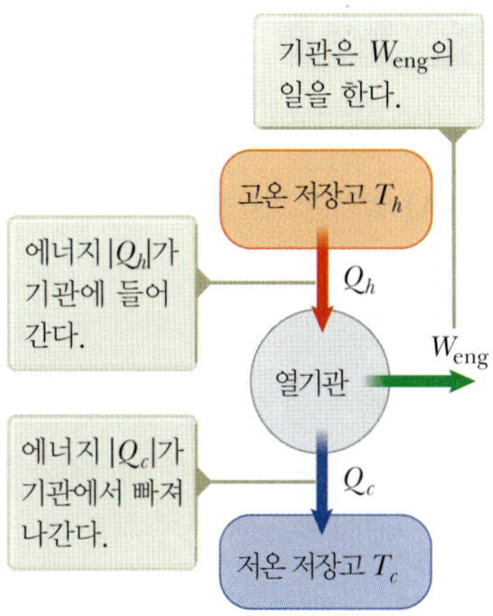

그림 22.2 열기관의 개략도

오류 피하기 22.1

제1법칙과 제2법칙 열역학 제1법칙과 제2법칙의 차이점에 주목하자. **기체의 등온 과정이 한 번 일어나면,** $\Delta E_{int} = Q + W = 0$이고 $W = -Q$이다. 그러므로 제1법칙은 열에 의한 모든 에너지 입력이 일로 바뀌는 것을 허용한다. 그러나 제2법칙에 의하면 순환 과정으로 작동하는 열기관에서는 열에 의한 에너지 입력의 **일부**만이 일로 바뀔 수 있다.

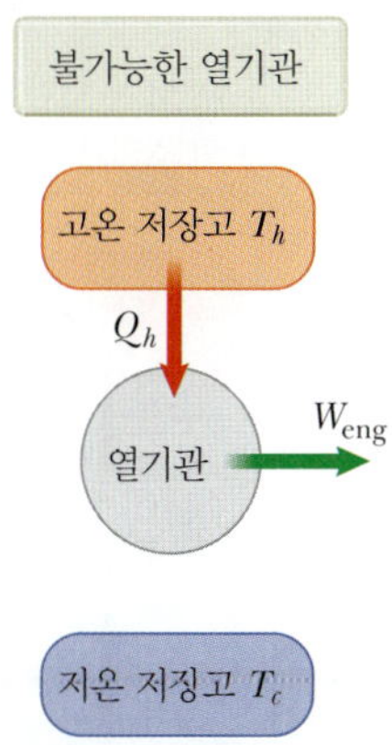

그림 22.3 고온 저장고에서 에너지를 흡수하여 전부 일을 하는 열기관의 개략도. 이런 완전한 열기관을 만드는 것은 불가능하다.

예제 22.1 **열기관의 효율**

어떤 열기관이 고온 저장고에서 2.00×10^3 J의 에너지를 흡수하여 한 순환 과정 동안 1.50×10^3 J의 에너지를 저온 저장고로 방출한다.

(A) 열기관의 효율을 구하라.

풀이

개념화 그림 22.2를 참조하여 개념을 잡아보자. 고온 저장고에서 기관으로 들어가는 에너지와 이 에너지의 일부분은 일로 바뀌고, 나머지의 에너지가 저온 저장고로 방출된다는 것을 생각한다.

분류 예제는 이 절에서 소개된 식을 이용하여 값을 계산하는 문제이므로 대입 문제로 분류한다.

열기관의 효율을 식 22.2에서 구한다.

$$e = 1 - \frac{|Q_c|}{|Q_h|} = 1 - \frac{1.50 \times 10^3\ \text{J}}{2.00 \times 10^3\ \text{J}}$$

$$= 0.250 \text{ 또는 } 25.0\%$$

(B) 한 순환 과정 동안 열기관이 한 일을 구하라.

풀이 기관이 한 일은 들어간 에너지와 나온 에너지의 차이이다. 즉

$$W_{\text{eng}} = |Q_h| - |Q_c| = 2.00 \times 10^3\ \text{J} - 1.50 \times 10^3\ \text{J}$$

$$= 5.0 \times 10^2\ \text{J}$$

이다.

문제 열기관의 일률이 얼마인가라는 질문을 받는다고 가정하자. 질문에 답할 충분한 정보가 있는가?

답 아니오, 충분한 정보가 없다. 열기관의 일률은 단위 시간당 열기관이 한 일이다. 여기서는 한 순환 과정 동안 한 일은 알지만 한 순환 과정에 소요된 시간은 모르고 있다. 그러나 열기관이 2 000 rpm(분당 회전수)으로 작동한다고 말한다면, 열기관의 한 순환 과정에 소요되는 시간인 회전 주기 T를 알 수 있다. 열기관의 한 순환 과정이 일회전만에 이루어진다고 가정하면, 이때의 일률은 다음과 같다.

$$P = \frac{W_{\text{eng}}}{T} = \frac{5.0 \times 10^2\ \text{J}}{\left(\frac{1}{2\,000}\ \text{min}\right)}\left(\frac{1\ \text{min}}{60\ \text{s}}\right) = 1.7 \times 10^4\ \text{W}$$

22.2 열펌프와 냉동기
Heat Pumps and Refrigerators

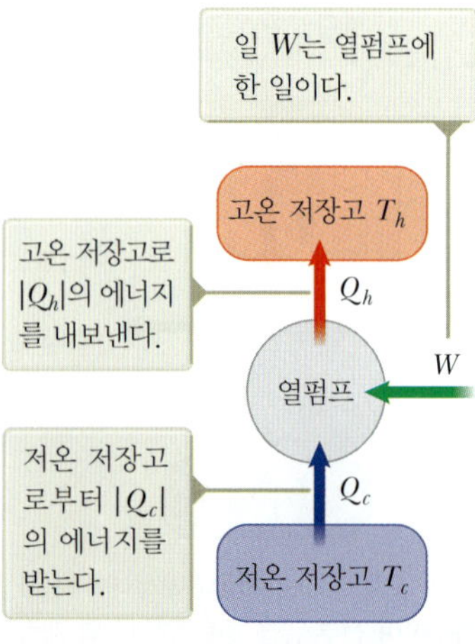

그림 22.4 열펌프의 개략도. 냉동기도 같은 방법으로 작동한다.

열기관에서 에너지의 전달 방향은 고온 저장고에서 저온 저장고로 향하는 자연적인 방향이다. 이때 열기관은 고온 저장고에서 받은 에너지를 처리하여 유용한 일을 하게 하는 역할을 한다. 이제 저온 저장고에서 고온 저장고로 에너지를 전달시키고자 한다면 어떻게 해야 하는가? 이것은 자연적인 에너지 전달 방향이 아니기 때문에, 이런 과정을 수행하기 위해서는 어느 정도의 에너지를 장치에 공급해야만 한다. 이런 일을 하는 장치에는 **열펌프**(heat pump)와 **냉동기**(refrigerator)가 있다. 예를 들어 여름에는 에어컨이라는 열펌프를 사용하여 집을 시원하게 한다. 에어컨은 집 안의 시원한 방에서 집 밖의 더운 곳으로 에너지를 이동시킨다.

냉동기나 열펌프에서, 기관은 저온 저장고에서 에너지 $|Q_c|$를 받아서 고온 저장고로 $|Q_h|$의 에너지를 내보낸다(그림 22.4). 이런 과정은 기관에 일을 해야만 가능하다. 제1법칙에 따르면 고온 저장고로 들어간 에너지는 한 일과 저온 저장고에서 가져온 에너

지와의 합이다. 그러므로 냉동기나 열펌프는 좀 더 차가운 물체(예를 들어 부엌에 있는 냉장고 안의 내용물이나 겨울에 건물 밖의 공기 등)에서 좀 더 더운 물체(부엌의 공기나 건물 안의 방)로 에너지를 이동시킨다. 현실적으로 이런 과정은 최소의 일을 가지고 하는 것이 바람직하다. 아무 일도 하지 않고 이런 과정을 이룰 수 있다면, 냉동기나 열펌프는 '완전한' 기관이다(그림 22.5). 다시 말해서 이런 장치가 존재한다는 것은 열역학 제2법칙에 위배되는 것이다. 이런 것에 관한 열역학 제2법칙의 **클라우지우스의 표현**(Clausius statement)[3]은 다음과 같다.

일에 의한 어떤 에너지도 받지 않고 에너지를 열의 형태로 한 물체에서 좀 더 고온의 다른 물체로 계속 이동시키는 순환 기계를 만드는 것은 불가능하다.

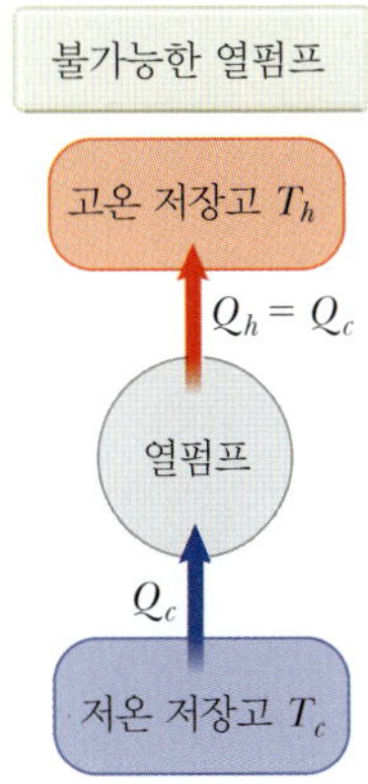

그림 22.5 실현이 불가능한 열펌프 또는 냉동기의 개략도. 이것은 일에 의한 에너지 공급을 받지 않고도 저온 저장고에 있는 에너지를 받아서 똑같은 양의 에너지를 고온 저장고로 보내는 것이다.

간단하게 말해서 에너지는 저온의 물체에서 고온의 물체로 자발적으로 이동하지 않는다. 냉동기를 작동시키려면 일을 해야 한다.

열역학 제2법칙에 관한 클라우지우스와 켈빈–플랑크의 표현은 언뜻 보면 아무런 관계가 없어 보이지만, 사실 모든 면에서 같은 표현이다. 여기서 증명하지는 않겠지만 둘 중 하나가 거짓이라면 나머지 하나도 거짓이다.[4]

실제로 열펌프에는 주위와 에너지를 교환할 수 있는 두 종류의 금속 코일을 지나는 순환 유체가 있다. 이 유체가 서늘한 환경에 있는 코일 속에 있을 때, 유체는 차갑고 압력이 낮아서 열에 의하여 에너지를 흡수한다. 그 결과 더워진 유체는 압축되어 뜨겁고 고압의 유체 상태로 다른 코일로 흘러들어 가서, 가지고 있는 에너지를 따뜻한 주위로 내보낸다. 에어컨에서는 건물 내에 있는 코일에서 유체 쪽으로 에너지가 흡수되고, 이후 유체는 압축되고, 건물 바깥에 있는 코일을 통하여 에너지가 유체로부터 떠난다. 냉장고의 외부 코일은 냉장고의 뒤(그림 22.6)나 아래쪽에 위치한다. 내부 코일은 냉장고의 안쪽 벽에 있고 음식으로부터 에너지를 흡수한다.

열펌프의 효율성은 **성능 계수**(coefficient of performance, COP; 또는 실행 계수)라는 값으로 나타낸다. COP는 얻은 에너지(저장고로부터 들어온 에너지)를 공급한 에너지(한 일)로 나눈 값인 열기관의 열효율과 유사하다. 냉방용으로 작동하는 열펌프에서 '얻은 것'은 저온 저장고로부터 얻은 에너지이다. 가장 효율적인 냉장고나 에어컨은 최소의 일을 하여 저온 저장고로부터 가장 많은 에너지를 뽑아내는 것이다. 그러므로 냉방용으로 작동하는 이런 장치들의 경우 $|Q_c|$를 써서 COP를 다음과 같이 정의한다.

$$\text{COP(냉방용)} = \frac{\text{저온에서 전달된 에너지}}{\text{열기관에 한 일}} = \frac{|Q_c|}{W} \quad \textbf{(22.3)}$$

좋은 냉장고는 COP 값이 5 또는 6 정도로 높아야 한다.

열펌프는 냉방뿐만 아니라 난방용으로도 인기를 얻어 가고 있다. 열펌프에서 에너지를 흡수하는 코일은 건물의 바깥에 있어서 공기와 접촉을 하고 있거나 또는 땅속에 묻

© Cengage Learning/Charles D. Winters

그림 22.6 가정용 냉장고의 뒷면. 코일 주위의 공기는 고온 저장고이다.

[3] 클라우지우스(Rudolf Clausius, 1822~1888)가 최초로 표현하였다.

[4] 이의 증명을 위하여 열역학에 관한 심화 교재를 찾아보길 권한다.

혀 있다. 다른 코일은 건물 내부에 있다. 난방을 하면 코일 속을 순환하며 흐르는 유체는 밖에서 에너지를 흡수하고, 그 에너지를 건물 내부에 있는 코일을 통하여 건물 안으로 보낸다.

난방의 경우 COP는 고온 저장고로 전달된 에너지를 그 에너지를 전달하는 데 필요한 일로 나눈 값으로 정의한다. 즉

$$\text{COP(난방용)} = \frac{\text{고온에서 전달된 에너지}}{\text{열펌프가 한 일}} = \frac{|Q_h|}{W} \qquad \textbf{(22.4)}$$

이다.

외부의 온도가 −4 °C 또는 그 이상이라면, 열펌프의 전형적인 COP 값은 4 정도이다. 즉 건물 내부로 전달된 에너지의 양은 열펌프의 모터가 한 일보다 네 배 이상 많다. 그러나 외부의 온도가 내려갈수록 열펌프가 충분한 에너지를 공기로부터 뽑아내기가 어려워져서 COP 값이 감소한다. 그러므로 공기로부터 에너지를 끌어내기 위하여 열펌프를 쓰는 것은 기후가 온화한 지역에서는 괜찮지만, 겨울 온도가 매우 낮은 곳에서는 별로 좋은 방법이 아니다. 아주 추운 지방에서는 열펌프의 외부 코일을 땅속에 깊이 묻는 것도 한 방법이다. 그런 경우 에너지는 겨울의 차가운 공기보다는 따뜻한 땅속에서 뽑아내게 된다.

Q 퀴즈 22.2 전열기에 공급되는 에너지는 100 %의 효율로 내부 에너지로 바뀐다. 전열기를 COP가 4.00인 전기 열펌프로 대치한다고 할 때, 가정의 난방비는 얼마의 비율로 변하는가? 열펌프를 작동하는 전동기의 효율은 100 %라고 가정한다. **(a)** 4.00 **(b)** 2.00 **(c)** 0.500 **(d)** 0.250

예제 22.2 얼음 만들기

어떤 냉동기의 COP 값이 5.00이다. 이 냉동기를 가동하면 500 W의 전력이 소모된다. 온도가 20.0 °C인 질량 500 g의 물을 냉동기 안 냉동실에 넣는다. 이 물이 0 °C의 얼음으로 어는 데 얼마나 걸리는가? 냉동기 안의 모든 부분이 같은 온도에 있고 외부로의 에너지 유출은 없으며, 따라서 냉동기의 작동은 물을 얼리는 데에만 사용된다고 가정한다.

풀이

개념화 에너지가 물에서 빠져나와 온도가 낮아지고 얼음이 언다고 생각하고 이 문제를 살펴보자. 전 과정에 소요되는 시간은 에너지가 물에서 빠져나오는 비율에 관계가 있으므로 냉동기가 소비하는 전력과 관계가 있다.

분류 이 문제는 20장에서 배운 상변화와 온도 변화, 그리고 이 장에서 배운 열펌프를 이해해야 하는 복합적인 문제이다.

분석 냉동기의 전력 소비량을 알고 있으므로 물을 얼리는 과정에서 소요되는 시간을 구한다.

$$P = \frac{W}{\Delta t} \rightarrow \Delta t = \frac{W}{P}$$

열펌프에 한 일 W와 물로부터 뽑아낸 에너지 $|Q_c|$를 연관짓기 위하여 식 22.3을 사용한다.

$$\Delta t = \frac{|Q_c|}{P(\text{COP})}$$

식 20.4와 20.7을 사용하여 질량 m의 물에서 뽑아내야만 하는 에너지의 양을 대입한다.

$$\Delta t = \frac{|mc\,\Delta T + L_f\,\Delta m|}{P(\text{COP})}$$

모든 물이 얼므로 이 과정에서 물의 질량 변화는 $\Delta m = -m$이다.

$$\Delta t = \frac{|m(c\,\Delta T - L_f)|}{P(\text{COP})}$$

주어진 값들을 대입한다.

$$\Delta t = \frac{|(0.500\ \text{kg})[(4\ 186\ \text{J/kg}\cdot{}^\circ\text{C})(-20.0^\circ\text{C}) - 3.33 \times 10^5\ \text{J/kg}]|}{(500\ \text{W})(5.00)}$$

$$= 83.3\ \text{s}$$

결론 실제로 물을 얼리는 데 걸리는 시간은 83.3 s보다 훨씬 길다. 이것은 우리의 가정들이 적절치 못함을 의미한다. 주어진 시간 동안 물에서 뽑아낸 에너지는 냉동기가 뽑아낸 전체 에너지의 아주 일부분에 지나지 않는다. 물을 담은 용기에서도 에너지를 뽑아야 되고, 냉동기 외부에서 내부로 들어오는 열도 계속 뽑아내야 한다.

22.3 가역 및 비가역 과정
Reversible and Irreversible Processes

다음 절에서는 효율이 가장 높은 이론적인 열기관에 대하여 살펴보게 된다. 이런 열기관의 특징을 이해하기 위해서는 가역 및 비가역 과정의 의미를 알아야만 한다. **가역**(reversible) 과정에서, 과정 중에 있는 계는 *PV* 도표 상에서 같은 경로를 따라 처음 조건으로 되돌아갈 수 있고, 이 경로의 모든 점에서 평형 상태에 있다. 이런 조건을 만족하지 않는 과정이 **비가역**(irreversible) 과정이다.

오류 피하기 22.2

실제 과정들은 비가역적이다 가역 과정은 이상적인 것이다. 지구 상의 실제 과정은 모두 비가역적이다.

자연에서 일어나는 모든 과정은 비가역으로 알려져 있다. 20.6절에서 이미 논의한 기체의 단열 자유 팽창을 살펴보고, 이것이 가역적이 될 수 없음을 증명해 보자. 그림 22.7에서처럼 단열 용기 속의 한 부분에 기체가 들어 있다. 진공인 다른 부분과는 막으로 분리되어 있는데, 이 막이 찢어지면 아랫부분의 기체가 자유로이 진공 속으로 팽창한다. 막이 찢어져 결과적으로 기체가 팽창하여 더 큰 부피를 차지하므로, 계는 변화되었다. 기체가 이동하면서 힘을 작용하지 않기 때문에 팽창으로 인하여 주위에 한 일은 없다. 더구나 용기는 단열되어 외부와 차단되어 있으므로, 열에 의하여 기체로 들어가거나 나오는 에너지는 없다. 그러므로 단열 과정에서 계는 변화되었으나 주위 환경은 변화되지 않았다.

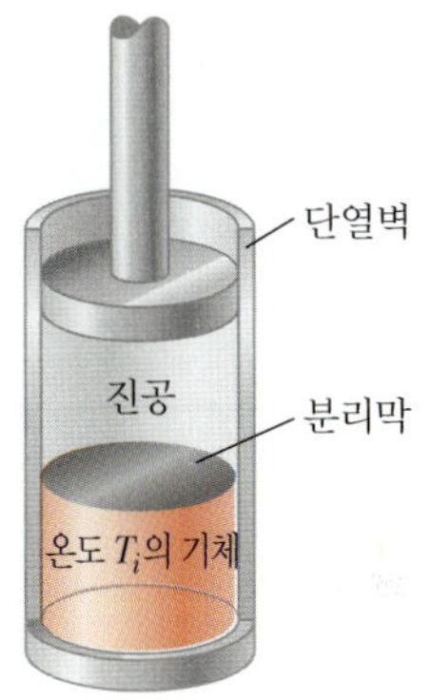

그림 22.7 기체의 단열 자유 팽창

과정이 가역적이 되기 위해서는 주위 환경이 변하지 않은 채로, 기체들을 원래의 부피와 온도로 되돌려 놓을 필요가 있다. 기체를 원래의 부피대로 압축하여 과정을 거꾸로 한다고 하자. 그렇게 하려면 용기 속에 피스톤을 넣어서 피스톤을 안으로 밀어 넣는 힘을 작용하는 기관을 사용해야 한다. 이 과정 동안 외부에서 계에 일을 하므로 주위가 변화한다. 더욱이 압축은 기체의 온도를 증가시키므로 계는 변한다. 물론 외부의 에너지 저장고에 용기를 접촉시켜서 기체의 온도를 낮출 수는 있다. 비록 이런 과정이 기체를 원래의 조건으로 되돌린다고 하더라도, 기체로부터 주위 환경으로 에너지가 더해지므로 주위는 영향을 받는다. 기체를 압축하는 기관을 작동시키는 데 이 에너지를 사용할 수 있다면, 주위 환경으로 전달되는 알짜 에너지는 영일 수도 있다. 이것이 가능하다면 계와 주위 환경은 원래의 조건으로 되돌려질 수 있고, 그 과정을 가역적이라고 확인할 수도 있다. 그러나 열역학 제2법칙에 관한 켈빈–플랑크의 표현에 의하면, 기체의 온도를 원래 값으로 되돌리기 위하여 기체에서 뽑아낸 에너지는 기체를 압축하기 위하여 기관이 한 일의 형태인 역학적 에너지로 완전히 변환될 수 없다. 그러므로 앞의 가정은

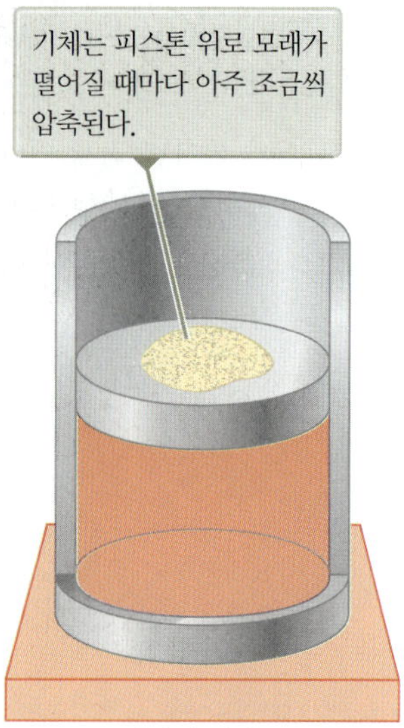

그림 22.8 가역 등온 과정에서 기체를 압축하는 방법

불가능하고 단열 자유 팽창 과정은 비가역이라고 결론지어야 한다.

또한 가역 과정의 정의에 포함되는 평형 상태를 고려하여 단열 자유 팽창이 비가역 과정이라고 주장할 수도 있다. 예를 들어 갑작스럽게 팽창하는 동안 기체 전체에 걸쳐 압력의 변화가 현저하게 일어난다고 하자. 그렇게 되면 처음과 마지막 상태 사이 임의의 순간에, 전체 계에 대하여 잘 정의되는 압력의 값은 없다. 사실 이런 과정은 *PV* 도표 상에 어떤 경로로 나타낼 수가 없다. 단열 자유 팽창에 대한 *PV* 도표는 처음과 마지막 조건을 점으로 나타내지만, 이 점들은 경로로 연결되지는 않을 것이다. 그러므로 처음과 마지막 상태의 중간 조건들은 평형 상태가 아니므로, 이 과정은 비가역이다.

모든 실제적인 과정들이 비가역이라 하더라도, 어떤 것은 거의 가역적이다. 만일 실제 과정들이 매우 느리게 일어나서 계가 항상 거의 평형 상태에 있다면, 이런 과정은 근사적으로 가역 과정이라고 할 수 있다. 에너지 저장고와 열접촉되어 있는 원통 속의 피스톤에 의하여 기체가 등온 압축되고, 온도를 일정하게 유지하기 위하여 압축 과정 중에 기체에서 에너지가 계속 에너지 저장고로 전달된다고 하자. 예를 들어 그림 22.8에서처럼 마찰이 없는 피스톤 위에 모래를 매우 천천히 떨어뜨려서 기체를 압축한다고 하자. 피스톤 위로 모래가 떨어짐에 따라 기체는 아주 조금씩 압축되고, 계는 평형 상태에서 약간 벗어나지만 그 평형 상태는 매우 짧은 시간 동안에 도달하는 새로운 평형 상태에 매우 가깝다. 모래가 떨어질 때마다 새로운 평형 상태로 변화하는 것을 나타내지만, 상태들 간의 차이는 매우 작아서 전체 과정을 연속적인 평형 상태를 거치면서 일어나는 것으로 근사할 수 있다. 모래를 아주 천천히 제거하여 이 과정을 거꾸로 할 수 있다.

가역 과정의 일반적인 특징은 역학적 에너지를 내부 에너지로 바꾸는 소모적인 효과(난류나 마찰)가 있을 수 없다는 것이다. 그러나 실제로 이런 효과를 완전히 없애는 것은 불가능하다. 그러므로 자연에서 일어나는 실제적인 과정들이 비가역이라는 것은 놀라운 것이 아니다.

22.4 카르노 기관
The Carnot Engine

오류 피하기 22.3

카르노 기관을 찾아다니지 말 것 카르노 기관은 이상적인 것이므로, 카르노 기관을 상업적 용도로 개발할 수 있다고 기대해서는 안 된다. 카르노 기관은 단지 이론적인 공부를 위한 것이다.

1824년에 프랑스의 공학자 카르노(Sadi Carnot)는 **카르노 기관**(Carnot engine)이라고 하는 이상적인 기관을 제안하였는데, 실용적인 견지나 이론적인 견지에서 모두 매우 중요하다. 그는 두 에너지 저장고 사이에서 이상적인 가역 순환 과정—**카르노 순환 과정**(Carnot cycle)이라고 함—으로 작동하는 열기관이 가장 효율이 좋은 기관임을 증명하였다. 이런 이상적인 기관은 다른 모든 기관의 효율 중에서 제일 높은 값을 가진다. 즉 카르노 순환 과정 동안 작동 물질이 한 알짜일은 고온에서 작동 물질에 공급된 에너지로 할 수 있는 최대의 일이다. **카르노의 정리**(Carnot's theorem)는 다음과 같다.

> 두 에너지 저장고 사이에서 작동하는 실제 기관은 같은 두 에너지 저장고 사이에서 작동하는 카르노 기관보다 효율이 더 좋을 수 없다.

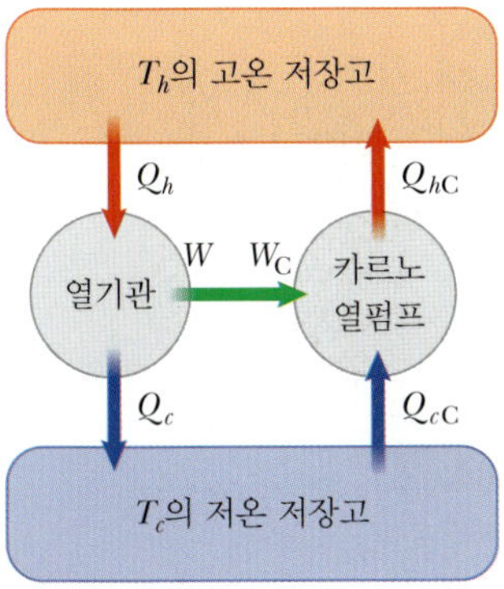

그림 22.9 열펌프로 작동하는 카르노 기관과 이보다 효율이 더 좋을 것으로 제안된 또 다른 이상적인 기관이 두 에너지 저장고 사이에서 작동한다. 입력과 출력 일은 같다.

© INTERFOTO/Alamy

카르노
Sadi Carnot, 1796~1832
프랑스의 공학자

카르노는 최초로 일과 열의 정량적 관계를 증명한 사람이다. 1824년에 논문 〈동력으로서의 열과 열기관에 대한 고찰(*Réflexions sur la puissance motrice du feu et sur les machines propres à développer cette puissance*)〉을 발표하여 증기 기관의 산업적, 정치적, 경제적 중요성을 일깨워 주었다. 거기에서 그는 일을 '어떤 높이 만큼 들어 올리는 무게'로 정의하였다.

이 절에서는 카르노 기관의 효율이 두 저장고의 온도에만 의존함을 보이겠다. 이 효율이 실제 기관의 효율의 상한을 나타낸다. 카르노 기관이 가장 효율적임을 확인해 보자. 카르노 기관의 효율보다 더 좋은 이상적인 기관을 가정하자. 그림 22.9의 왼쪽에 고온과 저온 저장고 사이에 연결된 효율이 $e > e_C$인 이상적인 기관을 보여 준다. 추가적으로, 같은 저장고 사이에 카르노 기관을 연결하자. 카르노 순환은 가역적이므로, 카르노 기관은 그림 22.9의 오른쪽 장치처럼 거꾸로 작동시켜 열펌프를 사용한다. 기관의 출력 일을 열펌프의 입력 일과 같다고 놓는다. 그러면 $W = W_C$이므로 주위와 기관-열펌프 조합 사이에 열에 의한 에너지 교환이 없다.

효율 사이에 가정한 관계 때문에, 다음이 성립해야 한다.

$$e > e_C \quad \to \quad \frac{|W|}{|Q_h|} > \frac{|W_C|}{|Q_{hC}|}$$

두 일은 같기 때문에, 이 식에서 분자는 서로 상쇄되어 다음과 같이 된다.

$$|Q_{hC}| > |Q_h| \qquad \textbf{(22.5)}$$

두 일이 같으므로 식 22.1로부터 다음 식을 얻게 된다.

$$|W| = |W_C| \quad \to \quad |Q_h| - |Q_c| = |Q_{hC}| - |Q_{cC}|$$

이 식을 새로 써서 저온 저장고와 교환한 에너지들은 왼쪽에 고온 저장고와 교환한 에너지들을 오른쪽에 둘 수 있다. 즉

$$|Q_{hC}| - |Q_h| = |Q_{cC}| - |Q_c| \qquad \textbf{(22.6)}$$

이다. 식 22.6의 좌변은 양이므로, 우변도 양이어야 한다. 고온 저장고와의 알짜 에너지 교환은 저온 저장고와의 알짜 에너지 교환과 같음을 알고 있다. 그 결과, 이 열기관과 열펌프 조합의 경우, 에너지는 저온 저장고에서 일에 의한 에너지 입력 없이 열에 의하여 고온 저장고로 이동한다.

이 결과는 제2법칙에 관한 클라우지우스의 표현에 위배된다. 그러므로 우리가 처음에 가정한 $e > e_C$는 옳지 않은 것임이 분명하고, 카르노 기관이 가장 효율이 높은 기관이라고 결론지을 수 있다. 카르노 기관의 효율이 가장 높게 되는 중요한 속성은 이의 **가역성**에 있다. 이는 거꾸로 열펌프로 작동할 수 있다. 모든 실제 기관은 가역적인 순환

그림 22.10 카르노 순환 과정. A, B, C, D는 그림 22.11에 보인 기체의 상태를 나타낸다. 피스톤에 있는 화살표는 각 과정 동안에 피스톤의 운동 방향을 나타낸다.

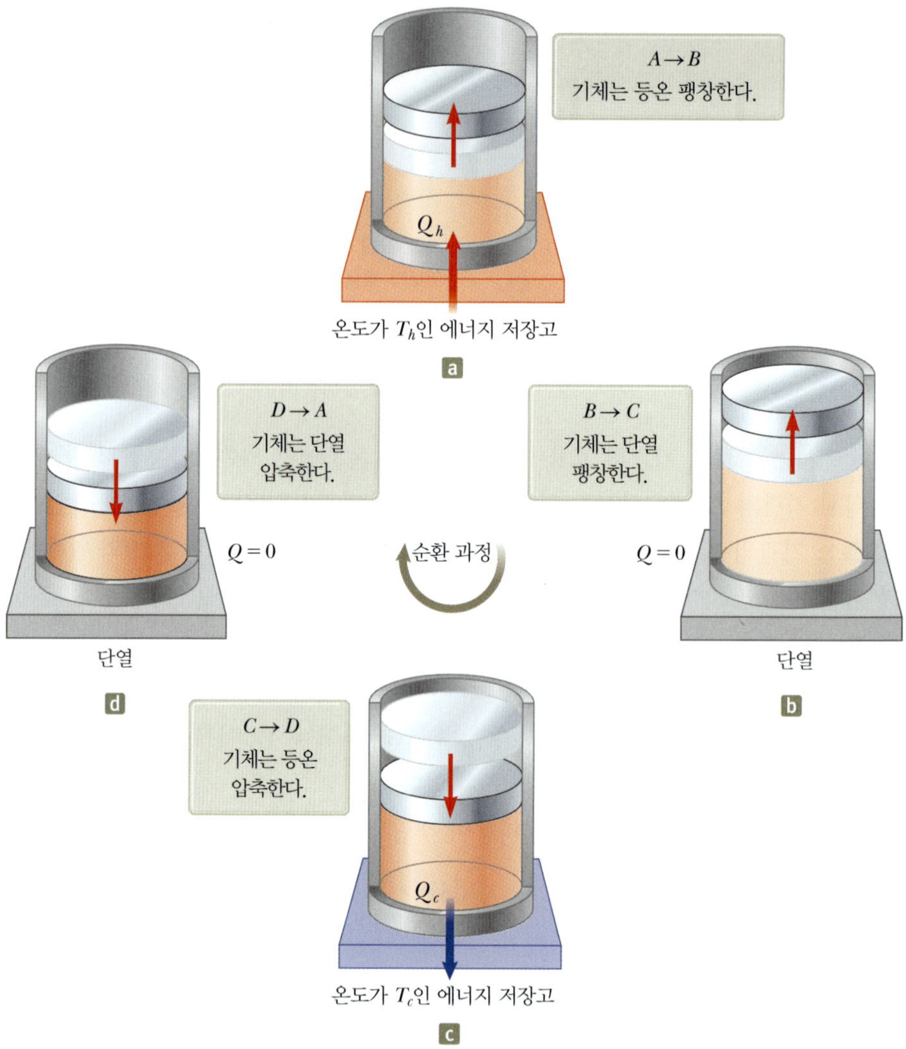

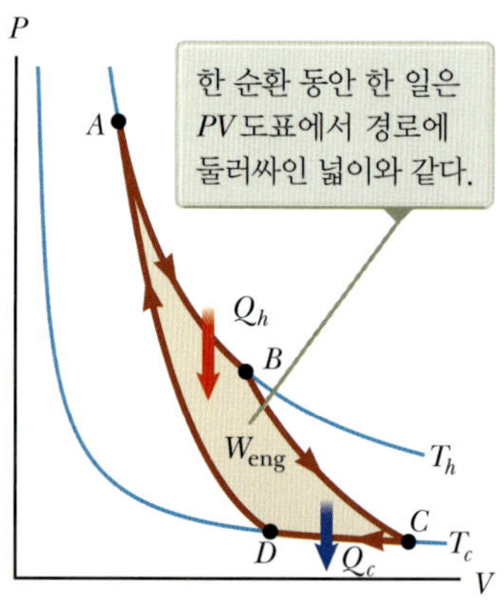

그림 22.11 카르노 순환 과정의 PV 도표. 기관이 한 알짜일 W_{eng}는 한 순환 동안 카르노 기관으로 전달된 알짜 에너지 $|Q_h| - |Q_c|$이다.

과정으로 작동하지 않으므로 카르노 기관보다 효율이 작다. 실제 기관은 마찰이나 전도에 의한 열손실과 같은 어려움 때문에 효율이 더 낮아진다.

온도 T_c와 T_h 사이에서 작동하는 카르노 순환 과정을 살펴보기 위하여 작동 물질이 한쪽 끝에 조절할 수 있는 피스톤이 달린 원통 안에 갇힌 이상 기체라고 가정하자. 원통의 벽과 피스톤은 단열재라고 하자. 카르노 순환 과정의 네 단계가 그림 22.10에 주어져 있으며, 이 순환 과정의 PV 도표를 그림 22.11에 나타내었다. 카르노 순환 과정은 두 단계의 단열 과정과 두 단계의 등온 과정으로 이루어져 있으며 모두 가역 과정이다.

1. 과정 $A \rightarrow B$(그림 22.10a)는 온도 T_h에서 등온 팽창한다. 기체는 온도 T_h의 에너지 저장고와 열접촉되어 있다. 팽창 과정에서 기체는 저장고로부터 에너지 $|Q_h|$를 흡수하여 피스톤을 밀어올리면서 일 W_{AB}를 한다.
2. 과정 $B \rightarrow C$(그림 22.10b)에서 원통의 바닥은 단열재인 벽으로 바뀌고 기체는 단열 팽창한다. 즉 열 에너지가 계에서 나가거나 계로 들어오지 못한다. 팽창 중에 기체의 온도는 T_h에서 T_c로 낮아지고 피스톤을 밀어올리면서 일 W_{BC}를 한다.

3. 과정 $C \to D$(그림 22.10c)에서 기체는 온도 T_c인 에너지 저장고와 열접촉되어 있고 온도 T_c에서 등온 압축된다. 이 과정 동안, 기체는 에너지 $|Q_c|$를 저장고에 내보내며 피스톤이 기체에 한 일은 W_{CD}가 된다.
4. 마지막 과정 $D \to A$(그림 22.10d)에서 원통의 바닥은 단열재인 벽으로 바뀌고 기체는 단열 압축된다. 기체의 온도는 T_h로 올라가고, 피스톤이 기체에 한 일은 W_{DA}가 된다.

이 기관의 열효율은 식 22.2로 주어진다.

$$e = 1 - \frac{|Q_c|}{|Q_h|}$$

예제 22.3에서 카르노 순환 과정의 경우

$$\frac{|Q_c|}{|Q_h|} = \frac{T_c}{T_h} \tag{22.7}$$

이므로, 카르노 기관의 열효율은 다음과 같다.

$$e_C = 1 - \frac{T_c}{T_h} \tag{22.8}$$

◀ 카르노 기관의 효율

이 결과는 같은 두 온도 사이에서 작동하는 모든 카르노 기관은 효율이 같다는 것을 나타낸다.[5]

식 22.8은 두 에너지 저장고 사이에서 카르노 순환 과정으로 작동하는 모든 작동 물질에 대하여 적용할 수 있다. 이 결과에 따르면 예상하는 바와 같이 $T_c = T_h$일 때 효율이 영이다. T_c가 낮아지고 T_h가 높아질수록 효율이 증가한다. 그러나 효율이 최대인 1(100 %)이 되려면 $T_c = 0$ K일 때 뿐이다. 이런 저장고가 존재하지 않으므로 최대 효율은 항상 100 %보다 작다. 실제 대부분의 경우 T_c는 실온 부근인 약 300 K이다. 그러므로 효율을 높이려면 T_h를 높여야 한다.

이론적으로는 카르노 순환 과정 열기관을 거꾸로 작동시키면, 가장 효율이 높은 열펌프가 되고 고온 저장고와 저온 저장고의 결합에 대하여 최대의 COP를 낼 수 있다. 식 22.1과 22.4를 사용하면, 열펌프를 난방용으로 작동시키는 경우 최대 COP는

---

[5] 카르노 순환 과정이 가역 과정이 되기 위해서는 그 과정이 무한히 느리게 일어나야 한다. 그러므로 카르노 기관이 가장 효율적인 기관일 수 있으나 그런 경우 출력은 영이 된다. 왜냐하면 한 순환 과정이 수행되는 데 무한히 긴 시간을 필요로 하기 때문이다. 실제 기관의 경우는 한 순환 과정에 소요되는 시간이 매우 짧기 때문에, 작동 물질은 고온 저장고의 온도보다 약간 낮은 온도와 저온 저장고의 온도보다 약간 높은 온도 사이에서 작동한다. 이런 좁은 온도 범위에서 카르노 순환 과정으로 작동하는 기관을 커즌(F. L. Curzon)과 알보른(B. Ahlborn)("Efficiency of a carnot engine at maximum power output," *Am. J. Phys.*, **43**(1), 22, 1975)이 분석하였다. 그들은 최대 출력에서의 효율이 저장고 간의 온도 T_c와 T_h에만 의존하며 $e_{C-A} = 1 - (T_c / T_h)^{1/2}$로 주어짐을 알아냈다. 커즌–알보른(Curzon-Ahlborn) 효율 e_{C-A}는 카르노 효율보다 실제 기관의 효율에 좀 더 가까운 값을 나타낸다.

$$\mathrm{COP_C}\ (\text{난방용}) = \frac{|Q_h|}{W}$$

$$= \frac{|Q_h|}{|Q_h| - |Q_c|} = \frac{1}{1 - \dfrac{|Q_c|}{|Q_h|}} = \frac{1}{1 - \dfrac{T_c}{T_h}} = \frac{T_h}{T_h - T_c}$$

가 된다. 열펌프를 냉방용으로 작동시킬 때 카르노 COP는

$$\mathrm{COP_C}\ (\text{냉방용}) = \frac{T_c}{T_h - T_c}$$

이다. 이 식에서 두 저장고의 온도 차이가 영에 가까워지면 이론적인 COP는 무한대에 가까워진다. 실제로는 냉각 코일의 낮은 온도와 압축기의 높은 온도에 제한이 있기 때문에, COP 값은 10이 넘지 않는다.

Q 퀴즈 22.3 온도 차이가 300 K인 저장고 사이에서 세 기관이 작동한다. 저장고 온도는 각각 다음과 같다. 즉 기관 A: T_h = 1 000 K, T_c = 700 K; 기관 B: T_h = 800 K, T_c = 500 K; 기관 C: T_h = 600 K, T_c = 300 K이다. 이론적인 효율이 높은 기관부터 순서대로 나열하라.

예제 22.3 카르노 기관의 효율

이상 기체를 사용하여 카르노 순환 과정으로 작동하는 열기관의 효율이 식 22.7과 같음을 증명하라.

풀이

개념화 그림 22.10과 22.11을 이용하여 카르노 기관의 과정을 시각화한다.

분류 카르노 기관의 성질 때문에 이 순환 과정들은 등온 과정과 단열 과정의 범위에 들어간다.

분석 등온 팽창(그림 22.10에서 과정 $A \to B$)을 하는 동안 식 20.14와 열역학 제1법칙을 이용하여 고온 저장고에서 전달되는 에너지를 구한다.

$$|Q_h| = |\Delta E_{\text{int}} - W_{AB}| = |0 - W_{AB}| = nRT_h \ln \frac{V_B}{V_A}$$

같은 방법으로 등온 압축($C \to D$)을 하는 동안 저온 저장고에 전달된 에너지를 구한다.

$$|Q_c| = |\Delta E_{\text{int}} - W_{CD}| = |0 - W_{CD}| = nRT_c \ln \frac{V_C}{V_D}$$

두 번째 식을 첫 번째 식으로 나눈다.

$$(1) \qquad \frac{|Q_c|}{|Q_h|} = \frac{T_c}{T_h} \frac{\ln (V_C/V_D)}{\ln (V_B/V_A)}$$

식 21.39를 단열 과정 $B \to C$와 $D \to A$에 적용한다.

$$T_h V_B^{\gamma-1} = T_c V_C^{\gamma-1}$$
$$T_h V_A^{\gamma-1} = T_c V_D^{\gamma-1}$$

첫 번째 식을 두 번째 식으로 나눈다.

$$\left(\frac{V_B}{V_A}\right)^{\gamma-1} = \left(\frac{V_C}{V_D}\right)^{\gamma-1}$$

$$(2) \qquad \frac{V_B}{V_A} = \frac{V_C}{V_D}$$

식 (2)를 식 (1)에 대입한다.

$$\frac{|Q_c|}{|Q_h|} = \frac{T_c}{T_h} \frac{\ln (V_C/V_D)}{\ln (V_B/V_A)} = \frac{T_c}{T_h} \frac{\ln (V_C/V_D)}{\ln (V_C/V_D)} = \frac{T_c}{T_h}$$

결론 이 식은 우리가 증명하려고 하는 식 22.7과 같다.

예제 22.4 증기 기관

어떤 증기 기관은 500 K에서 작동하는 보일러를 가지고 있다. 연료를 태운 에너지가 물을 수증기로 변화시키고 이 수증기가 피스톤을 움직인다. 저온 저장고의 온도는 외부 공기의 온도이고 대략 300 K이다. 이 증기 기관의 최대 열효율을 구하라.

풀이

개념화 그림 22.10에서처럼 증기 기관에서 피스톤을 미는 기체는 증기이다. 실제 증기 기관은 카르노 순환 과정으로 작동하지 않지만, 가능한 최대 효율을 구하기 위하여 카르노 증기 기관으로 상상해 보자.

분류 식 22.8을 사용하면 효율을 계산할 수 있으므로, 예제를 대입 문제로 분류한다.

식 22.8에 저장고의 온도를 대입한다.

$$e_C = 1 - \frac{T_c}{T_h} = 1 - \frac{300\ \mathrm{K}}{500\ \mathrm{K}} = \boxed{0.400} \quad \text{또는} \quad \boxed{40.0\ \%}$$

이것은 열기관이 가질 수 있는 **이론적인** 최대 효율이다. 실제로는 이것보다 훨씬 작다.

문제 이 기관의 이론적 효율을 증가시키고 싶다면 T_h를 증가시켜서 ΔT를 증가시키거나 T_c를 낮추어서 같은 양만큼 ΔT를 증가시킬 수 있다. 어느 것이 더 효과적인가?

답 ΔT가 같은 값이면 작은 온도에 작용할 경우 더 큰 효과가 나타날 것이므로 T_c를 ΔT만큼 낮추는 것이 효율이 크게 변할 것으로 예측된다. 이것을 수치적으로 구해서 확인해 보자. 우선 T_h를 50 K 증가시키면 $T_h = 550$ K이 되어 최대 효율은

$$e_C = 1 - \frac{T_c}{T_h} = 1 - \frac{300\ \mathrm{K}}{550\ \mathrm{K}} = 0.455$$

가 된다. 그러나 T_c를 50 K 감소시키면 $T_c = 250$ K이 되어 최대 효율은

$$e_C = 1 - \frac{T_c}{T_h} = 1 - \frac{250\ \mathrm{K}}{500\ \mathrm{K}} = 0.500$$

이 된다. T_c를 낮추는 것이 분명히 **수학적으로는** 더 효과적이지만, 어떤 때는 T_h를 높이는 것이 **실제적으로** 더 현실성이 있다.

22.5 가솔린 기관과 디젤 기관
Gasoline and Diesel Engines

가솔린 기관에서는 순환 과정마다 여섯 가지 과정이 되풀이된다. 이들 과정이 그림 22.12에 나타나 있다. 여기서는 피스톤 위의 실린더 내부를 작동 중인 기관이 순환 과정을 되풀이하는 계로 간주한다. 한 순환 과정 동안 피스톤은 위아래로 두 번 왕복한다. 이것은 위로 2행정과 아래로 2행정으로 구성된 4행정 기관을 나타내며, 그 과정은 그림 22.13의 PV 도표와 같이 **오토 순환**(Otto cycle) **과정**으로 간주할 수 있다. 각 행정의 모습을 나타낸 그림 22.12와 그 행정을 PV 도표로 나타낸 그림 22.13을 참고하여 다음과 같이 설명하였다.

1. **흡입 행정**(그림 22.12a와 22.13에서 $O \to A$) 피스톤은 아래로 움직이고 대기압 하에서 공기와 연료의 혼합 기체가 실린더 내부로 들어온다. 이것은 순환 과정에서 에너지가 들어가는 과정에 해당한다. 에너지는 연료에 저장된 퍼텐셜 에너지의 형태로 계(실린더의 내부)로 들어간다. 이 과정에서 부피가 V_2에서 V_1으로 증가한다. 숫자를 2에서 1로 가는 순서로 한 이유는 압축 행정(다음의 과정 2) 때문이며, 압축 행정에서 공기–연료의 혼합 기체는 V_1에서 V_2로 압축된다.
2. **압축 행정**(그림 22.12b와 22.13에서 $A \to B$)에서 피스톤은 위로 움직여서 공기

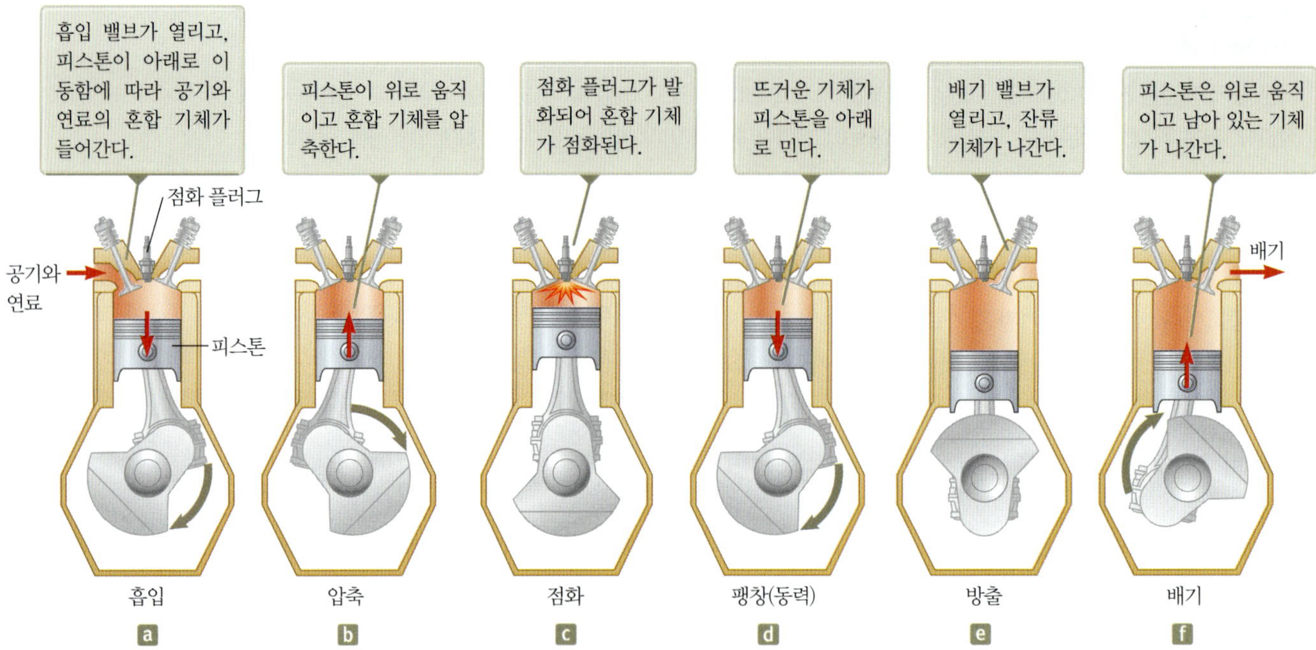

그림 22.12 전통적인 가솔린 기관의 4행정 순환 과정. 피스톤에 있는 화살표는 각 과정 동안에 피스톤의 운동 방향을 나타낸다.

와 연료의 혼합 기체는 V_1에서 V_2로 단열 압축되고 온도는 T_A에서 T_B로 상승한다. 기체에 한 일은 양(+)이고, 그 값은 그림 22.13의 곡선 AB 아래 넓이의 음(−)의 값과 같다.

3. 그림 22.12c와 22.13의 $B \to C$ 과정에서 점화 플러그가 점화하면 연소가 일어난다. 이것은 피스톤이 맨 꼭대기에 있는 아주 짧은 시간 동안 일어나기 때문에 순환 과정의 행정 중 하나는 아니다. 연소란 연료의 화학 결합에 저장되어 있는 퍼텐셜 에너지가 온도와 관련된 분자 운동 에너지에 의한 내부 에너지로 매우 빠르게 바뀌는 에너지 변환을 나타낸다. 이 시간 동안에 실린더 내의 압력과 온도는 매우 빠르게 증가하여 온도는 T_B에서 T_C로 상승한다. 그러나 매우 짧은 시간 간격 동안에 부피는 거의 일정하다. 그 결과로 기체가 한 일이나 기체에 한 일은 거의 없다. PV 도표(그림 22.13)에서 이 과정은 에너지 $|Q_h|$가 계로 들어가는 과정으로 볼 수 있다(그러나 실제로 이 과정은 과정 $O \to A$에서 이미 실린더 내부로 들어온 에너지가 **변환**되는 과정이다).

4. 팽창 행정(그림 22.12d와 22.13에서 $C \to D$) 기체는 부피 V_2에서 V_1로 단열 팽창을 한다. 이 팽창으로 온도가 T_C에서 T_D로 하강한다. 기체가 피스톤을 아래로 밀어내며 일을 하고 이 일의 값은 곡선 CD 아랫부분의 넓이이다.

5. 배기 밸브가 열리면 잔류 기체는 방출된다. (그림 22.12e와 22.13에서 $D \to A$) 짧은 시간 동안 압력이 갑자기 떨어진다. 압력이 떨어지는 이 짧은 시간 동안 피스톤은 거의 움직이지 않으며 부피는 거의 일정한 상태로 있게 된다. 실린더 내부에서 에너지가 배출되고 그 다음 행정 때에도 계속 배출된다.

6. 마지막 과정인 **배기 행정**(그림 22.12f와 22.13에서 $A \to O$)에서 배기 밸브가 열

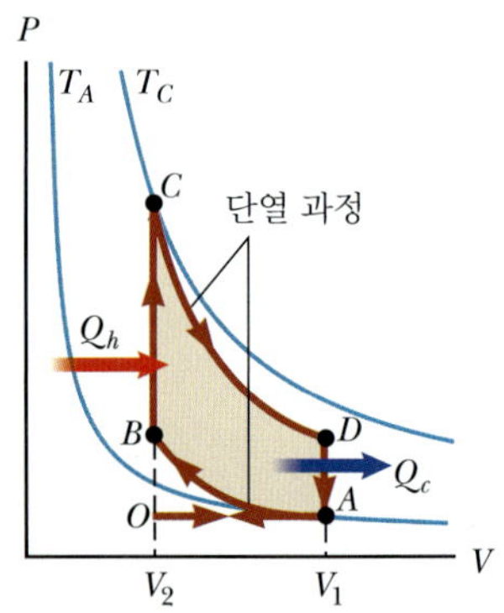

그림 22.13 오토 순환 과정의 PV 도표. 여기서의 순환 과정은 자동차 기관과 같은 내연 기관에서 일어나는 과정을 근사적으로 나타낸 것이다.

린 채로 피스톤은 맨 위까지 올라간다. 남아 있는 기체들은 대기 중으로 배출되고 부피는 V_1에서 V_2로 줄어든다. 그리고 이 순환 과정은 반복된다.

만일 공기와 연료의 혼합 기체가 이상 기체라고 가정한다면, 오토 순환 과정의 효율은

$$e = 1 - \frac{1}{(V_1/V_2)^{\gamma-1}} \quad \text{(오토 순환 과정)} \tag{22.9}$$

이다. 여기서 V_1/V_2은 **압축비**(compression ratio)이고 γ는 혼합 기체의 몰비열의 비 C_P/C_V이다. 예제 22.5에서 유도한 식 22.9는 압축비가 증가함에 따라 효율이 증가함을 나타낸다. 전형적인 압축비는 8 정도이고 보통 $\gamma = 1.4$이므로, 이상적인 오토 순환 과정으로 작동되는 기관의 이론적인 효율은 대략 56 % 정도임을 식 22.9로부터 알 수 있다. 그러나 이 값은 마찰이나 실린더 벽을 통한 전도, 불완전 연소 등이 포함되어 있어서 실현 가능한 실제 기관의 효율은 15~20 % 정도밖에 되지 않는다.

디젤 기관은 오토 순환 과정과 비슷하게 작동하지만 점화 플러그가 없으며, 압축비는 가솔린 기관보다 훨씬 크다. 실린더 내의 공기가 매우 작은 부피로 압축되므로 압축 행정 끝에서 공기 온도는 매우 높다. 이때 연료가 실린더 속으로 분사되면, 공기와 혼합된 연료의 온도가 충분히 높기 때문에 점화 플러그가 없어도 점화된다. 높은 압축비와 그에 따른 높은 연소 온도 때문에 디젤 기관이 가솔린 기관보다 좀 더 효율이 높다.

예제 22.5 오토 순환 과정의 효율

이상적인 오토 순환 과정(그림 22.12와 22.13)으로 작동되는 기관의 열효율이 식 22.9로 주어짐을 보이라. 작동 물질을 이상 기체라 가정한다.

풀이

개념화 먼저 그림 22.12와 22.13을 공부하여 오토 순환 과정이 어떻게 작동하는지 이해한다.

분류 그림 22.13에서 본 것처럼 오토 순환 과정은 등적 과정과 단열 과정이다.

분석 $B \rightarrow C$와 $D \rightarrow A$ 과정에서 열에 의하여 일어나는 에너지의 입력과 출력의 모형을 생각해 보자(실제로 들어오고 나가는 에너지의 대부분은 실린더로 들어오고 나가는 혼합 기체의 형태인 물질의 이동에 의하여 일어난다). 식 21.23을 이용하여 일정한 부피에서 일어나는 이 과정들에서 열에 의한 에너지 전달을 계산한다.

$$B \rightarrow C \quad |Q_h| = nC_V(T_C - T_B)$$
$$D \rightarrow A \quad |Q_c| = nC_V(T_D - T_A)$$

이 식들을 식 22.2에 대입한다.

$$(1) \qquad e = 1 - \frac{|Q_c|}{|Q_h|} = 1 - \frac{T_D - T_A}{T_C - T_B}$$

식 21.39를 단열 과정인 $A \rightarrow B$와 $C \rightarrow D$ 과정에 적용한다.

$$A \rightarrow B \quad T_A V_A^{\gamma-1} = T_B V_B^{\gamma-1}$$
$$C \rightarrow D \quad T_C V_C^{\gamma-1} = T_D V_D^{\gamma-1}$$

$V_A = V_D = V_1$ 및 $V_B = V_C = V_2$라는 것을 생각하고 위의 식들을 T_A 와 T_D 에 대하여 푼다.

$$(2) \qquad T_A = T_B\left(\frac{V_B}{V_A}\right)^{\gamma-1} = T_B\left(\frac{V_2}{V_1}\right)^{\gamma-1}$$

$$(3) \qquad T_D = T_C\left(\frac{V_C}{V_D}\right)^{\gamma-1} = T_C\left(\frac{V_2}{V_1}\right)^{\gamma-1}$$

식 (3)에서 식 (2)를 빼고 다시 정렬한다.

$$(4) \qquad \frac{T_D - T_A}{T_C - T_B} = \left(\frac{V_2}{V_1}\right)^{\gamma-1}$$

식 (4)를 식 (1)에 대입한다.

$$e = 1 - \frac{1}{(V_1/V_2)^{\gamma-1}}$$

결론 이것이 식 22.9이다.

22.6 엔트로피
Entropy

오류 피하기 22.4

엔트로피는 추상적이다 엔트로피는 물리학에서 가장 추상적인 개념 중 하나이며, 그래서 이 절과 다음 절들의 논의를 아주 주의 깊게 읽어야 한다. 에너지와 엔트로피를 혼동하지 않도록 유의하자. 이름은 비슷하지만 이 둘은 아주 다르다. 반면에 에너지와 엔트로피는 밀접하게 관련되어 있는데, 이 또한 논의에서 확인할 것이다.

열역학 제0법칙은 온도의 개념에 관한 것이고, 제1법칙은 내부 에너지의 개념에 관한 것이다. 온도와 내부 에너지는 모두 상태 변수이다. 즉 어떤 계의 열역학 상태에만 의존하고 그 상태에 도달하는 과정과는 관계가 없다. 또 다른 상태 변수로는—이것은 열역학 제2법칙에 관련된 것으로서—**엔트로피**(entropy)가 있다.

엔트로피는 원래 열역학에서 유용한 개념으로 형성되었으나 통계역학 분야가 발전함에 따라 점차 중요성이 커졌다. 왜냐하면 통계역학의 해석학적인 방법이 엔트로피를 이해하는 또 다른 방법과 그 개념의 보편적인 중요성을 제공하였기 때문이다. 통계역학에서 물질의 성질은 물질 내의 원자와 분자들의 통계적 행동으로 나타낼 수 있다.

먼저 주사위와 포커의 패와 같은 비열역학 계를 고려하여 엔트로피의 이해를 돕도록 하겠다. 그러고 나서 이 개념을 확장하여 열역학 계에 적용함으로써 엔트로피의 개념을 이해하는 데 사용하겠다.

계의 **미시 상태**와 **거시 상태**를 구분하면서 이 논의를 시작하자. **미시 상태**(microstate)는 계를 구성하는 개별 요소들의 특정한 배열이다. **거시 상태**(macrostate)는 거시적인 견지에서 계의 조건들을 나타내는 것이다.

계에 주어진 거시 상태에 대하여 미시 상태는 수없이 많다. 예를 들어 두 개의 주사위를 던져서 거시 상태가 4라면 미시 상태는 1–3, 2–2, 3–1이 있다. 거시 상태 2는 오직 하나의 미시 상태 1–1만을 갖는다. 모든 미시 상태는 같은 확률로 일어난다고 가정한다. 이들 두 거시 상태를 세 가지 방법으로 비교할 수 있다. (1) **불확정도**: 4의 거시 상태가 있음을 알고 있다면, 4가 되는 미시 상태가 여러 개 있기 때문에 존재하는 미시 상태의 불확정도가 있다. 비교하자면, 2의 거시 상태의 경우에는 하나의 미시 상태만이 있기 때문에 불확정도가 낮다(실제로는 불확정도가 영이다). (2) **선택의 수**: 2보다는 4의 경우 선택 대상인 미시 상태의 수가 더 많다. (3) **확률**: 4의 거시 상태는 2의 거시 상태보다 4가 되는 미시 상태의 방법이 더 많기 때문에 확률이 더 높다. 불확정도, 선택의 수, 확률의 개념은 다음에 설명할 엔트로피의 개념에 중요하다.

포커 패에 관련된 또 다른 예를 살펴보자. 다섯 장이 손에 들어오는 포커 패에서 스페이드 10에서 에이스까지의 순서로 로열 플러시(그림 22.14a)가 되는 거시 상태에는

그림 22.14 (a) 로열 스트레이트 플러시의 패를 잡을 확률은 매우 작다. (b) 승부에서 쓸모없는 카드 패는 너무 많은데, 그중의 하나이다.

하나의 미시 상태만 있을 뿐이다. 그림 22.14b는 또 다른 포커 패를 보여 주고 있다. 여기서 거시 상태는 '쓸모없는 패'이다. 그림 22.14b에서 **특정한** 패(미시 상태)는 그림 22.14a에서의 패와 확률이 같다. 그러나 그림 22.14b의 패와 유사한 다른 패들이 **많다**. 즉 쓸모없는 패와 같은 많은 미시 상태가 있다. 여러분이 포커 게임을 할 때, 상대방이 스페이드 로열 플러시를 갖고 있다는 것을 안다면, 손에 들고 있는 다섯 장의 카드가 무엇인지에 대한 **불확정도가 영**이고, 이들 카드가 무엇인지의 **선택 대상은 단지 하나**이고, 패가 실제로 일어날 **확률은 낮다**. 반면에, 상대방이 '쓸모없는 패'의 거시 상태를 가지고 있음을 안다면, 다섯 장이 각각 무엇인지에 대한 **불확정도가 높아지고**, 이들이 무엇일지에 대한 **선택 대상들이 많아지고**, 쓸모없는 패가 일어날 **확률은 높아진다**. 물론 포커에서의 또 다른 변수는 확률과 관련된 패의 값이다. 확률이 높아질수록 값은 낮아진다. 이 논의에서 배제해야 할 중요한 점은 불확정도, 선택의 수, 확률이 이들 상황과 관련이 있다는 것이다. 하나가 높아지면 다른 것들도 높아지고, 반대 경우도 마찬가지이다.

거시 상태를 기술하는 또 다른 방법은 '빠진 정보'에 의한 것이다. 많은 미시 상태를 갖는 확률이 높은 거시 상태의 경우, 거기에는 빠진 정보가 많다. 이는 어떤 미시 상태가 실제로 존재하는지에 대한 정보가 충분치 않다는 것을 의미한다. 주사위 두 개에서 2가 되는 거시 상태의 경우, 빠진 정보가 없다. 미시 상태는 1–1임을 우리는 안다. 그러나 도움이 안 되는 패의 거시 상태의 경우, 가지고 있는 실제 패와 같은 값인 수많은 패들에 대한 많은 정보가 빠져 있다.

퀴즈 22.4 **(a)** 보통의 게임용 카드에서 임의의 네 장의 카드를 선택하였는데, 네 장이 투 카드(four deuces)인 거시 상태를 얻었다고 가정하자. 이런 거시 상태에 몇 개의 미시 상태가 연관되어 있는가? **(b)** 두 개의 카드를 선택하였는데 두 장의 에이스가 나왔다. 이 거시 상태에 몇 개의 미시 상태가 연관되어 있는가?

열역학 계에서, 변수 **엔트로피**(entropy) S는 계의 불확정도, 선택의 수, 확률, 또는 빠진 정보의 정도를 나타내는 데 사용된다. 예를 들어 여러분의 방에 있는 모든 산소 분자가 방의 서쪽 반에 있고 질소 분자는 동쪽 반에 있는 배열을 고려해 보자. 이 거시 상태를 방 전체에 균일하게 분포하고 있는 일반적인 공기 분자의 배열과 비교해 보자. 후자의 배열은 분자들이 어디에 있는지에 대하여 불확정도가 보다 높고 빠진 정보가 보다 많다. 왜냐하면 분자들은 단지 방의 한쪽 반이 아니라 어느 곳에나 있을 수 있기 때문에다. 또한 균일한 분포의 배열은 분자들이 어디에 있는지에 대하여 선택의 수가 많아짐을 나타낸다. 또한 발생할 확률이 훨씬 더 높다. 여러분의 방의 반이 갑자기 산소가 없어지는 것을 경험해 본 적이 있는가? 그러므로 후자의 균일한 배열은 더 높은 엔트로피를 나타낸다.

주사위나 포커 패의 경우, 여러 거시 상태에 대한 확률을 비교할 때는 비교적 적은 숫자가 관련되어 있다. 예를 들어 주사위 두 개에서 4가 되는 거시 상태는 2가 되는 거시 상태 확률의 단지 세 배이다. 쓸모없는 패와 로열 플러시의 확률의 비율은 상당히 크다. 그러나 우리가 아보가드로수 정도의 분자가 있는 거시적인 열역학 계에 대하여 이야기할 때, 확률들의 비율은 천문학적인 수가 될 수 있다.

오류 피하기 22.5

이 교재에서 엔트로피는 열역학 계에 대한 용어이다 우리는 주사위나 카드의 계에 대하여 엔트로피라는 단어를 사용하지 않는다. 이 계들은 미시 상태와 거시 상태, 불확정도, 선택의 수, 확률 그리고 빠진 정보들에 대한 개념을 얻기 위한 예들이다. 이 교재에서 엔트로피는 많은 입자로 구성되어 있어서 내부 에너지란 개념을 정의할 수 있는 열역학 계를 기술할 때만 사용한다.

오류 피하기 22.6

엔트로피와 무질서 어떤 교재들은 엔트로피를 취급할 때 계의 무질서와 관련시킨다. 이 접근은 장점이 있으나, 전적으로 성공적이지는 않다. 예를 들어 같은 물질로 된 같은 온도의 두 고체 시료가 있다고 하자. 한 시료의 부피는 V이고 다른 시료의 부피는 $2V$이다. 큰 시료는 분자 수가 많기 때문에 엔트로피가 더 크다. 그러나 큰 시료가 작은 시료보다 더 무질서한 것은 아니다. 이 교재에서는 무질서 접근법을 사용하지 않는다. 그리고 다른 문헌을 볼 때도 이 점에 유의하라.

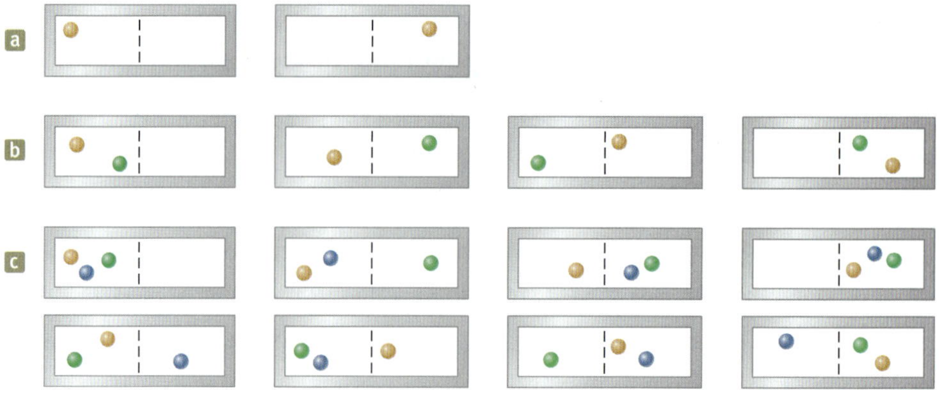

그림 22.15 용기 내 동일한 분자들의 가능한 분포. 여기서 사용한 색들은 분자를 구분하기 위해서이다. (a) 용기 안에 있는 한 개의 분자가 왼쪽에 있을 확률은 1/2이다. (b) 두 개의 분자가 동시에 왼쪽에 있을 확률은 1/4이다. (c) 세 개의 분자가 동시에 왼쪽에 있을 확률은 1/8이다.

이 개념을 용기 안에 있는 100개의 분자에 대하여 생각해 보자. 이들 중의 반은 산소이고 나머지 반은 질소이다. 주어진 어떤 순간에 한 분자가 그림 22.15a에 보이는 왼쪽 부분에 위치할 확률은 분자의 마구잡이 운동의 결과로 1/2이다. 그림 22.15b에 보인 것처럼 두 개의 분자가 있다면 둘 다 모두 왼쪽에 위치할 확률은 $(\frac{1}{2})^2$, 즉 1/4의 확률이다. 세 개의 분자가 있다면(그림 22.15c), 세 개 모두 같은 순간에 왼쪽에 있을 확률은 $(\frac{1}{2})^3$, 즉 1/8의 확률이다. 독립적으로 움직이는 백 개의 분자에 대하여 어떤 순간에 오십 개의 빠르게 움직이는 분자들을 왼쪽에서 발견할 확률은 $(\frac{1}{2})^{50}$이다. 마찬가지로 남은 오십 개의 느리게 움직이는 분자들을 어떤 순간에 오른쪽에서 발견할 확률도 $(\frac{1}{2})^{50}$이다. 따라서 마구잡이 운동의 결과 이와 같이 산소–질소 분리를 발견할 확률은 $(\frac{1}{2})^{50}(\frac{1}{2})^{50} = (\frac{1}{2})^{100}$, 즉 10^{30}분의 1 정도이다. 이 계산을 백 개의 분자에서 기체 1몰의 분자 수(6.02×10^{23})로 확장하면, 이런 분리된 배열은 **거의** 불가능하다는 것을 알 수 있다.

비열역학 계에 대한 불확정도, 선택의 수, 확률과 빠진 정보에 대한 개념을 공부하였다. 그리고 열역학 계에서 엔트로피의 개념이 이들 개념과 관련될 수 있음을 알았다. 그러나 열역학 계에서 엔트로피를 어떻게 계산하는지를 아직 공부하지 않았다. 이 계산은 1870년대에 볼츠만이 통계적인 방법으로 하였는데, 현재 다음과 같은 형태로 받아들여지고 있다.

$$S = k_B \ln W \qquad \textbf{(22.10)}$$

여기서 k_B는 볼츠만 상수이다. 볼츠만은 W를 독일 단어로 확률을 나타내는 *Wahrscheinlichkeit*에서 따왔다. 이는 주어진 거시 상태가 존재하는 확률에 비례한다. 다시 말해서 W를 거시 상태와 관련된 미시 상태의 수와 같다고 놓는 것과 동등하다. 그러므로 W를 주어진 거시 상태를 만족하는 방법의 수를 나타낸다고 해석할 수 있다. 따라서 미시 상태 수가 많은 거시 상태는 확률이 높고 엔트로피 역시 높다.

기체 운동론에서 기체 분자들은 마구잡이로 움직이는 입자들로 간주한다. 기체가 부피 V에 갇혀 있다고 생각하자. 부피에 균일하게 퍼져 있는 기체에 대하여 그에 해당하는 아주 많은 미시 상태가 존재하고, 기체의 엔트로피는 주어진 거시 상태에 해당하는 미시 상태의 수와 연관될 수 있다. 기체 분자가 위치할 수 있는 분자의 다양한 자리들을 가지고 미시 상태의 개수를 세어보자. 각각의 분자가 어떤 미시적인 부피 V_m을 점유하고 있다고 하자. 거시적인 처음 부피 V에서 단일 분자가 위치할 수 있는 가능한 자리의 전체 개수는 $w = V/V_m$인데, 이것은 엄청나게 큰 숫자이다. 여기서 w는 한 분자가 처음 부피에서 위치할 수 있는 방법의 전체 개수 또는 미시 상태의 개수를 나타내는데, 이것은 가능한 자리의 전체 개수에 해당한다. 한 분자가 이 자리들 중 어느 하나를 점유할 확률은 모두 같다고 가정한다. 더 많은 분자들이 계에 추가되면 분자가 부피 내에서 위치할 수 있는 가능한 방법의 개수는 그림 22.15에서 본 바와 같이 곱으로 증가한다. 예를 들면 두 개의 분자가 있다면, 첫 번째 분자의 가능한 모든 자리에 대하여 두 번째 분자도 모든 자리에 위치할 수 있다. 따라서 첫 번째 분자가 위치할 가짓수 w에 대하여 두 번째 분자가 위치할 가짓수도 w개가 존재한다. 따라서 두 개의 분자가 위치할 방법의 전체 가짓수는 $W = w \times w = w^2 = (V/V_m)^2$이다(대문자 W는 많은 분자들을 부피 내에 넣는 방법의 수를 나타내며, 일과 혼동하지 않기 바란다).

이번에는 N개의 분자를 부피 V에 놓은 것을 고려해 보자. 두 개의 분자가 같은 자리를 차지할 아주 작은 확률의 경우를 무시하면, 각각의 분자는 V/V_m 위치 중 어느 위치로도 갈 수가 있다. 따라서 N개의 분자가 어떤 부피에서 위치할 방법의 전체 가짓수는 $W = w^N = (V/V_m)^N$이 된다. 그러므로 기체의 엔트로피 공간 부분은 식 22.10으로부터

$$S = k_B \ln W = k_B \ln \left(\frac{V}{V_m}\right)^N = Nk_B \ln \left(\frac{V}{V_m}\right) = nR \ln \left(\frac{V}{V_m}\right) \qquad \mathbf{(22.11)}$$

이다. 다음 절에서는 열역학 계에서 일어나는 과정에 대한 엔트로피 변화를 공부할 때 이 식을 사용한다.

식 22.11은 기체의 엔트로피의 공간 부분을 나타냄에 유의하라. 앞에서 언급하지 않았지만 엔트로피에는 온도에 의존하는 부분이 있다. 예를 들어 기체의 온도가 증가하는 등적 과정을 생각해 보자. 앞의 식 22.11은 이 상황에 대하여 엔트로피의 공간 부분에 변화가 없음을 보여 주고 있다. 그러나 온도 증가와 관련된 엔트로피 변화가 있다. 이는 양자 역학을 이용하여 이해할 수 있다. 21.3절에서 기체 분자 에너지는 양자화되어 있음을 상기하자. 기체의 온도가 변할 때, 기체 분자들의 에너지 분포는 21.5절에서 공부한 바와 같이 볼츠만 분포 법칙에 따라 변한다. 그러므로 기체의 온도가 증가할수록, 기체 분자가 더 높은 양자 상태로 분포함에 따라 특정한 미시 상태에 대한 불확정도가 더 많아진다. 등적 과정에 대한 엔트로피 변화를 예제 22.7에서 보게 될 것이다.

22.7 열역학 계의 엔트로피 변화
Changes in Entropy for Thermodynamic Systems

열역학 계는 한 미시 상태에서 다른 상태로 연속적으로 변한다. 계가 평형 상태이면, 주어진 거시 상태가 존재하며, 계는 그 거시 상태와 관련된 하나의 미시 상태로부터 다른 상태로 변한다. 우리는 거시 상태만을 검출하기 때문에 이 변화는 관측할 수 없다.

평형 상태는 비평형 상태보다 엄청나게 높은 확률을 가지므로, 한 평형 상태에서 다른 비평형 상태로 자발적으로 변하기는 어렵다. 예를 들어 22.6절에서 공부한 산소–질소 계에서 두 기체가 저절로 양쪽으로 분리되는 현상은 관측되지는 않는다.

그러나 계가 낮은 확률의 거시 상태에서 시작하면 어떻게 될까? 방에서 산소와 질소가 분리된 상태에서 시작하면 어떻게 될까? 이 경우, 계는 이 낮은 확률의 거시 상태로부터 훨씬 더 높은 확률의 상태로 진행될 것이다. 기체들은 분산되어 방 전체에 걸쳐 섞일 것이다. 엔트로피는 확률과 관련이 있기 때문에, 후자와 같은 엔트로피의 자발적인 증가는 자연스럽다. 산소와 질소 분자가 처음에 방 전체에 균일하게 퍼져 있다가, 분자들이 자발적으로 분리된다면, 엔트로피는 감소한다.

엔트로피의 변화를 개념화할 수 있는 방법 중 하나는 이를 **에너지 퍼짐**과 연관 짓는 것이다. 자연적인 경향은 에너지가 시간에 따라 공간에 퍼지는 것이며, 이는 엔트로피의 증가를 의미한다. 야구공을 바닥에 떨어뜨리면, 여러 번 되튀다가 결국에는 멈추게 된다. 야구공–지구 계에서 처음 중력 퍼텐셜 에너지는 공과 마루 내의 내부 에너지로 변환된다. 이 에너지는 낙하 지점으로부터 멀리 열에 의하여 공기와 마루 영역으로 퍼져 나간다. 더욱이, 에너지의 일부는 소리로 방에 퍼진다. 방과 마루에서 에너지가 저절로 공의 운동을 거꾸로 돌려 처음 위치의 정지 상태의 공이 되게 하는 것은 자연스럽지 못하다.

22.3절의 단열 자유 팽창에서, 기체가 비어 있는 용기의 반으로 갑자기 몰려갈 때 분자들의 퍼짐은 에너지의 퍼짐을 동반한다. 따뜻한 물체가 차가운 물체와 열접촉하면, 에너지는 따뜻한 물체에서 찬 물체로 열에 의하여 전달된다. 이는 두 물체 사이에 에너지가 더 균일하게 분포할 때까지 에너지가 퍼짐을 의미한다.

이번에는 이 에너지 퍼짐의 수학적인 표현, 다른 말로 엔트로피 변화를 고려해 보자. 열역학에서 엔트로피의 원래 정의는 가역 과정에서 열에 의한 에너지의 전달을 포함하고 있다. 어떤 계가 한 평형 상태에서 다른 상태로 아주 천천히 변하는 과정을 생각해 보자. 계가 두 상태 사이에서 가역 과정을 따라 변할 때 열에 의하여 전달된 에너지의 양을 dQ라고 하면, 엔트로피의 변화 dS는 가역 과정에서 전달되는 이 에너지를 그 계의 절대 온도로 나눈 것과 같다. 즙

무한히 짧은 과정에서의 엔트로피 변화 ▶

$$dS = \frac{dQ_r}{T} \tag{22.12}$$

이다. 여기서 우리는 과정이 무한히 짧기 때문에 온도가 일정하다고 가정하였다. 엔트로피는 상태 변수이므로, 어떤 과정 중의 엔트로피 변화는 양 끝점에만 의존하고 실제 과정의 경로에는 무관하다. 결론적으로 비가역 과정의 엔트로피 변화는 같은 처음 상태와 나중 상태를 연결하는 **가역** 과정에 대한 엔트로피 변화를 계산하여 구할 수 있다.

dQ_r에 붙어 있는 아래 첨자 r는 계가 실제로 어떤 비가역 경로를 따른다고 하더라도 가역 경로를 따라 측정된 에너지의 전달량을 나타내기 위한 것이다. 계가 에너지를 흡수하면 dQ_r는 양이고, 계의 엔트로피는 증가한다. 계가 에너지를 내보내면 dQ_r는 음이고, 계의 엔트로피는 감소한다. 열역학에서 식 22.12는 엔트로피가 아니라 엔트로

피의 **변화**를 정의한다. 또한 어떤 과정을 나타내는 데 의미가 있는 것은 엔트로피의 **변화**이다.

어떤 **유한한** 과정에서의 엔트로피 변화를 구하기 위해서는 일반적으로 온도 T가 일정하지 않음을 알아야 한다. 따라서 식 22.12를 적분해야만 한다.

$$\Delta S = \int_i^f dS = \int_i^f \frac{dQ_r}{T} \tag{22.13}$$

◀ 유한한 과정에서의 엔트로피 변화

무한히 짧은 과정에서처럼, 한 상태에서 다른 상태로 가는 어떤 계의 엔트로피 변화 ΔS는 두 상태를 연결하는 **모든** 경로에 대하여 같은 값을 가진다. 즉 어떤 계의 엔트로피의 유한한 변화 ΔS는 처음과 나중 평형 상태의 성질에만 의존한다. 그러므로 처음 상태와 나중 상태가 실제 경로와 가역 경로 모두에 대하여 같은 상태이기만 하면, 실제 경로 대신에 엔트로피를 계산하기 쉬운 편리한 가역 경로를 마음대로 선택할 수 있다. 이런 점은 이 절에서 더 자세히 다룬다.

식 22.10으로부터, 엔트로피 변화는 다음과 같이 볼츠만 식에 표현되어 있음을 알았다.

$$\Delta S = k_B \ln\left(\frac{W_f}{W_i}\right) \tag{22.14}$$

여기서 W_i와 W_f는 각각 계의 처음과 나중 배열에 대한 처음과 나중의 미시 상태의 수를 나타낸다. $W_f > W_i$이면, 나중 상태는 처음 상태보다 더 확률이 높고(즉 더 많은 미시 상태의 선택이 있다), 엔트로피가 증가한다.

Q 퀴즈 22.5 이상 기체가 두 가지 다른 가역 경로를 따라서 처음 온도 T_i에서 더 높은 나중 온도 T_f가 되었다. 경로 A는 일정한 압력에서, 경로 B는 일정한 부피에서 진행되었다. 이런 경로에 대하여 기체의 엔트로피 변화는 어떤 관계를 가지는가? **(a)** $\Delta S_A > \Delta S_B$ **(b)** $\Delta S_A = \Delta S_B$ **(c)** $\Delta S_A < \Delta S_B$

Q 퀴즈 22.6 참 또는 거짓: 단열 과정에서 $Q = 0$이므로 엔트로피의 변화는 영이다.

예제 22.6 녹는 과정에서 엔트로피 변화

융해열이 L_f인 어떤 고체가 온도 T_m에서 녹는다. 이 물질의 질량 m이 녹을 때 엔트로피의 변화를 구하라.

풀이

개념화 처음과 나중 상태를 연결하는 임의의 편리한 가역 경로를 선택할 수 있다. 어떤 과정 또는 경로를 선택하든지 결과는 같기 때문에, 이들을 구분할 필요는 없다. 에너지는 열에 의하여 물질로 들어가서 물질이 녹게 된다. 녹는 물질의 질량 m은 Δm과 같으며, 이는 높은 상(액체) 물질의 질량 변화이다.

분류 어떤 물질이 녹는 것은 일정한 온도에서 일어나므로 이 과정은 등온 과정이다.

분석 온도가 일정하다는 것을 명심하고 식 20.7과 22.13을 이용한다.

$$\Delta S = \int \frac{dQ_r}{T} = \frac{1}{T_m}\int dQ_r = \frac{Q_r}{T_m} = \frac{L_f \Delta m}{T_m} = \frac{L_f m}{T_m}$$

결론 Δm이 양(+)이므로 ΔS는 양의 값인데, 이것은 에너지가 얼음에 공급된다는 것을 나타낸다.

카르노 기관에서의 엔트로피 변화 Entropy Change in a Carnot Cycle

두 온도 T_c와 T_h 사이에서 작동하는 카르노 열기관에서 일어나는 엔트로피의 변화를 살펴보자. 한 순환 과정 동안 기관은 고온 저장고에서 에너지 $|Q_h|$를 얻어서 저온 저장고로 에너지 $|Q_c|$를 내보낸다. 이들 에너지 전달은 카르노 순환 과정의 등온선 부분에서만 일어난다. 따라서 온도가 일정하므로 식 22.13에서 T를 적분 기호 앞으로 빼낼 수 있다. 그러면 적분은 단순히 열에 의한 에너지 전달량으로만 나타나므로, 한 순환 과정 동안의 전체 엔트로피 변화는

$$\Delta S = \frac{|Q_h|}{T_h} - \frac{|Q_c|}{T_c} \tag{22.15}$$

이다. 여기서 음의 부호는 온도 T_c에서 에너지가 열기관에서 빠져나가는 것을 나타낸다. 예제 22.3에서 카르노 기관에 대하여

$$\frac{|Q_c|}{|Q_h|} = \frac{T_c}{T_h}$$

를 증명하였다. 이 결과를 이용하여 식 22.15에서 한 순환 과정 동안 카르노 기관의 전체 엔트로피 변화는 **영**임을 알 수 있다.

$$\Delta S = 0$$

이제 어떤 계가 카르노 순환 과정이 아닌 임의의 가역 순환 과정으로 작동한다고 하자. 엔트로피는 상태 변수이기 때문에—따라서 평형 상태의 성질에만 의존하므로—**어떤** 가역 순환 과정에 대해서도 $\Delta S = 0$이라고 할 수 있다. 일반적으로 이런 조건을 수학적인 식으로 나타내면

$$\oint \frac{dQ_r}{T} = 0 \quad \text{(가역 순환 과정)} \tag{22.16}$$

이라고 쓸 수 있다. 여기서 적분 기호 $\oint$는 닫힌 경로를 따라 적분함을 나타낸다.

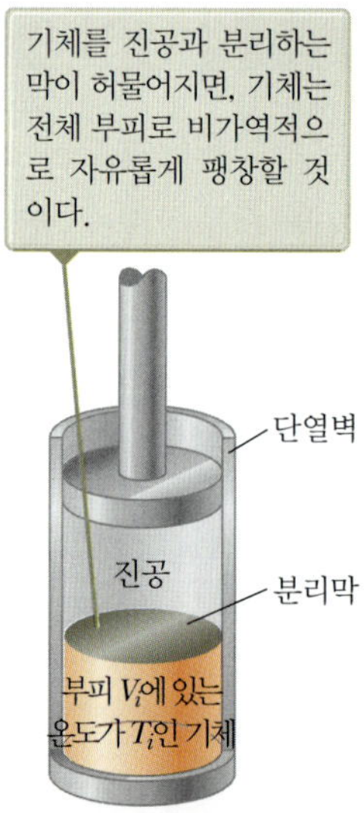

그림 22.16 기체의 단열 자유 팽창. 용기는 주위와 단열되어 있다. 따라서 $Q = 0$이다.

자유 팽창에서 엔트로피 변화 Entropy Change in a Free Expansion

처음 부피 V_i인 기체의 단열 자유 팽창을 살펴보자(그림 22.16). 이 상황에서 기체를 진공 영역과 분리하는 막이 없어지고, 기체가 나중 부피 V_f로 팽창한다. 이 과정은 비가역이다. 기체는 전체 부피를 차지한 후에 자발적으로 부피의 1/2 되는 영역에 모이지는 않을 것이다. 이 과정에서 기체의 엔트로피 변화는 얼마인가? 이 과정은 가역 과정도 아니고 준정적 과정도 아니다. 20.6절에서 본 것처럼 기체의 처음 온도와 나중 온도는 같다.

식 22.13을 적용하려면 비가역 과정에 대한 값인 $Q = 0$을 쓸 수는 없으므로 대신에 Q_r를 구해야만 한다. 즉 처음 상태와 나중 상태가 같은 등가 가역 과정을 찾아야만 한다. 그 간단한 예가 온도가 일정하게 유지되도록 저장고로부터 열에 의하여 에너지가 기체로 들어가면서 기체가 피스톤을 천천히 밀어내면서 등온 가역 팽창하는 경우이다.

이 과정에서 T가 일정하므로 식 22.13에서

$$\Delta S = \int_i^f \frac{dQ_r}{T} = \frac{1}{T}\int_i^f dQ_r$$

가 된다. 등온 과정의 경우 열역학 제1법칙에 의하면 $\int_i^f dQ_r$은 기체의 부피가 V_i에서 V_f로 팽창하는 동안 기체에 한 일의 음의 값과 같다. 이 값은 식 20.14에 주어져 있다. 이 결과를 이용하면 기체의 엔트로피 변화는

$$\Delta S = nR\ln\left(\frac{V_f}{V_i}\right) \tag{22.17}$$

임이 얻어진다. $V_f > V_i$이므로 ΔS는 양이 됨을 알 수 있다. 이것이 양의 값을 가진다는 결과는 비가역 단열 팽창의 결과 기체의 엔트로피가 **증가**함을 나타낸다.

팽창 후에는 에너지가 퍼졌음을 쉽게 알 수 있다. 비교적 작은 공간에 기체를 몰아넣는 대신에, 분자들과 이와 관련된 에너지는 좀 더 넓은 영역으로 흩어진다.

열전도에서 엔트로피 변화 Entropy Changes in Thermal Conduction

고온 저장고와 저온 저장고가 열접촉되어 있고 우주 내의 외부와는 고립된 계의 경우를 살펴보자. 온도 T_h인 고온 저장고로부터 에너지 Q가 온도가 T_c인 저온 저장고로 열에 의하여 전달된다. 이런 과정은 비가역이어서(에너지는 자연적으로 저온에서 고온으로 흐르지 않는다), 등가 가역 과정을 구해야만 한다. 전체 과정은 고온 저장고를 떠나는 에너지 과정과 저온 저장고로 들어가는 에너지 과정의 조합이다. 각 과정에서 저장고에 대한 엔트로피 변화를 계산하고 이들을 더하여 전체 엔트로피 변화를 얻는다.

고온 저장고로 들어가는 에너지 과정을 먼저 고려하자. 저장고는 약간의 에너지를 흡수하였지만, 저장고의 온도는 변하지 않았다. 저장고에 들어간 에너지는 가역 등온 과정에 의하여 들어가게 되는 에너지와 같다. 고온 저장고를 떠나는 에너지 경우도 마찬가지이다.

저온 저장고가 에너지 Q를 흡수하므로, 저온 저장고의 엔트로피는 Q/T_c만큼 증가한다. 동시에 고온 저장고는 에너지 Q를 잃으므로 고온 저장고의 엔트로피 변화는 $-Q/T_h$이다. 그러므로 계의 엔트로피 변화(우주의 엔트로피 변화)는 다음과 같다.

$$\Delta S = \frac{Q}{T_c} + \frac{-Q}{T_h} = Q\left(\frac{1}{T_c} - \frac{1}{T_h}\right) > 0 \tag{22.18}$$

이 증가는 엔트로피 변화를 에너지 퍼짐으로 해석하는 것과 일치한다. 두 저장고가 온도 외에는 같다고 가정하면 처음 배열에서, 고온 저장고는 저온 저장고에 비하여 더 많은 내부 에너지를 갖는다. 실제 일어나는 과정에서는 에너지가 퍼져서 두 저장고의 차이가 작아지는 방향으로 에너시 분포가 변한다.

예제 22.7 단열 자유 팽창 다시 보기

엔트로피의 계산에 대한 거시적인 그리고 미시적인 접근법이 이상 기체의 단열 자유 팽창에 대하여 같은 결론을 이끌어낸다는 것을 증명해 보자. 그림 22.16에서 이상 기체가 처음 부피의 네 배로 팽창한다고 가정해 보자. 이 과정에서 이미 보았듯이 처음 온도와 나중 온도는 같다.

(A) 거시적인 접근법을 사용하여 기체의 엔트로피 변화를 구하라.

풀이

개념화 단열 자유 팽창 이전의 계를 나타내는 그림 22.16으로 되돌아가 보자. 막이 찢어져서 기체가 진공 영역으로 움직여 들어간다고 생각해 보자. 이 과정은 비가역 과정이다.

분류 이 비가역 과정은 (비가역 과정과) 똑같은 처음 상태와 나중 상태를 가진 가역적인 등온 과정으로 대치될 수 있다. 이 접근법은 거시적이며 따라서 부피 V와 같은 열역학적인 변수를 사용한다.

분석 식 22.17을 이용하여 엔트로피 변화를 구한다.

$$\Delta S = nR\ln\left(\frac{V_f}{V_i}\right) = nR\ln\left(\frac{4V_i}{V_i}\right) = nR\ln 4$$

(B) 통계적인 접근법을 사용하여 기체의 엔트로피 변화를 계산하고, 그 결과가 (A)에서 얻은 답과 일치함을 보이라.

풀이

분류 이 접근법은 미시적이므로 각각의 분자들에 관련된 변수들을 사용한다.

분석 식 22.11을 공부할 때 논의한 것처럼, 처음 부피 V_i에 있는 분자 하나의 가능한 미시 상태의 수는 $w_i = V_i/V_m$이다. 여기서 V_i는 기체의 처음 부피이고 V_m은 분자가 차지하는 미시 부피이다. 이것을 이용하여 N개의 분자에 대하여 가능한 미시 상태의 수를 구한다.

$$W_i = w_i^N = \left(\frac{V_i}{V_m}\right)^N$$

N개의 분자에 대하여 나중 부피 $V_f = 4V_i$ 안에 있는 가능한 미시 상태의 수를 구한다.

$$W_f = \left(\frac{V_f}{V_m}\right)^N = \left(\frac{4V_i}{V_m}\right)^N$$

식 22.14를 이용하여 엔트로피 변화를 구한다.

$$\Delta S = k_B\ln\left(\frac{W_f}{W_i}\right)$$

$$= k_B\ln\left(\frac{4V_i}{V_i}\right)^N = k_B\ln(4^N) = Nk_B\ln 4 = nR\ln 4$$

결론 이 결과는 거시 변수를 다룬 (A)의 결과와 일치한다.

문제 (A)에서 처음 상태와 나중 상태를 연결하는 가역 등온 과정에 근거하여 식 22.17을 이용하였다. 만약에 다른 가역 과정을 선택해도 같은 결론을 얻을 수 있는가?

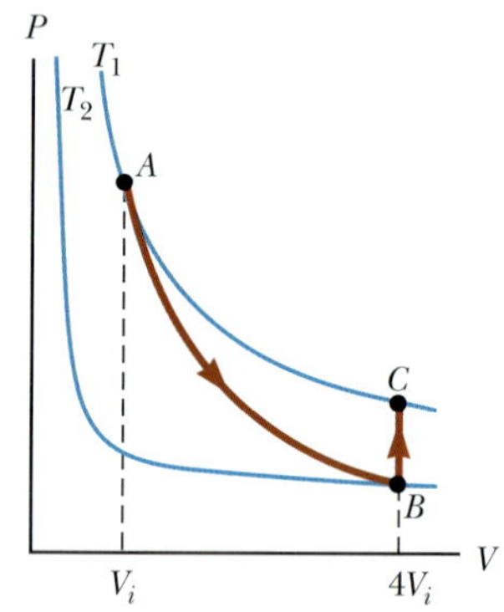

그림 22.17 (예제 22.7) 원래 부피의 네 배로 팽창한 기체가 두 단계 과정을 거쳐 처음 온도로 돌아간다.

답 똑같은 결론에 도달해야 한다. 왜냐하면 엔트로피는 상태 변수이기 때문이다. 예를 들면 그림 22.17에서 두 단계로 이루어진 과정을 생각해 보자. 온도가 T_1에서 T_2로 내려가면서 부피는 V_i에서 $4V_i$가 되는 가역 단열 팽창($A \to B$)과 기체가 다시 처음 온도 T_1이 되는 가역 등적 과정($B \to C$)을 생각해 보자.

가역 단열 과정 동안에 $Q_r = 0$이므로 $\Delta S = 0$이다.

가역 등적 과정($B \to C$)에 식 22.13을 이용한다.

$$\Delta S = \int_i^f \frac{dQ_r}{T} = \int_{T_2}^{T_1} \frac{nC_V dT}{T} = nC_V\ln\left(\frac{T_1}{T_2}\right)$$

단열 과정에 대한 식 21.39로부터 온도 T_1에 대한 T_2의 비를 구한다.

$$\frac{T_1}{T_2} = \left(\frac{4V_i}{V_i}\right)^{\gamma-1} = (4)^{\gamma-1}$$

이 결과를 위의 식에 대입하여 ΔS를 구한다.

$$\Delta S = nC_V \ln (4)^{\gamma - 1} = nC_V(\gamma - 1) \ln 4$$
$$= nC_V\left(\frac{C_P}{C_V} - 1\right) \ln 4 = n(C_P - C_V) \ln 4$$
$$= nR \ln 4$$

이와 같이 우리는 엔트로피 변화에 대하여 정확하게 같은 결과를 얻었다.

22.8 엔트로피와 제2법칙
Entropy and the Second Law

어떤 계와 그 주위를 전체 우주로 고려하면, 우주는 항상 확률이 더 큰 거시 상태로 이동하며, 이는 에너지의 연속적인 퍼짐에 해당한다. 엔트로피는 무질서의 척도이기 때문에, 이런 거동을 표현하는 또 다른 방법은 다음과 같다.

우주의 엔트로피는 모든 실제 과정에서 증가한다.

◀ 열역학 제2법칙의 엔트로피 표현

이 내용은 켈빈–플랑크와 클라우지우스 표현과 동등한 열역학 제2법칙의 또 다른 표현이다.

먼저 이 표현이 클라우지우스 표현과 같음을 보이자. 그림 22.5를 보면, 열펌프가 이런 방법으로 작동하면, 에너지는 자발적으로 저온 저장고에서 고온 저장고로 일에 의한 에너지 입력 없이 전달됨을 보았다. 그 결과 계 내의 에너지는 두 저장고 사이에 고르게 퍼지지 않고 고온 저장고 속으로 치우쳐 오게 된다. 따라서 제2법칙에 대한 클라우지우스 표현이 참이 아니면 엔트로피 표현 역시 참이 아니게 되어, 이들이 같은 내용임을 알 수 있다.

켈빈–플랑크 표현과 같음을 보이기 위하여, 같은 두 저장고 사이에서 작동하는 열펌프와 연결된 그림 22.3의 불가능한 기관을 보여 주는 그림 22.18을 고려해 보자. 기관의 출력 일은 열펌프를 구동하는 데 사용된다. 이 조합의 알짜 효과는 에너지가 저온 저장고에서 나와 일의 입력 없이 고온 저장고로 전달된다는 것이다. (기관이 열펌프에 한 일은 두 장치 계의 **내부**이다.) 이는 엔트로피 표현과 같음을 보인 클라우지우스의 제2법칙에 위배된다. 그러므로 제2법칙에 대한 켈빈–플랑크 표현 역시 엔트로피 표현과 같다.

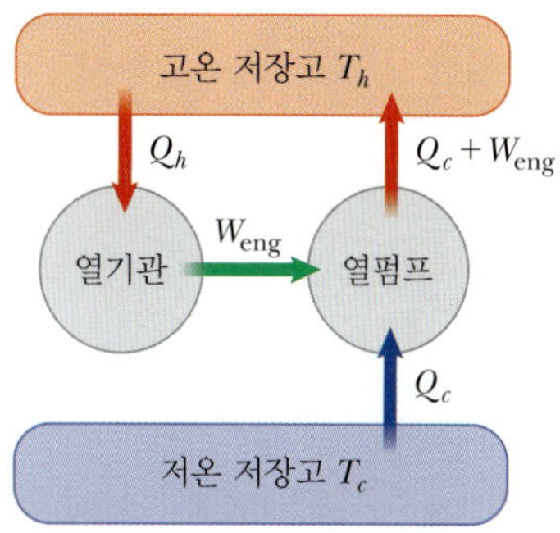

그림 22.18 그림 22.3의 불가능한 기관이 일에 의하여 두 에너지 저장고 사이에서 작동하는 열펌프로 에너지를 전달한다. 이 상황은 열역학 제2법칙의 클라우지우스 표현에 위배된다.

주위와 고립되지 않은 계를 다룰 때는, 제2법칙으로 나타낸 엔트로피의 증가는 그 계와 그 주위에 대한 것임을 명심해야 한다. 어떤 계와 그 주위가 비가역으로 상호 작용하면, 한 곳의 엔트로피 증가는 다른 곳의 엔트로피 감소보다 크다. 그러므로 우주의 엔트로피 변화는 비가역 과정에서는 영보다 크고 가역 과정에서는 영이라고 결론을 내릴 수 있다.

제2법칙에 대한 이 표현은 22.7절에서 공부한 엔트로피 변화를 계산하여 확인할 수 있다. 먼저 식 22.17에서 설명한 자유 팽창에서의 엔트로피 변화를 고려해 보자. 자유 팽창은 고립된 용기에서 일어나므로, 주위 환경으로부터 열에 의한 에너지 전달은 없다. 그러므로 식 22.17은 우주 전체의 엔트로피 변화를 나타낸다. $V_f > V_i$이므로, 우주의 엔트로피 변화는 양(+)이 되어 제2법칙과 일치한다.

이번에는 식 22.18에서 설명한 열전도에서의 엔트로피 변화를 고려해 보자. 각각의 저장고는 우주에서 각각 반씩이라고 하자. (저장고가 클수록, 저장고의 온도가 일정하게 유지된다는 가정이 더 성립한다.) 그러면 우주의 엔트로피 변화는 식 22.18로 나타난다. $T_h > T_c$이므로, 이 엔트로피 변화는 양(+)이고, 이는 제2법칙과 또한 일치한다. 양의 엔트로피 변화는 또한 에너지 퍼짐의 개념과 일치한다. 우주의 따뜻한 부분은 찬 부분에 비하여 여분의 내부 에너지를 갖는다. 열전도는 우주에 더 골고루 에너지가 퍼지는 것을 나타낸다.

마지막으로 식 22.15로 주어진 카르노 기관에서의 엔트로피 변화를 살펴보자. 기관 자체의 엔트로피 변화는 영이다. 저장고의 엔트로피 변화는 다음과 같다.

$$\Delta S = \frac{|Q_c|}{T_c} - \frac{|Q_h|}{T_h}$$

식 22.7과 비교해 보면, 이 엔트로피 변화는 또한 영이다. 그러므로 우주의 엔트로피 변화는 단지 기관이 한 일과 관련된 엔트로피이다. 이 일의 한 부분은 기관 외부에 있는 계의 역학적 에너지를 변화하는 데 사용될 것이다(기계 축의 속력을 높이기, 무게 올리기 등등). 일의 이 부분에 의한 외부 계의 내부 에너지 변화는 없다. 또는 마찬가지로 에너지 퍼짐이 없으므로 엔트로피 변화는 역시 영이다. 일의 또 다른 부분은 외부 계에서 여러 마찰력 또는 비보존력을 극복하는 데 사용될 것이다. 이 과정은 그 계의 내부 에너지를 증가하게 할 것이다. 그 만큼의 내부 에너지 증가는 에너지 Q_r가 열에 의하여 전달되는 가역적인 열역학 과정을 통하여 일어날 수도 있다. 그러므로 이 부분의 일과 관련된 엔트로피 변화는 양(+)이다. 그 결과 카르노 기관을 작동하기 위한 우주의 전체 엔트로피 변화는 양(+)이 되어, 이 역시 제2법칙과 일치한다.

최종적으로, 실제 과정들은 비가역적이므로 우주의 엔트로피는 꾸준히 증가하여 결국에는 최댓값에 도달해야 한다. 이 값에 도달하면, 여기 지구에서 만든 열역학 제2법칙이 우주 전체에 적용된다고 가정할 때, 우주는 일정한 온도와 밀도의 상태에 있게 될 것이다. 우주의 전체 에너지는 우주 전체를 통하여 퍼져 나가 보다 균일하게 되고, 이때 모든 물리, 화학, 생물학적인 과정은 중단될 것이다. 이런 암담한 상황을 우주의 **열죽음**이라고도 한다.

연습문제

객관식

1. 열역학 제2법칙에 따르면 냉동기의 성능 계수는 어떠해야 하는가? (a) 1보다 작다. (b) 1보다 작거나 같다. (c) 1보다 크거나 같다. (d) 유한하다. (e) 0보다 크다.

2. 이상 기체 시료가 상온에 있다고 가정하자. 이 시료의 엔트로피를 필연적으로 증가시키는 작용은 무엇인가? (a) 시료에 열의 형태로 에너지 전달 (b) 시료에 열의 형태로 비가역적인 에너지 전달 (c) 시료에 일을 함 (d) 다른 변수는 감소시키지 않은 채 시료의 온도나 부피를 증가시킴 (e) 정답 없음

3. 냉장고가 115 kJ의 에너지를 내부로부터 전달하는 동안 18.0 kJ의 일을 한다. 이때 성능 계수는 얼마인가? (a) 3.40 (b) 2.80 (c) 8.90 (d) 6.40 (e) 5.20

4. 다음 중 열역학 제2법칙에 대한 표현이 아닌 것은 어느 것인가? (a) 순환 과정에서 저장고의 에너지를 흡수하여 전부 일을 하는 데 사용하는 열기관은 없다. (b) 두 에너지 저장고 사이에서 작동하는 실제 기관은 같은 두 에너지 저장고 사이에서 작동하는 카르노 기관보다 효율이 더 좋을 수 없다. (c) 계의 상태가 변해갈 때, 내부 에너지의 변화는 열의 형태로 계에 전달된 에너지와 계에 한 일의 합이다. (d) 우주의 엔트로피는 모든 자연 과정에서 증가한다. (e) 에너지는 차가운 물체에서 뜨거운 물체로 자연적으로 열의 형태로 전달되지 않는다.

5. 다음과 같은 알짜 에너지 입력과 출력에 의하여 완전히 나타낼 수 있는 순환 기관을 고려하자. 각각의 경우 나열한 에너지 전달만이 유일하게 일어난다. 각각의 과정을 (a) 열역학 제1법칙에 의하면 가능, (b) 열역학 제1법칙에 의하면 불가능, (c) 열역학 제2법칙에 의하면 불가능, (d) 열역학 제1법칙과 제2법칙 모두에 의하면 불가능으로 분류하라. **(i)** 입력이 5 J의 일이고 출력이 4 J의 일 **(ii)** 입력이 5 J의 일이고 출력이 열의 형태로 전달된 5 J의 에너지 **(iii)** 입력이 송전에 의하여 전달된 5 J의 일이고 출력이 6 J의 일 **(iv)** 입력이 열의 형태로 전달된 5 J의 에너지이고 출력이 열의 형태로 전달된 5 J의 에너지 **(v)** 입력이 열의 형태로 전달된 5 J의 에너지이고 출력이 5 J의 일 **(vi)** 입력이 열의 형태로 전달된 5 J의 에너지이고 출력이 3 J의 일과 열의 형태로 전달된 2 J의 에너지 합

6. 소형 에어컨을 단열이 잘된 아파트의 책상 위에 놓고 작동시킨다. 아파트의 평균 온도는 어떻게 되는가? (a) 증가한다. (b) 감소한다. (c) 일정하다. (d) 따뜻할 때까지 증가한 후 감소한다. (e) 아파트의 처음 온도에 따라 다르다.

7. 증기 터빈이 보일러 온도 450 K와 배기 온도가 300 K에서 작동한다. 이 계의 이론적인 최대 효율은 얼마인가? (a) 0.240 (b) 0.500 (c) 0.333 (d) 0.667 (e) 0.150

8. 계의 엔트로피 변화가 −8 J/K인 열역학 과정이 일어난다. 열역학 제2법칙에 의하면, 주위 환경의 엔트로피 변화는 (a) +8 J/K 또는 이보다 작아야 한다. (b) +8 J/K와 0 사이이어야 한다. (c) +8 J/K이어야 한다. (d) +8 J/K 또는 그 이상이어야 한다. (e) 0이어야 한다.

9. 단원자 이상 기체가 피스톤이 달린 원통 안에 있다. 이의 상태는 그림 OQ22.9의 *PV* 도표에 점으로 나타낸다. *A*에서 *E*까지의 화살표는 기체가 변해가는 등압, 등온, 단열, 등적 과정을 나타낸다. *D*를 제외한 각 과정에서 부피는 두 배 또는 절반으로 변한다. 이 다섯 과정 모두 가역적이다. 기체의 엔트로피 변화를 가장 큰 양수부터 순서대로 나열하라. 값이 같으면 동일한 순위로 두라.

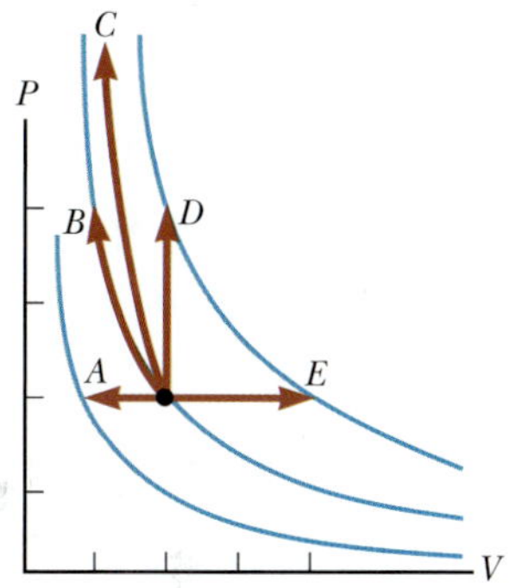

그림 OQ22.9

10. 그림 OQ22.10에서의 *PV* 도표에서 화살 *OA*는 이상 기체의 가역 단열 팽창을 나타낸다. 동일한 기체가 같은 상태 *O*에서 시작하여 동일한 나중 부피로 단열 자유 팽창을 한다. 도표에서 어느 점이 기체의 나중 부피를 나타내는가? (a) 가역 팽창에서와 같은 점 *A* (b) 점 *B* (c) 점 *C* (d) 이들 중 아무거나 (e) 정답 없음

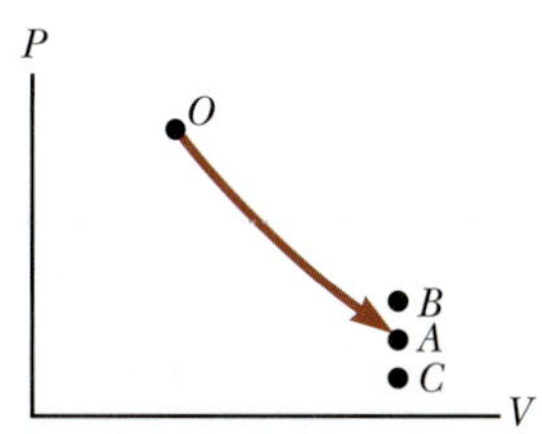

그림 OQ22.10

주관식

22.1 열기관과 열역학 제2법칙

1. 어떤 열기관의 허용 출력이 5.00 kW이고 효율이 25.0 %이다. 이 기관은 한 순환 과정 동안 8.00×10^3 J의 열을 방출한다. (a) 한 순환 과정 동안 기관이 흡수한 에너지와 (b) 한 순환 과정 동안 걸리는 시간을 구하라.

2. 어떤 기관이 한 일은 저장고에서 흡수한 에너지의 1/4과 같다. (a) 이의 열효율은 얼마인가? (b) 흡수한 에너지 중 저온 저장고로 방출되는 비율은 얼마인가?

3. 어떤 열기관이 한 순환 과정 동안 고온 저장고에서 360 J의 열을 받아 25.0 J의 일을 한다. (a) 기관의 효율과 (b) 한 순환 과정 동안 저온 저장고로 방출되는 에너지를 구하라.

4. 총은 총알이 피스톤 역할을 하는 일종의 열기관이다. 그러나 총알(피스톤)이 단열 팽창 과정에서 떨어져 나가버리니까 주기적으로 작동하는 열기관은 아니다. 어떤 총이 1.80 kg의 철로 만들어진다. 이 총이 질량이 2.40 g인 총알을 속력 320 m/s로 발사한다. 이때 에너지 효율은 1.10 %이고 나머지 98.9 %의 에너지는 총 전체가 흡수해서 순식간에 총의 온도가 증가하고 이어서 이 에너지는 열에 의하여 외부로 전달된다. 발사 직후 총의 온도 증가를 구하라.

5. 어떤 기관이 한 순환 과정 동안 277 °C인 고온 저장고에서 1.70 kJ을 흡수하고 27 °C인 저온 저장고로 1.20 kJ을 방출한다. (a) 기관의 효율은 얼마인가? (b) 한 순환 과정에서 기관이 한 일은 얼마인가? (c) 한 순환 과정이 0.300 s 걸린다면 기관의 출력은 얼마인가?

6. 어떤 비행기의 다중 실린더 가솔린 기관은 회전축이 1회전할 때마다 7.89×10^3 J의 에너지를 흡입하여 4.58×10^3 J의 에너지를 열로 내보내며, 2.50×10^3 rev/min의 회전수로 작동한다. (a) 연소열이 4.03×10^7 J/L이라면 1.00 h 동안 소비하는 연료는 몇 리터인가? (b) 기관의 역학적인 출력은 얼마인가? 마찰을 무시하고 답을 마력(hp)으로 나타내라. (c) 회전축이 부하에 작용하는 돌림힘은 얼마인가? (d) 배기 시스템과 냉각 시스템이 기관 외부로 내보내는 에너지의 일률은 얼마인가?

7. 어떤 열기관이 녹은 알루미늄(660 °C)이 담긴 도가니와 고체 수은(−38.9 °C)의 두 에너지 저장고에 연결되어 있다. 이 기관은 한 순환 과정 동안 1.00 g의 알루미늄을 응고시키고 15.0 g의 수은을 녹인다. 알루미늄의 융해열은 3.97×10^5 J/kg이고, 수은의 융해열은 1.18×10^4 J/kg이다. 이 기관의 효율은 얼마인가?

22.2 열펌프와 냉동기

8. 어떤 냉동기의 성능 계수는 5.00이다. 한 순환 과정 동안 저온 저장고로부터 120 J의 에너지를 받는다. (a) 한 순환 과정 동안 필요한 일과 (b) 고온 저장고로 방출되는 에너지를 구하라.

9. 한 순환 과정 동안 냉동기는 625 kJ의 에너지를 고온 저장고로 방출하고 550 kJ의 에너지를 저온 저장고에서 받는다. (a) 한 순환 과정 동안 냉동기가 한 일과 (b) 냉동기의 성능 계수를 구하라.

10. 열펌프의 성능 계수가 3.80이고 소비 전력이 7.03×10^3 W이다. (a) 가정에서 8.00 h 동안 계속 작동하는 경우, 이 펌프에 의하여 집 안으로 전달되는 에너지는 얼마인가? (b) 바깥 공기로부터 빼낸 에너지는 얼마인가?

11. 어떤 냉동기의 성능 계수는 3.00이다. 그 안의 얼음 통의 온도가 −20.0 °C이고 실내 온도는 22.0 °C이다. 냉동기는 분당 22.0 °C의 물 30.0 g을 −20.0 °C의 얼음 30.0 g으로 얼린다. 이 경우 냉동기에 필요한 일률은 얼마인가? 와트 단위로 나타내라.

12. 어떤 열펌프의 성능 계수는 4.20이고 작동하는 데 1.75 kW의 전력이 필요하다. (a) 가정에서 한 시간에 열펌프는 얼마의 에너지를 집 안에 전달하는가? (b) 열펌프를 거꾸로 작동시켜 여름에 에어컨으로 이용한다면, 이의 성능 계수는 얼마가 될까?

22.3 가역 및 비가역 과정

22.4 카르노 기관

13. 온도 25.0~375 °C 사이의 저장고에서 작동하는 열기관의 최대 효율은 얼마인가?

14. 현재까지 만들어진 가장 효율이 높은 열기관은 미국의 오하이오 강 계곡에 있는 석탄을 태우는 증기 터빈인데, 430~1 870 °C 사이에서 작동한다. (a) 이론적인 최대 효율은 얼마인가? (b) 이 기관의 실제 효율은 42.0 %이다. 이 기관이 초당 고온 저장고로부터 1.40×10^5 J의 에너지를 흡수한다면, 이 기관이 전달하는 역학적인 일률은 얼마인가?

15. 카르노 기관의 출력이 150 kW이다. 기관은 20.0 °C와 500 °C의 두 저장고 사이에서 작동한다. (a) 매 시간 열에 의하여 기관으로 들어가는 에너지는 얼마인가? (b) 매 시간 열

에 의하여 배출되는 에너지는 얼마인가?

16. 카르노 기관의 출력이 P이다. 기관은 온도가 T_c와 T_h인 두 저장고 사이에서 작동한다. (a) 시간 간격 Δt 동안에 열에 의하여 기관으로 들어가는 에너지는 얼마인가? (b) 시간 간격 Δt 동안에 열에 의하여 배출되는 에너지는 얼마인가?

17. −3.00 °C에서 +27.0 °C 사이에서 카르노 효율로 작동하는 냉동기의 성능 계수를 구하라.

18. 에너지를 외부 온도 −3.00 °C에서 실내 22.0 °C로 가져오는 열펌프의 최대 성능 계수는 얼마인가? *Note*: 열펌프를 작동시키려고 한 일도 집을 따뜻하게 하는 데 쓰인다.

19. 이상적인 카르노 냉동기가 4.00 K의 헬륨에서 1.00 J의 에너지를 뽑아 293 K의 실내 공기 중으로 내보내는 데 필요한 일을 구하라.

20. 효율이 35.0 %인 카르노 열기관(그림 22.2)이 반대로 작동하여 냉동기(그림 22.4)가 된다면, 냉동기의 성능 계수는 얼마가 되는가?

21. 어떤 발전소가 여름에 32.0 %의 효율로 작동하는데, 이때 냉각을 위하여 사용한 바닷물의 온도는 20.0 °C이다. 발전소는 350 °C의 수증기를 이용해서 터빈을 돌린다. 발전소의 효율이 냉각수 온도에 따라서 이상적 효율과 같은 비율로 변한다면, 바닷물의 온도가 10.0 °C인 겨울에 발전소의 효율은 얼마인가?

22. 열기관이 두 에너지 저장고 사이에서 작동하여 65.0 %의 카르노 효율을 갖도록 설계되었다. (a) 저온 저장고의 온도가 20.0 °C일 때, 고온 저장고의 온도는 얼마이어야 하는가? (b) 실제 효율이 65.0 %와 같을 수 있을까? 설명하라.

23. 이상 기체가 어떤 카르노 순환 과정에서 사용된다. 250 °C에서 등온 팽창하고, 50.0 °C에서 등온 압축한다. 이 기체는 등온 팽창하는 동안 1.20×10^3 J의 에너지를 고온 저장고에서 받는다. (a) 한 순환 과정 동안 저온 저장고로 방출된 에너지와 (b) 한 순환 과정 동안 기체가 한 알짜일을 구하라.

24. 카르노 기관이 80.0 °C와 350 °C 사이에서 작동한다. 고온 저장고로부터 한 순환 과정 동안 21 000 J의 에너지를 흡수한다. 한 순환 과정의 주기는 1.00 s이다. (a) 이 기관의 역학적인 출력은 얼마인가? (b) 한 순환 과정에서 열에 의하여 배출되는 에너지는 얼마인가?

25. 첫 번째 열기관의 방출열이 두 번째 열기관의 입력 에너지로 공급되는 두 기관 장치를 만든다고 하자. 두 기관은 직렬로 작동한다고 한다. 두 기관의 효율을 각각 e_1과 e_2라고 하자. (a) 두 기관이 한 전체 일을 열의 형태로 첫 번째 기관으로 흡수된 에너지로 나눈 값으로 정의한다. 이 두 기관 장치의 전체 효율이 다음과 같이 주어짐을 보이라.

$$e = e_1 + e_2 - e_1 e_2$$

(b)부터 (e)까지 두 기관을 카르노 기관이라고 가정하자. 기관 1은 온도 T_h와 T_i 사이에서 작동하고 기관 2에 있는 기체의 온도는 T_i와 T_c 사이에서 변한다. (b) 결합된 기관의 효율을 온도로 표현하라. (c) 하나보다 두 개의 기관을 사용함으로써 알짜 효율을 개선시킬 수 있는가? (d) 직렬로 연결된 두 개의 기관이 각각 같은 일을 하려면 중간 온도 T_i는 어떤 값을 가져야 하는가? (e) 직렬로 연결된 두 개의 기관이 각각 같은 효율을 가지려면 중간 온도 T_i는 어떤 값을 가져야 하는가?

26. 부엌에 있는 이상적인 (카르노) 냉동기 안의 온도는 일정한 260 K이고, 부엌의 공기는 일정한 온도 300 K를 유지한다. 냉동기의 단열이 완벽하지 않아서 냉동기로 0.150 W의 비율로 에너지가 흘러들어간다고 하자. 냉동기의 온도를 일정하게 유지하기 위하여 필요한 냉동기 모터의 평균 일률을 구하라.

27. 그림 P22.27에서 보는 난방을 위한 열펌프는 에어컨을 반대 방향으로 설치한 것이다. 이것은 차가운 바깥 공기로부터 에너지를 빼내어 따뜻한 방 안으로 보낸다. 방으로 실제 들어가는 에너지를 장치에 딸린 전동기가 한 일로 나눈 비율이, 이론적 최대 비율의 10.0 %라고 가정하자. 실내 온도가 20.0 °C이고 바깥 온도가 −5.00 °C일 때, 이 전동기가 한 일 1 J당 방으로 들어가는 에너지를 구하라.

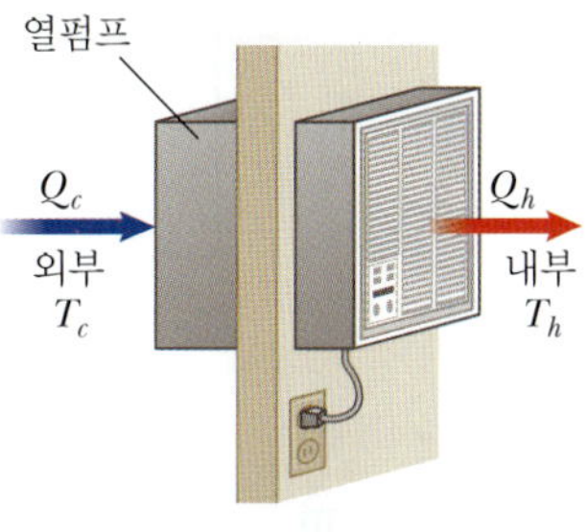

그림 P22.27

22.5 가솔린 기관과 디젤 기관

> *Note*: 이 절에 해당하는 문제에서 기관 내의 기체는 $\gamma = 1.40$인 이원자 기체로 가정한다.

28. 가솔린 기관의 압축비가 6.00이다. (a) 이 기관이 이상적인 오토 순환 과정으로 작동한다면, 효율은 얼마인가? (b) 실제 효율이 15.0 %라면, 마찰과 가역 기관에서 생기지 않을

수도 있는 열에 의한 에너지 전달에 의하여 낭비되는 연료의 비율은 얼마인가? 공기 연료 혼합체가 완전 연소된다고 가정한다.

29. 자동차 엔진 실린더에서, 연소 직후의 기체는 처음 압력이 3.00×10^6 Pa이고 부피가 50.0 cm^3인 공간에 갇혀 있다. 피스톤이 바깥쪽으로 움직여 나중 부피가 300 cm^3가 되고, 기체는 열에 의한 에너지 전달 없이 팽창한다. (a) 기체의 나중 부피는 얼마인가? (b) 팽창할 때 기체가 한 일은 얼마인가?

30. 이상적인 디젤 기관은 그림 P22.30의 **공기–표준 디젤 순환 과정**을 따라 작동한다. 연료는 압축이 최대로 되는 점 B에서 실린더로 뿌려준다. 폭발은 팽창 과정 $B \to C$에서 일어나고, 이것은 등압 과정으로 모형화한다. 이런 이상적인 디젤 순환 과정을 따라 작동하는 기관의 효율이

$$e = 1 - \frac{1}{\gamma}\left(\frac{T_D - T_A}{T_C - T_B}\right)$$

임을 증명하라.

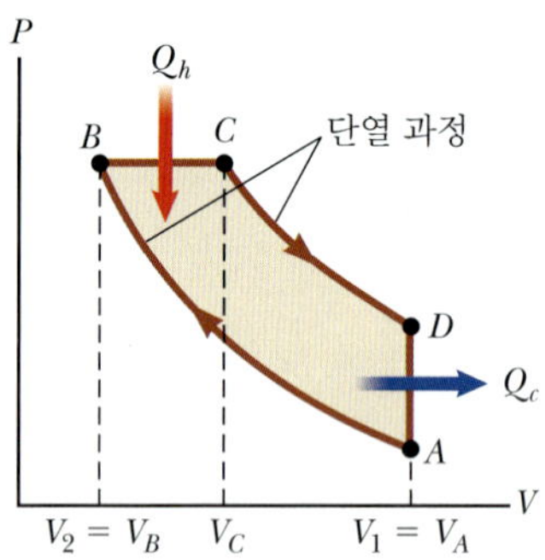

그림 P22.30

22.6 엔트로피

31. 두 개의 주사위를 던져서 (a) 12와 (b) 7을 얻는 전체 경우의 수를 구하라.

22.7 열역학 계의 엔트로피 변화

22.8 엔트로피와 제2법칙

32. 얼음 그릇에 0 °C인 물 500 g이 있다. 물이 0 °C에서 천천히 얼음으로 모두 변할 때 엔트로피 변화를 계산하라.

33. 100 °C에서 125 g의 뜨거운 물이 담긴 스티로폼 컵이 20.0 °C로 식는다. 이 방의 엔트로피는 얼마나 변하는가? 컵의 비열과 방의 온도 변화는 무시한다.

34. 20.0 m/s로 진행하고 있는 2.00×10^3 kg인 자동차 두 대가 정면 충돌하여 서로 붙는다. 공기의 온도가 23.0 °C일 때, 충돌에 따른 주위 공기의 엔트로피는 얼마나 변하는가? 충돌할 때 소리로 변환된 에너지는 무시한다.

35. 70.0 kg의 통나무가 높이 25.0 m에서 호수로 떨어진다. 통나무, 호수, 공기 모두가 300 K라면, 이 과정에서 공기의 엔트로피 변화를 구하라.

36. 그림 P22.36의 왼쪽 용기 속에 H_2 기체 1.00몰이 들어 있다. 왼쪽과 오른쪽 용기의 부피는 같으며 오른쪽은 진공이다. 가운데 있는 밸브를 열면 왼쪽의 기체들이 오른쪽으로 흘러들어 간다. (a) 이 기체의 엔트로피 변화는 얼마인가? (b) 기체의 온도가 변하는가? 용기가 아주 커서 수소는 이상 기체처럼 거동한다고 가정한다.

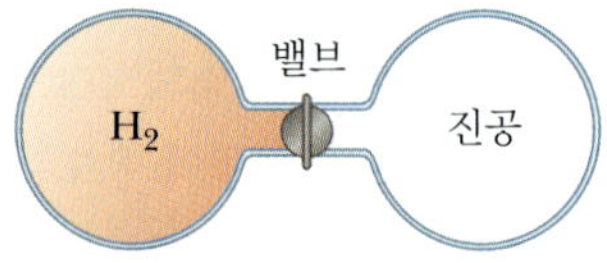

그림 P22.36

37. 그림 P22.37에서 보는 바와 같이, 2.00 L 용기의 중앙에 분리 막이 있어서 동일한 두 부분으로 나눈다. 왼쪽에는 0.0440몰의 H_2 기체가, 오른쪽에는 0.0440몰의 O_2 기체가 있다. 양쪽 기체 모두 실내 온도와 대기 압력에 있다. 분리 막을 치워 두 기체가 섞이도록 한다. 이 계의 엔트로피는 얼마나 증가하는가?

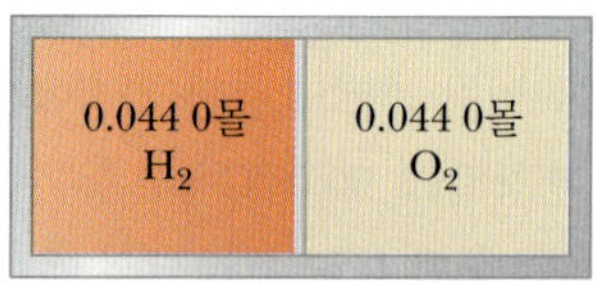

그림 P22.37

38. 태양의 표면 온도가 약 5 800 K이고 지구의 표면 온도가 약 290 K이다. 태양에서 지구로 복사에 의하여 1.00×10^3 J의 에너지가 전달될 때, 우주의 엔트로피 변화는 얼마인가?

표
Tables

APPENDIX **A**

표 A.1 바꿈 인수

길이

	m	cm	km	in.	ft	mi
1 meter	1	10^{2}	10^{-3}	39.37	3.281	6.214×10^{-4}
1 centimeter	10^{-2}	1	10^{-5}	0.393 7	3.281×10^{-2}	6.214×10^{-6}
1 kilometer	10^{3}	10^{5}	1	3.937×10^{4}	3.281×10^{3}	0.621 4
1 inch	2.540×10^{-2}	2.540	2.540×10^{-5}	1	8.333×10^{-2}	1.578×10^{-5}
1 foot	0.304 8	30.48	3.048×10^{-4}	12	1	1.894×10^{-4}
1 mile	1 609	1.609×10^{5}	1.609	6.336×10^{4}	5 280	1

질량

	kg	g	slug	u
1 kilogram	1	10^{3}	6.852×10^{-2}	6.024×10^{26}
1 gram	10^{-3}	1	6.852×10^{-5}	6.024×10^{23}
1 slug	14.59	1.459×10^{4}	1	8.789×10^{27}
1 atomic mass unit	1.660×10^{-27}	1.660×10^{-24}	1.137×10^{-28}	1

Note: 1 metric ton = 1 000 kg.

시간

	s	min	h	day	yr
1 second	1	1.667×10^{-2}	2.778×10^{-4}	1.157×10^{-5}	3.169×10^{-8}
1 minute	60	1	1.667×10^{-2}	6.994×10^{-4}	1.901×10^{-6}
1 hour	3 600	60	1	4.167×10^{-2}	1.141×10^{-4}
1 day	8.640×10^{4}	1 440	24	1	2.738×10^{-5}
1 year	3.156×10^{7}	5.259×10^{5}	8.766×10^{3}	365.2	1

속력

	m/s	cm/s	ft/s	mi/h
1 meter per second	1	10^{2}	3.281	2.237
1 centimeter per second	10^{-2}	1	3.281×10^{-2}	2.237×10^{-2}
1 foot per second	0.304 8	30.48	1	0.681 8
1 mile per hour	0.447 0	44.70	1.467	1

Note: 1 mi/min = 60 mi/h = 88 ft/s.

힘

	N	lb
1 newton	1	0.224 8
1 pound	4.448	1

표 A.1 바꿈 인수 (계속)

에너지, 에너지 전달			
	J	ft · lb	eV
1 joule	1	0.737 6	6.242×10^{18}
1 foot-pound	1.356	1	8.464×10^{18}
1 electron volt	1.602×10^{-19}	1.182×10^{-19}	1
1 calorie	4.186	3.087	2.613×10^{19}
1 British thermal unit	1.055×10^{3}	7.779×10^{2}	6.585×10^{21}
1 kilowatt-hour	3.600×10^{6}	2.655×10^{6}	2.247×10^{25}
	cal	Btu	kWh
1 joule	0.238 9	9.481×10^{-4}	2.778×10^{-7}
1 foot-pound	0.323 9	1.285×10^{-3}	3.766×10^{-7}
1 electron volt	3.827×10^{-20}	1.519×10^{-22}	4.450×10^{-26}
1 calorie	1	3.968×10^{-3}	1.163×10^{-6}
1 British thermal unit	2.520×10^{2}	1	2.930×10^{-4}
1 kilowatt-hour	8.601×10^{5}	3.413×10^{2}	1

압력			
	Pa	atm	
1 pascal	1	9.869×10^{-6}	
1 atmosphere	1.013×10^{5}	1	
1 centimeter mercury[a]	1.333×10^{3}	1.316×10^{-2}	
1 pound per square inch	6.895×10^{3}	6.805×10^{-2}	
1 pound per square foot	47.88	4.725×10^{-4}	
	cm Hg	lb/in.^{2}	lb/ft^2
1 pascal	7.501×10^{-4}	1.450×10^{-4}	2.089×10^{-2}
1 atmosphere	76	14.70	2.116×10^{3}
1 centimeter mercury[a]	1	0.194 3	27.85
1 pound per square inch	5.171	1	144
1 pound per square foot	3.591×10^{-2}	6.944×10^{-3}	1

[a] 0°C 그리고 자유 낙하 가속도가 '표준값' 9.806 65 m/s^{2}인 지역에서

표 A.2 물리량의 기호, 차원, 단위

물리량	일반 기호	단위[a]	차원[b]	SI 단위계에 바탕을 둔 단위
가속도	$\vec{\mathbf{a}}$	m/s^2	L/T^2	m/s^2
물질의 양	n	MOLE		mol
각도	θ, ϕ	radian (rad)	1	
각가속도	$\vec{\boldsymbol{\alpha}}$	rad/s^2	T^{-2}	s^{-2}
각진동수	ω	rad/s	T^{-1}	s^{-1}
각운동량	$\vec{\mathbf{L}}$	kg · m^2/s	ML^2/T	kg · m^2/s
각속도	$\vec{\boldsymbol{\omega}}$	rad/s	T^{-1}	s^{-1}
넓이	A	m^2	L^2	m^2
원자수	Z			
전기용량	C	farad (F)	Q^{2}T^2/ML^2	A^2 · s^4/kg · m^2
전하	q, Q, e	coulomb (C)	Q	A · s

표 A.2 물리량의 기호, 차원, 단위(계속)

물리량	일반 기호	단위[a]	차원[b]	SI 단위계에 바탕을 둔 단위
전하 밀도				
선전하 밀도	λ	C/m	Q/L	A · s/m
표면 전하 밀도	σ	C/m^2	Q/L^2	$A \cdot s/m^2$
부피 전하 밀도	ρ	C/m^3	Q/L^3	$A \cdot s/m^3$
전도도	σ	$1/\Omega \cdot m$	Q^2T/ML^3	$A^2 \cdot s^3/kg \cdot m^3$
전류	I	AMPERE	Q/T	A
전류 밀도	J	A/m^2	Q/TL^2	A/m^2
밀도	ρ	kg/m^3	M/L^3	kg/m^3
유전 상수	κ			
전기 쌍극자 모멘트	$\vec{\mathbf{p}}$	C · m	QL	A · s · m
전기장	$\vec{\mathbf{E}}$	V/m	ML/QT^2	$kg \cdot m/A \cdot s^3$
전기선속	Φ_E	V · m	ML^3/QT^2	$kg \cdot m^3/A \cdot s^3$
기전력	$\mathcal{E}$	volt (V)	ML^2/QT^2	$kg \cdot m^2/A \cdot s^3$
에너지	E, U, K	joule (J)	ML^2/T^2	$kg \cdot m^2/s^2$
엔트로피	S	J/K	ML^2/T^2K	$kg \cdot m^2/s^2 \cdot K$
힘	$\vec{\mathbf{F}}$	newton (N)	ML/T^2	$kg \cdot m/s^2$
진동수	f	hertz (Hz)	T^{-1}	s^{-1}
열	Q	joule (J)	ML^2/T^2	$kg \cdot m^2/s^2$
유도 계수	L	henry (H)	ML^2/Q^2	$kg \cdot m^2/A^2 \cdot s^2$
길이	ℓ, L	METER	L	m
변위	$\Delta x, \Delta\vec{\mathbf{r}}$			
거리	d, h			
위치	$x, y, z, \vec{\mathbf{r}}$			
자기 쌍극자 모멘트	$\vec{\boldsymbol{\mu}}$	N · m/T	QL^2/T	$A \cdot m^2$
자기장	$\vec{\mathbf{B}}$	tesla (T) (= Wb/m^2)	M/QT	$kg/A \cdot s^2$
자기선속(또는 자속)	Φ_B	weber (Wb)	ML^2/QT	$kg \cdot m^2/A \cdot s^2$
질량	m, M	KILOGRAM	M	kg
몰비열	C	J/mol · K		$kg \cdot m^2/s^2 \cdot mol \cdot K$
관성 모멘트	I	$kg \cdot m^2$	ML^2	$kg \cdot m^2$
운동량	$\vec{\mathbf{p}}$	kg · m/s	ML/T	kg · m/s
주기	T	s	T	s
자유 공간 투과율	μ_0	N/A^2 (= H/m)	ML/Q^2	$kg \cdot m/A^2 \cdot s^2$
자유 공간 유전율	ϵ_0	$C^2/N \cdot m^2$ (= F/m)	Q^2T^2/ML^3	$A^2 \cdot s^4/kg \cdot m^3$
전위	V	volt (V)(= J/C)	ML^2/QT^2	$kg \cdot m^2/A \cdot s^3$
일률	P	watt (W)(= J/s)	ML^2/T^3	$kg \cdot m^2/s^3$
압력	P	pascal (Pa)(= N/m^2)	M/LT^2	$kg/m \cdot s^2$
저항	R	ohm (Ω)(= V/A)	ML^2/Q^2T	$kg \cdot m^2/A^2 \cdot s^3$
비열	c	J/kg · K	L^2/T^2K	$m^2/s^2 \cdot K$
속력	v	m/s	L/T	m/s
온도	T	KELVIN	K	K
시간	t	SECOND	T	s
돌림힘	$\vec{\boldsymbol{\tau}}$	N · m	ML^2/T^2	$kg \cdot m^2/s^2$
속도	$\vec{\mathbf{v}}$	m/s	L/T	m/s
부피	V	m^3	L^3	m^3
파장	λ	m	L	m
일	W	joule (J)(= N · m)	ML^2/T^2	$kg \cdot m^2/s^2$

[a] 기초 SI 단위들은 대문자로 표시하였다.
[b] 기호 M, L, T, K 및 Q는 질량, 길이, 시간, 온도와 전하를 각각 의미한다.

APPENDIX

B 자주 사용되는 수학

Mathematics Review

이 수학에 대한 부록에서는 연산과 방법을 간단히 복습할 수 있도록 하였다. 이 교과목 이전에, 여러분은 기본적인 대수 계산법, 해석 기하학, 삼각 함수에 익숙해야 한다. 미적분학에 대해서는 자세히 다루었으며, 물리적인 상황에 적용이 어려운 학생들에게 도움이 되도록 하였다.

B.1 과학적인 표기법

과학자들이 사용하는 대다수의 크기는 매우 크거나 매우 작다. 예를 들어 빛의 속력은 약 300 000 000 m/s이고, 글자 기역(ㄱ)을 도트 잉크로 찍는 데 약 0.000 000 001 kg이 필요하다. 이런 숫자를 읽고, 쓰고, 기억하는 것이 분명히 쉽지 않다. 이런 문제는 10의 지수를 사용하여 간단히 해결할 수 있다.

$$10^0 = 1$$
$$10^1 = 10$$
$$10^2 = 10 \times 10 = 100$$
$$10^3 = 10 \times 10 \times 10 = 1\,000$$
$$10^4 = 10 \times 10 \times 10 \times 10 = 10\,000$$
$$10^5 = 10 \times 10 \times 10 \times 10 \times 10 = 100\,000$$

0의 개수는 10의 **지수**(exponent)라고 부른다. 예를 들어 빛의 속력 300 000 000 m/s는 3.00×10^8 m/s로 표현할 수 있다. 이런 방법으로 1보다 작은 수들을 다음과 같이 나타낼 수 있다.

$$10^{-1} = \frac{1}{10} = 0.1$$
$$10^{-2} = \frac{1}{10 \times 10} = 0.01$$
$$10^{-3} = \frac{1}{10 \times 10 \times 10} = 0.001$$
$$10^{-4} = \frac{1}{10 \times 10 \times 10 \times 10} = 0.000\,1$$
$$10^{-5} = \frac{1}{10 \times 10 \times 10 \times 10 \times 10} = 0.000\,01$$

이들 경우 숫자 1의 왼쪽에 있는 소수점까지의 개수는 (음)의 지수값과 같다. 10의 지수에 1과 10 사이의 수를 곱한 것을 **과학적인 표기법**(scientific notation)이라 한다. 예를 들어 5 943 000 000과 0.000 083 2의 과학적인 표기법은 각각 5.943×10^9과 8.32×10^{-5}이다.

과학적인 표기법으로 표현된 수를 곱할 때, 다음의 일반적인 규칙이 매우 유용하다.

$$10^n \times 10^m = 10^{n+m} \tag{B.1}$$

여기서 n과 m은 어떤 임의의 수일 수 있다(반드시 정수일 필요는 없음). 예를 들어 $10^2 \times 10^5 = 10^7$이다. 지수 중에 음수가 있어도 같은 규칙을 적용한다. 즉 $10^3 \times 10^{-8} = 10^{-5}$이다.

과학적인 표기법으로 표현할 수를 나눌 때, 다음에 주목하라.

$$\frac{10^n}{10^m} = 10^n \times 10^{-m} = 10^{n-m} \tag{B.2}$$

연습문제

앞에서 설명한 규칙을 이용하여, 다음 식에 대한 답을 증명하라.

1. $86\ 400 = 8.64 \times 10^4$

2. $9\ 816\ 762.5 = 9.816\ 762\ 5 \times 10^6$

3. $0.000\ 000\ 039\ 8 = 3.98 \times 10^{-8}$

4. $(4.0 \times 10^8)(9.0 \times 10^9) = 3.6 \times 10^{18}$

5. $(3.0 \times 10^7)(6.0 \times 10^{-12}) = 1.8 \times 10^{-4}$

6. $\dfrac{75 \times 10^{-11}}{5.0 \times 10^{-3}} = 1.5 \times 10^{-7}$

7. $\dfrac{(3 \times 10^6)(8 \times 10^{-2})}{(2 \times 10^{17})(6 \times 10^5)} = 2 \times 10^{-18}$

B.2 대 수

기본 규칙

대수 연산을 할 때, 산수의 법칙을 적용한다. x, y, z는 **미지수**를 나타낸다.

먼저 다음의 방정식을 고려하자.

$$8x = 32$$

x에 대하여 풀고자 하면, 양변을 같은 수로 나누거나 곱할 수 있다. 이 경우 양변을 8로 나눈다.

$$\frac{8x}{8} = \frac{32}{8}$$

$$x = 4$$

이번에는 다음의 방정식을 고려하자.

$$x + 2 = 8$$

이 경우 양변에 같은 수를 더하거나 뺄 수 있다. 양변에서 2를 빼면

$$x + 2 - 2 = 8 - 2$$
$$x = 6$$

이다. 일반적으로 $x + a = b$이면 $x = b - a$이다.

이번에는 다음의 방정식을 고려하자.

$$\frac{x}{5} = 9$$

양변에 5를 곱하여 x를 구한다.

$$\left(\frac{x}{5}\right)(5) = 9 \times 5$$
$$x = 45$$

모든 경우에 **좌변과 우변에 연산을 같이 해주어야 한다.**

곱셈, 나눗셈, 덧셈, 나눗셈에 대한 다음의 규칙을 상기해 보자. 여기서 a, b, c, d는 상수이다.

	규칙	예
곱셈	$\left(\frac{a}{b}\right)\left(\frac{c}{d}\right) = \frac{ac}{bd}$	$\left(\frac{2}{3}\right)\left(\frac{4}{5}\right) = \frac{8}{15}$
나눗셈	$\frac{(a/b)}{(c/d)} = \frac{ad}{bc}$	$\frac{2/3}{4/5} = \frac{(2)(5)}{(4)(3)} = \frac{10}{12}$
덧셈	$\frac{a}{b} \pm \frac{c}{d} = \frac{ad \pm bc}{bd}$	$\frac{2}{3} - \frac{4}{5} = \frac{(2)(5) - (4)(3)}{(3)(5)} = -\frac{2}{15}$

연습문제

다음의 방정식을 x에 대하여 풀라.

	답
1. $a = \frac{1}{1+x}$	$x = \frac{1-a}{a}$
2. $3x - 5 = 13$	$x = 6$
3. $ax - 5 = bx + 2$	$x = \frac{7}{a-b}$
4. $\frac{5}{2x+6} = \frac{3}{4x+8}$	$x = -\frac{11}{7}$

지 수

x에 대한 거듭제곱의 곱셈은 다음을 만족한다.

$$x^n x^m = x^{n+m} \qquad \textbf{(B.3)}$$

예를 들어 $x^2x^4 = x^{2+4} = x^6$과 같이 한다.

x에 대한 거듭제곱의 나눗셈은 다음과 같이 한다.

$$\frac{x^n}{x^m} = x^{n-m} \qquad \textbf{(B.4)}$$

이다. 예를 들면 $x^8/x^2 = x^{8-2} = x^6$과 같이 한다.

$\frac{1}{3}$과 같은 분수로 거듭제곱하는 것은 다음과 같이 거듭제곱근을 구하는 것과 같다.

$$x^{1/n} = \sqrt[n]{x} \tag{B.5}$$

예를 들어 $4^{1/3} = \sqrt[3]{4} = 1.587\,4$와 같은 것이다. (이런 종류의 계산에는 공학용 계산기가 유용하다.)

마지막으로 x^n의 m거듭제곱은 다음과 같다.

$$(x^n)^m = x^{nm} \tag{B.6}$$

표 B.1에 지수 법칙을 요약해 놓았다.

표 B.1

지수 법칙
$x^0 = 1$
$x^1 = x$
$x^n x^m = x^{n+m}$
$x^n / x^m = x^{n-m}$
$x^{1/n} = \sqrt[n]{x}$
$(x^n)^m = x^{nm}$

연습문제

다음의 식을 증명하라.

1. $3^2 \times 3^3 = 243$
2. $x^5 x^{-8} = x^{-3}$
3. $x^{10}/x^{-5} = x^{15}$
4. $5^{1/3} = 1.709\,976$ (계산기를 사용한다.)
5. $60^{1/4} = 2.783\,158$ (계산기를 사용한다.)
6. $(x^4)^3 = x^{12}$

인수분해

다음은 식을 인수분해하는 데 유용한 공식이다.

$ax + ay + az = a(x + y + z)$ 공통 인수

$a^2 + 2ab + b^2 = (a + b)^2$ 완전제곱꼴

$a^2 - b^2 = (a + b)(a - b)$ 제곱의 차

이차 방정식

이차 방정식의 일반적인 형태는

$$ax^2 + bx + c = 0 \tag{B.7}$$

이다. 여기서 x는 미지수이고 a, b, c는 **계수**(coefficients)이다. 이 방정식은 근이 두 개이며, 다음과 같이 주어진다.

$$x = \frac{-b \pm \sqrt{b^2 - 4ac}}{2a} \tag{B.8}$$

$b^2 \geq 4ac$이면 방정식은 실근을 갖는다.

예제 B.1

방정식 $x^2 + 5x + 4 = 0$은 제곱근 항의 두 부호에 따라 다음과 같은 근을 갖는다.

$$x = \frac{-5 \pm \sqrt{5^2 - (4)(1)(4)}}{2(1)} = \frac{-5 \pm \sqrt{9}}{2} = \frac{-5 \pm 3}{2}$$

$$x_+ = \frac{-5+3}{2} = -1 \qquad x_- = \frac{-5-3}{2} = -4$$

여기서 x_+는 제곱근 부호가 양수인 것에 해당하는 것이고, x_-는 음수인 것에 해당한다.

연습문제

다음 이차 방정식을 풀라.

		답	
1.	$x^2 + 2x - 3 = 0$	$x_+ = 1$	$x_- = -3$
2.	$2x^2 - 5x + 2 = 0$	$x_+ = 2$	$x_- = \frac{1}{2}$
3.	$2x^2 - 4x - 9 = 0$	$x_+ = 1 + \sqrt{22}/2$	$x_- = 1 - \sqrt{22}/2$

선형 방정식

선형 방정식은 다음과 같은 형태이다.

$$y = mx + b \tag{B.9}$$

여기서 m과 b는 상수이다. 이 방정식은 그림 B.1에서 보는 바와 같이 직선을 나타낸다. 상수 b는 **y절편**(y-intercept)이고, 상수 m은 직선의 **기울기**(slope)를 나타낸다. 그림 B.1처럼 직선 위의 두 점 (x_1, y_1)과 (x_2, y_2)가 주어지면, 직선의 기울기는 다음과 같이 표현된다.

$$\text{기울기} = \frac{y_2 - y_1}{x_2 - x_1} = \frac{\Delta y}{\Delta x} \tag{B.10}$$

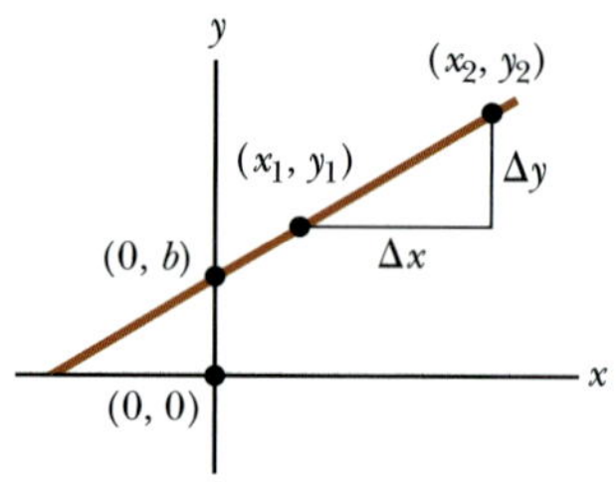

그림 B.1 xy 좌표계에 그린 직선. 직선의 기울기는 Δy와 Δx의 비율이다.

m과 b는 양 또는 음의 값을 가질 수 있다. $m > 0$이면, 직선은 그림 B.1에서처럼 기울기가 양이다. $m < 0$이면, 직선의 기울기는 음이다. 그림 B.1에서 m과 b는 모두 양수이다. 세 가지 가능한 m과 b 값에 대한 직선을 그림 B.2에 나타내었다.

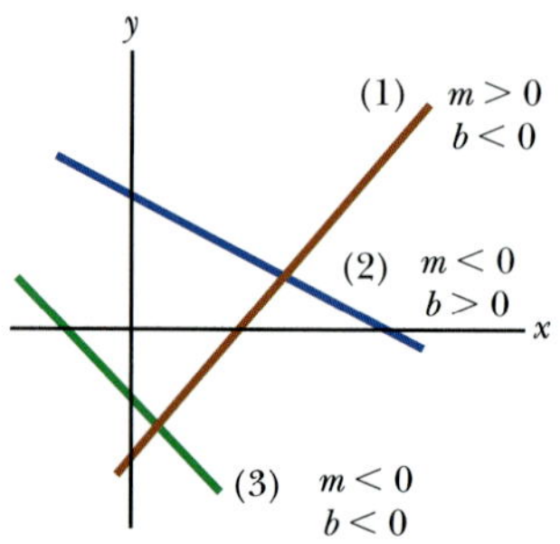

그림 B.2 갈색선은 기울기가 양이고 y절편은 음이다. 파란선은 기울기가 음이고 y절편이 양이다. 초록색선은 기울기가 음이고 y절편이 음이다.

연습문제

1. 다음의 직선 그래프를 그리라.
(a) $y = 5x + 3$ (b) $y = -2x + 4$ (c) $y = -3x - 6$

2. 연습문제 1에서 설명한 직선의 기울기를 구하라.
답 (a) 5 (b) −2 (c) −3

3. 다음에 주어진 좌표를 지나는 직선의 기울기를 구하라.
답 (a) $\frac{3}{2}$ (b) $-\frac{5}{2}$ (c) $-\frac{4}{9}$

일차 연립 방정식 풀기

미지수가 x, y인 방정식 $3x + 5y = 15$를 고려하자. 이런 방정식의 해는 하나가 아니다.

예를 들어 $(x = 0, y = 3)$, $(x = 5, y = 0)$, $(x = 2, y = \frac{9}{5})$는 모두 이 방정식의 해이다.

문제에 두 개의 미지수가 있으면, 두 개의 방정식이 주어질 때에만 해가 하나 존재한다. 일반적으로 n개의 미지수가 있는 문제에서 해가 존재하려면, n개의 방정식이 필요하다.

어떤 경우에는 두 가지 정보가 (1) 하나의 식과 (2) 해에 대한 하나의 조건일 수 있다. 예를 들어 $m = 3n$과, m과 n은 가장 작은 가능한 자연수여야 한다는 조건이 주어졌다고 하자. 그러면 하나의 식으로 하나의 해만 갖게 할 수는 없지만, 추가 조건 때문에 $n = 1$이고 $m = 3$이 된다.

예제 B.2

다음 연립 방정식을 풀라.

$$(1) \quad 5x + y = -8$$

$$(2) \quad 2x - 2y = 4$$

풀이 식 (2)로부터 $x = y + 2$이다. 이 방정식을 식 (1)에 대입한다.

$$5(y + 2) + y = -8$$
$$6y = -18$$
$$y = -3$$
$$x = y + 2 = -1$$

다른 풀이법 식 (1)에 2를 곱해서 식 (2)와 더하면 다음을 구할 수 있다.

$$10x + 2y = -16$$
$$2x - 2y = 4$$
$$12x = -12$$
$$x = -1$$
$$y = x - 2 = -3$$

또한 미지수 두 개를 포함하고 있는 두 개의 선형 방정식은 그래프 방법을 이용하여 풀 수 있다. 두 방정식에 해당하는 직선을 일반적인 좌표계에 그렸을 때, 두 직선의 교점이 해를 나타낸다. 예를 들어 다음의 두 방정식을 고려하라.

$$x - y = 2$$
$$x - 2y = -1$$

이들 방정식을 그림 B.3에 그렸다. 두 직선의 교점은 이 방정식의 해인 $x = 5$와 $y = 3$이다. 이 해를 앞에서 설명한 해석학적 방법으로 확인해 보기 바란다.

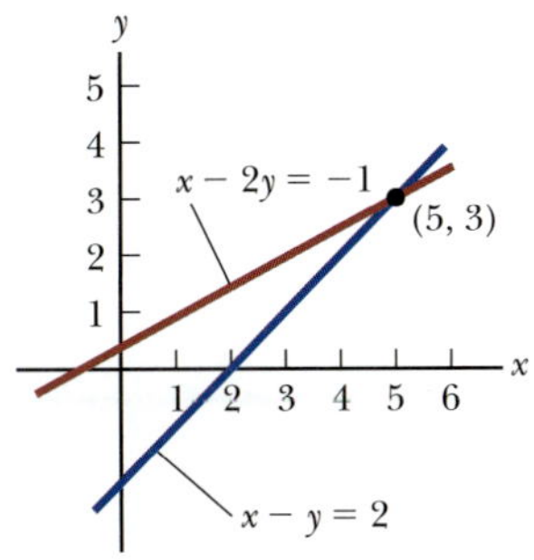

그림 B.3 두 일차 방정식에 대하여 그래프를 이용하여 구한 해

연습문제

다음의 이원 일차 연립 방정식을 풀라.

	답
1. $x + y = 8$ $x - y = 2$	$x = 5, y = 3$
2. $98 - T = 10a$ $T - 49 = 5a$	$T = 65, a = 3.27$
3. $6x + 2y = 6$ $8x - 4y = 28$	$x = 2, y = -3$

로그

x가 a의 지수 함수라고 가정하자.

$$x = a^y \tag{B.11}$$

숫자 a는 **밑**(base)이라고 부른다. 밑 a에 대한 x의 **로그**값은 $x = a^y$와 같다.

$$y = \log_a x \tag{B.12}$$

역으로 y의 **로그의 역**은 숫자 x가 된다.

$$x = \text{antilog}_a\, y \tag{B.13}$$

실제로 두 가지 밑을 가장 많이 사용한다. **상용** 로그에서 사용하는 밑 10과 오일러 상수 또는 **자연** 로그의 밑 $e = 2.718\,282$가 그것이다. 상용 로그는 다음과 같이 사용한다.

상용 로그

$$y = \log_{10} x \quad (\text{또는 } x = 10^y) \tag{B.14}$$

자연 로그

$$y = \ln x \quad (\text{또는 } x = e^y) \tag{B.15}$$

예를 들어 $\log_{10} 52 = 1.716$이면, $\text{antilog}_{10} 1.716 = 10^{1.716} = 52$이다. 마찬가지로 $\ln 52 = 3.951$이면 $\text{antiln } 3.951 = e^{3.951} = 52$이다.

일반적으로 밑이 10인 수와 밑이 e인 수를 다음과 같이 변환할 수 있다.

$$\ln x = (2.302\,585) \log_{10} x \tag{B.16}$$

마지막으로 로그에서 유용한 성질은 다음과 같다.

$$\left.\begin{aligned} \log(ab) &= \log a + \log b \\ \log(a/b) &= \log a - \log b \\ \log(a^n) &= n \log a \end{aligned}\right\} \text{어떤 밑이든지 성립}$$

$$\ln e = 1$$

$$\ln e^a = a$$

$$\ln\left(\frac{1}{a}\right) = -\ln a$$

B.3 기하학

좌표 (x_1, y_1)과 (x_2, y_2) 사이의 **거리**(distance) d는 다음과 같다.

$$d = \sqrt{(x_2 - x_1)^2 + (y_2 - y_1)^2} \tag{B.17}$$

그림 B.4와 같이 두 변이 서로 수직이면, 두 변 사이의 각도는 같다. 예를 들어 그림 B.4에서의 두 각도의 변이 서로 수직하기 때문에 두 각도 θ는 같다. 각도의 왼쪽과 오른쪽 변을 구별하기 위하여 각도의 정점에 서서 각도를 바라본다고 생각하라.

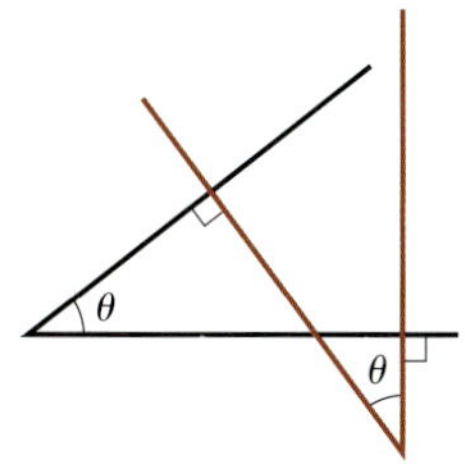

그림 B.4 두 변이 서로 수직이기 때문에 각도는 서로 같다.

호도법: 호의 길이 s는 각도 θ(라디안)가 일정할 때 반지름 r에 비례한다.

$$s = r\theta \qquad \theta = \frac{s}{r} \tag{B.18}$$

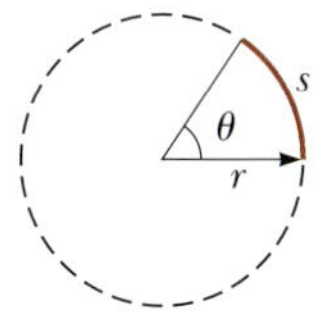

그림 B.5 라디안으로 나타낸 각도 θ는 호의 길이 s와 원의 반지름 r의 비이다.

표 B.2는 이 교재에서 사용한 여러 모양의 **넓이**(area)와 **부피**(volume)를 보여 준다.

직선(straight line)(그림 B.6)의 식은

$$y = mx + b \tag{B.19}$$

이다. 여기서 b는 y절편이고 m은 직선의 기울기이다.

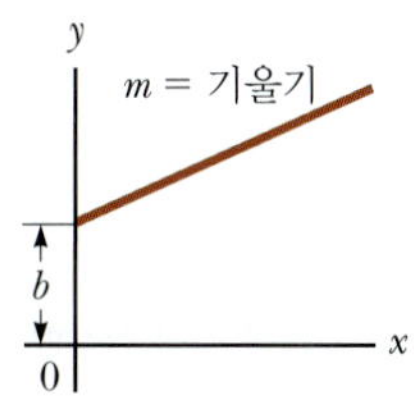

그림 B.6 기울기가 m이고 y절편이 b인 직선

중심이 원점에 있고 반지름이 R인 **원**(circle)의 방정식은

$$x^2 + y^2 = R^2 \tag{B.20}$$

이다. 중심이 원점에 있는 **타원**(ellipse)(그림 B.7)의 방정식은

$$\frac{x^2}{a^2} + \frac{y^2}{b^2} = 1 \tag{B.21}$$

이다. 여기서 a는 긴반지름이고 b는 짧은반지름이다.

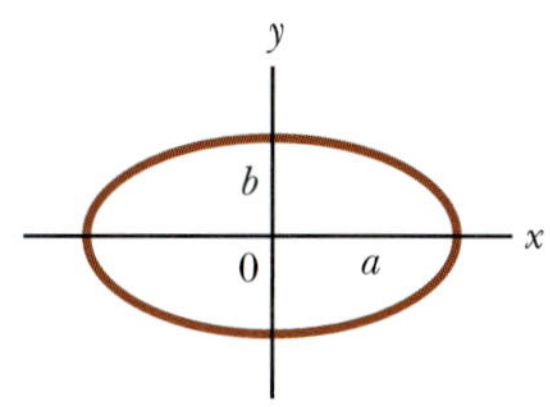

그림 B.7 긴반지름이 a이고 짧은반지름이 b인 타원

표 B.2 여러 기하학적 형태에 대한 값

모양	넓이 또는 부피	모양	넓이 또는 부피
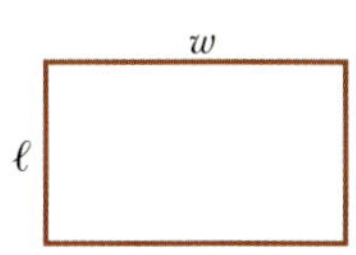 직사각형	넓이 = ℓw	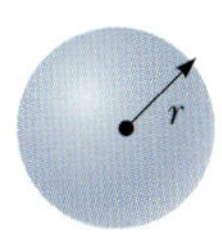 구	표면적 = $4\pi r^2$ 부피 = $\frac{4\pi r^3}{3}$
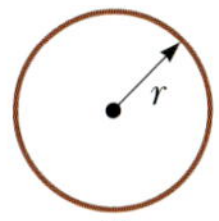 원	넓이 = πr^2 원둘레 = $2\pi r$	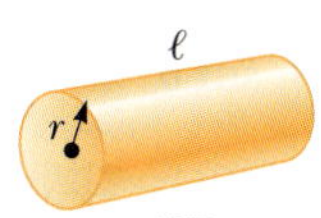 원통	옆면적 넓이 = $2\pi r\ell$ 부피 = $\pi r^2\ell$
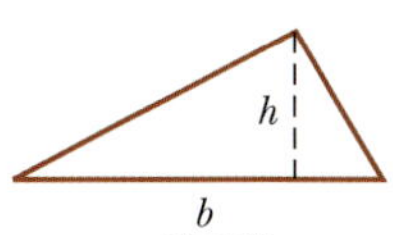 삼각형	넓이 = $\frac{1}{2}bh$	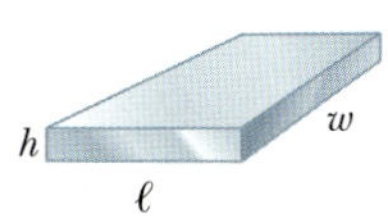 직사각형 상자	표면적 = $2(\ell h + \ell w + hw)$ 부피 = ℓwh

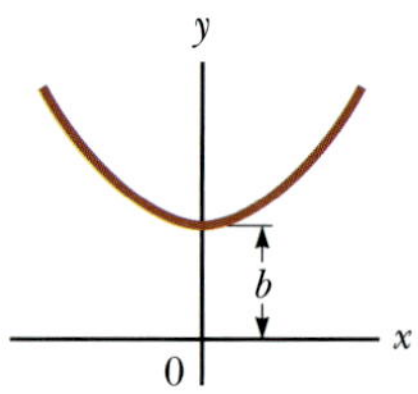

그림 B.8 꼭짓점이 $y = b$인 포물선

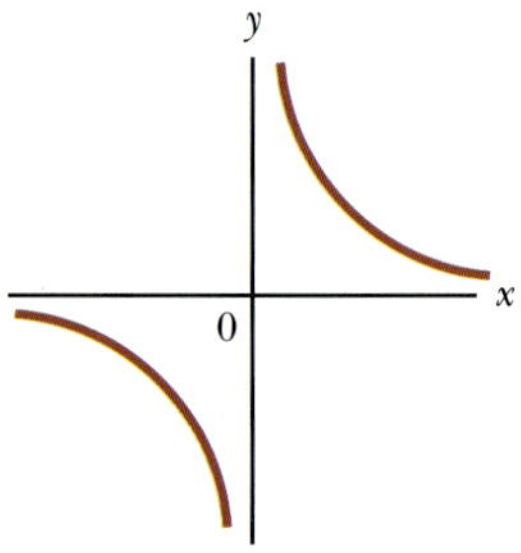

그림 B.9 쌍곡선

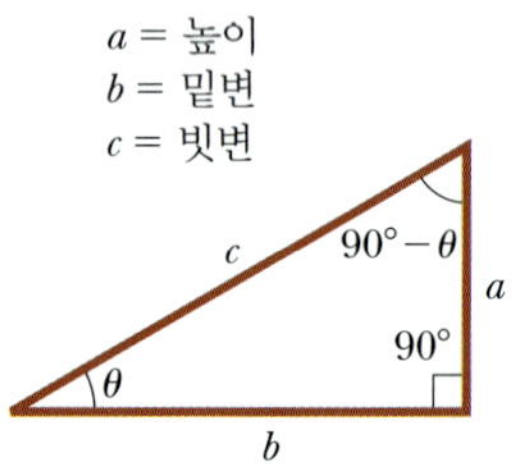

그림 B.10 삼각 함수의 기본 함수를 정의하는 데 사용한 직각 삼각형

꼭짓점이 $y = b$에 있는 **포물선**(parabola) (그림 B.8)의 식은

$$y = ax^2 + b \tag{B.22}$$

이다. **쌍곡선**(rectangular hyperbola) (그림 B.9)의 방정식은

$$xy = \text{상수} \tag{B.23}$$

이다.

B.4 삼각 함수

직각 삼각형의 특수한 성질에 기초한 수학을 삼각 함수라고 한다. 그림 B.10에서의 직각 삼각형을 고려하자. 정의에 따라 삼각형의 한 각의 크기가 직각, 즉 90°이다. 그림 B.10의 직각 삼각형을 살펴보자. 여기서 변 a는 각도 θ의 반대쪽에 있고, 변 b는 각도 θ에 인접해 있고, 변 c는 빗변이다.

이런 삼각형에서 정의된 세 가지 기본적인 삼각 함수는 사인(sin), 코사인(cos), 탄젠트(tan)이다. 이들 함수를 각도 θ로 다음과 같이 정의한다.

$$\sin\theta = \frac{\text{높이}}{\text{빗변}} = \frac{a}{c} \tag{B.24}$$

$$\cos\theta = \frac{\text{밑변}}{\text{빗변}} = \frac{b}{c} \tag{B.25}$$

$$\tan\theta = \frac{\text{높이}}{\text{밑변}} = \frac{a}{b} \tag{B.26}$$

피타고라스 정리에 따르면 직각 삼각형의 경우

$$c^2 = a^2 + b^2 \tag{B.27}$$

이다. 삼각 함수의 정의와 피타고라스 정리로부터 다음이 성립한다.

$$\sin^2\theta + \cos^2\theta = 1$$

$$\tan\theta = \frac{\sin\theta}{\cos\theta}$$

코시컨트, 시컨트, 코탄젠트는 다음과 같이 정의한다.

$$\csc\theta = \frac{1}{\sin\theta} \qquad \sec\theta = \frac{1}{\cos\theta} \qquad \cot\theta = \frac{1}{\tan\theta}$$

다음의 관계식은 그림 B.10에 있는 직각 삼각형으로부터 직접 유도된다.

$$\sin\theta = \cos(90° - \theta)$$

$$\cos\theta = \sin(90° - \theta)$$

$$\cot\theta = \tan(90° - \theta)$$

표 B.3 삼각 함수의 여러 관계식

$\sin^2\theta + \cos^2\theta = 1$	$\csc^2\theta = 1 + \cot^2\theta$
$\sec^2\theta = 1 + \tan^2\theta$	$\sin^2\dfrac{\theta}{2} = \frac{1}{2}(1 - \cos\theta)$
$\sin 2\theta = 2\sin\theta\cos\theta$	$\cos^2\dfrac{\theta}{2} = \frac{1}{2}(1 + \cos\theta)$
$\cos 2\theta = \cos^2\theta - \sin^2\theta$	$1 - \cos\theta = 2\sin^2\dfrac{\theta}{2}$
$\tan 2\theta = \dfrac{2\tan\theta}{1 - \tan^2\theta}$	$\tan\dfrac{\theta}{2} = \sqrt{\dfrac{1 - \cos\theta}{1 + \cos\theta}}$
$\sin(A \pm B) = \sin A\cos B \pm \cos A\sin B$	
$\cos(A \pm B) = \cos A\cos B \mp \sin A\sin B$	
$\sin A \pm \sin B = 2\sin\left[\frac{1}{2}(A \pm B)\right]\cos\left[\frac{1}{2}(A \mp B)\right]$	
$\cos A + \cos B = 2\cos\left[\frac{1}{2}(A + B)\right]\cos\left[\frac{1}{2}(A - B)\right]$	
$\cos A - \cos B = 2\sin\left[\frac{1}{2}(A + B)\right]\sin\left[\frac{1}{2}(B - A)\right]$	

삼각 함수의 몇 가지 성질:

$$\sin(-\theta) = -\sin\theta$$
$$\cos(-\theta) = \cos\theta$$
$$\tan(-\theta) = -\tan\theta$$

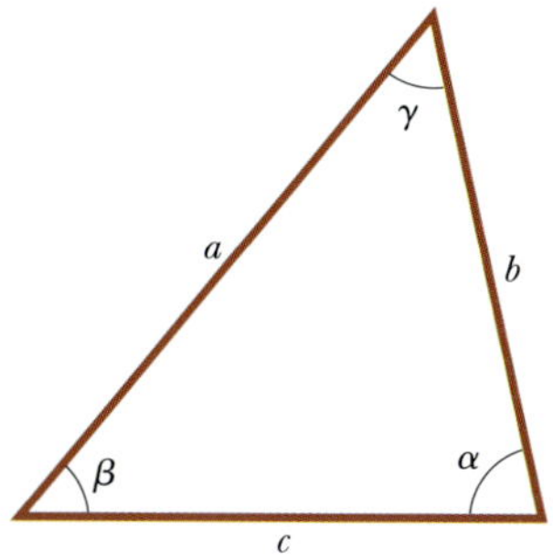

그림 B.11 임의의 삼각형

다음의 관계식은 그림 B.11에 있는 어떤 삼각형에도 적용된다.

$$\alpha + \beta + \gamma = 180°$$

코사인 법칙
$$\begin{cases} a^2 = b^2 + c^2 - 2bc\cos\alpha \\ b^2 = a^2 + c^2 - 2ac\cos\beta \\ c^2 = a^2 + b^2 - 2ab\cos\gamma \end{cases}$$

사인 법칙
$$\frac{a}{\sin\alpha} = \frac{b}{\sin\beta} = \frac{c}{\sin\gamma}$$

표 B.3에 삼각 함수의 여러 관계식을 실어 놓았다.

예제 B.3

그림 B.12에 있는 직각 삼각형을 고려하자. 여기서 $a = 2.00$, $b = 5.00$이고 c는 미지수이다. 피타고라스 정리로부터

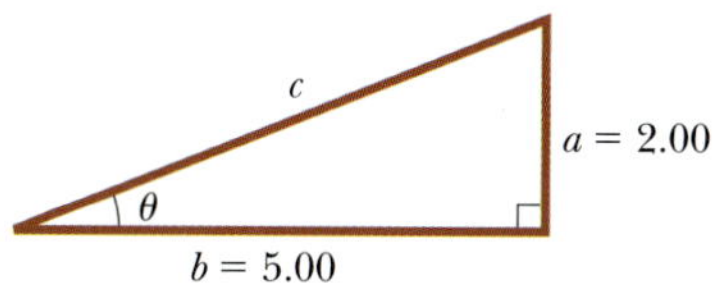

그림 B.12 (예제 B.3)

$$c^2 = a^2 + b^2 = 2.00^2 + 5.00^2 = 4.00 + 25.0 = 29.0$$
$$c = \sqrt{29.0} = 5.39$$

각도 θ를 구하기 위하여 다음에 주목하라.

$$\tan\theta = \frac{a}{b} = \frac{2.00}{5.00} = 0.400$$

계산기를 사용하여 다음을 구한다.

$$\theta = \tan^{-1}(0.400) = 21.8°$$

여기서 $\tan^{-1}$ (0.400)는 탄젠트 값이 0.400일 때의 각도를 나타내는 기호이며, 때때로 arctan(0.400)으로 표기하기도 한다.

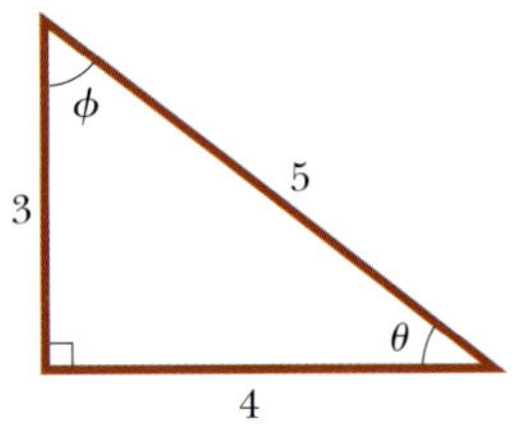

그림 B.13 (문제 1)

연습문제

1. 그림 B.13에서 (a) 높이, (b) 밑변, (c) $\cos\theta$, (d) $\sin\phi$, (e) $\tan\phi$를 구하라.

답 (a) 3 (b) 3 (c) $\frac{4}{5}$ (d) $\frac{4}{5}$ (e) $\frac{4}{3}$

2. 어떤 직각 삼각형에서 서로 수직인 두 변의 길이가 각각 5.00 m와 7.00 m일 때, 빗변의 길이는 얼마인가?

답 8.60 m

3. 어떤 직각 삼각형에서 빗변의 길이가 3.0 m이고 한 각도는 30°이다. (a) 높이는 얼마인가? (b) 밑변은 얼마인가?

답 (a) 1.5 m (b) 2.6 m

B.5 급수 전개

$$(a+b)^n = a^n + \frac{n}{1!}a^{n-1}b + \frac{n(n-1)}{2!}a^{n-2}b^2 + \cdots$$

$$(1+x)^n = 1 + nx + \frac{n(n-1)}{2!}x^2 + \cdots$$

$$e^x = 1 + x + \frac{x^2}{2!} + \frac{x^3}{3!} + \cdots$$

$$\ln(1 \pm x) = \pm x - \tfrac{1}{2}x^2 \pm \tfrac{1}{3}x^3 - \cdots$$

$$\left.\begin{aligned} \sin x &= x - \frac{x^3}{3!} + \frac{x^5}{5!} - \cdots \\ \cos x &= 1 - \frac{x^2}{2!} + \frac{x^4}{4!} - \cdots \\ \tan x &= x + \frac{x^3}{3} + \frac{2x^5}{15} + \cdots \quad |x| < \frac{\pi}{2} \end{aligned}\right\} x\text{는 라디안 단위}$$

$x \ll 1$인 경우 다음의 근사식을 사용할 수 있다.[1]

$$\begin{aligned} (1+x)^n &\approx 1 + nx & \sin x &\approx x \\ e^x &\approx 1 + x & \cos x &\approx 1 \\ \ln(1 \pm x) &\approx \pm x & \tan x &\approx x \end{aligned}$$

[1] 함수 $\sin x$, $\cos x$, $\tan x$에 대한 근사는 $x \le 0.1$ rad인 경우에 해당한다.

B.6 미 분

뉴턴이 만들어 낸 수학의 기본적인 도구는 때때로 과학의 여러 분야에서 물리적인 현상을 설명하기 위하여 사용된다. 미적분은 뉴턴 역학, 전기와 자기에서 다양한 문제들을 푸는 데 기본이다. 여기서는 간단하고 중요한 성질들을 설명하겠다.

함수(function)는 한 변수와 또 다른 변수 사이의 관계로 정의된다(예, 시간에 따른 좌표). 한 변수를 y라 하고(종속 변수) 또 다른 변수를 x라 하자(독립 변수). 그리고 다음과 같은 함수를 생각해 보자.

$$y(x) = ax^3 + bx^2 + cx + d$$

a, b, c, d가 상수이면, 임의의 값 x에 대하여 y를 계산할 수 있다. 일반적으로 y가 x에 대해 부드럽게 변하는 함수를 다룬다.

y의 x에 대한 **도함수**(derivative)는 Δx가 0으로 접근할 때 x-y 곡선 위의 두 점 사이에 그린 직선의 기울기의 극한값으로 정의한다. 수학적으로는 이 정의를 다음과 같이 쓴다.

$$\frac{dy}{dx} = \lim_{\Delta x \to 0} \frac{\Delta y}{\Delta x} = \lim_{\Delta x \to 0} \frac{y(x + \Delta x) - y(x)}{\Delta x} \quad \textbf{(B.28)}$$

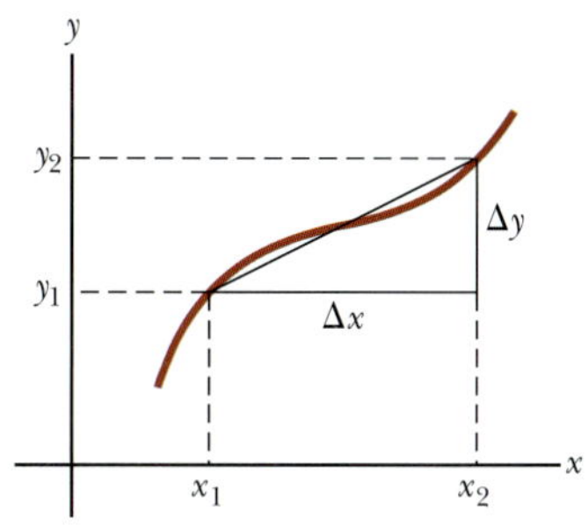

그림 B.14 길이 Δx와 Δy는 주어진 점에서 이 함수의 미분을 정의하는 데 사용된다.

여기서 Δy와 Δx는 $\Delta x = x_2 - x_1$이고 $\Delta y = y_2 - y_1$로 정의한 양이다(그림 B.14). dy/dx는 dy를 dx로 나눈다는 의미가 아니라 식 B.28의 정의에 의한 도함수를 구하는 극한 과정을 나타내는 기호이다.

a가 상수이고 n이 양 또는 음의 정수 또는 분수일 때 함수 $y(x) = ax^n$의 도함수는 다음과 같다.

$$\frac{dy}{dx} = nax^{n-1} \quad \textbf{(B.29)}$$

$y(x)$가 x의 급수이거나 대수 함수이면 급수의 각 항에 식 B.29를 적용하고 d(상수)$/dx = 0$으로 한다. 예제 B.4부터 B.7에서 여러 함수의 미분을 계산한다.

표 B.4 여러 함수의 미분

$$\frac{d}{dx}(a) = 0$$
$$\frac{d}{dx}(ax^n) = nax^{n-1}$$
$$\frac{d}{dx}(e^{ax}) = ae^{ax}$$
$$\frac{d}{dx}(\sin ax) = a\cos ax$$
$$\frac{d}{dx}(\cos ax) = -a\sin ax$$
$$\frac{d}{dx}(\tan ax) = a\sec^2 ax$$
$$\frac{d}{dx}(\cot ax) = -a\csc^2 ax$$
$$\frac{d}{dx}(\sec x) = \tan x \sec x$$
$$\frac{d}{dx}(\csc x) = -\cot x \csc x$$
$$\frac{d}{dx}(\ln ax) = \frac{1}{x}$$
$$\frac{d}{dx}(\sin^{-1} ax) = \frac{a}{\sqrt{1 - a^2x^2}}$$
$$\frac{d}{dx}(\cos^{-1} ax) = \frac{-a}{\sqrt{1 - a^2x^2}}$$
$$\frac{d}{dx}(\tan^{-1} ax) = \frac{a}{1 + a^2x^2}$$

Note: a와 n은 상수이다.

도함수의 성질

A. 두 함수의 곱 도함수 함수 $f(x)$가 두 함수 $g(x)$와 $h(x)$의 곱으로 주어질 때 $f(x)$의 도함수는 다음과 같이 구한다.

$$\frac{d}{dx}f(x) = \frac{d}{dx}[g(x)h(x)] = g\frac{dh}{dx} + h\frac{dg}{dx} \quad \textbf{(B.30)}$$

B. 두 함수의 합의 도함수 함수 $f(x)$가 두 함수의 합이면 도함수는 각 함수의 도함수를 더한 것과 같다.

$$\frac{d}{dx}f(x) = \frac{d}{dx}[g(x) + h(x)] = \frac{dg}{dx} + \frac{dh}{dx} \quad \textbf{(B.31)}$$

C. 도함수의 연쇄 법칙 $y = f(x)$, $x = g(z)$라 할 때 dy/dz는 두 도함수의 곱으로 구한다.

$$\frac{dy}{dz} = \frac{dy}{dx}\frac{dx}{dz} \quad \textbf{(B.32)}$$

D. 이차 도함수 y의 x에 대한 이차 도함수는 도함수 dy/dx의 도함수로 정의한다(즉 도함수의 도함수). 그리고 다음과 같이 표기한다.

$$\frac{d^2y}{dx^2} = \frac{d}{dx}\left(\frac{dy}{dx}\right) \tag{B.33}$$

많이 사용되는 함수의 미분을 표 B.4에 나열하였다.

예제 B.4

$y(x)$가 다음과 같이 주어진다.

$$y(x) = ax^3 + bx + c$$

여기서 a와 b는 상수일 때, 다음과 같이 된다.

$$y(x + \Delta x) = a(x + \Delta x)^3 + b(x + \Delta x) + c$$
$$= a(x^3 + 3x^2\,\Delta x + 3x\,\Delta x^2 + \Delta x^3) + b(x + \Delta x) + c$$

그러므로

$$\Delta y = y(x + \Delta x) - y(x) = a(3x^2\,\Delta x + 3x\,\Delta x^2 + \Delta x^3) + b\Delta x$$

이고, 이를 식 B.28에 대입하면

$$\frac{dy}{dx} = \lim_{\Delta x \to 0} \frac{\Delta y}{\Delta x} = \lim_{\Delta x \to 0}[3ax^2 + 3ax\,\Delta x + a\,\Delta x^2] + b$$

$$\frac{dy}{dx} = 3ax^2 + b$$

이다.

예제 B.5

다음 식의 도함수를 구하라.

$$y(x) = 8x^5 + 4x^3 + 2x + 7$$

풀이 식 B.29를 각 항에 적용하고 d/dx(상수) = 0임을 상기하면 다음을 얻는다.

$$\frac{dy}{dx} = 8(5)x^4 + 4(3)x^2 + 2(1)x^0 + 0$$

$$\frac{dy}{dx} = 40x^4 + 12x^2 + 2$$

이다.

예제 B.6

$y(x) = x^3/(x+1)^2$의 x에 대한 도함수를 구하라.

풀이 이 함수를 $y(x) = x^3(x+1)^{-2}$와 같이 쓰고 식 B.30을 적용한다.

$$\frac{dy}{dx} = (x+1)^{-2}\frac{d}{dx}(x^3) + x^3\frac{d}{dx}(x+1)^{-2}$$

$$= (x+1)^{-2}\,3x^2 + x^3(-2)(x+1)^{-3}$$

$$\frac{dy}{dx} = \frac{3x^2}{(x+1)^2} - \frac{2x^3}{(x+1)^3} = \frac{x^2(x+3)}{(x+1)^3}$$

예제 B.7

두 함수를 나눈 함수에 대한 도함수 공식을 식 B.30으로부터 얻을 수 있다. 다음을 보이라.

$$\frac{d}{dx}\left[\frac{g(x)}{h(x)}\right] = \frac{h\frac{dg}{dx} - g\frac{dh}{dx}}{h^2}$$

풀이 나누기를 gh^{-1}와 같이 나타낼 수 있으므로 식 B.29와 B.30을 적용한다.

$$\frac{d}{dx}\left(\frac{g}{h}\right) = \frac{d}{dx}(gh^{-1}) = g\frac{d}{dx}(h^{-1}) + h^{-1}\frac{d}{dx}(g)$$

$$= -gh^{-2}\frac{dh}{dx} + h^{-1}\frac{dg}{dx}$$

$$= \frac{h\frac{dg}{dx} - g\frac{dh}{dx}}{h^2}$$

B.7 적 분

적분을 미분의 역과정으로 생각한다. 예를 들어 다음의 식을 고려하자.

$$f(x) = \frac{dy}{dx} = 3ax^2 + b \tag{B.34}$$

이는 예제 B.4에서 다음 함수를 미분한 것이다.

$$y(x) = ax^3 + bx + c$$

식 B.34를 $dy = f(x)\,dx = (3ax^2 + b)\,dx$로 쓸 수 있고, 모든 x에 대하여 더해서 $y(x)$를 구할 수 있다. 수학적으로, 이 역과정을

$$y(x) = \int f(x)\,dx$$

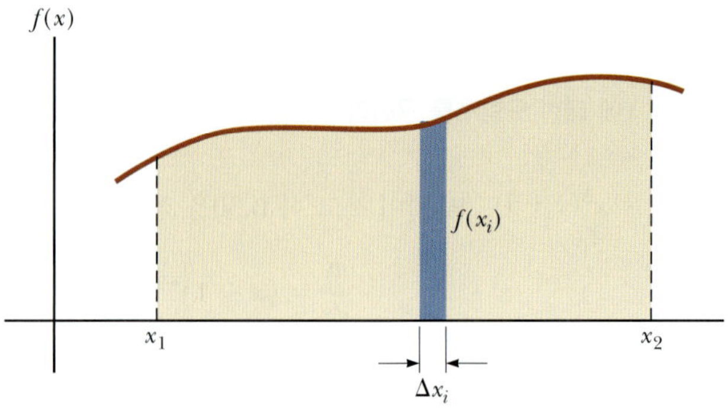

그림 B.15 함수의 정적분은 x_1과 x_2 사이에서 곡선 아랫부분의 넓이이다.

로 쓴다. 식 B.34로 주어진 함수 $f(x)$에 대하여

$$y(x) = \int (3ax^2 + b)\, dx = ax^3 + bx + c$$

이며, 여기서 c는 적분 상수이다. 적분값이 c의 선택에 의존하기 때문에, 이런 적분 형태를 **부정 적분**(indefinite integral)이라고 한다.

일반적으로 **부정 적분**(indefinite integral) $I(x)$는 다음과 같이 정의한다.

$$I(x) = \int f(x)\, dx \tag{B.35}$$

여기서 $f(x)$를 **피적분 함수**라 하고, $f(x) = dI(x)/dx$이다.

연속 함수 $f(x)$에 대하여 적분은 곡선 $f(x)$와 그림 B.15와 같이 x축의 두 점 x_1, x_2로 둘러싸인 넓이로 나타낼 수도 있다.

그림 B.15의 파란색 영역의 넓이는 대략 $f(x_i)\,\Delta x_i$이며 x_1과 x_2 사이의 이런 모든 넓이를 더하고 이 합을 $\Delta x_i \to 0$의 극한을 취하면 $f(x)$와 x_1과 x_2 사이의 x축에 둘러싸인 실제 넓이를 얻게 된다.

$$넓이 = \lim_{\Delta x_i \to 0} \sum_i f(x_i)\Delta x_i = \int_{x_1}^{x_2} f(x)\, dx \tag{B.36}$$

식 B.36으로 정의된 적분 형태를 **정적분**(definite integral)이라고 한다.

다음은 일반적 적분 공식이다.

$$\int x^n\, dx = \frac{x^{n+1}}{n+1} + c \quad (n \neq -1) \tag{B.37}$$

이 결과는 당연하다. 왜냐하면 우변을 x에 대하여 미분하면 바로 $f(x) = x^n$이 되기 때문이다. 적분 구간이 정해지면 상하한을 알면, 이 적분은 **정적분**이 되고 다음과 같이 쓴다.

$$\int_{x_1}^{x_2} x^n\, dx = \left.\frac{x^{n+1}}{n+1}\right|_{x_1}^{x_2} = \frac{{x_2}^{n+1} - {x_1}^{n+1}}{n+1} \quad (n \neq -1) \tag{B.38}$$

예제

1. $\int_0^a x^2\,dx = \frac{x^3}{3}\Big]_0^a = \frac{a^3}{3}$

2. $\int_0^b x^{3/2}\,dx = \frac{x^{5/2}}{5/2}\Big]_0^b = \frac{2}{5}b^{5/2}$

3. $\int_3^5 x\,dx = \frac{x^2}{2}\Big]_3^5 = \frac{5^2-3^2}{2} = 8$

부분 적분

때때로 적분값을 구하기 위하여 **부분 적분**을 적용하는 것이 유용하다. 이 방법은 다음의 성질을 이용한다.

$$\int u\,dv = uv - \int v\,du \tag{B.39}$$

여기서 u의 v는 복잡한 적분을 단순하게 하기 위하여 **적절하게** 선택한다. 다음의 함수를 고려하자.

$$I(x) = \int x^2\,e^x\,dx$$

이는 두 번 부분 적분을 해서 계산할 수 있다. 먼저 $u = x^2$, $v = e^x$로 놓으면

$$\int x^2\,e^x\,dx = \int x^2\,d(e^x) = x^2\,e^x - 2\int e^x\,x\,dx + c_1$$

을 얻게 된다. 이제 $u = x$, $v = e^x$로 놓으면

$$\int x^2\,e^x\,dx = x^2\,e^x - 2x\,e^x + 2\int e^x\,dx + c_1$$

또는

$$\int x^2\,e^x\,dx = x^2\,e^x - 2xe^x + 2e^x + c_2$$

가 된다.

전미분

기억해야 할 또 다른 방법으로 **전미분**이 있다. 전미분은 적분 함수의 독립 변수로 나타낸 미분이 함수의 미분이 되도록 변수 변화를 찾는 것이다. 예를 들어 다음 적분을 고려해 보자.

$$I(x) = \int \cos^2 x \sin x\,dx$$

이 적분은 $d(\cos x) = -\sin x\,dx$로 쓰면 쉽게 계산할 수 있다. 그러면 적분은

$$\int \cos^2 x \sin x\,dx = -\int \cos^2 x\,d(\cos x)$$

와 같이 된다. 변수를 $y = \cos x$로 바꾸면 다음을 구할 수 있다.

표 B.5 부정 적분 (각 적분에 임의의 상수가 더해져야 한다.)

$$\int x^n\,dx = \frac{x^{n+1}}{n+1}\ (n \neq 1\text{인 경우})$$

$$\int \frac{dx}{x} = \int x^{-1}\,dx = \ln x$$

$$\int \frac{dx}{a+bx} = \frac{1}{b}\ln(a+bx)$$

$$\int \frac{x\,dx}{a+bx} = \frac{x}{b} - \frac{a}{b^2}\ln(a+bx)$$

$$\int \frac{dx}{x(x+a)} = -\frac{1}{a}\ln\frac{x+a}{x}$$

$$\int \frac{dx}{(a+bx)^2} = -\frac{1}{b(a+bx)}$$

$$\int \frac{dx}{a^2+x^2} = \frac{1}{a}\tan^{-1}\frac{x}{a}$$

$$\int \frac{dx}{a^2-x^2} = \frac{1}{2a}\ln\frac{a+x}{a-x}\ (a^2-x^2>0)$$

$$\int \frac{dx}{x^2-a^2} = \frac{1}{2a}\ln\frac{x-a}{x+a}\ (x^2-a^2>0)$$

$$\int \frac{x\,dx}{a^2 \pm x^2} = \pm\tfrac{1}{2}\ln(a^2 \pm x^2)$$

$$\int \frac{dx}{\sqrt{a^2-x^2}} = \sin^{-1}\frac{x}{a} = -\cos^{-1}\frac{x}{a}\ (a^2-x^2>0)$$

$$\int \frac{dx}{\sqrt{x^2 \pm a^2}} = \ln(x+\sqrt{x^2 \pm a^2})$$

$$\int \frac{x\,dx}{\sqrt{a^2-x^2}} = -\sqrt{a^2-x^2}$$

$$\int \frac{x\,dx}{\sqrt{x^2 \pm a^2}} = \sqrt{x^2 \pm a^2}$$

$$\int \sqrt{a^2-x^2}\,dx = \tfrac{1}{2}\left(x\sqrt{a^2-x^2} + a^2\sin^{-1}\frac{x}{|a|}\right)$$

$$\int x\sqrt{a^2-x^2}\,dx = -\tfrac{1}{3}(a^2-x^2)^{3/2}$$

$$\int \sqrt{x^2 \pm a^2}\,dx = \tfrac{1}{2}x\sqrt{x^2 \pm a^2} \pm a^2\ln(x+\sqrt{x^2 \pm a^2})$$

$$\int x(\sqrt{x^2 \pm a^2})\,dx = \tfrac{1}{3}(x^2 \pm a^2)^{3/2}$$

$$\int e^{ax}\,dx = \frac{1}{a}e^{ax}$$

$$\int \ln ax\,dx = (x\ln ax) - x$$

$$\int xe^{ax}\,dx = \frac{e^{ax}}{a^2}(ax-1)$$

$$\int \frac{dx}{a+be^{cx}} = \frac{x}{a} - \frac{1}{ac}\ln(a+be^{cx})$$

$$\int \sin ax\,dx = -\frac{1}{a}\cos ax$$

$$\int \cos ax\,dx = \frac{1}{a}\sin ax$$

$$\int \tan ax\,dx = -\frac{1}{a}\ln(\cos ax) = \frac{1}{a}\ln(\sec ax)$$

$$\int \cot ax\,dx = \frac{1}{a}\ln(\sin ax)$$

$$\int \sec ax\,dx = \frac{1}{a}\ln(\sec ax + \tan ax) = \frac{1}{a}\ln\left[\tan\left(\frac{ax}{2}+\frac{\pi}{4}\right)\right]$$

$$\int \csc ax\,dx = \frac{1}{a}\ln(\csc ax - \cot ax) = \frac{1}{a}\ln\left(\tan\frac{ax}{2}\right)$$

$$\int \sin^2 ax\,dx = \frac{x}{2} - \frac{\sin 2ax}{4a}$$

$$\int \cos^2 ax\,dx = \frac{x}{2} + \frac{\sin 2ax}{4a}$$

$$\int \frac{dx}{\sin^2 ax} = -\frac{1}{a}\cot ax$$

$$\int \frac{dx}{\cos^2 ax} = \frac{1}{a}\tan ax$$

$$\int \tan^2 ax\,dx = \frac{1}{a}(\tan ax) - x$$

$$\int \cot^2 ax\,dx = -\frac{1}{a}(\cot ax) - x$$

$$\int \sin^{-1} ax\,dx = x(\sin^{-1} ax) + \frac{\sqrt{1-a^2x^2}}{a}$$

$$\int \cos^{-1} ax\,dx = x(\cos^{-1} ax) - \frac{\sqrt{1-a^2x^2}}{a}$$

$$\int \frac{dx}{(x^2+a^2)^{3/2}} = \frac{x}{a^2\sqrt{x^2+a^2}}$$

$$\int \frac{x\,dx}{(x^2+a^2)^{3/2}} = -\frac{1}{\sqrt{x^2+a^2}}$$

표 B.6 가우스의 확률 적분과 여러 정적분

$$\int_0^\infty x^n\, e^{-ax}\, dx = \frac{n!}{a^{n+1}}$$

$$I_0 = \int_0^\infty e^{-ax^2}\, dx = \frac{1}{2}\sqrt{\frac{\pi}{a}} \quad \text{(가우스의 확률 적분)}$$

$$I_1 = \int_0^\infty x e^{-ax^2}\, dx = \frac{1}{2a}$$

$$I_2 = \int_0^\infty x^2\, e^{-ax^2}\, dx = -\frac{dI_0}{da} = \frac{1}{4}\sqrt{\frac{\pi}{a^3}}$$

$$I_3 = \int_0^\infty x^3\, e^{-ax^2}\, dx = -\frac{dI_1}{da} = \frac{1}{2a^2}$$

$$I_4 = \int_0^\infty x^4\, e^{-ax^2}\, dx = \frac{d^2 I_0}{da^2} = \frac{3}{8}\sqrt{\frac{\pi}{a^5}}$$

$$I_5 = \int_0^\infty x^5\, e^{-ax^2}\, dx = \frac{d^2 I_1}{da^2} = \frac{1}{a^3}$$

$$\vdots$$

$$I_{2n} = (-1)^n \frac{d^n}{da^n} I_0$$

$$I_{2n+1} = (-1)^n \frac{d^n}{da^n} I_1$$

$$\int \cos^2 x \sin x\, dx = -\int y^2\, dy = -\frac{y^3}{3} + c = -\frac{\cos^3 x}{3} + c$$

표 B.5에 유용한 부정 적분을 나열하였다. 표 B.6은 가우스의 확률 적분과 여러 정적분을 나열하였다.

B.8 불확정도의 전파

실험실 실험에서 이루어지는 공통적인 활동은 자료를 얻기 위하여 측정을 하는 것이다. 이들 측정은 다양한 장치를 이용하여 얻은 길이, 시간, 간격, 온도, 전압 등 여러 형태이다. 측정과 장비의 질에 무관하게, **물리적인 측정에는 항상 이와 연관된 불확정도가 있다.** 이런 불확정도는 측정과 관련된 불확정도와 측정하는 계의 불확정도와 모두 연관되어 있다. 전자의 예는 미터자 위의 선 사이에서 길이 측정의 위치를 정확히 결정하는 것이 불가능하다는 것이다. 측정하는 계와 관련된 불확정도의 한 예는 물 안의 온도 변화인데, 그래서 물에 대한 하나의 온도를 결정하는 것이 어렵다.

불확정도는 두 가지 방법으로 표현할 수 있다. **절대 불확정도**(absolute uncertainty)는 측정과 같은 단위로 표현한 불확정도를 의미한다. 따라서 컴퓨터 디스크 라벨의 길이는 (5.5 ± 0.1) cm로 표현할 수 있다. 측정값이 1.0 cm라면, ±0.1 cm의 불확정도는 크지만, 측정 값이 100 m라면 이 불확정도는 작은 것이다. 불확정도를 더 의미 있게 하기 위하여 **소수 불확정도**(fractional uncertainty) 또는 **퍼센트 불확정도**(percent uncertainty)를 사용한다. 이 경우 불확정도는 실제 측정값으로 나눈 것이다. 따라서 컴퓨터 디스크 라벨의 길이는 다음과 같이 표현할 수 있다.

$$\ell = 5.5 \text{ cm} \pm \frac{0.1 \text{ cm}}{5.5 \text{ cm}} = 5.5 \text{ cm} \pm 0.018 \quad \text{(소수 불확정도)}$$

또는

$$\ell = 5.5 \text{ cm} \pm 1.8\% \quad \text{(퍼센트 불확정도)}$$

계산에서 측정들을 조합하면, 최종 결과에서 퍼센트 불확정도는 일반적으로 각각의 측정에서의 불확정도보다 크다. 이를 **불확정도의 전파**(propagation of uncertainty)라고 하며, 실험 물리에서 중요한 것 중의 하나이다.

계산한 결과에서 불확정도를 합리적으로 추정해볼 수 있는 몇 가지 간단한 규칙이 있다.

곱셈과 나눗셈: 불확정도를 가진 측정들을 서로 곱하거나 나눌 때, 각각의 **퍼센트 불확정도**를 더하여 최종 퍼센트 불확정도를 얻는다.

예: 직사각형 판의 넓이

$$A = \ell w = (5.5 \text{ cm} \pm 1.8\%) \times (6.4 \text{ cm} \pm 1.6\%) = 35 \text{ cm}^2 \pm 3.4\%$$
$$= (35 \pm 1) \text{ cm}^2$$

덧셈과 뺄셈: 불확정도를 가진 측정들을 서로 더하거나 뺄 때, 각각의 **불확정도 절댓값**을 더하여 최종 불확정도를 얻는다.

예: 온도의 변화

$$\Delta T = T_2 - T_1 = (99.2 \pm 1.5)°\text{C} - (27.6 \pm 1.5)°\text{C} = (71.6 \pm 3.0)°\text{C}$$
$$= 71.6°\text{C} \pm 4.2\%$$

거듭제곱수: 측정값을 거듭제곱할 때, 퍼센트 불확정도는 측정값의 퍼센트 불확정도에 거듭제곱 수만큼 곱하면 된다.

예: 구의 부피

$$V = \tfrac{4}{3}\pi r^3 = \tfrac{4}{3}\pi(6.20 \text{ cm} \pm 2.0\%)^3 = 998 \text{ cm}^3 \pm 6.0\%$$
$$= (998 \pm 60) \text{ cm}^3$$

복잡한 계산의 경우, 많은 불확정도를 서로 더하면 최종 결과의 불확정도가 매우 커질 수 있다. 실험은 가능한 한 계산이 단순하도록 설계해야 한다.

불확정도는 계산에서 항상 누적되므로 특히 측정값이 거의 비슷한 경우에는 측정값을 뺄셈하는 실험은 가능하면 피해야 한다. 그런 경우 측정값을 뺀 값이 불확정도보다 훨씬 작아질 수가 있다.

APPENDIX C

SI 단위

SI Units

표 C.1 기본 단위

	기본 단위	
기본량	명칭	단위
길이	미터	m
질량	킬로그램	kg
시간	초	s
전류	암페어	A
온도	켈빈	K
물질의 양	몰	mol
광도	칸델라	cd

표 C.2 유도 단위

양	명칭	단위	기본 단위 표현	유도 단위 표현
평면각	라디안	rad	m/m	
진동수	헤르츠	Hz	s^{-1}	
힘	뉴턴	N	$kg \cdot m/s^2$	J/m
압력	파스칼	Pa	$kg/m \cdot s^2$	N/m^2
에너지	줄	J	$kg \cdot m^2/s^2$	$N \cdot m$
일률	와트	W	$kg \cdot m^2/s^3$	J/s
전하	쿨롬	C	$A \cdot s$	
전위	볼트	V	$kg \cdot m^2/A \cdot s^3$	W/A
전기용량	패럿	F	$A^2 \cdot s^4/kg \cdot m^2$	C/V
전기 저항	옴	Ω	$kg \cdot m^2/A^2 \cdot s^3$	V/A
자기선속	웨버	Wb	$kg \cdot m^2/A \cdot s^2$	$V \cdot s$
자기장	테슬라	T	$kg/A \cdot s^2$	
유도 계수	헨리	H	$kg \cdot m^2/A^2 \cdot s^2$	$T \cdot m^2/A$

APPENDIX

D 원소의 주기율표

Periodic Table of the Elements

I족	II족	전이원소						
H 1 1.007 9 $1s$								
Li 3 6.941 $2s^{1}$	**Be** 4 9.0122 $2s^{2}$							
Na 11 22.990 $3s^{1}$	**Mg** 12 24.305 $3s^{2}$							
K 19 39.098 $4s^{1}$	**Ca** 20 40.078 $4s^{2}$	**Sc** 21 44.956 $3d^{1}4s^{2}$	**Ti** 22 47.867 $3d^{2}4s^{2}$	**V** 23 50.942 $3d^{3}4s^{2}$	**Cr** 24 51.996 $3d^{5}4s^{1}$	**Mn** 25 54.938 $3d^{5}4s^{2}$	**Fe** 26 55.845 $3d^{6}4s^{2}$	**Co** 27 58.933 $3d^{7}4s^{2}$
Rb 37 85.468 $5s^{1}$	**Sr** 38 87.62 $5s^{2}$	**Y** 39 88.906 $4d^{1}5s^{2}$	**Zr** 40 91.224 $4d^{2}5s^{2}$	**Nb** 41 92.906 $4d^{4}5s^{1}$	**Mo** 42 95.94 $4d^{5}5s^{1}$	**Tc** 43 (98) $4d^{5}5s^{2}$	**Ru** 44 101.07 $4d^{7}5s^{1}$	**Rh** 45 102.91 $4d^{8}5s^{1}$
Cs 55 132.91 $6s^{1}$	**Ba** 56 137.33 $6s^{2}$	57–71*	**Hf** 72 178.49 $5d^{2}6s^{2}$	**Ta** 73 180.95 $5d^{3}6s^{2}$	**W** 74 183.84 $5d^{4}6s^{2}$	**Re** 75 186.21 $5d^{5}6s^{2}$	**Os** 76 190.23 $5d^{6}6s^{2}$	**Ir** 77 192.2 $5d^{7}6s^{2}$
Fr 87 (223) $7s^{1}$	**Ra** 88 (226) $7s^{2}$	89–103**	**Rf** 104 (261) $6d^{2}7s^{2}$	**Db** 105 (262) $6d^{3}7s^{2}$	**Sg** 106 (266)	**Bh** 107 (264)	**Hs** 108 (277)	**Mt** 109 (268)

기호 — **Ca** 20 — 원자 번호
원자 질량† — 40.078
$4s^{2}$ — 전자 배치

*Lanthanide series 계열	**La** 57 138.91 $5d^{1}6s^{2}$	**Ce** 58 140.12 $5d^{1}4f^{1}6s^{2}$	**Pr** 59 140.91 $4f^{3}6s^{2}$	**Nd** 60 144.24 $4f^{4}6s^{2}$	**Pm** 61 (145) $4f^{5}6s^{2}$	**Sm** 62 150.36 $4f^{6}6s^{2}$
**Actinide series 계열	**Ac** 89 (227) $6d^{1}7s^{2}$	**Th** 90 232.04 $6d^{2}7s^{2}$	**Pa** 91 231.04 $5f^{2}6d^{1}7s^{2}$	**U** 92 238.03 $5f^{3}6d^{1}7s^{2}$	**Np** 93 (237) $5f^{4}6d^{1}7s^{2}$	**Pu** 94 (244) $5f^{6}7s^{2}$

Note: 원자 질량값은 자연에 존재하는 동위 원소를 평균한 것이다.
†불안정한 원소의 경우, 가장 안정적인 동위 원소의 질량이 괄호 안에 주어져 있다.

			III족	IV족	V족	VI족	VII족	0족
							H 1 1.007 9 $1s^1$	**He** 2 4.002 6 $1s^2$
			B 5 10.811 $2p^1$	**C** 6 12.011 $2p^2$	**N** 7 14.007 $2p^3$	**O** 8 15.999 $2p^4$	**F** 9 18.998 $2p^5$	**Ne** 10 20.180 $2p^6$
			Al 13 26.982 $3p^1$	**Si** 14 28.086 $3p^2$	**P** 15 30.974 $3p^3$	**S** 16 32.066 $3p^4$	**Cl** 17 35.453 $3p^5$	**Ar** 18 39.948 $3p^6$
Ni 28 58.693 $3d^84s^2$	**Cu** 29 63.546 $3d^{10}4s^1$	**Zn** 30 65.41 $3d^{10}4s^2$	**Ga** 31 69.723 $4p^1$	**Ge** 32 72.64 $4p^2$	**As** 33 74.922 $4p^3$	**Se** 34 78.96 $4p^4$	**Br** 35 79.904 $4p^5$	**Kr** 36 83.80 $4p^6$
Pd 46 106.42 $4d^{10}$	**Ag** 47 107.87 $4d^{10}5s^1$	**Cd** 48 112.41 $4d^{10}5s^2$	**In** 49 114.82 $5p^1$	**Sn** 50 118.71 $5p^2$	**Sb** 51 121.76 $5p^3$	**Te** 52 127.60 $5p^4$	**I** 53 126.90 $5p^5$	**Xe** 54 131.29 $5p^6$
Pt 78 195.08 $5d^96s^1$	**Au** 79 196.97 $5d^{10}6s^1$	**Hg** 80 200.59 $5d^{10}6s^2$	**Tl** 81 204.38 $6p^1$	**Pb** 82 207.2 $6p^2$	**Bi** 83 208.98 $6p^3$	**Po** 84 (209) $6p^4$	**At** 85 (210) $6p^5$	**Rn** 86 (222) $6p^6$
Ds 110 (271)	**Rg** 111 (272)	**Cn** 112 (285)	113†† (284)	**Fl** 114 (289)	115†† (288)	**Lv** 116 (293)	117†† (294)	118†† (294)

Eu 63 151.96 $4f^76s^2$	**Gd** 64 157.25 $4f^75d^16s^2$	**Tb** 65 158.93 $4f^85d^16s^2$	**Dy** 66 162.50 $4f^{10}6s^2$	**Ho** 67 164.93 $4f^{11}6s^2$	**Er** 68 167.26 $4f^{12}6s^2$	**Tm** 69 168.93 $4f^{13}6s^2$	**Yb** 70 173.04 $4f^{14}6s^2$	**Lu** 71 174.97 $4f^{14}5d^16s^2$
Am 95 (243) $5f^77s^2$	**Cm** 96 (247) $5f^76d^17s^2$	**Bk** 97 (247) $5f^86d^17s^2$	**Cf** 98 (251) $5f^{10}7s^2$	**Es** 99 (252) $5f^{11}7s^2$	**Fm** 100 (257) $5f^{12}7s^2$	**Md** 101 (258) $5f^{13}7s^2$	**No** 102 (259) $5f^{14}7s^2$	**Lr** 103 (262) $5f^{14}6d^17s^2$

†† 113, 115, 117, 118번 원소는 아직 정해지지 않았다. 이런 원소는 극히 소량만이 관찰되었다.
Note: 원자에 대한 더 많은 설명은 *physics.nist.gov/PhysRef Data/Elements/per_text.html*에 있다.

APPENDIX

E 물리량 그림 표현과 주요 물리 상수

역학과 열역학

- 변위와 위치 벡터
- 변위와 위치 성분 벡터
- 선속도 벡터($\vec{\mathbf{v}}$)와 각속도 벡터($\vec{\omega}$)
- 속도 성분 벡터
- 힘 벡터($\vec{\mathbf{F}}$)
- 힘 성분 벡터
- 가속도 벡터($\vec{\mathbf{a}}$)
- 가속도 성분 벡터
- 에너지 전달 화살 (W_{eng}, Q_c, Q_h)
- 과정 화살
- 선운동량 벡터($\vec{\mathbf{p}}$)와 각운동량 벡터($\vec{\mathbf{L}}$)
- 선운동량과 각운동량 성분 벡터
- 돌림힘 벡터($\vec{\tau}$)
- 돌림힘 성분 벡터
- 선운동 또는 회전 운동 방향
- 회전 화살
- 확대 화살
- 용수철
- 도르래

전기와 자기

- 전기장
- 전기장 벡터
- 전기장 성분 벡터
- 자기장
- 자기장 벡터
- 자기장 성분 벡터
- 양전하
- 음전하
- 저항기
- 전지와 DC 전원
- 스위치
- 축전기
- 인덕터(코일)
- 전압계 (V)
- 전류계 (A)
- AC 전원
- 전구
- 접지
- 전류

빛과 광학

- 광선
- 초점 광선
- 중앙 광선
- 수렴 렌즈
- 발산 렌즈
- 거울
- 곡면 거울
- 물체
- 상

표 E.1 주요 물리 상수

양	기호	값[a]
원자 질량 단위	u	$1.660\,538\,782\,(83) \times 10^{-27}$ kg $931.494\,028\,(23)$ MeV/c^2
아보가드로수	N_{A}	$6.022\,141\,79\,(30) \times 10^{23}$ particles/mol
보어 마그네톤	$\mu_{\text{B}} = \dfrac{e\hbar}{2m_e}$	$9.274\,009\,15\,(23) \times 10^{-24}$ J/T
보어 반지름	$a_0 = \dfrac{\hbar^2}{m_e e^2 k_e}$	$5.291\,772\,085\,9\,(36) \times 10^{-11}$ m
볼츠만 상수	$k_{\text{B}} = \dfrac{R}{N_{\text{A}}}$	$1.380\,650\,4\,(24) \times 10^{-23}$ J/K
콤프턴 파장	$\lambda_{\text{C}} = \dfrac{h}{m_e c}$	$2.426\,310\,217\,5\,(33) \times 10^{-12}$ m
쿨롱 상수	$k_e = \dfrac{1}{4\pi\epsilon_0}$	$8.987\,551\,788\ldots \times 10^{9}$ N·m²/C² (exact)
중양자 질량	m_d	$3.343\,583\,20\,(17) \times 10^{-27}$ kg $2.013\,553\,212\,724\,(78)$ u
전자 질량	m_e	$9.109\,382\,15\,(45) \times 10^{-31}$ kg $5.485\,799\,094\,3\,(23) \times 10^{-4}$ u $0.510\,998\,910\,(13)$ MeV/c^2
전자볼트	eV	$1.602\,176\,487\,(40) \times 10^{-19}$ J
기본 전하	e	$1.602\,176\,487\,(40) \times 10^{-19}$ C
기체 상수	R	$8.314\,472\,(15)$ J/mol·K
중력 상수	G	$6.674\,28\,(67) \times 10^{-11}$ N·m²/kg²
중성자 질량	m_n	$1.674\,927\,211\,(84) \times 10^{-27}$ kg $1.008\,664\,915\,97\,(43)$ u $939.565\,346\,(23)$ MeV/c^2
핵 마그네톤	$\mu_n = \dfrac{e\hbar}{2m_p}$	$5.050\,783\,24\,(13) \times 10^{-27}$ J/T
자유 공간의 투자율	μ_0	$4\pi \times 10^{-7}$ T·m/A (exact)
자유 공간의 유전율	$\epsilon_0 = \dfrac{1}{\mu_0 c^2}$	$8.854\,187\,817\ldots \times 10^{-12}$ C²/N·m² (exact)
플랑크 상수	h	$6.626\,068\,96\,(33) \times 10^{-34}$ J·s
	$\hbar = \dfrac{h}{2\pi}$	$1.054\,571\,628\,(53) \times 10^{-34}$ J·s
양성자 질량	m_p	$1.672\,621\,637\,(83) \times 10^{-27}$ kg $1.007\,276\,466\,77\,(10)$ u $938.272\,013\,(23)$ MeV/c^2
뤼드베리 상수	R_{H}	$1.097\,373\,156\,852\,7\,(73) \times 10^{7}$ m^{-1}
진공에서 빛의 속력	c	$2.997\,924\,58 \times 10^{8}$ m/s (exact)

Note: 이들 상수는 2006년에 CODATA가 추천한 값들이다. 이 값들은 여러 측정값들을 최소 제곱으로 얻은 것에 기초하고 있다. 더 자세한 목록은 다음을 참고하라. P. J. Mohr, B. N. Taylor, and D. B. Newell, "CODATA Recommended Values of the Fundamental Physical Constants: 2006." *Rev. Mod. Phys.***80:**2, 633–730, 2008.

[a] 괄호 안의 수는 마지막 두 자리의 불확정도를 나타낸다.

표 E.2 태양계 자료

물체	질량 (kg)	평균 반지름 (m)	주기 (s)	태양으로부터의 평균 거리 (m)
수성	3.30×10^{23}	2.44×10^{6}	7.60×10^{6}	5.79×10^{10}
금성	4.87×10^{24}	6.05×10^{6}	1.94×10^{7}	1.08×10^{11}
지구	5.97×10^{24}	6.37×10^{6}	3.156×10^{7}	1.496×10^{11}
화성	6.42×10^{23}	3.39×10^{6}	5.94×10^{7}	2.28×10^{11}
목성	1.90×10^{27}	6.99×10^{7}	3.74×10^{8}	7.78×10^{11}
토성	5.68×10^{26}	5.82×10^{7}	9.29×10^{8}	1.43×10^{12}
천왕성	8.68×10^{25}	2.54×10^{7}	2.65×10^{9}	2.87×10^{12}
해왕성	1.02×10^{26}	2.46×10^{7}	5.18×10^{9}	4.50×10^{12}
명왕성[a]	1.25×10^{22}	1.20×10^{6}	7.82×10^{9}	5.91×10^{12}
달	7.35×10^{22}	1.74×10^{6}	—	—
해	1.989×10^{30}	6.96×10^{8}	—	—

[a] 2006년 8월, 국제 천문 연맹은 명왕성을 다른 여덟 개의 행성과 분리해서 행성의 정의를 다시 하였다. 명왕성은 이제 '왜소행성'으로 정의하고 있다.

표 E.3 자주 사용되는 물리 자료

지구–달 평균 거리	3.84×10^{8} m
지구–태양 평균 거리	1.496×10^{11} m
지구 평균 반지름	6.37×10^{6} m
공기 밀도 (20°C, 1 atm)	1.20 kg/m^3
공기 밀도 (0°C, 1 atm)	1.29 kg/m^3
물의 밀도 (20°C, 1 atm)	1.00×10^{3} kg/m^3
자유 낙하 가속도	9.80 m/s^2
지구 질량	5.97×10^{24} kg
달 질량	7.35×10^{22} kg
태양 질량	1.99×10^{30} kg
표준 대기압	1.013×10^{5} Pa

Note: 이 값들은 이 교재에서 사용하는 값이다.

표 E.4 10의 지수를 나타내는 접두사

지수	접두사	약자	지수	접두사	약자
10^{-24}	yocto	y	10^{1}	deka	da
10^{-21}	zepto	z	10^{2}	hecto	h
10^{-18}	atto	a	10^{3}	kilo	k
10^{-15}	femto	f	10^{6}	mega	M
10^{-12}	pico	p	10^{9}	giga	G
10^{-9}	nano	n	10^{12}	tera	T
10^{-6}	micro	μ	10^{15}	peta	P
10^{-3}	milli	m	10^{18}	exa	E
10^{-2}	centi	c	10^{21}	zetta	Z
10^{-1}	deci	d	10^{24}	yotta	Y

표 E.5 표준 약어와 단위

기호	단위	기호	단위
A	암페어	K	켈빈
u	원자 질량 단위	kg	킬로그램
atm	대기압	kmol	킬로몰
Btu	영국 열 단위	L	리터
C	쿨롬	lb	파운드
°C	섭씨 온도	ly	광년
cal	칼로리	m	미터
d	일	min	분
eV	전자볼트	mol	몰
°F	화씨 온도	N	뉴턴
F	패럿	Pa	파스칼
ft	피트	rad	라디안
G	가우스	rev	회전
g	그램	s	초
H	헨리	T	테슬라
h	시	V	볼트
hp	마력	W	와트
Hz	헤르츠	Wb	웨버
in.	인치	yr	연
J	줄	Ω	옴

표 E.6 수학 기호와 의미

기호	의미
$=$	같음
$\equiv$	정의함
$\neq$	같지 않음
$\propto$	비례함
$\sim$	근사적으로 같다
$>$	~보다 크다
$<$	~보다 작다
$\gg(\ll)$	매우 크거나(작은)
$\approx$	대략적으로 같음
Δx	x의 변화
$\sum_{i=1}^{N} x_i$	$i=1$부터 $i=N$까지의 합
$\lvert x \rvert$	x의 절댓값
$\Delta x \to 0$	Δx가 영에 접근
$\frac{dx}{dt}$	x의 t에 대한 미분
$\frac{\partial x}{\partial t}$	x의 t에 대한 편미분
$\int$	적분

표 E.7 바꿈 인수

길이

1 in. = 2.54 cm (exact)
1 m = 39.37 in. = 3.281 ft
1 ft = 0.304 8 m
12 in. = 1 ft
3 ft = 1 yd
1 yd = 0.914 4 m
1 km = 0.621 mi
1 mi = 1.609 km
1 mi = 5 280 ft
1 μm = 10^{-6} m = 10^3 nm
1 light-year = 9.461×10^{15} m

넓이

1 m^2 = 10^4 cm^2 = 10.76 ft^2
1 ft^2 = 0.092 9 m^2 = 144 in.^{2}
1 in.^{2} = 6.452 cm^2

부피

1 m^3 = 10^6 cm^3 = 6.102×10^4 in.^{3}
1 ft^3 = 1 728 in.^{3} = 2.83×10^{-2} m^3
1 L = 1 000 cm^3 = 1.057 6 qt = 0.035 3 ft^3
1 ft^3 = 7.481 gal = 28.32 L = 2.832×10^{-2} m^3
1 gal = 3.786 L = 231 in.^{3}

질량

1 000 kg = 1 t (metric ton)
1 slug = 14.59 kg
1 u = 1.66×10^{-27} kg = 931.5 MeV/c^2

힘

1 N = 0.224 8 lb
1 lb = 4.448 N

속도

1 mi/h = 1.47 ft/s = 0.447 m/s = 1.61 km/h
1 m/s = 100 cm/s = 3.281 ft/s
1 mi/min = 60 mi/h = 88 ft/s

가속도

1 m/s^2 = 3.28 ft/s^2 = 100 cm/s^2
1 ft/s^2 = 0.304 8 m/s^2 = 30.48 cm/s^2

압력

1 bar = 10^5 N/m^2 = 14.50 lb/in.^{2}
1 atm = 760 mm Hg = 76.0 cm Hg
1 atm = 14.7 lb/in.^{2} = 1.013×10^5 N/m^2
1 Pa = 1 N/m^2 = 1.45×10^{-4} lb/in.^{2}

시간

1 yr = 365 days = 3.16×10^7 s
1 day = 24 h = 1.44×10^3 min = 8.64×10^4 s

에너지

1 J = 0.738 ft·lb
1 cal = 4.186 J
1 Btu = 252 cal = 1.054×10^3 J
1 eV = 1.602×10^{-19} J
1 kWh = 3.60×10^6 J

일률

1 hp = 550 ft·lb/s = 0.746 kW
1 W = 1 J/s = 0.738 ft·lb/s
1 Btu/h = 0.293 W

유용한 어림값

1 m ≈ 1 yd	1 m/s ≈ 2 mi/h
1 kg ≈ 2 lb	1 yr ≈ $\pi \times 10^7$ s
1 N ≈ $\frac{1}{4}$ lb	60 mi/h ≈ 100 ft/s
1 L ≈ $\frac{1}{4}$ gal	1 km ≈ $\frac{1}{2}$ mi

Note: 더 많은 정보는 부록 A의 표 A.1을 참조하라.

표 E.8 그리스 알파벳

Alpha	Α	α	Iota	Ι	ι	Rho	Ρ	ρ
Beta	Β	β	Kappa	Κ	κ	Sigma	Σ	σ
Gamma	Γ	γ	Lambda	Λ	λ	Tau	Τ	τ
Delta	Δ	δ	Mu	Μ	μ	Upsilon	Υ	υ
Epsilon	Ε	ϵ	Nu	Ν	ν	Phi	Φ	ϕ
Zeta	Ζ	ζ	Xi	Ξ	ξ	Chi	Χ	χ
Eta	Η	η	Omicron	Ο	o	Psi	Ψ	ψ
Theta	Θ	θ	Pi	Π	π	Omega	Ω	ω

퀴즈 및 주관식 연습문제 해답

Answers to Quick Quizzes and Subjective Problems

Chapter 1

[퀴즈]

1. (a)
2. False
3. (b)

[주관식]

1. (a) 5.52×10^3 kg/m^3 (b) It is between the density of aluminum and that of iron and is greater than the densities of typical surface rocks.
2. 2.15×10^4 kg/m^3
3. 23.0 kg
4. 7.69 cm
5. $\dfrac{4\pi\rho\,(r_2^3 - r_1^3)}{3}$
6. 0.141 nm
7. (a) $8.42 \times 10^{22}\ \dfrac{\text{Cu-atom}}{\text{cm}^3}$ (b) 1.19×10^{-23} cm^3/Cu-atom (c) 2.28×10^{-8} cm
8. (b) only
9. (a) and (f) (b) and (d) (c) and (e)
10. (a) kg · m/s (b) N · s
11. No.
12. (a) [A] = L/T^3 and [B] = L/T (b) L/T
13. 11.4×10^3 kg/m^3
14. 667 lb/s
15. 871 m^2
16. 9.19 nm/s
17. 2.57×10^6 m^3
18. 1.00×10^{10} lb
19. (a) $7.14 \times 10^{-2}\ \dfrac{\text{gal}}{\text{s}}$ (b) $2.70 \times 10^{-4}\ \dfrac{\text{m}^3}{\text{s}}$ (c) 1.03 h
20. 4.05×10^3 m^2
21. 290 m^3, 2.9×10^8 cm^3
22. 2.86 cm
23. $r_{Fe}(1.43)$
24. (a) 3.39×10^5 ft^3 (b) 2.54×10^4 lb
25. (a) 2.07 mm (b) 8.62×10^{13} times as large
26. ~ 10^6 balls in a room 4 m by 4 m by 3 m
27. (a) ~ 10^2 kg (b) ~ 10^3 kg
28. ~ 10^2 piano tuners
29. 10^7 rev
30. (209 ± 4) cm^2
31. (a) 3 (b) 4 (c) 3 (d) 2
32. 31 556 926.0 s
33. 19
34. 9 bars / year
35. 1.66×10^3 kg/m^3
36. 288°, 108°
38. 48.6 kg
39. ±3.46
40. 5.2m^3, 3%

Chapter 2

[퀴즈]

1. (c)
2. (b)
3. False. Your graph should look something like the one shown below. This v_x–t graph shows that the maximum speed is about 5.0 m/s, which is 18 km/h (= 11 mi/h), so the driver was not speeding.

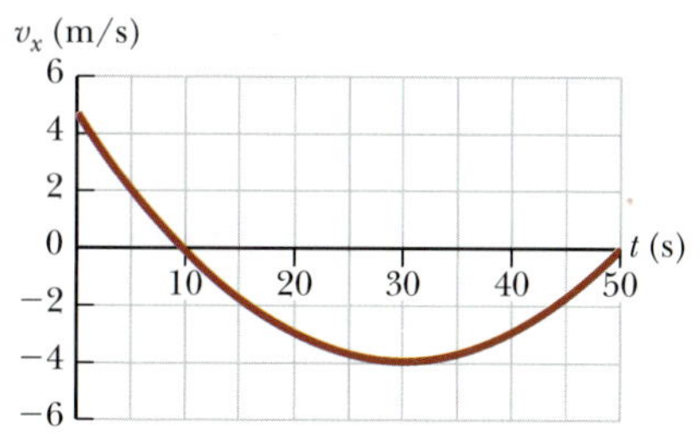

4. (b)
5. (a)–(e), (b)–(d), (c)–(f)
6. **(i)** (e) **(ii)** (d)

[주관식]

1. (a) 5 m/s (b) 1.2 m/s (c) −2.5 m/s (d) −3.3 m/s (e) 0
2. 0.02 s
3. (a) 3.75 m/s (b) 0
4. (a) 2.30 m/s (b) 16.1 m/s (c) 11.5 m/s
5. (a) 27.0 m (b) 27.0 m + (18.0 m/s) Δt + (3.00 m/s^2)(Δt^2) (c) 18.0 m/s
6. (a) −2.4 m/s (b) −3.8 m/s (c) 4.0 s
7. (a) $+L/t_1$ (b) $-L/t_2$ (c) 0 (d) $2L/t_1 + t_2$
8. (a) 5.0 m/s (b) −2.5 m/s (c) 0 (d) +5.0 m/s
9. 1.9×10^8 years
10. (a) 5.00 m (b) 4.88×10^3 s
11. (a) 20 mi/h (b) 0 (c) 30 mi/h
12. (a) 2.80 h (b) 218 km
13. 1.34×10^4 m/s^2

14. (a)

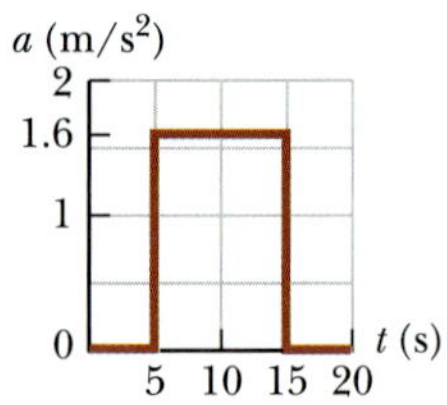

(b) 1.60 m/s^2 (c) 0.800 m/s^2

15. (a) 1.3 m/s^2 (b) $t = 3$ s, $a = 2$ m/s^2 (c) $t = 6$ s, $t > 10$ s (d) $a = -1.5$ m/s^2 $t = 8$ s

16. (b) 23 m/s, 18 m/s, 14 m/s, and 9.0 m/s (c) 4.6 m/s^2 (d) zero

17. (a) 20 m/s, 5 m/s (b) 263 m

18. (a) 13.0 m/s (b) 10.0 m/s, 16.0 m/s (c) 6.00 m/s^2 (d) 6.00 m/s^2 (e) 0.333 s

19. (a) 2.00 m (b) -3.00 m/s (c) -2.00 m/s^2

20. 160 ft.

21. (a) 4.98×10^{-9} s (b) 1.20×10^{15} m/s^2

22. (a) 9.00 m/s (b) -3.00 m/s (c) 17.0 m/s (d) The graph of velocity versus time is a straight line passing through 13 m/s at 10:05 a.m. and sloping downward, decreasing by 4 m/s for each second thereafter. (e) If and only if we know the object's velocity at one instant of time, knowing its acceleration tells us its velocity at every other moment as long as the acceleration is constant.

23. (a) 6.61 m/s (b) -0.448 m/s^2

24. -16.0 cm/s^2

25. (a) -202 m/s^2 (b) 198 m

26. 31 s

27. (a) 35.0 s (b) 15.7 m/s

28. The accelerations do not match.

29. 3.10 m/s

30. (a)

(b) Particle under constant acceleration

(c) $v_f^2 = v_i^2 + 2a(x_f - x_i)$ (Equation 2.17)

(d) $a = \dfrac{v_f^2 - v_i^2}{2(x_f - x_i)}$ (e) 1.25 m/s^2 (f) 8.00 s

31. (a) 2.56 m (b) -3.00 m/s

32. (a) The idea is false unless the acceleration is zero. We define constant acceleration to mean that the velocity is changing steadily in time. So, the velocity cannot be changing steadily in space.
(b) This idea is true. Because the velocity is changing steadily in time, the velocity halfway through an interval is equal to the average of its initial and final values.

33. (a) 13.5 m (b) 13.5 m (c) 13.5 m (d) 22.5 m

34. (a) 1.88 km (b) 1.46 km

(c)

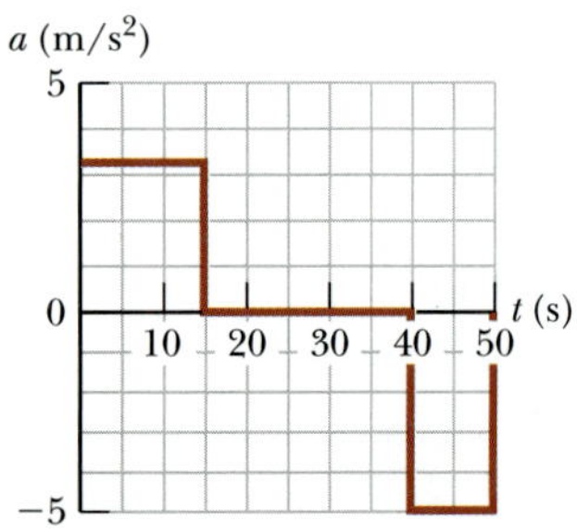

(d) $0a$: $x = 1.67t^2$; ab: $x = 50t - 375$; bc: $x = 250t - 2.5t^2 - 4\,375$ (In all three expressions, x is in meters and t is in seconds.) (e) 37.5 m/s

35. (a) 8.20 s (b) 134 m

36. (a) 0.231 m (b) 0.364 m (c) 0.399 m (d) 0.175 m

37. David will be unsuccessful. The average human reaction time is about 0.2 s (research on the Internet) and a dollar bill is about 15.5 cm long, so David's fingers are about 8 cm from the end of the bill before it is dropped. The bill will fall about 20 cm before he can close his fingers.

38. (a) 29.4 m/s (b) 44.1 m

39. 7.96 s

40. 1.79 s

Chapter 3

[퀴즈]

1. vectors: (b), (c) scalars: (a), (d), (e)

2. (c)

3. (b) and (c)

4. (b)

5. (c)

[주관식]

1. $(-2.75, -4.76)$ m

2. (a) 2.31 (b) 1.15

3. (a) 8.60 m (b) 4.47 m, $-63.4°$; 4.24 m, 135°

4. (a) (2.17, 1.25) m, $(-1.90, 3.29)$ m (b) 4.55 m

5. (a) $(-3.56$ cm, -2.40 cm$)$ (b) ($r = 4.30$ cm, $\theta = 326°$) (c) ($r = 8.60$ cm, $\theta = 34.0°$) (d) ($r = 12.9$ cm, $\theta = 146°$)

6. (a) r, $180° - \theta$ (b) $2r$, $180° + \theta$ (c) $3r$, $-\theta$

7. 70.0 m

8. $\vec{\mathbf{B}}$ is 43 units in the negative y direction

9. This situation can *never* be true because the distance is the length of an arc of a circle between two points, whereas the magnitude of the displacement vector is a straight-line chord of the circle between the same points.

10. 9.5 N, 57° above the x axis

11. (a) 5.2 m at 60° (b) 3.0 m at 330° (c) 3.0 m at 150° (d) 5.2 m at 300°

12. (b) The sum of a set of vectors is not affected by the order in which the vectors are added.

13. approximately 420 ft at $-3°$

14. 310 km at 57° S of W

15. 47.2 units at 122°

16. $A_x = 28.7$ units, $A_y = -20.1$ units

17. 1.31 km north and 2.81 km east

18. (a) $(-11.1\hat{\mathbf{i}} + 6.40\hat{\mathbf{j}})$ m (b) $(1.65\hat{\mathbf{i}} + 2.86\hat{\mathbf{j}})$ cm (c) $(-18.0\hat{\mathbf{i}} - 12.6\hat{\mathbf{j}})$ in.

19. (a) 5.00 blocks at 53.1° N of E (b) 13.00 blocks

20. 358 m at 2.00° S of E

21. $(2.60\hat{\mathbf{i}} + 4.50\hat{\mathbf{j}})$ m

22. (a) $2.00\hat{\mathbf{i}} - 6.00\hat{\mathbf{j}}$ (b) $4.00\hat{\mathbf{i}} + 2.00\hat{\mathbf{j}}$ (c) 6.32 (d) 4.47 (e) 288°; 26.6°

23. 9.48 m at 166°

24. (b) $5.00\hat{\mathbf{i}} + 4.00\hat{\mathbf{j}}$, $-1.00\hat{\mathbf{i}} + 8.00\hat{\mathbf{j}}$ (c) 6.40 at 38.7°, 8.06 at 97.2°

25. 4.64 m at 78.6° N of E

26. (a) Its component parallel to the surface is (1.50 m) cos 141° = −1.17 m, or 1.17 m toward the top of the hill (b) Its component perpendicular to the surface is (1.50 m) sin 141° = 0.944 m, or 0.944 m away from the snow.
27. (a) 185 N at 77.8° from the positive x axis (b) $(-39.3\hat{\mathbf{i}} - 181\hat{\mathbf{j}})$ N
28. 42.7 yards
29. (a) 2.83 m at $\theta = 315°$ (b) 13.4 m at $\theta = 117°$
30. $C_x = 7.30$ cm, $C_y = -7.20$ cm
31. (a) $8.00\hat{\mathbf{i}} + 12.0\hat{\mathbf{j}} - 4.00\hat{\mathbf{k}}$ (b) $2.00\hat{\mathbf{i}} + 3.00\hat{\mathbf{j}} - 1.00\hat{\mathbf{k}}$ (c) $-24.0\hat{\mathbf{i}} - 36.0\hat{\mathbf{j}} + 12.0\hat{\mathbf{k}}$
32. 59.2° with the x axis, 39.8° with the y axis, 67.4° with the z axis
33. (a) $-3.00\hat{\mathbf{i}} + 2.00\hat{\mathbf{j}}$ (b) 3.61 at 146° (c) $3.00\hat{\mathbf{i}} - 6.00\hat{\mathbf{j}}$
34. (a) $5.00\hat{\mathbf{i}} - 1.00\hat{\mathbf{j}} - 3.00\hat{\mathbf{k}}$, 5.92 m (b) $(4.00\hat{\mathbf{i}} - 11.0\hat{\mathbf{j}} + 15.0\hat{\mathbf{k}})$ m, 19.0 m
35. (a) $a = 5.00$ and $b = 7.00$ (b) For vectors to be equal, all their components must be equal. A vector equation contains more information than a scalar equation.
36. (a) $49.5\hat{\mathbf{i}} + 27.1\hat{\mathbf{j}}$ (b) 56.4, 28.7°
37. 196 cm at 345°
38. magnitude: 170.1 cm, direction: 57.2° above $+x$ axis (first quadrant); magnitude: 145.7 cm, direction: 58.6° above $+x$ axis (first quadrant)
39. (a) $\vec{\mathbf{E}} = (15.1\hat{\mathbf{i}} + 7.72\hat{\mathbf{j}})$ cm (b) $\vec{\mathbf{F}} = (-7.72\hat{\mathbf{i}} + 15.1\hat{\mathbf{j}})$ cm (c) $\vec{\mathbf{G}} = (-7.72\hat{\mathbf{i}} - 15.1\hat{\mathbf{j}})$ cm
40. (a) $(3.12\hat{\mathbf{i}} + 5.02\hat{\mathbf{j}} - 2.20\hat{\mathbf{k}})$km (b) 6.31 km

Chapter 4

[퀴즈]

1. (a)
2. **(i)** (b) **(ii)** (a)
3. 15°, 30°, 45°, 60°, 75°
4. **(i)** (d) **(ii)** (b)
5. **(i)** (b) **(ii)** (d)

[주관식]

1. (a) 4.87 km at 209° from east (b) 23.3 m/s (c) 13.5 m/s at 209°
2. 2.50 m/s
3. (a) $(1.00\hat{\mathbf{i}} + 0.750\hat{\mathbf{j}})$ m/s (b) $(1.00\hat{\mathbf{i}} + 0.500\hat{\mathbf{j}})$ m/s, 1.12 m/s
4. (a) $-5.00\omega\hat{\mathbf{i}}$ m/s (b) $-5.00\omega^2\hat{\mathbf{j}}$ m/s (c) $(4.00\text{ m})\hat{\mathbf{j}} + (5.00\text{ m})(-\sin\omega t\hat{\mathbf{i}} - \cos\omega t\hat{\mathbf{j}})$, $(5.00\text{ m})\omega[-\cos\omega\hat{\mathbf{i}} + \sin\omega t\hat{\mathbf{j}}]$, $(5.00\text{ m})\omega^2[\sin\omega t\hat{\mathbf{i}} + \cos\omega\hat{\mathbf{j}}]$ (d) a circle of radius 5.00 m centered at (0, 4.00 m)
5. (a) $\vec{\mathbf{r}} = 18.0t\hat{\mathbf{i}} + (4.00t - 4.90t^2)\hat{\mathbf{j}}$, where $\vec{\mathbf{r}}$ is in meters and t is in seconds (b) $\vec{\mathbf{v}} = 18.0\hat{\mathbf{i}} + (4.00 - 9.80t)\hat{\mathbf{j}}$, where $\vec{\mathbf{v}}$ is in meters per second and t is in seconds (c) $\vec{\mathbf{a}} = -9.80\hat{\mathbf{j}}$ m/s² (d) $\vec{\mathbf{r}} = (54.0\hat{\mathbf{i}} - 32.1\hat{\mathbf{j}})$ m; $\vec{\mathbf{v}} = (18.0\hat{\mathbf{i}} - 25.4\hat{\mathbf{j}})$ m/s; $\vec{\mathbf{a}} = -9.80\hat{\mathbf{j}}$ m/s²
6. (a) $5.00t\hat{\mathbf{i}} + 1.50t^2\hat{\mathbf{j}}$ (b) $5.00\hat{\mathbf{i}} + 3.00t\hat{\mathbf{j}}$ (c) 10.0 m, 6.00 m (d) 7.81 m/s
7. (a) $\vec{\mathbf{v}} = -12.0t\hat{\mathbf{j}}$, where $\vec{\mathbf{v}}$ is in meters per second and t is in seconds (b) $\vec{\mathbf{a}} = -12.0\hat{\mathbf{j}}$ m/s² (c) $\vec{\mathbf{r}} = (3.00\hat{\mathbf{i}} - 6.00\hat{\mathbf{j}})$ m; $\vec{\mathbf{v}} = -12.0\hat{\mathbf{j}}$ m/s
8. (a) $(0.800\hat{\mathbf{i}} - 0.300\hat{\mathbf{j}})$ m/s² (b) 339° (c) $(360\hat{\mathbf{i}} - 72.7\hat{\mathbf{j}})$ m, −15.2°
9. (a) $\vec{\mathbf{v}}_f = (3.45 - 1.79t)\hat{\mathbf{i}} + (2.89 - 0.650t)\hat{\mathbf{j}}$ (b) $\vec{\mathbf{r}}_f = (-25.3 + 3.45t - 0.893t^2)\hat{\mathbf{i}} + (28.9 + 2.89t - 0.325t^2)\hat{\mathbf{j}}$
10. 12.0 m/s
11. 0.600 m/s²
12. (a) 2.81 m/s horizontal (b) 60.2° below the horizontal
13. (a) $v_{xi} = d\sqrt{\dfrac{g}{2h}}$, (b) The direction of the mug's velocity is $\tan^{-1}(2h/d)$ below the horizontal.
14. 53.1°
15. $x = 7.23 \times 10^3$ m, $y = 1.68 \times 10^3$ m
16. (a) 76.0°, (b) $R_{max} = 2.13R$, (c) the same on every planet
17. 67.8°
18. (a) 22.6 m (b) 52.3 m (c) 1.18 s
19. $d \tan\theta_i - \dfrac{gd^2}{2v_i^2\cos^2\theta_i}$
20. (a) there is (b) 0.491 m/s
21. (a) 18.1 m/s (b) 1.13 m (c) 2.79 m
22. (a) (0, 0.840 m) (b) 11.2 m/s at 18.5° (c) 8.94 m
23. 9.91 m/s
24. (a) $t = v_i\sin\theta/g$ (b) $h_{max} = h + \dfrac{(v_i\sin\theta)^2}{2g}$
25. (a) (0, 50.0 m) (b) $v_{xi} = 18.0$ m/s; $v_{yi} = 0$ (c) Particle under constant acceleration (d) Particle under constant velocity (e) $v_{xf} = v_{xi}$; $v_{yf} = -gt$ (f) $x_f = v_{xi}t$; $y_f = y_i - \frac{1}{2}gt^2$ (g) 3.19 s (h) 36.1 m/s, −60.1°
26. 1.92 s
27. 377 m/s²
28. 0.033 7 m/s² directed toward the center of Earth
29. 10.5 m/s, 219 m/s² inward
30. 0.749 rev/s
31. (a) 6.00 rev/s (b) 1.52×10^3 m/s² (c) 1.28×10^3 m/s²
32. 7.58×10^3 m/s, 5.80×10^3 s
33. (a) 13.0 m/s² (b) 5.70 m/s (c) 7.50 m/s²
34. 1.48 m/s² inward and 29.9° backward
35. (a) Yes. The particle can be either speeding up or slowing down, with a tangential component of acceleration of magnitude $\sqrt{6^2 - 4.5^2} = 3.97$ m/s². (b) No. The magnitude of the acceleration cannot be less than $v^2/r = 4.5$ m/s².
36. 153 km/h at 11.3° north of west
37. (a) 1.26 h (b) 1.13 h (c) 1.19 h
38. (a) $\Delta t_{woman} = \dfrac{L}{v_1}$ (b) $\Delta t_{man} = \dfrac{L}{v_1 + v_2}$ (c) $\Delta t_{man} = \dfrac{L}{v_1 + 2v_2}$
39. (a) 57.7 km/h at 60.0° west of vertical (b) 28.9 km/h downward
40. (a) 2.02×10^3 s (b) 1.67×10^3 s (c) Swimming with the current does not compensate for the time lost swimming against the current.

Chapter 5

[퀴즈]

1. (d)
2. (a)
3. (d)
4. (b)
5. **(i)** (c) **(ii)** (a)
6. (b)
7. (b) Pulling up on the rope decreases the normal force, which, in turn, decreases the force of kinetic friction.

[주관식]

1. (a) $(6.00\hat{\mathbf{i}} + 15.0\hat{\mathbf{j}})$ N (b) 16.2 N
2. (a) $(2.50\hat{\mathbf{i}} + 5.00\hat{\mathbf{j}})$ N (b) 5.59 N
3. (a) zero (b) zero
4. (a) 534 N (b) 54.5 kg
5. (a) 3.64×10^{-18} N (b) 8.93×10^{-30} N is 408 billion times smaller
6. $(16.3\hat{\mathbf{i}} + 14.6\hat{\mathbf{j}})$ N
7. (a) $(-45.0\hat{\mathbf{i}} + 15.0\hat{\mathbf{j}})$ m/s (b) 162° from the $+x$ axis (c) $(-225\hat{\mathbf{i}} + 75.0\hat{\mathbf{j}})$ m (d) $(-227\hat{\mathbf{i}} + 79.0\hat{\mathbf{j}})$ m
8. (a) $\frac{1}{3}$ (b) 0.750 m/s^2
9. (a) 5.00 m/s^2 at 36.9° (b) 6.08 m/s^2 at 25.3°
10. (a) 15.0 lb up (b) 5.00 lb up (c) 0
11. 2.38 kN
12. 2.58 N
13. (a) 2.15×10^3 N forward (b) 645 N forward (c) 645 N toward the rear (d) 1.02×10^4 N at 74.1° below the horizontal and rearward
14. (a) 49.0 N (b) 49.0 N (c) 98.0 N (d) 24.5 N
15. (a) 7.0 m/s^2 horizontal and to the right (b) 21 N (c) 14 N horizontal and to the right
16. (b) -2.54 m/s^2 (c) 3.19 m/s
17. (a)

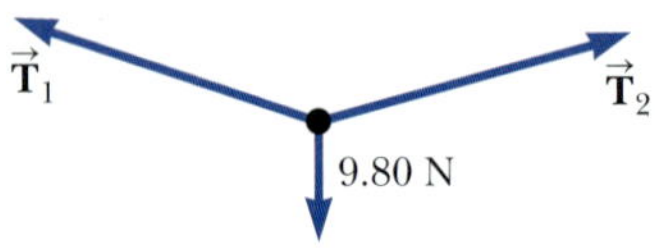

(b) 613 N
18. 112 N
19. $T_1 = 253$ N, $T_2 = 165$ N, $T_3 = 325$ N
21. 8.66 N east
22. $a = 6.30$ m/s^2 and $T = 31.5$ N
23. (a) 646 N up (b) 646 N up (c) 627 N up (d) 589 N up
24. (b) 3.57 m/s^2 (c) 26.7 N (d) 7.14 m/s
25. (a) $F_x > 19.6$ N (b) $F_x \leq -78.4$ N
(c)

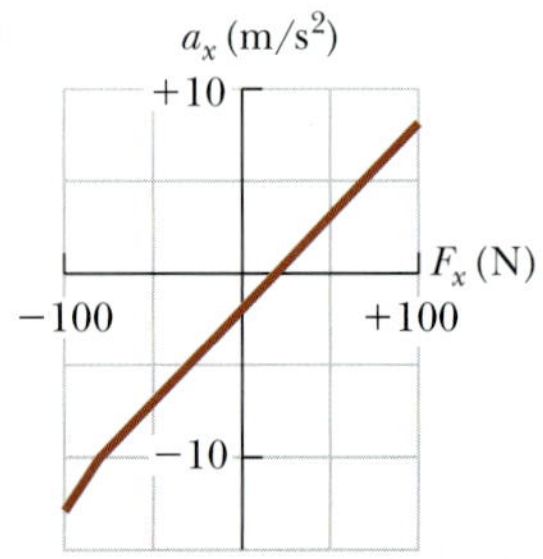

26. 3.73 m
27. (a) 2.20 m/s^2 (b) 27.4 N
28. (a) *Upper pulley:* *Lower pulley:*

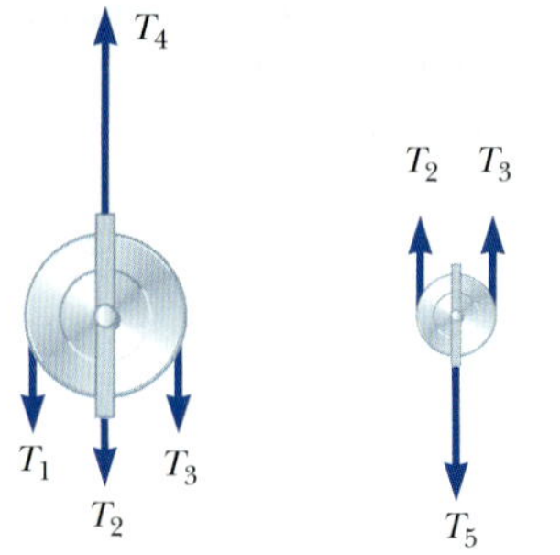

(b) $Mg/2$, $Mg/2$, $Mg/2$, $3Mg/2$, Mg (c) $Mg/2$
29. 1.76 kN to the left
30. (a) 256 m (b) 42.7 m
31. (a) 0.306 (b) 0.245
32. (b) $\theta = 55.2°$ (c) $n = 167$ N
33. (a) 1.78 m/s^2 (b) 0.368 (c) 9.37 N (d) 2.67 m/s
34. 37.8 N
35. (b) 2.31 m/s^2, down for m_1, left for m_2, and up for m_3 (c) $T_{12} = 30.0$ N and $T_{23} = 24.2$ N (d) T_{12} decreases and T_{23} increases
36. (a)

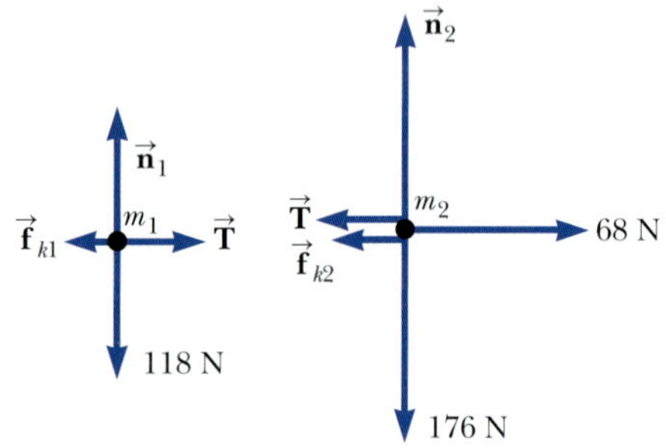

(b) 1.29 m/s^2 to the right (c) 27.2 N
37. 0.060 0 m
38. (b) 9.80 N, 0.580 m/s^2
39. (a) 0.087 1 (b) 27.4 N
40. 72.0 N

Chapter 6

[퀴즈]

1. **(i)** (a) **(ii)** (b)
2. **(i)** Because the speed is constant, the only direction the force can have is that of the centripetal acceleration. The force is larger at Ⓒ than at Ⓐ because the radius at Ⓒ is smaller. There is no force at Ⓑ because the wire is straight. **(ii)** In addition to the forces in the centripetal direction in part (a), there are now tangential forces to provide the tangential acceleration. The tangential force is the same at all three points because the tangential acceleration is constant.

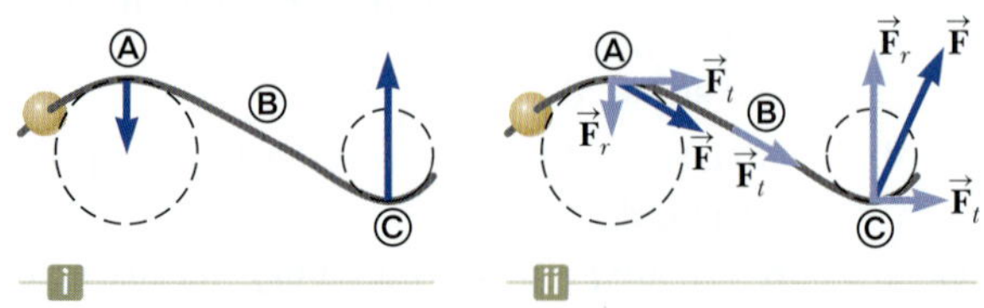

3. (c)

4. (a)

[주관식]

1. any speed up to 8.08 m/s
2. (a) 1.65×10^3 m/s (b) 6.84×10^3 s
3. (a) 8.33×10^{-8} N toward the nucleus
(b) 9.15×10^{22} m/s^2 inward
4. 215 N, horizontally inward
5. 6.22×10^{-12} N
6. (a) $(-0.233\hat{\mathbf{i}} + 0.163\hat{\mathbf{j}})$ m/s^2 (b) 6.53 m/s
(c) $(-0.181\hat{\mathbf{i}} + 0.181\hat{\mathbf{j}})$ m/s^2
7. 2.14 rev/min
8. (a) $(68.6\text{ N})\hat{\mathbf{i}} + (784\text{ N})\hat{\mathbf{j}}$ (b) $a = 0.857$ m/s^2
9. (a) static friction (b) 0.085 0
10. The situation is impossible because the speed of the object is too small, requiring that the lower string act like a rod and push rather than like a string and pull.
11. $v \leq 14.3$ m/s
12. (a) At Ⓐ, the velocity is eastward and the acceleration is southward. (b) At Ⓑ, the velocity is southward and the acceleration is westward.
13. (a) 1.15×10^4 N up (b) 14.1 m/s
14. (a) the gravitational force and the contact force exerted on the water by the pail (b) contact force exerted by the pail (c) 3.13 m/s (d) the water would follow the parabolic path of a projectile
15. (a) 1.33 m/s^2 (b) 1.79 m/s^2 at 48.0° inward from the direction of the velocity
16. (a) 4.81 m/s (b) 700 N
17. (a) $v = \sqrt{R\left(\frac{2T}{m} - g\right)}$ (b) $2T$ up
18. (a) 2.49×10^4 N (b) 12.1 m/s
19. (a) 8.62 m (b) Mg, downward (c) 8.45 m/s^2 (d) Calculation of the normal force shows it to be negative, which is impossible. We interpret it to mean that the normal force goes to zero at some point and the passengers will fall out of their seats near the top of the ride if they are not restrained in some way. We could arrive at this same result without calculating the normal force by noting that the acceleration in part (c) is smaller than that due to gravity. The teardrop shape has the advantage of a larger acceleration of the riders at the top of the arc for a path having the same height as the circular path, so the passengers stay in the cars.
20. (a) 20.6 N (b) 32.0 m/s^2 inward, 3.35 m/s^2 downward tangent to the circle (c) 32.2 m/s^2 inward and below the cord at 5.98° (d) no change (e) acceleration is regardless of the direction of swing
21. No. The archeologist needs a vine of tensile strength equal to or greater than 1.38 kN to make it across.
22. 781 N
23. (a) 217 N (b) 283 N
(c) $T_2 > T_1$ always, so string 2 will break first
24. (a) 3.60 m/s^2 (b) $T = 0$ (c) noninertial observer in the car claims that the forces on the mass along x are T and a fictitious force $(-Ma)$ (d) inertial observer outside the car claims that T is the only force on M in the x direction
25. (a) 17.0° (b) 5.12 N
26. 93.8 N
27. (a) 491 N (b) 50.1 kg (c) 2.00 m/s^2
28. $\dfrac{2(vt - L)}{(g + a)t^2}$
29. 0.527°
30. (a) 53.8 m/s (b) 148 m
31. 0.212 m/s^2, opposite the velocity vector
32. (a) 6.27 m/s^2 downward (b) 784 N directed up
(c) 283 N upward
33. 3.01 N up
34. (a) 32.7 s^{-1} (b) 9.80 m/s^2 down (c) 4.90 m/s^2 down
35. (a) 1.47 N · s/m (b) 2.04×10^{-3} s (c) 2.94×10^{-2} N
36. 36.5 m/s
38. (a) 2.03 N down (b) 3.18 m/s^2 down (c) 0.205 m/s down
39. (a) 0.034 7 s^{-1} (b) 2.50 m/s (c) $a = -cv$
40. 10^1 N

Chapter 7

[퀴즈]

1. (a)
2. (c), (a), (d), (b)
3. (d)
4. (a)
5. (b)
6. (c)
7. **(i)** (c) **(ii)** (a)
8. (d)

[주관식]

1. (a) 1.59×10^3 J (b) smaller (c) the same
2. (a) 3.28×10^{-2} J (b) -3.28×10^{-2} J
3. (a) 31.9 J (b) 0 (c) 0 (d) 31.9 J
4. 28.9
5. 16.0
6. 5.33 J
7. $\vec{\mathbf{A}}$ = 7.05 m at 28.4°
8. (a) 24.0 J (b) −3.00 J (c) 21.0 J
9. (a) 7.50 J (b) 15.0 J (c) 7.50 J (d) 30.0 J
10. 7.37 N/m
11. (a) 0.938 cm (b) 1.25 J
12. (a) 1.13 kN/m (b) 0.518 m = 51.8 cm
13. (a) 575 N/m (b) 46.0 J
14. (a) 2.04×10^{-2} m (b) 720 N/m
15. (a) $x = mg\left(\frac{1}{k_1} + \frac{1}{k_2}\right)$ (b) $k = \left(\frac{1}{k_1} + \frac{1}{k_2}\right)^{-1}$
16. (a) Design the spring constant so that the weight of one tray removed from the pile causes an extension of the springs equal to the thickness of one tray.
(b) 316 N/m (c) We do not need to know the length and width of the tray.
17. (a) −1.23 m/s^2, 0.616 m/s^2
(b) −0.252 m/s^2 if the force of static friction is not too large, zero (c) 0
18. (b) mgR
19. (b) −12.0 J
20. (a)

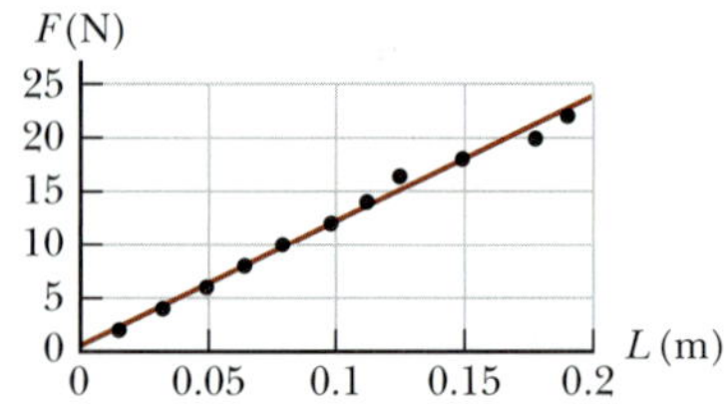

(b) The slope of the line is 116 N/m. (c) We use all the points listed and also the origin. There is no visible evidence for a bend in the graph or nonlinearity near either end. (d) 116 N/m (e) 12.7 N

21. (a) 9.00 kJ (b) 11.7 kJ (c) The work is greater by 29.6 %
22. 50.0 J
23. (a) 0.600 J (b) −0.600 J (c) 1.50 J
24. (a) 60.0 J (b) 60.0 J
25. (a) 29.2 N (b) speed would increase
(c) crate would slow down and come to rest.
26. (a) 1.94 m/s (b) 3.35 m/s (c) 3.87 m/s
27. 878 kN up
28. (a) 97.8 J (b) $(-4.31\hat{\mathbf{i}} + 31.6\hat{\mathbf{j}})$ N (c) 8.73 m/s
29. (a) $U_B = 0$, 2.59×10^5 J
(b) $U_A = 0$, -2.59×10^5 J, -2.59×10^5 J
30. (a) 2.5 J (b) −9.8 J (c) −12 J
31. (a) 800 J (b) 107 J (c) $U_g = 0$
32. (a) −196 J (b) −196 J (c) −196 J
(d) The gravitational force is conservative.
34. (a) 125 J (b) 50.0 J (c) 66.7 J (d) nonconservative
(e) The work done on the particle depends on the path followed by the particle.
35. A/r^2 away from the other particle
36. $(7 - 9x^2y)\hat{\mathbf{i}} - (3x^3)\hat{\mathbf{j}}$
37. (a) $\dfrac{Ax^2}{2} - \dfrac{Bx^3}{3}$
(b) $\Delta U = (4.5A - 9B) - (2A - 2.67B) = 2.5A - 6.33B$
(c) $\Delta K = -\Delta U = -2.5A + 6.33B$
38. (a) 40.0 J (b) −40.0 J (c) 62.5 J
39. (a) F_x is zero at points A, C, and E, F_x is positive at point B and negative at point D
(b) A and E are unstable, and C is stable
40.

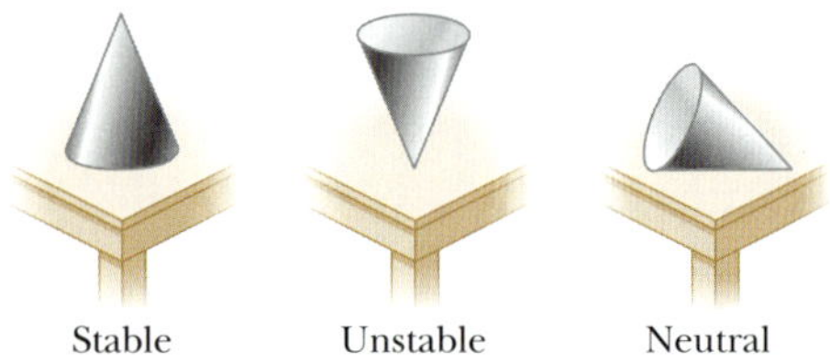

Chapter 8

[퀴즈]

1. (a) For the television set, energy enters by electrical transmission (through the power cord). Energy leaves by heat (from hot surfaces into the air), mechanical waves (sound from the speaker), and electromagnetic radiation (from the screen). (b) For the gasoline-powered lawn mower, energy enters by matter transfer (gasoline). Energy leaves by work (on the blades of grass), mechanical waves (sound), and heat (from hot surfaces into the air). (c) For the hand-cranked pencil sharpener, energy enters by work (from your hand turning the crank). Energy leaves by work (done on the pencil), mechanical waves (sound), and heat due to the temperature increase from friction.
2. **(i)** (b) **(ii)** (b) **(iii)** (a)
3. (a)
4. $v_1 = v_2 = v_3$
5. (c)

[주관식]

1. (a) $\Delta E_{int} = Q + T_{ET} + T_{ER}$
(b) $\Delta K + \Delta U + \Delta E_{int} = W + Q + T_{MW} + T_{MT}$
(c) $\Delta U = Q + T_{MT}$ (d) $0 = Q + T_{MT} + T_{ET} + T_{ER}$
2. (a) $\Delta K + \Delta U = 0$, $v = \sqrt{2gh}$ (b) $v = \sqrt{2gh}$
3. 10.2 m
4. (a) 1.85×10^4 m, 5.10×10^4 m (b) 1.00×10^7 J
5. (a) $v = (3gR)^{1/2}$ (b) 0.098 0 N down
6. (a) 5.94 m/s, 7.67 m/s (b) 147 J
7. (a) 4.43 m/s (b) 5.00 m
8. (a) $\sqrt{\dfrac{2(m_1 - m_2)gh}{m_1 + m_2}}$ (b) $\dfrac{2m_1 h}{m_1 + m_2}$
9. 5.49 m/s
10. (a) 1.11×10^9 J (b) 0.2
11. $\sqrt{\dfrac{8gh}{15}}$
12. 2.04 m
13. $\dfrac{v^2}{2\mu_k g}$
14. (a) −168 J (b) 184 J (c) 500 J (d) 148 J (e) 5.65 m/s
15. (a) 0.791 m/s (b) 0.531 m/s
16. (a) 650 J (b) 588 J (c) 0 (d) 0 (e) 62.0 J (f) 1.76 m/s
17. (a) 5.60 J (b) 2.29 rev
18. (a) 22.0 J, $E = K + U = 30.0\text{ J} + 10.0\text{ J} = 40.0\text{ J}$
(b) Yes (c) The total mechanical energy has decreased, so a nonconservative force must have acted.
19. 168 J
20. (a) $v_B = 1.65\text{ m/s}^2$ (b) green bead
21. (a) 1.40 m/s (b) 4.60 cm after release (c) 1.79 m/s
22. 3.74 m/s
23. (a) −160 J (b) 73.5 J (c) 28.8 N (d) 0.679
24. (a) 4.12 m (b) 3.35 m
25. (a) 24.5 m/s (b) Yes. This is too fast for safety (c) 206 m (d) The air drag is proportional to the square of the skydiver's speed, so it will change quite a bit, It will be larger than her 784-N weight only after the chute is opened. It will be nearly equal to 784 N before she opens the chute and again before she touches down whenever she moves near terminal speed.
26. (a) Isolated. The only external influence on the system is the normal force from the slide, but this force is always perpendicular to its displacement so it performs no work on the system. (b) No, the slide is frictionless.
(c) $E_{system} = mgh$ (d) $E_{system} = \frac{1}{5}mgh + \frac{1}{2}mv_i^2$
(e) $E_{system} = mgy_{max} + \frac{1}{2}mv_{xi}^2$
(f) $v_i = \sqrt{\dfrac{8gh}{5}}$ (g) $y_{max} = h(1 - \frac{4}{5}\cos^2\theta)$
(h) If friction is present, mechanical energy of the system

would *not* be conserved, so the child's kinetic energy at all points after leaving the top of the waterslide would be reduced when compared with the frictionless case. Consequently, her launch speed and maximum height would be reduced as well.

27. (a) 1.24×10^3 W (b) 0.209
28. 1.23 kW
29. (a) 8.01 W
30. 4.5×10^3 N
31. 2.03×10^8 s, 5.64×10^4 h
32. $145
33. 194 m
34. $\sim 10^4$ W
35. The power of the sports car is four times that of the older-model car.
36. (a) 423 mi/gal (b) 776 mi/gal
37. (a) 5.91×10^3 W (b) 1.11×10^4 W
38. 236 s or 3.93 min
39. (a) 854 (b) 0.182 hp (c) This method is impractical compared to limiting food intake.
40. (a) 10.2 kW (b) 10.6 kW (c) 5.82 MJ

Chapter 9

[퀴즈]

1. (d)
2. (b), (c), (a)
3. **(i)** (c), (e) **(ii)** (b), (d)
4. (a) All three are the same. (b) dashboard, seat belt, air bag
5. (a)
6. (b)
7. (b)
8. **(i)** (a) **(ii)** (b)

[주관식]

1. (b) $p = \sqrt{2mK}$
2. 1.14 kg, 22.0 m/s
3. (a) $p_x = 9.00$ kg · m/s, $p_y = -12.0$ kg · m/s (b) 15.0 kg · m/s
4. $\vec{\mathbf{F}}_{\text{on bat}} = (+3.26\hat{\mathbf{i}} - 3.99\hat{\mathbf{j}})$ kN
5. (a) $\vec{\mathbf{v}}_{pi} = -\left(\dfrac{m_g}{m_g + m_p}\right)v_{gp}\hat{\mathbf{i}}$ (b) $\vec{\mathbf{v}}_{gi} = \left(\dfrac{m_p}{m_g + m_p}\right)v_{gp}\hat{\mathbf{i}}$
6. (a) 4.71 m/s East (b) 717 J
7. 40.5 g
8. 10^{-23} m/s
9. (a) $-6.00\hat{\mathbf{i}}$ m/s (b) 8.40 J (c) The original energy is in the spring. (d) A force had to be exerted over a displacement to compress the spring, transferring energy into it by work. The cord exerts force, but over no displacement. (e) System momentum is conserved with the value zero. (f) The forces on the two blocks are internal forces, which cannot change the momentum of the system; the system is isolated. (g) Even though there is motion afterward, the final momenta are of equal magnitude in opposite directions, so the final momentum of the system is still zero.
10. (a) 13.5 N · s (b) 9.00 kN
11. (c) no difference
12. (a) $12.0\hat{\mathbf{i}}$ N · s (b) $4.80\hat{\mathbf{i}}$ m/s (c) $2.80\hat{\mathbf{i}}$ m/s (d) $2.40\hat{\mathbf{i}}$ N
13. (a) 981 N · s, up (b) 3.43 m/s, down (c) 3.83 m/s, up (d) 0.748 m
14. 16.5 N
15. 301 m/s
16. (a) 2.50 m/s (b) 37.5 kJ
17. (a) 0.284 (b) 1.15×10^{-13} J and 4.54×10^{-14} J
18. (a) 4.85 m/s (b) 8.41 m
19. $v = \dfrac{4M}{m}\sqrt{g\ell}$
20. 91.2 m/s
21. 0.556 m
22. (a) 1.07 m/s at $-29.7°$ (b) $\dfrac{\Delta K}{K_i} = -0.318$
23. The driver of the northbound car was untruthful. His original speed was more than 35 mi/h.
24. $(3.00\hat{\mathbf{i}} - 1.20\hat{\mathbf{j}})$ m/s
25. 2.50 m/s at $-60.0°$
26. $v_B = 5.89$ m/s, $v_G = 7.07$ m/s
27. $\vec{\mathbf{r}}_{CM} = (0\hat{\mathbf{i}} + 1.00\hat{\mathbf{j}})$ m
28. 4.67×10^6 m from the Earth's center
29. 11.7 cm, 13.3 cm
30. (a) 15.9 g (b) 0.153 m
31. The center of mass of the molecule lies on the dotted line shown in Fig P9.31, 0.006 73 nm below the center of the O atom.
32. (a) $(1.40\hat{\mathbf{i}} + 2.40\hat{\mathbf{j}})$ m/s (b) $(7.00\hat{\mathbf{i}} + 12.0\hat{\mathbf{j}})$ kg · m/s
33. 0.700 m
34. (a) $(-2.89\hat{\mathbf{i}} - 1.39\hat{\mathbf{j}})$ cm (b) $(-44.5\hat{\mathbf{i}} + 12.5\hat{\mathbf{j}})$ g · cm/s (c) $(-4.94\hat{\mathbf{i}} + 1.39\hat{\mathbf{j}})$ cm/s (d) $(-2.44\hat{\mathbf{i}} + 1.56\hat{\mathbf{j}})$ cm/s^2 (e) $(-220\,\hat{\mathbf{i}} + 140\hat{\mathbf{j}})$ μN
35. (b) The bumper continues to exert a force to the left until the particle has swung down to its lowest point.
36. (a) yes (b) no (c) 103 kg · m/s, up (d) yes (e) 88.2 J (f) no, the energy came from chemical energy in the person's leg muscles
37. (a) $\sqrt{\dfrac{F(2d-\ell)}{2m}}$ (b) $\dfrac{F\ell}{2}$
38. (a) 787 m/s (b) 138 m/s
39. 15.0 N in the direction of the initial velocity of the exiting water stream.
40. (a) 3.90×10^7 N (b) 3.20 m/s^2

Chapter 10

[퀴즈]

1. **(i)** (c) **(ii)** (b)
2. (b)
3. **(i)** (b) **(ii)** (a)
4. **(i)** (b) **(ii)** (a)
5. (b)
6. (a)
7. (b)

[주관식]

1. (a) 7.27×10^{-5} rad/s (b) Because of its angular speed, the Earth bulges at the equator.
2. (a) 0.209 rad/s^2 (b) yes
3. (a) 5.00 rad, 10.0 rad/s, 4.00 rad/s^2

(b) 53.0 rad, 22.0 rad/s, 4.00 rad/s^2
4. 144 rad
5. (a) 4.00 rad/s^2 (b) 18.0 rad
6. -2.26×10^2 rad/s^2
7. (a) 5.24 s (b) 27.4 rad
8. Because the disk's average angular speed does not match the average angular speed expressed as $(\omega_i + \omega_f)/2$ in the model of a rigid object under constant angular acceleration, the angular acceleration of the disk cannot be constant.
9. 50.0 rev
10. (a) 0.180 rad/s (b) 8.10 m/s^2 radially inward
11. ~10^7 rev/yr
12. (a) 0.605 m/s (b) 17.3 rad/s (c) 5.82 m/s (d) We did not need to know the length of the pedal cranks.
13. (a) 54.3 rev (b) 12.1 rev/s
14. (a) 126 rad/s (b) 3.77 m/s (c) 1.26 km/s^2 (d) 20.1 m
15. (a) 5.77 cm
16. -3.55 N · m
17. 168 N · m
18. 21.5 N
19. (a) 1.03 s (b) 10.3 rev
20. 177 N
21. (b) 0.309 m/s^2 (c) $T_1 = 7.67$ N, $T_2 = 9.22$ N
22. (a) 24.0 N · m (b) 0.035 6 rad/s^2 (c) 1.07 m/s^2
23. (a) For $F = 25.1$ N, $R = 1.00$ m. For $F = 10.0$ N, $R = 25.1$ m (b) No. Infinitely many pairs of values that satisfy this requirement may exist: for any $F \leq 50.0$ N, $R = 25.1$ N · m/F, as long as $R \leq 3.00$ m.
24. 0.312
25. (a) 5.80 kg · m^2
(b) Yes, knowing the height of the door is unnecessary.
27. 1.28 kg · m^2
29. $\frac{11}{12}mL^2$
30. (a) 92.0 kg · m^2 (b) 184 J
(c) 6.00 m/s, 4.00 m/s, 8.00 m/s (d) 184 J
(e) The kinetic energies computed in parts (b) and (d) are the same.
31. (a) 143 kg · m^2 (b) 2.57 kJ
32. $\dfrac{13}{24}MR^2\omega^2$
33. 276 J
34. 1.03×10^{-3} J
35. 149 rad/s
36. (a) $2(Rg/3)^{1/2}$ (b) $4(Rg/3)^{1/2}$ (c) $(Rg)^{1/2}$
37. (a) 500 J (b) 250 J (c) 750 J
38. (a) $\frac{2}{3}g\sin\theta$ (b) The acceleration of $\frac{1}{2}g\sin\theta$ for the hoop is smaller than that for the disk. (c) $\frac{1}{3}\tan\theta$
39. (a) 2.38 m/s (b) The centripetal acceleration at the top is $\dfrac{v_2^2}{r} = \dfrac{(2.38\text{ m/s})^2}{0.450\text{ m}} = 12.6\text{ m/s}^2 > g$. Thus, the ball must be in contact with the track, with the track pushing downward on it (c) 4.31 m/s (d) $\sqrt{-1.40\text{m}^2/\text{s}^2}$
(e) never makes it to the top of the loop
40. (a) 1.21×10^{-4} kg · m^2 (b) Knowing the height of the can is unnecessary. (c) The mass is not uniformly distributed; the density of the metal can is larger than that of the soup.

Chapter 11

[퀴즈]

1. (d)
2. **(i)** (a) **(ii)** (c)
3. (b)
4. (a)

[주관식]

1. $\hat{\mathbf{i}} + 8.00\,\hat{\mathbf{j}} + 22.0\,\hat{\mathbf{k}}$
2. (a) 740 cm^2 (b) 59.5 cm
3. (a) $7.00\,\hat{\mathbf{k}}$ (b) 60.3°
5. (a) 30 N · m (counterclockwise)
(b) 36 N · m (counterclockwise)
6. (a) 168° (b) 11.9° (c) the first method
7. 45.0°
8. (a) $(-10.0\text{ N}\cdot\text{m})\,\hat{\mathbf{k}}$ (b) Yes (c) Yes (d) Yes (e) No
(f) $5.00\,\hat{\mathbf{j}}$ m
9. (a) $F_3 = F_1 + F_2$ (b) no
10. (a) No (b) No, the cross product could not work out that way.
11. $17.5\,\hat{\mathbf{k}}$ kg · m^2/s
12. $(-22.0\text{ kg}\cdot\text{m}^2/\text{s})\,\hat{\mathbf{k}}$
13. $m(xv_y - yv_x)\,\hat{\mathbf{k}}$
14. (a) $(-9.03 \times 10^9\text{ kg}\cdot\text{m}^2/\text{s})\,\hat{\mathbf{j}}$ (b) No (c) Zero
15. (a) zero (b) $(-mv_i^3\sin^2\theta\cos\theta/2g)\,\hat{\mathbf{k}}$
(c) $(-2mv_i^3\sin^2\theta\cos\theta/g)\,\hat{\mathbf{k}}$
(d) The downward gravitational force exerts a torque on the projectile in the negative z direction.
16. $\sqrt{m^2 g \ell^3 \dfrac{\sin^4\theta}{\cos\theta}}$
17. $mvR[\cos(vt/R) + 1]\,\hat{\mathbf{k}}$
18. (a) 3.14 N · m (b) $(0.480\text{ kg}\cdot\text{m})v$ (c) 6.53 m/s^2
19. $60.0\,\hat{\mathbf{k}}$ kg · m^2/s
20. (a) $2t^3\,\hat{\mathbf{i}} + t^2\,\hat{\mathbf{j}}$ (b) The particle starts from rest at the origin, starts moving into the first quadrant, and gains speed faster while turning to move more nearly parallel to the x axis (c) $(12t\,\hat{\mathbf{i}} + 2\,\hat{\mathbf{j}})$ m/s^2 (d) $(60t\,\hat{\mathbf{i}} + 10\,\hat{\mathbf{j}})$ N
(e) $-40t^3\,\hat{\mathbf{k}}$ N · m (f) $-10t^4\,\hat{\mathbf{k}}$ kg · m^2/s
(g) $(90t^4 + 10t^2)$ J (h) $(360t^3 + 20t)$ W
21. (a) $-m\ell gt\cos\theta\,\hat{\mathbf{k}}$ (b) The Earth exerts a gravitational torque on the ball. (c) $-mg\ell\cos\theta\,\hat{\mathbf{k}}$
22. $\vec{\mathbf{L}} = (4.50\text{ kg}\cdot\text{m}^2/\text{s})\,\hat{\mathbf{k}}$
23. $K = \dfrac{1}{2}I\omega^2 = \dfrac{1}{2}\dfrac{I^2\omega^2}{I} = \dfrac{L^2}{2I}$
24. (a) 0.360 kg · m^2/s (b) 0.540 kg · m^2/s
25. (a) 7.06×10^{33} kg · m^2/s, toward the north celestial pole
(b) 2.66×10^{40} kg · m^2/s, toward the north ecliptic pole
26. (a) 0.433 kg · m^2/s (b) 1.73 kg · m^2/s
27. 8.63 m/s^2
28. (a) 1.57×10^8 kg · m^2/s (b) 6.26×10^3 s = 1.74 h
29. (a) $\dfrac{I_1}{I_1 + I_2}\omega_i$ (b) $\dfrac{I_1}{I_1 + I_2}$
30. 7.14 rev/min
31. (a) 2.91 s (b) Yes because there is no net external torque acting on the puck-rod-putty system
(c) No because the pivot pin is always pulling on the rod to change the direction of the momentum

(d) No. Some mechanical energy is converted into internal energy. The collision is perfectly inelastic.

32. (a) The mechanical energy of the system is not constant. Some chemical energy is converted into mechanical energy. (b) The momentum of the system is not constant. The turntable bearing exerts an external northward force on the axle. (c) The angular momentum of the system is constant. (d) 0.360 rad/s counterclockwise (e) 99.9 J

33. (a) 1.91 rad/s (b) 2.53 J, 6.44 J

34. (a) 11.1 rad/s counterclockwise (b) No, 507 J is transformed into internal energy. (c) No, the turntable bearing promptly imparts impulse 44.9 kg · m/s north into the turntable–clay system and thereafter keeps changing the system momentum.

35. (a) $7.20 \times 10^{-3}\ \text{kg}\cdot\text{m}^2/\text{s}$ (b) 9.47 rad/s

36. (a) $mv\ell$ down (b) $M/(M+m)$

37. (a) 2.35 rad/s (b) 0.498 rad/s (c) 5.58°

38. (a) $\omega = 2mv_i d/[M+2m]R^2$ (b) No, some mechanical energy of the system changes into internal energy.
(c) The momentum of the system is not constant. The axle exerts a backward force on the cylinder when the clay strikes.

39. 131 s

40. $5.46 \times 10^{22}\ \text{N}\cdot\text{m}$

Chapter 12

[퀴즈]

1. (a)
2. (b)
3. (b)
4. **(i)** (b) **(ii)** (a) **(iii)** (c)

[주관식]

1. $F_x - R_x = 0,\ F_y + R_y - F_g = 0,$
$F_y \cos\theta - F_x \sin\theta - 0.5F_g \cos\theta = 0$

2. The situation is impossible because x is larger than the remaining portion of the beam, which is 0.200 m long.

3. (3.85 cm, 6.85 cm)

4. $x = -1.50$ m, $y = -1.50$ m

5. 0.750 m

6. $\dfrac{R}{6}$

7. (2.54 m, 4.75 m)

8. 2.94 kN, 4.41 kN

9. 177 kg

10. (a) $m_1 = 9.00$ g (b) $m_2 = 52.5$ g (c) $m_3 = 49.0$ g

11. Sam exerts an upward force of 176 N, and Joe exerts an upward force of 274 N.

12. (a) $U = 88.2$ N (b) $D = 58.8$ N

13. (a) $f_s = 268$ N, $n = 1\,300$ N (b) 0.324

14. (a) $\left[\frac{1}{2}m_1 g + \left(\frac{x}{L}\right)m_2 g\right]\cot\theta,\ (m_1 + m_2)g$
(b) $\dfrac{(m_1/2 + m_2 d/L)\cot\theta}{m_1 + m_2}$

15. (a) 29.9 N (b) 22.2 N

16. (b) $\dfrac{mg}{2}\cot\theta$ (c) $T = \mu_s mg$ (d) $\mu_s = \dfrac{1}{2}\cot\theta$
(e) The ladder slips

17. (a) 1.04 kN at 60.0° upward and to the right
(b) $(370\hat{\mathbf{i}} + 910\hat{\mathbf{j}})$ N

18. (b) 392 N (c) 339 N to the right (d) 0
(e) $V = 0$ (f) 392 N (g) 339 N to the right (h) The two solutions agree precisely. They are equally accurate.

19. (a) 27.7 kN (b) 11.5 kN (c) 4.19 kN

20. (a) 859 N (b) 1.04 kN at 36.9° to the left and upward

21. (a) $\dfrac{mg\sqrt{2Rh - h^2}}{(R-h)\cos\theta - \sqrt{2Rh - h^2}\sin\theta}$

(b) $\dfrac{mg\sqrt{2Rh - h^2}\cos\theta}{(R-h)\cos\theta - \sqrt{2Rh - h^2}\sin\theta}$ and

$mg\left[1 + \dfrac{\sqrt{2Rh - h^2}\cos\theta}{(R-h)\cos\theta - \sqrt{2Rh - h^2}\sin\theta}\right]$

22. 2.81 m

23. (b) 218 N (c) 72.4 N (d) 2.41 m

24. $n_A = 5.98 \times 10^5$ N, $n_B = 4.80 \times 10^5$ N

25. 0.896 m

26. (b) The upper hinge exerts 410 N to the left and 442 N up. The lower hinge exerts 410 N to the right.

27. (a) $T = F_g(L+d)/[\sin\theta\ (2L+d)]$
(b) $R_x = F_g(L+d)\cot\theta/(2L+d);\ R_y = F_g L/(2L+d)$

28. $T = 1.46$ kN, $H = 1.33$ kN, $V = 2.58$ kN

29. $\vec{\mathbf{F}}_A = (-6.47 \times 10^5\hat{\mathbf{i}} + 1.27 \times 10^5\hat{\mathbf{j}})$ N,
$\vec{\mathbf{F}}_B = 6.47 \times 10^5\hat{\mathbf{i}}$ N

30. ~ 1 cm

31. (a) $-0.053\,8\ \text{m}^3$ (b) $1.09 \times 10^3\ \text{kg/m}^3$
(c) With only a 5% change in volume in this extreme case, liquid water is indeed nearly incompressible in biological and student laboratory situations.

32. (a) 73.6 kN (b) 2.50 mm

33. 23.8 μm

34. $1.0 \times 10^{11}\ \text{N/m}^2$

35. (a) 3.14×10^4 N (b) 6.28×10^4 N

36. $1.65 \times 10^8\ \text{N/m}^2$

37. 4.90 mm

38. 8.60×10^{-4} m

39. 0.029 2 mm

40. 9.85×10^{-5}

Chapter 13

[퀴즈]

1. (e)
2. (c)
3. (a)
4. (a) Perihelion (b) Aphelion (c) Perihelion (d) All points

[주관식]

1. 7.41×10^{-10} N

2. ~10^{-7} N

3. (a) 2.50×10^{-7} N toward the 500-kg object (b) between the objects and 2.45 m from the 500-kg object

4. (a) 4.39×10^{20} N (b) 1.99×10^{20} N (c) 3.55×10^{22} N
(d) The force exerted by the Sun on the Moon is much stronger than the force of the Earth on the Moon.

5. 2.67×10^{-7} m/s^2
6. $(-10.0\hat{\mathbf{i}} + 5.93\hat{\mathbf{j}}) \times 10^{-11}$ N
7. 2.97 nN
8. The situation is impossible because no known element could compose the spheres.
9. 2.00 kg and 3.00 kg
10. 0.614 m/s^2, toward Earth
11. $\frac{2}{3}$
12. (a) 7.61 cm/s^2 (b) 363 s (c) 3.08 km (d) 28.9 m/s at 72.9° below the horizontal
13. (a) $\frac{2MGr}{(r^2 + a^2)^{3/2}}$ toward the center of mass
(b) At $r = 0$, the fields of the two objects are equal in magnitude and opposite in direction, to add to zero
(c) As $r \to 0$, $2MGr(r^2 + a^2)^{-3/2}$ approaches $2MG(0)/a^3 = 0$
(d) When r is much greater than a, the angles the field vectors make with the x axis become smaller. At very great distances, the field vectors are almost parallel to the axis; therefore they begin to look like the field vector from a single object of mass $2M$
(e) As r becomes much larger than a, the expression approaches $2MGr(r^2 + 0^2)^{-3/2} = 2MGr/r^3 = 2MG/r^2$ as required.
14. $\frac{GM}{\ell^2}(\frac{1}{2} + \sqrt{2})$ at 45° to the positive x axis
15. (a) 1.31×10^{17} N (b) 2.62×10^{12} N/kg
16. 1.50 h or 90.0 min
17. 1.90×10^{27} kg
18. (a) 0.71 yr (b) The departure must be timed so that the spacecraft arrives at the aphelion when the target planet is there.
19. (a) The particle does posses angular momentum because it is not headed straight for the origin.
(b) Its angular momentum is constant. There are no identified outside influences acting on the object.
20. 1.26×10^{32} kg
21. 1.30 revolutions
22. 35.1 AU
23. 1.27
24. 4.99 days
25. 1.63×10^4 rad/s
26. 8.92×10^7 m
27. (a) 6.02×10^{24} kg (b) The Earth wobbles a bit as the Moon orbits it, so both objects move nearly in circles about their center of mass, staying on opposite sides of it.
28. (a) yes (b) 3.93 yr
29. (a) -4.77×10^9 J (b) 569 N
30. 2.82×10^9 J
31. 4.17×10^{10} J
32. (a) 1.84×10^9 kg/m^3 (b) 3.27×10^6 m/s^2 (c) -2.08×10^{13} J
33. (b) 340 s
34. (a) -1.67×10^{-14} J (b) The particles collide at the center of the triangle.
35. 1.66×10^4 m/s
36. 1.58×10^{10} J
37. $\sqrt{2}\,v$
38. (a) 4.69×10^8 J (b) -4.69×10^8 J (c) 9.38×10^8 J
39. (a) 0.980 (b) 127 yr (c) -2.13×10^{17} J
40. $\frac{GM_E m}{12R_E}$

Chapter 14

[퀴즈]

1. (a)
2. (a)
3. (c)
4. (b) or (c)
5. (a)

[주관식]

1. 2.96×10^6 Pa
2. (a) ~4×10^{17} kg/m^3
3. (a) 6.24 MPa (b) Yes; this pressure could puncture the vinyl flooring.
4. 5.27×10^{18} kg
5. 24.8 kg
6. (a) 65.1 N (b) 275 N
7. 225 N
8. 7.74×10^{-3} m^2
9. (a) 5.88×10^6 N down (b) 196 kN outward (c) 588 kN outward
10. (a) 3.71×10^5 Pa (b) 3.57×10^4 N
11. The situation is impossible because the longest straw Superman can use and still get a drink is less than 12.0 m.
12. 2.71×10^5 N
13. 1.05×10^5 Pa
14. (a) 2.94×10^4 N (b) 1.63×10^4 N · m
15. (a) $F = \frac{1}{2}\rho g w h(2d - h)$ (b) $\tau = \frac{1}{2}\rho g h\left(dh^2 - \frac{1}{3}h^3\right)$
16. 2.31 lb
17. 0.072 1 mm
18. 98.6 kPa
19. (a) 10.5 m (b) No. The vacuum is not as good because some alcohol and water will evaporate. The equilibrium vapor pressures of alcohol and water are higher than the vapor pressure of mercury.
20. (a) 20.0 cm (b) 0.490 cm
21. (a) 116 kPa (b) 52.0 Pa
22. (a) $P = P_0 + \rho g h$ (b) Mg/A
23. 0.258 N down
24. 3.33×10^3 kg/m^3
25. (a) 4.9 N down, 16.7 N up (b) 86.2 N (c) By either method of evaluation, the buoyant force is 11.8 N up.
26. (a) 444 kg (b) 480 kg
27. (a) 7.00 cm (b) 2.80 kg
28. (a) 1 250 kg/m^3 (b) 500 kg/m^3
29. (a) 3.82×10^3 N (b) 1.04×10^3 N; the balloon rises because the net force is positive: the upward buoyant force is greater than the downward gravitational force.
(c) 106 kg
30. (a) 3.7 kN (b) 1.9 kN (c) Atmospheric pressure at this high altitude is much lower than at the Earth's surface
31. 1.52×10^3 m^3
32. (a) 0.471 m/s (b) 4.24 m/s
33. (a) 0.638 m/s (b) 2.55 m/s (c) 1.80×10^{-3} m^3/s
34. 0.247 cm

35. (a) 27.9 N (b) 3.32×10^4 kg (c) 7.26×10^4 Pa
36. (a) 2.28 N toward Holland (b) 1.74×10^6 s
37. (a) 15.1 MPa (b) 2.95 m/s
38. 347 m/s
39. (a) 6.80×10^4 Pa (b) Higher. With the inclusion of another upward force due to deflection of air downward, the pressure difference does not need to be as great to keep the airplane in flight.
40. (a) 4.43 m/s (b) 10.1 m

Chapter 15

[퀴즈]

1. (d)
2. (f)
3. (a)
4. (b)
5. (c)
6. **(i)** (a) **(ii)** (a)

[주관식]

1. (a) 17 N to the left (b) 28 m/s^2 to the left
2. 1.59 k N/m
3. 0.63 s
4. (a) 4.33 cm (b) −5.00 cm/s (c) −17.3 cm/s^2 (d) 3.14 s (e) 5.00 cm
5. (a) 1.50 Hz (b) 0.667 s (c) 4.00 m (d) π rad (e) 2.83 m
6. (a) 18.8 m/s (b) 7.11 km/s^2
7. 0.628 m/s
8. (a) 2.40 s (b) 0.417 Hz (c) 2.62 rad/s
9. 40.9 N/m
10. 39.2 N
11. (a) motion is periodic (b) 1.81 s (c) The motion is not simple harmonic. The net force acting on the ball is a constant given by $F = -mg$ (except when it is in contact with the ground), which is not in the form of Hooke's law.
12. (a) $x = 2.00 \cos(3.00\pi t - 90°)$ or $x = 2.00 \sin(3.00\pi t)$ where x is in centimeters and t is in seconds (b) 18.8 cm/s (c) 0.333 s (d) 178 cm/s^2 (e) 0.500 s (f) 12.0 cm
14. (a) 20 cm (b) 94.2 cm/s as the particle passes through equilibrium (c) ± 17.8 m/s^2 at maximum excursion from equilibrium
15. (a) 40.0 cm/s (b) 160 cm/s^2 (c) 32.0 cm/s (d) −96.0 cm/s^2 (e) 0.232 s
16. 2.23 m/s
17. (a) 126 N/m (b) 0.178 m
18. (a) 0.542 kg (b) 1.81 s (c) 1.20 m/s^2
19. (a) 0.153 J (b) 0.784 m/s (c) 17.5 m/s^2
20. 2.60 cm and −2.60 cm
21. (a) E increases by a factor of 4 (b) v_{max} is doubled (c) a_{max} also doubles (d) the period is unchanged.
22. (a) 28.0 mJ (b) 1.02 m/s (c) 12.2 mJ (d) 15.8 mJ
23. (a) 100 N/m (b) 1.13 Hz (c) 1.41 m/s (d) $x = 0$ (e) 10.0 m/s^2 (f) ±0.200 m (g) 2.00 J (h) 1.33 m/s (i) 3.33 m/s^2
24. (a) $\frac{8}{9}E$ (b) $\frac{1}{9}E$ (c) $x = \pm\sqrt{\frac{2}{3}}A$ (d) No; the maximum potential energy is equal to the total energy of the system. Because the total energy must remain constant, the kinetic energy can never be greater than the maximum potential energy.
25. (a) 5.98 m/s (b) 206 N/m (c) 0.238 m
26. (b) 0.628 s
27. 1.001 5
28. (a) 1.50 s (b) 0.559 m
29. $\omega = \sqrt{\frac{k}{m}} = \sqrt{\frac{g}{R}}$
30. 0.944 kg · m^2
31. $I = \frac{mgd}{4\pi^2 f^2}$
32. 1.42 s, 0.499 m
33. (a) $2\pi\sqrt{\frac{(I_{CM} + md^2)}{mgd}}$ (b) $I_{CM} = md^2$
34. (a) 0.820 m/s (b) 2.57 rad/s^2 (c) 0.641 N (d) $v_{max} = 0.817$ m/s, $\alpha_{max} = 2.54$ rad/s^2, $F_{max} = 0.634$ N (e) The answers are close but not exactly the same. The answers computed from conservation of energy and from Newton's second law are more precise.
35. 1.00×10^{-3} s^{-1}
36. $\frac{dE}{dt} = -bv^2 < 0$
38. 318 N
39. (a) 3.16 s^{-1} (b) 6.28 s^{-1} (c) 5.09 cm

Chapter 16

[퀴즈]

1. **(i)** (b) **(ii)** (a)
2. **(i)** (c) **(ii)** (b) **(iii)** (d)
3. (c)
4. (f) and (h)
5. (d)

[주관식]

1. 184 km
2. (d) The wave has traveled $d = vt = 2.40$ m to the right.
3. $y = \frac{6.00}{(x - 4.50t)^2 + 3.00}$ where x and y are in meters and t is in seconds
4. (a) longitudinal P wave (b) 666 s
5. (a) 2.00 cm (b) 2.98 m (c) 0.576 Hz (d) 1.72 m/s
7. 0.319 m
8. 0.800 m/s
9. (a) $3.33\hat{\mathbf{i}}$ m/s (b) −5.48 cm (c) 0.667 m (d) 5.00 Hz (e) 11.0 m/s
10. 2.40 m/s
11. (a) 31.4 rad/s (b) 1.57 rad/m (c) $y = 0.120 \sin(1.57x - 31.4t)$, where x and y are in meters and t is in seconds (d) 3.77 m/s (e) 118 m/s^2
12. ±6.67 cm
13. (a) 0.500 Hz (b) 3.14 rad/s (c) 3.14 rad/m (d) $0.100 \sin(\pi x - \pi t)$ (e) $0.100 \sin(-\pi t)$ (f) $0.100 \sin(4.71 - \pi t)$ (g) 0.314 m/s
14. (b) 0.125 s (c) This agrees with the period found in the example in the text.
15. (a) $0.100 \sin(1.002 - 20.0t)$ (b) 3.18 Hz

16. (a) 0.250 m (b) 40.0 rad/s (c) 0.300 rad/m (d) 20.9 m (e) 133 m/s (f) positive x direction
17. (a) $y = 0.080\,0 \sin(2.5\pi x + 6\pi t)$
(b) $y = 0.080\,0 \sin(2.5\pi x + 6\pi t - 0.25\pi)$
18. (a) 0.021 5 m (b) 1.95 rad (c) 5.41 m/s
(d) $y(x,t) = (0.021\,5)\sin(8.38x + 80.0\pi t + 1.95)$
19. 185 m/s
20. 520 m/s
21. 13.5 N
22. (a) units are seconds and newtons (b) The first T is period of time; the second is force of tension.
23. 80.0 N
24. 0.329 s
25. The calculated gravitational acceleration of the Moon is almost twice that of the accepted value.
26. (a) 0.051 0 kg/m (b) 19.6 m/s
27. (a) $v = (30.4)\sqrt{m}$ where v is in meters per second and m is in kilograms (b) $m = 3.89$ kg
28. 631 N
29. (a) As for a string wave, the rate of energy transfer is proportional to the square of the amplitude to the speed. The rate of energy transfer stays constant because each wavefront carries constant energy, and the frequency stays constant. As the speed drops, the amplitude must increase (b) The amplitude increases by 5.00 times
30. (a) 1 (b) 1 (c) 1 (d) increased by a factor of 4
31. 55.1 Hz
32. (a) 62.5 m/s (b) 7.85 m (c) 7.96 Hz (d) 21.1 W
33. 1.07 kW
34. (a) $y = 0.075\sin(4.19x - 314t)$, where x and y are in meters and t is in seconds (b) 625 W
35. (a) 15.1 W (b) 3.02 J
38. (a) $A = 40.0$ (b) $A = 7.00$, $B = 0$, and $C = 3.00$
(c) In order for two vectors to be equal, they must have the same magnitude and the same direction in three-directional space. All of their components must be equal, so all coefficients of the unit vectors must be equal
(d) $A = 0$, $B = 7.00$, $C = 3.00$, $D = 4.00$, $E = 2.00$
(e) Identify corresponding parts. In order for two functions to be identically equal, corresponding parts must be identical. The argument of the sine function must have no units or be equal to units of radians.
40. (b) $f(x + vt) = \frac{1}{2}(x + vt)^2$ and $g(x - vt) = \frac{1}{2}(x - vt)^2$
(c) $f(x + vt) = \frac{1}{2}\sin(x + vt)$ and $g(x - vt) = \frac{1}{2}\sin(x - vt)$

Chapter 17

[퀴즈]

1. (c)
2. (b)
3. (b)
4. (e)
5. (e)
6. (b)

[주관식]

1. (a) 2.00 μm (b) 40.0 cm (c) 54.6 m/s (d) -0.433 μm (e) 1.72 mm/s
2. (a) 1.27 Pa (b) 170 Hz (c) 2.00 m (d) 340 m/s
3. $\Delta P = 0.200 \sin(20\pi x - 6\,860\pi t)$ where ΔP is in pascals, x is in meters, and t is in seconds
4. 5.81 m
5. 0.103 Pa
6. 1×10^{11} Pa
7. 0.196 s
8. (a) The speed gradually changes from $v = (331\text{ m/s})(1 + 27°\text{C}/273°\text{C})^{1/2} = 347$ m/s to $(331\text{ m/s})(1 + 0/273°\text{C})^{1/2} = 331$ m/s, a 4.6% decrease. The cooler air at the same pressure is more dense
(b) The frequency is unchanged because every wave crest in the hot air becomes one crest without delay in the cold air
(c) The wavelength decreases by 4.6%, from $v/f = (347\text{ m/s})(4\,000/\text{s}) = 86.7$ mm to $(331\text{ m/s})(4\,000/\text{s}) = 82.8$ mm. The crests are more crowded together when they move more slowly.
9. 1.55×10^{-10} m
10. (a) 5.56 km (b) No. The speed of light is much greater than the speed of sound, so the time interval required for the light to reach you is negligible compared to the time interval for the sound.
11. (a) 153 m/s (b) 614 m
12. 7.82 m
13. $d - \frac{1}{2}g\left(\sqrt{\frac{2(d-h)}{g}} - \Delta t - \frac{d-h}{v}\right)^2$ above the ground
14. (a) 27.2 s (b) 25.7 s; the time interval in part (a) is longer.
16. (a) the pulse that travels through the rail (b) 23.4 ms
17. (a) 833 m (b) 1.47 s
18. 66.0 dB
19. (a) 5.00×10^{-5} W (b) 3.00×10^{-3} J
20. (a) 3.75 W/m^2 (b) 0.600 W/m^2
21. (a) $I_2 = \left(\frac{f'}{f}\right)^2 I_1$ (b) intensity is unchanged
22. 3.0×10^{-8} W/m^2
23. 0.082 W/m^2
24. (a) 0.691 m (b) 691 km
25. 150 dB
26. (a) 1.3×10^2 W (b) 96 dB
27. (a) 332 J (b) 46.4 dB
28. $20\log\left(\frac{r_1}{r_2}\right)$
29. (a) 1.32×10^{-4} W/m^2 (b) 81.2 dB
30. (a) 1.76 kJ (b) 108 dB
31. (a) 30.0 m (b) 9.49×10^5 m
32. (a) 475 Hz (b) 430 Hz
33. 2.82×10^8 m/s
34. (a) 3.04 kHz (b) 2.08 kHz (c) 2.62 kHz; 2.40 kHz
35. (a) B (b) positive (c) negative (d) 1 533 m/s (e) 5.30×10^3 Hz
36. (a) 441 Hz (b) 439 Hz (c) 54.0 dB
37. (a) $\dfrac{vf}{v - A\sqrt{\frac{k}{m}}}$ (b) $\dfrac{vf}{v + A\sqrt{\frac{k}{m}}}$ (c) $\beta - (20\text{ dB})\log\left(1 + \frac{2A}{d}\right)$
38. (a) 0.021 7 m/s (b) 28.9 Hz (c) 57.8 Hz
39. This is much faster than a human athlete can run.
40. 26.4 m/s

Chapter 18

[퀴즈]

1. (c)
2. **(i)** (a) **(ii)** (d)
3. (d)
4. (b)
5. (c)

[주관식]

1. 5.66 cm
3. (a) −1.65 cm (b) −6.02 cm (c) 1.15 cm
5. 91.3°
6. (a) y_1: positive x direction, y_2: negative x direction (b) 0.750 s (c) 1.00 m
7. (a) 3.33 rad (b) 283 Hz
8. (a) 156° (b) 0.058 4 cm
9. (c) Yes, the limiting form of the path is two straight lines through the origin with slope ± 0.75.
10. (a) The separation of adjacent nodes is $\Delta x = \frac{\pi}{k} = \frac{\lambda}{2}$. The nodes are still separated by half a wavelength (b) Yes. The nodes are located at $kx + \frac{\phi}{2} = n\pi$, so that $x = \frac{n\pi}{k} - \frac{\phi}{2k}$, which means that each node is shifted $\frac{\phi}{2k}$ to the left by the phase difference between the traveling waves in comparison to the case in which $\phi = 0$.
11. (a) 15.7 m (b) 31.8 Hz (c) 500 m/s
13. (a) 4.24 cm (b) 6.00 cm (c) 6.00 cm (d) 0.500 cm, 1.50 cm, 2.50 cm
14. (b) In any one picture, the wavelength is the smallest distance along the x axis that contains a nonrepeating shape. The wavelength is $\lambda = 4$ m (c) The frequency is the inverse of the period. The period is the time the wave takes to go from a full amplitude starting shape to the inversion of that shape and then back to the original shape. The period is the time interval between the top and bottom graphs: 20 ms. The frequency is 1/0.020 s = 50 Hz (d) 4 m. By comparison with the wave function $y = (2A \sin kx)\cos\omega t$, we identify $k = \pi/2$, and then compute $\lambda = 2\pi/k$ (e) 50 Hz. By comparison with the wave function $y = (2A\sin kx)\cos\omega t$, we identify $\omega = 2\pi f = 100\pi$.
15. at 0.089 1 m, 0.303 m, 0.518 m, 0.732 m, 0.947 m, and 1.16 m from one speaker
16. (a) 0.600 m (b) 30.0 Hz
17. 19.6 Hz
18. (a) 163 N (b) 660 Hz
19. (a) 78.6 Hz (b) 157 Hz, 236 Hz, 314 Hz
20. (a) 350 Hz (b) 400 kg
21. 1.86 g
22. $m = \frac{Mg\cos\theta}{4f^2 L}$
23. (a) 3.8 cm (b) 3.85 %
24. 291 Hz
25. (a) three loops (b) 16.7 Hz (c) one loop
26. (a) 3.66 m/s (b) 0.200 Hz
27. 9.00 Hz
28. 57.9 Hz
29. (a) 0.357 m (b) 0.715 m
30. (a) 17.0 Hz (b) 33.9 Hz (c) 17.6 Hz, 35.1 Hz
31. (a) 349 m/s (b) 1.14 m
32. n(206 Hz) and n(84.5 Hz)
33. n(0.252 m) with $n = 1, 2, 3, \ldots$
34. 1.16 m
35. (a) 1.59 kHz (b) odd-numbered harmonics (c) 1.11 kHz
36. (a) 521 Hz or 525 Hz (b) 526 Hz (c) reduced by 1.14%
37. 5.64 beats/s
38. (a) 1.99 beats/s (b) 3.38 m/s
39. The second harmonic of E is close to the third harmonic of A, and the fourth harmonic of C# is close to the fifth harmonic of A.
40. The following coefficients are approximate: $A_1 = 100$, $A_2 = 156$, $A_3 = 62$, $A_4 = 104$, $A_5 = 52$, $A_6 = 29$, $A_7 = 25$.

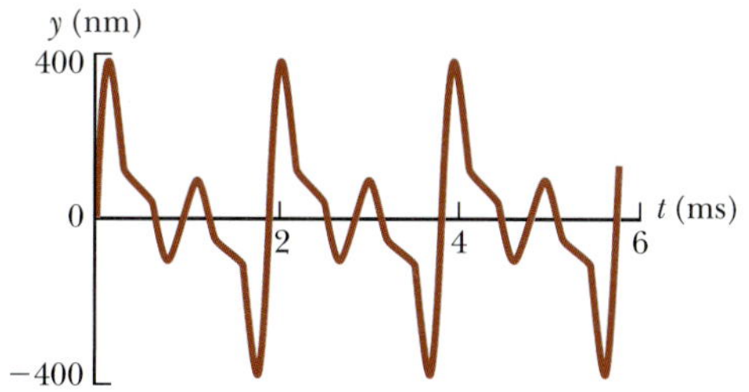

Chapter 19

[퀴즈]

1. (c)
2. (c)
3. (c)
4. (c)
5. (a)
6. (b)

[주관식]

1. (a) 106.7°F (b) Yes, the normal body temperature is 98.6°F, so the patient has a high fever and needs immediate attention.
2. (a) 31.7° C (b) 31.7 K
3. (a) −109°F, 195 K (b) 98.6°F, 310 K
4. (a) −253° C (b) −423° F
5. (a) −320°F (b) 77.3 K
6. (a) −270°C (b) 1.27 atm, 1.74 atm
7. 1.20 cm
8. (a) 0.176 mm (b) 8.78 μm (c) 0.093 0 cm^3
9. $\Delta r = 0.663$ mm to the right at 78.2° below the horizontal
10. 3.27 cm
11. 55.0 °C
12. 1.54 km. The pipeline can be supported on rollers. Ω-shaped loops can be built between straight sections. They bend as the steel changes length.
13. 1.58×10^{-3} cm
14. (a) 0.109 cm^2 (b) increase
15. 0.548 gal
16. (a) 437°C (b) 2.1×10^3 °C (c) No, aluminum melts at 660 °C (Table 20.2). Also, although it is not in Table 20.2, Internet research shows that brass (an alloy of copper and zinc) melts at about 900 °C.

17. Required $T = -376°$ C is below absolute zero.
18. (a) 99.8 mL (b) It lies below the mark. The acetone has reduced in volume, and the flask has increased in volume.
19. (a) 99.4 mL (b) 2.01 L (c) 0.998 cm
20. (a) $\dfrac{\rho_0}{1+\beta\Delta T}$ (b) m
21. 1.02×10^3 gallons
22. (a) 2.542 cm (b) $\Delta T = 300\ °C$
23. 1.20 mol
24. 4.28 atm
25. (a) 2.99 mol (b) 1.80×10^{24} molecules
26. (a) 1.17×10^{-3} kg (b) 11.5 mN (c) 1.01 kN (d) molecules must be moving very fast
27. 1.50×10^{29} molecules
28. 4.39 kg
29. (a) 41.6 mol (b) 1.20 kg (c) This value is in agreement with the tabulated density.
30. 6.64×10^{-27} kg
31. 3.55 L
32. 2.42×10^{11} molecules
33. (a) 3.95 atm = 400 kPa (b) 4.43 atm = 449 kPa
34. 7.13 m
35. 473 K
36. $m_1 - m_2 = \dfrac{P_0 VM}{R}\left(\dfrac{1}{T_1} - \dfrac{1}{T_2}\right)$
37. 3.68 cm^3
38. ~10^2 kg
39. 1.89 MPa
40. $m_f = m_i\left(\dfrac{P_{gf} + P_0}{P_{gi} + P_0}\right)$

Chapter 20

[퀴즈]

1. **(i)** iron, glass, water **(ii)** water, glass, iron
2. The figure below shows a graphical representation of the internal energy of the system as a function of energy added. Notice that this graph looks quite different from Figure 20.3 in that it doesn't have the flat portions during the phase changes. Regardless of how the temperature is varying in Figure 20.3, the internal energy of the system simply increases linearly with energy input; the line in the graph below has a slope of 1.

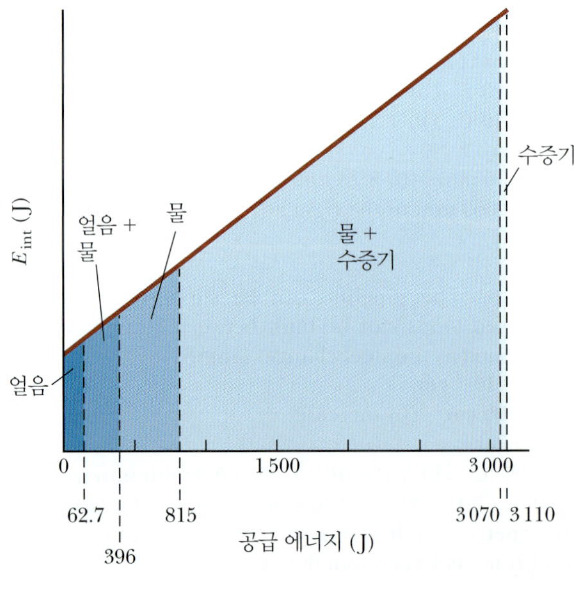

3.

Situation	System	Q	W	ΔE_{int}
(a) Rapidly pumping up a bicycle tire	Air in the pump	0	+	+
(b) Pan of room-temperature water sitting on a hot stove	Water in the pan	+	0	+
(c) Air quickly leaking out of a balloon	Air originally in the balloon	0	−	−

4. Path A is isovolumetric, path B is adiabatic, path C is isothermal, and path D is isobaric.
5. (b)

[주관식]

1. (a) 2.26×10^6 J (b) 2.80×10^4 steps (c) 6.99×10^3 steps
2. 0.105 °C
3. 16.9 °C
4. 0.845 kg
5. 0.234 kJ/kg · °C
6. 87.0 °C
7. 88.2 W
8. $\dfrac{(m_{A1}c_{A1} + m_c c_w)T_c + m_h c_w T_h}{m_{A1}c_{A1} + m_c c_w + m_h c_w}$
9. 29.6 °C
10. (a) 16.1 °C (b) 16.1 °C (c) It makes no difference whether the drill bit is dull or sharp, or how far into the block it cuts. The answers to (a) and (b) are the same because all of the work done by the bit on the block constitutes energy being transferred into the internal energy of the steel.
11. (a) 1 822 J/kg · °C (b) We cannot make a definite identification. It might be beryllium. (c) The material might be an unknown alloy or a material not listed in the table.
12. (a) $T = 25.8\ °C$ (b) The symbolic result from part (a) shows no dependence on mass. Both the change in gravitational potential energy and the change in internal energy of the system depend on the mass, so the mass cancels.
13. (a) 380 K (b) 2.04 atm
14. 12.9 g steam
15. 1.22×10^5 J
16. 16.3 °C
17. 0.294 g
18. (a) 10.0 g of ice melts, $T_f = 40.4\ °C$ (b) 8.04 g of ice melts, $T_f = 0\ °C$
19. 0.415 kg
20. (a) 0 °C (b) 114 g
21. −466 J
22. $-nR(T_2 - T_1)$
23. (a) $-4P_iV_i$ (b) According to $T = (P_i/nRV_i)V^2$, it is proportional to the square of the volume.
24. (a) −12.0 MJ (b) +12.0 MJ

25. -1.18 MJ
26. (a) 12.0 kJ (b) -12.0 kJ
27.

Process	Q	W	ΔE_{int}
BC	$-$	0	$-$
CA	$-$	$+$	$-$
AB	$+$	$-$	$+$

28. 720 J
29. 4.29×10^4 J
30. (a) 0.041 0 m^3 (b) +5.48 kJ (c) -5.48 kJ
31. (a) 7.50 kJ (b) 900 K
32. (a) 0.007 65 m^3 (b) 305 K
33. (a) $-0.048\,6$ J (b) 16.2 kJ (c) 16.2 kJ
34. (a) $-4P_iV_i$ (b) $4P_iV_i$
35. 74.8 kJ
36. 3.85×10^{26} W
37. 3.49×10^3 K
38. (a) 1.19 (b) a factor of 1.19
39. 2.22×10^{-2} W/m · °C
40. (a) Intensity is defined as power per area perpendicular to the direction of energy flow. The direction of sunlight is along the line from the Sun to an object. The perpendicular area is the projected flat circular area enclosed by the *terminator*. The object radiates infrared light outward in all directions. The area perpendicular to this energy flow is its spherical surface area
(b) 279 K, it is chilly, well below room temperatures we find comfortable.

Chapter 21

[퀴즈]

1. **(i)** (b) **(ii)** (a)
2. **(i)** (a) **(ii)** (c)
3. (d)
4. (c)

[주관식]

1. (a) 3.54×10^{23} atoms (b) 6.07×10^{-21} J (c) 1.35 km/s
2. (a) 8.76×10^{-21} J
(b) For helium, v_{rms} = 1.62 km/s and for argon, v_{rms} = 514 m/s
3. (a) 0.943 N (b) 1.57 Pa
4. 3.21×10^{21} molecules
5. 3.32 mol
6. $\frac{3}{2}\frac{PV}{KN_A}$
7. 5.05×10^{-21} J
8. 2.78×10^{-23} kg · m/s
9. (a) 4.00 u $= 6.64 \times 10^{-27}$ kg
(b) 55.9 u $= 9.28 \times 10^{-26}$ kg
(c) 207 u $= 3.44 \times 10^{-25}$ kg
10. 501 K
11. (a) 2.28 kJ (b) 6.21×10^{-21} J
12. (a) 385 K (b) 7.97×10^{-21} J
(c) the molecular mass of the gas
13. 17.4 kPa
14. (a) $W = 0$ (b) $\Delta E_{int} = 209$ J (c) 317 K
15. $13.5PV$
16. (a) 118 kJ (b) 6.03×10^3 kg
17. (a) 3.46 kJ (b) 2.45 kJ (c) -1.01 kJ
18. (a) 0.719 kJ/kg · K (b) 0.811 kg (c) 233 kJ (d) 327 kJ
19. 74.8 J
20. Between 10^{-3} °C and 10^{-2} °C
22. 2.32×10^{-21} J
23. The maximum possible value of $\gamma = 1 + \frac{R}{C_V} = 1.67$ occurs for the lowest possible value for $C_V = \frac{3}{2}R$. Therefore the claim of $\gamma = 1.75$ for the newly discovered gas cannot be true.
24. (a) 41.6 J/K (b) 58.2 J/K (c) 58.2 J/K, 74.8 J/K
25. (a) 1.39 atm (b) 366 K and 253 K (c) $Q = 0$
(d) -4.66 kJ (e) -4.66 kJ
26. (a) a factor of 0.118 (b) a factor of 2.35
(c) 0 (d) 135 J (e) 135 J
27. (a) 28.0 kJ (b) 46.0 kJ (c) 10.0 atm (d) 25.1 atm
28. 227 K
29. 25.0 kW
30. (a)

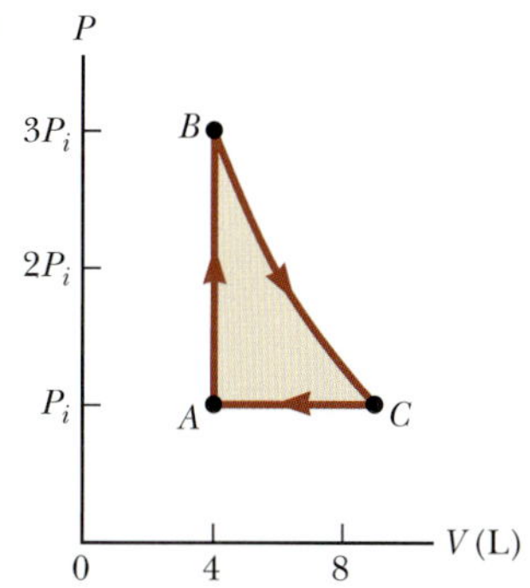

(b) 8.77 L (c) 900 K (d) 300 K (e) -336 J

31. (a)

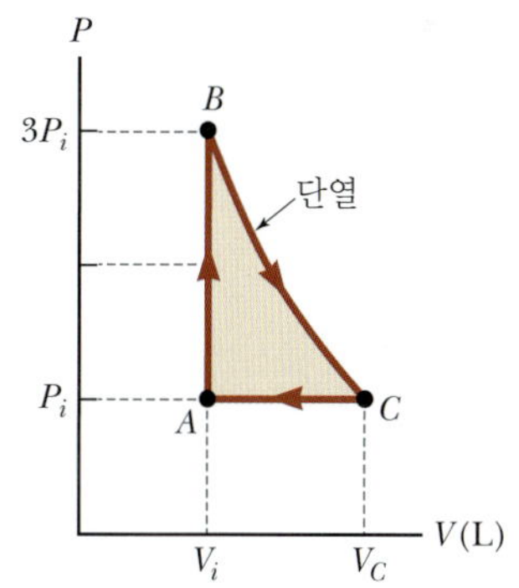

(b) $(3^{1/\gamma})V_i$ (c) $3T_i$ (d) T_i
(e) $-P_iV_i\left[\left(\frac{1}{\gamma-1}\right)(1-3^{1/\gamma})+(1-3^{1/\gamma})\right]$
32. 132 m/s
33. (a) 6.80 m/s (b) 7.41 m/s (c) 7.00 m/s
34. (a) $2.00 \times 10^{-163} \to 0$ atoms
(b) 2.70×10^{20} atoms
35. (a) 1.03 (b) ^{35}Cl
36. (a) 2.37×10^4 K (b) 1.06×10^3 K
37. (a) 731 m/s (b) 825 m/s (c) 895 m/s
(d) The graph appears to be drawn correctly within about 10 m/s.
38. (b) 0.278
40. (b) 8.31 km

Chapter 22

[퀴즈]

1. **(i)** (c) **(ii)** (b)
2. (d)
3. C, B, A
4. (a) one (b) six
5. (a)
6. false (The adiabatic process must be *reversible* for the entropy change to be equal to zero.)

[주관식]

1. (a) 10.7 kJ (b) 0.533 s
2. (a) 0.25 or 25% (b) $|Q_C|/|Q_h| = 3/4$
3. (a) 6.94% (b) 335 J
4. 13.7 °C
5. (a) 0.294 (or 29.4%) (b) 500 J (c) 1.67 kW
6. (a) 29.4 L/h (b) 185 hp (c) 527 N · m (d) 1.91×10^5 W
7. 55.4%
8. (a) 24.0 J (b) 144 J
9. (a) 75.0 kJ (b) 7.33
10. (a) 7.69×10^8 J (b) 5.67×10^8 J
11. 77.8 W
12. (a) 2.65×10^7 J (b) 3.20
13. 0.540 or 54.0%
14. (a) 67.2% (b) 58.8 kW
15. (a) 8.70×10^8 J (b) 3.30×10^8 J
16. (a) $P\Delta t\left(\frac{T_h}{T_h - T_c}\right)$ (b) $P\Delta t\left(\frac{T_c}{T_h - T_c}\right)$
17. 9.00
18. 11.8
19. 72.2 J
20. 1.86
21. 0.330 or 33.0%
22. (a) 564°C (b) No, a real engine will always have an efficiency *less* than the Carnot efficiency because it operates in an irreversible manner.
23. (a) 741 J (b) 459 J
24. (a) 9.10 kW (b) 11.9 kJ
25. (b) $1 - \frac{T_c}{T_h}$ (c) The combination of reversible engines is itself a reversible engine so it has the Carnot efficiency. No improvement in net efficiency has resulted (d) $T_i = \frac{1}{2}(T_h + T_c)$ (e) $T_i = (T_h T_c)^{1/2}$
26. 23.1 mW
27. 1.17
28. (a) 51.2% (b) 36.2%
29. (a) 244 kPa (b) 192 J
31. (a) one (b) six
32. −610 J/K
33. 143 J/K
34. 2.70 kJ/K
35. 57.2 J/K
36. (a) 5.76 J/K (b) no change in temperature
37. 0.507 J/K
38. 3.28 J/K

찾아보기
Index

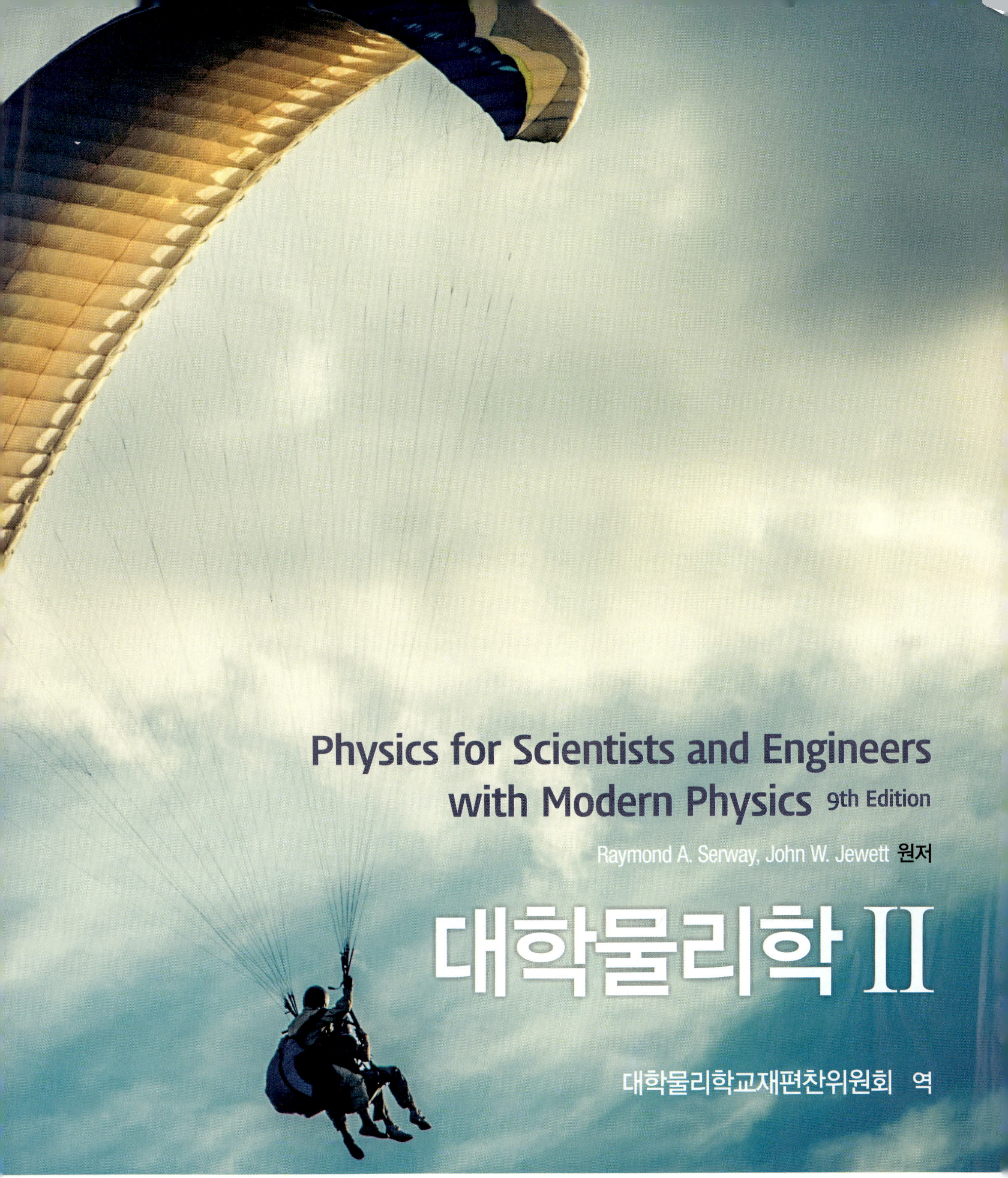

Physics for Scientists and Engineers with Modern Physics 9th Edition

Raymond A. Serway, John W. Jewett 원저

대학물리학 II

대학물리학교재편찬위원회 역

CENGAGE 북스힐

Andover • Melbourne • Mexico City • Stamford, CT • Toronto • Hong Kong • New Delhi • Seoul • Singapore • Tokyo

차례

I권

II권

Part 4
전기와 자기

전기와 자기
Electricity and Magnetism

PART
4

중국 상하이에서 초고속 자기 부상 열차(Transrapid maglev train)가 역으로 들어오고 있다. 영어 단어 maglev는 magnetic levitation의 축약어이다. 이 기차는 레일과 물리적으로 접촉하지 않고 있다. 기차의 무게는 전적으로 전자기력에 의하여 지지된다. 이 단원에서는 이들 힘을 공부할 예정이다. *(OTHK/Asia Images/Jupiterimages)*

전기(electric)와 자기적(magnetic) 현상에 관한 물리학 영역을 공부해 보자. 전기와 자기 법칙은 스마트폰, 텔레비전, 전동기, 컴퓨터, 고에너지 가속기 그리고 다른 전자 기기를 작동시키는 데 중요한 역할을 한다. 고체와 액체의 원자 또는 분자 사이에 작용하는 궁극적인 힘의 근원은 전기력이다.

중국 문헌에 따르면 자기 현상은 이미 기원전 2000년경에 관찰되었다. 고대 그리스에서도 기원전 700년경에 전기와 자기 현상을 관찰하였으며, 그리스 사람들은 천연 자철광에 철이 붙는 것을 보고 자기력에 관하여 알았다. (electric이라는 단어는 '호박'을 뜻하는 그리스 단어 elecktron에서 온 것이고, magnetic이라는 단어는 자철광이 처음 발견된 그리스 지방의 이름 Magnesia에서 온 것이다.)

19세기 초까지 과학자들은 전기와 자기 현상이 서로 관련된 것임을 알지 못하였다. 1819년 외르스테드는 나침반 바늘이 전류가 흐르는 회로 근처에서 움직이는 것을 발견하였다. 패러데이와 헨리는 1831년 거의 동시에 자석 근처에서 도선을 움직이면(또는 도선 근처에서 자석을 움직이면) 도선에 전류가 생성되는 것을 보여 주었다. 맥스웰은 1873년 이런 관측과 실험적 사실을 기초로 현재 우리가 알고 있는 전자기학 법칙을 만들어냈다. [**전자기학**(electromagnetism)은 전기학과 자기학을 결합하여 붙여진 이름이다.]

맥스웰 법칙은 모든 형태의 전자기 현상의 기본 법칙이므로, 전자기학 분야에서 맥스웰의 공헌은 매우 중요하다. 맥스웰의 업적은 뉴턴이 운동 법칙과 만유인력의 법칙을 발표한 업적만큼 의미가 있다. ■

전기장
Electric Fields

CHAPTER
23

소녀는 자신의 몸을 전기적으로 대전하는 현상을 즐기고 있다. 머리카락은 각각 대전되고 서로 척력을 작용해서 사진에서 보는 바와 같이 가닥가닥 곤두선다. *(Ted Kinsman/Photo Researchers, Inc.)*

이 장에서는 전자기학 분야를 시작한다. 이전에 공부한 것과는 첫 번째로 **힘**의 개념을 통하여 연결된다. 대전 입자 사이의 전자기력은 자연계에 존재하는 기본 힘 가운데 하나이다. 먼저 전자기력의 한 형태인 전기력의 기초적인 성질을 기술하고, 이어서 대전된 두 물체 사이에 작용하는 힘에 관한 기본적인 법칙인 쿨롱의 법칙을 이야기한다. 그후 전하 분포에 의한 전기장의 개념을 소개하고, 이 전기장이 다른 대전 입자에 작용하는 영향을 기술한다. 쿨롱의 법칙을 이용하여 주어진 전하 분포에 대한 전기장을 계산하는 방법을 설명한다. 또한 균일한 전기장 내에서 대전 입자의 운동에 대하여 기술한다.

전자기학과 이전에 공부한 것과의 두 번째 연결은 에너지의 개념을 통해서이다. 이 연결은 25장에서 공부할 예정이다.

23.1 전하의 특성
Properties of Electric Charges

전기력의 존재를 여러 가지 간단한 실험으로 입증할 수 있다. 예를 들어 건조한 날 풍선을 머리에 비비면, 풍선이 종잇조각을 끌어당기는 것을 볼 수 있다. 종종 이 인력은 강하여 풍선에 종잇조각이 매달린다.

물질이 이와 같은 특성을 보이면, 이 물질은 전기를 띠었다 또는 **전기적으로 대전되었다**고 한다. 양털 양탄자 위에서 구두를 열심히 문지르면 우리 몸을 쉽게 대전시킬 수 있다. 우리 몸에 전하가 있다는 증거는 친구에게 살짝 손을 대면 깜짝 놀라는 것에서 알 수 있다. 적절한 조건에서는, 서로 접촉할 때 불꽃을 볼 수 있고 두 사람 모두 약간의 따끔거림을 느끼게 된다. (공기 중에 습도가 높으면 우리 몸에 쌓인 전하가 지구로 잘 흐르기 때문에, 이런 실험은 건조한 날에 하는 것이 매우 좋다.)

프랭클린(Benjamin Franklin, 1706~1790)은 간단한 일련의 실험에서 두 종류의 전하가 존재함을 발견하고, 이를 **양전하**와 **음전하**라고 명명하였다. 전자는 음전하를 가지며, 양성자는 양전하를 가진다. 두 종류의 전하가 있음을 증명하기 위하여, 그림 23.1과 같이 명주 천에 문지른 고무 막대를 줄로 매단 경우를 가정해 보자. 명주 천으로 문지른 유리 막대를 고무 막대 가까이 가져오면, 두 물체는 서로 당긴다(그림 23.1a). 이와 반대로, 대전된 두 개의 고무 막대(또는 유리 막대)를 서로 가까이 가져가면 그림 23.1b와 같이 서로 밀어낸다. 이 실험은 고무 막대와 유리 막대가 서로 다른 두 종류의 전하를 가지고 있음을 보여 준다. 이와 같은 관찰에서 **같은 종류의 전하끼리는 서로 밀어내고 다른 종류의 전하끼리는 서로 당긴다는** 결론을 내릴 수 있다.

프랭클린이 제안한 규약에 따르면, 유리 막대의 전하는 양전하, 고무 막대의 전하는 음전하이므로 대전된 고무 막대에 끌려가는(또는 대전된 유리 막대로부터 밀려나는) 대전체는 양전하를 띠고 있고, 대전된 고무 막대로부터 밀려나는(또는 대전된 유리 막대로 끌리는) 대전체는 음전하를 띤다.

전하량은 보존된다 ▶

실험 관찰 결과, 전기학의 또 한 가지 중요한 점은 **전하량은 고립계에서 항상 보존된**

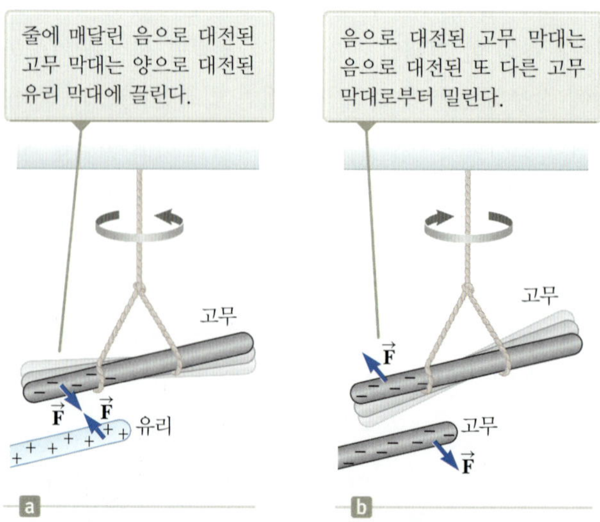

그림 23.1 (a) 서로 반대 전하와 (b) 같은 전하 사이의 전기력

다는 것이다. 즉 한 물체를 다른 물체에 문지를 때 전하가 물체 자체에서 생성되는 것이 아니라, 전하가 한 물체에서 다른 물체로 이동함으로써 대전된다. 어떤 물체가 일정 양의 음전하를 얻으면 다른 물체도 같은 양만큼의 양전하를 얻는다. 예를 들어 그림 23.2와 같이 유리 막대를 명주 천으로 문지르면 명주 천은 유리 막대가 얻은 양전하와 동일한 크기의 음전하를 얻는다. 문지르는 과정에서 전자가 유리에서 명주 천으로 옮겨지는 것은 원자 구조에 대한 이해로부터 알 수 있다. 마찬가지로 고무 막대를 털가죽으로 문지르면, 전자는 털가죽에서 고무 막대로 옮겨가서, 고무 막대는 음전하를 그리고 털가죽은 양전하를 띠게 된다. 이 과정은 전하를 띠지 않은 중성의 물체가 음전하(전자)만큼의 양전하(원자 핵 속의 양성자)를 포함하고 있다는 사실과 잘 부합된다. 고립계에서 전하량의 보존은 에너지, 운동량, 각운동량 보존과 같지만, 이 보존 원리에 대한 분석 모형을 다루지는 않는다. 그 이유는 문제에 대한 수학적인 풀이에서 자주 사용되지 않기 때문이다.

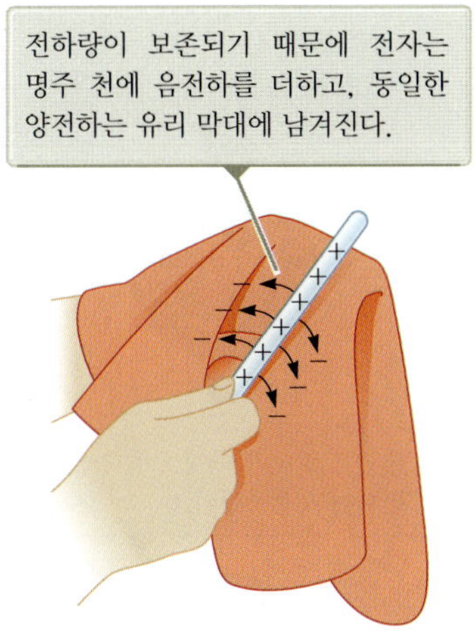

그림 23.2 유리 막대를 명주 천으로 문지르면 전자는 유리 막대에서 명주 천으로 옮겨진다.

1909년에 밀리컨(Robert Millikan, 1868~1953)이 모든 전하는 기본 전하량 e의 정수배로 존재한다는 사실을 발견하였다(25.7절 참조). 현대적 용어로, 전하 q는 **양자화되어 있다**(quantized)라고 하고, 여기서 q는 전하량을 나타내는 표준 기호이다. 다시 말하면 전하는 불연속적인 '다발'로 존재하므로, $q = \pm Ne$라고 쓸 수 있고, 여기서 N은 자연수이다. 같은 시기에 다른 실험에서 전자는 $-e$의 전하량을 가지며, 양성자는 같은 크기의 반대 전하량 $+e$를 가지고 있음을 발견하였다. 중성자와 같은 일부 입자들은 전하를 띠고 있지 않다.

퀴즈 23.1 세 물체를 한 번에 두 개씩 서로 가까이 가져온다. 물체 A와 B를 함께 가져올 때는 서로 밀어내고, 또한 물체 B와 C를 함께 가져올 때도 서로 밀어낸다. 다음 명제 중 참인 것은? **(a)** 물체 A와 C의 전하는 같은 부호이다. **(b)** 물체 A와 C의 전하는 반대 부호이다. **(c)** 세 물체 모두 전하의 부호는 같다. **(d)** 한 물체는 중성이다. **(e)** 전하의 부호를 결정하기 위해서는 별개의 실험을 해야 한다.

23.2 유도에 의하여 대전된 물체
Charging Objects by Induction

전자를 이동시킬 수 있는 능력에 따라 물질을 분류하는 것이 편리하다.

전기적인 **도체**(conductor)는 원자에 구속되지 않고 물질 내에서 비교적 자유롭게 움직일 수 있는 자유 전자가 있는 물질이며,[1] 전기적인 **절연체**(insulator)는 모든 전자가 핵에 구속되어 물질 내에서 자유롭게 움직일 수 없는 물질이다.

유리, 고무 및 마른 나무 등의 물질들은 전기적인 절연체의 범주에 속한다. 이런 물질

[1] 금속 원자는 한 개 이상의 외각 전자를 가지고, 이들은 핵에 약하게 구속되어 있다. 여러 원자가 결합하여 금속을 만들 때, 이들 중 한두 개는 어떤 원자에도 구속되지 않는다(이를 **자유 전자**라 한다). 이 전자들은 용기 안에서 움직이는 기체 분자와 유사한 방법으로 금속의 여러 곳으로 움직인다.

들을 마찰에 의하여 대전시키면, 문지른 부분만 전하를 띠며 이 전하는 물질의 다른 영역으로 이동할 수 없다.

이에 비하여, 구리, 알루미늄, 은 등의 물질은 양호한 전도체이다. 이런 물질은 일부분이 대전되면, 이 전하는 즉각 도체의 전체 표면으로 퍼진다.

반도체(semiconductor)는 세 번째 종류의 물질로서, 전기적인 성질은 도체와 절연체의 전기 특성 사이에 있다. 실리콘과 저마늄은 일반적으로 컴퓨터, 휴대 전화 및 스테레오 시스템에 사용되는 수많은 전자 칩을 만드는 데 쓰는 반도체 물질로 잘 알려져 있다. 물질에 어떤 원자를 첨가하면 반도체의 전기적인 성질을 매우 크게 변화시킬 수 있다.

유도(induction) 과정을 통하여 도체가 어떻게 대전되는지 이해하기 위하여, 그림 23.3a와 같이 지표면으로부터 절연된 중성의 (대전되지 않은) 도체 구를 생각해 보자. 만약 구의 전하량이 정확하게 영이면 구는 전자와 양성자의 수가 동일하다. 음으로 대전된 고무 막대를 구에 가까이 가져가면, 막대에 가장 가까운 쪽에 있는 전자는 척력을 받아서 구의 반대편으로 이동한다. 이 전자의 이동에 의하여 그림 23.3b와 같이 막대와 가까운 쪽의 전자의 수가 감소하여 결과적으로 양전하가 남는다. 그림 23.3b에서 구의 왼쪽은 양(+)으로 대전되는데 마치 양전하가 이 영역으로 이동한 것 같지만, 자유롭게 이동할 수 있는 것은 단지 전자만이라는 것을 기억하라. 이 과정에서 보듯이 유도에 의하여 물체를 대전시키기 위해서는 전하를 유도하는 물체와 접촉하지 않아도 된다. 만약 구를 땅에 도선으로 연결하고 같은 실험을 수행하면(그림 23.3c), 도체의 일부 전자는 막대의 음전하에 의하여 밀려서 도선을 통하여 구에서 땅으로 이동한다. 그림 23.3c의 도선 끝에 있는 기호 ⏚는 **접지** 기호로, 전자를 자유롭게 받거나 공급할 수 있는 지구와 같은 저장고에 도선을 연결한 것을 의미한다. 만약 접지된 도선을 제거하면(그림 23.3d), 양성자의 양전하보다 전자가 적기 때문에, 도체 구는 여분의 유도된 양전하를 가지게 된다. 구 주변에서 고무 막대를 치우면(그림 23.3e), 유도된 양전하는 접지되지 않은 구에 남는다. 이 과정에서 고무 막대는 음전하의 손실이 전혀 발생

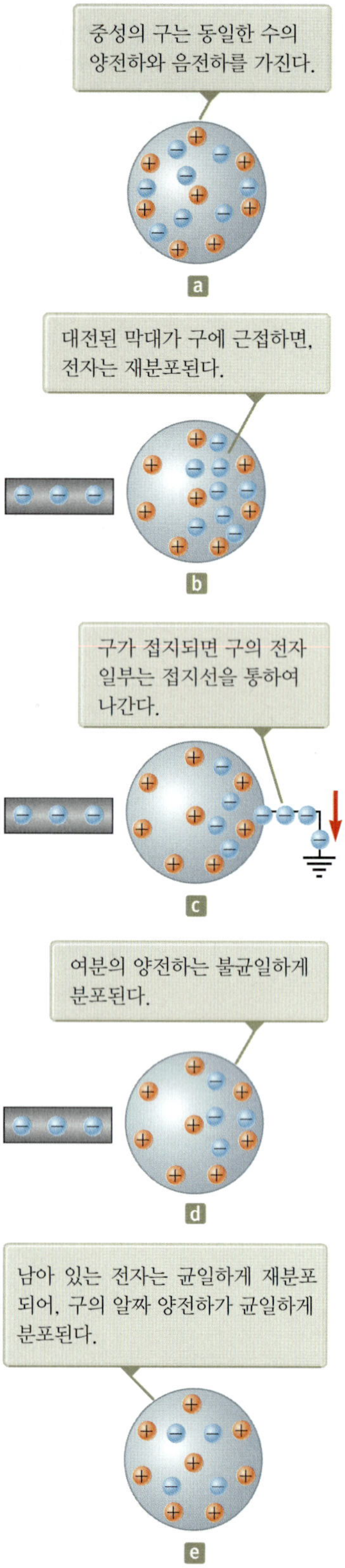

그림 23.3 **유도**에 의한 금속체 대전. (a) 중성의 금속 구 (b) 대전된 고무 막대가 구 근처에 있다. (c) 구가 접지된다. (d) 접지 연결을 제거한다. (e) 막대를 제거한다.

그림 23.4 (a) 대전된 풍선을 절연 벽에 가까이 가져간다. (b) 대전된 막대를 종잇조각에 가까이 가져간다.

하지 않음에 주목하라.

유도에 의하여 도체를 대전시킬 때 전하를 유도하는 물체와 접촉시킬 필요는 없다. 이 점은 두 물체를 접촉하여 문질러서 물체를 **대전**시키는 것과 비교된다.

도체의 유도와 유사한 과정이 절연체에서도 일어난다. 대부분의 중성 분자에서는 양전하의 중심과 음전하의 중심이 일치한다. 그러나 대전된 물체에서는 절연체의 각 분자 안에 있는 이들 중심이 약간 이동할 수 있어서, 분자의 한쪽에 있는 양전하가 다른 쪽보다 많게 된다. 각 분자 내의 전하 재배치는 그림 23.4a와 같이 절연체의 표면에 전하층을 만든다. 물체 표면에 있는 양전하와 절연체 표면에 있는 음전하가 근접하면, 물체와 절연체 사이에 인력이 발생한다. 절연체의 유도 개념을 이용하면 그림 23.4b와 같이 대전된 막대가 전기적으로 중성인 종잇조각들을 끌어 잡아당기는 이유를 설명할 수 있다.

퀴즈 23.2 세 물체를 한 번에 두 개씩 서로 가까이 가져온다. 물체 A와 B를 함께 가져올 때는 서로 잡아당기고, 물체 B와 C를 함께 가져올 때는 서로 밀어낸다. 다음 명제 중 반드시 참인 것은? **(a)** 물체 A와 C의 전하는 같은 부호이다. **(b)** 물체 A와 C의 전하는 반대 부호이다. **(c)** 세 물체 모두 전하의 부호는 같다. **(d)** 한 물체는 중성이다. **(e)** 전하의 부호를 결정하기 위해서는 별개의 실험을 해야 한다.

23.3 쿨롱의 법칙
Coulomb's Law

쿨롱(Charles Coulomb, 1736~1806)은 자신이 발명한 비틀림 저울(그림 23.5)을 사용하여 대전된 물체 사이의 전기력 크기를 측정하였다. 비틀림 저울의 작동 원리는 만유인력 상수(13.1절 참조)를 측정한 캐번디시가 중력 상수를 측정하는 데 사용한 장치의 원리와 동일하며, 전기적으로 중성인 구를 대전된 구로 바꾼 점만 다르다. 그림 23.5의 대전된 두 구 A와 B 사이의 전기력은 서로 잡아당기거나 밀어서 매달린 줄이 비틀어지게 된다. 이 비틀어진 줄의 복원 돌림힘은 줄이 회전한 각도에 비례하기 때문에, 이 각도를 측정하면 인력 또는 척력인 전기력의 정량적인 크기를 얻을 수 있다. 마찰에 의하여 구가 대전되면, 구 사이의 전기력은 만유인력에 비하여 대단히 크기 때문에 만유인력의 영향은 무시할 수 있다.

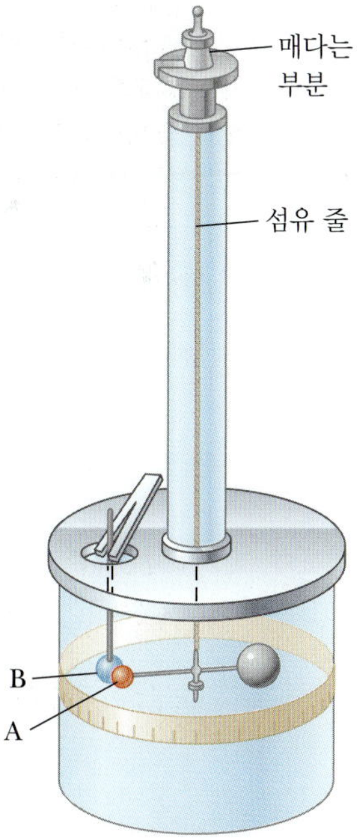

그림 23.5 전기력의 역제곱 법칙을 확립하는 데 사용한 쿨롱의 저울

쿨롱의 실험으로부터, 정지한 두 대전 입자 사이에 작용하는 **전기력**(electric force)의 성질을 일반화할 수 있다. 이 전기력을 때때로 정전기력이라고도 한다. 크기가 없는 대전 입자를 **점전하**(point charge)라는 용어로 사용한다. 전자와 양성자의 모형에서는 전자와 양성자의 전기적인 거동을 점전하로 기술한다. 실험에서, 두 점전하 사이의 전기력(종종 쿨롱 힘이라 불리는)의 크기를 **쿨롱의 법칙**(Coulomb's Law)으로 구할 수 있다.

$$F_e = k_e \frac{|q_1||q_2|}{r^2} \qquad (23.1)$$

◀ 쿨롱의 법칙

© INTERFOTO/Alamy

쿨롱
Charles Coulomb, 1736~1806
프랑스의 물리학자

쿨롱은 정전기학과 자기학 분야에서 과학적 업적을 세웠다. 일생 그는 재료의 강도를 연구하고, 보 위의 물체에 작용하는 힘을 측정하여 구조역학 분야에 기여하였다. 또한 인간 공학 분야에서도 사람과 동물이 일을 가장 효과적으로 할 수 있는 방법을 연구하였다.

여기서 k_e는 **쿨롱 상수**(Coulomb constant)로 불리는 상수이다. 쿨롱은 r의 지수가 수 퍼센트의 오차 안에서 2임을 입증하였다. 현대적인 실험에서도 이 지수는 약 10^{16}분의 1 정도의 오차에서 2임을 알 수 있다. 또한 전기력은 만유인력과 같이 보존력이다.

쿨롱 상수 값은 단위에 따라서 다른 값을 가진다. SI 국제 단위에서 전하의 단위는 **쿨롬**(coulomb, C)이다. SI 단위에서 쿨롱 상수 k_e는

$$k_e = 8.987\,6 \times 10^9\ \text{N} \cdot \text{m}^2/\text{C}^2 \tag{23.2}$$

이다. 또한 이 상수는 다음과 같이 쓸 수 있다.

$$k_e = \frac{1}{4\pi\epsilon_0} \tag{23.3}$$

여기서 상수 ϵ_0(그리스 문자 엡실론)은 **자유 공간의 유전율**(permittivity of free space)이라 하며, 다음과 같은 값을 갖는다.

$$\epsilon_0 = 8.854\,2 \times 10^{-12}\ \text{C}^2/\text{N} \cdot \text{m}^2 \tag{23.4}$$

전자의 전하($-e$) 또는 양성자의 전하($+e$)와 같이, 자연계에서 가장 작은 자유 전하 단위 e의 크기[2]는

$$e = 1.602\,18 \times 10^{-19}\ \text{C} \tag{23.5}$$

이다. 따라서 전하 1 C은 근사적으로 6.24×10^{18}개의 전자나 양성자에 해당하는 전하량이다. 이 숫자는 구리 1 cm^3에 들어 있는 10^{23}개의 자유 전자와 비교하면 매우 작지만, 1 C은 매우 큰 전하량이다. 마찰로 고무 막대나 유리봉을 대전시키는 실험에서는 10^{-6} C 정도의 알짜 전하량이 얻어진다. 다시 말하면 전체 전하 중 아주 일부의 전하만 막대와 문지르는 물질 사이에서 이동한다.

전자, 양성자 및 중성자의 전하량과 질량은 표 23.1과 같다. 전자와 양성자의 전하량 크기는 같지만 질량은 매우 다름에 주목하라. 반면에 양성자와 중성자의 질량은 비슷하지만 전하량은 매우 다르다.

표 23.1 전자, 양성자 및 중성자의 전하량과 질량

입자	전하량 (C)	질량 (kg)
전자 (e)	$-1.602\,176\,5 \times 10^{-19}$	$9.109\,4 \times 10^{-31}$
양성자 (p)	$+1.602\,176\,5 \times 10^{-19}$	$1.672\,62 \times 10^{-27}$
중성자 (n)	0	$1.674\,93 \times 10^{-27}$

[2] e보다 작은 전하 단위의 자유 입자는 발견되지 않았지만, 최근의 이론은 $-e/3$와 $2e/3$의 전하를 가지는 쿼크(quark)라는 입자들이 있다고 제안하고 있다. 비록 핵 안에 이와 같은 입자들이 존재한다는 유력한 실험적인 증거가 있으나, 자유 쿼크는 발견된 바가 없다.

예제 23.1 수소 원자

수소 원자의 전자와 양성자는 평균적으로 대략 5.3×10^{-11} m 거리만큼 떨어져 있다. 두 입자 사이에 작용하는 전기력과 중력의 크기를 구하라.

풀이

개념화 문제에서 매우 작은 거리만큼 떨어진 두 입자를 생각해 보자. 13장에서 전자와 양성자 사이에 작용하는 만유인력은 이들 사이의 전기력에 비해 매우 약하다는 것을 알았으므로, 전자와 양성자 사이에 작용하는 만유인력이 전기력에 비하여 매우 작을 것으로 예상된다.

분류 일반적인 힘의 법칙으로 전기력과 만유인력을 구하므로, 예제를 대입 문제로 분류한다.

쿨롱의 법칙을 사용하여 전기력의 크기를 구한다.

$$F_e = k_e \frac{|e||-e|}{r^2}$$
$$= (8.988 \times 10^9\ \text{N} \cdot \text{m}^2/\text{C}^2)\frac{(1.60 \times 10^{-19}\ \text{C})^2}{(5.3 \times 10^{-11}\ \text{m})^2}$$
$$= 8.2 \times 10^{-8}\ \text{N}$$

표 23.1의 입자 질량과 뉴턴의 만유인력 법칙을 사용하여 만유인력의 크기를 구한다.

$$F_g = G\frac{m_e m_p}{r^2}$$
$$= (6.674 \times 10^{-11}\ \text{N} \cdot \text{m}^2/\text{kg}^2)$$
$$\frac{(9.11 \times 10^{-31}\ \text{kg})(1.67 \times 10^{-27}\ \text{kg})}{(5.3 \times 10^{-11}\ \text{m})^2}$$
$$= 3.6 \times 10^{-47}\ \text{N}$$

F_e/F_g의 비는 대략 2×10^{39}이므로, 원자 수준의 대전된 작은 입자 사이에 작용하는 만유인력은 전기력과 비교하면 무시할 정도이다. 뉴턴의 만유인력 법칙과 쿨롱의 전기력 법칙의 형태가 유사함에 주목하라. 기본 입자들 사이에 힘의 크기 이외에 두 힘의 근본적인 차이는 무엇인가?

쿨롱의 법칙을 적용할 때, 힘은 벡터양이므로 벡터 연산을 해야 한다. 전하량 q_1이 q_2에 작용하는 전기력은 $\vec{\mathbf{F}}_{12}$ 와 같이 쓰고, 이를 벡터 형태로 나타낸 쿨롱의 법칙은

$$\vec{\mathbf{F}}_{12} = k_e \frac{q_1 q_2}{r^2}\hat{\mathbf{r}}_{12} \quad (23.6)$$

◀ 쿨롱의 법칙의 벡터 형태

이다. 여기서 $\hat{\mathbf{r}}_{12}$는 그림 23.6a와 같이 q_1에서 q_2로 향하는 단위 벡터이다. 전기력은 뉴턴의 제3법칙을 따르므로, q_2가 q_1에 작용하는 전기력은 q_1이 q_2에 작용하는 크기와 같고 방향은 반대, 즉 $\vec{\mathbf{F}}_{21} = -\vec{\mathbf{F}}_{12}$이다. 마지막으로 식 23.6에서 q_1과 q_2가 그림 23.6a에서처럼 같은 부호이면, q_1q_2의 곱은 양수가 되고 한 입자에 작용하는 전기력은 다른 입자로부터 멀어지는 방향이다. 그림 23.6b와 같이 q_1과 q_2가 반대 부호이면, q_1q_2의 곱은

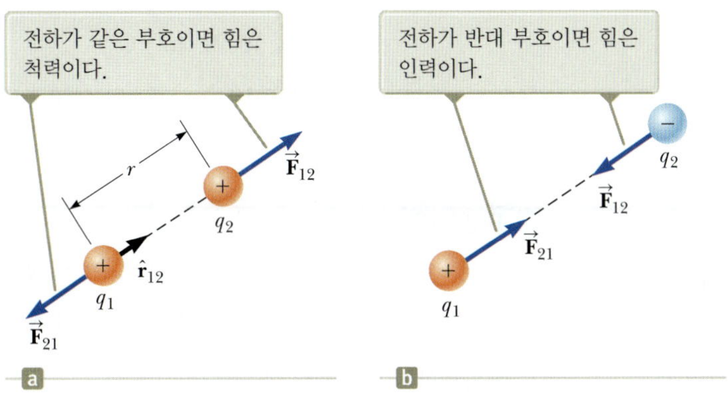

그림 23.6 거리 r만큼 떨어진 두 점전하는 서로 쿨롱의 법칙으로 주어진 힘을 작용한다. q_2가 q_1에 작용하는 힘 $\vec{\mathbf{F}}_{21}$은 q_1이 q_2에 작용하는 힘 $\vec{\mathbf{F}}_{12}$와 크기는 같고 방향은 반대이다.

음수가 되고 한 입자에 작용하는 힘은 다른 입자를 향하는 방향이다. 이들 부호는 힘의 절대적인 방향이 아니라 **상대적인** 방향을 나타낸다. 음수는 인력을 나타내고, 양수는 척력을 나타낸다. 전하에 작용하는 힘의 **절대적인** 방향은 다른 전하의 위치에 의존한다. 예를 들어 그림 23.6a에서 x축을 두 전하를 연결한 선으로 잡으면, q_1q_2의 곱은 양수이지만 $\vec{\mathbf{F}}_{12}$는 $+x$ 방향으로 $\vec{\mathbf{F}}_{21}$은 $-x$ 방향으로 향한다.

전하가 둘 이상 있으면, 이들 중 임의의 둘 사이에 작용하는 힘은 식 23.6으로 주어지므로, 이들 중 한 전하에 작용하는 합력은 다른 각각의 전하에 의한 힘들의 벡터합과 같다. 예를 들어 네 개의 전하가 있다면, 입자 2, 3, 4가 입자 1에 작용하는 합력은 다음과 같다.

$$\vec{\mathbf{F}}_1 = \vec{\mathbf{F}}_{21} + \vec{\mathbf{F}}_{31} + \vec{\mathbf{F}}_{41}$$

퀴즈 23.3 물체 A는 $+2\ \mu$C의 전하량을, 물체 B는 $+6\ \mu$C의 전하량을 가진다. 물체에 작용하는 전기력에 대하여 참인 것은 어느 것인가? **(a)** $\vec{\mathbf{F}}_{AB} = -3\vec{\mathbf{F}}_{BA}$ **(b)** $\vec{\mathbf{F}}_{AB} = -\vec{\mathbf{F}}_{BA}$ **(c)** $3\vec{\mathbf{F}}_{AB} = -\vec{\mathbf{F}}_{BA}$ **(d)** $\vec{\mathbf{F}}_{AB} = 3\vec{\mathbf{F}}_{BA}$ **(e)** $\vec{\mathbf{F}}_{AB} = \vec{\mathbf{F}}_{BA}$ **(f)** $3\vec{\mathbf{F}}_{AB} = \vec{\mathbf{F}}_{BA}$

예제 23.2 합력 구하기

그림 23.7과 같이 삼각형의 꼭짓점에 세 개의 전하 $q_1 = q_3 = 5.00\ \mu$C, $q_2 = -2.00\ \mu$C이 위치하고 $a = 0.100$ m이다. q_3에 작용하는 알짜힘을 구하라.

풀이

개념화 q_3에 작용하는 알짜힘을 생각해 보자. 전하 q_3은 다른 두 개의 전하에 가까이 있으므로, 두 개의 전기력을 받는다. 이들 힘은 그림 23.7에서와 같이 방향이 서로 다르다. 그림에 보인 힘들에 기초하여, 알짜힘 벡터의 방향을 추정한다.

분류 q_3에 두 개의 전기력이 작용하므로, 예제를 벡터 덧셈 문제로 분류한다.

분석 q_1과 q_2가 q_3에 작용하는 각 힘의 방향은 그림 23.7과 같다. q_2가 q_3에 작용하는 힘 $\vec{\mathbf{F}}_{23}$은 q_2와 q_3이 반대 부호이므로 인력이다. 그림 23.7의 좌표계에서 인력 $\vec{\mathbf{F}}_{23}$은 왼쪽 방향($-x$ 방향)이다.

q_1이 q_3에 작용하는 힘 $\vec{\mathbf{F}}_{13}$은 모두 양수이므로 척력이고, x축에 대하여 45.0° 방향이다.

식 23.1을 사용하여 $\vec{\mathbf{F}}_{23}$의 크기를 구한다.

$$F_{23} = k_e \frac{|q_2||q_3|}{a^2}$$

$$= (8.988 \times 10^9\ \mathrm{N \cdot m^2/C^2}) \frac{(2.00 \times 10^{-6}\ \mathrm{C})(5.00 \times 10^{-6}\ \mathrm{C})}{(0.100\ \mathrm{m})^2}$$

$$= 8.99\ \mathrm{N}$$

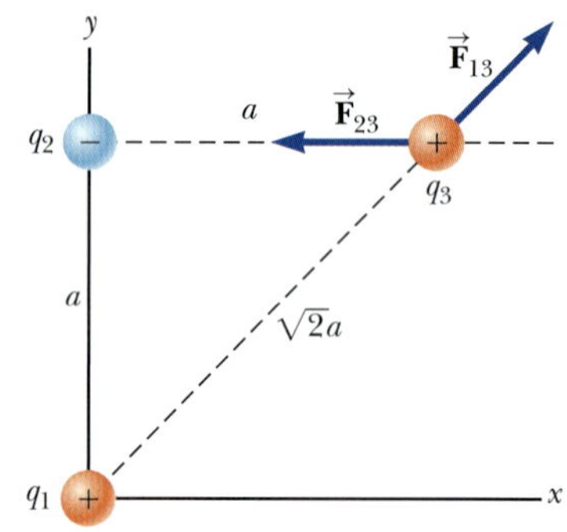

그림 23.7 (예제 23.2) q_1이 q_3에 작용하는 힘은 $\vec{\mathbf{F}}_{13}$이고, q_2가 q_3에 작용하는 힘은 $\vec{\mathbf{F}}_{23}$이다. q_3에 작용하는 알짜힘은 벡터합 $\vec{\mathbf{F}}_{13} + \vec{\mathbf{F}}_{23}$이다.

힘 $\vec{\mathbf{F}}_{13}$ 의 크기를 구한다.

$$F_{13} = k_e \frac{|q_1||q_3|}{(\sqrt{2}\,a)^2}$$

$$= (8.988 \times 10^9\ \mathrm{N \cdot m^2/C^2}) \frac{(5.00 \times 10^{-6}\ \mathrm{C})(5.00 \times 10^{-6}\ \mathrm{C})}{2(0.100\ \mathrm{m})^2}$$

$$= 11.2\ \mathrm{N}$$

힘 $\vec{\mathbf{F}}_{13}$의 x와 y 성분을 구한다.

$$F_{13x} = (11.2\ \mathrm{N}) \cos 45.0° = 7.94\ \mathrm{N}$$

$$F_{13y} = (11.2\ \mathrm{N}) \sin 45.0° = 7.94\ \mathrm{N}$$

q_3에 작용하는 알짜힘의 성분을 구한다.

$$F_{3x} = F_{13x} + F_{23x} = 7.94\text{ N} + (-8.99\text{ N}) = -1.04\text{ N}$$
$$F_{3y} = F_{13y} + F_{23y} = 7.94\text{ N} + 0 = 7.94\text{ N}$$

q_3에 작용하는 알짜힘을 단위 벡터의 형태로 나타낸다.

$$\vec{\mathbf{F}}_3 = \boxed{(-1.04\hat{\mathbf{i}} + 7.94\hat{\mathbf{j}})\text{ N}}$$

결론 q_3에 작용하는 알짜힘은 그림 23.7에서 왼쪽 위 방향이다. 만일 q_3이 알짜힘 방향으로 이동하면, q_3과 다른 전하 사이의 거리가 변하여 알짜힘이 변한다. 그래서 q_3이 자유롭게 이동하면, q_3에 작용하는 일정하지 않은 알짜힘을 측정한다면 q_3을 알짜힘을 받는 입자로 모형화할 수 있다. 한편 이 교재에서는 대부분의 숫자를 세 개의 유효 숫자로 나타냄을 상기하자. 앞에서 7.94 N + (−8.99 N) = −1.04 N으로 계산을 하였다. 유효 숫자를 더 늘려서 계산해 보면, 이 계산이 맞다는 것을 알게 될 것이다.

문제 세 전하 모두 부호가 반대로 바뀌면, $\vec{\mathbf{F}}_3$의 결과는 어떻게 달라지는가?

답 q_3은 q_2쪽으로 당겨지고 q_1로부터 같은 크기의 힘으로 밀쳐지므로, $\vec{\mathbf{F}}_3$의 최종 결과는 같다.

예제 23.3 구의 전하량 구하기

질량이 각각 3.00×10^{-2} kg이고 동일하게 대전된 두 개의 작은 구가 그림 23.8a와 같이 평형 상태로 매달려 있다. 각 줄의 길이 L은 0.150 m이고 각도 θ는 5.00°이다. 각 구의 전하량 크기를 구하라.

풀이

개념화 그림 23.8a는 예제를 개념화하는 데 도움이 된다. 두 개의 구는 서로 척력이 작용한다. 두 구를 서로 가까이 가져다 놓으면, 바깥쪽 방향으로 움직이고 공기 저항에 의하여 진동이 사라진 후에는 그림 23.8a의 위치에 자리를 잡는다.

분류 각각의 구를 **평형 상태에 있는 입자**로 모형화할 수 있다. 예제는 구에 작용하는 힘에 전기력이 추가된 것 외에는, 5장의 평형 상태의 입자 문제와 비슷하다.

분석 왼쪽 구에 대한 힘 도형은 그림 23.8b와 같다. 이 구는 줄로부터 장력 $\vec{\mathbf{T}}$, 다른 구로부터 전기력 $\vec{\mathbf{F}}_e$ 및 중력 $m\vec{\mathbf{g}}$를 받아서 평형 상태에 있다.

평형 상태의 입자 모형으로부터, 왼쪽 구에 작용하는 알짜힘의 각 성분을 영으로 놓는다.

(1) $$\sum F_x = T\sin\theta - F_e = 0 \rightarrow T\sin\theta = F_e$$

(2) $$\sum F_y = T\cos\theta - mg = 0 \rightarrow T\cos\theta = mg$$

식 (2)로 식 (1)을 나누어 F_e를 구한다.

(3) $$\tan\theta = \frac{F_e}{mg} \rightarrow F_e = mg\tan\theta$$

그림 23.8a에서 직각삼각형의 기하학을 이용하여 a, L 및 θ의 관계식을 구한다.

(4) $$\sin\theta = \frac{a}{L} \rightarrow a = L\sin\theta$$

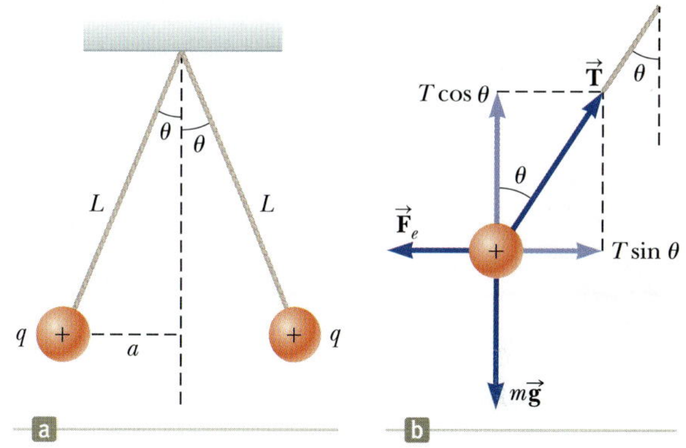

그림 23.8 (예제 23.3) (a) 두 개의 동일한 구가 각각 전하량 q를 가지고 평형 상태로 줄에 매달려 있다. (b) 왼쪽 구에 대한 힘 도형

쿨롱의 법칙(식 23.1)을 풀어서 각 구의 전하량 $|q|$를 구하고 식 (3)과 (4)로부터 대입한다.

$$|q| = \sqrt{\frac{F_e r^2}{k_e}} = \sqrt{\frac{F_e(2a)^2}{k_e}} = \sqrt{\frac{mg\tan\theta(2L\sin\theta)^2}{k_e}}$$

주어진 값들을 대입한다.

$$|q| = \sqrt{\frac{(3.00\times10^{-2}\text{ kg})(9.80\text{ m/s}^2)\tan(5.00°)[2(0.150\text{ m})\sin(5.00°)]^2}{8.988\times10^9\text{ N}\cdot\text{m}^2/\text{C}^2}}$$

$$= \boxed{4.42\times10^{-8}\text{ C}}$$

결론 그림 23.8에 전하의 부호가 주어져 있지 않다면, 전하의 부호를 결정할 수 없다. 사실 전하의 부호는 중요하지 않다. 두 구 모두 양으로 또는 음으로 대전되더라도 상황은 동일하다.

문제 전하량의 크기가 서로 다르다고 가정하고 이 문제를 풀어 보라. 전하량이 동일하지 않으면 문제의 대칭성이 깨져서 줄들이 연직 방향과 이루는 두 각도가 달라지는 등 문제가 훨씬 더 복잡해질까?

답 대칭성은 깨지지 않고 각도도 동일하다. 전하량의 크기가 같거나 다르거나 상관없이 뉴턴의 제3법칙에 따르면, 두 전하에 작용하는 전기력의 크기는 같다. $|q|$값을 $\sqrt{|q_1 q_2|}$로 바꾸면, 문제 해결은 동일하다. 여기서 q_1과 q_2는 두 구의 전하량이다. 만일 구의 **질량**이 다르면 문제의 대칭성은 깨져서, 줄은 연직 방향에 대하여 두 개의 다른 각도를 가지므로 이 문제는 더 복잡해진다.

23.4 분석 모형: 전기장 내의 입자
Analysis Model: Particle in a Field (Electric)

5.1절에서 접촉력과 장힘에 대하여 공부하였다. 지금까지 13장에서 중력과 이 장에서 전기력에 대하여 논의하였다. 이전에 언급한 바와 같이, 장힘은 공간을 통하여 작용하므로 물체 사이에 물리적인 접촉이 없어도 상호 작용이 일어난다. 이런 상호 작용은 두 단계 과정으로 모형화할 수 있다. 원천 입자가 장을 형성하면 대전 입자는 장과 상호 작용하여 힘을 받는다. 13.4절에서 공간 내의 한 점에서 원천 입자에 의한 중력장 $\vec{\mathbf{g}}$를 질량 m인 시험 입자에 작용하는 중력 $\vec{\mathbf{F}}_g$를 질량으로 나눈 값, 즉 $\vec{\mathbf{g}} \equiv \vec{\mathbf{F}}_g/m$로 정의하였다. 그러면 장이 작용하는 힘은 $\vec{\mathbf{F}} = m\vec{\mathbf{g}}$이다(식 5.5).

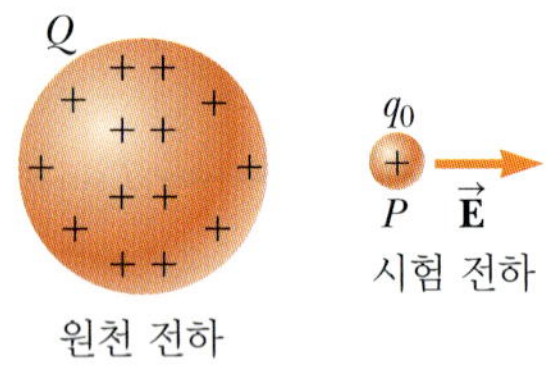

그림 23.9 큰 양전하 Q를 가진 대전체 근처에 있는 작은 양전하인 시험 전하 q_0은 점 P에서 원천 전하 Q에 의하여 생성된 전기장 $\vec{\mathbf{E}}$를 받는다. 항상 시험 전하는 매우 작아서 이로 인해 원천 전하의 전기장은 영향을 받지 않는다고 가정한다.

장 개념은 패러데이(Michael Faraday, 1791~1867)에 의하여 발전되었고, 앞으로 여러 장에서 다루어질 실제적인 값이다. 이런 접근에서, **전기장**(electric field)은 **원천 전하**(source charge)인 대전체 주변의 공간 영역에 존재한다. **시험 전하**(test charge)를 장 내에 놓고 시험 전하에 작용하는 전기력을 확인하여 전기장의 존재를 알 수 있다. 예를 들어 그림 23.9에서처럼 작은 양전하인 시험 전하 q_0이 두 번째 대전체인 양전하 Q 근처에 있다고 하자. 시험 전하의 위치에서 원천 전하에 의한 전기장은 시험 전하에 작용하는 **단위 전하당** 전기력으로 정의하는데, 좀 더 명확하게 공간 속의 한 점에서 **전기장 벡터**(electric field vector) $\vec{\mathbf{E}}$는 그 점에 놓인 양(+)의 시험 전하 q_0에 작용하는 전기력 $\vec{\mathbf{F}}_e$를 시험 전하로 나눈 것[3], 즉

전기장 정의 ▶

$$\vec{\mathbf{E}} \equiv \frac{\vec{\mathbf{F}}_e}{q_0} \tag{23.7}$$

로 정의한다. 벡터 $\vec{\mathbf{E}}$의 SI 단위는 N/C이다. 그림 23.9와 같이 $\vec{\mathbf{E}}$의 방향은 양의 시험 전하가 전기장에 놓여 있을 때 받는 힘의 방향이다. $\vec{\mathbf{E}}$는 시험 전하로부터 떨어져 있는 전하 또는 전하 분포에 의하여 생긴다는 것을 유념하라. 즉 $\vec{\mathbf{E}}$는 시험 전하 자체에 의하여 생기는 것이 아니다. 또한 전기장의 존재는 원천 전하 또는 전하 분포의 성질이며, 전기장이 존재하기 위해서는 시험 전하가 필요하지 않다. 시험 전하는 전기장을 탐지하

[3] 식 23.7을 사용할 때, 전기장의 원인이 되는 전하 분포를 교란하지 않을 정도로 시험 전하는 충분히 작은 것으로 가정해야 한다. 만일 시험 전하가 충분히 크면, 금속 구 표면의 전하는 재분포되고, 측정된 전기장은 훨씬 작은 시험 전하인 경우에 측정된 전기장과 다르다.

는 **검출기** 역할을 할 뿐이다. 어느 점에서 시험 전하가 전기력을 받으면, 그 점에는 전기장이 존재한다.

임의의 전하량 q를 전기장 $\vec{\mathbf{E}}$ 내에 놓으면, 다음의 전기력을 받는다.

$$\vec{\mathbf{F}}_e = q\vec{\mathbf{E}} \tag{23.8}$$

이 식은 전기장 내의 입자 분석 모형의 수학적인 표현이다. 만일 q가 양전하이면 힘은 전기장의 방향과 같고, q가 음전하이면 힘과 전기장은 반대 방향이다. 식 23.8은 중력장 내의 입자 모형 $\vec{\mathbf{F}}_g = m\vec{\mathbf{g}}$(5.5절 참조)와 유사하다. 어느 점에서 전기장의 크기와 방향을 알면, 그 점에 있는 어떤 대전 입자에 작용하는 전기력을 식 23.8로 계산할 수 있다.

점전하 q를 원천 전하로 하는 전기장의 방향을 결정해 보자. 이 전하는 자신을 둘러싼 공간의 모든 점에 전기장을 만든다. 그림 23.10a와 같이 원천 전하에서 r만큼 떨어진 점 P에 시험 전하 q_0을 놓는다. 시험 전하를 이용하여 전기력 및 전기장의 방향을 결정하자. 쿨롱의 법칙에 따르면, q가 시험 전하에 작용하는 힘은

$$\vec{\mathbf{F}}_e = k_e \frac{qq_0}{r^2}\hat{\mathbf{r}}$$

이고, 여기서 $\hat{\mathbf{r}}$은 q에서 q_0으로 향하는 단위 벡터이다. 그림 23.10a에서 이 힘의 방향은 원천 양전하 q에서 멀어지는 방향이다. 시험 전하의 위치인 점 P에서 전기장은 $\vec{\mathbf{E}} = \vec{\mathbf{F}}_e/q_0$로 정의되므로, 점 P에서 q가 만드는 전기장은

$$\vec{\mathbf{E}} = k_e \frac{q}{r^2}\hat{\mathbf{r}} \tag{23.9}$$

이다. 그림 23.10b는 그림 (a)에서 시험 전하가 제거된 상황이다. 만일 원천 전하가 양이면, 점 P에서 원천 전하는 전기장을 q로부터 멀어지는 방향으로 향하게 한다. 만일 그림 23.10c와 같이 q가 음이면, 시험 전하에 작용하는 힘은 원천 전하로 향하므로, 점 P에서 전기장은 그림 23.10d와 같이 원천 전하로 향한다.

Courtesy Johnny Autery

어느 시골집 근처에 있는 나무에 내리치는 벼락을 극적으로 포착한 사진이다. 번개는 대기 중의 강한 전기장과 매우 밀접한 관계가 있다.

오류 피하기 23.1

입자에만 적용 식 23.8은 전하가 q이고 크기가 없는 **입자**에만 적용된다. 전기장 내에 놓인 유한한 크기의 대전된 **물체**의 경우, 전기장의 방향과 크기는 물체 속의 위치에 따라 달라질 수 있다. 이 경우 전기력 식은 보다 복잡한 형태로 기술된다.

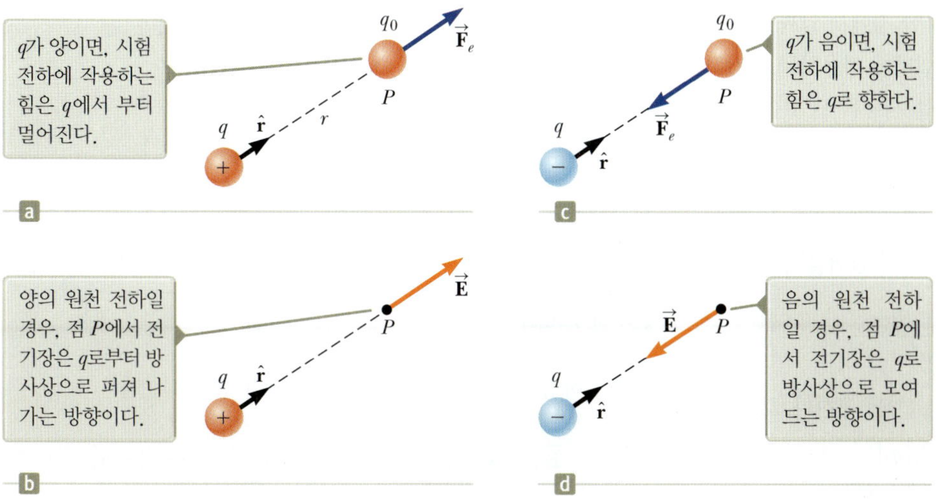

그림 23.10 (a), (c) 시험 전하 q_0이 원천 전하 q 근처에 놓이면, 시험 전하는 힘을 받는다. (b), (d) 원천 전하 q 근처의 점 P에는 전기장이 존재한다.

점 P에서 많은 점전하가 만드는 전기장을 구하기 위해서는 먼저 식 23.9를 사용하여 점 P에서 각각의 전기장 벡터를 구하고, 벡터합을 구한다. 다시 말하면 임의의 점 P에서 여러 원천 전하가 만드는 전체 전기장은 모든 전하에 대한 전기장의 벡터합과 같다. 전기장에 적용된 이 중첩의 원리는 전기력의 벡터 덧셈을 따르므로, 점 P에서 많은 원천 전하에 의한 전기장은 다음과 같은 벡터합으로 표현할 수 있다.

여러 점전하에 의한 전기장 ▶

$$\vec{\mathbf{E}} = k_e \sum_i \frac{q_i}{r_i^2}\hat{\mathbf{r}}_i \tag{23.10}$$

여기서 r_i는 i번째 원천 전하 q_i로부터 점 P에 이르는 거리이고, $\hat{\mathbf{r}}_i$는 q_i에서 P로 향하는 단위 벡터이다.

예제 23.4에서 중첩의 원리를 이용하여 두 전하에 의한 전기장을 구한다. 예제 (B)에서는 간격 $2a$만큼 떨어진 양전하 q와 음전하 $-q$로 정의된 **전기 쌍극자**(electric dipole)에 초점을 맞춘다. 전기 쌍극자는 염화수소(HCl)과 같은 많은 분자들의 좋은 모형이다. 중성인 원자 및 분자가 외부 전기장 내에 놓이면 쌍극자처럼 행동한다. 더욱이 HCl과 같은 다수의 분자는 영구적인 쌍극자이다. 전기장에 의존하는 성질을 갖는 물질에서의 쌍극자 효과는 26장에서 논의한다.

Q 퀴즈 23.4 오른쪽 방향으로 향하는 크기 4×10^6 N/C인 외부 전기장이 있는 점 P에 $+3\ \mu$C의 시험 전하가 있다. 만일 시험 전하를 $-3\ \mu$C으로 바꾸면, 점 P에서 외부 전기장은 어떻게 되는가? **(a)** 영향을 받지 않는다. **(b)** 방향이 바뀐다. **(c)** 바뀌는 방향을 결정할 수 없다.

예제 23.4 두 전하에 의한 전기장

그림 23.11과 같이 전하량 q_1과 q_2가 x축 상에 있고, 원점에서부터 각각 거리 a와 b에 있다.

(A) 위치 $(0, y)$에 있는 점 P에서 알짜 전기장 성분을 구하라.

풀이

개념화 이 예제를 예제 23.2와 비교하라. 앞의 예제에서는 힘 벡터를 더하여 대전 입자에 작용하는 알짜힘을 구하였고, 여기서는 전기장 벡터를 더하여 공간 속의 한 점에서 알짜 전기장을 구한다. 대전 입자가 P에 있다면, 이 입자에 작용하는 전기력을 구하기 위하여 전기장 내의 입자 모형을 사용할 수 있을 것이다.

분류 두 전하의 알짜 전기장을 구해야 하므로, 예제를 식 23.10의 중첩의 원리를 사용할 수 있는 것으로 분류한다.

분석 점 P에서 전하 q_1이 만드는 전기장의 크기를 구한다.

$$E_1 = k_e \frac{|q_1|}{r_1^2} = k_e \frac{|q_1|}{a^2 + y^2}$$

점 P에서 전하 q_2가 만드는 전기장의 크기를 구한다.

$$E_2 = k_e \frac{|q_2|}{r_2^2} = k_e \frac{|q_2|}{b^2 + y^2}$$

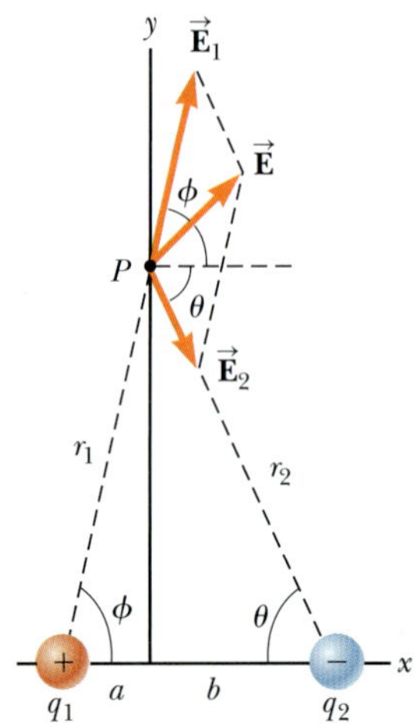

그림 23.11 (예제 23.4) 점 P에서의 전체 전기장 $\vec{\mathbf{E}}$는 $\vec{\mathbf{E}}_1 + \vec{\mathbf{E}}_2$의 벡터합이다. 여기서 $\vec{\mathbf{E}}_1$은 양전하 q_1에 의한 전기장이고, $\vec{\mathbf{E}}_2$는 음전하 q_2에 의한 전기장이다.

각 전하량에 대한 전기장을 단위 벡터의 형태로 쓴다.

$$\vec{\mathbf{E}}_1 = k_e \frac{|q_1|}{a^2 + y^2}\cos\phi\,\hat{\mathbf{i}} + k_e \frac{|q_1|}{a^2 + y^2}\sin\phi\,\hat{\mathbf{j}}$$

$$\vec{\mathbf{E}}_2 = k_e \frac{|q_2|}{b^2 + y^2} \cos\theta\,\hat{\mathbf{i}} - k_e \frac{|q_2|}{b^2 + y^2} \sin\theta\,\hat{\mathbf{j}}$$

알짜 전기장 벡터의 성분을 쓴다.

$$(1) \qquad E_x = E_{1x} + E_{2x} = k_e \frac{|q_1|}{a^2 + y^2} \cos\phi + k_e \frac{|q_2|}{b^2 + y^2} \cos\theta$$

$$(2) \qquad E_y = E_{1y} + E_{2y} = k_e \frac{|q_1|}{a^2 + y^2} \sin\phi - k_e \frac{|q_2|}{b^2 + y^2} \sin\theta$$

(B) $|q_1| = |q_2|$와 $a = b$인 특별한 경우에 점 P에서 전기장을 구하라.

풀이

개념화 그림 23.12는 특별한 경우이다. 대칭성 및 전하 분포가 전기 쌍극자임에 주목하라.

분류 그림 23.12는 그림 23.11의 특별한 경우이므로, 이 예제는 (A)의 결과를 택하여 알맞은 변수값을 대체하는 것으로 분류한다.

분석 그림 23.12에서 대칭성을 근거로, $|q_1| = |q_2| = q$, $a = b$ 및 $\phi = \theta$를 (A)의 식 (1)과 (2)에 대입하여 구한다.

$$(3) \qquad E_x = k_e \frac{q}{a^2 + y^2} \cos\theta + k_e \frac{q}{a^2 + y^2} \cos\theta = 2k_e \frac{q}{a^2 + y^2} \cos\theta$$

$$E_y = k_e \frac{q}{a^2 + y^2} \sin\theta - k_e \frac{q}{a^2 + y^2} \sin\theta = 0$$

그림 23.12의 기하학으로부터 $\cos\theta$를 구한다.

$$(4) \qquad \cos\theta = \frac{a}{r} = \frac{a}{(a^2 + y^2)^{1/2}}$$

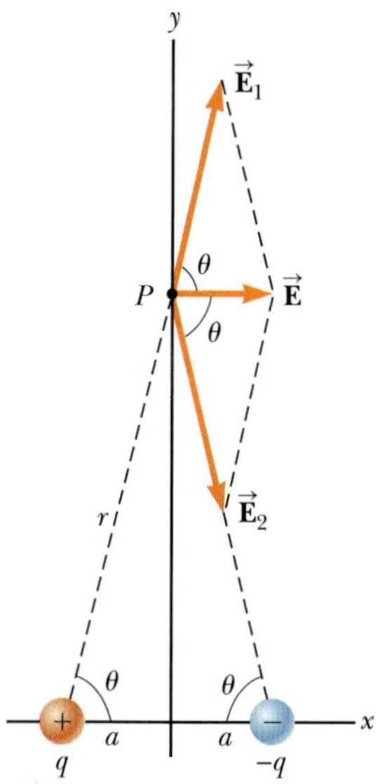

그림 23.12 (예제 23.4) 그림 23.11에서 전하가 같은 크기이고 원점에서부터 같은 거리에 있으면, 상황은 여기서 보이는 것과 같은 대칭을 이룬다.

식 (4)를 식 (3)에 대입한다.

$$E_x = 2k_e \frac{q}{a^2 + y^2}\left[\frac{a}{(a^2 + y^2)^{1/2}}\right] = k_e \frac{2aq}{(a^2 + y^2)^{3/2}}$$

(C) 점 P가 원점으로부터 거리 $y \gg a$일 때, 전기 쌍극자에 의한 전기장을 구하라.

풀이 (B)의 풀이에서, $y \gg a$이므로 y^2에 비교하여 a^2을 무시하면, 이 경우에 E는 다음과 같다.

$$(5) \qquad E \approx k_e \frac{2aq}{y^3}$$

결론 식 (5)로부터 두 전하를 연결하는 선을 수직 이등분하고 쌍극자로부터 멀리 떨어진 점에서, 쌍극자에 의하여 생긴 전기장의 크기는 $1/r^3$로 변하는 반면, 점전하에 의한 전기장은 $1/r^2$로 보다 더 천천히 변한다(식 23.9 참조). 그것은 먼 거리에서 전하량이 같고 부호가 반대인 전하의 전기장은 서로 거의 상쇄되기 때문이다. 쌍극자의 경우 E의 $1/r^3$ 의존성은 x축 상의 먼 지점 그리고 일반적인 먼 지점에서도 마찬가지이다.

23.5 연속적인 전하 분포에 의한 전기장
Electric Field of a Continuous Charge Distribution

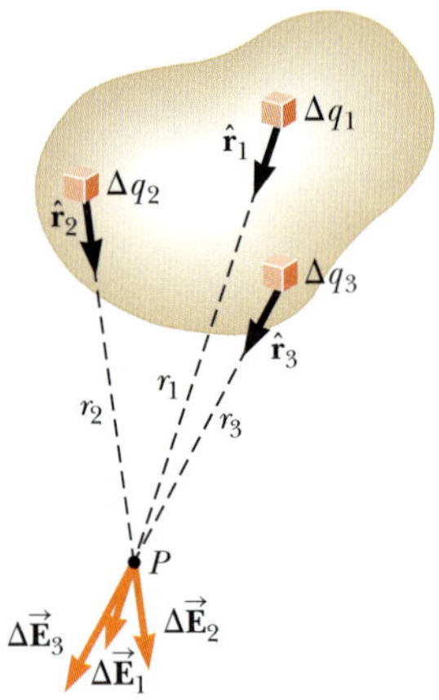

그림 23.13 연속적인 전하 분포에 의한 점 P에서 전기장은 전하 분포의 모든 Δq_i 전하 요소에 의한 전기장 $\Delta\vec{\mathbf{E}}_i$의 벡터합이다. 세 개의 요소를 나타내었다.

식 23.10은 적은 수의 전하에 의한 전기장을 계산하는 데 유용하다. 많은 경우, 불연속적인 전하 집단보다 연속적인 분포의 전하를 다루게 된다. 이들 전하는 선, 면, 또는 부피에 연속적으로 분포한 것으로 기술할 수 있다.

연속적인 전하 분포에 의하여 생긴 전기장을 구하는 과정은 다음과 같다. 첫째 그림 23.13과 같이 전하 분포를 각각 작은 전하량 Δq를 가지는 작은 전하 요소(charge elem- ent)로 나눈다. 그 다음, 식 23.9를 이용하여 점 P에서 이들 전하 요소에 의한 전기장을 구한다. 마지막으로 중첩의 원리를 적용하여 모든 전하 요소의 전기장을 더하여 점 P에서 전하 분포에 의한 전기장을 구한다.

점 P에서 전하량 Δq로 대전된 전하 요소에 의한 전기장은

$$\Delta\vec{\mathbf{E}} = k_e \frac{\Delta q}{r^2}\hat{\mathbf{r}}$$

이다. 여기서 r는 전하 요소에서 점 P까지의 거리이고, $\hat{\mathbf{r}}$은 전하 요소에서 점 P로 향하는 단위 벡터이다. 점 P에서 전하 분포에 있는 모든 전하 요소에 의한 전체 전기장은 근사적으로

$$\vec{\mathbf{E}} \approx k_e \sum_i \frac{\Delta q_i}{r_i^2}\hat{\mathbf{r}}_i$$

이고, 여기서 첨자 i는 전하 분포에서 i번째 부분을 나타낸다. 전하 요소의 수는 매우 많고 전하 분포를 연속적인 것으로 모형화하므로, $\Delta q_i \to 0$인 극한에서 점 P의 전기장은

연속적인 전하 분포에 의한 전기장 ▶

$$\vec{\mathbf{E}} = k_e \lim_{\Delta q_i \to 0} \sum_i \frac{\Delta q_i}{r_i^2}\hat{\mathbf{r}}_i = k_e \int \frac{dq}{r^2}\hat{\mathbf{r}} \tag{23.11}$$

이다. 여기서 적분 구간은 전체 전하 분포의 영역이다. 식 23.11의 적분은 벡터 연산으로 다뤄야 한다.

몇 가지 예제를 통하여 전하가 선, 면 및 부피에 분포하고 있는 계산 방법을 설명하기로 하자. 이와 같은 계산에서는 다음의 **전하 밀도** 개념을 사용하는 것이 편리하다.

- 전하량 Q가 부피 V에 균일하게 분포하면, **부피 전하 밀도**(volume charge density) ρ를 다음과 같이 정의한다.

  부피 전하 밀도 ▶

  $$\rho \equiv \frac{Q}{V}$$

  여기서 단위 부피당 전하인 ρ의 단위는 C/m^3이다.

- 전하량 Q가 넓이 A에 균일하게 분포하면, **표면 전하 밀도**(surface charge density) σ를 다음과 같이 정의한다.

  표면 전하 밀도 ▶

  $$\sigma \equiv \frac{Q}{A}$$

여기서 단위 넓이당 전하인 σ의 단위는 C/m^2이다.

- 전하량 Q가 길이 ℓ에 균일하게 분포하면, **선전하 밀도**(linear charge density) λ를 다음과 같이 정의한다.

$$\lambda \equiv \frac{Q}{\ell}$$

◀ 선전하 밀도

여기서 단위 길이당 전하인 λ의 단위는 C/m이다.

- 전하가 부피, 면 또는 선에 따라서 균일하게 분포하지 않으면, 작은 부피 요소, 넓이 요소 및 길이 요소의 전하량은 다음과 같다.

$$dq = \rho\, dV \qquad dq = \sigma\, dA \qquad dq = \lambda\, d\ell$$

예제 23.5 전하 막대에 의한 전기장

길이가 ℓ인 막대가 균일한 단위 길이당 전하 λ와 전체 전하량 Q를 갖고 있다. 막대의 긴축 한쪽 끝으로부터 a만큼 떨어진 점 P에서 전기장을 구하라(그림 23.14).

풀이

개념화 막대의 각 조각 전하에 의한 점 P에서 전기장 $d\vec{\mathbf{E}}$는 모든 조각이 양전하를 띠고 있으므로 $-x$ 방향이다. 그림 23.14는 적절한 기하학적 모습이다. 거리 a가 커질수록 P가 전하 분포로부터 멀어지므로 전기장은 작아질 것으로 예상한다.

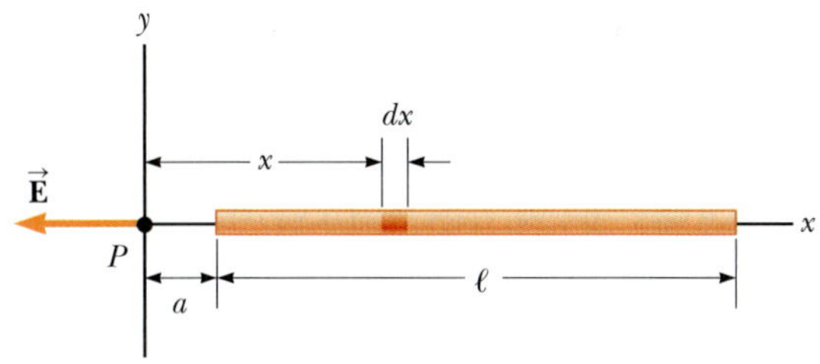

그림 23.14 (예제 23.5) x축에 나란히 놓인 균일한 전하 막대에 의한 점 P에서의 전기장

분류 막대는 연속적이므로, 개별 전하 집단보다는 연속적인 전하 분포에 의한 전기장을 구한다. 막대의 모든 조각은 $-x$ 방향으로 전기장을 생성하므로 벡터 덧셈 없이 각 전기장의 합을 다룰 수 있다.

분석 막대가 x축을 따라 놓여 있고, dx는 작은 조각 한 개의 길이이고, dq는 작은 조각의 전하라고 하자. 막대는 단위 길이당 전하 λ를 가지므로, 작은 조각의 전하량 dq는 $dq = \lambda dx$이다.

전하량 dq를 갖는 막대 조각에 의한 점 P에서의 전기장 크기를 구한다.

$$dE = k_e \frac{dq}{x^2} = k_e \frac{\lambda\, dx}{x^2}$$

식 23.11를 이용하여 점 P에서의 전체 전기장을 구한다.[4]

$$E = \int_a^{\ell + a} k_e \lambda \frac{dx}{x^2}$$

k_e와 $\lambda = Q/\ell$는 상수이므로, 적분 기호 앞으로 빼내고 적분한다.

$$E = k_e \lambda \int_a^{\ell + a} \frac{dx}{x^2} = k_e \lambda \left[-\frac{1}{x} \right]_a^{\ell + a}$$

$$(1) \qquad E = k_e \frac{Q}{\ell}\left(\frac{1}{a} - \frac{1}{\ell + a}\right) = \frac{k_e Q}{a(\ell + a)}$$

결론 앞에서의 예측이 옳은 것을 알 수 있다. a가 커지면, 분모가 커지게 되어 E는 작아진다. 막대의 왼쪽 끝이 원점으로 접근해가는 경우로 $a \to 0$이면, $E \to \infty$가 된다. 이는 관측점 P와 막대 끝에 있는 전하 사이의 거리가 영이 되므로 전기장이 무한대

[4] 이와 같은 적분을 하기 위해서는, 먼저 전하 요소 dq를 적분 기호 안에 있는 다른 변수로 나타낸다. (이 예제에서, 변수 x가 있으므로 $dq = \lambda dx$로 바꾼다.) 적분은 모든 스칼라양에 대한 것이어야 하며, 만약 필요하면 성분으로 전기장을 나타낸다. (이 예제에서 전기장은 x축 성분만 가지므로 이 항목은 관련이 없다.) 그 다음에 한 개의 변수에 대한 식으로 만들어 적분한다(또는 각각의 변수에 대한 식으로 만들어 중적분한다). 구 또는 원통의 대칭성을 갖는 예제에서는 지름 좌표가 하나의 변수이다.

가 되기 때문이다. a가 큰 경우는 다음에서 살펴본다.

문제 점 P가 막대로부터 아주 멀리 떨어져 있다면, 이 점의 전기장의 성질은?

답 점 P가 막대에서 멀리 있다면($a \gg \ell$), 식 (1)의 분모에 있는 ℓ을 무시하고 전기장은 $E \approx k_e Q/a^2$가 된다. 이 식은 점전하에서 예상할 수 있는 바로 그 모양이다. a/ℓ 값이 크면 전하 분포는 전하 Q인 점전하로 나타난다. 즉 점 P는 막대로부터 아주 멀리 떨어져서 막대의 크기를 구별할 수 없다. 극한의 방법($a/\ell \to \infty$)은 종종 수식을 확인하는 데 유용하다.

예제 23.6 균일한 고리 전하에 의한 전기장

전체 양전하 Q가 반지름이 a인 고리에 균일하게 분포하고 있다. 고리면에 수직인 중심축으로부터 x만큼 떨어져 있는 점 P에서 고리에 의한 전기장을 구하라(그림 23.15a).

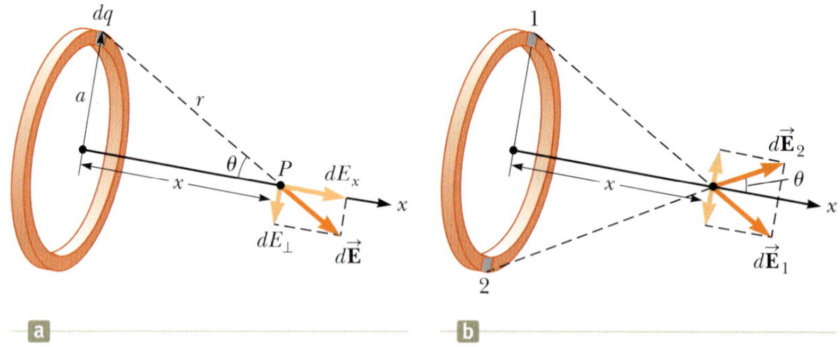

그림 23.15 (예제 23.6) 균일하게 대전된 반지름 a인 고리. (a) 점 P에서 전하 요소 dq에 의한 전기장. (b) 점 P에서 전체 전기장은 x 방향이다. 점 P에서 요소 1에 의한 전기장의 수직 성분은 요소 2에 의한 수직 성분에 의하여 상쇄된다.

풀이

개념화 그림 23.15a는 고리 위쪽에 있는 한 전하 요소에 의한 점 P에서의 전기장 $d\vec{\mathbf{E}}$를 보여 준다. 이 전기장 벡터를 고리 축에 나란한 성분 dE_x와 축에 수직인 성분 $dE_\perp$으로 분해할 수 있다. 그림 23.15b는 고리 반대쪽에 있는 두 요소에 의한 전기장을 보여 준다. 대칭적인 상황이므로, 전기장의 수직 성분은 상쇄된다. 고리 둘레의 모든 쌍에서도 똑같으므로 전기장의 수직 성분을 무시하고, 단지 축에 나란한 성분들만 더한다.

분류 고리는 연속적이므로, 개별 전하의 집단보다는 연속적인 전하 분포에 의한 전기장을 구한다.

분석 고리에 있는 전하 요소 dq에 의한 전기장의 수평 성분을 구한다.

(1) $$dE_x = k_e \frac{dq}{r^2}\cos\theta = k_e \frac{dq}{a^2 + x^2}\cos\theta$$

그림 23.15a의 기하학으로부터 $\cos\theta$를 구한다.

(2) $$\cos\theta = \frac{x}{r} = \frac{x}{(a^2 + x^2)^{1/2}}$$

식 (2)를 식 (1)에 대입한다.

$$dE_x = k_e \frac{dq}{a^2 + x^2}\left[\frac{x}{(a^2 + x^2)^{1/2}}\right] = \frac{k_e x}{(a^2 + x^2)^{3/2}}\,dq$$

고리의 모든 요소가 점 P로부터 같은 거리에 있기 때문에, 동일하게 전기장에 기여한다. 점 P에서 전체 전기장을 얻기 위하여 고리의 둘레에 대하여 적분한다.

$$E_x = \int \frac{k_e x}{(a^2 + x^2)^{3/2}}\,dq = \frac{k_e x}{(a^2 + x^2)^{3/2}}\int dq$$

(3) $$E = \frac{k_e x}{(a^2 + x^2)^{3/2}}\,Q$$

결론 이 결과로부터 $x = 0$에서 전기장이 영임을 알 수 있다. 더욱이 식 (3)은 $x \gg a$이면 $k_e Q/x^2$로 감소하므로, 고리에서 멀리 위치한 점에서 고리는 점전하와 같은 역할을 한다. 멀리 떨어진 점에서, 전하 고리의 모양은 구분되지 않는다.

문제 그림 23.15에서 음전하를 고리 가운데에 놓고 천천히 거리 $x \ll a$만큼 옮긴 후 가만히 놓으면, 음전하는 어떤 운동을 하는가?

답 고리 전하에 의한 전기장 식에서 $x \ll a$이면, 전기장은

$$E_x = \frac{k_e Q}{a^3}\,x$$

가 되므로, 식 23.8에 따라 고리 중심에 가까이 있는 전하 $-q$에 작용하는 힘은

$$F_x = -\frac{k_e qQ}{a^3}\,x$$

이다. 이 힘은 훅의 법칙(식 15.1)의 형태이므로, 음전하의 운동은 단조화 운동하는 입자 모형으로 설명된다.

예제 23.7 균일한 원판 전하에 의한 전기장

균일한 표면 전하 밀도 σ를 갖는 반지름 R인 원판이 있다. 원판의 중심을 지나고 수직인 축 상의 점 P에서 전기장을 구하라(그림 23.16).

풀이

개념화 원판을 동심원 고리가 모여 있다고 보면, 반지름 a인 고리에 의한 전기장을 구한 예제 23.6의 결과를 활용하여 원판을 구성하고 있는 모든 고리에 의한 전기장을 더한다. 대칭성에 의하여 축 상의 점에서 전기장은 중심축에 나란하다.

분류 원판은 연속적이므로, 개별 전하의 집단보다는 연속적인 전하에 의한 전기장을 구한다.

분석 그림 23.16과 같이 반지름 r와 너비 dr 사이의 고리에 있는 전하 dq를 구한다.

$$dq = \sigma\, dA = \sigma(2\pi r\, dr) = 2\pi\sigma r\, dr$$

이 결과를 예제 23.6의 E_x 식에(a를 r로, Q를 dq로 바꿔서) 사용하여, 고리에 의한 전기장을 구한다.

$$dE_x = \frac{k_e x}{(r^2 + x^2)^{3/2}}(2\pi\sigma r\, dr)$$

이 식을 구간 $r = 0$에서 $r = R$까지 적분하여, 점 P에서의 전체 전기장을 구한다. 여기서 x는 상수이다.

$$E_x = k_e x\pi\sigma\int_0^R \frac{2r\, dr}{(r^2 + x^2)^{3/2}}$$

$$= k_e x\pi\sigma\int_0^R (r^2 + x^2)^{-3/2} d(r^2)$$

$$= k_e x\pi\sigma\left[\frac{(r^2 + x^2)^{-1/2}}{-1/2}\right]_0^R$$

$$= 2\pi k_e\sigma\left[1 - \frac{x}{(R^2 + x^2)^{1/2}}\right]$$

결론 이 결과는 $x > 0$의 모든 값에 대하여 타당하다. x가 크면, 위의 결과는 급수 전개하여 점전하 Q의 전기장과 같음을 보일 수 있다. $x \ll R$의 가정으로 원판으로부터 가까운 축에서 전기장을 구할 수 있다. 이 경우, 각괄호 안의 식은 근사적으로 1에 가까워지므로

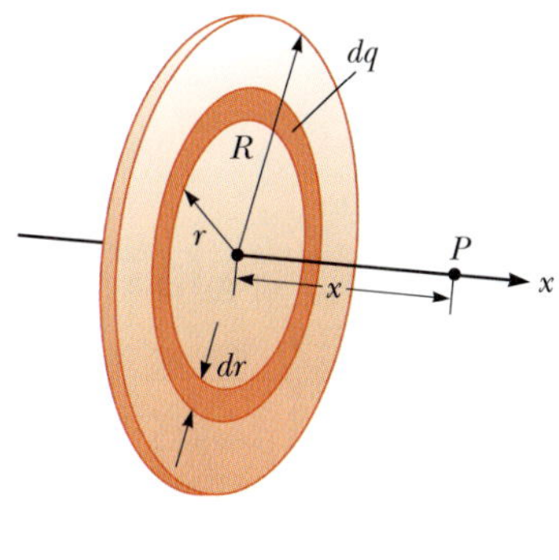

그림 23.16 (예제 23.7) 균일하게 대전된 반지름 R인 원판. 축 상의 점 P에서 전기장은 원판 면에 수직인 중심축에 나란한 방향이다.

$$E = 2\pi k_e\sigma = \frac{\sigma}{2\epsilon_0}$$

여기서 ϵ_0은 자유 공간의 유전율이다. 24장에서 균일한 표면 전하를 갖는 무한 평면 전하에 의한 전기장에서와 같은 결과를 얻는다.

문제 원판의 반지름이 커져서 원판이 무한히 큰 전하 면이 되면 어떻게 될까?

답 예제의 최종 결과에서 $R \to \infty$가 되게 하면, 전기장의 크기는 다음과 같이 된다.

$$E = 2\pi k_e\sigma = \frac{\sigma}{2\epsilon_0}$$

이는 $x \ll R$인 경우 얻은 수식과 같다. $R \to \infty$이면 모든 영역이 가까운 곳이므로 이 결과는 여러분이 전기장을 측정하는 위치에 무관하다. 그러므로 무한 전하 면에 의한 전기장은 우주 전체에서 일정하다.

무한 전하 면은 실제로 불가능하다. 그러나 한 면은 양으로 대전되어 있고 다른 면은 음으로 대전되어 있는 두 전하 면이 서로 가까이 놓이게 되면, 가장자리로부터 떨어진 판 사이의 위치에서 전기장은 매우 균일하다. 이런 배열은 26장에서 공부할 예정이다.

23.6 전기력선
Electric Field Lines

전기장을 식 23.7로 정의하였다. 그림 표현으로 전기장을 시각화하는 방법을 찾아보자. 전기장 모양을 시각화하는 편리한 방법은 패러데이가 처음 도입한 소위 **전기력선**(electric field lines)이라고 하는 선으로 그리는 것이다. 이 선은 공간의 전기장에 다음과 같이 관련된다.

- 전기장 벡터 $\vec{\mathbf{E}}$는 각 점에서 전기력선의 접선 방향이다. 화살촉으로 표시한 전기력선의 방향은 전기장 벡터의 방향과 같다. 전기력선의 방향은 전기장 내의 입자 모형을 사용할 수 있게 전기장 안에 놓인 양전하가 받는 힘의 방향이다.
- 전기력선에 수직인 면을 통과하는 단위 넓이당 전기력선의 수는 그 영역 안에 있는 전기장 크기에 비례하므로, 전기장이 강한 영역에서는 전기력선들이 서로 가까이 있고, 전기장이 약한 영역에서는 멀리 떨어져 있다.

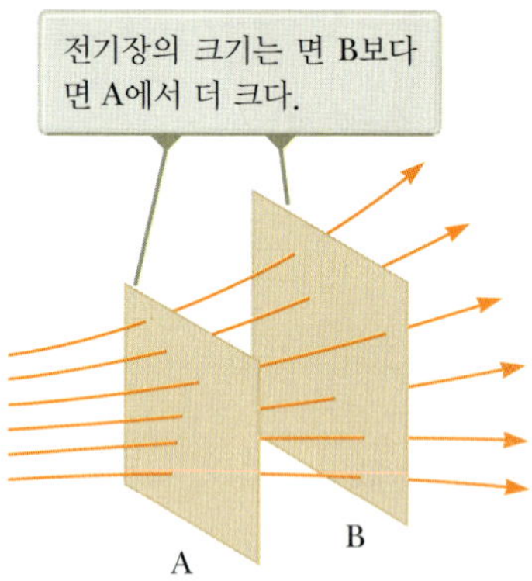

그림 23.17 두 면을 통과하는 전기력선

그림 23.17에서 이런 성질들을 보여 준다. 면 A를 통과하는 전기력선의 밀도는 면 B를 통과하는 전기력선의 밀도보다 크므로, 전기장 크기는 면 B보다 면 A가 더 크다. 더욱이 다른 위치에 있는 전기력선들이 다른 방향을 향하고 있으므로, 전기장은 균일하지 않다.

전기장 세기와 전기력선 밀도 사이의 관계가 쿨롱의 법칙을 이용하여 구한 식 23.9의 전기장과 일치하는가? 이 질문에 답하기 위하여, 점전하를 동심원으로 하는 반지름 r인 가상의 구면을 생각해 보자. 대칭성에 의하여 전기장의 크기는 구면의 모든 곳에서 동일하다. 전하로부터 나오는 전기력선의 수 N은 구면을 통과하는 수와 같다. 구면에서 단위 넓이당 전기력선의 수는 $N/4\pi r^2$이다. 여기서 구의 표면적은 $4\pi r^2$이다. E는 단위 넓이당 전기력선의 수에 비례하고 E는 $1/r^2$에 따라 변하므로, 식 23.9와 일치한다.

오류 피하기 23.2

전기력선은 입자의 경로가 아니다 전기력선은 여러 위치에서의 전기장을 나타낸다. 매우 특별한 경우를 제외하고, 전기력선은 전기장 내에서 움직이는 대전 입자의 경로를 의미하지 않는다.

그림 23.18a에서 한 개의 양의 점전하에 의한 대표적인 전기력선을 볼 수 있다. 이 이차원 그림은 단지 점전하를 포함한 평면에 있는 전기력선을 보여 준다. 실제로 이들

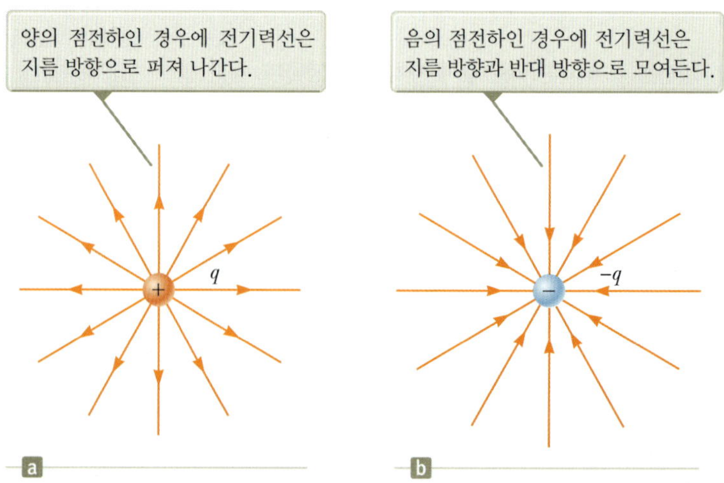

그림 23.18 점전하의 전기력선. 이들 그림은 단지 전기력선이 평면에 놓인 것만 보여 주고 있다.

전기력선은 점전하로부터 지름 방향으로 퍼져 나가므로, 평평한 '바퀴 살' 모양의 선이 아니고 완전한 구형 분포의 선이다. 이 전기장 내에 있는 양전하는 양의 원천 전하에 의하여 밀리므로, 이들 전기력선은 원천 전하로부터 방사상으로 퍼져 나가는 방향이다. 한 개의 음의 점전하에 의한 전기력선은 전하 쪽으로 모여드는 방향이다(그림 23.18b). 어느 경우에나 전기력선은 방사상으로 무한대까지 뻗친다. 전기력선들은 전하에 가까워짐에 따라 더 조밀하게 되는 것에 주목하라. 이것은 원천 전하 쪽으로 이동할수록 전기장의 세기가 증가함을 나타낸다.

전기력선을 그리는 규칙은 다음과 같다.

- 전기력선은 양전하에서 시작하여 음전하에서 끝나야 한다. 만일 어느 한쪽 여분의 전하가 있으면, 전기력선은 무한히 멀리 떨어진 곳에서 시작하거나 끝날 것이다.
- 양전하에서 나오거나 음전하로 들어가는 전기력선의 수는 전하 크기에 비례한다.
- 두 전기력선은 교차할 수 없다.

양전하 q_+로 대전된 물체에서 시작하는 전기력선의 수는 Cq_+이고, 음전하 q_-로 대전된 물체에서 끝나는 전기력선의 수는 $C|q_-|$이다. 여기서 C는 임의의 비례 상수이다. C가 정해지면 전기력선의 수는 결정된다. 예를 들어 두 전하 계에서 물체 1이 전하 Q_1을, 물체 2가 전하 Q_2를 띠면, 전하에 가까이 있는 전기력선의 비는 $N_2/N_1 = |Q_2/Q_1|$이다. 그림 23.19에서 전하량은 같고 부호가 다른 두 개의 점전하(전기 쌍극자)에 대한 전기력선을 볼 수 있다. 전하량의 크기가 같으므로, 양전하에서 나온 전기력선의 수는 음전하로 들어가는 전기력선의 수와 같아야 한다. 전하에서 매우 가까운 점에서 전기력선은 하나의 독립된 전하의 경우처럼 방사상에 가깝다. 전하 사이의 높은 선밀도는 전기장이 강한 영역을 나타낸다.

그림 23.20은 동일한 두 양전하 근처에 있는 전기력선을 보여 준다. 여기서도 각 전하에 가까운 점에서 전기력선은 거의 방사상이고, 전하량이 같으므로 각 전하에서 동일한 수의 전기력선이 나온다. 전하로부터 아주 먼 거리에 있는 전기장은 대략 전하량 $2q$의 점전하에 의한 전기장과 같다.

마지막으로 그림 23.21은 양전하 $+2q$와 음전하 $-q$가 만드는 전기력선을 그린 것이다. 이 경우 $+2q$에서 나온 전기력선의 수는 $-q$에 들어가는 수의 두 배이므로, 양전하

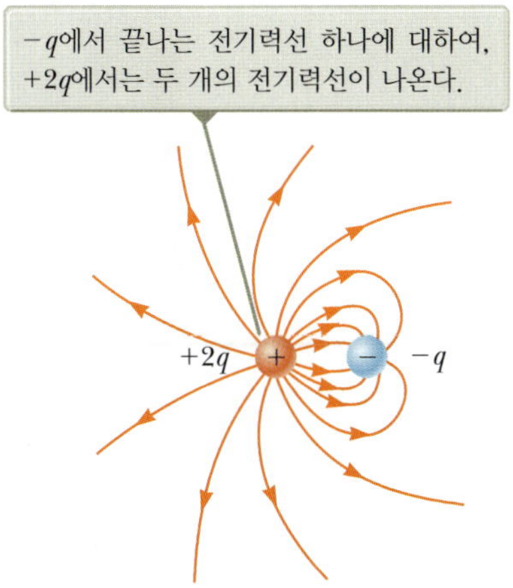

그림 23.21 한 점전하 $+2q$와 다른 점전하 $-q$에 의한 전기력선

오류 피하기 23.3

전기력선은 실체가 아니다 전기력선은 물체가 아니다. 이는 전기장을 정량적으로 설명하기 위하여 그림으로 표현할 때만 사용한다. 각 전하로부터 단지 유한한 수의 선만을 그릴 수 있고, 이는 전기장이 양자화되어 있고 또한 공간의 어떤 지역에만 있는 것처럼 보일 수 있다. 실제로 전기장은 연속적이고 모든 지점에 존재한다. 삼차원 상황을 설명하기 위하여 부득이 이차원적인 전기력선의 그림을 사용하는데, 이 상황이 삼차원적임을 염두에 두어야 하며 잘못 이해하지 않아야 한다.

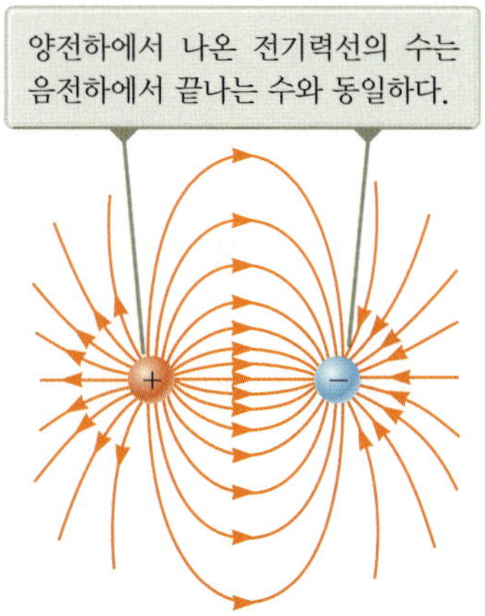

그림 23.19 크기가 같고 부호가 반대인 두 점전하(전기 쌍극자)에 대한 전기력선

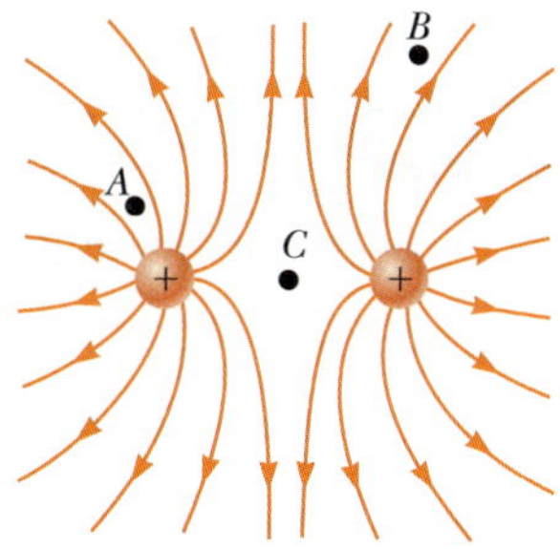

그림 23.20 (a) 두 양전하에 대한 전기력선(점 A, B, C는 퀴즈 23.5에서 사용한다.)

에서 나온 전기력선의 반만 음전하에 도달하고, 나머지 반은 무한히 먼 곳에 있다고 가정하는 음전하에 이른다. 전하 간격보다 매우 먼 거리에서, 이 전기력선은 단일 전하 $+q$에 의한 전기력선과 같다.

Q 퀴즈 23.5 그림 23.20에서 점 A, B, C의 전기장 크기가 큰 것부터 순서대로 나열하라.

23.7 균일한 전기장 내에서 대전 입자의 운동
Motion of Charged Particle in a Uniform Electric Field

전하량이 q이고 질량이 m인 입자를 전기장 $\vec{\mathbf{E}}$ 내에 놓으면, 전하에 작용하는 전기력은 전기장 내의 입자 모형인 식 23.8에 따라 $q\vec{\mathbf{E}}$이다. 입자에 이 힘만 작용하면, 이 힘은 알짜힘으로서 입자를 가속시킨다.

$$\vec{\mathbf{F}}_e = q\vec{\mathbf{E}} = m\vec{\mathbf{a}}$$

이므로, 입자의 가속도는 다음과 같다.

$$\vec{\mathbf{a}} = \frac{q\vec{\mathbf{E}}}{m} \tag{23.12}$$

오류 피하기 23.4
단지 또 하나의 힘 여러분에게 전기력과 전기장은 추상적으로 보일 것이다. 그러나 일단 $\vec{\mathbf{F}}_e$를 계산하면, 이 힘은 2장과 6장에서 잘 정립된 힘과 운동의 모형에 따라 입자를 움직이게 한다. 이전에 공부한 내용과의 연결 고리를 생각하면 이 장의 문제를 푸는 데 도움이 될 것이다.

$\vec{\mathbf{E}}$가 균일(즉 일정한 크기와 방향)하고 입자가 자유로이 움직이면, 입자에 작용하는 전기장은 일정하므로, 입자의 운동에 등가속도 입자 모형을 적용할 수 있다. 따라서 이 경우의 입자는 세 개의 분석 모형(전기장 내의 입자, 알짜힘을 받는 입자, 등가속도 운동하는 입자)으로 설명된다. 만약 입자가 양전하이면 입자의 가속도는 전기장과 같은 방향이고, 음전하이면 전기장과 반대 방향이다.

예제 23.8 양전하의 가속

그림 23.22와 같이 거리 d만큼 떨어지고 평행한 전하 판 사이에 균일한 전기장 $\vec{\mathbf{E}}$는 x축과 나란한 방향이다. 양전하 판에 가까운 점 Ⓐ에서 질량 m인 양의 점전하 q를 정지 상태에서 가만히 놓으면, 이 양전하는 음전하 판 가까운 점 Ⓑ 쪽으로 가속도 운동을 한다.

(A) 등가속도 운동하는 입자로 모형화하여 점 Ⓑ에서 입자의 속력을 구하라.

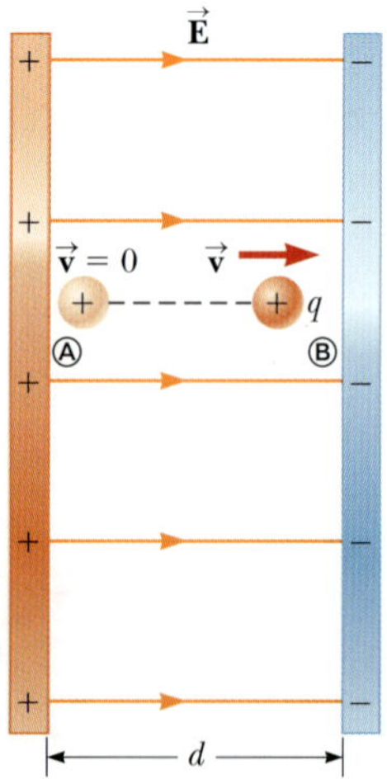

그림 23.22 (예제 23.8) 균일한 전기장 $\vec{\mathbf{E}}$ 내에 있는 양의 점전하 q는 전기장 방향으로 등가속도 운동한다.

풀이

개념화 점 Ⓐ에 양전하를 놓으면, 오른쪽으로 향하는 전기장 때문에, 양전하는 그림 23.22에서 오른쪽으로 전기력을 받는다. 결과적으로, 오른쪽으로 가속되어 Ⓑ에 어떤 속력을 갖고 도달한다.

분류 균일한 전기장은 전하에 일정한 전기력을 작용하므로, 앞의 예제와 문제에서 설명한 것처럼, 점전하는 등가속도 운동을 하는 대전 입자로 모형화할 수 있다.

분석 식 2.17을 사용하여 입자의 속도를 위치의 함수로 표현한다.

$$v_f^2 = v_i^2 + 2a(x_f - x_i) = 0 + 2a(d - 0) = 2ad$$

v_f를 풀어서 식 23.12의 가속도 크기를 대입한다.

$$v_f = \sqrt{2ad} = \sqrt{2\left(\frac{qE}{m}\right)d} = \boxed{\sqrt{\frac{2qEd}{m}}}$$

(B) 에너지에 대한 비고립계 모형으로 점 Ⓑ에서 입자의 속력을 구하라.

풀이

개념화 문제에 주어진 설명에 의하면 전하는 **에너지**에 대한 **비고립계**이다. 다른 힘과 같이 전기력은 계에 일을 할 수 있다. 전하에 작용한 전기력이 일을 함으로써 계의 전하에 에너지가 전달된다. 입자가 점 Ⓐ에 정지해 있을 때가 계의 처음 상태이고, 점 Ⓑ에서 어떤 속력으로 이동하고 있을 때가 나중 상태이다.

분석 대전 입자 계에 에너지 보존 식 8.2 또는 일–운동 에너지 정리를 쓴다.

$$W = \Delta K$$

일과 운동 에너지를 적절한 값으로 대체한다.

$$F_e\,\Delta x = K_{Ⓑ} - K_{Ⓐ} = \tfrac{1}{2}mv_f^2 - 0 \;\rightarrow\; v_f = \sqrt{\frac{2F_e\,\Delta x}{m}}$$

전기장 내의 입자 모형으로부터 전기력 크기 F_e와 변위 Δx를 대입한다.

$$v_f = \sqrt{\frac{2(qE)(d)}{m}} = \boxed{\sqrt{\frac{2qEd}{m}}}$$

결론 예상한 바와 같이 (B)의 답은 (A)와 같다.

예제 23.9 전자의 가속

그림 23.23과 같이 $E = 200$ N/C인 균일한 전기장 영역으로, 처음 속력 $v_i = 3.00 \times 10^6$ m/s인 전자가 들어온다. 판의 수평 길이는 $\ell = 0.100$ m이다.

(A) 전자가 전기장 내에 있는 동안 전자의 가속도를 구하라.

풀이

개념화 이 예제는 대전 입자의 처음 속도가 전기력선에 수직이므로 바로 앞의 예제와 다르다(예제 23.8에서 대전 입자의 속도는 항상 전기장과 평행하다). 이 예제에서는 전자가 그림 23.23과 같이 곡선 경로를 따른다. 전자의 운동은 지표면 중력장 내에서 수평으로 발사한 질량 있는 입자의 운동과 같다.

분류 전자는 전기장 내의 입자이다. 전기장은 균일하므로 일정한 전기력이 전자에 작용한다. 전자의 가속도를 구하기 위하여 **알짜힘을 받는 입자**로 모형화할 수 있다.

분석 전기장 내의 입자 모형으로부터, 전자에 작용하는 전기력의 방향은 그림 23.23의 전기력선의 반대 방향인 아래쪽으로 향함을 안다. 따라서 알짜힘을 받는 입자 모형으로부터 전자의 가속도는 아래 방향이다.

입자에 작용하는 전기력이 유일한 힘인 경우, 알짜힘을 받는 입자 모형을 적용할 수 있으므로 식 23.12를 이용할 수 있다. 이

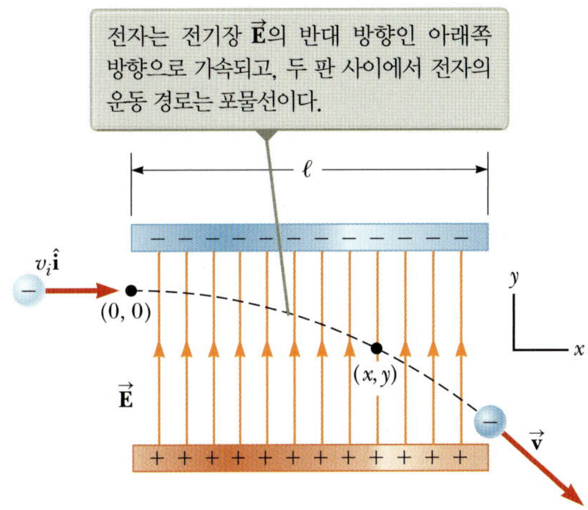

그림 23.23 (예제 23.9) 대전된 두 판에 의하여 생성된 균일한 전기장 안으로 수평으로 운동하던 전자가 들어온다.

식을 이용해서 전자가 받는 가속도의 y 성분을 구한다.

$$a_y = -\frac{eE}{m_e}$$

주어진 값들을 대입한다.

$$a_y = -\frac{(1.60 \times 10^{-19}\ \text{C})(200\ \text{N/C})}{9.11 \times 10^{-31}\ \text{kg}}$$

$$= -3.51 \times 10^{13}\ \text{m/s}^2$$

(B) 시간 $t = 0$에 전기장 내로 전자가 들어온다고 가정하고, 전자가 전기장을 떠나는 시간을 구하라.

풀이

분류 그림 23.23과 같이 전기력은 수직 방향으로만 작용하므로, 입자의 수평 방향 운동은 **등속 운동하는 입자**로 모형화하여 분석할 수 있다.

분석 식 2.7을 풀어서 전자가 완전히 판의 끝에 도달하는 시간을 구한다.

$$x_f = x_i + v_x t \quad \rightarrow \quad t = \frac{x_f - x_i}{v_x}$$

주어진 값들을 대입한다.

$$t = \frac{\ell - 0}{v_x} = \frac{0.100\ \text{m}}{3.00 \times 10^6\ \text{m/s}} = 3.33 \times 10^{-8}\ \text{s}$$

(C) 전자가 전기장 내로 들어오는 수직 위치를 $y_i = 0$이라고 가정하고, 전자가 전기장을 떠날 때의 수직 위치를 구하라.

풀이

분류 그림 23.23과 같이 전기력은 일정하므로, 입자의 수직 방향 운동은 **등가속도 운동하는 입자**로 모형화하여 분석할 수 있다.

분석 식 2.16을 사용하여 임의의 시간 t에서 입자의 위치를 기술한다.

$$y_f = y_i + v_{yi}t + \tfrac{1}{2}a_y t^2$$

주어진 값들을 대입한다.

$$y_f = 0 + 0 + \tfrac{1}{2}(-3.51 \times 10^{13}\ \text{m/s}^2)(3.33 \times 10^{-8}\ \text{s})^2$$

$$= -0.019\,5\ \text{m} = -1.95\ \text{cm}$$

결론 전자가 그림 23.23의 음으로 대전된 판 바로 아래로 오고 두 판의 간격이 방금 계산된 값보다 작으면, 전자는 양으로 대전된 판에 부딪칠 것이다.

이 문제의 여러 부분에서 전자를 설명하는 데 네 개의 분석 모형을 사용하였음에 주목하자. 전자에 작용하는 중력을 무시하는데, 이것은 원자 수준의 입자를 다룰 때 훌륭한 근사이다. 200 N/C의 전기장에서, 중력 mg에 대한 전기력 eE의 크기 비율은 전자인 경우에는 대략 10^{12}이고, 양성자인 경우에는 대략 10^9이다.

연습문제

객관식

1. 자유 전자와 자유 양성자가 같은 전기장 내에 있다. 두 입자 사이의 상호 작용은 무시한다. **(i)** 두 입자에 작용하는 힘을 비교하면 (a) 전자 쪽이 수백만 배로 크다. (b) 전자 쪽이 수천 배로 크다. (c) 두 양이 같다. (d) 전자 쪽이 수천 분의 1로 작다. (e) 전자 쪽이 수백만 분의 1로 작다. **(ii)** 두 입자의 가속도를 비교하면 어떤가? (i)의 보기에서 고르라.

2. 질량이 5.00×10^{-3} kg이고 전하가 4.00 μC인 아주 작은 공이 있다. 전기장을 걸어서 중력과 비기는 힘을 받게 하여 공이 땅 위에 떠서 정지해 있게 하려면 전기장의 크기는 얼마이겠는가? (a) 8.21×10^2 N/C (b) 1.22×10^4 N/C (c) 2.00×10^{-2} N/C (d) 5.11×10^6 N/C (e) 3.72×10^3 N/C

3. 크기가 1.00×10^3 N/C인 균일한 전기장 내로 3.00×10^6 m/s의 속력으로 전자가 입사된다. 전기력선과 전자의 속도는 평행하고 같은 방향을 향하고 있다. 이 전자가 멈추기 전까지 얼마의 거리를 움직이는가? (a) 2.56 cm (b) 5.12 cm (c)

11.2 cm (d) 3.34 m (e) 4.24 m

4. −4.00 nC의 점전하가 (0, 1.00) m 위치에 놓여 있다. 점전하에 의한 (4.00, −2.00) m 지점에서 전기장의 x 성분은 얼마인가? (a) 1.15 N/C (b) −0.864 N/C (c) 1.44 N/C (d) −1.15 N/C (e) 0.864 N/C

5. 대전된 절연체가 대전되지 않은 금속 물체 가까이 놓여 있을 때 어떤 일이 일어나는가? (a) 서로 밀어낸다. (b) 서로 끌어당긴다. (c) 절연체에 대전된 전하가 양전하인지 또는 음전하인지에 따라 서로 끌어당기거나 밀어낸다. (d) 서로 정전기력을 작용하지 않는다. (e) 대전된 절연체는 항상 자연적으로 방전한다.

6. **(i)** 동전이 양으로 대전되어 있다. 이 동전의 질량은 중성일 때에 비해 (a) 측정할 수 있을 정도로 증가한다. (b) 측정할 수 없을 정도로 아주 조금 증가한다. (c) 변하지 않는다. (d) 측정할 수 없을 정도로 아주 조금 감소한다. (e) 측정할 수 있을 정도로 감소한다. **(ii)** 동전이 음으로 대전되어 있을 때 질량의 변화를 (i)의 보기에서 고르라.

7. 그림 OQ23.7에 대전 물체들이 고정되어 있다고 가정하자. 전하 q_2의 위치에서 전하 q_1의 위치까지의 시선은 없다는 것에 주목하라. 만일 여러분이 전하 q_1 자리에 있다면 전하 q_2를 볼 수 없을 것이다. 왜냐하면 전하 q_2가 전하 q_3 뒤에 있기 때문이다. 여러분은 어떻게 전하 q_1을 갖는 물체에 작용하는 전기력을 계산할 수 있는가? (a) 전하 q_2가 q_1에 작용하는 힘만을 찾는다. (b) 전하 q_3이 q_1에 작용하는 힘만을 찾는다. (c) 전하 q_3이 q_1에 작용하는 힘에 전하 q_2가 q_1에 작용하는 힘을 더한다. (d) 전하 q_2가 작용하는 힘의 일부분에 q_3가 작용하는 힘을 더한다. (e) 전하 q_1에 작용하는 힘을 구하기 위한 명확한 방법은 없다.

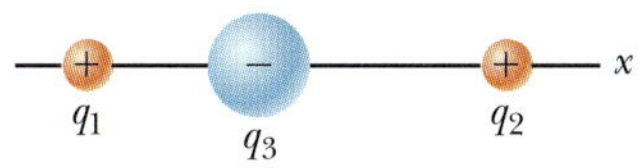

그림 OQ23.7

8. 그림 OQ23.8과 같이 세 개의 대전 입자가 정사각형의 세 꼭짓점에 고정되어 있다. 각 입자의 전하는 그림에 나타나 있다. **(i)** 그림에서 오른쪽 위 비어 있는 꼭짓점에서 전기장 방향은 교재의 종이면에 대하여 그림처럼 (a) 위쪽에서 오른쪽을 향하는 방향이다. (b) 바로 오른쪽 방향이다. (c) 바로 아래쪽 방향이다. (d) 아래쪽에서 왼쪽을 향하는 방향이다. (e) 수직으로 앞으로 나온다. **(ii)** 왼쪽 아래의 전하 $+2Q$인 입자를 없애면 위 오른쪽 꼭짓점의 전기장의 크기는 (a) 커진다. (b) 작아진다. (c) 변하지 않는다. (d) 예측할 수 없게 변한다.

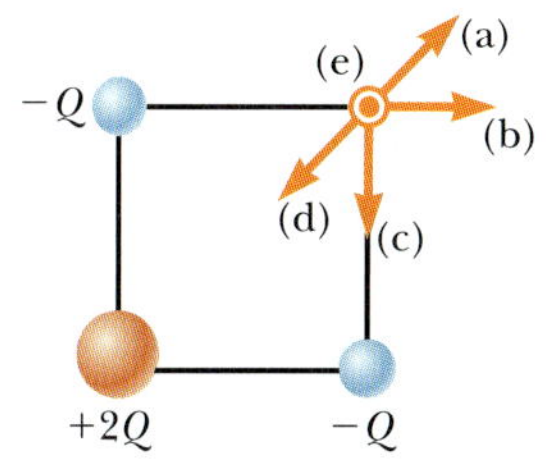

그림 OQ23.8

9. 두 점전하가 크기 F의 전기력으로 서로 끌어당기고 있다. 한 입자의 전하가 처음 값의 1/3로 감소하고 입자 사이의 거리가 두 배가 되면 두 입자 사이의 전기력의 크기는 얼마가 되는가? (a) $\frac{1}{12}F$ (b) $\frac{1}{3}F$ (c) $\frac{1}{6}F$ (d) $\frac{3}{4}F$ (e) $\frac{3}{2}F$

10. 두 양성자 사이의 전기력의 크기는 2.30×10^{-26} N이다. 두 양성자는 얼마나 멀리 떨어져 있는가? (a) 0.100 m (b) 0.022 0 m (c) 3.10 m (d) 0.005 70 m (e) 0.480 m

주관식

23.1 전하의 특성

1. 다음 입자들의 전하와 질량을 유효 숫자 세 자리로 나타내라. 도움말: 부록 D에 있는 주기율표에서 중성 원자의 질량을 찾아서 시작한다. (a) H^+로 표시되는 이온화된 수소 원자 (b) 1가로 이온화된 나트륨 원자 Na^+ (c) 염소 이온 Cl^- (d) 2가로 이온화된 칼슘 원자 $Ca^{++} = Ca^{2+}$ (e) 암모니아 분자 중심의 N^{3-} 이온 (f) 뜨거운 별의 플라스마 상태에서 발견되는 4가로 이온화된 질소 원자 N^{4+} (g) 질소 원자의 핵 (h) 분자 이온 H_2O^-

2. (a) 은으로 된 작은 핀의 질량이 10.0 g이고 대전되어 있지 않다. 이 핀 속의 전자의 개수를 구하라. 은 원자 속에는 47개의 전자가 있고, 은의 몰질량은 107.87 g/mol이다. (b) 이 핀을 음으로 대전시켜 전하량이 −1.00 mC이 되게 한다. 핀이 중성일 때 전자의 수가 10^9개가 되는 핀의 일부분에는 평균 몇 개의 전자가 더 추가되는가?

23.2 유도에 의하여 대전된 물체

23.3 쿨롱의 법칙

3. 원자핵 내에서 양성자 사이의 평균 거리는 약 2×10^{-15} m이다. 두 양성자 사이의 힘이 아주 크지만 핵자(양성자와 중성자)들 사이에 보다 더 큰 핵력이 작용하므로 핵은 부서지지 않는다. 두 양성자 사이의 거리가 2.00×10^{-15} m일 때 두

양성자 사이에 작용하는 전기력의 크기를 구하라.

4. 대전 입자 A가 오른쪽으로 13.7 mm 떨어져 있는 대전 입자 B에 2.62 μN의 힘을 작용한다. 입자 B는 A로부터 직선 방향으로 멀어져서 이들 사이의 거리가 17.7 mm가 된다. 이때 A에 작용하는 힘 벡터를 구하라.

5. 뇌운에는 구름의 끝 부분에 +40.0 C의 전하가 있고 구름의 아랫부분에는 −40.0 C의 전하가 있을 것으로 예상된다. 이들 전하는 2.00 km 떨어져 있다. 위 전하에 적용하는 전기력은 얼마인가?

6. (a) 0.50 nm 떨어져 있는 Na^+ 이온과 Cl^- 이온 사이의 전기력 크기를 구하라. (b) 나트륨 이온이 Li^+로 그리고 염소 이온이 Br^-로 대체된다면 답이 달라지는가? 설명하라.

7. 길이 2.17 μm인 곧은 모양의 나선형 구조 DNA 분자가 있다. 이 분자의 양 끝이 각각 양전하와 음전하로 대전되면 길이가 1.00 % 수축한다. 두 전하의 크기는 각각 기본 전하(e)이다. 이 분자를 용수철이라고 가정하면 용수철 상수는 얼마인가?

8. 7.50 nC의 점전하가 4.20 nC의 점전하로부터 1.80 m 떨어진 위치에 놓여 있다. (a) 한 입자에서 다른 입자에 작용하는 전기력의 크기를 구하라. (b) 이 전기력은 인력인가 척력인가?

9. 그림 P23.9와 같이 세 개의 점전하가 한 직선 위에 있다. 그림에서 $q_1 = 6.00\ \mu$C, $q_2 = 1.50\ \mu$C, $q_3 = -2.00\ \mu$C이고 거리 $d_1 = 3.00$ cm, $d_2 = 2.00$ cm이다. 전하 (a) q_1, (b) q_2, (c) q_3에 작용하는 전기력의 크기와 방향을 구하라.

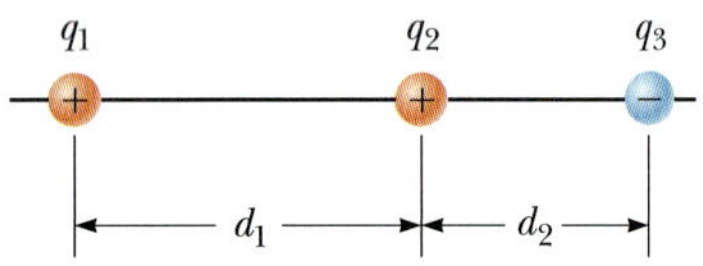

그림 P23.9

10. 그림 P23.10과 같이 정삼각형의 꼭짓점에 세 개의 대전 입자가 놓여 있다. 7.00 μC 전하에 작용하는 전체 전기력을 계산하라.

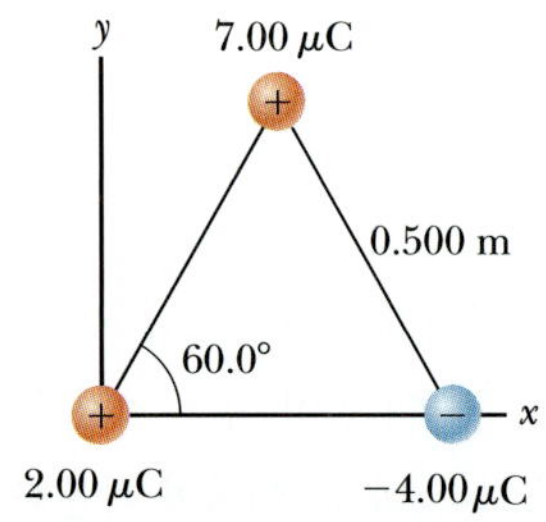

그림 P23.10 문제 10, 20

11. 두 개의 아주 작은 금속 구를 각각 길이 L인 줄에 묶어서 같은 전하로 대전시켜서 그림 P23.11과 같이 배치한다. 구의 질량이 $m = 0.200$ g으로 같고, 구의 전하량이 7.2 nC으로 같으면, 그림처럼 두 줄이 연직 방향과 각도 $\theta = 5.00°$를 이루며 평형이 된다. 줄의 길이 L을 구하라.

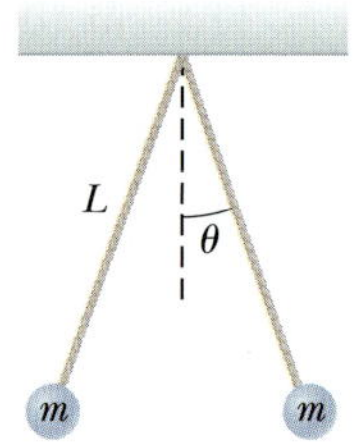

그림 P23.11

12. 그림 P23.12와 같이 점전하 $+2Q$는 원점에 있고 점전하 $-Q$는 x축을 따라 $x = d$인 곳에 있다. 또한 y축을 따라 $y = d$인 곳에 제3의 전하 $+Q$가 있다면 이 전하가 받는 알짜힘의 표현 식을 구하라.

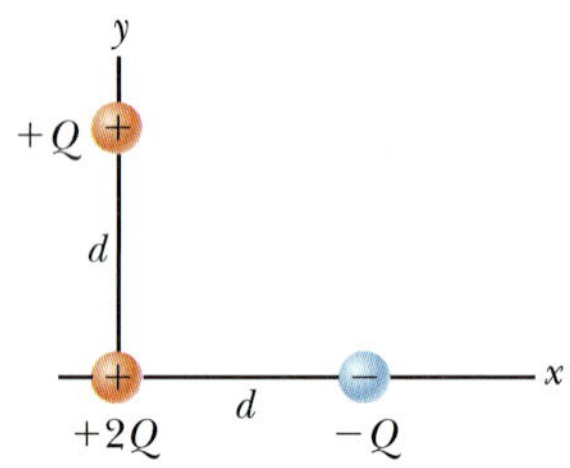

그림 P23.12

13. 두 개의 동일한 작은 도체의 중심이 서로 0.300 m 떨어져 있다. 한 구는 12.0 nC, 다른 구는 −18.0 nC의 전하량을 갖는다. (a) 한 구가 다른 구에 작용하는 전기력을 구하라. (b) 이들 구를 도선으로 연결하여 평형 상태에 도달한 후, 한 구가 다른 구에 작용하는 전기력을 구하라.

14. 전하량이 −3.00 nC인 입자가 원점에 있고, 전하량이 $-Q$ ($Q > 0$)인 입자가 $x = 50.0$ cm인 곳에 있다. 양전하를 가진 제3의 입자가 $x = 20.9$ cm인 곳에 있을 때 이 전하가 받는 힘들이 평형을 이룬다면 Q의 값은 얼마인가?

23.4 분석 모형: 전기장 내의 입자

15. (a) 전자의 무게에 대하여 평형을 이루게 하는 (알짜힘이 영이 되게 하는) 전기장의 크기와 방향을 구하라. (b) 양성자에 대하여 (a)와 같이 반복하라. 표 23.1의 자료를 사용할 수 있다.

16. 질량이 3.80 g이고 전하량이 −18.0 μC인 작은 물체가 지표면에 수직인 방향의 균일한 전기장 내에서 움직이지 않고 떠 있다. 전기장의 크기와 방향을 구하라.

17. 네 개의 대전된 입자가 그림 P23.17과 같이 한 변의 길이가 a인 정사각형의 꼭짓점에 있다. (a) 전하량 q가 있는 위치의 전기장과 (b) 이 전하가 받는 전기력을 구하라.

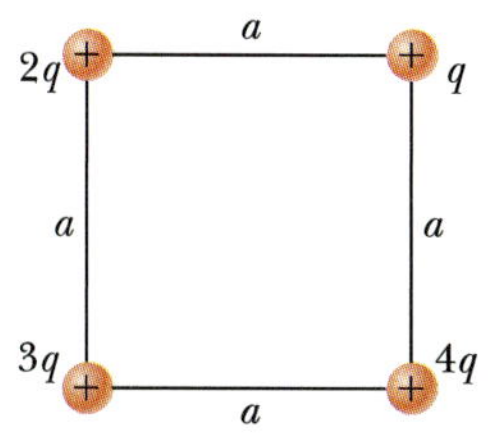

그림 P23.17

18. 그림 P23.18과 같이 동일한 양전하로 대전된 두 입자가 사다리꼴의 맞은편 꼭짓점에 놓여 있다. (a) 점 P와 (b) 점 P'에서의 전기장을 구하라.

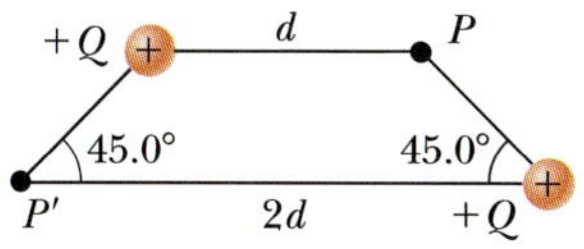

그림 P23.18

19. 그림 P23.19에서 전기장이 영인 지점(무한대가 아닌)을 찾으라.

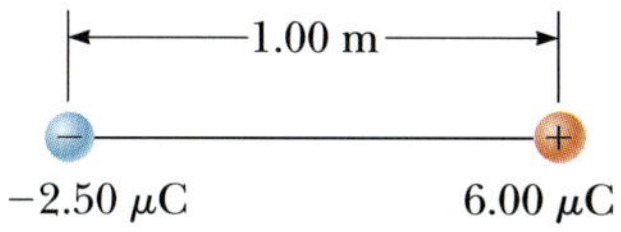

그림 P23.19

20. 그림 P23.10과 같이 한 변의 길이가 a인 정삼각형의 세 꼭짓점에 세 개의 대전 입자가 놓여 있다. (a) 전하량 2.00 μC인 입자가 있는 곳에서 전하량이 각각 7.00 μC, −4.00 μC인 두 입자에 의한 전기장을 계산하라. (b) (a)의 결과를 이용하여 전하량 2.00 μC인 입자가 받는 힘을 구하라.

21. 그림 P23.21과 같이 세 개의 점전하가 원호 위에 놓여 있다. (a) 원호의 중심 P에서의 전체 전기장은 얼마인가? (b) P에 놓인 −5.00 nC 점전하에 작용하는 전기력을 구하라.

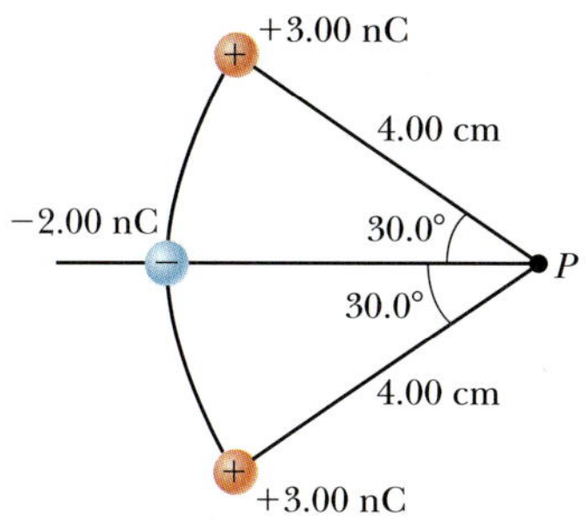

그림 P23.21

22. 그림 P23.22와 같이 수평 방향의 균일한 전기장 내에서 질량이 2.00 g인 작은 플라스틱 공이 길이 20.0 cm인 줄에 매달려 있다. 평형을 이룰 때 줄과 연직 방향이 이루는 각도가 15.0°라면 공의 알짜 전하량은 얼마인가?

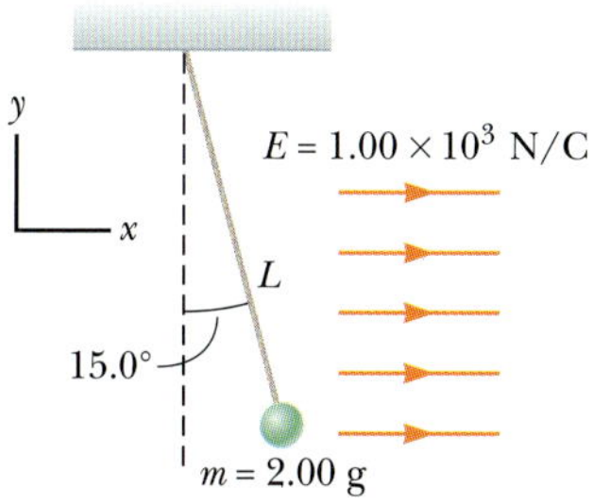

그림 P23.22

23. x축을 따라 원점에서부터 거리 a, $2a$, $3a$, $4a$, …에 놓여 있는 전하량 q인 무한히 많은 동일한 입자를 고려하자. 이 분포에 의한 원점에서의 전기장을 구하라.

도움말: $1 + \frac{1}{2^2} + \frac{1}{3^2} + \frac{1}{4^2} + \cdots = \frac{\pi^2}{6}$을 사용한다.

24. 그림 P23.24와 같이 질량이 m = 7.50 g이고 전하량이 q_1 = 32.0 nC인 작은 구가 가벼운 줄 끝에 연결되어 있고 줄은 연직으로 천장에 매달려 있다. 전하량이 q_2 = −58.0 nC이고 질량이 같은 다른 입자가 처음 전하 바로 아래 거리가 d = 2.00 cm인 곳에 있다. (a) 줄의 장력을 구하라. (b) 줄이 견딜 수 있는 최대 장력이 0.180 N이라면, 줄이 끊어지지 않고 아래 전하가 가까이 갈 수 있는 거리 d의 최솟값은 얼마인가?

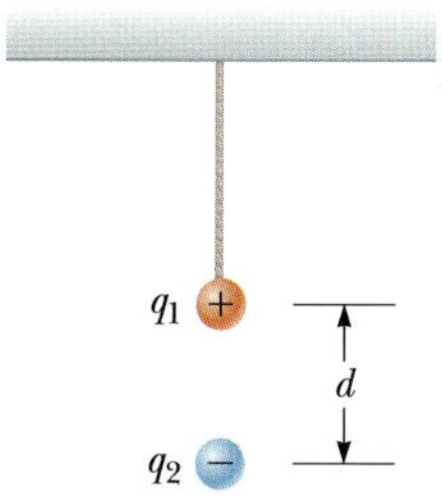

그림 P23.24

25. 두 개의 작은 구형 은구슬이 1.00 m 떨어져 있다. 두 구슬의 질량은 각각 10.0 g이다. 한 구슬 속 전자들의 일부를 다른 구슬로 옮기니 두 구슬 사이의 인력이 1.00 × 10^4 N(약 1톤)이다. 처음 구슬에 있는 전자들 중 옮겨진 것의 비율을 구하라. 은 원자 하나 내에는 전자가 47개 있다.

26. 질량이 1.00 g인 대전된 코르크 공이 그림 P23.26과 같이 가벼운 줄에 연결되어서 천장에 매달려 있다. 또 그림처럼 이 전하는 균일한 전기장 $\vec{\mathbf{E}} = (3.00\hat{\mathbf{i}} + 5.00\hat{\mathbf{j}}) \times 10^5$ N/C의 영향을 받는다. 공이 평형 상태일 때 실이 연직 방향과 이루는 각도는 θ = 37.0°이다. (a) 공에 대전된 전하를 구하

라. (b) 줄의 장력을 구하라.

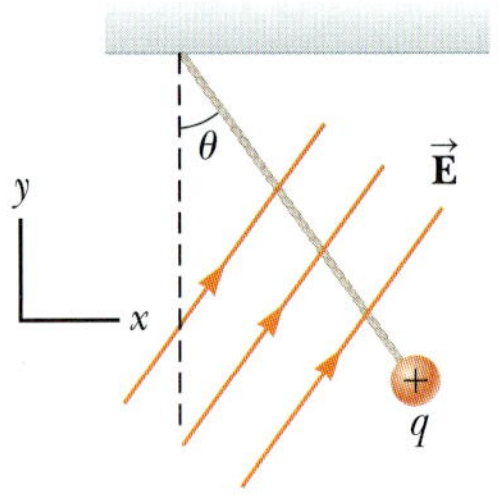

그림 P23.26

27. 그림 P23.27과 같이 길이 $L = 30.0$ cm인 줄에 연결되어 매달려 있는 동일한 세 입자가 있다. 각 입자의 질량은 $m = 0.100$ kg이고 전하량은 $+q(> 0)$이다. 평형일 때 그림에서 각도 θ가 45.0°이라면 q의 값은 얼마인가?

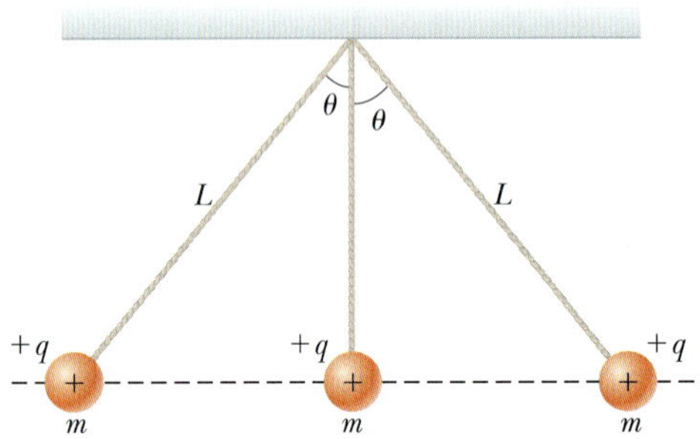

그림 P23.27

28. 질량 m이고 전하량 q인 같은 구슬 두 개가 있다. 그릇 안쪽 면이 마찰 없는 반구 표면인 부도체 그릇 속에 두 구슬을 두면 이들이 움직여서 그림 P23.28과 같이 거리 d만큼 떨어진 채로 평형이 된다. (a) 각 구슬의 전하량 q를 구하라. (b) d가 $2R$일 때 q를 구하라.

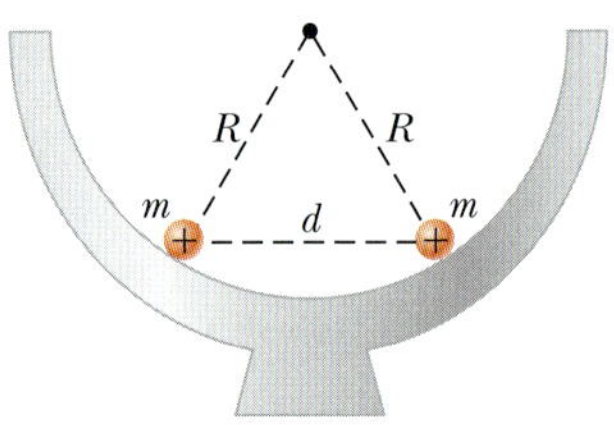

그림 P23.28

29. 전하가 똑같이 52.0 nC인 두 입자가 y축 위에서 각각 $y = 25.0$ cm와 $y = -25.0$ cm인 곳에 있다. (a) x축 위의 임의의 점에서 전기장 벡터를 좌표 x의 함수로 구하라. (b) $x = 36.0$ cm인 곳에서 전기장을 구하라. (c) 전기장이 $1.00\hat{\mathbf{i}}$ kN/C인 위치를 구하라. 여기서 방정식을 풀 때 컴퓨터를 사용해야 될 수도 있다. (d) 전기장이 $16.0\hat{\mathbf{i}}$ kN/C인 위치를 구하라.

23.5 연속적인 전하 분포에 의한 전기장

30. 길이가 14.0 cm인 균일하게 대전된 막대가 있다. 막대의 전체 전하량은 $-22.0\ \mu$C이다. 막대 중심에서 길이 방향의 축을 따라 36.0 cm 떨어진 지점에서의 (a) 전기장의 크기와 (b) 방향을 구하라.

31. 반지름이 35.0 cm인 얇은 원반이 표면 전하 밀도 7.90×10^{-3} C/m^{2}로 균일하게 대전되어 있다. 이 원반의 중심축에서, 원반의 중심으로부터의 거리가 (a) 5.00 cm, (b) 10.0 cm, (c) 50.0 cm, (d) 200 cm인 곳의 전기장을 구하라.

32. 75.0 μC으로 균일하게 대전된 반지름이 10.0 cm인 고리가 있다. 고리 중심으로부터 (a) 1.00 cm, (b) 5.00 cm, (c) 30.0 cm, (d) 100 cm 떨어진 고리 축 상에서의 전기장을 구하라.

33. 그림 P23.33과 같이 x축 위에 있는 길이가 L인 막대에 전하량 Q가 균일하게 대전되어 있다. (a) 좌표가 $(0, d)$인 점 P에서 전기장 성분들을 구하라. (b) $d \gg L$일 때 전기장 성분들의 근사적 표현을 구하라. 또한 왜 이 결과를 예측할 수 있는지를 설명하라.

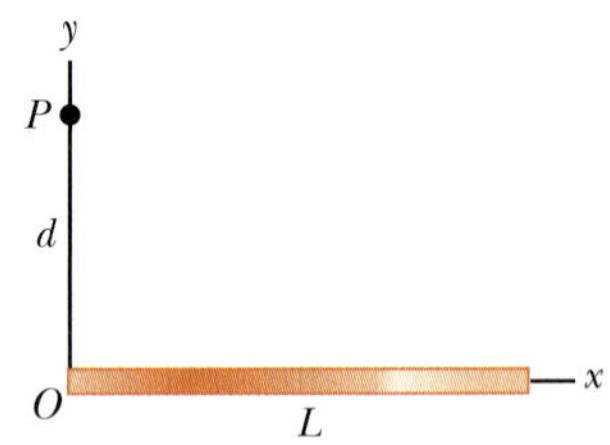

그림 P23.33

34. 단위 길이당 균일한 전하 분포가 λ이고 길이가 ℓ인 얇은 막대가 그림 P23.34와 같이 x축을 따라 놓여 있다. (a) 수직 이등분선을 따라 막대로부터 거리 d만큼 떨어진 점 P에서 전기장은 x 성분은 없고 $E = 2k_e\lambda \sin\theta_0/d$임을 보이라. (b) (a)의 결과를 이용하여 무한히 긴 막대에 의한 전기장이 $E = 2k_e\lambda/d$임을 보여라.

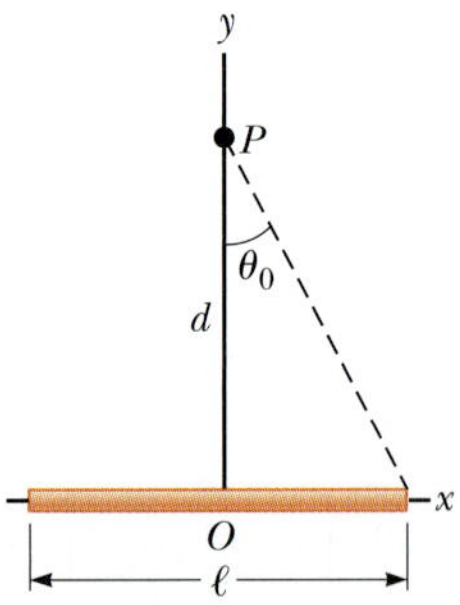

그림 P23.34

23.6 전기력선

35. 음으로 대전된 유한한 길이의 막대가 균일한 선전하 밀도로 대전되어 있다. 막대가 포함된 면에서의 전기력선을 대략적으로 그리라.

36. 그림 P23.36은 약간 떨어져 있는 두 전하에 의한 전기력선을 보여 준다. (a) 두 전하량의 비 q_1/q_2를 구하라. (b) 두 전하의 부호는 각각 양인가 음인가?

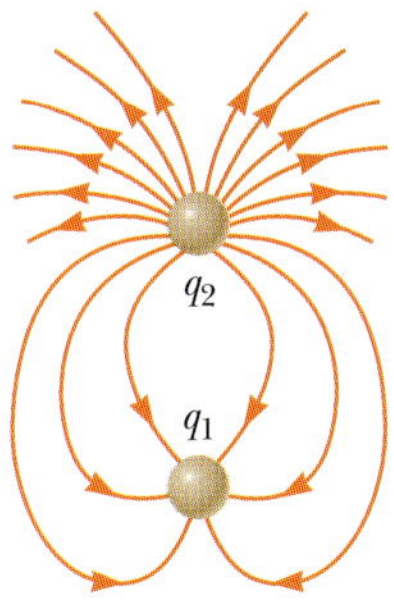

그림 P23.36

23.7 균일한 자기장 내에서 대전 입자의 운동

37. 640 N/C의 균일한 전기장 내에서 양성자가 정지 상태로부터 가속된다. 잠시 후 양성자의 속력은 1.20 Mm/s이다. (v가 빛의 속력에 비하여 매우 작으므로 비상대론적이다.) (a) 양성자의 가속도를 구하라. (b) 양성자가 이와 같은 속력에 도달하는 데 걸리는 시간은 얼마인가? (c) 이 시간 동안 양성자는 얼마나 멀리 이동하는가? (d) 이 시간 간격 끝에서 양성자의 운동 에너지는 얼마인가?

38. 한 개의 양성자가 $t = 0$에서 균일한 전기장 $\vec{\mathbf{E}} = (-6.00 \times 10^5)\hat{\mathbf{i}}$ N/C 의 영역으로 $+x$ 방향으로 입사된다. 이 양성자가 정지할 때까지 7.00 cm 이동한다. (a) 양성자의 가속도, (b) 양성자의 처음 속력, (c) 양성자가 정지할 때까지 걸린 시간을 구하라.

39. 어떤 전자빔 내의 전자들은 모두 운동 에너지가 K이다. 이 전자들이 거리 d만큼 움직인 후 정지하게 하려면 (a) 어떤 크기와 (b) 어떤 방향의 전기장이 필요한가?

40. 양성자가 4.50×10^5 m/s로 수평 방향으로 이동하여 균일한 연직 전기장 9.60×10^3 N/C 안으로 들어간다. 모든 중력 효과는 무시하고 (a) 양성자가 수평 방향으로 5.00 cm 이동하는 데 걸린 시간, (b) 양성자가 수평 방향으로 5.00 cm 이동하는 동안 양성자의 연직 변위, (c) 양성자가 수평 방향으로 5.00 cm 이동한 순간 양성자 속도의 수평 성분과 연직 성분을 구하라.

가우스의 법칙

Gauss's Law

CHAPTER

24

탁상형 플라스마 공으로부터 퍼져 나오는 다채로운 선들은 강한 전기장이 존재함을 보여 준다. 이 장에서 다루게 될 가우스의 법칙을 이용하면, 균일하게 대전된 구 주변의 전기장은 점전하에 의한 전기장과 동일하다는 것을 알 수 있다. *(Steve Cole/Getty Images)*

23장에서 주어진 전하 분포에 의한 전기장을 계산하는 방법으로 그 분포에 대하여 적분을 함으로써 보였다. 이 장에서는 **가우스의 법칙**을 배우는데, 이 법칙을 적용하는 것은 전기장을 계산하기 위한 또 다른 방법이 된다. 가우스의 법칙은 점전하 사이에 작용하는 전기력이 거리의 제곱에 반비례한다는 사실에 바탕을 두고 있다. 가우스의 법칙이 쿨롱 법칙의 결과이긴 하나, 고도의 대칭성을 가진 전하 분포에 의하여 만들어지는 전기장을 계산하는 데 훨씬 더 편리하게 사용된다. 또한 가우스의 법칙은 정성적인 추론에 의하여 복잡한 문제들을 다룰 수 있게 한다. 이 장에서 보이겠지만, 가우스의 법칙은 정전기적 평형 상태에 있는 도체의 성질을 이해하고 확인하는 데 중요하다.

24.1 전기선속

Electric Flux

23장에서 전기력선의 개념에 대하여 정성적으로 기술하였다. 이제 전기력선을 보다

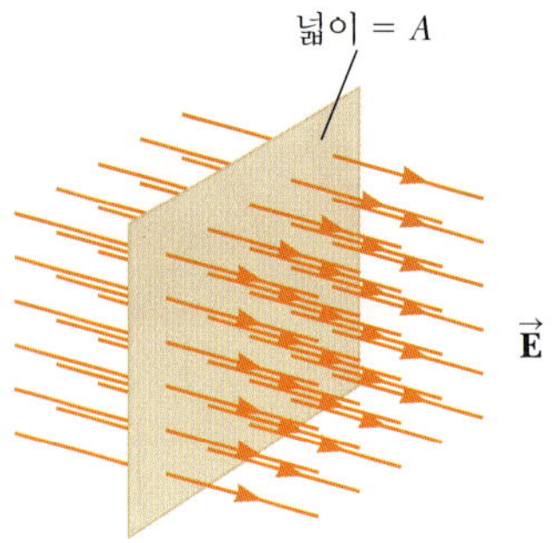

그림 24.1 넓이 A인 단면을 수직으로 통과하는 균일한 전기장을 나타내는 전기력선

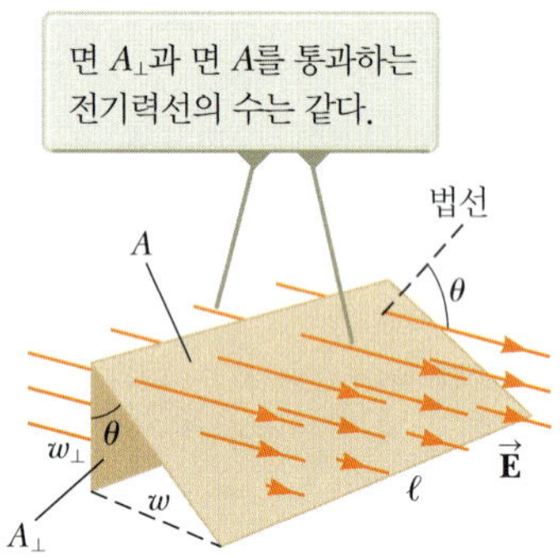

그림 24.2 전기장과 법선이 각도 θ를 이루고 넓이 A를 통과하는 균일한 전기장의 전기력선

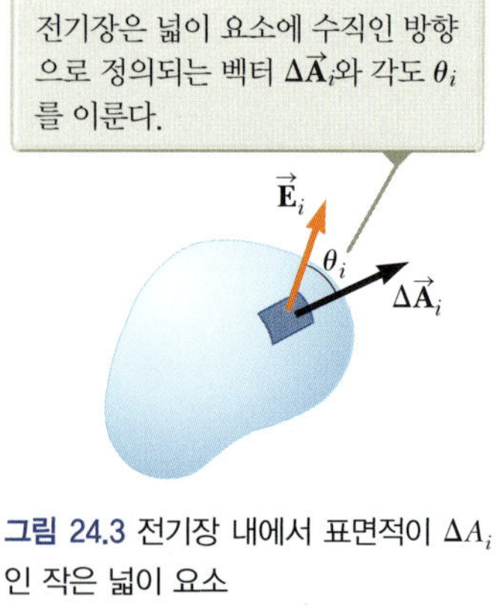

그림 24.3 전기장 내에서 표면적이 ΔA_i인 작은 넓이 요소

정량적인 방법으로 다루어 보도록 하자.

그림 24.1과 같이 크기와 방향이 일정한 전기장을 생각해 보자. 전기력선은 전기장에 수직인 방향으로 놓여 있는 넓이가 A인 사각형 단면을 통과한다. 23.6절로부터 단위 넓이당 전기력선의 수(달리 말하면 전기력선의 밀도)는 전기장의 크기에 비례함을 상기하자. 따라서 단면을 통과하는 전기력선의 수는 EA에 비례한다. 전기장의 크기 E와 전기장에 수직인 면의 넓이 A의 곱을 **전기선속**(electric flux) Φ_E(그리스 대문자 피)라 한다.

$$\Phi_E = EA \tag{24.1}$$

SI 단위계에서 전기선속 Φ_E의 단위는 $\mathrm{N \cdot m^2/C}$이다. 전기선속은 어떤 면을 통과하는 전기력선의 수에 비례한다.

만약 고려하는 면이 전기장의 방향과 수직으로 놓여 있지 않다면, 그 면을 지나는 전기선속은 식 24.1에서 주어지는 것보다 작아야 한다. 그림 24.2에서처럼 넓이 A인 면의 법선이 균일한 전기장의 방향과 θ의 각도를 이루면, 이 면을 통과하는 전기력선의 수는 전기장의 방향에 수직이 되게 사영한 넓이 $A_\perp$을 지나는 전기력선의 수와 동일하다. 넓이 A는 면의 가로와 세로의 곱인 $A = \ell w$이다. 그림의 왼쪽 변에서, 면의 세로는 $w_\perp = w\cos\theta$이다. 넓이 $A_\perp$는 $A_\perp = \ell w_\perp = \ell w \cos\theta$로 주어지며 두 넓이 사이에는 $A_\perp = A\cos\theta$의 관계가 성립한다. A를 지나는 전기선속은 $A_\perp$을 지나는 전기선속과 같으므로, A를 통과하는 전기선속은

$$\Phi_E = EA_\perp = EA\cos\theta \tag{24.2}$$

가 된다. 이 결과로부터 어떤 고정된 넓이 A를 통과하는 전기선속은 그 면이 전기장에 수직일 때 (면에 대한 법선이 전기장의 방향과 평행일 때, 즉 그림 24.2에서 $\theta = 0°$일 때) 최댓값 EA가 되며, 면과 전기장의 방향이 나란할 때 (면에 대한 법선이 전기장과 직각일 때, 즉 $\theta = 90°$일 때) 영이 된다. 식 24.2에서 $E\cos\theta$는 전기장 벡터의 법선 성분 E_n이므로 면을 지나는 전기선속은 $\Phi_E = (E\cos\theta)A = E_n A$로 쓸 수도 있다.

지금까지는 전기장이 균일하다고 가정하였지만, 보다 일반적인 경우에 전기장은 넓은 면에 걸쳐 변할 수 있다. 그러므로 식 24.2에 주어진 전기선속에 대한 정의는 거의 일정한 전기장을 갖는 작은 넓이 요소에 대해서만 의미를 가진다. 각 넓이가 ΔA_i인 많은 수의 작은 넓이 요소로 나누어진 일반적인 면을 생각하자. 그림 24.3과 같이 벡터 $\Delta\vec{\mathbf{A}}_i$의 크기는 큰 면을 구성하고 있는 i번째 요소의 넓이를 나타내고, 방향은 이 넓이 요소에 **수직**인 방향으로 정의하는 것이 편리하다. 이 요소의 위치에서 전기장 $\vec{\mathbf{E}}_i$는 벡터 $\Delta\vec{\mathbf{A}}_i$와 각도 θ_i를 이룬다. 두 벡터의 스칼라곱($\vec{\mathbf{A}} \cdot \vec{\mathbf{B}} \equiv AB\cos\theta$; 7장 참고)의 정의를 사용하면, 이 요소를 통과하는 전기선속 $\Phi_{E,i}$는

$$\Phi_{E,i} = E_i\,\Delta A_i\,\cos\theta_i = \vec{\mathbf{E}}_i \cdot \Delta\vec{\mathbf{A}}_i$$

로 주어진다. 표면을 통과하는 전체 전기선속의 근삿값은 모든 요소에 대한 선속을 합하여 얻을 수 있다.

$$\Phi_E \approx \sum \vec{\mathbf{E}}_i \cdot \Delta\vec{\mathbf{A}}_i$$

만약 각 요소의 넓이를 영에 근접하도록 만들면, 요소의 수는 무한히 많아지며 그 합은 적분으로 대체된다. 그러므로 전기선속의 일반적인 정의는

$$\Phi_E \equiv \int_{\text{surface}} \vec{\mathbf{E}} \cdot d\vec{\mathbf{A}} \tag{24.3}$$

◀ 전기선속의 정의

이다. 식 24.3은 어떤 주어진 표면에 대한 **면 적분**이다. 일반적으로 전기선속 Φ_E의 값은 전기장의 형태와 표면에 의하여 결정된다.

닫힌 곡면을 통과하는 전기선속을 구하는 것은 중요하다. 여기서 **닫힌 곡면**이란 어떤 표면이 내부 공간과 외부 공간을 분리하고, 이 표면을 지나지 않고는 한 공간에서 다른 공간으로 이동할 수 없는 그런 표면을 의미한다. 예를 들어 구의 표면은 닫힌 곡면이다. 관례에 의하여, 식 24.3에서 넓이 요소는 닫힌 곡면의 일부분이고, 넓이 벡터의 방향은 표면으로부터 바깥으로 향하는 벡터로 선택한다. 넓이 요소가 닫힌 곡면의 일부분이 아니면, 넓이 벡터의 방향은 넓이 벡터가 전기장 벡터 사이의 각도가 90°보다 작거나 같도록 선택한다.

그림 24.4에 있는 닫힌 곡면을 생각해 보자. 벡터 $\Delta\vec{\mathbf{A}}_i$는 다양한 넓이 요소에 대하여 각각 다른 방향을 가리키지만, 각 요소에서 벡터들은 표면에 수직이며 바깥쪽으로 향한다. 요소 ①의 경우 전기력선은 표면의 안쪽에서 바깥쪽으로 향하고 있으며 $\theta < 90°$이다. 따라서 이 요소를 통과하는 전기선속 $\Phi_{E,1} = \vec{\mathbf{E}} \cdot \Delta\vec{\mathbf{A}}_1$은 양수의 값을 가진다. 요소 ②의 경우 전기력선이 표면과 평행하게 ($\Delta\vec{\mathbf{A}}_2$에 수직으로) 지나가기 때문에 $\theta = 90°$

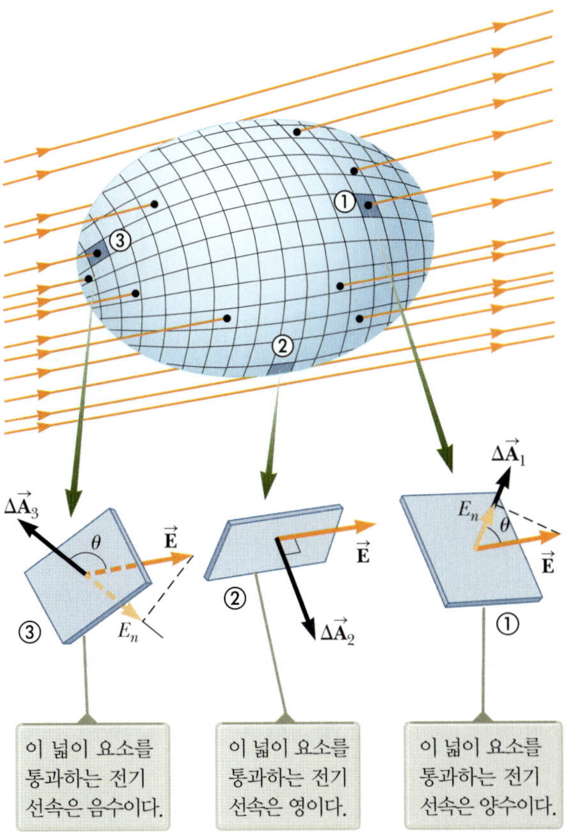

그림 24.4 전기장 내의 닫힌 곡면. 넓이 벡터들은 관례에 따라 표면에 수직이고 바깥쪽을 향하게 정의된다.

이고 전기선속은 영이다. 요소 ③의 경우는 전기력선이 표면의 바깥쪽에서 안쪽으로 들어오는 방향이므로 $90° < \theta < 180°$이고, $\cos\theta$의 값이 영보다 작기 때문에 전기선속은 음수의 값을 가진다. 표면을 통과하는 **알짜** 전기선속은 표면을 통과하는 알짜 전기력선의 수에 비례한다. 여기서 알짜 전기력선의 수는 **표면을 통과하여 나가는 전기력선 수에서 표면을 통과하여 들어오는 전기력선 수를 뺀 값**을 의미한다. 만약 표면을 통과하여 나가는 전기력선 수가 들어오는 전기력선 수보다 많으면 알짜 전기선속은 양수의 값이고, 반대로 들어오는 전기력선 수가 나가는 전기력선 수보다 많으면 음수의 값이다. 닫힌 곡면에 대한 적분을 $\oint$로 표시하면, 닫힌 곡면을 통과하는 알짜 전기선속 Φ_E는

$$\Phi_E = \oint \vec{\mathbf{E}} \cdot d\vec{\mathbf{A}} = \oint E_n \, dA \qquad \textbf{(24.4)}$$

로 쓸 수 있다. 여기서 E_n은 표면에 수직인 전기장 성분을 말한다.

퀴즈 24.1 어떤 구의 중심에 점전하가 위치한다고 가정하자. 그러면 구 표면에서의 전기장과 구를 관통하는 전체 전기선속이 결정된다. 이제 구의 반지름이 반으로 줄어든다면, 구를 통과하는 전체 전기선속과 구 표면에서의 전기장의 크기는 어떻게 되는가? **(a)** 선속과 전기장 둘 다 증가한다. **(b)** 선속과 전기장 둘 다 감소한다. **(c)** 선속은 증가하고, 전기장은 감소한다. **(d)** 선속은 감소하고, 전기장은 증가한다. **(e)** 선속은 변함이 없고, 전기장은 증가한다. **(f)** 선속은 감소하고, 전기장은 변함이 없다.

예제 24.1 정육면체를 통과하는 전기선속

균일한 전기장 $\vec{\mathbf{E}}$가 빈 공간에서 $+x$ 방향으로 향하고 있다. 그림 24.5와 같이 한 변의 길이가 ℓ인 정육면체의 표면을 통과하는 알짜 전기선속을 구하라.

풀이

개념화 그림 24.5를 세심하게 검토한다. 전기력선이 정육면체의 두 면을 수직으로 통과하고 나머지 네 면에는 평행함에 주목한다.

분류 전기선속을 정의로부터 계산하므로, 예제를 대입 문제로 분류한다.

네 면(③, ④ 그리고 번호가 매겨져 있지 않은 다른 두 면)을 통과하는 전기선속은 영이 된다. 왜냐하면 $\vec{\mathbf{E}}$가 그 네 면에 평행하여 그 면들에 대한 $d\vec{\mathbf{A}}$와 수직이기 때문이다.

면 ①과 ②를 통과하는 알짜 전기선속에 대하여 적분으로 쓴다.

$$\Phi_E = \int_1 \vec{\mathbf{E}} \cdot d\vec{\mathbf{A}} + \int_2 \vec{\mathbf{E}} \cdot d\vec{\mathbf{A}}$$

면 ①의 경우 전기장 $\vec{\mathbf{E}}$는 일정한 값을 가지고 안쪽 방향을 향하고 있으나, $d\vec{\mathbf{A}}_1$은 바깥쪽을 가리키고 있다($\theta = 180°$). 이 면을 통과하는 전기선속을 구한다.

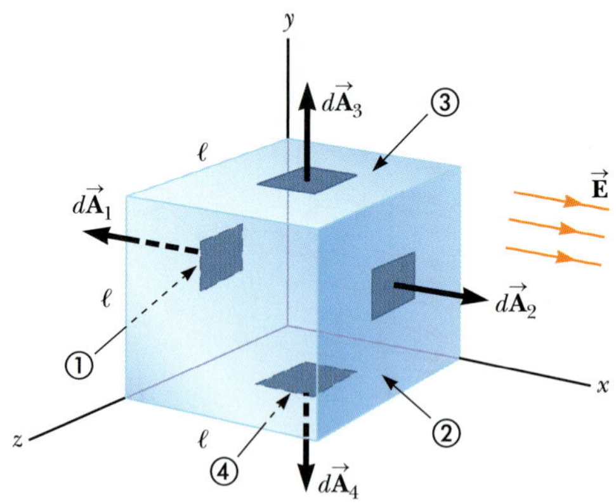

그림 24.5 (예제 24.1) x축과 평행한 균일한 전기장 내에 정육면체 모양의 닫힌 곡면이 놓여 있다. 면 ④는 아래쪽에 위치하고, 면 ①은 면 ②의 반대쪽에 위치한다.

$$\int_1 \vec{\mathbf{E}} \cdot d\vec{\mathbf{A}} = \int_1 E(\cos 180°)\, dA = -E\int_1 dA$$
$$= -EA = -E\ell^2$$

면 ②에 대해서는 전기장 $\vec{\mathbf{E}}$는 일정한 값을 가지고 바깥쪽을 향하며, $d\vec{\mathbf{A}}$와 같은 방향($\theta = 0°$)이다. 이 면을 통과하는 전기선속을 구한다.

$$\int_2 \vec{\mathbf{E}} \cdot d\vec{\mathbf{A}} = \int_2 E(\cos 0°)\, dA = E\int_2 dA = +EA = E\ell^2$$

전체 여섯 면을 통과하는 전기선속을 더함으로써 알짜 전기선속을 구한다.

$$\Phi_E = -E\ell^2 + E\ell^2 + 0 + 0 + 0 + 0 = \boxed{0}$$

24.2 가우스의 법칙 Gauss's Law

이 절에서는 닫힌 곡면(전자기학에서는 **가우스면**이라고도 함)을 지나는 알짜 전기선속과 닫힌 곡면 내에 갇혀 있는 전하 사이의 관계를 알아본다. **가우스의 법칙**이라고 알려진 이 관계는 전기장을 연구하는 데 아주 중요하게 사용된다.

그림 24.6과 같이 반지름 r인 구의 중심에 양의 점전하 q가 있다고 가정하자. 식 23.9로부터 구면 어디에서나 전기장의 크기는 $E = k_e q/r^2$임을 알 수 있으며, 전기력선은 구면에 수직이고 바깥쪽을 향한다. 즉 구면 상의 모든 점에서 $\vec{\mathbf{E}}$와 벡터 $\Delta\vec{\mathbf{A}}_i$는 평행하다. 따라서

$$\vec{\mathbf{E}} \cdot \Delta\vec{\mathbf{A}}_i = E\,\Delta A_i$$

가 성립하고, 식 24.4로부터 가우스면을 통과하는 알짜 전기선속은

$$\Phi_E = \oint \vec{\mathbf{E}} \cdot d\vec{\mathbf{A}} = \oint E\, dA = E\oint dA$$

로 주어진다. 여기서 E는 대칭성 때문에 표면에서 항상 일정하고, $E = k_e q/r^2$의 값을 가진다. 또한 표면이 구면이기 때문에 $\oint dA = A = 4\pi r^2$이고, 가우스면을 통과하는 알짜 전기선속은

$$\Phi_E = k_e \frac{q}{r^2}(4\pi r^2) = 4\pi k_e q$$

가 된다. 23.3절로부터 $k_e = 1/4\pi\epsilon_0$임을 상기하면, 이 식을 다음의 형태로 쓸 수 있다.

$$\Phi_E = \frac{q}{\epsilon_0} \qquad \textbf{(24.5)}$$

식 24.5는 구면을 통과하는 알짜 전기선속은 구면 내부에 존재하는 전하량에 비례함을 보여 준다. 쿨롱의 법칙으로 주어지는 전기장이 $1/r^2$에 비례하고 구의 표면적은 r^2에 비례하기 때문에, 구형의 가우스면을 통과하는 알짜 전기선속은 r의 크기에는 무관하게 된다.

이번에는 그림 24.7과 같이 전하 q를 둘러싸고 있는 여러 형태의 닫힌 곡면을 생각해 보자. 표면 S_1은 구형이지만, S_2와 S_3은 구형이 아니다. 식 24.5에 의하면 닫힌 곡면 S_1을 지나는 전기선속은 q/ϵ_0이다. 이미 앞 절에서 배웠듯이 전기선속은 표면을 지나는 전기력선의 수에 비례하는데, 그림 24.7에서 보는 바와 같이 비 구면인 S_2와 S_3을 지나

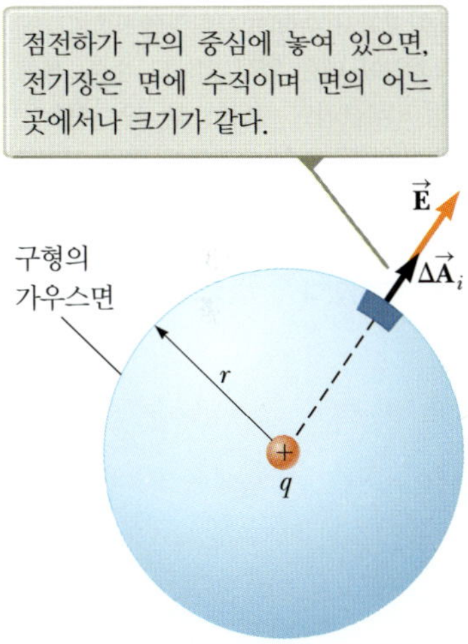

그림 24.6 점전하 q를 둘러싸고 있는 반지름 r인 구형 가우스면

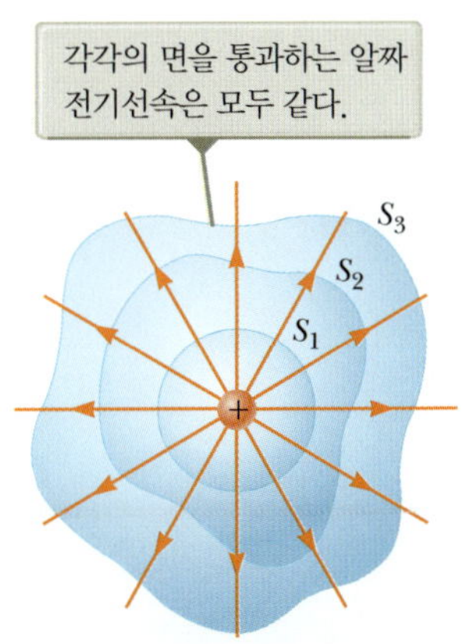

그림 24.7 전하 q를 둘러싸고 있는 여러 모양의 닫힌 곡면

가우스
Karl Friedrich Gauss, 1777~1855
독일의 수학자이자 천문학자

가우스는 1799년 헬름스테트(Helmstedt) 대학교에서 수학 박사학위를 받았다. 전자기학에 대한 업적 외에도 수론, 통계학, 비유클리드 기하학, 행성의 궤도 운동 역학 등 수학과 과학에 많은 기여를 하였다. 그는 독일의 자기학회를 창설하였으며, 이곳에서 지구의 자기장에 대하여 연구하였다.

는 전기력선의 수는 S_1을 지나는 전기력선의 수와 같으므로 S_2나 S_3면을 지나는 전기선속 역시 q/ϵ_0가 됨을 알 수 있다. 그러므로

> 점전하 q를 둘러싸고 있는 닫힌 곡면을 지나는 알짜 전기선속은 닫힌 곡면의 모양에 무관하고, 크기는 항상 q/ϵ_0로 주어진다.

이제 점전하가 그림 24.8과 같이 임의의 형태를 가지는 닫힌 곡면 **밖**에 위치하고 있는 상황을 고려하자. 이 구조에서 볼 수 있는 것처럼, 이 표면으로 들어가는 모든 전기력선은 표면의 다른 점에서 빠져나가게 된다는 것을 알 수 있다. 표면을 통과하여 들어오는 전기력선의 수는 언제나 이 표면을 빠져나가는 전기력선의 수와 같다. 따라서 전하를 포함하고 있지 않는 닫힌 곡면을 통과하는 알짜 전기선속은 영이 된다. 이 결과를 앞에서 다룬 예제 24.1에 적용하면, 정육면체 내부에 전하가 존재하지 않으므로 정육면체를 지나는 알짜 전기선속은 영이 됨을 쉽게 알 수 있다.

이 논의를 다음 두 가지의 일반화된 경우로 확장해 보자. (1) 여러 개의 점전하가 있는 경우와 (2) 연속적으로 전하가 분포되어 있는 경우. 중첩의 원리를 적용하면 여러 개의 전하에 의하여 만들어진 전기장은 각각의 전하에 의한 전기장의 벡터합으로 주어진다. 따라서 어떤 닫힌 곡면을 통과하는 전기선속은

$$\oint \vec{\mathbf{E}} \cdot d\vec{\mathbf{A}} = \oint (\vec{\mathbf{E}}_1 + \vec{\mathbf{E}}_2 + \cdots) \cdot d\vec{\mathbf{A}}$$

로 표현될 수 있는데, 여기서 $\vec{\mathbf{E}}$는 표면의 각 점에서 각각의 전하로 인한 전기장의 벡터합에 의하여 형성되는 전체 전기장이다. 그림 24.9와 같이 네 개의 점전하가 분포되어 있는 경우를 생각해 보자. 표면 S는 전하 q_1만을 포함하고 있으므로 표면 S를 통과하는 알짜 전기선속은 q_1/ϵ_0이다. 표면 S 밖의 전하 q_2, q_3, q_4에 의한 전기력선은 표면

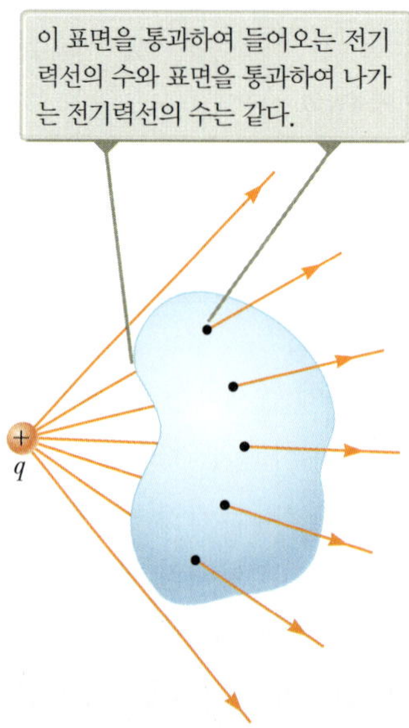

그림 24.8 점전하가 닫힌 곡면 밖에 있는 경우

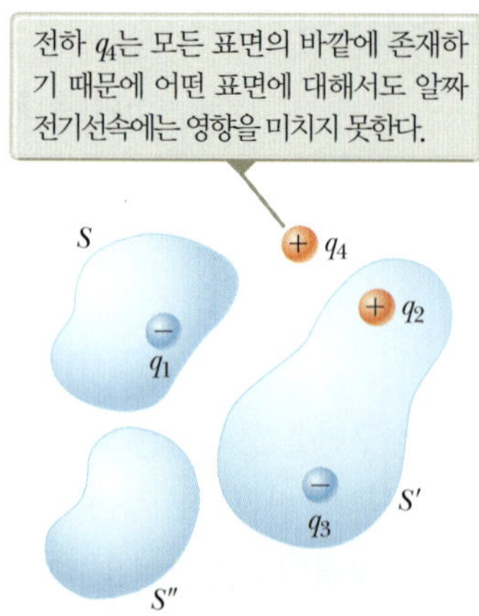

그림 24.9 닫힌 곡면을 통과하는 알짜 전기선속은 그 표면의 내부에 있는 전하에만 비례한다. 표면 S를 통과하는 알짜 전기선속은 q_1/ϵ_0이고 표면 S'을 통과하는 알짜 전기선속은 $(q_2 + q_3)/\epsilon_0$이며 표면 S''을 통과하는 알짜 전기선속은 영이다.

S를 통과하게 되더라도 들어왔다가 다시 빠져나가므로 표면 S에 대한 알짜 전기선속에는 영향을 주지 못한다. 표면 S'은 내부에 전하 q_2와 q_3을 포함하고 있으므로, 표면 S'에 대한 알짜 전기선속은 $(q_2 + q_3)/\epsilon_0$이 된다. 마지막으로 표면 S''은 내부에 알짜 전하를 포함하고 있지 않으므로, 표면 S''을 통과하는 알짜 전기선속은 영이 된다. 즉 한 점에서 S''으로 들어가는 **모든** 전기력선은 다른 곳으로 나온다. 전하 q_4는 어떤 표면에 대해서도 바깥에 있으므로 알짜 전기선속에는 영향을 미치지 못한다.

지금까지 논의한 내용을 일반화시킨 것이 바로 **가우스의 법칙**(Gauss's law)인데, 임의의 닫힌 곡면을 통과하는 알짜 전기선속은

$$\Phi_E = \oint \vec{\mathbf{E}} \cdot d\vec{\mathbf{A}} = \frac{q_{\text{in}}}{\epsilon_0} \quad (24.6)$$

으로 주어진다. 여기서 $\vec{\mathbf{E}}$는 표면 상의 각 점에서의 전기장을 나타내고 q_{in}은 표면 내부에 존재하는 알짜 전하량을 나타낸다.

식 24.6을 이용할 때 q_{in}은 가우스면 내부에 존재하는 알짜 전하량만을 의미하지만, 전기장 $\vec{\mathbf{E}}$는 가우스면 내부와 외부에 있는 모든 전하에 의하여 만들어지는 **전체 전기장**이라는 사실을 염두에 두어야 한다.

원칙적으로 가우스의 법칙은 불연속적인 전하계나 연속적으로 분포된 전하에 의한 전기장 $\vec{\mathbf{E}}$를 구하는 데 이용할 수 있다. 그러나 실제로는 고도의 대칭성을 이루는 몇 가지 한정된 상황에서만 유용하게 쓰인다. 다음 절에서는 가우스의 법칙을 이용하여 구대칭, 원통 대칭 또는 평면 대칭을 이루는 전하 분포에 의하여 만들어진 전기장을 계산한다. 전하를 감싸는 가우스면을 적절하게 선택하면, 식 24.6의 적분을 아주 쉽게 계산할 수 있다.

Q 퀴즈 24.2 어떤 가우스면을 통과하는 알짜 전기선속이 영이라면, 다음 명제 중 참인 것은? **(a)** 표면 안에는 어떤 전하도 없다. **(b)** 표면 안의 알짜 전하량이 영이다. **(c)** 표면의 어디에서나 전기장은 영이다. **(d)** 표면 안으로 들어가는 전기력선의 수와 표면 밖으로 나오는 전기력선의 수가 동일하다.

오류 피하기 24.1

전기선속이 영이라고 해서 전기장이 영은 아니다 닫힌 표면을 통과하는 전기선속이 영인 경우는 두 가지이다. (1) 닫힌 표면 내에 대전 입자가 없다. (2) 닫힌 표면 내에 대전 입자가 있지만 표면 내에서의 알짜 전하량이 영이다. 두 경우 모두에 대하여 표면에서의 전기장은 영이라고 결론내리는 것은 **옳지 않다**. 가우스의 법칙은 **전기선속**이 닫힌 표면 내의 전하량에 비례하는 것이지 **전기장**이 알짜 전하량에 비례하는 것이 아님을 말한다.

24.3 다양한 형태의 전하 분포에 대한 가우스 법칙의 적용
Application of Gauss's Law to Various Charge Distributions

이미 언급한 바와 같이 전하 분포가 매우 대칭적인 경우에는 가우스의 법칙이 전기장을 계산하는 데에 매우 유용하게 사용된다. 다음의 예는 식 24.6의 적분을 쉽게 계산할 수 있는 형태의 가우스면을 잡아 전기장을 구하는 방법을 보여 준다. 가우스면을 설정할 때, 전하 분포의 대칭성을 이용하면 전기장 E를 적분 기호 앞으로 빼낼 수 있어 쉽게 계산할 수 있다. 이런 방식의 계산을 하는 이유는 다음에 제시한 조건들 중 하나 또는 여러 개의 조건을 만족하는 가우스면을 설정하기 위해서이다.

오류 피하기 24.2

가우스면은 실제로 있는 것이 아니다 가우스면은 주로 여기에 열거한 조건들을 만족하기 위하여 만든 가상의 면이다. 주어진 상황에서 실제의 면과 일치할 필요는 없다.

1. 주어진 대칭성 때문에 전기장의 크기가 가우스면 상에서 일정한 크기의 상수가 되는 경우

2. $\vec{\mathbf{E}}$와 $d\vec{\mathbf{A}}$가 평행하기 때문에 식 24.6의 스칼라곱이 단순히 $E\,dA$로 주어지는 경우
3. $\vec{\mathbf{E}}$와 $d\vec{\mathbf{A}}$가 수직이기 때문에 식 24.6의 스칼라곱이 영으로 주어지는 경우
4. 전기장이 가우스면 상에서 영이 되는 경우

가우스면의 각 부분이 최소한 하나의 조건을 만족하면서도 서로 다른 부분은 다른 조건들을 만족할 수 있다. 이런 네 가지 경우 모두를 이 장에서 예제로 다루게 된다. 전하 분포가 충분히 대칭적이지 못해 이들 조건을 만족하는 가우스면을 찾을 수 없다면, 가우스의 법칙은 여전히 맞는 것이지만 이 전하 분포에 대한 전기장을 구하는 데 유용하지 않다.

예제 24.2 구 대칭 전하 분포에 의한 전기장

부피 전하 밀도가 ρ이고 전체 양전하 Q로 균일하게 대전되어 있는 반지름이 a인 속이 찬 부도체 구가 있다(그림 24.10).

(A) 구 밖의 한 점에서 전기장의 크기를 구하라.

풀이

개념화 이 문제가 앞 절에서의 가우스의 법칙에 대한 논의와 어떻게 다른지에 주목하자. 점전하로 인한 전기장에 대해서는 24.2절에서 논의하였다. 이제 전하 분포로 인한 전기장을 고려하자. 23장에서는 다양한 전하 분포에 대하여 그 분포에 대하여 적분을 하여 전기장을 구하였다. 이 예제는 23장에서 논의한 것과 다른 점을 보여 준다. 이 장에서는 가우스의 법칙을 이용하여 전기장을 구한다.

분류 전하가 구 전체에 균일하게 분포되어 있으므로 전하 분포는 구 대칭이고, 전기장을 구하기 위하여 가우스의 법칙을 적용할 수 있다.

분석 전하 분포가 구 대칭이므로, 그림 24.10a와 같이 구형 부도체와 동심이고 반지름 r인 구형의 가우스면을 택한다. 그러면 조건 (2)가 표면의 모든 곳에서 만족되고 $\vec{\mathbf{E}}\cdot d\vec{\mathbf{A}} = E\,dA$가 성립한다.

가우스의 법칙에서 $\vec{\mathbf{E}}\cdot d\vec{\mathbf{A}}$에 $E\,dA$를 치환한다.

$$\Phi_E = \oint \vec{\mathbf{E}}\cdot d\vec{\mathbf{A}} = \oint E\,dA = \frac{Q}{\epsilon_0}$$

대칭성에 의하여 표면의 모든 곳에서 E는 같은 값을 가지므로, 조건 (1)을 만족하게 되고, E를 적분 기호 앞으로 빼낼 수 있다.

$$\oint E\,dA = E\oint dA = E(4\pi r^2) = \frac{Q}{\epsilon_0}$$

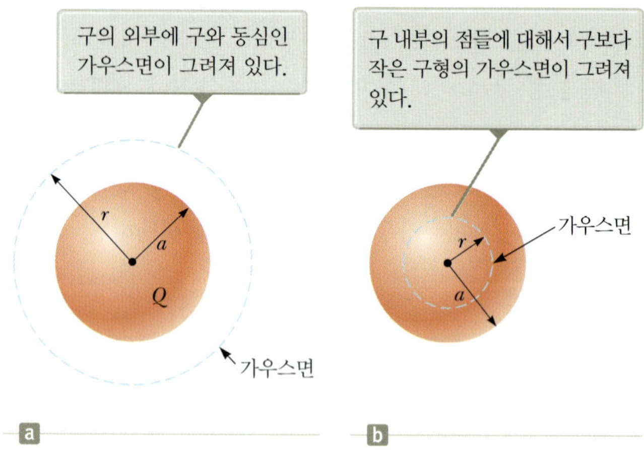

그림 24.10 (예제 24.2) 균일하게 대전되어 있는 반지름이 a이고 전체 전하량이 Q인 구형 부도체. 이와 같은 그림에서 점선은 가우스면과 종이면이 교차하는 선을 의미한다.

E에 대하여 푼다.

$$(1) \qquad E = \frac{Q}{4\pi\epsilon_0 r^2} = k_e\frac{Q}{r^2} \quad (r > a)$$

결론 이 결과는 점전하에 의한 결과와 일치한다. 그러므로 **균일하게 대전된 구에 의하여 구의 외부에 만들어지는 전기장은 점전하가 구의 중심에 위치하고 있는 경우와 동일하다.**

(B) 구 내부의 한 점에서 전기장의 크기를 구하라.

분석 이 경우에는 그림 24.10b와 같이 구의 내부에 반지름이 $r < a$인 동심의 가우스면을 택한다. 가우스면 내부의 부피를 V'으로 표기하자. 이 경우 가우스의 법칙을 적용할 때 주의할 점은 부피가 V'인 가우스면 내부의 전하량 q_{in}이 전체 전하량 Q보다 작다는 것이다.

$q_{in} = \rho V'$을 사용하여 q_{in}을 구한다.

$$q_{in} = \rho V' = \rho\left(\tfrac{4}{3}\pi r^3\right)$$

그림 24.10b에서 보여 주는 가우스면 상의 어느 점에서나 조건 (1)과 (2)를 만족한다는 것에 주목한다. $r < a$인 영역에서 가우스의 법칙을 적용한다.

$$\oint E\,dA = E\oint dA = E(4\pi r^2) = \frac{q_{in}}{\epsilon_0}$$

E에 대하여 풀고 q_{in}을 대입한다.

$$E = \frac{q_{in}}{4\pi\epsilon_0 r^2} = \frac{\rho\left(\frac{4}{3}\pi r^3\right)}{4\pi\epsilon_0 r^2} = \frac{\rho}{3\epsilon_0}r$$

$\rho = Q/\frac{4}{3}\pi a^3$과 $\epsilon_0 = 1/4\pi k_e$를 대입한다.

$$(2) \qquad E = \frac{Q/\frac{4}{3}\pi a^3}{3(1/4\pi k_e)}r = \boxed{k_e\frac{Q}{a^3}r \quad (r < a)}$$

결론 전기장의 크기 E에 대한 이 결과는 (A)에서 얻은 것과 다르다. $r \to 0$이 되면 $E \to 0$이 됨을 보여 준다. 따라서 이 결과는 E가 구의 내부에서도 $1/r^2$에 비례하면, $r = 0$에서 생길 수 있는 문제를 제거한다. 즉 $r < a$에 대하여 $E \propto 1/r^2$이라면 $r = 0$에서 전기장은 무한대가 될 것이고 이런 경우는 물리적으로 불가능하다.

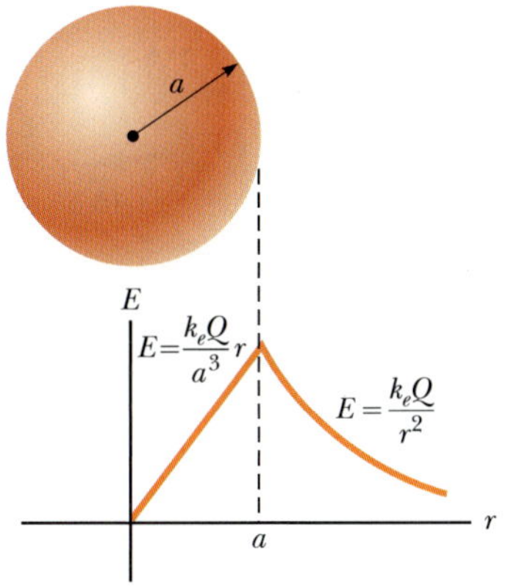

그림 24.11 (예제 24.2) 균일하게 대전된 반지름 a인 구형 부도체의 전기장의 크기 E와 거리 r의 관계. 구의 내부($r < a$)에서 전기장은 r에 비례하여 증가하고, 외부($r > a$)에서는 구의 중심($r = 0$)에 위치한 점전하 Q에 의한 전기장과 같다.

문제 만약 구의 내부와 외부로부터 $r = a$인 구의 표면으로 접근한다면 구의 외부와 내부에서 측정한 전기장의 크기는 같아지는가?

답 식 (1)에 의하여 구의 외부로부터 접근할 때는

$$E = \lim_{r \to a}\left(k_e\frac{Q}{r^2}\right) = k_e\frac{Q}{a^2}$$

로 주어진다. 내부로부터 접근하면 식 (2)는

$$E = \lim_{r \to a}\left(k_e\frac{Q}{a^3}r\right) = k_e\frac{Q}{a^3}a = k_e\frac{Q}{a^2}$$

로 된다. 그러므로 양쪽 방향에서 구의 표면에 접근하여 전기장을 측정하면 같은 값을 얻는다. 그림 24.11에 전기장의 크기를 거리 r의 함수로 표시하였다. 전기장의 크기가 연속적으로 변한다는 사실에 주목하라.

예제 24.3 원통 대칭 전하 분포에 의한 전기장

단위 길이당 양전하가 λ의 크기로 균일하게 대전되어 있는 무한히 길고 곧은 도선으로부터 거리가 r만큼 떨어진 점에서의 전기장을 구하라(그림 24.12a).

풀이

개념화 전하가 분포되어 있는 선은 **무한히** 길다. 그러므로 그림 24.12a에서 점의 수직 위치에 상관없이 선으로부터 같은 거리에 있는 모든 점에서 전기장의 크기는 일정하다. 전하 선으로부터 멀어짐에 따라 전기장이 점점 약해질 것으로 예상된다.

분류 전하가 선을 따라 균일하게 분포되어 있기 때문에, 전하 분포는 원통형 대칭이고 전기장을 구하기 위하여 가우스의 법칙을 적용할 수 있다.

분석 그림 24.12b에서와 같이 전하 분포의 대칭성 때문에, 전기장 $\vec{\mathbf{E}}$는 선전하에 수직으로 밖을 향하게 된다. 전하 분포의 대칭성을 고려하여 선전하와 동축이며 길이 ℓ, 반지름 r인 원통형 가우스면을 설정하자. 이 원통의 곡면에 대하여 전기장은 모든

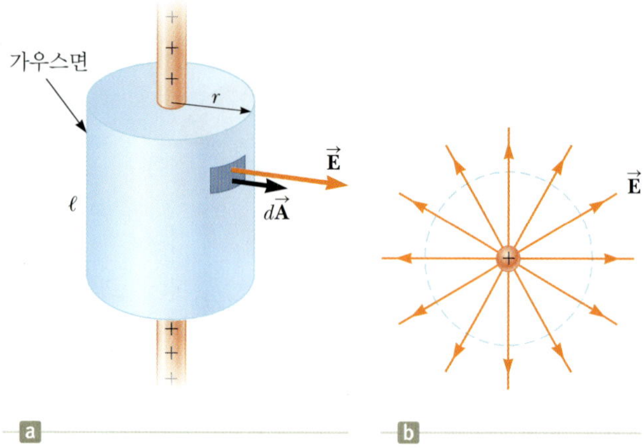

그림 24.12 (예제 24.3) (a) 무한히 긴 선전하가 그 선과 동심인 원통형 가우스면으로 둘러싸여 있다. (b) 원통 옆면에서 전기장의 크기는 일정하며 방향은 표면에 수직임을 보여 주는 단면도

점에서 크기가 같고 면에 수직이므로 앞에서 언급한 조건 (1)과 (2)를 모두 만족한다. 나아가 가우스 원통의 양 끝 면을 통과하는 전기선속은 전기장 $\vec{\mathbf{E}}$가 이 면들과 평행하기 때문에 영이다. 이것이 조건 (3)의 첫 번째 적용이다.

전체 가우스면에 대하여 가우스의 법칙에 있는 면 적분을 해야 한다. 원통의 평평한 양 끝 면에서는 $\vec{\mathbf{E}} \cdot d\vec{\mathbf{A}}$가 영이기 때문에 원통의 곡면 부분만을 고려하면 된다.

가우스면 내부의 전체 전하가 $\lambda\ell$이라는 사실에 유의하면서, 가우스의 법칙과 조건 (1)과 (2)를 적용한다.

$$\Phi_E = \oint \vec{\mathbf{E}} \cdot d\vec{\mathbf{A}} = E \oint dA = EA = \frac{q_{\text{in}}}{\epsilon_0} = \frac{\lambda\ell}{\epsilon_0}$$

원통 곡면의 넓이에 대하여 $A = 2\pi r\ell$을 대입한다.

$$E(2\pi r\ell) = \frac{\lambda\ell}{\epsilon_0}$$

전기장의 크기를 구한다.

$$E = \frac{\lambda}{2\pi\epsilon_0 r} = 2k_e\frac{\lambda}{r} \qquad \textbf{(24.7)}$$

결론 이 결과는 구 대칭 전하 분포에 대한 외부 전기장은 $1/r^2$로 변하지만, 원통형 전하 분포에 의한 전기장은 $1/r$로 변한다는 것을 보여 준다. 식 24.7은 전하 분포에 대하여 직접 적분하여 유도할 수 있다.

문제 이 예제에서 선 조각이 무한히 길지 않다면 어떻게 되는가?

답 만약 이 예제에서 선전하의 길이가 유한하다면, 전기장은 식 24.7로 주어지지 않을 것이다. 전기장의 크기가 가우스 원통의 전체 면에 걸쳐 더 이상 일정하지 않기 때문에, 유한한 길이의 선전하는 가우스의 법칙을 사용하기에 충분한 대칭성을 가지지 않는다. 선의 양 끝 근처에서의 전기장은 끝에서 멀리 떨어진 곳의 전기장과는 다를 것이다. 그러므로 이 상황에서는 조건 (1)이 만족되지 않는다. 더 나아가 모든 점에서 전기장 $\vec{\mathbf{E}}$가 원통형 표면과 수직을 이루지 않는다. 끝 근처에서 전기장 벡터는 선에 평행한 성분을 가질 것이다. 그러므로 조건 (2)가 만족되지 않는다. 유한한 선전하에는 가깝고 양 끝에서 멀리 떨어져 있는 점에서의 전기장은 식 24.7을 사용하여 훌륭한 근삿값을 얻을 수 있다.

반지름이 유한하고 길이가 무한대인 균일하게 대전된 막대의 내부에서 전기장은 r에 비례함을 연습문제(주관식 25)에서 확인해 보라.

예제 24.4 전하 평면

양전하가 표면 전하 밀도 σ로 고르게 대전되어 있는 무한 평면에 의한 전기장을 구하라.

풀이

개념화 전하를 띤 평면이 **무한히** 크다는 사실에 주목하자. 따라서 평면 근처의 모든 점에서 전기장은 같아야만 한다. 평면으로부터의 거리에 따라 전기장은 어떻게 되는가?

분류 전하가 표면에 균일하게 분포하기 때문에, 전하 분포는 대칭적이다. 가우스의 법칙을 사용하여 전기장을 구할 수 있다.

분석 대칭성에 의하여 $\vec{\mathbf{E}}$는 모든 점에서 그 평면에 수직이어야만 한다. 전기장은 항상 양전하로부터 나오는 방향으로 향하기 때문에 그림 24.13과 같이 평면 한쪽에서 전기장의 방향은 다른 한쪽에서 전기장의 방향과 반대가 되어야 한다. 이와 같은 대칭성을 고려한 가우스면은 평면에 수직인 축을 가지고 각각의 넓이가 A인 양 끝 면까지의 거리가 같은 작은 원통이다. 전기장 $\vec{\mathbf{E}}$가 원통의 곡면과 평행하므로 (따라서 곡면 상의 모든 점에서 $d\vec{\mathbf{A}}$에 수직이므로) 조건 (3)이 만족되고, 이 면에 대한 면 적분은 기여하는 바가 없다. 원통의 평평한 양 끝 면에서는 조건 (1)과 (2)가 만족된다. 원통의 각 끝 면을 통과하는 전기선속은 EA가 되고, 전체 가우스면을 통과하는 전체 전기선속은

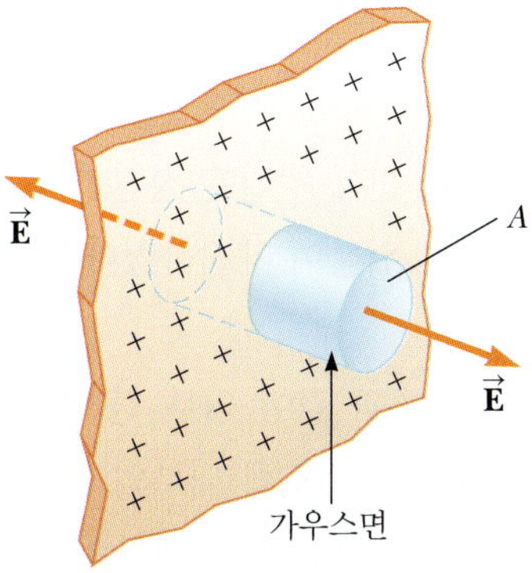

그림 24.13 (예제 24.4) 대전된 무한 평면을 수직으로 통과하는 원통형 가우스면. 원통의 평평한 양 끝 면을 통과하는 전기선속은 각각 EA이고, 원통의 곡면을 통과하는 전기선속은 영이다.

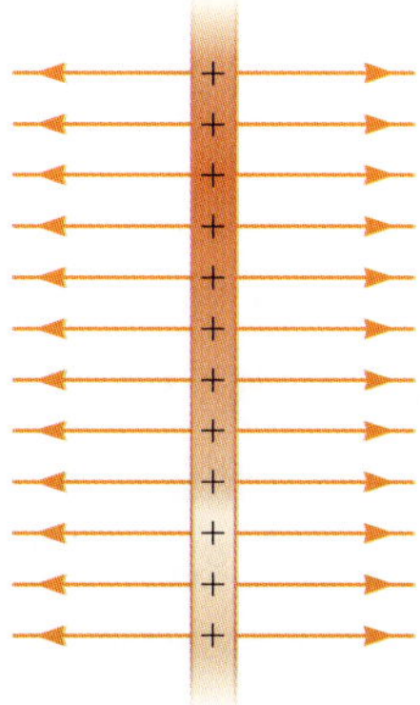

그림 24.14 (예제 24.4) 무한한 양전하 평면에 의한 전기력선

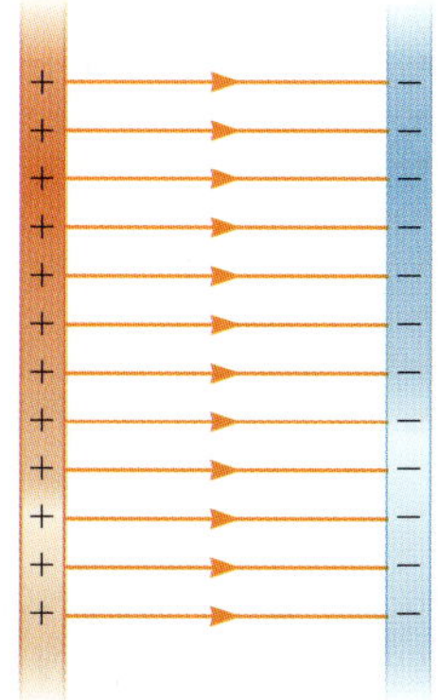

그림 24.15 (예제 24.4) 두 개의 무한 전하 평면 사이의 전기력선. 한 면은 양전하이고 다른 면은 음전하이다. 실제로 무한히 큰 전하 평면 가장자리의 전기력선은 바깥으로 휘어질 것이다.

바로 양 끝을 통과하는 전기선속과 같아서 $\Phi_E = 2EA$가 된다. 가우스면 내부의 전체 전하가 $q_{\text{in}} = \sigma A$라는 사실에 유의하면서, 이 표면에 대한 가우스의 법칙을 쓴다.

$$\Phi_E = 2EA = \frac{q_{\text{in}}}{\epsilon_0} = \frac{\sigma A}{\epsilon_0}$$

E에 대하여 푼다.

$$E = \frac{\sigma}{2\epsilon_0} \qquad \textbf{(24.8)}$$

결론 식 24.8에는 원통의 평평한 끝 면으로부터 떨어진 거리가 나타나지 않기 때문에, 전기장의 세기는 평면으로부터 어떤 거리에 있더라도 $E = \sigma/2\epsilon_0$라고 결론짓는다. 즉 어느 위치에서나 전기장은 균일하다. 그림 24.14는 무한히 큰 전하 면에 의한 균일한 전기장을 보여 준다.

문제 양전하로 대전된 무한 평면과 음전하로 대전된 무한 평면이 같은 크기로 평행하게 마주보고 있는 경우 전기장은 어떤 형태를 띠는가? 두 평면의 전하 밀도 크기는 같다.

답 먼저 예제 23.7의 문제에서 이 구조를 언급하였다. 마주보는 대전된 두 무한 평면 사이의 영역에서는 전기장이 더해져서 크기가 σ/ϵ_0인 균일한 전기장이 존재할 것이고, 그 외의 공간에서는 서로 상쇄되어 전기장의 크기는 영이 된다. 그림 24.15는 이런 구조에서의 전기력선을 보여 주고 있다. 이 방법은 서로 가까이 위치한 유한한 크기의 평행한 두 평면으로부터 균일한 전기장을 만드는 데 응용된다.

24.4 정전기적 평형 상태의 도체
Conductors in Electrostatic Equilibrium

23.2절에서 공부한 바와 같이, 좋은 도체는 어떤 원자에도 구속되어 있지 않고 물질 내부를 자유롭게 움직이는 전하(전자)를 가지고 있다. 도체 내에서 이들 전하의 알짜 운동이 없을 경우, 도체는 **정전기적 평형 상태**(electrostatic equilibrium)에 있다고 한다. 정전기적 평형 상태에 있는 도체는 다음과 같은 성질이 있다.

◀ 정전기적 평형 상태에서 도체의 특성

1. 도체 내부가 차 있거나 비어 있거나 상관없이, 도체 내부의 어느 위치에서나 전기장은 영이다.
2. 고립된 도체에 생긴 과잉 전하는 도체 표면에 분포한다.
3. 대전되어 있는 도체 표면 바로 바깥의 전기장은 도체 표면에 수직이고 크기가 σ/ϵ_0이다. 여기서 σ는 표면 전하 밀도이다.

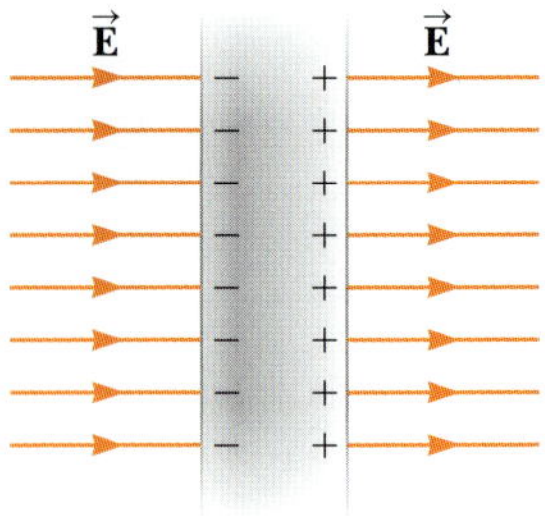

그림 24.16 외부 전기장 $\vec{\mathbf{E}}$ 내에 놓여 있는 도체 평판. 도체의 양쪽 표면에 유도된 전하가 외부 전기장과 반대 방향으로 향하는 전기장을 만들어 도체 내부의 전기장이 영이 되게 한다.

4. 모양이 불규칙한 도체의 경우, 표면 전하 밀도는 면의 곡률 반지름이 가장 작은 곳, 즉 뾰족한 점에서 가장 크다.

다음의 논의에서 위에 제시한 세 가지 성질을 증명한다. 네 번째 성질은 정전기적 평형 상태에 있는 도체의 성질에 대한 완벽한 목록을 제공하기 위하여 제시하였다(25장에서 적절한 지식을 공부할 때까지 증명하지는 않겠다).

앞에서 언급한 첫 번째 성질을 이해하기 위하여 그림 24.16과 같이 외부 전기장 $\vec{\mathbf{E}}$ 내에 놓여 있는 도체 평판을 생각하자. 정전기적 평형 상태에서는 도체 내부의 전기장이 영이 되어야만 한다. 만일 도체 내부의 전기장이 영이 아니라면, 도체 내부의 자유 전자들이 전기력($\vec{\mathbf{F}} = q\vec{\mathbf{E}}$)을 받아서 가속될 것이다. 전자들의 이런 운동은 도체가 정전기적 평형 상태에 있지 않다는 것을 의미할 것이다. 그러므로 정전기적 평형 상태는 도체 내부의 전기장이 영일 때만 성립한다.

도체 내부의 전기장이 어떻게 영이 되는지를 알아보자. 외부 전기장을 걸어주기 전에는 자유 전자들이 도체 내부에 균일하게 분포되어 있다. 여기에 외부 전기장이 가해지면 그림 24.16과 같이 자유 전자들은 왼쪽으로 움직여, 왼쪽 표면에 음으로 대전된 평면을 만든다. 왼쪽으로 향하는 전자들의 이런 움직임은 결과적으로 도체의 오른쪽 표면에 전자의 부족을 야기하여 양으로 대전된 평면을 만든다. 전하를 띤 이들 평면은 도체 내부에 외부 전기장과 반대 방향으로 향하는 추가적인 전기장을 형성한다. 전자들이 움직임에 따라 도체의 왼쪽과 오른쪽의 표면 전하 밀도는 내부 전기장의 크기가 외부 전기장의 크기와 같아져서 도체 내부에서의 전기장이 영이 될 때까지 증가한다. 좋은 도체의 경우, 대략 10^{-16} s 정도의 짧은 시간, 즉 순간적으로 정전기적 평형 상태를 이룬다.

속이 비어 있는 도체인 경우, 도체를 이루고 있는 물질 내의 점 또는 공동에 있는 점 중 어느 점을 고려하더라도 도체 내부에서 전기장은 역시 영이다. 공동에서 전기장이 영인 것은 전위의 개념을 가지고 논의하는 것이 가장 쉬워서 25.6절에서 이 문제를 언급할 것이다.

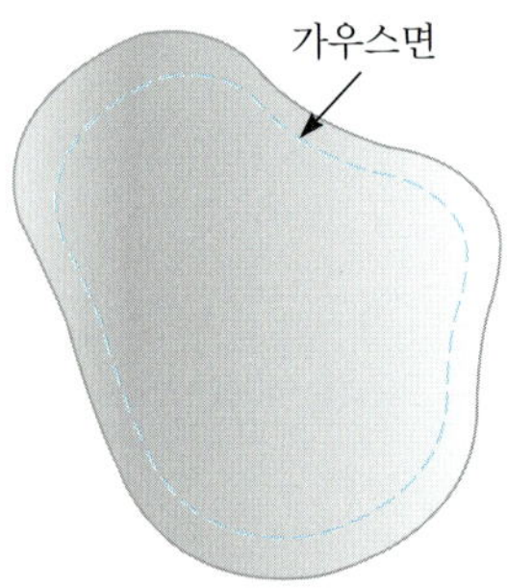

그림 24.17 임의의 형태를 띤 도체. 점선은 도체 표면 바로 안쪽의 가우스면이다.

가우스의 법칙을 이용하면 정전기적 평형 상태에 있는 도체의 두 번째 성질을 증명할 수 있다. 그림 24.17과 같은 임의의 형태를 띤 도체를 생각해 보자. 도체 내부 표면에 될 수 있는 한 가깝게 가우스면을 잡자. 이미 논의한 바와 같이, 도체가 정전기적 평형 상태에 있을 때에는 도체 내부의 전기장은 영이다. 그러므로 24.3절의 조건 (4)에 의하여 가우스면 상의 어디서나 전기장이 영이 되고 가우스면을 통과하는 알짜 전기선속도 영이 된다. 이 결과와 가우스의 법칙으로부터, 가우스면 내부의 알짜 전하는 영이라고 할 수 있다. 가우스면을 도체의 표면에 무한히 가깝게 위치하게 할 수 있으므로, 가우스면 내부에는 알짜 전하가 존재할 수 없다. 도체에서의 알짜 전하는 도체의 표면에만 분포해야만 한다. 가우스의 법칙은 과잉 전하가 어떻게 표면에 분포하는지에 대한 정보를 줄 수 없고, 단지 표면에만 과잉 전하가 분포하고 있다는 것을 알려준다.

세 번째 성질을 증명하기 위하여, 전기장이 표면에 수직이라는 것에서부터 시작하자. 만약 전기장 벡터 $\vec{\mathbf{E}}$가 도체 표면에 평행한 성분을 가지고 있다면, 자유 전자들은 전기력을 받아 도체 표면을 따라 움직이게 되므로 평형 상태에 있지 않을 것이다. 그러므로 전기장 벡터는 표면에 수직인 방향이어야 한다.

가우스의 법칙을 사용하여 전기장의 크기를 계산하고 그림 24.18과 같이 양 끝 면이 도체 표면과 평행한 작은 원통형 가우스면을 그린다. 원통의 일부는 그 도체 면의 바로 바깥쪽에 위치하고 나머지 일부는 도체 내부에 위치한다고 가정하자. 정전기적 평형 상태에 대한 조건으로부터 전기장이 도체 표면에 수직이다. 그러므로 원통형 가우스면의 곡면에 대하여 24.3절의 조건 (3)이 만족된다. $\vec{\mathbf{E}}$는 곡면에 평행하기 때문에 이 부분의 가우스면을 통과하는 전기선속은 없다. 도체면 내부에서 $\vec{\mathbf{E}} = 0$이므로, 원통 내부의 평평한 가우스면에 대하여 조건 (4)가 만족되고 이 면을 통과하는 전기선속은 없다. 그러므로 가우스면을 통과하는 전체 전기선속은 오직 전기장과 가우스면이 수직이 되는, 도체 외부에 위치하는 평평한 가우스면을 통과하는 전기선속과 같다. 이 면에 대하여 조건 (1)과 (2)를 사용하면 이 가우스면을 통과하는 전기선속은 EA로 주어진다. 이때 E는 도체 외부에서의 전기장이고, A는 원통의 끝 면의 넓이이다. 이 표면에 대하여 가우스의 법칙을 적용하면

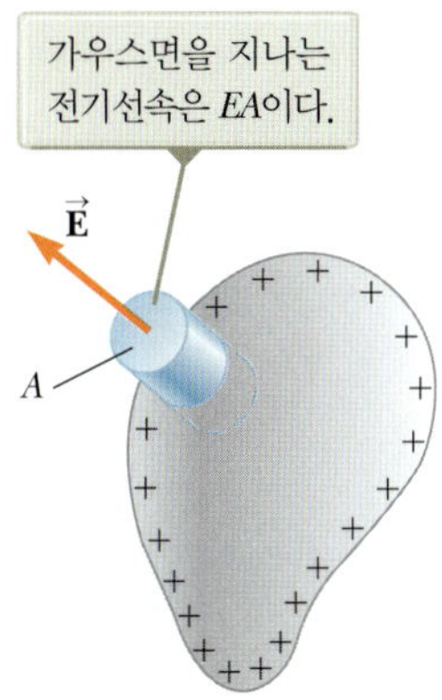

그림 24.18 작은 원통형 가우스면을 이용하여 대전된 도체 표면의 바로 바깥쪽의 전기장을 계산한다.

$$\Phi_E = \oint E\,dA = EA = \frac{q_{\text{in}}}{\epsilon_0} = \frac{\sigma A}{\epsilon_0}$$

이다. 여기서 $q_{\text{in}} = \sigma A$를 사용하였다. E에 대하여 풀면, 대전된 도체 바로 바깥에서의 전기장은

$$E = \frac{\sigma}{\epsilon_0} \qquad \textbf{(24.9)}$$

가 된다.

Q 퀴즈 24.3 남동생은 발을 카펫에 문지른 후 여러분을 만져 놀라게 하는 것을 좋아한다. 잡히지 않으려 도망다니던 중 지하실에서 몸이 들어가고도 남을 속이 빈 큰 금속 원통을 발견한다. 다음 중 어떤 경우에 여러분은 놀라지 않겠는가? **(a)** 여러분이 원통 속으로 들어가 안쪽 금속 표면에 손을 대고 대전된 동생은 바깥 금속 표면에 손을 댄다. **(b)** 대전된 동생은 안에서 안쪽 금속 표면에 손을 대고 여러분은 바깥에서 바깥쪽 금속 표면에 손을 댄다. **(c)** 여러분과 동생 둘 다 원통 바깥에서 바깥쪽 금속 표면에 손을 대지만 서로 손을 잡지는 않는다.

예제 24.5 구 껍질 내의 구

$-2Q$로 대전되어 있는 안쪽 반지름이 b이고 바깥쪽 반지름이 c인 도체 구 껍질의 중심에 알짜 양전하 Q로 대전된 반지름 a인 부도체 구가 위치하고 있다. 가우스의 법칙을 이용하여 그림 24.19에 표기된 영역 ①, ②, ③, ④에서의 전기장을 구하고, 정전기적 평형 상태에 있는 구 껍질의 전하 분포에 대하여 설명하라.

풀이

개념화 이 문제가 예제 24.2와 어떻게 다른지에 주목하라. 그림 24.10에 있는 대전된 구가 그림 24.19에 있지만, 이제 이 구는 $-2Q$의 전하를 가지는 구 껍질로 둘러싸여 있다. 구 껍질이 전기장에 어떻게 영향을 주는지 생각해 보자.

분류 전하가 구 전체에 균일하게 분포되어 있고, 도체 구 껍질에 있는 전하는 구 안쪽 표면과 바깥쪽 표면에 각각 균일하게 분포한다는 것을 알고 있다. 그러므로 이 구조는 구형 대칭성을 가지고 있기 때문에 여러 영역에서 전기장을 구하기 위하여 가우스의 법칙을 적용할 수 있다.

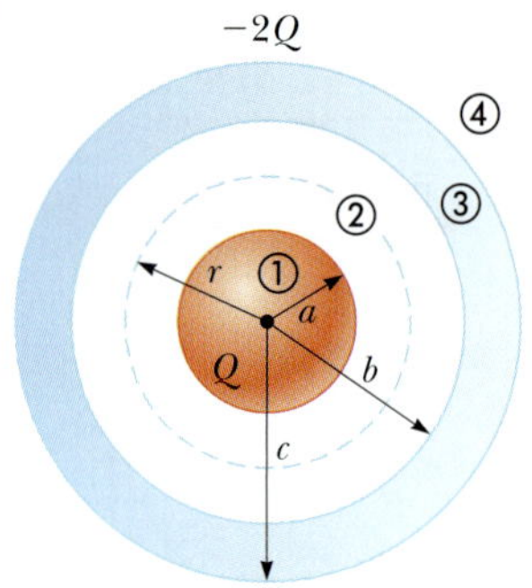

그림 24.19 (예제 24.5) 전하 $-2Q$로 대전된 도체 구 껍질이 전하 Q로 대전된 반지름 a인 부도체 구를 둘러싸고 있다.

분석 $a < r < b$(구의 표면과 도체 구 껍질의 안쪽 표면 사이)인 영역 ②에서는 구형의 가우스면을 설정하면 가우스면 내부의 알짜 전하는 $+Q$(부도체 구의 전하)가 된다. 구형의 대칭성 때문에 전기력선은 일정한 간격으로 가우스면에 수직으로 밖을 향하고 전기장은 가우스면 상에서 크기가 일정함을 알 수 있다.

도체 구 껍질의 전하는 $r < b$인 영역에서는 전기장을 만들지 않기 때문에, 영역 ②에서 구로 인한 전기장에 영향을 주지 않는다. 그러므로 영역 ②의 전기장에 대하여 예제 24.2의 (A)에서 얻은 구로 인한 전기장과 같은 식을 쓴다.

$$E_2 = k_e \frac{Q}{r^2} \quad (a < r < b)$$

도체 구 껍질은 내부에 전기장을 만들지 않기 때문에 또한 구 내부의 전기장에 영향을 주지 않는다. 그러므로 영역 ①의 전기장에 대하여 예제 24.2의 (B)에서 얻은 구로 인한 전기장과 같은 식을 쓴다.

$$E_1 = k_e \frac{Q}{a^3} r \quad (r < a)$$

$r > c$인 영역 ④에서 구형의 가우스면을 설정하면 이 면은 전체 전하 $q_{in} = Q + (-2Q) = -Q$를 둘러싼다. 그러므로 전하 $-Q$를 가진 구와 같은 전하 분포를 만들고 예제 24.2의 (A)에서 얻은 결과로부터 영역 ④에서의 전기장에 대한 식을 쓴다.

$$E_4 = -k_e \frac{Q}{r^2} \quad (r > c)$$

영역 ③에서는 구 껍질이 평형 상태에 있는 도체이므로, 전기장은 영이 되어야만 한다.

$$E_3 = 0 \quad (b < r < c)$$

영역 ③에서 $b < r < c$인 곳에 반지름 r인 가우스면을 설정하고 $E_3 = 0$이기 때문에 q_{in}이 영이 되어야 함에 유의하라. 구 껍질의 안쪽 표면 상에 있는 전하량 q_{inner}을 다음과 같이 구한다.

$$q_{in} = q_{sphere} + q_{inner}$$
$$q_{inner} = q_{in} - q_{sphere} = 0 - Q = -Q$$

결론 부도체 구의 전하 $+Q$를 상쇄하여 도체 구 껍질 내부의 전기장이 영이 되기 위해서는 도체 구 껍질의 안쪽 표면의 전하는 $-Q$가 되어야만 한다. 도체 구 껍질의 알짜 전하가 $-2Q$이므로, 도체 구 껍질의 바깥 표면에서의 전하는 $-Q$가 되어야 한다.

문제 문제에서 부도체 구 대신에 도체 구라면, 결과는 어떻게 달라지는가?

답 단지 $r < a$인 영역 ①에서만 결과가 달라진다. 정전기적 평형 상태에 있는 도체 내부에는 전하가 있을 수 없기 때문에, $r < a$인 가우스면에 대하여 $q_{in} = 0$이 된다. 그러므로 가우스의 법칙과 대칭성에 근거하여 영역 ①에서의 전기장 $E_1 = 0$이다. 영역 ②, ③, ④에서는 전기장을 측정하는 것만으로는 구가 도체인지 아닌지를 결정할 수 없다.

연습문제

객관식

1. 정육면체 가우스면이 이 정육면체의 마주보는 두 면을 수직으로 지나가는 대전된 긴 직선 필라멘트를 둘러싸고 있다. 근처에 다른 전하가 놓여 있지 않을 경우 **(i)** 정육면체의 몇 개의 면에서 전기장이 영인가? (a) 0 (b) 2 (c) 4 (d) 6 **(ii)** 정육면체의 몇 개의 면을 통과하는 전기선속이 영인가? **(i)**의 보기에서 고르라.

2. 긴 직선 필라멘트로 이루어진 동축 케이블이 긴 동축의 원통형 도체 껍질로 둘러싸여 있다. 전하 Q가 필라멘트에 대전되어 있고, 도체 껍질에는 알짜 전하가 없고, 필라멘트와 도체 껍질 안쪽 면 사이의 중간 지점 P에서의 전기장이 $E_1\hat{\mathbf{i}}$이라고 가정하자. 이번에는 케이블을 균일한 외부 전기장 $-E\hat{\mathbf{i}}$에 놓는다면, P에서의 전기장의 x성분은 얼마인가? (a) 0 (b) 0에서 E_1 사이 (c) E_1 (d) 0에서 $-E_1$ 사이 (e) $-E_1$

3. 다음 중 전기장을 구하기 위하여 쉽게 가우스의 법칙을 적용할 수 없는 경우는 어느 것인가? (a) 균일하게 대전된 긴 철사 근처 (b) 균일하게 대전된 큰 평면 위 (c) 균일하게 대전된 공의 내부 (d) 균일하게 대전된 구의 밖 (e) 앞의 내용 모두에 가우스의 법칙을 적용하여 쉽게 전기장을 구할 수 있다.

4. 전하 q인 입자가 정육면체 가우스면 내부에 놓여 있다. 근처에 다른 전하가 없을 경우 **(i)** 입자가 정육면체의 중심에 있을 때, 정육면체의 각 면을 통과하는 전기선속은 얼마인가? (a) 0 (b) $q/2\epsilon_0$ (c) $q/6\epsilon_0$ (d) $q/8\epsilon_0$ (e) 정육면체의 크기에 관계된다. **(ii)** 입자가 정육면체 내부의 어떤 지점으로든지 이동할 수 있다면, 한 면을 지나는 전기선속이 가질 수 있는 최댓값은 얼마인가? **(i)**의 보기에서 고르라.

5. 부도체 스탠드에 매달려 있는 알짜 전하를 갖지 않은 큰 금속 구 껍질이 있다. 구 껍질의 꼭대기에 작은 구멍이 있고, 전하 Q로 대전된 압정을 비단실로 이 작은 구멍을 통하여 구 껍질의 내부로 넣을 경우 **(i)** 구 껍질 안쪽 표면의 전하는 얼마가 되는가? (a) Q (b) $Q/2$ (c) 0 (d) $-Q/2$ (e) $-Q$. 다음 질문에 대한 답을 앞의 보기에서 고르라. **(ii)** 구 껍질 바깥 표면의 전하는 얼마가 되는가? **(iii)** 압정이 구 껍질 안쪽 표면에 닿았을 경우 압정의 전하는 얼마가 되는가? 이때 **(iv)** 구 껍질 안쪽 표면의 전하는 얼마가 되는가? **(v)** 구 껍질 바깥 표면의 전하는 얼마가 되는가?

6. 반지름이 5 cm인 두 개의 구가 똑같이 2 μC의 전체 전하를 갖고 있다. 구 A는 좋은 도체이다. 구 B는 절연체이며 전하가 구의 부피에 골고루 분포되어 있을 때 **(i)** 두 구에서 지름 방향으로 6 cm 떨어진 지점에서 전기장의 크기는 어떻게 되는지 비교하라. (a) $E_A > E_B = 0$ (b) $E_A > E_B > 0$ (c) $E_A = E_B > 0$ (d) $0 < E_A < E_B$ (e) $0 = E_A < E_B$ **(ii)** 두 구에서 지름 방향으로 4 cm 떨어진 지점에서 전기장의 크기는 어떻게 되는지 비교하라. **(i)**의 보기에서 고르라.

7. xy 평면에 있는 균일한 전하 분포에 의하여 1.00 N/C의 균일한 전기장이 생성된다. xy 평면 바로 위 0.500 m에 놓여 있는 금속 공 내부의 전기장은 얼마인가? (a) 1.00 N/C (b) −1.00 N/C (c) 0 (d) 0.250 N/C (e) 금속 공 내부의 지점에 따라 변한다.

8. 구의 부피에 전하가 균일하게 분포된 반지름 5 cm의 속이 찬 절연체 구가 있다. 그림 OQ24.8과 같이 이 구의 외부에 중심이 같고 알짜 전하가 없는 도체 구 껍질이 있다. 구 껍질의 안쪽 반지름은 10 cm이고 바깥쪽 반지름은 15 cm이다. 근처에 다른 전하가 없을 경우 (a) 점 A(반지름 4 cm), 점 B(반지름 8 cm), 점 C(반지름 12 cm), 점 D(반지름 16 cm)인 곳에서의 전기장의 크기를 큰 것부터 순서대로 나열하라. 크기가 같을 경우 동일한 순위로 두라. (b) 마찬가지로 점 A, B, C, D를 지나 동심 구면을 통과하는 전기선속의 크기를 큰 것부터 순서대로 나열하라.

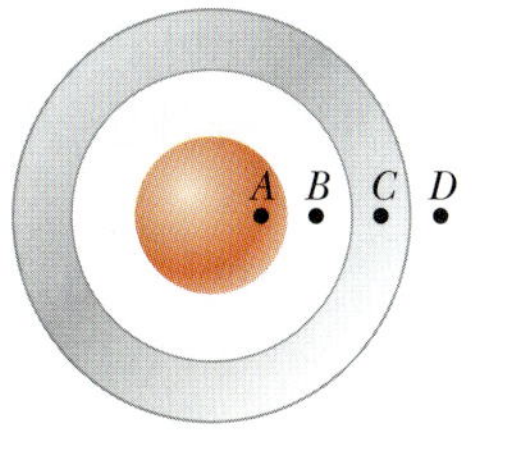

그림 OQ24.8

9. 무한히 넓은 균일한 평면 전하 분포가 있다. 이 분포에 대하여 정육면체 모양의 가우스면을 생각하자. 표면 전하 분포는 정육면체의 밑면과 윗면에 평행이고 이 정육면체를 이등분한다. 주위에는 다른 전하는 없다. **(i)** 정육면체 면 중에서 전기장이 영인 면은 몇 개인가? (a) 0 (b) 2 (c) 4 (d) 6 **(ii)** 이 6개의 면 각각을 지나는 전기선속을 고려하자. 전기선속이 영인 면은 몇 개인가? **(i)**의 보기에서 고르라.

10. 그림 OQ24.10과 같이 각 가우스면을 통과하는 전기선속의 값을 큰 것부터 순서대로 나열하라. 크기가 같을 경우 동일한 순위로 두라.

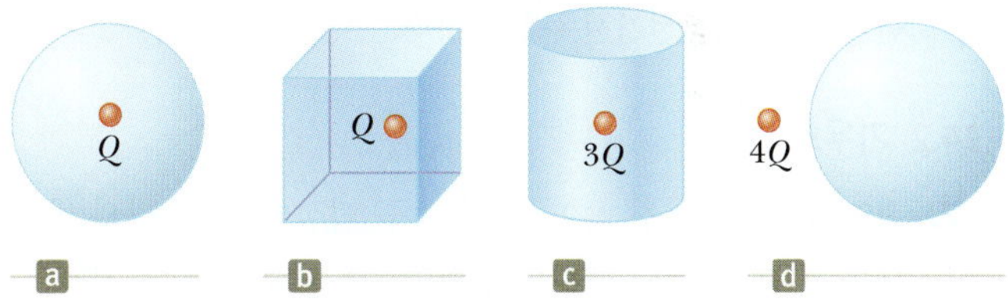

그림 OQ24.10

주관식

24.1 전기선속

1. 크기가 $E = 6.20 \times 10^5$ N/C인 균일한 전기장 내에서 넓이가 3.20 m^{2}인 평면이 회전하고 있다. (a) 전기장이 이 표면에 수직일 때와 (b) 평행일 때의 전기선속을 계산하라.

2. 천둥번개가 치는 어느 날 지표면 위에 크기가 2.00×10^4 N/C인 연직 방향의 전기장이 존재한다. 크기가 6.00 m × 3.00 m인 자동차가 경사도가 10.0°인 마른 자갈길을 내려가고 있을 때, 자동차의 바닥을 통과하는 전기선속을 구하라.

3. 지름이 40.0 cm인 원형 고리가 최대 전기선속의 위치를 찾을 때 까지 균일한 전기장 내에서 회전하고 있다. 이 위치에서의 전기선속이 $5.20 \times 10^5 \text{ N} \cdot \text{m}^2/\text{C}$일 때 전기장의 크기는 얼마인가?

4. 그림 P24.4와 같이 닫혀 있는 삼각형 상자가 수평 방향의 전기장 크기가 $E = 7.80 \times 10^4$ N/C인 곳에 놓여 있을 때, (a) 연직의 직사각형 면, (b) 기울어진 면, (c) 상자의 전체 면을 통과하는 전기선속을 계산하라.

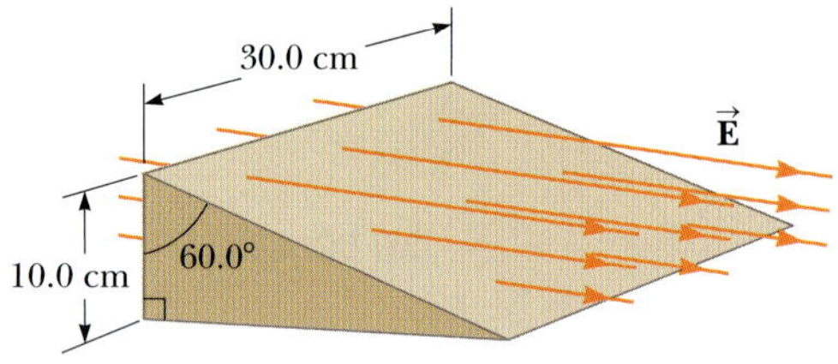

그림 P24.4

5. x축 방향으로 크기가 3.50 kN/C인 전기장이 있다. 가로가 0.350 m이고 세로가 0.700 m인 직사각형 면이 (a) yz 평면에 평행일 때, (a) xy 평면에 평행일 때, (c) 이 면이 y축을 포함하고 이 면에 수직인 방향과 x축이 이루는 각도가 40.0°일 때 이 직사각형 면을 지나가는 전기선속을 구하라.

6. 직사각형 면이 균일하지 않은 전기장 $\vec{\mathbf{E}} = ay\hat{\mathbf{i}} + bz\hat{\mathbf{j}} + cx\hat{\mathbf{k}}$ (a, b, c: 상수) 내에 있다. 이 면은 xy 평면에 있고 $x = 0$에서 $x = w$ 사이와 $y = 0$에서 $y = h$ 사이의 직사각형이다. 이 면을 지나가는 전기선속을 구하라.

24.2 가우스 법칙

7. 절연체로 만들어진 속이 빈 얇은 구 껍질이 있다. 구의 반지름은 10.0 cm이고 대전되지 않았으며 구의 중심에 직각 좌표계의 원점이 있고 이 중심에 전하 10.0 μC인 아주 작은 구형 물체가 있다. 드릴로 z축을 따라서 구 껍질 면에 수직인 방향으로 반지름이 1.00 mm인 구멍을 뚫는다. 이 구멍을 지나가는 전기선속을 구하라.

8. 전하 5.00 μC, −9.00 μC, 27.0 μC, −84.0 μC이 잠수함 내에 있을 때 (a) 잠수함 선체를 통과하는 알짜 전기선속을 계산하라. (b) 잠수함으로부터 나오는 전기력선의 수는 들어가는 전기력선의 수보다 큰지, 같은지, 작은지를 구하라.

9. S_1에서 S_4까지의 네 개의 닫힌 곡면과 $-2Q$, Q, $-Q$인 전하를 그림 P24.9처럼 그려놓았다(색칠한 선들은 표면과 종이 면이 교차하는 부분이다). 각 표면을 통과하는 전기선속을 구하라.

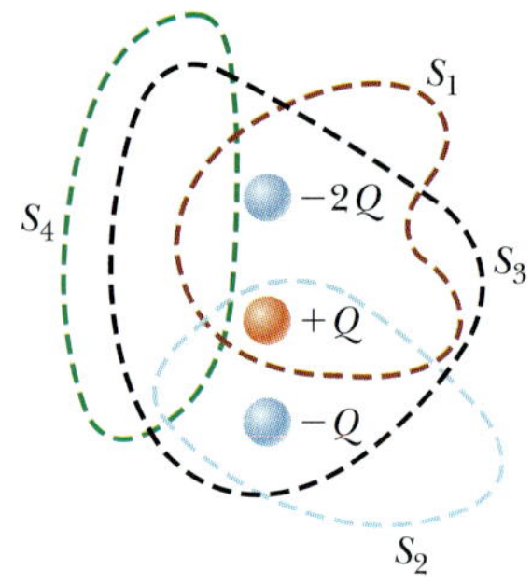

그림 P24.9

10. 한 변의 길이가 80.0 cm인 정육면체의 중심에 170 μC인 전하가 있다. 근처에 다른 전하가 없을 경우 (a) 정육면체의 각 면을 통과하는 전기선속을 구하라. (b) 정육면체의 전체 면을 통과하는 전기선속을 구하라. (c) 전하가 정육면체의 중심에 놓여 있지 않을 경우 (a) 또는 (b)의 답이 달라지는가? 설명하라.

11. 지표면 위 고도 500 m인 특정 지역 위의 공기에서 전기장은 아래 방향으로 120 N/C이고, 600 m인 곳에서의 전기장은 아래 방향으로 100 N/C이라 한다. 이 두 높이 사이의 대기층 속의 알짜 전하에 대하여 평균 부피 전하 밀도를 구하라. 이곳의 알짜 전하는 양전하인가 음전하인가?

12. (a) 그림 P24.12의 정육면체를 통과하는 알짜 전기선속을 구하라. (b) 이 정육면체 표면에서의 전기장을 구하기 위하여 가우스의 법칙을 사용할 수 있는지에 대하여 설명하라.

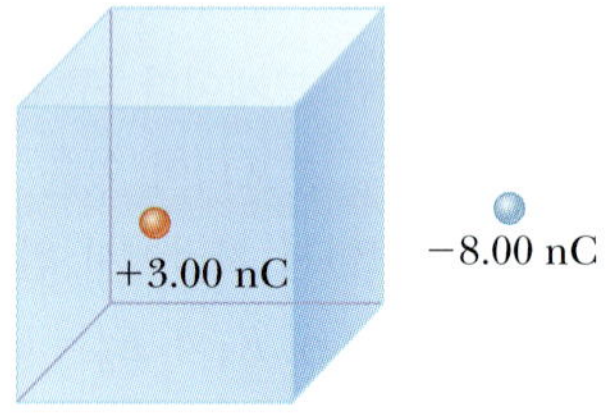

그림 P24.12

13. (a) 전하 q가 무한 평면으로부터 거리 d만큼 떨어진 곳에 있을 때, 대전 입자에 의하여 면을 통과하는 전기선속을 구하라. (b) 전하 q가 크기가 아주 큰 정사각형의 중심에서 정사각형에 수직이며 중심을 지나는 선으로부터 아주 조금 떨어져 있을 때, 대전 입자에 의하여 정사각형을 통과하는 대략적인 전기선속을 구하라. (c) (a)와 (b)의 결과를 비교 설명하라.

14. (a) 그림 P24.14a에서처럼 균일한 전기장 내에 있는 닫힌 구면과 (b) 그림 P24.14b에 보인 전기장 내에 있는 닫힌 원통 면을 통과하는 알짜 전기선속을 구하라. (c) 원통 면 내

에 알짜 전하가 있는가? 있다면 그 값을 구하라.

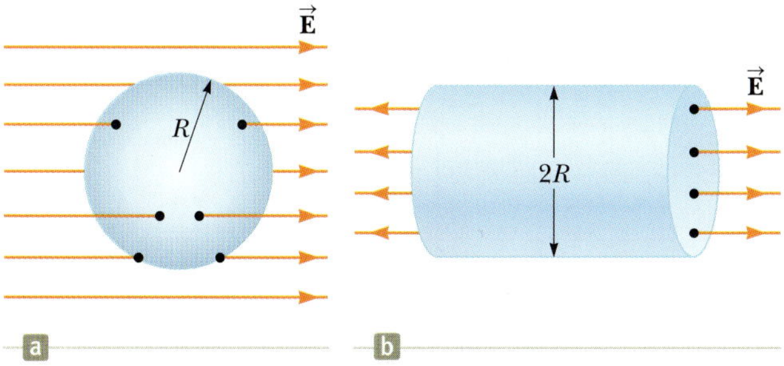

그림 P24.14

15. 그림 P24.15에서처럼 전하 Q인 입자가 반지름 R인 반구의 평평한 면의 중심 바로 위 거리 δ인 곳에 있다. $\delta \to 0$일 때 (a) 반구의 곡면과 (b) 평평한 면을 지나는 전기선속을 구하라.

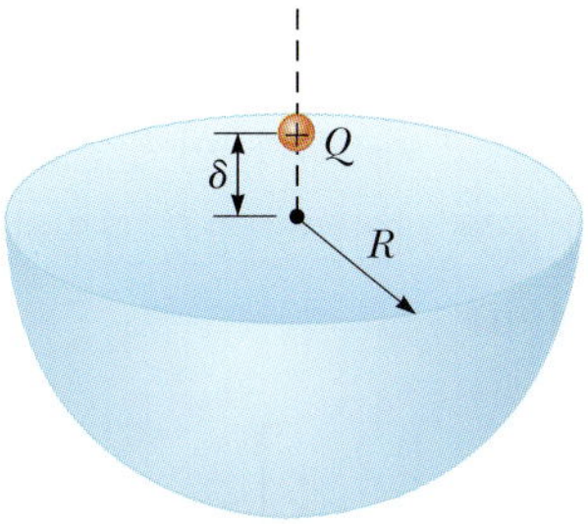

그림 P24.15

16. 그림 P24.16은 정육면체의 윗면과 아랫면에 평행한 방향인 균일한 전기장 $\vec{\mathbf{E}}$ 내에 있는 정육면체 가우스면을 위에서 본 그림이다. 전기장은 측면 ①과 각도 θ를 이루고 각 면의 넓이는 A이다. 정육면체의 (a) 면 ①, (b) 면 ②, (c) 면 ③, (d) 면 ④ 그리고 (e) 윗면과 아랫면을 통과하는 전기선속을 구하라. (f) 정육면체를 통과하는 알짜 전기선속은 얼마인가? (g) 가우스면에 둘러싸여 있는 전하는 얼마인가?

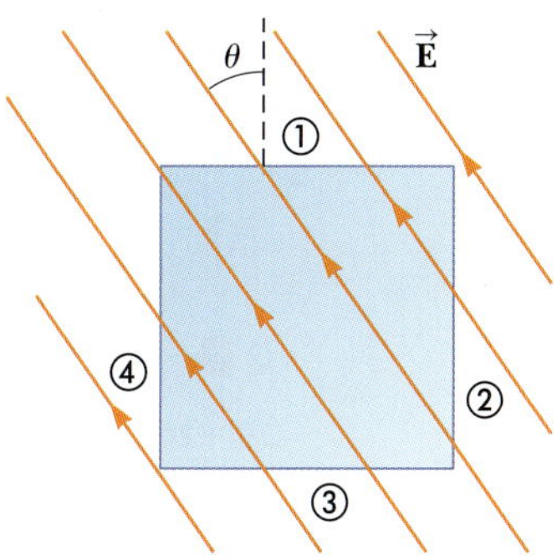

그림 P24.16

17. 그림 P24.17과 같이 균일한 전기장 내의 정사각형 표면에 대한 전기선속을 고려해 보자. 그림에서 $d = 15.0$ cm이고 $\theta = 70.0°$이다. 이 면에서 전기선속이 $6.00\ \mathrm{N \cdot m^2/C}$이라면 전기장의 크기는 얼마인가?

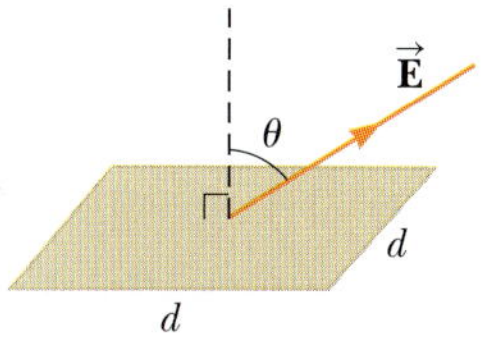

그림 P24.17

18. 그림 P24.18과 같이 $a = b = 0.400$ m이고 $c = 0.600$ m인 직육면체 닫힌 곡면이 있다. 이 닫힌 곡면의 왼쪽 면은 $x = a$에 있다. 닫힌 곡면 내부와 인근 영역에서 전기장은 균일하지 않으며 $\vec{\mathbf{E}} = (3.00 + 2.00x^2)\hat{\mathbf{i}}$ N/C로 주어진다. 이 식에서 x의 단위는 m이다. (a) 이 닫힌 곡면에서 나오는 알짜 전기선속을 계산하라. (b) 이 표면 내의 알짜 전하를 구하라.

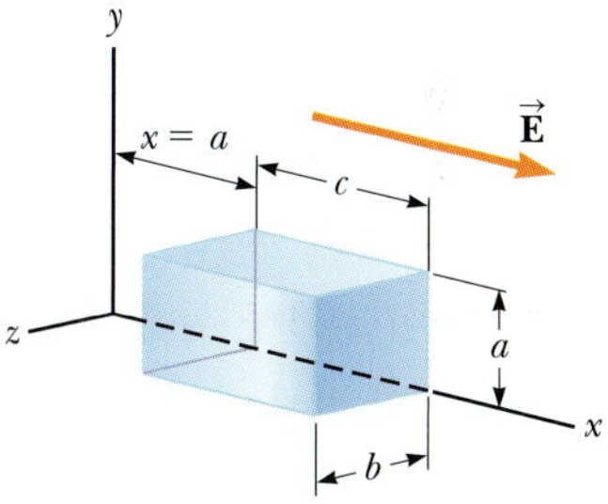

그림 P24.18

24.3 다양한 형태의 전하 분포에 대한 가우스 법칙의 적용

19. 양성자가 92개 있는 우라늄 238 핵이 빠른 중성자와 충돌하여 분열하면 두 개의 동일한 크기의 딸핵으로 나누어질 수가 있다. 나누어진 한 딸핵은 반지름이 5.90×10^{-15} m인 공 모양이고 46개의 양성자가 들어 있다. 이 두 핵을 분리시키는 척력인 전기력의 크기를 추산하라.

20. 어떤 스티로폼 조각의 질량이 10.0 g이고 알짜 전하가 $-0.700\ \mu$C이다. 이 물체가 균일하게 대전된 아주 넓은 평평한 플라스틱 표면 한가운데 위에 떠서 가만히 있다. 이 플라스틱의 표면 전하 밀도를 계산하라.

21. 82개의 양성자와 126개의 중성자를 가지고 있는 납 원자핵의 표면에서의 전기장의 크기를 구하라. 이때 양성자는 반지름이 1.20×10^{-15} m인 구이고, 납 원자핵의 부피는 양성자 한 개 부피의 208배라고 가정한다.

22. 단위 넓이당 전하가 $9.00\ \mu$C로 대전된 무한 평면이 수평으로 있을 때, 이 평면의 중앙 바로 위에서의 전기장을 구하라.

23. 부도체 벽이 $8.60\ \mu\mathrm{C/cm^2}$의 균일한 전하 밀도를 가지고 있

을 때 (a) 7.00 cm는 벽의 크기에 비해 작다고 하면, 벽 앞 7.00 cm인 지점에서의 전기장은 얼마인가? (b) 전기장이 벽으로부터의 거리에 따라 변하는지 설명하라.

24. 길이가 7.00 m인 직선 필라멘트에 전체 양전하 2.00 μC이 균일하게 분포되어 있다. 길이가 2.00 cm이고, 반지름이 10.0 cm인 대전되어 있지 않은 마분지 원통이 필라멘트를 중심축으로 하면서 필라멘트를 감싸고 있다. 합리적인 근사법을 이용하여 (a) 원통 표면에서의 전기장과 (b) 원통에서 나오는 알짜 전기선속을 구하라.

25. 균일한 전하 밀도 ρ로 대전되어 있는 반지름 R인 긴 원통형 전하 분포가 있다. 원통의 축으로부터 거리가 $r(r < R)$인 곳에서의 전기장을 구하라.

26. 안쪽 반지름이 20.0 cm이고 바깥 반지름이 25.0 cm인 절연체 구 껍질의 중심에 전하가 −60.0 nC인 입자가 있다. 이 구 껍질은 부피 전하 밀도 −1.33 μC/m^{3}로 균일하게 대전되어 있다. 양성자는 구 껍질 바로 밖 원 궤도에서 움직인다. 양성자의 속도를 계산하라.

27. 아주 넓은 도체 판이 xy 평면 위에 있으며 표면 전하 밀도 σ로 대전되어 있다. 이 판 위에 같은 모양의 판이 앞 판과 평행하게 $z = z_0$인 위치에 있으며 이 판의 표면 전하 밀도는 -2σ이다. (a) $z < 0$, (b) $0 < z < z_0$, (c) $z > z_0$에서 전기장을 구하라.

28. 그림 P24.28과 같은 배치에서 $a = 5.00$ cm, $b = 20.0$ cm 그리고 $c = 25.0$ cm라 하자. 그리고 중심에서부터의 거리 r가 10.0 cm인 곳의 전기장은 중심을 향하고 크기가 3.60×10^3 N/C, r가 50.0 cm인 곳의 전기장은 크기가 200 N/C이고 바깥을 향하는 지름 방향이다. 이 정보로부터 (a) 절연체 구의 전하, (b) 속이 빈 도체 구의 알짜 전하, (c) 속이 빈 도체 구 안쪽 표면의 전하, (d) 속이 빈 도체 구 바깥 표면의 전하를 구하라.

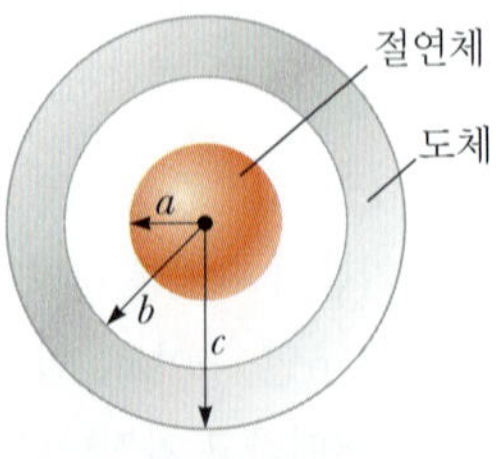

그림 P24.28

29. 그림 P24.29에서 두께 d인 절연체 평판의 부피 전하 밀도 ρ는 균일하지 않아서 $\rho = Cx^2$으로 주어진다. 여기서 x는 판 가운데 원점으로부터의 거리이고 C는 상수이다. 이 판은 y와 z 방향으로 무한히 펼쳐져 있다. (a) 판 외부($|x| > d/2$)와 (b) 내부($-d/2 < x < d/2$)에서 전기장의 표현 식을 구하라.

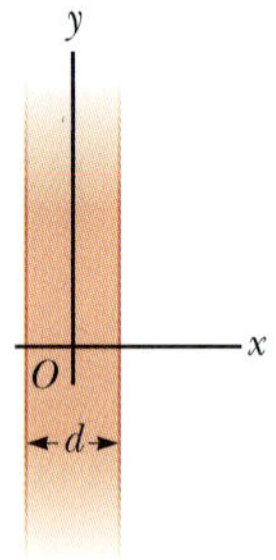

그림 P24.29

30. 그림 P24.30과 같이 반지름이 $2a$인 절연체 구에서 반지름이 a인 구를 도려낸 모양이 있다. 도려낸 구가 있던 공동은 처음 큰 구와 접한다. 여기서 절연체 물질이 전기장에 영향을 주지 않는다고 가정한다. 이 절연체의 부피 전하 밀도가 ρ일 때, 이 공동 내의 전기장은 균일하여 $E_x = 0$, $E_y = \rho a/3\epsilon_0$임을 보이라.

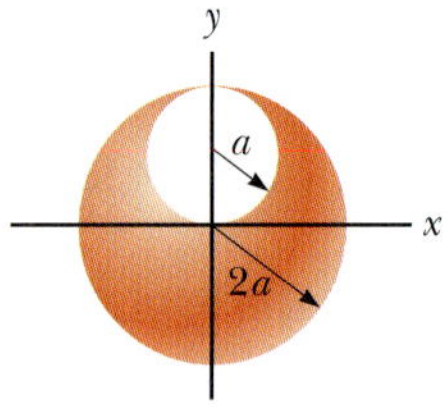

그림 P24.30

31. 그림 P24.31에는 전하가 Q인 입자가 반지름 R인 원의 중심축 위에 있고 원의 중심과 전하 사이의 거리는 b이다. 입자로부터 나온 전기선속의 1/4이 원을 지난다면 $R = \sqrt{3}\,b$임을 보이라.

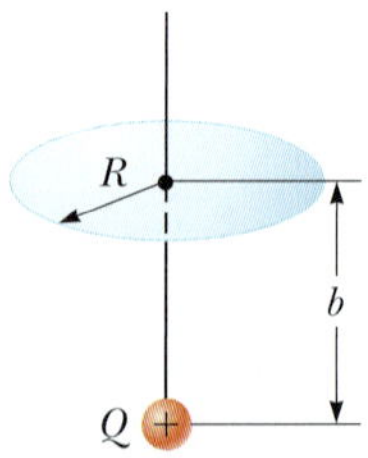

그림 P24.31

24.4 정전기적 평형 상태의 도체

32. 반지름이 5.00 cm인 긴 직선 금속 막대에 단위 길이당 전하 30.0 nC/m가 골고루 분포되어 있다. 막대의 축으로부터 측정한 수직 거리가 (a) 3.00 cm, (b) 10.0 cm, (c) 100 cm인 곳에서의 전기장을 구하라.

33. 다음 상황은 왜 불가능한가? 반지름이 15.0 cm인 구형 구리 물체에 40.0 nC의 전하가 평형 상태로 대전되어 있다. 그림 P24.33은 전기장의 크기를 구의 중심으로부터 측정된 거리 r의 함수로 보여 준다.

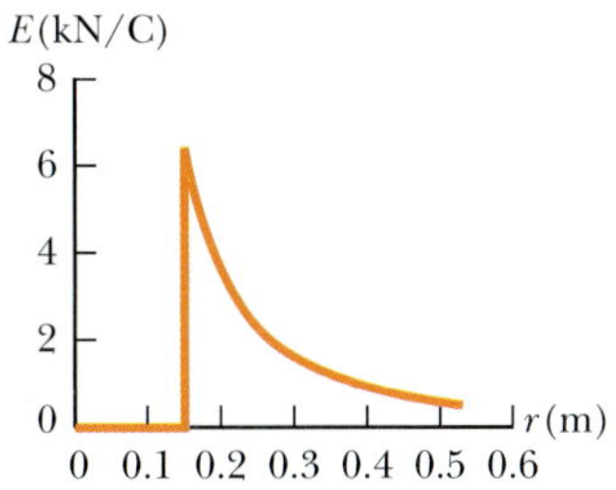

그림 P24.33

34. 반지름이 a인 속이 찬 금속 구에 전하 Q가 대전되어 있다. 근처에 다른 전하가 없을 경우, 구면 바로 바깥에서의 전기장이 바깥지름 방향으로 $k_e Q/a^2$이다. 이 지점에서 균일하게 대전된 구면은 균일한 전하 평면과 똑같이 보일 것이다. 이곳에서의 전기장이 σ/ϵ_0인지 $\sigma/2\epsilon_0$인지 구하라.

35. 반지름이 R인 얇은 도체 구 껍질의 내부에서 중심으로부터 $R/2$인 곳에 양전하를 가진 입자가 있다. 껍질의 내부와 외부에 이 전하 분포로 인해 생긴 전기력선을 그리라.

36. 전체 전하 Q가 넓이 A인 매우 크고 얇은 평평한 알루미늄 판의 면에 균일하게 분포되어 있다. 같은 전하가 똑같은 유리판의 윗면에 균일하게 퍼져 있을 때, 알루미늄 판과 유리판의 윗면 중앙 바로 위에서의 전기장에 대하여 비교 설명하라.

37. 어떤 공간 영역에서 전기장이 $\vec{\mathbf{E}} = 6.00 \times 10^3\, x^2 \hat{\mathbf{i}}$로 주어진다. 전기장의 단위는 N/C이고 x의 단위는 m이다. 이 영역에 분포된 전하는 계속 정지해 있다. (a) $x = 0.300$ m 위치에서 부피 전하 밀도를 구하라. **도움말:** $x = 0.300$ m와 $x = 0.300$ m + dx 사이의 상자 모양의 가우스면에 대하여 가우스의 법칙을 적용하면 된다. (b) 이 영역이 도체 내부일 수 있는가?

38. 긴 직선 도선을 같은 중심축을 가지고 속이 비어 있는 금속 원통이 감싸고 있다. 단위 길이당 도선의 전하는 λ이며, 원통은 2λ이다. 가우스의 법칙을 이용하여 (a) 원통의 안쪽 면에서의 단위 길이당 전하, (b) 원통의 바깥 면에서의 단위 길이당 전하, (c) 축으로부터 거리 r인 원통 바깥에서의 전기장을 구하라.

39. 전체 전하 4.00×10^{-8} C이 균일하게 대전된 한 변의 길이가 50.0 cm인 얇은 정사각형 금속판이 xy 평면에 놓여 있다. (a) 판에서의 전하 밀도, (b) 판 바로 위에서의 전기장, (c) 판 바로 밑에서의 전기장을 구하라.

40. 안쪽 반지름이 4.00 cm이고 바깥 반지름이 5.00 cm인 도체 구 껍질 내에 반지름 2.00 cm인 구형의 도체가 들어 있다. 구 껍질과 구형 도체의 중심은 일치한다. 구형 도체의 전하는 8.00 μC이고 구 껍질의 전하는 -4.00 μC이다. 이 배열의 중심에서부터의 거리 r가 (a) 1.00 cm (b) 3.00 cm (c) 4.50 cm (d) 7.00 cm인 곳의 전기장을 구하라.

전위

Electric Potential

CHAPTER

25

폭풍우가 일어나는 동안 뇌운과 지표면 사이에 큰 전위차가 발생한다. 이 전위차의 결과는 이 사진에서와 같이 번개라고 부르는 전기적 방전이다. 왼쪽에 아래로 향하는 번개 통로(계단상 선구 방전)는 지표면으로부터 올라오는 통로(복귀 방전)와 접촉하려는 순간임에 주목하자. *(Costazzurra/Shutterstock.com)*

23장에서 전자기학의 내용을 앞에서 공부한 힘과 연관시켰다. 이번에는 앞에서 공부한 에너지와 연관시키려 한다. 7장에서 중력과 용수철의 탄성력과 같은 보존력과 관련된 위치 에너지(또는 퍼텐셜 에너지)에 대한 개념을 공부하였다. 에너지 보존의 법칙을 사용함으로써, 여러 가지 역학 문제를 푸는 데 있어 경우에 따라서는 힘을 직접적으로 다루지 않고 문제를 해결할 수 있었다. 위치 에너지의 개념은 전기 문제를 다루는 데에도 중요한 역할을 한다. 정전기력은 보존력이므로 전기적 위치 에너지를 정의할 수 있으며, 이를 사용하면 정전기적 현상을 편리하게 기술할 수 있다. 또한 **전위**라고 하는 스칼라양을 정의할 수 있다. 전기장 내의 어떤 지점에서의 전위는 위치에 따라 결정되는 스칼라양이기 때문에, 전기장과 전기력의 개념보다는 전위의 개념으로 정전기적 현상을 더 간단하게 기술할 수 있다. 전위의 개념은 전기 회로의 작동과 다음 장들에서 공부할 소자들에 아주 유용하다.

25.1 전위와 전위차
Electric Potential and Potential Difference

전하 q가 어떤 원천 전하 분포에 의하여 만들어진 전기장 $\vec{\mathbf{E}}$ 내에 놓여 있을 때, 전기장 내의 입자 모형은 전하가 받는 전기력이 $q\vec{\mathbf{E}}$임을 말해 준다. 쿨롱의 법칙으로 기술되는 전하 사이에 작용하는 힘은 보존력이므로, 이 힘도 보존력이다. 전하와 전기장을 하나의 계로 규정하자. 전하가 자유로이 이동하면, 전기력에 대한 반응도 자유로울 것이므로, 전기력은 전하에 일을 할 것이다. 이 일은 계의 내부이다. 이것은 중력계의 상황과 유사하다. 물체를 지표면 근처에서 놓으면, 중력은 물체에 일을 한다. 이 일은 7.7절과 7.8절에서 공부한 물체–지구 계의 내부이다.

$d\vec{\mathbf{s}}$는 전기장과 자기장을 다룰 때 공간에서 이동 경로에 대한 접선 방향을 가지는 작은 변위 벡터를 나타낸다. 이 이동 경로는 직선일 수도 있고 곡선일 수도 있으며, 이 경로를 따라 한 적분을 **경로 적분** 또는 **선 적분**이라 한다.

전기장 내에 있는 점전하 q가 작은 변위 $d\vec{\mathbf{s}}$ 만큼 이동할 때, 전기장이 전하–전기장 계 내에서 전하에 한 일은 $W_{\text{int}} = \vec{\mathbf{F}}_e \cdot d\vec{\mathbf{s}} = q\vec{\mathbf{E}} \cdot d\vec{\mathbf{s}}$이다. 계 내에서 한 내부 일은 계의 위치 에너지 변화에 음의 부호를 붙인 것과 같다는 식 7.26의 $W_{\text{int}} = -\Delta U$를 상기하자. 그러므로 전하 q가 변위되면, 전하–전기장 계의 전기적 위치 에너지는 $dU = -W_{\text{int}} = -q\vec{\mathbf{E}} \cdot d\vec{\mathbf{s}}$ 만큼 변하게 된다. 전하가 공간 내 어떤 점 Ⓐ에서 다른 점 Ⓑ로 이동할 때, 계의 전기적 위치 에너지 변화는

계의 전기적 위치 에너지의 변화 ▶

$$\Delta U = -q\int_{Ⓐ}^{Ⓑ} \vec{\mathbf{E}} \cdot d\vec{\mathbf{s}} \tag{25.1}$$

이다. 이 적분은 q가 Ⓐ에서 Ⓑ로 이동한 경로에 따라 적분을 해야 한다. 힘 $q\vec{\mathbf{E}}$가 보존력이므로, 이 선 적분은 Ⓐ와 Ⓑ 사이의 경로에 무관하다.

시험 전하가 전기장 내의 어떤 주어진 위치에 놓여 있는 경우, $U = 0$으로 정의한 계의 배치에 대하여 전하–전기장 계의 위치 에너지는 U가 된다. 이 위치 에너지를 시험 전하 q_0으로 나누면 원천 전하(source charge)의 분포에만 의존하는 물리량을 얻을 수 있고, 이것은 전기장 내의 각 점에서 한 개의 값을 갖는다. 이 물리량을 **전위**(electric potential)라 하며, V로 표기한다.

> **오류 피하기 25.1**
> **전위와 전기적 위치 에너지** 전위는 전기장 내에 놓여 있는 시험 전하와 무관한 전기장만의 특성이다. 전기적 위치 에너지는 전기장과 전기장 내에 놓여 있는 전하 사이의 상호 작용에 의한 **전하–전기장 계의 특성**이다.

$$V = \frac{U}{q} \tag{25.2}$$

전기적 위치 에너지가 스칼라양이므로 전위도 스칼라양임을 알 수 있다.

전기장 내에서 점 Ⓐ와 Ⓑ 사이의 **전위차**(potential difference) $\Delta V = V_{Ⓑ} - V_{Ⓐ}$는 전하 q가 두 점 사이를 이동할 때 계의 전기적 위치 에너지 변화를 그 전하량으로 나눈 값으로 정의한다.

두 점 사이의 전위차 ▶

$$\Delta V \equiv \frac{\Delta U}{q} = -\int_{Ⓐ}^{Ⓑ} \vec{\mathbf{E}} \cdot d\vec{\mathbf{s}} \tag{25.3}$$

이 정의에서, 작은 변위 $d\vec{s}$는 식 25.1에서 점전하의 변위보다는 공간에서 두 점 사이의 변위를 의미한다.

전기적 위치 에너지와 마찬가지로 전위에서는 단지 **차이**만 의미가 있다. 그래서 전기장 내의 어떤 편리한 지점의 전위를 영으로 취할 수 있다.

전위차와 전기적 위치 에너지의 차이를 혼동해서는 안 된다. 점 Ⓐ와 Ⓑ 사이의 전위차는 단지 원천 전하에 의하여 생긴 것이고 원천 전하의 분포에 의존한다(앞에서 설명한 전하 q 없이 점 Ⓐ와 Ⓑ를 생각하라). 전기적 위치 에너지가 존재하기 위해서는 둘 이상의 전하로 구성된 계가 있어야만 한다. 계의 전기적 위치 에너지는 한 전하가 계의 다른 부분에 대하여 움직일 때만 변하게 된다. 이 상황은 전기장 경우와 유사하다. **전기장**은 단지 원천 전하 때문에 존재한다. **전기력**은 두 전하를 필요로 한다. 하나는 전기장을 만드는 원천 전하이고, 다른 하나는 전기장 내에 있는 또 다른 전하이다.

이번에는 계 내에서 외력에 의하여 전하가 움직이는 상황을 고려해 보자. 전하가 운동 에너지의 변화 없이 외력에 의하여 Ⓐ로부터 Ⓑ까지 움직인다면, 외력은 계의 전기적 위치 에너지를 변화시키는 일을 한 것이다. 즉 $W = \Delta U$이다. 식 25.3으로부터 외력이 작용하여 전하 q가 전기장 내에서 등속도로 움직이는 과정에서 외력이 한 일은 다음과 같다.

$$W = q\,\Delta V \tag{25.4}$$

전위는 단위 전하당 전기적 위치 에너지이므로, 전위와 전위차의 SI 단위는 J/C이 되며 이를 **볼트**(V)라고 정의한다. 즉

$$1\text{ V} \equiv 1\text{ J/C}$$

이다. 다시 말하면 식 25.4에서 보는 바와 같이 1 C의 전하량을 1 V의 전위차만큼 옮기는 데 1 J의 일이 필요하다.

식 25.3은 전위차가 전기장과 거리의 곱과 같은 단위를 가짐을 보여 준다. 따라서 전기장의 SI 단위(N/C)는 V/m로 표현할 수 있다.

$$1\text{ N/C} = 1\text{ V/m}$$

그러므로 전기장을 새로이 해석할 수 있다.

> 전기장은 위치에 따라서 전위가 변화하는 비율의 척도라고 해석할 수 있다.

원자 물리나 핵 물리에서 에너지의 단위로 **전자볼트**(eV)를 주로 사용하는데, 1전자볼트는 크기가 e인 전하(즉 전자 또는 양성자) 한 개가 1 V의 전위차 내에서 가속될 때, 전하–전기장 계가 얻거나 잃는 에너지로 정의한다. 1 V = 1 J/C이고, 기본 전하량이 1.60×10^{-19} C이므로, 1전자볼트는 다음과 같은 크기의 에너지이다.

$$1\text{ eV} = 1.60 \times 10^{-19}\text{ C}\cdot\text{V} = 1.60 \times 10^{-19}\text{ J} \tag{25.5}$$

예를 들어 일반적인 치과용 X선 기계의 빔에서 전자는 1.4×10^{8} m/s 의 속력을 갖는다. 이 경우 전자의 운동 에너지는 1.1×10^{-14} J이며(39장에서 공부할 상대론적인 계

오류 피하기 25.2

전압 두 점 사이의 전위차는 다양한 말로 표현되는데, 제일 많이 쓰이는 단어가 **전압**(voltage)이다. 전압에 해당하는 영어 'voltage'는 전위의 단위인 'volt'에서 온 말이다. 텔레비전과 같은 장치에 걸린 전압 또는 장치에서의 전압이라는 말은, 장치에서의 전위차란 말과 같은 의미이다. 대중적인 언어임에도 불구하고, 전압은 전자제품 속을 흐르는 무언가는 아니다.

오류 피하기 25.3

전자볼트 전자볼트는 전위의 단위가 아니라 **에너지**의 단위이다. 어떤 계의 에너지를 eV로 표현할 수도 있다. 그러나 이 단위는 원자로부터 가시광선의 방출과 흡수를 나타내기에 가장 편리하다. 핵 변화 과정의 에너지는 종종 MeV로 나타낸다.

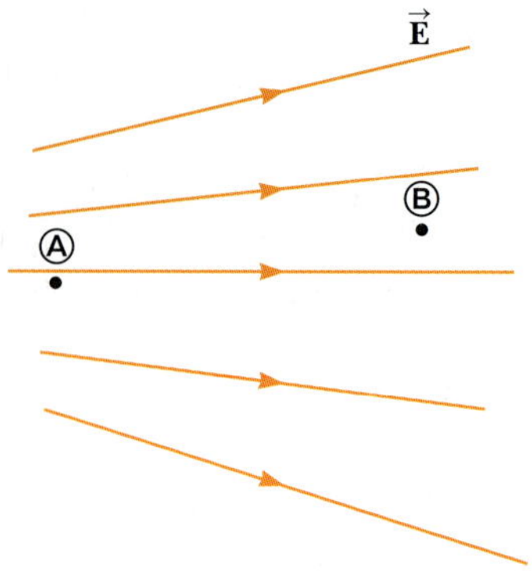

그림 25.1 (퀴즈 25.1) 전기장 내에 위치하는 두 점

산을 사용하였음), 이 값은 6.7×10^4 eV 에 해당된다. 한 개의 전자가 정지 상태로부터 이런 속력에 도달하기 위해서는 67 kV의 전위차로 가속되어야 한다.

퀴즈 25.1 그림 25.1과 같이 점 Ⓐ와 Ⓑ는 모두 전기장 내부에 위치한다. **(i)** 전위차 $\Delta V = V_{Ⓑ} - V_{Ⓐ}$는? **(a)** 양수이다. **(b)** 음수이다. **(c)** 영이다. **(ii)** 점 Ⓐ에 놓여 있던 음전하가 Ⓑ로 이동하였다. 이 경우 전하–전기장 계의 전기적 위치 에너지 변화는 어떻게 표현할 수 있는가? 앞의 보기에서 고르라.

25.2 균일한 전기장에서의 전위차
Potential Difference in a Uniform Electric Field

식 25.1과 25.3은 전기장이 균일하든지 변하든지 간에 모든 전기장 내에서 성립한다. 그러나 이 식들은 특별한 경우인 균일한 전기장의 경우 간단하게 표현할 수 있다. 먼저 그림 25.2a에서와 같이 $-y$ 방향으로의 균일한 전기장을 가정해 보자. 거리 d만큼 떨어져 있는 점 Ⓐ와 Ⓑ 사이의 전위차를 구해 보자. 여기서 변위 $\vec{\mathbf{s}}$는 Ⓐ에서 Ⓑ로 향하며 전기력선의 방향과 평행이다. 식 25.3에 이런 경우를 적용하면 다음과 같은 식을 얻는다.

$$V_{Ⓑ} - V_{Ⓐ} = \Delta V = -\int_{Ⓐ}^{Ⓑ} \vec{\mathbf{E}} \cdot d\vec{\mathbf{s}} = -\int_{Ⓐ}^{Ⓑ} E\,ds\,(\cos 0°) = -\int_{Ⓐ}^{Ⓑ} E\,ds$$

E가 상수이므로 적분 기호 앞으로 나올 수 있고, 점 Ⓐ와 Ⓑ 사이의 전위차는 다음과 같다.

$$\Delta V = -E\int_{Ⓐ}^{Ⓑ} ds$$

균일한 전기장 내에 있는 두 점 사이의 전위차 ▶

$$\Delta V = -Ed \qquad (25.6)$$

음의 부호는 점 Ⓑ의 전위가 Ⓐ보다 더 낮다는 것을 의미한다. 즉 $V_{Ⓑ} < V_{Ⓐ}$이다. 그림

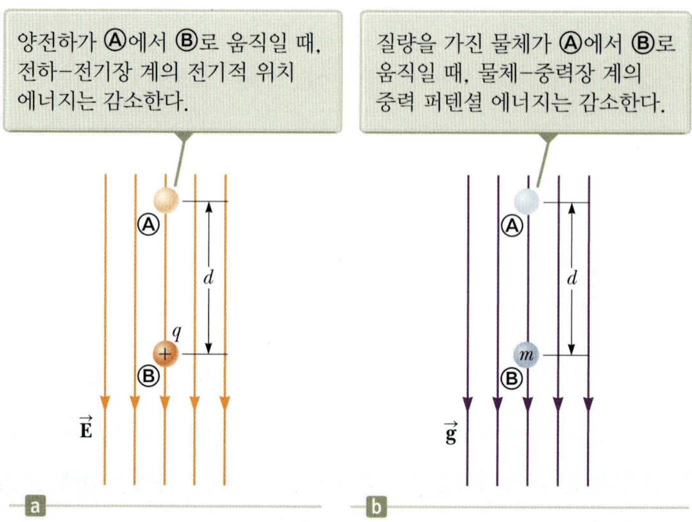

그림 25.2 (a) 전기장 $\vec{\mathbf{E}}$가 아래로 향할 때 점 Ⓑ의 전위가 Ⓐ보다 더 낮다. (b) (a)에서와 유사한 중력장 내의 상황

25.2a와 같이 전기력선은 **항상** 전위가 감소하는 방향으로 향한다.

이번에는 전하 q가 Ⓐ에서 Ⓑ로 이동한다고 가정하자. 식 25.3과 25.6으로부터 전하–전기장 계의 위치 에너지의 변화는 다음과 같음을 알 수 있다.

$$\Delta U = q\,\Delta V = -qEd \tag{25.7}$$

즉 q가 양의 값이면 ΔU는 음의 값이다. 따라서 양전하와 전기장으로 이루어진 계에서, 전하가 전기장 방향으로 이동할 때 계의 전기적 위치 에너지는 감소한다. 전기장 내에서 정지하고 있던 양의 시험 전하가 자유롭게 움직일 수 있으면, 시험 전하는 $\vec{\mathbf{E}}$의 방향으로 $q\vec{\mathbf{E}}$의 힘을 받아 그림 25.2a와 같이 아래로 가속됨으로써 운동 에너지를 얻게 된다. 대전 입자가 운동 에너지를 얻으면, 전하–전기장 계는 동일한 크기의 전기적 위치 에너지를 잃게 된다. 이것은 8장에서 소개한 고립계에서의 에너지 보존에 해당된다. 놀라운 사실이 아니다.

그림 25.2b는 중력장과 유사한 상황을 보여 준다. 질량 m인 물체가 중력장에서 놓으면, 아래로 가속하면서 운동 에너지를 얻는다. 동시에 물체–중력장 계의 중력 퍼텐셜 에너지는 감소한다.

그림 25.2에서와 같이 전기장 내의 양전하와 중력장 내의 질량을 비교해 보면, 전기적인 거동을 개념화하는 데 유용할 것이다. 그러나 전기적인 상황과 중력적인 상황이 다른 하나가 있다. 전기에서는 전하가 음전하일 수 있다. 만일 시험 전하 q가 음전하이면, 식 25.7의 ΔU는 양의 값을 가지며 모든 상황은 반대가 된다. 즉 음전하가 전기장의 방향으로 이동할 때, 음전하와 전기장으로 이루어진 계는 전기적 위치 에너지를 **얻게** 된다. 만약 음전하를 전기장 내에서 정지 상태로부터 자유롭게 놓아두면, 음전하는 전기장과 **반대** 방향으로 가속될 것이다. 음전하를 전기장의 방향으로 이동시키기 위해서는, 외력이 음전하에 양의 일을 해야만 한다.

이제 좀 더 일반적인 경우로서, 그림 25.3과 같이 균일한 전기장 내에서 벡터 $\vec{\mathbf{s}}$가 전기력선에 평행하지 않은 점 Ⓐ와 Ⓑ 사이로 이동하는 대전 입자를 생각해 보자. 이 경우 식 25.3은 다음과 같이 주어진다.

$$\Delta V = -\int_{Ⓐ}^{Ⓑ} \vec{\mathbf{E}} \cdot d\vec{\mathbf{s}} = -\vec{\mathbf{E}} \cdot \int_{Ⓐ}^{Ⓑ} d\vec{\mathbf{s}} = -\vec{\mathbf{E}} \cdot \vec{\mathbf{s}} \tag{25.8}$$

여기서 $\vec{\mathbf{E}}$는 상수이기 때문에 적분 기호 앞으로 나올 수 있다. 따라서 전하–전기장 계의 전기적 위치 에너지 변화는 다음과 같다.

$$\Delta U = q\Delta V = -q\vec{\mathbf{E}} \cdot \vec{\mathbf{s}} \tag{25.9}$$

마지막으로 식 25.8로부터 균일한 전기장 내에서 전기장과 수직인 면에 있는 모든 점의 전위는 같다는 것을 알 수 있다. 그림 25.3에서 볼 수 있듯이, 전위차 $V_{Ⓑ} - V_{Ⓐ}$와 $V_{Ⓒ} - V_{Ⓐ}$는 동일하기 때문에 $V_{Ⓑ} = V_{Ⓒ}$이다. (그림 25.3에서 볼 수 있는 것처럼 $\vec{\mathbf{E}}$와 $\vec{\mathbf{s}}$ 사이의 각도 θ가 임의의 값을 가지는 경우에 해당되는 $\vec{\mathbf{s}}_{Ⓐ\to Ⓑ}$와 $\theta = 0$인 경우에 해당되는 $\vec{\mathbf{s}}_{Ⓐ\to Ⓒ}$에 대하여 스칼라곱 $\vec{\mathbf{E}} \cdot \vec{\mathbf{s}}$를 계산하여 증명한다.) 전위가 같은 일련의

오류 피하기 25.4

ΔV의 부호 식 25.6에서 음의 부호는 점 Ⓐ에서 출발하여 전기력선과 같은 방향으로 새로운 점으로 이동하기 때문이다. Ⓑ에서 출발하여 Ⓐ로 이동한다면, 전위차는 $+Ed$가 될 것이다. 균일한 전기장 내에서 전위차의 크기는 Ed이고 부호는 이동 방향에 의하여 결정될 수 있다.

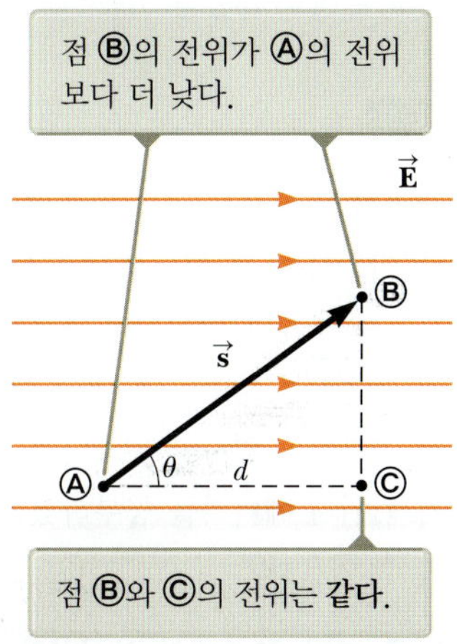

그림 25.3 $+x$축 방향의 균일한 전기장. 전기장 내의 세 점을 보여 주고 있다.

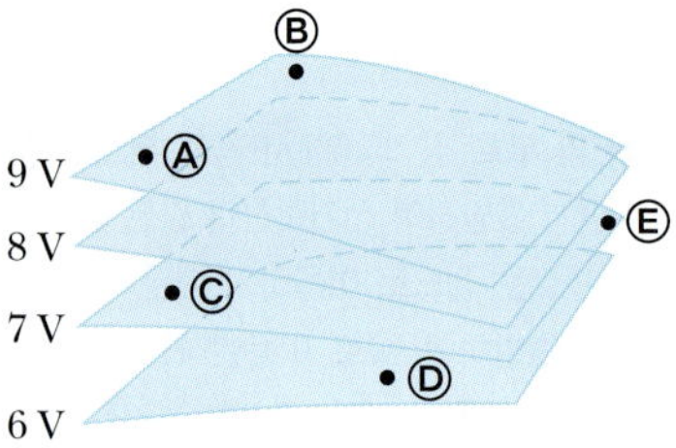

그림 25.4 (퀴즈 25.2) 네 개의 등전위면

점들로 이루어진 면을 **등전위면**(equipotential surface)이라고 한다.

균일한 전기장 내의 등전위면은 전기장에 수직인 평면들이다. 다른 대칭형 전기장 내에서의 등전위면에 대한 논의는 다음 절에서 다룰 것이다.

퀴즈 25.2 그림 25.4의 점들은 일련의 등전위면 위에 놓여 있다. 양전하를 각각 Ⓐ에서 Ⓑ로, Ⓑ에서 Ⓒ로, Ⓒ에서 Ⓓ로, Ⓓ에서 Ⓔ로 이동시킬 때, 전기장이 한 일을 큰 것부터 순서대로 나열하라.

예제 25.1 부호가 다른 전하를 가진 두 평행판 사이의 전기장

그림 25.5와 같이 두 평행한 도체판 사이에 12 V의 전지가 연결되어 있다. 두 판 사이의 거리 $d = 0.30$ cm이고, 판 사이의 전기장이 균일하다고 가정하자(이 가정은 두 판 사이의 간격이 판의 크기에 비해 매우 작고, 판의 모서리 부근에 있는 점들을 고려하지 않는다면 타당하다). 판 사이의 전기장 크기를 구하라.

풀이

개념화 예제 24.4에서, 평행판 사이에서의 균일한 전기장을 설명하였다. 이 문제에서 새로운 것은 전기장이 새로운 전위의 개념과 연결되어 있다는 점이다.

분류 이 절에서 배운 전기장과 전위의 관계를 이용하여 전기장을 계산하는 것이므로, 예제를 대입 문제로 분류한다.

식 25.6을 사용하여 두 판 사이의 전기장의 크기를 계산한다.

$$E = \frac{|V_B - V_A|}{d} = \frac{12\text{ V}}{0.30 \times 10^{-2}\text{ m}} = 4.0 \times 10^3\text{ V/m}$$

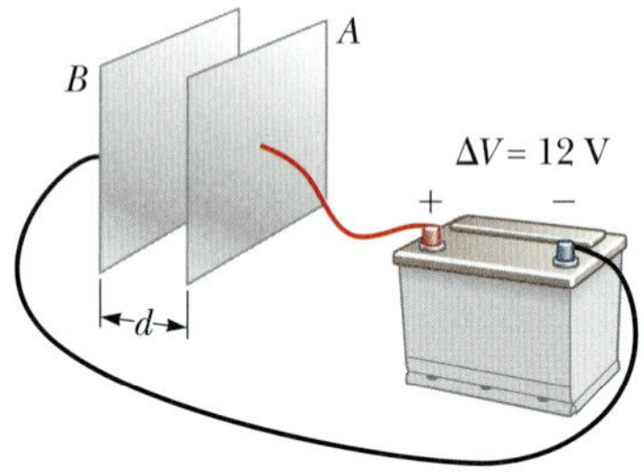

그림 25.5 (예제 25.1) 두 평행 도체판에 12 V의 전지가 연결되어 있다. 두 판 사이의 전기장의 크기는 판 사이의 전위차 ΔV를 두 판 사이의 거리 d로 나눈 값이다.

그림 25.5와 같은 형태의 구조를 **평행판 축전기**라고 하는데, 26장에서 더 자세히 공부하게 될 것이다.

예제 25.2 균일한 전기장 내에서 양성자의 운동

양성자를 그림 25.6과 같이 8.6×10^4 V/m의 균일한 전기장 내에서 정지 상태로부터 놓았다. 양성자가 점 Ⓐ에서 Ⓑ까지 $\vec{\mathbf{E}}$의 방향으로 $d = 0.50$ m만큼 이동한다. 양성자가 이 거리를 이동한 후의 속력을 구하라.

풀이

개념화 양성자가 그림 25.6에서와 같이 전위차에 의하여 아래로 이동하는 것으로 생각한다. 이 상황은 중력장에서 자유 낙하하는 물체와 비슷하다. 또한 이 예제를 균일한 전기장 내에서 운동하는 양전하에 대한 예제 23.8과 비교하라. 그 예제에서 등가속도 입자와 비고립계 모형을 적용하였다. 이번에는 전기적 위치 에너지를 공부하였는데, 어떤 모형을 여기서는 사용할 수 있을까?

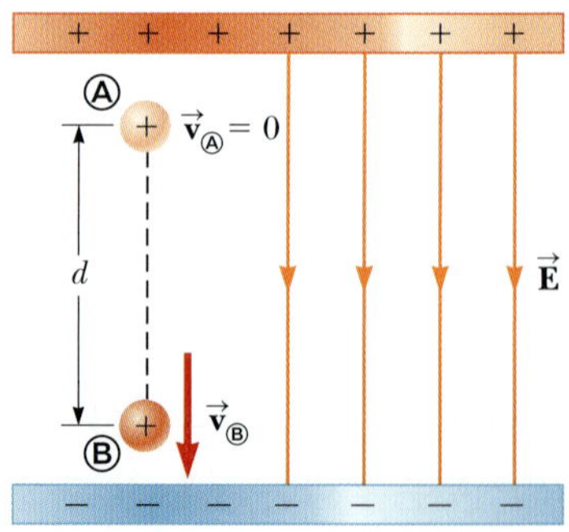

그림 25.6 (예제 25.2) 양성자는 전기장의 방향을 따라 Ⓐ에서 Ⓑ로 가속된다.

분류 그림 25.6에서 양성자와 두 판으로 이루어진 계는 주위 환경과 상호 작용하지 않으므로, 이를 **에너지**에 대한 **고립계**로 모형화한다.

분석 에너지 보존식인 식 8.2를 적절하게 써서 전하와 전기장의 고립계에 대한 에너지를 나타낸다.

$$\Delta K + \Delta U = 0$$

두 항에 에너지 변화를 대입한다.

$$(\tfrac{1}{2}mv^2 - 0) + e\Delta V = 0$$

양성자의 나중 속력에 대하여 풀고 식 25.6의 ΔV를 대입한다.

$$v = \sqrt{\frac{-2e\Delta V}{m}} = \sqrt{\frac{-2e(-Ed)}{m}} = \sqrt{\frac{2eEd}{m}}$$

주어진 값들을 대입한다.

$$v = \sqrt{\frac{2(1.6 \times 10^{-19}\ \text{C})(8.0 \times 10^4\ \text{V})(0.50\ \text{m})}{1.67 \times 10^{-27}\ \text{kg}}}$$

$$= 2.8 \times 10^6\ \text{m/s}$$

결론 전기장의 경우 ΔV는 음이므로, 양성자–전기장 계의 ΔU 또한 음이다. ΔU가 음수라는 뜻은 양성자가 전기장 방향으로 이동함에 따라 계의 전기적 위치 에너지가 감소한다는 의미이다. 양성자가 전기장 방향으로 가속되면서, 계의 전기적 위치 에너지가 감소하는 동시에 운동 에너지를 얻게 된다.

그림 25.6은 양성자가 아래로 이동하는 모습이다. 이 양성자의 운동은 중력장에서 낙하하는 물체와 유사하다. 중력장은 지표면에서 항상 아래로 향하지만, 전기장의 방향은 전기장을 만드는 판의 배열에 따라 아무 곳이나 향할 수 있다. 그림 25.6은 90°나 180°로 회전시켜 양성자를 수평 또는 위로 향하게 할 수 있다.

25.3 점전하에 의한 전위와 전기적 위치 에너지
Electric Potential and Potential Energy Due to Point Charges

23.4절에서 고립된 양의 점전하 q는 전하로부터 밖으로 나가는 방향으로 전기장을 만든다는 것을 배웠다. 이 전하로부터 거리 r만큼 떨어진 지점의 전위를 구하려면, 전위차에 대한 일반적인 식 25.3을 사용해야 한다.

$$V_{Ⓑ} - V_{Ⓐ} = -\int_{Ⓐ}^{Ⓑ} \vec{\mathbf{E}} \cdot d\vec{\mathbf{s}}$$

여기서 점 Ⓐ와 Ⓑ는 그림 25.7과 같이 임의의 두 지점이다. 공간에서 점전하에 의한 전기장은 $\vec{\mathbf{E}} = (k_e q/r^2)\hat{\mathbf{r}}$(식 23.9)이며, 여기서 $\hat{\mathbf{r}}$은 전하로부터 임의의 지점으로 향하는 방향의 단위 벡터이다. 그러므로 $\vec{\mathbf{E}} \cdot d\vec{\mathbf{s}}$는 다음과 같이 나타낼 수 있다.

$$\vec{\mathbf{E}} \cdot d\vec{\mathbf{s}} = k_e \frac{q}{r^2}\, \hat{\mathbf{r}} \cdot d\vec{\mathbf{s}}$$

단위 벡터 $\hat{\mathbf{r}}$의 크기는 1이기 때문에, 스칼라곱 $\hat{\mathbf{r}} \cdot d\vec{\mathbf{s}} = ds\cos\theta$이며, 여기서 θ는 단위 벡터 $\hat{\mathbf{r}}$과 $d\vec{\mathbf{s}}$ 사이의 각도이다. 또한 $ds\cos\theta$는 $d\vec{\mathbf{s}}$를 $\hat{\mathbf{r}}$의 방향으로 투영한 값이므로, $ds\cos\theta = dr$가 된다. 즉 점 Ⓐ에서 Ⓑ로 가는 경로 위의 작은 변위 $d\vec{\mathbf{s}}$는 원천 전하에 대한 경로 위 점의 위치 벡터의 크기를 dr만큼 변하게 한다. 이를 대입하면 $\vec{\mathbf{E}} \cdot d\vec{\mathbf{s}} = (k_e q/r^2)dr$가 되며 전위차는 다음과 같이 나타낼 수 있다.

$$V_{Ⓑ} - V_{Ⓐ} = -k_e q \int_{r_{Ⓐ}}^{r_{Ⓑ}} \frac{dr}{r^2} = k_e \frac{q}{r}\bigg|_{r_{Ⓐ}}^{r_{Ⓑ}}$$

$$V_{Ⓑ} - V_{Ⓐ} = k_e q\left[\frac{1}{r_{Ⓑ}} - \frac{1}{r_{Ⓐ}}\right] \qquad (25.10)$$

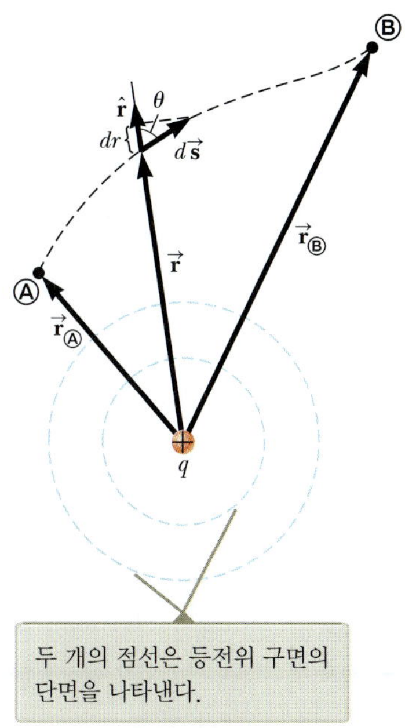

그림 25.7 점전하 q에 의한 점 Ⓐ와 Ⓑ 사이의 전위차는 처음 지름 좌표 $r_{Ⓐ}$와 나중 지름 좌표 $r_{Ⓑ}$에만 의존한다.

오류 피하기 25.5

유사한 식에 대한 주의 점전하의 전위를 나타내는 식 25.11과 전기장을 나타내는 식 23.9를 혼동하지 말아야 한다. 이 식들은 매우 유사해 보이지만 전위는 $1/r$에 비례하는 반면, 전기장은 $1/r^2$에 비례한다. 공간에서 전하의 효과는 두 가지로 기술할 수 있다. 전하는 전기장 내에 있는 시험 전하가 받는 힘에 관련된 벡터인 전기장 $\vec{\mathbf{E}}$를 만든다. 뿐만 아니라 시험 전하가 이 전기장 내에 있을 때 두 전하계의 전기적 위치 에너지에 관계된 스칼라인 전위 V를 만든다.

식 25.10에서 보는 바와 같이 $\vec{\mathbf{E}} \cdot d\vec{\mathbf{s}}$의 적분은 Ⓐ와 Ⓑ 사이의 경로에 **무관**하다. 두 점 Ⓐ와 Ⓑ 사이를 이동하는 전하량 q_0을 곱한 $q_0 \vec{\mathbf{E}} \cdot d\vec{\mathbf{s}}$도 경로에 무관하다. 전기장이 전하 q_0에 한 일인 이 적분은 전기력이 보존력임을 보여 준다(7.7절 참조). 이와 같이 보존력과 연관된 장을 **보존력장**(conservative field)이라 정의한다. 즉 식 25.10은 점전하에 의한 전기장은 보존력장임을 보여 준다. 식 25.10의 결과에서 점전하에 의하여 생성된 전기장 내의 임의의 두 점 Ⓐ와 Ⓑ 사이의 전위차는 지름 방향의 좌표 $r_Ⓐ$와 $r_Ⓑ$만으로 결정됨을 알 수 있다. 일반적으로 $r_Ⓐ = \infty$인 점에서 전위가 영이 되도록 기준점을 잡는다. 따라서 점전하로부터 거리 r인 지점의 전위는 다음과 같다.

$$V = k_e \frac{q}{r} \tag{25.11}$$

둘 이상의 점전하에 의한 전위는 중첩의 원리를 적용하여 구한다. 즉 여러 점전하에 의한 어떤 점 P에서의 전체 전위는 각각의 전하에 의한 전위의 합과 같다. 따라서 점전하군에 의한 점 P에서의 전체 전위는

점전하군에 의한 전위 ▶

$$V = k_e \sum_i \frac{q_i}{r_i} \tag{25.12}$$

이다. 그림 25.8a는 공간에 전기장을 만드는 전하 q_1을 보여 주고 있다. 또한 이 전하는 점 P에서 전위가 V_1인 것을 포함하여 모든 지점에 전위를 형성한다. 이번에는 전하 q_2를 무한대에서 점 P까지 가져오는 외력을 고려해 보자. 이를 위하여 해야만 하는 일은 식 25.4인 $W = q_2 \Delta V$로 주어진다. 이 일은 두 전하계의 경계를 넘어 에너지의 전달을 나타낸다. 그리고 이 에너지는 그림 25.8b에서 입자 사이의 거리가 r_{12}일 때 계 내의 위치 에너지 U로 나타낸다. 식 8.2로부터 $W = \Delta U$이므로, 점전하 쌍의 **전기적 위치 에너지**(electric potential energy)[1]는 다음과 같이 된다.

$$\Delta U = W = q_2 \Delta V \;\rightarrow\; U - 0 = q_2\left(k_e \frac{q_1}{r_{12}} - 0\right)$$

$$U = k_e \frac{q_1 q_2}{r_{12}} \tag{25.13}$$

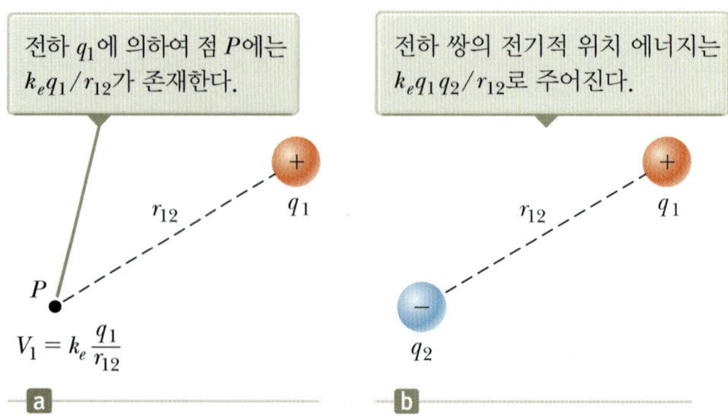

그림 25.8 (a) 전하 q_1은 점 P에서 전위 V_1을 형성한다. (b) 전하 q_2는 무한대에서 점 P까지 가져온다.

[1] 두 점전하로 이루어진 계의 전기적 위치 에너지를 표현하는 식 25.13은 두 점 질량으로 이루어진 계의 중력 퍼텐셜 에너지의 식 $-Gm_1m_2/r$와 동일한 함수 모양이다(13장 참조). 두 표현은 모두 역제곱으로 표현되는 힘으로부터 유도된 것이기 때문에, 동일한 형태를 가지는 것이 매우 당연하다.

만일 두 전하의 부호가 같으면, U는 양수의 값이 된다. 이것은 같은 부호의 전하끼리는 척력이 작용한다는 사실에 기인하며, 두 전하를 가까이 가져다 놓기 위해서는 양수의 일을 해야 한다는 의미이다. 반대로 그림 25.8b에서와 같이 두 전하의 부호가 서로 다르면, U는 음수의 값이 된다. 이것은 다른 부호의 전하끼리는 인력이 작용한다는 사실에 기인하며, 두 전하를 가까이 가져다 놓기 위해서는 음수의 일을 해야 한다는 의미이다. 전하 q_2가 전하 q_1쪽으로 가속되는 것을 방지하는 방향으로 힘이 가해져야 한다.

둘 이상의 점전하로 이루어진 계의 전체 전기적 위치 에너지는 각 전하 **쌍**의 U를 계산하여 대수적으로 합한 값이다. 예를 들어 그림 25.9와 같이 세 점전하에 의한 계의 전체 전기적 위치 에너지를 구하면 다음과 같다.

$$U = k_e\left(\frac{q_1 q_2}{r_{12}} + \frac{q_1 q_3}{r_{13}} + \frac{q_2 q_3}{r_{23}}\right) \quad \textbf{(25.14)}$$

물리적으로 이 관계는 다음과 같이 설명할 수 있다. 그림 25.9에 나타낸 바와 같이 q_1이 한 점에 고정되어 있고, q_2와 q_3은 무한대에 놓여 있다고 가정하자. q_2를 무한대에서 q_1 근처의 위치로 가져오는 데 필요한 일은 식 25.14의 첫 번째 항인 $k_e q_1 q_2/r_{12}$이다. 나머지 두 항은 q_3을 무한대에서 q_1과 q_2 근처의 위치로 가져오는 데 필요한 일이다(위의 결과는 가져오는 전하의 순서에 관계없이 같다).

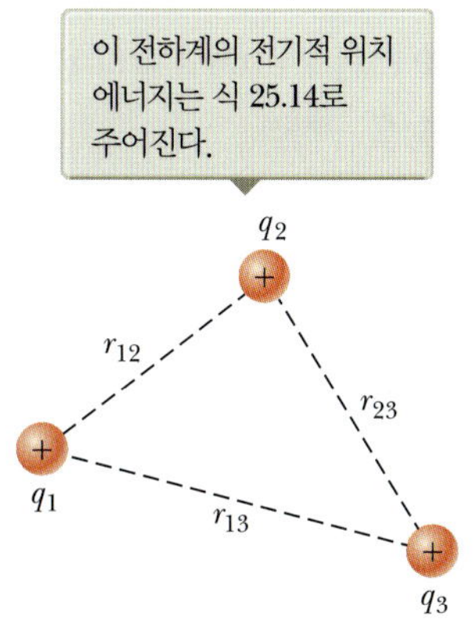

그림 25.9 세 점전하가 그림과 같이 놓여 있다.

Q 퀴즈 25.3 그림 25.8b에서 전하 q_2는 음의 원천 전하이고 q_1은 부호가 바뀔 수 있는 두 번째 전하이다. **(i)** 원래 양전하인 q_1을 같은 크기의 음전하로 교체하면 전하 q_2에 의한 전위는 q_1의 위치에서 어떻게 되는가? **(a)** 증가한다. **(b)** 감소한다. **(c)** 동일하다. **(ii)** 전하 q_1을 양전하에서 음전하로 바꾸면, 두 전하계의 전기적 위치 에너지는 어떻게 변화하는가? 앞의 보기에서 고르라.

예제 25.3 두 점전하에 의한 전위

그림 25.10a와 같이 $q_1 = 2.00\ \mu$C의 전하가 원점에 놓여 있고, $q_2 = -6.00\ \mu$C의 전하가 (0, 3.00)m에 놓여 있다.

(A) 좌표가 (4.00, 0)m인 점 P에서 이들 전하에 의한 전체 전위를 구하라.

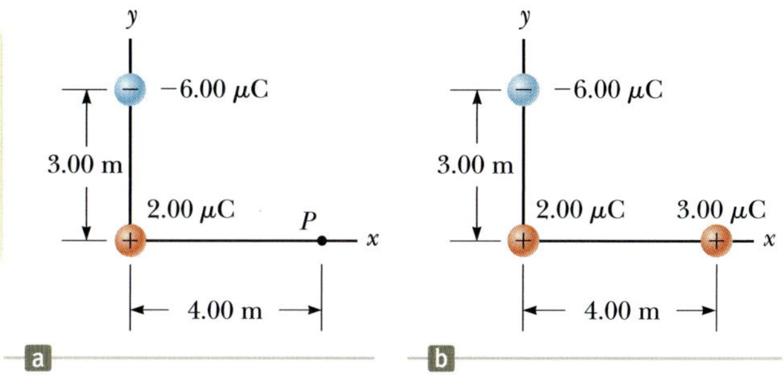

그림 25.10 (예제 25.3) (a) 두 전하 q_1과 q_2에 의한 점 P에서의 전위는 각각의 전하에 의한 전위의 대수 합이다. (b) 세 번째 전하 $q_3 = 3.00\ \mu$C은 무한대에서 점 P까지 가져온다.

풀이

개념화 먼저 2.00 μC과 −6.00 μC의 전하가 원천 전하임을 인식하고, 점 P를 포함한 공간의 모든 점에서 전위뿐만 아니라 전기장을 구한다.

분류 이 장에서 구한 식을 사용하여 전위를 계산하므로, 예제는 대입 문제이다.

두 원천 전하 계에 대하여 식 25.12를 사용한다.

$$V_P = k_e\left(\frac{q_1}{r_1} + \frac{q_2}{r_2}\right)$$

주어진 값들을 대입한다.

$$V_P = (8.988 \times 10^9\ \mathrm{N \cdot m^2/C^2})\left(\frac{2.00 \times 10^{-6}\ \mathrm{C}}{4.00\ \mathrm{m}} + \frac{-6.00 \times 10^{-6}\ \mathrm{C}}{5.00\ \mathrm{m}}\right)$$

$$= -6.29 \times 10^3\ \mathrm{V}$$

(B) 그림 25.10b와 같이 $q_3 = 3.00\ \mu$C의 전하를 무한대에서 점 P까지 가져옴에 따라 세 전하로 이루어지는 계의 전기적 위치 에너지 변화를 구하라.

풀이 q_3이 무한대에 있는 배열에서 $U_i = 0$으로 하자. 식 25.2를 사용하여 전하가 P에 있는 배열에서 전기적 위치 에너지를 계산한다.

$$U_f = q_3 V_P$$

주어진 값들을 대입하여 ΔU를 계산한다.

$$\begin{aligned}\Delta U &= U_f - U_i = q_3 V_P - 0 \\ &= (3.00 \times 10^{-6}\ \text{C})(-6.29 \times 10^{3}\ \text{V}) \\ &= -1.89 \times 10^{-2}\ \text{J}\end{aligned}$$

계의 전기적 위치 에너지가 감소하기 때문에, 전하 q_3을 점 P로부터 무한대까지 다시 갖다 놓기 위해서는 외력이 양의 일을 하여야 한다.

문제 이 예제의 풀이에서 전하쌍 q_1과 q_2와 연관된 전기적 위치 에너지를 생각하지 않았다. 이렇게 해도 무방한가?

답 예제 문제를 잘 보면, 이 전기적 위치 에너지를 포함시키지 않아야 한다. 왜냐하면 (B)는 q_3을 무한대에서 가져옴에 따라 계의 전기적 위치 에너지 변화를 묻고 있기 때문이다. q_1과 q_2의 배열은 이 과정에서 변하지 않으므로, 이들 전하와 관련된 ΔU는 없다. 그러나 (B)에서 세 전하 모두를 무한히 먼 곳에서부터 그림 25.10b에 있는 위치로 가져올 때 전기적 위치 에너지 변화를 묻는다면, 식 25.14를 사용하여 변화를 계산해야 할 것이다.

25.4 전위로부터 전기장의 계산
Obtaining the Value of the Electric Field from the Electric Potential

전기장 $\vec{\mathbf{E}}$와 전위 V의 관계를 나타내는 식 25.3은 전기장 $\vec{\mathbf{E}}$를 알고 있을 때 ΔV를 계산하는 방법이다. 상황이 거꾸로 바뀌면 어떻게 해야 할까? 어떤 영역에서 전위를 알고 있을 때 어떻게 전기장을 계산할 수 있을까?

식 25.3으로부터 거리 ds만큼 떨어져 있는 두 점 사이의 전위차 dV는 다음과 같이 나타낼 수 있다.

$$dV = -\vec{\mathbf{E}} \cdot d\vec{\mathbf{s}} \tag{25.15}$$

전기장이 단 하나의 성분 E_x만을 갖는다면, $\vec{\mathbf{E}} \cdot d\vec{\mathbf{s}} = E_x\, dx$가 된다. 따라서 식 25.15는 $dV = -E_x\, dx$가 되며, 또한

$$E_x = -\frac{dV}{dx} \tag{25.16}$$

이다. 즉 전기장의 x 성분은 x에 대하여 전위를 미분한 후, 음의 부호를 붙이면 된다. 전위가 y나 z만의 함수라면, 전기장의 y와 z 성분에 대해서도 마찬가지로 각각 y와 z에 대하여 전위를 미분한 후, 음의 부호를 붙이면 된다. 식 25.16은 25.1절에서 배운 것과 같이 전기장은 전위의 위치 변화율의 음의 값임을 보여 준다.

전위와 위치는 전압계(전위차를 측정하는 기계)와 미터자로 쉽게 측정할 수 있다. 결과적으로 전기장은 장 내에 있는 여러 지점에서 전위를 측정하여 그 결과를 그래프로 나타냄으로써 결정할 수 있다. 식 25.16에서와 같이 어떤 지점에서 V 대 x 그래프의 기울기는 그 지점에서의 전기장의 크기임을 알 수 있다.

한 점에서 출발하여 등전위면을 따라 $d\vec{\mathbf{s}}$ 만큼 이동하는 경우를 고려해 보자. 이런 이동의 경우, $dV = 0$이다. 이때 식 25.15로부터 $dV = -\vec{\mathbf{E}} \cdot d\vec{\mathbf{s}} = 0$이 된다. 즉 스칼

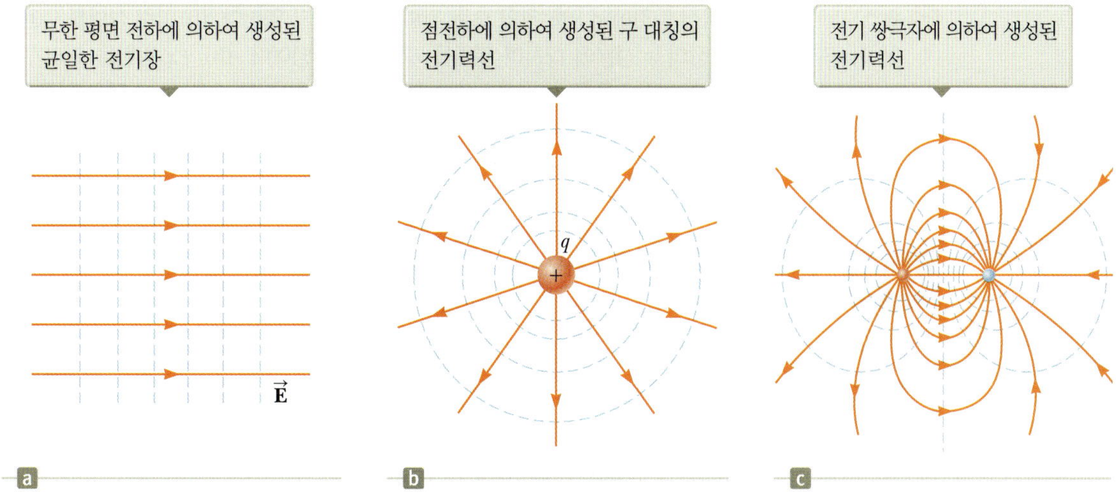

그림 25.11 등전위면(파란색 점선은 등전위면과 종이면의 교선)과 전기력선. 어느 경우에나 등전위면은 모든 점에서 전기력선과 수직이다.

라곱이 영이므로, 전기장 $\vec{\mathbf{E}}$는 등전위면을 따르는 변위에 수직이어야 한다. 이것은 등전위면은 등전위면을 뚫고 지나가는 전기력선에 항상 수직이어야 함을 의미한다.

25.2절의 끝에서 배운 것과 같이, 균일한 전기장에 대한 등전위면은 전기력선에 수직인 평면들로 이루어진다. 그림 25.11a는 균일한 전기장에 대한 등전위면을 보여 준다.

전기장을 생성하는 전하 분포가 구 대칭(여기서 부피 전하 밀도는 단지 지름 거리 r에 의존한다)이면, 전기장은 지름 방향이다. 이런 경우에 $\vec{\mathbf{E}} \cdot d\vec{\mathbf{s}} = E_r\,dr$이므로, $dV = -E_r\,dr$ 형태로 dV를 표현할 수 있다. 그러므로

$$E_r = -\frac{dV}{dr} \qquad \textbf{(25.17)}$$

이다. 예를 들어 점전하에 의한 전위는 $V = k_e\,q/r$가 된다. V는 단지 r만의 함수이기 때문에, 전위는 구 대칭 함수이다. 식 25.17을 사용하여, 점전하에 의한 전기장을 구하면 친숙한 결과인 $E_r = k_e\,q/r^2$를 얻게 된다. 전위는 지름 방향으로만 변하고 지름에 수직인 방향으로는 변하지 않는다. 따라서 V는 E_r와 마찬가지로 r만의 함수이다. 또한 이것은 등전위면은 전기력선과 수직이라는 개념과 일치한다. 이 경우 등전위면은 그림 25.11b에서와 같이, 구 대칭 전하 분포와 중심이 같은 구들의 집합이 된다. 전기 쌍극자에 대한 등전위면은 그림 25.11c에 나타내었다.

일반적으로 전위는 세 공간 좌표의 함수이다. 전위 $V(\vec{\mathbf{r}})$가 직각 좌표계로 주어진다면, 전기장 성분 E_x, E_y, E_z는 편미분에 의하여 $V(x, y, z)$로부터 구할 수 있다.[2]

$$E_x = -\frac{\partial V}{\partial x} \qquad E_y = -\frac{\partial V}{\partial y} \qquad E_z = -\frac{\partial V}{\partial z} \qquad \textbf{(25.18)}$$

◀ **전위로부터 전기장 계산**

[2] 전기장 $\vec{\mathbf{E}}$를 벡터 표시법으로 표현하면 다음과 같다.

$$\vec{\mathbf{E}} = -\nabla V = -\left(\hat{\mathbf{i}}\frac{\partial}{\partial x} + \hat{\mathbf{j}}\frac{\partial}{\partial y} + \hat{\mathbf{k}}\frac{\partial}{\partial z}\right)V$$

여기서 ∇는 **그레이디언트**(gradient) **연산자**이다.

Q 퀴즈 25.4 어떤 주어진 공간에서 x축 위의 모든 위치에서 전위가 영이다. **(i)** 이런 정보를 이용하여 이 공간에서 전기장의 x 성분에 대하여 결론을 지으면 **(a)** 영이다. **(b)** $+x$ 방향을 가리킨다. **(c)** $-x$ 방향을 가리킨다. **(ii)** x축을 따라 모든 곳에서의 전위가 +2 V라고 하자. 이 경우 전기장의 x 성분은 어떻게 되는지 앞의 보기에서 고르라.

25.5 연속적인 전하 분포에 의한 전위
Electric Potential Due to Continuous Charge Distributions

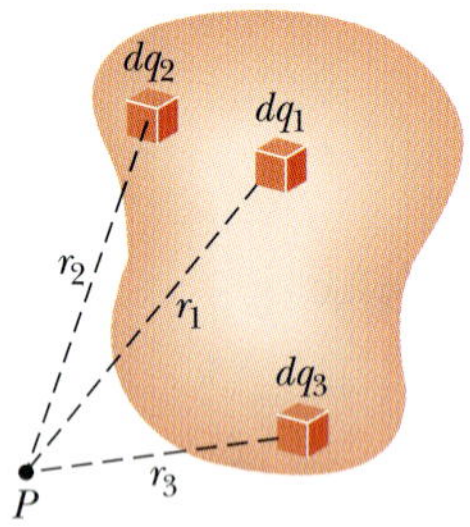

그림 25.12 연속적인 전하 분포에 의한 점 P에서의 전위는 대전된 물체를 전하 요소 dq로 나누고, 모든 전하 요소에 의한 전위들을 더함으로써 구할 수 있다. 그림에는 세 전하 요소만 보인다.

25.3절에서 적은 수의 전하에 의한 전위를 계산하는 방법을 알았다. 연속적인 전하 분포에 의한 전위 계산은 어떻게 할까? 이 경우 전위는 두 가지 방법으로 계산할 수 있다. 첫 번째 방법은 다음과 같다. 전하 분포를 알면, 그림 25.12에서와 같이 작은 전하 요소 dq를 마치 점전하로 생각하여 전위를 계산할 수 있다. 식 25.11을 이용하면, 전하 요소 dq에 의한 점 P에서의 전위 dV는 다음과 같다.

$$dV = k_e \frac{dq}{r} \tag{25.19}$$

여기서 r는 전하 요소와 점 P 사이의 거리이다. 점 P에서의 전체 전위를 구하려면, 분포되어 있는 모든 전하 요소들에 대하여 식 25.19를 적분해야 한다. 일반적으로 각각의 전하 요소들은 점 P로부터 다른 거리에 있고 k_e는 상수이기 때문에, 전체 전위 V는 다음과 같이 표현될 수 있다.

연속적인 전하 분포에 의한 전위 ▶

$$V = k_e \int \frac{dq}{r} \tag{25.20}$$

실제적으로 식 25.12에 있는 합을 적분 형태로 표현한 것이다. V에 대한 이 식에서, 전위가 영이 되는 기준점은 전하가 분포되어 있는 곳으로부터 무한히 먼 곳으로 택한다.

전위를 계산하는 두 번째 방법은 가우스의 법칙에서와 같이 전기장을 이미 알고 있을 때 사용한다. 전하가 대칭적으로 분포되어 있을 때, 가우스의 법칙을 이용하여 전기장 $\vec{\mathbf{E}}$를 구한 다음, 이를 식 25.3에 대입하여 두 점 사이의 전위차 ΔV를 구한다. 그 후 편리한 위치를 기준점으로 정하여 전위 V를 영으로 택한다.

예제 25.4 쌍극자에 의한 전위

그림 25.13에서와 같이 거리 $2a$만큼 떨어져 크기는 같고 부호가 반대인 두 개의 전하로 이루어져 있는 전기 쌍극자가 있다. 쌍극자는 x축 상에 있고, 중심은 원점에 있다.

(A) y축 상의 점 P에서의 전위를 구하라.

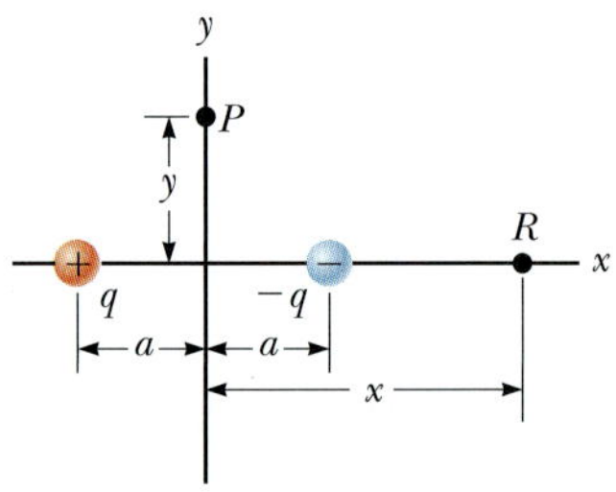

그림 25.13 (예제 25.4) x축 상에 놓여 있는 전기 쌍극자

풀이

개념화 이 문제를 예제 23.4의 (B)와 비교하라. 이것들은 동일한 문제이지만, 전기장을 구하는 것이 아니라 전위를 구하는 문제라는 것만 유념하면 된다.

분류 이 문제는 연속적인 전하 분포보다는 적은 수의 입자를 가진 문제로 분류한다. 전위는 두 개의 전하에 의한 전위를 각각 계산하고 그 결과를 합산하여 얻을 수 있다.

분석 식 25.12를 이용하여 점 P에서의 두 전하에 의한 전위를 구한다.

$$V_P = k_e \sum_i \frac{q_i}{r_i} = k_e\left(\frac{q}{\sqrt{a^2+y^2}} + \frac{-q}{\sqrt{a^2+y^2}}\right) = 0$$

(B) $+x$축 상의 점 R에서의 전위를 구하라.

풀이 식 25.12를 이용하여 R에서 두 전하에 의한 전위를 구한다.

$$V_R = k_e \sum_i \frac{q_i}{r_i} = k_e\left(\frac{-q}{x-a} + \frac{q}{x+a}\right) = -\frac{2k_e qa}{x^2-a^2}$$

(C) 쌍극자로부터 멀리 떨어져 있는 $+x$축 상의 점에서의 V와 E_x를 구하라.

풀이 쌍극자로부터 멀리 떨어져 있는 점 R에서는 $x \gg a$가 성립하므로, 문제 (B)의 해답에서 분모의 a^2을 무시한다.

$$V_R = \lim_{x\gg a}\left(-\frac{2k_e qa}{x^2-a^2}\right) \approx -\frac{2k_e qa}{x^2} \quad (x \gg a)$$

이 결과와 식 25.16을 이용하여 쌍극자로부터 멀리 떨어져 있는 x축 상의 한 점에서 전기장의 x 성분을 구한다.

$$E_x = -\frac{dV}{dx} = -\frac{d}{dx}\left(-\frac{2k_e qa}{x^2}\right)$$

$$= 2k_e qa \frac{d}{dx}\left(\frac{1}{x^2}\right) = -\frac{4k_e qa}{x^3} \quad (x \gg a)$$

결론 $+x$축 상의 점은 양전하보다 음전하에 더 가깝기 때문에 (B)와 (C)에서의 전위는 음이다. 같은 이유로, 전기장의 x 성분은 음이다. 예제 23.4에서 y축 상의 전기장 거동과 유사하게, 쌍극자로부터 멀리 떨어진 곳의 전기장이 $1/r^3$으로 감소함에 주목하자.

문제 y축 상의 점 P에서 전기장을 구하려고 한다. (A)에서 전위는 모든 y값에 대하여 영이었다. y축 상의 모든 점에서 전기장은 영일까?

답 아니다. y축을 따라 전위가 변하지 않는다는 것은 전기장의 y 성분이 영임을 말해 준다. 예제 23.4의 그림 23.11을 다시 보라. 거기서 y축 상에서 쌍극자의 전기장은 x 성분만 가짐을 보였다. 현재 주어진 예제에서 y축 부근에서의 전위가 x의 함수로 주어져 있지 않기 때문에 x 성분을 구할 수 없다.

예제 25.5 균일하게 대전된 고리에 의한 전위

(A) 반지름 a인 고리에 전체 전하량 Q가 고르게 분포하고 있을 때, 중심축 상의 한 점 P에서 전위를 구하라.

풀이

개념화 그림 25.14에서 볼 수 있는 것처럼, 고리의 평면은 x축에 수직이고 고리의 중심은 원점에 놓여 있다. 이 상황의 대칭은 고리에서의 모든 전하가 점 P로부터 같은 거리에 있음을 의미한다. 이 예제를 예제 23.6과 비교하라. 전위는 스칼라이기 때문에 여기서 벡터를 고려할 필요는 없음에 주목하라.

분류 고리의 전하는 점전하들의 집합으로 구성되어 있지 않고 균일하게 분포해 있기 때문에, 식 25.20의 적분 공식을 이용해야 한다.

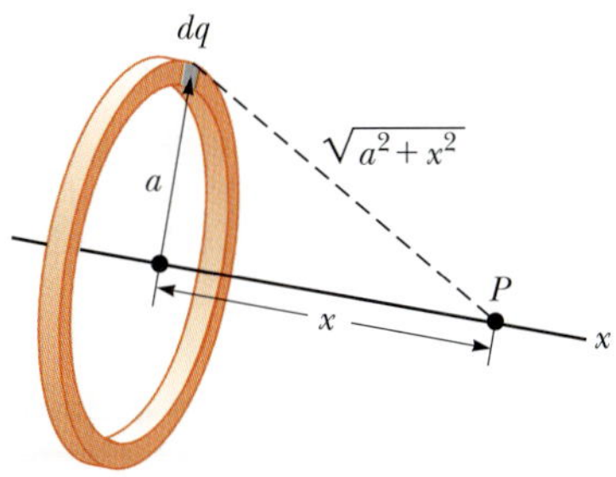

그림 25.14 (예제 25.5) 균일하게 대전된 반지름 a인 고리. 고리의 평면은 x축과 수직이다. 고리 위의 모든 전하 요소 dq로부터 x축 상에 놓여 있는 점 P에 이르는 거리는 같다.

분석 그림 25.14에서 점 P는 고리의 중심에서 x만큼 거리가 떨어진 곳에 위치한다.

식 25.20을 이용하여 V를 표현한다.

$$V = k_e \int \frac{dq}{r} = k_e \int \frac{dq}{\sqrt{a^2 + x^2}}$$

이때 a와 x는 고리에 대하여 적분하는 동안 변하지 않으므로, $\sqrt{a^2 + x^2}$을 적분 기호 앞으로 놓고 고리에 대하여 적분한다.

$$V = \frac{k_e}{\sqrt{a^2 + x^2}} \int dq = \frac{k_e Q}{\sqrt{a^2 + x^2}} \qquad \textbf{(25.21)}$$

가 된다.

(B) 점 P에서 전기장의 크기를 구하라.

풀이 대칭성을 고려하면, x축 상에서 $\vec{\mathbf{E}}$는 단지 x 성분만을 가진다. 따라서 식 25.16을 25.21에 적용한다.

$$E_x = -\frac{dV}{dx} = -k_e Q \frac{d}{dx}(a^2 + x^2)^{-1/2}$$

$$= -k_e Q(-\tfrac{1}{2})(a^2 + x^2)^{-3/2}(2x)$$

$$E_x = \frac{k_e x}{(a^2 + x^2)^{3/2}} Q \qquad \textbf{(25.22)}$$

결론 V와 E_x의 수식에서 변수는 x 단 하나밖에 없다. 그러므로 y와 z 모두 영이 되는 x축 상에서만 이 결과가 유효하다. 적분법을 이용해서 전기장을 바로 구해도 동일한 결과를 얻을 수 있다(예제 23.6 참조). 연습삼아 전위가 (A)에서의 식으로 주어지는 것을 증명하기 위하여 식 25.3에서 (B)의 결과를 사용해 보자.

예제 25.6 균일하게 대전된 원판에 의한 전위

반지름이 R이고 표면 전하 밀도가 σ인 균일하게 대전된 원판이 있다.

(A) 원판의 중심축 상의 한 점 P에서의 전위를 구하라.

풀이

개념화 원판을 대전된 일련의 고리로 나누어서 단순화하게 되면, 반지름 a인 고리의 전위를 구한 예제 25.5의 결과를 그대로 사용할 수 있다. 따라서 최종적으로 각 고리의 전위를 합산하기만 하면 된다. 그림 25.15는 이런 고리를 보여 주고 있다. 점 P는 원판의 중심축에 있기 때문에, 대칭성에 의하여 주어진 고리에서의 모든 점은 P로부터 같은 거리에 있다.

분류 원판의 전하는 연속적으로 분포되어 있으므로 개별 전하의 전위를 합산하는 것이 아니라, 연속적으로 분포하는 전하에 의한 전위를 계산해야 한다.

분석 그림 25.15에서 나타냈듯이 반지름 r, 너비 dr인 고리의 전하량 dq를 구한다.

$$dq = \sigma\, dA = \sigma(2\pi r\, dr) = 2\pi\sigma r\, dr$$

이 결과를 예제 25.5에서 구한 V를 나타낸 식 25.21에 대입하여 (a는 변수 r로 그리고 Q는 작은 요소 dq로 바꾼다) 고리에 의한 전위를 구한다.

그림 25.15 (예제 25.6) 균일하게 대전된 반지름 R인 원판. 원판의 면은 x축과 수직이다. x축 상의 점 P에서의 전위는 원판을 반지름이 r이고, 너비가 dr(즉 넓이 $2\pi r\, dr$)인 많은 고리 나눔으로써 쉽게 구할 수 있다.

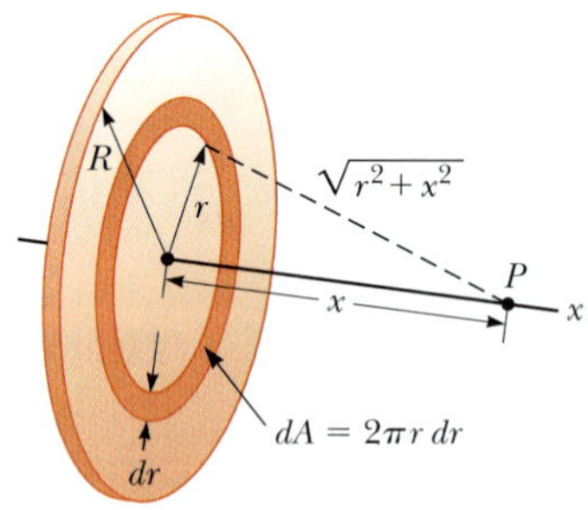

$$dV = \frac{k_e\, dq}{\sqrt{r^2 + x^2}} = \frac{k_e 2\pi\sigma r\, dr}{\sqrt{r^2 + x^2}}$$

이 식을 $r = 0$에서 $r = R$까지 적분하여 P에서의 전체 전위를 구한다. 여기서 x는 상수이다.

$$V = \pi k_e \sigma \int_0^R \frac{2r\, dr}{\sqrt{r^2 + x^2}}$$

$$= \pi k_e \sigma \int_0^R (r^2 + x^2)^{-1/2}\, 2r\, dr$$

이 적분은 일반적인 형태 $\int u^n\, du$이며 $u^{n+1}/(n+1)$의 값을 가진다. $n = -\frac{1}{2}$과 $u = r^2 + x^2$을 대입하면, 다음과 같은 결과를 얻을 수 있다.

$$V = 2\pi k_e \sigma[(R^2 + x^2)^{1/2} - x] \qquad \textbf{(25.23)}$$

(B) 점 P에서의 전기장의 x 성분을 구하라.

풀이 예제 25.5에서와 마찬가지로 식 25.16을 이용하여 축 상에서의 전기장을 구한다.

$$E_x = -\frac{dV}{dx} = 2\pi k_e \sigma \left[1 - \frac{x}{(R^2 + x^2)^{1/2}}\right] \qquad \textbf{(25.24)}$$

결론 $x \to 0$일 때 식 25.24는 식 24.8과 같아진다. 그리고 중심축을 벗어난 임의의 점에서의 V와 $\vec{\mathbf{E}}$를 계산하는 것은 대칭성이 없기 때문에 적분하기가 더 어려우므로 이 교재에서는 다루지 않기로 한다.

예제 25.7 유한한 길이의 선전하에 의한 전위

x축 상에 놓여 있는 길이 ℓ인 막대가 있다. 전체 전하량이 Q인 이 막대는 선전하 밀도 λ로 균일하게 대전되어 있다. 원점에서 거리 a만큼 떨어진 점 P에서의 전위를 구하라(그림 25.16).

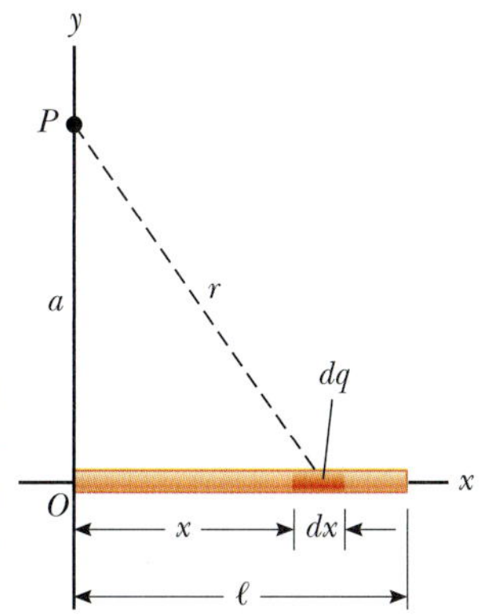

그림 25.16 (예제 25.7) 균일하게 대전되어 있는 길이 ℓ인 선전하가 x축 상에 놓여 있다. 선전하를 길이 dx이고, 전하가 $dq = \lambda\,dx$인 작은 요소로 나누어 P에서의 전위를 계산한다.

풀이

개념화 막대가 양전하로 대전되어 있으므로, 막대의 작은 전하 요소에 의한 점 P에서의 전위는 양의 값을 가진다. 이 경우 대칭성은 없지만, 기하학적으로 간단히 문제를 풀 수 있다.

분류 막대의 전하는 연속적으로 분포되어 있으므로 개별 전하의 전위를 합산하는 것이 아니라, 연속적으로 분포하는 전하에 의한 전위를 계산해야 한다.

분석 그림 25.16과 같이 막대가 x축 상에 놓여 있다. 길이가 dx인 전하 요소의 전하량은 dq이다. 막대는 균일한 선전하 밀도 λ로 대전되어 있으므로 작은 전하량 $dq = \lambda\,dx$이다.

임의의 위치 x에서 막대의 전하 요소에 의한 P에서의 전위를 구한다.

$$dV = k_e \frac{dq}{r} = k_e \frac{\lambda\,dx}{\sqrt{a^2 + x^2}}$$

식을 $x = 0$에서 $x = \ell$까지 적분하여 점 P에서의 전체 전위를 구한다.

$$V = \int_0^\ell k_e \frac{\lambda\,dx}{\sqrt{a^2 + x^2}}$$

k_e와 $\lambda = Q/\ell$가 상수이므로 적분 기호 앞으로 나올 수 있다. 부록 B를 참조하여 적분한다.

$$V = k_e \lambda \int_0^\ell \frac{dx}{\sqrt{a^2 + x^2}} = k_e \frac{Q}{\ell} \ln\left(x + \sqrt{a^2 + x^2}\right)\Big|_0^\ell$$

이 적분 구간에서는 결과적으로 다음과 같다.

$$V = k_e \frac{Q}{\ell}\left[\ln\left(\ell + \sqrt{a^2 + \ell^2}\right) - \ln a\right]$$

$$= k_e \frac{Q}{\ell} \ln\left(\frac{\ell + \sqrt{a^2 + \ell^2}}{a}\right) \qquad \textbf{(25.25)}$$

결론 $\ell \ll a$이면, P에서의 전위는 점전하에 의한 전위에 근접해야 한다. 왜냐하면 막대는 막대로부터 P까지의 거리에 비해 매우 작기 때문이다. 부록 B.5로부터 자연 로그의 급수 전개를 이용하여, 식 25.25가 $V = k_e Q/a$가 됨을 쉽게 보일 수 있다.

문제 점 P에서의 전기장을 구해야 하는 경우 간단한 계산으로 문제를 해결할 수 있는가?

답 식 23.11을 이용하여 전기장을 구하는 것은 약간 복잡하다. 문제를 간단하게 만들어주는 대칭성을 사용할 수 없기 때문에 선적분을 하여 문제를 푸는 경우 점 P에서의 전기장은 성분 벡터들의 합으로 주어진다. 식 25.25에서 a를 y로 바꾸고 식 25.18를 사용하여 y에 대하여 미분을 하면 E_y를 얻을 수 있다. 그림 25.16의 막대에는 전하가 $x = 0$의 오른쪽에만 위치하므로, 막대가 양전하로 대전되어 있으면 점 P에서의 전기장은 왼쪽으로 향하는 x 성분을 가지게 된다. 식 25.25는 모든 x에 대한 일반적인 결과가 아니고, 막대에 의한 전위를 특정한 x 값, 즉 $x = 0$에서 계산한 결과이므로 전기장의 x 성분을 얻기 위하여 사용할 수 없다. 일반적으로 식 25.18를 이용하여 전기장의 x 성분과 y 성분을 얻기 위해서는 전위를 x와 y의 함수로 구해야 한다.

25.6 대전된 도체에 의한 전위
Electric Potential Due to a Charged Conductor

오류 피하기 25.6

전위는 영이 아닐 수도 있다 그림 25.17에서 도체 내부의 전기장이 영이더라도 전위가 영일 필요는 없다. 식 25.15는 전기장이 영인 도체 내부는 한 점과 다른 점에서 전위의 **변화**가 없다는 것을 나타낸다. 그렇기 때문에 전위가 영인 지점을 어디로 정의하느냐에 따라서 전위가 같은 도체 표면을 포함해서 내부 모든 곳의 전위는 영일 수도 있고 아닐 수도 있다.

24.4절에서 평형 상태에 있는 도체의 알짜 전하는 도체 표면에 분포한다는 것을 알았다. 또한 도체 표면 바로 바깥쪽의 전기장은 도체 표면에 수직인 방향이며, 도체 내부의 전기장은 영이라는 사실도 알았다.

이번에는 전위와 관련된 대전 도체의 또 다른 성질을 알아보자. 그림 25.17과 같이 대전된 도체 표면 상의 두 점 Ⓐ와 Ⓑ를 잡으면, 두 점을 연결하는 경로 상의 모든 점에서 전기장 $\vec{\mathbf{E}}$는 항상 변위 $d\vec{\mathbf{s}}$에 수직이므로, $\vec{\mathbf{E}} \cdot d\vec{\mathbf{s}} = 0$이다. 이 결과와 식 25.3을 이용하면, Ⓐ와 Ⓑ 사이의 전위차는 반드시 영이 된다.

$$V_{Ⓑ} - V_{Ⓐ} = -\int_{Ⓐ}^{Ⓑ} \vec{\mathbf{E}} \cdot d\vec{\mathbf{s}} = 0$$

이 결과는 도체 표면 상의 임의의 두 점 사이에 적용할 수 있으므로, 평형 상태에 있는 대전된 도체 표면의 모든 점에서 전위 V는 일정하다. 즉

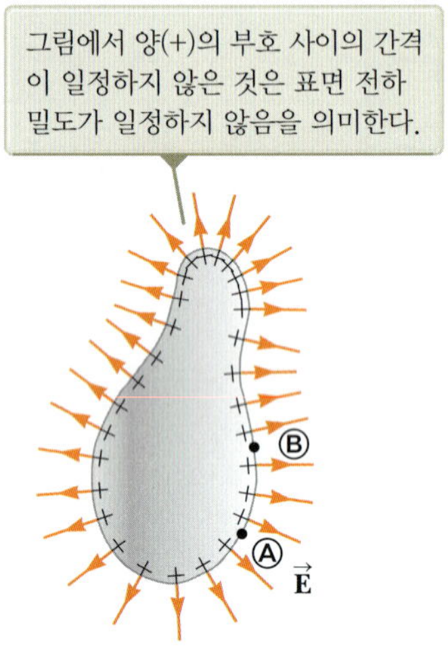

그림 25.17 양전하를 띠는 임의의 모양의 도체. 도체가 정전기적 평형 상태에 있을 때, 모든 전하는 도체 표면에 위치하며 도체 내부의 전기장 $\vec{\mathbf{E}} = 0$이다. 또한 도체 바로 밖의 전기장은 도체 표면에 수직인 방향이다. 도체 내부의 전위는 일정하며 표면의 전위와 같다.

> 정전기적 평형 상태에 있는 대전된 도체 표면은 등전위면을 이룬다. 평형 상태에 있는 대전 도체 표면의 모든 점에서 전위는 같다. 또한 도체 내부의 전기장이 영이므로, 도체 내부의 모든 점에서 전위는 일정하며 그 표면의 전위와 같다.

전위가 일정한 값을 가지므로, 시험 전하를 도체 내부에서 표면으로 옮기는 데는 일이 필요하지 않다.

그림 25.18a에서와 같이 전체 전하 $+Q$로 대전된 반지름 R인 금속 구의 경우를 생각해 보자. 예제 24.2의 (A)에서 논의한 바와 같이 구 외부의 전기장은 $k_e Q/r^2$이며 바깥쪽을 향한다. 구 대칭으로 분포되어 있는 전하의 바깥쪽에서 전기장을 구하면 점전하의 전기장과 동일한 형태를 가지므로, 점전하의 전위 $k_e Q/r$와 같은 결과를 기대할 수 있다. 그림 25.18a의 금속 구 표면에서의 전위는 $k_e Q/R$가 된다. 금속 구 내부의 전위는 일정하므로, 금속 구 내부에 위치하는 임의의 점에서의 전위도 $k_e Q/R$가 된다. 그림

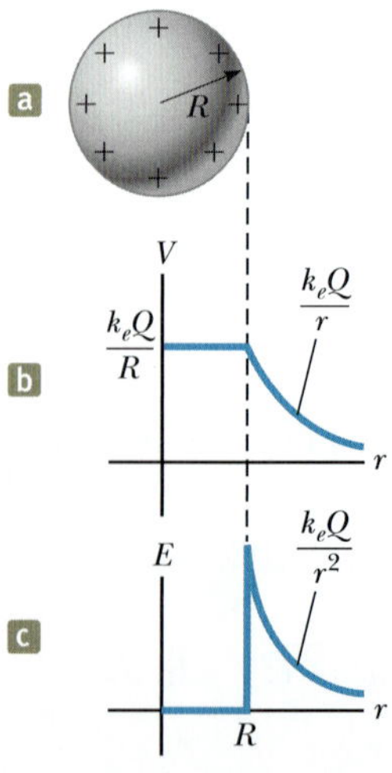

그림 25.18 (a) 반지름 R인 도체 구의 과잉 전하는 표면에 균일하게 분포한다. (b) 대전된 도체 구의 중심으로부터 거리 r인 곳의 전위 (c) 대전된 도체 구의 중심으로부터 거리 r인 곳의 전기장의 크기

25.18b는 전위를 거리 r의 함수로 나타낸 것이고, 그림 25.18c는 거리 r에 대한 전기장의 변화를 나타내고 있다.

알짜 전하가 도체 구에 분포되어 있을 때, 표면 전하 밀도는 그림 25.18a와 같이 일정하다. 그러나 도체가 그림 25.17과 같이 구형이 아닐 때는, (24.4절에서 언급한 것과 같이) 곡률 반지름이 작은 곳에서 표면 전하 밀도가 크고, 곡률 반지름이 큰 곳에서 표면 전하 밀도가 작다. 도체 바로 밖의 전기장의 크기는 표면 전하 밀도에 비례하므로, 곡률 반지름이 작은 볼록한 부분에서 전기장이 커지고, 뾰족한 부분에서 매우 강해진다. 예제 25.8에서 전기장과 곡률 반지름 사이의 관계를 수학적으로 알아본다.

예제 25.8 연결되어 있는 대전된 두 도체 구

반지름이 r_1과 r_2인 도체 구가 이들 각각 반지름의 크기보다 훨씬 더 먼 거리만큼 떨어져 있다. 그림 25.19에서와 같이 두 도체 구를 도선으로 연결하였다. 평형 상태에서 두 도체 구의 전하가 q_1과 q_2이고, 두 도체 구에 균일하게 대전되어 있다고 하자. 이때 두 도체 구 표면에서 전기장 크기의 비를 구하라.

풀이

개념화 그림 25.19에 나타나 있는 것보다 구들이 훨씬 멀리 떨어져 있다고 생각해 보자. 구들이 매우 멀리 떨어져 있으므로 한 구에 의한 전기장이 다른 구의 전하 분포에는 영향을 미치지 않는다. 두 도체는 도선으로 연결되어 있기 때문에 전위는 같다.

분류 구들이 매우 멀리 떨어져 있기 때문에 구의 전하는 구 대칭으로 분포하게 된다. 따라서 구의 외부에서는 전기장과 전위가 점전하에 의한 것과 같아진다.

분석 구 표면에서의 전위는 동일하다고 놓는다.

$$V = k_e \frac{q_1}{r_1} = k_e \frac{q_2}{r_2}$$

구 표면에서 전하 비를 구한다.

$$\frac{q_1}{q_2} = \frac{r_1}{r_2} \quad (1)$$

구 표면에서 전기장의 크기에 대한 식을 쓴다.

$$E_1 = k_e \frac{q_1}{{r_1}^2}, \qquad E_2 = k_e \frac{q_2}{{r_2}^2}$$

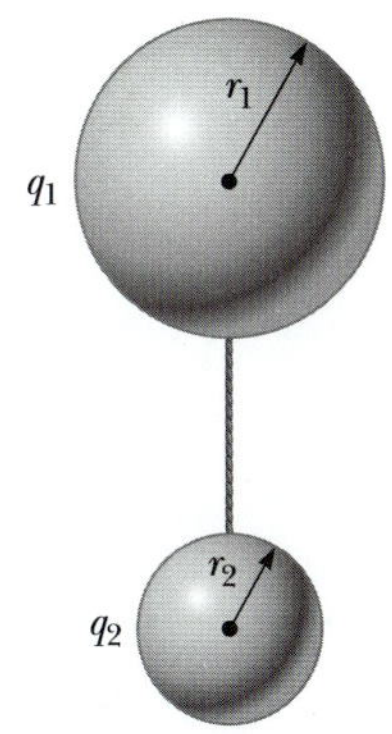

그림 25.19 (예제 25.8) 도선으로 연결되어 있는 대전된 두 도체 구. 두 도체 구의 전위 V는 같다.

이들 전기장의 비를 계산한다.

$$\frac{E_1}{E_2} = \frac{q_1}{q_2}\frac{{r_2}^2}{{r_1}^2}$$

식 (1)로부터 전하의 비를 대입한다.

$$\frac{E_1}{E_2} = \frac{r_1}{r_2}\frac{{r_2}^2}{{r_1}^2} = \frac{r_2}{r_1} \quad (2)$$

결론 두 개의 구 표면에서 전위는 같더라도 더 작은 구의 근처에서 전기장은 더 강해진다. $r_2 \to 0$이면 $E_2 \to \infty$이다. 이는 뾰족한 점들에서 전기장이 매우 크다는 앞에서의 내용을 증명한다.

속이 빈 형태의 도체 A Cavity Within a Conductor

그림 25.20과 같이 속이 빈 임의의 모양을 가진 도체를 생각해 보자. 그 빈 공간에는 전하가 존재하지 않는다. 이런 경우 24.4절에서 설명한 바와 같이, 빈 공간 내부의 전기

장은 도체 표면의 전하 분포와 무관하게 항상 영이어야 한다. 또한 도체 외부에 전기장이 존재하더라도 빈 공간 내부의 전기장은 역시 영이다.

이를 증명하려면, 도체의 모든 점에서 전위가 동일하다는 사실을 사용해야 한다. 즉 빈 공간의 표면 위에 있는 두 점 Ⓐ와 Ⓑ는 같은 전위 상태에 있어야 한다. 전기장 $\vec{\mathbf{E}}$가 빈 공간 내부에 존재한다고 가정하면, 식 25.3에 의하여 전위차 $V_Ⓑ - V_Ⓐ$는 다음과 같다.

$$V_Ⓑ - V_Ⓐ = -\int_Ⓐ^Ⓑ \vec{\mathbf{E}} \cdot d\vec{\mathbf{s}}$$

$V_Ⓑ - V_Ⓐ = 0$이므로, $\vec{\mathbf{E}} \cdot d\vec{\mathbf{s}}$의 적분은 도체 위의 두 점 Ⓐ와 Ⓑ 사이의 모든 경로에서 영이어야 한다. 모든 경로에 대하여 이것이 사실이기 위해서는 빈 공간 내의 **모든 곳**에서 전기장 $\vec{\mathbf{E}}$는 영이어야 한다. 따라서 도체 벽으로 둘러싸인 빈 공간은 그 내부에 전하가 없다면 전기장이 없는 영역이라는 결론을 내릴 수 있다.

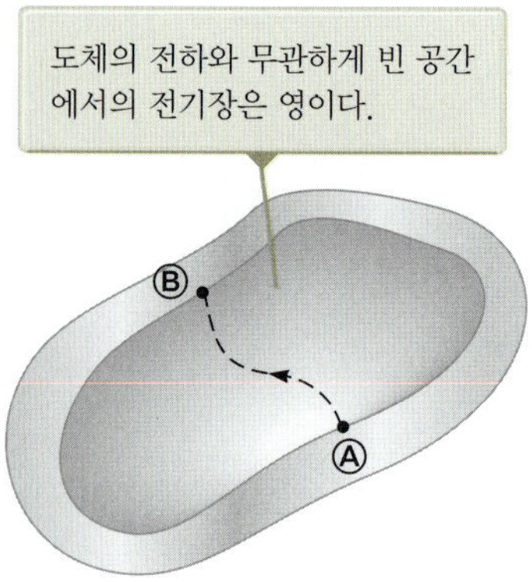

그림 25.20 정전기적 평형 상태에 있는 속이 빈 형태의 도체

코로나 방전 Corona Discharge

코로나 방전(corona discharge) 현상은 고전압 전력선 근처에서 자주 관측된다. 도체 근처에서 전기장이 충분히 강할 때, 도체 부근의 공기 분자가 이온화되어 전자가 원래의 분자로부터 떨어져 나와 가속된다. 이렇게 빠르게 움직이는 전자는 도체 부근의 다른 분자들을 이온화시키고, 이로 인해 더 많은 자유 전자들을 생기게 한다. 코로나 방전은 이들 자유 전자와 이온화된 공기 분자가 재결합하여 생긴다. 도체의 형태가 불규칙하면, 전기장은 도체의 끝 또는 뾰쪽한 부분에서 매우 강하다. 결과적으로 이온화 과정과 코로나 방전은 그런 부분 주위에서 가장 잘 일어난다.

코로나 방전은 송전 산업에서 부러졌거나 작동하지 않는 부분을 찾기 위하여 사용된다. 예를 들어 송전탑에서 부러진 절연체는 끝이 날카롭기 때문에 불순물이나 습기가 많은 경우 이런 곳에서 코로나 방전이 일어날 가능성이 크다. 비슷하게 코로나 방전은 부러진 도체 가닥의 날카로운 끝에서 일어난다. 코로나 방전은 방출되는 광선이 약하고, 대부분의 광선이 자외선이기 때문에 관측하기 어렵다. 코로나 방전의 광선은 태양의 자외선보다 훨씬 약하기 때문에 자외선 사진기로도 관측하기 어렵다. 송신탑 또는 송신 케이블에서 발생하는 코로나 방전을 대낮에도 볼 수 있도록 가시광선 사진기와 파장 영역 폭이 좁은 자외선 사진기를 합한 새로운 이중 스펙트럼 장치가 개발되었다. 사진기의 자외선 부분은 태양으로부터 나오는 복사량이 매우 적은 파장 영역에서 작동하도록 설계되었다.

25.7 밀리컨의 기름 방울 실험 The Millikan Oil-Drop Experiment

밀리컨(Robert Millikan)은 1909년부터 1913년까지 전자가 갖는 기본 전하량의 크기 e를 측정하는 획기적인 실험을 수행하여, 이 전하가 양자화되어 있음을 보였다.

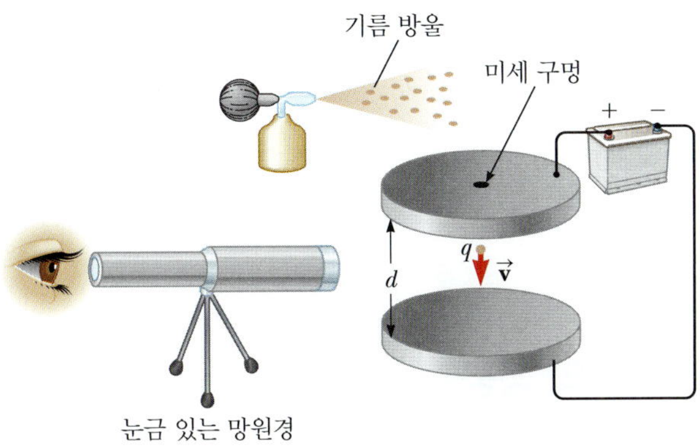

그림 25.21 밀리컨의 기름 방울 실험 장치의 개략도

그림 25.21과 같이 두 개의 평행 금속판이 있는 실험 장치를 이용하였다. 분무기에서 나온 작은 기름 방울은 위쪽에 놓여 있는 금속판의 미세 구멍을 통하여 내부로 들어간다. 밀리컨은 X선으로 상자 안에 있는 공기를 이온화시켰고, 그렇게 해서 생긴 자유 전자들은 작은 기름 방울에 붙어 기름 방울이 음전하가 되도록 하였다. 광선이 수평 방향으로 작은 기름 방울을 비추고, 망원경의 장축이 광선에 수직(그림에서 종이면에 수직)인 망원경을 통하여 작은 기름 방울들을 관측하였다. 이렇게 했을 때, 어두운 배경에서 작은 기름 방울들은 반짝이는 별처럼 보이고, 떨어지는 기름 방울들의 비율을 측정할 수 있다.

질량이 m이고, 전하량의 크기가 q인 음전하를 띤 한 개의 기름 방울을 관측한다고 가정하자. 두 평행 금속판 사이에 전기장이 없다면, 전하에 작용하는 두 가지 힘은 그림 25.22a와 같이 아래 방향으로[3] 향하는 중력 $m\vec{\mathbf{g}}$와 위쪽으로 향하는 **점성 항력**(viscous drag force) $\vec{\mathbf{F}}_D$이다. 여기서 항력은 이미 6.4절에서 논의한 바와 같이 기름 방울이 떨어지는 속도에 비례한다. 떨어지는 기름 방울이 종단 속력 v_T에 도달할 때, 중력과 항력은 서로 균형을 이룬다($mg = F_D$).

금속판에 전지를 연결하면 두 금속판 사이에 전기장이 생기고, 위쪽 금속판은 더 높은 전위 상태에 있게 된다. 이 경우 대전된 기름 방울에 세 번째 힘 $q\vec{\mathbf{E}}$가 작용하게 된다. 장 내의 입자 모형을 입자에 두 번(중력장과 전기장) 적용한다. q가 음전하이고, 전기장 $\vec{\mathbf{E}}$가 아래로 향하기 때문에, 전기력은 그림 25.22b와 같이 위쪽 방향으로 작용한다. 전기력이 훨씬 크면, 기름 방울은 위로 향하게 되고, 항력 $\vec{\mathbf{F}}'_D$은 아래로 작용하게 된다. 위로 향하는 전기력 $q\vec{\mathbf{E}}$가 아래로 향하는 중력과 항력의 합과 균형을 이룰 때, 기름 방울은 새로운 종단 속력 v'_T에 도달하게 된다.

전기장이 있을 때 일반적으로 초당 1/100 cm의 비율로 기름 방울은 천천히 위로 움직인다. 전기장이 없을 때 아래로 떨어지는 속도의 비율은 비슷하다. 즉 전기장을 가하고 제거함을 반복하여, 몇 시간에 걸쳐 기름 방울을 위아래로 움직이게 할 수 있다.

수천 개의 기름 방울을 관측해서, 밀리컨과 그의 동료들은 1 %의 정확도 내에서, 모든 기름 방울들은 기본 전하량 e의 정수배와 크기가 같은 전하량을 가진다는 사실을 알

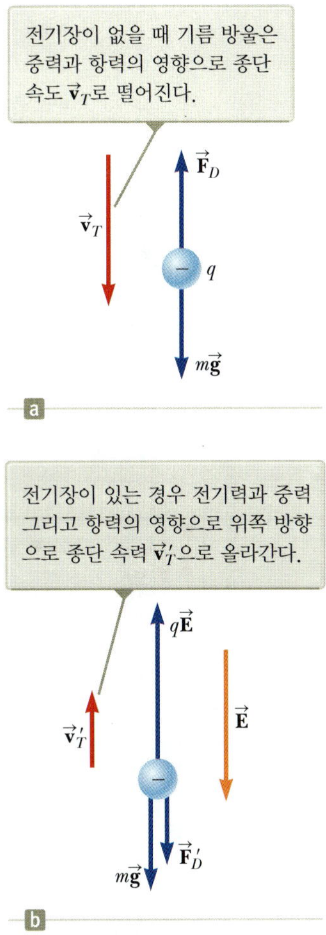

그림 25.22 밀리컨 실험에서 음(−)으로 대전된 기름 방울에 작용하는 힘들

[3] 둘러싸고 있는 공기에 의하여 떨어지는 기름 방울에 작용하는 양력이 있다. 이 양력은 떨어지는 기름 방울에 작용하는 중력 $m\vec{\mathbf{g}}$에 대한 보정으로 고려될 수 있기 때문에, 여기서는 양력을 고려하지 않는다.

았다.

$$q = ne \quad n = 0, -1, -2, -3, \ldots$$

여기서 $e = 1.60 \times 10^{-19}$ C이다. 밀리컨 실험은 전하가 양자화되어 있다는 결정적인 증거를 제시하였고, 이 업적으로 밀리컨은 1923년에 노벨 물리학상을 받았다.

25.8 정전기학의 응용 Applications of Electrostatics

정전기학은 피뢰침과 정전 집진기와 같은 장치와 복사기와 자동차 도색과 같은 과정에서 응용된다. 정전기학의 원리에 근거를 하는 과학적 장치로는 정전 발전기, 장 이온(field-ion) 현미경과 이온 추진(ion-drive) 로켓 엔진이 있다. 두 가지 장치를 자세히 설명하겠다.

밴 더 그래프 발전기 The Van de Graaff Generator

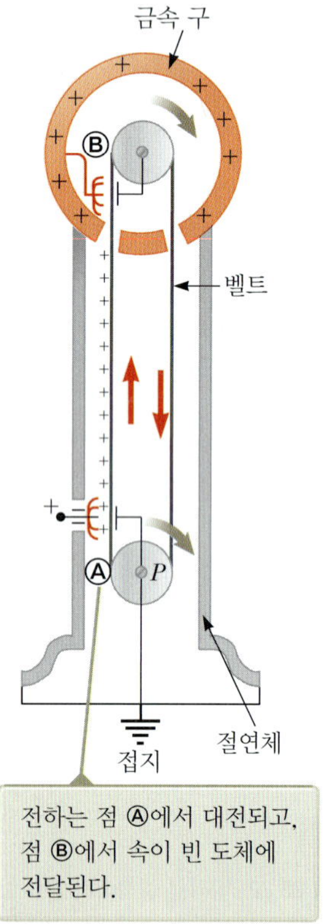

그림 25.23 밴 더 그래프 발전기. 전하는 이동하는 벨트에 의하여 위에 있는 금속 동심원 구 껍질에 전달된다.

실험적으로 대전된 도체가 속이 빈 도체의 내부와 접촉할 때, 대전된 도체에 있는 모든 전하는 속이 빈 도체로 전달된다는 것을 알았다. 원리적으로는 이 과정을 계속 되풀이함으로써 속이 빈 도체의 전하와 전위를 무한히 증가시킬 수 있다.

1929년에 밴 더 그래프(Robert J. Van de Graaff, 1901~1967)는 이 원리를 사용하여 정전 발전기를 설계하고 제작하였다. 이 발전기는 핵 물리 연구에 널리 사용된다. 그림 25.23은 밴 더 그래프 발전기의 기본 구조이다. 전하는 절연 물질로 만든 이동하는 벨트에 의하여 계속적으로 고전위 전극에 전달된다. 고전압 전극은 절연 기둥에 세워진 속이 빈 금속 동심원 구 껍질(dome)이다. 전하 벨트는 점 Ⓐ에서 빗 형태의 금속 바늘과 접지된 금속판 사이에 생기는 코로나 방전에 의하여 대전된다. 금속 바늘은 일반적으로 10^4 V의 양(+)의 전위를 갖도록 한다. 이동하는 전하 벨트에 있는 양전하는 점 Ⓑ에 있는 두 번째 빗 형태의 금속 바늘에 의하여 구 껍질에 전달된다. 구 껍질 안의 전기장은 무시할 수 있을 만큼 작기 때문에, 전하 벨트에 있는 양전하는 전위와 상관없이 쉽게 도체로 전달된다. 실제로 동심원 구 껍질의 전위를 전기 방전이 일어날 때까지 증가시킬 수 있다. 공기 중에서 절연 파괴를 일으키는 데 필요한 전기장은 3×10^6 V/m이므로, 반지름이 1.00 m인 구는 최대 전위 3×10^6 V까지 올릴 수 있다. 전위는 동심원의 반지름을 크게 하거나, 전체 장치를 고압 기체로 채워진 컨테이너 안에 놓음으로써 더욱 증가시킬 수 있다.

밴 더 그래프 발전기는 2천만 볼트만큼 큰 전위차를 만들어 낼 수 있다. 이런 큰 전위차를 통하여 가속된 양성자는 여러 표적 핵과 핵 반응을 일으킬 만한 충분한 에너지를 얻는다. 작은 규모의 발전기들은 과학 실험실과 과학 박물관에서 볼 수 있다. 사람이 밴 더 그래프 발전기의 구를 만지면, 사람의 몸은 높은 전위 상태가 되고 머리카락은 양전하를 얻게 된다. 머리카락은 23장의 도입부 사진처럼 곤두서게 된다.

정전 집진기 The Electrostatic Precipitator

기체 내에서 전기 방전의 중요한 응용의 예로 **정전 집진기**가 있다. 이 장치는 연소 기체로부터 유해 물질을 제거하여 공기 오염을 줄인다. 집진기는 석탄을 태우는 화력 발전소, 다량의 매연을 발생시키는 산업 공정에 특히 유용하다. 현재 집진기는 매연으로부터 99 % 이상의 많은 재를 제거할 수 있다.

그림 25.24a는 정전 집진기의 기본 구조이다. 송풍관의 중심을 지나는 전선과 접지된 송풍관 벽 사이에 일반적으로 40~100 kV의 높은 전압이 걸린다. 전선은 송풍관 벽에 대하여 음(−) 전위를 유지하고, 전기장은 전선 쪽으로 향한다. 전선 근처의 전기장은 선 주위에서 방전을 일으키기에 충분히 높은 전압에 도달하여 양이온, 전자, O_2^-와 같은 음이온을 형성한다. 송풍관으로 들어온 공기는 전선 근처로 움직인다. 방전에 의하여 생성된 전자와 음이온이 전기장에 의하여 바깥 벽 쪽으로 가속됨에 따라, 공기 중 먼지 입자는 충돌과 이온 포획에 의하여 대전된다. 먼지 입자들은 음(−)으로 대전되기 때문에, 전기장에 의하여 도관 벽 쪽으로 끌리게 된다. 도관이 흔들리면, 도관 벽에 붙은 입자들이 떨어져 도관 밑에 모이게 된다.

정전 집진기는 대기 중 유해 물질을 줄이는 데 응용될 뿐 아니라, 대기 중의 귀중한 금속 산화물들을 회수하는 데에도 쓰인다(그림 25.24b)와 c를 비교하라).

그림 25.24 (a) 정전 집진기 (b) 정전 집진기를 작동시킬 때와 (c) 작동시키지 않을 때의 공기 오염을 비교해 보라.

연습문제

객관식

1. 어떤 공간의 전기장이 영이다. 이 사실로부터 이 공간의 전위에 대한 설명으로 옳은 것은 어느 것인가? (a) 영이다. (b) 위치에 따라 변하지 않는다. (c) 양이다. (d) 음이다. (e) 정답 없음

2. 그림 25.4의 등전위면에 대하여 생각해 보자. 이 공간 영역에서 전기장의 방향은 대략 어떤가? (a) 종이면으로부터 나오는 방향 (b) 종이면으로 들어가는 방향 (c) 종이면의 위로 향하는 방향 (d) 종이면의 아래로 향하는 방향 (e) 전기장은 영이다.

3. **(i)** 반지름이 1.00 cm인 금속 구 A가 반지름이 2.00 cm인 금속 구 껍질 B에서 수 cm 떨어져 있다. 주위에는 다른 전하를 배치하지 않고 A에만 전하 450 nC을 대전시킨다. 이어서 그림 25.19와 같이 길고 가는 금속선으로 두 물체를 연결한다. 마지막으로 금속선을 제거한다. 그 이후 A와 B의 전하는 어떠한가? (a) A에 0, B에 450 nC (b) A에 90.0 nC, B에 360 nC (c) A에 150 nC, B에 300 nC (d) A에 225 nC, B에 225 nC (e) A에 450 nC, B에 0. **(ii)** 이번에는 전하가 450 nC인 금속 구 A가 금속 구 껍질 B 속에서 절연체 실로 매달려 있다가 잠시 B의 안쪽 면에 잠시 닿았다 떨어진다고 하자. 이후 두 물체의 전하는 어떠한가? (i)의 (a)~(e) 중에서 선택하라.

4. x = 3.00 m에서의 전위는 120 V이고 x = 5.00 m에서의 전위는 190 V이다. 전기장이 균일한 경우 이 영역에서 전기장의 x 성분은 얼마인가? (a) 140 N/C (b) −140 N/C (c) 35.0 N/C (d) −35.0 N/C (e) 75.0 N/C

5. 어떤 공간에 균일한 전기장이 x 방향을 향하고 있다. 음전하의 입자가 x = 20.0 cm에서 x = 60.0 cm로 이동한다. **(i)** 전하–전기장 계의 전기적 위치 에너지는 (a) 증가한다. (b) 변하지 않는다. (c) 감소한다. (d) 예측할 수 없다. **(ii)** 입자가 이동한 위치의 전위는 어떠한가? (a) 이전 위치보다 높다. (b) 변하지 않는다. (c) 이전 위치보다 낮다. (d) 예측할 수 없다.

6. 그림 OQ25.6에 나타나 있는 네 개의 점에서 전위가 높은 것부터 순서대로 나열하라.

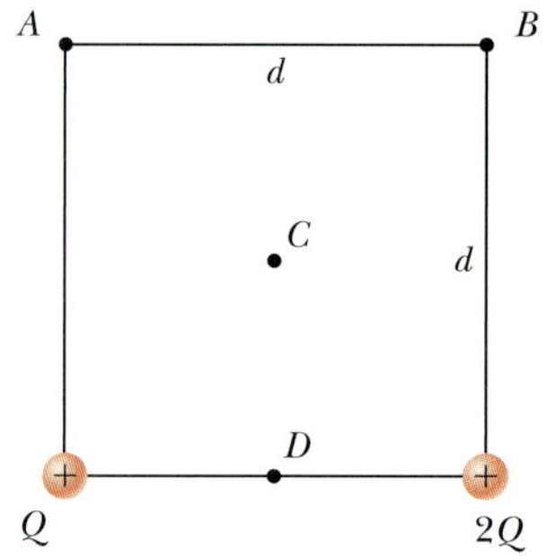

그림 OQ25.6

7. X선 발생 장치에서 전자는 1.00×10^4 V의 전위차에 의하여 가속하여 표적에 충돌한다. 전자의 운동 에너지를 eV 단위로 구하라. (a) 1.00×10^4 eV (b) 1.60×10^{-15} eV (c) 1.60×10^{-22} eV (d) 6.25×10^{22} eV (e) 1.60×10^{-19} eV

8. 원둘레 위에 네 개의 대전 입자가 있다. 이들의 전하는 +0.500 μC, +1.50 μC, −1.00 μC, −0.500 μC이다. 원둘레 위에 전하 +0.500 μC인 입자 하나만 있을 때 원의 중심에서 전위가 4.50×10^4 V이다. 네 전하가 다 있을 때 중심에서 전위 값은 다음 중 어느 것인가? (a) 18.0×10^4 V (b) 4.50×10^4 V (c) 0 (d) -4.50×10^4 V (e) 9.00×10^4 V

9. 크기가 850 N/C인 균일한 전기장이 $+x$ 방향을 향하고 있다. 원점에 정지하고 있는 양성자를 놓는다. 양성자가 x = 2.50 m의 위치로 이동할 때 양성자–전기장 계의 전기적 위치 에너지 변화는 얼마인가? (a) 3.40×10^{-16} J (b) -3.40×10^{-16} J (c) 2.50×10^{-16} J (d) -2.50×10^{-16} J (e) -1.60×10^{-19} J

10. x축을 따라 원점에서 x = 80.0 cm까지 균일하게 대전된 금속 선이 있다. 좌표가 (80.0 cm, 80.0 cm)인 점 P에서 이 전하에 의하여 생긴 전위가 100 V이다. 이어서 전하가 똑같이 균일하게 대전된 동일한 금속 선을 원점에서 y = 80.0 cm 까지 y축에 배치하면 두 금속 선에 의한 점 P에서의 전위는 (a) 200 V보다 크다, (b) 200 V, (c) 100 V, (d) 0과 200 V 사이이다, (e) 0이다.

주관식

25.1 전위와 전위차

25.2 균일한 전기장에서의 전위차

1. 서로 다른 부호로 대전된 평행한 판 두 개가 5.33 mm 떨어져 있다. 판 사이의 전위차는 600 V이다. (a) 판 사이의 전기장의 크기를 구하라. (b) 판 사이에 전자가 한 개 있다면 이 전자가 받는 힘을 구하라. (c) 처음에 이 전자가 양전하의 극판에서 2.90 mm 떨어져 있다면, 이 전자를 음전하의 극판으로 옮기려면 얼마만큼의 일을 해야 하는가?

2. (a) 정지해 있다가 120 V의 전위차에 의하여 가속된 양성자의 속력을 계산하라. (b) 동일한 전위차에 의하여 가속된 전자의 속력을 계산하라.

3. 그림 P25.3과 같이 크기가 325 V/m인 균일한 전기장이 $-y$ 방향을 향하고 있다. 좌표가 각각 (−0.200, −0.300) m와 (0.400, 0.500) m인 점 Ⓐ와 Ⓑ 사이의 전위차 $V_{Ⓑ} - V_{Ⓐ}$를 점선 경로를 이용하여 계산하라.

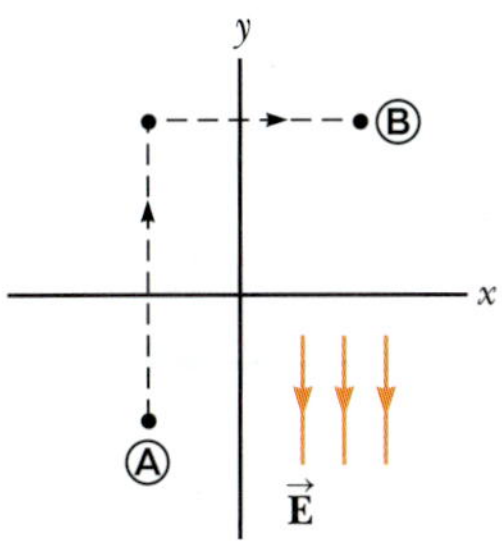

그림 P25.3

4. 전자가 원점에서 처음 속력 3.70×10^6 m/s로 x축 방향으로 이동하고 있다. 전자의 속력은 $x = 2.00$ cm 위치에서 1.40×10^5 m/s로 감소된다. (a) 이 점과 원점 사이의 전위차를 계산하라. (b) 어느 점의 전위가 더 높은가?

5. (a) 처음 속력 2.85×10^7 m/s로 움직이는 전자를 멈추게 하려면 얼마만큼의 전위차 ΔV_e가 필요한가? (이 전위차를 저지 전압이라고 한다.) (b) 입자가 양성자라면 멈추게 하는 데 필요한 전위차가 전자의 그것에 비하여 큰지 또는 작은지에 대하여 답하고 설명하라. (c) 양성자의 저지 전압과 전자의 저지 전압의 비 $\Delta V_p/\Delta V_e$를 구하라.

6. 전하가 $q = +2.00$ μC이고 질량이 $m = 0.0100$ kg인 입사가 그림 P25.6과 같이 길이가 $L = 1.50$ m이고 회전 중심점 P에 묶여 있는 줄에 연결되어 있다. 입자와 줄 그리고 회전 중심점은 마찰이 없는 수평 탁자 위에 놓여 있다. 줄이

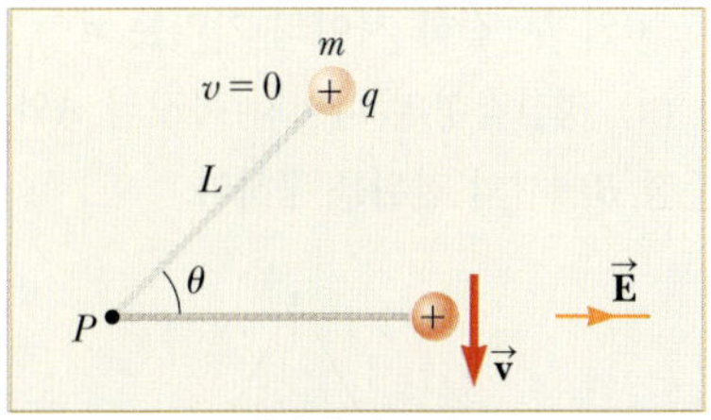

그림 P25.6

크기가 $E = 300$ V/m인 균일한 전기장과 $\theta = 60.0°$의 각도를 이루고 있을 때 정지 상태의 입자를 놓는다. 줄이 전기장과 평행하게 될 때 입자의 속력을 구하라.

7. 선전하 밀도가 $\lambda = 40.0$ μC/m이고 선질량 밀도가 $\mu = 0.100$ kg/m인 절연 막대가 있다. 그림 25.7과 같이 크기가 $E = 100$ V/m이고 막대에 수직인 균일한 전기장 내에서 정지 상태에 있는 막대를 놓는다. (a) 막대가 2.00 m를 이동한 후 속력을 구하라. (b) 만약 전기장과 막대가 수직이 아니라면 (a)의 답이 어떻게 변하는지 설명하라.

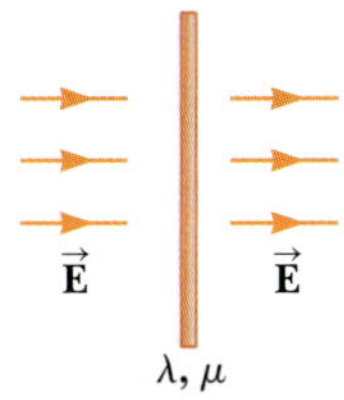

그림 P25.7

8. 두 개의 평행한 판에 부호가 다르고 크기가 같은 전하가 대전되어 있다. 판 사이의 거리는 12.0 cm이고 각 판의 표면 전하 밀도의 절댓값은 36.0 nC/m²이다. 속력이 영인 양성자 하나가 양의 극판에서 출발한다. 이때 (a) 판 사이의 전기장, (b) 극판 사이의 전위차, (c) 양성자가 음의 극판에 닿기 직전의 운동 에너지, (d) 양성자가 음의 극판에 닿기 직전의 속력, (e) 양성자가 운동할 때의 가속도, (f) 양성자가 받는 힘, (g) 이 힘으로부터 계산한 전기장을 구하라. (h) 이렇게 계산한 전기장과 (a)에서 계산한 전기장을 비교하라.

25.3 점전하에 의한 전위와 전기적 위치 에너지

Note: 별다른 언급이 없는 한, 전위의 기준은 $r = \infty$에서 $V = 0$이다.

9. (a) 전자로부터 0.250 cm 떨어진 곳의 전위를 계산하라. (b) 전자로부터의 거리가 0.250 cm인 곳과 0.750 cm인 곳 사이의 전위차를 계산하라. (c) 전자 대신 양성자에 대하여 같은 문제를 푼다면 결과가 어떻게 바뀌는가?

10. 그림 P25.10의 두 전하 사이의 거리는 $d = 2.00$ cm이다. 그림에서 (a) 정삼각형의 나머지 꼭짓점 A와 (b) 두 전하 사이의 중점 B에서의 전위를 구하라.

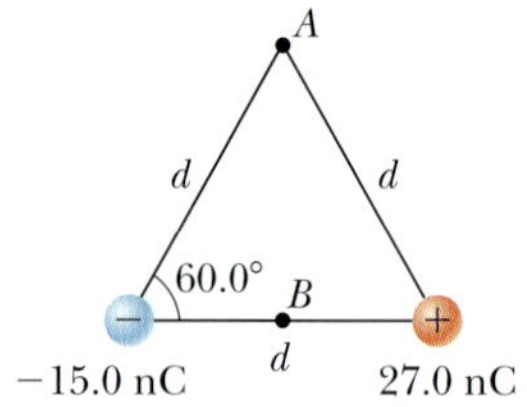

그림 P25.10

11. 전하량이 각각 $Q_1 = +5.00$ nC, $Q_2 = -3.00$ nC인 두 점전하가 서로 35.0 cm 떨어져 있다. (a) 두 점전하 사이의 중간에서 전위를 계산하라. (b) 이 전하 쌍의 위치 에너지를 계산하라. 이 결과 값의 부호는 어떤 의미가 있는가?

12. 그림 P25.12와 같이 전하량이 2.00 μC인 두 입자 사이에 전하가 $q = 1.28 \times 10^{-18}$ C인 입자가 원점에 놓여 있을 때 (a) 두 개의 2.00 μC 전하들이 원점에 놓여 있는 시험 전하 q에 작용하는 알짜힘은 얼마인가? (b) 원점에서 두 개의 2.00 μC 입자에 의한 전기장을 구하라. (c) 원점에서 두 개의 2.00 μC 입자에 의한 전위를 구하라.

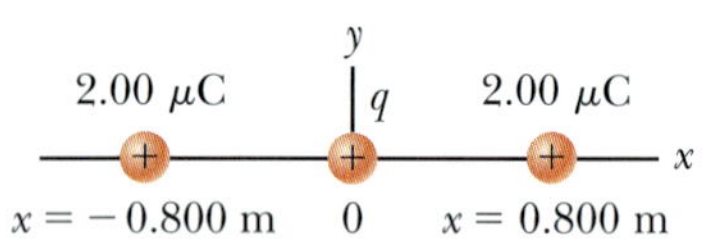

그림 P25.12

13. 한 변의 길이가 a인 정사각형의 네 꼭짓점에 동일한 전하량 Q를 가진 입자가 하나씩 있다. (a) 정사각형의 중심에서 네 전하에 의한 전위와 (b) 무한히 먼 곳에 있는 전하 q인 입자를 정사각형의 중심에 가져 오기 위하여 필요한 일의 표현식을 구하라.

14. 어떤 좌표계의 원점에 전하량이 $+q$인 입자가 있고 x축 위의 좌표 $x = 2.00$ m인 곳에 전하량 $-2q$인 다른 입자가 있다. (a) 전기장이 영이 되는 곳(들)의 x 좌표를 계산하라. (b) 전위가 영이 되는 곳(들)의 x 좌표를 계산하라. 두 경우 다 유한한 답만을 구한다.

15. 같은 전하량 +2.00 μC 씩을 가진 두 입자가 x축 위에 있다. 한 입자의 좌표는 $x = 1.00$ m이고 다른 하나의 좌표는 $x = -1.00$ m이다. (a) y축 위 $y = 0.500$ m인 곳의 전위를 계산하라. (b) 전하량이 −3.00 μC인 제3의 입자를 무한대에서 y축 위 $y = 0.500$ m인 곳에 가져올 때 계의 전기적 위치 에너지와 처음 두 입자만 있는 경우의 위치 에너지의 차를 구하라.

16. 똑같은 전하량($q = +10.0\ \mu$C)을 가진 입자들이 그림 P25.16과 같이 직사각형의 네 꼭짓점에 하나씩 있다. 직사각형의 가로는 $L = 60.0$ cm이고 세로는 $W = 15.0$ cm이다. 왼쪽 아래의 한 입자가 없다고 가정하고 이 입자를 무한히 먼 곳에서부터 이곳으로 가져온다면 이 과정에서 위치 에너지 변화는 얼마인가? 나머지 세 입자는 고정되어 있다고 가정한다.

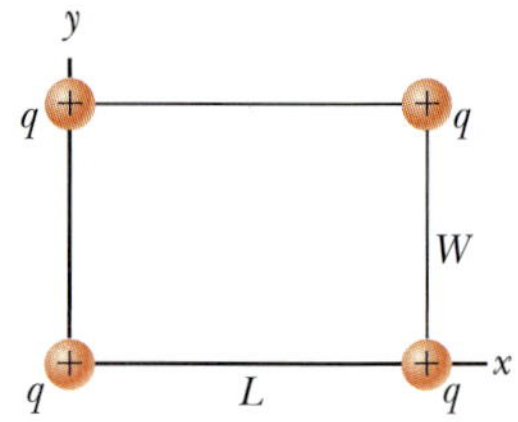

그림 P25.16

17. 전하량이 $-q$인 동일한 다섯 개의 입자를 반지름 R인 원에 대칭적으로 놓는다. 원 중심에서의 전위를 계산하라.

18. 반지름이 각각 0.300 cm와 0.500 cm이고, 질량이 0.100 kg과 0.700 kg인 두 절연 구에 −2.00 μC와 3.00 μC의 전하가 균일하게 분포하고 있다. 두 절연 구를 1.00 m 떨어진 위치에서 정지 상태로부터 놓는다. (a) 두 구가 충돌할 때 각각의 속력은 얼마인가? 에너지와 운동량은 보존된다고 가정한다. (b) 이것이 도체 구라고 하면 속력은 (a)의 결과보다 더 커지는가 아니면 작아지는가? 그 이유를 설명하라.

19. 각각의 크기가 q인 여덟 개의 대전 입자를 변의 길이가 s인 정육면체의 꼭짓점으로 옮겨오기 위하여 얼마만큼의 일을 해야 하는가?

20. 전하량이 q이고 질량이 m인 동일한 입자들이 한 변의 길이가 L인 정사각형의 네 꼭짓점에 고정되어 있다가 자유로워졌다. 입자 하나와 정사각형 중심 사이의 거리가 처음의 두 배가 될 때, 입자 하나의 속력을 구하라.

21. 멀리 떨어져 있는 두 입자가 있다. 한 입자는 정지해 있고 질량이 5.00 g, 전하량이 8.50 μC인 움직일 수 있는 입자이다. 다른 하나는 질량이 2.00 g, 전하량이 15.0 μC인데, 정지해 있는 입자를 향하여 속도 $21.0\hat{\mathbf{i}}$ m/s로 곧게 움직이기 시작한다. 두 입자가 x축 위에서만 운동하도록 제약되어 있다고 가정하자. (a) 두 입자가 가장 가까운 거리일 때 두 입자는 같은 속도로 운동한다. 이 속도를 구하라. (b) 가장 가까운 거리를 구하라. 상호 작용 후에 두 입자는 다시 아주 멀어진다. 이때 (c) 질량이 2.00 g인 입자와 (d) 질량이 5.00 g인 입자의 속도를 구하라.

22. 원자핵에 대한 액체 방울 모형에 따르면, 어떤 핵이 큰 에너지로 진동할 때 핵이 크기가 다른 두 개의 파편(딸핵)과 몇

개의 중성자로 분해될 수 있다. 분열의 산물인 핵들은 핵 사이의 쿨롱 척력에 의하여 운동 에너지를 얻는다. 두 핵이 완전히 분리되기 직전에 두 핵은 완전히 구형으로 서로 접촉해 있으며 정지해 있다고 가정하자. 핵 주위의 전자는 무시한다. 한 핵의 전하는 $38e$이고 반지름은 5.50×10^{-15} m, 다른 핵은 전하는 $54e$이고 반지름이 6.20×10^{-15} m인 경우 두 전하계의 위치 에너지를 전자볼트(eV) 단위로 구하라.

23. 반지름 $R = 0.100$ m인 구 껍질에 전체 전하량 $Q = 125$ μC으로 대전하기 위하여 무한대로부터 가져오는 전하에 해야만 하는 일을 계산하라.

25.4 전위로부터 전기장의 계산

24. $x = 0$과 $x = 6.00$ m 사이의 영역에서 전위는 $V = a + bx$로 주어진다. 여기서 $a = 10.0$ V이고 $b = -7.00$ V/m이다. (a) $x = 0$, 3.00 m, 6.00 m에서의 전위와 (b) $x = 0$, 3.00 m, 6.00 m에서의 전기장의 크기와 방향을 구하라.

25. 어떤 영역의 전기장은 x축과 평행하다. 전위가 그림 P25.25와 같이 위치에 따라 변한다. 이 영역에서 전기장의 x 성분과 위치와의 관계를 나타내는 그래프를 그리라.

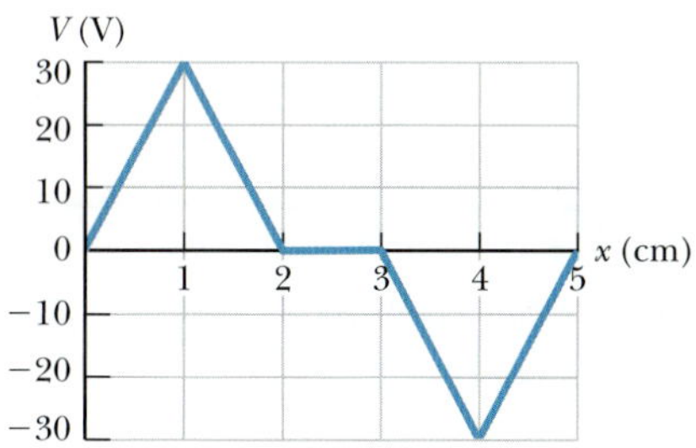

그림 P25.25

26. 공간의 어떤 영역에서 전위가 $V = 5x - 3x^2y + 2yz^2$이라 하자. (a) 이 영역에서 전기장의 x, y, z 성분의 식을 구하라. (b) 좌표가 (1.00, 0, −2.00) m인 점 P에서 전기장의 크기는 얼마인가?

27. 반지름 R인 대전 구형 도체 내부의 전위는 $V = k_e Q/R$로 주어지고, 외부에서의 전위는 $V = k_e Q/r$로 주어진다. $E_r = -dV/dr$를 이용하여 구의 (a) 내부와 (b) 외부에서의 전기장을 유도하라.

25.5 연속적인 전하 분포에 의한 전위

28. 전하량 Q가 균일하게 분포된 원형 고리가 있다. 고리의 반지름은 R이다. 고리의 중심과 고리의 중심축에서 이 중심과의 거리가 $2R$인 곳의 전위차를 구하라.

29. 그림 P25.29와 같이 길이 L인 막대가 왼쪽 끝을 원점으로 하여 x축을 따라 놓여 있다. 이 막대는 불균일한 선전하 밀도 $\lambda = \alpha x$(α는 양의 상수)로 대전되어 있다. (a) α의 단위는 무엇인가? (b) A에서의 전위를 계산하라.

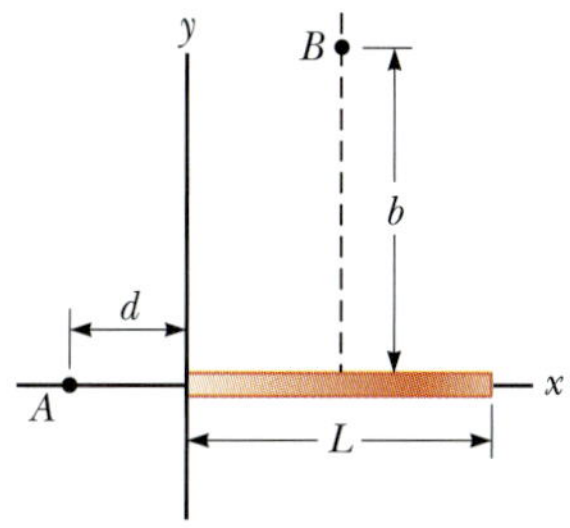

그림 P25.29

30. 그림 P25.30과 같이 반원 형태로 굽어 있는 도선이 선전하 밀도 λ로 균일하게 대전되어 있다. 점 O에서의 전위를 구하라.

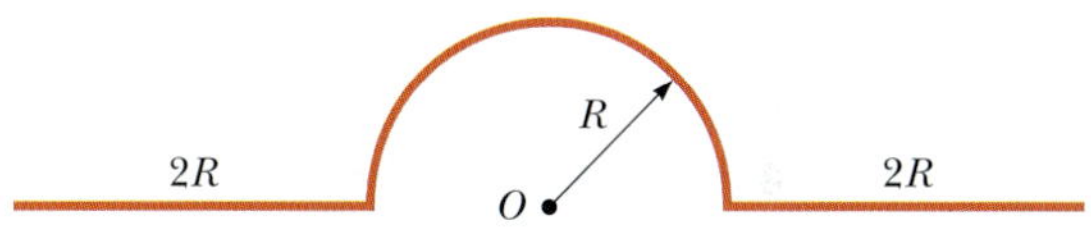

그림 P25.30

31. 다음 상황은 왜 불가능한가? 대학물리실험실에서 전하 $Q = 50.0$ μC이 균일하게 분포된 반지름이 $R = 0.500$ m인 원형 고리를 그림 P25.31과 같이 실험실 한쪽 끝에 배치한다. 고리의 중심축을 수평 방향의 x축으로 선택한다. 고리의 중심에 질량이 $m = 0.100$ kg이고 전하가 $Q = 50.0$ μC인 입자를 두고 x축 방향으로만 움직이도록 설치한 후 약간 건드리니 움직이기 시작하여 x축을 따라 가속된다. 입자가 실험실 벽에 닿을 때 속력이 40.0 m/s이다.

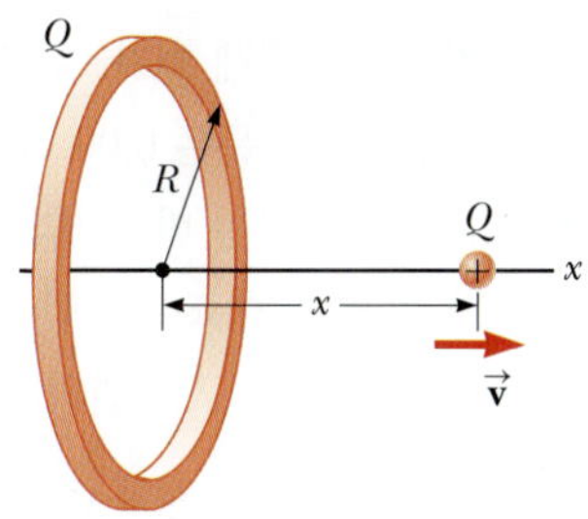

그림 P25.31

32. 반지름이 R인 구 내부에 균일한 부피 전하 밀도 ρ로 전하가 분포한다. 전체 전하는 Q이다. 이 계의 전기적 위치 에너지의 식을 유도하라. **도움말:** 중심이 일치하는 구 껍질들을 계속 붙여서 이 전하 분포를 만든다고 상상하라. 구 껍질의 전하는 $dq = (4\pi r^2 dr)\rho$이고 식 $dU = V\,dq$를 사용하라.

33. (a) 그림 P25.33과 같이 양쪽 뚜껑이 없는 원통형 껍질에 전하가 균일하게 대전되어 있다. 전체 전하량은 Q이고, 원통의 반지름은 R, 길이는 h이다. 원통의 한 끝 면의 중앙으로부터 거리가 d인 곳의 전위를 계산하라. **도움말:** 예제 25.5의 균일하게 대전된 고리에 의한 전위의 결과를 참고한다. (b) 예제 25.6의 결과를 이용하여 속이 찬 원통에 대한 문제를 풀라.

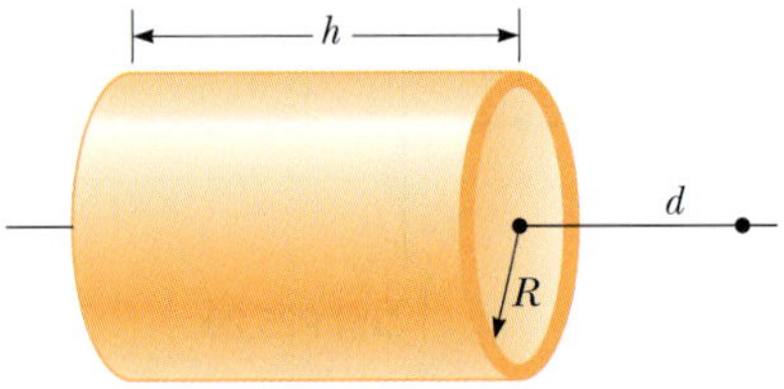

그림 P25.33

25.6 대전된 도체에 의한 전위

34. 처음에 대전되어 있지 않은 반지름이 0.300 m인 도체 구의 표면에서 전위가 7.50 kV가 되게 하려면 도체 구로부터 얼마나 많은 전자를 제거해야 하는가?

35. 반지름이 14.0 cm인 도체 구에 26.0 μC의 전하가 대전되어 있다. 구 중심에서부터 (a) $r = 10.0$ cm, (b) $r = 20.0$ cm, (c) $r = 14.0$ cm인 위치에서의 전기장과 전위를 계산하라.

36. 비행 중인 비행기의 날개에 전하가 축적되는 경우가 있다. 비행기의 몸체나 날개의 끝에 바늘처럼 생긴 금속 구조물이 붙어 있는 것은 이렇게 축적된 전하의 배출을 위한 것이다. 이 바늘 근처의 전기장은 비행기 몸체의 전기장보다 아주 커서 공기의 절연 파괴를 일으킬 수 있다. 이 과정을 모형화하기 위하여 반지름이 다른 두 개의 구형 도체가 긴 도체 선으로 연결된 경우를 생각해 보자. 두 물체의 전체 전하는 1.20 μC이고 큰 구의 반지름은 6.00 cm이고 작은 구의 반지름은 2.00 cm이다. 큰 구는 비행기의 몸체를 대표하고 작은 구는 바늘 모양의 끝을 대표하는 셈이다. (a) 두 구 표면의 전위를 계산하라. (b) 두 구 표면의 전기장을 계산하라.

37. 어떤 구형 도체 표면의 전위는 200 V이고 표면에서 지름 방향으로 10.0 cm 떨어진 곳의 전위는 150 V이다. (a) 구의 반지름과 (b) 구의 전하를 계산하라. 다른 구형 도체 표면의 전위는 210 V이고 표면에서 지름 방향으로 10.0 cm 떨어진 곳의 전기장의 크기는 400 V/m이다. (c) 이 구의 반지름과 (d) 구의 전하를 계산하라. (e) (c)와 (d)의 답들은 각각 유일한가?

38. 그림 P25.38과 같이 균일하게 대전된 금속 선이 x축을 따라 $x = a = 1.00$ m와 $x = a + \ell = 3.00$ m 사이에 있다. 금속 선의 전체 전하량은 1.60 nC이다. 이 선전하 분포에 의한 원점에서의 전위를 다음 (a)에서 (c)까지 단계적으로 조금씩 더 정확하게 모형화해서 근사적으로 계산하라. (a) $x = 2.00$ m에 있는 하나의 대전 입자 (b) $x = 1.5$ m와 $x = 2.5$ m에 있는 두 개의 0.800 nC 전하 (c) $x = 1.25$ m, $x = 1.75$ m, $x = 2.25$ m, $x = 2.75$ m에 있는 네 개의 0.400 nC 전하. (d) 앞의 세 모형 계산 결과와 다음의 정확한 표현식으로 계산한 값을 비교하라.

$$V = \frac{k_e Q}{\ell} \ln\left(\frac{\ell + a}{a}\right)$$

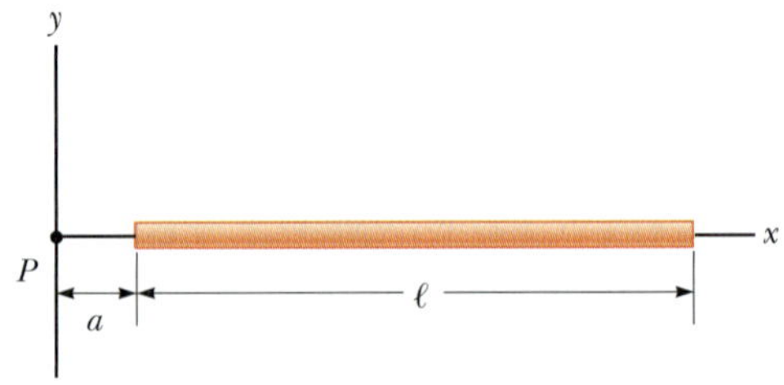

그림 P25.38

39. 그림 P25.39와 같이 불균일한 표면 전하 밀도 $\sigma = Cr$로 대전되어 있는 반지름 R인 원판이 있다. 이때 C는 상수이고 r는 원반의 중심으로부터의 거리이다. 점 P에서의 전위를 직접 적분하여 구하라.

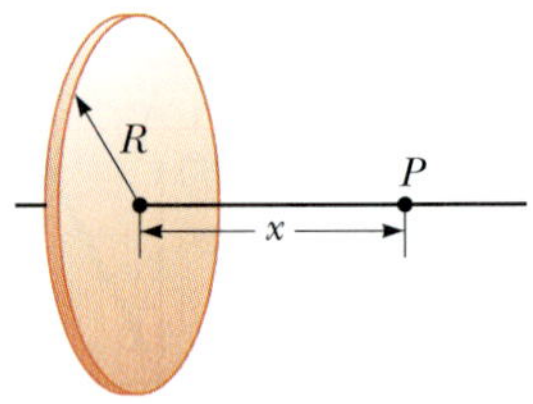

그림 P25.39

25.8 정전기학의 응용

40. 번개는 이동하는 벨트에 의하여 연속적으로 전하가 저장되는 구형의 돔으로 이루어진 밴 더 그래프로 공부할 수 있다. 전하는 이동 벨트에 의하여 연속적으로 돔 표면에 저장된다. 전하는 돔 표면의 전기장이 공기의 유전 강도와 같아질 때까지 증가시킬 수 있다. 더 이상의 전하는 그림 P25.40과 같이 스파크로 누출된다. 돔의 지름이 30.0 cm이고 유전 강도가 3.00×10^6 V/m인 건조한 공기 내에 있다고 가정하자. (a) 돔의 최대 전위는 얼마인가? (b) 돔에서의 최대 전하는 얼마인가?

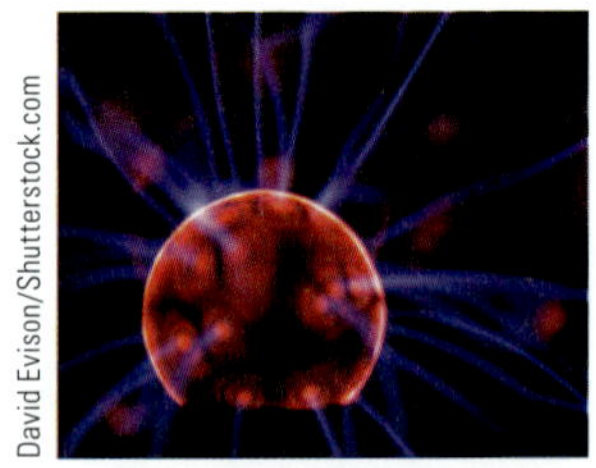

그림 P25.40

CHAPTER 26

전기용량과 유전체

Capacitance and Dielectrics

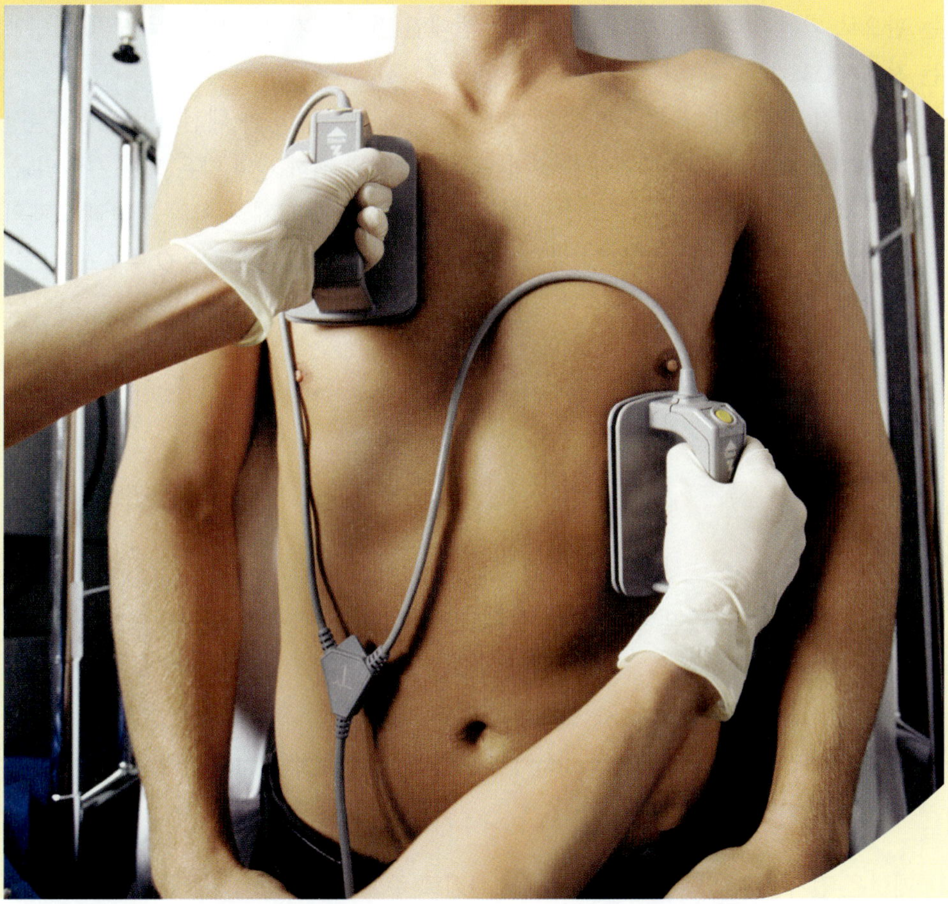

환자가 제세동기(심장 충격기)로부터 전기 충격을 받을 때, 처음에 축전기에 저장되어 있던 에너지가 환자에게 전달된다. 이 장에서는 축전기와 전기용량에 대하여 공부한다. *(Andrew Olney/ Getty Images)*

이 장에서는 도선으로 연결되어 전기 회로를 구성하는 세 가지의 단순 회로 요소 중 첫 번째에 대하여 배우게 될 것이다. 전기 회로는 현재 우리 사회에서 사용되는 대부분의 장치들의 기본이 된다. 이 장에서는 전하를 저장하는 소자인 축전기에 대하여 고찰할 것이다. 27장에서는 **저항기**를 그리고 32장에서는 **인덕터**(또는 코일)에 대하여 공부하게 될 것이다.

축전기는 다양한 전기 회로에서 흔히 쓰인다. 예를 들면 라디오 수신을 위한 진동수 조절 장치, 전력 공급기의 필터, 자동차 점화 장치의 불꽃 방전 제거 장치, 플래시에 사용되는 에너지 저장 장치 등이다.

축전기가 충전되면 두 도체에는 크기는 같고 부호가 반대인 전하가 생긴다.

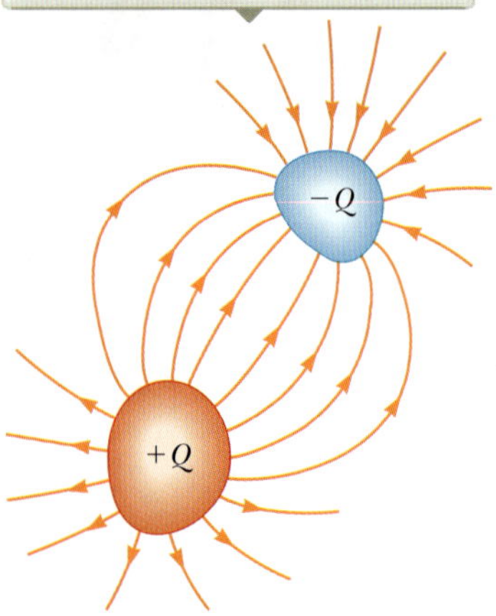

그림 26.1 두 도체로 된 축전기

26.1 전기용량의 정의 Definition of Capacitance

그림 26.1과 같이 크기는 같지만 부호가 서로 반대인 전하로 대전되어 있는 두 도체의 경우를 생각해 보자. 도체의 이와 같은 배열을 **축전기**(capacitor)라 하며, 이들 도체는 **판**으로 되어 있다. 크기가 같고 부호가 반대인 전하를 가지고 있는 두 도체 사이에는 전위차 ΔV가 존재한다.

주어진 전위차에 대하여, 축전기 도체판에 얼마나 많은 전하가 대전되었는가를 결정하는 물리량은 무엇인가? 실험에 따르면 도체에 대전된 전하 Q의 양은 도체 사이의 전위차에 정비례한다.[1] 즉 $Q \propto \Delta V$이다. 여기서 비례 상수는 도체 사이의 거리와 도체의 모양에 의존한다.[2] 전기용량 C를 다음과 같이 정의하면 이 관계식은 $Q = C\Delta V$로 쓸 수 있다.

전기용량의 정의 ▶

축전기의 **전기용량**(capacitance) C는 어느 한쪽 도체의 전하량 크기와 두 도체 사이의 전위차 크기의 비로 정의된다.

$$C \equiv \frac{Q}{\Delta V} \tag{26.1}$$

정의에 따라 **전기용량은 항상 양수이다**. 또한 식 26.1에서 전하량 Q와 전위차 ΔV 역시 항상 양수이다.

식 26.1로부터 전기용량의 SI 단위는 쿨롬/볼트(C/V)임을 알 수 있다. 전기용량의 SI 단위는 패러데이(Michael Faraday)의 이름을 따서 **패럿**(farad)이라 한다.

$$1\ \text{F} = 1\ \text{C/V}$$

패럿은 전기용량의 매우 큰 단위이다. 실제로 주로 사용되는 소자의 전기용량은 마이크로패럿(10^{-6} F)에서 피코패럿(10^{-12} F) 정도이다. 마이크로패럿은 μF으로 나타낸다. 그리스 문자의 사용을 피하기 위하여 실제 축전기에는 보통 마이크로패럿이 'μF'로, 피코패럿이 마이크로마이크로패럿을 뜻하는 '$\mu\mu$F' 또는 'pF'으로 표시되어 있다.

그림 26.2와 같이 두 도체판으로 된 평행판 축전기를 살펴보자. 각 판은 전지의 두 단자에 각각 연결되는데, 이로 인해 전위차가 생긴다. 축전기가 처음에 대전되지 않았다면, 전지가 연결되었을 때 연결 도선에 전기장이 형성된다. 이제 전지의 음극에 연결된 도체판을 생각하자. 도선의 전기장은 판 바로 근처에 있는 도선 내의 전자에 힘을 작용하며, 이 힘은 전자가 판으로 움직이도록 한다. 이 움직임은 도체판, 도선 그리고 전지의 단자가 모두 같은 전위를 가질 때까지 계속된다. 평형이 이루어지면, 단자와 도체판 사이의 전위차가 없어지며 도선에는 전기장이 더 이상 존재하지 않고 전자는 움직이지 않게 된다. 도체판은 이제 음으로 대전된다. 비슷한 과정이 다른 도체판에 대해서도

오류 피하기 26.1

전기용량은 용량이다 전기용량의 개념 이해를 돕기 위하여 비슷한 단어를 사용하는 비슷한 개념을 생각하라. 우유 상자의 **용량**은 우유를 담을 수 있는 부피이다. 물체의 **열용량**은 단위 온도당 물체가 저장할 수 있는 에너지의 양이다. 축전기의 **전기용량**은 단위 전위차당 축전기가 저장할 수 있는 전하의 양이다.

오류 피하기 26.2

전위차는 V가 아니고 ΔV이다 회로 소자 또는 소자 양단의 전위차에 기호 ΔV를 사용한다. 이 표시는 전위차의 정의와 델타 기호의 의미와 일치된다. 이는 공통된 기호이지만 전위차에 대하여 델타 기호 없이 기호 V를 사용하는 습관도 흔하므로 다른 교재를 참고할 경우 주의하여야 한다.

[1] 축전기의 전체 전하량이 영일지라도 (한쪽 도체판에 있는 여분의 양전하만큼, 다른 쪽 도체판에 여분의 음전하가 있으므로), 보통 축전기의 전하는 통상적으로 어느 한쪽 도체판의 전하를 일컫는다.

[2] ΔV와 Q 사이의 비례 관계는 실험 또는 쿨롱의 법칙으로부터 증명할 수 있다.

일어나는데, 여기서는 전자가 도체판으로부터 도선으로 움직여 도체판이 양으로 대전된다. 결국 축전기 두 도체판 사이의 전위차는 전지 양단의 전위차와 같아진다.

퀴즈 26.1 어떤 축전기가 전위차 ΔV일 때 전하량 Q를 저장한다. 전지에 의하여 축전기의 전위차가 두 배가 되면 어떻게 되는가? **(a)** 전기용량은 처음 값의 반이 되고 전하량은 그대로 유지된다. **(b)** 전기용량과 전하량 모두 처음 값의 반으로 된다. **(c)** 전기용량과 전하량은 모두 두 배가 된다. **(d)** 전기용량은 처음 값 그대로이고 전하량은 두 배가 된다.

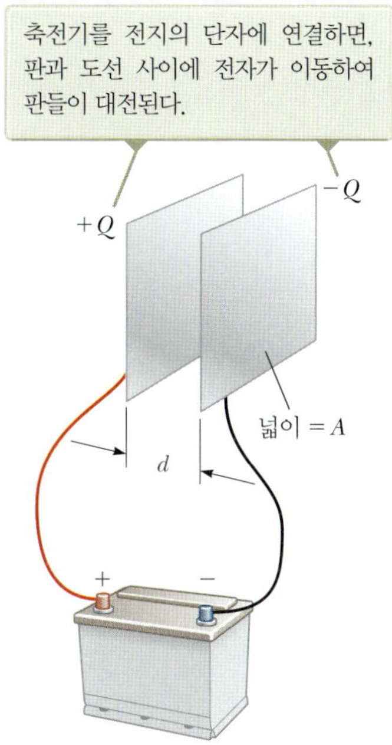

그림 26.2 평행한 두 도체판으로 된 축전기. 각 판의 넓이는 A이며 d만큼 떨어져 있다.

26.2 전기용량의 계산
Calculating Capacitance

부호가 반대인 전하로 대전된 두 도체의 전기용량은 다음과 같이 계산할 수 있다. 한쪽 도체에 대전된 전하량의 크기를 Q라고 가정하여, 25장에서 배운 것과 같이 두 도체 사이의 전위차를 계산한다. 다음에 $C = Q/\Delta V$의 관계식을 이용하여 전기용량을 구한다. 만일 축전기의 기하학적인 모양이 간단하면, 전기용량은 비교적 쉽게 계산할 수 있다.

지금까지 설명한 것처럼 두 도체로 되어 있는 축전기가 가장 전형적이지만, 하나로 된 도체도 전기용량을 가질 수 있다. 예를 들어 대전된 구형의 도체를 생각해 보자. 이 도체로부터 형성되는 전기력선은 무한대의 반지름을 가진 중심이 같은 도체 구에 크기는 같고 반대의 극성을 가진 전하가 있는 경우와 정확하게 같다. 따라서 우리는 무한대에 있는 구 껍질 도체를 두 개의 도체로 구성된 축전기의 두 번째 도체라 생각해도 된다. 반지름 a인 도체구의 전위차는 간단히 $k_e Q/a$가 되고(25.6절 참조), 무한대에 있는 구 껍질에 대하여 $V = 0$으로 놓으면 전기용량은 다음과 같다.

오류 피하기 26.3
여러 가지 C들 쿨롬 단위인 정자체 C와 전기용량을 나타내는 이탤릭체의 C를 혼동하지 말라.

$$C = \frac{Q}{\Delta V} = \frac{Q}{k_e Q/a} = \frac{a}{k_e} = 4\pi\epsilon_0 a \qquad \textbf{(26.2)}$$

◀ 고립된 대전 구의 전기용량

이 식으로부터 고립된 대전 구의 전기용량은 반지름에 비례하고, 모든 축전기에서와 마찬가지로 구 상에서의 전하량과 전위에 의존하지 않음을 알 수 있다. 식 26.1은 전기학의 변수로 나타낸 전기용량의 일반적인 정의이지만, 주어진 축전기의 전기용량은 단지 판의 기하학적인 모양에 의존할 것이다.

다음에서 전형적인 세 가지 구조인, 두 개의 평행 도체판, 두 개의 동축 원통 그리고 중심이 일치하는 두 개의 구로 이루어진 축전기에서 각각 전기용량을 계산해 보자. 두 대전판 사이의 공간은 진공으로 가정한다.

평행판 축전기 Parallel-Plate Capacitors

그림 26.2와 같이 넓이가 A인 두 개의 도체 평행판이 거리 d만큼 떨어져 있다. 한쪽 판의 전하량은 $+Q$이고, 다른 쪽 판의 전하량이 $-Q$이면, 각 판의 표면 전하 밀도는 $\sigma = Q/A$이다. 만약 판의 크기에 비하여 판 사이 간격이 아주 가깝다면, 판 사이의 전기장은 균일하고 그 외 지역의 전기장은 영이라고 가정할 수 있다. 예제 24.4로부터 판

사이의 전기장은

$$E = \frac{\sigma}{\epsilon_0} = \frac{Q}{\epsilon_0 A}$$

이다. 전기장은 균일하고 판 사이의 전위차 크기는 Ed(식 25.6)이므로

$$\Delta V = Ed = \frac{Qd}{\epsilon_0 A}$$

이다. 이 결과를 식 26.1에 대입하면 전기용량을 구할 수 있다.

$$C = \frac{Q}{\Delta V} = \frac{Q}{Qd/\epsilon_0 A}$$

평행판 축전기의 전기용량 ▶

$$C = \frac{\epsilon_0 A}{d} \tag{26.3}$$

즉 평행판 축전기의 전기용량은 판의 넓이에 비례하고 판 사이의 간격에 반비례한다.

평행판의 기하학적 구조가 전기용량에 어떤 영향을 미치는지 살펴보자. 축전기가 전지에 의하여 충전되는 동안, 전자는 음극판으로 흘러들어 가고 양극판으로부터 나온다. 만약 판의 넓이가 크다면 전자들이 상당히 넓은 영역에 더 많이 분포될 수 있어, 판의 넓이가 증가함에 따라 주어진 전위차에 대하여 축전기에 저장할 수 있는 전하량은 증가한다. 따라서 전기용량이 증가한다. 즉 식 26.3에서와 같이 넓이 A가 큰 축전기가 많은 전하를 저장할 수 있는 것이 당연하다.

다음으로 두 평행판 사이의 영역을 생각해 보자. 두 판이 서로 가까워진다고 상상하자. 이 변화에 반응하여 전하가 움직이기 전의 상황을 고려하자. 전하가 움직이기 전이므로, 판 사이의 전기장은 크기가 이전과 같으나 짧은 거리에 퍼져 있다. 따라서 판 사이의 전위차 크기 $\Delta V = Ed$가 작아진다(식 25.6). 이 새 축전기 전압과 전지의 단자 전압 사이의 차이는 전지를 축전기에 연결한 두 도선 사이의 전위차로 나타난다. 이런 결과로 도선에 전기장이 생기게 되어 두 판에 전하가 더 모이게 되고 판 사이의 전위차가 증가하게 된다. 다시 판 사이의 전위차가 전지의 전위차와 같아지면 전하의 움직임은 멈추게 된다. 따라서 두 평행판 사이의 간격을 줄이면 평행판 사이의 전하는 증가하게 된다. 역으로 d가 증가하면 전하가 감소한다. 이런 결과로 식 26.3에서 C와 d의 관계는 서로 반비례 관계에 있다.

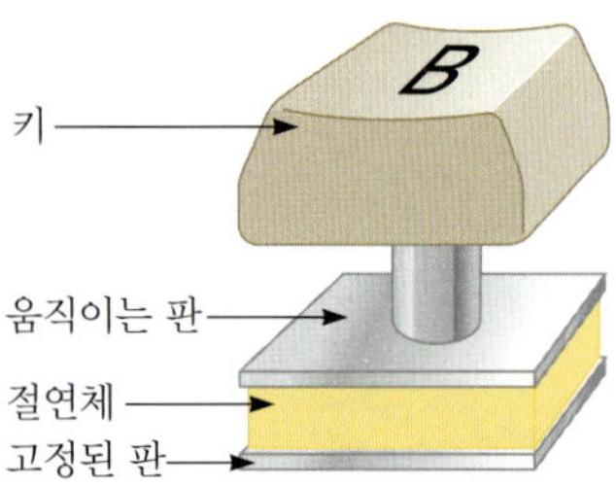

그림 26.3 (퀴즈 26.2) 컴퓨터 키보드의 버튼

Q 퀴즈 26.2 그림 26.3에서 보는 것처럼 컴퓨터 키보드에서 키의 받침은 축전기를 가지고 있다. 키보드의 키를 누르면, 키 밑에 있는 고정되어 있는 판과 움직일 수 있는 판 사이에 있는 부드러운 부도체가 압축된다. 키를 누르고 있을 때 전기용량은 어떻게 되는가? **(a)** 전기용량이 증가한다. **(b)** 전기용량이 감소한다. **(c)** 키보드의 버튼에 연결되어 있는 전기 회로는 전위차 ΔV에 변화를 일으킬 수 있으므로 전기용량은 우리가 결정할 수 없는 방식으로 변한다.

예제 26.1 원통형 축전기

반지름이 a인 속이 찬 원통형 도체가 전하량 $+Q$로 대전되어 있고 반지름이 $b > a$이고 두께를 무시할 수 있는 원통형 껍질은 $-Q$로 대전되어 있다. 이들은 그림 26.4a와 같이 동심 축을 이루고 있다. 원통의 길이를 ℓ이라고 할 때, 이 원통형 축전기의 전기용량을 구하라.

풀이

개념화 한 쌍의 도체는 축전기가 될 수 있다는 것을 기억한다면, 예제의 원통형 축전기도 이 경우에 해당된다는 것을 알 수 있다. 그림 26.4b는 원통형 도체 사이에 있는 전기장을 보여 준다. 전기용량은 기하학적인 요소 a, b, ℓ에만 의존할 것으로 예상된다.

분류 원통형이 가지고 있는 대칭성 때문에 이전에 학습한 원통형의 결과를 이용하여 전기용량을 구할 수 있다.

분석 원통의 길이 ℓ이 a와 b에 비하여 매우 길다면 가장자리 효과를 무시할 수 있다. 이 경우의 전기장은 그림 26.4b에서와 같이 원통의 중심축에 수직이며 두 원통 사이에만 존재한다.

먼저 식 25.3으로부터 두 원통 사이의 전위차에 대한 식을 쓴다.

$$V_b - V_a = -\int_a^b \vec{\mathbf{E}} \cdot d\vec{\mathbf{s}}$$

원통형 대칭 전하 분포에 대한 전기장을 계산하는 식 24.7을 적용한다. 그림 26.4b에서 전기장 $\vec{\mathbf{E}}$는 반지름을 따라 $d\vec{\mathbf{s}}$ 방향과 평행하다는 것에 주목하라.

$$V_b - V_a = -\int_a^b E_r\,dr = -2k_e\lambda\int_a^b \frac{dr}{r}$$

$$= -2k_e\lambda \ln\left(\frac{b}{a}\right)$$

여기서 $\lambda = Q/\ell$와 ΔV의 절댓값을 식 26.1에 대입한다.

$$C = \frac{Q}{\Delta V} = \frac{Q}{(2k_eQ/\ell)\ln(b/a)} = \frac{\ell}{2k_e\ln(b/a)} \quad \textbf{(26.4)}$$

결론 전기용량은 반지름 a와 b에 의존하고 원통의 길이에 비례한다. 식 26.4로부터 동축 원통형 도체의 단위 길이당 전기용량을 구하면

$$\frac{C}{\ell} = \frac{1}{2k_e\ln(b/a)} \quad \textbf{(26.5)}$$

이다. 이런 예로 두 개의 동축 원통형 도체 사이가 부도체로 채워져 있는 **동축 케이블**이 있다. 여러분은 TV에 연결되어 있는 동축 케이블을 보았을 것이다. 이 케이블은 특히 외부로부터 오는 전기 신호를 차단하는 데 있어서 매우 유용하다.

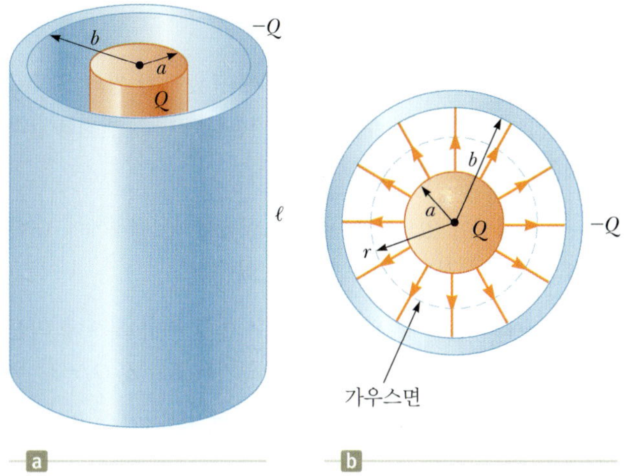

그림 26.4 (예제 26.1) (a) 반지름이 a이고 길이가 ℓ인 속이 찬 원통형 도체가 반지름이 b인 동축 원통형 껍질로 둘러싸여 있다. 이를 원통형 축전기라 한다. (b) 원통형 축전기의 단면, 전기장은 방사상이다. 점선은 반지름이 r이고 길이가 ℓ인 원통에 설정된 가우스면의 단면이다.

문제 원통형 축전기의 바깥쪽 반지름을 $b = 2.00a$라 하자. 전기용량을 증가시키고 싶다면, 길이 ℓ 또는 안쪽 반지름 a를 10 % 늘리면 가능하다. 둘 중 어떤 경우가 전기용량을 증가시키는 데 있어서 보다 더 효율적인가?

답 식 26.4에 따라 전기용량 C는 ℓ에 비례한다. 따라서 ℓ을 10 % 증가시키면 C도 10 % 증가하게 된다. 식 26.4를 이용하여, 증가한 반지름 a'에 해당하는 전기용량 C'과 원래의 전기용량 C에 대한 비례식을 세우면 다음과 같다.

$$\frac{C'}{C} = \frac{\ell/2k_e\ln(b/a')}{\ell/2k_e\ln(b/a)} = \frac{\ln(b/a)}{\ln(b/a')}$$

a가 10 % 증가하므로, $b = 2.00a$와 $a' = 1.10a$를 대입하면

$$\frac{C'}{C} = \frac{\ln(2.00a/a)}{\ln(2.00a/1.10a)} = \frac{\ln 2.00}{\ln 1.82} = 1.16$$

이다. 이는 전기용량이 16 % 증가한다는 것을 의미한다. 따라서 ℓ을 증가시키는 것보다 a를 증가시키는 것이 보다 더 효율적이다.

이 문제를 좀 더 생각해 보자. 먼저 a와 b의 비가 특정 영역에서만 a를 증가시키는 것이 보다 유용하다. 만약 $b > 2.85a$이라면 ℓ을 10 % 증가시키는 것이 a를 증가시키는 것보다 더 효율적이다. 둘째로, 만약 b가 감소하면 전기용량은 증가한다. a를 증가시키거나 b를 감소시키면, 축전기 판 사이의 거리가 가까워지므로 전기용량은 증가하게 된다.

예제 26.2 구형 축전기

구형 축전기는 그림 26.5와 같이 반지름이 b이고 전하량이 $-Q$인 구형 도체 껍질과 내부에 반지름이 a이고 전하량이 $+Q$인 작은 도체로 구성되어 있다. 이에 대한 전기용량을 구하라.

풀이

개념화 예제 26.1에서 본 바와 같이 이 경우도 한 쌍의 도체로 구성되므로 축전기가 될 수 있다. 전기용량이 구의 반지름 a와 b에 의존할 것으로 예상된다.

분류 구 대칭성이 있으므로, 이전에 학습한 구 대칭계에 대한 결과를 이용하여 전기용량을 구할 수 있다.

분석 24장에서 살펴 본 바와 같이, 구 대칭 전하 분포에 의한 구 밖에서의 전기장은 지름 방향이고 크기는 $E = k_e Q/r^2$로 주어진다. 이 경우 이 결과를 두 개의 구 사이($a < r < b$) 전기장에 적용한다.

식 25.3으로부터 두 도체 사이의 전위차를 구한다.

$$V_b - V_a = -\int_a^b \vec{\mathbf{E}} \cdot d\vec{\mathbf{s}}$$

예제 24.2의 결과를 이용하여 구 대칭 전하 분포에 의한 구 바깥에서의 전기장을 계산한다. 전기장 $\vec{\mathbf{E}}$는 $d\vec{\mathbf{s}}$와 평행함에 주목하자.

$$V_b - V_a = -\int_a^b E_r\, dr = -k_e Q \int_a^b \frac{dr}{r^2} = k_e Q\left[\frac{1}{r}\right]_a^b$$

(1) $$V_b - V_a = k_e Q\left(\frac{1}{b} - \frac{1}{a}\right) = k_e Q\frac{a-b}{ab}$$

ΔV의 절댓값을 식 26.1에 대입한다.

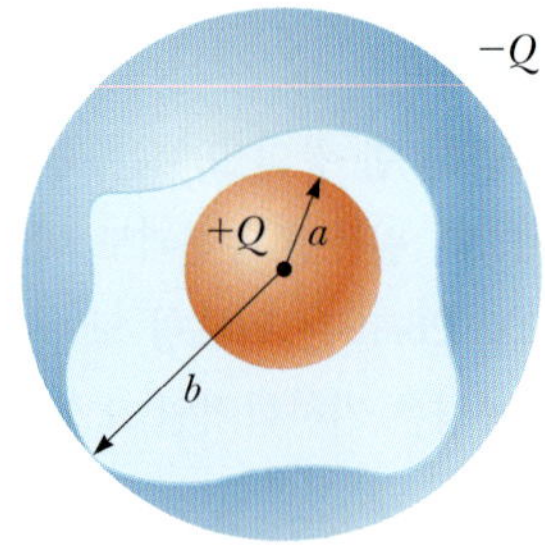

그림 26.5 (예제 26.2) 구형 축전기는 반지름이 a인 내부 구와 반지름이 b인 동심 구 껍질로 이루어진다. 내부 구가 양전하로 대전되어 있을 때, 구 사이의 전기장은 지름 방향이며 바깥쪽을 향하고 있다.

$$C = \frac{Q}{\Delta V} = \frac{Q}{|V_b - V_a|} = \frac{ab}{k_e(b-a)} \qquad \textbf{(26.6)}$$

결론 전기용량은 예상대로 a와 b에 의존한다. Q는 양수이고 $b > a$이므로 식 (1)에서 구 사이의 전위차는 음수이다. 따라서 식 26.6에서 절댓값을 취할 때, $a - b$를 $b - a$로 바꾸었다. 그러면 $b > a$이므로 결과는 양수이다.

문제 바깥 구의 반지름 b가 무한대로 간다면, 전기용량은 어떻게 되는가?

답 식 26.6에서 $b \to \infty$로 놓으면

$$C = \lim_{b\to\infty}\frac{ab}{k_e(b-a)} = \frac{ab}{k_e(b)} = \frac{a}{k_e} = 4\pi\epsilon_0 a$$

이다. 이는 고립된 구형 도체의 전기용량을 구한 식 26.2와 일치함에 주목하자.

26.3 축전기의 연결
Combinations of Capacitors

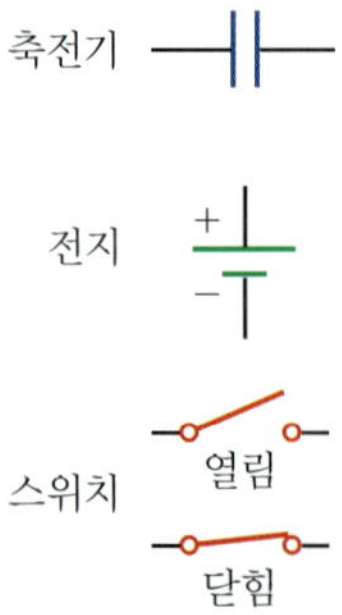

그림 26.6 축전기, 전지, 스위치의 회로 기호. 축전기는 파란색, 전지는 녹색, 스위치는 빨간색으로 나타내었다. 스위치를 닫으면 전류는 흐르고, 스위치를 열면 전류는 끊긴다.

두 개 이상의 축전기를 여러 가지 방법으로 회로에 연결할 수 있다. 이때 등가 전기용량을 구하는 방법을 생각해 보자. 이 절에서 연결하는 축전기들은 처음에 충전되어 있지 않다고 가정한다.

전기 회로를 공부할 때, **회로도**(circuit diagram)라고 하는 단순화시킨 그림 표현을 사용한다. 회로도에서 다양한 회로 요소를 표현하기 위하여 **회로 기호**(circuit symbols)를 사용한다. 이들 회로 기호는 회로 요소 사이의 도선을 의미하는 직선으로 서로 연결된다. 축전기, 전지, 스위치를 나타내는 회로 기호와 이 책에서 정한 색깔 표시 체계가 그림 26.6에 나타나 있다. 그림에서 보는 것처럼, 축전기를 나타내는 회로 기호는 축전

기 중에서 가장 많이 사용되는 평행판 축전기의 기하학적 모양을 본딴 것이다. 또한 전지의 양(+)극의 전위가 더 높기 때문에, 기호로 나타낼 때 좀 더 긴 선으로 표현한다.

병렬 연결 Parallel Combination

그림 26.7a에 두 개의 축전기가 **병렬 연결**(parallel combination)되어 있다. 이에 대한 회로도가 26.7b이다. 축전기 왼쪽의 두 판은 도선에 의하여 전지의 양극에 연결되어 있으므로 두 판 모두 전지 양극의 전위와 같다. 마찬가지로 축전기 오른쪽의 두 판은 전지의 음극에 연결되어 있으므로, 두 판 모두 전지 음극의 전위와 같다. 따라서 각 축전기 양단의 전위차는 같으며, 또한 전지 양단의 전위차와 같다. 즉

$$\Delta V_1 = \Delta V_2 = \Delta V$$

이다. 여기서 ΔV는 전지의 단자 전압이다.

전지를 회로에 연결하면, 축전기는 곧바로 최대의 전하량에 도달한다. 두 개의 축전기에 저장된 최대 전하량을 각각 $Q_1(=C_1\Delta V_1)$과 $Q_2(=C_2\Delta V_2)$라고 하면, 두 축전기에 저장된 **전체 전하량** Q_{tot}는 각 축전기의 전하량을 합한 것과 같다.

$$Q_{\text{tot}} = Q_1 + Q_2 = C_1\Delta V_1 + C_2\Delta V_2 \qquad \textbf{(26.7)}$$

그러면 그림 26.7c와 같이 두 축전기를 전기용량 C_{eq}를 갖는 하나의 **등가 축전기**로 바꾸어 보자. 이 등가 축전기는 회로에서 원래의 두 축전기와 똑같은 효과를 가져야 한다. 즉 전지와 연결되면 등가 축전기에는 전하량 Q_{tot}이 저장되어야 한다. 그림 26.7c로부터 병렬 회로에서 각각의 축전기에 걸리는 전위차는 같으며, 이는 전지의 전압 ΔV와 같다. 따라서 등가 축전기의 경우

$$Q_{\text{tot}} = C_{\text{eq}}\,\Delta V$$

이고, 전하량을 식 26.7에 대입하면

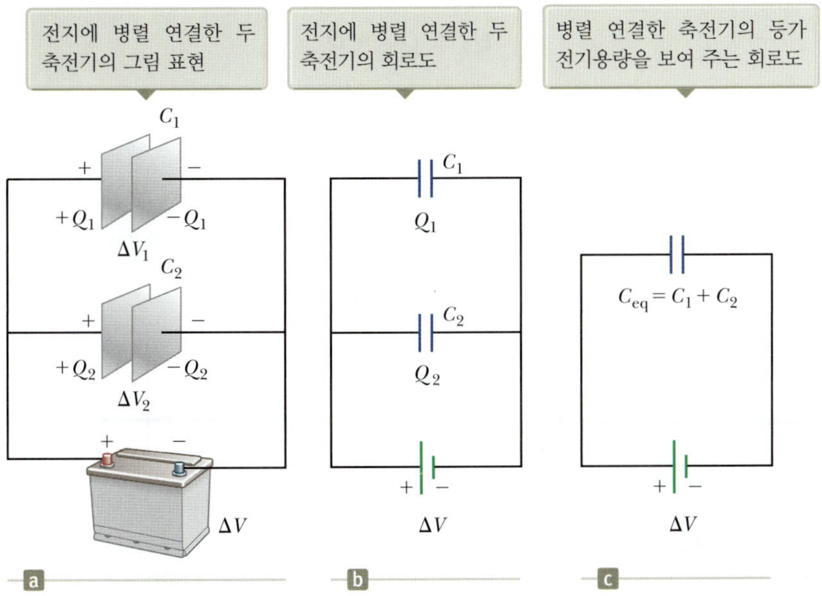

그림 26.7 두 축전기의 병렬 연결. 세 회로도는 동등하다.

$$C_{eq}\,\Delta V = C_1\,\Delta V_1 + C_2\,\Delta V_2$$

$$C_{eq} = C_1 + C_2 \quad \text{(병렬 연결)}$$

이 된다. 여기서 전압들이 모두 같기 때문에 이들을 소거하였다. 세 개 이상의 축전기를 병렬로 연결시킨 경우로 확장하면, **등가 전기용량**(equivalent capacitance)은

병렬 연결된 축전기의 등가 전기용량 ▶

$$C_{eq} = C_1 + C_2 + C_3 + \cdots \quad \text{(병렬 연결)} \tag{26.8}$$

이다. 따라서 축전기를 병렬로 연결하면 등가 전기용량은 (1) 개별 전기용량의 대수 합이 되고, (2) 어떤 개별 전기용량보다 커진다. 두 번째 내용은 다음과 같은 관점에서 타당하다. 축전기에 도선을 연결하면 기본적으로 축전기 판의 넓이는 모두 결합되며, 평행판 축전기의 전기용량은 넓이에 비례하기 때문이다(식 26.3).

직렬 연결 Series Combination

이번에는 그림 26.8a와 같이 두 개의 축전기가 **직렬 연결**(series combination)된 경우를 생각해 보자. 이에 대한 회로도가 26.8b에 나타나 있다. 축전기 1의 왼쪽 판과 축전기 2의 오른쪽 판이 전지의 양 단자에 연결되어 있다. 축전기의 다른 판은 서로 연결되어 있다. 따라서 이들은 처음에는 충전되어 있지 않은 고립계를 형성하므로, 알짜 전하량은 영을 유지하고 있어야 한다. 이 연결을 이해하기 위하여 먼저 충전되지 않은 축전기를 고려하고, 그 다음 회로에 전지가 연결되면 어떤 일이 일어나는지 생각해 보자. 축전기에 전지를 연결하면, 전자가 C_1의 왼쪽 판으로부터 가장 왼쪽에 있는 도선으로 전달되고 가장 오른쪽에 있는 도선으로부터 C_2의 오른쪽 판으로 전달된다. C_2의 오른쪽 판에 음전하가 모이면, C_2의 왼쪽 판에서 같은 양의 음전하가 힘을 받아 떨어져 나가게 되어 여분의 양전하가 남게 된다. C_2의 왼쪽 판을 떠난 음전하는 C_1의 오른쪽 판에 모이게 된다. 그 결과 오른쪽 판은 모두 전하량 $-Q$로 대전되고, 왼쪽 판은 모두 전하량 $+Q$로 대전된다. 그러므로 직렬 연결된 축전기들에 저장된 전하량은 서로 같다.

$$Q_1 = Q_2 = Q$$

여기서 Q는 도선과 어느 한 축전기의 바깥쪽 판 사이에 흐른 전하량이다.

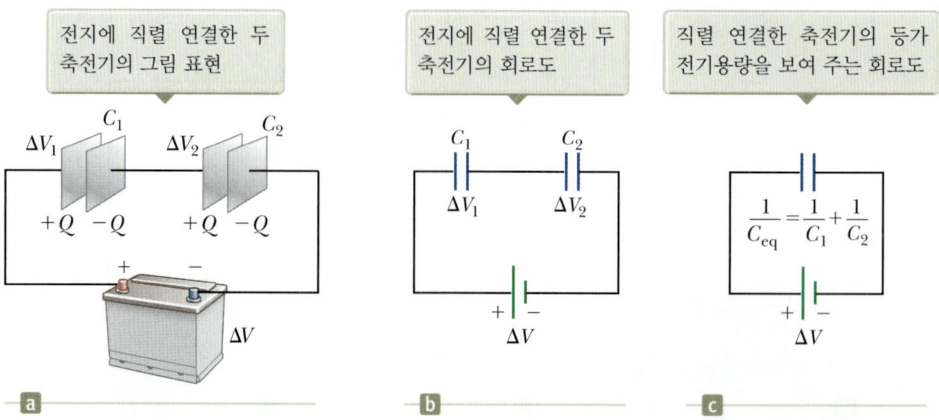

그림 26.8 두 축전기의 직렬 연결. 세 회로도는 동등하다.

그림 26.8a는 축전기 양단의 각각의 전압 ΔV_1과 ΔV_2를 보여 준다. 이들 전압을 합하여 연결한 양단의 전체 전압 ΔV_{tot}를 얻는다.

$$\Delta V_{\text{tot}} = \Delta V_1 + \Delta V_2 = \frac{Q_1}{C_1} + \frac{Q_2}{C_2} \tag{26.9}$$

일반적으로 직렬 연결된 축전기에서의 전체 전위차는 각각 축전기에 걸린 전위차들의 합이다.

그러면 그림 26.8c와 같이 전지에 연결되었을 때, 회로도에서 직렬 연결된 축전기 역할을 하는 등가 축전기를 고려하자. 완전히 충전이 되면, 등가 축전기는 오른쪽 판에 $-Q$ 전하, 그리고 왼쪽 판에 $+Q$ 전하로 대전된다. 그림 26.8c에 있는 회로에 전기용량의 정의를 적용하면

$$\Delta V_{\text{tot}} = \frac{Q}{C_{\text{eq}}}$$

이다. 전압을 식 26.9에 대입하면

$$\frac{Q}{C_{\text{eq}}} = \frac{Q_1}{C_1} + \frac{Q_2}{C_2}$$

이다. 전하량이 모두 같기 때문에, 이들 전하량을 소거하면

$$\frac{1}{C_{\text{eq}}} = \frac{1}{C_1} + \frac{1}{C_2} \qquad \text{(직렬 연결)}$$

이다. 세 개 이상의 축전기가 직렬 연결된 경우의 **등가 전기용량**(equivalent capacitance)은

$$\frac{1}{C_{\text{eq}}} = \frac{1}{C_1} + \frac{1}{C_2} + \frac{1}{C_3} + \cdots \qquad \text{(직렬 연결)} \tag{26.10}$$

◀ 직렬 연결된 축전기의 등가 전기용량

임을 알 수 있다. 축전기를 직렬 연결하면 (1) 등가 전기용량의 역수는 각 전기용량의 역수의 합으로 표시되고, (2) 등가 전기용량의 크기는 임의의 한 축전기의 전기용량보다 항상 작아진다.

Q 퀴즈 26.3 동일한 두 개의 축전기가 있다. 이들은 직렬 또는 병렬로 연결될 수 있다. 가장 작은 등가 전기용량을 얻기 위해서는 이들을 어떻게 연결해야 하는가? **(a)** 직렬 연결 **(b)** 병렬 연결 **(c)** 직렬이든 병렬이든 같은 등가 전기용량을 가지므로 상관없다.

예제 26.3 등가 전기용량

그림 26.9a와 같이 연결한 축전기의 점 a와 b 사이의 등가 전기용량을 구하라. 모든 전기용량은 마이크로패럿 단위로 표시되어 있다.

풀이

개념화 그림 26.9a를 주의 깊게 관찰하여 축전기가 어떻게 연결되는 것인지 충분히 이해하도록 하자. 축전기 사이에 직렬과 병렬 연결만이 있음을 확인하라.

분류 그림 26.9a는 회로의 직렬과 병렬 연결 모두를 포함하므로, 이 절에서 배운 공식을 이용한다.

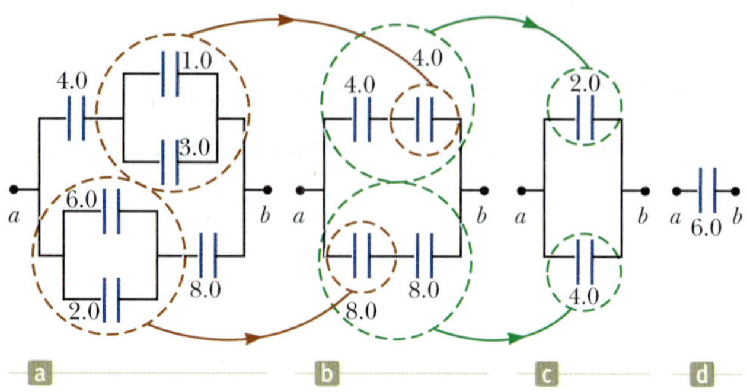

그림 26.9 (예제 26.3) 등가 전기용량을 구하기 위하여, 병렬과 직렬 연결에 대한 식을 이용하여, 그림 (b), (c), (d)에 나타낸 대로 단계별로 회로의 조합을 줄여나간다. 축전기의 전기용량은 모두 μF 단위로 표시되어 있다.

분석 식 26.8과 26.10을 이용하여 그림에서와 같이 단계적으로 연결 상태를 단순화시킨다. 다음 과정의 매 단계마다 회로도에서 두 축전기의 연결을 등가 전기용량을 가진 하나의 축전기로 대체함에 주목하자.

그림 26.9a에서 위쪽 갈색 원 안 1.0 μF과 3.0 μF의 축전기는 병렬 연결되어 있으므로, 식 26.8로부터 등가 전기용량을 구한다.

$$C_{eq} = C_1 + C_2 = 4.0\ \mu\text{F}$$

그림 26.9a에서 아래쪽 갈색 원 안 2.0 μF과 6.0 μF 축전기는 병렬 연결되어 있다.

$$C_{eq} = C_1 + C_2 = 8.0\ \mu\text{F}$$

따라서 회로는 그림 26.9b에서와 같이 되고, 그림 26.9b에서 위쪽 초록색 원 안 두 개의 4.0 μF 축전기는 직렬 연결되어 있으므로 식 26.10으로부터 등가 전기용량을 구한다.

$$\frac{1}{C_{eq}} = \frac{1}{C_1} + \frac{1}{C_2} = \frac{1}{4.0\ \mu\text{F}} + \frac{1}{4.0\ \mu\text{F}} = \frac{1}{2.0\ \mu\text{F}}$$

$$C_{eq} = 2.0\ \mu\text{F}$$

그림 26.9b에서 아래쪽 초록색 원 안 두 개의 8.0 μF 축전기는 직렬 연결되어 있으므로 등가 전기용량은 식 26.10으로부터 구한다.

$$\frac{1}{C_{eq}} = \frac{1}{C_1} + \frac{1}{C_2} = \frac{1}{8.0\ \mu\text{F}} + \frac{1}{8.0\ \mu\text{F}} = \frac{1}{4.0\ \mu\text{F}}$$

$$C_{eq} = 4.0\ \mu\text{F}$$

회로는 이제 그림 26.9c와 같다. 2.0 μF과 4.0 μF의 축전기가 병렬 연결되어 있다.

$$C_{eq} = C_1 + C_2 = \boxed{6.0\ \mu\text{F}}$$

결론 위 식에서 최종 결과는 그림 26.9d에 있는 것처럼 하나의 등가 축전기의 전기용량이다. 축전기가 연결된 회로를 더 연습하기 위하여, 전지가 그림 26.9a에서 점 a와 b 사이에 연결되어 있고 그 사이의 전위차를 ΔV라고 하자. 이때 각 축전기에 걸리는 전압과 전하량을 구할 수 있는가?

26.4 충전된 축전기에 저장된 에너지
Energy Stored in a Charged Capacitor

축전기에 있는 두 도체에 양전하와 음전하가 서로 분리되어 있기 때문에, 전기적 위치 에너지가 축전기에 저장된다. 전기 기기를 작동시키는 사람들은 때때로 축전기가 에너지를 저장할 수 있음을 확인할 수 있다. 충전된 축전기의 양쪽 판을 도선으로 연결하면, 축전기가 방전될 때까지 한쪽 판에서 다른 판으로 도선을 통하여 전하가 이동한다. 이런 방전은 눈에 보이는 스파크로 관찰할 수 있다. 여러분이 대전되어 있는 축전기의 판을 우연히 손으로 만지면, 손은 축전기가 방전되는 경로로 작용하여 전기적 충격을 받게 된다. 충격을 받는 정도는 축전기의 전기용량과 걸린 전압에 따라 다르다. 이런 충격은 가정용 극장 시스템의 전원 장치와 같이 고전압이 걸려 있는 경우는 치명적일 수 있다. 시스템이 꺼져 있을 때에도 축전기에는 전하가 저장되어 있을 수 있으므로, 플러그가 연결되어 있지 않아도 케이스를 열거나 내부 소자들을 만지는 것은 위험하다.

그림 26.10a는 평행판 축전기를 전지와 연결한 회로이다. 스위치를 닫을 때(그림 26.10b) 전지는 도선 내에 전기장을 만들고 따라서 도선과 축전기 사이에 전하의 흐름

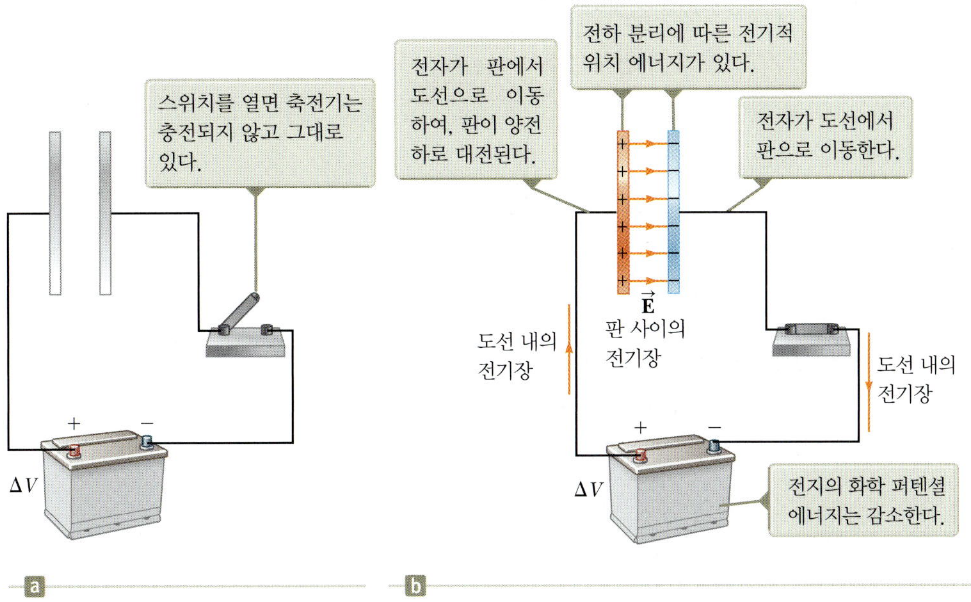

그림 26.10 (a) 축전기, 전지, 스위치로 구성된 회로 (b) 스위치를 닫으면 전지는 도선에 전기장을 형성하고 축전기는 충전된다.

이 생긴다. 이것은 계 내에서 에너지의 변환으로 볼 수 있다. 스위치를 닫기 전에 에너지는 전지 내에 화학 퍼텐셜 에너지로 저장된다. 이 에너지는 전기 회로가 작동할 때 전지 내에서 발생하는 화학 반응에 의하여 변환된다. 스위치를 닫으면 전지 내 화학 에너지의 일부가 전기적 위치 에너지로 변환되어 두 판으로 양전하와 음전하를 분리시킨다.

축전기에 저장된 에너지를 계산하기 위하여, 26.1절에서 설명한 실제 과정과는 좀 다르지만 똑같은 결과를 얻게 되는 충전 과정을 생각해 보자. 최종 상태에서의 에너지가 실제 전하의 이동 과정과 무관하므로 이 가정은 타당하다.[3] 도체판은 전지로부터 분리되어 있고 전하를 다음과 같이 축전기의 판 사이의 공간을 통하여 역학적으로 이동시킨다고 생각하자. 축전기의 한쪽 판에서 미량의 양전하를 붙잡아서, 힘을 가하여 축전기의 다른 쪽 판으로 이동시키자. 따라서 전하를 축전기의 한쪽 판에서 다른 쪽 판으로 이동시키기 위하여 일을 하는 것이다. 처음에 아주 작은 전하 dq를 한쪽 판에서 다른 쪽 판으로 이동시키기 위해서는 일이 필요하지 않지만,[4] 일단 전하가 이동되고 나면 두 판 사이에는 작은 전위차가 생긴다. 따라서 이 전위차를 통하여 추가의 전하를 이동시키기 위해서는 일을 해야만 한다. 전하가 한쪽 판으로부터 다른 쪽 판으로 점점 더 많이 전달될수록 전위차는 비례하여 증가하게 되고 더 많은 일이 필요하다. 전반적인 과정은 에너지에 대한 비고립계 모형으로 설명된다. 식 8.2는 $W = \Delta U_E$가 된다. 외력이 계에 한 일은 계 내의 전기적 위치 에너지 증가로 나타난다.

---

[3] 이에 대한 논의는 열역학에서의 상태 변수에 대한 것과 유사하다. 온도와 같은 상태 변수의 변화는 처음 상태와 나중 상태 사이의 경로와는 무관하다. 축전기의 위치 에너지는 일종의 상태 변수라 할 수 있고, 따라서 그것은 축전기에 전하가 저장되는 실제 과정과는 상관이 없다.

[4] 기호 q는 축전기가 충전이 되면서 시간에 따라 변하는 전하를 나타낸다. 이와 구별하기 위하여 기호 Q는 축전기가 완전히 충전이 끝난 후 축전기에 저장된 전체 전하량을 나타낼 것이다.

축전기 판 사이의 전위차 ΔV를 통하여 전하 dq를 이동하는 데 필요한 일은 대략 색칠한 사각형의 넓이이다.

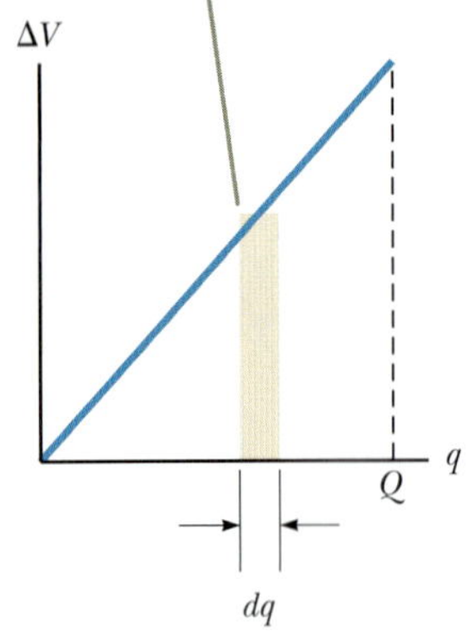

그림 26.11 축전기에서 양단의 전위차와 저장된 전하량 사이의 관계. 직선의 기울기는 $1/C$이다.

충전시키는 동안의 어느 순간에 축전기에 전하 q가 충전되어 있다고 가정하자. 바로 그 순간에 축전기 양단의 전위차는 $\Delta V = q/C$이다. 이 관계를 그림 26.11에 나타내었다. 25.1절에서 전하가 $-q$인 판으로부터 $+q$인 판(높은 전위)으로 전하량 dq를 옮기는 데 필요한 일은

$$dW = \Delta V\, dq = \frac{q}{C}\, dq$$

임을 알고 있다. 전하량 dq를 이동하는 데 필요한 일은 그림 26.11에서 색칠한 직사각형의 넓이이다. $1\text{ V} = 1\text{ J/C}$이므로 넓이의 단위는 J이다. $q = 0$으로부터 나중의 $q = Q$까지 축전기를 충전시키는 데 필요한 전체 일은

$$W = \int_0^Q \frac{q}{C}\, dq = \frac{1}{C}\int_0^Q q\, dq = \frac{Q^2}{2C}$$

이다. 축전기를 충전시킬 때 한 일은 축전기에 저장된 전기적 위치 에너지 U로 나타난다. 식 26.1을 사용하여, 충전된 축전기에 저장된 위치 에너지는 다음의 여러 형태로 표현할 수 있다.

충전된 축전기에 저장된 에너지 ▶

$$U_E = \frac{Q^2}{2C} = \tfrac{1}{2}Q\,\Delta V = \tfrac{1}{2}C(\Delta V)^2 \qquad \textbf{(26.11)}$$

그림 26.11에서 그래프의 관계식은 직선이므로, 직선 아래의 전체 넓이는 밑변이 Q이고 높이가 ΔV인 삼각형의 넓이이다.

식 26.11은 축전기의 기하학적인 형태에 관계없이 모든 축전기에 적용된다. 주어진 전기용량의 경우 전하량과 전위차가 증가함에 따라 축전기에 저장되는 에너지는 증가한다. 그러나 전위차 ΔV가 계속 커지면 축전기판 사이에서 방전이 일어나므로 현실적으로 저장할 수 있는 최대 에너지(또는 전하)는 한계 값을 가진다. 이와 같은 이유로 축전기에는 대개 최대 허용 전압이 표시되어 있다.

축전기가 충전되면 축전기 내부에 전기장이 형성된다. 즉 축전기에 저장된 에너지는 충전이 되면서 판 사이에 형성되는 전기장의 형태로 저장된다고 할 수 있다. 전기장이 축전기에 있는 전하량에 비례하므로 이와 같은 설명은 타당하다. 평행판 축전기의 경우, 전위차는 $\Delta V = Ed$의 관계가 있고 전기용량은 $C = \epsilon_0 A/d$ (식 26.3)이므로, 이들을 식 26.11에 대입하면

$$U_E = \tfrac{1}{2}\left(\frac{\epsilon_0 A}{d}\right)(Ed)^2 = \tfrac{1}{2}(\epsilon_0 A d)E^2 \qquad \textbf{(26.12)}$$

이 된다. 여기서 전기장이 차지하고 있는 부피는 Ad이므로, **에너지 밀도**라고 부르는 **단위 부피당 에너지** $u_E = U_E/Ad$는

오류 피하기 26.4

새로운 종류의 에너지가 아니다 식 26.12에 주어진 에너지는 새로운 종류의 에너지가 아니다. 이 식은 분리되어 있는 원천 전하계와 관련된 친숙한 전기적 위치 에너지이다. 식 26.12는 에너지를 **모형화**하는 새로운 **해석** 또는 방법을 제공한다. 식 26.13은 원천과 상관없이 **모든** 전기장과 관련된 에너지 밀도를 정확히 설명한다.

전기장 내의 에너지 밀도 ▶

$$u_E = \tfrac{1}{2}\epsilon_0 E^2 \qquad \textbf{(26.13)}$$

이다. 식 26.13은 평행판 축전기의 경우에 대하여 유도한 것이나, 이 식은 이 외에도 일반적으로 성립하는 식이다. 즉 전기장 내의 에너지 밀도는 전기장 크기의 제곱에 비례

한다.

퀴즈 26.4 세 개의 축전기와 전지가 있다. 이들 축전기를 전지에 연결할 때 다음 중 어느 경우에서 최대 에너지를 저장할 수 있는가? **(a)** 직렬 연결 **(b)** 병렬 연결 **(c)** 직렬이든 병렬이든 저장되는 에너지의 양에는 차이가 없다.

예제 26.4 대전된 두 축전기의 연결

전기용량이 $C_1 (> C_2)$과 C_2인 축전기를 같은 처음 전위차 ΔV_i로 충전한 후 전지를 제거한다. 그리고 그림 26.12a와 같이 반대 극성을 갖는 판끼리 연결한다. 그러고 난 후에 S_1과 S_2를 그림 26.12b와 같이 닫는다.

(A) 스위치를 닫은 다음 a와 b 사이의 나중 전위차 ΔV_f를 구하라.

풀이

개념화 그림 26.12는 예제의 처음 및 나중 상태를 이해하는 데 도움이 된다. 스위치를 닫으면, 계에 있는 전하는 두 축전기가 같은 전위차를 가질 때까지 두 축전기 사이에 재분포하게 될 것이다. $C_1 > C_2$이므로 C_2보다는 C_1에 더 많은 전하량이 존재하게 되어, 나중 상태에서는 그림 26.12b에서와 같이 왼쪽 판이 양전하를 갖게 될 것이다.

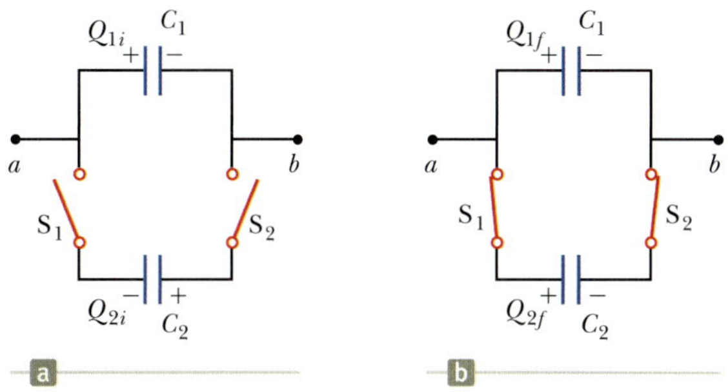

그림 26.12 (예제 26.4) (a) 처음에 같은 전위차로 충전한 두 축전기를 스위치를 닫아 서로 다른 부호의 판과 연결한다. (b) 스위치를 닫으면 전하는 재분포된다.

분류 그림 26.12b에서 축전기가 병렬 연결된 것처럼 보이나, 이 회로에는 전압을 걸어 주는 전지는 없다. 따라서 예제를 축전기가 병렬 연결되어 있는 경우로 생각하면 안 된다. 그 대신 예제를 하나의 고립계로 취급할 수 있다. 축전기의 왼쪽 판들은 오른쪽 판들과 연결되어 있지 않으므로, 축전기의 왼쪽 판들을 하나의 고립계로 생각할 수 있다.

분석 스위치를 닫기 전에 축전기의 왼쪽 판들에 있는 전체 전하량에 대한 식을 쓴다. 이때 축전기 C_2의 왼쪽 판에 있는 전하가 음이기 때문에 Q_{2i}는 음의 부호를 갖는다.

(1) $$Q_i = Q_{1i} + Q_{2i} = C_1\,\Delta V_i - C_2\,\Delta V_i = (C_1 - C_2)\Delta V_i$$

스위치를 닫으면 각 축전기의 전하량은 축전기가 모두 전위차 ΔV_f로 같아질 때까지 새로운 값인 Q_{1f}와 Q_{2f}로 바뀐다. 스위치를 닫은 후 왼쪽 판들에 있는 전체 전하량에 대한 식을 쓴다.

(2) $$Q_f = Q_{1f} + Q_{2f} = C_1\,\Delta V_f + C_2\,\Delta V_f = (C_1 + C_2)\Delta V_f$$

이 계는 고립되어 있으므로, 계의 처음과 나중 전하량은 같아야만 한다. 이 조건과 식 (1)과 (2)를 이용하여 ΔV_f에 대하여 푼다.

$$Q_f = Q_i \;\rightarrow\; (C_1 + C_2)\,\Delta V_f = (C_1 - C_2)\,\Delta V_i$$

(3) $$\Delta V_f = \left(\frac{C_1 - C_2}{C_1 + C_2}\right)\Delta V_i$$

(B) 스위치를 닫기 전과 닫은 후의 저장된 전체 에너지를 구하고, 처음 에너지에 대한 나중 에너지의 비율을 계산하라.

풀이 식 26.11을 이용하여 스위치를 닫기 전 축전기에 저장된 전체 에너지를 계산한다.

(4) $$U_i = \tfrac{1}{2}C_1(\Delta V_i)^2 + \tfrac{1}{2}C_2(\Delta V_i)^2 = \tfrac{1}{2}(C_1 + C_2)(\Delta V_i)^2$$

스위치를 닫은 후에 축전기에 저장된 전체 에너지에 대한 식을 구한다.

$$U_f = \tfrac{1}{2}C_1(\Delta V_f)^2 + \tfrac{1}{2}C_2(\Delta V_f)^2 = \tfrac{1}{2}(C_1 + C_2)(\Delta V_f)^2$$

(A)에서 얻은 결과를 이용하여 이 식을 ΔV_i로 표현한다.

$$(5) \qquad U_f = \tfrac{1}{2}(C_1 + C_2)\left[\left(\frac{C_1 - C_2}{C_1 + C_2}\right)\Delta V_i\right]^2$$

$$= \frac{1}{2}\frac{(C_1 - C_2)^2(\Delta V_i)^2}{C_1 + C_2}$$

식 (4)로 식 (5)를 나누어 처음과 나중의 저장된 에너지의 비율을 구한다.

$$\frac{U_f}{U_i} = \frac{\frac{1}{2}(C_1 - C_2)^2(\Delta V_i)^2/(C_1 + C_2)}{\frac{1}{2}(C_1 + C_2)(\Delta V_i)^2}$$

$$(6) \qquad \frac{U_f}{U_i} = \left(\frac{C_1 - C_2}{C_1 + C_2}\right)^2$$

결론 이 식은 나중 에너지가 처음 에너지보다 작아짐을 의미한다. 그렇다면 위의 경우는 에너지 보존의 법칙에 위배되는가? 그렇지 않다. 여기서 잃어버린 에너지의 일부는 도선에서 열에너지로 방출되고, 일부는 전자기파의 형태로 복사(식 8.2의 T_{ER})된다(34장 참조). 따라서 이 계는 전하량에 대하여 고립되어 있지만, 에너지에 대해서는 고립되어 있지 않다.

문제 두 개의 축전기가 같은 전기용량을 갖는다면 어떻게 되는가? 스위치를 닫으면 어떤 일이 일어날 수 있는지 생각해 보자.

답 두 개의 축전기가 처음에 같은 전위차를 가지게 되므로, 동일한 축전기의 전하량도 같게 된다. 만약 반대의 극성을 갖는 축전기가 연결된다면, 같은 크기의 전하는 상쇄되고 축전기는 충전이 되지 않는다.
이 결과를 수학적으로 확인해 보자. 식 (1)에서는 전기용량이 같으므로, 왼쪽 판들에 있는 처음 전하량 Q_i는 영이다. 식 (3)으로부터 $\Delta V_f = 0$임을 알 수 있는데, 이는 충전되지 않는 축전기에 해당한다. 마지막으로 식 (5)는 $\Delta U_f = 0$의 결과를 보여주는데, 이 또한 충전되지 않는 축전기의 경우이다.

축전기의 중요한 응용 예 중 하나가 제세동기(심장 충격기)이다(이 장의 도입부 사진 참조). 갑자기 심장 세동이 일어나면, 심장은 빠르고 불규칙한 박동을 발생시킨다. 이때 심장에 에너지를 빨리 공급해주면, 다시 정상 박동으로 되돌아오게 된다. 응급 의료팀은 고전압으로 축전기를 충전시킬 수 있는 전지가 든 휴대용 제세동기를 사용한다. 이 기기는 매우 큰 축전기를 사용하여 360 J까지 에너지를 저장한다. 축전기에 저장된 에너지는 환자의 가슴 위에 놓인 전극 역할을 하는 패들을 통하여 심장으로 방전된다. 이 에너지는 약 2 ms 동안의 짧은 시간 동안 심장마비를 일으킨 환자의 심장에 전달함으로써 불규칙한 심장 박동을 원래 상태로 되돌릴 수 있다. 이는 60 W를 소비하는 전구 3 000개에 제공하는 전력에 해당한다. 의료팀은 축전기가 충분히 충전될 때까지 시간이 필요하므로 어느 정도 기다려야 한다. 제세동기와 같이 사진기 플래시나 핵융합에서 사용되는 레이저에서도 축전기는 천천히 충전되고 빨리 방전되어 고에너지 펄스를 만드는 에너지원으로 사용된다.

26.5 유전체가 있는 축전기
Capacitors with Dielectrics

고무, 유리, 왁스지 등과 같은 비전도성 물질을 **유전체**(dielectric)라 한다. 유전체를 축전기의 도체판 사이에 채우면 어떻게 될까? 축전기에서 유전체의 효과를 이해하기 위하여 다음과 같은 실험을 해 보자. 판 사이에 유전체가 없는 경우에 평행판 축전기의 전기용량을 C_0, 대전된 전하량을 Q_0이라 하면, 두 도체판 사이의 전위차는 $\Delta V_0 = Q_0/C_0$이 되며 이를 그림 26.13a에서 보여 주고 있다. 전위차는 **전압계**로 측정할 수 있다. 그

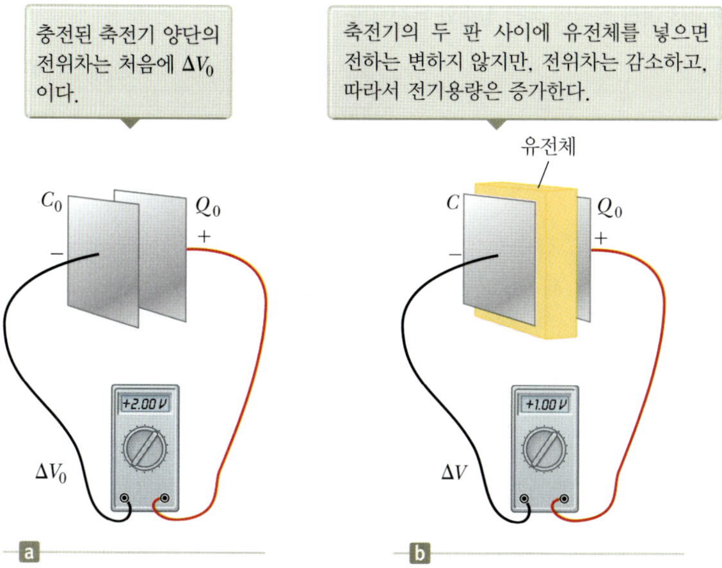

그림 26.13 두 평행 도체판 사이를 유전체로 채우기 전(a)과 후(b)의 축전기

림은 두 판이 전지에 연결되어 있지 않은 열린 회로임에 주목하고, 또한 이상적인 전압계로는 전하가 흘러갈 수 없다고 가정한다. 따라서 전하가 흘러서 축전기의 전하량을 변화시킬 경로가 없다. 이제 그림 26.13b와 같이 판 사이에 유전체를 끼워 넣으면, 전압계에 나타난 판 사이의 전위차는 ΔV로 감소함을 알 수 있다. 유전체가 있을 때와 없을 때의 전압들은 다음과 같이 인자 κ를 포함하는 관계가 있다.

$$\Delta V = \frac{\Delta V_0}{\kappa}$$

$\Delta V < \Delta V_0$이므로 $\kappa > 1$이다. 여기서 κ는 물질의 **유전 상수**(dielectric constant)로서 차원이 없는 인자이다. 유전 상수는 물질에 따라 다르다. 이 절에서는 이렇게 변하는 전기용량을 전하, 전기장, 전위차와 같은 전기적인 변수로 나타내 보고자 한다. 그리고 26.7절에서 이런 변화를 미시적 관점에서 고찰할 예정이다.

오류 피하기 26.5

축전기가 전지에 연결되어 있는가? 축전기를 변경하는 문제에서(예를 들어 유전체를 넣는 것과 같은) 축전기의 변경이 전지를 연결한 동안에 일어났는지 연결을 끊은 후에 일어났는지 알아야만 한다. 축전기가 전지에 연결되어 있다면 축전기 양단 사이의 전압은 반드시 같다. 축전기를 변경하기 전에 전지로부터 축전기를 떼어 낸다면 축전기는 고립계이며 전하량은 그대로 남게 된다.

축전기에 충전된 전하량 Q_0은 변하지 않으므로 전기용량이 변해야 한다. 따라서

$$C = \frac{Q_0}{\Delta V} = \frac{Q_0}{\Delta V_0/\kappa} = \kappa \frac{Q_0}{\Delta V_0}$$

$$C = \kappa C_0 \tag{26.14}$$

◀ 유전 상수 κ인 물질로 채워진 축전기의 전기용량

이다. 즉 유전체를 극판 사이에 완전히 채우면 전기용량은 κ배만큼 **증가**한다.[5] 평행판 축전기의 경우 $C_0 = \epsilon_0 A/d$이므로(식 26.3), 유전체를 채웠을 때의 전기용량은

$$C = \kappa \frac{\epsilon_0 A}{d} \tag{26.15}$$

로 표현할 수 있다.

식 26.15에서 판 사이에 유전체를 넣고 판 사이의 거리 d를 감소시키면, 전기용량을

[5] 전지에 의하여 전위차를 일정하게 유지하면서 유전체를 넣으면, 전하량은 $Q = \kappa Q_0$로 증가한다. 증가된 전하는 축전기에 연결된 도선으로부터 오고, 전기용량 또한 κ배만큼 증가한다.

표 26.1 상온에서 여러 물질의 유전 상수와 유전 강도

물질	유전 상수 κ	유전 강도 (10^6 V/m)[a]
공기 (건조)	1.000 59	3
베이클라이트	4.9	24
수정	3.78	8
마일라	3.2	7
네오프렌 고무	6.7	12
나일론	3.4	14
종이	3.7	16
파라핀지	3.5	11
폴리스티렌	2.56	24
폴리염화 바이닐	3.4	40
자기 (porcelain)	6	12
파이렉스 유리	5.6	14
실리콘 기름	2.5	15
타이타늄산스트론튬	233	8
테플론	2.1	60
진공	1.000 00	—
물	80	—

[a] 유전 강도는 유전체의 절연 성질이 파괴되지 않을 때까지 걸어줄 수 있는 최대 전기장과 같다. 유전 강도의 값은 물질에 불순물이 포함되거나 결함이 있을 때 달라진다.

아주 크게 증가시킬 수 있는 것처럼 보인다. 그러나 실제로는 유전체를 통하여 극판 사이에 방전이 일어나므로 d의 최솟값은 한계가 있다. 주어진 극판 사이의 거리 d에 대하여, 방전을 일으키지 않고 축전기에 걸어줄 수 있는 최대 전압은 유전체의 **유전 강도**(dielectric strength: 최대 허용 전기장)에 의존한다. 만일 전기장의 크기가 유전 강도를 넘으면, 유전체의 절연성이 파괴되고 유전체는 전도성을 나타내기 시작한다.

실제로 사용되는 축전기는 **동작 전압**, **파괴 전압**, **정격 전압** 등과 같은 인자로 구분할 수 있으며, 이로부터 우리는 유전체 및 축전기를 파괴시키지 않고 사용할 수 있는 최대 전압을 알 수 있다. 결론적으로 축전기를 선택할 때, 회로에서 예상되는 전압이 축전기의 한계 전압보다 작아야 함을 고려해야만 한다.

대부분의 비전도성 물질의 유전 상수와 유전 강도는 표 26.1에 나타낸 바와 같이 공기의 값보다 크다. 그러므로 유전체를 사용하면 다음과 같은 이점이 있다.

- 축전기의 전기용량 증가
- 축전기의 최대 동작 전압 증가
- 도체 판 사이를 역학적으로 지탱하는 효과. 이를 통하여 d를 감소시켜 C를 증가시킬 수 있다.

축전기의 형태 Types of Capacitors

많은 축전기가 집적 회로칩에 내장되지만, 어떤 전기 장치에는 여전히 단일형 축전

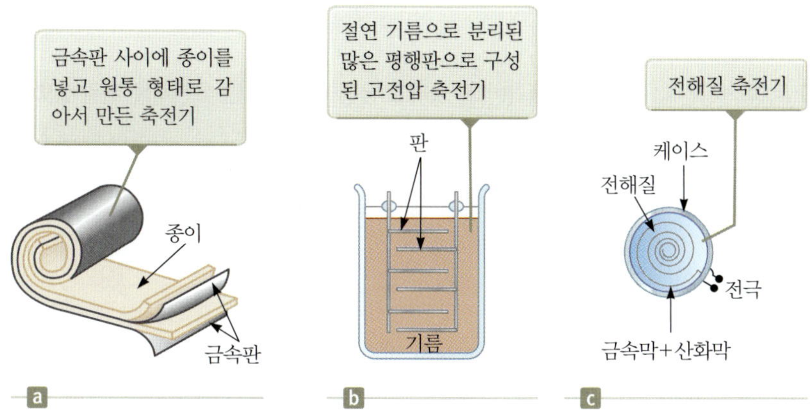

그림 26.14 상용 축전기의 세 가지 형태

그림 26.15 가변 축전기

기가 사용된다. 상용 축전기는 그림 26.14a와 같이 얇은 금속 박(foil) 사이에 파라핀지나 마일라(Mylar, 폴리에스테르 필름)와 같은 얇은 막을 넣어 작은 크기의 원통 형태로 감아서 만들어진다. 일반적인 고전압 축전기는 그림 26.14b와 같이 서로 엇갈려 있는 많은 금속판을 실리콘 기름에 넣어 만들 수 있다. 작은 축전기는 종종 세라믹 재료로 만든다.

전해질 축전기는 때때로 비교적 낮은 전압에서 많은 전하를 저장하는 데 사용되며, 그림 26.14c에서와 같이 금속막이 전해질과 접하고 있다. **전해질**은 용액으로 그 안에 포함된 이온의 운동으로 도체 역할을 한다. 금속막과 전해질 사이에 전압을 가하면 금속 산화물로 된 얇은 층이 막에 형성되며, 이 층이 절연체 역할을 하게 된다. 유전층이 매우 얇고 따라서 판 사이의 거리가 매우 가깝기 때문에 매우 큰 전기용량을 얻을 수 있다.

전해질 축전기의 극성은 다른 축전기와 마찬가지로 뒤집어지지 않는다. 기기에 양극과 음극이 표시되어 있다. 전해질 축전기를 회로에 사용하는 경우, 극성(+ 또는 −)을 올바르게 연결하여 사용해야 한다. 전압의 극성을 표기된 것과 반대로 연결하면 산화물로 된 층이 제거되어 축전기는 전하를 저장하기보다는 전기를 통하게 한다.

일반적으로 가변 축전기(약 10~500 pF)는 엇갈려 있는 두 개의 금속판 세트로 구성되어 있고, 공기가 유전체 역할을 한다(그림 26.15). 두 금속판 세트 중 하나는 고정되어 있고 다른 하나는 움직일 수 있어 서로 마주보는 넓이를 바꿈으로써 전기용량을 바꿀 수 있다. 라디오의 채널을 바꾸는 데 이런 가변 축전기가 사용된다.

Q 퀴즈 26.5 그림이나 거울을 걸려고 할 때 못이나 나사를 박기 위하여 벽 안에 있는 나무로 된 스터드(샛기둥, 벽의 간주)의 위치를 찾는다는 것은 쉽지 않다. 목수들은 이 스터드를 찾기 위하여 탐지기를 사용하는데, 이 장치는 그림 26.16에서와 같이 축전기가 마주보게 놓여진 것이 아닌 나란하게 만들어져 있다. 이 탐지기가 스터드 위를 지나갈 때 전기용량은 어떻게 변하는가? **(a)** 증가한다. **(b)** 감소한다.

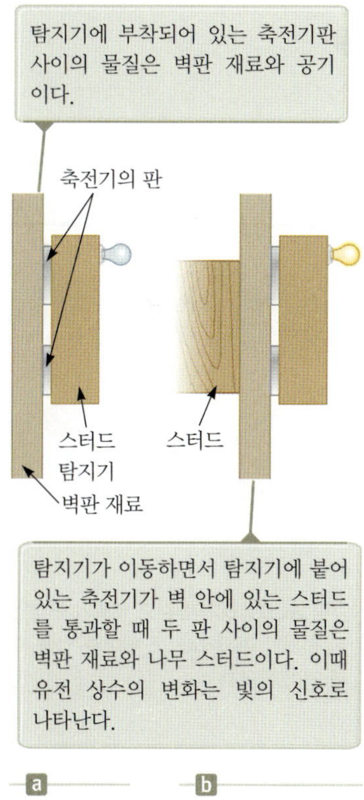

그림 26.16 (퀴즈 26.5) 스터드 탐지기

예제 26.5 축전기에 저장된 에너지

평행판 축전기를 전지에 연결하여 전하량 Q_0으로 충전시킨 다음 전지를 제거한다. 그리고 유전 상수가 κ인 유전체를 끼워 넣었다. 유전체가 있는 축전기를 계로 보고 유전체를 넣기 전과 후에 축전기에 저장된 계의 비를 구하라.

풀이

개념화 축전기의 판 사이에 유전체를 넣을 때 어떤 일이 생기는지 생각해 보자. 전지를 제거하였기 때문에 축전기의 전하량은 변하지 않는다. 그러나 이전 학습으로부터 전기용량이 변한다는 것을 알고 있다. 따라서 축전기에 저장되는 에너지에도 변화가 있을 거라 짐작할 수 있다.

분류 에너지의 변화가 있을 것이므로 우리는 이를 축전기와 유전체를 포함하는 **에너지**에 대하여 **비고립계**로 모형화한다.

분석 식 26.11로부터 유전체를 넣기 전에 축전기에 저장된 에너지를 구한다.

$$U_0 = \frac{Q_0^2}{2C_0}$$

유전체를 넣은 후 축전기에 저장되는 에너지를 구한다.

$$U = \frac{Q_0^2}{2C}$$

식 26.14를 써서 전기용량 C를 대체한다.

$$U = \frac{Q_0^2}{2\kappa C_0} = \frac{U_0}{\kappa}$$

결론 $\kappa > 1$이므로 나중 에너지는 처음 에너지의 $1/\kappa$만큼 적어진다. 실험에서 유전체를 끼워넣으면 유전체가 판 사이로 끌려 들어감을 알 수 있는데, 이는 계의 에너지 감소를 설명한다. 따라서 유전체가 극판 사이로 가속되는 것을 방지하려면 외부에서 유전체에 음의 일을 해주어야 한다. 식 8.2는 $\Delta U = W$이며, 여기서 양변은 모두 음이다.

26.6 전기장 내에서의 전기 쌍극자
Electric Dipole in an Electric Field

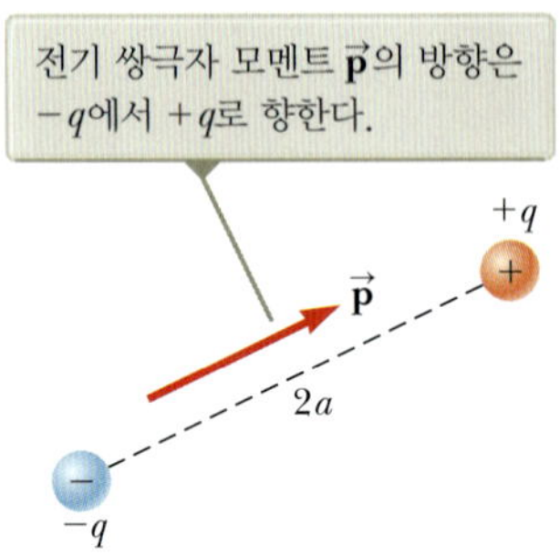

그림 26.17 크기가 같고 부호가 반대인 두 전하가 거리 $2a$만큼 떨어져 있을 때의 전기 쌍극자

지금까지 축전기 판 사이에 유전체가 있을 때 전기용량에 미치는 효과를 살펴보았다. 26.7절에서는 이런 효과를 미시적 관점에서 살펴볼 것이다. 그러나 이전에 우리는 23.4절(예제 23.4)에서 논의한 전기 쌍극자에 대하여 좀 더 알아보도록 하자. 그림 26.17과 같이 크기는 같지만 부호가 반대인 두 전하가 거리 $2a$를 두고 떨어져 있을 때, **전기 쌍극자 모멘트**(electric dipole moment)는 음전하 $-q$에서 양전하 $+q$로 향하는 벡터 $\vec{\mathbf{p}}$로 정의하고, 크기는

$$p \equiv 2aq \tag{26.16}$$

로 나타낸다.

이번에는 그림 26.18과 같이 전기 쌍극자가 균일한 외부 전기장 $\vec{\mathbf{E}}$ 내에서 각도 θ를 이루며 놓여 있다고 하자. 23.4절에서 논의한 쌍극자가 만드는 전기장과 구별하기 위하여 외부라는 용어를 사용하며, 외부 전기장 $\vec{\mathbf{E}}$는 다른 전하 분포에 의하여 형성된다.

각각의 전하는 전기장 내의 입자로 모형화한다. 두 전하에 미치는 전기력은 그림 26.18에 보인 바와 같이 $F = qE$로 크기가 같고 방향이 반대이다. 그러므로 전기 쌍극자에 작용하는 알짜힘은 영이다. 그러나 이 두 힘은 쌍극자에 알짜 돌림힘을 만들어 전기 쌍극자는 알짜 돌림힘을 받는 강체 모형으로 설명된다. 따라서 모멘트가 전기장과 같은 방향으로 정렬되는 방향으로 전기 쌍극자는 회전한다. 그림 26.18에서 양전하에

작용하는 힘에 의한 돌림힘의 크기는 점 O를 지나 종이면에 수직인 회전축에 대하여 $Fa\sin\theta$이다. 여기서 $a\sin\theta$는 O에 대한 F의 모멘트 팔이고, 이 돌림힘은 시계 방향으로 회전하게 한다. 음전하에 작용한 O에 대한 돌림힘도 역시 크기 $Fa\sin\theta$이고, 역시 시계 방향으로 회전시키려 한다. 따라서 O에 대한 알짜 돌림힘의 크기는

$$\tau = 2Fa\sin\theta$$

이고 $Q = qE$와 $p = 2aq$이므로, τ는

$$\tau = 2aqE\sin\theta = pE\sin\theta \qquad \textbf{(26.17)}$$

이다. 이 식에 기초하여 돌림힘을 $\vec{\mathbf{p}}$와 $\vec{\mathbf{E}}$의 벡터곱으로 표현하는 것이 편리하다.

$$\vec{\boldsymbol{\tau}} = \vec{\mathbf{p}} \times \vec{\mathbf{E}} \qquad \textbf{(26.18)}$$

◀ 외부 전기장 내의 전기 쌍극자에 작용하는 돌림힘

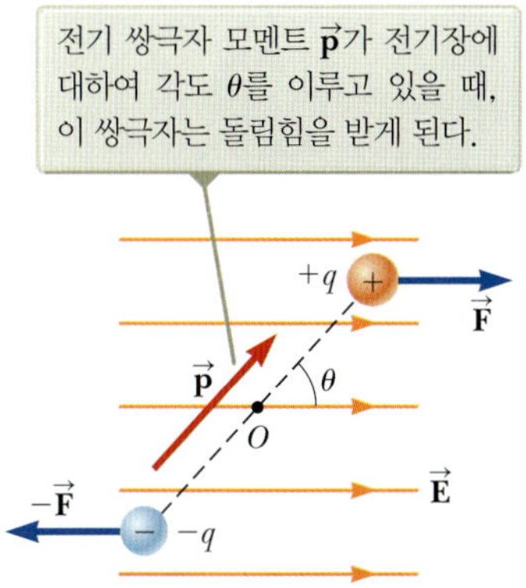

그림 26.18 균일한 외부 전기장 내의 전기 쌍극자

또한 쌍극자와 외부 전기장 계를 에너지에 대한 고립계로 모형화할 수 있다. 이 계의 전기적 위치 에너지를 전기장에 대한 쌍극자 방향의 함수로 계산해 보자. 이를 위하여 전기장 방향으로의 정렬과 반대로 쌍극자를 돌리고자 하면, 외부에서 일을 해주어야 함을 알아야 한다. 따라서 한 일은 계의 전기적 위치 에너지로 저장된다. 이 전기적 위치 에너지는 계의 **회전** 배열과 관련이 있음에 주목하자. 이전에, **병진** 배열과 관련된 퍼텐셜 에너지를 공부한 적이 있다. 중력장 내에서 질량을 가진 물체가 움직였고, 전기장 내에서 전하가 움직였고, 용수철이 늘어났다. 쌍극자를 각도 $d\theta$만큼 회전시키는 데 필요한 일은 $dW = \tau d\theta$이다(식 10.25). $\tau = pE\sin\theta$이고 이 돌림힘이 하는 일은 전기적 위치 에너지 U를 증가시키므로, θ_i로부터 θ_f까지 회전에 의한 계의 전기적 위치 에너지 변화는

$$U_f - U_i = \int_{\theta_i}^{\theta_f} \tau\, d\theta = \int_{\theta_i}^{\theta_f} pE\sin\theta\, d\theta = pE\int_{\theta_i}^{\theta_f} \sin\theta\, d\theta$$

$$= pE[-\cos\theta]_{\theta_i}^{\theta_f} = pE(\cos\theta_i - \cos\theta_f)$$

이다. 식에서 $\cos\theta_i$를 포함하는 항은 상수이며, 이는 쌍극자의 처음 방향에 의하여 정해진다. 기준 각도를 $\theta_i = 90°$로 하여 $\cos\theta_i = \cos 90° = 0$이 되게 설정하는 것이 편리하다. 따라서 $U_E = U_f$의 일반적인 값을 다음과 같이 표현할 수 있다.

$$U_E = -pE\cos\theta \qquad \textbf{(26.19)}$$

전기장 내에 있는 쌍극자의 전기적 위치 에너지를 $\vec{\mathbf{p}}$와 $\vec{\mathbf{E}}$의 스칼라곱으로 표현하면

$$U_E = -\vec{\mathbf{p}} \cdot \vec{\mathbf{E}} \qquad \textbf{(26.20)}$$

◀ 외부 전기장 내에 있는 전기 쌍극자의 전기적 위치 에너지

이다. 식 26.19를 개념적으로 이해하기 위하여, 이를 지구 중력장 내에 있는 물체의 퍼텐셜 에너지 $U_g = mgy$와 비교해 보자(식 7.19). 첫째, 두 식은 장 내에 위치한 어떤 실체에 변수(물체의 경우 질량, 쌍극자의 경우 쌍극자 모멘트)를 포함하고 있다. 둘째, 두 식은 장(물체의 경우 g, 쌍극자의 경우 E)을 포함하고 있다. 마지막으로, 두 식에는 배열(물체의 경우 병진 위치 y, 쌍극자의 경우 회전 위치 θ) 설명이 들어 있다. 두 경우

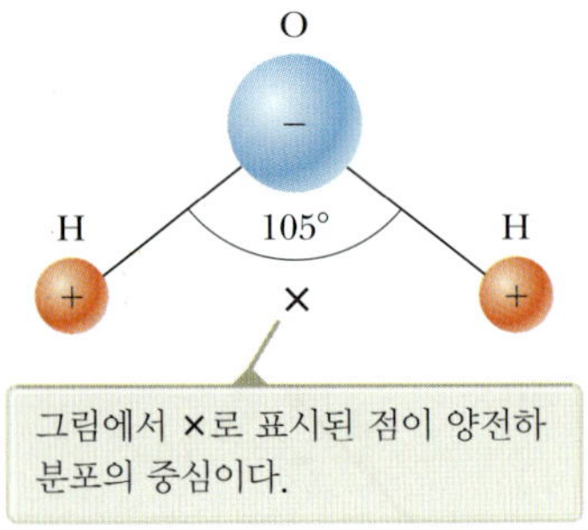

그림 26.19 물 분자(H_2O)는 구부러진 기하 구조 때문에 영구 분극되어 있다.

모두 일단 배열의 변화가 생기기만 하면, 물체를 자유롭게 놓았을 때 계는 원래의 상태로 돌아가려고 한다. 즉 질량 m의 물체는 지면으로 떨어지고, 쌍극자는 전기장과 정렬되는 배열을 향하여 회전하기 시작한다.

분자에서 양전하의 평균 위치와 음전하의 평균 위치가 분리되어 있을 때 분자들은 **분극**되어 있다고 한다. 물과 같은 분자들에 대해서는 이런 분극이 항상 존재하며, 이를 **극성 분자**(polar molecules)라고 한다. 이런 영구 분극을 가지지 않는 분자를 **비극성 분자**(nonpolar molecules)라고 한다.

그림 26.19에서와 같이 물 분자의 기하학적 구조를 탐구함으로써 우리는 영구 분극을 이해할 수 있다. 물 분자에서 산소 원자는 105°의 각도를 이루어 두 수소 원자와 결합하고 있다. 이 분자의 알짜 음전하는 산소 원자의 중심 근처에 있으나, 알짜 양전하는 두 수소를 이은 선분의 중간쯤에 있다(그림 26.19에서 ×로 표시). 양전하의 평균 위치와 음전하의 평균 위치가 점전하와 같이 거동하므로 물 분자와 극성 분자들은 하나의 전기 쌍극자로 간주할 수 있다. 그러므로 전기 쌍극자에 대한 논의를 극성 분자의 경우에도 적용할 수 있다.

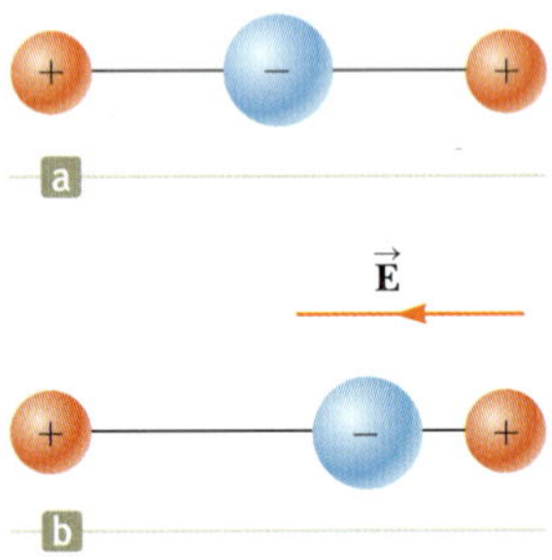

그림 26.20 (a) 직선형 대칭 분자는 영구 분극을 가지지 않는다. (b) 그러나 외부 전기장을 가하면 분자를 분극시킬 수 있다.

우리가 항상 사용하고 있는 비누는 물 분자의 분극 특성을 이용한 또 하나의 응용이다. 기름과 같은 물질은 비극성 분자로 이루어져 있다. 따라서 물은 이들에 붙지 않으므로 기름을 물로 씻어낼 수 없을 것이다. 비누는 계면 활성제인 매우 긴 분자로 이루어져 있고, 이 분자의 한쪽 끝은 극성 분자, 다른 한쪽은 비극성 분자와 같이 거동한다. 따라서 각각 물과 기름을 붙일 수 있어 물과 기름을 함께 연결하는 사슬 역할을 한다. 물로 씻어낼 때 더러운 기름도 함께 떨어져 나간다.

대칭 구조인 분자는 영구 분극을 가지지 않으나(그림 26.20a), 외부 전기장을 가하면 분극이 유도될 수 있다. 그림에서와 같이 전기장이 왼쪽을 향하면 분자들의 전하 분포는 그림 26.20b와 같이 바뀌게 되어 분자는 분극된다. 이런 **유도 분극**은 유전체를 포함한 대부분의 물질에서 나타난다.

예제 26.6 물(H_2O) 분자

물 분자의 전기 쌍극자 모멘트는 6.3×10^{-30} C·m이다. 10^{21}개의 물 분자를 가지고 있는 물이 있는데, 모든 물 분자의 쌍극자 모멘트가 크기가 2.5×10^5 N/C인 외부 전기장과 평행하게 배열되어 있을 때, 모든 쌍극자를 이 배열($\theta = 0°$)로부터 전기장과 수직인 $\theta = 90°$로 회전시키려면 얼마의 일이 필요한가?

풀이

개념화 모든 쌍극자가 전기장 방향으로 정렬할 때, 이 쌍극자–전기장 계는 최소의 전기적 위치 에너지를 갖는다. 이 에너지는 식 26.19의 우변에서 각도가 0°일 때의 값에 쌍극자의 수 N을 곱한 음의 값을 가진다.

분류 쌍극자와 전기장의 조합을 계로 나타낸다. 외부에서 계에 일을 하여 전기적 위치 에너지가 변하기 때문에 **비고립계** 모형을 사용한다.

분석 이 문제의 경우 에너지 보존에 대한 식 8.2를 이용한다.

$$(1) \qquad \Delta U_E = W$$

식 26.19를 이용하여 이 계의 처음과 나중 전기적 위치 에너지를 구하고, 식 (1)을 이용하여 모든 쌍극자를 회전시키는 데 필요한 일을 계산한다.

$$W = U_{90^\circ} - U_{0^\circ} = (-NpE\cos 90^\circ) - (-NpE\cos 0^\circ)$$
$$= NpE = (10^{21})(6.3\times10^{-30}\ \mathrm{C\cdot m})(2.5\times10^{5}\ \mathrm{N/C})$$
$$= 1.6\times10^{-3}\ \mathrm{J}$$

결론 계의 전기적 위치 에너지가 음의 값에서 영으로 증가하기 때문에 계에 한 일이 양임에 주목하자.

26.7 유전체의 원자적 기술
An Atomic Description of Dielectrics

26.5절에서 우리는 축전기의 도체판에 유전체를 넣으면, 도체판 사이의 전위차 ΔV_0이 $\Delta V_0/\kappa$만큼 줄어드는 것을 보았다. 이렇게 전위차가 줄어드는 것은 도체판 사이에 전기장의 크기가 줄어들기 때문이다. 유전체가 없을 때의 전기장을 $\vec{\mathbf{E}}_0$라 하면, 유전체가 있을 때의 전기장은 다음과 같다.

$$\vec{\mathbf{E}} = \frac{\vec{\mathbf{E}}_0}{\kappa} \tag{26.21}$$

극성 분자로 이루어진 유전체가 축전기의 판 사이의 전기장 내에 놓여 있다고 하자. 극성 분자의 전기 쌍극자들은 전기장이 없을 때 그림 26.21a와 같이 무질서하게 배열되어 있다. 축전기 판을 대전시킴으로써(충전), 축전기 판에 있는 전하에 의하여 외부 전기장 $\vec{\mathbf{E}}_0$이 만들어지면 쌍극자들에 돌림힘이 작용하여, 이들은 전기장에 대하여 그림 26.21b와 같이 부분적으로 정렬하게 된다. 이제 유전체는 분극된다. 전기장에 대한 분자의 정렬 정도는 온도와 전기장의 크기에 의존한다. 일반적으로 온도가 낮아지고 전기장이 커질수록 정렬이 잘 된다.

유전체의 분자들이 비극성이면, 축전기 판에 의한 전기장은 분자 내에 유도 분극을 형성한다. 이들 유도 쌍극자 모멘트는 외부 전기장 방향으로 정렬되어 유전체는 분극된다. 따라서 유전체 내의 분자들이 극성인지 비극성인지에 관계없이, 외부 전기장은 유전체를 분극시킬 수 있다.

이런 생각으로 그림 26.21b와 같이 축전기 판 사이에 놓여 균일한 전기장 $\vec{\mathbf{E}}_0$하에 있

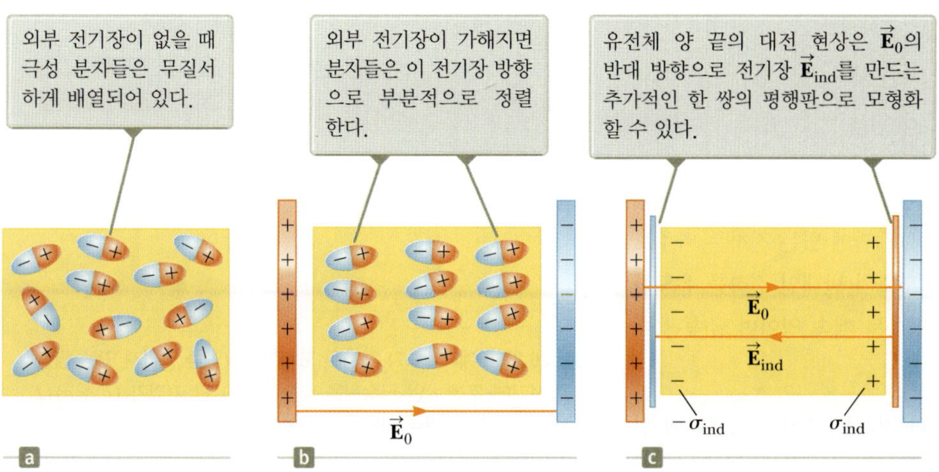

그림 26.21 (a) 유전체 내의 극성 분자 (b) 유전체에 전기장이 걸린다. (c) 유전체 내 전기장의 세부 사항

는 유전체를 고려하자. 도체판에 의한 전기장은 오른쪽으로 향하고 유전체를 분극시킨다. 유전체에 작용한 알짜 효과는 그림 26.21c에서와 같이 오른쪽 면에 유도된 양의 표면 전하 밀도 $+\sigma_{ind}$, 그리고 왼쪽 면에 음의 표면 전하 밀도 $-\sigma_{ind}$가 형성되는 것이다. 표면 전하 밀도를 대전된 평행판으로 모형화할 수 있으므로, 유전체에 유도된 표면 전하는 외부 전기장 $\vec{\mathbf{E}}_0$의 반대 방향으로 전기장 $\vec{\mathbf{E}}_{ind}$를 만든다. 그러므로 유전체 내의 알짜 전기장 $\vec{\mathbf{E}}$의 크기는

$$E = E_0 - E_{ind} \tag{26.22}$$

이 된다.

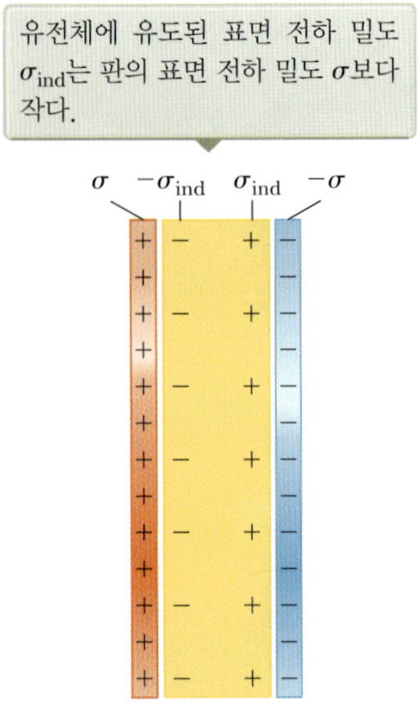

그림 26.22 대전된 축전기 판 사이에 있는 유전체에 유도된 전하

그림 26.22의 평행판 축전기에서 외부 전기장 E_0과 축전기 도체판의 전하 밀도 σ는 $E_0 = \sigma/\epsilon_0$의 관계가 있음을 알고 있다. 마찬가지로 유전체 내의 유도 전기장은 유도 전하 밀도 σ_{ind}와 $E_{ind} = \sigma_{ind}/\epsilon_0$의 관계가 있다. $E = E_0/\kappa = \sigma/\kappa\epsilon_0$이므로, 이를 식 26.22에 대입하면

$$\frac{\sigma}{\kappa\epsilon_0} = \frac{\sigma}{\epsilon_0} - \frac{\sigma_{ind}}{\epsilon_0}$$

$$\sigma_{ind} = \left(\frac{\kappa - 1}{\kappa}\right)\sigma \tag{26.23}$$

이다. κ는 1보다 큰 수이므로 유전체에 유도되는 전하 밀도 σ_{ind}는 도체판의 전하 밀도 σ보다 작다. 예를 들어 $\kappa = 3$이면 유도 전하 밀도는 도체판 전하 밀도의 2/3가 된다. 유전체가 없다면 $\kappa = 1$이고 예상대로 $\sigma_{ind} = 0$이 된다. 그러나 유전체를 $E = 0$인 전기적인 도체로 바꿔 넣으면, 식 26.22는 $E_0 = E_{ind}$임을 보여 주고 있으며, 이는 $\sigma_{ind} = \sigma$에 해당한다. 즉 도체에 유도된 표면 전하는 판에서의 전하와 크기는 같고 방향이 반대가 되어, 도체 내의 알짜 전기장이 영이 된다(그림 24.16 참조).

예제 26.7 금속판의 효과

평행판 축전기에서 판 하나의 넓이가 A이고 두 도체판은 서로 d만큼 떨어져 있다. 두 도체판의 중앙에 두께가 a이고 대전되지 않은 다른 금속판을 넣는다.

(A) 이 소자의 전기용량을 구하라.

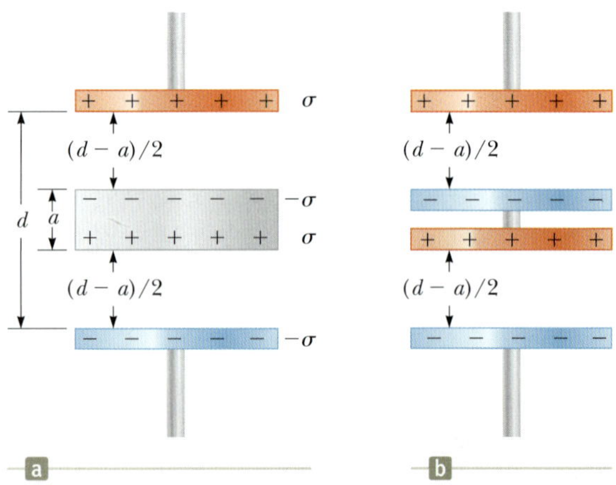

그림 26.23 (예제 26.7) (a) 두 도체판이 d만큼 떨어져 있는 평행판 축전기에 두께 a인 금속판을 넣는다. (b) 판 거리가 $(d - a)/2$인 두 축전기가 직렬로 연결된 소자의 등가 회로

풀이

개념화 그림 26.23a는 축전기 판 사이에 넣은 금속판을 보여 준다. 그림 26.23a에서 보는 것처럼, 축전기 도체판에 있는 전하는 마주보는 금속판의 가까운 면에 크기가 같고 부호가 반대인 전하를 유도한다. 결과적으로 볼 때 금속판의 알짜 전하는 계속 영이며 금속판 내부의 전기장은 영이다.

분류 금속판의 위쪽과 아래쪽에 유도된 전하는 축전기 도체판의 전

하와 같다. 이 판의 금속은 판의 위와 아래를 전기적으로 연결시켜 주는 역할을 한다. 따라서 이 문제의 경우 금속판의 위와 아래를 두 개의 도체판이라 생각하고 금속판의 내부는 도선이라 생각해도 된다. 따라서 그림 26.23a의 축전기는 그림 26.23b와 같이 도체판 사이의 간격이 $(d-a)/2$인 축전기 두 개를 직렬 연결한 것과 같다고 생각하면 된다.

분석 식 26.3과 축전기를 직렬 연결하여 계산하는 식 26.10을 이용하여 그림 26.23b의 등가 전기용량을 계산한다.

$$\frac{1}{C}=\frac{1}{C_1}+\frac{1}{C_2}=\frac{1}{\frac{\epsilon_0 A}{(d-a)/2}}+\frac{1}{\frac{\epsilon_0 A}{(d-a)/2}}$$

$$C=\frac{\epsilon_0 A}{d-a}$$

(B) 두께가 거의 영인 금속판을 넣을 경우, 이 금속판은 원래 전기용량에 영향을 미치지 않음을 보이라.

풀이 (A)의 결과에서 $a\to 0$으로 놓으면

$$C=\lim_{a\to 0}\left(\frac{\epsilon_0 A}{d-a}\right)=\frac{\epsilon_0 A}{d}$$

이다.

결론 (B)의 결과는 금속판을 넣기 전 원래 전기용량이다. 이는 축전기의 두 판 사이에 극히 얇은 금속판을 넣으면 전기용량에는 아무 변화가 없다는 것을 알 수 있다. 이 사실에 기초하여 다음 문제를 생각해 보도록 하자.

문제 (A)에서와는 달리 금속판을 축전기의 중앙이 아닌 곳에 금속판을 넣으면 전기용량은 어떻게 변하는가?

답 그림 26.23a에 있는 금속판을 위로 조금 움직여서 축전기의 위쪽 판과 금속판의 위쪽 사이의 거리가 b가 된다고 생각하자. 그러면 축전기의 아래쪽 판과 금속판의 아래쪽 사이의 거리는 $d-b-a$가 된다. (A)에서처럼 직렬 연결한 전기용량을 계산하면 다음과 같다.

$$\frac{1}{C}=\frac{1}{C_1}+\frac{1}{C_2}=\frac{1}{\epsilon_0 A/b}+\frac{1}{\epsilon_0 A/(d-b-a)}$$

$$=\frac{b}{\epsilon_0 A}+\frac{d-b-a}{\epsilon_0 A}=\frac{d-a}{\epsilon_0 A}\ \to\ C=\frac{\epsilon_0 A}{d-a}$$

이는 우리가 (A)에서 구한 결과와 같다. 즉 전기용량은 b 값에 무관하며, 도체판이 어느 곳에 위치하고 있든지 상관이 없다. 그림 26.23b에서 축전기의 두 판 사이에 있는 물체가 아래나 위로 움직이면, 어느 한쪽의 축전기 판 사이의 거리 감소는 다른 쪽의 거리 증가로 인해 보상이 된다.

예제 26.8 일부만 채운 축전기

평행판 축전기에서 두 도체판은 서로 d만큼 떨어져 있고, 판 사이에 유전체가 없을 때의 전기용량은 C_0이다. 그림 26.24a와 같이 두 도체판 사이에 두께가 fd이고 유전 상수가 κ인 유전체를 넣을 때 축전기의 전기용량은 얼마인가? 여기서 f의 크기는 0에서 1 사이이다.

풀이

개념화 앞에서 축전기 판 사이의 유전체에 대하여 논의했을 때, 유전체가 두 판 사이를 다 채운 경우를 생각해 보았다. 이 예제는 유전체가 두 판 사이의 일부만 채운 경우를 다루고 있다.

분류 예제 26.7에서 아주 얇은 금속판을 평행판 축전기의 두 도체판 사이에 넣었을 때, 전기용량에는 전혀 영향을 주지 않는다는 것을 알았다. 그림 26.24a에서처럼 극히 얇은 도체판을 밀어넣는다고 상상해 보자. 우리는 이 경우를 그림 26.24b처럼 두 개의 축전

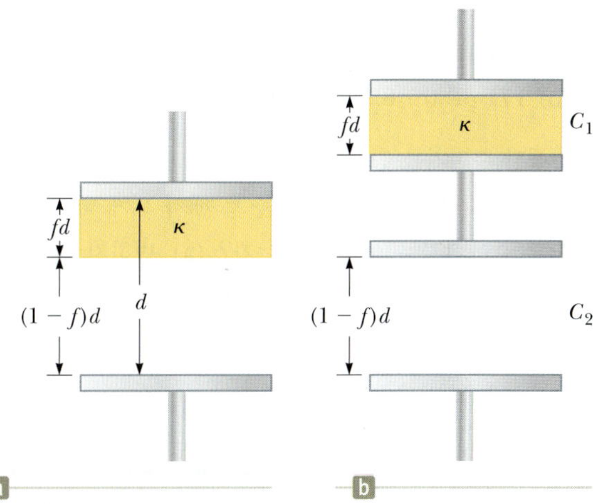

그림 26.24 (예제 26.8) (a) 두께가 fd인 유전체로 채워져 있고 도체판 사이의 거리가 d인 축전기 (b) 직렬 연결되어 있는 두 축전기의 등가 회로

기를 직렬 연결하는 것으로 생각할 수 있다. 그중 한 축전기는 거리 fd만큼 떨어져 있고 그 사이에 유전체로 채워져 있고, 다른 축전기는 거리가 $(1-f)d$만큼 떨어져 있고 그 사이에는 유전체가 없이 공기만 있는 것이라 생각할 수 있다.

분석 식 26.15를 이용하여 그림 26.24b에 있는 두 전기용량을 계산한다.

$$C_1 = \frac{\kappa\epsilon_0 A}{fd}, \quad C_2 = \frac{\epsilon_0 A}{(1-f)d}$$

식 26.10으로부터 직렬 연결된 축전기의 등가 전기용량을 구한다.

$$\frac{1}{C} = \frac{1}{C_1} + \frac{1}{C_2} = \frac{fd}{\kappa\epsilon_0 A} + \frac{(1-f)d}{\epsilon_0 A}$$

$$\frac{1}{C} = \frac{fd}{\kappa\epsilon_0 A} + \frac{\kappa(1-f)d}{\kappa\epsilon_0 A} = \frac{f+\kappa(1-f)}{\kappa}\frac{d}{\epsilon_0 A}$$

역수를 취하고 유전체가 없을 때의 전기용량 $C_0 = \epsilon_0 A/d$를 대입한다.

$$C = \frac{\kappa}{f+\kappa(1-f)}\frac{\epsilon_0 A}{d} = \frac{\kappa}{f+\kappa(1-f)}C_0$$

결론 이 결과를 몇 가지 알고 있는 극한의 경우에 적용해 보자. 만약 $f \to 0$이면, 유전체의 성질은 사라지게 되고 $C \to C_0$이 된다. 이것은 두 판 사이에 공기만 있는 경우의 축전기 결과와 일치한다. 만약 $f \to 1$이면, 두 판 사이는 유전체로 가득 차게 된다. 이 경우에는 $C \to \kappa C_0$이 되어 식 26.14의 결과와 일치한다.

연습문제

객관식

1. 완전히 충전되고 전지에 연결되어 있는 평행판 축전기의 판 사이에 유전체를 밀어 넣고 있다. 다음 물리량들이 (a) 증가 (b) 감소 (c) 불변 중 어떻게 되는가? **(i)** C **(ii)** Q **(iii)** ΔV **(iv)** 축전기에 저장된 에너지

2. 전기기사가 루틸($\kappa = 100$)을 유전체로 사용하여 평행판 축전기를 만든다. 판의 넓이는 1.00 cm^{2}이다. 유전체의 두께가 1.00 mm라면 이 축전기의 전기용량은? (a) 88.5 pF (b) 177 pF (c) 8.85 μF (d) 100 μF (e) 35.4 μF

3. 평행판 축전기를 전지에 연결한다. 이 축전기가 전지에 연결된 상태로 극판 사이의 간격을 두 배가 되게 하면 축전기에 저장된 에너지는 어떻게 되는가? (a) 변하지 않는다. (b) 두 배가 된다. (c) 1/2이 된다. (d) 1/4이 된다. (e) 네 배가 된다.

4. 충전되지 않은 서로 다른 세 축전기들이 전지에 직렬로 연결되어 있다면 다음 중 참인 것을 모두 고르라. (a) 등가 전기용량은 각각의 어떤 전기용량보다도 크다. (b) 가장 큰 전압은 가장 작은 전기용량에 나타난다. (c) 가장 큰 전압은 가장 큰 전기용량에 나타난다. (d) 가장 큰 전기용량을 가진 축전기가 가장 큰 전하를 가진다. (e) 가장 작은 전기용량을 가진 축전기가 가장 작은 전하를 가진다.

5. 처음에 축전기들을 전원에 병렬로 연결해서 충전시킨 후 충전된 축전기들을 직렬로 연결되게 전환시킬 수 있는 장치를 만들어서 큰 전압을 얻으려 한다. 전기용량 500 μF인 축전기 10개와 800 V 전원으로 얻을 수 있는 최대 전위차는 얼마인가? (a) 500 V (b) 8.00 kV (c) 400 kV (d) 800 V (e) 0

6. **(i)** 도체 사이의 전위차가 두 배가 되면 축전기 각 판에 있는 전하 크기는 어떻게 되는가? (a) 네 배로 커진다. (b) 두 배로 커진다. (c) 변하지 않는다. (d) 1/2이 된다. (e) 1/4이 된다. **(ii)** 축전기에 걸린 전위차가 두 배가 되면 축전기에 저장되는 에너지는 어떻게 되는가? (i)의 보기에서 고르라.

7. 전기용량이 매우 큰 축전기가 전기용량이 매우 작은 축전기와 직렬로 연결되어 있다. 결합된 두 축전기의 등가 전기용량은 (a) 큰 축전기의 전기용량보다 약간 크다. (b) 큰 축전기의 전기용량보다 약간 작다. (c) 작은 축전기의 전기용량보다 약간 크다. (d) 작은 축전기의 전기용량보다 약간 작다.

8. 평행판 축전기를 충전시키고 전지로부터 분리한다. 판 사이의 거리가 두 배가 되면 저장된 에너지는 어떻게 되는가? (a) 네 배로 커진다. (b) 두 배로 커진다. (c) 변하지 않는다. (d) 1/2이 된다. (e) 1/4이 된다.

9. 다음 명제가 참인지 거짓인지 판별하라. (a) 전기용량의 정의 $C = Q/\Delta V$에 따르면, 충전되지 않은 축전기의 전기용량은 영이다. (b) 전기용량의 정의에 따르면, 충전되지 않은 축전기에 걸린 전위차는 영이다.

10. 평행판 축전기를 충전시키고 전지로부터 분리한 후, 판에 연결된 전선이 서로 닿지 않도록 하였다. 판 사이의 거리를 증가시키면 다음 물리량들이 (a) 증가 (b) 감소 (c) 불변 중 어떻게 되는가? **(i)** C **(ii)** Q **(iii)** 판 사이의 E **(iv)** ΔV

주관식

26.1 전기용량의 정의

1. (a) 전기용량이 3.00 μF인 축전기 양쪽 판을 전지에 연결하니 27.0 μC의 전하를 저장한다. 이 전지의 전압은 얼마인가? (b) 이 축전기를 다른 전지에 연결하니 36.0 μC의 전하를 저장한다. 이 전지의 전압은 얼마인가?

2. (a) 12.0 V 전지에 연결되어 있는 4.00 μF 축전기의 판에는 얼마만큼의 전하량이 있는가? (b) 같은 축전기가 1.50 V 전지에 연결되어 있다면 저장된 전하량은 얼마인가?

3. 공기가 차 있는 구형 축전기가 반지름이 각각 7.00 cm와 14.0 cm인 두 금속 껍질로 이루어져 있다. 두 껍질의 두께를 무시한다. (a) 전기용량을 계산하라. (b) 축전기에 4.00 μC이 있다면 구 사이의 전위차는 얼마가 되는가?

26.2 전기용량의 계산

4. 길이가 50.0 m인 동축 케이블의 안쪽 도체는 지름이 2.58 mm이고 8.10 μC의 전하를 가진다. 바깥쪽을 둘러싸고 있는 도체의 안쪽 반지름은 7.27 mm이고 전하량은 −8.10 μC이다. 두 도체 사이에는 공기가 차 있다고 가정한다. (a) 이 케이블의 전기용량은 얼마인가? (b) 두 도체 사이의 전위차는 얼마인가?

5. 평행판 축전기의 양단에 150 V의 전위차가 걸리면 극판의 표면 전하 밀도가 30.0 nC/cm^{2}이 된다. 극판 사이의 간격을 계산하라.

6. 평행판 축전기의 극판 사이에 공기가 있고, 판의 넓이는 7.60 cm^2, 판 사이의 거리는 1.80 mm이다. 극판 사이의 전위차는 20.0 V이다. (a) 극판 사이의 전기장, (b) 표면 전하 밀도, (c) 전기용량, (d) 각 판의 전하량을 계산하라.

7. 고립되어 있는 반지름 12.0 cm인 도체 구의 중심에서 21.0 cm인 위치의 전기장이 4.90×10^4 N/C이다. (a) 이 도체의 표면 전하 밀도는 얼마인가? (b) 이 도체의 전기용량을 계산하라.

26.3 축전기의 연결

8. $C_1 = 5.00$ μF, $C_2 = 12.0$ μF인 두 축전기가 병렬로 9.00 V 전지에 연결되어 있다. (a) 결합된 축전기의 등가 전기용량, (b) 각 축전기에 걸린 전위차, (c) 각 축전기에 저장된 전하량을 구하라.

9. 전기용량이 각각 4.20 μF와 8.50 μF인 두 개의 축전기가 있다. 두 축전기를 (a) 직렬로 연결할 때와 (b) 병렬로 연결할 때의 등가 전기용량을 계산하라.

10. 다음 상황은 왜 불가능한가? 기술자가 전기용량 C를 포함하고 있는 회로를 검사하고 있다. 기술자는 이 회로에 대하여 더 좋은 설계는 전기용량 C보다 $\frac{7}{3}C$를 포함해야 한다는 사실을 알았다. 기술자는 각각 전기용량이 C인 세 개의 축전기를 더 가지고 있다. 이 세 축전기를 적절히 조합하여 원래의 축전기와 병렬로 연결하면 원하는 전기용량을 얻을 수 있다.

11. 그림 P26.11의 회로는 90.0 V 전지와 네 개의 축전기로 구성되어 있다. (a) 축전기 계의 등가 전기용량을 구하라. (b) 각 축전기의 전하량을 구하라. (c) 각 축전기 양단의 전위차를 구하라.

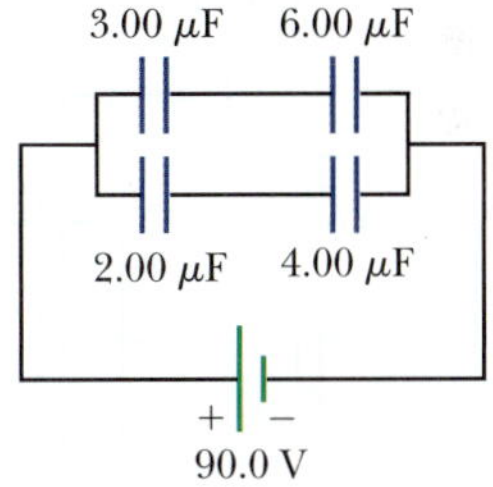

그림 P26.11

12. 한 무리의 동일한 축전기들을 처음에는 직렬로, 다음에는 병렬로 연결하였다. 병렬 연결일 때의 등가 전기용량은 직렬 연결일 때보다 100배 크다. 이 무리에는 몇 개의 축전기가 있는가?

13. 그림 P26.13과 같이 네 개의 축전기가 연결된 계가 있다. (a) 점 a와 b 사이의 등가용량을 계산하라. (b) 점 a와 b 사이의 전위차 ΔV_{ab}가 15.0 V일 때 각 축전기의 전하량을 구하라.

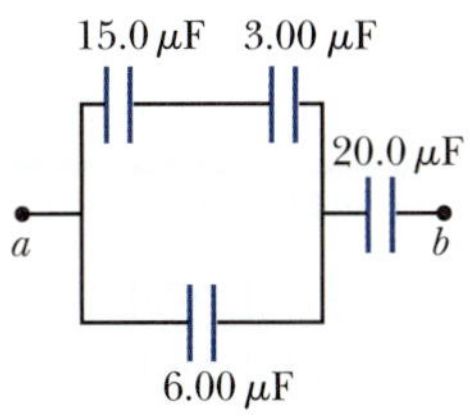

그림 P26.13

14. 그림 P26.14의 축전기 연결에서 점 a와 b 사이의 등가 전기용량을 구하라.

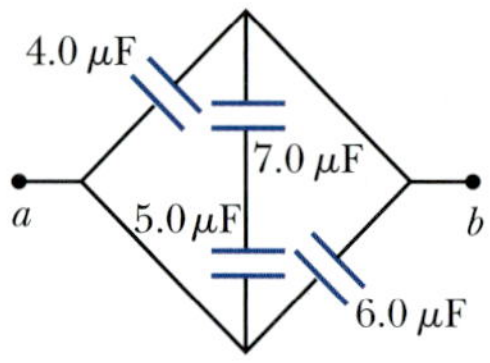

그림 P26.14

15. 두 개의 축전기가 있다. 이 둘을 병렬로 연결하면 등가 전기용량이 9.00 pF이고 직렬로 연결하면 등가 전기용량이 2.00 pF이다. 각 축전기의 전기용량을 구하라.

16. 전기용량이 각각 C_1, C_2, C_3인 축전기 세 개와 전지를 사용하여 회로를 구성한다. 축전기 C_1만 전지에 연결하니 전하가 30.8 μF이다. 축전기 C_1을 회로에서 분리하고 방전시킨 후 축전기 C_1과 C_2를 직렬로 연결하여 전지에 연결하면 C_1의 전하는 23.1μF 이다. 두 축전기를 회로에서 분리하고 방전시킨 후 C_3과 C_1을 직렬로 연결하여 전지로 충전시키면 C_1의 전하는 25.2 μF이다. 세 축전기를 회로에서 분리하고 방전시킨 후 세 축전기를 모두 직렬로 연결하여 전지로 충전시키면 C_1의 전하는 얼마일까?

17. 그림 P26.17에 나타낸 축전기 조합의 등가 전기용량을 구하라.

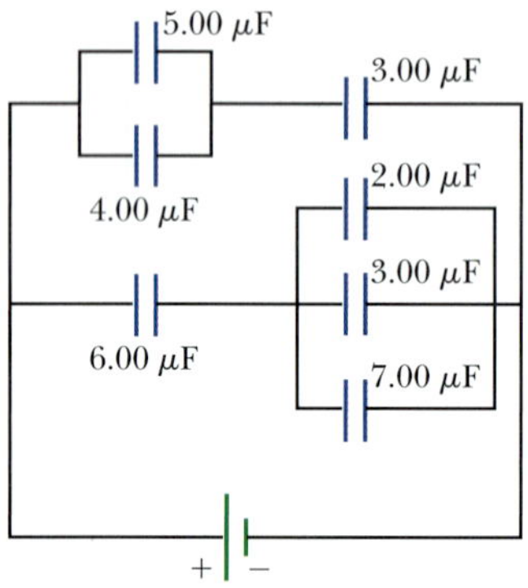

그림 P26.17

18. 전기용량이 10.0 μF인 축전기를 극판 사이의 전위차가 15.0 V가 되게 충전한 후 전기용량이 5.00 μF인 충전되지 않은 축전기와 직렬로 연결한다. 이들을 그림 P26.18과 같이 전압이 50.0 V인 전지에 연결한다. 스위치를 닫은 후 각 축전기 양단의 전위차를 구하라.

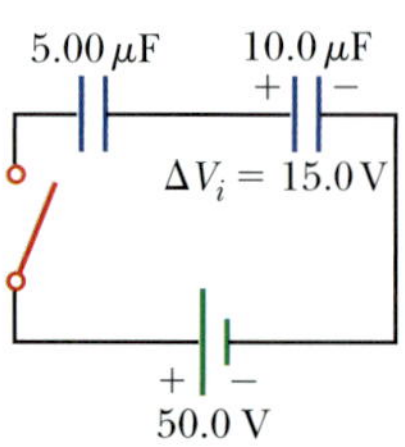

그림 P26.18

19. 전기용량을 모르는 축전기를 극판 사이의 전위차가 100 V가 되게 충전한다. 이어서 전원과 분리한 후 충전되지 않은 전기용량 10.0 μF인 축전기와 병렬 연결하면 이 축전기 조합의 전위차는 30.0 V가 된다. 모르는 전기용량을 계산하라.

20. 전기용량이 각각 C_1 = 6.00 μF 와 C_2 = 2.00 μF인 두 축전기를 병렬 연결한 후 250 V 전지에 연결한다. 다음에 전지를 떼어내고 두 축전기도 분리시킨다. 이어서 한 축전기의 양인 극판을 다른 축전기의 음인 극판과, 한 축전기의 음인 극판을 다른 축전기의 양의 극판과 연결한다. 이렇게 연결한 후 각 축전기의 전하량을 구하라.

21. 그림 P26.21에 보인 연결에서 등가 전기용량을 구하라. **도움말:** 대칭성을 고려한다.

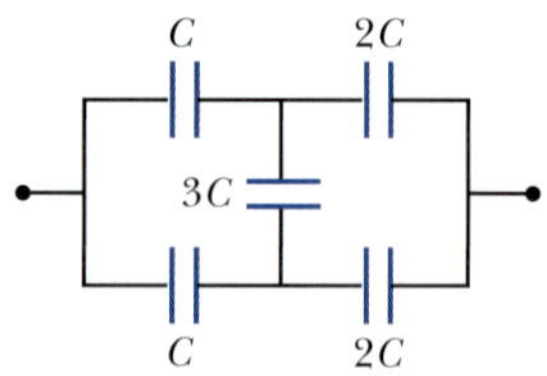

그림 P26.21

26.4 충전된 축전기에 저장된 에너지

22. 어떤 축전기에 12.0 V 전지를 연결하여 충전시키니 전하가 54.0 μC이다. 이 축전기에 저장된 에너지는 얼마인가?

23. 건조한 환경에서 움직이면 우리의 몸에 전하가 축적된다. 양이든 음이든 높은 전압에 이르면 몸은 스파크나 쇼크를 통하여 방전을 일으킬 수 있다. 우리 몸이 지면으로부터 절연되어 있고 전형적인 전기용량 값이 150 pF이라고 가정하자. (a) 전압이 10.0 kV이면 우리의 몸에는 얼마만큼의 전하가 있어야 하는가? (b) 민감한 전자 기기는 사람으로부터의 방전에 의해서도 고장이 날 수 있다. 어떤 기기가 250 μJ의 에너지를 방출하는 방전에 의하여 고장이 났다면 우리 몸의 전압은 얼마인가?

24. 전기용량이 각각 C_1 = 18.0 μF와 C_2 = 36.0 μF인 두 개의 축전기가 있다. 이 둘을 직렬 연결하여 12.0 V 전지로 충전시킨다. (a) 두 축전기의 등가 전기용량을 계산하라. (b) 등가용량에 저장된 에너지를 계산하라. (c) 각각의 축전기에 저장된 에너지를 계산하라. (d) 두 에너지를 더하면 (b)에서 구한 값과 같음을 보이라. (e) (d)의 결과는 항상 성립하는가 아니면 축전기의 개수나 각각의 전기용량 값에 따라 같지 않을 수도 있는가? (f) 두 축전기가 병렬로 연결된다면, 동일한 에너지를 저장하기 위하여 필요한 전위차는 얼마

인가? (g) (f)의 상황에서 C_1과 C_2 중 어느 축전기가 더 많은 에너지를 저장하는가?

25. 전기용량이 C로 똑같은 두 개의 평행판 축전기가 있다. 이 둘을 전위차가 ΔV가 되게 충전시킨 후 전지에서 분리한다. 이어서 두 축전기를 병렬 연결하되 같은 부호의 전하를 가진 판들이 연결되게 한다. 마지막으로 두 축전기 중 하나는 판 사이의 거리를 두 배가 되게 한다. (a) 판 사이의 거리가 변하기 전 계의 에너지를 구하라. (b) 판 사이의 거리가 변한 후 각 축전기 주위의 전위차를 구하라. (c) 판 사이의 거리가 변한 후 계의 에너지를 구하라. (d) (a)와 (c)의 결과가 다르다면 에너지 보존 법칙에 맞지 않는가? 설명하라.

26. 전하 Q, 넓이 A인 판으로 이루어진 평행판 축전기가 있다. 한쪽 판에서 다른 쪽 판으로 당기는 힘의 크기는 판 사이의 전기장이 $E = Q/A\epsilon_0$이므로, 힘이 $F = QE = Q^2/A\epsilon_0$이라고 생각할 수도 있으나, 이 결론은 옳지 않다. 전기장 E는 두 판에 의하여 만들어지고, 양(+)의 판에 의한 전기장은 양(+)의 판에 아무런 힘도 작용할 수 없기 때문이다. 각 판에 작용하는 힘은 실제로 $F = Q^2/2A\epsilon_0$임을 보이라. **도움말**: 판 사이의 임의의 거리 x에 대하여 $C = \epsilon_0 A/x$이고, 대전된 두 판을 떼어놓는 데 필요한 일은 $W = \int F\,dx$이다.

27. 그림 P26.27의 회로는 동일한 금속 용수철이 연결된 두 개의 동일한 평행 금속판, 스위치, 100 V 전지로 이루어져 있다. 스위치를 열면 판은 대전되지 않고 $d = 8.00$ mm만큼 떨어지며 전기용량 $C = 2.00\ \mu$F을 가진다. 스위치를 닫으면 판 사이의 거리는 0.500배로 줄어든다. (a) 각 판에는 얼마만큼의 전하가 모이는가? (b) 각 용수철의 용수철 상수는 얼마인가?

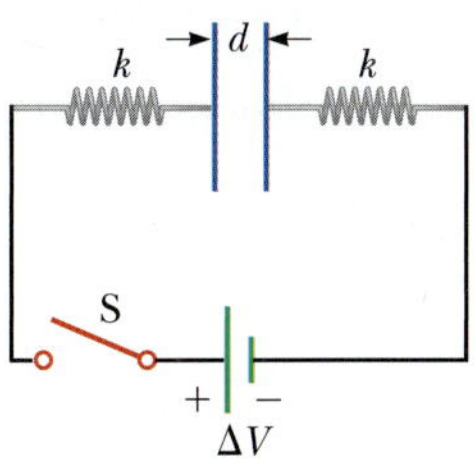

그림 P26.27

28. 어떤 공간 영역에 크기가 $E = 3\,000$ V/m인 균일한 전기장이 있다. 이 공간 속의 어떤 부피 내부의 전기장 에너지가 1.00×10^{-7} J이라고 한다. 이 부피를 구하라. 결과를 세제곱미터와 리터 단위로 나타내라.

26.5 유전체가 있는 축전기

29. (a) 판 사이에 공기가 차 있고 넓이가 5.00 cm²인 평행판 축전기가 방전되기 직전까지 얼마의 전하를 가질 수 있는가? (b) 판 사이에 공기가 아니고 폴리스티렌이 있다면 최대 전하는 얼마가 되는가?

30. 어떤 상용 축전기를 그림 P26.30과 같이 만들고자 한다. 이 축전기는 파라핀지로 된 띠를 사이에 둔 알루미늄 포일 띠로 이루어져 있다. 포일과 종이 띠의 너비는 모두 7.00 cm이다. 포일의 두께는 0.004 00 mm이고 종이의 두께는 0.025 0 mm이며, 유전 상수는 3.70이다. 9.50×10^{-8} F의 전기용량을 얻으려면, 축전기를 말기 전 띠의 길이는 얼마가 되어야 하는가? (두 번째 종이 띠를 더하여 말면 포일 띠의 양쪽에 전하를 저장할 수 있으므로 축전기의 전기용량이 두 배가 될 것이다.)

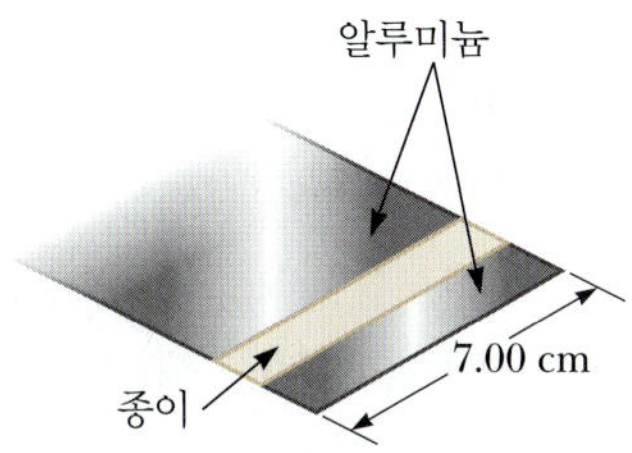

그림 P26.30

31. 공기 속에 있는 평행판 축전기의 극판 사이 거리는 1.50 cm이고 판의 넓이는 25.0 cm²이다. 이 축전기를 전위차가 250 V가 되게 충전한 후 전원과 분리한다. 다음에 이 축전기를 증류수 속에 잠기게 한다. 증류수는 절연체라고 가정하자. (a) 증류수에 넣기 전과 넣은 후의 전하를 계산하라. (b) 증류수 속에서의 전기용량과 전위차를 계산하라. (c) 축전기에 저장된 에너지의 변화를 계산하라.

32. 전기용량이 2.00 nF인 어떤 평행판 축전기의 극판 사이에는 유전 상수가 5.00인 운모판이 들어 있다. 이 축전기를 전위차 $\Delta V_i = 100$ V가 되게 충전시킨 후 전원과 분리한다. (a) 이후 운모판을 빼내려면 얼마의 일이 필요한가? (b) 운모판이 제거된 후 축전기 전극 사이의 전위차를 계산하라.

33. 각각 넓이가 7.50 cm²인 네 개의 평행한 금속판 P_1, P_2, P_3, P_4가 그림 P26.33과 같이 각각 $d = 1.19$ mm만큼씩 떨어져 있다. 판 P_1은 전지의 음극에 연결되어 있고, P_2는 양극에 연결되어 있다. 전지는 12.0 V의 전위차를 유지한다. (a) P_3이 전지의 음극에 연결된다면, 세 판 $P_1P_2P_3$으로 이루어진 계의 전기용량은 얼마인가? (b) P_2에 있는 전하는 얼마인가? (c) P_4가 양극에 연결된다면, 네 판 $P_1P_2P_3P_4$로 이

루어진 계의 전기용량은 얼마인가? (d) P_4에 있는 전하량은 얼마인가?

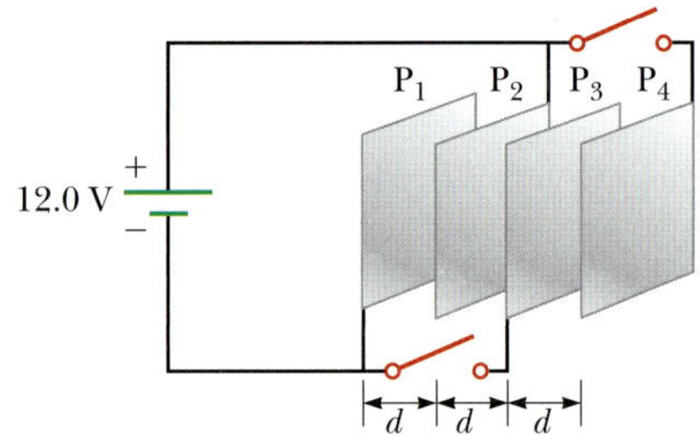

그림 P26.33

34. 극판 사이에 유전체가 있는 평행판 축전기를 만든다. 유전체로는 유전 상수가 3.00이고 유전 강도가 2.00×10^8 V/m인 물질을 사용한다. 원하는 전기용량 값은 0.250 μF이고 축전기는 최고 4.00 kV의 전위차를 견뎌야 한다. 축전기 판의 넓이는 최소한 얼마 이상이어야 하는가?

35. 적혈구 세포를 두 개의 구형 판으로 모형화하기도 한다. 이 모형에서는 양으로 대전된 전도성 액체가 표면의 넓이가 A이고 두께가 t인 구 껍질 모양의 절연 세포막으로 싸여져 외부의 전도성 액체 속에 있다. 세포막 속으로 들여보낸 전극으로 측정한 결과 막 안팎의 전위차는 100 mV이고 막의 유전 상수는 5.00이다. (a) 적혈구의 질량이 1.00×10^{-12} kg이고 밀도가 1 100 kg/m^{3}이라고 가정하고 적혈구의 부피와 표면의 넓이를 계산하라. (b) 적혈구의 모형인 축전기의 전기용량을 계산하라. (c) 세포막 표면(안팎의 전도성 액체 쪽)의 전하를 계산하라. 이 전하는 전자 몇 개의 전하에 해당하는가?

36. 변의 길이가 ℓ인 두 개의 정사각형 판이 그림 P26.36과 같이 거리 d만큼 떨어져 서로 평행하게 있다. d가 ℓ보다 훨씬 더 작다고 가정해도 좋다. 판들은 각각 균일하게 분포된 $+Q_0$과 $-Q_0$)의 정전하를 가지고 있다. 너비는 ℓ, 길이가 ℓ이고 두께는 d보다 약간 작은 직육면체 금속 물체를 판들 사이의 공간에 거리 x만큼 되는 곳까지 밀어 넣었다. 판들에 있는 전하는 물체가 들어와도 균일한 분포를 유지한다. 정적인 상황에서는 전기장이 금속판 안으로 들어갈 수 없다. 금속은 유전 상수 $\kappa \to \infty$인 완전 유전체로 볼 수 있다. (a) 이 계에 저장된 에너지를 x의 함수로 구하라. (b) 금속 물체에 작용하는 힘의 방향과 크기를 구하라. (c) 물체의 앞면의 넓이는 ℓd와 같다. 물체에 작용하는 힘이 이 면에 작용한다고 생각하고 그 면에 가해지는 변형력(단위 넓이당 힘)을 구하라. (d) 대전된 판 사이의 전기장에 의한 에너지 밀도를 Q_0, ℓ, d, ϵ_0로 나타내라. (e) (c)와 (d)의 답을 비교하여 설명하라.

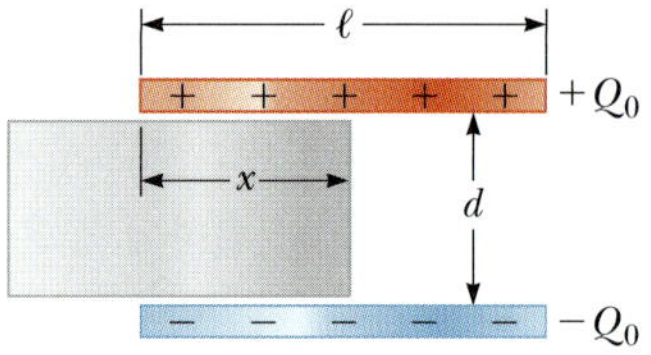

그림 P26.36

26.6 전기장 내에서의 전기 쌍극자

37. 전하 밀도가 $\lambda = 2.00\ \mu$C/m인 무한히 긴 양전하 선이 y축 상에 놓여 있다. 어떤 전기 쌍극자가 중심이 x축 상에 있고 $x = 25.0$ cm인 지점에 놓여 있다. 쌍극자는 2.00 cm 떨어진 $\pm 10\ \mu$C 두 전하로 이루어져 있다. 쌍극자의 축은 x축과 35.0°의 각도를 이루며 양전하는 음전하보다 전하 선으로부터 더 멀리 떨어져 있다. 쌍극자에 작용하는 알짜힘을 구하라.

38. 전기 쌍극자 모멘트가 $\vec{\mathbf{p}}$인 작은 물체 하나가 균일하지 않은 전기장 $\vec{\mathbf{E}} = E(x)\hat{\mathbf{i}}$ 내에 놓여 있다. 즉 전기장은 x 방향이며 크기는 위치 x에만 의존한다. θ가 쌍극자와 x 방향 사이의 각도라 하자. 쌍극자에 작용하는 알짜힘은

$$F = p\left(\frac{dE}{dx}\right)\cos\theta$$

이며 전기장이 증가하는 방향으로 작용함을 증명하라.

26.7 유전체의 원자적 기술

39. 진공에서와 물질 내에서 전하가 어떻게 전기장을 만드는지는 가우스 법칙의 일반적인 형태로 설명한다.

$$\int \vec{\mathbf{E}} \cdot d\vec{\mathbf{A}} = \frac{q_{\text{in}}}{\epsilon}$$

여기서 $\epsilon = \kappa\epsilon_0$는 물질의 유전율이다. (a) 전하 Q가 고르게 분포되어 있는 넓이 A인 얇은 판 주위를 어떤 유전체가 둘러싸고 있다. 이 판이 판 가까운 곳에서 크기 $E = Q/2A\epsilon$인 균일한 전기장을 만듦을 보이라. (b) 크기가 Q로 같고 부호는 반대인 전하들을 가진 넓이 A인 두 판이 작은 거리 d만큼 떨어져 있다. 이 판들이 판 사이에 크기 $E = Q/A\epsilon$인 균일한 전기장을 만듦을 보이라. (c) 음의 판의 전위가 영이라 가정하자. 양(+)의 판의 전위는 $Qd/A\epsilon$임을 보이라. (d) 이 판들의 전기용량이 $C = A\epsilon/d = \kappa A\epsilon_0/d$임을 보여라.

40. 그림 P26.40의 점 a와 b 사이의 등가 전기용량을 계산하라. 이 계가 단순한 직렬 또는 병렬 연결이 아님에 유의하라. 도움말: 점 a와 b 사이의 전위차는 ΔV_{ab}라 가정한다. ΔV_{ab}를 a

에서 b로의 여러 가능한 경로에 대한 전하량과 전기용량으로 나타내고, 서로 연결된 축전기 판들에 대하여 전하가 보존되어야 함을 적용하라.

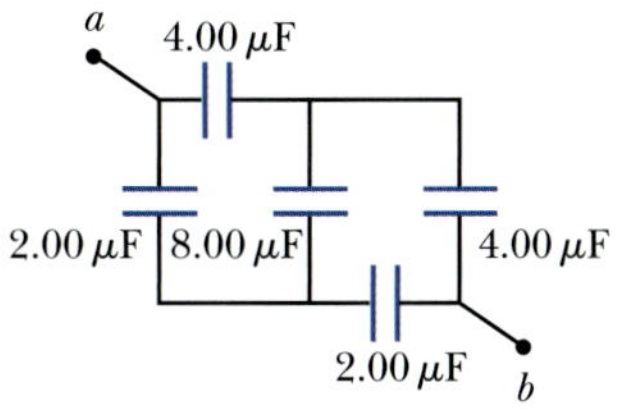

그림 P26.40

CHAPTER 27

전류와 저항
Current and Resistance

두 전구는 비슷한 정도의 가시광선(전자기 복사) 밝기를 보여 주고 있다. 그러나 왼쪽에 있는 소형 형광 전구는 오른쪽에 있는 백열전구에 비하여 훨씬 적은 전기 에너지로 빛을 만들어 낸다. 따라서 형광 전구는 경제적이고 전기를 생산하는 데 필요한 귀중한 자원을 절약하게 한다. *(Christina Richards/Shutterstock.com.)*

지금부터는 공간의 어떤 영역을 통하여 움직이는 전하와 관련된 상황을 살펴보기로 하자. 전하의 흐름을 나타내는 말로 **전기적 흐름** 또는 단순히 **전류**라는 말을 사용한다. 가전 제품을 포함해서 전기를 이용하는 거의 대부분의 장치가 전류와 관련이 있다. 예를 들면 집 안에 있는 전기 플러그의 전압은 스위치를 켜면 토스터기의 코일에 전류를 흐르게 한다. 이런 대부분의 경우에 전류가 구리 도선을 통하여 흐른다. 물론 전류는 도선이 아닌 공간을 통해서도 흐를 수 있는데, 이런 예로 입자 가속기 내에서의 전자빔도 전류이다.

이 장은 전류의 정의로부터 시작한다. 미시적인 관점에서 전류를 설명한 다음, 도체에서 전하의 흐름을 방해하는 몇 가지 요인에 대해서도 논의한다. 금속의 전기 전도를 설명하는 고전적인 모형을 사용하며, 이 모형의 한계도 기술한다. 또한 전기 저항을 정의하고 회로 소자로서의 저항기를 소개한다. 끝으로 전기 회로에서 전기 장치로 단위 시간당 에너지가 전달되는 비율을 논의한다. 이 에너지 전달과 관련된 메커니즘이 식 8.2에 기술되는 T_{ET}이다.

27.1 전류 Electric Current

이 절에서는 어떤 물질을 통한 전하의 흐름에 대하여 논의하고자 한다. 전하 흐름의 양은 전하가 통과하는 물질의 종류와 그 물질 양단에 걸린 전위차에 따라 달라진다. 어떤 영역을 통한 전하의 알짜 이동이 있을 때는 언제나 전류가 존재한다고 말한다.

전류를 물의 흐름과 비교하여 나타내는 것이 전류를 이해하는 데 도움이 된다. 수도 배관에서 물의 흐름은 수도꼭지를 통하여 주어진 시간 동안 물이 흘러나오는 양을 분당 리터 단위로 측정하여 물의 흐름을 정량화할 수 있다. 강물의 흐름은 특정 지역을 통과하는 물의 흐름률을 측정하여 강물의 흐름의 특성을 나타낼 수 있다. 예를 들어 나이아가라 폭포의 가장자리로 흐르는 물의 흐름률은 1 400 m^3/s에서 2 800 m^3/s 사이로 유지되고 있다.

열전도와 전류도 비슷한 점이 있다. 20.7절에서 어떤 재료를 통과하는 열 에너지의 흐름에 대하여 논의한 적이 있다. 이 에너지의 흐름률은 물질의 종류와 물질 양단의 온도 차이에 의하여 결정되며, 식 20.15로 주어진다.

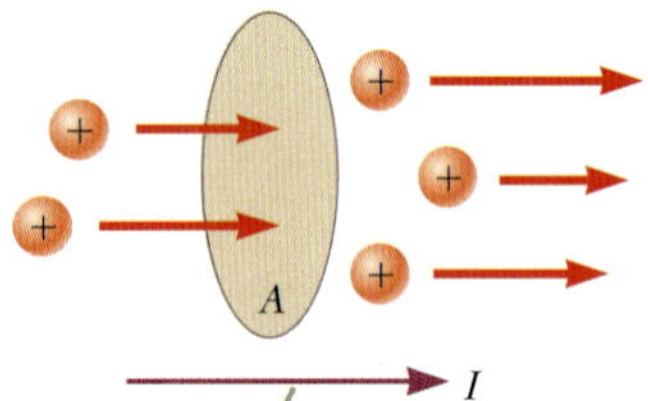

전류의 방향은 전하가 자유롭게 움직일 때 양전하가 이동하는 방향이다.

그림 27.1 전하가 넓이 A를 통과하여 지나가고 있다. 전하가 단면을 통하여 흘러가는 단위 시간당 비율을 전류 I라고 정의한다.

전류를 좀 더 자세하게 정의하기 위하여, 그림 27.1과 같이 전하들이 넓이가 A인 어떤 단면을 수직으로 지나간다고 가정하자(이런 넓이는 말하자면 전류가 흐르는 도선의 단면적이 될 수도 있다). **전류**(current)란 이 단면을 통과하는 전하의 흐름률로 정의한다. 단면 A를 Δt 시간 동안에 통과하는 전하량을 ΔQ라고 하면, **평균 전류**(average current) I_{avg}는 단위 시간당 단면 A를 통과하는 전하량과 같다. 즉

$$I_{avg} = \frac{\Delta Q}{\Delta t} \qquad (27.1)$$

이다. 전하의 흐름률이 시간에 따라 변하면, **순간 전류**(instantaneous current) I를 $\Delta t \to 0$으로 접근할 때의 평균 전류의 극한으로 정의한다. 즉

전류 ▶

$$I \equiv \frac{dQ}{dt} \qquad (27.2)$$

이다. 전류의 SI 단위는 **암페어**(A)이다.

$$1\ A = 1\ C/s \qquad (27.3)$$

즉 1 A의 전류는 1 C의 전하량이 어떤 단면을 1 s 동안에 통과하는 것과 같다.

그림 27.1에서 단면을 통과하는 대전된 입자들은 양(+)의 입자일 수 있고 음(−)의 입자일 수도 있으며 양전하와 음전하가 섞여 있을 수도 있다. 그래서 양전하의 이동 방향을 전류의 방향으로 정하는 것이 관례이다. 구리나 알루미늄 같은 전기 도체에서는 음으로 대전된 전자들의 이동에 의하여 전류가 생긴다. 따라서 보통의 도체에서는 전류의 방향은 전자의 이동 방향과 반대이다. 입자 가속기에서 양으로 대전된 양성자 빔의 경우, 전류의 방향은 양성자들의 이동 방향과 같다. 기체나 전해액 같은 경우에는 전류가 양전하와 음전하 모두에 의하여 흐른다. 움직이는 전하(양전하 또는 음전하)를 일반

오류 피하기 27.1

'전류 흐름'은 겹말이다 **전류 흐름**이란 표현은 일반적으로 사용되고 있지만 엄격히 말하면 올바르지 않다. 왜냐하면 전류는 (전하의) 흐름이다. 이 단어는 **열 전달** 표현과 유사하다. 그것 또한 겹말이다. 왜냐하면 열은 (에너지의) 전달이기 때문이다. 동의어 반복을 피하고 그 대신 **전하 흐름** 또는 **전하의 흐름**이라는 용어를 쓰도록 하자.

적으로 **전하 운반자**(charge carrier)라고 한다.

도선의 양 끝을 서로 연결하여 닫힌 회로를 형성하면, 그 닫힌 회로상의 모든 점의 전위가 같으므로 도체의 표면과 안에서 전기장은 영이다. 전기장이 영이므로 도선을 통한 전하의 알짜 이동은 없게 되어, 그 도선에는 전류가 흐르지 않는다. 그러나 도선의 양 끝이 전지에 연결되면, 그 회로상의 모든 점의 전위는 같지 않다. 도선의 양 끝에 전위차를 유지시켜 주는 전지는 도선 내에 전기장을 형성한다. 전기장은 도선 내의 전도 전자에 힘을 가해 전도 전자를 움직여 전류를 흐르게 한다.

오류 피하기 27.2

전지는 전자를 공급하지 않는다 전지는 회로에 전자를 공급하지 않는다. 전지는 이미 도선과 회로 소자에 있는 전자에 힘을 작용하는 전기장을 만든다.

미시적인 전류 모형 Microscopic Model of Current

금속 내에서의 미시적인 전도 모형을 사용하여 전하 운반자의 운동을 전류와 연관지을 수 있다. 그림 27.2와 같이 단면적이 A인 원통형 도체 내의 전류를 살펴보자. 길이가 Δx인 도체의 일부분(그림 27.2에서 두 원형 단면 사이)의 부피는 $A\,\Delta x$이다. n을 단위 부피당 전하 운반자의 수(다시 말하면 전하 운반자 밀도)라고 하면, 이 부분에 있는 전하 운반자의 수는 $nA\,\Delta x$이다. 그러므로 이 부분의 전체 전하량 ΔQ는

$$\Delta Q = (nA\,\Delta x)q$$

이다. 여기서 q는 전하 운반자 하나의 전하이다. 전하 운반자가 원통의 축에 평행한 속도 $\vec{\mathbf{v}}_d$로 움직이면, Δt 시간 동안에 x 방향으로 움직이는 변위의 크기는 $\Delta x = v_d\,\Delta t$이다. Δt를 이 부분에 있는 전하 운반자가 이 부분의 길이와 같은 거리를 움직이는 데 걸리는 시간이라고 하자. 이 시간은 이 부분 내의 모든 전하 운반자들이 원통 한쪽 끝의 원형 단면을 통과하는 데 걸리는 시간과도 같다. 이렇게 하면 ΔQ를 다음과 같이 나타낼 수 있다.

$$\Delta Q = (nAv_d\,\Delta t)q$$

이 식의 양변을 Δt로 나누면 도체의 평균 전류는 다음과 같이 된다.

$$I_{\text{avg}} = \frac{\Delta Q}{\Delta t} = nqv_dA \tag{27.4}$$

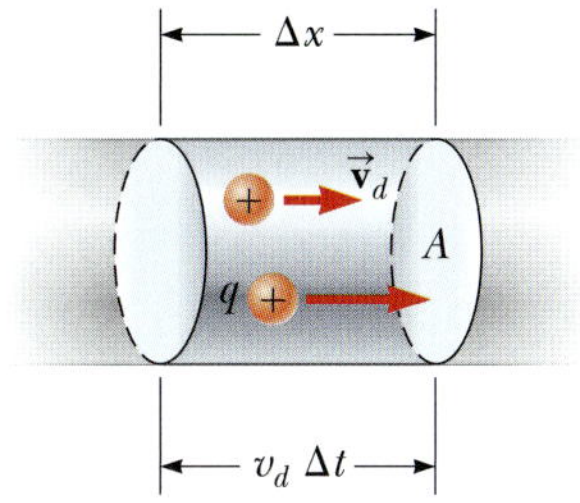

그림 27.2 단면적이 A인 균일한 도체의 일부분

실제로 전하 운반자는 **유동 속력**(drift speed) v_d라고 하는 평균 속력으로 움직인다. 유동 속력의 의미를 이해하기 위하여 전하 운반자가 자유 전자인 도체에 대하여 살펴보자. 도체가 고립되어 있으면, 즉 도체 양단의 전위차가 영이면 이들 자유 전자들은 기체 분자의 운동과 비슷하게 마구잡이 운동을 한다. 전자들은 금속 원자들과 끊임없이 충돌하게 되므로 운동의 방향은 그림 27.3a와 같이 복잡해지고 지그재그 모양이 된다. 앞에서 이야기한 바와 같이 도체에 전위차가 가해지면(예를 들어 전지를 연결하면), 도체 내에 전기장이 형성되고 이 전기장은 전자에게 전기력을 작용하여 전류가 흐르게 한다. 전기장에 의한 움직임과 금속 원자와의 충돌에 의한 지그재그 운동을 더하면 전자들은 도체를 따라(전기장 $\vec{\mathbf{E}}$와 반대 방향으로) 그림 27.3b에서처럼 **유동 속도** $\vec{\mathbf{v}}_d$로 느리게 움직인다.

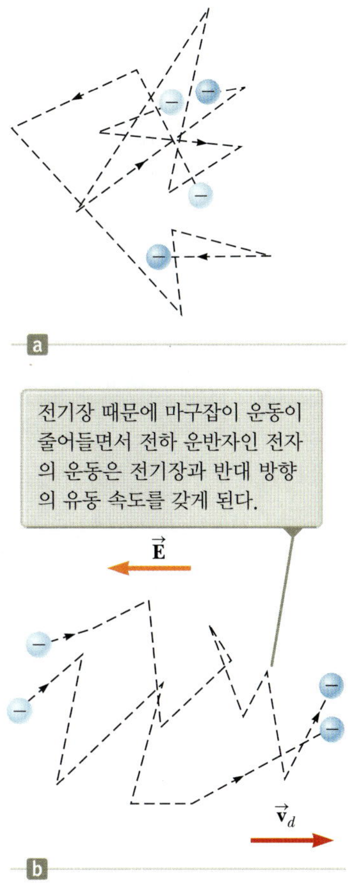

그림 27.3 (a) 전기장이 없을 때의 도체 내의 두 전하 운반자의 마구잡이 운동 모습을 나타낸 그림. 유동 속도는 영이다. (b) 전기장이 있을 때 도체 내의 전하 운반자들의 운동 모습. 전기력에 의하여 전하 운반자가 가속되므로 실제 경로는 포물선이 된다. 그러나 유동 속력은 평균 속력에 비하여 훨씬 작아서 이 정도의 그림 크기에서는 포물선 모양을 알아볼 수가 없다.

도체 내의 원자–전자 간 충돌을 금속관 속을 흐르는 액체 분자가 금속관 안쪽 벽의

녹슨 찌꺼기와 충돌하여 생기는 내부 마찰(또는 항력)로 비유할 수 있다. 충돌하는 동안 전자에서 금속 원자로 전달되는 에너지는 원자의 진동 에너지를 증가시키는 원인이 되고, 그에 따라 도체의 온도가 그만큼 상승한다.

퀴즈 27.1 그림 27.4에서처럼 네 영역을 수평으로 통과하는 양전하와 음전하가 있을 때 전류가 가장 큰 것부터 순서대로 나열하라.

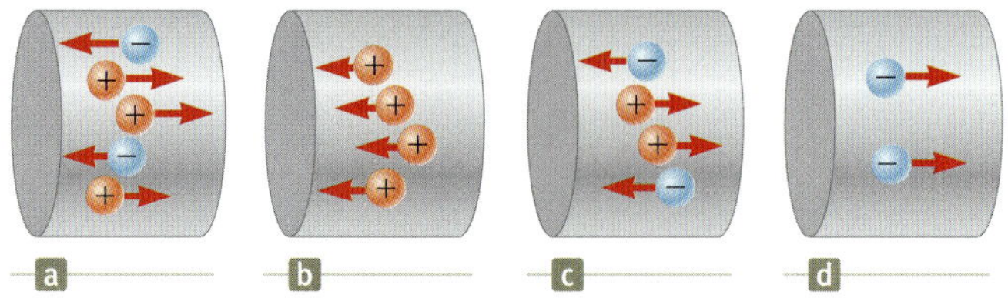

그림 27.4 (퀴즈 27.1) 네 영역에서 전하들이 서로 다르게 움직이고 있다.

예제 27.1 구리 도선 내의 유동 속력

옥내 배선용으로 많이 사용하는 게이지 번호 12번 구리 도선의 단면적이 $3.31 \times 10^{-6}\ \text{m}^2$이다. 이 도선에 10.0 A의 전류가 흐른다면 도선 내 전자의 유동 속력은 얼마인가? 구리 원자 한 개당 전류에 기여하는 자유 전자는 한 개라고 가정한다. 구리의 밀도는 $8.92\ \text{g/cm}^3$이다.

풀이

개념화 그림 27.3a에서처럼 전자가 지그재그 모양으로 운동을 하고 있다고 생각해 보자. 도선에 전류가 흐르면 그림 27.3b에서처럼 도선에 평행한 유동 속도가 생긴다. 이미 언급한 바와 같이 유동 속력은 크지 않은데, 예제를 통하여 그런 유동 속력의 크기 정도를 알 수 있다.

분류 식 27.4를 써서 유동 속력을 구한다. 전류가 일정하기 때문에 임의의 시간 동안의 평균 전류는 일정한 값을 갖는다. 즉 $I_{\text{avg}} = I$이다.

분석 부록 D에 있는 원소의 주기율표를 보면 구리의 몰질량이 $M = 63.5$ g/몰임을 알 수 있다. 물질 1몰 속에는 아보가드로수($N_A = 6.02 \times 10^{23}$ 몰$^{-1}$)만큼의 원자가 있다는 사실을 이용하면 된다.

구리의 몰질량과 밀도를 사용하여 구리 1몰의 부피를 구한다.

$$V = \frac{M}{\rho}$$

구리 원자 한 개마다 자유 전자가 하나씩 있다는 가정으로부터, 구리 속의 전자의 밀도를 구한다.

$$n = \frac{N_A}{V} = \frac{N_A \rho}{M}$$

식 27.4를 유동 속력에 관하여 풀고 전자 밀도를 대입한다.

$$v_d = \frac{I_{\text{avg}}}{nqA} = \frac{I}{nqA} = \frac{IM}{qAN_A\rho}$$

주어진 값들을 대입한다.

$$v_d = \frac{(10.0\ \text{A})(0.063\,5\ \text{kg/mol})}{(1.60 \times 10^{-19}\ \text{C})(3.31 \times 10^{-6}\ \text{m}^2)(6.02 \times 10^{23}\ \text{mol}^{-1})(8\,920\ \text{kg/m}^3)}$$

$$= 2.23 \times 10^{-4}\ \text{m/s}$$

결론 이 결과를 보면 유동 속력이 매우 작음을 알 수 있다. 예를 들어 2.23×10^{-4} m/s의 유동 속력으로 이동하는 전자가 구리 도선 속에서 1 m를 이동하는 데 약 75분이 걸린다. 전자의 유동 속력이 이렇게 느린데 어떻게 전기 스위치를 켜는 순간 전등에 불이 켜지는지 의문을 갖게 된다. 도체 속을 통하여 자유 전자를 움직이게 하는 전기장의 변화는 전기장 내의 입자 모형에 의하면 거의 빛의 속력에 가깝게 도체 속에서 전달된다. 따라서 스위치를 켜는 순간 전구의 필라멘트에 있는 전자는 전기력을 받게 되고 나노초 정도의 아주 짧은 시간 후에 움직이게 된다.

27.2 저항
Resistance

24.4절에서 도체 내의 전기장은 영이라고 배웠다. 그러나 이는 도체가 정적 평형 상태에 있을 때에만 맞는 말이다. 이 절의 목적은 도체 내에 영이 아닌 전기장이 있을 때 무슨 일이 일어나는가에 대하여 다루는 것이다. 27.1절에서 본 바와 같이, 이 경우 도체에 전류가 존재한다.

단면적이 A이고 전류 I가 흐르는 도체가 있다고 하자. 이 도체의 **전류 밀도**(current density) J는 단위 넓이당의 전류로 정의한다. 전류는 $I = nqv_d A$이므로 전류 밀도는

$$J \equiv \frac{I}{A} = nqv_d \quad \textbf{(27.5)}$$

◀ 전류 밀도

이다. 여기서 J의 SI 단위는 A/m^2이다. 이 식은 전류 밀도가 균일하고 도선 단면적 A가 전류의 방향과 수직인 경우에만 성립한다.

도체 양단에 전위차가 유지될 때에만 도체 내에는 전류 밀도와 전기장이 형성된다. 어떤 물질에서는 전류 밀도가 전기장에 비례한다. 즉

$$J = \sigma E \quad \textbf{(27.6)}$$

이다. 여기서 비례 상수 σ는 도체의 **전도도**(conductivity)이다.[1] 식 27.6이 성립하는 물질은 **옴의 법칙**(Ohm's law)을 따른다. 여기서 옴은 Georg Simon Ohm의 이름을 딴 것이다. 옴의 법칙을 좀 더 정확하게 정의하면 다음과 같다.

> 대부분의 금속을 포함한 많은 물질은, 그 물질 속의 전류 밀도를 전기장으로 나누면 상수 값 σ를 가지며, 이 값은 전류를 흐르게 하는 전기장과 무관하다.

© Bettmann/Corbis

옴
Georg Simon Ohm, 1789~1854
독일의 물리학자

고등학교 교사였고 나중에 뮌헨 대학교의 교수가 된 옴은 저항의 개념을 확립하고 식 27.6과 27.7로 주어지는 비례 관계식을 발견하였다.

옴의 법칙을 따르는 물질과 소자, 즉 E와 J 사이의 이런 단순한 비례 관계가 성립하는 물질과 소자를 **옴**(ohmic) 물질과 소자라고 한다. 그러나 실험에 의하면 모든 물질과 소자가 옴의 법칙을 따르지는 않는 것으로 밝혀져 있다. 옴의 법칙을 따르지 않는 물질과 소자를 **비옴**(nonohmic) 물질과 소자라고 한다. 옴의 법칙은 자연의 기본 법칙이 아니라 특정 물질에서만 성립하는 실험식이다.

그림 27.5에서처럼 단면적이 A이고 길이가 ℓ인 균일한 직선 도선을 살펴보면, 실제 응용에 유용하게 사용되는 옴의 법칙에 대한 다른 식을 구할 수 있다. 도선의 양단에 전위차 $\Delta V = V_b - V_a$가 가해져서 전기장이 형성되면 전류가 흐르게 된다. 전기장이 균일하다고 가정하면, 도선 전체에서 전위차 크기와 전기장의 관계는 식 25.6으로부터

$$\Delta V = E\ell$$

이 된다. 따라서 도선 내의 전류 밀도(식 27.6)에 대한 식을 나타내면

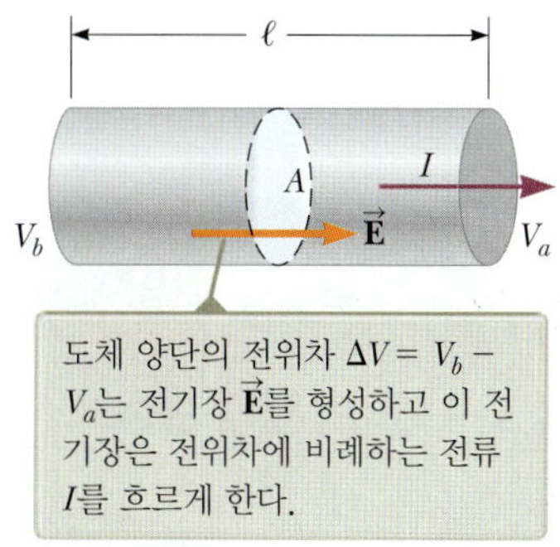

그림 27.5 길이가 ℓ이고 단면적이 A인 균일한 도체

[1] 표면 전하 밀도의 경우에도 σ라는 같은 기호를 사용하는 데 혼동하지 않도록 주의해야 한다.

오류 피하기 27.3

식 27.7은 옴의 법칙이 아니다 많은 사람들이 식 27.7을 옴의 법칙이라고 부르지만, 정확한 표현이 아니다. 이 식은 단지 저항의 정의이고, 전압, 전류, 저항 사이의 중요한 관계를 나타낸다. 옴의 법칙은 J가 E에 비례하는 것과 관련이 있고(식 27.6), 또는 다른 표현으로 I가 ΔV에 비례하는 관계이다. 이로부터 식 27.7은 저항이 걸린 전압에 무관하게 일정함을 나타낸다. 식 27.7이 소자의 저항을 정확히 나타내지만, 옴의 법칙을 만족하지 않는 소자를 보게 될 것이다.

$$J = \sigma \frac{\Delta V}{\ell}$$

를 얻는다. $J = I/A$이므로 도선 양단의 전위차는

$$\Delta V = \frac{\ell}{\sigma} J = \left(\frac{\ell}{\sigma A}\right) I = R I$$

이다. 여기서 $R = \ell/\sigma A$을 도체의 **저항**(resistance)이라고 하고, 저항을 전류에 대한 전위차의 비로 정의한다. 즉

$$R \equiv \frac{\Delta V}{I} \tag{27.7}$$

이다. 전기 회로를 공부할 때 이 식은 아주 많이 사용될 것이다. 이 식에 의하면 저항의 SI 단위는 "볼트/암페어"임을 알 수 있다. "1볼트/암페어"를 **1옴**(ohm, Ω)이라고 정의한다. 즉

$$1\ \Omega \equiv 1\ \text{V/A} \tag{27.8}$$

이다. 식 27.7은 도체 양단의 전위차가 1 V일 때 1 A의 전류가 흐른다면, 도체의 저항은 1 Ω임을 나타낸다. 예를 들어 220 V에 연결된 집안의 어떤 가전 제품에 10 A의 전류가 흐른다면, 그 저항은 22 Ω이다.

대부분의 전기 회로는 회로의 여러 부분에서 전류를 조절하기 위하여 **저항기**(resistor)라고 하는 회로 소자를 사용한다. 26장에서 축전기의 경우와 같이, 많은 저항기를 집적 회로 칩에 내장하기도 하지만, 저항기 단독으로도 여전히 널리 사용되고 있다. 흔히 사용하는 저항기에는 탄소를 주성분으로 하는 탄소(콤포지션) 저항기와 도선을 감아서 만든 권선 저항기가 있다. 대부분의 저항기에서 저항값을 표시할 때는 그림 27.6의 사진에서처럼 몇 가지의 색깔 띠로서 나타낸다. 각 색깔에 대한 값은 표 27.1에 주어져 있다. 저항기에서 처음 두 색은 저항값의 처음 두 자리의 수를 나타낸다. 이때 소수

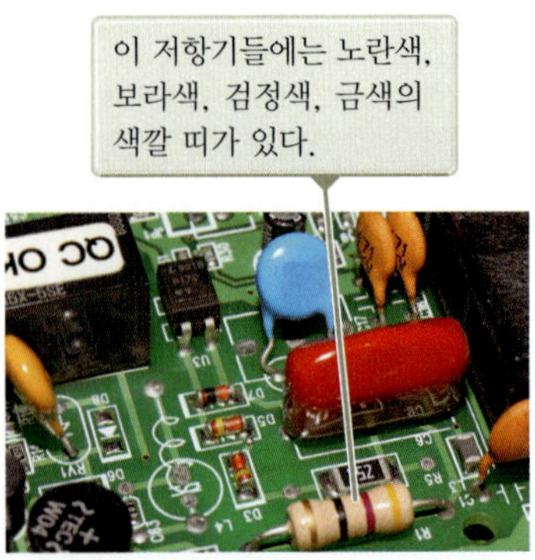

dexns/Shutterstock.com

그림 27.6 회로 기판에 있는 저항기를 확대해 보면 색 코드가 보인다. 왼쪽에 금색 띠가 있는 것은 저항기가 거꾸로 위치하고 있음을 말해 준다. 이 경우는 저항 색 코드를 오른쪽에서 왼쪽 방향으로 읽을 필요가 있다.

표 27.1 저항기의 색 코드

색	번호	곱수	오차
검정색	0	1	
갈색	1	10^1	
빨간색	2	10^2	
주황색	3	10^3	
노란색	4	10^4	
초록색	5	10^5	
파란색	6	10^6	
보라색	7	10^7	
회색	8	10^8	
흰색	9	10^9	
금색		10^{-1}	5 %
은색		10^{-2}	10 %
색표시 없음			20 %

점은 두 번째 수 다음에 위치한다. 세 번째 색은 저항값의 곱수로서 10의 거듭제곱 값을 나타낸다. 마지막 색은 오차를 표시하기 위한 것이다. 예를 들어 그림 27.6의 아래쪽에 있는 저항기의 네 색이 노란색(=4), 보라색(=7), 검정색(=10^0), 금색(=5%)이라면, 저항값은 $47 \times 10^0\ \Omega = 47\ \Omega$이고 오차는 5 % = 2 Ω이다.

전도도의 역수값을 **비저항**(resistivity)[2]이라 하며 ρ로 표기한다. 즉

$$\rho = \frac{1}{\sigma} \tag{27.9}$$

◀ 비저항은 전도도의 역수

여기서 ρ의 단위는 Ω · m이다. $R = \ell/\sigma A$이므로 길이가 ℓ이고 단면적이 A인 균일한 물질의 저항을

$$R = \rho\frac{\ell}{A} \tag{27.10}$$

◀ 길이가 ℓ인 균일한 물체의 저항

로 나타낸다. 모든 옴 물질은 물질의 종류와 온도에 의존하는 고유한 비저항값을 갖는다. 또한 식 27.10에서 알 수 있듯이 어떤 물질의 저항은 물질의 비저항과 함께 생긴 모양에 따라 달라진다. 표 27.2에 20 °C에서 여러 가지 물질의 비저항값을 나열하였다.

오류 피하기 27.4

저항과 비저항 비저항은 **물질**의 성질인 반면에, 저항은 **물체**의 성질이다. 우리는 이전에 비슷한 변수쌍을 본 적이 있다. 예를 들어 밀도는 물질의 성질을 나타내는 반면에, 질량은 물체의 성질을 나타낸다. 식 27.10은 저항을 비저항과 관련시켜 설명한다. 이전에 질량을 밀도와 관련시켜 설명한 식(식 1.1)도 떠올려 보자.

표 27.2 여러 가지 물질의 비저항과 비저항의 온도 계수

물질	비저항[a] (Ω · m)	온도 계수[b] α [(°C)$^{-1}$]
은	1.59×10^{-8}	3.8×10^{-3}
구리	1.7×10^{-8}	3.9×10^{-3}
금	2.44×10^{-8}	3.4×10^{-3}
알루미늄	2.82×10^{-8}	3.9×10^{-3}
텅스텐	5.6×10^{-8}	4.5×10^{-3}
철	10×10^{-8}	5.0×10^{-3}
백금	11×10^{-8}	3.92×10^{-3}
납	22×10^{-8}	3.9×10^{-3}
니크롬[c]	1.00×10^{-6}	0.4×10^{-3}
탄소	3.5×10^{-5}	-0.5×10^{-3}
저마늄	0.46	-48×10^{-3}
실리콘[d]	2.3×10^{3}	-75×10^{-3}
유리	10^{10}~10^{14}	
단단한 고무	~10^{13}	
유황	10^{15}	
석영 (용융)	75×10^{16}	

[a] 모든 값은 20 °C에서의 값임. 이 표에 있는 모든 원소에는 불순물이 없다고 가정함.

[b] 27.4절 참조

[c] 니켈-크로뮴 합금은 열선 재료로 많이 사용된다. 니켈의 비저항은 조성비에 따라 1.00×10^{-6}에서 1.50×10^{-6} Ω · m 범위에 있다.

[d] 실리콘의 비저항은 순도에 매우 민감하다. 다른 원소가 불순물로 주입된 경우에는 비저항의 값이 수십 내지 수백 배 이상 변할 수 있다.

[2] 비저항 ρ를 같은 기호를 사용하는 질량 밀도나 부피 전하 밀도와 혼동하지 않도록 주의해야 한다.

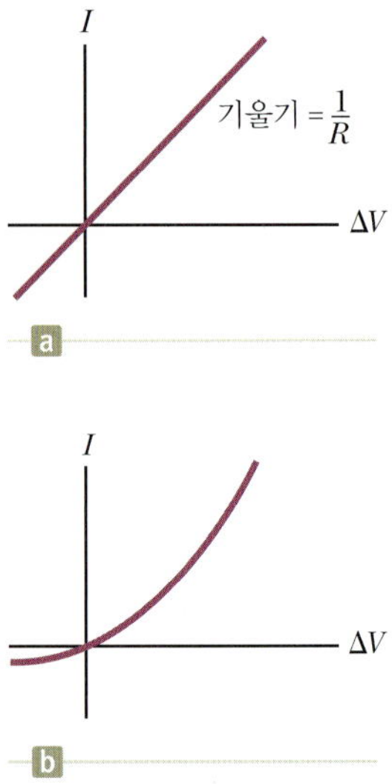

그림 27.7 (a) 옴 물질에 대한 전류–전위차 그래프로 직선이고 기울기는 도체의 저항값의 역이다. (b) 접합 다이오드의 경우는 전류–전위차 그래프는 직선이 아니다. 이런 소자는 옴의 법칙을 따르지 않는다.

비저항은 구리나 은과 같이 좋은 도체에서는 매우 낮은 값이고, 유리나 고무와 같은 좋은 절연체에서는 매우 높은 값을 가지며 넓은 범위에 걸쳐 있다. 이상적인 도체의 비저항은 영이고, 이상적인 절연체의 비저항은 무한대이다.

식 27.10은 도선과 같은 원통형 도체의 저항이 길이에 비례하고 단면적에 반비례함을 나타내고 있다. 도선의 길이가 두 배가 되면 저항은 두 배가 되고, 단면적이 두 배가 되면 저항은 반이 된다. 이런 상황은 관 속을 흐르는 액체의 경우와 비슷하다. 관의 길이가 증가하면 흐름의 저항은 증가하고, 관의 단면적이 증가하면 단위 시간당 관의 단면을 통과하는 유량은 증가한다. 따라서 관 양단에 주어진 압력차가 크고 흐름의 저항이 적을수록 액체의 흐름이 증가한다.

옴 물질 및 소자는 전위차의 증가에 따른 전류의 변화가 매우 넓은 범위에 걸쳐 선형으로 나타난다(그림 27.7a). 선형 영역에서의 $I-\Delta V$ 그래프의 기울기는 바로 저항의 역수인 $1/R$의 값을 나타낸다. 비옴 물질의 경우는 전류–전위차 관계가 선형이 아니다. 비선형적인 $I-\Delta V$ 특성을 갖는 흔히 사용되는 반도체 소자의 예로 **접합 다이오드**가 있다(그림 27.7b). 이 소자의 저항은 전류가 순방향(양의 ΔV)으로 흐를 때는 매우 낮고, 역방향(음의 ΔV)으로 흐를 때는 매우 크다. 트랜지스터와 같은 대부분의 전자 소자들은 전류–전위차 관계가 비선형적이며, 옴의 법칙을 따르지 않는 전류–전위차 특성을 이용하여 동작한다.

Q 퀴즈 27.2 어떤 원통형 도선의 반지름이 r이고 길이가 ℓ이다. r와 ℓ이 모두 두 배가 되면, 도선의 저항은 **(a)** 증가한다. **(b)** 감소한다. **(c)** 변함없다.

Q 퀴즈 27.3 그림 27.7b에서 전위차가 증가하면, 다이오드의 저항은 **(a)** 증가한다. **(b)** 감소한다. **(c)** 변함없다.

예제 27.2 니크롬 선의 저항

게이지 번호 22번 니크롬 선의 반지름은 0.32 mm이다.

(A) 이 선의 단위 길이당 저항을 계산하라.

풀이

개념화 표 27.2를 보면 니크롬 선의 비저항은 그 표에 나타나 있는 가장 좋은 도체의 약 100배이다. 따라서 아주 좋은 도체들로서는 할 수 없는 좋은 응용성이 있을 것으로 기대된다.

분류 도선을 원통형으로 간주하면 크기와 관련된 값만으로 간단히 저항을 구할 수 있다.

분석 식 27.10과 표 27.2에 주어진 니크롬 선의 비저항값을 사용하면 단위 길이당 저항을 구할 수 있다.

$$\frac{R}{\ell}=\frac{\rho}{A}=\frac{\rho}{\pi r^2}=\frac{1.0\times10^{-6}\,\Omega\cdot\text{m}}{\pi(0.32\times10^{-3}\,\text{m})^2}=\boxed{3.1\ \Omega/\text{m}}$$

(B) 길이가 1.0 m인 니크롬 선에 10 V의 전위차가 걸리면, 도선에 흐르는 전류는 얼마인가?

풀이

분석 식 27.7을 사용하여 전류를 구한다.

$$I=\frac{\Delta V}{R}=\frac{\Delta V}{(R/\ell)\ell}=\frac{10\ \text{V}}{(3.1\ \Omega/\text{m})(1.0\ \text{m})}=\boxed{3.2\ \text{A}}$$

결론 니크롬 선은 비저항이 매우 크고 공기 중에서 잘 산화되지 않기 때문에 토스터, 전기 다리미, 전기난로 등의 열선으로 많이 사용된다.

문제 도선이 니크롬이 아니라 구리로 되어 있다면 어떻게 될까?

단위 길이당 저항과 전류는 어떻게 변하는가?

답 표 27.2를 보면 구리의 비저항은 니크롬보다 1/100 정도 작다. 따라서 (A)에서의 답은 작아지고 (B)에서의 답은 커질 것으로 예상된다. 계산에 의하면 같은 반지름의 구리 도선은 단지 0.053 Ω/m의 단위 길이당 저항을 갖는다. 같은 반지름인 1.0 m 길이의 구리 도선은 10 V의 전위차에 의하여 190 A의 전류가 흐를 것으로 예상된다.

예제 27.3 동축 케이블의 지름 방향 저항

케이블 TV나 다른 전자 장치 등에서 동축 케이블이 많이 사용된다. 동축 케이블은 두 개의 동심형 원통 도체로 이루어져 있다. 두 도체 사이에는 그림 27.8a에서와 같이 폴리에틸렌 플라스틱으로 완전히 채워져 있다. 지름 방향으로의 플라스틱을 통한 누설 전류는 극히 작아야 한다(동축 케이블은 길이를 따라 전류가 흐르도록 만든 것이므로 길이 방향으로의 전류는 여기서 고려하지 않는다). 안쪽 도체의 반지름은 $a = 0.500$ cm이고, 바깥 도체의 반지름은 $b = 1.75$ cm이며, 길이는 $L = 15.0$ cm이다. 플라스틱의 비저항은 $1.0 \times 10^{13}\ \Omega \cdot \mathrm{m}$이다. 두 도체 사이에 있는 플라스틱의 저항을 구하라.

풀이

개념화 이 문제에서는 두 가지 전류가 있음을 기억하라. 케이블을 사용할 때 원하는 전류는 케이블을 따라 흐르는 것이다. 원치 않는 전류는 플라스틱을 통한 누설 전류이고, 그 전류의 방향은 지름 방향이다.

분류 플라스틱의 비저항과 모양을 알고 있으므로 이 문제를 이들 변수로부터 플라스틱의 저항을 구하는 것으로 분류한다. 그러나 식 27.10은 물체의 저항을 나타내며, 이 경우는 더 복잡한 구조이다. 전하가 이동하는 넓이는 지름 방향으로 증가하므로 답을 구하기 위해서는 적분을 해야만 한다.

분석 플라스틱을 두께 dr의 무한히 얇은 동심 구 껍질로 나눈다(그림 27.8b). 안쪽에서 바깥 도체로 흐르는 전하는 이 구 껍질을 통하여 빠르게 이동해야 한다. 식 27.10의 미분형을 사용하여 길이 변수 ℓ을 dr로 바꾸어 놓으면 $dR = \rho\, dr/A$가 된다. 여기서 dR는 두께가 dr이고 표면적이 A인 플라스틱 껍질의 저항이다.

속이 빈 플라스틱 원통 껍질의 저항에 대한 식을 쓴다. 여기서 넓이는 작은 요소의 표면적을 의미한다.

$$dR = \frac{\rho\, dr}{A} = \frac{\rho}{2\pi r L}\, dr$$

이 식을 $r = a$에서 $r = b$까지 적분한다.

(1) $$R = \int dR = \frac{\rho}{2\pi L}\int_a^b \frac{dr}{r} = \frac{\rho}{2\pi L}\ln\left(\frac{b}{a}\right)$$

주어진 값들을 대입한다.

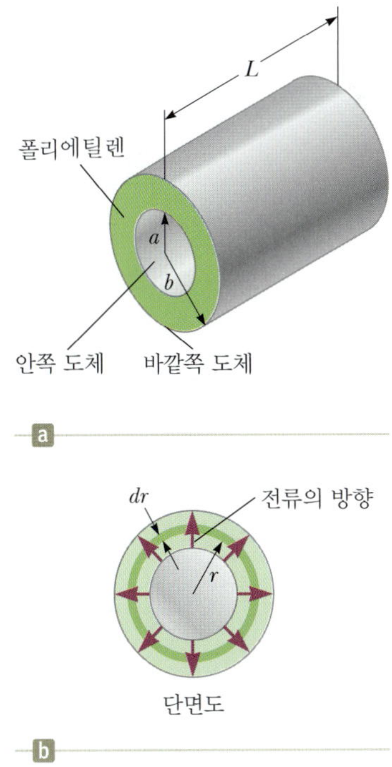

그림 27.8 (예제 27.3) 동축 케이블 (a) 두 도체 사이에 폴리에틸렌 플라스틱 재료가 채워져 있다. (b) 전류가 흐르는 모습을 보여 주는 단면도

$$R = \frac{1.0 \times 10^{13}\ \Omega \cdot \mathrm{m}}{2\pi(0.150\ \mathrm{m})}\ln\left(\frac{1.75\ \mathrm{cm}}{0.500\ \mathrm{cm}}\right) = \boxed{1.33 \times 10^{13}\ \Omega}$$

결론 이 저항을 안쪽에 있는 구리 도선의 길이 15.0 cm에 대한 저항과 비교한다.

식 27.10을 사용하여 원통형 구리 도선의 저항을 구한다.

$$R_{\mathrm{Cu}} = \rho\frac{\ell}{A} = (1.7 \times 10^{-8}\ \Omega \cdot \mathrm{m})\left[\frac{0.150\ \mathrm{m}}{\pi(5.00 \times 10^{-3}\ \mathrm{m})^2}\right]$$
$$= 3.2 \times 10^{-5}\ \Omega$$

이 저항의 크기 정도는 지름 방향 저항의 10^{18}배 작다. 따라서 거의 모든 전류는 동축 케이블의 길이 방향을 따라서 흐르고 지름 방향으로의 누설 전류는 무시할 정도로 아주 적다.

문제 동축 케이블의 전체 지름을 두 배로 확대하는 두 가지 방법이 있다. (1) b/a를 일정하게 하는 방법과 (2) $b - a$를 일정하게 하는 방법이다. 두 도선 사이에 전위차가 증가할 때 누설 전류가 증가할 가능성이 있는 경우는 어느 것인가?

답 전류가 증가하려면 당연히 저항이 감소해야 한다. b/a가 일정한 (1)의 경우는 식 (1)을 살펴보면 저항 변화가 없다. (2)의 경우는 차 $b-a$를 포함하는 식이 아직 구해지지 않았다. 그러나 그림 27.8b를 살펴보면 전위차를 일정하게 유지하고 b와 a를 증가시키면, 전하 흐름은 같은 두께를 통과하지만 흐름이 관통하는 수직 단면은 증가한다. 따라서 단면이 증가하면 저항을 감소시키므로 전류가 증가한다.

27.3 전기 전도 모형
A Model for Electrical Conduction

이 절에서는 드루드(Paul Drude, 1863~1906)가 1900년에 처음으로 제안한 금속 내의 전기 전도에 관한 구조 모형을 설명하고자 한다(구조 모형에 대한 설명은 21.1절 참조). 이 모형으로부터 옴의 법칙이 나오며 비저항이 금속 내의 전자의 운동과 관련될 수 있음을 나타내고 있다. 여기서 소개하는 드루드의 모형은 불완전하지만 좀 더 정교한 이론에 사용되는 개념에 익숙해지는 데 유용하다.

21.1절의 구조 모형 개요에 이어 전기 전도에 대한 드루드 모형은 다음의 성질을 갖고 있다.

1. 물리적 성분

규칙적으로 배열된 원자와 **전도** 전자라고 하는 자유 전자들로 이루어진 도체가 있다고 하자. 원자와 전도 전자의 조합을 계로 규정한다. 원자들이 개별적으로 놓여 있다면 모든 전자들은 각자의 원자에 속박되어 있으나 원자들이 결합하여 고체가 되면 일부 전자들은 자유 전자, 즉 전도 전자가 된다.

2. 성분들의 거동

(a) 전기장이 없을 때는 전도 전자들이 도체 내를 마구잡이로 움직인다(그림 27.3a). 이런 상황은 용기 속에 갇힌 기체 분자의 운동과 유사하다. 실제로 어떤 과학자들은 금속 내의 전도 전자들을 **전자 기체**라고도 한다.

(b) 전기장이 계에 걸리면 자유 전자들은 전기장의 방향과 반대로 느리게 유동한다(그림 27.3b). 이때의 평균 유동 속력 v_d는 충돌 사이의 평균 속력(보통 10^6 m/s)보다는 훨씬 느린 속력(보통 10^{-4} m/s)이다.

(c) 충돌 후 전자들의 운동은 충돌 전의 운동과는 무관하다. 전기장이 전자들에 한 일에 의하여 전자들이 얻은 여분의 에너지는 전자와 원자가 충돌할 때 도체 내의 원자들에게 전달된다.

성질 2(c)에서 원자에게 전달된 에너지는 계의 내부 에너지를 증가시켜서 도체의 온도가 증가하는 원인이 된다.

이제 여러 분석 모형을 사용하여 유동 속도에 관한 식을 구해 보자. 질량이 m_e이고 전하가 $q(=-e)$인 자유 전자가 전기장 $\vec{\mathbf{E}}$ 내에 놓여 있을 때, 이는 전기장 내의 입자 모형으로 설명되며 받는 힘은 $\vec{\mathbf{F}} = q\vec{\mathbf{E}}$이다. 이 전자는 알짜힘을 받는 입자이고, 따라서 가속도는 뉴턴의 제2법칙 $\sum\vec{\mathbf{F}} = m\vec{\mathbf{a}}$에 의하여 구할 수 있다. 즉

$$\vec{\mathbf{a}} = \frac{\sum\vec{\mathbf{F}}}{m} = \frac{q\vec{\mathbf{E}}}{m_e} \quad \textbf{(27.11)}$$

이다. 전기장이 균일하기 때문에 전자들의 가속도는 일정하다. 따라서 전자들은 등가속도로 움직이는 입자로 간주할 수 있다. $\vec{\mathbf{v}}_i$를 충돌 직후 전자의 처음 속도라고 하면(이 때를 $t = 0$이라고 하자), 매우 짧은 시간 후(다음 충돌이 일어나기 직전) 전자의 속도는 식 4.8로부터

$$\vec{\mathbf{v}}_f = \vec{\mathbf{v}}_i + \vec{\mathbf{a}}t = \vec{\mathbf{v}}_i + \frac{q\vec{\mathbf{E}}}{m_e}t \quad \textbf{(27.12)}$$

임을 알 수 있다. 이제 도선 내의 모든 전자에 대하여 모든 가능한 충돌 이후 경과한 시간 t와 $\vec{\mathbf{v}}_i$의 모든 가능한 값에 대하여 $\vec{\mathbf{v}}_f$의 평균을 취해 보자. 처음 속도들은 모든 가능한 방향에 대하여 임의적으로 분포되었다고 가정하면[앞에서의 성질 2(a)] $\vec{\mathbf{v}}_i$의 평균값은 영이다. 식 27.12의 두 번째 항의 평균값은 $(q\vec{\mathbf{E}}/m_e)\tau$이다. 여기서 τ는 **연속적인 충돌 사이의 평균 시간 간격**이다. $\vec{\mathbf{v}}_f$의 평균값이 유동 속도와 같으므로

$$\vec{\mathbf{v}}_{f,\text{avg}} = \vec{\mathbf{v}}_d = \frac{q\vec{\mathbf{E}}}{m_e}\tau \quad \textbf{(27.13)}$$

◀ 미시적인 양으로 나타낸 유동 속도

이다. τ의 값은 온도에 따른 금속 원자의 크기, 단위 부피당 전자의 수 등과 관련이 있다. 식 27.13에 있는 이 식을 도체 내의 전류에 대한 식과 연관시킬 수 있다. 식 27.13에서의 속도의 크기를 식 27.4에 대입하면, 도체 내의 평균 전류는

$$I_{\text{avg}} = nq\left(\frac{qE}{m_e}\tau\right)A = \frac{nq^2E}{m_e}\tau A \quad \textbf{(27.14)}$$

가 된다. 전류 밀도 J는 전류를 단면적 A로 나눈 것이므로

$$J = \frac{nq^2E}{m_e}\tau$$

◀ 미시적인 양으로 나타낸 전류 밀도

이다. 여기서 n은 단위 부피당 전자의 수이다. 이 식을 옴의 법칙 $J = \sigma$E와 비교하면, 도체의 전도도와 비저항에 관한 다음의 두 식을 얻는다.

$$\sigma = \frac{nq^2\tau}{m_e} \quad \textbf{(27.15)}$$

◀ 미시적인 양으로 나타낸 전도도

$$\rho = \frac{1}{\sigma} = \frac{m_e}{nq^2\tau} \quad \textbf{(27.16)}$$

◀ 미시적인 양으로 나타낸 비저항

이런 고전적인 모형에 의하면 전도도와 비저항은 전기장의 크기와 무관하다. 이런 특

징은 옴의 법칙을 따르는 도체의 특성이다.

이 모형은 비저항이 전자의 밀도, 전자의 전하와 질량, 충돌 사이의 평균 시간 간격 τ를 이용하여 계산이 됨을 보여 주고 있다. 이 시간 간격은 다음의 식과 같이 충돌 사이의 평균 거리 ℓ_{avg}와 평균 속력 v_{avg}와 관련이 있다.[3]

$$\tau = \frac{\ell_{avg}}{v_{avg}} \qquad \textbf{(27.17)}$$

비록 이 전도 모형이 옴의 법칙과 일치하더라도, 이 모형은 비저항 값 또는 온도에 따른 비저항의 거동을 정확히 예측하지 못한다. 예를 들어 전자에 대한 이상 기체 모형을 사용하여 v_{avg}를 고전적으로 계산해 보면 실제 값의 약 10분의 일 정도인데, 따라서 식 27.16으로부터 비저항을 계산하면 잘못된 예측이 된다. 더욱이 식 27.16과 27.17에 의하면, 비저항의 온도에 따른 변화는 v_{avg}가 온도에 따라 변하는 형태와 같을 것으로 예상된다. 이상 기체 모형(21장, 식 21.43)에 의하면, 이는 $\sqrt{T}$에 비례한다. 이 예측은 실험 결과와 일치하지 않아서 순수 금속의 경우 비저항은 온도에 선형으로 의존한다(27.4절 참조). 이 정확하지 않은 예측 때문에 우리는 이 구조 모형을 수정해야만 한다. 이제까지 설명한 모형을 전기 전도에 대한 **고전적인** 모형이라고 한다. 고전적인 모형의 잘못된 예측을 설명하기 위하여, 간단히 **양자 역학**적인 모형을 소개한다.

앞의 여러 장에서 입자 모형과 파동 모형이라는 두 가지 중요한 단순화 모형을 논의하였다. 이들 두 가지 단순화 모형을 따로따로 공부하였지만, 양자 물리는 이렇게 구별하는 것이 명확하지 않음을 말해 주고 있다. 40장에서 자세히 공부하겠지만, 입자는 파동의 성질을 가지고 있다. 어떤 모형의 예측은 그 모형이 입자의 파동성을 포함하고 있을 때 실험적인 결과와 일치할 수 있다. 금속에서 전기 전도에 대한 구조 모형은 이런 경우들 중의 하나이다.

금속 내에서 이동하는 전자가 파동의 성질을 가지고 있다고 생각해 보자. 도체 내의 원자 배열이 공간적으로 규칙적이면(즉 주기적이면), 전자의 파동적 특성은 이들이 도체 내를 자유로이 움직이고 원자와의 충돌이 자주 일어나지 않게 한다. 이상적인 도체의 경우 충돌이 일어나지 않을 것이고, 평균 자유 길이는 무한대가 될 것이고, 비저항은 영이 될 것이다. 예를 들어 전자는 구조 결함 또는 불순물과 같이 원자 배열이 규칙적이지 않을(즉 주기적이지 않을) 때에만 산란된다. 저온에서 금속의 비저항은 전자와 불순물 사이의 충돌에 의한 산란이 많은 영향을 준다. 고온에서 비저항은 전자와 도체 원자 사이의 충돌에 의한 산란이 많은 영향을 준다. 고온에서 도체 내의 원자들은 열적 요동의 결과 연속적으로 변위가 되어 완벽한 주기성이 깨지게 된다. 원자의 열 운동에 의하여 구조가 정지 상태의 원자 배열에 비하여 규칙적이지 못하게 되어, 전자의 평균 자유 거리가 줄어든다.

대학물리 교재에서 이런 내용을 자세히 다루기는 어렵지만, 전자의 파동성을 포함하여 수정한 고전적인 모형은 측정한 비저항 값과 일치하고 온도의 선형 의존성을 예측한다. 기체의 몰비열의 온도에 따른 특성을 이해하기 위하여 21장에서 양자 개념을 도입해

[3] 입자 집단의 평균 속력은 온도에 의존하고(21장 참조), 이 속력은 유동 속력 v_d와 같지 않음을 상기하자.

야만 하였다. 여기서 실험과 일치시키기 위하여 양자 물리가 필요한 또 다른 경우를 본다. 비록 고전 물리가 많은 현상을 잘 설명할 수 있을지라도, 양자 물리가 포함되어야 하는 모형들을 보게될 것이다. 양자 물리는 40장 이후에 공부할 예정이다.

27.4 저항과 온도
Resistance and Temperature

어떤 온도 범위 내에서 도체의 비저항은 식

$$\rho = \rho_0[1 + \alpha(T - T_0)] \quad (27.18)$$

◀ 온도에 따른 ρ의 변화

에 의하여 온도에 따라 거의 선형으로 변한다. 여기서 ρ는 어떤 온도 T(섭씨 온도)에서의 비저항이고, ρ_0은 어떤 기준 온도 T_0(보통 20 °C로 한다)에서의 비저항이며, α는 **비저항의 온도 계수**(temperature coefficient of resistivity)이다. 식 27.18로부터 비저항의 온도 계수는

$$\alpha = \frac{1}{\rho_0}\frac{\Delta\rho}{\Delta T} \quad (27.19)$$

◀ 비저항의 온도 계수

이다. 여기서 $\Delta\rho = \rho - \rho_0$은 온도 구간 $\Delta T = T - T_0$에서의 비저항의 변화이다.

여러 가지 물질에 대한 비저항의 온도 계수가 표 27.2에 나열되어 있다. α의 단위가 섭씨 온도 단위의 역[(°C)$^{-1}$]임에 주의해야 한다. 저항은 비저항에 비례하기 때문에(식 27.10), 어떤 재료의 온도에 따른 저항 변화는

$$R = R_0[1 + \alpha(T - T_0)] \quad (27.20)$$

이다. 여기서 R_0은 온도 T_0에서의 저항이다. 이런 성질을 사용하면 특정 물질의 온도에 따른 저항 변화를 관측하여 정밀한 온도를 측정할 수 있다.

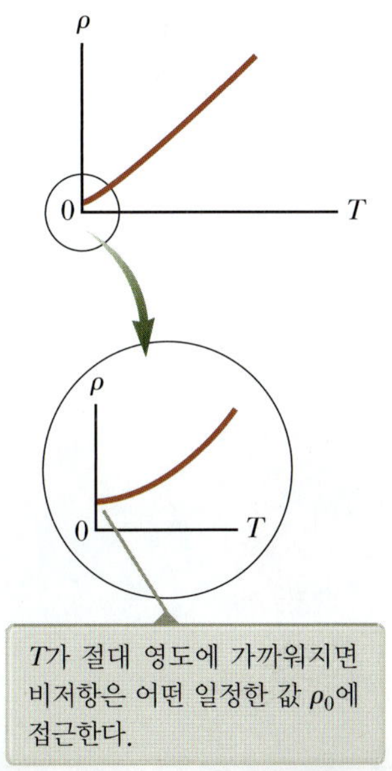

그림 27.9 구리와 같은 금속의 온도에 따른 비저항의 변화. 이 곡선은 넓은 범위의 온도에 걸쳐 직선이고, ρ는 온도에 따라 증가한다.

구리와 같은 어떤 금속은 그림 27.9에서처럼 비저항이 거의 온도에 비례한다. 그러나 매우 낮은 온도에서 비선형 영역이 항상 존재하는데, 온도가 절대 영도에 접근함에 따라 비저항은 보통 어떤 유한한 값에 도달한다. 절대 영도에서의 이런 잔류 저항은 주로 전자와 금속 내의 불순물이나 결함과의 충돌에 의한 것이다. 반면 고온에서의 비저항(선형 영역)은 주로 전자와 금속 원자들 간의 충돌에 의한 것이다.

표 27.2에 주어진 α의 값 중 세 개는 음수로 주어졌는데, 그것은 이런 물질들의 비저항이 온도에 따라 감소함을 나타내는 것이다. 이것은 **반도체**라고 하는 재료의 한 형태를 나타내는 성질로서 23.2절에 처음 소개되었다. 반도체의 비저항이 온도 증가시 감소하는 이유는 고온에서 전하 운반자의 밀도가 증가하기 때문이다.

반도체 내에서의 전하 운반자들은 불순물 원자와 관련이 있어서, 이런 물질의 비저항은 불순물의 형태와 밀도에 매우 민감하다.

퀴즈 27.4 전구에 흐르는 전류가 보다 큰 경우는 **(a)** 스위치를 켠 직후 금속 필라멘트가 붉게 달아오를 때인가? 아니면 **(b)** 수천 분의 1초 동안 켜진 다음 전구의 밝기가 일정할 때인가?

27.5 초전도체
Superconductors

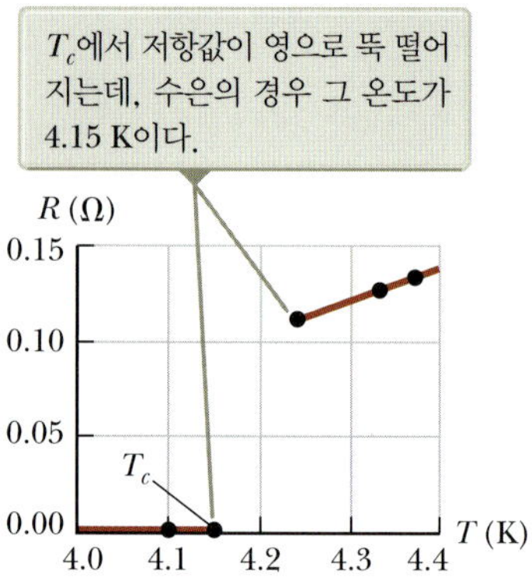

그림 27.10 수은(Hg)의 온도에 따른 저항값의 변화. 임계 온도 T_c 이상에서는 보통 금속에 대한 그래프와 같다.

임계 온도(critical temperature) T_c 이하에서 저항이 영으로 감소하는 금속이나 화합물이 있다. 이런 물질을 **초전도체**(superconductors)라고 한다. T_c 이상의 온도에서 초전도체의 저항–온도 그래프는 보통 금속의 그래프와 같다(그림 27.10). 그러나 온도가 T_c 이하로 내려갈 때는 초전도체의 비저항은 갑자기 영으로 떨어진다. 이런 현상은 1911년에 네덜란드의 물리학자 오네스(Heike Kamerlingh-Onnes, 1853~1926)가 수은을 가지고 실험한 결과로부터 발견되었다. 수은의 임계 온도는 4.2 K이다. 많은 실험 결과에 의하면 임계 온도 T_c 이하에서 초전도체의 비저항값은 $4 \times 10^{-25}\ \Omega \cdot \text{m}$ 이하로서 구리 비저항 값의 약 10^{17}배 작다. 실제로 이런 비저항 값은 영으로 간주해도 된다.

오늘날에는 수천 가지의 초전도체가 알려져 있는데, 그중 몇 가지를 표 27.3에 나열하였다. 최근에 발견된 초전도체의 임계 온도는 초전도 현상이 처음 발견될 당시 가능하다고 생각했던 온도보다는 상당히 높다. 초전도체를 두 가지로 분류하는데, 최근에 발견된 임계 온도가 매우 높은 세라믹 계통과 오네스가 발견할 당시의 초전도 재료인 금속이다. 상온에서 초전도를 나타내는 재료가 발견된다면 과학 기술의 발전에 미치는 영향은 엄청날 것이다.

T_c의 값은 화합물의 종류, 압력, 분자 구조 등에 매우 민감하다. 구리, 은, 금은 매우 우수한 도체이지만 초전도성을 띠지는 않는다.

초전도체의 참으로 놀라운 특징 중 하나는 일단 초전도체에 전류가 한 번 흐르고 나면 전류를 흐르게 한 **전위차를 제거해도** 계속 전류가 흐른다는 것이다($R = 0$이기 때문에). 고리 모양의 초전도체에서 정상 전류가 줄어들지 않고 수년 동안 지속된다는 사실이 관측되어 왔다. 이 얼마나 놀라운 사실인가!

초전도체에 관한 중요하고도 유용한 응용은 초전도 자석을 개발하는 것으로, 초전도

Courtesy of IBM Research Laboratory

작은 영구자석이 온도가 77 K인 액체 질소 안에 있는 초전도체 $YBa_2Cu_3O_7$ 조각 위에 떠 있다.

표 27.3 여러 가지 초전도체의 임계 온도

물질	T_c (K)
$HgBa_2Ca_2Cu_3O_8$	134
TlBa—Ca—Cu—O	125
Bi—Sr—Ca—Cu—O	105
$YBa_2Cu_3O_7$	92
Nb_3Ge	23.2
Nb_3Sn	18.05
Nb	9.46
Pb	7.18
Hg	4.15
Sn	3.72
Al	1.19
Zn	0.88

자석의 자기장 크기는 가장 우수한 비초전도 자석의 거의 열 배나 크기 때문이다. 이런 초전도 자석은 에너지를 저장하는 수단으로 고려되고 있다. 현재 자기 공명 영상 장치(MRI)에 초전도 자석을 사용하고 있는데, MRI를 사용하면 환자가 유해한 방사선이나 X선 등에 노출되지 않고 아주 선명한 인체 내부의 사진을 찍을 수 있다.

27.6 전력
Electrical Power

보통의 전기 회로에서, 에너지는 전지와 같은 에너지원에서 전구나 라디오 수신기 같은 어떤 장치로 전달된다. 이런 에너지가 전달되는 비율을 계산하는 식을 만들어 보자. 우선 그림 27.11에서와 같이 에너지가 저항기에서 소비되는 단순한 회로를 살펴보자(저항기를 나타내는 회로 기호는 이다). 회로 소자를 연결하는 도선도 저항이 있으므로 일부 에너지는 도선에서 소비되고 나머지 일부는 저항기에서 소비된다. 특별히 따로 언급하지 않는 한 도선의 저항이 저항기의 저항보다는 훨씬 작아서 도선에서 소비되는 에너지는 무시할 수 있다고 가정한다.

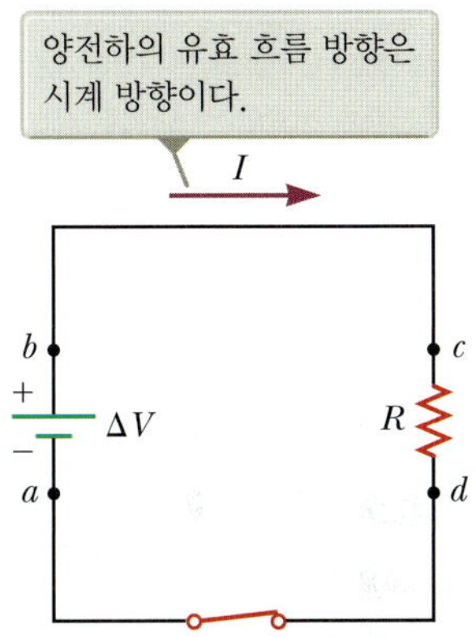

그림 27.11 저항이 R인 저항기와 단자 전위차가 ΔV인 전지로 구성된 회로

그림 27.11의 회로에서 점 a로부터 시계 방향으로 양전하 Q가 전지와 저항기를 통하여 이동하여 점 a로 다시 돌아온다고 생각해 보자. 전체 회로를 하나의 계로 취급한다. 전하가 a에서 b로 전지를 통과하여 움직임에 따라 계의 전기적 위치 에너지는 $Q\Delta V$만큼 **증가**하는 반면, 전지 내의 화학 퍼텐셜 에너지는 같은 양만큼 **감소**한다(식 25.3에서 $\Delta U = q\Delta V$임을 확인해 보라). 그러나 전하가 c에서 d로 저항기를 통과하여 이동할 때는 전자들이 저항기 내의 원자들과 충돌하는 동안 전기적 위치 에너지를 잃게 된다. 이 과정에서 전기적 위치 에너지는 저항기 내의 원자들의 증가된 진동 운동에 해당하는 내부 에너지로 변환된다. 연결 도선의 저항은 무시하였으므로 경로 bc와 da에서의 에너지 변환은 없다고 할 수 있다. 전하가 점 a로 되돌아왔을 때의 알짜 결과는 전지 내에서 생성된 화학적 에너지가 저항기에 운반되고, 저항기 안에서는 분자 진동을 일으키는 내부 에너지 E_{int}로 남게 된다.

저항기는 보통 공기 중에 노출되어 있으므로 증가된 온도는 공기 중으로 열 Q에 의하여 에너지가 전달된다. 또한 저항기는 에너지가 탈출하는 다른 방법인 열복사 T_{ER}를 방출한다. 시간이 약간 지나면 저항기는 일정한 온도를 유지한다. 이때 전지로부터 저항기에 들어온 에너지는 저항기에서 열과 복사로 방출되어 나가는 에너지와 같아지며, 저항기는 정상 상태의 고립계이다. 어떤 전기 장치는 과열을 막기 위하여 부품에 방열판(heat sinks)[4]을 붙이기도 한다. 방열판은 얇은 핀(fin)이 많이 달린 금속으로 되어 있다. 금속은 열전도도가 좋기 때문에 부품의 뜨거운 열을 빨리 방출할 수 있다. 또한 방열판에 붙어 있는 수많은 핀들은 공기와 접하는 표면적을 넓혀 열에너지를 빠른 비율로 복사시키거나 공기 중으로 전도시킨다.

이제 전하량 Q가 저항기를 통과하여 흐를 때 계가 잃어버리는 전기적 위치 에너지의

4 일상적인 언어에서 깊숙히 자리잡고 있는 '열'이라는 단어가 잘못 사용된 예이다.

오류 피하기 27.5

전하는 단시간 내에 회로 주위의 모든 경로를 따라 움직이지 않는다 전자 하나가 회로를 한 바퀴 도는 데 시간이 오래 걸리지만, 회로에서 에너지 전달의 이해를 돕기 위해서는 회로 주위의 모든 경로를 한 전하가 움직인다고 생각하는 것이 편리하다.

오류 피하기 27.6

전류에 관한 잘못된 개념 일반적으로 잘못된 몇 가지 개념은 그림 27.11과 같은 회로에 흐르는 전류와 연관되어 있다. 하나는 전류가 전지의 한 단자로부터 나오고 저항기를 통과할 때 다 '소모'된다는 것이다. 이렇게 접근하면 회로의 한 부분에만 전류가 있다. 그러나 회로 내 **어느 곳**에서나 전류는 같다. 이와 연관된 잘못된 개념은 저항기로부터 나오는 전류는 저항기에서 일부가 '소모'되기 때문에 들어가는 것보다 더 적다는 것이다. 또 다른 오개념은 전지의 두 단자로부터 반대 방향으로 전류가 나와서 저항기에서 '충돌'하며, 이 방법으로 에너지를 전달한다는 것이다. 그렇지 않다. 왜냐하면 전하는 이 회로 내 **모든** 점에서 같은 (시계 또는 반시계) 방향으로 흐르기 때문이다.

오류 피하기 27.7

에너지가 사라지는 것은 아니다 몇몇 책에서 식 27.22를 저항기에서 '소모된' 전력으로 묘사하는 경우가 있다. 이렇게 표현하면 에너지가 사라지는 것같이 여겨지므로 이 교재에서는 에너지가 저항기에 '전달된다'고 말한다.

시간 비율을 알아보자. 그 시간 비율은 다음과 같다.

$$\frac{dU}{dt} = \frac{d}{dt}(Q\Delta V) = \frac{dQ}{dt}\Delta V = I\Delta V$$

여기서 I는 회로에 흐르는 전류이다. 전하가 전지를 통과할 때는 전지 내의 화학 에너지를 소비하면서 계는 전기적 위치 에너지를 다시 얻는다. 전하가 저항기를 통과하면서 잃는 전기적 위치 에너지의 비율은 계가 저항기 내에서 얻는 내부 에너지의 비율과 같다. 그러므로 에너지가 저항기로 전달되는 비율을 나타내는 전력 P는

$$P = I\Delta V \qquad (27.21)$$

이다. 여기서는 전지가 에너지를 저항기에 전달한다고 가정하여 이 식을 유도하였다. 그러나 식 27.21은 전원 장치에 의하여 전류 I가 흐르면서 그 양단에 전위차 ΔV가 걸리는 모든 종류의 장치로 전달되는 전력을 계산하는 데 사용될 수 있다.

식 27.21과 저항기에 대한 $\Delta V = IR$의 관계를 사용하면, 저항기로 전달되는 전력에 대한 식을

$$P = I^2R = \frac{(\Delta V)^2}{R} \qquad (27.22)$$

과 같은 형태로 나타낼 수 있다. I의 단위가 암페어이고, ΔV의 단위가 볼트, R의 단위가 옴이면, 전력의 단위는 와트이다. 이것은 8장의 역학적인 일률에서 배운 바와 같다. 에너지가 저항이 R인 도체에서 내부 에너지로 변환되면서 **줄열**[5]이 발생하며, 이런 변환을 종종 I^2R 손실이라고도 한다.

전기 에너지가 송전선을 통하여 전달될 때(그림 27.12), 송전선의 저항이 영이라고 단정할 수 없다. 실제의 송전선은 저항이 있으며 전력이 이들 송전선의 저항에서 소모된다. 전기회사는 송전선에서 소비되는 전력을 최소화하고 소비자에게 공급되는 전력을 최대로 하려고 한다. $P = I\Delta V$이므로 전류를 높이고 전압을 낮추는 경우와, 전류를 낮추고 전압을 높이는 경우 모두 같은 양의 에너지가 전달된다. 전기회사는 경제적인 이유로 전류를 낮추고 전압을 높이는 방법을 사용한다. 구리 도선은 매우 비싸므로 저항이 높은 도선(굵기가 가늘어서 단면적이 작은 도선, 식 27.10 참조)을 사

Lester Lefkowitz/Taxi/Getty Images

그림 27.12 송전선을 통하여 전기회사로부터 가정과 사무실로 에너지가 공급된다. 에너지는 경우에 따라 수백 kV의 고전압으로 공급된다. 송전선이 위험하긴 하지만, 고전압으로 송전하는 것은 도선에서 저항에 의한 에너지 손실을 줄여 주기 때문이다.

[5] 저항기에 공급된 에너지가 내부 에너지의 형태로 나타날 때 열전달 과정이 발생하지는 않지만 보통 줄열이라고 부른다. 이 또한 우리의 언어에서 접하게 되는 '열'이라는 단어가 잘못 사용된 예이다. 전열기 등에서 보듯이 내부 에너지로 바뀐 에너지가 대개 외부로 열전달되므로 줄열이라고 부르는 것이다.

용하는 것이 비용이 적게 든다. 그러므로 저항기에 전달되는 전력의 식 $P = I^2R$에서 경제적인 이유로 도선의 저항은 비교적 높은 것으로 정해진다. I^2R 손실을 줄이기 위해서는 전류 I를 가능한 낮추어야 한다. 그러기 위해서는 에너지를 매우 높은 전압으로 송전해야 한다. 어떤 경우에 전력은 765 kV 정도로 높게 송전된다. 그런 높은 전압의 전기가 마을에 들어올 때는 **변압기**를 써서 전압을 4 kV 정도로 낮추고 다시 가정에서 사용될 수 있도록 220 V로 낮춘다. 물론 매번 전압이 낮추어질 때마다 같은 비율로 전류가 증가하여 전달되는 전력은 같다. 변압기에 대해서는 33장에서 아주 자세히 다룰 것이다.

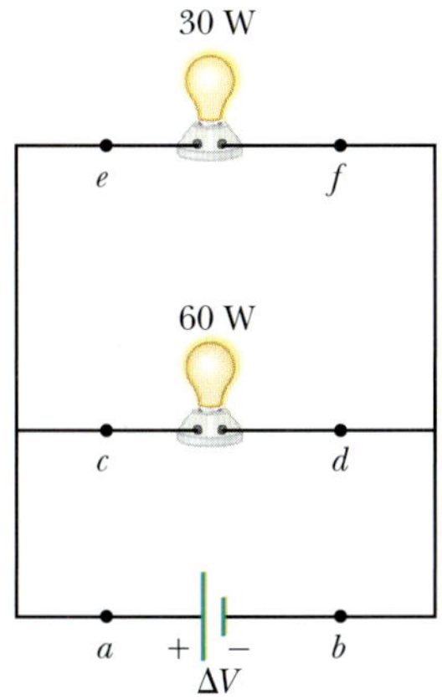

그림 27.13 (퀴즈 27.5) 두 개의 전구가 같은 전위차로 연결되어 있다.

Q 퀴즈 27.5 그림 27.13에 나타낸 전구의 경우 a에서 f까지 전류가 큰 것부터 순서대로 나열하라.

예제 27.4 전기난로에서 소비되는 전력

니크롬 선으로 된 열선의 전체 저항이 8.00 Ω인 어떤 전기난로를 120 V의 전원에 연결한다. 열선에 흐르는 전류와 난로에서 소비되는 전력을 구하라.

풀이

개념화 예제 27.2에서 배운 바와 같이 니크롬 선은 비저항이 높아서 토스터, 다리미, 전기난로 등의 열선으로 사용된다. 그러므로 열선에 전달되는 전력이 매우 클 것으로 예상할 수 있다.

분류 전력은 식 27.22로 구하면 되므로 예제를 대입 문제로 분류한다.

식 27.7을 사용하여 도선에 흐르는 전류를 구한다.

$$I = \frac{\Delta V}{R} = \frac{120\ \text{V}}{8.00\ \Omega} = \boxed{15.0\ \text{A}}$$

식 27.22의 $P = I^2R$의 식에서 전력을 계산한다.

$$P = I^2R = (15.0\ \text{A})^2(8.00\ \Omega) = 1.80 \times 10^3\ \text{W}$$
$$= \boxed{1.80\ \text{kW}}$$

문제 잘못하여 이 난로를 240 V에 연결하면 어떻게 되는가? 물론 120 V와 240 V의 콘센트나 플러그의 모양이 달라서 이런 일은 일어나지 않는다. 이럴 때 저항이 일정하다고 가정하고 난로의 열선에 흐르는 전류와 소비되는 전력을 계산해 보라.

답 전위차가 두 배가 되면 식 27.7에서 전류가 두 배가 됨을 알 수 있고, 식 27.22인 $P = (\Delta V)^2/R$에서 전력은 네 배가 될 것이다.

예제 27.5 전기와 열역학 연결하기

투입식 히터를 사용해서 물 1.50 kg을 10.0 °C에서 50.0 °C로 10.0분 내에 끓이고자 한다. 히터의 사용 전압은 110 V이다.

(A) 저항값이 얼마인 히터를 사용해야 하는가?

풀이

개념화 투입식 히터는 그 자체가 저항기이다. 히터에 에너지가 전달되면 히터의 온도가 증가하게 되고 그것이 물로 전달된다. 히터의 온도가 일정한 값에 도달하면, 전기 수송(T_{ET})에 의하여 저항기에 전달된 에너지 비율은 열(Q)의 형태로 물로 전달되는 에너지 비율과 같게 된다.

분류 예제에서는 전기에서의 전력에 관한 개념을 열역학(20장)에서의 비열에 관한 개념과 연결짓는 것이다. 물은 **비고립계**이다. 물의 내부 에너지 증가는 저항기로부터 열의 형태로 물로 전달되는 에너지에 의한 것이다. 그러므로 식 8.2는 $\Delta E_{int} = Q$가 된다. 이 모형에서, 히터에서 물로 들어가는 에너지가 전부 물에만 남아 있다고 가정한다.

분석 분석을 간단히 하기 위하여 저항기의 온도가 증가하는 처음 과정과 온도에 따른 저항 변화를 무시하기로 한다. 그러므로 10.0분 동안의 에너지 전달률은 일정하다고 하자.

저항기에 전달된 에너지 비율이 열에 의하여 물로 들어가는 에너지 Q의 비율과 같다고 놓는다.

$$P = \frac{(\Delta V)^2}{R} = \frac{Q}{\Delta t}$$

식 20.4인 $Q = mc\Delta T$를 사용하여 열에 의한 에너지 전달에 의하여 물의 온도가 상승한다고 놓고 저항값에 대하여 푼다.

$$\frac{(\Delta V)^2}{R} = \frac{mc\Delta T}{\Delta t} \rightarrow R = \frac{(\Delta V)^2 \Delta t}{mc\Delta T}$$

주어진 값들을 대입한다.

$$R = \frac{(110 \text{ V})^2(600 \text{ s})}{(1.50 \text{ kg})(4\,186 \text{ J/kg}\cdot{}^\circ\text{C})(50.0^\circ\text{C} - 10.0^\circ\text{C})}$$

$$= 28.9\ \Omega$$

(B) 물을 끓이는 비용을 구하라.

풀이 전력과 시간 간격을 곱하여 저항기에 전달된 에너지 양을 구한다.

$$T_{\text{ET}} = P\Delta t = \frac{(\Delta V)^2}{R}\Delta t = \frac{(110 \text{ V})^2}{28.9\ \Omega}(10.0 \text{ min})\left(\frac{1 \text{ h}}{60.0 \text{ min}}\right)$$

$$= 69.8 \text{ Wh} = 0.069\,8 \text{ kWh}$$

에너지 비용을 계산해 보자. 현재 우리나라의 전기 요금은 kWh당 약 100원이다.

$$\text{비용} = (0.069\,8 \text{ kWh})(100\text{원/kWh}) = 6.98\text{원}$$

결론 물을 끓이는 데 드는 비용은 매우 싸며, 10원도 안된다. 실제 비용은 이보다는 더 드는데, 그 이유는 물의 온도가 상승하는 동안 상당히 많은 에너지가 물 주변에 열이나 전자기 복사의 형태로 없어진다. 여러분이 가정에서 사용하는 전기 제품에는 소비 전력이 표시되어 있다. 소비 전력과 사용 시간을 곱하면, 전기 제품을 사용하는 데 드는 전기 요금을 대략 계산할 수 있다.

연습문제

객관식

1. 자동차 전지의 등급은 주로 전류와 시간의 곱으로 정한다. 이 정보는 다음 중 어떤 물리량을 나타내는가? (a) 전류 (b) 전력 (c) 에너지 (d) 전하 (e) 전지가 제공할 수 있는 전위

2. 단면이 원형인 두 도선 A와 B가 있다. 두 도선은 길이가 같고 같은 금속으로 만들어져 있다. 그런데 A의 저항이 B의 저항의 3배이다. **(i)** A의 단면적과 B의 단면적의 비율은 얼마인가? (a) 3 (b) $\sqrt{3}$ (c) 1 (d) $1/\sqrt{3}$ (e) 1/3. **(ii)** A의 반지름과 B의 반지름의 비율은 얼마인가? (i)의 보기에서 고르라.

3. 상온에서 원통 모양의 금속 선에 전류가 흐른다. 한 끝의 전위는 $V_A = 50$ V이고 다른 끝의 전위는 $V_B = 0$ V이다. 다음과 같이 행할 때 도선의 전류 변화가 가장 큰 경우부터 순서대로 나열하라. 크기가 같으면 동일한 순위로 두라. (a) $V_A = 150$ V, $V_B = 0$ V가 되게 한다. (b) 도선에서 전기 에너지를 내부 에너지로 전환시키는 일률이 세 배가 되게 V_A를 조정한다. (c) 도선의 반지름을 두 배로 한다. (d) 도선의 길이를 두 배로 한다. (e) 도선의 섭씨 온도를 두 배로 한다.

4. 옴의 법칙을 만족하는 금속으로 만든 도선의 단면이 한 끝에서 다른 끝으로 감에 따라 점점 좁아진다. 전하가 도선 내부에서 축적되지 않아서 전류는 길이를 따라 일정하다. **(i)** 단면적이 작아짐에 따라 유동 속도는 어떻게 달라지는가? (a) 증가한다. (b) 감소한다. (c) 변하지 않는다. **(ii)** 단위 길이당 저항은 어떻게 달라지는가? (i)의 보기에서 고르라.

5. 10.0 Ω 저항기의 양단에 1.00 V의 전위차가 20.0 s 동안 유지되고 있다. 이 시간 동안 저항기에 연결된 도선의 한 점을 통하여 지나간 전체 전하는 얼마인가? (a) 200 C (b) 20.0 C (c) 2.00 C (d) 0.005 00 C (e) 0.050 0 C

6. 단면이 원형인 세 구리 도선이 있다. 도선 1은 길이가 L이며 반지름이 r이고, 도선 2는 길이가 L이며 반지름이 $2r$이다. 도선 3의 길이와 반지름은 각각 $2L$과 $3r$이다. 이 중 가장 저항이 적은 도선은 어느 것인가? (a) 도선 1 (b) 도선 2 (c) 도선 3 (d) 세 도선 모두 저항 같음 (e) 주어진 정보로는 답을 구할 수 없음

7. 20.0 °C에서 한 금속 도선의 저항이 10.0 Ω이다. 만약 도선의 저항이 90.0 °C에서 10.6 Ω이라면, −20.0 °C에서는 얼마인가? (a) 0.700 Ω (b) 9.66 Ω (c) 10.3 Ω (d) 13.8 Ω (e) 6.59 Ω

8. 그림 OQ27.8은 특정 전기 소자의 전압–전류 특성을 나타내고 있다. 소자에 걸린 전위차가 2 V일 때 저항은 얼마인가? (a) 1 Ω (b) 3/4 Ω (c) 4/3 Ω (d) 알 수 없음 (e) 정답 없음

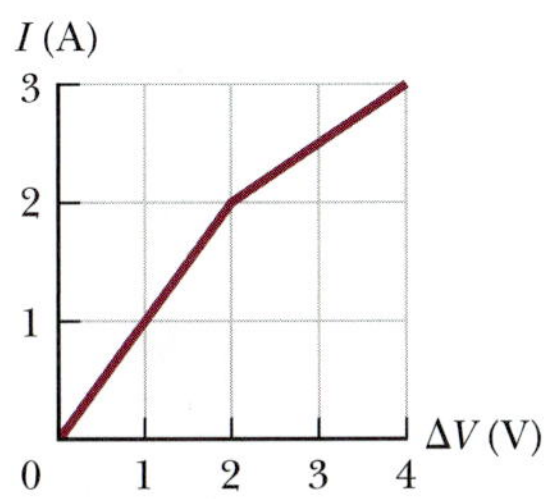

OQ27.8

9. 길이와 반지름이 같은 도선 A와 B가 같은 전위차로 연결되어 있다. 도선 A의 비저항 값이 도선 B의 두 배일 때, A에 전달되는 전력의 크기는 B의 몇 배인가? (a) 2 (b) $\sqrt{2}$ (c) 1 (d) $1/\sqrt{2}$ (e) 1/2

10. 도선 B는 길이와 반지름이 각각 도선 A의 두 배이며, 두 도선은 모두 같은 물질로 되어 있다. 만약 도선 A의 저항이 R라면 도선 B의 저항은 얼마인가? (a) $4R$ (b) $2R$ (c) R (d) $R/2$ (e) $R/4$

주관식

27.1 전 류

1. 지름이 2.00 cm이고 길이가 200 km인 고전압 송전선에 1 000 A의 직류 전류가 흐르고 있다고 가정하자. 도선은 세제곱미터당 8.50×10^{28}개의 자유 전자가 있는 구리로 만든 것이다. 이 케이블의 한쪽 끝에서 다른 끝으로 전자 하나가 이동하려면 몇 년이 걸리는가?

2. 단면적이 4.00×10^{-6} m²인 알루미늄 도선에 5.00 A의 전류가 흐르고 있다. 알루미늄의 밀도는 2.70 g/cm³이다. 만약 알루미늄 원자 한 개당 전류에 기여하는 전자가 한 개라고 가정한다면, 도선 내 전자의 유동 속력은 얼마인가?

3. 42장에서 자세히 설명할 보어의 수소 원자 모형에서 가장 낮은 에너지 상태의 전자는 반지름이 5.29×10^{-11} m인 원 궤도를 2.19×10^{6} m/s의 속력으로 돌고 있다. 원 궤도를 회전하고 있는 이 전자에 의한 유효 전류값은 얼마인가?

4. 어떤 구리 도선의 단면이 반지름이 1.25 mm인 원형이다. (a) 이 도선에 3.70 A의 전류가 흐를 때 도선 내 전자의 유동 속력을 구하라. (b) 모든 다른 조건이 동일하지만 도선이 원자 하나당 자유 전자 수가 구리보다 많은 다른 금속으로 만들어져 있으면 유동 속력은 어떻게 변하는가? 그 이유를 설명하라.

5. 그림 P27.5는 단면이 길이를 따라 변하는 도체의 일부를 나타낸다. 이 도선에는 전류 I = 5.00 A가 흐르고 있으며 단면 A_1의 반지름은 r_1 = 0.400 cm이다. (a) 단면 A_1을 지나는 전류 밀도의 크기를 계산하라. A_2에서의 반지름 r_2는 A_1의 반지름 r_1보다 크다. (b) A_2에서 전류는 더 큰가, 작은가, 아니면 같은가? (c) A_2에서 전류 밀도는 더 큰가, 작은가, 아니면 같은가? $A_2 = 4A_1$일 때 A_2에서 (d) 반지름 (e) 전류 (f) 전류 밀도를 계산하라.

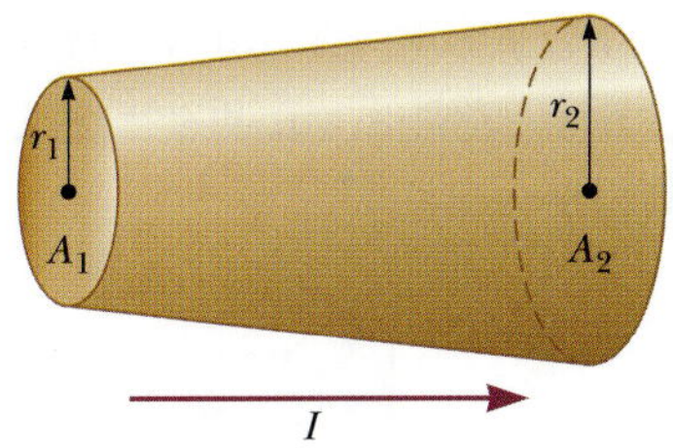

그림 P27.5

6. 어떤 고에너지 전자 가속기에서 나오는 전자빔의 원형 단면의 반지름이 1.00 mm이다. (a) 빔 속이 균일하다고 가정하고 빔 전류가 8.00 μA일 때의 전류 밀도를 구하라. (b) 전자의 속력이 빛의 속력에 매우 가까워서 오차를 무시하고 그 속력을 300 Mm/s라고 놓을 수 있다고 하자. 이 전자빔의 전자 밀도를 구하라. (c) 가속기로부터 나오는 전자의 수가 아보가드로수만큼 되는 데 걸리는 시간을 구하라.

7. 표면적이 700 cm²인 찻주전자를 은으로 도금하려고 한다. 이 주전자를 질산은($Ag^+NO_3^-$) 용액이 들어 있는 전해조 속의 음의 전극에 붙인다. 두 전극을 12.0 V 전지에 연결하면 계의 저항은 1.80 Ω이 된다. 주전자에 두께가 0.133 mm인 은 층을 도금하려면 얼마의 시간이 걸리는가? 은의 밀도는 10.5×10^{3} kg/m³이다.

27.2 저항

8. 길이가 50.0 cm이고 지름이 2.00 mm인 도선을 전위차가 9.11 V인 전원에 연결하니 36.0 A의 전류가 흐른다. 온도가 20.0 °C라고 가정하고 표 27.2를 사용하여 이 도선이 어떤 금속으로 만들어졌는지 알아보라.

9. 1.00 g의 구리로 저항이 $R = 0.500\ \Omega$인 균일한 도선을 만들고자 한다. 1.00 g의 구리를 모두 이용하여 만든다면, 도선의 (a) 길이와 (b) 지름은 얼마이어야 하는가?

10. 반지름이 2.50 mm인 니크롬 선의 일부가 열선을 감는 데 사용된다. 만약 열선의 양단에 120 V의 전위차가 유지될 때 9.25 A의 전류가 흘러야 한다면, (a) 열선의 저항과 (b) 열선을 감는 데 필요한 선의 길이를 구하라.

11. 해양학자가 바다 깊이에 따라 이온 농도가 어떻게 달라지는지 연구하고 있다. 그녀는 그림 P27.11과 같이 중심이 일치하는 두 개의 금속 원통형 극판으로 구성된 기구를 줄에 달고 물속으로 내려 보내서 두 전극 사이의 저항을 깊이의 함수로 측정한다. 두 판사이의 바닷물은 안쪽반지름이 r_a, 바깥반지름이 r_b이고, 길이 L인 원통형 껍질이며 여기서 $L \gg r_b$이다. 두 극판 사이의 전위차가 ΔV가 되게 하면 안쪽 판에서 바깥 판으로 지름 방향의 전류 I가 흐른다. 바닷물의 비저항을 ρ라고 하자. (a) 두 극판 사이 물의 저항을 L, ρ, r_a, r_b로 표현하라. (b) 비저항 ρ를 측정된 양들인 L, r_a, r_b, ΔV, I로 표현하라.

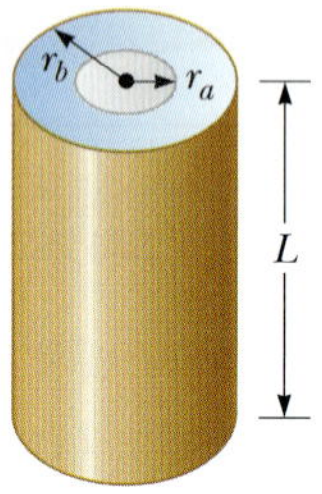

그림 P27.11

12. 비저항이 ρ인 물질을 이용하여 안쪽반지름이 r_a, 바깥반지름이 r_b인 구 껍질을 만들었다. 만약 전류가 방사상으로 모든 방향에 대하여 균일한 밀도를 가지고 흐른다면, 구 껍질의 저항은

$$R = \frac{\rho}{4\pi}\left(\frac{1}{r_a} - \frac{1}{r_b}\right)$$

임을 보이라.

13. 비저항이 ρ인 균일한 물질로 그림 P27.13과 같이 쐐기 모양의 물체를 만든다. 면 A에서 면 B까지의 저항이 다음과 같이 주어짐을 보이라.

$$R = \rho \frac{L}{w(y_2 - y_1)} \ln \frac{y_2}{y_1}$$

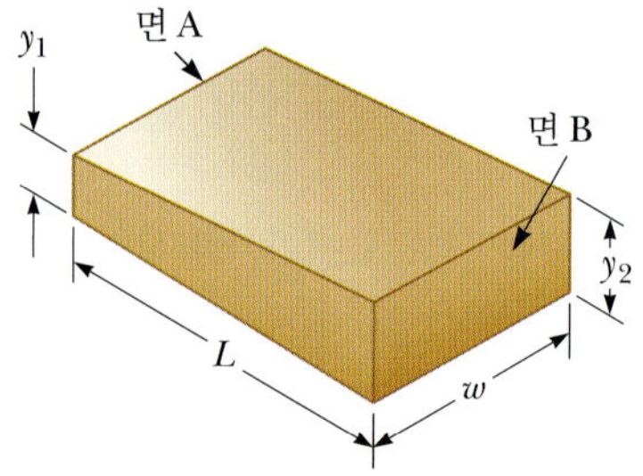

그림 P27.13

14. 비저항이 ρ인 균일한 물질로 그림 P27.14와 같이 꼭지가 잘린 원뿔 모양의 물체를 만든다. 바닥 쪽 원의 반지름은 b, 위쪽 원의 반지름은 a이고 높이는 h이다. 원뿔의 어떤 단면에서도 전류가 같다면 두 원형 끝 사이의 저항이 다음과 같이 주어짐을 보이라.

$$R = \frac{\rho}{\pi}\left(\frac{h}{ab}\right)$$

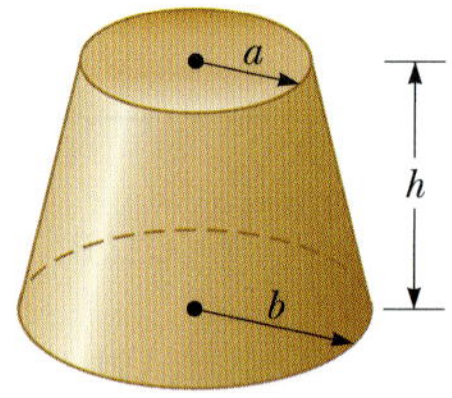

그림 P27.14

27.3 전기 전도 모형

15. 어떤 지역의 대기 속에서 전기장은 100 V/m이고 전류 밀도는 $6.00 \times 10^{-13}\ \text{A/m}^2$이다. 이곳 대기의 전기 전도도를 계산하라.

16. 구리 도선 내 자유 전자의 유동 속도의 크기가 7.84×10^{-4} m/s이라면, 도체 내의 전기장은 얼마인가?

17. 전기회사가 120 V의 주 전력선으로부터 두 개의 구리 도선을 이용하여 소비자의 주택에 전력을 공급한다. 각 구리 도선은 길이가 50.0 m이며 300 m당 저항은 0.108 Ω이다. (a) 110 A의 부하 전류에 대하여 소비자의 주택에서의 전위차를 구하라. 또한 이 부하 전류를 얻기 위하여 (b) 전달되는 전력과 (c) 구리 도선들에서 내부 에너지가 발생하는 비율은 얼마인가?

27.4 저항과 온도

18. 전구 안 텅스텐 필라멘트의 저항이 20.0 °C에서는 19.0 Ω이고, 뜨거울 때는 140 Ω이다. 매우 높은 온도에서도 텅스텐의 비저항이 온도에 따라 선형으로 변할 때, 뜨거운 필라멘트의 온도를 구하라.

19. 만약 20.0 °C에서 은 도선의 저항이 6.00 Ω이라면, 34.0 °C에서 저항은 얼마인가?

20. 기술자가 20.0 °C에서 저항의 유효 온도 계수가 영인 저항선을 디자인한다. 그는 각각 탄소와 니크롬으로 된 원통형 저항선을 그림 P27.20과 같이 붙여서 만들면 된다고 생각한다. 저항선은 전체 저항이 $R_1 + R_2 = 10.0\ \Omega$으로 온도에 무관해야 하고 둘다 반지름이 $r = 1.50$ mm이다. 저항선의 열팽창을 무시하고 두 부분의 온도는 항상 같다고 가정한다. (a) 이 방법으로 원하는 저항선을 만들 수 있는가? (b) 만들 수 있다면 길이 ℓ_1과 ℓ_2를 구하고 그렇지 않다면 그 이유를 설명하라.

그림 P27.20

21. 지름이 0.100 mm인 알루미늄 도선에 0.200 V/m의 균일한 전기장이 전체 길이에 걸쳐 고르게 분포되어 있다. 도선의 온도가 50.0 °C이며 원자 한 개당 한 개의 자유 전자가 있다고 가정하고, (a) 표 27.2의 자료를 사용하여 이 온도에서 알루미늄의 비저항을 구하라. (b) 도선 내의 전류 밀도는 얼마인가? (c) 또한 도선 내의 전체 전류는 얼마인가? (d) 전도 전자의 유동 속력은 얼마인가? (e) 앞에 언급된 전기장을 만들기 위하여 2.00 m 길이의 도선 양단의 전위차는 얼마이어야 하는가?

22. 알루미늄의 비저항이 상온에서의 구리의 비저항값의 세 배가 되는 온도는 몇 도인가?

23. 금은 모든 금속 중에 가장 잘 늘어나서 1 g의 금으로 길이가 최대 2.40 km인 금실을 만들 수 있다. 20.0 °C에서 금의 밀도는 $19.3 \times 10^3\ \mathrm{kg/m^3}$이고 비저항은 $2.44 \times 10^{-8}\ \Omega \cdot \mathrm{m}$이라고 한다. 이 온도에서 이 금실의 저항은 얼마인가?

24. 반도체 다이오드의 전류 대 전압 $(I - V)$ 특성 곡선은 온도 T의 함수로 다음과 같이 주어진다.

$$I = I_0(e^{e\,\Delta V/k_\mathrm{B}T} - 1)$$

여기서 오일러 수(자연 로그의 밑 e) 위의 지수 중 첫 글자는 전자의 전하 e, k_B는 볼츠만 상수, T는 절대 온도이다. (a) 스프레드시트 소프트웨어를 사용하여 $\Delta V = 0.400$ V부터 $\Delta V = 0.600$ V까지 0.005 V 간격으로 I와 $R = \Delta V/I$를 계산하라. (b) T = 280 K, 300 K, 320 K일 때 R 대 ΔV의 그래프를 그리라.

27.6 전 력

25. 수력 발전소에서 터빈은 1 500 hp의 일률로 발전기를 구동하고 발전기는 이 일률의 80 %만큼 전기 에너지로 변환시킨다. 발전기 양단의 전위차가 2 000 V라면 발전기에서 내는 전류는 얼마인가?

26. 그림 25.23과 같이 어떤 밴 더 그래프 발전기는 Ⓐ의 (빗 모양) 금속 바늘과 Ⓑ의 고전압 전극 사이의 전압이 15.0 kV를 유지하면서 작동한다. 고전압 전극에 전달되는 유효 전류가 500 μA일 때, 전기력을 이기고 벨트를 움직이게 하기 위하여 필요한 전력을 계산하라.

27. 휴대용 DVD 플레이어에 6.00 V에서 350 mA의 전류가 흐른다면, DVD 플레이어에 필요한 전력은 얼마인가?

28. 절연이 잘 되어 있는 전기 온수기를 사용하여 109 kg의 물을 20.0 °C에서 49.0 °C로 데우는 데 25.0분이 걸린다. 온수기의 열선이 240 V 전위차에 연결되어 있을 때 열선의 저항을 구하라.

29. 전지의 용량을 표시할 때는 전류와 시간의 곱(A · h)으로 나타낸다. 예를 들어 2.00 A의 전류를 3.00 h 동안 흘릴 수 있는 전지의 용량은 6.00 A · h로 표기한다. (a) 55.0 A · h로 표기된 12.0 V 전지에 저장된 에너지를 kW · h 단위로 구하라. (b) kW · h당 전기 요금이 100원이라면, 이 전지가 만들어내는 전기 요금은 얼마인가?

30. 가정용 콘센트의 배선은 대개 12게이지(지름 0.205 cm) 구리 전선을 사용한다. 이런 회로에서는 최고 20.0 A의 전류가 흐르기도 한다. 보다 가는 전선(게이지 수가 큰 전선)을 사용하면 이 큰 전류에서는 온도가 많이 올라 화재 위험이 있다. (a) 길이 1.00 m인 12게이지 전선에 20.0 A의 전류가 흐르면 전기 에너지가 내부 에너지로 변환되는 일률(전력)은 얼마인가?

31. 110 V 전원에서 작동하는 500 W용 열선을 지름이 0.500 mm인 니크롬 선으로 만든다. (a) 20.0 °C에서 니크롬 선의 비저항값이 일정하게 유지된다고 가정하고 사용된 니크롬 선의 길이를 구하라. (b) 만일 비저항이 온도에 따라 변한다고 하면, 열선이 1 200 °C가 될 때 소비되는 전력을 구하라.

32. 어떤 전기모터는 120 V에서 작동하며 2.50 hp의 역학적 일률을 낼 수 있다. 또 전기 에너지를 역학 에너지로 변환시키는 효율은 90.0 %이다. (a) 최고 일률로 작동할 때 모터에 흐르는 전류를 구하라. (b) 이렇게 3시간 작동할 때 모터에 전달된 전기 에너지를 계산하라. (c) 전력 요금이 1킬로와트시(kWh)당 0.110 $이라고 하면 (b)의 일을 하는 데 쓰이는 전기 요금은 얼마인가?

33. 어떤 전선이 단면적이 4.0×10^{-6} m^2이고 비저항이 3.0×10^{-8} $\Omega \cdot m$인 물질로 만들어져 있다. 이 전선을 일부 잘라서 20 V 전지에 연결하여 48 W의 전력을 사용하게 만들려면 길이를 얼마로 해야 하는가?

34. 주차하는 동안 깜박 잊고 자동차의 전조등을 켜놓았다. 만약 자동차의 12.0 V 전지의 등급이 90.0 A · h로 표시되어 있고 전조등 한 개가 36.0 W의 전력을 필요로 한다면, 전지가 완전히 방전되는 데 걸리는 시간은 얼마인가?

35. 700 kV의 고압 송전선의 한 선에 1 000 A의 전류가 흐르고 송전 거리가 100킬로미터라고 하자. 전선의 저항이 1킬로미터당 0.500 Ω이라 하면 이 송전선의 저항에 의하여 생기는 전력 손실은 얼마인가?

36. 전하량 Q가 전기용량이 C인 축전기에 저장되어 있다. 축전기는 그림 P27.36과 같이 열린 스위치, 저항기 그리고 처음에 충전되지 않은 $3C$의 전기용량을 가진 축전기에 연결되어 있다. 한 순간 스위치가 닫히고 회로가 평형 상태에 도달한다면, Q와 C를 사용하여 (a) 각 축전기의 판 사이의 나중 전위차, (b) 각 축전기의 전하량 그리고 (c) 각 축전기에 저장된 나중 에너지를 구하라. (d) 저항기에 생기는 내부 에너지를 구하라.

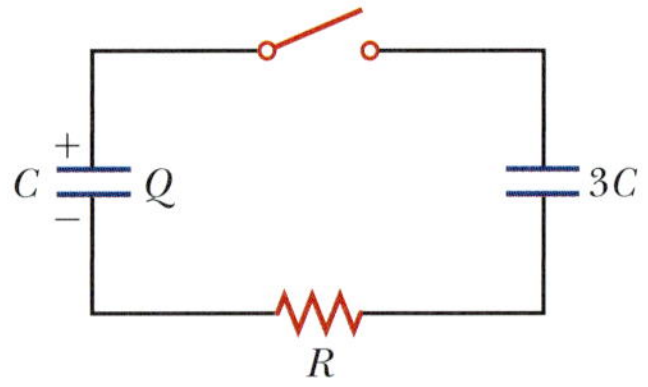

그림 P27.36

37. 사무실 직원이 물에 담가서 사용하는 전열기로 20.0 °C인 물 250 g을 4.00분 동안에 100.0 °C가 되게 끓인다. 물은 덮개가 있고 가벼운 컵에 들어 있으며 컵은 절연되어 있다. 히터 열선의 재료는 니크롬이고, 끓이는 동안 열선의 온도는 100.0 °C로 유지된다고 가정하자. (a) 이 전열선의 지름과 길이 사이의 관계를 구하라. (b) 이 전열선을 0.500 cm^3보다 작은 부피의 니크롬으로 만들 수 있는가?

38. 암 치료에 쓰이는 X선관에서 4.00 MV의 전압으로 가속된 전자가 금속 표적을 때린다. 전자빔의 전류는 25.0 mA이다. 대부분의 전자빔 에너지는 표적에 뚫린 구멍들을 지나가는 냉각수에 전달된다. 물의 온도가 50.0 °C보다 더 증가하지 않게 하려면 초당 몇 kg 이상의 물이 이 구멍으로 흘러야 하는가?

39. 어떤 전기 자동차가 12.0 V짜리 전지를 여러 개 연결하여 작동하도록 설계되어 있다. 이 전지들에 저장된 전체 에너지는 2.00×10^7 J이다. 만약 전기 자동차가 20.0 m/s의 일정한 속력으로 달리는 동안 전기 모터가 8.00 kW를 소비한다면 (a) 모터에 흐르는 전류는 얼마가 되는가? (b) 전지의 전력이 다 소비될 때까지 이 자동차가 갈 수 있는 거리는 얼마인가?

40. 한 변의 길이가 ℓ인 정사각형 극판들로 만들어진 평행판 축전기가 있다. 극판 사이의 거리는 d이고 $d \ll \ell$이며, 극판 사이에는 전위차 ΔV가 유지된다. 유전 상수가 κ인 물질이 판 사이의 공간의 절반을 채우고 있다. 유전체 판을 그림 P27.40a와 같이 빼내려고 한다. (a) 유전체의 왼쪽 끝이 축전기의 중앙으로부터 x만큼 떨어져 있을 때 전기용량을 계산하라. (b) 유전체가 일정한 속력 v로 움직인다면 유전체를 빼낼 때 회로에 흐르는 전류는 얼마인가?

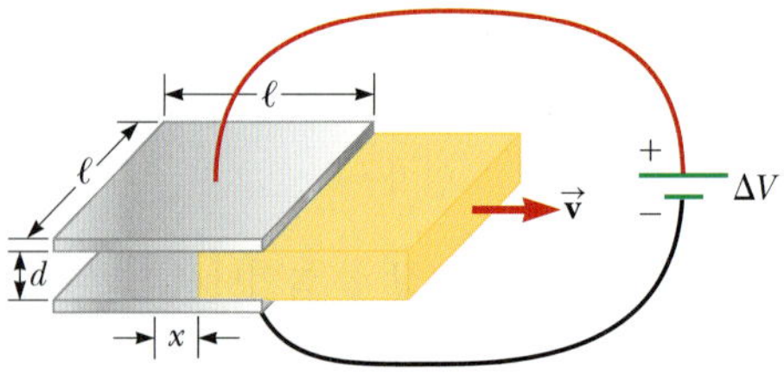

그림 P27.40

CHAPTER

28

직류 회로
Direct-Current Circuits

한 기술자가 컴퓨터 회로 기판을 수리하고 있다. 오늘날 우리는 손바닥 크기의 게임 플레이어, 휴대 전화, 또는 디지털 사진기를 포함해서 사진에 있는 회로 기판보다 훨씬 더 작은 전기 회로를 장착한 많은 제품들을 사용하고 있다. 이 장에서는 간단한 회로와 회로를 분석하는 방법에 대하여 공부한다. *(Trombax/Shutterstock.com)*

이 장에서는 전지, 저항기 및 축전기를 여러 가지 형태로 결합시킨 간단한 회로를 분석해 보기로 한다. 간단한 규칙을 통하여 회로의 저항기들이 합성됨을 알게 된다. 복잡한 회로의 경우 **키르히호프의 법칙**으로 알려진 두 가지 법칙을 사용하면 쉽게 분석이 가능하며, 이 법칙들은 고립계의 에너지 보존의 법칙과 전하량 보존의 법칙을 따른다. 분석하고자 하는 대부분의 회로는 전류의 크기와 방향이 일정한 상태인 **정상 상태**에 있다고 가정한다. 방향이 일정한 전류를 **직류**(DC)라고 한다. 방향이 주기적으로 변하는 **교류**(AC)는 33장에서 공부하기로 한다. 마지막으로 전류와 전위차를 측정하기 위한 전기 기기를 기술하고 가정에서의 전기 회로를 논의한다.

28.1 기전력
Electromotive Force

27.6절에서 전지가 전류를 흐르게 하는 회로를 공부하였다. 회로에 있어서 전지는 일반적으로 에너지의 공급원으로 사용된다. 특정한 회로에 있어서 전지의 두 극 사이의

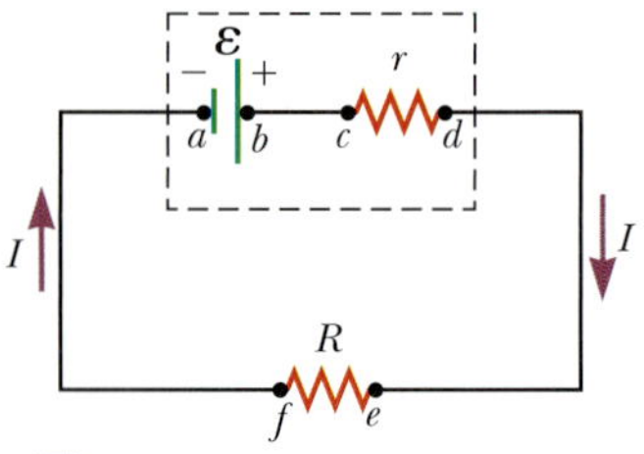

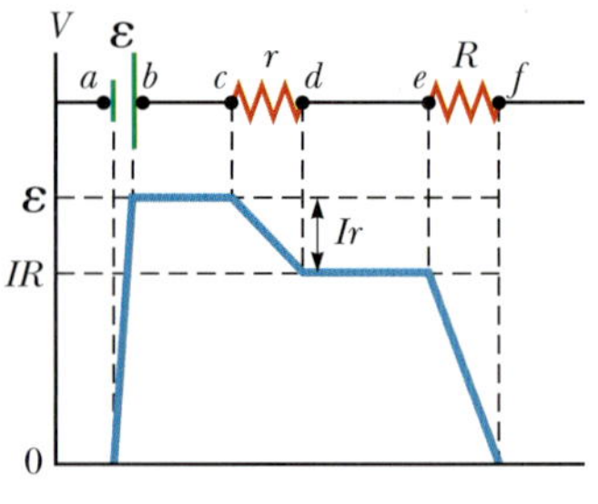

그림 28.1 (a) 외부 저항 R에 연결된 내부 저항 r인 기전력 $\mathcal{E}$(이 경우는 전지)의 회로도 (b) (a)의 회로에서 시계 방향으로 지나갈 때 전위의 변화를 나타내는 그래프

오류 피하기 28.1

전지에서 일정한 것은? 전지가 일정한 전류원이라는 것은 흔히 잘못 알고 있는 개념이다. 식 28.3은 사실이 아니라는 것을 명백하게 보여 준다. 회로를 흐르는 전류는 전지에 연결된 저항 R에 의존한다. 식 28.1은 또한 전지가 일정한 단자 전압원이 아니라는 것을 보여 준다. **전지는 일정한 기전력원이다.**

전위차는 일정하므로, 회로에 흐르는 전류의 방향과 크기는 일정하다. 이런 전류를 **직류**(direct current)라고 한다. 전지를 일반적으로 기전력원이라고 한다. **기전력**(emf, electromotive force)이란 용어는 전기를 일으키는 힘이라는 역사적인 오류에서 유래되었다. 기전력은 힘이 아니고 볼트 단위의 전위차이다. **전지의 기전력 $\mathcal{E}$는 전지의 양단이 공급할 수 있는 최대의 전압을 말한다.** 기전력원은 '전하 펌프'라고 생각할 수도 있다. 두 점 사이에 전위차가 발생하면 이 기전력은 전하를 낮은 전위에서 높은 전위로 올려 보낸다.

회로에 있어서 일반적으로 연결 도선의 저항은 없다고 가정한다. 전지의 양극 단자는 음극 단자보다 높은 전위에 있다. 실제 전지는 화합물로 채워져 있으므로 전지 내부의 전하 흐름을 방해하는 저항이 존재한다. 이 저항을 **내부 저항**(internal resistance) r라고 한다. 내부 저항이 영인 이상적인 전지의 경우, 전지 양단의 전위차(**단자 전압**)는 전지의 기전력과 같다. 그러나 전류가 흐르는 회로 내의 실제 전지에 있어서 단자 전압은 기전력과 같지 않다. 이것을 이해하기 위하여 그림 28.1a의 회로도를 살펴보자. 회로도에서 전지는 점선의 직사각형 안에 나타나 있고, 저항이 없는 이상적인 기전력 $\mathcal{E}$와 직렬로 연결된 내부 저항 r로 모형화한다. 이제 전지의 a에서 d로 지나면서 여러 곳에서의 전위를 측정한다고 생각해 보자. 음극 단자에서 양극 단자로 지나갈 때 전위는 $\mathcal{E}$만큼 **증가**한다. 그러나 저항 r를 통하여 전위는 Ir만큼 **감소**한다. 여기서 I는 회로에 흐르는 전류이다. 그러므로 전지의 단자 전압 $\Delta V = V_d - V_a$는

$$\Delta V = \mathcal{E} - Ir \tag{28.1}$$

이다. 이 식으로부터 $\mathcal{E}$는 **열린 회로 전압**(open-circuit voltage), 즉 전류가 영일 때의 단자 전압임에 주목하라. 기전력의 전압은 전지에 표시되어 있는데, 예를 들면 D 크기 전지의 기전력은 1.5 V이다. 전지 양단의 실제 전위차는 식 28.1에서 기술된 전지를 통하여 흐르는 전류에 의존한다. 그림 28.1b는 회로를 시계 방향으로 지나갈 때 전위의 변화를 그래프로 나타낸 것이다.

그림 28.1a를 살펴보면 단자 전압 ΔV는 흔히 **부하 저항**(load resistance)이라고 하는 외부 저항 R 양단의 전위차와 같아야 한다. 부하 저항은 그림 28.1a의 단순한 저항 소자이거나, 전지(또는 가전 제품의 경우 전원 콘센트)에 연결된 전기 기기(토스터, 전기난로 혹은 전구)의 저항이 되기도 한다. 전지는 전기 기기가 작동하도록 에너지를 공급해야 하므로 저항기는 전지의 부하 역할을 한다. 부하 저항 양단의 전위차는 $\Delta V = IR$이다. 이 표현을 식 28.1과 결합시키면

$$\mathcal{E} = IR + Ir \tag{28.2}$$

임을 알 수 있다. 그림 28.1a는 이 식을 그래프로 보여 주고 있다. 전류에 대하여 풀면

$$I = \frac{\mathcal{E}}{R + r} \tag{28.3}$$

이다. 식 28.3은 이와 같은 간단한 회로에서 전류는 전지 외부 저항 R와 내부 저항 r 모두에 의존함을 보여 준다. 대부분의 실제 회로와 같이, 만일 R가 r보다 매우 크면 r를

무시할 수 있다.

식 28.2에 회로에서의 전류 I를 곱하면

$$I\mathcal{E} = I^2R + I^2r \tag{28.4}$$

를 얻는다. 전력은 $P = I\Delta V$(식 27.21 참조)이므로 이 식으로부터 전지의 기전력이 공급하는 전력(출력) $I\mathcal{E}$는 외부 부하 저항에 전달되는 전력 I^2R와 내부 저항에 전달되는 전력 I^2r의 합과 같음을 알 수 있다.

Q 퀴즈 28.1 전지의 emf로부터 외부에 있는 전기 기기에 공급하는 전력을 최대로 하려면 전지의 내부 저항은 어떻게 해야 되는가? **(a)** 최대한 작게 한다. **(b)** 최대한 크게 한다. **(c)** 내부 저항과 무관하다.

예제 28.1 전지의 단자 전압

기전력이 12.0 V이고 내부 저항이 0.050 0 Ω인 전지가 있다. 이 전지의 양 단자 사이에는 3.00 Ω의 부하 저항이 연결되어 있다.

(A) 회로에 흐르는 전류와 전지의 단자 전압을 구하라.

풀이

개념화 문제에서 제시된 회로를 나타내는 그림 28.1a를 참조하라. 전지는 부하 저항에 에너지를 전달한다.

분류 예제는 이 절에서 배운 간단한 계산이 요구되므로 대입 문제로 분류한다.

식 28.3을 사용하여 회로의 전류를 구한다.

$$I = \frac{\mathcal{E}}{R + r} = \frac{12.0\text{ V}}{3.00\ \Omega + 0.050\ 0\ \Omega} = 3.93\text{ A}$$

식 28.1을 사용하여 단자 전압을 구한다.

$$\Delta V = \mathcal{E} - Ir = 12.0\text{ V} - (3.93\text{ A})(0.050\ 0\ \Omega) = 11.8\text{ V}$$

이 결과를 확인하기 위하여 부하 저항 R 양단의 전위차를 계산한다.

$$\Delta V = IR = (3.93\text{ A})(3.00\ \Omega) = 11.8\text{ V}$$

(B) 부하 저항에 전달되는 전력과 전지의 내부 저항에 전달되는 전력 및 전지가 공급하는 전력을 구하라.

풀이 식 27.22를 사용하여 부하 저항에 전달되는 전력을 구한다.

$$P_R = I^2R = (3.93\text{ A})^2(3.00\ \Omega) = 46.3\text{ W}$$

내부 저항에 전달되는 전력을 구한다.

$$P_r = I^2r = (3.93\text{ A})^2(0.050\ 0\ \Omega) = 0.772\text{ W}$$

두 결과를 합하여 전지로부터 공급되는 전력을 구한다.

$$P = P_R + P_r = 46.3\text{ W} + 0.772\text{ W} = 47.1\text{ W}$$

문제 전지가 소모됨에 따라 내부 저항은 증가한다. 전지의 수명이 다할 때쯤 전지의 내부 저항이 2.00 Ω으로 증가한다고 가정하자. 이 경우 전지의 에너지 공급 능력은 어떻게 변하는가?

답 전지에 3.00 Ω의 같은 부하 저항을 연결하자.

전지에 흐르는 전류를 다시 구한다.

$$I = \frac{\mathcal{E}}{R + r} = \frac{12.0\text{ V}}{3.00\ \Omega + 2.00\ \Omega} = 2.40\text{ A}$$

단자 전압을 다시 구한다.

$$\Delta V = \mathcal{E} - Ir = 12.0\text{ V} - (2.40\text{ A})(2.00\ \Omega) = 7.2\text{ V}$$

부하 저항과 내부 저항에 전달되는 에너지를 다시 구한다.

$$P_R = I^2R = (2.40\text{ A})^2(3.00\ \Omega) = 17.3\text{ W}$$

$$P_r = I^2r = (2.40\text{ A})^2(2.00\ \Omega) = 11.5\text{ W}$$

이 경우 단자 전압이 기전력의 60%임에 주목하라. r가 2.00 Ω일 경우 전지로부터 공급되는 전력의 40%가 내부 저항에 전달된다. r가 0.050 0 Ω인 (B)의 결과는 1.6%이다. 결론적으로 기전력이 일정할 때 증가되는 내부 저항은 외부 저항에 대한 전지의 에너지 공급 능력을 현저히 감소시킨다.

예제 28.2 부하 저항

그림 28.1a에서 부하 저항에 최대 전력을 전달하기 위하여 필요한 부하 저항 R의 값을 구하라.

풀이

개념화 그림 28.1a에서 부하 저항의 변화가 전달되는 전력에 미치는 효과를 생각해 보자. R가 커짐에 따라 흐르는 전류값은 작아지고, 따라서 부하 저항에 전달되는 전력 I^2R는 감소한다. R가 작을 경우, 즉 $R \ll r$이면, 흐르는 전류값은 커지고 내부 저항에 전달되는 전력 I^2r는 I^2R보다 훨씬 크다. 따라서 부하 저항에 전달되는 전력은 내부 저항에 전달된 것에 비하여 작다. 저항 R이 적당한 값을 가질 경우 최대의 전력 전달이 일어난다.

분류 전력을 최대로 하는 과정을 거쳐야만 하기 때문에 이 예제는 분석 문제로 분류한다. 회로는 예제 28.1과 동일하지만, 이 경우 부하 저항 R는 변한다.

분석 식 27.22와 식 28.3에서 주어진 전류 I를 사용하여 부하 저항에 전달되는 전력을 구한다.

$$P = I^2R = \frac{\mathcal{E}^2R}{(R+r)^2} \quad (1)$$

전력을 부하 저항 R에 대하여 미분하고 그 결과를 영으로 놓고 전력의 최댓값을 구한다.

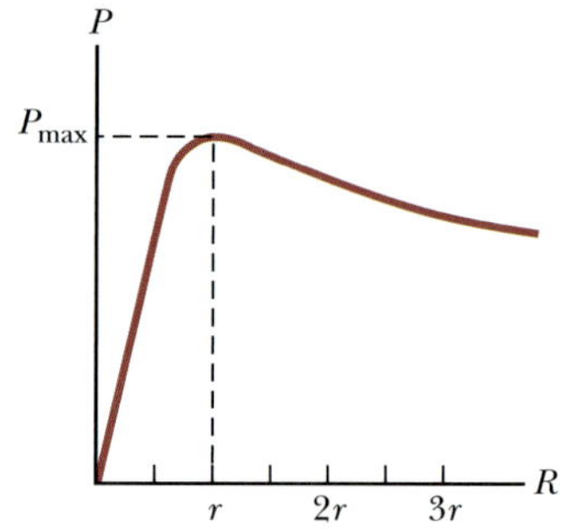

그림 28.2 (예제 28.2) 부하 저항기에 전달되는 전력을 나타내는 P–R 그래프

$$\frac{dP}{dR} = \frac{d}{dR}\left[\frac{\mathcal{E}^2R}{(R+r)^2}\right] = \frac{d}{dR}[\mathcal{E}^2R(R+r)^{-2}] = 0$$

$$[\mathcal{E}^2(R+r)^{-2}] + [\mathcal{E}^2R(-2)(R+r)^{-3}] = 0$$

$$\frac{\mathcal{E}^2(R+r)}{(R+r)^3} - \frac{2\mathcal{E}^2R}{(R+r)^3} = \frac{\mathcal{E}^2(r-R)}{(R+r)^3} = 0$$

R에 대하여 푼다.

$$R = r$$

결론 그림 28.2와 같이 R에 대한 P의 그래프를 그려 보자. 그래프에서 P는 $R = r$일 때 최대이다. 식 (1)에서 최댓값은 $P_{max} = \mathcal{E}^2/4r$이다.

28.2 저항기의 직렬 및 병렬 연결
Resistors in Series and Parallel

두 개 이상의 저항기가 그림 28.3a의 백열전구와 같이 연결되어 있을 때 이를 **직렬 연결**(series combination)이라고 한다. 그림 28.3b는 전지와 전구(저항기로 표현됨)를 회로도로 나타낸 것이다. 직렬 연결된 것을 전지로부터 같은 전류를 흐르게 하는 하나의 저항기로 바꾸고자 한다면, 그 값은 어떻게 될까? 직렬 연결에 있어서 저항기 R_1을 통하여 흐르는 전하량 Q는 반드시 두 번째 저항기 R_2를 통하여 흐르게 된다. 그렇지 않을 경우 전하는 저항기 사이의 도선에 쌓이게 된다. 그러므로 주어진 시간 동안에 같은 크기의 전하량이 두 저항기를 통하여 흐르게 된다.

$$I = I_1 = I_2$$

여기서 I는 전지를 통하여 흐르는 전류, I_1은 저항기 R_1을 통하여 흐르는 전류이고, I_2는 저항기 R_2를 통하여 흐르는 전류이다.

직렬로 연결된 저항기에 나타나는 전위차는 각각의 저항기로 나누어져 분배된다. 그

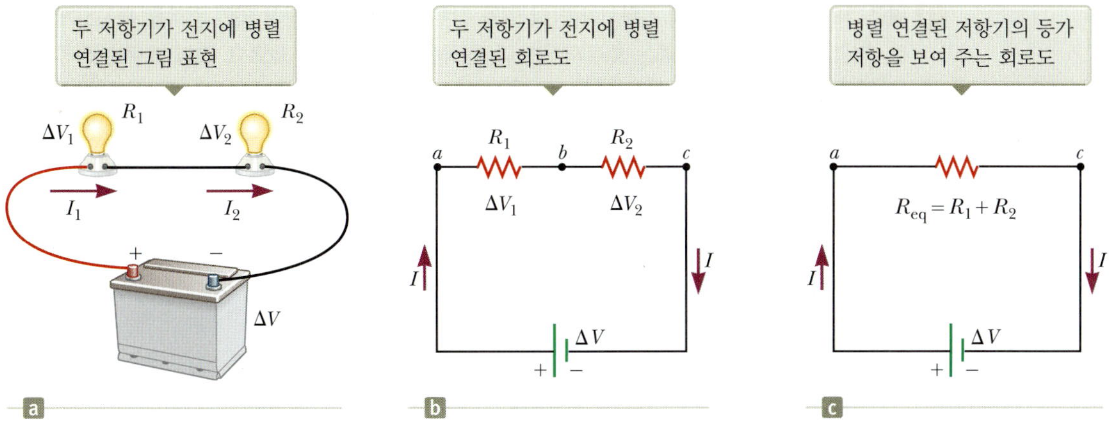

그림 28.3 저항이 R_1과 R_2인 두 전구의 직렬 연결. 세 회로도는 동등하다.

림 28.3b에서 a와 b 사이의 전압 강하[1]는 I_1R_1이고, b와 c 사이의 전압 강하는 I_2R_2이므로, a와 c 사이의 전압 강하는

$$\Delta V = \Delta V_1 + \Delta V_2 = I_1R_1 + I_2R_2$$

이다. 전지 양단의 전위차는 그림 28.3c의 **등가 저항**(equivalent resistance) R_{eq}에도 똑같이 적용된다. 즉

$$\Delta V = IR_{eq}$$

이다. 여기서 등가 저항은 직렬 연결의 저항기와 같은 크기의 전류가 전지로부터 흐르도록 하므로, 회로 내에서 등가 저항은 효과가 같다. ΔV에 대한 이 식들을 결합하면 직렬 연결된 두 저항기는 각각의 저항값을 더한 것과 같은 한 개의 등가 저항으로 대체될 수 있다. 즉

$$IR_{eq} = I_1R_1 + I_2R_2 \quad \rightarrow \quad R_{eq} = R_1 + R_2 \tag{28.5}$$

이다. 여기서 전류 I, I_1, I_2는 같으므로 모두 소거되었다.

셋 이상의 직렬 연결에 대한 등가 저항은 다음과 같다.

$$R_{eq} = R_1 + R_2 + R_3 + \cdots \tag{28.6}$$

◀ 여러 개의 저항기가 직렬 연결된 경우의 등가 저항

이 관계식으로부터 직렬 연결된 저항기의 등가 저항은 각각의 저항값의 합이므로 각각의 저항보다 항상 커짐을 알 수 있다.

식 28.3을 되돌아보면 분모는 외부 저항과 내부 저항의 단순한 합이다. 이는 그림 28.1a에서 내부 저항과 외부 저항이 직렬 연결된 것과 일치한다.

그림 28.3에서 만일 한 전구의 필라멘트가 끊어질 경우 회로는 끊어지며(열린 회로 조건) 두 번째 전구도 역시 작동하지 않게 된다. 이는 직렬 연결 회로의 일반적인 특성으로, 직렬 연결로 구성된 전기 기기에서 열린 회로가 발생할 경우 회로 내의 모든 전기 장치가 작동하지 않게 된다.

[1] **전압 강하**라는 용어는 저항기를 통한 전위의 감소를 의미한다. 전기 회로를 다루는 사람들이 종종 사용하는 용어이다.

오류 피하기 28.2

전구는 타지 않는다 백열전구의 수명이 다해서 불이 켜지지 않을 때 우리는 전구가 '타서 없어졌다'고 말하기보다는 **필라멘트가 끊어졌다**고 표현해야 한다. **탄다**는 단어는 연소 과정을 의미하는데, 이는 전구에서 일어나는 일이 아니다. 전구의 고장은 전구의 수명이 끝난 매우 뜨거운 필라멘트에서 텅스텐의 느린 승화로 인하여 발생한다. 이 과정 때문에 결국 필라멘트는 매우 얇아진다. 전구가 켜질 때 갑작스러운 온도 증가에서 오는 역학적 스트레스가 얇은 필라멘트를 끊어지게 만든다.

오류 피하기 28.3

국소적 그리고 전체적인 변화 회로의 한 부분에서 국소적 변화가 회로 전체의 변화를 일으키는 것은 당연하다. 예를 들어 여러 개의 저항기와 전지를 포함하는 회로에서 단 하나의 저항기가 변하면 그 결과로 전지와 모든 저항기를 흐르는 전류, 모든 전지의 단자 전압 그리고 모든 저항기 양단의 전압이 변할 수 있다.

퀴즈 28.2 그림 28.4a의 스위치가 닫혀 있을 경우, 스위치는 저항이 영인 경로를 제공하게 되므로, 저항 R_2 를 통하여 전류는 흐르지 않는다. 전류는 R_1을 통하여 흐르고, 그때 흐르는 전류의 양은 회로도의 아래에 있는 전류계(전류를 측정하는 계측기)로 측정한다. 이제 스위치를 열면(그림 28.4b) 전류는 R_2를 통하여 흐른다. 스위치를 여는 순간 전류계의 눈금은 어떻게 변하는가? **(a)** 증가한다. **(b)** 감소한다. **(c)** 변화 없다.

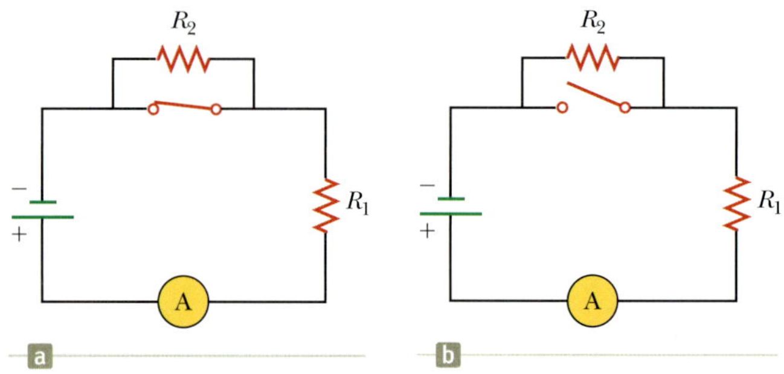

그림 28.4 (퀴즈 28.2) 스위치를 열면 어떻게 되는가?

> **오류 피하기 28.4**
> **전류는 가장 작은 저항의 경로를 택하지 않는다** 여러분은 둘 이상의 경로가 있는 회로에서 저항기의 병렬 연결과 관련하여 "전류는 가장 작은 저항을 갖는 경로를 택한다"거나 이와 비슷한 말을 들은 적이 있을 것이다. 그러나 이 표현은 올바르지 않다. 전류는 **모든** 경로로 흐른다. 저항이 적은 경로에는 큰 전류가 흐르지만, 저항이 큰 경로에도 **작은** 전류는 흐른다. 이론적으로 전류가 저항이 영인 경로와 저항이 무한히 큰 경로 사이에서 선택한다면, 전류는 저항이 영인 경로로만 흐른다. 그러나 저항이 영인 경로는 이상적인 것일 뿐이다.

이제 그림 28.5와 같이 두 저항기가 **병렬 연결**(parallel combination)된 경우를 생각해 보자. 직렬 연결에서와 마찬가지로, 병렬 연결한 것을 전지로부터 같은 전류를 흐르게 하는 단일 저항기의 값은 얼마일까? 두 저항기가 똑같이 전지의 양단에 연결됨에 주목하자. 따라서 저항기 양단의 전위차는 같다.

$$\Delta V = \Delta V_1 = \Delta V_2$$

여기서 ΔV는 전지의 단자 전압이다.

그림 28.5b에서 점 a에 도달한 전하들은 나뉘어져 일부는 R_1 쪽으로 흐르고 나머지는 R_2 쪽으로 흐른다. **분기점**(junction)은 회로에서 전류가 갈라지는 모든 점이다. 전류는 이렇게 갈라지기 때문에, 각각의 저항기를 통하여 흐르는 전류는 전지를 통하여 흐르는 전류보다 적어진다. 전하량은 보존되므로 점 a로 들어가는 전류 I는 그 점에서 나가는 전체 전류와 같다. 즉

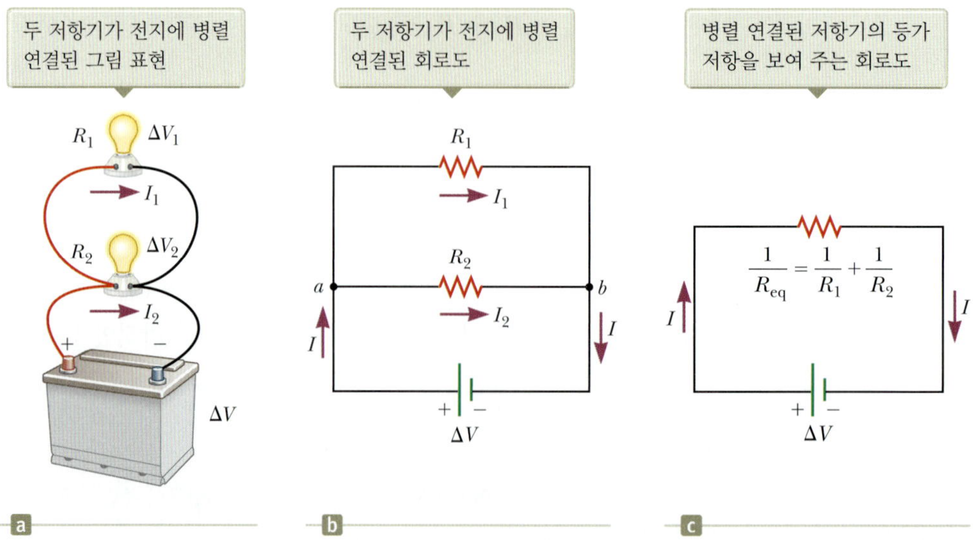

그림 28.5 저항이 R_1과 R_2인 두 전구의 병렬 연결. 세 회로도는 동등하다.

$$I = I_1 + I_2 = \frac{\Delta V_1}{R_1} + \frac{\Delta V_2}{R_2}$$

이다. 여기서 I_1은 R_1에 흐르는 전류이고, I_2는 R_2에 흐르는 전류이다.

그림 28.5c에서 **등가 저항**(equivalent resistance) R_{eq}에 흐르는 전류는

$$I = \frac{\Delta V}{R_{eq}}$$

이다. 여기서 등가 저항은 회로 내에서 병렬 연결된 두 저항과 효과가 같다. 즉 등가 저항은 병렬 연결의 저항기들 조합과 같은 크기의 전류가 전지로부터 흐르게 한다. I에 대한 위의 식들을 결합하면 병렬 연결된 두 저항기에 해당하는 등가 저항은

$$\frac{\Delta V}{R_{eq}} = \frac{\Delta V_1}{R_1} + \frac{\Delta V_2}{R_2} \quad \rightarrow \quad \frac{1}{R_{eq}} = \frac{1}{R_1} + \frac{1}{R_2} \tag{28.7}$$

이다. 여기서 ΔV, ΔV_1, ΔV_2는 같은 값이므로 소거되었다.

이 식을 셋 이상의 저항기가 병렬 연결될 경우로 확장해 보면

$$\frac{1}{R_{eq}} = \frac{1}{R_1} + \frac{1}{R_2} + \frac{1}{R_3} + \cdots \tag{28.8}$$

◀ 여러 개의 저항기가 병렬 연결된 등가 저항

이다. 이 식으로부터 둘 이상의 저항기가 병렬로 연결된 경우, 등가 저항의 역수는 각각의 저항의 역수의 합과 같다. 더구나 등가 저항은 각 저항 중에 가장 작은 값의 저항보다도 항상 더 작아진다는 것을 알 수 있다.

가정의 전기 회로에서 전기 기기들은 항상 병렬로 연결되어 있다. 이렇게 연결함으로써 각각의 기기는 다른 기기와 서로 독립적으로 작동시킬 수 있기 때문에, 한 기기의 스위치가 꺼져도 다른 기기는 계속 작동한다. 또한 병렬 연결에서 각 기기들은 같은 전압에서 작동한다.

직렬 연결과 병렬 연결의 실용적인 두 가지 예를 살펴보기로 하자. 그림 28.6은 세 가지 밝기의 빛을 낼 수 있는 삼중 백열전구[2]의 작동 원리를 보여 준다. 전구의 소켓에는 세 가지 밝기를 선택하는 스위치가 달려 있다. 전구에는 두 개의 필라멘트가 있다. 전구를 220 V의 전원에 연결할 경우 한 필라멘트에는 100 W의 전력이 공급되고 다른 필라멘트에는 75 W의 전력이 공급된다. 220 V의 전원을 첫 번째 필라멘트에만 연결하거나, 다른 필라멘트에만 연결하거나 또는 두 필라멘트에 병렬로 연결하여 세 가지 밝기의 빛을 낼 수 있다. 스위치 S_1은 닫히고 S_2가 열릴 경우 75 W의 필라멘트에만 전류가 흐른다. 스위치 S_1은 열리고 S_2가 닫힐 경우 100 W의 필라멘트에만 전류가 흐른다. 양쪽 필라멘트의 스위치가 모두 닫힐 경우 전력은 175 W가 된다.

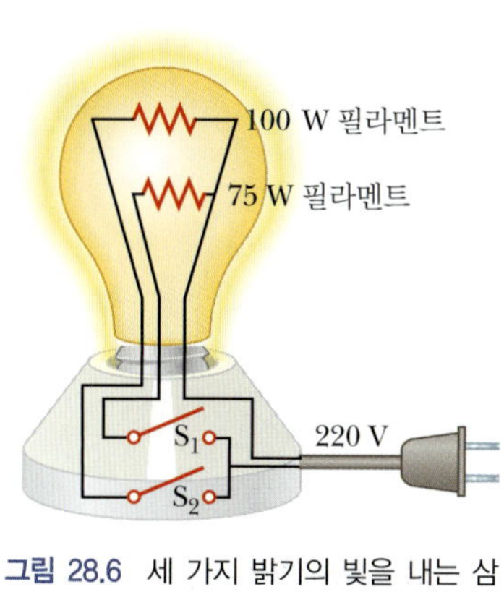

그림 28.6 세 가지 밝기의 빛을 내는 삼중 백열

필라멘트를 직렬 연결할 경우 필라멘트 하나가 끊어지면 스위치의 조합에 관계없이 전류가 흐르지 않으므로 전구는 빛을 내지 않는다. 그러나 필라멘트를 병렬 연결하고 스위치 두 개가 모두 닫힐 경우, 필라멘트 하나(예를 들어 75 W의 필라멘트)가 끊어지

[2] 삼중 전구나 다른 가정용 전기 기기는 실제로 교류(AC, 33장에서 소개)로 작동한다.

더라도 100 W의 필라멘트에는 전류가 흐르므로 전구는 빛을 낸다.

두 번째 예로 크리스마스 트리와 같이 장식 목적으로 사용되는 장식용 전깃줄을 생각해 보자. 수년 동안에 220 V의 전원으로 작동하는 장식용 전깃줄은 병렬 연결과 직렬 연결이 동시에 사용되었다. 직렬로 연결된 전깃줄이 전력을 적게 사용하고 낮은 온도에서 작동하므로, 가정용 크리스마스 트리를 위해서는 병렬로 연결된 전깃줄보다는 직렬로 연결된 전깃줄이 더 안전하다. 그러나 만일 어느 한 전구라도 필라멘트가 끊어지면(또는 어느 한 전구라도 소켓으로부터 분리될 경우) 모든 전구들은 작동하지 않게 된다. 장식용 전깃줄이 작동하지 않을 경우 장식용 전깃줄을 따라 모든 전구를 체크하여 작동하지 않는 전구를 찾아 새 전구로 교환하는 것은 매우 힘이 드는 일이므로, 직렬로 연결된 장식용 전깃줄의 인기는 떨어지게 되었다.

병렬로 연결된 전깃줄의 각 전구는 220 V에서 작동한다. 만들 때부터 각 전구는 직렬로 연결된 경우보다 더 밝고 온도도 더 높다. 결과적으로 이 전깃줄은 속성상 더 위험하지만(예를 들면 화재를 일으키기 더 쉽다) 병렬로 연결된 전구들의 경우 한 개의 전구가 작동하지 않거나 소켓으로부터 분리가 되더라도 나머지 전구들은 계속 작동한다.

직렬 연결의 경우 한 개의 전구가 끊어져서 장식용 전깃줄 전체가 작동하지 않는 것을 방지하기 위하여 새롭게 설계한 소형 모형 전구가 개발되었다. 이것은 전구의 필라멘트가 끊어질 경우 필라멘트 양쪽이 점퍼를 통하여 연결되도록 고안되었다. 소형 전구 중의 한 필라멘트가 끊어지면 그 지점의 저항은 원래 필라멘트의 저항보다 훨씬 더 커지고 전깃줄 내에서 최대의 저항을 나타낸다. 결과적으로 공급되는 220 V 전압의 대부분은 끊어진 필라멘트 양단에 걸리게 된다. 전구 내부에는 절연체로 덮인 매우 작은 점퍼 고리가 필라멘트 단자 주위를 둘러싸고 있다. 필라멘트가 끊어지면 전구에는 220 V의 전압이 걸리고 방전이 일어나서 부도체가 타면서 필라멘트의 양 단자가 연결된다. 필라멘트가 끊어져서 빛을 낼 수는 없지만 이렇게 연결이 되어 전깃줄의 회로는 복원된다(그림 28.7).

한 전구가 불량이 될 경우 앞 문단에서 설명한 점퍼 연결에 의하여 그 전구 양단의

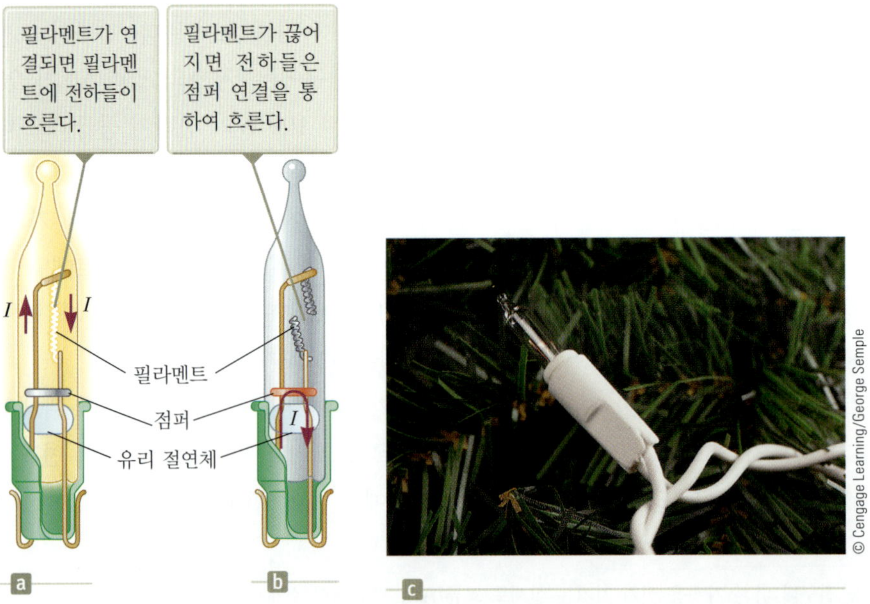

그림 28.7 (a) 필라멘트가 끊어질 때 전류를 흐르게 하는 점퍼 연결을 내장한 현대의 장식용 소형 모형 백열전구에 대한 개략도 (b) 필라멘트가 끊어진 장식용 전구 (c) 크리스마스 트리 전구

저항은 거의 영이 된다. 다른 모든 전구에는 물론 불이 들어오는데, 전깃줄의 전체 저항이 줄어들게 되어 흐르는 전류의 양이 증가하므로 전보다 더 밝아진다. 작동하는 각 전구의 온도는 전보다 좀 더 높아진다. 더 많은 전구가 불량이 될 경우 전류는 계속 증가하게 되므로 작동하는 전구의 온도도 계속 증가하고 전구의 수명은 감소한다. 이런 이유 때문에 직렬로 연결된 장식줄에 있어서 작동하지 않는(불이 들어오지 않는) 전구를 찾아낸 후 최대한 빨리 교환해야 전구의 수명을 최대한 늘일 수 있다.

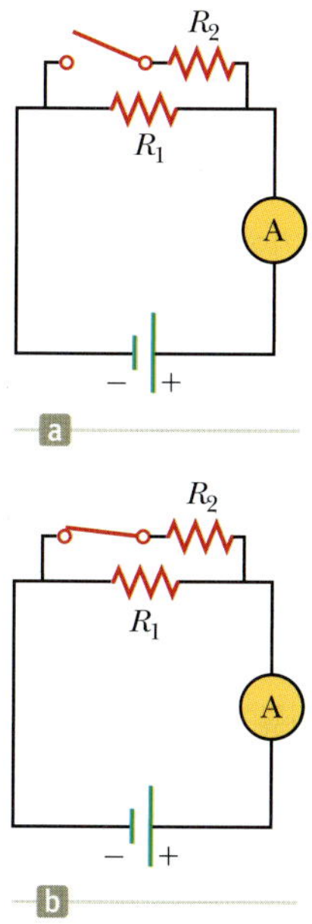

그림 28.8 (퀴즈 28.3) 스위치를 닫으면 어떻게 되는가?

퀴즈 28.3 그림 28.8a의 스위치가 열려 있을 경우 저항 R_2를 통하여 전류는 흐르지 않는다. 그렇지만 전류는 R_1을 통하여 흐르고, 그때 흐르는 전류의 양은 회로도의 오른쪽에 있는 전류계로 측정한다. 이제 스위치를 닫으면(그림 28.8b) 전류는 R_2를 통하여 흐른다. 스위치를 닫는 순간 전류계의 눈금은 어떻게 변하는가? **(a)** 증가한다. **(b)** 감소한다. **(c)** 변화 없다.

퀴즈 28.4 다음 질문에 (a) 증가한다. (b) 감소한다. (c) 변화 없다. 세 가지 중 하나로 답하라. **(i)** 그림 28.3에서 처음 두 개의 저항기에 세 번째 저항기를 직렬로 추가로 연결한다. 전지의 전류는 어떻게 되는가? **(ii)** 전지 양단의 전압은 어떻게 되는가? **(iii)** 그림 28.5에서 처음 두 개의 저항기에 세 번째 저항기를 병렬로 추가로 연결한다. 전지의 전류는 어떻게 되는가? **(iv)** 전지 양단의 전압은 어떻게 되는가?

예제 28.3 등가 저항 구하기

네 개의 저항기가 그림 28.9a와 같이 연결되어 있다.

(A) 점 a와 c 사이의 등가 저항을 구하라.

풀이

개념화 회로의 왼쪽으로부터 전하가 유입되어 연결되어 있는 것을 통하여 지나간다고 생각하자. 모든 전하는 처음 두 저항기를 지나지만 6.0 Ω과 3.0 Ω의 병렬 연결에서 전하는 두 개의 회로로 나뉜다.

분류 그림 28.9에서 회로는 저항기의 단순한 결합으로 이루어지므로 예제는 저항기의 직렬 및 병렬 연결의 규칙을 단순하게 적용하는 정도의 수준으로 분류한다.

분석 저항기 연결을 그림 28.9와 같이 단계별로 줄일 수가 있다. 8.0 Ω과 4.0 Ω의 저항기가 직렬 연결된 a와 b 사이의 등가 저항을 구한다.

$$R_{eq} = 8.0\ \Omega + 4.0\ \Omega = 12.0\ \Omega$$

6.0 Ω과 3.0 Ω의 저항기가 병렬 연결(오른쪽 갈색 원)된 b와 c 사이의 등가 저항을 구한다.

$$\frac{1}{R_{eq}} = \frac{1}{6.0\ \Omega} + \frac{1}{3.0\ \Omega} = \frac{3}{6.0\ \Omega}$$

$$R_{eq} = \frac{6.0\ \Omega}{3} = 2.0\ \Omega$$

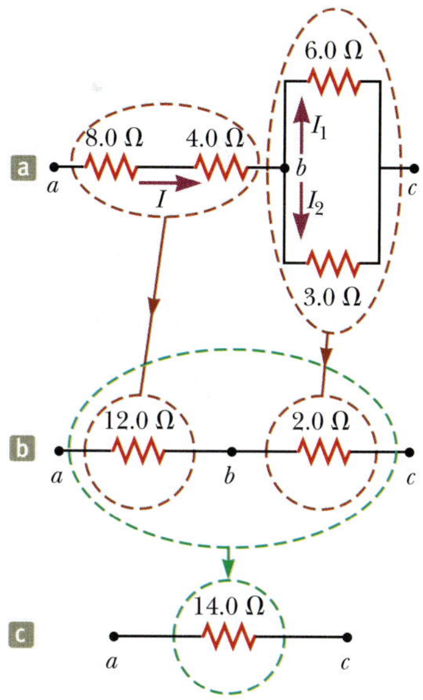

그림 28.9 (예제 28.3) 네트워크로 연결된 저항기의 회로를 단일 등가 저항으로 줄일 수 있다.

등가 저항으로 치환된 회로는 그림 28.9b와 같다. 12.0 Ω와 2.0 Ω 저항기는 직렬 연결이다(초록색 원). a와 c 사이의 등가 저항을 구한다.

$$R_{eq} = 12.0\ \Omega + 2.0\ \Omega = \boxed{14.0\ \Omega}$$

이 저항은 그림 28.9c에 있는 단일 등가 저항으로 나타낼 수 있다.

(B) 만일 a와 c 사이의 전위차를 42V로 유지한다면 각 저항기에 흐르는 전류는 얼마인가?

풀이 8.0 Ω과 4.0 Ω의 저항기는 직렬 연결되어 있으므로 두 저항기에 흐르는 전류는 같다. 또한 이 전류는 42 V의 전위차에 의하여 14.0 Ω의 등가 저항에 흐르는 전류와 같다.

식 27.7($R = \Delta V/I$)과 (A)의 결과를 사용하여 8.0 Ω과 4.0 Ω의 저항기에 흐르는 전류를 구한다.

$$I = \frac{\Delta V_{ac}}{R_{eq}} = \frac{42\ \text{V}}{14.0\ \Omega} = \boxed{3.0\ \text{A}}$$

그림 28.9a에서 병렬 연결된 저항기들의 양단 전압을 같게 놓고 전류 간의 관계식을 구한다.

$$\Delta V_1 = \Delta V_2 \ \rightarrow\ (6.0\ \Omega)I_1 = (3.0\ \Omega)I_2 \ \rightarrow\ I_2 = 2I_1$$

$I_1 + I_2 = 3.0$ A를 사용하여 I_1을 구한다.

$$I_1 + I_2 = 3.0\ \text{A} \ \rightarrow\ I_1 + 2I_1 = 3.0\ \text{A} \ \rightarrow\ I_1 = \boxed{1.0\ \text{A}}$$

I_2를 구한다.

$$I_2 = 2I_1 = 2(1.0\ \text{A}) = \boxed{2.0\ \text{A}}$$

결론 $\Delta V_{bc} = (6.0\ \Omega)I_1 = (3.0\ \Omega)I_2 = 6.0$ V이고, $\Delta V_{ab} = (12.0\ \Omega)I = 36$ V임에 주목하여 결과를 확인하라. 따라서 $\Delta V_{ac} = \Delta V_{ab} + \Delta V_{bc} = 42$ V이다.

예제 28.4 병렬 연결된 세 저항기

그림 28.10a와 같이 세 개의 저항기가 병렬 연결되어 있다. 점 a와 b 사이의 전위차는 18.0 V로 유지한다.

(A) 회로의 등가 저항을 계산하라.

풀이

개념화 그림 28.10a의 세 저항기는 단순한 병렬 연결 상태이다. 전류 I가 세 저항기에서 세 개의 전류 I_1, I_2, I_3로 나누어짐에 유의하라.

분류 이 문제는 이 절에서 공부한 법칙을 사용하여 풀 수 있으므로, 대입 문제로 분류한다. 세 저항기는 단순히 병렬 연결되어 있으므로 식 28.8을 사용하여 등가 저항을 구한다.

분석 식 28.8을 사용하여 R_{eq}를 구한다.

$$\frac{1}{R_{eq}} = \frac{1}{3.00\ \Omega} + \frac{1}{6.00\ \Omega} + \frac{1}{9.00\ \Omega} = \frac{11}{18.0\ \Omega}$$

$$R_{eq} = \frac{18.0\ \Omega}{11} = \boxed{1.64\ \Omega}$$

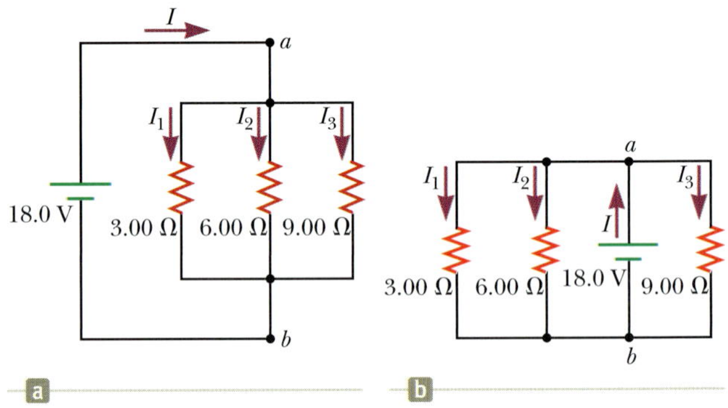

그림 28.10 (예제 28.4) (a) 병렬 연결된 세 저항기. 각 저항기 양단의 전위차는 18.0 V이다. (b) 전지 한 개와 저항기 세 개로 구성된 다른 회로. (a)의 회로와 동등한가?

(B) 각 저항기에 흐르는 전류를 구하라.

풀이 각 저항기 양단의 전위차는 18.0 V이다. $\Delta V = IR$의 관계식을 사용하여 전류를 구한다.

$$I_1 = \frac{\Delta V}{R_1} = \frac{18.0\ \text{V}}{3.00\ \Omega} = \boxed{6.00\ \text{A}}$$

$$I_2 = \frac{\Delta V}{R_2} = \frac{18.0\ \text{V}}{6.00\ \Omega} = \boxed{3.00\ \text{A}}$$

$$I_3 = \frac{\Delta V}{R_3} = \frac{18.0\ \text{V}}{9.00\ \Omega} = \boxed{2.00\ \text{A}}$$

(C) 각 저항기에 전달되는 전력을 구하고 저항기의 병렬 연결 전체에 전달되는 전력을 계산하라.

풀이 (B)에서 계산한 전류를 $P = I^2R$의 관계식에 적용하여 전력을 구한다.

$$3.00\ \Omega: P_1 = I_1^2R_1 = (6.00\ \text{A})^2(3.00\ \Omega) = 108\ \text{W}$$

$$6.00\ \Omega: P_2 = I_2^2R_2 = (3.00\ \text{A})^2(6.00\ \Omega) = 54\ \text{W}$$

$$9.00\ \Omega: P_3 = I_3^2R_3 = (2.00\ \text{A})^2(9.00\ \Omega) = 36\ \text{W}$$

결론 (C)의 결과는 가장 작은 저항기에 제일 많은 전력이 전달됨을 보여 준다. 세 결과를 합하면 전체 전력은 198 W 이다. (A)에서 구한 등가 저항을 사용하면 전체 전력을 다음과 같이 바로 계산할 수 있다.

$$P = (\Delta V)^2/R_{\text{eq}} = (18.0\ \text{V})^2/1.64\ \Omega = 198\ \text{W}$$

문제 그림 28.10a 대신에 그림 28.10b와 같은 회로로 바꾸면 어떻게 되는가? 계산 결과에 어떤 영향을 주는가?

답 계산에 아무 영향을 주지 않는다. 전지의 물리적인 위치는 중요하지 않다. 그림 28.10b에서 전지에 의한 점 a와 b 사이의 전위차는 18.0 V로 유지되므로, 그림의 두 회로는 전기적으로 동등하다.

28.3 키르히호프의 법칙
Kirchhoff's Rules

앞 절에서 공부하였듯이 간단한 회로의 경우 $\Delta V = IR$의 표현과 저항기의 직렬과 병렬 연결의 규칙을 이용하여 분석할 수 있다. 그러나 많은 경우 이들 규칙을 이용하여 회로를 단일 고리로 단순화하는 것이 불가능하다. 이와 같이 복잡한 회로를 분석하는 과정은 다음과 같은 **키르히호프의 법칙**(Kirchhoff's rules)의 두 가지 법칙을 이용하여야 한다.

1. 분기점 법칙(Junction rule): 모든 분기점에서 전류의 합은 영이다.

$$\sum_{\text{junction}} I = 0 \tag{28.9}$$

2. 고리 법칙(Loop rule): 모든 닫힌 회로에서 각 소자를 지나갈 때 전위차의 합은 영이다.

$$\sum_{\text{closed loop}} \Delta V = 0 \tag{28.10}$$

키르히호프의 제1법칙은 전하량 보존에 대한 설명이다. 회로 내의 전하는 한 분기점에서 쌓이거나 없어질 수 없으므로, 그 분기점으로 흘러들어가는 모든 전하량은 모두 흘러나온다. 이 법칙에서 분기점으로 흘러들어가는 전류를 $+I$라 하고 분기점으로부터 흘러나가는 전류를 $-I$라 한다. 이 법칙을 그림 28.11a의 분기점에 적용하면

$$I_1 - I_2 - I_3 = 0$$

이 된다. 그림 28.11b는 이 상황에 대한 역학적 비유를 나타내고 있는데, 여기서 물은 갈라진 관을 통하여 새는 곳이 없이 흐른다. 관의 왼쪽을 통하여 단위 시간당 흘러들어가는 물의 양은 두 갈래의 오른쪽으로 흘러나가는 물의 양과 같다.

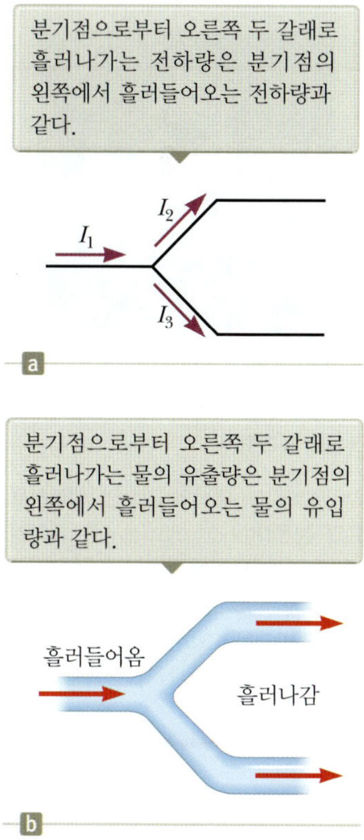

그림 28.11 (a) 키르히호프의 분기점 법칙 (b) 분기점 법칙의 역학적인 비유

각각의 그림에서, $\Delta V = V_b - V_a$와 회로 요소는 a에서 b쪽으로, 즉 왼쪽에서 오른쪽으로 지날 경우이다.

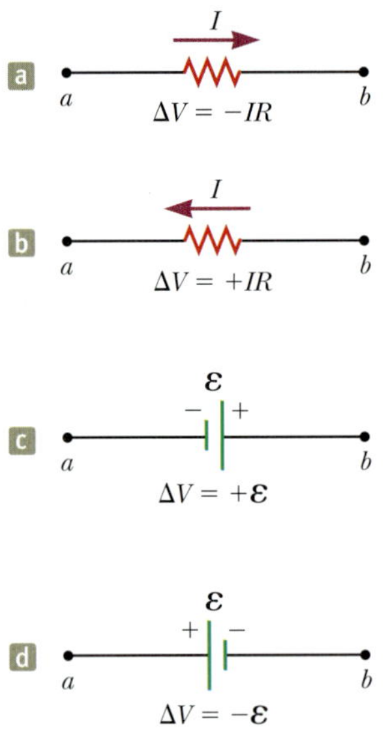

그림 28.12 전지와 저항기 양단의 전위차 부호를 결정하기 위한 규칙(전지의 내부 저항은 없다고 가정한다.)

키르히호프의 제2법칙은 고립계에 대한 에너지 보존의 법칙을 따른다. 닫힌 회로의 고리를 따라 한 양전하가 움직인다고 가정해도 충분하다. 전하가 출발점에 돌아오면 전하–회로 계는 전하가 출발하기 전의 에너지와 같은 전체 에너지를 가져야 한다. 전하가 회로의 어떤 소자를 지나갈 때 증가한 에너지의 전체 합은 전하가 회로의 다른 소자를 지나면서 감소한 에너지의 전체 합과 같아야 한다. 전하는 저항기 양단의 전압 강하 $-IR$를 통하여 지나가거나 기전력원의 역방향으로 이동할 때 계의 전기적 위치 에너지가 감소한다. 이 전하의 전기적 위치 에너지는 전지의 음극에서 양극으로 지날 때만 증가한다.

키르히호프의 제2법칙을 실제로 적용할 때 고리를 따라 **순환**하는 것처럼 생각하고, 앞 문단에서 설명한 **전기적 위치 에너지**의 변화보다는 **전위**의 변화를 고려한다. 그림 28.12의 회로에서 오른쪽으로 지나가는 경우를 생각해 보자. 제2법칙을 적용할 때 다음과 같은 부호의 규정에 유의해야 한다.

- 전류의 방향으로 저항기를 지날 때 전하는 저항기의 높은 전위로부터 낮은 전위로 지나가므로, 저항기에서의 전위차 ΔV는 $-IR$이다(그림 28.12a).
- 전류의 반대 방향으로 저항기를 지날 때 저항기에서의 전위차 ΔV는 $+IR$이다(그림 28.12b).
- 기전력의 방향(음극에서 양극)으로 기전력원(내부 저항이 없다고 가정)을 지날 때 전위차 ΔV는 $+\boldsymbol{\varepsilon}$이다(그림 28.12c).
- 기전력의 반대 방향(양극에서 음극)으로 기전력원(내부 저항이 없다고 가정)을 지날 때 전위차 ΔV는 $-\boldsymbol{\varepsilon}$이다(그림 28.12d).

Prints & Photographs Division, Library of Congress, LC-USZ62-133715

키르히호프
Gustav Kirchhoff, 1824~1887
독일의 물리학자

하이델베르그 대학의 교수인 키르히호프와 분젠(Robert Bunsen)은 분광기를 개발하고 나중에 공부할 분광학의 체계를 확립하였다. 그들은 세슘과 루비듐 원소를 발견하였으며 천문 분광학을 개발하였다.

회로를 분석하는 데 있어서 키르히호프의 법칙을 적용하는 횟수에는 제한이 있다. 한 분기점 방정식에서 사용되지 않은 전류를 포함하는 한 새로운 분기점에서 분기점 법칙을 적용하여 필요한 만큼의 방정식을 세울 수 있다. 일반적으로 분기점 법칙을 적용할 수 있는 횟수는 회로 내의 분기점 수보다 하나 적다. 이어서 회로의 고리들에 대하여 고리 법칙을 적용하는데, 모든 고리에 대하여 다 그럴 필요는 없고 미지 전류를 계산하기에 충분한 수의 방정식만 얻으면 된다. 일반적으로 특정한 회로 문제를 풀기 위하여 필요한 독립적인 방정식의 수는 미지 전류의 수와 같아야 한다.

고리와 분기점이 많은 복잡한 회로망에서는 독립적인 선형 방정식과 미지수가 많이 생긴다. 이런 상황에서는 행렬 대수를 이용하여 공식화된 방법으로 처리하기도 한다. 또한 미지수를 풀기 위하여 컴퓨터 프로그램을 이용할 수도 있다.

다음 예제는 키르히호프의 법칙을 사용하여 회로를 분석하는 것을 설명해 준다. 모든 경우에 있어서 회로는 정상 상태라고, 즉 여러 갈래에서 전류는 일정하다고 가정한다. 예를 들어 한 갈래에 축전기가 포함되어 있으면 그 갈래는 열린 회로 역할을 하며, 정상 상태의 조건에서 축전기를 포함한 갈래에서의 전류는 영이다.

예제 28.5 단일 고리 회로

그림 28.13과 같이 두 개의 외부 저항기와 두 개의 전지를 포함한 단일 고리 회로가 있다(전지의 내부 저항은 무시한다). 회로에 흐르는 전류를 구하라.

풀이

개념화 그림 28.13은 전지의 극성과 가상적인 전류의 방향을 보여 준다. 12 V 전지가 다른 것보다 더 강하므로, 전류는 시계 반대 방향으로 흐를 것이다. 그러므로 그림에서 예상한 전류 방향은 틀릴 것으로 예상되지만, 그래도 계산을 계속해서 이 잘못된 방향이 최종 답에서는 어떻게 되는지 보자.

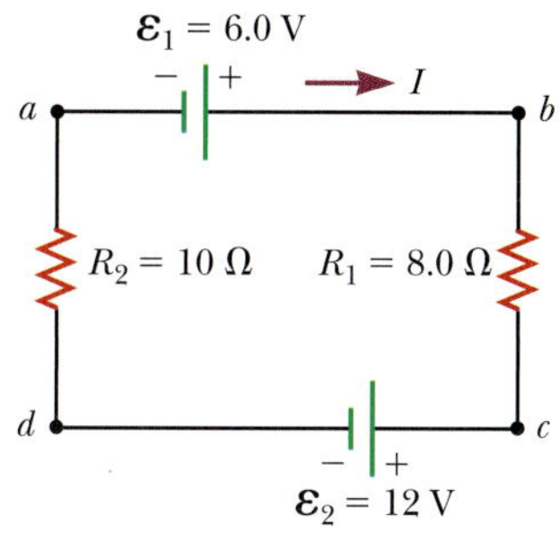

그림 28.13 (예제 28.5) 극성을 서로 반대로 연결한 두 개의 전지와 두 개의 저항기가 직렬 연결된 회로

분류 단순한 회로를 분석할 경우 키르히호프의 법칙을 사용할 필요는 없지만, 어떻게 이들을 사용하는지 이해하기 위하여 키르히호프의 법칙을 적용하기로 하자. 단일 고리 회로에서는 분기점이 없기 때문에 모든 소자에 흐르는 전류는 같다.

분석 그림 28.13과 같이 전류는 시계 방향으로 흐른다고 가정한다. 점 a에서 출발하여 시계 방향으로 회로를 순환하면 $a \rightarrow b$는 $+\mathcal{E}_1$만큼의 전위가 증가하고, $b \rightarrow c$는 $-IR_1$만큼의 전위차, $c \rightarrow d$는 $-\mathcal{E}_2$ 만큼의 전위차 그리고 $d \rightarrow a$는 $-IR_2$만큼의 전위차가 있다.

단일 고리에 키르히호프의 고리 법칙을 적용한다.

$$\sum \Delta V = 0 \ \rightarrow \ \mathcal{E}_1 - IR_1 - \mathcal{E}_2 - IR_2 = 0$$

I에 대하여 풀고 그림 28.13에서 주어진 값을 이용한다.

$$(1) \qquad I = \frac{\mathcal{E}_1 - \mathcal{E}_2}{R_1 + R_2} = \frac{6.0\text{ V} - 12\text{ V}}{8.0\ \Omega + 10\ \Omega} = \boxed{-0.33\text{ A}}$$

결론 I에 대한 음의 부호는 실제 전류의 방향은 처음에 가정한 전류 방향의 반대임을 말해 준다. 그림 28.13에서 전지의 극성이 반대이므로 분자의 기전력은 서로 뺄셈으로 계산됨에 유의하라. 두 개의 저항기는 서로 직렬이므로 분모의 저항을 서로 더한다.

문제 12.0 V의 전지의 극성을 반대로 하면 어떻게 되는가? 회로에는 어떤 영향을 주는가?

답 키르히호프의 법칙을 적용하여 다시 계산을 반복하는 대신에, 식 (1)을 검토하여 적절하게 고치기로 하자. 이제 두 전지의 극성이 같은 방향이므로, 식 (1)에서 $\mathcal{E}_1$과 $\mathcal{E}_2$ 앞의 부호가 같아진다. 즉

$$I = \frac{\mathcal{E}_1 + \mathcal{E}_2}{R_1 + R_2} = \frac{6.0\text{ V} + 12\text{ V}}{8.0\ \Omega + 10\ \Omega} = 1.0\text{ A}$$

이다.

예제 28.6 여러 고리를 포함하는 회로

그림 28.14의 회로에서 전류 I_1, I_2, I_3을 구하라.

풀이

개념화 전기적으로 동일하게 유지하면서 회로를 물리적으로 재배열한다고 생각해 보자. 여러분은 이 회로를 하나의 직렬 연결 또는 병렬 연결로 되게끔 재배열할 수 있는가? 여러분은 이렇게 단순화시킬 수 없음을 알게 될 것이다. 10.0 V 전지를 제거하고 b에서 6.0 Ω 저항기까지 도선으로 연결하면, 회로는 단지 하나의 직렬과 병렬 연결이 될 것이다.

분류 저항기의 직렬 연결이나 병렬 연결의 규칙을 적용하여 회로를 단순화할 수 없다. 그러므로 이 문제는 키르히호프의 법칙을 적용해야만 한다.

분석 그림 28.14와 같이 회로에 흐르는 전류의 방향을 설정한다.

분기점 c에 키르히호프의 분기점 법칙을 적용한다.

$$(1) \qquad I_1 + I_2 - I_3 = 0$$

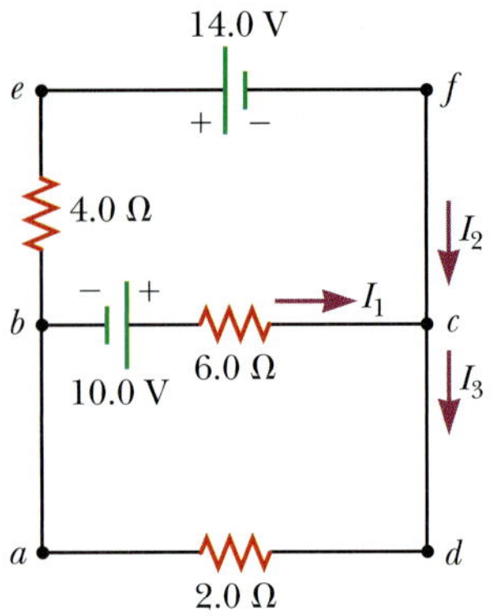

그림 28.14 (예제 28.6) 여러 분기점을 포함하고 있는 회로

세 미지수 I_1, I_2, I_3에 대하여 이제 하나의 식을 세웠다. 회로에는 세 개의 고리 *abcda*, *befcb*, *aefda*가 있다. 미지의 전류를 결정하기 위하여 두 개의 고리 법칙만 적용하여 식을 세우면 된다(세 번째 방정식에는 새로운 정보가 없다). 고리의 시계 방향으로 순환하기로 한다. 고리 *abcda*, *befcb*에 키르히호프의 고리 법칙을 적용한다.

abcda: (2) $10.0\text{ V} - (6.0\,\Omega)I_1 - (2.0\,\Omega)I_3 = 0$

befcb: $-(4.0\,\Omega)I_2 - 14.0\text{ V} + (6.0\,\Omega)I_1 - 10.0\text{ V} = 0$

(3) $$-24.0\text{ V} + (6.0\,\Omega)I_1 - (4.0\,\Omega)I_2 = 0$$

식 (1)을 I_3에 대하여 풀고 식 (2)에 대입한다.

$$10.0\text{ V} - (6.0\,\Omega)I_1 - (2.0\,\Omega)(I_1 + I_2) = 0$$

(4) $$10.0\text{ V} - (8.0\,\Omega)I_1 - (2.0\,\Omega)I_2 = 0$$

식 (3)의 모든 항에 4를 곱하고 식 (4)에는 3을 곱한다.

(5) $$-96.0\text{ V} + (24.0\,\Omega)I_1 - (16.0\,\Omega)I_2 = 0$$

(6) $$30.0\text{ V} - (24.0\,\Omega)I_1 - (6.0\,\Omega)I_2 = 0$$

식 (5)와 (6)을 더하여 I_1을 소거하고 I_2를 구한다.

$$-66.0\text{ V} - (22.0\,\Omega)I_2 = 0$$

$$I_2 = \boxed{-3.0\text{ A}}$$

식 (3)에 I_2를 대입하여 I_1을 구한다.

$$-24.0\text{ V} + (6.0\,\Omega)I_1 - (4.0\,\Omega)(-3.0\text{ A}) = 0$$

$$-24.0\text{ V} + (6.0\,\Omega)I_1 + 12.0\text{ V} = 0$$

$$I_1 = \boxed{2.0\text{ A}}$$

식 (1)을 사용하여 I_3을 구한다.

$$I_3 = I_1 + I_2 = 2.0\text{ A} - 3.0\text{ A} = \boxed{-1.0\text{ A}}$$

결론 I_2와 I_3 모두 음의 부호를 가지므로 전류의 실제 방향은 그림 28.14의 처음에 설정한 방향과 반대이다. 그러나 그 크기는 맞다. 전류의 방향은 반대이지만 그 다음 계산에서 계속 음수의 값을 사용해야 한다. 왜냐하면 이는 방정식을 세울 때 설정한 전류의 방향을 따라야 하기 때문이다. 전류의 방향은 그림 28.14와 같이 두고, 고리의 반대 방향으로 순환하면 어떻게 되는가?

28.4 *RC* 회로
RC Circuits

지금까지는 일정한 전류가 흐르는 직류 회로를 공부하였다. 축전기를 포함하는 직류 회로에 있어서 흐르는 전류의 방향은 일정하지만 흐르는 전류의 크기는 시간에 따라 변할 수 있다. 저항기와 축전기가 직렬로 연결된 회로를 ***RC* 회로**(*RC* circuit)라고 한다.

축전기의 충전 Charging a Capacitor

그림 28.15는 간단한 *RC* 회로를 나타낸다. 처음에 축전기는 충전되지 않았다고 가정한다. 스위치가 열려 있을 때(그림 28.15a) 회로에는 전류가 흐르지 않는다. $t = 0$의 시간(그림 28.15b)에 스위치를 닫으면, 전하가 이동하면서 회로에 전류를 형성하고 축전기에 충전이 되기 시작한다.[3] 축전기의 판 사이의 간격은 열린 회로이기 때문에, 충전이 되는 동안에 전하는 판을 통과하지 못한다는 것을 유의해야 한다. 대신 축전기가

완전히 충전될 때까지 전하는 전지에 의하여 축전기의 두 판을 연결한 도선 내부에 형성된 전기장을 따라서 흐른다. 축전기의 판에 충전이 진행됨에 따라 축전기 양단의 전위차는 증가한다. 판에 유도되는 전하의 최댓값은 전지의 전압에 의존한다. 일단 최대 전하에 도달하면, 축전기 양단의 전위차는 전지의 전압과 같아지므로 회로에 흐르는 전류는 영이 된다.

이 문제를 정량적으로 분석하기 위하여 스위치를 a 위치에 놓은 후 회로에 키르히호프의 제2법칙을 적용해 보자. 그림 28.15b와 같이 회로가 시계 방향으로 순환하면

$$\boldsymbol{\varepsilon} - \frac{q}{C} - iR = 0 \tag{28.11}$$

이며, 여기서 q/C는 축전기에서의 전위차를 나타내고 iR는 저항기에서의 전위차를 나타낸다. $\boldsymbol{\varepsilon}$와 iR의 부호는 앞에서 논의한 부호 설정의 규칙을 따른다. 축전기의 경우 양(+)의 판에서 음(−)의 판으로 지나가므로 전압 강하가 일어남에 주목하라. 그러므로 식 28.11의 전위차 항에서 음의 부호를 사용한다. q와 i는 각각 충전기가 충전될 때의 시간에 의존하는(정상 상태와는 다름) **순간 전하**와 **순간 전류**값임에 유의하자.

식 28.11을 사용하여 회로의 처음 전류와 축전기의 최대 전하량을 구할 수 있다. 스위치를 a 위치로 닫는 순간($t = 0$), 축전기의 전하량은 영이며, 식 28.11로부터 회로의 처음 전류 I_i는 최댓값을 가지며

$$I_i = \frac{\boldsymbol{\varepsilon}}{R} \qquad (t = 0\text{에서의 전류}) \tag{28.12}$$

이다. 이때 전지 단자로부터의 전위차는 전적으로 저항기에서 일어난다. 나중에 축전기가 최댓값 Q_{max}로 충전되면 전하의 흐름은 멈추게 되고 회로의 전류는 영이 되며, 전지 단자로부터의 전위차는 전적으로 축전기에서 일어난다. $i = 0$을 식 28.11에 대입하여 그때 축전기에 저장된 최대 전하량을 구하면 다음과 같다.

$$Q_{\max} = C\boldsymbol{\varepsilon} \qquad (\text{최대 전하}) \tag{28.13}$$

시간에 따라 변화하는 전하량과 전류의 표현을 분석하기 위하여, q와 i를 포함하는 식 28.11을 풀어야 한다. 직렬 회로의 모든 소자에 있어서 흐르는 전류는 동일하다. 그러므로 저항 R를 통하여 흐르는 전류는 축전기의 판 사이에 흐르는 전류뿐만 아니라 도선을 통하여 흐르는 전류와 같다. 이 전류는 축전기에 충전되는 전하량의 시간 변화율과 같다. 그러므로 $i = dq/dt$를 식 28.11에 대입하여 식을 정리하면

$$\frac{dq}{dt} = \frac{\boldsymbol{\varepsilon}}{R} - \frac{q}{RC}$$

이다. q에 대한 식을 구하기 위하여 변수 분리를 이용하여 미분 방정식을 푼다. 먼저 우변의 항들을 묶으면

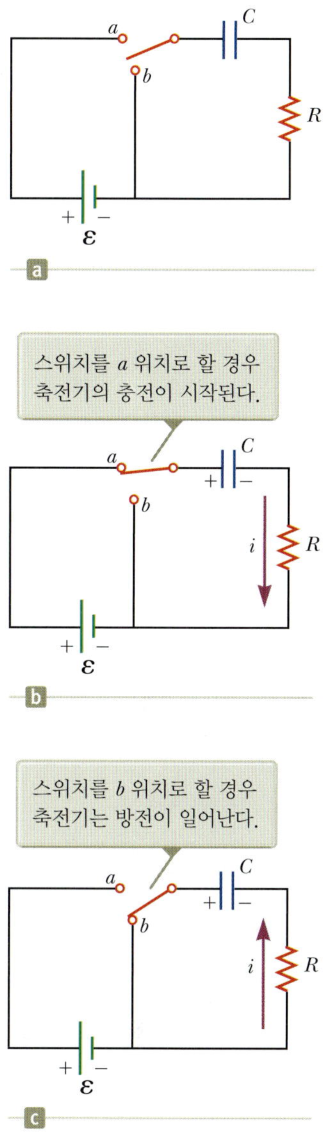

그림 28.15 저항기, 전지 및 스위치와 직렬로 연결된 축전기

[3] 앞에서 축전기를 공부할 때 축전기를 포함하고 있는 회로에는 전류가 흐르지 않는 정상 상태를 가정하였다. 여기서는 정상 상태에 도달하기 **전** 상태를 고려한다. 이 경우 축전기를 연결하는 도선을 통하여 전류가 흐르고 있다.

$$\frac{dq}{dt} = \frac{C\boldsymbol{\mathcal{E}}}{RC} - \frac{q}{RC} = -\frac{q - C\boldsymbol{\mathcal{E}}}{RC}$$

이다. 이제 dt를 곱하고 $q - C\boldsymbol{\mathcal{E}}$로 나누면

$$\frac{dq}{q - C\boldsymbol{\mathcal{E}}} = -\frac{1}{RC}\,dt$$

이다. $t = 0$에서 $q = 0$이라는 사실을 적용하여, 이 식을 적분하면

$$\int_0^q \frac{dq}{q - C\boldsymbol{\mathcal{E}}} = -\frac{1}{RC}\int_0^t dt$$

$$\ln\left(\frac{q - C\boldsymbol{\mathcal{E}}}{-C\boldsymbol{\mathcal{E}}}\right) = -\frac{t}{RC}$$

이다. 자연 로그의 정의로부터 이 식은 다음과 같이 쓸 수 있다.

충전되는 축전기에서 전하량의 시간에 대한 함수 ▶

$$q(t) = C\boldsymbol{\mathcal{E}}(1 - e^{-t/RC}) = Q_{\max}(1 - e^{-t/RC}) \qquad \textbf{(28.14)}$$

여기서 e는 자연 로그의 밑수이고, 식 28.13을 사용하여 마지막 식을 유도하였다.

충전 전류에 대한 표현은 식 28.14를 시간에 대하여 미분함으로써 구할 수 있다. 관계식 $i = dq/dt$를 이용하면

충전되는 축전기에서 전류의 시간에 대한 함수 ▶

$$i(t) = \frac{\boldsymbol{\mathcal{E}}}{R}e^{-t/RC} \qquad \textbf{(28.15)}$$

이 된다. 회로의 전류와 충전되는 전하량의 시간에 대한 그래프가 그림 28.16에 나타나 있다. 전하량은 $t = 0$에서 영이고, $t \to \infty$일 때 최댓값 $C\boldsymbol{\mathcal{E}}$에 수렴한다는 사실에 유의하자. 전류는 $t = 0$에서 최댓값 $I_i = \boldsymbol{\mathcal{E}}/R$이며, 시간이 지남에 따라 지수적으로 감소하여 $t \to \infty$일 때 영이 된다. 식 28.14와 28.15의 지수에 나타나는 값 RC는 회로의 **시**

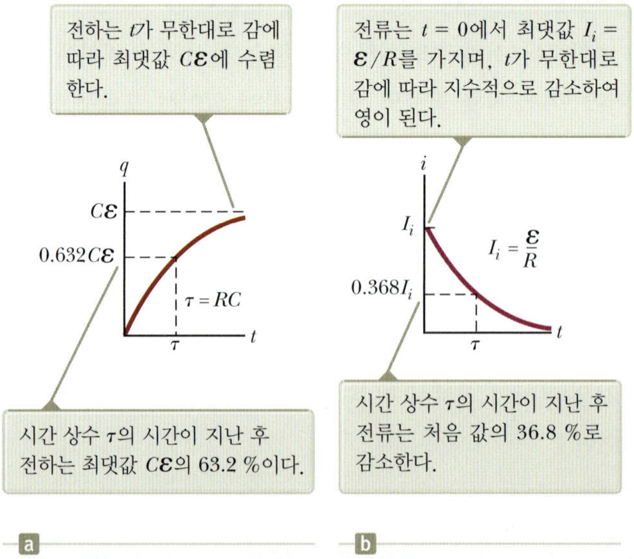

그림 28.16 (a) 그림 28.15b의 회로에서 축전기에 충전되는 전하량의 시간에 대한 그래프 (b) 그림 28.15b의 회로에서 전류의 시간에 대한 그래프

간 상수(time constant) τ라고 한다. 즉

$$\tau = RC \tag{28.16}$$

이다. 시간 상수는 전류가 처음 값의 $1/e$로 감소하는 데 걸리는 시간을 나타낸다. 즉 시간 τ 동안에 $i = e^{-1}I_i = 0.368I_i$로 감소하고, 2τ 동안의 시간에는 $i = e^{-2}I_i = 0.135I_i$ 등으로 감소한다. 마찬가지로 시간 τ 동안에 전하량은 영으로부터 $C\boldsymbol{\mathcal{E}}[1 - e^{-1}] = 0.632C\boldsymbol{\mathcal{E}}$로 증가한다.

다음의 차원 분석은 τ가 시간의 단위를 갖는다는 것을 보여 준다. 즉

$$[\tau] = [RC] = \left[\left(\frac{\Delta V}{I}\right)\left(\frac{Q}{\Delta V}\right)\right] = \left[\frac{Q}{Q/\Delta t}\right] = [\Delta t] = \mathrm{T}$$

이다. $\tau = RC$가 시간의 단위를 가지고 있으므로, t/RC는 식 28.14와 28.15에서 e의 지수가 되려면 당연히 단위를 가지고 있지 않아야 한다.

축전기가 완전히 충전되는 동안 전지가 공급한 에너지는 $Q_{\max}\boldsymbol{\mathcal{E}} = C\boldsymbol{\mathcal{E}}^2$이다. 축전기가 완전히 충전된 후 축전기에 저장된 에너지는 $\frac{1}{2}Q_{\max}\boldsymbol{\mathcal{E}} = \frac{1}{2}C\boldsymbol{\mathcal{E}}^2$이며, 이것은 전지에서 나온 에너지의 꼭 절반이다. 전지에서 나온 나머지 절반의 에너지는 저항기에서 내부 에너지로 나타난다.

축전기의 방전 Discharging a Capacitor

이제 그림 28.15b와 같이 처음에 전하량 Q_i로 완전히 충전된 축전기를 생각해 보자. 스위치가 열려 있을 경우 축전기 양단의 전위차는 Q_i/C이고, $i = 0$이므로 저항기 양단의 전위차는 영이다. 만일 $t = 0$에서 스위치를 b 위치로 닫으면(그림 28.15c), 축전기는 저항기를 통하여 방전하기 시작한다. 방전하는 동안 어떤 시간 t에서 회로에 흐르는 전류는 i이고 축전기의 전하량은 q이다. 그림 28.15c의 회로는 회로에 전지가 없는 것을 제외하고는 그림 28.15b의 회로와 동일하다. 따라서 식 28.11에서 기전력 $\boldsymbol{\mathcal{E}}$를 제거하여 그림 28.15c의 회로에 대한 적절한 고리 방정식을 얻는다. 즉

$$-\frac{q}{C} - iR = 0 \tag{28.17}$$

이다. $i = dq/dt$를 이 식에 대입하면

$$-R\frac{dq}{dt} = \frac{q}{C}$$

$$\frac{dq}{q} = -\frac{1}{RC}\,dt$$

를 얻는다. $t = 0$에서 $q = Q_i$인 사실을 이용하여, 이 식을 적분하면

$$\int_{Q_i}^{q}\frac{dq}{q} = -\frac{1}{RC}\int_0^t dt$$

$$\ln\left(\frac{q}{Q_i}\right) = -\frac{t}{RC}$$

방전되는 축전기에서 전하의 시간에 대한 함수 ▶

$$q(t) = Q_i e^{-t/RC} \tag{28.18}$$

이 된다. 이 식을 시간에 대하여 미분하면 순간 전류를 시간의 함수로 구할 수 있다. 즉

방전되는 축전기에서 전류의 시간에 대한 함수 ▶

$$i(t) = -\frac{Q_i}{RC} e^{-t/RC} \tag{28.19}$$

이며, 여기서 $Q_i/RC = I_i$는 처음 전류이다. 음의 부호는 축전기를 방전할 때의 전류의 방향이 축전기를 충전할 때의 전류의 방향과 반대임을 나타낸다(그림 28.15b와 28.15c에서 전류의 방향을 비교한다). 축전기의 전하량과 전류는 둘 다 시간 상수 $\tau = RC$의 특성을 가지고 지수적으로 감소한다.

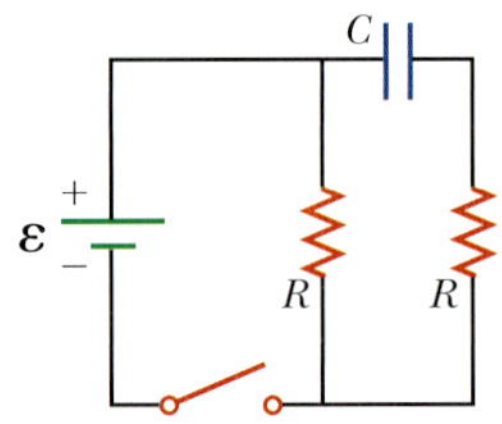

그림 28.17 (퀴즈 28.5) 스위치를 닫은 후 전류는 어떻게 변하는가?

Q 퀴즈 28.5 그림 28.17의 회로에서 전지의 내부 저항은 없다고 가정하자. **(i)** 스위치를 닫은 바로 직후 전지에 흐르는 전류는 얼마인가? (a) 0 (b) $\mathcal{E}/2R$ (c) $2\mathcal{E}/R$ (d) $\mathcal{E}/R$ (e) 알 수 없다. **(ii)** 시간이 많이 흐르고 난 후 전지에 흐르는 전류는 얼마인가? 앞의 보기에서 고르라.

예제 28.7 *RC* 회로에서 축전기의 충전

충전되지 않은 축전기와 저항기가 그림 28.15와 같이 전지에 연결되어 있다. 여기서 $\mathcal{E} = 12.0$ V, $C = 5.00\ \mu$F, $R = 8.00 \times 10^5\ \Omega$이다. 스위치를 a 위치로 놓는다. 회로의 시간 상수, 축전기에 저장되는 최대 전하량, 회로에 흐르는 최대 전류를 구하고 축전기의 전하량 및 회로의 전류를 시간의 함수로 구하라.

풀이

개념화 그림 28.15를 살펴보고 그림 28.15b와 같이 스위치를 a 위치로 놓는다고 생각해 보자. 그렇게 하면 축전기의 충전이 시작된다.

분류 이 절에서 공부한 식을 사용하여 결과를 얻을 수 있으므로, 예제를 대입 문제로 분류한다.

식 28.16을 사용하여 회로의 시간 상수를 계산한다.

$$\tau = RC = (8.00 \times 10^5\ \Omega)(5.00 \times 10^{-6}\ \text{F}) = 4.00\ \text{s}$$

식 28.13을 사용하여 축전기에 저장되는 최대 전하량을 계산한다.

$$Q_{\text{max}} = C\mathcal{E} = (5.00\ \mu\text{F})(12.0\ \text{V}) = 60.0\ \mu\text{C}$$

식 28.12로부터 회로에 흐르는 최대 전류를 계산한다.

$$I_i = \frac{\mathcal{E}}{R} = \frac{12.0\ \text{V}}{8.00 \times 10^5\ \Omega} = 15.0\ \mu\text{A}$$

식 28.14와 28.15를 사용하여 전하량과 전류를 시간의 함수로 구한다.

(1) $$q(t) = 60.0(1 - e^{-t/4.00})$$

(2) $$i(t) = 15.0e^{-t/4.00}$$

식 (1)과 (2)에서 q의 단위는 μC, I의 단위는 μA, t의 단위는 s이다.

예제 28.8 *RC* 회로에서 축전기의 방전

그림 28.15c와 같이 전기용량이 C인 축전기가 저항 R를 통하여 방전한다고 생각해 보자.

(A) 축전기의 전하량이 처음 값의 4분의 1이 되는 데 걸리는 시간은 시간 상수의 몇 배가 되는가?

풀이

개념화 그림 28.15를 살펴보고 그림 28.15c와 같이 스위치를 b 위치로 놓는다고 생각해 보자. 그렇게 하면 축전기의 방전이 시작된다.

분류 예제를 방전하는 축전기의 문제로 분류하고 그와 관련된 식들을 사용한다.

분석 식 28.18에서 $q(t) = Q_i/4$로 치환한다.

$$\frac{Q_i}{4} = Q_i e^{-t/RC}$$

$$\tfrac{1}{4} = e^{-t/RC}$$

식의 양변에 로그를 취하고 t에 대하여 푼다.

$$-\ln 4 = -\frac{t}{RC}$$

$$t = RC \ln 4 = 1.39RC = \boxed{1.39\tau}$$

(B) 축전기의 방전이 진행됨에 따라서 축전기에 저장된 에너지는 줄어든다. 축전기에 저장된 에너지가 처음 값의 4분의 1이 되는 데 걸리는 시간은 시간 상수의 몇 배가 되는가?

풀이 식 26.11과 28.18을 사용하여 시간 t에 축전기에 저장된 에너지 식을 구한다.

$$(1) \qquad U(t) = \frac{q^2}{2C} = \frac{Q_i^2}{2C} e^{-2t/RC}$$

식 (1)에서 $U(t) = \frac{1}{4}(Q_i^2/2C)$로 치환한다.

$$\tfrac{1}{4}\frac{Q_i^2}{2C} = \frac{Q_i^2}{2C} e^{-2t/RC}$$

$$\tfrac{1}{4} = e^{-2t/RC}$$

식의 양변에 로그를 취하고 t에 대하여 푼다.

$$-\ln 4 = -\frac{2t}{RC}$$

$$t = \tfrac{1}{2}RC \ln 4 = 0.693RC = \boxed{0.693\tau}$$

결론 에너지는 전하량의 제곱에 비례하므로 축전기의 에너지는 전하량보다 더 빠르게 감소한다.

문제 전하량을 시간 상수 τ 대신에 처음 값의 반으로 줄어드는 데 걸리는 시간으로 표현하면 어떻게 되는가? 그럴 경우 회로의 반감기 $t_{1/2}$로 표현된다. 회로의 반감기와 시간 상수는 어떤 관계에 있는가?

답 반감기의 시간 동안에 전하량은 Q_i에서 $Q_i/2$ 로 감소한다. 그러므로 식 28.18로부터

$$\frac{Q_i}{2} = Q_i e^{-t_{1/2}/RC} \;\rightarrow\; \tfrac{1}{2} = e^{-t_{1/2}/RC}$$

이므로

$$t_{1/2} = 0.693\tau$$

이다. 반감기의 개념은 나중에 핵붕괴를 공부할 때 매우 중요하다. 불안정한 핵의 방사성 붕괴는 *RC* 회로에 있어서 축전기의 방전과 수학적으로 비슷한 형태로 표현된다.

예제 28.9 저항기에 전달된 에너지

5.00 μF의 축전기가 800 V의 전위차에서 충전된 다음 저항기를 통하여 방전된다. 축전기가 완전히 방전되는 동안 줄열로 손실되는 에너지를 구하라.

풀이

개념화 예제 28.8에서 축전기가 방전될 때 저장된 에너지가 처음 에너지의 4분의 1이 되는 경우를 생각해 보았다. 이 예제에서는 축전기가 완전히 방전된다.

분류 예제는 두 가지 방법으로 풀 수 있다. 첫 번째 방법은 회로를 **에너지**에 대한 **고립계**로 모형화하는 경우이다. 고립계의 에너지는 보존되므로, 축전기에 저장된 처음 에너지 U_E는 저항기의 내부 에너지 $E_{int} = E_R$로 변환된다. 두 번째 방법은 저항기를 **에너지**에 대한 **비고립계**로 간주하는 경우이다. 에너지는 축전기로부터 전기 수송을 통하여 저항기에 들어와서 저항기의 내부 에너지를 증가시킨다.

분석 고립계의 모형화부터 시작한다.

식 8.2와 같은 에너지 보존에 관한 적절한 식을 쓴다.

$$\Delta U + \Delta E_{int} = 0$$

처음과 나중 에너지 값으로 치환한다.

$$(0 - U_E) + (E_{int} - 0) = 0 \;\rightarrow\; E_R = U_E$$

식 26.11을 사용하여 축전기에 저장된 전기적 위치 에너지를 구한다.

$$E_R = \frac{1}{2}C\mathcal{E}^2$$

주어진 값들을 대입한다.

$$E_R = \frac{1}{2}(5.00 \times 10^{-6}\ \mathrm{F})(800\ \mathrm{V})^2 = \boxed{1.60\ \mathrm{J}}$$

조금 어렵지만 학습 효과가 더 큰 두 번째 방법은 축전기가 저항기를 통하여 방전될 때 전기 수송에 의하여 저항기에 전달되는 에너지는 i^2R로 주어짐에 착안한 경우이다. 여기서 i는 순간 전류이고 식 28.19에 주어져 있다.

축전기가 완전히 방전하는 데 무한대의 시간이 걸리므로 전력을 무한대까지 적분하여 저항기에 전달된 전체 에너지를 구한다.

$$P = \frac{dE}{dt} \rightarrow E_R = \int_0^\infty P\,dt$$

저항기에 전달된 전력을 대입한다.

$$E_R = \int_0^\infty i^2 R\,dt$$

식 28.19로부터 전류를 대입한다.

$$E_R = \int_0^\infty \left(-\frac{Q_i}{RC}e^{-t/RC}\right)^2 R\,dt = \frac{Q_i^2}{RC^2}\int_0^\infty e^{-2t/RC}\,dt$$

$$= \frac{\mathcal{E}^2}{R}\int_0^\infty e^{-2t/RC}\,dt$$

적분 값 $RC/2$를 대입한다.

$$E_R = \frac{\mathcal{E}^2}{R}\left(\frac{RC}{2}\right) = \frac{1}{2}C\mathcal{E}^2$$

결론 이 결과는 고립계의 방법으로 구한 결과와 당연히 일치한다. 두 번째 방법은 적분의 상한을 특정한 값 t로 간단하게 치환하여, 스위치가 닫힌 이후 임의의 시간까지 저항기에 전달된 에너지를 구하는 데 이용할 수 있다.

28.5 가정용 배선 및 전기 안전
Household Wiring and Electrical Safety

원활한 전기 공급과 안전을 위하여 가정 전기 시스템의 설계는 매우 중요하다. 이 절에서는 가정용 전기 시스템에 대하여 몇 가지 공부해 보기로 한다.

가정용 배선 Household Wiring

가정용 회로는 이 장에서 공부한 몇 가지 개념들의 실질적인 응용에 해당한다. 전기기기를 사용하는 데 있어서 일상적인 전기 시스템의 한계와 필요한 전력량 및 안전 기준을 이해하는 것은 사고를 방지하기 위하여 매우 유용한 일이다.

일상적인 전기 설치에 있어서 전기회사는 각 가정에 한 쌍의 전력선으로 전력을 공급한다. 각 가정은 이 전력선에 병렬로 연결되어 있다. 그림 28.18에서 한 전선을 **활선**(live wire)[4]이라 하고 다른 전선을 **중립선**(neutral wire)이라 한다. 중립선은 접지되어 있으므로 전위는 영이다. 활선과 중립선의 전위차는 미국의 경우 약 120 V이다. 이 전압은 시간에 따라 변하는데, 접지에 대한 활선의 상대적인 전위가 진동한다. 지금까지 전압(직류)이 일정한 경우에 공부한 내용은 전기회사가 가정이나 회사에 공급하는 교류 전압의 경우에도 역시 적용된다(교류 전압과 교류 전류는 33장에서 논의한다).

계량기는 가정에서 소비되는 전력량을 기록하기 위하여 가정으로 들어오는 활선과 직렬로 연결되어 있다. 계량기를 지난 전선은 병렬로 연결된 가정 내의 독립된 여러 회

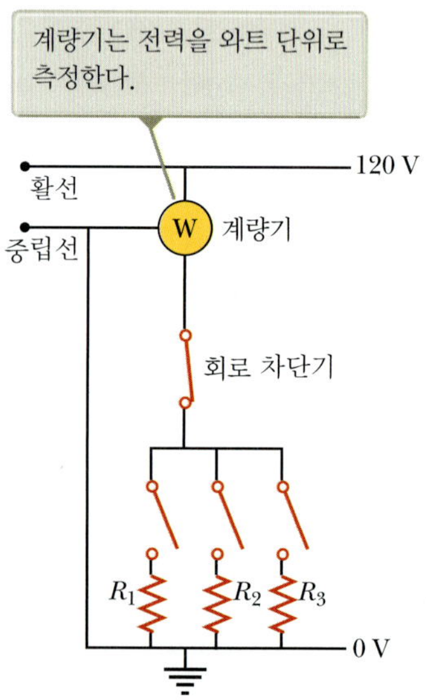

그림 28.18 가정용 회로의 배선도. 저항들은 120 V의 전압에서 작동하는 전기기기 또는 다른 전기 장치를 나타낸다.

[4] 접지보다 전위가 높거나 낮은 도선을 나타내는 일반적인 표현

로로 갈라진다. 각 회로는 회로 차단기(또는 옛날에 사용되던 퓨즈)를 포함하고 있다. 각 회로의 전선과 회로 차단기는 그 회로에서 필요한 전류에 맞도록 신중하게 선택되어야 한다. 만일 회로에 30 A 정도의 전류가 흐른다면, 이 전류를 감당하기 위한 굵기의 도선과 적당한 회로 차단기를 사용해야 한다. 일반적으로 전등이나 작은 전기 기구를 사용하는 개개의 가정용 회로에는 대체로 20 A 정도면 충분하다. 가정의 전기 시스템의 각 회로는 그 부분의 회로를 보호하기 위하여 자체 차단기가 있다.

예를 들면 토스터, 전자레인지 및 커피메이커가 연결된 회로(그림 28.18의 R_1, R_2, R_3에 대응하는)를 생각해 보자. $P = I\,\Delta V$의 표현을 사용하여 각 기기에서 흐르는 전류를 계산할 수 있다. 1 000 W 용량의 토스터는 1 000 W/120 V = 8.33 A의 전류를 흐르게 한다. 1 300 W 용량의 전자레인지는 10.8 A의 전류를 흐르게 하며, 800 W 용량의 커피메이커는 6.67 A의 전류를 흐르게 한다. 만일 세 전기 기기를 동시에 작동시킨다면 전체 25.8 A의 전류가 흐른다. 그러므로 회로는 최소한 이 전류를 감당할 수 있도록 배선되어야 한다. 만일 회로를 보호하는 회로 차단기의 용량이 너무 적을 경우, 예를 들어 20 A라면 세 번째 전기 기기를 켜면 회로 차단기는 내려가 세 전기 기기가 동시에 작동하는 것을 방지한다. 이 문제를 해결하기 위하여 토스터와 커피메이커는 20 A 용량의 한 회로에서 작동시키고, 전자레인지는 20 A 용량의 다른 회로에서 작동시켜야 한다.

전자레인지나 의류 건조기 같은 고용량 전기 기기들은 240 V에서 작동시키는 것이 더 낫다. 전기회사는 접지 전위보다 120 V 낮은 전압을 세 번째 도선으로 공급한다(그림 28.19). 이 활선과 또 다른 활선(접지 전위보다 120 V 높은) 사이의 전위차는 240 V이다. 240 V 전선에서 작동하는 전기 기기는 120 V에서 작동할 때의 전류의 절반만 필요하다. 그러므로 과열의 문제없이 더 작은 도선을 고전압 회로에 사용할 수 있게 된다.

a

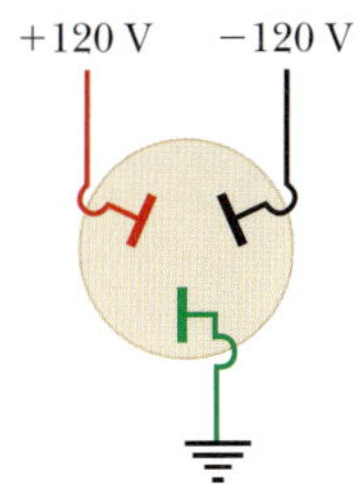

b

그림 28.19 (a) 240 V용 전원 콘센트 (b) 240 V 전기 기구용 연결도

전기 안전 Electrical Safety

전기 출력 단자의 활선이 접지에 직접 연결될 경우 회로는 **합선**(short-circuit; 단락)된다. 합선은 서로 다른 전위에 있는 두 점 사이의 저항이 영에 가까울 때 일어난다. 이 경우 매우 큰 전류가 흐른다. 이것이 뜻하지 않게 발생될 경우 회로 차단기가 적절하게 작동하여 회로의 손상을 막아준다. 그러나 접지에 접촉하고 있는 사람이 낡은 전선이나 노출된 다른 도체의 활선을 건드리면 감전될 수 있다. 특히 수도관(일반적으로 접지 전위에 있는)에 접촉하고 있는 사람이나 젖은 발로 땅에 서 있는 것은 접지와 매우 좋은(위험한!) 접촉이 된다. 후자의 경우 증류되지 않은 일반적인 물은 그 속에 녹아 있는 많은 불순물 이온들에 의하여 도체가 되기 때문에 접지와 접촉이 되는 것이다. 이런 상황은 절대로 피해야만 한다.

전기 충격은 치명적 화상을 입히거나 심장과 같은 생명 유지 기관의 근육을 마비시킬 수도 있다. 신체 손상의 정도는 전류의 크기, 전류가 흐른 시간, 활선과의 접촉 부위 및 전류가 통과하는 신체의 부위 등에 따라 다르다. 5 mA 이하의 전류는 거의 위험은 없지만 약간의 충격을 준다. 전류가 10 mA보다 커지면 근육이 수축되어 사람은 활선으로부터 떨어지지 못할 수도 있다. 만일 100 mA의 전류가 단 몇 초 동안만이라도 신체를 통하여 흐른다면 결과는 치명적이 된다. 이와 같은 큰 전류는 호흡 기관의 근육을 마비시켜 호흡을 마비시킨다. 어떤 경우 약 1 A의 전류가 신체를 통과하면 심각한(때로는 치명적인) 화상을 입는다. 실제로 24 V 이상의 전압을 가진 활선과는 접촉하지 않는 것이 안전하다.

120 V 출력 단자의 많은 경우 세 개의 핀으로 된 콘센트에 전력선을 연결하도록 설계되어 있다(이 형태는 새롭게 시작하는 전기 설비 공사에서 의무 사항이다). 콘센트의 세 핀 중에서 하나는 활선이며 보통 120 V 전위에 있다. 두 번째는 중립선이며 보통 0 V에 있고 접지로 전류를 흐르게 한다. 그림 28.20a는 두 선으로만 연결된 전기 드릴의 경우를 보여 준다. 만일 뜻하지 않게 활선이 이 전기 드릴의 덮개에 합선되면(도선의 절연체가 벗겨질 때 가끔 발생된다), 전류는 사람의 몸을 통하여 접지로 흐르게 되어 사람은 감전이 된다. 세 번째 둥근 핀은 전류가 흐르지 않지만 접지되어 있고 또한 전기 기기의 덮개에 직접 연결되어 있는 안전 접지선이다. 뜻하지 않게 활선의 덮개에서 합선되더라도 대부분의 전류는 그림 28.20b와 같이 전기 기구의 저항이 작은 경로를 통하여 흐르게 된다.

누전 차단기(ground-fault circuit interrupters, GFCI)라고 하는 특수한 전기 출력 단자는 새로 짓는 집의 경우 부엌, 목욕탕, 지하실, 옥외 단자 및 다른 위험한 곳에 사용되고 있다. 이 장치는 접지로 누설되는 작은 전류(< 5 mA)를 검출함으로써 사람을 감전으로부터 보호하도록 설계되었다(작동 원리는 31장에 설명되어 있다). 과도한 누설 전류가 검출되면 전류는 1 ms의 시간 이내에 차단된다.

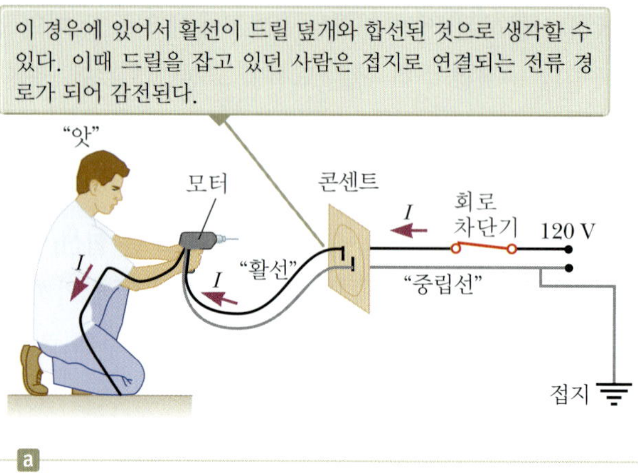

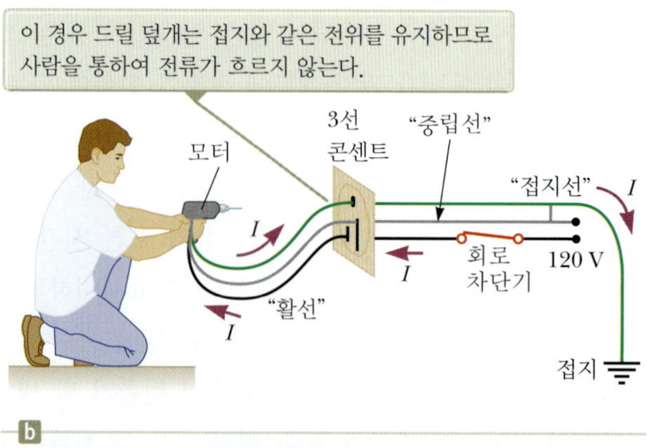

그림 28.20 (a) 두 전선만으로 작동하는 전기 드릴. 정상적인 전류 경로는 활선으로부터 모터 단자를 지나 중립선을 통하여 접지로 흘러간다. (b) 제3의 전선을 사용하여 드릴 덮개를 접지에 연결하면 이와 같은 감전을 피할 수 있다. 도선의 색은 미국 전기 표준으로 나타내었다. 활선은 검정색, 접지선은 초록색, 중립선은 흰색(그림에서 회색으로 보임)이다.

연습문제

객관식

1. 전지에는 약간의 내부 저항이 있다. **(i)** 전지의 두 극 사이의 전압은 전지의 기전력과 같을 수 있는가? (a) 아니다. (b) 전기 에너지를 받아들이면 그럴 수도 있다. (c) 각 단자에 한 개 이상의 도선이 연결되면 그럴 수도 있다. (d) 전지 내부의 전류가 영이면 그렇다. (e) 특별한 조건 없이 그렇다. **(ii)** 전지의 단자 전압이 기전력보다 클 수가 있는가? (i)의 보기에서 고르라.

2. 120 V의 전기 회로에서 전열기는 1.30×10^3 W, 토스터는 1.00×10^3 W, 전기 오븐은 1.54×10^3 W의 전력을 공급받는다. 세 개의 전기 기구를 120 V의 전기 회로에 병렬로 연결하고 동시에 스위치를 닫을 경우, 외부 전원으로부터 회로에 공급되는 전체 전류는 얼마인가? (a) 24.0 A (b) 32.0 A (c) 40.0 A (d) 48.0 A (e) 정답 없음

3. 직렬로 연결된 동일한 두 저항이 내부 저항이 없는 전지에 연결되면 전지에서 공급하는 전력이 8.00 W이다. 두 저항을 병렬로 연결하고 동일한 전지에 연결하면 전지가 공급하는 전력은 얼마인가? (a) 16.0 W (b) 32.0 W (c) 2.00 W (d) 4.00 W (e) 정답 없음

4. 여러 개의 저항기가 직렬로 연결되어 있다. 다음 중 옳은 것을 모두 고르라. (a) 등가 저항은 각각의 어떤 저항보다도 크다. (b) 등가 저항은 각각의 어떤 저항보다도 작다. (c) 등가 저항은 직렬 연결에 걸린 전압에 의존한다. (d) 등가 저항은 각 저항의 합과 같다. (e) 정답 없음

5. 그림 OQ28.5에 보인 회로의 시간 상수는 얼마인가? 저항기들의 저항 값은 모두 R이고 축전기의 전기용량도 모두 C이다. 또한 전지의 내부 저항은 무시한다. (a) RC (b) $5RC$ (c) $10RC$ (d) $25RC$ (e) 정답 없음

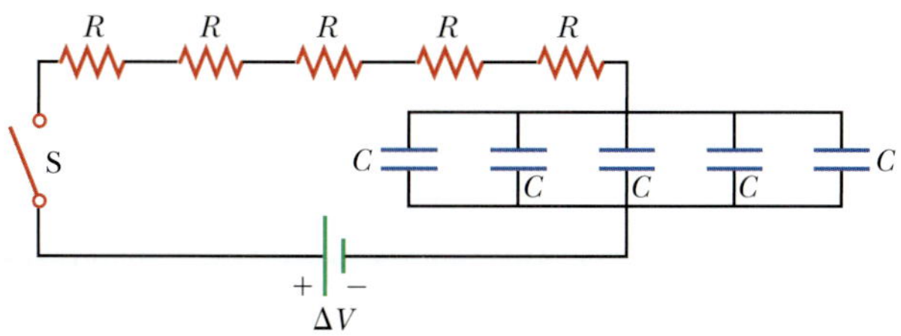

그림 OQ28.5

6. 저항이 다른 두 저항기를 병렬 연결한 후 전지의 두 단자에 연결한다. 다음 중 옳은 말을 모두 고르라. (a) 저항이 큰 저항기에 더 큰 전류가 흐른다. (b) 저항이 큰 저항기에 더 작은 전류가 흐른다. (c) 두 저항 사이의 전위차는 서로 같다. (d) 저항이 큰 저항기 양단의 전위차가 다른 저항기 양단의 전위차 보다 크다. (e) 전지에 가까운 저항기 양단의 전위차가 보다 크다.

7. 자동차의 두 전조등은 서로 어떻게 연결되어 있는가? (a) 직렬 (b) 병렬 (c) 직렬도 아니고 병렬도 아님 (d) 구분하지 않고 연결되어 있다.

8. 그림 OQ28.8의 회로에서 각 전지는 전선을 통하여 회로에 에너지를 공급한다. 모든 저항기의 값은 같다. **(i)** a, b, c, d, e의 각 지점에서 전위가 가장 높은 지점부터 순서대로 나열하라. 단, 전위가 같으면 동일한 순위로 두라. **(ii)** 위의 각 지점에서 전류의 크기가 가장 큰 지점부터 순서대로 나열하라. 단, 전류값이 같으면 동일한 순위로 두라.

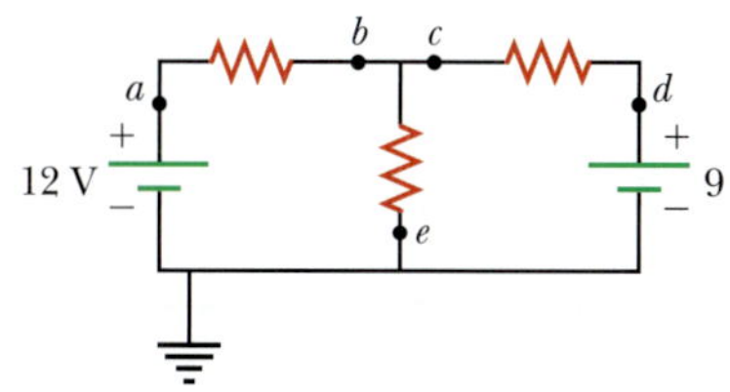

그림 OQ28.8

9. 여러 개의 저항기가 병렬로 연결되어 있다. 다음 중 옳은 것을 모두 고르라. (a) 등가 저항은 각각의 어떤 저항보다도 크다. (b) 등가 저항은 각각의 어떤 저항보다도 작다. (c) 등가 저항은 병렬 연결에 걸린 전압에 의존한다. (d) 등가 저항은 각 저항의 합과 같다. (e) 정답 없음

10. 그림 OQ28.10과 같이 세 개의 똑같은 전구가 직렬로 전지에 연결된 회로가 있다. 열려 있는 스위치 S를 닫는다면 **(i)** 전구 B의 밝기는 어떻게 되는가? (a) 증가한다. (b) 약간 감소한다. (c) 변함이 없다. (d) 완전히 영이 된다. 다

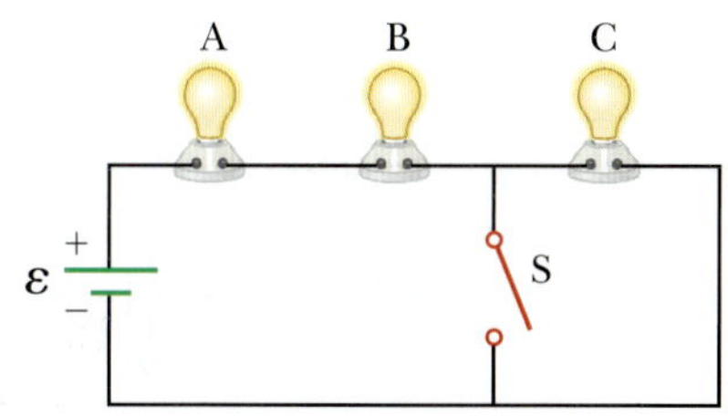

그림 OQ28.10

음 (ii)에서 (vi)까지 물음에 대하여 (i)의 보기에서 고르라. **(ii)** 전구 C의 밝기는 어떻게 되는가? **(iii)** 전지를 지나가는 전류는 어떻게 되는가? **(iv)** 전구 A 양단의 전위차는 어떻게 되는가? **(v)** 전구 C 양단의 전위차는 어떻게 되는가? **(vi)** 전지가 전구들에게 공급하는 전체 전력은 어떻게 되는가?

주관식

28.1 기전력

1. 기전력이 15.0 V인 전지가 있다. 외부 저항 R에 20.0 W의 전력을 공급할 때 전지의 단자 전압은 11.6 V이다. (a) R 값은 얼마인가? (b) 전지의 내부 저항은 얼마인가?

2. 자동차 전지의 기전력은 12.6 V이고 내부 저항은 0.080 0 Ω이다. 두 전조등의 등가 저항은 5.00 Ω으로 일정하다고 가정한다. (a) 전조등이 유일한 부하 저항일 경우와 (b) 전지에서 35.0 A의 전류가 더 요구되는 시동 장치를 동시에 작동할 경우, 전조등 전구 양단의 전위차는 얼마인가?

3. 다음 상황은 왜 불가능한가? 기전력이 $\boldsymbol{\mathcal{E}}$ = 9.20 V이고 내부 저항이 r = 1.20 Ω인 전지가 있다. 이 전지가 저항 R인 저항기에 연결되어서 P = 21.2 W의 전력을 공급한다.

28.2 저항기의 직렬 및 병렬 연결

4. 동일한 저항기로 구성된 그림 P28.4의 회로에서 점 a와 b 사이의 등가 저항은 얼마인가?

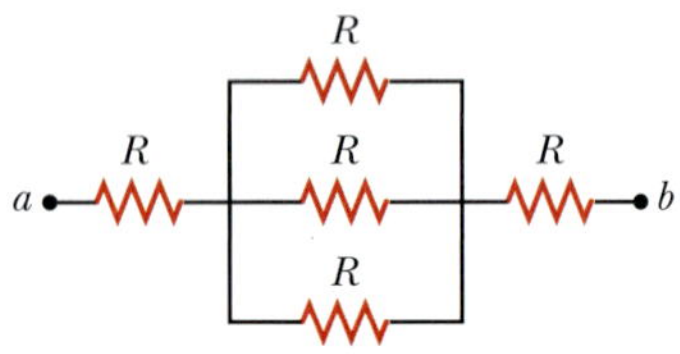

그림 P28.4

5. 그림 P28.5와 같은 두 회로가 있다. 두 회로의 전지는 동일하고 각 전구의 저항은 모두 R이다. 전지의 내부 저항은 무시한다. (a) 각 전구를 지나가는 전류의 표현을 구하라. (b) 전구 B와 C의 밝기를 비교하고 그 이유를 설명하라. (c) 전구 A와 B, A와 C의 밝기를 비교하고 그 이유를 설명하라.

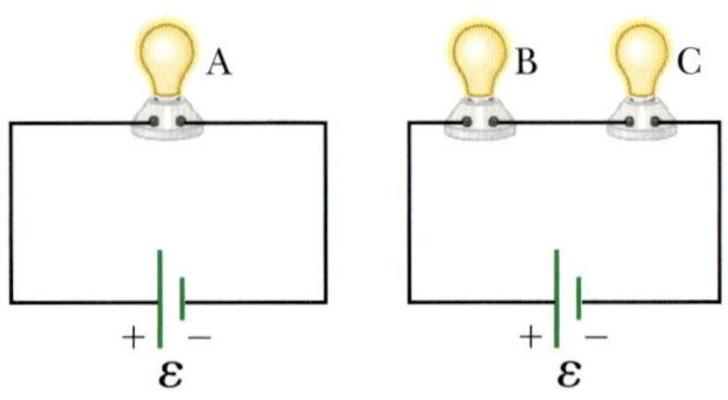

그림 P28.5

6. 그림 P28.6에서 $\boldsymbol{\mathcal{E}}$ = 6.00 V의 전지가 회로에 전류를 공급하고 있다. 이중 스위치 S가 그림과 같이 열린 상태일 경우 전지를 통하여 흐르는 전류는 1.00 mA이다. 스위치를 a 위치로 닫을 경우 전지를 통하여 흐르는 전류는 1.20 mA이고, 스위치를 b 위치로 닫을 경우 전지를 통하여 흐르는 전류는 2.00 mA이다. 저항 (a) R_1, (b) R_2, (c) R_3을 구하라.

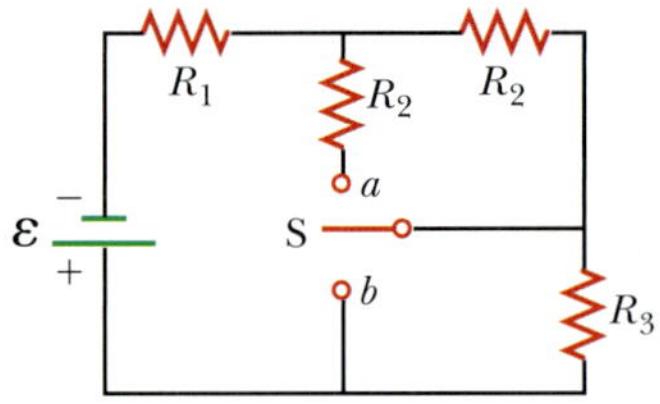

그림 P28.6

7. (a) 그림 P28.7에서 점 a와 b 사이의 등가 저항을 구하라. (b) 점 a와 b 사이의 전위차가 34.0 V일 때 각 저항기를 지나가는 전류를 구하라.

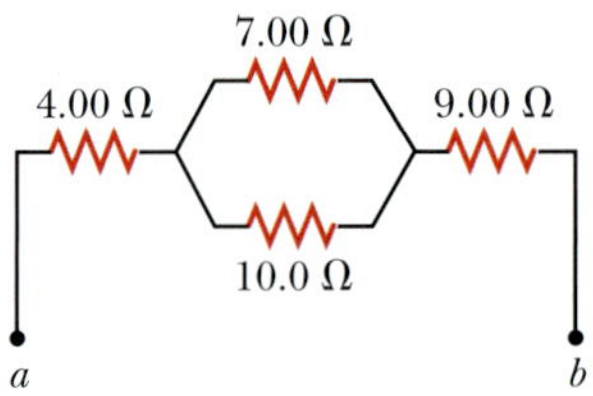

그림 P28.7

8. (a) 그림 P28.8의 회로에서 스위치 S를 닫을 경우 점 a와 b 사이의 등가 저항은 증가하는가, 감소하는가? 그 이유를 설명하라. (b) 스위치를 닫을 때 등가 저항이 50.0 %로 줄어들 경우 R 값을 구하라.

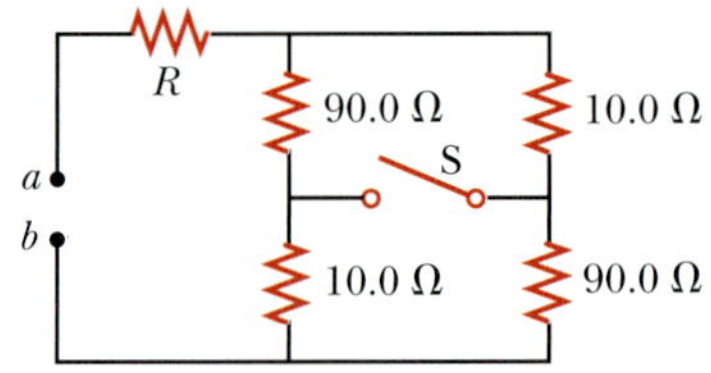

그림 P28.8

9. 그림 P28.9와 같이 네 개의 저항기가 연결되어 있다. (a) 각 저항기 양단의 전위차를 $\boldsymbol{\mathcal{E}}$을 사용하여 표현하라. (b) 각 저항기를 지나가는 전류를 전지를 지나가는 전체 전류 I를 사용하여 표현하라. (c) 만약 R_3의 저항 값이 증가한다면 다른 저항기들 각각에 대한 전위차와 전류가 증가하는지 감소하는지 설명하라. (d) $R_3 \to \infty$인 극한에서 나머지 세 저항기를 각각 지나가는 전류를 원래의 전체 전류 I를 사용하여 표현하라.

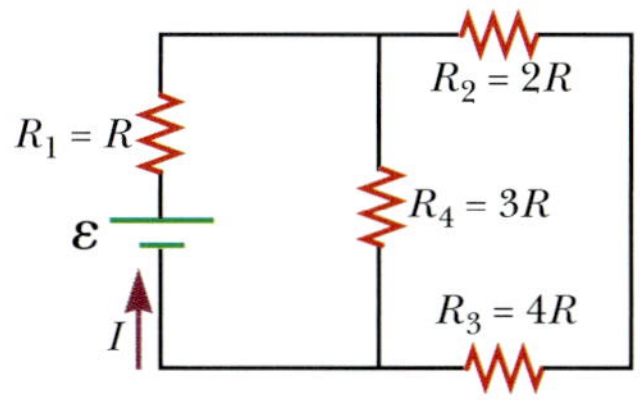

그림 P28.9

10. 그림 P28.10에 보인 회로는 미국 국가표준원(ANSI)의 규격에 따른 것으로 신발의 저항을 측정하기 위하여 금속판 위에 신발을 신고 서 있는 사람의 몸을 통하여 전류가 흐르게 한다. 1.00 MΩ 저항기 양단의 전위차 ΔV를 이상적인 전압기로 측정한다. (a) 신발의 저항이 다음과 같음을 보이라.

$$R_{\text{shoes}} = \frac{50.0\text{ V} - \Delta V}{\Delta V}$$

(b) 의료 검사에서 인체를 지나가는 전류는 150 μA을 초과하면 안 된다. ANSI 규격에 의한 이 회로의 전류가 150 μA를 넘을 수가 있는가? 이를 확인해 보려면 사람이 맨발로 접지가 된 금속판 위에 서 있는 경우를 고려해 보라.

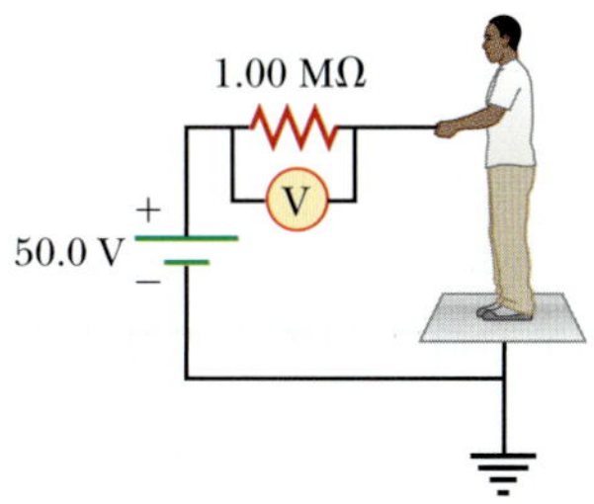

그림 P28.10

11. 그림 P28.11의 회로에서 각 저항기에 공급되는 전력을 계산하라.

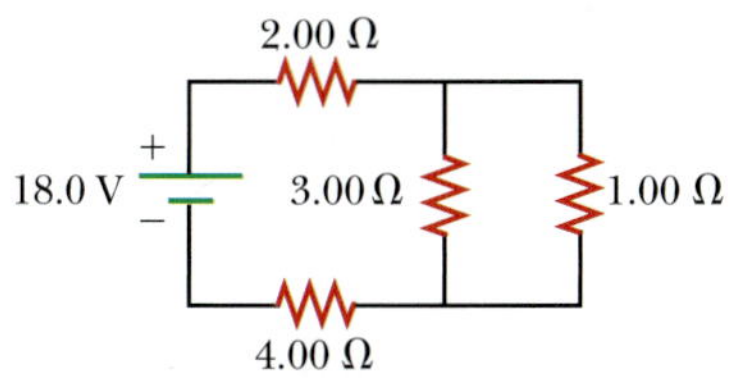

그림 P28.11

12. 그림 P28.12의 회로에서 (a) 3.00 Ω 저항기 양단의 전압을 구하라. (b) 3.00 Ω 저항기를 통하여 흐르는 전류를 구하라.

13. 그림 P28.13의 회로에서 점 a와 b 사이의 등가 저항을 구하라.

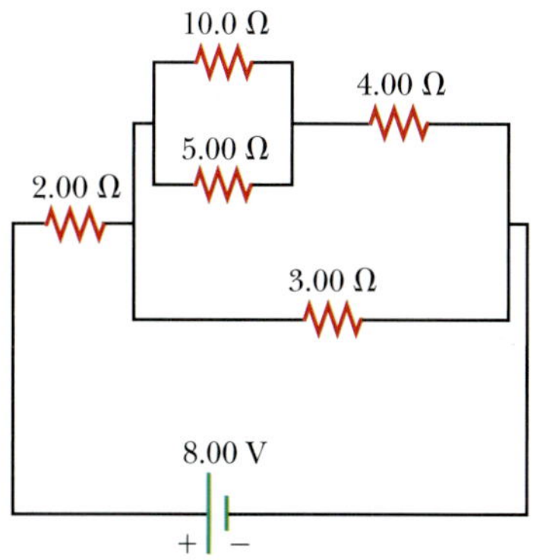

그림 P28.12

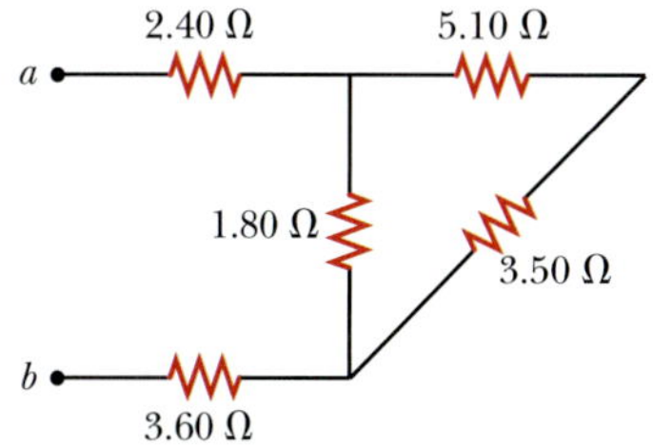

그림 P28.13

14. 그림 P28.14의 회로에서 점 a와 b 사이의 등가 저항은 75.0 Ω이다. 만약 R라고 표지가 붙은 두 저항기가 같은 저항을 갖는다면 이 저항을 구하라.

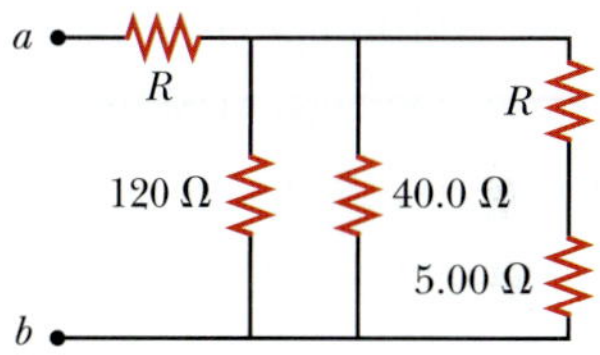

그림 P28.14

28.3 키르히호프의 법칙

15. 그림 P28.15의 회로에서 서로 다른 모든 전류 값들을 측정하려면 전류계들을 어떻게 설치해야 불필요한 측정이 없는가? (전류계를 설치하는 위치는 달라질 수도 있으나 전류계의 개수는 정해진다.: 역자 주) 다음에 저항기 주위와 전지 주위의 전위차를 모두 측정하려면 전압계들을 어떻게 설치해야 불필요한 측정이 없는가? (마찬가지로 전압계의 개수

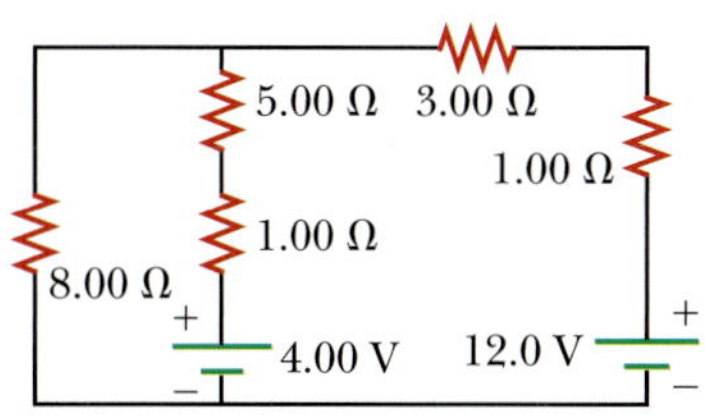

그림 P28.15

는 정해진다.: 역자 주)

16. 그림 P28.16의 회로에서 (a) 2.00 Ω 저항기에 흐르는 전류와 (b) 점 a와 b 사이의 전위차를 계산하라.

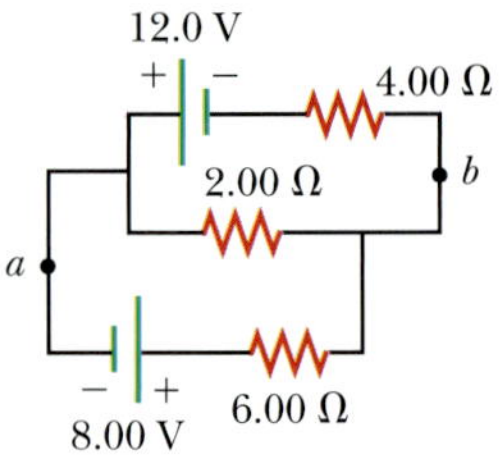

그림 P28.16

17. 그림 P28.17에서 $R = 1.00$ kΩ, $\boldsymbol{\mathcal{E}} = 250$ V일 경우 수평 방향으로 놓인 a와 e 사이 도선에 흐르는 전류의 크기와 방향을 구하라.

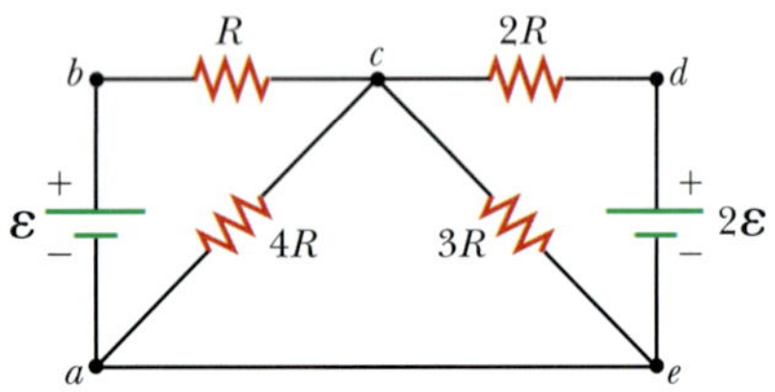

그림 P28.17

18. 자동차의 전지가 방전된 경우 이 전지를 다른 자동차의 정상적인 전지와 점퍼(jumper) 케이블로 연결하여 시동을 걸 수가 있다. 그림 P28.18은 이 상황의 회로도를 나타낸 것이다. 케이블이 연결된 후 전지가 방전된 자동차의 시동 스위치를 켜서 시동 모터를 회전시킨다. (a) 시동 모터와 (b) 방전된 전지에 흐르는 전류를 계산하라. (c) 시동 모터가 작동하는 동안 방전된 전지가 충전될 수 있는가?

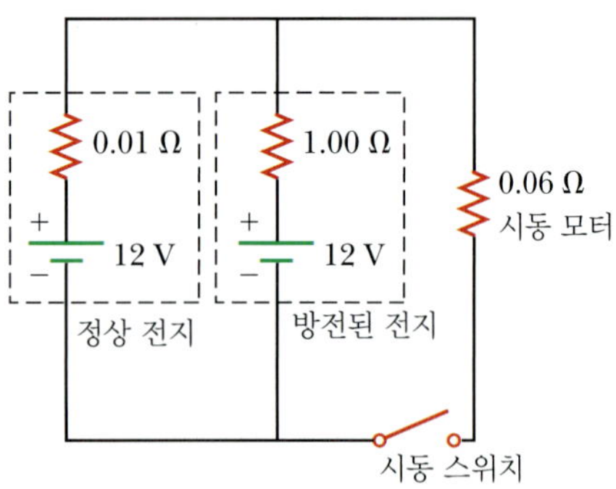

그림 P28.18

19. 그림 P28.19의 회로에서 전류계의 눈금은 2.00 A를 나타낸다. (a) I_1, (b) I_2, (c) $\boldsymbol{\mathcal{E}}$를 구하라.

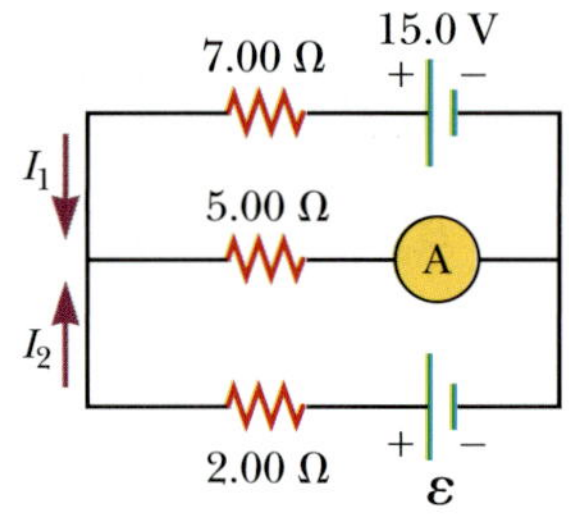

그림 P28.19

20. 그림 P28.20의 회로에 대하여 키르히호프의 법칙을 적용하여 (a) 각 저항기를 지나가는 전류를 구하고 (c) 분기점 c와 f 사이의 전위차를 구하라.

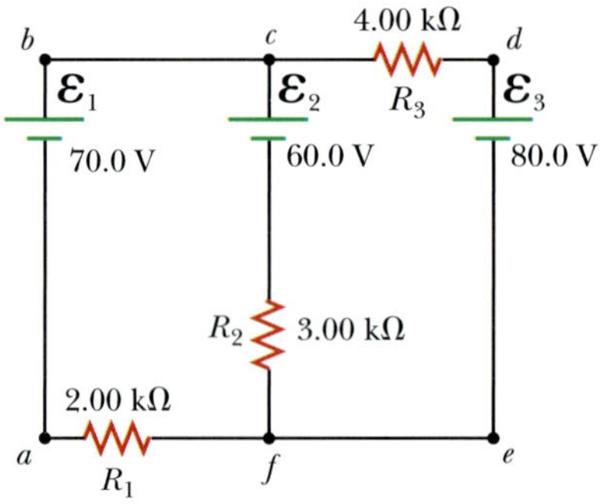

그림 P28.20

21. 그림 P28.21의 회로에서 전류 I_1, I_2, I_3을 계산하려고 한다. 키르히호프의 법칙을 적용하여 (a) 위쪽 고리, (b) 아래쪽 고리, (c) 그리고 왼쪽 분기점에 대한 방정식들을 구하라. (d) (c)에서 구한 분기점 방정식에서 I_3을 다른 전류들로 표시하라. (e) (d) 식을 사용하여 (b)에서 구한 식에서 I_3을 소거하라. (f) (a)와 (e)에서 얻은 두 식을 연립하여 I_1과 I_2를 구하라. (g) (f)에서 구한 답들을 (d)에서 구한 분기점 식에 대입해서 I_3을 구하라. (h) I_2의 값이 음수인 것의 의미는 무엇인가?

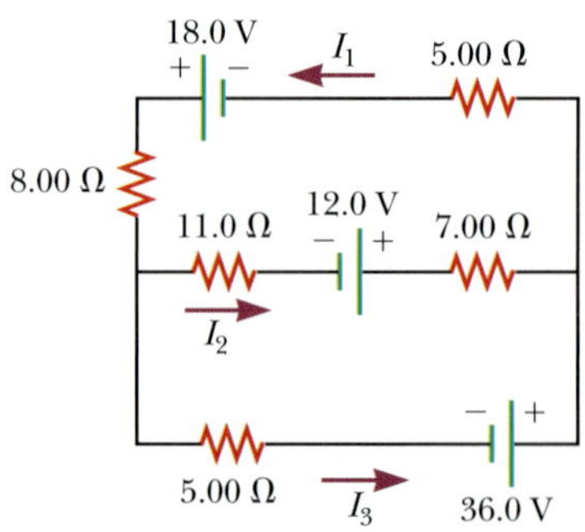

그림 P28.21

22. 그림 P28.22의 각 저항기 양단의 전위차를 구하라.

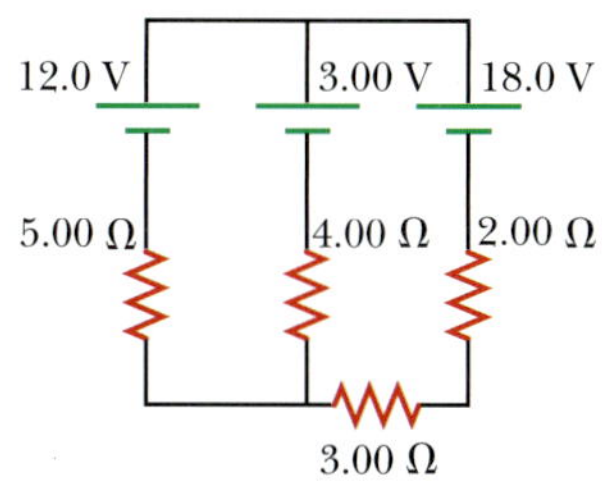

그림 P28.22

23. 그림 P28.23에 나타낸 회로에서 이상적인 전압계의 눈금은 6.00 V이고 이상적인 전류계의 눈금은 3.00 mA이다. 이때 (a) R 값, (b) 전지의 emf, (c) 3.00 kΩ 저항기 양단의 전위차를 구하라.

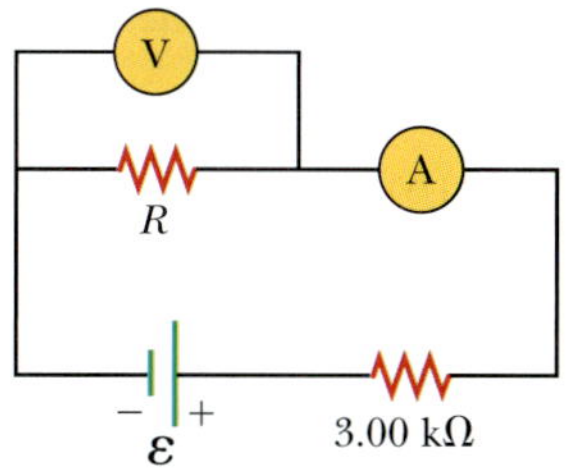

그림 P28.23

24. 그림 P28.24의 회로에서 다음을 구하라. (a) 등가 저항 (b) 각 저항기 양단의 전위차 (c) 회로에 표시된 전류 (d) 각 저항기에 전달되는 전력

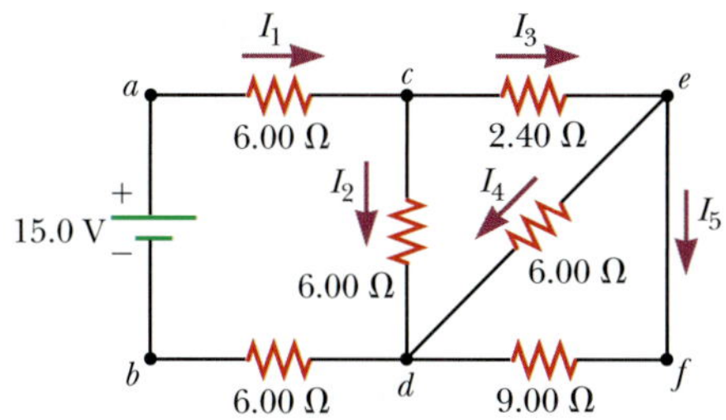

그림 P28.24

25. 어느 청년이 통 모양 진공청소기로 자동차 내부를 청소하려 한다. 진공청소기의 사양은 120 V, 535 W라고 되어 있다. 청년은 아파트 주차장에 차를 세운 후 값싼 15.0 m 연장 코드 콘센트에 청소기 전원 플러그를 꼽는다. 연장 코드에서 두 가닥의 도선의 저항이 각각 0.900 Ω이면 청소기에 실제로 전달되는 전력은 얼마인가? (b) 청소기에 전달되는 전력이 최소 525 W가 되려면 구리 도선의 지름이 얼마인 연장 코드를 사야 하는가? (c) 전력이 최소 532 W가 되려면 연장 코드의 지름은 얼마라야 하나?

26. 그림 P28.26에서처럼 정사면체는 밑면과 옆면이 모두 정삼각형이다. 그림 P28.26에서 네 개의 꼭짓점에 연결된 여섯 개의 모서리를 생각하자. 각각의 모서리는 저항이 10.0 Ω이다. 12.0 V의 전지를 다른 두 꼭짓점에 연결할 경우 (a) 두 꼭짓점 사이의 등가 저항과 (b) 전지에 흐르는 전류를 구하라.

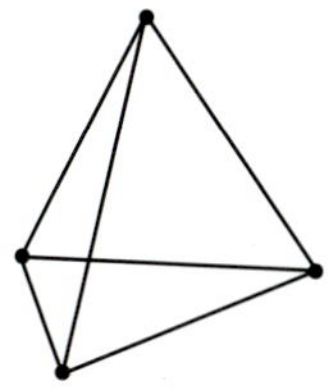

그림 P28.26

27. 그림 P28.27은 케이블 TV 등의 전기 신호를 수많은 가입자들에게 전달하는 회로의 모형을 보인다. 한 가입자당 부하 저항 R_L 하나가 신호 전송선과 접지 사이에 있는 셈이다. 접지의 전위는 영이고 접지선과 접지 사이에 또 접지와 접지 사이에 전류는 저항 없이 흐를 수 있다고 가정한다. (접지들이 도선으로 연결되어 있다고 생각한다.: 역자 주) 가입자 사이의 전송선의 저항은 R_T로 일정하다고 본다. 그림에서 전기 신호원(signal source) 양단의 전위차는 다음과 같음을 보이라.

$$R_{eq} = \frac{1}{2}\left[(4R_TR_L + R_T^2)^{1/2} + R_T\right]$$

도움말: 가입자 수가 아주 많을 때 첫 가입자가 서비스를 해지하더라도 등가 저항은 크게 변하지 않는다. 따라서 첫 부하 저항 오른쪽의 저항이 거의 R_{eq}와 같다고 두어도 된다.

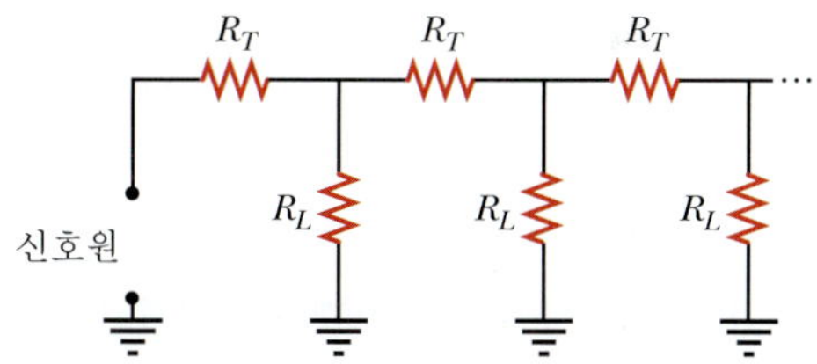

그림 P28.27

28. 그림 P28.28에서 저항기 R이 20.0 W의 전력을 공급받을 때 R 값을 구하라.

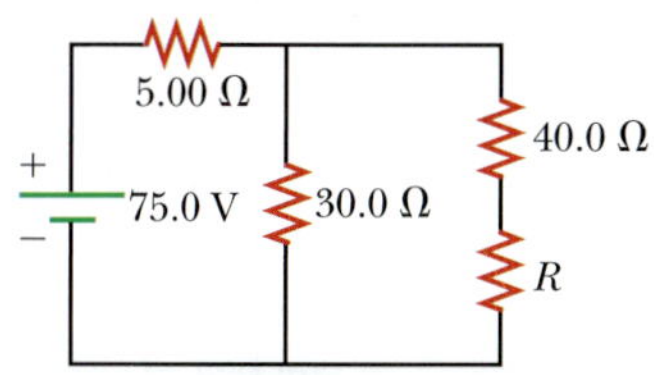

그림 P28.28

28.4 *RC* 회로

29. 그림 P28.29의 회로가 $R = 1.00$ MΩ, $C = 5.00$ μF, $\mathcal{E} =$

30.0 V인 직렬 RC 회로일 때 (a) 회로의 시간 상수와 (b) 스위치를 닫은 후 축전기에 저장되는 최대 전하량을 구하라. (c) 스위치를 닫은 10.0 s 후에 저항기에 흐르는 전류를 구하라.

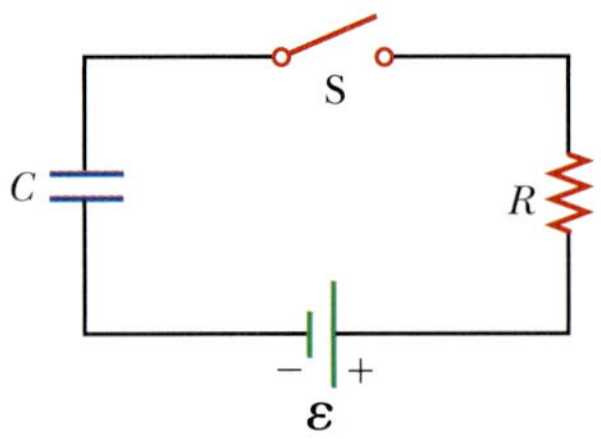

그림 P28.29

30. 전기용량이 10.0 μF인 축전기에 저항이 R인 저항기를 직렬로 연결하고 10.0 V 전지로 충전한다. 충전이 시작된 후 3.00 s 후 축전기 양단의 전위차는 4.00 V가 된다. R 값을 계산하라.

31. 그림 P28.31의 회로에서 스위치 S가 긴 시간 열려 있다가 갑자기 닫힌다. 회로 요소들의 수치값들은 $\boldsymbol{\varepsilon}$ = 10.0 V, R_1 = 50.0 kΩ, R_2 = 100 kΩ, C = 10.0 μF이다. (a) 스위치를 닫기 전 시간 상수와 (b) 스위치를 닫은 후 시간 상수를 구하라. (c) 스위치를 닫은 순간을 t = 0이라 하고 스위치를 지나가는 전류를 시간의 함수로 구하라.

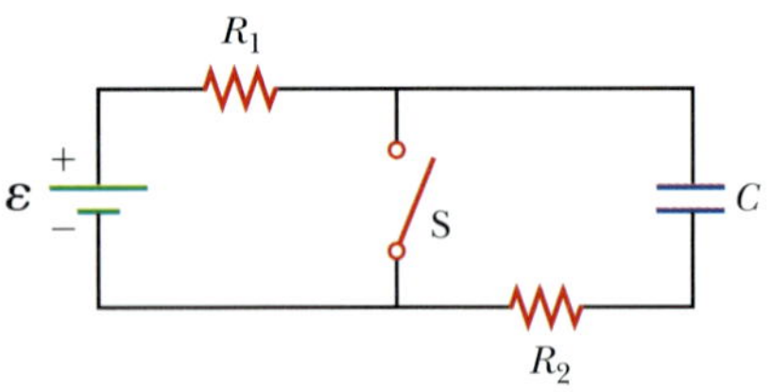

그림 P28.31

32. 그림 P28.32에서 회로는 오랫동안 연결된 상태로 있었다. (a) 축전기 양단의 전위차는 얼마인가? (b) 회로로부터 전지를 분리한 후, 축전기의 전위차가 처음의 1/10로 감소하는 데 걸리는 시간은 얼마인가?

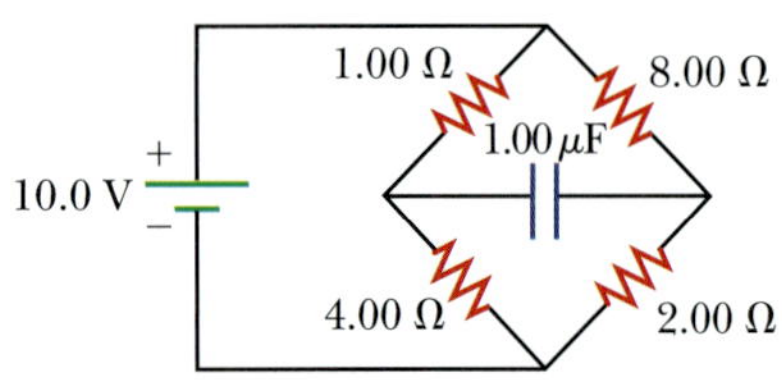

그림 P28.32

33. 그림 P28.33의 회로는 수 초 동안 연결된 상태에 있었다. (a) 4.00 V의 전지, (b) 3.00 Ω의 저항기, (c) 8.00 V의 전지, (d) 3.00 V의 전지에 흐르는 전류를 구하라. (e) 축전기에 저장된 전하량을 구하라.

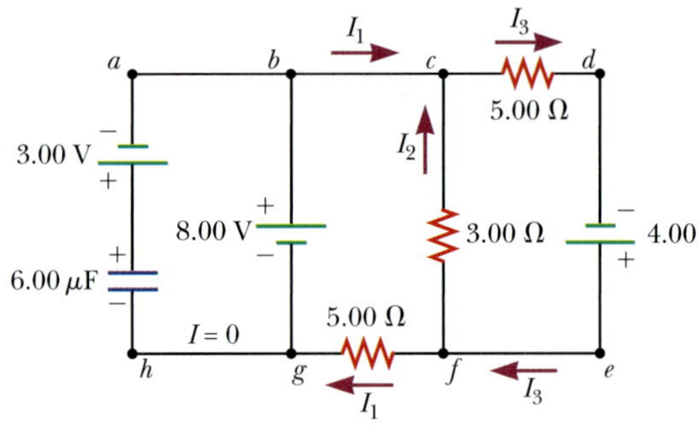

그림 P28.33

34. 그림 P28.34에서 한 쌍의 축전기를 12.0 V의 전지로 완전히 충전시킨다. 전지를 분리하고 스위치를 닫는다. 1.00 ms의 시간이 경과한 후 (a) 3.00 μF 축전기에 남아 있는 전하량은 얼마인가? (b) 2.00 μF 축전기에 남아 있는 전하량은 얼마인가? (c) 그 순간 저항기에 흐르는 전류는 얼마인가?

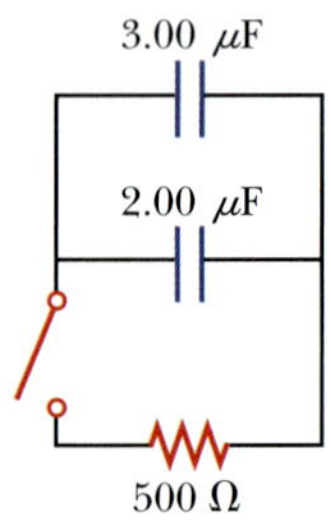

그림 P28.34

35. 그림 P28.35의 회로에는 기전력이 $\boldsymbol{\varepsilon}$ = 120 V인 전지와 이 전지에 연결된 저항이 각각 R_1 = 2.00 kΩ, R_2 = 3.00 kΩ인 두 개의 저항기, 전기용량이 각각 C_1 = 2.00 μF, C_2 = 3.00 μF인 두 개의 축전기가 있다. 스위치 S가 닫히기 전에 축전기들의 전하량이 영이면 스위치를 닫은 후 (a) 축전기 C_1과 (b) C_2의 전하량을 시간의 함수로 구하라.

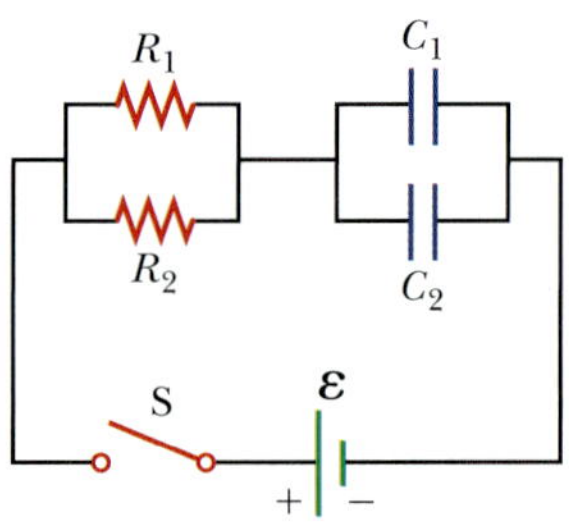

그림 P28.35

36. (a) 그림 P28.36의 회로에서 평형 상태일 때 축전기의 전하량을 R의 함수로 구하라. (b) R = 10.0 Ω일 때 축전기의 전하량을 계산하라. (c) 축전기의 전하량이 영일 수 있는가? 그렇다면 어떤 R 값에 대하여 영일 수 있는가? (d) 축

전기의 전하량의 최댓값을 계산하고 R가 어떤 값일 때 최대인지를 구하라. (e) $R = \infty$인 것이 실험적으로 의미가 있는가? 답에 대한 이유를 말하라. 의미가 있다면 축전기의 전하량은 얼마인가?

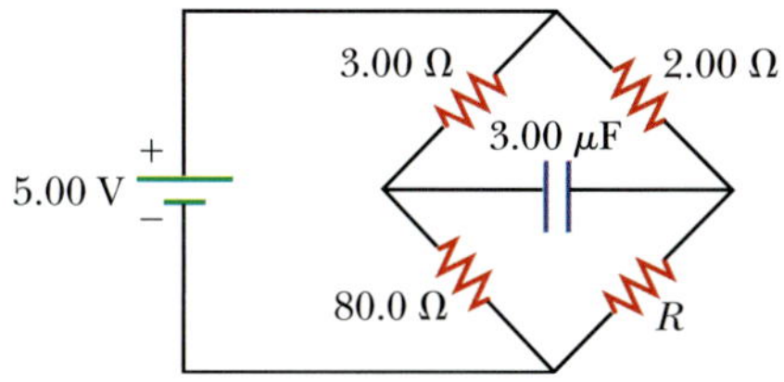

그림 P28.36

37. 그림 P28.37에서 스위치 S는 오랫동안 닫혀 있고, 회로에는 일정한 전류가 흐른다. $C_1 = 3.00\ \mu\text{F}$, $C_2 = 6.00\ \mu\text{F}$, $R_1 = 4.00\ \text{k}\Omega$, $R_2 = 7.00\ \text{k}\Omega$이다. R_2에 전달되는 전력은 2.40 W이다. (a) C_1에 저장된 전하량을 구하라. (b) 스위치를 열고 수 ms(밀리초)가 지난 후에는 C_2에 저장된 전하량이 얼마나 변하는가?

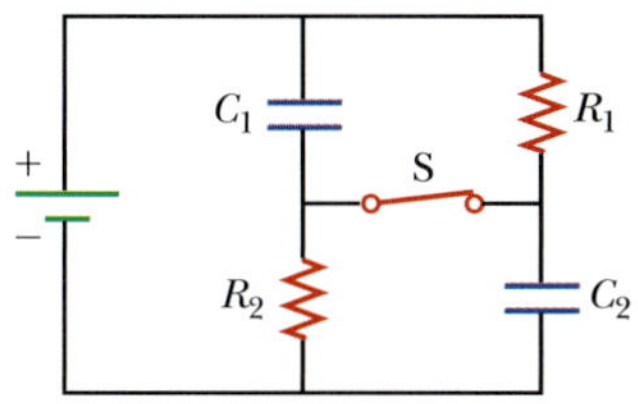

그림 P28.37

38. 그림 P28.38에서 스위치를 오랫동안 닫아놓아 축전기가 완전히 충전되었다고 가정한다. (a) 각 저항기를 통하여 흐르는 정상 상태의 전류와 (b) 축전기에서의 전하량 Q_{max}를 구하라. (c) $t = 0$에서 스위치를 연다. R_2를 통하여 흐르는 전류를 시간의 함수로 구하고 (d) 축전기의 전하량이 처음 전하량의 1/5이 되는 데 걸리는 시간을 구하라.

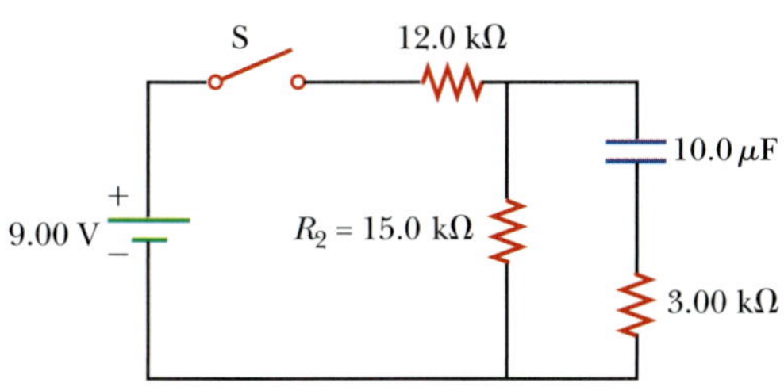

그림 P28.38

39. 그림 P28.39a의 스위치는 $\Delta V_c > \frac{2}{3}\Delta V$이면 닫히고 $\Delta V_c < \frac{1}{3}\Delta V$이면 열린다. 이상적인 전압계가 축전기 양단의 전위차를 읽고 그림 P28.39b에는 이 전위차를 시간의 함수로 보인다. 그림 P28.39b에 보인 파형의 주기 T를 두 저항 값 R_1, R_2와 전기용량 C로서 표현하라.

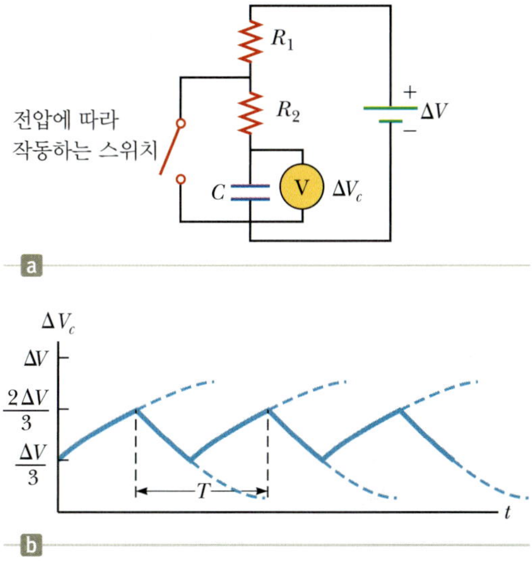

그림 P28.39

28.5 가정용 배선 및 전기 안전

40. 240 V 전원에 연결한 전기난로 전열선의 전력이 3 000 W이다. (a) 전열선의 저항이 변하지 않는다고 가정하고 전열선이 120 V에 연결될 때의 전류를 구하라. (b) 이 전압에서 전열선이 받는 전력을 계산하라.

자기장

Magnetic Fields

CHAPTER

29

유럽공동핵연구기구(CERN)에서 운영하는 유럽입자물리연구소의 한 기술자가 초전도 자석을 이용한 거대 강입자 가속기에 있는 전자 기기를 테스트하고 있다. 자석은 가속기 내에서 대전 입자의 운동을 제어하는 데 사용된다. 이 장에서 우리는 자기장이 대전 입자의 운동에 주는 영향을 공부하고자 한다. *(CERN)*

과학사를 연구하는 역사학자들은 바늘 자석을 사용하는 나침반이 기원전 13세기에 이미 중국에서 사용되었으며, 아마도 아랍이나 인도에서 최초로 발명되었을 것으로 믿고 있다. B. C. 800년경의 그리스 사람들은 이미 자기적인 현상에 대하여 알고 있었다. 그들은 자철광(magnetite, Fe_3O_4)이라는 돌이 쇳조각을 끌어당긴다는 사실을 발견하였다.

1269년에 페레그리누스(Petrus Peregrinus de Maricourt)는 공 모양의 천연 자석을 이용하여 공의 표면에 놓인 바늘들이 가리키는 방향을 그림으로 그려 보았다. 그는 이 방향들을 연결하면 공을 둘러싸는 선이 되며, 이 선은 자석의 **극**이라고 불리는 두 곳에서 만난다는 것을 발견하였다. 계속되는 실험을 통하여 모든 자석은 모양에 관계없

© North Wind/North Wind Picture Archives -- All rights reserved.

외르스테드
Hans Christian Oersted, 1777~1851
덴마크 출생 물리학자이자 화학자

외르스테드는 도선에 전류가 흐를 때 도선 가까이 있는 나침반의 바늘이 편향됨을 발견한 것으로 잘 알려져 있다. 이 발견으로 전기와 자기 현상 사이에 관계가 있음을 처음으로 증명하였다. 외르스테드는 최초로 순수 알루미늄을 만들어낸 것으로도 유명하다.

이 **남극**(N)과 **북극**(S)의 두 극을 갖는데, 전하와 유사한 방법으로 서로 힘을 작용한다는 것을 보여 주었다. 즉 같은 극(N–N 또는 S–S)은 서로 밀어내며, 다른 극(N–S)은 서로 끌어당긴다.

두 극은 자석이 지구 자기 내에서 움직이는 특성에 따라서 이름지어졌다. 막대자석의 가운데를 실로 묶어서 평면 상에서 회전하도록 만들면, N극은 북쪽을, S극은 남쪽을 가리킨다.[1]

1600년에 길버트(William Gilbert, 1540~1603)는 이 실험을 여러 종류의 물질로 확장하였다. 나침반의 바늘이 일정한 방향으로 편향되는 사실을 이용하여 지구 자체도 하나의 커다란 영구자석임을 제안하였다. 1750년에 실험가들은 자극이 서로 끌어당기거나 미는 힘을 조사하기 위하여 비틀림 저울을 사용하여, 이 힘은 거리의 제곱에 반비례한다는 것을 보여 주었다. 두 자극 사이에 작용하는 힘이 두 전하 사이에 작용하는 힘과 비슷하지만 중요한 차이가 있다. 전하는 고립시킬 수 있지만(그 증거는 전자와 양성자), 자극은 고립시킬 수 없다. 즉 자극은 항상 쌍으로 존재한다. 고립된 자기 홀극을 발견하려고 무수히 시도하였지만 성공하지 못하였다. 영구자석을 아무리 여러 번 자르더라도, 모든 조각은 항상 N극과 S극을 갖는다.[2]

전기와 자기 사이의 관계는 1819년에 발견되었다. 덴마크의 과학자 외르스테드(Hans Oersted)는 강의 실험 중에, 도선에 전류가 흐를 때 도선 가까이 있는 나침반의 바늘이 편향됨을 발견하였다.[3] 1820년대에 전기와 자기 사이의 더 깊은 관계가 패러데이와 헨리(Joseph Henry, 1797~1878)에 의하여 독립적으로 증명되었다. 그들은 도선 가까이에서 자석을 움직이거나, 도선 가까이 있는 다른 도선의 전류를 변화시킴으로써 전류가 생길 수 있음을 증명하였다. 이 관측들은 자기장의 변화가 전기장을 발생시키는 것을 입증한 것이다. 몇 년 후에 맥스웰의 이론적인 연구는 변하는 전기장이 자기장을 일으킨다는 사실을 증명하였다.

이 장에서는 자기장이 존재할 때 운동하는 전하에 작용하는 힘 그리고 전류가 흐르는 도선에 작용하는 힘에 대하여 조사할 것이다. 자기장의 원천은 30장에서 기술한다.

29.1 분석 모형: 자기장 내의 입자
Analysis Model: Particle in a Field (Magnetic)

앞 장에서 대전된 물체 간의 힘을 전기장의 개념으로 설명하는 것이 보다 쉽다는 것을 확인한 바 있다. 즉 임의의 정지한 전하의 주위에는 전기장이 생긴다고 생각하자.

---

[1] 지구의 지리적 북극은 자기적으로 보면 S극이고, 반면에 지구의 지리적 남극은 자기적으로 N극이다. 반대의 자극은 서로 잡아당기기 때문에, 지구의 지리적 북극으로 끌리는 자석의 극은 N극이고 지구의 지리적 남극으로 끌리는 자석의 극은 S극이다.

[2] 자기 홀극(즉 고립된 N극 또는 S극)이 자연에 존재할지도 모른다는 일부의 이론적인 토대가 있다. 이를 검출하고자 하는 시도가 실험적인 연구 분야에서 활발히 진행되고 있다.

[3] 이 발견은 1802년 이탈리아의 법학자 로모노시(Gian Romagnosi)가 발표한 적이 있으나 무명 잡지에 게재된 까닭에 잊혀져 있었다.

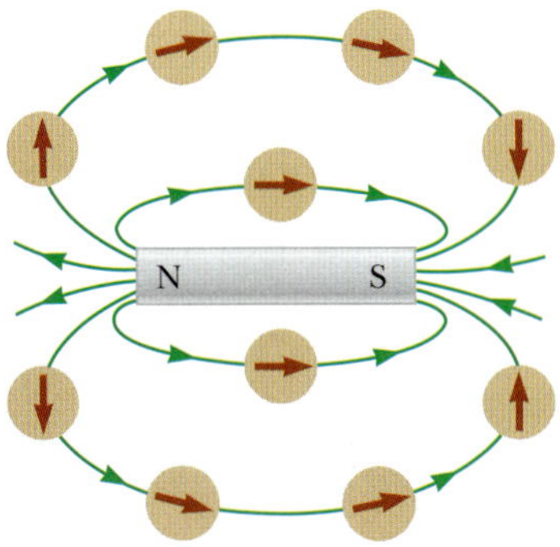

그림 29.1 나침반의 바늘을 이용하여 막대자석 주변의 자기력선을 그릴 수 있다.

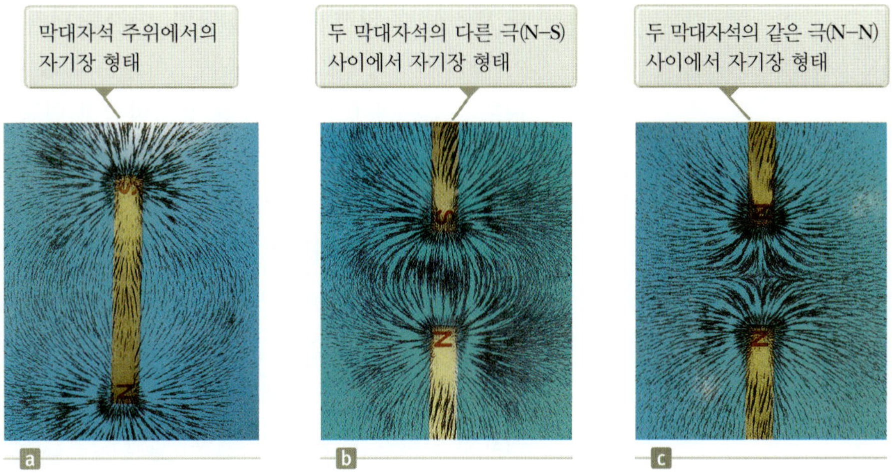

Henry Leap and Jim Lehman

그림 29.2 자석 부근의 종이 위에 뿌린 철가루로 자기장 형태를 볼 수 있다.

한편 움직이는 전하의 주위에는 전기장과 더불어 **자기장**(magnetic field)이 생성된다. 자기장도 역시 모든 자기적인 물체를 둘러싸고 있다.

자기장을 나타내는 기호는 역사적으로 $\vec{\mathbf{B}}$를 사용하여 왔으며, 이 교재에서도 이 기호를 사용한다. 어떤 점에서 자기장 $\vec{\mathbf{B}}$의 방향은 그 지점에 놓인 나침반의 N극이 가리키는 방향이다. 전기장과 마찬가지로 **자기력선**을 그림으로써 자기장을 나타낼 수 있다.

그림 29.1은 막대자석 주위의 자기력선을 나침반을 이용하여 그리는 방식을 나타내고 있다. 자기장의 모습은 그림 29.2와 같이 철가루를 사용함으로써 확인할 수도 있다.

N극과 S극을 갖는 나침반 자석을 얘기할 때 '북쪽을 찾는' 극과 '남쪽을 찾는' 극을 갖는다고 말하는 것이 좀 더 적합하다. 이 말의 뜻은 북쪽을 찾는 극은 지구의 지리학적인 북극을 향한다는 것이고, 반면에 남쪽을 찾는 극은 지리학적인 남극을 향한다는 의미이다. 자석의 북극은 지구의 지리적 북극을 향하여 끌리기 때문에, 지자기의 S극은 지리적 북극 근처에 위치하고 지자기의 N극은 지리적 남극 근처에 위치한다. 사실상 그림 29.3에 나타낸 지구 자기장의 구조는 지구 내부 깊은 곳에 거대한 막대자석을 묻어서 얻은 것과 매우 비슷하다. 만일 나침반 바늘이 수평면에서 뿐만 아니라 연직면에서

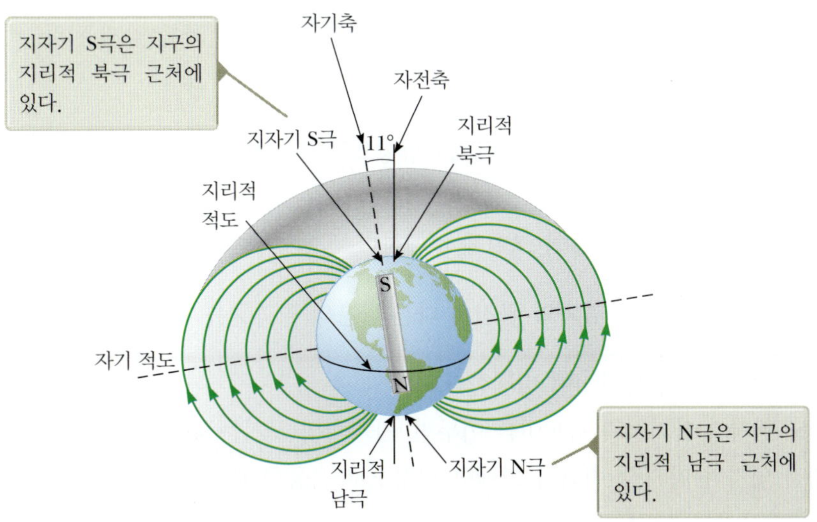

그림 29.3 지구의 자기력선

도 회전할 수 있게 매달려 있다면, 바늘은 단지 적도 근처에서만 지구 표면에 수평이다. 이 나침반이 북쪽으로 이동되면, 바늘은 점점 더 지구 표면을 가리키게 된다. 캐나다의 허드슨만 근처에서 바늘의 N극은 마침내 연직 아래쪽을 가리킨다. 1832년에 처음 발견된 이 지역은 지자기 S극으로 여겨진다. 이 지점은 지구의 지리적 북극으로부터 약 2 100 km 떨어져 있으며, 정확한 위치는 시간에 따라 천천히 변한다. 마찬가지로 지자기 N극은 지구의 지리적 남극으로부터 약 1 900 km 떨어져 있다.

비록 지구 자기장의 모양이 지구 속 깊은 곳에 막대자석을 놓았을 때 생기는 자기장의 모양과 매우 비슷하더라도, 지구 내부에 아주 큰 양의 영구적으로 자기화된 물질이 있어서 지구 자기장이 생기는 것이 아니라는 것은 쉽게 이해할 수 있다. 지구는 실제로 지표면 깊숙한 곳에 상당한 양의 철을 갖고 있다. 그러나 지구 중심부의 높은 온도는 철이 영구적인 자기화를 갖지 못하도록 방해한다. 과학자들은 지구 자기장의 실제 원천은 지구 중심부에 있는 대류 전류에 의한 것으로 여긴다. 앞으로 30장에서 살펴보겠지만 도선 고리를 흐르는 전류가 자기장을 만드는 것처럼, 지구 중심의 액체로 된 영역에서 원운동하는 대전된 이온들 또는 전자들이 지구 자기장을 만든다. 행성들의 자기장의 세기는 행성의 자전 속도와 관계가 있다는 강력한 증거가 있다. 예를 들면 목성은 지구보다 더 빨리 자전하며, 목성의 자기장이 지구의 자기장보다 더 강함이 관측된다. 한편 금성은 지구보다 느리게 자전하는데, 금성의 자기장은 지구보다 더 약하다고 알려져 있다. 지금도 지구 자기장의 원천은 계속 연구되고 있다.

지난 백만 년 동안 여러 차례에 걸쳐 지구 자기장의 방향이 바뀌었다. 이 자기장이 바뀐 증거는 바다 밑바닥에서 화산 활동에 의하여 분출된 물질로부터 형성된 철을 포함하고 있는 현무암을 분석해 보면 알 수 있다. 분출된 용암은 지구 자기장의 방향에 따라 결정을 만들면서 식어서 화석이 된다. 달리 말하면 현무암이 생성된 시기를 알아내면, 지구 자기장의 방향 전환 주기를 알 수 있다.

13장에서 공부한 중력에 대한 모형과 23장에서의 전기에 대한 모형과 마찬가지로 자기장 $\vec{\mathbf{B}}$를 장 내의 입자 모형을 사용하여 정량화할 수 있다. 공간의 어떤 점에서 자기장의 존재는 적당한 시험 입자에 작용하는 **자기력** $\vec{\mathbf{F}}_B$를 측정해 결정할 수 있다. 이 과정은 23장에서 전기장을 정의할 때 했던 방법과 같다. 자기장 내에 전하량 q인 입자를 놓는 실험을 수행하면, 전기력에서의 실험과 유사한 다음의 결과를 얻게 된다.

- 자기력은 입자의 전하량 q에 비례한다.
- 음전하에 작용하는 자기력은 똑같은 방향으로 운동하는 양전하에 작용하는 힘과 반대 방향이다.
- 자기력은 자기장 벡터 $\vec{\mathbf{B}}$의 크기에 비례한다.

또한 전기력에 대한 실험 결과와 **완전히 다른** 다음의 결과들을 얻게 된다.

- 자기력은 입자의 속력 v에 비례한다.
- 속도 벡터가 자기장과 각도 θ를 이루면, 자기력의 크기는 $\sin\theta$에 비례한다.
- 대전 입자가 자기장 벡터와 평행한 방향으로 운동할 때, 입자에 작용하는 자기력

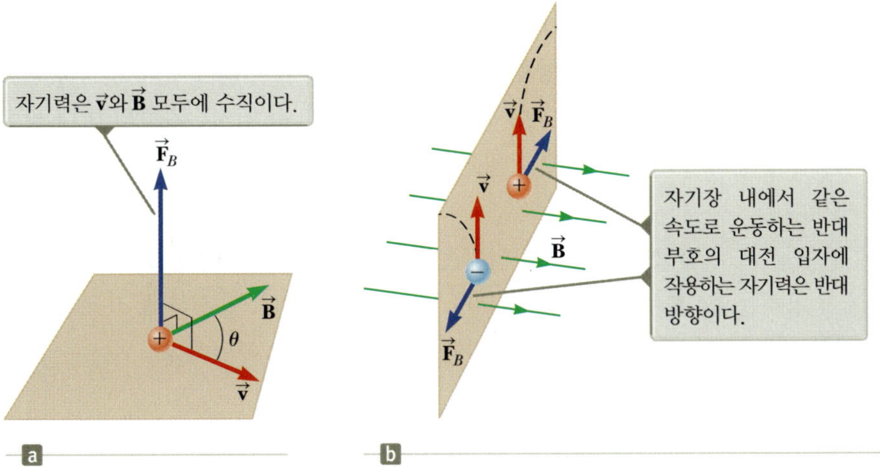

그림 29.4 (a) 자기장 $\vec{\mathbf{B}}$ 내에서 $\vec{\mathbf{v}}$로 운동하는 대전 입자에 작용하는 자기력 $\vec{\mathbf{F}}_B$의 방향 (b) 양전하와 음전하에 작용하는 자기력. 점선은 29.2절에서 설명하는 입자의 경로이다.

은 영이다.

- 입자의 속도 벡터가 자기장과 평행하지 않을 때, 자기력은 $\vec{\mathbf{v}}$와 $\vec{\mathbf{B}}$ 모두에 수직인 방향으로 작용한다. 즉 $\vec{\mathbf{F}}_B$는 $\vec{\mathbf{v}}$와 $\vec{\mathbf{B}}$가 이루는 평면에 수직이다.

이들 결과는 입자에 작용하는 자기력이 전기력보다 더 복잡함을 보여 준다. 자기력은 입자의 속도에 의존하고 방향이 $\vec{\mathbf{v}}$와 $\vec{\mathbf{B}}$ 모두에 수직이기 때문에 독특한 면이 있다. 그림 29.4는 대전 입자에 작용하는 자기력의 방향을 보여 준다. 그러나 이런 복잡한 거동에도 불구하고, 이들 결과는 자기력을 다음과 같은 간단한 형태로 요약할 수 있다.

$$\vec{\mathbf{F}}_B = q\vec{\mathbf{v}} \times \vec{\mathbf{B}} \qquad \textbf{(29.1)}$$

◀ 자기장 내에서 운동하는 대전 입자에 작용하는 자기력을 벡터로 표현한 식

이 힘의 방향은 벡터곱의 정의에 따라 $\vec{\mathbf{v}}$와 $\vec{\mathbf{B}}$ 모두에 수직이다(11.1절 참조). 이 식은 공간의 한 점에서 자기장을 정의하는 식으로 사용할 수 있다. 즉 자기장은 운동하는 대전 입자에 작용하는 힘을 사용하여 정의된다. 식 29.1은 자기장 내의 입자 분석 모형의 수학적인 표현이다.

그림 29.5는 벡터곱 $\vec{\mathbf{v}} \times \vec{\mathbf{B}}$의 방향과 $\vec{\mathbf{F}}_B$의 방향을 결정하는 두 가지 오른손 규칙을 나타낸다. 그림 29.5a에서의 법칙은 그림 11.2에서 벡터곱에 대한 오른손 규칙에

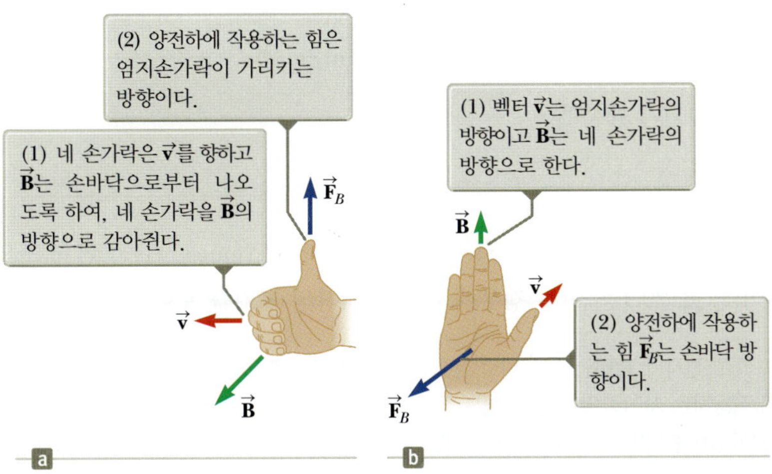

그림 29.5 자기장 $\vec{\mathbf{B}}$ 내에서 속도 $\vec{\mathbf{v}}$로 운동하는 대전 입자에 작용하는 자기력 $\vec{\mathbf{F}}_B = q\vec{\mathbf{v}} \times \vec{\mathbf{B}}$의 방향을 결정하는 두 가지 오른손 규칙. (a) 이 규칙의 경우 자기력은 엄지손가락이 가리키는 방향이다. (b) 이 규칙의 경우 자기력은 손바닥이 향하는 방향이다.

의존한다. 손바닥이 $\vec{\mathbf{B}}$를 향한 상태로 오른손의 네 손가락을 벡터 $\vec{\mathbf{v}}$에서 $\vec{\mathbf{B}}$로 감아돌리면 엄지손가락은 $\vec{\mathbf{v}} \times \vec{\mathbf{B}}$의 방향을 가리킨다. $\vec{\mathbf{F}}_B = q\vec{\mathbf{v}} \times \vec{\mathbf{B}}$이기 때문에, q가 양전하이면 $\vec{\mathbf{F}}_B$는 엄지손가락의 방향이며, q가 음전하이면 $\vec{\mathbf{F}}_B$는 엄지손가락의 반대 방향이다. (벡터곱에 대하여 더 이해하고자 하면, 그림 11.2를 포함하여 11.1절을 다시 읽어 보길 바란다.)

다른 방법으로 그림 29.5b와 같이 엄지손가락과 네 손가락이 $\vec{\mathbf{v}}$와 $\vec{\mathbf{B}}$를 가리키면, 양전하에 작용하는 힘 $\vec{\mathbf{F}}_B$는 손바닥으로부터 나오는 방향이다. 음전하에 작용하는 힘은 반대 방향이다. 이들 두 오른손 규칙 중 어느 것을 사용해도 무방하다.

대전 입자에 작용하는 자기력의 크기는

자기장 내에서 운동하는 대전 입자에 작용하는 자기력의 크기 ▶

$$F_B = |q|vB\sin\theta \tag{29.2}$$

이며, 여기서 θ는 $\vec{\mathbf{v}}$와 $\vec{\mathbf{B}}$의 사이각이다. 이 식으로부터 $\vec{\mathbf{v}}$와 $\vec{\mathbf{B}}$가 서로 평행이거나 반평행일 때($\theta = 0$ 또는 180°) F_B는 영이 된다. 또한 $\vec{\mathbf{v}}$가 $\vec{\mathbf{B}}$와 수직일 때($\theta = 90°$) 최댓값을 갖는다.

전기장과 자기장 내의 입자 모형 사이의 몇 가지 중요한 차이점을 비교해 보자.

- 전기력의 방향은 항상 전기장의 방향과 같은 반면에, 자기력은 자기장의 방향과 수직이다.
- 대전 입자에 작용하는 전기력은 입자의 속도와 무관하지만, 자기력은 입자가 운동할 때만 작용한다.
- 전기력은 대전 입자의 변위에 대하여 일을 하는 반면에, 일정한 자기장으로부터의 자기력은 입자가 변위될 때 일을 하지 않는다. 왜냐하면 힘이 작용점의 변위에 수직이기 때문이다.

이 마지막 내용과 일–운동 에너지 정리로부터 대전 입자의 운동 에너지는 자기장만으로는 변하지 않음을 알 수 있다. 자기장은 속도 벡터의 방향을 바꿀 수는 있지만 입자의 속력과 운동 에너지는 변화시킬 수 없다.

자기장의 SI 단위는 **테슬라**(tesla, T)이다. 이 단위는 식 29.2를 사용하면 기본 단위와 연관 지을 수 있다.

테슬라 ▶

$$1\ \mathrm{T} = 1\ \frac{\mathrm{N}}{\mathrm{C \cdot m/s}}$$

C/s는 A로 정의되기 때문에

$$1\ \mathrm{T} = 1\ \frac{\mathrm{N}}{\mathrm{A \cdot m}}$$

이다. 실제로는 자기장의 단위로 SI 단위가 아닌 **가우스**(gauss, G)가 흔히 쓰인다. 1T = 10^4 G이다. 표 29.1은 여러 경우에 대한 자기장의 크기를 보여 주고 있다.

Q 퀴즈 29.1 전자가 종이면에서 위로 운동한다. 자기장이 종이면에서 오른쪽으로 향하고 있다면, 전자에 작용하는 자기력의 방향은 어느 쪽인가? **(a)** 종이면의 위쪽 **(b)** 종이면의 아래쪽 **(c)** 종이면의 왼쪽 **(d)** 종이면의 오른쪽 **(e)** 종이면으로부터 나오는 방향 **(f)** 종이면으로 들어가는 방향

표 29.1 자기장의 크기에 대한 몇 가지 예

자기장의 원천	자기장의 크기(T)	자기장의 원천	자기장의 크기(T)
실험실의 강력한 초전도 자석	30	태양의 표면	10^{-2}
실험실의 강력한 일반 자석	2	지구의 표면	0.5×10^{-4}
의료용 MRI 장비	1.5	인간의 두뇌(신경 신호에 의함)	10^{-13}
막대자석	10^{-2}		

예제 29.1 자기장 내에서의 전자 운동

구식 텔레비전 내에서 한 전자가 x축을 따라서 8.0×10^6 m/s의 속력으로 운동한다. 이 전자가 xy 평면에서 x축과 60°를 이루는 0.025 T의 자기장으로 들어간다(그림 29.6). 전자에 작용하는 자기력을 계산하라.

풀이

개념화 대전 입자에 작용하는 자기력은 속도와 자기장 벡터가 이루는 면에 수직이다. 그림 29.5의 오른손 규칙을 이용하면 전자에 작용하는 힘의 방향이 그림 29.6과 같이 아래쪽이다.

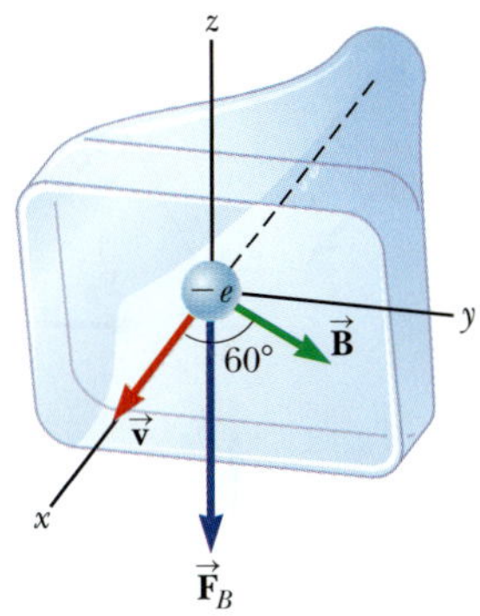

그림 29.6 (예제 29.1) xy 평면에 $\vec{\mathbf{v}}$와 $\vec{\mathbf{B}}$가 있을 때, 전자에 작용하는 자기력 $\vec{\mathbf{F}}_B$는 $-z$ 방향이다.

분류 자기장 내의 입자 모형을 이용하여 자기력을 계산한다.

분석 식 29.2를 이용하여 자기력의 크기를 구한다.

$$F_B = |q|vB\sin\theta$$
$$= (1.6 \times 10^{-19}\ \text{C})(8.0 \times 10^6\ \text{m/s})(0.025\ \text{T})(\sin 60°)$$
$$= 2.8 \times 10^{-14}\ \text{N}$$

결론 이 힘을 식 29.1의 벡터곱을 이용하여 계산해 보자. 자기력의 크기가 여러분이 보기에는 작게 느껴지지만, 이는 매우 작은 입자인 전자에 작용한다는 것을 기억하라. 이것이 전자에게는 상당한 힘이라는 것을 확산하기 위하여, 이 힘에 의한 전자의 처음 가속도를 계산해 보라.

29.2 균일한 자기장 내에서 대전 입자의 운동
Motion of a Charged Particle in a Uniform Magnetic Field

논의를 계속하기 전에 이 교재에 등장하는 여러 가지 그림에 나오는 표기법에 대한 설명이 필요하다. $\vec{\mathbf{B}}$의 방향을 나타내기 위하여 그림 29.7에 있는 그림을 사용한다. 종이면 내에 있으면, 초록색의 벡터 또는 화살표가 있는 초록색 선으로 표현한다. 그러나 자기장이 종이면에 수직으로 나올 때에는 화살촉을 나타내는 초록색 점(•)으로 표시한다(그림 29.7a). 이 경우 자기장은 $\vec{\mathbf{B}}_{\text{out}}$으로 표기한다. 만일 그림 29.7b에서처럼 $\vec{\mathbf{B}}$가 종이면에 수직으로 들어가는 경우에는 화살의 꼬리를 나타내는 초록색 가위표(×)로 표시한다. 이 경우 자기장은 $\vec{\mathbf{B}}_{\text{in}}$으로 표기한다. 화살의 꼬리(×)와 화살촉(•)을 이용한 표현 방법은 힘이나 전류의 방향 등을 나타내는 데도 쓰인다.

29.1절에서 자기장 내에서 운동하는 대전 입자에 작용하는 자기력은 항상 입자의 속

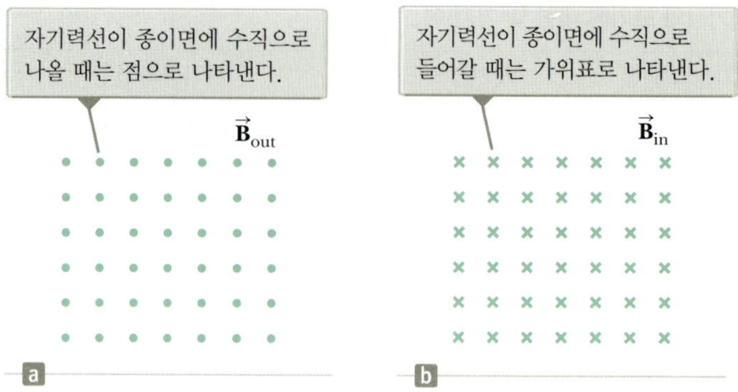

그림 29.7 종이면에 수직인 자기력선의 표현

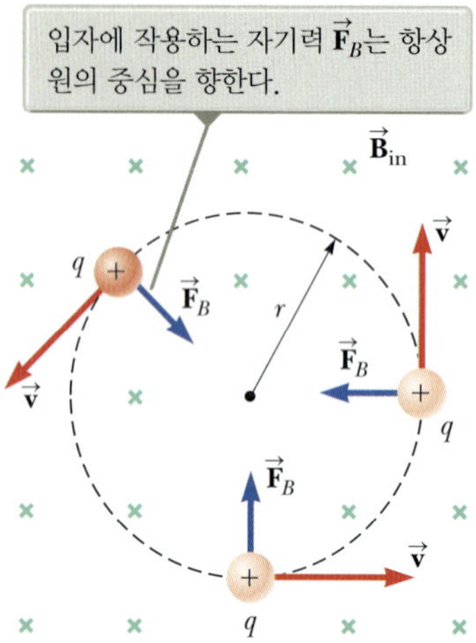

그림 29.8 양(+)으로 대전된 입자의 속도가 균일한 자기장과 수직일 때, 입자는 $\vec{\mathbf{B}}$(종이면에 수직으로 들어가는)에 수직인 평면에서 원운동을 한다.

도와 수직 방향임을 알았다. 이 성질로부터 전하의 변위는 항상 자기력에 수직이므로, 자기력이 한 일은 영이라는 것을 알 수 있다. 균일한 자기장 내에서 자기장에 수직인 방향의 처음 속도로 움직이는 양전하의 경우를 생각해 보자. 그림 29.8에서 ×로 표시한 것처럼 자기장은 종이면에 수직으로 들어간다고 가정한다. 자기장 내의 입자 모형에 의하면 입자에 작용하는 자기력은 자기력선과 입자의 속도 모두에 수직이다. 입자에 힘이 작용하면 그 입자에 알짜힘을 받는 입자 모형을 적용하면 된다. 입자가 자기력에 의하여 속도의 방향이 바뀌지만, 자기력은 속도에 수직으로 유지된다. 6.1절에서 공부한 바와 같이, 힘이 속도에 항상 수직이면 입자의 경로는 원이다. 그림 29.8은 자기장에 수직인 면에서 원운동하는 입자를 보여 주고 있다. 자기력이 여러분한테 낯설고 익숙하지 않더라도, 자기장 효과는 등속 원운동하는 입자라는 익숙한 결과임을 본다.

자기력 $\vec{\mathbf{F}}_B$가 $\vec{\mathbf{v}}$와 $\vec{\mathbf{B}}$에 수직이고 일정한 크기 qvB를 갖기 때문에, 입자는 원운동을 하게 된다. 힘 $\vec{\mathbf{F}}$는 입자를 편향시켜서 $\vec{\mathbf{v}}$와 $\vec{\mathbf{B}}$의 방향은 그림 29.8과 같이 계속 변한다. 그러므로 $\vec{\mathbf{F}}_B$는 구심력이고, 이 힘은 속력을 일정하게 유지하면서 $\vec{\mathbf{v}}$의 방향만을 변화시킨다. 회전 방향은 양전하에 대하여 시계 반대 방향이다. q가 음전하라면 회전 방향은 반대가 되어 시계 방향이다. 알짜힘을 받는 입자 모형을 이용하여, 이 입자에 대한 뉴턴의 제2법칙은

$$\sum F = F_B = ma$$

이다. 입자는 원운동하므로, 이를 등속 원운동하는 입자로 모형화하고 가속도를 구심가속도로 치환한다.

$$F_B = qvB = \frac{mv^2}{r}$$

이 식으로부터 원의 반지름은 다음과 같이 된다.

$$r = \frac{mv}{qB} \tag{29.3}$$

즉 궤도 반지름은 입자의 선운동량 mv에 비례하고, 전하량과 자기장의 크기에는 반비례한다. 입자의 각속력은(식 10.10)

$$\omega = \frac{v}{r} = \frac{qB}{m} \tag{29.4}$$

로 주어진다. 운동의 주기(한 번 회전하는 데 걸리는 시간)는 원둘레를 입자의 속력으로 나눈 것과 같으므로

$$T = \frac{2\pi r}{v} = \frac{2\pi}{\omega} = \frac{2\pi m}{qB} \tag{29.5}$$

이 된다. 이 결과들은 원운동의 각속력과 주기가 입자의 속력이나 궤도 반지름에 무관함을 보여 주고 있다. 각속력 ω는 흔히 **사이클로트론 각진동수**(cyclotron frequency)라고 하는데, 이것은 대전 입자들이 **사이클로트론**이라고 하는 가속기 안에서 이 진동수로 원운동을 하기 때문이며 29.3절에서 다룰 것이다.

만일 대전 입자가 균일한 자기장 내에서 자기장 $\vec{\mathbf{B}}$와 임의의 각도를 갖고서 운동한다면 경로는 나선형이 된다. 예를 들면 자기장의 방향이 그림 29.9와 같이 x축 방향이라면 x축 방향으로의 힘의 성분은 없고, 따라서 $a_x = 0$이며 속도의 x 성분인 v_x는 일정하게 유지된다. 대전 입자는 이 방향에서 평형 상태의 입자이다. 그러나 자기력 $q\vec{\mathbf{v}} \times \vec{\mathbf{B}}$는 시간에 따라 대전 입자의 v_y와 v_z를 변화시키면서, 운동이 자기장에 평행한 축을 갖는 나선형 운동이 되게 한다. 입자의 경로를 yz 평면에 사영시키면(x축에서 바라볼 때) 원이다. (xy 평면이나 xz 평면에 사영시키면 사인 함수의 형태이다!) v를 $v_\perp = \sqrt{v_y^2 + v_z^2}$로 대치시키면 식 29.3으로부터 식 29.5까지가 역시 성립된다.

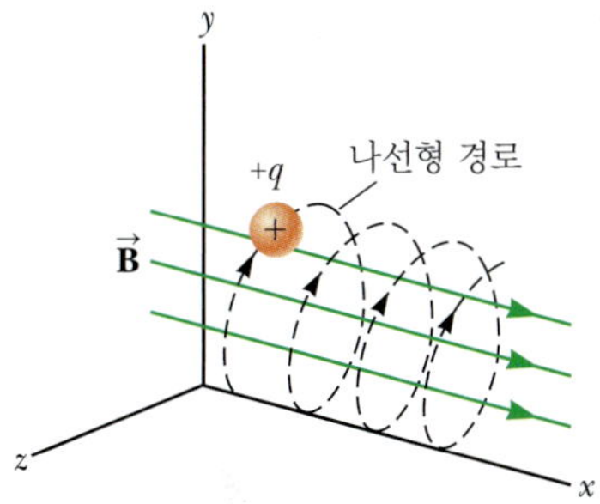

그림 29.9 균일한 자기장에 평행한 성분의 속도 벡터를 갖는 대전 입자는 나선형 경로를 따라 움직인다.

Q 퀴즈 29.2 대전 입자가 자기장과 수직으로 반지름 r인 원운동을 하고 있다. **(i)** 동일한 성질을 가진 두 번째 입자가 첫 번째 입자와 같은 방향으로 더 빠르게 들어온다면, 두 번째 입자의 반지름은 첫 번째 입자의 반지름에 비하여 (a) 작다. (b) 크다. (c) 같다. **(ii)** 자기장의 크기가 커지면, 첫 번째 입자의 반지름은 어떻게 변하는가?

예제 29.2 균일한 자기장에 수직으로 운동하는 양성자

반지름이 14 cm이고 그 속도에 수직인 0.35 T의 균일한 자기장 내에서 양성자가 원운동을 한다. 양성자의 속력을 구하라.

풀이

개념화 이 절에서 설명한 것으로부터, 균일한 자기장에 수직으로 운동하는 양성자는 원운동을 한다. 39장에서, 입자의 최대 가능한 속력은 빛의 속력인 3.00×10^8 m/s이므로, 이 문제에서 입자의 속력은 이 값보다 작아야만 함을 배울 것이다.

분류 양성자는 자기장 내의 입자 모형과 등속 원운동하는 입자 모형 모두를 사용하여 설명된다. 이들 모형으로부터 식 29.3을 얻게 된다.

분석 식 29.3으로부터 입자의 속력을 구한다.

$$v = \frac{qBr}{m_p}$$

주어진 값들을 대입한다.

$$v = \frac{(1.60 \times 10^{-19}\ \mathrm{C})(0.35\ \mathrm{T})(0.14\ \mathrm{m})}{1.67 \times 10^{-27}\ \mathrm{kg}}$$

$$= 4.7 \times 10^6\ \mathrm{m/s}$$

결론 속력은 실제로 빛의 속력보다 작다.

문제 양성자 대신에 전자가 같은 속력으로 같은 자기장에 수직 방향으로 운동한다면, 회전 반지름은 어떻게 달라질까?

답 전자는 양성자보다 질량이 훨씬 작으므로, 자기력은 양성자보다 훨씬 더 쉽게 전자의 속도를 변화시킬 수 있을 것이다. 그러므로 반지름은 더 작을 것으로 예상된다. 식 29.3은 r가 양성자에서와 마찬가지로 전자의 경우에도 m, q, B, v에 의존함을 보여 준다. 결과적으로 반지름은 질량비 m_e/m_p만큼 작아질 것이다.

예제 29.3 전자빔의 휘어짐

그림 29.10에서와 같이 코일 다발에 의하여 발생하는 균일한 자기장의 크기를 측정하는 실험이 있다. 전자는 정지 상태에서 전위차 350 V에 의하여 가속된 후, 자기장 내에서 원운동을 하며, 전자들이 이루는 전자빔의 반지름은 7.5 cm가 된다. 자기장이 빔과 수직 방향이라고 가정할 때

(A) 자기장의 크기는 얼마인가?

풀이

개념화 예제는 전자가 전기장에 의하여 정지 상태로부터 가속하고 이후 자기장에 의하여 원운동하는 내용이다. 그림 29.8과 29.10에서 전자의 원운동을 볼 수 있다.

분류 식 29.3을 보면, 자기장 크기를 구하기 위하여 모르고 있는 전자의 속력 v를 구해야 한다. 따라서 전자를 가속시키는 전위차로부터 전자의 속력을 구한다. 그러기 위해서, 문제의 첫 번째 부분에서 전자와 전기장을 **에너지**에 대한 **고립계**로 모형화한다. 일단 전자가 자기장에 들어가면, 문제의 두 번째 부분은 이 절에서 공부한 자기장 내의 입자와 등속 원운동하는 입자를 포함한 문제로 분류한다.

분석 전자-전기장 계에 대한 식 8.2의 에너지 보존 식을 적절하게 정리하여 쓴다.

$$\Delta K + \Delta U = 0$$

적절한 처음과 나중 에너지를 대입한다.

$$(\tfrac{1}{2}m_e v^2 - 0) + (q\,\Delta V) = 0$$

전자의 속력에 대하여 푼다.

$$v = \sqrt{\frac{-2q\,\Delta V}{m_e}}$$

그림 29.10 (예제 29.3) 자기장 내에서 전자빔의 휘어짐

Henry Leap and Jim Lehman

주어진 값들을 대입한다.

$$v = \sqrt{\frac{-2(-1.60 \times 10^{-19}\ \text{C})(350\ \text{V})}{9.11 \times 10^{-31}\ \text{kg}}} = 1.11 \times 10^{7}\ \text{m/s}$$

이제 이 속력으로 자기장에 들어가는 전자를 생각해 보자. 식 29.3을 자기장 크기에 대하여 푼다.

$$B = \frac{m_e v}{er}$$

주어진 값들을 대입한다.

$$B = \frac{(9.11 \times 10^{-31}\ \text{kg})(1.11 \times 10^{7}\ \text{m/s})}{(1.60 \times 10^{-19}\ \text{C})(0.075\ \text{m})}$$

$$= 8.4 \times 10^{-4}\ \text{T}$$

(B) 전자의 각속력은 얼마인가?

풀이

식 10.10을 사용한다.

$$\omega = \frac{v}{r} = \frac{1.11 \times 10^{7}\ \text{m/s}}{0.075\ \text{m}} = 1.5 \times 10^{8}\ \text{rad/s}$$

결론 각속력은 $\omega = (1.5 \times 10^8\ \text{rad/s})(1\ \text{rev}/2\pi\ \text{rad}) = 2.4 \times 10^7\ \text{rev/s}$ 로 나타낼 수 있다. 전자는 초당 2 400만 번 원 주위를 돌게 된다. 이 답은 (A)에서 구한 매우 빠른 속력과 일치한다.

문제 가속 전압이 갑자기 400 V로 증가한다면 어떻게 되는가? 자기장은 일정하게 유지된다고 가정할 때, 전자의 속력에 미치는 영향은 어떻게 되는가?

답 가속 전압 ΔV가 증가하면 자기장에 들어가는 전자의 속력 v가 더 빨라진다. 속력이 더 빨라지면 더 큰 반지름 r로 원운동을 하게 된다. 각속력은 v와 r의 비율이다. v와 r가 같은 비율로 증가하기 때문에, 그 효과는 서로 상쇄되어 각속력은 일정하게 유지된다. 식 29.4는 전자의 각속력과 같은 사이클로트론 각진동수 식이다. 사이클로트론 진동수는 단지 전하량 q, 자기장 B, 질량 m_e에만 의존하는데, 이들 어떤 것도 변하지 않았다. 따라서 전압의 급격한 변화는 각속력에 영향을 주지 못한다. (그

러나 실제의 경우 자기장이 가속 전압과 같은 전원을 사용하고 있다면, 전압의 증가가 자기장 증가로 이어질 수도 있다. 이런 경우 각속력은 식 29.4에 따라서 증가하게 된다).

대전 입자가 불균일한 자기장에서 움직일 때의 운동은 매우 복잡하다. 예를 들면 그림 29.11과 같이 양 끝에선 강하고 가운데선 약한 자기장의 경우, 입자는 자기장의 양 끝 사이에서 앞뒤로 진동하게 된다. 이런 경우 한쪽 끝에서 출발한 대전 입자는 자기력선을 따라서 나선형으로 움직여서 다른 한쪽 끝에 도달한 다음, 다시 나선 궤도를 그리며 되돌아간다. 이 기구는 대전 입자를 안에 가둘 수 있기 때문에, **자기병**(magnetic bottle)이라고 한다. 이 장치는 이온과 전자로 구성된 플라스마를 가두는 데 사용되어 왔으며, 이런 플라스마 포획 장치는 우리에게 무한대의 에너지를 가져다주는 핵융합을 제어하는 데 있어서 중요한 역할을 한다. 불행하게도 자기병에는 문제점이 있다. 만일 아주 많은 수의 입자가 들어간 경우, 입자 간의 충돌로 인해 입자들이 계 밖으로 새어 나가게 되는 것이다.

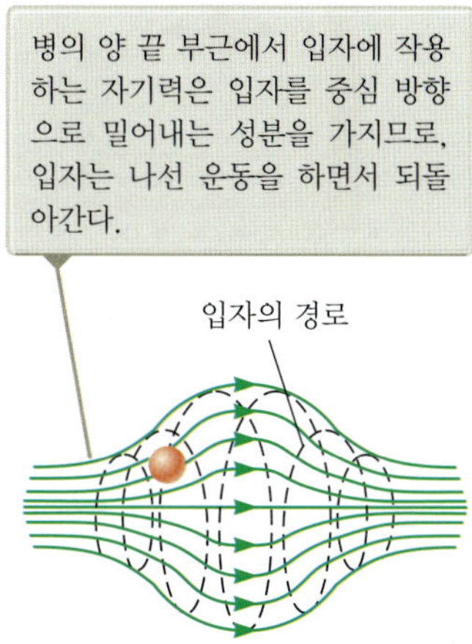

그림 29.11 균일하지 않은 자기장(자기병) 내에서 운동하는 대전 입자

반 알렌대(Van Allen belt)는 대전 입자(대부분이 전자와 양성자)로 이루어져 있으며, 그림 29.12와 같이 도넛 형태의 모습으로 지구를 둘러싸고 있다. 지구의 불균일한 자기장에 의하여 가두어진 입자는 극과 극 사이를 수초만에 움직이는 나선 운동을 한다. 이런 입자들은 대부분이 태양에서 왔으나, 일부는 별과 다른 천체에서 오기도 한다. 이런 이유로 이 입자들을 **우주선**(cosmic rays)이라고 한다. 대부분의 우주선은 지구의 자기장에 의하여 반사되어 지표로 도달하지 못한다. 그중 일부분이 갇혀서 반 알렌대를 이루게 되는 것이다. 입자가 지구의 극지방에 있게 되면, 대기의 원자들과 빈번한 충돌을 일으켜서 가시광선을 내보내게 된다. 이것이 바로 아름다운 보레알리스의 오로라(Aurora Borealis) 또는 북극의 극광의 근원이 된다. 비슷한 현상이 남반구에서도 관측되며, 이는 '호주의 오로라'라고 한다. 반 알렌대는 극지방에서 지표면과 가깝기 때문에, 오로라는 보통 극지방에 나타난다. 그러나 태양의 활동이 활발하여 많은 대전 입자를 내보내면, 지구의 자기력선이 심하게 바뀌어 저위도에서도 가끔 오로라를 볼 수 있다.

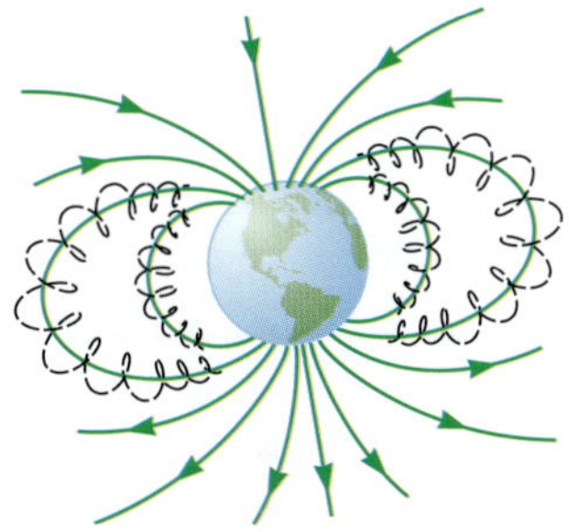

그림 29.12 지구 자체의 불균일한 자기장에 의하여 가두어진 대전 입자들이 만든 반 알렌대. 자기력선은 초록색이고, 입자들의 경로는 검은 점선이다.

29.3 자기장 내에서 대전 입자 운동의 응용
Applications Involving Charged Particles Moving in a Magnetic Field

전기장 $\vec{\mathbf{E}}$와 자기장 $\vec{\mathbf{B}}$가 모두 존재하는 영역에서 속도 $\vec{\mathbf{v}}$로 운동하는 대전 입자는 전기장 내의 입자 모형과 자기장 내의 입자 모형으로 설명되는데, 전기력 $q\vec{\mathbf{E}}$와 자기력 $q\vec{\mathbf{v}} \times \vec{\mathbf{B}}$를 받게 된다. 이 전하에 작용하는 전체 힘은

$$\vec{\mathbf{F}} = q\vec{\mathbf{E}} + q\vec{\mathbf{v}} \times \vec{\mathbf{B}} \tag{29.6}$$

가 된다. 이 힘을 로렌츠 힘(Lorentz force)이라고 한다.

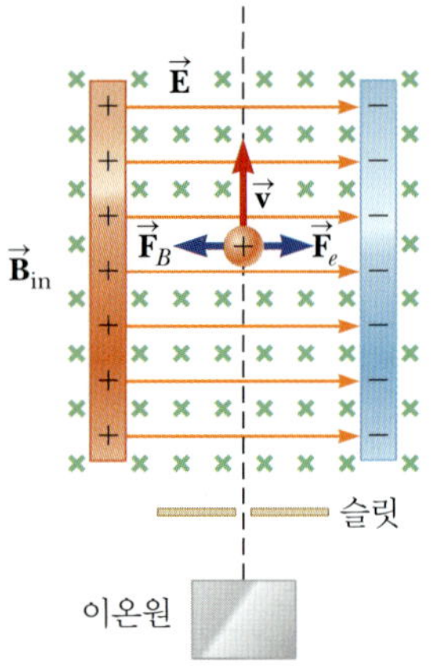

그림 29.13 속도 선택기. 양으로 대전된 입자가 종이면에 수직으로 들어가는 방향의 자기장과 오른쪽 방향의 전기장이 작용하는 영역에서 속도 $\vec{\mathbf{v}}$로 움직이면, 이 입자는 오른쪽 방향으로 $q\vec{\mathbf{E}}$의 전기력과 왼쪽 방향으로 $q\vec{\mathbf{v}} \times \vec{\mathbf{B}}$의 자기력을 동시에 받게 된다.

속도 선택기 Velocity Selector

대전 입자의 운동을 포함하는 많은 실험에서 입자를 같은 속도로 움직이게 하는 것은 중요하다. 이것은 그림 29.13에 나타낸 것과 같이 전기장과 자기장을 둘 다 입자에 작용시킴으로써 얻어진다. 전하를 띤 한 쌍의 평행판에 의하여 오른쪽 방향으로 균일한 전기장이 만들어진다. 반면에 균일한 자기장이 전기장에 수직인 방향, 즉 그림 29.13에서 종이면에 수직으로 들어가는 방향으로 작용하고 있다. q가 양전하이고 $\vec{\mathbf{v}}$가 위를 향하면, 왼쪽으로 자기력 $q\vec{\mathbf{v}} \times \vec{\mathbf{B}}$가 작용하고 전기력 $q\vec{\mathbf{E}}$가 오른쪽으로 작용한다. 전기력이 자기력과 평형을 이루도록 장의 크기를 선택하면, 대전 입자는 평형 상태의 입자로 모형화하고 이들 장 영역에서 직선으로 움직이게 된다. $qvB = qE$로부터 다음의 식을 얻는다.

$$v = \frac{E}{B} \tag{29.7}$$

그러므로 단지 이 속력을 갖는 입자들만이 서로 수직인 전기장과 자기장을 지나면서 편향되지 않는다. 이보다 빠른 속력으로 운동하는 입자에 작용하는 자기력은 전기력보다 크고, 입자들은 왼쪽 방향으로 편향된다. 이보다 느린 속력을 갖는 입자들은 오른쪽 방향으로 편향된다.

질량 분석계 The Mass Spectrometer

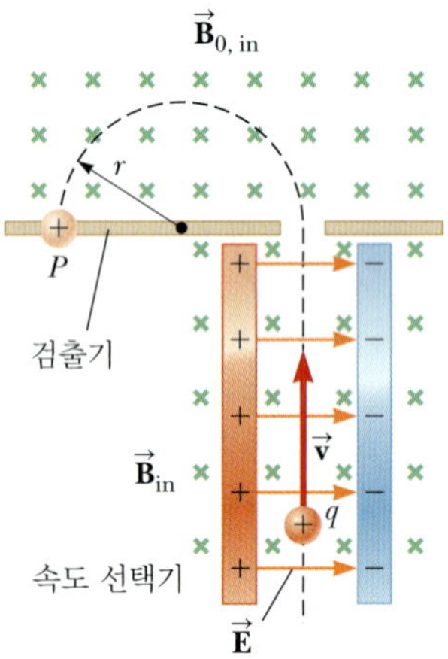

그림 29.14 질량 분석계. 양으로 대전된 입자는 우선 속도 선택기를 통과한다. 그 후 이 입자들은 종이면에 수직으로 들어가는 방향의 자기장 $\vec{\mathbf{B}}_0$의 영역으로 들어가서 반원의 궤적을 그리며 점 P에 부딪친다.

질량 분석계(mass spectrometer)는 원자와 분자 이온들을 질량 대 전하량 비율에 따라 분리시키는 장치이다. **베인브리지 질량 분석계**(Bainbridge mass spectrometer)로 알려진 장치에서 이온빔은 그림 29.14와 같이 우선 속도 선택기를 통과한 다음, 종이면 안쪽 방향으로 향하는 균일한 자기장 $\vec{\mathbf{B}}_0$(속도 선택기의 자기장의 방향과 같음)에 들어가게 된다. 이온이 두 번째 자기장에 들어가면, 이온은 등속 원운동하는 입자 모형으로 설명된다. 이온은 반지름 r인 원을 그리다가 검출기의 점 P에 부딪친다. 이온이 양전하를 띠면, 빔은 그림 29.14에서와 같이 왼쪽으로 편향된다. 이온이 음전하이면 빔은 오른쪽으로 편향된다. 식 29.3으로부터 m/q 비를 다음과 같이 표현할 수 있다.

$$\frac{m}{q} = \frac{rB_0}{v}$$

속도 선택기 내의 자기장 크기를 B라고 하고 입자의 속력을 나타내는 식 29.7을 이용하면

$$\frac{m}{q} = \frac{rB_0B}{E} \tag{29.8}$$

를 얻는다. 그러므로 m/q는 곡률 반지름과 B, B_0, E의 크기를 알면 결정할 수 있다. 실제로 같은 전하량 q를 갖고 있는 이온들의 다양한 동위 원소들의 질량을 측정하기도 한다. 이런 방법으로 q를 모르는 경우에도 질량의 비를 결정할 수 있다.

이와 비슷한 방법으로 톰슨(J. J. Thomson, 1856~1940)이 1897년에 전자의 e/m_e를 측정하였다. 그림 29.15a는 톰슨이 사용한 기본 장치이다. 이 실험에서 전자들은 음

극으로부터 가속되어 두 슬릿을 통과한다. 그리고 이들은 서로 수직인 전기장과 자기장 영역에서 운동한다. 실험에서는 먼저 $\vec{\mathbf{E}}$와 $\vec{\mathbf{B}}$를 동시에 가해서 빔이 편향되지 않는 $\vec{\mathbf{E}}$와 $\vec{\mathbf{B}}$를 구한다. 다음에 자기장을 끄고 전기장만 가해서 빔이 위로 편향되게 하여 거리를 잰다. 그 거리와 E와 B값으로부터 e/m_e를 구할 수 있다. 이런 결정적인 실험의 결과로 자연에 존재하는 기본 입자로서 전자를 발견하게 되었다.

사이클로트론 The Cyclotron

사이클로트론(cyclotron)은 대전 입자를 매우 빠른 속력으로 가속시킬 수 있는 장치이다. 사이클로트론으로부터 나온 큰 에너지를 가진 입자는 원자핵을 폭발시키는 데 사용되며, 그 결과 핵 반응을 일으킨다. 많은 병원에서는 진료와 치료 목적으로 방사능 물질을 만들기 위하여 사이클로트론 장치를 사용하고 있다.

전기력과 자기력은 사이클로트론의 동작에 있어서 중요한 역할을 한다. 사이클로트론의 대략적인 모양을 그림 29.16a에 나타내었다. 전하는 '**디**(dee)'라고 하는 두 개의 반원 용기 D_1과 D_2 속에서 운동한다. 이 이름은 용기 모양이 문자 D를 닮았기 때문이다. 고진동수의 교류 전압이 디에 가해지고, 디에 수직인 균일한 자기장이 인가된다. 양이온은 자석의 중심 부근인 점 P에 놓여지며, D 안의 반원 경로(그림에서 검은 점선)를 운동하고 $T/2$의 시간 후에 두 D 사이의 간격으로 돌아온다. 여기서 T는 식 29.5에 주어진 두 디 주위를 한 번 회전하는 데 걸리는 시간을 나타낸다. 걸어주는 교류 전압의 진동수는 한 회전의 반이 되는 시간에 디의 극성이 뒤바뀌도록 조정된다. D_1의 전위가 D_2의 전위보다 ΔV만큼 낮다면, 이온은 간격을 가로 질러서 D_1쪽으로 가속되고, 이온의 운동 에너지는 $q\Delta V$만큼 증가한다. 그러면 이온은 속력이 증가하였기 때문에 D_1 안에서 좀 더 큰 반지름의 반원 경로를 움직인다. $T/2$ 시간 후에 이온은 다시 디의 간격

오류 피하기 29.1

사이클로트론은 최신식 기술은 아니다 사이클로트론은 그것이 초고속 입자를 만들어 낸 최초의 입자 가속기라는 것 때문에 역사적으로 중요하다. 의료용으로 여전히 사이클로트론이 사용되고 있지만, 현재 연구용으로 만들어진 대부분의 가속기는 사이클로트론이 아니다. 연구용 가속기들은 서로 다른 원리로 작동되며 일반적으로 **싱크로트론**이다.

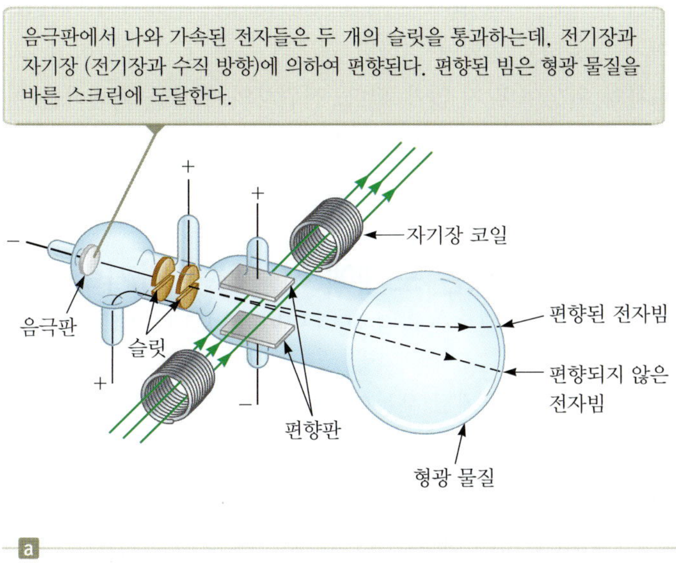

그림 29.15 (a) e/m_e를 측정하기 위한 톰슨의 장치 (b) 케임브리지 대학교의 캐번디시 연구소에서 연구 중인 톰슨(왼쪽)과 제위트(Frank Jewett, 오른쪽). 제위트는 이 책의 공저자인 존 제위트의 먼 친척이다.

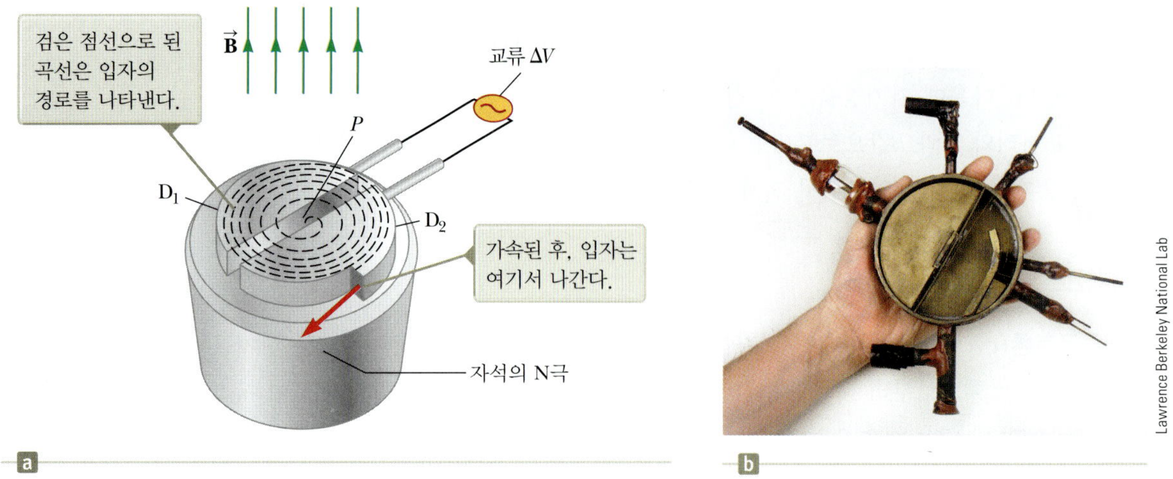

그림 29.16 (a) 두 개의 디(D_1과 D_2) 사이에 교류 전압이 가해지는 사이클로트론. 사이클로트론은 이온원, 디, 균일한 자기장으로 구성되어 있다. (자석의 S극은 보이지 않는다.) (b) 로렌스(E. O. Lawrence)와 리빙스턴(M. S. Livingston)이 1934년 발명한 최초의 사이클로트론

에 도달하게 된다. 이때 디의 전위를 뒤바꾸면 이온은 간격을 가로질러 또 가속된다. 운동이 연속되는 동안 반회전할 때마다 이온은 $q\Delta V$와 같은 크기의 운동 에너지를 얻게 된다. 이온의 궤도 반지름이 거의 디의 반지름과 같아졌을 때, 에너지가 큰 이온은 출구를 통하여 밖으로 나가게 된다. 사이클로트론의 동작이 이온의 속력과 원의 반지름에 무관하고 T에 의존한다는 사실에 근거를 두었다는 점에 주목하라(식 29.5).

이온이 디를 떠날 때의 최대 운동 에너지를 디의 반지름 R의 식으로 구할 수 있다. 식 29.3으로부터 $v = qBR/m$임을 알고 있으므로, 운동 에너지는 다음과 같이 주어진다.

$$K = \tfrac{1}{2}mv^2 = \frac{q^2B^2R^2}{2m} \tag{29.9}$$

이온의 에너지가 약 20 MeV를 넘을 때는 상대론적 효과가 나타난다(이와 같은 효과는 39장에서 다룬다). 실험에 의하면 궤도의 주기 T가 증가하고, 회전하는 이온은 인가한 전위차와 위상이 같지 않게 된다. 전위차의 주기를 회전하는 이온과 같은 위상에 있도록 조정함으로써 이런 문제를 해결한 가속기가 제작되었다.

29.4 전류가 흐르는 도체에 작용하는 자기력
Magnetic Force Acting on a Current-Carrying Conductor

대전 입자가 자기장 내에서 운동할 때 자기력이 작용함을 알았다. 그러므로 전류가 흐르는 도선이 자기장 내에 놓여 있다면, 자기력이 도선에 작용하게 된다는 것이 놀랄 만한 일이 아니다. 전류는 운동하는 많은 대전 입자들의 집합이므로, 자기장이 도선에 작용하는 자기력의 합력은 전류를 구성하는 모든 대전 입자에 작용하는 각각의 힘을 벡터적으로 합한 것이다. 입자에 작용하는 힘은 입자의 충돌을 통하여 도선 전체에 전달된다.

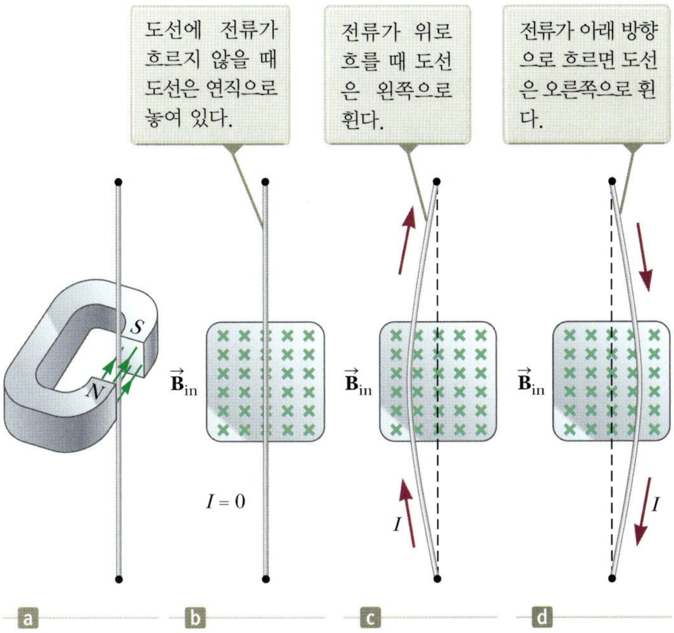

그림 29.17 (a) 자석의 극 사이에 연직으로 놓인 구부릴 수 있는 도선이 있다. (b)부터 (d) 자석의 남극에서 본 (a)의 모습. 자기장(초록색 ×)은 종이면에 수직으로 들어가는 방향이다.

전류가 흐르는 도체에 작용하는 자기력은 그림 29.17a와 같이, 도선을 자석의 두 극 사이에 놓음으로써 실험해 볼 수 있다. 보기 쉽게 그림 29.17a에 있는 말굽자석의 일부를 제거하여 (b)부터 (d)까지 남극의 끝면을 그렸다. 이 그림에서 자기장은 종이면에 수직으로 들어가는 방향이며, 색칠한 사각형 안에서만 존재한다. 도선 내에 전류가 흐르지 않을 때는, 도선은 그림 29.17b와 같이 연직 상태를 유지한다. 그림 29.17c와 같이 전류가 위로 흐르면 도선은 왼쪽으로 휜다. 그림 29.17d와 같이 전류의 방향을 바꾸면 도선은 오른쪽으로 휜다.

그림 29.18과 같이 균일한 자기장 $\vec{\mathbf{B}}$ 내에서 전류 I가 흐르는 길이 L, 단면적 A인 직선 도선 시료를 생각해 보자. 자기장 내의 입자 모형에 의하면, 유동 속도 $\vec{\mathbf{v}}_d$로 움직이는 전하 q에 작용하는 자기력은 $q\vec{\mathbf{v}}_d \times \vec{\mathbf{B}}$로 주어진다. 도선에 작용하는 전체 힘은 전하 하나에 작용하는 힘 $q\vec{\mathbf{v}}_d \times \vec{\mathbf{B}}$에 시료 안에 있는 전하의 수를 곱해야 한다. 시료의 부피는 AL이므로, n을 단위 부피당 전하의 수라고 하면 시료 안에 있는 전체 전하의 수는 nAL이다. 그러므로 길이 L의 도선에 작용하는 전체 자기력은

$$\vec{\mathbf{F}}_B = (q\vec{\mathbf{v}}_d \times \vec{\mathbf{B}})nAL$$

이다. 식 27.4에서 도선 안에서의 전류는 $I = nqv_dA$이므로, 이 식은 더 편리한 식으로 쓸 수 있다.

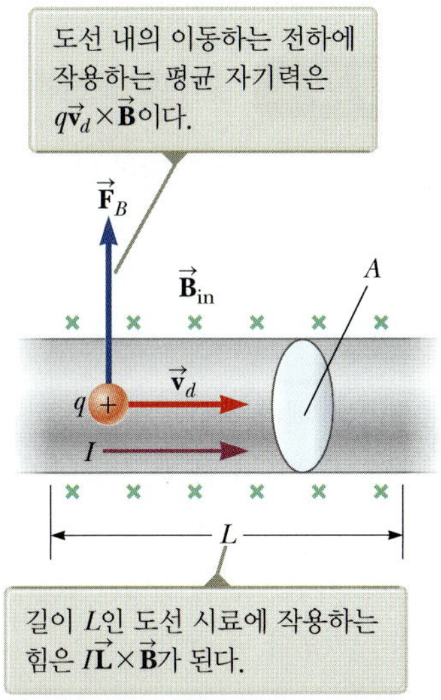

그림 29.18 자기장 $\vec{\mathbf{B}}$ 내에서 운동하는 전하를 포함하는 도선 시료

$$\vec{\mathbf{F}}_B = I\vec{\mathbf{L}} \times \vec{\mathbf{B}} \quad \textbf{(29.10)}$$

◀ 균일한 자기장에 놓인 전류가 흐르는 도선이 받는 힘

여기서 $\vec{\mathbf{L}}$은 전류 I 방향으로의 길이 벡터이다. $\vec{\mathbf{L}}$의 크기는 시료의 길이 L과 같다. 이 식은 균일한 자기장 내에 있는 직선 모양 도선 시료에만 적용된다.

이제 그림 29.19와 같이 자기장 내에 놓인 임의의 모양의 도선을 생각해 보자. 식 29.10으로부터 자기장 $\vec{\mathbf{B}}$가 존재할 때 매우 작은 길이 $d\vec{\mathbf{s}}$에 작용하는 자기력은

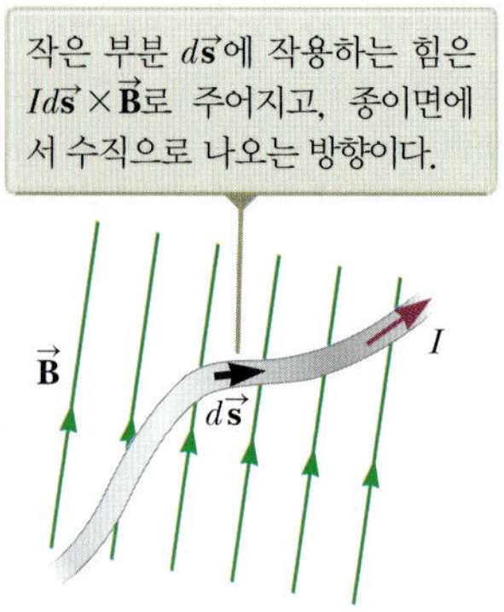

그림 29.19 자기장 $\vec{\mathbf{B}}$ 내에서 전류 I가 흐르는 임의의 도선은 자기력을 받는다.

$$d\vec{\mathbf{F}}_B = I\,d\vec{\mathbf{s}} \times \vec{\mathbf{B}} \qquad \textbf{(29.11)}$$

로 주어지며, $d\vec{\mathbf{F}}_B$는 그림 29.19에서 알 수 있듯이 종이면에서 수직으로 나오는 방향이다. 즉 자기장 $\vec{\mathbf{B}}$는 전류 요소에 작용하는 측정 가능한 힘을 사용해서 정의될 수 있는데, 힘은 자기장 $\vec{\mathbf{B}}$가 전류 요소와 수직이면 최댓값을 가지며 요소와 평행이면 영이다.

그림 29.19에 있는 도선에 작용하는 전체 힘 $\vec{\mathbf{F}}_B$를 구하기 위하여, 식 29.11을 도선의 길이 전체에 대하여 적분하면 다음과 같이 된다.

$$\vec{\mathbf{F}}_B = I\int_a^b d\vec{\mathbf{s}} \times \vec{\mathbf{B}} \qquad \textbf{(29.12)}$$

여기서 a와 b는 도선의 양 끝 점을 나타낸다. 적분을 할 때 자기장의 크기와 벡터 $d\vec{\mathbf{s}}$와 이루는 자기장의 방향은 각 점마다 다를 수 있다.

Q 퀴즈 29.3 종이면에 놓인 도선에 전류가 위쪽으로 흐르고 있다. 도선이 종이면의 오른쪽으로 자기력을 받는다면 자기장의 방향은 어디로 향하는가? **(a)** 종이면에서 왼쪽 **(b)** 종이면에서 오른쪽 **(c)** 종이면에서 수직으로 나오는 방향 **(d)** 종이면에 수직으로 들어가는 방향이다.

예제 29.4 반원형 도선에 작용하는 힘

반지름 R인 반원의 닫힌 회로를 구성하고 있는 도선에 전류 I가 흐른다. 회로는 xy 평면에 놓여 있고, 균일한 자기장이 그림 29.20과 같이 $+y$ 방향을 따라 작용한다. 도선의 직선 부분과 곡선 부분에 작용하는 자기력을 구하라.

풀이

개념화 벡터곱에 대한 오른손 규칙을 사용하면, 도선의 직선 부분에 작용하는 힘 $\vec{\mathbf{F}}_1$은 종이면에서 수직으로 나오고 곡선 부분에 작용하는 힘 $\vec{\mathbf{F}}_2$는 종이면에 수직으로 들어가는 방향으로 향한다. 곡선 부분의 길이가 직선 부분의 길이보다 길므로 $\vec{\mathbf{F}}_2$가 $\vec{\mathbf{F}}_1$의 크기보다 더 클까?

분류 자기장 내의 대전 입자 하나가 아니라 전류가 흐르는 도선을 다루고 있으므로, 식 29.12를 사용하여 도선의 각 부분에 작용하는 전체 힘을 구해야 한다.

분석 도선의 직선 부분 어디에서든지 $d\vec{\mathbf{s}}$는 $\vec{\mathbf{B}}$와 수직임에 주목하라. 이 부분에 작용하는 힘은 식 29.12를 사용하여 구한다.

$$\vec{\mathbf{F}}_1 = I\int_a^b d\vec{\mathbf{s}} \times \vec{\mathbf{B}} = I\int_{-R}^{R} B\,dx\,\hat{\mathbf{k}} = 2IRB\,\hat{\mathbf{k}}$$

그림 29.20에서 요소 $d\vec{\mathbf{s}}$에 작용하는 자기력 $d\vec{\mathbf{F}}_2$에 대한 식을 써서 자기력을 구한다.

$$(1) \qquad d\vec{\mathbf{F}}_2 = I d\vec{\mathbf{s}} \times \vec{\mathbf{B}} = -IB\sin\theta\,ds\,\hat{\mathbf{k}}$$

그림 29.20의 구조에서 ds에 대한 식을 쓴다.

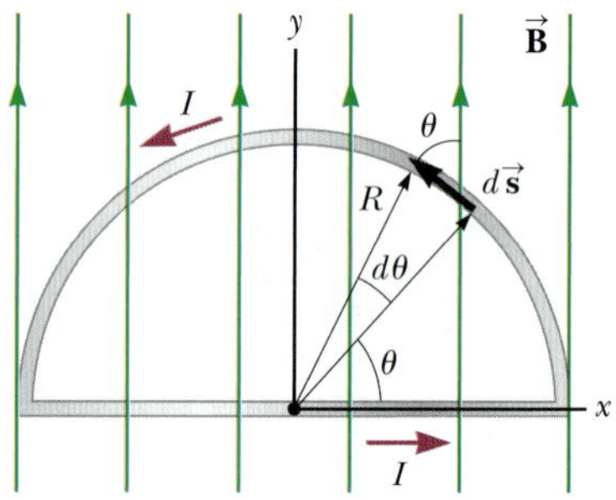

그림 29.20 (예제 29.4) 고리의 직선 부분에는 자기력이 종이면에서 수직으로 나오는 방향으로 작용하며, 곡선 부분에는 종이면에 수직으로 들어가는 방향으로 작용한다.

$$(2) \qquad ds = R\,d\theta$$

식 (2)를 식 (1)에 대입하고 각도 θ를 0에서 π까지 적분한다.

$$\vec{\mathbf{F}}_2 = -\int_0^{\pi} IRB\sin\theta\,d\theta\,\hat{\mathbf{k}} = -IRB\int_0^{\pi}\sin\theta\,d\theta\,\hat{\mathbf{k}}$$
$$= -IRB\left[-\cos\theta\right]_0^{\pi}\hat{\mathbf{k}}$$
$$= IRB(\cos\pi - \cos 0)\hat{\mathbf{k}} = IRB(-1-1)\hat{\mathbf{k}}$$
$$= -2IRB\,\hat{\mathbf{k}}$$

결론 이 예제로부터 두 개의 매우 중요한 일반적인 명제를 얻게 된다. 첫째, 곡선 부분에 작용하는 힘은 같은 두 지점 사이의 직선 도선에 작용하는 힘과 크기가 같다. 일반적으로 균일한 자기장 내에서 전류가 흐르는 곡선 도선에 작용하는 자기력은 양 끝을 연결한 직선 도선에 같은 전류가 흐를 때 작용하는 힘과 같다. 더욱이 $\vec{\mathbf{F}}_1 + \vec{\mathbf{F}}_2 = 0$은 역시 일반적인 결과이다. 균일한 자기장 내에서 닫힌 전류 고리에 작용하는 알짜 자기력은 영이다.

29.5 균일한 자기장 내에서 전류 고리가 받는 돌림힘
Torque on a Current Loop in a Uniform Magnetic Field

29.4절에서 전류가 흐르는 도체가 자기장 내에 놓일 때 어떻게 힘이 도체에 작용하는지 보았다. 이 사실로부터 전류가 흐르는 고리가 자기장 내에 있을 때 돌림힘이 존재함을 알아보자.

이것을 이해하기 위하여 먼저 그림 29.21a와 같이, 고리로 이루어진 평면에 평행하며 균일한 자기장이 존재할 때 전류 I가 흐르는 사각형 고리를 생각해 보자. 길이 b인 변 ①과 ③은 자기장에 평행하기 때문에, 이 변에 작용하는 힘은 영이다. 즉 이들 양변에 대해서는 $\vec{\mathbf{L}} \times \vec{\mathbf{B}} = 0$이다. 반면에 길이 a인 변 ②와 ④는 자기장에 수직이기 때문에 자기력이 작용한다. 이들 힘의 크기는 식 29.10으로부터

$$F_2 = F_4 = IaB$$

이다. 도선 ②에 작용하는 자기력 $\vec{\mathbf{F}}_2$의 방향은 그림 29.21a에서 보는 바와 같이 종이면에서 수직으로 나오는 방향이며, 도선 ④에 작용하는 자기력 $\vec{\mathbf{F}}_4$의 방향은 종이면에 수직으로 들어가는 방향이다. 이번에는 변 ③에서 고리를 보면 ②와 ④의 모습은 그림 29.21b와 같고, 두 자기력 $\vec{\mathbf{F}}_2$와 $\vec{\mathbf{F}}_4$의 방향은 그림에서와 같다. 두 힘은 서로 다른 방향을 향하지만 동일 직선 상에 있지 않다. 점 O에 대하여 고리를 회전할 수 있도록 하면, 이들 두 힘은 점 O에 대하여 고리를 시계 방향으로 회전시키는 돌림힘을 만든다. 이 돌림힘 $\tau_{\max}$의 크기는

$$\tau_{\max} = F_2\frac{b}{2} + F_4\frac{b}{2} = (IaB)\frac{b}{2} + (IaB)\frac{b}{2} = IabB$$

이다. 여기서 O에 대한 모멘트 팔은 각각의 힘에 대하여 $b/2$이다. 고리의 넓이는 $A = ab$이므로, 최대 돌림힘은 다음과 같이 쓸 수 있다.

$$\tau_{\max} = IAB \tag{29.13}$$

이 결과는 자기장이 고리 평면에 평행할 때에만 타당하다. 회전의 방향은 그림 29.21b와 같이 변 ③에서 볼 경우 시계 방향이다. 만일 전류가 반대 방향으로 흐르면 힘도 반대쪽으로 작용하고, 회전 방향은 시계 반대 방향이 된다.

이제 균일한 자기장 내에서 전류 I가 흐르는 사각형 고리에서, 그림 29.22와 같이 자기장이 고리 평면에 수직인 방향과 각도 $\theta < 90°$를 이룬다고 가정해 보자. 편의상 변 ②와 ④는 자기장 $\vec{\mathbf{B}}$에 수직이라고 가정하자. 이 경우 변 ①과 ③에 작용하는 자기력 $\vec{\mathbf{F}}_1$과 $\vec{\mathbf{F}}_3$은 서로 상쇄되고 같은 선상에 놓여 있으므로 돌림힘을 만들지 못한다. 반면에

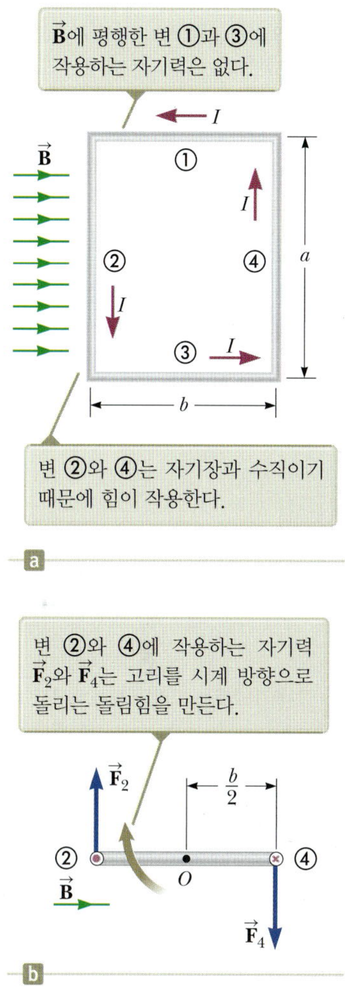

그림 29.21 (a) 균일한 자기장 내에 놓인 사각형 고리를 위에서 본 모습 (b) 사각형을 옆에서 본 모습. 왼쪽 원 안에 있는 보라색 점은 도선 ②의 전류가 여러분 쪽으로 다가오는 것을 나타낸다. 오른쪽 원 안의 보라색 ×는 도선 ④의 전류가 여러분으로부터 멀어짐을 나타낸다.

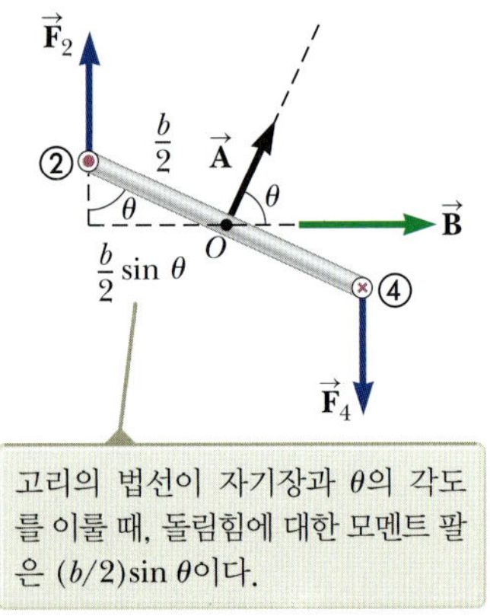

그림 29.22 그림 29.21에서 자기장에 대하여 회전하는 고리의 끝에서 본 모습

변 ②와 ④에 작용하는 힘 $\vec{\mathbf{F}}_2$와 $\vec{\mathbf{F}}_4$는 짝힘을 이루고, 임의의 점에 대하여 돌림힘을 생기게 한다. 그림 29.22에서 보면 점 O에 관한 힘 $\vec{\mathbf{F}}_2$의 모멘트 팔은 $(b/2)\sin\theta$이다. 마찬가지로 O에 대한 $\vec{\mathbf{F}}_4$의 모멘트 팔도 역시 $(b/2)\sin\theta$이다. $F_2 = F_4 = IaB$이므로, O에 대한 알짜 돌림힘의 크기는

$$\begin{aligned}\tau &= F_2\frac{b}{2}\sin\theta + F_4\frac{b}{2}\sin\theta\\ &= IaB\left(\frac{b}{2}\sin\theta\right) + IaB\left(\frac{b}{2}\sin\theta\right) = IabB\sin\theta\\ &= IAB\sin\theta\end{aligned}$$

이다. 여기서 $A = ab$는 고리의 넓이이다. 이 결과는 그림 29.21과 같이 돌림힘은 자기장이 고리면과 평행($\theta = 90°$)일 때 가장 큰 값인 IAB가 되고, 자기장이 고리면에 수직($\theta = 0°$)일 때 영임을 나타낸다.

균일한 자기장 $\vec{\mathbf{B}}$ 내에 놓여 있는 고리에 작용하는 돌림힘의 벡터 식은 다음처럼 편리하게 벡터곱으로 나타낸다.

자기장 내에서 전류가 흐르는 고리에 작용하는 돌림힘 ▶

$$\vec{\boldsymbol{\tau}} = I\vec{\mathbf{A}} \times \vec{\mathbf{B}} \qquad \textbf{(29.14)}$$

그림 29.22에서와 같이 고리면에 수직인 벡터 $\vec{\mathbf{A}}$는 고리의 넓이와 같은 크기를 갖는다. $\vec{\mathbf{A}}$의 방향은 그림 29.23에 나타낸 바와 같이 오른손 규칙에 의하여 결정된다. 전류의 방향으로 오른손의 손가락을 감싸쥘 때 엄지는 $\vec{\mathbf{A}}$의 방향을 가리킨다. 그림 29.22에서는 θ가 줄어드는 방향으로 고리가 회전하려고 한다. 즉 넓이 벡터 $\vec{\mathbf{A}}$는 자기장 방향으로 회전하려고 한다.

곱 $I\vec{\mathbf{A}}$는 고리의 **자기 쌍극자 모멘트**(magnetic dipole moment) $\vec{\boldsymbol{\mu}}$로 정의한다. 즉

전류가 흐르는 고리의 자기 쌍극자 모멘트 ▶

$$\vec{\boldsymbol{\mu}} \equiv I\vec{\mathbf{A}} \qquad \textbf{(29.15)}$$

이다. 자기 모멘트의 SI 단위는 $\text{A}\cdot\text{m}^2$이다. 만일 같은 넓이에 코일이 N번 감겨 있다면, 코일의 자기 모멘트는

$$\vec{\boldsymbol{\mu}}_{\text{coil}} = NI\vec{\mathbf{A}} \qquad \textbf{(29.16)}$$

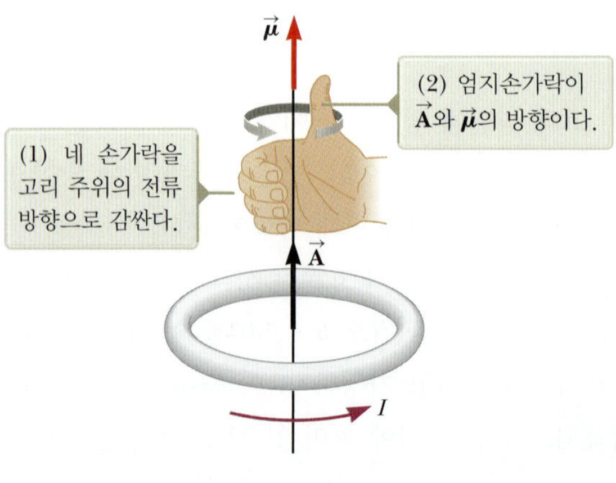

그림 29.23 전류 고리에 대한 벡터 $\vec{\mathbf{A}}$의 방향을 결정하는 오른손 규칙. 자기 모멘트 $\vec{\boldsymbol{\mu}}$의 방향은 $\vec{\mathbf{A}}$의 방향과 같다.

가 된다. 식 29.15를 사용하여 자기장 내에서 전류가 흐르는 고리에 작용하는 돌림힘은 다음과 같이 나타낼 수 있다.

$$\vec{\boldsymbol{\tau}} = \vec{\boldsymbol{\mu}} \times \vec{\mathbf{B}} \tag{29.17}$$

◀ 자기장에서 자기 모멘트에 작용하는 돌림힘

이 결과는 전기장 $\vec{\mathbf{E}}$가 존재할 때 전기 쌍극자 모멘트 $\vec{\mathbf{p}}$에 작용하는 돌림힘 $\vec{\boldsymbol{\tau}} = \vec{\mathbf{p}} \times \vec{\mathbf{E}}$와 비슷하다(식 26.18 참조).

비록 위에서 돌림힘을 특정한 $\vec{\mathbf{B}}$의 방향에서 구하였지만 식 $\vec{\boldsymbol{\tau}} = \vec{\boldsymbol{\mu}} \times \vec{\mathbf{B}}$는 일반적으로 성립한다. 더욱이 돌림힘에 관한 식을 사각형 고리로부터 구하였지만, 이 결과는 임의의 모양의 고리에 대해서도 성립한다. N번 감은 코일에 작용하는 돌림힘은 식 29.17의 $\vec{\boldsymbol{\mu}}$ 대신 식 29.16을 대입하면 된다.

26.6절에서 전기장 내에 놓인 전기 쌍극자는 $U_E = -\vec{\mathbf{p}} \cdot \vec{\mathbf{E}}$로 주어지는 전기적 위치 에너지를 가지는 것을 보았다. 이 에너지는 전기장 내에서 쌍극자의 방향에 의존한다. 마찬가지로 자기장 내에 놓인 자기 쌍극자는

$$U_B = -\vec{\boldsymbol{\mu}} \cdot \vec{\mathbf{B}} \tag{29.18}$$

◀ 자기장 내에 있는 자기 모멘트의 위치 에너지

로 주어지는 자기적 위치 에너지를 갖는다. 이 식은 $\vec{\boldsymbol{\mu}}$가 $\vec{\mathbf{B}}$와 같은 방향일 때 계가 가장 낮은 에너지 $U_{\min} = -\mu B$를 가짐을 보여 준다. $\vec{\boldsymbol{\mu}}$가 $\vec{\mathbf{B}}$와 반대 방향일 때 계는 가장 큰 에너지 $U_{\max} = +\mu B$를 갖는다.

그림 29.22에서 고리가 변 ①과 ③에 있는 점 O를 지나는 축에 대하여 자유로이 회전할 수 있다고 하자. 고리에 전류가 흐르고 자기장이 존재하면 이 고리는 알짜 돌림힘을 받는 강체로 모형화하는데, 돌림힘은 식 29.17로 주어진다. 전류가 흐르는 고리에 가해진 돌림힘에 의하여 회전이 일어나게 되는데, 이것을 이용한 것이 **전동기**(motor)이다. 전동기에 전기 에너지를 가하면, 코일이 회전하여 외부에 일을 하게 된다. 예를 들어 자동차의 창문에 달린 전동기는 창문을 위아래로 움직이게 한다. 31.5절에서 전동기에 관하여 자세히 다룰 예정이다.

퀴즈 29.4 **(i)** 그림 29.24와 같이 자기장에 놓인 직사각형 고리에 전류가 흐를 때, (a), (b), (c) 세 방향 중에서 돌림힘이 큰 것부터 순서대로 나열하라. 고리는 모두 똑같고 같은 전류가 흐른다고 가정한다. **(ii)** 그림 29.24에 있는 직사각형 고리에 작용하는 알짜힘의 크기를 큰 것부터 순서대로 나열하라.

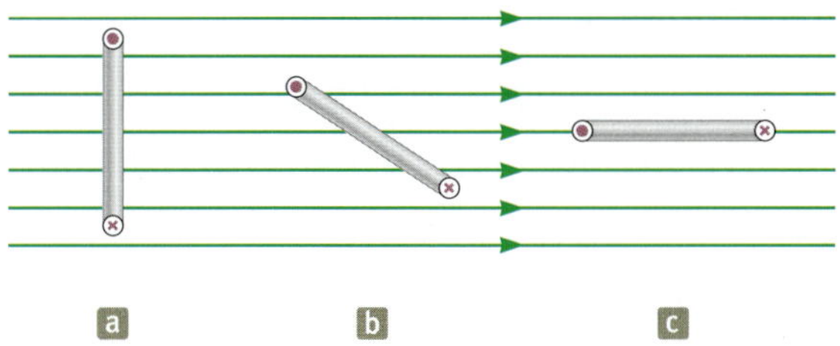

그림 29.24 (퀴즈 29.4) 가장 큰 돌림힘을 받는 고리는 어느 것인가? 가장 큰 알짜힘을 받는 것은 어느 것인가?

예제 29.5 **코일의 자기 쌍극자 모멘트**

도선이 25번 감긴 5.40 cm × 8.50 cm 크기의 직사각형 코일이 있다. 이 코일에 15.0 mA의 전류가 흐르고 있고, 0.350 T의 자기장이 코일면에 평행하게 걸린다.

(A) 코일의 자기 쌍극자 모멘트 크기를 계산하라.

풀이

개념화 코일의 자기 모멘트는 고리가 놓여 있는 자기장과 무관하다. 그러므로 자기 모멘트는 고리의 모양과 흐르는 전류에만 의존한다.

분류 이 절에서 유도한 식에 기초한 양을 계산하므로, 예제를 대입 문제로 분류한다.

식 29.16을 이용하여 N번 감은 코일과 관련된 자기 모멘트를 계산한다.

$$\mu_{\text{coil}} = NIA = (25)(15.0 \times 10^{-3}\text{ A})(0.054\,0\text{ m})(0.085\,0\text{ m})$$
$$= 1.72 \times 10^{-3}\text{ A}\cdot\text{m}^2$$

(B) 고리에 작용하는 돌림힘의 크기는 얼마인가?

풀이 $\vec{\mathbf{B}}$가 $\vec{\boldsymbol{\mu}}_{\text{coil}}$에 수직임에 주목하면서, 식 29.17을 이용한다.

$$\tau = \mu_{\text{coil}}B = (1.72 \times 10^{-3}\text{ A}\cdot\text{m}^2)(0.350\text{ T})$$
$$= 6.02 \times 10^{-4}\text{ N}\cdot\text{m}$$

29.6 홀 효과
The Hall Effect

I가 x 방향으로 흐르고 $\vec{\mathbf{B}}$가 y 방향이면, 양의 운반자와 음의 운반자 모두 자기장 내에서 위 방향으로 편향된다.

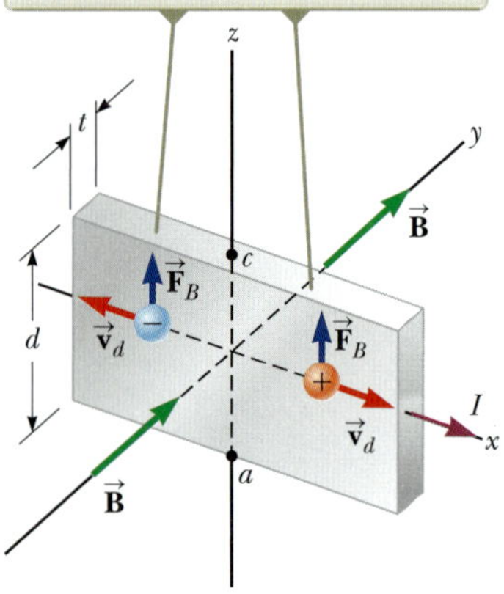

그림 29.25 홀 효과를 관측하기 위하여 시료에 전류를 흘리고 자기장을 건다. 홀 전압은 점 a와 c 사이에서 측정된다.

1879년에 홀(Edwin Hall, 1855~1938)은 전류가 흐르는 도체가 자기장 내에 있으면, 전류와 자기장 방향과 모두 수직인 방향으로 전위차가 발생한다는 것을 발견하였다. 이 같은 **홀 효과**를 관찰하기 위한 실험 장치는 그림 29.25와 같이 x 방향으로 흐르는 전류 I를 포함하는 납작한 띠 모양의 도체로 이루어진다. 균일한 자기장 $\vec{\mathbf{B}}$가 y 방향으로 가해진다. 만일 전하 운반자가 유동 속도 $\vec{\mathbf{v}}_d$로 $-x$ 방향으로 움직이는 전자일 경우엔 이들은 위 방향으로의 자기력 $\vec{\mathbf{F}}_B = q\vec{\mathbf{v}}_d \times \vec{\mathbf{B}}$를 경험하게 되고, 따라서 위로 이동하여 위쪽 가장자리에 쌓이면서 아래쪽에는 여분의 양전하를 남겨 놓는다(그림 29.26a). 이런 가장자리에서의 전하의 몰림은 전하 분리에 의하여 정전기장을 형성하고, 이에 의한 전기력이 자기력과 상쇄될 때까지 일어난다. 이들 전자는 평형 상태의 입자 모형으로 설명할 수 있으며, 전자들은 더 이상 위로 쌓이지 않는다. 그림 29.26과 같이 시료에 연결된 민감한 전압계나 전위차계가 **홀 전압**(Hall voltage) ΔV_{H}로 알려진 도체의 양 끝에 걸쳐서 생성된 전위차를 측정하는 데 사용된다.

그림 29.25와 그림 29.26b에서처럼 전하 운반자가 양이고 $+x$ 방향으로 움직인다면, 이들은 위 방향의 자기력 $q\vec{\mathbf{v}}_d \times \vec{\mathbf{B}}$를 받게 된다. 이 현상에 의하여 위쪽엔 양전하가 아래쪽엔 여분의 음전하가 쌓이게 된다. 그러므로 시료에 생성된 홀 전압의 부호는 전자의 편향에 의하여 생긴 홀 전압의 부호와 반대가 된다. 따라서 홀 전압의 극성을 측정함으로써 전하 운반자의 부호를 알 수 있다.

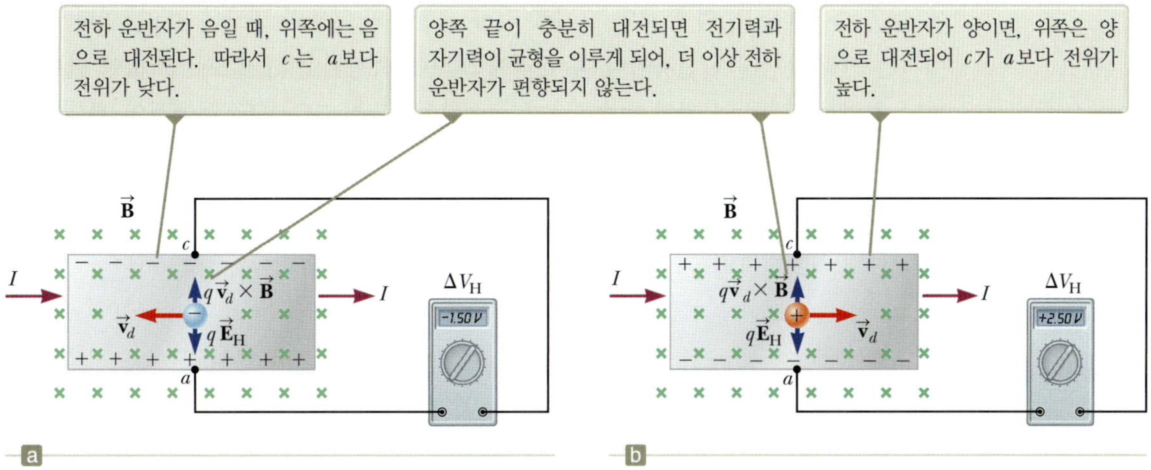

그림 29.26 홀 전압의 부호는 전하 운반자의 부호에 의존한다.

홀 전압을 나타내는 식을 찾으려면 우선 전하 운반자에 작용하는 자기력의 크기가 qv_dB가 됨을 알아야 한다. 평형 상태에서 이 힘은 전하 분리에 의하여 생성되는 정전기력 qE_H와 상쇄된다. 여기서 E_H는 전하 분리에 의한 전기장의 크기이며, 이를 **홀 전기장**이라고 한다. 따라서

$$qv_dB = qE_H$$
$$E_H = v_dB$$

가 된다. 도체의 너비가 d이면 홀 전압은

$$\Delta V_H = E_Hd = v_dBd \tag{29.19}$$

가 된다. 따라서 홀 전압과 d와 B를 측정하면 전하 운반자의 유동 속력을 알 수 있다.

단위 부피당 전하 운반자 수(또는 전하 밀도) n은 시료에 흐르는 전류를 측정함으로써 알 수 있다. 식 27.4로부터 유동 속력은

$$v_d = \frac{I}{nqA} \tag{29.20}$$

와 같이 표현할 수 있다. 여기서 A는 도체 단면적이다. 식 29.20을 식 29.19에 대입하면

$$\Delta V_H = \frac{IBd}{nqA} \tag{29.21}$$

를 얻는다. 도체 단면적 $A = td$이고 t는 도체의 두께이므로, 식 29.21은 동시에

$$\Delta V_H = \frac{IB}{nqt} = \frac{R_HIB}{t} \tag{29.22}$$

◀ 홀 전압

와 같이 표현할 수 있다. 여기서 $R_H = 1/nq$은 **홀 계수**(Hall coefficient)이다. 이 관계식은 잘 알려진 도체를 사용하여 미지의 자기장 크기를 측정할 수 있음을 나타낸다.

식 29.22에 나오는 nq를 제외한 모든 양이 측정 가능하기 때문에, 홀 계수의 값은 쉽

게 얻을 수 있다. R_H의 부호와 크기로 전하 운반자의 부호와 밀도를 알 수 있다. 도체에서는 전하 운반자가 전자이며 홀 효과에 의하여 측정된 전하 밀도는 n 값이 단위 부피당 최외각 전자수와 거의 비슷한 1가 금속들인 Li, Na, Cu, Ag 등에서의 계산 값과 잘 일치하고 있다. 그러나 이 고전적인 모형은 Fe, Bi, Cd 등의 금속이나 반도체들에서는 잘 맞지 않는다. 이런 불일치는 고체의 양자적인 성질이 반영된 모형을 사용해야만 설명이 가능하다.

예제 29.6 구리에서의 홀 효과

너비 1.5 cm, 두께 0.10 cm의 직사각형 구리 띠에 5.0 A의 전류가 흐르고 있다. 1.2 T의 자기장이 띠와 수직으로 걸려 있을 때 홀 전압을 구하라.

풀이

개념화 그림 29.25와 29.26을 주의 깊게 보고, 띠의 위와 아래 끝 사이에서 홀 전압이 만들어짐을 이해하도록 한다.

분류 이 절에서 유도한 식을 이용하여 홀 전압을 계산하므로, 예제를 대입 문제로 분류한다.

한 원자당 한 개의 전자만이 전류의 흐름에 사용된다고 가정하고, 전하 운반자 밀도를 구리의 몰질량 M과 밀도 ρ로 구한다.

$$n = \frac{N_A}{V} = \frac{N_A \rho}{M}$$

식 29.22에 이 결과를 대입한다.

$$\Delta V_H = \frac{IB}{nqt} = \frac{MIB}{N_A \rho q t}$$

주어진 값들을 대입한다.

$$\Delta V_H = \frac{(0.063\,5\ \text{kg/mol})(5.0\ \text{A})(1.2\ \text{T})}{(6.02 \times 10^{23}\ \text{mol}^{-1})(8\,920\ \text{kg/m}^3)(1.60 \times 10^{-19}\ \text{C})(0.001\,0\ \text{m})}$$

$$= 0.44\ \mu\text{V}$$

따라서 좋은 도체에서의 홀 전압의 크기는 매우 작다는 것을 알 수 있다(시료의 너비가 위의 계산에 사용되지 않았음을 주목할 필요가 있다).

문제 이번에는 같은 크기의 반도체로 만들면, 홀 전압이 더 클까 아니면 작을까?

답 ΔV_H가 n에 반비례하기 때문에 1가 금속보다 n 값이 훨씬 작은 반도체에서는 보다 큰 홀 전압을 얻을 수 있다. 이런 물질에는 대체로 0.1 mA 정도의 전류가 사용된다. 이 예의 구리와 같은 크기의 $n = 1.0 \times 10^{20}$개/m^{3}을 가진 실리콘을 생각해 보자. $B = 1.2$ T, $I = 0.10$ mA로 놓으면 $\Delta V_H = 7.5$ mV 를 얻는다. 이 정도의 전압은 쉽게 측정할 수 있다.

연습문제

객관식

1. 균일한 자기장 내에 한 입자가 있을 때, 입자에 자기력이 작용하지 않는 경우를 모두 고르라. (a) 입자가 대전 입자인 경우 (b) 입자가 자기장과 수직 방향으로 움직이는 경우 (c) 입자가 자기장과 평행인 방향으로 움직이는 경우 (d) 시간에 따라 자기장의 크기가 변하는 경우 (e) 입자가 정지하여 있는 경우

2. 다음 입자를 힘의 크기가 큰 것부터 순서대로 나열하라. 크기가 같으면 동일한 순위로 두라. (a) 1 mT 자기장과 수직 방향으로 속력이 1 Mm/s인 전자 (b) 1 mT 자기장과 평행한 방향으로 속력이 1 Mm/s인 전자 (c) 1 mT 자기장과 수직 방향으로 속력이 2 Mm/s인 전자 (d) 1 mT 자기장과

수직 방향으로 속력이 1 Mm/s인 양성자 (e) 1 mT 자기장과 45° 방향으로 속력이 1 Mm/s인 양성자

3. 수평 방향으로 운동하던 양성자가 균일한 자기장이 있는 영역으로 들어간다. 그림 OQ29.3과 같이 자기장 방향은 양성자의 처음 운동 방향과 수직이다. 양성자가 자기장 영역에 들어간 후의 운동에 대한 설명으로 옳은 것은? (a) 아래로 굽지만 속력은 그대로이다. (b) 위로 굽어서 일정한 속력으로 반원 궤도를 그리면서 운동한 후 왼쪽 방향으로 자기장 영역을 벗어난다. (c) 처음 방향으로 속력이 일정하게 운동한다. (d) 자기장 내에서 벗어나지 않고 원운동을 한다. (e) 종이면으로부터 나오는 방향으로 굽는다.

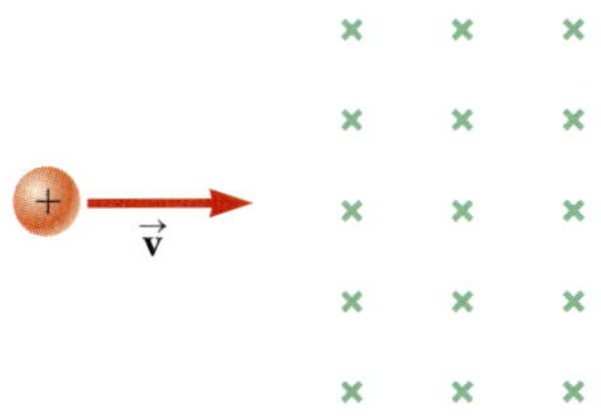

그림 OQ29.3

4. 길이가 1.00 m이고 질량이 50.0 g인 얇은 구리 막대가 있다. 0.100 T의 자기장 내에서 이 구리 막대가 지면 위 공중에 떠 있으려면, 전류는 적어도 얼마 이상 흘러야 하는가? (a) 1.20 A (b) 2.40 A (c) 4.90 A (d) 9.80 A (e) 정답 없음

5. 연직 방향의 자기장 영역으로 전자 A는 1.00 Mm/s의 속력으로 지표면에 평행하게 발사되고, 전자 B는 2.00 Mm/s의 속력으로 같은 경로로 발사된다. **(i)** 어떤 전자가 더 큰 자기력을 받는가? (a) A (b) B (c) 영이 아닌 같은 크기의 힘을 받는다. (d) 둘 다 힘을 받지 않는다. **(ii)** 어떤 전자가 더 급한 곡선의 경로로 움직이는가? (a) A (b) B (c) A와 B가 같은 곡선 경로로 움직인다. (d) 둘 다 직진한다.

6. 다음 **(i)**~**(viii)**의 각 진술이 (a) 전기력만의, (b) 자기력만의, (c) 전기력과 자기력 둘 다의, (d) 자기력이나 전기력 어느 하나에도 해당되지 않는, 특성인가로 분류하여 말하라. **(i)** 힘을 주는 장의 크기에 힘이 비례한다. **(ii)** 힘을 받는 물체의 전하에 힘이 비례한다. **(iii)** 음전하를 가진 물체에 작용하는 힘의 방향은 양전하를 가진 물체에 작용하는 힘의 방향과 반대 방향이다. **(iv)** 정지 상태의 대전된 물체에 작용하는 힘이 영이 아니다. **(v)** 움직이는 대전된 물체에 작용하는 힘이 영이다. **(vi)** 대전된 물체에 작용하는 힘이 물체의 속력에 비례한다. **(vii)** 대전된 물체에 작용하는 힘이 물체의 속력을 변화시키지 않는다. **(viii)** 힘의 방향이 대전된 물체의 운동 방향에 의존한다.

7. 적도 위에서 전자가 수평이며 동북 35.0° 방향으로 속력 2.50×10^6 m/s로 운동한다. 이 위치에서 지구 자기장은 지면에 평행하며 북쪽을 향하고 있고 크기는 3.00×10^{-5} T이다. 이 전자가 받는 자기력은 다음 중 어느 것인가? (a) 서쪽 방향 6.88×10^{-18} N (b) 지표면을 향하며 (아래 방향) 6.88×10^{-18} N (c) 지표면을 향하며 9.83×10^{-18} N (d) 위 방향 9.83×10^{-18} N (e) 위 방향 4.00×10^{-18} N

8. 대전 입자가 균일한 자기장 내에서 움직일 때, 다음 중 옳은 것을 모두 고르라. (a) 입자는 자기장의 방향으로 힘을 받는다. (b) 입자는 운동 방향으로 힘을 받는다. (c) 입자의 운동 에너지는 증가한다. (d) 입자는 운동 방향에 수직인 힘을 받는다. (e) 입자의 운동량 크기는 변하지 않는다.

9. 그림 29.13의 속도 선택기 내에서 전자들이 $v = E/B$인 속력으로 직진한다. 같은 선택기 내에 이 속력보다 훨씬 더 빠른 전자가 있다면, 어떤 경로로 움직이는가? (a) 원 (b) 포물선 (c) 직선 (d) 더 복잡한 경로

10. 그림 OQ29.10에 고리 도선이 있다. 고리는 xy 평면에 놓여 있고, 같은 크기의 전류가 흐르며, 자기장은 $+x$ 방향으로 균일하다. 자기장에 의한 돌림힘이 큰 것부터 순서대로 나열하라.

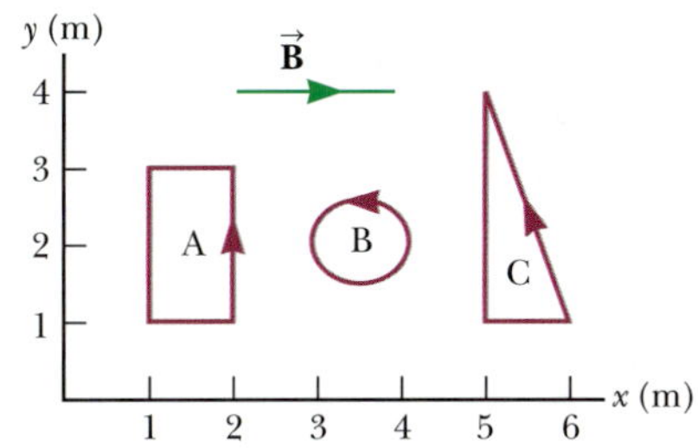

그림 OQ29.10

주관식

29.1 분석 모형: 자기장 내의 입자

1. 적도 근처 어떤 지역에서 지구 자기장은 북쪽 방향이며 크기는 50.0 μT이고, 맑은 날 전기장은 아래 방향으로 약 100 N/C이다. 전자가 동쪽으로 6.00×10^6 m/s의 속력으로 운동하는 순간 중력, 전기력 그리고 자기력을 구하라.

2. 그림 P29.2에 있는 네 가지 경우, 자기장으로 들어간 대전 입자는 처음에 어느 방향으로 휘는가?

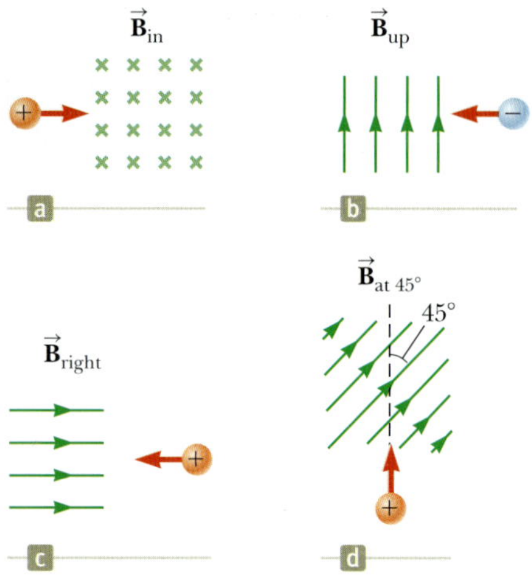

그림 P29.2

3. 양의 대전 입자가 그림 P29.3에서처럼 각각 움직일 때, 입자에 작용하는 자기력의 방향이 그림에 주어진 방향이 되기 위한 자기장의 방향을 구하라.

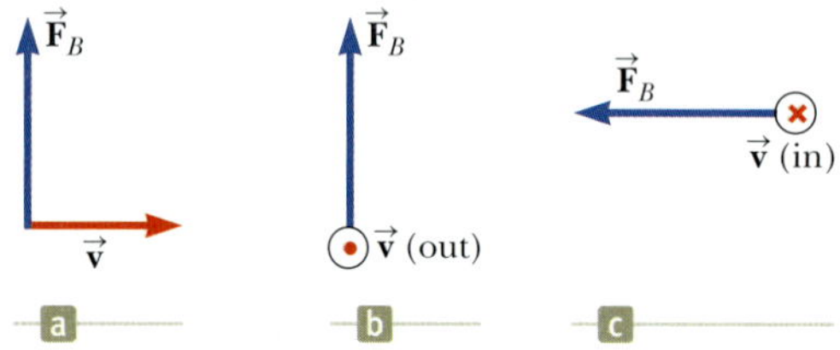

그림 P29.3

4. 크기가 1.70 T인 자기장 내에서 속력 4.00×10^6 m/s 로 움직이는 순간 양성자가 받는 자기력의 크기가 8.20×10^{-13} N이다. 속도 벡터와 자기장 방향이 이루는 각도는 얼마인가?

5. 자기장 $\vec{\mathbf{B}} = (\hat{\mathbf{i}} + 2\hat{\mathbf{j}} - \hat{\mathbf{k}})$ T 내에서 양성자의 속도가 $\vec{\mathbf{v}} = (2\hat{\mathbf{i}} - 4\hat{\mathbf{j}} + \hat{\mathbf{k}})$ m/s일 때, 이 입자에 작용하는 자기력의 크기는 얼마인가?

6. 양성자가 균일한 자기장 $\vec{\mathbf{B}}$에 수직으로 1.00×10^7 m/s의 속력으로 움직인다. 이 입자가 $+z$ 방향으로 움직일 때, 입자의 가속도는 $+x$ 방향으로 2.00×10^{13} m/s^{2}이다. 이 자기장의 크기와 방향을 구하라.

7. 질량이 1.50 g인 대전 입자가 속력 1.50×10^4 m/s로 운동한다. 갑자기 크기가 0.150 mT인 자기장이 입자의 속도에 수직인 방향으로 켜졌다가 1.00 s만에 꺼진다. 이 시간 간격 동안 입자 속도의 크기와 방향의 변화는 무시할 수 있으나 원래 속도와 수직인 방향으로 0.150 m 움직인다. 입자의 전하를 구하라.

29.2 균일한 자기장 내에서 대전 입자의 운동

8. 정지해 있던 양성자(전하 $+e$, 질량 m_p), 중수소핵(전하 $+e$, 질량 $2m_p$), 알파 입자(전하 $+2e$, 질량 $4m_p$)가 동일한 전위차 ΔV에 의하여 가속된다. 이후 각 입자는 균일한 자기장 $\vec{\mathbf{B}}$ 속으로 들어가는데, 들어갈 때의 속도 방향과 $\vec{\mathbf{B}}$의 방향은 서로 수직이다. 양성자가 반지름이 r_p인 원 궤도 운동을 한다고 할 때 (a) 중수소핵의 원 궤도의 반지름 r_d와 (b) 알파 입자의 원 궤도의 반지름 r_α를 r_p로 표현하라.

9. 전하량이 q이고, 운동 에너지가 K인 입자가 크기가 B인 균일한 자기장 영역에서 움직인다. 입자가 반지름 R인 원운동을 할 때, 입자의 (a) 속력과 (b) 질량의 식을 구하라.

10. 운동하던 전자가 정지해 있던 다른 전자와 탄성 충돌을 한다. 크기가 B인 균일한 자기장 내에서, 충돌 후에 두 입자는 자기장 방향에 수직인 평면에서 원운동을 하며 원 궤도의 반지름이 각각 r_1과 r_2이다. 처음에 운동하던 전자의 운동 에너지를 구하라.(전자의 에너지가 아주 크지는 않다고 가정하고 전자의 전하 e, 질량 m_e, 그리고 문제에 나온 다른 양들로 표현한다.: 역자 주)

11. 성간(항성 사이)에 있는 양성자 우주선 입자가 10.0 MeV의 에너지를 가지고 있다. 이 입자가 태양 주위를 도는 수성 궤도와 같은 원 궤도 반지름으로 움직인다면, 성간 영역의 자기장은 얼마인가? (수성의 궤도 반지름은 5.80×10^{10} m이다.)

12. 그림 P29.12와 같이 어떤 평면의 오른쪽 부분에 크기가 1.00 mT인 균일한 자기장이 있고 왼쪽은 자기장이 영이다. 이 경계면 왼쪽에서 경계면에 수직으로 운동하던 전자가 자기장 영역으로 들어온다. (a) 전자가 반원형 궤도로 움직인 후 자기장 왼쪽으로 나간다고 가정하고 전자가 자기장 내에서 움직이는 시간 간격을 구하라. (b) 경계면에서 가장 멀어진 거리가 2.00 cm일 때 전자의 운동 에너지를 구하라.

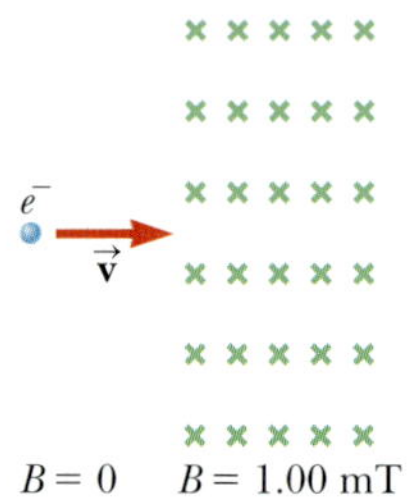

그림 P29.12

13. 균일한 전기장과 균일한 자기장이 둘 다 있는 어떤 영역에서 양전하 $q = 3.20 \times 10^{-19}$ C을 가진 입자가 $\vec{\mathbf{v}} = (2\hat{\mathbf{i}} + 3\hat{\mathbf{j}} - \hat{\mathbf{k}})$ m/s의 속도로 운동한다. (a) 자기장과 전기장이 각각 $\vec{\mathbf{B}} = (2\hat{\mathbf{i}} + 4\hat{\mathbf{j}} + \hat{\mathbf{k}})$ T, $\vec{\mathbf{E}} = (4\hat{\mathbf{i}} - \hat{\mathbf{j}} - 2\hat{\mathbf{k}})$ V/m일 때 움직이는 입자가 받는 알짜힘을 단위 벡터를 사용하여 표현하라. (b) 이 힘과 $+x$축 사이의 각도를 구하라.

14. 지름이 100 Mm인 원통형 공간 내에서, 균일한 자기장의 크기는 25.0 μT이고 방향은 원통의 축과 평행이다. 원통 밖에서의 자기장은 영이다. 빛의 속력의 1/10인 우주선 양성자가 원통의 중심을 향하여 원통축과 수직 방향으로 들어온다. (a) 양성자가 자기장 영역으로 들어올 때, 양성자가 그리는 곡률 반지름을 구하라. (b) 원통의 중심에 양성자가 도달할 것인지에 대하여 설명하라.

15. (a) 속도가 $\vec{\mathbf{v}} = v_i\hat{\mathbf{i}}$인 양성자가 자기력 $\vec{\mathbf{F}} = F_i\hat{\mathbf{j}}$를 받고 있다. 이것으로부터 $\vec{\mathbf{B}}$에 대하여 어떤 정보를 알 수 있는가? (b) 같은 자기장 내에서 양성자가 $\vec{\mathbf{v}} = -v_i\hat{\mathbf{i}}$의 속도로 움직일 때, 양성자가 받는 힘을 F_i로 나타내라. (c) 같은 자기장 내에서 전자가 $\vec{\mathbf{v}} = -v_i\hat{\mathbf{i}}$의 속도로 움직일 때, 전자가 받는 힘을 구하라.

16. 0.150 T의 균일한 자기장이 $+x$ 방향으로 있다. 속력이 5.00×10^6 m/s인 양전자가 x축과 $\theta = 85.0°$의 각도로 자기장에 들어간다(그림 P29.16). 입자의 운동은 29.2절에 나온 것처럼 나선 운동을 할 것으로 예상된다. 그림 P29.16에 정의된 경로의 (a) 피치 p와 (b) 반지름 r를 계산하라.

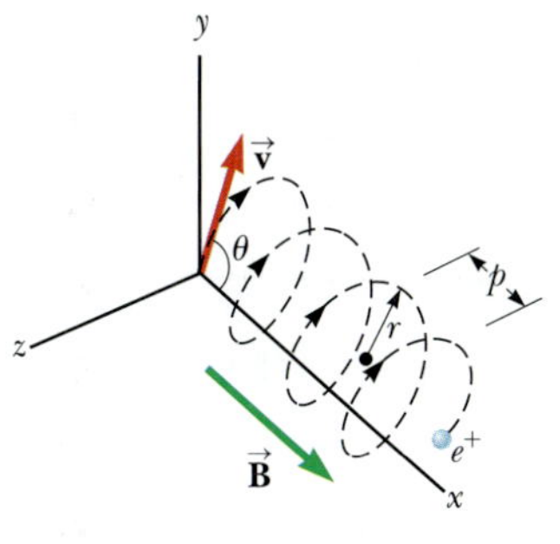

그림 P29.16

17. 5.00 MeV(1 eV = 1.60×10^{-19} J)의 운동 에너지로 $+x$ 방향으로 운동하는 양성자가 있다. 그림 P29.17에 보인 것처럼 양성자는 종이면에서 나오는 방향으로 $x = 0$에서 $x = 1.00$ m까지 있는 자기장 $\vec{\mathbf{B}} = 0.050\,0\hat{\mathbf{k}}$ T에 들어간다. (a) 상대성 효과를 무시할 때, 양성자 빔의 처음 속도 방향과 자기장을 벗어난 후의 속도 방향 사이의 각도 α를 구하라. (b) 자기장을 떠날 때 양성자 운동량의 y 성분을 계산하라.

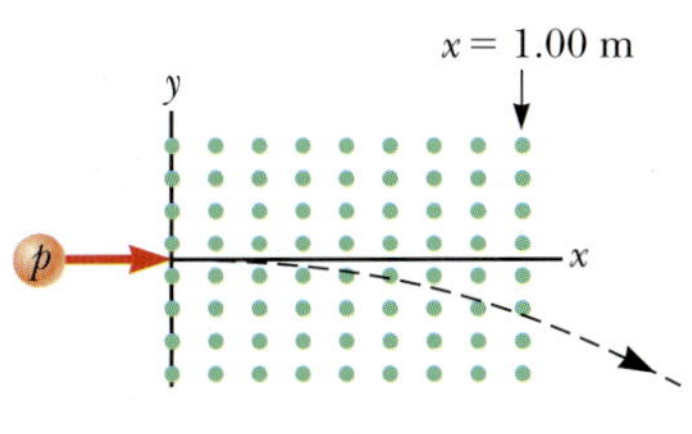

그림 P29.17

29.3 자기장 내에서 대전 입자 운동의 응용

18. 양성자를 가속시키기 위하여 반지름 1.20 m로 제작된 사이클로트론이 있다. 사이클로트론 내에서 자기장의 크기는 0.450 T이다. (a) 사이클로트론 진동수와 (b) 양성자가 얻게 되는 최대 속력은 얼마인가?

19. 양성자를 가속시키기 위하여 설계한 사이클로트론(그림 29.16)의 바깥 반지름이 0.350 m이다. 중심 부근의 양성자 원천에서 거의 정지 상태로 나온 양성자는 두 디(dee) 사이의 간격을 지나갈 때마다 600 V의 전위차에 의하여 가속된다. 디들은 자석의 자극 사이에 놓여 있으며 그곳의 자기장의 크기는 0.800 T이다. (a) 이 가속기의 사이클로트론 진동수를 구하라. (b) 사이클로트론을 벗어나는 순간 양성자의 최대 속력과 (c) 최대 운동 에너지를 구하라. (d) 이 사이클로트론 속에서 양성자 하나가 몇 번 회전하는지 계산하라. (e) 양성자가 가속되는 시간 간격을 구하라.

20. $\vec{\mathbf{E}} = E\hat{\mathbf{k}}$인 전기장과 $\vec{\mathbf{B}} = B\hat{\mathbf{j}}$, $B = 15.0$ mT인 자기장으로 된 속도 선택기가 있다. 750 eV인 전자가 $-x$ 방향을 따라 편향되지 않고 운동하기 위한 E의 값을 구하라.

21. 흑백 TV의 브라운관에서는 전기장 편향판보다 자기장 편향 코일을 사용한다. 전자빔이 50.0 kV의 전위차로 가속되어 너비 1.00 cm인 균일한 자기장을 지난다고 가정하자. 스크린은 코일의 중심으로부터 10.0 cm 떨어져 있고, 너비는 50.0 cm이다. 자기장이 꺼졌을 때, 전자빔은 스크린의 중심을 지난다. 상대론적 보정을 무시한다면, 전자빔을 스크린 가장자리로 휘어지게 하기 위하여 필요한 자기장의 크기는 얼마인가?

22. 탄소 14와 탄소 12 이온이 사이클로트론에서 가속된다. 사이클로트론에서의 자기장 크기가 2.40 T라면, 두 이온의 사이클로트론 진동수 차이는 얼마인가? (각 이온은 크기 e인 전하를 가지고 있다.)

23. 처음 속도 $20.0\hat{\mathbf{i}}$ Mm/s인 양성자가 양성자의 속도에 수직 방향으로 크기가 0.300 T인 자기장에 입사한다. 이 양성자가 $-20.0\hat{\mathbf{j}}$ Mm/s의 속도로 자기장을 빠져나간다. 이때 (a) 자기장의 방향, (b) 자기장 내에서 양성자의 곡률 반지름, (c) 자기장 내에서 양성자가 이동한 거리, (d) 양성자가 자기장 내에 있는 시간을 구하라.

24. 다음 상황은 왜 불가능한가? 그림 P29.24는 대전 입자의 운동 방향을 바꿀 수 있는 실험 기법을 보인다. 그림처럼 전하가 $q = 1.00$ μC이고 질량이 $m = 2.00 \times 10^{-13}$ kg

인 입자가 균일한 자기장이 있는 영역으로 아래로부터 들어온다. 처음 속도 벡터의 방향은 자기장에 수직이고 크기는 $v = 2.00 \times 10^5$ m/s이다. 자기장 내에서 입자가 자기력을 받아서 운동 방향이 바뀌므로 자기장을 벗어날 때 원래 방향과 다를 것이다. 자기장의 크기는 $B = 0.400$ T이고 방향은 종이면으로부터 수직하게 나오는 방향이다. 그림에 나타낸 자기장이 있는 영역의 수직 거리는 $h = 0.110$ m이다. 실험자가 이 방법대로 실험하여 자기장 위쪽에서 입자가 나오는 각도 θ를 측정하니, 그녀가 이론으로 예측한 것과 같은 결과이었다.

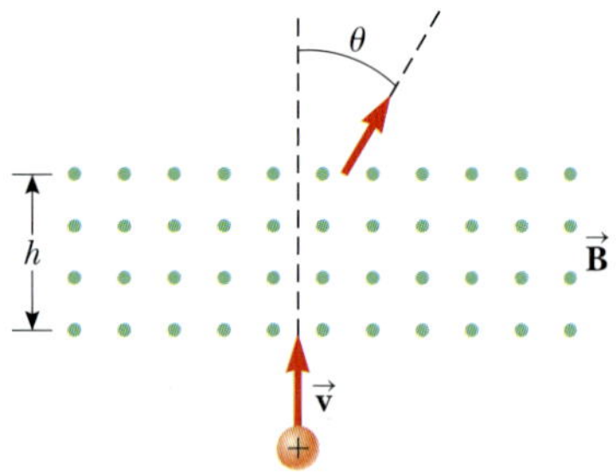

그림 P29.24

25. 심장외과 전문의는 그림 P29.25에 보인 전자기 방식 유량계로 대동맥을 지나가는 혈류량을 측정한다. 두 전극 A와 B는 지름이 3.00 mm인 혈관의 외벽에 접촉하도록 설치되어 있고 전극 부위에 그림처럼 자기장이 있다. (a) 자기장의 크기가 0.040 0 T일 때 전극 사이의 기전력이 160 μV이다. 혈액의 속력을 계산하라. (b) 그림에서 전극 A의 단자가 양의 부호인 이유를 설명하라. (c) 혈액과 함께 움직이는 이온의 전하가 주로 양전하인지 아니면 음전하인지에 기전력의 부호가 의존하는가?

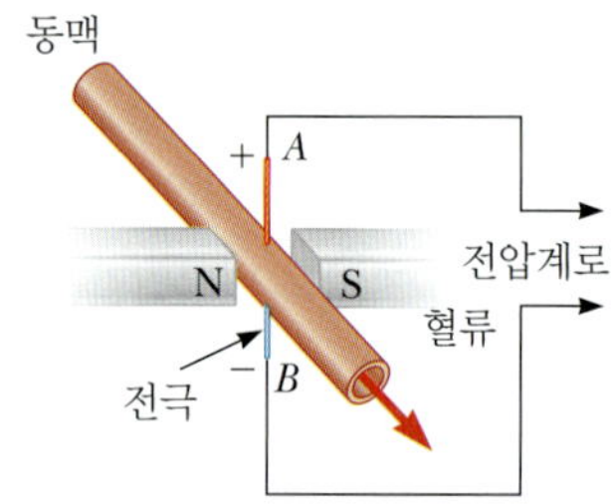

그림 P29.25

29.4 전류가 흐르는 도체에 작용하는 자기력

26. 균일한 자기장 0.390 T에 있는 2.80 m의 도선에 전류 5.00 A가 흐른다. 전류와 자기장과의 각도가 (a) 60.0°, (b) 90.0°, (c) 120°일 때 도선에 작용하는 자기력의 크기를 각각 계산하라.

27. 그림 P29.27과 같이 질량이 0.720 kg이고 반지름이 6.00 cm인 원통형 막대가 평행한 두 레일 위에 있다. 레일 사이의 거리는 $d = 12.0$ cm이고 레일의 길이는 $L = 45.0$ cm이다. 그림에 나타낸 자기장은 크기가 0.240 T로 균일하고 방향은 레일 사이의 면과 막대에 수직이다. 막대에 48.0 A의 전류가 그림에 보인 방향으로 흐르고, 막대는 레일 위를 미끄러지지 않고 구른다. 막대가 레일의 한 끝에서 정지 상태로 있다가 움직이기 시작한다면 레일의 다른 끝에 올 때 막대의 속력은 얼마인가?

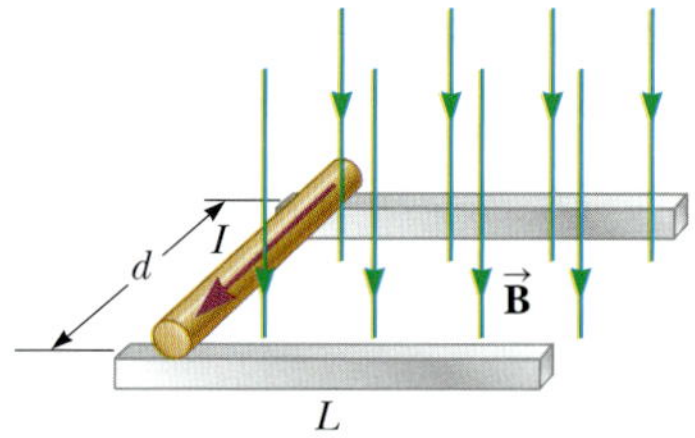

그림 P29.27

28. 단위 길이당 질량이 0.500 g/cm인 도선이 수평으로 놓여 있고, 이 도선에 2.00 A의 전류가 남쪽으로 흐른다. 도선을 연직 위로 들어 올리는 데 필요한 최소 자기장의 (a) 방향과 (b) 크기를 구하라.

29. 그림 P29.29와 같이 연직 방향으로 고정된 두 개의 얇은 도체들과, 두 도체 사이에서 상하로 움직일 수 있도록 연결된 수평 방향의 도선으로 된 계가 있다. 수평 도선의 질량은 15.0 g이고 길이는 15.0 cm이다. 이 계는 종이면에 수직인 방향의 균일한 자기장 내에 있다. 그림에 나타낸 대로 5.00 A의 전류가 흐르면 수평 도선은 아래 방향의 중력을 받으면서도 위로 등속 운동을 한다. (a) 수평 도선에는 어떤 종류의 힘들이 작용하는가? (b) 어떤 조건하에서 수평 도선은 등속 운동을 할 수 있는가? (c) 수평 도선이 등속 운동을 할 수 있는 최소의 자기장의 크기를 구하라. (d) 자기장이 이 최솟값보다 크면 수평 도선의 운동은 어떻게 되는가?

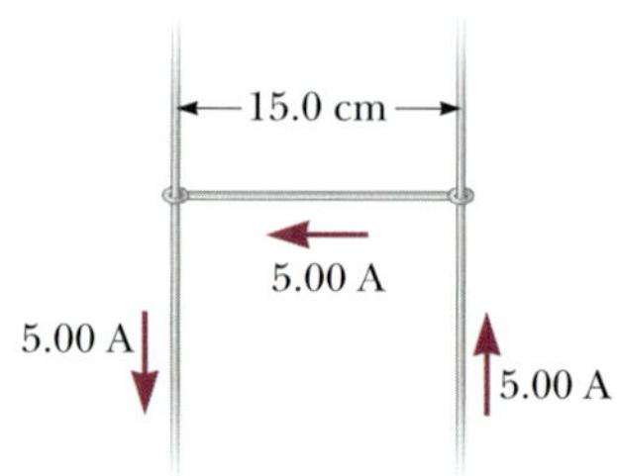

그림 P29.29

30. 그림 P29.30과 같이 전류 I가 흐르고 반지름 r인 도체 고리 아래에 강한 자석이 놓여 있다. 자기장 $\vec{\mathbf{B}}$가 고리의 위치에

서 연직으로부터 θ의 각도를 이루고 있을 때, 고리에 작용하는 자기력의 (a) 크기와 (b) 방향을 구하라.

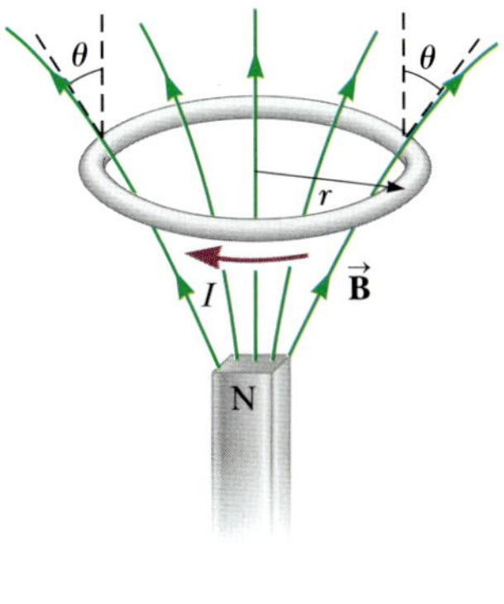

그림 P29.30

31. 그림 P29.31과 같이 정육면체의 두 변 ab, bc와 두 면의 대각선 cd, da으로 이루어진 도선 고리에 전류 $I = 5.00$ A가 흐른다. 정육면체의 한 변의 길이는 40.0 cm이며, 도선 고리는 크기가 $B = 0.020\ 0$ T이고 $+y$축 방향인 균일한 자기장 내에 있다. 도선 (a) ab, (b) bc, (c) cd, (d) da에 작용하는 자기력을 계산하라. (e) 도선 da에 작용하는 자기력을 전류와 자기장을 사용하여 계산하지 않고 다른 세 도선에 작용하는 자기력으로부터 계산하는 방법을 설명하라.

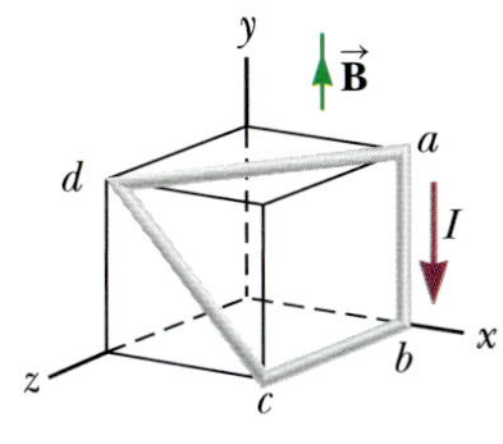

그림 P29.31

32. 그림 P29.32의 회로에서 용수철보다 위의 부분은 고정되어 있다. 바닥의 수평 도선은 질량이 10.0 g이고 길이가 5.00 cm이다. 이 도선은 중력을 받고 있으며 그림에 보인 동일한 두 용수철에 달려서 회로의 윗부분에 연결되어 있다. 용수철의 도선의 무게 때문에 0.500 cm 늘어나고 회로의 전체 저항은 12.0 Ω이다. 그림처럼 종이면으로부터 나오는 방향으로 자기장이 켜지면 용수철은 0.300 cm 더 늘어난다. 맨 아래 도선만 자기장 내에 있다고 가정하고 자기장의 크기를 구하라.

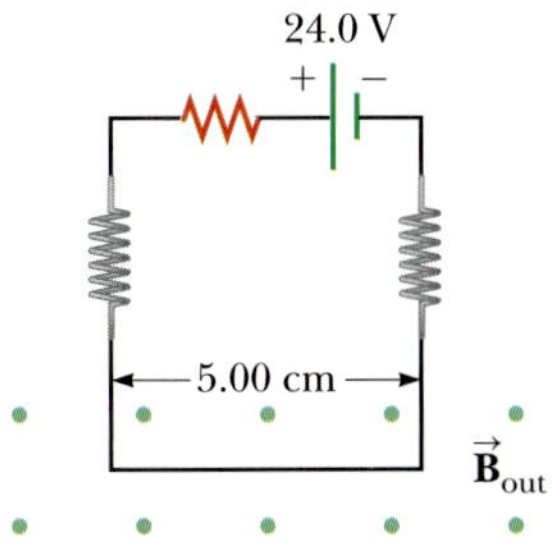

그림 P29.32

33. 전류 I가 흐르는 금속 막대가 수평으로 놓인 두 레일 위에서 미끄러진다. 두 레일 사이의 거리는 d이고 두 레일이 이루는 면도 수평 방향이다. 금속 막대의 질량이 m이고 막대와 두 레일 사이의 운동 마찰 계수가 μ이다. 막대와 레일에 수직 방향인 자기장 내에서 막대가 등속도로 움직인다면 자기장의 크기는 얼마인가?

34. 질량이 80.0 g이고 반지름이 20.0 cm인 절연체 구가 있다. 그림 P29.34처럼 납작한 도선이 촘촘하게 다섯 번 감긴 코일이 구 둘레를 단단히 싸고 있고 코일의 중심과 구의 중심은 일치한다. 이 구형 물체가 경사면 위에 있는데 코일 면과 경사면은 평행하다. 수평과 경사면이 이루는 각도는 θ이다. 또한 물체는 크기가 0.350 T로 균일한 수직 방향의 자기장 내에 있다. (a) 구가 평형 상태로 가만히 있을 때 코일에 흐르는 전류를 구하라. (b) 이 결과가 경사각 θ에 의존하지 않음을 보이라.

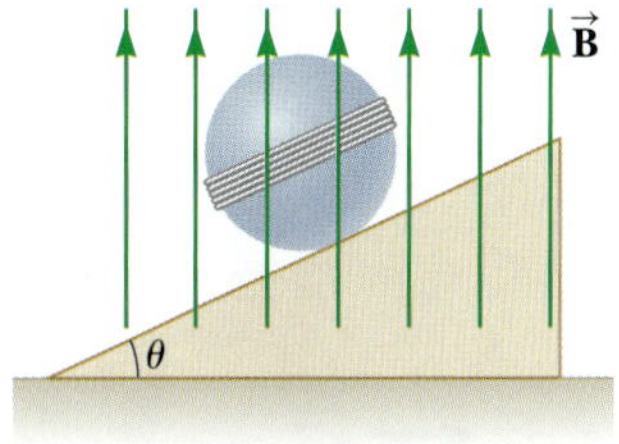

그림 P29.34

35. 전류 I가 흐르는 금속 막대가 있다. 금속 막대의 단위 길이당 질량은 λ이다. 그림 P29.35와 같이 막대는 두 금속선에 의하여 매달려 균일한 연직 방향의 자기장 내에 있으며 막대에 흐르는 전류의 방향은 그림에 표시되어 있다. 평형 상태일 때 금속선들이 연직 방향과 이루는 각도는 θ이다. 이때 자기장의 크기를 구하라. (두 금속 선은 수평인 금속 지지대들에 붙어 있으며 두 금속 지지대가 이루는 면은 수평 방향이다. 금속 선의 질량은 무시한다. 그림에서 금속 막대의 방향도 수평 방향임에 유의하라.: 역자 보충)

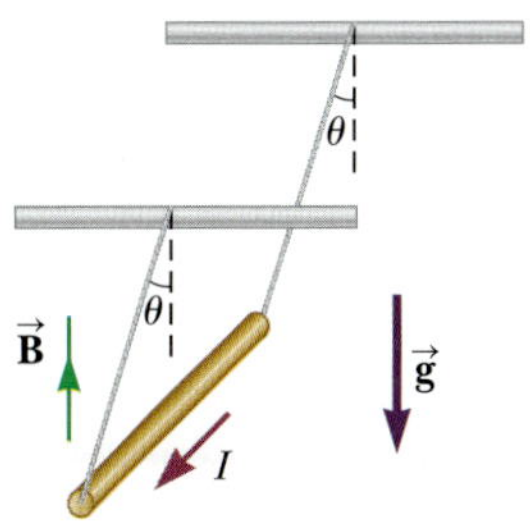

그림 P29.35

36. 금속 선이 수평면 위에 있다. 수평면과 금속 선 사이의 운동

마찰 계수는 0.200이고 금속 선의 선질량 밀도는 1.00 g/cm이다. 금속 선에 1.50 A의 전류가 동쪽 방향으로 흐르면 금속 선은 수평면 위에서 등속도로 북쪽을 향하여 미끄러진다. 금속 선이 이렇게 운동하게 되는 최소 크기 자기장의 (a) 크기와 (b) 방향을 구하라.

29.5 균일한 자기장 내에서 전류 고리가 받는 돌림힘

37. 반지름이 5.00 cm이고 50.0번 감긴 원형 코일이 0.500 T의 균일한 자기장 내에 놓여 있다. 코일에 25.0 mA의 전류가 흐른다면, 코일에 작용할 수 있는 최대 돌림힘의 크기를 구하라.

38. 그림 P29.38과 같이 타원형으로 도선이 8번 감긴 코일이 있다. 타원의 장축(긴지름)은 40.0 cm이고 단축(짧은지름)은 30.0 cm이다. 이 코일에 6.00 A의 전류가 흐르고 타원이 종이면과 평행하다고 하자. 크기가 2.00×10^{-4} T인 균일한 자기장의 방향이 종이면에서 왼쪽 방향이라면 코일에 작용하는 돌림힘의 크기는 얼마인가? **힌트:** 타원의 넓이 A는 a를 긴반지름, b를 짧은반지름이라고 하면 $A = \pi ab$이다.

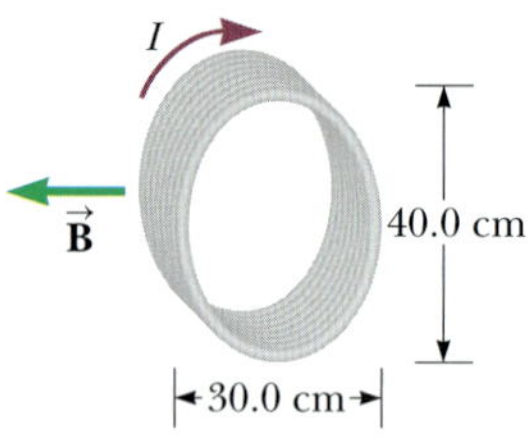

그림 P29.38

39. 도선이 빽빽하게 $N = 100$회 감긴 직사각형 코일이 있다. 그림 P29.39에 보인 것처럼 직사각형의 크기는 $a = 0.400$ m, $b = 0.300$ m이다. 코일이 y축에 대하여 회전할 수 있고 그림처럼 코일면이 x축과 이루는 각도가 $\theta = 30.0°$이다. (a) 코일에 $I = 1.20$ A의 전류가 흐를 때, 크기가 $B = 0.800$ T로 균일하고 x축 방향인 자기장 내에서 이 코일이 받는 돌림힘의 크기를 구하라. (b) 코일은 어느 방향으로 돌게 되는가?

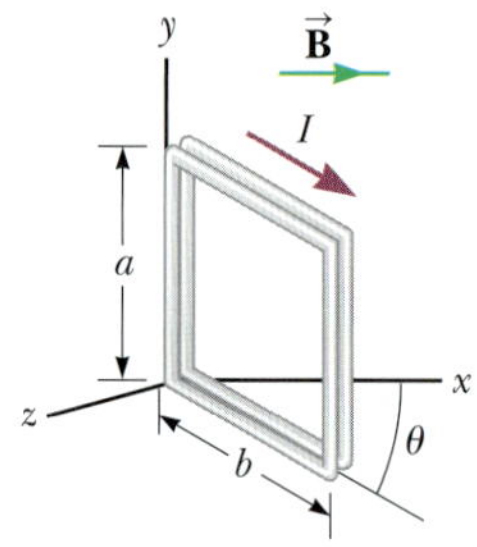

그림 P29.39

29.6 홀 효과

40. 홀 탐침에 120 mA의 전류가 흐른다. 이 탐침이 0.080 0 T의 균일한 자기장 내에 있을 때 0.700 μV의 홀 전압을 만든다. (a) 이번에는 모르는 자기장 영역에서 측정한 홀 전압이 0.330 μV라면, 이 탐침이 있는 영역의 자기장 크기는 얼마인가? (b) 탐침의 두께가 $\vec{\mathbf{B}}$의 방향으로 2.00 mm이다. 운반자의 전하 밀도를 구하라. (각 전하의 크기는 e이다.)

CHAPTER 30

자기장의 원천

Sources of the Magnetic Field

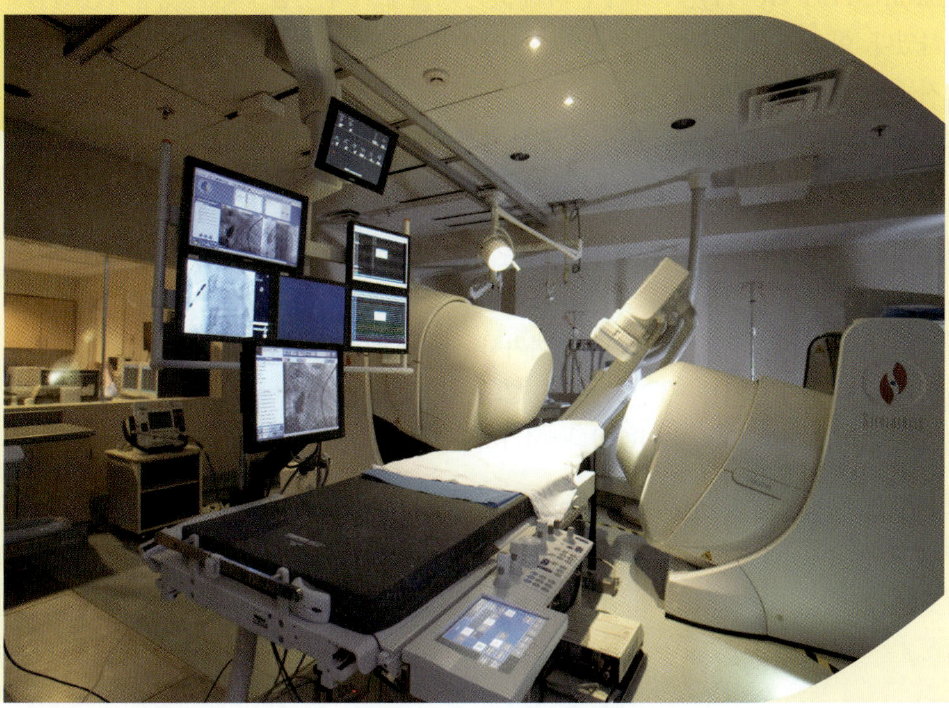

심장 내 카테터 삽입 시술실에서 심방 세동으로 고통받는 환자를 받을 준비가 되어 있다. 작업 테이블 양쪽에 있는 하얀색의 큰 물체는 환자가 있는 영역에 자기장을 만드는 강한 자석이다. 카테터박리 시술을 하는 전기생리학 의사는 왼쪽 방 컴퓨터 앞에 앉아 있다. 자기장의 도움을 받아, 의사는 혈관을 통하여 자기적으로 민감한 심장 카테터 팁을 제어하여 심장으로 들어가게 한다. *(© Courtesy of Stereotaxis, Inc.)*

29장에서 자기장이 존재하는 영역에서 움직이는 대전 입자가 받는 자기력에 관하여 다루었다. 이 장에서는 자기적 상호 작용에 관한 설명의 마지막으로, 자기장의 원천인 움직이는 전하에 대하여 공부한다. 우선 공간의 한 점에서 작은 전류 요소에 의하여 만들어지는 자기장을 구하는 데 사용되는 비오–사바르 법칙을 공부하고, 이 법칙과 중첩의 원리를 이용하여 여러 가지 형태의 전류 분포에 의한 전체 자기장을 구한다. 그 다음, 전류가 흐르는 두 도체 사이에 작용하는 힘을 구하는 방법을 보여 준다. 정상 전류가 흐르는 대칭적인 전류 분포에 의한 자기장을 구하는 데 매우 유용한 앙페르의 법칙을 소개한다.

또한 이 장에서는 자성체 안에서 일어나는 매우 복잡한 현상들도 다룬다. 물질의 모든 자기적 효과들은 원자의 자기 모멘트로 설명할 수 있다. 이런 원자의 자기 모멘트는 전자의 궤도 운동이나 전자의 고유한 특성인 스핀으로부터 만들어진다.

30.1 비오-사바르 법칙
The Biot-Savart Law

1819년 외르스테드(Oersted)가 전류가 흐르는 도체 주위에서 나침반의 바늘이 흔들린다는 사실을 발견한 직후, 비오(Jean-Baptiste Biot, 1774~1862)와 사바르(Félix Savart, 1791~1841)는 전류가 근처에 있는 자석에 미치는 힘에 관한 정량적인 실험을 하였다. 이 실험 결과로부터 비오와 사바르는 공간의 한 점에서 전류에 의하여 만들어지는 자기장을 전류의 함수로 수학적인 표현을 할 수 있었다. 이 표현은 정상 전류 I가 흐르는 도선의 길이 요소 $d\vec{\mathbf{B}}$에 의한 점 P에서의 자기장 $d\vec{\mathbf{B}}$에 대한 다음과 같은 실험적 측정에 기초를 둔다(그림 30.1).

오류 피하기 30.1
비오-사바르 법칙 비오-사바르 법칙으로 기술되는 자기장은 **전류가 흐르는 도체에 의한 자기장**이다. 이 자기장을 도체에 걸린 원천이 다른 **외부** 자기장과 혼동하지 않아야 한다.

- 자기장 $d\vec{\mathbf{B}}$는 $d\vec{\mathbf{s}}$(전류 방향의 작은 변위)와 $d\vec{\mathbf{s}}$에서 점 P를 향하는 단위 벡터 $\hat{\mathbf{r}}$에 수직이다.
- $d\vec{\mathbf{B}}$의 크기는 r^2에 반비례한다. 여기서 r는 $d\vec{\mathbf{s}}$로부터 P까지의 거리이다.
- $d\vec{\mathbf{B}}$의 크기는 전류 및 길이 요소 $d\vec{\mathbf{s}}$의 크기 ds에 비례한다.
- $d\vec{\mathbf{B}}$의 크기는 $\sin\theta$에 비례한다. 여기서 θ는 벡터 $d\vec{\mathbf{s}}$와 $\hat{\mathbf{r}}$ 사이의 각이다.

이 측정은 오늘날 **비오-사바르 법칙**(Biot-Savart law)이라 불리는 수학적인 표현으로 요약된다.

비오-사바르 법칙 ▶

$$d\vec{\mathbf{B}} = \frac{\mu_0}{4\pi}\frac{I\,d\vec{\mathbf{s}} \times \hat{\mathbf{r}}}{r^2} \tag{30.1}$$

이 식에서 상수 μ_0은 **자유 공간의 투자율**(permeability of free space)이다.

자유 공간의 투자율 ▶

$$\mu_0 = 4\pi \times 10^{-7}\ \mathrm{T\cdot m/A} \tag{30.2}$$

식 30.1에서 $d\vec{\mathbf{B}}$는 도체의 작은 길이 요소 $d\vec{\mathbf{s}}$에 흐르는 전류에 의한 자기장임을 주목하라. 유한한 크기의 전류에 의한 임의의 점에서의 전체 자기장 $\vec{\mathbf{B}}$를 구하기 위하여 전류를 구성하는 모든 전류 요소 $I\,d\vec{\mathbf{s}}$로부터 만들어지는 자기장을 합해야만 한다. 즉 식 30.1을 적분하여 자기장 $\vec{\mathbf{B}}$를 구해야 한다.

$$\vec{\mathbf{B}} = \frac{\mu_0 I}{4\pi}\int\frac{d\vec{\mathbf{s}} \times \hat{\mathbf{r}}}{r^2} \tag{30.3}$$

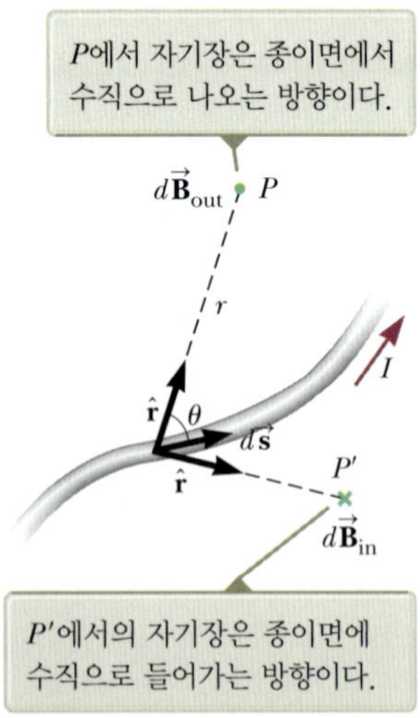

그림 30.1 길이 요소 $d\vec{\mathbf{s}}$의 전류에 의한 한 점에서의 자기장 $d\vec{\mathbf{B}}$는 비오-사바르 법칙에 의하여 주어진다.

여기서 적분은 전류 분포 전체에 대하여 행해진다. 피적분 함수가 벡터곱이고 따라서 벡터양이기 때문에 적분할 때 주의를 기울여야 한다. 예제 30.1에서 이와 같은 적분을 해 볼 것이다.

전류가 흐르는 도선에 대한 비오-사바르 법칙은 가속기 내에서의 입자 빔처럼 공간을 이동하는 전하가 만드는 전류에 대해서도 타당하다. 이 경우 $d\vec{\mathbf{s}}$는 전하가 이동하는 공간의 작은 부분의 길이이다.

전류 요소에 의한 자기장의 식 30.1과 점 전하에 의한 전기장의 식 23.9 사이에는 재미있는 유사성이 있다. 점 전하에 의한 전기장과 같이, 자기장의 크기는 전류 요소로부터 거리의 제곱에 반비례한다. 그러나 이들 장의 방향은 아주 다르다. 점 전하에 의한 전기장은 퍼져 나가는 방향이고, 전류 요소에 의한 자기장은 식 30.1에서 벡터곱으로 기술된 것처럼 길이 요소 $d\vec{\mathbf{s}}$와 단위 벡터 $\hat{\mathbf{r}}$에 모두 수직이다. 따라서 도체가 그림 30.1과 같이 종이면에 놓이면, $d\vec{\mathbf{B}}$는 점 P에서 종이면에서 수직으로 나오는 방향이고 점 P'에서는 종이면에 수직으로 들어가는 방향이다.

전기장과 자기장 사이의 또 다른 차이는 장의 원천에 관계된다. 전기장은 고립된 전하에 의하여 형성된다. 비오-사바르 법칙에 의하여 구해지는 자기장은 고립된 전류 요소가 형성한 것이다. 전류 요소는 전하가 움직이도록 하기 위하여 완전한 회로가 있어야 하므로 광범위한 전류 분포의 일부이다. 따라서 비오-사바르 법칙(식 30.1)은 자기장을 구하는 첫 단계이고, 식 30.3처럼 전류 분포에 대하여 적분해야 한다.

퀴즈 30.1 그림 30.2에서 보이는 전선을 흐르는 전류에 의한 자기장을 고려하자. 길이 요소 $d\vec{\mathbf{s}}$에 흐르는 전류로 인한 자기장의 크기를 가장 큰 것부터 순서대로 점 A, B, C를 나열하라.

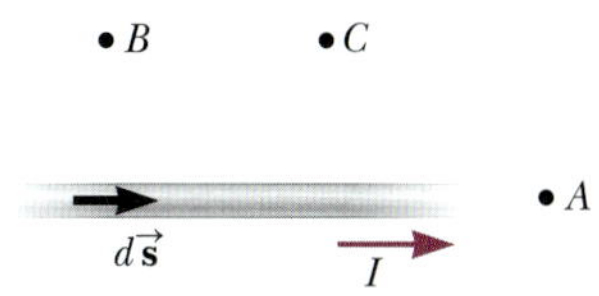

그림 30.2 (퀴즈 30.1) 전류 요소에 의한 자기장이 가장 큰 곳은 어디인가?

예제 30.1 가는 직선 도체 주위의 자기장

그림 30.3에서와 같이 가는 직선 도선이 x축을 따라 놓여 있고 일정한 전류 I가 흐른다고 생각하자. 이 전류에 의한 점 P에서의 자기장의 크기와 방향을 구하라.

풀이

개념화 비오-사바르 법칙으로부터 자기장의 크기는 도선의 전류에 비례하고 도선으로부터 점 P까지의 거리 a가 증가하면 감소한다. 또한 그림 30.3b에서 자기장은 각도 θ_1과 θ_2에 의존할 것으로 예상된다. O를 원점으로 하고 점 P는 $+y$축에 있다고 하자. $\hat{\mathbf{k}}$는 종이면에서 수직으로 나오는 단위 벡터이다.

분류 간단한 전류 분포에 기인한 자기장을 찾는 문제이므로, 이 예제는 비오-사바르 법칙이 적합한 전형적인 문제이다. 작은 전류 요소에 의한 자기장을 구한 후 전류 분포 전체에 대하여 적분해야 한다.

분석 점 P로부터 거리 r에 있는 길이 요소 $d\vec{\mathbf{s}}$를 생각해 보자. 이 요소의 전류로 인한 점 P에서의 자기장은 $d\vec{\mathbf{s}} \times \hat{\mathbf{r}}$의 방향이므로 종이면에서 수직으로 나오는 방향이다. 사실상 모든 전류 요소 $I\,d\vec{\mathbf{s}}$가 종이면에 있으므로 점 P에 종이면에서 수직으로 나오는 방향의 자기장이 생긴다. 이번에는 점 P에서 자기장의 크기를 구하자.

비오-사바르 법칙의 벡터곱을 먼저 계산한다.

$$d\vec{\mathbf{s}} \times \hat{\mathbf{r}} = |d\vec{\mathbf{s}} \times \hat{\mathbf{r}}|\hat{\mathbf{k}} = \left[dx \sin\left(\frac{\pi}{2} - \theta\right)\right]\hat{\mathbf{k}}$$

$$= (dx \cos\theta)\hat{\mathbf{k}}$$

결과를 식 30.1에 대입한다.

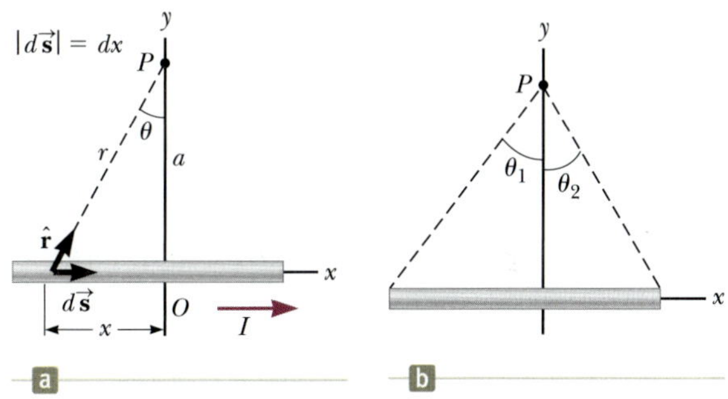

그림 30.3 (예제 30.1) (a) 전류 I가 흐르는 가는 직선 도선 (b) 각도 θ_1과 θ_2는 알짜 자기장을 결정하는 데 사용된다.

$$d\vec{\mathbf{B}} = (dB)\hat{\mathbf{k}} = \frac{\mu_0 I}{4\pi}\frac{dx\cos\theta}{r^2}\hat{\mathbf{k}} \quad (1)$$

그림 30.3a의 기하학적 관계에서 r를 θ의 함수로 표현한다.

$$r = \frac{a}{\cos\theta} \quad (2)$$

그림 30.3a의 직각삼각형에서 $\tan\theta = -x/a$이므로, x에 대하여 푼다. 여기서 음의 부호는 $d\vec{\mathbf{s}}$가 x의 음의 값에 위치하기 때문에 필요하다(x가 음수일 때 $\theta > 0$으로 함).

$$x = -a\tan\theta$$

양변을 미분하여 dx를 구한다.

(3) $$dx = -a \sec^2 \theta \, d\theta = -\frac{a \, d\theta}{\cos^2 \theta}$$

식 (2)와 (3)을 식 (1)의 자기장 z 성분 식에 대입한다.

(4) $$dB = -\frac{\mu_0 I}{4\pi}\left(\frac{a\,d\theta}{\cos^2\theta}\right)\left(\frac{\cos^2\theta}{a^2}\right)\cos\theta = -\frac{\mu_0 I}{4\pi a}\cos\theta\,d\theta$$

도선의 전체 길이 요소에 대하여 식 (4)를 적분한다. 적분 구간은 그림 30.3b에서 정의하는 것처럼 θ_1에서 θ_2까지로 정한다.

$$B = -\frac{\mu_0 I}{4\pi a}\int_{\theta_1}^{\theta_2}\cos\theta\,d\theta = \frac{\mu_0 I}{4\pi a}(\sin\theta_1 - \sin\theta_2) \quad \textbf{(30.4)}$$

결론 이 결과를 사용하여 전류가 흐르는 직선 도선의 배치, 즉 각도 θ_1과 θ_2를 알면 자기장의 크기를 구할 수 있다. 무한히 긴 직선 도선의 경우를 생각해 보자. 그림 30.3b에서 도선이 무한히 길다면 위치 $x = -\infty$와 $x = +\infty$ 사이의 영역에 있는 길이 요소에 대해서는 $\theta_1 = \pi/2$와 $\theta_2 = -\pi/2$ 임을 알 수 있다. $(\sin\theta_1 - \sin\theta_2) = [\sin\pi/2 - \sin(-\pi/2)] = 2$이므로, 식 30.4는 다음과 같다.

$$B = \frac{\mu_0 I}{2\pi a} \quad \textbf{(30.5)}$$

식 30.4와 30.5는 자기장의 크기는 전류에 비례하고, 예상한 대로 도선으로부터 거리가 증가하면 자기장은 감소한다는 것을 보여 준다. 식 30.5는 길게 대전된 도선에 의한 전기장의 크기와 같은 수학적인 형태이다(식 24.7).

예제 30.2 곡선 부분 도선에 의한 자기장

그림 30.4와 같이 전류가 흐르는 부분 도선에 의한 점 O에서의 자기장을 계산하라. 도선은 두 개의 직선 부분과 반지름이 a이고 중심각이 θ인 원호로 이루어져 있다. 도선의 화살표는 전류의 방향을 나타낸다.

풀이

개념화 점 O에서 두 선분 AA'과 CC'의 전류에 의한 자기장은 영이다. 왜냐하면 이 경로들에서 $d\vec{\mathbf{s}}$와 $\hat{\mathbf{r}}$이 평행하므로 $d\vec{\mathbf{s}} \times \hat{\mathbf{r}} = 0$이기 때문이다. 그러므로 O에서의 자기장은 도선의 곡선 부분에 흐르는 전류만에 의한 것으로 예상된다.

분류 선분 AA'과 CC'은 무시할 수 있으므로, 예제는 곡선 부분 도선 AC에 비오–사바르 법칙을 적용하는 문제로 분류할 수 있다.

분석 경로 AC 위의 각 길이 요소 $d\vec{\mathbf{s}}$는 점 O로부터 같은 거리 a만큼 떨어져 있으며, 점 O에서 종이면에 수직으로 들어가는 자기장 $d\vec{\mathbf{B}}$를 만든다. 더욱이 경로 AC 위의 모든 점에서 $d\vec{\mathbf{s}}$는 $\hat{\mathbf{r}}$과 수직이므로 $|d\vec{\mathbf{s}} \times \hat{\mathbf{r}}| = ds$이다.

길이 요소 ds의 전류에 의한 점 O에서 자기장의 크기는 식 30.1로부터 구한다.

$$dB = \frac{\mu_0}{4\pi}\frac{I\,ds}{a^2}$$

I와 a가 일정함에 주목하고, 곡선 AC에 대하여 이 식을 적분한다.

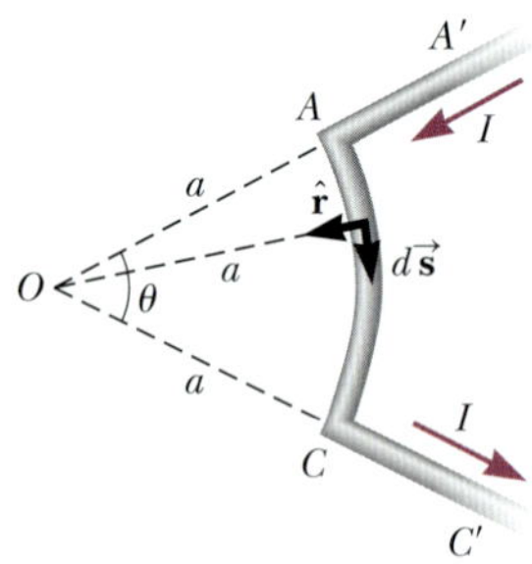

그림 30.4 (예제 30.2) 호 AC의 길이는 s이다.

$$B = \frac{\mu_0 I}{4\pi a^2}\int ds = \frac{\mu_0 I}{4\pi a^2}s$$

여기서 $s = a\theta$를 대입한다.

$$B = \frac{\mu_0 I}{4\pi a^2}(a\theta) = \frac{\mu_0 I}{4\pi a}\theta \quad \textbf{(30.6)}$$

결론 식 30.6은 점 O에서 호 AC의 모든 부분에 대하여 $d\vec{\mathbf{s}} \times \hat{\mathbf{r}}$이 종이면에 수직으로 들어가는 방향이므로, $\vec{\mathbf{B}}$의 방향은 종이면 안으로 향한다.

문제 전류 I가 흐르는 반지름 a인 원형 고리의 중심에서의 자기장은 얼마인가? 자기장의 원천에 관한 현재의 지식으로 이 질문에 답할 수 있는가?

답 할 수 있다. 그림 30.4에서 직선 도선은 자기장에 기여하지 않는다. 유일한 기여는 구부러진 부분이다. 각도 θ가 증가하여 $\theta = 2\pi$일 때 구부러진 부분은 원형이 될 것이다. 따라서 식 30.6에 $\theta = 2\pi$로 대치함으로써, 고리 중심에서의 자기장을 다음과 같이 구할 수 있다.

$$B = \frac{\mu_0 I}{4\pi a} 2\pi = \frac{\mu_0 I}{2a}$$

이 결과는 예제 30.3에서 논의된 보다 일반적인 경우의 제한적인 사례이다.

예제 30.3 원형 전류 도선의 축 상에서의 자기장

그림 30.5에서처럼 yz 평면에 위치한 반지름 a의 원형 도선에 전류 I가 흐르는 경우를 생각하자. 중심으로부터 x만큼 떨어진 축 상의 점 P에서의 자기장을 계산하라.

풀이

개념화 이 문제를 전하 고리에 의한 전기장을 구하는 예제 23.6과 비교하라. 그림 30.5는 원형 도선의 꼭대기에 있는 단일 전류 요소에 의한 점 P에서의 자기장 $d\vec{\mathbf{B}}$를 보여 준다. 이 벡터는 그림에서 x축과 평행한 dB_x와 x축과 수직인 $dB_\perp$로 분해할 수 있다. 전류 고리의 맨 아래에 있는 전류 요소에 의한 자기장을 생각하라. 대칭성 때문에 원형 도선의 맨 위와 맨 아래에 있는 전류 요소에 의한 자기장의 수직 성분은 상쇄된다. 이 상쇄는 원형 도선 주위의 모든 대응되는 쌍에 대하여 일어나기 때문에 자기장의 $dB_\perp$ 성분은 고려할 필요가 없고 x축에 평행한 항에 대해서만 풀면 된다.

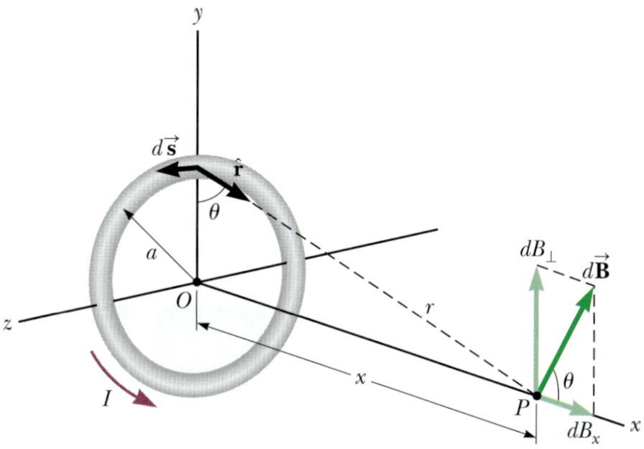

그림 30.5 (예제 30.3) 전류 고리 축 상에 놓여 있는 점 P에서의 자기장을 계산하기 위한 기하학. 대칭성에 의하여 전체 자기장 $\vec{\mathbf{B}}$는 x축 방향이다.

분류 간단한 전류 분포에 의한 자기장을 구하는 문제이므로, 예제는 비오–사바르 법칙이 적합한 전형적인 문제이다.

분석 여기서 모든 길이 요소 $d\vec{\mathbf{s}}$는 요소 위치에서 벡터 $\hat{\mathbf{r}}$과 수직이기 때문에, 모든 요소에 대하여 $|d\vec{\mathbf{s}} \times \hat{\mathbf{r}}| = (ds)(1) \sin 90° = ds$이다. 또한 원형 도선 주위의 모든 길이 요소는 점 P로부터 같은 거리 r에 있고 $r^2 = a^2 + x^2$이다.

식 30.1을 이용하여 길이 요소 $d\vec{\mathbf{s}}$의 전류에 의한 $d\vec{\mathbf{B}}$의 크기를 구한다.

$$dB = \frac{\mu_0 I}{4\pi} \frac{|d\vec{\mathbf{s}} \times \hat{\mathbf{r}}|}{r^2} = \frac{\mu_0 I}{4\pi} \frac{ds}{(a^2 + x^2)}$$

자기장 요소의 x 성분을 구한다.

$$dB_x = \frac{\mu_0 I}{4\pi} \frac{ds}{(a^2 + x^2)} \cos\theta$$

전체 원형 도선에 대하여 적분한다.

$$B_x = \oint dB_x = \frac{\mu_0 I}{4\pi} \oint \frac{ds \cos\theta}{a^2 + x^2}$$

기하학적 배치에서 $\cos\theta$를 계산한다.

$$\cos\theta = \frac{a}{(a^2 + x^2)^{1/2}}$$

적분 식에 $\cos\theta$에 대하여 푼 식을 대입한다. 여기서 x와 a는 모두 상수이다.

$$B_x = \frac{\mu_0 I}{4\pi} \oint \frac{ds}{a^2 + x^2} \left[\frac{a}{(a^2 + x^2)^{1/2}}\right] = \frac{\mu_0 I}{4\pi} \frac{a}{(a^2 + x^2)^{3/2}} \oint ds$$

원형 도선에 대하여 적분한다.

$$B_x = \frac{\mu_0 I}{4\pi} \frac{a}{(a^2 + x^2)^{3/2}} (2\pi a) = \frac{\mu_0 I a^2}{2(a^2 + x^2)^{3/2}} \quad \textbf{(30.7)}$$

결론 원형 도선의 중심에서의 자기장은 식 30.7에서 $x = 0$을 설정하면 된다. 이 특별한 위치에서

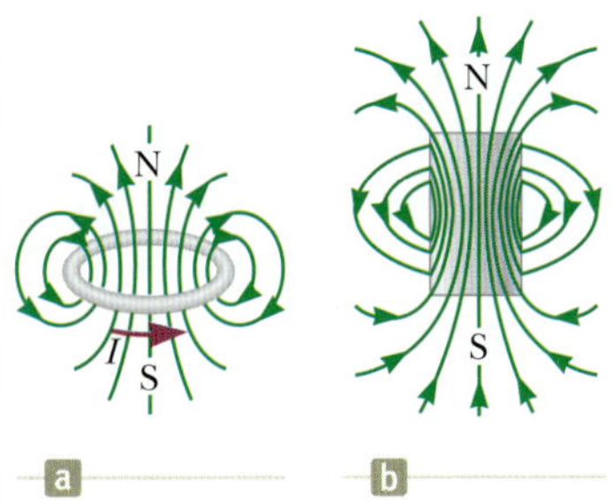

그림 30.6 (예제 30.3) (a) 원형 전류 도선 주위의 자기력선 (b) 막대자석 주위의 자기력선. 두 자기력선이 비슷함에 주목하자.

$$B = \frac{\mu_0 I}{2a} \quad (x = 0\text{에서}) \tag{30.8}$$

이고, 이 결과는 예제 30.2의 보충 문제의 결과와 일치한다. 원형 전류 도선 고리에서 자기력선의 형태가 그림 30.6a에 있는데, 자기력선은 원형 도선의 축을 포함하는 평면에 대하여 그렸다. 자기력선의 형태는 축방향으로 대칭이고 그림 30.6b에서 보이는 막대자석 주위의 형태와 유사하다.

문제 원형 도선으로부터 매우 먼 x축 상의 한 지점에서 자기장은 어떠한가? 이런 점에서 자기장은 어떻게 작동하는가?

답 이 경우 $x \gg a$이므로 식 30.7의 분모에 있는 a^2항을 무시할 수 있어 다음 식을 얻는다.

$$B \approx \frac{\mu_0 I a^2}{2x^3} \quad (x \gg a\text{인 경우}) \tag{30.9}$$

원형 도선의 자기 모멘트 μ의 크기는 전류와 원형 도선의 넓이의 곱으로 정의된다. $\mu = I(\pi a^2)$이다(식 29.15 참조). 그러므로 식 30.9를 다음과 같이 나타낼 수 있다.

$$B \approx \frac{\mu_0}{2\pi}\frac{\mu}{x^3} \tag{30.10}$$

이 결과는 전기 쌍극자에 의한 전기장에 대한 식 $E = k_e(p/y^3)$와 유사하다(예제 23.4 참조). 여기서 $p = 2aq$는 식 26.16에서 정의한 것처럼 전기 쌍극자 모멘트이다.

30.2 두 평행 도체 사이의 자기력
The Magnetic Force Between Two Parallel Conductors

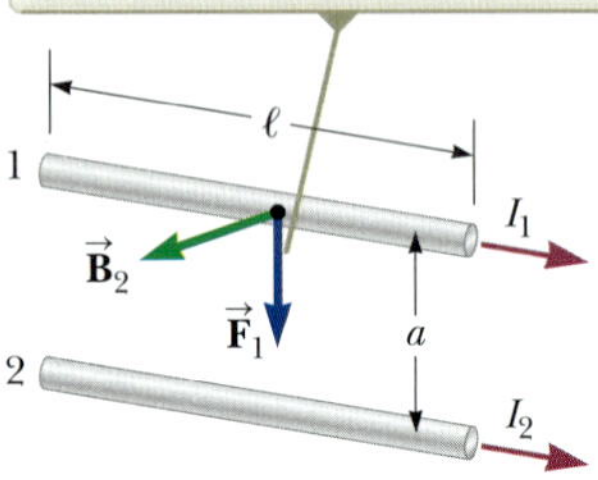

그림 30.7 정상 전류가 흐르는 두 평행 도선은 서로 자기력을 작용한다. 전류가 같은 방향이면 인력이고, 다른 방향이면 척력이다.

29장에서 전류가 흐르는 도체가 외부 자기장에 놓여 있을 때 도체에 작용하는 힘을 설명하였다. 도체에 흐르는 전류는 주위에 자기장을 만들기 때문에, 전류가 흐르는 두 도체는 서로 자기력을 작용하게 된다. 한 도선은 자기장을 만들고 다른 도선은 이 자기장 내의 대전 입자들로 모형화한다. 도선 사이의 이런 힘은 암페어와 쿨롬을 정의하는 근거로서 이용될 수 있다.

그림 30.7과 같이 거리 a만큼 떨어진 두 개의 긴 평행 직선 도선에 같은 방향으로 각각 I_1 과 I_2가 흐른다고 생각해 보자. 한 도선에 의하여 생긴 자기장에 의하여 다른 도선에 작용하는 힘을 쉽게 결정할 수 있다. 전류 I_2가 흐르는 도선 2는 도선 1의 위치에 자기장 $\vec{\mathbf{B}}_2$를 만든다. 이 자기장의 크기는 도선 1의 모든 위치에서 같다. $\vec{\mathbf{B}}_2$의 방향은 그림 30.7과 같이 도선 1에 수직이다. 식 29.10에 의하면 길이가 ℓ인 도선 1에 작용하는 자기력은 $\vec{\mathbf{F}}_1 = I_1\vec{\boldsymbol{\ell}} \times \vec{\mathbf{B}}_2$이다. $\vec{\boldsymbol{\ell}}$이 $\vec{\mathbf{B}}_2$에 수직이므로 $\vec{\mathbf{F}}_1$의 크기는 $F_1 = I_1\ell B_2$이다. $\vec{\mathbf{B}}_2$의 크기가 식 30.5에 의하여 주어지므로

$$F_1 = I_1\ell B_2 = I_1\ell\left(\frac{\mu_0 I_2}{2\pi a}\right) = \frac{\mu_0 I_1 I_2}{2\pi a}\ell \tag{30.11}$$

이다. $\vec{\mathbf{F}}_1$의 방향은 $\vec{\boldsymbol{\ell}} \times \vec{\mathbf{B}}_2$의 방향과 일치하므로 도선 2를 향한다. 도선 1에 의하여 도선 2에 생긴 자기장을 구하면, 도선 2에 작용하는 힘 $\vec{\mathbf{F}}_2$는 $\vec{\mathbf{F}}_1$의 크기와 같고 방향이 반대이다(뉴턴의 제3법칙). 전류가 반대 방향(즉 그림 30.7에서 한 전류의 방향이 반대)일 때, 힘은 반대 방향이고 도선은 서로 민다. 따라서 같은 방향으로 전류가 흐르는 평

행 도체는 서로 끌어당기고, 다른 방향으로 전류가 흐르는 평행 도체는 서로 민다.

힘의 크기는 두 도선에 같으므로 도선 사이의 힘의 크기를 F_B로 표시한다. 단위 길이 당 힘의 크기는 다음과 같다.

$$\frac{F_B}{\ell} = \frac{\mu_0 I_1 I_2}{2\pi a} \tag{30.12}$$

두 평행 도선 사이에 작용하는 힘은 다음과 같이 **암페어**(ampere)를 정의하는 데 이용된다.

◀ 암페어의 정의

1 m 떨어진 두 긴 평행 도선에 같은 전류가 흐를 때 단위 길이당 작용하는 힘이 2×10^{-7} N/m이면, 각 도선에 흐르는 전류를 1 A로 정의한다.

값 2×10^{-7} N/m는 식 30.12에서 $I_1 = I_2 = 1$ A와 $a = 1$ m인 경우에 대하여 얻을 수 있다. 이 정의는 힘에 근거를 두기 때문에 역학적인 측정은 암페어를 표준화하는 데 이용할 수 있다. 예를 들면 국제 도량형국은 기본적인 전류 측정에 **전류 천칭**이라고 하는 장치를 사용한다. 이 결과는 전류계와 같은 더욱 편리한 다른 장치를 표준화하는 데 이용된다.

전하의 SI 단위인 **쿨롬**(coulomb)은 암페어로부터 다음과 같이 정의된다. 만일 도체에 1 A의 정상 전류가 흐른다면 도체의 단면을 통하여 1 s 동안 흐르는 전하량은 1 C 이다.

식 30.11과 30.12를 유도할 때 두 도선의 길이가 둘 사이의 거리에 비하여 길다고 가정하였다. 실제로는 한 도선만이 길더라도 식은 맞다. 이 식들은 긴 직선 도선과, 이에 나란하고 유한한 길이 ℓ인 직선 도선 사이에 작용하는 힘을 정확히 설명한다.

Q 퀴즈 30.2 전류가 흐르지 않는 느슨한 나선형 용수철이 천장에 매달려 있다. 스위치를 켜서 용수철에 전류가 흐르면 코일은 **(a)** 서로 더 가까이 움직인다. **(b)** 더 멀리 떨어진다. **(c)** 전혀 움직이지 않는다.

예제 30.4 공중에 떠 있는 도선

두 개의 무한히 긴 평행 도선이 그림 30.8a에서처럼 거리 $a = 1.00$ cm 떨어져서 바닥 위에 놓여 있다. 길이 $L = 10.0$ m이고 질량이 400 g이며 전류 $I_1 = 100$ A가 흐르는 세 번째 도선이 두 도선 사이의 중앙에 위로 수평으로 떠 있다. 무한히 긴 두 도선에는 같은 전류 I_2가 떠 있는 도선과는 반대 방향으로 흐른다. 세 도선이 정삼각형을 이루려면 무한히 긴 두 도선에 흐르는 전류는 얼마이어야 하는가?

풀이

개념화 짧은 도선의 전류는 긴 도선의 전류와 반대 방향으로 흐르므로 짧은 도선은 다른 두 도선과 서로 민다. 그림 30.8a와 같이 긴 도선의 전류가 커진다고 가정하자. 이때 미는 힘은 더 커지고 떠 있는 도선은 그 힘이 도선의 무게와 평형 상태에 이르도록 하는 지점까지 움직인다. 그림 30.8b는 세 개의 도선이 정삼각형을 이루는 상황을 보여 준다.

분류 떠 있는 도선은 힘을 받지만 가속하지는 않으므로, 이를 평형 상태의 입자로 생각할 수 있다.

분석 떠 있는 도선에 작용하는 자기력의 수평 성분은 상쇄된다. 연직 성분은 모두 양수이므로 더해진다. 그림 30.8b에서 도선의 위쪽을 z축으로 하자.

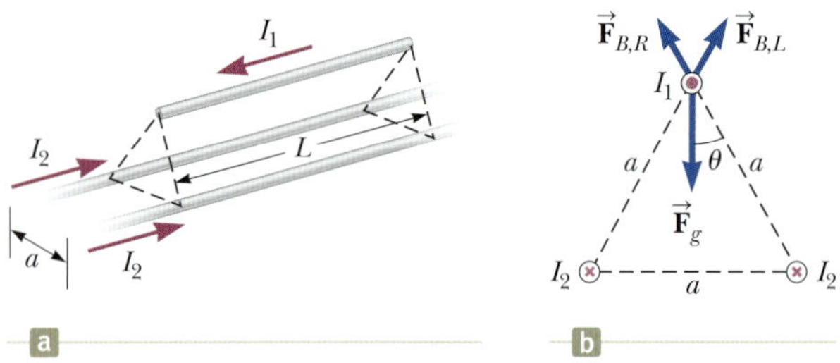

그림 30.8 (예제 30.4) (a) 전류가 흐르는 두 도선이 바닥에 놓여 있고 자기력에 의하여 세 번째 도선이 공중에 떠 있다. (b) 단면도. 세 도선은 정삼각형을 이룬다. 떠 있는 도선에 작용하는 두 자기력은 바닥의 왼쪽 도선에 의한 힘인 $\vec{\mathbf{F}}_{B,L}$과 오른쪽 도선에 의한 힘인 $\vec{\mathbf{F}}_{B,R}$이다. 떠 있는 도선에 작용하는 중력은 $\vec{\mathbf{F}}_g$이다.

떠 있는 도선이 받는 위 방향의 전체 자기력을 구한다.

$$\vec{\mathbf{F}}_B = 2\left(\frac{\mu_0 I_1 I_2}{2\pi a}\ell\right)\cos\theta\,\hat{\mathbf{k}} = \frac{\mu_0 I_1 I_2}{\pi a}\ell\cos\theta\,\hat{\mathbf{k}}$$

떠 있는 도선에 작용하는 중력을 구한다.

$$\vec{\mathbf{F}}_g = -mg\hat{\mathbf{k}}$$

힘들을 더하고 알짜힘이 영이 되도록 설정하여 평형 상태의 입자 모형을 적용한다.

$$\sum \vec{\mathbf{F}} = \vec{\mathbf{F}}_B + \vec{\mathbf{F}}_g = \frac{\mu_0 I_1 I_2}{\pi a}\ell\cos\theta\,\hat{\mathbf{k}} - mg\hat{\mathbf{k}} = 0$$

바닥에 놓여 있는 도선의 전류에 대하여 푼다.

$$I_2 = \frac{mg\pi a}{\mu_0 I_1 \ell\cos\theta}$$

주어진 값들을 대입한다.

$$I_2 = \frac{(0.400\text{ kg})(9.80\text{ m/s}^2)\pi(0.010\,0\text{ m})}{(4\pi\times10^{-7}\text{ T}\cdot\text{m/A})(100\text{ A})(10.0\text{ m})\cos 30.0°}$$
$$= 113\text{ A}$$

결론 이 예제에서 도선의 전류는 10^2 A 정도의 크기를 갖는다. 이런 큰 전류는 특수 장비가 필요하다. 그러므로 이 상황을 실제로 구현하기는 어렵다. 도선 1의 평형은 안정한 평형인가 아니면 불안정한 평형인가?

30.3 앙페르의 법칙
Ampère's Law

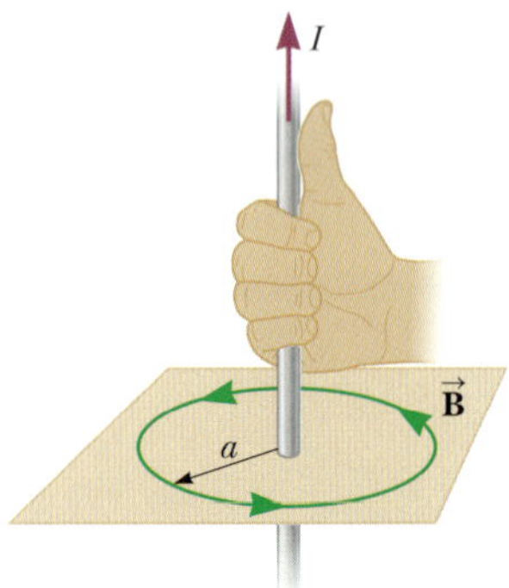

그림 30.9 긴 직선 도선 주위에서의 자기장의 방향을 결정해 주는 오른손 규칙. 자기력선은 도선 주위에서 동심원을 형성한다.

되돌아보면, 긴 직선 도선에 전류가 흐르는 경우를 다룬 예제 30.1의 결과는 중요함을 알 수 있다. 그림 30.9는 전류가 흐르는 긴 직선 도선 주위의 자기장을 나타낸다. 도선이 대칭이므로, 자기력선은 도선을 중심으로 하는 동심원이고 도선에 수직인 면 위에 있다. $\vec{\mathbf{B}}$의 크기는 반지름이 a인 원주상에서 일정하며, 식 30.5로 주어진다. $\vec{\mathbf{B}}$의 방향을 결정하는 간편한 방법은 엄지손가락을 전류의 방향으로 향하게 하고 오른손으로 도선을 감아쥐는 것이다. 이때 네 손가락이 감아쥔 방향이 자기장의 방향이다.

그림 30.9에서 자기력선은 시작과 끝이 없다는 것을 보여 준다. 즉 고리를 이룬다. 이것이 양전하에서 시작하고 음전하에서 끝나는 전기력선과 자기력선 사이의 주된 차이이다. 30.5절에서 자기력선에 대하여 더 알아볼 예정이다.

1819년 외르스테드는 나침반 바늘이 편향되는 것으로부터 전류가 흐르는 도체가 자기장을 형성한다는 것을 증명하였다. 그림 30.10a는 교실에서 이 효과를 증명할 수 있음을 보여 준다. 여러 개의 나침반 바늘이 긴 연직 도선 근처의 수평면 위에 놓여 있다. 도선에 전류가 흐르지 않을 때는 예측한 대로 모든 바늘이 같은 방향(지구 자기장의 방향)을 가리킨다. 도선에 강한 정상 전류가 흐르면, 모든 바늘은 그림 30.10b와 같이 원의 접선 방향으로 정렬된다. 이 관측은 도선에 흐르는 전류에 의하여 생긴 자기장의 방향은 그림 30.9에서 기술한 오른손 규칙과 일치함을 보여 준다. 전류가 반대 방향으로

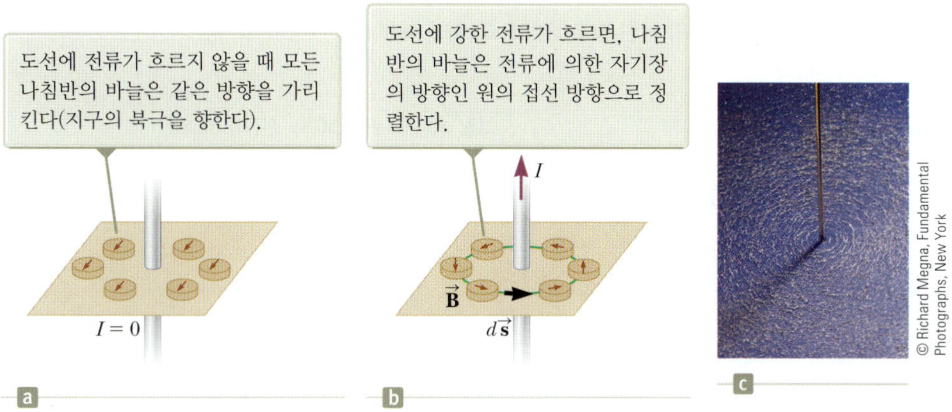

그림 30.10 (a)와 (b) 도선 주위 전류의 영향을 보여 주는 나침반 (c) 전류가 흐르는 도체 주위에 쇳가루에 의하여 만들어진 원형의 자기력선

앙페르
Andre-Marie Ampère, 1775~1836
프랑스의 물리학자

앙페르는 전류와 자기장의 관계인 전자기학의 발견으로 명예를 얻었다. 특히 수학에서 앙페르의 재능은 12세가 되자 두각을 나타내었다. 그러나 그는 비극적인 삶을 살았다. 아버지는 부유한 시공무원이었으나 프랑스 혁명 때 처형되었고, 부인은 1803년 젊은 나이로 죽었다. 앙페르는 폐렴으로 61세에 사망하였다.

흐르면, 그림 30.10b에서 나침반의 바늘도 반대 방향을 가리킨다.

이제 나침반 바늘에 의하여 정의된 원형 경로의 작은 길이 요소 $d\vec{\mathbf{s}}$에 대한 $\vec{\mathbf{B}} \cdot d\vec{\mathbf{s}}$를 구하고, 원형의 닫힌 경로를 따라 모든 요소에 대한 이 결과의 합을 구하자.[1] 이 경로를 따라서 각 점(그림 30.10b)에서 벡터 $d\vec{\mathbf{s}}$와 $\vec{\mathbf{B}}$는 평행하므로 $\vec{\mathbf{B}} \cdot d\vec{\mathbf{s}} = B\,ds$이다. 더욱이 $\vec{\mathbf{B}}$의 크기는 이 원 위에서 일정하며 식 30.5에 의하여 주어지므로, 닫힌 경로에 대한 곱 $B\,ds$의 합은 $\vec{\mathbf{B}} \cdot d\vec{\mathbf{s}}$의 선적분과 동등하며 다음과 같다.

$$\oint \vec{\mathbf{B}} \cdot d\vec{\mathbf{s}} = B \oint ds = \frac{\mu_0 I}{2\pi r}(2\pi r) = \mu_0 I$$

여기에 $\oint ds = 2\pi r$은 원의 둘레 길이이다. 이 결과는 길이가 무한대인 도선 주위에 원형 경로와 같은 특별한 경우에 대하여 계산되었으나, 끊어지지 않은 회로에 흐르는 전류 주위에 있는 어떤 형태의 닫힌 경로에 대해서도 적용된다. **앙페르의 법칙**(Ampère's law)으로 알려진 일반적인 경우는 다음과 같이 설명할 수 있다.

오류 피하기 30.2

부호 관련된 문제 해결 앙페르의 법칙을 사용할 때 다음의 오른손 규칙을 적용하라. 앙페르 경로를 통과하는 전류의 방향을 엄지손가락이 향하도록 하라. 그러면 나머지 네 손가락이 감는 방향으로 고리를 따라 적분하면 된다.

닫힌 경로에서 $\vec{\mathbf{B}} \cdot d\vec{\mathbf{s}}$의 선적분은 $\mu_0 I$와 같다. 여기서 I는 닫힌 경로에 의하여 둘러싸인 임의의 면을 통과하는 전체 정상 전류이다.

◀ 앙페르의 법칙

$$\oint \vec{\mathbf{B}} \cdot d\vec{\mathbf{s}} = \mu_0 I \qquad \textbf{(30.13)}$$

앙페르의 법칙은 모든 연속적인 전류 분포에 의한 자기장의 형성을 기술하지만, 고도의 대칭성을 가진 전류 분포에 의한 자기장을 구하는 데만 유용하다. 이것은 고도로 대칭적인 전하 분포에 대한 전기장을 구한다는 점에서, 가우스의 법칙과 유사하다.

---

[1] 이 스칼라곱을 계산해야 하는 이유를 이상하게 생각할 수 있다. 앙페르 법칙의 기원은 "자기 전하"(고립된 전하와 비슷한 가상의 것)가 원형 자기력선을 따라서 이동한다고 상상하는 19세기 과학이다. 전기장에서 전하를 이동할 때 한 일이 $\vec{\mathbf{E}} \cdot d\vec{\mathbf{s}}$와 관련되는 것처럼, 이 자기 전하에 한 일은 $\vec{\mathbf{B}} \cdot d\vec{\mathbf{s}}$와 관련되었다. 즉 올바르고 유용한 원리인 앙페르의 법칙은 오류가 있어 폐기된 일의 계산으로부터 만들어졌다.

퀴즈 30.3 그림 30.11의 닫힌 경로 a부터 d까지에 대한 $\oint \vec{\mathbf{B}} \cdot d\vec{\mathbf{s}}$의 크기를 가장 큰 것부터 순서대로 나열하라.

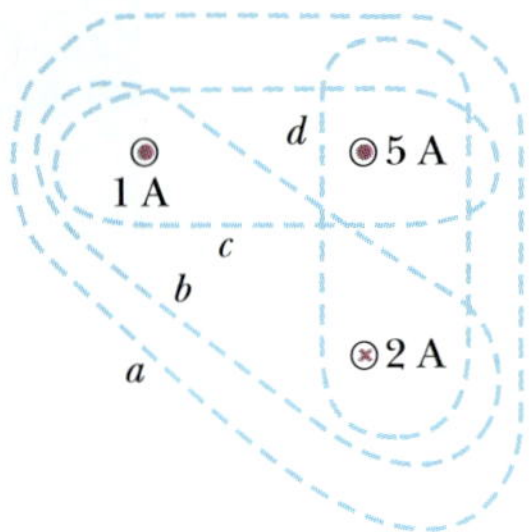

그림 30.11 (퀴즈 30.3) 전류가 흐르는 도선 주위에 있는 네 개의 닫힌 경로

퀴즈 30.4 그림 30.12의 닫힌 경로 a부터 d까지에 대한 $\oint \vec{\mathbf{B}} \cdot d\vec{\mathbf{s}}$의 크기를 가장 큰 것부터 순서대로 나열하라.

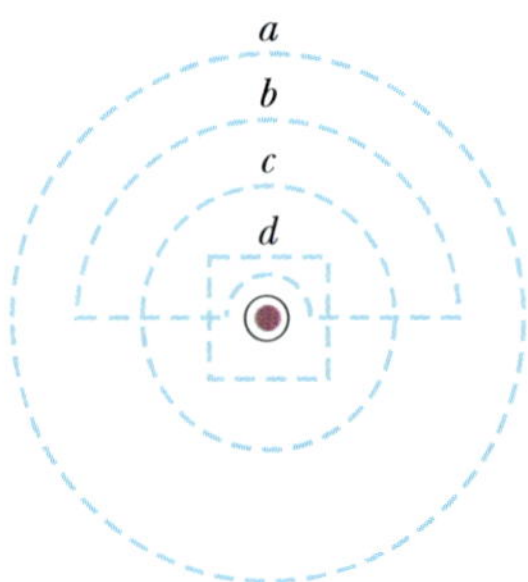

그림 30.12 (퀴즈 30.4) 전류가 흐르는 한 도선 주위에 있는 여러 개의 닫힌 경로

예제 30.5 전류가 흐르는 긴 도선이 만드는 자기장

반지름 R인 긴 직선 도선에 그림 30.13과 같이 도선의 단면에 균일하게 분포된 정상 전류 I가 흐른다. 도선의 중심으로부터의 거리 r가 $r \geq R$ 그리고 $r < R$인 영역에서의 자기장을 구하라.

풀이

개념화 그림 30.13을 연구하여 도선의 구조와 전류를 이해한다. 전류는 도선의 내부와 외부의 어디에나 자기장을 만든다. 긴 직선 도선에 대한 논의에 근거하여, 자기력선은 도선의 중심축에 중심을 둔 원일 것으로 예상된다.

분류 도선이 고도의 대칭성을 가지므로 예제를 앙페르 법칙의 문제로 분류한다. $r \geq R$인 영역에서는 비오-사바르 법칙을 똑같은 상황에 적용하여 예제 30.1에서 구한 것과 동일한 결과에 도달해야 한다.

분석 도선 외부의 자기장의 경우 그림 30.13의 원 1을 적분 경로로 선택한다. 대칭성으로부터 $\vec{\mathbf{B}}$는 원 위의 모든 점에서 크기가 일정하고 $d\vec{\mathbf{s}}$에 평행이다.

원의 단면을 통과하는 전체 전류는 I이므로 앙페르의 법칙을 적용한다.

그림 30.13 (예제 30.5) 도선의 단면에 균일하게 분포된 정상 전류 I가 흐르는 반지름이 R인 긴 직선 도선. 임의의 점에서의 자기장은 도선과 동심이며 반지름이 r인 원형 경로를 사용한 앙페르의 법칙으로부터 구할 수 있다.

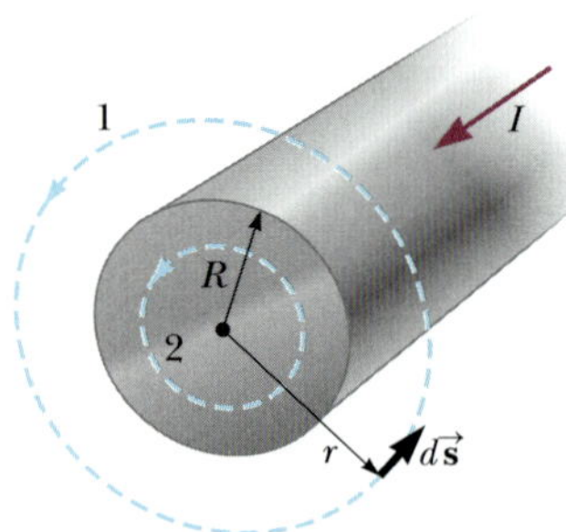

$$\oint \vec{\mathbf{B}} \cdot d\vec{\mathbf{s}} = B \oint ds = B(2\pi r) = \mu_0 I$$

B에 대하여 푼다.

$$B = \frac{\mu_0 I}{2\pi r} \quad (r \geq R\text{인 경우}) \qquad \textbf{(30.14)}$$

이제 도선의 내부($r < R$)를 고려하자. 여기에서는 원 2를 통과

하는 전류 I'이 전체 전류 I보다 작다.

전체 전류 I에 대한 원 2로 둘러싸인 전류 I'의 비율을 도선의 단면적 πR^2과 원 2로 둘러싸인 넓이 πr^2의 비율로 설정한다.

$$\frac{I'}{I} = \frac{\pi r^2}{\pi R^2}$$

I'에 대하여 푼다.

$$I' = \frac{r^2}{R^2} I$$

원 2에 앙페르의 법칙을 적용한다.

$$\oint \vec{\mathbf{B}} \cdot d\vec{\mathbf{s}} = B(2\pi r) = \mu_0 I' = \mu_0\left(\frac{r^2}{R^2} I\right)$$

B에 대하여 푼다.

$$B = \left(\frac{\mu_0 I}{2\pi R^2}\right) r \qquad (r < R\text{인 경우}) \qquad \textbf{(30.15)}$$

결론 도선 외부의 자기장은 식 30.5와 동일하다. 고도로 대칭적인 상황의 경우에서 종종 그런 것처럼, 비오–사바르 법칙(예제 30.1)보다 앙페르의 법칙을 사용하는 것이 훨씬 더 쉽다. 도선 내부의 자기장은 균일하게 대전된 구 내부의 전기장에 대한 표현(예제 24.2 참조)과 비슷한 형태이다. 거리 r에 대한 자기장의 크기를 그림 30.14에 나타내었다. 도선 내부에서 $r \to 0$일 때 $B \to 0$이다. 더욱이 식 30.14와 30.15에서 $r = R$에서 자기장의 값이 같음을 알 수 있다. 그것은 도선의 표면에서 자기장은 연속적임을 보여 준다.

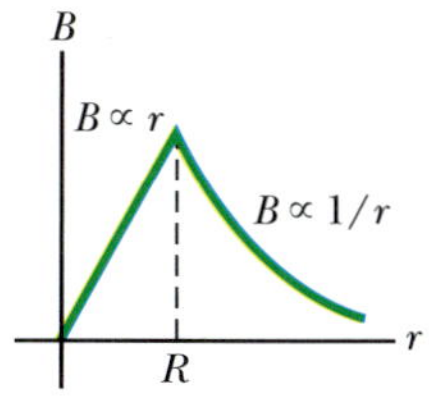

그림 30.14 (예제 30.5) 그림 30.13에 보인 도선의 경우 거리 r에 대한 자기장의 크기. 자기장은 도선 내부에서는 r에 비례하고, 도선 외부에서는 $1/r$에 비례한다.

예제 30.6 토로이드가 만드는 자기장

토로이드(그림 30.15)는 보통 어떤 닫혀 있는 영역에 거의 균일한 자기장을 만드는 데 사용된다. 이 장치는 비전도성 물질로 이루어진 고리(토러스)에 감긴 도선으로 구성되어 있다. 도선이 N번 촘촘히 감겨 있는 토로이드에서 중심으로부터 거리 r만큼 떨어진 토러스 내부 영역의 자기장을 구하라.

풀이

개념화 그림 30.15를 연구하여 토러스에 도선이 어떻게 감기는지 이해한다. 토러스에는 도선이 그림 30.15에 보인 형태로 촘촘히 감겨 있고, 빈 원형 고리는 고체 물질이나 공기로 채워질 수 있다. 도선이 한 번 감긴 것을 예제 30.3에서의 원형 고리로 생각하라. 원형 고리 전류 중심에서의 자기장은 고리면에 수직이다. 그러므로 고리 집단의 자기력선은 그림 30.15의 경로 1과 같이 토로이드 내에 원들을 형성할 것이다.

분류 토로이드는 고도의 대칭성을 갖기 때문에 예제를 앙페르 법칙 문제로 분류한다.

분석 그림 30.15의 평면에 있는 반지름 r인 원형의 앙페르 경로를 고려하자. 대칭성에 의하여 자기장의 크기는 원 위에서 일정하고 방향은 접선 방향이므로 $\vec{\mathbf{B}} \cdot d\vec{\mathbf{s}} = B\,ds$이다. 더욱이 도선이 원형 경로를 N번 통과하므로 전체 전류는 NI이다.

이 원형 경로에 앙페르의 법칙을 적용한다.

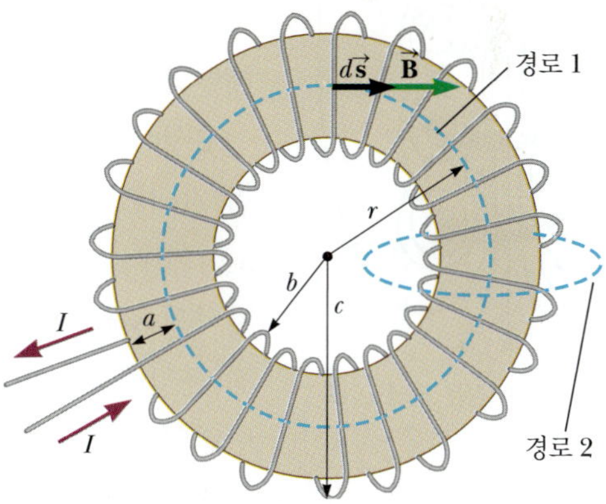

그림 30.15 (예제 30.6) 도선이 많이 감겨 있는 토로이드. 촘촘히 감겨 있으면 토러스 내부의 자기장은 점선 원(경로 1)의 접선 방향이고 크기는 $1/r$에 비례한다. a는 토러스의 단면의 반지름이다. 토로이드 외부의 자기장은 매우 작으며 오른쪽 종이면에 수직인 평면 위의 경로(경로 2)를 사용하여 설명할 수 있다.

$$\oint \vec{\mathbf{B}} \cdot d\vec{\mathbf{s}} = B\oint ds = B(2\pi r) = \mu_0 NI$$

B에 대하여 푼다.

$$B = \frac{\mu_0 NI}{2\pi r} \quad (30.16)$$

결론 이 결과는 B가 $1/r$에 비례하므로 토러스로 채워진 영역에서 **균일하지 않음**을 보여 준다. 그러나 r가 토러스의 단면의 반지름 a에 비하여 매우 크면 토러스 내부의 자기장은 근사적으로 균일하다.

도선이 촘촘히 감겨 있는 이상적인 토로이드에서 외부 자기장은 영에 가깝지만, 정확하게 영은 아니다. 그림 30.15에서 b보다 작거나 또는 c보다 큰, 반지름 r인 앙페르 경로를 생각하자. 어느 경우에든 원형 경로 내의 알짜 전류가 영이므로 $\oint \vec{\mathbf{B}} \cdot d\vec{\mathbf{s}} = 0$이다. 이 결과가 $\vec{\mathbf{B}} = 0$임을 증명한다고 생각할 수 있지만, 그렇지 않다. 그림 30.15에서 토로이드의 오른쪽에 있는 닫힌 경로 2를 고려하자. 이 경로의 면은 종이면에 수직하며 토로이드는 이 경로를 관통한다. 그림 30.15에서 전류 방향으로 표시한 것처럼 토로이드에 전류가 흐르면 전하는 도선을 따라서 시계 반대 방향으로 움직인다. 그러므로 이 전류는 앙페르 경로 2를 통과한다. 전류는 작지만 영은 아니다. 결국 토로이드는 전류 고리로 작용하여 그림 30.6에 있는 형태의 약한 외부 자기장을 형성한다. 종이면에 있는 반지름 $r < b$ 및 $r > c$의 경로 1에 대하여 $\oint \vec{\mathbf{B}} \cdot d\vec{\mathbf{s}} = 0$인 이유는 $\vec{\mathbf{B}} = 0$이기 때문이 **아니라** 자기력선이 $d\vec{\mathbf{s}}$에 수직이기 때문이다.

30.4 솔레노이드의 자기장
The Magnetic Field of a Solenoid

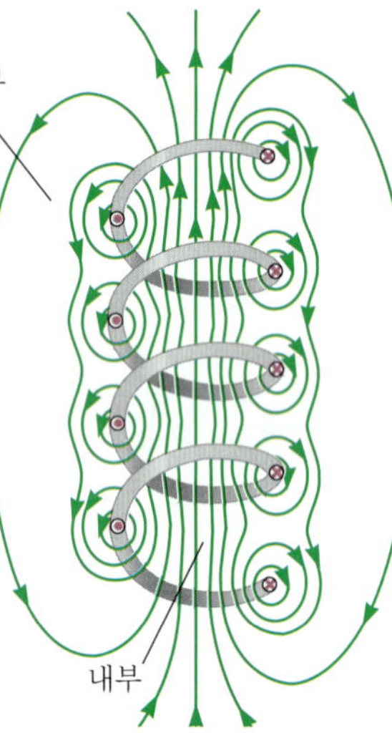

그림 30.16 느슨하게 감은 솔레노이드의 자기력선

솔레노이드(solenoid)는 나선형으로 감은 긴 도선이다. 이런 형태로 도선을 연속적으로 감으면, 솔레노이드에 전류가 흐를 때 솔레노이드 내부 영역에 비교적 일정한 자기장을 만들 수 있다. 도선을 촘촘히 감았을 때, 각각의 한 번 감은 도선은 원형 도선 고리로 간주할 수 있고 알짜 자기장은 모든 원형 도선 고리에 의한 자기장의 벡터합이다.

그림 30.16은 느슨하게 감은 솔레노이드의 자기력선을 나타낸다. 내부의 자기력선은 서로 거의 평행하고 균일하게 분포되어 있으며, 서로 인접해 있다. 이것은 솔레노이드 내부의 자기장이 강하고 일정하다는 것을 나타낸다.

도선이 촘촘하게 감겨 있고 솔레노이드의 길이가 유한하다면, 자기력선은 그림 30.17a와 같이 나타난다. 자기력선의 분포는 막대자석의 분포와 비슷하다([그림 30.17b). 따라서 솔레노이드의 한쪽 끝은 자석의 N극과 같이 행동하고, 반대쪽 끝은 자석의 S극과 같이 행동한다. 솔레노이드의 길이가 증가함에 따라 내부의 자기장은 점점 균일해지고 외부의 자기장은 더욱더 약해진다. 도선이 촘촘하게 감겨 있고 길이가 단면의 반지름에 비하여 길면 길수록 **이상적인 솔레노이드**에 가까워진다. 그림 30.18은 전류 I가 흐르는 이상적인 솔레노이드의 길이 방향의 단면을 보여 준다. 이 경우 외부 자기장은 영에 가깝고 내부 자기장은 전 영역에서 균일하다.

그림 30.18에서 이상적인 솔레노이드를 둘러싼 종이면에 수직인 닫힌 경로(경로 1)를 고려하자. 이 경로는 도선의 전하가 솔레노이드의 길이를 따라 코일로 이동하므로 작은 전류를 둘러싸고 있다. 그러므로 솔레노이드 외부에 영이 아닌 자기장이 존재한다. 이는 그림 30.9의 직선 전류에 의한 자기력선처럼 원형 자기력선을 갖는 약한 자기장이다. 이상적인 솔레노이드의 경우, 이 약한 자기장은 솔레노이드 외부의 유일한 자기장이다.

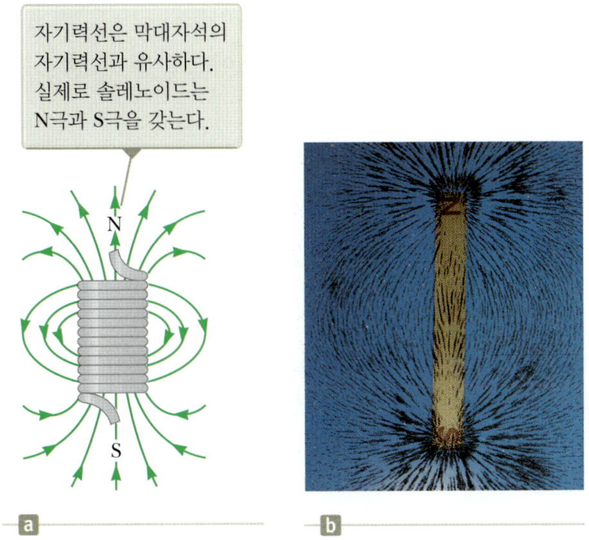

그림 30.17 (a) 정상 전류가 흐르는 촘촘히 감긴 유한한 길이의 솔레노이드의 자기력선. 내부에서의 자기장은 강하고 거의 균일하다. (b) 종이 위의 쇳가루가 만드는 막대자석의 자기력선 모양

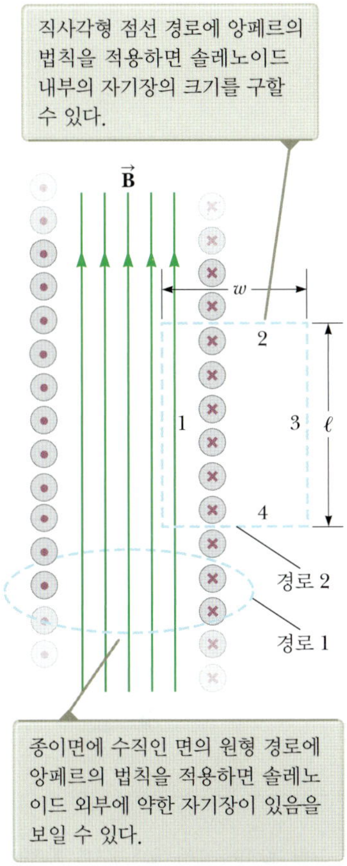

그림 30.18 내부 자기장은 균일하고 외부 자기장이 영에 가까운 이상적인 솔레노이드의 단면도

이상적인 솔레노이드 내부에서의 자기장을 정량적으로 구하기 위하여 앙페르의 법칙을 이용할 수 있다. 이상적인 솔레노이드이므로, 내부의 $\vec{\mathbf{B}}$는 균일하고 축에 평행하며 외부에서의 자기력선은 솔레노이드 주위에 원형으로 분포한다. 이 원형의 면은 종이면에 수직이다. 그림 30.18에 나타낸 바와 같이 길이가 ℓ이고 너비가 w인 직사각형 경로(닫힌 경로 2)를 생각해 보자. 직사각형의 각 변에 대하여 $\vec{\mathbf{B}} \cdot d\vec{\mathbf{s}}$의 적분을 구함으로써 이 경로에 대하여 앙페르의 법칙을 적용할 수 있다. 변 3에 대한 적분은 이 영역에서 외부 자기력선이 경로에 수직하므로 영이다. 변 2와 4에 대한 적분은 솔레노이드의 내외부에서 이 경로를 따라 $\vec{\mathbf{B}}$와 $d\vec{\mathbf{s}}$가 수직이므로 모두 영이다. 변 1에서는 이 경로를 따라 $\vec{\mathbf{B}}$는 균일하고 $d\vec{\mathbf{s}}$에 평행하므로 적분값에 기여한다. 따라서 직사각형 닫힌 경로에 따라서 적분을 하면 다음과 같다.

$$\oint \vec{\mathbf{B}} \cdot d\vec{\mathbf{s}} = \int_{\text{path 1}} \vec{\mathbf{B}} \cdot d\vec{\mathbf{s}} = B\int_{\text{path 1}} ds = B\ell$$

앙페르 법칙의 우변은 적분 경로를 관통하는 전체 전류 I를 포함한다. 이 경우 직사각형 경로를 관통하는 전체 전류는 각 원형 도선을 흐르는 전류에 감은 수를 곱한 것이다. 길이 ℓ에 감은수가 N이면 직사각형을 관통하는 전체 전류는 NI이다. 그러므로 이 경로에 앙페르의 법칙을 적용하면

$$\oint \vec{\mathbf{B}} \cdot d\vec{\mathbf{s}} = B\ell = \mu_0 NI$$

$$B = \mu_0 \frac{N}{\ell} I = \mu_0 n I \qquad \textbf{(30.17)}$$

◀ 솔레노이드 내부의 자기장

이고, 여기서 $n = N/\ell$은 단위 길이당 감은 수이다.

토로이드의 자기장(예제 30.6)을 생각하면 이와 같은 결과를 다시 얻을 수 있다. 그

림 30.15에서 N번 감은 토러스의 반지름 r가 토로이드의 단면의 반지름 a보다 아주 크면, 토로이드의 짧은 부분은 $n = N/2\pi r$인 솔레노이드로 볼 수 있다. 이런 극한에서 식 30.16은 30.17과 일치한다.

식 30.17은 상당히 긴 솔레노이드의 중심 근처(즉 끝으로부터 먼)에서만 타당하다. 예상대로 각 끝점 가까이에서의 자기장은 식 30.17에서 주어진 값보다 작다. 솔레노이드 길이가 증가함에 따라, 끝 점에서 자기장의 크기는 중심에서의 크기의 반으로 접근한다.

퀴즈 30.5 반지름에 비하여 길이가 매우 긴 솔레노이드를 가정하자. 다음 중 솔레노이드 내부의 자기장을 증가시키는 가장 효과적인 방법은 무엇인가? **(a)** 단위 길이당 감은 수를 일정하게 유지하면서 길이를 두 배로 한다. **(b)** 단위 길이당 감은 수를 일정하게 유지하면서 반지름을 반으로 줄인다. **(c)** 전체 솔레노이드를 전류가 흐르는 도선으로 한 겹 더 감는다.

30.5 자기에서의 가우스 법칙
Gauss's Law in Magnetism

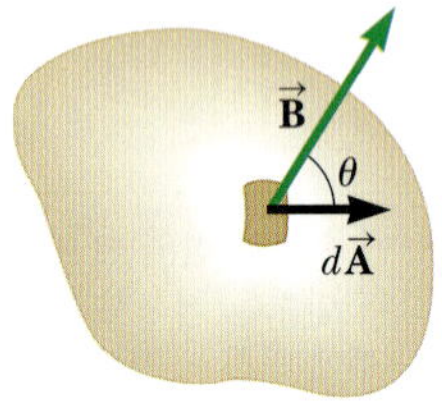

그림 30.19 넓이 요소 dA를 통과하는 자기선속은 $\vec{\mathbf{B}} \cdot d\vec{\mathbf{A}} = B\,dA\cos\theta$이다. 여기서 $d\vec{\mathbf{A}}$는 면에 수직인 벡터이다.

자기장에 관한 선속은 전기선속을 정의할 때 사용한 것과 비슷한 방법으로 정의된다(식 24.3 참조). 그림 30.19와 같이 임의의 표면에서 넓이 요소 dA를 고려하자. 이 요소에서의 자기장이 $\vec{\mathbf{B}}$라면, 이 요소를 통과하는 자기선속(또는 자속)은 $\vec{\mathbf{B}} \cdot d\vec{\mathbf{A}}$이다. 여기서 $d\vec{\mathbf{A}}$는 면에 수직인 벡터이고 크기는 넓이 dA와 같다. 그러므로 표면을 통과한 전체 자기선속 Φ_B는 다음과 같다.

자기선속의 정의 ▶

$$\Phi_B \equiv \int \vec{\mathbf{B}} \cdot d\vec{\mathbf{A}} \tag{30.18}$$

넓이가 A인 평면에 일정한 자기장 $\vec{\mathbf{B}}$가 $d\vec{\mathbf{A}}$와 각도 θ를 이루는 특별한 경우를 고려하자. 이 경우 면을 통과하는 자기선속은

$$\Phi_B = BA\cos\theta \tag{30.19}$$

이다. 그림 30.20a에서와 같이 자기장이 평면에 평행하다면, $\theta = 90°$이고 평면을 통과

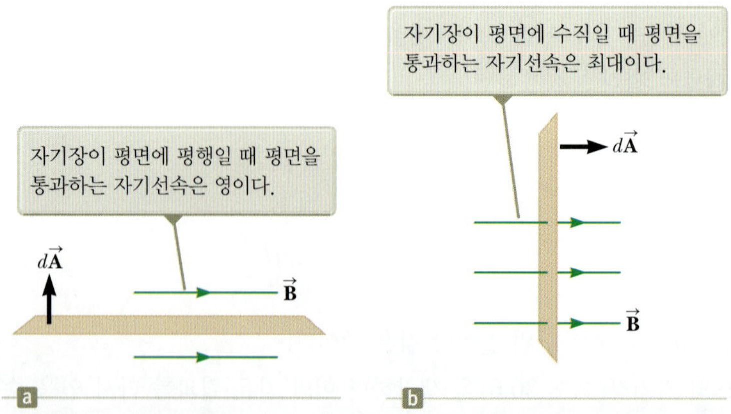

그림 30.20 자기장 내에 놓여 있는 평면을 통과하는 자기력선

하는 자기선속은 영이다. 그림 30.20b와 같이 자기장이 평면에 수직이면, $\theta = 0$이고 평면을 통과하는 자기선속은 BA(최댓값)이다.

자기선속의 단위는 $\mathrm{T \cdot m^2}$로서 **웨버**(weber, Wb)를 사용하며, $1\ \mathrm{Wb} = 1\ \mathrm{T \cdot m^2}$이다.

예제 30.7 직사각형 도선 고리를 통과하는 자기선속

너비가 a이고 길이가 b인 직사각형 도선 고리가 전류 I가 흐르는 긴 도선 가까이에 놓여 있다(그림 30.21). 도선과 고리의 가까운 변 사이의 거리는 c이다. 도선은 고리의 긴 변에 평행하다. 도선에 흐르는 전류에 의하여 도선 고리를 통과하는 전체 자기선속을 구하라.

풀이

개념화 30.3절에서 본 바와 같이 도선에 의한 자기력선은 원이 될 것이고, 이들 중 많은 자기력선이 직사각형 고리를 지나갈 것이다. 자기장은 긴 도선으로부터의 거리 r의 함수임을 알고 있다. 그러므로 자기장은 직사각형 고리면에서 변화한다.

분류 자기장이 고리면에서 변화하므로 이 면에 대하여 적분하여 자기선속을 구해야 한다. 따라서 이는 해석학 문제이다.

분석 고리 내의 모든 점에서 $\vec{\mathbf{B}}$가 $d\vec{\mathbf{A}}$에 평행함에 주목하면서, 식 30.18과 자기장에 대한 식 30.14를 사용하여 직사각형 면을 통한 자기선속을 구한다.

$$\Phi_B = \int \vec{\mathbf{B}} \cdot d\vec{\mathbf{A}} = \int B\, dA = \int \frac{\mu_0 I}{2\pi r}\, dA$$

넓이 요소(그림 30.21의 색칠한 띠)를 $dA = b\,dr$로 표현하고 대입한다.

$$\Phi_B = \int \frac{\mu_0 I}{2\pi r}\, b\, dr = \frac{\mu_0 I b}{2\pi} \int \frac{dr}{r}$$

$r = c$에서 $r = a + c$까지 적분한다.

$$\Phi_B = \frac{\mu_0 I b}{2\pi} \int_c^{a+c} \frac{dr}{r} = \frac{\mu_0 I b}{2\pi} \ln r \Big|_c^{a+c}$$

$$= \frac{\mu_0 I b}{2\pi} \ln\left(\frac{a+c}{c}\right) = \boxed{\frac{\mu_0 I b}{2\pi} \ln\left(1 + \frac{a}{c}\right)}$$

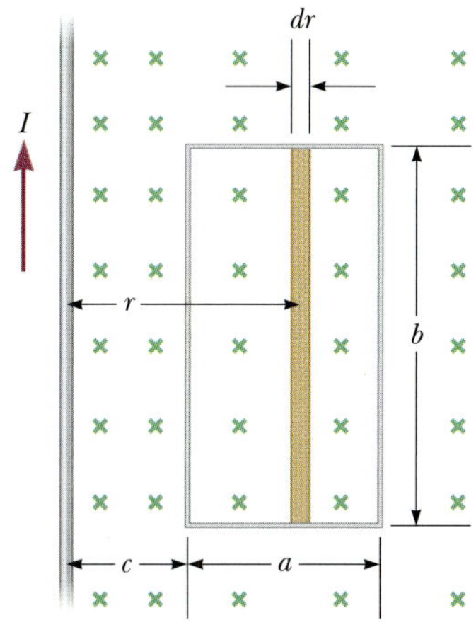

그림 30.21 (예제 30.7) 전류 I가 흐르는 도선에 의한 자기장은 직사각형 고리 안에서 균일하지 않다.

결론 자기선속이 고리의 크기에 어떻게 의존하는지 주목하라. a나 b를 늘리면 예상대로 자기선속이 증가한다. c가 커져서 고리가 도선으로부터 아주 멀어지면 자기선속은 역시 예상대로 영에 접근한다. c가 영에 접근하면 자기선속은 무한대가 된다. 원칙적으로 이 무한대 값은 $r = 0$에서 자기장이 무한대가 되기 때문에 발생한다(무한히 가는 도선이라고 가정할 때). 실제로 도선의 두께는 고리의 왼쪽 모서리가 $r = 0$에 도달하지 못하도록 하기 때문에 이런 현상은 발생하지 않는다.

24장에서 전하를 둘러싼 닫힌 곡면을 통과하는 전기선속은 그 전하량에 비례한다(가우스 법칙)는 것을 알았다. 다시 말하면 그 닫힌 곡면을 뚫고 나오는 전기력선의 수는 그 안에 있는 알짜 전하량에 비례한다. 이 특성은 전기력선이 전하에서 출발하고 전하에서 끝난다는 사실에 근거를 둔다.

이 상황은 연속적이고 닫힌 곡선을 이루는 자기장의 경우와는 매우 다르다. 다시 말하면 그림 30.9의 전류의 자기력선과 그림 30.22의 막대자석의 자기력선처럼 자기력

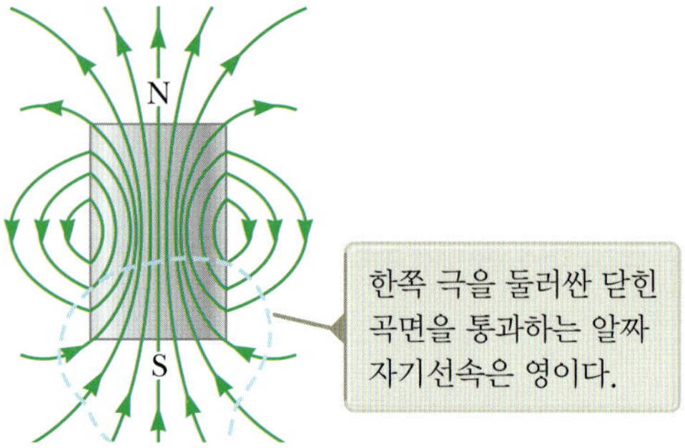

그림 30.22 막대자석의 자기력선은 닫힌 곡선을 형성한다(점선은 종이면에 교차함을 표시한다).

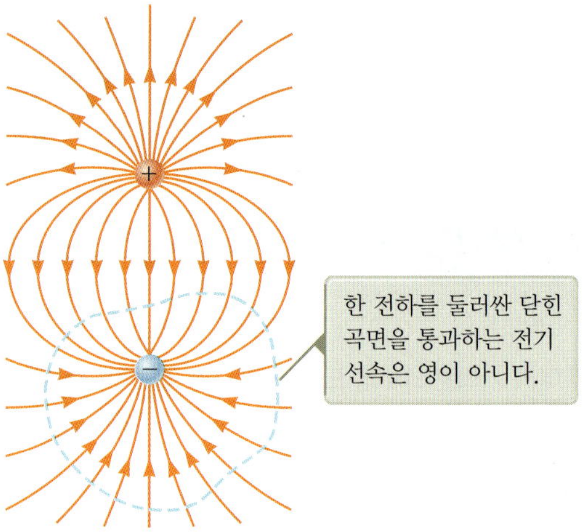

그림 30.23 전기 쌍극자를 둘러싼 전기력선은 양전하에서 시작해서 음전하에서 끝난다.

선은 어느 한 점에서 시작되거나 끝나지 않는다. 그림 30.22에서 점선으로 표시한 것과 같은 임의의 닫힌 곡면에 대하여, 표면 안으로 들어가는 자기력선의 수는 표면으로부터 나오는 자기력선의 수와 같기 때문에 알짜 자기선속은 영이다. 이와는 대조적으로 전기 쌍극자의 한 전하를 둘러싼 닫힌 곡면(그림 30.23)에 대해서는 알짜 전기선속은 영이 아니다.

자기에 대한 가우스의 법칙(Gauss's law in magnetism)은 다음과 같이 표현된다.

자기에 대한 가우스의 법칙 ▶

임의의 닫힌 곡면을 통과한 알짜 자기선속은 항상 영이다.

$$\oint \vec{\mathbf{B}} \cdot d\vec{\mathbf{A}} = 0 \qquad \textbf{(30.20)}$$

이 설명은 고립된 자기 홀극은 발견되지 않았고 아마도 존재하지 않음을 나타낸다. 그럼에도 불구하고 과학자들은 기본적인 물리 현상을 성공적으로 설명하기 위한 이론들이 자기 홀극의 존재 가능성을 제안하므로 계속적으로 탐색하고 있다.

30.6 물질 내의 자성
Magnetism in Matter

코일에 흐르는 전류에 의한 자기장은 어떤 물질에 강한 자기적 성질을 띠게 하는 것에 관한 정보를 준다. 앞서 그림 30.17a에 표시된 것과 같이 솔레노이드는 N극과 S극을 갖는다는 것을 알았다. 일반적으로 임의의 전류 고리는 자기장과 자기 쌍극자 모멘트를 갖는데, 원자 모형에서 설명하고 있는 원자 크기의 전류 고리도 포함한다.

원자의 자기 모멘트 The Magnetic Moments of Atoms

전자들이 자신보다 질량이 훨씬 더 큰 핵 주위를 회전한다는 원자의 고전적인 모형으로부터 논의를 시작하자. 이 모형에서 회전하는 전자는 작은 전류 고리를 형성하며(왜냐하면 움직이는 전하이기 때문이다), 전자의 자기 모멘트는 이 궤도 운동과 연관이 있다. 비록 이 모형에 많은 결점이 있다 할지라도, 이 모형에서 얻은 이론은 양자 물리로 표현한 정확한 이론과 상당 부분 일치한다.

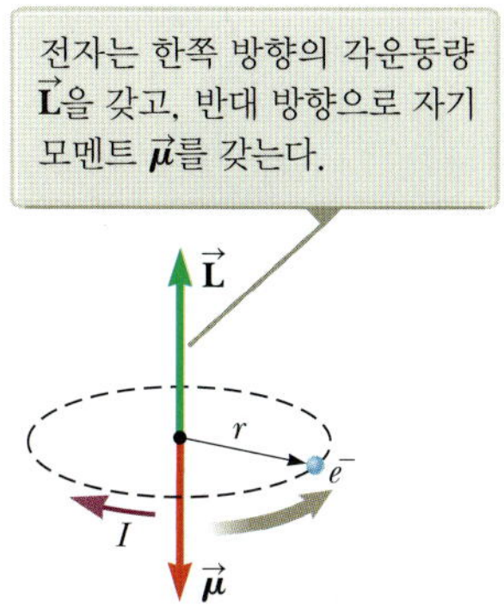

그림 30.24 반지름 r인 원 궤도에서 회색 화살표 방향으로 움직이는 전자. 전자는 음전하를 띠므로 핵 주위로 전자의 운동에 의한 전류의 방향은 전자의 운동 방향과 반대이다.

그림 30.24에서와 같이 핵 주위로 반지름 r인 원 궤도를 일정한 속력 v로 등속 원운동하는 고전적인 모형의 전자를 고려하자. 이 궤도 전자와 연관된 전류 I는 전하 e를 주기 T로 나눈 것과 같다. 등속 원운동하는 입자 모형의 식 4.15를 사용하여 $T = 2\pi r/v$로부터

$$I = \frac{e}{T} = \frac{ev}{2\pi r}$$

이다. 이 전류 고리와 연관된 자기 모멘트의 크기는 $\mu = IA$로 주어지며, 여기서 $A = \pi r^2$은 궤도의 넓이이다. 그러므로

$$\mu = IA = \left(\frac{ev}{2\pi r}\right)\pi r^2 = \tfrac{1}{2}evr \tag{30.21}$$

이다. 전자의 궤도 각운동량의 크기가 $L = m_e vr$(식 11.12에서 $\phi = 90°$)이기 때문에, 자기 모멘트는 다음과 같이 쓰일 수 있다.

$$\mu = \left(\frac{e}{2m_e}\right)L \tag{30.22}$$

◀ 궤도 자기 모멘트

이 결과는 전자의 자기 모멘트가 궤도 각운동량에 비례한다는 것을 보여 준다. 전자는 음전하를 띠므로 벡터 $\vec{\boldsymbol{\mu}}$와 $\vec{\mathbf{L}}$은 **반대** 방향을 가리킨다. 그림 30.24에서처럼 두 벡터는 궤도 평면에 수직이다.

양자 물리의 기본적인 결과는 궤도 각운동량이 양자화되어 있고, $\hbar = h/2\pi = 1.05 \times 10^{-34}\,\text{J}\cdot\text{s}$의 정수배라는 것이다. 여기서 h는 플랑크 상수이다(40장 참조). 궤도 운동의 결과인 전자의 가장 작은 자기 모멘트는

$$\mu = \sqrt{2}\,\frac{e}{2m_e}\,\hbar \tag{30.23}$$

로 주어진다. 42장에서 식 30.23을 재론할 것이다.

> **오류 피하기 30.3**
>
> **전자는 자전하지 않는다** 전자는 물리적으로 자전하지 **않는다**. 전자는 마치 자전하는 것처럼 고유의 각운동량을 갖고 있지만, 점 입자의 회전이란 개념은 의미가 없다. 회전이란 개념은 공간에서 크기가 있는 **강체**에만 적용된다(10장 참조). 실제로는 스핀 각운동량은 상대론적인 효과이다.

모든 물질은 전자를 포함하기 때문에, 왜 대부분의 물질이 자석이 아닌가 하는 의문을 가질 수 있다. 중요한 이유는 대부분의 물질에서 원자 내의 한 전자의 자기 모멘트는 반대 방향으로 도는 다른 전자의 자기 모멘트와 상쇄된다는 것이다. 결국 대부분의 물질에 대하여, 전자의 궤도 운동에 의한 자기적 효과는 영이거나 또는 매우 작다.

궤도 자기 모멘트 외에 전자(양성자, 중성자, 다른 입자도 마찬가지로)는 자기 모멘트에 기여하는 **스핀**(spin)이라고 하는 고유한 성질을 가지고 있다. 고전적으로 전자는 그림 30.25에서 나타낸 바와 같이 자신의 축에 대하여 자전하는 것으로 나타낼 수 있

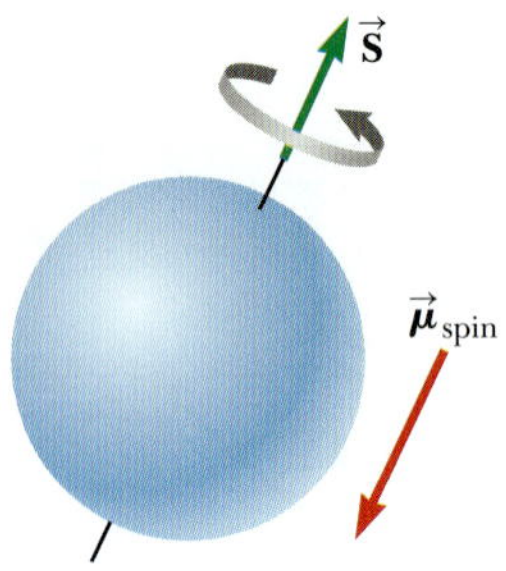

그림 30.25 자전하는 전자의 고전적인 모형. 전자가 고유한 각운동량을 갖고 있음을 기억하기 위하여 이 모형을 채택할 수 있다. 그러나 이 모형을 너무 신뢰하면 안 된다. 이 모형은 잘못된 크기의 자기 모멘트와 잘못된 양자수 그리고 너무 많은 자유도를 갖는다.

다. 그러나 이 설명은 실험 사실과 모순이 많으므로 사실과 다르다. 스핀에 관계되는 각운동량 $\vec{S}$의 크기는 궤도 운동에 의한 각운동량 $\vec{L}$의 크기와 같은 크기 정도를 갖는다. 양자 역학에서 구한 전자의 스핀 각운동량의 크기는

$$S = \frac{\sqrt{3}}{2}\hbar$$

이다. 전자의 스핀과 연관된 자기 모멘트는 다음과 같은 값을 갖는다.

$$\mu_{spin} = \frac{e\hbar}{2m_e} \quad (30.24)$$

이 상수 조합을 **보어 마그네톤**(Bohr magneton) μ_B라 하고 다음과 같다.

$$\mu_B = \frac{e\hbar}{2m_e} = 9.27 \times 10^{-24}\ \text{J/T} \quad (30.25)$$

따라서 원자의 자기 모멘트는 보어 마그네톤의 정수배로 표시될 수 있다($1\ \text{J/T} = 1\ \text{A}\cdot\text{m}^2$이다).

많은 전자를 갖는 원자에서 전자들은 대개 반대 스핀을 갖는 것과 쌍을 이루며, 따라서 스핀 자기 모멘트들은 상쇄된다. 그러나 홀수 개의 전자를 갖는 원자는 적어도 한 개의 쌍을 이루지 않는 전자가 있어서 스핀 자기 모멘트를 갖는다. 원자의 전체 자기 모멘트는 궤도 자기 모멘트와 스핀 자기 모멘트의 벡터합이고 몇몇 예가 표 30.1에 실려 있다. 헬륨과 네온의 경우 자기 스핀 모멘트들과 궤도 모멘트들이 둘 다 상쇄되기 때문에 모멘트는 영이다.

표 30.1 여러 가지 원자와 이온의 자기 모멘트

원자 또는 이온	자기 모멘트 (10^{-24} J/T)
H	9.27
He	0
Ne	0
Ce^{3+}	19.8
Yb^{3+}	37.1

원자의 핵은 또한 구성 물질인 양성자와 중성자에 의한 자기 모멘트를 갖는다. 그러나 양성자와 중성자의 자기 모멘트는 전자의 자기 모멘트에 비하여 매우 작으므로 무시될 수 있다. 이것은 식 30.25를 살펴보고, 전자의 질량에 양성자나 중성자의 질량을 대체함으로써 이해할 수 있다. 양성자와 중성자의 질량이 전자의 질량보다 훨씬 더 크기 때문에 그들의 자기 모멘트들은 전자의 자기 모멘트보다 약 10^3 정도 작다.

강자성 Ferromagnetism

소수의 결정성 물질들은 **강자성**(ferromagnetism)으로 부르는 강한 자기적 성질을 보여 준다. 강자성 물질로는 철, 코발트, 니켈, 가돌리늄, 디스프로슘 등이 있다. 이런 물질들은 약한 외부 자기장에도 평행하게 정렬하려는 영구 원자 자기 모멘트를 갖는다. 자기 모멘트가 정렬하면 이들 물질은 외부 자기장이 제거된 후에도 자기화된 상태를 유지한다. 이런 영구적인 정렬은 이웃하는 자기 모멘트 사이의 강한 결합 때문이며, 양자 역학으로만 이해될 수 있다.

모든 강자성체는 그 안에 있는 모든 자기 쌍극자 모멘트들이 정렬되어 있는 **구역**(domain)이라고 하는 미시적 영역을 포함한다. 이런 구역들의 부피는 약 10^{-12}에서 $10^{-8}\ \text{m}^3$이며, 약 10^{17}에서 10^{21}개의 원자를 포함한다. 다른 방향으로 정렬된 구역들 사이의 경계를 **구역벽**(domain wall)이라고 한다. 자기화되지 않은 물질은 구역 내의 자

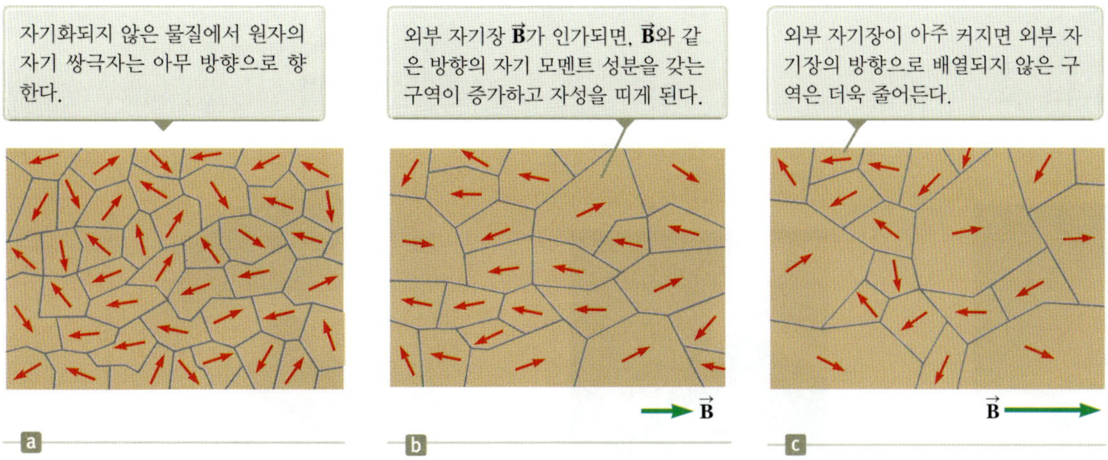

그림 30.26 강자성체에 자기장이 인가되기 전과 후의 자기 쌍극자 방향

기 모멘트가 임의의 방향으로 정렬되어 있기 때문에, 그림 30.26a에 나타낸 것처럼 알짜 자기 모멘트는 영이다. 물질이 외부 자기장 $\vec{\mathbf{B}}$ 안에 놓이면 자기장 방향으로 정렬된 자기 모멘트를 갖는 구역의 크기가 커져서 그림 30.26b에 나타낸 것처럼 자기화된 물질이 된다. 그림 30.26c처럼 외부 자기장이 매우 강하면, 자기 모멘트가 외부 자기장 방향과 정렬되지 않은 구역이 매우 작아진다. 외부 자기장이 제거되어도 물질은 외부 자기장 방향의 알짜 자기화를 가질 수 있다. 상온에서는 열 교란이 충분하지 못하기 때문에, 이 자기 모멘트의 정렬을 파괴시키지 못한다.

강자성체의 온도가 **퀴리 온도**(Curie temperature)라고 하는 임계 온도에 도달하거나 넘어서면 물질은 잔류 자기화를 잃고 상자성체가 된다. 퀴리 온도 아래에서는 자기 모멘트가 정렬되어서 물질은 강자성체가 된다. 퀴리 온도 이상에서는 열운동이 매우 커서 자기 모멘트의 방향이 불규칙하게 되어 물질은 상자성체가 된다. 여러 가지 강자성체의 퀴리 온도가 표 30.2에 실려 있다.

표 30.2 여러 가지 강자성체의 퀴리 온도

강자성체	퀴리 온도(K)
철	1 043
코발트	1 394
니켈	631
가돌리늄	317
산화철(Fe_2O_3)	893

상자성 Paramagnetism

상자성체는 영구 자기 모멘트를 갖는 원자(또는 이온)를 갖고 있기 때문에 작은 자기장을 갖는다. 이런 자기 모멘트는 서로 약하게 상호 작용하여 외부 자기장이 존재하지 않으면 불규칙한 방향을 향한다. 상자성체가 외부 자기장에 놓이면 물질의 원자 모멘트는 자기장에 따라서 정렬한다. 그러나 이런 정렬 과정은 자기 모멘트 방향을 불규칙하게 하려는 열적 운동과 겨루어야 한다.

반자성 Diamagnetism

외부 자기장이 반자성체에 걸리면, 약한 자기 모멘트가 자기장과 반대 방향으로 유도된다. 이 때문에 반자성체가 자석에 의하여 약하게 반발하게 된다. 비록 반자성이 모든 물질에 존재한다 하더라도 그 효과는 상자성과 강자성에 비하여 매우 작고 그와 같은 다른 효과들이 존재하지 않을 때만 나타난다.

Courtesy Argonne National Laboratory

그림 30.27 냉각된 세라믹 초전도체 판 위에 떠 있는 자석으로 보여 주는 마이스너 효과는 고온 초전도체를 대표하는 이미지가 되었다. 초전도성은 전류에 대한 모든 저항이 소멸하여 보다 효율적인 에너지 사용의 핵심이 된다.

© Cengage Learning/Leon Lewandowski

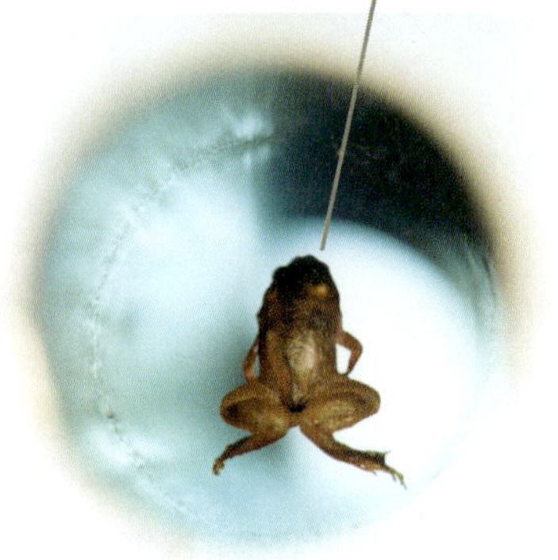

Courtesy of Dr. Andre Geim, Manchester University

(왼쪽) 상자성. (오른쪽) 반자성. 개구리가 네덜란드의 니즈메젠(Nijmegen) 고자기장 실험실에 있는 16 T의 자기장에 의하여 떠 있다.

핵을 중심으로 두 전자가 한 궤도에서 서로 반대 방향으로 같은 속력으로 돌고 있는 원자에 대한 고전적인 모형을 고려하면 반자성을 약간 이해할 수 있다. 전자는 양으로 대전된 핵에 의한 인력인 정전기력으로 원 궤도 운동을 유지한다. 이 두 전자의 자기 모멘트는 크기가 같고 방향이 반대이므로, 서로 상쇄되어 원자의 자기 모멘트는 영이다. 외부 자기장이 작용하면 전자는 자기력 $q\vec{\mathbf{v}} \times \vec{\mathbf{B}}$를 받는다. 이 더해진 자기력은 정전기력과 결합하여 자기장에 반대 방향의 자기 모멘트를 갖는 전자의 궤도 속력을 증가시키고, 자기장과 같은 방향의 자기 모멘트를 갖는 전자의 궤도 속력을 감소시킨다. 그 결과 전자들의 두 자기 모멘트는 더 이상 상쇄되지 않아서 물질은 작용한 외부 자기장과 반대 방향인 알짜 자기 모멘트를 얻는다.

27장에서 공부한 초전도체는 임계 온도 아래에서 전기 저항이 영인 물질이다. 어떤 초전도체는 초전도 상태에서 완벽한 반자성을 나타낸다. 그 결과 외부 자기장은 초전도체에 의하여 밖으로 밀려나가서 초전도체 내부의 자기장은 영이 된다. 이 현상을 **마이스너 효과**(Meissner effect)라고 한다. 만일 영구자석을 초전도체 근처로 가져가면 두 물체는 서로 민다. 이런 반발 작용은, 77 K의 온도로 유지된 초전도체 위에 떠있는 작은 영구자석을 보여 주는 그림 30.27에 예시되어 있다.

연습문제

객관식

1. **(i)** 전류가 두 배가 되면 긴 솔레노이드 내부의 자기장은 어떻게 되는가? (a) 네 배가 된다. (b) 두 배가 된다. (c) 변하지 않는다. (d) 1/2로 줄어든다. (e) 1/4로 줄어든다. **(ii)** 감은 수는 동일하게 하고 솔레노이드의 길이를 두 배로 하면 자기장은 어떻게 되는가? (i)의 보기에서 고르라. **(iii)** 솔레노이드의 길이는 동일하게 하고 감은 수를 두 배로 하면

자기장은 어떻게 되는가? (i)의 보기에서 고르라. **(iv)** 솔레노이드의 반지름이 두 배가 되면 자기장은 어떻게 되는가? (i)의 보기에서 고르라.

2. 그림 30.7에서 $I_1 = 2.00$ A, $I_2 = 6.00$ A라고 하자. 도선 1이 받는 힘 F_1과 도선 2가 받는 힘 F_2 사이의 관계는? (a) $F_1 = 6F_2$ (b) $F_1 = 3F_2$ (c) $F_1 = F_2$ (d) $F_1 = \frac{1}{3}F_2$ (e) $F_1 = \frac{1}{6}F_2$

3. 다음 질문에 '예' 또는 '아니오'로 답하라. (a) 세 개의 대전 입자가 있을 때 어떤 한 입자도 나머지 두 입자에게 다 인력을 작용하는 것이 가능한가? (b) 세 개의 대전 입자가 있을 때 어떤 한 입자도 나머지 두 입자에 대하여 다 척력을 작용하는 것이 가능한가? (c) 세 개의 평행한 직선 도선에 전류가 흐를 때 어떤 한 도선도 나머지 두 도선에 다 인력을 작용하는 것이 가능한가? (d) 세 개의 평행한 직선 도선에 전류가 흐를 때 어떤 한 도선도 나머지 두 도선에 다 척력을 작용하는 것이 가능한가? 전자기학에 대한 앙페르의 실험은 논리적으로 엄정한 모형이며, 이 문제에 나온 현상들에 대한 관측 결과를 포함한 것이다.

4. 두 개의 긴 평행 도선에 같은 방향으로 같은 전류 I가 흐른다(그림 OQ30.4). 두 도선 사이의 중간 지점 P에서 전체 자기장은 (a) 영인가? (b) 종이면으로 들어가는가? (c) 종이면으로부터 나오는가? (d) 왼쪽으로 향하는가? (e) 오른쪽으로 향하는가?

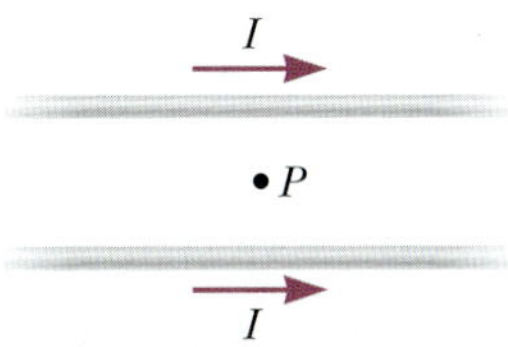

그림 OQ30.4

5. 서로 직각으로 교차하는 두 개의 긴 직선 도선에 같은 전류 I가 흐른다(그림 OQ30.5). 다음 중 그림의 여러 점에서 두 도선에 의한 전체 자기장에 대한 설명으로 옳은 것은 어느 것인가? 정답은 하나 이상일 수 있다. (a) 자기장은 점 B와 D 위치에서 가장 강하다. (b) 자기장은 점 A와 C 위치에서 가장 강하다. (c) 자기장은 점 B에서 종이면으로부터 나오고 점 D에서 종이면으로 들어간다. (d) 자기장이 점 C에서 종이면으로부터 나오고 점 D에서도 종이면으로부터 나온다. (e) 자기장의 크기는 네 점에서 모두 같다.

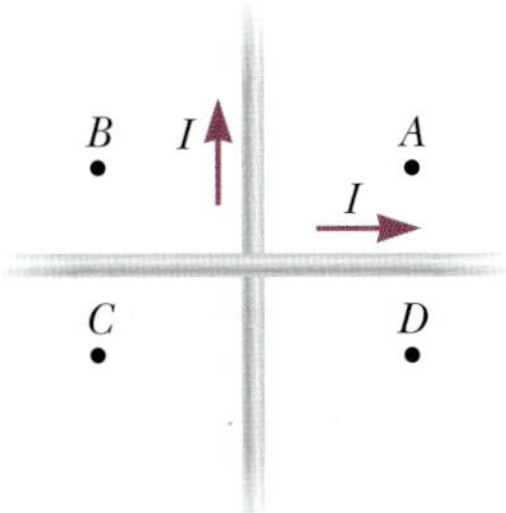

그림 OQ30.5

6. 어떤 여학생이 벽에 달린 큰 화장 거울을 들여다보고 있다. 화장 거울 둘레의 틀은 형광등으로 되어 있는데, 결과적으로 거울 둘레에 시계 방향의 전류가 흐르는 셈이라고 가정한다. **(i)** 거울 중심에서 자기장의 방향은 다음 중 어느 것인가? (a) 왼쪽 (b) 오른쪽 (c) 여학생을 향하여 수평으로 벽면에서 나오는 방향 (d) 수평이고 벽면 안쪽으로 들어가는 방향 (e) 자기장이 영이어서 방향을 말할 수 없다. **(ii)** 거울 둘레에서 오른쪽으로 약간 떨어진 벽면에서 자기장 방향을 (i)의 보기에서 고르라.

7. 두 개의 긴 평행 도선에 20.0 A와 10.0 A가 서로 반대 방향으로 흐른다(그림 OQ30.7). 다음 중 옳은 것은 어느 것인가? 정답은 하나 이상일 수 있다. (a) 영역 I에서 자기장은 종이면으로 들어가고 결코 영이 아니다. (b) 영역 II에서 자기장은 종이면으로 들어가고 영일 수 있다. (c) 영역 III에서 자기장이 영일 수 있다. (d) 영역 I에서 자기장은 종이면으로부터 나오고 결코 영이 아니다. (e) 자기장이 영인 점이 없다.

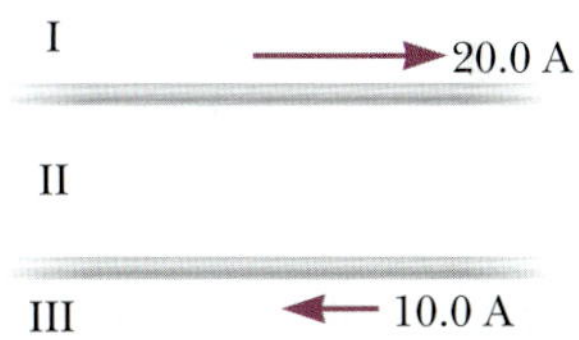

그림 OQ30.7

8. 자기장을 만들 수 있는 것은 어느 것인가? 정답은 하나 이상일 수 있다. (a) 전하를 띤 정지한 물체 (b) 전하를 띤 움직이는 물체 (c) 전류가 흐르는 정지한 도체 (d) 전위차 (e) 정지 상태이고 전지와 단락된 충전된 축전기. *Note*: 34장에서 변하는 전기장에 의하여 발생하는 자기장에 대하여 배운다.

9. 절연 전선이 빽빽하게 감긴 솔레노이드가 있다. 이 전선에 전류가 흐를 때 전선 고리 하나는 바로 이웃 고리에게 (a) 인력을 작용한다. (b) 척력을 작용한다. (c) 힘을 작용하지 않는다. (d) 전류의 방향에 따라서 척력 또는 인력을 작용한다.

10. 균일한 자기장이 x축 방향으로 향하고 있다. 직사각형을 지나가는 자기선속은 평평한 직사각형 코일이 어느 방향으로

있을 때 최대가 되는가? (a) xy 평면에서 최대가 된다. (b) xz 평면에서 최대가 된다. (c) yz 평면에서 최대가 된다. (d) 자기선속은 모든 방향에 대하여 영이 아닌 같은 값을 가진다. (e) 모든 경우에서 자기선속은 영이다.

주관식

30.1 비오-사바르 법칙

1. 먼 거리를 이동하는 철새들이 길을 찾기 위하여 지자기를 사용하는지의 여부를 조사하기 위하여 그림 P30.1과 같이 새들의 머리와 목둘레에 '모자'와 '목걸이' 코일들을 붙여서 실험하기도 한다. (a) 두 코일이 동일하고 서로 2.20 cm 떨어져 있으며, 각 코일은 반지름이 1.20 cm인 원형으로 도선이 50회 빽빽하게 감겨 있다. 이 두 코일의 사이 중앙에서 자기장의 크기가 4.50×10^{-5} T가 되게 하려면 두 코일에 흐르는 동일한 전류의 크기는 얼마인가? (b) 코일 하나의 저항이 210 Ω이라면 각 코일에 연결하는 전지의 전압은 얼마라야 하는가? (c) 각 코일에 전달되는 전력은 얼마인가?

그림 P30.1

2. 그림 P30.2의 (a)에서 (c)까지의 각 영역에 대하여, 자기장 방향이 그림에 표시한 방향일 때 도선에 흐르는 전류의 방향을 구하라.

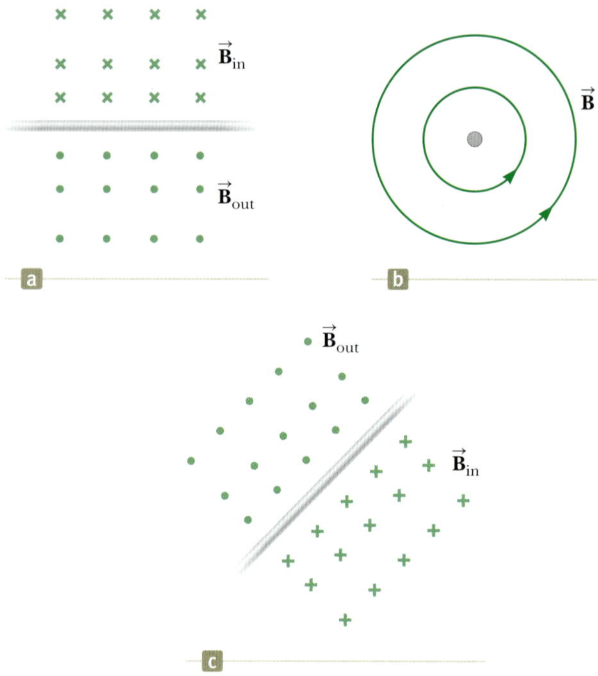

그림 P30.2

3. 1962년 미국 오클라호마 주 털사(Tulsa)의 지구물리 관측소에서 큰 토네이도의 자기장을 측정하였다. 토네이도가 관측소의 동쪽 9.00 km인 위치에 있을 때, 관측소에서 측정한 자기장의 방향이 북쪽이고 크기가 $B = 1.50 \times 10^{-8}$ T라면 토네이도의 회오리 깔때기에서 올라가는 (또는 내려오는) 전류의 크기는 얼마인가? 토네이도를 전류가 흐르는 긴 도선이라고 모형화한다.

4. (a) 그림 P30.4에서처럼 한 변의 길이가 $\ell = 0.400$ m인 정사각형 도체 고리에 전류 $I = 10.0$ A가 흐른다. 정사각형 중심에서 자기장의 크기와 방향을 계산하라. (b) 이 도체를 원형 도선으로 바꾸고 같은 전류를 흘릴 경우, 중심에서 자기장의 값은 얼마인가?

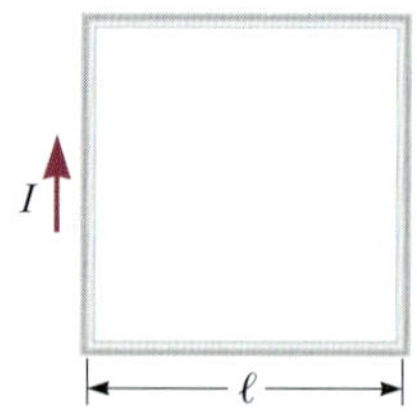

그림 P30.4

5. 그림 P30.5에서처럼 반지름 $R = 15.0$ cm의 원형 고리와 두 개의 긴 직선 부분으로 이루어진 도선이 있다. 도선은 종이면에 놓여 있고 전류 $I = 1.00$ A가 흐른다. 고리 중심에서의 자기장을 구하라.

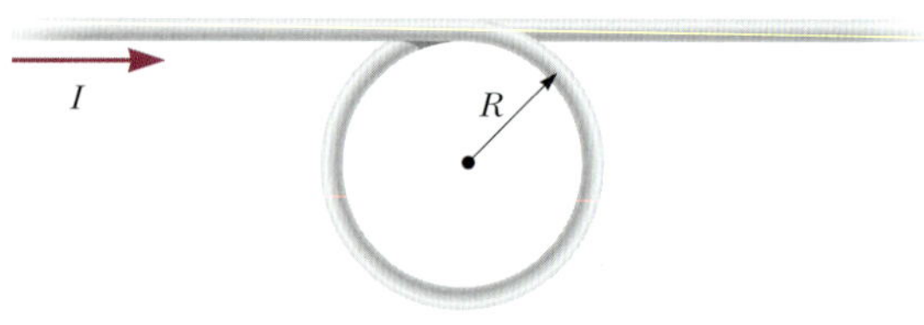

그림 P30.5

6. 두 개의 긴 직선 평행 도선에 그림 P30.6과 같이 종이면에 수직 방향으로 전류가 흐른다. 종이면으로 들어가는 방향 ($-z$ 방향)으로 전류 I_1이 흐르는 도선 1은 $x = +a$에서 x축을 지나간다. 미지 전류 I_2가 흐르는 도선 2는 $x = -2a$에서 x축을 지난다. 두 도선에 흐르는 전류에 의한 원점에서 전체

자기장의 크기는 $2\mu_0 I_1/(2\pi a)$이다. 전류 I_2는 두 개의 가능한 값 중 하나를 가진다. (a) 크기가 더 작은 I_2의 값을 I_1로 표현하고 방향을 구하라. (b) 다른 가능한 I_2의 값을 구하라.

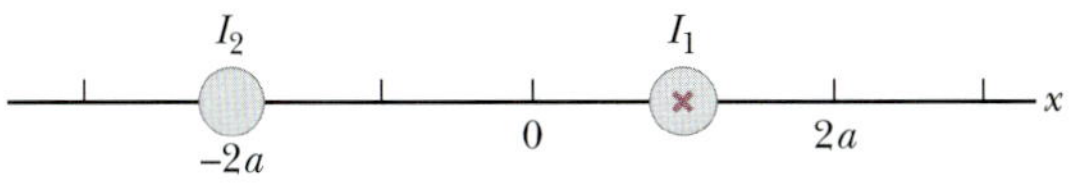

그림 P30.6

7. 그림 P30.7에서처럼 직각으로 구부러진 무한히 긴 직선 도선에 전류 I가 흐른다. 도선의 모서리로부터 거리 x만큼 떨어진 점 P에서의 자기장을 구하라.

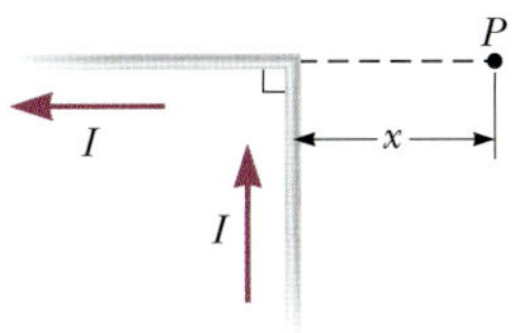

그림 P30.7

8. 긴 직선 도선에 전류 I가 흐른다. 도선의 가운데 부분을 직각으로 구부린다. 굽은 부분에 그림 P30.8처럼 반지름 r인 원호가 생긴다. 호의 중심점 P에서의 자기장을 구하라.

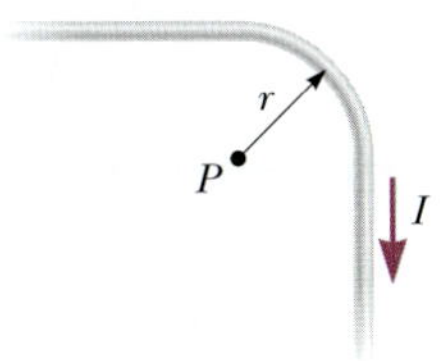

그림 P30.8

9. 길고 곧은 수직 방향의 번개 내부에서 전자들은 아래로, 양이온들은 위로 움직이며 알짜 전류는 20.0 kA이다. 이 번개 중앙에서 동쪽으로 50.0 m 떨어진 곳에서 전자 하나가 300 m/s의 속력으로 서쪽으로 운동한다. (a) 이 상황을 설명할 때 쓰이는 여러 가지 벡터들을 그리라. 지자기는 무시한다. (b) 번개에 의하여 전자가 받는 힘을 계산하라. (c) 전자가 움직이는 경로의 반지름을 구하라. (d) 전자가 균일한 자기장 내에서 운동한다고 보는 것은 적절한 근사인지 여부를 말하고 설명하라. (e) 번개의 지속 시간이 60.0 μs이고 이 시간 간격 동안 전자가 다른 물체와 충돌하지 않는다면 전자는 그동안 몇 바퀴 회전하는가?

10. 그림 P30.10에서 전류 고리에 의한 원점에서의 자기장을 I, a, d의 항으로 나타내라. 고리는 그림 위로 무한히 뻗어 있다.

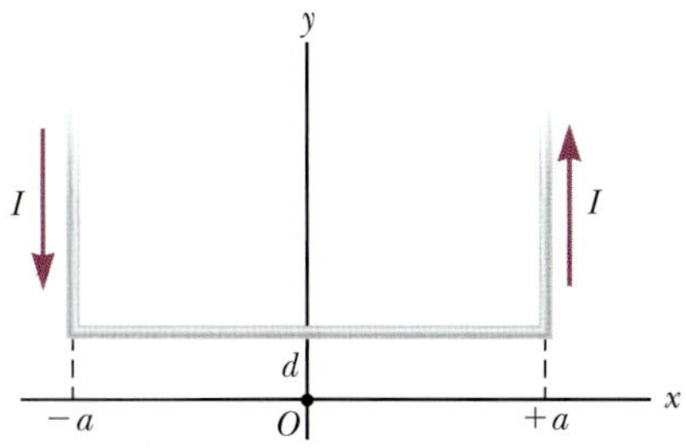

그림 P30.10

11. 그림 30.11에서 보듯이 $d = 10.0$ cm 떨어져 있는 두 도선에 전류 $I = 5.00$ A가 서로 반대 방향으로 흐른다. 이때 (a) 두 도선의 중앙 지점, (b) 오른쪽 도선으로부터 오른쪽으로 10.0 cm 지점 P_1, (c) 왼쪽 도선으로부터 왼쪽으로 $2d = 20.0$ cm인 지점 P_2에서 알짜 자기장의 크기와 방향을 구하라.

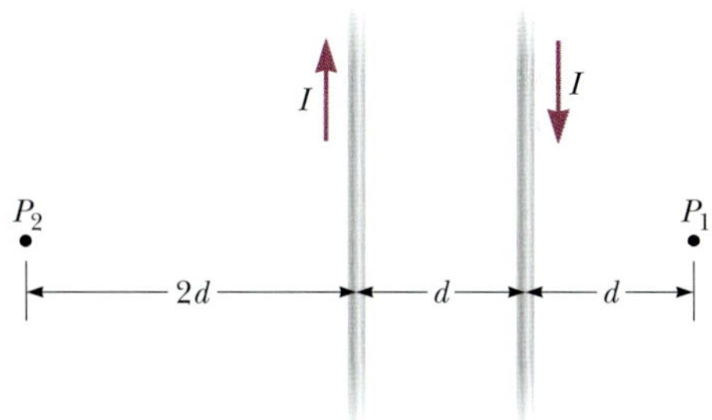

그림 P30.11

12. 두 개의 긴 평행 도선에 그림 P30.12에 나타난 방향으로 전류 $I_1 = 3.00$ A, $I_2 = 5.00$ A가 흐른다. (a) 두 도선 사이의 중간 지점에서 자기장의 크기와 방향을 구하라. (b) 5.00 A가 흐르는 도선 위 $d = 20.0$ cm 위치의 점 P에서 자기장의 크기와 방향을 구하라.

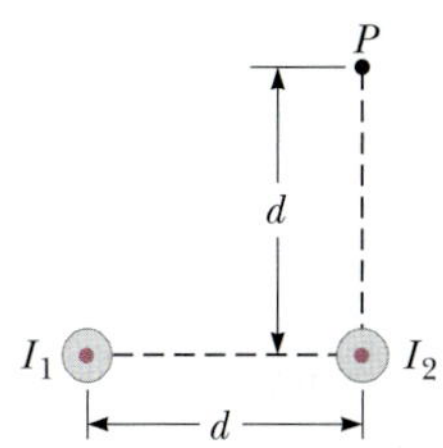

그림 P30.12

13. 그림 P30.13과 같이 한 도선에는 x축을 따라 7.00 A의 전류가 흐르고 다른 도선에는 y축을 따라 6.00 A의 전류가 흐른다. 좌표가 $x = 4.00$ m, $y = 3.00$ m인 점 P에서 자기장의 크기를 구하라.

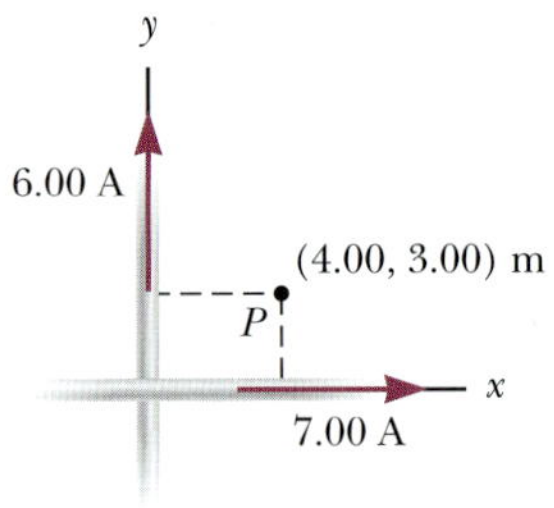

그림 P30.13

14. 반지름이 R인 절연체 원형 고리에 양전하 q가 균일하게 분포되어 있다. 고리면에 수직 방향이고 고리의 중심을 지나는 축에 대하여 고리가 각속력 ω로 회전한다. 이 중심에서 거리가 $R/2$인 축 위의 점에서 자기장의 크기를 구하라.

15. 너비 w인 매우 긴 얇은 금속 조각에 그림 P30.15처럼 길이를 따라 전류 I가 흐른다. 전류는 금속 조각의 너비를 가로질러 일정하게 분포한다. 그림에서 점 P에서의 자기장을 구하라. 점 P는 모서리에서 거리 b만큼 떨어진 금속 조각의 평면에 있다.

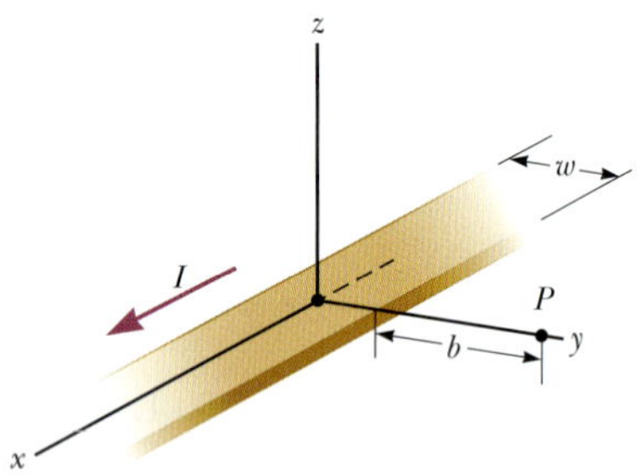

그림 P30.15

16. 지름이 30.0 cm인 원형 코일에는 도선이 다섯 번 감겨 있고 코일 면이 수평면과 수직인 방향이고 코일의 중심을 지나는 축이 지구 자기장의 수평 성분 벡터와 서로 수직이다. 도선에 0.600 A의 전류가 흐를 때 코일의 중심에 수평으로 놓은 나침반의 바늘이 북쪽 눈금에서 45.0° 회전한다. (a) 이 위치에서 지구 자기장의 수평 성분의 크기를 구하라. (b) 코일의 전류를 끈다. 그리고 경침(dip needle: 연직 방향의 남북 평면에 대하여 회전할 수 있게 만든 자침. 지구 자기장의 복각을 잼)으로 지구 자기장의 방향을 측정하니 연직 하방과 이루는 각도가 13.0°이다. 이 위치에서 지구 자기장의 크기는 얼마인가?

17. 그림 P30.17과 같이 두 개의 길고 곧은 도선이 서로 수직으로 교차한다. 두 도선은 아주 가늘어서 서로 닿지는 않으나 거의 같은 평면에 있다. z축 위에서 30.0 cm인 위치, 즉 두 도선의 교차점인 원점에서 30.0 cm만큼 종이면 앞으로 나온 곳에서의 자기장을 구하라.

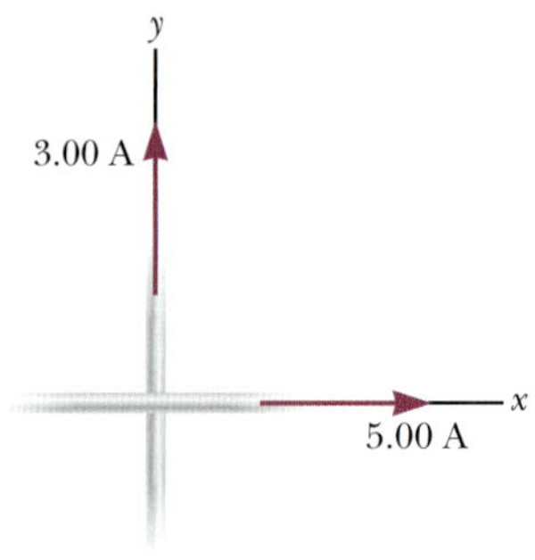

그림 P30.17

30.2 두 평행 도체 사이의 자기력

18. 두 개의 평행한 도선에 각각 전류가 흐른다. 도선 사이의 거리는 4.00 cm이고 도선 사이의 척력은 2.00×10^{-4} N이다. 한 도선에 흐르는 전류가 5.00 A이다. (a) 다른 도선에 흐르는 전류를 구하라. (b) 두 전류의 방향은 같은가 아니면 서로 반대인가? (c) 한 전류의 방향이 바뀌고 크기가 두 배가 되면 어떻게 되는가?

19. 그림 P30.19에서처럼 $I_1 = 5.00$ A의 전류가 흐르는 긴 직선 도선이 $I_2 = 10.0$ A의 전류가 흐르는 직사각형 고리와 같은 평면에 놓여 있다. 그림에서 $c = 0.100$ m, $a = 0.150$ m, $\ell = 0.450$ m이다. 도선이 만드는 자기장에 의하여 고리에 작용하는 알짜힘의 크기와 방향을 구하라.

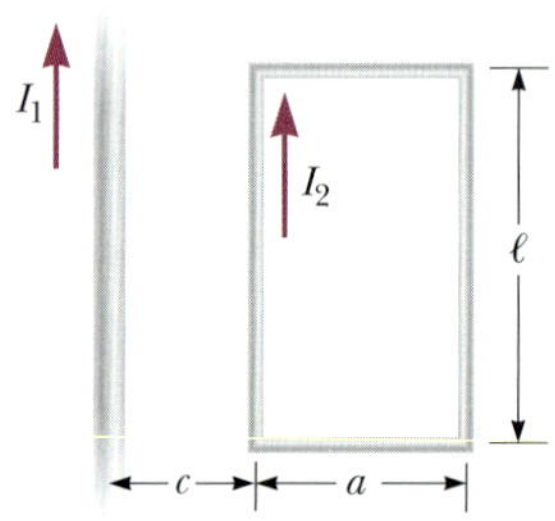

그림 P30.19

20. 다음 상황은 왜 불가능한가? 두 개의 평행한 구리 도선이 있다. 두 도선은 동일하여, 길이가 $\ell = 0.500$ m이고 반지름은 $r = 250$ μm이다. 두 도선에 $I = 10.0$ A의 전류가 서로 반대 방향으로 흐를 때 도선 사이에는 서로 미는 자기력이 작용하며 그 크기가 $F_B = 1.00$ N이다.

21. 자기선속의 단위는 베버(Wilhelm Weber)의 이름에서 따온 것이고, 자기장의 실용 단위는 가우스(Johann Karl

Friedrich Gauss)의 이름에서 따온 것이다. 이 두 사람은 각각 훌륭한 업적을 남겼지만 1833년 두 사람이 같이 길이 3 km인 전송선을 사용하여 전신기를 만들기도 하였다. 전송선의 한쪽은 전지와 스위치가 붙어 있고 다른 쪽은 전자석이 연결되어 있다. 그림 P30.21은 그들이 사용한 전송선을 보여 준다. 두 개의 길고 평행한 도선이 같은 수평면 위에 있고 각 도선의 선질량 밀도는 40.0 g/m이다. 두 도선은 그림처럼 줄로 긴 막대에 지지되어 있고 그림에서 줄 한쪽의 길이 $\ell = 6.00$ cm이다. 두 도선에 흐르는 전류의 크기가 같을 때 두 도선이 서로 밀어서 지지하는 두 줄 사이의 각도가 $\theta = 16.0°$이다. (a) 두 전류의 방향은 같은가 서로 반대인가? (b) 전류의 크기를 구하라. (c) 이 장치를 화성에 가져간다면 줄 사이의 각도가 동일할 때의 전류가 지구에서의 경우에 비하여 더 큰지 작은지 말하고 그 이유를 설명하라.

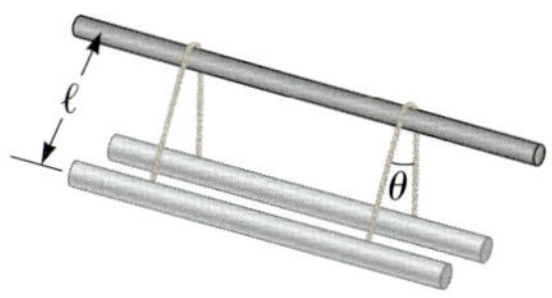

그림 P30.21

30.3 앙페르의 법칙

22. 그림 P30.22는 동축 케이블의 단면이다. 중심 도체는 고무층, 바깥쪽 도체 그리고 또 다른 고무층으로 둘러싸여 있다. 특별한 경우 안쪽 도체에 전류가 종이면으로부터 나오는 방향으로 $I_1 = 1.00$ A가 흐르고, 바깥쪽 도체에 흐르는 전류는 $I_2 = 3.00$ A이고 종이면으로 들어간다. 거리 $d = 1.00$ mm로 가정하고 (a) 점 a와 (b) 점 b에서 자기장의 크기와 방향을 구하라.

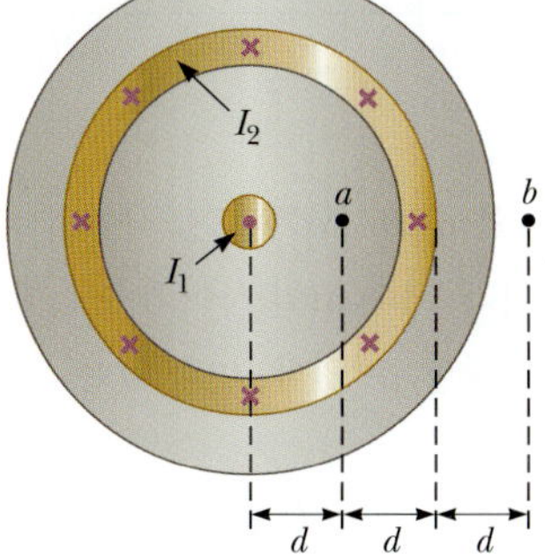

그림 P30.22

23. 길고 곧은 도선을 수평 테이블 위에 둔다. 도선에는 1.20 μA의 전류가 흐른다. 진공인 영역에서 양성자가 도선에서 연직 위로 d만큼 떨어진 곳에서 등속도 운동을 한다. 양성자의 운동 방향은 도선에 평행하고 전류 방향과 반대 방향이며 양성자의 속력은 2.30×10^4 m/s이다. 지구 자기장의 영향을 무시하고 d의 값을 구하라.

24. 무한히 넓은 yz 평면에 흐르는 표면 전류가 있다고 가정한다. 전류의 방향은 $+z$축 방향이고 y축 방향의 단위 길이에 대한 전류인 표면 전류 밀도가 J_s라 하자. 그림 P30.24는 면을 옆에서 본 그림이다. 면에 가까운 곳의 자기장의 방향은 표면에 평행하고 전류 방향에 수직이며 자기장의 크기가 $\mu_0 J_s/2$임을 보이라.

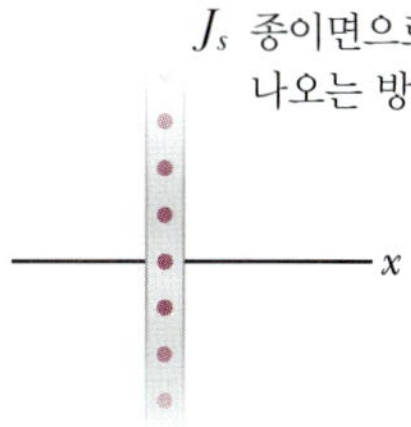

그림 P30.24

25. 길고 곧은 절연 전선 100개를 빼곡하게 묶어서 반지름이 $R = 0.500$ cm인 원통형이 되게 한다. 각 도선에 흐르는 전류는 2.00 A이다. 이 묶음의 중심에서 0.200 cm인 위치에 있는 단위 길이의 전선이 받는 자기력의 (a) 크기와 (b) 방향을 구하라. (c) 묶음의 가장자리에 있는 전선이 받는 힘의 크기는 (a)의 결과와 비교할 때 더 큰지 작은지 정성적으로 설명하라.

26. 반지름 R인 긴 원통형 도체에 그림 P30.26처럼 전류 I가 흐른다. 그러나 전류 밀도 J는 도체의 단면에서 일정하지 않고 $J = br$ 형태인 반지름의 함수이다. 여기서 b는 상수이다. 도체의 중심으로부터 (a) 거리 $r_1 < R$에서, (b) 거리 $r_2 > R$에서 자기장의 크기 B에 대한 식을 구하라.

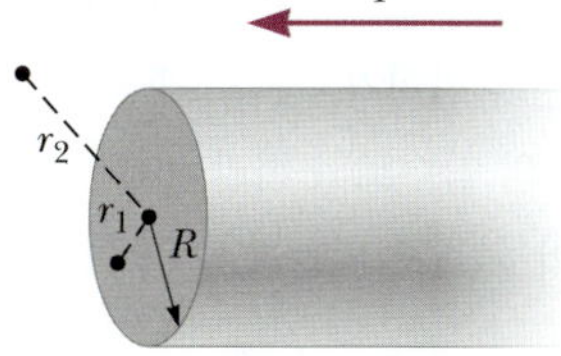

그림 P30.26

27. 전류 I_1이 흐르는 무한히 긴 직선 도선이 부분적으로 그림 P30.27처럼 고리에 둘러싸여 있다. 고리는 길이가 L이고 반지름은 R이며 전류는 I_2가 흐른다. 고리의 두 수직 도선의 정중앙에 도선이 있다. 고리에 작용하는 자기력을 계산하라.

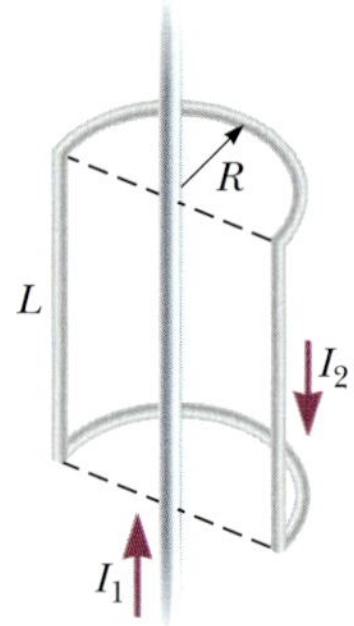

그림 P30.27

28. 길이가 ℓ = 10.0 cm인 얇은 구리 막대의 양끝을 두 접촉 도체가 지지하여 막대는 수평 방향이다. 그림 P30.28과 같이 구리 막대에는 $-x$축 방향으로 전류 I_1 = 100 A가 흐른다. 막대 한쪽 끝 아래에, 막대로부터 거리 h = 0.500 cm인 곳에 길고 곧은 도선이 있고, 이 도선에는 $+z$축 방향으로 I_2 = 200 A의 전류가 흐른다. 막대가 받는 자기력을 구하라.

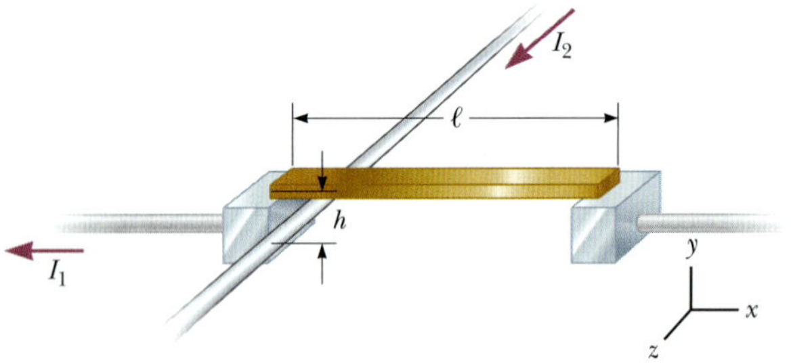

그림 P30.28

29. 그림 P30.29에서 무한히 긴 두 개의 도선에 $-x$ 방향으로 8.00 A의 전류가 흐른다. 도선들은 거리 $2a$ = 6.00 cm 떨어져 있다. (a) yz 평면에 자기장의 모습을 그리라. (b) 원점에서의 자기장의 값은 얼마인가? (c) $y = 0, z \to \infty$에서 자기장의 값은 얼마인가? (d) z축을 따라 축 상의 점에 대한 자기장을 z의 함수로 구하라. (e) $+z$축 상의 어떤 거리 d에서 자기장이 최대가 되는가? (f) 이 최댓값은 얼마인가?

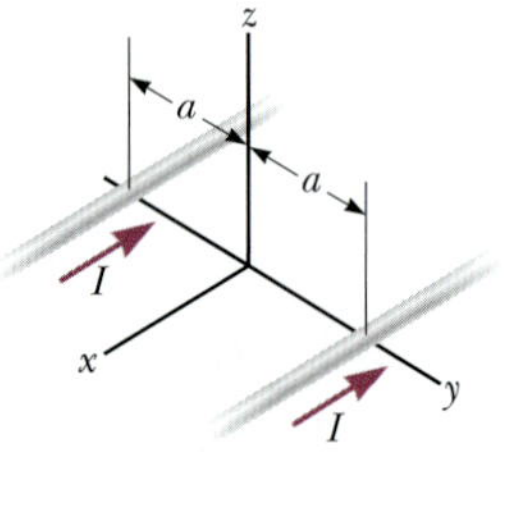

그림 P30.29

30. 그림 P30.30과 같이 반지름이 a인 원통형 도체 내부에 원통 전체에 걸쳐 있는 지름이 a인 두 개의 원통형 공동이 있다. 원통의 길이 방향인 종이면으로부터 나오는 방향으로 전류 I가 도체 내부에 균일하게 흐른다. (a) 점 P_1과 (b) 점 P_2에서 자기장의 방향을 구하고 자기장의 크기를 μ_0, I, r, a로 표현하라.

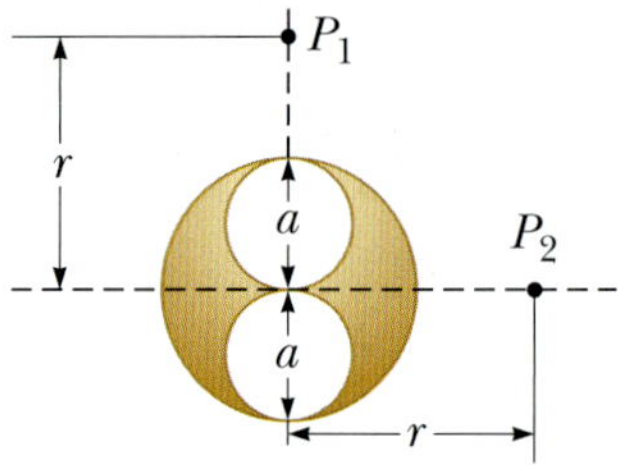

그림 P30.30

30.4 솔레노이드의 자기장

31. 길이가 0.500 m인 어떤 솔레노이드 형 초전도체 전자석은 코일에 흐르는 전류가 75.0 A일 때 중심에서의 자기장이 9.00 T이다. 솔레노이드 코일의 감긴 수를 구하라.

32. 20.0 °C에서 저항이 5.00 Ω인 원형 솔레노이드에 흐르는 전류가 4.00 A일 때 중심에서의 자기장이 4.00×10^{-2} T이다. 솔레노이드의 반지름은 1.00 cm이고 지름이 0.500 mm인 구리선으로 만들어져 있다. (a) 구리선이 감긴 수를 계산하라. (b) 솔레노이드의 길이를 구하라.

33. 각각 N번 감긴 반지름 R인 두 개의 원형 코일이 공동 축에 수직이다. 코일의 중심은 R만큼 떨어져 있다. 각 코일에는 그림 P30.33처럼 정상 전류 I가 같은 방향으로 흐른다. (a) 한 코일의 중심으로부터 거리 x만큼 떨어진 축 상에서의 자기장이

$$B = \frac{N\mu_0 IR^2}{2}\left[\frac{1}{(R^2 + x^2)^{3/2}} + \frac{1}{(2R^2 + x^2 - 2Rx)^{3/2}}\right]$$

임을 보이라.

(b) dB/dx와 d^2B/dx^2가 코일 사이의 중간 지점에서 둘 다 영임을 보이라. 그때 코일 사이의 중간 영역에서의 자기장은 일정하다고 말할 수 있다. 이와 같은 코일을 **헬름홀츠 코일**

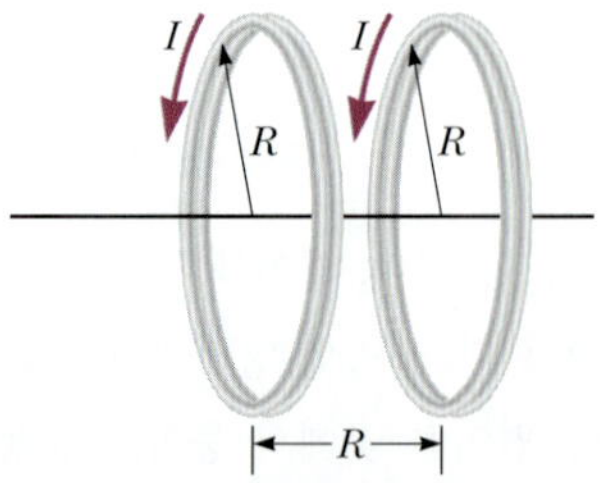

그림 P30.33

(Helmholtz coils)이라고 한다.

34. 지름이 0.100 cm인 절연 전선을 빽빽하게 50회 감아서 납작한 나선형 코일을 속이 빈 원반 모양으로 만든다. 이 속이 빈 원반 모양의 안쪽 반지름은 5.00 cm이고 바깥 반지름은 10.00 cm이다. 전선의 중앙 부위에서 전류 I가 흐른다고 가정한다. 전선의 고리 하나를 원이라고 보면, 반지름이 5.05 cm, 5.15 cm, …인 고리들이 있는 셈이다. 이 코일의 중심에서의 자기장을 컴퓨터 등을 사용하여 구하라.

35. 그림 P30.35와 같이 한 변의 길이가 L인 정사각형 모양의 도선 고리에 전류 I가 흐른다. 도선의 중심을 지나는 축 위에 있고 도선의 중심에서의 거리가 x인 점 P에서의 자기장이 다음 표현으로 주어짐으로 보이라.

$$B = \frac{\mu_0 I L^2}{2\pi(x^2 + L^2/4)\sqrt{x^2 + L^2/2}}$$

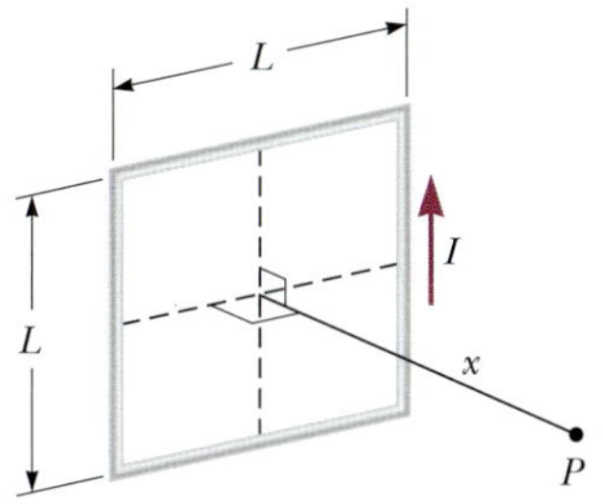

그림 P30.35

36. 자기 쌍극자 모멘트가 $\vec{\mu}$인 쌍극자가 $+x$축과 일치하는 자기력선 위에 같은 방향으로 있다고 생각하자. 주위 영역의 자기장은 균일하지 않으며 쌍극자가 이 상황에서 받는 힘의 크기는 $F_x = |\vec{\mu}|\,dB/dx$이다. 여기서 B는 x축에서의 자기장이다. 두 개의 납작한 원형 도선 고리가 있다. 고리의 반지름은 R이고 전류 I가 고리에 흐른다. 고리가 서로 평행하고 고리면에 수직인 중심축을 공유한다. (a) 두 고리 사이의 거리 $x(\gg R)$가 변할 수 있을 때 두 고리 사이의 자기력이 $1/x^4$에 의존함을 보이라. (b) $I = 10.0$ A, $R = 0.500$ cm, $x = 5.00$ cm일 때 자기력의 크기를 구하라.

30.5 자기에서의 가우스 법칙

37. 그림 P30.37에 있는 반구의 닫힌 표면을 고려하자. 반구는 연직선과 각도 θ를 이루는 균일한 자기장 내에 놓여 있다. (a) 평평한 표면 S_1과 (b) 반구 표면 S_2를 지나가는 자기선속을 계산하라.

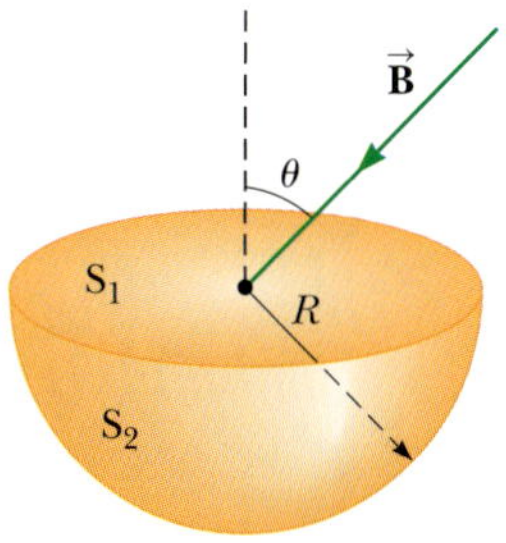

그림 P30.37

38. 한 변의 길이가 $\ell = 2.50$ cm인 정육면체가 그림 P30.38처럼 놓여 있다. 균일한 자기장 $\vec{B} = (5\hat{i} + 4\hat{j} + 3\hat{k})$ T가 그 영역을 통과해 지나간다. (a) 색칠한 면을 지나가는 자기선속을 계산하라. (b) 여섯 면을 지나가는 전체 자기선속은 얼마인가?

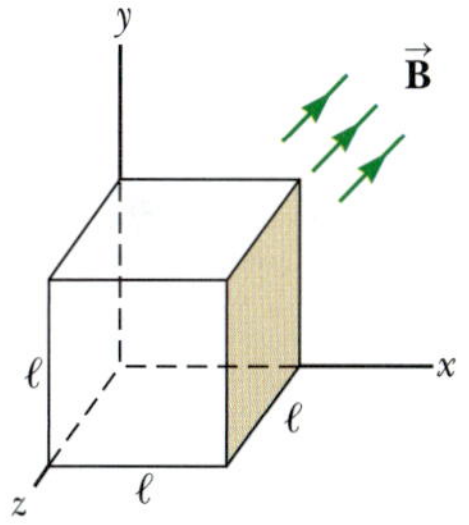

그림 P30.38

30.6 물질 내의 자성

39. 지구의 자기 모멘트는 약 8.00×10^{22} A · m^{2}이다. 지구의 자기장이 밀도가 7 900 kg/m^{3}이고 원자 밀도가 약 8.50×10^{28}개/m^{3}인 거대한 철광상의 완전한 자기화에 의한 것이라고 가정하자. (a) 얼마나 많은 쌍을 이루지 못한 전자들이 자기화에 참여하는가? 이런 전자 하나의 자기 모멘트는 9.27×10^{-24} A · m^{2}이다. (b) 철 원자당 쌍을 이루지 않는 전자가 두 개 있다면, 철광상에는 몇 킬로그램의 철이 존재하는가?

40. 반지름 R인 구 내부에 균일한 부피 전하 밀도 ρ로 전하가 분포한다. 구는 강체로 중심을 지나는 축에 대하여 일정한 각속력 ω로 회전한다(그림 P30.40). 구의 중심에서의 (a) 자기장과 (b) 구의 자기 모멘트를 구하라.

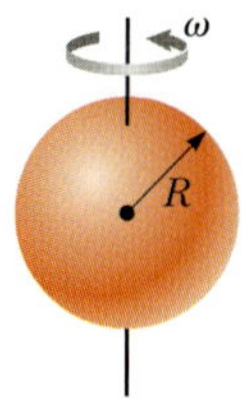

그림 P30.40

패러데이의 법칙

Faraday's Law

CHAPTER

31

북 웨일스의 앵글 시 섬 주위에 건설 중인 조력 발전기인 Skerries SeaGen Array (섬 해양 발전기 배열)를 화가가 그린 그림. 완공되면 조류를 이용하여 10.5 MW의 전력을 생산할 예정이다. 그림에서 물속에 있는 날개는 조류에 의하여 움직이며, 실제로 두 번째 날개 시스템은 정비하기 위하여 밖에 나와 있다. 이 장에서는 발전기를 공부한다. *(Marine Current Turbines TM Ltd.)*

지금까지 전기와 자기에 대한 학습은, 정전하가 만드는 전기장과 움직이는 전하가 만드는 자기장에 초점을 두었다. 이 장에서는 시간에 따라 변하는 자기장이 만드는 효과에 대하여 공부한다.

영국의 패러데이(Michael Faraday)와 미국의 헨리(Joseph Henry)가 1831년에 독자적으로 수행한 실험에서, 변하는 자기장에 의하여 회로에 기전력(electromotive force, emf)이 유도될 수 있음을 보여 주었다. 이 실험 결과에서 매우 기본적이고 중요한 전자기학 법칙인 **패러데이의 유도 법칙**이 발견되었다. 기전력은(따라서 전류도) 자기선속(또는 자속)의 변화가 있는 다양한 과정으로 유도될 수 있다.

© iStockphoto.com/Steven Wynn Photography

마이클 패러데이
Michael Faraday, 1791~1867
영국의 물리학자 겸 화학자

패러데이는 1800년대를 대표하는 실험 과학자 중 한 명이다. 전기학에 대한 그의 많은 공헌에는 전자기 유도 법칙과 전기 분해 법칙의 발견뿐만 아니라, 전동기, 발전기 그리고 변압기의 발명도 포함된다. 신실한 종교인이었기 때문에 영국군의 독가스 개발에 참여하기를 거부하였다.

31.1 패러데이의 유도 법칙
Faraday's Law of Induction

변하는 자기장에 의하여 기전력이 어떻게 유도될 수 있는지 보기 위하여, 그림 31.1에 나타낸 것처럼 민감한 전류계가 연결된 도선 고리를 살펴보자. 자석이 고리 쪽으로 움직일 때, 영이었던 전류계의 값이 영이 아닌 값으로, 예를 들어 그림 31.1a의 경우 음의 값으로 변한다. 자석이 멈추어 고리에 대하여 정지하게 될 때(그림 31.1b), 다시 영이 된다. 자석이 고리에서 멀어질 때는 그림 31.1c와 같이 전류계의 값은 반대 부호로 바뀌게 된다. 마지막으로 자석을 정지시키고 고리를 자석 쪽으로 또는 그 반대로 움직여도, 전류계는 영이 아닌 값을 가지게 된다. 이런 관찰에서, 자석이 고리에 대하여 상대적으로 움직이는 것을 고리가 감지한다고 추정하고, 이 감지를 자기장의 변화와 관련시킨다. 따라서 전류와 변하는 자기장은 어떤 연관성이 있어 보인다.

이런 결과는 회로에 전원이 없는 경우에도 전류가 만들어질 수 있다는 관점에서 볼 때 매우 놀라운 것이다. 이런 전류를 **유도 기전력**에 의하여 발생되는 **유도 전류**라고 한다.

이제 패러데이가 처음으로 수행한 그림 31.2와 같은 실험을 살펴보자. 1차 코일은 철심에 감겨 있고 스위치와 전지에 연결되어 있다. 스위치를 켤 때 이 코일에 전류가 흘러 자기장이 발생된다. 2차 코일 역시 철심에 감겨 있고, 민감한 전류계에 연결되어 있다. 2차 회로에는 전지가 없고, 2차 코일은 1차 코일과는 전기적으로 연결되어 있지 않다. 2차 회로에 감지된 어떤 전류든지, 이는 분명히 외적 원인에 의하여 유도된 것이다.

처음 보기에, 2차 코일에는 항상 전류가 검출되지 않으리라 짐작할 수도 있다. 그러나 1차 회로의 스위치를 열거나 닫을 때 매우 놀라운 일이 일어난다. 스위치를 닫는 순간, 전류계의 값은 영에서 특정 부호의 값으로 바뀌었다가 영으로 돌아가게 된다. 스위치를 여는 순간, 전류계의 값은 반대 부호의 값으로 바뀌었다가 다시 영으로 돌아간다.

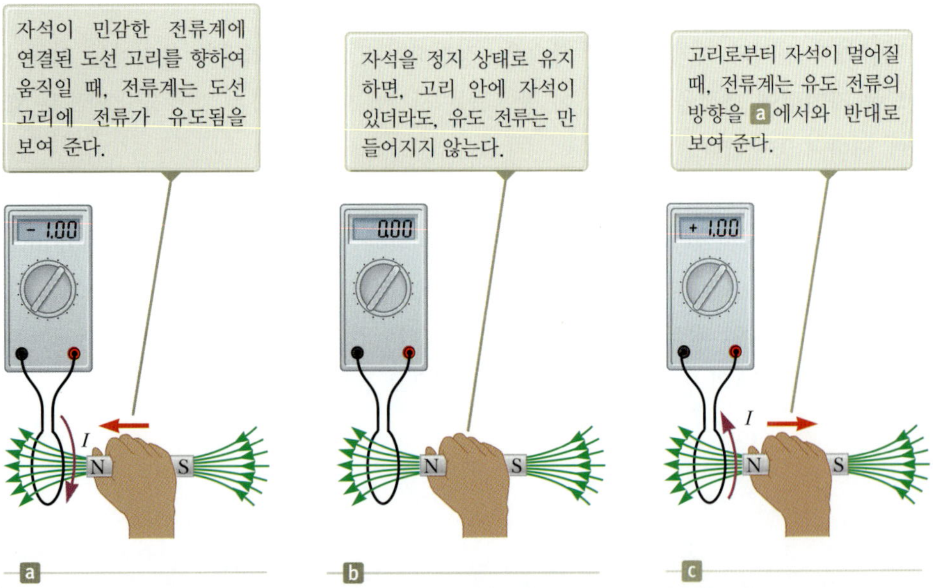

그림 31.1 자석이 고리를 향하거나 멀어질 때 고리에 전류가 유도됨을 보이는 간단한 실험

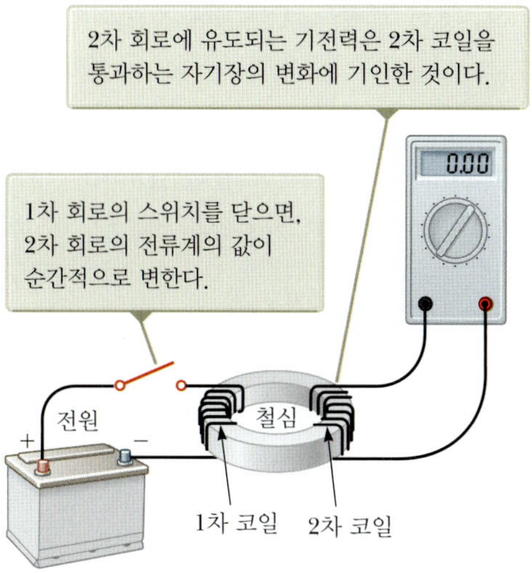

그림 31.2 패러데이의 실험

결론적으로 1차 회로에 정상 전류가 흐르거나 또는 흐르지 않을 때, 전류계의 값은 영이 된다. 이 실험에서 무슨 일이 일어났는지 이해하려면 스위치 닫을 때를 주시하면 되는데, 이때 1차 회로에 전류가 흘러 자기장이 생기고, 이것이 2차 회로를 통과하게 된다. 더욱이 스위치를 닫을 때, 1차 회로에 흐르는 전류가 만드는 자기장은 영에서 어떤 값까지 한동안 변하고, 이 변하는 자기장이 2차 회로에 전류를 유도하게 된다. 1차 코일에 정상 전류가 흐르는 동안에는 2차 코일에 전류가 유도되지 않음에 주목하자. 2차 코일에 전류가 유도되는 것은 1차 코일에 전류가 흐르는 것만으로는 충분하지 않고 이 전류가 변해야 한다.

이런 관측으로, 패러데이는 변하는 자기장에 의하여 회로에 전류가 유도될 수 있다고 결론을 내렸다. 유도 전류는 2차 코일을 통과하는 자기장이 변화하는 동안에만 존재한다. 이 자기장이 정상 상태에 이를 때, 2차 코일에서의 전류는 사라진다. 사실 2차 회로는 짧은 시간 동안 기전력원이 연결된 것처럼 작동한다. 일반적으로 변하는 자기장에 의하여 회로에 유도 기전력이 발생된다고 말한다.

그림 31.1과 31.2에 보인 실험은 한 가지 공통점이 있다. 각각의 경우, 기전력은 회로를 통과하는 자기선속이 시간에 따라 변할 때 회로에 유도되었다. 일반적으로 이 기전력은 회로를 통과하는 자기선속의 시간 변화율에 정비례한다. 이것을 **패러데이의 유도 법칙**(Faraday's law of induction)이라 하며, 수학적으로 다음과 같이 쓸 수 있다.

$$\boldsymbol{\mathcal{E}} = -\frac{d\Phi_B}{dt} \qquad \textbf{(31.1)}$$

◀ 패러데이의 유도 법칙

여기서 $\Phi_B = \int \vec{\mathbf{B}} \cdot d\vec{\mathbf{A}}$는 회로를 통과하는 자기선속이다(30.5절 참조).

만약 회로가 같은 넓이를 가진 N개의 고리로 묶여진 코일이고, Φ_B가 고리 하나를 통과하는 자기선속이라면, 기전력은 모든 고리에 의하여 유도된다. 고리가 한 다발로 묶여 있으므로 각각의 기전력은 더해지고, 따라서 코일의 전체 유도 기전력은 다음과 같이 주어진다.

$$\boldsymbol{\mathcal{E}} = -N\frac{d\Phi_B}{dt} \qquad \textbf{(31.2)}$$

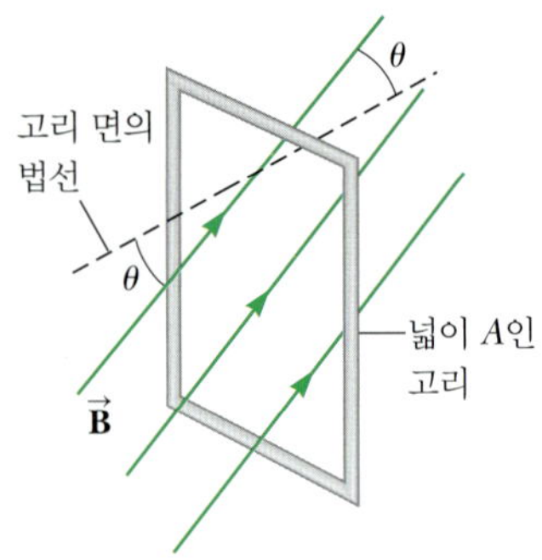

그림 31.3 균일한 자기장 $\vec{\mathbf{B}}$ 내에 놓인 넓이 A인 도체 고리. $\vec{\mathbf{B}}$와 고리면의 법선 사이의 각도는 θ이다.

식 31.1과 31.2에서 음(−)의 부호는 31.3절에 논의된 것처럼 중요한 물리적 의미가 있다.

그림 31.3과 같이 넓이 A를 둘러싸는 고리 하나가 균일한 자기장 $\vec{\mathbf{B}}$ 내에 놓여 있다고 가정하자. 이 고리를 통과하는 자기선속은 $BA\cos\theta$이며, 여기서 θ는 자기장과 고리면의 법선 사이의 각도이다. 따라서 유도 기전력을 다음과 같이 나타낼 수 있다.

$$\mathcal{E} = -\frac{d}{dt}(BA\cos\theta) \qquad \textbf{(31.3)}$$

이 식으로부터 회로에서 기전력이 유도될 수 있는 방법은 여러 가지임을 알 수 있다.

- $\vec{\mathbf{B}}$의 크기가 시간에 따라 변할 수 있다.
- 고리가 둘러싼 넓이가 시간에 따라 변할 수 있다.
- 자기장 $\vec{\mathbf{B}}$와 고리면에 수직인 선, 즉 법선이 이루는 각도 θ가 시간에 따라 변할 수 있다.
- 위의 어떤 조합이라도 일어날 수 있다.

Q 퀴즈 31.1 고리 회로가 균일한 자기장 내에 회로의 면과 자기력선이 수직이 되도록 놓여 있다. 유도 전류가 발생되지 않는 회로는 다음 중 어느 것인가? **(a)** 찌그러지는 고리 회로 **(b)** 자기력선과 수직인 축에 대하여 회로가 회전할 때 **(c)** 회로의 방향을 고정시켜 자기력선을 따라 움직일 때 **(d)** 회로를 자기장이 없는 곳으로 끌어당기고 있을 때

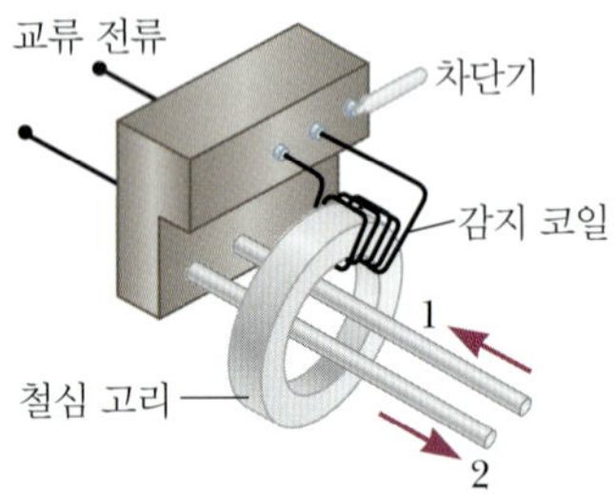

그림 31.4 누전 차단기의 기본 구성

패러데이 법칙의 몇 가지 응용 Some Applications of Faraday's Law

누전 차단기(GFCI)는 전기 기구를 사용할 때 감전을 막아주는 흥미로운 안전 장치이다. 그 작동 원리는 패러데이의 법칙이다. 그림 31.4의 콘센트형 누전 차단기에서 전선 1은 벽의 콘센트로부터 전기 기구로 전력을 공급하고, 반대로 전선 2는 전기 기구로부터 콘센트로 전력을 내보낸다. 두 전선은 철심 고리로 둘러싸여 있으며, 감지 코일이 철심 고리의 한 부분에 감겨 있다. 두 전선에 서로 반대 방향으로 같은 크기의 전류가 흐르기 때문에, 철심 고리 내부를 통과하는 알짜 전류는 영이고 감지 코일을 통과하는 자기선속이 영이 된다. 이번에는 전선 2로 되돌아오는 전류가 변하여 두 전류의 크기가 같지 않다고 가정해 보자(예를 들어 전기 기구가 물에 젖어 땅에 누전될 경우, 이런 일이 생길 수 있다). 그러면 철심 고리 내부를 통과하는 알짜 전류는 영이 아니고 감지 코일을 통과하는 자기선속은 더 이상 영이 되지 않는다. 가정용 전류는 교류이기 때문에(전류 방향이 계속 반대로 바뀐다는 의미) 감지 코일을 통과하는 자기선속은 시간에 따라 변하며, 코일에 기전력을 유도한다. 이 유도 기전력은 전류가 위험 수위에 도달하기 전에 전류를 끊는 회로 차단기를 작동시키는 데 사용된다.

패러데이 법칙의 또 다른 응용으로 전기 기타의 음을 발생시키는 방법을 들 수 있다. 이 경우 2차 코일을 **픽업 코일**이라 부르고 진동하는 기타 줄 부근에 있으며, 기타 줄은 자기화(또는 자화)될 수 있는 금속으로 만들어진다. 코일 내부에 있는 영구자석은 코일에 가장 가까이 있는 기타 줄 일부를 자기화시킨다(그림 31.5a 참조). 기타 줄이 어떤

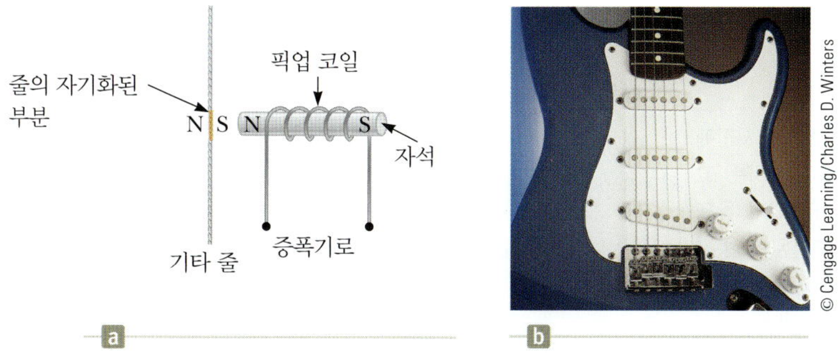

그림 31.5 (a) 전기 기타에서는 자기화된 기타 줄이 진동하여 픽업 코일에 기전력을 유도한다. (b) 이 전기 기타의 픽업(금속 줄 아래의 원)은 줄의 진동을 감지하고, 이 정보를 증폭기를 통하여 스피커에 보낸다(연주자는 스위치로 6개의 픽업 중 어떤 것도 선택할 수 있다).

진동수로 진동할 때, 기타 줄의 자기화된 부분이 코일을 통과하는 자기선속의 변화를 유발시킨다. 이렇게 변하는 자기선속은 코일에 기전력을 유도하고, 이는 증폭기로 공급된다. 증폭기의 출력이 스피커로 전달되어 음파가 만들어진다.

예제 31.1 코일에 기전력 유도하기

도선으로 200번 감은 코일이 있다. 코일은 각각 한 변의 길이가 $d = 18$ cm인 정사각형으로 되어 있고, 코일의 면에 수직으로 균일한 자기장이 가해진다. 0.80 s 동안 자기장이 0에서 0.50 T로 선형적으로 변한다면, 자기장이 변하는 동안 코일에 유도되는 기전력의 크기를 구하라.

풀이

개념화 문제의 설명에서 코일을 통과하는 자기력선을 생각한다. 자기장의 크기가 변하기 때문에, 코일에 기전력이 유도된다.

분류 이 절에서 공부한 패러데이의 법칙으로 기전력을 계산할 것이므로, 예제를 대입 문제로 분류한다.

자기장이 시간에 대하여 선형적으로 변한다는 것을 고려하여, 식 31.2를 이 문제의 상황에 맞게 전개한다.

$$|\boldsymbol{\mathcal{E}}| = N\frac{\Delta\Phi_B}{\Delta t} = N\frac{\Delta(BA)}{\Delta t} = NA\frac{\Delta B}{\Delta t} = Nd^2\frac{B_f - B_i}{\Delta t}$$

주어진 값들을 대입한다.

$$|\boldsymbol{\mathcal{E}}| = (200)(0.18\text{ m})^2\frac{(0.50\text{ T} - 0)}{0.80\text{ s}} = \boxed{4.0\text{ V}}$$

문제 자기장이 변하는 동안 코일에 유도되는 전류의 크기를 구하라고 묻는다면 이 물음에 대답할 수 있는가?

답 코일 끝이 회로에 연결되지 않았다면, 이 질문의 답은 쉽다. 전류는 영이다(코일의 도선을 따라 전하는 움직이며, 코일 끝의 바깥으로는 움직일 수 없다). 정상 전류가 존재한다면, 코일이 외부 회로와 연결되어 있어야 한다. 코일이 회로에 연결되어 있고, 코일과 회로 전체의 저항이 2.0 Ω이라고 가정하면, 코일에 흐르는 전류는 다음과 같다.

$$I = \frac{|\boldsymbol{\mathcal{E}}|}{R} = \frac{4.0\text{ V}}{2.0\ \Omega} = 2.0\text{ A}$$

예제 31.2 지수적으로 감소하는 자기장

넓이 A인 닫힌 회로가 회로면에 대하여 수직으로 지나가는 자기장 내에 놓여 있다. 자기장 $\vec{\mathbf{B}}$의 크기는 시간에 따라 $B = B_{max}e^{-at}$로 변한다(a는 상수). 즉 $t = 0$일 때는 자기장이 B_{max}이고, $t > 0$일 때는 자기장이 지수적으로 감소한다(그림 31.6). 닫힌 회로에서 유도 기전력을 시간에 대한 함수로 구하라.

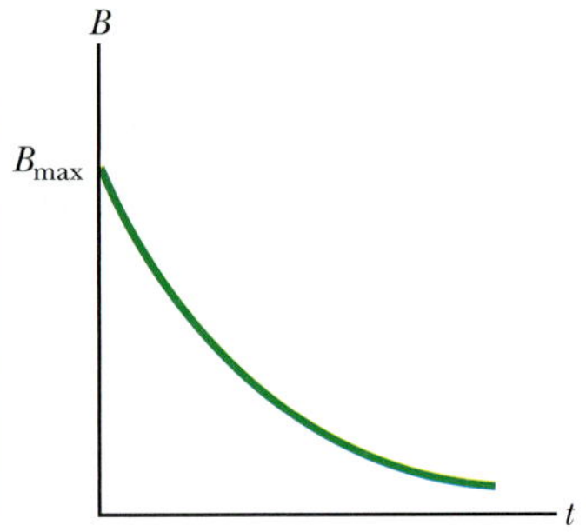

그림 31.6 (예제 31.2) 시간에 대하여 지수적으로 감소하는 고리를 통과하는 자기장 크기. 유도 기전력과 고리와 연결된 도선 경로의 유도 전류도 이와 같은 형태로 시간에 따라 변한다.

풀이

개념화 단일 원형 도선이며, 자기장이 선형적으로가 아니라 지수적으로 변한다는 두 가지만 제외하면, 예제 31.1과 물리적 상황이 비슷하다.

분류 이 절의 패러데이의 법칙으로 기전력을 계산할 것이므로, 예제를 대입 문제로 분류한다.

식 31.1을 이 문제의 상황에 맞게 전개한다.

$$\boldsymbol{\mathcal{E}} = -\frac{d\Phi_B}{dt} = -\frac{d}{dt}(AB_{\max}\, e^{-at}) = -AB_{\max}\frac{d}{dt}e^{-at}$$

$$= aAB_{\max}\, e^{-at}$$

이 식은 유도 기전력이 시간에 대하여 지수적으로 감소함을 나타낸다. 최대 기전력은 $t = 0$일 때 $\boldsymbol{\mathcal{E}}_{\max} = aAB_{\max}$이다. t에 대한 $\boldsymbol{\mathcal{E}}$의 그래프는 그림 31.6의 t에 대한 B의 그래프와 비슷하다.

31.2 운동 기전력
Motional emf

예제 31.1과 31.2에서 자기장이 시간에 따라 변할 때, 자기장 내의 정지해 있는 회로에 기전력이 유도됨을 배웠다. 이 절에서는 **운동 기전력**(motional emf), 즉 일정한 자기장 내에서 움직이는 도체에 유도되는 기전력에 대하여 설명하겠다.

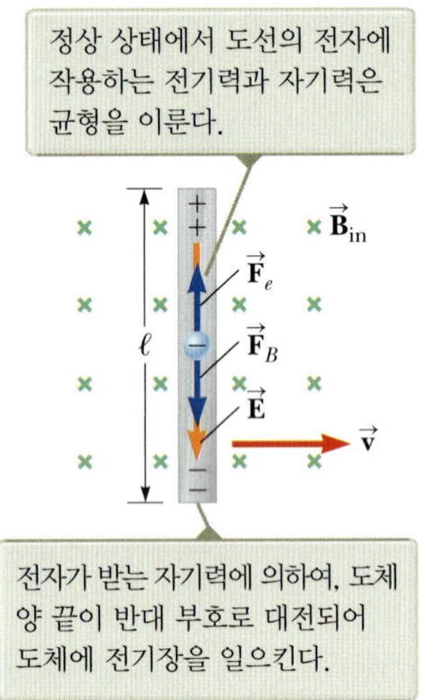

그림 31.7 $\vec{\mathbf{v}}$의 속도로 $\vec{\mathbf{v}}$와 수직인 균일한 자기장 $\vec{\mathbf{B}}$ 내를 움직이는 길이 ℓ인 직선형 도체 막대

그림 31.7에 보인 길이 ℓ인 직선 도체가 종이면에 수직으로 들어가는 균일한 자기장 내에서 운동하고 있다. 간단히 도체가 어떤 외력을 받아 등속도로 자기장에 대하여 수직 방향으로 움직인다고 하자. 자기장 내의 입자 모형으로부터, 도체 내에 있는 전자는 길이 ℓ 방향을 따라 $\vec{\mathbf{v}}$와 $\vec{\mathbf{B}}$ 모두에 수직인 $\vec{\mathbf{F}}_B = q\vec{\mathbf{v}} \times \vec{\mathbf{B}}$의 힘을 받게 된다(식 29.1). 이 힘의 영향을 받아, 전자들은 도체의 아래쪽으로 이동하여 쌓이고, 위쪽에는 알짜 양전하가 남게 된다. 이런 전하 분리로 인하여 전기장 $\vec{\mathbf{E}}$가 도체 내부에 생긴다. 그러므로 전자는 또한 전기장 내의 입자 모형으로도 기술된다. 도체에 남아 있는 전하가 받는 아래 방향 자기력 qvB와 위 방향 전기력 qE가 평형이 될 때까지, 이 전하들은 양 끝으로 계속 모이게 된다. 평형일 때 전자들은 평형 상태의 입자 모형으로 기술된다. 전자에 작용하는 힘의 평형 조건은 다음과 같다.

$$qE = qvB \quad 즉 \quad E = vB$$

도체에 형성된 전기장의 크기는 도체 양단의 전위차와 $\Delta V = E\ell$ (식 25.6)의 관계를 갖는다. 따라서 평형 조건은

$$\Delta V = E\ell = B\ell v \tag{31.4}$$

이며, 그림 31.7에서처럼 도체 위쪽은 아래쪽보다 높은 전위를 가진다. 따라서 도체가 균일한 자기장 내를 움직이는 동안, 도체 양 끝의 전위차는 계속 유지된다. 만약 운동 방향이 반대로 되면 전위차의 극성도 반대로 된다.

좀 더 흥미로운 경우는 운동하는 도체가 닫힌 회로의 일부로 구성될 때이다. 이 예는

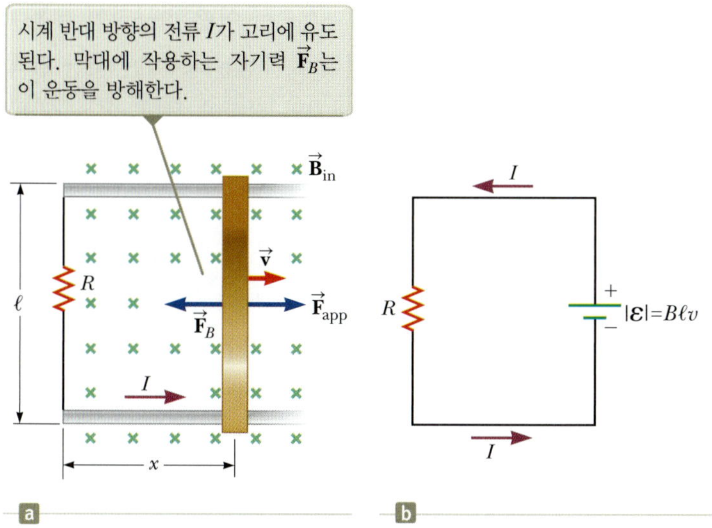

그림 31.8 (a) 외력 $\vec{\mathbf{F}}_{app}$에 의하여 두 도체 레일을 따라 $\vec{\mathbf{v}}$의 속도로 미끄러지고 있는 도체 막대 (b) (a)에 대한 등가 회로

변하는 자기선속이 어떻게 닫힌 회로에 유도 전류를 일으키는지 설명하는 데 매우 유용하다. 그림 31.8a처럼 고정된 두 평행 도체 레일을 따라 미끄러져 움직이는 길이 ℓ인 도체 막대로 구성된 회로를 살펴보자. 편의상 도체 막대의 저항은 영이고 회로에 고정된 부분의 저항은 R라 하자. 균일하고 일정한 자기장 $\vec{\mathbf{B}}$가 회로 면에 수직으로 작용한다. 외력 $\vec{\mathbf{F}}_{app}$의 영향으로 막대가 $\vec{\mathbf{v}}$의 속도로 오른쪽으로 당겨지면, 도체 막대 내의 자유 전하들은 자기장 내에서 움직이는 입자들이므로 막대의 길이 방향으로 자기력을 받는다. 자유 전하들은 닫힌 도체 경로를 따라 자유롭게 움직일 수 있으므로, 이 자기력이 유도 전류를 일으키게 된다. 이 경우 회로를 통과하는 자기선속의 변화율과 이에 따라 움직이는 막대에 유도되는 기전력은 회로 넓이의 변화에 비례한다.

x가 막대의 위치라면 회로가 만드는 넓이는 ℓx이므로, 이 넓이를 통과하는 자기선속은 다음과 같다.

$$\Phi_B = B\ell x$$

여기서 x가 $dx/dt = v$의 비율로 시간에 대하여 변하므로, 패러데이의 법칙을 사용하여 유도 기전력을 다음과 같이 구할 수 있다.

$$\boldsymbol{\varepsilon} = -\frac{d\Phi_B}{dt} = -\frac{d}{dt}(B\ell x) = -B\ell\frac{dx}{dt}$$

$$\boldsymbol{\varepsilon} = -B\ell v \qquad \textbf{(31.5)}$$

◀ 운동 기전력

회로의 저항이 R이므로, 유도 전류의 크기는 다음과 같다.

$$I = \frac{|\boldsymbol{\varepsilon}|}{R} = \frac{B\ell v}{R} \qquad \textbf{(31.6)}$$

이 예의 등가 회로는 그림 31.8b와 같다.

에너지 관점에서 이 계를 살펴보자. 회로에 전지가 없으므로 유도 전류의 근원과 저항기에 공급된 에너지원은 무엇일까? 외력이 도체 막대에 일을 하고 있다는 점에 주목하면 전류와 에너지의 원천을 이해할 수 있다. 그러므로 비고립계로 회로 모형을 세워야 한다. 자기장 내에서 막대의 움직임은 결과적으로 어떤 평균적인 유동 속도로 전하가 막대를 따라 움직이도록 하며, 따라서 전류가 발생된다. 어떤 시간 간격 동안 계의 에너지 변화는 일에 의하여 계에 공급된 에너지와 같아야 하며, 이는 식 8.2에서 설명한 에너지 보존의 일반적인 원리와 일치한다. 입력 에너지가 저항기의 내부 에너지로 나타나므로, 식 8.2의 적절한 줄임은 $W = \Delta E_{\text{int}}$이다.

이를 수학적으로 확인해 보자. 도체 막대가 균일한 자기장 $\vec{\mathbf{B}}$ 내에서 움직일 때, $I\ell B$의 크기로 자기력 $\vec{\mathbf{F}}_B$를 받게 된다(29.4절 참조). 막대가 등속도로 움직이므로 평형 상태에 있는 입자로 볼 수 있고, 자기력은 외력과 크기가 같고 방향은 반대이어야 하며, 이는 그림 31.8a에서 왼쪽 방향이 된다(만약 운동 방향으로 $\vec{\mathbf{F}}_B$를 받게 된다면 도체 막대를 가속시키게 될 것이며, 따라서 에너지 보존 원리에 위배된다). 식 31.6과 $F_{\text{app}} = F_B = I\ell B$를 이용하여, 외력에 의하여 전달된 일률을 구하면 다음과 같다.

$$P = F_{\text{app}}v = (I\ell B)v = \frac{B^2\ell^2v^2}{R} = \frac{\boldsymbol{\mathcal{E}}^2}{R} \tag{31.7}$$

식 27.22로부터 이 입력 일률이 저항기에 공급한 에너지의 시간 변화율과 같다는 것을 알 수 있으며, 이는 에너지 보존 원리와 일치한다.

퀴즈 31.2 그림 31.8a에서 외력의 크기가 F_{app}일 때 막대는 일정한 속력 v로 운동하며 입력되는 일률은 P이다. 외력의 세기가 증가하여 막대의 속력이 두 배로, 즉 $2v$의 일정한 속력이 되었다. 이 상태에서 새로운 힘과 새로운 일률을 계산하라. **(a)** $2F$와 $2P$ **(b)** $4F$와 $2P$ **(c)** $2F$와 $4P$ **(d)** $4F$와 $4P$

예제 31.3 미끄러지고 있는 막대에 작용하는 자기력

그림 31.9와 같이 도체 막대가 마찰이 없는 두 평행 레일 위를 움직이고, 균일한 자기장이 종이면에 수직으로 들어가고 있다. 막대의 질량은 m이고 길이는 ℓ이다. $t = 0$일 때 막대의 처음 속도는 오른쪽 방향으로 $\vec{\mathbf{v}}_i$이다.

(A) 뉴턴의 법칙을 사용하여 시간의 함수로서 막대의 속도를 구하라.

풀이

개념화 그림 31.9와 같이 막대가 오른쪽으로 미끄러질 때, 시계 반대 방향의 전류가 막대, 레일과 저항기로 구성된 회로에 흐르게 된다. 막대에 흐르는 위쪽 방향의 전류로 인하여 그림과 같이 막대에는 왼쪽 방향의 자기력이 생긴다. 결과적으로 막대는 감속해야 하며, 수학적인 해로서 이를 증명해야 한다.

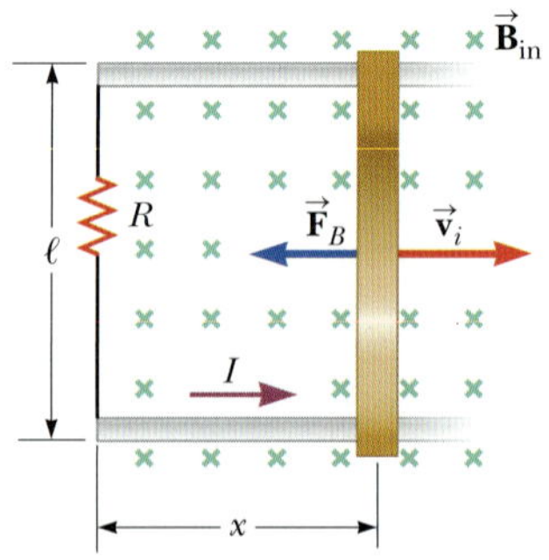

그림 31.9 (예제 31.3) 고정된 두 도체 레일 위에 있는 길이 ℓ인 도체 막대에 처음 속도 $\vec{\mathbf{v}}_i$가 오른쪽으로 주어진다.

분류 예제를 뉴턴의 법칙을 사용하는 문제로 분류한다. 막대는 **알짜힘을 받는 입자**로 모형화한다.

분석 식 29.10에서 자기력의 크기는 $F_B = -I\ell B$이며, 음의 부호는 힘이 왼쪽 방향을 향한다는 뜻이다. 이 자기력이 막대에 작용하는 **유일한** 수평력이다.

뉴턴의 제2법칙을 막대의 수평 방향에 적용한다.

$$F_x = ma \rightarrow -I\ell B = m\frac{dv}{dt}$$

식 31.6의 $I = B\ell v/R$를 대입한다.

$$m\frac{dv}{dt} = -\frac{B^2\ell^2}{R}v$$

변수 v항은 모두 왼쪽에, 그리고 t항은 오른쪽에 오도록 식을 재정리한다.

$$\frac{dv}{v} = -\left(\frac{B^2\ell^2}{mR}\right) dt$$

이 식을 $t = 0$일 때 $v = v_i$로 처음 조건을 사용하여 적분하고, $(B^2\ell^2/mR)$은 상수임에 주목하라.

$$\int_{v_i}^{v} \frac{dv}{v} = -\frac{B^2\ell^2}{mR}\int_0^t dt$$

$$\ln\left(\frac{v}{v_i}\right) = -\left(\frac{B^2\ell^2}{mR}\right)t$$

상수 $\tau = mR/B^2\ell^2$로 정의하고 속도에 대하여 푼다.

(1) $$v = v_i e^{-t/\tau}$$

결론 v에 대한 이 식은 문제를 개념화할 때 예상한대로 막대의 속도가 자기력의 작용을 받아 시간이 흐름에 따라 감소하고 있음을 나타낸다.

(B) 에너지 관점에서 같은 결과에 도달함을 보이라.

풀이

분류 예제를 에너지 보존 문제로 분류한다. 그림 31.9의 회로 전체를 하나의 **고립계**로 모형화한다.

분석 미끄러지는 막대를 운동 에너지를 가진 계의 구성 요소로 보면, 에너지는 레일을 통하여 전달되어 그 막대에서 유출되기 때문에 운동 에너지는 감소하게 된다. 저항기는 내부 에너지를 가진 계의 다른 구성 요소로서, 에너지가 이 저항기로 유입되기 때문에 내부 에너지가 증가하게 된다. 에너지는 그 계에서 나가 버리는 것이 아니므로, 막대로부터의 에너지 유출률은 저항기로의 에너지 유입률과 같다.

저항기에 유입되는 일률은 막대에서 유출되는 것과 같다고 놓는다.

$$P_{\text{resistor}} = -P_{\text{bar}}$$

저항기에 공급되는 전력(또는 일률)과 막대에 대한 운동 에너지의 시간 변화율을 대입한다.

$$I^2R = -\frac{d}{dt}\left(\tfrac{1}{2}mv^2\right)$$

전류에 대한 식 31.6을 사용하고 미분한다.

$$\frac{B^2\ell^2v^2}{R} = -mv\frac{dv}{dt}$$

각 항들을 다시 정리한다.

$$\frac{dv}{v} = -\left(\frac{B^2\ell^2}{mR}\right) dt$$

결론 이 결과는 (A)에서 구한 식과 같다.

문제 막대가 처음 출발하여 멈출 때까지 이동하는 거리를 늘리고자 한다. v_i, R, B의 세 변수 중 하나를 2배나 1/2배로 바꿀 수 있다고 한다. 어느 변수를 바꾸어야 이동 거리가 최대로 늘어나는가? 또한 그것을 2배로 해야 하는가 아니면 1/2배로 해야 하는가?

답 v_i가 증가하면 더 멀리까지 막대를 움직일 수 있다. 저항이 증가하면 유도 전류가 감소하여 자기력도 감소하며, 막대를 더 멀리까지 보낼 수 있다. B가 감소하면 자기력이 줄어들어 막대를 더 멀리까지 보낼 수 있다. 과연 어떤 방법이 가장 효과적일까?

식 (1)을 사용하여 적분을 하여 막대의 이동 거리를 구한다.

$$v = \frac{dx}{dt} = v_i e^{-t/\tau}$$

$$x = \int_0^\infty v_i e^{-t/\tau}\, dt = -v_i\tau e^{-t/\tau}\Big|_0^\infty$$

$$= -v_i\tau(0-1) = v_i\tau = v_i\left(\frac{mR}{B^2\ell^2}\right)$$

이 식은 v_i 또는 R를 2배로 하면 거리가 2배가 된다는 것을 보여 준다. 그러나 B를 반으로 줄이면 이동 거리가 4배로 늘어나게 된다.

예제 31.4 회전하고 있는 막대에 유도되는 운동 기전력

길이 ℓ인 도체 막대가 막대 끝의 회전축에 대하여 일정한 각속력 ω로 회전하고 있다. 그림 31.10과 같이 균일한 자기장 $\vec{\mathbf{B}}$가 회전면에 대하여 수직으로 작용하고 있다. 막대 양 끝에 유도되는 운동 기전력을 구하라.

풀이

개념화 회전하고 있는 막대는 그림 31.8과 같이 미끄러지고 있는 막대와는 성격이 다르다. 따라서 막대의 길이 방향으로 작은 막대 조각을 먼저 고찰한다. 자기장 내에서 움직이는 도체의 작은 조각이 있고 여기에 기전력이 발생된다. 각각의 작은 조각을 기전력원으로 생각하여, 일렬로 나열된 모든 조각들의 기전력을 더하면 된다.

분류 위 과정에 기초하여, 막대 조각들이 원형 경로를 따라 이동하는 특성을 추가하여 식 31.5에 이르는 논의에서 했던 방식으로 접근한다.

분석 식 31.5로부터 $\vec{\mathbf{v}}$의 속도로 움직이는 길이 dr인 막대 조각에 유도되는 기전력의 크기를 계산한다.

$$d\boldsymbol{\mathcal{E}} = Bv\,dr$$

모든 조각에 유도되는 기전력을 더해서 막대 양 끝의 전체 기전력을 구한다.

$$\boldsymbol{\mathcal{E}} = \int Bv\,dr$$

각 조각의 접선 방향의 속력 v는 각속력 ω와 $v = r\omega$의 관계가 있다(식 10.10). 이것을 이용하여 적분한다.

$$\boldsymbol{\mathcal{E}} = B\int v\,dr = B\omega\int_0^{\ell} r\,dr = \tfrac{1}{2}B\omega\ell^2$$

결론 미끄러지고 있는 막대의 식 31.5에서 $\boldsymbol{\mathcal{E}}$는 B, ℓ, v에 의하여 증가할 수 있다. 주어진 인자로 이 변수들 중 어느 하나라도 증가시키면 같은 비율로 $\boldsymbol{\mathcal{E}}$도 증가하게 된다. 따라서 이 세 변수 중 어느 것을 선택하든 기전력을 증가시키는 가장 편한 방법이 된다. 그러나 회전하는 막대의 경우 기전력이 ℓ의 제곱에 비례하기 때문에, 기전력을 늘리기 위하여 막대의 길이를 증가시키는 것이 편할 수 있다. 각속력을 2배로 늘리면 기전력이 2배로만 늘어나지만, 길이를 2배로 하면 기전력은 4배로 늘어나게 된다.

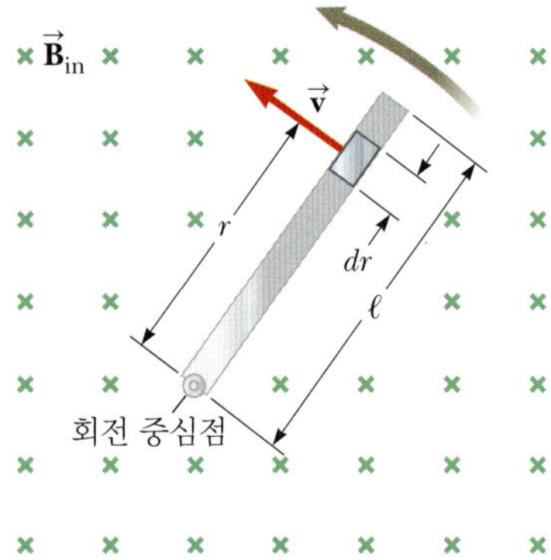

그림 31.10 (예제 31.4) 도체 막대가 균일한 자기장 내에서 막대 끝의 축을 중심으로 회전한다. 운동 기전력이 막대 양 끝에 유도된다.

문제 이 예제를 읽은 후 기발한 생각을 하게 되었다고 가정하자. 회전식 관람차에는 회전축과 외륜을 연결하는 금속으로 된 바퀴 살(spoke)이 있다. 이 바퀴 살은 지구 자기장에 대하여 그림 31.10의 막대와 같이 움직인다. 관람차의 회전에 의하여 발생되는 기전력을 관람차 위에 있는 백열 전구에 공급할 계획이다. 제대로 작동할까?

답 이 경우 발생되는 기전력을 추정해 보자. 표 29.1로부터 지구 자기장의 크기가 $B = 0.5 \times 10^{-4}$ T임을 알고 있다. 보통 회전식 관람차의 바퀴 살의 길이는 약 10 m 정도이다. 회전 주기는 약 10 s라고 가정하자.

바퀴 살의 각속력을 구한다.

$$\omega = \frac{2\pi}{T} = \frac{2\pi}{10\text{ s}} = 0.63\text{ s}^{-1} \sim 1\text{ s}^{-1}$$

관람차의 위치에서 지구 자기력선의 방향이 종이면에 평행하며 바퀴 살에 대하여 수직이라고 가정한다. 발생하는 기전력은

$$\boldsymbol{\mathcal{E}} = \tfrac{1}{2}B\omega\ell^2 = \tfrac{1}{2}(0.5\times10^{-4}\text{ T})(1\text{ s}^{-1})(10\text{ m})^2$$
$$= 2.5\times10^{-3}\text{ V} \sim 1\text{ mV}$$

인데, 이 값의 기전력은 백열전구를 작동시키기에 너무 작다.

또 다른 어려움은 에너지에 있다. 밀리볼트 단위의 전위차로 작동하는 백열전구를 찾을 수 있다고 하더라도, 바퀴 살이 전구에 전압을 공급하기 위해서는 회로의 일부여야만 한다. 당연히 바퀴 살에는 전류가 흘러야만 한다. 전류를 공급하는 이 바퀴 살은 자기장 내에 있기 때문에 운동 방향과 반대 방향으로 자기력을 받게 된다. 결과적으로 회전식 관람차를 구동시키는 전동기는 이 자기 저항력을 이겨내도록 더 많은 에너지를 공급해야만 한다.

31.3 렌츠의 법칙
Lenz's Law

패러데이의 법칙(식 31.1)은 유도 기전력과 자기선속의 변화가 서로 반대 부호라는 것을 보여 주고 있다. 이 특성에 관해 **렌츠의 법칙**(Lenz's law)[1]이라는 매우 실제적인 물리적 해석이 따른다.

> 닫힌 회로에서 유도 전류는 닫힌 회로로 둘러싸인 부분을 통과하는 자기선속의 변화를 방해하는 방향으로 자기장을 발생시킨다.

◀ 렌츠의 법칙

즉 유도 전류는 회로를 통과하는 원래의 자기선속을 유지하려는 경향이 있다. 이 법칙이 에너지 보존 법칙의 결과임을 보이겠다.

그림 31.11a에 초록색 가위표로 나타낸 균일한 자기장(**외부** 자기장) 내에 놓인 두 평행 레일 위를 오른쪽으로 움직이는 도체 막대의 예로 돌아가서 렌츠의 법칙을 살펴보자. 막대가 오른쪽으로 움직임에 따라 닫힌 회로의 넓이가 늘어나므로, 닫힌 회로로 둘러싸인 부분을 통과하는 자기선속은 시간에 대하여 증가한다. 유도 전류는 외부 자기선속의 변화를 방해하는 자기장이 발생되는 방향으로 향해야 함을 렌츠의 법칙은 말해 주고 있다. 종이면으로 들어가는 외부 자기장에 의한 자기선속이 증가하기 때문에, 유도 전류는—이 변화를 막으려면—종이면에서 나오는 자기장을 만들어야 한다. 따라서 막대가 오른쪽으로 움직이면 유도 전류는 시계 반대 방향으로 향해야 한다(이 방향은 오른손 법칙으로 확인할 수 있다). 만일 그림 31.11b와 같이 막대가 왼쪽으로 움직이면, 닫힌 회로로 둘러싸인 부분을 통과하는 외부 자기선속은 시간에 따라 감소하게 된다. 자기장이 종이면에 수직으로 들어가는 방향이므로, 발생되는 자기장 또한 종이면에 수직으로 들

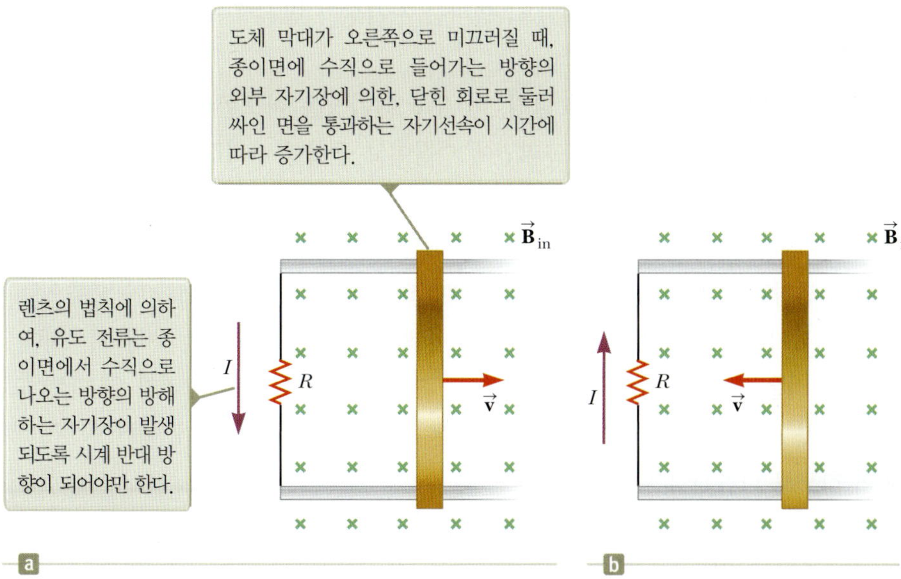

그림 31.11 (a) 렌츠의 법칙으로 유도 전류의 방향을 결정할 수 있다. (b) 막대가 왼쪽으로 움직이면, 유도 전류는 시계 방향이어야 한다. 왜 그럴까?

[1] 독일의 물리학자 렌츠(Heinrich Lenz, 1804~1865)에 의하여 알려졌다.

어가는 방향이 되려면 유도 전류의 방향은 시계 방향이어야만 한다. 어느 경우에나 유도 전류는 닫힌 회로로 둘러싸인 부분을 통과하는 원래의 자기선속을 유지하려고 한다.

이런 상황을 에너지 보존으로 검토해 보자. 막대를 오른쪽으로 살짝 밀었다고 하자. 앞에서 이 운동은 닫힌 회로에 시계 반대 방향의 전류를 발생시킴을 배웠다. 만약 막대가 받는 자기력의 방향이 오른쪽이 되도록 전류가 시계 방향이라면, 어떻게 되는가? 이 힘은 막대를 가속시켜 속도를 증가시킬 것이고 따라서 닫힌 회로로 둘러싸인 부분은 더 빠르게 늘어날 것이다. 그 결과 유도 전류는 증가할 것이고, 그로 인하여 자기력도 증가할 것이고, 그러면 또 유도 전류가 증가하는 과정이 계속 반복될 것이다. 그 효과는 에너지의 공급 없이 계가 에너지를 얻게 되는 것이다. 이 반응은 분명히 모든 경험과 모순되고 에너지 보존의 법칙에 위배된다. 따라서 전류는 시계 반대 방향이어야 한다고 결론지을 수밖에 없다.

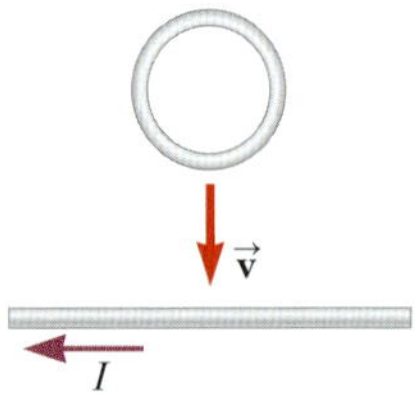

그림 31.12 (퀴즈 31.3)

Q 퀴즈 31.3 그림 31.12는 원형 도선이 왼쪽으로 전류가 흐르는 직선 도선을 향하여 낙하하는 것을 보여 준다. 원형 도선의 유도 전류의 방향은? **(a)** 시계 방향 **(b)** 시계 반대 방향 **(c)** 영 **(d)** 알 수 없다.

31.4 유도 기전력과 전기장
Induced emf and Electric Fields

변하는 자기선속이 도선 고리에 기전력과 전류를 유도한다는 것을 알았다. 전기학에서 전류를 대전 입자에 전기력을 작용하는 전기장으로 설명하였다. 같은 방법으로, 변하는 자기선속의 결과로서 도체에 전기장이 발생된다고 함으로써, 도체 고리의 유도 전류를 대전 입자에 전기력을 작용하는 전기장으로 설명할 수 있다.

또한 전기학에서 전기장의 존재는 시험 전하의 존재와 무관하다는 점에 주목하였다. 이 독립성은 도선 고리가 없을 때라도, 변하는 자기장이 빈 공간에 전기장을 발생한다는 것을 말해 준다.

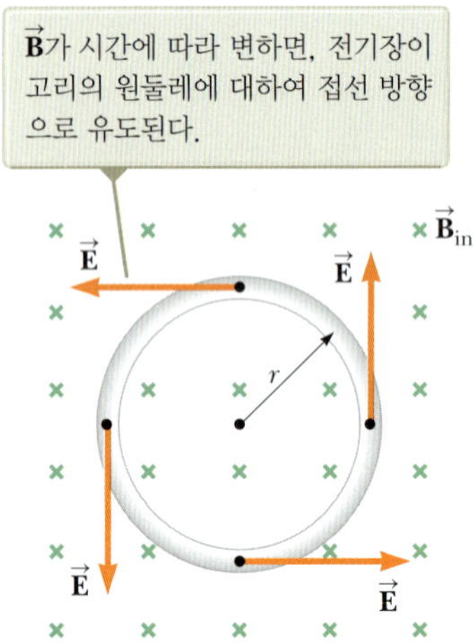

그림 31.13 반지름 r인 도체 고리가 고리면에 대하여 수직인 균일한 자기장 내에 있다.

정전하들이 만드는 정전기장과 달리, 이 유도 전기장은 **비보존적**이다. 이 점을 설명하기 위하여, 그림 31.13과 같이 고리면에 수직이고 균일한 자기장 내에 놓인 반지름 r인 도선 고리를 고찰해 보자. 자기장이 시간에 따라 변하면, 패러데이의 법칙(식 31.1)에 따라, 기전력 $\mathcal{E} = -d\Phi_B/dt$가 고리에 유도된다. 고리에서 전류의 유도는 도선 내의 전하들이 전기력에 반응해서 움직이는 방향이 고리의 접선 방향이므로, 이 방향으로 유도 전기장 $\vec{E}$가 존재함을 뜻한다. 고리를 한 바퀴 도는 시험 전하 q를 움직이는 데에 전기장이 한 일은 $q\mathcal{E}$와 같다. 전하에 작용하는 전기력이 $q\vec{E}$이므로, 고리를 한 바퀴 도는 동안 전하를 움직이는 데에 전기장이 한 일은 $qE(2\pi r)$이다. 한 일에 대한 이 두 식은 같아야 하므로 다음과 같다.

$$q\mathcal{E} = qE(2\pi r)$$

$$E = \frac{\mathcal{E}}{2\pi r}$$

오류 피하기 31.1

유도 전기장 유도 전기장이 있는 위치에 반드시 변하는 자기장이 있다고 생각하면 **안 된다**. 존재할 필요는 없다. 그림 31.13에서, 자기장 영역을 감싸는 외부 고리에도 유도 전기장이 존재한다.

이 결과에 식 31.1과 원형 고리의 $\Phi_B = BA = B\pi r^2$을 사용하여, 유도 전기장을 다음과 같이 나타낼 수 있다.

$$E = -\frac{1}{2\pi r}\frac{d\Phi_B}{dt} = -\frac{r}{2}\frac{dB}{dt} \qquad (31.8)$$

자기장의 시간에 대한 변화가 주어지면, 식 31.8로 유도 전기장을 계산할 수 있다.

임의의 닫힌 경로에 대한 기전력은 그 경로를 따라 $\vec{\mathbf{E}}\cdot d\vec{\mathbf{s}}$로 선적분하여 구할 수 있다. 즉 $\mathcal{E} = \oint \vec{\mathbf{E}}\cdot d\vec{\mathbf{s}}$이다. 좀 더 일반적인 경우에 E는 상수가 아닐 수 있고, 경로는 원이 아닐 수도 있다. 따라서 패러데이의 유도 법칙 $\mathcal{E} = -d\Phi_B/dt$는 다음과 같은 일반형으로 쓸 수 있다.

$$\oint \vec{\mathbf{E}}\cdot d\vec{\mathbf{s}} = -\frac{d\Phi_B}{dt} \qquad (31.9)$$

◀ 패러데이 법칙의 일반형

식 31.9의 유도 전기장 $\vec{\mathbf{E}}$는 변하는 자기장에 의하여 발생되는 비보존 전기장이다. 식 31.9를 만족하는 전기장 $\vec{\mathbf{E}}$는 정전기장일 수가 없다. 왜냐하면 장이 정전기적이고 따라서 보존력장이라면, 닫힌 경로에 대한 $\vec{\mathbf{E}}\cdot d\vec{\mathbf{s}}$의 선적분이 영이 되어 식 31.9에 위배되기 때문이다(25.1절).

예제 31.5 솔레노이드에서 변하는 자기장이 유도하는 전기장

반지름 R인 긴 솔레노이드가 단위 길이당 n번씩 도선으로 감겨 있고 시간에 따라 변하는 사인형 전류 $i = I_{max}\cos\omega t$가 흐르고 있다. I_{max}는 최대 전류이며 ω는 교류 전원의 각진동수이다(그림 31.14).

(A) 긴 중심축으로부터 거리 $r > R$만큼 떨어진 솔레노이드 바깥 지점에서의 유도 전기장 크기를 구하라.

풀이

개념화 그림 31.14는 물리적 상황을 나타내고 있다. 코일에 흐르는 전류가 변함에 따라, 공간의 모든 점에서 변하는 자기장과 유도 전기장을 상상해 보자.

분류 이 분석 문제에서 전류가 시간에 따라 변하기 때문에, 자기장이 변하여 정지 전하에 의한 정전기장과 구별되는 유도 전기장을 발생시키게 된다.

분석 먼저 솔레노이드 외부의 한 점을 고려하여 그림 31.14와 같이 솔레노이드 축에 중심을 둔 반지름 r인 원을 선적분의 경로로 잡는다.

적분 경로인 원에 대하여 수직인 자기장 $\vec{\mathbf{B}}$가 솔레노이드 내부에 있다는 점을 고려하여, 식 31.9의 우변을 계산한다.

(1) $$-\frac{d\Phi_B}{dt} = -\frac{d}{dt}(B\pi R^2) = -\pi R^2\frac{dB}{dt}$$

식 30.17로부터 솔레노이드 내부의 자기장을 계산한다.

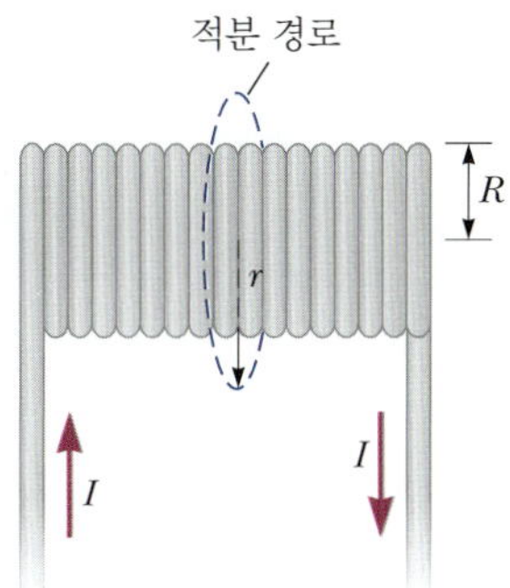

그림 31.14 (예제 31.5) 시간에 따라 변하는 전류 $i = I_{max}\cos\omega t$가 흐르는 긴 솔레노이드. 전기장은 솔레노이드 내부와 외부에서 유도된다.

(2) $$B = \mu_0 n i = \mu_0 n I_{max}\cos\omega t$$

식 (2)를 식 (1)에 대입한다.

(3) $$-\frac{d\Phi_B}{dt} = -\pi R^2\mu_0 n I_{max}\frac{d}{dt}(\cos\omega t) = \pi R^2\mu_0 n I_{max}\omega\sin\omega t$$

$\vec{\mathbf{E}}$의 크기가 적분 경로에서 상수이며 접선 방향임에 주의하여,

식 31.9의 좌변을 계산한다.

$$\oint \vec{\mathbf{E}} \cdot d\vec{\mathbf{s}} = E(2\pi r) \qquad (4)$$

식 (3)과 (4)를 식 31.9에 대입한다.

$$E(2\pi r) = \pi R^2 \mu_0 n I_{\max} \omega \sin \omega t$$

전기장의 크기에 대하여 푼다.

$$E = \frac{\mu_0 n I_{\max} \omega R^2}{2r} \sin \omega t \qquad (r > R)$$

결론 이 결과는 솔레노이드 밖에서 전기장의 크기가 $1/r$로 감소하며, 시간에 대하여 사인형으로 변하는 것을 보여 준다. 또한 전기장은 진동수 ω뿐만 아니라 전류 i에 비례한다. 이는 ω 값이 크면 단위 시간당 자기선속이 더 많이 변한다는 의미와 일치한다. 34장에서 배우겠지만, 시간에 따라 변하는 전기장은 자기장을 추가적으로 발생한다. 자기장은 솔레노이드의 내부와 외부 모두에서 처음 말한 것보다 다소 강할 수 있다. 자기장에 대한 보정은 각진동수 ω가 작으면 작다. 그러나 고진동수에서는 새로운 현상이 두드러진다. 이 경우 각자 서로를 재생산하는 전기장과 자기장이 솔레노이드에 의하여 복사되는 전자기파의 구성 요소가 된다(34장 참조).

(B) 중심축에서 거리 r만큼 떨어진 솔레노이드 내부에서 유도 전기장의 크기는 얼마인가?

풀이

분석 내부의 한 점($r < R$)에서 적분 고리를 통과하는 자기선속은 $\Phi_B = B\pi r^2$으로 주어진다.

식 31.9의 우변을 계산한다.

$$-\frac{d\Phi_B}{dt} = -\frac{d}{dt}(B\pi r^2) = -\pi r^2 \frac{dB}{dt} \qquad (5)$$

식 (2)를 식 (5)에 대입한다.

$$-\frac{d\Phi_B}{dt} = -\pi r^2 \mu_0 n I_{\max} \frac{d}{dt}(\cos \omega t) \qquad (6)$$
$$= \pi r^2 \mu_0 n I_{\max} \omega \sin \omega t$$

식 (4)와 (6)을 식 31.9에 대입한다.

$$E(2\pi r) = \pi r^2 \mu_0 n I_{\max} \omega \sin \omega t$$

전기장의 크기에 대하여 푼다.

$$E = \frac{\mu_0 n I_{\max} \omega}{2} r \sin \omega t \qquad (r > R)$$

결론 이 결과는 솔레노이드를 통과하는 변하는 자기선속에 의하여 솔레노이드 내부에 유도되는 전기장의 크기가 r에 대하여 선형적으로 증가하며, 시간에 대하여 사인형으로 변한다는 것을 보여 준다. 솔레노이드 바깥에서의 전기장과 마찬가지로, 내부의 전기장도 전류 i와 진동수 ω에 비례한다.

31.5 발전기와 전동기
Generators and Motors

발전기는 에너지를 일로 흡수하고 전기로 변환하여 에너지를 방출한다. 어떻게 작동하는지 이해하기 위하여, **교류 발전기**[alternating-current(AC) generator]를 살펴보자. 가장 간단한 구조는 자기장 내에서 외력에 의하여 회전하는 도선 고리로 구성된다(그림 31.15a).

민간 발전소는 도선 고리의 회전에 필요한 에너지를 다양한 원천에서 얻는다. 예를 들면 수력 발전소에서는 터빈의 날개로 낙하하는 물이 회전 운동을 만들어 낸다. 석탄을 연료로 사용하는 발전소에서는 석탄을 태울 때 나오는 에너지로 물을 증기로 바꾸고, 이 증기를 터빈의 날개로 향하게 한다.

도선 고리가 자기장 내에서 회전하면, 도선 고리로 둘러싸인 면을 통과하는 자기선속은 시간에 따라 변하며, 이 변화가 패러데이의 법칙에 따라 도선 고리에 기전력과 전류

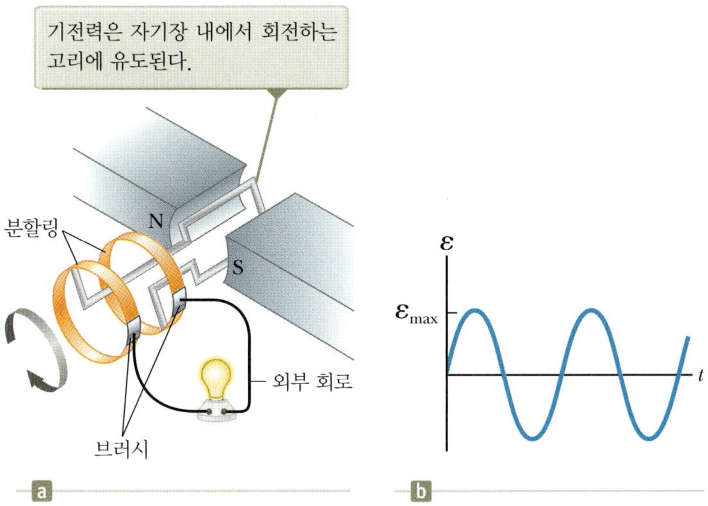

그림 31.15 (a) 교류 발전기 구성도 (b) 시간의 함수로서 고리에 유도된 교류 기전력

를 유도한다. 도선 고리의 끝에는 같이 회전하는 분할링이 연결되어 있다. 발전기의 출력 단자로 작동하는 분할링과 외부 회로는 분할링에 접촉하여 고정되어 있는 금속 브러시에 연결된다.

도선 고리가 한 번 감겨 있는 대신 N번(좀 더 실용적) 감겨 있으며, 모두 같은 넓이 A이고 일정한 각속력 ω로 자기장 내를 회전한다고 하자. 그림 31.16과 같이 자기장과 코일면의 법선이 이루는 각도가 θ라고 하면, 시간이 t일 때 코일을 통과하는 자기선속은

$$\Phi_B = BA\cos\theta = BA\cos\omega t$$

이며, 여기서 각위치와 각속력 사이의 관계식 $\theta = \omega t$를 사용하였다(식 10.3). ($\theta = 0$일 때의 시간을 $t = 0$으로 설정하였음) 따라서 코일의 유도 기전력은 다음과 같다.

$$\boldsymbol{\varepsilon} = -N\frac{d\Phi_B}{dt} = -NBA\frac{d}{dt}(\cos\omega t) = NBA\omega\sin\omega t \qquad \textbf{(31.10)}$$

이 결과는 그림 31.15b와 같이 기전력이 시간에 대하여 사인형으로 변함을 보여 준다. 식 31.10에서 최대 기전력은

$$\boldsymbol{\varepsilon}_{\text{max}} = NBA\omega \qquad \textbf{(31.11)}$$

로, $\omega t = 90°$이거나 $270°$일 때에 나타난다. 바꿔 말하면 $\boldsymbol{\varepsilon} = \boldsymbol{\varepsilon}_{\text{max}}$인 경우는 자기장이 코일면에 평행하고 자기선속의 시간 변화율이 최대일 때라는 것이다. 더구나 기전력은 $\omega t = 0$ 또는 $180°$일 때 영이 되는데, 이는 $\vec{\mathbf{B}}$가 코일면에 대하여 수직이고 자기선속의 시간 변화율이 영일 때이다.

미국과 한국에서 시판되는 발전기의 진동수는 60 Hz이며, 유럽에는 50 Hz인 것도 있다[$\omega = 2\pi f$, 여기서 f는 진동수로서 헤르츠(Hz) 단위이다].

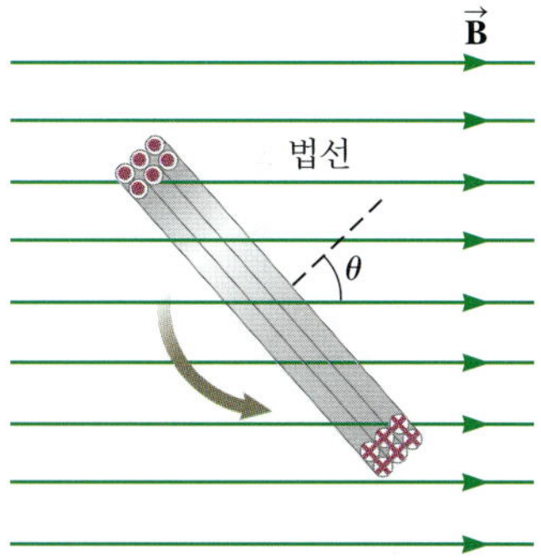

그림 31.16 일정한 각속력 ω로 자기장 내에서 회전하고 있는 넓이 A를 둘러싸고 N번 감긴 고리의 단면 모습. 고리에 유도되는 기전력은 시간에 대하여 사인형으로 변한다.

퀴즈 31.4 교류 발전기에서 도선으로 N번 감긴 코일이 자기장 내에서 회전한다. 다음 중 발전되는 기전력이 증가하지 않는 것은 어느 것인가? **(a)** 코일의 도선을 저항이 적은 것으로 교체한다. **(b)** 코일을 더 빨리 돌린다. **(c)** 자기장을 증가시킨다. **(d)** 코일을 도선으로 더 감는다.

예제 31.6 발전기에 유도되는 기전력

교류 발전기의 코일이 각각 넓이 $A = 0.090\,0\ \text{m}^2$인 도선으로 8번 감겨 있고, 도선의 전체 저항은 12.0 Ω이다. 이 도선 고리는 0.500 T의 자기장 내에서 60.0 Hz의 일정한 진동수로 회전한다.

(A) 코일의 최대 유도 기전력을 구하라.

풀이

개념화 교류 발전기의 작동을 제대로 이해하였는지 그림 31.15를 공부하라.

분류 이 절에서 만든 식들에서 변수들을 계산하므로, 예제를 대입 문제로 분류한다.

식 31.11을 사용하여 최대 유도 기전력을 구한다.

$$\mathcal{E}_{\max} = NBA\omega = NBA(2\pi f)$$

주어진 값들을 대입한다.

$$\mathcal{E}_{\max} = 8(0.500\ \text{T})(0.090\,0\ \text{m}^2)(2\pi)(60.0\ \text{Hz}) = 136\ \text{V}$$

(B) 발전기의 출력 단자에 작은 저항의 도체가 연결되어 있다면, 최대 유도 전류의 크기는 얼마인가?

풀이

식 27.7과 (A)의 결과를 이용한다.

$$I_{\max} = \frac{\mathcal{E}_{\max}}{R} = \frac{136\ \text{V}}{12.0\ \Omega} = 11.3\ \text{A}$$

그림 31.17a에 **직류 발전기**[direct-current(DC) generator]가 그려져 있다. 예를 들면 이런 발전기는 자동차의 축전지를 충전하기 위하여 사용된다. 회전하는 코일의 접점에 **정류자**로 불리는 분할링이 사용되는 차이점만 제외하면, 교류 발전기와 기본적으로 같은 부품으로 되어 있다.

그림 31.17b와 같이 이 구조에서 출력 전압은 항상 같은 극성을 가지고 진동한다. 이것은 분할링의 접점이 반 사이클마다 역할을 반대로 바꾸며, 동시에 유도 기전력의 극성도 반대로 바뀐다. 따라서 그 분할링의 극성은(출력 전압의 극성과 같다) 항상 같다.

펄스 형태의 직류 전류는 사용하기에 대부분 부적당하다. 더 고른 직류 전류를 얻기 위하여, 상용 직류 발전기들은 많은 코일을 사용하고 다양한 코일에서 나오는 사인형 파동의 위상이 달라지도록 정류자를 배치한다. 이 파동들이 중첩되면, 직류 출력의 진폭은 거의 변동이 없게 된다.

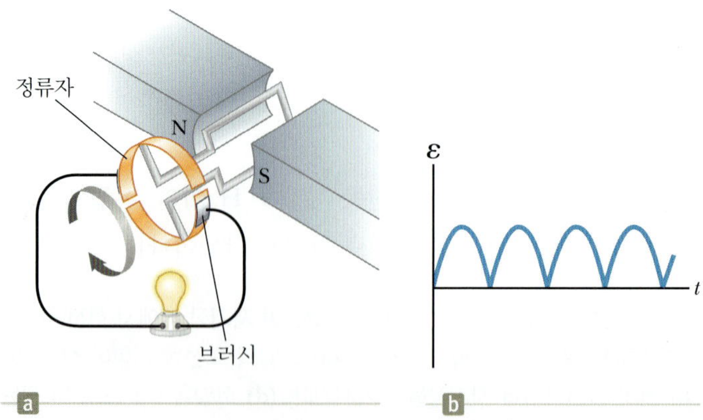

그림 31.17 (a) 직류 발전기 구성도 (b) 기전력의 크기는 시간에 대하여 변하지만 극성은 절대 변하지 않는다.

전동기(motor)는 전기로 에너지를 받아서 일로 내보내는 장치이다. 전동기는 본질적으로 역으로 작동하는 발전기이다. 코일이 회전하여 전류를 발생하는 대신, 전지에서 코일로 전류가 공급되고 전류가 흐르는 코일에 돌림힘이 작용하여(29.5절) 회전을 일으킨다.

전동기의 회전하는 코일에 어떤 외부 장치를 연결하여 역학적 일을 할 수 있다. 그러나 코일이 자기장 내에서 회전하면, 변하는 자기선속이 코일에 기전력을 유도한다. 렌츠의 법칙에 의하여, 이 유도 기전력은 항상 코일에 흐르는 전류를 감소시키는 작용을 한다. 그렇지 않다면 렌츠의 법칙에 위배된다. 그 역기전력의 크기는 코일의 회전 속력이 증가함에 따라 증가한다[**역기전력**(back emf)이라는 말은 공급되는 전류를 감소시키는 성질이 있는 기전력을 가리킬 때 사용한다]. 전류를 공급할 수 있는 전압은 공급 전압과 역기전력 사이의 차이와 같으므로, 회전하는 코일의 전류는 역기전력에 의하여 제한된다.

전동기의 전원이 켜지는 처음에는 역기전력이 없으므로, 코일의 저항에만 제한받게 되어 전류는 매우 많이 흐르게 된다. 코일이 회전함에 따라 유도되는 역기전력은 공급 전압에 대항하여 코일의 전류를 감소시킨다. 만일 역학적인 부하가 증가하면 전동기는 감속하게 되고, 이는 역기전력을 감소시킨다. 역기전력의 감소는 코일에 전류를 증가시키므로, 외부 전원으로부터 사용하는 전력 또한 증가하게 된다. 이런 이유로 전동기가 작동할 때의 전력 수요는 작은 부하일 때보다 큰 부하일 때 더 크다. 만약 역학적인 부하 없이 전동기가 작동하게 되면, 역기전력은 내부 에너지와 마찰로 인한 손실을 넘어서기에 딱 맞는 크기로 전류를 감소시킨다. 만일 전동기가 회전하지 못하도록 매우 큰 부하를 걸어 정지시키면, 역기전력의 결핍으로 전동기의 도선이 위험할 만큼 큰 전류가 흐를 수 있다. 이는 위험한 상황이 되며 예제 31.7의 문제에서 탐구하게 된다.

전동기의 현대적인 응용 장치로서 **하이브리드 자동차 시스템**의 개발을 들 수 있다. 이들 자동차는 가솔린(휘발유) 엔진과 전동기가 연료의 경제성을 증가시키고 연료 배출을 줄이기 위하여 결합된 것이다. 그림 31.18은 도요타 프리우스(Toyota Prius)의 엔진부를 보여 주고 있는데, 미국에서 시판되는 소규모 하이브리드 자동차 중 하나이다. 이 자동차에서 바퀴에 전달되는 힘은 가솔린 엔진이나 전동기 어느 한쪽으로부터 나올 수 있다. 평상시의 운행에서 전동기는 자동차가 정지 상태에서 24 km/h 정도의 속력으로 움직일 때까지 가속시킨다. 이렇게 가속하는 동안 엔진은 작동하지 않고 가솔린은 소모되지 않고 배출도 없다. 고속 주행 시에는 전동기와 엔진이 함께 작동하여, 엔진이 가장 효율적인 속력 또는 그 부근에서 항상 작동하도록 돕는다. 그 결과 전통적인 가솔린 자동차보다 아주 큰 가솔린 연비를 얻을 수 있다. 하이브리드 자동차에 브레이크를 걸게 되면, 전동기는 발전기처럼 작동하고 자동차 운동 에너지의 일부를 축전지에 저장되도록 되돌려 준다. 보통의 자동차에서는 이 운동 에너지가 브레이크와 도로의 내부 에너지로 변환되어 잃어버리기만 한다.

John W. Jewett, Jr.

그림 31.18 도요타의 하이브리드 자동차 프리우스의 엔진부

예제 31.7 전동기에서의 유도 전류

전체 저항이 10 Ω인 코일로 구성된 전동기에 120 V의 전압을 공급하였다. 전동기가 최대의 속력으로 작동할 때, 역기전력이 70 V가 되었다.

(A) 전동기를 작동시키는 순간 코일에 흐르는 전류를 구하라.

풀이

개념화 전동기를 켜는 순간에 대하여 생각해 보라. 아직 움직이지 않을 것이고, 따라서 역기전력이 만들어지지 않았을 것이다. 결과적으로 전동기에 흐르는 전류는 늘어나게 된다. 전동기가 회전하기 시작하면, 역기전력이 발생되고 전류는 줄어들게 된다.

분류 이 대입 문제에서 전동기에 대하여 앞에서 공부한 내용과 전류, 전압, 저항의 관계를 연결지을 필요가 있다.

식 27.7에서 역기전력이 없는 코일의 전류를 계산한다.

$$I = \frac{\boldsymbol{\mathcal{E}}}{R} = \frac{120\text{ V}}{10\ \Omega} = 12\text{ A}$$

(B) 전동기가 최대 속력에 이를 때 코일에 흐르는 전류를 구하라.

풀이 최대 역기전력이 발생될 때 코일에 흐르는 전류를 계산한다.

$$I = \frac{\boldsymbol{\mathcal{E}} - \boldsymbol{\mathcal{E}}_{\text{back}}}{R} = \frac{120\text{ V} - 70\text{ V}}{10\ \Omega} = \frac{50\text{ V}}{10\ \Omega} = 5.0\text{ A}$$

결론 최대 속력으로 작동할 때 전동기가 끌어들이는 전류는 작동하는 순간에 흐르는 전류보다 매우 작다.

문제 이 전동기가 전기톱 안에 있다고 생각해 보자. 전기톱을 작동시켰는데, 톱날이 나무에 끼어 전동기가 멈춰 버렸다. 톱날이 끼였을 때, 전동기의 전력 공급은 몇 퍼센트나 늘어나는가?

답 회전하지 못할 때 전동기가 과열되는 것을 본적이 있을 것이다. 이것은 전동기로 유입되는 전력이 늘어나기 때문이다. 높은 비율로 전달되는 에너지는 코일의 내부 에너지 증가로 이어지고, 원하지 않는 결과를 가져 온다.

끼였을 때는 (A)에서, 끼지 않았을 때는 (B)에서 구한 값을 이용할 수 있도록 공급 전력의 비에 대한 식을 구한다.

$$\frac{P_{\text{jammed}}}{P_{\text{not jammed}}} = \frac{I_A^2 R}{I_B^2 R} = \frac{I_A^2}{I_B^2}$$

주어진 값을 대입한다.

$$\frac{P_{\text{jammed}}}{P_{\text{not jammed}}} = \frac{(12\text{ A})^2}{(5.0\text{ A})^2} = 5.76$$

공급 전력이 476 % 증가함을 알 수 있다. 이런 과도한 전력 공급은 코일을 과열시켜 코일에 손상을 입힐 수 있다.

31.6 맴돌이 전류 Eddy Currents

지금까지 보아 왔듯이 기전력과 전류는 자기선속의 변화에 의하여 회로에 유도되었다. 같은 방법으로 자기장 내에서 운동하는 금속 조각에 **맴돌이 전류**(eddy currents)라고 하는 회전하는 전류가 유도될 수 있다. 이것은 강체 막대의 끝에 평평한 구리나 알루미늄 판을 붙여 자기장 속에서 앞뒤로 흔들리게 하면 쉽게 증명할 수 있다(그림 31.19). 금속판이 자기장 속으로 들어감에 따라 변하는 자기선속이 금속판에 기전력을 유도하는데, 이는 금속판 내의 자유 전자들을 움직여 소용돌이치는 맴돌이 전류를 일으키게 한다. 렌츠의 법칙에 따라 맴돌이 전류는 전류를 발생시키게끔 하는 변화를 방해하는 자기장이 발생되는 방향으로 흐른다. 이런 이유로 맴돌이 전류는 외부 자기장의 자극에 반발하는 유효 자극(effective magnetic pole)을 금속판에 발생하게 된다. 이 상황에서 금속판의 운동을 방해하는 반발력이 생긴다(이와 반대인 상황이 발생하였다면 금속판은 가속되고 그 에너지는 매번 흔들릴 때마다 증가하게 되어, 에너지 보존의 법칙에 위배된다).

종이면으로 들어가는 자기장 $\vec{\mathbf{B}}$가 있는 그림 31.20a에 표시된 것처럼, 유도되는 맴돌이 전류는 금속판이 위치 1에서 자기장 안으로 들어갈 때 시계 반대 방향이 되는데, 이것은 금속판을 통과하는 종이면에 수직으로 들어가는 방향으로 외부 자기선속이 증가하기 때문이다. 따라서 렌츠의 법칙에 의하여 유도 전류는 종이면에서 수직으로 나오는 방향으로 자기장을 만들어야만 한다. 금속판이 자기장을 벗어나는 위치 2에서는 그 반대가 되며, 맴돌이 전류는 시계 방향이다. 유도되는 맴돌이 전류는 금속판이 자기장 안으로 들어가거나 나올 때 항상 자기적 저항력 $\vec{\mathbf{F}}_B$를 만들기 때문에, 금속판은 결국 정지하게 된다.

그림 31.20b와 같이 금속판에 가는 긴 틈을 내면, 맴돌이 전류와 이에 해당하는 저항력은 크게 감소한다. 금속판의 틈들이 큰 전류 고리의 형성을 만들지 못하도록 한다는 점을 인식하면, 이런 감소를 이해할 수 있다.

지하철과 고속 주행 차량의 많은 제동 장치는 전자기 유도와 맴돌이 전류를 이용한다. 열차에 부착된 전자석은 강철 레일 가까이에 배치된다(전자석은 근본적으로 철심이 들어 있는 솔레노이드이다). 제동 장치는 전자석에 큰 전류가 흐를 때 작동한다. 자석과 레일의 상대적인 운동이 레일에 맴돌이 전류를 만들고, 이 전류의 방향은 움직이는 열차에 저항력을 일으킨다. 맴돌이 전류는 열차가 감속함에 따라 점차 줄어들게 되어, 제동 효과는 훨씬 부드러워진다. 안전을 위한 수단으로, 어떤 전동 공구는 장치를 끌 때 빠르게 회전하는 날을 정지시키기 위하여 맴돌이 전류를 사용한다.

맴돌이 전류는 역학적 에너지를 내부 에너지로 변환시키기 때문에 때때로 달갑지 않은 현상이 될 수도 있다. 이런 에너지 소모를 줄이기 위하여 도체 일부에 박막을 입히기도 한다. 즉 도료나 금속 산화물 같은 부도체 물질로 각 도체들이 격리되도록 얇은 층을

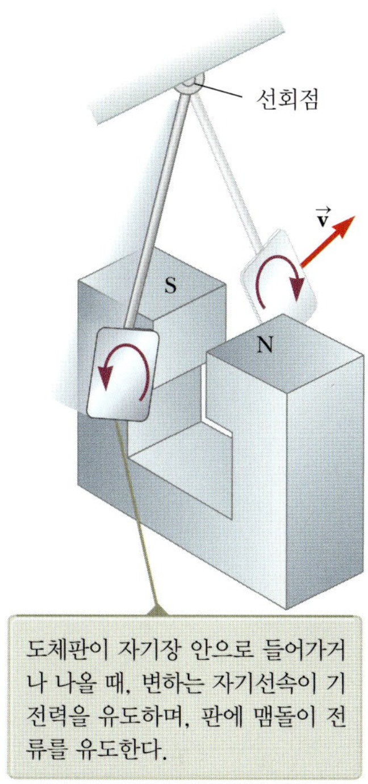

그림 31.19 자기장을 통과하여 움직이는 도체판의 맴돌이 전류 형성

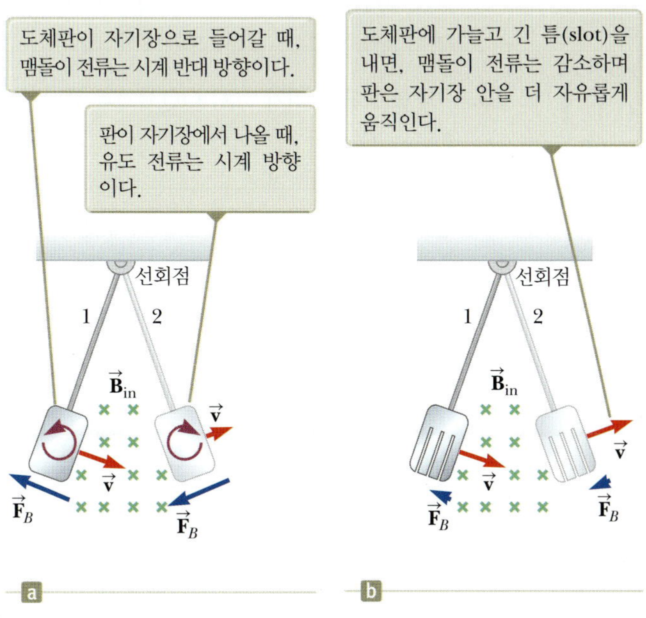

그림 31.20 도체 판이 자기장 영역을 왔다갔다하면, 자기력 $\vec{\mathbf{F}}_B$는 속도와 반대 방향이 되어 결국 멈추게 된다.

입히는 것이다. 이러한 층 구조는 큰 고리 전류를 막고 이 전류를 각 층에 작은 고리 전류로 효과적으로 가둔다. 이런 적층 구조는 맴돌이 전류를 줄여 효율을 높이기 위하여 변압기 철심(33.8절 참조)과 전동기에 사용되고 있다.

퀴즈 31.5 20세기 초기의 양팔 저울(그림 31.21)에 알루미늄 판이 한쪽 팔에 달려 있고 자석의 자극 사이를 통과하여, 진동을 빠르게 감소시킨다. 이런 자석 제동 장치가 없다면, 진동은 오랫동안 계속될 것이며 실험자는 눈금을 읽기 위하여 기다려야만 할 것이다. 왜 진동이 감소하는가? **(a)** 알루미늄 판이 자석에 끌리기 때문에 **(b)** 알루미늄 판의 전류가 진동을 방해하도록 자기장을 발생시키기 때문에 **(c)** 알루미늄이 상자성체이기 때문에

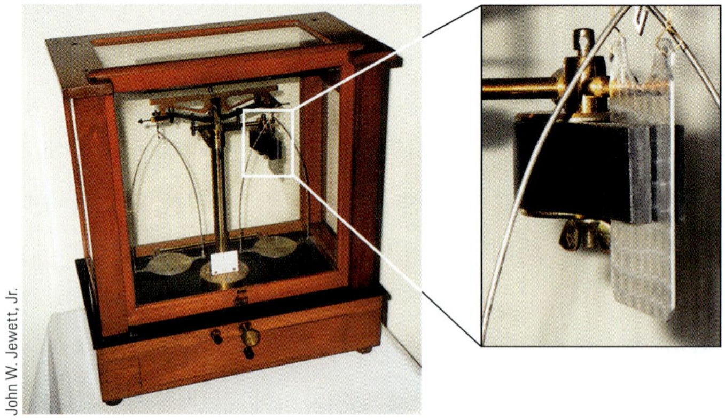

그림 31.21 (퀴즈 31.5) 고풍스런 양팔 저울에서 알루미늄 판이 자극 사이에 달려 있다.

연습문제

객관식

1. 그림 OQ31.1은 일정한 간격 동안 시간의 함수로 어떤 코일을 통과하는 자기선속을 나타내고 있다. 이 시간 간격 동안 차례로 코일의 반지름이 증가하고, 이후 코일이 1.5번 회전하고, 그 다음 외부 자기장이 꺼진다. 시간 A, B, C, D, E에서 코일의 유도 기전력이 큰 순서대로 나열하라. 기전력이 같을 경우 동일한 순위로 나타내고, 기전력이 영이 되는 시간들도 지적하라.

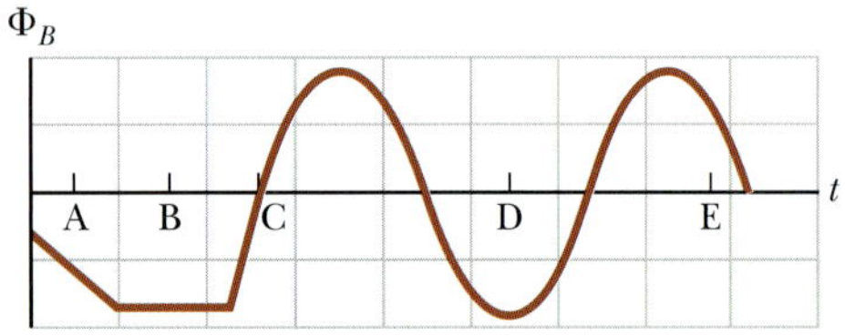

그림 OQ31.1

2. y 방향인 균일한 자기장 내에 평평한 도선 코일이 놓여 있다. **(i)** 코일의 평면이 어느 방향으로 놓여 있을 때 코일을 통과하는 자기선속이 최댓값을 갖는가? 정답은 하나 이상일 수 있다. (a) xy 평면 (b) yz 평면 (c) xz 평면 (d) 자기선속이 균일하므로 모든 방향의 평면 **(ii)** 어떤 방향에서 자기선속이 영이 되는가? (i)의 보기에서 고르라.

3. 사각형 도체 고리가 그림 OQ31.3과 같이 일정한 전류 I가 흐르는 긴 도선 가까이에 놓여 있다. 시간에 따라 전류 I가 감소하면 도체 고리에 유도되는 전류는 어떻게 되는가? (a) 전류의 방향은 도체 고리의 크기에 영향을 받는다. (b) 전류는 시계 방향으로 흐른다. (c) 전류는 시계 반대 방향으로 흐른다. (d) 전류는 영이다. (e) 추가 정보 없이는 전류에 대하여 언급할 수 없다.

그림 OQ31.3

4. 반지름이 4.0 cm인 원형 도선 고리가 0.060 T인 균일한 자기장 내에 놓여 있다. 고리 평면은 자기장의 방향에 수직이다. 0.50 s 후에 자기장이 반대 방향으로 바뀌어 0.040 T가 된다. 고리에 유도되는 평균 기전력의 크기는 얼마인가? (a) 0.20 V (b) 0.025 V (c) 5.0 mV (d) 1.0 mV (e) 0.20 mV

5. 그림 OQ31.5와 같이 사각형 평판 고리가 고리 평면에 수직인 방향의 균일한 자기장 내에서 등속도로 끌려가고 있다. 다음 중 옳은 것은 어느 것인가? 정답은 하나 이상일 수 있다. (a) 시계 방향으로 전류가 고리에 유도된다. (b) 시계 반대 방향으로 전류가 고리에 유도된다. (c) 고리에 어떤 전류도 유도되지 않는다. (d) 전하 분리가 발생하여 고리의 위쪽 끝으로 양전하가 분리된다. (e) 전하 분리가 발생하여 고리의 위쪽 끝으로 음전하가 분리된다.

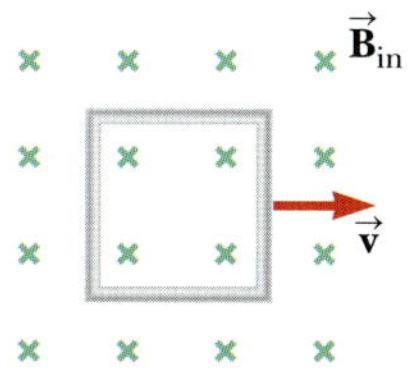

그림 OQ31.5

6. 그림 OQ31.6에서처럼 종이면으로부터 나오는 방향으로 균일하고 일정한 자기장 내에서 막대가 레일 위에서 속도 $\vec{v}$로 오른쪽으로 이동하고 있다. 다음 중 옳은 것은 어느 것인가? 정답은 하나 이상일 수 있다. (a) 고리에 유도된 전류는 영이다. (b) 고리에 유도된 전류는 시계 방향이다. (c) 고리에 유도된 전류는 시계 반대 방향이다. (d) 막대를 일정한 속력으로 계속 이동시키기 위하여 외력이 필요하다. (e) 막대를 일정한 속력으로 계속 이동시키기 위하여 외력이 필요하지는 않다.

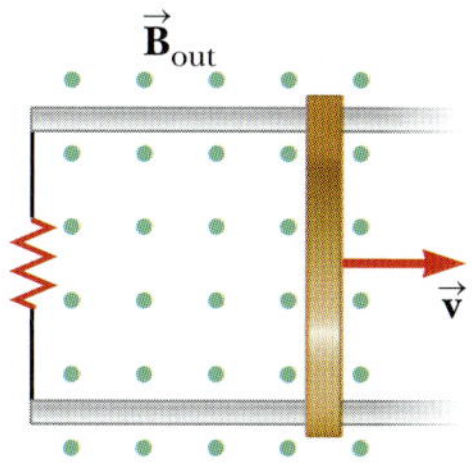

그림 OQ31.6

7. 그림 OQ31.7과 같이 수평으로 놓인 원형 고리 도선 위에서 수직 방향인 막대자석을 붙들고 있으며, 자석의 S극이 아래쪽을 향한다. 막대자석을 가만히 놓을 때 고리에 흐르는 전류를 위에서 보고 말한 것 중 옳은 것은? (a) 자석이 고리에 가까이 가는 동안 전류 방향은 시계 방향이다. (b) 자석이 고리에 가까이 가는 동안 전류 방향은 시계 반대 방향이다. (c) 자석이 고리를 벗어나서 멀어질 때는 전류 방향이 시계 방향이다. (d) 전류 방향은 항상 시계 방향이다. (e) 처음에 자석이 고리에 접근할 때는 시계 반대 방향이고 자석이 고리를 지난 후에는 시계 방향이다.

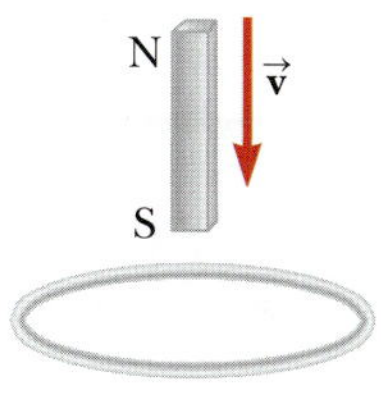

그림 OQ31.7

8. 발전기 코일의 회전율을 두 배로 증가시킬 경우 유도 기전력의 진폭은 어떻게 되는가? (a) 네 배로 커진다. (b) 두 배로 커진다. (c) 변화 없다. (d) 절반으로 작아진다. (e) 4분의 1로 작아진다.

9. 두 개의 코일이 그림 OQ31.9와 같이 서로 가까이 있다. 왼쪽의 코일은 전지와 스위치가 연결되어 있고, 오른쪽 코일에는 저항기가 연결되어 있다. 이때 **(i)** 스위치가 닫힌 순간, **(ii)** 스위치가 닫히고 몇 초 동안, **(iii)** 스위치가 열린 순간에 저항기에 흐르는 전류의 방향은 어느 쪽인가? 다음에서 전류의 방향을 고르라. (a) 왼쪽 (b) 오른쪽 (c) 전류는 영이다.

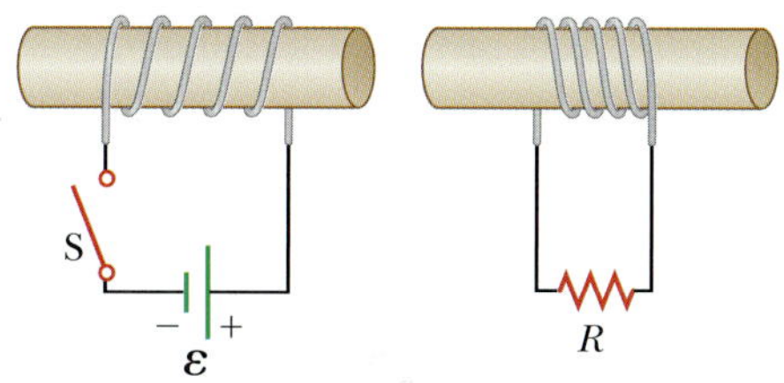

그림 OQ31.9

10. 그림 OQ31.10에서와 같이 이동 가능한 도체 막대와 두 도체 레일에 연결된 전구로 구성된 회로가 있다. 외부 자기장은 회로 평면에 수직이다. 다음 중 어느 경우에 전구에 불이 들어오는가? 정답은 하나 이상일 수 있다. (a) 막대가 왼쪽으로 움직이는 경우 (b) 막대가 오른쪽으로 움직이는 경우 (c) 자기장의 크기가 증가하는 경우 (d) 자기장의 크기가 감소하는 경우 (e) 막대를 레일로부터 들어내는 경우

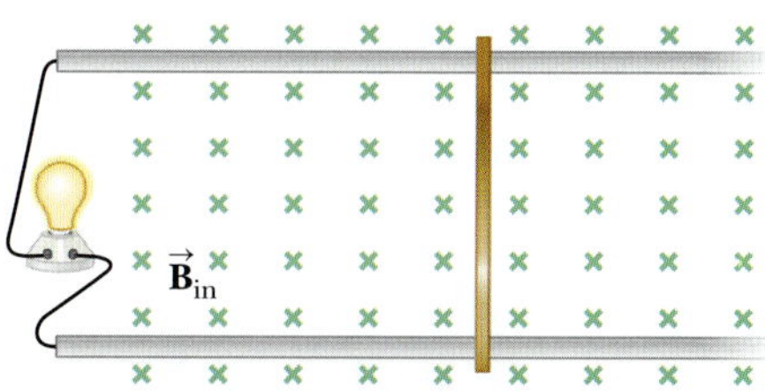

그림 OQ31.10

주관식

31.1 패러데이의 유도 법칙

1. 납작한 고리 도선의 넓이가 8.00 cm^2이고 고리면에 수직 방향인 자기장의 크기가 1.00 s 동안 0.500 T에서 시작하여 2.50 T까지 변한다. 고리의 저항이 2.00 Ω일 때 고리에 흐르는 유도 전류는 얼마인가?

2. 유도 기전력을 사용하여 포사체의 속력을 재는 장치가 있다. 이 장치로 잴 수 있는 속력은 최고 6 km/s까지이다. 그림 P31.2와 같이 포사체 내부에 막대자석이 들어 있다. 이 포사체가 거리 d만큼 떨어진 두 코일을 통과한다. 포사체가 각 코일을 지나는 동안 기전력 펄스가 코일에 유도된다. 오실로스코프를 사용하여 펄스 사이의 시간 간격을 정확하게 잴 수 있으므로 포사체의 속력을 계산할 수 있다. (a) 이 장치로 측정한 전압 ΔV 대 시간 t의 그래프를 개략적으로 그리라. 포사체가 출발한 위치에서 고리를 바라볼 때 시계 방향의 전류를 양(+)의 전류라고 정한다. 그래프에 코일 1에서의 펄스와 2에서의 펄스라고 각각 표시하라. (b) 펄스 사이의 간격이 2.40 ms이고 $d = 1.50$ m이면 포사체의 속력은 얼마인가?

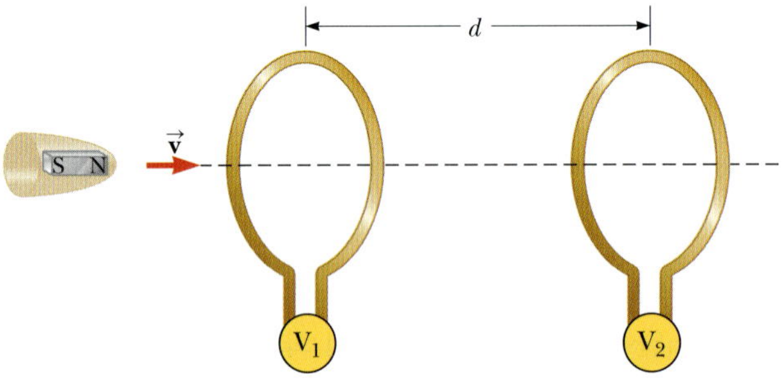

그림 P31.2

3. 도선을 25번 감은 지름이 1.00 m인 원형 코일이 있다. 50.0 μT 크기의 지구 자기장 방향으로 코일 축이 놓여 있다가 0.200 s 동안에 180° 뒤집어진다. 코일에 발생되는 평균 기전력의 크기는 얼마인가?

4. 그림 P31.4의 원형 고리 도선의 반지름은 12.0 cm이다. 고리는 유연해서 변형이 가능하며, 크기가 0.150 T이고 고리 면에 수직인 자기장 내에 있다. 고리 위 두 점 A와 B를 붙잡고 고리의 넓이가 거의 영이 될 때까지 잡아당겨서 0.200 s만에 고리가 완전히 닫힌다. 이 시간 간격 동안 평균 유도 기전력의 크기를 구하라.

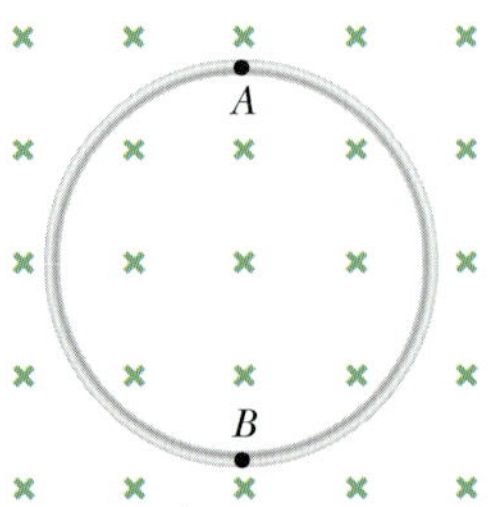

그림 P31.4

5. 입원 환자의 호흡을 관찰하기 위하여 환자의 가슴둘레에 얇은 벨트를 부착한다. 벨트 내부에는 도선이 200회 감긴 코일이 있다. 환자가 숨을 들이쉴 때 코일이 둘러싼 넓이는 39.0 cm^2만큼 증가한다. 지구 자기장의 크기가 50.0 μT 이고 자기장 방향과 코일 평면 사이의 각이 28.0°이다. 환자가 숨을 들이쉬는 시간 간격이 1.80 s라고 가정하고 이 시간 동안 코일에 유도된 기전력의 크기를 구하라.

6. 반지름이 4.00 cm이고 30번 감긴 원형 코일의 저항이 1.00 Ω이다. 이 코일이 코일 평면에 수직 방향인 자기장 내에 놓여 있다. 자기장의 크기는 시간에 따라 다음 식과 같이 변한다. $B = 0.010\,0t + 0.040\,0\,t^2$, 여기서 B의 단위는 T이고 t의 단위는 s이다. 시간 $t = 5.00$ s일 때 코일에 유도되는 기전력을 계산하라.

7. 미터당 1 000번 감긴 반지름 $r_2 = 3.00$ cm인 속이 빈 긴 솔레노이드 한쪽 끝에 반지름이 $r_1 = 5.00$ cm이고, 저항이 3.00×10^{-4} Ω인 알루미늄 고리가 그림 P31.7과 같이 놓여 있다. 솔레노이드에 발생되는 축 성분의 자기장의 크기는 솔레노이드 끝 면에서의 값이 솔레노이드 가운데의 값의 절반이 된다고 가정하자. 솔레노이드 단면 밖에서의 자기장은 무시할 정도라고 하자. 솔레노이드에 흐르는 전류가 270 A/s의 비율로 증가하고 있다. (a) 고리에 유도되는 전류는 얼마인가? 고리의 유도 전류에 의하여 만들어지는 고리 중심에서 자기장의 (b) 크기와 (c) 방향을 구하라.

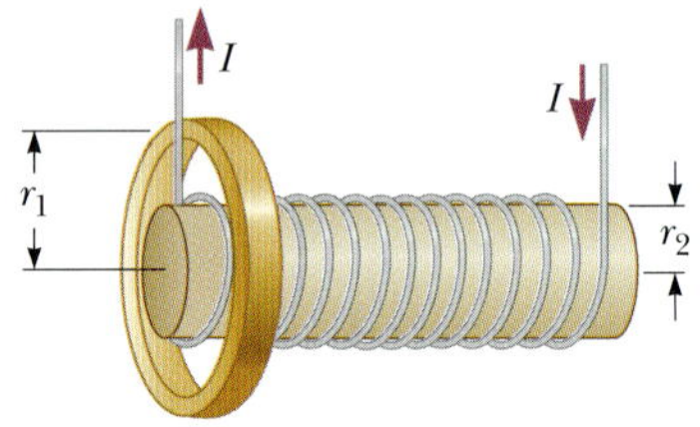

그림 P31.7

8. 실험대 위에 그림 P31.8과 같이 전류 I가 흐르는 길고 곧은 도선과 가로가 L이고 세로가 w인 직사각형 고리 도선을 배치한다. (a) 긴 도선에 전류가 흐를 때 사각형 고리를 지나는 자기선속을 구하라. (b) 전류가 시간에 따라 변하여 $I = a + bt$로 표현된다고 하자. a와 b는 상수이다. $b = 10.0$ A/s, $h = 1.00$ cm, $w = 10.0$ cm, $L = 1.00$ m일 때 고리 둘레의 유도 기전력을 구하라. (c) 고리에 흐르는 전류의 방향을 말하라.

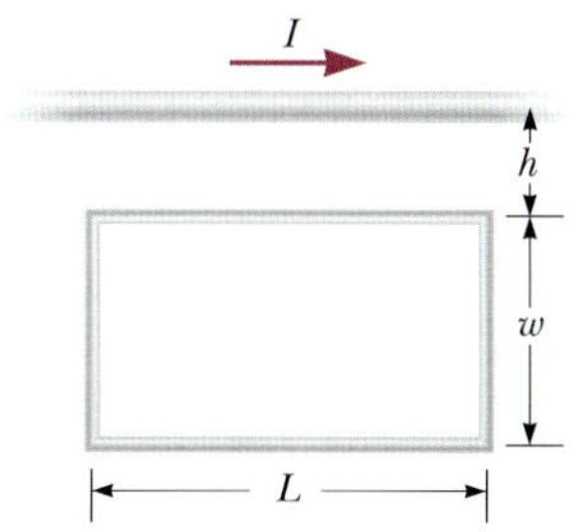

그림 P31.8

9. 한 변의 길이가 $\ell = 1.00$ cm인 도선으로 한 번 감은 사각형 고리가 반지름 $r = 3.00$ cm인 원형 솔레노이드 내부에 놓여 있다. 그림 P31.9는 사각형 고리와 솔레노이드의 단면을 보여주고 있다. 솔레노이드의 길이는 20.0 cm이고, 100번 감겨 있다. (a) 솔레노이드에 흐르는 전류가 3.00 A인 경우, 사각형 고리를 통과하는 자기선속을 구하라. (b) 3.00 s 동안에 솔레노이드에 흐르는 전류를 영으로 줄일 경우, 사각형 고리에 유도되는 평균 기전력의 크기는 얼마인가?

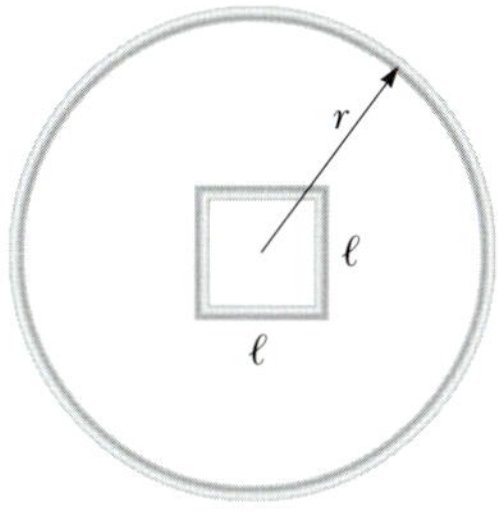

그림 P31.9

10. 정사각형 모양으로 도선을 50번 감아서 만든 코일이 자기장 내에 놓여 있다. 코일면의 법선이 자기장과 30.0°의 각도를 이룬다. 0.400 s 동안에 자기장이 200 μT에서 600 μT로 일정하게 증가할 때, 크기가 80.0 mV인 기전력이 코일에 유도된다. 코일 도선의 전체 길이는 얼마인가?

11. 안쪽 반지름이 $R = 4.00$ cm이고, 도선을 $N = 500$번 감은 단면이 직사각형($a = 2.00$ cm, $b = 3.00$ cm) 형태인 토로이드에 사인형 전류 $I = I_{max} \sin \omega t$가 흐른다. 여기서 $I_{max} = 50.0$ A, 진동수 $f = \omega/2\pi = 60.0$ Hz이다. 토로이드의 한 부분을 그림 P31.11처럼 $N' = 20$번 감긴 코일이 둘러싸고 있을 때, 이 코일에 유도되는 기전력을 시간의 함수로 구하라.

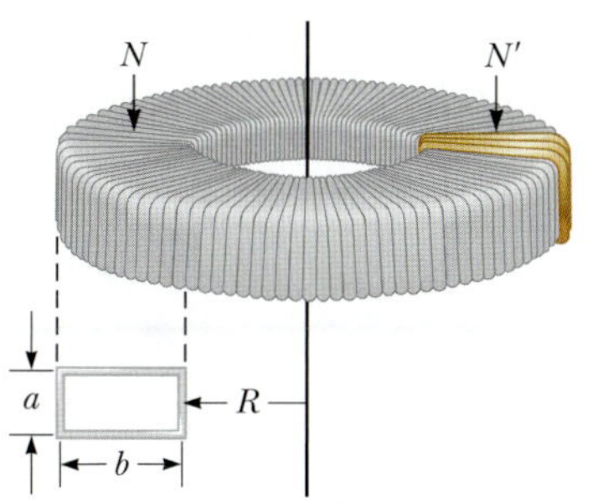

그림 P31.11

12. 그림 P31.12에서 회로는 종이면에 수직인 자기장 내에 놓여 있으며, 자기장의 크기는 $B = 1.00 \times 10^{-3}\, t$로 시간에 따라 변한다. 여기서 B의 단위는 T이고 t의 단위는 s이다. 도선의 단위 길이당 저항은 0.100 Ω/m라고 하자. 길이 $a = 65.0$ cm인 선분 PQ에 흐르는 전류를 구하라.

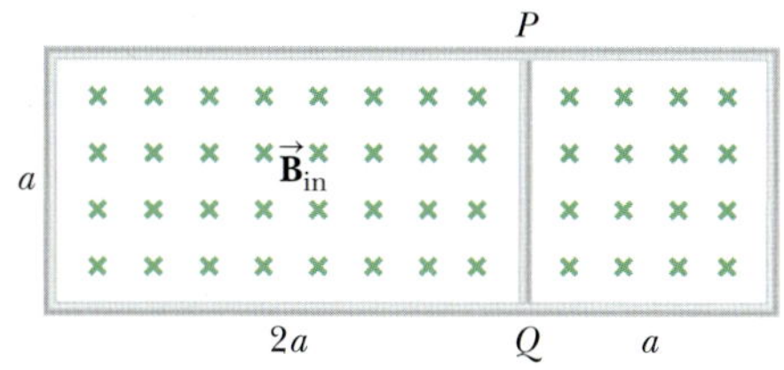

그림 P31.12

13. 한 변의 길이가 $a = 0.200$ m인 정사각형 도선 고리 면이 그림 P31.13과 같이 동서축을 따라 수직으로 놓여 있다. 이 지점에서 지구 자기장의 크기는 $B = 35.0$ μT이고, 수평 아래로 35.0°의 각도를 이루며 북쪽을 향하고 있다. 도선 고리와 전류계를 연결하는 도선 및 도선 고리의 전체 저항은 0.500 Ω이다. 그림과 같이 수평력에 의하여 도선 고리가 갑자기 찌그러질 때, 전류계의 한 단자에 유입되는 전체 전하량은 얼마인가?

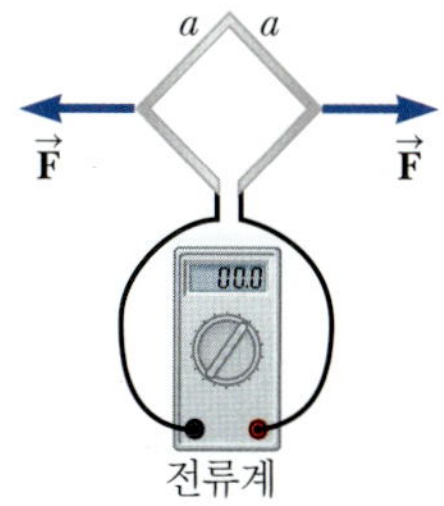

그림 P31.13

14. 금속 고리를 통과하는 자기선속이 시간에 따라 $\Phi_B = at^3 - bt^2$으로 변한다. 여기서 $a = 6.00$ s^{-3}, $b = 18.0$ s^{-2}이고, Φ_B의 단위는 Wb, t의 단위는 s이다. 고리의 저항은 3.00 Ω이다. $t = 0$에서 $t = 2.00$ s 간격 동안 고리에 유도된 최대 전류를 구하라.

31.2 운동 기전력

31.3 렌츠의 법칙

15. 그림 P31.15와 같이 중앙 허브(hub)에서 뻗어 나온 두 개의 회전 날개가 있는 헬리콥터가 있다. 날개 하나의 길이는 3.00 m이고 2.00 rev/s의 각속력으로 회전한다. 지구 자기장의 연직 성분이 50.0 μT라면 중앙 허브와 날개 끝 사이에 유도된 기전력은 얼마인가?

그림 P31.15

16. 길이가 15.0 m인 강철 빔을 실은 트럭이 고속도로에 있다. 교통사고가 나서 강철 빔이 트럭에서 쏟아져 속력 25.0 m/s로 지면을 따라 수평으로 미끄러진다. 강철 빔의 질량 중심 속도는 북쪽 방향이고, 강철 빔의 길이 방향은 동−서 방향을 유지하고 있다. 이 지역에서 지구 자기장의 연직 성분 크기는 35.0 μT이다. 강철 빔의 양 끝단 사이에 유도된 기전력의 크기는 얼마인가?

17. 그림 P31.17은 마찰 없이 미끄러지는 막대를 위에서 본 모습이다. 저항은 $R = 6.00\ \Omega$이고 2.50 T인 자기장이 종이면 안쪽으로 향하고 있다. $\ell = 1.20$ m이라 하자. 저항기에 0.500 A의 전류가 흐르기 위하여 도체 막대는 얼마의 속력으로 이동해야 하는가?

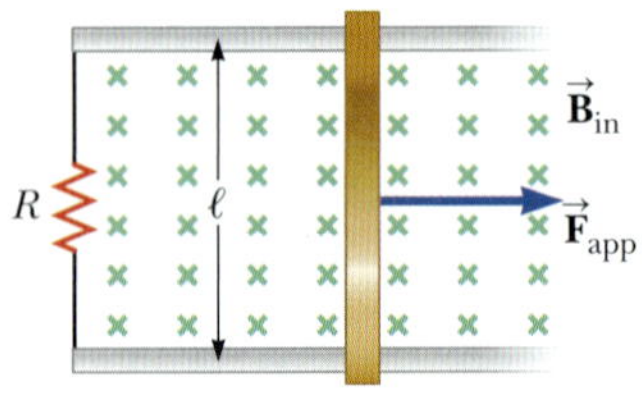

그림 P31.17 문제 17, 18

18. 그림 P31.17과 같이 길이가 ℓ인 도체 막대가 두 개의 긴 수평 레일 위에서 운동한다. 막대와 레일 사이의 마찰은 없다. 자기장의 방향이 종이면으로 들어가는 방향이고 외력 $\vec{F}_{app}$의 크기가 1.00 N일 때 막대는 2.00 m/s의 등속력으로 운동한다. (a) 저항기의 저항이 $R = 8.00\ \Omega$일 때 저항기를 지나가는 전류를 구하라. (b) 저항기에 에너지가 전달되는 일률을 구하라. (c) 외력이 하는 역학적 일의 일률을 구하라.

19. 그림 P31.19와 같이 질량 $m = 0.200$ kg인 막대가 마찰 없이 두 레일 위를 미끄러져 내려오고 있다. 두 레일은 서로 거리 $\ell = 1.20$ m만큼 떨어져 있고, 레일이 위치한 경사면은 지면과 $\theta = 25.0°$의 각도를 이루고 있다. 저항기의 저항값은 $R = 1.00\ \Omega$이고, 크기가 $B = 0.500$ T인 균일한 자기장은 막대가 운동하는 전 영역에서 연직 아래로 향하고 있다. 막대가 레일을 따라 미끄러져 내려오는 일정한 속력 v는 얼마인가?

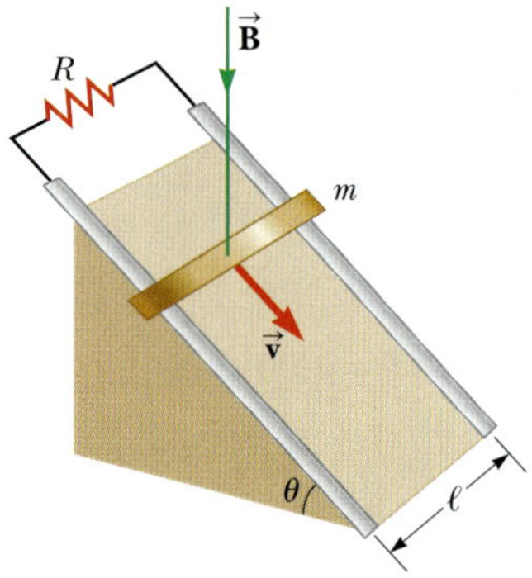

그림 P31.19

20. **단극 발전기**는 저전압 고전류의 전기 발전기로 패러데이 원반이라 부르기도 한다. 이 발전기는 그림 P31.20과 같이 회전하는 도체 원반과, 원반 가장자리와 원반 축에 붙어 있는 고정된 브러시들로 이루어져 있다. 원반 면에 수직인 방향으로 균일한 자기장이 걸린다. 자기장의 크기가 0.900 T, 각속력이 3.20×10^3 rev/min, 원반의 반지름이 0.400 m일 때 브러시 사이의 기전력을 구하라. 초전도체 코일로 큰 자기장을 만들면 이 발전기는 수 메가와트의 일률을 낼 수 있다. 또 역으로 브러시를 통하여 외부 전류를 흘려서 원반을 회전시키는 모터로 사용하면 아주 큰 돌림힘을 줄 수 있고 선박의 추진에 쓸 수 있다.

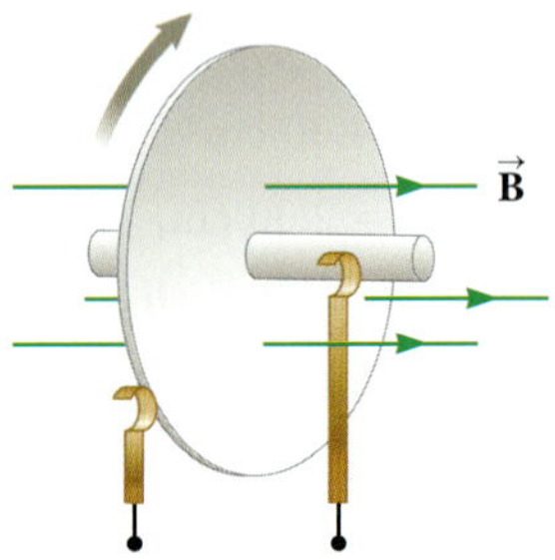

그림 P31.20

21. 그림 P31.21과 같이 저항이 R이고 길이 ℓ과 너비 w로 N번 감긴 코일이 하나 있다. 이 코일이 균일한 자기장 $\vec{B}$ 내를 등

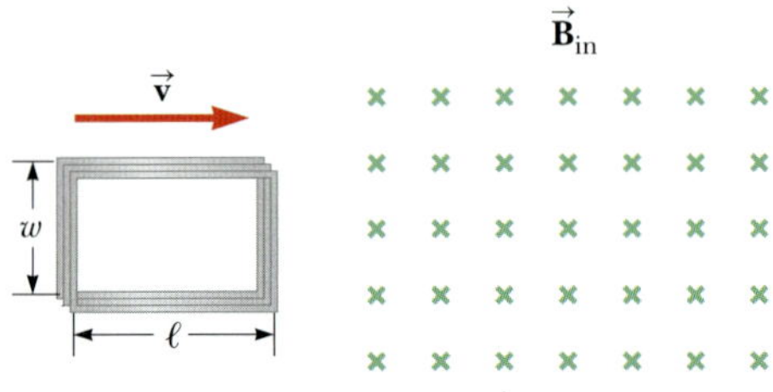

그림 P31.21

속도 $\vec{\mathbf{v}}$로 이동하고 있다. 코일에 작용하는 전체 자기력의 크기와 방향을 (a) 자기장으로 들어갈 때, (b) 자기장 내에서 이동할 때, (c) 자기장에서 나올 때로 구분하여 각각 구하라.

22. MRI(자기 공명 영상) 진단 장치처럼 강한 자기장을 사용하는 의료용 기기들이 있다. 의료기사가 황동 팔찌를 착용하고 있다. 고리의 넓이는 0.005 00 m^2이다. 기사의 손이 자기장 크기 5.00 T인 전자석 내에 있고 자기장의 방향이 고리 면에 수직이라고 하자. 팔찌 둘레의 전기 저항이 0.020 0 Ω이다. 갑자기 전원에 문제가 생겨서 20.0 ms 동안 자기장이 1.50 T로 줄어든다면 (a) 팔찌에 흐르는 유도 전류의 크기와 (b) 팔찌에 전달되는 전력은 얼마인가? *Note*: 이 문제가 암시하듯이 강한 자기장 영역에서는 금속 제품을 착용하지 않아야 한다.

23. 자기장 값을 탐색 코일(탐지 코일; search coil)이란 장치를 써서 측정하기도 한다. 코일이 움직이거나 자기장 값이 변함에 따라 코일면에 대한 자기선속이 변화하는 시간 간격 동안, 이 장치에서는 코일 도선을 통과하는 전체 전하를 측정한다. (a) 코일면에 대한 자기선속이 Φ_1에서 Φ_2로 변할 때 코일 도선을 흐른 전체 전하는 $Q = N(\Phi_2 - \Phi_1)/R$ 임을 보이라. R는 코일 전체의 저항이고 N은 코일에서 도선이 감긴 수이다. (b) 한 예로서 저항이 200 Ω, 감긴 수가 100회, 단면적이 40.0 cm^2인 코일이 자기장 내에서 회전하는 경우를 생각하자. 코일면이 자기장에 수직인 위치에 있다가, 자기장에 평행한 방향이 되게 코일이 회전할 때 코일을 흐른 전체 전하량이 5.00×10^{-4} C이라 하자. 코일 내부 자기장의 크기 B를 계산하라.

24. 그림 P31.24는 로마자 e 모양의 고정된 도체를 보여 준다. 원호 부분의 반지름은 $a = 50.0$ cm이다. 이 도체가 크기가 0.500 T이고 종이면에서 나오는 방향인 일정한 자기장 내에 있다. 길이가 50.0 cm인 도체 막대가 O점에 대하여 일정한 각속력 2.00 rad/s로 회전한다. (a) 고리 POQ에서 유도 기전력을 계산하라. 고리의 넓이가 $\theta a^2/2$임을 이용하라. (b) 모든 도체 물체의 단위 길이당 저항이 5.00 Ω/m이면 점 P가 점 Q를 통과한 후 0.250 s가 지난 순간, 고리 POQ에 흐르는 유도 전류를 구하라.

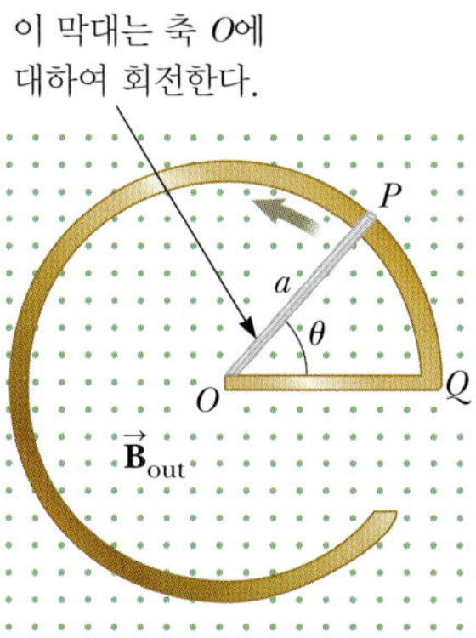

그림 P31.24

25. 그림 P31.25와 같이 전류 I가 흐르는 긴 직선 도선에 수직 방향으로 도체 막대가 등속도로 움직이고 있다. 도체 막대의 양단 사이에 발생된 기전력의 크기가

$$|\boldsymbol{\mathcal{E}}| = \frac{\mu_0 v I \ell}{2\pi r}$$

임을 보이라. 이 경우 예상한 바와 같이 r가 증가함에 따라 기전력은 감소함에 주목하라.

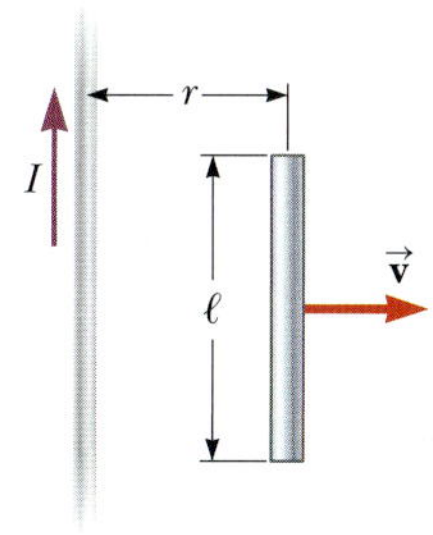

그림 P31.25

26. 그림 P31.26과 같이 균일한 자기장 내에 도선이 220회 촘촘하게 감긴 원형 코일이 있다. 코일의 중심축의 방향은 자기장 방향과 평행하고, 코일의 반지름은 12.0 cm이다. 자기장은 20.0 mT/s의 일정한 비율로 시간에 따라 변한다. (a) 코일에 흐르는 전류가 시계 방향인지 시계 반대 방향인지 알기 위하여 어떤 정보가 필요한가? (b) 코일에 전달되는 전력이 160 W보다 크면 코일은 과열된다. 이 임계 전력일 때 코일의 저항은 얼마인가? (c) 작동할 때의 온도를 낮추려면 코일의 저항은 보다 낮아야 하는가, 높아야 하는가?

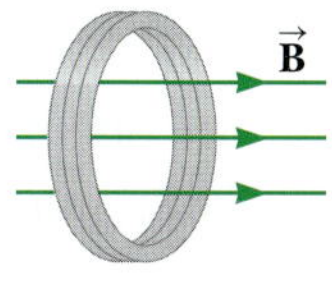

그림 P31.26

27. 그림 P31.27에서 균일한 자기장이 일정한 시간 비율 $dB/dt = -K$로 감소한다. 여기서 K는 양의 상수이다. 저항기 R와 축전기 C가 연결되어 있는 반지름이 a인 원형 고리를 고리면과 자기장의 방향이 서로 수직이 되도록 자기장 내에 둔다. (a) 축전기가 완전히 충전된 후 축전기의 전하량 Q를 구하라. (b) 축전기의 위와 아래의 두 판 중 어느 판의 전위가 더 높은가? (c) 이렇게 전하를 분리시키는 힘이 무엇인지 토론해 보라.

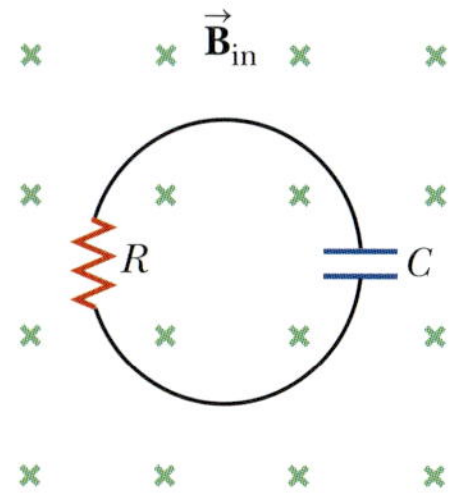

그림 P31.27

28. 그림 P31.28에서처럼 가로의 길이가 w, 세로의 길이가 ℓ인 직사각형 도선이 일정한 속도 $\vec{\mathbf{v}}$로 무한히 길고 곧은 도선으로부터 멀어지고 있다. 긴 도선은 직사각형과 같은 평면 위에 있으며, 일정한 전류 I가 긴 도선에 흐른다. 고리의 전체 저항은 R이다. 직사각형의 변 중 긴 도선에 가까운 변과 긴 도선 사이의 거리가 r일 때 고리 도선에 흐르는 전류를 나타내는 표현을 구하라.

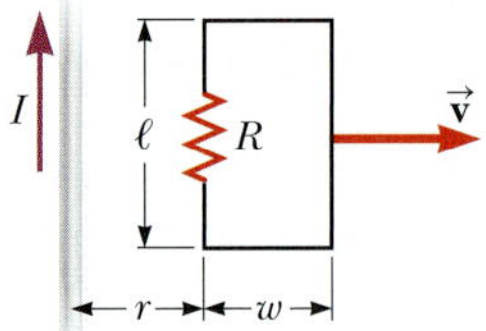

그림 P31.28

29. 그림 P31.29와 같이 전류 200 A가 흐르는 가늘고 긴 도선 위 거리 $d = 80.0$ cm인 곳에 길이가 $\ell = 30.0$ cm인 가는 도선을 긴 도선과 평행하게 공간에 붙들고 있다가 $t = 0$인 순간 놓는다. 짧은 도선은 긴 도선과 평행인 방향을 유지하면서 떨어진다. 떨어지는 도선의 가속도가 9.80 m/s²라고 가정한다. (a) 떨어지는 도선에 유도되는 기전력을 나타내는 식을 유도하라. (b) 이 기전력의 최솟값은 얼마인가? (c) 이 기전력의 최댓값은 얼마인가? (d) $t = 0.300$ s일 때 유도 기전력을 구하라.

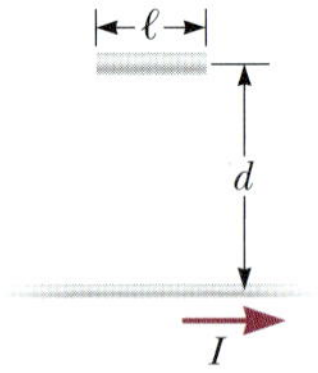

그림 P31.29

30. 그림 P31.30에서 평행한 두 레일 위에 있는 질량 m인 막대를 질량을 무시할 수 있는 줄이 당긴다. 막대와 레일 사이에는 마찰이 없고 줄은 가볍고 마찰 없는 도르래를 거쳐 질량이 M인 매달려 있는 물체와 연결된다. 두 레일이 이루는 면에 수직인 방향으로 크기가 B인 자기장이 있고 레일 사이의 거리는 ℓ이다. 그림에서 두 레일 사이에 연결된 부하 저항기 R를 제외한 나머지 도체 부분의 저항은 무시할 수 있다. 줄에 매달린 물체와 막대가 정지해 있다가 $t = 0$일 때 움직이기 시작한다고 가정한다. 막대의 수평 속력을 시간의 함수로 표현하라.

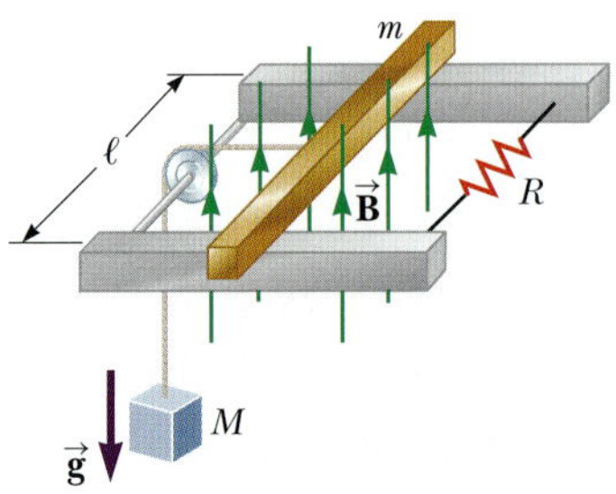

그림 P31.30

31.4 유도 기전력과 전기장

31. 그림 P31.31과 같이 초록색 점선으로 표시된 원 내에서, 자기장이 시간에 따라 $B = 2.00\,t^3 - 4.00\,t^2 + 0.800$으로 변한다. 여기서 B의 단위는 T, t의 단위는 s이고, $R = 2.50$ cm이다. 시간 $t = 2.00$ s에서 원형 자기장의 중심으로부터 거리 $r_1 = 5.00$ cm 떨어진 점 P_1에 위치한 전자에 작용하는 힘의 (a) 크기와 (b) 방향을 계산하라. (c) 어느 순간에 이 힘은 영이 되는가?

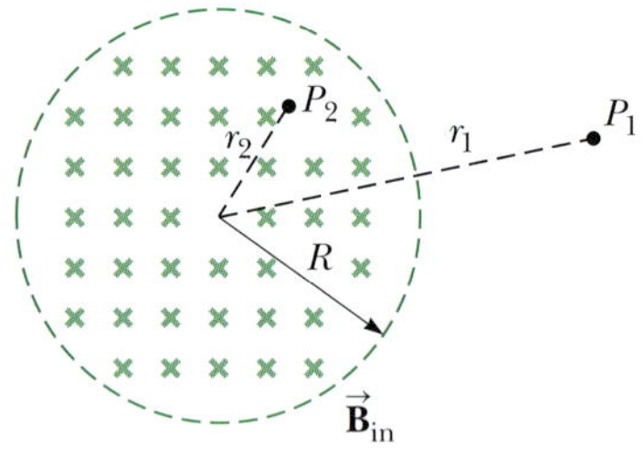

그림 P31.31

32. 반지름이 2.00 cm이고 미터당 감은 횟수가 1.00×10^3인 긴 솔레노이드에 $I = 5.00 \sin 100\pi t$의 전류가 흐른다. 여기서 I의 단위는 A이고 t의 단위는 s이다. (a) 솔레노이드의 축으로부터 반지름 $r = 1.00$ cm 만큼 떨어진 위치에서 유도 전기장은 얼마인가? (b) 솔레노이드에 흐르는 전류가 시계 반대 방향으로 증가할 때, 이 전기장의 방향은 어디인가?

33. 무한히 긴 두 솔레노이드가(그림에서 단면으로 보이는 두 원) 그림 P31.33과 같이 회로를 통과하고 있다. 두 솔레노이드 내부의 자기장 $\vec{\mathbf{B}}$의 크기는 같으며, 100 T/s의 비율로 증가하고 있다. 각 저항기에서의 전류는 얼마인가?

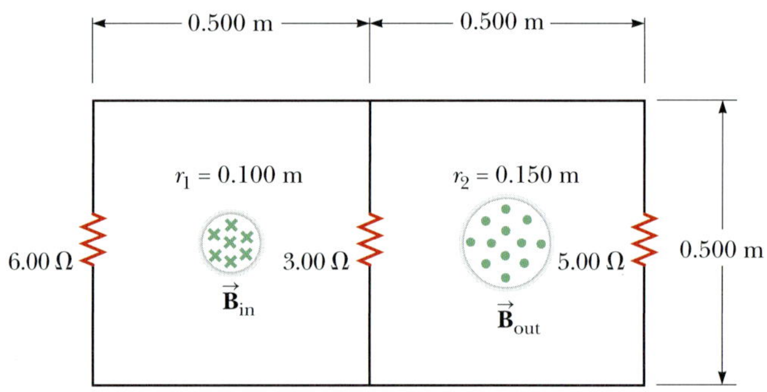

그림 P31.33

31.5 발전기와 전동기

34. 900 rev/min으로 회전할 때 기전력이 24.0 V인 어떤 발전기가 있다. 이 발전기가 500 rev/min으로 회전하면 얼마만큼의 기전력을 만드는가?

35. 그림 P31.35는 축 AC에 대하여 120 rev/min의 일정한 비

율로 회전하면서 자기장이 있는 영역에 들어갔다 나왔다 하는 반원형 도선을 보여 준다. 반원의 반지름은 $R = 0.250$ m 이며, 크기가 1.30 T인 균일한 자기장이 회전축 아래 영역에 있다. 자기장의 방향은 종이면에서 나오는 방향이다. (a) 도체 양끝 사이 유도되는 기전력의 최댓값을 계산하라. (b) 한 바퀴 회전하는 동안의 평균 기전력은 얼마인가? (c) 자기장이 있는 영역의 경계면이 그림에서 위로 R만큼 더 올라가서 반원이 항상 자기장 내에 있으면 앞의 두 물음의 답은 어떻게 달라지는가? (d) 자기장이 원래 그림의 경우일 때와 (e) 경계면이 앞의 물음처럼 이동한 경우에 기전력 대 시간의 그래프를 대략적으로 그리라.

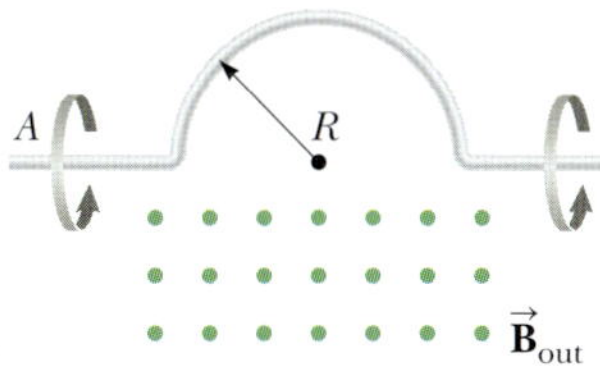

그림 P31.35

36. 어떤 전동기가 120 V 전원에 연결되어 정상 동작중일 때 0.850 A의 직류전류가 흐르고 내부 코일의 저항은 11.8 Ω 이다. (a) 이때 모터 내부의 역기전력은 얼마인가? (b) 코일에서 내부 에너지로 변환되는 과정의 일률을 구하라. (c) 모터가 고장이 나서 회전을 멈출 경우 코일에서 내부 에너지로 변환되는 일률을 구하라. 대개의 모터 내부에는 열적인 스위치가 붙어 있어서 이런 상황이 오면 전류를 끊는다.

37. 교류 발전기에 한 변의 길이가 10.0 cm인 정사각형 회전 고리가 있다. 이 회전 고리는 균일한 자기장 0.800 T 내에서 60.0 Hz로 회전하고 있다. 이때 (a) 시간의 함수로 고리를 통과하는 자기선속, (b) 고리에 유도되는 기전력, (c) 고리의 저항이 1.00 Ω일 때 고리에 유도되는 전류, (d) 고리에 공급되는 전력, (e) 고리를 회전시키기 위하여 작용해야 할 돌림힘을 계산하라.

38. 그림 P31.38과 같이 구리선을 200번 감아 단면적이 $A = 100$ cm^{2}인 원형 코일을 만든다. 처음에는 크기가 $B = 1.10$ T인 균일한 자기장을 코일 면에 수직인 위쪽 방향으로 가하였다가, Δt시간 동안에 자기장의 방향을 반대로 바꾼다. $R = 5.00$ Ω일 때 이 시간 동안 저항기의 한쪽 끝으로 얼마나 많은 전하량이 들어가는가?

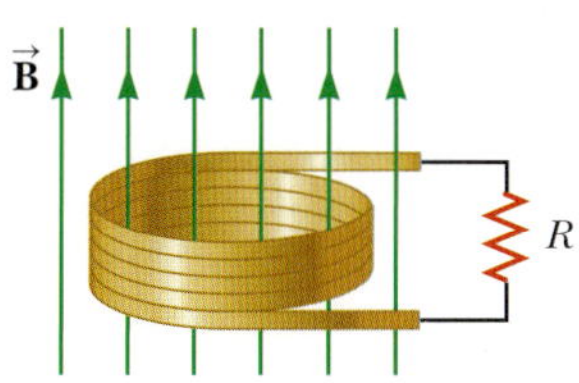

그림 P31.38

31.6 맴돌이 전류

39. 그림 P31.39와 같이 맴돌이 전류를 사용하는 전자기 브레이크가 있다. 궤도 차량의 레일 위쪽에 전자석을 붙인다. 차량을 멈추려면 전자석 코일에 강한 전류를 흐르게 한다. 차량과 함께 움직이는 전자석은 레일 위에 맴돌이 전류를 일으키고 그 방향은 전자석, 즉 차량의 이동에 의한 전자석 자기장의 변화를 방해하게 한다. 즉 맴돌이 전류에 의한 자기장은 차량이 진행하는 방향과 반대 방향으로 자기력을 주어 차량의 속력은 줄어든다. 그림에서 코일을 흐르는 전류의 방향과 속도 방향은 정확하게 그린 것이다. 그림에 나타낸 위치에서 맴돌이 전류들의 방향이 옳은지 여부를 말하고 그 이유를 설명하라.

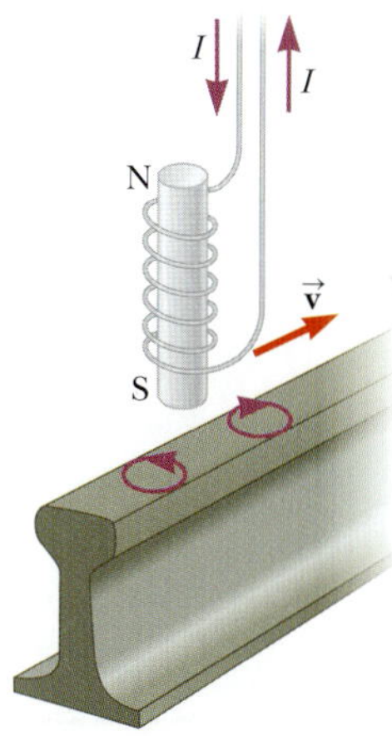

그림 P31.39

40. 유도로(induction furnace)는 전자기 유도를 이용하여 도체에 맴돌이 전류를 일으켜 도체를 가열시킨다. 상용 제품은 60 Hz와 1 MHz 사이 영역의 진동수에서 작동하며 수 와트에서 수 메가와트의 전력을 낼 수 있다. 인덕션 렌지 위에 금속 팬을 놓고 요리하는 것은 유도 가열을 이용하는 것이다. 유도 가열을 사용하여 진공에서 용접을 하면 금속의 산화와 오염을 피할 수 있다. 유도 가열을 이해하기 위하여 반지름이 R이고 두께가 b인 원반형 도체를 생각하자. 도체의 비저항은 ρ이다. 원반에 수직인 방향으로 시간에 따라 $B = B_{max} \cos \omega t$와 같이 사인형으로 변하는 자기장을 걸어 준다. 맴돌이 전류들이 모두 원반과 중심이 같은 원형이라고 가정한다. (a) 원반에 전달되는 에너지의 평균 일률을 구하라. (b) 자기장의 진폭이 두 배가 되면 이 전력은 몇 배가 되는가? (c) 진동수가 두 배가 되면 전력은 몇 배가 되는가? (d) 원반의 반지름이 두 배가 되면 전력은 몇 배가 되는가?

유도 계수

Inductance

CHAPTER

32

바닷가에서 모래 속에 묻혀 있는 물체를 탐지하기 위하여 금속 탐지기를 사용하고 있다. 금속 탐지기의 끝에는 회로의 일부로서 코일이 감겨 있다. 코일이 금속 물체 근처에 다가가면, 코일의 유도 계수에 영향을 주고 회로의 전류가 변한다. 전류가 변하면 탐지가의 이어폰에 신호를 보낸다. 이번 장에서는 유도 계수에 대하여 배운다. *(Andy Ryan/Stone/ Getty Images)*

31장에서 닫힌 회로를 통과하는 자기선속이 시간에 따라 변할 때, 회로에 기전력과 전류가 유도된다는 것을 알았다. 이런 전자기 유도 현상은 몇 가지 실제적인 중요성을 갖는데, 이것을 이 장에서 다루게 된다. 먼저 **자체 유도**라는 현상으로서, 회로의 전류가 시간에 따라 변하면, 원래 전류 흐름을 일으킨 기전력과 반대 방향의 유도 기전력이 발생하는 현상을 말한다. 이런 현상은 시간에 따라 변하는 전류가 흐르는 회로에서 중요한 역할을 하는 **인덕터**의 기본 원리가 된다. 그래서 앞으로 인덕터의 자기장 안에 저장된 에너지와 자기장과 결부된 에너지 밀도의 개념을 다루게 된다.

그 다음 외부 회로에 의하여 발생된 자기선속이 변할 때 회로 내에 기전력이 어떻게 유도되는지 알아보게 되는데, 이것이 바로 **상호 유도**의 기본 원리이다. 마지막으로 인덕터, 저항기 그리고 축전기들이 조합된 다양한 회로의 특성에 대하여 배우게 된다.

32.1 자체 유도와 자체 유도 계수
Self-Induction and Inductance

스위치를 닫으면 전류는 회로를 통과하는 자기선속을 만들고, 전류가 증가함에 따라 변화하는 자기선속은 유도 기전력을 만든다.

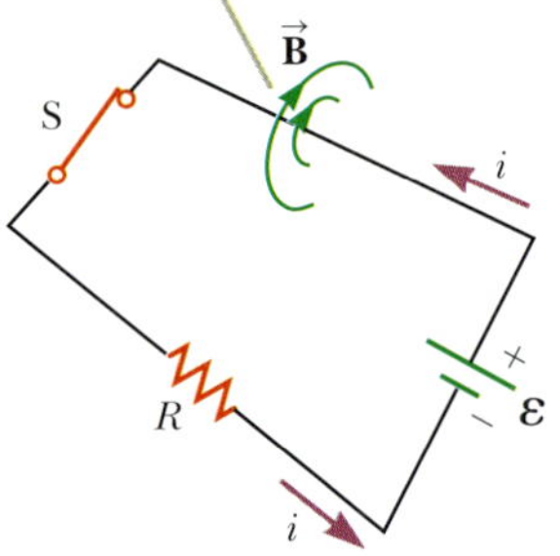

그림 32.1 간단한 회로에서의 자체 유도

Brady-Handy Collection, Library of Congress Prints and Photographs Division [LC-BH83-997]

헨리
Joseph Henry, 1797~1878
미국의 물리학자

헨리는 스미스소니언 박물관의 초대 관장 및 자연과학협회의 초대 원장을 지냈다. 그는 전자석의 설계를 개선하였으며 처음으로 전동기를 제작한 사람 중 한 명이다. 또한 자체 유도 현상을 발견하였지만 이를 발표하지는 못하였다. 유도 계수의 단위인 헨리는 그의 이름을 딴 것이다.

이 장에서는 전지와 같은 물리적인 전원에 의한 기전력과 전류, 또는 자기장의 변화에 의하여 유도된 기전력과 전류를 주의하여 구별할 필요가 있다. 기전력 또는 전류를 수식어 없이 쓸 때는 물리적인 전원과 연관된 용어를 기술하는 것이고, '유도'를 붙여 쓸 때는 자기장의 변화에 의한 기전력과 전류를 나타낸다.

그림 32.1과 같이 스위치와 저항기 그리고 전원으로 구성된 회로를 생각해 보자. 회로도는 회로에 흐르는 전류에 의한 자기선속의 방향을 보여 주고 있다. 스위치를 닫을 때, 전류는 영에서 즉시 최댓값 $\boldsymbol{\varepsilon}/R$에 도달하지 못한다. 패러데이의 전자기 유도 법칙(식 31.1)을 사용하여 살펴보자. 전류가 흐르면 도선 주위의 자기력선이 회로 고리를 통과한다. 이 전류가 증가하면 고리를 통과하는 자기선속이 증가한다. 이 증가하는 자기선속은 회로에 기전력을 유도한다. 이 유도된 기전력의 방향은 전원의 기전력 방향과 반대여서, 전류의 증가를 억제하므로 전류는 순간적으로 변하지 않고 점진적으로 증가하여 나중 평형값에 도달한다. 31장의 전동기에서와 같이, 유도 기전력의 방향 때문에 이 기전력을 **역기전력**이라고도 한다. 이런 현상을 **자체 유도**(self-induction)라 하는데, 이는 회로를 지나는 자기선속의 변화가 그 회로 자체에 의하여 발생되기 때문이다. 또한 이 경우에 발생된 기전력 $\boldsymbol{\varepsilon}_L$을 **자체 유도 기전력**(self-induced emf)이라고 한다.

자체 유도를 정량적으로 다루기 위하여 우선 패러데이의 법칙으로부터 유도 기전력은 자기선속의 시간 변화율의 음(−)의 값임을 주목하자. 자기선속은 자기장에 비례하고 자기장은 회로에 흐르는 전류에 비례하므로, 자체 유도 기전력은 항상 전류의 시간 변화율에 비례하게 되며, 임의의 닫힌 회로에 대하여 다음과 같이 쓸 수 있다.

$$\boldsymbol{\varepsilon}_L = -L\frac{di}{dt} \tag{32.1}$$

여기서 L은 비례 상수로서 회로의 기하학적인 모양과 물리적인 특성에 따라 정해지는 고리의 **자체 유도 계수**라고 하며, 줄여서 유도 계수(또는 인덕턴스)라고도 한다. 조밀하게 N번 감은 코일(토로이드 또는 솔레노이드)에 전류 i가 흐르는 경우, 패러데이의 법칙은 $\boldsymbol{\varepsilon}_L = -N\,d\Phi_B/dt$이므로 식 32.1과 비교하면

$$L = \frac{N\Phi_B}{i} \tag{32.2}$$

가 된다. 이 식에서 자기선속은 한 바퀴 감은 도선마다 같다고 가정하였으며, L은 전체 코일의 자체 유도 계수이다.

또한 식 32.1로부터 자체 유도 계수는

자체 유도 계수 ▶

$$L = -\frac{\boldsymbol{\varepsilon}_L}{di/dt} \tag{32.3}$$

가 된다. 저항이 식 27.7에 주어진 전류에 대한 방해 정도의 척도인 반면($R = \Delta V/I$),

식 32.3은 식 27.7과 같은 수학적 형태이므로 자체 유도 계수는 전류의 변화에 대한 방해 정도의 척도임을 보여 준다.

유도 계수의 SI 단위는 **헨리**(H)이며, 식 32.3에 따라 다음과 같이 얻는다.

$$1\ \mathrm{H} = 1\ \mathrm{V \cdot s/A}$$

예제 32.1에서 보듯이 코일의 자체 유도 계수는 기하학적인 모양에 의하여 정해진다. 이의 의존 관계는 26.3절에서 보았던 판의 기하학적 모양에 의존하는 축전기의 전기용량과 식 27.10에서 길이와 단면적에 의존하는 도선 저항기의 저항과 유사하다. 모양이 복잡한 코일의 자체 유도 계수를 계산하는 것은 매우 어렵다. 그러나 다음 예제는 비교적 간단한 구조의 코일에 대한 자체 유도 계수를 구하는 방법을 제시한다.

퀴즈 32.1 저항이 없는 코일에 a와 b의 두 단자가 있다. a에서의 전위는 b보다 높다. 다음 중 이 상태와 부합되는 것은 어느 것인가? **(a)** 전류는 일정하고 a에서 b로 흐른다. **(b)** 전류는 일정하고 b에서 a로 흐른다. **(c)** 전류는 증가하고 a에서 b로 흐른다. **(d)** 전류는 감소하고 a에서 b로 흐른다. **(e)** 전류는 증가하고 b에서 a로 흐른다. **(f)** 전류는 감소하고 b에서 a로 흐른다.

예제 32.1 솔레노이드의 자체 유도 계수

길이 ℓ인 원통에 도선을 균일하게 N번 감은 솔레노이드가 있다. ℓ은 솔레노이드의 반지름보다 대단히 크며 솔레노이드 내부는 비어 있다.

(A) 솔레노이드의 자체 유도 계수를 구하라.

풀이

개념화 솔레노이드의 각 코일로부터의 자기선속은 모든 코일을 통과하며, 각 코일에서의 유도 기전력은 전류의 변화를 방해한다.

분류 이 예제는 대입 문제로 분류한다. 솔레노이드의 길이가 크므로 30장에서 구한 이상적인 솔레노이드에 대한 결과를 사용할 수 있다.

단면적이 A인 솔레노이드에서 코일 하나에 대한 자기선속을 식 30.17로부터 구한다.

$$\Phi_B = BA = \mu_0 niA = \mu_0 \frac{N}{\ell} iA$$

이 식을 식 32.2에 대입한다.

$$L = \frac{N\Phi_B}{i} = \mu_0 \frac{N^2}{\ell} A \tag{32.4}$$

(B) 단면적이 $4.00\ \mathrm{cm^2}$이고, 길이가 $25.0\ \mathrm{cm}$인 원통에 300번 코일을 감은 솔레노이드의 자체 유도 계수를 구하라.

풀이 식 32.4에 대입하면 다음과 같다.

$$L = (4\pi \times 10^{-7}\ \mathrm{T \cdot m/A}) \frac{300^2}{25.0 \times 10^{-2}\ \mathrm{m}} (4.00 \times 10^{-4}\ \mathrm{m^2})$$

$$= 1.81 \times 10^{-4}\ \mathrm{T \cdot m^2/A} = 0.181\ \mathrm{mH}$$

(C) $50.0\ \mathrm{A/s}$의 비율로 전류가 감소할 때 솔레노이드의 자체 유도 기전력을 계산하라.

풀이 $di/dt = -50.0\ \mathrm{A/s}$와 (B)에서의 답을 식 32.1에 대입하면 다음과 같다.

$$\mathcal{E}_L = -L\frac{di}{dt} = -(1.81 \times 10^{-4}\ \mathrm{H})(-50.0\ \mathrm{A/s})$$

$$= 9.05\ \mathrm{mV}$$

(A)의 결과로부터 L은 기하학적 모양에 의존하고 감은 수의 제곱에 비례함을 알 수 있다. $N = n\ell$이므로

$$L = \mu_0 \frac{(n\ell)^2}{\ell} A = \mu_0 n^2 A\ell = \mu_0 n^2 V \tag{32.5}$$

가 된다. 여기서 $V = A\ell$은 솔레노이드 내부의 부피이다.

32.2 *RL* 회로
RL Circuits

솔레노이드와 같이 코일을 포함한 회로는 전류의 순간적인 증가나 감소를 방지하는 유도 계수를 갖는다. 유도 계수가 큰 회로 요소를 **인덕터**(inductor)라 하며, 이에 대한 회로 기호는 —ooo—이다. 회로의 인덕터를 제외한 나머지 부분도 유도 계수를 가지나 인덕터의 유도 계수에 비하면 무시할 수 있을 정도라고 가정한다.

인덕터의 유도 계수는 역기전력을 발생시키기 때문에 회로 내의 인덕터는 전류의 변화를 억제한다. 인덕터는 변화가 발생하기 전과 동일한 전류를 유지하려고 한다. 회로에서 전지의 전압이 증가하여 전류가 증가하면, 인덕터는 이 변화를 억제하여 전류가 순간적으로 증가하지 않는다. 전지 전압이 감소하면, 인덕터는 순간적인 변화를 억제하며 전류를 천천히 감소시킨다. 그러므로 인덕터는 전압의 변화에 회로가 천천히 반응하게 한다.

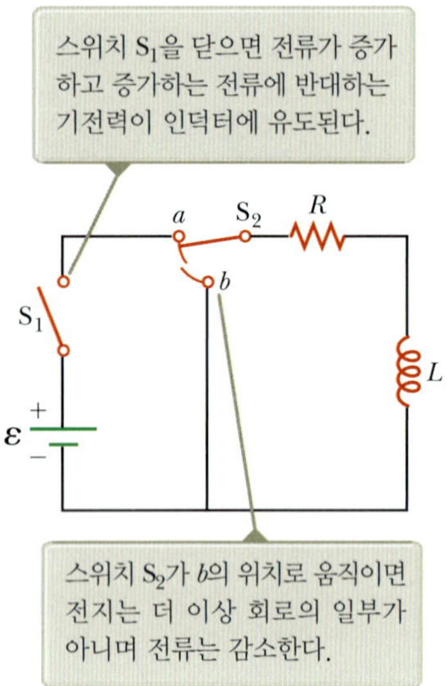

그림 32.2 *RL* 회로. 스위치 S_2가 a의 위치에 있으면 전지는 회로에 연결된다.

그림 32.2의 무시할 수 있는 내부 저항을 가진 전지를 포함한 회로를 생각해 보자. 전지에 연결된 요소가 저항기와 인덕터이기 때문에 이 회로를 ***RL* 회로**(*RL* circuit)라고 한다. 스위치 S_2에 있는 곡선은 스위치가 열리지 않고, a 또는 b의 위치에 항상 있음을 보인다(스위치가 a 또는 b에 연결되지 않으면, 회로의 전류는 갑자기 없어진다). $t < 0$일 때 스위치 S_2가 점 a에 있고, 스위치 S_1이 열려 있다가 $t = 0$인 순간에 닫히면, 회로의 전류가 증가하기 시작하나 인덕터는 전류의 증가를 방해하는 역기전력(식 32.1)을 발생시킨다.

이 사실을 바탕으로 이 회로에 대한 키르히호프의 고리 법칙을 시계 방향으로 적용하면 다음과 같다.

$$\boldsymbol{\varepsilon} - iR - L\frac{di}{dt} = 0 \tag{32.6}$$

여기서 iR는 저항기를 통과할 때의 전압 강하이다(키르히호프의 법칙은 일정한 전류가 흐르는 회로에 대하여 유도되었으나, 어느 한 순간의 회로를 고려하면 전류가 변화하는 회로에 대해서도 적용할 수 있다). 위 미분 방정식의 일반해는 28.4절의 *RC* 회로에 대한 해와 유사한 형태를 갖는다.

식 32.6의 수학적인 해는 시간의 함수로서 회로의 전류를 나타낸다. 수학적인 해를 구하기 위하여 변수를 $x = (\boldsymbol{\varepsilon}/R) - i$로 치환하는 것이 편리하다. 이때 $dx = -di$가 되며, 이것을 식 32.6에 대입하여 정리하면 다음과 같다.

$$x + \frac{L}{R}\frac{dx}{dt} = 0$$

이 식을 양변으로 분리하여 적분하면

$$\int_{x_0}^{x} \frac{dx}{x} = -\frac{R}{L}\int_0^t dt$$

$$\ln\frac{x}{x_0} = -\frac{R}{L}t$$

가 된다. 여기서 x_0은 $t = 0$에서 x의 값이다. 앞의 식을 x에 대하여 풀면 다음과 같다.

$$x = x_0 e^{-Rt/L}$$

$t = 0$에서 $i = 0$이므로, $x_0 = \mathcal{E}/R$가 된다. 따라서 원래의 변수를 사용하여 앞의 식을 나타내면 다음과 같다.

$$\frac{\mathcal{E}}{R} - i = \frac{\mathcal{E}}{R} e^{-Rt/L}$$

$$i = \frac{\mathcal{E}}{R}(1 - e^{-Rt/L})$$

이 식은 인덕터가 전류에 주는 영향을 보여 준다. 스위치를 닫으면 전류는 순간적으로 증가하여 나중 평형 상태의 값을 나타내지 않고, 지수 함수적으로 증가한다. 인덕터가 회로로부터 제거되어 L이 영에 접근하면 지수항은 영이 되어, 전류의 시간 의존성이 없어진다. 즉 유도 계수가 영인 경우에 전류가 순간적으로 증가하여 나중 평형 상태의 값을 나타낸다.

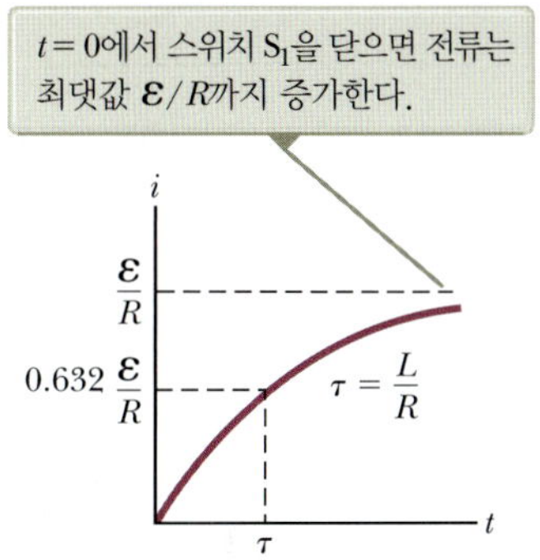

그림 32.3 그림 32.2에 있는 *RL* 회로의 시간 대 전류 그래프. 시간 상수 τ는 i가 최댓값의 63.2 %에 이르는 데 걸리는 시간을 의미한다.

또한 앞의 식을 다음과 같이 나타낼 수 있다.

$$i = \frac{\mathcal{E}}{R}(1 - e^{-t/\tau}) \tag{32.7}$$

여기서 상수 τ는 *RL* 회로의 **시간 상수**(time constant)

$$\tau = \frac{L}{R} \tag{32.8}$$

◀ *RL* 회로의 시간 상수

이다. 물리적으로 τ의 의미는 전류가 0에서부터 나중값 $\mathcal{E}/R$의 $(1-e^{-1}) = 0.632 = 63.2\ \%$에 이르는 데 걸리는 시간이다. 시간 상수는 여러 회로의 시간 반응을 비교하는 데 유용한 변수이다.

그림 32.3은 *RL* 회로에 흐르는 전류와 시간 사이의 그래프이다. $t = \infty$에서 전류는 나중 평형 상태에 도달하게 되며, 그 값은 $\mathcal{E}/R$이다. 이는 식 32.6에 $di/dt = 0$을 대입하여 전류에 대하여 풀면 얻게 된다(평형 상태에서 전류의 변화는 영이다). 이 그래프에서 보면 전류가 처음에는 빠르게 증가하나, t가 무한대에 접근하면 점차적으로 평형 상태의 값 $\mathcal{E}/R$에 도달함을 알 수 있다.

전류의 시간 변화율을 살펴보자. 식 32.7을 시간에 대하여 미분하면 다음과 같다.

$$\frac{di}{dt} = \frac{\mathcal{E}}{L} e^{-t/\tau} \tag{32.9}$$

이 식은 전류의 시간 변화율이 $t = 0$에서 최댓값$(\mathcal{E}/L)$이며, t가 무한대로 가면 지수 함수적으로 영이 된다(그림 32.4).

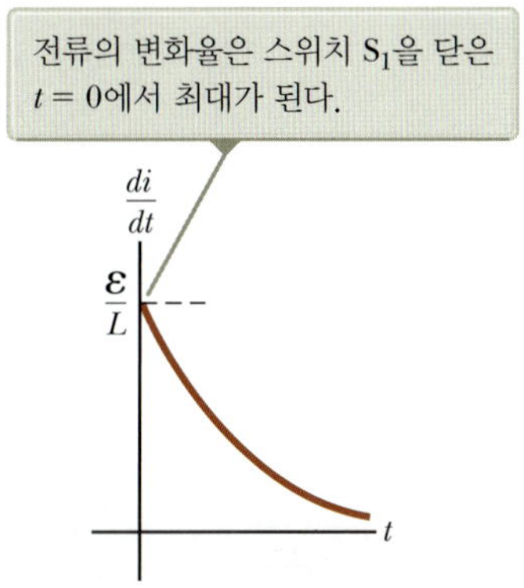

그림 32.4 그림 32.2에 있는 *RL* 회로에 대한 시간에 대한 di/dt 그래프. 이 비율은 i가 최댓값에 도달함에 따라서 시간에 따라 지수적으로 감소한다.

이번에는 그림 32.2에 있는 *RL* 회로를 다시 살펴보자. 스위치 S_2가 충분히 오랜 시간 동안 점 a에 놓여 있어 전류가 나중 평형값 $\mathcal{E}/R$에 도달한다고 하자. 이 경우 회로는 그림 32.2의 바깥 고리이다. 스위치를 a에서 b로 옮기면 전지가 연결되지 않은 오른쪽의 닫힌 고리가 회로가 된다. 전지는 회로로부터 제거되었다. 식 32.6에 $\mathcal{E} = 0$을 대

t = 0에서 스위치가 b의 위치로 움직이고, 전류는 최대인 $\mathcal{E}/R$에서 감소하기 시작한다.

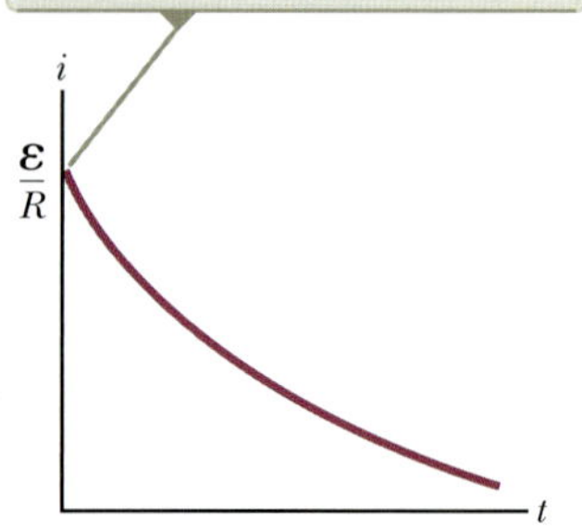

그림 32.5 그림 32.2의 오른쪽 회로에 대한 시간에 대한 전류 그래프. $t < 0$에서 스위치 S_2는 a의 위치에 있다.

입하여 정리하면 다음과 같다.

$$iR + L\frac{di}{dt} = 0$$

이 미분 방정식의 해는 다음과 같다.

$$i = \frac{\mathcal{E}}{R}e^{-t/\tau} = I_i e^{-t/\tau} \tag{32.10}$$

여기서 $\mathcal{E}$는 전지의 기전력이고, 스위치가 b로 옮겨진 순간의 처음 전류는 $I_i = \mathcal{E}/R$이다.

만일 회로에 인덕터가 없으면 전류는 전지가 제거될 때 즉시 영으로 감소된다. 인덕터가 존재하면 전류의 감소를 억제하여 전류가 지수적으로 감소한다. 회로에서 시간 대 전류 그래프(그림 32.5)는 전류가 시간에 따라 지속적으로 감소함을 보여 준다.

Q 퀴즈 32.2 S_1이 열려 있고 S_2가 a의 위치에 있는 그림 32.2의 회로를 살펴보자. 이제 스위치 S_1이 닫힌다. **(i)** 닫히는 순간에 전지의 기전력과 같은 전압이 걸리는 회로 요소는 어느 것인가? **(a)** 저항기 **(b)** 인덕터 **(c)** 저항기와 인덕터 **(ii)** 오랜 시간이 경과한 후에 전지의 기전력과 같은 전압이 걸리는 회로 요소는 어느 것인가? (i)의 보기에서 고르라.

예제 32.2 *RL* 회로의 시간 상수

그림 32.2와 같이 30.0 mH의 인덕터와 6.00 Ω의 저항기 그리고 12.0 V의 전지가 직렬로 연결된 회로가 있다.

(A) 회로의 시간 상수를 구하라.

풀이

개념화 이 절에서 논의한 그림 32.2에서 회로의 작동과 거동을 이해해야 한다.

분류 이 절에서 논의된 식으로부터 전류를 계산할 수 있으므로 예제를 대입 문제로 분류한다.

식 32.8의 시간 상수에 수치를 대입하면 다음과 같이 된다.

$$\tau = \frac{L}{R} = \frac{30.0 \times 10^{-3}\ \text{H}}{6.00\ \Omega} = 5.00\ \text{ms}$$

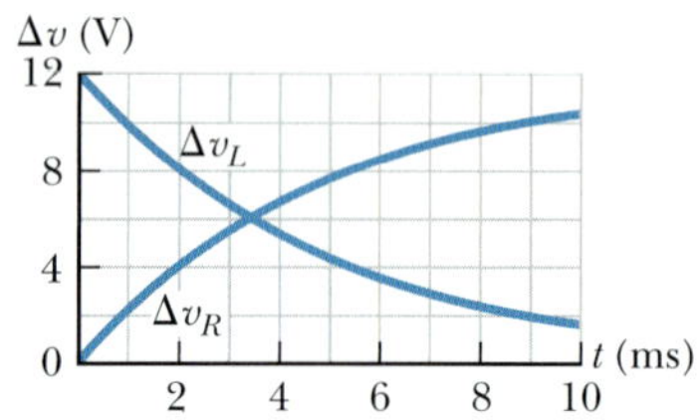

그림 32.6 (예제 32.2) 예제에서 그림 32.2에 대하여 주어진 값에 따른 인덕터와 저항기 양단 전압의 시간 변화

(B) 스위치 S_2는 a의 위치에 있고 $t = 0$에서 스위치 S_1을 닫는다. $t = 2.00$ ms 에서 회로에 흐르는 전류의 크기를 계산하라.

풀이 식 32.7에서 $t = 2.00$ ms에서의 전류를 구한다.

$$i = \frac{\mathcal{E}}{R}(1 - e^{-t/\tau}) = \frac{12.0\ \text{V}}{6.00\ \Omega}(1 - e^{-2.00\ \text{ms}/5.00\ \text{ms}})$$

$$= 2.00\ \text{A}\,(1 - e^{-0.400}) = 0.659\ \text{A}$$

(C) 인덕터 양단의 전위차와 저항기 양단의 전위차를 비교하라.

풀이 스위치가 닫힌 순간에는 전류가 없으며 이에 따라 저항기 양단의 전위차는 없다. 이 순간에 인덕터가 영의 전류 상태를 유지하려고 함에 따라 전지의 전압이 12.0 V의 역기전력 형태로 인덕터의 양단에만 걸려 있다(그림 32.2에서 인덕터의 위쪽은 아래쪽보다 높은 전위를 갖고 있다). 시간이 지남에 따라 그림 32.6과 같이 인덕터 양단의 기전력은 감소하며 저항기의 전류(그리고 저항기 양단의 전압)는 증가한다. 두 전압의 합은 항상 12.0 V이다.

문제 그림 32.6에서 인덕터와 저항기 양단의 전압은 $t = 3.4$ ms에서 동일하다. $t = 10.0$ ms와 같이 더 긴 시간이 경과한 후에 인덕터와 저항기 양단의 전압이 동일하게 될 조건은 무엇인가? 이와 같은 조건을 얻기 위하여 보다 작은 비율로 변화시켜도 되는 변수가 L인지 R인지 찾으라.

답 그림 32.6은 인덕터의 전압이 최대 전압의 절반일 때 두 소자의 전압이 같음을 보여 준다. 그러므로 전압이 같아지는 데 필요한 시간은 인덕터 전압의 반감기(half-life) $t_{1/2}$이다. RC 회로에서 지수적인 감소를 설명하기 위하여 예제 28.10에서 반감기, $t_{1/2} = 0.693\tau$가 도입되었다.

10.0 ms의 반감기에 대하여 예제 28.8의 결과로부터 회로의 시간 상수를 구한다.

$$\tau = \frac{t_{1/2}}{0.693} = \frac{10.0 \text{ ms}}{0.693} = 14.4 \text{ ms}$$

L을 처음 값으로 고정하고 이 시간 상수를 주는 R를 구한다.

$$\tau = \frac{L}{R} \rightarrow R = \frac{L}{\tau} = \frac{30.0 \times 10^{-3} \text{ H}}{14.4 \text{ ms}} = 2.08 \ \Omega$$

다시 R를 처음 값으로 고정하고 이 시간 상수를 주는 L을 구한다.

$$\tau = \frac{L}{R} \rightarrow L = \tau R = (14.4 \text{ ms})(6.00 \ \Omega) = 86.4 \times 10^{-3} \text{ H}$$

R는 처음 저항 값에 비하여 65 %만큼 작다. L은 처음 유도 계수 값에 비하여 188 %만큼 크다. 그러므로 R 쪽이 보다 작은 비율로 변하더라도 원하는 결과를 얻게 된다.

32.3 자기장 내의 에너지
Energy in a Magnetic Field

인덕터를 포함하고 있는 회로의 전지는 인덕터가 없는 회로에서보다 더 많은 에너지를 제공해야 한다. 그림 32.2에서 스위치 S_2가 위치 a에 있는 경우를 고려해 보자. 스위치 S_1이 닫히면 전지가 공급하는 에너지의 일부는 저항기에 내부 에너지로 전달되며, 나머지 에너지는 인덕터의 자기장 내에 저장된다. 식 32.6의 양변에 전류 i를 곱하여 정리하면 다음과 같다.

$$i\mathcal{E} = i^2R + Li\frac{di}{dt} \tag{32.11}$$

이 식에서 보면 전지에서 단위 시간당 공급하는 에너지 $i\mathcal{E}$가 저항기의 내부 에너지로 변환되는 일률 i^2R와 에너지가 인덕터에 저장되는 일률 $Li(di/dt)$의 합과 같음을 알 수 있다. U_B를 어느 순간에 인덕터에 저장되어 있는 에너지라고 가정하면, 인덕터에 에너지가 저장되는 일률 dU_B/dt는 다음과 같다.

$$\frac{dU_B}{dt} = Li\frac{di}{dt}$$

어느 순간에 인덕터에 저장된 전체 에너지를 구하기 위하여, 위 식을 $dU_B = Li\, di$로 고쳐 쓰고 적분하면

$$U_B = \int dU_B = \int_0^i Li\, di = L\int_0^i i\, di$$

$$U_B = \tfrac{1}{2}Li^2 \tag{32.12}$$

◀ 인덕터 내에 저장된 에너지

> **오류 피하기 32.1**
> **축전기, 저항기, 인덕터는 서로 다른 방법으로 에너지를 저장한다** 충전된 축전기는 전기적 위치 에너지를 저장한다. 인덕터는 전류가 흐를 때 자기적 위치 에너지라 할 수 있는 형태로 에너지를 저장한다. 저항기에 전달된 에너지는 내부 에너지로 변환된다.

이다. 여기서 L은 상수이므로 적분 기호 앞으로 나올 수 있다. 식 32.12는 전류가 i일 때 인덕터의 자기장 내에 저장되어 있는 에너지를 나타낸다. 이 식은 축전기에서 전기장 형태로 저장되는 에너지 $U_E = \frac{1}{2}C(\Delta V)^2$(식 26.11)과 비슷한 형태이며, 두 경우 모두 장(field)을 형성하기 위해서는 에너지가 필요함을 알 수 있다.

또한 자기장의 에너지 밀도를 구할 수 있다. 간단히 하기 위하여 식 32.5에 주어진 자체 유도 계수를 가지는 솔레노이드를 고려해 보면, 솔레노이드의 자체 유도 계수 L은

$$L = \mu_0 n^2 V$$

가 되며, 솔레노이드의 자기장은 식 30.17에서

$$B = \mu_0 n i$$

이다. 따라서 $i = B/\mu_0 n$와 L을 식 32.12에 대입하면 저장되어 있는 에너지는

$$U_B = \frac{1}{2}Li^2 = \frac{1}{2}\mu_0 n^2 V\left(\frac{B}{\mu_0 n}\right)^2 = \frac{B^2}{2\mu_0}V \tag{32.13}$$

가 된다. 인덕터의 자기 에너지 밀도 또는 단위 부피당 저장되어 있는 에너지는 $u_B = U_B/V$이며, 이는 다음과 같다.

자기 에너지 밀도 ▶

$$u_B = \frac{B^2}{2\mu_0} \tag{32.14}$$

식 32.14는 솔레노이드라는 특별한 경우에 유도된 것이지만 자기장이 존재하는 모든 경우에 사용될 수 있다. 이 식은 전기장 내에 저장되어 있는 단위 부피당 에너지 $u_E = \frac{1}{2}\epsilon_0 E^2$인 식 26.13과 유사한 형태이다. 두 경우 모두 에너지 밀도는 장의 크기의 제곱에 비례한다.

퀴즈 32.3 매우 긴 전류 솔레노이드 내부에서 가능한 최대의 자기 에너지 밀도가 필요로 하는 실험을 수행하고 있다. 다음 중 어떤 변화가 에너지 밀도를 증가시키는가? (정답은 하나 이상일 수 있다.) **(a)** 솔레노이드에서 단위 길이당 감은 수의 증가 **(b)** 솔레노이드의 단면적 증가 **(c)** 단위 길이당 감은 수는 같고 솔레노이드 길이만 증가 **(d)** 솔레노이드에서 전류의 증가

예제 32.3 인덕터 내의 에너지에 어떤 일이 일어나는가?

그림 32.2의 RL 회로에서 스위치 S_2는 a의 위치에 있고 전류는 평형 상태 값을 갖고 있다. 스위치 S_2가 b의 위치로 움직이면 오른쪽 회로의 전류는 $i = I_i e^{-t/\tau}$에 의하여 시간에 따라 지수적으로 감소한다. 여기서 $I_i = \boldsymbol{\mathcal{E}}/R$는 회로의 처음 전류이며 $\tau = L/R$는 시간 상수이다. 처음에 인덕터의 자기장 내에 저장된 모든 에너지는 전류가 영으로 감소함에 따라 저항기의 내부 에너지로 변환됨을 보이라. 오른쪽 회로를 고립계로 보고 푼다.

풀이

개념화 스위치 S_2가 b의 위치로 움직이기 전에는 에너지는 전지로부터 저항기에 일정한 비율로 전달되며, 인덕터에는 일정한 양의 에너지가 저장되어 있다. 스위치 S_2가 b의 위치로 움직인 $t = 0$ 이후에는 전지가 더 이상 에너지를 제공할 수 없고, 인덕터로부터만 저항기에 에너지가 공급된다.

분류 오른쪽 회로를 **고립계**로 보면 에너지는 계의 요소 사이에 이동되지만 계를 떠나지는 않는다.

분석 저항기에 전달되어 내부 에너지로 변환되는 일률을 계산

한다.

식 27.22에서 시작하고 저항기 내의 내부 에너지 변화율은 에너지가 저항기에 전달되는 일률과 같다.

$$\frac{dE_{\text{int}}}{dt} = P = i^2R$$

식 32.10에 주어진 전류를 이 식에 대입한다.

$$\frac{dE_{\text{int}}}{dt} = i^2R = (I_i e^{-Rt/L})^2 R = I_i^2 R e^{-2Rt/L}$$

dE_{int}에 대하여 풀고 이 식을 $t = 0$에서 $t \to \infty$까지 시간에 대하여 정적분한다.

$$E_{\text{int}} = \int_0^\infty I_i^2 R e^{-2Rt/L}\, dt = I_i^2 R \int_0^\infty e^{-2Rt/L}\, dt$$

정적분의 값이 $L/2R$(연습문제 22번 참조)이므로 E_{int}는 다음과 같다.

$$E_{\text{int}} = I_i^2 R \left(\frac{L}{2R}\right) = \frac{1}{2} L I_i^2$$

결론 이 결과는 식 32.12에 주어진 자기장에 저장된 처음 에너지와 같다.

예제 32.4 동축 도선

스테레오 시스템과 같은 전기 장치를 연결하거나 케이블 TV 시스템에서 신호를 수신하기 위하여 동축 도선이 쓰인다. 그림 32.7과 같이 길이 ℓ, 반지름 a인 내부 원통과 반지름 b인 외부 원통으로 이루어진 동축 도선이 있다. 두 원통은 얇은 도체막으로 이루어져 있다. 각각의 도체에는 같은 크기의 전류 i가 흐르나, 외부 도체를 흐르는 전류는 내부 전류와 반대 방향이다. 이 도선의 유도 계수를 구하라.

풀이

개념화 그림 32.7을 살펴보자. 여기에 가시적인 코일은 없지만 연한 금색 직사각형으로 그린 동축 도선의 얇은 지름 방향 면을 가상해 본다. 내부 및 외부 도체는 동축 도선의 끝에서(그림에서 위와 아래) 연결되어 있다면, 이 면은 하나의 큰 도체 회로를 표현한다. 도선의 전류는 내부 도체와 외부 도체 사이에 막으로 나타낸 면을 지나는 자기장을 형성한다. 전류가 변하면 자기장이 변하며 유도 기전력은 도체에서 전류의 변화를 억제한다.

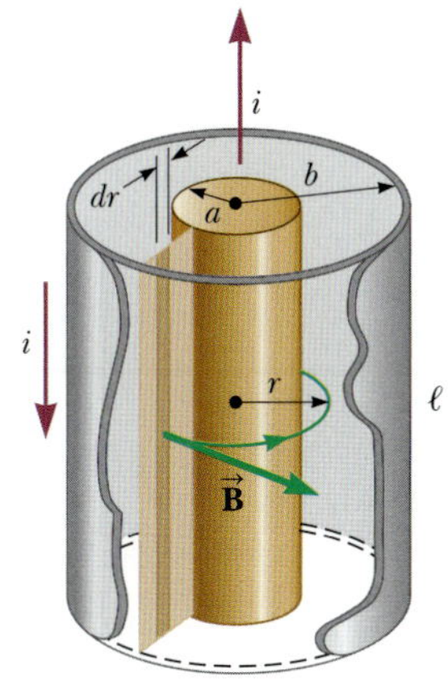

그림 32.7 (예제 32.4) 긴 동축 도선의 일부. 내부 도체와 외부 도체에는 각각 크기가 같고 방향이 반대인 전류가 흐른다.

분류 유도 계수의 기본 정의인 식 32.2를 사용하는 문제이다.

분석 그림 32.7에서 연한 금색 직사각형을 통과하는 자기선속을 알아야 한다. 앙페르의 법칙(30.3절)에 따르면 두 도체 사이의 자기장은 내부 도체에 의한 것이며, 이의 크기는 $B = \mu_0 i/2\pi r$가 되며, r는 원통의 공통 중심으로부터의 거리이다. 한 원형 자기력선을 이 자기력선에 접하는 자기장 벡터와 함께 그림 32.7에 나타내었다. 외부 도체의 바깥쪽($r > b$)에서 자기장은 영이 된다. 외부에서 자기장이 영이 되는 이유는 두 도체를 흐르는 전류의 방향이 반대이므로 알짜 전류는 영이 되어 앙페르의 법칙에 따라 $\oint \vec{\mathbf{B}} \cdot d\vec{\mathbf{s}} = 0$이 되기 때문이다.

자기장은 길이 ℓ, 너비 $(b-a)$인 연한 금색 직사각형과 수직이다. 자기장은 지름 방향의 거리에 따라 변하므로, 자기선속을 구하려면 미적분을 사용해야 한다.

그림 32.7에서와 같이 연한 금색 직사각형을 너비가 dr인 진한 띠로 나누고, 이 진한 띠를 통과하는 자기선속을 계산한다.

$$d\Phi_B = B\, dA = B\ell\, dr$$

자기장을 대입하고 연한 금색 직사각형 전체에 대하여 적분한다.

$$\Phi_B = \int_a^b \frac{\mu_0 i}{2\pi r} \ell\, dr = \frac{\mu_0 i \ell}{2\pi} \int_a^b \frac{dr}{r} = \frac{\mu_0 i \ell}{2\pi} \ln\left(\frac{b}{a}\right)$$

식 32.2를 이용하여 도선의 유도 계수를 구한다.

$$L = \frac{\Phi_B}{i} = \frac{\mu_0 \ell}{2\pi} \ln\left(\frac{b}{a}\right)$$

결론 유도 계수는 도선의 기하학적인 인자들에만 의존한다. ℓ이나 b가 클수록, a가 작을수록 유도 계수는 증가한다. 이 결과는 자기장이 통과하는 지름 방향 직사각형 면의 넓이가 증가하면, 자체 유도 계수가 증가하리라는 앞의 개념과 일치한다.

32.4 상호 유도 계수 Mutual Inductance

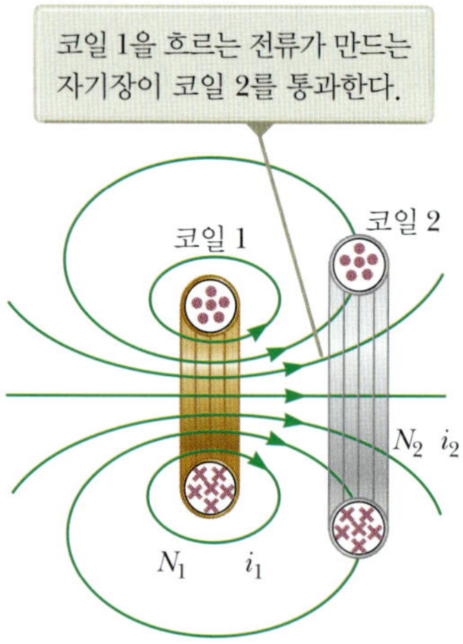

그림 32.8 인접한 두 코일의 단면도

한 회로의 전류 변화는 가까운 곳에 있는 다른 회로를 통과하는 자기선속의 변화를 일으키고 따라서 유도 기전력을 발생시킨다. 두 회로의 상호 작용에 의하여 발생하는 현상이므로 이를 **상호 유도**라 부른다.

그림 32.8과 같이 인접해 있는 두 코일을 고려해 보자. N_1번 감은 코일 1에 i_1의 전류에 의하여 생성된 자기장의 일부는 N_2번 감은 코일 2를 통과한다. 코일 1의 전류에 의하여 발생하여 코일 2를 통하여 흐르는 자기선속을 Φ_{12}로 나타낸다. 식 32.2와 마찬가지로 코일 1에 대한 코일 2의 **상호 유도 계수**(mutual inductance) M_{12}를 다음과 같이 정의한다.

$$M_{12} = \frac{N_2\Phi_{12}}{i_1} \tag{32.15}$$

상호 유도는 두 코일의 기하학적인 모양과 상대적인 방향에 의존한다. 두 회로의 거리가 멀어지면 자기선속의 영향이 감소하므로 상호 유도도 감소한다.

전류 i_1이 시간에 따라 변하면, 패러데이의 법칙과 식 32.15로부터 코일 1에 의하여 코일 2에 유도되는 기전력은 다음과 같다.

$$\boldsymbol{\mathcal{E}}_2 = -N_2\frac{d\Phi_{12}}{dt} = -N_2\frac{d}{dt}\left(\frac{M_{12}i_1}{N_2}\right) = -M_{12}\frac{di_1}{dt} \tag{32.16}$$

앞의 논의에서 전류는 코일 1에 있다고 가정하였다. 마찬가지로 코일 2에 i_2가 흐른다고 생각할 수 있는데, 앞에서의 논의를 바탕으로 상호 유도 계수 M_{21}을 구할 수 있다. 전류 i_2가 시간에 따라 변할 때, 코일 2에 의하여 코일 1에 유도되는 기전력은 다음과 같다.

$$\boldsymbol{\mathcal{E}}_1 = -M_{21}\frac{di_2}{dt} \tag{32.17}$$

상호 유도에서 한 코일에 유도되는 기전력은 항상 다른 코일의 전류 변화율에 비례한다. 비례 상수 M_{12}와 M_{21}을 독립적으로 취급하였지만, 이들이 같음을 보일 수 있다. 따라서 $M_{12} = M_{21} = M$이므로, 식 32.16과 32.17은 다음과 같이 된다.

$$\boldsymbol{\mathcal{E}}_2 = -M\frac{di_1}{dt} \qquad \text{그리고} \qquad \boldsymbol{\mathcal{E}}_1 = -M\frac{di_2}{dt}$$

이 결과들은 식 32.1의 자체 유도 기전력 $\boldsymbol{\mathcal{E}} = -L(di/dt)$와 유사한 형태이다. 상호 유도 계수의 단위도 역시 헨리(H)이다.

퀴즈 32.4 그림 32.8에서 양 코일의 방향은 고정하고 코일 1을 코일 2 가까이로 옮긴다. 이렇게 이동하면 양 코일의 상호 유도는 **(a)** 증가, **(b)** 감소, **(c)** 영향이 없다.

예제 32.5 무선 전지 충전기

전동 칫솔의 손잡이는 사용하지 않을 때 받침대 위에 놓여 있다. 그림 32.9a와 같이 손잡이에는 받침대의 원통에 끼워지는 원통형 구멍이 있다. 손잡이가 받침대에 놓이면 받침대 원통의 내부 솔레노이드의 충전 전류는 손잡이 내부의 코일에 전류를 유도한다. 이 유도 전류가 손잡이 안의 전지를 충전한다.

받침대를 전류 i가 흐르는 길이가 ℓ이고 코일이 N_B번 감긴 단면적이 A인 솔레노이드로 볼 수 있다. N_H번 감은 손잡이 코일은 받침대 코일을 완전히 감싸고 있다. 이 계의 상호 유도 계수를 구하라.

풀이

개념화 예제에서 두 개의 코일의 역할을 확인하고, 첫 번째 코일의 변화하는 전류가 두 번째 코일에 전류를 유도함을 이해한다.

분류 이 절에서 논의된 개념을 이용하여 결과를 도출할 수 있으므로 예제를 대입 문제로 분류한다.

식 30.17을 이용하여 받침대 솔레노이드 내부의 자기장 식을 표현한다.

$$B = \mu_0 \frac{N_B}{\ell} i$$

이때 받침대 코일에 의하여 손잡이 코일를 지나는 자기선속 Φ_{BH}는 BA이므로 상호 유도 계수를 구하면 다음과 같다.

$$M = \frac{N_H \Phi_{BH}}{i} = \frac{N_H BA}{i} = \mu_0 \frac{N_B N_H}{\ell} A$$

많은 다른 무선 장치에서도 무선 충전이 사용된다. 중요한 한 예로 몇몇 전기 자동차 제조사가 채택하고 있는 자동차와 충전 장치를 직접 접촉시키지 않는 유도 충전을 들 수 있다.

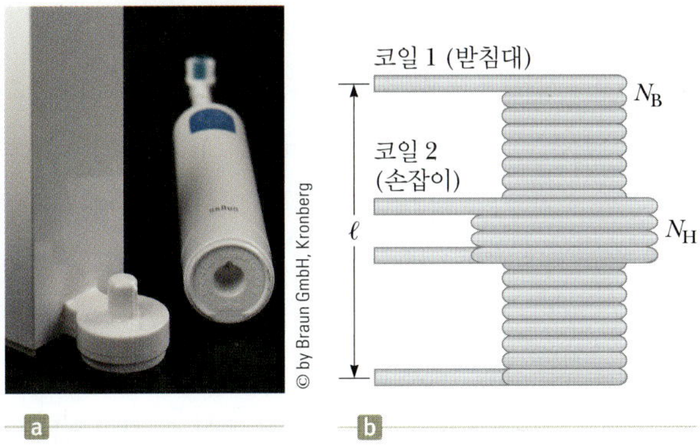

그림 32.9 (예제 32.5) (a) 전동 칫솔은 전지 충전 시스템의 한 부분으로 솔레노이드의 상호 유도를 이용한다. (b) N_B번 감긴 코일로 이루어진 솔레노이드 위에 코일 2가 N_H번 감겨 있다.

32.5 *LC* 회로의 진동
Oscillations in an LC Circuit

그림 32.10처럼 축전기가 인덕터에 연결되어 있는 회로를 ***LC* 회로**(*LC* circuit)라고 한다. 축전기가 처음에 충전된 후 스위치가 닫히면 회로 전류와 축전기의 전하는 진동을 시작한다. 회로의 저항이 영이면 에너지가 내부 에너지로 전달되지 않는다. 다음의 분석에서는 회로의 저항을 무시하기로 한다. 또한 에너지가 회로로부터 복사되지 않는 이상적인 경우로 가정한다. 이런 복사 메커니즘은 34장에서 논의하기로 한다.

축전기의 처음 전하량이 Q_{max}(최대 전하량)이고 스위치가 $t < 0$에서는 열려 있다가 $t = 0$에서 닫힌다고 가정한다. 이런 계는 에너지의 관점에서 생각하는 것이 편리하다.

축전기가 완전히 충전될 때, 회로의 에너지 U는 축전기의 전기장에 저장되고, 그 값은 $Q_{max}^2/2C$(식 26.11)이다. 이때 회로를 흐르는 전류는 영이므로 인덕터에 저장된 에너지도 영이다. 스위치가 닫힌 후 전하가 축전기 판을 떠나거나 들어올 때, 축전기에서 전하가 시간에 따라 변하는 비율은 회로의 전류와 같다. 스위치를 닫고 축전기가 방전을 시작하면 전기장에 저장된 에너지가 감소한다. 축전기의 방전으로 회로에 전류가 흐

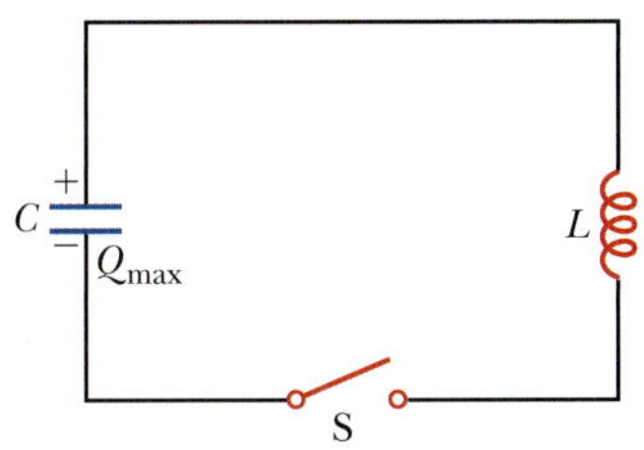

그림 32.10 간단한 *LC* 회로. 축전기는 처음 전하량 Q_{max}로 충전되어 있으며, $t < 0$에서는 열려 있다가 $t = 0$일 때 스위치가 닫힌다.

르면, 일부 에너지는 인덕터의 자기장에 저장된다. 즉 축전기에 저장되었던 전기장 형태의 에너지가 인덕터에 자기장 형태로 바뀌어 저장된다. 축전기가 완전히 방전되면 축전기에 저장된 에너지는 영이 되며, 이때 전류는 최댓값이 되고 모든 에너지는 인덕터에 저장된다. 전류는 같은 방향으로 흐르면서 크기가 감소하며, 축전기는 결국 다시 완전히 충전된다. 이때 축전기 판의 극성은 처음의 극성과 반대로 된다. 이 과정은 회로가 원래의 최대 전하량 Q_{max}로 돌아올 때까지 또 다른 방전이 일어나고, 축전기 판의 극성은 그림 32.10에 보인 바와 같다. 에너지는 인덕터와 축전기 사이에서 계속 옮겨가며 진동한다.

LC 회로의 진동은 15장에서 공부한 단조화 운동하는 입자의 역학적인 진동과 비슷하다. 15장에서 논의한 대부분의 내용은 LC 회로의 진동에 적용된다. 예를 들어 외력에 의하여 **공명** 현상을 일으키는 역학적 진동자의 구동을 분석하였다. 동일한 효과를 LC 회로에서도 볼 수 있다(33.7절 참조).

그림 32.11은 LC 회로의 에너지 변환 과정을 나타낸 그래프이다. 앞에서 언급한 바와 같이, 회로의 거동은 15장에서 공부한 단조화 운동하는 입자의 거동과 유사하다. 예를 들어 그림 15.10의 물체-용수철 계를 고려해 보자. 그림 32.11의 오른쪽에 이 계의 진동을 보이고 있다. 늘어난 용수철에 저장된 퍼텐셜 에너지는 $\frac{1}{2}kx^2$인데, 이것은 그림 32.11에서 축전기에 저장된 전기 에너지 $Q_{max}^2/2C$과 유사하다. 움직이는 물체의 운동 에너지는 $\frac{1}{2}mv^2$인데, 이것도 움직이는 전하로 인해 인덕터에 저장된 자기 에너지 $\frac{1}{2}Li^2$과 유사하다. 그림 32.11a에서 모든 에너지는 $t = 0$에서 축전기의 전기적 위치 에너지로 저장되는데, 이는 $i = 0$이기 때문이다. 그림 32.11b에서 모든 에너지는 인덕터의 자기 에너지 $\frac{1}{2}LI_{max}^2$으로 저장되고, 여기서 I_{max}는 최대 전류이다. 그림 32.11c와 그림 32.11d에서는 그 이후 1/4주기마다 에너지가 모두 전기적 또는 자기적으로 저장되는 상황을 볼 수 있다. 중간 지점에서 에너지의 일부는 전기 에너지이고, 또 다른 일부는 자기 에너지이다.

스위치가 닫힌 뒤, 축전기가 전하량 $q < Q_{max}$를 가지고, 전류가 $i < I_{max}$가 되는 데 필요한 시간 t가 흘렀다고 생각해 보자. 이때 그림 32.11e에 보인 바와 같이 축전기와 인덕터에 각각 에너지가 저장되어 있고, 이들의 합은 $t = 0$에서 축전기에 충전되어 있던 처음 전체 에너지 U와 같아야 한다. 즉

LC 회로에 저장된 전체 에너지 ▶

$$U = U_E + U_B = \frac{q^2}{2C} + \tfrac{1}{2}Li^2 = \frac{Q_{max}^2}{2C} \quad \textbf{(32.18)}$$

회로의 내부 저항이 없다고 가정하였고 전자기적인 복사를 무시하였으므로, 에너지는 내부 에너지로 전환되지 않고 회로의 계 외부로 유출되지도 않는다. 이런 가정에서 회로계는 고립되어 있으므로 **계의 전체 에너지는 시간에 무관한 상수이다.** 즉 계의 에너지가 일정함을 수학적으로 표현하면 $dU/dt = 0$이다. 그러므로 식 32.18을 시간에 대하여 미분함으로써 다음을 얻을 수 있다.

$$\frac{dU}{dt} = \frac{d}{dt}\left(\frac{q^2}{2C} + \tfrac{1}{2}Li^2\right) = \frac{q}{C}\frac{dq}{dt} + Li\frac{di}{dt} = 0 \quad \textbf{(32.19)}$$

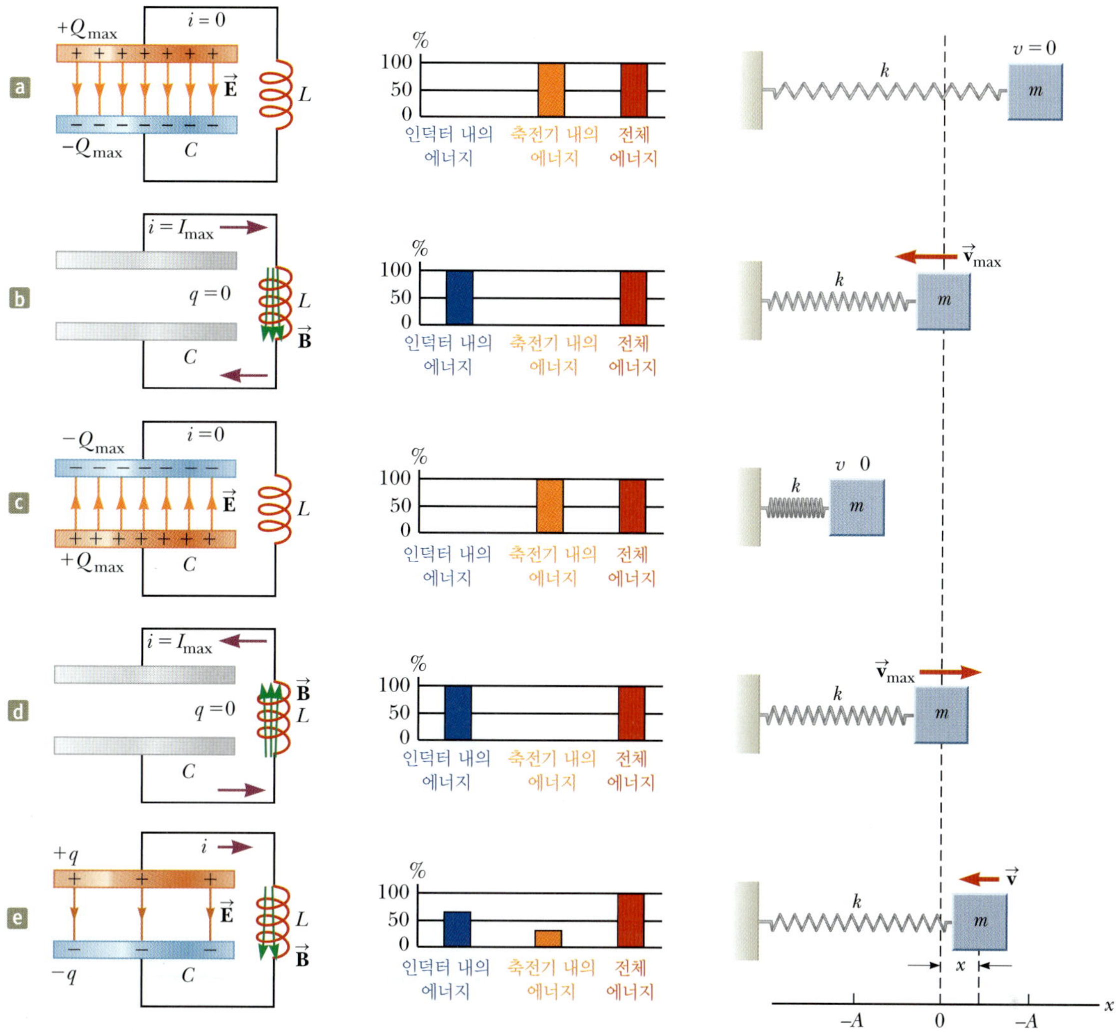

그림 32.11 내부 저항이 없고 전자기 복사가 없는 LC 회로에서 일어나는 에너지 변환 과정. $t = 0$에서 그림 32.10의 스위치가 닫힐 때 축전기는 전하량 Q_{max}를 가지고 있다. 이 회로와 유사한 것은 그림 (a)~(d)의 오른쪽에 물체-용수철 계로 나타낸 단조화 운동하는 입자이다. (a)~(d) 이들 특정한 순간에, 회로 내의 모든 에너지는 회로 요소 중 하나에 있다. (e) 어떤 임의의 순간에는 에너지가 축전기와 인덕터에 나누어져 있다.

여기서 q와 i가 시간의 함수임에 주의해야 한다. 식 $i = dq/dt$를 이용하여 위 식을 변수가 하나인 미분 방정식으로 바꿀 수 있다. 즉 $di/dt = d^2q/dt^2$를 식 32.19에 대입하면

$$\frac{q}{C} + L\frac{d^2q}{dt^2} = 0$$

$$\frac{d^2q}{dt^2} = -\frac{1}{LC}q \qquad \textbf{(32.20)}$$

이다. 이 식이 단조화 운동하는 입자에 대한 식 15.3과 15.5와 같은 형태임에 유의하면 q를 구할 수 있다. 이 단조화 운동하는 입자의 운동 방정식은

$$\frac{d^2x}{dt^2} = -\frac{k}{m}x = -\omega^2 x$$

이고, 여기서 k는 용수철 상수, m은 물체의 질량, $\omega = \sqrt{k/m}$이다. 이 역학적인 방정식의 일반해는 식 15.6과 같이

$$x = A\cos(\omega t + \phi)$$

이다. 여기서 ω는 각진동수, A는 단조화 운동의 진폭, ϕ는 위상 상수이다. A와 ϕ의 값은 처음 조건에 의존한다. 식 32.20은 단진자의 운동 방정식과 같은 형태이므로 해는 다음과 같다.

이상적인 LC 회로에서 시간에 따른 전하 ▶

$$q = Q_{\max}\cos(\omega t + \phi) \tag{32.21}$$

여기서 $Q_{\max}$는 축전기의 최대 전하량이고, 각진동수 ω는 다음과 같다.

LC 회로에서의 각진동수 ▶

$$\omega = \frac{1}{\sqrt{LC}} \tag{32.22}$$

진동의 각진동수는 회로의 자체 유도 계수와 전기용량에만 의존한다는 사실에 주목하라. 식 32.22는 LC 회로의 **자연 진동수**이다.

q가 주기적으로 변하므로 전류 또한 주기적으로 변한다. 이것은 식 32.21을 시간에 대하여 미분함으로써 쉽게 보일 수 있다.

이상적인 LC 회로에서 시간에 따른 전류 ▶

$$i = \frac{dq}{dt} = -\omega Q_{\max}\sin(\omega t + \phi) \tag{32.23}$$

위상 상수 ϕ의 값은 $t = 0$, $i = 0$, $q = Q_{\max}$인 처음 조건을 사용하여 구할 수 있다. 식 32.23에서 $t = 0$일 때 $i = 0$이라 놓으면

$$0 = -\omega Q_{\max}\sin\phi$$

이고, 따라서 $\phi = 0$이다. 이 값은 식 32.21과 $t = 0$에서 $q = Q_{\max}$인 조건에서도 구할 수 있다. 그러므로 q와 i를 시간의 함수로 구하면 다음과 같다.

$$q = Q_{\max}\cos\omega t \tag{32.24}$$

$$i = -\omega Q_{\max}\sin\omega t = -I_{\max}\sin\omega t \tag{32.25}$$

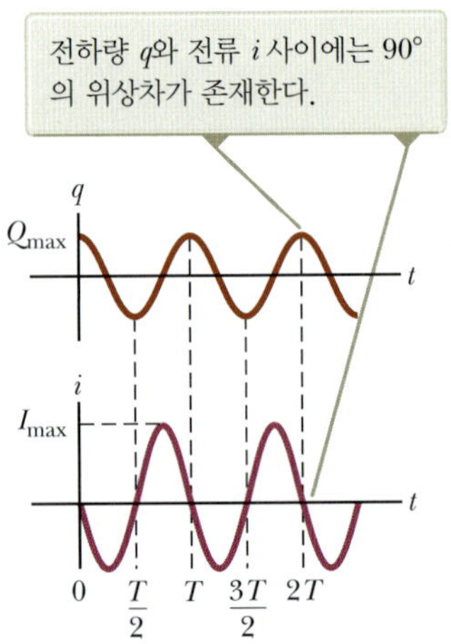

그림 32.12 저항이 없는 비복사 LC 회로에서 시간에 대한 전하와 전류의 그래프

시간에 따른 q와 i의 그래프를 그림 32.12에 보였다. 축전기의 전하량이 $Q_{\max}$와 $-Q_{\max}$ 사이에서 진동하고 전류가 $I_{\max}$와 $-I_{\max}$에서 진동한다는 것을 알 수 있다. 그리고 전류는 전하량과 90°의 위상차를 가진다. 즉 전하량이 최댓값일 때 전류는 영이고, 전하량이 영일 때 전류의 크기는 최댓값을 가진다.

이제 LC 회로의 에너지에 대하여 알아보자. 식 32.24와 32.25를 식 32.18에 대입하면, 다음과 같은 전체 에너지를 구할 수 있다.

$$U = U_E + U_B = \frac{Q_{\max}^2}{2C}\cos^2\omega t + \tfrac{1}{2}LI_{\max}^2\sin^2\omega t \tag{32.26}$$

이 식은 이 절의 첫머리에서 정성적으로 나타낸 모든 내용을 포함하고 있다. 즉 LC 회로의 에너지는 축전기의 전기장 안에 저장된 에너지와 인덕터의 자기장 안에 저장된 에너지 사이에서 끊임없이 진동한다는 것을 나타낸 것이다. 축전기에 저장된 에너지가 최

댓값 $Q_{max}^2/2C$일 때, 인덕터에 저장된 에너지는 영이고, 반대로 인덕터에 저장된 에너지가 최댓값인 $\frac{1}{2}LI_{max}^2$일 때 축전기에 저장된 에너지는 영이다.

시간에 따른 U_E와 U_B의 변화를 그림 32.13에 나타내었다. U_E와 U_B의 합은 일정하고, 전체 에너지 $Q_{max}^2/2C$ 또는 $\frac{1}{2}LI_{max}^2$과 같다. 이것은 다음과 같이 간단히 보일 수 있다. 그림 32.13에서 두 그래프의 진폭은 같아야만 한다. 왜냐하면 축전기에 저장된 최대 에너지($i = 0$일 때)가 인덕터에 저장된 최대 에너지($q = 0$일 때)와 같아야 하기 때문이다. 그러므로 수학적으로 표현하면

$$\frac{Q_{max}^2}{2C} = \frac{LI_{max}^2}{2}$$

이다. 이 식을 식 32.26에 대입하면 전체 에너지는 다음과 같다.

$$U = \frac{Q_{max}^2}{2C}(\cos^2 \omega t + \sin^2 \omega t) = \frac{Q_{max}^2}{2C} \quad \textbf{(32.27)}$$

여기서 $\cos^2\omega t + \sin^2\omega t = 1$이다.

이상적인 상태에서 회로의 진동은 무한히 지속된다. 즉 에너지 전달 및 변환을 무시할 경우에만 회로의 전체 에너지 U는 일정하다. 실제적인 회로에서는 항상 약간의 저항이 있기 때문에 약간의 에너지는 내부 에너지로 소모된다. 이번 절 첫머리에서 회로로부터의 복사를 무시하였음을 언급하였다. 실제로 이 형태의 회로에서 복사는 불가피하며 회로의 전체 에너지는 지속적으로 감소한다.

두 곡선의 합은 회로에 저장되어 있는 전체 에너지와 같고 그 값은 일정하다.

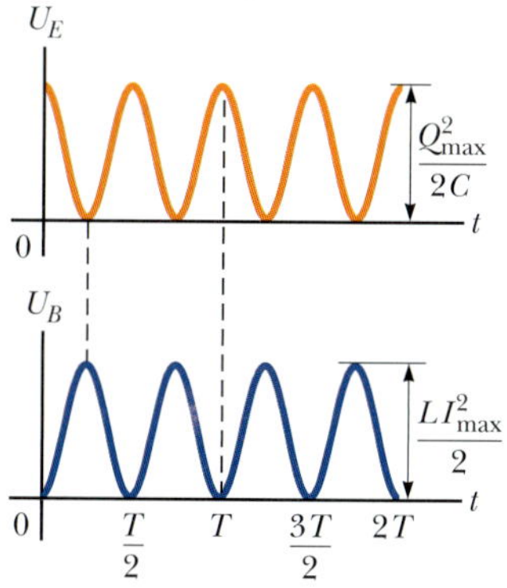

그림 32.13 저항이 없는 비복사 LC 회로에서 시간 t에 대한 U_E와 U_B의 그래프

퀴즈 32.5 **(i)** LC 회로에서의 진동에서 어느 순간에 전류가 최댓값을 갖는다. 이 순간에 축전기 양단의 전압은 어떠한가? **(a)** 인덕터 양단의 전압과 다르다. **(b)** 0이다. **(c)** 최댓값을 갖는다. **(d)** 결정할 수 없다. **(ii)** LC 회로에서의 진동에서 어느 순간에 전류가 영의 값을 갖는다. (i)의 보기 **(a)**, **(b)**, **(c)**, **(d)**로부터, 이 순간에 축전기 양단의 전압을 기술하라.

예제 32.6 LC 회로의 진동

그림 32.14에 기전력 12.0 V의 전지와 2.81 mH의 인덕터와 9.00 pF의 축전기가 연결된 LC 회로가 있다. 스위치를 a에 연결하여 축전기를 완전히 충전한다. 그 다음 스위치를 b에 연결하여, 축전기를 전지와 단절하고 인덕터와 직접 연결한다.

(A) 회로의 진동 진동수를 구하라.

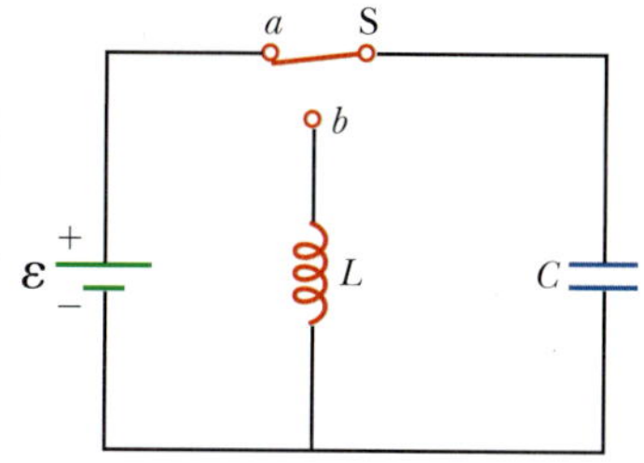

그림 32.14 (예제 32.6) 우선 축전기는 스위치가 a의 위치에서 완전히 충전된다. 그 다음 스위치가 b의 위치로 움직이면 전지는 회로에 더 이상 연결되지 않는다.

풀이

개념화 스위치가 b의 위치로 움직이면 회로의 활성 부분은 LC 회로인 오른쪽 회로이다.

분류 이 절에서 논의된 식을 이용하므로 예제를 대입 문제로 분류한다.

식 32.22를 사용하면 진동수는 다음과 같다.

$$f = \frac{\omega}{2\pi} = \frac{1}{2\pi\sqrt{LC}}$$

$$f = \frac{1}{2\pi[(2.81 \times 10^{-3}\ \text{H})(9.00 \times 10^{-12}\ \text{F})]^{1/2}}$$

$$= 1.00 \times 10^{6}\ \text{Hz}$$

(B) 축전기에 충전된 최대 전하량과 회로에 흐르는 최대 전류는 얼마인가?

풀이 축전기에 충전된 처음 전하량이 최대 전하량이므로 이를 구한다.

$$Q_{\max} = C\Delta V = (9.00 \times 10^{-12}\ \text{F})(12.0\ \text{V}) = 1.08 \times 10^{-10}\ \text{C}$$

식 32.25를 이용하여 최대 전하량으로부터 최대 전류를 구한다.

$$I_{\max} = \omega Q_{\max} = 2\pi f Q_{\max} = (2\pi \times 10^{6}\ \text{s}^{-1})(1.08 \times 10^{-10}\ \text{C}) = 6.79 \times 10^{-4}\ \text{A}$$

32.6 *RLC* 회로
The *RLC* Circuit

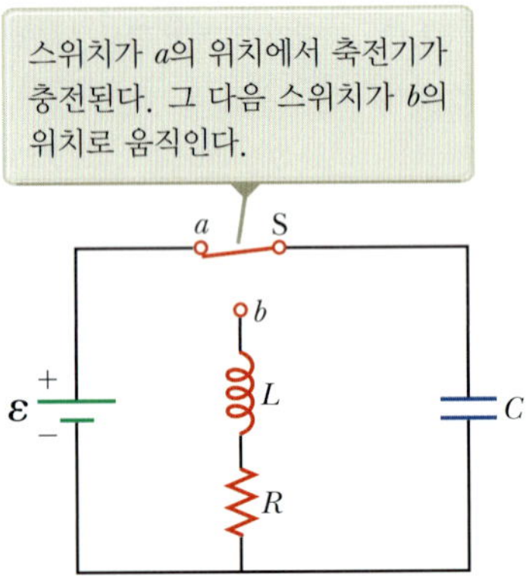

그림 32.15 직렬 *RLC* 회로

마지막으로 그림 32.15와 같이 인덕터, 축전기 그리고 저항기가 직렬로 연결된 좀 더 실제적인 회로를 생각해 보자. 저항기의 저항은 회로의 모든 저항이라고 가정한다. 스위치를 a 위치에 연결하여 축전기를 처음 전하량 $Q_{\max}$까지 충전하였다고 가정하자. 그 다음 스위치가 b의 위치로 움직인다. 이 순간에 축전기와 인덕터에 저장된 전체 에너지는 $Q_{\max}^2/2C$이다. 그러나 저항기는 내부 에너지로 변환을 야기하기 때문에, 이 회로에서의 전체 에너지는 LC 회로에서와 같이 일정하지 않다(이 논의에서도 회로로부터 전자기적인 복사는 무시한다). 저항기 내에서 내부 에너지로의 변환 비율은 i^2R이므로

$$\frac{dU}{dt} = -i^2R$$

가 되며, 여기서 음의 부호는 시간에 따라 U가 감소함을 나타낸다. $U = U_E + U_B$를 대입하면

$$\frac{q}{C}\frac{dq}{dt} + Li\frac{di}{dt} = -i^2R \qquad \textbf{(32.28)}$$

가 된다. 역학적인 진동과 유사한 형태로 전기적인 진동을 비교하기 위하여 이 식을 변환한다. $i = dq/dt$를 이용하고, 모든 항을 왼쪽으로 이항하면

$$Li\frac{d^2q}{dt^2} + i^2R + \frac{q}{C}i = 0$$

이 된다. 이를 i로 나누면 다음과 같다.

$$L\frac{d^2q}{dt^2} + iR + \frac{q}{C} = 0$$

$$L\frac{d^2q}{dt^2} + R\frac{dq}{dt} + \frac{q}{C} = 0 \qquad \textbf{(32.29)}$$

여기서 RLC 회로는 15.6절에서 논의하고 그림 15.20에서 설명한 감쇠 진동자와 유사하다는 것을 알 수 있다. 식 15.31로부터 감쇠 물체–용수철 계에 대한 운동 방정식은

$$m\frac{d^2x}{dt^2} + b\frac{dx}{dt} + kx = 0 \quad \textbf{(32.30)}$$

이다. 식 32.29와 32.30을 비교해 보면 x 대신 q를, m 대신에 L을, b 대신에 R를, $1/k$ 대신에 C를 대입하면, 같은 형태의 식이 된다는 것을 알 수 있다. 이들의 관계는 표 32.1에서 볼 수 있다.

식 32.29의 해를 구하는 것은 미분 방정식 분야에서 다루게 될 것이므로, 여기서는 결과만 가지고 회로의 정성적인 특성을 살펴보고자 한다. 가장 간단한 경우인 $R = 0$일 때, 식 32.29는 앞의 LC 회로가 되고 전하량과 전류는 시간에 대하여 진동한다. 이 경우는 역학적인 진동자에서 모든 감쇠가 없을 때와 동일하다.

R가 매우 작은 경우는 역학적 진동자의 작은 감쇠의 경우와 유사하며 식 32.29의 해는 다음과 같다.

$$q = Q_{\max}e^{-Rt/2L}\cos\omega_d t \quad \textbf{(32.31)}$$

여기서 ω_d는 회로가 진동할 때의 각진동수이며 다음과 같다.

$$\omega_d = \left[\frac{1}{LC} - \left(\frac{R}{2L}\right)^2\right]^{1/2} \quad \textbf{(32.32)}$$

즉 축전기 내의 전하량 값은 점성 유체 속에서 운동하는 물체–용수철 계의 감쇠 운동처럼 감소한다. 식 32.32로부터 $R \ll \sqrt{4L/C}$이면(두 번째 항이 첫 번째 항보다 매우 작은 경우) 감쇠 진동자의 진동수 ω_d는 비감쇠 진동자의 진동수 $1/\sqrt{LC}$과 유사하다. $i = dq/dt$이기 때문에 전류도 감쇠 진동과 같아질 것이다. 그림 32.16a는 감쇠 진동에

표 32.1 전기 및 역학적 계의 유사성

전기 회로		일차원 역학적 계
전하량	$q \leftrightarrow x$	위치
전류	$i \leftrightarrow v_x$	속도
전위차	$\Delta V \leftrightarrow F_x$	힘
저항	$R \leftrightarrow b$	점성 감쇠 계수
전기용량	$C \leftrightarrow 1/k$	(k = 용수철 상수)
유도 계수	$L \leftrightarrow m$	질량
전류 = 전하의 시간 (미분)도함수	$i = \dfrac{dq}{dt} \leftrightarrow v_x = \dfrac{dx}{dt}$	속도 = 위치의 시간 (미분)도함수
전류의 변화율 = 전하의 시간에 대한 이계 (미분)도함수	$\dfrac{di}{dt} = \dfrac{d^2q}{dt^2} \leftrightarrow a_x = \dfrac{dv_x}{dt} = \dfrac{d^2x}{dt^2}$	가속도 = 위치의 시간에 대한 이계 (미분)도함수
인덕터 내의 에너지	$U_B = \frac{1}{2}Li^2 \leftrightarrow K = \frac{1}{2}mv^2$	물체의 운동 에너지
축전기 내의 에너지	$U_E = \frac{1}{2}\dfrac{q^2}{C} \leftrightarrow U = \frac{1}{2}kx^2$	용수철에 저장된 퍼텐셜 에너지
저항에 의한 에너지 손실 비율	$i^2R \leftrightarrow bv^2$	마찰에 의한 에너지 손실 비율
RLC 회로	$L\dfrac{d^2q}{dt^2} + R\dfrac{dq}{dt} + \dfrac{q}{C} = 0 \leftrightarrow m\dfrac{d^2x}{dt^2} + b\dfrac{dx}{dt} + kx = 0$	감쇠 물체–용수철 계

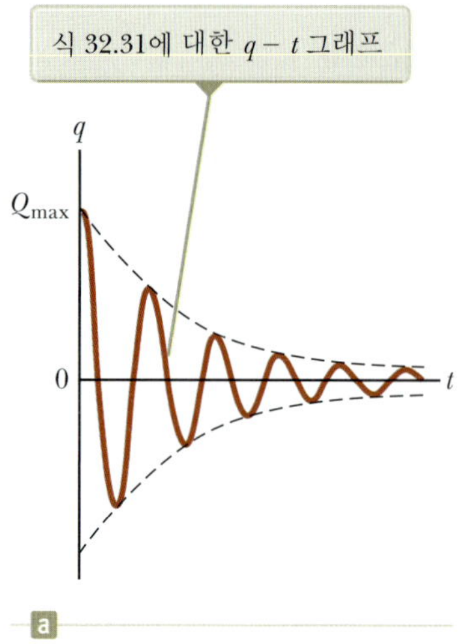

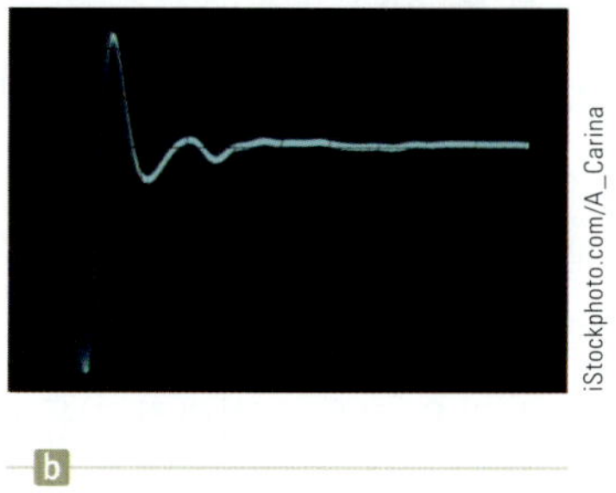

그림 32.16 (a) 감쇠 RLC 회로에서의 시간-전하량 그래프. $R < \sqrt{4L/C}$인 경우 전하량은 감쇠한다. (b) RLC 회로의 진동에서 감쇠를 보여 주는 오실로스코프 화면의 모습

서 시간에 대한 전하량의 그래프이며, 그림 32.16b는 실제 RLC 회로의 진동에서 감쇠를 보여 주는 오실로스코프 화면이다. 감쇠 물체-용수철 계의 진폭이 시간이 지남에 따라 감소하듯이, RLC 회로에서는 q의 최댓값이 시간이 지남에 따라 감소한다.

R의 값이 큰 경우 진동이 매우 빠르게 감쇠된다. 저항이 그 이상 커지면 진동이 일어나지 않는 임계 저항값이 존재하는데, $R_c = \sqrt{4L/C}$로 주어진다. $R = R_c$인 경우를 **임계 감쇠**(critically damped)라 한다. R이 R_c를 넘을 때를 **과감쇠**(overdamped)라 한다.

연습문제

객관식

1. 두 원형 고리의 중심이 일정한 거리만큼 떨어져 있다. **(i)** 두 고리가 상대적으로 어떤 배열에 있을 때, 상호 유도 계수가 최대가 되는가? (a) 동축 평행 면에 놓일 때 (b) 같은 면에 놓일 때 (c) 한 고리의 중심이 다른 고리의 축에 있으며, 면이 서로 수직일 때 (d) 배열 방향에 무관 **(ii)** 상호 유도 계수가 최소가 되는 경우를 (i)의 보기에서 고르라.

2. 가늘고 긴 도선을 감아서 코일의 유도 계수가 5 mH가 되게 한다. 코일을 전지에 연결하고, 수초 후에 전류를 측정한다. 이번에는 도선을 풀어 다르게 감아 코일의 유도 계수가 10 mH가 되게 한다. 이 두 번째 코일을 같은 전지에 연결하고, 같은 방식으로 전류를 측정한다. 첫 번째 코일에서의 전류는 두 번째 코일에서의 전류에 비하여 (a) 네 배이다. (b) 두 배이다. (c) 변화 없다. (d) 1/2이다. (e) 1/4이다.

3. 인쇄 회로 기판에서의 솔레노이드 인덕터를 설계한다. 무게를 줄이기 위하여, 기하학적인 구조는 같게 유지한 채, 감은 수를 반으로 줄인다. 인덕터에 저장된 에너지를 같게 유지하려면, 흐르는 전류는 어떻게 되어야 하는가? (a) 네 배여야 한다. (b) 두 배여야 한다. (c) 같아야 한다. (d) 1/2이어야 한다. (e) 감은 수를 줄여 전류의 변화를 보상할 수 없다.

4. 그림 OQ32.4에서 위치 a에 오랜 시간 동안 있던 스위치를 위치 b로 재빨리 연결한다. 네 회로 요소에 걸리는 전압의

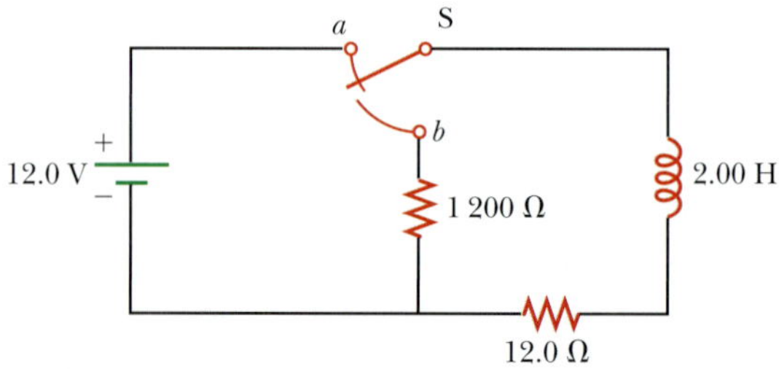

그림 OQ32.4

크기를 큰 것부터 순서대로 나열하라.

5. 두 솔레노이드 A와 B가 같은 종류의 선과 길이로 감겨 있다. 각 솔레노이드는 축의 길이가 지름에 비하여 크다. 솔레노이드 A의 축 길이는 솔레노이드 B의 축 길이의 두 배 크고, 솔레노이드는 A는 B에 비하여 도선이 두 배 많이 감겨 있다. 솔레노이드 A와 솔레노이드 B의 유도 계수의 비는 얼마인가? (a) 4 (b) 2 (c) 1 (d) 1/2 (e) 1/4

6. 만약 인덕터의 전류가 두 배로 되면, 저장되는 에너지는 몇 배로 되는가? (a) 4 (b) 2 (c) 1 (d) 1/2 (e) 1/4

7. 처음에 저항이 없는 인덕터에 일정한 전류가 흐른다. 그러고 나서 전류는 처음의 두 배인 새로운 값으로 일정해진다. 이런 변화 후에 인덕터 내의 기전력에는 어떤 변화가 일어나는가? (a) 변화 전보다 네 배로 커진다. (b) 두 배로 커진다. (c) 영이 아닌 값으로 같다. (d) 영이다. (e) 감소한다.

주관식

32.1 자체 유도와 자체 유도 계수

1. 유도 계수가 3.00 mH인 코일에 전류가 흐른다. 이 전류가 0.200 s의 시간 간격 동안 0.200 A로부터 1.50 A까지 변한다. 이 시간 동안의 평균 유도 기전력의 크기를 구하라.

2. 2.00 H의 인덕터에 0.500 A의 정상 전류가 흐른다. 회로의 스위치를 열자 10.0 ms 후에 전류가 영이 된다면, 이 시간 동안의 평균 유도 기전력은 얼마인가?

3. 전류가 10.0 A/s의 비율로 변할 때, 500번 감은 코일에 24.0 mV의 기전력이 유도된다. 전류가 4.00 A일 때, 코일 하나를 지나는 자기선속은 얼마인가?

4. 코일의 전류가 0.500 s 동안 같은 방향으로 3.50 A에서 2.00 A로 변한다. 코일에 유도되는 평균 기전력이 12.0 mV 라면, 코일의 유도 계수는 얼마인가?

5. 감은 수가 420번이고 길이가 16.0 cm인 솔레노이드 모양의 어떤 인덕터가 있다. 인덕터를 통과하는 전류가 0.421 A/s의 일정한 비율로 감소할 때, 인덕터에 175 μV의 기전력이 유도된다. 솔레노이드의 반지름은 얼마인가?

6. 속이 빈 판지 토러스에 도선을 N번 빽빽하게 감은 토로이드가 있다. 토러스의 주반지름은 R이고 원형 단면의 반지름은 r이다. 그림 P32.6은 이 토로이드의 절반을 토로이드 단면의 모양과 함께 보여 준다. 만약 $R \gg r$이면 토로이드 내부의 자기장의 크기는 이 토로이드를 잘라서 곧게 편 솔레노이드의 자기장의 크기와 거의 같다. 이와 같이 자기장을 근사할 때, 이 토로이드의 유도 계수가 근사적으로

$$L \approx \tfrac{1}{2}\mu_0 N^2 \frac{r^2}{R}$$

임을 보이라.

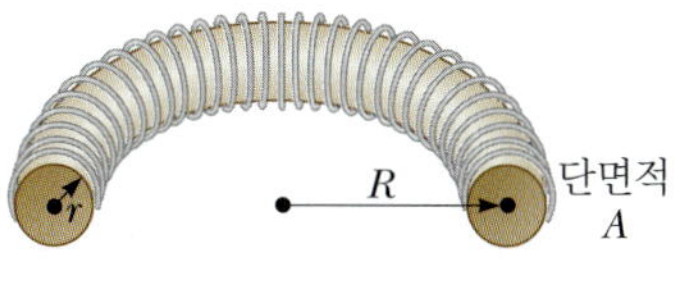

그림 P32.6

7. 그림 P32.7에서와 같이 4.00 mH 인덕터에서 전류가 시간에 따라 변한다. $t = 0$에서 $t = 12.0$ ms까지의 시간 동안 인덕터 양단의 자체 유도 기전력을 그리라.

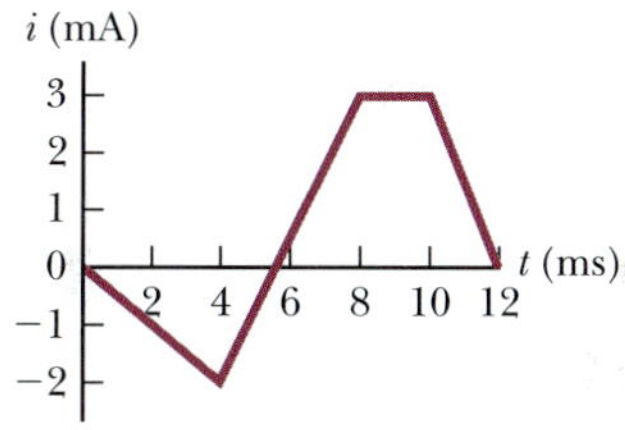

그림 P32.7

8. 그림 P32.8a에서 보듯이 시간에 따라 변하는 전류 i가 50.0 mH의 인덕터를 지나간다. $t = 0$까지는 $i = -1.00$ mA로 일정하고, 그 이후로는 그림 P32.8b에서와 같이 시간에 따라 변한다. 인덕터 양단의 기전력을 시간의 함수로 그리라.

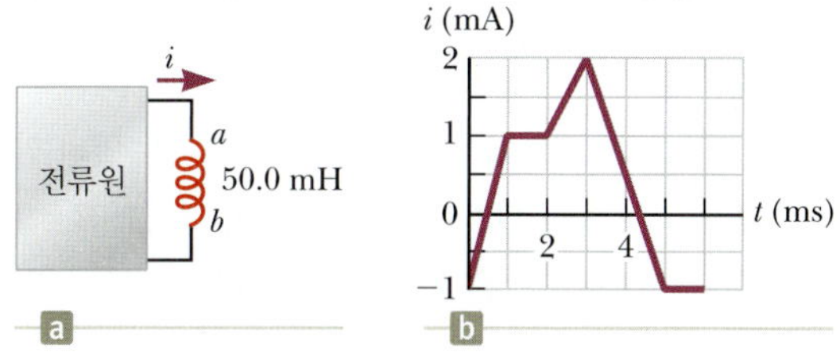

그림 P32.8

9. 그림 P32.9의 토로이드에는 도선이 N번 감겨 있고 단면은 직사각형이다. 토로이드의 안쪽 반지름은 a, 바깥 반지름은 b이고 단면의 세로의 길이는 h이다. 이 토로이드의 유도 계수를 구하라.

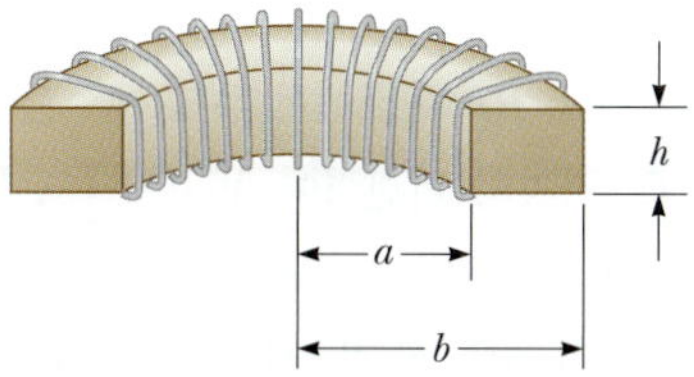

그림 P32.9

32.2 *RL* 회로

10. 510번 감은 솔레노이드의 반지름은 8.00 mm이고 전체 길이는 14.0 cm이다. (a) 유도 계수는 얼마인가? (b) 솔레노이드가 2.50 Ω의 저항기와 전지로 직렬 연결되어 있다면, 회로의 시간 상수는 얼마인가?

11. 그림 P32.11의 회로에서 $\boldsymbol{\mathcal{E}} = 12.0$ V, $R = 24.0$ Ω이다. $t < 0$일 때 스위치는 열려 있고 $t = 0$일 때 닫힌다. (a) 회로의 유도 계수가 거의 영일 때, (b) 유도 계수가 중간 값일 때, (c) 유도 계수가 아주 클 때의 세 경우에 회로의 전류를 시간 $t \geq 0$의 함수로 대략 그리라. 세 곡선을 한꺼번에 한 그래프로 그린다. 그래프 축에 세 경우의 처음과 나중 전류의 위치를 나타내라.

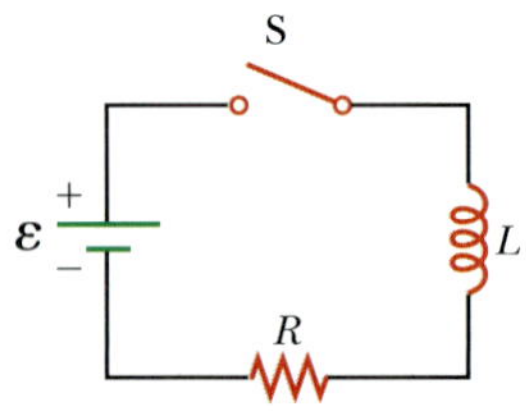

그림 P32.11 문제 11, 12, 13, 15

12. 그림 P32.11의 회로에서 $R = 10.0$ Ω이다. 스위치를 닫은 후 3.00 ms만에 회로의 전류는 나중 전류의 98.0 %가 된다. 회로의 유도 계수는 얼마인가?

13. 그림 P32.11의 회로에서 $L = 7.00$ H, $R = 9.00$ Ω, $\boldsymbol{\mathcal{E}} = 120$ V라고 하자. 스위치를 닫은 0.200 s 후 자체 유도 기전력은 얼마인가?

14. 그림 P32.14의 회로에서 $t < 0$일 때 스위치는 열려 있고 $t = 0$일 때 닫힌다. $R = 4.00$ Ω, $L = 1.00$ H, 그리고 $\boldsymbol{\mathcal{E}} = 10.0$ V라고 하자. 스위치를 닫은 이후 (a) 인덕터에 흐르는 전류와 (b) 스위치에 흐르는 전류를 시간의 함수로 구하라.

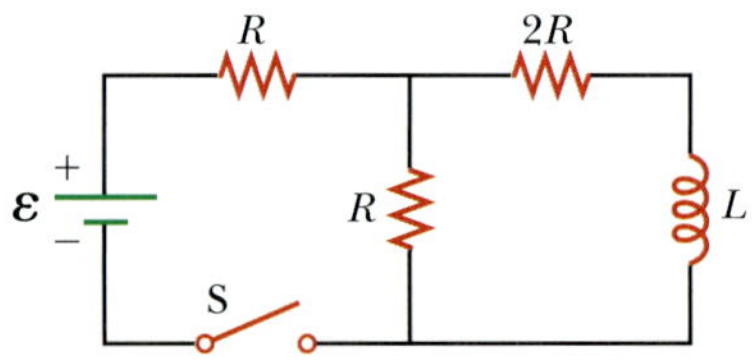

그림 P32.14

15. 그림 P32.11의 *RL* 회로에서 유도 계수 값이 3.00 H, 저항이 8.00 Ω, 전지의 기전력이 36.0 V라고 하자. (a) 전류가 2.00 A일 때, 저항기 양단 사이의 전위차와 인덕터 양단의 기전력의 비인 $\Delta V_R/\boldsymbol{\mathcal{E}}_L$을 계산하라. (b) 전류가 4.50 A일 때 인덕터 양단의 기전력을 계산하라.

16. 직렬 *LC* 회로에서 처음 전하 Q를 갖고 있는 축전기가 방전한다. 축전기의 전하가 $Q/2$일 때 N번 감은 코일의 각각의 고리를 통과하는 자기선속을 Q, N, L, C를 이용하여 구하라.

17. 그림 P32.17의 회로에서 전류가 증가하고 있고, 한 순간 전류가 2.00 A이고 시간에 대한 전류의 증가 비율이 0.500 A/s일 때 측정된 전압은 $V_{ab} = 9.00$ V이다. 한편 전류가 감소하고 있고, 한 순간 전류가 2.00 A이고 시간에 대한 전류의 감소 비율이 0.500 A/s일 때 측정된 전압은 $V_{ab} = 5.00$ V이다. (a) L과 (b) R의 값을 계산하라.

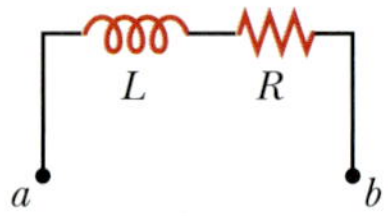

그림 P32.17

18. $t = 0$일 때 $L = 5.00$ mH인 코일과 $R = 6.00$ Ω인 저항기가 24.0 V 전지에 연결된다. (a) 연결 직후 저항기 양단의 전위차와 코일 양단의 기전력을 비교하라. (b) 몇 초가 지난 후에 앞 (a)와 같이 하라. (c) 두 전압이 같은 시간이 있는가? 있다면 그 시간을 구하라. 이런 때가 여러 번 있는가? (d) 저항기와 코일에 흐르는 전류가 4.00 A일 때, 순간적으로 전지를 없애고 전지 양단에 붙어 있던 회로의 두 도선을 연결한다고 하자. (스위치를 사용하여 이렇게 할 수 있다.) 이때 앞의 (a)~(c)에 대하여 답하라.

19. 전동기에서 아크에 의한 기기 손상을 막기 위하여 아마추어(코일이 들어 있는 회전하는 부품)에 방전용 저항을 병렬로 연결하기도 한다. 전원이 끊어질 때 이 저항은 아마추어 코일의 전압을 일정 크기 이하로 제한한다. 예를 들어 12.0 V에서 작동하는 직류 전동기를 생각해 보자. 아마추어 코일의 저항은 7.50 Ω이고 유도 계수는 450 mH이다. 전동기가 정상적으로 작동할 때 아마추어 코일의 자체 유도 기전력은 10.0 V라고 가정하자. 전원이 끊어질 때 아마추어

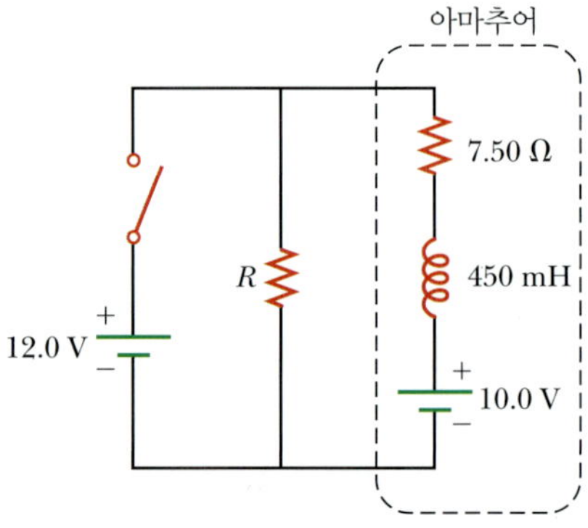

그림 P32.19

양단의 전압을 80.0 V보다 작도록 하려면 R의 값은 최대 얼마이어야 하는가? 그림 P32.19에 보인 등가 회로를 참조하라.

32.3 자기장 내의 에너지

20. 코일 하나당 전류 1.75 A가 만드는 자기선속이 3.70×10^{-4} T · m²인 200번 감긴 솔레노이드의 자기장 에너지를 계산하라.

21. 기전력이 10.0 V인 전지, 저항이 5.00 Ω인 저항기, 그리고 유도 계수가 10.0 H인 인덕터가 직렬로 연결되어 있다. 회로의 전류가 최댓값이 된 이후 (a) 전지가 공급하는 전력 (b) 저항기에 전달되는 전력 (c) 인덕터에 전달되는 전력 (d) 인덕터의 자기장에 저장된 에너지를 구하라.

22. 다음 적분을 증명하여 예제 32.3에 주어진 계산을 완성하라.

$$\int_0^\infty e^{-2Rt/L}\,dt = \frac{L}{2R}$$

23. 기전력이 24.0 V인 전지에 저항기와 인덕터가 직렬로 연결되어 있으며, $R = 8.00\ \Omega$이고 $L = 4.00$ H이다. (a) 전류가 최댓값일 때와 (b) 스위치를 닫은 후 시간 상수만큼의 시간이 지난 순간 인덕터에 저장된 에너지를 구하라.

24. 초전도 솔레노이드 내부의 자기장의 크기가 4.50 T이다. 솔레노이드의 안쪽 지름은 6.20 cm이고 길이는 26.0 cm이다. (a) 이 자기장의 에너지 밀도와 (b) 솔레노이드 내부에 저장된 자기 에너지를 계산하라.

25. $L = 1.00$ mH인 인덕터와 $C = 1.00\ \mu$F인 축전기가 직렬로 연결되어 있다. 회로의 전류 i는 선형으로 증가하여 $i = 20.0t$로 주어진다. 여기서 i의 단위는 A이고 시간의 단위는 s이다. 축전기에는 처음에 전하가 없다. (a) 인덕터 양단의 전압과 (b) 축전기 양단의 전압을 각각 시간의 함수로 구하라. (c) 축전기에 저장된 에너지가 인덕터에 저장된 에너지보다 처음으로 많아지는 시간을 구하라.

26. 반지름이 R인 원형 도선의 재료인 도체는 자성이 없다. 도선 내부에는 전류 I가 균일하게 흐른다. 이 도선 내부의 단위 길이당 자기 에너지는 $\mu_0 I^2/16\pi$임을 보이라.

27. 반지름 R인 구의 외부에서 자기장 크기를 $B = B_0(R/r)^2$으로 가정하자. 여기서 B_0는 상수이다. (a) 구의 외부 자기장에 저장된 전체 에너지를 구하라. (b) 지구의 자기장 $B_0 = 5.00 \times 10^{-5}$ T와 $R = 6.00 \times 10^6$ m에 대하여 (a)에서의 에너지 값을 계산하라.

32.4 상호 유도 계수

28. 근처에 있는 코일의 전류가 1.20 A/s의 비율로 증가될 때, 다른 코일에 96.0 mV의 기전력이 유도된다. 두 코일의 상호 유도 계수는 얼마인가?

29. 두 코일이 서로 가까이 있다. 첫 번째 코일에는 $i(t) = 5.00e^{-0.025t}\sin 120\pi t$의 전류가 흐른다. 여기서 i의 단위는 A이고 t의 단위는 s이다. $t = 0.800$ s에서 두 번째 코일 양단에서 측정된 기전력이 −3.20 V이다. 코일의 상호 유도 계수는 얼마인가?

30. 반지름이 R_1, 길이가 ℓ인 원형 솔레노이드 S_1은 도선이 N_1번 감겨 있다. 이 솔레노이드는 아주 길어서 내부 자기장은 거의 균일하고 외부 자기장은 거의 영이다. 이 속에 솔레노이드 S_2가 중심축이 일치하게 들어 있는데, 반지름은 $R_2(< R_1)$이고 도선이 N_2번 감겨 있으며 길이는 S_1과 같다. (a) S_1에 변하는 전류 i가 흐를 때 S_2에 흐르는 전류를 결정하는 상호 유도 계수를 계산하라. (b) 이제 S_2에 변하는 전류 i가 흐른다고 가정한다. S_1에 유도된 기전력을 계산하는 데 쓰이는 상호 유도 계수를 계산하라. (c) 앞의 (b)와 (c)의 결과에 대하여 비교하고 논의해 보라.

31. 그림 P32.31과 같이 인쇄 회로 기판에 비교적 긴 직선의 도체와 직사각형 도체 고리가 같은 평면에 놓여 있다. $h = 0.400$ mm, $w = 1.30$ mm, $\ell = 2.70$ mm일 때 상호 유도 계수를 구하라.

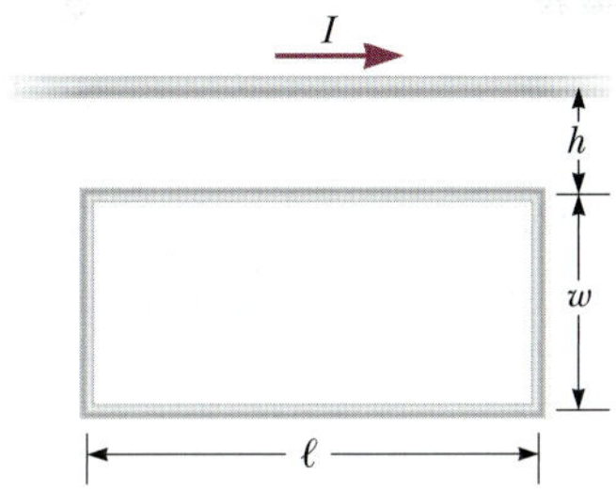

그림 P32.31

32. 중심이 일치하고 같은 평면에 있는 두 개의 원형 고리 도선이 있다. 고리의 반지름은 각각 R와 r이며 $R \gg r$이다. (a) 이 쌍의 상호 유도 계수가 근사적으로 $M = \mu_0 \pi r^2/2R$임을 보이라. (b) $r = 2.00$ cm, $R = 20.0$ cm일 때, M값을 계산하라.

32.5 *LC* 회로의 진동

33. 그림 P32.33의 회로에서 전지의 기전력이 50.0 V, 저항이 250 Ω, 전기용량이 0.500 μF이다. 스위치 S를 오랫동안 닫

아두면 축전기 양단의 전위차가 영으로 측정된다. 스위치를 연 후 축전기 양단의 전위차가 150 V로 최댓값에 도달한다. 자체 유도 계수의 값은 얼마인가?

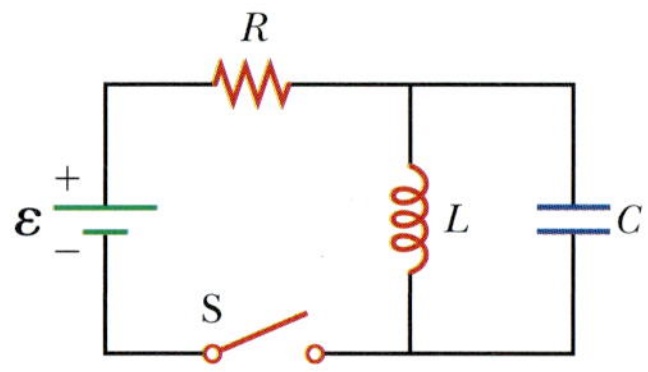

그림 P32.33

34. 1.05 μH인 인덕터가 라디오 동조 회로(튜너)에서 가변 축전기와 직렬로 사용되고 있다. 6.30 MHz로 방송하는 방송국의 채널에 맞출 때 축전기의 전기용량은 얼마인가?

35. 1.00 μF의 축전기가 40.0 V 전원에 의하여 충전된다. 그 후 완전히 충전된 축전기가 10.0 mH의 인덕터를 통하여 방전된다. 이 진동에서 최대 전류를 구하라.

36. 20.0 mH 인덕터와 0.500 μF 축전기로 구성된 LC 회로가 있다. 만약 최대 순간 전류가 0.100 A라면, 축전기 양단의 가장 큰 전위차는 얼마인가?

37. 그림 P32.37의 회로에서 긴 시간 동안 스위치는 a 위치에 연결되어 있다가 $t = 0$일 때 b 위치로 연결된다. 이 시간 이후 (a) LC 회로의 진동수, (b) 축전기 전하량의 최댓값, (c) 인덕터에 흐르는 전류의 최댓값, (d) $t = 3.00$ s일 때 회로 내부의 전체 에너지를 구하라.

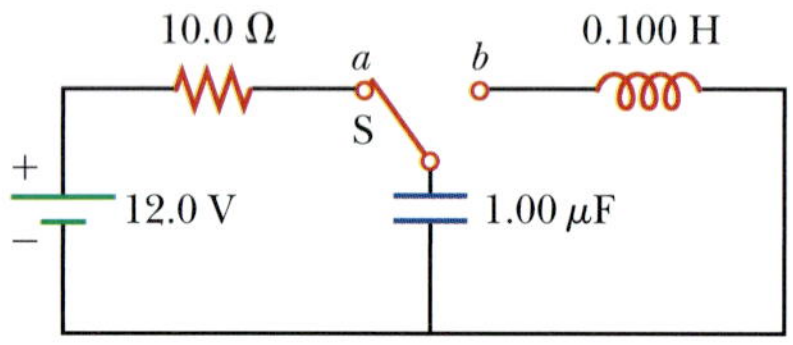

그림 P32.37

38. 그림 P32.38의 LC 회로에서 $L = 3.30$ H, $C = 840$ pF 이며 축전기의 처음 전하량이 105 μC이다. $t < 0$일 때 스위치는 열려 있고 $t = 0$일 때 닫힌다. $t = 2.00$ ms 일 때 (a) 축전기에 저장된 에너지 (b) 인덕터에 저장된 에너지 (c) 회로의 전체 에너지를 계산하라.

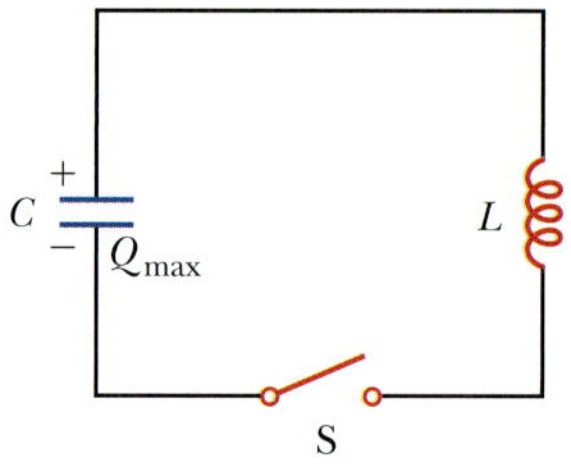

그림 P32.38

32.6 *RLC* 회로

39. 그림 P32.39의 회로에서 $R = 7.60\ \Omega$, $L = 2.20$ mH, $C = 1.80\ \mu$F이다. (a) 스위치가 b 위치로 연결될 때 감쇠 진동의 진동수를 구하라. (b) 진동이 없어지는 임계 감쇠가 일어나는 저항 값을 구하라.

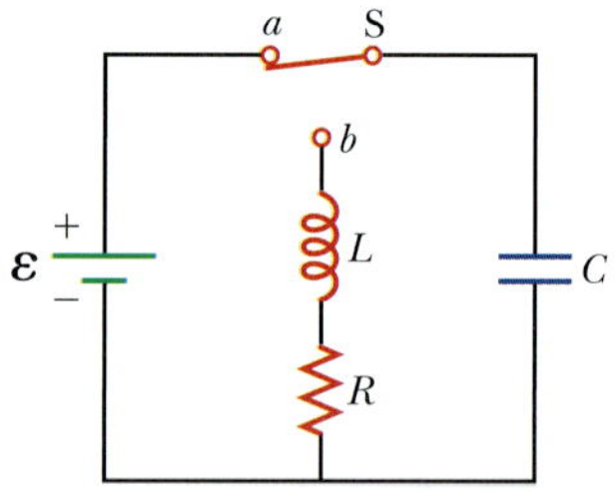

그림 P32.39

40. $L = 500$ mH이고 $C = 0.100\ \mu$F인 LC 회로가 있다고 할 때 (a) 공명 진동수 ω_0는 얼마인가? (b) 저항 1.00 kΩ을 회로에 도입하면, 감쇠 진동의 진동수는 얼마인가? (c) 두 공명 진동수 사이의 차이를 %로 나타내라.

CHAPTER 33

교류 회로

Alternating-Current Circuits

이 장에서는 교류(AC) 회로를 다룬다. 가정에서 TV나 오디오 또는 다른 대부분의 전자 제품을 켤 때마다 이들을 동작시키는 전력을 제공해 주는 것은 교류 전류이다. 우선 저항기, 인덕터 및 축전기로 구성되고, 사인형 전압에 의하여 구동되는 간단한 직렬 회로의 특성을 알아보자. 이 장의 주요 목적은 다음과 같이 요약할 수 있다. 만약 교류 전원이 저항기, 인덕터 그리고 축전기로 구성된 직렬 회로에 교류 전압을 걸었을 때 교류 전류의 진폭과 시간 특성을 알고자 한다. 이 장을 변압기, 전력 송전 그리고 전기 여과기와 관련된 내용으로 마무리하고자 한다.

전력 송전을 통한 전력망으로의 에너지 분배를 위하여, 이런 대형 변압기는 발전소에서 전압을 높이는 데 이용된다. 전력은 직류 전류보다는 교류 전류로 전송되기 때문에, 전압을 비교적 쉽게 변화시킬 수 있다. (© *Lester Lefkowitz/Getty Images*)

33.1 교류 전원
AC Sources

교류 회로는 회로 요소와 교류 전압 Δv를 제공하는 전원으로 이루어진다. 전원으로

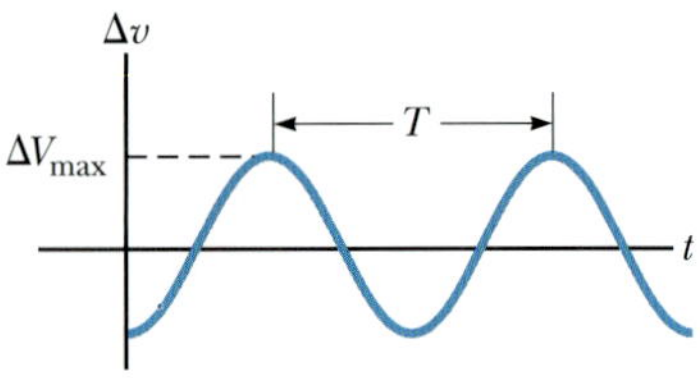

그림 33.1 교류 전원에 의하여 공급된 주기 T인 사인형 전압

부터 시간에 따라 변하는 전압은

$$\Delta v = \Delta V_{\max} \sin \omega t$$

로 나타낸다. 여기서 $\Delta V_{\max}$는 전원의 최대 출력 전압 또는 **전압 진폭**(voltage amplitude)이다. 31.5절에서 언급한 것처럼 발전기와 전기 진동자를 포함하여 교류 전원에는 여러 가지가 있다. 가정에서 전기 콘센트는 교류 전원의 역할을 한다. 교류 전원의 출력 전압이 시간에 대하여 사인 함수로 변하기 때문에, 전압은 그림 33.1처럼 반 주기 동안 양의 값이고 그 다음 반 사이클 동안은 음수의 값을 가진다. 마찬가지로 교류 전원이 공급된 회로에서, 전류도 시간에 따라 사인형으로 변하는 교류이다.

식 15.12로부터 교류 전압의 각진동수는

$$\omega = 2\pi f = \frac{2\pi}{T}$$

이다. 여기서 f는 전원의 진동수이고 T는 주기이다. 전원은 전기 콘센트와 연결된 회로에 흐르는 전류의 진동수를 결정한다. 한국과 미국 발전소는 60.0 Hz의 진동수를 사용한다. 이 값은 377 rad/s의 각진동수에 해당된다.

33.2 교류 회로에서의 저항기
Resistors in an AC Circuit

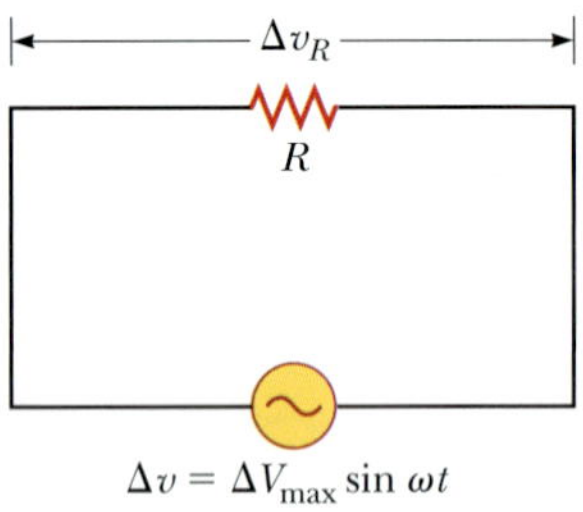

그림 33.2 교류 전원(─~─)에 연결된 저항 R인 저항기로 구성된 회로

그림 33.2에서 보듯이 저항기와 교류 전원(─~─)으로 구성된 교류 회로를 생각해 보자. 어느 순간에 한 회로에서 닫힌 회로를 따라 한 바퀴 돌 때, 전압(전위차)의 대수합은 영이다(키르히호프의 고리 법칙). 그러므로 $\Delta v - \Delta v_R = 0$이고, 저항기 양단의 전압에 대하여 식 27.7을 이용하면

$$\Delta v - i_R R = 0$$

이다.* 이 식을 정리하여 Δv에 $\Delta V_{\max} \sin\omega t$를 대입하면, 저항기에 흐르는 순간 전류는

$$i_R = \frac{\Delta v}{R} = \frac{\Delta V_{\max}}{R} \sin \omega t = I_{\max} \sin \omega t \tag{33.1}$$

이고, 여기서 $I_{\max}$는 최대 전류이다.

저항기에 흐르는 최대 전류 ▶

$$I_{\max} = \frac{\Delta V_{\max}}{R} \tag{33.2}$$

식 33.1로부터 저항기 양단의 순간 전압은

저항기 양단의 전압 ▶

$$\Delta v_R = i_R R = I_{\max} R \sin \omega t \tag{33.3}$$

임을 알 수 있다.

* 저항기 양단의 전위차 또는 전압이라고 할 때 $-iR$를 뜻할 경우도 있고, 전압 강하의 크기 iR를 뜻할 때도 있다. 이 절과 다음 33.7절까지에서는 키르히호프의 법칙을 적용할 때 음의 부호를 뺀 양을 회로 요소 양단의 전압이라 하고 있다.: 역자 주

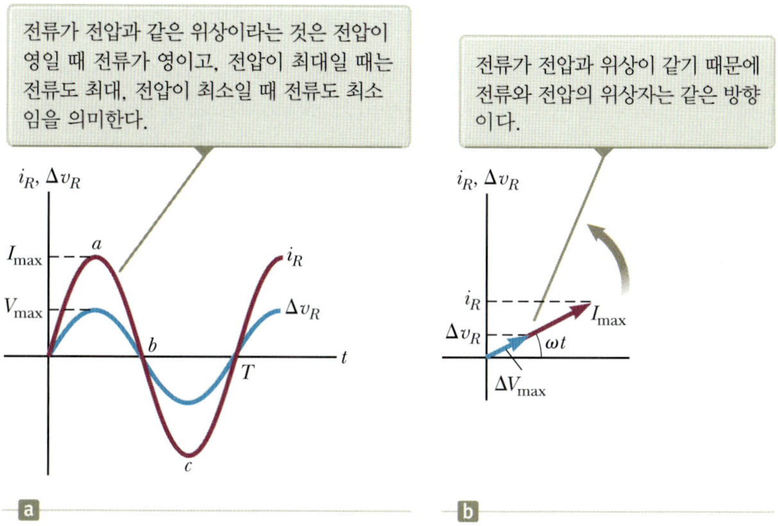

그림 33.3 (a) 시간의 함수로 나타낸 저항기에 흐르는 순간 전류 i_R와 저항기 양단에 걸린 순간 전압 Δv_R의 그래프. 시간 $t = T$일 때 시간에 따라 변하는 전압과 전류의 한 주기가 완성된다. (b) 전류가 전압과 같은 위상에 있음을 보여 주는 저항 회로의 위상자 도표

그림 33.3a는 이 회로의 시간에 대한 전압과 전류의 그래프이다. 점 a에서 전류는 양의 방향으로 최댓값을 갖는다. 점 a와 b 사이에서 전류 크기는 감소하지만 여전히 양의 방향에 있다. b에서 전류는 순간적으로 영이고, b와 c 사이에서 음의 방향으로 증가한다. c에서 전류는 음의 방향으로 최대 크기에 도달한다.

전류와 전압은 시간에 따라 똑같이 변하기 때문에 서로 일치한다. 그림 33.3a에서 보듯이 i_R와 Δv_R 모두 $\sin\omega t$로 변하고, 같은 시간에 최댓값에 도달하기 때문에 **위상이 같다**(in phase)라고 한다. 18장의 파동 운동에서 배웠듯이 두 개의 파동이 같은 위상일 수 있는 것과 유사하다. 그러므로 사인형의 전압이 걸릴 때, 저항기에 흐르는 전류는 저항기 양단에 걸린 전압과 항상 같은 위상에 있다. 교류 회로 내의 저항기에 대하여 배워야 할 새로운 개념은 없다. 저항기는 본질적으로 직류와 교류 회로에서 같은 방식으로 작동한다. 그러나 축전기와 인덕터의 경우는 이와 같지 않다.

두 개 이상의 구성 요소를 가진 회로의 분석을 간단히 하기 위하여 **위상자 도표**라 하는 그림 표현을 사용한다. **위상자**(phasor)는 벡터이고, 그 길이는 나타내고자 하는 변수의 최댓값에 비례한다(현재 논의에서는 전압에 대하여 ΔV_{max}이고 전류에 대해서는 I_{max}). 위상자는 그 변수에 관계되는 각진동수와 같은 각속력으로 시계 반대 방향으로 회전한다. 위상자를 세로축에 사영하면 위상이 나타내는 순간값을 얻게 된다.

그림 33.3b는 어떤 순간에 그림 33.2의 회로에 대한 전압과 전류의 위상자를 보여 준다. 위상자 화살을 세로축에 사영하면, 그 길이는 가로축과 위상자 사이의 각도에 대한 사인 함수로 결정된다. 예를 들면 그림 33.3b에서 전류 위상자의 사영은 $I_{max}\sin\omega t$이다. 이것은 식 33.1과 같은 표현이다. 그러므로 위상자의 사영은 시간에 따라 사인형으로 변하는 전류값을 나타낸다. 시간에 따라 변하는 전압에 대해서도 동일하게 적용할 수 있다. 이런 접근의 장점은 교류 회로에서 전류와 전압 사이의 위상 관계를 구할 때

오류 피하기 33.1

시간에 따라 변하는 값 이 교재에서는 시간에 따라 변하는 순간 전압과 전류를 나타내기 위하여 소문자 Δv와 i를 사용한다. 적절한 회로 요소를 나타내기 위하여 아래 첨자를 붙인다. ΔV_{max}와 I_{max} 같은 대문자는 전압과 전류의 고정된 값을 나타낸다.

오류 피하기 33.2

위상자는 그래프 표현이다 교류 전압은 다른 표현들로 나타낼 수 있다. 한 그래프 표현은 그림 33.1인데, 전압을 직각 좌표에 그렸으며, 세로축은 전압, 가로축은 시간이다. 그림 33.3b는 또 다른 그래프 표현을 보여 준다. 위상자를 그린 위상 공간은 극좌표 그래프와 유사하다. 지름 좌표는 전압의 진폭을 나타낸다. 각도 좌표는 위상각이다. 위상자 끝의 세로축 좌표는 전압의 순간값을 나타낸다. 그림 33.3b에 보인 바와 같이, 교류 전류 역시 위상자로 나타낼 수 있다.

위상자의 논의를 이해하기 위하여 15.4절을 다시 보라. 거기서 실제 물체의 단조화 운동을 등속 원운동하는 가상의 물체를 좌표축에 사영하여 표현한다. 위상자는 이 표현과 직접적으로 유사하다.

3장의 벡터합을 이용하여 위상자들의 벡터합을 얻는 방법이 편리하기 때문이다.

단일 닫힌 회로로 구성된 그림 33.2의 저항 회로의 경우, 전류와 전압의 위상자는 그림 33.3b에서 보듯이 i_R와 Δv_R는 같은 위상이기 때문에 같은 선상에 놓인다. 축전기와 인덕터를 포함하는 회로에서 전류와 전압은 다른 위상 관계를 가진다.

퀴즈 33.1 그림 33.4에 있는 세 순간에서의 전압 위상자를 살펴보자. **(i)** 순간 전압의 값이 가장 큰 것은 어느 것인가? **(ii)** 순간 전압의 값이 가장 작은 것은 어느 것인가?

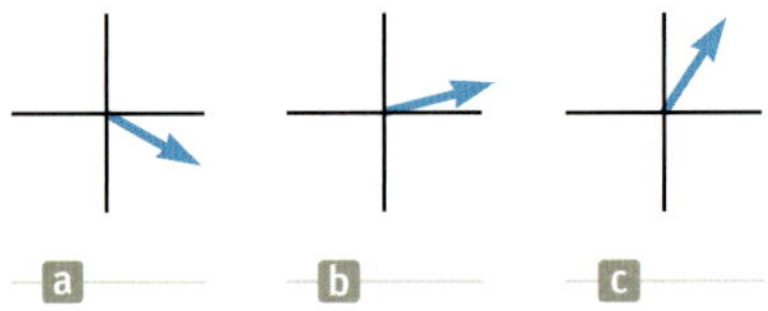

그림 33.4 (퀴즈 33.1) 세 순간에서 전압 위상자

그림 33.2의 간단한 저항 회로의 경우 한 주기에 대한 전류의 평균값은 영이다. 즉 전류는 동일한 시간 동안 양의 방향으로 유지되고, 같은 크기만큼의 전류가 음의 방향으로도 유지되기 때문이다. 그러나 전류의 방향은 저항기의 거동에 영향을 주지 못한다. 저항기 내의 원자와 전자들의 충돌로 인하여 저항기의 온도가 상승되는 것을 인식하면, 이 개념을 이해할 수 있다. 이런 온도 증가는 전류의 크기에 의존하지만 전류의 방향과는 무관하다.

에너지가 저항기로 전달되는 비율은 전력 $P = i^2 R$임을 상기함으로써 이를 정량적으로 나타낼 수 있다. 여기서 i는 저항기에 흐르는 순간 전류이다. 이 전력은 전류의 제곱에 비례하기 때문에 전류가 직류인지 교류인지, 즉 전류의 부호가 양인지 음인지 중요하지 않다. 그러나 최댓값 I_{max}를 가지는 교류 전류에 의하여 발생한 온도 증가는 직류 전류 I_{max}에 의하여 발생한 온도 증가와는 다르다. 왜냐하면 교류 전류는 한 주기 동안 어느 한 순간에서만 최댓값을 가지기 때문이다(그림 33.5a). 교류 회로에서 가장 중요한 것은 **rms 전류**(rms current)라고 하는 전류의 평균값이다. 21.1절에서 배웠듯이 rms는 **제곱–평균–제곱근**(root–mean–square)을 나타내며, 이 경우에는 전류의 제곱–평균–제곱근을 의미한다. 즉 $I_{rms} = \sqrt{(i^2)_{avg}}$이다. i^2이 $\sin^2 \omega t$에 비례하여 i^2의 시간에 대한 평균값은 $\frac{1}{2}I_{max}^2$이 되기 때문에, rms 전류는

rms 전류 ▶

$$I_{rms} = \frac{I_{max}}{\sqrt{2}} = 0.707 I_{max} \quad \textbf{(33.4)}$$

이다(그림 33.5b 참조). 이 식은 최댓값이 2.00 A인 교류 전류가 (0.707)(2.00 A) = 1.41 A의 값을 가지는 직류 전류와 같은 전력을 저항기에 공급함을 의미한다. 그러므로 교류가 흐르는 저항기에 공급되는 평균 전력은 다음과 같다.

저항기에 공급되는 평균 전력 ▶

$$P_{avg} = I_{rms}^2 R$$

교류 전압도 또한 rms 전압 형태로 주로 표현된다. 그 관계식은 전류에 대해서도 동일하다.

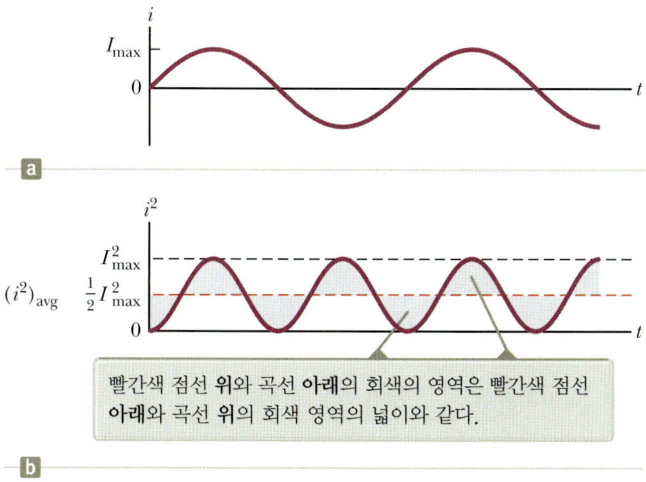

그림 33.5 (a) 시간의 함수로 나타낸 저항기에 흐르는 전류의 그래프 (b) 시간의 함수로 나타낸 저항기에 흐르는 전류 제곱의 그래프. 빨간색 점선은 $I^2_{max}\sin^2\omega t$의 평균값이다. 일반적으로 한 주기에 대한 $\sin^2\omega t$ 또는 $\cos^2\omega t$의 평균값은 1/2이다.

$$\Delta V_{rms} = \frac{\Delta V_{max}}{\sqrt{2}} = 0.707\,\Delta V_{max} \tag{33.5}$$

◀ rms 전압

전기 콘센트로부터 120 V 교류 전압을 측정한다고 말할 때, 120 V rms 전압을 의미한다. 식 33.5를 사용하여 구하면 교류 전압이 약 170 V의 최댓값을 가짐을 알 수 있다. 이 장에서 교류 전류와 교류 전압을 논의할 때 rms 값을 사용하는 이유는, 교류 전류계와 전압계가 rms 값을 읽도록 만들어졌기 때문이다. 더욱이 rms 값을 사용하면 우리가 사용하는 많은 식들이 직류 전류일 때의 대응되는 식들과 동등한 형태를 가진다.

예제 33.1 rms 전류는 얼마인가?

교류 전원의 전압 출력이 $\Delta v = (200\text{ V})\sin\omega t$로 주어진다. 이 전원에 100 Ω의 저항기가 연결되어 있을 때 회로 내에 흐르는 rms 전류를 구하라.

풀이

개념화 그림 33.2는 이 문제의 물리적 상황을 보여 준다.

분류 이 절에서 논의된 식으로부터 전류를 계산할 수 있으므로 예제를 대입 문제로 분류한다.

식 33.2와 33.4를 결합하여 rms 전류를 구한다.

$$I_{rms} = \frac{I_{max}}{\sqrt{2}} = \frac{\Delta V_{max}}{\sqrt{2}R}$$

주어진 전압 출력과 일반적인 표현 식 $\Delta v = \Delta V_{max}\sin\omega t$를 비교함으로써 $\Delta V_{max} = 200$ V임을 알 수 있다. 주어진 값들을 대입한다.

$$I_{rms} = \frac{200\text{ V}}{\sqrt{2}\,(100\ \Omega)} = \boxed{1.41\text{ A}}$$

33.3 교류 회로에서의 인덕터
Inductors in an AC Circuit

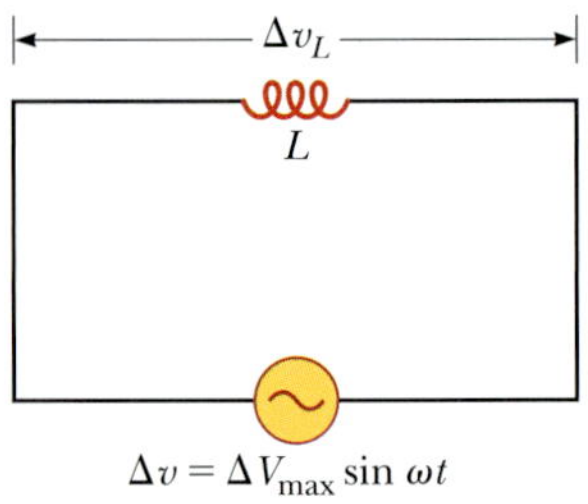

그림 33.6 교류 전원에 연결된 유도 계수 L인 인덕터로 구성된 회로

그림 33.6에서 보듯이 교류 전원 단자에 연결되어 있는 인덕터만으로 구성된 교류 회로를 고려하자. $\Delta v_L = L(di_L/dt)$가 인덕터 양단의 자체 유도된 순간 전압이기 때문에(식 32.1 참조), 이 회로에 키르히호프의 고리 법칙을 적용하면 $\Delta v - \Delta v_L = 0$ 또는

$$\Delta v - L\frac{di_L}{dt} = 0$$

이 된다. Δv에 $\Delta V_{max}\sin\omega t$를 대입하여 정리하면

$$\Delta v = L\frac{di_L}{dt} = \Delta V_{max}\sin\omega t \tag{33.6}$$

를 얻는다. 이 식을 di_L에 대하여 풀면

$$di_L = \frac{\Delta V_{max}}{L}\sin\omega t\, dt$$

임을 구할 수 있다. 위의 식을 적분하면[1] 인덕터 내에 흐르는 순간 전류 i_L은 시간의 함수로

$$i_L = \frac{\Delta V_{max}}{L}\int \sin\omega t\, dt = -\frac{\Delta V_{max}}{\omega L}\cos\omega t \tag{33.7}$$

가 된다. 삼각 함수 항등식 $\cos\omega t = -\sin(\omega t - \pi/2)$를 사용하면, 식 33.7을 다음과 같이 나타낼 수 있다.

인덕터에 흐르는 전류 ▶

$$i_L = \frac{\Delta V_{max}}{\omega L}\sin\left(\omega t - \frac{\pi}{2}\right) \tag{33.8}$$

이 결과와 식 33.6과 비교하면 인덕터에 흐르는 순간 전류 i_L과 인덕터 양단에 걸린 순간 전압 Δv_L은 위상이 $(\pi/2)\text{rad} = 90°$ 만큼 차이가 남을 알 수 있다.

그림 33.7a에 시간에 대한 전압과 전류의 그래프가 있다. 인덕터에 흐르는 전류 i_L이 (그림 33.7a에서 점 b) 최댓값을 가질 때, 순간적으로 변하지 않으므로 양단에 걸린 전압이 영이 된다(점 d). 점 a와 e에서 전류는 영이고 전류의 변화율은 최대가 된다. 그러므로 인덕터 양단에 걸린 전압 또한 최대가 된다(점 c와 f). 전압은 전류가 최댓값에 도달하기 전 1/4주기에서 최댓값에 도달한다. 그러므로 사인형 전압에 의하여 인덕터에 흐르는 전류는 항상 인덕터 양단에 걸린 전압보다 90°(시간적으로는 1/4주기)만큼 **뒤진다.**

그림 33.7b에서 보듯이, 저항기에 대한 전류와 전압 사이의 관계에서와 같이 인덕터에 대한 관계를 위상자 도표로 표시할 수 있다. 위상자가 서로 90°를 이루면, 이는 전류와 전압 사이에 90°만큼 위상차가 있음을 나타낸다.

식 33.7로부터 인덕터 회로에 흐르는 전류는 $\cos\omega t = \pm 1$일 때 최댓값에 도달함을

---

[1] 여기서 적분 상수는 이 경우에 중요하지 않은 처음 조건에 의존하기 때문에 무시한다.

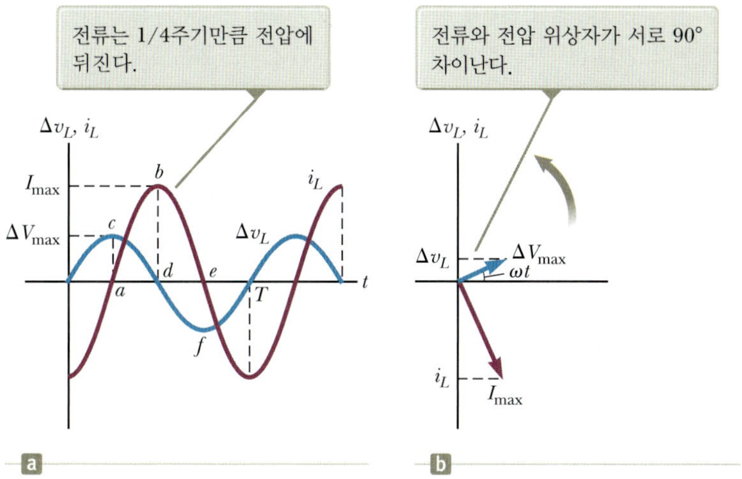

그림 33.7 (a) 시간의 함수로 표현된 인덕터 양단에 걸린 순간 전류 i_L과 순간 전압 Δv_L의 그래프 (b) 인덕터 회로에 대한 위상자 도표

알 수 있다.

$$I_{max} = \frac{\Delta V_{max}}{\omega L} \quad (33.9)$$

◀ 인덕터에 흐르는 최대 전류

이 식은 직류 회로($I = \Delta V/R$, 식 27.7)에서 전류, 전압, 저항 사이의 관계와 유사하다. I_{max}는 암페어 단위, ΔV_{max}는 볼트 단위이기 때문에 ωL은 옴 단위이어야 한다. 그러므로 ωL은 저항과 같은 단위를 가지고, 저항과 같은 방식으로 전류와 전압의 관계를 맺어준다. 그것은 전하의 흐름에 저항한다는 의미에서 저항과 유사한 방식으로 거동한다. 그러나 ωL은 진동수 ω에 의존하기 때문에, 인덕터가 전류에 저항하는 정도는 진동수에 의존한다. 이런 이유 때문에 ωL을 **유도 리액턴스**(inductive reactance) X_L이라고 정의한다.

$$X_L \equiv \omega L \quad (33.10)$$

◀ 유도 리액턴스

그러므로 식 33.9를 다음과 같이 쓸 수 있다.

$$I_{max} = \frac{\Delta V_{max}}{X_L} \quad (33.11)$$

인덕터에 흐르는 rms 전류에 대한 식은 I_{max} 를 I_{rms}로 그리고 ΔV_{max}를 ΔV_{rms}로 대체하면, 식 33.11과 유사하다.

식 33.10은 인가 전압에 대하여 진동수가 증가함에 따라 유도 리액턴스가 증가함을 나타낸다. 이것은 인덕터에 흐르는 전류의 변화가 크면 클수록 역기전력이 더 커지는 패러데이의 법칙과 일치한다. 더 큰 역기전력은 리액턴스를 증가시키고 전류를 감소시킨다.

식 33.6과 33.11을 사용하여 인덕터 양단에 걸린 순간 전압을 다음과 같이 구할 수 있다.

$$\Delta v_L = L\frac{di_L}{dt} = \Delta V_{max} \sin \omega t = I_{max} X_L \sin \omega t \quad (33.12)$$

◀ 인덕터 양단에 걸린 전압

퀴즈 33.2 그림 33.8의 교류 회로를 살펴보자. 전압 진폭이 일정하게 유지되면서 교류 전원의 진동수가 변동된다. 언제 전구가 가장 밝게 빛나는가? **(a)** 전구는 높은 진동수에서 밝게 빛난다. **(b)** 전구는 낮은 진동수에서 밝게 빛난다. **(c)** 전구의 밝기는 모든 진동수에서 동일하다.

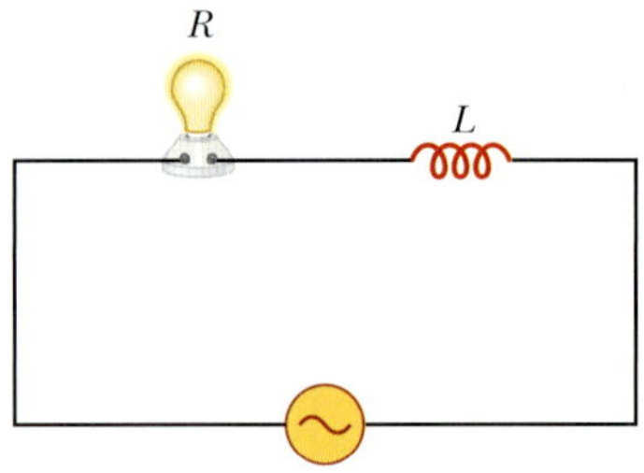

그림 33.8 (퀴즈 33.2) 어떤 진동수에서 전구가 가장 밝게 빛나는가?

예제 33.2 순수한 유도성 교류 회로

순수한 유도성 교류 회로에서 $L = 25.0$ mH이고 rms 전압이 150 V이다. 진동수가 60.0 Hz일 때 유도 리액턴스와 회로에 흐르는 rms 전류를 계산하라.

풀이

개념화 그림 33.6은 이 예제에 대한 물리적 상태를 보여 준다. 인가 전압의 진동수가 증가하면, 유도 리액턴스가 증가함을 기억하라.

분류 이 절에서 논의된 식으로부터 리액턴스와 전류를 계산할 수 있으므로 예제를 대입 문제로 분류한다.

식 33.10을 이용하여 유도 리액턴스를 구한다.

$$X_L = \omega L = 2\pi f L = 2\pi(60.0\text{ Hz})(25.0 \times 10^{-3}\text{ H})$$
$$= 9.42\ \Omega$$

rms 형태의 식 33.11로부터 rms 전류를 구한다.

$$I_{\text{rms}} = \frac{\Delta V_{\text{rms}}}{X_L} = \frac{150\text{ V}}{9.42\ \Omega} = 15.9\text{ A}$$

문제 진동수가 6.00 kHz로 증가하면 회로에 흐르는 rms 전류는 어떻게 되는가?

답 진동수가 증가하면 전류가 더 높은 비율로 변하기 때문에, 유도 리액턴스는 증가한다. 유도 리액턴스가 증가하면 전류는 감소한다.

새로운 유도 리액턴스와 새로운 rms를 계산하자.

$$X_L = 2\pi(6.00 \times 10^3\text{ Hz})(25.0 \times 10^{-3}\text{ H}) = 942\ \Omega$$

$$I_{\text{rms}} = \frac{150\text{ V}}{942\ \Omega} = 0.159\text{ A}$$

33.4 교류 회로에서의 축전기
Capacitors in an AC Circuit

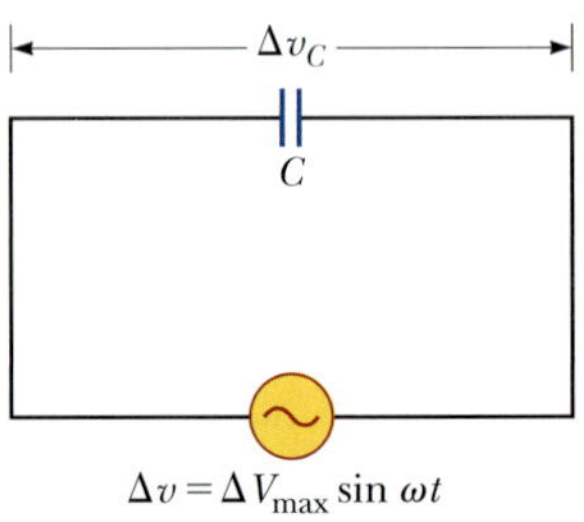

그림 33.9 전기용량이 C인 축전기가 AC 전원에 연결되어 있는 회로

그림 33.9는 교류 전원의 양단에 연결된 축전기로 구성된 교류 회로를 보여 준다. 이 회로에 키르히호프의 고리 법칙을 적용하면 $\Delta v - \Delta v_C = 0$ 또는

$$\Delta v - \frac{q}{C} = 0 \qquad \textbf{(33.13)}$$

이 된다. Δv에 $\Delta V_{\max} \sin \omega t$를 대입하여 정리하면

$$q = C\Delta V_{\max} \sin \omega t \qquad \textbf{(33.14)}$$

가 된다. 여기서 q는 축전기의 순간 전하량이다. 식 33.14를 시간에 대하여 미분함으로써 회로에서의 순간 전류를 얻는다.

$$i_C = \frac{dq}{dt} = \omega C \Delta V_{\max} \cos \omega t \tag{33.15}$$

삼각 함수의 항등식

$$\cos \omega t = \sin\left(\omega t + \frac{\pi}{2}\right)$$

를 이용하면, 식 33.15를 다음과 같은 형태로 나타낼 수 있다.

$$i_C = \omega C \Delta V_{\max} \sin\left(\omega t + \frac{\pi}{2}\right) \tag{33.16}$$

◀ 축전기에 흐르는 전류

앞의 식과 $\Delta v = \Delta V_{\max} \sin\omega t$를 비교하면 전류가 축전기 양단의 전압과 위상이 $\pi/2$ rad = 90° 차이남을 알 수 있다. 시간에 대한 전류와 전압의 그래프(그림 33.10a)는 전류가 전압이 최댓값에 도달하기 전보다 1/4주기 먼저 최댓값에 도달함을 보여 준다.

좀 더 구체적으로 이 순간에 전류가 영이 되는 그림 33.10a에서 점 b를 고려해 보자. 이것은 축전기가 최대 전하량에 도달할 때 발생한다. 그러므로 축전기 양단의 전압은 최대이다(점 d). 점 a와 e에서 전류는 최대이다. 이것은 축전기에서 전하량이 영이 되고 반대의 극성으로 전하가 충전되려는 순간에 발생한다. 전하량이 영이기 때문에 축전기 양단의 전압은 영이다(점 c와 f).

인덕터에서처럼 축전기에 대한 전류와 전압을 위상자 도표에서 나타낼 수 있다. 그림 33.10b에서 위상자 도표는 사인형 전압에 대하여 전류는 항상 축전기 양단의 전압보다 90° **앞섬**을 보여 준다.

식 33.15로부터 회로에 흐르는 전류는 $\cos \omega t = =\pm 1$일 때 그 크기가 최댓값에 도달한다.

$$I_{\max} = \omega C \Delta V_{\max} = \frac{\Delta V_{\max}}{(1/\omega C)} \tag{33.17}$$

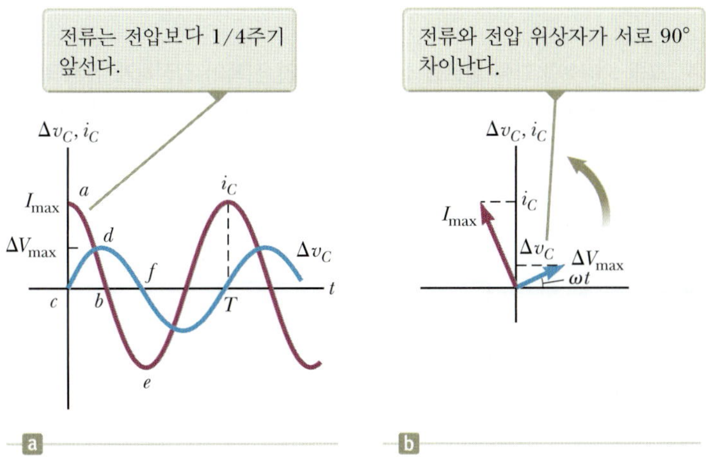

그림 33.10 (a) 시간의 함수로 표현된 축전기에 흐르는 순간 전류 i_C와 양단에 걸린 순간 전압 Δv_C (b) 축전기 회로에 대한 위상자 도표

이것은 인덕터의 경우인 식 27.7과 유사하다. 그러므로 분모는 저항의 역할을 하고 단위는 옴이다. $1/\omega C$를 기호 X_C로 표현한다. X_C는 진동수에 따라 변하며, 이것을 **용량 리액턴스**(capacitive reactance)라 부른다.

용량 리액턴스 ▶

$$X_C \equiv \frac{1}{\omega C} \tag{33.18}$$

식 33.17을 다음과 같이 쓸 수 있다.

축전기에 흐르는 최대 전류 ▶

$$I_{\text{max}} = \frac{\Delta V_{\text{max}}}{X_C} \tag{33.19}$$

I_{max}를 rms 전류인 I_{rms}로 그리고 ΔV_{max}를 ΔV_{rms}로 대체함으로써, 식 33.19와 유사한 표현을 얻을 수 있다.

식 33.19를 이용하여 축전기 양단의 순간 전압을

축전기 양단의 전압 ▶

$$\Delta v_C = \Delta V_{\text{max}} \sin \omega t = I_{\text{max}} X_C \sin \omega t \tag{33.20}$$

로 표현할 수 있다. 식 33.18과 33.19는 전압 전원의 진동수가 증가할 때, 용량 리액턴스는 감소하므로 최대 전류는 증가함을 나타낸다. 전류의 진동수는 회로를 구동시키는 전압 전원의 진동수에 따라 결정된다. 진동수가 영에 가까워질 때 용량 리액턴스는 무한대에 접근하고, 따라서 전류는 영에 도달한다. 이것은 ω가 영인 회로는 직류 전류이기 때문에 의미가 있는 것이며, 열린 회로임을 나타낸다.

Q 퀴즈 33.3 그림 33.11의 교류 회로를 살펴보자. 전압 진폭이 일정하게 유지되면서 교류 전원의 진동수가 변동된다. 언제 전구가 가장 밝게 빛나는가? **(a)** 전구는 높은 진동수에서 밝게 빛난다. **(b)** 전구는 낮은 진동수에서 밝게 빛난다. **(c)** 전구의 밝기는 모든 진동수에서 동일하다.

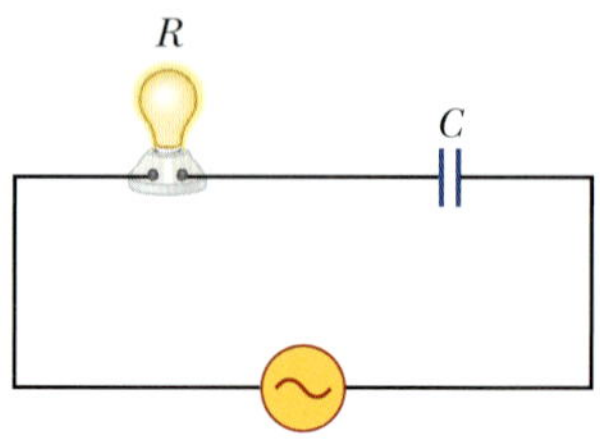

그림 33.11 (퀴즈 33.3)

Q 퀴즈 33.4 그림 33.12의 교류 회로를 살펴보자. 전압 진폭이 일정하게 유지되면서 교류 전원의 진동수가 변동된다. 언제 전구가 가장 밝게 빛나는가? **(a)** 전구는 높은 진동수에서 밝게 빛난다. **(b)** 전구는 낮은 진동수에서 밝게 빛난다. **(c)** 전구의 밝기는 모든 진동수에서 동일하다.

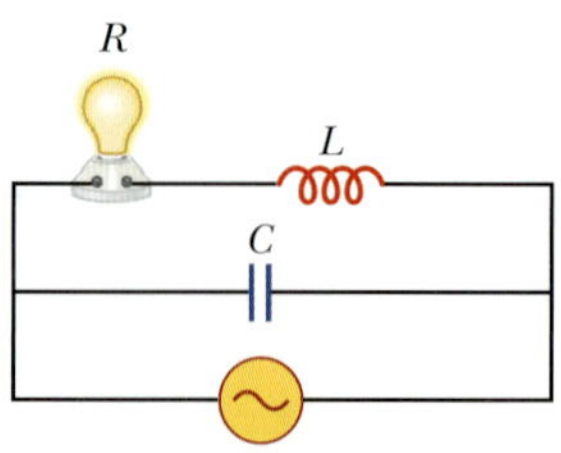

그림 33.12 (퀴즈 33.4)

예제 33.3 순수한 용량성 교류 회로

8.00 μF인 축전기가 rms 전압이 150 V이고 60.0 Hz의 교류 전원의 전극에 연결되어 있다. 회로에서 용량 리액턴스와 rms 전류를 구하라.

풀이

개념화 그림 33.9는 이 예제에 대한 물리적 상태를 보여 준다. 인가 전압의 진동수가 증가하면, 용량 리액턴스가 감소함을 기억하라.

분류 이 절에서 논의된 식으로부터 리액턴스와 전류를 계산할 수 있으므로 예제를 대입 문제로 분류한다.

식 33.18을 이용하여 용량 리액턴스를 구한다.

$$X_C = \frac{1}{\omega C} = \frac{1}{2\pi f C} = \frac{1}{2\pi(60.0\text{ Hz})(8.00 \times 10^{-6}\text{ F})}$$
$$= 332\ \Omega$$

rms 형태의 식 33.19를 이용하여 rms 전류를 구한다.

$$I_{\text{rms}} = \frac{\Delta V_{\text{rms}}}{X_C} = \frac{150\text{ V}}{332\ \Omega} = 0.452\text{ A}$$

문제 진동수가 두 배가 된다면 회로에 흐르는 rms 전류는 어떻게 되는가?

답 진동수가 증가되면 인덕터의 경우와는 반대로 용량 리액턴스는 감소한다. 용량 리액턴스가 감소하면 전류는 증가한다.

새로운 용량 리액턴스와 새로운 rms 전류를 계산하자.

$$X_C = \frac{1}{\omega C} = \frac{1}{2\pi(120\text{ Hz})(8.00 \times 10^{-6}\text{ F})} = 166\ \Omega$$

$$I_{\text{rms}} = \frac{150\text{ V}}{166\ \Omega} = 0.904\text{ A}$$

33.5 RLC 직렬 회로
The RLC Series Circuit

앞의 절들에서 교류 전원에 연결한 개별적인 회로 요소들을 고려하였다. 그림 33.13a는 교류 전압 전원에 직렬로 연결된 저항기, 인덕터 그리고 축전기로 구성된 회로 요소들의 조합을 보여 준다. 걸린 전압이 앞에서와 같이 시간에 따라 사인형으로 변한다면, 순간 전압은 다음과 같다.

$$\Delta v = \Delta V_{\text{max}} \sin(\omega t + \phi)$$

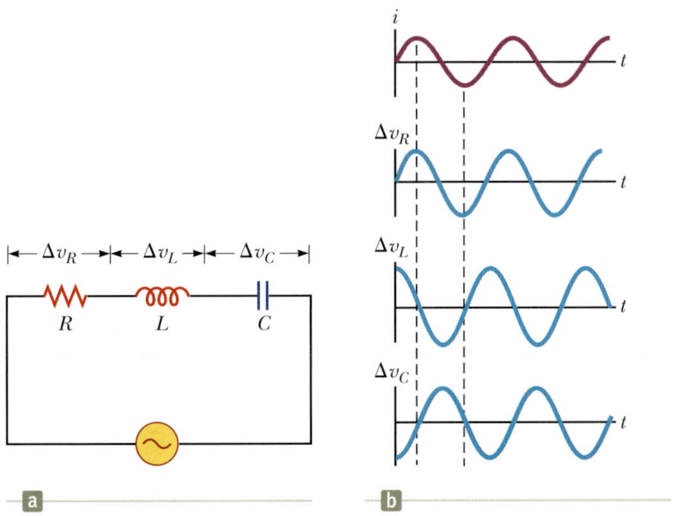

그림 33.13 (a) 교류 전원에 저항기, 인덕터와 축전기가 직렬로 연결된 회로 (b) 이 요소들 중 하나만 교류 전원에 연결할 때, 회로 요소의 전압과 전류의 위상(들 사이의) 관계

그림 33.13b는 33.2~33.4절에서 논의한 것처럼 회로 요소들 중 하나만 AC 전원에 연결할 때, 각 소자의 시간에 따른 전압과 전류와의 위상 관계를 보여 주고 있다. 회로 요소들이 모두 AC 전원에 연결되면, 그림 33.13a에서와 같이 회로에서의 전류는

$$i = I_{\max} \sin \omega t$$

가 된다. 여기서 ϕ는 전류와 전압 사이의 **위상각**(phase angle)이다. 33.3절과 33.4절의 위상에 대한 설명에 기초하여, *RLC* 회로에서 전류는 일반적으로 전압과 같은 위상에 있지는 않을 것으로 예상된다.

그림 33.13a에서 회로 요소들이 직렬로 연결되어 있기 때문에, 회로 내의 모든 곳에 흐르는 전류는 어느 순간에나 같아야 한다. 즉 전류는 직렬 교류 회로의 모든 점에서 같은 진폭과 위상을 가진다. 이전 절에서 각 요소의 양단 전압이 다른 진폭과 위상을 가짐을 알았다. 특히 저항기 양단의 전압은 전류와 같은 위상이다. 인덕터 양단의 전압은 90°만큼 전류를 앞서고, 축전기 양단의 전압은 전류에 90° 뒤진다. 이 위상 관계를 이용함으로써 세 가지 회로 요소 양단의 순간 전압을 다음과 같이 나타낼 수 있다.

$$\Delta v_R = I_{\max} R \sin \omega t = \Delta V_R \sin \omega t \tag{33.21}$$

$$\Delta v_L = I_{\max} X_L \sin\left(\omega t + \frac{\pi}{2}\right) = \Delta V_L \cos \omega t \tag{33.22}$$

$$\Delta v_C = I_{\max} X_C \sin\left(\omega t - \frac{\pi}{2}\right) = -\Delta V_C \cos \omega t \tag{33.23}$$

이들 세 전압의 합은 교류 전원 순간 전압과 같아야 한다. 하지만 세 전압은 전류에 대하여 다른 위상 관계를 가지기 때문에, 직접적인 대수 합을 구할 수는 없다. 그림 33.14는 세 요소의 전류가 순간적으로 영이 되는 점에서의 위상자를 나타낸다. 영의 전류는 그림의 각 부분에서 가로축 방향의 전류 위상자로 나타내었다. 다음에 전압 위상자는 각 요소의 전류에 대하여 적합한 위상각으로 그려져 있다.

위상자는 회전하는 벡터이기 때문에, 그림 33.14의 전압 위상자들을 그림 33.15처럼 벡터합을 이용하여 더할 수 있다. 그림 33.15a에서 그림 33.14의 전압 위상자를 같은 좌표축에 함께 그렸다. 그림 33.15b는 전압 위상자의 벡터합을 보여 준다. 전압 위상자 ΔV_L과 ΔV_C는 동일 선상에 **반대** 방향으로 놓여 있어서, 위상자 ΔV_R에 수직인 위상자의 차 $\Delta V_L - \Delta V_C$를 그릴 수 있다. 전압 진폭 ΔV_R, ΔV_L, ΔV_C의 벡터합이 최대 전압 $\Delta V_{\max}$인 위상자의 길이와 같음을 알 수 있고, 전류 위상자 $I_{\max}$와 ϕ의 각도를 이룬다. 그림

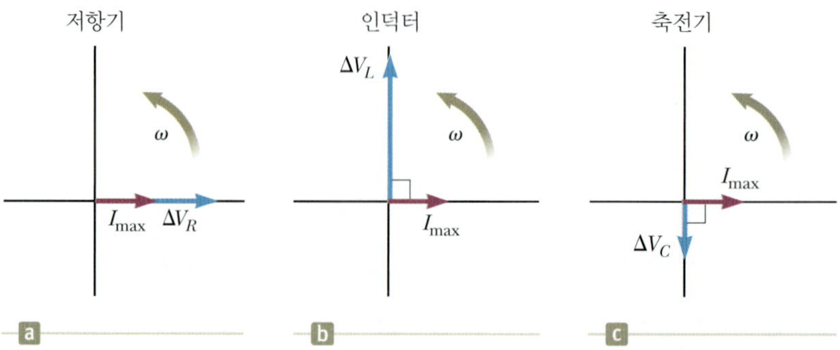

그림 33.14 회로에 직렬로 연결된 (a) 저항기, (b) 인덕터, (c) 축전기에 대한 전압과 전류 위상자 사이의 위상 관계

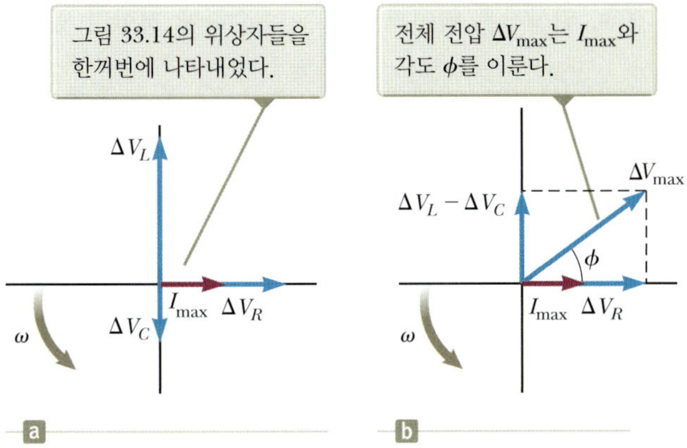

그림 33.15 (a) 그림 33.13a에 나타낸 직렬 *RLC* 회로에 대한 위상자 도표 (b) 유도 계수와 전기용량 위상자를 먼저 합친 후 저항 위상자에 벡터적으로 합한다.

33.15b의 직각 삼각형으로부터

$$\Delta V_{max} = \sqrt{\Delta V_R^2 + (\Delta V_L - \Delta V_C)^2} = \sqrt{(I_{max}R)^2 + (I_{max}X_L - I_{max}X_C)^2}$$

$$\Delta V_{max} = I_{max}\sqrt{R^2 + (X_L - X_C)^2}$$

임을 알 수 있다. 그러므로 최대 전류를 다음과 같이 나타낼 수 있다.

$$I_{max} = \frac{\Delta V_{max}}{\sqrt{R^2 + (X_L - X_C)^2}} \tag{33.24}$$

◀ *RLC* 회로에서 최대 전류

이 식은 식 27.7과 같은 수학적 형태를 가진다. 분모는 저항과 같은 역할을 하므로, 회로의 **임피던스**(impedance) Z라 한다.

$$Z \equiv \sqrt{R^2 + (X_L - X_C)^2} \tag{33.25}$$

◀ 임피던스

여기서 임피던스 또한 옴 단위를 가진다. 그러면 식 33.24는 다음과 같이 나타낼 수 있다.

$$I_{max} = \frac{\Delta V_{max}}{Z} \tag{33.26}$$

식 33.26은 식 27.7에 대응되는 교류에 대한 식이다. 교류 회로에서(리액턴스는 진동수에 의존하므로) 임피던스와 전류는 저항, 유도 계수, 전기용량과 진동수에 의존한다.

그림 33.15b의 위상자 도표에 있는 직각 삼각형으로부터, 전류와 전압 사이의 위상각 ϕ는

$$\phi = \tan^{-1}\left(\frac{\Delta V_L - \Delta V_C}{\Delta V_R}\right) = \tan^{-1}\left(\frac{I_{max}X_L - I_{max}X_C}{I_{max}R}\right)$$

$$\phi = \tan^{-1}\left(\frac{X_L - X_C}{R}\right) \tag{33.27}$$

◀ 위상각

임을 알 수 있다. $X_L > X_C$(고진동수에서 발생)일 때 그림 33.15a처럼 위상각은 양수이고, 전류는 걸린 전압에 뒤짐을 의미한다. 이 경우를 회로는 **유도성**이라고 말한다. $X_L < X_C$일 때는 위상각은 음수이고, 전류가 전압보다 앞서고 회로는 **용량성**이라고 말

한다. $X_L = X_C$인 경우, 위상각은 영이고 회로는 순수하게 **저항**만 있다.

Q 퀴즈 33.5 그림 33.16 (a), (b), (c)에 $X_L > X_C$, $X_L = X_C$, $X_L < X_C$를 각각 표시하라.

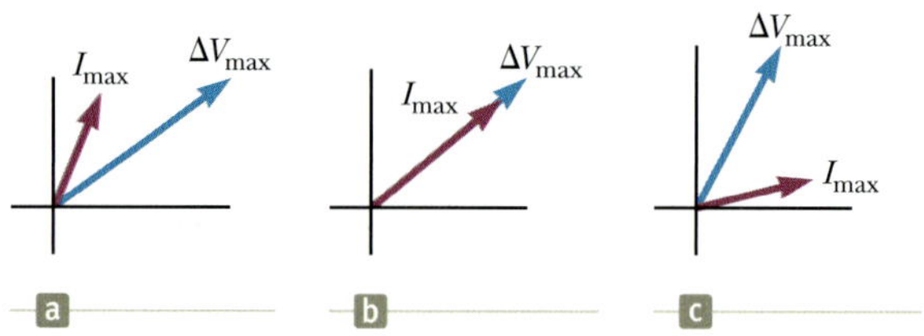

그림 33.16 (퀴즈 33.5) 리액턴스 사이의 관계를 보여 주는 위상자 도표를 일치시킨다.

예제 33.4 직렬 *RLC* 회로 분석

직렬 RLC 회로가 $R = 425\ \Omega$, $L = 1.25$ H, $C = 3.50\ \mu$F, $f = 60.0$ Hz, $\Delta V_{max} = 150$ V를 가진다.

(A) 유도 리액턴스와 용량 리액턴스 그리고 회로의 임피던스를 구하라.

풀이

개념화 그림 33.13a는 이 예제의 회로를 보여 준다. 저항기, 인덕터 그리고 축전기로 구성된 회로의 전류는 인가 전압에 대하여 특정 위상각에서 진동한다.

분류 이 회로는 직렬 RLC 회로이므로 이번 절에서 설명한 방법으로 문제를 풀 수 있다.

분석 각진동수를 구한다.

$$\omega = 2\pi f = 2\pi(60.0\ \text{Hz}) = 377\ \text{s}^{-1}$$

식 33.10을 이용하여 유도 리액턴스를 구한다.

$$X_L = \omega L = (377\ \text{s}^{-1})(1.25\ \text{H}) = \boxed{471\ \Omega}$$

식 33.18을 이용하여 용량 리액턴스를 구한다.

$$X_C = \frac{1}{\omega C} = \frac{1}{(377\ \text{s}^{-1})(3.50 \times 10^{-6}\ \text{F})} = \boxed{758\ \Omega}$$

식 33.25를 이용하여 임피던스를 구한다.

$$Z = \sqrt{R^2 + (X_L - X_C)^2}$$
$$= \sqrt{(425\ \Omega)^2 + (471\ \Omega - 758\ \Omega)^2} = \boxed{513\ \Omega}$$

(B) 회로에 흐르는 최대 전류를 구하라.

풀이 식 33.26을 이용하면 최대 전류는 다음과 같다.

$$I_{max} = \frac{\Delta V_{max}}{Z} = \frac{150\ \text{V}}{513\ \Omega} = \boxed{0.293\ \text{A}}$$

(C) 전류와 전압 사이의 위상각을 구하라.

풀이 식 33.27을 이용하여 위상각을 계산한다.

$$\phi = \tan^{-1}\left(\frac{X_L - X_C}{R}\right) = \tan^{-1}\left(\frac{471\ \Omega - 758\ \Omega}{425\ \Omega}\right)$$
$$= \boxed{-34.0°}$$

(D) 각 회로 요소 양단의 최대 전압을 구하라.

풀이 식 33.2, 33.11 및 33.19를 이용하면, 최대 전압은 다음과 같다.

$$\Delta V_R = I_{max} R = (0.293\ \text{A})(425\ \Omega) = \boxed{124\ \text{V}}$$

$$\Delta V_L = I_{max} X_L = (0.293\ \text{A})(471\ \Omega) = \boxed{138\ \text{V}}$$

$$\Delta V_C = I_{max} X_C = (0.293\ \text{A})(758\ \Omega) = \boxed{222\ \text{V}}$$

(E) 이 회로를 분석하는 기술자가 어떤 L을 선정하면, 전류가 걸린 전압보다 34.0°가 아니라 30.0° 앞서는지 찾아 보라. 단, 이 회로의 다른 모든 변수는 동일하다.

풀이 식 33.27을 이용하여 유도 리액턴스를 구한다.

$$X_L = X_C + R \tan \phi$$

식 33.10과 식 33.18을 이 식에 대입한다.

$$\omega L = \frac{1}{\omega C} + R \tan \phi$$

L에 대하여 푼다.

$$L = \frac{1}{\omega}\left(\frac{1}{\omega C} + R \tan \phi\right)$$

주어진 값들을 대입한다.

$$L = \frac{1}{(377\ \mathrm{s}^{-1})}\left[\frac{1}{(377\ \mathrm{s}^{-1})(3.50 \times 10^{-6}\ \mathrm{F})} + (425\ \Omega) \tan(-30.0°)\right]$$

$$L = \boxed{1.36\ \mathrm{H}}$$

결론 용량 리액턴스가 유도 리액턴스보다 더 크기 때문에, 회로는 용량성이다. 이 경우에 위상각 ϕ는 음수이고 전류는 인가 전압보다 앞선다.

식 33.21, 33.22와 33.23을 사용함으로써, 세 요소 양단의 순간 전압을 구하면 다음과 같다.

$$\Delta v_R = (124\ \mathrm{V}) \sin 377t$$

$$\Delta v_L = (138\ \mathrm{V}) \cos 377t$$

$$\Delta v_C = (-222\ \mathrm{V}) \cos 377t$$

문제 만약 세 회로 요소 양단에 최대 전압을 합하면 어떻게 되는가? 이것은 물리적인 의미가 있는가?

답 요소들 양단의 최대 전압의 합은 $\Delta V_R + \Delta V_L + \Delta V_C = 484\ \mathrm{V}$이다. 이 합은 전원의 최대 전압인 150 V보다 훨씬 크다. 사인형으로 변하는 양을 합할 때 **진폭과 위상 두 가지 모두를 고려**해야 하기 때문에, 최대 전압의 합은 의미가 없는 양이다. 여러 요소 양단의 최대 전압은 각기 다른 순간에서 발생한다. 즉 그림 33.15에서 보듯이 전압은 다른 위상들을 고려하면서 더해야 한다.

33.6 교류 회로에서의 전력
Power in an AC Circuit

교류 전원으로부터 회로로 공급되는 에너지를 고려하는 에너지 접근법을 사용하여 교류 회로를 분석해 보자. 전지가 외부 직류 회로에 전달한 전력은 전류와 전지 양단 전압의 곱과 같았다. 마찬가지로 교류 전원이 회로에 전달한 순간 전력은 전류와 인가 전압의 곱이다. 그림 33.13a의 RLC 회로에 대하여 순간 전력 P를 다음과 같이 나타낼 수 있다.

$$P = i\,\Delta v = I_{\max} \sin \omega t\ \Delta V_{\max} \sin(\omega t + \phi)$$
$$P = I_{\max}\,\Delta V_{\max} \sin \omega t \sin(\omega t + \phi) \quad \textbf{(33.28)}$$

이 결과는 복잡한 시간 함수이므로 실용적인 측면에서는 유용하지 않다. 일반적으로 관심있는 것은 한 주기 이상의 평균 전력이다. 이런 평균은 삼각 함수의 항등식 $\sin(\omega t + \phi) = \sin \omega t \cos\phi + \cos \omega t \sin \phi$를 사용하여 구할 수 있다. 이것을 식 33.28에 대입하면

$$P = I_{\max}\,\Delta V_{\max} \sin^2 \omega t \cos \phi + I_{\max}\,\Delta V_{\max} \sin \omega t \cos \omega t \sin \phi \quad \textbf{(33.29)}$$

가 된다.

한 주기 혹은 그 이상에 대한 P의 시간 평균을 계산하자. $I_{\max}$, $\Delta V_{\max}$, ϕ 및 ω는 모두

상수이다. 식 33.29의 우변 첫 번째 항의 시간 평균은 $\sin^2 \omega t$의 평균값을 포함하며, 그 값은 1/2이다. $\sin \omega t \ \cos \omega t = \frac{1}{2} \sin 2\omega t$이고 $\sin 2\omega t$의 평균값이 영이기 때문에, 우변 두 번째 항의 시간 평균은 영이 된다. 그러므로 **평균 전력**(average power) P_{avg}를

$$P_{avg} = \tfrac{1}{2} I_{max} \, \Delta V_{max} \cos \phi \qquad \textbf{(33.30)}$$

로 표현할 수 있다.

식 33.4와 33.5로 정의된 rms 전류와 rms 전압의 형태로 평균 전력을 표현하면 편리하다.

RLC 회로에 공급된 평균 전력 ▶

$$P_{avg} = I_{rms} \, \Delta V_{rms} \cos \phi \qquad \textbf{(33.31)}$$

여기서 $\cos \phi$를 **전력 인자**(power factor, 역률)라 한다. 그림 33.15b를 살펴보면, 저항기 양단의 최대 전압이 $\Delta V_R = \Delta V_{max} \cos\phi = I_{max} R$로 주어짐을 알 수 있다. 그러므로 $\cos \phi = I_{max} R / \Delta V_{max} = R/Z$이고, P_{avg}를 다음과 같이 표현할 수 있다.

$$P_{avg} = I_{rms} \, \Delta V_{rms} \cos \phi = I_{rms} \, \Delta V_{rms} \left(\frac{R}{Z}\right) = I_{rms} \left(\frac{\Delta V_{rms}}{Z}\right) R$$

$\Delta V_{rms}/Z = I_{rms}$이므로

$$P_{avg} = I_{rms}^2 R \qquad \textbf{(33.32)}$$

가 된다. 전원이 전달한 평균 전력은 직류 회로의 경우처럼 저항기에서 내부 에너지로 전환된다. 부하가 순수한 저항성일 때 $\phi = 0$, $\cos\phi = 1$이고, 식 33.31로부터 다음을 구할 수 있다.

$$P_{avg} = I_{rms} \, \Delta V_{rms}$$

교류 회로에서 순수한 축전기와 순수한 인덕터와 관련된 전력 손실이 없음에 주목하라. 이것이 사실인 이유를 알아보기 위하여 전원과 축전기만으로 구성된 교류 회로에서의 전력을 우선 분석해 보자. 전류가 교류 회로에서 한 방향으로 흐르기 시작할 때, 전하는 축전기에 충전되기 시작하고 축전기 양단에 전압이 나타난다. 이 전압이 최댓값에 도달할 때 축전기에 저장된 에너지는 $\frac{1}{2}C(\Delta V_{max})^2$이다. 그러나 이 에너지 저장은 단지 일시적이다. 축전기는 한 주기 동안 두 번 충전되고 방전된다. 전하는 반 주기 동안 축전기에 전달되고 남아 있는 반 주기 동안 전원으로 돌아온다. 그러므로 전원에 의하여 공급된 평균 전력은 영이다. 즉 교류 회로에서 어떤 전력 손실도 축전기에서는 발생하지 않는다.

이번에는 인덕터의 경우를 고려해 보자. 전류가 최댓값에 도달할 때, 인덕터에 저장된 에너지는 최댓값이고 $\frac{1}{2}LI_{max}^2$으로 주어진다. 전류가 회로에서 감소하기 시작할 때, 인덕터가 회로에서 전류를 유지하도록 하면서 인덕터에 저장된 에너지는 전원으로 돌아온다.

식 33.31은 교류 전원이 회로에 전달한 전력이 위상에 의존함을 보여 준다. 이 결과는 많은 분야에서 흥미롭게 적용된다. 예를 들면 기계, 발전기 혹은 변압기 내에서 대형

모터를 사용하는 공장은 유도성 부하가 크다. 왜냐하면 도선이 모두 감겨 있기 때문이다. 공장에서 매우 높은 전압을 사용하지 않고 그런 장치에 큰 전력을 보내기 위하여 기술자들은 회로 내에서 위상을 변화시킬 수 있는 전기용량을 도입한다.

Q 퀴즈 33.6 교류 전원이 고정 전압 진폭을 갖는 *RLC* 회로를 구동시킨다. 구동 진동수가 ω_1일 경우에는, 회로는 용량성이며 위상각은 $-10°$이다. 구동 진동수가 ω_2일 경우에는, 회로는 유도성이며 위상각은 $+10°$이다. 어떤 진동수에서 더 많은 양의 에너지가 회로에 전달되는가? **(a)** ω_1에서 크다. **(b)** ω_2에서 크다. **(c)** 두 진동수에서 동일한 양의 에너지가 회로에 공급된다.

예제 33.5 ***RLC* 직렬 회로에서 평균 전력**

예제 33.4에서 설명한 직렬 *RLC* 회로에 공급된 평균 전력은 얼마인가?

풀이

개념화 그림 33.13a는 이 예제의 회로를 보여 준다. 교류 전원이 회로에 전달한 에너지를 살펴보자. 이 회로에 대한 정보는 예제 33.4를 참조하라.

분류 이 절에서 논의된 식으로부터 결과를 얻을 수 있으므로 예제를 대입 문제로 분류한다.

식 33.5와 예제 33.4의 최대 전압으로부터 회로의 rms 전압과 rms 전류를 구한다.

$$\Delta V_{\rm rms} = \frac{\Delta V_{\max}}{\sqrt{2}} = \frac{150\ {\rm V}}{\sqrt{2}} = 106\ {\rm V}$$

마찬가지로 회로에서의 rms 전류를 구한다.

$$I_{\rm rms} = \frac{I_{\max}}{\sqrt{2}} = \frac{0.293\ {\rm A}}{\sqrt{2}} = 0.207\ {\rm A}$$

식 33.31을 이용하여 전원이 공급한 전력을 구한다.

$$P_{\rm avg} = I_{\rm rms}\,\Delta V_{\rm rms}\cos\phi = (0.207\ {\rm A})(106\ {\rm V})\cos(-34.0°)$$

$$= \boxed{18.2\ {\rm W}}$$

33.7 직렬 *RLC* 회로에서의 공명
Resonance in a Series *RLC* Circuit

15장에서 역학적인 진동계에서의 공명을 공부하였다. 32장에서 본 바와 같이, 직렬 *RLC* 회로는 전기적인 진동계이다. 구동 진동수를 조절하여 rms 전류가 최댓값을 갖도록 하면, 이런 *RLC* 회로는 **공명 상태**(resonance)에 있다고 말한다. 일반적으로 rms 전류는

$$I_{\rm rms} = \frac{\Delta V_{\rm rms}}{Z} \tag{33.33}$$

로 쓸 수 있다. 여기서 Z는 임피던스이다. 식 33.25의 Z에 대한 식을 식 33.33에 대입하면

$$I_{\rm rms} = \frac{\Delta V_{\rm rms}}{\sqrt{R^2 + (X_L - X_C)^2}} \tag{33.34}$$

가 된다. 임피던스가 전원의 진동수에 의존하기 때문에 *RLC* 회로에서 전류 또한 진동수에 의존한다. $X_L - X_C = 0$을 만족하는 진동수 ω_0을 회로의 **공명 진동수**(resonance frequency)라 한다. ω_0을 구하기 위하여 $X_L = X_C$의 조건을 사용하면 $\omega_0 L = 1/\omega_0 C$, 즉

공명 진동수 ▶

$$\omega_0 = \frac{1}{\sqrt{LC}} \tag{33.35}$$

을 얻는다. 이 진동수는 또한 LC 회로의 자연 진동수에 대응된다(32.5절 참조). 그러므로 직렬 RLC 회로에서 rms 전류는 인가 전압의 진동수가 L과 C에 의존하는 자연 진동수와 일치할 때 최댓값에 도달된다. 그러므로 이 진동수에서 전류는 인가 전압과 같은 위상에 있게 된다.

Q 퀴즈 33.7 공명 상태에서 직렬 RLC 회로의 임피던스는 얼마인가? **(a)** R보다 크다. **(b)** R보다 작다. **(c)** R와 같다. **(d)** 결정할 수 없다.

그림 33.17a는 직렬 RLC 회로에서 진동수 대 rms 전류에 대한 그래프이다. 데이터는 $\Delta V_{rms} = 5.0$ mV, $L = 5.0\ \mu$H, $C = 2.0$ nF인 경우이다. 세 개의 곡선은 R의 세 가지 값에 대응된다. 각각의 경우 rms 전류는 공명 진동수 ω_0에서 최댓값을 갖는다. 더욱이 저항이 감소할 때 곡선은 더욱 좁아지고 높아진다.

식 33.34를 살펴보면 $R = 0$일 때, 공명 상태에서 전류는 무한대가 된다. 그러나 실제 회로는 항상 어떤 저항값을 가지므로 전류는 유한한 값으로 제한된다.

또한 직렬 RLC 회로에서 평균 전력을 진동수의 함수로써 구할 수 있다. 식 33.32, 33.33과 33.25를 사용하면

$$P_{avg} = I_{rms}^2 R = \frac{(\Delta V_{rms})^2}{Z^2} R = \frac{(\Delta V_{rms})^2 R}{R^2 + (X_L - X_C)^2} \tag{33.36}$$

를 구할 수 있다. $X_L = \omega L$, $X_C = 1/\omega C$, $\omega_0{}^2 = 1/LC$이기 때문에 $(X_L - X_C)^2$ 항은

$$(X_L - X_C)^2 = \left(\omega L - \frac{1}{\omega C}\right)^2 = \frac{L^2}{\omega^2}(\omega^2 - \omega_0{}^2)^2$$

으로 표현할 수 있다. 식 33.36에 이 결과를 이용하면

RLC 회로에서 진동수의 함수로 표현된 평균 전력 ▶

$$P_{avg} = \frac{(\Delta V_{rms})^2 R\omega^2}{R^2\omega^2 + L^2(\omega^2 - \omega_0{}^2)^2} \tag{33.37}$$

이 된다. 식 33.37은 $\omega = \omega_0$일 때 공명 상태에 있고 평균 전력은 최댓값이며 $(\Delta V_{max})^2/R$을 가짐을 보여 준다. 그림 33.17b는 직렬 RLC 회로에서 R의 두 저항값에 대한 진동수 대 평균 전력 그래프이다. 저항이 작으면 작을수록 곡선은 공명 진동수 근방에서 더욱 뾰족해진다. 이 곡선의 예리함은 보통 차원이 없는 변수인 **큐 인자**(quality factor, 양호도)[2] Q로 묘사된다.

큐 인자 ▶

$$Q = \frac{\omega_0}{\Delta\omega}$$

여기서 $\Delta\omega$는 반전력점(half-power point) 사이의 너비인데, P_{avg}가 최댓값의 반이 되는 ω의 두 값 사이에서 측정된 곡선의 너비이다(그림 33.17b). 반전력점의 너비는

---

[2] 큐 인자는 또한 $2\pi E/\Delta E$의 비로 정의된다. 여기서 E는 진동계에 저장된 에너지이고 ΔE는 진동의 한 주기당 저항에 의하여 감소한 에너지이다.

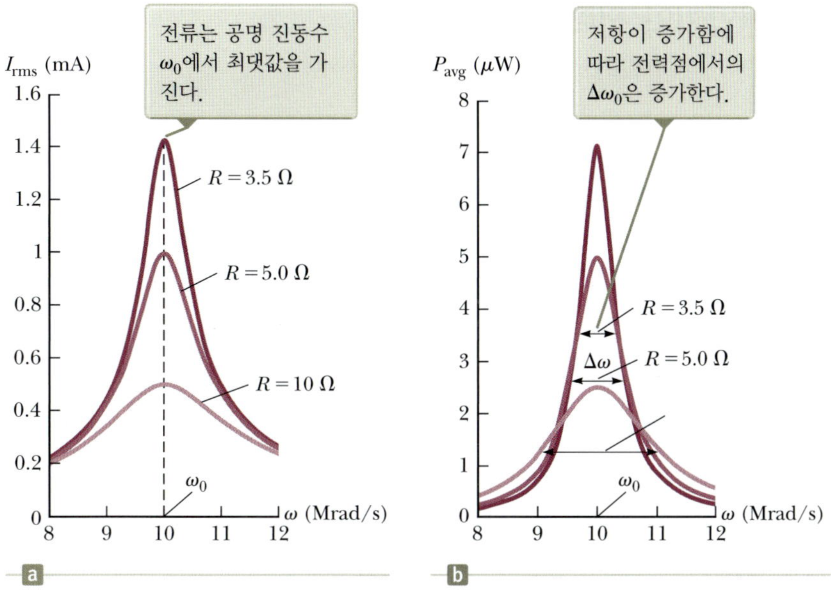

그림 33.17 (a) 세 개의 R값에 대한 직렬 RLC 회로의 진동수 대 rms 전류 그래프 (b) 세 개의 R 값에 대한 직렬 RLC 회로의 진동수 대 회로에 전달된 평균 전력

$\Delta\omega = R/L$의 값을 가지므로 다음과 같다.

$$Q = \frac{\omega_0 L}{R} \tag{33.38}$$

라디오의 수신 회로는 공명 회로의 중요한 응용 예이다. 수신 회로의 공명 진동수를 바꾸는 축전기를 변화시킴으로써 라디오를 (전자기파 또는 특정 진동수의 신호를 전송하는) 특정 방송국에 동조시킨다. 회로가 안테나에서 라디오 신호가 만드는 전자기파 진동에 의하여 구동될 때, 입력 회로는 공명 진동수와 일치하는 방송국의 진동수에 대해서만 큰 진폭의 반응을 보인다. 그러므로 동시에 모든 방송국의 신호가 회로를 구동하지만, 한 방송국의 특정 신호만이 증폭기와 확성기로 보내진다. 많은 신호들이 종종 진동수의 전 영역에 걸쳐 존재하기 때문에, 원하지 않은 신호를 제거하기 위하여 높은 Q 회로를 설계하는 것이 중요하다. 이 방식에 있어 진동수가 공명 진동수에 가깝지만 조금 다른 방송은 수신기에 공명 진동수에 일치하는 신호에 비하여 무시할 만큼 작은 신호로 잡힌다.

예제 33.6 공명하는 직렬 RLC 회로

$R = 150\ \Omega$, $L = 20.0$ mH, $\Delta V_{rms} = 20.0$ V, $\omega = 5\,000\ s^{-1}$인 직렬 RLC 회로를 고려하자. 전류가 최대가 되는 전기용량의 값을 구하라.

풀이

개념화 그림 33.13a는 이 예제의 회로를 보여 준다. 교류 전원의 진동수를 살펴보자. 전류는 공명 진동수 ω_0에서 최댓값을 가진다.

분류 이 절에서 논의된 식으로부터 결과를 얻을 수 있으므로 예제를 대입 문제로 분류한다.

식 33.35를 이용하여 공명 진동수로부터 전기용량을 구한다.

$$\omega_0 = \frac{1}{\sqrt{LC}} \rightarrow C = \frac{1}{\omega_0^2 L}$$

주어진 값들을 대입한다.

$$C = \frac{1}{(5.00 \times 10^3\ s^{-1})^2(20.0 \times 10^{-3}\ H)} = 2.00\ \mu F$$

33.8 변압기와 전력 전송
The Transformer and Power Transmission

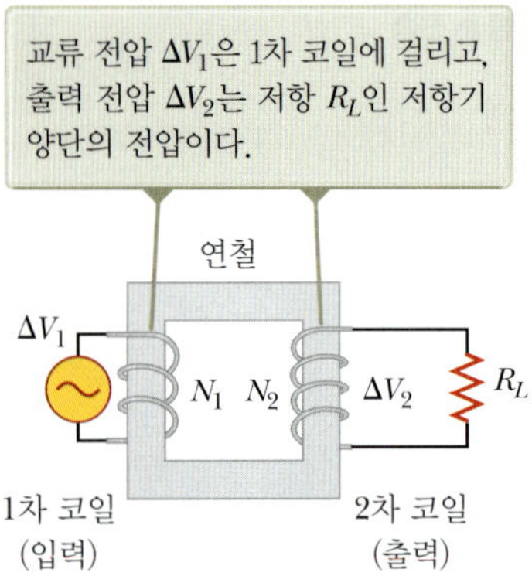

그림 33.18 이상적인 변압기는 같은 철심을 감은 두 코일로 구성되어 있다.

27.6절에서 다루었듯이, 전력을 먼 거리까지 전송할 때 전력선에 의한 I^2R 손실을 최소화하기 위하여 고전압과 낮은 전류를 사용하는 것이 경제적이다. 결과적으로 흔히 350 kV 선들이 이용되고, 심지어 많은 지역에서 고전압(765 kV) 선이 사용된다. 전력을 소비하는 소비자들은 안정성과 효율적인 전기 설계를 위하여 낮은 전압의 전력을 요구한다. 실제로 전압은 변전소에서 약 20 000 V로, 주거 지역으로 전송하기 위하여 4 000 V로, 최종적으로 소비자의 지역에서 120 V 또는 240 V로 감소된다. 그러므로 전달되는 전력의 큰 변화없이 교류 전압과 전류를 변화시킬 수 있는 장치가 요구된다. 교류 변압기가 이런 장치이다.

가장 간단한 형태의 **교류 변압기**(AC transformer)는 그림 33.18에서 보듯이 철심의 둘레를 감싸는 두 개의 코일선으로 구성된다(이것을 그림 31.2에 있는 패러데이의 실험과 비교하라). 왼쪽 코일은 입력 교류 전원과 연결되어 있으며, N_1번 감겨 있고 **1차 코일**이라 한다. N_2번 감긴 오른쪽 코일은 부하 저항기 R_L에 연결되어 있고 **2차 코일**이라 한다. 철심의 목적은 코일을 통과하는 자기선속을 증가시키고, 한쪽 코일을 지나가는 모든 자기력선을 다른 코일에 지나가도록 하는 것이다. 맴돌이 전류 손실은 얇은 층으로 이루어진 많은 철심을 사용함으로써 감소시킬 수 있다. 보통 유한한 저항을 갖는 코일선에서 내부 에너지로의 에너지 변환은 매우 작다. 전형적인 변압기는 전력 효율이 90%에서 99%에 이른다. 다음의 설명에서는 코일과 철심에서의 에너지 손실이 영인 **이상적인 변압기**를 가정한다.

패러데이의 법칙은 1차 코일 양단의 전압 Δv_1이

$$\Delta v_1 = -N_1 \frac{d\Phi_B}{dt} \tag{33.39}$$

임을 설명한다.* 여기서 Φ_B는 각각의 감긴 코일을 지나는 자기선속이다. 모든 자기력선들이 철심 내부에 존재한다고 가정한다면, 1차 코일에서 각각의 감긴 코일을 지나가는 자기선속은 2차 코일의 감긴 코일을 지나가는 자기선속과 동일하다. 그러므로 2차 코일 양단의 전압은

$$\Delta v_2 = -N_2 \frac{d\Phi_B}{dt} \tag{33.40}$$

이다. 식 33.39를 $d\Phi_B/dt$에 대하여 풀고, 이 결과를 식 33.40에 대입하면

$$\Delta v_2 = \frac{N_2}{N_1} \Delta v_1 \tag{33.41}$$

을 구할 수 있다. $N_2 > N_1$일 때 출력 전압 Δv_2는 입력 전압 Δv_1 보다 크다. 이 장치를 **승압 변압기**라 한다. $N_2 < N_1$일 때 출력 전압은 입력 전압보다 낮으며 **강압 변압기**라

* 여기서는 다시 음의 부호가 있는 양을 전압이라고 칭하고 있다.: 역자주

한다. 부하 저항에 연결한 변압기의 회로도를 그림 33.19에 나타내었다.

2차 회로에 스위치가 닫히면 전류 I_2가 2차 코일에 유도된다(이 설명에서 대문자 I 및 ΔV는 rms값이다). 만약 2차 회로에 있는 부하가 순수한 저항이라면 유도 전류는 유도 전압과 위상이 같다. 2차 회로에 공급된 전력은 그림 33.19에서 보듯이 1차 회로에 연결된 교류 전원에 의하여 공급되어야 한다. 이상적인 변압기에서는 어떤 손실도 없고 전원에 의하여 공급된 전력 $I_1\Delta V_1$은 2차 회로에서의 전력 $I_2\Delta V_2$와 같다. 즉

$$I_1\,\Delta V_1 = I_2\,\Delta V_2 \tag{33.42}$$

이다. 부하 저항 R_L의 값은 $I_2 = \Delta V_2/R_L$이기 때문에 2차 코일의 전류값을 결정한다. 더욱이 1차 코일에 흐르는 전류는 $I_1 = \Delta V_1/R_{\text{eq}}$이다. 여기서

$$R_{\text{eq}} = \left(\frac{N_1}{N_2}\right)^2 R_L \tag{33.43}$$

은 1차 코일 쪽에서 볼 때 부하 저항의 등가 저항이다. 이 분석에 의하여 변압기는 1차 회로와 부하 저항 사이에서 저항들을 맞추는 데 이용된다. 이런 방식으로 주어진 전력원과 부하 저항 사이에서 최대 전력 수송이 이루어진다. 예를 들면 1 kΩ 출력 오디오 증폭기와 8 Ω 확성기 사이에 연결된 변압기는 가능한 많은 오디오 신호를 확성기 쪽으로 전달하도록 설계된다. 오디오 용어에서 이것을 **임피던스 매칭**이라 한다.

많은 가정용 전자 제품들이 적절하게 작동하기 위해서는 저전압이 필요하다. 그림 33.20의 설명처럼 직접적으로 벽의 소켓에 연결된 작은 변압기는 적절한 전압을 공급할 수 있다. 사진은 공통 철심 주위를 감은 두 개의 전선이 모두 검은 상자 내부에 있음을 보여 준다. 이 변압기는 120 V 교류 전원을 12.5 V 교류로 바꾼다(두 코일에 감은 수의 비를 결정할 수 있는가?). 어떤 검은 변압기 상자는 교류 전류를 직류 전류로 바꾸기 위하여 다이오드를 사용하기도 한다(33.9절 참조).

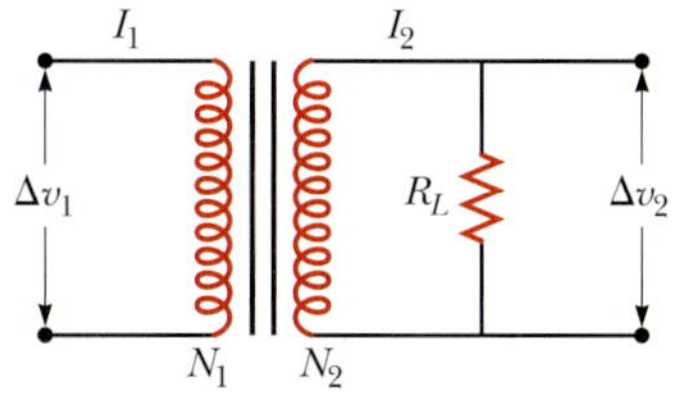

그림 33.19 변압기용 회로도

테슬라
Nikola Tesla, 1856~1943
미국의 물리학자

테슬라는 크로아티아 출생이지만 대부분의 직업활동기를 미국에서 발명가로서 보냈다. 그는 교류 전류 전기학, 고전압 변압기, 교류 송전선을 이용한 전력 수송 등의 개발에 중요한 인물이었다. 테슬라의 견해는 전력 수송에 직류를 사용하려고 했던 에디슨의 생각과는 달랐다. 테슬라의 교류 접근법이 성공하였다.

이 변압기는 이 장의 도입부 사진에 나온 변압기보다는 훨씬 작은 강압 변압기이다. 4 000 V를 240 V로 강압시켜 가정으로 전달한다.

그림 33.20 종종 전기 제품들은 이와 같은 변압기가 들어 있는 교류 어댑터에 의하여 전력이 공급된다. 많은 응용에서, 어댑터는 또한 교류 전류를 직류 전류로 바꾸어 준다.

예제 33.7 교류 전력의 경제성

전기를 만들어 내는 발전소는 1.0 km 떨어진 도시에 20 MW의 비율로 에너지를 전달하고자 한다. 상업용 전력 발전기의 공통 전압은 22 kV이지만 승압 변압기로 전송 전압을 230 kV로 올린다.

(A) 전선의 저항이 2.0 Ω이고 에너지는 약 11센트/kWh의 비용이 든다고 하자. 하루 동안 전선 내부에서 에너지가 내부 에너지로 전환하는 데, 얼마의 비용이 드는가?

풀이

개념화 전선의 저항이 부하를 나타내는 저항에 직렬로 연결되어 있다. 그러므로 전선에는 전압 강하가 있으며 이것은 전송 에너지의 일부가 전선에서 내부 에너지로 전환되기 때문에 결코 부하에 도달하지 못함을 뜻한다.

분류 교류 회로의 부하 저항에 공급되는 전력을 구하는 문제로서, 부하의 용량성 및 유도성을 무시하고 전력 인자를 1로 본다.

분석 전선에서의 I_{rms}를 식 33.31로부터 계산한다.

$$I_{rms} = \frac{P_{avg}}{\Delta V_{rms}} = \frac{20 \times 10^6 \text{ W}}{230 \times 10^3 \text{ V}} = 87 \text{ A}$$

식 33.32로부터 에너지가 전선 내부에 저항으로 공급한 비율을 구한다.

$$P_{wires} = I_{rms}^2 R = (87 \text{ A})^2 (2.0 \ \Omega) = 15 \text{ kW}$$

하루 동안 전선에 공급한 에너지 T_{ET}를 계산한다.

$$T_{ET} = P_{wires} \Delta t = (15 \text{ kW})(24 \text{ h}) = \boxed{363 \text{ kWh}}$$

11센트/kWh의 비율로 에너지의 비용을 계산한다.

$$\text{하루당 비용} = (363 \text{ kWh})(\$0.11/\text{kWh}) = \boxed{\$40}$$

(B) 발전소가 에너지를 22 kV의 원래 전압으로 전송하는 경우에 대하여 계산을 반복하라.

풀이 식 33.31로부터 전선에서의 I_{rms}를 계산한다.

$$I_{rms} = \frac{P_{avg}}{\Delta V_{rms}} = \frac{20 \times 10^6 \text{ W}}{22 \times 10^3 \text{ V}} = 909 \text{ A}$$

식 33.32로부터 전선의 저항에 공급한 에너지 비율을 계산한다.

$$P_{wires} = I_{rms}^2 R = (909 \text{ A})^2 (2.0 \ \Omega) = 1.7 \times 10^3 \text{ kW}$$

하루 동안 전선에 공급한 에너지를 계산한다.

$$T_{ET} = P_{wires} \Delta t = (1.7 \times 10^3 \text{ kW})(24 \text{ h}) = 4.0 \times 10^4 \text{ kWh}$$

이 에너지의 값을 11센트/kWh로 계산한다.

$$\text{하루당 비용} = (4.0 \times 10^4 \text{ kWh})(\$0.11/\text{kWh}) = \boxed{\$4.4 \times 10^3}$$

결론 변압기와 고전압 전송선을 통하여 엄청나게 절약할 수 있음에 주목하라. 모터를 작동하는 데 교류 전류가 편리하고 또한 송전 중 전력 소모를 줄일 수 있어, 직류 전류 대신에 교류 전류가 상업용 전력망에 채택되었다.

33.9 정류기와 여과기
Rectifiers and Filters

라디오와 소형 MP3 플레이어와 같은 휴대 전자 장치는 종종 전지에 의하여 공급되는 직류 전류에 의하여 작동된다. 그림 33.20처럼 많은 장치들에 교류–직류 변환기가 들어 있다. 이런 변환기는 보통 120 V에서 6 V 또는 9 V까지 전압을 강압시킬 수 있는 변압기와 교류 전류를 직류 전류로 변환시키는 회로로 구성된다. 교류 전류를 직류 전류로 변환시키는 과정을 **정류**(rectification)라 하며, 변환 장치를 **정류기**(rectifier)라 한다.

정류기 회로에서 가장 중요한 요소는 한 방향으로만 전류를 흐르게 하는 회로 요소

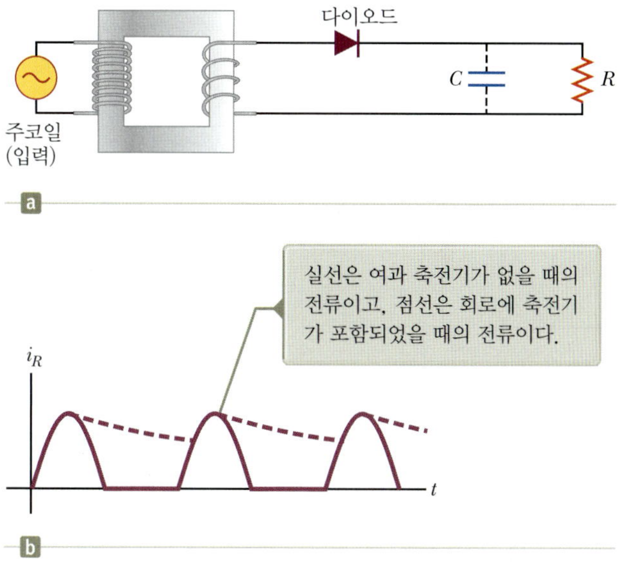

그림 33.21 (a) 여과 축전기를 이용한 반파 정류기 (b) 시간에 따른 저항기에서의 전류

인 **다이오드**(diode)이다. 현대 전자공학에서 사용되는 대부분의 다이오드는 반도체 소자이다. 다이오드에 대한 회로 기호는(—▶|—)이고, 여기서 화살표는 다이오드에서 전류의 방향을 가리킨다. 다이오드는 화살표 방향으로의 전류에 대하여 낮은 저항을 가지고 반대 방향으로 흐르는 전류에는 높은 저항을 가진다. 그림 33.21a를 살펴보면 다이오드가 어떻게 전류를 정류하는지 알 수 있다. 그림은 변압기의 2차 코일에 연결된 정류기와 저항기를 보여 준다. 변압기는 120 V 교류 전압에서부터 부하 저항 R를 가지는 장치에 필요한 낮은 전압까지 줄일 수 있다. 다이오드는 한쪽 방향으로만 전류를 전도하기 때문에, 부하 저항에 흐르는 교류 전류는 그림 33.21b의 굵은 곡선 형태로 줄어든다. 다이오드는 화살촉 모양의 기호 쪽이 양(+)의 전위를 가질 경우에만 전류를 전도시킨다. 이 상황에서 다이오드는 전류가 각 반 주기 동안에만 회로에 존재하기 때문에 **반파 정류기**로서 행동한다.

축전기가 회로에 추가될 때, 그림 33.21a에서 점선과 축전기 기호에 의하여 나타낸 것처럼 회로는 간단한 직류 전력 전원이다. 부하 저항에 흐르는 전류에 있어 시간 변화는 (그림 33.21b에서 점선) 작고, 회로의 RC 시간 상수에 의하여 결정된다. 회로에서 전류가 그림 33.21b에서 $t = 0$에서부터 증가하면 축전기는 충전된다. 그러나 전류가 감소할 때 축전기는 저항기를 통하여 방전하므로 저항기에 흐르는 전류는 변압기의 전류만큼 빠르게 감소하지 않는다.

그림 33.21a에서 RC 회로는 시간에 따라 변하는 신호를 고르게 하거나 제거하는 데 이용되는 **정류 회로**(filter circuit)의 한 예이다. 예를 들면 라디오는 보통 60 Hz의 교류 전압에 의하여 전력을 공급받는다. 정류 후에 전압은 여전히 60 Hz의 작은 교류 성분을 포함하므로(때때로 잔결 전압이라 한다) 걸러야 한다. 60 Hz 잔결이 남아 있으면 오디오 신호에는 60 Hz의 듣기 싫은 '웅' 하는 소리가 포함되기 때문에, 잔결 전압을 증폭된 오디오 신호보다 훨씬 작은 값으로 줄여야 함을 의미한다.

다른 진동수에 대하여 다르게 반응하는 여과기(filter)를 설계할 수 있다. 그림 33.22a와 같은 간단한 직렬 RC 회로를 고려하자. 입력 전압이 두 회로 요소의 직렬

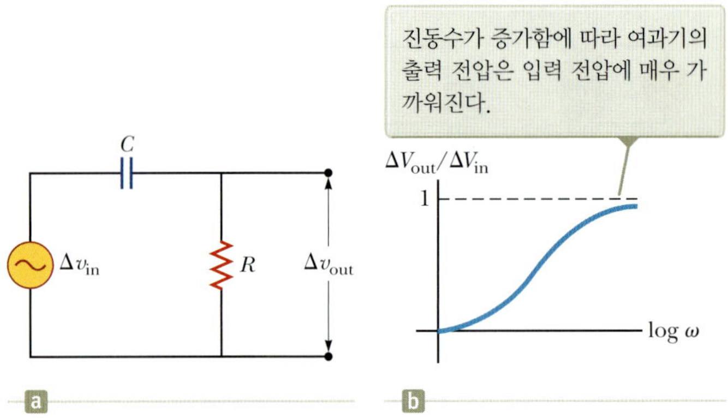

그림 33.22 (a) 간단한 RC 고진동수 통과 여과기 (b) RC 고진동수 통과 여과기에서 AC 전원의 각진동수에 따른 출력 전압과 입력 전압의 비

조합 양단에 걸려 있다. 출력은 저항기 양단의 전압이다. 각진동수(ω)의 로그 함수로서 출력 전압에 대한 입력 전압의 비의 그래프는(그림 33.22b) 저진동수에서 ΔV_{out}은 ΔV_{in}보다 훨씬 적은 반면, 고진동수에서는 두 전압이 같다. 회로가 저진동수 신호를 막는 반면, 우선적으로 더 높은 진동수를 통과시키므로 회로를 ***RC* 고진동수 통과 여과기**(high-pass filter)라 한다.

물리적으로 고진동수 통과 여과기는 저진동수에서 축전기가 직류 전류와 교류 전류를 막기 때문에 작동한다. 저진동수에서 용량 리액턴스는 크고 대부분 입력 전압이 출력 저항기 양단보다는 오히려 축전기 양단에 나타난다. 진동수가 증가할 때 용량 리액턴스는 떨어지고 대부분 입력 전압이 저항기 양단에 나타난다.

이제 그림 33.23a의 회로를 고려하자. 앞의 회로에서 저항기와 축전기의 위치를 바꾸고 출력 전압은 축전기 양단에 걸려 있다. 저진동수에서 축전기의 리액턴스와 축전기 양단의 전압은 높다. 진동수가 증가함에 따라 축전기 양단의 전압은 떨어지므로 ***RC* 저진동수 통과 여과기**(low-pass filter)가 된다. 그림 33.23b에서 보듯이 ω의 로그 함수로 그려진 출력 전압에 대한 입력 전압의 비가 이런 양상을 보여 준다.

하이파이 오디오 시스템에서 확성기 시스템의 중요한 부분인 크로스오버 네트워크(멀티웨이 확성기 시스템에서 진동수 분할용 회로망)는 저진동수를 저음용 확성기로 보내기 위하여 저진동수 통과 여과기를 사용한다. 이 저음용 스피커를 '우퍼(woofer)'라고 하는데 낮은 음색을 정확히 재생하도록 만든 것이다. 고진동수는 고음용 스피커 '트위터(tweeter)'로 보내진다.

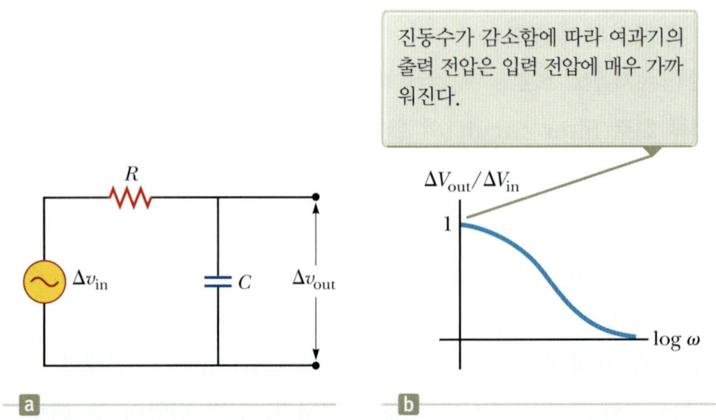

그림 33.23 (a) 간단한 RC 저진동수 통과 여과기 (b) 교류 전원의 각진동수의 함수로서 나타낸 RC 저진동수 통과 여과기의 출력 전압과 입력 전압의 비

연습문제

객관식

1. 그림 OQ33.1과 같이 인덕터와 저항기가 최댓값이 ΔV인 교류 전원에 직렬 연결되어 있다. 스위치를 닫은 직후에 대한 설명으로 옳은 것은 어느 것인가? (a) 회로의 전류는 $\Delta V/R$이다. (b) 인덕터 양단의 전압은 영이다. (c) 회로의 전류는 영이다. (d) 저항기 양단의 전압은 ΔV이다. (e) 인덕터 양단의 전압은 최댓값의 절반이다.

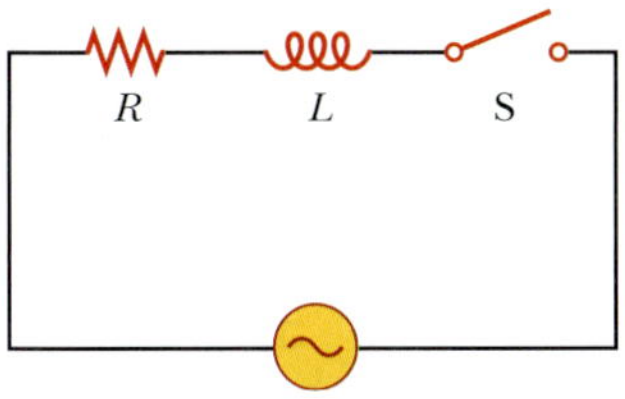

그림 OQ33.1

2. **(i)** 진폭이 일정하고 진동수가 60.0 Hz인 사인형 교류 전원에 인덕터가 연결될 때 rms 전류는 3.00 A이다. 만약 전원의 진동수가 두 배로 된다면 rms 전류는 얼마로 되는가? (a) 12.0 A (b) 6.00 A (c) 4.24 A (d) 3.00 A (e) 1.50 A **(ii)** 인덕터 대신 축전기를 연결한다고 가정하고 (i) 문항을 다시 풀라. **(iii)** 인덕터 대신 저항기를 연결한다고 가정하고 (i) 문항을 다시 풀라.

3. 그림 OQ33.3과 같이 축전기와 저항기가 교류 전원에 직렬 연결되어 있다. 스위치를 닫은 후의 설명으로 옳은 것은 어느 것인가? (a) 축전기 양단의 전압은 전류보다 90° 뒤진다. (b) 저항기 양단의 전압은 전류와 위상이 180° 다르다. (c) 축전기 양단의 전압은 전류보다 90° 앞선다. (d) 전원의 진동수가 증가함에 따라 전류는 감소하지만, 최대 전압은 변치 않는다. (e) 정답 없음

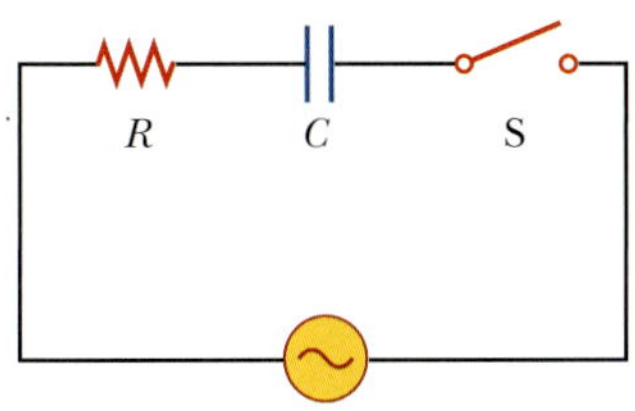

그림 OQ33.3

4. **(i)** 그림 OQ33.4와 같은 사각파 전압의 시간 평균값은 얼마인가? (a) $\sqrt{2}\Delta V_{max}$ (b) ΔV_{max} (c) $\Delta V_{max}/\sqrt{2}$ (d) $\Delta V_{max}/2$ (e) $\Delta V_{max}/4$ **(ii)** rms 전압은 얼마인가? (i)의 보기에서 고르라.

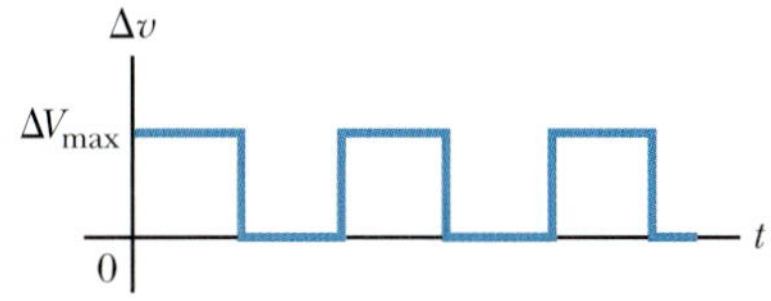

그림 OQ33.4

5. 사인형으로 변하는 전위차의 진폭이 170 V이다. **(i)** 순간 최솟값은 얼마인가? (a) 170 V (b) 120 V (c) 0 (d) −120 V (e) −170 V **(ii)** 평균값은 얼마인가? **(iii)** rms값은 얼마인가? (i)의 보기에서 고르라.

6. 직렬 *RLC* 회로가 20.0 Ω의 저항기와 0.750 μF의 축전기, 120 mH의 인덕터로 구성되어 있다. **(i)** 사인형 교류 전원의 진동수가 f = 500 Hz 이고 rms 전압이 120 V라면, 회로에 흐르는 rms 전류는 얼마인가? (a) 2.33 A (b) 6.00 A (c) 10.0 A (d) 17.0 A (e) 정답 없음 **(ii)** 전원의 진동수가 공명 진동수로 동작한다면, 회로의 rms 전류는 얼마인가? (i)의 보기에서 고르라.

7. 직렬 *RLC* 회로에서 공명일 때의 위상각은 얼마인가? (a) 180° (b) 90° (c) 0 (d) −90° (e) 정답 없음

8. 교류 전원에 축전기, 인덕터, 저항기가 직렬로 연결되어 있으며 이 회로는 1 000 Hz에서 Q 값이 큰 공명이 된다. 다음 임피던스에 기여하는 양들을 제일 큰 것부터 순서대로 배열하라. 값이 같으면 동일한 순위로 두라. (a) 500 Hz에서 X_C (b) 1 500 Hz에서 X_C (c) 500 Hz에서 X_L (d) 1 500 Hz에서 X_L (e) 1 000 Hz에서 R

9. 50번 감은 변압기의 1차 코일에 6.00 V의 전지가 연결되어 있다. 100번 감은 변압기의 2차 코일에 나타나는 전압은 얼마인가? (a) 24.0 V (b) 12.0 V (c) 6.00 V (d) 3.00 V (e) 정답 없음

10. 교류 전압계와 전류계에 표시되는 측정값은 다음 중 어떤 것인가? (a) 마루에서 골까지 (b) 최댓값 (c) rms값 (d) 평균값

주관식

33.1 교류 전원

33.2 교류 회로에서의 저항기

1. 교류 전원에 12.0 Ω의 저항기를 연결할 때 rms 전류가 8.00 A이다. 이때 (a) 저항기 양단의 rms 전압, (b) 전원의 최대 전압, (c) 저항기에서의 최대 전류, (d) 저항기로 전달된 평균 전력을 구하라.

2. 어떤 교류 전원의 최대 전압이 $\Delta V_{\max} = 100$ V이다. 그림 P33.2와 같이 이 교류 전원에 저항기 $R = 24.0$ Ω을 연결하고 이상적인 교류 전류계와 전압계로 전류와 전압을 측정한다. 이상적인 전류계의 저항은 영이고 이상적인 전압계의 저항은 무한대이다. (a) 전류계와 (b) 전압계의 측정값은 각각 얼마인가?

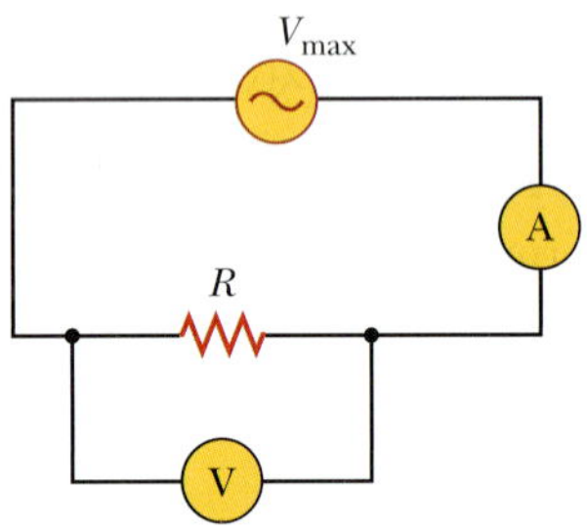

그림 P33.2

3. 그림 P33.3의 회로에 흐르는 전류는 $t = 7.00$ ms일 때 최댓값의 60.0 %이다. 이런 전원 중 가장 진동수가 작은 것의 진동수를 구하라.

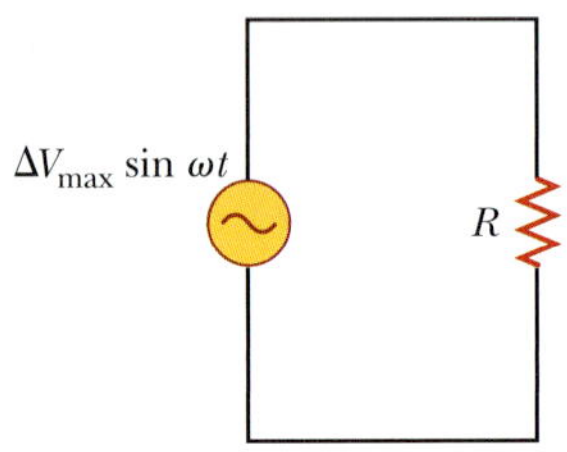

그림 P33.3 문제 3, 4

4. 그림 P33.3과 같은 회로에서 $R = 70.0$ Ω이고 교류 전원의 전압은 $\Delta V_{\max} \sin \omega t$이다. (a) $t = 0.010\,0$ s일 때 처음으로 저항 양단의 전압이 $\Delta V_R = 0.250\ \Delta V_{\max}$이 된다면 전원의 각진동수는 얼마인가? (b) $\Delta V_R = 0.250\ \Delta V_{\max}$가 되는 다음의 t 값을 구하라.

5. 그림 P33.5와 같이 교류 전원과 저항기로 된 오디오 증폭기가 확성기로 오디오 진동수의 교류 전압을 보낸다. 만약 전원의 전압 진폭이 15.0 V이고 저항이 $R = 8.20$ Ω이며, 확성기의 등가 저항이 10.4 Ω이라면 확성기로 보내는 시간에 대한 평균 전력은 얼마인가?

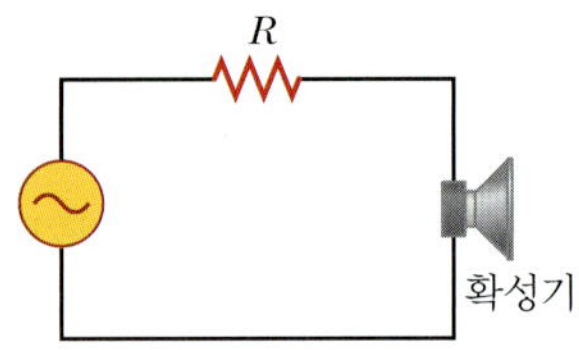

그림 P33.5

6. 그림 P33.6에 나타낸 톱니 전압의 rms 값이 $\Delta V_{\max}/\sqrt{3}$임을 보이라.

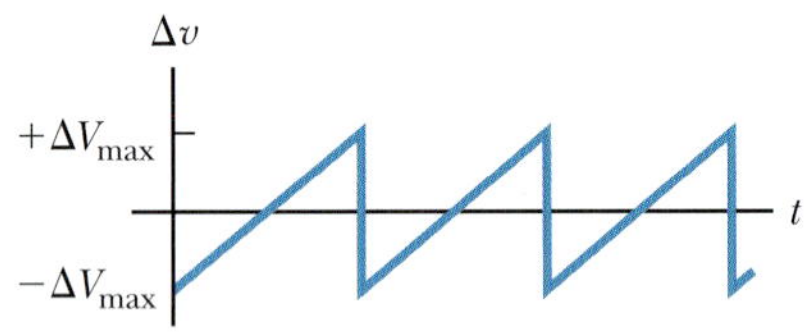

그림 P33.6

33.3 교류 회로에서의 인덕터

7. 인덕터가 60.0 Hz의 전원에 연결될 때 54.0 Ω의 리액턴스를 갖는다. 이 인덕터를 rms 전압이 100 V인 50.0 Hz의 전원에 연결할 때 인덕터에 흐르는 최대 전류는 얼마인가?

8. 그림 P33.8에 보인 순수한 유도성 교류 회로에서 $\Delta V_{\max} = 100$ V이다. (a) 최대 전류가 50.0 Hz에서 7.50 A일 때, 자체 유도 계수 L을 구하라. (b) 어떤 각진동수에서 최대 전류가 2.50 A인지 구하라.

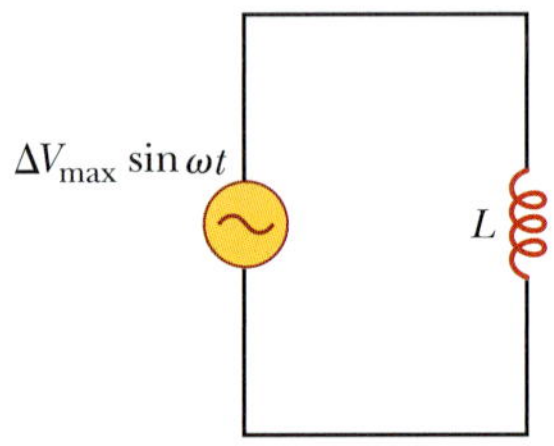

그림 P33.8

9. 어떤 교류 전원의 출력 전압의 rms 값은 78.0 V이고 진동수는 80.0 Hz이다. 이 전원과 유도 계수가 25.0 mH인 인덕터를 연결한다. (a) 회로의 유도 리액턴스를 구하라. (b) 회로에 흐르는 rms 전류를 구하라. (c) 전류의 최댓값을 구하라.

10. 북미 가정의 콘센트($\Delta V_{\text{rms}} = 120$ V, $f = 60.0$ Hz)에 유도 계수가 20.0 mH인 인덕터를 연결한다. $t = 0$일 때 인덕터에 저장된 에너지가 영이라면, $t = (1/180)$ s일 때 저장된 에너지를 구하라.

33.4 교류 회로에서의 축전기

11. 북미 가정의 콘센트($\Delta V_{\text{rms}} = 120$ V, $f = 60.0$ Hz)에 전기용량이 1.00 mF 인 축전기를 연결한다. $t = 0$일 때 축전기에 저장된 에너지가 영이라면, $t = (1/180)$ s일 때 도선에 흐르는 전류의 크기(절댓값)를 구하라.

12. 진동수 60.0 Hz, rms 전압 36.0 V인 교류 전원에 12.0 μF의 축전기를 연결할 때 (a) 용량 리액턴스, (b) rms 전류, (c) 최대 전류를 구하라. (d) 전류가 최대일 때 축전기의 전하는 최대가 되는가? 설명하라.

13. (a) 22.0 μF의 축전기가 175 Ω의 리액턴스를 갖게 되는 진동수는 얼마인가? (b) 같은 진동수에서 44.0 μF의 축전기가 갖는 리액턴스는 얼마인가?

14. 전기용량이 3.70 μF인 축전기 양단에 $\Delta V_{\text{max}} = 48.0$ V이고 $f = 90.0$ Hz의 교류 전원이 연결될 때 축전기에 공급되는 최대 전류는 얼마인가?

15. 전기용량이 C인 축전기를 rms 전압이 ΔV이고 진동수가 f인 교류 전원에 연결한다. 극판 하나의 전하량의 최댓값을 구하라.

16. 전기용량이 2.20 μF인 축전기를 (a) 북미 교류 전원($\Delta V_{\text{rms}} =$ 120 V, $f = 60.0$ Hz)에 연결할 때와 (b) 유럽 교류 전원 ($\Delta V_{\text{rms}} = 240$ V, $f = 50.0$ Hz)에 연결할 때 전류의 최댓값을 각각 계산하라.

33.5 *RLC* 직렬 회로

17. $\Delta V_{\text{max}} = 150$ V이고 $f = 50.0$ Hz인 교류 전원이 그림 P33.17의 점 a와 d 사이에 연결될 때 (a) 점 a와 b, (b) 점 b와 c, (c) 점 c와 d, (d) 점 b와 d 사이의 최대 전압을 계산하라.

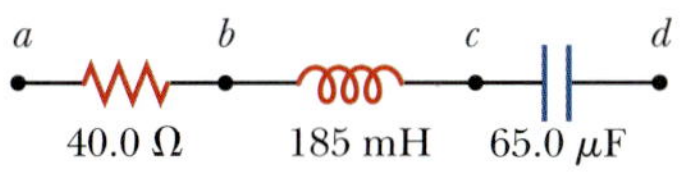

그림 P33.17 문제 17, 25

18. 직렬 교류 회로가 임의의 저항기, 150 mH의 인덕터, 5.00 μF의 축전기, 진동수 50.0 Hz이고 $\Delta V_{\text{max}} = 240$ V인 교류 전원으로 구성되어 있다. 회로의 최대 전류가 100 mA일 때 (a) 유도 리액턴스, (b) 용량 리액턴스, (c) 임피던스, (d) 저항값, (e) 전류와 전원 전압 사이의 위상각을 계산하라.

19. 150 Ω인 저항기, 21.0 μF인 축전기, 460 mH인 인덕터로 구성된 *RLC* 회로가 120 V, 60.0 Hz인 전원과 직렬로 연결되어 있다. (a) 전류와 전원 전압 사이의 위상각은 얼마인가? (b) 전류와 전압 중 어느 것이 먼저 최댓값에 도달하는가?

20. 다음 SI 단위로 나타낸 전압에 대한 위상자를 축척에 맞게 그리라. (a) $\omega t = 90.0°$일 때 $25.0 \sin \omega t$ (b) $\omega t = 60.0°$일 때 $35.0 \sin \omega t$ (c) $\omega t = 300°$일 때 $18.0 \sin \omega t$

21. 어떤 교류 전원의 진동수는 60.0 Hz이고 전압의 최댓값은 120 V이다. 이 전원에 60.0 Ω인 저항기와 30.0 μF인 축전기를 직렬로 연결한다. (a) 회로의 유도 리액턴스, (b) 회로의 임피던스, (c) 회로에 흐르는 전류의 최댓값을 구하라. (d) 전압이 전류보다 앞서는가, 아니면 그 반대인가? (e) 이 회로에 인덕터를 하나 직렬로 추가 연결하면 전류는 어떻게 달라지는지 설명하라.

22. 어떤 교류 전원의 전압의 최댓값과 진동수가 변하지 않는다. 이 전원과 연결된 *RLC* 직렬 회로에서 저항 R 값은 유도 리액턴스의 값과 같다. 회로의 축전기는 평행판 축전기인데, 극판 사이의 간격을 원래 값의 절반이 되게 줄이니 회로의 전류가 두 배가 된다. 처음의 용량 리액턴스를 R를 사용하여 표현하라.

23. 직렬 *RLC* 회로가 2.00×10^3 Hz에서 작동한다. 회로의 저항은 40.0 Ω이고 이 진동수에서 $X_L = X_C = 1\,884$ Ω이다. (a) 다음과 같은 $f = 300$, 600, 800, 1.00×10^3, 1.50×10^3, 2.00×10^3, 3.00×10^3, 4.00×10^3, 6.00×10^3, 1.00×10^4 Hz의 진동수 값들에 대하여 X_L, X_C, Z 값을 보이는 표를 만들라. (b) 이 표로부터 하나의 그래프에 X_L, X_C, Z를 $\ln f$의 함수로 그리라.

24. 80.0 Ω의 저항기와 200 mH의 인덕터가 100 V(rms), 60.0 Hz의 전원에 병렬 연결되어 있다. (a) 저항기에 흐르는 rms 전류는 얼마인가? (b) 전체 전류는 전압에 비하여 얼마만한 각도로 앞서는가 아니면 뒤지는가?

25. 그림 P33.17의 점 a와 d 사이에 $\Delta V_{\text{rms}} = 120$ V의 교류 전원이 연결되어 있다. 250 W의 전력을 공급할 때의 진동수는 얼마인가? 이를 설명하라.

33.6 교류 회로에서의 전력

26. 임피던스가 75.0 Ω인 직렬 *RLC* 회로에 포함된 저항기의 저항값이 45.0 Ω이다. $\Delta V_{\text{rms}} = 210$ V일 때 회로에 공급되는 평균 전력은 얼마인가?

27. 직렬 RLC 회로에 rms 전압이 160 V인 교류 기전력이 연결되어 있다. 회로의 저항은 22.0 Ω이고 임피던스는 80.0 Ω이다. 회로에 전달되는 평균 전력을 계산하라.

28. 교류 전압 $\Delta v = 90.0 \sin 350t$가 직렬 RLC 회로에 연결되어 있다. 여기서 Δv의 단위는 V이고 t의 단위는 s이다. $R = 50.0\ \Omega$, $C = 25.0\ \mu\text{F}$, $L = 0.200$ H일 때 (a) 회로의 임피던스, (b) 회로에 흐르는 rms 전류, (c) 회로에 전달되는 평균 전력을 구하라.

29. 어떤 직렬 RLC 회로에서 $I_{rms} = 9.00$ A, $\Delta V_{rms} = 180$ V이고 전류가 전압보다 37.0° 앞선다. (a) 회로의 전체 저항은 얼마인가? (b) 회로의 리액턴스($X_L - X_C$)를 구하라.

30. 다이오드는 한 방향으로만 전류가 흐르는 소자이다. 이 방향은 다이오드를 나타내는 회로 부호의 화살표 머리로 표시한다. 그림 P33.30의 다이오드 회로에 전달되는 전력을 ΔV_{rms}와 R로 표현하라.

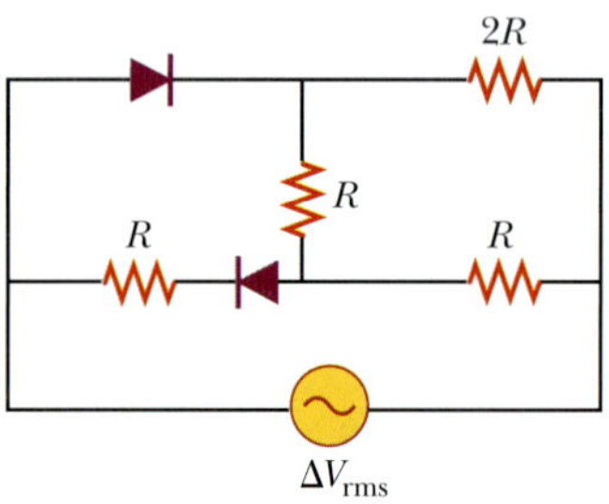

그림 P33.30

33.7 직렬 *RLC* 회로에서의 공명

31. $f = 99.7$ MHz로 방송하는 FM 방송국에 동조시키기 위하여 라디오 안에 RLC 회로가 사용하고 있다. 회로의 저항이 $R = 12.0\ \Omega$이고 유도 계수가 $L = 1.40\ \mu\text{H}$라면 축전기의 전기용량은 얼마가 되어야 하는가?

32. 어느 레이더 송신기에 쓰이는 LC 회로는 9.00 GHz로 진동한다. (a) 회로가 이 진동수에서 공명이 되고 쓰이는 축전기 용량이 2.00 pF라면 인덕터의 유도 계수는 얼마인가? (b) 이 진동수에서 회로의 유도 리액턴스를 구하라.

33. $R = 10.0\ \Omega$인 저항기, $L = 10.0$ mH인 인덕터, $C = 100\ \mu\text{F}$인 축전기가 진동수를 바꿀 수 있는 50.0 V (rms) 교류 전원에 직렬로 연결되어 있다. 현재 작동하는 진동수가 공명 진동수의 두 배라면, 한 주기에 이 회로에 전달되는 전력은 얼마인가?

34. 직렬 RLC 회로가 rms 전압이 1.00 V인 교류 전원에 연결된다. 이 회로에서 $R = 1.00\ \Omega$, $L = 1.00$ mH, $C = 1.00$ nF이다. (a) 회로에 전달되는 전력을 진동수의 함수로 정확하게 나타낸 그래프를 그리라. (b) 이 그래프에서 공명 봉우리의 반값 온폭(최댓값의 절반인 두 곳 사이의 폭)이 $R/2\pi L$임을 확인하라.

33.8 변압기와 전력 전송

35. 변압기의 1차 코일은 $N_1 = 350$번, 2차 코일은 $N_2 = 2\ 000$번 감겨 있다. 입력 전압이 $\Delta v = 170 \cos \omega t$일 때 2차 코일의 양단에 만들어지는 rms 전압은 얼마인가? 여기서 Δv의 단위는 V이고 t의 단위는 s이다.

36. 그림 P33.36과 같은 변압기에서 부하 저항 R_L은 50.0 Ω, 감은 수의 비 N_1/N_2는 2.50, 전원의 rms 전압은 $\Delta V_s = 80.0$ V이다. 만약 부하 저항 양단에서 전압계로 측정한 rms값이 25.0 V라면 전원 저항 R_s는 얼마인가?

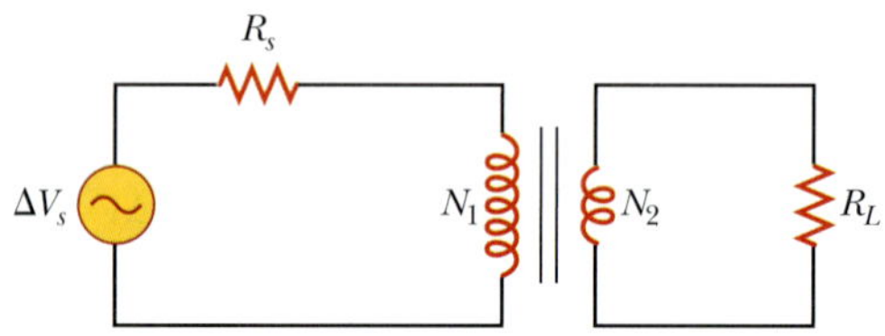

그림 P33.36

37. 20.0 kW의 전력을 송전하는 한 쌍의 구리 전선이 있다. 두 전선 사이의 전위차는 $\Delta V_{rms} = 1.50 \times 10^3$ V이고 전선들의 길이는 18.0 km, 송전에 의한 전력 손실은 1.00 %이다. 전류가 도선 내부에서 균일하게 흐른다고 가정하고 각 전선의 지름을 계산하라.

38. 변압기는 서로 다른 임피던스 Z_1과 Z_2를 갖는 교류 회로 사이에서 최대 전력을 공급하도록 사용될 수 있다. 이것을 **임피던스 맞춤**이라고 한다. (a) 이런 조건이 충족되는 데 필요한 감은 수의 비 N_1/N_2가 다음과 같음을 보이라.

$$\frac{N_1}{N_2} = \sqrt{\frac{Z_1}{Z_2}}$$

(b) 출력 임피던스가 8.00 kΩ인 오디오 증폭기와 입력 임피던스가 8.00 Ω인 확성기 사이에서 변압기를 임피던스 맞춤 장치로 사용하고자 한다. N_1/N_2의 비율은 얼마가 되어야 하는가?

33.9 정류기와 여과기

39. 고진동수 통과 여과기가 그림 P33.39와 같이 $R = 0.500\ \Omega$의 저항기와 $C = 613\ \mu\text{F}$의 축전기로 구성되어 있다. 전원의 진동수가 600 Hz일 때, 입력 전압에 대한 출력 전압의

진폭 비율은 얼마인가?

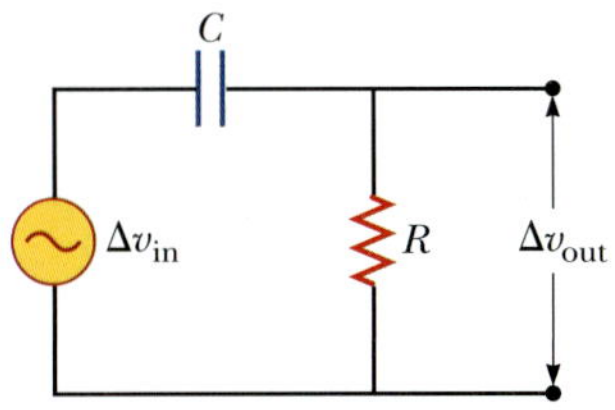

그림 P33.39

40. 그림 P33.40의 여과기 회로를 고려하자. (a) 출력 전압 진폭과 입력 전압 진폭의 비가 다음과 같음을 보이라.

$$\frac{\Delta V_{\rm out}}{\Delta V_{\rm in}} = \frac{1/\omega C}{\sqrt{R^2 + \left(\frac{1}{\omega C}\right)^2}}$$

(b) 진동수가 영으로 접근하면 이 비는 어떤 값으로 접근하는가? (c) 진동수가 무한히 커지면 이 비는 어떤 값으로 접근하는가? (d) 이 비가 1/2이 되는 진동수를 구하라.

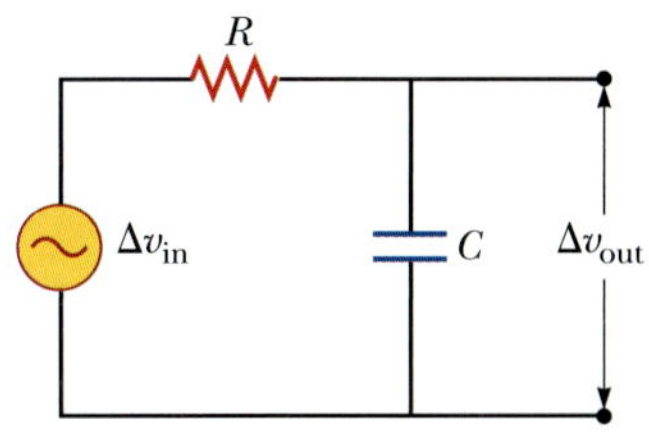

그림 P33.40

전자기파
Electromagnetic Waves

CHAPTER
34

가시광선으로 찍은 게 성운(Crab Nebula)의 사진에서 다양한 색들을 볼 수 있는데, 각각의 색은 가시광선의 서로 다른 파장을 나타낸다. *(NASA, ESA, J. Hester, A. Loll(ASU))*

16, 17 및 18장에서는 역학적 파동에 대하여 설명하였다. 음파, 파도, 줄에 생기는 파동과 같은 역학적 파동은 역학적 진동이 전파되는 것인데, 역학적 진동이 전파되기 위해서는 매질이 필요하다. 이 장에서는 역학적 파동과는 달리 진공을 통하여 전파될 수 있는 전자기파의 성질에 대하여 생각해 보기로 한다.

먼저 30장에서 다루었던 앙페르의 법칙을 수정하는 데 맥스웰이 기여한 바를 살펴보는 것으로 시작한다. 그 다음 모든 전자기 현상의 이론적 기반을 이루는 맥스웰 방정식을 살펴보겠다. (맥스웰은) 이들 방정식을 진행파 분석 모형에 적용하여 빛의 빠르기 c로 공간을 진행하는 전자기파의 존재를 예측하였다. 헤르츠가 1887년에 전자기파를 발생시키고 검출해서 맥스웰의 예측을 확인하였다. 라디오, 텔레비전, 휴대 전화, 무선 인터넷 그리고 광전자공학을 포함한 실용적인 통신 수단들의 발명은 모두 이 발견에서 비롯된 것이다.

다음은 전하를 진동시켜서 전자기파를 발생시키는 방법을 배운다. 진동하는 전하에서 복사된 파동은 아주 먼 곳에서도 검출될 수 있다. 더 나아가 전자기파는 에너지(식 8.2의 T_{ER})와 운동량을 갖고 있으며, 따라서 표면에 압력을 가할 수 있다. 이 장은 전자기파 스펙트럼의 다양한 진동수 영역을 살펴보는 것으로 이 장을 마친다.

34.1 변위 전류와 앙페르 법칙의 일반형
Displacement Current and the General Form of Ampère's Law

© North Wind/North Wind Picture Archives -- All rights reserved.

맥스웰
James Clerk Maxwell, 1831~1879
스코틀랜드의 이론 물리학자

맥스웰은 빛의 전자기 이론과 기체 운동론을 발전시켰고, 토성 고리들의 성질과 색깔 인식에 관하여 설명하였다. 맥스웰의 성공적인 전자기장의 해석으로 인해서 그의 이름이 붙은 방정식들이 탄생하게 되었다. 뛰어난 통찰력과 결합된 엄청난 수학적 능력을 가졌던 그는 전자기학과 기체 운동론에서 선구적 업적을 남겼다. 50살이 되기 전에 암으로 세상을 떠났다.

30장에서 우리는 전류가 만드는 자기장을 분석하기 위하여 앙페르의 법칙(식 30.13)을 사용하였다.

$$\oint \vec{\mathbf{B}} \cdot d\vec{\mathbf{s}} = \mu_0 I$$

이 식에서 선적분의 경로는 $I = dq/dt$로 정의되는 전도 전류가 통과하는 닫힌 곡선이면 어떤 모양이든 관계없다(이 절에서 곧 보게 될 새로운 형태의 전류인 변위 전류와 구별하기 위하여, 전하 운반자들이 도선을 통하여 이동함으로써 흐르는 전류는 **전도 전류**라는 용어를 사용하여 표현할 것이다). 이제 이런 형태의 앙페르 법칙은 존재하는 모든 전기장들이 시간에 따라 변하지 않을 때만 성립한다는 것을 보일 것이다. 맥스웰은 이런 한계를 깨닫고, 시간에 따라 변하는 전기장도 포함하도록 앙페르 법칙을 수정하였다.

그림 34.1에서 나타낸 것처럼 대전되고 있는 축전기를 생각해 보자. 전도 전류가 흐르는 동안에는 양으로 대전된 판의 전하가 변하지만, 판 사이에 전하 운반자가 없기 때문에 두 극판 사이에는 전도 전류가 없다. 이제 그림 34.1에서 같은 경로 P에 의하여 정해지는 두 표면 S_1과 S_2를 생각해 보자. 앙페르의 법칙에 따르면, I를 경로 P에 의하여 정해지는 임의의 곡면을 통과하는 전체 전류라 할 때, 이 경로 P를 따라 적분한 $\oint \vec{\mathbf{B}} \cdot d\vec{\mathbf{s}}$는 $\mu_0 I$와 같아야만 한다는 것이다.

경로 P를 S_1의 경계로 생각하였을 때는 전도 전류 I가 S_1을 통과해서 흐르고 있기 때문에 $\oint \vec{\mathbf{B}} \cdot d\vec{\mathbf{s}} = \mu_0 I$이다. 그러나 그 경로를 S_2의 경계로 생각하면, S_2를 통하여 흐르는 전도 전류가 없기 때문에 $\oint \vec{\mathbf{B}} \cdot d\vec{\mathbf{s}} = 0$이다. 여기에서 우리는 전류의 불연속성 때문에 생기는 모순적인 상황에 맞닥뜨리게 된다! 맥스웰은 앙페르의 법칙 우변에

변위 전류 ▶

$$I_d \equiv \epsilon_0 \frac{d\Phi_E}{dt} \tag{34.1}$$

로 정의되는 **변위 전류**(displacement current) I_d라는 새로운 항을 추가하여 이 문제를 해결하였다.[1] 여기서 ϵ_0는 자유 공간의 유전율(23.3절 참조)이고, $\Phi_E \equiv \int \vec{\mathbf{E}} \cdot d\vec{\mathbf{A}}$는 적분 경로로 둘러싸인 면을 통과하는 전기선속(식 24.3 참조)이다.

축전기가 충전(또는 방전)되는 동안, 두 판 사이에서 변하는 전기장은 도선에 흐르

[1] 여기서 **변위**는 2장에서 가진 의미와 다르다. 오해를 불러일으킬 만한 명칭이지만 역사를 통하여 물리학적 용어로 굳어진 단어이므로 그냥 사용하기로 한다.

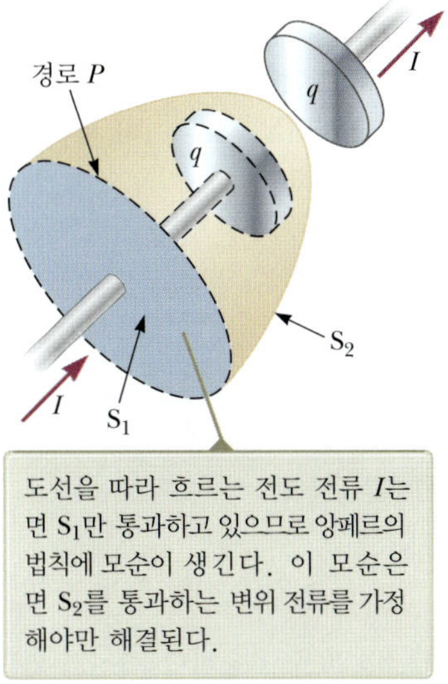

그림 34.1 축전기판 근처의 두 표면 S_1과 S_2는 같은 경로 P에 의하여 정해진다.

는 전도 전류에 이어서 흐르는 전류와 동일한 것으로 생각할 수 있다. 식 34.1의 변위 전류를 앙페르 법칙의 오른쪽의 전도 전류에 더하면, 그림 34.1에 나타낸 어려움이 해결된다. 경로 P로 둘러싸인 어떤 면들을 고르더라도 전도 전류나 변위 전류 중 하나가 그것을 통과하게 된다. 이 새로운 항 I_d를 사용하여 앙페르 법칙의 일반형(때때로 **앙페르–맥스웰 법칙**이라고 한다)을

$$\oint \vec{\mathbf{B}} \cdot d\vec{\mathbf{s}} = \mu_0(I + I_d) = \mu_0 I + \mu_0 \epsilon_0 \frac{d\Phi_E}{dt} \tag{34.2}$$

◀ 앙페르–맥스웰 법칙

로 표현할 수 있다. 그림 34.2를 통하여 이 식의 의미를 이해할 수 있다. 축전기판의 넓이를 A라 하고 축전기판 사이의 균일한 전기장의 크기를 E라 할 때 면 S를 통과한 전기선속은 $\Phi_E = \int \vec{\mathbf{E}} \cdot d\vec{\mathbf{A}} = EA$이다. 어떤 순간에 판에 대전된 전하량을 q라 하면 그 때의 전기장 세기는 $E = q/(\epsilon_0 A)$이다(26.2절 참조). 그러므로 S를 통과한 전기선속은

$$\Phi_E = EA = \frac{q}{\epsilon_0}$$

이다. 따라서 S를 통과하는 변위 전류는

$$I_d = \epsilon_0 \frac{d\Phi_E}{dt} = \frac{dq}{dt} \tag{34.3}$$

이다. 즉 S를 통과하는 변위 전류 I_d는 축전기에 연결한 도선의 전도 전류 I와 똑같다!

면 S를 생각하면 변위 전류를 곡면의 가장자리 위의 자기장의 원천으로 간주할 수 있다. 변위 전류의 물리적인 원인은 시간에 따라 변하는 전기장이 그 물리적인 원인이다. 이 이론의 핵심은 자기장이 전도 전류 그리고 시간에 따라 변하는 전기장 **둘 다**에 의하여 발생된다는 것이다. 이 결과는 맥스웰의 이론적 업적의 주목할 만한 예이며, 전자기학을 한층 더 깊이 이해하는 데 크게 기여하였다.

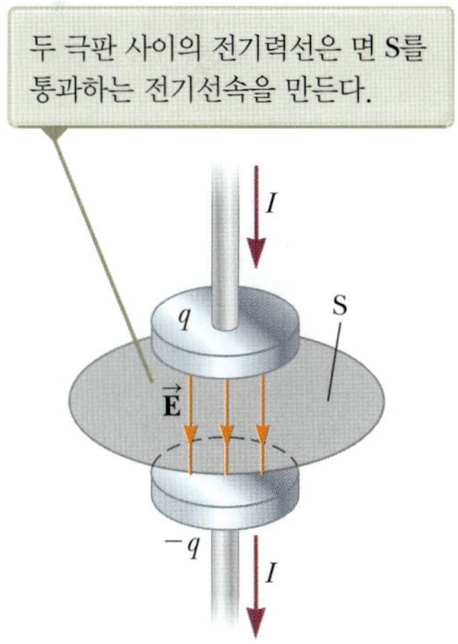

그림 34.2 도선을 따라 전도 전류가 흐르는 동안에는 축전기의 판 사이의 전기장이 변한다.

퀴즈 34.1 어떤 RC 회로에서 축전기가 방전되기 시작한다. **(i)** 방전이 되는 동안 축전기 판 사이 공간에 **(a)** 전도 전류는 있지만 변위 전류는 없다. **(b)** 변위 전류는 있지만 전도 전류는 없다. **(c)** 전도 전류와 변위 전류 모두 있다. **(d)** 어떤 전류도 흐르지 않는다. **(ii)** 방전이 되는 동안 축전기 판 사이 공간에 **(a)** 전기장은 있지만 자기장은 없다. **(b)** 자기장은 있지만 전기장은 없다. **(c)** 전기장과 자기장 모두 있다. **(d)** 어떤 장도 없다.

예제 34.1 축전기에서의 변위 전류

축전기가 그림 34.3에 보이는 것처럼 사인형 교류 전원에 연결되어 있다. 축전기의 전기용량 $C = 8.00\ \mu\text{F}$, 전원 전압의 진동수 $f = 3.00\ \text{kHz}$, 전압의 진폭 $\Delta V_{\text{max}} = 30.0\ \text{V}$일 때 축전기 내의 변위 전류를 구하라.

풀이

개념화 그림 34.3은 이 상황에 대한 회로도이다. 그림 34.2는 축전기와 축전기 두 판 사이의 전기장을 확대한 그림이다.

분류 이 절에서 논의한 식들을 사용하여 결과를 계산하면 되므로 예제를 대입 문제로 분류한다.

식 15.12로부터 전원의 각진동수를 계산한다.

$$\omega = 2\pi f = 2\pi(3.00 \times 10^3\ \text{Hz}) = 1.88 \times 10^4\ \text{s}^{-1}$$

식 33.20을 사용하여 축전기 양단의 전위차를 시간의 함수로 표현한다.

$$\Delta v_C = \Delta V_{\text{max}} \sin \omega t = 30.0 \sin (1.88 \times 10^4\ t)$$

식 34.3을 사용하여 변위 전류를 시간의 함수로 구한다. 축전기의 전하량은 $q = C\Delta v_C$이다.

$$i_d = \frac{dq}{dt} = \frac{d}{dt}(C\,\Delta v_C) = C\frac{d}{dt}(\Delta V_{\text{max}} \sin \omega t)$$
$$= \omega C\,\Delta V_{\text{max}} \cos \omega t$$

주어진 값들을 대입한다.

$$i_d = (1.88 \times 10^4\ \text{s}^{-1})(8.00 \times 10^{-6}\ \text{C})(30.0\ \text{V}) \cos (1.88 \times 10^4\ t)$$
$$= 4.51 \cos (1.88 \times 10^4\ t)$$

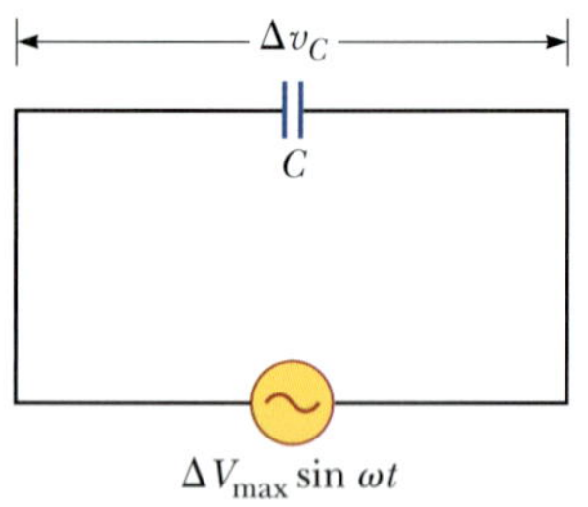

그림 34.3 (예제 34.1)

34.2 맥스웰 방정식과 헤르츠의 발견
Maxwell's Equations and Hertz's Discoveries

이제 모든 전기와 자기 현상들의 기초로 여겨지는 네 개의 방정식을 제시하겠다. 맥스웰이 발전시킨 이 식들은 뉴턴의 법칙들이 역학 현상을 설명하는 데 그렇듯이 전자기 현상을 설명하는 데 기본이 된다. 아인슈타인은 1905년에 맥스웰이 발전시킨 이 이론이 특수 상대성 이론과도 잘 조화된다는 사실을 밝혔는데, 이는 이 이론이 맥스웰 자신이 생각했던 것보다 훨씬 넓은 영역에까지 적용된다는 점을 보여 준다.

맥스웰의 방정식들은 우리가 이미 논의했듯이 전기와 자기 법칙들을 표현한 것이지만 다른 중요한 결론들도 내포하고 있다. 논의를 단순화하기 위하여 자유 공간 속에서, 즉 유전체나 자성체가 없는 경우의 **맥스웰 방정식**(Maxwell's equations)들을 살펴보겠다. 이들 네 개의 방정식은 다음과 같다.

$$\oint \vec{\mathbf{E}} \cdot d\vec{\mathbf{A}} = \frac{q}{\epsilon_0} \quad (34.4)$$

◀ 가우스의 법칙

$$\oint \vec{\mathbf{B}} \cdot d\vec{\mathbf{A}} = 0 \quad (34.5)$$

◀ 자기에 대한 가우스의 법칙

$$\oint \vec{\mathbf{E}} \cdot d\vec{\mathbf{s}} = -\frac{d\Phi_B}{dt} \quad (34.6)$$

◀ 패러데이의 법칙

$$\oint \vec{\mathbf{B}} \cdot d\vec{\mathbf{s}} = \mu_0 I + \epsilon_0 \mu_0 \frac{d\Phi_E}{dt} \quad (34.7)$$

◀ 앙페르–맥스웰의 법칙

식 34.4는 가우스의 법칙이다. 임의의 닫힌 곡면을 통과하는 전체 전기선속은 그 면 내부의 알짜 전하를 ϵ_0으로 나눈 것과 같다. 이 법칙은 전기장과 그 전기장을 만들어 내는 전하 분포의 관계를 설명한다.

식 34.5는 자기에 대한 가우스의 법칙이며 닫힌 곡면을 통과하는 알짜 자기선속(또는 자속)은 영이라는 것을 나타낸다. 즉 닫힌 공간으로 들어가는 자기력선의 수는 그 공간에서 나오는 자기력선의 수와 같아야 한다는 것이며, 이것은 자기력선은 시작점도 끝점도 없다는 것을 의미한다. 만일 시작점이나 끝점이 있다면, 바로 그 지점이 고립된 자기 홀극이 존재하는 곳이 될 것이다. 자연에서 자기 홀극이 관측된 적이 없다는 사실이 식 34.5를 확증하는 셈이다.

식 34.6은 패러데이의 유도 법칙으로 자기선속을 변화시켜서 전기장을 만들 수 있다는 것을 설명한다. 이 법칙은 임의의 닫힌 경로를 따라 전기장을 선적분한 값인 기전력이 그 경로로 둘러싸인 임의의 표면을 통과하는 자기선속의 시간에 대한 변화율과 같다는 것이다. 시간에 따라 변하는 자기장 내에 놓인 고리 도선에 유도되는 전류는 패러데이 법칙의 결론 중 하나이다.

식 34.7은 34.1절에서 공부한 앙페르–맥스웰 법칙이며, 변하는 전기장과 전류가 자기장을 유도하는 것을 설명한다. 임의의 닫힌 경로를 따라 자기장을 선적분한 것은 그 경로를 통과하는 알짜 전류에 μ_0을 곱한 것과 그 경로에 의하여 정해지는 임의의 면을 통과하는 전기선속의 시간 변화율에 $\epsilon_0 \mu_0$을 곱한 것을 더한 것과 같다.

일단 공간 속의 한 점에서 전기장과 자기장을 알면, 전하량 q인 입자에 작용하는 힘은 전기장과 자기장 내의 입자 모형으로부터 계산할 수 있다.

$$\vec{\mathbf{F}} = q\vec{\mathbf{E}} + q\vec{\mathbf{v}} \times \vec{\mathbf{B}} \quad (34.8)$$

◀ 로렌츠 힘의 법칙

이 관계식을 **로렌츠 힘의 법칙**(Lorentz force law)이라고 한다(이 식을 식 29.6에서 본 적이 있을 것이다). 맥스웰 방정식들이, 이 힘의 법칙과 더불어, 진공에서 일어나는 모든 고전적인 전자기적 상호 작용을 완벽하게 설명한다.

맥스웰 방정식들의 대칭성에 주목하라. 식 34.4와 34.5는 식 34.5에 자기 홀극 항이 없다는 점을 제외하고는 대칭적이다. 또 식 34.6과 34.7은 임의의 닫힌 경로를 따라 $\vec{\mathbf{E}}$와 $\vec{\mathbf{B}}$를 선적분한 값이 각각 자기선속과 전기선속의 변화율과 연관되어 있다는 점에서 대칭적이다. 맥스웰 방정식들은 전자기뿐만 아니라 모든 과학에 기본적으로 중요하다.

송신기는 좁은 간격을 두고 떨어져 있는 한 쌍의 구형 전극과, 그것에 연결된 유도 코일로 이루어져 있다. 유도 코일이 전극에 짧고 급격한 전압 상승을 일으켜 전극 사이에 방전이 일어나면서 진동이 시작된다.

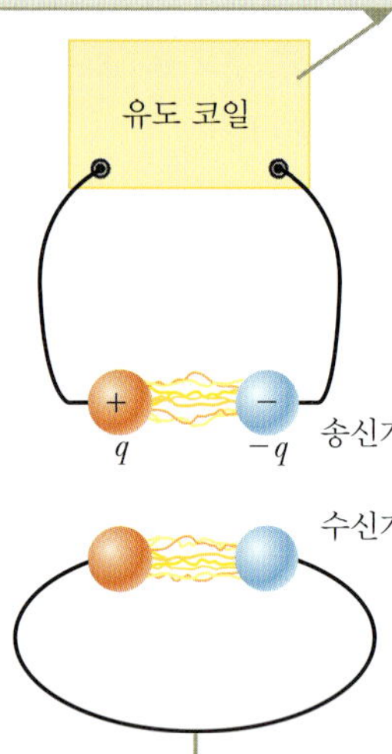

수신기는 스파크 간극이 있는 또 다른 도선 고리로 송신기 가까이에 위치한다.

그림 34.4 전자기파를 생성하고 검출하는 헤르츠의 실험 장치 개략도

© Hulton-Deutsch Collection/CORBIS

헤르츠

Heinrich Rudolf Hertz, 1857~1894

독일의 물리학자

헤르츠는 1887년에 전자기파를 발견하였는데 이는 그의 가장 중요한 업적이다. 전자기파의 속력이 빛의 속력과 같다는 것을 발견한 뒤, 헤르츠는 전자기파도 광파처럼 반사, 굴절, 회절될 수 있다는 것을 보였다. 진동수의 단위인 헤르츠(Hz)는 그의 이름을 따서 명명된 것으로 1 Hz는 1초당 한 번의 진동을 하는 것을 의미한다.

헤르츠는 "우리는 이들 수식이 독립적인 존재성과 그 자신의 지성을 가지고 있고, 우리보다 더 현명할 뿐만 아니라 그것을 발견한 사람들보다도 더 현명하며, 우리가 들인 노력보다 더 많은 것을 이 수식으로부터 얻어낸다고 생각하지 않을 수 없다"고 기록하기도 하였다.

우리는 다음 절에서 식 34.6과 34.7을 결합하여 전기장 및 자기장의 파동 방정식을 유도할 예정이다. $q = 0$이고 $I = 0$인 진공에서, 두 방정식의 해를 보면 전자기파의 진행 속력이 측정된 빛의 속력과 같다는 것을 알 수 있다. 이 결과 때문에 맥스웰은 빛이 일종의 전자기 복사라는 주장을 하게 된다.

헤르츠는 맥스웰의 예측을 증명하는 실험을 하였다. 헤르츠가 전자기파를 발생시키고 검출하는 데 사용한 실험 장치를 그림 34.4에 간략하게 나타내었다. 좁은 간격을 사이에 둔 두 개의 구형 전극으로 구성된 송신기에 유도 코일이 연결되어 있다. 코일은 전극에 짧고 급격한 전압 상승을 일으켜서 한 전극은 양으로, 다른 전극은 음으로 만든다. 두 전극 근처의 전기장들 중 하나가 공기의 유전 강도(3×10^6 V/m)를 넘어서면 방전이 일어난다(표 26.1 참조). 강한 전기장 내에서 자유 전자는 가속되어 어떤 분자들과 충돌하더라도 이온화시킬 수 있을 정도의 에너지를 갖게 된다. 이런 이온화는 더 많은 전자들을 제공하고 이들은 가속되어 더 많은 이온화를 일으킨다. 전극 사이의 공기가 이온화되면, 훨씬 더 좋은 전도체가 되어 전극 사이의 방전은 높은 진동수로 진동하게 된다. 전기 회로의 관점에서 보면, 이 장치는 LC 회로와 같은데, 이때 이 회로의 유도 계수는 코일의 유도 계수이고, 전기용량은 구형 전극 쌍의 전기용량이다.

헤르츠의 장치에서 L과 C가 작으므로 진동수는 100 MHz 정도로 매우 높다(식 32.22에서 LC의 자연 진동수 $\omega = 1/\sqrt{LC}$이라는 것을 상기하라). 송신기 회로 속의 자유 전하들의 진동의 결과로 복사되는 전자기파의 진동수는 자유 전하의 진동수와 같다. 헤르츠는 이런 파동을 또 다른 스파크 간극을 가진 한 개의 도선 고리(수신기)를 이용하여 검출할 수 있었다. 송신기에서 몇 미터 떨어진 곳에 놓인 이런 수신 고리는 그 자체의 유도 계수, 전기 용량 그리고 자유 진동수를 가지고 있다. 헤르츠의 실험에서 수신기의 진동수가 송신기의 진동수와 같아졌을 때 수신 전극 사이에서 스파크가 일어났다. 이렇게 해서 헤르츠는 수신기에 유도된 진동하는 전류는 송신기에서 복사된 전자기파에 의하여 생긴 것임을 실험으로 증명하였다. 헤르츠의 실험은 소리굽쇠가 얼마간 떨어져 있는 동일한 소리굽쇠에서 발생하는 음파에 반응하는 역학적인 현상과 유사하다.

또한 헤르츠는 일련의 실험에서 스파크 간극 장치에서 발생된 복사(radiation)가 간섭, 회절, 반사, 굴절 그리고 편광 같은 파동적 성질을 보인다는 것을 증명하였는데, 빛 또한 이런 모든 성질을 가지고 있다는 것을 이 교재의 단원 5에서 볼 것이다. 그러므로 헤르츠가 발생시켰던 라디오 진동수의 파동들은 광파와 유사한 성질들을 가졌고, 다만 진동수와 파장만 다르다는 것이 분명해졌다. 아마 헤르츠의 실험 중에 가장 설득력 있었던 것은 이 복사의 속력 측정이었을 것이다. 진동수를 아는 파동을 금속판에 반사시켜서 마디들을 측정할 수 있는 정상파 간섭 무늬를 만들고, 마디 사이의 거리를 측정하여 파장을 구할 수 있었다. 진행파 모형에서의 식 $v = \lambda f$(식 16.12)를 이용하여 헤르츠는 v가 가시광선의 알려진 속력 c인 3×10^8 m/s에 가깝다는 것을 발견하였다.

34.3 평면 전자기파
Plane Electromagnetic Waves

맥스웰 방정식에서 전자기파의 성질을 유도할 수 있다. 그 방법 중 하나는 맥스웰의 셋째와 넷째 방정식으로부터 얻은 이차 미분 방정식을 푸는 것이다. 이런 종류의 엄밀한 수학적 유도는 이 교재의 수준을 넘는다. 이런 어려움을 피하기 위하여 전기장과 자기장 벡터들이 단순하지만, 맥스웰 방정식과는 모순되지 않는 특정한 시공간적 행동을 한다고 가정한다.

전자기파의 성질을 더 자세히 이해하기 위하여, x 방향(**전파 방향**)으로 진행하는 전자기파에 집중하기로 하자. 이 파동의 전기장 $\vec{\mathbf{E}}$와 자기장 $\vec{\mathbf{B}}$는, 그림 34.5에 나타낸 것처럼, 각각 y 방향과 z 방향을 향한다. 전기장과 자기장이 서로 직교하는 한 쌍의 축에 평행한 방향을 향하도록 제한된 이런 파동들을 **선형 편광파**(linearly polarized waves)라고 한다. 또 공간의 어떤 점에서도 장들의 크기 E와 B는 x와 t에만 의존하고 y와 z에는 의존하지 않는다고 가정하자.

또 yz 평면의 임의의 점(그림 34.5처럼 원점뿐만 아니라)이 파원이 되고, 각 파원에서 복사된 파동은 모두 x 방향으로 진행하며, 모든 파동들의 위상이 동일하다고 하자. 파동이 진행하는 방향을 따라가는 선을 **광선**(ray)이라 정의하면 이런 파동들의 모든 광선들은 평행하다. 이들 파동의 총합을 **평면파**(plane wave)라 한다. 모든 파동에서 위상이 같은 점들이 모여 이루는 기하학적 평면이 우리가 17장에서 보았던 **파면**(wave front)이다. 반면에 복사의 점 파원(point source)은 모든 지름 방향으로 파동들을 내보낸다. 이 경우 위상이 같은 점들이 모여 이루는 면은 구가 되므로 이것을 **구면파**(spherical wave)라고 한다.

패러데이의 법칙인 식 34.6에서 시작하여 전자기파를 예측해 보자.

$$\oint \vec{\mathbf{E}} \cdot d\vec{\mathbf{s}} = -\frac{d\Phi_B}{dt}$$

이 식을 그림 34.5에 있는 파동에 적용하기 위하여 그림 34.6처럼 너비가 dx이고, 높이가 ℓ인 xy 평면 위의 직사각형을 생각해 보자. 식 34.6을 적용하기 위하여, 먼저 파동이 직사각형을 통하여 지나가는 순간에 시계 반대 방향으로 이 직사각형을 따라 $\vec{\mathbf{E}} \cdot d\vec{\mathbf{s}}$의 선적분을 계산하자. 직사각형의 윗변과 아랫변 부분에서는 $\vec{\mathbf{E}}$와 $d\vec{\mathbf{s}}$가 수직이기 때문에 선적분 값이 영이 된다. 직사각형의 오른쪽 변의 전기장은 다음과 같이 표현할 수 있다.

$$E(x+dx) \approx E(x) + \left.\frac{dE}{dx}\right|_{t\,\text{constant}} dx = E(x) + \frac{\partial E}{\partial x}dx$$

여기서 $E(x)$는 이 순간에 직사각형의 왼쪽 변에서 전기장이다.[2] 따라서 이 직사각형에

오류 피하기 34.1

'한 파동'이란? '**한 파동**'이라고 하면 무엇을 의미하는가? '**파동**'이란(이 교재에서 yz 평면상의 **한 점**에서 복사되는 파동이라고 할 때와 같이) 하나의 점 파원으로부터 방출되는 것을 의미하기도 하고, (이 교재에서 '**평면파**'와 같이) 파원의 모든 점에서 복사되는 파동의 집합을 의미하기도 한다. 여러분은 파동이라는 용어를 두 가지 의미로 사용할 수 있어야 하며, 문맥으로부터 어떤 것을 의미하는지 알 수 있어야 한다.

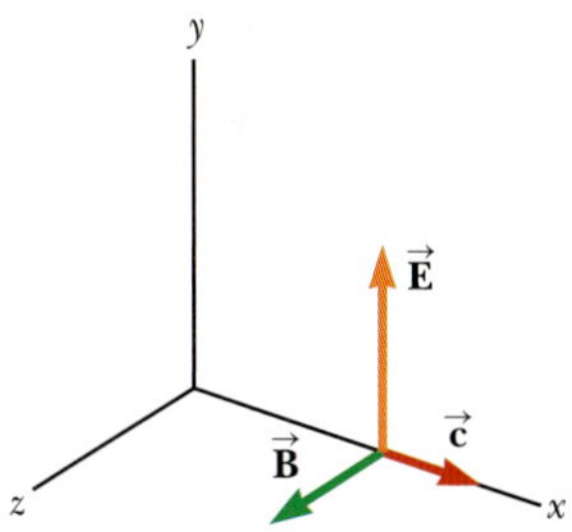

그림 34.5 속도 $\vec{\mathbf{c}}$로 $+x$ 방향으로 진행하는 전자기파의 전기장과 자기장. 임의의 순간에 공간의 한 지점에서의 장 벡터를 나타낸 것이다. 이들 장은 x와 t의 함수이다.

[2] 이 식에서 dE/dx가 시간이 t인 순간 x에 따른 E의 변화를 뜻하기 때문에, dE/dx는 편미분 도함수 $\partial E/\partial x$와 같다. 마찬가지로 dB/dt는 특정 지점 x에서 시간 t에 따른 B의 변화를 나타내기 때문에, 식 34.10에서 dB/dt는 $\partial B/\partial t$로 바꿀 수 있다.

대한 선적분은 근사적으로 다음과 같다.

$$\oint \vec{\mathbf{E}} \cdot d\vec{\mathbf{s}} = [E(x+dx)]\ell - [E(x)]\ell \approx \ell\left(\frac{\partial E}{\partial x}\right) dx \quad \textbf{(34.9)}$$

자기장은 z 방향이기 때문에, 넓이 $\ell\, dx$인 직사각형을 통과하는 자기선속은 근사적으로 $\Phi_B = B\ell\, dx$이다(이 경우 dx가 파동의 파장에 비하여 매우 작다고 가정한다). 자기선속을 시간에 대하여 미분하면

$$\frac{d\Phi_B}{dt} = \ell\, dx \left.\frac{dB}{dt}\right|_{x\,\text{constant}} = \ell\, dx \frac{\partial B}{\partial t} \quad \textbf{(34.10)}$$

가 되고, 식 34.9와 34.10을 식 34.6에 대입하면 다음과 같다.

$$\ell\left(\frac{\partial E}{\partial x}\right) dx = -\ell\, dx \frac{\partial B}{\partial t}$$

$$\frac{\partial E}{\partial x} = -\frac{\partial B}{\partial t} \quad \textbf{(34.11)}$$

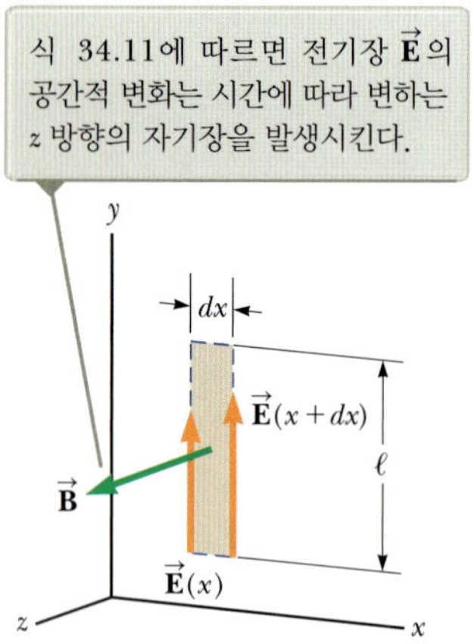

그림 34.6 $+x$ 방향으로 진행하는 평면파가 xy 평면에 놓인 너비 dx의 직사각형 경로를 통과하는 순간, y 방향의 전기장은 $\vec{\mathbf{E}}(x)$부터 $\vec{\mathbf{E}}(x+dx)$까지의 값을 가진다.

비슷한 방법으로 진공에서 네 번째 맥스웰 방정식인 식 34.7로부터 두 번째 식을 유도할 수 있다. 이 경우에는 그림 34.7처럼, 너비가 dx이고 길이가 ℓ인 xz 평면 위의 직사각형을 따라 $\vec{\mathbf{B}} \cdot d\vec{\mathbf{s}}$의 선적분을 구해야 한다. 너비가 dx만큼 변할 때 자기장의 크기가 $B(x)$에서 $B(x+dx)$로 변하는 것과 선적분의 방향은 그림 34.7의 위에서 볼 때 시계 반대 방향인 것을 감안하면, 이 직사각형을 따라 선적분한 값은 근사적으로

$$\oint \vec{\mathbf{B}} \cdot d\vec{\mathbf{s}} = [B(x)]\ell - [B(x+dx)]\ell \approx -\ell\left(\frac{\partial B}{\partial x}\right) dx \quad \textbf{(34.12)}$$

이다. 직사각형을 통과하는 전기선속은 $\Phi_E = E\ell\, dx$이고, 시간에 대하여 미분하면

$$\frac{\partial \Phi_E}{\partial t} = \ell\, dx \frac{\partial E}{\partial t} \quad \textbf{(34.13)}$$

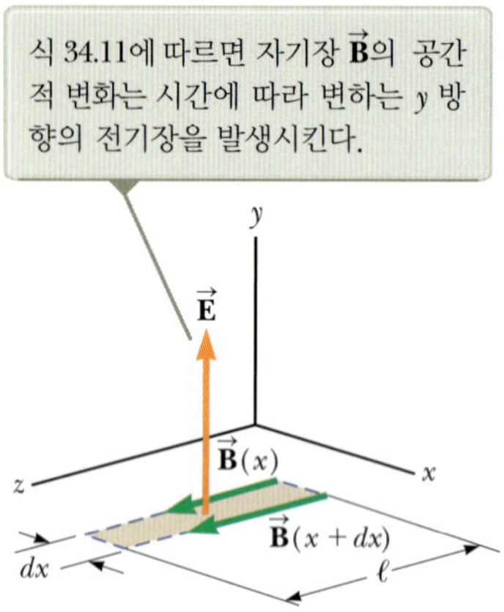

그림 34.7 평면파가 xz 평면에 놓인 너비 dx의 직사각형을 통과하는 순간 z 방향의 자기장은 $\vec{\mathbf{B}}(x)$부터 $\vec{\mathbf{B}}(x+dx)$까지의 값을 가진다.

이다. 식 34.12과 34.13을 식 34.7에 대입하면

$$-\ell\left(\frac{\partial B}{\partial x}\right) dx = \mu_0 \epsilon_0\, \ell\, dx \left(\frac{\partial E}{\partial t}\right)$$

$$\frac{\partial B}{\partial x} = -\mu_0\epsilon_0 \frac{\partial E}{\partial t} \quad \textbf{(34.14)}$$

식 34.11을 x에 대하여 미분한 다음, 그 결과를 식 34.14와 결합시키면

$$\frac{\partial^2 E}{\partial x^2} = -\frac{\partial}{\partial x}\left(\frac{\partial B}{\partial t}\right) = -\frac{\partial}{\partial t}\left(\frac{\partial B}{\partial x}\right) = -\frac{\partial}{\partial t}\left(-\mu_0\epsilon_0 \frac{\partial E}{\partial t}\right)$$

$$\frac{\partial^2 E}{\partial x^2} = \mu_0\epsilon_0 \frac{\partial^2 E}{\partial t^2} \quad \textbf{(34.15)}$$

를 얻는다. 같은 방법으로 식 34.14를 x에 대하여 미분한 다음, 그 결과를 식 34.11과 결합하면

$$\frac{\partial^2 B}{\partial x^2} = \mu_0 \epsilon_0 \frac{\partial^2 B}{\partial t^2} \tag{34.16}$$

를 얻는다. 식 34.15와 34.16은 둘 다 파동의 속력 v를 c로 바꾼 선형 파동 방정식[3]의 형태이다. 여기서

$$c = \frac{1}{\sqrt{\mu_0 \epsilon_0}} \tag{34.17}$$

◀ 전자기파의 속력

이 속력의 값을 계산해 보자.

$$c = \frac{1}{\sqrt{(4\pi \times 10^{-7}\ \text{T}\cdot\text{m/A})(8.854\ 19 \times 10^{-12}\ \text{C}^2/\text{N}\cdot\text{m}^2)}}$$
$$= 2.997\ 92 \times 10^8\ \text{m/s}$$

이 속력이 진공 속의 빛의 속력과 정확히 일치하므로, 빛이 일종의 전자기파라고 믿게 된다.

식 34.15와 34.16의 가장 간단한 해는 사인형 파동으로서, 장의 크기 E와 B가 x와 t에 대하여 다음과 같이 변한다.

$$E = E_{\text{max}} \cos\,(kx - \omega t) \tag{34.18}$$

$$B = B_{\text{max}} \cos\,(kx - \omega t) \tag{34.19}$$

◀ 사인형 전기장과 자기장

여기서 E_{max}와 B_{max}는 장의 최댓값이다. 각파수(angular wave number)는 $k = 2\pi/\lambda$이고, 각진동수는 $\omega = 2\pi f$이다. 여기서 λ는 파장이고 f는 진동수이다. 진행파 모형에 의하면, 각진동수와 각파수의 비율 ω/k는 전자기파의 속력 c와 같다.

$$\frac{\omega}{k} = \frac{2\pi f}{2\pi/\lambda} = \lambda f = c$$

여기서는 사인형 파동의 속력, 진동수 그리고 파장을 연결하는 식 16.12 $v = c = \lambda f$를 사용하였다. 그러므로 전자기파의 경우, 이들 파동의 파장과 진동수의 관계는 다음과 같다.

$$\lambda = \frac{c}{f} = \frac{3.00 \times 10^8\ \text{m/s}}{f} \tag{34.20}$$

그림 34.8은 임의의 시간에 선형으로 편광되어 $+x$ 방향으로 진행하는 사인형 평면파를 순간 포착한 상태를 나타낸 그림이다.

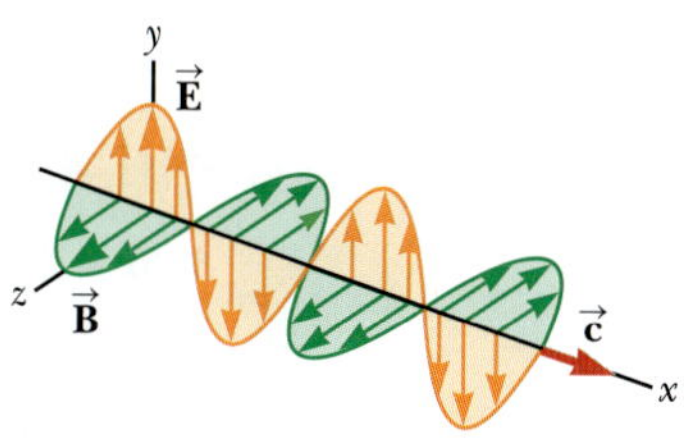

그림 34.8 속력 c로 $+x$ 방향으로 진행하는 사인형 전자기파

전자기파에 대한 진행파 모형의 수학 식을 만들 수 있다. 식 34.18과 34.19를 각각 x와 t에 대하여 편미분하면

$$\frac{\partial E}{\partial x} = -kE_{\text{max}} \sin\,(kx - \omega t)$$

$$\frac{\partial B}{\partial t} = \omega B_{\text{max}} \sin\,(kx - \omega t)$$

[3] 선형 파동 방정식은 $(\partial^2 y/\partial x^2) = (1/v^2)(\partial^2 y/\partial t^2)$로 나타내는데, 여기서 v는 파동의 속력, y는 파동 함수이다. 일반적인 파동 방정식은 식 16.27로 소개되었으며, 16.6절을 복습하면 도움이 될 것이다.

가 된다. 이 결과들을 식 34.11에 대입하면, 임의의 시간에

$$kE_{\max} = \omega B_{\max}$$

$$\frac{E_{\max}}{B_{\max}} = \frac{\omega}{k} = c$$

가 성립한다. 이들 결과와 식 34.18과 34.19로부터

$$\frac{E_{\max}}{B_{\max}} = \frac{E}{B} = c \quad \textbf{(34.21)}$$

를 얻는다. 즉 매 순간 전자기파의 자기장 크기에 대한 전기장 크기의 비는 빛의 속력과 같다.

마지막으로 전자기파는 파동 간섭의 분석 모형에서 설명한 중첩의 원리(18.1절에서는 역학적 파동의 경우를 다루었다.)를 따르는데, 이는 E와 B에 관한 미분 방정식이 선형 방정식이기 때문이다. 예를 들어 같은 진동수와 편광을 가진 두 파동을 더할 때, 이들 전기장의 크기를 그냥 대수적으로 더하면 된다.

오류 피하기 34.2

$\vec{E}$는 $\vec{B}$보다 강한가? c가 매우 크기 때문에 어떤 학생들은 전자기파의 전기장이 자기장보다 훨씬 더 강하다는 의미로 식 34.21를 잘못 해석한다. 그렇지만 전기장과 자기장은 서로 다른 단위로 측정되므로 이들을 바로 비교할 수 없다. 34.4절에서 우리는 전기장과 자기장이 똑같이 전자기파의 에너지에 기여하는 양이 같다는 것을 볼 수 있다.

퀴즈 34.2 그림 34.8의 전기장과 자기장의 사인형 진동 사이의 위상차를 구하라. **(a)** 180° **(b)** 90° **(c)** 0 **(d)** 결정할 수 없다.

퀴즈 34.3 전자기파가 $-y$ 방향으로 진행하고 있다. 공간 속의 한 지점에서 전기장이 $+x$ 방향을 향하는 순간, 그 지점에서 자기장의 방향을 구하라. **(a)** $-x$ 방향 **(b)** $+y$ 방향 **(c)** $+z$ 방향 **(d)** $-z$ 방향

예제 34.2 전자기파

진동수 40.0 MHz인 사인형 전자기파가 그림 34.9처럼 진공 속을 $+x$ 방향으로 진행한다.

(A) 파동의 파장과 주기를 구하라.

풀이

개념화 전기장과 자기장이 같은 위상을 가지고 진동하면서 x축 방향으로 진행하는 그림 34.9의 파동을 상상해 보자.

분류 전자기파에 대한 **진행파** 모형의 수학 식을 사용한다.

분석 식 34.20을 사용하여 파동의 파장을 구한다.

$$\lambda = \frac{c}{f} = \frac{3.00 \times 10^8 \text{ m/s}}{40.0 \times 10^6 \text{ Hz}} = 7.50 \text{ m}$$

진동수의 역수인 파동의 주기 T를 구한다.

$$T = \frac{1}{f} = \frac{1}{40.0 \times 10^6 \text{ Hz}} = 2.50 \times 10^{-8} \text{ s}$$

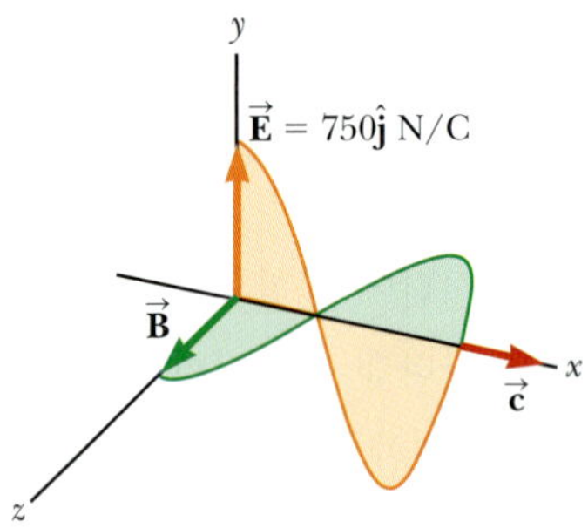

그림 34.9 (예제 34.2) 어떤 순간에 $+x$ 방향으로 진행하는 평면 전자기파의 최대 전기장이 $+y$ 방향으로 750 N/C이다.

(B) 어떤 순간에 어떤 지점의 전기장의 크기가 최대 크기 750 N/C이고 $+y$ 방향이다. 그 순간 그 지점에서 자기장의 크기와 방향을 구하라.

풀이 식 34.21을 사용하여 자기장의 크기를 구한다.

$$B_{\max} = \frac{E_{\max}}{c} = \frac{750 \text{ N/C}}{3.00 \times 10^8 \text{ m/s}} = 2.50 \times 10^{-6} \text{ T}$$

$\vec{\mathbf{E}}$와 $\vec{\mathbf{B}}$는 서로 수직이고 파동의 진행 방향(이 경우에는 $+x$ 방향)과도 수직이므로, $\vec{\mathbf{B}}$는 $+z$ 방향이어야 한다.

결론 파장이 수 미터임에 주목하라. 이는 비교적 긴 파장의 전자기파이다. 이 파동이 라디오파에 해당한다는 것을 우리는 34.7절에서 보게 될 것이다.

34.4 전자기파가 운반하는 에너지
Energy Carried by Electromagnetic Waves

8.1절에서 에너지에 대한 비고립계 모형을 다룰 때, 전자기 복사가 계의 경계를 통하여 에너지를 전달할 수 있는 방법 중의 하나임을 보았다. 전자기파가 전달하는 에너지의 양은 식 8.2에서 T_{ER}로 나타내었다. 전자기파의 에너지 전달률을 다음과 같이 정의되는 **포인팅 벡터**(Poynting vector) $\vec{\mathbf{S}}$로 나타낸다.

$$\vec{\mathbf{S}} \equiv \frac{1}{\mu_0} \vec{\mathbf{E}} \times \vec{\mathbf{B}} \qquad (34.22)$$

◀ 포인팅 벡터

포인팅 벡터의 크기는 에너지가 파동의 진행 방향에 수직인 단위 넓이를 통하여 전달되는 에너지의 비율을 의미한다. 그러므로 포인팅 벡터 $\vec{\mathbf{S}}$의 크기는 **단위 넓이당 일률**을 나타낸다. 이 벡터의 방향은 파동의 진행 방향과 같다(그림 34.10). 포인팅 벡터 $\vec{\mathbf{S}}$의 SI 단위는 J/s · m² = W/m²이다.

> **오류 피하기 34.3**
> **순간값** 식 34.22로 정의된 포인팅 벡터는 시간에 의존한다. 이의 크기는 시간에 따라 변하여 $\vec{\mathbf{E}}$와 $\vec{\mathbf{B}}$의 크기가 최대가 될 때 최대가 된다. **평균** 에너지 흐름률은 식 34.24로 주어진다.

예를 들어 $|\vec{\mathbf{E}} \times \vec{\mathbf{B}}| = EB$인 평면 전자기파의 경우에 $\vec{\mathbf{S}}$의 크기를 구해 보자.

$$S = \frac{EB}{\mu_0} \qquad (34.23)$$

$B = E/c$이므로, 이것을

$$S = \frac{E^2}{\mu_0 c} = \frac{cB^2}{\mu_0}$$

으로 쓸 수 있다. S에 대한 이런 식들은 모든 순간에 적용되며, 임의의 순간에 단위 넓이를 통해서 전달되는 에너지 비율을 그 순간의 E와 B 값으로 나타낸다.

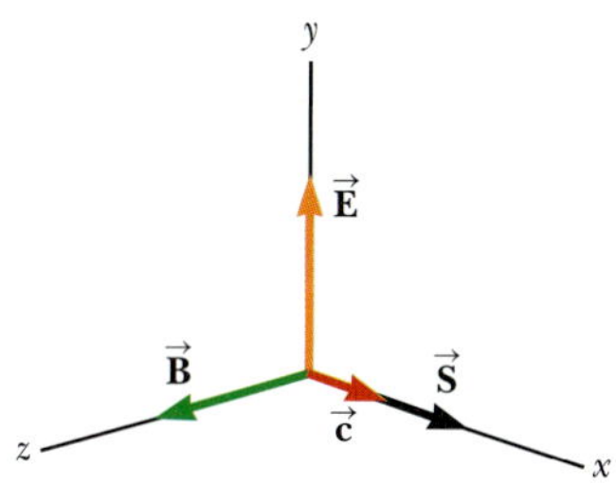

그림 34.10 평면 전자기파의 포인팅 벡터 $\vec{\mathbf{S}}$의 방향은 파동의 진행 방향과 같다.

사인형의 평면 전자기파의 경우 더 흥미로운 것은 한 주기 또는 그 이상의 주기 동안의 S의 시간 평균이다. 이것을 **파동의 세기** I라고 한다(17장에서 음파의 세기에 대하여 설명하였다). 이 평균값을 구하는 과정에 $\cos^2(kx - \omega t)$의 시간 평균을 계산하게 되는데, 이는 $\frac{1}{2}$이므로 S의 평균값(즉 파동의 세기)은 다음과 같다.

$$I = S_{\text{avg}} = \frac{E_{\max} B_{\max}}{2\mu_0} = \frac{E_{\max}^2}{2\mu_0 c} = \frac{cB_{\max}^2}{2\mu_0} \qquad (34.24)$$

◀ 파동의 세기

임의의 순간, 전기장에 의한 단위 부피당 에너지인 전기 에너지 밀도 u_E가 식 26.13으로 주어지며

오류 피하기 34.4

조도 이 논의에서, 전자기파의 세기를 17장에서와 같이 단위 넓이당 일률로 정의한다. 그러나 광학 분야에서는 단위 넓이당 일률을 **방사조도**라고 한다. 광학 분야에서 방사강도는 단위 입체각(steradian 단위)당 일률(와트 단위)로 정의한다.

$$u_E = \tfrac{1}{2}\epsilon_0 E^2$$

자기장에 의한, 순간 자기 에너지 밀도 u_B는 식 32.14로 주어짐을 이미 보았다.

$$u_B = \frac{B^2}{2\mu_0}$$

전자기파의 경우 E와 B가 시간에 따라 변하기 때문에, 에너지 밀도도 역시 시간에 따라 변한다. 관계식 $B = E/c$와 $c = 1/\sqrt{\mu_0\epsilon_0}$을 사용하면, u_B를 다음과 같이 쓸 수 있다.

$$u_B = \frac{(E/c)^2}{2\mu_0} = \frac{\mu_0\epsilon_0}{2\mu_0}E^2 = \tfrac{1}{2}\epsilon_0 E^2$$

이 결과를 u_E에 대한 표현과 비교하면 다음과 같다.

$$u_B = u_E = \tfrac{1}{2}\epsilon_0 E^2 = \frac{B^2}{2\mu_0}$$

즉 전자기파의 순간 자기장 에너지 밀도는 순간 전기장 에너지 밀도와 같다. 그러므로 주어진 부피 안에서 에너지는 전기장과 자기장이 똑같이 나누어 가진다.

전체 순간 에너지 밀도(total instantaneous energy density) u는 전기장과 자기장 에너지 밀도의 합과 같다.

전자기파의 전체 순간 에너지 밀도 ▶

$$u = u_E + u_B = \epsilon_0 E^2 = \frac{B^2}{\mu_0}$$

이 전체 순간 에너지 밀도를 전자기파의 한 주기나 몇 주기 동안 평균할 때, 역시 $\frac{1}{2}$이란 인수를 얻는다. 그러므로 어떤 전자기파의 경우라도 단위 부피당 전체 평균 에너지는 다음과 같다.

전자기파의 평균 에너지 밀도 ▶

$$u_{\text{avg}} = \epsilon_0(E^2)_{\text{avg}} = \tfrac{1}{2}\epsilon_0 E_{\max}^2 = \frac{B_{\max}^2}{2\mu_0} \tag{34.25}$$

이 결과를 S의 평균값에 대한 식 34.24와 비교하면

$$I = S_{\text{avg}} = cu_{\text{avg}} \tag{34.26}$$

가 된다. 다시 말하면 전자기파의 세기는 평균 에너지 밀도에 빛의 속력을 곱한 것과 같다.

태양에서 방출되는 전자기 복사는 지표면에 10^3 W/m^{2}의 에너지를 전달한다. 가정집 지붕에 입사하는 전체 일률을 계산해 보자. 지붕의 크기를 8.00 m × 20.0 m라고 하자. 지표면에서 태양 복사에 의한 포인팅 벡터의 평균 크기를 S_{avg} = 1 000 W/m^{2}로 가정하자. 이 평균값은 단위 넓이당 일률, 곧 빛의 세기를 나타낸다. 복사가 지붕에 수직으로 입사한다고 가정하면 다음과 같다.

$$P_{\text{avg}} = S_{\text{avg}}A = (1\,000\text{ W/m}^2)(8.00\text{ m} \times 20.0\text{ m}) = 1.60 \times 10^5\text{ W}$$

이 일률은 일반 가정에 필요한 전력과 비교할 때 많은 양이다. 만일 이 일률이 흡수되어 전기 기구들에 사용될 수만 있다면, 일반 가정에서 쓰고도 남을 만큼의 에너지를

공급할 수 있을 것이다. 그러나 태양 에너지는 쉽게 다룰 수 없기 때문에 대규모 변환에 대한 전망은 이 계산에서 보는 것처럼 밝지는 않다. 예를 들어 태양 전지의 경우 태양 에너지의 변환 효율은 보통 12~18 % 정도여서 사용 가능한 일률은 1/10 정도로 줄어든다. 다른 사항을 고려하면 일률은 더 떨어진다. 거의 대부분 위도에서 복사는 지붕에 정확히 수직으로 입사하지 않을 것이고, 그럴 경우에도 수직으로 입사하는 시간은 하루 중 정오 근처의 짧은 시간 동안만 지속된다. 하루 중 절반 정도에 해당하는 야간에는 에너지가 전혀 전해지지 않을 것이고, 구름이 낀 날에는 유효한 에너지가 더욱 줄어들 것이다. 끝으로 정오 무렵 에너지가 높은 비율로 도달하는 동안에는 그중 일부가 나중에 사용하기 위하여 비축되어야 하므로 전지나 다른 저장 장치들이 필요할 것이다. 이 모든 것을 고려하면, 가정에 필요한 에너지를 완전히 태양 에너지로만 대체하는 것은 현재 대부분 가정의 경우 비용을 따져볼 때 효율적이지 않다.

예제 34.3 종이 위의 전자기장

책상 전등에서 나오는 가시광선이 종이 위로 입사될 때, 이 빛의 전기장과 자기장의 최대 크기를 추정해 보라. 단, 전구를 입력되는 전기 에너지의 5 %를 가시광선 형태의 에너지로 방출하는 점광원으로 취급한다.

풀이

개념화 전구의 필라멘트는 전자기 복사를 방출한다. 전구가 밝을수록 전기장과 자기장의 크기가 더 크다.

분류 전구를 점광원으로 취급하므로 방출되는 세기는 방향과 관계없이 똑같다. 따라서 방출되는 전자기 복사를 구면파로 모형화할 수 있다.

분석 식 17.13에서 점 파원으로부터 거리 r인 지점에서 파동의 세기 $I = P_{\text{avg}}/4\pi r^2$이다. 여기서 P_{avg}는 파원의 평균 일률이고, $4\pi r^2$은 파원에 중심을 둔 반지름 r인 구의 표면적이다.

I에 대한 이 식을 식 34.24로 주어진 전자기파의 세기와 같다고 놓는다.

$$I = \frac{P_{\text{avg}}}{4\pi r^2} = \frac{E_{\text{max}}^2}{2\mu_0 c}$$

전기장의 크기를 구한다.

$$E_{\text{max}} = \sqrt{\frac{\mu_0 c P_{\text{avg}}}{2\pi r^2}}$$

이제 이 식에 들어갈 숫자에 대한 몇 가지 가정을 하자. 만일 60 W 전구를 사용한다면, 5 % 효율의 경우 그 일률은 가시광선으로 약 3.0 W가 된다(나머지 에너지는 전도와 보이지 않는 복사에 의하여 전구에서 나간다). 전구에서 종이까지의 거리는 대충 0.30 m 정도 된다.

이 값들을 대입한다.

$$E_{\text{max}} = \sqrt{\frac{(4\pi \times 10^{-7}\ \text{T}\cdot\text{m/A})(3.00 \times 10^8\ \text{m/s})(3.0\ \text{W})}{2\pi(0.30\ \text{m})^2}} = 45\ \text{V/m}$$

식 34.21을 사용하여 자기장의 크기를 구한다.

$$B_{\text{max}} = \frac{E_{\text{max}}}{c} = \frac{45\ \text{V/m}}{3.00 \times 10^8\ \text{m/s}} = 1.5 \times 10^{-7}\ \text{T}$$

결론 이 자기장 크기는 지구 자기장의 1/100 정도 되는 작은 값이다.

34.5 운동량과 복사압
Momentum and Radiation Pressure

전자기파는 에너지뿐만 아니라 선운동량도 전달한다. 그러므로 이 운동량이 어떤 표면에 흡수되면 그 표면에 압력이 작용한다. 그러므로 표면은 운동량에 대하여 비고립계이다. 전자기파가 어떤 표면에 수직으로 입사하여 Δt 시간 동안 전체 에너지 T_{ER}를 전달한다고 가정해 보자. 맥스웰은 이 표면이 이 시간 동안 입사된 에너지 T_{ER}를 (20.7절에서 소개한 흑체처럼) 모두 흡수할 때, 표면에 전달된 전체 운동량 $\vec{\mathbf{p}}$의 크기가 다음과 같음을 보였다.

완전 흡수면에 전달되는 운동량 ▶

$$p = \frac{T_{ER}}{c} \quad \text{(완전 흡수)} \tag{34.27}$$

표면에 작용하는 압력 P는 단위 넓이당 힘 F/A로 정의된다. 이것을 뉴턴의 제2법칙과 결합해 보면

$$P = \frac{F}{A} = \frac{1}{A}\frac{dp}{dt}$$

이고, 식 34.27을 P에 대한 이 식에 대입하면

$$P = \frac{1}{A}\frac{dp}{dt} = \frac{1}{A}\frac{d}{dt}\left(\frac{T_{ER}}{c}\right) = \frac{1}{c}\frac{(dT_{ER}/dt)}{A}$$

이다. $(dT_{ER}/dt)/A$는 단위 넓이의 표면에 에너지가 도달하는 비율, 즉 포인팅 벡터의 크기이다. 따라서 복사를 완전히 흡수하는 표면에 작용하는 복사압 P는 다음과 같다.

완전 흡수면에 작용하는 복사압 ▶

$$P = \frac{S}{c} \quad \text{(완전 흡수)} \tag{34.28}$$

오류 피하기 34.5

***p*의 구분** 이 교재에서 p는 운동량이고 P는 압력이다. 그리고 이 둘은 일률 P와 관계가 있다! 이 기호의 구분을 명확히 하도록 하자.

만일 거울같이 완전한 반사체이고 입사각이 수직일 때, Δt 시간 동안에 표면에 전달된 운동량은 식 34.27에 주어진 값의 두 배가 된다. 즉 입사되는 빛에 의하여 표면에 전달되는 운동량이 $p = T_{ER}/c$이고, 반사되는 빛에 의하여 전달되는 운동량도 $p = T_{ER}/c$이다. 따라서

$$p = \frac{2T_{ER}}{c} \quad \text{(완전 반사)} \tag{34.29}$$

수직 입사의 경우 완전 반사면에 작용하는 복사압은 다음과 같다.

완전 반사면에 작용하는 복사압 ▶

$$P = \frac{2S}{c} \quad \text{(완전 반사)} \tag{34.30}$$

반사율이 이 두 극한 사이에 있는 표면에 작용하는 압력은 표면의 성질에 따라 S/c와 $2S/c$ 사이의 값을 가진다.

비록 복사압이 매우 작지만(직사 태양광선의 경우 약 $5 \times 10^{-6}\ \text{N/m}^2$ 정도), 복사압을 이용하는 태양돛은 저비용으로 우주선을 행성에 보내는 한 방법이다. 우주선의 커다란 판들은 태양광의 복사압을 받으며, 돛단배의 돛과 같은 역할을 한다. 2010년에, 일본우주항공연구개발기구(JAXA)는 태양돛을 주요 추진력으로 사용한 첫 번째 우주선(Interplanetary Kite-craft Accelerated by Radiation of the Sun, IKAROS: 태양 복사로 가속되는 행성 간 비행체)을 쏘아 올렸다. 이 우주선의 시험이 성공하면 금세기에 복사압으로 우주선을 목성에 보내기 위한 노력에 박차를 가할 것이다.

Q 퀴즈 34.4 태양광 항해를 이용한 우주선의 돛에 작용하는 복사압이 최대가 되려면 돛의 면들은 **(a)** 매우 검어서 태양광을 최대한 흡수해야 하는가, 아니면 **(b)** 매우 반짝거려서 태양광을 최대한 많이 반사해야 하는가?

예제 34.4 레이저 포인터의 압력

많은 사람들은 발표할 때 청중들의 주의를 스크린 위의 내용에 집중시키기 위하여 레이저 포인터를 사용한다. 3.0 mW의 포인터가 지름 2.0 mm인 점을 스크린에 만드는 경우, 입사하는 빛의 70 %를 반사하는 스크린에 작용하는 복사압을 구하라. 일률 3.0 mW는 시간에 대한 평균값이다.

풀이

개념화 파동이 스크린에 부딪혀 복사압이 작용하는 것을 생각한다. 복사압이 대단히 크지는 않을 것이다.

분류 70 % 반사율 때문에 좀 복잡하긴 하지만, 식 34.28 또는 34.30과 같은 식들을 구할 때와 같은 접근법을 사용하여 복사압을 계산한다.

분석 이 문제를 해결하기 위하여 먼저 빔의 포인팅 벡터의 크기를 결정한다.

전자기파로 전달되는 일률의 시간 평균을 빔의 단면적으로 나눈다.

$$S_{\text{avg}} = \frac{(\text{일률})_{\text{avg}}}{A} = \frac{(\text{일률})_{\text{avg}}}{\pi r^2} = \frac{3.0 \times 10^{-3}\ \text{W}}{\pi\left(\dfrac{2.0 \times 10^{-3}\ \text{m}}{2}\right)^2}$$

$$= 955\ \text{W/m}^2$$

이제 레이저 빔에 의한 복사압을 결정하자. 식 34.30에 따르면 완전히 반사된 빔은 $P_{\text{avg}} = 2S_{\text{avg}}/c$ 만큼의 평균 압력을 가할 것이다. 실제 반사를 다음과 같이 나타낼 수 있다. 표면이 빔을 흡수해서 압력 $P_{\text{avg}} = S_{\text{avg}}/c$를 받는다고 가정하자. 다음에 표면이 빔을 방출해서 $P_{\text{avg}} = S_{\text{avg}}/c$의 압력을 더 받는다. 만일 표면이 빔의 일부 f(즉 f는 입사빔 중 반사된 양의 비율이다)만을 방출한다면, 방출된 빔에 의한 압력은 $P_{\text{avg}} = fS_{\text{avg}}/c$이다.

이 모형을 이용하여 흡수와 재방출 (반사)에 의하여 표면에 작용하는 전체 압력을 구한다.

$$P_{\text{avg}} = \frac{S_{\text{avg}}}{c} + f\frac{S_{\text{avg}}}{c} = (1+f)\frac{S_{\text{avg}}}{c}$$

70 % 반사된 빔의 복사압을 계산한다.

$$P_{\text{avg}} = (1 + 0.70)\frac{955\ \text{W/m}^2}{3.0 \times 10^8\ \text{m/s}} = 5.4 \times 10^{-6}\ \text{N/m}^2$$

결론 압력은 예상대로 엄청나게 작다(14.2절에서 대기압은 약 $10^5\ \text{N/m}^2$ 정도라는 것을 배웠다). 이제 포인팅 벡터의 크기 $S_{\text{avg}} = 955\ \text{W/m}^2$에 대하여 생각해 보자. 이것은 지표면의 태양광 세기와 비슷하다. 그러므로 레이저 포인터 빔을 사람의 눈에 비추는 것은 안전하지 않다. 어쩌면 태양을 직접 바라보는 것보다 더 위험할 수도 있다.

문제 만일 레이저 포인터를 스크린에서 두 배 먼 거리로 옮기면 어떻게 되는가? 이것이 스크린에 작용하는 압력에도 영향을 미치는가?

답 레이저 빔의 단면적이 일정한 것으로 알려져 있기 때문에 복사의 세기가 스크린으로부터의 거리에 의존하지 않을 것이고, 따라서 복사압도 그럴 것이라고 생각하기 쉽다. 그렇지만 레이저 빔이 광원으로부터의 모든 거리에서 일정한 크기의 단면을 갖는 것은 아니다. 비록 작지만 측정할 수 있을 정도로 빔이 퍼진다. 레이저 포인터의 레이저 빔은 퍼짐이 비교적 많이 퍼지는 편이어서 레이저가 스크린에서 멀어질수록 스크린에 비치는 상의 크기가 커지고 따라서 세기가 약해진다. 이는 복사압의 감소로 이어진다.

뿐만 아니라 스크린으로부터의 거리가 두 배 되면, 빔이 레이저에서 스크린으로 가는 동안 공기 분자들과 먼지 알갱이들에 의한 산란으로 잃는 에너지의 양이 더 많아진다. 이 에너지 손실은 스크린에 작용하는 복사압을 더욱 감소시킨다.

34.6 안테나에서 발생하는 전자기파
Production of Electromagnetic Waves by an Antenna

정지 상태의 전하나 일정하게 흐르는 정상 전류는 전자기파를 발생시킬 수 없다. 하지만 도선 내의 전류가 시간에 따라 변하면, 도선은 전자기파를 방출한다. 이 복사의 근본적인 작동 원리는 대전 입자의 가속이다. **대전 입자가 가속될 때마다 전자기 복사 형태의 에너지가 방출된다.**

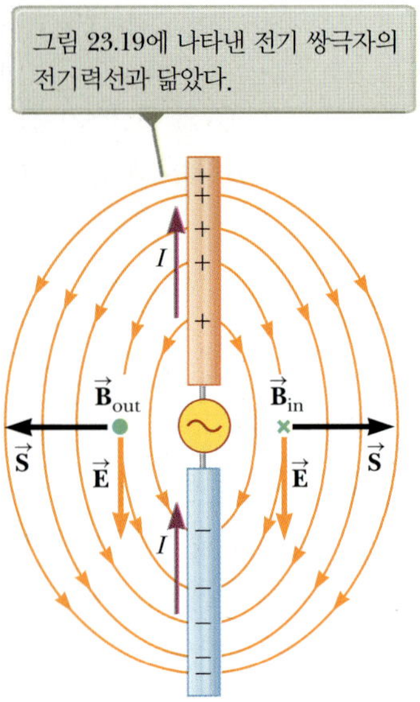

그림 34.11 반파장 안테나는 교류 전원에 연결된 두 개의 금속 막대로 구성되어 있다. 이 그림에서는 전류가 위로 흐르는 어떤 순간의 $\vec{E}$와 $\vec{B}$를 나타낸 것이다.

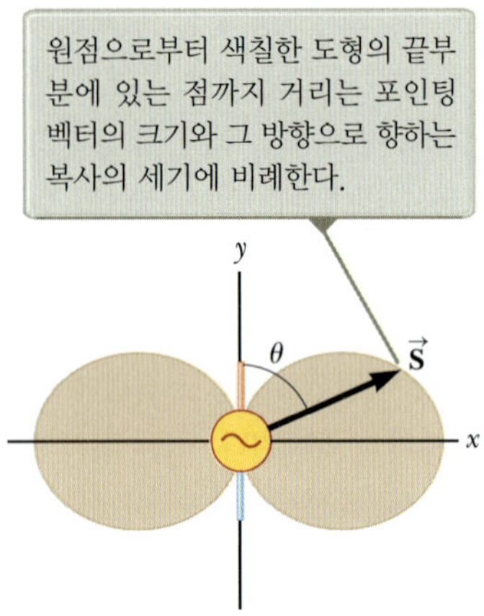

그림 34.12 쌍극자 안테나가 발생시키는 복사의 각도에 따른 세기 변화

반파장 안테나를 이용한 전자기파의 생성을 고려해 보자. 이 장치에서는 그림 34.11처럼 두 개의 도체 막대가 교류 전압의 전원(LC 진동자 같은)에 연결되어 있다. 각 막대의 길이는 진동자가 진동수 f로 작동할 때 방출되는 복사파 파장의 1/4과 같다. 전하들은 진동자에 의하여 가속되어 두 막대 사이를 왕복한다. 그림 34.11은 전류가 위로 흐르는 어느 순간의 전기장과 자기장 형태를 나타낸 것이다. 안테나의 윗부분과 아랫부분에 전하가 분리되어 있기 때문에 전기 쌍극자의 전기력선과 닮았다(그래서 이런 종류의 안테나를 때로는 **쌍극자 안테나**라고도 한다). 이 전하들은 두 막대 사이에서 계속 진동하기 때문에, 우리는 이 안테나를 근사적으로 진동하는 전기 쌍극자로 취급할 수 있다. 안테나의 양 끝을 오가는 전하의 운동으로 생기는 전류는 안테나를 중심 축으로 하는 동심원 모양의 자기력선을 만드는데, 이 자기력선들은 모든 지점에서 전기력선에 수직이다. 안테나의 축을 잇는 모든 지점에서 자기장은 영이다. 더구나 $\vec{E}$와 $\vec{B}$는 시간에 대하여 서로 90°의 위상차를 가진다. 예를 들어 막대들의 바깥 양 끝 지점에서의 전하가 최대일 때 전류는 영이다.

그림 34.11에서 자기장을 나타낸 두 지점에서 포인팅 벡터 $\vec{S}$는 바깥쪽으로 방사상으로 뻗어 나간다. 이것은 에너지가 이 순간에 안테나로부터 바깥쪽을 향하여 나가는 것을 의미한다. 시간이 지나서 전류의 방향이 바뀜에 따라 장들과 포인팅 벡터의 방향도 반대가 된다. 쌍극자 근처에서 $\vec{E}$와 $\vec{B}$는 서로 90°의 위상차를 가지므로, 에너지의 알짜 흐름은 영이 된다. 이 사실로부터 쌍극자에서는 에너지가 복사되지 않는다고 (잘못) 결론을 내릴지도 모른다.

그렇지만 실제로는 에너지가 복사된다. 쌍극자에 의한 장들은 (예제 23.4에서 본 정적인 쌍극자의 전기장처럼) $1/r^3$로 감소하므로, 안테나에서 아주 멀리 떨어진 곳에서는 무시할 수 있을 정도로 작아진다. 이처럼 먼 거리에서는 다른 어떤 것이 안테나 근처에서와는 다른 종류의 복사를 일으킨다. 이 복사의 원천은 식 34.6과 34.7에서 본 것처럼 시간에 따라 변하는 자기장에 의하여 유도되는 전기장과 시간에 따라 변하는 전기장에 의해 연속적으로 유도되는 자기장이다. 이렇게 생성된 전기장과 자기장은 같은 위상을 가지며 그 크기는 $1/r$에 비례하여 변한다. 그 결과 에너지는 항상 바깥쪽으로 나간다.

쌍극자 안테나가 발생시키는 복사의 각도에 따른 세기 변화를 그림 34.12에 나타내었다. 세기와 복사 일률은 안테나를 수직으로 이등분하는 평면에서 최대가 된다는 것에 주목하라. 또 안테나의 축 방향으로는 복사 일률이 영이다. 쌍극자 안테나에 대한 맥스웰 방정식의 수학적 해를 구해 보면 복사의 세기는 $(\sin^2\theta)/r^2$와 같이 변한다. 여기서 θ는 안테나의 축에서부터 측정한 각도이다.

전자기파는 수신 안테나에 전류를 유도할 수도 있다. 어떤 정해진 지점에서 쌍극자 수신 안테나의 반응은 안테나 축이 그 지점의 전기장에 평행할 때 최대이고, 축이 전기장에 수직일 때는 영이다.

Q 퀴즈 34.5 그림 34.11의 안테나가 멀리 떨어진 라디오 방송국의 송출 안테나라면, 그림 오른쪽에 있는 여러분의 휴대용 라디오의 안테나는 어느 쪽을 향하는 것이 제일 좋은가? **(a)** 종이면의 위–아래 방향 **(b)** 종이면의 좌–우 방향 **(c)** 종이면에 수직 방향

34.7 전자기파의 스펙트럼
The Spectrum of Electromagnetic Waves

그림 34.13에 열거된 여러 종류의 전자기파들은 **전자기파의 스펙트럼**(electromagnetic spectrum)을 보여 준다. 넓은 범위의 진동수와 파장에 주목하라. 한 종류의 파동과 그 다음 파동을 구분하는 분명한 경계선은 없다. 모든 다양한 종류의 복사는 동일한 현상, 즉 전하의 가속에 의하여 발생한다. 파동의 종류에 붙여진 이름들은 그것들이 속한 스펙트럼 영역을 나타내는 데 편리하도록 정한 것이다.

라디오파(radio wave)는 파장이 10^4 m보다 더 큰 경우부터 0.1 m 정도에 이르는 영역에 속하는 것으로, 도선 속에서 가속하는 전하가 발생시킨다. LC 진동자 같은 전자 장치들이 발생시키며 라디오와 텔레비전 통신에 쓰인다.

마이크로파(microwave)는 약 0.3 m에서 10^{-4} m까지 이르는 파장 영역에 속하며 역시 전자 장치들로 발생시킬 수 있다. 파장이 짧기 때문에 레이더 장치에 적합하고 물질의 원자와 분자적 성질들을 연구하는 데 쓰인다. 전자레인지는 이런 파동을 가정에서 이용하는 흥미로운 예이다. 우주에 있는 태양 에너지 집적기에서 지구로 마이크로파를 쏘아보내는 방법으로 태양 에너지를 활용할 수 있다는 주장이 나온 적도 있다.

적외선(infrared wave)은 파장이 약 10^{-3} m에서부터 가시광선 중 가장 긴 파장인 7×10^{-7} m에 이른다. 분자들과 실온의 물체들이 발생시키는 이 파동은 대부분의 물체에 쉽게 흡수된다. 물체에 의하여 흡수된 적외선(IR) 에너지는, 물체의 원자들을 들

오류 피하기 34.6

열선 적외선을 종종 '열선(heat rays)'이라 부르는데, 이 이름은 다소 부적절하다. 패스트푸드점에서 음식을 따뜻하게 유지하기 위하여 '열 전등(heat lamp)'을 사용하는 경우처럼 비록 적외선이 온도를 올리거나 유지하기 위하여 사용되기는 하지만, 모든 파장의 전자기파가 에너지를 운반하고 물체의 온도를 올릴 수 있다. 예를 들어 전자레인지로 감자를 익히는 경우에는 마이크로파 때문에 온도가 올라가는 것이다.

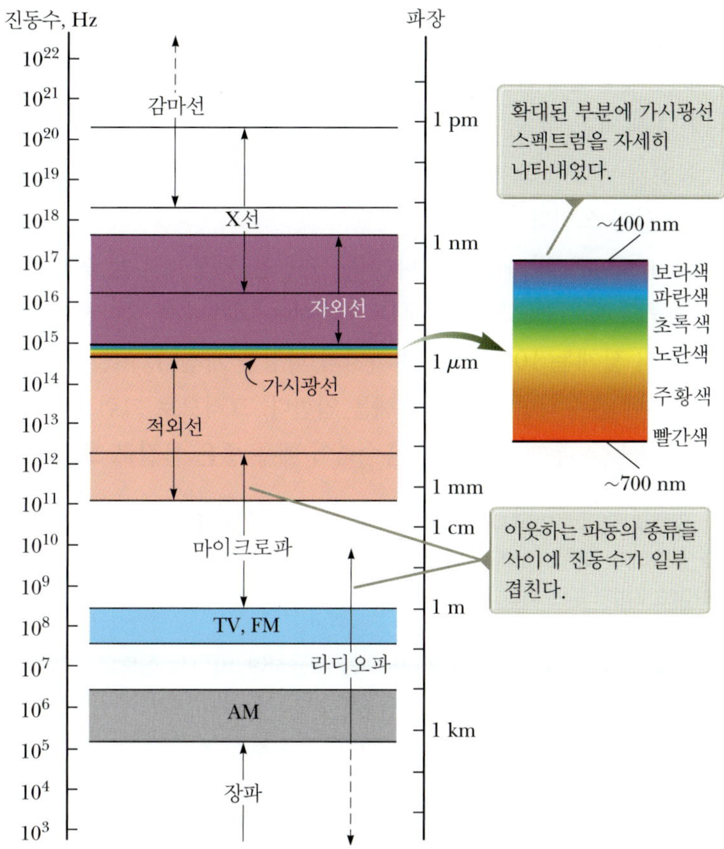

그림 34.13 전자기파 스펙트럼

표 34.1 가시광선의 파장과 색의 근사적인 대응 관계

파장의 범위 (nm)	대응되는 색
400~430	보라색
430~485	파란색
485~560	초록색
560~590	노란색
590~625	주황색
625~700	빨간색

Note: 여기에 제시된 파장의 범위는 근사적인 것이다. 사람마다 색을 다르게 표현할 수 있다.

Raymond A. Serway

자외선(UV) 차단이 안 되는 색안경을 끼는 것은 끼지 않은 것보다 눈에 더 해롭다. 어떤 색안경이든 가시광선을 얼마간 흡수하기 때문에 착용자의 동공이 확대된다. 안경이 자외선을 함께 차단하지 못한다면, 확대된 동공 때문에 수정체에 더 큰 손상을 일으킬 수 있다. 색안경을 아예 끼지 않는다면 동공은 수축되고 눈도 찌푸리게 되어 적은 자외선이 눈에 들어올 것이다. 좋은 품질의 색안경은 눈에 해로운 자외선을 거의 대부분 차단한다.

뜨게 해서 그들의 진동과 병진 운동을 증가시키므로, 내부 에너지 형태로 나타나서 온도를 높인다. 적외선 복사는 물리 치료, 적외선 촬영 그리고 진동 분광학을 비롯한 많은 분야에서 실용적 및 과학적으로 응용된다.

가시광선(visible light)은 전자기파 스펙트럼에서 가장 친숙한 형태로, 인간의 눈이 감지할 수 있는 부분이다. 빛은 원자와 분자 속의 전자들이 재배열하며 발생한다. 파장에 따라 색깔이 달라지는데 가시광선의 파장 영역은 $\lambda \approx 7 \times 10^{-7}$ m(빨간색)에서 $\lambda \approx 4 \times 10^{-7}$ m(보라색)까지이다. 사람 눈의 빛에 대한 민감도는 파장에 따라 달라지는데 5.5×10^{-7} m 정도에서 최대가 된다. 이 점을 염두에 두고 테니스공이 왜 주로 연두색인지 생각해 보라. 표 34.1에는 가시광선의 파장과 사람들이 그것에 배정한 색을 근사적으로 대응시킨 표를 제시해 두었다. 빛은 35장에서 38장까지 다룰 광학과 광학 기구들에 대한 과학의 기초이다.

자외선(ultraviolet wave)의 파장 영역은 약 4×10^{-7} m에서 6×10^{-10} m까지이다. 태양은 자외선(UV)의 중요한 원천인데, 이 자외선이야말로 햇빛을 쬘 때 피부를 그을리게 하는 주요 원인이다. 햇빛 차단 로션은 가시광선은 투과하지만 자외선은 대부분 흡수한다. 햇빛 차단 로션의 햇빛 차단 지수(SPF)가 높을수록 흡수되는 자외선의 비율이 높다. 자외선은 또 눈의 수정체가 혼탁하게 되는 백내장의 발생과 관계가 있다.

태양에서 오는 자외선의 대부분은 지구의 고층 대기 중 성층권(stratosphere)에 존재하는 오존(O_3) 분자들에 흡수된다. 이 오존 방패는 치명적인 고에너지 자외선 복사를 적외선 복사로 변환시켜서 성층권을 데운다.

X선(X-ray)의 파장 영역은 약 10^{-8} m에서 10^{-12} m까지이다. 가장 흔한 X선의 원천은 고에너지 금속 표적에 충돌하며 정지하는 고에너지 전자이다. X선은 의료 분야에서 진단용 도구나 특정 종류의 암 치료에 사용된다. X선은 살아 있는 피부와 생체 기관을 상하게 하거나 파괴할 수 있기 때문에, 불필요한 노출이나 과다 노출을 피하도록 조심해야 한다. X선의 파장이 고체 원자 간격(약 0.1 nm) 정도이기 때문에, 결정 구조를 연구하는 데도 X선이 쓰인다.

감마선(gamma ray)은 방사성 핵이나 어떤 핵반응 과정에서 방출되는 전자기파이다. 우주에서 지구의 대기권으로 들어오는 우주선에 고에너지 감마선이 있다. 감마선은 약 10^{-10} m부터 짧게는 10^{-14} m 미만까지의 파장을 가진다. 이들은 투과성이 높으며 살아 있는 피부에 흡수되면 심각한 피해를 입힌다. 그러므로 그런 위험한 방사선 근처에서 일하는 사람들은 두꺼운 납처럼 흡수력이 매우 좋은 물질로 보호되어야 한다.

Q 퀴즈 34.6 많은 가정의 주방에서 음식을 조리할 때 전자레인지를 사용한다. 마이크로파의 진동수는 10^{10} Hz 정도이다. 마이크로파의 파장은 대략 어느 정도인가? **(a)** 킬로미터 **(b)** 미터 **(c)** 센티미터 **(d)** 마이크로미터 정도이다.

Q 퀴즈 34.7 진동수가 10^5 Hz 정도인 라디오파를 이용하여 10^3 Hz 정도의 음파를 실어 보낸다. 라디오파의 파장은 대략 어느 정도인가? **(a)** 킬로미터 **(b)** 미터 **(c)** 센티미터 **(d)** 마이크로미터 정도이다.

연습문제

객관식

1. 반지름이 0.2 μm인 행성 간 구형 먼지 알갱이가 태양으로부터 r_1의 거리에 있다. 태양이 알갱이에 작용하는 중력은 태양 빛으로부터의 복사압에 의한 힘을 정확히 상쇄한다. **(i)** 알갱이를 태양으로부터 거리 $2r_1$까지 옮겨다 놓는다고 가정하자. 이 위치에서 알갱이에 작용하는 알짜힘은 어떻게 되는가? (a) 태양을 향한다. (b) 태양으로부터 멀어지는 방향을 향한다. (c) 영이다. (d) 알갱이의 질량을 모르면 알짜힘을 알 수 없다. **(ii)** 이제 알갱이를 압축해서 밀도가 훨씬 큰 구형 결정으로 만들어 알갱이를 원래의 위치 r_1에 되돌려 놓는다고 하자. 이때 질량 밀도가 상당히 큰 구가 되도록 압축하여 결정이 되게 한다고 가정하자. 이런 상황에서 알갱이에 작용하는 알짜힘은 어떻게 되는가? (i)의 보기에서 고르라.

2. 진공에 있는 작은 파원으로부터 하나의 진동수를 가진 전자기파가 모든 방향으로 균일하게 방출된다. **(i)** 파동이 진행함에 따라 진동수는 (a) 증가한다. (b) 감소한다. (c) 일정하게 유지된다. 전자기파의 **(ii)** 파장, **(iii)** 속력, **(iv)** 세기, **(v)** 전기장 진폭이 어떻게 되는지 앞의 보기에서 고르라.

3. 전자레인지는 보통 2.45 GHz의 진동수로 작동된다. 전자레인지의 전자기파 파장은 얼마인가? (a) 8.20 m (b) 12.2 cm (c) 1.20×10^8 m (d) 8.20×10^{-9} m (e) 정답 없음

4. 헤르츠의 실험 장치와 같은 전자기파 발생 장치로 연구하는 학생이 전극들을 조정하여 원래 진동수의 반이 되는 진동수를 갖는 전자기파를 발생시키고자 한다. **(i)** 전극 쌍의 유효 전기용량은 얼마가 되어야 하는가? (a) 원래의 네 배 (b) 원래의 두 배 (c) 원래의 1/2 (d) 원래의 1/4 (e) 정답 없음 **(ii)** 이렇게 조정을 하였을 때 나오는 전자기파의 파장은 어떻게 되는가? (i)의 보기에서 고르라.

5. 머리를 빗어 대전시킨 빗을 막대자석에 가까이 댄다고 하자. 이때 생긴 전기장과 자기장은 전자기파를 구성하는가? (a) 반드시 그렇다. (b) 대전 입자가 막대자석 내에서 움직이므로 그렇다. (c) 빗의 전기장과 자석의 자기장이 수직일 때만 그럴 수 있다. (d) 빗과 자석이 모두 움직일 때만 그럴 수 있다. (e) 빗이나 자석, 또는 두 가지 모두가 가속되면 그럴 수 있다.

6. 진공에서 진행하는 전자기파에 관한 설명으로 옳은 것은 어느 것인가? 정답은 하나 이상일 수 있다. (a) 모든 파동의 파장은 같다. (b) 모든 파동의 진동수는 같다. (c) 모든 파동은 3.00×10^8 m/s로 진행한다. (d) 전자기파의 전기장과 자기장은 서로 수직이며 진행하는 방향과도 수직이다. (e) 파동의 속력은 진동수에 의존한다.

7. 평면 전자기파의 전기장의 진폭이 E_1이고 자기장의 진폭이 B_1이라고 가정하자. 이제 전자기파의 파원을 조정하여 전기장의 진폭이 두 배가 되도록 한다. **(i)** 이 과정에서 자기장의 진폭은 어떻게 되는가? (a) 네 배로 커진다. (b) 두 배로 커진다. (c) 일정하게 유지된다. (d) 1/2이 된다. (e) 1/4이 된다. **(ii)** 파동의 세기는 어떻게 되는가? (i)의 보기에서 고르라.

8. 최대 자기장 크기가 1.50×10^{-7} T인 전자기파의 전기장의 최대 크기는 얼마인가? (a) 0.500×10^{-15} N/C (b) 2.00×10^{-5} N/C (c) 2.20×10^4 N/C (d) 45.0 N/C (e) 22.0 N/C

9. **(i)** 다음 파동의 종류를 전형적인 파장(또는 평균 파장)이 큰 것부터 순서대로 나열하라. 크기가 같으면 동일한 순위로 두라. (a) 감마선 (b) 마이크로파 (c) 라디오파 (d) 가시광선 (e) X선 **(ii)** 파동의 종류를 진동수가 큰 것부터 순서대로 나열하라. **(iii)** 파동의 종류를 진공에서의 속력이 빠른 것부터 순서대로 나열하라. (i)의 보기에서 고르라.

10. $+y$축 방향으로 진행하는 전자기파가 있다. 어떤 시간 어떤 곳에서 이 파동의 자기장이 그림 OQ34.10과 같이 $-x$축 방향이다. 이 시간 이 곳에서 전기장의 방향은 다음 중 어느 것인가? (a) $+x$축 방향 (b) $+y$축 방향 (c) $+z$축 방향 (d) $-z$축 방향 (e) $-y$축 방향

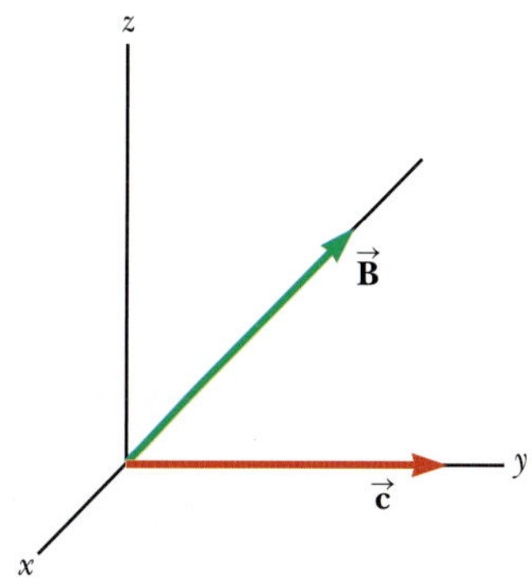

그림 OQ34.10

주관식

34.1 변위 전류와 앙페르 법칙의 일반형

1. 그림 P34.1에서의 상황을 고려해 보자. 300 V/m의 전기장이 지름 $d = 10.0$ cm인 원의 내부 영역에만 있으며 종이면을 수직으로 뚫고 나오는 방향이다. 전기장이 20.0 V/m · s의 시간 변화율로 증가하고 있을 때, 원의 중심으로부터 $r = 15.0$ cm 되는 점 P에서 자기장의 (a) 방향과 (b) 크기를 구하라.

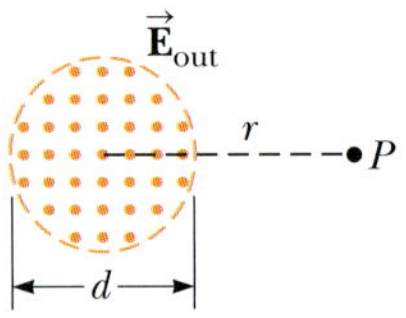

그림 P34.1

2. 반지름이 10.0 cm인 두 원판으로 이루어진 축전기를 0.200 A의 전류로 충전하고 있다. 판 사이의 간격이 4.00 mm라면 (a) 판 사이에서 전기장의 시간 변화율은 얼마인가? (b) 판 사이에서 중심으로부터 5.00 cm 떨어진 곳에서 자기장의 크기는 얼마인가?

3. 한 변의 길이가 5.00 cm인 두 정사각형 판으로 이루어진 축전기를 0.100 A 전류로 충전하고 있다. 판 사이의 간격은 4.00 mm이다. (a) 판 사이의 전기선속의 시간 변화율과 (b) 판 사이에서의 변위 전류를 구하라.

34.2 맥스웰 방정식과 헤르츠의 발견

4. 전자가 균일한 전기장 $\vec{\mathbf{E}} = (2.50\hat{\mathbf{i}} + 5.00\hat{\mathbf{j}})$ V/m와 균일한 자기장 $\vec{\mathbf{B}} = 0.400\hat{\mathbf{k}}$ T 내에서 운동한다. 전자의 속도가 $\vec{\mathbf{v}} = 10.0\hat{\mathbf{i}}$ m/s일 때 전자의 가속도를 구하라.

5. 양성자가 균일한 전기장 $\vec{\mathbf{E}} = 50.0\hat{\mathbf{j}}$ V/m와 균일한 자기장 $\vec{\mathbf{B}} = (0.200\hat{\mathbf{i}} + 0.300\hat{\mathbf{j}} + 0.400\hat{\mathbf{k}})$ T 내에서 운동한다. 양성자의 속도가 $\vec{\mathbf{v}} = 200\hat{\mathbf{i}}$ m/s일 때 양성자의 가속도를 구하라.

6. 매우 길고 가는 어떤 막대의 선 전하 밀도가 35.0 nC/m이다. 막대는 x축을 따라 놓여 있으며 x 방향으로 속력 1.50×10^7 m/s로 움직인다. (a) 움직이는 막대가 점($x = 0$, $y = 20.0$ cm, $z = 0$)에서 만드는 전기장을 구하라. (b) 막대가 같은 지점에서 만드는 자기장을 구하라. (c) $(2.40 \times 10^8)\hat{\mathbf{i}}$ m/s의 속도로 움직이는 전자가 이 지점에서 받는 힘을 구하라.

34.3 평면 전자기파

Note: 특별한 언급이 없으면 매질은 진공으로 간주한다.

7. 어떤 사람이 라디오 송신기로부터 180 m 떨어져 있다. (a) 방송 주파수(또는 진동수)가 AM 1 150 kHz라면 이 사람과 송신기 사이는 몇 파장 거리인가? (b) 방송 주파수가 FM 98.1 MHz라면 이 사람과 송신기 사이는 몇 파장 거리인가?

8. 북극성 폴라리스(Polaris)까지 거리는 대략 6.44×10^{18} m이다. (a) 폴라리스가 오늘 다 타버린다면 우리는 지금부터 몇 년 후에 그것이 사라지는 것을 보게 되는가? (b) 태양빛이 지구에 도달하는 데 걸리는 시간은 얼마인가? (c) 마이크로파 신호가 지구에서 달까지 왕복하는 데 걸리는 시간은 얼마인가?

9. 투명한 비자성 물질에서 진행하는 어떤 전자기파의 속력이 $v = 1/\sqrt{\kappa\mu_0\epsilon_0}$이다. 여기서 κ는 물질의 유전 상수이다. 가시광선 진동수 영역에서 유전 상수가 1.78인 물속에서 빛의 속력을 구하라.

10. 레이더 송수신기로부터 나온 전파가 4.00×10^{-4} s 만에 도로 수신되었다면 레이더 파동을 반사한 물체와 송수신기 사이의 거리는 얼마인가?

11. 그림 P34.11은 x축 방향으로 진행하는 사인형의 평면 전자기파를 그린 것이다. 파장은 50.0 m이고 전기장은 22.0 V/m의 진폭으로 xy 평면에서 진동한다. (a) 이 파동의 진동수와 (b) 전기장이 $-y$축 방향으로 최댓값을 가질 때 자기장 $\vec{\mathbf{B}}$를 구하라. (c) 자기장의 크기가 $B = B_{max}\cos(kx - \omega t)$로 표현될 때 B_{max}, k, ω의 값과 적절한 단위 벡터를 사용하여 자기장 벡터 $\vec{\mathbf{B}}$를 나타내라.

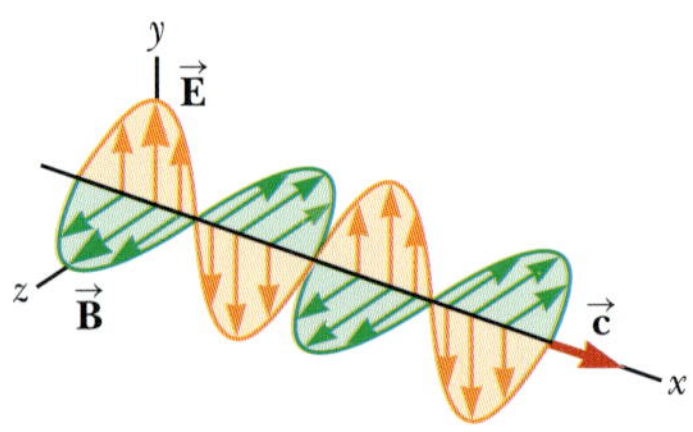

그림 P34.11

12. 전자레인지 내부에 에너지를 공급하는 전자 장치는 마그네트론인데, 이 장치는 2.45 GHz의 마이크로파를 발생시킨다. 전자레인지 내부로 들어간 마이크로파는 벽들에 의하여 반사된다. 반사된 파동 때문에 정상파가 생기는데 정상파의

배 부분은 뜨겁고 마디 부근은 보다 온도가 낮아서 음식물이 고르게 조리되지 않는 원인이 된다. 그래서 에너지를 골고루 전달하기 위하여 회전판을 이용한다. 그런데 이 회전판을 쓰지 않고 고정된 접시 위에서 음식을 조리하면 정상파의 배 부분에 있는 당근이나 치즈 등의 재료에 탄 자국이 생기게 된다. 이 탄 자국들 사이의 간격이 6 cm ± 5 %일 때 마이크로파의 파동 속력을 계산하라.

13. 어떤 전자기파의 전기장이 SI 단위로 $E_y = 100 \sin(1.00 \times 10^7 x - \omega t)$와 같이 표현된다. (a) 이 전기장에 대응하는 자기장 진동의 진폭과 (b) 파장 λ, (c) 진동수 f를 구하라.

34.4 전자기파가 운반하는 에너지

14. 매우 청명한 날 지표면에서 햇빛의 세기가 1 000 W/m²이라면, 이 햇빛의 에너지 밀도(세제곱미터당 전자기장의 에너지)는 얼마인가?

15. 어느 지역 사회에서 태양 복사를 전력으로 변환하는 설비를 건설하려고 한다. 이 지역 사회는 1.00 MW의 전력이 필요하고 설치할 시스템의 효율은 30.0 %이다(즉 이 시스템에 의하여 지표면에 입사하는 태양 에너지의 30.0 %가 지역 사회에서 이용할 수 있는 에너지로 변환된다). 햇빛의 세기가 1 000 W/m²으로 일정하다고 가정하면, 이런 장치에 필요한 완전 흡수면의 유효 넓이는 얼마인가?

16. 공기 속에서 고출력 레이저를 사용하면 레이저빔의 전기장이 공기를 이온화시켜서 주위 공기를 전도성 플라스마로 만들어 레이저를 반사시킬 수 있다. 1기압 0 °C의 건조한 공기에서 전기장 진폭이 약 3.00 MV/m 이상이면 전기 절연 파괴가 일어난다. (a) 이런 전기장을 만들어 내는 레이저빔의 세기를 구하라. (b) 이 세기일 때 지름이 5.00 mm인 원통형 레이저빔에서 전달되는 일률은 얼마인가?

17. 공장에서 직물이나 금속을 절단하기 위하여 그림 P34.17과 같이 고출력 레이저를 사용한다. 출력 레이저빔의 지름이 1.00 mm이고 표적에서 전기장 진폭이 0.700 MV/m이다. (a) 대응하는 자기장 진폭, (b) 레이저의 세기, (c) 레이저빔에서 전달되는 에너지의 일률을 구하라.

그림 P34.17

18. 250 kW의 평균 일률을 등방적으로(모든 방향에 대하여 같은 크기로) 방출하는 라디오 발신기로부터 5.00마일 떨어진 곳에서 포인팅 벡터의 평균 크기는 얼마인가?

19. 어떤 AM 라디오 방송국에서 등방적으로 송출하는 라디오파의 평균 일률이 4.00 kW이다. 발신기로부터 4.00마일 떨어진 곳에 65.0 cm 길이의 수신 안테나가 있다. 이 신호에 의하여 수신 안테나의 양 끝 사이에 생기는 기전력의 최대 진폭을 계산하라.

20. 출력이 100 W인 전자기파의 점 파원으로부터 얼마나 떨어진 곳에서 전기장 진폭이 $E_{max} = 15.0$ V/m가 되는가?

21. 지구 상의 어떤 위치에서 햇빛 자기장의 rms 값이 1.80 μT일 때, (a) 햇빛 전기장의 rms 값, (b) 햇빛의 전자기 에너지 밀도, (c) 태양 복사의 포인팅 벡터의 평균 크기를 계산하라.

22. 지구의 구름 꼭대기에 도달하는 태양 복사 세기가 1 370 W/m²이다. (a) 지구-태양의 평균 거리가 1.469×10^{11} m라고 생각하고, 태양으로부터 방출되는 전체 일률을 계산하라. 지구의 위치에서 (b) 전기장과 (c) 자기장의 최댓값을 구하라.

23. 어떤 마이크로파 송신기에서 방출하는 진동수가 20.0 GHz인 펄스의 지속 시간은 1.00 ns이다. 그림 P34.23과 같이 마이크로파가 단면의 반지름이 6.00 cm인 원형으로 된 포물체 반사판에 의하여 모아져서 평행한 복사 빔이 된다. 펄스 하나의 지속 시간 동안 평균 일률은 25.0 kW이다. (a) 이 마이크로파의 파장은 얼마인가? (b) 펄스 하나에 들어 있는 전체 에너지는 얼마인가? (c) 펄스 하나 속의 평균 에너지 밀도를 구하라. (d) 이 마이크로파의 전기장과 자기장의 진폭을 구하라. (e) 이 펄스 빔이 흡수 면에 부딪힐 때, 펄스 하나의 지속 시간 1.00 ns 동안 작용하는 힘의 크기는 얼마인가?

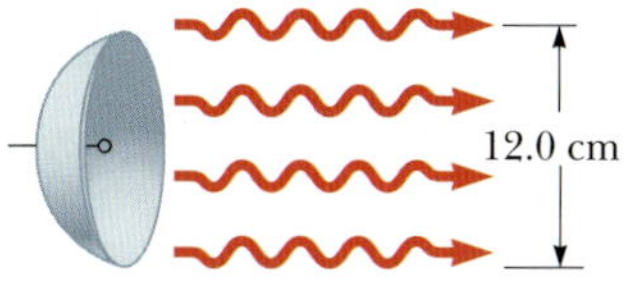

그림 P34.23

24. 반지름이 2.00 cm인 원형 흡수 판이 20.0 °C의 물 1.00 L가 들어 있는 깡통에 연결되어 있다. 지름이 1.00 m인 원형 거울이 이 원형 흡수 판에 태양 광선을 모은다. 원형 거울

에 입사하는 모든 태양광이 원형 흡수 판에 도달하며, 그때 거울에 정면으로 입사하는 태양광의 세기가 1.00 kW/m^{2}일 때, (a) 흡수 판 위에서 세기는 얼마인가? 그 판에서 (b) 전기장 $\vec{\mathbf{E}}$와 (c) 자기장 $\vec{\mathbf{B}}$의 최대 크기는 얼마인가? (d) 용기 속의 물이 40.0 %의 에너지를 흡수한다면, 물의 온도를 끓는점까지 올리는 데 걸리는 시간은 얼마인가?

25. 그림 P34.25와 같은 주택의 지붕에 태양열 온수 장치가 설치되어 있다. 이 장치는 닫혀 있는 납작한 상자로 단열이 매우 잘 되어 있다. 앞면은 절연 유리로 되어 있고 내부는 검게 칠해져 있다. 이 장치의 복사능은 가시광 영역에서는 0.900이고 적외선 영역에서는 0.700이다. 정오 무렵 햇빛은 이 장치 표면에 수직으로 입사하고 그 세기는 1 000 W/m^{2}이다. 이 장치에 물이 출입하지 않을 때 상자 내부의 정상 상태 온도를 구하라. (b) 이 비슷한 장치를 만들어 이른 봄에 식물의 싹을 틔우는 간이 온상으로 사용하기 위하여 이 장치에서 물이 흐르는 관을 제거하고 외부로 열린 구멍을 막은 후 평평한 마당 위에 놓는다고 가정하자. 정오 무렵 태양의 고도가 50.0°라고 할 때 정상 상태 온도를 구하라. 힌트: 장치에서 방출하는 에너지는 적외선 영역의 흑체 복사 형태라고 가정한다.

easyshoot/Shutterstock.com

그림 P34.25

26. 레이저빔을 사용하면 지구 중력장 내에서 유리 구슬을 떠 있게 할 수 있다. (a) 반지름이 0.500 mm인 검정색 구슬의 밀도는 0.200 g/cm^{3}이다. 이 구슬이 떠 있게 하는 데 필요한 복사의 세기를 구하라. (b) 이 레이저의 최소 출력은 최소 얼마인가?

27. 대전 입자가 비상대론적인 속도 영역에서 가속 운동을 할 때 방출하는 전자기파의 일률은 입자의 전하를 q, 가속도의 크기를 a라 할 때 다음 식으로 주어진다.

$$P = \frac{q^2a^2}{6\pi\epsilon_0 c^3}$$

(a) 이 식 우변의 단위가 와트(W)임을 보이라. 크기가 100 N/C인 일정한 전기장 내에 전자가 있다. (b) 이 전자의 가속도와 (c) 이 전자가 방출하는 전자기파의 일률을 구하라. (d) 양성자가 반지름이 0.500 m이고 자기장이 0.350 T인 사이클로트론 내에서 운동한다. 양성자가 가속기를 벗어나기 직전에 양성자가 방출하는 전자기파의 일률을 구하라.

34.5 운동량과 복사압

28. 지름이 2.00 mm이고 출력이 25.0 mW인 레이저 빔이 완전 반사하는 거울에 수직으로 입사하여 반사된다. 빛이 닿는 거울 면에 가해지는 복사압을 계산하라.

29. 출력이 15.0 mW인 헬륨–네온 레이저는 지름이 2.00 mm인 원형 단면의 레이저빔을 방출한다. (a) 이 빔의 전기장의 최댓값을 구하라. (b) 레이저 빔 1.00 m 안에 들어 있는 전체 에너지는 얼마인가? (c) 레이저 빔 1.00 m가 가진 운동량을 구하라.

30. 태양으로부터 지구까지의 거리만큼 떨어진 곳에서 햇빛의 세기는 1 370 W/m^{2}이다. 지구가 표면에 입사한 모든 햇빛을 흡수한다고 가정하자. (a) 복사압으로 인하여 태양이 지구에 작용하는 전체 힘을 구하라. (b) 이 힘을 태양이 지구에 작용하는 중력과 비교하여 설명하라.

31. 알루미늄으로 된 얇은 완전 반사판을 지구 궤도(태양으로부터 지구까지의 거리만큼 떨어진 한 지점)에 진입시킨 후, 태양 빛이 '태양돛'을 밀도록 하는 것을 우주여행 수단의 하나로 생각할 수 있다. 넓이가 $A = 6.00 \times 10^5$ m^{2}이고 질량이 $m = 6.00 \times 10^3$ kg인 돛이 태양을 마주보고 있다고 하자. 모든 중력 효과를 무시하고 햇빛의 세기가 1 370 W/m^{2}이라고 가정한다. (a) 돛에 작용하는 힘을 구하라. (b) 돛의 가속도를 구하라. (c) (b)에서 계산한 가속도가 유지된다고 가정하고 정지 상태에서 출발한 돛이 달에 도착하는 데 걸리는 시간을 구하라. 출발지로부터 달까지의 거리는 3.84×10^8 km이다.

32. 태양으로부터 거리가 $R = 3.75 \times 10^{11}$ m 떨어진 곳에 반지름이 r인 구형 입자가 있다고 하자. 이 입자의 표면은 완전 흡수 면이고, 입자의 밀도는 $\rho = 1.50$ g/cm^{3}이라고 가정한다. 입자가 있는 곳에서 태양 복사의 세기는 $S = 214$ W/m^{2}이다. 이 입자에 작용하는 두 힘, 태양 중력에 의한 인력과 태양 복사에 의한 척력이 균형을 이룰 때 입자의 반지름 r를 구하라.

33. 지름이 20.0 m인 접시 안테나가 그림 P34.33과 같이 먼 곳에서 오는 라디오파 신호를 수신한다. 라디오파는 안테나에 수직으로 입사하고, 이 신호는 사인형 파동으로 전기장의 진폭이 $E_{max} = 0.200\ \mu V/m$이다. 안테나가 입사한 파동을 완전히 흡수한다고 가정한다. (a) 이 파동의 자기장의 진폭은 얼마인가? (b) 이 안테나가 받는 복사의 세기를 구하라. (c) 이 안테나가 받아들이는 일률을 구하라. (d) 라디오파가 안테나에 작용하는 힘을 구하라.

그림 P34.33

34. 우주복 등 장치를 포함한 전체 질량이 110 kg인 우주 비행사가 우주선으로부터 10.0 m 떨어진 곳에서 우주선에 대하여 정지한 상태로 오도가도 못하고 있다. 우주 비행사가 광자 로켓의 원리를 이용하여, 가지고 있는 100 W 회중 전등을 우주선 반대쪽으로 비추어 우주선에 가까이 가려고 한다. (a) 이 방법으로 우주선에 도착하는 데 걸리는 시간을 계산하라. (b) 빛을 이용하는 대신 질량이 3.00 kg인 전등을 우주선 반대 방향으로 던져서 그 반동으로 우주선에 가려고 한다. 전등이 우주인에 대하여 12.0 m/s의 상대 속력으로 멀어진다면, 우주인이 우주선에 도착하는 데 시간이 얼마나 걸리는지 계산하라.

34.6 안테나에서 발생하는 전자기파

35. 대부분의 AM 방송국에서 사용하는 마르코니(Marconi) 안테나는 헤르츠 안테나(반파장 안테나로도 알려진)의 위 절반으로 이루어진다. 이 마르코니 안테나(1/4파장 안테나)의 아래쪽은 지면에 접지 연결되어 있고, 땅 자체가 나머지 아래 절반의 역할을 한다. 방송 주파수가 각각 (a) 560 kHz와 (b) 1 600 kHz인 방송국에서 사용해야 할 마르코니 안테나의 높이를 구하라.

36. 가속되는 전하는 전자기파를 방출한다. 크기가 0.350 T인 자기장 내에서 가속하는 사이클로트론 속에서 운동하는 양성자가 방출하는 전자기파의 파장을 구하라.

37. 두 개의 수직 방향 라디오 송신 안테나가 방송하는 전자기파 파장의 반의 거리만큼 떨어져서 서로 같은 위상으로 구동된다. 어떤 수평 방향으로 (a) 가장 강한 신호가 방출되며 (b) 가장 약한 신호가 방출되는가?

34.7 전자기파의 스펙트럼

38. 자유 공간(진공)에서 진동수가 각각 (a) 5.00×10^{19} Hz와 (b) 4.00×10^{9} Hz인 전자기파의 파장은 얼마인가?

39. 중대 뉴스 발표가 방송국으로부터 100 km 떨어진 곳에 있는 라디오 바로 옆에 앉아 있는 사람들에게 라디오파로 전달되며, 또한 그 발표는 뉴스 진행자로부터 3.00 m 떨어져서 앉아 있는 사람들에게 음파로 전달된다. 공기 중에서 음속이 343 m/s라고 할 때 누가 뉴스를 먼저 듣게 되는가? 설명하라.

40. 눈은 가시광선 스펙트럼의 연두색 영역에 있는, 진동수가 5.45×10^{14} Hz인 빛에 가장 민감하다. 이 빛의 파장은 얼마인가?

빛과 광학
Light and Optics

PART
5

고요한 호수 위에 반사된 와이오밍 주 그랜드 테톤의 석양. 이 교재의 단원 5에서 광학적 원리를 공부하면 반사된 산맥의 모습이 왜 그런지 그리고 하늘은 왜 붉게 보이는지를 알게 될 것이다.
(David Muench/Terra/Corbis)

빛은 지구 상의 거의 모든 생명 활동의 기본이다. 예를 들면 식물은 태양빛에 의하여 전달된 에너지를 광합성을 통하여 화학 에너지로 전환한다. 또한 빛은 우리 주변이나 우주를 통하여 정보를 주고받을 수 있도록 하는 중요한 도구이다. 빛은 일종의 전자기파이며 광원에서 관측자로 에너지 전달을 의미하기도 한다.

일상생활에 일어나는 많은 현상이 빛의 성질과 관련이 있다. 컬러 텔레비전을 시청하거나 컴퓨터 모니터에서 사진을 본다는 것은 스크린 위에 물리적으로 존재하는 빨강, 파랑, 초록, 이 세 가지 색의 조합에 의하여 만들어진 수백만 가지의 색을 본다는 것이다. 하늘빛이 파란 것은 공기 분자에 의한 빛의 산란이라는 광학적 현상의 결과이며, 일출과 일몰 시의 하늘이 붉거나 주황색인 이유도 같은 것이다. 아침에 거울로 자신의 상을 보거나 운전을 하면서 자동차의 반사 거울로 다른 자동차의 상을 본다. 빛이 **반사**되어 이런 상들이 만들어지는 것이다. 물체를 잘 보기 위하여 안경이나 콘택트 렌즈를 착용하는 것은 빛의 **굴절** 현상을 이용하는 것이다. 무지개의 여러 색은 비가 온 후 공기 중에 떠 있는 빗방울을 빛이 통과하면서 분산되어 나타나는 것이다. 비행기가 구름 위에서 날 때, 구름 위의 비행기 그림자 주변에 나타나는 색색의 원형 모양의 장관은 빛의 **간섭**에 의한 것이다. 여기서 언급한 이런 여러 현상들의 원인과 발생 원리를 과학자들이 이미 연구하여 잘 이해하고 있다.

35장의 서두에 빛의 이중성에 관하여 이야기할 것이다. 어떤 경우 빛을 입자의 흐름으로 보는 것이 적합할 때가 있다. 또는 빛의 파동성이 좋은 경우도 있다. 35장에서 38장까지 빛을 파동으로 보는 것이 빛의 성질을 이해하는 데 좋은 경우를 살펴볼 것이다. 빛의 입자성에 관해서는 단원 6에서 살펴보기로 한다. ■

CHAPTER 35

빛의 본질과 광선 광학의 원리

The Nature of Light and the Principles of Ray Optics

이 무지개 사진은 위에 있는 빨간색부터 아래에 있는 보라색까지 색깔의 범위를 보여 주고 있다. 이런 무지개는 반사, 굴절, 분산이란 광학 현상으로 설명된다. 주 무지개 아래의 흐린 파스텔 색의 활 모양을 과잉 무지개라고 한다. 주 무지개를 만드는 광선 아래의 물방울에서 나오는 광선 사이의 간섭에 의하여 이런 모양이 생긴다. *(John W. Jewett, Jr.)*

광학에 관한 첫 번째인 이 장에서는 빛에 관한 두 가지 역사적인 모형과 빛의 속력을 측정하기 위한 초창기의 방법을 소개하는 것으로 시작할 것이다. 다음에는 기하 광학의 기본적인 현상인 표면에서 빛의 반사와 두 매질 경계에서의 굴절에 대하여 공부한다. 또한 빛이 작은 물방울과 같은 물질에서 굴절할 때, 무지개와 같은 시각적 현상을 보이는 빛의 분산에 대하여 공부할 것이다. 마지막으로 광섬유의 작동 원리인 내부 전반사 현상과 급격히 발전하는 광섬유 광학 기술에 대하여 알아보고자 한다.

35.1 빛의 본질

The Nature of Light

19세기 이전에는 빛은 광원으로부터 방출되는 입자의 흐름이며, 눈 속으로 들어온 이 입자가 시신경을 자극한다고 생각하였다. 이와 같이 빛의 입자성을 믿는 대표적인 과학자인 뉴턴은 반사와 굴절의 법칙 등 여러 가지 빛의 본질에 관하여 알려진 실험적

Photo Researchers, Inc.

하위헌스
Christian Huygens, 1629~1695
네덜란드의 물리학자 겸 천문학자

하위헌스는 광학과 동역학 분야에 크게 공헌을 한 것으로 잘 알려져 있다. 하위헌스에겐 빛이란 진동의 한 유형으로 여겨졌고, 그 에너지가 퍼져 눈으로 들어와서 인식된다고 생각하였다. 이런 이론에 바탕을 두고 굴절, 반사 그리고 이중 굴절 현상을 설명하였다.

사실들을 입자성에 근거하여 설명하였다.

대부분의 과학자들은 뉴턴의 입자성을 받아들였으나, 빛이 파동의 일종이라는 이론도 제안되었다. 네덜란드의 물리학자이자이면서 천문학자인 하위헌스는 1678년에 빛의 반사와 굴절의 법칙을 파동성으로도 설명할 수 있음을 보였다.

1801년 영(Thomas Young, 1773~1829)은 빛의 파동성을 처음으로 증명하였다. 빛의 광선들이 적절한 조건 아래에서 역학적 파동(18장)과 같이 파동의 간섭 모형에 의하여 서로 간섭한다는 것을 보였다. 이는 두 개 이상의 입자들이 합쳐져 서로 상쇄될 수 있는 방법이 없으므로, 당시의 입자론으로는 설명될 수 없었다. 19세기에는 빛의 파동성이 일반적으로 받아들여질 수 있는 추가적인 발전이 이루어졌는데, 그중 가장 중요한 것은 1873년에 빛이 높은 진동수를 가진 일종의 전자기파라고 주장한 맥스웰의 업적이다. 34장에서 논의된 바와 같이 1887년에 헤르츠는 전자기파를 발생시키고 검출함으로써 맥스웰의 이론을 실험적으로 확인하였다.

고전 전자기학 이론은 파동 모형을 통하여 빛의 알려진 성질을 대부분 설명할 수 있었으나, 뒤이어 이루어진 여러 실험 결과를 설명할 수 없었다. 그중 가장 두드러진 현상은 헤르츠가 발견한 광전 효과이다. 광전 효과는 빛을 쪼인 금속 표면으로부터 전자가 방출되는 현상이다. 이때 방출된 전자의 운동 에너지와 빛의 세기가 서로 무관하다는 것은 파동성으로는 설명하기 어려운 사실이다. 이는 빛의 세기가 크면 전자에 보다 많은 에너지를 주게 된다는 파동성에 위배된다. 광전 효과는 1900년 플랑크(Max Planck, 1858~1947)가 제안한 양자 개념을 도입하여, 1905년 아인슈타인이 설명하였다. 이 양자 모형에서는 빛의 파동 에너지가 **광자**라고 하는 입자 내에 존재한다고 가정한다. 즉 에너지가 양자화되었다고 말한다(어떤 불연속적인 덩어리로 나타나는 양을 양자화되었다고 한다). 아인슈타인의 이론에 따르면 광자의 에너지 E는 전자기파의 진동수 f에 비례한다.

광자 에너지 ▶

$$E = hf \tag{35.1}$$

여기서 비례 상수 h는 **플랑크 상수**로서 $h = 6.63 \times 10^{-34}\ \mathrm{J \cdot s}$이다. 40장에서 이 이론에 대하여 논의할 것이다.

지금까지 살펴본 바와 같이, 빛은 입자와 파동의 두 가지 성질을 모두 가지고 있다. 즉 빛은 어떤 상황에서는 파동의 특성을, 그리고 다른 상황에서는 입자의 특성을 나타낸다. 확실한 것은 빛은 빛일 뿐, “빛이 파동인가 또는 입자인가?”하는 질문은 적절하지 못하다. 빛은 어떤 때는 파동처럼, 또 다른 때는 입자처럼 행동한다. 파동의 본질에 대해서는 앞으로 여러 장에서 알아보기로 한다.

35.2 빛의 속력 측정
Measurements of the Speed of Light

빛의 속력을 측정하려는 초기의 시도는 너무 빠른 속력($c = 3.00 \times 10^8$ m/s) 때문에 성공하지 못하였다. 갈릴레이는 약 10 km 떨어진 탑에 덮개가 달린 등불을 든 두 관측자를 세워 놓았다. 먼저 한 관측자가 등불의 덮개를 열면, 다른 탑의 관측자는 처음 관측자의 등불로부터 오는 불빛을 보는 순간 자신의 등불의 덮개를 열도록 하였다. 빛의 속력은 원리적으로는 두 등불 사이에 빛이 전달되는 시간을 측정하여 얻을 수 있다. 그러나 이 실험에서는 아무런 결과도 얻지 못하였다. 갈릴레이 자신이 결론을 내렸듯이, 관측자의 빛에 대한 생물학적 반응 시간보다 빛의 전달 시간이 훨씬 짧기 때문에, 이 방법으로는 빛의 속력을 측정하는 것이 불가능하였다.

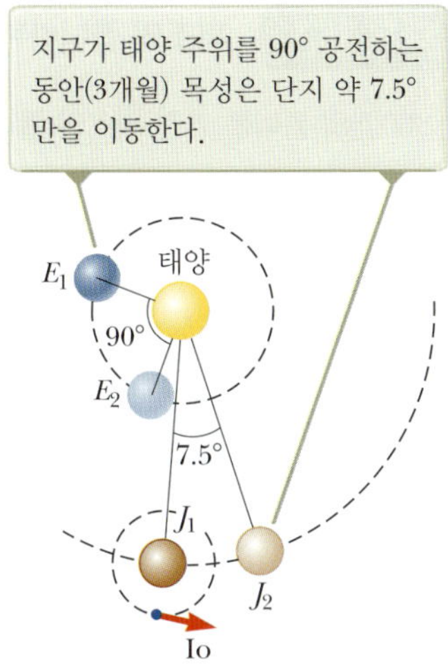

그림 35.1 뢰머가 빛의 속력을 측정한 방법(그림은 비례가 아님).

뢰머의 측정법 Roemer's Method

빛의 속력을 측정한 여러 방법 중에서 만족할 만한 측정값은 1675년 덴마크의 천문학자인 뢰머(Ole Roemer, 1644~1710)에 의하여 처음으로 얻어졌다. 그의 측정법은 공전 주기가 약 42.5시간인 목성의 달 중의 하나인 이오(Io)를 천문학적으로 관측하는 것이었다. 목성의 공전 주기는 약 12년이며, 따라서 지구가 태양 주위를 90° 움직이는 동안, 목성은 (1/12)90° = 7.5°만을 공전하게 된다(그림 35.1).

이오의 궤도 운동을 시계로 이용할 때, 목성에 대한 이오의 궤도 운동 주기는 일정할 것으로 기대되었다. 그러나 뢰머는 일 년 이상 관측한 결과로부터 이오의 주기에 규칙적인 변동이 있다는 사실을 알아냈다. 그는 지구가 목성으로부터 멀어져갈 때는 주기가 평균보다 길어지고, 목성에 접근할 때는 짧아진다는 사실을 관측하였다. 뢰머는 이런 주기의 변화가 지구와 목성 사이의 거리가 관측할 때마다 변하기 때문이라고 생각하였다.

뢰머의 측정값을 이용하여 하위헌스는 빛의 속력에 대한 최솟값으로 약 2.3×10^8 m/s를 얻었다. 뢰머의 실험은 빛의 속력이 유한하다는 것과 속력의 대략적인 값을 알려준 역사적으로 매우 중요한 것이었다.

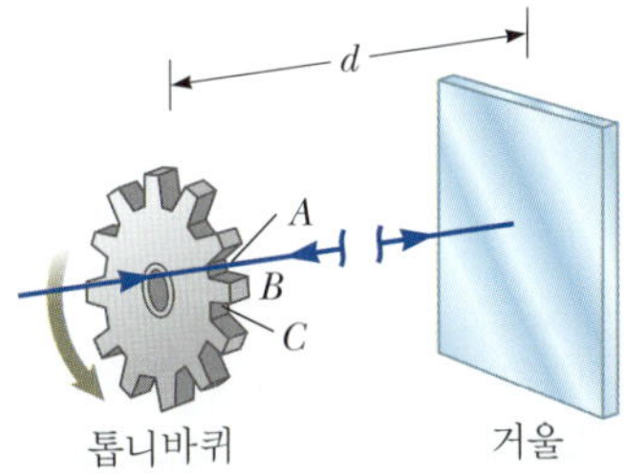

그림 35.2 회전하는 톱니바퀴를 이용하여 빛의 속력을 측정하기 위한 피조의 측정법. 광원은 톱니바퀴 위에 있다고 할 수 있으며 거리 d는 알고 있다.

피조의 측정법 Fizeau's Method

순전히 지구 상에서 빛의 속력 측정은 1849년 처음으로 프랑스의 물리학자인 피조(Armand H. L. Fizeau, 1819~1896)에 의하여 성공적으로 이루어졌다. 그림 35.2는 단순화하여 나타낸 피조의 실험 장치이며, 그의 생각은 이 실험 장치를 이용하여 빛이 어떤 한 점으로부터 멀리 떨어진 거울에 반사되어 돌아오는 데 걸리는 시간을 측정하는 것이다. 광원과 거울 사이의 거리를 d, 한 번 왕복하는 데 걸리는 시간을 Δt라 하면 빛의 속력은 $c = 2d/\Delta t$이다.

왕복 시간을 측정하기 위하여, 피조는 연속적인 빛을 일련의 펄스(pulse)로 만들어 주는 회전 톱니바퀴를 이용하였다. 톱니바퀴의 회전은 광원에 위치한 관측자가 볼 수 있는 것을 제어한다. 예를 들면 그림 35.2에서 톱니의 홈 A를 지난 빛이 거울에 반사되어 돌아올 때, 톱니 B가 회전하여 빛의 경로에 위치하게 되면 빛은 관측자에게 돌아오지 못하게 된다. 톱니의 홈 C가 빛의 경로에 오도록 회전수를 증가시키면, 거울에서 반사된 빛은 관측자에게 도달하게 된다. 톱니바퀴와 거울 사이의 거리 d, 톱니의 수 및 바퀴의 회전 속력을 알고 있으므로 피조는 3.1×10^8 m/s의 값을 얻었다. 그 후 여러 과학자들에 의하여 이루어진 유사한 측정 방법으로부터 좀 더 정확한 c의 값을 얻게 되었고, 오늘날 정의된 값 약 $2.997\ 924\ 58 \times 10^8$ m/s에 이르게 되었다.

예제 35.1 피조의 톱니바퀴를 이용한 빛의 속력 측정

360개의 톱니를 가진 피조의 톱니바퀴가 27.5번/s로 회전하고 있다. 그림 35.2에서 톱니의 홈 A를 통과한 빛이 반사되어 돌아올 때, 톱니 B에 의하여 막히게 된다. 거울까지의 거리가 7 500 m일 때, 빛의 속력을 구하라.

풀이

개념화 순간적인 펄스가 그림 35.2의 A 구멍을 통과한 후 반사된다고 생각해 보자. 빛이 반사되어 돌아오는 시간 동안에, 바퀴는 회전하여 A 위치에 나사의 톱니 구멍 B가 위치한다고 생각한다.

분류 톱니바퀴는 일정한 각속력으로 회전하는 강체이고, 펄스 빛은 **일정한 속력으로 움직이는 입자**로 모형화한다.

분석 톱니바퀴는 360개의 톱니를 가지고 있으므로, 360개의 홈을 갖게 된다. 따라서 빛이 홈 A를 통과한 다음 인접한 톱니에 의하여 막히므로, 빛이 거울까지 왕복 운동하는 동안 톱니바퀴는 1/720번 회전하였다.

펄스가 왕복하는 데 걸리는 시간 간격을 구하기 위하여 일정한 각속력일 때의 식 10.2를 이용한다.

$$\Delta t = \frac{\Delta\theta}{\omega} = \frac{\frac{1}{720}\text{ rev}}{27.5\text{ rev/s}} = 5.05 \times 10^{-5}\text{ s}$$

일정한 속력으로 운동하는 입자 모형으로부터 빛 펄스의 속력을 구한다.

$$c = \frac{2d}{\Delta t} = \frac{2(7\,500\text{ m})}{5.05 \times 10^{-5}\text{ s}} = \boxed{2.97 \times 10^{8}\text{ m/s}}$$

결론 이 결과는 실제 빛의 속력과 매우 유사하다.

35.3 광선 광학에서의 광선 근사
The Ray Approximation in Ray Optics

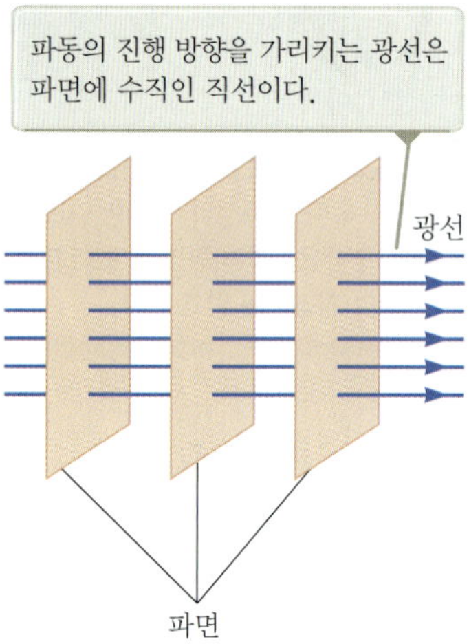

그림 35.3 오른쪽으로 진행하는 평면파

광선 광학(ray optics, 기하 광학이라고도 함) 분야에서는 빛은 균일한 매질을 지날 때에는 직선 방향으로 고정된 방향으로 진행하고, 다른 매질과의 경계면을 만나거나, 시간적으로 또는 공간에 따라 매질의 광학적 성질이 불균일할 때에는 진행 방향을 바꾼다는 가정을 가지고 빛의 전파를 다룬다. 36장과 여기에서 광선 광학을 공부할 때 **광선 근사**(ray approximation)를 이용할 것이다. 이 근사를 이해하기 위하여, 광선이란 평면파의 경우 그림 35.3에서 보듯이, 파면에 수직인 직선임에 주목하라. 광선 근사에서 매질을 통하여 이동하는 파동은 광선의 방향을 따라 직선으로 진행한다.

진행하는 파동이 원형의 틈을 가진 장애물을 만날 때, 그림 35.4a와 같이 이 틈의 지름이 파장보다 상당히 클 경우, 이 틈으로부터 나오는 파동은 (작은 가장자리 효과를 제외하고) 빛은 직선으로 계속 진행한다. 그러므로 이런 경우에 광선 근사는 유효하다. 그러나 그림 35.4b와 같이 틈이 파장 크기의 정도로 작은 경우에, 파동은 이 틈으로부터 모든 방향으로 퍼질 것이다. 이와 같은 효과를 **회절**이라 하며, 37장에서 다루게 될 것이다. 마지막으로 틈이 그림 35.4c와 같이 파장보다 매우 작을 경우, 이 틈은 근사적으로 점 파원으로 볼 수 있다.

유사한 효과는 파동이 크기가 d인 불투명한 물체를 만날 경우에도 나타난다. 이 경우 $\lambda \ll d$일 때에는 선명한 그림자가 생긴다.

광선 광학을 다루는 이 장과 36장에서, 광선 근사와 $\lambda \ll d$라는 가정을 사용할 것이다. 이 근사는 거울, 렌즈, 프리즘 또는 이를 이용한 망원경, 사진기, 안경과 같은 광학 기기를 공부할 때 매우 편리하다.

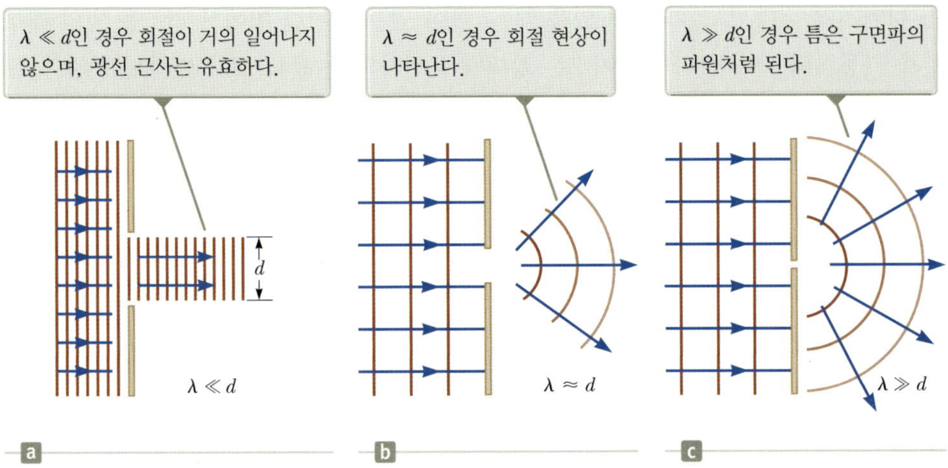

그림 35.4 지름이 d인 틈이 있는 장애물에 파장이 λ인 파동이 입사한다.

35.4 분석 모형: 반사파
Analysis Model: Wave Under Reflection

16.4절에서 줄에서의 파동을 논의할 때 파동의 반사 개념을 소개하였다. 줄에서의 파동과 마찬가지로 광선이 한 매질에서 다른 매질로 진행할 때, 두 매질의 경계면에서 입사한 빛의 일부는 반사된다. 거울같이 매끄러운 반사면에 입사하는 여러 개의 평행한 광선을 보여 주는 그림 35.5a의 예에서 각각의 반사 광선은 서로 평행하게 된다. 반사 광선의 방향은 입사 광선을 포함하고 반사면에 수직인 평면 상에 놓인다. 이와 같이 매끄러운 면에서의 반사를 **정반사**(specular reflection)라 한다. 반면에 그림 35.5b와 같이 거친 면으로부터 반사될 때 반사 광선은 여러 방향으로 흩어지며, 이를 **난반사**(diffuse reflection)라고 한다. 면의 평평한 정도가 입사광의 파장보다 매우 작을 때 반사면은 매끄러운 면에 해당한다.

이렇게 설명되는 두 가지 종류의 반사의 차이로 인하여, 비오는 밤에 운전할 때 시야

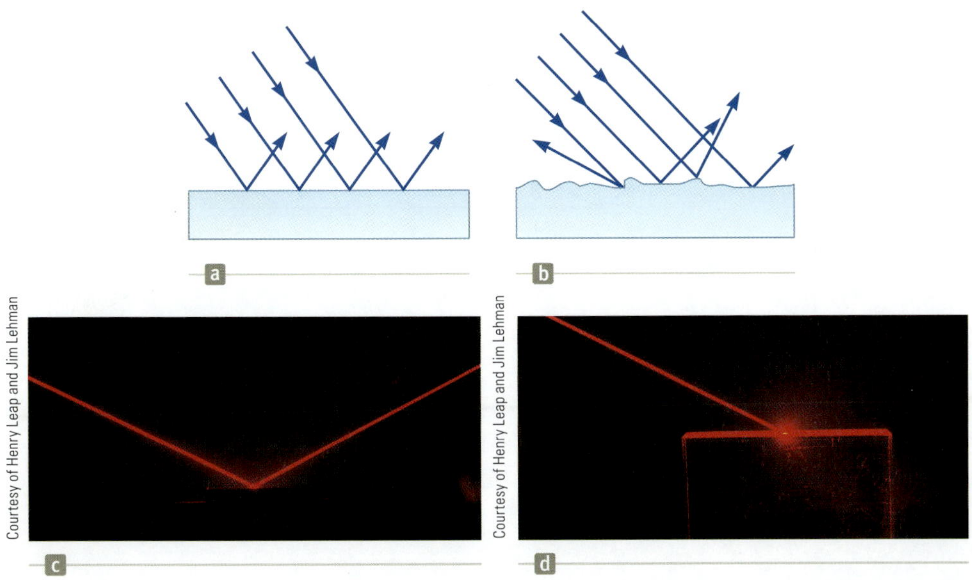

그림 35.5 (a) 반사된 여러 광선이 서로 평행인 정반사와 (b) 반사 광선이 임의의 방향으로 나가는 난반사를 나타낸 도형. (c)와 (d) 레이저 빛을 이용한 정반사와 난반사의 사진

가 나빠지게 된다. 도로가 젖어 있을 때는, 물이 있는 평평한 면에서 전조등 빛의 대부분을 자동차의 반대쪽(아마 다가오는 상대방 운전자의 눈 쪽)으로 정반사하게 된다. 도로가 건조할 경우 전조등 빛의 일부는 거친 면에 의하여 난반사되어 운전자 쪽으로 되돌아오게 되며, 도로를 보다 분명히 볼 수 있게 된다. 이 교재에서는 정반사만을 다루므로, 앞으로 사용되는 **반사**란 용어는 곧 정반사를 의미한다.

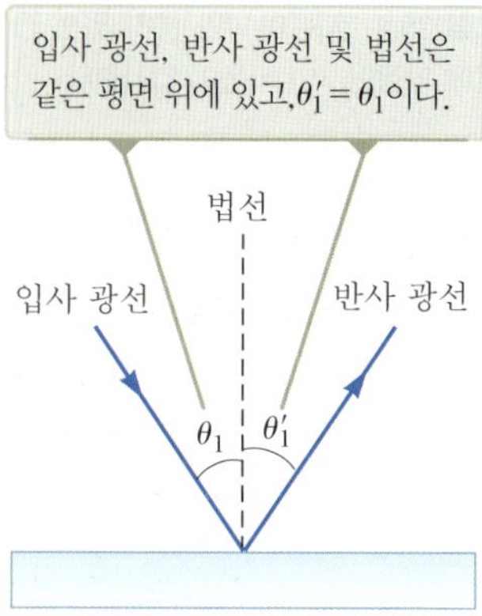

그림 35.6 반사파 모형

광선이 그림 35.6과 같이 공기 중에서 매끄러운 평면에 입사한 경우를 생각해 보자. 광선이 면과 만나는 점으로부터 면에 수직으로 그은 법선과 입사 광선은 θ_1, 반사 광선과는 θ_1'의 각도를 이룬다. (법선은 입사 광선이 표면에 도달하는 지점에서 표면에 수직으로 그은 선이다.) 실험적, 이론적으로 이 입사각과 반사각은 같다는 것을 알 수 있다.

반사의 법칙 ▶

$$\theta_1' = \theta_1 \tag{35.2}$$

오류 피하기 35.1

아래 첨자 표시 이 장에서 아래 첨자 1은 처음 매질 속의 빛을 나타내는 것이다. 빛이 한 매질에서 다른 매질로 진행할 때 새로운 매질 속의 빛과 관련해서 아래 첨자 2를 사용한다. 현재 빛이 같은 매질에 있으므로 아래 첨자 1만 사용한다.

이 관계를 **반사의 법칙**(law of reflection)이라 한다. 서로 다른 두 매질 사이의 경계면에서 파동의 반사는 자연에서 흔히 일어나는 현상이므로, 이런 파동 현상을 **반사파**(wave under reflection)의 모형으로 분석하며, 식 35.2는 이런 모형을 수학적으로 표현한 것이다.

퀴즈 35.1 영화에서 가끔 배우가 거울을 들여다보는 장면이 나온다. 여러분은 거울에서 배우의 얼굴을 볼 수 있다. 이 장면을 촬영하는 동안 거울 속의 배우는 어디를 보는가? **(a)** 자기 얼굴 **(b)** 여러분의 얼굴 **(c)** 감독의 얼굴 **(d)** 영화 카메라 **(e)** 알 수 없음

예제 35.2 이중으로 반사된 광선

그림 35.7a와 같이 두 개의 거울이 서로 120°의 각도를 이루고 놓여 있다. 거울 M_1에 65°의 각도로 입사한 광선이 거울 M_2로부터 반사될 때의 방향을 구하라.

풀이

개념화 그림 35.7a에서 볼 수 있듯이 입사광은 첫 번째 거울에서 반사되어 두 번째 거울로 입사되어 다시 반사가 이루어지는 이중 반사에 관한 문제이다.

분류 각 거울에서 빛과의 상호 작용은 반사 이론으로 충분히 설명이 되기 때문에, **반사파 모형**과 기하학을 이용한다.

분석 반사의 법칙으로부터 첫 번째 거울에서 법선과 이루는 반사각은 65°이다.

첫 번째 반사 광선이 수평면과 이루는 각도를 구한다.

$$\delta = 90° - 65° = 25°$$

반사 광선과 두 거울이 만드는 삼각형으로부터, 반사 광선이 M_2와 이루는 각도를 구한다.

$$\gamma = 180° - 25° - 120° = 35°$$

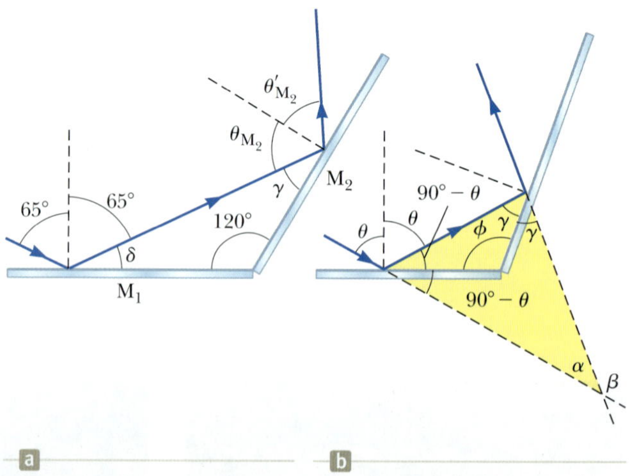

그림 35.7 (예제 35.2) (a) 거울 M_1과 M_2는 서로 120°의 각도를 이루고 있다. (b) 임의의 거울 사이각에 대한 도형

첫 번째 반사 광선이 M_2에 수직인 법선과 이루는 각도를 구한다.

$$\theta_{M_2} = 90° - 35° = 55°$$

반사의 법칙에 따라 두 번째 반사 광선이 M_2에 수직인 법선과 이루는 각도를 구한다.

$$\theta'_{M_2} = \theta_{M_2} = 55°$$

결론 마지막으로 거울 사이각의 변화에 대하여 다음과 같이 알아보자.

문제 그림 35.7a에서 입사 광선과 반사 광선을 거울 뒤로 연장하면 두 광선은 60°의 각도로 교차할 것이며, 광선의 방향 변화는 모두 120°가 된다. 이는 곧 거울의 사이각이다. 만약에 거울의 사이각이 바뀌면 어떠한가? 광선의 방향 변화는 항상 거울의 사이각과 일치하는가?

답 한 가지 결과만 가지고 일반화하는 것은 언제나 위험한 일이다. 일반적인 상황에서 방향의 변화를 조사하자. 그림 35.7b는 일반적인 거울의 사이각 ϕ와 거울의 법선과 임의의 입사각 θ를 가진 입사 광선을 나타낸다. 반사의 법칙과 삼각형의 내각의 합으로부터, 각도 γ는 $180° - (90° - \theta) - \phi = 90° + \theta - \phi$이다.

그림 35.7b의 노란색 삼각형에서 α를 구한다.

$$\alpha + 2\gamma + 2(90° - \theta) = 180° \rightarrow \alpha = 2(\theta - \gamma)$$

광선의 방향 변화는 그림 35.7b에서 β임에 주목하라. 그림에서 기하학적 크기를 고려하여 β를 구한다.

$$\beta = 180° - \alpha = 180° - 2(\theta - \gamma)$$
$$= 180° - 2[\theta - (90° + \theta - \phi)] = 360° - 2\phi$$

각도 β는 ϕ와 같지 않음을 주목해야 한다. $\phi = 120°$의 경우는 $\beta = 120°$로 우연히 거울 사이각과 같으며, 이는 특별한 경우이다. 예컨대 $\phi = 90°$의 경우 β는 180°이고, 이 경우 반사된 빛은 원래의 방향으로 돌아가게 된다.

두 거울 사이의 각도가 90°인 경우 반사된 빔은 원래 들어온 경로와 평행하게 되돌아간다. **역반사**(retroreflection)라 하는 이 현상은 많은 곳에 활용된다. 만약 세 번째 거울을 두 거울과 수직으로 놓으면, 즉 세 거울이 정육면체의 한 꼭짓점을 이루게 하면, 역반사는 삼차원에서 작동한다. 1969년 아폴로 11호 우주인들은 그림 35.8a와 같이, 작은 반사 거울 판을 여러 개 달에 놓아두고 지구에서 레이저 빔을 보내어 달의 반사 거울에서 되돌아오는 경과 시간을 측정하였다. 이 정보로부터 달까지의 거리를 15 cm 이내의 정확도로 측정할 수 있었다(보통의 반사 거울을 달에 사용할 경우 반사된 레이저 빔을 지구의 특정 위치로 되돌아오도록 거울을 정렬하는 것이 얼마나 어려운 일인가!). 보다 일상적인 응용으로는 자동차의 미등이 있다. 미등을 이루는 플라스틱의 일부는 그림 35.8b와 같이 많은 작은 정육면체의 모서리들로 이루어져 있어 뒤에서 접근하는 차들의 전조등 빔이 그 운전자에게 되돌아가도록 해 준다. 이런 모서리들 대신 작은 구면 돌기(bump)들이 이용되기도 한다(그림 35.8c). 작은 투명 구면체들은 많은 도로 표지판의 부착물로 사용되기도 한다. 이런 구면체로부터의 역반사로 인하여, 그림 35.8d의 정지 표지판은 고속도로에서 대부분의 빛을 반사시키는 평평하게 반짝이는 표면의 단순한 표지판보다 매우 밝아 보인다.

반사의 법칙의 실질적인 또 다른 응용으로는 영화나 텔레비전 쇼의 디지털 영사기나 컴퓨터를 이용한 발표에의 활용이다. 디지털 영사기는 **디지털 미소 반사 표시기**라는 광학 반도체 칩을 사용한다. 이 소자는 백만 개가 넘는 아주 작은 거울이 배열되어 있다(그림 35.9a). 거울의 끝 바닥에 있는 전극에 신호를 전달하는 방법으로 각각의 거울을 기울게 할 수 있다. 각 거울은 투영된 상의 화소에 대응된다. 주어진 거울에 대한 화소가 밝으면 해당 거울은 'on' 상태이고, 그림 35.9b와 같이 스크린에 배열을 투사하도록

그림 35.8 역반사의 응용

그림 35.9 (a) 디지털 미소 반사 표시기의 표면에 있는 거울의 배열. 각 거울의 넓이는 약 16 μm^2이다. (b) 근접 촬영한 두 개의 미세 거울

광원으로부터 빛이 반사될 수 있게 거울이 위치한다. 만약 이 거울에 대한 화소가 어두우면 거울은 'off' 상태로 되고, 반사된 빛이 스크린으로부터 멀어지도록 거울을 틀어주게 된다. 화소의 밝기는 한 가지 상을 나타내는 동안, 거울이 'on' 상태에 있는 전체 시간 간격에 따라 결정된다.

디지털 영화 영사기는 약 35조 개의 색을 표현하기 위하여 빛의 기본 색인 빨간색, 파란색, 초록색에 해당하는 세 개의 미소 반사 표시기를 가지고 있다. 정보는 이진법 데이터로 저장되기 때문에, 디지털 영화는 필름 영화와는 달리 시간이 지나도 퇴색되지 않는다. 더구나 영화는 완전한 컴퓨터 소프트웨어 형태이므로 위성, 광 디스크 또는 광통신 네트워크를 통하여 영화관에 전달될 수 있다.

35.5 분석 모형: 굴절파
Analysis Model: Wave Under Refraction

16.4절에서 줄에서의 파동에 대하여 설명한 반사 현상 이외에, 입사 파동 에너지의 일부가 다른 매질로 투과함을 배웠다. 예를 들어 그림 16.15와 16.16을 고려해 보자. 한 줄이 다른 줄과 만나는 접합 부분으로 줄을 따라 진행하는 펄스는 일부 반사되고 일

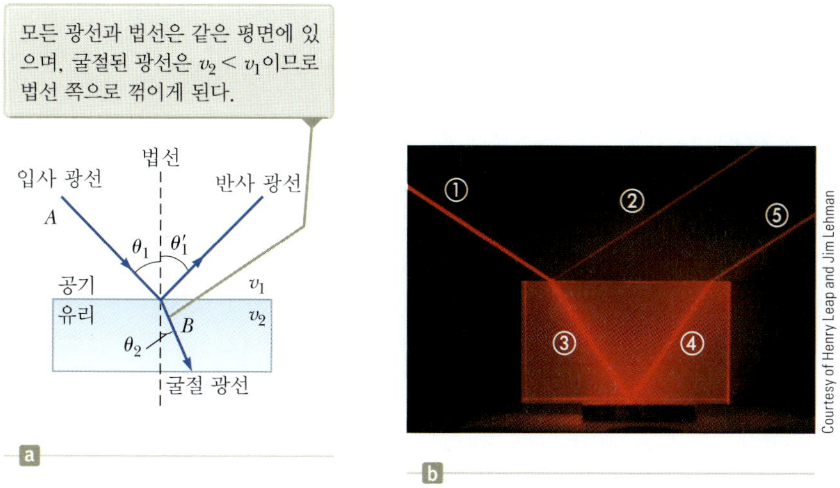

그림 35.10 (a) 굴절파 모형 (b) 투명 합성수지 물체에 입사된 광선은 물체에 들어갈 때와 나올 때 모두 꺾인다.

부는 다른 줄로 투과한다. 마찬가지로 그림 35.10과 같이 한 매질에서 진행 중인 광선이 다른 매질과의 경계면에 닿으면 에너지의 일부는 반사되고, 나머지는 두 번째 매질 속으로 투과된다. 반사에서와 같이, 투과파의 방향은 광파의 삼차원적인 성질 때문에 흥미로운 거동을 보인다. 이때 투과되는 광선은 경계면에서 꺾이며 **굴절**(refraction)되었다고 한다. 이 경우에 입사 광선, 반사 광선, 법선 및 굴절 광선은 모두 한 평면에 있다. 그림 35.10a에서 **굴절각**(angle of refraction) θ_2는 두 매질의 성질과 입사각 θ_1에 의하여 결정되며, 다음과 같은 관계를 가진다.

$$\frac{\sin\theta_2}{\sin\theta_1} = \frac{v_2}{v_1} \tag{35.3}$$

여기서 v_1과 v_2는 첫 번째와 두 번째 매질에서 빛의 속력이다.

굴절면을 지나 진행하는 광선의 경로는 가역적이다. 예를 들면 그림 35.10a에서 광선은 점 A에서 B로 진행한다. 만약 광선이 점 B에서 나온다면 선 BA를 따라 점 A에 도달할 것이다. 그리고 이 경우에 반사 광선은 유리 안에서 아래쪽을 향하여 왼쪽으로 반사될 것이다.

Q 퀴즈 35.2 그림 35.10b에서 ①은 입사 광선을 나타낸다. 네 개의 빨간색 광선 중 반사가 일어난 것과 굴절이 일어난 것은 각각 어떤 것인가?

식 35.3으로부터 빛의 속력이 큰 매질에서 작은 매질로 진행할 때 그림 35.11a와 같이 굴절각 θ_2는 입사각 θ_1보다 작으며, 광선은 법선 쪽으로 꺾인다. 반대의 경우에는 그림 35.11b와 같이 θ_2는 θ_1보다 크며, 광선은 법선으로부터 먼 쪽으로 꺾인다.

빛이 공기에서 다른 물질 속으로 들어간 후 다시 공기로 나올 때, 빛의 성질은 학생들을 종종 혼동시킨다. 빛은 공기 중에서 3.00×10^8 m/s의 속력으로 진행하며, 유리 속으로 들어가면 약 2×10^8 m/s로 줄어든다. 이 속력은 빛이 공기 중으로 다시 나올 때, 순간적으로 처음 속력인 3.00×10^8 m/s로 증가한다. 이는 예컨대 탄환이 나무토막을 뚫고 나오는 경우와는 매우 다르다. 이 경우 탄환은 가지고 있던 에너지 일부를 나무의 섬유를 쪼개는 데 사용하기 때문에 나무 속을 진행하는 동안 에너지가 감소된다.

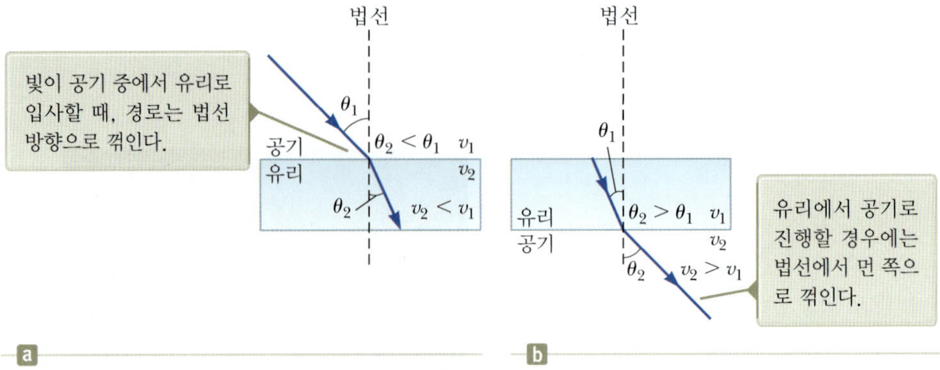

그림 35.11 (a) 빛이 공기에서 유리로 그리고 (b) 유리에서 공기로 진행할 때의 빛의 굴절

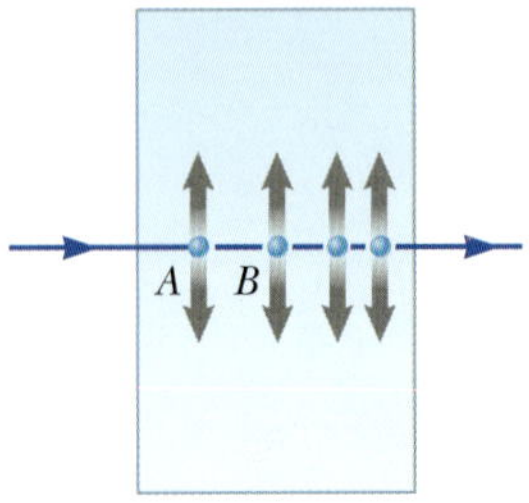

그림 35.12 매질 속의 한 원자로부터 다른 원자로 전달되는 빛. 파란색 구는 전자, 연직 화살표는 전자의 진동을 나타낸다.

이 탄환이 공기 중으로 다시 나와 진행하게 되면 탄환의 에너지는 나무토막을 막 빠져 나올 때의 에너지를 갖게 된다.

빛에서 나타나는 이런 현상을 이해하기 위하여, 그림 35.12와 같이 빛의 다발이 왼쪽으로부터 유리판에 들어가는 경우를 생각해 보자. 유리 속에서 빛은 그림의 점 A에 위치한 원자에 구속된 전자를 만나게 된다. 빛이 이 원자에 흡수된다고 가정하면, 원자 내의 전자는 그림의 화살표와 같이 위아래로 진동할 것이다. 이런 전자의 진동은 마치 안테나와 같은 역할을 하여 빛을 복사하며, 이는 B에 있는 원자에 다시 흡수된다. 이런 흡수와 복사 과정은 42장에서 다룰 양자 역학으로 잘 설명될 수 있다. 여기서는 유리 속에서 빛의 진행을 한 개의 원자로부터 다른 원자로 빛이 전달되는 과정으로 보아도 충분하다. 비록 유리 속의 원자 사이에서는 3.00×10^8 m/s의 속력으로 빛이 진행하지만, 흡수와 복사 과정으로 인하여 물질을 투과하는 빛의 평균 속력은 약 2×10^8 m/s로 늦어진다. 빛이 유리에서 공기로 다시 나오면 흡수와 복사 과정은 없어지게 되고, 속력은 처음 값으로 돌아온다.

빛의 굴절과 유사한 역학적인 경우가 그림 35.13에 나타나 있다. 구르는 통의 왼쪽 끝이 잔디에 다다르면 속력이 늦춰지는 반면에, 콘크리트에 남아 있는 오른쪽은 처음 속력으로 움직인다. 이 속력의 차이가 통에 회전 중심점을 만들어 진행 방향을 변화시킨다.

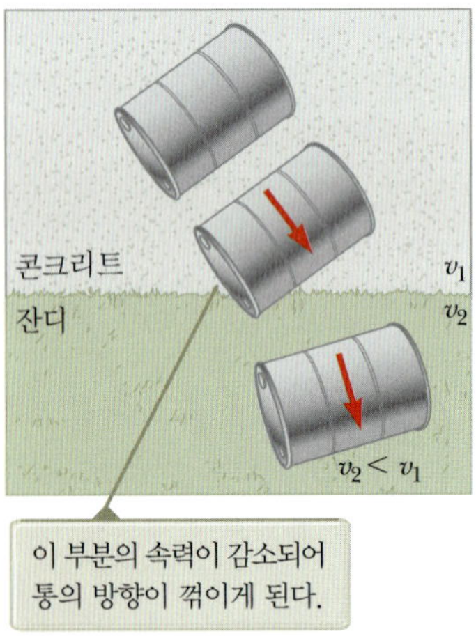

그림 35.13 콘크리트 바닥에서 잔디로 굴러가는 통을 위에서 본 그림

굴절률 Index of Refraction

일반적으로 매질 속에서 빛의 속력은 진공 속에서의 속력보다 느리다. 사실 **빛은 진공에서 최대의 속력 c로 진행한다.** 매질의 **굴절률**(index of refraction) n을 이 속력의 비로 정의한다.

굴절률 ▶

$$n \equiv \frac{\text{진공 속에서 빛의 속력}}{\text{매질 속에서 빛의 속력}} \equiv \frac{c}{v} \tag{35.4}$$

위의 정의로부터 굴절률은 단위가 없고 1보다 크다는 것을 알 수 있으며, 진공에서는 $n = 1$이다. 여러 가지 물질의 굴절률을 표 35.1에 나타내었다.

빛이 한 매질에서 다른 매질로 진행할 때, 파동의 진동수 f는 변하지 않으나 파장은

표 35.1 여러 가지 물질의 굴절률

물질	굴절률	물질	굴절률
고체 (20°C)		액체 (20°C)	
입방 지르코니아	2.20	벤젠	1.501
다이아몬드 (C)	2.419	이황화 탄소	1.628
형석 (CaF_2)	1.434	사염화 탄소	1.461
용융 석영 (SiO_2)	1.458	에틸 알코올	1.361
GaP	3.50	글리세린	1.473
크라운 유리	1.52	물	1.333
납유리	1.66		
얼음 (H_2O)	1.309	기체 (0°C, 1기압)	
폴리스티렌	1.49	공기	1.000 293
소금 (NaCl)	1.544	이산화 탄소	1.000 45

Note: 위의 모든 값들은 진공 중에서 파장 589 nm인 빛에 대한 값이다.

변한다. 그 이유를 알아보기 위하여, 그림 35.14와 같이 어떤 특정 진동수를 가진 파동의 파면이 매질 1에 있는 점 A에 위치한 관측자를 지나, 매질 1과 2 사이의 경계면에 입사하는 경우를 생각해 보자. 매질 2의 점 B에 있는 관측자를 지나는 파동은 점 A를 지나는 파동의 진동수와 같아야 한다. 만약 두 진동수가 다르다면 에너지는 경계면에 쌓이거나 사라지게 된다. 이런 현상이 일어날 수 있는 메커니즘은 없기 때문에, 한 매질에서 다른 매질로 진행할 때 진동수는 일정하다.* 따라서 각 매질에서 진행파 모형으로부터 $v = \lambda f$(식 16.12)의 관계는 항상 성립하고, $f_1 = f_2 = f$이므로

$$v_1 = \lambda_1 f \qquad \text{그리고} \qquad v_2 = \lambda_2 f \tag{35.5}$$

이다. 그림 35.14에 보인 바와 같이 $v_1 \neq v_2$이므로 $\lambda_1 \neq \lambda_2$이다.

굴절률과 파장의 관계식은 식 35.5의 첫 번째 식을 두 번째 식으로 나누고, 식 35.4의 굴절률의 정의를 사용하면 다음과 같이 된다.

$$\frac{\lambda_1}{\lambda_2} = \frac{v_1}{v_2} = \frac{c/n_1}{c/n_2} = \frac{n_2}{n_1} \tag{35.6}$$

따라서

$$\lambda_1 n_1 = \lambda_2 n_2$$

이고, 만일 매질 1이 진공 또는 실제적으로 공기라고 하면 $n_1 = 1$이다. 따라서 식 35.6으로부터 어떤 매질의 굴절률은 다음의 비로 표현된다.

$$n = \frac{\lambda}{\lambda_n} \tag{35.7}$$

여기서 λ는 진공에서의 빛의 파장이고, λ_n은 굴절률이 n인 매질에서 빛의 파장이다. 식

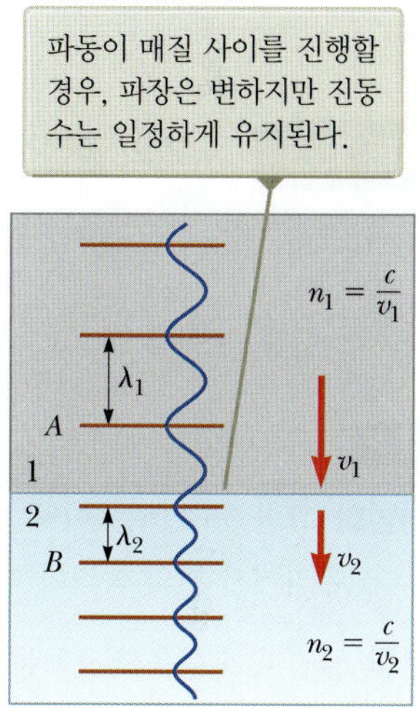

그림 35.14 파동이 매질 1에서 매질 2로 진행할 때, 속력이 느려진다.

오류 피하기 35.2

반비례 관계 굴절률은 파동 속력에 **반비례한다.** 파동의 속력 v가 감소하면 굴절률 n은 증가한다. 따라서 물질의 굴절률이 크면 빛의 속력이 진공 중의 속력보다 더 많이 줄어든다. 빛의 속력이 많이 감소하면 식 35.8에서 θ_2는 θ_1과 더 많이 차이가 난다.

* 전자기파가 물질 속에서 전파될 때 전자들이 다시 빛을 복사한다. 전자 운동의 진동수는 입사 파동의 진동수와 같고, 또 전자의 진동에 의하여 나오는 빛의 진동수도 같으므로 당연하다.: 역자 주

35.7로부터, $n > 1$이므로 $\lambda_n < \lambda$임을 알 수 있다.

식 35.3의 v_2/v_1를 식 35.6의 n_1/n_2에 대입하면, 다른 형태로 표현할 수 있다.

스넬의 굴절 법칙 ▶

$$n_1 \sin \theta_1 = n_2 \sin \theta_2 \tag{35.8}$$

이 관계식은, 실험적으로 발견한 스넬(Willebrord Snell, 1591~1626)의 이름을 따서 **스넬의 굴절 법칙**(Snell's law of refraction)이라 한다. 35.6절에서 이 식에 관하여 더 검토할 것이다. 서로 다른 두 매질 사이의 경계면에서 파동의 굴절은 자연에서 흔히 일어나는 현상이므로, 이런 파동 현상을 **굴절파**(wave under refraction)의 모형으로 분석한다. 식 35.8은 전자기 복사에 대한 이 모형의 수학적인 표현이다. 지진파나 음파 등 다른 파동도 이 모형을 따르는 굴절 현상을 보여 주며, 이 문제에 대한 모형은 식 35.3을 사용한다.

오류 피하기 35.3

여기서 n은 정수가 아니다 18장에서는 줄이나 공기 기둥의 정상파의 모드를 나타내기 위하여 n을 사용하였다. 그 경우 n은 정수였다. 굴절률 n은 정수가 아니다.

퀴즈 35.3 빛이 굴절률이 1.3인 매질에서 1.2인 매질로 진행한다. 입사 광선과 비교하였을 때 굴절된 빛의 특성은 어떠한가? **(a)** 법선 방향으로 꺾인다. **(b)** 반사되지 않는다. **(c)** 법선 반대 방향으로 꺾인다.

예제 35.3 유리의 굴절각

파장이 589 nm인 광선이 공기 중에서 투명하고 평평한 크라운 유리로 법선과 입사각 30.0°를 이루며 입사한다.

(A) 굴절각을 구하라.

풀이

개념화 그림 35.11a는 이 문제에 주어진 굴절 과정을 잘 보여 준다. 유리에서 빛의 속력이 더 작으므로 $\theta_2 < \theta_1$이 예상된다.

분류 굴절파 모형을 적용하는 전형적인 문제이다.

분석 굴절각 $\sin\theta_2$를 구하기 위하여 스넬의 굴절 법칙을 사용한다.

$$\sin \theta_2 = \frac{n_1}{n_2} \sin \theta_1$$

θ_2에 대하여 푼다.

$$\theta_2 = \sin^{-1}\left(\frac{n_1}{n_2} \sin \theta_1\right)$$

입사각과 표 35.1에 있는 굴절률을 대입한다.

$$\theta_2 = \sin^{-1}\left(\frac{1.00}{1.52} \sin 30.0°\right) = 19.2°$$

(B) 유리에서 빛의 속력을 구하라.

풀이 유리에서 빛의 속력에 대하여 식 35.4를 푼다.

$$v = \frac{c}{n}$$

주어진 값들을 대입한다.

$$v = \frac{3.00 \times 10^8 \text{ m/s}}{1.52} = 1.97 \times 10^8 \text{ m/s}$$

(C) 유리에서 빛의 파장은 얼마인가?

풀이 식 35.7을 이용한다.

$$\lambda_n = \frac{\lambda}{n} = \frac{589 \text{ nm}}{1.52} = 388 \text{ nm}$$

결론 (A)에서 $\theta_2 < \theta_1$임에 주목하자. 이는 (B)에서 구한 빛의 속력이 공기 중에서의 속력보다 더 작은 것과 부합한다. (c)에서, 빛의 파장은 공기에서보다 유리에서 더 짧음을 볼 수 있다.

예제 35.4 평행판을 투과하는 빛

그림 35.15와 같이 빛이 매질 1로부터 매질 2, 즉 굴절률이 n_2인 두꺼운 평행판을 투과한다. 투과된 빛이 입사한 빛과 평행함을 보이라.

풀이

개념화 그림 35.15에서 빛의 경로를 따라가면, $n_2 > n_1$이므로 첫 번째 굴절에서는 법선 방향으로 굴절되고 두 번째 면에서는 법선과 멀어지는 각도로 굴절된다.

분류 예제 35.3처럼, 이 예제는 **굴절파** 모형을 적용하는 또 다른 전형적인 문제이다.

분석 윗면에서 스넬의 굴절 법칙을 적용한다.

(1) $$\sin\theta_2 = \frac{n_1}{n_2}\sin\theta_1$$

아랫면에서 다시 스넬의 법칙을 적용한다.

(2) $$\sin\theta_3 = \frac{n_2}{n_1}\sin\theta_2$$

식 (1)을 식 (2)에 대입한다.

$$\sin\theta_3 = \frac{n_2}{n_1}\left(\frac{n_1}{n_2}\sin\theta_1\right) = \sin\theta_1$$

결론 그러므로 $\theta_3 = \theta_1$이고 판은 빛의 방향을 변하게 하지 않는다. 그러나 그림 35.15에 보인 바와 같이 투과 전후 광선의 두 경로가 거리 d만큼 떨어져 있다.

문제 만약 평행판의 두께 t가 두 배로 되면 두 광로 사이의 거리 d도 두 배가 되는가?

답 그림 35.15에서 판 내에서 빛의 경로를 고려하자. 거리 a는 두 직각 삼각형의 빗변이다.

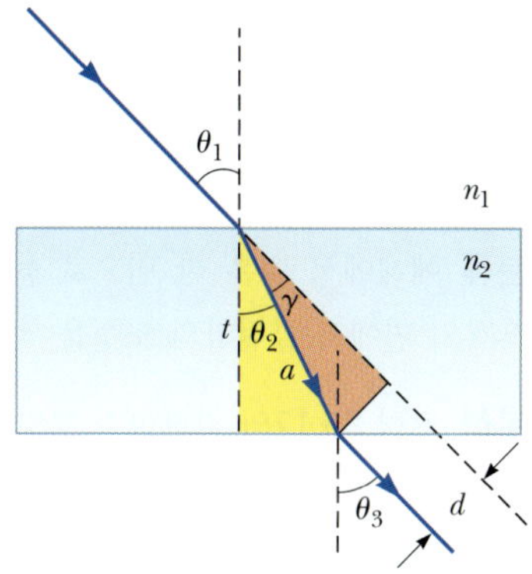

그림 35.15 (예제 35.4) 판의 아래로부터 나오는 광선에 평행한 점선은 평행판이 없을 경우 빛이 지나가는 경로를 나타낸 것이다.

노란 삼각형으로부터 a에 대한 식을 구한다.

$$a = \frac{t}{\cos\theta_2}$$

주황 삼각형으로부터 d에 대한 식을 구한다.

$$d = a\sin\gamma = a\sin(\theta_1 - \theta_2)$$

이들 두 식을 결합한다.

$$d = \frac{t}{\cos\theta_2}\sin(\theta_1 - \theta_2)$$

주어진 입사각 θ_1에 대하여 굴절각 θ_2는 굴절률에 의해서만 결정되므로, 경로 사이의 거리 d는 평행판 두께 t에 비례한다. 만약 두께가 두 배로 변하면, 광로 사이의 거리도 마찬가지이다.

예제 35.4는 평행판을 통과한 경우에 해당한다. 만약 그림 35.16과 같이 두 면이 평행하지 않은 두 면을 지나면 어떻게 될까? 이 경우 투과된 빛은 입사된 빛과 동일한 각도를 유지하지 않을 것이며, 두 각도의 차이는 δ만큼 될 것이다. 이때 δ를 **편향각**(angle of deviation)이라 한다. **꼭지각**(apex angle) Φ는 그림에서 볼 수 있듯이 프리즘을 이루는 두 면의 각도이다.

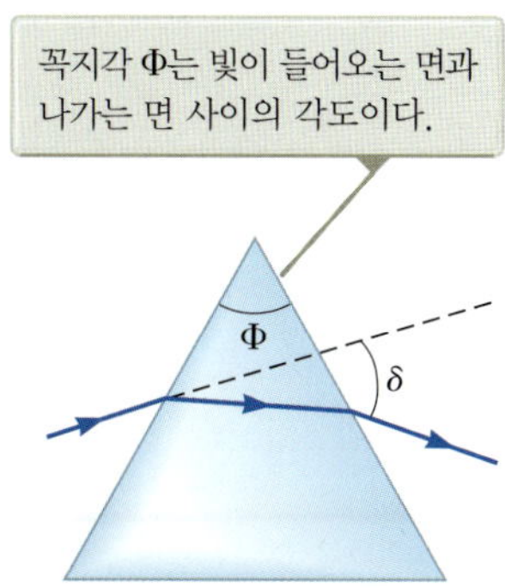

그림 35.16 단일 파장 광선을 편향각 δ로 굴절시키는 프리즘

예제 35.5 프리즘을 이용한 굴절률의 측정

비록 여기서 증명은 하지 않지만 프리즘에서 최소 편향각 δ_{min}이 되는 입사각 θ_1은 프리즘 내부에서 굴절 광선이 그림 35.17에서 보는 바와 같이 두 프리즘 면의 법선과 같은 각도를 이룰 때이다.[1] 프리즘의 굴절률을 꼭지각 Φ와 최소 편향각으로 표현하라.

풀이

개념화 우선 그림 35.17을 주의깊게 보고 왜 빛이 그림과 같이 진행하는지 이해해야 한다.

분류 예제에서 빛은 한 면으로 들어가서 다른 면에서 나온다. 각각의 면에서 **굴절파**의 모형을 적용하자.

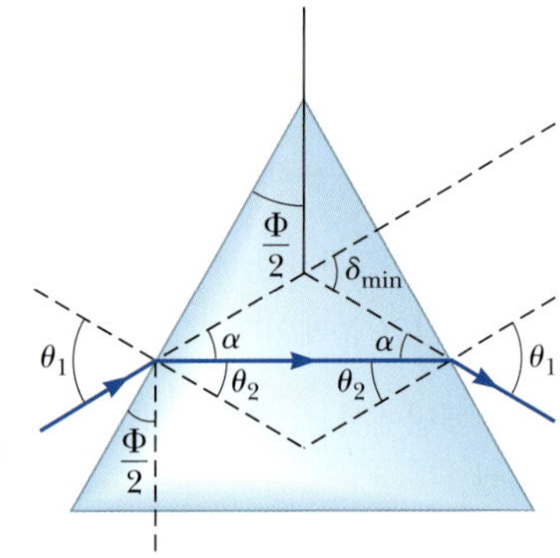

그림 35.17 (예제 35.5) 프리즘에서 최소 편향각(δ_{min})으로 진행하는 빛의 진행 모양

분석 그림 35.17의 기하학적 모양을 고려하자. 입사 광선의 위치에서 $\theta_2 = \Phi/2$임을 알 수 있다. 삼각형의 한 외각은 반대편 두 내각의 합과 같으므로 $\delta_{min} = 2\alpha$이다. 또한 $\theta_1 = \theta_2 + \alpha$가 성립함을 그림에서 알 수 있다.

이런 세 기하학적인 결과를 결합한다.

$$\theta_1 = \theta_2 + \alpha = \frac{\Phi}{2} + \frac{\delta_{min}}{2} = \frac{\Phi + \delta_{min}}{2}$$

왼쪽 면에 굴절파 모형을 적용하고, n에 대하여 푼다.

$$(1.00)\sin\theta_1 = n\sin\theta_2 \rightarrow n = \frac{\sin\theta_1}{\sin\theta_2}$$

입사각과 굴절각을 대입한다.

$$n = \frac{\sin\left(\dfrac{\Phi + \delta_{min}}{2}\right)}{\sin(\Phi/2)} \qquad \textbf{(35.9)}$$

결론 프리즘의 꼭지각 Φ를 알고 δ_{min}을 측정하면, 프리즘 재료의 굴절률을 알 수 있다. 그러므로 액체의 굴절률을 알고자 한다면, 속이 빈 프리즘에 그 액체를 넣고, 앞서 말한 방법으로 꼭지각과 δ_{min}을 구하면 된다.

35.6 하위헌스의 원리
Huygens's Principle

반사와 굴절의 법칙을 증명없이 이 장의 앞부분에서 기술하였다. 이 절에서는 1678년에 하위헌스가 제안한 기하학적인 방법으로 이들 법칙을 전개해 보자. **하위헌스의 원리**(Huygens's principle)란 이전에 알고 있는 파면을 사용하여 어떤 순간의 새로운 파면의 위치를 작도하는 것이다. 하위헌스의 작도법에 따르면

> 파면상의 모든 점은 소파(wavelet)라고 하는 2차 구면파를 생성하는 점 파원으로 생각할 수 있으며, 이 소파는 매질에서의 파동 속력을 가지고 바깥쪽 방향으로 전파된다. 얼마의 시간이 경과한 후, 새로운 파면의 위치는 이 소파들에 접하는 면(포락면)이다.

먼저 그림 35.18a와 같이 자유 공간에서 이동하는 평면파의 경우를 생각해 보자. $t = 0$일 때의 파면을 AA'으로 나타내었다. 하위헌스의 작도법에 따르면 이 파면의 각

[1] 이의 자세한 증명은 광학 책을 찾아보기 바란다.

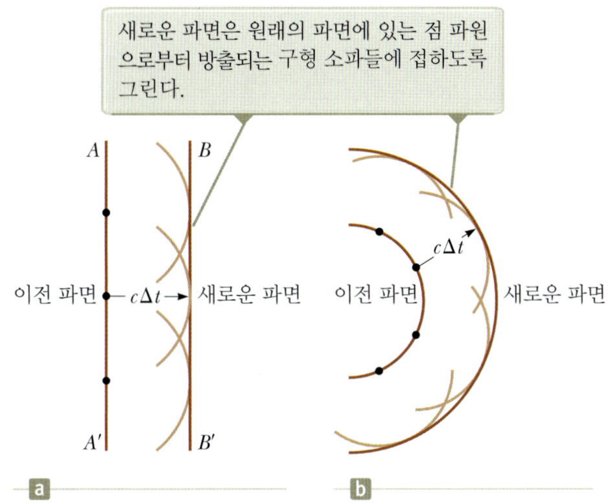

그림 35.18 하위헌스 작도에 따른 오른쪽으로 진행하는 (a) 평면파와 (b) 구면파

점은 점 파원으로 생각할 수 있다. 명료하게 보이기 위하여 AA' 면 위에 세 점만을 나타내었다. 이 점들을 소파의 파원으로 하여 반지름이 $c\Delta t$인 원(실제는 구면)을 그린다. c는 빛의 속력이며, Δt는 파동이 전파되는 동안의 시간 간격이다. 이들 소파의 접하는 면인 BB'이 시간 간격 후의 새로운 파면이 되며, AA'면과는 평행하다. 비슷한 방법으로 그림 35.18b는 구면파에 대한 하위헌스의 작도를 보여 준다.

오류 피하기 35.4

하위헌스의 원리는 유용한가? 이 시점에서, 하위헌스 원리의 중요성이 분명하지 않을 수 있다. 퍼져 나가는 파동의 위치를 예측하는 것이 대수롭지 않게 보일 수 있다. 여기서 우리는 반사와 굴절의 법칙을 이해하기 위하여, 그리고 나중에 빛에 대한 추가적인 파동 현상을 설명하기 위하여 하위헌스의 원리를 사용할 것이다.

반사와 굴절에 적용한 하위헌스의 원리

Huygens's Principle Applied to Reflection and Refraction

이제 반사와 굴절의 법칙을 하위헌스의 원리를 이용하여 유도해 보자. 반사의 법칙은 그림 35.19를 참조한다. 선 AB는 광선 1이 면에 도달할 때의 입사파의 평면 파면을 나타낸다. 이 순간 A의 파동은 A에 중심을 둔 갈색 원호로 나타낸 하위헌스 소파를 D쪽으로 내보낸다. 반사파는 표면과 γ'의 각도를 이룬다. 동시에 B의 파동은 B에 중심을 둔 갈색 원호로 나타낸 하위헌스 소파를 C를 향하여 내보낸다. 입사파는 표면과 γ의 각도를 이룬다. 그림 35.19는 광선 2가 면에 도달한 때, 즉 시간 간격 Δt가 흐른 후의 이들 소파를 보여 준다. 광선 1과 2는 모두 같은 속력으로 움직이므로 $AD = BC = c\Delta t$이다.

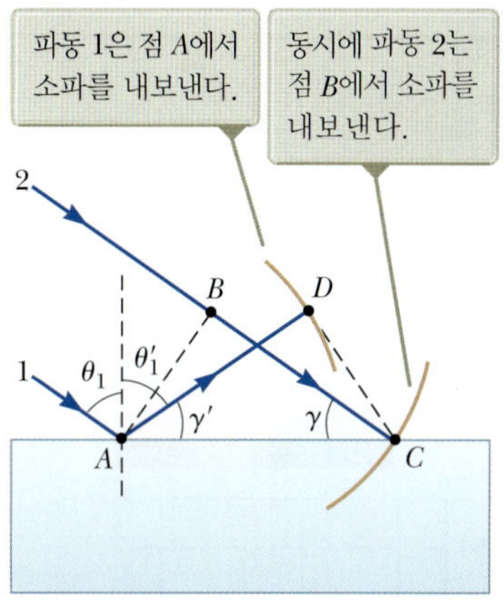

그림 35.19 반사의 법칙을 증명하기 위한 하위헌스의 작도

나머지의 분석은 그림 35.19에 보인 두 삼각형 ABC와 ADC에 대한 것이다. 이 두 삼각형은 공통의 변 AC를 가지고 $AD = BC$이므로 합동이다.

$$\cos\gamma = \frac{BC}{AC}, \qquad \cos\gamma' = \frac{AD}{AC}$$

여기서 $\gamma = 90° - \theta_1$이고 $\gamma' = 90° - \theta'_1$이다. $AD = BC$이므로

$$\cos\gamma = \cos\gamma'$$

그러므로

$$\gamma = \gamma'$$
$$90° - \theta_1 = 90° - \theta'_1$$

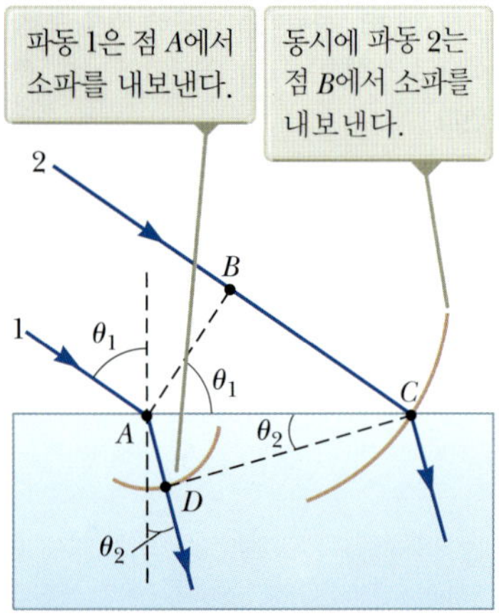

그림 35.20 스넬의 굴절 법칙을 증명하기 위한 하위헌스의 작도

그리고

$$\theta_1 = \theta_1'$$

이다. 이는 곧 반사의 법칙이다.

이번에는 하위헌스의 원리를 이용하여 굴절에 관한 스넬의 법칙을 유도해 보자. 우리의 관심은 그림 35.20에서와 같이 광선 1이 표면에 다다른 때로부터 광선 2가 표면에 도달할 때까지이다. 이 시간 동안 파동은 점 A에서 갈색의 하위헌스 소파를 D쪽으로 내보내고 이 방향은 표면의 법선과 각도 θ_2를 이룬다. 같은 시간 동안 점 B에서 C쪽으로 갈색의 하위헌스 소파를 내보내고 이 빛은 같은 방향으로 계속 진행한다. 두 개의 소파는 다른 매질에서 진행하므로 소파의 반지름은 다르다. 점 A로부터의 소파의 반지름은 $AD = v_2 \Delta t$이고, 점 B로부터의 소파의 반지름은 $BC = v_1 \Delta t$이다. v_1과 v_2는 각각 첫 번째와 두 번째 매질에서의 빛의 속력이다.

삼각형 ABC와 삼각형 ADC에서

$$\sin\theta_1 = \frac{BC}{AC} = \frac{v_1\,\Delta t}{AC}, \qquad \sin\theta_2 = \frac{AD}{AC} = \frac{v_2\,\Delta t}{AC}$$

이고, 첫 번째 식을 두 번째 식으로 나누면

$$\frac{\sin\theta_1}{\sin\theta_2} = \frac{v_1}{v_2}$$

이다. 그런데 식 35.4에서 $v_1 = c/n_1$이고 $v_2 = c/n_2$이므로

$$\frac{\sin\theta_1}{\sin\theta_2} = \frac{c/n_1}{c/n_2} = \frac{n_2}{n_1}$$

그리고

$$n_1 \sin\theta_1 = n_2 \sin\theta_2$$

이다. 이는 곧 스넬의 굴절 법칙이다.

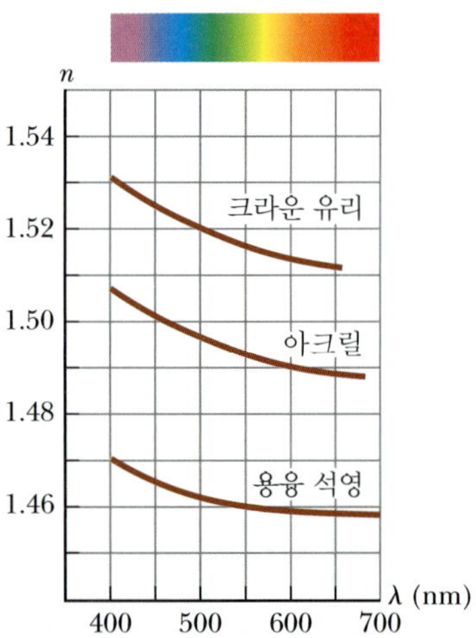

그림 35.21 진공에서 파장에 따른 세 가지 물질의 굴절률의 변화

35.7 분 산
Dispersion

어떤 물질에 대하여 굴절률의 가장 중요한 특성 중의 하나는 그림 35.21과 같이 굴절률이 파장에 따라 변한다는 것이다. 이와 같은 성질을 **분산**(dispersion)이라 한다. 굴절률 n은 파장의 함수이므로 빛이 어떤 물질에서 굴절될 때, 스넬의 굴절 법칙에 따라 굴절 광선은 파장에 따라 다른 각도로 꺾이게 된다.

그림 35.21에서 보듯이, 일반적으로 파장이 증가함에 따라 굴절률은 감소한다. 이는 빛이 어떤 물질에서 굴절될 때, 파란색 빛이 빨간색 빛보다 더 많이 꺾임을 의미한다.

모든 가시광선이 혼합된 **백색광**(모든 가시광선의 조합)이 그림 35.22와 같이 프리즘에 입사된다고 하자. 확실히 편향각 δ는 파장에 따라 다르다. 광선은 **가시 스펙트럼**

그림 35.22 백색광이 유리 프리즘 왼쪽 위에서 입사한다.

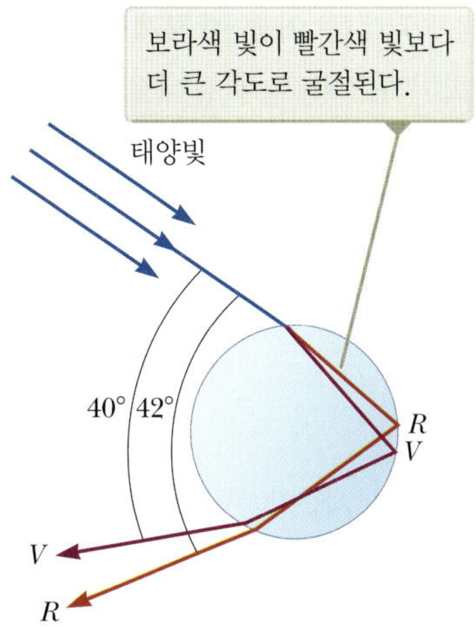

그림 35.23 구형 물방울 안에서 태양 빛의 경로. 이 경로에 따른 빛이 가시광의 무지개를 만든다.

오류 피하기 35.5

여러 광선의 무지개 그림 35.23과 같은 그림을 잘못 해석할 수도 있다. 그림에서는 물방울로 들어가서 반사되고 굴절한 뒤 들어간 광선과 40~42°를 이루며 물방울에서 나오는 광선을 본다. 이 그림을 보고 물방울로 들어간 **모든** 빛이 이 좁은 범위의 각도로 물방울에서 나온다고 오해할 수 있다. 실제로 빛은 0~42°의 넓은 범위의 각도로 물방울에서 나온다. 동그란 물방울에서의 반사와 굴절을 세밀하게 분석하면 물방울에서 **빛이 가장 강하게 나오는 각도**가 40~42° 사이임을 알 수 있다.

(visible spectrum)으로 알려진 여러 가지 색을 가지고 퍼져 나온다. 이 색은 파장이 감소하는 순서로 빨간색, 주황색, 노란색, 초록색, 파란색 및 보라색이다. 뉴턴은 각각의 색이 특별한 편향각을 가지고 있으며, 또한 이 색은 원래의 백색광으로 다시 합쳐질 수 있다는 것을 보였다.

빛이 스펙트럼으로 분산되는 것을 본 경험은 대체로 태양을 등진 상태에서 작은 물방울이 모여 있는 곳(예를 들어 폭포 주위나 비가 온 지역)을 볼 때이다. 즉 무지개를 볼 수 있는 것은 빛의 분산 현상 때문에 나타난 자연 현상을 보는 것이다. 무지개가 생성되는 것을 이해하기 위하여 그림 35.23을 보자. 반사파와 굴절파 모형을 모두 적용할 필요가 있을 것이다. 백색광인 태양 광선이 머리 위를 지나 대기 중에 있는 물방울과 만나서 다음과 같이 반사와 굴절을 일으킨다. 먼저 물방울 앞면에서 보라색의 빛이 가장 많이 굴절되고 빨간색이 가장 적게 굴절이 일어난다. 물방울의 뒷면에서 반사된 빛은 앞면으로 돌아오는데, 여기서 다시 굴절되어 공기로 나오게 된다. 백색 입사 광선과 물방울에서 되돌아 나온 광선들 사이의 각도가 파장에 따라 약간 다르다. 즉 보라색은 입사 방향과 40°의 각도를 이루는 방향으로 산란되어 나오고, 빨간색 빛은 같은 입사 방향에 대하여 42° 정도의 각도를 이루는 방향으로 산란되어 나오는 것이 된다. 돌아나오는 광선 사이의 이런 작은 각도 차이가 무지개를 만든다.

관측자가 그림 35.24와 같이 무지개를 보고 있다고 가정해 보자. 물방울이 하늘 높이 있다면 물방울로부터 입사광과의 사이각(예각)이 가장 크게 되도록 꺾이는 강한 빨간색 빛이 관측자에게 도달할 것이며, 가장 적게 되도록 꺾이는 보라색 빛은 관측자를 그냥 스쳐 지나갈 것이다. 따라서 관측자는 이 물방울로부터 오는 빨간색을 보게 되고, 마찬가지로 하늘에서 더 낮은 곳에 있는 물방울은 관측자에게 가장 강한 보라색 빛을 향하게 하여, 관측자는 보라색을 보게 된다(이 물방울로부터 오는 가장 강한 빨간색 빛은 관측자의 눈 아래로 지나가게 되어 보이지 않게 된다). 스펙트럼의 나머지 색깔로부터 오는 가장 강한 빛은 이 양 끝 사이의 위치에 놓일 것이다.

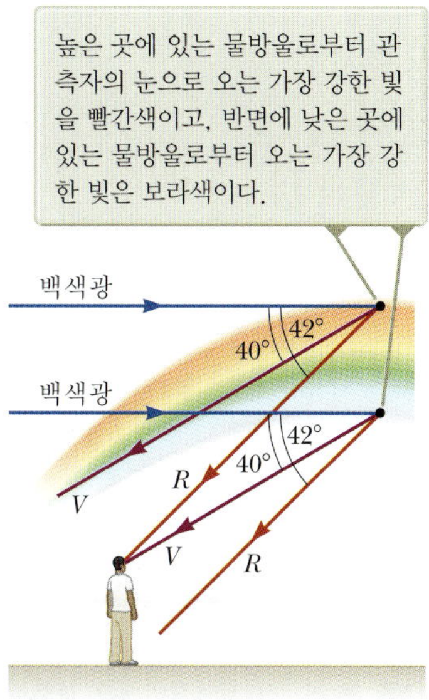

그림 35.24 뒤쪽에 태양을 두고 서 있는 관측자에게 보이는 무지개의 형성

Mark D. Phillips/Photo Researchers, Inc.

그림 35.25 이 사진은 색의 순서가 반대로 되어 있는 뚜렷한 두 번째 무지개를 보여 주고 있다.

그림 35.25는 **이중 무지개**를 보여 주고 있다. 두 번째 무지개는 원래의 무지개에 비하여 희미하고 순서가 반대로 되어 있다. 두 번째 무지개는 물방울 내부에서 밖으로 나오기 전에 두 번의 반사를 거친 빛이 만든 것이다. 실험실에서 무지개를 구현하는 경우 30번까지 반사가 일어난 후 굴절되어 나오는 빛을 만들 수 있다. 이런 경우 반사의 횟수가 많을수록 빛은 약하게 되는데, 이것은 내부 반사가 일어날 때 작은 양의 빛이 물방울로부터 공기 중으로 굴절되어 나오기 때문에 완전 반사가 이루어지지 않기 때문이다.

Q 퀴즈 35.4 사진기에서 렌즈는 굴절 현상을 이용하는 것이다. 이상적으로는 물체에서 나오는 모든 색이 감광면에 맺히게 되기를 원한다. 그림 35.21에 있는 물질 중에서 어떤 재질로 구성된 사진기 렌즈를 선택하는 것이 좋은가? **(a)** 크라운 유리 **(b)** 아크릴 **(c)** 용융 석영 **(d)** 알 수 없음

35.8 내부 전반사
Total Internal Reflection

굴절률이 큰 매질로부터 작은 매질로 빛이 진행할 때 **내부 전반사**(total internal reflection)라는 흥미로운 효과가 나타난다. 그림 35.26a와 같이 굴절률이 n_1인 매질에서 n_2인 매질($n_1 > n_2$)로 진행하는 빛이 경계면을 만날 때, 가능한 여러 입사 방향에 따라 광선 1부터 5까지 표시하였다. 굴절 광선은 n_1이 n_2보다 크므로 면 쪽으로 구부러진다. **임계각**(critical angle)이라 하는 어떤 특정한 입사각 θ_c에서, 굴절 광선은 경계면과 평행하게 진행하므로 $\theta_2 = 90°$이다(그림 35.26b 참조). 그림 35.26a에서 보듯이 5번 경로의 빛은 입사각이 θ_c보다 커서 경계면에서 완전 반사가 이루어진다.

스넬의 굴절 법칙을 이용하여 임계각을 구해 보자. $\theta_1 = \theta_c$이고 $\theta_2 = 90°$이므로, 식

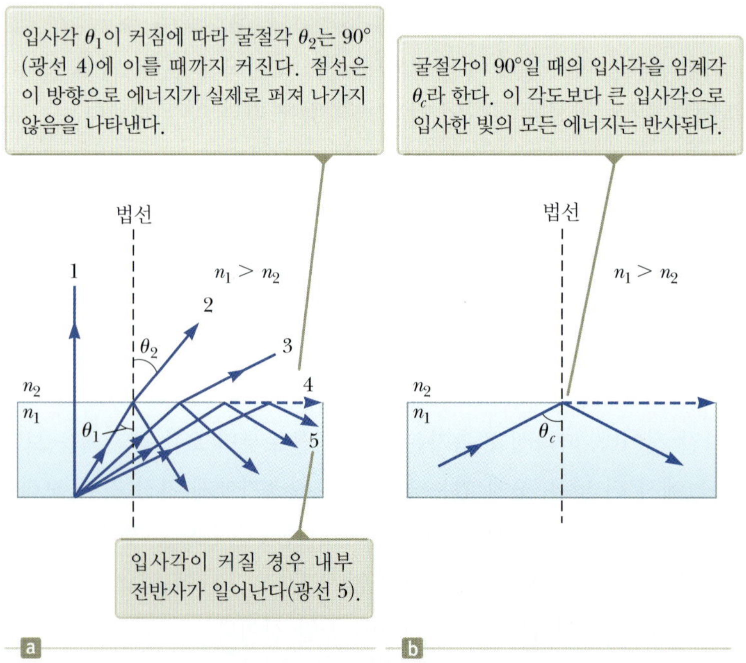

그림 35.26 (a) 굴절률이 n_1인 매질로부터 n_2인 매질로 진행하는 광선. 여기서 $n_2 < n_1$이다. (b) 광선 4를 따로 그렸다.

35.8은 다음과 같이 쓸 수 있다.

$$n_1 \sin\theta_c = n_2 \sin 90° = n_2$$

$$\sin\theta_c = \frac{n_2}{n_1} \quad (n_1 > n_2\text{인 경우}) \tag{35.10}$$

◀ 내부 전반사가 일어나기 위한 임계각

이 식은 n_1이 n_2보다 큰 경우에만 사용할 수 있다. 즉 내부 전반사는 빛이 주어진 굴절률의 어떤 매질로부터 굴절률이 작은 매질로 진행할 경우에만 나타난다. 만약 n_1이 n_2보다 작다면, 식 35.10에서 $\sin\theta_c > 1$이 되어, 사인 함수값이 1보다 커지므로 성립하지 않는다.

n_1이 n_2보다 충분히 클 때에는 내부 전반사를 일으키는 임계각이 작다. 예컨대 공기 중에서 다이아몬드의 임계각은 24°이다. 다이아몬드 안에서 24°보다 큰 각도로 표면에 접근하는 광선은 결정 안으로 완전히 반사된다. 이런 특성 때문에 적절히 세공된 다이아몬드는 반짝거린다. 자르는 면의 각도는 빛이 다중의 내부 전반사를 통하여 결정 내부에 갇히도록 한다. 이 다중의 반사는 빛이 매질 내부에서의 경로를 길게 해 주어 색깔의 큰 분산이 일어난다. 빛이 결정 윗면으로 나올 때에는 색깔이 다른 광선은 서로 충분히 넓게 분리된다.

입방정계 지르콘도 굴절률이 커서 진짜 다이아몬드처럼 반짝거린다. 만약 의심스러운 보석을 옥수수 시럽에 담그면 지르콘과 시럽은 굴절률의 차이가 작아 임계각이 커진다. 이는 빛이 빨리 탈출하게 됨을 의미하고 결과적으로 반짝거림은 완전히 사라지게 된다. 진짜 다이아몬드는 옥수수 시럽에 담가도 계속 반짝거린다.

그림 35.27 (퀴즈 35.5) 평행하지 않은 다섯 종류의 빛이 왼쪽에서 오른쪽으로 유리 프리즘으로 입사한다.

Q 퀴즈 35.5 그림 35.27은 다섯 종류의 빛이 유리 프리즘으로 왼쪽에서 입사되는 것을 나타낸 것이다. **(i)** 몇 개의 빛이 경사면에서 내부 전반사가 일어나는가? **(a)** 1 **(b)** 2 **(c)** 3 **(d)** 4 **(e)** 5 **(ii)** 프리즘은 종이면 방향으로 회전할 수 있다. 다섯 광선 모두가 경사면에서 내부 전반사가 일어나도록 하기 위해서는 어떤 방향으로 회전시켜야 하는가? **(a)** 시계 방향 **(b)** 시계 반대 방향

예제 35.6 물고기의 눈에 보이는 광경

물의 굴절률이 1.33이라면 공기-물 경계면에서 임계각은 얼마인가?

풀이

개념화 임계각의 중요성과 내부 전반사의 의미를 이해하기 위하여 그림 35.26을 자세히 살펴볼 필요가 있다.

분류 이 절에서 배운 개념을 이용하므로, 예제를 대입 문제로 분류한다.

공기-물 경계면에서 식 35.10을 적용한다.

$$\sin\theta_c = \frac{n_2}{n_1} = \frac{1.00}{1.33} = 0.752$$

$$\theta_c = 48.8°$$

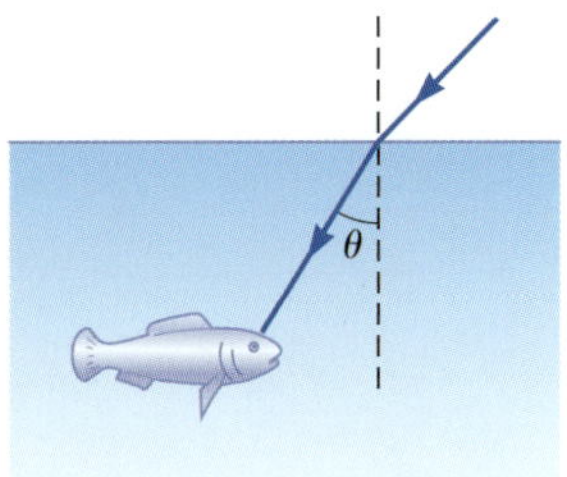

그림 35.28 (예제 35.6) 물고기가 수면을 향하여 위쪽을 바라보고 있다.

문제 그림 35.28과 같이 물속의 물고기가 수면을 향하여 다른 여러 각도로 바라볼 때, 무엇을 볼 수 있는가?

답 광선의 경로는 가역적이기 때문에, 그림 35.26a에 있는 매질 2에서 매질 1로 광선이 진행할 경우, 경로는 같고 방향은 **반대**이다. 이 경우는 그림 35.28의 물고기가 수면 위쪽을 바라보는 경우와 같다. 물고기가 바라보는 각도가 임계각보다 작을 때 물 밖을 볼 수 있다. 그러므로 예컨대 물고기가 바라보는 각도가 수면에 수직인 법선과 $\theta = 40°$를 이루는 경우에, 물 위의 빛은 물고기에 도달한다. 물의 임계각인 $\theta = 48.8°$에서는 수면을 스쳐 지나가는 빛이 물고기의 눈에 보일 것이며, 원리적으로 물고기는 호수의 모든 해안을 볼 수 있다. 임계각보다 큰 각도에서는 수면에서 내부 전반사된 빛이 물고기의 눈에 들어오게 된다. 따라서 $\theta = 60°$에서 물고기는 호수 바닥이 반사된 것을 볼 것이다.

광섬유 Optical Fibers

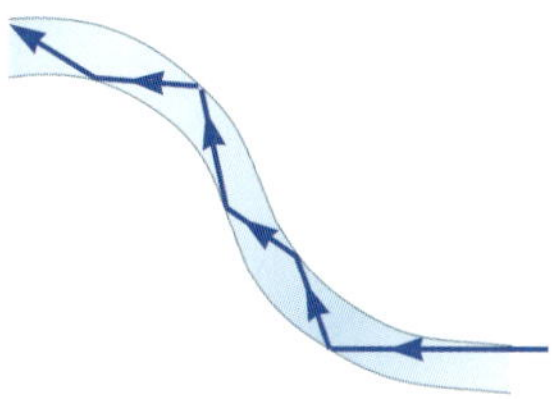

그림 35.29 빛이 여러 번의 내부 전반사에 의하여 휘어진 투명 막대 안에서 진행한다.

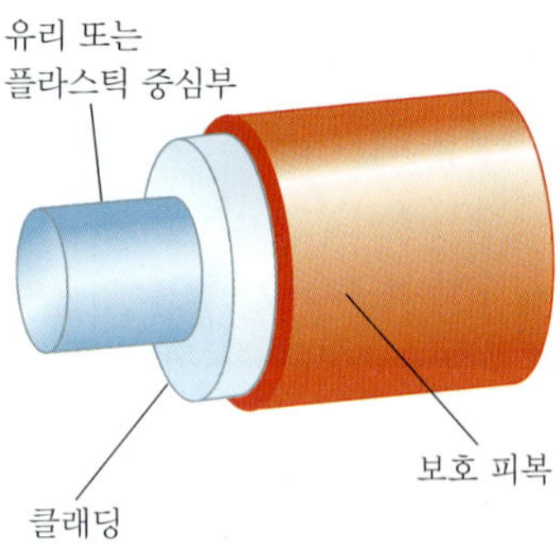

그림 35.30 광섬유의 구조. 빛이 클래딩과 보호 피복에 둘러싸인 코어에서 진행한다.

내부 전반사의 또 다른 흥미있는 응용으로 빛을 한 곳에서 다른 곳으로 전달하는 데 유리나 투명 플라스틱 파이프를 사용하는 것이다. 그림 35.29와 같이 빛은 파이프가 약간 휘어진 경우에도, 연속적인 전반사를 통하여 빛을 파이프 내부에 가두어 전달할 수 있다. 이와 같은 광 파이프는 굵은 막대보다는 얇은 **광섬유**(optical fiber) 다발을 쓰면 훨씬 유연하게 사용할 수 있다. 평행하게 만든 광섬유 다발은 광통신이나 상을 한 곳에서 다른 곳으로 보내는 데 사용된다. 2009년 노벨 물리학상의 일부는 얇은 유리 섬유를 통하여 먼 거리까지 광 신호를 전달하는 방법을 발견한 공로로 카오(Charles K. Kao)에게 수여되었다. 이런 발견은 **광섬유 광학**이라고 알려진 상당한 규모의 산업 발전으로 이어졌다.

실제 광섬유는 투명한 코어와 이를 둘러싼 굴절률이 더 작은 **클래딩**(cladding)이 감싸고 있으며, 바깥에는 손상을 막기 위하여 플라스틱 피복으로 싸여 있다. 그림 35.30은 이 구조의 단면을 보여 준다. 클래딩의 굴절률이 코어보다 작기 때문에, 두 경계면에 임계각보다 큰 각도로 입사하는 빛은 코어 안에서 내부 전반사에 의하여 진행한다. 이 경우 빛의 세기를 거의 잃지 않고 반사되어 코어를 따라 진행한다.

광섬유에서의 손실은 주로 광섬유의 양 끝에서의 반사와 섬유 물질에 의한 흡수 때문이다. 광섬유는 접근할 수 없는 곳을 관찰할 때 매우 유용하게 이용된다. 예를 들면

그림 35.31 (a) 통신 네트워크에서 음성, 영상이나 데이터 신호의 전달을 위하여 사용되는 유리 광섬유 다발 (b) 레이저로 비추어진 광섬유 다발

의사들은 인체 내부의 장기를 검사하거나 큰 자국을 남기지 않고 수술할 때, 이와 같은 기기를 종종 사용한다. 광섬유는 전선보다 훨씬 많은 양의 통화나 다른 형태의 정보를 보낼 수 있기 때문에, 통신용 구리선이나 동축 케이블을 대체하고 있다.

그림 35.31a는 통신 신호를 운반하는 데 사용될 수 있는 광 케이블로 만든 광섬유 다발을 보여 주고 있다. 그림 35.31b는 내부 전반사에 의하여 코일 모양의 휘어진 다발을 따라 진행하는 레이저 빛을 보여 주고 있다. 현재 많은 컴퓨터와 여러 전자 장비들은 정보 전달을 위한 전기적인 소자들뿐만 아니라 광학적인 소자들을 가지고 있다.

연습문제

객관식

1. 크라운 유리($n = 1.52$)로 만들어진 용기 안에 이황화 탄소 용액($n = 1.63$)이 담겨 있다. 액체 내에서 출발한 광선이 액체–유리 표면에 입사할 때 내부 전반사가 일어나기 위한 임계각은 얼마인가? (a) 89.2° (b) 68.8° (c) 21.2° (d) 1.07° (e) 43.0°

2. 매질 1과 2 사이에서 광파가 이동한다. 두 매질에서의 빛의 속력, 진동수, 파장 및 두 매질의 굴절률, 입사각과 반사각을 고려할 때 다음 중 옳은 것은 어느 것인가? 정답은 하나 이상일 수 있다. (a) $v_1/\sin\theta_1 = v_2/\sin\theta_2$ (b) $\csc\theta_1/n_1 = \csc\theta_2/n_2$ (c) $\lambda_1/\sin\theta_1 = \lambda_2/\sin\theta_2$ (d) $f_1/\sin\theta_1 = f_2/\sin\theta_2$ (e) $n_1/\cos\theta_1 = n_2/\cos\theta_2$

3. 빛이 공기에서 유리로 진행할 때 어떤 일이 일어나는가? (a) 속력은 같다. (b) 속력이 증가한다. (c) 파장이 증가한다. (d) 파장이 같다. (e) 진동수가 같다.

4. 물의 굴절률은 약 4/3이다. 빛이 공기에서 물로 진행할 때 다음 중 물에서의 빛의 성질을 올바르게 표현한 것은 어느 것인가? (a) 빛의 속력은 로 증가하고, 진동수는 감소한다. (b) 빛의 속력은 $\frac{3}{4}c$로 감소하고, 파장은 $\frac{3}{4}$배로 감소한다. (c) 빛의 속력은 $\frac{3}{4}c$로 감소하고, 파장은 $\frac{4}{3}$배로 증가한다. (d) 빛의 속력과 진동수는 변함없다. (e) 빛의 속력은 $\frac{3}{4}c$로 감소하고 진동수는 증가한다.

5. 빛이 공기에서 물로 진행하고 있다. 물에서 가능한 여러 광선의 경로를 그림 OQ35.5에 나타내었다. 이 중에서 어떤 경우가 가장 타당한가? (a) *A* (b) *B* (c) *C* (d) *D* (e) *E*

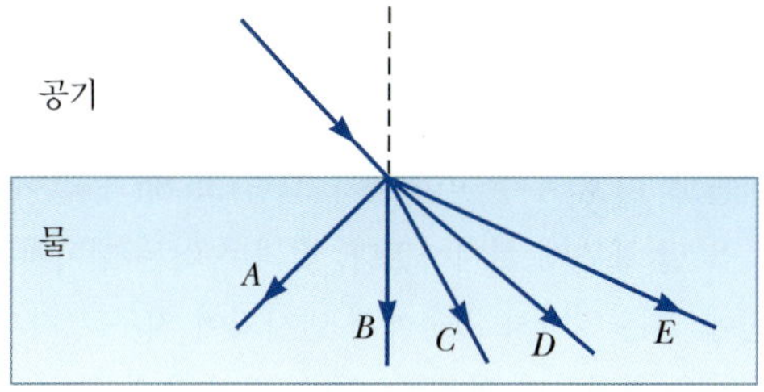

OQ35.5

6. 갈릴레오가 빛의 속력을 측정하고자 하였을 때, 빛이 10 km를 진행하는 데 필요한 시간 간격은 어느 정도인가? (a) 수 초 (b) 수 밀리초 (c) 수 마이크로초 (d) 수 나노초

7. 파란색과 빨간색의 파장을 포함한 광선이 유리판에 입사한다. 그림 OQ35.7에서 가장 타당한 것은 어느 것인가? (a) *A* (b) *B* (c) *C* (d) *D* (e) 정답 없음

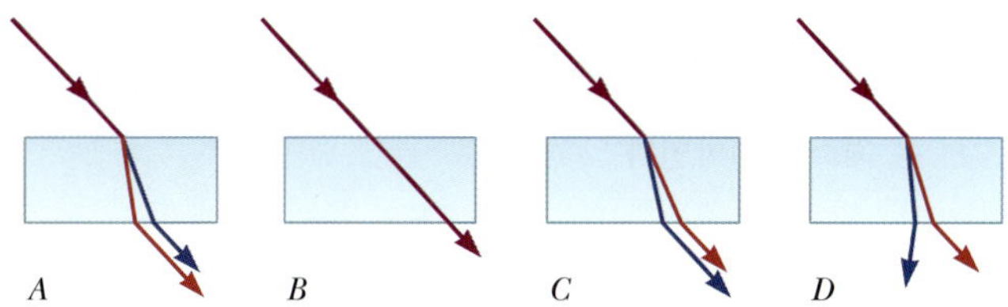

그림 OQ35.7

8. 광선이 진공에서 굴절률 n_1인 첫 번째 판으로 표면의 법선에 대하여 θ의 각도로 입사한다. 그리고 이어서 굴절률 n_2인 두 번째 판을 지난 다음 진공으로 다시 나온다. 두 개의 판은 서로 평행하게 놓여 있다. 다른 물질 사이의 경계면들은 모두 평행하다. 빛이 두 번째 판을 지나 나올 때, 다음 중 진공으로 나온 빛이 법선과 이루는 나중 각도 ϕ를 올바르게 말한 것은 어느 것인가? (a) $\phi > \theta$ (b) $\phi < \theta$ (c) $\phi = \theta$ (d) ϕ는 n_1과 n_2의 크기에 의존한다. (e) ϕ는 빛의 파장에

의존한다.

9. 다음 중 광섬유를 어떤 물질로 감쌀 때 광섬유의 코어에서 빛의 손실을 최소화하여 전달할 수 있는가? (a) 물 (b) 다이아몬드 (c) 공기 (d) 유리 (e) 용융 석영

10. 빛이 공기에서 크라운 유리로 법선에 대하여 입사각 θ로 입사할 때, 다음 중 어떤 색의 빛이 가장 많이 굴절하는가? (a) 보라색 (b) 파란색 (c) 초록색 (d) 노란색 (e) 빨간색

주관식

35.1 빛의 본질

35.2 빛의 속력 측정

1. (a) 진동수가 5.00×10^{17} Hz인 광자와 (b) 파장이 3.00×10^2 nm인 광자의 에너지를 구하라. 에너지의 단위를 전자볼트로 표현하라. $1\text{ eV} = 1.60 \times 10^{-19}$ J이다.

2. 아폴로 11호 우주 비행사가 그림 35.8a와 같이 역반사 거울을 달 표면에 설치하였다. 빛의 속력은 레이저 빔이 달 표면에 있는 역반사 거울에서 반사되어 지구로 다시 돌아오는 시간을 측정하면 얻을 수 있다. 달이 측정 위치의 천정에 있을 때(측정 위치가 달과 지구의 중심을 연결하는 선상에 위치함) 이 시간 간격을 2.51 s라면 (a) 빛의 속력은 얼마인가? 여기서 지구와 달의 중심 간의 거리는 3.84×10^8 m이다. (b) 또 이런 계산에서 지구와 달의 크기를 고려해야 하는지 설명하라.

3. 피조의 실험 장치를 사용하여 빛의 속력을 측정하는 실험에서(그림 35.2), 광원과 거울 사이의 거리는 11.45 km, 톱니바퀴의 톱니 수는 720개이다. 실험적으로 측정한 빛의 속력이 2.998×10^8 m/s라면, 이 실험에서 톱니바퀴의 각속력은 최소한 얼마인가?

35.3 광선 광학에서의 광선 근사

35.4 분석 모형: 반사파

35.5 분석 모형: 굴절파

Note: 표 35.1의 굴절률을 참조한다. 별다른 언급이 없는 한, 공기의 굴절률은 $n = 1.000\ 293$으로 한다.

4. 공기 중에서 빨간색의 헬륨–네온 레이저 빛의 파장은 632.8 nm이다. (a) 진동수는 얼마인가? (b) 굴절률 1.50인 유리에서의 파장은 얼마인가? (c) 유리에서의 속력은 얼마인가?

5. 잠수부가 물속에서 태양을 바라볼 때 겉보기 각도가 수평면 위 45.0°이면, 실제 태양이 수평면과 이루는 각도는 얼마인가?

6. 광선이 물속에 있는 크라운 유리의 평평한 면에 입사한다. 굴절각이 19.6°일 때 반사각을 구하라.

7. 그림 P35.7과 같이 빛이 아마인유의 법선(NN')과 $\phi = 20.0°$의 각도로 입사한다. 각도 (a) θ와 (b) θ'을 구하라. (단, 아마인유의 굴절률은 1.48이다.)

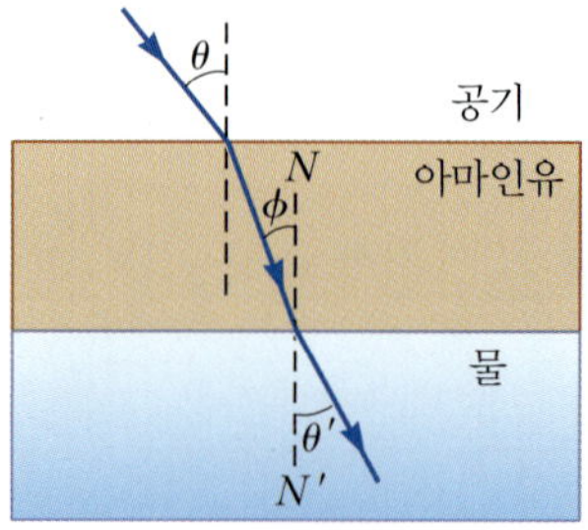

그림 P35.7

8. (a) 납유리, (b) 물, (c) 입방 지르코니아에서 빛의 속력을 구하라.

9. 그림 P35.9와 같이 광선이 공기에서 법선에 대하여 $\theta_1 = 45.0°$의 각도로 두 번째 매질에 입사한다. 두 번째 매질이 (a) 용융 석영, (b) 이황화 탄소, (c) 물일 경우 굴절각 θ_2를 각각 구하라.

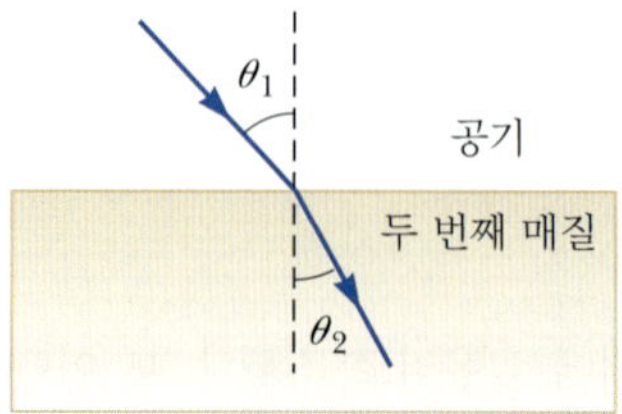

그림 P35.9

10. 광선이 두께 2.00 cm인 평평한 유리 조각($n = 1.50$)에 법선과 30.0°로 부딪쳤다. 유리를 지나가는 빛을 작도하고 각각의 표면에서 입사각과 굴절각을 구하라.

11. 입방 지르코니아로 만든 프리즘의 꼭지각이 50.0°이다. 최소 편향각은 얼마인가?

12. 레이저 빔이 물에 탄 옥수수 시럽 용액에 연직과 30.0°의 각도로 입사한다. 만약 이 빔이 연직과 19.24°로 굴절한다면 (a) 이 옥수수 시럽 용액의 굴절률은 얼마인가? 이 빛이 진공에서의 파장이 632.8 nm인 빨간 빛이라고 할 때, (b) 파장, (c) 진동수, 그리고 (d) 용액 내에서의 속력을 구하라.

13. 광선이 등각(60°–60°–60°) 유리 프리즘($n = 1.5$)의 한 면

에 30°의 입사각으로 들어온다. (a) 유리를 통과하는 광선의 경로를 그리고, 각 면에서의 입사각과 굴절각을 구하라. (b) 각 면에서 소량의 빛이 반사된다면 각 면에서의 반사각은 얼마인가?

14. 여러분이 창문을 통하여 볼 때, 공기 대신 유리를 통하여 지나가는 빛은 얼마만큼 시간이 지연되는가? 여러분이 기술한 자료를 기초로 해서, 크기의 정도를 추정하라. 지연되는 파장은 몇 개 정도인가?

15. 두 개의 거울이 그림 P35.15처럼 수직으로 놓여 있다. 점선으로 표시한 연직면 내의 빛이 거울 1에 입사할 때 (a) 반사된 빛이 거울 2에 입사될 때까지 진행한 거리를 구하라. (b) 거울 2에서 반사된 빛은 어떤 방향으로 진행하는가?

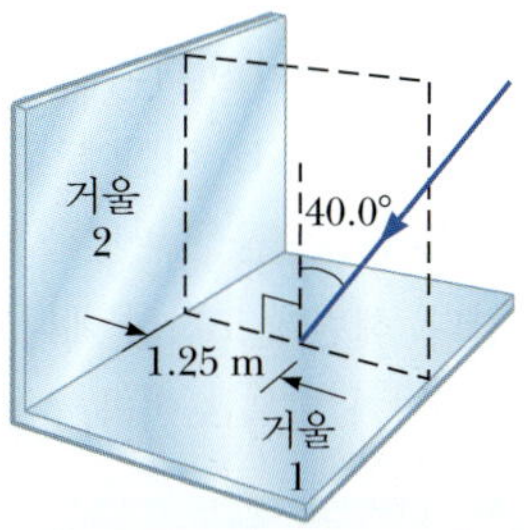

그림 P35.15

16. 그림 P35.16과 같이 $n = 1.50$인 유리판을 통과한 빛은 방향의 변화 없이 d만큼 수평 이동한다. (a) d의 값을 구하라. (b) 빛이 유리판을 지나는 데 걸리는 시간을 구하라.

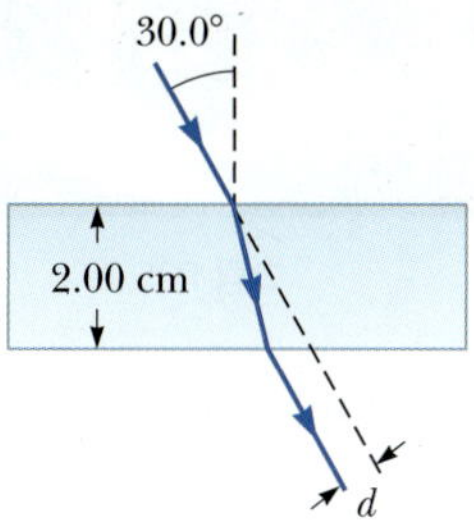

그림 P35.16

17. 두 개의 광 펄스가 광원으로부터 동시에 방출된다. 한 펄스는 공기 속에서 바로 6.20 m 떨어진 검출기에 도착하고, 다른 하나는 거울들에 의하여 반사되면서 공기 속 거리 6.20 m와 얼음 속 6.20 m를 지나서 검출기에 도착한다. 검출기에서 두 펄스의 도착 시간 차이를 구하라.

18. 빛이 공기에서 납유리를 통과하면서 굴절한다. (a) 경계면에 수직인 속도 성분이 굴절 전후에 일정할 수 있는지 답하고 설명하라. (b) 굴절 전후에 경계면에 평행인 속도 성분이 일정할 수 있는지 답하고 설명하라.

19. 진공 속에서 파장이 632.8 nm인 레이저 광선이 그림 35.10b와 같이 공기에서 루사이트판으로 입사한다. 사진의 시선은 광선이 움직이는 평면과 수직이다. 루사이트 속에서 빛의 (a) 속력, (b) 진동수, (c) 파장을 구하라. (**도움말**: 각도기를 이용한다.)

20. 윗면의 지름이 3.00 m인 원통 모양의 탱크에 물이 차 있고 오후의 태양빛이 수평면과 28.0°의 각도를 이루면서 수면에 입사되고 있다. 이후 굴절된 빛이 탱크의 바닥을 전혀 비추지 않는다고 할 때 탱크의 깊이는 얼마인가?

21. 꼭지각이 60.0°이고 굴절률이 1.50인 유리 프리즘에서 (a) 입사각이 $\theta_1 = 48.6$일 경우 빛의 경로는 그림 35.17에서와 같이 꼭짓점을 중심으로 대칭적임을 보이라. (b) 이때 편향각 δ_{min}을 구하라. (c) 첫 번째 면에서의 입사각이 $\theta_1 = 45.6°$일 경우 편향각을 구하라. (d) $\theta_1 = 51.6°$일 경우 편향각을 구하라.

22. 파장이 700 nm인 빛이 용융 석영 프리즘($n = 1.458$)에 입사각 75.0°로 입사한다. 프리즘의 꼭지각은 60.0°이다. 이때 (a) 첫 번째 면에서의 굴절각, (b) 두 번째 면에서의 입사각, (c) 두 번째 면에서의 굴절각, (d) 프리즘에 입사하는 광선과 프리즘에서 나오는 광선 사이의 각을 계산하라.

23. 그림 P35.23은 굴절률이 다른 일련의 층에 입사하는 광선을 보여 준다. 여기서 $n_1 < n_2 < n_3 < n_4$이다. 광선은 점진적으로 법선을 향하여 구부러짐에 주목하자. n의 변화가 연속적이라면, 경로는 매끄러운 곡선을 형성할 것이다. 이 개념과 광선 도표를 사용하여, 일몰 시 태양이 수평선 아래로 떨어진 직후에도 태양을 볼 수 있는 이유를 설명하라.

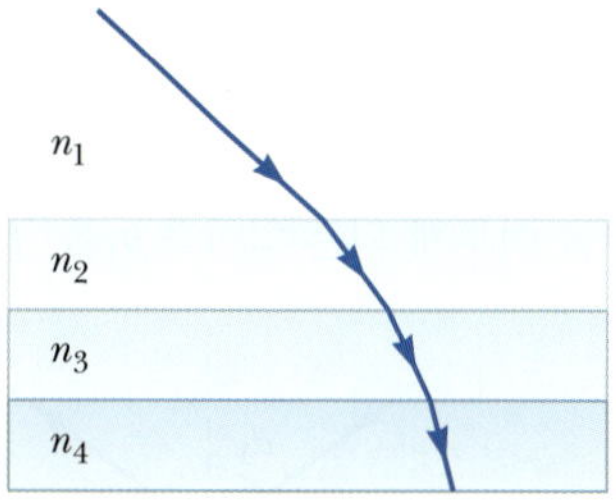

그림 P35.23

24. 그림 P35.24a처럼 빈 용기를 보는 사람은 용기 바닥의 반대편 끝을 볼 수 있다. 용기의 높이는 h이고 너비는 d이다. 용기가 굴절률 n인 액체로 가득 채워져 있는 상태에서 같은 각도로 바라볼 때, 그림 P35.24b처럼 용기 바닥의 가운데에 있는 동전을 볼 수 있다. (a) h/d의 비율이 다음과 같음을 보이라.

$$\frac{h}{d} = \sqrt{\frac{n^2 - 1}{4 - n^2}}$$

(b) 용기 너비가 8.00 cm이고 물로 채워져 있다고 가정하고, 위의 식을 이용하여 용기의 높이를 구하라. (c) 임의의 h와 d 값에 대하여 용기 가운데 있는 동전을 보지 못하는 굴절률의 범위를 구하라.

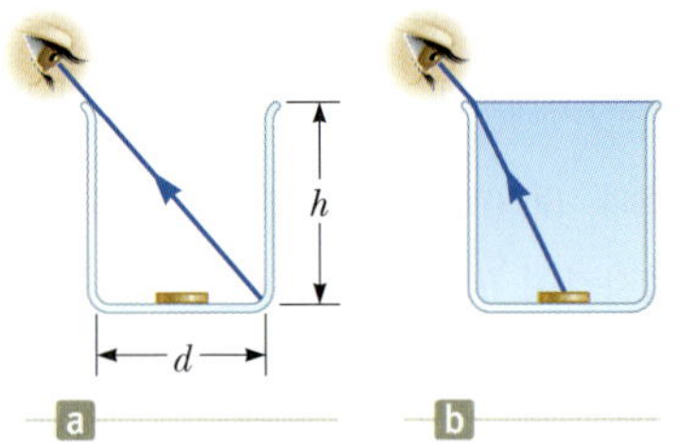

그림 P35.24

25. 그림 P35.25와 같이 두 개의 거울이 서로 평행하게 놓여 있다. 입사 빛은 평행한 두 거울 내에서 몇 번이나 반사되는가?

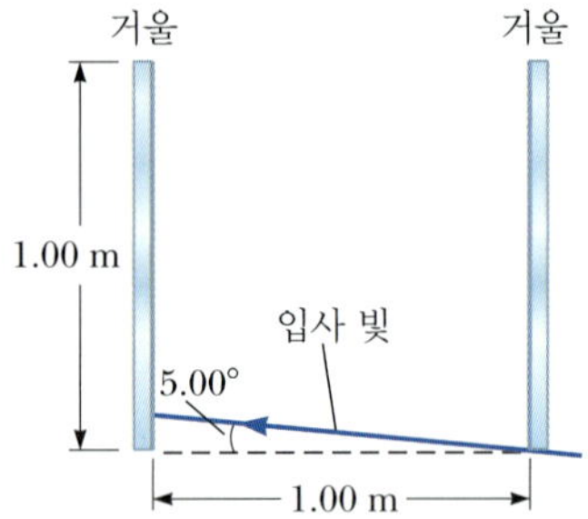

그림 P35.25

35.6 하위헌스의 원리

35.7 분 산

26. 그림 P35.26과 같이 빛이 공기와 유리 경계면에서 반사되고 굴절된다. 유리의 굴절률이 n_g라 할 때, 반사 광선과 굴절 광선이 직각을 이루게 되는 입사각 θ_1을 구하라.

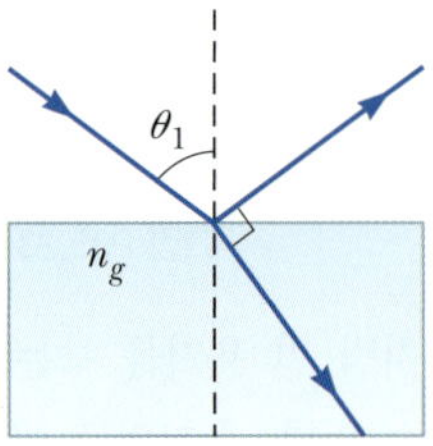

그림 P35.26

27. 빨간색 빛에 대한 물의 굴절률은 1.331이고 파란색 빛에 대한 굴절률은 1.340이다. 백색광선이 83.0°의 각도로 물에 입사할 때, (a) 빨간색과 (b) 파란색 빛의 굴절각은 각각 얼마인가?

28. 빨간색과 보라색 파장을 가진 빛이 석영 판에 50.0°의 각도로 입사한다. 600 nm(빨간색 빛)에서 석영의 굴절률은 1.455이고 410 nm(보라색 빛)에서 석영의 굴절률은 1.468이다. 두 파장의 굴절각 차이로 정의된 판의 분산 값을 구하라.

29. 물결파의 속력은 $v = \sqrt{gd}$로 기술한다. 여기서 d는 수심인데, 파장에 비하여 작다고 가정한다. 물결파는 수심이 다른 곳으로 이동할 때 속력이 변하기 때문에, 굴절된다. (a) 대륙의 동쪽 편에 위치한 바닷가의 지도를 그려보자. 기울기는 상당히 고르다고 가정하고 물 아래 같은 깊이를 이은 등수심선을 그리라. (b) 멀리 북북동 쪽에 있는 폭풍우로부터 시작한 물결파가 해변에 도착한다고 가정한다. 물결파는 해변의 해안선에 거의 수직으로 온다는 것을 증명하라. (c) 그림 P35.29에서처럼 만과 곶이 번갈아 있는 해안선의 지도를 그리라. 이 지형에 인접한 바다의 등수심선의 모양에 대하여 논리적으로 추측한다. (d) 해변에 접근하는 물결파를 생각하자. 처음에 이 파동은 곧은 파면을 따라 밀도가 균일한 에너지를 운반한다. 해변에 도착한 에너지는 곶에 집중되고 만에서 더 낮은 세기가 됨을 보이라.

Andy Ryan/Stone/Getty Images

그림 P35.29

30. 그림 P35.30과 같이 단단한 납유리의 보라색 빛에 대한 굴절률은 1.66이고 빨간색 빛에 대한 굴절률은 1.62이다. 이 물질로 만들어진 꼭지각이 60.0°인 프리즘에 입사각 50.0°로 빛이 들어올 때, 가시광선의 각 퍼짐을 구하라.

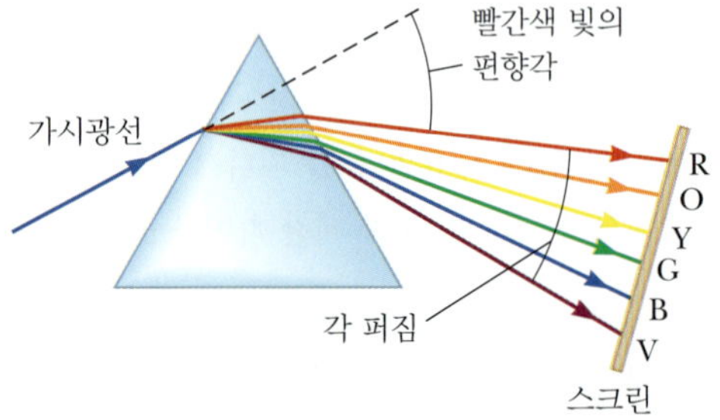

그림 P35.30 문제 30, 31

31. 실리카 납유리에서 보라색과 빨간색의 굴절률은 각각 n_V 와 n_R이다. 꼭지각이 Φ인 프리즘에 θ의 각도로 입사하는 가시 광선의 각퍼짐은 얼마인가? 그림 P35.30을 참조하라.

35.8 내부 전반사

32. 유리 광섬유($n = 1.50$)가 물($n = 1.33$)에 잠겨 있다. 광섬유 내에 빛이 머무르기 위한 임계각은 얼마인가?

33. 589 nm의 빛에 대하여 공기 중의 (a) 입방 지르코니아, (b) 납유리, (c) 얼음에 대한 임계각을 계산하라.

34. 그림 P35.34와 같이 꼭지각이 $\Phi = 60.0°$이고 굴절률이 $n = 1.50$인 삼각형 모양의 유리 프리즘이 있다. 광선이 프리즘의 다른 면을 투과해 공기로 나가는 최소 입사각 θ_1은 얼마인가?

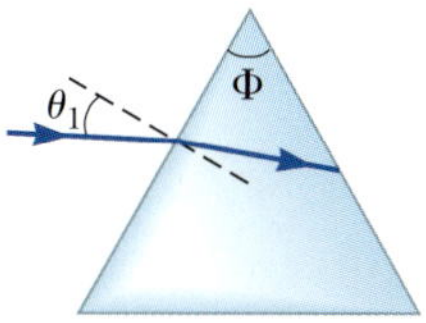

그림 P35.34 문제 34, 35

35. 그림 P35.34와 같이 꼭지각이 Φ이고 굴절률이 n인 삼각형 모양의 유리 프리즘이 있다. 광선이 프리즘의 다른 면을 투과해 공기로 나가는 최소 입사각 θ_1은 얼마인가?

36. 그림 P35.36과 같이 지름이 $d = 2.00\ \mu$m이고 굴절률이 1.36인 투명한 막대가 있다. 빛이 막대 내에서 내부 전반사를 일으키며 진행하기 위하여, 막대의 끝에서 입사하는 빛의 최대 입사각 θ를 구하라. 이 문제의 답은 광섬유에서 수용원뿔(cone of acceptance)의 크기를 나타낸다.

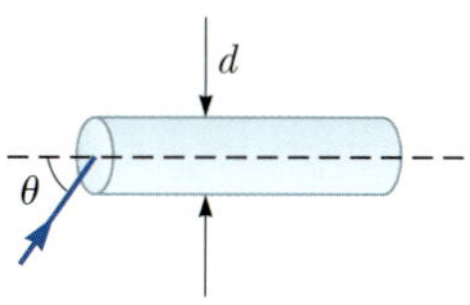

그림 P35.36

37. 도로 위의 과열된 공기에 의하여 형성되는 신기루에 대하여 알아보자. 눈높이가 도로 위 2.00 m인 트럭 기사가 전방을 본다. 여기서 $n = 1.000\ 293$이다. 기사가 시선을 수평선 아래로 1.20°로 하면 전방 도로의 시선 너머로 물웅덩이가 있어 젖어 있는 것처럼 신기루를 본다. 도로 표면 바로 위 공기의 굴절률을 구하라.

38. 공기로 가득찬 방에서 음속이 343 m/s이다. 콘크리트로 만들어진 벽에서의 음속은 1 850 m/s이다. (a) 공기와 콘크리트 경계면에서 내부 전반사가 일어나기 위한 임계각을 구하라. (b) 내부 전반사가 일어나기 위하여 소리는 처음 어느 매질에서 진행해야 하는가? (c) "콘크리트 벽은 소리에 대하여 아주 효과적인 거울이다." 이 말이 맞는지 틀린지 설명하라.

39. 지름이 d이고 굴절률이 n인 광섬유가 진공 중에 있다. 그림 P35.39와 같이 빛이 광섬유 축 방향으로 입사한다. (a) 광섬유를 인위적으로 구부렸을 경우 빛이 새어나가지 않을 최소의 바깥쪽 반지름 R_{min}을 구하라. (b) 광섬유의 지름 d가 영으로 근접할 경우 (a)의 답은 어떻게 되는가? (c) n이 증가할 때 (a)의 답은 어떻게 되는가? (d) n이 1로 접근할 때 (a)의 답은 어떻게 되는가? (e) 광섬유의 지름이 100 μm이고 굴절률이 1.40일 때 R_{min}을 계산하라.

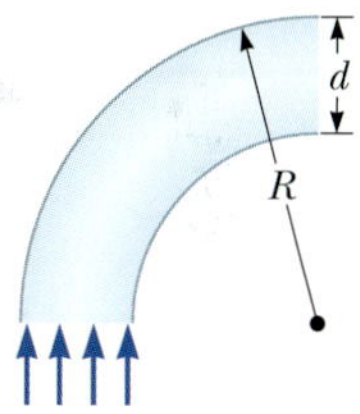

그림 P35.39

40. 작은 수중 전등이 수영장의 수면 아래 1.00 m인 곳이 있다. 고요한 물속에서 나오는 빛이 수면에 원을 만들 때, 이 원의 지름은 얼마인가?

CHAPTER 36

상의 형성

Image Formation

사진의 먼 배경에 있는 나뭇잎들로부터 직접 온 광선들은, 이 사진을 찍은 사진기에 선명한 상을 맺지 못한다. 사진의 배경이 흐려져 보이는 것은 바로 그 때문이다. 그러나 물방울을 통과한 광선들은 변화되어 나뭇잎의 또렷한 상이 필름 위에 맺힐 수 있게 된다. 이 장에서는 광선이 거울에서 반사되거나 렌즈에 의하여 굴절될 때 어떻게 상이 맺히는지를 살펴본다. *(Don Hammond Photography Ltd. RF)*

이 장에서는 광선이 두 매질 사이의 평면이나 곡면을 만날 때 생기는 상에 대하여 공부한다. 상은 이들 표면에 의한 빛의 반사나 굴절에 의하여 생길 수 있으며, 거울과 렌즈를 설계하여 원하는 특성을 가지는 상을 만들 수도 있다. 이 장에서 광선 근사(ray approximation)와 빛의 직진성의 가정을 계속 사용한다. 먼저 거울과 렌즈에 의한 상의 형성과 상의 위치와 크기를 공부한다. 그러고 나서 이들을 조합하여 현미경과 망원경과 같은 유용한 광학 기기를 어떻게 만드는지 살펴본다.

36.1 평면 거울에 의한 상
Images Formed by Flat Mirrors

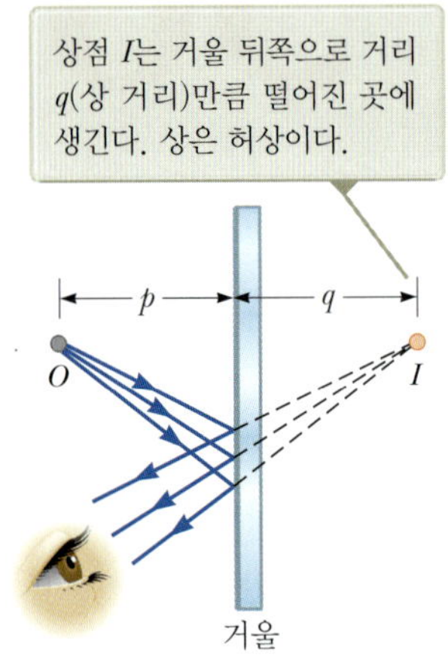

그림 36.1 평면 거울로부터의 반사에 의하여 생기는 상

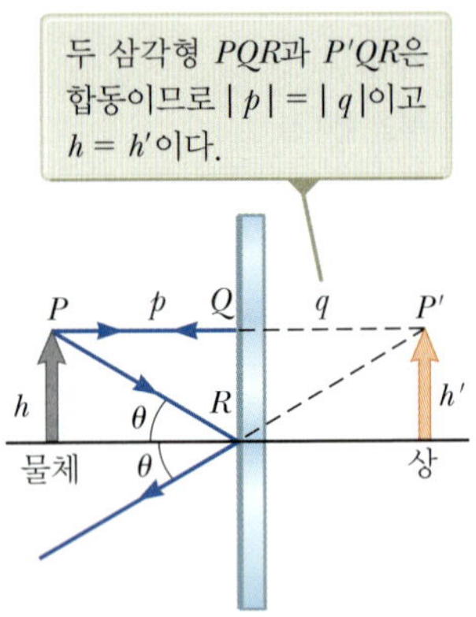

그림 36.2 평면 거울 앞에 놓인 물체의 상을 찾기 위한 기하학적 작도

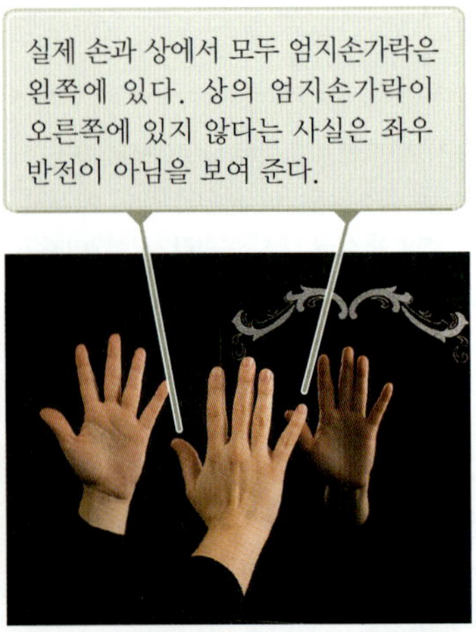

© Cengage Learning/George Semple
그림 36.3 거울에 비친 오른손의 상은 앞뒤로 반전된다. 거울 속의 상은 왼손처럼 보인다.

거울에 의한 상의 형성은 반사파 분석 모형으로 설명되는 광선의 거동으로 이해할 수 있다. 먼저 가장 간단한 거울인 평면 거울에 대하여 생각해 보자. 그림 36.1에서와 같이 평면 거울로부터 p만큼 떨어진 점 O에 점광원이 놓인 경우를 생각하자. 거리 p를 **물체 거리**(object distance)라 한다. 광선들은 광원에서 나와 거울에서 반사된다. 반사된 광선들은 계속 발산한다(퍼져서 서로 멀어진다). 발산하는 광선들을 역으로 따라가 보면(그림 36.1의 점선들) 교점 I에서 만난다. 관측자에게 이 발산하는 광선들은 거울 뒤에 있는 점 I로부터 오는 것처럼 보인다. 점 I는 거울 뒤쪽으로 거리 q에 위치하는데, 점 I를 O에 있는 물체의 **상**(image)이라 하며, 거리 q를 **상 거리**(image distance)라 한다. 어떤 광학계에서든, 발산하는 광선들을 역으로 연장하여 그들의 교점을 찾음으로써 상의 위치를 찾을 수 있다. 상은 광선들이 실제로 발산하는 점 또는 광선들이 발산하는 것처럼 보이는 점에 생긴다.

상은 **실상**(real image)과 **허상**(virtual image)으로 분류된다. **실상**은 모든 광선들이 상점(image point)을 통과하여 발산하는 경우에 생기며, **허상**은 대부분의 광선들이 상점을 통과하지 않고 상점으로부터 발산하는 것처럼 보인다. 그림 36.1에서 거울에 의하여 생긴 상은 허상이다. 물체로부터 나온 광선이 거울 뒤 상이 있는 곳에 존재하지 않는다. 그러므로 거울 앞에서 광선은 단지 I로부터 발산되는 것처럼 보인다. 평면 거울 속에 보이는 상은 **언제나** 허상이다. 실상은 (마치 영화관에서 영화를 보듯) 스크린 위에서 볼 수 있으나, 허상은 스크린 위에서 볼 수 없다. 실상의 예는 36.2절에서 보게 될 것이다.

그림 36.2에 보인 간단한 배치를 이용하여 평면 거울에 의하여 생기는 크기가 있는 물체의 상의 성질을 살펴보자. 물체(회색 화살표)의 각 점에서 나오는 광선의 방향은 무한히 많지만, 상이 어디에 생기는지 결정하는 데는 두 개의 광선만 있으면 충분하다. 한 광선은 점 P에서 시작하여 거울에 수직인 경로를 따라 입사된 후 반사되어 오던 경로를 되돌아간다. 두 번째 광선은 비스듬한 경로 PR를 따라 거울에 입사되어 반사의 법칙에 따라 그림 36.2와 같이 반사된다. 거울 앞에 있는 관측자에게 두 광선이 거울 뒤쪽의 점 P'에서 나오는 것처럼 보이는데, 이 점은 역으로 연장한 두 광선이 만나는 점이다. 이런 과정을 다른 점들에 대해서도 계속하면 거울 뒤에 정립 허상(주황색 화살표)을 얻게 된다. 두 삼각형 PQR와 $P'QR$는 합동이므로 $PQ = P'Q$이다. 즉 $|p| = |q|$이다. 그러므로 평면 거울 앞에 놓인 물체의 상은 물체와 거울 사이의 거리만큼 거울 뒤쪽에 생긴다.

그림 36.2에서 알 수 있는 또 한 가지 사실은 물체의 크기 h와 상의 크기 h'이 같다는 것이다.* 상의 **가로 배율**(lateral magnification) M은 다음과 같이 정의된다.

---

* 상의 형성에 관한 용어 중 물체의 크기, 상의 크기, 물체 거리, 상 거리는 비록 부호없는 용어같지만 다음 절 이후에 나오듯이 부호 규약에 의하여 모두 음과 양의 부호가 있는 양임을 미리 강조한다.:역자 주

$$M = \frac{\text{상의 크기}}{\text{물체의 크기}} = \frac{h'}{h} \tag{36.1}$$

이 식은 가로 배율의 일반적인 정의로서 거울의 종류에 관계없이 적용되며, 36.4절에서 공부할 렌즈에 의한 상에 대해서도 성립한다. 평면 거울의 경우 $h' = h$이므로 어떤 상에 대해서도 $M = +1$이다. 배율이 양수인 것은 상이 정립 상임을 의미한다(정립이라는 것은 그림 36.2에서와 같이 화살표 물체가 위쪽을 향하면, 화살표 상 또한 위쪽을 향한다는 것이다).

평면 거울은 좌우가 반전된 상을 만드는 것처럼 보인다. 그림 36.3과 같이 거울 앞에서 오른손을 들어보라. 거울 속에 왼손을 들고 있는 상이 보일 것이다. 마찬가지로 여러분의 머리 가르마가 왼쪽에 있다면 거울 속의 상은 오른쪽 가르마를 하고 있고, 여러분의 오른쪽 뺨에 점이 있다면 거울 속의 상은 왼쪽 뺨에 점이 있다.

이 뒤바뀜은 사실은 **좌우반전**(left-right reversal)이 아니다. 예컨대 거울 면과 몸이 나란하도록 왼쪽으로 누운 경우를 상상해 보자. 그러면 머리는 왼쪽에 발은 오른쪽에 오게 된다. 여러분이 발을 흔든다고 해서 거울 속의 상이 머리를 흔들지는 않는다! 그렇지만 여러분이 오른손을 들어올리면 거울 속의 상은 왼손을 들어올린다. 거울은 다시 좌우반전을 일으키는 것으로 보이지만 이 반전은 위아래 방향에서 일어난다!

사실 이 반전은 거울을 향하여 갔다가 반사되어 다시 되돌아오는 광선들에 의하여 일어나는 **앞뒤반전**(front-back reversal)이다. 재미있는 실습거리로서 오버헤드 프로젝터용 투명지를 그 위에 쓰인 글씨를 읽을 수 있도록 들고서 거울 앞에 서 보라. 투명지의 상에 나타난 글씨 또한 읽을 수 있을 것이다. 자동차 밖에서 읽을 수 있도록 자동차 뒷유리에 투명한 전사지(decal)를 붙인 경우에도 비슷한 경험을 할 수 있다. 자동차 밖에서 그 전사지의 글씨를 읽을 수 있다면, 자동차 안에서도 뒷거울에 비친 전사지의 상을 봄으로써 글씨를 읽을 수 있다.

Q 퀴즈 36.1 여러분이 거울에서 약 2 m쯤 떨어진 곳에 서 있다고 하자. 거울에는 물방울이 군데군데 남아 있다. 다음 명제가 참인지 거짓인지 판별하라. 여러분의 상과 물방울에 눈의 초점을 동시에 맞출 수 있다.

36.2 구면 거울에 의한 상
Images Formed by Spherical Mirrors

앞 절에서는 평면 거울에 의하여 생기는 상을 공부하였다. 이 절에서는 곡면 거울에 의하여 생기는 상을 공부한다. 매우 다양한 곡률의 거울들이 가능하지만, 여기에서는 **구면 거울**(spherical mirror)만을 다룬다. 이름이 의미하듯이 구면 거울은 모양이 구의 일부분과 같다.

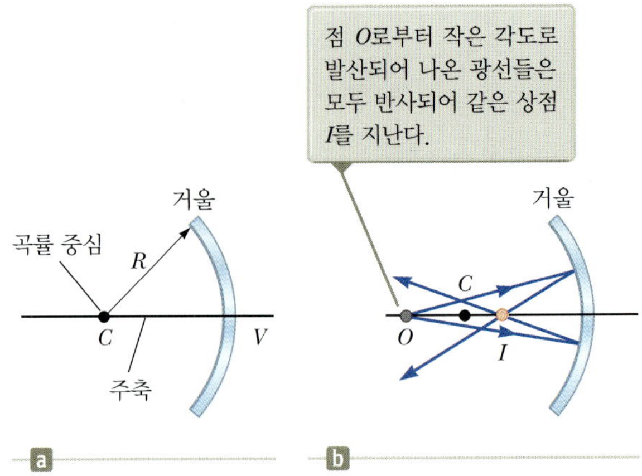

그림 36.4 (a) 반지름 R인 오목 거울. 곡률 중심 C가 주축 위에 있다. (b) 점 물체가 반지름 R인 구면 오목 거울 앞의 점 O에 놓여 있다. 점 O는 주축을 따라 거울 표면으로부터 거리 R보다 더 멀리 떨어진 위치이다. 이 경우 I에 생기는 상은 실상이다.

오목 거울 Concave Mirrors

먼저 그림 36.4와 같이 공의 안쪽 표면처럼 오목한 구면 거울을 생각해 보자. 이런 종류의 반사면을 **오목 거울**(concave mirror)이라 한다. 그림 36.4a의 오목 거울은 곡률 반지름이 R이고, 곡률 중심은 점 C이다. 점 V는 구면부의 중앙점이며 C와 V를 연결하는 직선을 거울의 **주축**(principal axis)이라고 한다. 그림 36.4a는 구면 거울의 단면을 보여 주는데, 구면 거울의 표면은 그림에서 진한 파란색 곡선으로 표현되어 있다(표면과 나란하게 그려진 연한 파란색 띠는 거울 표면을 지지하는 구조, 예를 들면 표면에 은이 입혀진 구면 유리를 나타낸다). 이런 종류의 거울은 그림 36.5의 노란색 광선들처럼 들어오는 평행광을 한 점에 모이게 한다.

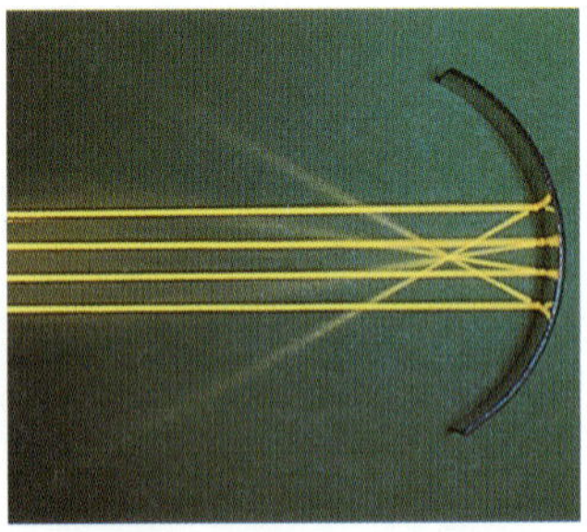
Henry Leap and Jim Lehman

그림 36.5 오목 거울에서 평행 광선의 반사

이제 그림 36.4b와 같이 주축 위에서 점 C의 왼편에 있는 임의의 점 O에 위치한 점 광원을 생각해 보자. O에서 나와 발산하는 두 개의 광선을 그렸다. 두 광선은 거울에서 반사된 후 상점 I에 모여들어 교차한다. 그리고 상점을 지난 광선들은 계속 발산하여 마치 물체가 상점에 있는 것처럼 보이게 된다. 결과적으로 점 I에 물체 O의 실상을 얻게 된다.

이 절에서는 물체에서 발산하는 광선들 중 주축과 이루는 각도가 작은 것들만을 생각한다. 이런 광선을 **근축 광선**(paraxial ray)이라 한다. 모든 근축 광선은 그림 36.4b와 같이 반사하여 상점을 지난다. 주축으로부터 먼 광선들은 그림 36.6에서와 같이 주축의 다른 지점에 모여 상을 흐려지게 만든다. 이런 효과를 **구면 수차**(spherical aberration)라고 하는데, 정도의 차이는 있지만 모든 구면 거울에서 나타나며, 이에 관해서는 36.5절에서 다룬다.

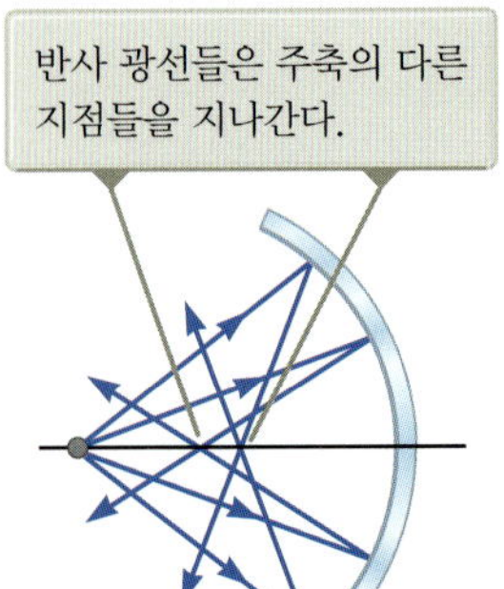

그림 36.6 광선들이 주축과 큰 각도를 이루면, 구면 오목 거울은 흐릿한 상을 만든다.

물체 거리 p와 곡률 반지름 R를 알면 그림 36.7을 이용하여 상 거리 q를 계산할 수 있다. 이런 거리들은 점 V로부터 재는 것이 관례이다. 그림 36.7은 물체의 뾰족한 끝부분에서 나오는 두 개의 광선을 보여 준다. 빨간색 광선은 거울의 곡률 중심 C를 지나 거울면에 수직으로 입사하는데, 반사되어 왔던 경로를 되돌아간다. 파란색 광선은 거울의 중심(점 V)에 입사하여 그림에 보인 것처럼 반사 법칙에 따라 반사된다. 화살의 뾰족한 끝의 상은 이들 두 광선이 교차하는 지점에 생긴다. 그림 36.7의 큰 빨간색 직각 삼각형에서 $\tan\theta = h/p$이고, 노란색 직각 삼각형으로부터 $\tan\theta = -h'/q$이다. 상이 뒤

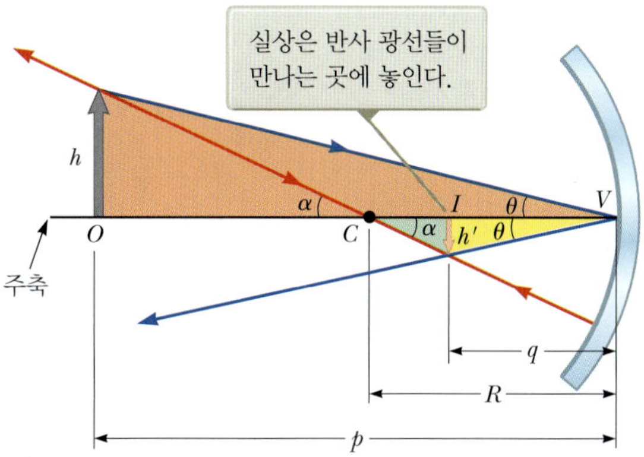

그림 36.7 물체 O가 곡률 중심 C의 바깥에 있는 경우, 구면 오목 거울에 의하여 생기는 상. 식 36.4를 유도하기 위하여 기하학적으로 작도하였다.

위성 접시 안테나는 오목 반사 거울로서, 지구 주위를 돌고 있는 위성으로부터 오는 TV 신호를 받는 데 이용된다. 신호는 마이크로파에 실려오는데, 대단히 먼 곳에 있는 위성으로부터 오기 때문에 반사 거울에 도달할 때 마이크로파는 평행광이다. 이 파는 접시 안테나에서 반사되어 접시의 초점에 있는 수신기에 집속된다.

집혀 있기 때문에 음(−)의 부호를 도입하여, h'은 음수가 된다. 그러므로 이 결과들과 식 36.1로부터 상의 배율은 다음과 같다.

$$M = \frac{h'}{h} = -\frac{q}{p} \tag{36.2}$$

오류 피하기 36.1

배율이란 용어를 확대되는 경우에만 사용하는 것은 아니다 평면 거울 이외의 광학 기구의 경우, 식 36.2로 정의된 배율은 1보다 크거나 작은 값을 가질 수 있다. 그러므로 **배율**이란 단어가 일반적으로 **확대**의 경우를 떠오르게 하지만, 상은 물체보다 작을 수 있다.

또한 그림 36.7의 초록색 직각 삼각형과 작은 빨간색 직각 삼각형으로부터 각도 α가

$$\tan\alpha = \frac{-h'}{R-q} \quad \text{그리고} \quad \tan\alpha = \frac{h}{p-R}$$

를 만족하며 이 식으로부터 다음 식이 성립함을 알 수 있다.

$$\frac{h'}{h} = -\frac{R-q}{p-R} \tag{36.3}$$

식 36.2와 36.3을 비교하면

$$\frac{R-q}{p-R} = \frac{q}{p}$$

가 되고, 이 식을 정리하면

$$\frac{1}{p} + \frac{1}{q} = \frac{2}{R} \tag{36.4}$$

◀ 곡률 반지름으로 나타낸 거울 방정식

의 식을 얻게 된다. 이 식을 **거울 방정식**이라 한다. 다음에 이 식의 수정된 형태를 제시할 것이다.

물체가 거울로부터 매우 멀리 있는 경우, 즉 p가 R에 비하여 훨씬 커서 거의 무한대에 가까울 경우, $1/p \approx 0$이므로 식 36.4로부터 $q \approx R/2$가 됨을 알 수 있다. 즉 물체가 거울로부터 매우 멀리 떨어진 경우, 상은 그림 36.8에서 보듯 곡률 중심과 거울 중심의 가운데 지점에 생긴다. 그림에서 물체로부터 거울로 입사되는 광선들은 본질적으로 평행광으로 표현되는데, 이는 물체가 거울로부터 매우 멀리 있다고 가정하였기 때문이다. 이 특별한 경우에 대한 상점의 위치를 **초점**(focal point) F라 하고 그 상 거리를 **초**

오류 피하기 36.2

초점은 상이 맺히는 점이 아니다 초점은 광선이 모여서 상을 맺는 점이 일반적으로는 아니다. 초점을 결정하는 것은 오로지 거울의 곡률이며, 물체의 위치에는 의존하지 않는다. 일반적으로 상은 그림 36.9에서와 같이 거울(또는 렌즈)의 초점과 다른 점에 형성된다. **유일한** 예외는 물체가 거울에서 무한히 멀리 위치할 때뿐이다.

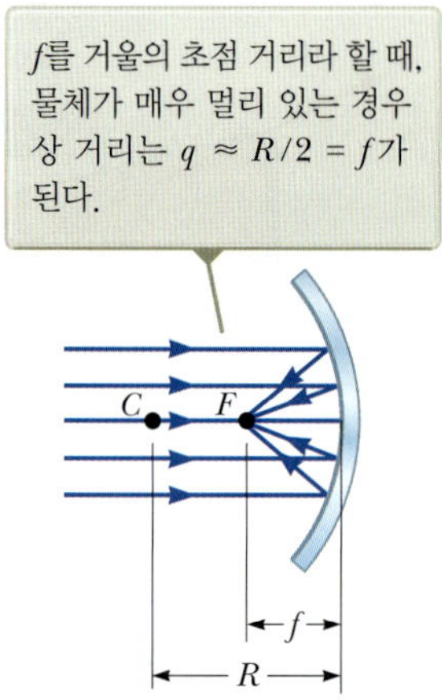

그림 36.8 먼 곳의 물체($p \to \infty$)로부터 오는 광선들은 오목 거울에서 반사되어 초점 F를 지난다.

점 거리(focal length) f라 하는데, 초점 거리는 곡률 반지름과 다음의 관계를 가진다.

초점 거리 ▶

$$f = \frac{R}{2} \tag{36.5}$$

초점은 그림 36.8에서와 같이 거울로부터 거리 f에 있다. 그림 36.5에서 광선들은 주축에 나란히 입사하며 거울은 모든 광선들을 반사하여 초점에 모이게 한다.

초점 거리는 주어진 거울의 고유한 성질이므로, 거울들을 서로 비교하는 데 이용할 수 있다. 식 36.4와 36.5를 조합하면, 거울 방정식은 초점 거리를 이용하여 다음과 같이 된다.

초점 거리로 나타낸 거울 방정식 ▶

$$\frac{1}{p} + \frac{1}{q} = \frac{1}{f} \tag{36.6}$$

거울의 초점 거리는 곡률 반지름에만 의존할 뿐 거울의 재질에는 영향을 받지 않음에 주목하라. 이것은 상의 형성이 재료 표면에서 반사된 광선들에 의하여 결정되기 때문이다. 렌즈의 경우라면 상황은 달라진다. 렌즈의 경우 빛은 물질을 통과하므로 렌즈의 초점 거리는 렌즈의 재료 물질에 따라 달라진다(36.4절 참조).

볼록 거울 Convex Mirrors

그림 36.9는 **볼록 거울**(convex mirror), 즉 빛이 바깥쪽의 볼록한 면에서 반사되도록 도금한 거울에 의하여 맺히는 상을 보여 준다. 볼록 거울은 **발산 거울**(diverging

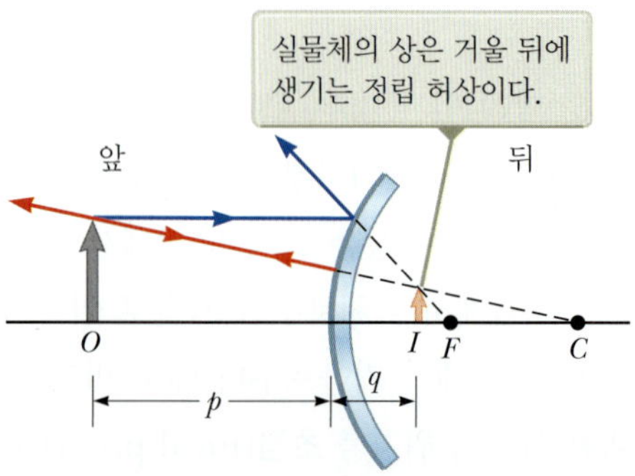

그림 36.9 구면 볼록 거울에 의한 상의 형성

표 36.1 거울에 대한 부호 규약

물리량	양수인 경우	음수인 경우
물체의 위치 (p)	물체가 거울의 앞에 있을 때 (실물체)	물체가 거울의 뒤에 있을 때 (허물체)
상의 위치 (q)	상이 거울의 앞에 있을 때 (실상)	상이 거울의 뒤에 있을 때 (허상)
상의 크기 (h')	정립 상일 때	도립 상일 때
초점 거리 (f)와 반지름 (R)	거울이 오목할 때	거울이 볼록할 때
배율 (M)	정립 상일 때	도립 상일 때

오류 피하기 36.3

부호에 유의할 것 거울, 굴절면, 렌즈 문제를 풀 때 성공 여부는 방정식에 대입하는 물체 거리, 상 거리, 초점 거리 등의 부호를 정확하게 선택하는 것에 달려 있다. 최선의 방법은 스스로 많은 문제를 풀어 보는 것이다.

mirror)이라고도 한다. 이는 물체의 임의의 점에서 나온 광선들이 이 거울에서 반사한 후 마치 거울 뒤의 어떤 점에서 나오는 것처럼 발산하기 때문이다. 그림 36.9의 상은 그림에 점선으로 보인 바와 같이 반사된 광선들이 상점으로부터 나오는 것처럼 보일 뿐이므로 허상이다. 게다가 상은 언제나 정립 상이며 실제 물체보다 작게 보인다. 이런 종류의 거울들은 가게에서 방범용으로 종종 사용된다. 가게의 내부를 작은 상으로 보여 주기 때문에, 단 한 개의 거울만으로도 넓은 시야를 살펴볼 수 있다.

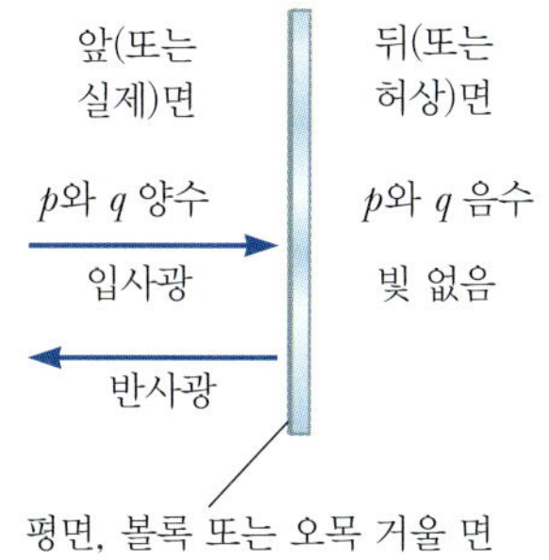

그림 36.10 오목 및 볼록 거울에 대한 p와 q의 부호

볼록 거울에 대한 식을 따로 유도하지 않았는데, 그 이유는 정확한 부호 규약을 따르면, 식 36.2, 36.4, 36.6을 볼록 거울에도 오목 거울에도 모두 적용할 수 있기 때문이다. 앞으로는 빛이 거울을 향하여 움직여가는 영역을 거울의 **앞면**이라 하고, 나머지 영역을 거울의 뒷면이라 하자. 예컨대 그림 36.7과 36.9에서는 거울의 왼편이 앞면이 되고, 거울의 오른편이 뒷면이 된다. 그림 36.10은 모든 거울에서 물체 거리와 상 거리에 대한 부호 규약을 나타내며, 표 36.1은 이 규약을 요약한 것이다. 표에서 허물체에 대한 것은 36.4절에 소개한다.

거울에 대한 광선 추적도 Ray Diagrams for Mirrors

거울에 의하여 생기는 상의 위치와 크기는 **광선 추적도**를 이용하여 쉽게 결정할 수 있다. 간단한 기하학적 그림을 그리는 이 방법을 이용하면 상의 특징을 잘 파악할 수 있으며, 거울 방정식이나 배율 공식으로 계산된 결과를 점검할 수도 있다. 광선 추적도를 그리려면, 물체의 위치, 거울의 초점과 곡률 중심의 위치를 알아야 한다. 그 다음에 그림 36.11과 같이 세 개의 광선을 그림으로써 상의 위치를 결정할 수 있다. 이 광선들은 모두 물체의 한 점에서 나오는데, 다음과 같이 그린다. 물체 위에 있는 임의의 점을 선택한다. 여기서는 간단히 물체의 꼭대기 점을 선택한다. 오목 거울의 경우(그림 36.11a와 36.11b), 다음과 같이 세 개의 광선을 그린다.

- 광선 1은 물체의 꼭대기에서 출발하여 주축과 평행하게 그린다. 이 광선은 거울에서 반사된 후 초점 F를 지난다.
- 광선 2는 물체의 꼭대기에서 출발하여 초점을 지나도록(또는 $p < f$이면 초점으로부터 오는 것처럼) 그린다. 이 광선은 반사된 후 주축과 평행하게 진행한다.
- 광선 3은 물체의 꼭대기에서 출발하여 거울의 곡률 중심 C를 지나도록(또는 $p < 2f$이면 곡률 중심 C로부터 오는 것처럼) 그린다. 이 광선은 반사된 후 왔던 경로를 따라 되돌아간다.

오류 피하기 36.4

적은 수의 광선을 선택하라 물체 위의 각 점에서 **수많은** 광선이 나오고 대응하는 상 위의 점을 통과한다. 상의 특성을 나타내는 광선 추적도를 그릴 때, 단순한 규칙을 만족하는 몇 개의 광선만 선택한다. 계산으로 상의 위치를 구하여 추적도가 맞는지 확인한다.

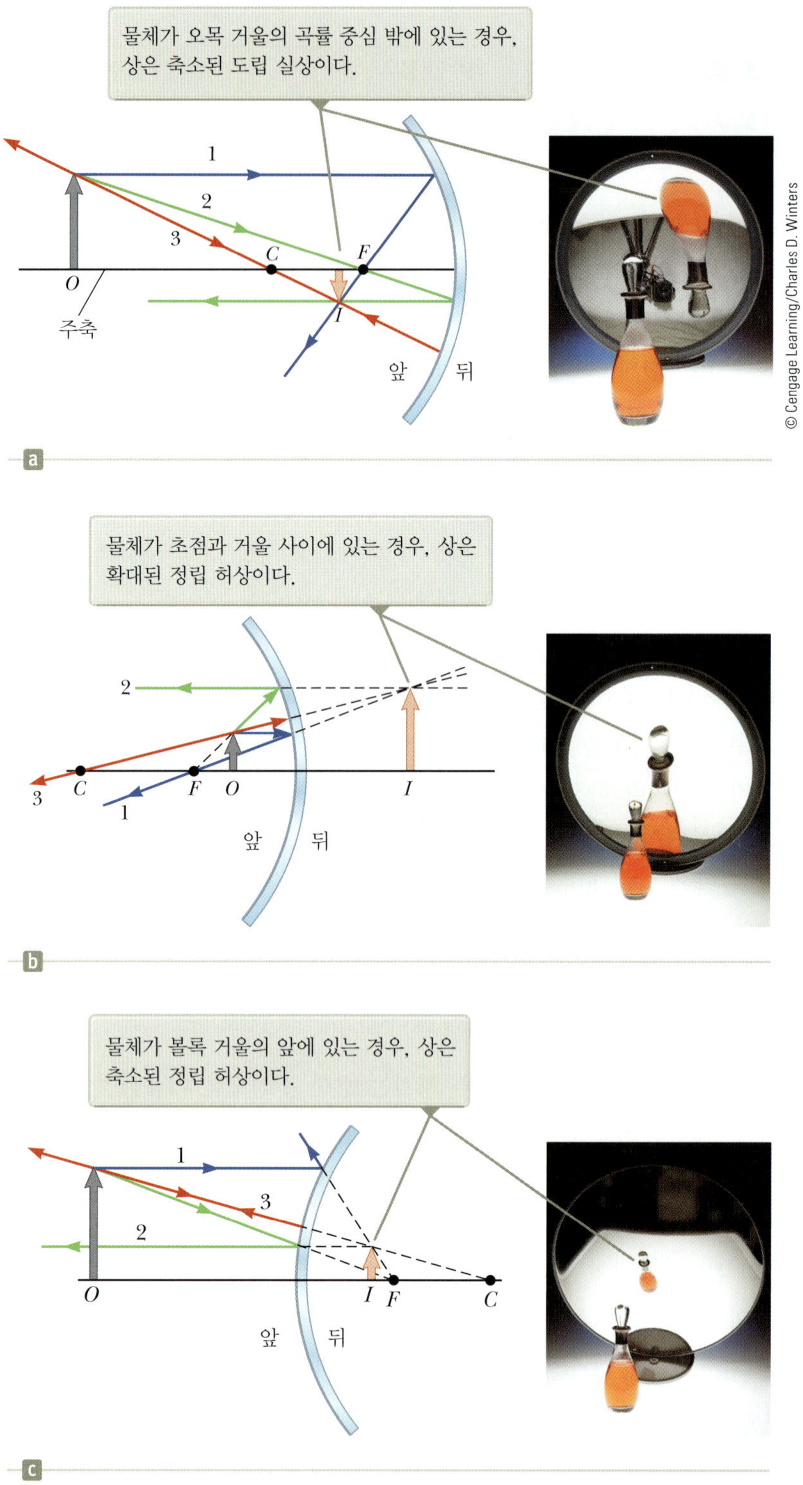

그림 36.11 구면 거울에 대한 광선 추적도와 해당되는 상황에서 병의 상을 찍은 사진

이 광선들 중 어느 것이든 두 개가 만나는 곳에 상이 생긴다. 나머지 한 광선을 이용하여 이 추적도가 맞는지를 확인할 수 있다. 이 방법으로 얻어진 상점은 거울 방정식으로부터 계산되는 q 값과 항상 일치해야 한다. 오목 거울에 대하여 물체가 거울에 가까워질 때 어떤 변화들이 생기는지 주목하라. 물체가 초점 쪽으로 이동해가면 그림 36.11a의 도립 실상은 왼쪽으로 이동한다. 물체가 초점에 있으면 상은 왼쪽 무한 원점

에 생기게 된다. 그러나 그림 36.11b와 같이 물체가 초점과 거울면 사이에 있으면, 상은 정립 허상이 되고 크기는 물체의 크기보다 크다. 오목한 면도용 거울이나 화장 거울을 사용하는 경우가 여기에 해당된다. 여러분의 얼굴을 거울에서 초점 거리보다 더 가까이 하면, 확대된 얼굴의 정립 상이 보인다.

볼록 거울의 경우(그림 36.11c), 다음과 같이 세 광선을 그린다.

- 광선 1은 물체의 꼭대기에서 출발하여 주축과 평행하게 그린다. 이 광선은 반사된 후 초점 F로부터 **나오는** 방향으로 진행한다.
- 광선 2는 물체의 꼭대기에서 출발하여 거울 뒤의 초점을 향하는 방향으로 그린다. 이 광선은 반사된 후 주축과 평행하게 진행한다.
- 광선 3은 물체의 꼭대기에서 출발하여 거울의 곡률 중심 C를 향하는 방향으로 그린다. 이 광선은 반사된 후 왔던 경로를 따라 되돌아나간다.

볼록 거울의 경우, 물체의 상은 그림 36.11c와 같이 언제나 정립 허상으로서 크기는 축소된다. 이 경우 물체 거리가 감소하면(즉 물체가 거울면에 가까워지면), 허상은 커지면서 초점으로부터 거울 쪽으로 움직인다. 물체의 위치가 변하면 상의 위치가 어떻게 달라지는지 직접 광선 추적도를 그려 확인해 보자.

퀴즈 36.2 거울로 태양광을 반사시켜 장작더미에 불을 지피고 싶다. 다음 중 어떤 거울을 사용하는 것이 가장 좋은가? **(a)** 평면 거울 **(b)** 오목 거울 **(c)** 볼록 거울

퀴즈 36.3 그림 36.12의 거울 속에 생긴 상을 보고 생각해 보자. 이 상의 특징으로 볼 때 다음 중 어떤 결론을 내릴 수 있는가? **(a)** 거울은 오목 거울이고, 상은 실상이다. **(b)** 거울은 오목 거울이고, 상은 허상이다. **(c)** 거울은 볼록 거울이고, 상은 실상이다. (d) 거울은 볼록 거울이고, 상은 허상이다.

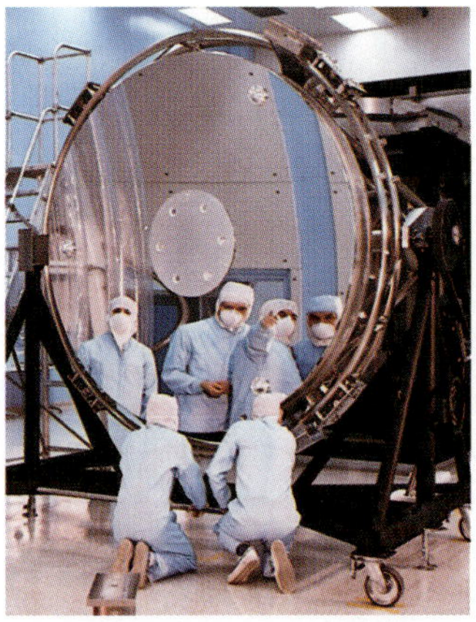

그림 36.12 (퀴즈 36.3) 이 거울은 어떤 종류의 거울인가?

예제 36.1 오목 거울에 의한 상

초점 거리가 +10.0 cm인 구면 거울이 있다.

(A) 물체 거리가 25.0 cm일 때 생기는 상의 위치를 구하고, 상의 특징을 설명하라.

풀이

개념화 초점 거리가 양수이므로 이 거울은 오목 거울이다(표 36.1 참조). 상은 실상일 수도 있고 허상일 수도 있다.

분류 물체 거리가 초점 거리보다 크기 때문에, 실상이 생길 것으로 예측할 수 있다. 이 상황은 그림 36.11a와 비슷하다.

분석 식 36.6을 이용하여 상 거리를 구한다.

$$\frac{1}{q} = \frac{1}{f} - \frac{1}{p}$$

$$\frac{1}{q} = \frac{1}{10.0\text{ cm}} - \frac{1}{25.0\text{ cm}}$$

$$q = 16.7\text{ cm}$$

식 36.2를 이용하여 상의 배율을 구한다.

$$M = -\frac{q}{p} = -\frac{16.7\text{ cm}}{25.0\text{ cm}} = -0.667$$

결론 배율 M의 절댓값이 1보다 작은 것은 상이 물체보다 작음을 의미하며, 배율이 음수인 것은 도립 상임을 의미한다. q가 양수이므로 상은 거울의 앞에 생기며 실상이다. 숟가락을 들여다보거나 면도용 거울을 멀리 서서 보면 이런 상을 볼 수 있다.

(B) 물체 거리가 10.0 cm일 때 생기는 상의 위치를 구하고, 상의 특징을 설명하라.

풀이

분류 물체가 초점 위에 있으므로 상이 무한 원점에 생길 것을 예상할 수 있다.

분석 식 36.6을 이용하여 상 거리를 구한다.

$$\frac{1}{q} = \frac{1}{f} - \frac{1}{p}$$

$$\frac{1}{q} = \frac{1}{10.0\text{ cm}} - \frac{1}{10.0\text{ cm}}$$

$$q = \infty$$

결론 이 결과는 초점에 위치한 물체에서 나온 광선들은 반사되어 거울에서 무한히 먼 곳에 상을 맺음을 의미한다. 즉 반사된 모든 광선들은 서로 평행하게 진행한다. 이런 상황에 해당하는 것이 손전등이나 자동차의 전조등인데, 손전등의 필라멘트가 반사 거울의 초점에 위치하여 평행광을 만든다.

(C) 물체 거리가 5.00 cm일 때 생기는 상의 위치를 구하고, 상의 특징을 설명하라.

풀이

분류 물체 거리가 초점 거리보다 짧기 때문에 허상이 예상된다. 이 상황은 그림 36.11b와 유사하다.

분석 식 36.6을 이용하여 상 거리를 구한다.

$$\frac{1}{q} = \frac{1}{f} - \frac{1}{p}$$

$$\frac{1}{q} = \frac{1}{10.0\text{ cm}} - \frac{1}{5.00\text{ cm}}$$

$$q = -10.0\text{ cm}$$

식 36.2를 이용하여 상의 배율을 구한다.

$$M = -\frac{q}{p} = -\left(\frac{-10.0\text{ cm}}{5.00\text{ cm}}\right) = +2.00$$

결론 상의 크기는 물체 크기의 두 배이다. 배율 M이 양수이므로 정립 상이다(그림 36.11b). 상 거리가 음수 값이므로 예상대로 상은 허상이다. 면도용 거울에 얼굴을 바싹 붙이면 이런 상을 볼 수 있다.

문제 그림 36.11a와 같은 촛불-거울 장치를 만들어, (A)의 실험을 한다고 가정하자. 장치를 조정하다가 실수로 촛불을 건드려서 촛불이 거울 쪽으로 v_p의 속도로 미끄러지기 시작하였다. 촛불의 상은 얼마나 빨리 움직이는가?

답 거울 방정식 36.6을 q에 대하여 풀면 다음과 같다.

$$q = \frac{fp}{p-f}$$

이 식을 시간에 대하여 미분하여 상의 속도를 구한다.

$$(1) \qquad v_q = \frac{dq}{dt} = \frac{d}{dt}\left(\frac{fp}{p-f}\right) = -\frac{f^2}{(p-f)^2}\frac{dp}{dt} = -\frac{f^2 v_p}{(p-f)^2}$$

(A)에서의 값을 대입한다.

$$v_q = -\frac{(10.0\text{ cm})^2\, v_p}{(25.0\text{ cm} - 10.0\text{ cm})^2} = -0.444 v_p$$

따라서 상의 속력은 물체의 속력보다 느리다.

식 (1)에서 속도 v_q에 관한 두 가지 흥미로운 점을 알 수 있다. 첫째, p나 f의 값에 상관없이 속도는 언제나 음수이다. 그러므로 그림 36.11에서 물체가 거울 쪽으로 움직인다면, 물체가 초점의 좌우 어느 쪽에 있든 관계없이, 그리고 거울이 오목이든 볼록이든 관계없이 상은 왼쪽으로 움직인다. 둘째, $p \to 0$인 극한에서 속도 v_q는 $-v_p$에 가까워진다. 물체가 거울에 아주 가까워지면 거울은 평면 거울처럼 보이게 되며, 상은 물체가 거울에서 떨어진 거리만큼 거울 뒤쪽에 생기게 되므로, 물체와 상은 같은 속력으로 움직이게 된다.

예제 36.2 볼록 거울에 의한 상

그림 36.13은 자동차 거울로부터 10.0 m 떨어진 트럭의 상을 보여 준다. 거울의 초점 거리는 −0.60 m이다.

(A) 트럭의 상이 생기는 위치를 구하라.

그림 36.13 (예제 36.2) 자동차의 오른쪽 측면 볼록 거울에 트럭이 보인다. 트럭의 상은 선명하게 보이지만 거울의 틀은 그렇지 않음에 주목하자. 이는 트럭의 상의 위치가 거울 표면의 위치와 다르기 때문이다.

풀이

개념화 이 상황은 그림 36.11c의 상황과 같다.

분류 볼록 거울이므로 물체의 위치에 관계없이 축소된 정립 허상이 생긴다.

분석 식 36.6을 이용하여 상 거리를 구한다.

$$\frac{1}{q} = \frac{1}{f} - \frac{1}{p}$$

$$\frac{1}{q} = \frac{1}{-0.60\ \text{m}} - \frac{1}{10.0\ \text{m}}$$

$$q = \boxed{-0.57\ \text{m}}$$

(B) 상의 배율을 구하라.

풀이

분석 식 36.2를 이용한다.

$$M = -\frac{q}{p} = -\left(\frac{-0.57\ \text{m}}{10.0\ \text{m}}\right) = \boxed{+0.057}$$

결론 (A)에서 q의 값이 음수인 것은 상이 허상임을 의미한다. 즉 그림 36.11c에서와 같이 상이 거울 뒤에 생긴다. (B)에서 구한 M의 값이 1보다 작은 양수이므로, 상은 실제 트럭보다 작으며, 정립 상이다. 상의 크기가 축소되기 때문에 트럭은 실제보다 더 멀리 있는 것처럼 보인다. 상이 실제 물체보다 작기 때문에 자동차의 거울에는 "물체는 거울 속에 보이는 것보다 더 가까이 있습니다"라는 글귀가 적혀 있다. 자동차의 백미러나 반짝이는 숟가락의 뒷면을 들여다보면 이런 상을 볼 수 있다.

36.3 굴절에 의한 상
Images Formed by Refraction

이 절에서는 투명한 두 물질의 경계에서 광선이 파동의 굴절 모형을 따라 굴절될 때 어떻게 상이 형성되는지를 설명한다. 굴절률이 각각 n_1과 n_2인 투명한 두 매질의 경계면이 곡률 반지름 R인 구면인 경우를 생각해 보자(그림 36.14). O에 위치한 물체는 굴절률이 n_1인 매질 속에 있다고 가정하고 O에서 나오는 근축 광선들을 살펴보면, 이 광선들은 구면에서 굴절되어 한 점, 즉 상점 I에 모임을 알게 될 것이다.

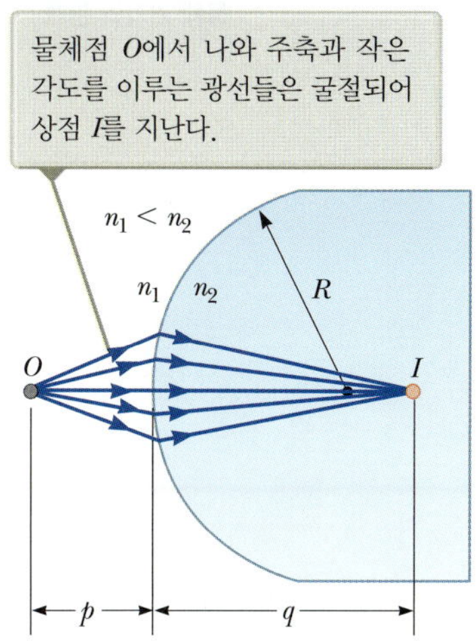

그림 36.14 구면에서 굴절에 의하여 생긴 상

그림 36.15는 점 O에서 나와 굴절되어 점 I를 지나는 광선 하나를 보여 준다. 이 광선의 굴절에 스넬의 법칙을 적용하면

$$n_1 \sin\theta_1 = n_2 \sin\theta_2$$

이다. θ_1과 θ_2가 작다고 가정하였으므로, 작은 각도 근사 $\sin\theta \approx \theta$를 이용하여 스넬의 법칙을 고쳐 쓰면

$$n_1\theta_1 = n_2\theta_2$$

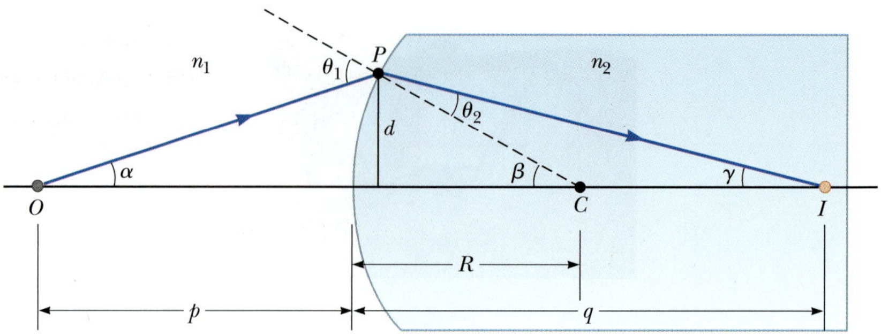

그림 36.15 식 36.8을 유도하기 위한 기하학적 그림. $n_1 < n_2$를 가정하였다.

가 된다. 삼각형의 외각은 나머지 두 내각의 합과 같으므로, 이를 그림 36.15의 삼각형 OPC와 PIC에 적용하면 다음의 결과를 얻을 수 있다.

$$\theta_1 = \alpha + \beta$$

$$\beta = \theta_2 + \gamma$$

위의 세 식을 결합하여 θ_1과 θ_2를 소거하면 다음 식을 얻게 된다.

$$n_1\alpha + n_2\gamma = (n_2 - n_1)\beta \tag{36.7}$$

그림 36.15에는 수직으로 길이 d인 한 변을 공통으로 하는 세 개의 직각 삼각형이 있다. 그림에 보인 광선은 축과 비교적 큰 각도를 이루지만 이 광선과는 달리 근축 광선에 대하여 이 삼각형들의 수평변의 길이는, 각도 α를 포함하는 삼각형의 경우 대략 p와 같고, 각도 β를 가지는 삼각형의 수평변은 R, 각도 γ를 가지는 삼각형의 수평변은 q와 근사적으로 같다. 작은 각도 근사에서 $\tan\theta \approx \theta$이므로 이 삼각형들에 대하여 다음과 같은 근사식을 쓸 수 있다.

$$\tan\alpha \approx \alpha \approx \frac{d}{p}, \qquad \tan\beta \approx \beta \approx \frac{d}{R}, \qquad \tan\gamma \approx \gamma \approx \frac{d}{q}$$

이 근사식들을 식 36.7에 대입하고 d로 나누면 다음의 식을 얻게 된다.

굴절면에 대한 상 거리와 물체 거리의 관계 ▶

$$\frac{n_1}{p} + \frac{n_2}{q} = \frac{n_2 - n_1}{R} \tag{36.8}$$

고정된 물체 거리 p에 대하여 상 거리 q는 광선이 축과 이루는 각도에 무관하다. 이 결과는 모든 근축 광선들이 동일한 상점 I에 모임을 뜻한다.

식 36.8을 다양한 상황에 적용하려면 거울의 경우에서처럼 부호 규약을 이용해야 한다. 굴절면을 기준으로 광선이 발생한 쪽을 앞, 그 반대쪽을 뒤로 정의한다. 반사에 의한 실상이 반사면의 앞에 생기는 거울의 경우와 달리 굴절에 의한 실상은 굴절면의 뒤에 생긴다. 이와 같이 실상이 생기는 위치가 다르기 때문에, 굴절의 경우 q와 R의 부호에 대한 규약은 반사에 대한 부호 규약과 반대이다. 예컨대 그림 36.15에서 q와 R는 모두 양수가 된다. 표 36.2는 구형 굴절면에 대한 부호 규약을 요약한 것이다.

식 36.8은 그림 36.15에서 $n_1 < n_2$라 가정하고 유도하였다. 그러나 사실 이 가정은 불필요한 것으로서, 식 36.8은 어느 쪽 굴절률이 더 큰가에 상관없이 성립한다.

표 36.2 굴절면에 대한 부호 규약

물리량	양수인 경우	음수인 경우
물체의 위치 (p)	물체가 면의 앞에 있을 때 (실물체)	물체가 면의 뒤에 있을 때 (허물체)
상의 위치 (q)	상이 면의 뒤에 있을 때 (실상)	상이 면의 앞에 있을 때 (허상)
상의 크기 (h')	정립 상일 때	도립 상일 때
반지름 (R)	곡률 중심이 면의 뒤에 있을 때	곡률 중심이 면의 앞에 있을 때

평평한 굴절면 Flat Refracting Surfaces

굴절면이 평면인 경우 곡률 반지름 R는 무한대가 되고, 식 36.8은 다음과 같이 간단해진다.

$$\frac{n_1}{p} = -\frac{n_2}{q}$$

$$q = -\frac{n_2}{n_1}p \tag{36.9}$$

이 식에 의하면 q의 부호는 p의 부호와 항상 반대이다. 그러므로 표 36.2에 따르면, 평면 굴절면에 의하여 생기는 상은 물체와 동일한 쪽에 생긴다. 그림 36.16에 보인 예는 n_1이 n_2보다 크고 굴절률이 n_1인 쪽에 물체가 있는 경우로서, 물체와 평면 사이에 허상이 생긴다. 만일 n_1이 n_2보다 작다면, 굴절면 뒤쪽(그림에서 오른쪽)에서 광선의 굴절각은 입사각보다 더 작아지고, 그 결과 허상은 물체의 왼쪽에 생기게 된다.

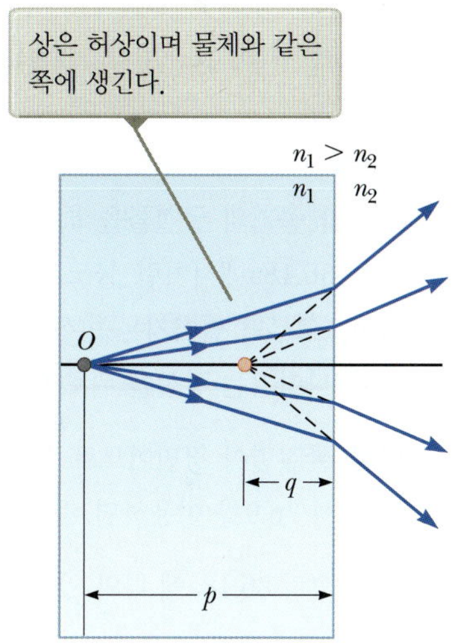

그림 36.16 평평한 굴절면에 의한 상. 모든 광선들은 근축 광선이라 가정하였다.

Q 퀴즈 36.4 그림 36.14에서 물체 O가 굴절면으로부터 매우 먼 곳에서 오른쪽으로 움직여 매우 가까운 곳까지 다가간다면 상점 I는 어떻게 되는가? **(a)** 상은 언제나 굴절면의 오른편에 생긴다. **(b)** 상은 언제나 굴절면의 왼편에 생긴다. **(c)** 상은 처음에 굴절면의 왼편에 있다가 물체가 어떤 위치 O에 오면 오른편으로 이동한다. **(d)** 상은 처음에 굴절면의 오른편에 있다가 물체가 어떤 위치에 오면 왼편으로 이동한다.

Q 퀴즈 36.5 그림 36.16에서 물체 O가 오른쪽으로 움직여 두 물질의 경계면 n_1로 다가간다면 상 I는 어떻게 되는가? **(a)** 상은 언제나 경계면과 물체 O 사이에 생기며 물체가 경계면에 닿으면 상도 그곳에 생긴다. **(b)** 상은 물체보다 느리게 경계면 쪽으로 움직인다. 그러므로 물체는 상을 지나가게 된다. **(c)** 상은 경계면 쪽으로 움직여, 경계면의 오른편으로 나가게 된다.

예제 36.3 공 내부 보기

반지름 3.0 cm인 플라스틱 공 속에 동전이 들어 있다. 플라스틱의 굴절률은 $n_1 = 1.50$이다. 공의 가장자리로부터 2.0 cm 안쪽에 동전 하나가 있다(그림 36.17). 이 동전의 상이 생기는 위치를 구하라.

풀이

개념화 공기의 굴절률이 $n_2 = 1.00$이므로 $n_1 > n_2$이다. 그러므로 그림 36.17의 동전으로부터 나온 광선들은 플라스틱 공 표면과 만나면 법선으로부터 멀어지는 방향으로 굴절되어 바깥쪽으로 발산한다. 나아가는 광선을 뒤로 연장하면 구 내에 상점이 보인다.

분류 한 매질 안에서 생긴 광선들이 곡면을 통과하여 다른 매질 속으로 들어가므로, 이 문제는 굴절에 의하여 생기는 상과 관련되어 있다.

분석 표 36.2로부터 R가 음수임에 유의하면서 식 36.8을 적용한다.

$$\frac{n_2}{q} = \frac{n_2 - n_1}{R} - \frac{n_1}{p}$$

$$\frac{1}{q} = \frac{1.00 - 1.50}{-3.0\text{ cm}} - \frac{1.50}{2.0\text{ cm}}$$

$$q = -1.7\text{ cm}$$

결론 q 값이 음수인 것은 상이 굴절면의 앞쪽, 즉 그림 36.17에 보인 바와 같이 물체와 같은 쪽에 생김을 뜻한다. 그러므로 상은 허상이다(표 36.2 참조). 동전은 실제보다 표면에 더 가까운 것처럼 보인다.

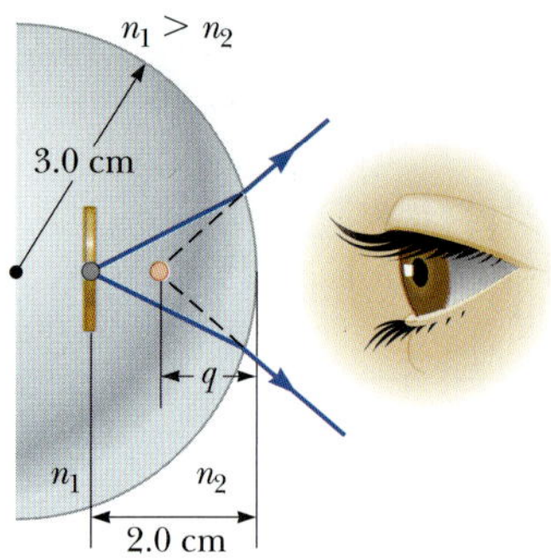

그림 36.17 (예제 36.3) 플라스틱 공 속에 들어 있는 동전으로부터 나온 광선들은 물체(동전)와 공 표면 사이에 허상을 만든다. 물체가 공 속에 있으므로 굴절면의 앞쪽은 공의 **내부**이다.

예제 36.4 도망치는 물고기

물고기 한 마리가 연못의 수면 아래 깊이 d인 곳에서 헤엄치고 있다(그림 36.18).

(A) 수면 위에서 수직으로 관찰할 때 물고기의 겉보기 깊이는 얼마인가?

풀이

개념화 공기의 굴절률을 $n_2 = 1.00$이라 할 때 $n_1 > n_2$이므로, 그림 36.18a에서처럼 물고기에서 나온 광선들은 물 표면에서 법선으로부터 멀어지는 방향으로 굴절하여 바깥쪽으로 퍼져 나간다. 나아가는 광선을 뒤로 연장하면 물 아래에 상점이 보인다.

분류 굴절면이 평면이므로 R는 무한대이다. 그러므로 $p = d$로 놓고 식 36.9를 이용하면, 물고기 상의 위치를 결정할 수 있다.

분석 그림 36.18a에 나와 있는 굴절률 값을 식 36.9에 대입한다.

$$q = -\frac{n_2}{n_1}p = -\frac{1.00}{1.33}d = -0.752d$$

결론 q가 음수므로 상은 그림 36.18a에 점선으로 표시된 것과 같이 허상이다. 겉보기 깊이는 실제 깊이의 약 3/4 정도이다.

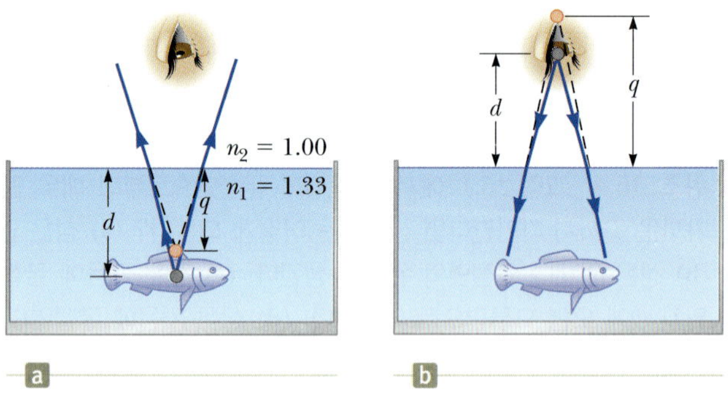

그림 36.18 (예제 36.4) (a) 물고기의 겉보기 깊이 q는 실제 깊이 d보다 얕다. 모든 광선들이 근축 광선이라 가정하였다. (b) 물고기에게 관측자의 얼굴은 수면으로부터 실제보다 더 높이 있는 것처럼 보인다.

(B) 관측자의 얼굴이 수면 위 높이 d의 위치에 있다면, 물고기가 보는 관측자의 겉보기 높이는 얼마인가?

풀이

개념화 관측자의 얼굴에서 나온 광선들을 그림 36.18b에 보였다. 광선들이 법선을 향하여 굴절되므로, 관측자의 얼굴은 실제보다 더 높이 있는 것으로 보인다.

분류 굴절면이 평면이므로 R는 무한대이다. 그러므로 $p = d$로 놓고 식 36.9를 이용하면, 물고기가 보는 상의 위치를 결정할 수 있다.

분석 식 36.9를 이용하여 상 거리를 구한다.

$$q = -\frac{n_2}{n_1}p = -\frac{1.33}{1.00}d = -1.33d$$

결론 q가 음수이므로 상은 광선이 나온 매질, 즉 물 위의 공기 중에 생긴다.

문제 물고기의 크기(위쪽 지느러미 끝으로부터 아래쪽 지느러미 끝까지)를 자세히 살펴보자. 겉보기 크기 h'은 실제 크기 h와 얼마나 다를까?

답 물고기 몸의 모든 부분들은 관측자에게 실제보다 더 가까워 보일 것이므로 물고기의 크기도 실제보다 작아 보일 것으로 예측할 수 있다. 그림 36.18a에 표시된 거리 d가 수면으로부터 위쪽 지느러미 끝까지의 거리라 하면, 아래 지느러미 끝까지의 거리는 $d + h$가 될 것이다. 그러면 물고기의 위쪽 끝 부분과 아래쪽 끝 부분의 상이 생기는 위치는 다음과 같다.

$$q_{\text{top}} = -0.752d$$
$$q_{\text{bottom}} = -0.752(d + h)$$

물고기의 겉보기 크기 h'은

$$h' = q_{\text{top}} - q_{\text{bottom}} = -0.752d - [-0.752(d + h)]$$
$$= 0.752h$$

가 된다. 즉 물고기의 겉보기 크기는 실제 크기의 약 3/4 정도이다.

36.4 얇은 렌즈에 의한 상
Images Formed by Thin Lenses

렌즈는 사진기, 망원경, 현미경 등의 광학 기기에서 굴절에 의한 상을 만드는 데 이용된다. 굴절면에 의한 상의 형성에 대하여 우리가 지금까지 공부한 것을 이용하면, 렌즈에 의한 상의 위치를 찾을 수 있다. 렌즈를 통과하는 빛은 두 개의 면에서 굴절된다. 우리들이 따를 전개 과정은 한 굴절면에 의하여 형성된 상은 다음 면에 대하여 물체의 역할을 한다는 개념에 기초한다. 먼저 두꺼운 렌즈를 분석한 후, 렌즈의 두께를 근사적으로 영이 되도록 하자.

그림 36.19와 같이 굴절률이 n이고 곡률 반지름이 R_1과 R_2인 두 개의 구면으로 이루어진 렌즈를 생각해 보자(R_1은 물체에서 나온 광선이 처음 만나는 면의 곡률 반지름이고, R_2는 나머지 한 면의 곡률 반지름이다). 물체는 면 1의 앞쪽 p_1 거리의 점 O에 위치한다.

우선 면 1에 의하여 생기는 상을 구하자. 렌즈가 공기 중에 있으므로 $n_1 = 1$이라 하고, 식 36.8을 이용하면 상 I_1은 다음의 식을 만족한다.

$$\frac{1}{p_1} + \frac{n}{q_1} = \frac{n-1}{R_1} \qquad \textbf{(36.10)}$$

이 식에서 q_1은 면 1에 의한 상의 위치이다. 면 1에 의한 상이 허상이면(그림 36.19a) q_1은 음수이고, 실상이면(그림 36.19b) 양수이다.

이제 $n_1 = n$이고 $n_2 = 1$로 하여 면 2에 식 36.8을 적용한다(이렇게 굴절률을 맞바꾸는 이유는 렌즈 매질의 굴절률이 n이며, 광선이 이 매질로부터 면 2에 접근하기 때문이다). 면 2에 대한 물체 거리와 상 거리를 각각 p_2와 q_2라 하면 다음의 식이 성립한다.

$$\frac{n}{p_2} + \frac{1}{q_2} = \frac{1-n}{R_2} \qquad \textbf{(36.11)}$$

이제 면 1에 의한 상이 면 2의 물체 역할을 한다는 사실을 수학적으로 도입한다. 면 1에 의한 상이 허상이면(그림 36.19a), 면 2로부터 측정되는 p_2는 t를 렌즈의 두께라 할 때 q_1과 $p_2 = -q_1 + t$의 관계를 가진다. q_1이 음수이므로 p_2는 양수이다. 그림 36.19b

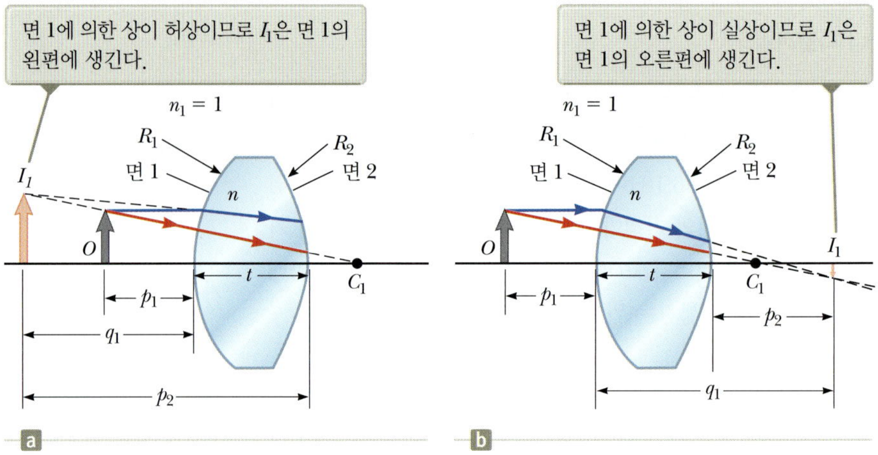

그림 36.19 렌즈에 의하여 생기는 상을 결정하기 위하여, 면 1에 의하여 I_1에 생기는 허상을 면 2에 대한 물체로 이용한다. 점 C_1은 면 1의 곡률 중심이다.

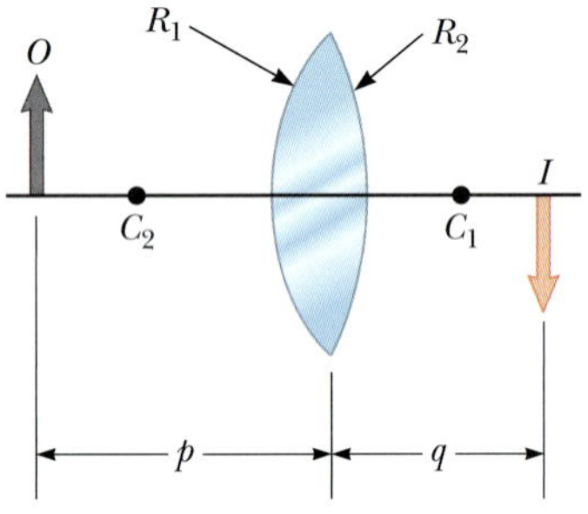

그림 36.20 얇은 렌즈에 대하여 단순화시킨 그림

오류 피하기 36.5

렌즈는 초점은 두 개지만 초점 거리는 하나이다 렌즈는 앞뒤로 하나씩 초점이 있지만 초점 거리는 단 하나이다. 두 개의 초점은 각각 렌즈로부터 같은 거리에 위치한다(그림 36.21). 그 결과 렌즈를 돌려놔도 렌즈는 같은 위치에 물체의 상을 만든다. 실제로는 렌즈들이 무한히 얇지 않기 때문에 상의 위치가 아주 미세하게 다를 수도 있다.

는 면 1에 의한 상이 실상인 경우를 보여 준다. 이 경우 q_1은 양수이고 $p_2 = -q_1 + t$인데, 면 1에 의한 상이 **허물체**(virtual object)의 역할을 하므로 p_2는 음수이다. 우리들의 부호 규약을 따르면, 면 1에 의한 상의 종류와 관계없이 동일한 식으로 면 2에 대한 물체 위치를 표현할 수 있다. **얇은** 렌즈(두께가 곡률 반지름에 비하여 얇은 렌즈)의 경우에는 t를 무시할 수 있다. 이 근사를 따르면, 면 1에 의한 상이 실상이든 허상이든 관계없이 $p_2 = -q_1$이다. 그러므로 식 36.11은 다음과 같이 된다.

$$-\frac{n}{q_1} + \frac{1}{q_2} = \frac{1-n}{R_2} \tag{36.12}$$

식 36.10과 36.12를 더하면 다음의 식을 얻는다.

$$\frac{1}{p_1} + \frac{1}{q_2} = (n-1)\left(\frac{1}{R_1} - \frac{1}{R_2}\right) \tag{36.13}$$

얇은 렌즈에 대해서는 식 36.13의 p_1과 q_2의 아래 첨자를 생략하고, 그림 36.20에서처럼 각각 물체 거리를 p, 상 거리를 q라 할 수 있다. 그러면 식 36.13은 다음의 형태로 고쳐 쓸 수 있다.

$$\frac{1}{p} + \frac{1}{q} = (n-1)\left(\frac{1}{R_1} - \frac{1}{R_2}\right) \tag{36.14}$$

이 식은 얇은 렌즈에 의하여 형성되는 상의 상 거리 q와 물체 거리 p 및 렌즈의 성질(굴절률과 곡률 반지름)과의 관계를 보여 준다. 이 식은 근축 광선에 대해서만 그리고 렌즈의 두께가 R_1과 R_2에 비하여 매우 작을 때에만 성립한다.

거울의 경우와 마찬가지로 얇은 렌즈의 **초점 거리**(focal length) f는 물체 거리가 무한대인 경우에 해당하는 상 거리이다. 식 36.14에서 p를 ∞로 보내면 q는 f에 접근하는데, 이로부터 얇은 렌즈의 초점 거리의 역수가 다음의 식으로 주어짐을 알 수 있다.

렌즈 제작자의 식 ▶

$$\frac{1}{f} = (n-1)\left(\frac{1}{R_1} - \frac{1}{R_2}\right) \tag{36.15}$$

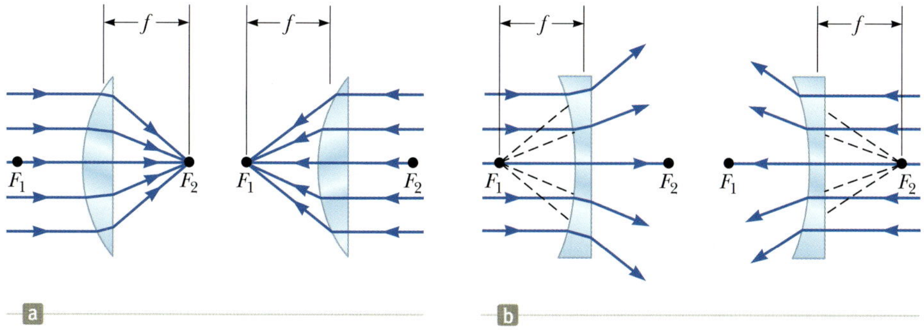

그림 36.21 (a) 수렴 렌즈와 (b) 발산 렌즈를 지나는 평행 광선. 주어진 렌즈에 대하여 초점 거리는 광선의 통과 방향과 상관없이 일정하다. 두 초점 F_1과 F_2는 렌즈로부터 동일한 거리만큼 떨어져 있다.

이 관계식을 **렌즈 제작자의 식**(lens-makers' equation)이라 하는데, 굴절률과 원하는 초점 거리 f가 주어진 경우 필요한 R_1과 R_2의 값을 결정하는 데 이 식을 이용할 수 있다. 역으로 렌즈의 굴절률과 곡률 반지름을 아는 경우, 이 식을 이용하여 초점 거리를 계산할 수 있다. 렌즈가 공기가 아닌 다른 매질 속에 있는 경우에도 이 식을 이용할 수 있는데, 이 경우에 n은 렌즈 주변 매질의 굴절률에 대한 렌즈 매질의 굴절률의 비율이 되어야 한다.

식 36.15를 이용하면, 식 36.14를 거울에 대한 식 36.6과 동일한 형태로 쓸 수 있다.

$$\frac{1}{p} + \frac{1}{q} = \frac{1}{f} \qquad \textbf{(36.16)}$$

이 방정식을 **얇은 렌즈 방정식**(thin lens equation)이라 하며, 얇은 렌즈에 대하여 상 거리와 물체 거리의 관계를 결정한다.

빛은 렌즈를 통하여 좌우 양방향 어느 쪽으로든 지나갈 수 있으므로, 렌즈는 각 진행 방향에 대하여 하나씩 두 개의 초점을 갖는다. 그림 36.21은 평면 볼록 렌즈(수렴 렌즈)와 평면 오목 렌즈(발산 렌즈)에 대하여 이런 사실을 보여 준다.

그림 36.22는 p와 q의 부호를 결정하는 데 유용하며, 표 36.3은 얇은 렌즈에 대한 부호 규약이다. 이 부호 규약은 굴절면에 대한 것과 같다(표 36.2 참조).

그림 36.23에는 렌즈의 여러 가지 모양을 보여준다. 수렴 렌즈는 중앙부가 가장자리보다 두꺼운 반면, 발산 렌즈는 중앙부가 가장자리보다 얇다.

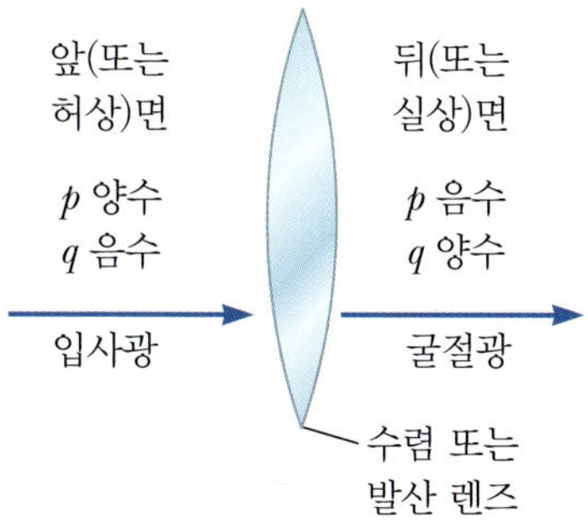

그림 36.22 얇은 렌즈에 대하여 p와 q의 부호를 결정하기 위한 도표(이 도표는 굴절면에 대해서도 적용된다.)

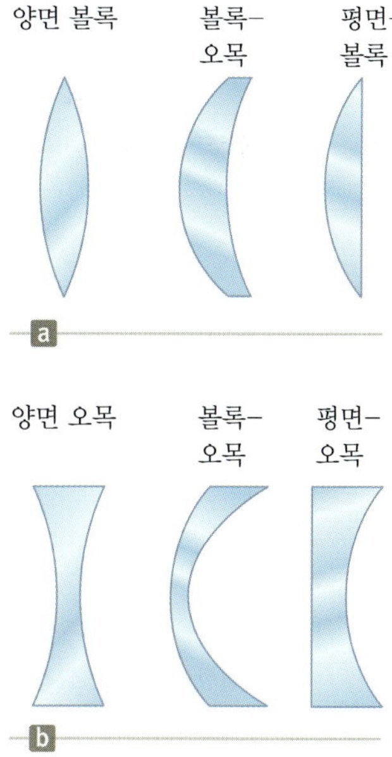

그림 36.23 렌즈의 여러 가지 모양 (a) 수렴 렌즈는 양수의 초점 거리를 가지며 중앙부가 가장 두껍다. (b) 발산 렌즈는 음수의 초점 거리를 가지며 가장자리가 가장 두껍다.

상의 배율 Magnification of Images

물체에서 나온 광선들이 얇은 렌즈를 통과하는 경우를 생각해 보자. 기하학적 배치를

표 36.3 얇은 렌즈에 대한 부호 규약

물리량	양수인 경우	음수인 경우
물체의 위치 (p)	물체가 렌즈의 앞에 있을 때 (실물체)	물체가 렌즈의 뒤에 있을 때 (허물체)
상의 위치 (q)	상이 렌즈의 뒤에 있을 때 (실상)	상이 렌즈의 앞에 있을 때 (허상)
상의 크기 (h')	정립 상일 때	도립 상일 때
R_1과 R_2	곡률 중심이 렌즈의 뒤에 있을 때	곡률 중심이 렌즈의 앞에 있을 때
초점 거리 (f)	수렴 렌즈	발산 렌즈

분석하면, 거울의 경우(식 36.2)와 마찬가지로 상의 가로 배율은 다음과 같다.

$$M = \frac{h'}{h} = -\frac{q}{p} \quad (36.17)$$

이 표현으로부터 M이 양수이면 상은 정립 상이며 렌즈에 대하여 물체와 같은 쪽에 있음을 알 수 있다. M이 음수이면 상은 도립 상으로 렌즈에 대하여 물체의 반대편에 있다.

얇은 렌즈에 대한 광선 추적도 Ray Diagrams for Thin Lenses

광선 추적도는 하나의 렌즈 또는 여러 렌즈로 이루어진 렌즈계에 의하여 형성되는 상을 찾는 데 매우 편리한 도구이다. 그림 36.24는 렌즈가 하나인 세 가지 상황에 대한 광선 추적도를 보여 준다.

그림 36.24a와 b와 같이 **수렴** 렌즈에 의한 상을 찾을 때에는 물체의 끝점에서 시작하여 다음의 세 광선을 그린다.

- 광선 1은 주축과 평행하게 그린다. 이 광선은 렌즈에 의하여 굴절된 후 렌즈 뒤쪽의 초점을 지난다.
- 광선 2는 렌즈 앞쪽의 초점을 지나는 광선(또는 $p < f$인 경우 렌즈 앞쪽의 초점으로부터 나오는 것 같은 광선)인데, 렌즈에서 굴절된 후 주축과 평행하게 진행한다.
- 광선 3은 렌즈의 중심을 지나는 광선으로 굴절되지 않고 똑바로 진행한다.

그림 36.24c와 같이 **발산** 렌즈에 의한 상을 찾을 때에는 물체의 끝점에서 시작하여 다음의 세 광선을 그린다.

- 광선 1은 주축과 평행하게 그린다. 이 광선은 렌즈에 의하여 굴절된 후 마치 렌즈 앞쪽의 초점으로부터 직선으로 진행해온 것처럼 진행한다.
- 광선 2는 렌즈 뒤쪽의 초점을 향하여 진행하는 광선인데, 렌즈에 의하여 굴절된 후 주축과 평행하게 진행한다.
- 광선 3은 렌즈의 중심을 지나는 광선으로서 굴절되지 않고 똑바로 진행한다.

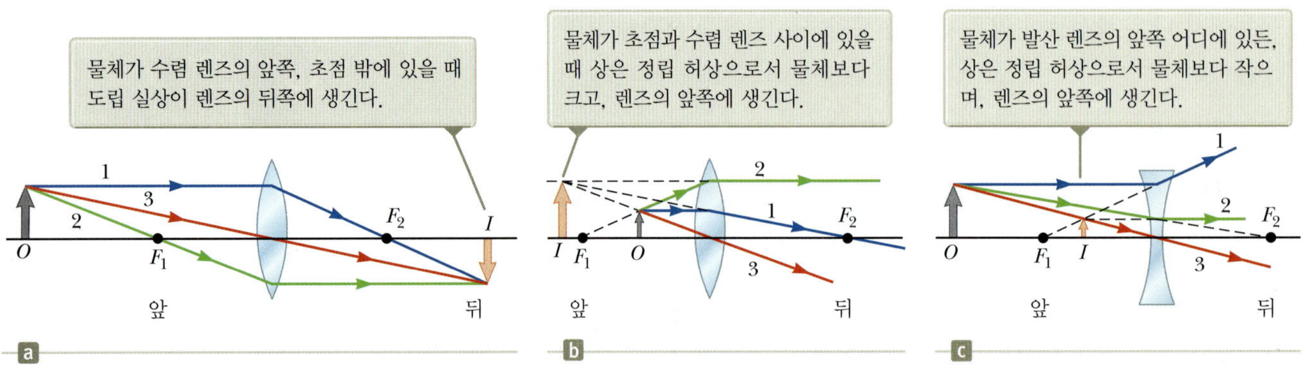

그림 36.24 얇은 렌즈에 의하여 생기는 상을 찾기 위한 광선 추적도

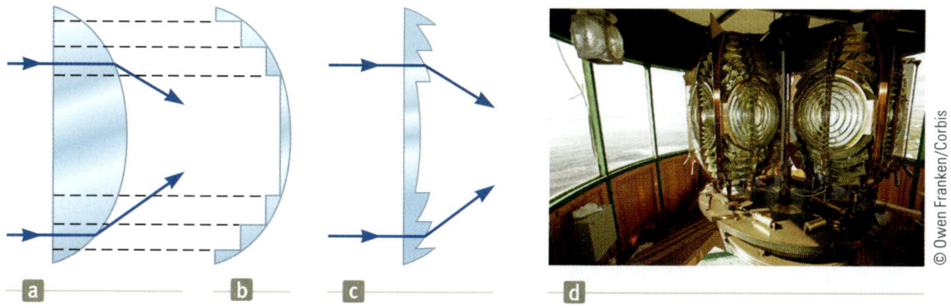

그림 36.25 프레넬 렌즈의 옆 모습. (a) 그림에서와 같이 두꺼운 렌즈는 광선을 굴절시킨다. (b) 렌즈 전체에서 재료 일부를 잘라낸다. 이때 곡면과 가까운 재료만 남겨둔다. (c) 남아 있는 재료의 작은 부분들을 왼쪽으로 옮겨, 프레넬 렌즈의 왼쪽은 평면으로 하고 오른쪽은 골지게 한다. 앞에서 보면 이들 골은 원형 모습일 것이다. 이 새로운 렌즈는 (a)에서의 렌즈와 같은 방법으로 빛을 굴절시킨다. (d) 등대에서 사용하는 프레넬 렌즈에 (c)에서 설명한 여러 개의 골이 보인다.

그림 36.24a와 같이 수렴 렌즈의 초점 왼쪽에 물체가 있는 경우($p > f$), 상은 도립 실상이다. 그림 36.24b와 같이 물체가 초점과 렌즈 사이에 있으면($p < f$), 상은 정립 허상이다. 이런 경우에 렌즈는 확대경과 같은 역할을 한다. 확대경에 대해서는 36.8절에서 더 세부적으로 다룬다. 그림 36.24c와 같이 발산 렌즈인 경우, 물체의 위치와 관계없이 상은 언제나 정립 허상이다. 이런 기하학적 작도에 의한 해석은 광선들과 주축 사이의 거리가 렌즈 면의 곡률 반지름에 비하여 충분히 작을 때에만 그런대로 정확성을 가진다.

렌즈의 표면에서만 굴절이 일어남에 유의하라. 이 사실을 이용하면 두껍지 않으면서도 강력한(집속력이 큰) 렌즈인 **프레넬 렌즈**(Fresnel lens)를 설계할 수 있다. 렌즈의 굴절 능력은 표면의 곡률에 의해서만 결정되므로 렌즈의 중앙 부분을 제거하여 프레넬 렌즈를 만든다. 그림 36.25는 프레넬 렌즈의 단면을 보인 것이다. 구부러진 각 조각들의 가장자리로 인해 왜곡이 일어나기 때문에 프레넬 렌즈는 상의 질보다는 렌즈의 무게를 가볍게 하는 것이 더 중요한 경우에 이용되는 것이 보통이다. 강의실에서 쓰는 오버헤드 프로젝터에도 프레넬 렌즈가 이용되는데, 스크린에 투사된 빛을 자세히 들여다보면 프레넬 렌즈의 원형 가장자리들을 관찰할 수 있다.

퀴즈 36.6 유리창의 초점 거리는 얼마인가? **(a)** 0 **(b)** 무한대 **(c)** 유리의 두께와 같다. **(d)** 결정할 수 없다.

예제 36.5 수렴 렌즈에 의하여 생기는 상

초점 거리 10.0 cm인 수렴 렌즈가 있다.

(A) 렌즈로부터 30.0 cm 떨어진 곳에 물체가 있다. 광선 추적도를 그리고, 상 거리를 구하고, 상의 특징을 설명하라.

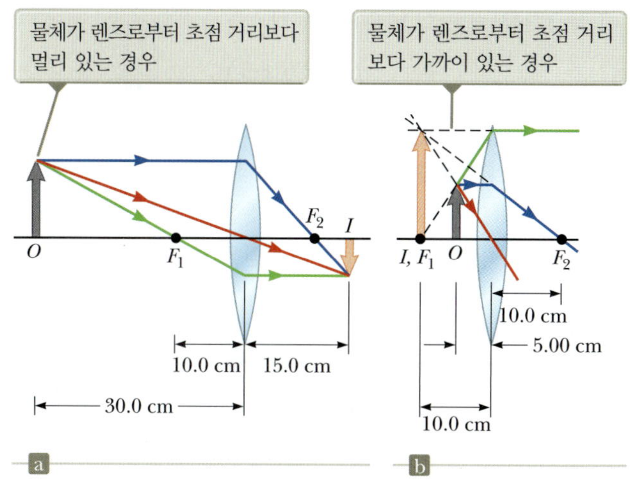

그림 36.26 (예제 36.5) 수렴 렌즈에 의한 상

풀이

개념화 수렴 렌즈이므로 초점 거리는 양수이다(표 36.3). 상은 실상일 수도 있고 허상일 수도 있다.

분류 물체 거리가 초점 거리보다 크므로 실상이 예상된다. 그림 36.26a는 이 상황에 대한 광선 추적도이다.

분석 식 36.16을 이용하여 상 거리를 구한다.

$$\frac{1}{q} = \frac{1}{f} - \frac{1}{p}$$

$$\frac{1}{q} = \frac{1}{10.0 \text{ cm}} - \frac{1}{30.0 \text{ cm}}$$

$$q = +15.0 \text{ cm}$$

식 36.17로부터 상의 배율을 구한다.

$$M = -\frac{q}{p} = -\frac{15.0 \text{ cm}}{30.0 \text{ cm}} = -0.500$$

결론 상 거리가 양수이므로 상은 실상이고 렌즈 뒤에 생긴다. 배율로부터 상의 크기가 절반으로 축소됨을 알 수 있으며, 배율이 음수인 것은 도립 상을 뜻한다.

(B) 렌즈로부터 10.0 cm 떨어진 곳에 물체가 있다. 상 거리를 구하고, 상의 특징을 설명하라.

풀이

분류 물체가 초점에 있으므로 상은 무한히 먼 곳에 생길 것이다.

분석 식 36.16을 이용하여 상 거리를 구한다.

$$\frac{1}{q} = \frac{1}{f} - \frac{1}{p}$$

$$\frac{1}{q} = \frac{1}{10.0 \text{ cm}} - \frac{1}{10.0 \text{ cm}}$$

$$q = \infty$$

결론 이 결과는 렌즈의 초점에 놓인 물체에서 나오는 광선들은 렌즈로부터 무한히 먼 곳에 상이 맺히도록 굴절됨을 뜻한다. 즉 굴절된 후 광선들은 서로 평행하게 진행한다.

(C) 렌즈로부터 5.00 cm 떨어진 곳에 물체가 있다. 광선 추적도를 그리고, 상 거리를 구하고, 상의 특징을 설명하라.

풀이

분류 물체 거리가 초점 거리에 비하여 짧기 때문에 허상이 예상된다. 이 상황에 대한 광선 추적도는 그림 36.26b와 같다.

분석 식 36.16을 이용하여 상 거리를 구한다.

$$\frac{1}{q} = \frac{1}{f} - \frac{1}{p}$$

$$\frac{1}{q} = \frac{1}{10.0 \text{ cm}} - \frac{1}{5.00 \text{ cm}}$$

$$q = -10.0 \text{ cm}$$

식 36.17로부터 상의 배율을 구한다.

$$M = -\frac{q}{p} = -\left(\frac{-10.0 \text{ cm}}{5.00 \text{ cm}}\right) = +2.00$$

결론 상 거리가 음수인 것은 상이 허상으로서 렌즈의 앞쪽, 즉 빛이 렌즈에 입사되는 쪽에 생김을 뜻한다. 상은 확대되며, 배율의 부호가 양인 것은 상이 정립 상임을 의미한다.

문제 물체가 렌즈 표면 바로 앞으로 움직여가면 (즉 $p \to 0$) 상은 어디에 생길까?

답 이 경우 렌즈면의 곡률 반지름을 R라 할 때 $p \ll R$이므로, 렌즈의 곡률을 무시하여 평평한 판처럼 간주해도 된다. 그러면 상은 렌즈의 바로 앞쪽, 즉 $q = 0$의 위치에 생기는데, 이는 얇은 렌즈 방정식을 다음과 같이 수학적으로 재배치함으로써 확인할 수 있다.

$$\frac{1}{q} = \frac{1}{f} - \frac{1}{p}$$

$p \to 0$이면 우변의 둘째 항이 첫째 항에 비하여 매우 커지므로 첫째 항인 $1/f$을 무시할 수 있다. 그러면 이 식은

$$\frac{1}{q} = -\frac{1}{p} \;\to\; q = -p = 0$$

이 된다. 즉 q는 렌즈의 앞쪽(p와 부호가 반대이므로) 표면이 된다.

예제 36.6 발산 렌즈에 의하여 생기는 상

초점 거리가 10.0 cm인 발산 렌즈가 있다.

(A) 렌즈로부터 30.0 cm 떨어진 곳에 물체가 있다. 광선 추적도를 그리고, 상 거리를 구하고, 상의 특징을 설명하라.

풀이

개념화 발산 렌즈이므로 초점 거리는 음수이다(표 36.3). 그림 36.27a는 이 경우에 대한 광선 추적도이다.

분류 발산 렌즈이므로 물체의 위치가 어디이든지 축소된 정립 허상이 예상된다.

분석 식 36.16을 이용하여 상 거리를 구한다.

$$\frac{1}{q} = \frac{1}{f} - \frac{1}{p}$$

$$\frac{1}{q} = \frac{1}{-10.0\text{ cm}} - \frac{1}{30.0\text{ cm}}$$

$$q = -7.50\text{ cm}$$

식 36.17로부터 상의 배율을 구한다.

$$M = -\frac{q}{p} = -\left(\frac{-7.50\text{ cm}}{30.0\text{ cm}}\right) = +0.250$$

결론 이 결과로 상이 정립 허상이고 크기는 물체보다 작음을 확인할 수 있다. 아파트의 문에 있는 작은 구멍 속의 오목 렌즈를 통하여 바깥을 보면 이런 상을 볼 수 있다.

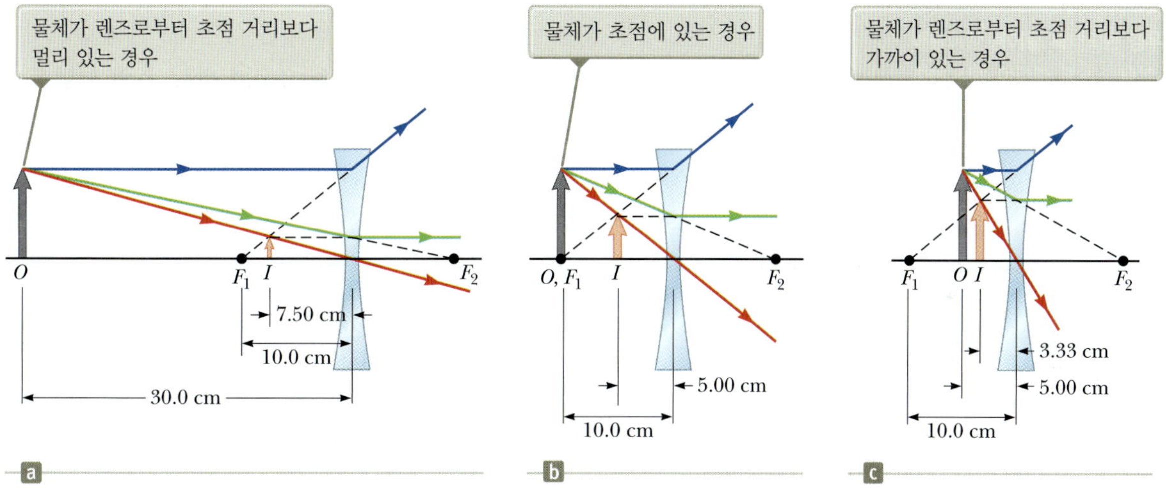

그림 36.27 (예제 36.6) 발산 렌즈에 의한 상

(B) 렌즈로부터 10.0 cm 떨어진 곳에 물체가 있다. 상 거리를 구하고, 상의 특징을 설명하라.

풀이 그림 36.27b는 이 경우에 대한 광선 추적도이다.

분석 식 36.16을 이용하여 상 거리를 구한다.

$$\frac{1}{q} = \frac{1}{f} - \frac{1}{p}$$

$$\frac{1}{q} = \frac{1}{-10.0\text{ cm}} - \frac{1}{10.0\text{ cm}}$$

$$q = -5.00\text{ cm}$$

식 36.17로부터 상의 배율을 구한다.

$$M = -\frac{q}{p} = -\left(\frac{-5.00\text{ cm}}{10.0\text{ cm}}\right) = +0.500$$

결론 이 경우와 수렴 렌즈의 경우와 차이점에 유의하라. 발산 렌즈의 경우 초점에 있는 물체의 상은 무한 원점에 생기지 않는다.

(C) 렌즈로부터 5.00 cm 떨어진 곳에 물체가 있다. 광선 추적도를 그리고, 상 거리를 구하고, 상의 특징을 설명하라.

풀이 그림 36.27c는 이 경우에 대한 광선 추적도이다.

분석 식 36.16을 이용하여 상 거리를 구한다.

$$\frac{1}{q} = \frac{1}{f} - \frac{1}{p}$$

$$\frac{1}{q} = \frac{1}{-10.0\text{ cm}} - \frac{1}{5.0\text{ cm}}$$

$$q = -3.33\text{ cm}$$

식 36.17로부터 상의 배율을 구한다.

$$M = -\left(\frac{-3.33\text{ cm}}{5.00\text{ cm}}\right) = +0.667$$

결론 세 가지 물체 위치에 대하여 공통적으로 상 거리는 음수이며 배율은 1보다 작은 양수이다. 이 결과는 상이 축소된 정립 허상임을 확인시켜 준다.

얇은 렌즈의 조합 Combination of Thin Lenses

두 개의 얇은 렌즈를 이용하여 상을 만드는 경우, 이 계는 다음의 방식으로 취급할 수 있다. 우선 두 번째 렌즈가 없다고 가정하고 첫 번째 렌즈에 의한 상을 구한다. 그 다음, 이 상을 물체로 하여 두 번째 렌즈에 대한 광선 추적도를 그린다. 이렇게 구한 두 번째 상이 전체 계의 최종 상이 된다. 첫 번째 렌즈에 의한 상이 두 번째 렌즈의 뒤에 생기는 경우, 이 상은 두 번째 렌즈에 대하여 **허물체**(virtual object)의 역할을 한다(즉 얇은 렌즈 방정식에서 p가 음수). 이 방법을 확장하여 세 개 이상의 렌즈로 구성된 계에 대해서도 사용할 수 있다. 두 번째 렌즈의 배율은 첫 번째 렌즈의 배율이 이미 적용된 상에 적용되므로, 렌즈들이 조합된 계에서 상의 전체 배율은 각 렌즈의 배율을 곱한 것과 같다.

$$M = M_1 M_2 \tag{36.18}$$

이 식은 렌즈 하나와 거울 하나로 이루어진 계 등 광학 부품들의 어떤 조합에 대해서도 사용할 수 있다. 광학 부품이 두 개 이상인 경우에도, 전체 배율은 각 부품들의 배율의 곱이다.

특별한 경우로서 초점 거리가 각각 f_1과 f_2인 두 개의 렌즈가 접촉하고 있는 경우를 생각해 보자. $p_1 = p$를 렌즈 조합의 물체 거리로 정하여 첫째 렌즈에 얇은 렌즈 방정식(식 36.16)을 적용하면

$$\frac{1}{p} + \frac{1}{q_1} = \frac{1}{f_1}$$

이 된다. 여기서 q_1은 첫 번째 렌즈에 의한 상 거리이다. 이 상을 두 번째 렌즈의 물체로 간주하면, 두 번째 렌즈에 대한 물체 거리는 $p_2 = -q_1$이 된다(렌즈들이 접촉하고 있고, 무한히 얇다고 가정하였으므로 두 거리의 절댓값은 같다. 물체 거리가 음수인 것은 물체가 허물체이기 때문이다). 그러므로 두 번째 렌즈에 대해서는

$$\frac{1}{p_2} + \frac{1}{q_2} = \frac{1}{f_2} \quad \rightarrow \quad -\frac{1}{q_1} + \frac{1}{q} = \frac{1}{f_2}$$

이 된다. 이 식에서 $q = q_2$는 두 번째 렌즈로부터의 최종 상 거리로서 조합된 렌즈계의 상 거리이다. 두 렌즈에 대한 식을 더하면, q_1이 소거되고 다음의 결과를 얻는다.

$$\frac{1}{p} + \frac{1}{q} = \frac{1}{f_1} + \frac{1}{f_2}$$

이 렌즈 조합을 하나의 렌즈로 대치하여 같은 위치에 상을 얻으려면, 이 렌즈의 초점 거리는 조합 렌즈들의 초점 거리들과 다음의 관계를 가져야 함을 알 수 있다.

$$\frac{1}{f} = \frac{1}{f_1} + \frac{1}{f_2} \quad \textbf{(36.19)}$$

◀ 서로 접촉한 두 얇은 렌즈 조합의 초점 거리

그러므로 서로 접촉하고 있는 두 개의 얇은 렌즈는 초점 거리가 식 36.19로 표현되는 하나의 렌즈와 동등하다.

예제 36.7 **최종 상은 어디에?**

초점 거리가 각각 $f_1 = 10.0$ cm와 $f_2 = 20.0$ cm 인 두 개의 얇은 수렴 렌즈가 그림 36.28과 같이 20.0 cm 떨어져 있다. 렌즈 1의 왼쪽 30.0 cm 위치에 물체가 놓여 있을 때 최종 상의 위치와 배율을 구하라.

풀이

개념화 렌즈 2가 없다고 가정하고, 렌즈 1을 통과한 광선이 만드는 실상을 ($p > f$이므로) 생각하자. 그림 36.28은 이 광선들이 도립 상 I_1을 형성함을 보여 준다. 상점으로 수렴한 광선들은 정지하지 않고 상점을 통과하여 계속 진행하여 렌즈 2와 상호 작용한다. 상점을 지나온 이 광선들은 물체에서 나온 광선들과 똑같이 거동한다. 그러므로 렌즈 1의 상은 렌즈 2에 대하여 물체 역할을 하게 되는 것이다.

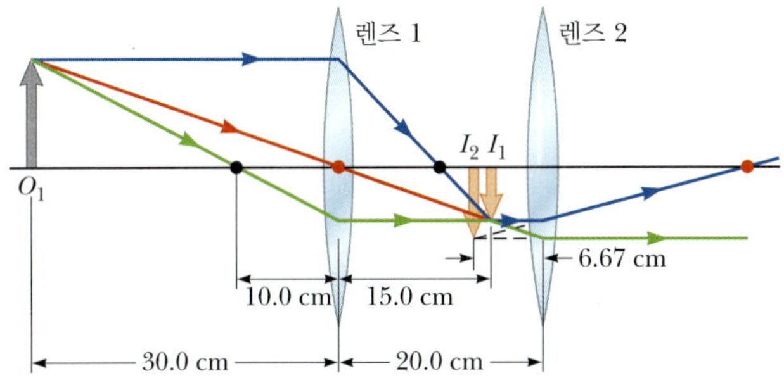

그림 36.28 (예제 36.7) 두 수렴 렌즈의 조합. 이 광선 추적도는 렌즈 조합에 의한 최종 상의 위치를 보여 준다. 주축 위의 검은 점은 렌즈 1의 초점이고 빨간 점은 렌즈 2의 초점이다.

분류 이 문제는 얇은 렌즈 방정식을 두 렌즈에 대하여 단계별로 적용하여 풀 수 있는 문제이다.

분석 렌즈 1에 의하여 형성되는 상의 위치를 얇은 렌즈 방정식을 이용하여 구한다.

$$\frac{1}{q_1} = \frac{1}{f} - \frac{1}{p_1}$$

$$\frac{1}{q_1} = \frac{1}{10.0\text{ cm}} - \frac{1}{30.0\text{ cm}}$$

$$q_1 = +15.0\text{ cm}$$

상의 배율은 식 39.17을 이용하여 구한다.

$$M_1 = -\frac{q_1}{p_1} = -\frac{15.0\text{ cm}}{30.0\text{ cm}} = -0.500$$

이 상이 둘째 렌즈의 물체 역할을 한다. 그러므로 둘째 렌즈에 대한 물체 거리는 20.0 cm − 15.0 cm = 5.00 cm이다.

렌즈 2에 의하여 형성되는 상의 위치를 얇은 렌즈 방정식을 이용하여 구한다.

$$\frac{1}{q_2} = \frac{1}{20.0\text{ cm}} - \frac{1}{5.00\text{ cm}}$$

$$q_2 = \boxed{-6.67\text{ cm}}$$

식 39.17을 이용하여 상의 배율을 구한다.

$$M_2 = -\frac{q_2}{p_2} = -\frac{(-6.67\text{ cm})}{5.00\text{ cm}} = +1.33$$

식 39.18을 이용하여 전체 배율을 계산한다.

$$M = M_1 M_2 = (-0.500)(1.33) = \boxed{-0.667}$$

결론 전체 배율이 음수인 것은 최종 상이 처음 물체에 대하여 도립 상임을 의미한다. 배율의 절댓값이 1보다 작기 때문에 최종 상은 처음 물체보다 작다. q_2가 음수이기 때문에 최종 상은 렌즈 2의 앞 즉 왼쪽에 생긴다. 이런 모든 결과는 그림 36.28의 광선 추적도에 잘 부합한다.

문제 이 두 개의 렌즈로 정립 상을 만들고 싶다. 두 번째 렌즈를 어떻게 움직여야 하나?

답 물체가 첫 번째 렌즈로부터 떨어진 거리가 첫 번째 렌즈의 초점 거리보다 더 멀기 때문에, 첫 번째 렌즈에 의한 상은 도립 상이 된다. 그러므로 두 번째 렌즈가 상을 다시 한 번 더 뒤집도록 하면 최종 정립 상을 만들 수 있다. 수렴 렌즈가 도립 상을 만드는 경우는 물체가 초점 밖에 위치하는 경우뿐이다. 그러므로 그림 36.28에서 첫 번째 렌즈에 의한 상이 두 번째 렌즈의 초점보다 왼쪽에 위치해야 한다. 이렇게 되려면 두 번째 렌즈가 첫 번째 렌즈로부터 최소한 $q_1 + f_2 = 15.0\ \text{cm} + 20.0\ \text{cm} = 35.0\ \text{cm}$ 이상 떨어지도록 움직여야 한다.

36.5 렌즈의 수차
Lens Aberrations

거울과 렌즈에 대한 지금까지의 분석에서는 모든 광선들이 주축과 작은 각도를 이루며 렌즈는 얇다고 가정하였다. 이 간단한 모형에서, 점광원에서 나온 모든 광선들은 한 점에 집속되어 또렷한 상을 맺게 한다. 하지만 언제나 그렇지는 않다. 앞의 분석에서 사용한 근사가 성립하지 않는 경우 불완전한 상이 생기게 된다.

상의 형성을 정확히 분석하려면, 굴절면에서는 스넬의 법칙을 적용하고, 반사면에서는 반사의 법칙을 적용하여 하나하나의 광선을 모두 추적해야 한다. 이렇게 해 보면, 하나의 점 물체에서 나온 모든 광선들이 한 점에 집속되지 않으며, 그 결과로 상이 흐려짐을 알 수 있다. 실제로 상이 단순화된 우리의 모형이 예측하는 이상적인 상과 달라지는 이런 현상을 **수차**(aberrations)라고 한다.

구면 수차 Spherical Aberration

구면 수차(spherical aberration)가 생기는 원인은 구면 렌즈(또는 구면 거울)의 주축으로부터 먼 광선에 대한 초점이 주축에 가까운 같은 파장의 광선에 대한 초점과 다르기 때문이다. 그림 36.29는 수렴 렌즈를 지나는 평행 광선들의 구면 수차를 보여 준다. 렌즈의 중심 근처를 지나는 광선들은 렌즈의 가장자리를 지나는 광선들보다 더 먼 곳에 모인다. 앞에서 본 그림 36.6은 물체 점을 떠나 구면 거울을 때리는 광선에 대한 구면 수차를 보여 준다.

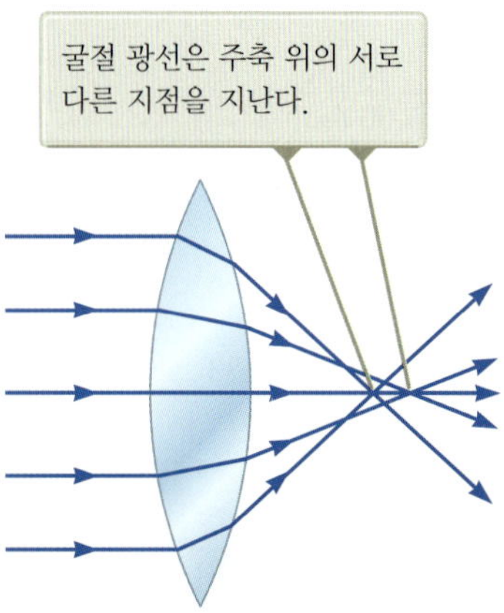

그림 36.29 수렴 렌즈에 나타나는 구면 수차. 발산 렌즈에도 구면 수차가 있을까?

사진기의 가변 조리개는 빛의 세기와 구면 수차를 제어하기 위한 것이다(조리개는 렌즈를 통하여 사진기 속으로 들어가는 빛의 양을 제어하기 위한 구멍을 말한다). 조리개의 크기를 줄일수록 더 또렷한 상이 만들어지는데, 이것은 렌즈의 가운데 부분만이 빛에 노출되어 대부분의 광선들이 근축 광선이 되기 때문이다. 그러나 그와 동시에 렌즈를 통과하는 빛의 양도 줄어들게 된다. 이와 같이 빛이 약해지는 것을 보상해주려면, 노출 시간을 늘려야 한다.

거울의 경우 반사면으로서 구면 대신 포물면을 이용하면 구면 수차를 최소화할 수 있다. 그러나 포물면은 흔히 사용되지는 않는데, 광학적 특성이 우수한 포물면은 제작

비가 매우 높기 때문이다. 포물면에 입사된 평행광은 주축으로부터의 거리에 관계없이 한 점에 모인다. 포물면 거울은 천체 망원경에서 상의 질을 향상시키기 위하여 많이 사용된다.

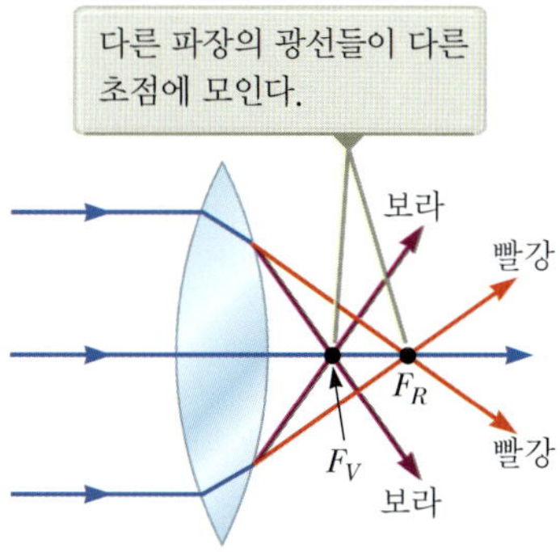

그림 36.30 수렴 렌즈에 나타나는 색 수차

색 수차 Chromatic Aberration

35장에서 우리는 분산에 의하여 물질의 굴절률이 파장에 따라 변화하는 것을 공부한 바 있다. 이런 현상 때문에 백색광이 렌즈를 통과할 때 보라색 광선은 빨간색 광선보다 더 많이 굴절된다(그림 36.30). 그림 36.30을 보면, 렌즈에서 빨간색 빛에 대한 초점 거리는 보라색 빛에 대한 초점 거리보다 더 길다. 그림에 표시되지 않은 다른 파장들은 빨강과 보라에 대한 초점들 사이에 위치한 초점들을 가지게 되고, 그 결과로 상이 흐려지게 되는데 이를 **색 수차**(chromatic aberration)라 한다.

색 수차 때문에 발산 렌즈도 보라색에 대한 초점 거리가 빨간색에 대한 초점 거리보다 짧다. 그러나 발산 렌즈이므로 초점은 렌즈의 앞면에 위치한다. 다른 종류의 유리로 만들어진 볼록 렌즈와 오목 렌즈를 조합하여 사용하면 색 수차를 크게 줄일 수 있다.

36.6 사진기 The Camera

그림 36.31은 간단한 광학 기기인 사진기의 핵심적인 특징을 보여 준다. 사진기는 빛이 새어 들어가지 못하는 방, 실상을 만드는 수렴 렌즈, 렌즈 뒤에 위치해서 상이 형성되는 빛을 감지하는 부품으로 구성된다.

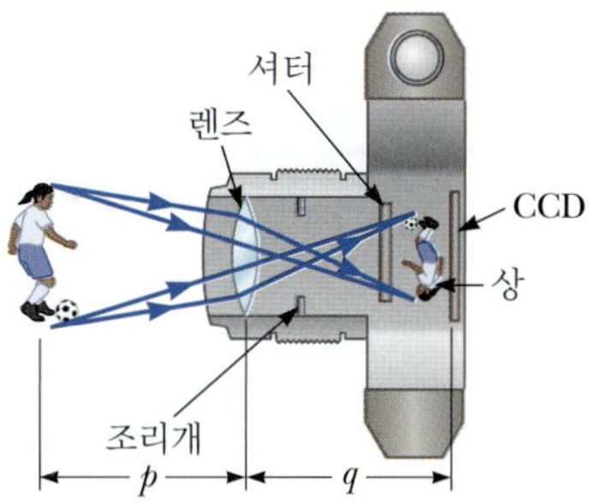

그림 36.31 간단한 디지털 사진기의 단면도. CCD는 사진기에서 빛을 감지하는 부품이다. 필름 사진기에서 렌즈를 통과한 빛은 사진 필름 위에 상을 만든다. 실제로는 $p \gg q$임에 유의하라.

디지털 사진기의 상은 CCD(charge-coupled device, 전하 결합 소자) 위에 맺히는데, 상을 디지털화하여 이진법 코드(binary code)로 바꿔준다(CCD에 대해서는 40.2절에서 설명한다). 이 디지털 정보는 메모리에 저장되어, 사진기의 표시 화면에서 다시 보거나 컴퓨터로 다운로드할 수 있다. 필름 사진기는 빛이 CCD가 아닌 빛에 민감한 필름에 상을 형성한다는 점만 제외하고는 디지털 사진기와 유사하다. 디지털 사진기라 가정하고 논의를 계속하자.

사진기는 렌즈와 필름 사이의 거리를 조절하여 초점을 맞춘다. 선명한 상을 얻으려면 초점을 잘 맞추어야 하는데, 이를 위한 렌즈–필름 거리는 렌즈의 초점 거리뿐만 아니라 물체 거리에 따라서도 달라진다.

렌즈 뒤에 있는 셔터는 선택된 시간 간격, 즉 **노출 시간** 동안만 열리는 기계적인 장치이다. 움직이는 물체의 사진은 노출 시간을 짧게 하여 찍을 수 있으며, 어두운 장면(즉 빛이 약한 경우)의 사진은 노출 시간을 길게 하여 찍을 수 있다. 이런 조정을 할 수 없다면 정지–동작(stop-action) 사진을 찍기 어렵다. 예를 들어 빠르게 움직이는 자동차는 셔터가 열려 있는 짧은 시간 동안에도 상당한 거리를 움직일 수 있으므로 상이 흐려진다. 상이 흐려지는 또 한 가지 주요 원인은 셔터가 열려 있는 동안 사진기가 움직이는 것이다. 사진기의 흔들림을 피하려면, 노출 시간을 짧게 하거나 정지 물체를 찍을 때에도 삼각대를 이용해야 한다. 보통 셔터 속도(즉 노출 시간)는 (1/30)초, (1/60)초, (1/125)초, (1/250)초 등이다. 실제로 정지 물체를 찍을 때에는 중간 속도인 (1/60)초 정도가 많이 이용된다.

CCD에 도달하는 빛의 세기 I는 렌즈의 넓이에 비례한다. 이 넓이가 렌즈의 지름 D의 제곱에 비례하므로 I는 D^2에 비례한다. 빛의 세기는 상의 단위 넓이당 CCD가 에너지를 받는 비율의 척도이다. 상의 넓이가 q^2에 비례하고 $q \approx f$이므로($p \gg f$이면, p는 근사적으로 무한대라 할 수 있다), 빛의 세기는 $1/f^2$에 비례한다고 결론지을 수 있다. 즉 $I \propto D^2/f^2$이다.

비율 f/D를 렌즈의 ***f*수**(f-number)라 한다.

$$f\text{수} \equiv \frac{f}{D} \tag{36.20}$$

따라서 CCD에 입사된 빛의 세기는 다음의 비례식에 따라 변화한다.

$$I \propto \frac{1}{(f/D)^2} \propto \frac{1}{(f\text{수})^2} \tag{36.21}$$

f수는 렌즈의 '속력'을 설명하는 데 자주 쓰인다. f수가 작을수록 조리개는 더 크며, CCD가 빛 에너지에 노출되는 비율이 더 높다. 필름이 빛 에너지를 받아들이는 비율은 더 커진다. 그러므로 f수가 작은 렌즈를 '빠른(fast)' 렌즈라고 한다. f수를 나타내는 전통적인 방법은 "f/"라 쓰고, 그 다음에 실제 f수를 적는 것이다. 예컨대 'f/4 '는 4분의 f를 뜻하는 것이 아니라 f수가 4임을 의미한다. f수가 대략 f/1.2 정도로 낮은 매우 빠른 렌즈는, 렌즈의 넓은 영역을 통하여 들어오는 빛의 수차를 작게 해야 하므로 제작하기가 어렵고 가격이 매우 비싸다. 사진기 렌즈계(즉 여러 렌즈들의 조합과 가변 조리개로 이루어진)에는 f/2.8, f/4, f/5.6, f/8, f/11, f/16 등과 같은 여러 개의 f수가 표시되어 있는 경우가 많다. 조리개를 조절하면 D 값이 변하게 되고, 이 f수 중 어떤 것이든지 선택할 수 있다. f수를 한 값으로부터 그 다음 큰 값으로 (예컨대 f/2.8로부터 f/4로) 바꾸면 조리개의 넓이가 반으로 줄어든다. 사진기에서 가장 작은 f수는 조리개가 최대로 열려서 렌즈 영역을 최대로 이용하는 경우에 해당한다.

간단한 사진기는 초점 거리와 조리개 크기가 f수가 f/11 정도로 고정되어 있다. f수가 이처럼 크면, **초점 심도**(depth of field)가 매우 깊게 된다. 이는 렌즈로부터 물체의 거리가 넓은 범위에 걸쳐 변해도 CCD에는 그런대로 또렷한 상이 맺힘을 뜻한다. 즉 사진기의 초점을 맞출 필요가 없게 된다.

Q 퀴즈 36.7 사진기는 스크린 역할을 하는 CCD 위에 상을 맺는 수렴 렌즈 하나로 생각할 수 있다. 처음에 사진기를 먼 곳에 있는 물체에 맞추었다가 사진기에 가까운 물체에 초점을 맞추려고 한다. 렌즈는 어떤 방향으로 움직여야 하는가? **(a)** CCD로부터 멀어지는 쪽 **(b)** 그대로 두면 된다. **(c)** CCD에 가까워지는 쪽

예제 36.8 적정 노출 시간

어떤 디지털 사진기의 렌즈는 초점 거리가 55 mm이고, 속력(f수)이 $f/1.8$이다. 어떤 조건에서 이 속력에 대한 올바른 노출 시간이 (1/500) s로 알려져 있다.

(A) 렌즈의 지름을 구하라.

풀이

개념화 f수는 렌즈의 초점 거리 및 지름과 관계가 있음을 기억하라.

분류 이 절에서 유도한 식을 이용하여 결과를 구할 수 있으므로 예제를 대입 문제로 분류한다.

식 36.20을 D에 대하여 풀고 값을 대입하면 다음과 같은 결과를 얻는다.

$$D = \frac{f}{f수} = \frac{55\text{ mm}}{1.8} = 31\text{ mm}$$

(B) 빛의 조건이 같을 때 f수를 $f/4$로 변경할 경우, 적정 노출 시간을 구하라.

풀이 CCD에 도달하는 빛의 전체 에너지는 빛의 세기와 노출 시간의 곱에 비례한다. I가 CCD에 도달하는 빛의 세기라면, 시간 Δt 동안 CCD의 단위 넓이가 받아들이는 빛 에너지는 $I\Delta t$에 비례한다. 두 상황을 비교해 보면, Δt_1이 $f/1.8$에 대한 노출 시간이고 Δt_2가 $f/4$에서의 최적 노출 시간이라 할 때 $I_1\Delta t_1 = I_2\Delta t_2$가 성립해야 한다.

이런 결과에 식 36.21의 I를 대입하면 다음의 결과를 얻게 된다.

$$I_1\,\Delta t_1 = I_2\,\Delta t_2 \quad \rightarrow \quad \frac{\Delta t_1}{(f_1수)^2} = \frac{\Delta t_2}{(f_2수)^2}$$

이 식을 Δt_2에 대하여 풀고 주어진 값들을 대입한다.

$$\Delta t_2 = \left(\frac{f_2수}{f_1수}\right)^2 \Delta t_1 = \left(\frac{4}{1.8}\right)^2\left(\tfrac{1}{500}\text{ s}\right) \approx \tfrac{1}{100}\text{ s}$$

조리개의 크기가 줄어들었으므로 노출 시간은 길어져야 한다.

36.7 눈
The Eye

정상적인 눈은 사진기와 마찬가지로 빛을 집속하여 선명한 상이 맺히게 한다. 그러나 들어오는 빛의 양을 조절하고, 올바른 상이 맺히도록 조정하는 눈의 메커니즘은 가장 정교하게 제작된 사진기보다도 훨씬 더 복잡 미묘하며 더 효율적이다. 모든 면에서 눈은 생리학적 불가사의라 할 수 있다.

그림 36.32는 사람 눈의 기본적인 부분들을 보여 준다. 빛은 **각막**(그림 36.33)을 통하여 눈으로 들어오며, 각막의 뒤에는 **수양액**이라 하는 투명한 액체, 가변 조리개(**동공**: **홍채**에 있는 구멍), **수정체**(**렌즈**) 등이 있다. 굴절의 대부분은 눈의 바깥쪽 표면, 즉 얇은 눈물 막으로 덮여 있는 각막에서 일어난다. 수정체에서 일어나는 굴절은 상대적으로 적은데, 그 원인은 수정체가 잠겨 있는 수양액의 평균 굴절률이 수정체의 굴절률과 거의 같기 때문이다. 눈의 색을 결정하는 부분인 홍채는 동공의 크기를 조절하는 근육으로 이루어진 막이다. 홍채는 어두운 곳에서는 동공의 크기를 늘리고, 밝은 곳에서는 동공을 줄임으로써 눈으로 들어오는 빛의 양을 조절한다. 눈의 f수는 약 $f/2.8$에서 $f/16$ 사이에서 변화한다.

그림 36.32 눈의 주요 부분

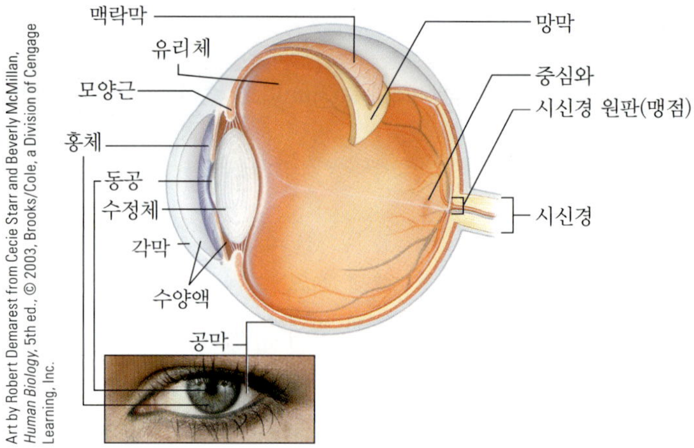

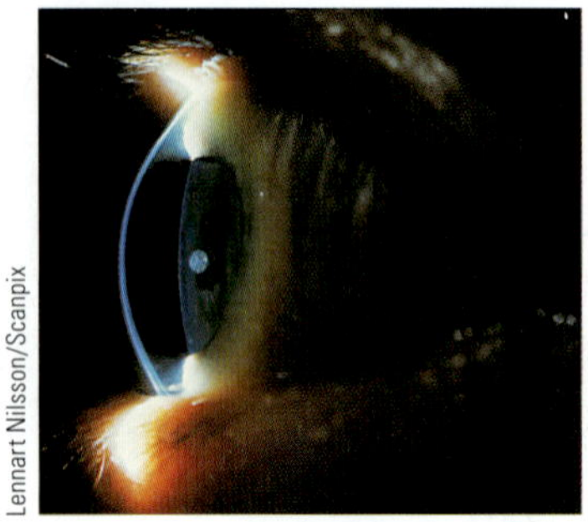

그림 36.33 사람의 각막을 찍은 근접 사진

각막과 수정체는 빛을 눈의 후면인 **망막**에 집속시킨다. 망막은 **막대 세포**(rod cell)와 **원뿔 세포**(cone cell)라는 수백만 개의 민감한 시각 세포들로 이루어져 있다. 빛에 의하여 자극을 받은 시각 세포들은 시신경을 통하여 뇌를 자극하며, 뇌는 상을 인지하게 된다. 상이 망막에 형성되면 이런 과정을 통하여 물체의 또렷한 상이 관측되는 것이다.

눈은 **적응**(accommodation)이라는 놀라운 과정을 통하여, 수정체 렌즈의 모양을 변화시킴으로써 물체에 초점을 맞춘다. 수정체의 조정은 매우 빠르게 일어나므로 사람은 그런 변화를 인식하지 못한다. 눈의 적응에는 한계가 있기 때문에 눈에 아주 가까이 있는 물체의 상은 선명하지 못하고 흐려진다. **근점**(near point)은 눈이 수정체의 적응에 의하여 망막에 선명한 상을 맺을 수 있는 가장 가까운 물체 거리이다. 근점은 나이에 따라 길어지는데, 평균적인 값은 25 cm 정도이다. 10세쯤에는 근점이 보통 18 cm 정도이지만, 20세 때에는 25 cm, 40세에는 50 cm, 60세 때에는 500 cm 이상 등으로 길어진다. 원점(far point)은 이완된 눈의 수정체가 망막에 상을 맺을 수 있는 가장 먼 물체 거리이다. 시력이 정상인 사람은 매우 먼 곳의 물체도 볼 수 있으므로 원점은 근사적으로 무한대이다.

망막은 막대 세포와 원뿔 세포라고 하는 빛에 민감한 두 가지 형태의 세포로 덮여 있다. 막대 세포는 색에 민감하지 않지만 원뿔 세포보다 빛에 더 민감하다. 막대 세포는 어두울 때의 시각에 중요한 역할을 한다. 막대 세포는 망막 전체에 퍼져 있어서 여러 방향에서 오는 빛을 감지하여 상하좌우를 볼 수 있게 하고, 또 어둠 속에서 움직이는 물체를 볼 수 있게 한다. 원뿔 세포는 황반에 집중되어 있다. 이 세포들은 빛의 서로 다른 파장에 대하여 민감도가 다르다. 이 세포들은 반응하는 색 영역의 민감도 봉우리의 위치에 따라 빨간색, 초록색, 파란색 원뿔 세포라 한다(그림 36.34). 빨간색과 초록색 원뿔 세포가 동시에 자극을 받으면(노란색 빛을 비추면), 뇌는 노란색 빛을 보는 것으로 해석한다. 세 종류의 세포가 제각기 개별적인 빨간색, 파란색, 초록색 파장의 빛에 의하여 자극을 받으면 우리는 흰색을 보는 것으로 느낀다. 햇빛과 같이 **모든** 색을 다 포함하는 빛에 의하여 세 종류의 원뿔 세포가 모두 자극을 받는 경우에도 우리는 흰색을 보는 것으로 느낀다.

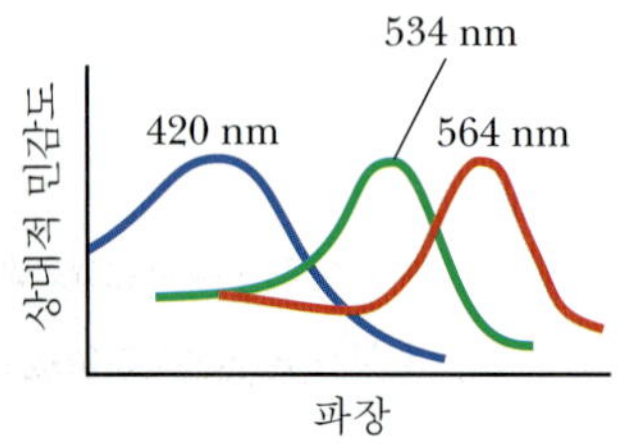

그림 36.34 망막에 있는 세 종류 원뿔 세포의 근사적인 색 감도

텔레비전과 컴퓨터 모니터는 이런 시각적 착각을 이용하는 장치로서, 스크린에 빨간색, 파란색, 초록색의 화소만을 가지고 있다. 이 삼원색의 밝기를 조합함으로써 우리의 눈은 무지개 속에 들어 있는 색을 전부 느끼도록 할 수 있다. 그러므로 텔레비전 광고 속에 나오는 노란색 레몬은 실제로는 노란 것이 아니라 빨갛고 동시에 초록색인 것이다! 이 페이지가 인쇄된 종이는 작고 반투명한 섬유들이 뒤엉킨 것이며, 이 섬유들은 빛을 모든 방향으로 산란시킨다. 그 결과로 나타나는 색들이 혼합되어 우리 눈에 희게 보이는 것이다. 눈, 구름, 흰 머리 등도 실제로는 흰색이 아니다. 흰색 색소라는 것은 존재하지 않는다. 이들이 희게 보이는 것은 모든 색을 다 포함한 빛이 산란된 결과를 우리가 희게 인식하기 때문이다.

눈의 이상 Conditions of the Eye

그림 36.35a와 같이 수정체–각막 계의 초점 조절 영역과 눈의 길이(망막까지의 거리)가 맞지 않아서 가까운 물체의 상이 채 맺히기 전에 망막에 도달하게 되는 경우를 **원시**(farsightedness 또는 *hyperopia*)라고 한다. 원시인 사람은 멀리 있는 물체는 또렷하게 볼 수 있지만 가까운 물체를 또렷하게 보지 못한다. 정상안의 근점이 25 cm 정도인데 비하여 원시안의 근점은 이보다 훨씬 길다. 즉 먼 곳의 물체를 제외하면, 각막과 수정체의 굴절 능력이 물체에서 오는 빛을 집속시킬 만큼 충분치 않은 것이다. 이런 눈의 이상은 그림 36.35b처럼 눈 앞에 수렴 렌즈를 둠으로써 교정할 수 있다. 렌즈는 입사 광선이 눈에 들어가기 전에 광축 쪽으로 굴절시켜 줌으로써 망막에 상을 맺도록 한다.

또 다른 눈의 이상은 **근시**(nearsightedness 또는 *myopia*)인데, 가까운 물체는 잘 보지만 먼 곳의 물체는 잘 보지 못하는 것이다. 근시안의 원점은 무한대가 아니며, 1 m보다 짧을 수도 있다. 근시안은 최대 초점 거리가 짧아서 망막에 선명한 상을 맺지 못하며, 먼 물체로부터 오는 광선들은 망막에 도달하기 전에 집속된다. 광선들은 이 점을 지나 발산된 상태로 망막에 도달하기 때문에 상이 흐려진다(그림 36.36a). 근시는 그림 36.36b에 보인 것처럼 발산 렌즈를 이용하여 교정할 수 있다. 렌즈는 입사 광선들이 눈에 들어가기 전에 광축으로부터 멀어지는 방향으로 굴절시켜 줌으로써 망막에 상을 맺도록 한다.

중년이 지나면서 대부분의 사람들은 눈의 근육이 약해지고 수정체가 굳어지면서 눈의 적응 능력이 조금씩 줄어들게 된다. 원시안은 집속 능력과 눈의 길이가 맞지 않아 생

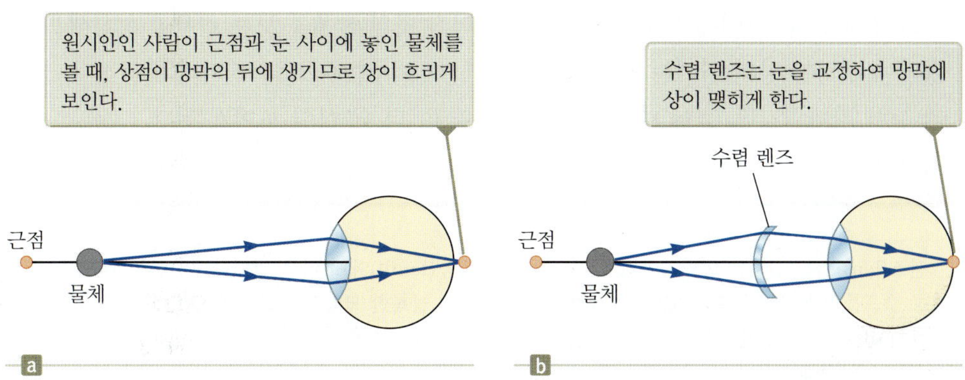

그림 36.35 (a) 교정하지 않은 원시 (b) 수렴 렌즈를 이용하여 교정한 원시

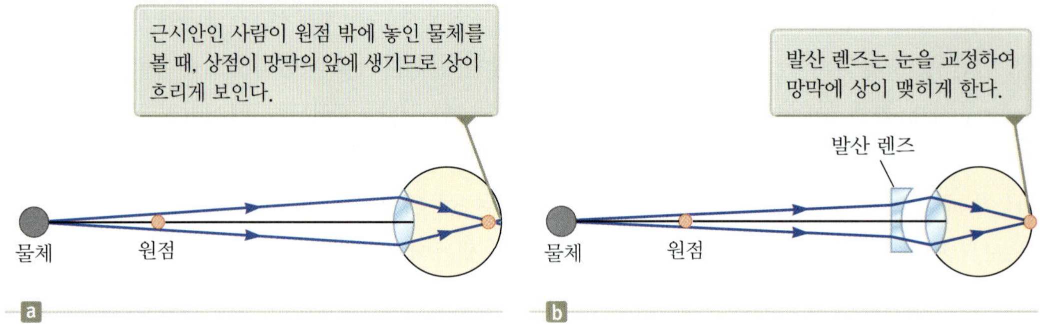

그림 36.36 (a) 교정하지 않은 근시 (b) 발산 렌즈를 이용하여 교정한 근시

기는 데 비하여 **노안**(presbyopia 또는 old-age vision)은 눈의 적응 능력의 감소로 인해 생긴다. 각막과 수정체의 굴절 능력이 가까운 물체의 상을 망막에 맺도록 하기에 부족한 것이다. 그러나 증상은 원시의 경우와 동일하고 원시와 마찬가지로 수렴 렌즈를 이용하면 교정할 수 있다.

난시(astigmatism)의 경우 점광원에서 나온 빛이 망막에 선 모양의 상을 만든다. 난시는 각막이나 수정체 또는 둘 모두의 대칭성이 불완전할 때 생긴다. 이 이상은 서로 수직인 두 방향에 대하여 다른 곡률을 가지는 렌즈를 이용하여 교정할 수 있다.

검안사나 안과의사는 렌즈[1]를 처방할 때 **디옵터**(diopter) 단위를 쓴다. 디옵터는 렌즈의 **도수**(굴절력: power)의 단위인데, 렌즈의 도수 P는 미터 단위로 표시한 초점 거리의 역수, 즉 $P = 1/f$이다. 예를 들어 초점 거리가 +20 cm인 수렴 렌즈의 도수는 +5.0디옵터이고, 초점 거리 −40 cm인 발산 렌즈의 도수는 −2.5디옵터이다.

Q 퀴즈 36.8 야영지에서 두 사람이 낮에 불을 지피려고 한다. 한 사람은 근시이고 다른 사람은 원시이다. 태양광을 종이에 집속하여 불을 붙이려면 누구의 안경을 사용해야 하는가? **(a)** 아무거나 써도 된다. **(b)** 근시인 사람의 안경 **(c)** 원시인 사람의 안경

36.8 확대경
The Simple Magnifier

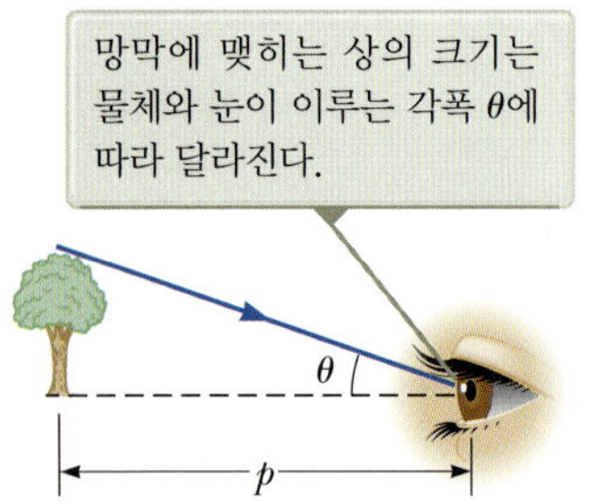

그림 36.37 사람이 거리 p에 있는 물체를 보고 있다.

확대경은 하나의 수렴 렌즈로 이루어진다. 확대경은 그 이름이 의미하듯 물체가 실제보다 더 커보이게 한다.

그림 36.37과 같이 눈으로부터 거리 p 떨어진 곳의 물체를 보는 경우를 상상해 보자. 망막에 생기는 상의 크기는 물체가 눈에 대하여 이루는 각도 θ에 따라 달라진다. 물체가 눈에 가까워지면, 그에 따라 각폭 θ는 커지고, 더 큰 상이 보이게 된다. 그러나 보통 정상안이라면 25 cm(즉 눈의 근점)보다 더 가까운 곳의 물체에 초점을 맞출 수 없다

[1] 렌즈(lens)라는 단어는 이탈리아의 콩과 식물인 렌즈콩(lentil)에서 나온 말이다. 어쩌면 여러분은 렌즈콩 수프를 먹어보았을 수도 있다. 초기의 안경은 양면이 볼록한 모양이 렌즈콩과 닮았다고 해서 '유리 렌즈콩(glass lentils)'이라 부르기도 하였다. 원시안이나 노안 교정용 렌즈가 처음 만들어진 것은 약 1280년경이다. 근시 교정용 오목 렌즈가 나온 것은 그보다 백년도 더 지난 후의 일이다.

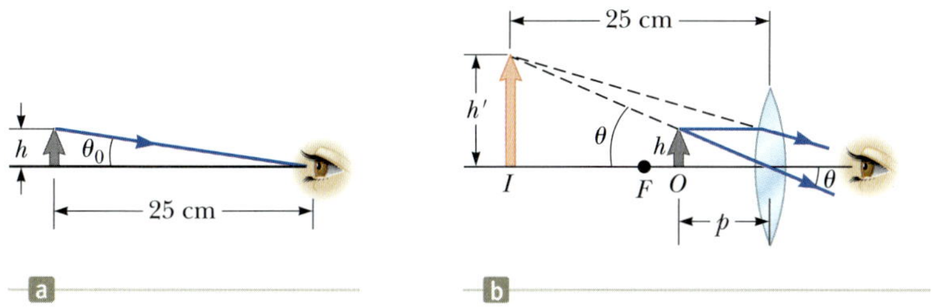

그림 36.38 (a) 눈의 근점에 놓인 물체 (p = 25 cm)는 눈에 대하여 $\theta_0 \approx h/25$의 각도를 이룬다. (b) 수렴 렌즈의 초점 가까이에 놓인 물체는 확대된 상을 만들고 이 상은 눈에 대하여 $\theta \approx h'/25$의 각도를 이룬다.

(그림 36.38a). 그러므로 θ는 물체가 눈의 근점에 있을 때 가장 크다.

물체의 겉보기 각폭을 더 크게 하려면, 그림 36.38b처럼 물체가 렌즈의 초점 바로 안쪽의 점 O에 있도록 눈 앞에 수렴 렌즈를 두면 된다. 이 위치에서 렌즈는 확대된 정립 허상을 만든다. **각배율**(angular magnification) m은 렌즈를 사용할 때 물체의 각폭(그림 36.38b의 θ)과 렌즈 없이 물체가 근점에 있는 경우의 각폭(그림 36.38a의 θ_0)의 비로 정의된다.

$$m \equiv \frac{\theta}{\theta_0} \tag{36.22}$$

각배율은 상이 눈의 근점에 있을 때, 즉 $q = -25$ cm일 때 최대가 된다. 이 상 거리에 대한 물체 거리는 얇은 렌즈 방정식으로부터 다음과 같이 계산할 수 있다. cm 단위로 나타낸 렌즈의 초점 거리를 f라 할 때

$$\frac{1}{p} + \frac{1}{-25\text{ cm}} = \frac{1}{f} \quad \rightarrow \quad p = \frac{25f}{25 + f}$$

이다. 작은 각도 근사를 사용하면

$$\tan\theta_0 \approx \theta_0 \approx \frac{h}{25} \qquad \text{그리고} \qquad \tan\theta \approx \theta \approx \frac{h}{p} \tag{36.23}$$

이므로 식 36.22는 다음과 같이 된다.

$$m_{\text{max}} = \frac{\theta}{\theta_0} = \frac{h/p}{h/25} = \frac{25}{p} = \frac{25}{25f/(25 + f)}$$

$$m_{\text{max}} = 1 + \frac{25\text{ cm}}{f} \tag{36.24}$$

확대경에 의한 상이 근점과 무한 원점 사이의 어느 곳에 생기더라도 눈은 그 상에 초점을 맞출 수 있지만, 눈이 가장 편한 상태는 상이 무한히 먼 곳에 생기는 경우이다. 확대경에 의한 상이 무한 원점에 생기려면, 물체는 확대경 렌즈의 초점에 있어야 한다. 이 경우 식 36.23은

$$\theta_0 \approx \frac{h}{25} \qquad \text{그리고} \qquad \theta \approx \frac{h}{f}$$

가 되고 각배율은 다음과 같다.

© Cengage Learning/George Semple

돋보기라고도 부르는 확대경을 이용하여 확대시킨 지도의 일부

$$m_{\min} = \frac{\theta}{\theta_0} = \frac{25 \text{ cm}}{f} \quad \textbf{(36.25)}$$

렌즈 하나로 된 확대경을 쓰면, 수차 없이 약 4배 정도의 각배율을 얻을 수 있다. 한두 개의 렌즈를 더 사용하여 수차를 없애면 배율을 약 20배까지 높이는 것도 가능하다.

예제 36.9 렌즈의 배율

초점 거리 10 cm인 렌즈를 확대경으로 이용하여 얻을 수 있는 최대 배율을 구하라. 눈이 편안한 상태에서 이 렌즈의 배율을 구하라.

풀이

개념화 확대경이 초점 안쪽에 놓인 물체의 확대된 상을 형성하는 상황을 보인 그림 36.38b를 보라. 배율은 상이 눈의 근점에 있을 때 최대이다. 눈이 편안한 상태라면 상이 무한히 먼 곳에 있다.

분류 이 절에서 유도한 식을 이용하여 결과를 구할 수 있으므로, 예제를 대입 문제로 분류한다.

식 36.24를 이용하여 최대 배율을 계산한다.

$$m_{\max} = 1 + \frac{25 \text{ cm}}{f} = 1 + \frac{25 \text{ cm}}{10 \text{ cm}} = 3.5$$

식 36.25를 이용하여 눈이 편안한 상태일 때의 최소 배율을 계산한다.

$$m_{\min} = \frac{25 \text{ cm}}{f} = \frac{25 \text{ cm}}{10 \text{ cm}} = 2.5$$

36.9 복합 현미경
The Compound Microscope

물체의 세부적인 모습을 관찰하는 데 있어서 확대경의 배율은 제한적이다. 렌즈 두 개를 조합하여 **복합 현미경**(compound microscope)을 만들면 배율을 훨씬 더 높일 수 있는데, 그 기본적인 구조는 그림 36.39a와 같다. 현미경에는 두 개의 렌즈가 있는

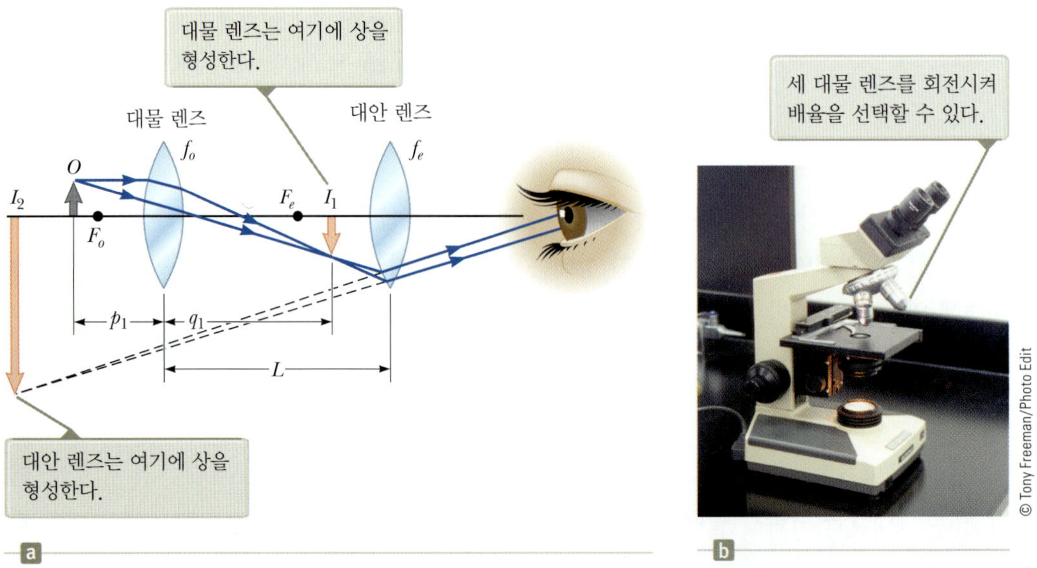

그림 36.39 (a) 복합 현미경의 단순화된 구조. 복합 현미경은 대물 렌즈와 대안 렌즈로 구성된다. (b) 복합 현미경

데, 첫 번째 렌즈는 **대물 렌즈**로서 초점 거리 $f_o < 1$ cm 정도로 매우 짧고, 두 번째 렌즈는 **대안 렌즈**로서 몇 cm 정도의 초점 거리 f_e를 가진다. 이 두 렌즈 사이의 거리 L은 f_o나 f_e보다 훨씬 크다. 물체는 대물 렌즈의 초점 바로 밖에 놓이는데, 대물 렌즈에 의하여 도립 실상을 I_1 위치에 만든다. 이 위치는 대안 렌즈의 초점 또는 그에 매우 가까운 위치가 된다. 대안 렌즈는 확대경의 역할을 하여, I_1에 생긴 상의 확대된 정립 허상을 I_2에 만든다. 첫 번째 상의 가로 배율 M_1은 $-q_1/p_1$이다. 그림 36.39a에서 q_1은 L과 근사적으로 같고, 물체가 대물 렌즈의 초점과 매우 가깝다($p_1 \approx f_o$)는 사실에 주목하라. 이런 사실로부터 대물 렌즈의 가로 배율은

$$M_o \approx -\frac{L}{f_o}$$

이다. 대안 렌즈의 초점 근처에 있는 물체(I_1 근처의 상에 해당)에 대한 대안 렌즈의 각배율은 식 36.25로부터 다음과 같이 구할 수 있다.

$$m_e = \frac{25 \text{ cm}}{f_e}$$

복합 현미경에 의한 상의 전체 배율은 가로 배율과 각배율의 곱으로 정의되며 다음 식과 같다.

$$M = M_o m_e = -\frac{L}{f_o}\left(\frac{25 \text{ cm}}{f_e}\right) \quad \textbf{(36.26)}$$

여기서 음(−)의 부호는 도립 상을 의미한다.

현미경 덕분에 인간은 그전에 볼 수 없던 놀랄 만큼 작은 물체도 자세히 볼 수 있게 되었다. 이 장치의 성능은 정밀 렌즈의 제작 기술과 함께 꾸준히 향상되어 왔다. 현미경에 대하여 자주 제기되는 질문은 "지극한 인내심과 주의력을 기울인다면, 사람의 눈으로 원자를 볼 수 있는 현미경을 만들 수가 있을까?"하는 것이다. 그 대답은 "물체에 빛을 비추어 주어야 하는 한 불가능하다"이다. 그 이유는, 가시광선을 이용하는 광학 현미경으로 물체를 볼 수 있으려면 물체는 적어도 파장 정도의 크기가 되어야 하기 때문이다. 어떤 물질의 원자라도 가시광선 파장보다는 훨씬 작기 때문에 원자의 신비를 탐사하려면 다른 종류의 현미경을 사용해야 한다.

36.10 망원경
The Telescope

망원경(telescope)에는 기본적으로 두 가지 종류가 있다. 두 종류 모두 태양계의 행성들처럼 멀리 있는 물체를 보기 위하여 설계되었다. 첫 번째 종류인 **굴절 망원경**(refracting telescope)은 렌즈들을 조합하여 상을 만든다.

그림 36.40a에 보인 굴절 망원경에는 복합 현미경처럼 대물 렌즈와 대안 렌즈가 있다. 이 두 렌즈는, 먼 곳에 있는 물체의 상이 대물 렌즈에 의하여 도립 실상의 형태로 대

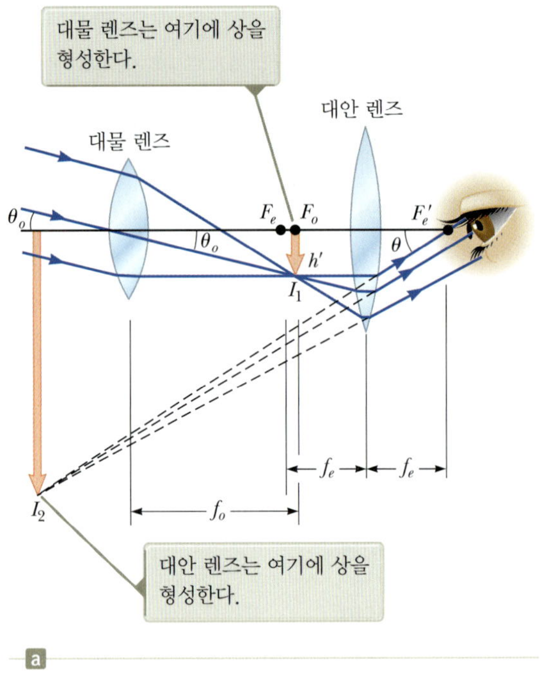

그림 36.40 (a) 굴절 망원경의 렌즈 배치. 물체는 무한히 먼 곳에 있다. (b) 굴절 망원경

안 렌즈의 초점에 매우 가까운 위치에 생기도록 배치되어 있다. 물체는 실질적으로 무한대에 있으므로, 상 I_1이 생기는 위치는 대물 렌즈의 초점이다. 그러면 대안 렌즈는 I_1에 있는 상을 확대한 도립 상을 I_2에 만든다. 최대 배율을 얻으려면 대안 렌즈의 상 거리는 무한대가 되어야 한다. 따라서 대안 렌즈의 물체 역할을 하는 대물 렌즈에 의한 상은 대안 렌즈의 초점에 생겨야만 한다. 그러므로 두 렌즈 사이의 거리는 $f_o + f_e$가 되어야 하며, 이 거리가 곧 망원경 경통의 길이이다.

망원경의 각배율은 θ/θ_o로 정의되는데, θ_o는 대물 렌즈에 대하여 물체가 이루는 각도, θ는 최종 상이 관측자의 눈에 대하여 이루는 각도이다. 물체가 그림의 왼편으로 매우 먼 거리 떨어져 있는 그림 36.40a에서 생각해 보자. 물체가 대물 렌즈에 대하여 이루는 각도 θ_o(대물 렌즈의 왼쪽)는 대물 렌즈에 의한 첫 번째 상이 대물 렌즈에 대하여 이루는 각도(대물 렌즈의 오른쪽)와 동일하다. 그러므로

$$\tan\theta_o \approx \theta_o \approx -\frac{h'}{f_o}$$

이 되는데, 여기서 음(−)의 부호는 도립 상을 뜻한다.

최종 상이 관측자의 눈에 대하여 이루는 각도 θ는, 상 I_1의 끝에서 나와 주축과 평행하게 진행하던 광선이 대안 렌즈를 지난 후 주축과 이루는 각도와 같다. 그러므로

$$\tan\theta \approx \theta \approx \frac{h'}{f_e}$$

이 된다. 이 식에서는 음(−)의 부호를 쓰지 않았는데, 이는 최종 상이 뒤집히지 않기 때문이다. 최종 상 I_2를 만든 물체는 I_1이며 I_1과 I_2 모두가 같은 방향을 가리키기 때문에 상은 물체에 대하여 뒤집히지 않은 것이다. 그러므로 망원경의 각배율은 다음 식으

로 표현할 수 있다.

$$m = \frac{\theta}{\theta_o} = \frac{h'/f_e}{-h'/f_o} = -\frac{f_o}{f_e} \tag{36.27}$$

이 결과는 망원경의 각배율이 대안 렌즈 초점 거리에 대한 대물 렌즈 초점 거리의 비와 같음을 보여 준다. 음(−)의 부호는 도립 상을 의미한다.

달이나 행성과 같이 비교적 가까운 천체를 망원경으로 관측할 때에는 각배율이 중요하다. 그러나 우리 은하의 별들은 너무나 멀기 때문에 망원경의 각배율이 아무리 커도 단지 빛나는 점으로 보일 뿐이다. 대단히 먼 물체의 연구에 쓰이는 대형 망원경은 가능한 한 많은 빛을 받아들이기 위하여 큰 반지름을 가져야 한다. 굴절 망원경용으로 대형 렌즈를 제작하는 것은 매우 어렵고 비용이 많이 든다. 대형 렌즈가 가지는 또 한 가지 문제는 자체 무게로 인한 처짐때문에 수차가 더 생긴다는 점이다.

대형 렌즈와 관련된 이런 문제점들은 대물 렌즈를 오목 거울로 대체하여 두 번째 종류의 망원경인 **반사 망원경**(reflecting telescope)을 만듦으로써 부분적으로 해결할 수 있다. 빛이 렌즈를 투과하는 것이 아니라 거울 면에서 반사하기 때문에, 거울을 뒤쪽에서 단단히 고정하는 것이 가능하며 이렇게 함으로써 처짐의 문제를 없앨 수 있다.

그림 36.41a는 전형적인 반사 망원경의 구조를 보여 준다. 입사 광선들은 망원경의 경통을 따라 진행하여 바닥에 있는 포물면 거울(대물경)에서 반사된다. 반사된 광선은 그림의 점 A를 향하여 집속되어 그 위치에 상을 맺게 된다. 하지만 상이 형성되기 전에 작은 평면 거울 M이 광선들을 반사시켜, 경통의 측면에 있는 작은 구멍을 지나 대안 렌즈로 가도록 한다. 이런 구조를 처음 개발한 사람이 뉴턴이기 때문에 이 방식의 반사 망원경을 뉴턴식 초점(Newtonian Focus)을 가진 것이라고 한다. 그림 36.41b는 뉴턴식 망원경의 한 예이다. 주목할 점은 반사 망원경 속에서 빛은 (작은 대안 렌즈를 지나는 것을 제외하면) 유리를 투과하지 않는다는 점이다. 그 결과 색 수차와 관련된 문제가 거의 없다. 평면 거울이 대물경 쪽으로 빛을 되반사시켜 대물경 중앙부의 작은 구멍을 통하여 대안 렌즈로 들어가도록 설계하면 경통의 길이를 더욱 짧게 할 수 있다.

세계에서 가장 큰 반사 망원경은 하와이의 마우나 케아(Mauna Kea)에 위치한 케크(Keck) 천문대에 있다. 이 천문대에는 지름이 10 m인 반사 망원경 두 대가 있는데, 각각의 망원경은 컴퓨터로 제어되는 36개의 육각형 거울이 거대한 반사면을 형성한다. 더욱이 두 개의 망원경을 합치면 유효 지름이 85 m인 망원경의 효과를 낼 수도 있다.

그림 36.42는 지구로부터 129광년 떨어져 있는 HR8799별 주위의 태양계를 케크(Keck) 천문대에서 찍은 훌륭한 사진을 보여 주고 있다. b, c, d로 이름 붙인 행성들은 2008년에 관측되었고, 가장 안쪽에 있는 e로 이름 붙인 행성은 2010년 12월에 관측되었다. 이 사진은 또 다른 태양계의 첫 번째의 직접적인 모습이고 케크 천문대에서 사용한 적응광학 기술에 의하여 얻을 수 있었다.

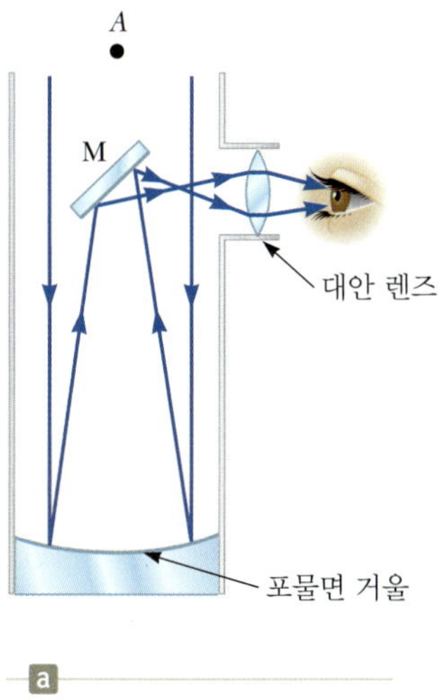

그림 36.41 (a) 뉴턴식 반사 망원경 (b) 반사 망원경. 반사 망원경은 그림 36.40(b)에 보인 굴절 망원경에 비하여 짧다.

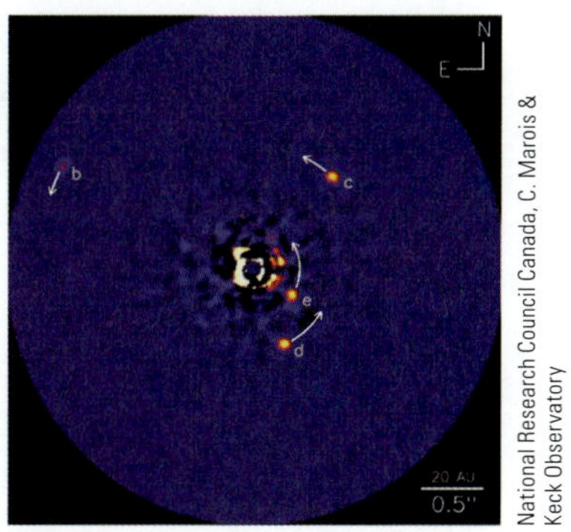

그림 36.42 미국 하와이에 있는 케크 천문대에서 찍은 HR8799별 주위로 태양계의 직접적인 광학적 사진

연습문제

객관식

1. 루루는 화장용 거울로 자신의 상을 보고 있다. 그녀가 거울 가까이 있을 때 상은 확대된다. 그녀가 뒤로 이동할 때 상은 점점 더 커져 거울로부터 30.0 cm인 곳에 있을 때 상을 볼 수가 없다. 그녀가 30.0 cm보다 멀어지면 상은 도립되며, 거울로부터 매우 멀어지면 작고 깨끗한 도립 상이 생긴다. **(i)** 거울은 (a) 볼록 (b) 평면 (c) 오목이다. **(ii)** 초점 거리의 크기는 (a) 0 (b) 15.0 cm (c) 30.0 cm (d) 60.0 cm (e) ∞이다.

2. 초점 거리가 15.0 cm인 수렴 렌즈 앞 50.0 cm 되는 곳에 물체가 놓여 있다. 렌즈가 형성하는 상에 관하여 다음 중 참인 것은 어느 것인가? (a) 정립 허상이고 물체보다 크다. (b) 도립 실상이고 물체보다 작다. (c) 도립 허상이고 물체보다 작다. (d) 도립 실상이고 물체보다 크다. (e) 정립 실상이고 물체보다 크다.

3. **(i)** 수렴 렌즈에 의하여 물체의 상이 형성될 때 다음 중 항상 참인 것은 어느 것인가? 정답은 하나 이상일 수 있다. (a) 허상이다. (b) 실상이다. (c) 정립이다. (d) 도립이다. (e) 정답 없음 **(ii)** 발산 렌즈에 의하여 물체의 상이 형성될 때 (i)의 보기 중 항상 참인 것은 어느 것인가?

4. 연직면에 세워놓은 수렴 렌즈가 물체로부터 빛을 받아서 스크린에 도립 상을 형성한다. 불투명한 카드를 렌즈 다음에 놓아서 렌즈 위의 반으로만 통과하는 빛을 수렴시킨다. 스크린에 나타나는 상은 어떻게 되는가? (a) 상의 위 반쪽이 없어진다. (b) 상의 아래 반쪽이 없어진다. (c) 전체 상이 없어진다. (d) 전체 상을 볼 수 있지만 흐릿하다. (e) 상에는 아무런 변화가 없다.

5. 어떤 남자의 얼굴이 물체보다 1.50배 큰 정립상을 만드는 면도용 오목 거울의 앞 30.0 cm에 있다. 거울의 초점 거리는 얼마인가? (a) 12.0 cm (b) 20.0 cm (c) 70.0 cm (d) 90.0 cm (e) 정답 없음

6. 초점 거리가 각각 $f_1 = 15.0$ cm와 $f_2 = 10.0$ cm인 두 개의 얇은 렌즈가 같은 축 상에 35.0 cm 떨어져 있다. f_1 렌즈가 f_2 렌즈의 왼쪽에 있다. 어떤 물체를 f_1 렌즈의 왼쪽 50.0 cm 되는 곳에 두어 두 렌즈를 통과한 상이 형성된다. 나중 상의 크기는 물체 크기의 몇 배인가? (a) 0.600 (b) 1.20 (c) 2.40 (d) 3.60 (e) 정답 없음

7. 사진기 렌즈의 지름을 세 배 늘리면, 필름에 도달하는 빛의 세기는 어떻게 되는가? (a) 세 배로 증가한다. (b) 1/3로 감소한다. (c) 아홉 배로 증가한다. (d) 1/9로 감소한다. (e) 지름의 크기를 늘려도 세기는 변함이 없다.

8. 배에서 작살로 물고기를 잡으려고 어부가 수평에서 30° 아래로 수 미터 떨어진 곳에 가만히 있는 물고기를 보고 있다. 작살이 물속으로 들어가는 동안 방향이 바뀌지 않는다면, 작살로 물고기를 잡기 위하여 어부는 어떻게 해야 하는가? (a) 물고기 위를 겨냥하여 작살을 던진다. (b) 물고기 아래를 겨냥한다. (c) 정확하게 물고기를 겨냥한다.

9. 크라운 유리로 만든 어떤 수렴 렌즈의 초점 거리가 공기 중에서 15.0 cm이다. 이 렌즈를 물속에 완전히 넣고 측정하면, 초점 거리는 어떻게 되는가? (a) 음이다. (b) 15.0 cm보다 작다. (c) 15.0 cm이다. (d) 15.0 cm보다 크다. (e) 정답 없음

10. 초점 거리가 8 cm인 수렴 렌즈가 스크린에 선명한 상을 형성한다. 물체와 스크린까지의 최소 거리는 얼마인가? (a) 0 (b) 4 cm (c) 8 cm (d) 16 cm (e) 32 cm

주관식

36.1 평면 거울에 의한 상

1. 키가 178 cm인 사람이 자신의 몸 전체를 거울에 비추어 보기 위한 거울의 최소 높이를 구하라. **도움말**: 광선 추적도를 그려보면 쉽게 풀 수 있다.

2. (a) 욕실 거울 앞에 서면 실제보다 나이가 적어 보이는가 아니면 나이가 많아 보이는가? (b) 구체적인 데이터를 만들어서 나이 차이의 정도를 추정해 보라.

3. 어떤 사람이 여러 개의 상이 생기도록 마주보고 있는 두 장의 평면 거울을 설치한 방 안으로 들어간다. 왼쪽의 거울에 의하여 형성된 상들만을 고려하자. 이 사람이 왼쪽 벽의 거울로부터 2.00 m이고, 오른쪽 벽의 거울로부터 4.00 m 떨어져 있을 때, 이 사람으로부터 왼쪽 거울에 보이는 처음 세 개의 상까지의 거리를 구하라.

4. 직접 볼 수 없는 물체를 보는 데 잠망경이 유용하다(그림

P36.4). 잠망경은 잠수함에서 주로 사용하고, 군중들이 많이 모인 골프 경기장이나 행진 대열 등을 볼 때도 사용한다. 물체가 위 거울에서 p_1 거리에 있고 두 평면 거울의 중심 간의 거리가 h라고 하자. (a) 나중 상은 아래 거울에서 얼마나 멀리 떨어진 곳에 생기는가? (b) 나중 상은 실상인가 허상인가? (c) 상은 정립인가 도립인가? (d) 배율은 얼마인가? (e) 좌우반전된 상인가?

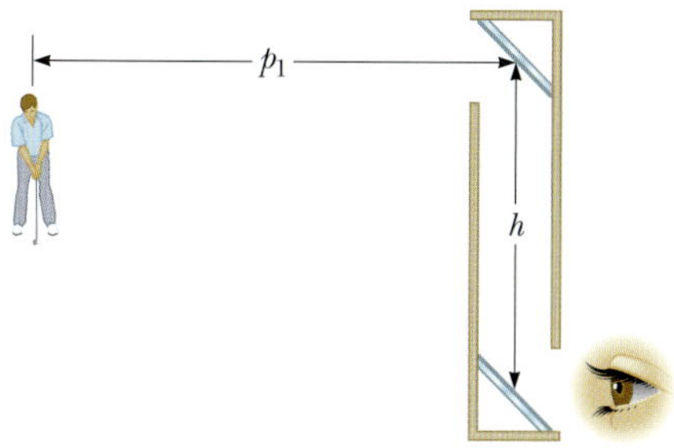

그림 P36.4

5. 두 사각형 평면 거울이 각도 α를 이루고, 한쪽이 서로 닿아 마주 보고 있다. 어떤 물체를 두 거울 사이에 두면 많은 상을 볼 수 있다. 일반적으로 각도 α가 $n\alpha = 360°$(n은 정수)를 만족시키면 상의 개수는 $n - 1$이다. 점 물체가 두 거울 사이에 위치할 때(단, 사이각의 이등분선 상은 아님), $n = 6$인 경우 모든 상의 위치를 그림으로 찾으라.

36.2 구면 거울에 의한 상

6. 어떤 오목 구면 거울의 곡률 반지름이 20.0 cm이다. (a) 오목 거울의 중심 표면에서 **(i)** 40.0 cm, **(ii)** 20.0 cm, **(iii)** 10.0 cm 떨어져 있는 물체의 상의 위치를 구하라. 각각에 대한 상이 (b) 실상인가 허상인가? (c) 정립인가 도립인가? (d) 각각에 대한 배율을 구하라.

7. 초점 거리의 크기가 40.0 cm인 구형의 오목 거울로부터 20.0 cm인 곳에 물체가 있다. (a) 이 상황에 대한 정확한 광선 도표를 그래프용지에 그려 보라. (b) 광선 도표로부터 상의 위치를 결정하라. (c) 상의 크기는 얼마인가? (d) 거울 방정식을 이용하여 (b)와 (c)의 답을 확인해 보라.

8. 곡률 반지름의 크기가 40.0 cm인 볼록 구면 거울이 있다. 물체 거리가 (a) 30.0 cm와 (b) 60.0 cm인 곳에 있는 물체의 허상의 위치와 배율을 구하라. (c) (a)와 (b)의 상들은 정립인가 도립인가?

9. 병원의 복도 교차점에 볼록 거울을 설치해서 사람들의 충돌을 예방한다. 이 거울의 곡률 반지름의 크기는 0.550 m이다. (a) 거울에서 10.0 m 떨어진 환자의 상의 위치와 (b) 상은 정립 또는 도립인지 알아보고 (c) 상의 배율을 구하라.

10. 높이가 2.00 cm인 물체가 초점 거리가 10.0 cm인 볼록 구면 거울 앞 30.0 cm 떨어진 곳에 놓여 있다. (a) 상의 위치를 구하라. (b) 상은 정립인가 도립인가? (c) 상의 크기를 구하라.

11. 박물관의 매우 큰 홀의 한 벽에 움푹 들어간 부분(벽감)이 있다. 평면도에는 그 부분이 반지름 2.50 m인 반원형으로 움푹 들어간 것으로 되어 있다. 어떤 관광객이 가장 움푹한 곳에서 거리 2.00 m 떨어진 중심선에 서서 휘파람으로 "휙" 소리를 내었다. 움푹한 곳의 중앙 부근에서 반사된 음은 어디에 모이는가?

12. 콘택트렌즈를 맞추려면 각막 곡률계(keratometer)를 사용하여 눈의 앞쪽 표면인 각막의 곡률 반지름을 측정해야 한다. 이 장치는 각막으로부터 거리 p인 곳에 크기를 아는 조명된 물체를 놓는다. 각막은 물체로부터의 빛 일부를 반사하여 물체의 상을 형성한다. 각막에 의하여 생긴 상과 프리즘 배열에 의하여 보는 영역에 투사된 제2의 보정된 상을 비교할 수 있는 시야각이 작은 망원경을 사용하여 상의 배율 M을 측정한다. $p = 30.0$ cm이고 $M = 0.013\ 0$인 경우 각막의 곡률 반지름을 구하라.

13. (a) 어떤 오목 구면 거울이 물체의 크기보다 네 배가 큰 상을 형성한다. 물체와 상까지의 거리가 0.600 m라고 가정하고 거울의 초점 거리를 구하라. (b) 이번에는 거울이 볼록 거울이라고 하자. 상과 물체 사이의 거리는 (a)의 경우와 같지만, 상은 물체 크기의 0.500배이다. 거울의 초점 거리를 구하라.

14. 크기가 10.0 cm인 물체가 미터자의 영 눈금 위에 놓여 있다. 구면 거울이 자의 어떤 위치에 놓여 있는데, 거울에 의한 상은 크기가 4.00 cm인 정립이고 미터자의 눈금 42.0 cm인 곳에 있다. (a) 거울은 오목인가 볼록인가? (b) 거울의 위치는 어디인가? (c) 거울의 초점 거리는 얼마인가?

15. 스포츠카를 아끼는 한 학생이 바퀴의 휠캡(hubcap)의 양쪽 면을 반짝반짝하게 닦았다. 휠캡은 작은 구면의 일부이다. 그녀가 닦은 휠캡의 한쪽 면을 바라보면 자신의 얼굴의 허상이 휠캡에서 30.0 cm 뒤에 있다. 이번에는 휠캡을 뒤집어서 바라보면 자신의 얼굴의 상이 휠캡으로부터 10.0 cm 뒤에 있다. (a) 그녀의 얼굴은 휠캡에서 얼마나 멀리 떨어져 있는가? (b) 휠캡의 곡률 반지름은 얼마인가?

16. 초점 거리의 크기가 8.00 cm인 구형의 볼록 거울이 있다.

(a) 상 거리의 크기가 물체 거리의 1/3이 되는 경우, 물체의 위치는 얼마인가? (b) 상의 배율을 구하라. (c) 상은 정립인가 아니면 도립인가?

17. 물체로부터 5.00 m 떨어진 스크린에 물체보다 다섯 배가 큰 상을 맺게 하기 위하여 구면 거울이 사용된다. (a) 거울은 오목인가 볼록인가? (b) 거울의 곡률 반지름은 얼마인가? (c) 거울의 위치는 물체로부터 얼마인 곳에 있어야 하는가?

18. 사람들은 자기 시야에 들어오는 각폭으로 물체까지의 거리를 무의식적으로 측정한다. 라디안으로 나타낸 각폭 θ는 물체의 크기 h 및 거리 d와 $\theta = h/d$의 관계가 있다. 어떤 사람이 차를 운전하고 있는데, 높이가 1.50 m인 차가 24.0 m 뒤에 따라오고 있다고 하자. (a) 앞차 운전자의 눈에서 오른쪽 앞 1.55 m인 곳에 평면 거울이 있다고 가정하자. 앞차 운전자의 눈에서 뒤에 오는 차의 상까지의 거리는 얼마인가? (b) 뒤차를 보는 앞차 운전자의 각폭은 얼마인가? (c) 그림 36.13에서처럼 앞차에 뒤를 보기 위한 곡률 반지름 2.00 m의 볼록 거울이 있다고 하자. 앞차 운전자의 눈에서 뒤에 오는 차의 상까지의 거리는 얼마인가? (d) 이 경우 뒤차를 보는 앞차 운전자의 각폭은 얼마인가? (e) 여기에 있는 각도의 크기에 기초하여 뒤차가 있는 것으로 보이는 거리를 구하라.

19. 면도용 거울 앞 1.52 m인 곳에 서 있는 사람이 거울 앞 18.0 cm인 곳에 자신의 도립상을 만들고 있다. 자신의 턱이 거울에서 두 배로 확대된 정립상을 보려고 한다면 거울에 얼마나 가까이 있어야 하는가?

36.3 굴절에 의한 상

20. 긴 유리 막대($n = 1.50$)의 한쪽 끝에 곡률 반지름이 6.00 cm인 볼록한 표면이 있다. 막대의 축을 따라 공기 중에 어떤 물체가 놓여 있다. 물체의 위치가 막대의 볼록한 끝에서 (a) 20.0 cm, (b) 10.0 cm, (c) 3.00 cm인 곳에 있을 때 상의 위치를 구하라.

21. 한 변이 50.0 cm인 정육면체 얼음이 평평한 마루에 있는 먼지 위에 놓여 있다. 얼음의 굴절률이 1.309라면, 바로 위에서 얼음을 볼 때 먼지의 상 위치를 구하라.

22. 수영장 물의 표면이 지면과 같은 높이이다. 깊이가 2.00 m라면, 수영장에 물을 (a) 가득 채웠을 때와 (b) 반만 채웠을 때, 수영장 바닥은 지면에서 얼마의 깊이에 있는 것처럼 보이는가?

23. 납유리 판이 수족관 바닥에 놓여 있다. 판의 두께는 8.00 cm(세로 크기)이고 그 위 물의 두께는 12.0 cm이다. 물 바로 위에서 내려다볼 때, 유리판의 겉보기 두께를 구하라.

24. 그림 P36.24는 굴절률이 n_1인 매질과 n_2인 매질의 경계가 곡면으로 되어 있는 모습이다. 곡면에 의하여 물체 O의 상이 I에 나타난다. 빨간색 광선은 표면을 관통하는 지름 선이다. 광선의 입사각과 굴절각은 모두 영이므로, 표면에서 그 선의 방향은 변하지 않는다. 파란색 광선은 스넬의 법칙 $n_1 \sin\theta_1 = n_2 \sin\theta_2$에 따라 방향이 변한다. 근축 광선에 대하여 θ_1과 θ_2가 작다고 가정할 수 있으므로, 이 식을 $n_1 \tan\theta_1 = n_2 \tan\theta_2$로 쓸 수 있다. 배율은 $M = h'/h$으로 정의된다. 이 경우의 배율이 $M = -n_1 q / n_2 p$임을 증명하라.

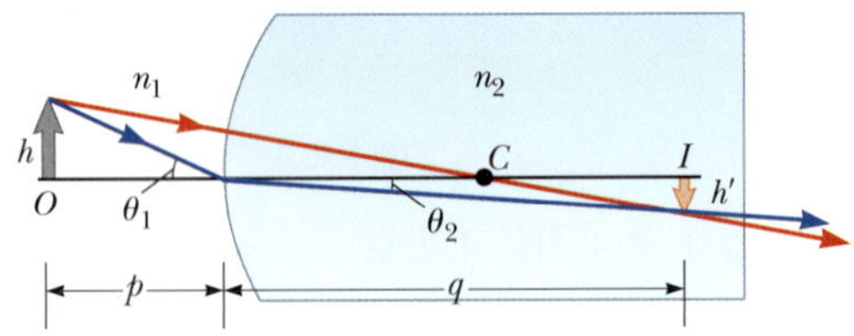

그림 P36.24

25. 반지름이 15.0 cm인 유리공(굴절률이 1.50) 속에 작은 공기 방울이 공의 중심에서 5.00 cm 위쪽에 있다. 이 공기 방울을 위에서 수직으로 들여다볼 때 공기 방울의 겉보기 위치는 유리 표면에서 얼마나 깊은 곳에 있을까?

26. 직육면체 수족관 안에서 금붕어가 2.00 cm/s의 속력으로 수족관 벽 쪽으로 나아가고 있다. 수족관 밖의 전면에서 들여다볼 때, 금붕어의 겉보기 속력은 얼마인가?

36.4 얇은 렌즈에 의한 상

27. 얇은 렌즈의 초점 거리가 25.0 cm이다. 물체가 렌즈 앞 (a) 26.0 cm에 위치할 때, (b) 24.0 cm에 위치할 때, 상의 위치는 각각 어디일까? 그리고 두 경우 상의 종류를 말하라.

28. 렌즈 앞 32.0 cm 거리에 놓인 물체가 렌즈 뒤 8.00 cm 떨어진 곳에 위치한 스크린에 상을 맺는다. (a) 이 렌즈의 초점 거리를 구하라. (b) 배율을 구하라. (c) 이 렌즈는 수렴 렌즈인가 아니면 발산 렌즈인가?

29. 양 한 마리가 수렴 렌즈로부터 20.0 m의 거리에 있다. 렌즈에 의하여 거리 30.0 cm에 양의 상이 맺힌다. (a) 처음 위치에서 양이 렌즈로부터 5.00 m/s의 속력으로 멀어져 갈 때 상은 얼마나 빨리 움직이는가? (b) 상은 렌즈로부터 멀어지는가 가까워지는가?

36.5 렌즈의 수차

30. 양면 오목 렌즈의 두 면의 곡률 반지름이 각각 32.5 cm와 42.5 cm이다. 유리의 굴절률은 자외선에 대하여 1.53이고 빨간색 빛에 대하여 1.51이다. 물체가 매우 먼 거리에 있을 때 (a) 자외선이 만드는 상과 (b) 빨간색 빛이 만드는 상의 위치를 구하라.

31. 주축에 평행하게 입사하는 두 광선이 굴절률이 1.60인 평면 볼록 렌즈에 입사한다(그림 P36.31). 볼록면이 구면이고 렌즈 가장자리 가까이로 입사하는 광선은 초점을 지나지 않는다(구면 수차가 생긴다). 이 면의 곡률 반지름이 $R = 20.0$ cm이고, 두 광선이 주축으로부터 $h_1 = 0.500$ cm, $h_2 = 12.0$ cm 떨어져 있다고 가정하자. 두 광선이 렌즈를 통과하여 주축과 만나는 두 지점의 차이 Δx를 구하라.

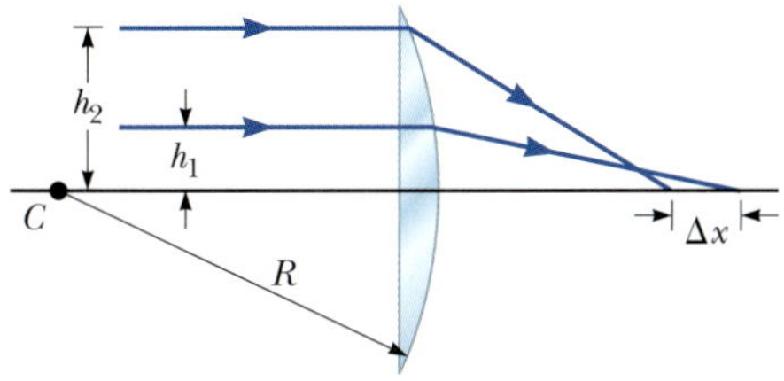

그림 P36.31

36.6 사진기

32. 어떤 사진기를 f수 $f/4$와 셔터 속도 $\frac{1}{15}$ s의 적정 노출로 사용하고 있다. 36.6절에 나열한 f수에 추가하여 이 사진기의 f수는 $f/1$, $f/1.4$, $f/2$가 있다. 매우 빠르게 움직이는 물체의 사진을 찍기 위하여 셔터 속도를 $\frac{1}{125}$ s로 변경한다. 노출이 이전과 같으려면 사진기 f수는 어떻게 변경해야 하는가?

33. 그림 36.31은 사진기의 단면을 보여 주고 있다. 이 사진기는 초점 거리가 65.0 mm인 하나의 렌즈를 가지고 있으며, 이는 사진기의 뒤에 있는 CCD에 상을 맺히게 한다. 렌즈의 위치를 멀리 있는 물체의 상을 맺게 하기 위하여 조절하였다고 가정하자. 2.00 m 떨어져 있는 물체의 선명한 상을 형성하기 위하여 렌즈를 얼마만큼 그리고 어느 방향으로 이동해야 하는가?

36.7 눈

34. 근시인 사람은 25.0 cm(원점) 이상 먼 거리의 물체를 선명하게 볼 수 없다. 이 사람은 난시가 없으며 콘택트렌즈를 처방받고자 한다. 이 사람의 시력을 교정하기 위한 렌즈의 (a) 굴절력(디옵터수)과 (b) 형태를 구하라.

35. 어떤 사람의 근점이 60.0 cm이다. 25.0 cm의 거리에 있는 물체를 깨끗하게 보기 위하여, 적절한 보정 렌즈의 (a) 초점 거리와 (b) 굴절력(디옵터수)은 얼마이어야 하는가? (렌즈로부터 눈까지의 거리는 무시한다.)

36. 근시인 사람인 눈의 적응 조절 범위가 18.0~80.0 cm이다. 그는 안경을 쓰면 멀리 있는 물체를 선명하게 볼 수 있다. 그가 선명하게 볼 수 있는 최소 거리는 얼마인가?

36.8 확대경

37. 초점 거리가 5.00 cm인 렌즈로 되어 있는 어떤 확대경이 있다. (a) 정상적인 눈으로 상을 선명하게 최대 배율로 보기 위해서는 물체 거리는 얼마이어야 하는가? (b) 최대 배율은 얼마인가?

36.9 복합 현미경

38. 어떤 복합 현미경의 대안 렌즈와 대물 렌즈 간의 거리가 23.0 cm이다. 대안 렌즈의 초점 거리는 2.50 cm이고 대물 렌즈의 초점 거리는 0.400 cm이다. 이 현미경의 전체 배율은 얼마인가?

36.10 망원경

39. 여키스(Yerkes) 천문대에 있는 굴절 망원경은 초점 거리가 20.0 m이고 지름이 1.00 m이다. 이 망원경에서 초점 거리 2.50 cm인 대안 렌즈가 사용된다고 가정하자. (a) 이 망원경으로 본 화성의 배율을 구하라. (b) 화성의 극관(Martian polar caps)은 바로 보이는가 거꾸로 보이는가?

40. 어떤 망원경의 대물 거울의 지름이 200 mm이고 초점 거리가 2 000 mm이다. 이 망원경으로 1.50분간 노출시켜 주 초점에 있는 사진 필름에 성운의 상을 찍는다. 초점 거리가 900 mm이고 지름이 60.0 mm인 더 작은 망원경으로 같은 성운에 대하여 필름에 맺히는 단위 넓이당 빛의 에너지가 같게 하려면, 노출 시간을 얼마로 해야 하는가?

파동 광학
Wave Optics

CHAPTER
37

벌새의 깃털 색은 색소에 의한 것이 아니다. 목과 배에 종종 나타나는 밝은 무지개 빛깔들은 깃털의 구조 때문에 생기는 간섭 효과에 의한 것이다. 색은 보는 각도에 따라 변한다. *(Dec Hogan Shutterstock.com)*

36장에서 상의 형성을 설명하기 위하여 렌즈를 통과하거나 거울에서 반사하는 광선에 대하여 공부하였다. 이런 논의로 **광선 광학**에 대한 공부를 마쳤다. 이 장과 38장은 **파동 광학** 또는 **물리 광학**에 관한 것으로서, 빛의 간섭, 회절 그리고 편광에 대하여 다룰 것이다. 35장, 36장과 같이 빛을 광선으로 다루면 이런 현상들을 정확하게 설명하지 못한다. 빛을 광선이 아닌 파동으로 다루면 이런 현상을 어떻게 만족스럽게 설명할 수 있는지 알 수 있을 것이다.

37.1 영의 이중 슬릿 실험
Young's Double-Slit Experiment

18장에서 간섭 모형에 대하여 공부하였고, 두 개의 역학적 파동이 합성되어 보강 또는 상쇄될 수 있음을 보았다. 보강 간섭의 경우 각 파동의 진폭보다 합해진 파동의 진폭이 크다. 반면에 상쇄 간섭에서는 합해진 파동의 진폭이 합해지기 전 큰 쪽 파동의 진폭보다 작다. 빛의 파동(광파)도 서로 간섭한다. 기본적으로 모든 빛의 파동의 간섭은 각 파동을 형성하고 있는 전자기장들이 결합할 때 일어난다.

그림 37.1 (a) 영의 이중 슬릿 실험의 개략도. 슬릿 S_1과 S_2는 스크린 위에 간섭 무늬를 만드는 간섭 광원으로 작용한다. (b) 스크린 위에 형성되는 간섭 무늬의 중심부를 확대한 시뮬레이션 모양

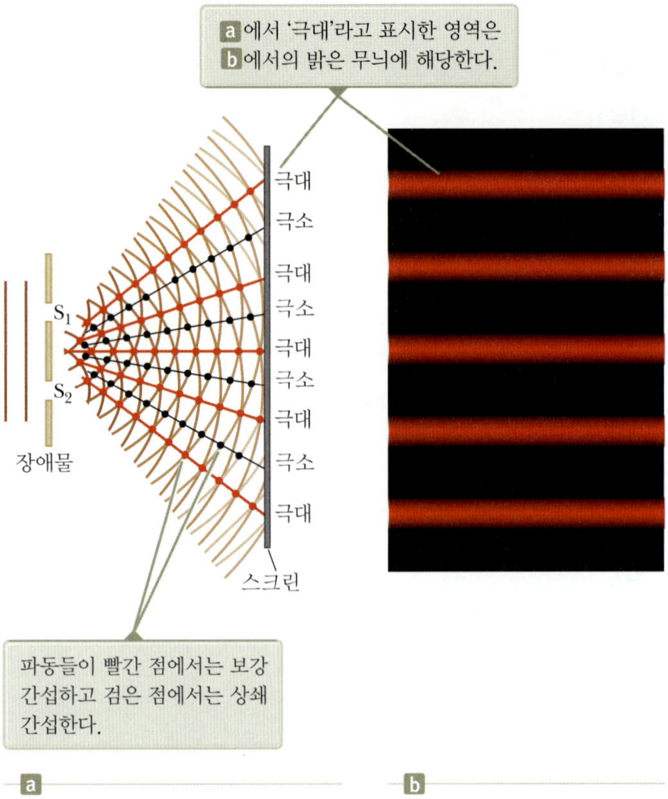

두 개의 광원에서 나오는 광파의 간섭은 1801년 영(Thomas Young)에 의하여 처음으로 입증되었다. 그림 37.1a는 영이 사용한 장치의 개략도이다. 평면파의 빛이 나란한 두 개의 슬릿 S_1과 S_2를 가진 장애물로 들어간다. S_1과 S_2에서 나오는 빛은 스크린 위에 밝고 어두운 평행한 띠를 만드는데, 이를 **간섭 무늬**(fringes)라고 한다(그림 37.1b). S_1과 S_2에서 나오는 빛이 스크린 위의 한 점에 도달하여 그곳에서 보강 간섭을 일으킬 때 밝은 줄무늬가 나타난다. 두 슬릿에서 나오는 빛이 스크린 위의 임의의 점에서 상쇄적으로 결합하면 어두운 무늬가 생긴다.

그림 37.2는 진동하는 두 개의 물결파에 의하여 물탱크 표면에 발생하는 간섭 무늬를 위에서 본 사진이다. 두 파원에 의하여 발생하는 A와 같은 보강 간섭과 B와 같은 상쇄 간섭의 선형 영역은 그림 37.1에서의 빨간선과 검은선에 해당한다.

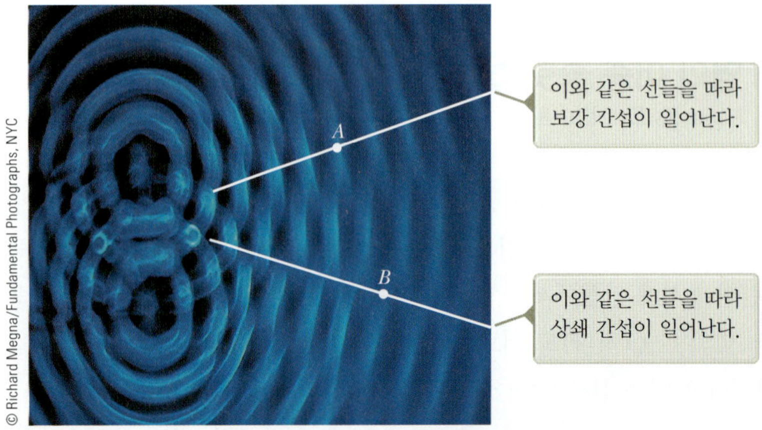

그림 37.2 물 표면에서 진동하는 두 개의 물결파에 의한 간섭 무늬

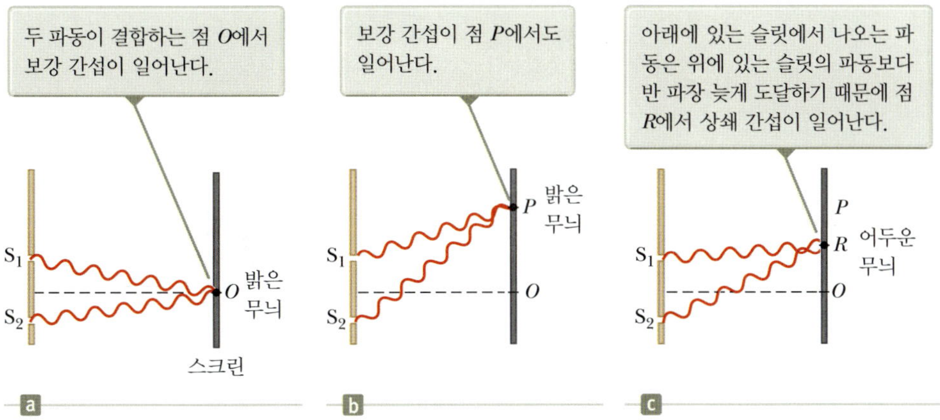

그림 37.3 파동이 슬릿을 지나 스크린의 여러 지점에서 만난다. (그림은 비례가 아님)

그림 37.3은 두 개의 파동이 스크린 위에서 결합할 수 있는 몇 가지 방법에 대한 개략도이다. 그림 37.3a는 같은 위상을 가진 두 개의 파동이 두 슬릿을 떠나서 스크린의 중앙에 있는 점 O에 도달하는 것이다. 이 파동들은 같은 거리를 진행하기 때문에 점 O에 같은 위상을 가지고 도달하며, 그 결과 보강 간섭이 일어나서 밝은 무늬가 보인다. 그림 37.3b는 두 개의 파동이 같은 위상으로 출발하지만, 아래 파동은 위 파동보다 한 파장만큼 더 진행하여 스크린 위의 점 P에 도달하는 것이다. 아래 파동은 위 파동보다 정확히 한 파장 뒤에 도달하기 때문에 이들 두 파동은 점 P에서 같은 위상을 가지고, 이 점에서 두 번째 밝은 무늬가 나타난다. 이제 그림 37.3c처럼 O와 P 사이의 점 R를 생각해 보자. 이 점에서 아래 파동은 위 파동보다 반 파장 늦게 도달한다. 이것은 위 파동의 마루 부분이 아래 파동의 골 부분과 겹쳐서 점 R에서 상쇄 간섭이 일어나는 것을 의미한다. 이런 이유 때문에 이 점에서 어두운 무늬가 보이는 것이다.

두 전구가 이웃하고 있어서 두 전구에서 나온 빛이 합쳐질 때, 하나의 전구에서 나오는 파동은 다른 전구에서 나오는 파동과 무관하게 방출되기 때문에 간섭 효과가 관찰되지 않는다. 두 전구에서 나오는 파동은 시간에 따른 일정한 위상 관계를 유지하지 않는다. 전구와 같은 일반적인 광원에서 나오는 파동은 나노초($1\ \text{ns} = 10^{-9}\ \text{s}$)보다 짧은 시간 간격 동안에 불규칙한 위상 변화를 일으킨다. 따라서 보강 간섭, 상쇄 간섭 또는 중간적인 현상에 대한 조건들은 이와 같은 매우 짧은 시간 동안에만 유지된다. 사람의 눈이 그런 빠른 변화를 따라가지 못하기 때문에 간섭 현상을 보지 못한다. 이런 빛을 **비간섭성**(incoherent, 결어긋남) 광원이라고 한다.

파동의 간섭을 관측하기 위해서는 다음의 조건들이 맞아야 한다.

◀ 간섭의 조건

- 광원들은 **간섭성**(coherent, 결맞음)이 있어야 한다. 즉 광원들은 서로 일정한 위상을 유지해야 한다.
- 광원들은 **단색**(monochromatic)이어야 한다. 즉 단일 파장이어야 한다.

예를 들어 하나의 증폭기로 구동하는 이웃한 두 확성기에서 나오는 단일 진동수를 가진 음파들은 서로 간섭을 일으킬 수 있는데, 이것은 두 확성기가 간섭성을 가지고 있기 때문이다. 즉 두 확성기가 같은 시간에 같은 방법으로 증폭기에 의하여 움직인다.

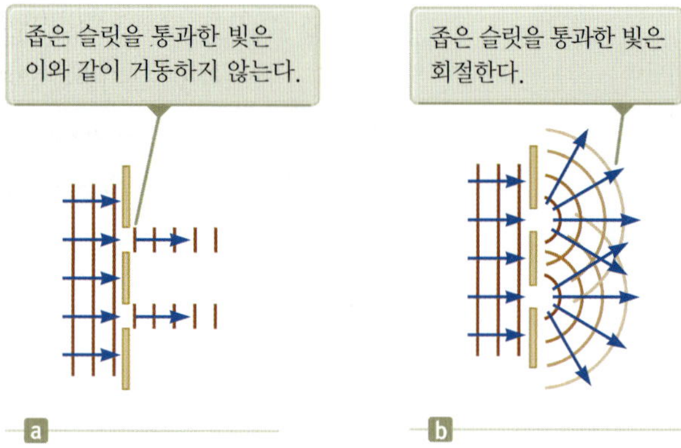

그림 37.4 (a) 슬릿을 통과한 후에 빛이 사방으로 퍼지지 않으면, 간섭이 일어나지 않는다. (b) 두 슬릿에서 나오는 빛이 퍼져 나가면서 겹쳐지고, 이는 슬릿의 오른쪽에 있는 스크린에 간섭 무늬를 만든다.

간섭성을 지닌 두 개의 광원을 만드는 일반적인 방법은 두 개의 작은 구멍(보통은 그림 37.1에 있는 영의 실험의 경우처럼 슬릿 모양)을 갖는 장애물에 단색 광원을 비추는 것이다. 하나의 광원이 빔을 만들고, 두 개의 슬릿은 단지 그 빔을 두 부분으로 나누는 역할만을 하므로(결국 이웃한 확성기에서 나오는 음파와 같은 것), 두 슬릿에서 나오는 빛은 간섭성을 가지고 있다. 광원에서 방출되는 빛의 불규칙한 변화가 동시에 두 빔 모두에서 일어난다. 그 결과 두 슬릿에서 나오는 빛이 스크린에 도달할 때 간섭 효과를 볼 수 있다.

그림 37.4a와 같이 빛이 슬릿들을 통과한 후 원래의 방향으로만 진행한다면 파동은 겹치지 않고, 아무런 간섭 무늬를 볼 수 없다. 그 대신에 35.6절에서 하위헌스의 원리에 대하여 설명한 것처럼 그림 37.4b와 같이 슬릿으로부터 퍼져 나간다. 다시 말하면 빛은 직선 경로에서 벗어나 어두운 영역으로 들어간다. 35.3절에서 언급한 것처럼, 빛이 처음의 직선 경로로부터 퍼지는 것을 **회절**(diffraction)이라고 한다.

37.2 분석 모형: 파동의 간섭
Analysis Model: Waves in Interference

18.1절에서 줄에서 파동의 중첩의 원리를 설명하였다. 이로부터 파동의 일차원적인 간섭 모형을 얻었다. 예제 18.1에서 두 개의 확성기로부터 나오는 음파를 이용하여 이차원적인 간섭 현상을 간단히 공부하였다. 그림 18.5에서 점 O에서 점 P로 걸어가면, O에서 극대의 소리 세기를 듣게 되고 P에서 극소의 소리 세기를 듣게 된다. 이런 경험은 그림 37.3에서 점 O에서 밝은 무늬를 보게 되고, 눈을 위로 향하면 점 R에서 어두운 무늬를 보게 되는 것과 정확히 대응되는 것이다.

그림 37.5를 이용하여 이차원적인 영의 실험의 특성을 자세히 살펴보자. 두 개의 슬릿 S_1과 S_2를 가진 장벽에서 수직으로 거리 L만큼 떨어진 곳에 스크린이 있다(그림 37.5a). 두 슬릿 사이의 간격은 d이고, 광원은 단색광이라 하자. 스크린의 위쪽 반에 있는 임의의 점 P에 도달하기 위해서는 아래쪽 슬릿에서 나온 파동은 위쪽 슬릿에서 나온 파동보다 더 멀리 진행해야 한다. 아래쪽 슬릿으로부터 나온 파동이 추가로 진행하는 거리를 **경로차**(path difference) δ(그리스 문자 델타)라고 한다. r_1과 r_2가 평행이

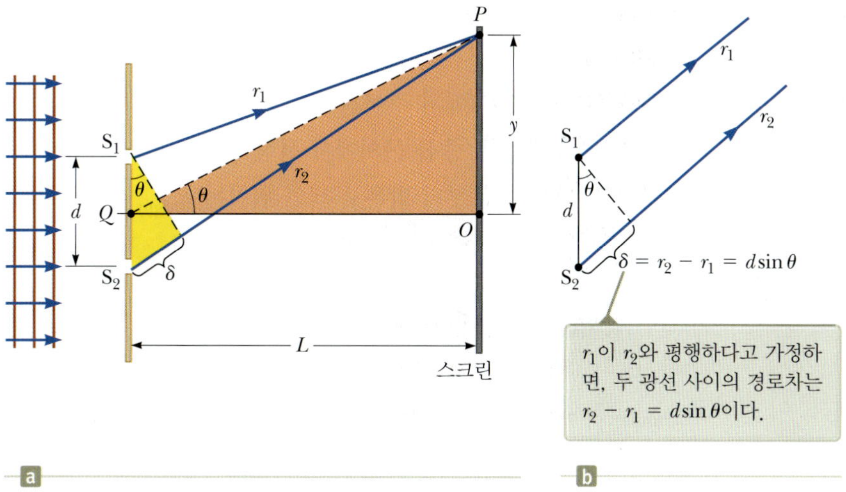

그림 37.5 (a) 영의 이중 슬릿 실험을 설명하는 기하학적 그림(그림은 비례가 아님). (b) 두 슬릿을 파원으로 나타냈으며, 슬릿에서 나오는 두 광선이 P로 진행할 때 평행하다고 가정한다. 이런 근사는 $L \gg d$일 때 가능하다.

라고 가정하면(L이 d보다 훨씬 크면 이 가정은 거의 맞다), δ는

$$\delta = r_2 - r_1 = d \sin \theta \tag{37.1}$$

와 같이 주어진다(그림 37.5b). 이 δ 값은 두 파동이 점 P에 도달하였을 때 위상이 같은지를 결정짓는다. δ가 영 또는 파장의 정수배이면, 두 파동은 점 P에서 위상이 같고 보강 간섭이 일어난다. 따라서 점 P에서 밝은 무늬 또는 **보강 간섭**(constructive interference) 조건은

$$d \sin \theta_{\text{bright}} = m\lambda \qquad m = 0, \pm 1, \pm 2, \ldots \tag{37.2}$$

◀ 보강 간섭 조건

이고, m은 **차수**(order number)라고 한다. 보강 간섭을 위해서는 두 슬릿으로부터 나오는 파동의 경로차가 파장의 정수배이어야 한다. $\theta_{\text{bright}} = 0$인 중앙의 밝은 무늬를 **0차 극대**라고 하고, 이것의 양 옆에 처음으로 $m = \pm 1$로 나타나는 극대를 **1차 극대**라고 한다.

δ가 $\lambda/2$의 홀수배이면, 점 P에 도달하는 두 파동의 위상은 180°만큼 차이가 나서 상쇄 간섭을 일으킨다. 따라서 점 P에서 어두운 무늬 또는 **상쇄 간섭**(destructive interference)이 일어날 조건은 다음과 같다.

$$d \sin \theta_{\text{dark}} = \left(m + \tfrac{1}{2}\right)\lambda \qquad m = 0, \pm 1, \pm 2, \ldots \tag{37.3}$$

◀ 상쇄 간섭 조건

이 식들로부터 무늬의 **각 위치**(angular position)를 알 수 있다. 또한 무늬의 **선 위치**(linear position)를 O에서 P까지의 거리로 표현하는 것이 유용하다. 그림 37.5a의 삼각형 OPQ에서

$$\tan \theta = \frac{y}{L} \tag{37.4}$$

임을 알 수 있다. 이 결과를 이용하면 밝고 어두운 무늬의 위치는 다음과 같다.

$$y_{\text{bright}} = L \tan \theta_{\text{bright}} \tag{37.5}$$

$$y_{\text{dark}} = L \tan \theta_{\text{dark}} \tag{37.6}$$

여기서 θ_{bright}와 θ_{dark}는 식 37.2와 37.3에서 주어진다.

작은 θ에 대하여 간섭 무늬의 패턴은 중심 근처에서 선형적으로 변한다. 이는 각도가 작을 경우 $\tan\theta \approx \sin\theta$이고, 식 37.5로부터 밝은 무늬의 위치는 $y_{\text{bright}} = L\sin\theta_{\text{bright}}$가 된다는 것으로 증명할 수 있다. 식 37.2를 이용하면

$$y_{\text{bright}} = L\frac{m\lambda}{d} \quad \text{(작은 각도)} \tag{37.7}$$

가 된다. 이 결과로 y_{bright}가 차수 m에 비례하고, 작은 각도의 경우 간섭 무늬들의 간격이 같다는 것을 알 수 있다. 마찬가지로 어두운 무늬의 경우

$$y_{\text{dark}} = L\frac{(m+\frac{1}{2})\lambda}{d} \quad \text{(작은 각도)} \tag{37.8}$$

가 된다.

예제 37.1에서처럼 영의 이중 슬릿 실험으로 빛의 파장을 측정하는 방법을 알 수 있다. 영도 실제로 이 방법을 이용하여 빛의 파장을 측정하였다. 또한 영의 실험은 빛의 파동 모형에 대한 확신을 주었다. 슬릿들에서 나오는 빛의 알갱이가 서로 상쇄되어 어두운 무늬를 만든다고 설명한다는 것은 상상할 수도 없었다.

이 절에서 논의한 원리들은 **파동의 간섭**(waves in interference) 분석 모형의 기본이다. 이 모형은 18장에서 일차원의 역학적 파동에 적용되었고, 여기에서는 이 모형을 삼차원 공간을 진행하는 빛에 적용하는 것을 자세히 살펴본다.

Q 퀴즈 37.1 다음 중 이중 슬릿 간섭 무늬 간격이 더 커지는 경우는 어느 것인가? **(a)** 빛의 파장을 줄인다. **(b)** 스크린 거리 L을 줄인다. **(c)** 슬릿 간격 d를 줄인다. **(d)** 장치 전체를 물에 넣는다.

예제 37.1 광원의 파장 측정

이중 슬릿으로부터 스크린까지의 거리는 4.80 m이고, 두 슬릿 사이의 간격은 0.030 0 mm이다. 단색광이 이중 슬릿으로 들어가서 스크린에 간섭 무늬를 형성한다. 첫 번째 어두운 무늬는 중심선에서 4.50 cm 떨어져 있다.

(A) 빛의 파장을 구하라.

풀이

개념화 그림 37.5를 공부해서 파동의 간섭 현상을 확실하게 이해한다. 그림 37.5에서 y는 거리 4.50 cm이다. $L \gg y$이므로 무늬에 대한 각도는 작다.

분류 이 문제는 간섭하는 파동 모형의 간단한 응용이다.

분석 식 37.8에서 파장을 구하고 주어진 값들을 대입한다. 첫 번째 어두운 무늬는 $m = 0$으로 놓는다.

$$\lambda = \frac{y_{\text{dark}}d}{(m+\frac{1}{2})L} = \frac{(4.50\times10^{-2}\text{ m})(3.00\times10^{-5}\text{ m})}{(0+\frac{1}{2})(4.80\text{ m})}$$

$$= 5.62\times10^{-7}\text{ m} = 562\text{ nm}$$

(B) 이웃한 밝은 무늬들 사이의 거리를 계산하라.

풀이 식 37.7과 (A)의 결과로부터 이웃한 밝은 무늬 사이의 거리를 구한다.

$$y_{m+1} - y_m = L\frac{(m+1)\lambda}{d} - L\frac{m\lambda}{d}$$

$$= L\frac{\lambda}{d} = 4.80\text{ m}\left(\frac{5.62 \times 10^{-7}\text{ m}}{3.00 \times 10^{-5}\text{ m}}\right)$$

$$= 9.00 \times 10^{-2}\text{ m} = 9.00\text{ cm}$$

결론 연습 삼아 예제 (A)에서의 과정을 이용하여 예제 18.1에 주어진 음파의 파장을 구해 보자.

예제 37.2 이중 슬릿 간섭 무늬에서 두 파장의 분리

어떤 광원이 $\lambda = 430$ nm와 $\lambda' = 510$ nm의 두 파장의 가시광을 방출한다. 이 광원을 $L = 1.50$ m이고, $d = 0.025\ 0$ mm인 이중 슬릿 간섭 실험에 사용할 때, 두 파장에 대한 3차 밝은 무늬 사이의 간격을 구하라.

풀이

개념화 그림 37.5a에서 슬릿에 들어가는 두 파장의 빛이 스크린에 두 개의 간섭 무늬를 형성하는 것을 상상해 보라. 어떤 점에서는 두 색깔의 무늬가 중첩될 수도 있지만, 대부분의 점에서는 중첩되지 않을 것이다.

분류 이 문제는 간섭하는 파동의 분석 모형에 대한 수학 식의 응용이다.

분석 식 37.7을 이용하여 이들 두 파장에 해당하는 무늬의 위치를 구하고, 이들의 차를 구한다.

$$\Delta y = y'_{\text{bright}} - y_{\text{bright}} = L\frac{m\lambda'}{d} - L\frac{m\lambda}{d} = \frac{Lm}{d}(\lambda' - \lambda)$$

주어진 값들을 대입한다.

$$\Delta y = \frac{(1.50\text{ m})(3)}{0.025\ 0 \times 10^{-3}\text{ m}}(510 \times 10^{-9}\text{ m} - 430 \times 10^{-9}\text{ m})$$

$$= 0.014\ 4\text{ m} = 1.44\text{ cm}$$

결론 다음 문제에서 간섭 무늬를 더 자세히 살펴보자.

문제 두 파장에 의한 간섭 무늬 전체에서 겹쳐진 무늬를 조사하면 어떻게 되는가? 스크린에서 두 파장에 대한 밝은 무늬들이 완전히 겹쳐지는 곳들이 있는가?

답 식 37.7을 이용하여, λ에 의한 밝은 무늬의 위치를 λ'에 의한 것으로 두고 겹쳐지는 위치를 구한다.

$$L\frac{m\lambda}{d} = L\frac{m'\lambda'}{d} \rightarrow \frac{m'}{m} = \frac{\lambda}{\lambda'}$$

파장을 대입한다.

$$\frac{m'}{m} = \frac{430\text{ nm}}{510\text{ nm}} = \frac{43}{51}$$

따라서 430 nm인 빛의 51번째 무늬는 510 nm인 빛의 43번째 무늬와 중첩된다.

식 37.7을 이용하여 이 무늬들에 대한 y 값을 구한다.

$$y = (1.50\text{ m})\left[\frac{51(430 \times 10^{-9}\text{ m})}{0.025\ 0 \times 10^{-3}\text{ m}}\right] = 1.32\text{ m}$$

이 y 값은 L과 비슷하고, 식 37.7에 사용한 작은 각도 근사는 맞지 않는다. 이 결론은 식 37.7로부터 정확한 결과를 기대할 수 없다는 것을 암시한다. 식 37.5를 이용하면 $m'/m = \lambda/\lambda'$인 같은 조건이 만족될 때 밝은 무늬가 실제로 겹쳐지는 것을 보일 수 있다. 따라서 430 nm인 빛의 51번째 무늬는 1.32 m의 위치가 아닌 곳에서 510 nm인 빛의 43번째 무늬와 겹친다.

37.3 이중 슬릿에 의한 간섭 무늬의 세기 분포
Intensity Distribution of the Double-Slit Interference Pattern

그림 37.1b에 있는 밝은 무늬의 가장자리는 선명하지 않고 밝은 것에서 어두운 것으로 서서히 변함을 알 수 있다. 지금까지는 스크린 위의 밝고 어두운 무늬의 중심부 위치

에 대해서만 논의하여 왔다. 이제 보강 간섭과 상쇄 간섭의 위치 사이의 빛의 세기에 주의하자. 바꿔 말하면 이중 슬릿에 의한 간섭 무늬의 세기 분포를 계산해 보자.

두 슬릿을 간섭성이 있는 사인형 파동을 발생시키는 광원으로 다시 한 번 가정하면, 파동들은 동일한 각진동수 ω를 가지며 위상이 같다. 그림 37.5에서 스크린의 점 P에서의 전체적인 전기장의 크기는 두 파동의 중첩이다. 두 파동이 같은 진폭 E_0를 갖는다고 하면, 점 P에서 각 파동의 전기장의 크기는 다음과 같다.

$$E_1 = E_0 \sin \omega t \qquad \text{그리고} \qquad E_2 = E_0 \sin(\omega t + \phi) \tag{37.9}$$

슬릿에서 두 파동의 위상이 같지만, P에서 이들의 위상차 ϕ는 경로차 $\delta = r_2 - r_1 = d\sin\theta$에 따라 달라진다. λ의 경로차(보강 간섭)의 경우는 2π rad의 위상차에 해당한다. 따라서 λ에 대한 경로차 δ의 비율은 2π에 대한 위상차 ϕ의 비율과 같다. 이것을 수학적으로 표현하면

$$\frac{\delta}{\lambda} = \frac{\phi}{2\pi}$$

이고, 이로부터 다음과 같은 관계를 얻는다.

위상차 ▶

$$\phi = \frac{2\pi}{\lambda}\delta = \frac{2\pi}{\lambda} d \sin\theta \tag{37.10}$$

이 식으로부터 위상차 ϕ가 그림 37.5의 각도 θ에 따라 어떻게 달라지는가를 알 수 있다.

중첩의 원리와 식 37.9를 이용하면, 점 P에서의 합성된 전기장 크기를 다음과 같이 구할 수 있다.

$$E_P = E_1 + E_2 = E_0[\sin \omega t + \sin(\omega t + \phi)] \tag{37.11}$$

이 식은 다음과 같은 삼각 함수의 항등식을 이용하여 간단히 할 수 있다.

$$\sin A + \sin B = 2 \sin\left(\frac{A+B}{2}\right)\cos\left(\frac{A-B}{2}\right)$$

$A = \omega t + \phi$, $B = \omega t$로 두면, 식 37.11을

$$E_P = 2E_0 \cos\left(\frac{\phi}{2}\right)\sin\left(\omega t + \frac{\phi}{2}\right) \tag{37.12}$$

와 같이 쓸 수 있다. 이것은 점 P에서 전기장의 진동수는 슬릿에서와 같이 ω이지만, 진폭은 $2\cos(\phi/2)$배가 됨을 의미한다. 이런 결과가 맞다는 것을 확인하기 위하여, $\phi = 0, 2\pi, 4\pi, \cdots$이면 점 P에서의 진폭은 $2E_0$이고, 이것은 보강 간섭의 극대에 해당한다. 이런 ϕ 값들은 보강 간섭에 대한 식 37.2와 일치한다. 마찬가지로 $\phi = \pi, 3\pi, 5\pi, \cdots$이면 점 P에서의 진폭은 영이고, 이것은 상쇄 간섭에 대한 식 37.3과 일치한다.

마지막으로 점 P에서 빛의 세기에 대한 표현을 구하기 위하여, 34.4절에서 논의한 바와 같이 어떤 점에서 파동의 세기는 그 점에서 전체적인 전기장 크기의 제곱에 비례한다(식 34.24)는 것을 상기하자. 따라서 식 37.12를 이용하여 점 P에서 빛의 세기를

다음과 같이 표현할 수 있다.

$$I \propto E_P^{\,2} = 4E_0^{\,2}\cos^2\left(\frac{\phi}{2}\right)\sin^2\left(\omega t + \frac{\phi}{2}\right)$$

대부분의 빛 검출기는 시간 평균된 빛의 세기를 측정하고, $\sin^2(\omega t + \phi/2)$의 한 주기에 대한 시간 평균은 1/2이다(그림 33.5). 따라서 점 P에서 빛의 평균 세기는

$$I = I_{\max}\cos^2\left(\frac{\phi}{2}\right) \qquad \textbf{(37.13)}$$

와 같이 쓸 수 있고, 여기서 $I_{\max}$는 스크린 위에서의 최대 빛의 세기이고, 위의 식은 시간 평균값을 나타낸다. 식 37.10으로 주어지는 ϕ 값을 이 식에 대입하면 다음과 같은 식을 얻는다.

$$I = I_{\max}\cos^2\left(\frac{\pi d\sin\theta}{\lambda}\right) \qquad \textbf{(37.14)}$$

또한 그림 37.5의 θ 값이 작을 때 $\sin\theta \approx y/L$이므로, 식 37.14를

$$I = I_{\max}\cos^2\left(\frac{\pi d}{\lambda L}y\right) \qquad \text{(작은 각도)} \qquad \textbf{(37.15)}$$

와 같이 쓸 수 있다.

빛의 세기가 최대인 보강 간섭은 $\pi\, dy/\lambda L$가 π의 정수배, 즉 $y = (\lambda L/d)m$일 때 일어나며, 여기서 m은 차수이다. 이것은 식 37.7의 결과와 일치한다.

그림 37.6은 $d\sin\theta$에 대한 빛의 세기 분포를 그린 것이다. 간섭 무늬는 같은 세기를 가진 무늬가 같은 간격으로 이루어진다.

그림 37.7은 다중 슬릿을 통과하는 빛의 경우 $d\sin\theta$ 대 빛의 세기 분포 그림이다. 세 개 이상의 슬릿의 경우, 식 37.9에서의 두 전기장보다 더 많은 전기장 크기를 더해야 할 것이다. 이 경우, 간섭 무늬에는 주극대와 2차 극대가 나타난다. 슬릿이 세 개인 경우 곡선의 높이를 측정하면, 세기가 E^2으로 변하기 때문에 주극대가 2차 극대보다 9배

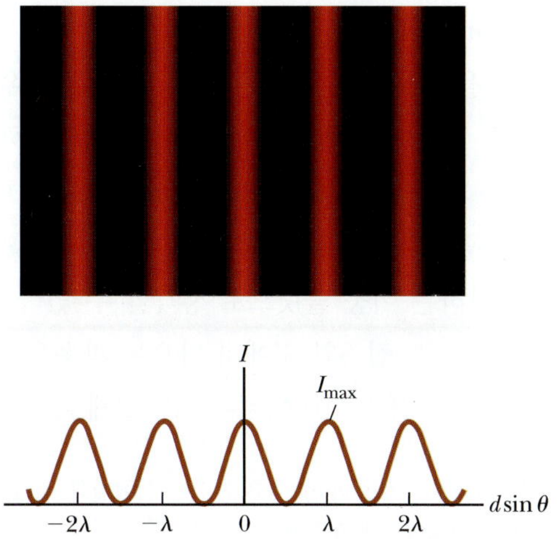

그림 37.6 스크린이 두 슬릿에서 멀리 떨어져 있을 때($L \gg d$), $d\sin\theta$에 대한 이중 슬릿 간섭 무늬의 빛의 세기 분포

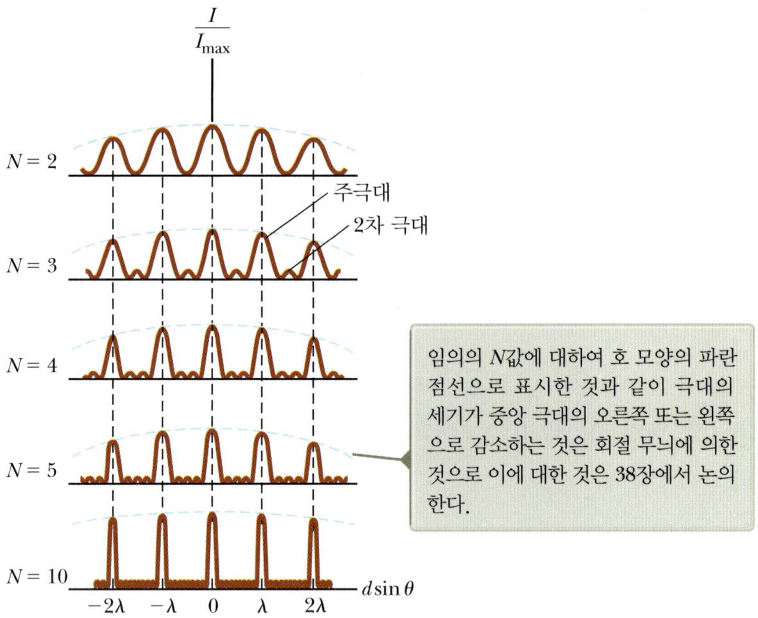

그림 37.7 다중 슬릿에 의한 간섭 무늬 모양. 슬릿의 수 N이 증가함에 따라 주극대(각 그림에서 가장 높은 봉우리)의 너비는 점점 좁아지지만, 위치는 변하지 않고 2차 극대 수가 증가한다.

크다. N개의 슬릿의 경우 주극대의 세기는 2차 극대의 세기보다 N^2배 크다. 슬릿의 수가 많아지면 주극대의 세기는 증가하고 너비는 좁아지는 반면, 주극대에 대한 2차 극대의 세기 비율은 감소한다. 또한 그림 37.7은 슬릿의 수가 많아지면 2차 극대의 수도 많아진다는 것을 보여 주고 있다. 일반적으로 슬릿의 수를 N이라고 하면 주극대 사이의 2차 극대의 수는 $(N-2)$이다. 38.4절에서 **회절 격자**라고 하는 슬릿의 수가 매우 많은 광학 소자의 간섭 무늬를 살펴볼 것이다.

Q 퀴즈 37.2 그림 37.7을 모형으로 해서 슬릿이 여섯 개인 경우 간섭 무늬의 윤곽을 그려 보라.

37.4 반사에 의한 위상 변화
Change of Phase Due to Reflection

두 개의 간섭 광원을 만드는 영의 방법은 하나의 광원으로 한 쌍의 슬릿을 비추는 것이다. 한 개의 광원으로 간섭 무늬를 만드는 간단하지만 독특한 또 하나의 광학적 배열은 **로이드 거울**(Lloyd's mirror)[1]이다(그림 37.8). 점 광원을 거울 가까운 곳 S에 두고, 거울과 직각을 이루는 스크린을 광원에서 어느 정도 거리를 두고 위치시킨다. 빛의 파동은 S에서 P로 직접 가거나, 거울에서 반사되어 가는 경로를 통하여 스크린 위의 점 P에 도달한다. 반사된 광선은 가상 광원(virtual source) S′에서 나오는 광선으로 다룰 수 있다. 결과적으로 이런 광학적 배열을 그림 37.8에서 파원 S와 S′ 사이의 거리 d가 그림 37.5의 길이 d에 해당하는 이중 슬릿으로 생각할 수 있다. 따라서 두 개의 실제 간섭 광원의 경우와 마찬가지로, 점 S와 S′에서 나오는 파동은 광원에서 먼 관찰점($L \gg d$)에 간섭 무늬를 형성하는 것을 기대할 수 있고, 실제로 간섭 무늬가 관찰된다.

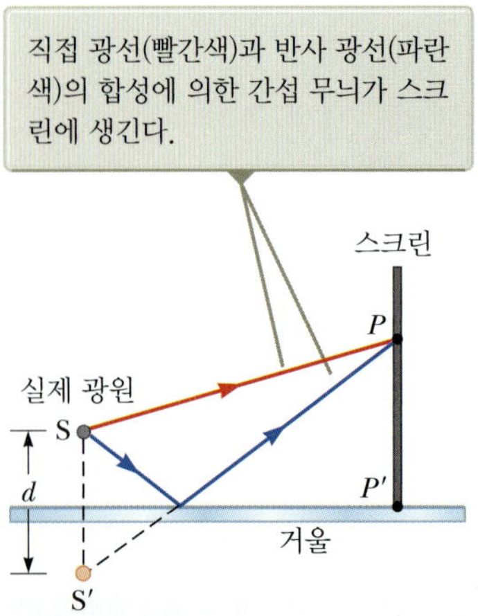

그림 37.8 로이드 거울. 반사 광선에는 180°의 위상 변화가 생긴다.

[1] 더블린(Dublin) 트리니티 대학(Trinity College)의 자연 및 실험철학 교수인 로이드(Humphrey Lloyd, 1800~1881) 교수에 의하여 1834년에 개발됨.

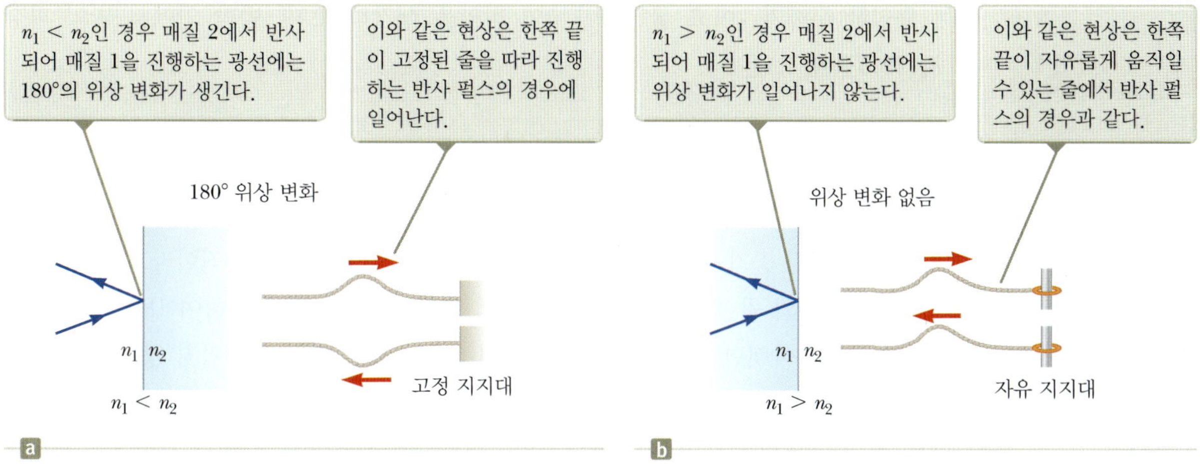

그림 37.9 빛 파동과 줄에서의 파동 반사 비교

그러나 두 개의 실제 간섭 광원에 의한 것(영의 실험)과 비교해볼 때, 어둡고 밝은 무늬의 위치가 뒤바뀐다. 이렇게 뒤바뀌는 현상은 간섭 광원 S와 S′의 위상이 180°만큼 다른 경우에만 일어난다.

이것을 좀 더 살펴보기 위하여 거울과 스크린이 만나는 점 P'을 생각해 보자. 이 점은 점 S와 S′으로부터 같은 거리에 있다. 경로차에 의해서만 위상차가 생긴다면 점 P'에서 밝은 무늬를 볼 수 있을 것이고(이 점에 대한 경로차는 영이기 때문), 이것은 이중 슬릿 간섭 무늬에서 중앙의 밝은 무늬에 해당한다. 실제로는 점 P'에서 어두운 무늬를 보게 된다. 따라서 180°의 위상 변화는 거울에서의 반사에 의하여 발생한다고 결론지을 수 있다. 일반적으로 전자기파는 진행하고 있는 매질보다 큰 굴절률을 가진 매질에서 반사될 때 180°의 위상 변화가 생긴다.

반사된 광파와 잡아당겨진 줄에서의 횡파 반사(16.4절) 사이에서 유사성을 찾는 것이 도움이 된다. 줄에서 반사되는 펄스는 선밀도가 더 큰 줄 또는 단단한 지지대의 경계에서 반사되는 경우 180°의 위상 변화가 생기지만, 선밀도가 더 작은 줄 또는 자유로운 지지대의 경계에서 반사되는 경우에는 위상 변화가 생기지 않는다. 이와 마찬가지로 전자기파도 광학적으로 더 밀한 매질(큰 굴절률을 가진 매질)의 경계에서 반사될 때에는 180°의 위상 변화가 생기지만, 더 작은 굴절률의 매질 경계에서 반사될 때에는 위상 변화가 생기지 않는다. 그림 37.9에 요약된 이런 규칙은 맥스웰 방정식에서 유도할 수 있으며, 그 과정은 이 교재의 수준을 넘기 때문에 생략한다.

37.5 박막에서의 간섭
Interference in Thin Films

물 위에 있는 얇은 기름 층 또는 비누 거품과 같은 얇은 막에서 간섭 현상을 쉽게 볼 수 있다. 이것은 박막으로 들어가는 백색광이 박막의 양면에서 반사되어 간섭을 일으키기 때문에, 여러 가지 색으로 보이게 되는 것이다.

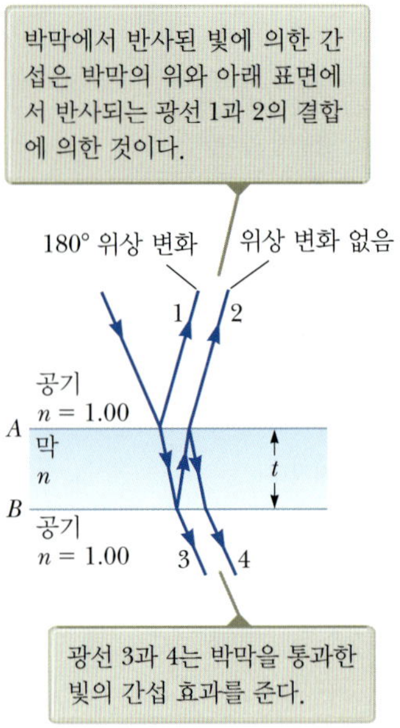

그림 37.10 박막을 지나가는 빛의 경로

균일한 두께가 t이고 굴절률이 n인 박막을 생각해 보자. 박막 안에서 빛의 파장 λ_n(35.5절 참조)은

$$\lambda_n = \frac{\lambda}{n}$$

이고, 여기서 λ는 자유 공간에서의 빛의 파장이고 n은 박막 재료의 굴절률이다. 그림 37.10에서처럼 공기 중을 진행하는 광선이 박막의 양면에 거의 수직이라고 가정하자.

그림 37.10의 윗면 A에서 반사되는 광선 1에는 입사 광선에 비하여 180°의 위상 변화가 생긴다. 아랫면 B에서 반사되는 광선 2에는 위상 변화가 생기지 않는데, 이것은 더 작은 굴절률을 가진 매질(공기)에서 반사되기 때문이다. 따라서 광선 1은 광선 2와 180°의 위상차가 있으며, 이것은 $\lambda_n/2$의 경로차에 해당한다. 그러나 광선 2는 광선 1과 결합하기 전에 $2t$만큼의 거리를 더 진행한다는 것을 알아야 한다(표면에 거의 수직인 광선을 다루고 있다. 광선이 비스듬히 입사하면 경로차는 $2t$보다 작다). $2t = \lambda_n/2$이면, 광선 1과 광선 2는 위상이 같은 상태로 결합하여 보강 간섭이 일어난다. 일반적으로 박막에서의 **보강** 간섭의 조건은[2]

$$2t = (m + \tfrac{1}{2})\lambda_n \quad m = 0, 1, 2, \ldots \tag{37.16}$$

이다. 이 조건은 (1) 두 광선의 경로차($m\lambda_n$)와 (2) 반사될 때 생기는 180°의 위상 변화($\lambda_n/2$)라는 두 가지 상황을 고려한 것이다. $\lambda_n = \lambda/n$이므로 식 37.16을 다음과 같이 나타낼 수 있다.

박막에서의 보강 간섭 조건 ▶

$$2nt = (m + \tfrac{1}{2})\lambda \quad m = 0, 1, 2, \ldots \tag{37.17}$$

광선 2가 더 진행하는 거리 $2t$가 λ_n의 정수배이면 두 파동은 위상이 어긋난 상태로 결합하고, 그 결과 상쇄 간섭이 나타난다. **상쇄** 간섭에 대한 조건은 일반적으로 다음과 같다.

박막에서의 상쇄 간섭 조건 ▶

$$2nt = m\lambda \quad m = 0, 1, 2, \ldots \tag{37.18}$$

위에서 보강 간섭과 상쇄 간섭에 대한 조건들은 박막의 위와 아래의 매질이 같을 때에 성립한다. 또는 박막의 위와 아래의 매질이 다를 때에는 두 매질 모두의 굴절률이 n보다 작아야 한다. 박막이 $n < n_{\text{film}}$인 매질과 $n > n_{\text{film}}$인 매질 사이에 있으면, 보강 간섭과 상쇄 간섭 조건은 서로 바뀐다. 이 경우 표면 A에서 반사되는 광선 1과 표면 B에서 반사되는 광선 2 모두에 대하여 위상 변화가 180°이거나 또는 두 광선 모두 위상 변화가 없을 수 있다. 따라서 반사에 의한 상대적인 위상 변화는 영이다.

그림 37.10의 광선 3과 4는 박막을 통과한 빛의 간섭 효과를 준다. 이런 효과에 대한 해석은 반사된 빛의 경우와 비슷하다.

오류 피하기 37.1

박막 간섭에서의 유의점 얇은 박막에 의한 간섭 무늬를 분석할 때는 **두** 효과, 즉 경로차와 위상 변화를 반드시 포함시켜야 한다. 위상 변화가 생길 수 있다는 점이 이중 슬릿 간섭에서 고려할 필요가 없었던 새로운 내용이다. 그러므로 박막 외부 양쪽의 두 물질을 주의 깊게 생각하라. 박막 외부의 양쪽에 서로 다른 물질이 있다면, 양쪽 표면 모두에서 180° 위상 변화가 있거나 위상 변화가 전혀 없는 상황이 될 수도 있다.

[2] 얇은 박막에서 전체적인 간섭 효과는 박막의 윗면과 아랫면 사이에서 무한히 반사되는 것을 분석해야 한다. 여기서 우리는 박막의 아랫면에서 한 번 반사되는 것만 고려하는데, 이것이 간섭 효과에 가장 큰 기여를 하기 때문이다.

Q 퀴즈 37.3 현미경 슬라이드가 다른 슬라이드 위에 왼쪽 모서리끼리 접촉되어 놓여 있고, 위쪽 슬라이드의 오른쪽 모서리 밑에는 사람 머리카락이 있다. 그 결과 두 슬라이드 사이에는 쐐기형의 공기층이 존재한다. 이 쐐기에 단색광이 입사하면 간섭 무늬가 생긴다. 슬라이드의 왼쪽 모서리에는 어떤 무늬가 생기는가? **(a)** 어두운 무늬 **(b)** 밝은 무늬 **(c)** 결정할 수 없음

뉴턴의 원무늬 Newton's Rings

빛의 간섭을 관찰할 수 있는 또 하나의 방법은 평면 볼록 렌즈(한 면은 평면, 한 면은 볼록)를 그림 37.11a와 같이 평면 유리 위에 올려놓는 것이다. 이렇게 하면 유리 표면 사이의 공기 막의 두께는 접점 O부터 점 P의 t까지 변하게 된다. 렌즈의 곡률 반지름 R가 거리 r보다 훨씬 클 때, 위에서 보면 그림 37.11b와 같은 어두운 원 모양의 무늬를 볼 수 있다. 이 원 모양의 간섭 무늬는 뉴턴이 발견하여, 이를 **뉴턴의 원무늬**(Newton's ring)라고 한다.

간섭이 나타나는 이유는 평면판에서 반사하는 광선 1이 렌즈의 밑 곡면에서 반사하는 광선 2와 더해지기 때문이다. 광선 1은 굴절률이 큰 곳에서 반사되기 때문에 180°의 위상 변화가 생기는 반면, 광선 2는 굴절률이 작은 곳에서 반사되기 때문에 위상 변화가 없다. 따라서 보강 간섭과 상쇄 간섭의 조건은 각각 식 37.17과 37.18에서 공기 막의 굴절률을 $n = 1$로 두면 된다. 접점 O에서는 경로차가 없고 전체적인 위상차가 180°이므로 그림 37.11b와 같이 어두운 무늬가 보인다.

그림 37.11a와 같은 배열을 이용하여 밝고 어두운 영역의 반지름을 곡률 반지름 R와 파장 λ에 관한 식으로 표현할 수 있다. 예를 들어 어두운 원무늬의 반지름은 $r \approx \sqrt{m\lambda R/n}$이다. 여기서 m은 간섭의 차수이고 n은 공기의 굴절률이다. R 값을 알면 원 무늬의 반지름을 측정하여 간섭 무늬를 만드는 빛의 파장을 결정할 수 있다. 역으로 파장을 알면 R 값을 측정할 수 있다.

뉴턴 원무늬의 중요한 응용 가운데 하나는 광학 렌즈의 실험이다. 그림 37.11b와 같은 원 모양은 렌즈가 완전히 대칭적인 곡률을 갖도록 연마된 경우에만 얻어진다. 이 대칭성이 깨지면 부드럽고 둥근 모양으로부터 변화하는 무늬가 생긴다. 이런 변화를 보고 렌즈의 결함을 제거하려면 어떻게 재가공해야 하는지를 알 수 있다.

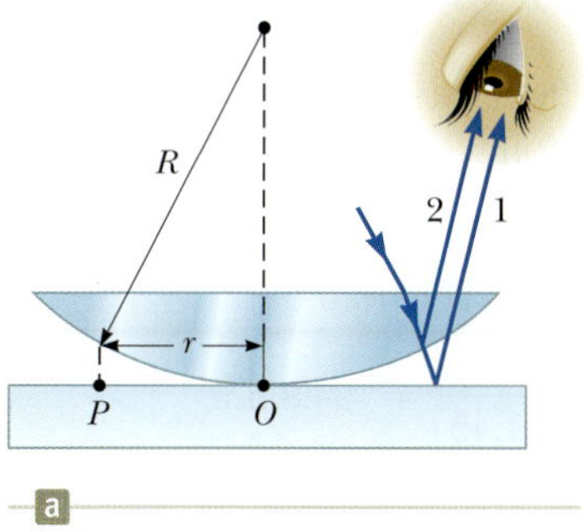

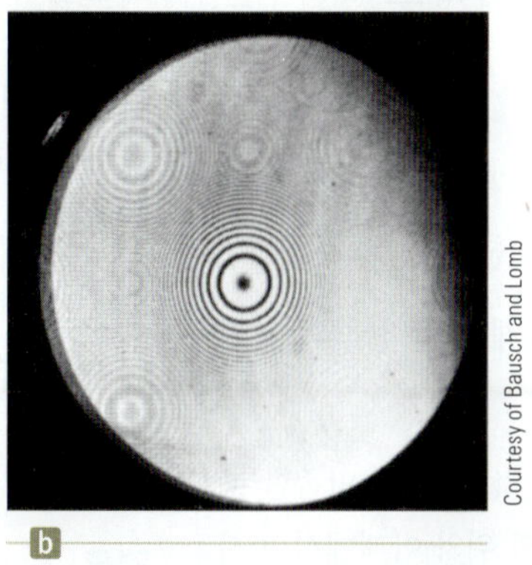

그림 37.11 (a) 평면판과 곡률을 가지는 렌즈에서 반사되는 광선은 뉴턴의 원무늬라고 알려진 간섭 무늬를 만든다. (b) 뉴턴의 원무늬

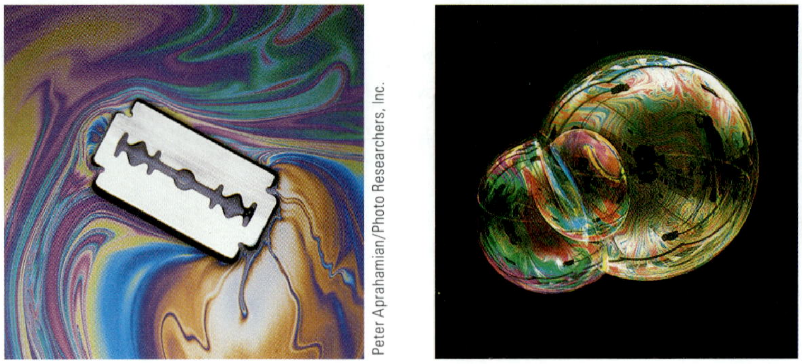

Peter Aprahamian/Photo Researchers, Inc.

Dr. Jeremy Burgess/Science Photo Library/Photo Researchers, Inc.

a b

(a) 물 위의 얇은 기름 막에 백색광이 들어갈 때 간섭 현상을 나타낸다. 막의 두께가 변함에 따라 색의 형태가 재미있게 나타난다. 면도칼 날은 색깔 대역의 크기를 결정한다. (b) 비누 거품의 간섭. 색은 거품을 이루고 있는 비누의 얇은 막의 안쪽과 바깥쪽 표면에서 반사되는 광선의 간섭에 의한 것이다. 색은 막의 두께에 따라서 달라지며, 막이 가장 얇을 때의 검정색에서 가장 두꺼울 때의 자홍색에 걸쳐 있다.

예제 37.3 비누 막에서의 간섭

비누 거품 막을 자유 공간에서의 파장이 $\lambda = 600$ nm 빛으로 비출 때, 막에서 반사되는 빛이 보강 간섭을 일으키기 위한 막의 최소 두께를 계산하라. 비누 막의 굴절률은 1.330이다.

풀이

개념화 그림 37.10의 비누 막 양쪽이 공기로 되어 있다고 생각한다.

분류 이 절에서 유도한 식을 이용하여 결과를 구하므로, 예제를 대입 문제로 분류한다.

반사된 빛의 보강 간섭을 위한 최소 두께는 식 37.17에서 $m = 0$에 해당한다. 이 식에서 t를 구하여 값을 대입한다.

$$t = \frac{(0 + \frac{1}{2})\lambda}{2n} = \frac{\lambda}{4n} = \frac{(600\text{ nm})}{4(1.33)} = \boxed{113\text{ nm}}$$

문제 막의 두께가 두 배이면 어떤 일이 일어나는가? 이때 보강 간섭이 일어나는가?

답 식 37.17을 이용하여 보강 간섭이 일어나는 막의 두께를 구할 수 있다.

$$t = (m + \tfrac{1}{2})\frac{\lambda}{2n} = (2m + 1)\frac{\lambda}{4n} \quad m = 0, 1, 2, \ldots$$

가능한 m값은 보강 간섭이 $m = 0$일 때의 두께인 $t = 113$ nm의 홀수배일 때 형성됨을 보여 준다. 따라서 막의 두께가 두 배인 경우 보강 간섭은 일어나지 **않는다**.

예제 37.4 태양 전지의 무반사 코팅

태양에 노출될 때 전기를 발생시키는 태양 전지는 흔히 일산화 규소(SiO, $n = 1.45$)와 같은 투명한 박막을 태양 전지에 코팅하여 표면에서 반사에 의한 손실을 최소화한다. 이런 목적으로 규소 태양 전지($n = 3.5$)를 얇은 일산화 규소 막으로 코팅한다(그림 37.12a). 가시광선 영역의 중심 파장인 550 nm 빛의 반사를 최소로 하기 위한 박막의 최소 두께를 구하라.

풀이

개념화 그림 37.12a는 반사된 빛에 간섭 무늬를 만드는 SiO 막에서 광선의 경로를 이해하는 데 도움을 준다.

분류 SiO 층의 기하학적 구조에 따라 예제를 박막에 의한 간섭 문제로 분류한다.

분석 그림 37.12a의 광선 1과 2가 상쇄 간섭 조건을 만족할 때 반사된 빛이 최소가 된다. 이때 SiO 표면의 위와 아래에서 반사되는 광선 1과 2에는 반사될 때 **모두** 180°의 위상 변화가 생긴다. 따라서 반사에 의한 알짜 위상 변화는 영이고, 최소 반사 조건이 일어나기 위해서는 $\lambda_n/2$(λ_n는 SiO에서 빛의 파장)의 경로차가 필요하다. 따라서 $2nt = \lambda/2$이고, 이때 λ는 공기 중의 파장, n은 SiO의 굴절률이다.

식 $2nt = \lambda/2$에서 t를 구하고, 값을 대입한다.

$$t = \frac{\lambda}{4n} = \frac{550\text{ nm}}{4(1.45)} = \boxed{94.8\text{ nm}}$$

결론 코팅되지 않은 태양 전지는 반사에 의한 손실이 약 30 % 이상인 반면 SiO 코팅을 하면 10 % 정도로 줄일 수 있다. 이렇

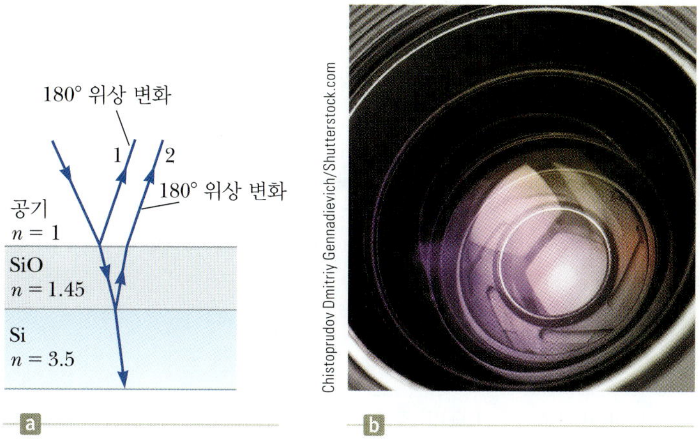

그림 37.12 (예제 37.4) (a) 규소 태양 전지에서 일산화 규소의 얇은 막을 코팅하여 반사에 의한 손실을 최소화한다. (b) 코팅된 사진기 렌즈에서 반사된 빛은 빨간색을 띤 자주색으로 보인다.

게 반사에 의한 손실을 줄이면, 더 많은 태양 빛이 규소로 들어가서 전지 안의 전하 운반자를 많이 생성하게 되므로 전지의 효율이 높아지게 된다. 입사광이 넓은 파장 영역에 걸쳐 있고, 필요한 막의 두께는 파장에 의존하기 때문에 실제로는 완전한 무반사 코팅을 할 수 없다. 사진기나 다른 광학 장비에 사용되는 유리 렌즈는 흔히 투명한 박막 코팅을 하여 원하지 않는 반사를 줄이거나 없애고, 렌즈를 통과하는 빛의 양을 증가시킨다. 그림 37.12b의 사진기 렌즈는 가시광선 영역의 중심 파장 근처에서 빛의 반사를 최소화시키기 위하여 다른 두께를 갖는 여러 층의 코팅을 하였다. 그 결과 렌즈에서 반사되는 작은 양의 빛의 대부분은 스펙트럼의 끝 부분에 해당하고 빨간색을 띤 자주색으로 보인다.

37.6 마이컬슨 간섭계
The Michelson Interferometer

미국의 물리학자 마이컬슨(A. A. Michelson, 1852~1931)이 고안한 **간섭계**(interferometer)는 빔을 둘로 나눈 후 다시 합치게 하여 간섭 무늬를 만들도록 하는 장치이다. 두 거울 중 하나를 이동시킬 때 정확하게 측정이 가능한 변위는 빛의 파장의 정수배와 맞아야 하기 때문에, 파장 등의 길이를 정교하게 측정할 수 있는 장치이다.

그림 37.13은 간섭계의 개략도이다. 단색 광원에서 나오는 광선은 입사 빔에 대하여 45° 기울어져 있는 거울 M_0에 의하여 둘로 나누어진다. **빔 분리개**라고 하는 거울 M_0는 입사 빔의 반은 통과시키고 나머지는 반사시킨다. 하나의 광선은 M_0에서 거울 M_1을 향하여 수직 위로 반사되고, 또 하나의 광선은 M_0을 수평으로 통과하여 거울 M_2로 향한다. 따라서 두 광선은 각각 L_1과 L_2의 거리를 진행한다. 거울 M_1과 M_2에서 반사된 후 두 광선은 M_0에서 합쳐져 간섭 무늬를 만들고, 망원경으로 간섭 무늬를 관찰할 수 있다.

두 광선의 간섭 조건은 경로차에 의하여 결정된다. 두 거울이 서로 정확하게 수직이면, 간섭 무늬는 뉴턴의 원무늬와 비슷하게 밝고 어두운 원 모양의 무늬를 만든다. M_1을 움직일 때 움직이는 방향에 따라 간섭 무늬는 안으로 모이거나 밖으로 퍼져 나간다. 예를 들어 간섭 무늬의 중앙에 어두운 원(상쇄 간섭에 해당)이 나타나고, M_1을 M_0쪽으로 $\lambda/4$만큼 움직이면, 경로차는 $\lambda/2$만큼 변한다. 중앙의 어두웠던 원은 이제 밝은 원으로 된다. M_1을 M_0쪽으로 $\lambda/4$만큼 더 움직이면 밝은 원이 다시 어두운 원으로 된다. 따라서 M_1을 $\lambda/4$씩 움직일 때마다 간섭 무늬는 반주기만큼 이동한다. 이렇게 하여 M_1의 움직인 거리를 알고 이동한 무늬의 수를 세어서 빛의 파장을 측정할 수 있다. 파장을 정확하게 알면 거울이 움직인 거리를 파장 정도의 정확도로 측정할 수 있다.

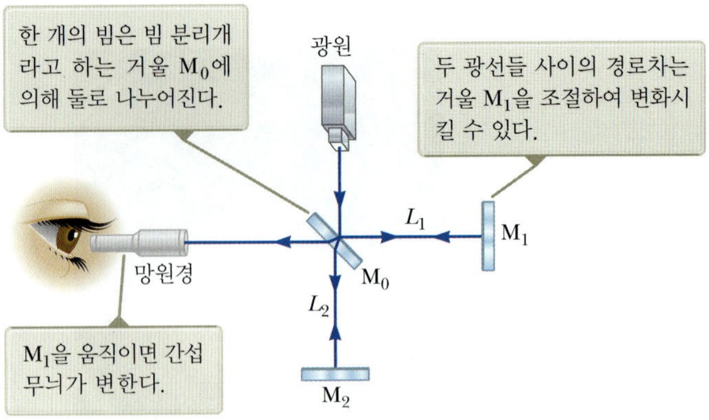

그림 37.13 마이컬슨 간섭계의 구성도

상대론에 관한 39장에서 마이컬슨 간섭계의 중요한 역사적 이용에 대하여 논의할 것이다. 현대적 응용으로는 다음과 같은 푸리에 변환 적외선 분광학과 레이저 간섭계를 이용한 중력파 관측소를 들 수 있다.

푸리에 변환 적외선 분광학 Fourier Transform Infrared Spectroscopy (FTIR)

분광학은 시료에서 방출되는 빛의 파장 분포를 조사하는 것으로, 시료 안의 원자 또는 분자의 특성을 규명하는 데 이용할 수 있다. 적외선 분광학은 유기 분자를 분석하는 유기 화학에서는 특히 중요하다. 전통적인 분광학에서는 시료에서 나오는 복잡한 광학 신호에 들어 있는 여러 가지 파장을 다른 각도로 퍼지게 하는 프리즘(35.5절)이나 회절격자(38.4절)와 같은 광학 소자를 이용한다. 이런 방법으로 신호 속의 여러 가지 파장과 세기를 결정할 수 있다. 이와 같은 장치는 방출 신호의 여러 가지 각도 편차에 따라 주사해야 하기 때문에 분해능과 효율성에 제한을 받는다.

보통의 분광기로는 30분 정도 걸리는 고분해 분광을 **푸리에 변환 적외선 분광학** (FTIR) 기술을 이용하면 1초에 얻을 수 있다. 이 기술은 시료에서 나오는 방사광을 마이컬슨 간섭계로 입사시키고, 움직일 수 있는 거울을 조절하여 경로차가 영이 되도록 한 후, 거울 위치를 이동하면서 관측점에서 방사광의 세기를 기록한다. 그 결과는 인터페로그램(interferogram)이라 불리는 거울 위치의 함수로 빛의 세기를 기록한 복잡한 자료로 주어진다. 거울 위치와 특정한 파장의 빛의 세기 사이에는 연관성이 있기 때문에 간섭 무늬는 신호에 들어 있는 모든 파장에 대한 정보를 가지고 있다.

18.8절에서 파형의 푸리에 분석에 대하여 논의하였다. 파형은 파형을 형성하고 있는 각각의 진동수 성분에 대한 모든 정보를 가지고 있는 함수이다.[3] 식 18.13은 각각의 진동수를 가진 파동들을 더해서 파형을 어떻게 만들 수 있는지를 보여 준다. 이와 비슷하게 간섭 무늬를 컴퓨터를 사용하여 분석할 때 **푸리에 변환** 과정을 통하여 개별 파장 성분을 얻는다. 이것은 기존의 분광학에서와 마찬가지이지만 FTIR의 분해능이 훨씬 높다.

---

[3] 음향학에서 혼합된 신호의 성분들을 진동수로 나타내는 것이 일반적이며, 광학에서는 성분들을 파장으로 나타내는 것이 일반적이다.

레이저 간섭계 중력파 관측소 Laser Interferometer Gravitational-Wave Observatory (LIGO)

아인슈타인의 일반 상대성 이론(39.9절)은 **중력파**의 존재를 예측한다. 중력파는 쌍성의 질량 중심 주위에서의 회전과 같은 주기적이고 예측 가능하거나 무거운 별의 초신성 폭발과 같은 예측 불가능한 중력의 교란으로부터 전파된다.

아인슈타인의 이론에서 중력은 공간의 찌그러짐과 동등하다. 따라서 중력의 교란은 역학적 또는 전자기 파동과 같은 방법으로 우주로 전파되는 또 다른 교란의 원인이 된다. 교란으로부터 발생하는 중력파가 지구 옆을 지나갈 때 국소적인 공간에 찌그러짐이 생긴다. LIGO 장치는 이런 찌그러짐을 검출할 수 있도록 설계되었다. 이 장치는 레이저를 이용하고 경로차가 수 km에 이르는 마이컬슨 간섭계를 사용하고 있다. 간섭계의 한쪽 팔 끝에는 거울이 무거운 진자 위에 설치되어 있다. 중력파가 그 옆을 지나가면, 진자와 거울이 움직이고, 간섭 무늬가 변한다.

중력파를 동시 측정하기 위한 간섭계를 건설할 목적으로 미국 워싱턴 주의 리치랜드와 루이지애나 주의 리빙스턴 두 지역을 개발하였다. 그림 37.14는 워싱턴 지역의 사진으로 마이컬슨 간섭계의 두 팔이 선명하게 보인다. 2010년 현재 6번째 자료가 수집되었다. 이 결과들을 독일 하노버의 GEO, 일본 미타카의 TAMA, 이탈리아 카시나의 VIRGO와 같은 다른 중력파 검출기의 결과와 비교해 오고 있다. 아직까지 중력파가 검출되지 않았지만, 지금까지의 결과로부터 차세대용 검출기의 수정이나 재설계에 대한 중요한 정보를 얻을 수 있다. 고급 LIGO 건설을 위하여 기존의 검출기를 현재 제거 중이며, 이는 관측소의 민감도를 10배 증가시키게 된다. 고급 LIGO의 과학적인 가동을 위한 목표 일정은 2014년이었다.

LIGO Hanford Observatory

그림 37.14 워싱턴 주 리치랜드에 있는 레이저 간섭계 중력파 관측소. 수직으로 뻗은 마이컬슨 간섭계의 두 팔을 볼 수 있다.

연습문제

객관식

1. 마이컬슨 간섭계(그림 37.13)를 사용하면, 간섭 무늬의 중앙에 어두운 원을 관찰하게 된다. **(i)** 광원을 중앙 거울 M_0 쪽으로 $\lambda/2$만큼 서서히 움직여 감에 따라 관찰하게 되는 것은 무엇인가? (a) 무늬의 변화가 없다. (b) 어두운 원이 밝은 원으로 변한다. (c) 어두운 원이 밝은 원이 된 다음 다시 어두운 원으로 되돌아온다. (d) 어두운 원이 밝은 원이 된 다음, 어두운 원이 되고 다시 밝은 원이 된다. **(ii)** 움직이는 거울을 중앙 거울 M_0 쪽으로 $\lambda/2$만큼 서서히 움직여 감에 따라 관찰하게 되는 것은 무엇인가? (i)의 보기에서 고르라.

2. 영의 이중 슬릿 실험을 다음과 같이 네 번 수행한다. (a) 첫 번째는 간격이 400 μm인 두 슬릿에 파란색 빛을 통과시켜 4 m 떨어진 스크린에 간섭 무늬가 생기게 한다. (b) 두 번째는 (a)에서와 같은 슬릿에 빨간색 빛을 통과시키고 같은 스크린에 간섭 무늬가 생기게 한다. (c) 세 번째는 빨간색 빛을 사용하고 스크린도 같지만 슬릿의 간격이 800 μm이다. (d) 네 번째는 빨간색 빛을 사용하고 슬릿 간격은 800 μm 이지만 스크린까지의 거리는 8 m이다. **(i)** 앞의 네 가지 실험에서 스크린에 나타나는 간섭 무늬의 중앙 극대에서 1차 극대까지의 각도가 큰 것부터 순서대로 나열하라. 같은 경우에는 동일한 순위로 두라. **(ii)** 중앙 극대에서 1차 극대까지의 거리가 큰 것부터 순서대로 나열하라.

3. 영의 이중 슬릿 실험을 공기 중에서 빨간색 빛을 사용하여 한 번 수행한 다음, 물속에 넣어서 실험을 다시 한다고 가정하자. 스크린 상에 나타나는 간섭 무늬는 어떻게 되는가? (a) 사라진다. (b) 밝고 어두운 무늬가 같은 위치에 나타나지만 명암의 대비가 감소한다. (c) 밝은 무늬들이 더 가까워진다. (d) 밝은 무늬들이 더 멀어진다. (e) 간섭 무늬에 아무런 변화도 일어나지 않는다.

4. 초록색 빛의 공기 중에서의 파장은 500 nm이다. **(i)** 초록색 빛이 입사각 0°로 거울에서 반사된다고 가정하자. 입사파와 반사파는 한 마디에서 다음 마디까지의 거리가 얼마인 정상파를 만드는가? (a) 1 000 nm (b) 500 nm (c) 250 nm (d) 125 nm (e) 62.5 nm **(ii)** 초록색 빛을 중앙에 밝은 무늬가 되도록 조정된 마이컬슨 간섭계에 사용한다. 중앙의 어두운 무늬가 밝은 무늬로 변하게 하려면 간섭계의 이동 거울을 얼마나 움직여야 하는가? (i)의 보기에서 고르라. **(iii)** 초록색 빛이 굴절률이 2.00인 플라스틱 박막에서 수직으로 반사된다. 반사광에 의하여 박막이 밝게 빛난다. 박막이 얼마나 더 두꺼워지면 어둡게 보이는가?

5. 물(n = 1.33) 위에 얇은 기름 막(n = 1.25)이 떠 있다. 초록색 빛(λ = 530 nm)을 강하게 반사하는 영역에서 기름 막의 두께가 영이 아닌 최솟값은 얼마인가? (a) 500 nm (b) 313 nm (c) 404 nm (d) 212 nm (e) 285 nm

6. 파장이 500 nm인 단색광을 슬릿 간격이 2.00 × 10^{-5} m 인 이중 슬릿에 비춘다. 2차 밝은 무늬의 각도는 얼마인가? (a) 0.050 0 rad (b) 0.025 0 rad (c) 0.100 rad (d) 0.250 rad (e) 0.010 0 rad

7. 표 35.1에서 납유리의 굴절률은 1.66이고, 크라운 유리의 굴절률은 1.52이다. **(i)** 사사프라스 기름 한 방울을 수평으로 놓인 플린트 유리 조각의 표면에 떨어뜨려 생긴 막에 의하여 반사된 빛이 보인다. 기름 막이 가장 얇은 가장자리 부분이 밝게 보인다. 같은 기름을 크라운 유리에 떨어뜨려 생긴 막에서는 가장자리 부분이 어둡게 보인다. 기름의 굴절률에 관한 설명으로 옳은 것은 어느 것인가? (a) 기름 막의 굴절률은 1.52보다 작다. (b) 기름 막의 굴절률은 1.52~1.66이다. (c) 기름 막의 굴절률은 1.66보다 커야 한다. (d) 정답 없음 **(ii)** 다른 액체로 된 매우 얇은 막의 경우 두 유리 모두에서 반사된 빛이 밝게 나타날 수 있는가? **(iii)** 두 유리 모두에서 어둡게 나타날 수 있는가? **(iv)** 크라운 유리에서는 어둡게 나타나고 플린트 유리에서는 밝게 나타날 수 있는가? 영(Young)이 기술한 실험들을 살펴보고 이런 문제를 만들었다.

8. 빛의 파장보다 짧은 슬릿 간격을 갖는 영의 이중 슬릿 실험을 한다고 생각해 보자. 매우 큰 반 원통을 스크린으로 사용하며, 반원통 축의 중앙선을 슬릿의 중앙선을 따라서 놓는다. 반원통의 내부 표면에서 보게 되는 간섭 무늬는 어떤 것인가? (a) 밝고 어두운 무늬가 매우 좁게 반복되어 분리할 수 없는 모습이다. (b) 가운데 밝은 무늬와 두 개의 어두운 무늬만 있다. (c) 어두운 무늬 없이 스크린이 완전히 밝다. (d) 중앙에 하나의 어두운 무늬와 양쪽에 두 개의 밝은 무늬가 있다. (e) 밝은 무늬 없이 스크린이 완전히 어둡다.

9. 평면 단색광이 그림 37.1에서와 같이 이중 슬릿으로 입사한다. **(i)** 스크린을 이중 슬릿에서 더 멀리 움직임에 따라, 스크린 상에 나타나는 간섭 무늬의 간격은 어떻게 되는가? (a) 넓어진다. (b) 좁아진다. (c) 변함없다. (d) 빛의 파장에 따라 넓어지거나 좁아진다. (e) 더 많은 정보가 필요하다. **(ii)** 슬릿의 간격을 넓히면, 스크린 상에 나타나는 간섭 무늬의 간격은 어떻게 되는가? (i)의 보기에서 고르라.

10. 주차장의 작은 웅덩이에 여러 가지 밝은 색의 소용돌이 무늬가 보인다. 이 기름 막의 두께에 관하여 할 수 있는 말은 어떤 것이 있는가? (a) 가시광선의 파장보다 얇다. (b) 가시광선의 파장 정도이다. (c) 가시광선의 파장보다 훨씬 두껍다. (d) 가시광선의 파장과 어떤 관계가 있을 것이다.

주관식

37.1 영의 이중 슬릿 실험

37.2 분석 모형: 파동의 간섭

1. 두 슬릿의 간격이 0.320 mm이다. 500 nm 빛이 슬릿을 지나 간섭 무늬를 만들었다. $-30.0° \le \theta \le 30.0°$의 각도 범위

에서 관측된 극대의 개수는 몇 개인가?

2. 파장이 530 nm인 빛을 슬릿 간격이 0.300 mm인 슬릿에 비춘다. 슬릿으로부터 스크린이 2.00 m 떨어져 있다면, 첫 번째 어두운 무늬와 두 번째 어두운 무늬 사이의 거리를 구하라.

3. 어떤 레이저 빛이 슬릿 간격이 0.200 mm인 이중 슬릿에 입사한다. 슬릿으로부터 5.00 m 떨어져 있는 스크린에 간섭 무늬가 나타난다. 중앙 무늬와 첫 번째 밝은 무늬 사이의 각도가 0.181°라면, 레이저 빛의 파장은 얼마인가?

4. 청록색 아르곤 레이저 빛을 사용하여 영의 간섭 실험을 한다. 슬릿의 간격은 0.500 mm이고 스크린까지의 거리는 3.30 m이다. 첫 번째 밝은 무늬는 간섭 무늬의 중앙으로부터 3.40 mm 떨어져 있다. 아르곤 레이저 빛의 파장은 얼마인가?

5. 파장이 589 nm인 빛을 사용하여 영의 이중 슬릿 실험을 한다. 슬릿과 스크린 사이의 거리는 2.00 m이고 10번째 간섭 극소 위치는 중앙 극대에서 7.26 mm 떨어져 있다. 두 슬릿 사이의 간격을 구하라.

6. 다음 상황은 왜 불가능한가? 금속 조각 안에 8.00 mm 간격으로 떨어진 두 개의 좁은 슬릿이 있다. 마이크로파가 금속 면에 수직으로 입사하여 두 슬릿을 통과한 다음, 조금 더 떨어진 벽으로 나아간다. 이 전자기파의 파장은 1.00 cm ± 5 % 정도라는 것을 알고 있는데, 좀 더 정확한 파장을 측정하고자 한다. 벽을 따라 마이크로파 검출기를 움직이면서 간섭 무늬를 관측하여, $m = 1$에 해당하는 밝은 무늬의 위치를 측정하여 파장을 계산한다.

7. 파장이 620 nm인 빛을 이중 슬릿에 비춘다. 간섭 무늬의 첫 번째 밝은 무늬가 수평에서 15.0° 아래쪽에서 관측된다. 두 슬릿 사이의 간격을 구하라.

8. 영의 이중 슬릿 실험에서, 간격이 0.100 mm인 두 평행한 슬릿에 파장이 589 nm인 빛이 입사하여 슬릿으로부터 4.00 m 떨어진 스크린에 간섭 무늬가 생긴다. (a) 두 슬릿으로부터 스크린 상의 세 번째 밝은 무늬의 중심에 이르는 경로의 차는 얼마인가? (b) 두 슬릿으로부터 세 번째 어두운 무늬의 중심에 이르는 경로의 차는 얼마인가?

9. 간격이 0.250 mm인 평행한 슬릿 쌍에 초록색 빛(λ = 546.1 nm)이 입사한다. 슬릿으로부터 1.20 m 떨어진 스크린에 간섭 무늬가 나타난다. 간섭 무늬에서 (a) 중앙 극대에서 양쪽의 1차 극대 사이, (b) 첫 번째와 두 번째 어두운 띠 사이의 거리를 계산하라.

10. 파장이 442 nm인 빛이 간격이 d = 0.400 mm인 이중 슬릿을 통과한다. 두 슬릿 바로 맞은 편의 같은 세로 위치에 두 어두운 무늬가 있고 그 사이에 밝은 무늬가 한 개 있다면 슬릿에서 스크린까지의 거리가 얼마가 되어야 하는가?

11. 음속이 343 m/s인 곳에서 2 000 Hz의 음파가 간격이 30.0 cm 떨어진 두 슬릿에 입사한다. (a) 음파의 세기가 1차 극대가 되는 각도는 얼마인가? (b) 음파를 파장이 3.00 cm인 마이크로파로 대치하여 마이크로파 세기의 1차 극대가 같은 각도에서 나타나려면, 슬릿의 간격은 얼마이어야 하는가? (c) 두 슬릿의 간격이 1.00 μm이라면, 빛의 세기의 1차 극대가 같은 각도에서 나타나기 위한 빛의 진동수는 얼마이어야 하는가?

12. 어떤 방송국 안테나 두 개가 그림 P37.12에서처럼 d = 300 m 떨어져 있다. 이 안테나는 파장이 똑같은 신호를 동시에 송출한다. 자동차 한 대가 두 안테나의 중심선으로부터 x = 1 000 m 떨어진 위치에서 북쪽을 따라 직선으로 이동하면서 신호를 수신한다. (a) 자동차가 점 O로부터 북쪽으로 y = 400 m 갔을 때 두 번째 극대 신호를 수신하였다면, 신호의 파장은 얼마인가? (b) 그 위치에서 얼마나 더 올라가면 다음 극소 신호를 수신하게 되는가? *Note*: 이 문제에서 작은 각도 근사는 사용하지 않는다.

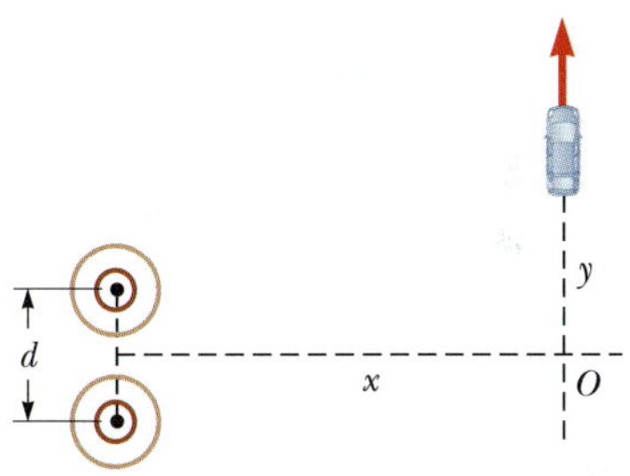

그림 P37.12

13. 강변에 있는 매우 큰 창고에 강 쪽으로 향하는 세 개의 작은 문이 있다. 그중 두 문은 그림 P37.13과 같이 열려 있다. 창고 안의 벽은 흡음재를 붙여 놓았다. 두 사람이 열

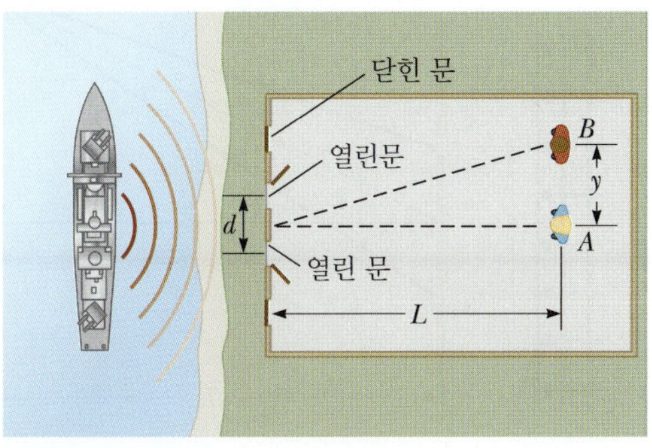

그림 P37.13

려 있는 두 문이 있는 벽으로부터 $L = 150$ m 떨어진 곳에 서 있다. A는 두 문의 중심을 지나는 선에 있고, B는 A에서 $y = 20$ m 떨어진 곳에 있다. 강을 따라 이동하는 배가 경적을 울린다. A는 경적을 크고 선명하게 듣는 반면, B는 간신히 들을 수 있을 정도이다. 음파의 파장은 3.00 m이다. B가 1차 극소 위치에 있다고 가정하고, 두 문의 중심 사이의 거리 d를 구하라.

14. 어떤 학생이 파장이 632.8 nm인 빛을 내는 레이저를 들고 있다. 레이저 빔은 레이저 앞에 붙인 유리판으로 된 간격이 0.300 mm인 두 슬릿을 통과한다. 슬릿을 통과한 빔은 스크린에 간섭 무늬를 나타낸다. 학생이 스크린을 향하여 3.00 m/s의 속력으로 걸어간다. 스크린의 중앙 극대는 정지해 있다. 스크린에서 50번째 극대가 움직이는 속력을 구하라.

15. 어떤 은하로부터 온 파장이 125 m인 전파가 그림 P37.15에서처럼 두 가지 다른 경로를 통하여 전파 망원경에 수신된다. 하나는 바닷가의 높은 절벽 바로 위에 있는 수신기에 직접 수신되고, 다른 하나는 바닷물에서 반사된 다음 수신된다. 그 은하가 동쪽에서 바다 위로 떠오르면서 수평과 $\theta = 25.0°$가 될 때, 1차 극소인 상쇄 간섭이 일어난다. 전파 망원경의 접시의 중앙이 물 위에서 얼마나 높이 있는지를 구하라.

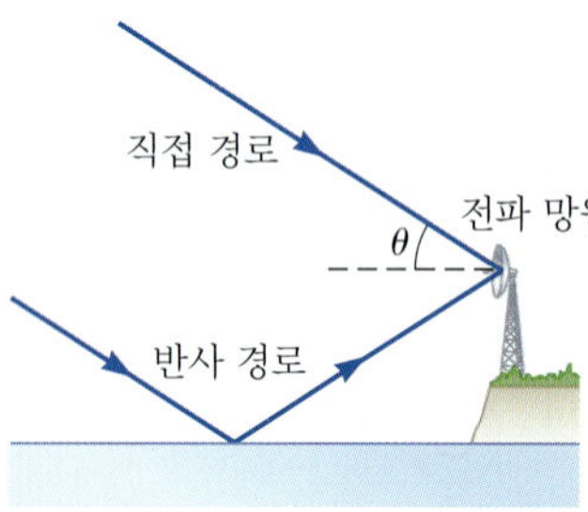

그림 P37.15

16. 그림 P37.16(비례하지 않음)에서 $L = 1.20$ m이고 $d =$ 0.120 mm이며 두 슬릿에 500 nm의 빛을 조사한다고 하자. (a) $\theta = 0.500°$일 때와 (b) $y = 5.00$ mm일 때, 점 P에 도달하는 두 파면 사이의 위상차를 계산하라. (c) 위상차가 0.333 rad가 되기 위한 θ의 값은 얼마인가? (d) 경로차가 $\lambda/4$가 되기 위한 θ의 값은 얼마인가?

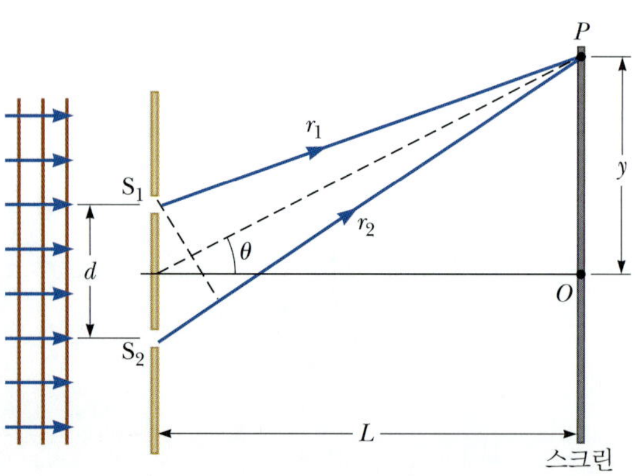

그림 P37.16 문제 16, 22

17. 파장이 λ인 간섭성 광선이 그림 P37.17에서와 같이 간격이 d인 두 슬릿을 슬릿이 있는 면의 법선과 θ_1의 각도로 입사한다. 슬릿을 통과한 광선은 법선과 θ_2의 각도로 나가서 슬릿에서 아주 먼 곳에 있는 스크린에 간섭 극대 무늬를 형성한다. 각도 θ_2가

$$\theta_2 = \sin^{-1}\left(\sin\theta_1 - \frac{m\lambda}{d}\right)$$

임을 보이라. 여기서 m은 정수이다.

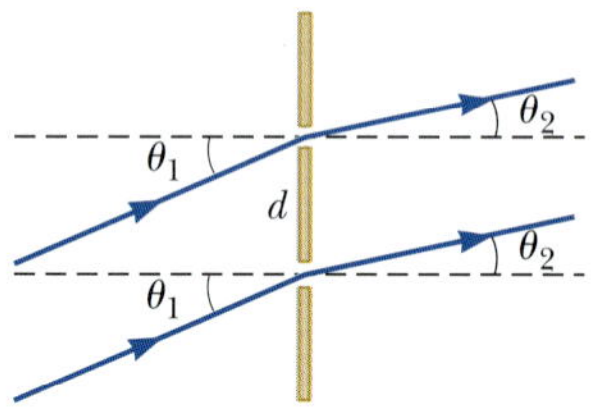

그림 P37.17

18. 그림 P37.18과 같은 이중 슬릿 배열에서 $d = 0.150$ mm, $L = 140$ cm, $\lambda = 643$ nm, $y = 1.80$ cm이다. (a) 두 슬릿으로부터 P에 도달하는 빛의 경로차 δ는 얼마인가? (b) 경로차를 λ로 나타내라. (c) 점 P는 극대인가 극소인가, 아니면 그 사이인가? 답에 대한 근거를 설명하라.

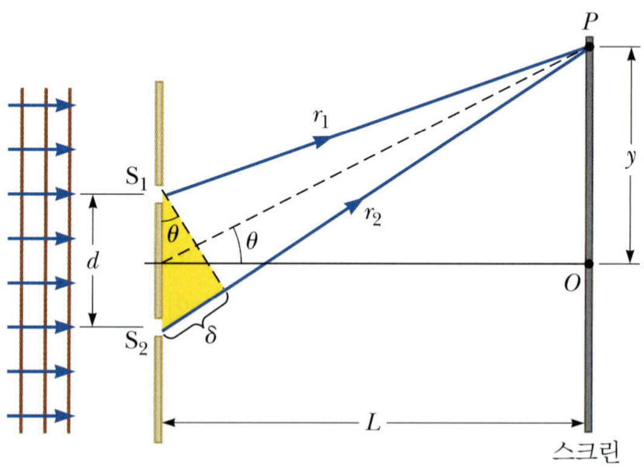

그림 P37.18

19. 60.0 MHz의 전파를 사용하는 송신기 A가 180° 위상차 있는 전파를 내는 비슷한 송신기 B로부터 10.0 m 떨어져 있다. 두 전파의 위상이 같아지는 가장 가까운 점에 도달하기 위하여 수신기는 두 송신기를 잇는 직선을 따라 A에서 B로 얼마나 이동해야 하는가?

37.3 이중 슬릿에 의한 간섭 무늬의 세기 분포

20. 간격이 0.180 mm 떨어져 있는 두 슬릿이 있다. 656.3 nm의 빛을 조사하여 80.0 cm 떨어진 스크린에 간섭 무늬가 생긴다. 중앙 극대 중심으로부터 $y = 0.600$ cm 떨어진 곳의 빛의 세기를 중앙 극대 세기에 대한 비율로 구하라.

21. 파동 함수가 $E_1 = 6.00\sin(100\pi t)$와 $E_2 = 8.00\sin(100\pi t + \pi/2)$인 두 파동이 합해져서 새로운 파동 함수 $E_R \sin(100\pi t + \phi)$가 된다. E_R와 ϕ의 값을 구하라.

22. 그림 P37.16에서, $L = 120$ cm이고 $d = 0.250$ cm라 하자. 슬릿에 입사하는 빛의 파장은 간섭성인 600 nm의 빛이다. 스크린에 도달하는 빛의 평균 세기가 중앙 극대 값의 75.0 %가 되는 곳의 (중앙 극대로부터의 거리) y를 계산하라.

23. 진폭이 E_0이고 각진동수가 ω인 간섭성 단색광이 평행한 세 슬릿을 통과한다. 이웃하는 슬릿 사이의 간격은 d이다. (a) 세기의 시간 평균을 θ의 함수로 나타내면 다음과 같이 됨을 보이라.

$$I(\theta) = I_{\max}\left[1 + 2\cos\left(\frac{2\pi d \sin\theta}{\lambda}\right)\right]^2$$

(b) 이 식이 어떻게 1차 극대와 2차 극대를 모두 나타낼 수 있는지 설명하라. (c) 1차 극대와 2차 극대의 세기의 비를 구하라.

24. 스크린 상의 어떤 점에서의 이중 슬릿 간섭 무늬의 세기가 최댓값의 64.0 %이다. (a) 이런 결과가 생기게 하는 두 광원의 최소 위상차(rad)는 얼마인가? (b) 이 위상차를 파장이 486.1 nm인 빛에 대한 경로차로 나타내라.

25. 초록색 빛($\lambda = 546$ nm)이 간격이 0.250 mm인 좁고 평행한 두 슬릿에 입사한다. 슬릿으로부터 1.20 m 떨어진 스크린 상에서 관찰되는 간섭 무늬에 대하여 $I/I_{\max}$의 그래프를 θ의 함수로 그리라. θ의 범위는 −0.3°에서 +0.3°까지로 한다.

26. 간격이 0.850 mm인 좁고 평행한 두 슬릿에 600 nm의 빛이 조사된다. 스크린은 슬릿으로부터 2.80 m 떨어져 있다. (a) 중앙의 가장 밝은 무늬의 중심으로부터 2.50 mm 떨어진 곳에서 간섭하는 두 파동의 위상차는 얼마인가? (b) 중앙 극대점의 세기에 대한 이 점의 세기의 비율을 구하라.

37.4 반사에 의한 위상 변화

37.5 박막에서의 간섭

27. 공기 중에 떠 있는 어떤 비눗방울($n = 1.33$)은 두께가 120 nm의 구 껍질 모양이다. (a) 가장 강하게 반사되는 가시광선의 파장은 얼마인가? (b) 이것과 같은 파장의 빛을 매우 강하게 반사할 수 있는 비눗방울의 다른 두께에 관하여 설명해 보라. (c) (b)의 경우에 대하여 120 nm보다 큰 것 중 가장 얇은 비눗방울 두께를 두 개 구하라.

28. 아주 평평한 포장길 위에 기름 박막($n = 1.25$)이 떠 있다. 수직으로 내려다 볼 때, 640 nm의 빨간색 빛은 가장 강하게 반사되고 512 nm의 초록색 빛은 반사되지 않는다. 이 기름 박막의 두께는 얼마인가?

29. 굴절률이 1.30인 물질을 유리($n = 1.50$) 위에 무반사 코팅 재료로 사용한다. 500 nm의 빛을 최소로 반사하기 위한 막의 최소 두께는 얼마인가?

30. 비행기가 레이더에 검출되지 않게 하는 방법으로 비행기에 무반사 고분자 재료를 코팅하는 것이 있다. 레이더파의 파장이 3.00 cm이고 고분자 재료의 굴절률이 $n = 1.50$이라면, 코팅의 두께는 얼마이어야 하는가?

31. 카메라 렌즈에 두께 1.00×10^{-5} cm인 MgF_2($n = 1.38$) 박막을 코팅한다. (a) 반사광이 강하게 되는 가장 긴 파장 세 개는 무엇인가? (b) 이 파장 중에 가시광선 영역의 빛이 있는가?

32. 580 nm의 빛이 그림 P37.32에서와 같이 아주 가까이 놓인 두 장의 유리판에 거의 수직으로 입사한다. 두 장의 유리를 투과한 빛이 밝게 보이기 위한 영이 아닌 d 값의 최솟값은 얼마인가?

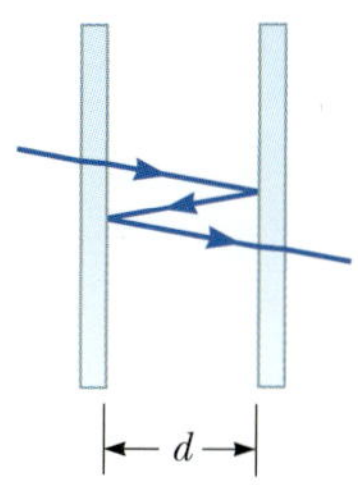

그림 P37.32

33. 물 위에 떠 있는 기름 박막($n = 1.45$)에 백색광이 수직으로 입사한다. 기름 박막의 두께는 280 nm이다. (a) 가장 강하게 반사, (b) 가장 강하게 투과되는 가시광선의 파장과 색깔을 각각 구하고, 그 이유를 설명하라.

34. 그림 P37.34에서와 같이 두 장의 유리판을 겹쳐 놓고 한쪽에 가느다란 전선을 끼우면 쐐기 모양의 공기막이 형성된다. 위에서 600 nm의 빛을 조사하고 내려다 볼 때 30개의 어두운 무늬가 관찰된다면, 전선의 지름 d는 얼마인가?

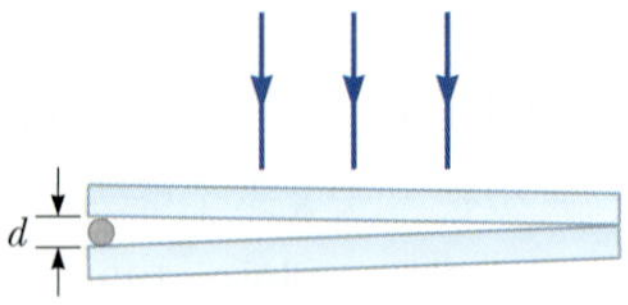

그림 P37.34 문제 34, 37

35. 뉴턴의 원무늬 실험 장치에서 렌즈와 유리판 사이의 공기층에 액체를 넣을 때, 열 번째 원의 반지름이 1.50 cm에서 1.31 cm로 변한다. 액체의 굴절률을 구하라.

36. 유리($n_g = 1.52$)에다 두께가 t인 MgF_2($n_s = 1.38$)의 박막을 코팅해서 렌즈를 만든다. 코팅된 렌즈에 가시광선이 수직으로 입사한다(그림 P37.36). (a) 540 nm(공기 중에서)의 반사된 빛이 안 보이는 t의 최솟값을 구하라. (b) 이 파장에서 반사된 빛을 최소로 할 수 있는 t의 다른 값이 있는가? 설명해 보라.

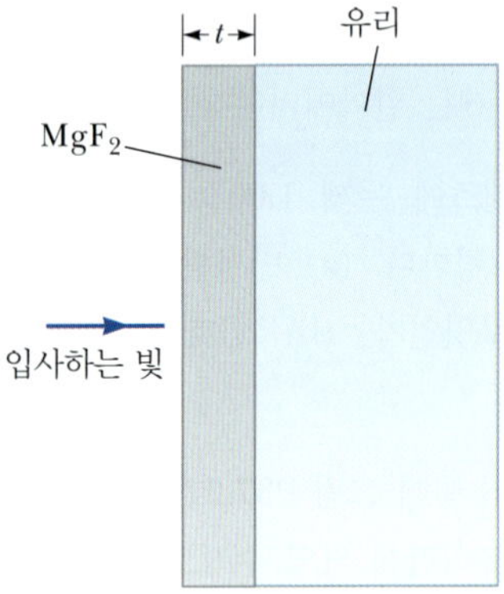

그림 P37.36

37. 길이가 10.0 cm인 두 장의 유리판을 한쪽 끝은 붙이고 다른 쪽 끝은 $d = 0.050\ 0$ mm인 실을 끼워 틈이 생기게 한다(그림 P37.34). 400 nm인 빛과 600 nm인 빛을 동시에 조사하여 반사된 빛을 위에서 내려다본다. 접점에서 얼마만큼 떨어진 거리에 두 번째 어두운 무늬가 나타나는가?

37.6 마이컬슨 간섭계

38. 그림 37.13의 거울 M_1 거리 ΔL만큼 움직인다. 이 움직임 동안 어둡고 밝은 띠 무늬가 바뀌는 수를 세었더니 250개였다. 빛의 파장이 632.8 nm일 때 변위 ΔL을 구하라.

39. 마이컬슨 간섭계는 기체의 굴절률을 측정하는 데 사용된다. 이 장치의 한 팔을 따라서 빛이 진공 상태의 투명한 관을 지나간다. 기체를 서서히 관에 주입하면 간섭 무늬가 이동하기 시작한다. 600 nm의 빛을 사용하고, 관의 길이가 500 cm이고, 기체의 압력을 대기압으로 증가시킬 때 스크린 상에서 160개의 밝은 무늬가 지나간다고 가정하자. 이 기체의 굴절률은 얼마인가? **힌트:** 간섭 무늬의 이동은 기체가 채워진 관 내에서 빛의 파장이 변하기 때문에 발생한다.

40. 마이컬슨 간섭계의 한쪽 경로는 길이가 L이고 양쪽 끝을 유리로 막은 진공 원통으로 되어 있다. 원통 속의 압력이 1기압이 될 때까지 어떤 기체를 서서히 넣는다. 파장이 λ인 빛을 사용할 때, 기체를 넣는 동안 N개의 밝은 무늬가 스크린에서 지나간다. 기체의 굴절률은 얼마인가? **힌트:** 간섭 무늬의 이동은 기체가 채워진 관 내에서 빛의 파장이 변하기 때문에 발생한다.

회절 무늬와 편광
Diffraction Patterns and Polarization

CHAPTER 38

허블 우주 망원경은 대기권 위쪽에서 관찰하므로 지상에 설치된 망원경의 시야를 방해하는 공기 난류로 인한 상의 흐려짐이 없다. 이런 장점에도 불구하고 회절 효과에 의한 상분해 한계는 피할 수 없다. 이 장에서는 가까운 거리에 있는 물체들을 구별하는 광학계의 능력을 빛의 파동성이 어떻게 제한하는가를 보여 준다. *(NASA Hubble Space Telescope Collection)*

평면파인 빛이 불투명한 물체 내의 작은 구멍을 통과할 때, 구멍은 점 광원의 역할을 하여 파동은 물체 뒤쪽의 그림자 영역으로 들어간다. 이런 현상을 회절이라 하며, 35.3절에서 처음 설명하였으며, 이는 빛에 대한 파동 모형으로만 설명할 수 있다. 이 장에서는 구멍으로부터 나온 빛이 스크린에 부딪칠 때 일어나는 **회절 무늬**의 특징을 공부할 예정이다.

34장에서 전자기파는 횡파라고 배웠다. 즉 전기장과 자기장 벡터는 파동의 진행 방향과 수직이다. 이 장에서는 다양한 횡전기장 방향의 전자기파가 섞인 파동이 진행할 때, 어떤 조건하에서는 여러 가지 방법으로 **편광**될 수 있음을 보인다. 편광된 파동이란 횡전기장의 방향이 특정한 방향인 파동을 의미한다.

38.1 회절 무늬의 소개
Introduction to Diffraction Patterns

35.3절과 37.1절에서 슬릿의 너비보다 크거나 비슷한 파장의 빛은 슬릿을 통과하여 앞쪽 방향으로 퍼져 나간다는 사실을 논의하였으며, 이 같은 현상을 **회절**이라 한다. 빛

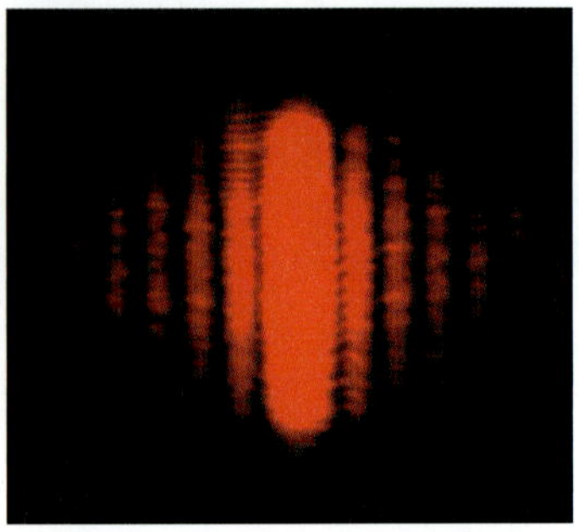

Douglas C. Johnson/California State Polytechnic University, Pomona

그림 38.1 빛이 좁은 수직 슬릿을 통과할 때 스크린에 나타나는 회절 무늬. 무늬는 넓은 중앙 줄무늬와 연속적으로 세기가 약해지는 좁은 가장자리 줄무늬로 구성된다.

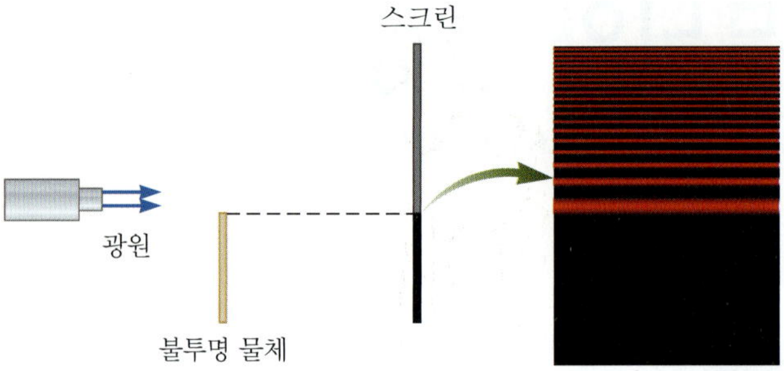

그림 38.2 작은 광원으로부터 나온 빛이 불투명한 물체의 가장자리를 통과하여 스크린으로 진행한다. 밝고 어두운 줄무늬로 구성된 회절 무늬가 스크린에서 물체의 가장자리 위쪽 영역에 나타난다.

이 좁은 슬릿을 통과할 때, 빛이 직진한다면 슬릿에 의하여 정해진 좁은 경로를 지나 그림자가 되어야 할 영역으로 빛이 퍼진다. 음파나 물결파와 같은 다른 파동 역시 구멍 또는 날카로운 모서리를 통과할 때 이와 같이 퍼지는 성질이 있다.

작은 구멍을 통과한 빛은 빛의 퍼짐으로 인하여 단순히 스크린의 넓은 영역에 빛이 있을 것이라 기대할지 모르지만, 더 흥미로운 사실은 이전에 논의했던 간섭 무늬와 다소 유사하게 밝고 어두운 영역으로 구성된 **회절 무늬**(diffraction pattern)가 관찰된다는 것이다. 예를 들어 좁은 슬릿이 광원(또는 레이저 빔)과 스크린 사이에 있을 때, 빛은 그림 38.1과 같이 회절 무늬를 만들어 낸다. 그 무늬는 넓고 강한 중앙 띠(**중앙 극대**), 그 옆에 연속적으로 세기가 약한 추가적인 띠(**측면 극대** 또는 **2차 극대**) 그리고 연속적으로 끼워져 있는 어두운 띠(**극소**)로 구성된다. 그림 38.2는 물체의 가장자리를 통과하는 빛과 관련된 회절 무늬를 보여 준다. 밝고 어두운 줄무늬를 또 다시 보게 되며, 간섭 무늬를 연상케 한다.

그림 38.3은 동전의 그림자와 회절 무늬인데, 중앙에 밝은 점이 있고 그림자의 가장자리에 원형 무늬가 있으며 그림자 밖에도 여러 개의 원형 무늬가 있다. 그림자 중앙의 밝은 점은 빛의 파동 이론으로만 설명이 가능하며, 이 점에서 빛이 보강 간섭되었다는 것을 의미한다. 빛이 직선으로 진행하는 광선이라고 생각하는 광선 광학의 관점으로 본다면, 그림자의 중앙은 동전이 스크린을 완전히 막았기 때문에 어두울 것으로 예측된다.

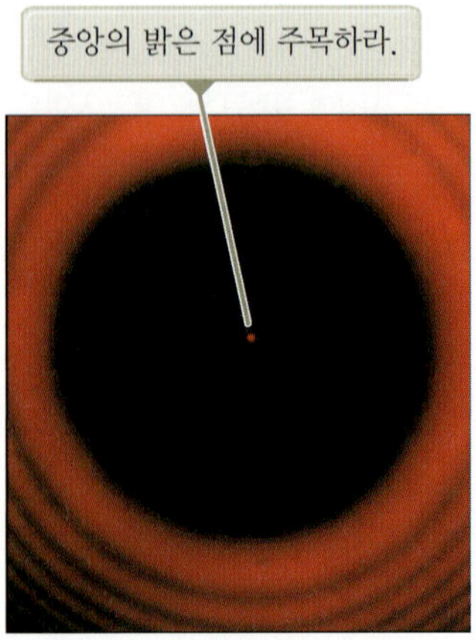

P. M. Rinard, *Am. J. Phys.* 44: 70 1976

그림 38.3 스크린과 광원의 중간에 놓인 동전으로 인한 빛 회절 무늬

중앙의 밝은 점이 최초로 발견되기 직전, 광선 광학의 지지자 중의 한 명인 푸아송(Simeon Poisson)은 프레넬(Augustin Fresnel)의 빛에 대한 파동 이론이 타당하다면, 점 광원으로 조명된 원형 물체의 그림자 안에서 중앙의 밝은 점이 관찰되어야 한다고 주장하였다. 그 밝은 점이 바로 그 이후에 아라고(Dominque Arago)에 의하여 관찰되었기 때문에, 푸아송의 예언은 파동 이론을 반박하기보다는 오히려 확고히 하는 결과를 초래하였다.

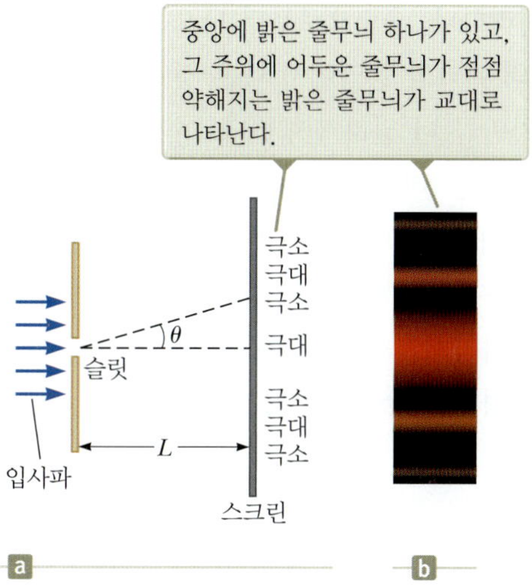

그림 38.4 (a) 단일 슬릿에 의한 프라운호퍼 회절 무늬를 분석하기 위한 구조(그림은 비례가 아님) (b) 단일 슬릿에 의한 프라운호퍼 회절 무늬 사진

38.2 좁은 슬릿에 의한 회절 무늬

Diffraction Patterns from Narrow Slits

빛이 슬릿과 같은 좁은 구멍을 통과하여 스크린에 투영되는 일반적인 상황을 생각해 보자. 분석을 단순하게 하기 위하여 스크린은 슬릿으로부터 멀리 떨어져 있고, 따라서 스크린에 도착하는 광선들은 거의 평행하다고 가정하자. 이것은 또한 평행 광선을 보다 가까운 스크린에 모으는 수렴 렌즈를 사용하여 실험적으로 얻을 수 있다. 이런 모형에서 스크린 상에 나타나는 무늬를 **프라운호퍼 회절 무늬**(Fraunhofer diffraction pattern)[1]라 한다.

그림 38.4a는 왼쪽으로부터 단일 슬릿으로 들어가서 스크린을 향하여 진행할 때 회절하는 빛을 보여 주며, 그림 38.4b는 프라운호퍼 회절 무늬 사진을 보여 준다. 이때 밝은 줄무늬는 $\theta = 0$인 축을 따라 생기며, 그 양쪽 주위에 밝고 어두운 무늬가 교대로 나타난다.

지금까지는 슬릿을 점 광원으로 가정하였지만, 이 절에서는 이 같은 가정을 버리고 유한한 너비를 갖는 슬릿이 프라운호퍼 회절을 이해하기 위한 기초로 어떻게 사용되는지를 알아보기로 하자. 그림 38.5와 같이 슬릿의 여러 위치로부터 나오는 파동을 조사하여 이 문제의 중요한 특성을 유도할 수 있다. 하위헌스의 원리에 의하면 슬릿의 각 점들은 점 파원으로 작용한다. 따라서 슬릿의 한 점에서 나온 빛은 다른 빛과 간섭을 일으키게 되고, 그 결과 스크린 상의 빛의 세기는 방향 θ에 따라 달라진다. 이런 분석에 기초하여, 회절 무늬는 실제로 슬릿의 서로 다른 부분들이 각각 점광원인 간섭 무늬임을 알 수 있다. 그러므로 이 장에서 논의한 회절 무늬는 간섭하는 파동의 분석 모형을 적용한 예이다.

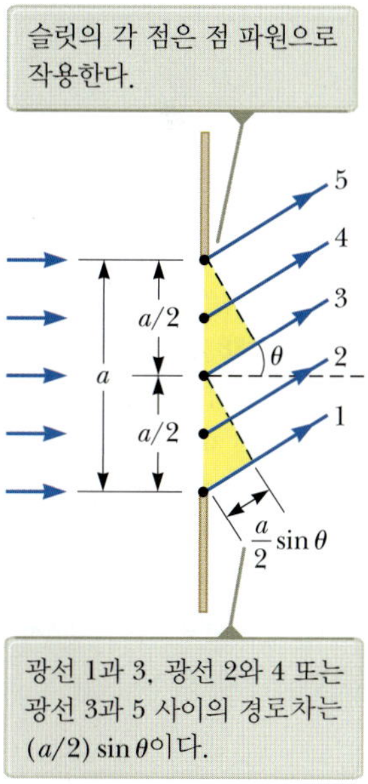

그림 38.5 너비가 a인 좁은 슬릿과 만나서 스크린을 향하여 θ의 각도로 회절하는 광선의 경로(그림은 비례가 아님)

이때 나타나는 회절 무늬를 분석하기 위해서는 그림 38.5와 같이 슬릿을 반으로 나

[1] 스크린을 슬릿으로 가깝게 가져오고 어떤 렌즈도 사용하지 않을 때의 무늬를 **프레넬** 회절 무늬라고 한다. 프레넬 무늬는 분석하기가 더 어려워서 프라운호퍼 회절에 대해서만 다루기로 한다.

오류 피하기 38.1

회절과 회절 무늬의 형태 **회절**은 슬릿 등을 지나면서 파동이 퍼지는 일반적인 현상을 의미한다. 37장에서 간섭 무늬의 존재에 대한 설명에서도 회절이라는 단어를 사용하였다. **회절 무늬**는 실제로 부정확한 뜻으로 사용해 온 단어이지만, 물리 용어로 굳어져 버렸다. 단일 슬릿에 비출 때, 스크린에 보이는 회절 무늬는 실제로 일종의 간섭 무늬이다. 간섭은 슬릿의 각각 다른 영역에 입사한 빛의 부분들이 만나 일어난다.

누어 생각하는 것이 편리하다. 슬릿으로부터 나오는 모든 파동의 위상은 동일하다. 광선 1과 3이 각각 슬릿의 아래와 중앙에서 나온 것이라고 생각하면, 광선 1은 광선 3보다 $(a/2)\sin\theta$의 경로차만큼 더 멀리 진행한다. 여기서 a는 슬릿의 너비이다. 비슷하게 광선 2와 4의 경로차도 광선 3과 5와 같이 $(a/2)\sin\theta$가 된다. 이 경로차가 파장의 $\lambda/2$가 되면 두 파동의 위상차는 180°가 되며 두 파동은 상쇄 간섭을 일으킨다. 그리고 슬릿 너비의 1/2만큼 떨어져 있는 어떤 두 점에서 나온 파동도 위상차가 180°가 되므로 상쇄 간섭을 일으킨다. 따라서 슬릿의 위쪽 절반에서 나온 파동과 아래쪽 절반에서 나온 파동은 다음과 같은 경우에 상쇄 간섭을 일으킨다.

$$\frac{a}{2}\sin\theta = \pm\frac{\lambda}{2}$$

또는 그림 38.5에서 점선 위와 아래에서 각도 θ인 파동을 고려하면

$$\sin\theta = \pm\frac{\lambda}{a}$$

비슷한 방법으로 슬릿을 네 부분으로 나누면 다음과 같은 경우에 스크린이 또한 어두워진다.

$$\sin\theta = \pm 2\frac{\lambda}{a}$$

마찬가지로 슬릿을 여섯 부분으로 나누면 다음과 같은 경우에 스크린이 어두워진다.

$$\sin\theta = \pm 3\frac{\lambda}{a}$$

따라서 상쇄 간섭이 일어날 일반적인 조건은

단일 슬릿에 대한 상쇄 간섭 조건 ▶

$$\sin\theta_{\text{dark}} = m\frac{\lambda}{a} \qquad m = \pm1, \pm2, \pm3, \ldots \tag{38.1}$$

이 된다. 이 식으로부터 회절 무늬의 세기가 영인, 즉 어두운 무늬가 형성되는 θ_{dark} 값을 알 수 있지만 스크린 상에 나타나는 세기의 변화는 알 수 없다. 스크린 상에 나타나는 일반적인 세기 분포의 특징이 그림 38.4에 나와 있다. 중앙에는 넓고 밝은 무늬가 있고, 그 주위에 약한 밝은 무늬와 어두운 무늬가 교대로 나타난다. 세기 분포가 영이 되는 어두운 무늬의 위치는 식 38.1을 만족하는 θ_{dark}에 의하여 결정된다. 각각의 밝은 무늬의 위치는 대략 어두운 무늬의 중간 지점이며, 중앙의 밝은 무늬의 너비는 2차 극대 무늬 너비의 두 배가 됨에 주목하라. 식 38.1에서 $m = 0$이 없으며 중앙의 어두운 무늬는 없다.

오류 피하기 38.2

유사한 식 식 38.1의 형태는 37.2와 정확히 일치한다. 식 38.1에는 슬릿 너비 a가 사용되었고, 식 37.2에는 슬릿 간격 d가 사용되었다. 식 37.2는 이중 슬릿에서 간섭 무늬의 **밝은** 영역을 나타낸 것이지만, 식 38.1은 단일 슬릿 회절 무늬에서 **어두운** 영역을 나타낸 것이다.

퀴즈 38.1 그림 38.4에서 슬릿 너비를 반으로 줄이면 중앙의 밝은 무늬는 **(a)** 더 넓어진다. **(b)** 같다. **(c)** 더 좁아진다.

예제 38.1 어두운 무늬의 위치는?

너비가 0.300 mm인 슬릿에 파장 580 nm의 빛이 입사하였다. 스크린이 슬릿으로부터 2.00 m 거리에 있을 때, 중앙의 밝은 무늬의 너비를 구하라.

풀이

개념화 문제 내용을 근거로 하여 그림 38.4와 유사한 단일 슬릿 회절 무늬를 생각해 보자.

분류 예제를 단일 슬릿 회절 무늬의 논의에 대한 직접적인 적용 문제로 분류한다. 이는 간섭하는 파동의 분석 모형으로부터 온다.

분석 중앙의 밝은 무늬 옆에 생기는 $m = \pm 1$의 어두운 두 무늬에 대하여 식 38.1을 계산한다.

$$\sin\theta_{\text{dark}} = \pm\frac{\lambda}{a}$$

y는 그림 38.4a에서 스크린의 중심으로부터 측정한 연직 위치라고 하자. 그러면 $\tan\theta_{\text{dark}} = y_1/L$이다. 여기서 아래 첨자 1은 첫 번째 어두운 무늬를 의미한다. θ_{dark}가 매우 작으므로 $\sin\theta_{\text{dark}} \approx \tan\theta_{\text{dark}}$가 되어 $y_1 = L\sin\theta_{\text{drak}}$가 된다.

중앙의 밝은 무늬 너비는 y_1의 절댓값의 두 배이다.

$$2|y_1| = 2|L\sin\theta_{\text{dark}}| = 2\left|\pm L\frac{\lambda}{a}\right| = 2L\frac{\lambda}{a}$$

$$= 2(2.00\text{ m})\frac{580\times10^{-9}\text{ m}}{0.300\times10^{-3}\text{ m}}$$

$$= 7.73\times10^{-3}\text{ m} = 7.73\text{ mm}$$

결론 이 값이 슬릿의 너비보다 훨씬 크다는 것에 주목한다. 슬릿의 너비를 변화시키면 어떻게 될지 탐구해 보자.

문제 슬릿의 너비를 3.00 mm로 증가시키면 어떻게 되는가? 회절 무늬는 어떻게 되는가?

답 식 38.1에 의하면 어두운 띠가 나타나는 각도는 a가 증가함에 따라 감소할 것이라고 기대되므로 회절 무늬는 좁아진다. 더 큰 슬릿 너비로 계산을 다시 한다.

$$2|y_1| = 2L\frac{\lambda}{a} = 2(2.00\text{ m})\frac{580\times10^{-9}\text{ m}}{3.00\times10^{-3}\text{ m}}$$

$$= 7.73\times10^{-4}\text{ m} = 0.773\text{ mm}$$

이 결과는 슬릿의 너비보다 **더 작다.** 일반적으로 a 값이 크면 여러 개의 극대 극소가 서로 가까워져 결국 중앙에 밝은 무늬만 남게 되어 슬릿의 기하학적인 상과 같게 된다. 이 문제는 망원경, 현미경 또는 다른 광학 기기에 사용되는 렌즈를 설계하는 데 매우 중요하다.

단일 슬릿 회절 무늬의 세기 Intensity of Single-Slit Diffraction Patterns

너비가 a인 단일 슬릿에 의한 회절 무늬의 세기 변화를 분석하면, 세기는 다음과 같이 주어진다.

$$I = I_{\text{max}}\left[\frac{\sin(\pi a\sin\theta/\lambda)}{\pi a\sin\theta/\lambda}\right]^2 \qquad (38.2)$$

◀ 단일 슬릿 프라운호퍼 회절 무늬의 세기

여기서 I_{max}는 $\theta = 0$(중앙 극대 중심)에서의 세기이고, λ는 슬릿을 비추기 위하여 사용한 빛의 파장이다. 이 결과로부터 세기가 **극소**가 되는 조건은

$$\frac{\pi a\sin\theta_{\text{dark}}}{\lambda} = m\pi$$

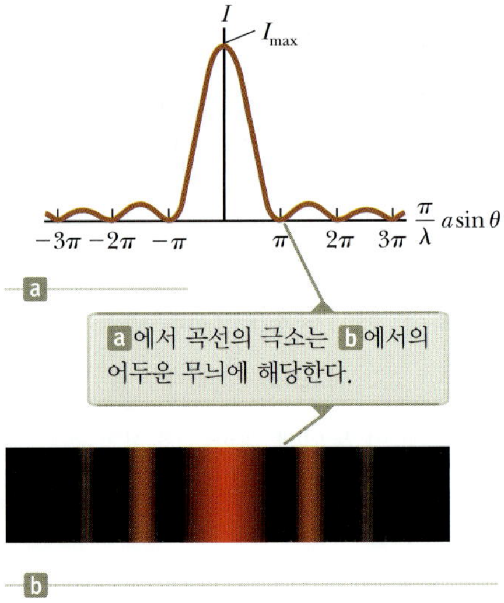

그림 38.6 (a) 단일 슬릿 프라운호퍼 회절 무늬에서 $(\pi/\lambda)a\sin\theta$에 대한 빛의 세기 분포 I (b) 단일 슬릿 프라운호퍼 회절 무늬 시뮬레이션

또는

단일 슬릿에 대한 극소 세기 조건 ▶

$$\sin\theta_{\text{dark}} = m\frac{\lambda}{a} \quad m = \pm1, \pm2, \pm3, \ldots$$

이 되며, 식 38.1과 일치한다.

그림 38.6a는 식 38.2에 주어진 단일 슬릿 무늬의 세기를 나타내었고, 그림 38.6b는 단일 슬릿에 의한 프라운호퍼 회절 무늬 시뮬레이션이다. 빛의 세기 대부분이 중앙의 밝은 무늬에 집중됨을 알 수 있다.

이중 슬릿 회절 무늬의 세기 Intensity of Two-Slit Diffraction Patterns

한 개 이상의 슬릿이 존재할 때는 각 슬릿에 의한 회절 무늬뿐 아니라, 다른 슬릿에서 나오는 파동에 의한 간섭 무늬까지 고려해야만 한다. 37장에서 그림 37.7의 점선 곡선은 θ가 증가함에 따라 극대 간섭의 세기가 감소함을 나타낸다. 이 같은 감소는 회절 무늬에 의한 것이다. 이중 슬릿에 의한 간섭과 단일 슬릿에 의한 회절 무늬에 대한 두 효과를 결정하기 위하여, 식 37.14와 식 38.2를 결합하면

$$I = I_{\text{max}}\cos^2\left(\frac{\pi d\sin\theta}{\lambda}\right)\left[\frac{\sin(\pi a\sin\theta/\lambda)}{\pi a\sin\theta/\lambda}\right]^2 \tag{38.3}$$

이 된다. 이 식이 복잡하게 보일지라도, 그림 38.7과 같이 단지 이중 슬릿 간섭 무늬(코사인 제곱 항)에 대한 '포락선'으로 작용하는 단일 슬릿 회절 무늬(각괄호 항)를 나타내고 있다. 그림 38.7에서 파란 점선은 식 38.3의 대괄호 항을 나타낸다. 코사인 제곱 항 그 자체는 빨간색 곡선의 가장 높은 봉우리와 같은 높이를 갖는 모든 연속적인 봉우리가 되려고 하지만, 각괄호 항의 영향으로 인해 그림 38.7과 같이 이들 봉우리의 높이가 변한다.

식 37.2는 $d\sin\theta = m\lambda$로 극대 간섭에 대한 조건을 나타내며, d는 두 슬릿 사이의 거리를 나타낸다. 식 38.1은 첫 번째 회절 극소가 $a\sin\theta = \lambda$일 때 일어나고 있음을 설명하고 있으며, a는 슬릿의 너비를 나타낸다. 식 37.2를 $m = 1$일 때의 식 38.1로 나누

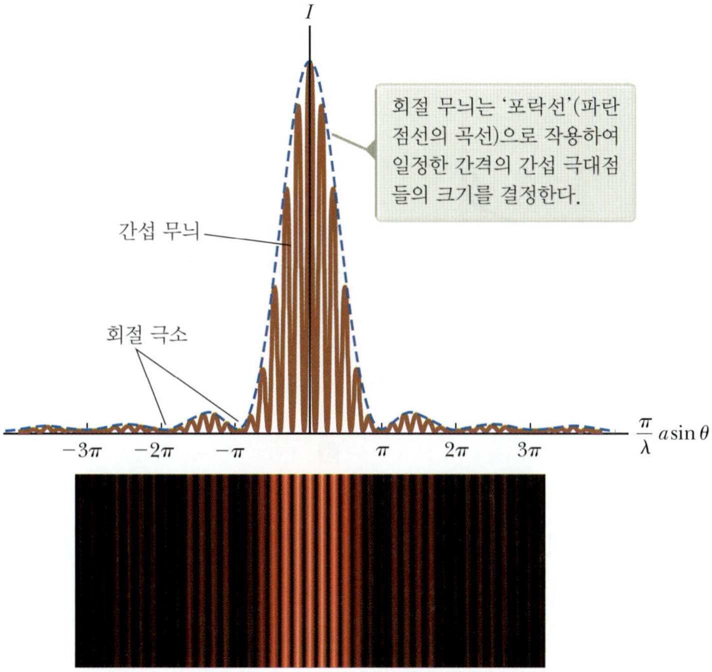

그림 38.7 이중 슬릿과 단일 슬릿 간섭의 결합 효과로서 650 nm의 광파가 18 μm 떨어진 두 개의 3.0 μm 슬릿을 통과할 때 만든 무늬이다.

면, 어느 간섭 극대가 첫 번째 회절 극소와 일치하는지를 결정할 수 있다.

$$\frac{d \sin \theta}{a \sin \theta} = \frac{m\lambda}{\lambda}$$

$$\frac{d}{a} = m \tag{38.4}$$

그림 38.7에서 $d/a = 18\ \mu\text{m}/3.0\ \mu\text{m} = 6$이므로, 6번째(6차) 간섭 극대(중앙 극대를 $m = 0$으로 하여 셀 때)가 첫 번째 회절 극소와 일치해서 어둡게 보인다.

퀴즈 38.2 그림 38.7에서 회절 포락선 내의 중앙 봉우리를 생각해 보고 수평 눈금을 자세히 보라. 빛의 파장을 450 nm로 바꾸면 중앙 봉우리는 어떻게 되는가? **(a)** 봉우리의 너비는 감소하고, 봉우리 내의 간섭 무늬 수도 감소한다. **(b)** 봉우리의 너비는 감소하고, 봉우리 내의 간섭 무늬 수는 증가한다. **(c)** 봉우리의 너비는 감소하고, 봉우리 내의 간섭 무늬 수는 변화가 없다. **(d)** 봉우리의 너비는 증가하고, 봉우리 내의 간섭 무늬 수는 감소한다. **(e)** 봉우리의 너비는 증가하고, 봉우리 내의 간섭 무늬 수도 증가한다. **(f)** 봉우리의 너비는 증가하고, 봉우리 내의 간섭 무늬 수는 변화가 없다. **(g)** 봉우리의 너비는 변화가 없고, 봉우리 내의 간섭 무늬 수는 감소한다. **(h)** 봉우리의 너비는 변화가 없고, 봉우리 내의 간섭 무늬 수는 증가한다. **(i)** 봉우리의 너비는 변화가 없고, 봉우리 내의 간섭 무늬 수도 변화가 없다.

38.3 단일 슬릿과 원형 구멍의 분해능
Resolution of Single-Slit and Circular Apertures

가까이 있는 물체를 구별하는 광학계의 능력은 빛의 파동성 때문에 한계가 있다. 그림 38.8과 같이 너비가 a인 작은 슬릿으로부터 멀리 떨어져 있는 두 광원 S_1과 S_2가 있다면, 두 광원은 멀리 떨어진 두 개의 별처럼 간섭성이 없는 점 광원으로 생각할 수 있

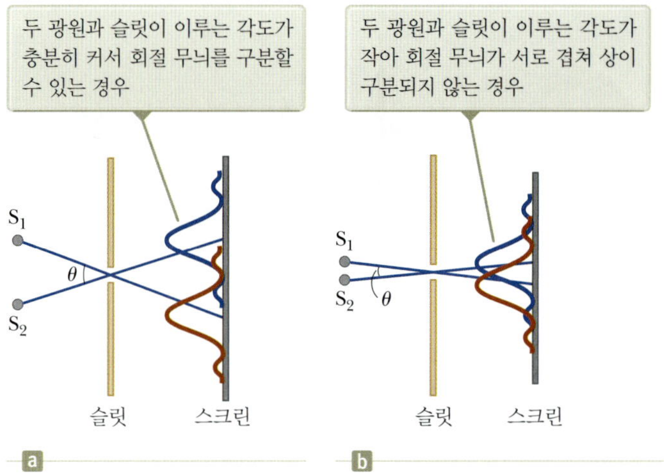

그림 38.8 좁은 슬릿으로부터 멀리 떨어진 두 점 광원은 각각의 회절 무늬를 만든다. (a) 두 광원이 큰 각도를 이루고 있음 (b) 두 광원이 작은 각도를 이루고 있음(여기서 각도는 과장되어 있음에 유의하라. 그림은 비례하지 않음)

다. 만일 간섭이 일어나지 않는다면 스크린 상에 두 개의 밝은 점을 관찰할 수 있지만, 간섭 때문에 중앙 부근에 밝은 무늬와 그 주변에 약화된 밝은 무늬와 어두운 무늬, 즉 회절 무늬가 각각의 광원에 대하여 생기게 된다. 따라서 스크린 상에서는 각각의 광원 S_1과 S_2에 대한 회절 무늬의 합이 관찰된다.

그림 38.8a와 같이 두 광원이 충분히 떨어져 있어서 두 회절 무늬의 중앙 극대가 서로 겹치지 않으면, 이 상들은 구분할 수 있고 이때 두 개의 상은 **분해**되었다고 한다. 반면에 그림 38.8b와 같이 두 광원이 서로 가까이 있는 경우에는 두 개의 중앙 극대가 서로 겹쳐 상들은 분해되지 않는다. 두 상이 분해되었는지의 여부는 보통 다음과 같은 기준에 의하여 결정된다.

한 상의 중앙 극대가 다른 상의 처음 극소에 위치하면 이 상은 분해되었다고 말한다. 이런 분해에 대한 한계 기준을 **레일리 기준**(Rayleigh's criterion)이라고 한다.

레일리 기준으로부터, 상이 겨우 분해될 수 있는 그림 38.8에 있는 슬릿으로부터 광원에 대한 최소 각분리 $\theta_{\min}$을 결정할 수 있다. 식 38.1에서 단일 슬릿 회절 무늬에 의한 첫 번째 극소의 회절 무늬의 각도는

$$\sin\theta = \frac{\lambda}{a}$$

이고, a는 슬릿의 너비이다. 레일리 기준에 따르면 이 각도는 두 상이 분해될 수 있는 가장 작은 각분리를 나타낸다. 대부분의 상황에서는 $\lambda \ll a$이고, $\sin\theta$가 작으므로 $\sin\theta \approx \theta$가 된다. 따라서 너비 a인 슬릿에 대한 분해 한계각은

슬릿의 분해 한계각 ▶

$$\theta_{\min} = \frac{\lambda}{a} \qquad \textbf{(38.5)}$$

로 주어지며, 여기서 $\theta_{\min}$의 단위는 rad이다. 따라서 상들이 분해되려면 슬릿과 두 광원이 이루는 각도가 λ/a보다 커야 한다.

대부분의 광학 기기는 슬릿보다는 원형 구멍을 사용한다. 원형 구멍에 의한 회절 무

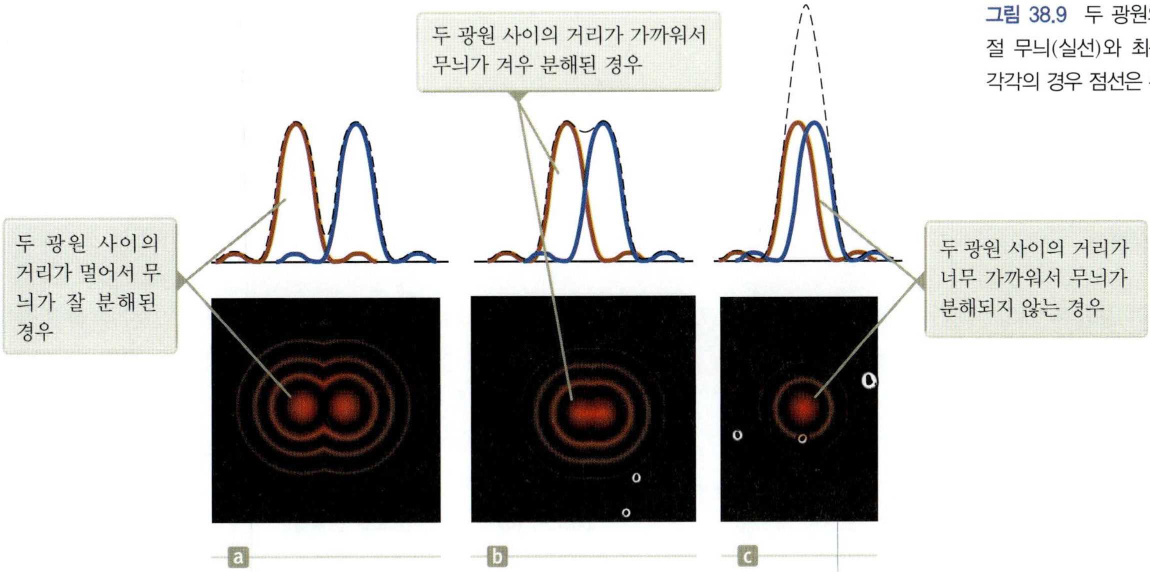

그림 38.9 두 광원의 각분리에 따른 회절 무늬(실선)와 최종 회절 무늬(점선). 각각의 경우 점선은 두 실선의 합이 된다.

늬를 그림 38.9에 나타냈으며, 중앙에 밝은 원판이 있고 그 주위를 점차로 희미해지는 원형 무늬가 둘러싸고 있다. 그림 38.9에는 세 가지 상황에 대한 회절 무늬를 나타낸 것이다. 두 물체(두 광원)가 충분히 멀리 떨어져 있으면 그들의 상은 그림 38.9a와 같이 잘 분해되고, 물체의 각분리가 레일리 기준을 만족시키면 그림 38.9b와 같이 겨우 분해가 된다. 마지막으로 물체 사이의 거리가 아주 가까우면 그림 38.9c와 같이 분해되지 않는다고 하며, 무늬는 하나의 광원에 의한 무늬처럼 보인다.

원형 구멍에 의한 회절 무늬를 분석할 때, 분해 한계각은

$$\theta_{\min} = 1.22\frac{\lambda}{D} \tag{38.6}$$

◀ 원형 구멍의 분해 한계각

가 되며, 여기서 D는 구멍의 지름이다. 이 식은 비례 상수 1.22를 제외하면 식 38.5와 비슷하며, 원형 구멍에 대한 회절의 수학적 분석으로부터 얻어졌다.

퀴즈 38.3 고양이 눈은 수직 슬릿이라 생각할 수 있는 동공을 가지고 있다. 밤에 고양이가 좀 더 성공적으로 분해할 수 있는 것은? **(a)** 멀리 떨어진 자동차의 전조등 **(b)** 멀리 떨어진 배의 돛대 위에 수직으로 분리된 등불

퀴즈 38.4 망원경으로 쌍성을 관찰하는데, 두 별을 분해하기 어렵다고 가정하자. 분해능을 최대화하기 위하여 색 필터를 사용하기로 하자(주어진 색 필터는 단지 그 색만을 투과시킨다). 어떤 색 필터를 선택해야만 하는가? **(a)** 파란색 **(b)** 초록색 **(c)** 노란색 **(d)** 빨간색

예제 38.2 눈의 분해능

가시광선 스펙트럼의 중심 근처인 파장 500 nm의 빛이 눈으로 들어간다. 동공의 지름은 사람마다 다르지만 낮에는 지름이 2 mm라고 하자.

(A) 눈의 분해 한계가 단지 회절에 의해서만 제한 받는다고 가정할 때, 눈의 분해 한계각을 구하라.

풀이

개념화 눈의 동공을 빛이 진행하는 구멍과 동일시하자. 이 같은 작은 구멍을 통과하는 빛은 망막에 회절 무늬를 만든다.

분류 이 절에 전개된 식을 이용하여 결과를 계산하므로, 예제를 대입 문제로 분류한다.

$\lambda = 500$ nm와 $D = 2$ mm이므로 식 38.6을 사용하면 다음과 같다.

$$\theta_{\min} = 1.22\frac{\lambda}{D} = 1.22\left(\frac{5.00 \times 10^{-7}\text{ m}}{2 \times 10^{-3}\text{ m}}\right)$$

$$= 3 \times 10^{-4}\text{ rad} \approx 1\text{ min of arc}$$

(B) 그림 38.10과 같이 두 개의 점 광원이 관찰자로부터 거리 $L = 25$ cm만큼 떨어져 있을 때, 사람의 눈이 구분할 수 있는 두 점 광원의 최소 분리 거리 d을 구하라.

풀이 $\theta_{\min}$이 작다는 것에 주목하며 d를 구한다.

$$\sin\theta_{\min} \approx \theta_{\min} \approx \frac{d}{L} \rightarrow d = L\theta_{\min}$$

주어진 값들을 대입한다.

$$d = (25\text{ cm})(3 \times 10^{-4}\text{ rad}) = 8 \times 10^{-3}\text{ cm}$$

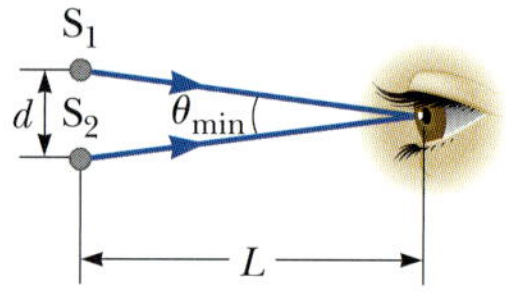

그림 38.10 (예제 38.2) 눈으로 관찰할 때, d만큼 떨어져 있는 두 개의 점 광원

이 값은 사람의 머리카락 두께와 비슷하다.

예제 38.3 망원경의 분해능

하와이 마우나 케아(Mauna Kea)에 있는 케크(Keck) 망원경의 유효 지름은 10 m이다. 600 nm 빛에 대하여 분해 한계각은 얼마인가?

풀이

개념화 망원경의 입구를 빛이 진행하는 구멍과 동일시하자. 이 같은 구멍을 통과하는 빛은 최종 상에 회절 무늬를 만든다.

분류 이 절에서 전개된 식을 이용하여 결과를 계산하므로, 예제를 대입 문제로 분류한다.

$\lambda = 6.00 \times 10^{-7}$ m와 $D = 10$ m이므로 식 38.6을 사용하면 다음과 같다.

$$\theta_{\min} = 1.22\frac{\lambda}{D} = 1.22\left(\frac{6.00 \times 10^{-7}\text{ m}}{10\text{ m}}\right)$$

$$= 7.3 \times 10^{-8}\text{ rad} \approx 0.015''$$

만일 대기 조건이 이상적이면, 이 값과 같거나 더 큰 각도에 대한 임의의 두 별은 분해된다.

문제 광학 현미경보다 훨씬 큰 지름을 가지고 있는 전파 망원경은 광학 현미경보다 각 분해능이 더 좋은가? 예를 들어 푸에리토리코의 아레시보(Arecibo)에 있는 전파 망원경은 지름이 305 m이고, 0.75 m 파장의 라디오파를 검출하도록 설계되었다. 전파 망원경의 분해능을 케크 망원경과 비교하면 어떠한가?

답 지름이 증가하면 케크 망원경보다 더 좋은 분해능을 가질거라고 생각되지만, 식 38.6에 의하면 $\theta_{\min}$는 지름과 파장 모두에 의존함을 보여 준다. 전파 망원경의 최소 분해각을 계산하면

$$\theta_{\min} = 1.22\frac{\lambda}{D} = 1.22\left(\frac{0.75\text{ m}}{305\text{ m}}\right) = 3.0 \times 10^{-3}\text{ rad} \approx 10'$$

와 같다. 분해 한계각은 광학 현미경의 각초(second of arc)보다 오히려 각분(minute of arc) 단위로 측정된다. 파장 증가에 의한 분해각 효과가 지름 증가에 의한 감소 효과를 압도한다. 아레시보 전파 망원경의 분해 한계각은 케크 망원경보다 40 000배 이상 크다(즉 **더 나쁘다**).

예제 38.3에서 논의된 망원경은 분해 한계각이 항상 광학적 파장 영역에서 대기에 의하여 흐려지기 때문에 제한되므로 회절 한계에 근접할 수 없다. 이와 같이 보는 한계는 보통 1초이며 결코 0.1초보다 작지 않다. 대기에 의한 흐려짐은 공기 중에서 온도 변

그림 38.11 (a) 1978년에 발견한 명왕성의 위성인 카론의 사진. 지상에 설치된 망원경으로부터 대기 오염 때문에 카론이 명왕성 가장자리에 희미한 혹과 같이 보인다. (b) 허블 우주 망원경 사진으로 명왕성과 카론 두 물체가 선명하게 분해된다.

화에 따른 굴절률 변화 때문에 일어난다. 대기권 밖의 궤도 위치에서 천체를 관찰하는 허블 우주 망원경으로부터 전송된 사진들을 보면, 이 같은 대기 오염이 분해능 저하의 한 가지 원인이 되고 있음을 알 수 있다.

대기 오염이 분해능에 미치는 영향의 한 예로 명왕성과 그 위성인 카론(Charon)의 망원경 사진을 생각해 보자. 그림 38.11a는 카론을 발견한 1978년에 찍은 사진을 보여 주고 있다. 지상에 설치된 망원경으로 촬영한 이 사진에서 대기 난류 때문에 카론의 상이 단지 명왕성 가장자리의 혹과 같이 보인다. 이와 비교하여 그림 38.11b는 허블 우주 망원경으로 촬영한 사진이다. 대기 난류의 문제가 없이 명왕성과 달이 선명하게 분해된다.

38.4 회절 격자
The Diffraction Grating

회절 격자(diffraction grating)는 광원을 분석하는 데 매우 유용한 기구로서, 일정한 간격의 많은 평행한 슬릿으로 구성되어 있다. **투과 회절 격자**는 유리판 위에 정교한 줄 긋는 기계로 평행선을 그어 만들 수 있으며, 두 개의 평행선 사이 공간은 빛이 투과할 수 있으므로 슬릿과 같이 행동한다. **반사 회절 격자**는 반사하는 물질의 표면에 평행한 홈을 그어 만들 수 있다. 홈과 홈 사이에서의 빛 반사는 거울 반사가 되지만 물질 안으로 패인 홈에 의한 반사는 난반사가 된다. 따라서 홈과 홈 사이의 간격은 투과 회절 격자의 슬릿과 같이 반사 빛의 평행한 원천으로 작용한다. 현대 기술로 매우 작은 슬릿 간격을 갖는 회절 격자를 만들 수 있다. 예를 들어 5 000홈/cm를 갖는 회절 격자의 경우 슬릿 간격은 $d = (1/5\ 000)\ \text{cm} = 2.00 \times 10^{-4}\ \text{cm}$가 된다.

오류 피하기 38.3

회절 격자는 간섭 격자이다 **회절 무늬**와 같이, **회절 격자**도 잘못된 이름이지만 널리 사용되어 굳어진 물리 용어이다. 회절 격자는 이중 슬릿처럼 회절에 의존하는데, 여러 슬릿으로부터 퍼진 빛들이 간섭한다. 그래서 **간섭 격자**라고 부르는 것이 더 적합하겠지만, **회절 격자**가 현재 사용되는 이름이다.

회절 격자의 단면이 그림 38.12에 나와 있다. 평면파가 회절 격자의 왼쪽에서 격자면에 수직으로 입사하고 있다. 오른쪽 멀리 있는 스크린 상에는 회절과 간섭의 효과가 결합된 무늬가 관찰된다. 각각의 슬릿은 회절을 일으키고 회절된 빛들이 서로 간섭하여 최종 무늬가 생기게 된다.

모든 슬릿으로부터 파동이 슬릿을 떠날 때는 위상이 동일하다. 그러나 수평 방향으로

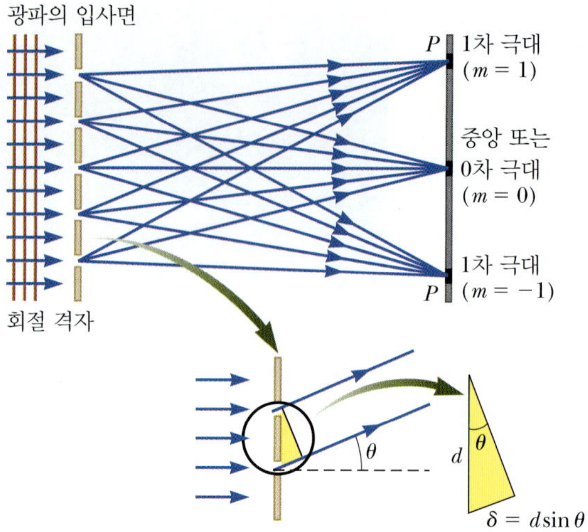

그림 38.12 회절 격자의 측면. 슬릿 사이의 거리는 d이고, 인접한 슬릿 사이의 경로차는 $d\sin\theta$가 된다.

부터 θ만큼 기울어진 임의의 방향으로 향하는 파동은 스크린에 도달하기 전에 각각 다른 경로를 지나게 된다. 그림 38.12로부터 서로 인접한 슬릿으로부터 나온 파동의 경로차 δ는 $d\sin\theta$가 된다. 만일 경로차가 파장의 정수배가 되거나 같으면, 모든 슬릿으로부터 나온 파동의 위상이 스크린에서 같아져 밝은 무늬가 관찰된다. 따라서 θ_{bright}의 각도에서 간섭 무늬의 세기가 극대가 되려면 다음과 같은 조건을 만족시켜야 한다.

회절 격자의 간섭 극대 조건 ▶

$$d\sin\theta_{bright} = m\lambda \quad m = 0, \pm1, \pm2, \pm3, \ldots \tag{38.7}$$

격자 간격과 각도 θ_{bright}를 알면 앞의 식을 이용하여 파장을 구할 수 있다. 만일 입사파가 여러 가지 파장을 갖는다면, 각각의 파장에 대한 m차 극대는 어떤 특별한 각도에서 생긴다. 이때 모든 파장의 빛이 $m = 0$에 대응되는 $\theta = 0$에서 관찰되며 0차 극대라고 한다. $m = 1$인 1차 극대는 $\theta_{bright} = \lambda/d$를 만족하는 각도에서 관찰되며, 2차 극대는 $m = 2$일 때이고 θ_{bright}는 더 큰 값을 갖는다. 예제 38.4에는 회절 격자의 보통 작은 d 값에 대하여 θ_{bright} 각이 크다는 것을 보여 준다.

그림 38.13은 단색 광원의 회절 격자에 의한 세기 분포를 나타낸 것이다. 주 극대(principal maxima)들은 뾰쪽한 반면 어두운 영역은 넓게 퍼져 있으며, 그림 37.6에서 보인 두 개의 슬릿에 의한 넓은 밝은 간섭 무늬와는 대조적이다. 그림 37.7을 검토해 보면 슬릿의 수가 증가함에 따라 극대 세기의 너비가 감소함을 보여 주고 있으며, 주 극대들이 매우 뾰족하기 때문에 이중 슬릿 간섭 극대점보다 훨씬 밝다.

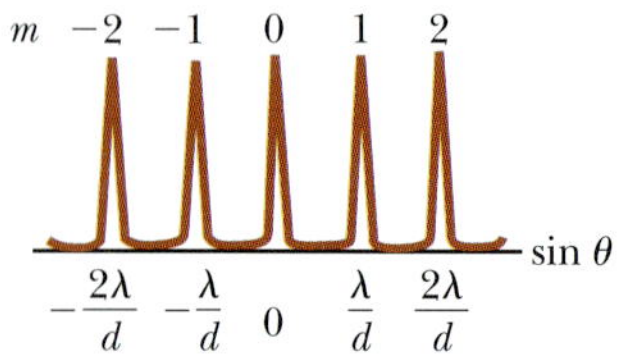

그림 38.13 회절 격자에서 $\sin\theta$에 대한 회절 무늬의 세기 분포. 0차, 1차, 2차 극대가 각각 나타나 있다.

퀴즈 38.5 파장 350 nm의 자외선 빛이 슬릿 간격이 d인 회절 격자로 입사하여 거리 L만큼 떨어진 스크린 위에 간섭 무늬를 만든다. 극대 간섭의 각 위치 θ_{bright}는 크며, 밝은 무늬의 위치를 스크린 위에 표시하였다. 이제 파장 700 nm의 빨간색 빛으로 스크린 위에 또 다른 회절 무늬를 만들기 위하여 한 회절 격자를 사용하자. 이때 밝은 무늬의 위치를 스크린 위에 표시된 위치로 만들려면 **(a)** 스크린을 회절 격자로부터 거리 $2L$만큼 이동시킨다. **(b)** 스크린을 회절 격자로부터 거리 $L/2$만큼 이동시킨다. **(c)** 회절 격자를 슬릿 간격이 $2d$인 것으로 대체한다. **(d)** 회절 격자를 슬릿 간격이 $d/2$인 것으로 대체한다. **(e)** 아무 변화를 주지 않는다.

예제 38.4 회절 격자의 차수

헬륨-네온 레이저로부터 나온 파장이 $\lambda = 632.8$ nm인 단색광이 6 000홈/cm인 회절 격자에 수직으로 입사한다. 1차 극대와 2차 극대가 관찰되는 각도를 구하라.

풀이

개념화 그림 38.12를 공부하고, 왼쪽으로부터 오고 있는 빛이 헬륨-네온 레이저로부터 발생된다고 생각하자. 보강 간섭에 대한 가능한 각도 θ의 값들을 계산하자.

분류 이 절에서 전개된 식을 이용하여 결과를 계산하므로, 예제를 대입 문제로 분류한다.

슬릿의 간격을 계산해야 하며, 이는 cm당 홈 수의 역수와 같다.

$$d = \frac{1}{6\,000}\text{ cm} = 1.667 \times 10^{-4}\text{ cm} = 1\,667\text{ nm}$$

$\sin\theta$에 대하여 식 38.7을 풀고, θ_1을 구하기 위하여 1차 극대 $(m = 1)$에 대한 주어진 값들을 대입한다.

$$\sin\theta_1 = \frac{(1)\lambda}{d} = \frac{632.8\text{ nm}}{1\,667\text{ nm}} = 0.379\,7$$

$$\theta_1 = 22.31°$$

2차 극대$(m = 2)$에 대하여 반복한다.

$$\sin\theta_2 = \frac{(2)\lambda}{d} = \frac{2(632.8\text{ nm})}{1\,667\text{ nm}} = 0.759\,4$$

$$\theta_2 = 49.41°$$

문제 3차 극대를 구하라. 관찰할 수 있는가?

답 $m = 3$일 때는 $\sin\theta_3 = 1.139$가 된다. $\sin\theta$는 1보다 작아야 하므로 실질적인 해가 될 수 없다. 따라서 이 경우에는 0차, 1차, 2차 극대만 관찰된다.

회절 격자의 응용 Applications of Diffraction Gratings

회절 무늬의 각도를 측정할 수 있는 간단한 장치가 그림 38.14에 나와 있으며, 이것을 **회절 격자 분광기**라고 한다. 분석하고자 하는 빛이 회절 격자에 입사되면 시준기(collimator)에 의하여 회절 격자면에 수직인 평행 광선이 되고 식 38.7을 만족하는 각도로 회절되며, 망원경은 슬릿의 상을 보기 위하여 사용된다. 파장은 여러 개의 차수의 극대가 나타나는 정확한 각도를 측정하여 결정할 수 있다.

분광기는 한 원자로부터 나온 빛의 파장 성분을 찾기 위하여 분석하는 **원자 분광학**에 사용되는 유용한 기기이며, 이 같은 파장 성분으로부터 원자를 구별할 수 있다.

회절 격자의 또 다른 응용은 최근에 개발된 **회절 격자 빛 밸브**(grating light valve, GLV)로서, 가까운 미래에 35.4절에서 논의된 디지털 미소 반사 표시기(DMD)를 갖는 디지털 영사기와 경쟁하게 될지도 모른다. 회절 격자 빛 밸브는 그림 38.15와 같이 얇은 알루미늄 층으로 코팅된 평행한 실리콘 질화물 리본이 배열된 실리콘 마이크로칩으

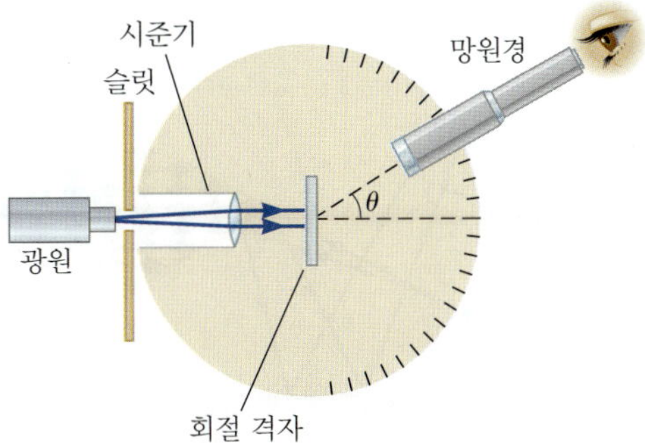

그림 38.14 회절 격자 분광기. 회절 격자에 입사하는 시준된 빛들은 파장에 따라 보강 간섭 조건 $d\sin\theta_{\text{bright}} = m\lambda$를 만족하는 각도 θ_{bright}로 퍼져 나간다. 여기서 $m = 0, \pm1, \pm2, \cdots$이다.

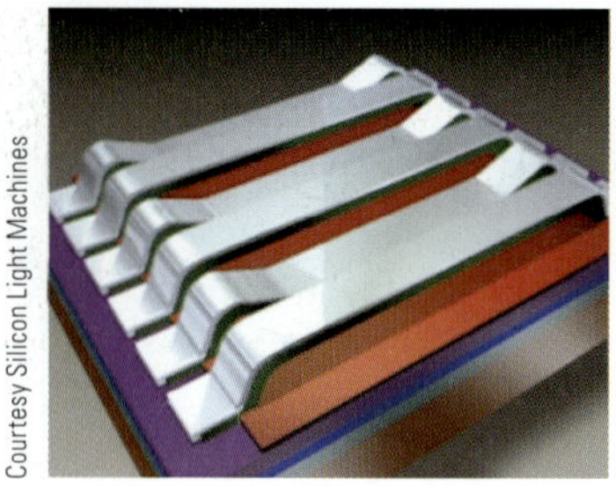

그림 38.15 회절 격자 빛 밸브의 일부분. 하나 걸러 다른 높이에서 반사하는 리본은 회절 격자와 같이 동작하여 디지털 표시 장치로 향하는 빛의 방향을 빠른 속력으로 조정한다.

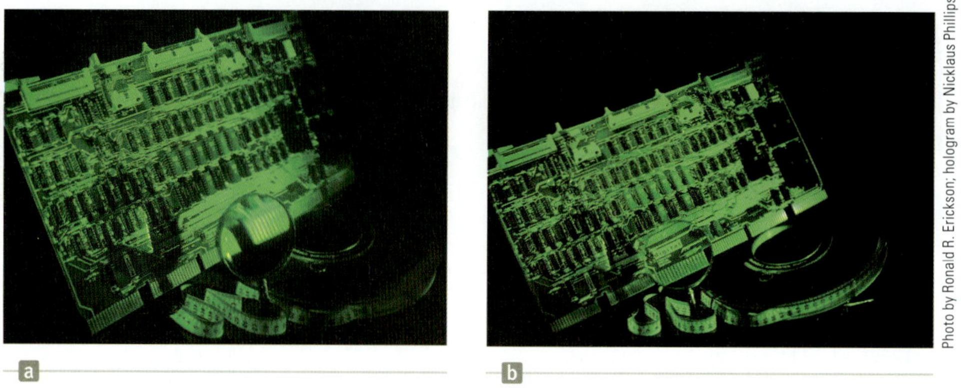

그림 38.16 이 홀로그램은 회로판을 다른 두 방향에서 본 모양이다. (a)와 (b)에서 줄자의 모양과 확대 렌즈를 통하여 보이는 곳의 차이에 주목한다.

로 구성된다. 각 리본의 길이는 20 μm, 너비는 5 μm로 100 nm 정도의 공기층에 의하여 실리콘 기판으로부터 분리되어 있다. 전압이 가해지지 않으면 모든 리본은 같은 높이가 되며, 이 상황에서는 리본의 배열이 입사하는 빛을 거울 반사하는 평평한 표면으로 작용한다.

리본과 실리콘 기판 위의 전극 사이에 전압이 가해지면 전기력이 리본을 아래로 끌어당겨 기판과 가까워진다. 하나 걸러 리본을 당길 수 있고, 그때 그 사이의 리본은 그대로 남아 있다. 그 결과 리본의 배열은 회절 격자와 같이 동작하여 특정 파장의 빛에 대한 보강 간섭으로 인해 스크린 또는 다른 광 표시 시스템(optical display system)으로 향한다. 빨간색 빛, 파란색 빛, 초록색 빛과 같은 각각의 세 장치를 사용하여 색 전체를 표현할 수 있다.

비디오 표시 소자에 사용하는 것 이외에, GLV는 레이저 광학 내비게이션 센서 기술, 컴퓨터–판 상업적인 프린팅 그리고 여러 영상 장치에 응용되고 있다.

회절 격자의 흥미있는 응용 중의 하나가 삼차원 영상을 만들어내는 **홀로그래피**(holography)이다. 홀로그래피 물리는 1948년 가버(Dennis Gabor, 1900~1979)가 개발하였으며, 1971년에 노벨 물리학상을 받았다. 홀로그래피가 간섭성 빛을 요구하였기 때문에, 홀로그래피적 영상은 1960년대 레이저가 개발된 후 실현되었다. 그림 38.16은 홀로그램과 홀로그램 영상의 삼차원적 특성을 보여 주고 있다. 특히 그림 38.16a와 38.16b에서 확대 렌즈를 통한 관찰의 차이에 주목하라.

그림 38.17은 홀로그램이 어떻게 만들어지는가를 보여 준다. 레이저로부터 나온 빛

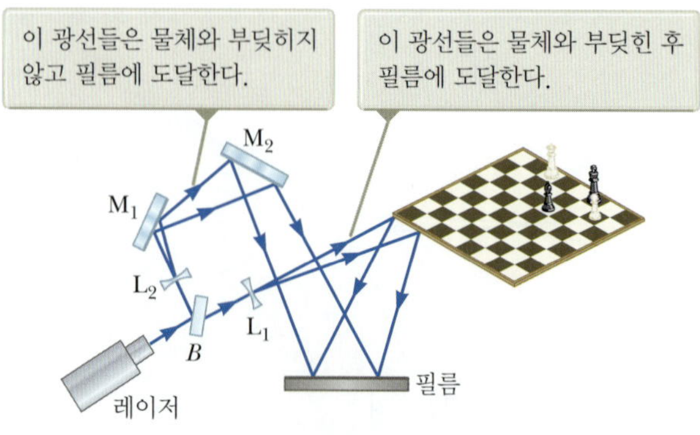

그림 38.17 홀로그램을 만들기 위한 실험 배열

이 B에서 **반 은거울**(half-silvered mirror)에 의하여 두 부분으로 나뉜다. 빔의 일부분은 사진이 찍힐 물체에 반사하여 사진 필름에 부딪히고, 다른 빔은 렌즈 L_2에 의하여 퍼져 거울 M_1과 M_2에 반사되어 최종적으로 필름에 부딪힌다. 두 빔은 극히 복잡한 간섭 무늬를 형성하여 필름 위에 겹친다. 이런 간섭 무늬는 필름이 노출되는 동안 단지 두 파동의 위상 관계가 일정할 경우에만 생기게 된다. 이런 조건은 핀 홀을 통하여 들어오는 빛 또는 간섭성 레이저 빛으로 조명할 때 이루게 된다. 홀로그램은 기존의 사진과 같이 물체로부터 산란된 빛의 세기뿐 아니라, 기준 빔과 물체로부터 산란된 빔 사이의 위상차까지 기록한다. 이 같은 위상차 때문에 간섭 무늬는 홀로그램 상의 임의 점에 대한 원근이 유지되는 삼차원적 정보를 갖는 영상을 만들어 낸다.

보통의 사진 영상에서 렌즈는 물체 위의 각 점이 사진 위의 한 점과 대응되도록 상을 모으기 위하여 사용된다. 그림 38.17에는 필름으로 빛을 모으기 위하여 사용한 렌즈가 없음에 주목하자. 따라서 물체 위의 각 점으로부터 나온 빛은 필름 위의 모든 점으로 도착되며, 그 결과 홀로그램이 기록되는 사진 필름의 각 영역은 물체 위에 조명된 모든 점들에 대한 정보를 포함하게 된다. 이것이 주목할 만한 결과를 이끌어 낸다. 즉 홀로그램의 작은 조각이 필름으로부터 잘려도 그 작은 조각으로부터 완전한 영상을 만들어 낼 수 있다(영상의 질은 감소하지만 전체 영상은 나타난다).

홀로그램은 간섭성 빛이 현상된 필름을 지나갈 때 빔이 나오는 방향을 따라 거꾸로 볼 경우 가장 잘 보이게 된다. 필름 위의 간섭 무늬는 회절 격자와 같이 행동한다. 그림 38.18은 두 광선이 필름에 부딪쳐 지나는 모습을 보여 준다. 각 광선에 대하여 회절 무늬 내의 $m = 0$과 $m = \pm 1$의 광선은 필름의 오른쪽으로 나간다. $m = +1$의 광선들도 수렴하여 실상을 형성하지만 보통은 잘 보이지 않는다. 필름 뒤쪽의 $m = -1$에 대응하는 광선들을 거꾸로 연장하면 필름이 노출될 때 빛이 실제 물체로부터 나왔던 것과 똑같은 방법으로 상에서 나온 빛을 가지고 그쪽에 위치한 허상이 있음을 보게 된다. 이것이 홀로그래피 필름을 통하여 보는 상이 된다.

홀로그램은 여러 가지로 응용되고 있다. 신용 카드의 홀로그램은 홀로그램의 특별한 형태로 **무지개 홀로그램**이라 하며, 백색광으로 반사될 때 보이도록 고안되었다.

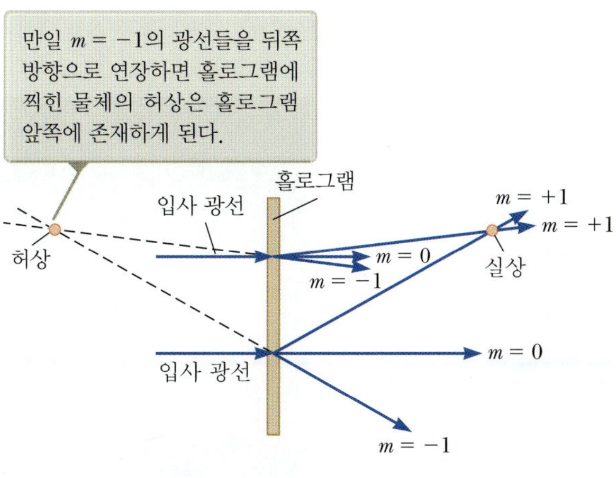

그림 38.18 두 광선이 수직 입사로 홀로그램(필름)에 부딪친다. 각 광선에 대하여 $m = 0$과 $m = \pm 1$에 대응하는, 나가는 광선을 보여 주고 있다.

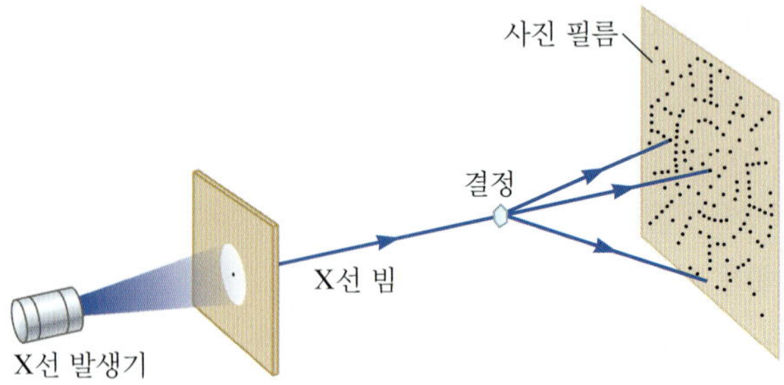

그림 38.19 결정에 의한 X선의 회절을 관찰하기 위하여 사용된 실험 방법. 사진 필름에 형성된 점 배열을 라우에 무늬라고 한다.

38.5 결정에 의한 X선의 회절 Diffraction of X-Rays by Crystals

원리적으로 어떤 전자기파의 파장도 파장 크기 정도의 격자 간격을 이용하면 측정할 수 있다. 1895년에 뢴트겐(Wilhelm Roentgen, 1845~1923)에 의하여 발견된 X선은 매우 짧은 파장(0.1 nm 정도)의 전자기파이다. 38.4절의 초반에 설명한 방법으로 이와 같이 좁은 간격의 격자를 만드는 것은 불가능하다. 그러나 고체 내의 원자 사이의 간격은 약 0.1 nm 정도이므로, 1913년에 라우에(Max von Laue, 1879~1960)는 결정 내의 규칙적인 원자 배열이 X선에 대한 삼차원 회절 격자로 작용할 수 있을 것이라고 제안하였고, 실험으로 확인되었다. 이 회절 무늬는 결정이 삼차원 구조로 되어 있기 때문에 다소 복잡하게 나타난다. 그럼에도 불구하고 X선 회절은 결정의 구조를 밝히고 이해하는 데 매우 중요한 방법으로 이용되고 있다.

그림 38.19는 결정에 의하여 일어나는 X선의 회절을 관찰할 수 있는 실험 방법을 나타낸 것이다. 연속적인 파장 분포를 갖는 시준된 X선이 결정에 입사하면, 어떤 방향으로는 회절된 빛들의 세기가 매우 큰 경우가 있는데, 이는 원자 층에 의하여 반사된 파동들이 보강 간섭을 하기 때문이다. 회절된 광선은 점 배열로 사진 필름에 의하여 감지할 수 있는데, 이것을 **라우에 무늬**(Laue pattern)라고 하며 그림 38.20a에 나타냈다. 라우에 무늬 점의 위치 및 세기 등을 분석하여 결정의 구조를 추측할 수 있다. 그림 38.20b는 결정 효소의 라우에 무늬를 나타내며, 소용돌이 무늬가 되도록 넓은 범위의 파장을 사용하였다.

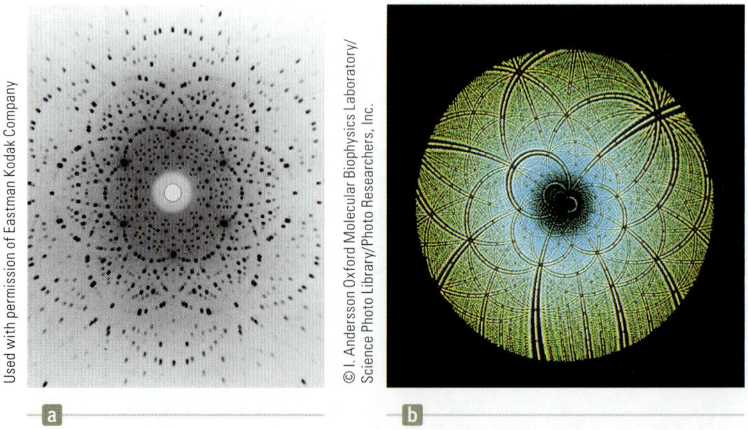

그림 38.20 (a) 무기 녹주석(beryllium aluminum silcate) 단결정의 라우에 무늬. 각 점은 보강 간섭을 나타내는 점이다. (b) 루비스코(Rubisco) 효소의 라우에 무늬로 넓은 밴드의 X선 스펙트럼으로 만들어졌다. 이 효소는 식물에 존재하며 광합성 과정에 참여한다. 라우에 무늬는 루비스코의 결정 구조를 추측하기 위하여 이용된다.

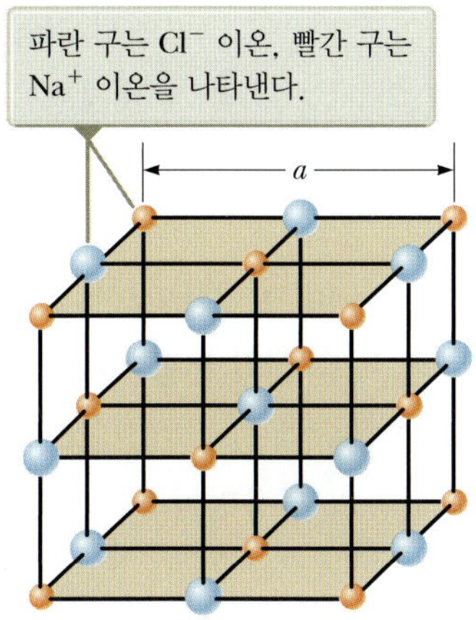

그림 38.21 소금(NaCl)의 결정 구조 모형. 정육면체 한 변의 길이는 $a = 0.562\ 737$ nm이다.

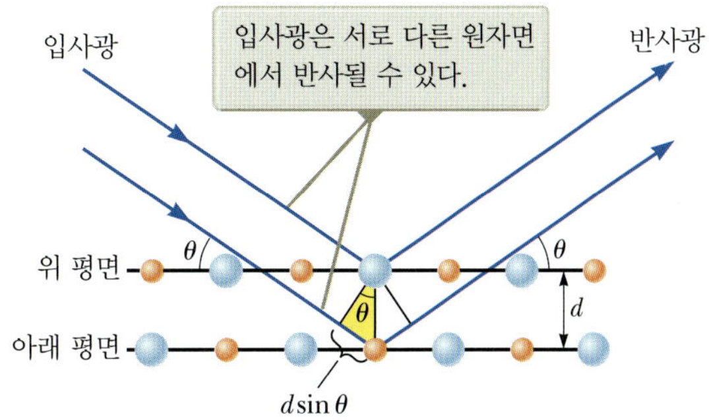

그림 38.22 거리 d만큼 떨어진 두 개의 평행 결정면에서 일어나는 X선의 반사. 아래 평면에서 반사된 X선은 위 평면에서 반사된 X선보다 거리 $2d\sin\theta$만큼 더 멀리 진행한다.

그림 38.21은 소금(NaCl) 결정 내의 원자 배열을 나타낸 것이다. 각각의 단위 세포(unit cell)는 한 변의 길이가 a인 정육면체이다. 소금의 구조를 자세히 관찰하면 이온들은 여러 가지 분리된 평면상에 놓여 있음을 알게 된다(그림 38.21의 그림자 영역). 이제 그림 38.22와 같이 X선이 이들 중의 한 평면에 θ의 각도로 입사한다고 가정하자. X선은 원자들로 이루어진 위 평면과 아래 평면인 두 원자 층에서 반사될 수 있으며, 이때 경로차는 $2d\sin\theta$가 된다. 이 경로차가 파장 λ의 정수배가 되면 보강 간섭이 일어난다. 또한 평행한 평면 전체에서 일어나는 반사들도 같은 결과가 되므로, **보강** 간섭이 일어나는 조건은 다음과 같다.

오류 피하기 38.4

달리 재는 각도들 그림 38.22에서 각도 θ는 35장의 반사 법칙의 경우처럼 법선으로부터 측정하는 것이 아니라 반사면으로부터 측정된다. 슬릿과 회절 격자의 경우, 각도 θ는 슬릿 배열의 법선으로부터 측정된다. 역사적인 관습에 의하여, 브래그 회절의 경우 각도 θ는 다르게 측정된다. 그러므로 식 38.8은 주의 깊게 보아야 한다.

$$2d\sin\theta = m\lambda \quad m = 1, 2, 3, \ldots \tag{38.8}$$

◀ 브래그의 법칙

이런 관계를 처음으로 유도한 사람이 브래그(W. L. Bragg, 1890~1971)이며, 이 식을 **브래그의 법칙**(Bragg's law)이라고 한다. 파장과 회절된 각도를 측정하면, 식 (38.8)에 의하여 원자로 이루어진 평면 사이의 간격을 계산할 수 있다.

38.6 빛의 편광
Polarization of Light Waves

34장에서 모든 전자기파의 횡파 특성을 논의하였다. 편광 현상은 전자기파가 횡파라는 사실을 확실하게 입증해 준다.

일반적으로 빛은 광원의 원자에 의하여 방출되는 수많은 파동으로 이루어져 있으며, 각각의 원자는 전기장 벡터 $\vec{\mathbf{E}}$가 원자의 진동 방향에 대응하는 어떤 특정한 방향을 가진 파동을 방출한다. 이때 각각 파동의 편광 방향은 전기장이 진동하는 방향으로 정의된다. 그림 38.23에서는 **편광 방향**이 y축을 따라 놓여 있다. 그러나 모든 전자기파는 y축과 어떤 각도를 이루는 yz 평면 내에 $\vec{\mathbf{E}}$ 벡터를 가질 수 있다. 파원으로부터 모든 방향으로의 진동이 가능하기 때문에 최종적인 전자기파는 많은 다른 방향으로 진동하는

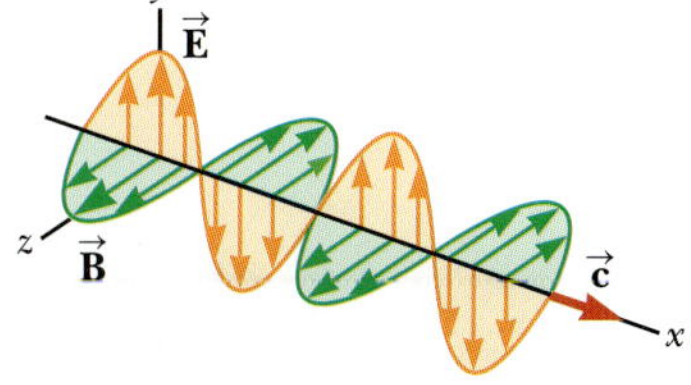

그림 38.23 속도 $\vec{\mathbf{c}}$로 x축 방향으로 진행하는 전자기파. 전기장은 xy 평면에서 진동하고, 자기장은 xz 평면에서 진동한다.

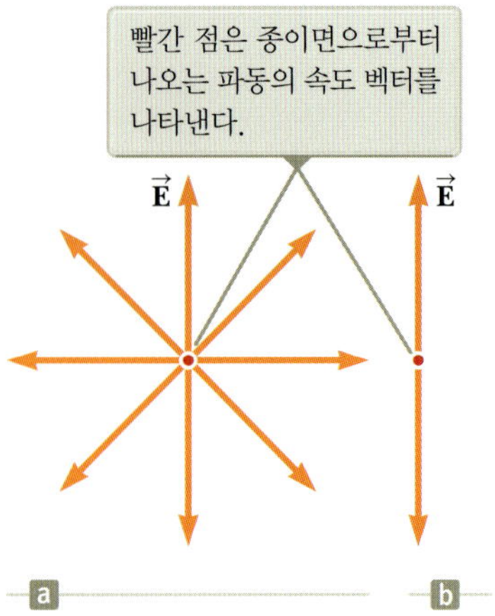

그림 38.24 (a) 수직인 진행 방향에서 본 편광되지 않은 빛. 전기장 벡터는 진행 방향에 수직인 어떤 방향도 같은 확률로 가질 수 있다. (b) 연직 방향으로 진동하는 전기장 벡터를 갖는 선형 편광된 빛

파동의 중첩이 되며, 그림 38.24a와 같이 **편광되지 않은 빛**이 된다. 이 그림에서 파동의 진행 방향은 그림의 면에 수직이며, 화살표는 전기장 벡터의 가능한 몇 개의 방향을 나타낸다. 주어진 임의 위치와 어떤 순간에서 모든 전기장 벡터는 하나의 최종적인 전기장 벡터가 되도록 더해진다.

34.3절에서 언급한 대로 파동이 그림 38.24b와 같이 전기장 벡터 $\vec{\mathbf{E}}$가 특정한 위치에서 모든 시간 동안 어느 일정한 방향으로 진동하는 경우, 이 빛을 **선형 편광**(linearly polarized)되었다고 한다(때때로 이런 파동을 **평면 편광** 또는 단순히 편광되었다고 말한다). 전기장 벡터 $\vec{\mathbf{E}}$와 진행 방향 벡터가 이루는 평면을 파동의 **편광면**이라고 한다. 따라서 그림 38.23의 편광면은 xy 평면이다.

선형으로 편광된 빛은 한 평면으로 진동하는 전기장 벡터를 제외한 나머지 파동들을 제거하여 편광되지 않은 빛으로부터 만들 수 있다. 지금부터 편광되지 않은 빛으로부터 편광된 빛을 만드는 네 가지 과정에 대하여 논의하자.

선택 흡수에 의한 편광 Polarization by Selective Absorption

편광된 빛을 얻기 위하여 가장 많이 사용하는 방법은 어느 특정한 방향으로 진동하는 전기장 벡터를 갖는 파동은 투과시키고, 그 외의 다른 방향으로 진동하는 전기장 벡터를 갖는 파동은 흡수하는 물질을 이용하는 것이다.

1938년 랜드(E. H. Land, 1909~1991)는 선택 흡수시킴으로써 빛을 편광시키는 **폴라로이드**라는 물질을 발견하였다. 이 물질은 긴 사슬의 탄화 수소로 된 얇은 판에 만들어진다. 이 판은 긴 사슬 분자들이 정렬되도록 제작하는 동안 잡아당긴다. 이 판을 아이오딘이 포함된 용액에 담그면 분자들은 좋은 전기 전도성을 갖게 된다. 이때 전자가 긴 사슬을 따라 쉽게 움직일 수 있으므로 전도는 탄화 수소의 사슬 방향으로 생긴다. 사슬과 평행인 전기장 벡터가 이 물질에 조사되면, 전기장은 사슬 방향으로 전자를 가속시켜 에너지가 흡수된다. 그러므로 이 빛은 물질을 통과하지 못한다. 전기장 벡터가 사슬과 수직인 빛은 물질을 통과한다. 왜냐하면 전자들이 한 분자에서 옆의 분자로 이동할 수 없기 때문이다. 그 결과 편광되지 않는 빛이 물질에 조사되면, 분자 사슬에 수직으로 편광된 빛이 나오게 된다.

일반적으로 분자의 사슬 방향에 대하여 수직인 방향을 **투과축**이라고 한다. 이상적인 편광자는 투과축과 평행한 $\vec{\mathbf{E}}$를 갖는 빛은 모두 투과시키고, 투과축과 수직인 $\vec{\mathbf{E}}$는 모두 흡수한다.

그림 38.25와 같이 편광이 되지 않은 빛이 **편광자**라고 하는 첫 번째 편광자로 입사한다. 그림에서 투과축이 세로 방향이므로 이 편광자를 통과하는 빛은 세로 방향으로 편광된다. 그림 38.25에서 **검광자**라고 하는 두 번째 편광자는 편광자의 투과축과 θ의 각도를 이루기 때문에 편광자를 투과한 빛을 가로 막는다. 첫 번째 투과된 빔의 전기장 벡터를 $\vec{\mathbf{E}}_0$이라 할 때, 검광자의 투과축에 수직인 $\vec{\mathbf{E}}_0$의 성분은 완전히 흡수되고, 검광자의 투과축에 평행인 $\vec{\mathbf{E}}_0$의 성분은 $E_0\cos\theta$가 된다. 투과된 빛의 세기는 투과된 빛의 진폭의 제곱에 따라 변하므로 투과된 편광된 빛의 세기 I는 다음과 같이 된다.

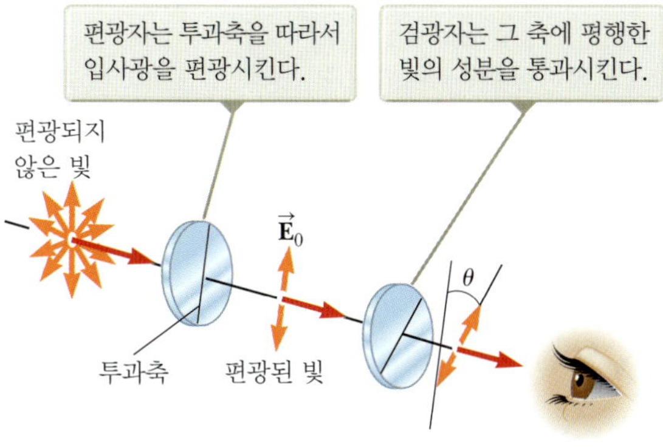

그림 38.25 투과축이 서로 θ의 각도를 이룬 두 개의 편광자. 검광자에 입사하는 편광된 빛의 일부분만이 투과한다.

$$I = I_{max} \cos^2 \theta \qquad (38.9)$$

◀ 말뤼스의 법칙

여기서 I_{max}는 검광자로 입사한 편광된 빛의 세기이다. 이 식을 **말뤼스의 법칙**(Malus's law)[2]이라고 하며, 투과축이 이루는 각도가 θ인 어떤 두 개의 편광 물질에도 적용할 수 있다. 이 식에 따르면 투과된 빛의 세기는 두 개의 투과축이 서로 평행할 때($\theta = 0$ 또는 180°) 최대가 되고, 두 개의 투과축이 서로 수직일 때 검광자가 완전히 흡수하여 영이 됨을 알 수 있다. 한 쌍의 편광자에서 일어나는 투과된 빛의 세기 변화가 그림 38.26에 나타나 있다. $\cos^2\theta$의 평균값이 $\frac{1}{2}$이므로, 빛이 하나의 이상적인 편광자를 통과하면 편광되지 않은 빛의 세기는 반으로 감소한다.

반사에 의한 편광 Polarization by Reflection

편광되지 않은 빛이 어떤 면에서 반사될 때, 반사광은 입사 각도에 따라 완전 편광 또는 부분 편광되거나 전혀 편광이 되지 않기도 한다. 입사각이 0°이면 반사광은 편광되지 않는다. 그러나 적당한 각도로 입사하면 어느 정도는 편광되고, 어느 특정한 각도로 입사하면 반사된 빛은 완전히 편광된다. 이제 이런 특정한 각도에서의 반사를 조사해 보자.

그림 38.27a와 같이 어떤 면에 편광되지 않은 빛이 입사할 때, 입사광의 전기장 벡터

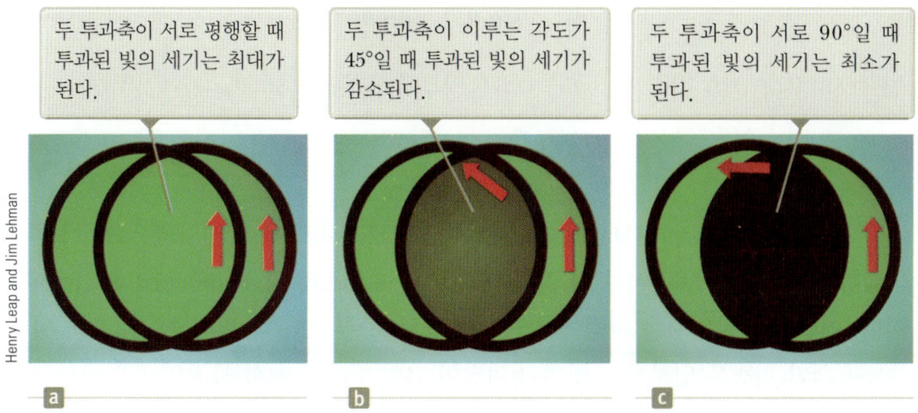

그림 38.26 두 개의 편광자를 투과한 빛의 세기는 두 편광자의 투과축이 이루는 각도에 의존한다. 빨간 화살은 편광자의 투과축을 나타낸다.

[2] 발견자 말뤼스(E. L. Malus, 1775~1812)로 이름을 붙임. 말뤼스는 반사된 빛을 방해석($CaCO_3$)을 통하여 관찰함으로써 편광되었음을 발견하였다.

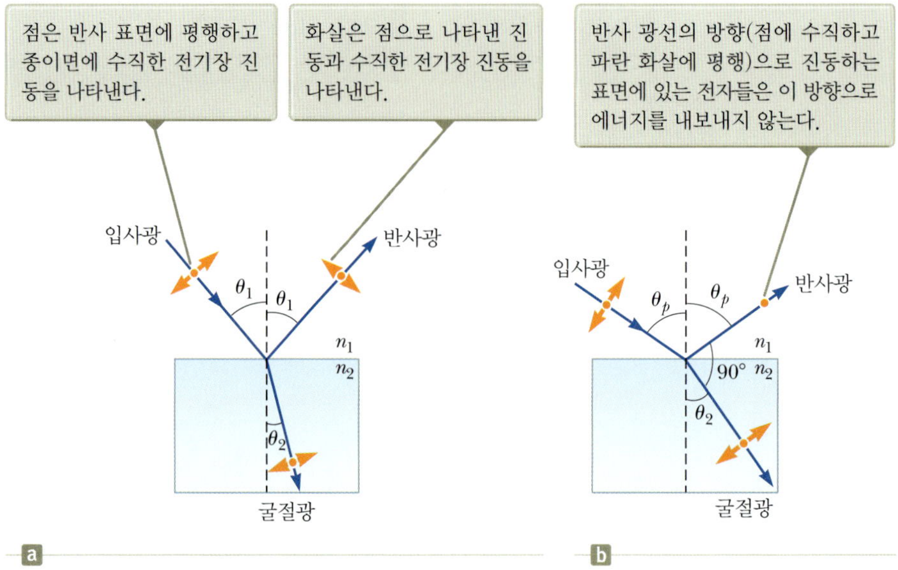

그림 38.27 (a) 편광되지 않은 빛이 반사면에 입사할 때 반사광과 굴절광은 부분 편광된다. (b) 입사각이 편광각 θ_p일 때 반사광은 완전 편광되고, $n_2/n_1 = \tan\theta_p$를 만족한다. 이와 같은 입사각에서 반사된 광선과 굴절된 광선은 서로 수직이다.

는 면에 평행한 성분(그림 38.27에서 종이면에 수직이며, 점으로 표시)과 수직인 성분(주황 화살로 표시)으로 구분할 수가 있으며, 두 성분은 서로 수직이며 진행 방향과도 수직이 된다. 따라서 전체 빔의 편광은 이들 방향에서 두 전기장 성분으로 설명될 수 있다. 이때 평행한 성분은 수직인 성분보다 더 강하게 반사하여 반사광은 부분 편광되며, 굴절광도 부분 편광된다.

이제 그림 38.27b와 같이 반사광과 굴절광이 이루는 각이 90°가 되도록 입사각 θ_1을 변화시키면, 전기장 벡터가 반사면에 평행한 성분만을 갖는 완전 편광된 반사광을 얻을 수 있으며 굴절광은 부분 편광된다. 이런 현상이 일어날 때의 입사각 θ_p를 **편광각**(polarizing angle)이라고 한다.

반사 물질의 굴절률과 편광각 사이의 관계식은 그림 38.27b로부터 구할 수 있다. 그림으로부터 $\theta_p + 90 + \theta_2 = 180°$이므로 $\theta_2 = 90° - \theta_p$이다. 식 35.8의 스넬의 법칙을 사용하면

$$\frac{n_2}{n_1} = \frac{\sin\theta_1}{\sin\theta_2} = \frac{\sin\theta_p}{\sin\theta_2}$$

가 된다. $\sin\theta_2 = \sin(90° - \theta_p) = \cos\theta_p$이므로 $n_2/n_1 = \sin\theta_p/\cos\theta_p$ 또는

브루스터의 법칙 ▶

$$\tan\theta_p = \frac{n_2}{n_1} \tag{38.10}$$

가 되며, 이 식을 브루스터(David Brewster, 1781~1868)가 발견하였으므로 **브루스터의 법칙**(Brewster's law)이라 하고, 편광각 θ_p를 **브루스터 각**(Brewster's angle)이라고 한다. 매질의 굴절률 n은 파장에 따라 변하므로, 브루스터 각은 파장의 함수가 된다.

반사에 의한 편광은 입사하는 빛의 전기장이 그림 38.27b에서 물질의 표면에서 전자들이 진동하는 것을 상상하면서 이해할 수 있다. 진동의 성분 방향은 (1) 굴절된 광선에 대하여 나타낸 화살표에 평행인 것과 (2) 종이면에 수직인 것이 있다. 진동하는 전자들은 진동 방향에 평행한 편광을 갖는 빛을 복사하는 안테나와 같은 작용을 한다. 그

림 34.12에 있는 쌍극자 안테나로부터 복사되는 형태를 참조하라. $\theta = 0$의 각도, 즉 안테나의 진동 방향으로는 복사가 없음에 주목하라. 그러므로 방향 1의 진동에 대하여, 진동 방향에 수직인 방향, 즉 반사 광선과 같은 방향으로의 복사는 없다. 방향 2의 진동에 대하여, 전자들은 종이면에 수직인 편광을 갖는 빛을 복사한다. 따라서 이 각도에서 표면으로부터 반사된 빛은 표면과 평행하게 완전히 편광된다.

반사에 의하여 일어나는 편광은 일반적인 현상이다. 물, 유리, 눈 또는 금속의 표면에서 반사된 햇빛은 부분 편광된 빛이다. 만일 반사면이 수평이면, 반사광의 전기장 벡터는 수평 성분이 강하다. 편광 선글라스는 반사된 광선에 의하여 생기는 눈부심 현상을 편광 물질을 이용해 줄여주며, 수평 성분의 강한 반사광을 흡수하기 위하여 렌즈의 투과축이 수직 방향으로 되어 있다. 만일 색안경을 90° 회전하면 반짝이는 수평면에서의 눈부심을 효과적으로 차단하지 못한다.

복굴절에 의한 편광 Polarization by Double Refraction

고체는 내부 구조에 따라 분류한다. 그림 38.21의 소금(NaCl)과 같이 원자들이 특정한 규칙적인 배열을 하면 결정이라 하고, 원자의 배열이 무분별하면 **비결정성**(amorphous) 고체라고 한다. 빛이 유리와 같은 비결정성 물질을 진행할 때 모든 방향에 같은 속력으로 진행한다. 즉 유리는 단일 굴절률을 갖는 물질이다. 그러나 방해석과 석영 등과 같은 결정 물질은 두 개의 굴절률이 존재하여 모든 방향으로의 빛의 속력이 같지 않다. 따라서 이런 물질을 **복굴절**(double-refracting 또는 birefringent) 물질이라고 한다.

편광되지 않은 빛이 복굴절 물질로 들어가면 **정상 광선**[ordinary(O) ray]과 **이상 광선**[extraordinary(E) ray]으로 나뉜다. 이들 두 광선의 편광 방향은 서로 수직이며, 각각 다른 속력으로 물질 내를 진행한다. 이들 두 속력은 정상 광선의 굴절률 n_O와 이상 광선의 굴절률 n_E에 대응된다.

정상 광선과 이상 광선이 서로 같은 속력으로 진행하는 방향이 한 개 존재하는데, 이를 **광축**(optic axis)이라 한다. 만일 빛이 광축에 대하여 어떤 각도를 이루며 복굴절 물질로 들어가면, 그림 38.28과 같이 굴절률 차이에 의하여 두 편광된 빛으로 갈라지고, 각각 다른 방향으로 진행한다.

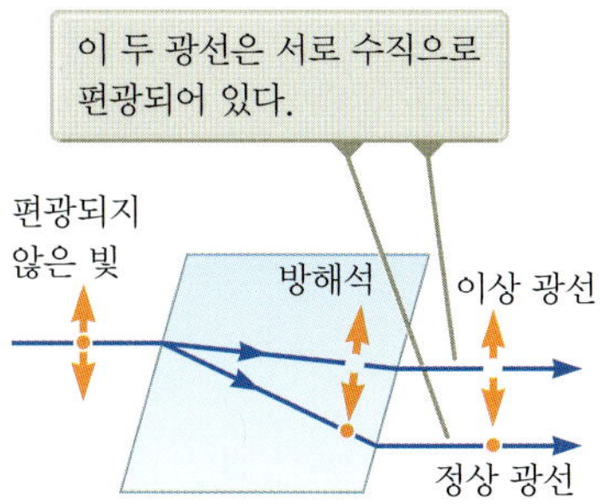

그림 38.28 방해석 결정에 편광되지 않은 빛이 입사하면 정상 광선(O)과 이상 광선(E)으로 나누어진다(그림은 비율이 다름).

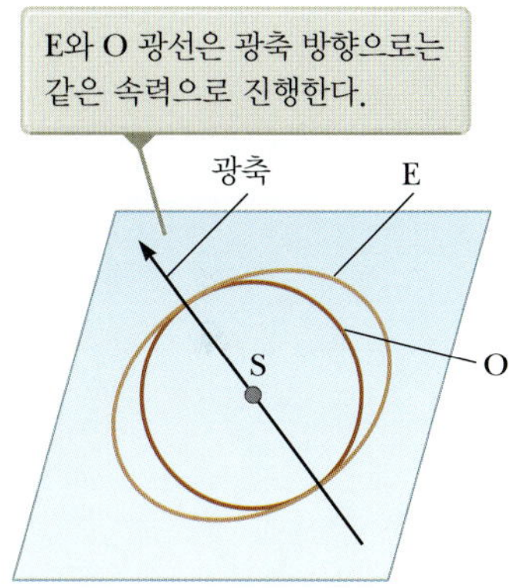

그림 38.29 복굴절을 일으키는 결정 내의 점 광원 S는 정상 광선(O)에 대응하는 구 파면과 이상 광선(E)에 대응하는 타원 파면을 만들어 낸다.

정상 광선의 굴절률 n_O는 모든 방향에 있어 동일하다. 그림 38.29와 같이 결정 내에 점 광원을 놓으면 정상 광선은 광원으로부터 구 모양으로 퍼져 나간다. 이상 광선의 굴절률 n_E는 진행 방향에 따라 변하므로 점 광원에서 나온 광선은 단면이 타원인 파면을 이루면서 퍼져 나간다. 두 광선의 속력 차이는 광축에 수직일 때 최대가 된다. 예를 들어 방해석인 경우 파장이 589.3 nm일 때 $n_O = 1.658$이고, n_E는 광축 방향일 때의 1.658에서 광축에 수직인 방향일 때의 1.468까지 변한다. 여러 가지 복굴절을 일으키는 결정에 대한 n_O와 n_E의 값을 표 38.1에 나타내었다.

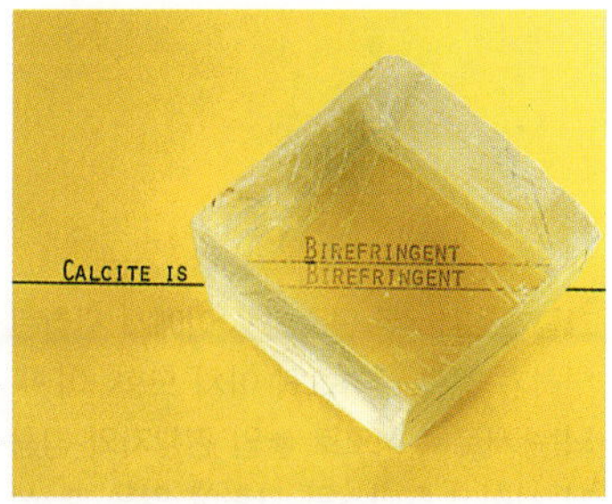

Henry Leap and Jim Lehman

그림 38.30 방해석 결정은 복굴절 물질이므로, 이중 상을 만들어 낸다.

방해석 조각을 종이 위에 올려 놓고 결정을 통하여 종이에 쓰여 있는 글자를 보면, 그림 38.30과 같이 두 개의 상이 나타난다. 그림 38.28에서 볼 수 있는 것과 같이 이 두 개의 상은 정상 광선과 이상 광선에 의하여 형성된 상이다. 이때 두 개의 상을 회전하는

표 38.1 파장 589.3 nm에서 복굴절을 일으키는 결정의 굴절률

결정	n_O	n_E	n_O/n_E
방해석 ($CaCO_3$)	1.658	1.486	1.116
석영 (SiO_2)	1.544	1.553	0.994
질산 나트륨 ($NaNO_3$)	1.587	1.336	1.188
아황산 나트륨 ($NaSO_3$)	1.565	1.515	1.033
염화 아연 ($ZnCl_2$)	1.687	1.713	0.985
황화 아연 (ZnS)	2.356	2.378	0.991

편광자를 통하여 보면, 정상 광선과 이상 광선이 서로 수직 방향으로 평면 편광되었기 때문에 교대로 나타났다가 사라지게 된다.

유리와 플라스틱과 같은 물질은 변형력을 받으면 복굴절이 나타난다. 변형력을 받지 않은 플라스틱 조각을 편광자와 검광자 사이에 위치시키고, 빛을 편광자에서 검광자로 지나가도록 하자. 플라스틱에 변형력을 가하지 않고 검광자 축을 편광자 축과 수직으로 하면 어떤 편광된 빛도 검광자를 통과하지 못한다. 즉 변형력을 받지 않은 플라스틱은 빛이 통과할 때 어떤 영향도 주질 못한다. 그러나 플라스틱에 변형력이 가해지면 가장 큰 변형력을 받은 영역에서 복굴절이 나타나며 플라스틱을 지나는 빛의 편광이 변한다. 따라서 투과된 빛에서 연속적으로 밝고 어두운 띠가 관찰된다. 이때 밝은 띠는 가장 큰 변형력을 받은 영역에서 생기게 된다.

공학자들은 교량으로부터 작은 공구의 구조를 설계하는 데 이르기까지 변형력의 **광학적 변형력 분석**(optical stress analysis)이라고 하는 기술을 자주 이용한다. 즉 플라스틱으로 모형을 만들고 서로 다른 조건의 부하를 가하여 분석하면, 변형력에 대하여 약한 영역 및 파손되는 영역이 결정된다. 이 같은 플라스틱 모형의 예가 그림 38.31에 나타나 있다.

산란에 의한 편광 Polarization by Scattering

빛이 어떤 물질에 입사할 때 물질 내의 전자들은 입사 빛을 흡수하고 일부를 재복사한다. 공기 중에 있는 기체 분자들 내 전자들에 의한 빛의 흡수 또는 재복사는 지구의 관측자로 다가오는 햇빛을 부분 편광된 빛으로 만드는 원인이 된다. 이런 효과를 **산란**(scattering)이라고 하며, 편광 물질로 만든 색안경을 통하여 직접 관찰할 수 있

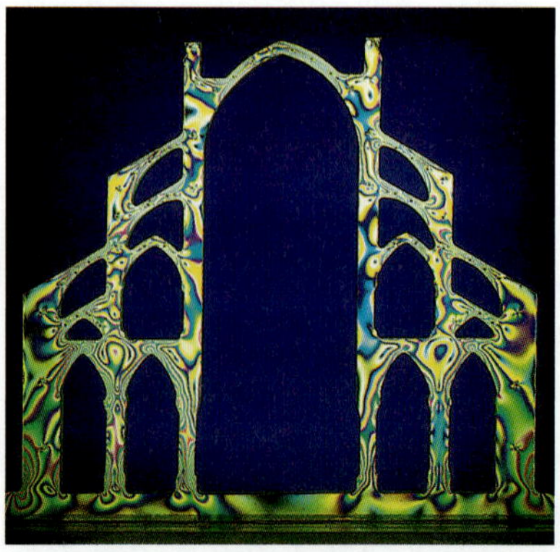

Peter Aprahamian/Science Photo Library, Photo Researchers, Inc.

그림 38.31 두 편광자 사이에서 관찰된 부하가 걸린 플라스틱 아치 모형. 이 무늬는 서로 수직으로 놓인 편광자와 검광자 사이에 플라스틱 모형이 있을 때 생긴다. 사진과 같은 무늬는 건축물을 최적으로 설계하는 데 유용하다.

다. 즉 어떤 각도로 렌즈를 회전시키면 다른 각도에서보다 빛이 덜 통과하게 됨을 알 수 있다.

그림 38.32는 부분 편광된 햇빛의 예를 보여 주고 있다. 이 같은 현상은 브루스터 각에서 표면으로부터의 반사가 완전히 편광된 빛을 만들어 내는 것과 유사하다. 편광되지 않은 햇빛이 수평 방향(지면에 평행)으로 진행하여 공기 내 기체 분자들 중 한 분자의 모서리에 부딪치면, 분자 내 전자는 진동하게 되고 복잡한 형태로 진동하는 전하를 제외시키면, 진동하는 전자는 안테나 내에 진동하는 전하와 같이 행동한다. 따라서 입사파의 전기장 벡터의 수평 성분의 일부는 전하를 수평으로 진동하게 만들고, 연직 성분의 일부는 전하를 연직으로 진동하게 만든다. 그림 38.32에서 관찰자가 똑바로(빛의 원래 진행 방향과 수직) 보면, 입자의 연직 진동은 관찰자를 향하여 어떤 복사도 보내지 않는다. 따라서 관찰자는 주황 화살표로 표시된 수평 방향으로 완전히 편광된 빛을 보게 된다. 만일 관찰자가 다른 방향에서 보게 되면 빛이 수평 방향으로 부분적으로 편광된다.

대기 중에서 산란된 빛의 색 변화는 다음과 같이 이해할 수 있다. 여러 파장 λ의 빛이 지름 $d(d \ll \lambda)$인 기체 분자로 입사할 때, 산란된 빛의 상대적 세기는 $1/\lambda^4$에 따라 변한다. 조건 $d \ll \lambda$는 대기 속에 지름이 약 0.2 nm인 산소(O_2)와 질소(N_2)에 의한 산란의 경우 만족되므로 더 짧은 파장의 빛(보라색 빛)이 긴 파장의 빛(빨간색 빛)보다 더 효과적으로 산란된다. 따라서 햇빛이 공기 내 기체 분자들에 의하여 산란될 때, 더 짧은 파장의 복사(보라)가 긴 파장의 복사(빨강)보다 더 강하게 산란된다.

태양을 향하지 않는 방향으로 하늘을 보면, 주로 푸르게 산란된 빛을 보게 되어 하늘이 파랗게 보이는 것이다. 또한 해질 무렵 서쪽(또는 해뜰 무렵 동쪽)을 보면, 해가 있는 방향을 보고 있는 것이 되며 커다란 공기층을 지난 빛이 보이게 된다. 이때 대부분의 파란색 빛은 관측자와 해 사이에 있는 공기에 의하여 산란된다. 따라서 공기를 통하여 관측자에게 다가와서 남아 있는 빛은 파란 성분이 훨씬 많이 산란되고, 스펙트럼의 빨간 영역으로 강하게 치우치게 된다. 그 결과 빨간색 또는 주황색의 석양을 보게 된다.

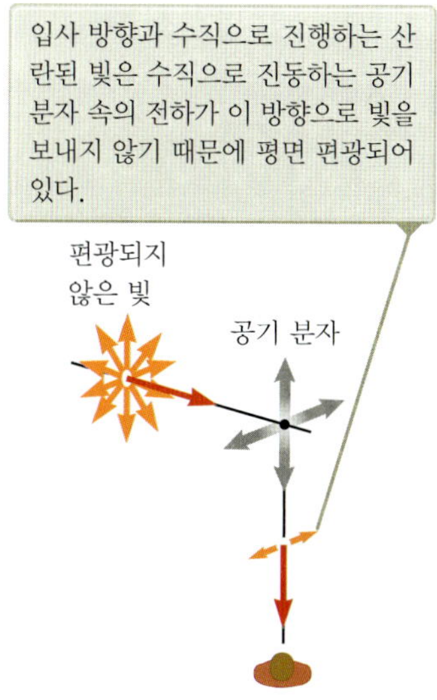

그림 38.32 공기 분자에 의한 편광되지 않은 햇빛의 산란

광활성도 Optical Activity

편광된 빛의 많은 중요한 응용 중에는 **광활성도**(optical activity)를 나타내는 물질을 포함하고 있다. 어떤 물질에 편광된 빛을 투과시킬 때, 편광이 회전하면 광학적으로 활성화된 물질이라고 한다. 어떤 특정한 물질에 의하여 편광된 빛의 편광 회전 각도는 용액인 경우 그 용액의 농도와 그 용액 시료의 길이에 의존한다. 광학적으로 활성화된 물질 중 하나가 일반적인 설탕 용액이다. 설탕 용액의 농도를 결정하는 표준 방법은 고정된 용액 길이에 의하여 생기는 편광의 회전각을 측정하면 된다.

광활성은 분자들의 배치가 비대칭으로 분포되기 때문에 생긴다. 예를 들어 어떤 단백질은 분자의 구조가 나선 모양이기 때문에 광활성을 갖는다.

대부분의 계산기에 사용되는 액정 표시기는 표시기의 필요 부분들에 전압을 가하여 광활성을 변화시킨다. 계산기 표시기 내에 사용된 편광을 조사하기 위하여 한 쌍의 편광 선글라스를 사용해 보라.

Q 퀴즈 38.6 마이크로파에 이용하는 편광자는 약 1 cm 정도 떨어진 평행한 금속선의 격자로 만들 수 있다. 이 편광자를 통과하는 마이크로파의 전기장 벡터는 금속 격자에 **(a)** 평행이다. **(b)** 수직이다.

Q 퀴즈 38.7 많은 등불이 천장에 고정되어 있으며 매우 윤이 나고, 새롭게 왁스칠한 마루가 있는 긴 복도를 걸어갈 때, 마루를 보면 모든 등불이 반사되어 보인다. 이제 편광 선글라스를 쓰면 반사된 등불의 일부를 더 이상 볼 수가 없다(시도해 보라). 사라지는 반사 등불은 어느 방향인가? **(a)** 여러분과 가장 가까운 쪽 **(b)** 여러분으로부터 가장 먼 쪽 **(c)** 중간 위치

연습문제

객관식

1. 어떤 선글라스는 바다나 차 유리에서 반사되어 나오는 강렬한 빛을 약하게 하기 위하여 편광 재료를 사용한다. 어떤 방향의 편광 필터가 가장 효과적인가? (a) 편광자는 전기장이 수평인 빛을 흡수해야 한다. (b) 편광자는 전기장이 수직인 빛을 흡수해야 한다. (c) 편광자는 수평 및 수직 전기장 모두를 흡수해야 한다. (d) 편광자는 수평 및 수직 전기장 모두를 흡수하지 말아야 한다.

2. 반짝반짝 빛나는 금속 표면에서 어떤 빛이 임의의 각도로 반사될 때 가장 잘 나타나는 현상은 무엇인가? 가장 가까운 답을 고르라. (a) 금속 표면에 의하여 완전히 흡수된다. (b) 완전히 편광된다. (c) 편광되지 않는다. (d) 부분적으로 편광된다. (e) 더 많은 정보가 필요하다.

3. 그림 38.4에서 슬릿이 가시광선뿐만 아니라 X선에 대하여 불투명한 장벽 내에 있다고 가정하자. 그림 38.4b의 사진은 가시광선에 의하여 생긴 회절 무늬를 보여 주고 있다. X선을 입사파로 하고 다른 변동 없이 실험을 수행하면 어떻게 되는가? (a) 회절 무늬는 유사하다. (b) 눈에 띌만한 회절 무늬는 없지만 스크린에 슬릿과 같은 모양의 세기가 강한 영역이 생긴다. (c) 가시광선일 때보다 중앙 극대가 더 넓어지고 극소가 더 큰 각도에서 발생한다. (d) X선이 스크린에 도달하지 못한다.

4. 단일 슬릿으로부터 1.00 m 떨어진 곳에 프라운호퍼 회절 무늬가 생긴다. 광원의 파장이 5.00×10^{-7} m이고 중앙의 밝은 무늬에서 첫 번째 어두운 무늬까지의 거리가 5.00×10^{-3} m이다. 슬릿의 너비는 얼마인가? (a) 0.010 0 mm (b) 0.100 mm (c) 0.200 mm (d) 1.00 mm (e) 0.005 00 mm

5. 단일 슬릿을 통과하는 파동이 있다. 작은 각도 근사를 사용할 수 있을 때 슬릿의 너비를 반으로 줄이면 회절 무늬의 중앙 극대의 너비는 어떻게 변하는가? (a) 1/4이 된다. (b) 1/2이 된다. (c) 변하지 않는다. (d) 두 배가 된다. (e) 네 배가 된다.

6. 평면 편광된 빛을 첫 번째는 원래의 편광면에 45°로, 그 다음엔 90° 방향으로 두 개의 편광자를 통과시키면, 원래의 편광된 빛의 세기에 대한 두 번째 편광자를 통과한 빛의 세기의 비는 얼마인가? (a) 0 (b) $\frac{1}{4}$ (c) $\frac{1}{2}$ (d) $\frac{1}{8}$ (e) $\frac{1}{10}$

7. 망원경에서 지름이 큰 대물 렌즈를 사용하는 것이 좋은 이유는 무엇인가? (a) 지름이 작은 대물 렌즈보다 빛을 좀 더 효율적으로 회절시킨다. (b) 배율이 증가한다. (c) 시야로 들어오는 물체들이 더 많아진다. (d) 원치 않는 파장을 반사시킨다. (e) 분해능을 증가시킨다.

8. 다음 중 젖은 길 위의 기름 박막에서 때때로 보이는 밝은 색 무늬를 만드는 광학 현상을 묶은 것은? (a) 회절과 편광 (b) 간섭과 회절 (c) 편광과 반사 (d) 굴절과 회절 (e) 반사와 간섭

9. 병원에서 흉부 X선 사진을 찍을 때, X선이 가슴 속의 평행한 갈비뼈들을 통과한다. 그 갈비뼈들이 X선에 대한 회절 격자의 작용을 하는가? (a) 예, 갈비뼈들은 X선들을 회절시켜서 회절 무늬 각각이 관측될 수 있다. (b) 측정할 수 있을 정도의 회절은 일어나지 않는다. 갈비뼈들 간의 간격이 너무 넓다. (c) 근본적으로 그렇지 않다. 갈비뼈들은 너무나 가까이 있다. (d) 근본적으로 그렇지 않다. 갈비뼈들의 개수가 너무 적다. (e) 절대로 아니다. X선은 회절을 일으킬 수 없다.

10. 편광되지 않은 빛이 회절 격자를 통과하면 편광되는가? (a)

아니오, 편광되지 않는다. (b) 예, 투과축이 격자의 홈과 평행하게 편광된다. (c) 예, 투과축이 격자의 홈과 수직으로 편광된다. (d) 전기장이 슬릿에 평행하다면 어느 크기 이상의 전기장은 격자에 의하여 차단되기 때문에 편광될 수 있을 것이다.

주관식

38.2 좁은 슬릿에 의한 회절 무늬

1. 파장이 587.5 nm인 빛을 너비가 0.75 nm인 슬릿에 비춘다. (a) 회절 무늬의 첫 번째 극소가 중앙 극대로부터 0.85 mm인 곳에 생기려면, 슬릿과 스크린 사이의 거리는 얼마이어야 하는가? (b) 중앙 극대의 너비를 계산하라.

2. 헬륨–네온 레이저($\lambda = 632.8$ nm)가 너비가 0.300 mm인 단일 슬릿을 통과한다. 슬릿으로부터 1.00 m 떨어져 있는 스크린에 나타나는 회절 무늬의 중앙 극대의 너비는 얼마인가?

3. 멀리 떨어진 음원으로부터 나온 650 Hz의 음파가 방음벽의 한 가운데 있는 너비가 1.10 m인 문을 통과한다. 벽과 평행한 선을 따라서 움직이는 관측자가 듣는 회절 극소의 (a) 개수와 (b) 각도로 나타낸 방향을 구하라.

4. 파장이 632.8 nm인 수평으로 비추어진 레이저 빔의 원형 단면은 지름이 2.00 mm이다. 빔이 나오는 곳의 중앙에 직사각형 구멍이 있어서 4.50 m 뒤에 있는 벽을 수직으로 비출 때, 가로가 110 mm이고 세로가 6.00 mm인 사각형 모양의 중앙 극대가 형성된다. 그 크기는 중앙 극대 양쪽의 극소 사이의 거리를 잰 것이다. 레이저 빔이 나오는 구멍의 (a) 너비와 (b) 높이를 구하라. (c) 회절 무늬의 중앙 부분의 밝은 조각의 긴 쪽이 수평 방향인가 수직 방향인가? (d) 레이저가 나오는 구멍의 긴 쪽이 수평 방향인가 수직 방향인가? (e) 두 직사각형의 관계를 그림으로 나타내어 설명하라.

5. 파장이 5.00 cm인 간섭성 마이크로파가 어느 건물의 길고 좁은 큰 창으로 들어간다. 건물에서 창 이외의 벽은 마이크로파를 투과하지 못한다. 창의 너비가 36.0 cm이면, 창문으로부터 6.50 m 떨어진 벽에서 회절의 중앙 극대와 1차 극소 사이의 거리는 얼마인가?

6. 파장이 540 m인 빛이 너비가 0.200 mm인 슬릿을 통과한다. (a) 스크린에 나타나는 중앙 극대의 너비는 8.10 mm이다. 슬릿으로부터 스크린까지의 거리는 얼마인가? (b) 중앙 극대 다음에 나타나는 첫 번째 밝은 무늬의 너비를 구하라.

7. 파장이 690 nm인 빛이 입사하는 단일 슬릿 뒤 50.0 cm 되는 곳에 스크린이 있다. 회절 무늬의 1차 극소와 3차 극소 사이의 거리가 3.00 mm이면, 슬릿의 너비는 얼마인가?

8. 너비가 a인 단일 슬릿에 파장이 λ인 빛이 입사하며 그 뒤로 거리 L 되는 곳에 스크린이 있다. $L \gg a$라고 가정하자. 회절 무늬의 $m = m_1$과 $m = m_2$에 대한 극소 사이의 거리가 Δy이면 슬릿의 너비는 얼마인가?

9. 파장이 650 nm인 빛이 각각의 너비가 3.00 μm이고 중심 사이의 거리가 9.00 μm인 두 슬릿을 통과한다. 그림 38.7을 참조하여 회절과 간섭이 혼합된 모습을 $\phi = (\pi a \sin\theta)/\lambda$에 대한 세기를 나타내는 그래프로 그리라.

10. 그림 P38.10에서처럼 너비가 a인 슬릿에 빛이 슬릿 면에 수직인 방향에 대하여 각도 β로 입사한다. 상쇄 간섭의 조건인 식 38.1이 다음과 같이 수정되어야 함을 보이라.

$$\sin\theta_{\text{dark}} = m\frac{\lambda}{a} - \sin\beta \qquad m = \pm1, \pm2, \pm3, \ldots$$

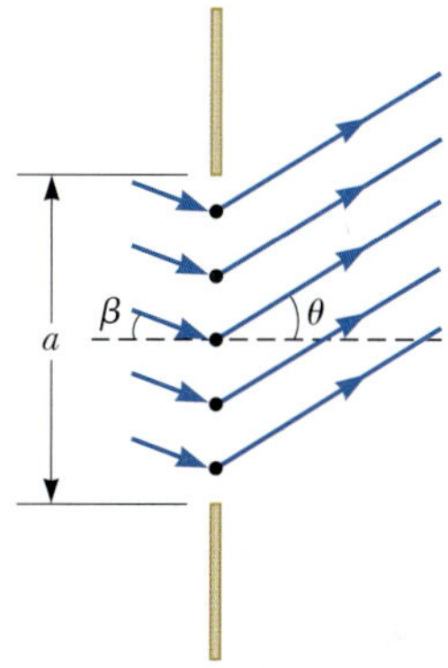

그림 P38.10

11. 너비가 0.400 mm인 슬릿으로부터 120 cm 떨어진 스크린에 회절 무늬가 생긴다. 파장이 546.1 nm인 단색 빛을 사용할 때, 스크린 상의 중앙 극대의 중심에서 4.10 mm 떨어진 위치에서 세기 비율 I/I_{max}를 구하라.

12. 너비가 0.600 mm인 단일 슬릿에 단색광이 입사한다. 슬릿으로부터 1.30 m 떨어진 곳에 있는 스크린에 회절 무늬가 형성된다. 중앙 극대 양쪽에 있는 두 1차 극소 사이의 거리는 2.00 mm이다. 사용된 빛의 파장을 계산하라.

38.3 단일 슬릿과 원형 구멍의 분해능

Note: 13, 18번 문제에서 눈의 분해 한계각의 경우 레일리 기준을 사용해도 된다.

13. 고양이 눈은 주간에는 마치 너비가 0.500 mm인 수직 슬릿처럼 동공이 좁아진다. 빛의 평균 파장을 500 nm라 가정할 때, 수평으로 약간 떨어져 있는 쥐들을 구별하기 위한 분해

한계각은 얼마인가?

14. 입사파의 파장이 3.00 mm인 전파 망원경의 분해 한계각이 0.100°이다. 전파 망원경 접시 안테나의 최소 지름은 얼마인가?

15. 바늘 구멍 카메라(pinhole camera) 구멍의 지름이 D이다. 멀리 있는 물체로부터 오는 빛이 이 구멍을 통과하여 암상자 속으로 들어가서 반대쪽의 스크린에 도달한다. 구멍의 지름은 D = 0.600 mm이다. 구멍으로부터 거리 L인 곳에 있는 물체로부터 파장이 550 nm인 두 점 광원이 있다. 두 점 광원 사이의 간격은 2.80 cm이며, 카메라가 간신히 분해할 수 있는 거리이다. L 값은 얼마인가?

16. 어떤 굴절 망원경의 대물 렌즈의 지름이 58.0 cm이다. 망원경이 고도 270 km 상공에서 지표면을 관찰하기 위한 위성에 장착되었다. 빛의 평균 파장을 500 nm라 가정하고, 렌즈에 의하여 지상의 물체를 구별해서 볼 수 있는 두 물체 사이의 최소 거리를 구하라.

17. 파장이 589 nm인 노란색 빛이 현미경 밑에서 물체를 관찰하기 위하여 사용된다. 현미경의 대물 렌즈 지름이 9.00 mm일 때 (a) 분해 한계각을 구하라. (b) 임의의 가시광선 빛을 사용할 수 있다고 가정하자. 가장 작은 분해 한계각을 얻기 위하여 어떤 색의 빛을 선택해야만 하는가? 그리고 그 각도를 구하라. (c) 대물 렌즈와 물체 사이의 공간에 물이 채워져 있다고 가정하자. 파장이 589 nm인 빛이 사용될 때 이 같은 변화가 분해능에 어떤 영향을 미치는가?

18. 지구 위 고도 250 km 상공에서 궤도 비행하고 있는 우주인이 지상의 물체를 맨눈으로 분해할 수 있는 물체의 최소 크기는 대략 얼마인가? λ = 500 nm이고 동공의 지름은 5.00 mm라고 가정한다.

19. 헬륨-네온 레이저의 파장은 632.8 nm이다. 레이저가 나오는 원형 구멍의 지름은 0.500 cm이다. 레이저로부터 10.0 km 떨어진 곳에서 레이저 빔의 지름을 추정해 보라.

20. 인상주의 화가 쇠라(Georges Seurat)는 그림물감으로 지름이 약 2.00 mm인 점을 수없이 찍어 그림을 그렸다. 그의 생각은 빨간색과 초록색 같은 색들을 서로 이웃하게 둠으로써 캔버스를 반짝이듯 만드는 것이었다. 그의 대작은 '그랑 자트 섬의 일요일 오후'이다(그림 P38.20). λ = 500 nm이고 동공의 지름은 5.00 mm로 가정한다. 얼마쯤 멀리 떨어져야 캔버스 위의 각 점들을 구별할 수 없는가?

21. 해안 경비정의 원형 레이더 안테나의 지름은 2.10 m이고 15.0 GHz의 진동수의 전자기파를 방사한다. 경비정으로부터 9.00 km 떨어진 곳에 두 척의 작은 배가 있다. 레이더로 멀리 있는 배가 두 척임을 확인할 수 있는 두 배 사이의 최소 거리는 얼마인가?

© SuperStock/SuperStock

그림 P38.20

38.4 회절 격자

Note: 다음의 문제들에서 빛은 격자에 수직으로 입사한다고 가정한다.

22. 회절 격자를 보정하기 위하여 헬륨-네온 레이저(λ = 632.8 nm)가 사용된다. 1차 극대가 20.5°에서 나타난다면, 격자의 홈들 사이의 간격은 얼마인가?

23. 백색광이 회절 격자를 통과하면 스펙트럼 성분으로 분산된다. 홈의 수가 2 000홈/cm라면 파장이 640 nm인 빨간색 빛이 1차 극대에서 나타나는 각도 얼마인가?

24. 중심 사이의 간격이 1.30 cm인 평행한 여러 선들로 된 배열이 있다. 20.0°C의 공기 중에서, 37.2 kHz의 초음파가 멀리서 이 배열에 수직으로 입사한다. (a) 초음파가 이 배열을 빠져 나가서 세기가 최대가 되는 방향의 개수를 구하라. (b) 입사파의 진행 방향에 대한 투과파들 각각의 각도를 구하라.

25. 회절 격자 분광기의 1차 스펙트럼에서 세 개의 분리선은 각각 10.1°, 13.7°, 14.8°에서 나타난다. (a) 슬릿 수가 3 660 슬릿/cm일 때 빛들의 파장은 얼마인가? (b) 2차 스펙트럼에서 이 선들을 볼 수 있는 각도는 각각 몇 도인가?

26. CD 플레이어 내의 레이저 빔은 CD의 나선형 트랙을 정확하게 따라서 움직여야 한다. 트랙 간의 간격은 불과 1.25 μm밖에 안 된다. 그림 P38.26은 레이저 빔이 트랙을 정확하게 따라가게 하기 위하여 회절 격자가 사용되는 모습을 보여 주고 있다. 레이저 빔은 CD에 도달하기 전에 회절 격자를 통과한다. 회절 무늬의 가장 강한 중앙 극대가 정보

를 읽어내는 데 사용된다. 양 옆의 두 1차 극대는 데이터가 없는 두 트랙 사이의 면에 닿도록 되어 있으며 방향을 조절하는 데 사용된다. 두 빔이 데이터가 없는 곳에서 반사하면 검출되는 세기는 일정해진다. 그러나 정보를 읽는 가운데 빔이 데이터 트랙에서 약간 벗어나게 되면, 양쪽 두 빔은 다른 데이터 트랙에 도달하게 되어 세기가 감소된 빛을 반사하게 된다. 이런 변화를 감지하여 전자 회로에 보내 레이저 빔이 트랙을 올바로 따라가게 교정해 준다. 780 nm의 레이저 빔을 사용한다고 가정하고, 회절 격자의 위치가 CD에서 6.90 μm 떨어져 있다고 하자. 1차 극대 빔은 데이터 트랙의 양쪽 0.400 μm인 곳에 도달한다고 하자. 홈(슬릿)의 수는 mm당 몇 개이어야 하는가?

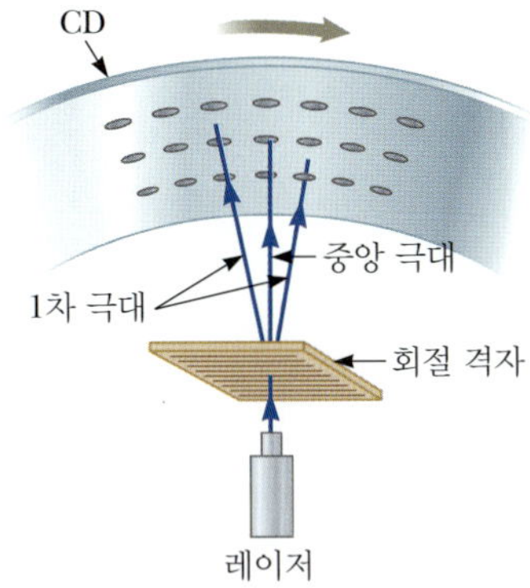

그림 P38.26

27. 홈의 수가 250홈/mm인 격자가 백열등 앞에 놓여 있다. 가시광선 스펙트럼의 범위가 400 nm에서 700 nm 사이라고 하자. (a) 전체 가시광선 스펙트럼 및 (b) 가시광선 스펙트럼의 단파장 영역에서 볼 수 있는 회절 차수는 몇 개인가?

28. 홈의 수가 4 200홈/cm인 회절 격자로부터 2.00 m 떨어진 스크린 위에 매우 근접한 나트륨 파장(589.0 nm와 589.6 nm)에 해당하는 특별한 m차 극대 사이의 거리가 1.54 mm 떨어져 나타났다. m의 값은 얼마인가?

29. 수소 원자 스펙트럼에는 656 nm의 빨간색 선과 434 nm의 청보라색 선이 있다. 4 500홈/cm짜리 회절 격자를 사용하여 얻을 수 있는 모든 가시광의 차수에 대하여 이들 두 스펙트럼선 사이의 분리각을 구하라.

30. 아르곤 레이저에서 나온 빛이 5 310홈/cm인 회절 격자를 통과하여 1.72 m 떨어진 스크린에 회절 무늬를 형성한다. 스크린에서 중앙 주 극대와 1차 주 극대 사이는 0.488 m 떨어져 있다. 사용된 레이저 빛의 파장을 구하라.

31. 백색광이 회절 격자를 통과할 때는 홈의 수에 관계없이 스크린 상에 나타나는 3차 무늬에 있는 스펙트럼의 보라색 끝단은 항상 2차 무늬에 있는 스펙트럼의 빨간색 끝단과 겹치게 됨을 보이라.

32. 파장이 500 nm인 빛이 회절 격자에 수직으로 입사한다. 회절 무늬의 3차 극대가 32.0°에서 나타난다면 (a) 격자의 cm당 홈의 수는 얼마인가? (b) 이 상황에서 관측할 수 있는 주 극대의 전체 수를 구하라.

38.5 결정에 의한 X선의 회절

33. NaCl 결정에서 원자면 간의 간격이 0.281 nm이라면, 파장이 0.140 nm인 X선이 1차 극대로 회절되는 각도는 얼마인가?

34. 아이오딘화 칼륨(KI)의 결정 구조는 NaCl과 같고 결정면 간의 간격이 0.353 nm이다. 면에 대하여 입사하는 각도가 7.60°일 때 어떤 단색 X선의 1차 회절 극대가 나타난다. X선의 파장을 계산하라.

35. Ni 표적에서 나온 단색 X선(λ = 0.166 nm)이 염화 칼륨(KCl) 결정에 입사한다. KCl에서 결정면 사이의 간격은 0.314 nm이다. 2차 극대가 관측되기 위해서는 어느 각도(결정면에 대하여)로 X선 빔을 향하게 해야 하는가?

36. 결정면 사이의 간격이 0.250 nm인 결정에 대하여 1차 회절 극대가 12.6°에서 나타난다. (a) 이런 1차 극대 무늬를 관찰하기 위하여 사용한 X선의 파장은 얼마인가? (b) 이런 파장의 X선을 결정에 사용하여 관찰할 수 있는 회절 무늬의 차수는 얼마인가?

38.6 빛의 편광

37. 다음 상황은 왜 불가능한가? 어떤 기술자가 고체의 표면으로부터 편광되는 빛을 관찰하여 굴절률을 측정하고자 한다. 빛을 공기 중에서 재료의 표면에 41.0°로 입사시킬 때, 반사광은 표면에 평행하게 완전히 편광된다.

38. 투과축의 방향에 $\vec{\mathbf{E}}_0$가 평행한 평면 편광된 빛이 단일 편광판에 입사한다. 편광판을 회전하여 투과된 빛의 세기가 (a) 1/3.00, (b) 1/5.00, (c) 1/10.0이 되게 하려면 회전각은 얼마이어야 하는가?

39. 어떤 반사 표면에 입사각을 계속 바꾸어 주면서 빛을 입사시킨다. 공기 중에서 반사된 빛은 입사각이 48.0°일 때 완전히 편광된다. 반사면 재료의 굴절률은 얼마인가?

40. 편광되지 않은 빛이 두 장의 이상적인 폴라로이드 판을 지나간다. 첫 번째 폴라로이드 판의 투과축은 연직이며 두 번째는 연직에 대하여 30.0°가 될 때, 입사 빛의 어느 비율 정도가 투과될까?

현대 물리학
Modern Physics

PART
6

유럽 입자 물리 연구소(CERN)의 대형 강입자 충돌기(LHC)에 설치된 집약형 뮤온 자석 검출기(CMS). 이는 소립자 연구를 하는 다목적 검출기 중의 하나이다. 검출기의 왼쪽에 있는 초록색 난간이 5층 건물에 해당하는 크기이므로, 전체 크기를 짐작해볼 수 있을 것이다. *(CERN)*

19세기 말에 많은 과학자들은 알아야 할 물리학을 거의 다 배웠다고 믿었다. 뉴턴의 운동 법칙과 만유인력의 법칙, 전기와 자기를 통합한 맥스웰의 전자기 이론, 열역학 법칙과 운동론 그리고 광학의 원리 등이 다양한 현상을 매우 성공적으로 설명하였다.

그러나 20세기 초 물리학계를 뒤흔든 혁명이 일어났다. 1900년 플랑크는 양자론을 이끈 기초 개념을 제안하였고, 1905년 아인슈타인은 특수 상대성 이론을 만들었다. 그 당시의 흥분을 아인슈타인은 다음과 같이 표현하였다. "경탄스런 시기를 살았었다." 이 두 이론 덕분에 자연을 이해하는 방법에 깊은 영향을 주었다. 이 이론들에 의하여 이후 수십 년 동안 원자 물리학, 핵물리학, 응집 물리학 등의 분야에서 새로운 결과들을 이끌어냈다.

39장에서 소개할 특수 상대성 이론으로 보다 깊고 새로운 관점에서 물리 법칙을 볼 수 있다. 가끔 특수 상대성 이론에 의한 예측과 우리의 상식이 서로 어긋나는 것처럼 보이기도 하지만, 이 이론은 빛의 속력에 근접하는 속력과 관련한 실험 결과를 정확하게 설명한다. 이 교재의 확장판에서는 양자 역학의 기본 개념들과 이 개념을 원자와 분자 물리에 응용하는 것을 포함하여 고체 물리학, 핵물리학, 입자 물리학 그리고 우주론을 소개할 것이다.

20세기에 발전한 물리학이 비록 아주 많은 중요한 기술적 성취를 이루도록 하였으나 모두 끝난 것은 아니다. 우리가 살아 있는 동안에도 새로운 발견은 계속 일어날 것이고 그런 발견은 우리를 둘러싸고 있는 우주와 자연에 대한 우리의 이해도를 더욱 깊고 정교하게 해 줄 것이다. 우리는 여전히 "경탄스런 시기에 살고 있다." ■

CHAPTER

39

상대성 이론

Relativity

거대한 아인슈타인 동상에서 찍은 사진. 워싱턴 DC의 아인슈타인 기념관에서 이 교재의 저자의 아들인 데이비드 서웨이가 아인슈타인의 동상 위에서 놀고 있는 그의 아들인 나탄과 케이틀린을 바라보고 있다. 상대성 이론을 발표한 아인슈타인은 아이들을 매우 좋아하였다고 한다. *(Emily Serway)*

일상적으로 경험하고 관측하는 대부분의 물체는 빛의 속력보다 훨씬 느리게 움직인다. 뉴턴 역학은 빛의 속력에 비하여 훨씬 느린 물체들의 운동을 관측하고 표현하여 체계화하였으며, 이런 체계화는 느린 속력에서 일어나는 광범위한 현상을 기술하는 데 매우 성공적이었다. 그렇지만 뉴턴 역학은 빛의 속력에 가깝게 운동하는 물체의 운동을 기술하는 데는 실패하였다.

실험적으로는 전자 또는 대전 입자들을 매우 큰 전위차 속에서 고속으로 가속시켜서 뉴턴 역학을 시험해 볼 수 있다. 예를 들어 수백만 볼트의 전위차를 이용하여 전자를 $0.99c$(여기서 c는 빛의 속력)의 속력으로 가속시킬 수 있다. 뉴턴 역학에 따르면 전위차가 네 배가 되면, 전자의 운동 에너지도 네 배가 되어 전자의 속력은 $1.98c$가 되어야 한다. 그러나 실험에 의하면 전자의 속력은 우주 속의 다른 물질의 속력과 마찬가지로 가속 전압에 관계없이 항상 빛의 속력보다 작은 값을 유지한다. 뉴턴 역학은 속력의 상한값을 정하지 않기 때문에, 현대의 실험 결과와 모순되는 경우가 있어서 분명히 한

계가 있는 이론이다.

아인슈타인은 26세 때인 1905년에 특수 상대성 이론을 발표하였는데, 이 이론에 관하여 다음과 같이 말하였다.

> 상대성 이론은 돌파구가 있을 것 같지 않은 심각하고 깊은 옛 이론에서 모순들을 해결하기 위한 필요성 때문에 생겨났다. 이 새로운 이론의 강력함은 옛 이론의 모든 어려운 문제점들을 해결하는 데 있어서 일관성과 간결성을 유지하는 데 있다.[1]

아인슈타인은 과학의 다른 부분에도 중요한 기여를 많이 하였지만, 특수 상대성 이론 하나만으로도 역사적으로 가장 위대한 지적인 업적 중의 하나를 남겼다. 이 이론으로 $v = 0$인 속력으로부터 빛의 속력에 이르는 모든 속력 범위의 실험적 관찰들이 정확하게 예측될 수 있다. 아인슈타인의 이론식은 속력이 느린 경우에는 뉴턴 역학 식으로 환원된다. 아인슈타인이 특수 상대성 이론을 연구할 당시, 그는 전자기학에 관한 공부를 하고 있었다는 사실에 주목할 필요가 있다. 그는 맥스웰 방정식이 옳다고 믿었고, 이것이 그의 가정들 중의 하나와 어울리게 하기 위하여, 그는 시간과 공간이 절대적이 아니라고 가정하는, 상상을 초월하는 생각에 빠져들게 되었다.

이 장에서는 특수 상대성 이론을 소개하는데, 이 이론의 예측들 중 몇 가지에 대하여 강조하여 다룬다. 이론 물리학에서의 유명하고도 필수적인 역할 외에도 특수 상대성 이론은 원자력 발전소의 설계나 현대의 지리 정보 시스템(GPS) 장치 등 여러 가지 면에 실용적으로 응용되고 있다. 이런 장치들이 비상대론적 원리로 설계되었다면 제대로 작동하지 않을 것이다.

39.1 갈릴레이의 상대성 원리
The Principle of Galilean Relativity

어떤 물리적 사건을 기술하기 위하여 우선 기준틀을 설정해야 한다. 5장에서 관성 기준틀에 대하여 공부하였는데, 관성 기준틀이란 그 안에 있는 물체가 힘을 받지 않으면 가속되지 않는 계를 말한다. 따라서 관성 기준틀에 대하여 등속도로 움직이는 어떤 계도 역시 관성 기준틀이어야 한다.

물론 절대적인 관성 기준틀은 없다. 따라서 등속도로 움직이는 자동차 안에서 실행한 실험의 결과는 정지해 있는 자동차 안에서 실행한 같은 실험의 결과와 동등해야만 한다. 이런 결과의 공식적인 표현을 **갈릴레이의 상대성 원리**(principle of Galilean relativity)라 한다. 즉

갈릴레이의 상대성 원리 ▶

> 모든 관성 기준틀에서 역학의 법칙은 같아야 한다.

서로 다른 기준틀에서 역학 법칙들의 동등성을 설명하고자 하는 실험을 살펴보자. 그

[1] A. Einstein and L. Infeld, *The Evolution of Physics*(New York, Simon and Schuster, 1961).

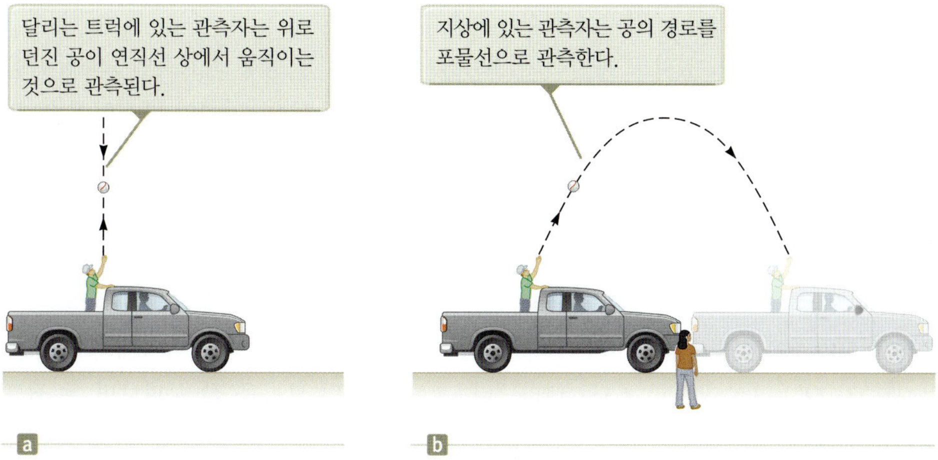

그림 39.1 던진 공의 경로를 보고 있는 두 관측자는 서로 다른 결과를 얻게 된다.

림 39.1a에서 작은 트럭이 지표면에 대하여 등속도로 움직이고 있다. 트럭에 탄 사람이 공을 바로 위로 던진다면, 공기 저항을 무시할 때 그는 공이 연직 위로 올라갔다가 내려오는 것을 볼 것이다. 그 공의 운동은 지상에 정지해 있는 사람이 공을 바로 위로 던졌을 때 보게 되는 결과와 정확히 일치한다. 보편적인 중력 법칙(만유인력의 법칙)과 등가속도에서의 운동 방정식은 트럭이 정지해 있거나 등속도 운동을 하거나 간에 똑같이 적용된다.

또한 그림 39.1b에서처럼 지상에 있는 관측자를 생각해 보자. 트럭에 있는 관측자가 공을 위로 던지면 공이 등가속도 운동하는 입자 모형에 따라 올라갔다가 자기 손에 되돌아온다. 그래서 두 관측자는 물리 법칙에 동의하게 된다. 트럭에 있는 관측자가 던진 공의 경로는 도대체 어떤 것인가? 두 관측자가 이 각각의 공의 경로에 대해서도 의견이 일치하는가? 그림 39.1b에서처럼 지상에 있는 관측자는 트럭에 탄 사람이 던진 공이 포물선을 그릴 것으로 관측한다. 반면에 앞에서도 말하였지만, 트럭에 탄 사람은 공이 바로 위로 올라갔다가 바로 아래로 내려오는 연직 경로를 관측하게 된다. 지상의 정지한 관측자에게 공은 트럭의 속도와 같은 수평 속도 성분을 가지며, 공의 수평 운동은 등속도 운동하는 입자 모형으로 설명된다. 비록 두 관측자가 이 상황의 어느 부분에 대해서는 의견을 달리 하지만, 뉴턴의 법칙과 우리가 공부해 왔던 분석 모형을 적절히 적용한 결과에 관해서는 동의한다. 이런 동의는 두 관성 기준틀 사이에 어떤 차이를 검출해 낼 수 있는 역학적 실험은 없다는 점에도 동의함을 의미한다. 단 한 가지 차이를 들자면, 이들 기준틀이 서로에 대하여 상대 운동을 하고 있다는 사실이다.

퀴즈 39.1 그림 39.1에서 공의 경로를 올바르게 관측한 관측자는 누구인가? **(a)** 트럭에 탄 관측자 **(b)** 지상에서 정지해 있는 관측자 **(c)** 두 사람 모두

관성 기준틀 내의 정지해 있는 관측자에게 일어나고 관측되는 어떤 물리 현상을 생각해 보자. 이런 현상을 **사건**이라고 하자. '어떤 기준틀 내'라고 하는 말은 관측자가 기준틀의 원점에 대하여 정지해 있음을 의미한다. 어떤 사건이 발생한 위치와 시간은 네 개의 좌표 (x, y, z, t)로 나타낼 수 있다. 하나의 관성 기준틀에 있는 관측자가 측정한 좌표들을 이 관성 기준틀과 등속도로 상대 운동을 하는 다른 관성 기준틀에 있는 관측

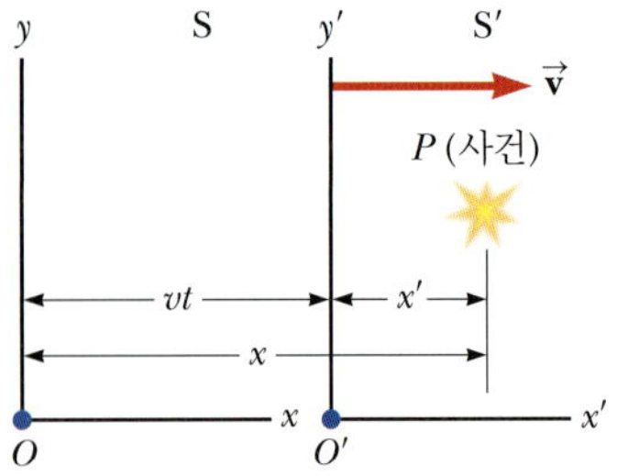

그림 39.2 점 P에서 일어난 사건. 이 사건을 관성틀 S에 있는 관측자와 S에 대하여 속도 $\vec{v}$로 움직이는 S′에 있는 관측자가 관측한다.

자의 좌표들로 변환하고자 한다고 하자.

두 관성틀 S와 S′이 있다고 하자(그림 39.2). 기준틀 S′은 공통 좌표축인 x와 x'축을 따라서 기준틀 S에 대하여 측정한 등속도 $\vec{v}$로 움직인다. 시간 $t = 0$일 때 S와 S′의 원점은 같다고 가정하고, 어떤 사건이 어느 순간 공간상의 점 P에서 발생하였다고 하자. 단순하게 하기 위하여 그림 39.2에서 각각의 좌표틀 원점에 있는 기준틀 S의 관측자 O와 기준틀 S′의 관측자 O'을 파란색 점으로 나타낸다. 그러나 반드시 이렇게 할 필요는 없다. 어느 관측자든 자신의 기준틀에서 다른 고정된 위치에 있을 수 있다. 같은 사건에 대하여 S에 있는 관측자 O는 그 좌표를 시공좌표 (x, y, z, t)로 나타내고 S′에 있는 관측자 O'은 (x', y', z', t')로 나타낸다. 그림 39.2의 모습을 잘 살펴보면 두 좌표 사이의 관계는

갈릴레이 변환식 ▶

$$x' = x - vt \qquad y' = y \qquad z' = z \qquad t' = t \tag{39.1}$$

와 같이 쓸 수 있다. 이 식들을 **갈릴레이 시공 변환식**(Galilean space-time transformation equation)이라 한다. 두 관성틀에서 시간은 동등하다고 가정하였다. 즉 고전 역학의 개념에서 모든 시계는 똑같이 작동하며, 시계의 위치가 변하는 속력에 관계없이 S에 있는 관측자에게 일어난 사건의 시간은 S′에 있는 관측자에게 동일한 사건에 대하여 동일한 시간으로 관측된다. 결과적으로 두 연속적인 사건에 대한 시간 간격은 두 관측자 모두에게 같아야만 한다. 비록 이런 가정은 명백한 듯 보이지만, 속력 v가 빛의 속력에 가까운 매우 빠른 상황에서는 옳지 않음이 밝혀진다.

지금 한 입자가 S에 있는 관측자가 보기에 시간 간격 dt 동안 x축을 따라 dx만큼 변위를 하였다고 하자. 식 39.1에 의하면 입자의 변위는 S′에 있는 관측자에게는 $dx' = dx - v\,dt$로 관측된다. 여기서 기준틀 S′은 기준틀 S에 대하여 x 방향으로 속력 v로 움직이고 있다. $dt = dt'$이므로

$$\frac{dx'}{dt'} = \frac{dx}{dt} - v$$

가 된다. 즉

$$u'_x = u_x - v \tag{39.2}$$

이다. 여기서 u_x와 $u_x{}'$은 각각 S와 S′에 있는 관측자가 측정한 입자 속도의 x성분이다(여기서 입자의 속도로 $\vec{v}$ 대신 $\vec{u}$를 사용하는데, $\vec{v}$는 두 기준틀의 상대 속도를 나타낼 때 이미 쓰였기 때문이다). 식 39.2를 **갈릴레이 속도 변환식**(Galilean velocity transformation equation)이라 한다. 이것은 이미 4.6절에서 논의되었던 내용과 같은 것으로서, 시간과 공간에 관한 직관적인 개념과 잘 일치한다. 그러나 곧 알게 되겠지만, 이 변환을 전자기파에 적용할 때는 심각한 모순에 부딪치게 된다.

오류 피하기 39.1

기준틀 S와 S′ 사이의 관계 이 장에 나오는 수식 중 대부분은 기준틀 S와 S′ 사이의 특정한 관계가 있는 경우에만 성립한다. 원점이 다르지만 x와 x'축은 겹쳐 있다. y와 y'축(z와 z'축도)은 평행하지만 S′의 원점이 S에 대하여 시간에 따라 변하기 때문에 두 축은 처음 한 순간에만 일치한다. 두 좌표계의 원점이 일치하는 순간을 $t = 0$으로 놓는다. 기준틀 S′이 S에 대하여 $+x$ 방향으로 움직이면 v는 양수이고 그렇지 않으면 음수이다.

퀴즈 39.2 어떤 투수가 176 km/h로 달리는 지붕이 없는 화물 열차 위에서 공을 144 km/h의 속력으로 기차의 운동 방향과 같은 방향으로 던진다. 이 경우에 갈릴레이 속도 변환식을 사용한다면 지표면에 대한 공의 속력은 어떻게 되는가? **(a)** 144 km/h **(b)** 176 km/h **(c)** 32 km/h **(d)** 320 km/h **(e)** 계산할 수 없다.

빛의 속력 The Speed of Light

갈릴레이의 상대성 원리가 전자기학이나 광학에도 적용될 수 있느냐 하는 문제가 당연히 제기된다. 실험에 의하면, 그 답은 "그렇지 않다"이다. 34장에서 배웠지만, 맥스웰은 자유 공간에서의 빛의 속력이 $c = 3.00 \times 10^8$ m/s임을 증명하였다. 1800년대 말의 물리학자들은 빛이 **에테르**라고 하는 매질 속을 움직이고, 빛의 속력은 에테르에 대하여 정지하고 있는 특수하고 절대적인 기준틀에서만 c로 주어진다고 생각하였다. 갈릴레이 속도 변환식도 절대적인 에테르 기준틀에 대하여 속력 v로 움직이는 어떤 기준틀 내의 관측자가 관측한 빛에 대해서도 성립할 것으로 기대하였다. 즉 빛이 x축을 따라 이동하고 관측자가 x축을 따라 속도 $\vec{\mathbf{v}}$로 이동할 때, 관측자는 그 빛의 속력을 빛과 관측자의 운동 방향에 따라 $c \pm v$로 측정하게 될 거라는 것이다.

절대적인 에테르 기준틀이 존재한다면 그것은 가장 선호하는 우선적 기준틀이 될 것이고, 빛이 다른 고전적인 파동과 마찬가지라는 것과 절대 기준틀이라는 뉴턴 역학적 개념이 사실이라는 것이 증명될 것이기 때문에, 중요한 문제는 과연 에테르가 존재하느냐 하는 것이다. 1800년대 말 이전에는 매질 속에서 최고 속력으로 움직이는 빛의 속력에 관한 실험에서 c와 $c \pm v$의 작은 차이를 검출할 수 있는 장치가 없었다. 1880년경을 기점으로 과학자들은 이런 빛의 속력의 작은 변화를 검출하기 위한 시도를 하였는데, 운동 기준틀로 지구를 사용하기로 하였다.

지구 상의 고정된 관측자는 자신이 정지해 있고 빛을 전파하기 위한 매질을 포함하는 절대적인 에테르 계는 속력 v로 자신을 빨리 지나간다는 생각을 할 수 있다. 이런 상황에서 빛의 속력을 결정하는 것은 공기가 흐르는 공중에서 비행기나 바람의 속력을 결정하는 것과 비슷하다. 결과적으로 '에테르 바람'이 지구 상에 고정된 실험 장치들을 지나가면서 분다고 말할 수 있다.

에테르 바람을 검출하는 직접적인 방법은 지구 상에 고정된 장치를 사용하여 에테르 바람이 빛의 속력에 미치는 영향을 측정하는 것이다. v가 지구에 대한 에테르의 속력이라고 하면, 빛이 바람과 같은 방향이면 그림 39.3a에서처럼 빛의 속력은 최대 속력 $c + v$가 될 것이고, 바람과 반대 방향이면 그림 39.3b에서처럼 최소 속력 $c - v$가 될 것이다. 또한 빛과 에테르 바람이 서로 수직인 방향이면, 그림 39.3c에서처럼 빛의 속력은 $(c^2 - v^2)^{1/2}$이 될 것이다. 후자의 경우, 그림 4.20b의 보트에서와 같이 벡터 $\vec{\mathbf{c}}$는 위쪽으로 향해야만 합 속도 벡터는 바람에 수직이 된다. 태양이 에테르 바람 속에서 정지해 있다고 가정하면, 에테르 바람의 속력은 태양에 대한 지구의 공전 속력인 약 30 km/s, 즉 3×10^4 m/s와 같을 것이다. $c = 3 \times 10^8$ m/s이므로, 같은 방향과 반대 방향에서 10^4분의 1 정도의 속력 변화가 측정되어야 한다. 그러나 이런 작은 변화량을 실험적으로 측정할 수 있음에도 불구하고, 이런 변화를 검출하여 에테르 바람의 존재(따라서 절대 기준틀의 존재)를 확립하고자 했던 모든 시도가 수포로 돌아갔다. 이런 에테르에 관한 고전적인 실험 연구는 39.2절에서 살펴보기로 하자.

갈릴레이 상대론의 원리는 역학의 법칙들만을 기준으로 하고 있다. 그래서 만일 전기나 자기의 법칙들이 모든 관성틀에 대해서도 같다고 가정한다면, 빛의 속력에 관

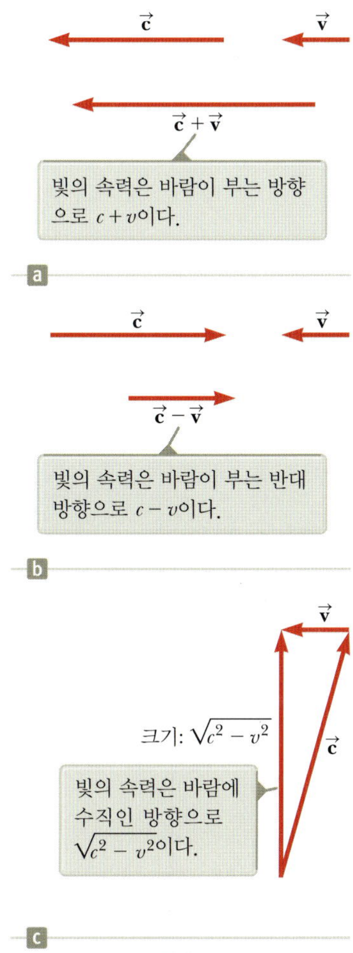

그림 39.3 지구에 대한 에테르 바람의 속도가 $\vec{\mathbf{v}}$이고 에테르에 대한 빛의 속도가 $\vec{\mathbf{c}}$라면, 지구에 대한 빛의 속력은 지구의 속도 방향에 의존한다.

한 역설이 금방 생기게 된다. 이것은 맥스웰 방정식이 모든 관성틀에서 빛의 속력이 3.00×10^8 m/s로 일정한 값을 갖는다는 것과, 그 결과로 갈릴레이 속도 변환식에 근거한 문제들에는 즉각 모순된다는 사실을 인식하게 되면 이해가 된다. 갈릴레이 상대론에 따르면, 빛의 속력은 모든 관성틀에서 같지 **않아야** 한다.

이론에서의 이런 모순을 해결하기 위하여 (1) 전기와 자기의 법칙들이 모든 관성틀에서 같지 않다거나 (2) 갈릴레이 속도 변환식은 정확하지 않다고 결론지어야 한다. 만일 첫 번째 사항을 다르게 가정한다면, 우선적인 기준틀에서 빛의 속력은 c이어야 하고, 그 외의 다른 기준틀에서는 빛의 속력이 c보다 작거나 크게 관측되어야 한다. 그래야만 갈릴레이 속도 변환식과 일치하게 된다. 또한 두 번째 사항을 다르게 가정한다면, 갈릴레이 시공 변환식의 근거를 이루는 절대 시간과 절대 공간의 개념을 포기해야만 한다.

39.2 마이컬슨-몰리의 실험
The Michelson-Morley Experiment

빛의 속력의 작은 변화를 검출하기 위하여 설계된 가장 유명한 실험은 1881년 마이컬슨(Albert A. Michelson, 그에 관해서는 37.6절 참조)이 최초로 수행하였으며, 이어서 마이컬슨과 몰리(Edward W. Morley, 1838~1923)가 여러 가지 다른 조건으로 반복하였다. 곧 알게 되겠지만 실험 결과는 에테르 가설을 부정하는 것이었다.

이 실험은 가상적인 에테르에 대한 지구의 속도를 결정하도록 구성되었다. 실험에서 사용된 장치는 37.6절에서 논의되었던 마이컬슨 간섭계로서, 그림 39.4에 다시 나타내었다. 팔 2는 지구의 운동 방향에 맞추어져 있다. 지구가 에테르 속을 속력 v로 운동한다는 것은 에테르가 반대 방향으로 속력 v로 지구를 향하여 불어온다는 것과 같다. 지구의 운동 방향과 반대 방향으로 불어오는 에테르 바람은 지구 기준틀에서 볼 때 빛이 거울 M_2로 향할 때는 $c - v$의 속력으로 측정되고, 반사 후에는 $c + v$로 측정되는 원인이 된다. 여기서 c는 에테르 기준틀에서 빛의 속력이다.

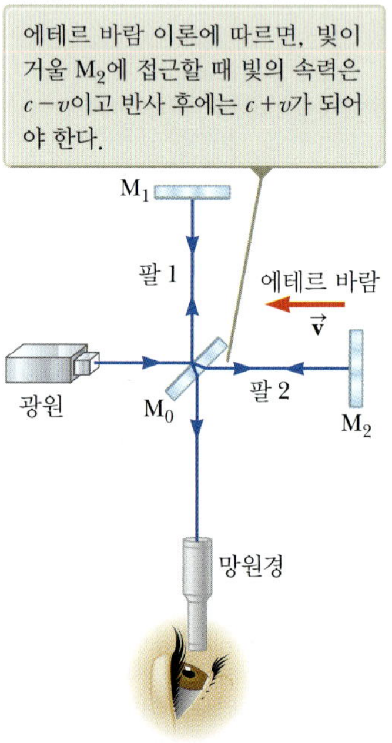

그림 39.4 마이컬슨 간섭계를 사용하여 에테르 바람을 측정하고 있다.

거울 M_1과 M_2에서 반사된 두 빛이 다시 만나면 37.6절에서 논의한 것과 같은 간섭무늬를 만들며, 이는 간섭계가 90° 회전해도 관측된다. 이 회전으로 간섭계의 두 축 간의 에테르 바람의 속력이 서로 바뀐다. 따라서 간섭계가 회전하면 간섭 무늬가 약간 다르게 나타날 수도 있다. 그러나 이 실험 결과는 간섭 무늬의 아무런 변화도 보여 주지 못하였다. 마이컬슨-몰리의 실험은 에테르 바람이 방향과 크기를 바꿀 것으로 예상하고 여러 해에 걸쳐 반복되었으나, 그 결과는 항상 같아서 지금까지 의미를 둘 만한 간섭 무늬의 변화는 관측되지 않았다.[2]

마이컬슨-몰리 실험의 부정적인 결과는 에테르 가설을 반박하는 것일 뿐 아니라, 어

[2] 지상에 있는 관측자의 입장에서 보면, 일 년에 걸친 지구의 속력과 운동 방향의 변화가 에테르 바람의 이동으로 보일 수 있다. 에테르에 대한 지구의 속력이 어느 순간 영이라 할지라도, 6개월 후의 지구의 속력은 에테르에 대하여 60 km/s일 수 있으므로, 그 결과 분명한 시간 차이가 관측되어야만 한다. 그런데도 아직 무늬의 변화가 관측되지 않았다.

떤 (절대적인) 기준틀에 대한 지구의 절대 속도는 측정이 불가능하다는 것을 나타내 주고 있다. 그러나 아인슈타인은 특수 상대성 이론에서 이들 헛된 실험 결과에 대하여 아주 다른 견해로 가설을 제시하였다. 빛의 성질이 좀 더 알려진 몇 년 후, 모든 공간 속에 퍼져 있을 것이라는 에테르의 개념은 쓸모가 없어져 버렸다. 지금은 빛은 전파하기 위한 매질이 필요없는 전자기파로 이해되고 있다. 결과적으로 빛이 진행하기 위하여 에테르가 있어야 한다는 생각은 불필요하게 되었다.

마이컬슨–몰리 실험의 상세한 내용 Details of the Michelson-Morley Experiment

마이컬슨–몰리의 실험 결과를 이해하기 위하여, 그림 39.4에 나타낸 간섭계의 두 축의 길이가 똑같이 L이라고 가정하자. 마이컬슨과 몰리가 에테르 바람의 존재를 기대하고 실험을 하였기 때문에, 여기서도 에테르 바람이 있는 것처럼 해석해야 한다. 앞에서 언급한 바와 같이, 팔 2를 지나가는 빛의 속력은 빛이 M_2로 갈 때는 $c - v$가 되고 반사 후에는 $c + v$가 되어야 한다. 빛 펄스를 일정한 속력으로 이동하는 입자로 모형화한다. 그러므로 오른쪽으로 진행하는 데 걸리는 시간은 $\Delta t = L/(c - v)$이고, 왼쪽으로 진행하는 데 걸리는 시간은 $\Delta t = L/(c + v)$이다. 팔 2를 따라서 빛이 왕복하는 데 걸리는 전체 시간은

$$\Delta t_{\text{arm 2}} = \frac{L}{c+v} + \frac{L}{c-v} = \frac{2Lc}{c^2 - v^2} = \frac{2L}{c}\left(1 - \frac{v^2}{c^2}\right)^{-1}$$

이 된다.

이번에는 빛이 에테르 바람에 수직인 방향인 팔 1을 따라서 진행한다고 하자. 이 경우 지구에 대한 빛의 속력은 $(c^2 - v^2)^{1/2}$이 될 것이므로(그림 39.3c 참조), M_1로 가는 데 걸리는 시간과 M_1로부터 되돌아오는 데 걸리는 시간이 $\Delta t = L/(c^2 - v^2)^{1/2}$으로 같아서, 왕복하는 데 걸리는 전체 시간은

$$\Delta t_{\text{arm 1}} = \frac{2L}{(c^2 - v^2)^{1/2}} = \frac{2L}{c}\left(1 - \frac{v^2}{c^2}\right)^{-1/2}$$

이 된다. 그러므로 수평 왕복 시간(팔 2)과 수직 왕복 시간(팔 1)의 차이 Δt는

$$\Delta t = \Delta t_{\text{arm 2}} - \Delta t_{\text{arm 1}} = \frac{2L}{c}\left[\left(1 - \frac{v^2}{c^2}\right)^{-1} - \left(1 - \frac{v^2}{c^2}\right)^{-1/2}\right]$$

이 된다. $v^2/c^2 \ll 1$이므로, 위 식을 다음과 같이 이항 전개를 하고 이차항 이상의 항들을 생략하면, 즉

$$(1 - x)^n \approx 1 - nx \qquad (x \ll 1\text{인 경우})$$

를 사용하자. 여기서의 경우, $x = v^2/c^2$이므로

$$\Delta t = \Delta t_{\text{arm 2}} - \Delta t_{\text{arm 1}} \approx \frac{Lv^2}{c^3} \tag{39.3}$$

을 얻는다.

두 방향에서 반사되는 빛이 관측 망원경에 도달하는 시간차는 두 빛 간의 위상 차이를 생기게 하므로, 두 빛은 망원경의 위치에서 결합되어 간섭 무늬를 형성하게 된다. 간섭계를 수평면 상에서 90° 회전시키면 두 거울의 역할이 바뀌게 되고, 그에 따라 간섭 무늬의 변화가 나타나야 한다. 이 회전으로 식 39.3에서 주어지는 값의 두 배의 시간차가 생긴다. 그러므로 이 시간차에 해당하는 경로차는

$$\Delta d = c(2\,\Delta t) = \frac{2Lv^2}{c^2}$$

이 된다. 한 파장 길이의 경로차가 한 무늬의 이동에 해당되므로, 이에 해당하는 무늬의 이동은 이 경로차를 빛의 파장으로 나눈 것과 같다. 즉

$$\text{무늬 이동} = \frac{2Lv^2}{\lambda c^2} \tag{39.4}$$

이다.

마이컬슨과 몰리의 실험에서, 각 빛은 여러 개의 거울을 통하여 반복 반사되도록 하여 전체 유효 경로 L은 약 11 m가 되게 하였다. 이 값과 v를 3.0×10^4 m/s(태양에 대한 지구의 공전 속력)로 놓고 빛의 파장을 500 nm로 하여 계산하면, 무늬 이동은

$$\text{무늬 이동} = \frac{2(11\text{ m})(3.0 \times 10^4\text{ m/s})^2}{(5.0 \times 10^{-7}\text{ m})(3.0 \times 10^8\text{ m/s})^2} = 0.44$$

가 된다. 마이컬슨과 몰리가 사용한 기구는 0.01무늬까지 검출할 수 있는 장치였다. 그러나 무늬 모양에서 이동을 검출할 수 없었다. 그 후 이 실험은 많은 다른 과학자들에 의하여 여러 가지 다른 조건으로 수없이 반복되었으나, 아직까지도 무늬 이동을 관찰하지 못하고 있다. 그러므로 가정한 에테르에 대한 지구의 운동은 검출할 수 없다고 결론짓게 되었다.

마이컬슨–몰리 실험의 부정적인 결과를 설명하기 위하여, 에테르 기준틀의 개념을 확립하고 갈릴레이 속도 변환식을 빛에 그대로 적용하려는 많은 노력이 있었다. 이런 노력으로부터 나온 모든 제안은 물거품이 되고 말았다. 물리학의 역사에서, 기대되는 결과가 나타나지 않는 사실을 설명하기 위하여 마이컬슨–몰리의 실험만큼 많은 노력이 기울여진 실험은 없었다. 다음 무대는 아인슈타인의 것이었으며, 그는 1905년에 특수 상대성 이론으로 이 문제를 해결하였다.

© Mary Evans Picture Library/Alamy

아인슈타인
Albert Einstein, 1879~1955
독일과 미국에서 활동한 물리학자

역사적으로 가장 위대한 물리학자인 아인슈타인은 독일의 울름에서 태어났다. 26세가 되던 1905년에 물리학에 혁명을 일으킨 네편의 논문을 발표하였다. 그중 두 편은 그의 가장 중요한 업적인 특수 상대성 이론에 관한 것이었다.

1916년에 아인슈타인은 일반 상대성 이론에 관한 논문을 발표하였다. 이 이론의 가장 극적인 예측은 중력장에 의하여 휘어지는 별빛의 각도에 대한 것이었다. 1919년의 일식 때 천문학자들이 측정한 별빛의 휘어짐은 아인슈타인의 예측을 적중시켰으며, 그로 인해 그는 일약 세계적인 유명인사가 되었다.

과학 혁명을 일으킨 공로에도 불구하고, 그는 1920년대에 발전된 양자 역학에 크게 혼란스러워 하였다. 특히 그는 양자 역학의 중심 사상인 자연에서 일어나는 사건에 대한 확률론적 견해를 도저히 받아들일 수 없었다. 인생의 나머지 수십 년 동안 중력과 전자기학을 결합한 통일장 이론에 대한 연구에 몰두하였으나 미완성에 그치고 말았다.

39.3 아인슈타인의 상대성 원리
Einstein's Principle of Relativity

앞 절에서, 지구에 대한 에테르의 속력을 측정하는 것이 불가능하고 갈릴레이 속도 변환식이 빛의 경우엔 맞지 않는다는 것을 이야기하였다. 아인슈타인은 이런 어려움을 극복하면서 동시에 시간과 공간 개념을 완전히 바꾸어 놓는 특수 상대성 이론을 제시하였는데, 이 이론은 다음과 같은 두 가지 가설을 기본으로 하고 있다.[3]

1. **상대성 원리**: 모든 관성 기준틀에서 물리 법칙은 같다.
2. **빛의 속력의 불변성**: 진공 중의 빛의 속력은 모든 관성 기준틀에서 광원의 속도나 관측자의 속도에 관계없이 $c = 3.00 \times 10^8$ m/s의 일정한 값을 갖는다.

가설 1은 역학, 전기자기학, 광학 및 열역학 등과 관련된 모든 물리 법칙은 서로 등속도로 상대 운동을 하는 모든 기준틀에서 같다는 것이다. 이 가설은 역학 법칙에만 관련되는 갈릴레이 상대론을 포괄적으로 일반화한 것이다. 실험적인 측면에서 보면, 아인슈타인의 상대론은 정지해 있는 실험실에서 수행하는 어떤 실험(예를 들어 빛의 속력을 측정하는)도 그 실험실과 등속도로 운동하는 다른 실험실에서 수행된 실험과 같은 결과가 나와야 한다는 것이다. 그러므로 우선적인 관성 기준틀은 존재하지 않으며, 절대 운동을 측정하는 것은 불가능하다.

빛의 속력이 일정하다는 원리인 가설 2는 가설 1에 기초한 것이다. 만일 모든 관성틀에서 빛의 속력이 일정하지 않다면, 서로 다르게 측정된 속력 값으로 관성틀을 구별할 수 있으므로 우선적인 절대 기준틀을 알아낼 수가 있다. 따라서 그것은 가설 1에 위배된다.

마이컬슨-몰리의 실험이 아인슈타인이 상대론을 발표하기 전에 수행된 것이지만, 아인슈타인이 그 실험에 관하여 자세히 알고 있었는지는 불확실하다. 그럼에도 불구하고, 그 실험의 예상과 다른 결과는 아인슈타인 이론의 틀 안에서 이해될 수 있는 것이다. 아인슈타인의 상대론에 따르면 마이컬슨-몰리 실험의 전제는 옳지 않았다. 기대하는 결과를 설명하고자 하는 과정에서 빛이 에테르 바람에 거슬러 진행할 때는 갈릴레이 속도 변환식에 따라 빛의 속력이 $c - v$가 된다고 하였다. 그러나 관측자나 광원의 운동 상태가 측정된 빛의 속력에 아무런 영향을 주지 않는다면, 빛의 속력은 항상 c로 측정될 것이다. 마찬가지로 빛이 거울에 반사되어 되돌아올 때도 빛의 속력은 $c + v$가 아닌 c가 되어야 한다. 그러므로 마이컬슨-몰리의 실험에서, 지구의 운동은 간섭 무늬에 아무런 영향을 주지 않게 관측되므로 부정적인 실험 결과가 예측된다.

아인슈타인의 상대성 원리를 받아들인다면 빛의 속력을 측정할 때에 상대 운동은 중요하지 않다. 동시에 지금까지의 상식적인 시공 개념을 바꾸어야 하며, 좀 별난 결과를 받아들일 준비를 해야 한다. 우리의 상식은 1초에 수십만 킬로미터로 움직이는 것이 아닌 일상생활의 보통 경험을 토대로 하고 있다는 것에 관심을 두면, 이어지는 내용을 이해하는 데 틀림없이 도움이 될 것이다. 그러므로 이 결과들은 이상한 것이 아니며, 단지 우리가 그런 경험을 하기 어렵기 때문에 문제가 된다.

---

[3] A. Einstein, "On the Electrodynamics of Moving Bodies", *Ann. Physik* **17**:891, 1905. 이 논문의 영문판이나 아인슈타인의 다른 문헌을 보려면 H. Lorentz, A. Einstein, H. Minkowski 및 H. Weyl이 쓴 *The Principle of Relativity*(New York: Dover, 1958)를 참고하라.

39.4 특수 상대성 이론의 결과
Consequences of the Special Theory of Relativity

이 절에서 상대론의 몇 가지 결과를 확인하게 되는데, 주로 동시성, 시간 간격, 길이의 개념이다. 이 세 가지 모두는 상대론적 역학에서는 뉴턴 역학에서와는 아주 다르다. 예를 들어 상대론적 역학에서는 두 점 간의 거리와 두 사건 간의 시간 간격은 그것들이 측정되는 기준틀에 따라 달라진다.

동시성과 시간의 상대성 Simultaneity and the Relativity of Time

뉴턴 역학의 기본적인 전제는 모든 관측자에게 모두 똑같은 보편적인 시간 척도가 존재한다는 것이다. 뉴턴과 그의 후학들은 동시성의 개념을 당연한 것으로 받아들였다. 아인슈타인은 특수 상대성 이론에서 이런 가정을 무시하였다.

이 문제를 설명하기 위하여 아인슈타인은 다음과 같은 사고 실험(thought experiment)을 고안하였다. 그림 39.5a와 같이 어떤 기차가 등속도로 움직이고 있는데, 기차의 양 끝에 번갯불이 떨어져서 기차와 땅에 흔적을 남긴다고 하자. 기차에 남은 흔적을 A'과 B'이라 하고 땅에 남은 흔적을 A와 B라고 하자. 기차 안에 있는 관측자 O'은 A'과 B'의 중간에 있으며, 지상에 있는 관측자 O는 A와 B의 중간에 있다. 두 관측자가 기록하는 사건은 두 번갯불이 기차를 맞히는 순간이다.

그림 39.5b에서처럼 관측자 O는 A와 B에서 튀는 빛을 동시에 보게 된다. 이 관측자는 빛 신호가 같은 속력으로 같은 거리를 왔음을 알고 있으므로, 사건 A와 B는 동시에 일어났다고 결론짓는다. 같은 사건을 기차 안에 있는 관측자 O'이 보았을 경우를 살펴보자. 빛 신호가 O에 도달할 시간에 관측자 O'은 그림 39.5b에 나타낸 것처럼 이동해 있으므로, B'에서 나온 신호는 A'에서 나온 신호보다 먼저 O'에 도달한다. 다시 말하면 O'은 A'에서 온 빛을 보기 전에 B'에서 온 빛을 보게 된다. 아인슈타인에 따르면 **두 관측자에게 빛의 속력은 같아야 한다.** 그러므로 관측자 O'은 번갯불이 기차 뒤보다 앞에 먼저 떨어진다고 결론짓는다.

이 사고 실험은 관측자 O에게 동시인 두 사건이 관측자 O'에게는 동시가 아니라는

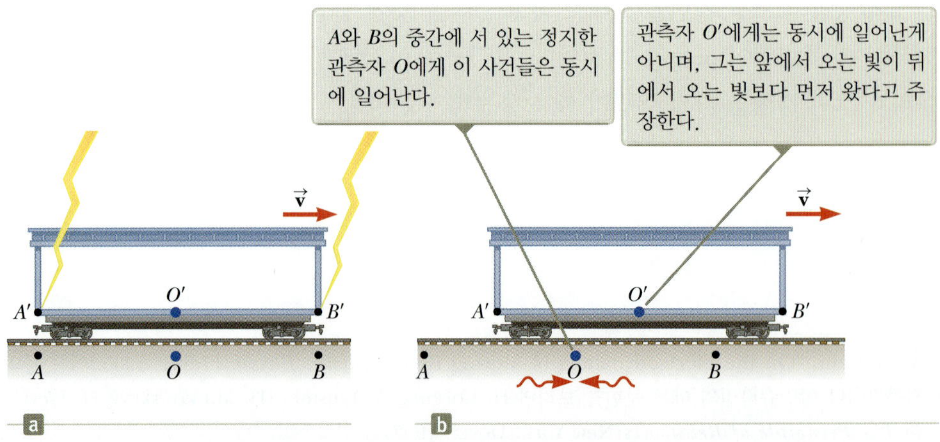

그림 39.5 (a) 번갯불이 기차의 앞뒤에 떨어진다. (b) 왼쪽으로 가는 빛은 이미 O'을 지나쳤으나 오른쪽으로 가는 빛은 O'에 아직 도달하지 않았다.

것을 분명하게 나타내 주고 있다. 동시성은 절대 개념이 아니며 관측자의 운동 상태에 따라 달라지는 개념이다. 아인슈타인의 사고 실험은 두 관측자가 두 사건의 동시성에 동의하지 않을 수 있음을 나타낸다. 그러나 이런 불일치는 빛이 관측자에게 이동하는 시간에 따라 달라지므로, 상대성의 더 깊은 의미를 설명해 주지는 않는다. 매우 빠른 속력의 상황을 상대론적으로 해석해 보면, 상대론은 빛이 이동하는 시간을 빼더라도 동시성은 상대적임을 보여 주고 있다. 사실 앞으로 계속 논의하게 될 모든 상대론적인 효과는 빛이 관측자에게 이동하는 시간에 의한 차이를 무시한다고 가정할 것이다.

> **오류 피하기 39.2**
>
> **누가 옳은가?** 이 시점에서 여러분은 그림 39.5에 있는 두 사건에 대하여 어느 관측자가 옳은지 궁금해 할지 모른다. **둘 다 옳다.** 왜냐하면 상대성 원리는 **어떤 관성틀도 더 선호되지 않는다**고 말하기 때문이다. 두 관측자가 다른 결론을 내리지만 둘 다 자신의 기준틀 안에서는 옳다. 왜냐하면 동시성의 개념은 절대적인 것이 아니기 때문이다. 실제로 이것이 상대론의 중요한 점이다. 일정하게 움직이는 모든 기준틀은 사건을 묘사하고 물리를 연구하는 데 이용될 수 있다.

시간 팽창 Time Dilation

서로 다른 관성 기준틀에 있는 관측자들이 한 쌍의 사건 간의 시간 간격을 서로 다르게 측정할 수 있다는 사실을 설명하기 위하여, 그림 39.6a의 기차에서처럼 속력 v로 오른쪽으로 움직이는 기차를 살펴보자. 큰 거울 하나가 천장에 고정되어 있고, 기차에 고정되어 있는 기준틀에 정지해 있는 관측자 O'이 손전등을 거울에서 밑으로 d 되는 곳에 잡고 있다고 하자. 어느 순간 손전등에서 빛이 나와서 거울로 향하고(사건 1), 다음 순간 빛이 거울에서 반사된 후 손전등에 되돌아왔다(사건 2). 관측자 O'은 시계를 가지고 있는데, 이 시계로 이들 두 사건 간의 시간 간격 Δt_p를 측정한다(곧 알게 되겠지만 첨자 p는 **고유**라는 의미의 proper의 첫 자를 나타낸다). 빛의 펄스를 일정한 속력으로 이동하는 입자로 모형화한다. 빛의 속력이 c이므로, 손전등에서 나온 빛이 관측자 O'에서 거울로 갔다가 되돌아오는 데 걸리는 시간 간격은 다음과 같다.

$$\Delta t_p = \frac{\text{이동 거리}}{\text{속력}} = \frac{2d}{c} \tag{39.5}$$

이 두 사건을 그림 39.6b에서처럼 지표면에 대하여 정지한 두 번째 기준틀에 있는 관측자 O는 어떻게 보는지 살펴보자. 이 관측자에 의하면, 거울과 손전등은 오른쪽으

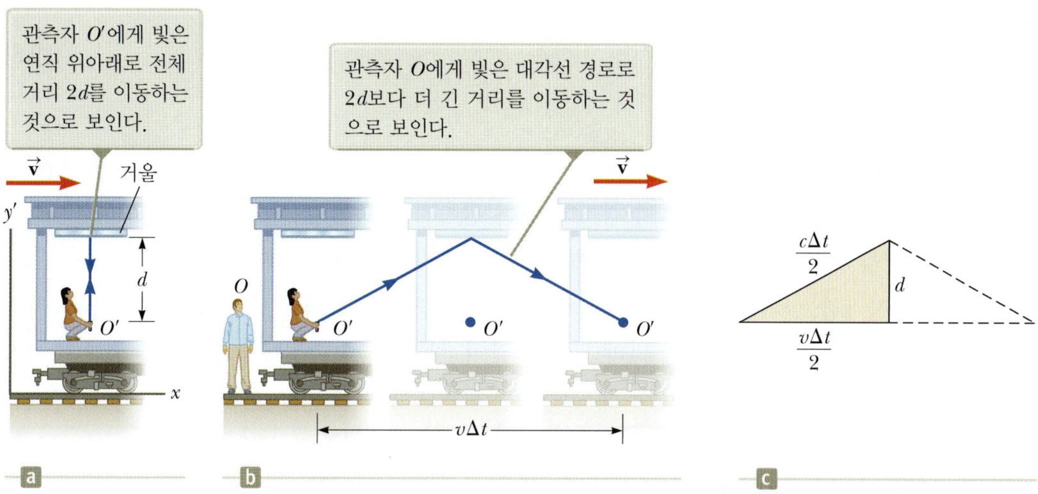

그림 39.6 (a) 움직이는 기차 안에 거울이 고정되어 있고 기차 안에서 정지해 있는 관측자 O'이 빛을 보낸다. (b) 기차가 진행하는 방향으로 서 있는 정지한 관측자 O에 대하여 거울과 O'은 v의 속력으로 움직인다. (c) Δt와 Δt_p 사이의 관계를 계산하기 위한 직각 삼각형

로 속력 v로 움직이고 있으므로 연속된 두 사건은 완전히 다르게 나타난다. 손전등에서 나온 빛이 거울에 닿는 시간에 거울은 오른쪽으로 $v\Delta t/2$만큼 움직여 갔다. 여기서 Δt는 빛이 O'을 떠나 거울로 갔다가 O'에게로 되돌아오는 데 걸리는 시간 간격을 O가 측정한 시간 간격이다. 관측자 O는 빛이 거울에 닿으려면 기차의 운동 때문에 손전등의 빛이 기차의 운동 방향과 적절한 각도를 이루고 나아가야 한다고 결론짓게 된다. 그림 39.6a와 b를 비교해 보면, 빛은 (a)에서보다 (b)에서 더 긴 거리를 움직인다(어느 관측자도 누가 움직이는지 알지 못함에 유의하자. 각자는 자신의 관성틀에서 정지해 있다).

특수 상대성 이론의 가설 2에 따르면, 두 관측자 모두는 빛의 속력을 c로 측정해야 한다. 관측자 O에 의하면, 빛이 더 멀리 가므로 O가 측정한 시간 간격 Δt는 O'이 측정한 시간 간격 Δt_p보다 길다. 이 두 시간 간격들 사이의 관계를 구하기 위하여 그림 39.6c와 같은 직각 삼각형을 사용하면 된다. 피타고라스 정리에 따르면

$$\left(\frac{c\,\Delta t}{2}\right)^2 = \left(\frac{v\,\Delta t}{2}\right)^2 + d^2$$

이 되고, 이것을 Δt에 관하여 풀면

$$\Delta t = \frac{2d}{\sqrt{c^2 - v^2}} = \frac{2d}{c\sqrt{1 - \dfrac{v^2}{c^2}}} \qquad \textbf{(39.6)}$$

를 얻는다. $\Delta t_p = 2d/c$이므로, 이 결과를

시간 팽창 ▶

$$\Delta t = \frac{\Delta t_p}{\sqrt{1 - \dfrac{v^2}{c^2}}} = \gamma\,\Delta t_p \qquad \textbf{(39.7)}$$

로 나타낼 수 있다. 여기서

$$\gamma = \frac{1}{\sqrt{1 - \dfrac{v^2}{c^2}}} \qquad \textbf{(39.8)}$$

이다. γ는 항상 1보다 크므로, 식 39.7은 시계에 대하여 움직이는 관측자가 측정한 시간 간격 Δt는 시계에 대하여 정지해 있는 관측자가 측정한 시간 간격 Δt_p보다 더 길다는 것을 보여 주고 있다. 이 효과를 **시간 팽창**(time dilation)이라고 한다.

인자 γ를 살펴보면 일상생활에서는 시간 팽창이 관측되지 않음을 알 수 있다. 이 γ는 그림 39.7과 표 39.1에 나타낸 바와 같이, 매우 빠른 속력에서만 1에서 크게 벗어난다. 예를 들어 속력이 $0.1c$일 때 γ의 값은 1.005이다. 그러므로 빛의 속력의 1/10에서의 시간 팽창은 0.5 %에 불과하다. 우리가 일상생활에서 접하는 속력은 $0.1c$보다도 훨씬 더 느리기 때문에, 우리는 보통의 경우 시간 팽창을 경험할 수가 없다.

식 39.5와 39.7의 시간 간격 Δt_p를 **고유 시간 간격**(proper time interval)이라고 한다(아인슈타인은 영어의 'own-time'을 의미하는 독일어의 'Eigenzeit'라는 말을 사용

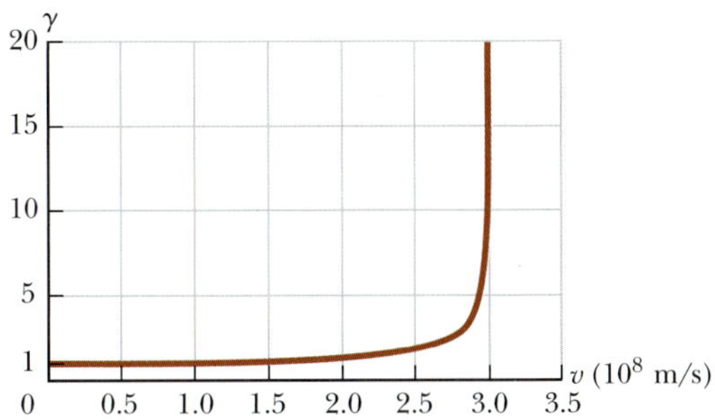

그림 39.7 γ 대 v 그래프 빛의 속력에 접근함에 따라 γ는 급격하게 증가한다.

표 39.1 속력에 따른 γ의 근삿값

v/c	γ
0	1
0.001 0	1.000 000 5
0.010	1.000 05
0.10	1.005
0.20	1.021
0.30	1.048
0.40	1.091
0.50	1.155
0.60	1.250
0.70	1.400
0.80	1.667
0.90	2.294
0.92	2.552
0.94	2.931
0.96	3.571
0.98	5.025
0.99	7.089
0.995	10.01
0.999	22.37

하였다). 일반적으로 고유 시간 간격이란 **공간상의 같은 지점에서 일어나는 사건들을 보는** 관측자가 측정한 두 사건 간의 시간 간격이다.

여러분에 대하여 움직이고 있는 시계가 있다면, 그 움직이는 시계가 내는 똑딱거림 사이의 시간 간격은 여러분에 대하여 정지해 있는 동일한 시계가 내는 똑딱거림 사이의 시간 간격보다 길게 관측된다. 그러므로 움직이는 시계는 여러분의 기준틀에 있는 시계보다 γ배로 느리게 간다고 말할 수 있다. 역학적, 화학적, 생물학적 현상 등을 포함하는 모든 물리적인 과정들이 관측자에 대하여 움직이는 기준틀에서 일어날 때, 느리게 측정된다고 말함으로써 이 결과를 일반화할 수 있다. 예를 들어 우주 공간에 있는 우주인의 심장 박동은 그 우주선 안에 있는 시계로는 제대로 측정될 것이다. 그러나 지상에 있는 시계에 대하여 우주인의 심장 박동이나 시계는 모두 느리게 관측될 것이다(우주인은 우주선 내에서 수명이 연장된다고 느끼지는 못한다).

Q 퀴즈 39.3 그림 39.6에 있는 기차 내의 관측자 O'이 손전등을 기차의 벽으로 향하게 한 다음 스위치를 껐다 켜면서 기차의 벽에 빛 펄스를 보낸다고 하자. O'과 O가 빛이 손전등을 떠나서 기차의 벽에 도달할 때까지 걸리는 시간 간격을 측정한다. 이 두 사건 사이의 고유 시간을 측정한 관측자는 누구인가? **(a)** O' **(b)** O **(c)** 둘 다 **(d)** 둘 다 아님

Q 퀴즈 39.4 우주선 안의 승무원이 두 시간짜리 영화를 감상한다. 우주선은 우주 공간을 매우 빠르게 움직이고 있다. 지상의 관측자가 고성능 망원경으로 우주선 안에서 상영되는 영화를 본다면 **(a)** 두 시간보다 더 걸린다. **(b)** 두 시간보다 덜 걸린다. **(c)** 두 시간 걸린다.

오류 피하기 39.3

고유 시간 간격 상대론적인 계산에서, 고유 시간 간격을 잴 수 있는 관측자를 정확히 아는 것이 **매우** 중요하다. 두 사건 사이의 고유 시간 간격은 두 사건이 같은 위치에서 일어난 (것으로 측정하는) 관측자가 잰 시간 간격이다.

시간 팽창이란 매우 실제적인 현상으로 자연에 존재하는 시계를 포함하여 여러 가지 방법으로 확인되고 있다. 하펠레(J. C. Hafele)와 키팅(R. E. Keating)의 실험에서 시간 팽창의 직접적인 증거가 제시되고 있다.[4] 제트 비행기 안에서 네 개의 세슘 원자 시계로 측정한 시간 간격이 지구 기준틀에 있는 원자 시계로 측정한 시간 간격과 차이가 났다. 이 결과를 이론과 비교해 보면 비행기가 지구에 대하여 가속되고 감속되는 주기, 비행기가 날아가는 방향의 변화, 비행기 안에 있는 시계에 작동하는 중력장이 지구에 있는 시계에 작동하는 중력장에 비하여 약하다는 등의 여러 가지 인자가 고려되었다. 그 결과는 특수 상대성 이론의 결과와 아주 잘 맞아 떨어졌으며, 지구와 제트 비행기 간

[4] J. C. Hafele and R. E. Keating, "Around the World Atomic Clocks: Relativistic Time Gains Observed", *Science*, **177**:168, 1972.

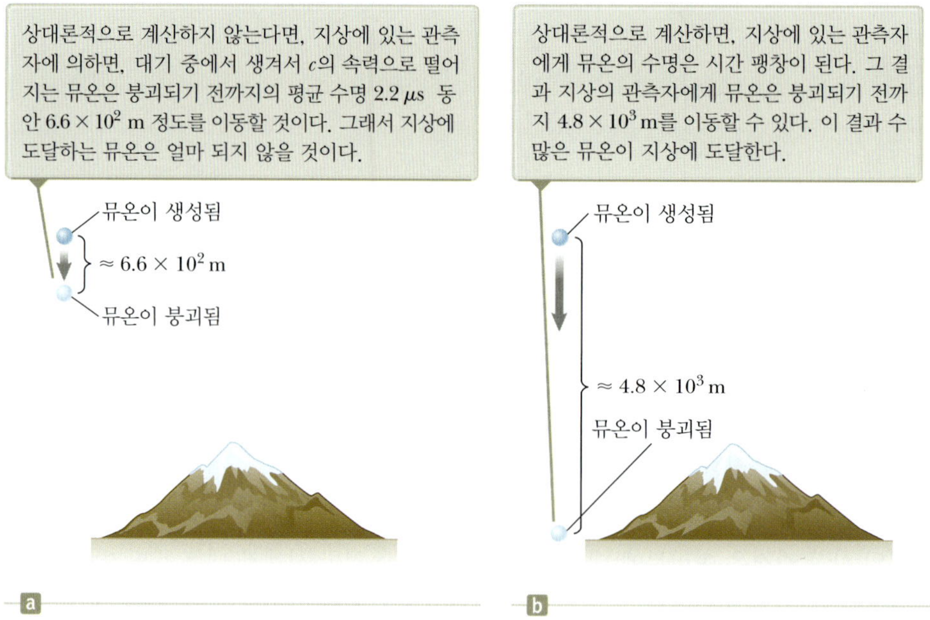

그림 39.8 지구에 있는 관측자가 본 뮤온의 진행

의 상대 운동으로 설명될 수 있었다. 그 논문에서 하펠레와 키팅은 "미해군 관측소의 원자 시계에 대하여 비행기가 동쪽으로 갈 때, 그 안에 있는 시계는 59 ± 10 ns 빨리 가고 서쪽으로 갈 때는 273 ± 7 ns 느리게 간다"라고 표현하였다.

또 다른 재미있는 시간 팽창의 예는 **뮤온**에 관한 관측 내용인데, 뮤온은 불안정한 기본 입자로서 전하량은 전자와 같고 질량은 전자의 207배이다. 뮤온은 우주 복사선(cosmic radiation)과 높은 대기 중에 있는 원자와 충돌하여 발생한다. 실험실에서 느리게 움직이는 뮤온의 수명은 고유 시간 간격이 $\Delta t_p = 2.2\ \mu$s로 측정된다. 2.2 μs를 뮤온의 평균 수명으로 보고 우주선 복사에 의하여 생성된 뮤온의 속력이 빛의 속력에 근접한다고 가정하면, 입자들이 붕괴하기 전에 약 $(3.0 \times 10^8\ \text{m/s})(2.2 \times 10^{-6}\ \text{s}) \approx 6.6 \times 10^2$ m의 거리를 이동할 것이다(그림 39.8a). 이 정도의 거리는 대기 중의 높은 곳에서 생긴 뮤온이 지상까지 날아오기에는 짧은 거리이다. 그러나 실험에 의하면 상당수의 뮤온 입자가 지상에 도달한다. 시간 팽창 현상이 이것을 설명해 준다. 지상에 있는 관측자가 측정한 뮤온의 연장 수명은 $\gamma \Delta t_p$이다. 예를 들어 $v = 0.99c$이면 $\gamma \approx 7.1$이고, 따라서 $\gamma \Delta t_p \approx 16\ \mu$s이다. 그러므로 이 시간 동안 지상에 있는 관측자가 측정한 뮤온의 평균 이동 거리는 그림 39.8b에 나타낸 것처럼 약 $(0.99)(3.0 \times 10^8\ \text{m/s})(16 \times 10^{-6}\ \text{s}) \approx 4.8 \times 10^3$ m이다.

1976년에 제네바에 있는 CERN(European Council for Nuclear Research)의 실험실에서 대형 저장 고리로 입사된 뮤온은 약 0.999 4c의 속력에 도달하였다. 뮤온이 붕괴하면서 생긴 전자들이 고리 주변에서 검출되었는데, 이로부터 붕괴율과 뮤온의 수명을 측정할 수 있었다. 움직이는 뮤온의 수명은 정지해 있는 뮤온의 수명보다 약 30배 길게 측정되었으며, 이는 상대론의 예측과 2/1 000 범위 내에서 일치하는 것이다.

예제 39.1 진자의 주기는 얼마인가?

진자의 기준틀에서 측정한 진자의 주기가 3.00 s이다. 진자에 대하여 $0.960c$로 움직이는 관측자가 측정한 진자의 주기는 얼마인가?

풀이

개념화 이 문제를 잘 파악하기 위하여 기준틀을 바꾸어 보자. 관측자가 $0.960c$로 움직이는 대신에, 관측자가 정지해 있고 진자가 $0.960c$로 관측자 앞을 지나간다고 하자. 그러면 진자는 관측자에 대하여 고속으로 움직이는 시계의 예와 같다.

분류 개념화 단계에서 이야기한 것을 참고하여 이 예제는 상대론적인 시간 팽창을 포함하는 대입 문제로 분류할 수 있다.

분석 진자의 정지 기준틀에서 측정한 고유 시간 간격은 $\Delta t_p =$ 3.00 s이다.

식 39.7을 사용하여 시간 팽창을 구한다.

$$\Delta t = \gamma \, \Delta t_p = \frac{1}{\sqrt{1 - \dfrac{(0.960c)^2}{c^2}}} \Delta t_p = \frac{1}{\sqrt{1 - 0.921\,6}} \Delta t_p$$

$$= 3.57(3.00 \text{ s}) = \boxed{10.7 \text{ s}}$$

결론 결과에 따르면 움직이는 진자는 정지해 있는 진자보다 한 주기를 왕복하는 데 시간이 더 걸린다는 것을 알 수 있다. 주기는 $\gamma = 3.57$만큼 증가된다.

문제 관측자의 속력을 4.00 % 증가하면, 팽창된 시간 간격도 4.00 % 증가하는가?

답 그림 39.7에서처럼 v의 함수로 나타낸 γ는 매우 비선형적이기 때문에, 시간 팽창 Δt는 4.00 % 증가하지 않을 것으로 추측할 수 있다.

v가 4.00 % 증가하는 경우의 새로운 속력을 구한다.

$$v_{\text{new}} = (1.040\,0)(0.960c) = 0.998\,4c$$

시간 팽창을 다시 계산한다.

$$\Delta t = \gamma \, \Delta t_p = \frac{1}{\sqrt{1 - \dfrac{(0.998\,4c)^2}{c^2}}} \Delta t_p = \frac{1}{\sqrt{1 - 0.996\,8}} \Delta t_p$$

$$= 17.68(3.00 \text{ s}) = 53.1 \text{ s}$$

즉 속력이 4.00 % 증가하면 시간 팽창은 400 % 이상 일어난다.

예제 39.2 얼마나 오래 여행하였을까?

어떤 회사의 사원이 회사 일로 자동차를 30 m/s의 속력으로 운전하고 간다고 하자. 도착지에서 기다리던 사장은 5시간이면 올 것으로 알고 있었다. 사원은 늦게 온 핑계를 자동차에 있는 시계는 5시간이 걸린 것으로 되어 있는데, 자기가 운전을 매우 빨리해서 사원의 시계가 사장의 시계보다 느리게 갔다고 둘러댔다. 사원의 자동차에 붙은 시계가 정확히 5시간을 나타냈다면, 도착지에 머무르고 있던 사장 시계의 시간은 얼마나 지났는가?

풀이

개념화 이 문제에서 관측자는 도착지에 머무르고 있던 사장이고, 사원의 자동차 안에 있는 시계는 사장에 대하여 30 m/s의 속력으로 움직이고 있는 것이다.

분류 30 m/s의 느린 속력이라는 것이 이 문제를 고전적인 개념과 식으로 다룰 수 있음을 암시하고 있다. 그러나 이 문제에서는 움직이는 시계는 정지해 있는 시계보다 느리므로, 시간 팽창에 관한 문제로 분류한다.

분석 자동차 안의 정지 기준틀에서 측정한 고유 시간 간격은 $\Delta t_p = 5.0$ h이다.

식 39.8을 써서 γ를 계산한다.

$$\gamma = \frac{1}{\sqrt{1 - \dfrac{v^2}{c^2}}} = \frac{1}{\sqrt{1 - \dfrac{(3.0 \times 10^1 \text{ m/s})^2}{(3.0 \times 10^8 \text{ m/s})^2}}} = \frac{1}{\sqrt{1 - 10^{-14}}}$$

여기에 나온 값을 계산기에서 구하면, 아마도 $\gamma = 1$로 나올 것이다. 그건 정확하지 않기 때문에 이항 전개식으로 계산한다.

$$\gamma = (1 - 10^{-14})^{-1/2} \approx 1 + \tfrac{1}{2}(10^{-14}) = 1 + 5.0 \times 10^{-15}$$

이 회사의 사장이 관측하게 되는 팽창된 시간 간격은 식 39.7을 써서 구한다.

$$\Delta t = \gamma \, \Delta t_p = (1 + 5.0 \times 10^{-15})(5.0 \text{ h})$$

$$= 5.0 \text{ h} + 2.5 \times 10^{-14} \text{ h} = \boxed{5.0 \text{ h} + 0.090 \text{ ns}}$$

결론 사장의 시계는 단지 사원의 시계보다 0.090 ns 빨리 갔을 것이다. 사원은 다른 핑계를 생각해 보는 게 어떨지!

쌍둥이 역설 The Twin Paradox

시간 팽창의 흥미로운 결과 중 하나로 **쌍둥이 역설**이 있다(그림 39.9). 속수와 지수라는 이름의 쌍둥이가 관련된 실험을 생각해 보자. 이들이 20살 때, 모험심이 강한 속수는 지구로부터 20광년 떨어져 있는 행성 X로 여행을 떠난다[1광년(ly)은 빛이 1년 동안 진행하는 거리이다]. 더구나 속수가 탄 우주선은 집에 남아 있는 쌍둥이 동생 지수의 관성틀에 대하여 $0.95c$까지의 속력을 낼 수 있다. 행성 X에 도착한 후, 속수는 집 생각이 나서 곧바로 같은 속력 $0.95c$로 지구로 되돌아온다. 그가 되돌아와서 보니 속수는 13년밖에 안 지났는데, 지수가 벌써 42년이 지나 62세가 되었다는 사실에 충격을 받았다.

문제가 되는 것은 쌍둥이의 나이가 다르게 되었다는 것이 아니다. 분명한 역설은 다음과 같은 것이다. 지수의 기준틀에서 보면, 그의 형 속수가 고속으로 여행하고 돌아오는 동안 지수는 정지해 있었다. 그러나 속수의 기준틀에서 보면 자기는 정지해 있고, 지수가 있는 지구가 자기로부터 고속으로 멀어졌다가 되돌아온 것이다. 따라서 속수는 지수의 나이가 어리다고 주장할 것이다. 이 상황은 쌍둥이 각자의 관점에서 보면 대칭적으로 나타나는 것이다. **실제로** 누가 더 천천히 나이가 들었을까?

그런데 이 문제의 상황은 진짜 대칭이 **아니다.** 지수에 대하여 일정한 속력으로 움직이고 있는 제3의 관측자가 있다고 하자. 제3의 관측자에 의하면 지수는 관성틀을 결코 바꾸지 않고 있다. 제3의 관측자에 대한 지수의 속력은 항상 같다. 그러나 제3의 관측자가 보는 속수의 여행은 출발할 때 가속하고 지구로 되돌아오기 위하여 속력을 낮추어 감속한 다음, 방향을 바꾸어 또 가속하게 된다. **그 과정에서 관성틀이 바뀐다.** 분명히 제3의 관측자가 볼 때, 속수의 운동에 비하여 지수의 운동은 무엇인가 좀 다르다. 따라서 역설이란 없는 것이고, 단지 항상 단일 관성틀에 있는 지수만이 특수 상대론에 근거한 올바른 예측을 할 수 있다. 지수는 자기에게 42년의 세월이 흐르는 동안 속수에게 불과 $(1 - v^2/c^2)^{1/2}$(42년) = 13년의 세월이 흐른 것임을 알게 된다. 이 13년의 세월 동안, 속수는 6년 반 동안은 행성 X로 가고 다음 6년 반 동안은 지구로 되돌아온다.

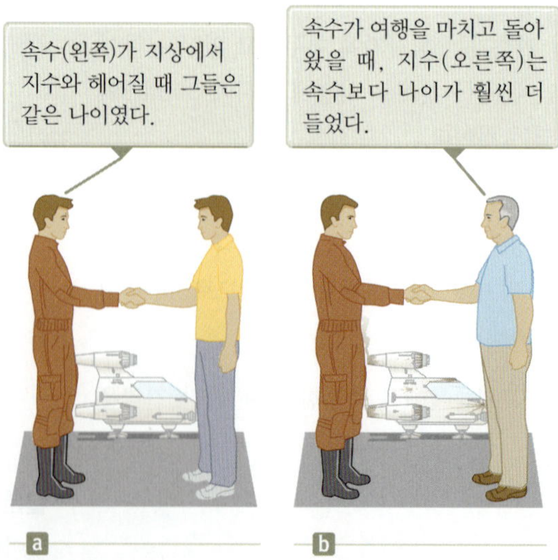

그림 39.9 쌍둥이 역설. 속수가 20광년 떨어진 별로 여행을 하고 지구로 돌아온다.

Q 퀴즈 39.5 우주인이 우주 공간을 여행하는 시간만큼 돈을 받는다고 가정하자. 빛의 속력에 가깝게 우주 여행을 하고 온다면, 그 우주인이 보다 유리하게 돈을 받으려면 여행 시간을 **(a)** 지구 시계를 기준으로 해야 한다. **(b)** 우주선 안 시계를 기준으로 해야 한다. **(c)** 아무거나 상관없다.

길이 수축 Length Contraction

두 점 간에 측정된 거리도 역시 기준틀에 따라 달라진다. 어떤 물체의 **고유 길이**(proper length) L_p는 **물체에 대하여 정지해 있는** 관측자가 측정한 길이이다. 어떤 물체에 대하여 상대 운동을 하는 기준틀에 있는 관측자가 측정한 그 물체의 길이는 고유 길이보다 짧다. 이런 효과를 **길이 수축**(length contraction)이라고 한다.

오류 피하기 39.4

고유 길이 고유 시간 간격에서와 같이, 상대론적인 계산에서 고유 길이를 측정하는 관측자를 정확히 아는 것이 매우 중요하다. 공간에서 두 점 사이의 고유 길이는 반드시 두 점에 대하여 정지한 관측자가 측정한 길이이다. 같은 관측자가 고유 시간 간격과 고유 길이 둘 다를 측정할 수 없는 경우가 종종 있다.

길이 수축을 이해하기 위하여, 한 별에서 다른 별로 속력 v로 여행하는 우주선을 살펴보자. 지상에 어떤 관측자가 있고 우주선 안에 다른 관측자가 있다. 지상에서 정지해 있는(두 별에 대해서도 정지해 있다고 가정한다) 관측자는 두 별 간의 거리를 고유 길이 L_p로 측정한다. 이 관측자에 따르면 우주선이 여행을 하는 데 걸리는 시간 간격은 등속도 운동하는 입자 모형에 의하여 $\Delta t = L_p/v$로 주어진다. 두 별이 우주선을 지나가는 것은 우주 여행자에 대하여 같은 위치에서 일어난다. 그러므로 우주 여행자는 고유 시간 간격 Δt_p를 측정하게 된다. 시간 팽창 때문에 고유 시간 간격과 지구에서 측정한 시간 간격과의 관계는 $\Delta t_p = \Delta t/\gamma$이다. 우주 여행자가 Δt_p의 시간에 두 번째 별에 도달하므로, 이 여행자는 두 별 간의 거리 L이

$$L = v\,\Delta t_p = v\,\frac{\Delta t}{\gamma}$$

라는 결론을 내리게 된다. 고유 길이가 $L_p = v\,\Delta t$이므로

$$L = \frac{L_p}{\gamma} = L_p\sqrt{1-\frac{v^2}{c^2}} \qquad (39.9)$$

◀ 길이 수축

임을 알 수 있다. 여기서 $\sqrt{1 - v^2/c^2}$은 1보다 작은 인자이다. 물체에 대하여 정지한 관측자가 측정한 고유 길이가 L_p라면, 물체가 길이에 평행한 방향으로 속력 v로 움직일 때, 물체 길이 L은 식 39.9에 따라 더 짧게 측정된다.

예를 들어 1미터짜리 자가 그림 39.10에서처럼 지상에 정지해 있는 관측자를 속력 v로 지나간다고 하자. 그림 39.10a에서처럼 자에 붙어 있는 기준틀에 있는 관측자가 측정한 자의 길이는 고유 길이 L_p이다. 하지만 지상에 정지해 있는 관측자가 측정한 자의 길이 L은 그림 39.10b에 나타난 것처럼 L_p에 $(1 - v^2/c^2)^{1/2}$을 곱한 것으로서, 더 짧은 길이이다. 길이 수축은 운동 방향으로만 일어난다는 사실에 유의하라.

고유 길이와 고유 시간 간격은 다르게 정의된다. 고유 길이는 관측자가 자신에 대하여 정지해 있는 길이의 양단을 측정한 길이이다. 반면 고유 시간 간격은 공간 내의 같은 위치에 있는 두 사건을 관측하게 되는 관측자가 측정한 시간이다. 이런 점을 예로 들어 빛의 속력에 근접하여 운동하면서 붕괴하는 뮤온의 경우를 다시 한 번 살펴보자. 뮤온의 기준틀에 있는 관측자는 고유 시간을 측정할 것이고, 지상에 정지해 있는 관측자는 고유 길이(그림 39.8b에서처럼 뮤온의 생성에서 붕괴까지 뮤온이 이동한 거리)를 측정

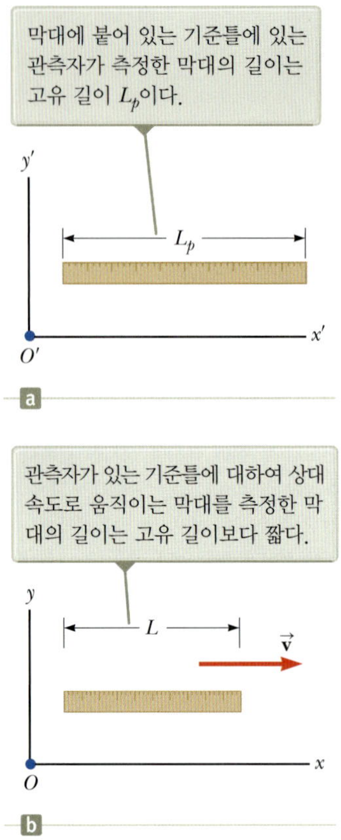

그림 39.10 두 관측자가 막대의 길이를 측정한다.

할 것이다. 뮤온의 기준틀에서는 시간 팽창은 없지만, 이 계에서 측정할 때 지상까지의 거리가 짧게 측정된다. 마찬가지로 지구에 있는 관측자의 기준틀에서는 시간 팽창이 있으나, 길이는 고유 길이가 측정된다. 그러므로 두 계에서 뮤온에 관하여 계산할 때, 한 계에서의 실험 결과는 다른 계에서의 실험 결과와 같다. 즉 상대론적인 효과를 고려하지 않고 예측한 계산보다 더 많은 수의 뮤온이 지상에 도달하게 된다.

Q 퀴즈 39.6 우주 여행을 하기 위하여 짐을 싼다고 하자. $0.99c$의 속력으로 여행할 것이기 때문에 길이 수축이 일어나서 몸이 가늘어질 것이므로 옷을 작은 것으로 사야 할 것이다. 또한 키도 작아질 것이므로 객실도 작은 데를 예약하여 돈을 절약할 수도 있다. 어떤 게 맞는가? **(a)** 작은 옷을 산다. **(b)** 작은 객실을 예약한다. **(c)** 둘 다 아니다. **(d)** 둘 다 맞다.

Q 퀴즈 39.7 어떤 사람이 자기를 지나쳐 멀어져가는 우주선을 보았다. 그는 우주선의 길이를 우주선이 지상에 정지해 있을 때의 길이보다 짧은 길이로 관측하였다. 또한 우주선 안에 있는 시계를 우주선 창을 통하여 보았는데, 그 시계의 시간이 그가 차고 있는 손목 시계의 시간보다 느린 것을 관측하였다. 우주선이 되돌아서 같은 속력으로 그에게 가까이 다가올 때 측정하게 되는 것으로 옳은 것은 어느 것인가? **(a)** 우주선의 길이는 길게 측정되고 그 안에 있는 시계는 빠르게 간다. **(b)** 우주선의 길이는 길게 측정되고 그 안에 있는 시계는 느리게 간다. **(c)** 우주선의 길이는 짧게 측정되고 그 안에 있는 시계는 빠르게 간다. **(d)** 우주선의 길이는 짧게 측정되고 그 안에 있는 시계는 느리게 간다.

시공 그래프 Spece-Time Graphs

ct를 세로축으로 하고 x를 가로축으로 하는 **시공 그래프**(space-time graph)를 써서 물리적인 상황을 나타내 보는 것이 때로는 이해에 도움이 된다. 그림 39.11에서처럼 쌍둥이 역설을 지수의 관점에서 여기에 나타내 보자. 시공을 통과하는 경로를 **세계선**(world-line)이라고 한다. 쌍둥이들이 맨 처음 동시에 같은 곳에 있었기 때문에 속수(파란색)와 지수(초록색)의 세계선은 원점에서 일치한다. 속수가 여행을 시작한 후 그의 세계선은 동생 지수의 세계선으로부터 멀어진다. 지수는 고정된 위치에 남아 있기 때문에 그의 세계선은 세로선이다. 그들이 다시 만날 때 두 세계선도 다시 만난다. 속수의 세계선은 그가 지구를 떠날 때 같이 떠난 빛의 세계선과 교차하는 것은 불가능하다. 빛의 세계선과 교차하려면 빛의 속력 c보다 빨라야 한다(39.6절과 39.7절에서 보인 바와 같이 불가능하다).

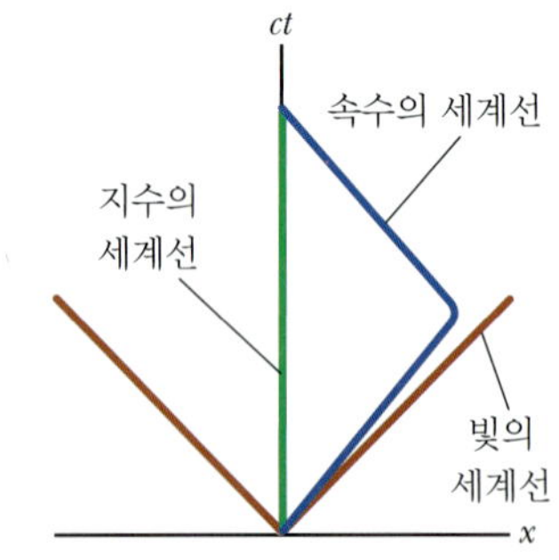

그림 39.11 시공 그래프 상에 나타낸 쌍둥이 역설. ct축이 지상에 남아 있는 동생의 세계선이고(초록색), 시공을 여행하는 형의 경로는 방향이 바뀌는 세계선으로 나타내었다. 갈색선은 $+x$ 방향(오른쪽) 또는 $-x$ 방향(왼쪽)에서 진행하는 빛의 세계선이다.

빛의 세계선은 시공 그래프에서 빛이 진행하는 x 방향에 따라 세로선과 오른쪽 또는 왼쪽으로 45° 기울어진(x축과 ct축의 눈금 간격이 같다고 가정하고) 대각선이 된다. 지수와 속수에게 일어날 수 있는 미래의 모든 가능한 사건은 어느 쌍둥이도 빛보다 빨리 여행할 수 없기 때문에, 그림 39.11에서 x축 위와 갈색 선들 사이에 있게 된다. 지수와 속수가 경험할 수 있었던 과거 사건은 x축 아래쪽에서 원점으로 접근하는 사이각 45°와 135°인 두 세계선 사이에서만 가능하다.

그림 39.11을 ct 축에 대하여 회전하면, 갈색 선들은 **빛원뿔**이라고 부르는 원뿔을 쓸고 지나간다. y 축은 종이면으로부터 나오는 방향으로 생각할 수 있다. 원점에 있는 관측자의 모든 미래의 사건은 빛원뿔 내에 있어야 한다. 빛원뿔을 z를 포함한 삼차원 공

간으로 일반화시킬 수 있는 또 다른 회전을 생각할 수 있다. 그러나 사차원(삼차원 공간과 시간)의 필요 조건 때문에, 이차원 종이 위에 이 상황을 나타낼 수 없다.

예제 39.3 시리우스 별로의 여행

한 우주인이 지구로부터 8광년 떨어진 시리우스 별로 우주 여행을 떠났다. 우주인은 가는 데 6년이 걸릴 것으로 측정하였다. 우주선이 $0.8c$의 일정한 속력으로 간다면, 어떻게 8광년의 거리가 우주인이 측정한 6년으로 맞춰질 수 있는가?

풀이

개념화 지상에 있는 관측자가 측정할 때, 빛이 지구에서 시리우스 별까지 가는 데 걸리는 시간은 8년이다. 그러나 여행하는 우주인은 자신이 측정한 시간 6년이면 시리우스 별에 도달한다. 우주인이 빛보다 빠르다는 뜻인가?

분류 우주인은 자신에 대하여 움직이고 있는 지구와 별 사이의 공간 거리를 측정하기 때문에, 예제를 길이 수축 문제로 분류한다. 또한 우주인을 **등속 운동하는 입자**로 모형화한다.

분석 8광년이라는 거리는 지구에 있는 관측자가 거의 정지해 있는 지구와 시리우스 별을 볼 때, 지구와 시리우스 별 사이의 고유 길이이다.

식 39.9를 써서 우주인이 측정한 수축된 길이를 계산한다.

$$L = \frac{8\text{ ly}}{\gamma} = (8\text{ ly})\sqrt{1-\frac{v^2}{c^2}} = (8\text{ ly})\sqrt{1-\frac{(0.8c)^2}{c^2}} = 5\text{ ly}$$

등속 운동하는 입자 모형을 이용하여 우주인의 시계로 여행 시간을 구한다.

$$\Delta t = \frac{L}{v} = \frac{5\text{ ly}}{0.8c} = \frac{5\text{ ly}}{0.8(1\text{ ly/yr})} = 6\text{ yr}$$

결론 빛의 속력으로 $c = 1$ ly/yr을 사용하였다. 우주인이 여행하는 데 걸리는 시간은 8년보다 짧은데, 그 이유는 지구와 시리우스 별 사이의 거리가 짧게 측정되기 때문이다.

문제 지상의 관제소에 있는 기술자가 매우 성능이 좋은 망원경으로 이 우주 여행을 관측하면 어떻게 되는가? 우주인이 시리우스 별에 도착하였을 때를 관제소의 기술자가 보게 되는 시간은 언제인가?

답 기술자가 측정하는 우주인이 별에 도착하는 시간 간격은

$$\Delta t = \frac{L_p}{v} = \frac{8\text{ ly}}{0.8c} = 10\text{ yr}$$

이다. 기술자가 도착 순간을 보기 위해서는 도착 장면을 비추는 빛이 지구로 돌아와서 망원경 속으로 들어와야 한다. 이렇게 걸리는 시간 간격은

$$\Delta t = \frac{L_p}{v} = \frac{8\text{ ly}}{c} = 8\text{ yr}$$

이다. 그러므로 기술자는 10 yr + 8 yr = 18 yr 후에 도착 사실을 알게 될 것이다. 그러나 만일 우주인이 곧바로 지구를 향하여 되돌아온다면, 기술자가 측정하는 지구에의 도착 시간은 지구를 떠난 지 20년 후이므로, 우주인이 **시리우스 별에 도착한 사실을 알게 된 후** 2년밖에 지나지 않는다. 더구나 우주인은 단지 12년만 늙었을 것이다.

예제 39.4 짧은 헛간에 긴 막대 넣기 역설

이미 잘 알려져 있는 쌍둥이 역설은 상대론에서는 상당히 오래된 '역설'이다. 또 다른 고전적 '역설'이 있는데, 그것은 다음과 같은 것이다. $0.75c$의 속력으로 뛰는 달리기 선수가 길이가 15 m인 수평 막대를 들고 길이가 10 m인 헛간을 향하여 달린다고 하자. 그 헛간의 앞문과 뒷문은 처음에는 모두 열려 있다. 헛간 옆에 서 있는 관측자는 리모컨을 사용하여 헛간의 두 문을 순간적이면서도 동시에 여닫을 수 있다고 하자. 달리기 선수와 막대가 헛간 안에 있을 때 헛간 옆의 관측자는 두 문을 열었다가 닫아서 선수와 막대가 순간적으로 헛간 안에 갇히게 한 다음 뒷문을 열어서 헛간을 나가게 할 수 있다. 달리기 선수가 헛간을 안전하게 통과할 수 있는지에 대하여 달리기 선수와 헛간 옆의 관측자는 모두 수긍하는가?

풀이

개념화 상식적으로 볼 때 15 m 길이의 막대가 10 m 길이의 헛간에 들어간다는 것은 좀 이상한 것이다. 그러나 상대론적인 상황에서 놀라운 결과들에 점점 익숙해질 것이다.

분류 막대는 헛간 옆의 정지해 있는 관측자에 대하여 운동하고 있으므로, 관측자는 막대의 수축된 길이를 측정하며, 정지해 있는 헛간의 길이는 고유 길이 10 m이다. 예제를 길이 수축 문제로 분류한다. 막대를 들고 있는 달리기 선수는 **등속 운동하는 입자**로 모형화한다.

분석 식 39.9를 사용하여 정지해 있는 관측자가 본 수축된 막대의 길이를 계산한다.

$$L_{\text{pole}} = L_p\sqrt{1-\frac{v^2}{c^2}} = (15\text{ m})\sqrt{1-(0.75)^2} = 9.9\text{ m}$$

따라서 정지해 있는 관측자가 측정한 막대의 길이는 헛간의 길이보다는 조금 짧으므로, 그가 볼 때 막대가 헛간 안에 순간적으로 갇히는 것은 문제가 되지 않는다. '역설'이 되는 문제는 달리기 선수가 볼 때 어떻게 되느냐이다.

식 39.9를 사용하여 달리는 관측자가 본 헛간의 수축된 길이를 구한다.

$$L_{\text{barn}} = L_p\sqrt{1-\frac{v^2}{c^2}} = (10\text{ m})\sqrt{1-(0.75)^2} = 6.6\text{ m}$$

막대는 달리기 선수에 대하여 정지해 있으므로, 선수가 측정한 막대의 길이는 고유 길이 15 m이다. 그러면 15 m 길이의 막대가 6.6 m 길이의 헛간에 어떻게 들어간다는 말인가? 흔히 들어보는 질문이긴 하지만 이 문제는 길이만 맞추는 그런 문제가 아니다. 문제는 **'달리기 선수가 헛간을 안전하게 통과할 수 있느냐?'**하는 것이다.

이 '역설'을 확실히 알아보려면 상대론적인 동시성의 문제로 다루어야 한다. 두 문을 닫는 것은 헛간 옆의 관측자에게는 동시적이다. 두 문이 다른 위치에 있기 때문에 달리기 선수에게 두 문이 닫히는 것은 동시적이 아니다. 뒷문이 닫힌 다음 앞문이 열리면서 막대의 앞쪽 끝이 밖으로 나갈 수 있게 된다. 헛간의 앞문은 막대의 뒤쪽 끝이 통과하기 전에는 닫히지 않는다.

이런 '역설'은 시공 그래프를 그려 분석할 수 있다. 그림 39.12a는 헛간 옆의 관측자가 본 시공 그래프이다. $x = 0$을 헛간 앞문의 위치로 하고, $t = 0$을 막대의 앞쪽 끝이 헛간 앞문에 도달하는 순간의 시간으로 하자. 헛간 옆의 관측자가 볼 때 헛간은 정지해 있으므로, 두 문의 세계선은 10 m 거리만큼 떨어져 있고 수직으로 서 있다. 막대의 경우 두 개의 기울어진 세계선으로 나타내며 각각이 움직이는 막대의 양 끝이다. 이 세계선은 수평으로 9.9 m 떨어져 있는데, 그것은 헛간 옆의 관측자가 본 수축된 길이이다. 그림 39.12a에서 알 수 있듯이, 막대는 한 순간 완전히 헛간 안에 있게 된다.

그림 39.12b는 달리기 선수가 본 세계선을 나타내고 있다. 달

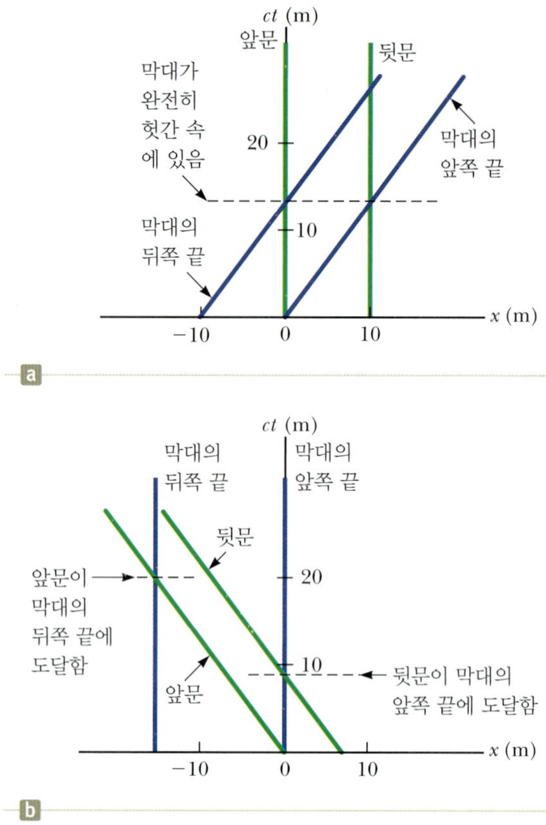

그림 39.12 (예제 39.4) 헛간에 막대 넣기 역설에 대한 시공 그래프. (a) 헛간 옆에 정지해 있는 관측자의 입장 (b) 뛰는 사람의 입장

리기 선수의 기준틀에 대하여 막대는 정지해 있으므로, 막대의 두 세계선 사이의 거리는 15 m이고 수직으로 서 있다. 달리기 선수가 볼 때 헛간은 자기 쪽으로 돌진하고 있으므로 헛간의 앞문과 뒷문의 세계선은 왼쪽으로 기울어져 있다. 달리기 선수가 볼 때 헛간 문 사이의 거리가 수축되므로 헛간 문의 세계선의 간격은 수축된 6.6 m이다. 막대의 앞쪽 끝은 막대의 뒤쪽 끝이 헛간의 앞문을 통과하기 전에 뒷문을 나가게 된다. 따라서 앞문이 닫히기 전에 뒷문이 열린다.

헛간 옆의 관측자의 입장에서 등속도로 운동하는 입자의 경우처럼, $t = 0$ 이후 막대의 뒤쪽 끝이 헛간의 앞문을 통과하는 데 걸리는 시간을 구한다.

$$(1) \qquad t = \frac{\Delta x}{v} = \frac{9.9\text{ m}}{0.75c} = \frac{13.2\text{ m}}{c}$$

달리기 선수의 입장에서 위에서와 마찬가지로 막대의 앞쪽 끝이 헛간의 뒷문을 나가는 순간의 시간을 구한다.

$$(2) \qquad t = \frac{\Delta x}{v} = \frac{6.6\text{ m}}{0.75c} = \frac{8.8\text{ m}}{c}$$

또한 막대의 뒤쪽 끝이 헛간의 앞문을 들어가는 순간의 시간

을 구한다.

(3) $$t = \frac{\Delta x}{v} = \frac{15\ \text{m}}{0.75c} = \frac{20\ \text{m}}{c}$$

결론 식 (1)에 따르면 $ct = 13.2$ m에 해당하는 시간에 막대는 완전히 헛간 안에 있어야 한다. 이 상황은 막대가 헛간 안에 있는 그림 39.12a에서 ct축 상의 점과 일치한다. 식 (2)에 따르면 막대의 앞쪽 끝은 $ct = 8.8$ m 되는 순간에 헛간의 뒷문을 빠져 나간다. 이 상황은 그림 39.12b에서 헛간의 뒷문이 막대의 앞쪽 끝에 도달하는 ct축 상의 점과 일치한다. 식 (3)에서는 $ct = 20$ m가 되며, 이것은 그림 39.12b에서 헛간의 앞문이 막대의 뒤쪽 끝에 도달하는 순간의 시간과 일치한다.

상대론적 도플러 효과 The Relativistic Doppler Effect

시간 팽창 때문에 생기는 또 다른 중요한 것 중의 하나로서 정지해 있는 원자로부터 나오는 빛과는 달리, 운동하는 원자로부터 나오는 빛의 경우 진동수가 달라진다는 사실이 관측되었다. 도플러 효과라고 알려진 이 현상은 17장에서 음파의 경우에 한해 소개되었다. 음파의 경우는 전파 매질에 대한 음원의 속도 v_S는 매질(공기)에 대한 관측자의 속도 v_O와 구별될 수 있었다. 그러나 빛의 경우는 달리 해석되어야 한다. 왜냐하면 빛은 **전파 매질이 없기** 때문에 광원의 속도와 관측자의 속도를 구별할 방법이 없다. 유일한 측정가능한 속도는 광원과 관측자 사이의 **상대 속도** v이다.

광원과 관측자가 상대 속력 v로 서로 접근하면, 관측자가 측정하는 진동수 f'은

$$f' = \frac{\sqrt{1 + v/c}}{\sqrt{1 - v/c}}f \qquad \textbf{(39.10)}$$

이다. 여기서 f는 정지 기준틀에서 측정한 광원의 진동수이다. 이 상대론적 도플러 이동을 나타내는 식은 음원에 대한 도플러 이동식과는 달리 광원과 관측자 간의 상대 속력 v에만 의존하고, 빛의 속력 c에 가까운 상대 속력의 경우에 성립한다. 예상대로 광원과 관측자가 서로 접근할 때는 $f' > f$가 된다. 광원과 관측자가 서로 멀어지는 경우는 위의 식 39.10에서 v의 값을 음수로 하면 된다.

상대론적 도플러 효과의 가장 놀랍고도 경이로운 사실은 은하와 같은 매우 빠른 속력으로 움직이는 우주 공간에 있는 물체에서 방출되는 빛의 진동수가 지구에서는 원래 진동수와 다르게 측정된다는 것이다. 원자에서 방출되는 빛의 경우 정상적으로는 스펙트럼의 보라색 영역 끝단에서 관측되는 빛이 다른 은하에 있는 원자에서 방출될 경우는 빨간색 끝단의 빛으로 이동되어 관측된다. 이것은 이들 은하가 우리로부터 **멀어지고** 있다는 증거이다. 미국의 천문학자 허블(Edwin Hubble, 1889~1953)은 이 **적색 이동**을 광범위하게 측정하여 대부분의 은하가 우리로부터 멀어지고 있고, 따라서 우주는 팽창한다고 확신하였다.

39.5 로렌츠 변환식 The Lorentz Transformation Equations

그림 39.13에서처럼 어떤 점 P와 Q에서 일어난 두 사건을 기준틀 S에서 정지해 있

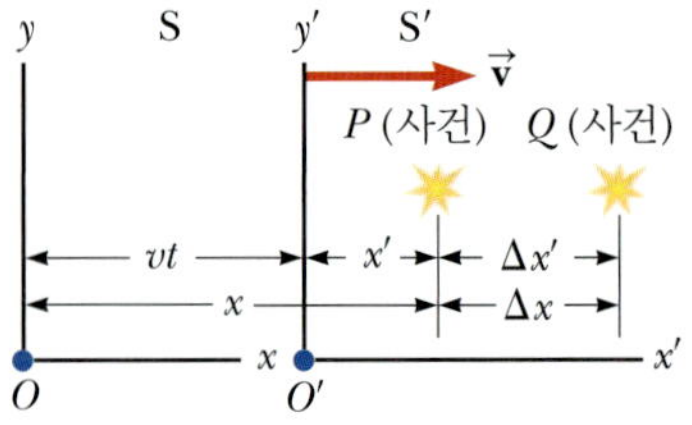

그림 39.13 점 P와 Q에서 일어난 사건들을 기준틀 S에서 정지해 있는 관측자와 그 기준틀에 대하여 속력 v로 움직이는 S′에 있는 다른 관측자가 측정하고 있다.

는 관측자와 그 기준틀에 대하여 속력 v로 오른쪽으로 움직이는 S′에 있는 관측자가 측정한다고 하자. S에 있는 관측자는 시공 좌표 (x, y, z, t)를 써서 그 사건을 표현하고, S′에 있는 관측자는 같은 사건을 좌표 (x', y', z', t')을 써서 나타낼 것이다. 식 39.1로부터 사건이 일어난 공간상의 두 점 간의 거리는 $\Delta x = \Delta x'$로서 관측자의 운동과는 무관할 것으로 예측된다. 이것은 길이 수축 개념과는 모순이 되기 때문에, v가 빛의 속력에 접근할 때는 갈릴레이 변환은 성립하지 않는다. 이 절에서 범위 $0 < v < c$ 내의 모든 속력에 적용할 수 있는 올바른 변환식을 말하고자 한다.

모든 속력에 대하여 성립하고 S에서 S′으로 좌표를 변환할 수 있는 식을 **로렌츠 변환식**(Lorentz transformation equations)이라고 하며, 그 식은 다음과 같다.

S → S′ 경우의 로렌츠 변환 ▶

$$x' = \gamma(x - vt) \qquad y' = y \qquad z' = z \qquad t' = \gamma\left(t - \frac{v}{c^2}x\right) \tag{39.11}$$

이들 변환식은 로렌츠(Hendrik A. Lorentz, 1853~1928)가 1890년에 전자기학과 관련하여 만든 것이다. 그러나 그 물리적 의미를 알아내고 상대성 이론의 틀 안에서 해석을 내리는 용감한 단계를 취한 사람은 아인슈타인이었다.

갈릴레이와 로렌츠의 시간 변환식 사이의 차이점에 주의하자. 갈릴레이 변환에서는 $t = t'$이지만, 로렌츠 변환의 경우 그림 39.13의 기준틀 S′에서 관측자 O'이 관측한 사건에 대한 시간인 t'의 값은 기준틀 S에 있는 관측자 O가 측정한 시간 t와 좌표 x에 따라 달라진다. 이것은 사건을 네 개의 시공 좌표 (x, y, z, t)에 의하여 나타낸다는 개념과 일치한다. 다시 말하면 상대론에서 공간과 시간은 별개의 개념이 **아니라** 서로 밀접하게 얽혀 있는 개념이다.

기준틀 S′에서의 좌표를 기준틀 S에서의 좌표로 변환하고자 한다면, 식 39.11에서 v 대신 $-v$를 대입하고, 프라임(′)이 붙은 좌표와 붙지 않은 좌표를 서로 바꾸면 된다. 즉

S′ → S 경우의 역로렌츠 변환 ▶

$$x = \gamma(x' + vt') \qquad y = y' \qquad z = z' \qquad t = \gamma\left(t' + \frac{v}{c^2}x'\right) \tag{39.12}$$

$v \ll c$일 때, 로렌츠 변환은 갈릴레이 변환으로 된다. 이것을 확인하기 위하여 v가 영에 접근함에 따라 $v/c \ll 1$인 점에 유의하면 $\gamma \to 1$이 되고, 식 39.11은 갈릴레이 시공 변환식인 식 39.1이 된다.

많은 경우, 관측자 O와 O'이 본 두 사건 간의 좌표의 차이나 시간 간격을 알고 싶어 한다. 식 39.11과 39.12에서 네 변수 x, x', t, t' 사이의 차이를 나타내면 다음과 같다.

$$\left.\begin{aligned}\Delta x' &= \gamma(\Delta x - v\,\Delta t)\\ \Delta t' &= \gamma\left(\Delta t - \frac{v}{c^2}\Delta x\right)\end{aligned}\right\}\ \mathrm{S} \to \mathrm{S'} \tag{39.13}$$

$$\left.\begin{aligned}\Delta x &= \gamma(\Delta x' + v\,\Delta t')\\ \Delta t &= \gamma\left(\Delta t' + \frac{v}{c^2}\Delta x'\right)\end{aligned}\right\}\ \mathrm{S'} \to \mathrm{S} \tag{39.14}$$

여기서 $\Delta x' = x_2' - x_1'$과 $\Delta t' = t_2' - t_1'$은 관측자 O'이 측정한 차이이고, $\Delta x = x_2 - x_1$과 $\Delta t = t_2 - t_1$은 관측자 O가 측정한 차이이다(여기서는 y, z 좌표에 관한 것은 포함시키지 않았는데, 그것은 x방향을 따라 운동하는 경우에는 영향을 받지 않기 때문이다).[5]

예제 39.5 동시성과 시간 팽창에 대한 재검토

(A) 차이 형태로 쓰인 로렌츠 변환식을 이용하여 동시성은 절대 개념이 아님을 증명하라.

풀이

개념화 기준틀 S′에서 측정할 때 $\Delta t' = 0$이고 $\Delta x' \neq 0$인 두 사건이 동시적이고 공간상에서 서로 떨어져 있다고 하자. 이 측정은 O에 대하여 속력 v로 움직이고 있는 관측자 O'이 측정한 것이다.

분류 문제의 내용을 살펴보면 예제는 로렌츠 변환식을 사용해야 한다.

분석 식 39.14에 주어진 Δt에 관한 식으로부터 관측자 O가 측정한 시간 간격 Δt를 구한다.

$$\Delta t = \gamma\left(\Delta t' + \frac{v}{c^2}\,\Delta x'\right) = \gamma\left(0 + \frac{v}{c^2}\,\Delta x'\right) = \gamma\,\frac{v}{c^2}\,\Delta x'$$

결론 관측자 O가 측정한 같은 두 사건의 시간 간격은 영이 아니므로, O가 본 두 사건은 동시에 일어난 것이 아니다.

(B) 차이 형태로 쓰인 로렌츠 변환식을 이용하여 관측자에 대하여 움직이는 시계는 정지해 있는 시계보다 느리게 감을 증명하라.

풀이

개념화 관측자 O'이 시계를 갖고 시간 간격 $\Delta t'$을 측정한다고 하자. 두 사건이 그의 기준틀 안의 같은 장소($\Delta x' = 0$)에서 일어남을 보게 되지만 같은 시간은 아니다($\Delta t' \neq 0$). 관측자 O'은 O에 대하여 속력 v로 움직인다.

분류 문제의 내용을 살펴보면 여기서도 로렌츠 변환식을 사용해야 한다.

분석 식 39.14에서 주어진 Δt에 대한 식을 사용하여 관측자 O가 측정한 시간 간격을 구한다.

$$\Delta t = \gamma\left(\Delta t' + \frac{v}{c^2}\,\Delta x'\right) = \gamma\left[\Delta t' + \frac{v}{c^2}\,(0)\right] = \gamma\,\Delta t'$$

결론 이것은 이미 구한 시간 팽창에 관한 식이다(식 39.7). 여기서 $\Delta t' = \Delta t_p$는 관측자 O'이 갖고 있는 시계로 측정한 고유시간이다. 그러므로 O가 볼 때 움직이는 시계는 느리게 간다.

39.6 로렌츠 속도 변환식
The Lorentz Velocity Transformation Equations

서로에 대하여 상대 운동을 하는 두 관측자가 한 물체의 운동을 관측한다고 하자. 앞에서 우리는 어떤 순간에 일어나는 한 사건을 정의하였다. 지금 이 '사건'을 물체의 운동으로 설명하려고 한다. 갈릴레이 속도 변환식(식 39.2)은 느린 속력의 경우 성립함을 알고 있다. 그렇다면 물체의 속력이 빛의 속력에 가까워지면 두 관측자가 측정한 물체의 속력들은 어떻게 관련되는가? S′은 정지해 있는 S에 대하여 속력 v로 움직이는 기준틀이다. 기준틀 S′에서 측정하였을 때, 어떤 물체의 속도 성분이 u'_x이라고 하자. 즉

[5] 두 계의 x축에서의 상대 운동은 물체의 y좌표와 z좌표에 영향을 미치지 않지만, 어느 계에서든 움직이는 물체의 속도의 y 성분과 z 성분은 변한다(39.6절).

$$u'_x = \frac{dx'}{dt'} \tag{39.15}$$

이다. 식 39.11을 사용하면 다음을 알 수 있다.

$$dx' = \gamma(dx - v\,dt)$$

$$dt' = \gamma\left(dt - \frac{v}{c^2}\,dx\right)$$

이를 식 39.15에 대입하면

$$u'_x = \frac{dx - v\,dt}{dt - \dfrac{v}{c^2}\,dx} = \frac{\dfrac{dx}{dt} - v}{1 - \dfrac{v}{c^2}\dfrac{dx}{dt}}$$

가 된다. 그러나 dx/dt는 S에 있는 관측자가 측정한 물체의 속도 성분 u_x이므로, 이 식은 다음과 같다.

S → S′ 경우의 로렌츠 속도 변환 ▶

$$u'_x = \frac{u_x - v}{1 - \dfrac{u_x v}{c^2}} \tag{39.16}$$

물체가 y축과 z축을 따르는 속도 성분을 갖는다면, S′에 있는 관측자가 측정한 성분들은

$$u'_y = \frac{u_y}{\gamma\left(1 - \dfrac{u_x v}{c^2}\right)} \quad \text{그리고} \quad u'_z = \frac{u_z}{\gamma\left(1 - \dfrac{u_x v}{c^2}\right)} \tag{39.17}$$

가 된다.

상대 속도가 x축 방향을 따르므로, u'_y과 u'_z은 분자에 변수 v를 포함하지 않는다.

v가 c보다 훨씬 작을 때(비상대론적인 경우), 식 39.16의 분모는 1에 접근하므로 $u'_x \approx u_x - v$가 되는데, 이것은 갈릴레이 속도 변환식이다. 또 다른 극한 경우인 $u_x = c$일 때, 식 39.16은

$$u'_x = \frac{c - v}{1 - \dfrac{cv}{c^2}} = \frac{c\left(1 - \dfrac{v}{c}\right)}{1 - \dfrac{v}{c}} = c$$

가 된다. 이 결과로부터 S에 있는 관측자가 c로 측정한 어떤 속력도 S′에 있는 관측자에게도 c로 측정된다는 것을 알 수 있다. 즉 S와 S′의 상대 운동과는 무관하다. 이런 결과는 모든 관성 기준틀에서 빛의 속력은 c이어야만 한다는 아인슈타인의 두 번째 가설과 일치한다. 더구나 물체의 속력은 결코 c보다 클 수 없다는 것을 알 수 있다. 즉 빛의 속력은 최대 속력이다. 이 부분은 나중에 다시 살펴보기로 하자.

u_x를 u'_x의 항으로 구하기 위하여, 식 39.16에서 v 대신 $-v$를 대입하고 u_x와 u'_x을 맞바꾸면 다음과 같이 나타낼 수 있다.

오류 피하기 39.5

관측자들이 동의할 수 있는 것은 무엇인가? 두 관측자 O와 O'의 측정 결과가 서로 일치하지 **않는** 다음과 같은 경우를 보아 왔다. (1) 한 기준틀의 같은 위치에서 일어난 두 사건 간의 시간 간격, (2) 한 기준틀에서 위치가 고정된 두 점 간의 거리, (3) 움직이는 입자의 속도 성분, (4) 두 기준틀 모두에서 서로 다른 위치에서 일어난 두 사건이 동시인가 아닌가. 두 관측자가 동의할 수 **있는** 것은 다음과 같은 것들이다. (1) 서로에 대하여 움직이는 상대 속력 v, (2) 빛의 속력 c, (3) 어떤 기준틀에서 같은 위치와 같은 시간에 일어나는 두 사건의 동시성.

$$u_x = \frac{u'_x + v}{1 + \dfrac{u'_x v}{c^2}} \tag{39.18}$$

퀴즈 39.8 어떤 사람이 속도 제한이 없는 도로에서 상대론적인 속력으로 운전한다고 하자. **(i)** 지상에 정면으로 서 있는 도로 보수원이 경고등을 켜서 그 빛이 자신과 수직으로 위를 향하여 비추었다. 운전자가 그 빛을 본다면, 빛의 속력의 수직 성분의 크기는 **(a)** c와 같다. **(b)** c보다 크다. **(c)** c보다 작다. **(ii)** 도로 보수원이 경고등을 수직이 아닌 수평으로 운전자를 향하여 비춘다면, 운전자가 관측하는 그 빛의 속력의 수평 성분의 크기는 **(a)** c와 같다. **(b)** c보다 크다. **(c)** c보다 작다.

예제 39.6 두 우주선의 상대 속도

두 우주선 A와 B가 그림 39.14에서처럼 서로 마주보고 움직인다. 지상에 있는 관측자가 측정한 우주선 A의 속력은 $0.750c$, B의 속력은 $0.850c$이다. 우주선 A에 있는 우주인이 측정한 우주선 B의 속도를 구하라.

풀이

개념화 두 관측자가 있는데, 지상에 있는 관측자(O)와 우주선 A에 있는 관측자(O')이다. 사건이란 우주선 B의 운동이다.

분류 관측된 속도를 구하는 문제이기 때문에, 이 문제는 로렌츠 속도 변환식이 필요한 문제이다.

분석 기준틀 S에 정지해 있는 지상의 관측자는 각 우주선마다 하나씩 두 가지 측정을 하게 된다. 우주선 A에 있는 우주인이 우주선 B의 속도를 측정하고자 하는 것이므로 $u_x = -0.850c$이다. 우주선 A의 속도는 지상에 정지해 있는 관측자에 대한 우주선 A(기준틀 S′)에서 정지해 있는 관측자의 속도이므로 $v = 0.750c$이다.

식 39.16을 써서 우주선 B의 우주선 A에 대한 속도 u'_x을 구한다.

$$u'_x = \frac{u_x - v}{1 - \dfrac{u_x v}{c^2}} = \frac{-0.850c - 0.750c}{1 - \dfrac{(-0.850c)(0.750c)}{c^2}}$$

$$= -0.977c$$

결론 여기서 음의 부호는 우주선 B가 우주선 A에 있는 우주인이 관측하였을 때 $-x$ 방향으로 향함을 나타낸다. 이것은 그림 39.14에서 예상한 것과 같은 것인가? 우선 속력은 c보다 작다. 즉 한 기준틀에서 c보다 작은 속력의 물체는 다른 어떤 기준틀에서도 그 속력이 c보다 작아야 한다(만일 이 예제에 갈릴레이 속도 변환식을 사용한다면 $u'_x = u_x - v = -0.850c - 0.750c = -1.60c$라는 불가능한 값이 나온다. 갈릴레이 변환식은 상대론적인 경우에는 적용할 수가 없다).

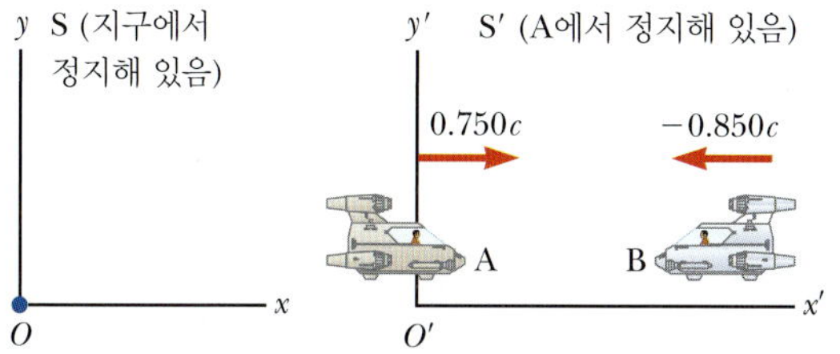

그림 39.14 (예제 39.6) 두 우주선 A와 B가 마주보고 움직이고 있다. 우주선 A에 대한 B의 속력은 c보다 **작으며**, 상대론적인 속도 변환식으로부터 구한다.

문제 두 우주선이 서로 지나칠 때 이들의 상대 속력은 얼마인가?

답 식 39.16을 써서 계산하면 두 우주선의 속도만 포함되고 위치와는 무관하게 된다. 두 우주선이 서로 지나친 후에도 같은 속도를 가지기 때문에, 우주선 A에 있는 우주인이 측정한 우주선 B의 속도는 $-0.977c$로 서로 같다. 차이가 있다면, 지나치기 전에는 B가 A에 접근하였지만 지나친 후에는 멀어져 간다는 것뿐이다.

예제 39.7 상대론적인 속력으로 경주하는 오토바이 폭주족

오토바이 폭주족인 D와 E가 그림 39.15에서처럼 직교하는 교차로에서 상대론적인 속력으로 경주하고 있다. D가 그의 어깨너머로 보았을 때 E는 얼마나 빨리 멀어져 가고 있는가?

풀이

개념화 그림 39.15에서 두 관측자는 D와 경찰관이다. 사건은 E의 운동이다. 그림 39.15는 기준틀 S에 정지해 있는 경찰관이 본 상황을 나타낸 그림이다. 기준틀 S′은 D를 따라서 움직인다.

분류 문제에서 관측된 속력을 구하라고 하였으므로 이 문제는 로렌츠 속도 변환을 필요로 하는 문제로 보면 된다. 운동은 이차원에서 일어나고 있다.

분석 경찰관이 측정한 D와 E의 속도 성분은 다음과 같다.

D의 속도: $v_x = v = 0.75c \quad v_y = 0$

E의 속도: $u_x = 0 \quad u_y = -0.90c$

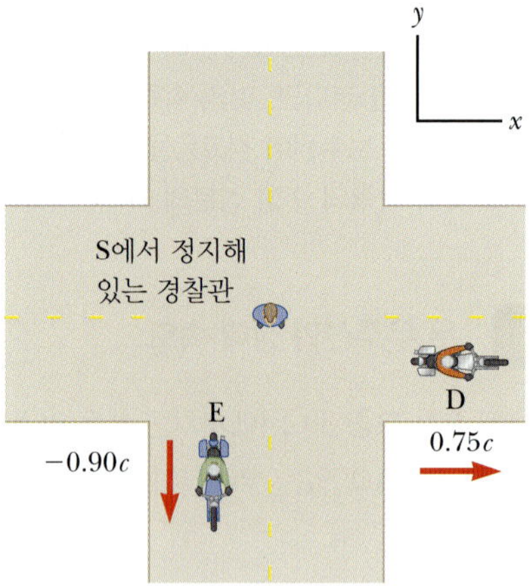

그림 39.15 (예제 39.7) D는 경찰관에 대하여 $0.75c$의 속력으로 동쪽으로 질주하고, E는 $0.90c$의 속력으로 남쪽으로 질주한다.

식 39.16과 39.17을 사용하여 D가 측정한 E의 속력 u'_x과 u'_y을 계산한다.

$$u'_x = \frac{u_x - v}{1 - \dfrac{u_x v}{c^2}} = \frac{0 - 0.75c}{1 - \dfrac{(0)(0.75c)}{c^2}} = -0.75c$$

$$u'_y = \frac{u_y}{\gamma\left(1 - \dfrac{u_x v}{c^2}\right)} = \frac{\sqrt{1 - \dfrac{(0.75c)^2}{c^2}}\,(-0.90c)}{1 - \dfrac{(0)(0.75c)}{c^2}} = -0.60c$$

피타고라스 정리를 사용하여 D가 측정한 E의 속력을 구한다.

$$u' = \sqrt{(u'_x)^2 + (u'_y)^2} = \sqrt{(-0.75c)^2 + (-0.60c)^2}$$
$$= 0.96c$$

결론 이 속력은 특수 상대성 이론이 요구하는 바와 같이 c보다 느리다.

39.7 상대론적 선운동량
Relativistic Linear Momentum

특수 상대성 이론의 틀 안에서 입자의 운동을 적절히 기술하기 위해서는 갈릴레이 변환이 로렌츠 변환으로 대체되어야 한다. 물리 법칙은 로렌츠 변환 후에도 변하지 않아야 하므로 뉴턴의 법칙, 운동량 및 에너지가 로렌츠 변환과 상대성 원리가 적용될 수 있도록 일반화되어야 한다. 일반화된 정의들은 $v \ll c$인 경우 고전적인(비상대론적) 식이 되어야 한다.

우선 두 입자(또는 입자로 간주할 수 있는 물체)가 충돌하는 상황을 잘 나타내는 운동량 보존의 법칙을 상기해 보면, 고립계에서 두 입자의 전체 운동량은 일정하게 유지된다. 기준틀 S에서 충돌이 일어난다고 하고 그 계의 운동량이 보존된다고 하자. 기준틀 S에 대하여 상대 속도 $\vec{\mathbf{v}}$로 움직이는 기준틀 S′에 있는 관측자가 운동량들을 측정한다고 생각해 보자. 운동량의 고전적 정의식 $\vec{\mathbf{p}} = m\vec{\mathbf{u}}$(여기서 $\vec{\mathbf{u}}$는 입자의 속도)와 로렌츠 속도 변환식을 쓰면, S′에 있는 관측자에게는 계의 선운동량이 보존되지 **않는** 것으로 측정된다. 그러나 물리 법칙이 모든 관성틀에서 같아야 하므로, 계의 선운동량은 모든 기준틀에서 보존되어야 한다. 그래서 모순이 생긴다. 이런 모순과 함께 로렌츠 속도 변환식이 옳다고 가정한다면, 선운동량의 정의를 수정하여 고립계에서 운동량이 모든 관측자에게 보존되게 해야 한다. 어떤 입자의 경우에도 이 조건을 만족하는 올바른 상대론적 운동량의 식은

$$\vec{\mathbf{p}} \equiv \frac{m\vec{\mathbf{u}}}{\sqrt{1-\dfrac{u^2}{c^2}}} = \gamma m\vec{\mathbf{u}} \tag{39.19}$$

◀ 상대론적 선운동량의 정의

이다. 여기서 $\vec{\mathbf{u}}$는 입자의 속도이고 m은 질량이다. u가 c보다 훨씬 작을 때, $\gamma = (1 - u^2/c^2)^{-1/2}$은 1에 접근하므로 $\vec{\mathbf{p}}$는 $m\vec{\mathbf{u}}$에 접근한다. 그러므로 $\vec{\mathbf{p}}$에 대한 상대론적인 식은 u가 c에 비하여 훨씬 작을 때 당연히 고전적인 식으로 된다.

운동량이 $\vec{\mathbf{p}}$인 한 입자에 작용하는 상대론적인 힘 $\vec{\mathbf{F}}$는

$$\vec{\mathbf{F}} \equiv \frac{d\vec{\mathbf{p}}}{dt} \tag{39.20}$$

로 정의된다. 여기서 $\vec{\mathbf{p}}$는 식 39.19로 주어진다. 뉴턴의 제2법칙의 상대론적인 형태인 이 식은, 느린 속도에서 고전 역학의 식으로 돌아가고 고립계($\vec{\mathbf{F}}_{\text{ext}} = 0$)에 대하여 상대론적이나 고전적으로나 선운동량 보존과 일치하므로 합리적인 식이다.

상대론적인 조건하에서 일정한 힘을 받는 어떤 입자의 가속도 $\vec{\mathbf{a}}$는 일정하지 않고 감소하는데, 이 경우 $a \propto (1 - u^2/c^2)^{3/2}$이다. 이 비례식으로부터 입자의 속력이 c에 접근하면 유한한 힘에 의한 가속도는 영에 접근함을 알 수 있다. 그러므로 어떤 입자를 정지 상태로부터 $u \geq c$의 속력으로 가속시키는 것은 불가능하다. 이것은 우주에서 가장 빠른 속력이 빛의 속력으로 제한되고 있음을 강조하고 있다. 빛의 속력은 에너지 전달과 정보 전달에 있어 가장 빠른 속력이다. 질량을 가진 물체는 이보다 느린 속력으로 움직일 수밖에 없다.

오류 피하기 39.6

'상대론적인 질량'에서 주의할 점 이전에는 상대론을 다룰 때, 입자의 질량이 속력에 따라 증가한다는 모형을 이용해서 빠른 속력에 대한 운동량 보존 원리를 설명한 경우가 있었다. 여러분은 아직도 오래된 책에서 '상대론적인 질량'에 대한 개념을 접할 수 있을지 모른다. 이런 개념은 더 이상 폭넓게 받아들여지지 않고 있음에 주의하자. 오늘날 질량은 속력과 **무관한 불변량**이란 개념이 주로 쓰인다. 모든 기준틀에서 물체의 질량이란 그 물체에 대하여 정지해 있는 관측자가 측정한 질량을 말한다.

예제 39.8 전자의 선운동량

질량이 9.11×10^{-31} kg인 전자가 속력 $0.750c$로 움직이고 있다. 상대론적 운동량의 크기를 구하고 고전적인 식으로 계산한 값과 비교해 보라.

풀이

개념화 매우 빠르게 움직이는 전자를 생각해 보자. 운동하는 전자는 운동량을 가지고 있지만, 상대론적인 속력으로 운동하는 경우 이 운동량의 크기는 $p = mu$가 아니다.

분류 예제를 상대론적인 식에 속력을 대입하는 문제로 분류한다.

식 39.19에 $u = 0.750c$를 대입하여 운동량을 구한다.

$$p = \frac{m_e u}{\sqrt{1-\dfrac{u^2}{c^2}}}$$

$$p = \frac{(9.11 \times 10^{-31}\text{ kg})(0.750)(3.00 \times 10^8\text{ m/s})}{\sqrt{1-\dfrac{(0.750c)^2}{c^2}}}$$

$$= 3.10 \times 10^{-22}\text{ kg}\cdot\text{m/s}$$

고전적인 식(사용하면 안 되지만)은 $p_{\text{classical}} = m_e u = 2.05 \times 10^{-22}$ kg · m/s가 된다. 따라서 올바른 상대론적인 결과는 고전적인 결과보다 50 %나 값이 크다.

39.8 상대론적 에너지
Relativistic Energy

아인슈타인의 가설에 부합하기 위하여 운동량의 정의를 일반화할 필요가 있음을 알았다. 이것은 운동 에너지의 경우도 수정되어야 함을 의미한다.

일–운동 에너지 정리의 상대론적인 형태를 구하기 위하여 x축을 따라 일차원 운동을 하는 입자를 생각해 보자. x 방향으로 작용하는 힘이 그 입자의 운동량을 식 39.20에 따라 변하게 한다. 어떤 형태로든 입자가 정지 상태에서 가속되어 어떤 나중 속력 u에 다다른다고 가정하자. 힘 F가 입자에 한 일은

$$W = \int_{x_1}^{x_2} F\,dx = \int_{x_1}^{x_2} \frac{dp}{dt}\,dx \tag{39.21}$$

이다. 적분을 하여 입자에 한 일을 구한 다음 u의 함수로 상대론적 운동 에너지를 구하기 위하여, 우선 dp/dt를 계산하면

$$\frac{dp}{dt} = \frac{d}{dt}\frac{mu}{\sqrt{1-\dfrac{u^2}{c^2}}} = \frac{m}{\left(1-\dfrac{u^2}{c^2}\right)^{3/2}}\frac{du}{dt}$$

가 된다. 이 식을 dp/dt에 대입하고 $dx = u\,dt$를 식 39.21에 대입하면

$$W = \int_0^t \frac{m}{\left(1-\dfrac{u^2}{c^2}\right)^{3/2}}\frac{du}{dt}(u\,dt) = m\int_0^u \frac{u}{\left(1-\dfrac{u^2}{c^2}\right)^{3/2}}\,du$$

가 된다. 여기서 적분 구간으로 상한 u와 하한 0을 사용하였는데, 그 이유는 적분 변수가 t에서 u로 바뀌었기 때문이다. 적분을 하면

$$W = \frac{mc^2}{\sqrt{1-\dfrac{u^2}{c^2}}} - mc^2 \tag{39.22}$$

이 된다. 7장에서 공부한 바와 같이 한 입자로 구성된 계에 작용하는 힘이 한 일은 입자의 운동 에너지 변화와 같다($W = \Delta K$)는 것을 상기해 보자. 입자의 처음 속력을 영이라고 가정하였기 때문에, 처음 운동 에너지도 영이므로 $W = K - K_i = K - 0 = K$이다. 그러므로 식 39.22에서 일 W는 상대론적 운동 에너지 K인

상대론적 운동 에너지 ▶

$$K = \frac{mc^2}{\sqrt{1-\dfrac{u^2}{c^2}}} - mc^2 = \gamma mc^2 - mc^2 = (\gamma - 1)mc^2 \tag{39.23}$$

과 같다. 이 식은 고에너지 입자 가속기를 사용한 실험에서 수차례 반복 확인되었다. $u/c \ll 1$인 느린 속력에서 식 39.23은 고전적인 식 $K = \frac{1}{2}mu^2$이 된다. 이것은 이항 전개 $(1-\beta^2)^{-1/2} \approx 1 + \frac{1}{2}\beta^2 + \cdots$를 써서 확인할 수 있다. $\beta \ll 1$이므로 β의 고차 항은

무시된다(상대론을 다룰 때 β는 흔히 나오는 기호인데, u/c 또는 v/c를 대신하여 사용된다). 여기서는 $\beta = u/c$이므로

$$\gamma = \frac{1}{\sqrt{1 - \dfrac{u^2}{c^2}}} = \left(1 - \frac{u^2}{c^2}\right)^{-1/2} \approx 1 + \frac{1}{2}\frac{u^2}{c^2}$$

이다. 이 결과를 식 39.23에 대입하면

$$K \approx \left[\left(1 + \frac{1}{2}\frac{u^2}{c^2}\right) - 1\right]mc^2 = \frac{1}{2}mu^2 \qquad (u/c \ll 1\text{인 경우})$$

이 된다. 이것은 운동 에너지에 대한 고전적인 식이다. 상대론적인 식과 비상대론적인 식을 비교하는 그래프가 그림 39.16에 나타나 있다. 상대론적인 경우 운동 에너지가 아무리 커도 입자의 속력은 결코 c보다 클 수 없다. $u \ll c$일 때 두 곡선은 아주 잘 일치한다.

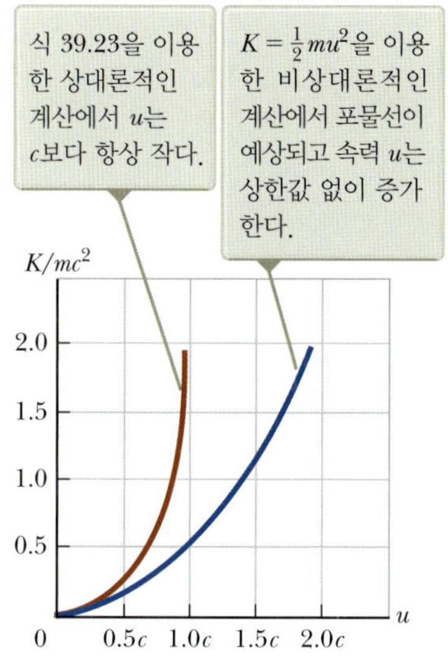

그림 39.16 운동하는 입자의 상대론적 및 비상대론적 운동 에너지를 비교하는 그래프. 에너지들은 입자의 속력 u의 함수로 그려져 있다.

식 39.23에서 상수항 mc^2은 입자의 속력과 무관하며, 이것을 그 입자의 **정지 에너지**(rest energy) E_R라 한다. 즉

$$E_R = mc^2 \tag{39.24}$$

◀ 정지 에너지

이다. 식 39.24는 **질량은 에너지의 한 형태**임을 보여 주고 있다. 여기서 c^2은 단지 상수로서 바꿈 인수일 뿐이다. 이 식은 또한 작은 질량이라도 엄청난 에너지에 해당함을 나타내는데, 이것은 핵물리학과 소립자 물리학에서는 기본적인 개념이다.

식 39.23에 있는 항 γmc^2은 입자의 속력에 의존하며, 운동 에너지와 정지 에너지의 합이다. γmc^2을 **전체 에너지**(total energy) E라 한다. 즉

$$\text{전체 에너지} = \text{운동 에너지} + \text{정지 에너지}$$

$$E = K + mc^2 \tag{39.25}$$

또는 다음과 같이 나타낼 수 있다.

$$E = \frac{mc^2}{\sqrt{1 - \dfrac{u^2}{c^2}}} = \gamma mc^2 \tag{39.26}$$

◀ 상대론적인 입자의 전체 에너지

흔히 한 입자의 속력을 측정하기보다는 선운동량이나 에너지가 측정된다. 그러므로 전체 에너지 E가 상대론적인 선운동량 p에 관련된 식을 사용하는 것이 좋다. 이런 식은 바로 식 $E = \gamma mc^2$과 $p = \gamma mu$를 사용하여 만들 수 있다. 이 식들의 양변을 제곱하여 u를 소거하면, 다음과 같은 결과를 얻는다.[6]

$$E^2 = p^2c^2 + (mc^2)^2 \tag{39.27}$$

◀ 상대론적인 입자의 에너지–운동량 관계

[6] 이 관계를 외우는 한 가지 방법은 직각 삼각형을 그려서 빗변을 E로 놓고 나머지 두 변을 pc와 mc^2으로 놓으면 된다.

입자가 정지해 있을 때는 $p = 0$이므로 $E = E_R = mc^2$이 된다.

35.1절에서 **광자**(photon)라고 부르는 빛의 입자성에 관한 개념을 도입하였다. 광자와 같이 질량이 영인 입자는 식 39.27에서 $m = 0$으로 놓으면

$$E = pc \tag{39.28}$$

가 된다. 이 식은 광자의 전체 에너지와 선운동량과의 관계를 나타내는 식이며, 광자는 항상 빛의 속력(진공 중에서)으로 운동한다.

마지막으로 입자의 질량 m은 그 입자의 운동과 무관하므로, m은 모든 기준틀에서 같은 값을 가져야 한다. 그런 이유 때문에 m을 흔히 **불변 질량**(invariant mass)이라고 한다. 반면에 입자의 전체 에너지와 운동량은 속도에 의존하므로, 이들 양은 측정되는 기준틀에 따라 달라진다.

아원자(subatomic) 입자를 다룰 때는 에너지를 전자볼트(25.1절 참조)로 나타내는 것이 편리하다. 왜냐하면 대전 입자들은 전위차 V에 비례하여 가속되기 때문이다. 식 25.5를 다시 보면, 환산 관계는

$$1 \text{ eV} = 1.602 \times 10^{-19} \text{ J}$$

이다. 예를 들어 전자 한 개의 질량이 9.109×10^{-31} kg이므로, 전자의 정지 에너지는 다음과 같다.

$$m_e c^2 = (9.109 \times 10^{-31} \text{ kg})(2.998 \times 10^8 \text{ m/s})^2 = 8.187 \times 10^{-14} \text{ J}$$
$$= (8.187 \times 10^{-14} \text{ J})(1 \text{ eV}/1.602 \times 10^{-19} \text{ J}) = 0.511 \text{ MeV}$$

퀴즈 39.9 입자의 정지 에너지와 전체 에너지가 각각 입자 1은 E와 $2E$, 입자 2는 E와 $3E$, 입자 3은 $2E$와 $4E$이다. 이 값들로부터 **(a)** 질량, **(b)** 운동 에너지, **(c)** 속력이 가장 큰 값부터 순서대로 나열하라.

예제 39.9 매우 빠른 양성자의 에너지

(A) 양성자의 정지 에너지를 전자볼트 단위로 구하라.

풀이

개념화 양성자는 움직이지 않더라도 질량에 따른 정지 에너지를 갖고 있다. 그러나 움직이면, 양성자는 정지 에너지와 운동 에너지의 합으로 주어지는 에너지를 갖는다.

분류 '정지 에너지'라는 말은 이 문제를 고전적으로 접근하기보다는 상대론적으로 접근해야 함을 의미한다.

분석 식 39.24를 써서 정지 에너지를 구한다.

$$E_R = m_p c^2 = (1.672\,6 \times 10^{-27} \text{ kg})(2.998 \times 10^8 \text{ m/s})^2$$
$$= (1.504 \times 10^{-10} \text{ J})\left(\frac{1.00 \text{ eV}}{1.602 \times 10^{-19} \text{ J}}\right)$$
$$= 938 \text{ MeV}$$

(B) 양성자의 전체 에너지가 정지 에너지의 세 배일 때, 양성자의 속력은 얼마인가?

풀이 식 39.26을 써서 양성자의 정지 에너지와 전체 에너지를 관계짓는다.

$$E = 3m_p c^2 = \frac{m_p c^2}{\sqrt{1 - \frac{u^2}{c^2}}} \rightarrow 3 = \frac{1}{\sqrt{1 - \frac{u^2}{c^2}}}$$

이것을 u에 대하여 푼다.

$$1 - \frac{u^2}{c^2} = \frac{1}{9} \quad \rightarrow \quad \frac{u^2}{c^2} = \frac{8}{9}$$

$$u = \frac{\sqrt{8}}{3}c = 0.943c = 2.83 \times 10^8 \text{ m/s}$$

(C) 양성자의 운동 에너지를 전자볼트 단위로 구하라.

풀이 식 39.25를 사용하여 양성자의 운동 에너지를 전자볼트 단위로 구한다.

$$K = E - m_pc^2 = 3m_pc^2 - m_pc^2 = 2m_pc^2$$
$$= 2(938 \text{ MeV}) = 1.88 \times 10^3 \text{ MeV}$$

(D) 양성자의 운동량은 얼마인가?

풀이 식 39.27을 사용하여 운동량을 계산한다.

$$E^2 = p^2c^2 + (m_pc^2)^2 = (3m_pc^2)^2$$
$$p^2c^2 = 9(m_pc^2)^2 - (m_pc^2)^2 = 8(m_pc^2)^2$$
$$p = \sqrt{8}\frac{m_pc^2}{c} = \sqrt{8}\frac{938 \text{ MeV}}{c}$$
$$= 2.65 \times 10^3 \text{ MeV}/c$$

결론 (D)에서 양성자의 운동량은 MeV/c로 주어졌다. 이 단위는 입자 물리학에서 흔히 사용하는 단위이다. 필요하다면 이 예제를 고전적인 식을 사용하여 풀어 볼 수도 있다.

문제 고전 물리학에서는 운동량이 두 배가 되면 운동 에너지는 네 배가 된다. 이 문제에서 운동량이 두 배가 되면 양성자의 운동 에너지는 몇 배가 되는가?

답 지금까지 상대론에서 공부한 것을 바탕으로 살펴보면, 운동 에너지는 네 배로 증가하지 않음을 쉽게 알 수 있다.
두 배가 된 운동량을 구한다.

$$p_{\text{new}} = 2\left(\sqrt{8}\frac{m_pc^2}{c}\right) = 4\sqrt{2}\frac{m_pc^2}{c}$$

이 결과를 식 39.27에 대입하여 운동량 증가에 따른 전체 에너지를 구한다.

$$E_{\text{new}}^2 = p_{\text{new}}^2c^2 + (m_pc^2)^2$$
$$E_{\text{new}}^2 = \left(4\sqrt{2}\frac{m_pc^2}{c}\right)^2c^2 + (m_pc^2)^2 = 33(m_pc^2)^2$$
$$E_{\text{new}} = \sqrt{33}m_pc^2 = 5.7m_pc^2$$

식 39.25를 사용하여 그에 해당하는 새 운동 에너지를 구한다.

$$K_{\text{new}} = E_{\text{new}} - m_pc^2 = 5.7m_pc^2 - m_pc^2 = 4.7m_pc^2$$

이 값은 (C)에서 구한 운동 에너지의 네 배가 아니라 두 배가 조금 더 된다. 일반적으로 운동량이 두 배가 될 때 운동 에너지가 증가하는 비율은 처음 운동량에 의존하지만, 운동량이 영에 가까워짐에 따라 네 배에 가까워진다. 이 후자의 상황은 고전 물리학의 식에 들어맞는다.

식 39.26인 $E = \gamma mc^2$은 입자의 전체 에너지를 나타내는데, 이 중요한 식은 입자가 정지($\gamma = 1$)해 있더라도 질량 때문에 엄청난 에너지를 가지고 있다는 것을 암시하고 있다. 이 질량과 에너지의 등가성을 증명할 가장 명확한 실험은 질량이 운동 에너지로 변환되는 일이 일어나는 핵물리학과 입자 물리학 실험이다. 따라서 상대론적인 상황에서 이 등가성 때문에 8장에서 배운 에너지 보존의 원리가 여기서는 사용될 수가 없다. 에너지 저장의 다른 형태로서 정지 에너지를 포함시켜 이 식을 수정해야만 한다.

이런 개념은 원자 및 핵반응에서 매우 중요한데, 거기서는 처음 질량의 비교적 많은 부분이 에너지로 변환된다. 예를 들어 보통의 핵반응로에서 우라늄 핵이 **분열**(fission)되면서 상당한 운동 에너지를 가지는 여러 개의 가벼운 조각들로 갈라진다. 원자력 발전소의 연료로 사용되는 ^{235}U의 경우, 분열 조각들은 두 개의 가벼운 핵과 몇 개의 중성자이다. 분열 조각들의 전체 질량은 ^{235}U의 질량보다 Δm만큼 작다. 이 질량차 때문에 생기는 에너지 Δmc^2은 분열 조각들의 전체 운동 에너지와 똑같다. 이 분열 조각들이 물속으로 움직이면서 물이 흡수한 에너지는 물의 내부 에너지를 증가시킨다. 이 내부 에너지가 발전기의 터빈을 돌리기 위한 증기를 만드는 데 사용된다.

다음으로는 두 개의 중수소 원자가 결합하여 하나의 헬륨 원자가 되는 기본적인 **융합**(fusion) 반응을 살펴보자. 두 개의 중수소 원자로부터 하나의 헬륨 원자가 만들어질 때 발생하는 질량 감소량은 $\Delta m = 4.25 \times 10^{-29}$ kg이다. 그러므로 하나의 융합 반응에서 나오는 에너지는 $\Delta mc^2 = 3.83 \times 10^{-12}$ J = 23.9 MeV이다. 이 결과의 크기를 가늠해 보자. 단지 1 g의 중수소가 헬륨으로 바뀐다면, 방출되는 에너지는 10^{12} J 정도의 크기를 갖는다!

예제 39.10 방사능 붕괴에서의 질량 변화

^{216}Po 핵은 불안정하여 방사능 붕괴를 한다. 이 원자는 헬륨 핵인 한 개의 알파 입자를 방출하여 ^{212}Pb로 붕괴된다. 여기에 연관된 질량들은 원자 질량 단위로 나타낼 때(부록 A의 표 A.1 참조), $m_i = m(^{216}\text{Po}) = 216.001\ 915$ u와 $m_f = m(^{212}\text{Pb}) + m(^4\text{He}) = 211.991\ 898$ u + 4.002 603 u이다.

(A) 붕괴에서 계의 질량 변화를 구하라.

풀이

개념화 처음에 이 계는 ^{216}Po 핵이다. 붕괴하는 동안에 계의 질량이 감소하여 알파 입자의 운동 에너지와 붕괴 후에 ^{212}Pb의 핵으로 변환된다.

분류 이 절에서 논의한 개념을 사용하므로, 예제를 대입 문제로 분류한다.

문제에 주어진 질량값들을 사용하여 질량 변화를 계산한다.

$$\Delta m = 216.001\ 915\ \text{u} - (211.991\ 898\ \text{u} + 4.002\ 603\ \text{u})$$
$$= 0.007\ 414\ \text{u} = 1.23 \times 10^{-29}\ \text{kg}$$

(B) 이 질량 변화가 나타내는 에너지를 구하라.

풀이 식 39.24를 사용하여 질량 변화에 따른 에너지를 구한다.

$$E = \Delta mc^2 = (1.23 \times 10^{-29}\ \text{kg})(3.00 \times 10^8\ \text{m/s})^2$$
$$= 1.11 \times 10^{-12}\ \text{J} = 6.92\ \text{MeV}$$

39.9 일반 상대성 이론
The General Theory of Relativity

이 시점에서 옆으로 잠시 비켜서 재미있는 문제를 생각해 보자. 질량은 아주 다른 두 가지 성질이 있는데, 하나는 다른 질량을 끌어당기는 **중력적** 성질이고 다른 하나는 가속에 저항하는 **관성적** 성질이다. 5.5절에서 질량에 대한 이들 두 가지 성질을 논의하였다. 이 두 가지 성질을 첨자 g와 i를 써서

$$\text{중력적 성질} \qquad F_g = m_g g$$
$$\text{관성적 성질} \qquad \sum F = m_i a$$

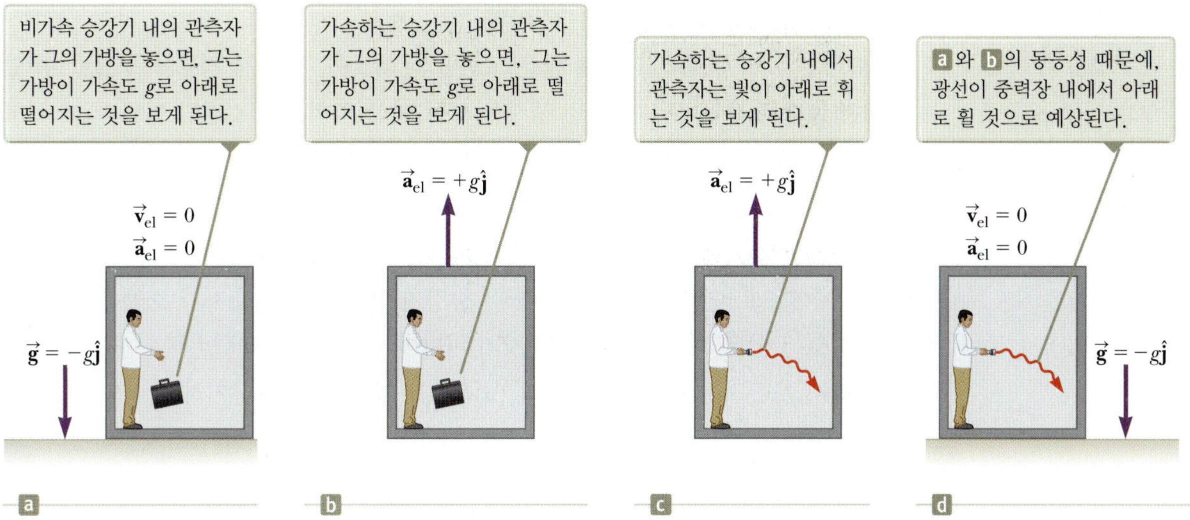

그림 39.17 (a) 관측자는 아래로 향하는 중력장 $\vec{\mathbf{g}} = -g\hat{\mathbf{j}}$ 속에서 정지해 있다. (b) 관측자는 중력이 거의 없는 곳에 있다. 그러나 그가 타고 있는 승강기는 가속도 $\vec{\mathbf{a}}_{el} = +g\hat{\mathbf{j}}$로 위로 움직인다. 아인슈타인에 따르면 (a)와 (b)의 기준틀은 모든 것에서 동등하며, 이 두 기준틀의 차이를 구별할 수 있는 실험 방법은 없다. (c) 관측자는 가속되는 승강기 내에서 빛을 본다. (d) 중력장 내에서 빛의 거동에 대한 아인슈타인의 예측

로 나타낼 수 있다. 중력 상수 G의 값은 m_g와 m_i의 크기가 수치적으로 같게끔 선택되었다. G가 어떻게 선택되었든 간에 m_g와 m_i가 정비례한다는 사실은 약 $1/10^{12}$ 정도의 매우 높은 정밀도로 실험에 의하여 확인되었다. 그러므로 중력 질량과 관성 질량은 실로 거의 정확히 비례하는 것으로 보인다.

그렇다면 무엇이 문제인가? 두 가지 아주 다른 개념이 있는데, 하나는 두 질량 간의 중력적 인력이고 또 하나는 입자가 가속에 저항하는 것이다. 이 문제는 뉴턴과 다른 많은 물리학자들이 오랫동안 수수께끼로 삼고 있었는데, 1916년에 아인슈타인이 **일반 상대성 이론**이라고 알려진 중력 이론을 발표하면서 답이 나왔다. 이것은 수학적으로 복잡한 이론이기 때문에, 여기서는 단지 그 이론의 정교함과 통찰력의 실마리만 풀어 보고자 한다.

아인슈타인의 관점에서, 질량의 이중적인 거동은 서로 매우 긴밀하고 기본적으로 관련이 있다는 증거였다. 그는 그림 39.17a와 39.17b에 보인 것과 같은 상황을 구별할 수 있는 역학적 실험(물체를 떨어뜨리는 등)은 없다는 점을 지적하였다. 그림 39.17a에서 한 사람이 어떤 행성의 표면에 정지해 있는 승강기 바닥에 서 있는데, 그는 행성의 중력 때문에 바닥을 누르는 느낌을 받고 있다. 만일 그가 가방을 놓는다면, 가방이 승강기 바닥을 향하여 가속도 $\vec{\mathbf{g}} = -g\hat{\mathbf{j}}$로 움직임을 관측하게 된다. 그림 39.17b에서는 그 사람이 $\vec{\mathbf{a}}_{el} = +g\hat{\mathbf{j}}$로 위로 가속되는 무중력 공간에 있는 승강기 속에 있다. 그 사람은 그림 39.17a와 똑같이 바닥을 누르는 힘을 느낄 것이다. 여기서도 그가 가방을 놓으면 앞에서의 경우와 똑같이 가방이 가속도 g로 승강기 바닥을 향하여 움직이는 것을 관측하게 된다. 두 경우 모두 관측자가 놓아버린 물체는 크기 g의 가속도로 바닥을 향함을 관측하게 된다. 그림 39.17a에서 사람은 행성의 중력장 내의 관성틀에 있고, 그림 39.17b에서 사람은 무중력 공간에서 가속되는 비관성 기준틀에 있다. 아인슈타인의 주

장은 두 상황이 완전히 동등하다는 것이다.

아인슈타인은 이 문제에 대하여 많은 고민을 한 후, 이 두 가지 경우를 구별할 수 있는 실험은 **없다**고 제안하였다. 이런 생각을 모든 현상(역학적인 것뿐만 아니라)에 대하여 확장하면 매우 재미있는 결과가 나온다. 예를 들어 그림 39.17c에서처럼 빈 우주 공간에서 위로 가속되는 승강기 안에서 수평으로 레이저 빛을 쏜다고 상상하자. 승강기 밖의 관성틀에 있는 관측자가 보았을 때, 승강기의 바닥이 위로 올라가고 있음에도 레이저 빛은 수평으로 진행할 것이다. 그러나 승강기 안에 있는 관측자가 보았을 때, 레이저 빛의 경로는 위로 가속되고 있는 승강기 바닥이 있는(관측자의 발 쪽) 아래로 휠 것이다. 따라서 모든 현상에 대한 그림의 (a)와 (b)의 동등성에 근거하여 아인슈타인은 그림 39.17d와 같이 빛도 중력장에 의하여 아래로 휘어져야만 한다고 제안하였다. 휘어짐이 매우 작기는 하지만 그 효과는 실험으로 확인되었다. 수평으로 쏜 레이저 빛은 6 000 km 진행하는 데 1 cm 미만으로 아래로 휘어진다(뉴턴의 중력 이론에서는 그런 휨이 예측되지 않았다).

아인슈타인의 **일반 상대성 이론**(general theory of relativity)의 두 가지 가정은 다음과 같다.

- 어떤 기준틀이 가속되든 그렇지 않든 간에 그 안에 있는 관측자에게 자연의 모든 법칙은 같은 형태를 가진다.
- 어느 곳에서나 그 점 주변에서, 중력장은 중력이 없는 곳에서 가속되는 기준틀과 동등하다[이것을 **등가 원리**(principle of equivalence)라 한다].

일반 상대성 이론으로 예측되는 재미있는 효과 중 하나는 중력에 의하여 시간이 바뀐다는 것이다. 중력 내에 있는 시계가 중력이 무시될 수 있는 곳에 있는 시계보다 느리게 간다. 결론적으로 강한 중력장 내에 있는 원자에서 방출되는 빛의 진동수는, 약한 중력장 내의 같은 빛의 진동수와 비교할 때 낮은 진동수 쪽으로 적색 이동한다는 것이다. 중력적 **적색 이동**이 밀도가 매우 높은 별에 있는 원자에서 방출되는 스펙트럼선에서 검출되었다. 또한 연직으로 약 20 m 떨어진 두 핵들에서 방출되는 감마선의 진동수를 비교하여 지상에서도 확인되었다.

두 번째 가설은 자유 낙하하는 실험실 같은 적절히 가속되는 기준틀을 택한다면 중력장은 임의의 점에서 '변형될' 수 있음을 암시한다. 아인슈타인은 중력장이 '사라지게' 하는 데 필요한 가속도를 나타내는 독창적인 식을 고안해 냈다. 그는 모든 점에서 중력 효과를 나타내는 **시공간의 휨**(curvature of space-time)이라는 개념을 제시하였다. 사실 시공간의 휨은 뉴턴의 중력 이론을 완전히 대체한다. 아인슈타인에 따르면 중력이란 것은 없다. 단지 어떤 질량이 존재하면 그 질량 주변에 시공간을 휘게 하고, 이 휨은 자유로이 움직이는 모든 물체가 따라야 하는 시공간 경로를 지정해 준다.

휘어진 시공간 효과의 예로서, 지구 표면에서 두 여행자가 몇 미터의 일정한 간격으로 평행한 두 경도선(longitude lines)을 따라서 북쪽으로 여행한다고 가정하자. 적도 부근에서 서로를 관측할 때 그들의 경로가 정확히 평행하다고 할 것이다. 그러나 북극에 다가감에 따라 그들은 서로 가까워짐을 알게 되고 정확히 북극에서 만나게 될 것이

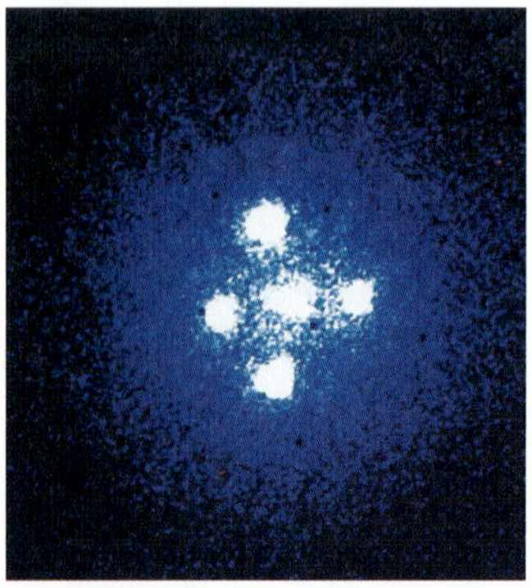
Courtesy of NASA

아인슈타인의 십자가. 바깥의 밝은 네 점은 지구와 어떤 은하 사이에 있는 거대한 천체 주변에서 휘어진 그 은하의 상들이다. 질량이 아주 큰 천체는 중력 렌즈처럼 작용하여 먼 은하로부터 퍼져 나온 빛이 지구에서 수렴하게 한다(만일 질량이 큰 천체가 균일한 질량 분포를 갖는다면 네 점이 아닌 원형의 빛을 보게 될 것이다).

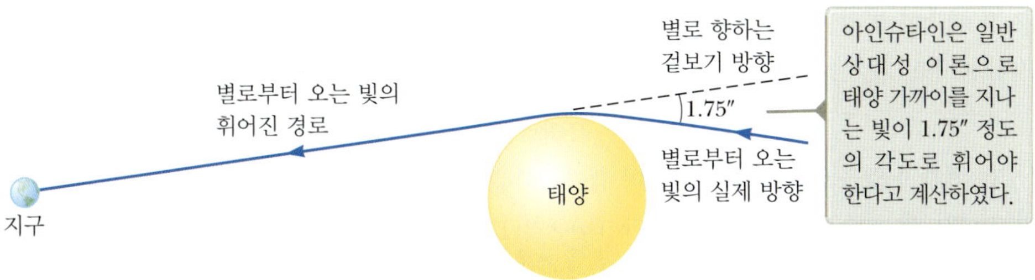

그림 39.18 태양을 가까이 지나는 별빛의 휘어짐. 이 효과 때문에 태양이나 다른 멀리 있는 물체들이 **중력 렌즈**로 작용을 할 수 있다.

다. 그러므로 그들은 처음에는 평행하게 갔으나, **그들 사이에 인력이 작용한 듯이** 나중엔 서로 가까워졌다고 할 것이다. 그들은 평평한 판 위에서 운동하는 일상 경험을 근거로 이런 결론을 내릴 것이다. 그러나 잘 생각해 보면 그들은 곡면 위를 걸어갔으며, 그들을 만나게 한 것은 인력이 아니라 곡면의 기하학적 구조 때문이다. 마찬가지로 일반 상대성 이론은 힘의 개념을 휘어진 시공간을 통하여 움직이는 물체의 운동으로 바꾸어 놓는다.

일반 상대성 이론의 예측 중의 하나는 태양 가까이를 지나는 빛이 태양의 질량 때문에 생긴 휘어진 시공간 속에서 휘어져야만 한다는 것이다. 이런 예측은 1차 세계 대전 직후 일어난 개기 일식 때, 별빛이 태양 부근에서 휘어짐을 천문학자들이 관측함에 따라 확인되었다(그림 39.18). 이 발견이 발표되자 아인슈타인은 전 세계적인 유명인사가 되었다.

큰 별이 핵연료를 방출하면서 매우 적은 부피로 쪼그라드는 일이 생긴다면, 그때 그 별의 밀도가 엄청나게 커지면서 **블랙홀**(black hole)이 생길 수 있다. 여기서 이야기하는 시공간의 휘어짐은 아주 극단적인 것이어서, 13.6절에서 논의한 것처럼, 블랙홀의 중심에서 어떤 거리 이내까지 모든 물질과 빛이 블랙홀에 갇혀버린다.

연습문제

객관식

1. **(i)** 전자가 가질 수 있는 속력의 상한이 있는가? (a) 예, 빛의 속력 c이다. (b) 예, 그러나 다른 값이다. (c) 아니오 **(ii)** 전자의 운동량 크기에는 상한이 있는가? (a) 예, m_ec이다. (b) 예, 그러나 다른 값이다. (c) 아니오 **(iii)** 전자의 운동 에너지에 상한이 있는가? (a) 예, m_ec^2이다. (b) 예, $1/2\,m_ec^2$이다. (c) 예, 그러나 다른 값이다. (d) 아니오

2. 어떤 우주선이 지구를 뒤로하고 등속도로 매우 빨리 나아간다. 지상에 있는 관측자가 측정한 바에 의하면 우주선 안에 있는 멀쩡한 시계가 똑같은 지상의 시계에 비하여 1/3의 비율로 똑딱거린다. 그렇다면 우주선 안에 있는 관측자는 지상에 있는 시계가 어떻게 똑딱거린다고 측정하는가? (a) 그가 갖고 있는 시계보다 세 배 이상 빠르게 똑딱거린다. (b) 그의 시계보다 세 배 빠르게 똑딱거린다. (c) 똑같이 똑딱거린다. (d) 그의 시계의 1/3배로 느리게 똑딱거린다. (e) 그의 시계의 1/3배보다 느리게 똑딱거린다.

3. 지상에 정지해 있는 관측자에 대하여 어떤 자동차가 속력 v로 멀어지면서 고속도로를 달려감에 따라, 자동차의 전조등에서 나오는 빛의 속력을 측정한 것으로 옳은 설명은 다음 중 어느 것인가? 정답은 하나 이상일 수 있다. (a) 지상에 있는 관측자가 측정한 빛의 속력은 $c + v$이다. (b) 운전자가 관측한 빛의 속력은 c이다. (c) 지상에 있는 관측자가 측

정한 빛의 속력은 c이다. (d) 운전자가 관측한 빛의 속력은 $c-v$이다. (e) 지상에 있는 관측자가 측정한 빛의 속력은 $c-v$이다.

4. 구 모양으로 만든 우주선이 지상에 있는 관측자 옆을 $0.500c$의 속력으로 지나친다. 그 우주선이 지나갈 때 관측자가 보게 되는 구는 어떤 모양인가? (a) 구 (b) 운동 방향으로 길쭉하게 늘어난 모양 (c) 운동 방향으로 납작한 둥근 베개 모양 (d) 운동 방향으로 뾰족한 원뿔 모양

5. 어떤 우주인이 외계에 있는 우주선을 타고 직선으로 여행하고 있다. 우주선의 속력은 $0.500c$이다. 우주인이 겪게 되는 현상은 다음 중 어느 것인가? (a) 무거워짐을 느낀다. (b) 숨쉬기가 힘들어진다. (c) 맥박이 변한다. (d) 그가 타고 있는 우주선의 어떤 부분의 크기가 짧아질 것이다. (e) 정답 없음

6. 정지해 있는 어떤 정육면체의 부피를 측정한 값이 V_0이다. 같은 정육면체가 정지한 관측자 옆을 그 한 변에 평행하게 지나칠 때 관측자가 부피를 측정한다. 정육면체의 속력은 $0.980c$이며, 따라서 $\gamma \approx 5$이다. 정지해 있는 관측자가 측정한 부피에 가장 가까운 값은 얼마인가? (a) $V_0/25$ (b) $V_0/5$ (c) V_0 (d) $5V_0$ (e) $25\ V_0$

7. 똑같은 두 개의 시계를 옆에 두고 동기화시킨다. 하나는 지상에 남겨두고, 다른 하나는 동쪽으로 매우 빠르게 움직이는 지구 궤도 상에 놓는다. **(i)** 지상에 있는 관측자가 측정한 바에 의하면, 궤도 운동하는 시계는 (a) 지상에 있는 시계보다 빨리 간다. (b) 지상에 있는 시계와 같이 간다. (c) 느리게 간다. **(ii)** 궤도 운동하는 시계가 원래의 위치로 되돌아와서 지상에 남아 있던 시계 곁에 와서 정지해 있다. 그 다음에 일어날 사건으로 옳은 설명은 어느 것인가? (a) 그 시계는 지상에 있던 시계보다 시간이 점점 더 뒤쳐진다. (b) 일정한 양만큼만 뒤쳐진다. (c) 지상에 있던 시계와 똑같이 간다. (d) 지상에 있던 시계보다 일정한 양만큼만 앞서간다. (e) 지상에 있던 시계보다 시간이 점점 더 앞서간다.

8. (a) 광자, (b) 양성자, (c) 전자의 전체 에너지 E가 모두 같다고 하자. 각 입자의 운동량의 크기를 큰 것부터 순서대로 나열하라.

9. 다음 중 특수 상대성 이론의 기본 가정은 어느 것인가? 정답은 하나 이상일 수 있다. (a) 빛은 에테르라고 하는 물질을 통과하여 지나간다. (b) 빛의 속력은 측정되는 관성 기준틀에 따라 달라진다. (c) 물리학의 법칙은 그 법칙이 사용되는 관성 기준틀에 따라 다르다. (d) 물리학의 법칙은 모든 관성 기준틀에서 같다. (e) 빛의 속력은 그것이 측정되는 관성 기준틀과 무관하다.

10. 멀리 있는 천체(퀘이사, 준항성: 역자 주)가 빛의 속력의 반으로 우리로부터 멀어져 가고 있다. 지상의 관측자가 측정한 이 퀘이사로부터 오는 빛의 속력은 얼마인가? (a) c보다 크다. (b) c이다. (c) $c/2$에서 c 사이이다. (d) $c/2$이다. (e) 0에서 $c/2$ 사이이다.

주관식

39.1 갈릴레이의 상대성 원리

1. 그림 P39.1의 트럭이 지면에 대하여 10.0 m/s의 속력으로 달리고 있다. 트럭에 탄 사람이 야구공을 트럭에 대하여 20.0 m/s의 속력으로 뒤로 던진다. 지상에 정지해 있는 관측자가 측정한 야구공의 속력은 얼마인가?

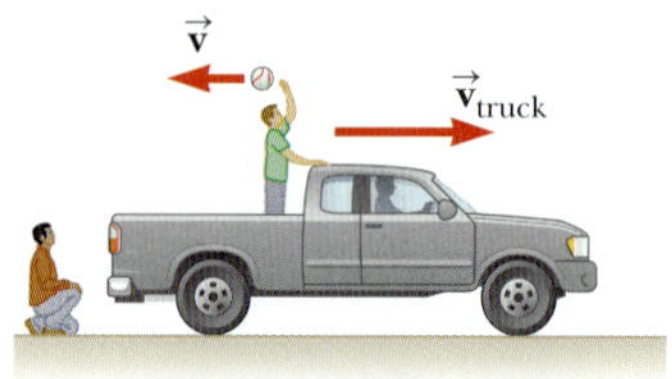

그림 P39.1

2. 실험실 기준틀에 있는 어떤 관측자가 뉴턴의 제2법칙이 성립함을 알고 있다. 빛의 속력에 비하여 매우 느린 속력으로 움직이는 어떤 기준틀에 대해서도, 힘과 질량은 각각 똑같이 측정된다고 가정하자. (a) 빛의 속력에 비하여 매우 느리게 일정한 속력으로 실험실 기준틀에 대하여 움직이는 관측자에 대해서도 뉴턴의 제2법칙은 성립함을 증명하라. (b) 뉴턴의 제2법칙은 등가속도로 실험실 기준틀을 지나치는 기준틀에서는 성립하지 않음을 증명하라.

3. 공전 운동을 하는 지구의 공전 속력은 29.8 km/s이다. 이것이 그림 P39.3에서의 에테르 바람의 속도 $\vec{v}$이라면, 진공 중에서의 빛의 속도 $\vec{c}$와 에테르가 있다고 하였을 때의 합해진 빛의 속도 $(\vec{c}+\vec{v})$ 사이의 각도 ϕ를 구하라.

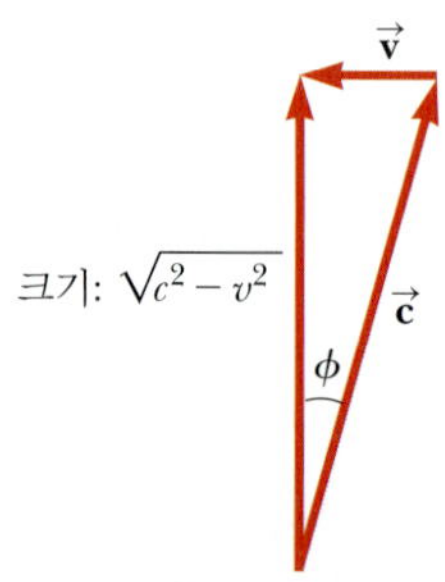

그림 P39.3

4. 질량이 2 000 kg인 자동차가 20.0 m/s의 속력으로 달리다가 신호대기 중인 정지해 있는 1 500 kg의 자동차와 충돌하여 붙어버린다. 자동차의 이동 방향으로 10.0 m/s의 속력으로 이동하는 기준틀에서 운동량이 보존됨을 증명하라.

39.2 마이컬슨–몰리의 실험

39.3 아인슈타인의 상대성 원리

39.4 특수 상대성 이론의 결과

5. 지구에서 5.00 ly 떨어진 별이 있다. 지구와 별과의 거리가 우주선 기준틀에서 2.00 ly으로 측정되려면, 별까지 가기 위하여 우주선의 속력은 얼마가 되어야 하는가?

6. 지면에 대하여 $0.900c$의 속력으로 움직이는 막대자가 지면에 정지해 있는 관측자에게 다가오고 있다. (a) 관측자가 측정한 막대자의 길이는 얼마인가? (b) 정성적으로, 관측자가 막대자를 향하여 달리기 시작한다면 (a)에서의 답은 어떻게 달라지는가?

7. 관측자에 대하여 정지해 있는 시계보다 1/2배로 느리게 가는 것으로 관측되는 시계가 움직이는 속력은 얼마인가?

8. 지구 대기권의 상층부에서 형성된 뮤온이 지구 표면에 도달할 때 전자, 중성미자, 반중성미자로 붕괴($\mu^- \rightarrow e^- + \nu + \overline{\nu}$)되기 전에 4.60 km의 거리를 $v = 0.990c$로 들어오는 것이 지상에 있는 관측자에 의하여 관측되었다. (a) 뮤온의 기준틀에서 측정할 때 뮤온의 수명은 얼마인가? (b) 뮤온의 기준틀에서 측정할 때 지구가 이동하는 거리는 얼마인가?

9. 길이가 수축되어 0.500 m로 측정되는 막대자가 움직이는 속력은 얼마인가?

10. 한 우주 비행사가 지구에 대하여 $0.500c$의 속력인 우주선을 타고 여행하고 있다. 우주 비행사가 자신의 맥박이 일 분에 75.0회 뛰는 것을 측정한다. 우주선이 그 우주선과 지구의 관측자를 연결하는 선에 수직으로 움직이고 있을 때, 우주 비행사의 맥박을 신호화하여 지구로 송신한다. (a) 지구의 관측자가 측정하는 맥박은 얼마인가? (b) 우주선의 속력이 $0.990c$로 증가한다면, 맥박은 얼마가 되는가?

11. 어떤 물리학자가 정지 신호를 무시하고 달린다. 경찰에 잡힌 그는 파장이 650 nm인 적색등이 도플러 이동에 의하여 파장이 520 nm인 초록색으로 보였다고 주장한다. 경찰은 그에게 과속 딱지를 떼어준다. 그의 증언대로라면 그는 얼마나 빨리 달렸다는 말인가?

12. 먼 우주로 향하는 우주선이 지구로부터 $0.800c$의 속력으로 멀어져 간다. 우주선 안의 한 우주인이 그녀가 우주선 내에서 떠 있으면서 몸이 한 바퀴 돌 때마다 시간이 3.00 s 걸리는 것으로 측정한다. 지상에 있는 관측자가 관측한 그녀가 1회전하는 데 걸리는 시간은 얼마인가?

13. v 값이 얼마일 때 $\gamma = 1.010\ 0$이 되는가? 이 속력보다 느린 속력에서 시간 팽창과 길이 수축의 영향은 1 % 이내임을 확인하라.

14. 고유 길이가 100 m인 초고속열차가 $0.950c$의 속력으로 고유 길이가 50.0 m인 터널을 통과하고 있다. 철로 변에 있는 관측자가 보았을 때, 기차는 전체가 터널 속에 있을 때가 있는가? 그렇다면 기차의 양 끝과 터널의 양 끝의 길이 비는 얼마인가?

15. 파이 중간자의 평균 수명은 자신의 기준틀에서(즉 고유 수명) 2.6×10^{-8} s이다. 중간자가 $0.98c$의 속력으로 움직인다면, (a) 지상의 관측자가 측정한 평균 수명은 얼마인가? (b) 지상의 관측자가 측정하면 붕괴되기 전까지 중간자가 이동한 평균 거리는 얼마인가? (c) 시간 지연이 일어나지 않는다면 중간자가 이동한 거리는 얼마가 될까?

16. 지구에서 정지한 쇳덩어리의 부피가 1.00 cm^3이고 질량이 8.00 g이다. 이 쇳덩어리를 이제 $u = 0.900c$의 속력으로 운동시키면, 정지 관측자가 측정하게 되는 쇳덩어리의 밀도는 얼마인가? 상대론적인 밀도는 E_R/c^2V로 정의된다.

17. 고유 길이가 300 m인 우주선이 지상에 있는 관측자를 통과하는 데 0.750 μs가 걸린다. 지상에 있는 관측자가 측정한 우주선의 속력은 얼마인가?

18. 고유 길이가 L_p인 우주선이 지상에 있는 관측자 옆을 지나친다. 관측자에 의하면 우주선이 어떤 기준점을 지나가는 데 Δt의 시간이 걸린다. 지상에 있는 관측자가 측정한 우주선의 속력을 구하라.

19. 어떤 광원이 c에 비하여 느린 속력 v_S로 관측자로부터 멀어져 간다. (a) 파장 이동의 비는 다음과 같은 근사식으로 주어짐을 증명하라.

$$\frac{\Delta\lambda}{\lambda} \approx \frac{v_S}{c}$$

이 현상은 가시광선이 적색 쪽으로 이동되어 관측되기 때문에 적색 이동이라 한다. (b) 큰곰자리별이 있는 은하계에서 오는 $\lambda = 397$ nm의 빛을 분광기로 관측해 보면, 20.0 nm의 적색 이동이 있음을 관측하게 된다. 은하계가 멀어지는 속력은 얼마인가?

20. 1963년에 우주인 쿠퍼(Gordon Cooper)는 지구를 22바퀴나 돌았다. 기자들은 그가 지구를 한 바퀴 돌 때마다 지상에 있을 때보다도 2백만분의 1초 나이가 덜 들었다는 기사를 썼다. (a) 쿠퍼의 우주선이 고도 160 km 상공의 원 궤도에 있었다고 가정하고, 22바퀴 도는 동안 지상에 있는 사람과 우주인 사이의 경과 시간의 차이를 구하라. 다음과 같은 근사식을 사용할 수 있다.

$$\frac{1}{\sqrt{1-x}} \approx 1 + \frac{x}{2} \qquad (x\text{가 작을 때})$$

(b) 기자가 쓴 기사는 정확한 것인가? 설명하라.

39.5 로렌츠 변환식

21. 적색등은 위치 $x_R = 3.00$ m에서 시간 $t_R = 1.00 \times 10^{-9}$ s일 때 켜지고, 청색등은 위치 $x_B = 5.00$ m에서 시간 $t_B = 9.00 \times 10^{-9}$ s일 때 켜진다. 이들은 모두 S 기준틀에서 켜진 것이다. 기준틀 S′은 $t = t' = 0$에서 S와 같은 원점에서 출발하여 오른쪽으로 일정한 속력으로 움직인다. 두 등은 S′에서는 같은 장소에서 켜지는 것으로 관측된다. (a) S와 S′ 사이의 상대 속력을 구하라. (b) 기준틀 S′에서 두 등의 위치를 구하라. (c) 기준틀 S′에서 적색등이 켜지는 것을 보게 되는 시간은 언제인가?

22. 샤논은 두 등이 같은 위치에서 3.00 μs 간격으로 깜빡거림을 관측한다. 그러나 킴미는 두 등이 9.00 μs 간격으로 깜빡거림을 관측한다. (a) 샤논에 대하여 킴미는 얼마나 빠르게 움직이고 있는가? (b) 킴미가 관측한 두 등 사이의 거리는 얼마인가?

23. 그림 P39.23에서처럼 움직이는 막대의 길이가 $\ell = 2.00$ m이고 움직이는 방향과 이루는 각도가 $\theta = 30.0°$ 되는 것으로 관측되었다. 이 막대의 속력은 $0.995c$이다. (a) 막대의 고유 길이는 얼마인가? (b) 고유틀에서 기울어진 방향은 몇 도인가?

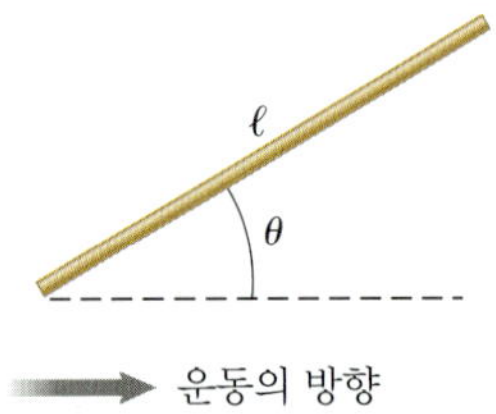

그림 P39.23

39.6 로렌츠 속도 변환식

24. 그림 P39.24는 은하 M87(왼쪽 아래)에서 분출되는 분출물(오른쪽 위)의 모습을 보여 주는 사진이다. 이런 분출물들은 은하계의 중심에 초거대질량의 블랙홀이 존재한다는 증거로 믿어지고 있는 것이다. 은하의 중심으로부터 두 분출물이 서로 반대 방향으로 분출된다고 가정하자. 각 분출물들의 속력은 은하계의 중심에 대하여 $0.750c$이다. 한 분출물에 대한 다른 분출물의 속력을 구하라.

그림 P39.24

25. 적 우주선이 지구로부터 $v = 0.800c$의 속력으로 멀어지고 있다(그림 P39.25). 은하계를 순찰하는 우주선이 지구에 대하여 $u = 0.900c$로 쫓아가고 있다. 지상에 있는 관측자가 측정한 순찰 우주선은 상대 속력 $0.100c$로 적 우주선을 따라잡으려고 한다. 적 우주선이 측정한 순찰 우주선의 속력은 얼마인가?

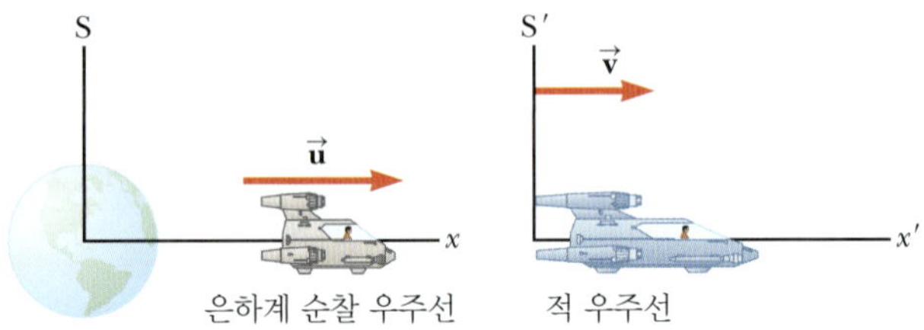

그림 P39.25

26. 지상에서 우주선을 수평 $+x$축 위 50.0° 방향을 향하여 $0.600c$의 속도로 발사한다. 또 다른 우주선이 $-x$ 방향으로 $0.700c$의 속도로 지나간다. 두 번째 우주선에 있는 비행사가 측정한 첫 번째 우주선의 속도의 크기와 방향을 결정하라.

39.7 상대론적 선운동량

27. (a) $0.010\,0c$, (b) $0.500c$, (c) $0.900c$의 속력으로 움직이는 전자의 운동량을 계산하라.

28. 어떤 전자의 운동량은 고전적인 운동량의 세 배이다. (a) 전자의 속력을 구하라. (b) 이 입자가 양성자라면 답은 어떻게 달라지는가?

29. 운동량 크기가 p이고 질량이 m인 물체의 속력이 다음과 같

음을 보이라.

$$u = \frac{c}{\sqrt{1 + (mc/p)^2}}$$

30. 어떤 길의 제한 속력은 90.0 km/h이다. 범칙금이 제한 속력으로 주행 중인 자동차의 운동량을 초과하는 운동량에 비례하여 부과된다고 하자. 190 km/h(즉 제한 속력을 100 km/h 초과)로 달리면 범칙금은 \$80.0이다. 그러면 (a) 1 090 km/h와 (b) 1 000 000 090 km/h로 달릴 때의 범칙금은 얼마인가?

31. 어떤 골프공이 90.0 m/s의 속력으로 날아간다. 이 경우 상대론적인 운동량 p와 고전적인 운동량 mu와의 차이는 몇 %인가? 즉 비율 $(p - mu)/mu$를 구하라.

32. 만약에 $u \ll c$이면, 비상대론적인 입자의 운동량은 $p = mu$이다. 이 식을 사용할 때, 속력이 얼마일 때 측정된 운동량에 (a) 1.00 % 그리고 (b) 10.0 %의 오차를 주는가?

33. 정지해 있는 불안정한 입자가 순간적으로 분열하여 질량이 다른 두 조각으로 쪼개진다. 첫 번째 조각의 질량은 2.50×10^{-28} kg이고 두 번째 조각의 질량은 1.67×10^{-27} kg이다. 분열 후 가벼운 조각의 속력이 $0.893c$라면 무거운 조각의 속력은 얼마인가?

39.8 상대론적 에너지

34. 전자 하나를 (a) $0.500c$에서 $0.900c$ 그리고 (b) $0.900c$에서 $0.990c$로 가속하는 데 필요한 에너지를 결정하라.

35. 전자 하나가 자신의 정지 에너지보다 다섯 배 큰 운동 에너지를 가지고 있다. (a) 이의 전체 에너지와 (b) 속력을 구하라.

36. 고에너지 가속기에서 어떤 양성자가 $c/2$의 속력으로 움직인다. 양성자의 속력을 (a) $0.750c$와 (b) $0.995c$로 증가시키기 위하여 필요한 일을 일–에너지 정리를 사용하여 구하라.

37. 어떤 양성자의 전체 에너지가 정지 에너지의 두 배라고 할 때, 양성자의 운동량을 MeV/c의 단위로 구하라.

38. 길이가 3.00 km인 스탠퍼드 선형 가속기에서 전자가 전체 에너지 20.0 GeV로 가속된다. (a) 이 전자의 γ 값은 얼마인가? (b) 주어진 에너지를 가진 전자의 속력은 얼마인가? (c) 전자가 최고의 속력으로 움직일 때 전자의 기준틀에서 본 가속기의 길이는 얼마인가?

39. 1.00 g의 수소가 8.00 g의 산소와 결합하여 9.00 g의 물이 생성된다. 이 화학 반응 동안 2.86×10^5 J의 에너지가 방출된다. (a) 물의 질량은 반응 물질의 질량의 합보다 작은가 아니면 큰가? (b) 질량의 차이는 얼마인가? (c) 이런 질량의 변화가 측정할 수 있을 정도의 것인지 설명하라.

39.9 일반 상대성 이론

40. GPS용 인공위성이 원 궤도로 돌고 있으며 공전 주기는 11시간 58분이라고 한다. (a) 궤도 반지름을 구하라. (b) 궤도 속력을 구하라. (c) 위성 속에는 민간용 GPS 신호를 발생시키는 발진기가 있는데, 진동수는 위성의 기준틀에서 1 575.42 MHz이다. 이 신호가 지표면에서 수신될 때(그림 P39.40), 특수 상대성 이론에서 주어진 시간 팽창에 의한 진동수의 변화는 몇 %인가? (d) 일반 상대성 이론에 의한 중력적 청색 이동은 별개의 효과이다. 높은 진동수로의 변화를 나타내기 위하여 청색 이동이라는 말을 사용한다. 이 변화율은

$$\frac{\Delta f}{f} = \frac{\Delta U_g}{mc^2}$$

와 같이 주어진다. 여기서 U_g는 질량 m인 물체가 신호가 수신되고 송신되는 두 점 사이를 움직일 때, 물체–지구 계의 중력 퍼텐셜 에너지의 변화이다. 지표면으로부터 궤도 위치까지 인공위성의 위치 변화에 의한 진동수 변화율을 구하라. (e) 시간 팽창과 중력적 청색 이동 효과 모두에 의한 전체 진동수 변화율을 구하라.

© iStockphoto.com/Roberta Casaliggi

그림 P39.40

CHAPTER

40

양자 물리학

Introduction to Quantum Physics

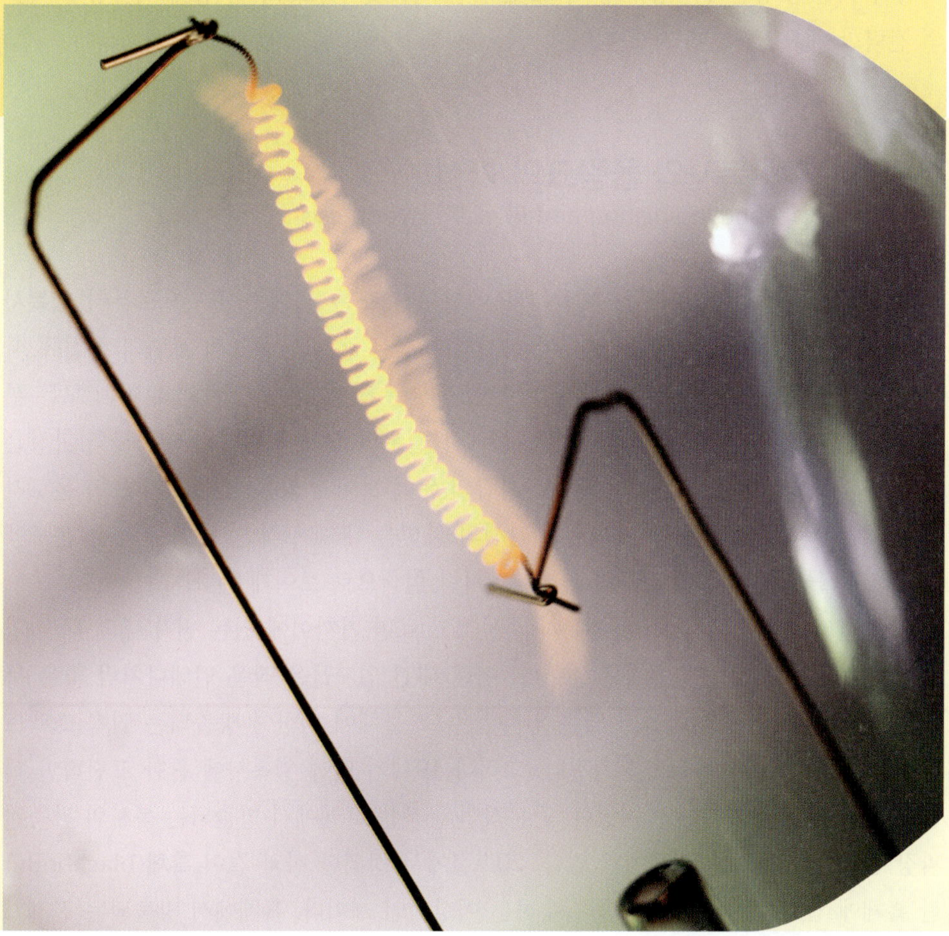

이 전구의 필라멘트는 주황색으로 빛나고 있다. 그 이유는 무엇일까? 고전 물리학으로는 뜨거운 물체에서 나오는 전자기 복사의 파장 분포를 설명할 수가 없었다. 1900년에 뜨거운 물체에서 나오는 복사를 설명하기 위하여 제안된 이론으로부터 양자 물리가 시작되었다. *(Steve Cole/Getty Images)*

39장에서는 입자의 속력이 빛의 속력과 비교될 만큼 빠를 때, 뉴턴 역학은 아인슈타인의 특수 상대성 이론으로 대치되어야 한다는 것을 배웠다. 20세기 이후부터는 특수 상대성 이론이 많은 실험적, 이론적인 문제들을 해결해 주었다. 그러나 어떤 문제들에 대해서는, 상대론이나 고전 물리 모두 이론적인 답을 주지는 못하였다. 원자 크기 정도 물질의 성질을 설명하기 위하여 고전 물리학의 법칙을 적용하려는 시도가 많았지만, 일관성 있는 성공을 거두지는 못하였다. 예를 들어 온도가 매우 높은 기체 원자에서 나오는 빛의 불연속적인 파장에 대해서는 고전 물리학의 틀로는 도저히 설명할 수 없었다.

이런 수수께끼 같은 문제를 풀기 위하여 물리학자들이 새로운 방법을 찾고 있는 동안, 1900년부터 1930년 사이에 물리학에 또 다른 혁명적인 일들이 일어났다. **양자 역학**이라는 새로운 이론은 미시적인 크기를 갖는 입자의 성질을 설명할 수 있었고, 특수 상대성 이론과 함께 우리가 바라보는 물리적 세계에 대한 생각의 변화를 요구하였다.

오류 피하기 40.1

양자 물리의 도전 이 장과 다음의 장들에서 양자 물리학의 논의가 낯설고 혼란스럽게 여겨지는 까닭은, 우리의 모든 삶의 경험이 양자 효과가 분명하지 않은 거시적인 세상에서 일어나기 때문이다.

양자 이론을 이용하여 자연 현상을 최초로 설명한 사람은 플랑크(Max Planck)였다. 그 뒤를 이어 아인슈타인, 보어, 드브로이, 슈뢰딩거 및 하이젠베르크와 같은 유명한 물리학자들에 의하여 많은 수학적인 방법들이 만들어지고 해석이 이루어졌다. 양자 이론의 엄청난 성공에도 불구하고 아인슈타인은 자주 비판적인 입장이었으며, 특히 이 이론의 해석 방법에 대해서는 매우 비판적이었다.

양자 이론의 광범위한 공부는 이 교재의 범주를 벗어나므로, 이 장에서는 양자 이론의 간략한 개요만 다루고자 한다.

40.1 흑체 복사와 플랑크의 가설
Blackbody Radiation and Planck's Hypothesis

20.7절에서 논의한 것처럼, 어떤 온도에서든지 모든 물체는 표면으로부터 **열복사**(thermal radiation)를 방출한다. 이 복사의 특성은 온도와 물체의 표면의 성질에 따라 다르다. 이에 관한 자세한 연구에 따르면, 복사는 전자기파 스펙트럼의 거의 모든 부분에 걸친 파장 분포를 나타내고 있다. 물체가 실온의 상태에 있다면 열복사의 파장은 주로 적외선 영역에 있으며, 그 복사는 사람의 눈에 보이지 않는다. 물체의 표면 온도가 증가함에 따라 물체는 눈에 보이는 빨간색의 불빛을 내기 시작한다. 아주 높은 온도에서 뜨거운 물체는 텅스텐 전구의 필라멘트처럼 흰색으로 보이게 된다.

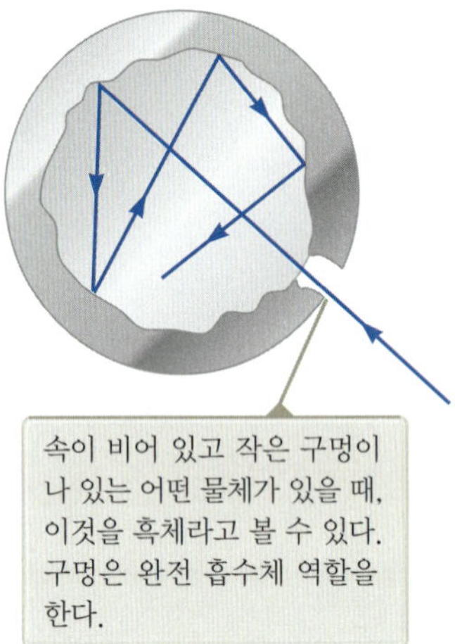

그림 40.1 흑체의 물리적인 모형

고전 물리의 입장에서 보면, 열복사는 물체의 표면 가까이에 있는 원자 내의 대전 입자들이 가속되기 때문에 생기는 것이다. 이런 대전 입자들은 작은 안테나처럼 많은 복사를 방출한다. 열적으로 들떠 있는 입자들은 그 물체에 의하여 방출되는 연속 스펙트럼을 설명하는 에너지 분포를 가진다. 그러나 19세기 말에 열복사에 관한 고전적인 이론이 매우 적절치 않음이 밝혀졌다. 근본적인 문제는 흑체에서 방출되는 복사의 관측된 파장 분포를 이해하는 과정에 있었다. 20.7절에서 정의한 바와 같이 **흑체**(blackbody)란 흑체에 입사하는 모든 복사를 흡수하는 이상적인 계이다. 흑체에서 방출되는 전자기 복사를 **흑체 복사**(blackbody radiation)라고 한다.

흑체에 가장 가까운 것으로는 그림 40.1에서처럼 속이 비어 있고 외부로 통하는 작은 구멍이 나 있는 물체이다. 속이 빈 공간의 외부에서 구멍을 통하여 안으로 들어간 모든 복사 에너지는 안쪽의 벽에서 여러 차례 반사를 반복하지만 구멍을 잘 빠져나오지는 못한다. 따라서 그 구멍은 완전한 흡수체 역할을 한다. 속이 빈 공동에서 구멍을 통하여 빠져나오는 복사의 특성은 공동의 벽의 온도에만 의존하고 공동의 벽의 재료와는 무관하다. 불에 타는 뜨거운 석탄 덩어리 사이의 공간은 흑체 복사와 매우 유사한 빛을 방출한다(그림 40.2).

그림 40.2 뜨거운 석탄 덩어리 사이에서 작열하는 빛은 흑체 복사의 아주 좋은 예이다. 여기서 보이는 빛의 색깔은 석탄 조각의 온도에만 의존한다.

그림 40.1에서 공동 벽 내의 진동자에 의하여 방출된 복사는 금속 내부의 공동 속에 있으므로 경계 조건이 적용되고, 경계 조건하의 파동에 대한 분석 모형을 사용하여 분석할 수 있다. 복사가 공동의 벽에서 반사되므로 공동 내부의 삼차원 구조 내에서 정상 전자기파가 형성된다. 이때 여러 가지 방식(모드)의 정상파가 가능하고 이들 파동의 에

너지 분포가 구멍을 빠져나오는 복사의 파장 분포를 결정하게 된다.

공동으로부터 방출되는 복사의 파장 분포에 관해서는 19세기 후반에 실험적으로 연구되었다. 그림 40.3을 살펴보면 흑체 복사의 세기가 온도와 파장에 따라 어떻게 달라지는지 알 수 있다. 다음의 두 가지 실험적인 발견은 특히 중요하다.

1. **방출된 복사의 전체 일률은 온도에 따라 증가한다.** 이것은 20장에서 **슈테판의 법칙**(Stefan's law)으로 간략하게 소개되었다. 즉

$$P = \sigma A e T^4 \tag{40.1}$$

◀ 슈테판의 법칙

이다. 여기서 P는 물체의 표면에서 방출되는 일률로서 단위가 와트이고, σ는 값이 $5.670 \times 10^{-8}\ \mathrm{W/m^2 \cdot K^4}$인 슈테판–볼츠만 상수, A는 제곱미터로 나타낸 물체의 표면적, e는 표면의 방출률(emissivity), T는 켈빈 단위의 표면 온도이다. 흑체의 경우에 방출률은 정확히 $e = 1$이다.

2. **파장 분포의 봉우리는 온도가 증가함에 따라 짧은 파장 쪽으로 이동한다.** 이것은 **빈의 변위 법칙**(Wien's displacement law)이라고 하며 다음과 같이 나타낼 수 있다.

$$\lambda_{\max} T = 2.898 \times 10^{-3}\ \mathrm{m \cdot K} \tag{40.2}$$

◀ 빈의 변위 법칙

여기서 $\lambda_{\max}$는 곡선의 값이 최대가 되는 파장이며, T는 복사를 방출하는 물체 표면의 절대 온도이다. 곡선의 봉우리에서 파장은 절대 온도에 반비례한다. 즉 온도가 증가함에 따라 봉우리는 짧은 파장 쪽으로 이동한다(그림 40.3).

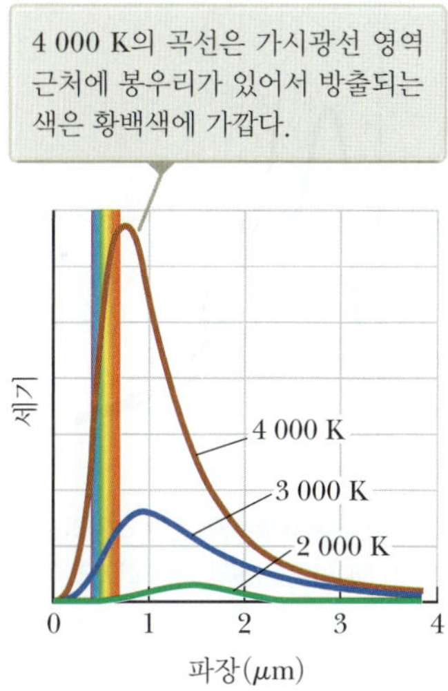

그림 40.3 세 개의 온도에 대한 파장에 따른 흑체 복사의 세기 분포. 파장의 가시광선 영역은 0.4 μm에서 0.7 μm이다. 약 6 000 K에서 봉우리는 가시광선 영역의 중간쯤에 있으므로, 물체는 백색으로 보이게 된다.

빈의 변위 법칙은 이 절의 시작 부분에서 언급한 물체의 성질과 일치한다. 실온에서 물체들은 가시광선을 내지 않는다. 그 이유는 봉우리가 전자기파의 적외선 영역에 있기 때문이다. 더 높은 온도에서는 붉은 빛을 내는데, 그것은 봉우리가 가시광선 영역의 적색의 끝 부분인 적외선 영역 가까이에 있기 때문이다. 좀 더 온도가 올라가면, 봉우리는 가시광선 영역에 있게 되어 모든 색의 빛이 방출되어 희게 보인다.

Q 퀴즈 40.1 그림 40.4를 보면 오리온 자리에 있는 두 개의 큰 별이 보인다. 베텔게우스는 붉은색으로 빛나고 리겔은 푸른색으로 보인다. 어느 별이 더 온도가 높은가? **(a)** 베텔게우스 **(b)** 리겔 **(c)** 둘 다 같다. **(d)** 알 수 없다.

John Chumack/Photo Researchers, Inc.

그림 40.4 (퀴즈 40.1) 어느 별이 더 뜨거운 별인가? 베텔게우스인가 아니면 리겔인가?

흑체 복사에 관한 이론이 성공하려면, 슈테판의 법칙으로 나타낸 온도 의존성과 빈의 변위 법칙으로 나타낸 온도에 따른 봉우리의 이동을 나타내는 그림 40.3에 주어진 곡선의 모양을 설명할 수 있어야 한다. 고전적인 개념을 사용하여 그림 40.3에 나타나 있는 곡선의 모양을 설명하고자 하는 초기의 시도들은 모두 실패하였다.

이런 초기의 시도 중 하나를 살펴보자. 흑체로부터 방출되는 에너지의 분포를 표현하기 위하여 $I(\lambda,\ T)\ d\lambda$를 파장 구간 $d\lambda$에서 방출되는 세기, 즉 단위 넓이당 일률로 정의하자. **레일리–진스의 법칙**(Rayleigh-Jeans law)으로 알려진 흑체 복사에 따른 고전 이론에 근거하여 계산한 결과는

레일리–진스의 법칙 ▶

$$I(\lambda,T) = \frac{2\pi c k_B T}{\lambda^4} \tag{40.3}$$

이다. 여기서 k_B는 볼츠만 상수이다. 흑체는 공동의 벽 내에서 가속 전하들에 의하여 생긴 전자기장의 많은 진동 모드가 가능하여, 모든 파장의 전자기파가 방출될 수 있도록 공동에 작은 구멍이 있는 물체로 생각할 수 있다(그림 40.1). 식 40.3을 유도하기 위하여 사용된 고전 이론에서는 정상파의 각 파장에 해당하는 평균 에너지는 21.1절에서 논의한 에너지 등분배 정리에 근거하여 $k_B T$에 비례한다고 가정하였다.

그림 40.5에 흑체 복사 스펙트럼의 실험 그래프와 레일리–진스의 이론적 예측을 나타내는 그래프가 있다. 파장에 따라 레일리–진스의 법칙은 실험 자료와 어느 정도 일치하기는 하지만, 짧은 파장 영역에서는 거의 일치하지 않는다.

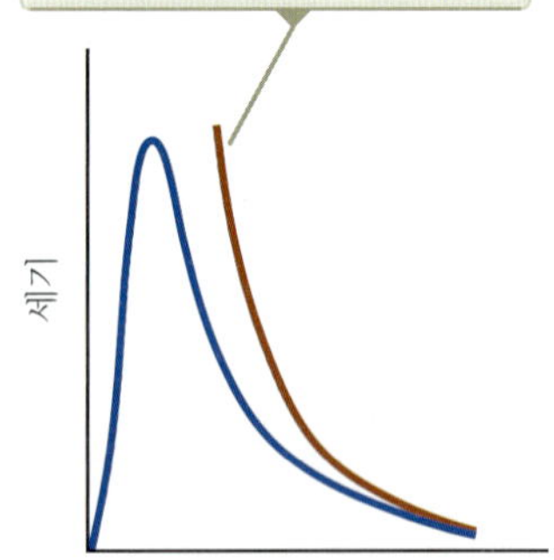

그림 40.5 흑체 복사에 관한 레일리–진스의 법칙에 따른 곡선과 실험 결과의 비교

λ가 영에 접근함에 따라, 식 40.3으로 주어진 함수 $I(\lambda,\ T)$는 무한대에 접근한다. 따라서 고전 이론에 의하면, 흑체 복사 스펙트럼에서 파장이 짧을수록 세기가 크게 증가하고, 특히 파장이 영에 가까우면 흑체에서 방출되는 에너지는 무한대에 가까워야 한다. 이런 예측과는 대조적으로, 그림 40.5에서 실험 결과는 λ가 영에 접근할 때 $I(\lambda,\ T)$도 영에 접근한다. 이런 이론과 실험의 불일치는 매우 당황스러운 일이어서 과학자들은 이를 **자외선 파탄**(ultraviolet catastrophe)이라고 하였다(이 '파탄'—무한대의 에너지—은 파장이 영에 접근함에 따라 일어나고, 자외선이란 말은 자외선 영역의 파장이 짧기 때문에 사용된 말이다).

1900년에 플랑크는 모든 파장에서 실험 결과와 완전히 일치하는 $I(\lambda,\ T)$에 대한 흑체 복사 이론을 만들어 냈다. 이 이론을 논의하는 데 있어서, 21장에서 소개한 에너지 양자화에 대한 구조 모형의 대략적인 성질을 사용한다.

1. 물리적 성분:

플랑크는 공동 복사가 그림 40.1에 나타낸 공동 벽에서의 원자 진동에 의한 것으로 가정하였다.

2. 성분들의 거동:

(a) 진동자의 에너지는

$$E_n = nhf \tag{40.4}$$

로 주어지는 어떤 특정한 **불연속적**인 값만 가질 수 있다. 여기서 n은 양의 정

수인 **양자수**[1](quantum number)이고, f는 진동자의 진동수, h는 플랑크가 도입한 **플랑크 상수**(Planck's constant)라고 불리는 값으로 상수이다. 각 진동자의 에너지는 식 40.4로 주어지는 불연속적인 값만을 가질 수 있기 때문에, 에너지가 **양자화**(quantized)되었다고 말한다. 다른 **양자 상태**(quantum state)에 해당하는 각각의 불연속적인 에너지 값은 양자수 n으로 나타낸다. 진동자가 $n = 1$인 양자 상태에 있으면 그 에너지는 hf이고, $n = 2$인 양자 상태에 있으면 그 에너지는 $2hf$ 등등이다.

(b) 진동자는 한 양자 상태에서 다른 양자 상태로 전이를 할 때 에너지를 흡수하거나 방출한다. 전이의 처음과 나중 상태 간의 전체 에너지 차이는 복사의 단일 양자로서 방출되거나 흡수된다. 전이가 한 상태에서 가장 가까운 낮은 상태로 일어나면—예를 들어 $n = 3$인 상태에서 $n = 2$인 상태로—진동자에 의하여 방출되고 복사의 양자로 운반되는 에너지는 식 40.4에 의하여 다음과 같이 나타낼 수 있다.

$$E = hf \tag{40.5}$$

© Bettmann/CORBIS

플랑크
Max Planck, 1858~1947, 독일의 물리학자

플랑크는 '작용 양자'(플랑크 상수, h)의 개념을 도입하여 흑체 복사의 스펙트럼 분포를 설명하려고 시도하였다. 이 개념이 양자 이론의 기초를 세우게 된 것이다. 그는 에너지가 양자화된다는 것을 발견한 공로로 1918년에 노벨 물리학상을 받았다.

성질 2(b)에 의하면, 진동자는 양자 상태가 변할 때만 에너지를 흡수하거나 방출한다. 한 양자 상태에 머물면 에너지가 흡수되거나 방출되지 않는다. 그림 40.6은 **에너지 준위 도표**(energy-level diagram)로서 플랑크가 제안한 양자화된 에너지 준위와 허용 전이를 보여 주고 있다. 이 중요한 그래프는 양자 물리에서 자주 사용된다.[2] 수직축은 에너지 단위의 선형 눈금이고, 허용 에너지 준위는 수평선으로 나타내었다. 양자화된 계는 이런 수평선으로 나타낸 에너지만을 가질 수 있다.

플랑크 이론의 요점은 에너지 상태가 양자화되었다는 가정이다. 이는 고전 물리학에서 벗어난 것이며 양자 이론의 탄생이 시작되는 것이다.

레일리–진스 모형에서는 공동 내 정상파의 특정 파장에 해당하는 평균 에너지는 모든 파장에 대하여 같고, 그 값은 $k_B T$이다. 플랑크는 어떤 상수에다 주어진 파장의 평균 에너지를 곱한 것으로 에너지 밀도를 구하였다는 점에서는 레일리–진스와 같은 고전적인 개념을 사용하였다. 그러나 평균 에너지는 에너지 등분배 정리로 주어지지 않았다. 어떤 파동의 평균 에너지는 이웃하는 진동자 준위 사이의 에너지 간격에다가 이 간격에 의존하는 파동의 **방출 확률에 따른 가중치를 부여**하여 얻어진 것이다. 이 확률 가중치는 21.5절에서 공부한 볼츠만 분포 법칙에서 설명한 것처럼 에너지 상태의 높낮이에 따라 점유도가 달라진다는 것에 근거를 둔 것이다. 이 법칙에 의하면 에너지가 E인 어떤 상태가 점유될 확률은 $e^{-E/k_B T}$에 비례한다.

낮은 진동수(긴 파장)에서, 성질 2(a)에 의하면, 에너지 준위는 그림 40.7과 같이 오른쪽 부분에 서로 밀착되어 있고, 이 상태에서 볼츠만 인자 $e^{-E/k_B T}$의 값이 매우 크기 때문에 많은 에너지 상태가 들뜨게 된다. 따라서 이 영역에서 각각의 복사 에너지는 매

오류 피하기 40.2

다시 한 번 n은 정수이다 광학에 대한 이전 장에서, 굴절률의 기호로 n을 사용하였지만, 굴절률은 정수가 아니었다. 여기서는 18장에서 줄 또는 공기 기둥에서의 정상파 모드를 가리키기 위하여 사용한 것과 같은 방법으로 n을 사용한다. 양자 물리학에서, 계의 양자 상태를 나타내기 위하여 n은 정수인 양자수로 사용된다.

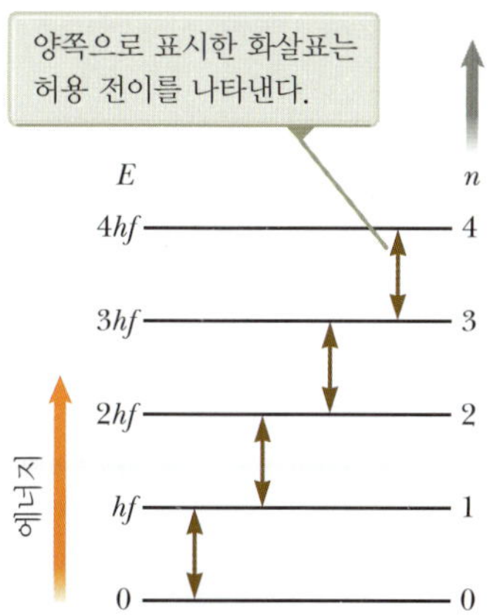

그림 40.6 진동수 f를 갖는 진동자의 허용 에너지 준위

[1] 양자수는 일반적으로 정수(반정수인 경우도 있지만)로서 계의 허용된 상태를 나타낸다. 예를 들면 18.3절에서 공부한 양단이 고정된 줄의 배진동을 나타내는 n 값 같은 것이 있다.

[2] 에너지 준위 도표는 21.4절에서 처음 배운 내용이다.

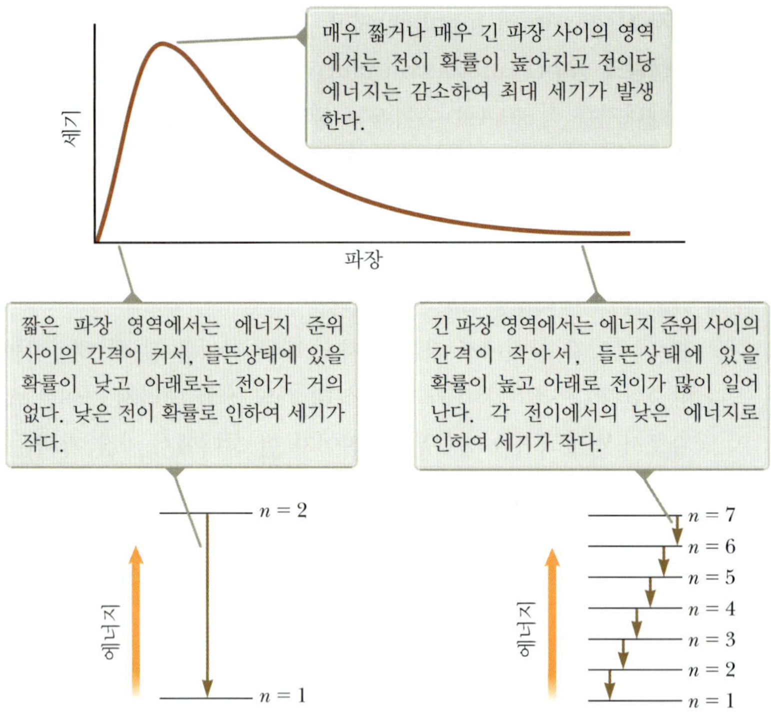

그림 40.7 플랑크의 모형에서, 주어진 파장에 대한 평균 에너지는 전이 에너지와 전이가 일어날 확률과 관계된 인자의 곱으로 주어진다.

우 낮지만 밖으로 나가는 복사선은 매우 많다. 이제 높은 진동수, 즉 파장이 짧은 영역을 살펴보자. 이런 진동수가 높은 복사를 얻기 위하여 허용 에너지는 그림 40.7의 왼쪽 끝에 있다. 에너지 E가 크면 볼츠만 인자 e^{-E/k_BT}의 값이 매우 작아서 높은 에너지 준위들이 열적으로 들뜨게 될 확률은 낮다. 높은 진동수에서 들뜰 확률이 낮기 때문에 각각의 양자 상태의 에너지가 크더라도 전체 에너지에 미치는 영향은 적다. 확률이 이렇게 낮아지면 곡선이 꺾이고 짧은 파장에서 다시 영에 접근한다.

이 방법을 사용하여 플랑크는 그림 40.3에 나오는 파장의 전 영역에 걸쳐 실험 곡선과 매우 잘 일치하는 다음과 같은 이론적인 식을 만들었다.

플랑크의 파장 분포 함수 ▶

$$I(\lambda, T) = \frac{2\pi hc^2}{\lambda^5\left(e^{hc/\lambda k_BT} - 1\right)} \quad \textbf{(40.6)}$$

이 함수에는 h라고 하는 인자가 포함되어 있는데, 그것은 플랑크가 전 파장 영역에 걸쳐 이론 곡선이 실험 자료와 잘 맞게 하기 위하여 도입한 것이다. 이 인자의 값은 흑체가 만들어진 재료에 무관하고 온도에 무관한 자연의 기본 상수이다. 35장에서 이미 나왔던 플랑크 상수라고 하는 h의 값은

플랑크 상수 ▶

$$h = 6.626 \times 10^{-34}\,\text{J}\cdot\text{s} \quad \textbf{(40.7)}$$

이다. 파장이 긴 영역에서 식 40.6은 레일리–진스의 식 40.3이 되고, 파장이 짧은 영역에서는 파장이 감소함에 따라 $I(\lambda,\ T)$ 값이 지수 함수적으로 감소함을 예측한다. 이것은 실험 결과와 잘 일치하는 것이다.

플랑크가 그의 이론을 발표하였을 때, 플랑크 자신을 포함한 대부분의 과학자들은 양자 개념으로 생각하지 않았고, 단지 실험 결과에 끼워 맞추기 위한 수학적인 기교 정도

로만 생각하였다. 그래서 플랑크와 몇몇 사람들은 흑체 복사에 관하여 좀 더 '논리적'으로 설명하려는 연구를 계속하였다. 그러나 계속된 연구 결과는 양자 개념(고전적인 개념이라기보다는)이 흑체 복사뿐만 아니라 원자 수준의 많은 다른 현상들을 설명한다는 것을 밝혔다.

1905년에, 아인슈타인은 공동에서 전자기장의 진동이 양자화된다고 가정하고 플랑크의 결과를 다시 유도해내었다. 다시 말하면 그는 양자화란 빛이나 다른 전자기파의 기본적인 성질이라는 제안을 하였다. 이런 빛의 양자화는 40.2절에서 배우게 될 광자라는 개념의 바탕이 된다. 양자 이론이나 광자 이론이 성공한 결정적인 요인은 고전 이론에서는 도저히 예측할 수 없었던 에너지와 진동수의 관계이다.

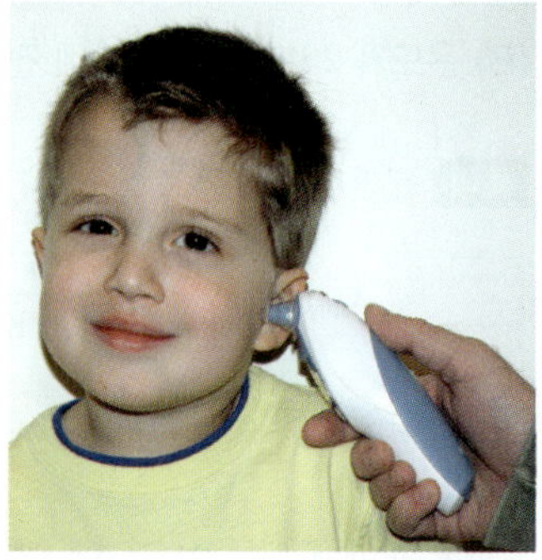
© Cengage Learning/Edward L. Dodd, Jr.

그림 40.8 귀 체온계는 귀의 고막에서 나오는 적외선의 세기를 검출하여 환자의 체온을 측정한다.

최근에 나온 새로운 진단 기기로 의사가 간편히 사용하는 **귀 체온계**라는 것이 있다. 이것을 사용하면 체온을 금방 잴 수 있다(그림 40.8). 이런 형태의 체온계는 귀의 고막에서 나오는 적외선 영역 복사선의 양을 측정하는 데 몇 초도 안 걸린다. 그 복사의 양은 즉시 온도로 환산이 된다. 이 온도계는 슈테판의 법칙에 따라 절대 온도의 네제곱에 비례하므로 온도에 매우 민감하다. 만일 정상보다 1°C 높은 열이 있다고 하자. 절대 온도는 섭씨 온도에다 273°C을 더해야 하므로, 정상 체온 37°C에 대한 고열 온도 38°C의 비는

$$\frac{T_{\text{fever}}}{T_{\text{normal}}} = \frac{38°\text{C} + 273°\text{C}}{37°\text{C} + 273°\text{C}} = 1.003\ 2$$

로서 단지 0.32%의 차이가 난다. 그러나 복사 일률이 증가 온도의 네제곱에 비례하므로

$$\frac{P_{\text{fever}}}{P_{\text{normal}}} = \left(\frac{38°\text{C} + 273°\text{C}}{37°\text{C} + 273°\text{C}}\right)^4 = 1.013$$

이 된다. 이것은 복사 일률이 1.3 % 증가한 것으로서, 현대의 적외선 복사 센서로 쉽게 측정할 수 있다.

예제 40.1 열복사의 몇 가지 예

(A) 피부의 표면 온도가 35°C일 때 인체에서 방출되는 세기가 가장 큰 흑체 복사의 봉우리 파장을 구하라.

풀이

개념화 열복사는 어느 물체에서나 나온다. 세기가 최고인 봉우리 파장은 빈의 변위 법칙(식 40.2)에서의 온도와 관계된다.

분류 이 절에서 유도한 식을 사용하여 계산할 수 있으므로 예제를 대입 문제로 분류한다.

식 40.2를 λ_{max}에 대하여 푼다.

$$(1) \qquad \lambda_{\text{max}} = \frac{2.898 \times 10^{-3}\ \text{m} \cdot \text{K}}{T}$$

표면 온도를 대입한다.

$$\lambda_{\text{max}} = \frac{2.898 \times 10^{-3}\ \text{m} \cdot \text{K}}{308\ \text{K}} = 9.41\ \mu\text{m}$$

이 복사는 스펙트럼의 적외선 영역에 해당하며 사람의 눈에는 보이지 않는다. 어떤 동물들(예를 들어 살무사 같은 뱀 종류)은 이 영역에 속하는 파장의 복사선을 감지할 수 있어서 어둠 속에서도 정온 동물들을 찾아내어 잡아먹을 수 있다.

(B) 온도가 2 000 K인 텅스텐 전구의 필라멘트에서 방출되는 세기가 가장 큰 흑체 복사의 봉우리 파장을 구하라.

풀이 필라멘트의 온도를 식 (1)에 대입한다.

$$\lambda_{max} = \frac{2.898 \times 10^{-3}\ \mathrm{m \cdot K}}{2\ 000\ \mathrm{K}} = \boxed{1.45\ \mu\mathrm{m}}$$

이 복사도 역시 적외선 영역이다. 즉 전구에서 방출되는 대부분의 에너지는 우리 눈에는 보이지 않는다.

(C) 표면 온도가 약 5 800 K인 태양으로부터 방출되는 세기가 가장 큰 흑체 복사의 봉우리 파장을 구하라.

풀이 표면 온도를 식 (1)에 대입한다.

$$\lambda_{max} = \frac{2.898 \times 10^{-3}\ \mathrm{m \cdot K}}{5\ 800\ \mathrm{K}} = \boxed{0.500\ \mu\mathrm{m}}$$

이 복사는 가시광선 영역의 중간 부분에 있다. 이 부분은 연두색 테니스공의 색과 비슷하다. 이것은 태양 빛의 가장 강한 색이므로, 인간의 눈은 이 파장 부근이 가장 민감하도록 진화되어 왔다.

예제 40.2 양자화된 진동자

2.00 kg의 물체가 힘 상수 k = 25.0 N/m인 질량을 무시할 수 있는 용수철에 매달려 있다. 용수철을 평형 위치로부터 0.400 m 잡아당겼다가 정지 상태에서 놓는다.

(A) 계의 전체 에너지와 진동수를 고전적으로 계산하라.

풀이

개념화 이미 15장에서 배운 단조화 진동자의 운동에 관해서는 잘 알고 있다. 필요하면 다시 되돌아가 복습하기 바란다.

분류 '고전적으로 계산하라'라는 말은 문제에서 진동자를 고전적으로 간주하라는 뜻이다. 여기서 물체를 **단조화 운동을 하는 입자**로 생각해 보자.

분석 운동하는 물체의 진폭은 0.400 m이다.

물체–용수철 계의 전체 에너지를 식 15.21을 사용하여 계산한다.

$$E = \tfrac{1}{2}kA^2 = \tfrac{1}{2}(25.0\ \mathrm{N/m})(0.400\ \mathrm{m})^2 = \boxed{2.00\ \mathrm{J}}$$

식 15.14로부터 진동수를 계산한다.

$$f = \frac{1}{2\pi}\sqrt{\frac{k}{m}} = \frac{1}{2\pi}\sqrt{\frac{25.0\ \mathrm{N/m}}{2.00\ \mathrm{kg}}} = \boxed{0.563\ \mathrm{Hz}}$$

(B) 진동자의 에너지가 양자화되었다고 가정하고, 이런 진폭으로 진동하는 계의 양자수 n을 구하라.

풀이

분류 문제의 이 부분은 진동자의 양자적 해석에 속한다. 따라서 물체–용수철 계를 플랑크의 진동자로 모형화한다.

분석 식 40.4를 양자수 n에 대하여 푼다.

$$n = \frac{E_n}{hf}$$

주어진 값들을 대입한다.

$$n = \frac{2.00\ \mathrm{J}}{(6.626 \times 10^{-34}\ \mathrm{J \cdot s})(0.563\ \mathrm{Hz})} = \boxed{5.36 \times 10^{33}}$$

결론 5.36×10^{33}이라는 값은 매우 큰 값으로서 거시계의 경우 거의 이런 값을 갖는다. 그러면 이제 진동자의 양자 상태 간의 변화에 대하여 다루어 보자.

문제 어떤 진동자가 $n = 5.36 \times 10^{33}$ 상태에서 한 단계 아래인 $n = 5.36 \times 10^{33} - 1$ 상태로 전이를 한다고 가정해 보자. 이렇게 양자 상태가 한 단계 변하면 진동자의 에너지는 얼마나 변하는가?

답 식 40.5와 (A)의 결과로부터 n이 1만큼 변할 때 상태 간의 전이에 의하여 옮겨지는 에너지는

$$E = hf = (6.626 \times 10^{-34}\ \mathrm{J \cdot s})(0.563\ \mathrm{Hz})$$
$$= 3.73 \times 10^{-34}\ \mathrm{J}$$

이다. 양자 상태 한 단계 변화에 따른 에너지 변화는 겨우

3.73×10^{-34} J/2.00 J로 이것은 10^{34}분의 1에 해당한다. 진동자의 전체 에너지의 이렇게 작은 일부분은 도저히 검출될 수 없다. 따라서 거시적인 물체–용수철 계의 에너지가 양자화되고, 작은 양자 뜀에 의하여 에너지가 감소한다고 해도 이런 감소를 연속적인 감소로 감지할 수밖에 없다. 원자나 분자 정도의 준미시적인 수준에서만 양자 효과는 중요하고 측정할 수 있다.

40.2 광전 효과
The Photoelectric Effect

양자 모형으로 설명한 최초의 현상이 흑체 복사이다. 열복사에 대한 데이터가 수집되었던 19세기 후반에 어떤 금속판에 입사한 빛이 그 금속판으로부터 전자를 방출시키는 원인이 된다는 실험적인 증거가 나왔다. 35.1절에서 처음 논의되었던 이 현상을 **광전 효과**(photoelectric effect)라 하며, 방출된 전자를 **광전자**(photoelectrons)라 한다.[3]

그림 40.9는 광전 효과를 연구하기 위한 실험 장치의 그림이다. 진공 상태의 유리관이나 석영관 속에는 전지의 음극에 연결된 금속판 E(이미터: 방출체)와 전지의 양극에 연결된 금속판 C(컬렉터)가 있다. 캄캄한 암실에서 실험을 하면 회로에 전류가 흐르지 않아서 전류계의 눈금은 영이 된다. 그러나 금속판 E에 어떤 파장의 빛을 쪼이면, 전류계의 바늘이 움직여서 두 금속판 E와 C 사이에 전하의 이동이 있음을 알 수 있다. 이 전류는 금속판 E에서 나와 금속판 C에 도달하는 광전자에 의한 것이다.

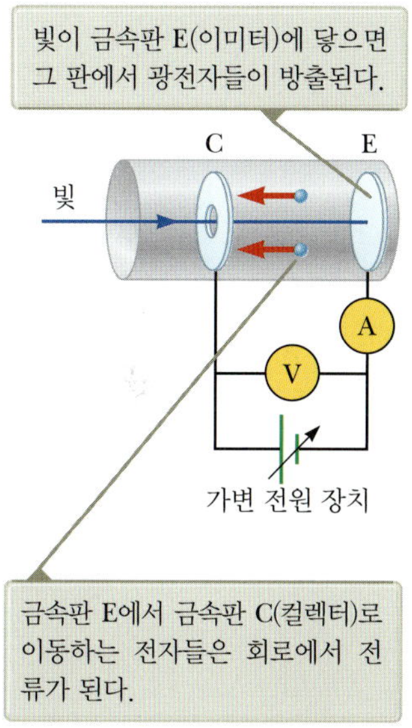

그림 40.9 광전 효과를 연구하기 위한 회로도

그림 40.10에 전극 E와 C 사이에 전위차 ΔV를 걸어주고 전극 E에 빛을 쪼일 때, 두 가지 빛의 세기에 대한 광전류의 변화가 나타나 있다. ΔV가 큰 경우에는 전류가 최대로 흐른다. 이때 E에서 방출된 모든 전자들이 C에 도달하여 전류가 더 이상 증가할 수 없게 된다. 그리고 입사하는 빛의 세기가 증가할수록 최대 전류는 증가할 것이므로, 빛의 세기가 강해지면 더 많은 전자들이 방출된다. 마지막으로 ΔV가 음이 되면—즉 전지의 극성을 바꾸어 판 E는 양극이 되게 하고 C는 음극이 되게 하면—E에서 방출되는 많은 광전자들이 이번에는 음극판 C에서 거꾸로 가게 되므로 전류가 갑자기 줄어든다.

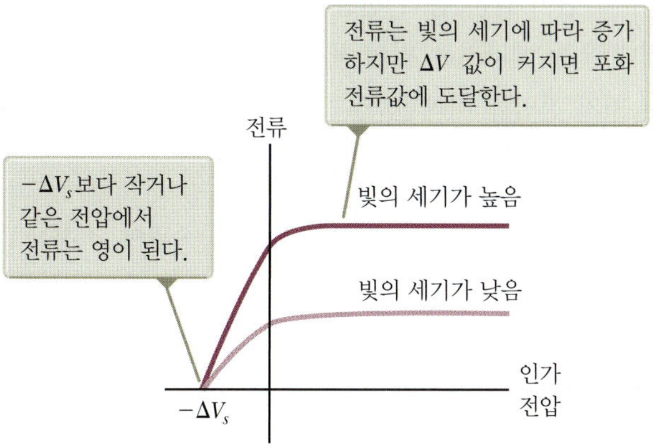

그림 40.10 두 가지 빛의 세기에 대한 인가 전압에 따른 광전류의 변화

[3] 광전자가 보통 전자와 다른 것은 아니다. 단지 광전 효과에서 빛에 의하여 금속판에서 방출되기 때문에 붙여진 이름이다.

이런 상황에서 운동 에너지가 $e|\Delta V|$보다 큰 광전자들만이 판 C에 도달한다. 여기서 e는 전자의 전하 크기이다. ΔV가 $-\Delta V_s$와 같거나 더 큰 음의 값이 되면, C에 도달하는 광전자는 없어지고 따라서 전류는 영이 된다. 이에 해당하는 전위차인 ΔV_s를 **저지 전압**(stopping potential)이라 한다.

두 전극판 사이의 전기장의 세기와 판 E에서 방출된 전자들의 관계를 하나의 고립계로 보자. 이 전자들이 판 C에 도달하자마자 정지한다고 하자. 계가 고립되어 있기 때문에, 식 8.2의 적절한 축약은

$$\Delta K + \Delta U = 0$$

이다. 여기서 처음 배열은 전자가 K_i의 운동 에너지로 금속판을 떠나는 순간이고, 나중 배열은 전자가 판 C에 닿기 직전 정지할 때이다. 처음 배열에서 계의 전기적 위치 에너지를 영으로 놓으면

$$(0 - K_i) + [(q)(\Delta V) - 0] = 0 \rightarrow K_i = q\Delta V = -e\Delta V$$

가 된다. 전위차 ΔV가 전류가 $\Delta V = -\Delta V_i$에서 영이 되는 때까지 음의 방향으로 크기가 증가한다고 하자. 이 경우, 판 C에 닿기 직전에 정지하는 전자들은 금속 표면을 떠날 때 운동 에너지가 최대이다. 그러면 위의 식을 다음과 같이 쓸 수 있다.

$$K_{\max} = e\,\Delta V_s \qquad \textbf{(40.8)}$$

이 식을 사용하여 전류가 영이 되는 전압 ΔV_s의 크기를 실험으로 구하여 $K_{\max}$를 알 수 있다.

광전 효과의 몇 가지 특징을 다음에 나열하였다. 각각의 경우에 대하여 실험 결과와 함께 빛의 파동성을 사용하여 고전적 접근으로 예측하고자 한 것과 비교해 보자.

1. 빛의 세기에 따른 광전자 운동 에너지

고전적인 예측: 전자는 전자기파로부터 계속 에너지를 흡수해야만 한다. 금속판에 입사하는 빛의 세기가 증가함에 따라 에너지가 더 빠른 비율로 금속판에 전달되고 전자들은 좀 더 큰 운동 에너지로 방출되어야만 한다.

실험 결과: 두 곡선이 **같은** 음의 전압에서 영이 됨을 보이는 그림 40.10에서처럼 광전자의 최대 운동 에너지는 빛의 세기에는 **무관**하다(식 40.8에 따르면 최대 운동 에너지는 저지 전압에 비례한다).

2. 빛의 입사와 광전자 방출 사이의 시간 간격

고전적인 예측: 빛의 세기가 약할지라도 빛이 금속판에 조사되고 난 다음 전자가 금속판에서 방출되는 데 걸리는 시간이 측정되어야 한다. 이런 시간 간격은 전자가 입사한 복사 에너지를 흡수하고 난 다음 금속판에서 탈출하기에 충분한 에너지를 얻는 데까지 걸리는 시간이다.

실험 결과: 금속판에서 방출된 전자들은 매우 낮은 세기의 빛에 대해서도 거의 **순간적으로** 방출된다(표면에 빛을 쪼인 후 10^{-9} s보다 짧은 시간이다).

3. 빛의 진동수에 따른 방출 전자의 수

고전적인 예측: 빛의 진동수와는 관계없이 빛에 의하여 금속판에 에너지가 전달되므로, 빛의 세기가 충분히 높기만 하면 어떤 진동수의 빛이 입사해도 금속판에서는 전자가 방출되어야 한다.

실험 결과: 입사하는 빛의 진동수가 **차단 진동수**(cutoff frequency) f_c보다 낮을 경우에는 전자가 방출되지 않는다. 차단 진동수는 빛을 받는 물질의 종류에 따라 다르다. 빛은 아무리 세기가 강해도 차단 진동수 아래에서는 전자가 방출되지 않는다.

4. 빛의 진동수에 따른 광전자 운동 에너지

고전적인 예측: 알려진 고전적인 모형들에는 빛의 진동수와 전자의 운동 에너지 사이 선형 관계가 있지는 **않다.**

실험 결과: 광전자의 최대 운동 에너지는 빛의 진동수가 증가함에 따라 선형으로 증가한다.

이런 특징들을 살펴보면, 실험 결과들은 네 가지 **모두** 고전적인 예측과 모순된다. 아인슈타인은 특수 상대성 이론을 발표한 1905년에 광전 효과를 가장 성공적으로 설명하였다. 아인슈타인은 1921년 노벨 물리학상을 받은 전자기 복사에 관한 논문의 일부로서, 플랑크의 양자화 개념을 40.1절에서 논의한 전자기파에 확장하였다. 그는 진동수가 f인 빛을 그 복사의 원천에 관계없이 양자의 흐름으로 간주할 수 있다고 가정하였다. 이 양자를 오늘날 **광자**(photons)라고 한다. 각각의 광자는 식 40.5인 $E = hf$로 주어지는 에너지 E를 가지며, 진공 중에서 빛의 속력 $c = 3.00 \times 10^8$ m/s로 움직인다.

Q 퀴즈 40.2 어느 날 저녁 문밖에 서 있는 어떤 사람이 가로등의 황색등, AM 방송국에서 나오는 전파, FM 방송국에서 나오는 전파, 통신 중계기의 안테나에서 나오는 초단파의 네 가지 전자기파를 받는다고 하자. 광자의 에너지가 높은 것부터 순서대로 나열하라.

구조 모형의 성질을 사용하여 광전 효과에 대한 아인슈타인의 모형을 만들어 보자.

1. 물리적 성분:

계는 두 개의 물리적 성분, 즉 (1) 금속에서 입사하는 광자 하나에 의하여 방출되는 전자 한 개와 (2) 나머지 전자들로 구성되어 있다고 하자.

2. 성분들의 거동:

(a) 아인슈타인이 제안한 광전 효과의 모형은 입사광의 한 개의 광자가 **모든** 에너지 hf를 금속판에 있는 **단 한 개**의 전자에 준다. 따라서 전자의 에너지 흡수는 파동 모형에서 상상하던 연속적인 흡수 과정이 아니고, 에너지가 전자에 알갱이 묶음으로 전달되는 불연속적인 과정이다. 이런 에너지 전달은 광자와 전자 간에 일 대 일로 이루어진다.[4]

(b) 광자 한 개를 흡수해서 전자 하나를 방출하는 시간 간격 동안 에너지에 대한

[4] 원리적으로는 두 개의 광자가 결합하여 한 개의 전자에게 에너지를 줄 수 있다. 하지만 이것은 매우 확률이 낮은 것으로 고성능 레이저를 사용할 때처럼 복사의 세기가 매우 강하지 않으면 잘 일어나지 않는다.

비고립계 모형을 적용하여 계의 시간에 대한 변화를 설명할 수 있다. 계는 두 가지 형태의 에너지를 가지고 있다(금속-전자 계의 퍼텐셜 에너지와 방출 전자의 운동 에너지). 그러므로 에너지 보존 식(식 8.21)을 다음과 같이 쓸 수 있다.

$$\Delta K + \Delta U = T_{ER} \quad (40.9)$$

표 40.1 몇 가지 금속의 일함수

금속	ϕ (eV)
나트륨 (Na)	2.46
알루미늄 (Al)	4.08
철 (Fe)	4.50
구리 (Cu)	4.70
아연 (Zn)	4.31
은 (Ag)	4.73
백금 (Pt)	6.35
납 (Pb)	4.14

Note: 여기 주어진 금속들에 대한 일함수의 값은 전형적인 것이다. 실제의 값은 금속이 단결정이냐 다결정이냐에 따라 다르다. 이 값은 전자가 방출되는 결정 금속의 면에 따라 다를 수도 있다. 더구나 실험 과정이 다르면 측정값에 차이가 있을 수 있다.

계로의 에너지 전달은 광자의 에너지인 $T_{ER} = hf$이다. 이 과정 동안, 전자의 에너지는 영에서 가능한 최댓값 K_{max}로 가정한 나중 값으로 증가한다. 전자는 속박되어 있던 금속으로부터 떠나기 때문에 계의 퍼텐셜 에너지는 증가한다. 전자가 금속 밖에 있을 때 계의 퍼텐셜 에너지는 영으로 정의한다. 전자가 금속 내에 있을 때 계의 퍼텐셜 에너지는 $U = -\phi$이고, 여기서 ϕ는 금속의 **일함수**(work function)라 한다. 일함수란 금속 내에 속박된 전자의 최소 결합 에너지를 나타내며, 그 값은 수 전자볼트 정도이다. 표 40.1에 여러 가지 금속의 일함수 값을 나열해 놓았다. 전자가 금속에서 나올 때 계의 퍼텐셜 에너지 증가는 일함수 ϕ이다. 이들 에너지를 식 40.9에 대입하면

$$(K_{max} - 0) + [0 - (-\phi)] = hf$$

$$K_{max} + \phi = hf \quad (40.10)$$

가 된다.

전자가 방출되면서 다른 전자들 또는 금속 이온들과 충돌하면 입사 에너지의 일부는 금속에 전달되고 전자는 K_{max}보다 작은 운동 에너지로 방출된다.

아인슈타인이 만든 예측은 방출 전자의 최대 운동 에너지를 조사하는 빛의 진동수로 표현한 식이다. 이 식은 식 40.10을 다시 정리하여 다음과 같이 나타낼 수 있다.

광전 효과 식 ▶

$$K_{max} = hf - \phi \quad (40.11)$$

아인슈타인의 구조 모형을 사용하면 고전적인 개념으로는 설명할 수 없는 광전 효과의 실험적인 특징을 다음과 같이 설명할 수 있다.

1. 빛의 세기에 따른 광전자 운동 에너지
식 40.11에 따르면 K_{max}는 빛의 세기에 무관하다. $hf - \phi$로 주어지는 임의의 한 전자의 최대 운동 에너지는 빛의 진동수와 금속의 일함수에만 의존한다. 빛의 세기가 두 배가 되면 단위 시간당 도달하는 광자의 수가 두 배가 되어 광전자가 방출되는 비율이 두 배가 된다. 그러나 임의의 한 광전자의 최대 운동 에너지는 변하지 않는다.

2. 빛의 입사와 광전자 방출 사이의 시간 간격
거의 순간적인 전자의 방출은 빛의 광자 모형과 일치한다. 입사 에너지는 작은 덩어리 단위로 나타나며, 광자와 전자 간에 일대일 상호 작용이 있다. 입사광의 세기가 매우 낮으면 단위 시간당 도달하는 광자의 수는 매우 적다. 그러나 각 광자는

전자를 즉시 방출시킬 만한 충분한 에너지를 가지고 있다.

3. 빛의 진동수에 따른 방출 전자의 수
전자를 방출하기 위하여 광자는 일함수 ϕ보다 더 큰 에너지를 가져야 하기 때문에, 광전 효과는 특정 차단 진동수 아래에서는 관측되지 않는다. 입사 광자의 에너지가 이 조건을 만족하지 못하면, 매우 강한 빛이 단위 시간당 많은 광자가 금속에 입사할지라도 전자가 금속 표면에서 방출될 수 없다.

4. 빛의 진동수에 따른 광전자 운동 에너지
진동수가 높은 광자는 더 큰 에너지를 갖고 있으므로, 진동수가 낮은 광자가 방출하는 광전자의 에너지보다 더 큰 에너지의 광전자를 방출한다.

아인슈타인의 모형은 전자의 최대 운동 에너지 K_{max}와 빛의 진동수 f 사이에 선형적인 관계(식 40.11)를 예측하고 있다. K_{max}와 f 사이의 선형적인 관계를 실험적으로 관측한다면 아인슈타인 이론은 최종적으로 확인되는 것이다. 이 선형적인 관계는 아인슈타인의 이론이 발표된 지 몇 년 후 실제 실험에서 관측되었으며, 그림 40.11에 나타내었다. 이 그림에서 직선의 기울기는 플랑크 상수 h이다. 가로축과의 교차점은 전자가 더 이상 방출되지 않는 차단 진동수를 나타낸다. 이 차단 진동수는 일함수와 $f_c = \phi/h$의 관계가 있다. 이 차단 진동수에 해당하는 **차단 파장**(cutoff wavelength) λ_c는

$$\lambda_c = \frac{c}{f_c} = \frac{c}{\phi/h} = \frac{hc}{\phi} \qquad (40.12)$$

◀ 차단 파장

로 주어지며 여기서 c는 빛의 속력이다. 일함수가 ϕ인 금속에 입사하는 빛의 파장이 λ_c보다 길면 광전자가 방출되지 못한다.

식 40.12에서 hc가 들어 있는 것은 광자의 에너지를 파장과 관련지을 때 나타나는 것이다. 문제를 빨리 풀고자 할 때는 hc의 값이

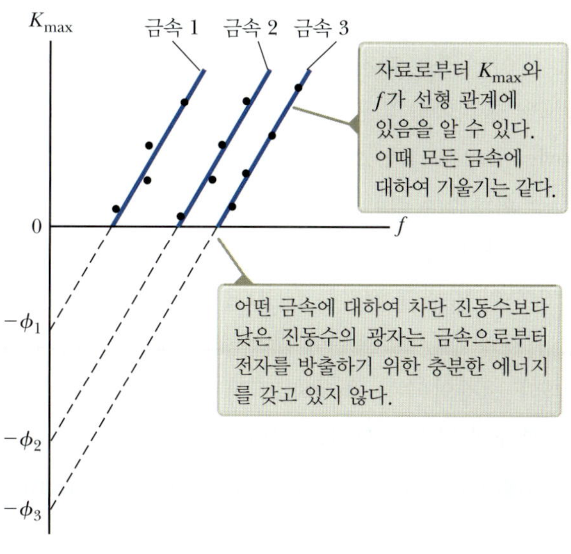

그림 40.11 전형적인 광전 효과 실험에서 입사광의 진동수에 따른 광전자의 K_{max}의 그래프

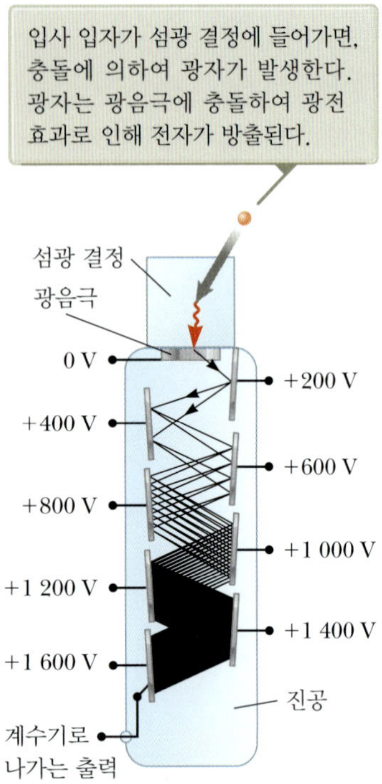

그림 40.12 광전자 증배관 속에서 전자의 수를 늘리는 방법

$$hc = 1\,240\ \text{eV} \cdot \text{nm}$$

이므로 위의 식을 사용하는 것이 좋다.

광전 효과를 처음으로 실용화한 것 중의 하나는 검출 장치로서 카메라의 노출계에 사용된 것이다. 사진을 찍고자 하는 물체에서 반사된 빛이 카메라의 노출계 표면에 닿으면, 광전자가 방출되어 아주 민감한 전류계의 바늘이 움직인다. 전류계에 흐르는 전류의 크기는 빛의 세기에 의존한다.

광전 효과를 응용한 제품 중 하나인 광전관은 전기 회로의 스위치와 같은 역할을 한다. 충분히 높은 진동수의 빛이 광전관의 금속판에 닿을 때 회로에 전류가 흐른다. 그러나 어두울 때는 전류가 흐르지 않는다. 초기에 광전관은 경보 장치나 영화 필름의 사운드 트랙의 시작 부분을 찾는 장치에 사용되었다. 광전 효과를 이용한 많은 장치들이 현재는 반도체 소자로 대체되었다.

광전 효과를 이용하여 아직도 사용하고 있는 것으로 **광전자 증배관**이라는 것이 있다. 그림 40.12는 이 장치의 원리를 보여 주고 있다. 광음극에 닿은 광자는 광전 효과에 의하여 전자를 방출한다. 이 전자들이 광음극과 첫 번째 **다이노드**(dynode) 사이의 전위차에 의하여 가속된다. 그림 40.12에는 이 전위차가 광음극에 대하여 +200 V로 나타나 있다. 이런 높은 에너지의 전자들이 다이노드를 쳐서 더 많은 수의 전자가 방출된다. 이 과정으로 더 높은 전위에서 여러 다이노드를 거치면서 마지막 다이노드에는 수백만 개의 전자가 닿아서 전기 신호를 관 밖으로 내보낸다. 이런 이유로 이 관을 광전자 증배관이라 한다. 처음에 한 개의 광자로 시작하여 마지막 출력에는 수백만 개의 전자를 만들어낸다.

광전자 증배관은 에너지를 가진 입자나 감마선과 물질들의 상호 작용에 의하여 생성되는 광자를 검출하기 위한 핵 검출기로 사용된다. 또한 **광전 측광**(photoelectric photometry)이라고 하는 기술로 천문 관측에도 사용된다. 광전 측광 기술을 사용하여 멀리 있는 한 별에서 오는 빛을 망원경에 모아서 일정 시간 동안 광전자 증배관 속으로 들어가게 한다. 관은 이 시간 동안 빛이 전달한 전체 에너지를 측정하여 별의 밝기를 나타낸다.

현재 천문 관측에서는 광전자 증배관이 **전하 결합 소자**(charge-coupled device, CCD)로 대체되었다. 이 소자는 디지털 사진기에서 사용되는 것과 같은 것이다(36.6절 참조). 2009년도 노벨 물리학상의 반은 전하 결합 소자를 1969년에 발명한 공로로 보일(Willard S. Boyle, 1924~)과 스미스(George E. Smith, 1930~)에게 수여되었다. CCD에서는 집적 회로의 실리콘 표면에 화소 배열이 이루어진다. 망원경을 통한 별들의 모습이나 디지털 사진기를 통한 지구 상의 모습이 빛을 통하여 CCD의 표면에 닿으면 광전 효과에 의하여 발생한 전자는 CCD 표면 뒤의 전자 회로에 의하여 상의 정보를 만들게 된다. 전자의 수는 그 표면에 닿는 빛의 세기와 관련이 있다. 신호 처리 회로는 각각의 화소마다 전자의 수를 측정하고, 이 정보를 디지털 데이터로 변환하여 컴퓨터가 재구성하여 본래의 모습을 모니터 화면에 나타낸다.

전자 충돌 CCD 카메라(electron bombardment CCD camera)는 보통의 CCD보

다 더 민감한 것으로 광전 효과에 의하여 광음극에서 방출된 전자들이 CCD 배열에 닿기 전에 매우 높은 전압으로 가속된다. 이런 높은 에너지의 전자들로 세기가 약한 복사선도 매우 민감하게 검출할 수 있다.

퀴즈 40.3 그림 40.10의 곡선 중 하나를 살펴보자. 입사광의 세기는 일정하게 유지되지만 진동수는 증가한다. 그림 40.10에서의 저지 전압은 **(a)** 일정하다. **(b)** 오른쪽으로 이동한다. **(c)** 왼쪽으로 이동한다.

퀴즈 40.4 어떤 고전물리학자가 그림 40.11과 같이 K_{max}와 f의 관계를 예상하였다고 가정하자. 빛의 파동성을 바탕으로 할 때 예상되는 그래프를 그리라.

예제 40.3 나트륨의 광전 효과

나트륨의 표면에 파장이 300 nm인 빛을 쪼였다. 금속 나트륨의 일함수는 2.46 eV이다.

(A) 방출되는 광전자의 최대 운동 에너지를 구하라.

풀이

개념화 한 개의 광자가 금속판을 때려서 한 개의 전자가 방출된다고 생각해 보자. 최대 에너지를 갖는 이 전자는 금속의 가장 바깥 표면에 있는 것으로서, 금속판을 떠나오면서 금속 내의 다른 입자들과 상호 작용을 하지 않아서 에너지를 잃지 않은 전자이다.

분류 이 절에서 유도한 식을 사용하여 계산할 수 있으므로 예제를 대입 문제로 분류한다.

식 40.5를 사용하여 쪼여지는 빛에서 각 광자의 에너지를 구한다.

$$E = hf = \frac{hc}{\lambda}$$

식 40.11을 사용하여 전자의 최대 운동 에너지를 구한다.

$$K_{max} = \frac{hc}{\lambda} - \phi = \frac{1\,240\text{ eV}\cdot\text{nm}}{300\text{ nm}} - 2.46\text{ eV} = 1.67\text{ eV}$$

(B) 나트륨에 대한 차단 파장 λ_c를 구하라.

풀이 식 40.12를 사용하여 λ_c를 계산한다.

$$\lambda_c = \frac{hc}{\phi} = \frac{1\,240\text{ eV}\cdot\text{nm}}{2.46\text{ eV}} = 504\text{ nm}$$

40.3 콤프턴 효과
The Compton Effect

1919년에 아인슈타인은 에너지 E의 광자는 $E/c = hf/c$의 운동량으로 한 방향으로 움직인다고 하였다. 1923년 콤프턴(Arthur Holly Compton, 1892~1962)과 데바이(Peter Debye, 1884~1966)는 독립적으로 광자의 운동량에 대한 아인슈타인의 생각을 좀 더 자세히 연구하였다.

1922년 전까지는 콤프턴과 그의 동료들은 고전적인 빛의 파동 이론이 전자에 의하여 산란되는 X선을 설명하지 못한다는 증거를 모아두었다. 고전 이론에 따르면 전자에 입사하는 진동수 f인 전자기파는 다음의 두 가지 효과를 가져야 한다. 그것은 (1) 복

© Mary Evans Picture Library/Alamy

콤프턴

Arthur Holly Compton, 1892~1962, 미국의 물리학자

콤프턴은 오하이오 주 우스터에서 태어나 우스터 대학과 프린스턴 대학을 다녔다. 시카고 대학의 연구소장이 되어서도 핵의 지속적 연쇄 반응을 연구한 결과 최초의 핵무기를 만드는 데 핵심적 역할을 하였다. 그는 콤프턴 효과의 발견으로 1927년에 윌슨과 함께 노벨 물리학상을 받았다.

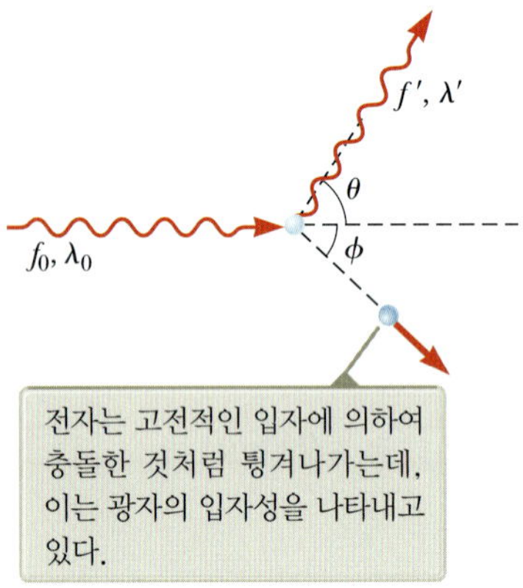

그림 40.13 전자로부터 산란된 X선에 대한 양자 모형

사압(34.5절 참조)은 전자를 파동의 진행 방향으로 가속시켜야만 하고, (2) 입사 복사의 진동하는 전기장은 전자가 겉보기 진동수 f'으로 진동하도록 해야 한다. 여기서 f'은 운동하는 전자의 기준틀에서 본 진동수이다. 이 겉보기 진동수는 도플러 효과(17.4절 참조) 때문에 입사 복사의 진동수 f와는 다르다. 각각의 전자는 처음에는 운동하면서 복사를 흡수하고 다음에는 운동하면서 다시 복사를 방출하기 때문에, 복사의 진동수에서 두 가지 도플러 이동이 나타난다.

복사와의 상호 작용 이후에 각각의 전자들은 전자기파에서 흡수한 에너지의 정도에 따라 서로 다른 속력으로 움직이므로, 입사 복사에 대하여 어떤 각도로 산란되는 진동수는 도플러 이동에 해당하는 각각 다른 진동수로 관측되어야 한다. 이런 예상과는 다르게, 콤프턴의 실험에서는 주어진 각도에서 복사의 **한** 진동수만 관측되었다. 콤프턴과 그의 동료들은 이 실험을 설명하기 위하여 광자를 파동이 아닌 점과 같은 입자로 취급하고 광자의 에너지가 hf이고 운동량은 hf/c이며, 광자와 전자가 충돌하는 고립계의 에너지와 운동량이 보존된다고 가정하였다. 콤프턴은 파동으로 잘 알려진 것에 입자 모형을 적용하였으며, 그가 입자 모형을 적용한 산란 현상이 오늘날 **콤프턴 효과**(Compton effect)로 알려져 있다. 그림 40.13은 진동수가 f_0인 하나의 X선 광자와 한 개의 전자가 충돌하는 양자 모형을 나타내고 있다. 이 양자 모형에서 전자들이 입사 방향에 대하여 각도 ϕ의 방향으로 당구공이 충돌하듯이 산란된다(여기서 기호 ϕ는 앞 절에서 배운 일함수가 아니라 산란각을 나타내는 것이므로 혼동하지 말아야 한다). 그림 40.13을 이차원 충돌인 그림 9.10과 비교해 보라.

그림 40.14는 콤프턴이 사용한 실험 장치의 모습을 나타내고 있다. 흑연 표적으로부터 산란된 X선의 산란각은 회전 결정 분광기를 써서 측정하고, 그 세기는 세기에 비례하는 전류를 내는 이온화 상자를 사용하여 측정하였다. 입사광은 파장이 $\lambda_0 = 0.071$ nm인 단색 X선을 사용하였다. 콤프턴이 실험에서 관측한 네 가지 산란각(그림 40.13에서 θ에 해당하는)에 대한 파장에 따른 세기의 변화가 그림 40.15에 나타나 있다. 각도가 영인 것을 제외하고 나머지 세 그래프는 두 개의 봉우리를 갖는데, 하나는 λ_0에서 최고이고, 다른 하나는 $\lambda' > \lambda_0$에서 최고이다. 오른쪽으로 이동된 λ'은 자유 전자로부터 산란된 X선에 의한 것이며, 콤프턴이 계산한 그 값은 산란각의 함수로

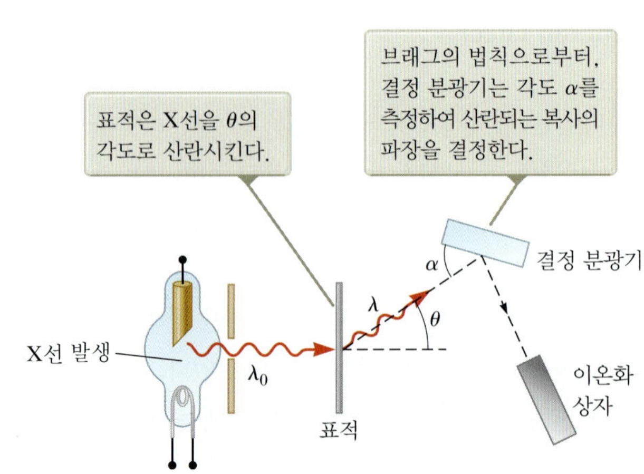

그림 40.14 콤프턴 실험 장치의 개략도

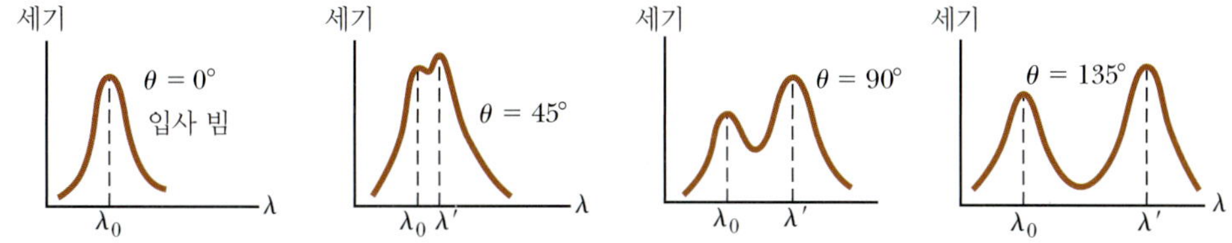

그림 40.15 $\theta = 0°$, $45°$, $90°$ 및 $135°$에서의 콤프턴 산란의 파장에 따른 산란된 X선의 세기 분포

$$\lambda' - \lambda_0 = \frac{h}{m_e c}(1 - \cos\theta) \tag{40.13}$$

◀ 콤프턴 이동 식

와 같이 주어진다. 여기서 m_e는 전자의 질량이다. 이 식을 **콤프턴 이동 식**(Compton shift equation)이라 하며, 그림 40.15에서 세기 봉우리의 위치를 정확히 설명한다. 인수 $h/m_e c$를 전자의 **콤프턴 파장**(Compton wavelength) λ_C이라 하며, 현재 알려진 값은 다음과 같다.

$$\lambda_C = \frac{h}{m_e c} = 0.002\,43\text{ nm}$$

◀ 콤프턴 파장

그림 40.15에서 이동되지 않은 봉우리 λ_0은 표적 원자에 강하게 속박된 전자로부터 산란된 X선에 의한 것이다. 이 이동되지 않은 봉우리의 값은 식 40.13에서 전자의 질량을 탄소 원자의 질량으로 바꾸어 놓으면 된다. 탄소 원자의 질량은 전자 질량의 약 23 000배이다. 따라서 원자에 속박된 전자로부터 산란된 파동의 파장 이동은 있으나 매우 작아서 콤프턴의 실험에서는 검출되지 않았다.

콤프턴 실험은 식 40.13에서 예측한 것과 아주 잘 일치하였다. 이런 결과는 많은 물리학자들로 하여금 양자 이론이 기본적으로 타당성이 있음을 믿게 하는 최초의 것이었다.

퀴즈 40.5 식 40.13에 따르면 주어진 임의의 산란각 θ에 대하여 콤프턴 이동 값은 파장에 관계없이 같다. 그렇다면 다음 중 주어진 산란각에 대하여 파장의 이동비가 가장 큰 복사는 어느 것인가? **(a)** 라디오파 **(b)** 마이크로파 **(c)** 가시광선 **(d)** X선

콤프턴 이동 식의 유도 Derivation of the Compton Shift Equation

광자가 입자성을 띠고 있고 그림 40.13에서처럼 처음에 정지하여 있는 자유 전자와 탄성 충돌한다는 가정하에 콤프턴 이동 식을 유도할 수 있다. 여기서 광자를 에너지가 $E = hf = hc/\lambda$이고 정지 에너지는 영인 입자로 취급하고, 에너지와 운동량에 대한 고립계 분석 모형을 광자와 전자에 적용한다. 산란 과정에서 계의 전체 에너지와 전체 선운동량은 보존된다. 이 과정에 에너지에 대한 고립계 모형을 적용하면

$$\Delta K_{\text{photon}} + \Delta K_e = 0 \;\rightarrow\; \frac{hc}{\lambda_0} = \frac{hc}{\lambda'} + K_e$$

가 된다. 여기서 hc/λ_0는 입사 광자의 에너지이고, hc/λ'는 산란 광자의 에너지이며 K_e는 방출 전자의 운동 에너지이다. 전자가 빛의 속력에 가깝게 방출되므로 상대론적인 식 $K_e = (\gamma - 1)m_e c^2$(식 39.23)을 사용해야 한다. 따라서

$$\frac{hc}{\lambda_0} = \frac{hc}{\lambda'} + (\gamma - 1)m_e c^2 \tag{40.14}$$

이다. 여기서 $\gamma = 1/\sqrt{1-(u^2/c^2)}$이고, u는 전자의 속력이다.

다음에는 이 충돌 과정에 운동량에 대한 고립계 모형을 적용해 보자. 운동량의 x 성분과 y 성분은 각각 보존된다. 식 39.28에 따르면 광자의 운동량 크기는 $p = E/c$이고, 식 40.5에 따르면 광자의 에너지는 $E = hf$이다. 따라서 $p = hf/c$이다. 이 식의 c에다 λf(식 16.12)를 대입하면 $p = h/\lambda$가 얻어진다. 방출된 전자의 상대론적 운동량에 대한 식은 $p_e = \gamma m_e u$(식 39.19)이므로, 선운동량의 x 성분과 y 성분에 대하여 다음과 같은 식을 얻는다. 여기서 각도는 그림 40.13에 나타낸 각도이다.

$$x\text{ 성분:}\quad \frac{h}{\lambda_0} = \frac{h}{\lambda'}\cos\theta + \gamma m_e u\cos\phi \tag{40.15}$$

$$y\text{ 성분:}\quad 0 = \frac{h}{\lambda'}\sin\theta - \gamma m_e u\sin\phi \tag{40.16}$$

식 40.14부터 식 40.16까지에서 u와 ϕ을 소거하면 나머지 세 변수(λ', λ_0, θ)만의 식이 되고, 이를 정리하면 식 40.13을 얻는다.

예제 40.4 45°에서 콤프턴 산란

파장이 $\lambda_0 = 0.200\ 000$ nm인 X선이 어떤 물질에 부딪쳐 산란된다. 산란된 X선이 입사 X선에 대하여 45.0°의 각도에서 관측될 때 파장을 구하라.

풀이

개념화 그림 40.13에서 산란 과정을 살펴보면 광자는 원래의 방향에서 45°로 산란된다.

분류 이 절에서 유도한 식을 사용하여 계산할 수 있으므로 예제를 대입 문제로 분류한다.

식 40.13을 산란된 X선의 파장에 대하여 푼다.

$$(1)\qquad \lambda' = \lambda_0 + \frac{h(1-\cos\theta)}{m_e c}$$

주어진 값들을 대입한다.

$$\lambda' = 0.200\ 000 \times 10^{-9}\ \text{m} + \frac{(6.626\times10^{-34}\ \text{J}\cdot\text{s})(1-\cos 45.0°)}{(9.11\times10^{-31}\ \text{kg})(3.00\times10^{8}\ \text{m/s})}$$

$$= 0.200\ 000 \times 10^{-9}\ \text{m} + 7.10 \times 10^{-13}\ \text{m}$$

$$= 0.200\ 710\ \text{nm}$$

문제 검출기를 이동시켜서 산란된 X선을 45°보다 큰 각도에서 관측한다면 각도 θ의 증가에 따라 산란된 X선의 파장은 증가하는가 아니면 감소하는가?

답 식 (1)을 살펴보면, 각도 θ가 증가할 때 $\cos\theta$는 감소한다. 따라서 $(1-\cos\theta)$는 증가하므로 산란된 X선의 파장은 증가한다. 이와 같은 결론을 얻는 다른 방법으로 에너지 변수를 사용할 수도 있다. 산란각이 증가함에 따라 더 많은 에너지가 입사 광자로부터 전자에게로 전달된다. 그 결과 산란 광자의 에너지는 산란각이 증가할 때 감소한다. $E = hf$이므로 산란 광자의 진동수가 감소하고 그에 따라 식 $\lambda = c/f$에 의하여 파장이 증가한다.

40.4 전자기파의 본질
The Nature of Electromagnetic Waves

35.1절에서 빛의 입자성과 파동성의 대립되는 모형의 개념을 도입하였다. 광전 효과나 콤프턴 효과와 같은 현상은 빛(또는 다른 형태의 전자기파)과 물질이 상호 작용할 때, 빛은 에너지가 hf이고 운동량이 h/λ인 입자로 구성되어 있는 것처럼 보인다는 확실한 증거를 제공한다. 파동이라고 알고 있는 빛이 어떻게 광자(또는 입자)로 간주될 수 있는가? 한편으로 빛은 에너지와 운동량을 갖는 광자로 이해되고, 다른 한편으로는 빛을 비롯한 전자기파들은 오직 파동성으로서만 설명할 수 있는 간섭이나 회절 효과를 나타낸다.

어느 모형이 맞는가? 빛은 파동인가 아니면 입자인가? 답은 관측되는 현상에 따라 달라진다. 어떤 실험은 광자 모형만으로 더 좋게 설명되며, 또 어떤 실험은 파동성만으로 설명된다. 결국은 두 모형을 다 받아들여야 하며, 빛의 본질은 어느 하나만의 고전적인 묘사로는 설명할 수 없다는 점을 인정해야 한다. 금속으로부터 전자가 튀어나가게 하는 빛(빛살이 광자로 이루어짐을 의미함)과 같은 빛이 격자에 의하여 회절될 수 있다(빛은 파동임을 의미함). 다시 말하면 빛의 입자 모형과 파동 모형은 서로 보완적이다.

광전 효과와 콤프턴 효과를 성공적으로 설명한 빛의 입자 모형은 많은 다른 질문을 유발한다. 빛이 입자라면, 입자의 '진동수'와 '파장'은 무슨 뜻이며, 그 두 가지 성질이 빛의 에너지와 운동량을 결정할 수 있는가? 빛이 파동인 **동시에** 입자일 수 있는가? 비록 광자는 정지 에너지(광자는 정지할 수 없기 때문에 관측 불가능한 양임)를 갖지 않지만, 운동하는 광자의 **유효 질량**을 나타내는 간단한 식이 있는가? 광자가 유효 질량을 갖는다면, 광자도 중력적인 인력을 받는가? 광자의 공간적인 크기는 얼마이며, 전자가 어떻게 하나의 광자를 흡수하고 산란시키는가? 이런 질문들 중의 몇 가지는 설명할 수 있지만, 다른 것들은 초보자가 쉽게 그려보거나 읽기 어려운 원자 크기에서 일어나는 과정들임을 알아야 한다. 많은 질문이 충돌하는 당구공과 바닷가에서 부서지는 파도와 같은 것으로 입자와 파동을 비유하는 데서 비롯된다. 양자 역학은 빛을 입자성과 파동성 모두가 필요하고, 서로 보완적인 것이며 유연한 성질을 갖는 것으로 다룬다. 빛의 성질을 설명하기 위하여 어느 한 모형을 사용할 수 없다. 지금까지 관찰된 빛의 성질을 완전히 이해하기 위해서는 두 모형이 서로 보완적인 관계로 결합될 때만 가능하다.

40.5 입자의 파동적 성질
The Wave Properties of Particles

빛의 이중성을 처음 공부하는 학생들 중에 이런 개념을 받아들이기 힘들어 하는 경우가 많다. 우리가 사는 세상에서는 야구공을 입자로 간주하고, 음파를 파동 운동의 한 형태로 간주하는 데 익숙해져 있다. 거시적으로 관측되는 모든 현상들은 파동이나 입자 둘 중 하나로 설명될 수 있다. 그러나 광자나 전자의 세계에서는 이런 구별이 명확

드브로이
Louis de Broglie, 1892~1987
프랑스의 물리학자

드브로이는 프랑스의 디에프에서 태어났다. 파리에 있는 소르본 대학에서 그가 바라던 외교관이 되기 위한 준비로 역사를 공부하였다. 과학의 세계에 눈을 뜬 것은 그에게 행운이었다. 그는 출세길을 버리고 이론물리학자가 되었다. 드브로이는 전자의 파동성을 예측하여 1929년에 노벨 물리학상을 받았다.

하지 않다.

더 혼란스러운 것은 어떤 조건에서는 분명히 '입자'라고 불리는 것들이 파동성을 띤다는 것이다. 1923년에 드브로이(Louis de Broglie)는 그의 박사 학위 논문에서 광자가 입자성과 파동성을 동시에 갖듯이, 모든 형태의 물질 또한 이중성을 갖는다고 가정하였다. 참으로 혁명적인 이런 생각은 당시에는 실험적인 증거를 갖고 있지 못하였다. 드브로이의 가정에 따르면 전자도 빛처럼 입자와 파동의 이중성을 가진다.

40.3절에서 광자의 운동량은

$$p = \frac{h}{\lambda}$$

로 표현되었다. 이 식은 광자의 파장이 그 운동량에 의하여 $\lambda = h/p$로 나타낼 수 있음을 의미한다. 드브로이는 운동량이 p인 물질 입자는 $\lambda = h/p$로 주어지는 고유의 파장을 가진다고 제안하였다. 질량이 m이고, 속력이 u인 입자의 운동량의 크기는 $p = mu$이므로, 이 입자의 **드브로이 파장**(de Broglie wavelength)은 다음과 같다.[5]

$$\lambda = \frac{h}{p} = \frac{h}{mu} \tag{40.17}$$

더구나 드브로이는 광자와 유사하게 입자들이 아인슈타인 관계식인 $E = hf$를 따른다고 가정하였다. 여기서 E는 입자의 전체 에너지이다. 그러면 입자의 진동수는

$$f = \frac{E}{h} \tag{40.18}$$

가 된다. 물질의 이중성은 식 40.17과 40.18에서 분명해진다. 왜냐하면 각 식은 입자와 관련된 양(p와 E)과 파동과 관련된 양(λ와 f)을 둘 다 포함하고 있기 때문이다.

물질과 복사의 이중성을 이해하는 문제는 두 모형이 서로 상반되는 것처럼 보이기 때문에 개념적으로는 매우 어렵다. 빛에 대하여 이중성을 적용하는 문제는 앞에서 이미 논의하였다. **상보성의 원리**(principle of complementarity)란

> 물질이나 복사의 파동 모형과 입자 모형은 서로 보완적이라는 것이다.

어느 모형도 물질이나 복사를 적절히 설명하기 위하여 독점적으로 사용될 수 없다. 사람들은 일상생활에서의 경험을 근거로 지식을 형성하는 경향이 있으므로, 양자 세계로부터 주어지는 어떤 정보를 설명하기 위하여 위의 두 가지 표현들을 서로 보완적인 방법으로 사용한다.

데이비슨–거머의 실험 The Davisson-Germer Experiment

1923년에 있었던 물질의 파동성과 입자성에 관한 드브로이의 제안은 그냥 추측 정도로만 여겨졌다. 만일 전자와 같은 입자가 파동성을 띤다면 어떤 다른 조건하에서는 회

[5] 임의의 속력 u로 움직이는 입자의 드브로이 파장은 $\lambda = h/\gamma mu$이다. 여기서 $\gamma = [1-(u^2/c^2)]^{-1/2}$이다.

절 효과도 나타나야 한다. 그로부터 3년 후에 데이비슨(C. J. Davisson, 1881~1958)과 거머(L. H. Germer, 1896~1971)는 전자의 회절을 관측하고 전자의 파장을 측정하는 데 성공하였다. 이 중요한 발견은 드브로이가 제안한 물질파에 대한 실험적인 확증을 최초로 제시한 것이다.

재미있는 것은 원래의 데이비슨-거머의 실험은 드브로이 가설을 확인하기 위한 실험이 아니었다. 사실 그들의 발견은 가끔 그런 일이 있었던 것처럼 이것도 우연한 것이었다. 실험은 낮은 에너지의 전자(약 54 eV)를 진공 중에서 니켈 표적에 때려서 산란시키는 것이었다. 실험을 하는 동안 우연히 진공이 새는 일이 생겨서 니켈 표적이 심각하게 산화되었다. 산화된 표면을 제거하기 위하여 그 표적에 수소를 흘리면서 가열한 후의 산란 실험에서, 니켈에 의하여 산란된 전자들이 특정 각도에서 최대와 최소의 세기를 보였다. 데이비슨과 거머는 니켈이 열 때문에 결정화되었고, 결정화로 생긴 규칙적인 원자 배열에 의하여 전자들의 회절이 일어났음을 결국 알게 되었다(결정에 의한 X선의 회절에 관해서는 38.5절 참조).

그런 일이 있은 얼마 후 그들은 단일 결정 표적으로부터 산란된 전자에 관한 좀 더 광범위한 회절 실험을 수행하였다. 그 연구 결과는 전자의 파동성을 결정적으로 보여주었고, 드브로이 관계식 $p = h/\lambda$에 대한 확신을 갖게 되었다. 같은 해에 스코틀랜드의 톰슨(G. P. Thomson, 1892~1975)은 매우 얇은 금박에 전자를 통과시켜 전자의 회절 무늬를 관측하였다. 그 이후 회절 무늬는 헬륨 원자, 수소 원자 및 중성자 등에서도 관찰되었다. 그렇게 되어 입자의 파동성이 여러 가지 방법으로 입증되었다.

오류 피하기 40.3

무엇이 흔들리는가? 입자가 파동의 성질을 가진다면, 무엇이 흔들리는가? 여러분은 매우 분명한 줄에서의 파동과 친숙할 것이다. 음파는 추상적이지만, 그래도 익숙할 것이다. 전자기파는 더 추상적이지만, 적어도 그것은 전기장과 자기장 그리고 물리 변수로 표현할 수 있다. 대조적으로 입자와 관련된 파동은 완전히 추상적이고 물리 변수와 연관지을 수 없다. 41장에서 이 파동을 확률과 관련시켜 표현한다.

Q 퀴즈 40.6 전자 한 개와 양성자 한 개가 같은 드브로이 파장을 가지며 비상대론적인 속력으로 움직이고 있다. 두 입자에 대하여 물리량이 같은 것은 다음 중 어느 것인가? **(a)** 속력 **(b)** 운동 에너지 **(c)** 운동량 **(d)** 진동수

예제 40.5 미시적인 물체와 거시적인 물체의 파장

(A) 1.00×10^7 m/s의 속력으로 움직이는 전자($m_e = 9.11 \times 10^{-31}$ kg)의 드브로이 파장을 구하라.

풀이

개념화 공간 속을 움직이는 전자가 있다면 고전적인 입장에서 보면 전자는 등속도로 움직이는 입자이다. 그러나 양자적인 입장에서 본다면 전자는 운동량에 관계되는 파장을 갖는다.

분류 이 절에서 유도한 식을 사용하여 계산할 수 있으므로 예제를 대입 문제로 분류한다.

식 40.17을 사용하여 파장을 계산한다.

$$\lambda = \frac{h}{m_e u} = \frac{6.626 \times 10^{-34}\ \text{J}\cdot\text{s}}{(9.11 \times 10^{-31}\ \text{kg})(1.00 \times 10^7\ \text{m/s})}$$

$$= 7.27 \times 10^{-11}\ \text{m}$$

이 전자의 파동성은 데이비슨-거머 실험과 같은 회절 기술로 검출할 수 있을 것이다.

(B) 질량이 50 g인 돌멩이를 40 m/s의 속력으로 던졌다. 이 돌멩이의 드브로이 파장은 얼마인가?

풀이 식 40.17을 사용하여 드브로이 파장을 계산한다.

$$\lambda = \frac{h}{mu} = \frac{6.626 \times 10^{-34}\ \text{J}\cdot\text{s}}{(50 \times 10^{-3}\ \text{kg})(40\ \text{m/s})} = 3.3 \times 10^{-34}\ \text{m}$$

이 파장은 돌멩이가 통과할 수 있는 어떤 가장 작은 구멍보다도 훨씬 더 작다. 따라서 이 돌멩이로는 회절 효과를 관찰할 수 없다. 그러므로 크기가 큰 물체의 파동성은 관측될 수 없다.

전자 현미경 The Electron Microscope

전자의 파동성을 이용하여 만든 실제의 장치 중 하나가 **전자 현미경**(electron microscope)이다. 평평하고 얇은 시료를 사용하는 **투과 전자 현미경**의 개략도가 그림 40.16에 있다. 많은 부분이 광학 현미경과 비슷하다. 그러나 전자 현미경은 전자를 매우 높은 운동 에너지로 가속하여 매우 짧은 파장을 갖게 하므로 분해능이 아주 크다. 물체를 비추기 위하여 사용된 파동의 파장보다 훨씬 작은 크기를 식별할 수 있는 분해능을 가진 현미경은 없다. 전자의 짧은 파장을 이용하면 광학 현미경에서 사용하는 가시광의 파장보다 1 000배 이상 더 분해능이 좋은 전자 현미경을 제작할 수 있다. 따라서 이상적인 렌즈를 가진 전자 현미경은 광학 현미경으로 구별할 수 있는 것보다는 1 000배 이상 작은 것을 구별할 수 있다(전자 현미경 속의 전자가 갖는 파장과 같은 파장을 가진 전자기 복사는 스펙트럼의 X선 영역에 해당한다).

전자 현미경 내에서 전자빔은 정전기적인 편향 방법이나 자기적인 편향 방법으로 조절되며, 이런 조절에 의하여 전자빔이 초점을 맞출 수 있고 보고자 하는 상을 만들도록 한다. 전자 현미경에서는 광학 현미경에서처럼 대안 렌즈를 통하여 상을 바로 보는 것이 아니고, 상에 대한 정보가 전자 회로에 의하여 처리된 것을 모니터로 보게 된다. 그림 40.17에 전자 현미경을 사용하여 찍은 아주 놀랍도록 선명한 사진이 있다.

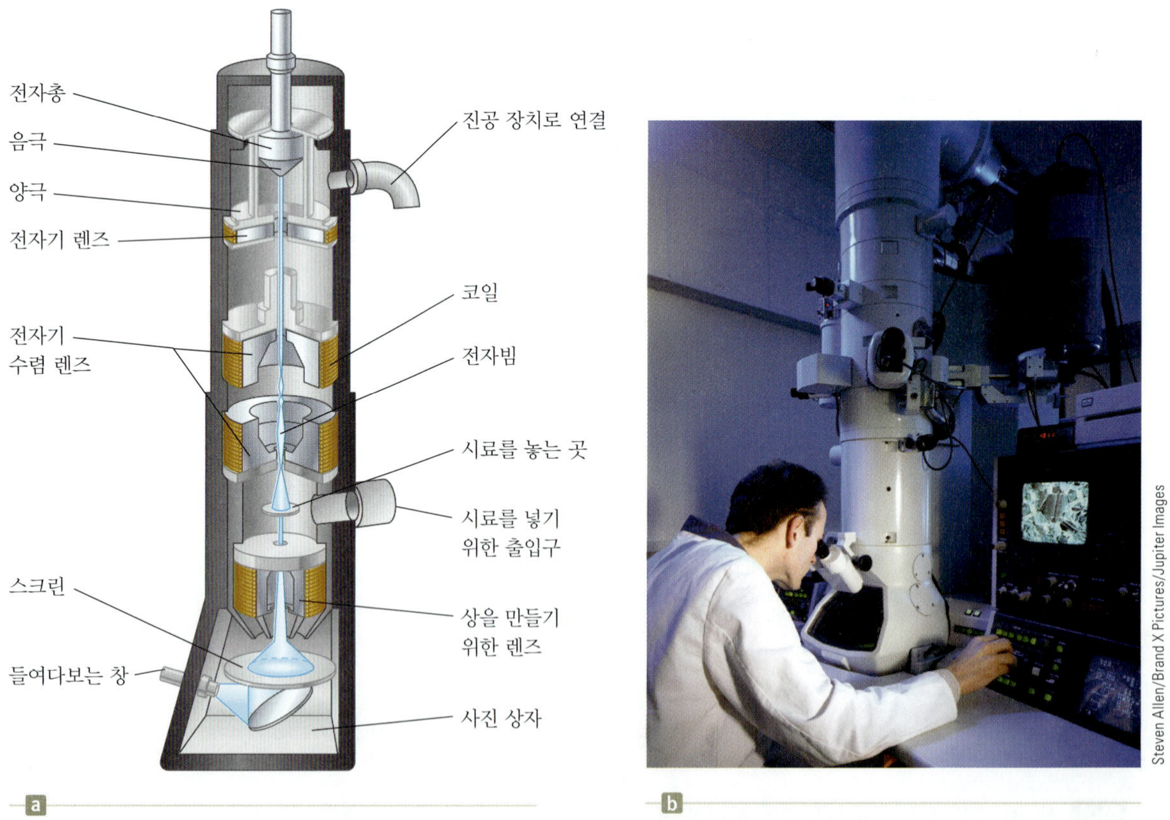

그림 40.16 (a) 얇은 시료의 단면을 보도록 만든 투과 전자 현미경의 대략적인 그림. 전자빔을 제어하는 '렌즈'의 역할을 하는 것은 자기 편향 코일이다. (b) 사용 중인 전자 현미경의 실제 모습

40.6 새 모형: 양자 입자
A New Model: The Quantum Particle

과거에는 입자 모형과 파동 모형을 구별하여 배웠는데, 앞 절에서 논의한 것은 매우 혼란스러운 것일 수도 있다. 빛과 물질 입자 둘 다 입자성과 파동성을 가진다는 것은 둘 중 하나의 성질만 가져야 한다는 사실과는 전혀 맞지 않는다. 그러나 이중성을 받아들여만 하는 실험적 증거들이 있다. 이런 이중성의 인식은 곧 **양자 입자**(quantum particle)라고 하는 새로운 모형을 탄생시켰으며, 양자 입자란 2장에서 도입한 입자 모형과 16장에서 논의한 파동 모형을 결합한 것이다. 이 새로운 모형에서는 존재하는 모든 실체들이 입자성과 파동성을 모두 갖고 있으며, 어떤 특정 현상을 이해하기 위해서는 적절한 성질(입자 또는 파동)을 선택해야만 한다.

이 절에서는 이런 새로운 개념을 어렵지 않게 이해하기 위한 방법으로 이 모형을 탐구하고자 한다. 그렇게 하기 위하여 입자성을 띠는 어떤 실체가 파동으로 만들어짐을 예로 들어 설명해 보자.

우선 이상적인 입자와 이상적인 파동의 특성을 알아보자. 이상적인 입자는 크기가 영이다. 따라서 입자의 필수적인 성질은 공간상의 어딘가에 위치해 있다. 이상적인 파동은 단일 진동수만을 가지며 그림 40.18a에서처럼 무한히 길다. 따라서 이상적인 파동은 공간상의 특정한 위치에 존재하는 것은 아니다. 무한히 긴 파동으로부터 특정 위치에 존재하는 실체를 다음과 같이 만들 수 있다. 그림 40.18b의 맨 위에 있는 파동처럼 x축 상에 놓여 있고, 마루 중 하나가 $x = 0$에 위치하는 긴 파동을 상상해 보자. 이번에는 진폭은 같으나 진동수가 다르며 역시 $x = 0$에 마루가 있는 두 번째 파동을 그린다. 이들 두 파동을 중첩시키면 위상이 같은 곳과 반대인 곳이 번갈아 나타나는 맥놀이가 생긴다(맥놀이에 관해서는 18.7절에서 논의한 바 있다). 그림 40.18b의 맨 아래에 있는 곡선이 위의 두 파동을 중첩한 것이다.

두 파동의 중첩에 의하여 그 파동이 어떤 위치에서는 강해진다는 것(국소성)에 유의

© Robert Harding Picture Library Ltd./Alamy

그림 40.17 치즈 진드기인 *Tyrolichus casei*를 주사 전자 현미경으로 찍은 사진. 세부 모습을 보여 주기 위하여 색을 입혔다. 진드기는 크기가 0.75 mm 정도로 매우 작아 보통 광학 현미경으로는 해부학적으로 정밀한 사진을 찍을 수 없다.

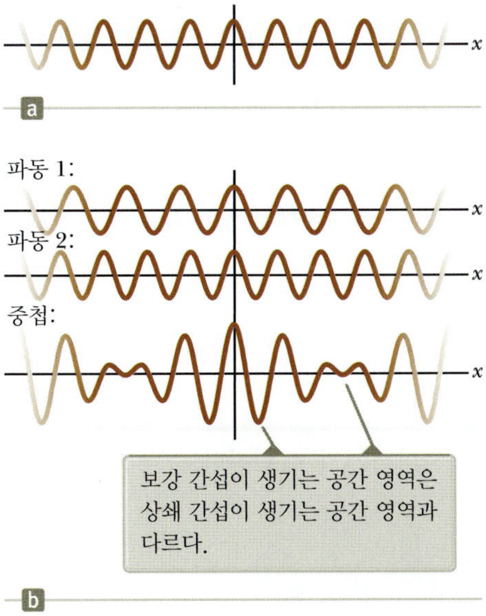

그림 40.18 (a) 이상적인 파동은 공간과 시간에 관계없이 진동수가 정확하게 한 값이다. (b) 진동수가 약간 다른 두 개의 이상적인 파동이 결합하면 맥놀이가 생긴다(18.7절).

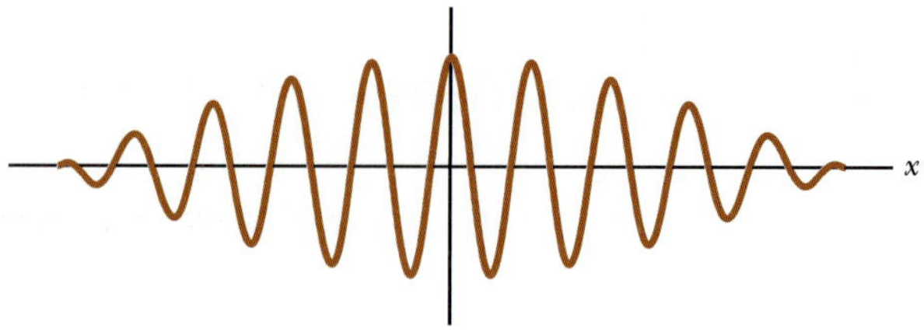

그림 40.19 수많은 파동을 결합하면, 그 결과는 한 입자를 나타내는 파동 묶음이 된다.

하자. 중첩되지 않은 단 한 개의 파동은 공간상의 어느 곳에서나 진폭이 같고 공간상의 어느 점도 다른 점과 다르지 않다. 그러나 두 번째 파동을 더함으로 인하여 위상이 같은 점과 위상이 반대인 점을 비교하면 무엇인가 다른 위치들이 있게 된다.

이제 좀 더 많은 수의 파동들이 원래의 두 파동에 합성된다고 생각해 보자. 더해지는 새로운 파동은 새로운 진동수를 갖는다. 단지 더할 때마다 파동의 마루 중 하나가 $x = 0$에 있게 더하면 모든 파동들이 $x = 0$에서 보강 간섭의 형식으로 더해진다. 결국 수많은 파동을 더하면 $x \neq 0$인 모든 곳에서 파동 함수의 양의 값이 있을 확률은 음의 값이 있을 확률과 같고 모든 마루들이 중첩되는 $x = 0$ 부근을 제외한 모든 곳에서 상쇄 간섭이 있게 된다. 이런 모습을 그린 것이 그림 40.19에 나타나 있다. 보강 간섭이 있는 작은 영역을 **파동 묶음**(wave packet)이라고 한다. 이런 공간상의 어떤 위치를 갖는 영역은 모든 다른 영역과 다르다. 입자는 어떤 위치에 존재해야 하는 것이기 때문에 파동 묶음을 입자와 관련시킬 수 있다. 파동 묶음의 위치는 입자의 위치에 해당된다.

위의 과정을 거쳐서 만들어진 파동 묶음의 국소성은 입자의 특성 중 한 가지일 뿐이다. 아직은 파동 묶음이 질량이나 전하 및 스핀과 같은 입자의 성질을 어떻게 갖게 할지는 정하지 않았다. 따라서 파동으로 입자를 만들었다고 확신할 수 있는 것은 아니다. 파동 묶음이 입자로 나타날 수 있다고 하는 증거를 더 만들기 위하여 파동 묶음이 입자의 또 다른 특성도 가지는지를 확인할 필요가 있다.

수학적인 표현을 간결하게 하기 위하여 앞에서 행한 두 파동의 결합을 다시 살펴보자. 진폭이 같고 각진동수가 ω_1과 ω_2로 서로 다른 두 파동이 있다. 두 파동을 수학적으로 표현하면

$$y_1 = A\cos(k_1x - \omega_1t) \quad \text{그리고} \quad y_2 = A\cos(k_2x - \omega_2t)$$

와 같이 쓸 수 있다. 16장에서와 같이 여기서도 $k = 2\pi/\lambda$이고 $\omega = 2\pi f$이다. 중첩의 원리를 사용하여 두 파동을 더하면 다음과 같이 된다.

$$y = y_1 + y_2 = A\cos(k_1x - \omega_1t) + A\cos(k_2x - \omega_2t)$$

삼각 함수 공식인

$$\cos a + \cos b = 2\cos\left(\frac{a-b}{2}\right)\cos\left(\frac{a+b}{2}\right)$$

를 사용하면 위의 두 식을 더하기가 쉬워진다. $a = k_1x - \omega_1t$와 $b = k_2x - \omega_2t$라 놓으면 위의 합은

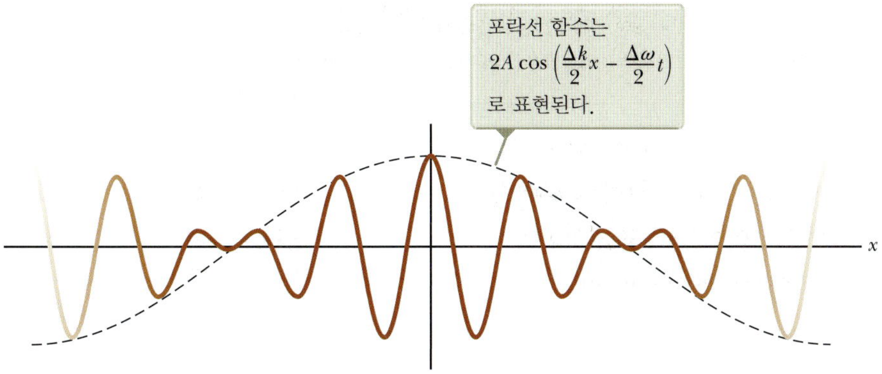

그림 40.20 그림 40.18b의 맥놀이 모양에 포락선 함수(점선)를 겹쳐 놓았다.

$$y = 2A\cos\left[\frac{(k_1x - \omega_1t) - (k_2x - \omega_2t)}{2}\right]\cos\left[\frac{(k_1x - \omega_1t) + (k_2x - \omega_2t)}{2}\right]$$

$$y = \left[2A\cos\left(\frac{\Delta k}{2}x - \frac{\Delta\omega}{2}t\right)\right]\cos\left(\frac{k_1 + k_2}{2}x - \frac{\omega_1 + \omega_2}{2}t\right) \quad \textbf{(40.19)}$$

가 된다. 여기서 $\Delta k = k_1 - k_2$이고, $\Delta\omega = \omega_1 - \omega_2$이다. 두 번째 코사인 인자는 파수와 진동수가 각각의 파동의 평균값을 갖는 파동을 나타낸다.

식 40.19에서 각괄호 속의 인자는 그림 40.20의 점선으로 된 곡선에 해당하는 포락선(envelope)을 나타낸다. 물론 이 인자도 파동의 수학적인 형태를 갖는다. 두 파동의 결합으로 생긴 포락선은 각각의 파동과는 다른 속력으로 공간을 움직인다. 이 가능성을 나타내는 극단적인 예로 서로 반대 방향으로 움직이는 두 개의 동등한 파동의 결합을 생각해 보자. 그 두 파동은 같은 속력으로 움직이지만 포락선의 속력은 **영**이다. 왜냐하면 18.2절에서 배운 정상파이기 때문이다.

하나의 개별적인 파동에 대하여, 속력은 식 16.11로 다음과 같이 주어진다.

$$v_{\text{phase}} = \frac{\omega}{k} \quad \textbf{(40.20)}$$

◀ 파동 묶음에서 파동의 위상 속력

이것은 단일 파동 위에 있는 고정된 위상을 가진 마루가 진행하는 속력이기 때문에 **위상 속력**(phase speed)이라 한다. 식 40.20을 다음과 같이 설명할 수 있다. 파동의 위상 속력은 파동 함수 $y = A\cos(kx - \omega t)$에서 공간 변수 x의 계수에 대한 시간 변수 t의 계수의 비율이다.

식 40.19의 괄호 안의 인자는 파동의 형태이므로 위에서와 같은 비율의 속력으로 움직인다. 즉

$$v_g = \frac{\text{시간 변수 } t\text{의 계수}}{\text{공간 변수 } x\text{의 계수}} = \frac{(\Delta\omega/2)}{(\Delta k/2)} = \frac{\Delta\omega}{\Delta k}$$

이다. v에 붙은 첨자 g는 파동 묶음(파동의 군)의 속력 또는 **군 속력**(group speed)을 나타내는 첨자이다. 이 식은 단순히 두 파동을 더해서 얻은 것이다. 하나의 파동 묶음을 만들기 위하여 많은 수의 파동을 중첩하면, 이 비는 도함수 형태로 쓸 수 있다. 즉

파동 묶음의 군 속력 ▶

$$v_g = \frac{d\omega}{dk} \tag{40.21}$$

이 식의 분자와 분모에 $\hbar = h/2\pi$를 각각 곱하면

$$v_g = \frac{\hbar\, d\omega}{\hbar\, dk} = \frac{d(\hbar\,\omega)}{d(\hbar\,k)} \tag{40.22}$$

가 얻어진다. 식 40.22의 괄호 속의 항들을 각각 살펴보자. 분자의 경우

$$\hbar\,\omega = \frac{h}{2\pi}(2\pi f) = hf = E$$

가 되고, 분모의 경우는

$$\hbar\,k = \frac{h}{2\pi}\left(\frac{2\pi}{\lambda}\right) = \frac{h}{\lambda} = p$$

가 된다. 따라서 식 40.22는 다음과 같이 쓸 수 있다.

$$v_g = \frac{d(\hbar\,\omega)}{d(\hbar k)} = \frac{dE}{dp} \tag{40.23}$$

지금 중첩된 파동의 포락선이 입자를 나타낼 가능성이 있는지를 검토하고 있으므로, 빛의 속력에 비하여 느린 속력 u로 움직이는 자유 입자가 있다고 하자. 입자의 에너지는 운동 에너지이므로

$$E = \tfrac{1}{2}mu^2 = \frac{p^2}{2m}$$

이다. 이 식을 p에 대하여 미분하면

$$v_g = \frac{dE}{dp} = \frac{d}{dp}\left(\frac{p^2}{2m}\right) = \frac{1}{2m}(2p) = u \tag{40.24}$$

가 된다. 따라서 파동 묶음의 군 속력은 모형으로 삼고자 하는 입자의 속력과 같다. 그러므로 이것은 파동 묶음을 가지고 입자를 만드는 적절한 방법이 된다는 또 한 가지의 확신을 준다.

Q 퀴즈 40.7 파동 묶음을 유추하기 위하여 고속도로에서 사고가 났을 때 자동차들이 엉켜 있는 모습에서 '자동차 묶음'을 생각해 보자. 위상 속력은 자동차들이 사고로 달라붙어 있을 때 자동차 각각의 속력과 유사하고, 군 속력은 자동차 묶음의 앞쪽 언저리의 속력으로 동일시 할 수 있다. 자동차 묶음에 대하여 군 속력은? **(a)** 위상 속력과 같다. **(b)** 위상 속력보다 느리다. **(c)** 위상 속력보다 빠르다.

40.7 이중 슬릿 실험 다시 보기
The Double-Slit Experiment Revisited

파동-입자 이중성은 데이비슨-거머의 실험을 포함한 여러 가지 실험에 의하여 확고하게 받아들여지는 개념이다. 그러나 특수 상대성 이론의 가설처럼 이 개념은 일상의

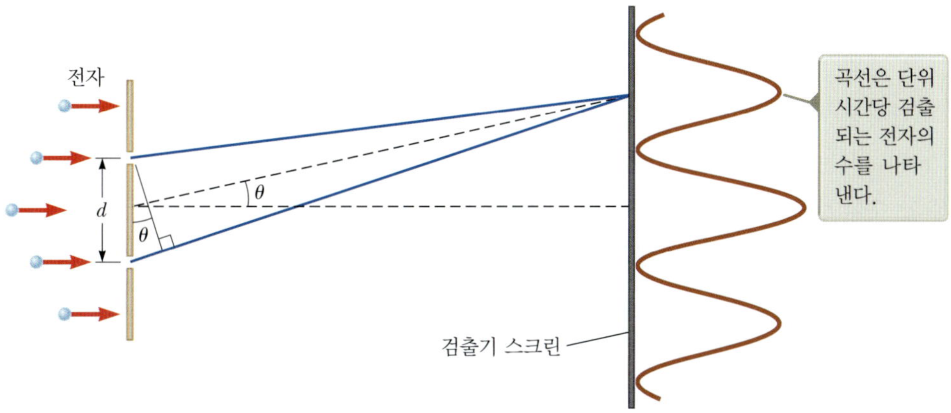

그림 40.21 전자의 간섭 실험. 슬릿 사이의 거리 d는 각 슬릿의 너비에 비하여 훨씬 크지만 슬릿과 검출기 스크린 사이의 거리에 비해서는 아주 작다.

경험을 토대로 한 사고 방식과 충돌하기도 한다.

전자의 파동–입자 이중성을 구체화시키는 방법 중의 하나는 전자를 이중 슬릿에 통과시키는 실험을 해 보는 것이다. 그림 40.21과 같은 이중 슬릿에 똑같은 에너지를 갖는 평행한 전자빔을 입사시킨다고 하자. 슬릿 하나의 너비가 전자의 파장에 비하여 작아서, 빛의 경우에 대하여 38.2절에서 배운 회절 극대와 극소에 관해서는 우려하지 않아도 된다고 가정해 보자. 전자 검출기가 놓여 있는 검출기 스크린은 두 슬릿 간의 간격 d보다도 훨씬 멀리 떨어져 있다. 검출기 스크린에서 검출기는 충분히 긴 시간 동안 전자들을 모은다면, 검출기에 닿는 전자의 분당 개수의 분포 또는 전자가 검출기에 도달하는 확률은 보통의 간섭 무늬 형태로 나타날 것이다. 이런 간섭 무늬는 전자를 고전적인 입자로 생각한다면 나타날 수 없는 것이다. 이것은 전자들이 간섭한다는 확실한 증거를 보여 주는 것으로서 전자의 파동성을 분명하게 나타내는 것이다.

그림 40.21에서 전자가 검출기 스크린에 도달하는 세기가 극대가 되는 각도 θ를 측정하면 빛의 간섭(식 37.2)에서 주어지는 식과 똑같은 식인 $d\sin\theta = m\lambda$가 성립함을 알 수 있다. 여기서 m은 극대의 차수이고, λ는 전자의 파장이다. 따라서 전자의 이중성은 이 실험에 의하여 다음과 같이 분명해진다. 전자는 어느 순간 검출기 스크린 상의 한 점에 입자로서 검출되지만, 그 점에 도달할 확률은 두 간섭파의 세기를 구하는 방식으로 결정된다.

이번에는 빔의 세기를 낮추어 이중 슬릿에는 한 번에 하나의 전자만 도달하도록 하는 상황을 생각해 보자. 그때 그 전자는 슬릿 1을 통과하든지 아니면 슬릿 2를 통과해야 한다고 생각하기 쉽다. 그렇다면 첫 번째 전자와 간섭하기 위한 다른 슬릿으로 들어가는 두 번째 전자가 없기 때문에 간섭 효과가 일어나지 않는다고 할 것이다. 그러나 이런 가정은 전자의 입자 모형을 너무 강조한 것이다. 하여간 많은 전자들이 하나씩 슬릿들을 통과하여 검출기 스크린에 도달하는 충분히 긴 시간 동안 측정을 한다면, 계속 간섭 효과는 관찰된다! 이런 상황을 컴퓨터 모의 실험으로 나타내 보인 것이 그림 40.22이다. 이 그림에서 보면 검출기 스크린에 도달하는 전자의 수가 많을수록 간섭 무늬가 또렷해진다. 그러므로 두 슬릿이 모두 열려 있을 때 전자는 정확한 위치를 가지며 슬릿의 한쪽으로만 통과한다는 가정은 잘못된 것(받아들이기에 고통스러운 결론!)이다.

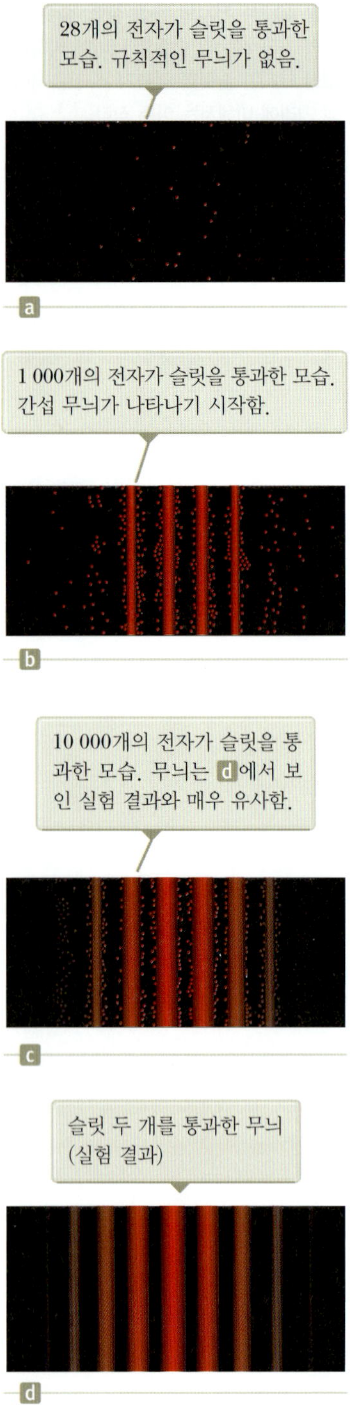

그림 40.22 (a)~(c) 이중 슬릿에 입사하는 전자빔의 간섭 무늬를 컴퓨터로 시뮬레이션한 것 (d) 많은 전자에 의하여 생긴 이중 슬릿 간섭 무늬의 컴퓨터 시뮬레이션 결과

이런 결과들을 설명하기 위하여 전자 하나가 두 슬릿과 **동시에** 상호 작용한다는 결론을 내릴 수밖에 없다. 전자가 어느 슬릿으로 들어가는지를 알고자 하는 실험을 하려고 한다면, 관측하려는 시도 자체가 간섭 무늬의 형성을 방해한다. 어느 슬릿으로 전자가 지나가는 것인지를 결정하는 것은 불가능하다. 사실 전자는 **두** 슬릿을 통과한다고 말할 수밖에 없다. 이와 같은 주장은 광자에 대해서도 적용된다.

순전히 입자 모형으로만 생각한다면, 전자가 동시에 두 슬릿에서 나타날 수 있다고 하는 것은 매우 불편한 생각이 된다. 그러나 양자 입자 모형으로는 입자들이 공간 전체에 존재하는 파동들로 이루어져 있다고 간주할 수 있다. 그러므로 전자의 파동 성분들이 동시에 두 슬릿에 나타난다고 할 수 있으며, 따라서 이런 모형을 사용하면 위의 실험 결과를 아주 잘 설명할 수 있다.

40.8 불확정성 원리
The Uncertainty Principle

임의의 어느 순간에 입자의 위치와 속도를 측정할 때는 그 측정에 실험적인 불확정성이 생긴다. 고전 역학에 따르면 실험 장치나 실험 과정의 궁극적인 정밀성에 대해서는 근본적인 한계가 없었다. 다시 말하면 원리적으로는 아주 작은 불확정 정도만 측정할 수 있다. 그러나 양자 이론은 입자의 위치와 운동량을 동시에 무한한 정밀도로 측정하는 것은 근본적으로 불가능하다고 예측하고 있다.

1927년에 하이젠베르크(Werner Heisenberg, 1901~1976)가 이 개념을 도입하였다. 그것이 오늘날 **하이젠베르크의 불확정성 원리**(Heisenberg uncertainty principle)로 알려져 있다.

입자의 위치를 측정할 때 불확정성이 Δx이고, 운동량의 x 성분을 동시에 측정할 때의 불확정성이 Δp_x라면, 두 불확정성의 곱은 결코 $\hbar/2$보다 작을 수 없다.

$$\Delta x\,\Delta p_x \geq \frac{\hbar}{2} \tag{40.25}$$

즉 어떤 입자의 정확한 위치와 정확한 운동량을 동시에 측정하는 것은 물리적으로 불가능하다. 하이젠베르크는 피할 수 없는 불확정성 Δx와 Δp_x는 실험 장치의 결함에서 나타나는 것이 아니라는 점을 매우 주의 깊게 지적하였다. 그렇기보다는 불확정성은 물질의 양자 구조 때문이다.

불확정성 원리를 이해하기 위하여 어떤 입자의 한 가지 파장을 **정확하게** 알고 있다고 하자. 드브로이 식에 의하면 $\lambda = h/p$이므로, 운동량은 정확히 $p = h/\lambda$가 된다. 실제로 공간의 모든 위치에서 파장이 일정하게 존재할 수 있을 것이다. 이 파동을 따라서 어느 곳이나 다른 곳과 같다(그림 40.18a). 그렇다면 이 파동이 나타내는 입자는 어디에 있는가? 라는 질문이 나온다. 그 파동이 있는 공간상에 입자가 있다고 말할 수 있는 특정한 위치는 없다. 그것은 파동을 따라 모든 점이 동등하기 때문이다. 따라서 그 입자의 위치의 불확정성은 **무한**하고 그 위치에 대하여 아는 것은 아무것도 없다. 입자의 운동량을 정확하게 알려면 그 위치에 관한 모든 정보를 잃어야 한다.

그렇다면 운동량이 불확실하여 그 운동량 값이 가능한 범위가 있다고 하자. 드브로이 식에 따르면 그 결과는 파장의 범위로 나타난다. 따라서 입자는 단일 파장에 있지 않고 이 영역에 있는 파장의 조합으로 있다. 이 조합은 40.6절에서 논의하였고, 그림 40.19에 나타나 있는 파동 묶음을 형성한다. 입자의 위치를 결정하라고 한다면, 파동 묶음에 의하여 정해지는 영역 어딘가 있다고 할 수 있다. 왜냐하면 이 영역과 공간의 다른 영역은 분명한 차이가 있기 때문이다. 그래서 입자의 운동량에 대한 정보를 잃는 대신 위치에 대한 정보를 얻을 수 있다.

만일 운동량에 대한 **모든** 정보를 잃는다면, 모든 가능한 파장을 더한 것이 되어 파동 묶음의 길이가 영이 된다. 그러므로 운동량에 대하여 아무것도 모른다면 입자가 어디 있는지를 정확하게 알 수 있다.

불확정성 원리의 수학적인 식은 위치와 운동량의 불확정성의 곱은 항상 어떤 최솟값보다 크다는 것이다. 이 최솟값은 위에서 설명한 방식으로 계산할 수 있으며, 그 결과는 식 40.25에 있는 $\hbar/2$이다.

그림 40.19를 살펴보면 다른 형태의 불확정성 원리가 만들어질 수 있다. 가로축이 공간 위치 x가 아닌 시간이라고 하자. 그렇다면 시간 영역에서의 파장과 위치에 해당하는 변수로서 위에서와 같은 방법으로 시도할 수 있다. 이에 해당하는 변수는 진동수와 시간일 것이다. 진동수와 입자의 에너지는 $E = hf$의 관계가 있으므로, 이런 형태의 불확정성 원리는 다음과 같다.

$$\Delta E\,\Delta t \geq \frac{\hbar}{2} \tag{40.26}$$

식 40.26에 주어진 불확정성 원리의 식은 짧은 시간 Δt 동안에는 위 식의 조건에 따라 에너지 보존은 ΔE만큼 위배될 수 있음을 말하고 있다.

Q 퀴즈 40.8 입자의 위치가 정확하게 측정되어 $x = 0$이라 하자. 즉 x 방향으로의 불확정성은 영이다. 그렇다면 그 위치가 y 방향으로의 속도 성분의 불확정성에 미치는 영향은? **(a)** 영향을 미치지 않는다. **(b)** 무한대의 영향을 미친다. **(c)** y 방향의 속도는 영이다.

© DIZ Muenchen GmbH, Sueddeutsche Zeitung Photo/Alamy

하이젠베르크
Werner Heisenberg, 1901~1976
독일의 이론물리학자

하이젠베르크는 1923년에 뮌헨 대학에서 박사학위를 받았다. 다른 물리학자들이 양자 현상에 대한 물리적 모형을 연구하고 있는 동안 그는 행렬 역학이라고 하는 추상적인 수학적 모형을 개발하여 다른 물리적 모형들이 **행렬 역학**과 동등하다는 것을 증명하였다. 하이젠베르크는 불확정성 원리, 분자 수소의 두 가지 형태, 핵의 이론적 모형 등을 포함하여 물리학에 매우 중요한 많은 기여를 하였다. 그는 불확정성 원리로 1932년에 노벨 물리학상을 받았다.

오류 피하기 40.4

불확정성 원리 어떤 학생들은 측정이 계를 방해한다는 의미로 불확정성의 원리를 부정확하게 해석한다. 예를 들어 광학 현미경을 이용하는 가상 실험으로 전자를 관찰할 때, 광자가 전자를 보기 위하여 사용되고 전자와 충돌하여 움직이게 만들므로 전자가 운동량의 불확정성을 가진다라고 생각한다. 그것은 불확정성의 원리의 개념이 아니다. 불확정성의 원리는 측정 과정에 의존하지 않고 물질의 파동성에 기초한다. (그러나 그런 생각이 불확정성 원리와 모순되지는 않는다.: 역자 주)

예제 40.6 전자의 위치 확인하기

한 전자의 속력이 5.00×10^3 m/s로 측정된다. 이 측정의 정밀도는 0.00 300 %이다. 이 전자의 위치를 결정하는 데 최소의 불확정성을 구하라.

풀이

개념화 전자의 속력의 정밀도에 대한 %값은 그 운동량의 불확정성의 %값이라고 할 수 있다. 이 불확정성은 불확정성 원리에 따라 전자의 위치 불확정성의 최솟값에 해당한다.

분류 이 절에서 배운 개념을 사용하여 계산할 수 있으므로 예제를 대입 문제로 분류한다.

전자가 x축을 따라 움직인다고 가정하고 p_x의 불확정성을 구한다. 여기서 f가 전자 속력 측정의 정밀도를 나타낸다고 하자.

$$\Delta p_x = m\,\Delta v_x = mfv_x$$

식 40.25를 사용하여 전자의 위치 불확정성에 대한 값을 구하고 주어진 값들을 대입한다.

$$\Delta x \ge \frac{\hbar}{2\,\Delta p_x} = \frac{\hbar}{2mfv_x}$$

$$= \frac{1.055 \times 10^{-34}\,\text{J}\cdot\text{s}}{2(9.11 \times 10^{-31}\,\text{kg})(0.000\,030\,0)(5.00 \times 10^3\,\text{m/s})}$$

$$= 3.86 \times 10^{-4}\,\text{m} = \boxed{0.386\,\text{mm}}$$

예제 40.7 원자 스펙트럼선의 선폭

원자도 플랑크의 진동자에서와 비슷한 양자화된 에너지 준위를 갖는다. 다만 원자의 에너지 준위는 일반적으로 간격이 일정하지 않다. 원자가 ΔE만큼 에너지 차가 있는 상태 간의 전이를 할 때, 에너지가 진동수 $f = \Delta E/h$인 광자의 형태로 방출된다고 하자. 들뜬 원자가 시간 $t = 0$에서 $t = \infty$까지 어느 때에나 복사를 하지만 대개는 어느 크기 정도의 시간 후에 복사한다. 원자가 들뜬 후에 복사하는 데 걸리는 평균 시간을 수명 τ라 한다. $\tau = 1.0 \times 10^{-8}$ s라고 하고 불확정성 원리를 사용하여 이 유한한 수명 때문에 생기는 선폭 Δf를 구하라.

풀이

개념화 들뜬상태의 수명 τ는 전이가 일어날 때의 시간에 대한 불확정성 Δt라고 할 수 있다. 이 불확정성은 방출되는 광자의 진동수의 최소 불확정성에 해당한다.

분류 이 절에서 배운 개념을 사용하여 계산할 수 있으므로 예제를 대입 문제로 분류한다.

식 40.5를 사용하여 광자의 진동수의 불확정성을 에너지 불확정성과 관련시킨다.

$$E = hf \;\rightarrow\; \Delta E = h\,\Delta f \;\rightarrow\; \Delta f = \frac{\Delta E}{h}$$

식 40.26에 광자의 에너지 불확정성을 대입하여 Δf의 최솟값을 얻는다.

$$\Delta f \ge \frac{1}{h}\,\frac{\hbar}{2\,\Delta t} = \frac{1}{h}\,\frac{h/2\pi}{2\,\Delta t} = \frac{1}{4\pi\,\Delta t} = \frac{1}{4\pi\tau}$$

들뜬상태의 수명을 대입한다.

$$\Delta f \ge \frac{1}{4\pi(1.0 \times 10^{-8}\,\text{s})} = \boxed{8.0 \times 10^6\,\text{Hz}}$$

문제 이와 같은 수명이 원자에서 방출되는 가시광선이 아닌 라디오파의 전이에 해당하는 시간이라면 어떻게 되는가? 선폭의 비율 $\Delta f/f$는 가시광선의 경우와 비교하여 라디오파의 경우에 더 큰가 아니면 작은가?

답 두 가지 전이에 대하여 같은 수명을 가정하였으므로 Δf는 복사의 진동수에 무관하다. 라디오파는 빛보다 낮은 진동수를 갖고 있으므로, 비율 $\Delta f/f$는 라디오파의 경우에 더 크다. 빛의 진동수 f를 대략 6.00×10^{14} Hz라 하면 선폭의 비율은

$$\frac{\Delta f}{f} = \frac{8.0 \times 10^6\,\text{Hz}}{6.00 \times 10^{14}\,\text{Hz}} = 1.3 \times 10^{-8}$$

이 된다. 이 정도의 좁은 선폭의 비율도 아주 정밀한 간섭계를 사용하여 측정될 수 있다. 그러나 보통, 온도와 압력이 고유의 선폭에 영향을 주며 도플러 효과나 충돌 등을 통하여 선폭이 더 넓어진다.

진동수 f가 94.7×10^6 Hz인 라디오파에 대하여 선폭의 비율은

$$\frac{\Delta f}{f} = \frac{8.0 \times 10^6\,\text{Hz}}{94.7 \times 10^6\,\text{Hz}} = 8.4 \times 10^{-2}$$

이 된다. 그러므로 라디오파에 대하여 주어진 선폭은 8 % 이상의 선폭 비율에 해당한다.

연습문제

객관식

1. 다음 양자 입자들의 파장을 긴 것부터 순서대로 나열하라. 파장이 같으면 동일한 순위로 두라. (a) 에너지가 3 eV인 광자 (b) 운동 에너지가 3 eV인 전자 (c) 운동 에너지가 3 eV인 양성자 (d) 에너지가 0.3 eV인 광자 (e) 운동량이 3 eV/c인 전자

2. X선 광자가 처음에 정지하고 있던 전자에 의하여 산란된다. 입사 광자의 진동수에 대하여 산란 광자의 진동수는 (a) 낮아진다. (b) 높아진다. (c) 변함없다.

3. 콤프턴 산란 실험에서, 에너지가 E인 광자가 정지해 있는 전자에 의하여 산란된다. 산란이 일어난 후, 다음 중 옳은 것은 어느 것인가? (a) 광자의 진동수는 E/h보다 크다. (b) 광자의 에너지는 E보다 작다. (c) 광자의 파장은 hc/E보다 작다. (d) 광자의 운동량은 증가한다. (e) 정답 없음

4. 불확정성 원리에 맞는 내용은 다음 중 어느 것인가? 정답은 하나 이상일 수 있다. (a) 입자의 운동량과 위치를 원하는 정밀도로 동시에 측정하는 것은 불가능하다. (b) 입자의 에너지와 운동량을 원하는 정밀도로 동시에 측정하는 것은 불가능하다. (c) 유한한 시간 동안 입자의 에너지를 원하는 정밀도로 측정하는 것은 불가능하다. (d) 유한한 시간 동안 입자의 위치를 원하는 정밀도로 측정하는 것은 불가능하다. (e) 입자의 에너지와 위치를 원하는 정밀도로 동시에 측정하는 것은 불가능하다.

5. 단색 광원이 일함수가 2.50 eV인 바륨 표적에 입사한다. 표적에서 방출되는 전자들을 모두 표적으로 되돌리는 데 필요한 전위차가 1.00 V일 때, 빛의 파장을 구하라. (a) 355 nm (b) 497 nm (c) 744 nm (d) 1.42 pm (e) 정답 없음

6. 피부 세포에 있는 분자들에 과다한 에너지를 전달함으로써 햇볕에 타게 할 가능성이 가장 높은 것은 다음 중 어느 것인가? (a) 적외선 (b) 가시광선 (c) 자외선 (d) 마이크로파 (e) (a)에서 (d)까지 모두가 거의 같은 수준임

7. 전자의 파동성을 가장 잘 설명하는 현상은 다음 중 어느 것인가? (a) 광전 효과 (b) 흑체 복사 (c) 콤프턴 효과 (d) 결정에 의한 전자의 회절 (e) 정답 없음

8. 양성자, 전자, 헬륨핵이 모두 같은 속력 v로 움직인다. 드브로이 파장을 긴 것부터 순서대로 나열하라.

9. 서로 반대 방향으로 움직이는 전자와 양성자가 같은 전위차에 의하여 정지 상태로부터 가속된다. 어느 입자의 파장이 더 큰가? (a) 전자 (b) 양성자 (c) 둘 다 같다. (d) 어느 것도 파장을 갖지 않는다.

10. 빛의 입자성을 가장 잘 설명하는 현상은 다음 중 어느 것인가? (a) 회절 (b) 광전 효과 (c) 편광 (d) 간섭 (e) 굴절

주관식

40.1 흑체 복사와 플랑크의 가설

1. 전기 열선의 온도가 150°C이다. 열선으로부터 방출되는 복사의 최댓값에 해당하는 파장은 얼마인가?

2. 전구의 텅스텐 필라멘트를 2 900 K에서의 흑체 복사로 모형화하라. (a) 가장 강하게 방출하는 빛의 파장을 결정하라. (b) 앞의 (a) 답으로부터 전구에서 나오는 에너지의 많은 부분이 가시광선보다 적외선으로 복사되는 이유를 설명하라.

3. 번개에 의하여 공기의 온도가 최대 약 10^4 K까지 상승하는 데 비하여, 핵폭발에 의해서는 약 10^7 K까지 상승한다. (a) 빈의 변위 법칙을 사용하여 위의 두 가지 경우에서 최대의 세기로 복사되는 열적으로 생성된 광자 파장의 크기 정도를 구하라. (b) 각각의 경우에서 가장 강하게 복사될 것으로 예상되는 파는 전자기파 스펙트럼의 어느 부분에 해당하는가?

4. 그림 P40.4는 개똥벌레가 방출하는 빛의 스펙트럼이다. (a) 이것과 같은 파장에서 봉우리에 해당하는 복사를 방출하는 흑체의 온도를 구하라. (b) 이 결과에 기초하여 개똥벌레가 내는 빛이 흑체 복사인지를 설명하라.

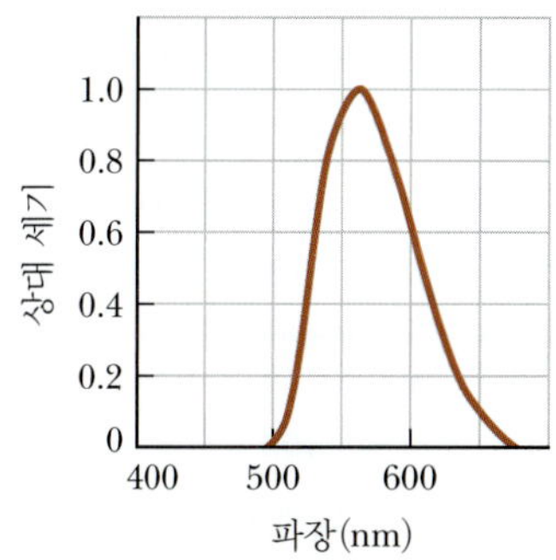

그림 P40.4

5. 어두운 곳에서 시력을 측정하는 평균 문턱 에너지는 중심 파장인 500 nm에서 4.00×10^{-11} W/m^{2}이다. 이런 세기와 파장의 빛이 눈에 입사하면 동공은 최대 지름 8.50 mm까지 열린다. 초당 눈으로 들어가는 광자의 수는 얼마인가?

6. **(i)** 진동수가 (a) 620 THz, (b) 3.10 GHz, (c) 46.0 MHz인 광자의 에너지를 전자볼트 단위로 계산하라. **(ii)** (i)에 나열한 광자에 해당하는 파장을 구하고, **(iii)** 이들이 전자기파 스펙트럼의 어느 영역에 해당하는지를 말하라.

7. 99.7 MHz의 전파를 발사하는 FM 방송국 송신기의 출력이 150 KW이다. 송신기에서 방출하는 광자는 초당 몇 개인가?

8. 사람의 눈은 560 nm(초록색)의 빛에 가장 민감하다. 이 파장을 가장 강하게 복사하는 흑체의 온도는 얼마인가?

9. 태양은 반지름이 6.96×10^8 m이고 방출하는 전체 일률은 3.85×10^{26} W이다. (a) 태양의 표면을 흑체로 가정하고, 표면 온도를 계산하라. (b) (a)의 결과로부터 태양에 대한 λ_{max}를 구하라.

10. 파장이 긴 경우 플랑크의 복사 법칙(식 40.6)은 레일리-진스의 법칙(식 40.3)이 됨을 보이라.

40.2 광전 효과

11. 몰리브데넘의 일함수는 4.20 eV이다. (a) 광전 효과에 대한 차단 주파수와 차단 파장을 구하라. 입사광선의 파장이 180 nm일 때, 저지 전압은 얼마인가?

12. 아연의 일함수는 4.31 eV이다. (a) 아연의 차단 파장을 구하라. (b) 아연의 표면에서 광전자를 방출시키기 위한 입사광의 가장 낮은 진동수는 얼마인가? (c) 에너지가 5.50 eV인 광자가 아연의 표면에 입사하면, 방출되는 광전자의 최대 에너지는 얼마인가?

13. 어떤 금속 표면의 일함수를 구하기 위한 광전 효과 실험에 두 개의 광원을 사용한다. 수은등에서 나오는 초록색 빛($\lambda = 546.1$ nm)을 사용할 때, 광전류가 영이 되는 저지 전압은 0.376 V이다. (a) 실험에 기초하여 금속의 일함수를 구하라. (b) 헬륨 방전관에서 나오는 노란색 빛($\lambda = 587.5$ nm)을 사용하면 저지 전압은 얼마가 되는가?

14. 리튬, 베릴륨, 수은의 일함수는 각각 2.30 eV, 3.90 eV, 4.50 eV이다. 파장이 400 nm인 빛이 이들 금속에 입사한다. (a) 이 입사광에 대하여 광전 효과가 나타날 수 있는 금속은 어느 것인가? 그 이유를 설명하라. (b) 각각의 경우에 광전자의 최대 운동 에너지를 구하라.

15. 파장이 625 nm인 빛을 금속 표면에 쪼일 때 방출되는 전자의 속력이 4.60×10^5 m/s이다. (a) 금속 표면의 일함수는 얼마인가? (b) 이 표면에서의 차단 진동수는 얼마인가?

16. 톰슨은 태양 빛의 산란으로부터 전자의 고전적인 반지름을 계산하여 2.82×10^{-15} m를 얻었다. 세기가 500 W/m^{2}인 태양 빛이 이 반지름을 가진 원판에 입사한다. 빛은 고전적인 파동이며, 원판을 때리는 빛은 모두 흡수된다고 가정한다. (a) 1.00 eV의 에너지를 축적하는 데 걸리는 시간은 얼마인가? (b) 이 계산 결과를 광전자는 즉시 (10^{-9} s 이내에) 방출된다는 측정 결과와 비교해서 설명하라.

17. 구리로 된 반지름이 5.00 cm인 고립된 구가 있다. 처음에 대전되어 있지 않았는데 파장이 200 nm인 자외선을 쪼인다. 구리의 일함수는 4.70 eV이다. 광전 효과에 의하여 구에 유도되는 최대 전하는 얼마인가?

40.3 콤프턴 효과

18. 표적에 입사하는 X선이 입사빔에 대하여 55.0°의 각도로 산란된다. 산란된 X선의 파장 이동을 구하라.

19. 0.110 nm인 광자가 정지해 있는 전자와 충돌한다. 충돌 후 전자는 광자가 입사한 방향으로 나아가고, 광자는 뒤로 튕긴다. 전자의 운동량과 운동 에너지를 구하라.

20. 0.001 60 nm의 광자가 자유 전자로부터 산란된다. 산란되는 광자의 에너지와 튕겨나가는 전자의 운동 에너지가 같아지는 광자의 산란각은 얼마인가?

21. 0.800 nm의 X선 광자가 자유 전자로부터 산란된 후 튕겨나가는 전자의 속력은 1.40×10^6 m/s이다. (a) 광자 파장의 콤프턴 이동은 얼마인가? (b) 광자가 산란되는 각도는 얼마인가?

22. 그림 P40.22에서처럼 에너지 $E_0 = 0.880$ MeV인 광자가 처음에 정지해 있던 전자에 의하여 산란된다. 산란 전자와 광자의 산란 각도는 같다. (a) 광자와 전자의 산란 각도를

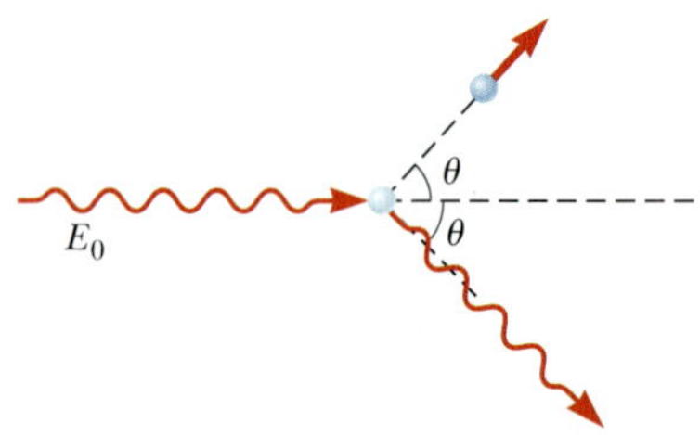

P40.22 문제 22, 23

구하라. (b) 산란 광자의 에너지와 운동량을 구하라. (c) 산란 전자의 운동 에너지와 운동량을 구하라.

23. 그림 P40.22에서처럼 에너지 E_0인 광자가 처음에 정지해 있던 전자에 의하여 산란된다. 산란 전자와 광자의 산란 각도는 같다. (a) 각도 θ를 구하라. (b) 산란 광자의 에너지와 운동량을 구하라. (c) 산란 전자의 운동 에너지와 운동량을 구하라.

24. 에너지가 300 keV인 X선이 표적으로부터 콤프턴 산란을 한다. 산란광은 입사광에 대하여 37.0°의 각도에서 검출된다. 이때 (a) 이 각도에서의 콤프턴 이동, (b) 산란된 X선의 에너지, (c) 튕겨나간 전자의 에너지를 구하라.

40.4 전자기파의 본질

25. 하나의 광자가 원자의 전자를 떼어내기에 충분한 에너지인 10.0 eV 이상의 에너지를 가질 때 방출되는 전자기파를 이온화 복사(ionizing radiation)라고 한다. 그림 P40.25를 보고 전자기파 스펙트럼의 어느 영역이 이온화 복사에 관한 정의에 적합하고 어느 영역이 그렇지 않은지 구분하라.

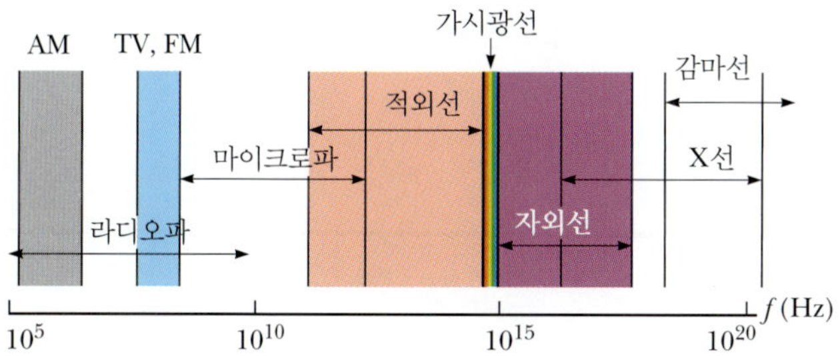

그림 P40.25

26. 어떤 헬륨–네온 레이저는 빔의 지름이 1.75 mm이고 초당 2.00×10^{18}개의 광자를 방출한다. 각 광자의 파장은 633 nm이다. 빔 내의 (a) 전기장과 (b) 자기장의 진폭을 계산하라. (c) 이 빔이 완전히 반사하는 표면에 수직으로 입사하면, 빔이 표면에 작용하는 힘은 얼마인가? (d) 빔이 0 °C의 얼음 덩어리에 1.50 h 동안 흡수된다면, 얼음은 얼마나 녹는가?

40.5 입자의 파동적 성질

27. (a) 파장이 4.00×10^{-7} m인 광자의 운동량을 계산하라. (b) (a)에서의 광자와 같은 운동량을 갖는 전자의 속력을 구하라.

28. 현미경의 분해능은 사용되는 파장에 의존한다. 원자를 보기 위해서는 1.00×10^{-11} m 정도의 분해능이 요구된다. (a) 전자 현미경처럼 전자를 이용한다면 요구되는 전자의 최소 운동 에너지는 얼마인가? (b) 광자가 이용된다면, 요구되는 분해능을 얻기 위한 최소 광자 에너지는 얼마인가?

29. 속력이 1.00×10^6 m/s인 양성자의 드브로이 파장을 계산하라.

30. 데이비슨–거머 실험에서 54.0 eV의 전자가 니켈 결정에 의하여 회절되었다. 회절 무늬의 일차 극대가 $\phi = 50.0°$(그림 P40.30)에 나타난다면, 그림에서 원자의 연직 결정면 사이의 거리인 격자 간격 a는 얼마인가?

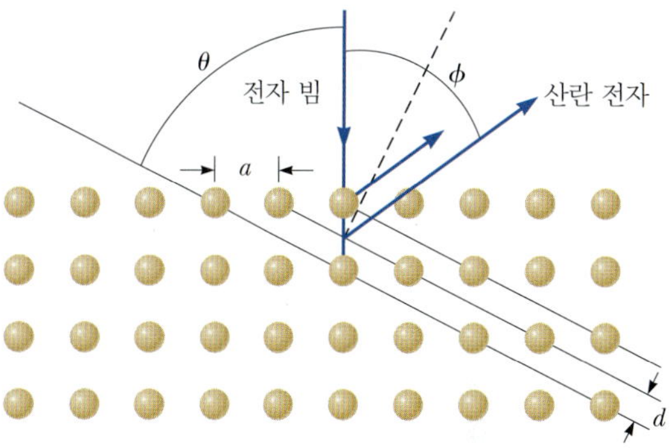

그림 P40.30

31. (a) 자유롭게 움직이는 질량이 있는 양자 입자의 진동수 f와 파장 λ의 관계가 다음과 같음을 증명하라.

$$\left(\frac{f}{c}\right)^2 = \frac{1}{\lambda^2} + \frac{1}{\lambda_C^{\,2}}$$

여기서 $\lambda_C = h/mc$는 입자의 콤프턴 파장이다. (b) 광자와 같은 진동수와 파장을 갖는 질량이 영인 입자가 항상 가능한가? 설명하라.

40.6 새 모형: 양자 입자

32. 질량 m인 양자 입자가 속력 u로 자유롭게 움직이고 있다. 입자의 에너지는 $E = K = \frac{1}{2}mu^2$이다. (a) 입자를 나타내는 양자 파동의 위상 속력을 구하고, (b) 이것은 입자의 질량과 에너지가 이동하는 속력과는 다름을 증명하라.

33. 속력 u, 전체 에너지 $E = hf = \hbar\omega = \sqrt{p^2c^2 + m^2c^4}$, 운동량 $p = h/\lambda = \hbar k = \gamma\, mu$로 자유롭게 움직이는 상대론적인 양자 입자가 있다. 입자를 나타내는 양자 파동의 경우, 군 속력은 $v_g = d\omega/dk$이다. 이 파동의 군 속력은 입자의 속력과 같음을 증명하라.

40.7 이중 슬릿 실험 다시 보기

34. 0.400 m/s로 진행하는 중성자들이 간격이 1.00 mm인 슬릿 쌍을 통과하려고 한다. 슬릿으로부터 10.0 m 떨어진 곳

에 검출기가 한 줄로 늘어서 있다. (a) 중성자의 드브로이 파장은 얼마인가? (b) 검출기들이 늘어서 있는 곳에서 세기가 처음 영이 되는 곳은 중앙에서 얼마나 떨어진 곳인가? (c) 중성자가 검출기에 도달할 때, 중성자가 어느 슬릿을 통과하였다고 말할 수 있는가? 설명하라.

35. 어떤 진공관에서, 뜨거운 음극에서 전자들이 느리고 일정한 비율로 나와 정지 상태에서 45.0 V의 전위차에 의하여 가속된다. 그 이후 28.0 cm 이동하면서 전자들은 일련의 슬릿을 통과한 다음 스크린에 닿아서 간섭 무늬를 형성한다. 빔전류가 어느 값 이하이면, 한 번에 한 개의 전자만이 관 속에서 날아갈 수 있다. 이런 경우 간섭 무늬는 나타나지만, 각각의 전자들은 자신과 간섭할 수 있을 뿐이다. 관 속에서 한 번에 한 개의 전자만 날아갈 수 있는 빔전류의 최댓값은 얼마인가?

36. 오실로스코프를 약간 고쳐서 전자 간섭 실험에 사용할 수 있다. 전자빔을 간격이 0.060 0 μm인 한 쌍의 좁은 슬릿으로 입사시켰더니, 간섭 무늬의 밝은 띠가 슬릿으로부터 20.0 cm 떨어진 스크린 위에 0.400 mm 간격으로 나타났다. 이 무늬를 만들 때 전자는 몇 볼트의 전위차로 가속되었는지 결정하라.

40.8 불확정성 원리

37. 오리 한 마리가 $h = 2\pi$ J · s인 우주에 살고 있다. 오리의 질량은 2.00 kg이고, 처음에는 너비가 1.00 m인 연못에 살고 있는 것으로 알려져 있다. (a) 연못의 너비에 평행한 방향으로 오리 속도 성분의 최소 불확정도는 얼마인가? (b) 이런 속력의 불확정도가 5.00 s 동안 지속될 때, 이 시간 이후 오리 위치의 불확정도를 구하라.

38. 전자 한 개와 0.020 0 kg의 총알 하나가 각각 500 m/s의 속력으로 움직인다. 속력의 정밀도는 두 입자 모두 0.010 0 % 이내이다. 속도의 방향을 따라서 각 물체의 위치를 측정하는 불확정도의 하한은 얼마인가?

39. 0.500 kg의 나무토막이 얼어붙은 연못의 마찰이 없는 얼음 표면 위에 정지해 있다. 토막의 위치가 0.150 cm의 정밀도로 측정되고, 질량을 정확히 알고 있다면, 토막의 속력에 대한 최소 불확정도는 얼마인가?

40. 뮤온의 평균 수명은 약 2 μs이다. 뮤온의 정지 에너지의 최소 불확정도는 어느 정도인지 추정해 보라.

양자 역학
Quantum Mechanics

CHAPTER

41

이 장에서는 미시 세계에서의 입자 행동을 매우 훌륭하게 설명할 수 있는 이론인 양자 역학을 소개한다. 1920년대에 슈뢰딩거(Erwin Schrödinger), 하이젠베르크(Werner Heisenberg) 그리고 여러 물리학자들에 의하여 개발된 이 이론을 통하여 원자, 분자, 핵 그리고 고체의 많은 현상을 이해하게 되었다. 이 장에서 논의될 내용은 40장에서 배운 양자 역학적 입자 모형과 18장에서 배운 경계 조건하에서의 파동의 몇 가지 특이한 성질과 연관이 있다. 또한 주사 터널링 현미경과 양자 컴퓨터에 이용될 나노 소자와 같은 양자 역학의 실제적인 예도 다룰 예정이다. 마지막으로 15장에서 소개한 단조화 진동자를 양자 역학적인 관점에서 다시 다루게 될 것이다.

컴퓨터에서 외장형 데이터 저장 장치로 사용되는 플래시 드라이브의 내부 모습. 플래시 드라이브는 컴퓨터, 디지털 사진기, 휴대 전화 등에서 널리 사용되고 있다. 플래시 드라이브에 데이터를 기록하거나 지울 때는 이 장에서 공부할 양자 터널링 현상이 적용된다. *(Image copyright Vasilius, 2009, Used under licence from Shutterstock.com)*

41.1 파동 함수
The Wave Function

40장에서 새롭고 기묘한 아이디어를 도입하였다. 특히 물질과 전자기 복사는 실험적 증거를 근거로, 때로는 입자로 때로는 파동으로 묘사된다는 사실을 받아들이기로 결론지었다. 40장에서 소개한 확률의 개념을 사용하여 입자와 파동 사이에 또 다른 연결 고리를 만듦으로써 양자 역학을 좀 더 잘 이해할 수 있다.

우선 전자기 복사를 입자 모형을 사용하여 논의하는 것으로부터 시작하려고 한다. 특정한 시간에서 주어진 공간에서 단위 부피당 광자 하나를 찾을 수 있는 확률은 그 시간에 단위 부피당 광자의 수에 비례한다.

$$\frac{\text{확률}}{V} \propto \frac{N}{V}$$

단위 부피당 광자의 수는 복사의 세기 I에 비례한다.

$$\frac{N}{V} \propto I$$

이제 전자기 복사의 세기는 전자기파의 전기장 진폭 E의 제곱에 비례한다는 사실로부터 입자 모형과 파동 모형의 관계를 만들어 보자(식 34.24).

$$I \propto E^2$$

비례 식의 처음 부분과 나중 부분을 같게 놓으면, 다음의 식을 얻을 수 있다.

$$\frac{\text{확률}}{V} \propto E^2 \tag{41.1}$$

따라서 전자기 복사에 있어서, 이 복사에 관련된 입자(광자)를 찾을 단위 부피당 확률은 전자기파 진폭의 제곱에 비례함을 알 수 있다.

전자기파와 물질의 파동−입자 이중성을 인식하면, 물질 입자에 대해서도 마찬가지로 이런 비례성이 성립할 것으로 추정할 수 있다. 실제 양자 역학에서는 입자에 대한 파동 진폭의 제곱이 입자를 발견할 확률과 비례한다. 40장에서 모든 입자에는 드브로이 파동이 존재함을 배웠다. 입자와 관련된 드브로이 파동의 진폭은 측정되는 양이 아니다. 왜냐하면 입자를 나타내는 파동 함수가 일반적으로 다음에 설명할 복소수 함수이기 때문이다. 반면에 전기장은 전자기파의 측정 가능한 양이다. 식 41.1의 물질에 대한 적용식은, 입자와 연관된 파동 진폭의 제곱은 입자를 발견할 단위 부피당의 확률에 비례한다는 것이다. 그래서 입자와 관련된 파동의 진폭을 **확률 진폭**(probability amplitude) 또는 **파동 함수**(wave function)라고 하고, 기호로 Ψ로 쓰기로 한다.

일반적으로 어떤 계에 관련된 완전한 파동 함수 Ψ는 계 내의 모든 입자의 위치와 시간의 함수로서 $\Psi(\vec{\mathbf{r}}_1, \vec{\mathbf{r}}_2, \vec{\mathbf{r}}_3, \cdots, \vec{\mathbf{r}}_j, \cdots, t)$로 쓰여진다. 여기에서 $\vec{\mathbf{r}}_j$는 계의 j번째 입자의 위치 벡터이다. 이 교재에서 공부하게 될 많은 예들은 파동 함수로 시공간에서 분리할 수 있으며, 입자 하나에 대한 복소 공간 함수 ψ와 복소 시간 함수의 곱으로 쓸 수 있다.[1]

시공간에 의존하는 파동 함수 Ψ ▶

$$\Psi(\vec{\mathbf{r}}_1, \vec{\mathbf{r}}_2, \vec{\mathbf{r}}_3, \cdots, \vec{\mathbf{r}}_j, \cdots, t) = \psi(\vec{\mathbf{r}}_j)e^{-i\omega t} \tag{41.2}$$

여기서 $\omega(= 2\pi f)$는 파동 함수의 각진동수이고 $i = \sqrt{-1}$ 이다.

---

[1] 복소수의 기본적인 형태는 $a + ib$이다. $e^{i\theta}$는 다음으로 표현된다.

$$e^{i\theta} = \cos\theta + i\sin\theta$$

그러므로 식 41.2의 $e^{-i\omega t}$는 $\cos(-\omega t) + i\sin(-\omega t) = \cos\omega t - i\sin\omega t$와 같다.

퍼텐셜 에너지(또는 위치 에너지)가 시간에 무관하고 단지 계 내의 입자들의 위치에만 의존하는 경우에 있어서, 계의 중요한 정보는 파동 함수의 공간 부분에 담겨 있고 시간 부분은 단순히 $e^{-i\omega t}$로 주어진다. 따라서 ψ에 대한 이해는 주어진 문제에 대하여 핵심이 된다.

파동 함수 ψ는 보통 복소수 값을 가진다. 파동 함수의 절댓값 제곱 $|\psi|^2 = \psi^*\psi$은 언제나 실수이고 양(+)의 값을 가진다. 여기서 ψ^*는 ψ의 켤레 복소수(또는 공액 복소수)이다.[2] 파동 함수의 절댓값 제곱은 단위 부피당 주어진 위치와 시간에서 입자를 발견할 확률에 비례한다. 파동 함수는 입자의 운동에 관하여 필요한 모든 정보를 담고 있다.

비록 ψ를 측정하지는 못하지만, $|\psi|^2$을 측정할 수 있고 다음과 같이 해석한다. 만약 ψ가 하나의 입자에 대한 파동 함수라면, **확률 밀도**(probability density)라고 하는 $|\psi|^2$은 주어진 점에서 그 입자가 발견될 단위 부피당의 상대적인 확률이다. 이런 해석은 다음과 같이 주어질 수도 있다. 만약 dV가 어떤 점 주위의 작은 부피 요소라고 한다면, 그 부피 요소에서 입자가 발견될 확률은 다음과 같다.

$$P(x, y, z)\, dV = |\psi|^2\, dV \tag{41.3}$$

오류 피하기 41.1

파동 함수는 계에 속한다 양자 역학은 일반적으로 입자를 파동 함수와 연관짓는다. 그러나 파동 함수는 입자와 환경의 상호 작용으로 결정되므로, 계와 연관되는 것이 더 타당하다. 많은 경우에 있어, 입자는 단지 변화가 일어나는 계의 일부분이다. 앞으로의 예에서 입자의 파동 함수보다 계의 파동 함수라고 생각하는 것이 더 적당한 경우들을 보게 될 것이다.

이런 파동 함수에 대한 확률론적인 해석은 1928년에 본(Max Born, 1882~1970)에 의하여 처음으로 이루어졌다. 1926년에 슈뢰딩거가 파동 함수의 시간과 공간에 대한 변화를 기술하기 위한 파동 방정식을 제안하였다. 이 **슈뢰딩거 파동 방정식**은 양자 역학의 열쇠가 되는 중요한 요소로서 41.3절에서 살펴보게 된다.

양자 역학의 개념은 언뜻 보기에는 이상해 보이지만 고전적인 개념으로부터 발전되어 왔다. 실제로 양자 역학적인 방법을 거시적인 계에 적용하면, 그 결과들은 본질적으로 고전 역학에서와 같은 결과가 된다. 이런 두 가지 접근이 일치하는 경우는 드브로이 파장이 주어진 계의 크기와 비교해서 충분히 작을 때 일어나게 된다. 이런 상황은 상대론적인 역학과 비상대론적인 역학에서 물체의 속력이 빛의 속력보다 매우 느릴 때 일치하는 경우와 매우 유사하다.

40.5절에서 드브로이 방정식이 $p = h/\lambda$라는 관계식에 의하여 입자의 운동량과 파장 사이의 관계를 이어주는 것을 배웠다. 이상적인 자유 입자가 x축에서 정확하게 p_x의 운동량을 가지고 있다면, 파동 함수는 무한히 긴 사인형 파동을 이루며 파장 $\lambda = h/p_x$의 값을 갖게 되고, 입자는 x축의 어떤 점에서나 같은 확률로 존재한다(그림 40.18a). x축에 고르게 퍼져 있는 파동 함수 ψ는 다음과 같이 주어진다.

$$\psi(x) = Ae^{ikx} \tag{41.4}$$

◀ 자유 입자의 파동 함수

여기서 A는 상수 진폭이고 $k = 2\pi/\lambda$는 입자를 나타내는 파동의 (각)파수(angular wave number)[3]이다(식 16.8).

---

[2] 복소수 $z = a + ib$에서 i를 $-i$로 바꾸면 켤레 복소수 $z^* = a - ib$가 된다. 복소수와 켤레 복소수의 곱은 항상 실수이고 양수이다. 즉 $z^*z = (a - ib)(a + ib) = a^2 - (ib)^2 = a^2 - (i)^2b^2 = a^2 + b^2$이 된다.

[3] 자유 입자에서 식 41.2를 바탕으로 한 완전한 파동 함수는 다음과 같다.

$$\Psi(x, t) = Ae^{ikx}e^{-i\omega t} = Ae^{i(kx-\omega t)} = A[\cos(kx - \omega t) + i\sin(kx - \omega t)]$$

이 파동 함수의 실수 부분은 40.6절에서 파동 묶음을 만들기 위하여 더했던 파동과 같은 형태이다.

일차원 파동 함수와 기댓값 One-Dimensional Wave Functions and Expectation Values

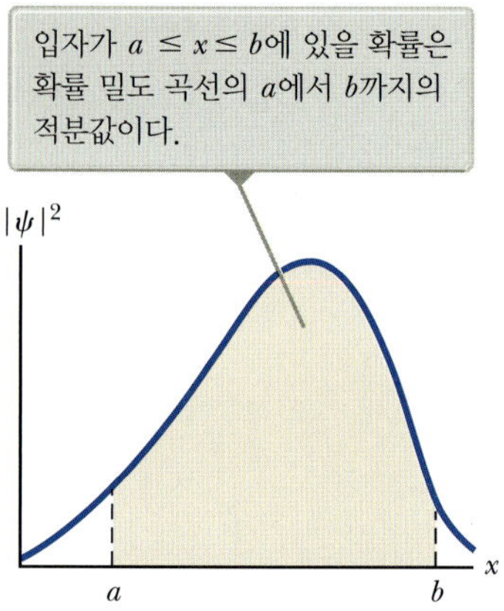

그림 41.1 어떤 입자에 대한 임의의 확률 밀도 곡선

이 절에서는 입자가 x축만을 따라 움직이며, 따라서 식 41.3의 확률 $|\psi|^2 dV$가 $|\psi|^2 dx$로 주어지는 일차원 계에 대하여 공부하기로 한다. 이 경우에 입자가 점 x 부근의 작은 구간 dx에서 발견될 확률은 다음과 같다.

$$P(x)\ dx = |\psi|^2\ dx \tag{41.5}$$

비록 입자의 위치를 완전하게 정하는 것은 불가능하지만, $|\psi|^2$을 확률로 해석하면 입자의 위치를 설명할 수는 있다. 입자가 임의의 구간 $a \le x \le b$ 안에서 발견될 확률은 다음과 같이 적분 형태로 주어진다.

$$P_{ab} = \int_a^b |\psi|^2\, dx \tag{41.6}$$

확률 P_{ab}란 그림 41.1에서와 같이 $|\psi|^2$ 곡선의 $x = a$와 $x = b$ 사이의 넓이이다.

실험적으로는 주어진 위치와 시간에는 유한한 확률이 존재한다. 확률의 값은 0과 1 사이에 존재하게 된다. 예를 들어 확률이 0.30이라면, 입자를 그 구간에서 발견할 확률이 30 %라는 말이다.

입자가 x축을 따라 어디엔가는 존재해야 하므로, 전 구간에 대하여 적분하면 확률은 반드시 1이 되어야 한다.

ψ의 규격화 조건 ▶

$$\int_{-\infty}^{\infty} |\psi|^2\, dx = 1 \tag{41.7}$$

식 41.7을 만족하는 모든 파동 함수를 **규격화**(normalized)되었다 라고 한다. 규격화란 입자가 공간의 어디엔가 반드시 존재한다는 의미이다.

일단 입자에 대한 파동 함수를 알게 되면, 수많은 측정을 거쳐 입자가 발견될 평균 위치를 다음과 같이 구할 수 있다. 평균 위치는 x의 **기댓값**(expectation value)으로서, 다음의 식으로 주어진다.

위치 x의 기댓값 ▶

$$\langle x \rangle \equiv \int_{-\infty}^{\infty} \psi^* x \psi\ dx \tag{41.8}$$

$\langle\ \rangle$괄호는 기댓값을 나타내는 데 사용된다. 임의의 x에 대한 함수 $f(x)$의 기댓값도 같은 방법으로 다음과 같이 주어진다.[4]

함수 $f(x)$의 기댓값 ▶

$$\langle f(x) \rangle \equiv \int_{-\infty}^{\infty} \psi^* f(x) \psi\ dx \tag{41.9}$$

Q 퀴즈 41.1 자유 입자에 대한 파동 함수인 식 41.4를 고려하자. 다음의 어느 x값에서 주어진 시간에 입자가 발견될 확률이 가장 큰가? **(a)** $x = 0$ **(b)** x가 영이 아닌 작은 값 **(c)** 큰 x값일 때 **(d)** x축 위의 아무 곳이든지

[4] 기댓값은 함수에서 가능한 값을 모두 더하기 전에 각각의 가능한 값에 그 값의 확률을 곱한 가중 평균과 비슷하다. 기댓값은 $\int_{-\infty}^{\infty} f(x)\psi^2\, dx$보다는 $\int_{-\infty}^{\infty} \psi^* f(x)\psi\ dx$로 나타낸다. 왜냐하면 고급 양자 역학에서 $f(x)$는 단순히 곱셈의 함수가 아니라, 연산자(도함수 같은)로 표현된다. 이런 상황에서는 연산자는 ψ^*가 아니라 ψ에만 적용이 된다.

예제 41.1 입자의 파동 함수

그림 41.2에 주어진 다음과 같은 파동 함수를 가진 입자가 있다.

$$\psi(x) = Ae^{-ax^2}$$

(A) 이 파동 함수를 규격화하였을 때 A의 값을 구하라.

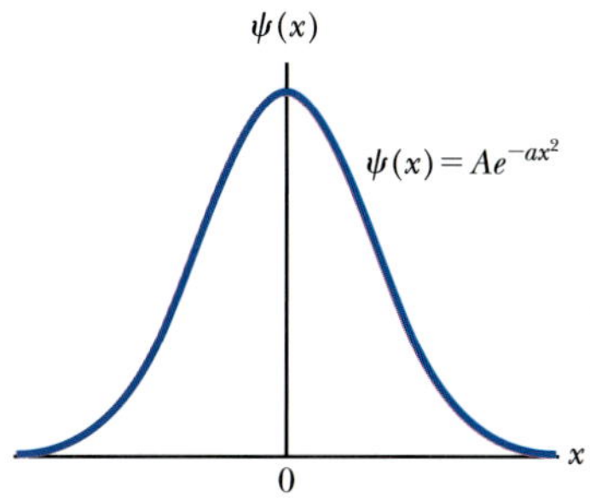

그림 41.2 (예제 41.1) $\psi(x) = Ae^{-ax^2}$으로 주어지는 경우의 대칭적인 파동 함수

풀이

개념화 파동 함수가 사인형 함수가 아니기 때문에, 자유 입자가 아니다. 그림 41.2를 보면 입자는 항상 $x = 0$ 근처에 속박되어 있다. 입자가 항상 주어진 지점 근처에 머물러 있는 물리계를 생각해 보자. 이런 물리계의 예는 용수철에 달려 있는 물체, 둥근 바닥에 놓여 있는 대리석, 단진자의 추 등이다.

분류 문제에서 입자의 파동 성질에 대하여 언급하고 있기 때문에, 예제에서는 고전적인 접근보다는 양자적인 접근이 필요하다.

분석 규격화 조건 식 41.7을 파동 함수에 적용한다.

$$\int_{-\infty}^{\infty} |\psi|^2\,dx = \int_{-\infty}^{\infty} (Ae^{-ax^2})^2\,dx = A^2\int_{-\infty}^{\infty} e^{-2ax^2}\,dx = 1$$

두 개의 적분식의 합으로 나타낸다.

$$(1)\quad A^2\int_{-\infty}^{\infty} e^{-2ax^2}\,dx = A^2\left(\int_{0}^{\infty} e^{-2ax^2}\,dx + \int_{-\infty}^{0} e^{-2ax^2}\,dx\right) = 1$$

두 번째 적분식에서 적분 변수를 x에서 $-x$로 바꾼다.

$$\int_{-\infty}^{0} e^{-2ax^2}\,dx = \int_{\infty}^{0} e^{-2a(-x)^2}(-dx) = -\int_{\infty}^{0} e^{-2ax^2}\,dx$$

적분 구간의 순서를 바꾸면, 음의 기호가 식 앞에 붙는다.

$$-\int_{\infty}^{0} e^{-2ax^2}\,dx = \int_{0}^{\infty} e^{-2ax^2}\,dx$$

이 식을 식 (1)의 두 번째 적분식에 대입한다.

$$A^2\left(\int_{0}^{\infty} e^{-2ax^2}\,dx + \int_{0}^{\infty} e^{-2ax^2}\,dx\right) = 1$$

$$(2)\qquad 2A^2\int_{0}^{\infty} e^{-2ax^2}\,dx = 1$$

부록 B의 표 B.6을 참고하여 적분식을 계산한다.

$$\int_{0}^{\infty} e^{-2ax^2}\,dx = \tfrac{1}{2}\sqrt{\frac{\pi}{2a}}$$

이 결과를 식 (2)에 대입한 후, A를 계산한다.

$$2A^2\left(\tfrac{1}{2}\sqrt{\frac{\pi}{2a}}\right) = 1 \;\rightarrow\; A = \left(\frac{2a}{\pi}\right)^{1/4}$$

(B) 이 입자에 대한 x의 기댓값은 얼마인가?

풀이 식 41.8을 이용하여 기댓값을 계산한다.

$$\langle x\rangle \equiv \int_{-\infty}^{\infty} \psi^* x\psi\,dx = \int_{-\infty}^{\infty} (Ae^{-ax^2})x(Ae^{-ax^2})\,dx$$

$$= A^2\int_{-\infty}^{\infty} xe^{-2ax^2}dx$$

(A)에서처럼 적분을 두 개의 적분의 합으로 나타낸다.

$$(3)\qquad \langle x\rangle = A^2\left(\int_{0}^{\infty} xe^{-2ax^2}\,dx + \int_{-\infty}^{0} xe^{-2ax^2}\,dx\right)$$

두 번째 적분에서 적분 변수를 x에서 $-x$로 바꾼다.

$$\int_{-\infty}^{0} xe^{-2ax^2}\,dx = \int_{\infty}^{0} -xe^{-2a(-x)^2}(-dx) = \int_{\infty}^{0} xe^{-2ax^2}\,dx$$

적분 구간의 순서를 바꾸면 음의 기호가 식 앞에 붙는다.

$$\int_{\infty}^{0} xe^{-2ax^2}\,dx = -\int_{0}^{\infty} xe^{-2ax^2}\,dx$$

이 식을 식 (3)의 두 번째 적분식에 대입한다.

$$\langle x\rangle = A^2\left(\int_{0}^{\infty} xe^{-2ax^2}\,dx - \int_{0}^{\infty} xe^{-2ax^2}\,dx\right) = 0$$

결론 그림 41.2에서 $x = 0$ 부근에서 파동 함수가 대칭일 때, 입자의 평균 위치가 $x = 0$에 있다는 것은 놀라운 사실이 아니다. 41.7절에서는 이 예제에서 풀었던 파동 함수가 양자 조화 진동자에서 가장 낮은 에너지 상태를 나타낸다는 것을 보게 될 것이다.

41.2 분석 모형: 경계 조건하의 양자 입자
Analysis Model: Quantum Particle Under Boundary Conditions

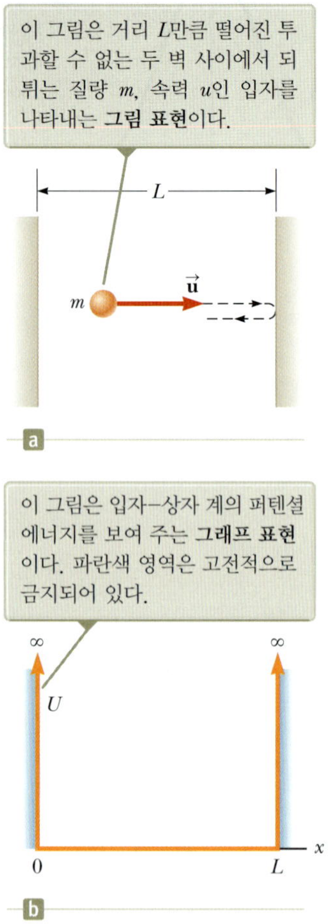

그림 41.3 (a) 상자 내의 입자 (b) 계의 퍼텐셜 에너지 함수

41.1절에서 논의한 자유 입자는 경계 조건을 가지지 않으며 어느 공간에서나 존재할 수 있다. 예제 41.1에서의 입자는 자유 입자가 아니다. 그림 41.2는 입자가 항상 $x = 0$ 근처에 있어야 함을 보여준다. 이 절에서는 양자 입자 운동에 대한 이 제한의 효과에 대하여 알아보고자 한다.

상자 내의 입자 A Particle in a Box

이 절에서 우리는 간단한 물리 문제에 접근해 보려고 한다. 이를테면 **상자 내의 입자**(비록 '상자'가 일차원의 것이지만)와 같은 일차원 공간 영역에 갇힌 입자 문제이다. 그림 41.3a에서처럼, 입자가 고전적인 입장에서 거리 L만큼 떨어진 투과할 수 없는 두 벽 사이에서 x축을 따라 앞뒤로 진행하면서 탄성 충돌을 한다면, 이것은 속력이 일정한 입자로 모형화할 수 있다. 만약 입자의 속력이 u이면, 운동량의 크기 mu는 보존되고 운동 에너지도 역시 보존된다(39장에서 기준틀에서의 속력 v와 구별하기 위하여 입자의 속력으로 u를 사용하였다). 고전 역학에서는 운동량과 에너지의 값에 아무런 제한도 갖지 않는다. 이 문제에 대한 양자 역학적인 접근은 사뭇 다르며, 주어진 상황과 조건에 맞는 적당한 파동 함수를 찾아야 한다.

벽을 투과할 수 없기 때문에 상자 밖에서 입자를 발견할 확률은 영이다. 그래서 파동 함수 $\psi(x)$는 $x < 0$과 $x > L$의 영역에서 영의 값을 가져야 한다. 수학적으로 잘 거동하는 함수가 되기 위해서는 파동 함수가 공간에서 연속적이어야 한다. 어떤 점에서든지 파동 함수의 값은 불연속적이어서는 안 된다.[5] 그러므로 만약 파동 함수가 벽 밖에서 영이라면, 벽에서의 파동 함수 또한 영이어야 한다. 즉 $\psi(0) = 0$이고 $\psi(L) = 0$이다. 이들 경계 조건을 만족하는 파동 함수만이 허용된다.

그림 41.3b는 상자 내 입자 문제를 입자–상자 계의 퍼텐셜 에너지 그래프로 나타낸 것이다. 입자가 상자 안에 있는 한, 퍼텐셜 에너지는 입자의 위치와 무관하게 영의 값을 가진다. 상자의 밖에서는 파동 함수가 영이 되도록 한다. 이것을 얻기 위하여 상자 벽의 퍼텐셜 에너지를 무한대로 잡을 수 있다. 그러므로 입자가 상자 밖에 있기 위한 유일한 방법은 무한대의 에너지를 갖는 것뿐인데, 이것은 불가능하다.

상자 내 입자의 파동 함수는 실수의 사인형 함수로 주어진다.[6]

$$\psi(x) = A\sin\left(\frac{2\pi x}{\lambda}\right) \tag{41.10}$$

여기서 λ는 입자와 관련된 드브로이 파장이다. 이 파동 함수는 벽에서 경계 조건을 만족해야 한다. $x = 0$에서의 경계 조건 $\psi(0) = 0$은 이미 만족되어 있다. $x = L$에서의 경

[5] 만약 파동 함수가 어떤 지점에서 연속적이지 않다면, 그 점에서 파동 함수의 도함수는 무한대가 된다. 이 결과는 슈뢰딩거 방정식을 푸는 데 있어서 어려움을 야기한다. 슈뢰딩거 방정식에 대한 파동 함수는 41.3절에 논의된 것과 같은 답을 갖는다.

[6] 41.3절에서 이 결과를 명백하게 볼 것이다.

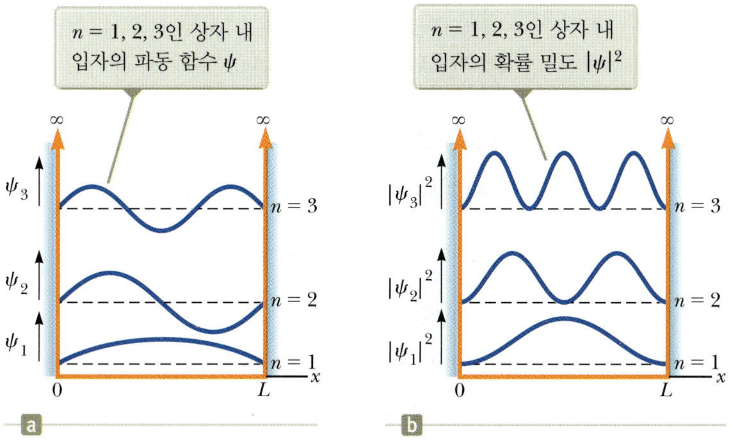

그림 41.4 일차원 상자에 갇힌 입자의 처음 세 개의 허용 상태. 이들 상태를 그림 41.3b의 퍼텐셜 에너지 함수에 같이 나타내었다. 파동 함수와 확률 밀도는 잘 보이게 하기 위하여 수직으로 분리된 축에 따라 그려져 있다. 퍼텐셜 에너지를 나타내는 이 축의 위치는 각 상태의 상대적인 에너지를 나타낸다.

계 조건 $\psi(L) = 0$을 만족시키기 위해서는 다음의 식이 성립하여

$$\psi(L) = 0 = A \sin\left(\frac{2\pi L}{\lambda}\right)$$

이 되고, 여기서 만약

$$\frac{2\pi L}{\lambda} = n\pi \rightarrow \lambda = \frac{2L}{n} \qquad \textbf{(41.11)}$$

이라면 $x = L$에서의 경계 조건도 잘 만족한다. 여기서 $n = 1, 2, 3, \cdots$이다. 따라서 입자의 경우 어떤 특정한 파장만이 허용된다. 허용되는 각각의 파장은 계의 양자 상태와 관계가 있으며, n은 양자수라 한다. 식 41.10과 식 41.11로부터 양자수로 다시 표현하면 다음과 같다.

$$\psi_n(x) = A \sin\left(\frac{2\pi x}{2L/n}\right) = A \sin\left(\frac{n\pi x}{L}\right) \qquad \textbf{(41.12)}$$

◀ 상자 내 입자의 파동 함수

이 함수를 규격화시키면 $A = \sqrt{2/L}$이다(연습문제 주관식 18 참조). 그러므로 상자 내 입자의 규격화된 파동 함수는 다음과 같다.

$$\psi_n(x) = \sqrt{\frac{2}{L}} \sin\left(\frac{n\pi x}{L}\right) \qquad \textbf{(41.13)}$$

◀ 상자 내 입자의 규격화된 파동 함수

그림 41.4a와 41.4b는 상자 내 입자의 경우 $n = 1, 2, 3$에 대한 ψ_n과 $|\psi_n|^2$을 그림으로 나타내고 있다.[7] 일반적인 파동 함수 ψ가 양이든 음이든 상관없이 언제나 $|\psi|^2$은 양(+)의 값을 가짐에 주의해야 한다. 왜냐하면 $|\psi|^2$은 확률 밀도를 의미하기 때문에, $|\psi|^2$이 음의 값을 가지는 것은 의미가 없다.

그림 41.4b에서 보면 경계에서 $|\psi|^2$이 영이므로, 경계 조건을 잘 만족하고 있음을 알 수 있다. 더구나 n의 값에 따라 다른 점들에서 $|\psi|^2$은 영이다. $n = 2$의 경우 $x = L/2$

[7] 식 41.12에 따르면, $n = 0$에서의 파동 함수는 물리적으로 논리적이지 않은 파동 함수 $\psi = 0$이 되기 때문에, $n = 0$은 허용되지 않는다. 예를 들어 식 41.7에 따라 적분 함수는 합이 1이 되어야 하지만, $\int_{-\infty}^{\infty} |\psi|^2\, dx = \int_{-\infty}^{\infty} (0)\, dx = 0$이기 때문에 규격화할 수 없다.

에서 $|\psi_2|^2 = 0$이고, $n = 3$의 경우 $x = L/3$과 $x = 2L/3$에서 $|\psi_3|^2 = 0$이 된다. 뿐만 아니라 $|\psi|^2 = 0$인 부분은 양자수가 하나 증가할 때마다 하나씩 증가함을 알 수 있다.

입자의 파장은 $\lambda = 2L/n$의 조건으로 주어지기 때문에, 입자의 운동량 크기 또한 특정한 값으로 제한된다. 드브로이 파장에 대한 식 40.17로부터 다음과 같이 표현할 수 있다.

$$p = \frac{h}{\lambda} = \frac{h}{2L/n} = \frac{nh}{2L}$$

상자 안의 퍼텐셜 에너지를 영으로 잡았기 때문에, 입자의 에너지는 순전히 운동 에너지만 가지게 된다. 따라서 허용되는 값, 즉 에너지 준위는 다음과 같이 주어진다.

$$E_n = \tfrac{1}{2}mu^2 = \frac{p^2}{2m} = \frac{(nh/2L)^2}{2m}$$

상자 내 입자의 양자화된 에너지 ▶

$$E_n = \left(\frac{h^2}{8mL^2}\right)n^2 \quad n = 1, 2, 3, \cdots \tag{41.14}$$

이 식으로부터 입자의 에너지가 양자화되어 있다는 것을 알 수 있다. 가장 에너지가 낮은 상태는 **바닥상태**(ground state)로서 $n = 1$의 상태에 해당되며, 에너지의 값은 $E_1 = h^2/8mL^2$으로 주어진다. $n = 2, 3, 4, \cdots$에 대응하는 상태는 $E_n = n^2 E_1$이므로, **들뜬상태**(excited states)의 에너지 값은 $4E_1$, $9E_1$, $16E_1$, $\cdots$ 으로 주어진다.

그림 41.5는 허용 상태의 에너지값을 나타내는 에너지 준위 도표이다. 상자 내 입자의 가장 낮은 에너지가 영이 아니기 때문에 양자 역학에서 입자는 절대로 정지해 있을 수 없다. $n = 1$에 해당하는 가장 작은 에너지를 **바닥상태 에너지**(ground-state energy)라고 한다. 이 결과는 $E = 0$인 상태가 가능한 고전 역학적인 관점과는 모순이 된다.

오류 피하기 41.2

파동 함수는 계에 속한다는 사실을 잊지 말자 일반적으로 사용하는 언어에서 종종 입자의 에너지라고 표현한다. 오류 피하기 41.1에서와 같이 실제로 이 에너지는 입자와 퍼텐셜 장벽을 만든 환경으로 이루어진 **계**의 에너지이다. 상자 내 입자의 경우에, 유일한 에너지 형태는 입자가 가지는 운동 에너지뿐이다.

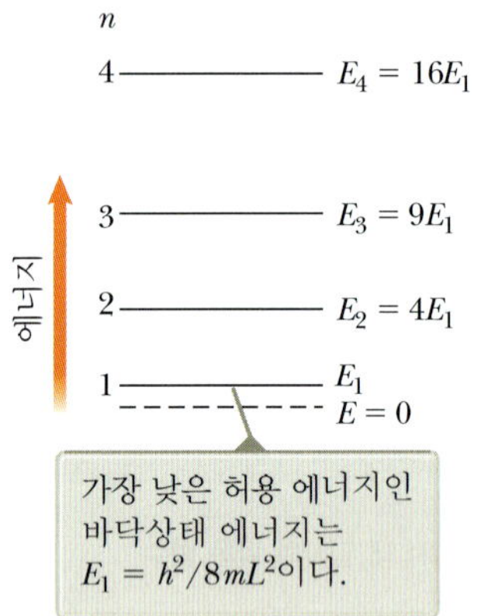

그림 41.5 길이가 L인 일차원 상자에 갇힌 입자에 대한 에너지 준위 도표

Q 퀴즈 41.2 전자와 양성자 그리고 알파 입자(헬륨 핵)를 고려하자. 각각 동일한 상자 내에 갇혀 있다. **(i)** 어느 입자가 가장 높은 바닥상태 에너지를 갖는가? **(a)** 전자 **(b)** 양성자 **(c)** 알파 입자 **(d)** 바닥상태 에너지는 세 경우 모두 같다. **(ii)** 바닥상태에서 어느 입자가 가장 긴 파장을 갖는가? **(a)** 전자 **(b)** 양성자 **(c)** 알파 입자 **(d)** 세 입자 모두 같은 파장을 갖는다.

Q 퀴즈 41.3 길이가 L인 상자 내에 입자가 있다. 갑자기 상자의 길이가 $2L$로 증가한다. 그림 41.5에서의 에너지 준위들에 어떤 일이 발생하는가? **(a)** 아무 일도 일어나지 않는다. **(b)** 서로 더 멀어지게 움직인다. **(c)** 서로 더 가까워진다.

예제 41.2 상자 내의 거시적, 미시적 입자

(A) 0.200 nm 떨어진 투과할 수 없는 두 벽 사이에 갇혀 있는 전자가 있다. $n = 1, 2, 3$일 때 각 상태의 에너지 준위를 구하라.

풀이

개념화 그림 41.3a에서 입자는 전자이고, 벽은 서로 매우 가깝다고 가정하자.

분류 이 절에서 공부한 식을 이용하여 에너지 준위를 구할 수 있으므로 예제를 대입 문제로 분류한다.

$n = 1$인 상태에 대하여 식 41.14를 사용한다.

$$E_1 = \frac{h^2}{8m_eL^2}(1)^2 = \frac{(6.63 \times 10^{-34}\ \mathrm{J\cdot s})^2}{8(9.11 \times 10^{-31}\ \mathrm{kg})(2.00 \times 10^{-10}\ \mathrm{m})^2}$$
$$= 1.51 \times 10^{-18}\ \mathrm{J} = \boxed{9.42\ \mathrm{eV}}$$

$E_n = n^2E_1$을 이용하여, $n = 2$와 $n = 3$인 상태의 에너지를 구한다.

$$E_2 = (2)^2E_1 = 4(9.42 \text{ eV}) = 37.7 \text{ eV}$$
$$E_3 = (3)^2E_1 = 9(9.42 \text{ eV}) = 84.8 \text{ eV}$$

(B) $n = 1$인 상태에 있는 전자의 속력을 구하라.

풀이 고전적인 운동 에너지 식을 이용하여 입자의 속력을 구한다.

$$K = \tfrac{1}{2}m_eu^2 \;\rightarrow\; u = \sqrt{\frac{2K}{m_e}}$$

입자의 운동 에너지가 계의 에너지와 같음을 인식하고, K를 E_n으로 치환한다.

(1) $$u = \sqrt{\frac{2E_n}{m_e}}$$

(A)에서 얻은 결과를 대입한다.

$$u = \sqrt{\frac{2(1.51 \times 10^{-18}\text{ J})}{9.11 \times 10^{-31}\text{ kg}}} = 1.82 \times 10^6 \text{ m/s}$$

상자 안에 놓인 전자는 빛의 속력의 0.6 %에 해당하는 **최소** 속력을 가진다.

(C) 0.500 kg의 야구공이 100 m 떨어진 경기장의 단단한 두 벽 사이에 갇혀 있다. 이것을 길이 100 m의 상자라고 생각할 때, 야구공의 최소 속력을 계산하라.

풀이

개념화 그림 41.3a에서 입자는 야구공이고 벽은 운동장이라고 가정하자.

분류 예제의 이 부분은 거시적인 물질에 양자학적 접근을 적용하여 풀 수 있는 문제로 분류한다.

식 41.14를 사용하면 $n = 1$인 상태는 다음과 같다.

$$E_1 = \frac{h^2}{8mL^2}(1)^2 = \frac{(6.63 \times 10^{-34}\text{ J}\cdot\text{s})^2}{8(0.500\text{ kg})(100\text{ m})^2} = 1.10 \times 10^{-71}\text{ J}$$

식 (1)을 이용하여 공의 속력을 구한다.

$$u = \sqrt{\frac{2(1.10 \times 10^{-71}\text{ J})}{0.500\text{ kg}}} = 6.63 \times 10^{-36}\text{ m/s}$$

거시적인 물질의 최소 속력을 기대할지도 모르지만, 이 속력은 너무 작아서 물체가 정지한 것처럼 보인다.

문제 만약 직선 타구를 쳐서 공이 150 m/s의 속력으로 움직인다면, 그 상태의 야구공의 양자수는 얼마인가?

답 야구공은 거시적인 물체이기 때문에 양자수는 매우 클 것으로 예상된다.

야구공의 운동 에너지를 계산한다.

$$\tfrac{1}{2}mu^2 = \tfrac{1}{2}(0.500\text{ kg})(150\text{ m/s})^2 = 5.62 \times 10^3\text{ J}$$

식 41.14로부터 양자수 n을 계산한다.

$$n = \sqrt{\frac{8mL^2E_n}{h^2}} = \sqrt{\frac{8(0.500\text{ kg})(100\text{ m})^2(5.62 \times 10^3\text{ J})}{(6.63 \times 10^{-34}\text{ J}\cdot\text{s})^2}}$$
$$= 2.26 \times 10^{37}$$

엄청나게 큰 양자수를 답으로 얻었다. 야구공이 공기를 가르며 날아간 후, 땅에 떨어져 굴러간 다음 멈출 때, 10^{37}개 이상의 양자 상태를 지나간다. 이 상태들은 에너지 측면에서 너무 가까워서 한 단계에서 다른 단계로 이동하는 것을 관찰할 수 없고, 단지 야구공 속력이 부드럽게 변해가는 것을 볼 수 있다. 우주의 양자적인 성격은 거시적인 물체의 움직임에서 간단히 드러나지 않는다.

예제 41.3 상자 내 입자의 기댓값

질량 m인 입자가 $x = 0$ 과 $x = L$ 사이의 일차원 상자에 갇혀 있다. 양자수 n인 상태에서 입자의 위치 x의 기댓값을 구하라.

풀이

개념화 그림 41.4b는 상자 내에서 입자가 주어진 곳에 있을 확률이 위치에 따라 변하는 것을 보여 준다. 파동 함수의 대칭성으로부터 x의 기댓값을 예측할 수 있는가?

분류 예제에 주어진 내용은 상자 내 양자 입자에 초점을 맞추고 x의 기댓값을 계산하는 것이다.

분석 식 41.8에서 상자 바깥의 모든 곳에서 $\psi = 0$이기 때문에, 적분 구간 $-\infty$에서 ∞는 0에서 L까지로 다시 쓸 수 있다.
식 41.13을 식 41.8에 대입하여 x의 기댓값을 구한다.

$$\langle x \rangle = \int_{-\infty}^{\infty} \psi_n{}^* x \psi_n \, dx = \int_0^L x \left[\sqrt{\frac{2}{L}} \sin\left(\frac{n\pi x}{L}\right) \right]^2 dx$$

$$= \frac{2}{L} \int_0^L x \sin^2\left(\frac{n\pi x}{L}\right) dx$$

적분표를 이용하거나, 직접 계산을 하여 적분을 계산한다.[8]

$$\langle x \rangle = \frac{2}{L} \left[\frac{x^2}{4} - \frac{x \sin\left(2\dfrac{n\pi x}{L}\right)}{4\dfrac{n\pi}{L}} - \frac{\cos\left(2\dfrac{n\pi x}{L}\right)}{8\left(\dfrac{n\pi}{L}\right)^2} \right]_0^L$$

$$= \frac{2}{L}\left[\frac{L^2}{4}\right] = \frac{L}{2}$$

결론 상자의 중심에 대하여(그림 41.4b) 파동 함수의 제곱 형태(확률 밀도)가 대칭성을 가진다는 것을 생각하면 모든 n 값에 대하여 x의 기댓값이 상자의 중심에 있다는 것을 예측할 수 있다.

그림 41.4b에서 $n = 2$일 때, 파동 함수는 상자의 중심에서 영인 값을 갖는다. 입자가 발견될 확률이 영인 지점에서 기댓값을 가질 수 있을까? 기댓값은 **평균** 위치라는 것을 기억하라. 그러므로 입자는 중간 지점의 오른쪽에서 발견되는 만큼, 왼쪽에서 발견될 수 있다. 그리하여 비록 확률이 영인 지점이라도 평균 위치는 상자의 중심이다. 예를 들어 기말 고사 성적이 50 %인 학생들을 생각해 보자. 모든 학생의 평균이 50 %가 되기 위하여 몇몇 학생의 성적이 정확히 50%일 필요는 없다.

입자의 일반적인 경계 조건 Boundary Conditions on Particles in General

상자 내의 입자는 18장에서 다룬 줄에서의 정상파와 유사하다.

- 줄의 끝은 마디이기 때문에 줄의 경계에서 파동 함수는 영이어야 한다. 상자 밖에서는 입자가 존재할 수 없기 때문에, 경계에서 입자의 허용 파동 함수는 영이어야 한다.
- 진동하는 줄의 경계 조건으로부터 양자화된 진동수와 파장을 얻게 된다. 상자가 입자 내에 있는 경우에도 파동 함수의 경계 조건으로부터 양자화된 입자의 진동수와 파장을 얻게 된다.

양자 역학에서 입자가 경계 조건에 의하여 지배되는 것은 매우 일반적이다. 그러므로 **경계 조건하의 양자 입자**의 새로운 분석 모형을 소개하겠다. 많은 방법 중에서 이 모형은 18.3절에서 배웠던 경계 조건하의 파동과 유사하다. 상자 내 입자의 파동 함수에서 가능한 파장은 식 41.11에 나와 있듯이, 줄의 역학적인 파동의 파장을 나타내는 식

[8] 이 함수를 적분하기 위하여 먼저 $\sin^2(n\pi x/L)$를 $\frac{1}{2}(1 - \cos 2n\pi x/L)$로 놓는다. 이 과정은 $\langle x \rangle$를 두 개의 적분 식으로 표현할 수 있다. 그 다음 적분은 부분 적분으로 계산한다.

18.4와 동일하다.

경계 조건하의 양자 입자의 모형은 몇 가지 점에서 경계 조건하의 파동과 다르다.

- 양자 입자의 대부분의 경우 줄에서의 파동 함수처럼 단순한 사인형 함수가 아니다. 게다가 양자 입자의 파동 함수는 복소수 함수가 될 수도 있다.
- 양자 입자의 경우 진동수가 에너지 $E = hf$와 관련되므로, 양자화된 진동수로부터 양자화된 에너지를 얻게 된다.
- 경계 조건하의 양자 입자의 파동 함수와 관련된 정상 상태의 마디는 없을 수도 있다. 상자 내의 입자보다 더 복잡한 계는 더 복잡한 파동 함수를 갖는다. 그래서 어떤 경계 조건은 파동 함수를 어떤 고정점들에서 영으로 만들지 않을 수도 있다.

일반적으로

> 경계 조건하의 입자의 경우에 입자의 주변과의 상호 작용은 하나 이상의 경계 조건을 의미하고, 만약 상호 작용이 입자를 일정한 공간에 제한되게 하면, 계의 에너지는 양자화된다.

양자 파동 함수에 주어지는 경계 조건은 문제를 표현하는 좌표계와 관계가 있다. 상자 내 입자의 경우, 두 개의 x 값에 대하여 파동 함수가 영이 되어야 한다. 수소 원자와 같은 삼차원 계의 경우에 대해서는 42장에서 논의할 것이다. 이 문제는 **구면 좌표계**로 잘 나타낼 수 있다. 이 좌표계는 3.1절에서 소개한 평면 극좌표계의 확장이다. 구면 좌표계는 지름 좌표 r와 두 개의 각도 좌표로 구성되어 있다. 수소 원자에 대한 파동 함수를 구하는 것과 경계 조건을 적용하는 것은 이 교재의 범위를 넘어서는 것이지만, 42장에서 수소 원자의 파동 함수의 거동에 대하여 살펴볼 것이다.

모든 x의 값에 대하여 존재하는 파동 함수의 경계 조건은 $x \to \infty$로 갈 때 파동 함수가 영에 접근해야 하고, $x \to 0$으로 갈 때 유한한 값이 되어야 한다. 그래야만 파동 함수를 규격화할 수 있다. 파동 함수의 각도 부분에서의 한 경계 조건은 각도에 대하여 2π만큼을 더해도 같은 값을 갖는데, 이는 2π를 더해도 같은 각 위치를 갖기 때문이다.

41.3 슈뢰딩거 방정식
The Schrödinger Equation

34.3절에서 맥스웰 방정식에 따른 전자기파의 선형 파동 방정식에 대하여 논의하였다. 또한 입자와 연관된 파동도 파동 방정식을 만족해야 한다. 입자의 정지 에너지는 영이 아니기 때문에, 물질파의 파동 방정식은 광자의 파동 방정식과는 다르다. 적절한 파동 방정식은 1926년에 슈뢰딩거에 의하여 처음으로 제안되었다. 양자계에서의 행동을 기술하기 위하여 방정식을 풀어서 해를 구하고 경계 조건을 적용하면, 고려하고 있는 계의 적합한 파동 함수와 에너지 값을 얻게 된다. 파동 함수를 적당하게 이용하면 계의 모든 측정 가능한 값들을 구할 수 있다.

x축에서 움직이는 질량이 m인 입자가 환경과 퍼텐셜 에너지 함수 $U(x)$를 통하여 상호 작용하는 계에 대한 슈뢰딩거 방정식은 다음과 같다.

시간에 무관한 슈뢰딩거 방정식 ▶

$$-\frac{\hbar^2}{2m}\frac{d^2\psi}{dx^2} + U\psi = E\psi \tag{41.15}$$

여기서 E는 계(입자와 주위)의 전체 에너지와 같은 상수이다. 이 방정식은 시간에 무관하므로 **시간에 무관한 슈뢰딩거 방정식**(time-independent Schrödinger equation)이라 한다(이 교재에서는 시간을 포함한 슈뢰딩거 방정식은 취급하지 않겠다).

슈뢰딩거 방정식은 보존력이 작용하는 고립계에 대한 역학적 에너지 보존의 원리와 잘 일치한다. 자유 입자인 경우와 상자 내 입자의 경우 모두, 슈뢰딩거 방정식의 첫 번째 항은 입자의 운동 에너지와 파동 함수를 곱한 것으로 귀결된다. 따라서 식 41.15에서 계의 전체 에너지는 운동 에너지와 퍼텐셜 에너지의 합이고, 전체 에너지는 상수 E의 값을 가진다는 것이다. $K + U = E =$ 상수이다.

기본적으로 계의 퍼텐셜 에너지 함수 U를 알면 식 41.15를 풀 수 있고, 계에서 허용하는 파동 함수와 에너지 값을 얻을 수 있다. 또한 많은 경우에 파동 함수 ψ는 경계 조건을 만족해야 한다. 따라서 슈뢰딩거 방정식에 대한 예비적인 수학 해를 먼저 구하고, 정확한 파동 함수와 허용 에너지를 구하기 위하여 다음의 조건을 적용한다.

© INTERFOTO/Alamy

슈뢰딩거
Erwin Schrödinger, 1887~1961
오스트리아 출생 이론물리학자

슈뢰딩거는 양자 역학의 창시자 중 하나로 잘 알려져 있다. 양자 역학에 대한 그의 접근법은 하이젠베르크에 의하여 개발된 좀 더 추상적인 행렬 역학과 수학적으로 동등하다. 슈뢰딩거는 또한 통계 역학, 색깔 보기, 일반 상대론 분야에서 중요한 논문을 발표하였다.

- ψ는 규격화가 가능해야 한다. 즉 식 41.7을 만족해야 한다.
- ψ는 $x \to \pm\infty$일 때 0으로 가고 $x \to 0$일 때 유한해야 한다.
- ψ는 x에 대하여 연속적이고 어느 곳에서든지 하나의 값만을 가져야 한다. 방정식 41.15의 해는 영역의 경계에서 부드럽게 연결되어야 한다.
- $d\psi/dx$는 유한한 U 값의 경우 어느 곳에서든지 유한하고, 연속적이고, 하나의 값만을 가져야 한다. $d\psi/dx$가 연속적이지 않으면, 불연속적인 지점에서 방정식 41.15에 있는 이차 도함수 $d^2\psi/dx^2$을 계산할 수 없을 것이다.

슈뢰딩거 방정식을 푸는 과정은 퍼텐셜 에너지 함수의 형태에 따라 매우 어려운 일이 될 수도 있다. 알려진 바대로 슈뢰딩거 방정식은 고전 역학이 할 수 없었던 원자와 핵의 물리적 설명을 매우 성공적으로 해왔다. 게다가 양자 역학을 거시적인 계에 적용하면, 고전 역학의 결과와 매우 잘 일치한다.

오류 피하기 41.3

퍼텐셜 우물 그림 41.3b와 같은 퍼텐셜 우물은 에너지의 그림 표현이 아니라 그래프 표현이므로, 이 상황을 관측하고자 해도 이런 모양을 볼 수 없을 것이다. 입자는 퍼텐셜 에너지 도표 내의 고정된 세로 좌표의 에너지를 갖고 x축 위에서 이동한다. 이는 입자와 주위 환경 계의 에너지 보존을 나타낸다.

상자 내 입자 다시 들여다 보기 The Particle in a Box Revisited

경계 조건 모형하의 양자 입자를 문제에 어떻게 적용하는가를 보기 위하여, 상자 내 입자 문제를 슈뢰딩거 방정식을 이용하여 다시 풀어보자. 길이가 L인 일차원 상자 내의 입자로 다시 돌아가서, 이를 슈뢰딩거 방정식으로 분석해 보자(그림 41.3). 그림 41.3b는 이 문제를 설명하는 퍼텐셜 에너지 그림이다. 이런 퍼텐셜 에너지 그림은 슈뢰딩거 방정식을 이해하고 푸는 데 매우 유용한 방법이다.

그림 41.3b에서 퍼텐셜 에너지의 모양 때문에, 상자 내 입자를 **네모 우물**(square

well)[9]이라고 부르기도 한다. 여기서 **우물**(well)이란 퍼텐셜 에너지의 모양이 윗부분이 열려 있는 형태를 가리킨다. 아래가 열려 있는 형태는 41.5절에서 공부할 **장벽**(barrier)이라고 한다. 따라서 그림 41.3b는 무한 네모 우물이다.

$0 < x < L$의 영역에서 $U = 0$이므로 슈뢰딩거 방정식을 다음과 같은 형태로 쓸 수 있다.

$$\frac{d^2\psi}{dx^2} = -\frac{2mE}{\hbar^2}\psi = -k^2\psi \tag{41.16}$$

여기서

$$k = \frac{\sqrt{2mE}}{\hbar}$$

로 주어진다. 식 41.16의 해는 이차 미분한 함수가 원래 함수에 상수 k^2을 곱한 후에 음의 부호를 붙인 것이다. 사인 함수와 코사인 함수가 모두 이 조건을 만족하므로, 이 방정식의 가장 일반적인 해는 두 해의 선형 조합이 된다.

$$\psi(x) = A\sin kx + B\cos kx$$

여기서 A와 B는 경계 조건과 규격화 조건으로 결정되는 계수이다.

첫 번째 경계 조건인 파동 함수가 $\psi(0) = 0$이 되는 조건을 적용하면

$$\psi(0) = A\sin 0 + B\cos 0 = 0 + B = 0$$

으로 $B = 0$이 된다. 따라서 해는 다음과 같이 주어진다.

$$\psi(x) = A\sin kx$$

두 번째 경계 조건은 파동 함수가 $\psi(L) = 0$이 되는 것인데, 이를 적용하면

$$\psi(L) = A\sin kL = 0$$

이 얻어진다. $A = 0$이 되면 항상 $\psi = 0$이 되어 의미가 없으므로, kL이 π의 정수배가 되는 조건을 또한 만족해야 한다. 즉 $kL = n\pi$이다. $k = \sqrt{2mE}/\hbar$를 대입하면 다음과 같은 식을 얻는다.

$$kL = \frac{\sqrt{2mE}}{\hbar}L = n\pi$$

정수 n의 각 값은 양자화된 에너지 E_n의 값에 대응한다. 허용 에너지 E_n에 대하여 풀면, 다음의 식으로 주어진다.

$$E_n = \left(\frac{h^2}{8mL^2}\right)n^2 \tag{41.17}$$

여기서 허용 에너지는 식 41.14와 동일하다.

파동 함수에 k 값을 대입하면, 허용 파동 함수 $\psi_n(x)$는 다음과 같이 주어진다.

---

[9] 도식화된 퍼텐셜 에너지가 직사각형 모양이라서 네모 우물이라 한다.

$$\psi_n(x) = A \sin\left(\frac{n\pi x}{L}\right) \tag{41.18}$$

이것은 상자 내의 입자에 대하여 처음에 논의한 파동 함수(식 41.12)와 동일하다.

41.4 유한한 높이의 우물에 갇힌 입자
A Particle in a Well of Finite Height

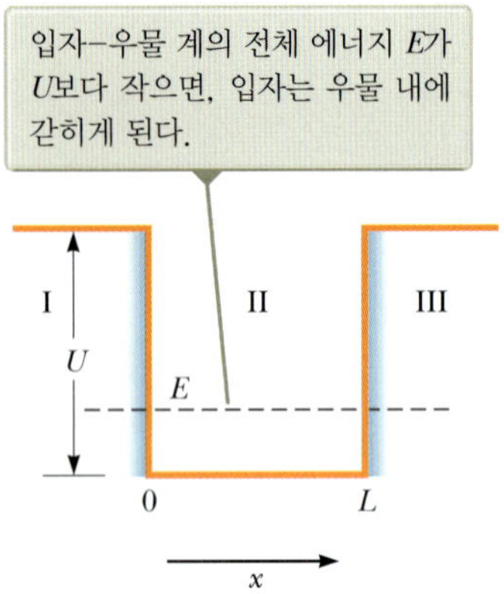

그림 41.6 유한한 높이 U와 길이 L인 우물에서의 퍼텐셜 에너지. 입자가 우물에 갇혀 있다.

이제 **유한** 퍼텐셜 우물의 문제를 풀어보자. $0 < x < L$의 영역에서는 영의 값을 가지고, 그 밖의 영역에서는 유한한 퍼텐셜 에너지를 가지는 그림 41.6과 같은 문제를 생각해 보자. 만약 계의 전체 에너지 E가 U보다 작다면, 고전 역학적으로 입자는 퍼텐셜 우물에 갇혀 있게 된다. 만약 입자가 우물 밖에 있다면, 운동 에너지가 음(−)이 되어서 전혀 가능성이 없는 이야기가 된다. 그러나 양자 역학에서는 $E < U$일지라도 유한한 확률 값을 가지면서 우물 바깥에서도 존재할 수 있다. 즉 그림 41.6에서 우물 바깥의 영역 I과 III에서 파동 함수 ψ가 영이 아니다. 그래서 확률 밀도 $|\psi|^2$도 이 영역에서 영이 아니게 된다. 이 뜻을 받아들이기가 약간 불편할지라도, 불확정성의 원리는 계 에너지의 불확정성도 허용하기 때문에, 입자가 우물 밖에 있어도 어떤 에너지 보존의 법칙도 위배하지 않는다.

영역 II에서는 $U = 0$ 이므로, 식 41.16의 경우처럼 다시 사인형 함수가 허용 파동 함수의 해가 된다. 그러나 경계 조건은 무한 네모 우물의 경우와는 달라서, 벽의 끝에서 더 이상 ψ가 영이 되지 않아도 된다.

영역 I과 III에서의 슈뢰딩거 방정식은 다음과 같이 주어진다.

$$\frac{d^2\psi}{dx^2} = \frac{2m(U - E)}{\hbar^2}\psi \tag{41.19}$$

$U > E$이기 때문에 우변에서 ψ의 계수는 반드시 양(+)이어야 한다. 그러므로 식 41.19를 다음과 같이 표현할 수 있다.

$$\frac{d^2\psi}{dx^2} = C^2\psi \tag{41.20}$$

여기서 $C^2 = 2m(U - E)/\hbar$는 영역 I과 III에서 양(+)이 된다. 대입하여 증명하면 다음의 식이 식 41.20의 일반적인 해가 됨을 알 수 있다.

$$\psi = Ae^{Cx} + Be^{-Cx} \tag{41.21}$$

여기서 A와 B는 상수이다.

이 일반해를 영역 I과 III의 해를 결정하는 출발점으로 사용할 수 있다. 이 해는 $x \to \pm\infty$일 때 유한한 값을 가져야 한다. 그러므로 $x < 0$인 영역 I에서 함수 ψ는 Be^{-Cx}가 될 수 없다. x가 큰 음의 값을 가질 때 ψ가 무한대 값을 가지는 것을 피하기 위하여 $B = 0$이 되어야 한다. 마찬가지로 $x > L$인 영역 III에서 함수 ψ는 Ae^{Cx}가 될 수 없다. x가 큰 양의 값을 가질 때 ψ가 무한대 값을 가지는 것을 피하기 위하여 $A = 0$이 되어야 한다. 그러므로 영역 I과 III에서 해는 다음과 같이 주어진다.

$$\psi_{\mathrm{I}} = Ae^{Cx} \qquad (x < 0\text{인 경우})$$
$$\psi_{\mathrm{III}} = Be^{-Cx} \qquad (x > L\text{인 경우})$$

영역 II에서는 파동 함수가 사인형이므로 일반해는 다음과 같다.

$$\psi_{\mathrm{II}}(x) = F\sin kx + G\cos kx$$

여기서 F와 G는 상수이다.

이 결과로부터 퍼텐셜 우물 바깥쪽(고전 물리에서는 입자가 존재할 수 없음)의 파동 함수는 거리에 대하여 지수적으로 감소한다는 것을 알 수 있다. 큰 $-x$ 값에서 ψ_{I}은 영에 접근하고, 큰 $+x$값에서 ψ_{III}는 영에 접근한다. 영역 II에서의 사인형 해와 이들 함수를 결합하면, 그림 41.7a에서 보이는 것처럼 처음 세 에너지 상태를 볼 수 있다. 완전한 파동 함수를 구하기 위해서는 다음의 경계 조건을 이용해야 한다.

$$x = 0\text{에서} \qquad \psi_{\mathrm{I}} = \psi_{\mathrm{II}} \quad \text{그리고} \quad \frac{d\psi_{\mathrm{I}}}{dx} = \frac{d\psi_{\mathrm{II}}}{dx}$$
$$x = L\text{에서} \qquad \psi_{\mathrm{II}} = \psi_{\mathrm{III}} \quad \text{그리고} \quad \frac{d\psi_{\mathrm{II}}}{dx} = \frac{d\psi_{\mathrm{III}}}{dx}$$

네 개의 경계 조건과 규격화 조건(식 41.7)은 A, B, F, G와 에너지 E의 허용값을 구하기에 충분하다. 그림 41.7b는 이 상태들의 확률 밀도를 나타내고 있다. 파동 함수가 경계에서 부드럽게 변하면서 만나고 있는 모습에 주목하자.

퍼텐셜 우물에 입자를 묶어두는 것은 걸음마 단계의 **나노 기술**(nanotechnology)에 사용되고 있다. 나노 기술이란 1에서 100 nm 사이의 소자를 만들고 응용하는 기술이다. 이런 소자는 원자 한 개나 작은 원자의 집합체로 구조를 형성해서 제작한다.

나노 기술의 한 분야로서 **양자점**(quantum dot)이라는 것이 있다. 양자점이란 작은 실리콘 같은 결정체로서 퍼텐셜 우물의 역할을 한다. 이런 영역은 양자화된 에너지를

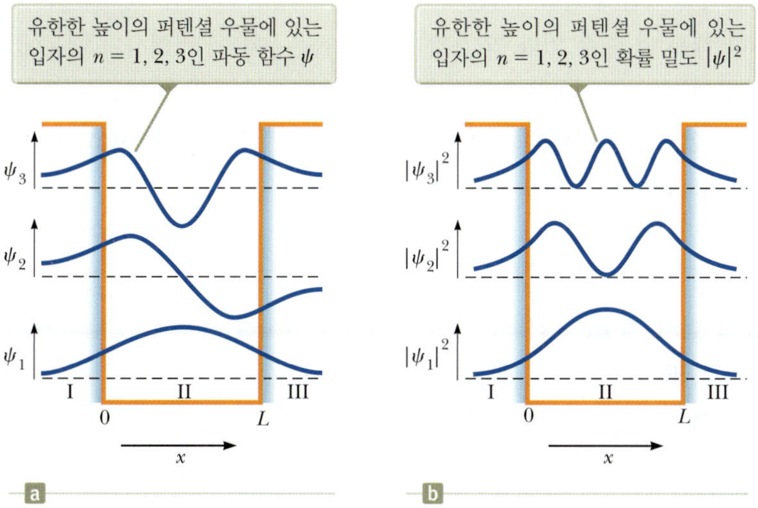

그림 41.7 유한한 높이의 퍼텐셜 우물에 갇혀 있는 입자의 처음 세 허용 상태. 이들 상태를 그림 41.6의 퍼텐셜 에너지 함수 위에 겹쳐 놓았다. 파동 함수와 확률 밀도는 잘 보이도록 수직으로 분리하여 나타내었다. 퍼텐셜 에너지 함수 위에 있는 이들 축의 위치는 상태들의 상대적인 에너지를 나타낸다.

가지는 상태로 전자를 묶어두게 된다. 양자점에 있는 입자의 파동 함수는 L이 나노미터의 크기를 갖는 그림 41.7a와 같은 모양을 가지게 된다. 양자점을 이용한 기억 매체는 각광을 받는 연구 분야이다. 간단한 양자 기억 체계는 양자점에 전자가 있는 경우와 없는 경우를 구별하는 것이다. 여러 개의 양자점을 준비하여 여러 개의 0과 1을 이용하는 것도 가능하다. 양자점의 특성과 응용 가능성을 연구하는 연구소가 많이 있으며, 앞으로 수년 간 이런 연구소에서 많은 정보가 나올 것으로 예상된다.

41.5 퍼텐셜 에너지 장벽의 터널링
Tunneling Through a Potential Energy Barrier

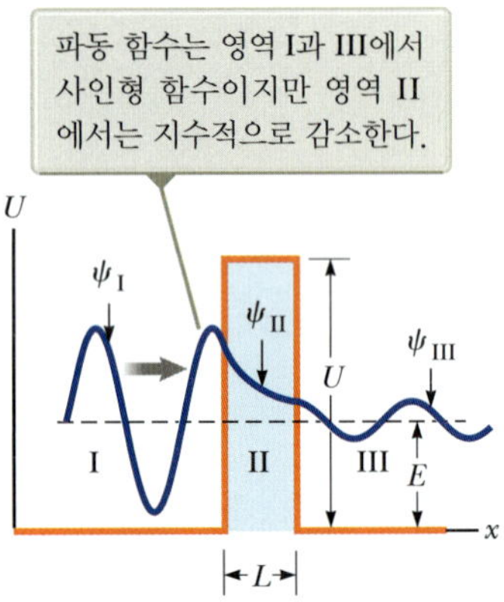

그림 41.8 높이 U와 너비 L의 장벽에 왼쪽으로부터 입사하는 입자의 파동 함수 ψ. 파동 함수가 입자의 에너지 준위를 가로축으로 하여 세로 좌표로 그려져 있다.

그림 41.8에 있는 퍼텐셜 에너지 함수를 생각해 보자. 이 경우에 퍼텐셜 에너지는 너비 L의 영역에서 일정한 값 U를 갖게 되고 다른 영역에서는 영의 값을 갖게 된다.[10] 이런 모양의 퍼텐셜 에너지 함수를 **네모 장벽**(square barrier)이라고 하고 U를 **장벽 높이**(barrier height)라고 한다. 매우 흥미롭고 특이한 현상이 유한한 높이와 두께를 갖는 장벽에 부딪히는 입자에서 일어난다. $E < U$인 입자가 왼쪽에서 입사하는 경우를 생각해 보자(그림 41.8). 고전적으로 이 입자는 장벽에 의하여 반사되게 된다. 입자가 영역 II에 존재한다면 운동 에너지가 음(−)이 될 것이며, 이는 고전 역학으로는 허용되지 않는다. 결과적으로 영역 II와 III은 왼쪽으로부터 입사하는 고전적인 입자에 대하여 **금지 영역**이 된다. 그러나 양자 역학에 의하면 에너지에 관계없이 모든 영역에 입자가 존재할 수 있다(비록 모든 영역이 접근 가능하지만 고전적으로 접근 불가능한 지역에 있을 확률은 매우 적다). 불확정성의 원리에 따르면, 입자가 장벽 내에 있는 시간 간격이 짧으면 입자가 장벽 내에 존재할 수 있고, 이는 식 40.26과 일치한다. 장벽이 비교적 얇다면, 이 짧은 시간 동안 입자가 이 장벽을 통과하여 이동하는 것이 가능하다.

수학적인 표현을 사용하여 이 상황에 접근해 보자. 슈뢰딩거 방정식은 영역 I, II, III에서 적절한 해를 갖는다. 식 41.18에서 보듯이 영역 I과 III에서는 해가 사인형 함수이고, 영역 II에서는 식 41.21처럼 지수 함수로 주어진다. 세 영역에서 파동 함수와 파동 함수의 미분이 부드럽게 연속이라는 경계 조건을 이용하면 그림 41.8에 나타난 곡선과 같이 완전한 해를 얻을 수 있다. 입자가 있을 확률은 $|\psi|^2$에 비례하기 때문에, 영역 III에서 장벽 넘어 입자가 존재할 확률은 영이 아니다. 이런 결과는 고전 물리와는 완전히 다른 것이다. 장벽의 반대편으로 입자가 이동하는 현상을 **터널링**(tunneling) 또는 **장벽 투과**(barrier penetration)라고 한다.

터널링 확률은 **투과 계수**(transmission coefficient) T와 **반사 계수**(reflection coefficient) R로 표현할 수 있다. 투과 계수는 입자가 장벽의 반대편으로 투과할 확률을 나타내고, 반사 계수는 장벽에 의하여 입자가 반사될 확률이다. 입사된 모든 입자는 반사되거나 또는 투과되기 때문에 $T + R = 1$로 주어진다. 투과 계수에 대한 근사식은 투과가 매우 적은 $T \ll 1$ 경우(너비가 매우 크거나 장벽이 매우 높은 경우, 즉

오류 피하기 41.4

에너지 도표에서 높이 높이(또는 장벽 높이)라는 단어는 퍼텐셜 에너지 도표에서 장벽을 논의할 때 에너지를 의미한다. 예를 들면 장벽의 높이가 10 eV라고 말하기도 한다. 반면에 장벽 **너비**는 단어 자체의 일반적인 의미이며, 장벽의 두 연직선 사이의 실제 길이를 잰 것이다.

[10] 물리학에서 흔히 L은 우물의 **길이**가 아니라 장벽의 **너비**를 의미한다.

$U \gg E$), 다음과 같이 주어진다.

$$T \approx e^{-2CL} \tag{41.22}$$

여기서 C는 다음과 같이 주어진다.

$$C = \frac{\sqrt{2m(U-E)}}{\hbar} \tag{41.23}$$

이런 장벽 투과와 같은 양자 모형과 식 41.22는 T가 영이 안 될 수도 있음을 보여 준다. 터널링이라는 현상이 실험적으로 관측되는 것은 양자 물리의 원리들이 맞다는 강력한 증거가 될 수 있다.

퀴즈 41.4 퍼텐셜 장벽을 통과하는 입자의 투과 확률이 증가하는 경우는 어느 것인가? 정답은 하나 이상일 수 있다. **(a)** 장벽의 너비가 감소될 때 **(b)** 장벽의 너비가 증가할 때 **(c)** 장벽의 높이가 감소할 때 **(d)** 장벽의 높이가 증가할 때 **(e)** 입사하는 입자의 운동 에너지가 감소할 때 **(f)** 입사하는 입자의 운동 에너지가 증가할 때

예제 41.4 전자의 투과 계수

30 eV의 전자가 높이가 40 eV인 네모 장벽에 입사한다.

(A) 장벽의 너비가 1.0 nm일 때 전자가 장벽을 투과할 확률을 구하라.

풀이

개념화 입자의 에너지가 퍼텐셜 장벽의 높이보다 적기 때문에, 고전 물리에 따르면 입자는 장벽에 부딪쳐 100 % 반사될 것이라고 예측할 수 있다. 그러나 터널링 현상 때문에, 입자가 장벽의 반대쪽에서 발견될 유한한 값의 확률이 있다.

분류 이 절에서 전개한 식을 이용하여 확률을 계산할 수 있으므로 예제를 대입 문제로 분류한다.

식 41.23에서 $U-E$의 값을 계산한다.

$$U - E = 40\text{ eV} - 30\text{ eV} = 10\text{ eV}\left(\frac{1.6\times10^{-19}\text{ J}}{1\text{ eV}}\right) = 1.6\times10^{-18}\text{ J}$$

식 41.23을 이용하여 $2CL$을 계산한다.

$$(1)\quad 2CL = 2\frac{\sqrt{2(9.11\times10^{-31}\text{ kg})(1.6\times10^{-18}\text{ J})}}{1.055\times10^{-34}\text{ J}\cdot\text{s}}(1.0\times10^{-9}\text{ m}) = 32.4$$

식 41.22로부터 장벽을 투과하는 터널링 확률을 구한다.

$$T \approx e^{-2CL} = e^{-32.4} = 8.5\times10^{-15}$$

(B) 장벽의 너비가 0.10 nm일 때 전자가 장벽을 투과할 확률을 구하라.

풀이 이 경우에 너비 L은 식 (1)에서의 너비의 1/10이다. 그러므로 $2CL$의 새로운 값을 구한다.

$$2CL = (0.1)(32.4) = 3.24$$

식 41.22로부터 장벽을 투과하는 새 터널링 확률을 구한다.

$$T \approx e^{-2CL} = e^{-3.24} = 0.039$$

(A)에서 전자의 장벽을 투과하는 터널링은 $1/10^{14}$의 확률로 일어난다. 그러나 (B)에서 전자가 장벽을 투과할 확률(3.9 %)은 더 크다. 그러므로 장벽의 너비를 1/10만 줄여도 투과 확률은 약 10^{12}배가 된다.

41.6 터널링의 응용
Applications of Tunneling

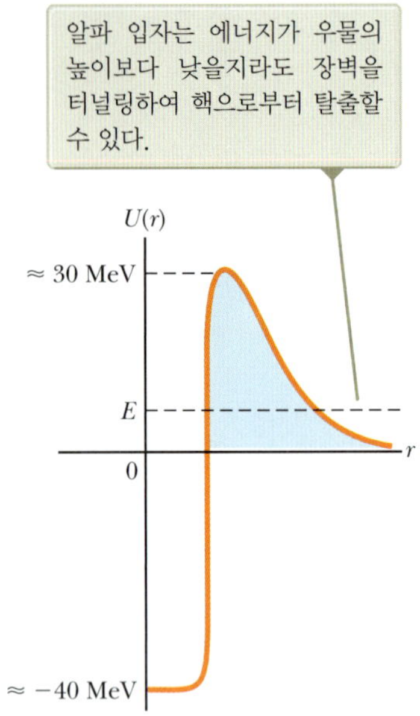

그림 41.9 핵에서 알파 입자에 대한 퍼텐셜 우물

지금까지 살펴본 바와 같이, 터널링은 양자 역학적인 현상이며 물질의 파동성을 나타내는 것이다. 터널링이 중요한 많은 예(원자나 핵의 크기에서)들이 있다.

알파 붕괴 Alpha Decay

방사능 붕괴의 한 형태로서 안정하지 않은 무거운 핵으로부터 알파 입자(헬륨 원자의 핵)의 방출을 들 수 있다. 알파 입자를 핵으로부터 빠져 나오게 하려면, 그림 41.9에 보인 핵–알파 입자 계의 에너지보다 몇 배나 큰 장벽을 투과해야 한다. 장벽은 알파 입자와 나머지 핵 사이의 잡아당기는 핵력과 밀어내려는 쿨롱 힘의 조합 때문에 나타난다. 때때로 알파 입자가 장벽을 터널링하는데, 이는 기본적인 붕괴 메커니즘과 다양한 방사성 원자핵의 평균 수명 시간 간의 큰 편차를 설명할 수 있다.

그림 41.8은 일차원에서 장벽을 터널링하는 파동 함수를 보여 준다. 이와 유사하게 구형 대칭을 갖는 파동 함수는 방사성 원자핵에서 떨어져 나온 알파 입자의 장벽 투과를 나타낸다. 이때 파동 함수는 핵의 안과 밖에서 존재하고 파동 함수의 진폭은 시간에 대하여 상수이다. 이런 방식으로 파동 함수는 핵이 붕괴되어 알파 입자가 나갈 일정 확률을 기술한다. 붕괴 순간을 예측할 수는 없다. 일반적으로 양자 역학은 미래가 결정적이지 않음을 내포하고 있다. 이런 특징은 고전 역학과는 반대인데, 고전 역학에서는 물체에 작용한 힘과 처음 위치와 속도에 대한 정확한 정보로부터 물체 궤도를 매우 정확하게 계산할 수 있다. 현재 가지고 있는 불완전한 정보 때문에 미래는 결정되지 않는다고 단순히 생각해서는 안 된다. 파동 함수는 계의 상태에 대한 모든 정보를 포함하고 있다. 때때로 속박된 계의 에너지와 같이 정확한 예언이 생길 수도 있지만, 때때로 미래에 대한 확률만 계산될 수도 있다. 자연에 대한 기본적인 법칙은 확률적이다. 그러므로 양자 역학에 대한 아인슈타인의 유명한 견해인 "신은 주사위 놀음을 하지 않는다"는 틀린 말이 된다.

방사능 탐지기는 특정 순간에 특정 방향으로 입자를 방출하는 핵의 붕괴를 보기 위하여 사용된다. 이 실험의 결과와 파동 함수 사이의 차이를 지적하기 위하여, 슈뢰딩거는 상자 안에 들어 있는 고양이와 방사능 시료와 방사능 계수 장치, 그리고 독이 든 유리병이 들어 있는 상자를 생각하였다. 시료 내의 핵이 붕괴하면 방사능 계수 장치는 고양이에게 치명적인 독을 발생시키게 된다. 양자 역학은 상자를 열 때 고양이가 죽어 있을 확률에 대하여 알 수 있다. 그렇다면 상자가 열리기 전에 고양이는 자신의 생사를 기술하는 파동 함수를 갖고 있는 것인가?

이 물음은 실제 고양이를 가지고 연구되는 것은 아니지만 40.7절에서 다루고 있는 간섭 실험을 통하여 계속 연구되고 있다. 측정이라는 행위가 확률적인 상태에서 명확한 상태로 변하게 하는가? 방사능 핵에 의하여 방출된 입자가 특정 위치에서 발견되게 되면, 입자를 기술하는 파동 함수는 우주의 다른 모든 곳에서 순간적으로 영이 되는가? 양자계와 거시계 사이에 기본적인 차이가 있는가? 이 질문들에 대한 대답은 미지수이다.

핵융합 Nuclear Fusion

태양과 태양계 내의 거의 다른 모든 것을 활동하도록 하는 기본적인 반응은 융합이다. 이 반응의 첫 번째 단계는 태양의 중심에서 양성자가 아주 작은 거리 안에서 서로 융합하여 중수소 핵을 만드는 것이다. 고전 물리학에 따르면 이런 양성자들은 서로 간의 전자기적 상호 작용을 극복할 수 없으나, 양자 역학적으로 장벽을 터널링하여 융합이 가능하게 된다.

주사 터널링 현미경 Scanning Tunneling Microscopes

과학자들은 주사 터널링 현미경(STM)을 이용하여 **단일 원자**까지도 구별하여 표면의 이미지를 얻을 수 있다. 그림 41.10은 흑연 조각의 표면을 보여 주고 있는데, STM이 어떤 일을 할 수 있는지 분명하게 보여 주고 있다. 이 이미지의 놀라운 점은 그 분해능이 대략 0.2 nm라는 점이다. 광학 현미경에서 분해능은 빛의 파장에 제한을 받는다. 광학 현미경에서는 가시광선 파장의 절반에 해당하는 200 nm 이상의 분해능을 얻을 수 없고, 그림 41.10처럼 자세히 볼 수 없다.

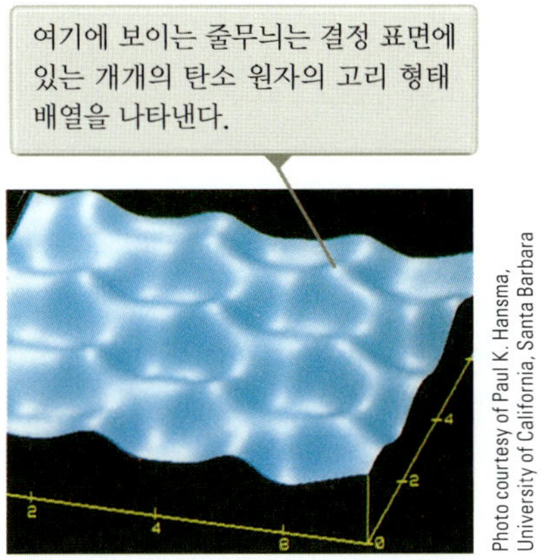

그림 41.10 주사 터널링 현미경으로 관찰한 흑연의 표면. 이런 형태의 현미경은 수평 분해능이 0.2 nm, 수직 분해능이 0.001 nm로 미세한 관측을 할 수 있다.

주사 터널링 현미경은 그림 41.11에 있는 기본적인 원리를 이용하여 원자의 이미지를 얻게 된다. 매우 가는 전도성 탐침을 표면에 가깝게 가져가면 탐침과 표면의 빈 공간이 우리가 논의하고 있는 퍼텐셜 장벽이 된다. 탐침과 표면은 퍼텐셜 우물의 두 벽이 되는 것이다. 전자는 뉴턴의 법칙보다는 양자 역학을 따르므로 투과가 일어난다. 표면과 탐침 사이에 전압이 가해지면, 표면 물질의 원자 속 전자들이 탐침으로 투과되어 나오게 된다. 이런 방법으로 탐침은 표면 바로 위에 있는 전자들의 분포를 보여 준다.

탐침과 표면 사이의 빈 공간에서 전자의 파동 함수는 지수적으로 감소한다(그림 41.8의 영역 II와 예제 41.4 참조). 탐침과 표면 사이의 거리가 $z > 1$ nm에서는, 즉 원자 거리보다 먼 위치에서는 기본적으로 터널링이 일어나지 않는다. 이런 지수적인 특성은 표면에서 투과되는 전자들의 전류가 매우 강한 z 의존성을 보이는 이유가 된다. 탐침이 표면 위를 이동하면서 투과 전류를 관찰함으로써 과학자들은 표면에서 전자 분포의 표면 형상을 미세하게 측정하게 된다. 이런 주사의 결과로 그림 41.10에서와 같은 영상을 얻을 수 있다. 이런 방법으로 STM은 표면에 원자의 1/100에 해당하는 0.001 nm의 높이도 측정할 수 있다.

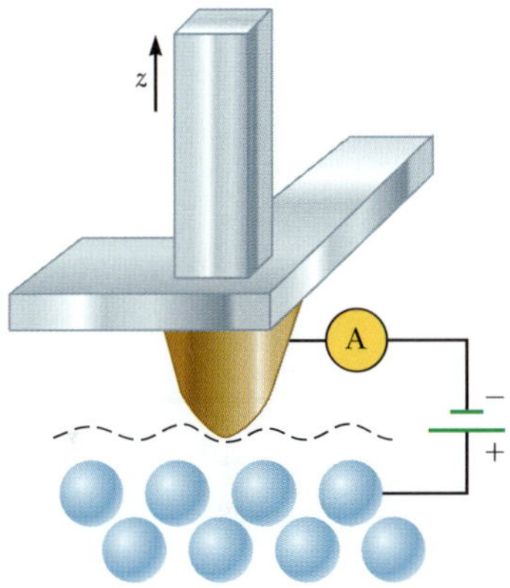

그림 41.11 STM의 개략적인 모습. 탐침으로부터 시료를 향하여 전자를 쏘아 주면 표면의 줄무늬를 원자 수준까지 드러낼 수 있다. STM 영상은 한 줄씩 관찰한 주사를 모아서 만들어진다.(P. K. Hansma, V. B. Elings, O. Marti, and C. Bracker, *Science* **242:** 209, 1988. © 1988 by the AAAS.)

그림 41.10을 보면 STM이 얼마나 민감한지 알 수 있다. 각 고리의 여섯 개의 탄소 원자 중에서 위에 세 개, 아래에 세 개가 있다. 사실 모든 여섯 개의 원자들은 같은 높이에 있으나 조금 다른 전자 분포를 가지고 있다. 아래쪽에 있는 것으로 보이는 세 개의 원자는 그 원자들의 아래쪽에 있는 원자들과 직접 결합을 하고 있기 때문에, 그 결과로 전자 분포가 조금 아래쪽으로 내려와 있는 것으로 나타난다. 위에 있는 것으로 보이는 원자들은 아래 원자 층의 바로 위에 있지 않아서 다른 원자들과 직접 결합하고 있지 않다. 이런 이유로 이 원자들의 전자들은 약간 위에 있는 것으로 나타난다. STM은 전자 분포의 형상을 측정하기 때문에 이런 추가적인 전자 밀도는 그림 41.10에 나타난 원자들의 형상을 만들어 내는 것이다.

STM에는 매우 심각한 한계점이 있다. STM의 동작이 시료와 탐침의 전기 전도도와 관계가 깊다는 것이다. 불행하게도 대부분의 재료들은 표면에서 전기적으로 도체가 아니다. 전기 전도도가 아주 좋은 금속조차도 표면은 부도체인 산화물로 싸여 있기 마련이다. 새로운 현미경인 원자력 현미경(AFM)으로 이런 단점을 해결할 수 있다.

공명 터널링 소자Resonant Tunneling Devices

공명 터널링 소자를 공부하면서 41.4절에 나온 양자점에 대한 논의를 더 해 보자. 그림 41.12a에서는 이 소자의 물리적 구성을 보여 주고 있다. 중앙의 갈륨 비소 입자가 여기서는 알루미늄 비소의 얇은 막으로 둘러싸인 두 개의 장벽 사이에 있는 양자점이다. 그림 41.12b에는 양자점의 양자화된 에너지 준위뿐만 아니라 왼쪽에서 입사하는 전자가 느끼는 퍼텐셜 장벽도 표시되어 있다. 그림 41.8과는 달리 첫 번째 장벽의 우측에 양자화된 에너지 상태가 있다는 점이 다르다. 그림 41.8에서는 터널링한 전자는 자유 전자가 되어 어떤 에너지라도 가질 수 있다. 대조적으로 그림 41.12b에서는 두 번째 장벽이 입자에 경계 조건을 주게 되므로 양자점 내에서 입자의 에너지를 양자화시킨다. 그림 41.12b에서 그림에 보인 에너지를 가진 전자가 첫 번째 장벽을 만나면, 장벽의 오른쪽에서 일치하는 허용 에너지 준위가 없어서, 터널링 확률이 현저히 줄어들게 된다.

그림 41.12c는 전극 사이에 전압을 가해주는 경우의 효과에 대하여 설명하고 있다. 소자를 가로질러 오른쪽으로 이동하면 위치에 따라 퍼텐셜이 감소한다. 퍼텐셜 장벽의 변형은 입사 전자의 에너지와 일치하는 양자점의 에너지 준위가 생기게 한다. 이런 공명 현상을 따서 소자의 이름을 지었다. 전압이 인가될 때, 터널링 확률은 현저하게 증가하며 소자에 많은 전류가 흐르게 된다. 이런 방식으로 이 소자는 나노 기술에서 매우 빠른 스위치로 사용될 수 있을 것이다.

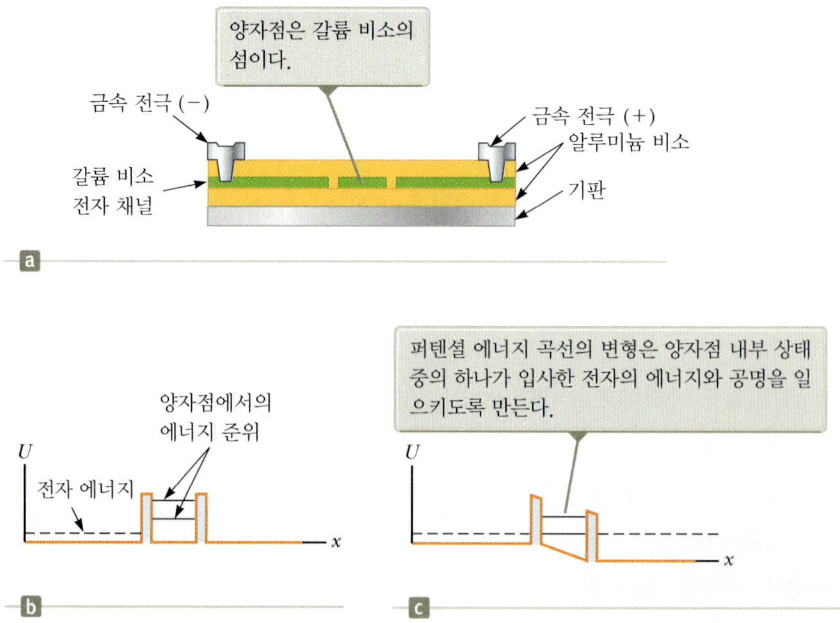

그림 41.12 (a) 공명 터널링 소자의 물리적인 구조 (b) 양자점의 벽을 나타내는 이중 장벽을 보여 주는 퍼텐셜 에너지 도표 (c) 소자 양단에 전압이 걸린다.

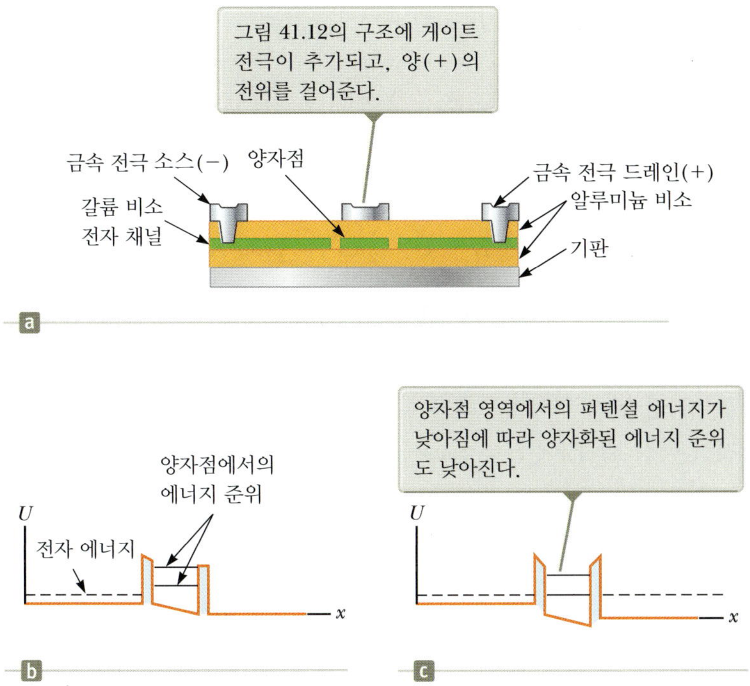

그림 41.13 (a) 공명 터널링 트랜지스터 (b) 양자점의 벽을 나타내는 이중 장벽을 보여 주는 퍼텐셜 에너지 도표 (c) 게이트 전극에 전압이 걸린다.

공명 터널링 트랜지스터 Resonant Tunneling Transistors

그림 41.13a에서는 양자점의 상부에 게이트 전극을 올려 놓은 경우를 보여 주고 있다. 이런 전극을 **공명 터널링 트랜지스터**(resonant tunneling transistor)라고 한다. 트랜지스터의 기본 기능은 작은 전압 신호를 큰 전압 신호로 바꾸는 것이다. 그림 41.13b에서는 터널링 트랜지스터의 퍼텐셜 에너지 도표를 보여 주고 있는데, 양자점 바닥에서의 기울기는 소스와 드레인 전극의 전압 차이를 나타내고 있다. 이런 구조에서는 양자점 바깥의 전자의 에너지와 양자점 내에서의 양자화된 에너지 사이에 아무런 공명이 일어나지 않는다. 그림 41.13c에서처럼 게이트 전극에 작은 전압을 걸어줌으로써, 우물 바깥의 전자 에너지와 양자화된 에너지 사이에 공명이 일어나 공명 터널링을 일으킬 수 있다. 이때 흐르는 전류는 외부 저항기 양단에 전압을 유발시키는데, 이 전압은 게이트의 전압보다 훨씬 큰 값이 되므로, 소자는 게이트 전극에 들어온 입력 신호를 증폭하는 것이다.

41.7 단조화 진동자
The Simple Harmonic Oscillator

먼저 선형 복원력 $F = -kx$를 받는 입자로부터 출발하자. 여기서 x는 평형 상태 $(x = 0)$로부터의 입자 위치이고, k는 상수이다. 이런 상황의 고전적인 설명은 15장에서 논의한 단조화 운동하는 입자의 분석 모형이다. 계의 퍼텐셜 에너지는 식 15.20으로부터

$$U = \tfrac{1}{2}kx^2 = \tfrac{1}{2}m\omega^2 x^2$$

으로 주어지고 진동의 각진동수는 $\omega = \sqrt{k/m}$로 주어진다. 고전적으로, 입자를 평형 위치로부터 변위시켰다가 놓으면, 입자는 $x = -A$와 $x = A$ 사이를 진동하게 되고, 여기서 A는 진동의 진폭이 된다. 또한 이의 전체 에너지 E는 식 15.21에 의하여

$$E = K + U = \tfrac{1}{2}kA^2 = \tfrac{1}{2}m\omega^2 A^2$$

으로 주어진다. 고전 역학에서는 $x = 0$에서 정지 상태에 있는 입자의 전체 에너지인 $E = 0$을 포함한 어떤 E 값도 허용된다.

단조화 진동자를 양자 역학적으로 어떻게 다루는지를 살펴보자. 이런 문제에 대한 슈뢰딩거 방정식은 식 41.15에 $U = \frac{1}{2}m\omega^2 x^2$을 대입함으로써 다음과 같이 얻어진다.

$$-\frac{\hbar^2}{2m}\frac{d^2\psi}{dx^2} + \tfrac{1}{2}m\omega^2 x^2\psi = E\psi \qquad \textbf{(41.24)}$$

이 방정식을 푸는 수학적인 기술은 이 교재의 수준을 넘어선다. 그러나 답이 어떻게 나올지 추측해 보는 것은 배울 만하다. 다음과 같은 파동 함수를 고려해 보자.

$$\psi = Be^{-Cx^2} \qquad \textbf{(41.25)}$$

이 함수를 식 41.24에 대입함으로써, 이 함수가 슈뢰딩거 방정식의 해임을 알 수 있다. 이때

$$C = \frac{m\omega}{2\hbar} \quad \text{그리고} \quad E = \tfrac{1}{2}\hbar\omega$$

이다. 나중에 알게 되겠지만 이 파동 함수는 계의 바닥상태에 해당하고, 에너지 값은 $\frac{1}{2}\hbar\omega$이다. $C = m\omega/2\hbar$이므로 식 41.25로부터 이 상태에 대한 파동 함수는

단조화 진동자의 바닥상태의 파동 함수 ▶

$$\psi = Be^{-(m\omega/2\hbar)x^2} \qquad \textbf{(41.26)}$$

이 된다. 여기서 B는 규격화 조건에 따라 결정되는 상수이다. 이것은 식 41.24의 여러 해 중 하나이며, 들뜬상태의 해들은 훨씬 복잡한 형태를 띠고 있지만 모든 해도 지수 인자 e^{-Cx^2}을 가지고 있다.

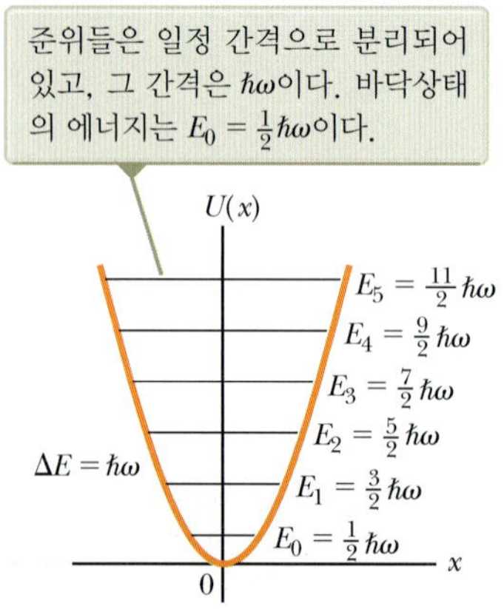

그림 41.14 퍼텐셜 에너지 함수와 겹쳐 그린 단조화 진동자의 에너지 준위 도표

조화 진동자의 에너지 준위는 예상대로 양자화되어 있다. 왜냐하면 진동 입자가 $x = 0$ 근처에서 구속되어 있기 때문이다. 임의의 양자수 n인 상태의 에너지는 다음과 같이 주어진다.

$$E_n = \left(n + \tfrac{1}{2}\right)\hbar\omega \qquad n = 0, 1, 2, \cdots \qquad \textbf{(41.27)}$$

$n = 0$인 상태는 바닥상태에 해당하며, 이의 에너지는 $E_0 = \frac{1}{2}\hbar\omega$이다. $n = 1$인 상태는 첫 번째 들뜬상태이고, 이의 에너지는 $E_1 = \frac{3}{2}\hbar\omega$로 주어진다. 그림 41.14에 이 계의 에너지 준위 도표를 그려 놓았다. 인접한 준위 사이의 간격은 같으며, 그 값은

$$\Delta E = \hbar\omega \qquad \textbf{(41.28)}$$

로 주어진다.

그림 41.14에서 조화 진동자의 에너지 준위들은 간격이 일정하며, 이는 40.1절에서 플랑크가 흑체 복사에서 제안한 공동(cavity) 벽에서 진동자의 경우와 일치한다. 진동자의 에너지 준위에 대한 플랑크의 식 40.4는 식 41.27과 단지 n에 1/2만을 더한 차이가 날 뿐이다. 이런 추가 항은 식 40.5(식 41.28과 동등한)로 주어진 에너지 전이와 무관하다. 이런 개념을 슈뢰딩거 방정식의 도움 없이 플랑크가 제안한 것은 그의 천재성을 드러낸 것이라 할 수 있다.

예제 41.5 수소 기체의 몰비열

21.3절의 그림 21.6은 수소의 몰비열을 온도의 함수로 보여 준다. 진동은 실온에서 몰비열에 영향을 주지 않는다. 수소 분자를 단조화 진동자로 모형화할 수 있는 이유를 설명하라. 수소 분자 결합에 대한 유효 용수철 상수는 573 N/m이다.

풀이

개념화 이원자 분자에서 가능한 하나의 진동 형태만 있다고 가정하자. 이 진동(그림 21.5c)은 두 원자가 같은 속력을 가지고 서로 다른 방향으로 움직인다.

분류 예제는 분자를 두 입자계로 생각하고, 양자 조화 진동자 문제로 분류한다.

분석 환산 질량 μ를 가진 한 입자의 진동으로 생각하여, 중심 질량에 대한 입자의 운동으로 해석할 수 있다.

두 입자의 질량이 같은 수소의 환산 질량 μ를 계산한다.

$$\mu = \frac{m_1 m_2}{m_1 + m_2} = \frac{m^2}{2m} = \tfrac{1}{2}m$$

식 41.28을 이용하여 진동 바닥상태에서 첫 번째 들뜬 진동 상태로 전이할 때 필요한 에너지를 계산한다.

$$\Delta E = \hbar\omega = \hbar\sqrt{\frac{k}{\mu}} = \hbar\sqrt{\frac{k}{\frac{1}{2}m}} = \hbar\sqrt{\frac{2k}{m}}$$

m에는 수소 원자의 질량 등으로 수치들을 대입한다.

$$\Delta E = (1.055 \times 10^{-34}\,\mathrm{J\cdot s})\sqrt{\frac{2(573\,\mathrm{N/m})}{1.67 \times 10^{-27}\,\mathrm{kg}}}$$
$$= 8.74 \times 10^{-20}\,\mathrm{J}$$

식 21.19로부터 이 에너지를 $\frac{3}{2}k_BT$와 같게 놓는다. 분자의 평균 병진 운동 에너지와 분자가 첫 번째 진동 상태로 전이하는 데 필요한 에너지가 같아지는 온도를 구한다.

$$\tfrac{3}{2}k_BT = \Delta E$$

$$T = \tfrac{2}{3}\left(\frac{\Delta E}{k_B}\right) = \tfrac{2}{3}\left(\frac{8.74 \times 10^{-20}\,\mathrm{J}}{1.38 \times 10^{-23}\,\mathrm{J/K}}\right) = 4.22 \times 10^3\,\mathrm{K}$$

결론 첫 번째 진동 상태로 들뜨는 데 필요한 에너지와 같은 병진 운동 에너지를 얻기 위해서는 기체의 온도가 4 000 K을 넘어야 한다. 이 들뜬 에너지는 분자 사이의 충돌로부터 나온다. 만약 분자가 충분한 병진 운동 에너지를 갖지 못하면, 분자들은 첫 번째 진동 상태로 들뜨지 못하게 되고, 진동은 몰비열에 영향을 주지 못한다. 이것이 수소 기체가 수천 켈빈 온도까지 올라가기 전까지는 그림 21.6의 곡선이 진동의 기여가 있을 때의 값까지 올라가지 못하는 이유이다.

그림 21.6에서 진동 준위보다 회전 준위에서의 들뜸이 더 낮은 온도에서 일어남을 알 수 있고, 따라서 회전 에너지 준위의 간격은 진동 에너지 준위의 간격보다 더 촘촘하다. 병진 에너지 준위는 기체가 존재하는 삼차원 상자에서 입자들의 에너지 준위이다. 이 준위들은 식 41.14와 비슷하게 표현된다. 상자는 거시 세계의 크기를 갖기 때문에, L은 매우 크고 에너지 준위 사이의 간격은 매우 좁다. 실제로 준위 사이가 매우 좁아서, 병진 에너지 준위들은 그림 21.6에서 보인 액체 질소가 기체로 되는 온도에서도 들뜨게 된다.

연습문제

객관식

1. 운동 에너지가 2.00 eV인 양자 입자들로 이루어진 빔이 작은 너비와 높이가 3.00 eV인 퍼텐셜 장벽에서 반사된다. 장벽의 높이를 2.01 eV로 낮추면, 반사된 양자 입자들의 비율은 어떻게 변하는가? (a) 증가한다. (b) 감소한다. (c) 0으로 유지된다. (d) 1로 유지된다. (e) 다른 어떤 값으로 유지된다.

2. 질량 m_1인 양자 입자가 무한히 높은 벽으로 된 길이가 3 nm인 네모 우물에 있다. 입자의 에너지가 큰 것부터 (a)에서 (e)까지 순서대로 나열하라. 크기가 같으면 동일한 순위로 두라. (a) 질량 m_1인 입자가 우물의 바닥상태에 있을 때 (b) 질량 m_1인 입자가 같은 우물의 $n = 2$인 들뜬상태에 있을 때 (c) 질량 $2m_1$인 입자가 같은 우물의 바닥상태에 있을 때 (d) 질량 m_1인 입자가 같은 우물의 바닥상태에 있고, 불확정성 원리가 적용되는 상황이 아닐 때, 즉 플랑크 상수가 영이 될 경우 (e) 질량 m_1인 입자가 우물의 길이가 6 nm인 바닥상태에 있을 때

3. 전자에 대한 (a)에서 (e)까지 서술 중에서 참과 거짓을 판별하라. (a) 이는 양자 입자이며, 어떤 실험에서는 고전적인 입자로 그리고 어떤 실험에서는 고전적인 파동처럼 행동한다. (b) 정지 에너지가 영이다. (c) 에너지가 운동으로 전달된다. (d) 운동량이 운동으로 전달된다. (e) 이의 운동은 파장이 있는 파동 함수로 표현되고 파동 방정식을 만족한다.

4. 광자에 대한 (a)에서 (e)까지 명제 중에서 참과 거짓을 판별하라. (a) 이는 양자 입자이며, 어떤 실험에서는 고전적인 입자로 그리고 어떤 실험에서는 고전적인 파동처럼 행동한다. (b) 정지 에너지가 영이다. (c) 에너지가 운동으로 전달된다. (d) 운동량이 운동으로 전달된다. (e) 이의 운동은 파장이 있는 파동 함수로 표현되고 파동 방정식을 만족한다.

5. 길이가 L인 단단한 상자 내에 입자가 $n = 2$인 첫 번째 들뜬상태에 있다(그림 OQ41.5). 입자가 가장 잘 발견되는 곳은 어디인가? (a) 상자의 중앙 (b) 상자의 끝 부분 (c) 상자 내의 모든 곳에서 같다. (d) 상자의 끝으로부터 1/4 떨어진 곳 (e) 정답 없음

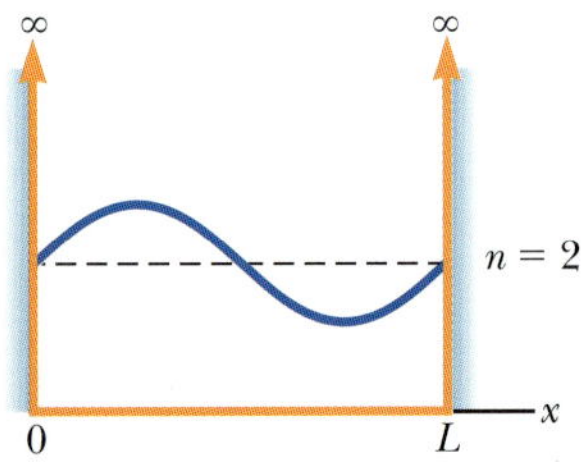

그림 OQ41.5

6. 길이가 같은 두 네모 우물이 있다. 우물 1의 벽은 유한한 높이이고, 우물 2의 벽은 무한히 높다. 두 우물에는 각각 동일한 양자 입자가 하나씩 들어 있다. **(i)** 바닥상태 파동 함수의 파장은 (a) 우물 1에서 더 크다. (b) 우물 2에서 더 크다. (c) 두 우물에서 모두 같다. **(ii)** 바닥상태 운동량의 크기는 (a) 우물 1에서 더 크다. (b) 우물 2에서 더 크다. (c) 두 우물에서 모두 같다. **(iii)** 입자의 바닥상태 에너지는 (a) 우물 1에서 더 크다. (b) 우물 2에서 더 크다. (c) 두 우물에서 모두 같다.

7. x축의 $x = 4$ nm와 $x = 7$ nm 사이에서, 어떤 양자 입자를 발견할 확률이 48 %이다. 이 영역에서 입자의 파동 함수는 $\psi(x)$는 일정하다. $\psi(x)$의 값은 $\text{nm}^{-1/2}$ 단위로 얼마인가? (a) 0.48 (b) 0.16 (c) 0.12 (d) 0.69 (e) 0.40

8. 어떤 전기 소자에서 터널링 전류가 퍼텐셜 에너지 장벽을 지나고 있다고 가정하자. 장벽의 너비가 크고, 높기 때문에 터널링 전류는 적다. 전류를 가장 효율적으로 증가시키려면 어떻게 해야 하는가? (a) 장벽의 너비를 줄인다. (b) 장벽의 높이를 줄인다. (c) (a) 또는 (b)는 동일하게 효과적이다. (d) (a)뿐만 아니라 (b) 또한 영향이 없다.

9. 그림 41.11의 이상적인 모식도와는 달리, 주사 터널링 현미경에 사용되는 보통 탐침은 원자 크기 정도의 약간 불규칙적인 부분들이 있어서 끝 표면이 들쭉날쭉하다. 이런 탐침의 경우, 대부분의 터널링이 일어나는 것은 시료와 탐침의 어느 부위 사이인가? (a) 탐침 끝의 모든 부분 (b) 탐침 끝의 거의 정중앙 (c) 시료와 가장 가까운 곳 (d) 시료와 가장 거리가 먼 곳

10. 그림 OQ41.10은 어떤 범위에서 가상적인 양자 입자의 파동 함수를 나타낸 것이다. a에서 e 중 입자가 가장 잘 발견되는 곳은 어디인가?

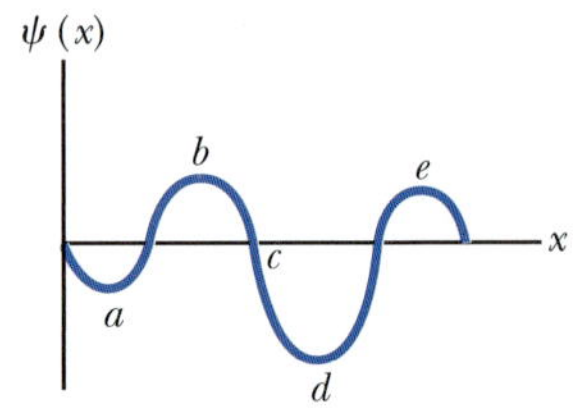

그림 OQ41.10

주관식

41.1 파동 함수

1. 다음과 같은 파동 함수를 갖는 자유 전자가 있다.

$$\psi(x) = Ae^{i(5.00 \times 10^{10}\ x)}$$

여기서 x의 단위는 m이다. (a) 드브로이 파장, (b) 운동량, (c) 운동 에너지(eV)를 구하라.

2. 입자의 파동 함수가 $\psi(x) = Ae^{-|x|/a}$으로 주어진다. 여기서 A와 a는 상수이다. (a) $-3a < x < 3a$ 구간에서 이 함수를 x에 대하여 그리라. (b) A의 값을 구하라. (c) $-a < x < a$ 구간에서 입자를 발견할 확률을 구하라.

3. 양자 입자의 파동 함수가 $x = 0$과 $x = 1.00$ 사이에서는 $\psi(x) = Ax$이고, 그 이외에는 $\psi(x) = 0$으로 주어진다. 이때 (a) 규격화 상수 A의 값, (b) $x = 0.300$과 $x = 0.400$ 사이에서 입자를 발견할 확률, (c) 입자 위치의 기댓값을 구하라.

4. 양자 입자의 파동 함수가

$$\psi(x) = \sqrt{\frac{a}{\pi(x^2 + a^2)}}$$

이다. 이때 $a > 0$이고 $-\infty < x < +\infty$이다. $x = -a$와 $x = +a$ 사이에 입자가 있을 확률을 구하라.

41.2 분석 모형: 경계 조건하의 양자 입자

5. (a) 상자 내의 양자 입자 모형을 이용하여, 지름이 20.0 fm인 원자핵에 갇힌 중성자의 처음 세 에너지 준위를 계산하라. (b) 에너지 준위의 차이들이 현실적인 정도의 크기인지 설명하라.

6. 에너지가 약 6 eV인 전자가 1.00 nm 떨어져 있는 단단한 두 벽 사이에서 운동하고 있다. (a) 이 전자가 점유하는 에너지 상태의 양자수 n과 (b) 전자의 정확한 에너지를 구하라.

7. 길이가 0.100 nm인 일차원 상자 내에 전자가 있다. (a) 전자의 에너지 준위 도표를 $n = 4$인 준위까지 그리라. (b) 전자가 $n = 4$의 상태에서 $n = 1$의 상태인 아래로 전이되면서 광자가 방출된다. 이 광자의 파장을 구하라.

8. 다음 상황은 왜 불가능한가? 양성자 하나가 길이가 1.00 nm인 한없이 깊은 퍼텐셜 우물 내에 있다. 이 계는 파장이 6.06 mm인 마이크로파 광자를 흡수하여 다음의 가능한 양자 상태로 들뜬다.

9. 루비 레이저에서 694.3 nm의 빛이 나온다. 이 파장의 빛이 상자 내의 전자가 $n = 2$인 상태에서 $n = 1$로 전이될 때 나오는 것이라면, 상자의 길이는 얼마인가?

10. 레이저에서 파장 λ의 빛이 나온다. 이 파장의 빛이 상자 내의 전자가 $n = 2$인 상태에서 $n = 1$로 전이될 때 나오는 것이라면, 상자의 길이는 얼마인가?

11. 핵 내에서 중성자와 양성자를 묶어 주는 핵 퍼텐셜 에너지는 네모 우물로 근사시킬 수 있다. 한 양성자가 길이가 10.0 fm이고(이는 일반적인 핵의 지름임) 무한히 높은 네모 우물 내에 있다고 가정하자. 이 양성자가 $n = 2$ 상태에서 바닥상태로 전이한다고 할 때, 방출되는 광자의 (a) 에너지와 (b) 파장을 계산하라. (c) 이 파장에 해당되는 전자기 스펙트럼의 영역은 어디인가?

12. 길이가 0.200 nm인 일차원 상자에서 양성자가 움직이고 있다. (a) 양성자의 가장 낮은 에너지를 구하라. (b) 같은 상자 내에 갇혀 있는 전자의 가장 낮은 에너지는 얼마인가? (c) (a)와 (b)의 결과가 크게 다른 것은 어떻게 설명할 수 있는가?

13. 전자 하나가 일차원 상자에 속박되어 있다. 이때 바닥상태($n = 1$)의 에너지는 2.00 eV이다. (a) 이 영역의 길이 L은 얼마인가? (b) 전자가 첫 번째 들뜬상태로 가기 위하여 필요한 입력 에너지는 얼마인가?

14. 속력이 1.00 mm/s인 4.00 g의 입자가 길이 L인 상자 안에 갇혀 있다. (a) 입자의 고전적인 운동 에너지는 얼마인가? (b) 첫 번째 들뜬상태($n = 2$)의 에너지가 (a)에서 구한 운동 에너지와 같다면, L의 값은 얼마인가? (c) (b)에서 구한 결과는 현실적인가? 설명하라.

15. 상자 내의 전자가 파장이 λ인 광자를 흡수한다. 그 결과 전자가 $n = 1$에서 $n = 4$인 상태로 이동한다. (a) 상자의 길이를 구하라. (b) 전자가 $n = 4$인 상태에서 $n = 2$인 상태로 전이할 때 방출되는 광자의 파장 λ'은 얼마인가?

16. 길이가 L이고 무한히 높은 벽을 가진 네모 우물의 바닥상태에 있는 질량 m인 양자 입자의 경우, 위치의 불확정도는 $\Delta x \approx L$이다. (a) 불확정성 원리를 이용하여, 이의 운동량 불확정도를 추정하라. (b) 입자가 상자 내에 위치하기 때문에 이의 평균 운동량은 영이어야 한다. 그러면 운동량 제곱의 평균은 $\langle p^2 \rangle \approx (\Delta p)^2$이다. 입자의 에너지를 추정하라. (c) (b)의 결과와 실제 바닥상태 에너지를 비교하여 설명하라.

17. 어떤 양자 입자의 파동 함수가 다음과 같을 때

$$\psi(x) = \begin{cases} A\cos\left(\dfrac{2\pi x}{L}\right) & -\dfrac{L}{4} \le x \le \dfrac{L}{4} \\ 0 & \text{그 이외의 영역} \end{cases}$$

(a) 규격화 상수 A를 구하라. (b) 입자의 위치를 측정할 수 있다면 $x = 0$ 과 $x = L/8$에서 입자를 발견할 확률은 얼마인가?

18. $x = 0$과 $x = L$ 사이에 있는 일차원 상자 내에서 운동하는 양자 입자의 파동 함수가

$$\psi(x) = A\sin\left(\frac{n\pi x}{L}\right)$$

이다. ψ에 대한 규격화 조건을 이용하여

$$A = \sqrt{\frac{2}{L}}$$

임을 보이라.

19. 무한히 깊은 네모 우물 내에 있는 양자 입자의 파동 함수가 $0 \le x \le L$일 때

$$\psi_2(x) = \sqrt{\frac{2}{L}}\sin\left(\frac{2\pi x}{L}\right)$$

이고, 그 이외에서는 0이다. (a) x의 기댓값을 구하라. (b) 입자를 $L/2$ 근처, 즉 $0.490L \le x \le 0.510L$ 범위에서 발견할 확률을 구하라. (c) 입자를 $0.240L \le x \le 0.260L$ 범위에서 발견할 확률을 구하라. (d) (a)의 결과가 (b), (c)의 결과와 모순되지 않음을 설명하라.

20. 무한히 깊은 네모 우물 내에 있는 양자 입자의 파동 함수가 $0 \le x \le L$일 때

$$\psi_3(x) = \sqrt{\frac{2}{L}}\sin\left(\frac{3\pi x}{L}\right)$$

이고, 그 이외에서는 0이다. (a) 전자를 발견할 확률이 가장 큰 위치는 어디인가? (b) 어떻게 확인할 수 있는지 설명하라.

21. 전자 하나가 길이가 0.300 nm인 무한히 깊은 퍼텐셜 우물에 잡혀 있다. (a) 전자가 바닥상태에 있다면, 왼쪽 벽의 0.100 nm 내에서 전자를 발견할 확률은 얼마인가? (b) 이 구간에서 전자를 발견할 고적적인 확률은 얼마인가? 그리고 (a)의 답과 이를 비교하여 설명하라. (c) 입자가 99번째 에너지 상태에 있다고 가정하고, (a)와 (b)를 다시 계산하라.

22. 무한히 깊은 네모 우물 내에 있는 양자 입자의 파동 함수가 $0 \le x \le L$일 때

$$\psi_1(x) = \sqrt{\frac{2}{L}}\sin\left(\frac{\pi x}{L}\right)$$

이고, 그 외에서는 0이다. (a) $x = 0$에서 $x = (1/3)L$ 사이에 있을 확률을 구하라. (b) $x = (1/3)L$에서 $x = (2/3)L$ 사이의 값을 (a)의 결과를 이용해 풀라. 단, 다시 적분을 하지는 말라.

41.3 슈뢰딩거 방정식

23. 파동 함수 $\psi(x) = Ae^{i(kx - \omega t)}$이 $U = 0$인 슈뢰딩거 방정식(식 41.15)의 해임을 보이라. 여기서 $k = 2\pi/\lambda$이다.

24. 질량 m인 양자 입자의 파동 함수는

$$\psi(x) = A\cos(kx) + B\sin(kx)$$

이다. 여기서 A, B, k는 상수이다. (a) 입자가 자유롭다고 가정하고($U = 0$), $\psi(x)$가 슈뢰딩거 방정식(식 41.15)의 해임을 보이라. (b) 이에 해당하는 입자의 에너지 E를 구하라.

25. $x = -L/2$과 $x = L/2$에 벽이 있는 일차원 상자 내에서 운동하는 양자 입자를 고려해 보자. (a) $n = 1$, $n = 2$, $n = 3$에 대한 파동 함수와 확률 밀도를 쓰라. (b) 파동 함수와 확률 밀도를 대략적으로 그리라.

26. 공간 영역에서 전체 에너지가 영인 양자 입자의 파동 함수는

$$\psi(x) = Axe^{-x^2/L^2}$$

이다. (a) 퍼텐셜 에너지 U를 x의 함수로 구하라. (b) 함수 $U(x)$의 그래프를 그리라.

27. 질량 m인 양자 입자가 길이 $2L$인 퍼텐셜 우물 내에서 움직이고 있다. 이 퍼텐셜 에너지는 $x < -L$과 $x > +L$에서 무한대이다. $-L < x < L$에서 퍼텐셜 에너지는

$$U(x) = \frac{-\hbar^2 x^2}{mL^2(L^2 - x^2)}$$

이다. 정상 상태에 있는 입자의 파동 함수는 $-L < x < +L$에서 $\psi(x) = A(1 - x^2/L^2)$이며, 나머지 영역에서는 $\psi(x) = 0$이다. (a) 입자의 에너지를 계산하여 $\hbar$, m, L로 나타내라. (b) 규격화 상수 A를 결정하라. (c) $x = -L/3$과 $x = +L/3$ 사이에 입자가 있을 확률을 구하라.

41.4 유한한 높이의 우물에 갇힌 입자

28. 유한 퍼텐셜 우물(그림 41.7) 내의 $n = 4$에 있는 양자 입자에 대하여 (a) 파동 함수 $\psi(x)$와 (b) 확률 밀도 $|\psi(x)|^2$을 그리라.

29. 무한히 높은 벽을 가진 상자 내의 바닥상태에 양자 입자가 있다고 가정해 보자(그림 41.4a 참조). 이제 왼쪽 벽이 갑자기 유한한 높이와 너비로 줄어들었다고 가정해 보자. (a) 짧은 시간이 지난 후 입자의 파동 함수를 정성적으로 그려 보라. (b) 상자의 길이가 L일 때, 왼쪽 벽을 침투한 파동의 파장은 얼마인가?

41.5 퍼텐셜 에너지 장벽의 터널링

30. $E = 5.00$ eV의 운동 에너지를 가진 전자가 너비가 $L = 0.200$ nm이고 높이가 $U = 10.0$ eV인 장벽에 입사한다(그림 P41.30). (a) 전자가 장벽을 통과할 확률과 (b) 장벽에서 반사될 확률은 얼마인가?

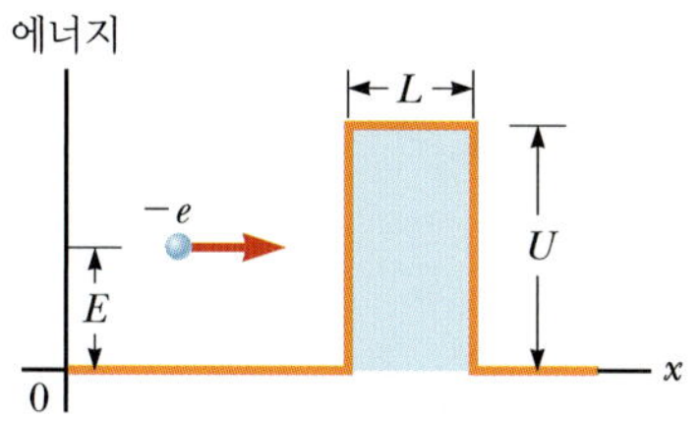

그림 P41.30 문제 30, 31

31. 그림 P41.30에서와 같이 에너지가 $E = 4.50$ eV인 전자가 $U = 500$ eV이고 $L = 950$ pm인 네모 에너지 장벽에 접근한다. 고전적으로 전자는 $E < U$이기 때문에 장벽을 지나갈 수 없다. 그러나 양자 역학적으로, 터널링 확률은 영이 아니다. (a) 투과 계수인 이 확률을 계산하라. (b) 입사 에너지가 4.50 eV인 전자가 장벽을 통과할 확률이 백만분의 일이 되기 위한 퍼텐셜 장벽의 너비 L의 값은 얼마가 될까?

32. 전자의 운동 에너지는 12.0 eV이다. 높이가 20.0 eV이고 너비가 1.00 nm인 네모 장벽에 전자가 입사한다. 전자가 장벽에 도달하는 순간에 초록색 빛(파장 546 nm)의 광자를 흡수한다면, 전자가 장벽을 터널링하는 확률은 얼마나 증가하는가?

41.6 터널링의 응용

33. STM(scanning tunneling microscope)은 정밀하게 표면의 모양의 깊이를 측정할 수 있다. 왜냐하면 팁을 흐르는 전류가 팁과 시료 표면의 간격 차에 대하여 아주 민감하게 변하기 때문이다. 이 방향에서 전자의 파동 함수는 지수 함수적으로 감소하며 그 특성 길이가 0.100 nm라고 가정해 보자(즉 $C = 10.0\ \text{nm}^{-1}$). STM 팁이 표면에서 0.500 nm 떨어졌을 때 흐르는 전류와 0.515 nm 위에 있을 때 흐르는 전류의 비를 구하라.

41.7 단조화 진동자

34. 일차원 조화 진동자의 파동 함수는

$$\psi = Axe^{-bx^2}$$

이다. (a) $\psi(x)$가 식 41.24를 만족함을 보이라. (b) b와 전체 에너지 E를 구하라. (c) 이 파동 함수는 바닥상태인가 아니면 첫 번째 들뜬상태인가?

35. 양자 단조화 진동자는 평형점에 대한 변위에 비례하는 복원력으로 속박되어 있는 전자로 이루어져 있다. 복원력의 비례 상수는 8.99 N/m이다. 이 진동자를 들뜨게 할 수 있는 빛의 가장 긴 파장을 구하라.

36. 양자 단조화 진동자는 평형점에 대한 변위에 비례하는 복원력으로 속박되어 있는 질량 m의 입자로 이루어져 있다. 복원력의 비례 상수는 k이다. 이 진동자를 들뜨게 할 수 있는 빛의 가장 긴 파장을 구하라.

37. (a) 단조화 진동자의 바닥상태의 파동 함수를 규격화하라. 즉 식 41.7을 식 41.26에 적용하고 필요한 상수 B를 m, ω, 그리고 기본적인 상수들로 나타내라. (b) 평형 위치 부근인 $-\delta/2 < x < \delta/2$의 작은 구간에서 진동자를 발견할 확률을 구하라.

38. 질량 m_1과 m_2를 갖는 두 개의 입자는 힘 상수 k인 용수철로 연결되어 있다. 이들은 직선을 따라서 진동한다. (a) 전체 에너지

$$\tfrac{1}{2}m_1u_1^2 + \tfrac{1}{2}m_2u_2^2 + \tfrac{1}{2}kx^2$$

이 $\frac{1}{2}\mu u^2 + \frac{1}{2}kx^2$으로 표현될 수 있음을 증명하라. 여기서 $u = |u_1 - u_2|$는 입자의 **상대** 속력이고,

$$\mu = \frac{m_1 m_2}{(m_1 + m_2)}$$

는 이 계의 환산 질량이다. 이 결과는 자유롭게 진동하는 입자쌍을 정확하게 한쪽 끝은 고정되어 있는 용수철의 끝에 매달려 진동하는 입자로 모형화할 수 있음을 보여 준다. (b) 다음 식

$$\tfrac{1}{2}\mu u^2 + \tfrac{1}{2}kx^2 = \text{상수}$$

를 x에 대하여 미분하라. 이 계가 단조화 운동함을 보이고

(c) 그 진동수를 구하라.

39. x축에서 단조화 운동을 하는 입자의 입자-용수철 계의 전체 에너지는

$$E = \frac{p_x^2}{2m} + \frac{kx^2}{2}$$

이다. 여기서 p_x는 양자 입자의 운동량이고 k는 용수철 상수이다. (a) 불확정성 원리를 이용하여, 이 식은 또한

$$E \geq \frac{p_x^2}{2m} + \frac{k\hbar^2}{8p_x^2}$$

과 같이 쓸 수 있음을 보이라.

(b) 조화 진동자의 최소 에너지가

$$E_{\min} = K + U = \tfrac{1}{4}\hbar\sqrt{\frac{k}{m}} + \frac{\hbar\omega}{4} = \frac{\hbar\omega}{2}$$

임을 보이라.

40. 식 41.26이 에너지 $E = 1/2\hbar\omega$인 식 41.24의 해임을 보이라.

원자 물리학
Atomic Physics

CHAPTER

42

도쿄의 한 거리에는 여러 색상의 밝은 네온 램프로 이루어진 많은 간판들이 있다. 이들 램프에서 나오는 빛은 램프 내에 있는 원자의 양자 에너지 상태 사이의 전이에 의하여 발생한다. 이 장에서는 이런 전이에 대하여 공부한다. *(© Ken Straiton/Corbis)*

41장에서는 기본적인 양자 역학 개념과 식을 소개하였으며, 여러 가지 일차원 계에 양자 역학을 적용시켜 보았다. 이번 장에서는 원자계에 적용되는 양자 역학에 대하여 다룬다. 전반적으로 수소 원자의 양자 역학적인 해석에 초점을 맞추어 진행할 것이다. 가장 간단한 원자계인 수소 원자를 이해하는 것은 여러 가지 측면에서 중요하다.

- 수소 원자는 유일하게 정확한 해를 구할 수 있는 원자계이다.
- 한 개의 전자를 가진 수소 원자에 대한 연구가 20세기에 이미 많이 이루어져서,

He^+ 또는 Li^{2+}와 같이 한 개의 전자를 갖는 이온으로 확장할 수 있다.

- 수소 원자는 실험을 통하여 정확히 이론과 일치됨을 확인할 수 있는 이상적인 계이며, 원자 구조를 이해하는 데 전반적으로 기여하고 있다.
- 수소의 허용 상태를 가리키는 데 사용되는 양자수는 더 복잡한 원자를 이해하는 데도 이용되고, 주기율표에서 원소의 성질을 기술하는 데 유용하다. 이런 이해는 양자 역학의 위대한 업적 중 하나이다.
- 원자 구조에 대한 기본적 이해가 좀 더 복잡한 분자 구조와 고체의 전자적인 구조를 다루기 전에 선행되어야 한다.

슈뢰딩거 방정식의 완전한 수학적인 해는 수소 원자의 특성을 완벽하고 훌륭하게 서술하는 데 기여하였다. 그러나 수학적인 과정은 이 책의 범위를 넘어서기 때문에 자세한 부분은 생략하였다. 수소의 몇 가지 상태를 나타내는 해들은 허용 상태의 특징을 나타내는 양자수와 같이 논의하겠다. 또한 양자수의 물리적 중요성과 양자 상태에 미치는 자기장 효과도 논의할 것이다.

이번 장에서는 물리적으로 새로운 개념인 **배타 원리**에 대하여 다룰 것이다. 이 배타 원리는 많은 전자를 가진 원자들의 특성과 주기율표에서 원소의 배열을 이해하는 데 매우 중요하다.

마지막으로 원자 구조에 관한 지식을 바탕으로 X선의 발생 및 레이저 작동의 원리를 기술하겠다.

42.1 기체의 원자 스펙트럼
Atomic Spectra of Gases

오류 피하기 42.1

왜 선인가? '스펙트럼 선'이라는 용어는 원자에서 나오는 복사를 논의할 때 종종 사용된다. 빛이 파장별로 분리되기 전에 길고 매우 좁은 슬릿을 통과하기 때문에 선들을 보게 된다. 여러분은 물리와 화학 모두에서 이들 선을 언급한 많은 자료를 보게 될 것이다.

40.1절에서 다루었듯이, 모든 물체는 **연속적인** 파장의 분포로 특성화되는 열복사를 방출한다. 연속적인 분포 스펙트럼에 대조되는 것은 저압 기체에서 전기 방전이 진행될 때 관찰되는 불연속적인 **선 스펙트럼**(line spectrum)이다(기체의 유전 강도보다 큰 전기장이 기체에 작용할 때 전기 방전이 발생한다). 이런 스펙트럼 선의 관찰과 분석을 **방출 분광학**(emission spectroscopy)이라 한다.

기체 방전으로부터 나오는 빛을 분광기를 이용하여 측정해 보면(그림 38.14 참조), 대체로 어두운 배경 위에 몇 개의 밝은 색깔 선으로 되어 있다. 이 불연속적인 선 스펙트럼은 같은 측정기기로 작열하는 고체를 관찰할 때 보이는 연속적인 무지개 색과는 현저한 차이를 보인다. 빛을 방출하고 있는 원소의 특성을 보여 주는 선 스펙트럼을 파장과 비교하여 그림 42.1a에서 볼 수 있다. 가장 간단한 선 스펙트럼은 수소 원자로부터 나오므로, 이 스펙트럼에 대하여 자세히 기술하겠다. 어떤 두 원자도 완전히 다른 선 스펙트럼을 나타낸다. 이 때문에 스펙트럼 분석은 미지의 시료 내에 존재하는 원소들을 구별하는 실용적이며 섬세한 기법이다.

물질을 분석하는 또 하나의 유용한 분광학이 **흡수 분광학**(absorption spectros-

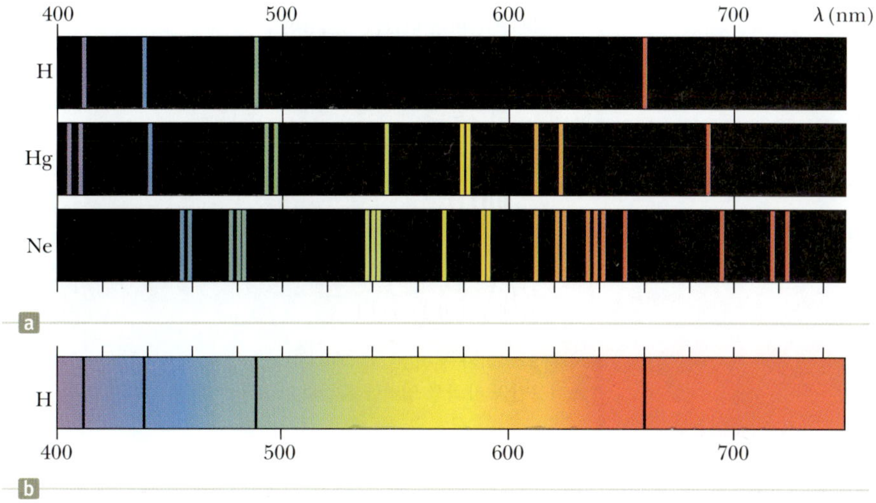

그림 42.1 (a) 수소, 수은과 네온에 대한 방출 선 스펙트럼 (b) 수소에 대한 흡수 스펙트럼. 검은 흡수 스펙트럼 선은 (a)에 보인 수소 방출선의 파장과 동일함에 주목하라. (K. W. Whitten, R. E. Davis, M. L. Peck, and G. G. Stanley, *General Chemistry*, 7th ed., Belmont, CA, Brooks/Cole, 2004.)

copy)이다. 흡수 스펙트럼은 백색광을 분석하고자 하는 원소의 희석 용액이나 기체를 통과시켜 얻을 수 있다. 흡수 스펙트럼은 광원의 연속 스펙트럼 위에다 겹쳐 놓은 여러 개의 어두운 선으로 되어 있으며, 수소 원자에 대한 것이 그림 42.1b에 나타나 있다.

원소의 흡수 스펙트럼은 많은 부분에 응용된다. 예를 들어 태양에서 방출된 복사의 연속 스펙트럼은 태양 대기권의 냉각 기체를 통과해야만 하고 지구의 대기권도 통과해야 한다. 태양의 스펙트럼에서 여러 가지 흡수선이 관찰되는 것은 태양 대기권의 원소를 구별하는 데 사용된다. 태양 스펙트럼에 대한 초창기 연구에서, 알려진 어떤 원소와도 일치하지 않는 몇 개의 선을 연구자들이 찾아내었다. 새로운 원소가 발견된 것이다. 새로운 원소의 이름은 헬륨(helium)이고, 태양을 의미하는 그리스 단어인 헬리오스(helios)에서 유래되었다. 헬륨은 후에 지구 상의 지하에 있는 기체로부터 유리되었다.

이런 방법으로 과학자는 태양 이외의 다른 별로부터 들어오는 빛을 관찰하였지만, 현재 지구에 있는 원소 외의 새로운 것은 발견하지 못하였다. 흡수 스펙트럼은 음식 속에 포함된 중금속을 분석하는 데도 유용하다. 예를 들어 참치 속에 수은의 농도 결정은 원자 흡수 분광학을 이용한다.

기체 방전으로부터 발생되는 빛의 불연속적인 방출은 이 장의 도입부 사진에서처럼 '네온' 사인으로 이용된다. 네온은 처음으로 간판에 이용된 기체이고, 이 기체는 빨간 영역에서 강하게 방출한다. 그래서 유리관에 채워진 네온 기체는 전압이 가해질 때 연속적인 방전이 일어나면 밝은 빨간 빛을 방출한다. 처음 간판은 다른 색상을 얻기 위하여 서로 다른 기체를 사용하였지만, 간판의 밝기가 일반적으로 매우 희미하였다. 오늘날 네온 간판은 수은 증기를 포함하며, 이 수은 증기는 전자기 스펙트럼의 자외선 영역에서 강하게 방출한다. 기체관의 안쪽은 수은으로부터 자외선 복사를 흡수할 때 특정 색을 방출하는 물질로 코팅되어 있다. 관에서 나오는 빛의 색깔은 선택된 특정 물질에 따라 다르다. 형광등도 동일한 방법으로 작동한다. 유리관에 흰 빛을 방출하는 물질이 내부에 코팅되어 있다.

1860년부터 1885년까지 과학자들은 분광학 장비를 이용한 원자 방출에 대한 많은

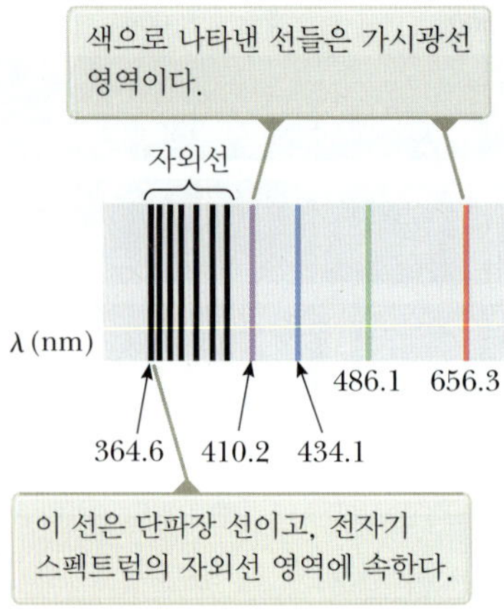

그림 42.2 수소 원자에 대한 발머 계열의 스펙트럼 선으로서, 나노미터 파장으로 표시된 여러 개의 선을 보여 주고 있다. (가로 파장 축은 비례가 아님)

양의 데이터를 축적하였다. 1885년 스위스의 고등학교 교사인 발머(Johann Jacob Balmer, 1825~1898)는 수소에서 H_α(빨강), H_β(청록), H_γ(남보라), H_δ(보라) 등 네 개의 가시 방출선에 대한 파장을 정확히 예측하는 실험식을 발견하였다. 그림 42.2는 수소의 방출 스펙트럼에서 가시 영역과 다른 영역(자외선)을 보여 주고 있다. 이 선들의 완성된 집합을 **발머 계열**(Balmer series)이라 한다. 네 개의 가시 영역 선은 656.3 nm, 486.1 nm, 434.1 nm, 410.2 nm의 파장에서 발생한다. 이들 선의 파장은 다음 식으로 기술할 수 있고, 이 식은 발머의 처음 식을 뤼드베리(Johannes Rydberg, 1854~1919)가 수정한 것이다.

발머 계열 ▶

$$\frac{1}{\lambda} = R_{\mathrm{H}}\left(\frac{1}{2^2} - \frac{1}{n^2}\right) \quad n = 3, 4, 5, \cdots \tag{42.1}$$

여기서 R_{H}는 **뤼드베리 상수**(Rydberg constant)로 $1.097\ 373\ 2 \times 10^7\ \mathrm{m}^{-1}$의 값을 가진다. 발머의 처음 식에서, 정수값 n이 3부터 6까지 변하면, 네 개의 가시 영역 선은 656.3 nm(빨강)부터 410.2 nm(보라)까지 주어진다. 만약 n 값이 $n = 6$을 넘어간다면, 발머 계열에서 자외선 스펙트럼 선을 식 42.1로 기술할 수 있다. **계열 한계**(series limit)는 그림 42.2처럼 계열 중에서 가장 짧은 파장이며 $n \to \infty$에 대응하고, 파장은 364.6 nm이다. 측정된 스펙트럼 선은 식 42.1과 0.1 % 이내에서 일치한다.

발머의 발견에 이어서 수소의 스펙트럼에서 다른 선들이 발견되었다. 이 스펙트럼들을 라이먼(Lyman), 파셴(Paschen) 및 브래킷(Brackett) 계열이라 한다. 이들 계열에서 선의 파장은 다음의 실험식으로 구할 수 있다.

라이먼 계열 ▶

$$\frac{1}{\lambda} = R_{\mathrm{H}}\left(1 - \frac{1}{n^2}\right) \quad n = 2, 3, 4, \cdots \tag{42.2}$$

파셴 계열 ▶

$$\frac{1}{\lambda} = R_{\mathrm{H}}\left(\frac{1}{3^2} - \frac{1}{n^2}\right) \quad n = 4, 5, 6, \cdots \tag{42.3}$$

브래킷 계열 ▶

$$\frac{1}{\lambda} = R_{\mathrm{H}}\left(\frac{1}{4^2} - \frac{1}{n^2}\right) \quad n = 5, 6, 7, \cdots \tag{42.4}$$

이들 식에 대한 이론적인 근거는 존재하지 않았으나, 실험 결과와 잘 맞는다. 동일한 상수 R_H가 각각의 식에 나타난 것을 주목하라. 42.3절에서 수소 원자에 대한 이들 방정식을 설명해주는 획기적인 이론적인 전개 과정을 설명하겠다.

42.2 초창기 원자 모형
Early Models of the Atom

뉴턴 시대에는 원자가 작고, 단단하고, 분리할 수 없는 (깰 수 없는) 구라고 생각하였다. 비록 이 모형이 기체의 운동론(21장)에 대한 기본적인 근거를 제시하였지만, 계속된 실험을 통하여 원자의 전기적 성질들이 나타나면서 새로운 모형들을 만들어야 하였다. 1897년 톰슨(J. J. Thomson)은 전자의 질량 대 전하비를 제안하였다(29.3절의 그림 29.15 참조). 다음 해에 톰슨은 수박이나 푸딩과 비유하여 양전하 밀도를 가진 부피 내에 전자들이 수박씨나 건포도와 같이 존재한다는 모형을 제안하였다(그림 42.3). 그러면 전반적으로 원자는 전기적으로 중성이다.

1911년에 러더퍼드(Ernest Rutherford, 1871~1937)는 그의 제자 가이거(Hans Geiger)와 마르스덴(Ernest Marsden)과 함께 한 실험을 통하여 톰슨의 모형이 잘못되었다는 사실을 보였다. 이 실험에서는 그림 42.4a와 같이 양전하의 알파 입자(He 원자핵) 빔을 표적인 금속 박막에 입사시켰다. 대부분의 입사된 입자들은 금속 박막이 빈 공간인 것처럼 통과하였지만, 깜짝 놀랄만한 몇 가지 실험 결과가 있었다. 적지 않은 수의 입자들이 입자의 진행 방향에 대하여 **큰** 각도로 산란되었고, 일부의 입자는 입사된 방향의 반대쪽으로 산란되었다. 가이거가 러더퍼드에게 이런 결과를 보고하자 러더퍼드는 "그것은 내 인생에서 가장 믿기지 않는 사건이었다. 그것은 마치 15인치 공을 얇은 종이에 던졌을 때, 그 공이 반사되어 나를 때린 것처럼 믿기지 않았다"고 썼다.

이런 큰 편향 현상을 톰슨 모형으로는 설명할 수 없다. 톰슨 모형에 따르면, 박막에서 원자의 양전하는 넓은 영역에 분포되어 있으므로 양전하로 대전된 알파 입자를 큰 각도로 산란할 수 있을 만큼 모여 있지 않다. 더욱이 전자는 알파 입자에 비하여 아주 적은 질량을 가지고 있으므로, 큰 각도로 산란을 일으키는 원인이 될 수 없다. 러더퍼드는 이 놀라운 현상을 설명하기 위하여 새로운 모형을 제시하였다. 그는 원자에서 양전하의 집합을 **핵**(nucleus)이라고 하였다. 전자는 상대적으로 외부의 큰 공간에 존재한다고 가정하였다. 전자들이 전기력에 의하여 핵에 끌리지 않는 이유를 설명하기 위하여, 전자들은 태양을 도는 위성처럼 핵 주위의 궤도를 회전하고 있다고 설명하였다(그림 42.4b). 이런 이유에서 러더퍼드 모형을 원자의 행성 모형이라고도 한다.

러더퍼드의 행성 모형은 두 가지 근본적인 문제가 있다. 42.1절에서 보인 것처럼, 원자는 어떤 고유 진동수의 전자기 복사파를 방출(흡수)하지만 러더퍼드 모형은 이 현상을 설명할 수 없다. 두 번째 문제는 러더퍼드의 전자가 등속 원운동하는 입자 모형으로 설명되는 구심 가속도를 받고 있는 것이다. 맥스웰의 전자기 이론에 따르면, 진동수 f로 회전 운동하는 전하는 동일한 진동수를 가진 전자기파를 반드시 방출해야 한다. 따라서 고전적인 러더퍼드 모형을 원자에 적용하면, 자기-파멸(self-destruction)이 예견된

Stock Montage, Inc.

톰슨
Joseph John Thomson, 1856~1940, 영국의 물리학자

1906년 물리학 분야의 노벨상 수상자인 톰슨은 전자의 발견자로 잘 알려져 있다. 그는 전기장에서의 음극선(전자) 편향에 대한 폭넓은 연구와 더불어 소립자 물리학 영역의 문을 열었다.

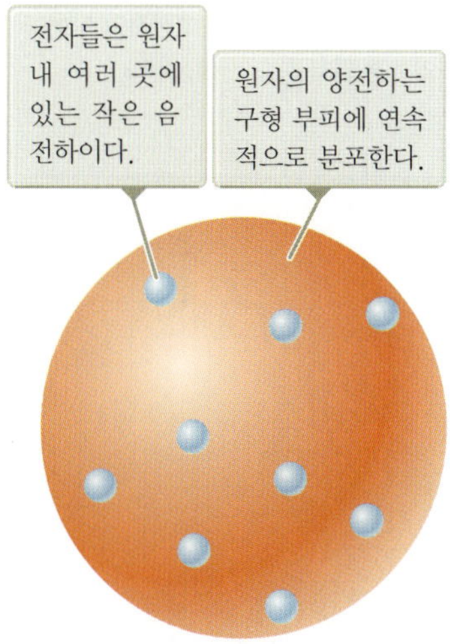

그림 42.3 톰슨의 원자 모형

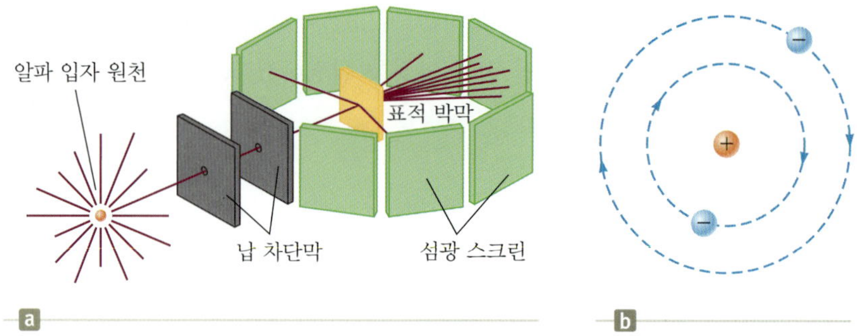

그림 42.4 (a) 얇은 막 표적으로부터 산란하는 알파 입자를 관측하기 위한 러더퍼드의 실험 방법. 라듐과 같이 자연에서 생성된 방사성 물질을 발사하였다. (b) 원자에 대한 러더퍼드의 행성 모형

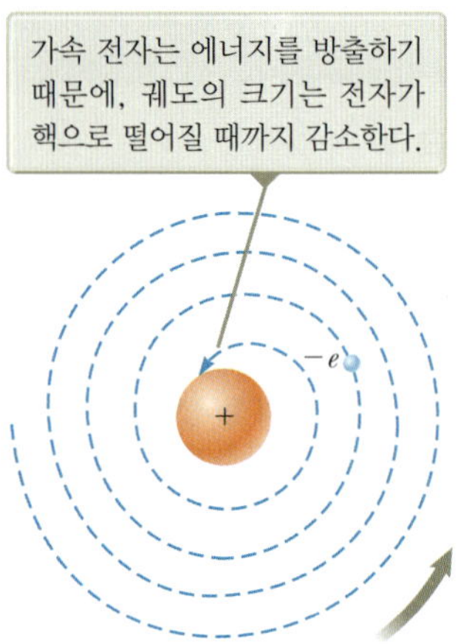

그림 42.5 핵 원자의 고전적인 모형에 의하면 원자 붕괴가 예상된다.

다. 전자와 양성자의 계는 에너지에 대한 비고립계이므로, 식 8.2는 $\Delta K + \Delta U = T_{ER}$가 된다. 여기서 K는 전자의 운동 에너지, U는 전자–핵 계의 전기적 위치 에너지, T_{ER}는 밖으로 나가는 전자기 복사 에너지를 나타낸다. 에너지가 계를 떠남에 따라, 전자의 궤도 반지름은 점점 감소한다(그림 42.5). 계에 작용하는 돌림힘이 없기 때문에, 계는 각운동량에 대하여 고립계이다. 그러므로 전자가 핵에 가까워짐에 따라 전자의 각속력은 11.4절의 그림 11.10의 회전하는 스케이터처럼 증가할 것이다. 그러므로 방출된 복사의 진동수는 계속 증가하게 되고 전자는 결국 핵에 흡수되어 붕괴하게 된다.

42.3 보어의 수소 원자 모형
Bohr's Model of the Hydrogen Atom

42.2절의 마지막 부분에 이어서, 이번 절은 1913년에 새 모형을 제시하여 러더퍼드 행성 모형의 문제점을 해결한 보어(Niels Bohr)에 초점을 맞춘다. 플랑크(Planck)의 양자화된 에너지 준위(40.1절) 개념을 보어는 러더퍼드의 원자 전자의 궤도 운동 모형에 적용하였다. 보어의 이론은 양자 물리의 발전에 역사적으로 중요하였으며, 식 42.1부터 42.4에 언급한 네 개의 스펙트럼 선을 명확히 설명하였다. 보어 모형은 이제 쓸 수 없고 확률적 양자 역학 이론에 완전히 밀렸지만, 그의 모형을 이용하여 원자 크기의 계에 적용되는 에너지의 양자화와 각운동량의 양자화 개념을 배우기로 한다.

보어는 플랑크의 최초 양자 이론, 아인슈타인의 광자에 대한 개념, 러더퍼드의 원자에 대한 행성 모형 및 뉴턴 역학의 개념들을 결합하고, 몇 가지 혁명적인 가정을 함으로써 반고전적인 모형을 이끌어냈다. 수소 원자에 적용한 보어 이론의 구조 모형은 다음의 성질을 갖는다.

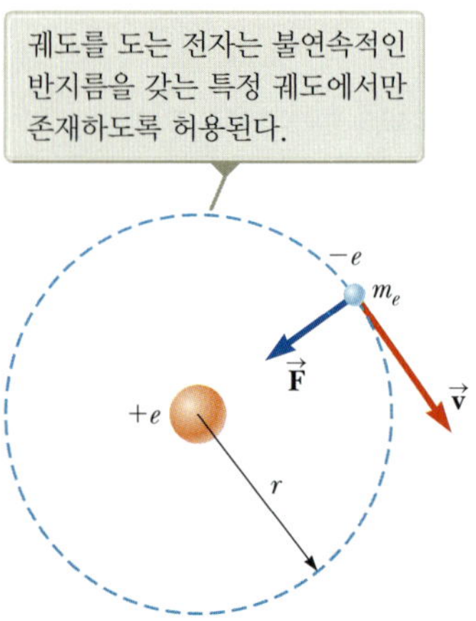

그림 42.6 보어의 수소 원자 모형을 나타낸 그림

1. 물리적 성분:

그림 42.6과 같이 전자는 전기적인 인력의 영향을 받아 양성자 주위를 원 궤도 운동한다.

2. 성분들의 거동:

(a) 특정 전자 궤도만이 안정하다. 이를 보어는 **정상 상태**(stationary state)라고 하였으며, 이 상태에 있는 전자는 비록 가속되고 있을지라도 복사의 형태로 에너지를 방출하지 않는다. 그러므로 원자의 전체 에너지는 일정해서, 고전

역학으로 전자의 운동을 기술할 수 있다. 보어 모형에서 구심 가속도에 의하여 운동하는 전자는 연속적인 복사 방출은 하지 않고, 러더퍼드의 행성 모형에서 예언한 핵에 충돌하는 일은 일어나지 않는다.

(b) 에너지가 상대적으로 높은 처음의 정상 상태에서 낮은 정상 상태로 전자가 전이될 때 원자로부터 복사가 방출된다. 이런 전이는 눈에 보이지 않고 고전적으로 취급할 수 없다. 특히 전이로 방출되는 광자의 진동수 f는 원자의 에너지 변화와 관계되고 전자의 궤도 운동 진동수와는 같지 않다. 방출된 복사의 진동수는 에너지 보존 식으로 나타낼 수 있다.

$$E_i - E_f = hf \tag{42.5}$$

여기서 E_i는 처음 상태의 에너지이고, E_f는 나중 상태의 에너지이며 $E_i > E_f$인 관계에 있다. 더불어 입사 광자의 에너지는 원자에 흡수될 수 있지만, 원자의 한 허용 상태(정상 상태)와 더 높은 허용 상태 사이의 에너지 차와 광자의 에너지가 정확히 일치할 때만 가능하다. 흡수와 동시에 광자가 사라지면서 원자는 더 높은 에너지 상태로 전이된다.

(c) 허용 전자 궤도의 크기는 전자의 궤도 운동량에 부과되는 조건에 의하여 결정된다. 허용 궤도들은 핵에 대한 전자의 각운동량이 양자화되어 있으며, $\hbar = h/2\pi$의 정수배와 같다는 조건에 의하여 정해진다.

$$m_e vr = n\hbar \quad n = 1, 2, 3, \cdots \tag{42.6}$$

여기서 m_e는 전자의 질량, v는 궤도에 있는 전자의 속력, r는 궤도의 반지름이다.

Bain Collection, Prints & Photographs Division, Library of Congress, LC-DIG-ggbain-35303

보어
Niels Bohr, 1885~1962
덴마크의 물리학자

보어는 초창기 양자 역학 발전에 적극적으로 참여하였으며 양자 역학의 많은 철학적 틀을 제공하였다. 1920년대부터 1930년대까지 코펜하겐에 있는 고등 연구소의 소장을 역임하였다. 이 연구소는 세계적으로 유명한 물리학자들이 모여 토론을 하며 서로의 생각을 교환하는 장소였다. 보어는 1922년에 원자의 구조와 원자로부터 방출된 복사에 대한 연구로 노벨 물리학상을 받았다. 보어는 1939년에 과학학술학회에 참가하기 위하여 미국을 방문하였을 때 우라늄의 핵분열이 베를린의 한과 슈트라스만에 의하여 발견되었다는 소식을 전하였다. 이 정보들은 2차 세계대전 중 미국에서 원자 폭탄을 개발할 때 기초가 되었다.

이들 가정에는 그 당시에 이미 정립되어 있던 원리와 완전히 새롭고 검증되지 않는 개념들이 혼합되어 있다. 고전 역학으로부터 나온 성질 1은 핵 주위를 도는 전자의 운동을, 태양 주위의 행성 운동과 마찬가지로, 등속 원운동하는 입자 모형으로 다룬다. 성질 2(a)는 1913년 당시에 이해하고 있던 전자기학으로는 도저히 납득하기 어려운 급진적인 새 개념이었다. 성질 2(b)는 에너지에 대한 비고립계 모형에서의 에너지 보존의 원리를 나타내고, 성질 2(c)는 고전 물리에는 없는 또 다른 새로운 개념이다.

성질 2(b)는 그림 42.1에서 보인 특정적인 불연속 방출 선 스펙트럼과, 이에 대응하는 흡수 선 스펙트럼이 존재함을 의미한다. 위의 네 가지 가정을 사용하여 허용 에너지 준위들과 수소 원자의 방출 파장을 계산해 보자.

그림 42.6에 보인 계의 전기적 위치 에너지는 $U = k_e q_1 \, q_2/r = -k_e e^2/r$으로서 식 25.13으로 주어지고, k_e는 쿨롱 상수이며 음의 부호는 전자의 전하가 $-e$이기 때문이다. 그러므로 원자의 **전체** 에너지를 전자 운동 에너지와 계의 전기적 위치 에너지로 표현하면

$$E = K + U = \tfrac{1}{2}m_e v^2 - k_e \frac{e^2}{r} \tag{42.7}$$

이다. 전자는 등속 원운동하는 입자로 모형화하므로, 전기력 $k_e e^2/r^2$은 전자의 질량에 구심 가속도($a_c = v^2/r$)를 곱한 것과 같아야 한다.

$$\frac{k_e e^2}{r^2} = \frac{m_e v^2}{r}$$

$$v^2 = \frac{k_e e^2}{m_e r} \tag{42.8}$$

식 42.8로부터 전자의 운동 에너지를 구할 수 있다.

$$K = \tfrac{1}{2} m_e v^2 = \frac{k_e e^2}{2r}$$

식 42.7에 K 값을 대입하면 원자의 전체 에너지에 대한 다음의 식을 구할 수 있다.[1]

$$E = -\frac{k_e e^2}{2r} \tag{42.9}$$

전체 에너지가 **음**인 것은 속박되어 있는 전자–양성자 계를 의미한다. 원자에서 전자를 떼어내어 계의 전체 에너지가 영이 되기 위해서는 $k_e e^2/2r$만큼의 에너지를 더해야 한다.

허용 궤도의 반지름 r는 식 42.6에서 v^2을 구하여 식 42.8에 대입하여 얻을 수 있다.

$$v^2 = \frac{n^2\hbar^2}{m_e^2 r^2} = \frac{k_e e^2}{m_e r}$$

$$r_n = \frac{n^2\hbar^2}{m_e k_e e^2} \quad n = 1, 2, 3, \cdots \tag{42.10}$$

식 42.10은 허용 궤도의 반지름이 불연속적인 값을 갖는다는 것인데, 즉 양자화됨을 보여 주는 것이다. 이 결과는 전자가 정수 n으로 결정된 허용 궤도를 돌고 있다는 성질 2(c)에 근거를 두고 있다.

$n = 1$일 때 궤도는 가장 작은 반지름을 갖는데, 이를 보어 반지름(Bohr radius) a_0 이라고 하며 그 값은 다음과 같다.

보어 반지름 ▶

$$a_0 = \frac{\hbar^2}{m_e k_e e^2} = 0.052\,9 \text{ nm} \tag{42.11}$$

수소 원자 궤도 반지름의 일반적인 형태는 식 42.10에 식 42.11을 대입하여 구할 수 있다.

수소에서 보어 궤도의 반지름 ▶

$$r_n = n^2 a_0 = n^2(0.052\,9 \text{ nm}) \quad n = 1, 2, 3, \cdots \tag{42.12}$$

보어의 이론은 실험을 통하여 측정된 수소 원자의 반지름을 정확히 크기 순서대로 예측하였다. 이것은 보어 이론의 획기적인 결과이다. 그림 42.7은 처음 세 보어 궤도를 보여 주고 있다.

궤도 반지름의 양자화는 즉시 에너지 양자화를 가져온다. 식 42.9에 $r_n = n^2 a_0$을 대

[1] 식 42.9와 중력에 대응되는 식 13.19를 비교해 보라.

입하면 허용 에너지 준위를 얻을 수 있다.

$$E_n = -\frac{k_e e^2}{2a_0}\left(\frac{1}{n^2}\right) \quad n = 1, 2, 3, \cdots \tag{42.13}$$

이 식에 상수값을 대입하면 다음을 얻을 수 있다.

$$E_n = -\frac{13.606 \text{ eV}}{n^2} \quad n = 1, 2, 3, \cdots \tag{42.14}$$

이 식을 만족하는 에너지는 한정되어 있다. $n = 1$에 대응하는 가장 낮은 에너지 준위를 바닥상태라고 하며 $E_1 = -13.606$ eV이다. 다음 에너지 준위는 첫 번째 들뜬상태인 $n = 2$일 때이며, 에너지는 $E_2 = E_1/2^2 = -3.401$ eV이다. 그림 42.8은 에너지 준위 도표이며, 불연속적인 에너지 상태와 그에 대응하는 양자수 n을 보여 주고 있다. 최상위 준위는 $n = \infty$(또는 $r = \infty$)에서 $E = 0$이다.

수소 원자의 허용 에너지는 상자 내 입자의 에너지와 다르다. 상자 내 입자의 에너지(식 41.14)는 n^2으로 증가하므로 n이 커질수록 에너지는 각각 더 멀어진다. 반면에 수소 에너지(식 42.14)는 n^2에 반비례하므로, n이 증가할수록 에너지 사이의 간격은 줄어든다. n이 무한대에 가까워질수록 에너지 준위 사이의 간격은 영에 가까워지고 에너지도 영에 근접한다.

영의 에너지는 전자와 양성자의 구속계와 비구속계 간의 경계를 나타낸다. 원자의 에너지가 바닥상태에서 영보다 크게 증가하면, 원자는 **이온화**(ionized)되었다고 한다. 바닥상태에서 원자를 이온화하는 데 필요한 최소 에너지(즉 양성자의 영향으로부터 전자를 완전히 떼어내는 것)를 **이온화 에너지**(ionization energy)라 한다. 그림 42.8을 보면 바닥상태의 수소 원자에 대한 이온화 에너지는 보어의 계산에 의하면 13.6 eV이다. 이것은 이미 정밀하게 측정된 수소 이온화 에너지 13.6 eV와 잘 일치하므로, 보어 이론의 또 다른 성과인 것이다.

식 42.5와 42.13을 이용하여 전자가 바깥 궤도에서 안쪽 궤도로 전이할 때 광자가 방출하는 진동수를 구할 수 있다.

$$f = \frac{E_i - E_f}{h} = \frac{k_e e^2}{2a_0 h}\left(\frac{1}{n_f^2} - \frac{1}{n_i^2}\right) \tag{42.15}$$

실험에서는 파장을 측정하기 때문에, $c = f\lambda$를 이용해서 식 42.15를 파장으로 표현할 수 있다.

$$\frac{1}{\lambda} = \frac{f}{c} = \frac{k_e e^2}{2a_0 hc}\left(\frac{1}{n_f^2} - \frac{1}{n_i^2}\right) \tag{42.16}$$

순전히 이론적인 이 식에서 주목할 만한 사실은, 이것은 발머와 뤼드베리에 의하여 발견된 실험적 관계식인 식 42.1과 42.4의 일반화된 형태와 **일치**한다는 것이다.

$$\frac{1}{\lambda} = R_H\left(\frac{1}{n_f^2} - \frac{1}{n_i^2}\right) \tag{42.17}$$

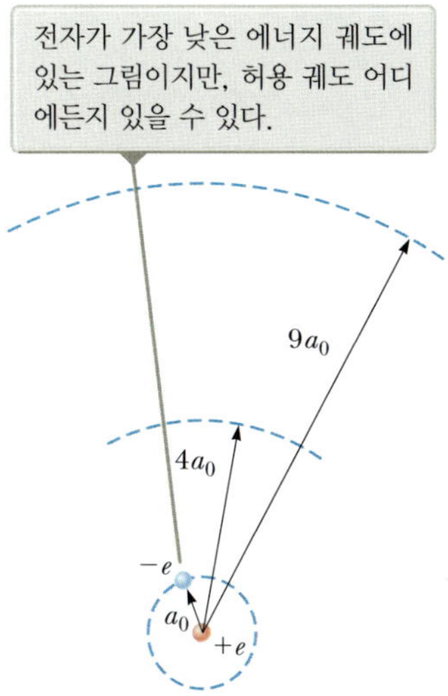

그림 42.7 보어의 수소 원자 모형에서 예상한 처음 세 궤도

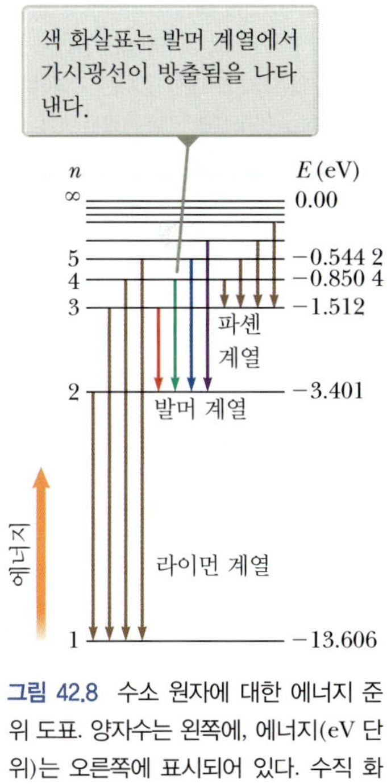

그림 42.8 수소 원자에 대한 에너지 준위 도표. 양자수는 왼쪽에, 에너지(eV 단위)는 오른쪽에 표시되어 있다. 수직 화살표는 각각의 스펙트럼 계열에 대한 네 개의 가장 낮은 에너지 전이를 나타낸다.

상수인 $k_e e^2/2a_0 hc$은 실험적으로 구한 뤼드베리 상수와 동일하다. 이들 두 양이 약 1 % 오차 범위에서 일치한다는 보어의 설명이 있고 난 직후, 이 결과는 수소 원자에 대한 보어의 가장 뛰어난 새로운 양자 이론으로 인식되었다. 또한 보어는 수소에 대한 모든 스펙트럼 계열이 그의 이론으로 논리 정연하게 잘 설명된다는 것을 증명하였다. 각각의 스펙트럼 계열은 양자수 n_f로 표현되는 서로 다른 나중 상태로의 전이에 해당한다. 그림 42.8은 에너지 준위 사이의 전이로서 스펙트럼 계열의 기원을 보여 준다.

보어는 즉시 수소에 대한 그의 모형을 전자가 한 개 빠져나간 다른 원소들로 확장하였다. 핵의 전하량이 좀 더 큰 것을 제외하고는 수소 원자와 동일한 구조를 갖고 있는 계이다. He^+, Li^{2+}, Be^{3+}와 같이 이온화된 원소들은 원소들의 빈번한 충돌로 한 개 또는 여러 개의 전자를 완전히 떼어낼 수 있을 만큼의 에너지를 갖게 되는 뜨거운 별의 대기에 존재한다고 생각하였다. 보어는 수소 때문에 생긴 것이라고 볼 수 없는 이상한 스펙트럼을 태양과 몇 개의 별에서 관찰하였는데, 그것이 이온화된 헬륨에 의한 것임을 그의 이론으로 정확하게 설명하였다. 일반적으로 원자 핵 내에 있는 양성자 수는 원소의 **원자 번호**(atomic number)라 하고 Z로 표현한다. 고정된 핵의 전하량 $+Ze$를 돌고 있는 한 개의 전자를 기술하는 보어의 이론은 다음과 같다.

$$r_n = (n^2)\frac{a_0}{Z} \tag{42.18}$$

$$E_n = -\frac{k_e e^2}{2a_0}\left(\frac{Z^2}{n^2}\right) \quad n = 1, 2, 3, \cdots \tag{42.19}$$

오류 피하기 42.2

보어 모형은 위대하지만… 보어 모형은 수소 원자의 이온화 에너지와 스펙트럼의 일반적인 형태를 정확히 예측하지만, 더 복잡한 원자의 스펙트럼을 설명하지 못하고 수소와 다른 단순한 원자의 스펙트럼에서의 미묘한 세부적 결과들을 예측할 수 없다. 산란 실험에 의하면 수소 원자 내의 전자는 핵 주위의 평면 원에서 움직이지 않는다. 그 대신 원자는 구형이다. 이 원자의 바닥상태 각운동량은 $\hbar$가 아니라 영이다.

보어 이론은 수소 원자에 대한 실험 결과와 잘 일치하지만, 몇 가지 문제점이 있다. 발전된 분광학 기술을 사용하여 수소 원자의 스펙트럼 실험에 사용되었을 때, 보어 이론은 수정이 필요하다는 첫 번째 지적 중의 하나가 도출되었다. 그것은 발머 계열과 다른 계열의 어떤 스펙트럼 선들이 실제 한 개의 선이 아니라 매우 가까운 많은 선으로 구성되어 있을 수 있다는 것이다. 또 다른 문제점은 원자가 강한 자기장 내에 있을 때 한 개의 스펙트럼 선이 세 개의 아주 근접한 선으로 나누어지는 것이다. 42.4절에서 보어 이론의 수정과 궁극적으로 이것을 대체할 수 있는 이론을 기술한다.

보어의 대응 원리 Bohr's Correspondence Principle

상대론의 공부를 통하여, 뉴턴 역학은 상대론적 역학의 특수한 경우이고 빛의 속력 c에 비하여 훨씬 작을 때만 유용하다. 마찬가지로

> 양자 물리는 양자화된 준위의 차이가 무시할 수 있을 정도로 작을 때만 고전 물리와 일치하게 된다.

이런 원리는 보어에 의하여 처음 알려졌고, **대응 원리**(correspondence principle)[2]

[2] 사실상 대응 원리는 각운동량의 양자화에 대한 보어의 성질 2(c)의 출발점이다. 성질 2(c)가 어떻게 대응 원리로부터 나왔는가를 보려면 다음 책을 참고하라. J. W. Jewett Jr., *Physics Begins with Another M… Mysteries, Magic, Myth, and Modern Physics* (Boston: Allyn & Bacon, 1996), pp. 353–356.

라고 한다. 예를 들어 전자가 $n > 10\,000$인 수소 원자에서 돌고 있다고 하자. 이렇게 큰 n 값에 대하여 인접 준위 사이의 에너지는 영에 가까워지고, 이 준위는 거의 연속적이다. 결과적으로 고전 모형은 큰 n 값을 가진 계를 잘 기술한다. 고전적인 생각에 따르면 원자가 방출한 빛의 진동수는 핵 주위를 도는 전자의 회전 진동수와 같다. $n > 10\,000$인 경우를 계산해 보면, 이 회전 진동수는 양자 역학으로 예측한 값보다 0.015 % 이하의 차이를 보인다.

Q 퀴즈 42.1 수소 원자가 바닥상태에 있다. 10.5 eV의 에너지를 광자가 수소 원자로 입사하고 있다. 그 결과는 어떻게 되는가? **(a)** 원자가 허용된 높은 쪽으로 들뜬다. **(b)** 원자가 이온화된다. **(c)** 광자들이 원자와 상호 작용 없이 통과한다.

Q 퀴즈 42.2 수소 원자가 $n = 3$에서 $n = 2$의 준위로 전이를 한다. 그러고는 $n = 2$에서 $n = 1$의 준위로 전이한다. 가장 긴 파장의 광자를 방출하는 전이는 어떤 것인가? **(a)** 첫 번째 전이 **(b)** 두 번째 전이 **(c)** 두 경우 파장들이 같기 때문에 두 전이 모두 아니다.

예제 42.1 수소에서 전자의 전이

(A) 수소 원자에 있는 전자가 $n = 2$인 에너지 준위에서 바닥상태($n = 1$)로 전이하였다. 이때 방출된 광자의 파장과 진동수를 구하라.

풀이

개념화 그림 42.6의 보어 모형에서와 같이 핵 주위를 도는 전자를 생각하자. 전자가 보다 낮은 정상 상태로 전이되면 특정 진동수를 가진 빛을 방출하면서 더 작은 반지름 궤도로 떨어진다.

분류 이번 절에서 배운 식을 이용해 답을 구하는 것이므로 예제를 대입 문제로 분류한다.

식 42.17을 이용하여 $n_i = 2$와 $n_f = 1$을 대입해 파장을 구한다.

$$\frac{1}{\lambda} = R_H\left(\frac{1}{1^2} - \frac{1}{2^2}\right) = \frac{3R_H}{4}$$

$$\lambda = \frac{4}{3R_H} = \frac{4}{3(1.097 \times 10^7\ \text{m}^{-1})}$$

$$= 1.22 \times 10^{-7}\ \text{m} = \boxed{122\ \text{nm}}$$

식 34.20을 사용하여 광자의 진동수를 구한다.

$$f = \frac{c}{\lambda} = \frac{3.00 \times 10^8\ \text{m/s}}{1.22 \times 10^{-7}\ \text{m}} = \boxed{2.47 \times 10^{15}\ \text{Hz}}$$

(B) 행성 간의 공간에서 뤼드베리 원자라고 하는 매우 들뜬 수소 원자가 발견되었다. 천문학자가 $n = 273$에서 $n = 272$ 준위로 떨어지는 전자 전이 신호를 검출하기 위하여 동조시켜야 할 파장을 구하라.

풀이 식 42.17에 $n_i = 273$과 $n_f = 272$를 대입한다.

$$\frac{1}{\lambda} = R_H\left(\frac{1}{n_f^2} - \frac{1}{n_i^2}\right) = R_H\left(\frac{1}{(272)^2} - \frac{1}{(273)^2}\right)$$

$$= 9.88 \times 10^{-8}\ R_H$$

λ 에 대하여 푼다.

$$\lambda = \frac{1}{9.88 \times 10^{-8} R_H} = \frac{1}{(9.88 \times 10^{-8})(1.097 \times 10^7\ \text{m}^{-1})}$$

$$= \boxed{0.922\ \text{m}}$$

(C) $n = 273$인 뤼드베리 원자에서 전자의 반지름을 구한다.

풀이 식 42.12를 이용하여 궤도 반지름을 구한다.

$$r_{273} = (273)^2\ (0.052\,9\ \text{nm}) = \boxed{3.94\ \mu\text{m}}$$

이 반지름은 원자가 육안으로 보일 정도로 큰 것이다!

(D) $n = 273$인 뤼드베리 원자에서 전자는 얼마나 빨리 운동하고 있는가?

풀이 식 42.8로부터 전자의 속력을 구한다.

$$v = \sqrt{\frac{k_e e^2}{m_e r}}$$

$$= \sqrt{\frac{(8.99 \times 10^9 \text{ N} \cdot \text{m}^2/\text{C}^2)(1.60 \times 10^{-19} \text{ C})^2}{(9.11 \times 10^{-31} \text{ kg})(3.94 \times 10^{-6} \text{ m})}}$$

$$= 8.01 \times 10^3 \text{ m/s}$$

문제 (B)에서 뤼드베리 원자로부터 나오는 빛을 고전적으로 취급하면 어떻게 되는가? $n = 273$의 준위에 있는 원자로부터 방출되는 빛의 파장은 얼마인가?

답 고전적으로, 방출되는 빛의 진동수는 핵 주위를 도는 전자의 진동수이다.

식 4.15에 주어진 주기를 이용하여 진동수를 계산한다.

$$f = \frac{1}{T} = \frac{v}{2\pi r}$$

(C)와 (D)에 있는 반지름과 속력을 대입한다.

$$f = \frac{v}{2\pi r} = \frac{8.02 \times 10^3 \text{ m/s}}{2\pi(3.94 \times 10^{-6} \text{ m})} = 3.24 \times 10^8 \text{ Hz}$$

식 34.20으로부터 빛의 파장을 구한다.

$$\lambda = \frac{c}{f} = \frac{3.00 \times 10^8 \text{ m/s}}{3.24 \times 10^8 \text{ Hz}} = 0.927 \text{ m}$$

이 값은 (B)에서 계산한 파장보다 0.5 % 작다. 보어의 대응 원리에서 설명한 것처럼, 더 큰 n 값의 경우 이 차이는 더욱 작아지게 된다.

42.4 수소 원자의 양자 모형
The Quantum Model of the Hydrogen Atom

앞 절에서는 어떻게 전자가 양자화된 에너지 준위에서, 복사를 방출하지 않으면서도 핵 주위를 회전하는지를 보인 보어 모형을 기술하였다. 이 모형은 고전적인 개념과 양자적인 개념 모두를 결합한 것이다. 이 모형은 일부 실험 결과와는 아주 잘 일치하지만, 다른 실험 결과는 설명할 수 없다. 이런 문제점은 슈뢰딩거 방정식을 포함한 완전한 양자 모형을 사용하여 수소 원자를 설명하면 해결된다.

수소 원자에 대한 문제를 풀기 위한 공식적인 과정은, 41장에서 풀이한 상자 내에 있는 입자 문제와 같이 적절한 퍼텐셜 에너지 함수를 슈뢰딩거 방정식에 대입하여 방정식의 해를 구하여 경계 조건에 대입하는 것이다. 전자와 양성자 간의 전기적 상호 작용으로 인한 수소 원자의 퍼텐셜 에너지 함수는(25.3절 참조)

$$U(r) = -k_e \frac{e^2}{r} \tag{42.20}$$

이고, k_e는 쿨롱 상수이며, r는 양성자($r = 0$에 위치)에서 전자까지의 반지름 거리이다.

수소 원자의 문제는 수학적으로 (1) 삼차원으로 취급해야 하며 (2) U는 일정하지 않고 지름 좌표 r의 함수이기 때문에, 상자 내 입자의 문제보다 더 매우 복잡하다. 시간에 무관한 슈뢰딩거 방정식(식 41.15)을 삼차원 직각 좌표로 나타내면 다음과 같다.

$$-\frac{\hbar^2}{2m}\left(\frac{\partial^2 \psi}{\partial x^2} + \frac{\partial^2 \psi}{\partial y^2} + \frac{\partial^2 \psi}{\partial z^2}\right) + U\psi = E\psi$$

이 수소 원자에 대한 방정식은 직각 좌표계보다는 3.1절에서의 평면 극좌표계를 확장한 구면 극좌표계를 이용하는 것이 더 쉽다. 구면 극좌표에서는 공간의 한 점을 r, θ, ϕ 세 개의 변수로 표현하며 r는 원점으로부터의 지름 방향 거리이고, $r = \sqrt{x^2 + y^2 + z^2}$이다. 한 점을 그림 42.9에서처럼 위치 벡터 $\vec{\mathbf{r}}$의 끝에 표시하면, 각도 좌표 θ는 z축에 대한 각도의 위치를 나타내고, 각도 좌표 ϕ는 위치 벡터의 머리를 xy 평면에 투영시킨 점이 x축과 이루는 각도를 나타낸다.

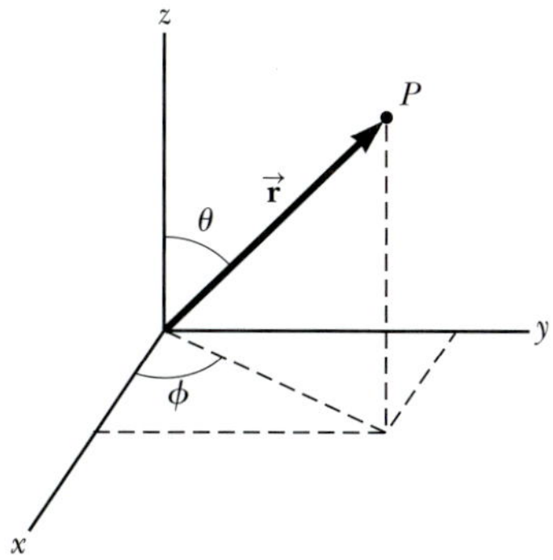

그림 42.9 공간에서 점 P는 위치 벡터 $\vec{\mathbf{r}}$의 위치를 나타낸다. 직각 좌표에서 이 벡터들의 성분은 x, y, z이다. 구면 극좌표에서 이 점은 원점에서의 거리 r, $\vec{\mathbf{r}}$과 z축 사이의 각도 θ, $\vec{\mathbf{r}}$를 xy 평면으로 투영하였을 때 x축과의 각도 ϕ로 나타낸다.

시간에 무관한 삼차원 슈뢰딩거 방정식인 $\psi(x, y, z)$와 등가인 $\psi(r, \theta, \phi)$로 변환하는 것은 어렵지 않지만, 계산 과정이 길기 때문에 자세한 부분은 생략하겠다.[3] 41장에서는 일반적인 파동 함수 Ψ에서 시간 의존적인 부분과 공간 의존적인 부분을 분리하여 다루었고, 이번 경우에는 세 개의 공간 변수로 분리되도록 각 변수만의 함수들을 곱하여 $\psi(r, \theta, \phi)$로 표시한다.

$$\psi(r, \theta, \phi) = R(r)f(\theta)g(\phi)$$

이 방법으로 삼차원 편미분 방정식을 세 개의 독립된 상미분 방정식으로 변환할 수 있다. 즉 $R(r)$, $f(\theta)$, $g(\phi)$에 대한 각각의 상미분 방정식이다. 각각의 함수는 경계 조건을 가지고 있다. 예를 들면 $R(r)$는 $r \to 0$과 $r \to \infty$에서 유한하고, $g(\phi)$는 $g(\phi + 2\pi)$와 동일한 값을 가져야 한다.

식 42.20에서 퍼텐셜 에너지 함수는 지름 좌표 r에만 의존하고 각도 좌표와는 관계없다. 따라서 퍼텐셜 에너지 함수는 오직 $R(r)$의 식에서만 나타난다. 결과적으로 θ와 ϕ 에 대한 방정식은 특정한 계와 무관하며, 이들의 해는 회전을 보이는 **모든** 계에서 유효하다.

저마다의 경계 조건을 세 함수에 적용시키면, 수소 원자의 허용 상태에서 세 개의 서로 다른 양자수를 얻을 수 있다. 이것들은 정수값이 되어야 하며, 세 개의 독립적인 자유도(세 개의 공간 차원)에 해당된다.

첫 번째 양자수는 파동 함수 중 지름 함수 $R(r)$와 관계된 것으로 **주양자수**(principal quantum number)라 하고, n으로 표시한다. $R(r)$에 대한 미분 방정식으로 핵으로부터 어떤 지름 거리에서 전자를 발견할 확률을 가진 함수를 구할 수 있다. 42.5절에서 두 개의 지름 파동 함수를 보일 예정이다. 경계 조건으로부터, 수소 원자에서 허용 상태의 에너지는 다음과 같다.

$$E_n = -\left(\frac{k_e e^2}{2a_0}\right)\frac{1}{n^2} = -\frac{13.606\ \text{eV}}{n^2} \qquad n = 1, 2, 3, \cdots \tag{42.21}$$

◀ 양자 수소 원자의 허용 에너지

이 결과는 보어 이론인 식 42.13과 42.14와 정확히 일치한다. 이런 일치는 보어 이론과 양자 이론이 전혀 다른 출발점에서부터 시작해 같은 결론에 도달한다는 점에서 주목할 만하다.

오류 피하기 42.3

수소 원자에 있어서 에너지는 오직 n에만 의존한다 에너지가 양자수 n에만 의존한다는 식 42.21은 수소 원자에 대해서만 성립한다. 더 복잡한 원자들의 경우도, 수소에서 구한 같은 양자수를 사용할 것이다. 이들 원자에 있어서 에너지 준위는 주로 n에 의존하지만, 다른 양자수에도 다소 의존한다.

궤도 양자수(orbital quantum number)는 ℓ로 표시하고, $f(\theta)$에 대한 미분 방정식으로부터 도출되며 전자의 궤도 각운동량을 나타낸다. **궤도 자기 양자수**(orbital mag-

[3] 수소 원자에 대한 슈뢰딩거 방정식의 해는 다음과 같은 현대 물리학 책에 기술되어 있다. R. A. Serway, C. Moses, and C. A. Moyer, *Modern physics*, 3rd ed. (Belmont, CA: Brooks/Cole, 2005).

오류 피하기 42.4

양자수는 계를 기술한다 전자에 양자수를 지정하는 것은 일반적이다. 그러나 이들 양자수는 전자와 핵의 계에 대한 퍼텐셜 에너지를 포함한 슈뢰딩거 방정식으로부터 나온 것임을 기억하라. 그러므로 원자에 양자수를 지정하는 것이 더 적절하지만, 대개 전자에 양자수를 지정해 왔다. 후자의 경우가 더 보편적이므로 우리는 이를 따르기로 한다.

표 42.1 수소 원자에 대한 세 가지 양자수

양자수	이 름	허용 값	허용 상태수
n	주양자수	$1, 2, 3, \cdots$	모든 수
ℓ	궤도 양자수	$0, 1, 2, \cdots, n-1$	n
m_ℓ	궤도 자기 양자수	$-\ell, -\ell+, \cdots, 0, \cdots, \ell-1, \ell$	$2\ell+1$

netic quantum number)는 m_ℓ로 표시하고 $g(\phi)$에 대한 미분 방정식으로부터 나온다. ℓ과 m_ℓ 모두 정수이다. 42.6절에서 이 두 가지 양자수에 대하여 심도 있는 논의를 할 것이고, 또한 네 번째(정수가 아닌) 양자수도 도입하는데, 이것은 수소 원자에 대한 상대론적인 취급에서 나온 것이다.

세 부분의 파동 함수에 경계 조건을 적용하면 세 개의 양자수 사이의 중요한 관계를 얻게 되며, 또한 이들 값에 대한 제한도 얻게 된다.

수소 원자의 양자수 값에 대한 제한 ▶

n 값은 1부터 ∞까지의 정수이다.
ℓ 값은 0부터 $n-1$까지의 정수이다.
m_ℓ 값은 $-\ell$부터 ℓ까지의 정수이다.

예를 들면 $n = 1$이면 오직 $\ell = 0$과 $m_\ell = 0$만 허용된다. 만약 $n = 2$이면 ℓ은 0 또는 1이 된다. 즉 $\ell = 0$이면 $m_\ell = 0$이고, $\ell = 1$이면 m_ℓ은 1, 0, -1이다. 표 42.1에 주어진 n에 대하여 ℓ과 m_ℓ의 허용 값을 정리하였다.

역사적인 이유 때문에, 동일한 주양자수를 가지고 있는 상태들은 모두 하나의 **껍질**(shell)을 형성한다고 말한다. $n = 1, 2, 3, \cdots$ 상태를 나타내는 껍질은 K, L, M, $\cdots$의 문자로 표현한다. 마찬가지로 동일한 n과 ℓ 값을 가진 모든 상태는 **버금 껍질**(subshell)을 형성한다. 문자 $s, p, d, f, g, h, \cdots$는 $\ell = 0, 1, 2, 3, \cdots$을 표현하는 데 사용한다.[4] 예를 들어 $3p$로 표현된 상태는 $n = 3$과 $\ell = 1$의 양자수를, $2s$ 상태는 $n = 2$와 $\ell = 0$의 양자수를 갖고 있다. 이 표시법을 표 42.2와 42.3에 요약하였다.

표 42.2 원자 껍질 표시법

n	껍질 기호
1	K
2	L
3	M
4	N
5	O
6	P

표 42.3 원자 버금 껍질 표시법

ℓ	버금 껍질 기호
0	s
1	p
2	d
3	f
4	g
5	h

표 42.1에 주어진 규칙을 위반하는 상태는 존재하지 않는다(파동 함수의 경계 조건을 만족하지 않기 때문이다). 예를 들면 $2d$ 상태는 $n = 2$와 $\ell = 2$인데 이것은 존재하지 않는다. 왜냐하면 l 의 가장 높은 값 $n - 1$은 1이기 때문이다. 따라서 $n = 2$에 대해서는 $2s$ 와 $2p$ 상태만 가능하고 $2d, 2f, \cdots$들은 불가능하다. $n = 3$에 대하여 허용 버금 껍질은 $3s, 3p, 3d$이다.

퀴즈 42.3 $n = 4$ 준위의 수소 원자에는 얼마나 많은 버금 껍질이 있는가? **(a)** 5 **(b)** 4 **(c)** 3 **(d)** 2 **(e)** 1

퀴즈 42.4 주양자수가 $n = 5$일 때, 얼마나 많은 **(a)** ℓ, **(b)** m_ℓ의 허용 값이 존재하는가?

[4] 처음 네 개의 문자(sharp, principal, diffuse, fundamental)는 스펙트럼 선을 분류할 때 생겨났다. 나머지는 알파벳순이다.

예제 42.2 **수소의 $n = 2$ 준위**

수소 원자에서 주양자수 $n = 2$에 해당하는 허용 상태수를 결정하고, 이 상태들의 에너지를 구하라.

풀이

개념화 $n = 2$인 양자 상태를 가정한다. 보어 이론에서는 이 한 가지 상태만 존재하지만, 양자 이론 논의에서는 ℓ과 m_ℓ의 값이 가능하므로 더 많은 상태가 허용된다.

분류 이번 절에서 논의한 법칙을 사용하므로 예제를 대입 문제로 분류한다.

표 42.1에서와 같이, $n = 2$일 때 ℓ은 0과 1만 가능하다. 표 42.1로부터 가능한 m_ℓ의 값을 구한다.

$$\ell = 0 \quad \rightarrow \quad m_\ell = 0$$
$$\ell = 1 \quad \rightarrow \quad m_\ell = -1, 0, \text{ 또는 } 1$$

그러므로 $2s$ 상태는 한 가지 상태로서 양자수가 $m = 2$, $\ell = 0$, $m_\ell = 0$이며, $2p$ 상태는 세 가지 상태로 표시하는 데 각각의 양자수는 $n = 2$, $\ell = 1$, $m_\ell = -1$; $n = 2$, $\ell = 1$, $m_\ell = 0$; $n = 2$, $\ell = 1$, $m_\ell = 1$이다.

이들 네 가지 상태는 모두 같은 주양자수 $n = 2$를 갖기 때문에 식 42.21에 따라 모두 같은 에너지를 갖는다.

$$E_2 = -\frac{13.606 \text{ eV}}{2^2} = -3.401 \text{ eV}$$

42.5 수소에 대한 파동 함수
The Wave Functions for Hydrogen

수소 원자의 퍼텐셜 에너지는 핵과 전자 사이의 지름 방향 r에만 의존하기 때문에, 수소 원자에서 어떤 허용 상태는 r에만 의존하는 파동 함수로 표현할 수 있다. [이 상태에 대하여 $f(\theta)$와 $g(\phi)$는 일정하다.] 수소 원자에서 가장 간단한 파동 함수는 $1s$ 상태이고, $\psi_{1s}(r)$로 표시한다.

$$\psi_{1s}(r) = \frac{1}{\sqrt{\pi a_0^{\;3}}} e^{-r/a_0} \qquad (42.22)$$

◀ 바닥상태에 있는 수소의 파동 함수

여기서 a_0은 보어 반지름이다. r이 ∞에 가까워지면 ψ_{1s}도 영에 가까워지므로 규격화할 수 있다(식 41.7). 더 나가서 ψ_{1s}는 r에만 의존하기 때문에 **구 대칭**이다. 이런 대칭은 모든 s 상태에 존재한다.

어떤 영역에서 입자를 발견할 확률은 그 영역에서 입자의 확률 밀도 $|\psi|^2$의 적분과 같다. $1s$ 상태에서 확률 밀도는

$$|\psi_{1s}|^2 = \left(\frac{1}{\pi a_0^{\;3}}\right) e^{-2r/a_0} \qquad (42.23)$$

이다. 핵을 $r = 0$인 공간에 고정하였다고 생각하면, 이 확률 밀도는 전자의 위치를 나타내는 문제로 표시할 수 있다. 부피 dV 내에서 전자를 발견할 확률은 $|\psi|^2\,dV$이다. **지름 확률 밀도 함수** $P(r)$를 반지름 r와 두께 dr를 가진 구면 껍질 내에서 전자를 발견할 확률로서 정의하는 것이 편리하다. 따라서 $P(r)\,dr$는 이 껍질에서 전자를 발견할 확률이다. 이런 껍질의 부피 dV는 표면적 $4\pi r^2$과 껍질의 두께 dr(그림 42.10)의 곱으로 주어지며, 확률을 다음과 같이 쓸 수 있다.

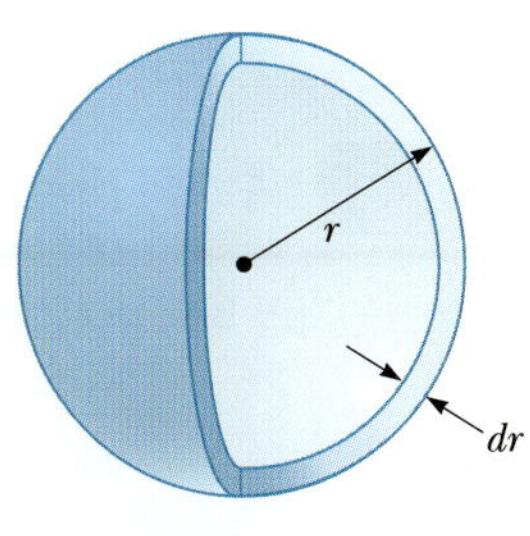

그림 42.10 반지름이 r이고, 두께가 dr인 구 껍질의 부피는 $4\pi r^2\,dr$이다.

$$P(r)\,dr = |\psi|^2\,dV = |\psi|^2\,4\pi r^2\,dr$$

따라서 지름 확률 밀도 함수는 다음과 같다.

$$P(r) = 4\pi r^2|\psi|^2 \quad \textbf{(42.24)}$$

식 42.23을 42.24에 대입하면, 바닥상태인 수소 원자의 지름 확률 밀도 함수를 얻을 수 있다.

$1s$ 상태인 수소 원자의 지름 확률 밀도 ▶

$$P_{1s}(r) = \left(\frac{4r^2}{a_0{}^3}\right)e^{-2r/a_0} \quad \textbf{(42.25)}$$

함수 $P_1s(r)$를 r에 대하여 그린 것이 그림 42.11a이다. 이 곡선에서 봉우리는 이런 특정 상태에서 전자가 거리 r에 있을 확률이 가장 크다는 것을 의미한다. 예제 42.3에서 보면 이 봉우리가 나타나는 곳이 보어의 반지름에 해당되며, 이는 바로 수소 원자가 바닥상태일 때(보어 이론 참조) 전자의 지름 성분 위치에 해당된다. 이런 결과는 보어의 이론과 양자 이론 사이의 일치라는 또 하나의 훌륭한 예이다.

양자 역학에 따르면 원자는 보어가 제시한 것처럼 명확한 경계 조건을 정의하지 않았다. 그림 42.11a의 확률 분포를 살펴보면, 전자 전하는 보통 **전자 구름** 영역의 공간에 확산되어 분포하고 있다는 것을 알 수 있다. 그림 42.11b는 수소 원자 $1s$ 상태일 때의 전자의 확률 밀도로서 xy 평면에 위치 함수로서 보여 준다. 파란색의 농도는 확률 밀도의 값을 나타낸다. 가장 진한 위치는 $r = a_0$에서 나타나고, 전자에 대한 r의 최빈값에 해당된다.

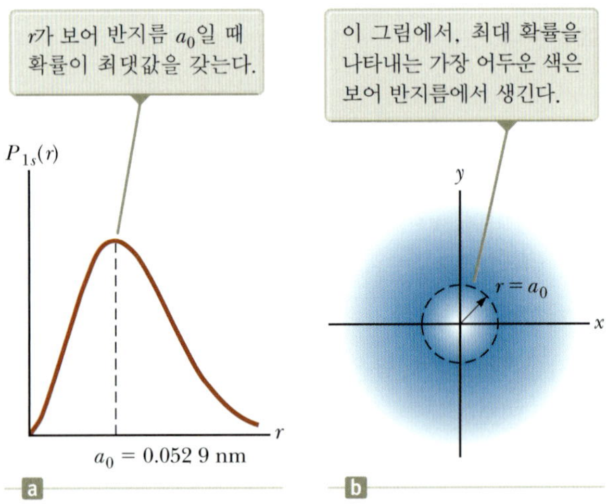

그림 42.11 (a) $1s$ (바닥)상태의 수소 원자에서, 핵에 대한 거리의 함수로서 전자를 발견할 확률 (b) $1s$ 상태의 수소 원자에 대한 xy 평면에서의 구형 전자 전하 분포

예제 42.3 수소의 바닥상태

(A) 수소 원자의 바닥상태에서 전자가 존재할 확률이 가장 큰 r 값을 구하라.

풀이

개념화 보어의 수소 원자 이론에서처럼 양성자 주위를 도는 전자를 가정하지 않는다. 대신에 양성자 주위의 공간에 퍼져 있는 전자의 전하를 가정한다.

분류 '존재할 확률이 가장 큰 r 값'을 구하는 문제이므로 양자 역학적 접근이 필요한 문제로 분류한다(보어 원자에서, 전자는 정확한 r 값을 가지고 궤도 운동을 한다).

분석 확률이 가장 큰 r 값은 r 대 $P_{1s}(r)$의 그래프에서 최대에 해당한다. $dP_{1s}/dr = 0$으로 놓고 r에 대하여 풀면 r의 최빈값을 구할 수 있다.

식 42.25를 미분하고 결과를 영으로 놓는다.

$$\frac{dP_{1s}}{dr} = \frac{d}{dr}\left[\left(\frac{4r^2}{a_0^3}\right)e^{-2r/a_0}\right] = 0$$

$$e^{-2r/a_0}\frac{d}{dr}(r^2) + r^2\frac{d}{dr}(e^{-2r/a_0}) = 0$$

$$2re^{-2r/a_0} + r^2(-2/a_0)e^{-2r/a_0} = 0$$

$$(1) \qquad 2r[1 - (r/a_0)]e^{-2r/a_0} = 0$$

각괄호 안의 값을 영으로 놓고 r를 구한다.

$$1 - \frac{r}{a_0} = 0 \quad \rightarrow \quad r = a_0$$

결론 r의 최빈값은 보어 반지름과 같다! 이 문제를 마무리하려면 식 (1)은 $r = 0$과 $r \rightarrow \infty$를 만족해야 한다. 이 점들은 **최소** 확률 위치이고, 그림 42.11a에서와 같이 영이 된다.

(B) 바닥상태의 수소 원자에서 전자가 첫 번째 보어 반지름 외부에서 발견된 확률을 구하라.

풀이

분석 바닥상태에 대한 지름 확률 밀도 $P_{1s}(r)$를 보어 반지름 a_0에서 ∞까지 적분하여 확률을 구할 수 있다.

식 42.25를 이용하여 적분을 한다.

$$P = \int_{a_0}^{\infty} P_{1s}(r)\,dr = \frac{4}{a_0^3}\int_{a_0}^{\infty} r^2 e^{-2r/a_0}\,dr$$

변수 r를 차원이 없는 변수 $z = 2r/a_0$로 치환하면 $r = a_0$일 때 $z = 2$이고, $dr = (a_0/2)\,dz$이므로 다음과 같다.

$$P = \frac{4}{a_0^3}\int_2^{\infty}\left(\frac{za_0}{2}\right)^2 e^{-z}\left(\frac{a_0}{2}\right)dz = \tfrac{1}{2}\int_2^{\infty} z^2 e^{-z}\,dz$$

부분 적분(부록 B.7 참조)을 이용하여 적분을 한다.

$$P = -\tfrac{1}{2}(z^2 + 2z + 2)e^{-z}\Big|_2^{\infty}$$

적분 구간 사이에서 적분값을 구한다.

$$P = 0 - [-\tfrac{1}{2}(4 + 4 + 2)e^{-2}] = 5e^{-2}$$

$$= 0.677 \text{ 또는 } 67.7\%$$

결론 이 확률은 50 %보다 크다. 이런 값이 나오게 된 이유는 지름 확률 밀도 함수(그림 42.11a)가 비대칭이어서 봉우리의 왼쪽보다는 오른쪽이 더 넓기 때문이다.

문제 최빈값보다 바닥상태에 있는 전자에 대한 r의 평균값은 얼마인가?

답 r의 평균값은 r에 대한 기댓값과 같다.

식 42.25를 사용하여 r의 평균값을 계산한다.

$$r_{\text{avg}} = \langle r \rangle = \int_0^{\infty} rP(r)\,dr = \int_0^{\infty} r\left(\frac{4r^2}{a_0^3}\right)e^{-2r/a_0}\,dr$$

$$= \left(\frac{4}{a_0^3}\right)\int_0^{\infty} r^3 e^{-2r/a_0}\,dr$$

부록 B의 표 B.6에 있는 적분표를 이용하여 적분을 한다.

$$r_{\text{avg}} = \left(\frac{4}{a_0^3}\right)\left(\frac{3!}{(2/a_0)^4}\right) = \tfrac{3}{2}a_0$$

또한 그림 42.11a에 보인 파동 함수의 비대칭성때문에 평균값은 최빈값보다 크다.

수소 원자에서 다음으로 간단한 파동 함수는 $2s$ 상태($n = 2$, $\ell = 0$)이다. 이 상태의 규격화된 파동 함수는 다음과 같다.

$$\psi_{2s}(r) = \frac{1}{4\sqrt{2\pi}}\left(\frac{1}{a_0}\right)^{3/2}\left(2 - \frac{r}{a_0}\right)e^{-r/2a_0} \qquad \textbf{(42.26)}$$

ψ_{2s}는 r에만 의존하고 구형 대칭이라는 점에 다시 한 번 주목하라. 이 상태의 에너지는 $E_2 = -(13.606/4)$ eV $= -3.401$ eV이다. 이 에너지 준위는 수소의 첫 번째 들뜬상

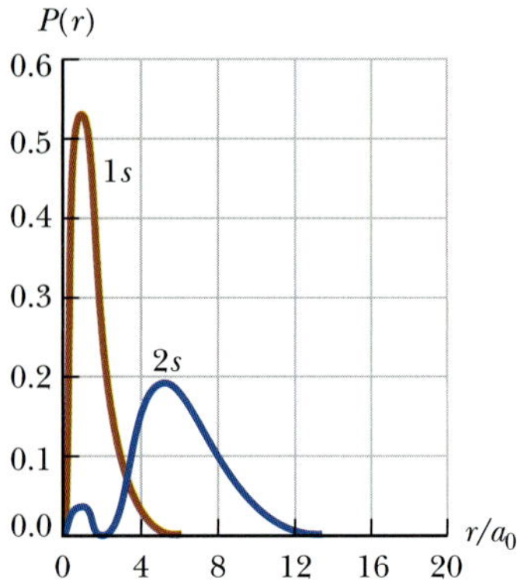

그림 42.12 수소 원자의 $1s$ 와 $2s$ 상태에서, r/a_0에 대한 지름 확률 밀도 함수

태를 나타낸다. 이 상태의 지름 확률 밀도 함수를 $1s$ 상태와 비교하여 그린 것이 그림 42.12이다. $2s$ 상태는 두 개의 봉우리를 가지고 있다. 이 경우에 최빈값은 $P(\approx 5a_0)$의 최댓값을 갖는 r 값에 해당된다. $1s$ 상태의 전자보다 $2s$ 상태의 전자가 핵으로부터 (평균적으로) 멀리 떨어져 있을 것이다.

42.6 양자수의 물리적 해석
Physical Interpretation of the Quantum Numbers

수소 원자에서 원자의 에너지는 특정한 상태의 주양자수 n에 따라 식 42.21에 의하여 결정된다. 수소 원자에서는 식 42.21에서와 같이 특정 상태의 주양자수 n이 원자의 에너지를 결정한다. 다른 양자수가 원자 모형에 물리적으로 어떻게 기여하는지 알아보자.

궤도 양자수 ℓ The Orbital Quantum Number ℓ

이 논의를 시작하기 위하여 보어의 원자 모형으로 돌아가자. 전자가 반지름이 r인 원운동을 하고 있다면, 원의 중심에 대한 각운동량의 크기는 $L = m_e vr$이다. $\vec{\mathbf{L}}$의 방향은 원의 평면에 수직이고 오른손 규칙을 따른다. 고전 역학에서 궤도 각운동량의 크기 L은 어떤 값이라도 가질 수 있다. 그러나 보어의 수소 원자 모형에서는 전자의 각운동량은 $\hbar$의 정수배라는 제한을 받는다. 즉 $L = n\hbar$이다. 이 모형은 수소의 바닥상태가 $L = \hbar$를 갖는다고 예측하기 때문에 수정해야만 한다. 더욱이 보어 모형에서 $L = 0$을 택하면, 전자는 핵을 통과하여 직선을 따라 진동하는 입자라는 결론이 도출되는데 이 상황은 물리적으로 불가능하다.

이런 문제점은 원자의 양자 역학 모형으로 해결해야 하며, 전자가 명확히 규정된 경로를 회전한다는 탁상공론적 상상력은 단념해야 할 것이다. 이런 해석을 하지 않는다 해도, 원자는 보통 궤도 각운동량이라 하는 각운동량을 필요로 한다. 양자 역학에 따르면, 주양자수가 n인 원자는 궤도 각운동량이 다음과 같이 **불연속**적인 값을 갖는다.[5]

L의 허용 값 ▶

$$L = \sqrt{\ell(\ell+1)}\,\hbar \qquad \ell = 0, 1, 2, \cdots, n-1 \tag{42.27}$$

ℓ이 이런 값으로 제한된다고 보면, $L = 0$($\ell = 0$에 대응)도 가능한 각운동량의 크기가 된다. 이 모형에서 L이 영의 값을 가질 수 있다는 사실은, 순수한 입자 모형에 기반을 둔 양자 역학으로 해석하면, $L = 0$ 상태에서 전자 구름은 구형 대칭이어서 뚜렷이 내세울 회전축이 없다는 것을 의미한다.

자기 궤도 양자수 m_ℓ The Orbital Magnetic Quantum Number m_ℓ

각운동량은 벡터이기 때문에 방향이 언급되어야 한다. 29장을 보면, 전류 고리(cur-

[5] 식 42.27은 슈뢰딩거 방정식의 수학적인 해를 직접 구한 결과이고, 각 경계 조건을 적용하였다. 이 전개는 이 교재의 범위를 넘기 때문에 생략한다.

rent loop)는 자기 모멘트 $\vec{\boldsymbol{\mu}} = I\vec{\mathbf{A}}$(식 29.15)를 갖는다. 여기서 I는 고리에 흐르는 전류이고, $\vec{\mathbf{A}}$는 벡터로서 고리에 수직 방향이고 크기는 고리의 넓이이다. 이런 모멘트는 자기장 $\vec{\mathbf{B}}$ 내에 놓일 때 자기장과 상호 작용한다. 공간에서 z축의 방향을 가진 약한 자기장을 가정하자. 고전 물리에 따르면 식 29.18에 언급한 $U = -\vec{\boldsymbol{\mu}} \cdot \vec{\mathbf{B}}$처럼, 고리–장(loop-field) 계의 에너지는 자기장 방향에 대한 고리의 자기 모멘트 방향에 의존한다. 고전 물리에서는 $-\mu B$와 $+\mu B$ 사이의 어떤 에너지든 모두 허용된다.

보어 모형에서 원운동하는 전자를 전류 고리로 표현한다. 수소 원자에 대한 양자 역학적 접근에서, 보어 모형의 관점인 궤도를 무시하지만, 원자는 여전히 궤도 각운동량을 가진다. 전자가 핵 주위를 회전한다는 관념이 그나마 있으므로, 이 각운동량에 의하여 자기 모멘트가 존재한다.

42.3절에 언급하였듯이, 어떤 원자의 스펙트럼 선은 자기장 내에서 인접한 세 선으로 분리되는 것을 관찰할 수 있다. 수소 원자에 자기장을 건다고 하자. 양자 역학에 따르면 자기장 벡터 $\vec{\mathbf{B}}$에 대하여 자기 모멘트 벡터 $\vec{\boldsymbol{\mu}}$는 허용된 방향이 **불연속**적이다. 이것은 모든 방향이 허용된 고전 물리와는 매우 다르다.

원자의 자기 모멘트 $\vec{\boldsymbol{\mu}}$는 각운동량 벡터 $\vec{\mathbf{L}}$과 관계가 있기 때문에[6] $\vec{\boldsymbol{\mu}}$의 불연속적인 방향은 $\vec{\mathbf{L}}$의 방향이 양자화된 것을 의미한다. 이 양자화는 L_z($\vec{\mathbf{L}}$을 z축에 투영시킨 것)가 불연속적인 값을 가짐을 의미한다. 궤도 자기 양자수 m_ℓ은 궤도 각운동량의 z 성분이 가질 수 있는 허용 값을 다음과 같이 지정한다.[7]

$$L_z = m_\ell \hbar \tag{42.28}$$

◀ L_z의 허용 값

외부 자기장에 대한 $\vec{\mathbf{L}}$의 가능한 방향의 양자화를 **공간 양자화**(space quantization)라

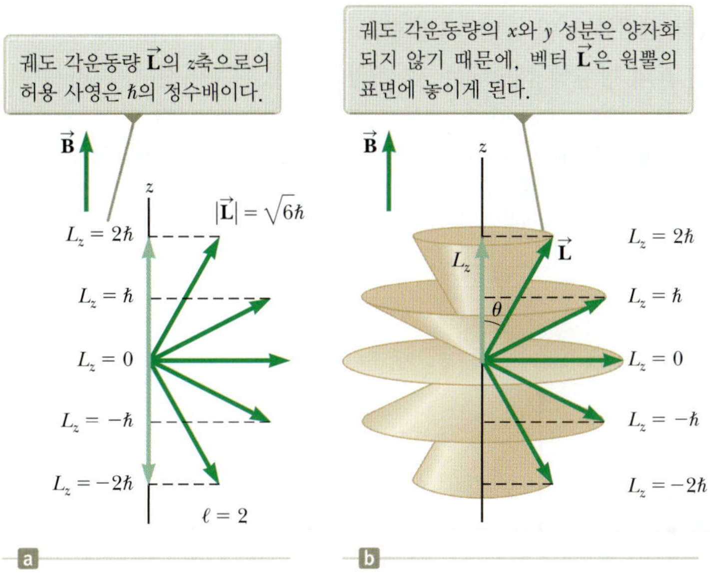

그림 42.13 $\ell = 2$에 대한 벡터 모형

[6] 이 관계에 대한 식 30.22를 보면, 고전 역학적 관점에서 유도된 것이다. 양자 역학도 같은 결과를 얻을 수 있다.

[7] 식 42.27에서와 같이 식 42.28로 표현된 근거는 슈뢰딩거 방정식과 경계 조건의 해로부터 나온다.

고 한다.

주어진 ℓ 값에 대하여 $\vec{\mathbf{L}}$의 가능한 방향과 크기를 생각해 보자. m_ℓ은 $-\ell$부터 ℓ까지의 값을 가질 수 있다. 만약 $\ell = 0$이면 $L = 0$이다. m_ℓ의 유일한 허용 값은 $m_\ell = 0$이고 $L_z = 0$이다. $\ell = 1$이면 식 42.27로부터 $L = \sqrt{2}\hbar$이다. 가능한 m_ℓ은 -1, 0, 1이므로 식 42.28은 L_z가 $-\hbar$, 0, $\hbar$임을 말해 준다. 만약 $\ell = 2$이면 각운동량의 크기는 $\sqrt{6}\hbar$이다. m_ℓ의 값은 -2, -1, 0, 1, 2일 수 있으며, 대응되는 L_z는 $-2\hbar$, $-\hbar$, 0, $\hbar$, $2\hbar$이다.

그림 42.13a는 $\ell = 2$인 경우 공간 양자화를 **벡터 모형**(vector model)으로 나타낸 것이다. $\vec{\mathbf{L}}$은 $\vec{\mathbf{B}}$에 대하여 평행 또는 반평행으로 정렬할 수 없다. 왜냐하면 L_z의 최댓값은 $\ell\hbar$이고, 이 값은 각운동량의 크기 $L = \sqrt{\ell(\ell+1)}\hbar$보다 작기 때문이다. 각운동량 벡터 $\vec{\mathbf{L}}$은 $\vec{\mathbf{B}}$에 수직이 되도록 허용되며, $L_z = 0$과 $\ell = 0$인 경우에 해당된다.

벡터 $\vec{\mathbf{L}}$은 특정한 한쪽 방향을 향할 수 없다. 만약 $\vec{\mathbf{L}}$을 정확히 알고 있다면, 세 가지 L_x, L_y, L_z 성분을 기술할 수는 있지만, 이것은 각운동량에 대한 불확정성 원리에 위배된다. 정확히 확정할 수는 없지만, 벡터의 크기와 z 성분을 나타낼 수는 있을까? 이 답은 그림 42.13b에 나타내었듯이, L_x와 L_y가 정확히 확정되어 있지 않아서 $\vec{\mathbf{L}}$은 z축과 θ의 각도를 이루는 원뿔의 표면 어디엔가는 놓여 있어야 한다. 또한 θ도 역시 양자화되며, 다음의 관계식으로 지정된 값만 허용됨을 알 수 있다.

궤도 각운동량 벡터의 허용 방향 ▶

$$\cos\theta = \frac{L_z}{L} = \frac{m_\ell}{\sqrt{\ell(\ell+1)}} \qquad \textbf{(42.29)}$$

만약 원자가 자기장에 놓여 있다면, 식 42.21에서 언급한 에너지에 $U = -\vec{\boldsymbol{\mu}} \cdot \vec{\mathbf{B}}$의 에너지를 더해야 한다. $\vec{\boldsymbol{\mu}}$의 방향이 양자화되었기 때문에, 계의 불연속적인 전체 에너지는 m_ℓ에 대하여 서로 다른 값을 가진다. 그림 42.14a는 자기장이 없을 때 두 원자 준위 사이에서의 전이를 보여 준다. 그림 42.14b는 자기장이 있을 때, $\ell = 1$인 위의 준위는 서로 다른 $\vec{\boldsymbol{\mu}}$의 방향에 해당되는 세 개의 준위로 나누어진다. 따라서 이제는 $\ell = 1$

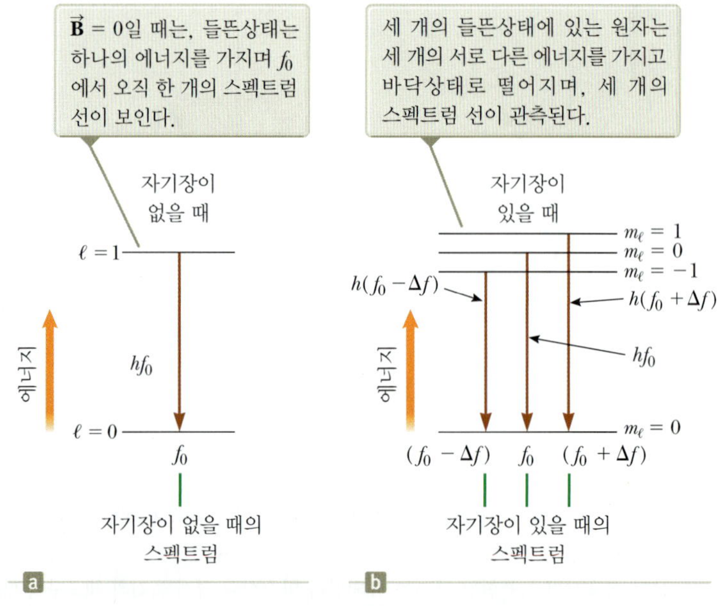

그림 42.14 제만 효과. (a) 수소 원자에 대한 바닥상태와 첫 번째 들뜬상태의 에너지 준위 (b) 원자가 자기장 $\vec{\mathbf{B}}$ 내에 놓이게 되면 $\ell = 1$의 상태는 세 개의 상태로 분리된다. 그 방출 선들은 f_0, $f_0 + \Delta f$, $f_0 - \Delta f$이며, 여기서 Δf는 자기장에 의한 방출 진동수 이동이다.

인 버금 껍질에서 $\ell = 0$인 버금 껍질로 세 가지의 가능한 전이가 있다. 그러므로 그림 42.14a의 한 개의 스펙트럼 선은 자기장이 있을 때는 세 개의 스펙트럼 선으로 나누어진다. 이런 현상을 **제만 효과**(Zeeman effect)라고 한다.

제만 효과는 대기권 밖의 자기장을 측정하는 데 이용한다. 예를 들면 태양 표면의 수소 원자로부터 나오는 빛의 스펙트럼 선의 분리는 그 위치에서 자기장의 세기를 계산하는 데 이용된다. 제만 효과는 보어 모형으로 설명할 수 없는 것 중의 하나이지만, 원자의 양자 모형으로는 설명이 가능하다.

예제 42.4 수소에 대한 공간 양자화

$\ell = 3$인 상태의 수소 원자에서, $\vec{\mathbf{L}}$의 크기와 L_z의 허용 값 그리고 $\vec{\mathbf{L}}$과 z축에 의하여 형성되는 각도 θ를 구하라.

풀이

개념화 $\ell = 2$에 대한 벡터 모형인 그림 42.13a를 고려한다. 문제 해결을 위하여 $\ell = 3$에 대한 벡터 모형을 그려본다.

분류 이번 절에서 유도된 식을 사용하므로 예제를 대입 문제로 분류한다.

궤도 각운동량의 크기를 식 42.27을 이용하여 구한다.

$$L = \sqrt{\ell(\ell + 1)}\hbar = \sqrt{3(3 + 1)}\hbar = 2\sqrt{3}\,\hbar$$

L_z의 허용 값은 식 42.28과 $m_\ell = -3, -2, -1, 0, 1, 2, 3$을 이용하여 구한다.

$$L_z = -3\hbar, -2\hbar, -\hbar, 0, \hbar, 2\hbar, 3\hbar$$

식 42.29를 이용하여 허용된 $\cos\theta$ 값을 구한다.

$$\cos\theta = \frac{\pm 3}{2\sqrt{3}} = \pm 0.866$$

$$\cos\theta = \frac{\pm 2}{2\sqrt{3}} = \pm 0.577$$

$$\cos\theta = \frac{\pm 1}{2\sqrt{3}} = \pm 0.289$$

$$\cos\theta = \frac{0}{2\sqrt{3}} = 0$$

이들 $\cos\theta$ 값에 대응하는 각도를 구한다.

$$\theta = 30.0°, 54.7°, 73.2°, 90.0°, 107°, 125°, 150°$$

문제 ℓ은 어떤 값들을 갖는가? 주어진 ℓ 값에 대하여, 허용되는 m_ℓ의 값은 몇 개인가?

답 주어진 ℓ 값에 대하여, m_ℓ의 값은 $-\ell$부터 $+\ell$까지 1씩 증가한다. 따라서 m_ℓ은 영이 아닌 2ℓ개의 값을 갖는다(±1, ±2, $\cdots$, $\pm\ell$). 또한 $m_\ell = 0$인 값이 가능하므로, m_ℓ은 모두 $(2\ell + 1)$개의 값을 갖는다. 이 결과는 다음에 스핀에 대하여 설명한 슈테른-게를라흐 실험 결과를 이해하는 데 중요하다.

스핀 자기 양자수 m_s The Spin Magnetic Quantum Nnumber m_s

지금까지 논의한 세 개의 양자수 n, ℓ, m_ℓ은 슈뢰딩거 방정식의 해를 구할 때 경계 조건을 적용하여 얻은 것이고, 각각의 양자수에 대해서는 물리적인 의미를 부여할 수 있다. 이제 **전자 스핀**(electron spin)에 대하여 언급하고자 하는데, 이것은 슈뢰딩거 방정식을 통하여 얻은 것이 아니다.

예제 42.2에서 $n = 2$일 때 대응되는 네 가지 양자 상태를 도출해 보았다. 그러나 실제로는 여덟 가지 상태가 생긴다. 추가된 네 개의 양자수는 각각의 상태에 네 번째 양자수인 **스핀 자기 양자수**(spin magnetic quantum number) m_s를 도입하면 된다.

MARGARETHE BOHR COLLECTION/Photo Researchers, Inc.

파울리와 보어가 회전하는 팽이를 보고 있다. 전자의 스핀은 팽이의 회전과 유사하지만 많은 점에서 다르다.

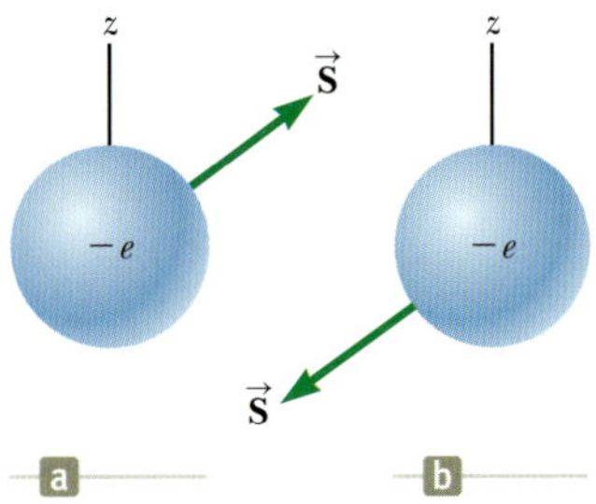

그림 42.15 전자의 스핀은 지정된 z축에 대하여 상대적으로 (a) 업이나 (b) 다운으로 나타난다. 궤도 각운동량의 경우처럼, 스핀 각운동량 벡터의 x와 y 성분은 양자화되지 않는다.

오류 피하기 42.5

전자는 실제로 도는 것이 아니다 전자 스핀은 개념적으로 유용하지만, 글자 그대로 전자가 자전하는 것은 아니다. 지구의 자전은 물리적인 회전인 반면에 전자 스핀은 순전히 양자 효과이다. 그러나 물리적인 회전인 것처럼 전자에게 각운동량을 준다.

이 새로운 양자수는 나트륨 증기와 같은 특정 기체의 스펙트럼을 분석할 때 그 필요성이 제기되었다. 나트륨의 방출 스펙트럼을 자세히 분석한 결과, 한 개로 알려져 있던 선이 사실은, 간격이 매우 가까운 **이중선**(doublet)[8]으로 구성된 것으로 관측되었다. 이 선의 파장은 노란색 영역에서 형성되었고, 각각 589.0 nm와 589.6 nm이다. 1925년에 처음으로 발견된 이중선은 기존의 원자 이론으로는 설명할 수가 없었다. 이 문제를 풀기 위하여 호우트스미트(Samuel Goudsmit, 1902~1978)와 윌렌베크(George Uhlenbeck, 1900~1988)는 오스트리아 물리학자인 파울리(Wolfgang Pauli)가 언급한 스핀 양자수를 제안하였다.

새로운 양자수를 기술하기 위하여, 30.6절에서 설명한 바와 같이 전자가 핵의 궤도를 돌면서 자체 축을 회전(자전)하는 것으로 설명하면 편리하다. (그러나 이것은 틀린 견해이다). 전자 스핀은 오직 두 가지 방향만 존재하며, 그림 42.15에 표현하였다. 만약 스핀의 방향이 그림 42.15a와 같으면 전자는 **스핀 업**(spin up) 상태라고 하고, 그림 42.15b와 같으면 전자는 **스핀 다운**(spin down) 상태라고 한다. 자기장이 존재할 때 전자와 관련된 에너지는 스핀의 두 방향에 따라 약간씩 달라지며, 그 에너지 차이로 인해 나트륨의 이중선 현상이 발생한다.

전자 스핀에 대한 고전적 해석은—자전하는 전자 모형으로 나온 결론들은—틀린 것이다. 좀 더 최근의 이론에서 전자는 공간적 크기가 없는 점 입자라고 본다. 따라서 전자는 강체로 모형화할 수 없고 회전한다고 생각할 수 없다. 이런 개념의 어려움에도 불구하고, 모든 실험적 증거는 스핀 자기 양자수로 나타낼 수 있는 어떤 고유한 각운동량을 전자가 가진다는 생각을 뒷받침한다. 디랙(Paul Dirac, 1902~1984)은 이 네 번째 양자수가 전자의 상대론적 특성에 기인한 것임을 보였다.

1921년에 슈테른(Otto Stern, 1888~1969)과 게를라흐(Walter Gerlach, 1889~1979)는 공간 양자화를 보여 주는 실험을 하였다. 그러나 이들의 결과는 그 당시에 존재했던 원자 이론과 일치하지 않았다. 이들의 실험에 의하면 균일하지 않은 자기장을 통과한 은 원자 빔이 두 가지 성분으로 분리되었다(그림 42.16). 이들은 다른 원자를 가지고 동일한 실험을 반복하였는데, 그때마다 두 개 이상의 성분으로 빔이 분리되었다. 고전적인 이론에 따르면 다음과 같다. $\vec{\mathbf{B}}$의 비동질성이 최대인 방향을 z축으로 고정시키면, 원자의 알짜 자기력은 z 방향이고, 원자의 자기 모멘트 $\vec{\boldsymbol{\mu}}$의 z 성분에 비례하게 된다. 고전적으로 $\vec{\boldsymbol{\mu}}$는 어떤 방향도 가능하기 때문에, 빔의 편향각은 연속적이다. 그러나 양자 역학에 따르면, 편향된 빔은 자연수 개수의 불연속적인 성분을 갖게 되고, 이런 성분의 수가 μ_z의 가능한 값의 수를 결정한다. 그런데 슈테른-게를라흐 실험이 분리된 빔들을 보여 주었기 때문에, 적어도 공간 양자화가 정성적으로 증명된 것이다.

일단 원자의 자기 모멘트 $\vec{\boldsymbol{\mu}}$가 궤도 각운동량이라고 가정하자. μ_z는 m_ℓ에 비례하기 때문에, μ_z 값의 가능한 개수는 $2\ell + 1$이다. 더욱이 ℓ은 정수이기 때문에 μ_z 값의 개수

[8] 이 현상이 스핀에 대한 제만 효과이며, 외부 자기장이 요구되지 않는다는 것만 제외하고는 예제 42.4에서 논의한 궤도 각운동량에 대한 제만 효과와 본질이 동일하다. 제만 효과를 주는 자기장은 원자 내부의 것으로서 전자와 핵의 상대적인 운동으로부터 나온다.

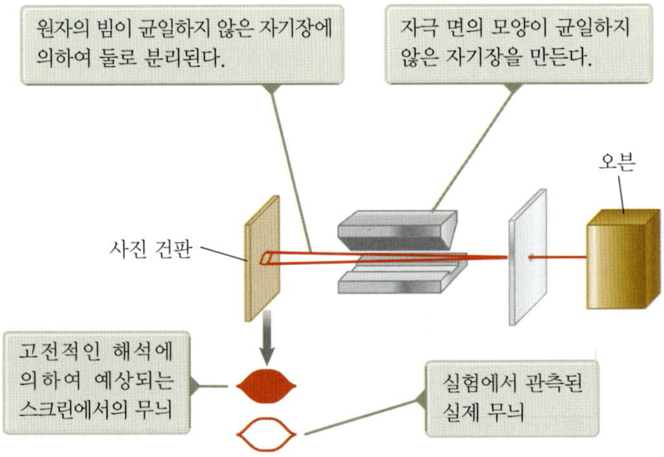

그림 42.16 공간 양자화를 확인하기 위하여 슈테른-게를라흐가 이용한 측정 기술

는 항상 홀수이다. 이 가정은 은원자 빔이 두 가지 성분(짝수)으로 분리된 슈테른과 게를라흐의 실험과 일치하지 않았다. 따라서 양자 역학이 불완전하거나 그 모형이 더 보강되어야 한다는 결론을 내릴 수밖에 없다.

1927년에 핍스(T. E. Pipps)와 테일러(J. B. Taylor)는 수소 원자 빔을 사용하여 슈테른과 게를라흐의 실험을 반복하였다. 이 실험은 바닥상태에서 한 개의 전자를 가진 원자를 취급하였기 때문에 중요하였고, 양자 이론으로 신뢰성 있는 예측을 할 수 있었다. 수소의 바닥상태에서는 $\ell = 0$이므로 $m_\ell = 0$임을 이미 알고 있다. 그러므로 원자의 자기 모멘트 $\vec{\boldsymbol{\mu}}$가 영이기 때문에, 자기장에 의하여 빔이 휘어지지 않을 것을 기대하였다. 그러나 핍스와 테일러 실험에서, 빔은 또 다시 두 개의 성분으로 분리되었다. 이 결과를 바탕으로 한 가지 결론을 얻을 수 있다. 전자의 궤도 운동이 원자 자기 모멘트에 기여한다는 것 외에도 다른 무엇인가가 존재한다는 것이다.

앞에서 배운 것처럼 호우트스미트와 윌렌베크는 전자가 궤도 각운동량과는 다른 고유한 각운동량인 스핀을 갖고 있다고 제안하였다. 다시 말하면 특정 전자 상태에 있는 전자의 전체 각운동량은 궤도 성분 $\vec{\mathbf{L}}$과 스핀 성분 $\vec{\mathbf{S}}$를 둘 다 포함한다. 핍스와 테일러의 결과는 호우트스미트와 윌렌베크의 가정을 확인한 것이다.

1929년 디랙은 계의 전체 에너지의 상대론적 형태를 이용하여 퍼텐셜 에너지 우물 안에 있는 전자에 대한 상대론적 파동 방정식을 풀었다. 그의 분석은 전자 스핀의 기본 성질을 증명하였다(스핀은 질량과 전하처럼 입자의 고유한 특성이고, 주위 환경과 독립적이다). 더 나아가 전자의 스핀[9]은 양자수 s로 설명할 수 있고, 이 값은 $s = \frac{1}{2}$만 가질 수 있다. 전자의 스핀 각운동량은 **절대 변하지 않는다.** 이 개념은 자전하는 전자는, 자기장 내에서 장의 변화에 의한 패러데이 기전력(emf) 때문에 감속되어야 한다는 고전적인 법칙을 위반하는 것이다(31장). 더욱이 전자를 고전적인 법칙에 따르는 자전하는 전하의 구로 생각한다면, 전자 한 부분의 자전 속력은 구의 표면에서 빛의 속력을 초과한다. 따라서 이런 상황은 고전적으로 설명할 수 없다. 결국 전자의 스핀은 고전적인 형

[9] 물리학자는 스핀 각운동량을 나타낼 때 **스핀**이라는 단어만 사용한다. 예를 들면 "전자는 1/2의 스핀을 갖는다"라는 표현을 자주 사용하기도 한다.

태로는 설명할 수 없는 양자량이다.

스핀은 각운동량의 형태이기 때문에 궤도 각운동량과 같은 양자 규칙을 따른다. 식 42.27에 의하여 전자에 대한 **스핀 각운동량**(spin angular momentum) $\vec{\mathbf{S}}$의 크기는 다음과 같다.

전자의 스핀 각운동량의 크기 ▶

$$S = \sqrt{s(s+1)}\,\hbar = \frac{\sqrt{3}}{2}\hbar \quad (42.30)$$

궤도 각운동량 $\vec{\mathbf{L}}$과 같이 스핀 각운동량 $\vec{\mathbf{S}}$는 그림 42.17에서 기술하였듯이 공간 내에 양자화되어 있다. 스핀 벡터 $\vec{\mathbf{S}}$는 z축에 대하여 상대적으로 두 개의 방향을 가지고 있고, **스핀 자기 양자수**(spin magnetic quautum number) $m_s = \pm\frac{1}{2}$로 나타낸다. 궤도 각운동량에 대한 식 42.28과 유사하게 스핀 각운동량의 z 성분은 다음과 같다.

S_z의 허용 값 ▶

$$S_z = m_s\hbar = \pm\tfrac{1}{2}\hbar \quad (42.31)$$

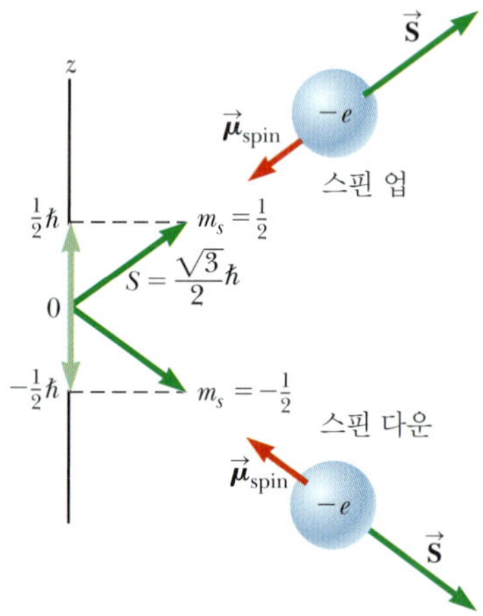

그림 42.17 스핀 각운동량 $\vec{\mathbf{S}}$에 의한 공간 양자화. 이 그림은 전자와 같이 스핀 $\frac{1}{2}$인 입자에 대하여 스핀 각운동량 벡터 $\vec{\mathbf{S}}$와 스핀 자기 모멘트 $\vec{\mu}_{spin}$의 허용된 두 방향을 나타낸다.

S_z에 대한 두 값 $\pm\hbar/2$는 그림 42.17에 있는 $\vec{\mathbf{S}}$의 두 방향에 대응한다. $m_s = +\frac{1}{2}$ 값은 스핀 업의 경우를 나타내고 $m_s = -\frac{1}{2}$은 스핀 다운을 나타낸다. 식 42.30과 42.31은 스핀 벡터가 z축에 놓일 수 없는 것을 보여 준다. 실제 $\vec{\mathbf{S}}$의 방향은 그림 42.15와 42.17에서처럼 z축과는 상대적으로 큰 각도를 유지한다.

예제 42.4의 후반부에서 논의한 것처럼 궤도 각운동량에 대한 m 값은 $2\ell + 1$개가 가능하다. 마찬가지로 스핀 각운동량의 m_s 값은 $2s + 1$개가 있다. 스핀 $s = \frac{1}{2}$인 입자의 경우 m_s 값은 $2s + 1 = 2$이다. 이처럼 가능한 m_s 값이 두 개라는 것이 슈테른–게를라흐와 핍스–테일러 실험에서 입자빔이 둘로 나누어지는 것을 설명한다.

전자의 스핀 자기 모멘트 $\vec{\mu}_{spin}$은 스핀 각운동량 $\vec{\mathbf{S}}$와 다음과 같은 관계가 있다.

$$\vec{\mu}_{spin} = -\frac{e}{m_e}\vec{\mathbf{S}} \quad (42.32)$$

여기서 e는 전자의 전하이고, m_e는 전자의 질량이다. $S_z = \pm\frac{1}{2}\hbar$이므로, 스핀 자기 모멘트의 z 성분은 다음과 같은 값을 가진다.

$$\vec{\mu}_{spin,z} = \pm\frac{e\hbar}{2m_e} \quad (42.33)$$

30.6절에서 배웠듯이 이 식의 우변에서 $e\hbar/2m_e$는 보어 마그네톤 μ_B라고 부르며 그 값은 9.27×10^{-24} J/T이다. 각운동량과 자기 모멘트의 비는 궤도 각운동량(식 30.22)의 경우와 비교하면 스핀 각운동량(식 42.32)의 경우가 두 배이다. 이렇게 두 배가 되는 이유는 디랙이 처음으로 상대론적인 취급을 하여 설명하였다.

오늘날 물리학자들은 슈테른–게를라흐와 핍스–테일러의 실험을 다음과 같이 설명한다. 은과 수소 원자에 대하여 관측된 자기 모멘트는 궤도 각운동량이 아니라 스핀 각운동량에 기인한 것이다. 핍스–테일러 실험에서 수소와 같이 전자 한 개만 존재하는 원자들은 자기장 내에서 양자화된 전자 스핀을 갖게 되는데, $m_s = \pm\frac{1}{2}$이므로 스핀 자기 운동량의 z 성분은 $\frac{1}{2}\hbar$이거나 $-\frac{1}{2}\hbar$가 된다. 스핀이 $+\frac{1}{2}$인 전자는 아래쪽으로 편향되

표 42.4 주양자수 $n = 2$인 수소 원자

n	ℓ	m_ℓ	m_s	버금 껍질	껍질	버금 껍질에서의 상태 수
2	0	0	$\frac{1}{2}$	2s	L	2
2	0	0	$-\frac{1}{2}$			
2	1	1	$\frac{1}{2}$	2p	L	6
2	1	1	$-\frac{1}{2}$			
2	1	0	$\frac{1}{2}$			
2	1	0	$-\frac{1}{2}$			
2	1	−1	$\frac{1}{2}$			
2	1	−1	$-\frac{1}{2}$			

어 있고 $-\frac{1}{2}$인 전자는 위쪽으로 편향되어 있다. 슈테른–게를라흐 실험에서, 은 원자 내의 47개 전자 중 46개는 짝진 스핀을 갖고 버금 껍질을 채운다. 따라서 이들 46개의 전자는 원자의 각운동량과 스핀 각운동량에 기여하는 알짜값이 영이다. 원자의 각운동량은 단지 47번째 전자 때문이다. 이 전자는 5s 버금 껍질에 있게 되므로, 각운동량으로부터 기여하는 것은 없다. 그 결과 은 원자는 전자 하나의 스핀에 의한 각운동량을 갖게 되며, 핍스–테일러 실험에서 균일하지 않은 자기장 내에서의 수소 원자처럼 거동한다.

슈테른–게를라흐 실험에서 두 가지 중요한 결과를 얻을 수 있다. 첫 번째로 이 실험은 공간 양자화 개념을 입증하였다. 두 번째로 스핀 각운동량의 존재를 보였는데, 이 특성은 실험이 수행되고 4년이 지나서야 알게 되었다.

앞서 설명하였듯이, 수소 원자에는 $n = 2$에 대응하는 여덟 가지(예제 42.2처럼 네 가지가 아니라)의 양자 상태가 존재한다. 예제 42.2에서 네 가지 준위의 각각은 실제로는 두 가지 상태인데, 이는 m_s에 두 가지 값이 가능하기 때문이다. 표 42.4는 여덟 가지 상태에 해당하는 양자 준위를 나타낸다.

42.7 배타 원리와 주기율표
The Exclusion Principle and the Periodic Table

수소 원자의 상태는 네 가지 양자수 n, ℓ, m_ℓ, m_s를 통하여 기술된다. 동일한 양자수들로써, 다른 원자에서도 허용 상태의 수를 예측할 수 있다. 사실 이 네 가지 양자수는 전자의 개수와 상관없이 모든 원자의 전자 상태를 설명하는 데 이용된다.

현재로서는 많은 전자를 가진 원자를 논의할 때, 원자 안에 있는 전자에 양자수를 지정하는 것이 가장 쉽다. 그러면 곧 바로 질문이 생기는데, 즉 주어진 양자수에는 몇 개의 전자들이 존재할 수 있는가? 1925년 파울리는 **배타 원리**(exclusion principle)라고 하는 규칙을 발표함으로써 이에 답하였다.

> 한 원자 내에 있는 어떤 전자도 같은 양자 상태로 존재할 수 없다. 즉 동일한 원자 내의 어떤 두 전자도 같은 양자수를 가질 수 없다.

오류 피하기 42.6

배타 원리는 더 일반적이다 여기서 논의된 배타 원리는 더욱 일반적인 배타 원리가 제한된 형태이다. 이 원리는 같은 양자 상태에 반정수 스핀 $\frac{1}{2}$, $\frac{3}{2}$, $\frac{5}{2}$, …를 가진 **페르미온** 두 개가 있을 수 없다고 기술한다.

Keystone/Getty Images

파울리

Wolfgang Pauli, 1900~1958

오스트리아의 이론물리학자

현대 물리학의 많은 분야에서 중요한 기여를 한 뛰어난 재능이 있는 이론학자인 파울리는 21살의 나이에 이미 상대론에 대한 완숙한 논평 논문을 써서 일반에 잘 알려져 있었다. 이 논문은 아직도 상대론에 대하여 가장 명확하고 이해하기 쉬운 소개서 중의 하나로 여겨지고 있다. 그의 또 다른 기여는 배타 원리의 발견, 통계학과 입자 스핀 사이의 관계에 대한 해석, 상대론적 양자 전기 역학 이론, 뉴트리노 가설 및 핵스핀 가설 등이 있다.

이 원리가 적용되지 않는다면, 원자 안의 모든 전자들이 가장 낮은 에너지 상태에 도달할 때까지 원자가 에너지를 방출할 것이고, 따라서 원소의 화학적 성질 또한 대폭적인 수정이 불가피하다. 결국 우리가 알고 있는 자연은 존재하지도 않는다!

실제로 복잡한 원자의 전자 구조는 에너지 증가에 따라 순서대로 채워지는 연속적인 준위로 되어 있는 것을 알 수 있다. 일반적인 규칙으로 원자의 버금 껍질에 전자를 채우는 순서는 다음과 같다. 한 버금 껍질이 일단 채워지면, 다음 전자는 빈 껍질 중에서 가장 에너지가 낮은 버금 껍질로 들어간다. 이런 진행 방식은 그럴 듯하며, 만약 원자가 가장 낮은 에너지 상태에 있지 않으면 이 상태에 도달할 때까지 원자는 에너지를 복사하게 된다. 가장 낮은 에너지 상태에 도달하려는 양자계의 이런 경향은 22장에서 논의한 열역학 제2법칙과 일치한다. 우주의 엔트로피는 광자들을 방출하는 계에 의하여 증가하므로 에너지는 큰 우주에 퍼지게 된다.

어떤 원소들의 전자 배열을 논의하기 전에, 한 **궤도**를 양자수 n, ℓ, m_ℓ을 가진 원자의 상태로 표현하는 것이 매우 편리하다. 배타 원리에 따르면, 모든 궤도에는 단 두 개의 전자만이 존재할 수 있다. 그중 한 전자는 스핀 자기 양자수 $m_s = +\frac{1}{2}$, 다른 전자는 $m_s = -\frac{1}{2}$인 상태에 있다. 각 궤도에 있을 수 있는 전자가 두 개로 제한되어 있기 때문에, 각 준위가 점유할 수 있는 전자의 수 역시 제한되어 있다.

표 42.5는 원자에 대하여 $n = 3$까지 허용된 양자 상태를 보여 준다. 위쪽을 가리키는 화살표는 $m_s = +\frac{1}{2}$이고, 아래쪽을 가리키는 화살표는 $m_s = -\frac{1}{2}$이다. $n = 1$의 껍질은 $m_\ell = 0$이어서 오직 하나의 궤도만 허용되기 때문에 단 두 개의 전자만이 있을 수 있다(이 궤도를 표시하는 세 개의 양자수는 $n = 1$, $\ell = 0$, $m_\ell = 0$이다). $n = 2$의 껍질에는 $\ell = 0$과 $\ell = 1$의 두 버금 껍질이 존재한다. $\ell = 0$의 버금 껍질은 $m_\ell = 0$이기 때문에 단 두 개의 전자만 수용할 수 있다. $\ell = 1$의 버금 껍질은 $m_\ell = 1, 0, -1$의 값을 가진 세 개의 궤도가 허용된다. 각 궤도는 두 개의 전자를 수용할 수 있기 때문에, $\ell = 1$의 버금 껍질은 여섯 개의 전자가 있을 수 있다. 결과적으로 표 42.4에 보였듯이 $n = 2$의 껍질에는 여덟 개의 전자가 있다. $n = 3$의 껍질은 세 개의 버금 껍질($\ell = 0, 1, 2$)과 아홉 개의 궤도가 있으며 열여덟 개의 전자가 존재할 수 있다. 잘 알려진 바와 같이 각 껍질에는 $2n^2$개의 전자를 수용할 수 있다.

가벼운 몇 개의 원자에서, 전자 배치를 조사함으로써 배타 원리를 설명하겠다. 모든 원소에서 원자 번호 Z는 원소의 원자 핵 안에 있는 양성자 개수이다. 중성의 원자는 Z개의 전자를 가진다. 수소($Z = 1$)는 한 개의 전자를 가진다. 바닥상태에서 전자는 두 가지 양자수 n, ℓ, m_ℓ, m_s; 1, 0, 0, $\frac{1}{2}$ 또는 1, 0, 0, $-\frac{1}{2}$ 중의 하나로 기술된다. 이런 원자의 전자 배열은 종종 $1s^1$으로 표현된다. $1s$는 $n = 1$과 $\ell = 0$인 상태를 나타내며, 위

표 42.5 원자에 대하여 $n = 3$까지 허용된 양자수

껍질	n	1	2				3								
버금껍질	ℓ	0	0	1			0	1			2				
궤도	m_ℓ	0	0	1	0	−1	0	1	0	−1	2	1	0	−1	−2
	m_s	↑↓	↑↓	↑↓	↑↓	↑↓	↑↓	↑↓	↑↓	↑↓	↑↓	↑↓	↑↓	↑↓	↑↓

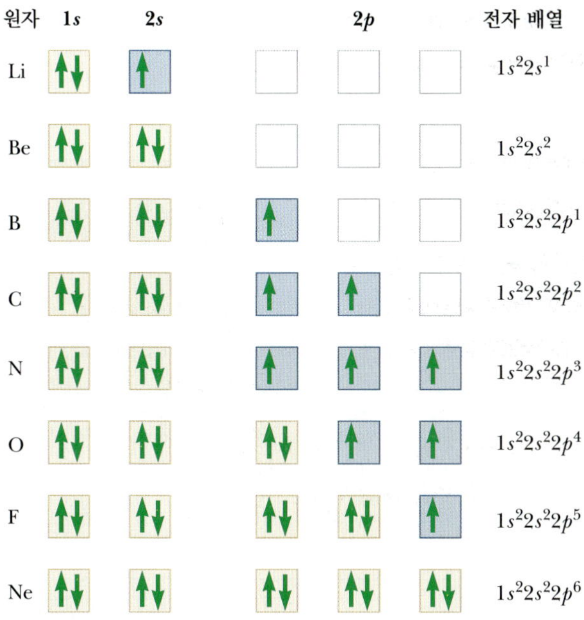

그림 42.18 전자 상태의 배열은 배타 원리와 훈트의 규칙을 따라야 한다.

첨자는 s 버금 껍질에 전자 한 개가 존재한다는 것을 의미한다.

헬륨($Z = 2$)에는 두 개의 전자가 있다. 바닥상태에서 양자수는 1, 0, 0, $\frac{1}{2}$과 1, 0, 0, $-\frac{1}{2}$이다. 이 준위에서 가능한 다른 양자수 조합은 존재하지 않으므로, 헬륨 원자는 K 껍질은 꽉 찬 상태라고 말한다. 이런 헬륨의 전자 배열을 $1s^2$이라고 적는다.

리튬($Z = 3$)에는 세 개의 전자가 있다. 바닥상태에서는 이들 중 두 개가 $1s$ 버금 껍질에 있다. 세 번째는 $2p$ 버금 껍질보다 에너지가 약간 적은 $2s$ 버금 껍질[10]에 존재한다. 따라서 리튬의 전자 배열은 $1s^22s^1$이다.

리튬 및 뒤 이은 몇 개 원소들의 원자 배열이 그림 42.18에 나와 있다. 네 개의 전자가 있는 베릴륨($Z = 4$)의 전자 배치는 $1s^22s^2$이고, 붕소($Z = 5$)의 전자 배열은 $1s^22s^22p^1$이다. 붕소의 $2p$ 전자는 표 42.4에서 나열된 여덟 개의 양자 상태 중 한 상태로 표시될 수 있다. 그림 42.18에서는 가장 왼쪽 $2p$ 상자에서 스핀 업으로 표시되어 있지만, 스핀 업이든 다운이든 관계없이 다른 어떤 $2p$ 상자에도 배치될 수 있다.

$2p$ 전자 두 개를 배열하는 방법을 여섯 개의 전자를 갖고 있는 탄소($Z = 6$)에서 알아보자. 같은 궤도 안에 짝진 스핀(↑↓)으로 들어가 있을 것인가, 아니면 같은 방향 스핀(↑↑)으로서 서로 각각 다른 궤도를 차지할 것인가? 실험 결과 가장 안정된 배열(에너지 관점에서 볼 때)은 후자인 경우이다. 따라서 탄소의 $2p$ 전자 두 개와 질소($Z = 7$)의 전자 세 개는 그림 42.18과 같이 스핀 방향이 같다. 주기율표 전체에서 이런 상황을 좌우하는 일반적인 규칙을 **훈트의 규칙**(Hund's rule)이라 하며 다음과 같이 기술한다.

> 원자 속의 전자들이 에너지가 같은 궤도(버금 껍질)들을 채워갈 때, 전자가 들어가는 순서는 최대한 많은 전자들의 스핀이 같은 방향이 되게 채우는 것이다.

---

[10] 첫 번째 근사에서 에너지는 오직 주양자수 n에 의존한다고 논의하였다. 그러나 핵전하를 전자의 전하가 차폐하고 있는 효과 때문에, 다전자 원자에서 에너지는 역시 ℓ에도 좌우된다. 이런 차폐 효과를 42.8절에서 논의할 것이다.

I족	II족	전이 원소										III족	IV족	V족	VI족	VII족	0족
H 1 $1s^1$																H 1 $1s^1$	He 2 $1s^2$
Li 3 $2s^1$	Be 4 $2s^2$											B 5 $2p^1$	C 6 $2p^2$	N 7 $2p^3$	O 8 $2p^4$	F 9 $2p^5$	Ne 10 $2p^6$
Na 11 $3s^1$	Mg 12 $3s^2$											Al 13 $3p^1$	Si 14 $3p^2$	P 15 $3p^3$	S 16 $3p^4$	Cl 17 $3p^5$	Ar 18 $3p^6$
K 19 $4s^1$	Ca 20 $4s^2$	Sc 21 $3d^14s^2$	Ti 22 $3d^24s^2$	V 23 $3d^34s^2$	Cr 24 $3d^54s^1$	Mn 25 $3d^54s^2$	Fe 26 $3d^64s^2$	Co 27 $3d^74s^2$	Ni 28 $3d^84s^2$	Cu 29 $3d^{10}4s^1$	Zn 30 $3d^{10}4s^2$	Ga 31 $4p^1$	Ge 32 $4p^2$	As 33 $4p^3$	Se 34 $4p^4$	Br 35 $4p^5$	Kr 36 $4p^6$
Rb 37 $5s^1$	Sr 38 $5s^2$	Y 39 $4d^15s^2$	Zr 40 $4d^25s^2$	Nb 41 $4d^45s^1$	Mo 42 $4d^55s^1$	Tc 43 $4d^55s^2$	Ru 44 $4d^75s^1$	Rh 45 $4d^85s^1$	Pd 46 $4d^{10}$	Ag 47 $4d^{10}5s^1$	Cd 48 $4d^{10}5s^2$	In 49 $5p^1$	Sn 50 $5p^2$	Sb 51 $5p^3$	Te 52 $5p^4$	I 53 $5p^5$	Xe 54 $5p^6$
Cs 55 $6s^1$	Ba 56 $6s^2$	57–71*	Hf 72 $5d^26s^2$	Ta 73 $5d^36s^2$	W 74 $5d^46s^2$	Re 75 $5d^56s^2$	Os 76 $5d^66s^2$	Ir 77 $5d^76s^2$	Pt 78 $5d^96s^1$	Au 79 $5d^{10}6s^1$	Hg 80 $5d^{10}6s^2$	Tl 81 $6p^1$	Pb 82 $6p^2$	Bi 83 $6p^3$	Po 84 $6p^4$	At 85 $6p^5$	Rn 86 $6p^6$
Fr 87 $7s^1$	Ra 88 $7s^2$	89–103**	Rf 104 $6d^27s^2$	Db 105 $6d^37s^2$	Sg 106 $6d^47s^2$	Bh 107 $6d^57s^2$	Hs 108 $6d^67s^2$	Mt 109 $6d^77s^2$	Ds 110 $6d^97s^1$	Rg 111	Cn 112	113	Fl 114	115	Lv 116	117	118

* Lanthanide 계열	La 57 $5d^16s^2$	Ce 58 $5d^14f^16s^2$	Pr 59 $4f^36s^2$	Nd 60 $4f^46s^2$	Pm 61 $4f^56s^2$	Sm 62 $4f^66s^2$	Eu 63 $4f^76s^2$	Gd 64 $5d^14f^76s^2$	Tb 65 $5d^14f^86s^2$	Dy 66 $4f^{10}6s^2$	Ho 67 $4f^{11}6s^2$	Er 68 $4f^{12}6s^2$	Tm 69 $4f^{13}6s^2$	Yb 70 $4f^{14}6s^2$	Lu 71 $5d^14f^{14}6s^2$
** Actinide 계열	Ac 89 $6d^17s^2$	Th 90 $6d^27s^2$	Pa 91 $5f^26d^17s^2$	U 92 $5f^36d^17s^2$	Np 93 $5f^46d^17s^2$	Pu 94 $5f^67s^2$	Am 95 $5f^77s^2$	Cm 96 $5f^76d^17s^2$	Bk 97 $5f^86d^17s^2$	Cf 98 $5f^{10}7s^2$	Es 99 $5f^{11}7s^2$	Fm 100 $5f^{12}7s^2$	Md 101 $5f^{13}7s^2$	No 102 $5f^{14}7s^2$	Lr 103 $5f^{14}6d^17s^2$

그림 42.19 원소의 주기율표는 주기적인 화학적 성질을 가진 원소들을 표로 조직화하여 표현한 것이다. 같은 열에 있는 원소들은 비슷한 성질을 갖는다. 표에는 원소 이름, 원자 번호 및 원자 배열 등이 나와 있다. 좀 더 자세한 주기율표는 부록 D에 있다.

가끔 이 규칙의 예외가 버금 껍질이 거의 채워졌거나 절반이 채워진 원소에서 발생한다.

양자 역학이 발전하기 한참 전인 1871년에 러시아의 화학자 멘델레예프(Dmitri Mendeleev, 1834~1907)는 화학적 원소 사이에 어떤 질서를 발견하려고 시도하였다. 그는 원자 질량과 화학적 유사성에 따라 모두 한 표 안에 배열하였으며, 그림 42.19와 비슷하였다. 멘델레예프가 처음으로 제안한 표에는 빈칸이 매우 많았지만, 그 빈칸은 원소가 아직 발견되지 않았기 때문에 비어 놓았다고 과감하게 주장하였다. 비어 있는 곳에 있어야 할 원소들의 위치로부터 그는 원소의 화학적 성질에 대하여 대략적으로 예측할 수 있었다. 멘델레예프가 발표한 후 20년 안에 빈칸의 원소들이 실제로 발견되었다.

그림 42.19의 **주기율표**(periodic table)에서 세로 열에 위치한 원소는 비슷한 화학적 성질을 가진다. 예를 들어 마지막 열에 있는 원소를 생각해 보면, 상온에서 모두 기체이며, He(헬륨), Ne(네온), Ar(아르곤), Kr(크립톤), Xe(제논)과 Rn(라돈) 등이다. 이 원소들의 가장 두드러진 특성은 정상적인 방법으로 화학적 반응에 참여하지 않는다는 것이다. 즉 다른 원자들과 결합하여 분자를 구성하지 않으므로, 이들을 **불활성 기체**라 한다.

그림 42.19에 있는 전자 배열을 살펴봄으로써 이들 특성을 부분적으로 이해할 수 있다. 화학적인 성질은 전자를 소유하고 있는 최외각 껍질에 따라 좌우된다. 헬륨의 전자 배열은 $1s^2$이고 $n = 1$의 껍질(오직 이 껍질만 가지므로 최외각 껍질이다)이 채워져 있

다. 또한 이런 전자 배치에서, 원자의 에너지는 다음에 가능한 준위인 $2s$ 버금 껍질의 배치 에너지보다 상당히 낮다. 다음으로 네온의 전자 배열은 $1s^2 2s^2 2p^6$이다. 마찬가지로 최외각 껍질(n = 2인 경우)이 채워져 있어서, $2p$ 버금 껍질과 다음번 가능한 $3s$ 버금 껍질 사이에는 에너지 차이가 크다. 아르곤의 전자 배열은 $1s^2 2s^2 2p^6 3s^2 3p^6$이다. 여기서도 $3p$ 버금 껍질만 꽉 찬 상태에서, $3p$와 다음으로 가능한 $3d$ 버금 껍질 사이에는 다시 넓은 에너지 간격이 존재한다. 이런 진행 상황은 모든 불활성 기체에 대하여 계속된다. 크립톤은 $4p$ 버금 껍질이 채워져 있고, 제논은 $5p$ 버금 껍질이 채워져 있으며, 라돈은 $6p$ 버금 껍질이 채워져 있다.

주기율표에서 불활성 기체의 왼쪽 열은 **할로젠족** 원소로 구성되어 있으며, 플루오린, 염소, 브로민, 아이오딘, 아스타틴 등이 있다. 상온에서 플루오린과 염소는 기체이고, 브로민은 액체이며, 아이오딘과 아스타틴은 고체이다. 각각의 원자가 바깥쪽 버금 껍질을 모두 채우기 위해서는 전자 한 개가 부족하다. 이런 결과로 할로젠은 화학적으로 매우 활성화되어 다른 원자로부터 쉽게 전자 한 개를 얻어서 닫힌 껍질을 형성한다. 할로젠은 주기율표의 다른 부분의 원자와 강한 이온 결합을 하는 경향이 있다. 할로젠 전구에서 브로민 또는 아이오딘 원자는 필라멘트로부터 기화된 텅스텐 원자와 결합 또는 환원하는 방법으로 오래 지속되는 전구를 만든다. 또한 필라멘트도 일반 전구보다 높은 온도에서 작동할 수 있어서 보다 밝은 백색을 만든다.

주기율표의 왼쪽 부분에 있는 I족 원소는 수소를 포함하여 **알칼리 금속**인 리튬, 나트륨, 칼륨, 루비듐, 세슘 및 프랑슘 등이다. 이들 원자는 한 개의 전자가 최외각 껍질에 있다. 그러므로 이들 원소는 쉽게 양이온 형태로 되는데, 왜냐하면 쌍이 아닌 전자는 상대적으로 적은 에너지로 결합되어 있기 때문이다. 이런 이유로 알칼리 금속 원자는 화학적으로 할로젠 원자와 강한 결합을 한다. 예를 들면 소금은 알칼리 금속과 할로젠의 화합물이다. 외각 전자가 약하게 결합되어 있기 때문에 순수한 알칼리 금속은 좋은 전기 전도체이지만, 높은 화학적 반응도를 가지고 있어서, 일반적으로 자연에서 순수한 알칼리 금속을 찾기는 어렵다.

그림 42.20처럼 원자 번호 Z에 대한 이온화 에너지를 그려보면 흥미로운 결과가 나

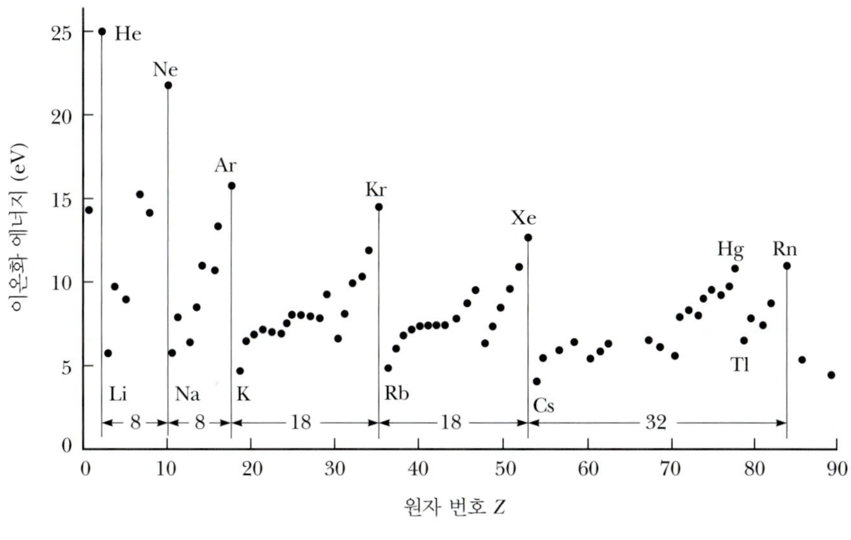

그림 42.20 원자 번호에 따른 원소의 이온화 에너지

타난다. 여러 개의 봉우리들의 원자 번호의 차가 $\Delta Z = 2, 8, 8, 18, 18, 32$의 패턴이 되는 것을 눈여겨 보자. 이 숫자는 파울리 배타 원리에서 나온 것으로, 원소의 화학적 성질이 원자 번호에 따라 반복되어 원자 그룹(주기율표의 족)을 만드는지를 부분적으로 설명한다. $Z = 2, 10, 18, 36$에 나타난 봉우리는 최외각 껍질이 채워진 불활성 기체인 헬륨, 네온, 아르곤, 크립톤 원소들의 원자 번호에 해당한다. 이 원소들은 비교적 높은 이온화 에너지 및 비슷한 화학적 성질을 갖고 있다.

42.8 원자 스펙트럼: 가시광선과 X선
More on Atomic Spectra: Visible and X-ray

허용 전이는 선택 규칙 $\Delta \ell = \pm 1$을 만족하는 것들이다.

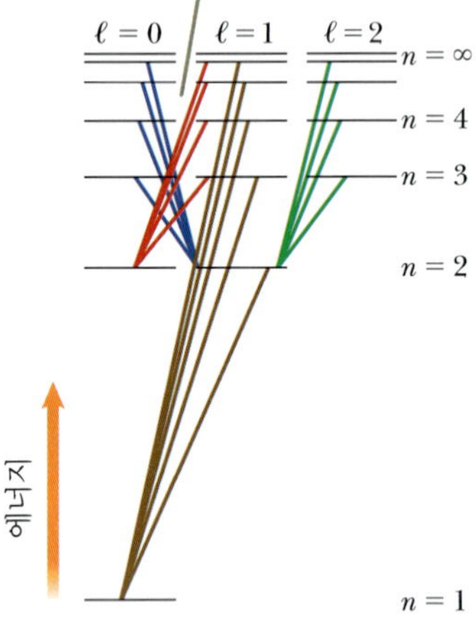

그림 42.21 수소에 대한 허용 전자 전이의 일부로서, 색 선으로 표시되어 있다.

42.1절에서는 기체로부터 나오는 가시영역 스펙트럼 선의 관측 및 그에 대한 초창기 해석을 논의하였다. 이들 스펙트럼 선의 근원은 그들 고유의 양자화된 원자 상태 사이에서의 전이 때문이다. 이런 전이를 이 장의 후반부에 있는 세 절에서 좀 더 심도 있게 다루겠다.

그림 42.21은 수소에 대한 에너지 준위 도표이다. 이 그림에서는 각 껍질에 대하여 허용된 ℓ 값을 수평으로 분리하였다. 그림 42.21은 $\ell = 2$까지의 상태만을 나타낸 것이다. $n = 4$ 껍질의 윗부분은 그림의 오른쪽으로 더 많은 준위를 가지고 있지만 표시하지 않았다. 전이가 일어나지 않는 **금지 전이**(forbidden transition)가 있다(이런 전이가 실제로는 일어나기도 하지만 '허용' 전이보다는 일어날 확률이 훨씬 작다). 여러 방면의 대각선들은 정상 상태 사이의 허용 전이를 나타낸다. 원자가 높은 에너지 준위에서 낮은 에너지 준위로 전이할 때마다 광자가 방출될 수 있다. 이 광자의 진동수는 $f = \Delta E / h$이고, ΔE는 두 상태의 에너지 차이고 h는 플랑크 상수이다. 허용 전이에 대한 **선택 규칙**(selection rule)은 다음과 같다.

허용 원자 전이의 선택 규칙 ▶

$$\Delta \ell = \pm 1 \quad \text{그리고} \quad \Delta m_\ell = 0, \pm 1 \tag{42.34}$$

그림 42.21은 원자의 궤도 각운동량은 더 낮은 에너지 상태로 전이할 때 변함을 보여 준다. 그러므로 원자 자체는 각운동량에 대한 비고립계이다. 그러나 원자–광자 계를 고려하면, 이 계와 상호 작용하는 것이 아무것도 없으므로 이는 각운동량에 대하여 고립계이다. 이 과정에 관련된 광자는 전이가 일어날 때 원자로부터 멀어지면서 각운동량을 운반해야만 한다. 실제로 광자는 스핀 1인 입자와 동일한 각운동량을 가진다. 여러 장에 걸쳐서 광자는 에너지, 선운동량 및 각운동량을 가짐을 기술하였고, 이 양들은 원자적 과정에서 보존된다.

수소 및 He^+와 같은 단전자 원자 및 이온의 허용 에너지는 식 42.19로부터 다음과 같이 된다.

$$E_n = -\frac{k_e e^2}{2a_0}\left(\frac{Z^2}{n^2}\right) = -\frac{(13.6\text{ eV})Z^2}{n^2} \tag{42.35}$$

이 식은 보어의 이론에서 발전된 것이지만, 양자 이론에서도 첫 번째 좋은 근삿값을 제공한다. 다전자 원자에서, 양의 핵전하 Ze는 내부 전자의 음전하에 의하여 대부분 차폐된다. 따라서 외각 전자는 전체 전하값이 작아진 핵전하와 상호 작용한다. 다전자 원자에 대한 허용 에너지는 Z 대신 유효 원자 번호 Z_{eff}로 대치하여 다음과 같은 형태로 사용한다.

$$E_n = -\frac{(13.6\text{ eV})Z_{eff}^2}{n^2} \qquad \textbf{(42.36)}$$

여기서 Z_{eff}는 n과 ℓ에 의존한다.

X선 스펙트럼 X-Ray Spectra

고에너지의 전자 또는 다른 전하를 띤 입자가 금속 표적을 때릴 때 X선이 방출된다. X선 스펙트럼은 그림 42.22에서처럼 특이하게도 넓은 연속적인 밴드와 일련의 뾰족한 선(봉우리)으로 구성되어 있다. 34.6절에서 가속된 전기 전하는 전자기 복사를 방출한다고 언급하였다. 그림 42.22에 나타낸 X선 스펙트럼 중 연속 곡선은 고에너지의 전자가 금속 표적을 지나면서 속력이 늦어지기 때문에 발생하는 결과이다. 전자는 표적 원자들과 한 번 또는 여러 번 상호 작용하며 자신의 모든 운동 에너지를 잃게 된다. 한 번의 상호 작용을 통하여 소실된 운동 에너지 양은 영에서 전자의 전체 운동 에너지까지 다양하다. 그러므로 이런 상호 작용으로부터 발생한 복사의 파장은 어떤 최솟값부터 무한대까지 연속적인 범위에 놓이게 된다. 이 감속은 일반적으로 그림 42.22에 보이는 연속 곡선을 나타나게 하고, 나오는 X선의 최소 파장 값은 들어온 전자의 운동 에너지에 의존하게 된다. X선 복사 중 전자의 속력이 줄어드는 것이 원인이 되는 것을 제동 복사(braking radiation)라 부르고 독일어로는 **bremsstrahlung**이라 한다.

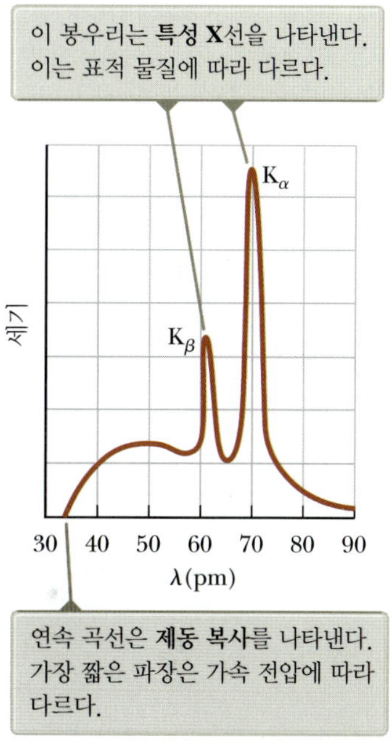

그림 42.22 금속 표적의 X선 스펙트럼. 이 곡선은 몰리브데넘 표적을 37 keV의 전자로 충격을 가하였을 때 얻은 결과이다.

매우 높은 에너지의 제동 복사는 암 조직을 치료하는 데 사용될 수 있다. 그림 42.23은 선형 가속기를 이용하여 전자를 18 MeV로 가속시켜 텅스텐 표적을 때리게 하는 기계를 보여 주고 있다. 그 결과 광자 빔의 에너지는 최대 18 MeV까지 이며 이는 그림 34.13에서 감마선에 해당한다. 이 방사선을 환자의 종양에 향하게 한다.

그림 42.22에서 불연속적인 선들은 **특성 X선**(characteristic x-rays)이라 하며, 1908년에 발견되었는데 제동 복사와는 기원이 다르다. 그 기원은 자세한 원자 구조가 밝혀지기 전까지는 설명할 수 없었다. 특성 X선을 발생시키는 첫 단계는 전자를 표적 원자에 충돌시키는 것이다. 이 전자는 원자의 내부 껍질에 있는 전자를 원자로부터 제거할 수 있도록 충분한 에너지를 갖고 있어야 한다. 이 껍질에 생긴 빈 준위는 더 높은 준위의 전자가 그 빈 준위로 떨어져서 채워진다. X선 스펙트럼에서 특성 선의 존재는 원자계의 에너지 양자화의 직접적인 증거이다.

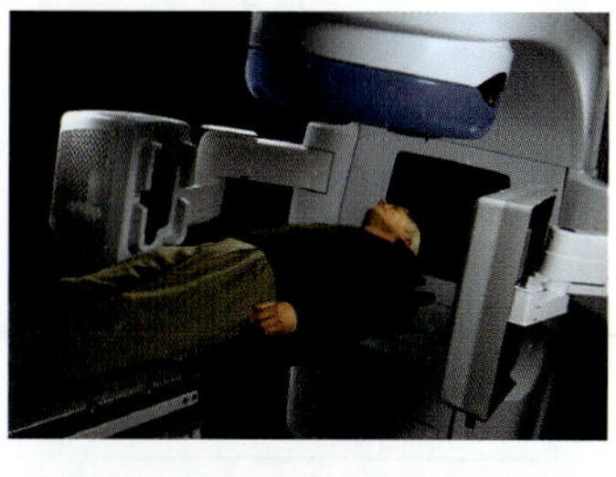

Copyright © 2009, Varian Medical Systems, Inc. All rights reserved.

그림 42.23 이 기계에서 만들어지는 제동 복사는 환자의 암을 치료하는 데 사용된다.

원자 전이가 일어나는 시간 간격은 10^{-9} s 정도로 매우 짧다. 이런 전이 과정에는 두 준위 사이의 에너지 차이와 동일한 에너지를 가진 광자의 방출이 동반된다. 전형적으로 이런 전이 에너지는 1 000 eV보다 크므로, 방출된 X선 광자는 0.01 nm에서 1 nm 범위의 파장을 갖고 있다.

입사 전자가 원자의 가장 내부 껍질인 K 껍질로부터 원자 전자를 떼어냈다고 가정하

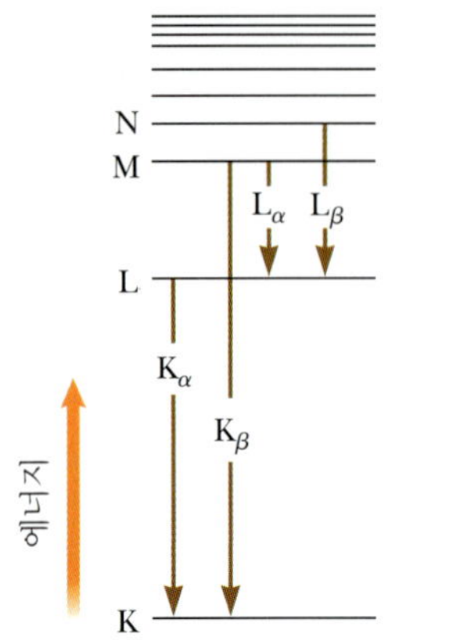

그림 42.24 무거운 원자가 고에너지를 가진 전자에 의하여 충격을 받으면, 높고 낮은 원자 에너지 준위 사이에서 전이가 일어나며 X선 광자를 발생시킨다.

자. 그 빈 공간은 한 단계 높은 껍질인 L 껍질로부터 떨어지는 전자에 의하여 채워진다면, 이 과정에서 방출된 광자는 그림 42.22의 곡선에 있는 K_α 특성 X선에 해당하는 에너지를 갖는다. K는 전자의 나중 준위를 나타내고 첨자 α는 그리스 알파벳의 **첫** 글자로서 **처음** 준위가 나중 준위보다 하나 위인 경우를 나타낸다. 그림 42.24는 이런 전이와 함께 다음에서 논의하는 전이도 함께 보여 주고 있다. 만약 K 껍질의 빈 공간이 M 껍질로부터 떨어지는 전자로 채워진다면 그림 42.22의 K_β선이 생성된다.

다른 특성 X선은 K 껍질 외의 빈 공간으로 더 높은 껍질의 전자가 떨어질 때 생성된다. 예를 들면 L 껍질의 빈 공간이 더 높은 껍질로부터 떨어지는 전자에 의하여 채워졌을 때 L선이 생긴다. L_α선은 전자가 M 껍질로부터 L 껍질로 떨어질 때 생성되고, L_β선은 N 껍질로부터 L 껍질로 전이가 일어날 때 생긴다.

비록 다전자 원자는 보어의 모형이나 슈뢰딩거 방정식으로 정확히 분석할 수는 없지만, 24장의 가우스 법칙으로부터 놀라울 정도로 정확히 X선의 에너지와 파장을 예측할 수 있다. 원자 번호 Z인 원자에서 K 껍질에 있는 두 개의 전자 중 하나를 방출하였다고 생각해 보자. L 전자의 안쪽으로 가능한 가장 큰 반지름을 가진 가우스면을 그려 보자. L 전자 위치에서의 전기장은 핵, 한 개의 K 전자, 다른 L 전자 그리고 외각 전자가 생성하는 전기장의 조합이다. 외각 전자의 파동 함수는 핵으로부터 멀리 떨어진 곳에서 발견될 확률이 L 전자보다는 매우 높은 것이다. 따라서 외각 전자는 가우스면의 안쪽보다 바깥쪽에 있을 확률이 높고, 평균적으로 L 전자의 위치에 있는 전기장에는 크게 영향을 주지 않는다. 가우스면 안에서 유효 전하는 양의 핵전하와 한 개의 K 전자가 기여하는 음전하이다. L 전자들 사이의 상호 작용을 무시하면, 한 개의 L 전자는 가우스면에 의하여 둘러싸인 전하 $(Z-1)e$에 기인한 전기장을 받는 것처럼 행동할 것이다. 핵전하는 K 껍질에 있는 전자에 의하여 차폐되므로, 식 42.36과 같이 Z_{eff}는 $Z-1$이다. 더 높은 준위 껍질의 경우, 핵전하는 모든 안쪽 껍질에 있는 전자들에 의하여 차폐된다.

L 껍질에 있는 전자의 에너지 기여를 식 42.36을 이용하여 추정할 수 있다.

$$E_{\text{L}} = -(Z-1)^2 \frac{13.6\ \text{eV}}{2^2}$$

원자가 전이한 후에는 두 개의 전자가 K 껍질에 있다. K 전자 중에서 한 개의 전자가 기여하는 에너지는 단전자 원자의 에너지와 거의 동일하다. (실제로는 핵전하가 다른 전자의 음전하에 의하여 차폐되지만 이는 무시하도록 한다.) 그러므로

$$E_{\text{K}} \approx -Z^2(13.6\ \text{eV}) \tag{42.37}$$

예제 42.5에서 보겠지만, M 껍질에 전자를 가진 원자의 에너지도 유사한 방법으로 결정할 수 있다. 처음과 나중 준위의 에너지 차이가 주어질 때 방출된 광자의 에너지와 파장을 구할 수 있다.

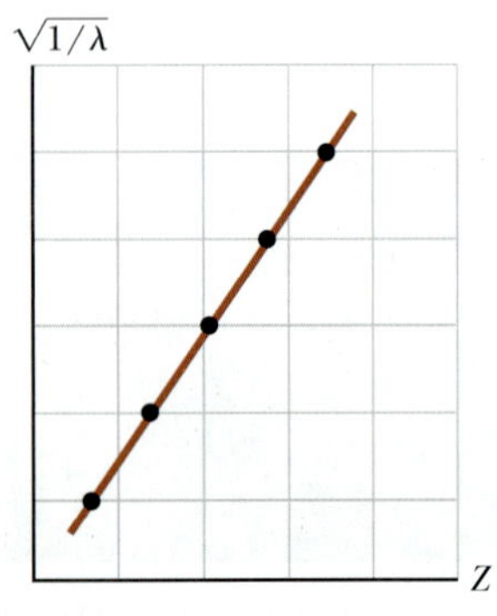

그림 42.25 $\sqrt{1/\lambda}$을 Z에 대하여 그린 모즐리의 그래프로, λ는 원자 번호 Z를 가진 원소의 K_α X선 파장이다.

1914년 모즐리(Henry G. J. Moseley, 1887~1915)는 많은 원소에 대하여 $\sqrt{1/\lambda}$와 Z 값을 그래프로 그렸는데, 여기서 λ는 각 원소의 K_α선의 파장이다. 그는 그림 42.25처럼 그래프가 직선이란 것을 찾아내었다. 이런 사실은 식 42.37에서 제공한 간략한 에너지 준위의 계산과 일치한다. 이 그래프로부터 모즐리는 그동안 발견되지 않은

원소들의 Z 값을 결정할 수 있었고, 원소의 화학적 성질과 잘 일치하는 주기율표를 만들 수 있었다. 이 실험 전에는 원자 번호는 단지 주기율표에서 질량에 의하여 순서가 정해진 원소에 대한 자리매김이었다.

퀴즈 42.5 X선 관에서 금속 표적을 때리는 전자의 에너지를 증가시키면, 특성 X선의 파장은 **(a)** 증가하는가, **(b)** 감소하는가 또는 **(c)** 변화 없는가?

퀴즈 42.6 참 또는 거짓: X선 스펙트럼은 특성 X선이 존재하지 않아도 연속적인 X선 스펙트럼을 보일 수 있다.

예제 42.5 X선 에너지 값 추정

전자가 M 껍질($n = 3$인)에서 K 껍질($n = 1$ 상태)의 빈 공간으로 떨어질 때 텅스텐 표적으로부터 방출되는 특성 X선의 에너지를 구하라. 텅스텐의 원자 번호는 $Z = 74$이다.

풀이

개념화 가속된 한 개의 전자가 텅스텐 원자와 충돌하여 K 껍질($n = 1$)에서 전자 한 개를 방출하였다고 가정하자. 즉각 M 껍질($n = 3$)의 전자 한 개가 빈 공간을 채우기 위하여 내려가고, 준위 간 에너지 차이는 X선 광자로 방출된다.

분류 이 절에서 도출된 결론을 사용하므로 예제를 대입 문제로 분류한다.

K 껍질에 있는 전자와 관련된 에너지를 구하기 위하여 식 42.37과 텅스텐의 $Z = 74$를 이용한다.

$$E_K \approx -(74)^2(13.6\text{ eV}) = -7.4 \times 10^4\text{ eV}$$

식 42.36과 핵 전자를 둘러싼 아홉 개의 전자($n = 2$ 상태에 여덟 개의 전자, $n = 1$ 상태에 한 개의 전자가 있다)를 이용하여 M 껍질의 에너지를 구한다.

$$E_M \approx -\frac{(13.6\text{ eV})(74-9)^2}{(3)^2} \approx -6.4 \times 10^3\text{ eV}$$

X선 광자로 방출된 에너지를 구한다.

$$hf = E_M - E_K \approx -6.4 \times 10^3\text{ eV} - (-7.4 \times 10^4\text{ eV})$$
$$\approx 6.8 \times 10^4\text{ eV} = 68\text{ keV}$$

X선 참조 표를 보면, 텅스텐에서 M–K 전이 에너지는 66.9 keV에서 67.7 keV까지 변하는데, 이 에너지 범위는 서로 다른 ℓ 상태에 대한 에너지의 약간의 차이에 기인한 것이다. 따라서 여기서 구한 값은 실험에서 측정한 범위의 중간점과는 약 1 % 차이가 있다.

42.9 자발 전이와 유도 전이
Spontaneous and Stimulated Transitions

허용 상태 사이의 에너지 차이에 대응하는 진동수만큼 원자는 전자기 복사를 흡수 또는 방출한다는 사실을 볼 수 있었다. 이런 현상에 대하여 좀더 자세히 다루어 보자. 원자의 허용 에너지 준위를 E_1, E_2, E_3, ⋯ 로 표시하여 생각해 보자. 복사가 원자에 입사하였을 때 원자 에너지 준위 사이의 에너지 차이 ΔE에 상응하는 에너지 hf를 가진 광자만이 흡수되며, 그림 42.26에 나타나 있다. 이 과정을 **유도 흡수**(stimulated absorption)라고 하는데, 광자가 원자를 자극하여 위쪽으로 전이하도록 유도하기 때문이다. 상온에서 대부분의 원자는 바닥상태에 있다. 기체 상태의 많은 원자를 담은 용기에 가능한 모든 광자의 진동수(즉 연속 스펙트럼)를 포함하는 복사를 조사하면, $E_2 - E_1$,

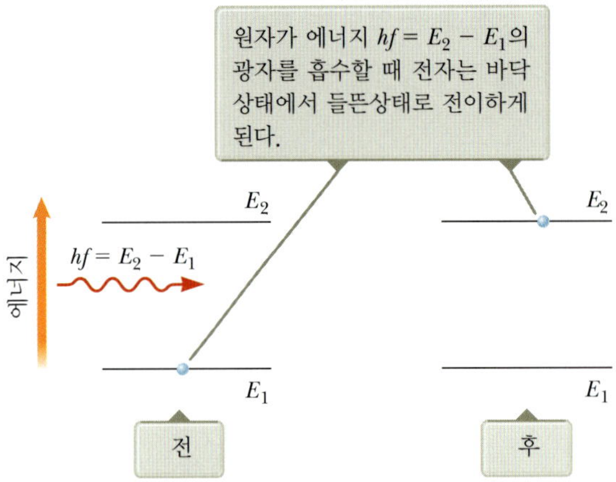

그림 42.26 광자의 유도 흡수

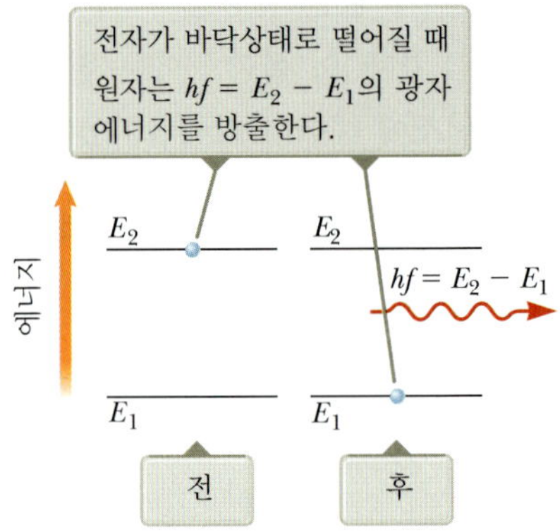

그림 42.27 처음에 E_2의 들뜬상태에 있던 원자에 의한 자발 방출

$E_3 - E_1$, $E_4 - E_1$ 등의 에너지를 갖는 광자만이 원자에 흡수된다. 이런 흡수의 결과로 일부 원자는 들뜬상태를 갖게 된다.

어떤 원자가 들뜬상태가 되면, 들뜬 원자는 다시 낮은 에너지 준위로 전이하고 이 과정에서 그림 42.27처럼 광자를 방출한다. 이 과정이 **자발 방출**(spontaneous emission)이라 알려진 이유는, 전이를 일으키는 동기도 없이 자연스럽게 일어나기 때문이다. 일반적으로 원자는 단지 10^{-8} s 동안만 들뜬상태를 유지한다.

자발 방출 외에 **유도 방출**(stimulated emission)도 발생한다. 그림 42.28처럼 원자가 들뜬상태 E_2에 있다고 가정하자. 만약 들뜬상태가 **준안정 상태**(metastable state)이면, 즉 준안정 상태의 수명이 일반적 들뜬상태의 수명인 10^{-8} s보다 길다면 자발 방출이 일어나기까지의 시간 간격도 상대적으로 길어진다. 준안정 상태 동안 $hf = E_2 - E_1$의 에너지를 가진 광자가 원자에 입사하였다고 가정하자. 여기서 두 가지 가능한 경우를 가정할 수 있다. 하나는 입사한 광자의 에너지가 원자를 이온화시킬 만큼 충분히 역량이 있는 경우이다. 또 하나의 경우는 입사한 광자와 원자 간의 상호 작용이 원자를 바닥상태[11]로 돌아가게 할 수 있어서 원자가 $hf = E_2 - E_1$의 에너지를 가진 두 번째 광자를 방출하는 데 기여하는 것이다. 이 과정에서 입사된 광자는 흡수되지 않는다. 그래서

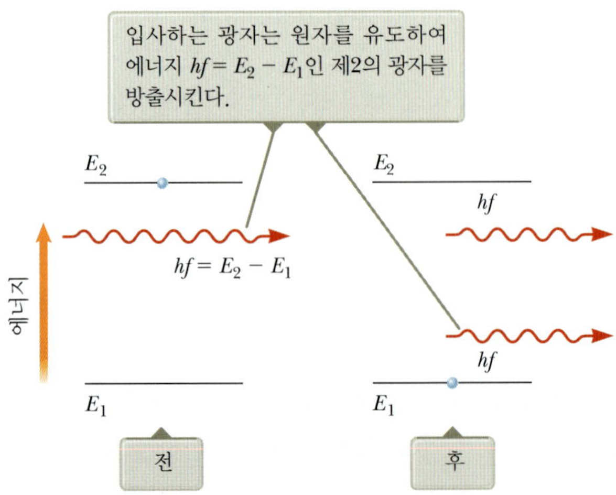

그림 42.28 에너지 $hf = E_2 - E_1$를 갖고 입사하는 광자에 의한 또 다른 광자의 유도 방출. 원자는 처음부터 들뜬상태이다.

유도 방출 후에는 동일한 에너지를 가진 두 광자가 남게 된다(입사 광자와 방출 광자). 두 개의 광자는 동일한 위상과 방향으로 진행하며, 다음 절에서 설명할 레이저의 중요한 부분이 된다. 여기에는 두 가지 경우를 가정할 수 있다.

42.10 레이저
Lasers

이번 절에서는 레이저 빛의 성질과 산업사회에서 다양하게 응용되는 레이저에 대하여 설명할 것이다. 이런 기술적인 적용에 있어서 유용한 레이저 빛의 기본적 특성은 다음과 같다.

- 레이저 빛은 간섭성(또는 결맞음)을 가진다. 레이저 빔 속의 각각의 빛은 서로 위상이 고정되어 있어서, 결과적으로 상쇄 간섭이 발생하지 않는다.
- 레이저 빛은 단색이다. 레이저 빔의 빛은 매우 좁은 영역의 파장을 가진다.
- 레이저 빛의 발산 각은 작다. 매우 긴 거리에서도 빔은 거의 퍼지지 않는다.

이들 특성의 원인을 이해하기 위해서는 원자 에너지 준위에 관한 지식과 레이저 빛을 방출하는 원자의 특별한 조건에 관한 지식을 갖추어야 한다.

입사 광자가 상향(유도 흡수)으로 또는 하향(유도 방출)으로 원자의 에너지 전이를 어떻게 유도하는지에 대하여 알아보았다. 두 과정은 동일한 확률을 가진다. 열적 평형 상태에 있는 계는 들뜬상태보다는 바닥상태에 많은 원자가 존재하기 때문에, 빛이 원자계에 입사하면 일반적으로 알짜 흡수가 존재하게 된다. 그러나 상황이 역전되어 바닥상태보다 들뜬상태에 더 많은 원자가 존재하게 되면, 광자는 알짜 방출이 발생한다. 이런 조건을 **밀도 반전**(population inversion)이라 한다.

밀도 반전이란 '유도 방출에 의한 빛의 증폭'(light amplification by stimulated emission of radiation)의 약어인 **레이저**(laser) 작동과 관련된 기본 원리이다. 레이저 빛을 얻는 필요 조건들로 전체 명칭이 만들어졌으며, 유도 방출 과정이 꼭 일어나야 레이저가 작동된다.

원자가 그림 42.28처럼 들뜬상태 E_2에 있고, 광자는 $hf = E_2 - E_1$의 에너지를 가지고 원자에 입사한다고 가정하자. 42.9절에서 기술한 것처럼, 입사 광자는 들뜬 원자를 바닥상태로 유도함으로써, 두 번째 방출된 광자도 동일한 에너지 hf를 방출하면서 같은 방향으로 진행한다. 입사 광자는 흡수되지 않고 후에 유도 방출을 하게 되며, 입사 광자와 방출된 광자 등 두 개의 동일한 광자가 존재하게 된다. 방출된 광자는 입사 광자와 동일한 위상을 가진다. 이들 광자는 연속적으로 동일한 과정을 통하여 광자를 발생하도록 또 다른 원자를 유도할 수 있다. 이런 방법으로 생성된 많은 광자가 강하고 간섭

[11] 이런 현상은 기본적으로 **공명**(공진) 때문이다. 입사하는 광자는 진동수를 갖고 있어서 원자계에 그 진동수의 진동을 유도한다. 유도하는 진동수가 상태 사이의 전이와 연관된 진동수와 일치(정합)하기 때문에 (원자의 고유 진동수 중의 하나) 큰 반응이 있다. 원자는 전이를 일으킨다.

그림 42.29 레이저 설계의 개략도

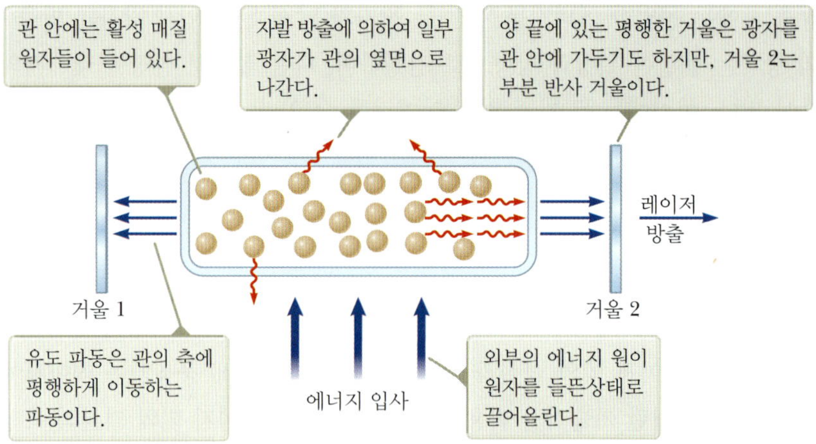

성인 레이저 빛의 원천이다.

유도 방출이 레이저 빛으로 이어지기 위해서는 광자 수의 축적이 반드시 필요하다. 이런 축적을 이루기 위해서는 다음 세 가지 조건이 만족되어야 한다.

- 계는 밀도 반전 상태에 있어야 한다. 바닥상태보다 들뜬상태의 원자가 더 많이 존재해야 한다. 이는 방출된 광자의 수가 흡수된 광자 수보다 많아야 가능하다.
- 계의 들뜬상태는 **준안정 상태**에 있어야 한다. 즉 준안정 상태의 수명이 들뜬상태의 짧은 수명(일반적으로 10^{-8} s)과 비교하여 길어야 한다. 이런 경우에서만 밀도 반전이 성립할 수 있어서 유도 방출이 자발 방출 전에 일어날 수 있는 것이다.
- 방출 광자는 매우 오랫동안 그 계에 갇혀 있으면서, 다른 들뜬 원자로부터 추가 방출을 유도할 수 있어야 한다. 이를 위하여 계의 양쪽 끝 부분에 반사하는 거울을 사용하면 된다. 한쪽 끝은 완전히 반사되게 하고 다른 쪽은 부분 반사되게 만들면 된다. 부분 반사가 되는 끝을 통하여 빛의 일부가 빠져 나오면서 레이저 빛이 된다(그림 42.29).

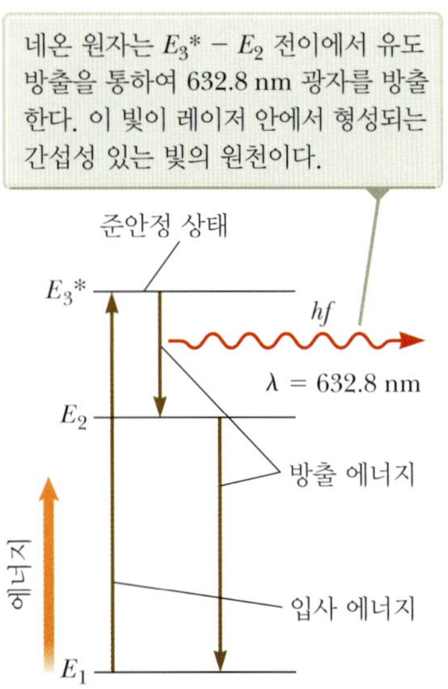

그림 42.30 헬륨–네온 레이저에서 네온 원자의 에너지 준위 도표

복사의 유도 방출을 나타내는 장치의 하나로 헬륨–네온 기체 레이저가 있다. 그림 42.30은 네온 원자에 대한 에너지 준위 도표이다. 거울로 양 끝을 봉한 유리관에 헬륨과 네온의 혼합 기체를 넣는다. 그런 다음 유리관 양단에 전압을 가하면 전자가 관을 통과하면서 기체 원자와 충돌하여 원자를 들뜬상태로 만든다. 네온 원자는 이 과정을 통하여 또는 헬륨 원자와 충돌하는 바람에 E_3^* 상태(*는 준안정 상태를 표시)로 된다. 유도 방출이 일어나면서 네온 전자는 E_2 상태로 전이한다. 근접해 있는 들뜬 원자들 역시 더불어 유도 방출이 일어난다. 이 결과로 파장이 632.8 nm인 간섭성 있는 빛이 생성된다.

응용 Applications

1960년 처음으로 레이저가 개발된 이래 레이저 기술은 놀랄만한 성장을 이루었다. 적외선, 가시광선과 자외선 영역의 파장을 생성할 수 있는 레이저가 개발되었다. **레이저 다이오드**는 레이저 포인터로 사용되고, 건축에서의 거리 측량, 섬유 광학 통신,

그림 42.31 로봇에 붙어 움직이면서 한 번에 50장씩이나 직물을 자를 수 있는 이 레이저 가위는 많은 레이저 기술의 응용 중 하나이다.

DVD와 블루레이 재생 장치, 바코드 인식기에 사용된다. **이산화탄소 레이저**는 그림 42.31에서 직물을 자르는 과정과 같은 절단과 용접의 용도로 산업에 사용된다. **엑시머 레이저**는 라식 수술에 사용된다. 다른 형태의 다양한 레이저가 여러 분야에서 사용된다. 이런 응용이 가능한 이유는 레이저 빛이 독보적 특성이 있기 때문이다. 레이저 빛은 단색광이며 한 방향을 가지고, 집중도가 높아 일정 영역에 매우 강렬한 빛 에너지를 집속시킬 수 있다(에너지 밀도가 일반적인 절단용 용접 토치의 10^{12}배이다).

레이저는 장거리 정밀 측정에도 사용된다(거리계 장치). 최근 몇 년 동안 천문학과 지질학에서 중요한 목표가 있었는데, 지표면의 여러 위치에서 달의 표면의 위치까지 가능한 한 정확히 측정하는 것이다. 목표를 달성하기 위하여 아폴로 우주 비행사가 달에 $(0.5\ \text{m})^2$의 반사 프리즘을 설치하였으며, 이것은 지구 실험 기지국으로부터 온 레이저 펄스를 동일한 실험 기지국으로 다시 반사할 수 있다(그림 35.8a). 알고 있는 빛의 속력을 이용하여 1나노 초 펄스의 왕복 시간을 측정함으로써, 지구와 달 사이의 거리를 10 cm 이내의 정확성으로 결정할 수 있었다.

의학적 응용은 레이저의 여러 파장이 특정한 생물학적 조직에 흡수된다는 점을 이용한다. 예를 들어 한 레이저는 녹내장과 당뇨로 인한 실명을 크게 줄이는 레이저 시술에 사용된다. 녹내장의 대표 증상은 높은 안압이며, 이런 조건은 시각 신경을 파괴한다. 단순 레이저 시술(홍채 절제술)은 손상된 막에 작은 구멍을 뚫어 안압을 떨어뜨린다. 당뇨병의 심각한 부작용은 쇠약한 혈관 주위에 모세 혈관 망이 생겨서 종종 출혈이 유발되는 신생혈관증이다. 요즘에는 이런 증상이 망막에 발생하면, 시력 저하(당뇨 망막증)로 이어지며 결국은 시력을 잃게 된다. 아르곤 이온 레이저에서 나오는 초록색 빛을 눈의 수정체와 눈 속의 액체를 통과시켜, 망막의 가장자리에 초점을 맞추어 출혈이 생긴 혈관을 응고시켜 막는 것이 가능하다. 근시와 같이 사소한 시각장애가 있는 사람도, 역시 레이저를 이용하여 각막의 모양을 다시 형성하여 초점거리를 바꿈으로써 안경의 필요성을 줄이는 혜택을 받고 있다.

현재 레이저 외과 수술은 세계 도처의 병원에서 매일 시행되고 있다. 이산화 탄소 레이저로부터 나온 10 μm의 적외선 빛은 근육 조직을 절개하고 세포 물질에 포함된 물을 증발시킨다. 약 100 W 정도의 레이저 출력이 이런 기술에 필요하다. '레이저 칼'은 일반적인 방법에 비하여 장점이 있는데, 레이저 복사가 조직을 자르면서 동시에 혈액을 응고시킬 수 있어서 혈액의 손실을 많이 줄인다. 더구나 이 기술은 종양을 제거할 때 중

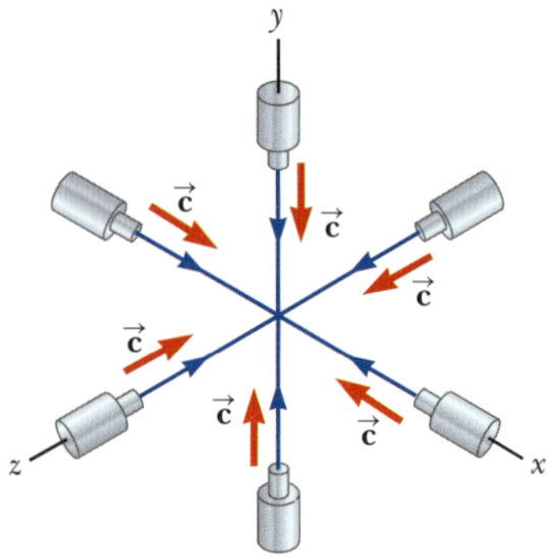

그림 42.32 원자의 광학적 포획은 수직축을 따라서 서로 대응되며 진행하는 여섯 개의 레이저 빔의 교차점에서 형성된다.

Courtesy of National Institute of Standards and Technology, U.S. Dept. of Commerce

그림 42.33 국제 표준 기술 연구소의 연구원이 포획한 나트륨 원자를 보고 있는데, 이것은 온도를 1 mK 이하로 냉각시킨 것이다.

요한 관심사인 세포의 이동을 실제로 막는다.

내부 전반사를 이용하여 미세광섬유 관(내시경) 안에 레이저 빔을 잡아둘 수 있다. 내시경은 인체 구멍을 통하여 내부 기관 주위로 이동하면서, 직접 내부 장기를 볼 수 있게 하여 외과 수술의 필요성을 줄인다. 예를 들어 입을 통하여 내시경을 삽입하여 위장관 출혈을 막을 수 있다.

생물학 및 의학 연구에서, 생소한 세포의 분리와 수집은 연구에 중요하다. 레이저 세포 분리는 특정한 세포를 형광 염료를 사용하여 구분할 수 있게 한다. 약하게 대전된 분출구 구멍을 통하여 세포들을 떨어뜨리면서, 염료 꼬리표를 확인하기 위하여 레이저 스캔을 한다. 만약 빛 방출 꼬리표가 발견되면, 작은 전압이 걸린 평행판에서 대전된 세포를 편향시켜 수집 비커 쪽으로 떨어지게 한다.

1990년경 원자의 **레이저 포획법**(laser trapping)이 개발되면서 흥미로운 연구 분야와 기술 응용 분야가 생겼다. 스탠포드 대학의 추(Steven Chu) 교수와 그의 동료에 의하여 개발된 **광학 당밀법**(optical molasses)에서 여섯 개의 레이저 빔을 작은 영역에 초점을 맞추어 원자를 가둘 수 있었다. 각각의 레이저 쌍은 x, y, z축의 한쪽으로만 이동하고 반대 방향으로 빛을 방출한다(그림 42.32). 레이저 빛의 진동수는 대상 원자의 흡수 진동수 바로 아래에 오게 맞춘다. 원자 하나가 포획 영역에서부터 자신을 향하여 빛을 방출하는 레이저(그림 42.32의 x축에서 가장 오른쪽 레이저)를 향하여 $+x$축 방향으로 이동한다고 상상해 보자. 원자가 움직이기 때문에 레이저로부터 나온 빛은 원자 기준틀에서의 진동수보다 위로 도플러 이동(Doppler-shifted)된다. 도플러 이동된 레이저 진동수와 원자의 흡수 진동수는 일치(정합)되고 원자는 광자를 흡수한다.[12] 광자가 운반하던 운동량이 원자를 다시 포획 영역의 중심으로 이동시키게 된다. 여섯 개의 레이저의 상호 동작으로 원자는 어떤 축으로 움직이든지 상관없이 포획된다.

1986년 추 교수는 **광학 족집게**(optical tweezers)를 개발하여 한 개의 초점이 잘 맞은 레이저 빔을 이용하여 작은 입자를 포획하고 조정할 수 있게 하였다. 현미경과 함께 사용되면서 광학 가위는 생물학자에게 많은 가능성을 열어 주었다. 광학 족집게는 살아 있는 박테리아를 손상없이 다루고 세포핵 내 염색체 이동과 DNA 분자의 탄성 특성을 측정하는 데 이용되었다. 추는 광학 포획법을 개발한 공로로 1997년 노벨 물리학상을 그의 동료와 공동으로 수상하였다.

레이저 포획법을 확장한 **레이저 냉각법**(laser cooling)은 원자들이 포획 영역에 갇히게 되면 보통 상태에서의 고속 움직임이 줄어드는 현상에 바탕을 두고 있다. 이 결과 모인 원자의 온도를 수 마이크로켈빈까지 줄일 수 있다. 레이저 냉각법이 발전하면서 과학자들은 매우 낮은 온도에서 원자의 반응을 연구할 수 있게 되었다(그림 42.33).

[12] 원자와 같은 방향으로 움직이는 레이저 빔은 진동수가 좀 더 작은 쪽으로 도플러 이동이 되므로 흡수되지 않는다. 따라서 정반대에 위치한 레이저에 의하여 원자는 포획 영역 밖으로 밀리지 않는다.

연습문제

객관식

1. **(i)** X선 스펙트럼에서 M_β를 방출하는 원자의 처음 상태 주양자수는 얼마인가? (a) 1 (b) 2 (c) 3 (d) 4 (e) 5 **(ii)** 이 전이의 나중 상태 주양자수는 얼마인가? (i)의 보기에서 고르라.

2. 수소 원자 내의 전자가 $n = 3$, $\ell = 2$, $m_\ell = 1$, $m_s = 1/2$의 양자수를 갖는다면, 이는 어떤 상태인가? (a) $3s$ (b) $3p$ (c) $3d$ (d) $4d$ (e) $3f$

3. 수소 원자의 $n = 3$인 에너지 준위를 생각해 보자. 이 준위에 몇 개의 전자가 있을 수 있는가? (a) 1 (b) 2 (c) 8 (d) 9 (e) 18

4. 다음 중 보어의 수소 원자 모형의 기본 가정이 아닌 것은 어느 것인가? (a) 특정 전자 궤도만이 안정적이고 허용되는 궤도이다. (b) 전자는 쿨롱 힘에 의하여 양성자 주위를 원궤도 운동한다. (c) 전자의 전하는 양자화되어 있다. (d) 전자가 높은 에너지 상태에서 낮은 에너지 상태로 전이될 때 원자는 전자기파를 방출한다. (e) 전자의 궤도 운동에 대한 각운동량은 양자화되어 있다.

5. 수소 원자의 에너지가 $-E$라고 하자. **(i)** 전자의 에너지는 얼마인가? (a) $2E$ (b) E (c) 0 (d) $-E$ (e) $-2E$ **(ii)** 원자의 퍼텐셜 에너지는 얼마인가? 앞의 보기 (a)~(e)에서 고르라.

6. 주기율표는 다음 중 어떤 원리를 기반으로 하고 있는가? (a) 불확정성의 원리 (b) 원자 내의 모든 전자는 같은 양자수를 가져야 한다는 원리 (c) 모든 상호 작용에서 에너지가 보존된다는 원리 (d) 원자 내의 모든 전자는 같은 에너지를 갖는 궤도에 있다는 원리 (e) 어떤 두 개의 전자도 같은 양자수 조합을 가질 수 없다는 원리

7. (a) 바닥상태에 있는 수소 원자는 13.6 eV보다 낮은 에너지의 광자를 흡수할 수 있는가? (b) 이 원자는 13.6 eV보다 높은 에너지의 광자를 흡수할 수 있는가?

8. 원자가 광자를 방출할 때 어떤 일이 일어나는가? (a) 여러 전자 중 한 개가 원자로부터 떨어져 나온다. (b) 원자는 더 높은 에너지 상태로 전이된다. (c) 원자는 더 낮은 에너지 상태로 전이된다. (d) 여러 전자 중 한 전자가 제3의 입자와 충돌한다. (e) 이들 사건은 일어나지 않는다.

9. (a) 수소 원자에서 양자수 n은 무한히 커질 수 있는가? (b) 수소의 스펙트럼에서 불연속적인 선의 진동수는 무한히 커질 수 있는가? (c) 수소의 스펙트럼에서 불연속적인 선의 파장은 무한히 커질 수 있는가?

10. 다음의 양자수 (a) n, (b) ℓ, (c) m_ℓ, (d) m_s 중에서 적절한 답을 고르라. **(i)** 분수가 될 수 있는 어느 것인가? **(ii)** 음수일 수 있는 것은 어느 것인가? **(iii)** 영이 될 수 있는 것은 어느 것인가?

주관식

42.1 기체의 원자 스펙트럼

1. 수소 원자의 라이먼 계열에서 파장이 다음과 같이 주어진다.

$$\frac{1}{\lambda} = R_{\mathrm{H}}\left(1 - \frac{1}{n^2}\right) \quad n = 2, 3, 4, \cdots$$

(a) 이 계열에서 처음 세 선의 파장을 계산하라. (b) 이 선들이 전자기파 스펙트럼의 어느 영역에서 나타나는지 말하라.

2. 수소 원자의 파셴 계열의 파장이 다음과 같이 주어진다.

$$\frac{1}{\lambda} = R_{\mathrm{H}}\left(\frac{1}{3^2} - \frac{1}{n^2}\right) \quad n = 4, 5, 6, \cdots$$

(a) 이 계열에서 처음 세 선의 파장을 계산하라. (b) 이 선들이 전자기파 스펙트럼의 어느 영역에서 나타나는지 말하라.

3. 고립되어 있는 한 원자가 다섯 번째 들뜬상태에서 두 번째 들뜬상태로 전이되면서 520 nm 파장의 광자를 방출한다. 또 이 원자는 여섯 번째 들뜬상태에서 두 번째 들뜬상태로 전이되면서 410 nm 파장의 광자를 방출한다. 이 원자가 여섯 번째 들뜬상태에서 다섯 번째 들뜬상태로 전이된다면, 이때 방출되는 광자의 파장은 얼마인가?

4. (a) 수소의 라이먼 계열에서 94.96 nm의 스펙트럼 선을 갖는 n_i 값은 얼마인가? (b) 이 파장은 파셴 계열과 관계가 있는가? (c) 이 파장은 발머 계열과 관계가 있는가?

42.2 초창기 원자 모형

5. 고전 물리에 따르면 가속도 a로 운동하는 전하 e는 다음과 같은 비율로 에너지를 방출한다.

$$\frac{dE}{dt} = -\frac{1}{6\pi\epsilon_0}\frac{e^2a^2}{c^3}$$

(a) 고전적인 수소 원자 내의 전자가(그림 42.5 참조) 핵을 향하여 다음과 같은 반지름의 시간 비율로 나선형 운동을 함을 보이라.

$$\frac{dr}{dt} = -\frac{e^4}{12\pi^2{\epsilon_0}^2{m_e}^2c^3}\left(\frac{1}{r^2}\right)$$

(b) 전자가 $r_0 = 2.00 \times 10^{-10}$ m에서 출발하여 $r = 0$에 도달하는 데 걸리는 시간을 구하라.

6. 러더퍼드 산란 실험에서 4.00 MeV인 알파 입자가 (79개의 양성자와 118개의 중성자를 가진) 금 핵에 의하여 산란된다. 특정 알파 입자가 금 핵을 향하여 운동하다가 180° 뒤로 산란되고, 금 핵은 모든 과정에서 움직이지 않는다고 가정하자. 이때 (a) 알파 입자가 금 핵에 가장 가까이 접근하는 거리와 (b) 알파 입자에 작용하는 최대 힘을 결정하라.

42.3 보어의 수소 원자 모형

> ***Note***: 이 절에서 별다른 언급이 없는 한, 수소 원자는 보어 모형에서 다룬 것으로 간주한다.

7. n번째 보어 궤도에 있는 전자의 속력이 다음과 같이 주어짐을 보이라.

$$v_n = \frac{k_e e^2}{n\hbar}$$

8. 수소 원자가 (a) 바닥상태, (b) $n = 3$ 인 상태에 있을 때, 이 원자를 이온화시키려면 얼마나 많은 에너지가 필요한가?

9. 수소 원자에 의하여 흡수될 때 (a) $n = 2$인 상태에서 $n = 5$인 상태로, (b) $n = 4$인 상태에서 $n = 6$인 상태로 전이가 일어나는 광자의 에너지는 얼마인가?

10. 바닥상태에 있는 수소 원자에 대하여 (a) 전자의 궤도 속력, (b) 전자의 운동 에너지, (c) 원자의 퍼텐셜 에너지를 계산하라.

11. 두 수소 원자가 정면 충돌하여 운동 에너지가 영이 된다. 이때 각 원자는 파장이 121.6 nm인 빛을 방출한다($n = 2$에서 $n = 1$로 전이). 충돌 전 원자들의 속력은 얼마인가?

12. 수소 원자가 첫 번째 들뜬상태에 있다($n = 2$). 이때 (a) 궤도의 반지름, (b) 전자의 선운동량, (c) 전자의 각운동량, (d) 전자의 운동 에너지, (e) 계의 퍼텐셜 에너지, (f) 계의 전체 에너지를 계산하라.

13. 에너지가 2.28 eV인 광자가 수소 원자에 흡수된다. (a) 이 광자에 의하여 이온화되기 위한 수소 원자의 주양자의 최솟값 n과 (b) (a)에서의 상태로부터 자유로워져서 멀리 떨어진 전자의 속력을 구하라.

42.4 수소 원자의 양자 모형

14. 단전자 원자와 이온의 에너지 준위의 일반적인 식은 다음과 같다.

$$E_n = -\frac{\mu {k_e}^2{q_1}^2{q_2}^2}{2\hbar^2n^2}$$

여기서 μ는 원자의 환산 질량이며 $\mu = m_1m_2/(m_1 + m_2)$이다. m_1은 전자의 질량, m_2는 핵의 질량, k_e는 쿨롱 상수, q_1과 q_2는 각각 전자와 핵의 전하이다. 수소 원자에서 $n = 3$에서 $n = 2$로 전이할 때의 파장은 656.3 nm(빨간색 가시광선)이다. 이와 똑같은 전이가 (a) 양전자 하나와 전자 하나를 지닌 포지트로늄과 (b) 1가 헬륨 이온에서 일어날 때 파장은 얼마인가? *Note*: 양전자는 양으로 대전된 전자이다.

15. 운동량이 p인 전자가 고정된 양성자로부터 r만큼 떨어져 있다. 이 전자의 운동 에너지는 $K = p^2/2m_e$이다. 원자의 퍼텐셜 에너지는 $U = -k_e e^2/r$이고 전체 에너지는 $E = K + U$이다. 전자가 수소 원자를 형성하기 위하여 양성자에 속박된 경우 평균 위치는 양성자의 위치이고 그 위치의 불확정도(불확정성)는 대략 궤도 반지름 r와 같다. 전자의 평균 벡터 운동량은 영이다. 하지만 운동량의 제곱의 평균은 불확정성 원리로 구할 수 있는 운동량의 불확정도의 제곱과 같다. (a) 전자의 운동량의 불확정도를 r로 표현하라. 전자의 (b) 운동 에너지와 (c) 퍼텐셜 에너지를 r로 표현하라. r의 실제 값은 전체 에너지를 최소화시키는 것이다. 이 값일 때 원자는 안정하다. (d) r의 값과 (e) 전체 에너지를 구하라. 보어 이론에 의한 예측과 여러분의 답을 비교하라.

42.5 수소에 대한 파동 함수

16. 수소 원자에서 파동 함수 $\psi_{1s}(r)$ 대 r의 그림(식 42.22 참조)와 확률 밀도 함수 $P_{1s}(r)$ 대 r의 함수 그래프(식 42.25 참조)를 그리라. 0부터 $1.5a_0$까지의 r 값에 대하여 계산하라. a_0는 보어 반지름이다.

17. 수소 원자의 구 대칭인 한 상태에서 구면 좌표계로 표현한 슈뢰딩거 방정식은 다음과 같다.

$$-\frac{\hbar^2}{2m_e}\left(\frac{d^2\psi}{dr^2} + \frac{2}{r}\frac{d\psi}{dr}\right) - \frac{k_e e^2}{r}\psi = E\psi$$

(a) 수소 내의 전자에 대한 $1s$ 파동 함수

$$\psi_{1s}(r) = \frac{1}{\sqrt{\pi a_0^3}} e^{-r/a_0}$$

이 슈뢰딩거 방정식을 만족하는 것을 보이라. (b) 이 상태에서 원자의 에너지는 얼마인가?

18. $2p$ 상태에 있는 수소 원자의 지름 방향 파동 함수 $R(r)$는

$$\psi_{2p} = \frac{1}{\sqrt{3}(2a_0)^{3/2}} \frac{r}{a_0} e^{-r/2a_0}$$

이다. $2p$ 상태에 있는 전자를 발견할 확률이 가장 높은 핵으로부터의 거리는 얼마인가?

19. 수소 원자에서 전자의 바닥상태 파동 함수는 다음과 같다.

$$\psi_{1s}(r) = \frac{1}{\sqrt{\pi a_0^3}} e^{-r/a_0}$$

여기서 r는 전자의 지름 좌표이고, a_0는 보어의 반지름이다. (a) 주어진 파동 함수가 규격화되어 있음을 보이라. (b) 전자가 $r_1 = a_0/2$ 와 $r_2 = 3a_0/2$ 사이에 있을 확률을 구하라.

42.6 양자수의 물리적 해석

20. $3d$ 상태에 있는 수소 원자에 대하여 (a) L, (b) L_z, (c) θ의 가능한 값들을 구하라.

21. (a) $4d$ 상태와 (b) $6f$ 상태에 있는 수소 원자의 궤도 각운동량의 크기를 계산하라.

22. 수소 원자에서 (a) $n = 1$, (b) $n = 2$, (c) $n = 3$, (d) $n = 4$, (e) $n = 5$ 각각의 경우 몇 가지 양자수의 조합이 가능한가?

23. 나트륨 원자 내의 한 전자가 N 껍질에 있다. 각운동량의 z 성분이 가질 수 있는 최댓값을 결정하라.

24. 수소 원자가 주양자수가 6인 다섯 번째 들뜬상태에 있다. 이 원자는 파장이 1 090 nm인 광자를 방출한다. 원자가 광자를 방출한 후 가능한 최대 궤도 각운동량의 크기를 구하라.

25. ρ^- 중간자는 전하가 $-e$, 스핀 양자수는 1, 질량은 전자의 1 507배이다. 이것의 가능한 스핀 자기 양자수는 -1, 0, 1 이다. 원자 내의 전자가 ρ^- 중간자로 대치된다고 하자. $3d$ 버금 껍질에 있는 ρ^- 중간자에 대한 가능한 양자수의 조합을 나열하라.

42.7 배타 원리와 주기율표

26. (a) 주기율표를 보면 $3d$와 $4s$의 버금 껍질 중 어느 것이 먼저 채워지는가? (b) [Ar] $3d^4 4s^2$와 [Ar] $3d^5 4s^1$ 중 어느 전자 배열이 더 낮은 에너지를 가지는가? *Note*: 기호 [Ar]은 아르곤에서 채워진 배열 상태를 표시한 것이다. **도움말**: 둘 중 짝짓지 않은 스핀이 더 많은 것을 찾는다. (c) (b)의 전자 배열을 갖는 원소는 무엇인가?

27. 전자를 11개에서 19개까지를 갖는 원자에 대하여 그림 42.18과 유사한 표를 만들라. 훈트의 규칙을 사용하라.

28. 어떤 원소의 최외각 전자가 $3p$ 버금 껍질에 있다. 이것은 불활성 기체보다 세 개 더 전자를 가지고 있기 때문에 +3의 원자가를 가진다. 이 원소는 무엇인가?

29. 원자수 증가 순으로 그림 42.19를 살펴볼 때, 일반적으로 최소의 $n + \ell$ 값을 갖는 버금 껍질이 먼저 채워지면서 전자들이 버금 껍질을 채워감에 주목하라. 만약 두 개의 버금 껍질이 동일한 $n + \ell$ 값을 가진다면, n 값이 작은 버금 껍질 쪽이 먼저 채워진다. 이런 규칙들을 사용하여, $n + \ell = 7$ 까지 버금 껍질이 채워지는 순서를 적으라.

30. 자기장 $\vec{\mathbf{B}}$에서 자기 모멘트 $\vec{\boldsymbol{\mu}}_s$인 전자가 있다고 하자. 전자–자기장 계는 전자의 자기 모멘트의 z 성분이 자기장과 반대 방향인 높은 에너지 상태와 전자의 자기 모멘트의 z 성분이 자기장과 같은 방향인 낮은 에너지 상태에 있을 수 있다. 두 상태 사이의 에너지 차이는 $2\mu_B B$이다. 높은 해상도에서, 많은 스펙트럼선은 이중선으로 관찰된다. 파장 588.995 nm와 589.592 nm를 갖는 나트륨(D line)의 스펙트럼에서 두 개의 노란선이 가장 유명하다. 전자는 고유의 스핀 각운동량을 가지고 있다고 주장한 호우스미트와 윌렌베크가 1925년에 그 존재를 설명하였다. 나트륨 원자가 $3p$ 버금 껍질에 최외각 전자가 있도록 들뜰 때, 최외각 전자의 궤도 운동은 자기장을 만든다. 원자의 에너지는 이 자기장에서 전자가 스핀 업인지 스핀 다운인지에 따라 약간 다르다. 원자가 바닥상태로 떨어지면서 방출하는 광자 에너지는 들뜬상태의 에너지에 의존한다. 스핀–궤도 결합이라고 부르는 이 현상에서 나트륨의 노란 스펙트럼 선과 관련된 내부 자기장의 크기를 구하라.

42.8 원자 스펙트럼: 가시광선과 X선

31. 파장이 70.0 pm인 X선 방출을 위하여 필요한 최소 가속 전압은 얼마인가?

32. 40.0 keV의 전위차에 의하여 정지 상태로부터 가속된 전자들이 비스무트 표적들을 때린다. 이때 방출되는 빛의 가장 짧은 파장을 구하라.

33. 나트륨은 $3p$ 준위에서 -3.0 eV, $3d$ 준위에서는 -1.5 eV의 에너지를 가진다. (a) 이들 각각의 상태에서 Z_{eff}를 구하라. (b) 차이를 설명하라.

34. (a) He^+ 이온이 $n = 3$인 상태에 있을 때 가능한 ℓ, m_ℓ 양자수의 값들을 구하라. (b) 이 상태의 에너지는 얼마인가?

35. 텅스텐으로부터 방출되는 불연속적인 X선 스펙트럼의 K 계열 파장은 0.018 5 nm, 0.020 9 nm, 0.021 5 nm이다. K 껍질의 이온화 에너지는 69.5 keV이다. L, M, N 껍질의 이온화 에너지를 구하라.

36. 전자가 M 껍질($n = 3$)에서 비어 있는 K 껍질($n = 1$)로 떨어질 때, 방출되는 X선의 측정된 파장이 0.101 nm로 확인되었다. 이는 어떤 원소일까?

42.9 자발 전이와 유도 전이

42.10 레이저

37. 그림 P42.37은 헬륨과 네온 원자의 에너지 준위 도표이다. 전기 방전에 의하여 He 원자를 바닥상태(이때의 에너지를 $E_1 = 0$이라 하자)로부터 에너지가 20.61 eV인 들뜬상태로 전이시킨다. 들뜬 He 원자는 바닥상태의 Ne 원자와 충돌하여 Ne 원자를 20.66 eV의 에너지 상태로 전이시킨다. Ne 원자는 E_3^*에서 E_2로 전자 전이되면서 레이저가 방출된다. 그림에 있는 자료로부터 He–Ne 레이저의 파장은 대략 633 nm임을 보이라.

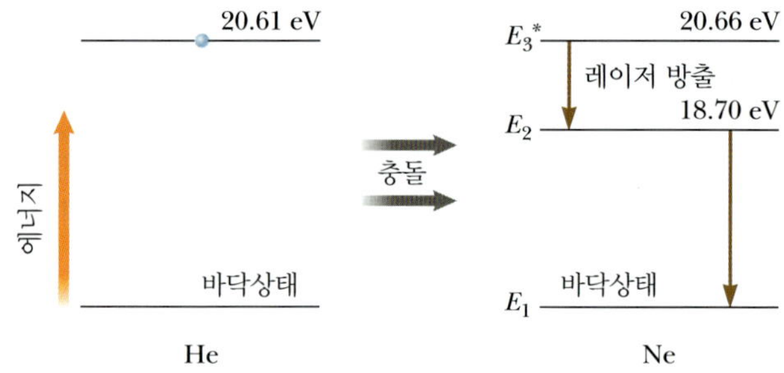

그림 P42.37

38. 이산화 탄소 레이저는 강력한 레이저 중 하나이다. 두 레이저 준위 사이의 에너지 차이는 0.117 eV이다. 이 레이저에서 방출되는 복사의 (a) 진동수와 (b) 파장을 구하라. (c) 이 복사는 전자기 스펙트럼 중 어느 부분인가?

39. 루비 레이저가 평균 출력 1.00 MW의 10.0 ns 펄스를 내보낸다. 광자의 파장이 694.3 nm이면, 펄스 내에는 얼마나 많은 광자가 포함되어 있는가?

40. 라식 수술에 사용하는 한 레이저는 망막에 지름 30.0 μm의 작은 크기로 집광되며 1.00 ns의 한 펄스에 3.00 mJ의 에너지를 전달한다. (a) 망막에서 단위 넓이당 일률(SI 단위)을 구하라. (광학에서는 이를 **조도**라고 한다.) (b) 분자의 크기를 지름 0.600 nm의 원으로 생각할 때 한 레이저 펄스가 분자에 전달하는 에너지는 얼마인가?

핵의 구조와 응용

Nuclear Structure and its Applications

CHAPTER

43

1991년 이탈리아의 알프스에서 빙하가 녹았을 때, 독일 관광객들이 청동기 시대의 사람인 '얼음 인간 외치'를 발견하였다. 이 유해를 분석해서 그가 마지막으로 먹은 음식, 앓았던 질병, 살았던 지역을 알 수 있었다. 방사능을 이용해서 그가 기원전 약 3300년에 살았음을 알 수 있었다. 외치는 이탈리아 볼자노에 있는 남티롤(South Tyrol) 고고학 박물관에서 볼 수 있다. *(© Vienna Report Agency/Sygma/Corbis)*

1896년은 핵물리학의 탄생년도이다. 그 해 프랑스의 물리학자 베크렐(Antoine Henri Becquerel, 1852~1908)이 우라늄 화합물에서 방사능을 발견하였다. 방사능의 발견이 과학자들에게 방사능에 관한 세부적인 것을 연구하고, 더 나아가서는 핵의 구조까지 연구하게 되는 실마리가 되었다. 러더퍼드(Ernest Rutherford)의 선도적인 연구에 의하면 방사능 물질에서 방출되는 방사선은 세 가지 종류가 있다. 그 세 가지는 알파선, 베타선, 감마선이라고 하는데, 이것들을 구분짓는 방법은 전하의 종류와 물질 속으로 침투해 들어가는 능력 및 공기를 이온화시키는 능력으로 구분한다. 그 이후의 연구에 의하여 알파선은 헬륨 원자의 핵의 흐름이고, 베타선은 전자의 흐름이며 감마선은 고에너지의 광자의 흐름임을 알게 되었다.

1911년 러더퍼드, 가이거(Hans Geiger) 그리고 마르스덴(Ernest Marsden)은 42.2절에서 설명한 알파 입자의 산란 실험을 수행하였다. 이 실험을 통하여 원자의 핵이 점질량과 점전하로 되어 있으며, 원자 질량의 대부분이 핵 속에 있다는 모형을 세웠다. 그 이후 계속된 연구에서 새로운 형태의 힘인 핵력이 존재함이 밝혀졌다. 단거리 힘인 이 핵력은 입자 사이의 거리가 약 10^{-14} m보다 작을 때 존재하며, 그 이상의 큰 거리에서는 영이다.

이 장에서는 원자핵의 구조와 성질을 공부하고자 한다. 핵의 기본적인 성질에서부터 시작하여 핵력과 결합 에너지, 핵 모형 그리고 방사능 현상에 대하여 논의하고, 마지막으로는 핵반응과 핵의 붕괴에 의한 여러 가지 반응 과정을 살펴볼 예정이다.

43.1 핵의 성질
Some Properties of Nuclei

모든 핵은 양성자와 중성자라고 하는 두 가지 형태의 입자들로 구성되어 있다. 단 한 가지 예외로는 보통의 수소 원자핵이다. 수소 원자핵은 단 한 개의 양성자만 있다. 다음과 같은 양들을 사용하여 핵 속에 들어 있는 양성자수와 중성자수를 써서 원자핵의 종류를 나타낸다.

- **원자 번호** Z : 핵 속의 양성자수와 같다(때로는 전하수라고도 한다).
- **중성자수** N: 핵 속의 중성자수와 같다.
- **질량수** $A = Z + N$: 핵 속에 있는 **핵자수**(중성자수 + 양성자수)와 같다.

오류 피하기 43.1

질량수는 원자량이 아니다 질량수 A를 원자량과 혼동하면 안 된다. 질량수는 동위 원소를 구분하는 정수이며 단위가 없다. 질량수는 단순히 핵자의 수를 센 것이다. 원자량은 일반적으로 정수가 아니며 단위가 있다. 왜냐하면 원자량은 자연에 존재하는 그 원자의 모든 동위 원소들의 질량의 (존재 비율에 대한) 가중 평균 질량이기 때문이다.

핵종(nuclide)은 특정 핵을 나타내는 원자 번호와 질량수의 조합이다. 핵을 나타내는 데 얼마나 많은 양성자와 중성자가 있는가를 보이기 위하여 ${}^{A}_{Z}X$의 모양으로 표현하는 것이 편리하다. 여기서 X는 원소 기호이다. 예를 들어 ${}^{56}_{26}Fe$(철)는 질량수가 56이고 원자 번호가 26이라는 뜻이다. 그러므로 철 원자는 26개의 양성자와 30개의 중성자를 갖고 있다. 화학에서 원소 기호 자체가 정해진 원자 번호 Z를 갖고 있으므로, 아래 첨자 Z를 생략해도 혼란이 일어나지는 않는다. 따라서 ${}^{56}_{26}Fe$는 ${}^{56}Fe$와 같은 표현이며 '철 56'이라고 나타낼 수도 있다.

특정 원소의 모든 원자의 핵들은 양성자 수가 같으나 중성자수가 다른 것들이 있다. 이런 종류의 핵을 **동위 원소**(isotopes)라고 한다. 어떤 원소의 동위 원소는 Z가 같으나 N과 A는 다르다.

당연히 동위 원소가 자연에 존재하는 비율은 다를 것이다. 예를 들어 탄소의 동위 원소에는 ${}^{11}_{6}C$, ${}^{12}_{6}C$, ${}^{13}_{6}C$, ${}^{14}_{6}C$의 네 가지가 있다. 그중 ${}^{12}_{6}C$가 자연에 존재하는 비율은 98.9 %인 반면에 ${}^{13}_{6}C$의 존재비는 1.1 %에 지나지 않는다. ${}^{11}_{6}C$과 ${}^{14}_{6}C$는 자연적으로 발생한 것이 아니고, 핵반응 실험이나 우주선(cosmic rays)에 의하여 만들어질 수 있다.

가장 단순한 원소인 수소 원자도 동위 원소가 있는데, ${}^{1}_{1}H$는 보통의 수소 원자이고 ${}^{2}_{1}H$는 중수소 그리고 ${}^{3}_{1}H$는 삼중수소이다.

퀴즈 43.1 다음 각각의 문제에서의 답을 **(a)** 양성자, **(b)** 중성자, **(c)** 핵자 중에서 고르라. **(i)** ${}^{12}C$, ${}^{13}N$, ${}^{14}O$의 세 원자핵에서 같은 것은 무엇인가? **(ii)** ${}^{12}N$, ${}^{13}N$, ${}^{14}N$의 세 원자핵에서 같은 것은 무엇인가? **(iii)** ${}^{14}C$, ${}^{14}N$, ${}^{14}O$의 세 원자핵에서 같은 것은 무엇인가?

전하와 질량 Charge and Mass

양성자 한 개의 전하는 $+e$로서 전자의 전하 $-e$($e = 1.6 \times 10^{-19}$ C)와 크기가 같고 부호가 반대이다. 중성자는 그 이름이 의미하는 대로 전기적으로 중성이다. 중성자는 전기를 띠지 않기 때문에 초기의 실험 장치나 기술로는 검출하기가 어려웠다. 그러나 오늘날에는 플라스틱 섬광 계수기 같은 장치로 쉽게 검출된다.

핵의 질량은 질량 분석기(29.3절 참조)라고 하는 장치와 핵반응 분석이라는 방법으로 매우 정밀하게 측정할 수 있다. 양성자의 질량은 전자 질량의 약 1 836배이고, 양성자와 중성자의 질량은 거의 같다. 원자의 질량을 나타내는 방법으로 **원자 질량 단위** (atomic mass unit)를 사용하는데, 동위 원소 ^{12}C 원자 한 개의 질량을 12 u로 나타낸다. 여기서 1 u는 $1.660\ 539 \times 10^{-27}$ kg이다. 이런 정의에 의하면 양성자와 중성자의 질량은 약 1 u이다. 그러나 전자의 질량은 이 값보다 훨씬 작다. 이 장에서 논의하고자 하는 현상을 공부하는 데 중요한 몇 가지 입자의 질량이 표 43.1에 나열되어 있다.

각각 1 u보다 약간 큰 질량을 갖는 6개의 양성자와 6개의 중성자가 6개의 전자와 결합하여 질량수가 정확히 12 u인 탄소 12 원자가 되는가 하는 것에 약간 놀랄 수 있다. ^{12}C는 6개 각각의 양성자 에너지와 6개 각각의 중성자 에너지보다 낮은 정지 에너지(39.8절)를 갖는다. 식 39.24인 $E_R = mc^2$에 의하면, 이런 정지 에너지의 차이가 질량 감소로 나타난다. 그 차이에 해당하는 에너지는 입자들이 결합하여 핵이 되기 위하여 필요한 결합 에너지이다. 이 점에 관해서는 43.2절에서 좀 더 자세히 논의할 것이다.

원자 질량 단위를 **등가 정지 에너지**로 나타내는 것이 편리할 때도 있다. 1원자 질량 단위에 해당하는 등가 정지 에너지는

$$\begin{aligned} E_R &= mc^2 = (1.660\ 539 \times 10^{-27}\ \text{kg})(2.997\ 92 \times 10^8\ \text{m/s})^2 \\ &= 931.494\ \text{MeV} \end{aligned}$$

이다. 여기서 바꿈 인수로 1 eV = $1.602\ 176 \times 10^{-19}$ J을 사용하였다.

식 39.24에 있는 정지 에너지에 대한 표현식을 사용하여, 핵물리학에서는 질량을 MeV/c^2의 단위로 나타내기도 한다.

표 43.1 여러 가지 단위로 나타낸 몇몇 입자들의 질량

입자	kg	질량 u	MeV/c^2
양성자	$1.672\ 62 \times 10^{-27}$	1.007 276	938.27
중성자	$1.674\ 93 \times 10^{-27}$	1.008 665	939.57
전자 (β입자)	$9.109\ 38 \times 10^{-31}$	$5.485\ 79 \times 10^{-4}$	0.510 999
$^1_1$H 원자	$1.673\ 53 \times 10^{-27}$	1.007 825	938.783
$^4_2$He 핵 (α 입자)	$6.644\ 66 \times 10^{-27}$	4.001 506	3 727.38
$^4_2$He 원자	$6.646\ 48 \times 10^{-27}$	4.002 603	3 728.40
$^{12}_6$C 원자	$1.992\ 65 \times 10^{-27}$	12.000 000	11 177.9

예제 43.1 **원자 질량 단위**

아보가드로수를 사용하여 1 u = 1.66×10^{-27} kg임을 증명하라.

풀이

개념화 19.5절에서 본 몰의 정의로부터 ^{12}C의 12 g(=1몰)에는 아보가드로수만큼의 원자가 있다는 것을 알고 있다.

분류 이 절에서 공부한 원자 질량 단위를 계산하고자 하는 것이므로 예제를 대입 문제로 분류한다.

^{12}C 원자 한 개의 질량 m을 구한다.

$$m = \frac{0.012\text{ kg}}{6.02 \times 10^{23}\text{원자}} = 1.99 \times 10^{-26}\text{ kg}$$

^{12}C 원자 한 개의 질량을 12.0 u로 정의하였으므로 여기서 계산한 값을 12.0으로 나누어 1 u에 해당하는 질량을 구한다.

$$1\text{ u} = \frac{1.99 \times 10^{-26}\text{ kg}}{12.0} = 1.66 \times 10^{-27}\text{ kg}$$

핵의 크기와 구조 The Size and Structure of Nuclei

러더퍼드의 산란 실험에서 헬륨 원자의 양(+)으로 대전된 핵자(알파 입자)들이 얇은 금속 박막을 향하게 하였다. 알파 입자들이 금속 막을 통과함에 따라 금속 핵 가까이를 통과하기도 한다. 이때 입사 입자와 핵자들이 모두 양으로 대전되어 있기 때문에, 쿨롱 척력에 의하여 입사 입자들은 원래의 경로에서 휘어져 지나가게 된다.

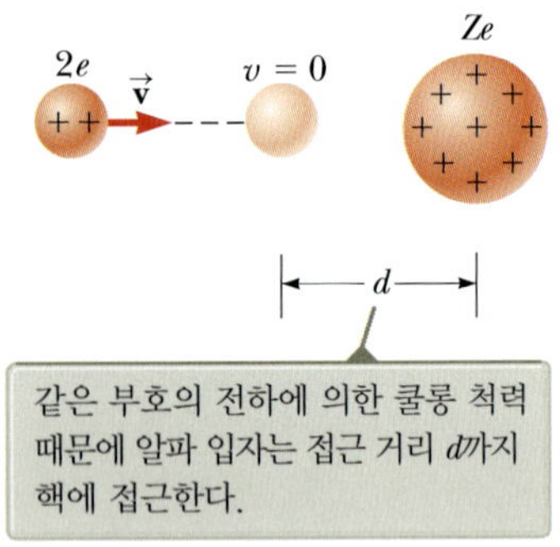

그림 43.1 알파 입자가 전하가 Ze인 핵과 정면 충돌하는 과정

핵에 정면으로 접근하는 알파 입자가 쿨롱 척력에 의하여 휘어져 돌아나오게 되는 최근접 거리 d를 구하기 위하여, 러더퍼드는 고립계(에너지) 분석 모형을 사용하였다. 이런 정면 충돌에서, 표적 핵–알파 입자 계의 역학적 에너지는 보존된다. 알파 입자가 표적 입자에 가장 접근하여 되돌아나가기 전에 가장 근접(그 계의 최종 배열)한 곳에서 순간적으로 정지할 때, 입사 입자의 처음 운동 에너지는 계의 전기적 위치 에너지로 완전히 전환된다(그림 43.1). 이 계에 에너지 보존 원리의 식 8.2를 적용하면

$$\Delta K + \Delta U = 0$$

$$\left(0 - \tfrac{1}{2}mv^2\right) + \left(k_e \frac{q_1 q_2}{d} - 0\right) = 0$$

이 된다. 여기서 m은 알파 입자의 질량이고 v는 처음 속력이다. 이 식을 d에 관하여 풀면

$$d = 2k_e \frac{q_1 q_2}{mv^2} = 2k_e \frac{(2e)(Ze)}{mv^2} = 4k_e \frac{Ze^2}{mv^2}$$

이 된다. 여기서 Z는 표적 핵의 원자 번호이다. 이 식으로부터 러더퍼드는 금으로 된 금속 막을 사용하였을 때 알파 입자가 표적 원자에 3.2×10^{-14} m까지 접근함을 알아내었다. 그러므로 금 원자핵의 반지름이 이 값보다는 작아야 한다. 그의 산란 실험의 결과로부터 러더퍼드는 원자핵에서의 양전하는 반지름이 약 10^{-14} m보다 크지 않은, 핵이라고 하는 아주 작은 구 속에 밀집되어 있어야 한다고 결론지었다.

핵물리학에서는 이렇게 짧은 길이가 많이 사용되므로, 길이의 단위로 **펨토미터**(fm)라고 하는 단위를 사용한다. 이 단위를 때로는 **페르미**(fermi)라고도 하는데 다음과 같이 정의한다.

$$1 \text{ fm} \equiv 10^{-15} \text{ m}$$

1920년대 초에는 원자핵은 양성자가 Z개이고 질량은 A개의 양성자 질량과 거의 같다고 알려져 있었다. 여기서 A는 가벼운 핵($Z \le 20$)의 경우 $A \approx 2Z$이고 무거운 핵의 경우 $A > 2Z$이다. 핵의 질량을 설명하기 위하여 러더퍼드는 핵이 중성자라고 하는 $A - Z$개의 중성 입자를 포함해야만 한다고 제안하였다. 1932년에 영국의 물리학자 채드윅(James Chadwick, 1891~1974)은 중성자를 발견하여, 그 공로로 1935년 노벨 물리학상을 받았다.

러더퍼드의 산란 실험 이후 다른 많은 실험들에 의하여 대부분의 핵이 거의 구 모양이고, 반지름이 약

$$r = aA^{1/3} \tag{43.1}$$

◀ 핵의 반지름

로 주어짐을 알게 되었다. 여기서 a는 1.2×10^{-15} m인 상수이고, A는 질량수이다. 구의 부피는 반지름의 세제곱에 비례하므로, 식 43.1로부터 핵의 부피(구라는 가정하에)는 핵자의 전체 개수인 A에 비례하게 된다. 이 비례 관계에 의하면 **모든 핵은 밀도가 거의 같음**을 알 수 있다. 핵자들이 결합하여 핵이 될 때 마치 많은 구가 매우 밀집된 것처럼 결합한다(그림 43.2). 이것은 마치 핵이 밀도가 크기에 무관한 물방울과 유사하다고 할 수 있다. 핵의 물방울 모형에 관해서는 43.3절에서 논의한다.

그림 43.2 핵은 핵자로 된 각각의 구가 단단하게 밀집된 덩어리로 모형화할 수 있다.

예제 43.2 핵의 부피와 밀도

질량수가 A인 핵이 있다.

(A) 이 핵의 질량에 대한 근사식을 구하라.

풀이

개념화 핵을 그림 43.2에서와 같이 양성자와 중성자의 모임이라고 생각하자. 질량수 A는 양성자와 중성자를 **모두** 합한 수이다.

분류 A가 충분히 크다고 가정하여 핵의 모양이 구라고 하자.

분석 양성자의 질량은 중성자의 질량과 거의 같으므로, 이 입자들 하나의 질량을 m이라 하면 핵의 질량은 약 Am이 된다.

(B) 이 핵의 부피에 대한 식을 A를 써서 나타내라.

풀이 핵이 구 모양이라고 가정하고 식 43.1을 사용한다.

$$V_{\text{nucleus}} = \tfrac{4}{3}\pi r^3 = \tfrac{4}{3}\pi a^3 A \tag{1}$$

(C) 이 핵의 밀도를 나타내는 식을 구하라.

풀이 밀도에 관한 식 1.1을 사용하고 위의 식 (1)에 대입한다.

$$\rho = \frac{m_{\text{nucleus}}}{V_{\text{nucleus}}} = \frac{Am}{\tfrac{4}{3}\pi a^3 A} = \frac{3m}{4\pi a^3}$$

주어진 값들을 대입한다.

$$\rho = \frac{3(1.67 \times 10^{-27} \text{ kg})}{4\pi(1.2 \times 10^{-15} \text{ m})^3} = 2.3 \times 10^{17} \text{ kg/m}^3$$

결론 핵의 밀도는 물의 밀도($\rho_{\text{water}} = 1.0 \times 10^3 \text{ kg/m}^3$)의 약 2.3×10^{14}배이다.

문제 지구가 압축되어 밀도가 핵의 밀도와 같아지려면, 지구의 크기는 얼마가 되어야 하는가?

답 핵의 밀도는 엄청나게 크므로 이런 밀도를 갖는 지구의 크기는 아주 작아야 할 것이다.

압축된 지구의 부피를 구하기 위하여 식 1.1과 지구의 질량을 사용한다.

$$V = \frac{M_E}{\rho} = \frac{5.97 \times 10^{24}\ \text{kg}}{2.3 \times 10^{17}\ \text{kg/m}^3} = 2.6 \times 10^7\ \text{m}^3$$

이 부피로부터 반지름을 구한다.

$$V = \tfrac{4}{3}\pi r^3 \ \rightarrow\ r = \left(\frac{3V}{4\pi}\right)^{1/3} = \left[\frac{3(2.6 \times 10^7\ \text{m}^3)}{4\pi}\right]^{1/3}$$

$$r = 1.8 \times 10^2\ \text{m}$$

이런 반지름을 갖는 지구는 엄청나게 작은 것이다.

핵의 안정성 Nuclear Stability

핵 속의 양성자들이 매우 밀집해 있기 때문에, 엄청나게 큰 쿨롱 척력이 핵을 흩어지게 하지 않을까 하는 생각을 할 수 있다. 그런데 이런 일이 일어나고 있지 않기 때문에, 거기에는 분명 쿨롱 척력에 버틸 수 있는 인력이 있어야만 한다. **핵력**(nuclear force)이란 단거리(약 2 fm)에만 미치는 인력으로서 핵 내의 모든 입자들 사이에 작용하는 힘이다. 양성자들은 서로 핵력으로 끌어당기고 있으면서 쿨롱 힘으로 서로 밀치고 있다. 이런 핵력은 중성자들끼리에도 작용하며, 중성자와 양성자 사이에도 작용한다. 핵 속에서(단거리)는 핵력이 쿨롱력보다 더 지배적이기 때문에 안정된 핵이 존재할 수 있는 것이다.

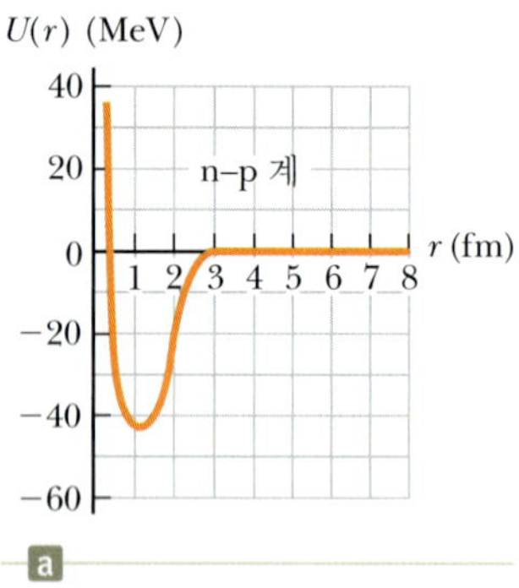

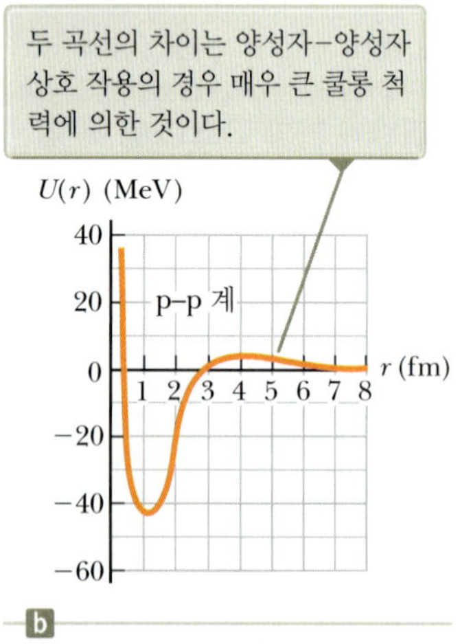

그림 43.3 (a) 중성자–양성자 계에서 간격에 따른 퍼텐셜 에너지의 변화 (b) 양성자–양성자 계에서 간격에 따른 퍼텐셜 에너지의 변화. 이 그래프에서 눈금의 차이를 잘 드러내기 위하여 양성자–양성자 곡선의 경우 볼록한 부분의 높이를 약 10배 정도 과장해서 그렸다.

핵력은 전하와는 무관하다. 다시 말하면 핵력은 양성자–양성자, 양성자–중성자, 중성자–중성자 간의 상호 작용으로서 모두 같으며, 양성자–양성자의 경우 쿨롱 척력이 별도로 있는 것이다.

핵력이 작용하는 거리가 매우 짧다는 것의 증거는 산란 실험과 핵의 결합 에너지에 관한 연구에서 나온 것이다. 핵력이 매우 짧은 거리의 힘이라는 것이 수소를 포함하는 표적에다 중성자를 산란시키는 실험에 의하여 얻어진 그림 43.3a의 중성자–양성자(n–p) 퍼텐셜 에너지 도표를 보면 알 수 있다. n–p 퍼텐셜 에너지 우물의 깊이는 40에서 50 MeV이며, 핵자들이 0.4 fm 이내로 접근하지 못하게 하는 매우 강한 척력 성분도 있다.

핵력은 전자에게 작용하지 않으므로 충분한 에너지를 가진 전자들이 핵 속으로 들어가 핵의 내부를 탐사하는 점 입자로 행동하게 할 수 있다. 핵력이 전하와 무관하다는 것은 n–p 및 p–p 상호 작용의 주된 차이가 p–p 퍼텐셜 에너지는 그림 43.3b에서처럼 핵력과 쿨롱 상호 작용의 중첩으로 되어 있다는 것이다. 2 fm 이내의 거리에선 p–p와 n–p 퍼텐셜 에너지가 거의 같지만, 2 fm 이상의 거리에선 p–p 퍼텐셜 에너지가 4 fm에서 최대가 되는 양의 에너지 언덕을 가진다.

핵력으로 인하여 약 270개의 안정된 핵이 존재한다. 그 외 수백 개의 핵은 관측되긴 하였지만 불안정한 핵들이다. 안정한 핵들의 원자 번호에 따른 중성자수의 그래프가 그림 43.4에 그려져 있다. 여기서 안정된 핵은 검정색 점으로 나타내었으며 그 점들은 **안정도 선**(line of stability)이라고 하는 좁은 범위에 놓여 있다. 가벼운 안정한 핵들은 양성자수와 중성자수가 같다. 즉 $N = Z$이다. 무거운 안정한 핵들은 중성자수가 양성자수보다 많다. $Z = 20$ 이상에서 안정도 선은 $N = Z$ 직선에서 약간 위로 벗어나 있다.

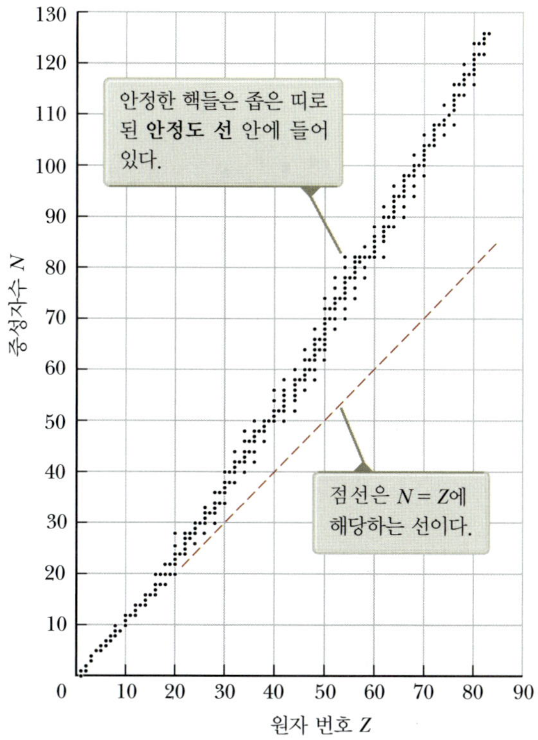

그림 43.4 안정한 핵(검정색 점)에 대한 원자 번호 Z에 따른 중성자수 N의 도표

이런 벗어남은 양성자수가 증가함에 따라 핵을 분리하려고 하는 쿨롱 힘의 세기가 증가하기 때문으로 이해할 수 있다. 그 결과 핵을 안정하게 하기 위하여 중성자수가 더 많이 필요하게 된다. 왜냐하면 중성자에게는 인력뿐인 핵력만 있기 때문이다. 그렇지만 양성자수가 계속 증가하면 중성자수의 증가에 의한 인력이 증가해도 양성자들 간의 쿨롱 척력을 따라가지 못하게 된다. 이것이 시작되는 점이 $Z = 83$이며, 이것은 83개 보다 많은 양성자를 갖는 원소는 안정한 핵이 아님을 의미한다.

43.2 핵의 결합 에너지
Nuclear Binding Energy

43.1절에서 ^{12}C에 대하여 논의한 바와 같이 핵의 전체 질량은 핵자들의 질량을 합한 것보다 작다. 따라서 속박된 계(핵)의 정지 질량 에너지는 개별 핵자의 정지 질량 에너지를 모두 합한 것보다 작다. 에너지의 이런 차이를 핵의 **결합 에너지**(binding energy)라고 하며, 이것은 핵을 구성하는 핵자들을 따로따로 분리시키려면 그만한 에너지가 더해져야만 한다는 것으로 설명할 수 있다. 그러므로 핵을 양성자와 중성자로 분리시키려면 핵에 에너지를 주어야만 한다.

에너지의 보존과 아인슈타인의 질량–에너지 등가 관계에 의하면 핵의 결합 에너지 E_b(MeV)는 다음과 같다.

$$E_b = [ZM(\mathrm{H}) + Nm_n - M(^A_Z\mathrm{X})] \times 931.494\ \mathrm{MeV/u} \qquad (43.2)$$

◀ 핵의 결합 에너지

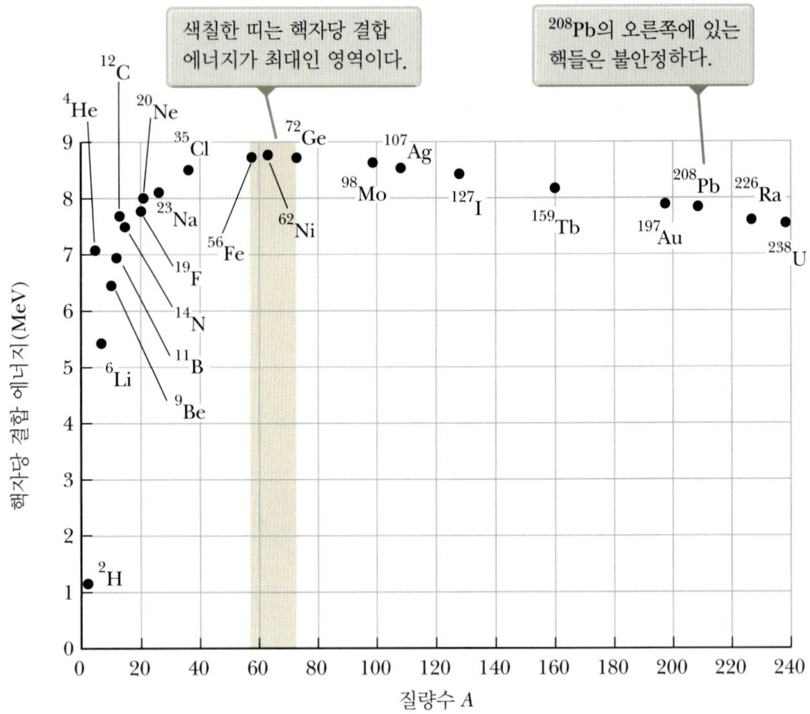

그림 43.5 그림 43.4에 있는 안정도 선에 놓여 있는 핵자의 질량수에 따른 핵자당 결합 에너지의 그래프. 대표적인 몇몇 핵들은 검정색 점으로 표시하여 놓았다.

오류 피하기 43.2

결합 에너지 분리된 핵자가 핵을 구성하기 위하여 결합하면, 계의 에너지는 감소한다. 그러므로 에너지의 변화는 음수이다. 이 변화의 절댓값을 결합 에너지라고 부른다. 절댓값으로 표시하므로 부호가 바뀐 것이 혼동의 이유가 될 수 있다. 예를 들면 결합 에너지의 **증가**는 계의 에너지의 **감소**에 해당한다.

여기서 $M(\text{H})$는 수소 원자의 원자 질량, m_n은 중성자의 질량이고, $M(^A_Z\text{X})$ 는 동위 원소 ^A_ZX의 원자 질량을 나타내며, 질량은 모두 원자 질량 단위이다. $M(\text{H})$에 포함된 Z개의 전자의 질량은 $M(^A_Z\text{X})$에 포함된 Z개의 전자의 질량과 상쇄된다. 물론 이때 전자들의 원자와의 결합 에너지와 관련된 무시할만한 아주 작은 차이는 있다. 원자의 결합 에너지는 수 전자볼트 정도이고, 핵의 결합 에너지는 수백만 전자볼트로서 이 차이는 무시할 수 있다.

여러 가지 안정된 핵들의 핵자 하나당 결합 에너지 E_b/A를 질량수 A의 함수로 나타낸 그래프가 그림 43.5에 있다. 이 그림 43.5에서 결합 에너지의 봉우리는 $A = 60$ 부근이다. 즉 60보다 크거나 작은 질량수를 갖는 핵은 그 중간보다 강하게 결합되어 있지 않다. $A > 60$인 경우에 핵자당 결합 에너지의 감소는 무거운 핵이 두 개의 가벼운 핵으로 분리되거나 **분열**할 때, 에너지가 방출된다는 것을 의미한다. 즉 분열이 일어날 때 에너지가 방출되는데, 그 이유는 분열된 각각의 핵들에 있는 핵자들이 분열되기 전의 핵의 핵자들보다 더 단단하게 결합되어 있기 때문이다.

그림 43.5의 또 다른 중요한 특징은 핵자당 결합 에너지가 $A > 50$인 모든 핵에 대하여 핵자당 약 8 MeV 부근에서 거의 일정하다는 것이다. 이들 핵에 대해서는 핵력이 **포화**되었다고 하며, 그것은 그림 43.2의 밀집 구조에서 특정 핵자가 다른 핵자들과 제한된 개수 이내로만 인력 결합을 할 수 있음을 의미한다.

그림 43.5는 화학 원소의 기원에 관한 본질적인 의문을 갖게 한다. 우주가 탄생하였을 당시 존재했던 원소는 수소와 헬륨뿐이었다. 우주 기체의 구름들이 중력으로 인해 단단하게 합쳐져서 별이 형성되었다. 별이 시간이 지남에 따라, 수소 원자들이 융합하여 헬륨 원자가 되는 것을 시작으로 그 안에 있는 가벼운 원소들이 결합하여 무거운 원

소가 만들어졌다. 별이 나이가 들어감에 따라 이런 과정이 계속되어 그림 43.5에 색칠한 띠의 원소까지 점점 더 많은 원자량의 원소들을 만들었다.

$^{63}_{28}$Ni 핵은 핵자당 가장 큰 결합 에너지를 가지며, 그 값은 8.794 5 MeV이다. 질량수가 63보다 큰 원소가 만들어지려면 그런 원소에서는 핵자당 결합 에너지가 작기 때문에 에너지가 더 추가되어야 한다. 이런 에너지는 몇몇 큰 별들의 수명이 끝날 때 생기는 초신성 폭발로부터 나온다. 그러므로 우리 몸에 있는 모든 무거운 원자들은 아주 먼 옛날의 별에서부터 생긴 것이다. 한마디로 우리 모두는 별 부스러기로 만들어진 것이다!

43.3 핵 모형
Nuclear Models

핵력에 관한 자세한 내용은 아직도 연구가 진행되고 있는 분야이다. 핵에 관한 실험 데이터와 결합 에너지의 원인이 되는 메커니즘의 일반적인 특징을 이해하는 데 도움이 되는 여러 가지 핵 모형이 제안되었다. 그중 물방울 모형과 껍질 모형에 관하여 논의해 보기로 하자.

물방울 모형 Liquid-Drop Model

1936년에 보어는 핵자를 물방울에 있는 분자와 같이 취급하였다. 이런 **물방울 모형**(liquid-drop model)에서, 핵자들은 서로 간에 강하게 상호 작용하여 핵 안에서 빨리 빨리 움직이면서 자주 충돌하게 된다. 이런 충돌 운동은 물방울에서의 분자들이 열적으로 흔들리는 것과 비슷하다.

물방울 모형에서 분자들의 결합 에너지에 영향을 미치는 네 가지 주요 효과는 다음과 같다.

- **부피 효과**: 그림 43.5는 $A > 50$인 경우에 핵자당 결합 에너지가 거의 일정함을 나타내고 있다. 그것은 주어진 핵자에 작용하는 핵력이 가장 가까운 이웃 몇 개의 핵자들에 의한 것이고, 그 외 핵 속의 다른 핵자에 의한 것은 아니라는 것이다. 그래서 전부 평균을 취하면 소수의 이웃 핵자와 상호 작용하는 각각의 핵자에 대하여 핵력과 관련된 결합 에너지는 모든 핵에서 같다. 이런 성질은 전체 결합 에너지는 A에 비례하고 따라서 핵의 부피에 비례함을 나타낸다. 전체 핵의 결합 에너지는 C_1A가 된다. 여기서 C_1은 핵 모형에서의 예측과 실험 결과를 같게끔 조정하기 위한 상수이다.
- **표면 효과**: 물방울 표면에 있는 핵자들은 내부에 있는 핵자들보다는 이웃하는 핵자가 적기 때문에 표면에 있는 핵자들은 그들의 수에 비례하여 결합 에너지가 감소된다. 표면에 있는 핵자들의 수는 핵의 표면적(핵의 모양이 구형이라고 하였을 때) $4\pi r^2$에 비례하고 $r^2 \propto A^{2/3}$ (식 43.1)이므로, 표면 항은 $-C_2A^{2/3}$로 쓸 수 있다. 여기서 C_2는 두 번째 조정 상수이다.

- **쿨롱 척력 효과**: 핵 내에서 각각의 양성자는 다른 양성자와 반발한다. 척력으로 상호 작용하는 양성자당 퍼텐셜 에너지는 $k_e e^2/r$이다. 여기서 k_e는 쿨롱 상수이다. 전체 전기적 위치 에너지는 처음에 무한히 먼 곳에 흩어져 있던 양성자 Z를 부피 V 속으로 모으는 데 드는 일과 같으며, 이 에너지는 양성자 쌍 수의 곱 $Z(Z-1)/2$에 비례하며 핵의 반지름에 반비례한다. 결국 쿨롱 효과에 의한 결합 에너지의 감소는 $-C_3 Z(Z-1)/A^{1/3}$이다. 여기서 C_3은 세 번째 조정 상수이다.
- **대칭 효과**: 결합 에너지를 낮추는 또 다른 효과로는 핵에서 N과 Z의 값의 대칭성과 관계가 있다. A 값이 작은 경우, 안정된 핵은 $N \approx Z$인 경향이 있다. 가벼운 핵의 경우 N과 Z의 차이가 크면 결합 에너지를 감소시켜서 핵이 덜 안정되게 한다. A 값이 큰 경우, 안정된 핵의 N 값은 Z 값보다는 크다. 이 효과는 $-C_4(N-Z)^2/A$ 형태의 결합 에너지로 표현할 수 있다. 여기서 C_4는 네 번째 조정 상수이다.[1] A가 작은 경우, N과 Z의 차이가 크면, 이 항은 비교적 크게 되므로 결합 에너지를 감소시킨다. A가 큰 경우, 이 항은 작아서 전체 결합 에너지에 미치는 영향이 작다.

모든 항들을 더하면 전체 결합 에너지에 대한 식이 다음과 같이 된다.

$$E_b = C_1 A - C_2 A^{2/3} - C_3 \frac{Z(Z-1)}{A^{1/3}} - C_4 \frac{(N-Z)^2}{A} \qquad \textbf{(43.3)}$$

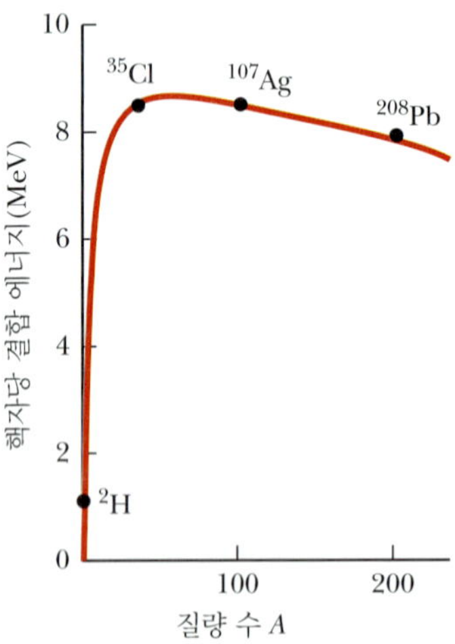

그림 43.6 준경험적 결합 에너지 공식을 이용하여 그린 결합 에너지 곡선(갈색). 이론적인 곡선과 비교하기 위하여, 네 개의 핵에 대한 실험값을 표시하였다.

준경험적 결합 에너지 공식(semiempirical binding-energy formula)이라고 하는 이 식에는 이론과 실험을 맞추기 위한 네 개의 조정 상수가 있다. $A \geq 15$인 핵들에 대하여 이 값들은 다음과 같다.

$$C_1 = 15.7 \text{ MeV} \qquad C_2 = 17.8 \text{ MeV}$$
$$C_3 = 0.71 \text{ MeV} \qquad C_4 = 23.6 \text{ MeV}$$

이들 상수를 포함하는 식 43.3은 그림 43.6에 이론 곡선과 실험값을 보인 것처럼 이미 알려진 핵의 질량값과 아주 잘 맞는다. 그러나 물방울 모형은 안정성 규칙이나 각운동량 등과 관련된 좀 더 자세한 핵의 구조를 설명하지는 못하고 있다. 식 43.3은 물방울 모형을 바탕으로 한 결합 에너지에 대한 이론적인 식인 반면에, 식 43.2로부터 계산한 결합 에너지는 질량을 측정하는 것에 바탕을 둔 실험적인 값들이다.

예제 43.3 준경험적 결합 에너지 공식의 응용

^{64}Zn 핵은 표에 주어진 결합 에너지가 559.09 MeV이다. 준경험적 결합 에너지 공식을 사용하여 이 핵의 결합 에너지를 이론적으로 구하라.

풀이

개념화 ^{64}Zn 핵을 만들기 위하여 각각의 양성자들과 중성자들을 핵 속으로 모은다고 상상하자. 핵의 정지 에너지는 개별 입자의 전체 정지 에너지보다 적다. 이런 정지 에너지의 차이가 결합 에너지이다.

[1] 물방울 모형은 무거운 핵은 $N > Z$라는 것을 나타내는 것이고, 곧 배우게 되는 껍질 모형은 그것이 왜 물리적으로 사실인가를 **설명하는 것이다.**

분류 문제의 문맥으로 보아 물방울 모형을 적용하면 되므로 예제를 대입 문제로 분류한다.

^{64}Zn 핵은 $Z = 30$, $N = 34$이고, $A = 64$이다. 준경험적 결합 에너지 공식에 있는 네 개의 항을 계산한다.

$$C_1 A = (15.7\text{ MeV})(64) = 1\,005\text{ MeV}$$

$$C_2 A^{2/3} = (17.8\text{ MeV})(64)^{2/3} = 285\text{ MeV}$$

$$C_3 \frac{Z(Z-1)}{A^{1/3}} = (0.71\text{ MeV})\frac{(30)(29)}{(64)^{1/3}} = 154\text{ MeV}$$

$$C_4 \frac{(N-Z)^2}{A} = (23.6\text{ MeV})\frac{(34-30)^2}{64} = 5.90\text{ MeV}$$

이들 값을 식 43.3에 대입한다.

$$E_b = 1\,005\text{ MeV} - 285\text{ MeV} - 154\text{ MeV} - 5.90\text{ MeV}$$
$$= 560\text{ MeV}$$

이 값은 표에 나와 있는 값과 약 0.2 % 정도 차이가 있다. 여기서 주의하여 볼 것은 각 항의 값들이 첫 번째에서 네 번째로 가면서 줄어든다는 것이다. 이 핵의 경우 네 번째 항은 특별히 작은데, 그 이유는 중성자의 수와 양성자의 수의 차이가 작기 때문이다.

껍질 모형 The Shell Model

물방울 모형은 핵의 결합 에너지의 특징을 비교적 잘 묘사해 주고 있다. 그러나 결합 에너지를 좀 더 자세히 연구해 보면 다음과 같은 특징을 알게 된다.

- 대부분의 안정된 핵은 A의 값이 짝수이다. 더구나 Z와 N이 모두 홀수인 안정된 핵은 여덟 개뿐이다.
- 그림 43.7의 그래프는 식 43.3으로 계산한 결합 에너지와 측정된 결합 에너지 간의 차이를 보여 주고 있다. 이 그래프를 보면 일정한 간격마다 봉우리가 나타나 보이는데 그것은 준경험적 결합 에너지 공식으로는 설명되지 않은 것이다. 이 봉우리들은 **마법수**(magic number)라고 하는 N 또는 Z에서 나타난다. 그런 마법수들은 다음과 같다.

$$Z \quad \text{또는} \quad N = 2,\ 8,\ 20,\ 28,\ 50,\ 82 \tag{43.4}$$

◀ 마법수

- 좀 더 정밀한 연구에 의하면 핵의 반지름은 식 43.1의 단순한 식과는 약간 다른 것으로 밝혀졌다. 실험 데이터의 그래프에 의하면 N에 따른 반지름의 곡선에서 N이 마법수와 같을 때 봉우리를 나타낸다.
- **중성자수가 같은 핵**(isotone, 동중성자핵)들이란 Z 값이 다르면서 N 값이 같은 핵들이다. 안정된 동중성자핵의 수를 N의 함수로 그래프를 그려도 식 43.4에 주어진 마법수에서 봉우리가 나타난다.
- 핵에 관한 몇 가지 다른 측정 데이터도 역시 마법수에서 비정상적인 성질을 보여 주고 있다.[2]

실험 데이터에서 나타나는 이 봉우리들은 원자의 이온화 에너지에 대한 그림 42.20에서 있는 봉우리들을 생각나게 한다. 이 그림에 나타난 봉우리들은 원자의 껍질 구조 때문에 나타나는 것이었다. **독립 입자 모형**(independent particle model)이라고도

[2] 좀 더 자세한 내용은 R. A. Dunlap의 *The Physics of Nuclei and Particles*(Belmont, CA: Brooks/Cole, 2004) 5장을 보라.

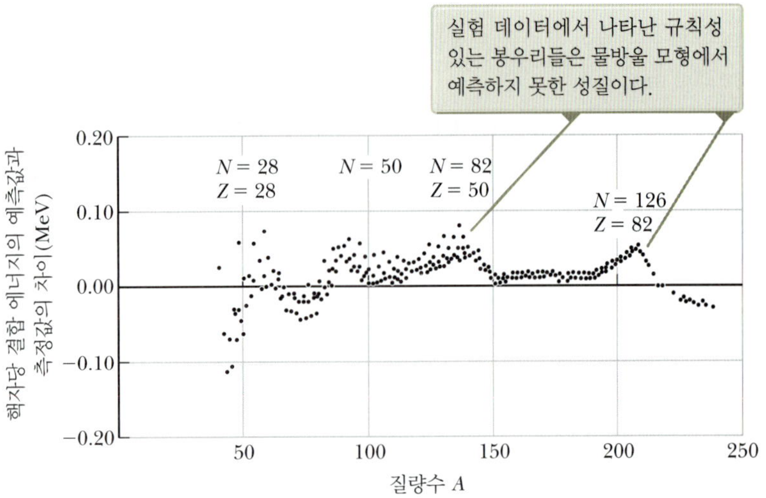

그림 43.7 측정된 결합 에너지와 물방울 모형으로 계산한 결합 에너지의 차이를 질량수 A의 함수로 나타낸 것. (Adapted from R. A. Dunlap, *The Physics of Nuclei and Particles*, Brooks/Cole, Belmont, CA, 2004.)

Science Source

마리아 괴페르트-메이어

Maria Goeppert-Mayer, 1906~1972, **독일의 과학자**

괴페르트-메이어는 독일에서 태어나 공부하였다. 그녀는 1950년에 발표한 핵의 껍질 모형(독립-입자 모형)을 연구한 것으로 잘 알려져 있다. 그와 비슷한 모형이 한스 젠센과 다른 독일 과학자에 의하여 동시에 연구되었다. 핵의 구조를 이해하기 위한 연구의 특별한 공로로 괴페르트-메이어와 젠센은 1963년에 노벨 물리학상을 받았다.

하는 핵의 **껍질 모형**(shell model)은 독일의 과학자 메이어(Maria Goeppert-Mayer)와 젠센(Hans Jensen, 1907~1973)에 의하여 각각 1949년과 1950에 독립적으로 개발되었다. 메이어와 젠센은 이런 공로로 1963년 노벨 물리학상을 공동 수상하였다. 이 모형에서 각각의 핵자들은 원자 내 전자 껍질과 같이 껍질에 존재하는 것으로 가정한다. 핵자들은 양자화된 에너지 상태에 존재하며 핵자 간의 충돌은 매우 적다. 분명히 이 모형의 가정은 물방울 모형에서의 가정과 현저히 다르다.

핵자들에 의하여 점유된 양자화된 상태들은 일련의 양자수의 집합으로 나타낼 수 있다. 양성자와 중성자 모두 스핀이 1/2이므로, 허용 상태를 나타내는 데 배타 원리를 적용할 수 있다(42장에서 전자의 경우처럼). 즉 각 상태들은 **반대** 스핀을 갖는 두 개의 양성자(또는 두 개의 중성자)만을 포함할 수 있다(그림 43.8). 양성자들의 상태는 중성자들의 상태와는 다르다. 왜냐하면 중성자와 양성자는 서로 다른 퍼텐셜 우물에서 운동하기 때문이다. 양성자의 에너지 준위는 중성자의 에너지 준위보다 더 멀리 떨어져 있다. 그 이유는 양성자는 핵력과 쿨롱 힘을 받지만 중성자는 핵력만 받기 때문이다.

핵의 바닥상태에 관한 관측된 성질에 영향을 주는 하나의 인자로 **핵스핀 궤도 효과**(nuclear spin-orbit effect)라고 하는 것이다. 원자에서 전자의 궤도 운동과 스핀 간의 스핀 궤도 상호 작용은 42.6절에서 논의한 나트륨의 이중선이 생기게 하는 것으로서 그 원인은 자기적인 것이다. 이와는 대조적으로 핵자들에 대한 핵스핀 궤도 효과는 핵력 때문에 생기는 것이다. 이것은 원자의 경우보다 훨씬 강하며 반대 부호를 갖는다. 이런 효과들이 고려된다면 껍질 모형은 관측된 마법수를 설명할 수 있다.

껍질 모형은 짝수의 양성자와 짝수의 중성자를 갖는 핵이 다른 핵보다 왜 더 안정한가를 이해하는 데 도움을 준다(짝수-짝수의 안정된 동위 원소는 160개이다). 어떤 특정 상태들은 반대 스핀을 갖는 두 개의 양성자(또는 두 개의 중성자)를 포함하는 경우에 채워지게 된다. 채워지지 못한 짝수 외의 양성자나 중성자가 추가되려면 핵의 에너지를 증가시켜야만 가능하다. 이런 핵의 에너지 증가는 원래의 핵자들보다 덜 안정하게 한다. 안정한 핵들을 자세히 살펴보면 핵자들이 짝으로 결합되어 있는 핵의 대부분이 특별히 안정한데, 그것은 전체 각운동량이 영이기 때문이다.

껍질 모형은 왜 핵에서 중성자가 양성자보다 많은지를 이해하는 데 도움이 된다. 그림 43.8에서처럼, 양성자의 에너지 준위는 쿨롱 척력과 관련된 추가 에너지 때문에 중성자의 에너지 준위보다 높다. 이런 효과는 Z 값이 증가할수록 많이 나타난다. 결국 Z가 증가하면서 높은 상태들이 채워짐에 따라 주어진 양자수에 대한 양성자의 준위는 같은 양자수에 대한 중성자의 준위보다 그 에너지가 높을 것이다. 사실 높은 양자수에서까지도 중성자의 준위보다는 양성자의 에너지 준위가 높을 것이다. 따라서 높은 에너지 준위에 있는 양성자 보다는 낮은 에너지 준위의 중성자로 핵을 구성하는 것이 에너지 측면에서 더 쉬울 것이므로, 중성자의 수가 양성자의 수보다는 많은 것이다.

핵에 관한 좀 더 복잡한 모형들이 연구되어 왔고 계속되고 있다. 예를 들어 **집단 모형**은 물방울 모형과 껍질 모형의 특징들을 잘 결합한 모형이다. 핵의 이론적인 모형들에 관한 연구가 실제 연구 현장에서 계속되고 있다.

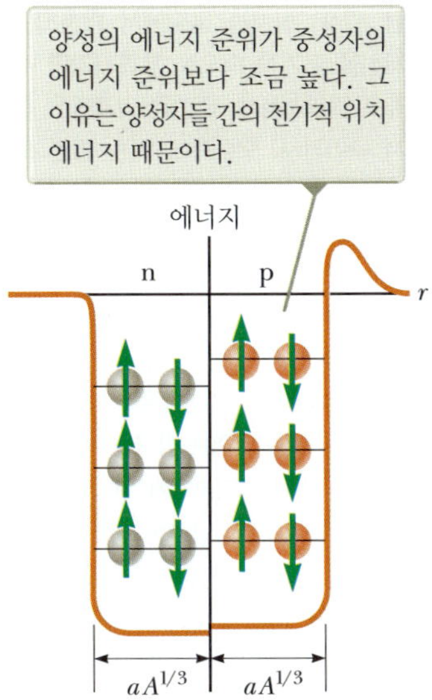

그림 43.8 12개의 핵자를 그려 넣은 사각형 퍼텐셜 우물. 주황색 구는 양성자를 나타낸 것이고 회색 구는 중성자를 나타낸다.

43.4 방사능 Radioactivity

1896년 베크렐은 우라닐황산 칼륨 결정이 눈에 보이지 않는 방사선을 방출하여 빛에 노출되지 않도록 보관된 사진 건판을 감광시킨다는 사실을 우연히 발견하였다. 이 사실은 일련의 실험을 통하여 그 결정에서 방출되는 방사선은 어떤 외부의 조작 없이도 방출되며 침투력이 있어서 검은 봉투에 보관된 사진 건판을 감광시킬 수 있고, 기체를 이온화할 수 있는 새로운 형태의 방사선이라는 결론을 내렸다. 곧바로 우라늄에 의한 방사선의 자연 방출 과정을 **방사능**(radioactivity)이라고 부르게 되었다.

다른 과학자들에 의한 계속된 실험 연구에 의하여 방사능이 매우 강한 다른 물질들도 있음이 확인되었다. 이런 형태의 가장 중요한 초기의 연구는 마리 퀴리와 피에르 퀴리(Pierre Curie, 1859~1906)에 의하여 수행되었다. 이후 수년 동안 세밀하면서도 엄청난 노력으로 몇 톤에 달하는 역청 우라늄 원광의 화학 분리 과정을 통하여 퀴리 부부는 기존에 알려지지 않은 폴로늄과 라듐이라고 하는 두 가지 방사능 원소를 발견하였음을 발표하였다. 알파 입자 산란에 관한 러더퍼드의 유명한 연구를 포함하는 계속된 실험에 의하여 방사능은 불안정한 핵에서의 **붕괴**의 결과라는 제안을 하게 되었다.

방사능 물질에서는 세 가지 형태의 방사성 붕괴가 일어난다. 그것들은 ^{4}He핵을 방출하는 알파(α) 붕괴, 전자나 양전자를 방출하는 베타(β) 붕괴, 고에너지 광자를 방출하는 감마(γ) 붕괴이다. **양전자**(positron)란 전하가 $+e$이라는 사실만 빼고는 전자와 똑같은 입자이다(양전자는 전자의 **반입자**이다). 이들을 구별하기 위하여 전자는 e^-로 표기하고 양전자는 e^+로 표기한다.

이들 세 가지 형태의 방사선은 그림 43.9에 나타낸 방법으로 구별할 수 있다. 방사성 원소로부터 나오는 세 가지 형태의 방사선이 자기장 영역으로 향하게 한다. 자기장 내의 입자 분석 모형에 의하면 방사선 빔은 세 부분으로 갈라지게 된다. 그중 둘은 서로 반대 방향으로 휘어지며, 나머지 하나는 휘어지지 않고 똑바로 나아간다. 이런 단순한

Time & Life Pictures/Getty Images

마리 퀴리
Marie Curie, 1867~1934
폴란드의 과학자

1903년 마리 퀴리는 그녀의 남편 피에르 그리고 베크렐과 함께 방사성 물질에 관한 연구로 노벨 물리학상을 공동 수상하였다. 이어서 그녀는 라듐과 폴로늄을 발견한 공로로 1911년에 노벨 화학상을 받았다.

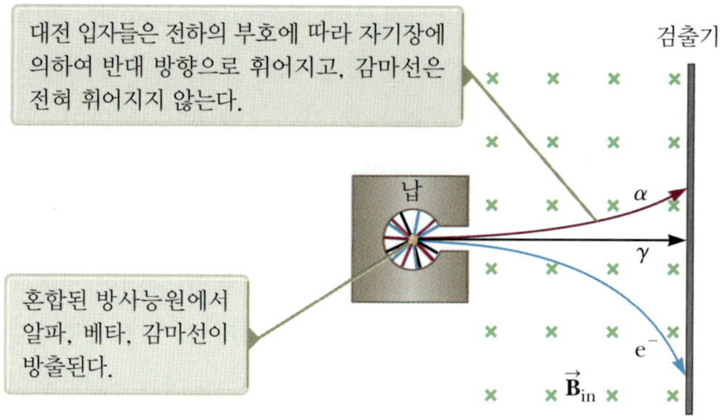

그림 43.9 방사능 물질에서 방출되는 방사선을 자기장 속으로 통과시키면 세 갈래로 갈라지는데, 대전된 입자들은 휘어져 나아간다. 오른쪽에 있는 평면 모양의 검출기는 그 평면에 닿는 방사선의 양을 기록한다.

오류 피하기 43.3

광선인가 입자인가 핵물리 역사의 초창기에 **방사선**이라는 단어는 방사능 핵으로부터 나오는 방사를 기술하기 위하여 사용되었다. 이제는 알파 방사선과 베타 방사선은 정지 에너지가 영이 아닌 입자의 방출임을 안다. 비록 이들이 모두 전자기파 방사(복사)는 아니지만, 이들 세 가지 형태의 방출에 **방사선**이라는 용어를 사용하는데, 이 용어는 일상생활과 물리학계에서 널리 사용되고 있다.

오류 피하기 43.4

기호 혼동 조심 43.1절에서 기호 N을 핵에서 중성자의 수를 표시하는 것으로 사용하였다. 이 절에서는 기호 N이 시간이 경과한 후의 붕괴되지 않은 핵의 수를 표시하는 기호로 사용한다. 문맥 속에서 기호 N에 대한 적절한 의미를 결정하도록 해야 한다.

관찰에 의하면 휘어지지 않은 방사선(감마선)은 전하를 포함하지 않으며, 위로 휘어진 복사는 양전하를 띤 입자(알파 입자)이고, 아래로 휘어진 복사는 음전하를 띤 입자(e^-)임을 나타낸다. 방사선이 양전자(e^+)를 포함하고 있다면 알파 입자처럼 위로 휘어지겠지만 알파 입자보다는 질량이 작기 때문에 그 경로는 더 많이 휘어진다.

이들 세 가지 형태의 방사선은 아주 다른 침투 능력을 가지고 있다. 알파 입자는 종이 한 장을 간신히 뚫을 수 있으며, 베타 입자는 수 밀리미터 두께의 알루미늄을 통과할 수 있고, 감마선은 수 센티미터 두께의 납을 통과할 수 있다.

붕괴 과정은 확률적인 것으로서 많은 수의 방사성 핵을 포함하는 거시적인 크기의 방사능 물질에 대한 통계적 계산을 통하여 나타낼 수 있다. 어떤 시료 내의 많은 수의 핵에 대하여 특정 붕괴 과정이 일어나는 비율은 현재의 방사성 핵의 수(즉 아직 붕괴되지 않은 핵의 수)에 비례한다. N을 어떤 순간 붕괴되지 않은 방사성 핵의 수라고 하면, N의 시간에 따른 변화율은

$$\frac{dN}{dt} = -\lambda N \tag{43.5}$$

이다. 여기서 λ는 **붕괴 상수**(decay constant)라고 하며, 단위 시간당 붕괴 확률이다. 음의 부호는 dN/dt이 음이기 때문에 붙여진다. 즉 N은 시간에 따라 감소한다.

식 43.5를

$$\frac{dN}{N} = -\lambda\, dt$$

로 써서 적분하면

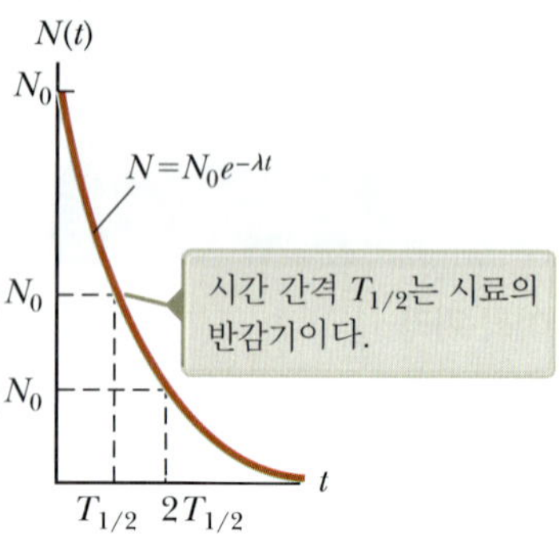

그림 43.10 방사성 핵의 지수적 붕괴를 나타내는 그래프. 세로축은 임의 시간 t에서의 붕괴되지 않은 방사성 핵의 수를 나타내고 가로축은 시간을 나타낸다.

붕괴되지 않은 핵의 수의 지수적인 거동 ▶

$$N = N_0 e^{-\lambda t} \tag{43.6}$$

가 된다. 여기서 N_0은 $t = 0$일 때의 붕괴되지 않은 방사성 핵의 수를 나타낸다. 식 43.6은 시료 내의 붕괴되지 않은 핵의 수가 시간에 따라 지수 함수적으로 감소함을 보여 준다. 그림 43.10에 나타낸 t에 따른 N의 그래프를 보면 붕괴가 지수 함수적인 특성이 있음을 알 수 있다. 이 곡선은 28.4절에서 공부한 RC 회로에서 축전기가 방전할 때 전하의 시간에 따른 변화와 유사하다.

단위 시간당 붕괴의 수인 **붕괴율**(decay rate) R는 식 43.5와 43.6으로부터 구할 수

있다. 즉

$$R = \left|\frac{dN}{dt}\right| = \lambda N = \lambda N_0 e^{-\lambda t} = R_0 e^{-\lambda t} \quad (43.7)$$

◀ 붕괴율의 지수적인 식

이다. 여기서 $R_0 = \lambda N_0$은 $t = 0$일 때의 붕괴율이다. 시료의 붕괴율 R는 그 시료의 **방사능**(방사성 활성도; activity)이라고도 한다. N이나 R 모두 시간에 따라 지수 함수적으로 감소한다.

핵의 붕괴를 특징적으로 나타내는 데 사용하는 또 다른 변수로 **반감기**(half-life) $T_{1/2}$라는 것이 있다.

방사능 물질의 **반감기**는 붕괴로 인하여 방사성 핵의 수가 반으로 줄어드는 데 걸리는 시간이다.

오류 피하기 43.5

반감기 두 번째 반감기에서 원래의 핵이 모두 붕괴한다는 생각은 옳지 않다. 첫 번째 반감기에서는 원래 핵의 절반이 붕괴한다. 두 번째 반감기에서, 나머지의 반이 붕괴되어 원래의 1/4이 남게 된다.

반감기에 대한 식을 구하기 위하여, 식 43.6에서 $N = N_0/2$라 두고 $t = T_{1/2}$라 두면

$$\frac{N_0}{2} = N_0 e^{-\lambda T_{1/2}}$$

가 된다. N_0을 소거하고 양변의 역을 취하면 $e^{\lambda T_{1/2}} = 2$를 얻게 된다. 이의 양변에 로그를 취하면

$$T_{1/2} = \frac{\ln 2}{\lambda} = \frac{0.69}{\lambda} \quad (43.8)$$

◀ 반감기

이 된다. 반감기가 한 번 지나가면 $N_0/2$개의 방사성 핵의 수(정의에 의하여)가 남게 되며, 반감기가 두 번 지나가면 $N_0/4$개의 방사성 핵이 남고, 세 번 지나가면 $N_0/8$이 남는다. 따라서 반감기가 n번 지나가면 붕괴되지 않은 방사성 핵의 수는

$$N = N_0(\tfrac{1}{2})^n \quad (43.9)$$

이 된다.

자주 사용되는 방사능의 단위로 **퀴리**(Ci)가 있는데, 그것은

$$1\ \text{Ci} \equiv 3.7 \times 10^{10}\ \text{붕괴/s}$$

◀ 퀴리

로 정의한다. 이 값이 맨 처음에 선택된 이유는 그것이 라듐 원소 1 g의 방사능과 거의 같기 때문이다. 방사능의 SI 단위는 **베크렐**(Bq)로서 다음과 같이 정의한다.

$$1\ \text{Bq} \equiv 1\text{붕괴/s}$$

◀ 베크렐

따라서 1 Ci = 3.7×10^{10} Bq이다. 퀴리는 너무 큰 단위이므로 자주 사용되는 방사능의 단위는 밀리퀴리(mCi)나 마이크로퀴리(μCi)이다.

Q 퀴즈 43.2 생일날 ^{210}Bi 원소의 방사능을 측정한다고 하자. 이것의 반감기는 5.01일이다. 측정된 방사능이 1.000 μCi라면, 다음 해 생일날 그 시료의 방사능은 어떻게 되는가? **(a)** 1.000 μCi **(b)** 0 **(c)** ~0.2 μCi **(d)** ~0.01 μCi **(e)** ~10^{-22} μCi

예제 43.4 핵은 얼마나 남는가?

동위 원소 탄소 14인 $^{14}_{6}C$의 반감기는 5 730년이다. 1 000개의 탄소 14 핵으로 시작한다면, 25 000년 후에 붕괴되지 않고 남아 있는 핵의 수를 구하라.

풀이

개념화 25 000년이라는 시간은 반감기보다는 길기 때문에 아주 작은 일부만이 붕괴되지 않고 남아 있을 것이다.

분류 문제의 문맥으로 보아 예제는 방사성 붕괴에 관한 대입 문제이다.

분석 시간 간격을 반감기로 나누어 반감기가 지나간 횟수를 결정한다.

$$n = \frac{25\ 000\ \text{yr}}{5\ 730\ \text{yr}} = 4.363$$

반감기가 4.363번 지나간 다음 남아 있는 붕괴되지 않은 핵의 수를 계산한다.

$$N = N_0(\tfrac{1}{2})^n = 1\ 000(\tfrac{1}{2})^{4.363} = \boxed{49}$$

결론 위에서 말한 대로 방사성 붕괴는 확률적인 과정이므로 통계적 예측이 정밀하게 이루어지려면 측정 시료의 원자의 수가 매우 많아야 한다. 예제에서 다룬 처음 시료의 핵의 수는 단지 1 000개뿐이므로 원자의 수가 많은 것은 아니다. 그러므로 25 000년이 지난 다음에 남아 있는 핵의 수를 센다면 정확하게 49가 아닐 수도 있다.

예제 43.5 탄소의 방사능

시간 $t = 0$에서 어떤 방사성 원소의 시료 속에 3.50 μg의 순수한 $^{11}_{6}C$가 들어 있다. 그 동위 원소의 반감기는 20.4분이다.

(A) $t = 0$일 때 시료 속에 있는 핵의 수 N_0을 구하라.

풀이

개념화 반감기가 비교적 짧으므로 붕괴되지 않은 핵의 수는 매우 빨리 줄어든다. $^{11}_{6}C$의 분자량은 대략 11.0 g/mol이다.

분류 이 절에서 얻어낸 식을 사용하여 계산할 수 있으므로 예제를 대입 문제로 분류한다.

순수한 $^{11}_{6}C$의 3.50 μg의 몰수를 구한다.

$$n = \frac{3.50 \times 10^{-6}\ \text{g}}{11.0\ \text{g/mol}} = 3.18 \times 10^{-7}\ \text{mol}$$

순수한 $^{11}_{6}C$에 들어 있는 붕괴되지 않은 핵의 수를 계산한다.

$$N_0 = (3.18 \times 10^{-7}\ \text{mol})(6.02 \times 10^{23}\ \text{nuclei/mol})$$

$$= \boxed{1.92 \times 10^{17}\text{핵}}$$

(B) 이 시료의 처음 방사능이 8.00시간이 지난 후의 방사능은 얼마인가?

풀이 식 43.7과 43.8을 사용하여 이 시료의 처음 방사능을 구한다.

$$R_0 = \lambda N_0 = \frac{0.693}{T_{1/2}} N_0 = \frac{0.693}{20.4\ \text{min}}\left(\frac{1\ \text{min}}{60\ \text{s}}\right)(1.92 \times 10^{17})$$

$$= (5.66 \times 10^{-4}\ \text{s}^{-1})(1.92 \times 10^{17}) = \boxed{1.09 \times 10^{14}\ \text{Bq}}$$

식 43.7을 사용하여 $t = 8.00\ \text{h} = 2.88 \times 10^4\ \text{s}$일 때의 방사능을 구한다.

$$R = R_0 e^{-\lambda t} = (1.09 \times 10^{14}\ \text{Bq})e^{-(5.66\times10^{-4}\ \text{s}^{-1})(2.88\times10^4\ \text{s})}$$

$$= \boxed{8.96 \times 10^6\ \text{Bq}}$$

예제 43.6 **아이오딘의 방사성 동위 원소**

어떤 병원에서 반감기가 8.04일이고, 선적 당시 방사능이 5.0 mCi 인 동위 원소 ^{131}I의 시료를 수입하여 검수할 때 방사능을 측정해 보니 2.1 mCi였다. 두 측정 간에 지나간 시간을 구하라.

풀이

개념화 이 시료는 운반 도중 계속적으로 붕괴한다. 선적과 검수의 시간 동안 58 %의 방사능의 감소가 나타났으므로, 경과 시간은 반감기 8.04일보다 길 것으로 추정된다.

분류 여기서 나오는 방사능의 크기는 붕괴수로 환산하면 초당 매우 많은 수가 된다. 따라서 N이 매우 크므로 예제는 방사성에 관한 통계적인 해석이 가능한 문제로 볼 수 있다.

분석 식 43.7을 처음 방사능에 대한 나중 방사능의 비에 대하여 푼다.

$$\frac{R}{R_0} = e^{-\lambda t}$$

양변에 자연 대수를 취한다.

$$\ln\left(\frac{R}{R_0}\right) = -\lambda t$$

시간 t에 대하여 푼다.

$$t = -\frac{1}{\lambda}\ln\left(\frac{R}{R_0}\right) \quad (1)$$

식 43.8을 사용하여 λ를 구한다.

$$t = -\frac{T_{1/2}}{\ln 2}\ln\left(\frac{R}{R_0}\right)$$

주어진 값들을 대입한다.

$$t = -\frac{8.04\ \mathrm{d}}{0.693}\ln\left(\frac{2.1\ \mathrm{mCi}}{5.0\ \mathrm{mCi}}\right) = 10\ \mathrm{d}$$

결론 예측한 대로 이 결과는 반감기에 비하여 훨씬 긴 시간이다. 예제는 반감기가 매우 짧은 방사능 시료를 운반할 때의 어려움을 나타내고 있다. 운반이 수일 정도 지연된다면 검수할 때는 일부의 시료만 남아 있을 것이다. 이런 어려움은 동위 원소 중 붕괴 후 생성물이 구매자가 원하는 원소가 되는 것을 섞어서 판매자가 선적함으로써 해결될 수 있다. 원하는 동위 원소가 붕괴율과 같은 비율로 생성되도록 **평형**을 유지하는 것은 가능하다. 그렇게 하면, 운반 과정과 그 이후의 보관 과정에서 원하는 동위 원소의 양이 일정하게 유지된다. 필요할 때는 원하는 동위 원소는 그 시료의 나머지 부분들로부터 분리될 수 있다. 그 경우 선적 시점이 아닌 바로 이 시점에서 방사능 붕괴를 시작하는 것으로 계산하면 된다.

43.5 붕괴 과정
The Decay Processes

43.4절에서 설명한 바와 같이 방사성 핵은 알파, 베타, 감마 붕괴의 세 가지 과정 중 한 과정에 의하여 자발적으로 붕괴한다. 그림 43.11은 그림 43.4에서 $Z = 65$에서 $Z = 80$까지의 부분을 확대한 그림이다. 그림 43.4에서 검정색 원은 안정된 핵을 나타낸다. 각각의 Z 값에 대한 안정도 선의 위와 아래에는 불안정한 핵들이 있다. 안정도 선의 위에 있는 파란색의 원은 중성자가 많은 불안정한 핵을 나타내며, 그 핵들은 전자 한 개가 방출되는 베타 붕괴를 한다. 검정색 원들 아래에 있는 주황색 원들은 양성자의 수가 많은 불안정한 핵으로서, 주로 양전자가 방출되거나 전자 포획이라고 하는 과정이 일어난다. 베타 붕괴와 전자 포획에 관해서는 다음에 좀 더 자세히 다룰 예정이다. 안정도 선의 훨씬 아래쪽(몇 가지 예외를 제외하고는)에 있는 노란색 원은 주로 알파 붕괴가 일어나는 양성자가 많은 핵들을 나타내고 있다. 먼저 알파 붕괴에 대하여 논의해 보자.

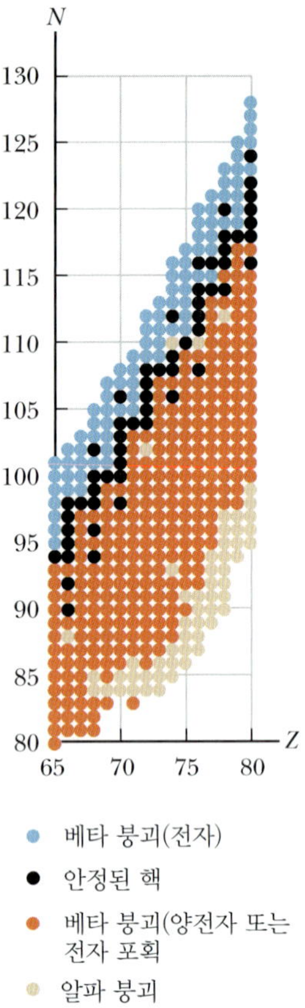

그림 43.11 그림 43.4에서 $Z = 65$에서 $Z = 80$ 사이의 구간에서 안정도 선 부분을 확대한 모습. 그림 43.4에서와 같이 검정색의 점은 안정된 핵을 나타낸다. 다른 색의 점들은 안정도 선의 위와 아래에 있는 불안정한 동위 원소를 나타내며 점의 색에 따라 붕괴의 종류가 다르다.

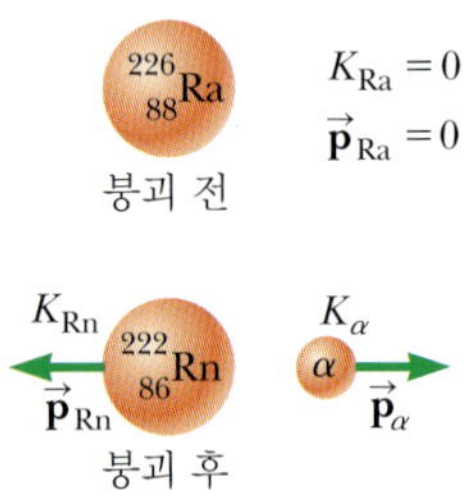

그림 43.12 라듐-226의 알파 붕괴. 라듐핵은 처음에 정지해 있었다. 붕괴 후, 라돈 핵의 운동 에너지는 K_{Rn}이고 운동량은 $\vec{\mathbf{p}}_{Rn}$이다. 알파 입자의 운동 에너지와 운동량은 각각 K_α와 $\vec{\mathbf{p}}_\alpha$이다.

오류 피하기 43.6

또 하나의 Q 값 앞 장들에서 우리는 기호 Q를 보았다. 그러나 이 절에서는 이 기호가 전혀 다른 의미로 쓰였다. 이 값은 열이나 전하가 아닌 붕괴 에너지이다.

알파 붕괴 Alpha Decay

알파 입자($^4_2$He)를 방출하는 핵은 두 개의 양성자와 두 개의 중성자를 잃는다. 그러므로 원자 번호 Z는 2, 질량수 A는 4, 중성자수는 2가 줄어든다. 이런 붕괴를

$$^A_Z\mathrm{X} \rightarrow {}^{A-4}_{Z-2}\mathrm{Y} + {}^4_2\mathrm{He} \qquad \textbf{(43.10)}$$

와 같이 쓸 수 있다. 여기서 X를 **어미핵**(parent nucleus)이라 하고 Y를 **딸핵**(daughter nucleus)이라 한다. 이런 식으로 나타내어지는 모든 붕괴에 대한 규칙으로 다음의 두 가지가 있다. (1) 붕괴 식의 양변에서 질량수 A의 합은 같아야 한다. (2) 붕괴 식의 양변에서 원자 번호 Z의 합은 같아야 한다. 예를 들어 ^{238}U과 ^{226}Ra는 둘 다 알파 입자를 방출하며 붕괴 식은 다음과 같이 주어진다.

$$^{238}_{92}\mathrm{U} \rightarrow {}^{234}_{90}\mathrm{Th} + {}^4_2\mathrm{He} \qquad \textbf{(43.11)}$$

$$^{226}_{88}\mathrm{Ra} \rightarrow {}^{222}_{86}\mathrm{Rn} + {}^4_2\mathrm{He} \qquad \textbf{(43.12)}$$

^{226}Ra의 붕괴를 설명하는 그림이 그림 43.12에 주어져 있다.

한 원소의 핵이 알파 붕괴를 하여 다른 핵으로 변할 때, 이 과정을 **자발 붕괴**(spontaneous decay)라 한다. 모든 자발 붕괴에서, 고립계로서 어미핵의 상대론적인 에너지와 운동량은 보존되어야만 한다. 계의 최종 성분은 딸핵과 알파 입자이다. 어미핵의 질량을 M_X, 딸핵의 질량을 M_Y 및 알파 입자의 질량을 M_α라 하면, 이 계의 **붕괴 에너지**(disintegration energy) Q는 다음과 같이 쓸 수 있다.

$$Q = (M_X - M_Y - M_\alpha)c^2 \qquad \textbf{(43.13)}$$

질량의 단위가 kg이고 빛의 속력이 3.00×10^8 m/s 이면, 에너지의 단위는 J이 된다. 그러나 질량을 원자 질량 단위 u로 나타내면 Q는 다음 식에 의하여 MeV 단위로 계산될 수 있다.

$$Q = (M_X - M_Y - M_\alpha) \times 931.494\ \mathrm{MeV/u} \qquad \textbf{(43.14)}$$

표 43.2에 몇몇 동위 원소에 관한 정보와 식 43.14와 비슷한 다른 식에서 사용할 수 있는 중성 원자들의 질량이 주어져 있다.

붕괴 에너지 Q는 정지 에너지 중 변환되어 딸핵과 알파 입자의 운동 에너지가 된 양인데, 때로는 핵붕괴의 Q 값이라고도 한다. 그림 43.12에 묘사된 ^{226}Ra 붕괴의 경우를 살펴보자. 붕괴 전에 어미핵이 정지해 있었다면 붕괴 후 생성물들의 전체 운동 에너지는 4.87 MeV이다(예제 43.7 참조). 이 운동 에너지의 대부분이 알파 입자와 관련되어 있는데, 그 이유는 이 입자가 딸핵 ^{222}Rn보다 훨씬 질량이 작기 때문이다. 즉 계는 운동량에 대하여 역시 고립계이므로, 가벼운 알파 입자는 딸핵보다 훨씬 빠른 속력으로 되튀게 된다. 일반적으로 질량이 보다 작은 입자들이 핵이 붕괴할 때의 에너지의 보다 많은 부분을 가져간다.

알파 입자의 에너지를 측정한 실험에 의하면 한 가지 에너지가 아닌 불연속적인 몇 가지 에너지가 나타나는데, 그 이유는 붕괴 후 딸핵들이 들뜬 양자 상태에 남아 있기 때문이다. 결과적으로 붕괴 에너지의 전부가 알파 입자와 딸핵의 운동 에너지로 나타

나지는 않는다. 알파 입자가 방출된 후 들뜬 핵이 바닥상태로 붕괴하면서 하나 이상의 감마선 광자(아래에 짧게 나옴)를 방출하게 된다. 관측된 불연속적인 알파 입자의 에너지는 핵의 에너지가 양자화되었다는 증거가 되며, 양자 상태의 에너지를 구할 수 있게 해 준다.

^{238}U(또는 알파 입자를 방출하는 다른 원소)이 한 개의 양성자나 한 개의 중성자를 방출하여 붕괴한다고 가정한다면, 붕괴 생성물의 전체 질량은 어미핵의 질량보다 크게 되며 따라서 Q 값이 음이 된다. Q 값이 음이라고 하는 것은 이런 붕괴는 자발적으로 일어나지 않음을 의미한다.

퀴즈 43.3 $^{157}_{72}$Hf이 알파 붕괴를 할 때 생성되는 딸핵은 다음 중 어느 것인가? **(a)** $^{153}_{72}$Hf **(b)** $^{153}_{70}$Yb **(c)** $^{157}_{70}$Yb

예제 43.7 라듐이 붕괴될 때 방출되는 에너지

^{226}Ra핵이 식 43.12로 주어지는 알파 붕괴를 한다.

(A) 이 과정에 대한 Q 값을 구하라. 표 43.2로부터 ^{226}Ra의 질량 = 226.025 410 u, ^{222}Rn의 질량 = 222.017 578 u, $^{4}_{2}$He의 질량 = 4.002 603 u이다.

풀이

개념화 그림 43.12를 잘 살펴보면서 ^{226}Ra 핵의 알파 붕괴 과정을 이해한다.

분류 어미핵은 알파 입자와 딸핵으로 붕괴하는 **고립계**이다. 따라서 계의 **에너지**와 **운동량**은 보존된다.

분석 식 43.14를 사용하여 Q 값을 구한다.

$$Q = (M_X - M_Y - M_\alpha) \times 931.494 \text{ MeV/u}$$
$$= (226.025\,410 \text{ u} - 222.017\,578 \text{ u} - 4.002\,603 \text{ u}) \times 931.494 \text{ MeV/u}$$
$$= (0.005\,229 \text{ u}) \times 931.494 \text{ MeV/u} = \boxed{4.87 \text{ MeV}}$$

(B) 붕괴 후 알파 입자의 운동 에너지는 얼마인가?

분석 4.87 MeV의 에너지는 붕괴가 일어날 때의 붕괴 에너지이다. 이 값은 붕괴 후의 알파 입자와 딸핵의 운동 에너지를 모두 포함하고 있다. 그러므로 알파 입자의 운동 에너지는 4.87 MeV보다는 작다.

계의 처음 운동량이 영임에 유의하면서 운동량 보존 식을 쓴다.

(1) $$0 = M_Y v_Y - M_\alpha v_\alpha$$

붕괴 에너지를 알파 입자와 딸핵의 운동 에너지의 합으로 놓는다(딸핵이 바닥상태에 있다고 가정한다).

(2) $$Q = \tfrac{1}{2}M_\alpha {v_\alpha}^2 + \tfrac{1}{2}M_Y {v_Y}^2$$

식 (1)을 v_Y에 대하여 풀어서 식 (2)에 대입한다.

$$Q = \tfrac{1}{2}M_\alpha {v_\alpha}^2 + \tfrac{1}{2}M_Y\left(\frac{M_\alpha v_\alpha}{M_Y}\right)^2 = \tfrac{1}{2}M_\alpha {v_\alpha}^2\left(1 + \frac{M_\alpha}{M_Y}\right)$$

$$Q = K_\alpha\left(\frac{M_Y + M_\alpha}{M_Y}\right)$$

알파 입자의 운동 에너지에 대하여 푼다.

$$K_\alpha = Q\left(\frac{M_Y}{M_Y + M_\alpha}\right)$$

이 예제에서 알고자 하는 ^{226}Ra의 특정 붕괴에 대한 값들을 대입하여 운동 에너지를 계산한다.

$$K_\alpha = (4.87 \text{ MeV})\left(\frac{222}{222 + 4}\right) = \boxed{4.78 \text{ MeV}}$$

결론 알파 입자의 운동 에너지는 실제로 붕괴 에너지보다 작지만, 알파 입자가 붕괴 과정에서 변환된 에너지의 대부분을 가져가는 것에 주목하자.

표 43.2 대표적인 동위 원소들의 화학 및 핵 자료

원자 번호 Z	원소	화학 기호	질량수 A (*로 표시한 것은 방사능 물질임)	중성 원자의 질량 (u)	% 존재비	반감기 (방사능의 경우) $T_{1/2}$
−1	전자	e^-	0	0.000 549		
0	중성자	n	1*	1.008 665		614 s
1	수소	$^1H = p$	1	1.007 825	99.988 5	
	[중수소	$^2H = D$]	2	2.014 102	0.011 5	
	[삼중수소	$^3H = T$]	3*	3.016 049		12.33 yr
2	헬륨	He	3	3.016 029	0.000 137	
	[알파 입자	$\alpha = {}^4He$]	4	4.002 603	99.999 863	
			6*	6.018 889		0.81 s
3	리튬	Li	6	6.015 123	7.5	
			7	7.016 005	92.5	
4	베릴륨	Be	7*	7.016 930		53.3 d
			8*	8.005 305		10^{-17} s
			9	9.012 182	100	
5	붕소	B	10	10.012 937	19.9	
			11	11.009 305	80.1	
6	탄소	C	11*	11.011 434		20.4 min
			12	12.000 000	98.93	
			13	13.003 355	1.07	
			14*	14.003 242		5 730 yr
7	질소	N	13*	13.005 739		9.96 min
			14	14.003 074	99.632	
			15	15.000 109	0.368	
8	산소	O	14*	14.008 596		70.6 s
			15*	15.003 066		122 s
			16	15.994 915	99.757	
			17	16.999 132	0.038	
			18	17.999 161	0.205	
9	플루오린	F	18*	18.000 938		109.8 min
			19	18.998 403	100	
10	네온	Ne	20	19.992 440	90.48	
11	소듐(나트륨)	Na	23	22.989 769	100	
12	마그네슘	Mg	23*	22.994 124		11.3 s
			24	23.985 042	78.99	
13	알루미늄	Al	27	26.981 539	100	
14	규소(실리콘)	Si	27*	26.986 705		4.2 s
15	인	P	30*	29.978 314		2.50 min
			31	30.973 762	100	
			32*	31.973 907		14.26 d
16	황	S	32	31.972 071	94.93	
19	포타슘(칼륨)	K	39	38.963 707	93.258 1	
			40*	39.963 998	0.011 7	1.28×10^9 yr
20	칼슘	Ca	40	39.962 591	96.941	
			42	41.958 618	0.647	
			43	42.958 767	0.135	
25	망가니즈(망간)	Mn	55	54.938 045	100	
26	철	Fe	56	55.934 938	91.754	
			57	56.935 394	2.119	

(계속)

표 43.2 대표적인 동위 원소들의 화학 및 핵 자료

원자 번호 Z	원소	화학 기호	질량수 A (*로 표시한 것은 방사능 물질임)	중성 원자의 질량 (u)	% 존재비	반감기 (방사능의 경우) $T_{1/2}$
27	코발트	Co	57*	56.936 291		272 d
			59	58.933 195	100	
			60*	59.933 817		5.27 yr
28	니켈	Ni	58	57.935 343	68.076 9	
			60	59.930 786	26.223 1	
29	구리	Cu	63	62.929 598	69.17	
			64*	63.929 764		12.7 h
			65	64.927 789	30.83	
30	아연	Zn	64	63.929 142	48.63	
37	루비듐	Rb	87*	86.909 181	27.83	
38	스트론튬	Sr	87	86.908 877	7.00	
			88	87.905 612	82.58	
			90*	89.907 738		29.1 yr
41	나이오븀	Nb	93	92.906 378	100	
42	몰리브데넘(몰리브덴)	Mo	94	93.905 088	9.25	
44	루테늄	Ru	98	97.905 287	1.87	
54	제논(크세논)	Xe	136*	135.907 219		2.4×10^{21} yr
55	세슘	Cs	137*	136.907 090		30 yr
56	바륨	Ba	137	136.905 827	11.232	
58	세륨	Ce	140	139.905 439	88.450	
59	프라세오디뮴	Pr	141	140.907 653	100	
60	네오디뮴	Nd	144*	143.910 087	23.8	2.3×10^{15} yr
61	프로메튬	Pm	145*	144.912 749		17.7 yr
79	금	Au	197	196.966 569	100	
80	수은	Hg	198	197.966 769	9.97	
			202	201.970 643	29.86	
82	납	Pb	206	205.974 465	24.1	
			207	206.975 897	22.1	
			208	207.976 652	52.4	
			214*	213.999 805		26.8 min
83	비스무트	Bi	209	208.980 399	100	
84	폴로늄	Po	210*	209.982 874		138.38 d
			216*	216.001 915		0.145 s
			218*	218.008 973		3.10 min
86	라돈	Rn	220*	220.011 394		55.6 s
			222*	222.017 578		3.823 d
88	라듐	Ra	226*	226.025 410		1 600 yr
90	토륨	Th	232*	232.038 055	100	1.40×10^{10} yr
			234*	234.043 601		24.1 d
92	우라늄	U	234*	234.040 952		2.45×10^{5} yr
			235*	235.043 930	0.720 0	7.04×10^{8} yr
			236*	236.045 568		2.34×10^{7} yr
			238*	238.050 788	99.274 5	4.47×10^{9} yr
93	넵투늄	Np	236*	236.046 570		1.15×10^{5} yr
			237*	237.048 173		2.14×10^{6} yr
94	플루토늄	Pu	239*	239.052 163		24 120 yr

출처: G. Audi, A. H. Wapstra, and G. Thibault, "The AME2003 Atomic Mass Evaluation," *Nuclear Physics A* **729:** 337–676, 2003.

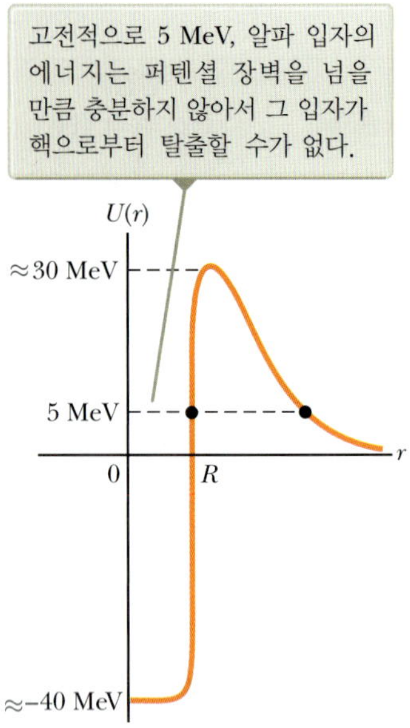

그림 43.13 알파 입자와 딸핵으로 된 계에서 두 입자 간의 거리에 따른 퍼텐셜 에너지의 변화. 알파 입자는 퍼텐셜 장벽을 투과하여 핵에서 탈출한다.

알파 붕괴가 일어나는 원리를 이해하기 위하여, 어미핵이 (1) 핵 속에 이미 형성되어 있는 알파 입자와 (2) 알파 입자가 방출되면서 남게 되는 딸핵으로 구성되어 있다고 하자. 그림 43.13에 알파 입자와 딸핵 간의 거리에 따른 퍼텐셜 에너지의 그래프가 있다. 여기서 R로 표기한 거리는 알파 입자와 딸핵 간의 거리이다. 이 곡선은 (1) $r > R$인 영역에서 곡선의 양의 부분에 해당하는 쿨롱 척력에 의한 것과 (2) $r < R$인 곳의 곡선의 음의 부분에 해당하는 인력인 핵력이 합해진 결과이다. 그림 43.7에 나타낸 바와 같이 전형적인 붕괴 에너지 Q는 대략 5 MeV이며, 이것은 그림 43.13에서 아래에 있는 점선으로 나타낸 알파 입자의 운동 에너지의 근삿값이다.

고전 물리에 의하면 알파 입자는 퍼텐셜 우물에 갇힌다. 그렇다면 어떻게 알파 입자가 핵에서 튀어나올 수 있는가? 이 질문에 대한 답은 양자 역학을 사용하여 1928년 가모프(George Gamow, 1904~1968)가 처음으로 제안하였고, 독립적으로 1929년에 거니(R. W. Gurney, 1898~1953)와 콘돈(E. U. Condon, 1902~1974)에 의해서도 제안되었다. 양자 역학적으로 보면 입자가 퍼텐셜 장벽을 뚫고 나올 어떤 확률이 항상 존재한다(41.5절). 그것이 바로 알파 붕괴를 설명할 수 있는 방법이다. 알파 입자는 그림 43.13에 주어진 장벽을 통과하여 핵을 탈출한다. 더구나 이런 모형은 반감기가 짧은 핵에서 나오는 에너지가 높은 알파 입자의 경우에 대하여 관측된 결과와 일치한다. 그림 43.13에서 알파 입자의 에너지가 높을수록, 장벽의 너비가 좁아져서 장벽을 투과할 확률이 높아진다. 장벽 투과의 확률이 높다는 것은 반감기가 짧아진다는 뜻이 된다.

예를 들어 식 43.11과 43.12에서 ^{238}U과 ^{226}Ra의 붕괴를 반감기와 알파 입자의 에너지와 함께 살펴보자.

$$^{238}\text{U:} \quad T_{1/2} = 4.47 \times 10^9 \text{ yr} \qquad K_\alpha = 4.20 \text{ MeV}$$
$$^{226}\text{Ra:} \quad T_{1/2} = 1.60 \times 10^3 \text{ yr} \qquad K_\alpha = 4.78 \text{ MeV}$$

알파 입자의 에너지 차이가 아주 작지만 반감기의 크기의 차이는 10^6 정도의 엄청난 차이가 있음을 눈여겨보라. 그렇게 되는 이유는 다음과 같이 이해할 수 있다. 그림 43.13에서 보면 알파 입자의 에너지가 5 MeV 이하인 곳에서 곡선의 기울기는 비교적 작아진다. 그러므로 세로축에서 에너지의 작은 차이는 퍼텐셜 장벽의 너비에 큰 영향을 미친다. 또한 식 41.22를 살펴보면 장벽 투과의 확률은 장벽의 너비에 지수적으로 의존함을 알 수 있다. 이런 두 가지 요소가 결합되어 나타나는 결과는 위의 데이터가 암시하는 알파 입자의 에너지와 반감기 간의 매우 민감한 관계이다.

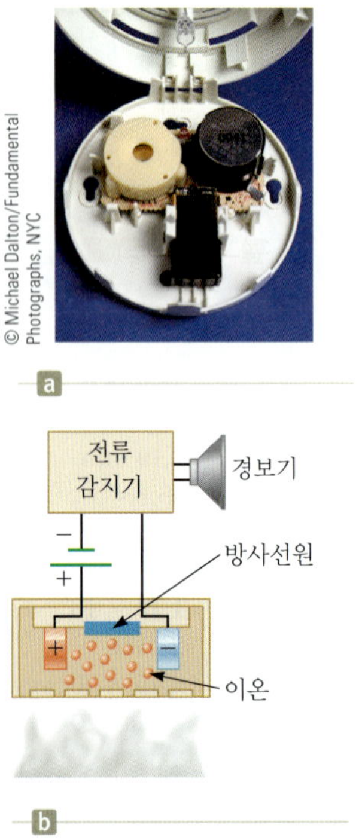

© Michael Dalton/Fundamental Photographs, NYC

그림 43.14 (a) 공기 중에 있는 연기를 감지하기 위하여 알파 붕괴를 사용하는 화재 경보기의 모습. 알파 입자를 방출하는 원소가 오른쪽의 검정색 상자에 들어 있다. (b) 상자에 들어가는 연기는 회로의 전류를 감소시켜 경보 장치가 울리게 한다.

알파 붕괴를 응용한 예로 그림 43.14와 같은 건물 실내용 화재 경보를 위한 연기 감지기가 있다. 이 감지기는 이온화 상자, 전류 감지기 및 경보기로 구성되어 있다. 매우 약한 방사선원(보통 $^{241}_{95}$Am가 사용됨)은 이온화 상자 내의 공기를 이온화시켜서 대전 입자를 만들어 낸다. 이 상자 내에 있는 두 판 사이에 전위차가 유지되어 있고, 이온화 상자 내의 두 판 사이에 있는 대전 입자들이 전류를 흘리는 이온 역할을 하도록 하여 외부 회로에 작지만 검출 가능한 전류가 흐를 수 있게 하였다. 전류가 일정하게 흐르고 있는 동안은 경보기가 울리지 않도록 되어 있다. 그러나 불이 나서 연기가 상자 안으로 들어가면, 이온들이 연기 입자에 달라붙게 된다. 이렇게 무거워진 입자들은 가벼운 이온들보다는 쉽게 떠돌아다니지 못하게 되어 감지기의 전류가 감소하게 된다. 외부 회로는 이런 전류의 감소를 감지하여 경보기가 울리도록 되어 있다.

베타 붕괴 Beta Decay

방사성 핵이 베타 붕괴를 할 때, 딸핵 핵자의 수와 어미핵 핵자의 수는 같지만 원자 번호가 1만큼 변한다. 즉 양성자의 수가 변한다.

$$ {}^{A}_{Z}\mathrm{X} \rightarrow {}^{\ A}_{Z+1}\mathrm{Y} + \mathrm{e}^- \qquad \text{(불완전한 식)} \qquad \textbf{(43.15)} $$

$$ {}^{A}_{Z}\mathrm{X} \rightarrow {}^{\ A}_{Z-1}\mathrm{Y} + \mathrm{e}^+ \qquad \text{(불완전한 식)} \qquad \textbf{(43.16)} $$

43.4절에서 언급한 것처럼, 여기서의 e^-는 전자를 나타내고 e^+는 양전자를 나타내는데, 둘 다 **베타 입자**로 간주한다. **베타 붕괴란 위의 식으로는 완전히 나타내어지지 않는다.** 그 이유에 대하여 간략하게 말하면 다음과 같다.

알파 붕괴에서처럼 베타 붕괴에서도 핵자의 수와 전체 전하는 보존된다. A는 변하지 않고 Z가 변하므로, 베타 붕괴에서는 중성자가 양성자로 변하든지(식 43.15) 아니면 양성자가 중성자로 변해야(식 43.16) 한다고 결론지을 수 있다. 이들 붕괴에서 방출되는 전자나 양전자는 본래 핵 속에는 없었던 것이며, 그것은 붕괴 과정에서 붕괴하는 핵의 정지 에너지로부터 생성되는 것이다. 베타 붕괴가 일어나는 두 가지 전형적인 예로는 다음과 같은 것이 있다.

$$ {}^{14}_{6}\mathrm{C} \rightarrow {}^{14}_{7}\mathrm{N} + \mathrm{e}^- \qquad \text{(불완전한 식)} \qquad \textbf{(43.17)} $$

$$ {}^{12}_{7}\mathrm{N} \rightarrow {}^{12}_{6}\mathrm{C} + \mathrm{e}^+ \qquad \text{(불완전한 식)} \qquad \textbf{(43.18)} $$

붕괴의 전 후 그 계의 에너지를 살펴보자. 알파 붕괴에서와 같이 고립계의 에너지는 보존되어야 한다. 실험적으로는 한 가지 종류의 핵에서 나오는 베타 입자들은 불연속적인 에너지로 방출되는 알파 입자(그림 43.15b)와는 달리 연속적인 넓은 범위의 에너지 값(그림 43.15a)으로 방출된다는 사실이 발견되었다. 붕괴 후 계의 운동 에너지는 그 계의 정지 에너지인 Q 값의 감소와 같다. 그러나 어떤 시료에서 붕괴하는 모든 핵들의 처음 질량이 모두 같으므로, **각각의 붕괴에 대한 Q 값은 같아야만 한다.** 그런데 왜 방출된 입자들의 운동 에너지가 그림 43.15a에서처럼 넓은 범위로 분포되어 있는가? 고립계 모형과 에너지 보존의 법칙에 위배되는 것이 아닌가! 더구나 식 43.15와 43.16의 붕괴 과정에서 페르미온 개수가 한 개 늘어나므로 각운동량(스핀)이 보존되지 않는다. 실제 실험 결과에 의하면 계의 각운동량과 선운동량이 보존되지 않는다. 그래서 이 식을 불완전하다고 한 것이다.

실험과 이론에 의한 많은 연구가 행해지고 나서 1930년에 파울리는 '잃어버린' 에너지와 운동량을 가져가는 제3의 입자가 붕괴의 산물로 존재해야 한다는 제안을 하였다. 나중에 페르미는 그런 입자를 **중성미자**(neutrino: 중성인 소립자)라고 이름 붙였다. 왜냐하면 그것은 전기적으로 중성이고 질량이 아주 작거나 없어야 하기 때문이다. 비록 그것은 여러 해 동안 발견되지 못하였지만, 결국에는 1956년에 가서야 라이너스(Frederick Reines, 1918~1998)에 의하여 실험적으로 발견되었다. 그는 이에 대한

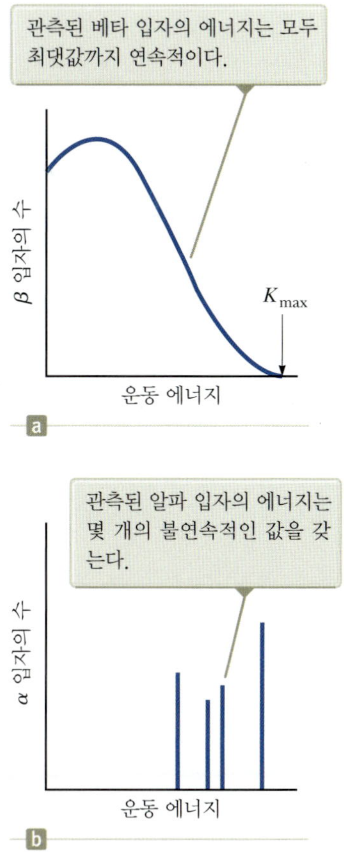

그림 43.15 (a) 전형적인 베타 붕괴에서 베타 입자 에너지의 분포 (b) 전형적인 알파 붕괴에서 알파 입자 에너지의 분포

공로로 1995년에 노벨상을 받았다. 중성미자는 다음과 같은 성질을 갖고 있다.

중성미자의 성질 ▶

- 전기적인 전하가 영이다.
- 질량이 영이거나(그런 경우 빛의 속력으로 움직인다) 매우 작다. 최근의 설득력 있는 실험에 의하면 중성미자의 질량은 영이 아니다. 현재 이루어지고 있는 실험에서 얻은 결과에 의하면, 중성미자의 질량은 약 7 eV/c^2보다 클 수 없다.
- 스핀이 1/2이다. 그것은 베타 붕괴에서 각운동량 보존의 법칙이 만족됨을 의미한다.
- 중성미자는 물질과 매우 약하게 상호 작용하며, 그 때문에 검출하기가 매우 어렵다.

이제 베타 붕괴 과정(식 43.15와 43.16)에 대한 식을 수정하여 완전한 형태로 쓸 수 있다.

베타 붕괴 과정 ▶

$$ {}^{A}_{Z}\mathrm{X} \rightarrow {}_{Z+1}^{\ \ \ A}\mathrm{Y} + \mathrm{e}^- + \bar{\nu} \quad \text{(완전한 식)} \tag{43.19} $$

$$ {}^{A}_{Z}\mathrm{X} \rightarrow {}_{Z-1}^{\ \ \ A}\mathrm{Y} + \mathrm{e}^+ + \nu \quad \text{(완전한 식)} \tag{43.20} $$

탄소 14와 질소 12에 대한 식(식 43.17과 43.18)에 대해서도 다음과 같이 완전한 식을 쓸 수 있다.

$$ {}^{14}_{6}\mathrm{C} \rightarrow {}^{14}_{7}\mathrm{N} + \mathrm{e}^- + \bar{\nu} \quad \text{(완전한 식)} \tag{43.21} $$

$$ {}^{12}_{7}\mathrm{N} \rightarrow {}^{12}_{6}\mathrm{C} + \mathrm{e}^+ + \nu \quad \text{(완전한 식)} \tag{43.22} $$

여기서 기호 $\bar{\nu}$는 **반중성미자**(antineutrino)를 나타내며, 이것은 중성미자의 반입자이다. 지금으로서는 양전자 붕괴에서 중성미자가 방출되고 전자 붕괴에서 반중성미자가 방출된다고 하는 것으로 충분하다. 알파 붕괴에서와 같이 위에 나열된 붕괴들은 보존의 법칙을 적용하여 해석되지만, 운동 에너지가 0.511 MeV의 정지 에너지보다 큰(보통 1 MeV 이상) 경우에는 상대론적인 식이 사용되어야만 한다. 그림 43.16에 식 43.21과 43.22로 표현된 붕괴 식을 그림으로 나타내었다.

식 43.19에서 양성자의 수는 1만큼 증가하였고 중성자의 수는 1만큼 감소하였다. e^- 붕괴의 기본적인 과정을 중성자가 양성자로 바뀌는 것으로 표현하는 식인 다음과 같은 식으로 쓸 수 있다.

$$ \mathrm{n} \rightarrow p + \mathrm{e}^- + \bar{\nu} \tag{43.23} $$

이 식에서 중성자 하나가 없어지면서 양성자 하나가 생기고 그와 함께 전자와 반중성미자가 핵으로부터 방출된다. 그것은 또한 Z와 $A - Z$가 변하는 것과 같다. 이와 유사한 과정이 e^+ 붕괴에서도 일어난다. 그때는 양성자가 한 개의 중성자, 한 개의 양전자 및 한 개의 중성미자로 바뀐다. 이 후자의 과정은 핵 내에서만 일어나는데 그 결과로 핵의 질량이 감소한다. 양성자의 질량은 중성자의 질량보다 작기 때문에, 고립된 양성자 한 개로부터는 이런 붕괴가 일어날 수 없다.

e^+ 붕괴와 비슷한 것으로서 **전자 포획**(electron capture)이라는 것이 있는데, 이것은 어미핵이 궤도 전자 한 개를 포획하여 중성미자를 방출할 때 일어난다. 붕괴 후의 생성물은 전하가 $Z - 1$개인 핵이다. 즉

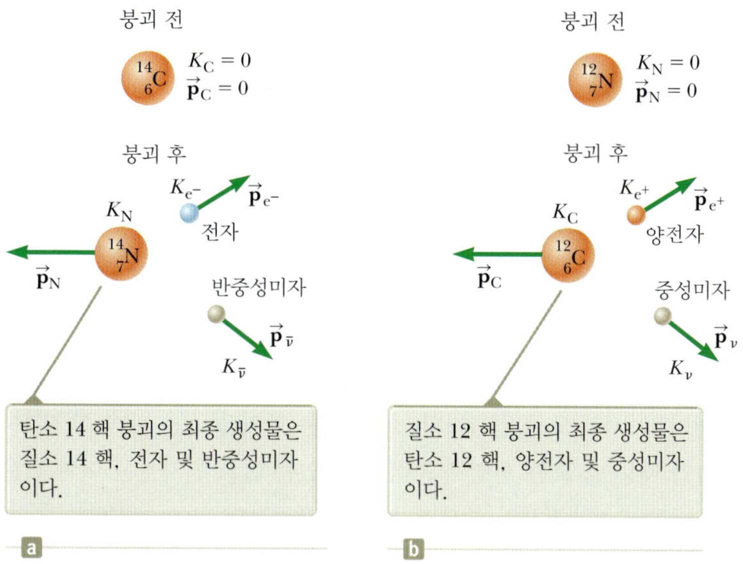

그림 43.16 (a) 탄소 14의 베타 붕괴 (b) 질소 12의 베타 붕괴

$$ {}^{A}_{Z}\text{X} + {}^{0}_{-1}\text{e} \rightarrow {}_{Z-1}^{A}\text{Y} + \nu \tag{43.24}$$

◀ 전자 포획

대부분의 경우에서, 포획되는 전자는 K 껍질의 전자이어서 그 과정을 **K 포획**(K capture)이라고도 한다. 한 가지 예로 ${}^{7}_{4}\text{Be}$ 핵에 의한 전자의 포획은 다음과 같이 나타낸다.

$$ {}^{7}_{4}\text{Be} + {}^{0}_{-1}\text{e} \rightarrow {}^{7}_{3}\text{Li} + \nu $$

중성미자는 검출하기가 매우 어려우므로, 전자 포획이 일어나는 것은 K 껍질의 전자가 포획되어 빈자리가 생길 때 좀 더 위 껍질의 전자가 보다 아래의 껍질로 연쇄적으로 내려오면서 방출하는 X선을 관찰하여 확인한다.

끝으로 베타 붕괴에서의 Q 값을 알아보자. e^- 붕괴와 전자 포획에서의 Q 값은 $Q = (M_X - M_Y)c^2$으로 주어진다. 여기서 M_X와 M_Y는 중성 원자의 질량이다. e^- 붕괴에서 어미핵은 원자 번호가 증가하는데, 원자가 중성이 되려면 전자 한 개가 원자에 의하여 흡수되어야만 한다. 만일 중성의 어미원자와 전자 한 개(그것이 딸원자와 결합하여 중성 원자가 될 것임)가 처음의 계이고 나중의 계가 중성의 딸원자와 베타 붕괴에 의한 전자라면, 계는 붕괴 전후에 자유 전자 한 개를 포함하고 있는 것이다. 그러므로 그 계의 처음 질량에서 나중 질량을 빼면 전자의 질량은 소거된다.

e^+ 붕괴에서의 Q 값은 $Q = (M_X - M_Y - 2m_e)c^2$으로 주어진다. 이 식에서 추가된 $-2m_ec^2$ 항은 딸원자가 만들어질 때 어미원자의 원자 번호가 1만큼 감소하기 때문에 필요한 것이다. 붕괴에 의하여 딸원자가 생기고 난 후 딸원자는 중성 원자가 되기 위하여 한 개의 전자를 쫓아낸다. 그러므로 최종 생성물은 딸원자, 쫓겨난 전자 그리고 방출된 양전자이다.

이런 관계들은 어떤 과정이 에너지 관점에서 가능한 것인지 아닌지를 판단하는 데 유용하다. 예를 들어 어떤 특정한 어미핵에 대하여 제안된 e^+ 붕괴에 대한 Q 값이 음이 될 수 있다. 이런 경우 그런 붕괴는 일어나지 않는다. 그러나 이런 어미핵에 대한 전자 포획의 Q 값은 양수로 나타날 수 있으므로 e^+ 붕괴가 불가능할지라도 전자 포획이 일

오류 피하기 43.7

전자의 질량수 식 43.24와 같은 핵반응식에서 전자의 표시는 ${}^{0}_{-1}\text{e}$이다. 이 표기는 전자의 정지 에너지가 영이라는 것을 의미하지 않는다. 그러나 전자의 질량이 가장 가벼운 핵자의 질량과 비교해서 매우 작으므로, 원자핵의 붕괴 등의 핵 반응에서 전자 질량을 영으로 어림잡는다.

어날 수 있다. 그런 경우가 위에서 나타낸 $^{7}_{4}$Be의 붕괴이다.

Q 퀴즈 43.4 $^{184}_{72}$Hf이 베타 붕괴를 할 때 생성되는 딸핵은 다음 중 어느 것인가?
(a) $^{183}_{72}$Hf **(b)** $^{183}_{73}$Ta **(c)** $^{184}_{73}$Ta

탄소 연대 측정법 Carbon Dating

유기 물질 시료의 연대를 측정하는 데는 ^{14}C(식 43.21)의 베타 붕괴가 주로 사용된다. 대기의 상층부에 있는 우주선(cosmic rays)이 ^{14}C를 생성하는 핵반응(43.7절)을 일으킨다. 우리가 살고 있는 대기 중에 존재하는 이산화 탄소 분자에서 ^{12}C에 대한 ^{14}C의 비는 약 $r_0 = 1.3 \times 10^{-12}$으로 일정하다. 살아 있는 유기 물질은 계속 그 외부와 이산화 탄소를 교환하기 때문에, 모든 생명체 조직 속에 있는 탄소 원자들은 이와 같은 ^{14}C/^{12}C의 비를 갖는다. 그러나 생명체가 죽으면, 대기 중으로부터 더 이상 ^{14}C를 흡수하지 않게 되어 ^{14}C/^{12}C의 비는 (^{14}C의 반감기인) 5 730년의 반감기로 감소한다. 따라서 시료 내의 ^{14}C의 방사능을 측정하여 어떤 물질의 나이를 측정하는 것이 가능하다. 이런 기술을 사용하여 과학자들은 오래된 나무, 목탄, 뼈, 조개껍데기 등이 1 000년에서 25 000년 전에 살아 있던 것임을 알아낼 수 있다. 이런 지식으로부터 살아 있는 생명체 — 인류를 포함하여 — 들이 살아 있을 당시의 역사를 재구성하는 데 도움을 받는다.

특별히 흥미로운 예로는 사해문서(Dead Sea Scrolls)의 연대를 측정한 것이다. 이 일련의 문서들은 1947년에 어떤 양치기에 의하여 발견되었는데, 그 내용은 구약 성서의 내용이 대부분인 종교적인 문서이다. 역사적으로나 종교적인 중요성 때문에 학자들은 그 연대를 알고 싶어 하였다. 두루마리로 된 그 문서에 탄소 연대 측정법을 적용한 결과 약 1 950년 전의 것임이 확인되었다.

예제 43.8 얼음 인간의 나이

1991년 어떤 독일인 여행자가 이탈리아에 속한 알프스에서 빙하 속에 갇혀버린 잘 보존된 어떤 남자의 시체를 발견하였다. 발견된 이후 그 시체를 '얼음 인간'이라고 부르고 있다(이 장의 도입부 사진). ^{14}C를 이용한 방사능 연대 측정법으로 측정한 결과 그는 약 5 300년 전에 살았던 것으로 확인되었다. 이 얼음 인간의 연대 측정을 하는 데 과학자들은 왜 반감기가 20.4분이고 베타 붕괴를 하는 ^{11}C를 사용하지 않고 ^{14}C를 사용하는가?

풀이 ^{14}C의 반감기는 5 730년이기 때문에, 반감기가 한 번 지나간 다음 남아 있는 ^{14}C 핵의 비율로 시료의 방사능의 변화를 충분히 정밀하게 측정할 수 있다. ^{11}C는 반감기가 매우 짧기 때문에 긴 시간의 경우 정확도가 떨어진다. 즉 그 시료의 오랜 세월 동안 방사능이 너무나 작은 값으로 감소하여 정확한 측정이 불가능하다.

연대 측정에 사용되는 동위 원소는 그 시료 속에 측정 가능한 어느 정도의 양이 있어야만 한다. 일반적인 원칙으로서, 시료의 연대 측정에 사용되기 위하여 선택된 동위 원소는 그 시료의 나이에 버금가는 반감기를 갖는 것이어야 한다. 반감기가 시료의 나이보다 훨씬 적으면 맨 처음에 있던 원래의 방사성 핵들이 거의 다 붕괴하였을 것이므로 측정이 가능한 방사능이 없을 것이다. 그러나 반감기가 시료의 나이에 비하여 훨씬 길면, 그 시료가 죽고 난 후에 일어난 붕괴의 양이 측정하기에 너무나 작게 될 것이다. 예를 들어 50년 전에 죽은 것으로 추정되는 시료가 있다고 하자. 그렇다면 그것의 연대를 정확히 측정하는 데는 ^{14}C(5 730년)이나 ^{11}C(20분) 모두 적절치 않다. 그러나 여러분의 시료에 수소가 포함되어 있다는 것을 알고 있으면, 반감기가 12.3년인 베타 방출체 ^{3}H(삼중수소)의 방사능을 측정할 수 있다.

예제 43.9 방사능 연대 측정

어떤 고대 도시의 폐허에서 25.0 g의 탄소를 포함하는 목탄 조각이 발견되었다. 이 시료에서 ^{14}C의 방사능 R가 250붕괴/min로 측정되었다. 이 목탄의 나무는 죽은 지 얼마나 되었는가?

풀이

개념화 목탄이 고대의 폐허에서 발견되었기 때문에 현재의 방사능은 당시의 방사능보다 작을 것으로 예측된다. 처음의 방사능을 결정할 수 있다면 그 나무가 죽은 지 얼마나 되는지도 알 수 있다.

분류 질문의 내용으로 보아 예제는 탄소 연대 측정법의 문제로 분류한다.

분석 식 43.7을 t에 대하여 푼다.

$$(1)\qquad t = -\frac{1}{\lambda}\ln\left(\frac{R}{R_0}\right)$$

식 43.7, ^{14}C/^{12}C 비율 r_0의 처음 값, 탄소의 몰수 n, 아보가드로수 N_A를 사용하여 R/R_0 비율을 계산한다.

$$\frac{R}{R_0} = \frac{R}{\lambda N_0(^{14}\mathrm{C})} = \frac{R}{\lambda r_0 N_0(^{12}\mathrm{C})} = \frac{R}{\lambda r_0 n N_{\mathrm{A}}}$$

몰수를 탄소의 몰질량 M과 시료의 질량 m으로 치환하고 붕괴 상수 λ를 대입한다.

$$\frac{R}{R_0} = \frac{R}{(\ln 2/T_{1/2})r_0(m/M)N_{\mathrm{A}}} = \frac{RMT_{1/2}}{r_0 m N_{\mathrm{A}}\ln 2}$$

주어진 값들을 대입한다.

$$\frac{R}{R_0} = \frac{(250\ \mathrm{min}^{-1})(12.0\ \mathrm{g/mol})(5\,730\ \mathrm{yr})}{(1.3\times10^{-12})(25.0\ \mathrm{g})(6.022\times10^{23}\ \mathrm{mol}^{-1})\ln 2}\left(\frac{3.156\times10^{7}\ \mathrm{s}}{1\ \mathrm{yr}}\right)\left(\frac{1\ \mathrm{min}}{60\ \mathrm{s}}\right)$$
$$= 0.667$$

이 비율을 식 (1)에 대입하고 붕괴 상수 λ를 대입한다.

$$t = -\frac{1}{\lambda}\ln\left(\frac{R}{R_0}\right) = -\frac{T_{1/2}}{\ln 2}\ln\left(\frac{R}{R_0}\right)$$
$$= -\frac{5\,730\ \mathrm{yr}}{\ln 2}\ln(0.667) = 3.4\times10^{3}\ \mathrm{yr}$$

결론 여기서 구한 시간 간격은 반감기와 같은 크기 정도이므로, 예제 43.8에서 논의한 바와 같이, ^{14}C는 이 시료의 연대 측정법에 적절한 동위 원소이다.

감마 붕괴 Gamma Decay

거의 모든 경우 방사성 붕괴를 하는 핵은 들뜬 에너지 상태에 있게 된다. 그 후 핵은 낮은 에너지 상태인 바닥상태로 두 번째 붕괴를 하게 되는데, 이때 고에너지의 광자를 방출한다. 즉

$$^{A}_{Z}\mathrm{X}^* \rightarrow\ ^{A}_{Z}\mathrm{X} + \gamma \qquad (43.25)$$

◀ 감마 붕괴

이고, 여기서 X*는 들뜬상태의 핵을 나타낸다. 들뜬 핵 상태의 전형적인 반감기는 10^{-10} s이다. 핵의 들뜬상태에서 그 아래 상태로 내려오는 과정에서 방출되는 광자를 감마선이라고 한다. 이런 광자들의 에너지(1 MeV에서 1 GeV)는 가시광의 에너지(약 1 eV)에 비하여 훨씬 크다. 원자에 의하여 흡수되거나 방출되는 광자의 에너지는 전이하는 전자 상태의 에너지 차이와 같다는 42.3절의 내용을 기억하자. 이와 마찬가지로 감마선 광자는 두 핵에너지 준위의 에너지 차이 ΔE와 같은 에너지 hf를 갖는다. 핵이 감마선을 방출하며 붕괴할 때 핵 속의 변화는 단지 그 에너지 상태들이 낮아진다는 것뿐이다. Z나 N 또는 A의 변화는 없다.

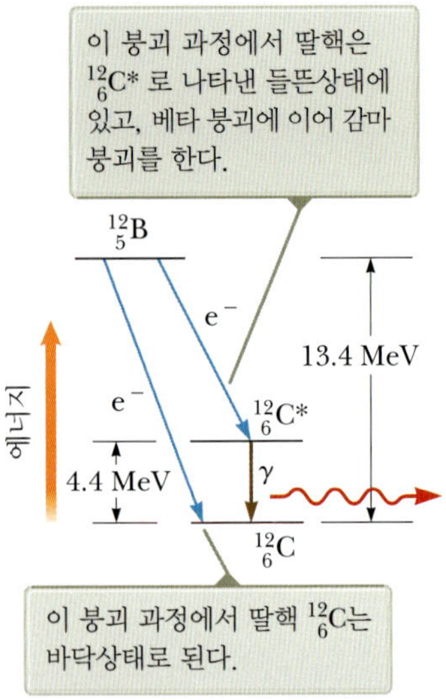

그림 43.17 ^{12}Be 핵의 처음 준위와 ^{12}C 핵의 가능한 두 가지 낮은 상태의 준위를 보여 주는 에너지 준위 도표

표 43.3 여러 가지 붕괴 과정

알파 붕괴	$^{A}_{Z}X \rightarrow ^{A-4}_{Z-2}Y + ^{4}_{2}He$	전자 포획	$^{A}_{Z}X + e^- \rightarrow {}_{Z-1}^{A}Y + \nu$
베타 붕괴 (e^-)	$^{A}_{Z}X \rightarrow {}_{Z+1}^{A}Y + e^- + \bar{\nu}$	감마 붕괴	$^{A}_{Z}X^* \rightarrow ^{A}_{Z}X + \gamma$
베타 붕괴 (e^+)	$^{A}_{Z}X \rightarrow {}_{Z-1}^{A}Y + e^+ + \nu$		

핵은 다른 입자와의 맹렬한 충돌의 결과로 들뜬상태에 도달할 수도 있다. 그러나 보통의 경우 대부분 알파 붕괴나 베타 붕괴 후에 들뜬상태에 도달한다. 다음에 나타낸 일련의 붕괴는 감마 붕괴가 일어나는 전형적인 상황을 나타내고 있다.

$$^{12}_{5}B \rightarrow ^{12}_{6}C^* + e^- + \bar{\nu} \quad (43.26)$$

$$^{12}_{6}C^* \rightarrow ^{12}_{6}C + \gamma \quad (43.27)$$

그림 43.17은 ^{12}B의 붕괴를 나타내는 그림이다. 그 핵은 ^{12}C의 두 준위로 베타 붕괴를 한다. 그것은 (1) 13.4 MeV의 전자를 방출하여 직접 ^{12}C의 바닥상태로 붕괴하거나 (2) $^{12}C^*$의 들뜬상태로 베타 붕괴를 한 다음 바닥상태로 감마 붕괴를 한다. 두 번째 경우의 과정은 9.0 MeV의 전자와 4.4 MeV의 광자를 방출한다.

방사성 핵이 붕괴할 수 있는 여러 가지 경로가 표 43.3에 요약되어 있다.

43.6 자연 방사능
Natural Radioactivity

방사성 핵은 일반적으로 두 종류로 분류한다. 하나는 (1) 자연에서 발견되는 불안정한 핵으로서 **자연 방사능**(natural radioactivity)을 내는 것이고, 다른 하나는 (2) 실험실에서 핵반응을 통하여 생성되는 불안정한 핵으로 **인공 방사능**(artificial radioactivity)을 내는 것이다.

표 43.4에 나타나 있는 바와 같이, 자연적으로 일어나는 방사성 핵에는 세 가지 계열의 그룹이 있다. 각 계열의 시작은 그 원소 이후의 모든 불안정한 핵의 반감기보다 긴 수명을 갖는 동위 원소로부터 시작된다. 세 가지 자연 방사능의 계열은 각각 ^{238}U, ^{235}U, ^{232}Th으로 시작하여 각각 최종 생성물이 세 가지 납의 동위 원소인 ^{206}Pb, ^{207}Pb, ^{208}Pb으로 끝난다. 표 43.4에 있는 네 번째 계열은 ^{237}Np으로 시작하며 안정된 최종 생성물인 ^{209}Bi로 끝난다. ^{237}Np 원소는 초우라늄 원소(우라늄보다 원자 번호가 큰 원소)

표 43.4 네 가지 방사성 계열

계열		시작 동위 원소	반감기 (년)	안정된 최종 생성물
우라늄	자연 방사능	$^{238}_{92}U$	4.47×10^9	$^{206}_{82}Pb$
악티늄	자연 방사능	$^{235}_{92}U$	7.04×10^8	$^{207}_{82}Pb$
토륨	자연 방사능	$^{232}_{90}Th$	1.41×10^{10}	$^{208}_{82}Pb$
넵투늄		$^{237}_{93}Np$	2.14×10^6	$^{209}_{83}Bi$

로서 자연에서는 발견되지 않는다. 이 원소의 반감기는 2.14×10^6년이다.

그림 43.18에 ^{232}Th 계열의 붕괴가 나타나 있다. ^{232}Th는 처음에 알파 붕괴를 하여 ^{228}Ra이 된 다음 ^{228}Ra은 두 번의 연속적인 베타 붕괴를 하여 ^{228}Th이 된다. 이 계열은 붕괴를 계속하여 ^{212}Bi가 되고 난 뒤에는 두 가지 붕괴로 갈라질 수 있다. 그림 43.18의 붕괴를 보면 질량수가 4만큼 감소(알파 붕괴)하거나 영만큼 감소하는(베타 붕괴나 감마 붕괴) 두 가지의 붕괴 방법이 있음을 알 수 있다. 그 외의 두 우라늄 계열은 ^{232}Th 계열보다 훨씬 복잡하다. 그 외에 ^{14}C나 ^{40}K와 같은 자연에서 발생하는 몇 가지 방사성 동위 원소들은 이런 붕괴 계열의 어느 부분에도 속하지 않는다.

이들 방사성 계열 때문에 오래전에 없어졌어야 할 방사성 원소들이 계속적으로 새로 생겨나고 있다. 예를 들어 태양계의 나이는 약 5×10^9년이 되었는데, 만일 ^{238}U으로 시작하는 방사성 계열이 없었다면, ^{226}Ra(반감기가 단지 1 600년 밖에 되지 않음)은 방사성 붕괴에 의하여 오래전에 다 고갈되었을 것이다.

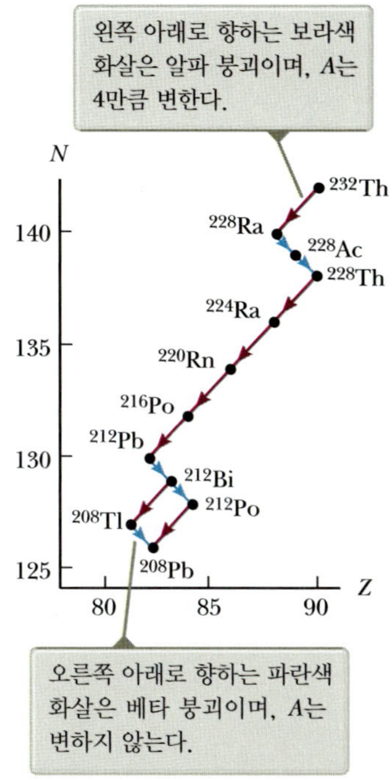

그림 43.18 ^{232}Th 계열의 연속 붕괴

43.7 핵반응
Nuclear Reactions

지금까지 공부해 온 방사능은 자연적으로 핵의 구조가 바뀌는 과정이다. 그러나 인위적으로는 어떤 핵에 에너지가 매우 높은 다른 입자를 충돌시켜서 핵의 구조를 바뀌게 할 수도 있다. 표적 핵의 본질을 바꾸는 그런 충돌을 **핵반응**(nuclear reactions)이라고 한다. 러더퍼드는 충돌 입자로 자연적으로 발생하는 방사성 핵을 사용하여 1919년에 처음으로 핵반응을 관찰하였다. 그 이후 수천 가지의 핵반응 실험을 거친 후 1930년대에는 대전 입자 가속기를 개발하게 되었다. 오늘날 진보된 입자 가속기와 입자 검출기 기술에 의하여 유럽에 있는 거대 강입자 충돌기(Large Hadron Collider)에서는 가속 입자의 에너지가 적어도 14 000 GeV = 14 TeV에 도달하는 것이 가능해졌다. 이런 고에너지 입자들은 핵에 대한 수수께끼를 푸는 데 도움을 주는 새로운 성질의 입자들을 만드는 데 사용된다.

표적핵 X가 입자 a에 의하여 충돌되어 일어나는 반응을 살펴보자. 그 결과 나타나는 딸핵과 생성물은 각각 Y와 b이다. 즉

$$a + X \rightarrow Y + b \tag{43.28}$$

◀ 핵반응

이다. 때로는 이런 반응식을 좀 더 간단하게

$$X(a, b)Y$$

로 쓰기도 한다. 43.5절에서 붕괴의 Q 값, 즉 붕괴 에너지는 붕괴 과정의 결과로 정지 에너지가 운동 에너지로 변환되는 것으로 정의하였다. 마찬가지로 핵반응의 **반응 에너지**(reaction energy) Q를 **핵반응의 결과로 나타나는 처음과 나중의 정지 에너지 차이**로 정의한다. 즉

반응 에너지 Q ▶

$$Q = (M_a + M_X - M_Y - M_b)c^2 \tag{43.29}$$

이다. 예를 들어 $^7\text{Li}(\text{p}, \alpha)\ ^4\text{He}$으로 주어지는 반응을 살펴보자. 기호 p는 수소의 원자핵인 양성자를 나타낸다. 그러므로 이 반응을

$$^1_1\text{H} + {}^7_3\text{Li} \rightarrow {}^4_2\text{He} + {}^4_2\text{He}$$

의 전개된 형태로 나타낼 수 있다. 이 반응의 Q 값은 17.3 MeV이다. 이런 반응에서처럼 Q 값이 양인 반응을 **발열 반응**(exothermic reaction)이라 한다. Q 값이 음인 반응은 **흡열 반응**(endothermic reaction)이라 한다. 고립계에서 운동량 보존의 법칙이 성립하기 위하여 충돌 입자의 에너지가 Q보다 크지 않으면 흡열 반응은 일어나지 않는다. 이런 반응이 일어나기 위한 최저 에너지를 **문턱 에너지**(threshold energy)라 한다.

핵반응에서 입자 a와 b가 같은 것이면 X와 Y도 같아야 되는데, 이런 반응을 **산란 사건**(scattering event)이라 한다. 그 사건 전(a와 X)의 계의 운동 에너지가 사건 후(b와 Y)의 계의 운동 에너지와 같으면 **탄성 산란**이 된다. 사건 후의 계의 운동 에너지가 사건 전의 것보다 작으면 **비탄성 산란**으로 분류된다. 이런 경우 그 사건에 의하여 표적핵은 에너지 차이만큼의 들뜬상태에 있게 된다. 이 나중의 계는 입자 b와 들뜬상태 Y^*로 구성되고 결국은 b, Y 및 γ로 된다. 여기서 γ는 그 핵이 바닥상태에 도달할 때 방출되는 감마선 광자이다. 탄성과 비탄성이라는 용어는 9.4절에서 배운 거시적인 물체의 충돌을 표현할 때의 용어와 같은 말이다.

핵반응에서는 에너지와 운동량 외에도 전체 전하와 전체 핵자의 수가 보존되어야 한다. 예를 들어 Q 값이 8.11 MeV인 핵반응 $^{19}\text{F}(\text{p}, \alpha)\ ^{16}\text{O}$을 살펴보자. 이 반응을 풀어서 쓰면

$$^1_1\text{H} + {}^{19}_9\text{F} \rightarrow {}^{16}_8\text{O} + {}^4_2\text{He} \tag{43.30}$$

로 나타낼 수가 있다. 반응 전 전체 핵자의 수($1 + 19 = 20$)는 반응 후 전체 핵자의 수($16 + 4 = 20$)과 같아야 한다. 더구나 전체 전하는 반응 전($1 + 9$)과 후($8 + 2$)가 같다.

43.8 핵자기 공명과 자기 공명 영상법
Nuclear Magnetic Resonance and Magnetic Resonance Imaging

이 절에서는 핵물리학을 의료 분야에 응용한 아주 중요한 **자기 공명 영상법**에 대하여 공부해 보자. 이런 응용을 이해하기 위해서는 우선 핵반응의 스핀 각운동량에 관하여 논의해 보자. 이 논의는 원자 내 전자의 스핀에 관한 논의와 함께 이루어진다.

42장에서 스핀이라고 하는 고유 각운동량을 가지는 전자에 대하여 논의하였다. 핵을 구성하는 입자들(중성자와 양성자들)도 스핀이 1/2이기 때문에 핵도 스핀을 갖는다. 모든 형태의 각운동량은 42장에서 배운 궤도 및 스핀 각운동량에 적용되는 양자화 규칙을 따른다. 특히 각운동량과 관련된 두 개의 양자수가 공간에서의 허용 가능한 각운

동량 벡터의 크기와 방향을 결정한다. 핵의 각운동량의 크기는 $\sqrt{I(I+1)}\,\hbar$이다. 여기서 I는 **핵스핀 양자수**(nuclear spin quantum number)라 하며 각각의 양성자와 중성자 스핀의 결합 방법에 따라 정수이거나 반정수일 수 있다. 양자수 I는 42.6절에서 논의한 원자 내 전자에 대한 양자수 ℓ과 유사하다. 더구나 m_ℓ과 유사한 m_I도 있다. 여기서 z축에 사영 가능한 핵스핀 각운동량 벡터는 $m_I\,\hbar$이다. m_I의 값은 $-I$에서 $+I$까지 1씩 증가하는 값을 갖는다(사실 양자수 S를 갖는 어떤 형태의 스핀도 $-S$에서 $+S$까지 1씩 증가하는 양자수 m_S가 있다). 그러므로 스핀 각운동량 벡터의 z 성분의 최댓값은 $I\hbar$이다. 그림 43.19는 $I = 3/2$인 경우에 대하여 그린 핵스핀 벡터의 가능한 방향과 그것들의 z축에 대한 사영을 벡터로 나타낸 그림이다.

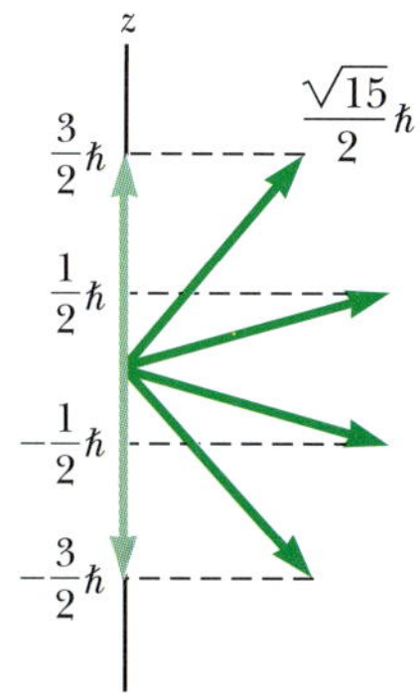

그림 43.19 $I = \frac{3}{2}$인 경우의 핵스핀 각운동량 벡터와 이것의 z축 사영의 가능한 배열을 나타내는 벡터 모형의 그림

핵스핀은 전자에서와 마찬가지로 핵자기 모멘트와 관련이 있다. 핵의 스핀 자기 모멘트는 **핵 마그네톤**(nuclear magneton) μ_n으로 측정된다. μ_n은 운동량의 단위로

◀ 핵 마그네톤

$$\mu_n \equiv \frac{e\hbar}{2m_p} = 5.05 \times 10^{-27}\,\mathrm{J/T} \tag{43.31}$$

로 정의된다. 여기서 m_p는 양성자의 질량이다. 이런 정의는 자유 전자의 스핀 자기 모멘트인 보어 마그네톤 μ_B의 정의와 유사하다(42.6절 참조). 양성자의 질량이 전자의 질량보다 훨씬 크므로 μ_n은 $\mu_B(9.274 \times 10^{-24}\ \mathrm{J/T})$보다 1 836배 작다.

자유 양성자의 자기 모멘트는 2.792 8 μ_n이다. 불행하게도 이 값을 설명하는 핵자기에 관한 일반적인 이론은 없다. 중성자도 자기 모멘트를 가지며 그 값은 $-1.913\,5\ \mu_n$이다. 여기서 음의 부호는 이 모멘트가 중성자의 스핀 각운동량과 반대 방향임을 나타낸다. 대전되지 않은 입자인 중성자가 자기 모멘트를 갖는다는 사실은 놀라운 것이다. 그것은 중성자는 기본 입자가 아니라 그 내부가 대전된 입자로 구성된 구조를 갖는 입자라는 것을 암시한다.

외부 자기장 $\vec{\mathbf{B}}$ 내에서 자기 쌍극자 모멘트 $\vec{\boldsymbol{\mu}}$와 관련된 퍼텐셜 에너지는 $-\vec{\boldsymbol{\mu}} \cdot \vec{\mathbf{B}}$로 주어진다(식 29.18). 자기 쌍극자 모멘트 $\vec{\boldsymbol{\mu}}$가 양자 물리가 허용하는 것에 가장 가깝게 외부장에 맞추어 평행하게 정렬하면 쌍극자–자기장 계의 퍼텐셜 에너지는 최솟값 $E_{\min}$가 된다. $\vec{\boldsymbol{\mu}}$가 외부장과 가능한 한 최대로 반대 방향으로 평행하게 정렬하면, 퍼텐셜 에너지는 최댓값 $E_{\max}$가 된다. 일반적으로 장에 대한 자기 모멘트의 양자화된 방향에 해당하는 이 값들 사이에는 다른 에너지 상태들도 존재한다. 스핀이 1/2인 핵의 경우, 단지 에너지가 $E_{\min}$와 $E_{\max}$인 두 개의 허용된 상태만 존재한다. 그림 43.20에 이들 두 에너지의 상태를 나타내었다.

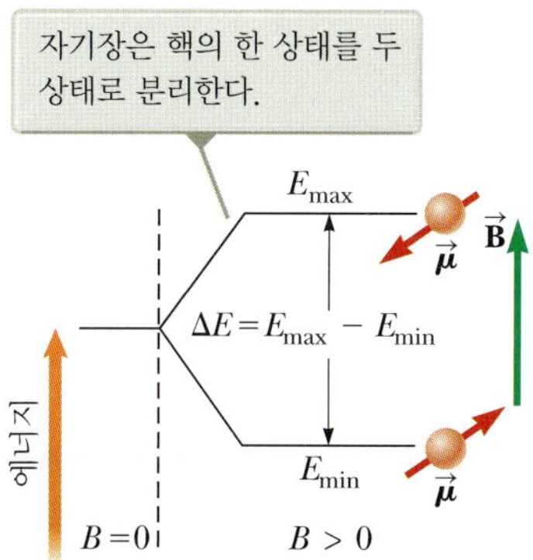

그림 43.20 스핀이 1/2인 핵이 자기장 내에 놓여 있다.

핵자기 공명(nuclear magnetic resonance)의 약자인 NMR라고 하는 기술을 사용하면 이들 두 스핀 상태 사이의 전이를 관측하는 것이 가능하다. 일정한 자기장(그림 43.20에서 $\vec{\mathbf{B}}$)을 z축으로 향하게 하면 스핀 상태에 해당하는 에너지들이 갈라진다. 그 다음에 좀 약하지만 진동하는 자기장을 $\vec{\mathbf{B}}$에 수직인 방향으로 가하면 시료 주변에 라디오파의 광자 구름이 생긴다. 진동하는 자기장의 진동수를 조절하여 광자의 에너지가 스핀 상태의 에너지 차이와 같게 하면, 핵에 의한 광자의 알짜 흡수가 일어나게 되고 전자 회로를 사용하여 이것을 측정할 수 있다.

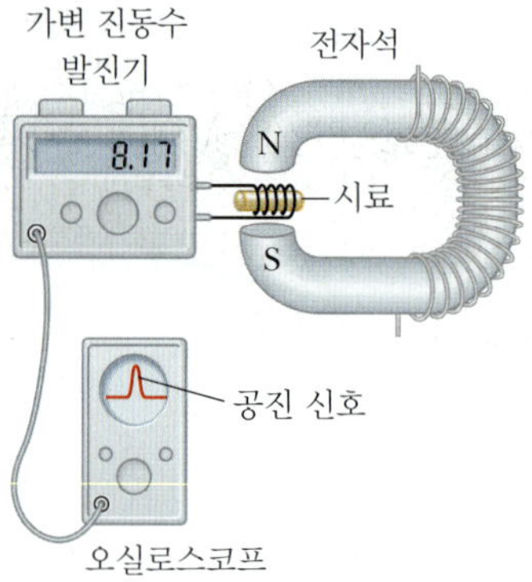

그림 43.21 핵자기 공명 실험 장치의 개략도. 시료를 둘러싸고 있는 코일에 의하여 형성되고 가변 진동수 진동자에 의하여 생긴 라디오파 자기장은 그 외부에 있는 일정한 세기의 전자석의 자기장의 방향과 수직하다. 시료의 핵이 공진 조건에 이르면 핵은 코일의 라디오파 장으로부터 에너지를 흡수하여 코일이 포함된 회로의 특성이 변하게 한다. 대부분의 신형 NMR분광기는 외부 자기장용 자석으로 초전도 자석을 사용하며 약 200 MHz로 동작한다.

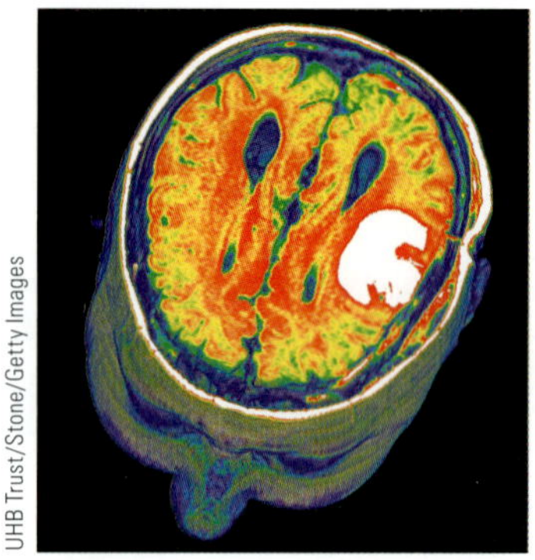

그림 43.22 MRI로 촬영한 사람의 뇌에 색을 입힌 사진. 흰색의 종양이 보인다.

그림 43.21은 핵자기 공명에서 사용되는 장치의 간단한 그림이다. 핵에 의하여 흡수되는 에너지는 진동하는 자기장을 발생시키는 가변 진동자에 의하여 공급된다. 핵자기 공명과 **전자 스핀 공명**(electron spin resonance) 기술은 핵과 원자의 계 및 이들 계가 주변과 상호 작용하는 방법을 연구하는 아주 중요한 도구이다.

자기 공명 영상법(magnetic resonance imaging)의 약자인 **MRI**라고 하는 널리 사용되고 있는 의료 진단 기술은 핵자기 공명의 원리를 사용한 것이다. 인체의 거의 2/3에 해당하는 원자들이 수소(수소는 강한 NMR 신호를 낸다)이기 때문에 인체의 조직을 보는 데는 MRI가 아주 좋다. 시간에 대하여 일정한 자기장이면서 자기장의 세기가 인체의 위치에 따라 변하는 자기장이 공급되는 대형 솔레노이드 안으로 환자를 눕혀 들어가게 한다. 자기장의 변화 때문에 인체의 여러 부분에 있는 수소 원자들은 스핀 상태 간의 에너지 갈라짐의 정도가 달라지므로 공명 신호에 따라 양성자의 위치에 관한 정보를 제공한다. 최종 영상을 구성하기 위한 데이터를 제공하는 양성자의 위치 정보를 분석하기 위하여 컴퓨터가 사용된다. 인체 조직의 서로 다른 형태들 간의 최종 영상에 나타나는 명암은 핵이 라디오파 광자의 펄스 간의 낮은 에너지의 스핀 상태로 되돌아가는 데 걸리는 시간을 컴퓨터로 분석하여 만들어 낸다. 좀 더 선명한 영상을 얻기 위하여 가돌리늄 화합물이나 산화 철 나노 입자로 된 조영제를 환자에게 먹이거나 정맥 주사로 주입하는 방법이 사용된다. 인체의 내부 구조를 놀랍도록 상세하게 보여 주는 MRI 사진이 그림 43.22에 있다.

다른 영상 기술에 비하여 MRI의 주된 장점은 환자의 세포 손상을 최소화하는 기술이라는 점이다. MRI에서 사용되는 라디오파의 신호와 관련된 광자의 에너지는 고작 10^{-7} eV이다. 분자 결합의 세기(약 1 eV)가 이것보다는 훨씬 크기 때문에 라디오파의 복사는 세포에 거의 손상을 주지 않는다. 반면 X선의 에너지는 10^4 eV에서 10^6 eV의 범위에 있어서 어느 정도의 세포 손상을 일으킨다. 그러므로 MRI에 관련된 **핵**이라는 것은 사람에 따라서는 무서운 단어임에도 불구하고, 여기서 사용하는 라디오파의 복사는 사람들이 쉽게 접하는 X선보다는 훨씬 더 안전하다. MRI의 단점은 그런 장치를 갖추는 비용이 너무도 비싸다는 것이다. 그래서 MRI 사진을 찍는 데는 비용이 많이 든다.

이런 장치 안에 있는 솔레노이드의 자기장은 자동차를 들어올리기에 충분하고 라디오 신호는 보통의 상용 방송국에서 나오는 전자기파의 신호와 같은 크기이다. 비록 MRI가 정상적인 사용에 있어서 안전한 것이기는 하지만 솔레노이드의 강한 자기장은 MRI 장치가 있는 실내에는 강자성 재료가 놓이지 않도록 매우 세심한 주의를 필요로 한다. 몇 가지 사고가 일어난 적이 있는데, 2000년에는 경찰관의 손에 있던 권총의 방아쇠가 당겨져서 총알이 기계 장치를 때린 경우가 있다.

43.9 방사선 손상
Radiation Damage

34장에서 우리 주변에 있는 전자기 복사는 라디오파, 마이크로파, 빛 등이라고 배웠다. 이 절에서는 물질을 통과하면서 심각한 손상을 일으키는 방사선의 형태에 대하여 논의하고자 한다. 이런 방사선에는 방사성 붕괴로부터 나오는 방사선이나 중성자나 양성자와 같은 에너지를 띤 입자의 형태로 방출되는 방사선이 있다.

손상의 형태나 정도는 방사선의 형태나 에너지 및 물질의 종류 등 여러 가지 요인들에 따라 달라진다. 핵반응로의 구조물에 사용되는 금속은 에너지 밀도가 높은 중성자 빔에 의하여 매우 약해질 수 있다. 왜냐하면 이들 매우 밀도가 높은 입자 빔은 금속에 피로에 의한 균열을 가져온다. 이런 경우의 손상은 원자들의 변위에 의하여 일어나며 그 결과로 재료의 성질이 변하게 된다.

생체 조직에 나타나는 방사선 손상은 주로 세포 내에서의 이온화 효과에 의한 것이다. 매우 높은 에너지의 반응 이온들이 이온화 방사선의 결과로 생길 때 정상적인 세포가 제대로 기능하지 않을 수도 있다. 예를 들어 물 분자에서 생성된 수소와 수산기 OH^-는 단백질이나 다른 생체 분자의 결합을 깨는 화학 반응을 유도할 수 있다. 더구나 이온화 방사선은 생체 분자 구조 내의 전자를 제거하여 생체 분자에 직접적인 영향을 미칠 수 있다. 방사선을 많이 쪼이는 것은 특히 위험한데, 그 이유는 세포 내의 수많은 분자들에 일어나는 손상이 그 세포를 죽게 할 수도 있기 때문이다. 세포 한 개의 죽음은 문제가 되지 않지만 많은 세포의 죽음은 조직에 회복될 수 없는 손상을 가져올 수 있다. 소화관, 재생 조직 및 머리카락 등 매우 빨리 분열하는 세포는 특히 쉽게 손상된다. 더구나 방사선에 오래 견디는 세포도 손상을 입을 수가 있다. 이런 손상을 입은 세포들은 다른 세포들에 또 손상을 일으켜 암에 이를 수가 있다.

생물학적으로는 방사선 손상을 체세포 손상과 유전적 손상의 두 부류로 나누는 것이 보통이다. **체세포 손상**(somatic damage)은 재생 세포를 제외한 몸속의 세포와 관련이 있다. 체세포 손상은 암을 유발하거나 특정 조직의 특성을 심각하게 변화시킨다. **유전적 손상**(genetic damage)은 재생 세포에만 영향을 준다. 재생 세포 내의 유전자 손상으로 결함이 있는 새끼를 낳을 수 있다. 그러므로 X선이나 다른 형태의 방사선을 방출하는 진단 장비의 효과를 잘 이해하고, 이런 치료와 방사선 손상과의 이해 득실을 따져보는 것이 중요한다.

방사선에 의한 손상은 사용되는 방사선의 침투 능력에 따라 다르다. 알파 입자는 매우 큰 손상의 원인이 되지만, 다른 대전 입자와의 강한 상호 작용으로 인해 물질에 침투하는 깊이가 매우 얕다. 중성자는 전기력과 상호 작용하지 않으므로 깊이 침투하여 심각한 손상의 원인이 된다. 감마선은 에너지가 큰 광자로서 심각한 손상을 일으키나, 때로는 물질 속을 상호 작용 없이 통과하기도 한다.

물질과 상호 작용하는 모든 방사선의 양 또는 조사량을 정량화하기 위하여 이전부터 몇 가지 단위가 사용되어 왔다.

뢴트겐(R)은 표준 조건하에서 1 cm^3 속의 공기 중에서 3.33×10^{-10} C의 전하가 생기게 하는 이온화 방사선의 양이다.

결과적으로 뢴트겐은 공기 1 kg의 에너지를 8.76×10^{-3} J만큼 변화시키는 방사선의 양이다.

대부분의 응용에서, 뢴트겐은 rad(흡수에 의한 조사 방사선을 나타내는 radiation absorbed dose의 머리글자이다)로 대체되었다. 즉

1 rad는 방사선에 조사되는 물질 1 kg의 에너지를 1×10^{-2} J만큼 증가시키는 방사선의 양이다.

비록 rad는 아주 좋은 물리 단위이지만 방사선에 의하여 생기는 생물학적 손상의 정도를 측정하는 최선의 단위는 아니다. 왜냐하면 손상이란 조사량뿐만 아니라 방사선의 종류에 따라 다르기 때문이다. 예를 들어 어떤 양의 알파 입자는 같은 양의 X선보다 10배 이상의 손상을 일으킨다. 어떤 주어진 형태의 방사선에 대한 **RBE**(relative biological effectiveness, 생물학적 효과비) 인자는 **1 rad의 방사선이 사용되어 똑같은 생물학적 손상을 일으키는 X선 방사선이나 감마 방사선의 rad 수**이다. 서로 다른 종류의 방사선에 대한 RBE 인자를 표 43.5에 나타내었다. 이 값들은 입자의 에너지나 손상의 종류에 따라 변하기 때문에 단지 근삿값일 뿐이다. RBE 인자는 실제적으로 나타나는 방사선 효과를 1차적으로 판단하기 위한 근삿값으로만 간주해야만 한다.

마지막으로 rem(radiation equivalent in man, 생물학적 효과를 고려한 선량당량)은 rad로 나타낸 조사량과 RBE 인자의 곱이다.

rem 단위의 방사선 조사량 ▶

$$\text{rem 단위의 조사량} \equiv \text{rad 단위의 조사량} \times \text{RBE} \qquad \textbf{(43.32)}$$

이런 정의에 따라, 임의의 두 가지 형태의 방사선 1 rem은 같은 양의 생물학적인 손상을 일으킨다. 표 43.5를 보면 고속 중성자 1 rad에 조사되는 것은 10 rem의 유효 조사량과 같음을 나타내지만, 감마선 1 rad는 1 rem의 효과와 같음을 알 수 있다.

표 43.5 몇 가지 방사선의 RBE 인자

방사선	RBE 인자
X선과 감마선	1.0
베타 입자	1.0~1.7
알파 입자	10~20
열중성자	4~5
고속 중성자와 양성자	10
무거운 이온	20

RBE: 생물학적 효과비

이 절에서는 방사선량을 rad나 rem 단위로 측정하는 것에 초점을 맞추었는데, 그 이유는 이들 단위가 아직도 널리 사용되고 있기 때문이다. 그러나 그런 단위는 새로운 SI 단위로 대체되었다. rad는 100 rad에 해당하는 **그레이**(gray, Gy) 단위로, rem은 100 rem에 해당하는 **시버트**(sievert, Sv) 단위로 대체되었다. 표 43.6에 방사선량에 대한 옛날 단위와 현재의 SI 단위를 요약하여 놓았다.

우주선(cosmic rays)이나 방사성 물질을 포함하는 바위나 토양과 같은 자연 방사선원에서 나오는 저준위 방사선이 인체 개개인에 미치는 영향은 약 2.4 mSv이다. **배경 복사**(background radiation)라 하는 이런 방사선은 지표 상의 위치에 따라 달라지는데, 주로 고도(우주선에 노출됨)와 지질학적 특징(자연 방사성 광물이 포함된 어떤 바위가 형성되면서 방출되는 라돈 기체)에 따라 달라진다.

표 43.6 방사선량 단위

양	SI 단위	기호	다른 SI 단위와의 관계	옛날 단위	환산
선량	그레이	Gy	= 1 J/kg	rad	1 Gy = 100 rad
당량	시버트	Sv	= 1 J/kg	rem	1 Sv = 100 rem

미국 정부가 허용하는 방사선 조사량의 최고 한도(배경 복사를 제외하고)는 약 5 mSv/yr이다. 방사선에 많이 노출되는 직업인들에게는 전신 노출 한계를 50 mSv/yr로 정하고 있다. 손이나 팔뚝과 같은 인체의 특정 부분에 대해서는 좀 더 높은 조사 한계가 허용될 수 있다. 조사량이 4에서 5 Sv 정도 되면 사망률이 약 50 %에 이를 수 있다. 대부분의 사람들에게 가장 위험한 형태의 조사는 방사성 동위 원소가 입을 통하여 몸으로 들어가는 것이다. 특히 ^{90}Sr는 몸에 남아서 축적되는 동위 원소로 매우 위험하다.

43.10 방사선의 이용
Uses of Radiation

핵물리학의 응용은 제조업이나 의료 및 생물학의 연구 등에 매우 광범위하게 널려 있다. 이 절에서는 이들 응용 장치와 그 장치의 동작 원리들 중 몇 가지만 다루어 본다.

추적 Tracing

여러 가지 화학 반응에 참여하는 화학 물질을 추적해 보기 위하여 방사성 추적자를 사용한다. 방사성 추적자를 가장 가치 있게 사용하고 있는 곳 중 하나가 의료계이다. 예를 들어 인체에서 필요한 영양소인 아이오딘(요오드)은 주로 아이오딘 첨가 식염이나 해산물의 섭취를 통하여 얻어진다. 갑상선의 분비율을 알아보기 위한 방법으로 환자에게 ^{131}I를 포함하는 아주 작은 양의 방사성 물질인 아이오딘화 나트륨을 섭취하게 한다. ^{131}I는 인공적으로 생산된 아이오딘의 동위 원소이다(자연에 존재하는 동위 원소는 ^{127}I로서 방사성 물질이 아니다). 갑상선 내의 아이오딘 양을 목 부근에서의 방사선의 세기를 시간의 함수로 측정하여 얻어낸다. 갑상선 내에 얼마나 많은 ^{131}I가 남아 있는가가 갑상선이 잘 기능하는지를 나타내는 척도가 된다.

두 번째의 의료용 응용은 그림 43.23에 나타낸 것과 같다. 방사성 나트륨을 포함하는 용액을 다리의 정맥 속에 주사로 넣은 다음 방사능 계수기를 사용하여, 그 방사성 물질이 몸의 다른 부분에 도달하는 데 걸리는 시간을 측정한다. 경과된 시간이 혈액의 순환 계통에 장애가 있는지의 여부를 나타내는 좋은 척도가 된다.

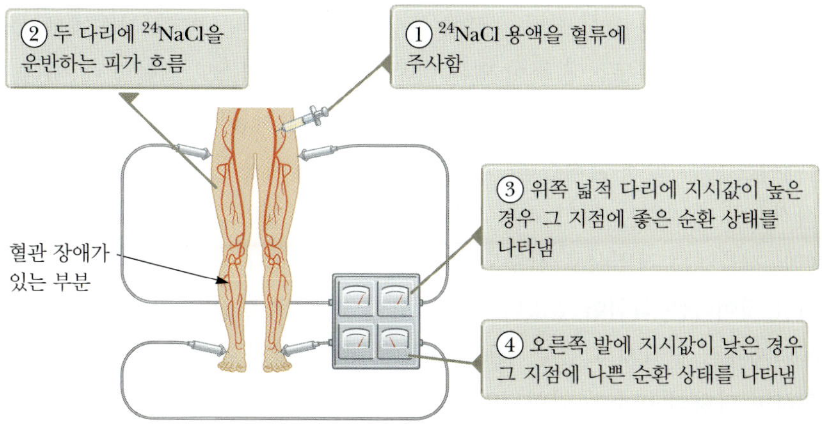

그림 43.23 인체 순환계의 상태를 진단하기 위한 추적자 기술

방사능 추적자는 농업 연구에도 매우 유용하게 사용된다. 식물의 성장에 가장 좋은 방법을 찾아낸다고 생각해 보자. 비료에 질소와 같은 어떤 원소가 그 원소의 방사성 동위 원소를 일부 넣어서 **추적**(확인)이 가능하게 할 수 있다. 식물이 자라고 있는 밭 구역에 따라 한 곳에는 비료를 뿌리고, 다른 한 곳에는 물만 뿌리고, 또 다른 곳에는 밭을 잘 매어 주기만 한다. 그런 다음 가이거 계수기를 사용하여 밭의 세 부분에 질소 원자가 어떻게 지나갔는지를 추적해 낸다.

이런 추적 기술은 사람들이 목적에 맞게 고안하는 정도에 따라 광범위하게 사용된다. 오늘날에는 추적 기술의 응용은 치아가 불소를 어떻게 흡수하는가를 알아내는 것에서부터 세척제가 조리 기구를 어떻게 오염시키는지 및 자동차 엔진 내부의 성능 저하를 연구하는 것에 이르기까지 광범위하다. 자동차 엔진의 연구에서는 자동차 피스톤 링을 만들 때 방사성 재료를 사용한 다음 피스톤 링의 마모량을 알아내기 위하여 윤활유에서의 방사선량을 측정한다.

재료 분석 Materials Analysis

수세기 동안, 어떤 재료의 시료 속에 들어 있는 원소를 확인하는 표준 방법은 그 재료가 다른 화학 물질과 어떻게 반응하는가에 따라서 결정하는 화학 분석이었다. 두 번째 방법은 스펙트럼 분석인데, 그것은 각 원소가 들뜬상태에서 특정의 전자기파를 방출하는 것을 이용하는 방법이다. 이들 방법은 현재 **중성자 활성화 분석**(neutron activation analysis)이라고 하는 세 번째 방법으로 보완되었다. 화학 분석 및 스펙트럼 분석의 단점은 분석을 위하여 상당량의 재료가 파괴되어야 한다는 것이다. 더구나 그 두 방법은 어느 것이나 아주 작은 양의 원소가 검출되지 않을 수도 있다. 중성자 활성화 분석은 그런 면에서 화학 분석이나 스펙트럼 분석의 단점을 극복하는 이점이 있다.

재료가 중성자에 쪼이게 되면 그 재료 내의 핵이 중성자를 흡수하여 대부분 방사성 동위 원소인 다른 동위 원소로 변하게 된다. 예를 들어 ^{65}Cu는 중성자 하나를 흡수하여 ^{66}Cu가 된 후 베타 붕괴를 한다. 즉

$$^{1}_{0}n + ^{65}_{29}Cu \rightarrow ^{66}_{29}Cu \rightarrow ^{66}_{30}Zn + e^- + \bar{\nu}$$

구리는 ^{66}Cu의 반감기가 5.1분이고 최대 에너지가 2.63 MeV인 베타 입자를 방출하면서 붕괴하기 때문에 구리의 존재를 추적할 수가 있다. 또한 ^{66}Cu가 붕괴하면서 1.04 MeV의 감마선도 방출된다. 어떤 재료에 중성자를 쪼이고 난 후 그 물질에서 방출되는 방사선을 확인하면 그 물질에 들어 있는 아주 작은 양의 원소도 검출할 수 있다.

중성자 활성화 분석은 많은 산업 현장에서 빈번하게 사용되고 있다. 예를 들어 민간 항공사에서는 화물 속에 숨겨진 폭발물을 검사하는 데 사용된다. 특별하게 사용되는 예로 역사적으로 흥미있는 것이 하나 있다. 나폴레옹은 세인트헬레나 섬에서 1821년에 죽었는데, 처음에는 자연사로 간주되었다. 수년 동안 그의 죽음이 자연적인 원인이 전부가 아닐 것이라는 의심이 있었다. 나폴레옹이 죽은 후 깎인 그의 머리카락이 나중에 기념품 가게에서 팔리게 되었다. 1961년에 이 머리카락의 시료에서 중성자 활성화 분석에 의하여 다량의 비소가 확인되었는데, 상식 밖의 많은 양이 검출되었다(활성화 분

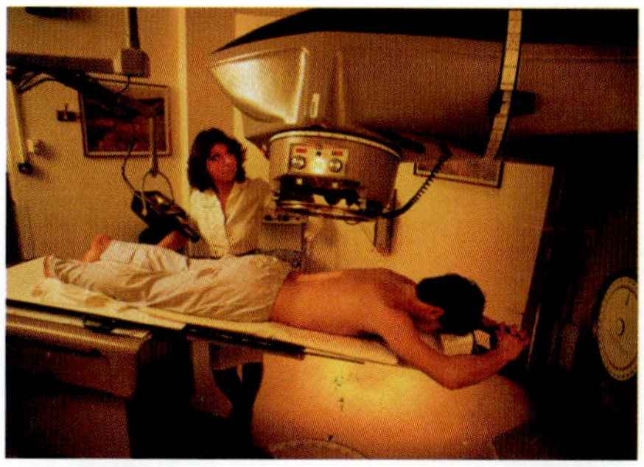
Martin Dohrn/Photo Researchers, Inc.

그림 43.24 이 거대한 기계는 암에 걸린 종양을 파괴하기 위하여 ^{60}Co에서 나오는 방사선을 환자에게 쪼이기 위한 장치이다. 암세포는 부근의 건강한 조직보다 더 빨리 분열하는 경향이 있으므로 방사선 요법에 의한 암세포의 치료는 특별히 효과가 있다.

석은 매우 민감하여 한 올의 머리카락도 분석할 수 있다). 결과적으로 나폴레옹에게 비소를 불규칙적으로 먹였음을 나타내고 있다. 사실 비소 농도의 분포 모양은 역사에 기록되어 있는 바와 같이 나폴레옹의 병의 정도가 불규칙적으로 변화하였음을 나타내는 것이다.

미술사가들이 위조품을 검사하는 데 중성자 활성화 분석법을 사용한다. 물감에서 사용한 색소는 시대에 따라 변하였으며 오래된 색소와 새로운 색소는 중성자 활성화에 다르게 반응한다. 오래된 미술 작품의 물감의 내부 층과 표면층은 중성자 활성화에 다르게 반응하기 때문에 중성자 활성화 분석법은 표면에 보이는 물감과 안쪽에 있는 물감의 차이를 구별하여 미술 작품의 진품 여부를 판정할 수 있다.

방사선 치료 Radiation Therapy

방사선은 급격히 분열하는 세포에 많은 손상을 일으킨다. 따라서 종양 세포는 매우 빠르게 분열하므로 암을 치료하는 데 방사선을 사용할 수 있다. 종양에 방사선을 쪼이는 방법으로는 몇 가지 메커니즘이 있다. 42.8절에서 암조직을 치료하는 데 고에너지 X선을 사용하는 것에 대하여 설명하였다. 다른 형태의 치료로는 방사선원으로부터의 매우 가느다란 빔을 사용하는 것이다. 예로서 그림 43.24는 ^{60}Co을 방사선원으로 사용하는 장비이다. ^{60}Co 동위 원소는 광자 에너지가 1 MeV보다 큰 감마선을 방출한다.

다른 경우로는 **근접 치료**라고 하는 방법을 사용한다. 이 치료에서는 **종자**(seeds)라고 하는 가느다란 방사선 바늘을 암세포 조직에 심어 놓는다. 이들 종자로부터 방출되는 에너지는 종양에 직접 전달되어 주위에 있는 조직이 방사선 손상을 입는 것을 줄여준다. 전립선암을 치료하는 데는 방사성 동위 원소 ^{125}I와 ^{103}Pd이 사용된다.

식품의 보관 Food Preservation

식품을 보관하는 방법으로서 방사선의 사용이 증가하고 있다. 그 이유는 방사선을 매우 높은 수준으로 쪼이면 박테리아나 곰팡이가 생기는 것을 막거나 파괴할 수 있다(그림 43.25). 이런 목적으로 사용되는 기술에는 식품에 감마선, 고에너지 전자빔, X선을 쪼이는 것 등이 있다. 이런 방사선을 쪼여서 보관된 식품을 밀봉된 용기에 넣을 수 있고(새로운 부패원으로부터 보호하기 위하여), 오랫동안 저장할 수 있다. 방사선을 쪼임으로 인한 맛의 변화나 영양소의 변화는 없거나 아주 적다. 방사선을 쪼인 식품의 안정성은 세계 보건 기구, 질병의 통제 및 예방 본부, 미국 농무성 및 미국 식품 의약청에

그림 43.25 방사선 처리가 되지 않은 왼쪽의 딸기는 곰팡이가 피었다. 오른쪽의 곰팡이가 피지 않은 딸기는 방사선을 쪼인 것이다. 방사선은 왼쪽에 있는 상한 딸기에 곰팡이가 생기는 것을 막거나 곰팡이를 파괴할 수 있다.

의하여 인정받고 있다. 음식에 방사선을 쪼이는 것은 현재 50개국 이상에서 허용되고 있다. 방사선을 쪼인 음식물은 세계적으로 매년 약 500 000톤 정도가 유통되고 있다.

연습문제

객관식

1. ${}^{95}_{36}$Kr 핵이 베타 붕괴를 하여 전자 한 개와 반중성미자 한 개를 방출할 때, 딸핵(Rb)은 (a) 중성자 58개와 양성자 37개, (b) 양성자 58개와 중성자 37개, (c) 중성자 54개와 양성자 41개, (d) 중성자 55개와 양성자 40개를 갖고 있다.

2. ${}^{32}_{15}$P가 ${}^{32}_{16}$S으로 붕괴될 때 방출되는 입자는 다음 중 어느 것인가? (a) 양성자 (b) 알파 입자 (c) 전자 (d) 감마선 (e) 반중성미자

3. Ra-224의 반감기는 약 3.6일이다. 2주일이 지난 후 붕괴되지 않고 남아 있는 양의 비는 얼마인가? (a) 1/2 (b) 1/4 (c) 1/8 (d) 1/16 (e) 1/32

4. 동일한 방사능 핵종인 두 시료가 준비되어 있다. 시료 G는 시료 H의 처음 방사능의 두 배이다. **(i)** G의 반감기를 H의 반감기와 비교하면 어느 정도인가? (a) 두 배이다. (b) 같다. (c) 1/2이다. **(ii)** 각각 다섯 번의 반감기가 지난 후에 이 두 시료의 방사능을 비교하면 어느 정도인가? (a) G는 H의 방사능의 두 배 이상이다. (b) G는 H의 방사능의 두 배이다. (c) G와 H의 방사능은 같다. (d) G는 H보다 방사능이 낮다.

5. ${}^{40}_{18}$X로 표기한 핵은 (a) 중성자 20개와 양성자 20개, (b) 양성자 22개와 중성자 18개, (c) 양성자 18개와 중성자 22개, (d) 양성자 18개와 중성자 40개, (e) 중성자 40개와 양성자 18개를 갖고 있다.

6. ${}^{144}_{60}$Nd가 ${}^{140}_{58}$Ce로 붕괴될 때 방출되는 입자는 다음 중 어느 것인가? (a) 양성자 (b) 알파 입자 (c) 전자 (d) 중성자 (e) 중성미자

7. 반응 식 ${}^{9}\text{Be} + \alpha \rightarrow {}^{12}\text{C} + \text{n}$에서 Q 값은 얼마인가? (a) 8.4 MeV (b) 7.3 MeV (c) 6.2 MeV (d) 5.7 MeV (e) 4.2 MeV

8. 자유 중성자의 반감기는 614 s이다. 이것은 전자 하나를 방출하면서 베타 붕괴를 한다. 자유 양성자도 이런 붕괴를 할 수 있는가? (a) 예, 같은 방식의 붕괴를 할 수 있다. (b) 예, 그러나 양전자를 방출하면 된다. (c) 예, 그러나 반감기가 매우 다르다. (d) 아니오

9. 다음 중 핵반응의 반응 에너지를 나타내는 것은 어느 것인가? (a) (나중 질량 − 처음 질량)/c^2 (b) (처음 질량 − 나중 질량)/c^2 (c) (나중 질량 − 처음 질량)c^2 (d) (처음 질량 − 나중 질량)c^2 (e) 정답 없음

10. 방사능 물질을 다루는 실험을 1년 이상 하였다. (a) 탐은

1 rem의 알파선에, (b) 카렌은 1 rad의 고속 중성자에, (c) 파울은 1 rad의 열중성자에 온몸이 노출되었다. (d) 잉그리드는 1 rad의 열중성자에 그녀의 손만 노출되었다. 생물학적 손상이 가장 큰 것부터 순서대로 나열하라. 크기가 같으면 동일한 순위로 두라.

주관식

43.1 핵의 성질

1. (a) ${}^{2}_{1}H$, (b) ${}^{60}_{27}Co$, (c) ${}^{197}_{79}Au$, (d) ${}^{239}_{94}Pu$의 핵 반지름을 구하라.

2. (a) 반지름이 ${}^{230}_{88}Ra$ 핵 반지름의 약 2/3인 핵의 질량수를 결정하라. (b) 어떤 원소인가? (c) 가능한 답이 또 있는가? 설명하라.

3. (a) 정지해 있는 금 원자의 핵(${}^{197}Au$)에 0.500 MeV의 처음 에너지로 정면 충돌하는 알파 입자가 접근할 수 있는 가장 짧은 거리를 에너지 보존의 법칙을 이용하여 계산하라. 금 원자의 핵은 충돌 과정에서 정지 상태를 유지한다고 가정한다. (b) 최근접 거리가 300 fm가 되기 위한 알파 입자의 처음 속력의 최솟값은 얼마인가?

4. 태양의 네 배에서 여덟 배의 질량을 갖는 별이 생을 마감하면서 붕괴되어 초신성이 된다. 초신성 폭발 후에 남은 잔존물에서, 양성자와 전자가 결합해서 중성자별이 되며, 태양 질량의 약 두 배가 된다. 이런 별은 거대 원자핵이라고 생각할 수 있다. $r = aA^{1/3}$으로 가정한다(식 43.1). 질량 3.98×10^{30} kg의 별이 모두 중성자($m_n = 1.67 \times 10^{-27}$ kg)로 구성되어 있다면 이의 반지름은 얼마인가?

5. 알파 입자($Z = 2$, 질량 $= 6.64 \times 10^{-27}$ kg)가 탄소 핵($Z = 6$)에 1.00×10^{-14} m 거리까지 접근한다. 이때 (a) 알파 입자에 작용하는 쿨롱 힘의 최댓값 크기, (b) 최대 힘이 작용하는 이 순간 알파 입자의 가속도 크기, (c) 이 순간 알파 입자와 탄소 핵 간의 전기적 위치 에너지를 구하라.

6. 러더퍼드의 산란 실험에서, 운동 에너지가 7.70 MeV인 알파 입자가 정지해 있는 금 원자 핵을 향하여 진행한다. 알파 입자는 29.5 fm까지 접근한 후 금 원자 핵에서 튕겨나간다. (a) 에너지가 7.70 MeV인 알파 입자의 드브로이 파장을 계산하고 그것을 최근접 거리 29.5 fm와 비교해 보라. (b) 이 비교에 기초하여 러더퍼드 산란 실험에서 알파 입자를 파동이 아닌 입자로 간주하는 것이 적절한 것인지를 설명하라.

43.2 핵의 결합 에너지

7. (a) ${}^{2}H$, (b) ${}^{4}He$, (c) ${}^{56}Fe$, (d) ${}^{238}U$의 핵자당 결합 에너지를 계산하라.

8. (a) ${}^{23}_{11}Na$과 ${}^{23}_{12}Mg$ 핵에 대하여 핵자당 결합 에너지의 차이를 계산하라. (b) 이 차이를 어떻게 설명할 것인가?

9. $Z_1 = N_2$이고 $Z_2 = N_1$인 핵 쌍을 거울 동중핵(mirror isobar, 원자 번호와 중성자 번호가 서로 바뀐 것)라고 한다. 이런 핵의 결합 에너지를 측정함으로써, 핵력이 전하와 무관하다는 것을 알 수 있다. (즉 양성자 – 양성자, 양성자 – 중성자, 중성자 – 중성자의 핵력은 같다.) 거울 동중 핵인 ${}^{15}_{8}O$와 ${}^{15}_{7}N$의 결합 에너지 차를 계산하라. 7개보다는 8개 양성자 사이의 척력이 더 크다는 점이 이 차이를 설명해 준다.

10. 핵자당 핵 결합 에너지의 봉우리는 ${}^{56}Fe$에서 나타난다. 이것은 태양과 별들의 스펙트럼에서 철에 의한 효과가 두드러지게 나타나는 이유이다. ${}^{56}Fe$의 핵자당 결합 에너지가 철 주위의 원소 ${}^{55}Mn$과 ${}^{59}Co$보다 높음을 보이라.

43.3 핵 모형

11. 그림 43.5에 있는 그래프를 사용하여 질량수가 200인 핵이 질량수가 100인 두 개의 핵으로 분열할 때 방출되는 에너지를 구하라.

12. 준경험적 결합 에너지 공식(식 43.3)을 사용하여 ${}^{56}_{26}Fe$의 결합 에너지를 계산하라. (b) 이 식에 있는 네 개의 항 각각이 결합 에너지에 기여하는 것은 몇 %씩 인가?

13. (a) 핵의 물방울 모형에서 표면 효과 항 $-C_2A^{2/3}$은 왜 음의 부호를 갖는가? (b) 핵의 결합 에너지는 표면적에 대한 부피의 비가 증가함에 따라 증가한다. 구 모양과 정육면체 모양에서의 이 비를 계산하고 어느 것이 더 핵에 적절한 것인지를 설명하라.

43.4 방사능

14. ${}^{72}_{33}As$의 반감기가 26시간이라면, 90.0 %만큼 방사능이 약해지기 위해서는 어느 정도 시간이 필요한가?

15. 갓 만들어진 시료에 10.0 mCi 방사능의 동위 원소가 포함되어 있다. 4.00시간 후, 방사능이 8.00 mCi로 되었다. 이 동위 원소의 (a) 붕괴 상수와 (b) 반감기를 구하라. (c) 처음 만들어졌을 당시, 동위 원소의 개수는 몇 개인가? (d) 만들어진 지 30.0시간 후의 방사능은 얼마인가?

16. 어떤 방사성 물질의 시료가 1.00×10^{15}개의 원자를 포함하

고 있다. 시료의 방사능이 6.00×10^{11} Bq이라면 반감기는 얼마인가?

17. 방사성 동위 원소 ^{198}Au는 64.8시간의 반감기를 가진다. 이 동위 원소를 포함하는 시료의 처음 방사능($t = 0$)은 40.0 μC이다. $t_1 = 10.0$ h와 $t_2 = 12.0$ h 시간 사이에 붕괴하는 핵들의 개수를 계산하라.

18. 방사성 시료에 대하여, 반감기의 처음 반 동안 붕괴되는 핵의 수에 대한 나중 반 동안 붕괴되는 핵의 수의 비를 구하라.

43.5 붕괴 과정

19. 다음 중 어느 붕괴가 자발적으로 일어날 수 있는 것인가?

(a) ${}^{40}_{20}\text{Ca} \rightarrow e^+ + {}^{40}_{19}\text{K}$ (b) ${}^{98}_{44}\text{Ru} \rightarrow {}^{4}_{2}\text{He} + {}^{94}_{42}\text{Mo}$

(c) ${}^{144}_{60}\text{Nd} \rightarrow {}^{4}_{2}\text{He} + {}^{140}_{58}\text{Ce}$

20. ^{3}H 핵이 전자 한 개의 반중성미자 한 개를 방출하면서 ^{3}He로 붕괴한다. 반응식은 다음과 같다.

$${}^{3}_{1}\text{H} \rightarrow {}^{3}_{2}\text{He} + e^- + \bar{\nu}$$

21. 다음의 식들에서 미지의 핵자 또는 입자(X)가 무엇인지 알아보라.

(a) $\text{X} \rightarrow {}^{65}_{28}\text{Ni} + \gamma$ (b) ${}^{215}_{84}\text{Po} \rightarrow \text{X} + \alpha$

(c) $\text{X} \rightarrow {}^{55}_{26}\text{Fe} + e^+ + \nu$

22. 핵 ${}^{15}_{8}$O는 전자를 포획하여 붕괴한다. 이것의 핵 반응 식은

$${}^{15}_{8}\text{O} + e^- \rightarrow {}^{15}_{7}\text{N} + \nu$$

이다. (a) 핵 내에서 한 개의 입자에 일어나는 과정을 식으로 써 보라. (b) 중성미자의 에너지를 구하라. 딸핵의 운동(되튐)은 무시한다.

23. 대기 중에서 평형 상태에 있는 생명체는 7.70×10^{11}개의 안정된 탄소 원자당 1개의 ^{14}C(반감기 = 5 730년)을 포함하고 있다. 어떤 고고학자의 나무 시료 (셀룰로스, $C_{12}H_{22}O_{11}$)는 21.0 mg의 탄소를 포함하고 있다. 이 시료를 88.0 %의 계수 효율이 있는 베타 계수기 안에 놓았을 때, 일주일 동안에 837이 계수되었다. (a) 시료에 있는 탄소 원자의 수를 구하라. (b) 시료에 있는 탄소 14의 수를 구하라. (c) 탄소 14의 붕괴 상수를 초의 역수로 구하라. (d) 옛날 시료가 죽은 직후 일주일 동안 처음 붕괴 횟수를 구하라. (e) 현재의 시료로부터 일주일 동안 붕괴되는 수를 구하라. (f) (d)와 (e)의 답으로부터, 시료가 죽은 이후의 시간(년)을 구하라.

43.6 자연 방사능

24. 우라늄은 자연계에 바위나 흙에 존재한다. 방사성 붕괴의 첫 단계로서, ^{238}U은 화학적으로 불활성 기체이며 반감기가 3.82일인 라돈 222로 붕괴한다. 이 라돈은 땅으로부터 공기로 나와 대기 방사능이 0.3 pCi/L 수준으로 되게 한다. 가정에서는 밀폐된 공간에서 축적되므로, ^{222}Rn은 심각한 오염 물질이 될 수 있다. 라돈 방사능이 4.00 pCi/L을 넘으면, 환경부에서는 땅으로부터 스며드는 공기를 줄이는 방법 등으로 라돈을 줄일 것을 권하고 있다. (a) 4.00 pCi/L을 Bq/m^{3}로 환산하라. (b) 이런 방사능 상태에서 몇 개의 ^{222}Rn 원자가 있는가? (c) 공기 질량의 얼마의 비율이 라돈으로 구성되는가?

25. 라돈의 가장 흔한 동위 원소는 ^{222}Rn로 반감기는 3.82일이다. (a) 일주일 전에 지상에 남아 있던 이 핵의 몇 %가 현재 붕괴되지 않고 있는가? (b) 1년 전에 지상에 남아 있던 이 핵의 몇 %가 현재 붕괴되지 않고 있는가? (c) 이런 결과로 볼 때, 라돈이 왜 자연 방사능 노출량에 중요한 요인이 되는지 이유를 설명하라.

26. 그림 P43.26은 수명이 긴 동위 원소 ^{235}U에서 시작하여 안정된 핵인 ^{207}Pb로 끝나는 자연 방사능의 붕괴 계열을 보여 주는 그림이다. 노란색 사각형 안에 올바른 핵의 기호를 써 넣으라.

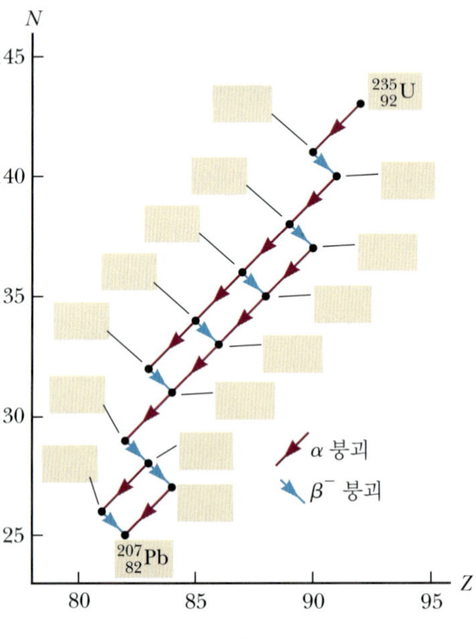

그림 P43.26

27. 바윗돌에서 채취한 시료에서 ^{238}U, ^{235}U, ^{232}Th, ^{208}Pb, ^{207}Pb, ^{206}Pb이 확인되었다. 분석에 의하면 ^{206}Pb에 대한 ^{238}U의 비는 1.164이다. (a) 그 바위가 처음에는 납을 전

혀 포함하지 않았다고 가정하고, 바위의 나이를 구하라. (b) ^{207}Pb에 대한 ^{235}U의 비와 ^{208}Pb에 대한 ^{232}Th의 비는 이들이 바위의 나이와 같게 나오기 위하여 얼마이어야 하는가? 연쇄 붕괴에서 중간 붕괴 생성물이 미량 발생하는 것은 무시하라. *Note*: 이런 형태의 다중 연대 측정법은 신뢰도 높은 지질학적인 연대 측정법으로 사용되고 있다.

43.7 핵반응

28. 6.61 MeV의 양성자 빔이 $^{27}_{13}$Al의 표적에 입사한다. 이런 충돌의 반응식은

$$p + {}^{27}_{13}\text{Al} \rightarrow {}^{27}_{14}\text{Si} + n$$

으로 주어진다. 생성 핵이 튕겨나가는 것은 무시하고, 나오는 중성자의 운동 에너지를 구하라.

29. 다음의 핵반응에서 미지의 핵자 그리고 입자 X와 X′은 무엇인가?

(a) $X + {}^{4}_{2}\text{He} \rightarrow {}^{24}_{12}\text{Mg} + {}^{1}_{0}n$

(b) ${}^{235}_{92}\text{U} + {}^{1}_{0}n \rightarrow {}^{90}_{38}\text{Sr} + X + 2({}^{1}_{0}n)$

(c) $2({}^{1}_{1}\text{H}) \rightarrow {}^{2}_{1}\text{H} + X + X'$

30. 자연산 금에는 단 하나의 동위 원소 $^{197}_{79}$Au가 있다. 만약 자연산 금이 느린 중성자 빔에 노출되어 전자를 방출한다고 할 때, (a) 대략적인 반응식을 쓰라. (b) 방출된 전자들의 최대 에너지를 계산하라.

31. 다음과 같은 반응이 일어났다.

$$^{9}_{4}\text{Be} + n \rightarrow {}^{10}_{4}\text{Be} + \gamma \quad Q = 6.812\ \text{MeV}$$

$$^{9}_{4}\text{Be} + \gamma \rightarrow {}^{8}_{4}\text{Be} + n \quad Q = -1.665\ \text{MeV}$$

여기에 주어진 자료로부터 ^{8}Be과 ^{10}Be의 질량을 원자 질량 단위로 소수점 아래 넷째자리까지 계산하라.

43.8 핵자기 공명과 자기 공명 영상법

32. 각운동량 I가 (a) 5/2와 (b) 4인 경우에 대하여, 그림 43.19와 같은 도표를 그리라.

33. 자기 모멘트 크기가 μ인 핵의 스핀 상태 사이에서 공명 흡수를 나타내는 진동수를 라머(Larmor) 진동수라고 하며

$$f = \frac{\Delta E}{h} = \frac{2\mu B}{h}$$

와 같이 주어진다. 이때 (a) 1.00 T의 자기장 내에 있는 자유 중성자, (b) 1.00 T의 자기장 내에 있는 자유 양성자, (c) 지구 자기장이 50.0 μT가 되는 위치에서 있는 자유 양성자에 해당하는 라머 진동수를 계산하라.

43.9 방사선 손상

34. 어떤 X선 기사가 매일 평균 여덟 대의 X선 장치를 조작하여 5.0 rem/yr의 방사선에 노출된다. (a) X선 기계 한 대당 노출되는 선량을 rem 단위로 추정하라. (b) 기사가 X선 장치에 의하여 노출되는 양과 저준위 자연 방사선에 의하여 노출되는 양을 비교하라.

35. 질량이 75.0 kg인 사람이 0.250 Gy의 방사능에 전신이 노출되었다. 사람의 몸에 축적된 에너지는 몇 J인가?

36. 감마선의 과다 노출에 의한 인체의 위험성은 흡수된 에너지의 양 때문이 아니라 방사선의 이온화 특성 때문이다. 예를 들어 치사량에 해당하는 1 000 rad의 선량이 전부 내부 에너지로 흡수될 때 체온의 증가를 계산해 보라. 생체 조직의 비열은 4 186 J/kg C로 한다.

37. 어떤 작은 건물이 우연히 방사선에 오염되었다. 그 건물에서 가장 오래 남는 물질은 스트론튬 90이다. ($^{90}_{38}$Sr의 질량은 89.907 7 u이고 반감기는 29.1년이다. 이것은 특히 위험한 것으로 뼛속의 칼슘을 대체한다). 5.00 kg의 스트론튬이 건물 전체에 처음부터 균일하게 분포되어 있었고 안전 준위는 10.0붕괴/min(이것은 배경 복사보다 작다) 이하로 정해져 있다. 이 건물의 안전하지 못한 상태가 지속되는 시간을 구하라.

38. 병원의 어떤 진단 과정에서 ^{99}Tc가 사용된다. ^{99}Tc 1.00×10^{-8} g이 체중이 60.0 kg인 환자에게 주사되어 0.140 MeV의 감마선이 환자의 몸에 흡수된다. 환자가 받게 되는 전체 방사선량을 구하라.

43.10 방사선의 이용

39. 감마선이 물질에 입사할 때, 그 물질을 통과하는 감마선의 세기는 깊이 x에 따라 $I(x) = I_0 e^{-\mu x}$로 변한다. 여기서 I_0는 물질의 표면($x = 0$)에서의 방사선의 세기이고, μ는 선형 흡수 계수이다. 에너지가 낮은 감마선을 강철에 쪼인 경우 흡수 계수는 0.720 mm^{-1}라고 하자. (a) 입사하는 감마선을 흡수하여 원래 세기의 반으로 감소시키는 데 필요한 강철의 '반감 두께'를 구하라. (b) 제강 공장에서, 압연기를 통과하는 강판의 두께는 감마선을 강판에 쪼인 다음 그 밑에서 감마선의 세기를 측정하여 알 수 있다. 만일 강판의 두께가 0.800 mm에서 0.700 mm로 변한다면, 감마선의 세기는 몇 % 변하는가?

40. 동위 원소 수준에서의 화학 분석을 위한 방법으로 **중성자 활성화 분석**이 있다. 중성자에 어떤 시료를 쪼일 때, 방사성

원자들이 계속 생겨나고 각각의 특성 반감기에 따라 붕괴한다. (a) 한 가지의 방사성 핵이 일정한 비율 R로 생성되고 붕괴 법칙에 따라 붕괴된다고 가정한다. 방사선에 쪼이기 시작하는 시간이 $t = 0$이라고 한다면, 시간 t에서 축적되는 방사능 원자의 수는

$$N = \frac{R}{\lambda}(1 - e^{-\lambda t})$$

이 됨을 보이라. (b) 생성될 수 있는 방사성 원자의 최대 수는 얼마인가?

표

Tables

APPENDIX A

표 A.1 바꿈 인수

길이

	m	cm	km	in.	ft	mi
1 meter	1	10^{2}	10^{-3}	39.37	3.281	6.214×10^{-4}
1 centimeter	10^{-2}	1	10^{-5}	0.393 7	3.281×10^{-2}	6.214×10^{-6}
1 kilometer	10^{3}	10^{5}	1	3.937×10^{4}	3.281×10^{3}	0.621 4
1 inch	2.540×10^{-2}	2.540	2.540×10^{-5}	1	8.333×10^{-2}	1.578×10^{-5}
1 foot	0.304 8	30.48	3.048×10^{-4}	12	1	1.894×10^{-4}
1 mile	1 609	1.609×10^{5}	1.609	6.336×10^{4}	5 280	1

질량

	kg	g	slug	u
1 kilogram	1	10^{3}	6.852×10^{-2}	6.024×10^{26}
1 gram	10^{-3}	1	6.852×10^{-5}	6.024×10^{23}
1 slug	14.59	1.459×10^{4}	1	8.789×10^{27}
1 atomic mass unit	1.660×10^{-27}	1.660×10^{-24}	1.137×10^{-28}	1

Note: 1 metric ton = 1 000 kg.

시간

	s	min	h	day	yr
1 second	1	1.667×10^{-2}	2.778×10^{-4}	1.157×10^{-5}	3.169×10^{-8}
1 minute	60	1	1.667×10^{-2}	6.994×10^{-4}	1.901×10^{-6}
1 hour	3 600	60	1	4.167×10^{-2}	1.141×10^{-4}
1 day	8.640×10^{4}	1 440	24	1	2.738×10^{-5}
1 year	3.156×10^{7}	5.259×10^{5}	8.766×10^{3}	365.2	1

속력

	m/s	cm/s	ft/s	mi/h
1 meter per second	1	10^{2}	3.281	2.237
1 centimeter per second	10^{-2}	1	3.281×10^{-2}	2.237×10^{-2}
1 foot per second	0.304 8	30.48	1	0.681 8
1 mile per hour	0.447 0	44.70	1.467	1

Note: 1 mi/min = 60 mi/h = 88 ft/s.

힘

	N	lb
1 newton	1	0.224 8
1 pound	4.448	1

표 A.1 바꿈 인수 (계속)

에너지, 에너지 전달

	J	ft · lb	eV
1 joule	1	0.737 6	6.242×10^{18}
1 foot-pound	1.356	1	8.464×10^{18}
1 electron volt	1.602×10^{-19}	1.182×10^{-19}	1
1 calorie	4.186	3.087	2.613×10^{19}
1 British thermal unit	1.055×10^{3}	7.779×10^{2}	6.585×10^{21}
1 kilowatt-hour	3.600×10^{6}	2.655×10^{6}	2.247×10^{25}

	cal	Btu	kWh
1 joule	0.238 9	9.481×10^{-4}	2.778×10^{-7}
1 foot-pound	0.323 9	1.285×10^{-3}	3.766×10^{-7}
1 electron volt	3.827×10^{-20}	1.519×10^{-22}	4.450×10^{-26}
1 calorie	1	3.968×10^{-3}	1.163×10^{-6}
1 British thermal unit	2.520×10^{2}	1	2.930×10^{-4}
1 kilowatt-hour	8.601×10^{5}	3.413×10^{2}	1

압력

	Pa	atm
1 pascal	1	9.869×10^{-6}
1 atmosphere	1.013×10^{5}	1
1 centimeter mercury[a]	1.333×10^{3}	1.316×10^{-2}
1 pound per square inch	6.895×10^{3}	6.805×10^{-2}
1 pound per square foot	47.88	4.725×10^{-4}

	cm Hg	lb/in.^{2}	lb/ft^2
1 pascal	7.501×10^{-4}	1.450×10^{-4}	2.089×10^{-2}
1 atmosphere	76	14.70	2.116×10^{3}
1 centimeter mercury[a]	1	0.194 3	27.85
1 pound per square inch	5.171	1	144
1 pound per square foot	3.591×10^{-2}	6.944×10^{-3}	1

[a] 0°C 그리고 자유 낙하 가속도가 '표준값' 9.806 65 m/s^{2}인 지역에서

표 A.2 물리량의 기호, 차원, 단위

물리량	일반 기호	단위[a]	차원[b]	SI 단위계에 바탕을 둔 단위
가속도	$\vec{\mathbf{a}}$	m/s^2	L/T^2	m/s^2
물질의 양	n	MOLE		mol
각도	θ, ϕ	radian (rad)	1	
각가속도	$\vec{\boldsymbol{\alpha}}$	rad/s^2	T^{-2}	s^{-2}
각진동수	ω	rad/s	T^{-1}	s^{-1}
각운동량	$\vec{\mathbf{L}}$	kg · m^2/s	ML^2/T	kg · m^2/s
각속도	$\vec{\boldsymbol{\omega}}$	rad/s	T^{-1}	s^{-1}
넓이	A	m^2	L^2	m^2
원자수	Z			
전기용량	C	farad (F)	Q^{2}T^2/ML^2	A^2 · s^4/kg · m^2
전하	q, Q, e	coulomb (C)	Q	A · s

표 A.2 물리량의 기호, 차원, 단위(계속)

물리량	일반 기호	단위[a]	차원[b]	SI 단위계에 바탕을 둔 단위
전하 밀도				
선전하 밀도	λ	C/m	Q/L	A · s/m
표면 전하 밀도	σ	C/m^2	Q/L^2	A · s/m^2
부피 전하 밀도	ρ	C/m^3	Q/L^3	A · s/m^3
전도도	σ	1/Ω · m	Q^{2}T/ML^3	A^2 · s^3/kg · m^3
전류	I	AMPERE	Q/T	A
전류 밀도	J	A/m^2	Q/TL^2	A/m^2
밀도	ρ	kg/m^3	M/L^3	kg/m^3
유전 상수	κ			
전기 쌍극자 모멘트	$\vec{\mathbf{p}}$	C · m	QL	A · s · m
전기장	$\vec{\mathbf{E}}$	V/m	ML/QT^2	kg · m/A · s^3
전기선속	Φ_E	V · m	ML^3/QT^2	kg · m^3/A · s^3
기전력	$\boldsymbol{\mathcal{E}}$	volt (V)	ML^2/QT^2	kg · m^2/A · s^3
에너지	E, U, K	joule (J)	ML^2/T^2	kg · m^2/s^2
엔트로피	S	J/K	ML^2/T^{2}K	kg · m^2/s^2 · K
힘	$\vec{\mathbf{F}}$	newton (N)	ML/T^2	kg · m/s^2
진동수	f	hertz (Hz)	T^{-1}	s^{-1}
열	Q	joule (J)	ML^2/T^2	kg · m^2/s^2
유도 계수	L	henry (H)	ML^2/Q^2	kg · m^2/A^2 · s^2
길이	ℓ, L	METER	L	m
변위	$\Delta x, \Delta\vec{\mathbf{r}}$			
거리	d, h			
위치	$x, y, z, \vec{\mathbf{r}}$			
자기 쌍극자 모멘트	$\vec{\boldsymbol{\mu}}$	N · m/T	QL^2/T	A · m^2
자기장	$\vec{\mathbf{B}}$	tesla (T) (= Wb/m^2)	M/QT	kg/A · s^2
자기선속(또는 자속)	Φ_B	weber (Wb)	ML^2/QT	kg · m^2/A · s^2
질량	m, M	KILOGRAM	M	kg
몰비열	C	J/mol · K		kg · m^2/s^2 · mol · K
관성 모멘트	I	kg · m^2	ML^2	kg · m^2
운동량	$\vec{\mathbf{p}}$	kg · m/s	ML/T	kg · m/s
주기	T	s	T	s
자유 공간 투과율	μ_0	N/A^2 (= H/m)	ML/Q^2	kg · m/A^2 · s^2
자유 공간 유전율	ϵ_0	C^2/N · m^2 (= F/m)	Q^{2}T^2/ML^3	A^2 · s^4/kg · m^3
전 위	V	volt (V)(= J/C)	ML^2/QT^2	kg · m^2/A · s^3
일 률	P	watt (W)(= J/s)	ML^2/T^3	kg · m^2/s^3
압 력	P	pascal (Pa)(= N/m^2)	M/LT^2	kg/m · s^2
저 항	R	ohm (Ω)(= V/A)	ML^2/Q^{2}T	kg · m^2/A^2 · s^3
비 열	c	J/kg · K	L^2/T^{2}K	m^2/s^2 · K
속 력	v	m/s	L/T	m/s
온 도	T	KELVIN	K	K
시 간	t	SECOND	T	s
돌림힘	$\vec{\boldsymbol{\tau}}$	N · m	ML^2/T^2	kg · m^2/s^2
속 도	$\vec{\mathbf{v}}$	m/s	L/T	m/s
부 피	V	m^3	L^3	m^3
파 장	λ	m	L	m
일	W	joule (J)(= N · m)	ML^2/T^2	kg · m^2/s^2

[a] 기초 SI 단위들은 대문자로 표시하였다.
[b] 기호 M, L, T, K 및 Q는 질량, 길이, 시간, 온도와 전하를 각각 의미한다.

APPENDIX

B 자주 사용되는 수학
Mathematics Review

이 수학에 대한 부록에서는 연산과 방법을 간단히 복습할 수 있도록 하였다. 이 교과목 이전에, 여러분은 기본적인 대수 계산법, 해석 기하학, 삼각 함수에 익숙해야 한다. 미적분학에 대해서는 자세히 다루었으며, 물리적인 상황에 적용이 어려운 학생들에게 도움이 되도록 하였다.

B.1 과학적인 표기법

과학자들이 사용하는 대다수의 크기는 매우 크거나 매우 작다. 예를 들어 빛의 속력은 약 300 000 000 m/s이고, 글자 기역(ㄱ)을 도트 잉크로 찍는 데 약 0.000 000 001 kg이 필요하다. 이런 숫자를 읽고, 쓰고, 기억하는 것이 분명히 쉽지 않다. 이런 문제는 10의 지수를 사용하여 간단히 해결할 수 있다.

$$10^0 = 1$$
$$10^1 = 10$$
$$10^2 = 10 \times 10 = 100$$
$$10^3 = 10 \times 10 \times 10 = 1\,000$$
$$10^4 = 10 \times 10 \times 10 \times 10 = 10\,000$$
$$10^5 = 10 \times 10 \times 10 \times 10 \times 10 = 100\,000$$

0의 개수는 10의 **지수**(exponent)라고 부른다. 예를 들어 빛의 속력 300 000 000 m/s는 3.00×10^8 m/s로 표현할 수 있다. 이런 방법으로 1보다 작은 수들을 다음과 같이 나타낼 수 있다.

$$10^{-1} = \frac{1}{10} = 0.1$$
$$10^{-2} = \frac{1}{10 \times 10} = 0.01$$
$$10^{-3} = \frac{1}{10 \times 10 \times 10} = 0.001$$
$$10^{-4} = \frac{1}{10 \times 10 \times 10 \times 10} = 0.000\,1$$
$$10^{-5} = \frac{1}{10 \times 10 \times 10 \times 10 \times 10} = 0.000\,01$$

이들 경우 숫자 1의 왼쪽에 있는 소수점까지의 개수는 (음)의 지수값과 같다. 10의 지수에 1과 10 사이의 수를 곱한 것을 **과학적인 표기법**(scientific notation)이라 한다. 예를 들어 5 943 000 000과 0.000 083 2의 과학적인 표기법은 각각 5.943×10^9과 8.32×10^{-5}이다.

과학적인 표기법으로 표현된 수를 곱할 때, 다음의 일반적인 규칙이 매우 유용하다.

$$10^n \times 10^m = 10^{n+m} \tag{B.1}$$

여기서 n과 m은 어떤 임의의 수일 수 있다(반드시 정수일 필요는 없음). 예를 들어 $10^2 \times 10^5 = 10^7$이다. 지수 중에 음수가 있어도 같은 규칙을 적용한다. 즉 $10^3 \times 10^{-8} = 10^{-5}$이다.

과학적인 표기법으로 표현할 수를 나눌 때, 다음에 주목하라.

$$\frac{10^n}{10^m} = 10^n \times 10^{-m} = 10^{n-m} \tag{B.2}$$

연습문제

앞에서 설명한 규칙을 이용하여, 다음 식에 대한 답을 증명하라.

1. $86\ 400 = 8.64 \times 10^4$

2. $9\ 816\ 762.5 = 9.816\ 762\ 5 \times 10^6$

3. $0.000\ 000\ 039\ 8 = 3.98 \times 10^{-8}$

4. $(4.0 \times 10^8)(9.0 \times 10^9) = 3.6 \times 10^{18}$

5. $(3.0 \times 10^7)(6.0 \times 10^{-12}) = 1.8 \times 10^{-4}$

6. $\dfrac{75 \times 10^{-11}}{5.0 \times 10^{-3}} = 1.5 \times 10^{-7}$

7. $\dfrac{(3 \times 10^6)(8 \times 10^{-2})}{(2 \times 10^{17})(6 \times 10^5)} = 2 \times 10^{-18}$

B.2 대 수

기본 규칙

대수 연산을 할 때, 산수의 법칙을 적용한다. x, y, z는 **미지수**를 나타낸다.

먼저 다음의 방정식을 고려하자.

$$8x = 32$$

x에 대하여 풀고자 하면, 양변을 같은 수로 나누거나 곱할 수 있다. 이 경우 양변을 8로 나눈다.

$$\frac{8x}{8} = \frac{32}{8}$$

$$x = 4$$

이번에는 다음의 방정식을 고려하자.

$$x + 2 = 8$$

이 경우 양변에 같은 수를 더하거나 뺄 수 있다. 양변에서 2를 빼면

$$x + 2 - 2 = 8 - 2$$
$$x = 6$$

이다. 일반적으로 $x + a = b$이면 $x = b - a$이다.

이번에는 다음의 방정식을 고려하자.

$$\frac{x}{5} = 9$$

양변에 5를 곱하여 x를 구한다.

$$\left(\frac{x}{5}\right)(5) = 9 \times 5$$
$$x = 45$$

모든 경우에 **좌변과 우변에 연산을 같이 해주어야 한다.**

곱셈, 나눗셈, 덧셈, 나눗셈에 대한 다음의 규칙을 상기해 보자. 여기서 a, b, c, d는 상수이다.

	규칙	예
곱셈	$\left(\frac{a}{b}\right)\left(\frac{c}{d}\right) = \frac{ac}{bd}$	$\left(\frac{2}{3}\right)\left(\frac{4}{5}\right) = \frac{8}{15}$
나눗셈	$\frac{(a/b)}{(c/d)} = \frac{ad}{bc}$	$\frac{2/3}{4/5} = \frac{(2)(5)}{(4)(3)} = \frac{10}{12}$
덧셈	$\frac{a}{b} \pm \frac{c}{d} = \frac{ad \pm bc}{bd}$	$\frac{2}{3} - \frac{4}{5} = \frac{(2)(5) - (4)(3)}{(3)(5)} = -\frac{2}{15}$

연습문제

다음의 방정식을 x에 대하여 풀라.

	답
1. $a = \frac{1}{1 + x}$	$x = \frac{1 - a}{a}$
2. $3x - 5 = 13$	$x = 6$
3. $ax - 5 = bx + 2$	$x = \frac{7}{a - b}$
4. $\frac{5}{2x + 6} = \frac{3}{4x + 8}$	$x = -\frac{11}{7}$

지 수

x에 대한 거듭제곱의 곱셈은 다음을 만족한다.

$$x^n x^m = x^{n+m} \quad \textbf{(B.3)}$$

예를 들어 $x^2 x^4 = x^{2+4} = x^6$과 같이 한다.

x에 대한 거듭제곱의 나눗셈은 다음과 같이 한다.

$$\frac{x^n}{x^m} = x^{n-m} \quad \textbf{(B.4)}$$

이다. 예를 들면 $x^8/x^2 = x^{8-2} = x^6$과 같이 한다.

$\frac{1}{3}$과 같은 분수로 거듭제곱하는 것은 다음과 같이 거듭제곱근을 구하는 것과 같다.

$$x^{1/n} = \sqrt[n]{x} \tag{B.5}$$

예를 들어 $4^{1/3} = \sqrt[3]{4} = 1.587\,4$와 같은 것이다. (이런 종류의 계산에는 공학용 계산기가 유용하다.)

마지막으로 x^n의 m거듭제곱은 다음과 같다.

$$(x^n)^m = x^{nm} \tag{B.6}$$

표 B.1에 지수 법칙을 요약해 놓았다.

표 B.1

지수 법칙
$x^0 = 1$
$x^1 = x$
$x^n x^m = x^{n+m}$
$x^n/x^m = x^{n-m}$
$x^{1/n} = \sqrt[n]{x}$
$(x^n)^m = x^{nm}$

연습문제

다음의 식을 증명하라.

1. $3^2 \times 3^3 = 243$

2. $x^5 x^{-8} = x^{-3}$

3. $x^{10}/x^{-5} = x^{15}$

4. $5^{1/3} = 1.709\,976$ (계산기를 사용한다.)

5. $60^{1/4} = 2.783\,158$ (계산기를 사용한다.)

6. $(x^4)^3 = x^{12}$

인수분해

다음은 식을 인수분해하는 데 유용한 공식이다.

$ax + ay + az = a(x + y + z)$	공통 인수
$a^2 + 2ab + b^2 = (a + b)^2$	완전제곱꼴
$a^2 - b^2 = (a + b)(a - b)$	제곱의 차

이차 방정식

이차 방정식의 일반적인 형태는

$$ax^2 + bx + c = 0 \tag{B.7}$$

이다. 여기서 x는 미지수이고 a, b, c는 **계수**(coefficients)이다. 이 방정식은 근이 두 개이며, 다음과 같이 주어진다.

$$x = \frac{-b \pm \sqrt{b^2 - 4ac}}{2a} \tag{B.8}$$

$b^2 \geq 4ac$이면 방정식은 실근을 갖는다.

예제 B.1

방정식 $x^2 + 5x + 4 = 0$은 제곱근 항의 두 부호에 따라 다음과 같은 근을 갖는다.

$$x = \frac{-5 \pm \sqrt{5^2 - (4)(1)(4)}}{2(1)} = \frac{-5 \pm \sqrt{9}}{2} = \frac{-5 \pm 3}{2}$$

$$x_+ = \frac{-5+3}{2} = -1 \quad x_- = \frac{-5-3}{2} = -4$$

여기서 x_+는 제곱근 부호가 양수인 것에 해당하는 것이고, x_-는 음수인 것에 해당한다.

연습문제

다음 이차 방정식을 풀라.

		답	
1.	$x^2 + 2x - 3 = 0$	$x_+ = 1$	$x_- = -3$
2.	$2x^2 - 5x + 2 = 0$	$x_+ = 2$	$x_- = \frac{1}{2}$
3.	$2x^2 - 4x - 9 = 0$	$x_+ = 1 + \sqrt{22}/2$	$x_- = 1 - \sqrt{22}/2$

선형 방정식

선형 방정식은 다음과 같은 형태이다.

$$y = mx + b \tag{B.9}$$

여기서 m과 b는 상수이다. 이 방정식은 그림 B.1에서 보는 바와 같이 직선을 나타낸다. 상수 b는 **y절편**(y-intercept)이고, 상수 m은 직선의 **기울기**(slope)를 나타낸다. 그림 B.1처럼 직선 위의 두 점 (x_1, y_1)과 (x_2, y_2)가 주어지면, 직선의 기울기는 다음과 같이 표현된다.

$$\text{기울기} = \frac{y_2 - y_1}{x_2 - x_1} = \frac{\Delta y}{\Delta x} \tag{B.10}$$

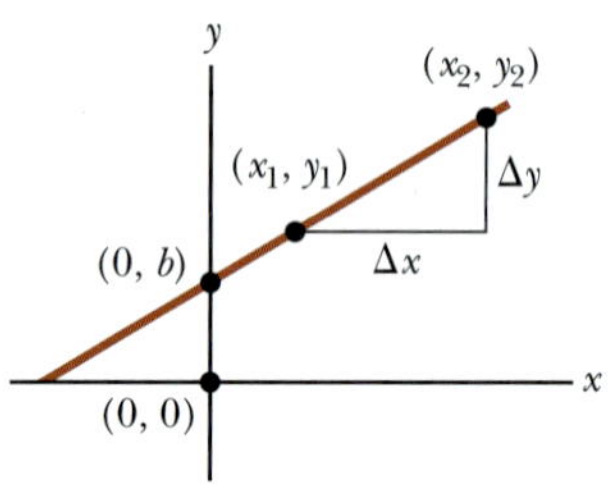

그림 B.1 xy 좌표계에 그린 직선. 직선의 기울기는 Δy와 Δx의 비율이다.

m과 b는 양 또는 음의 값을 가질 수 있다. $m > 0$이면, 직선은 그림 B.1에서처럼 기울기가 양이다. $m < 0$이면, 직선의 기울기는 음이다. 그림 B.1에서 m과 b는 모두 양수이다. 세 가지 가능한 m과 b 값에 대한 직선을 그림 B.2에 나타내었다.

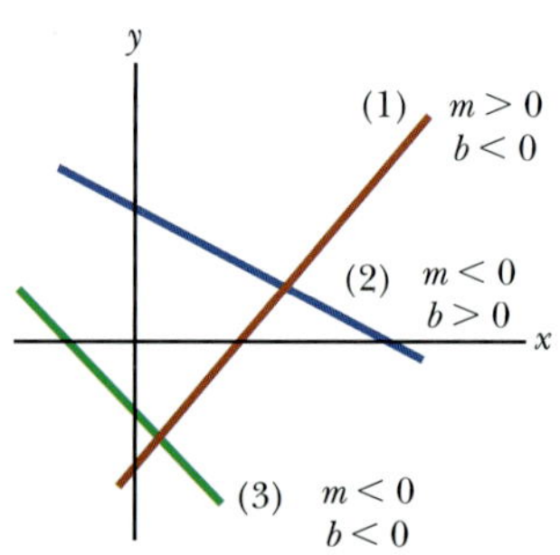

그림 B.2 갈색선은 기울기가 양이고 y절편은 음이다. 파란선은 기울기가 음이고 y절편이 양이다. 초록색선은 기울기가 음이고 y절편이 음이다.

연습문제

1. 다음의 직선 그래프를 그리라.
(a) $y = 5x + 3$ (b) $y = -2x + 4$ (c) $y = -3x - 6$

2. 연습문제 1에서 설명한 직선의 기울기를 구하라.
답 (a) 5 (b) −2 (c) −3

3. 다음에 주어진 좌표를 지나는 직선의 기울기를 구하라.
답 (a) $\frac{3}{2}$ (b) $-\frac{5}{2}$ (c) $-\frac{4}{9}$

일차 연립 방정식 풀기

미지수가 x, y인 방정식 $3x + 5y = 15$를 고려하자. 이런 방정식의 해는 하나가 아니다.

예를 들어 $(x = 0, y = 3)$, $(x = 5, y = 0)$, $(x = 2, y = \frac{9}{5})$는 모두 이 방정식의 해이다.

문제에 두 개의 미지수가 있으면, 두 개의 방정식이 주어질 때에만 해가 하나 존재한다. 일반적으로 n개의 미지수가 있는 문제에서 해가 존재하려면, n개의 방정식이 필요하다.

어떤 경우에는 두 가지 정보가 (1) 하나의 식과 (2) 해에 대한 하나의 조건일 수 있다. 예를 들어 $m = 3n$과, m과 n은 가장 작은 가능한 자연수여야 한다는 조건이 주어졌다고 하자. 그러면 하나의 식으로 하나의 해만 갖게 할 수는 없지만, 추가 조건 때문에 $n = 1$이고 $m = 3$이 된다.

예제 B.2

다음 연립 방정식을 풀라.

$$(1)\quad 5x + y = -8$$
$$(2)\quad 2x - 2y = 4$$

풀이 식 (2)로부터 $x = y + 2$이다. 이 방정식을 식 (1)에 대입한다.

$$5(y + 2) + y = -8$$
$$6y = -18$$
$$y = -3$$
$$x = y + 2 = -1$$

다른 풀이법 식 (1)에 2를 곱해서 식 (2)와 더하면 다음을 구할 수 있다.

$$10x + 2y = -16$$
$$2x - 2y = 4$$
$$12x = -12$$
$$x = -1$$
$$y = x - 2 = -3$$

또한 미지수 두 개를 포함하고 있는 두 개의 선형 방정식은 그래프 방법을 이용하여 풀 수 있다. 두 방정식에 해당하는 직선을 일반적인 좌표계에 그렸을 때, 두 직선의 교점이 해를 나타낸다. 예를 들어 다음의 두 방정식을 고려하라.

$$x - y = 2$$
$$x - 2y = -1$$

이들 방정식을 그림 B.3에 그렸다. 두 직선의 교점은 이 방정식의 해인 $x = 5$와 $y = 3$이다. 이 해를 앞에서 설명한 해석학적 방법으로 확인해 보기 바란다.

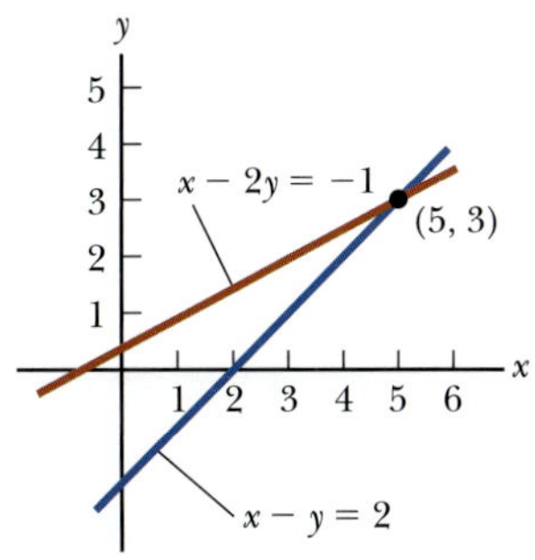

그림 B.3 두 일차 방정식에 대하여 그래프를 이용하여 구한 해

연습문제

다음의 이원 일차 연립 방정식을 풀라.

	답
1. $x + y = 8$ $x - y = 2$	$x = 5, y = 3$
2. $98 - T = 10a$ $T - 49 = 5a$	$T = 65, a = 3.27$
3. $6x + 2y = 6$ $8x - 4y = 28$	$x = 2, y = -3$

로그

x가 a의 지수 함수라고 가정하자.

$$x = a^y \tag{B.11}$$

숫자 a는 **밑**(base)이라고 부른다. 밑 a에 대한 x의 **로그**값은 $x = a^y$와 같다.

$$y = \log_a x \tag{B.12}$$

역으로 y의 **로그의 역**은 숫자 x가 된다.

$$x = \text{antilog}_a\, y \tag{B.13}$$

실제로 두 가지 밑을 가장 많이 사용한다. **상용** 로그에서 사용하는 밑 10과 오일러 상수 또는 **자연** 로그의 밑 $e = 2.718\,282$가 그것이다. 상용 로그는 다음과 같이 사용한다.

상용 로그

$$y = \log_{10} x \quad (\text{또는 } x = 10^y) \tag{B.14}$$

자연 로그

$$y = \ln x \quad (\text{또는 } x = e^y) \tag{B.15}$$

예를 들어 $\log_{10} 52 = 1.716$이면, $\text{antilog}_{10} 1.716 = 10^{1.716} = 52$이다. 마찬가지로 $\ln 52 = 3.951$이면 $\text{antiln}\, 3.951 = e^{3.951} = 52$이다.

일반적으로 밑이 10인 수와 밑이 e인 수를 다음과 같이 변환할 수 있다.

$$\ln x = (2.302\,585) \log_{10} x \tag{B.16}$$

마지막으로 로그에서 유용한 성질은 다음과 같다.

$$\left.\begin{aligned} \log(ab) &= \log a + \log b \\ \log(a/b) &= \log a - \log b \\ \log(a^n) &= n \log a \end{aligned}\right\} \text{어떤 밑이든지 성립}$$

$$\ln e = 1$$

$$\ln e^a = a$$

$$\ln\left(\frac{1}{a}\right) = -\ln a$$

B.3 기하학

좌표 (x_1, y_1)과 (x_2, y_2) 사이의 **거리**(distance) d는 다음과 같다.

$$d = \sqrt{(x_2 - x_1)^2 + (y_2 - y_1)^2} \tag{B.17}$$

그림 B.4와 같이 두 변이 서로 수직이면, 두 변 사이의 각도는 같다. 예를 들어 그림 B.4에서의 두 각도의 변이 서로 수직하기 때문에 두 각도 θ는 같다. 각도의 왼쪽과 오른쪽 변을 구별하기 위하여 각도의 정점에 서서 각도를 바라본다고 생각하라.

호도법: 호의 길이 s는 각도 θ(라디안)가 일정할 때 반지름 r에 비례한다.

$$s = r\theta \qquad \theta = \frac{s}{r} \tag{B.18}$$

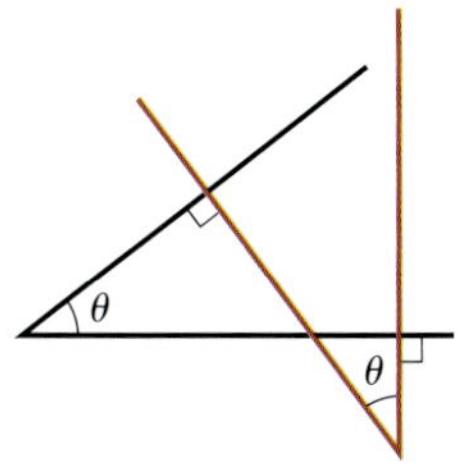

그림 B.4 두 변이 서로 수직이기 때문에 각도는 서로 같다.

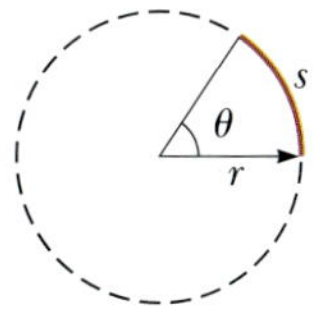

그림 B.5 라디안으로 나타낸 각도 θ는 호의 길이 s와 원의 반지름 r의 비이다.

표 B.2는 이 교재에서 사용한 여러 모양의 **넓이**(area)와 **부피**(volume)를 보여 준다.

직선(straight line)(그림 B.6)의 식은

$$y = mx + b \tag{B.19}$$

이다. 여기서 b는 y절편이고 m은 직선의 기울기이다.

중심이 원점에 있고 반지름이 R인 **원**(circle)의 방정식은

$$x^2 + y^2 = R^2 \tag{B.20}$$

이다. 중심이 원점에 있는 **타원**(ellipse)(그림 B.7)의 방정식은

$$\frac{x^2}{a^2} + \frac{y^2}{b^2} = 1 \tag{B.21}$$

이다. 여기서 a는 긴반지름이고 b는 짧은반지름이다.

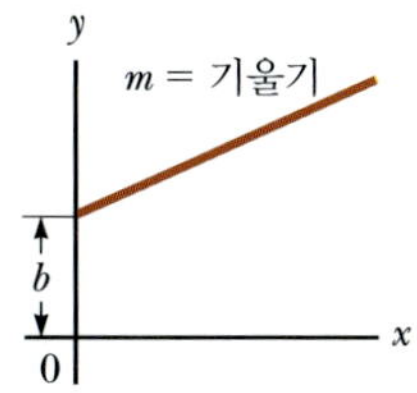

그림 B.6 기울기가 m이고 y절편이 b인 직선

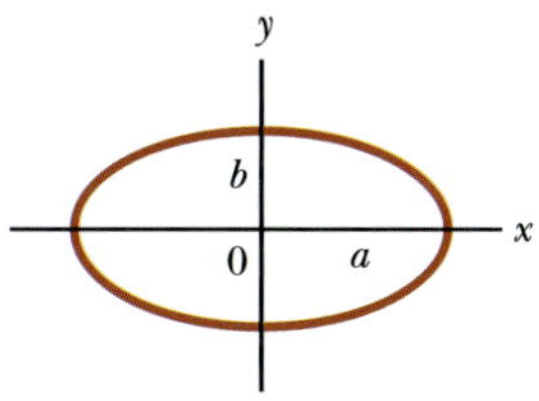

그림 B.7 긴반지름이 a이고 짧은반지름이 b인 타원

표 B.2 여러 기하학적 형태에 대한 값

모양	넓이 또는 부피	모양	넓이 또는 부피
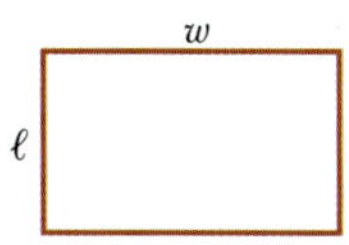 직사각형	넓이 $= \ell w$	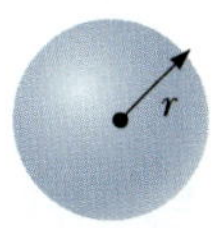 구	표면적 $= 4\pi r^2$ 부피 $= \frac{4\pi r^3}{3}$
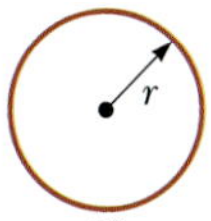 원	넓이 $= \pi r^2$ 원둘레 $= 2\pi r$	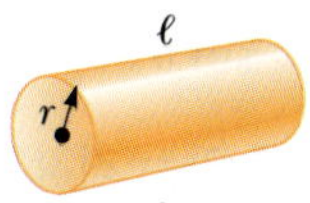 원통	옆면적 넓이 $= 2\pi r \ell$ 부피 $= \pi r^2 \ell$
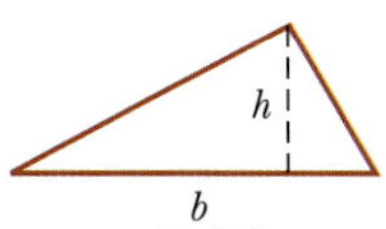 삼각형	넓이 $= \frac{1}{2} bh$	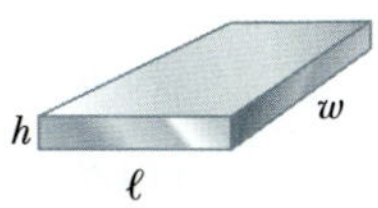 직사각형 상자	표면적 $=$ $2(\ell h + \ell w + hw)$ 부피 $= \ell wh$

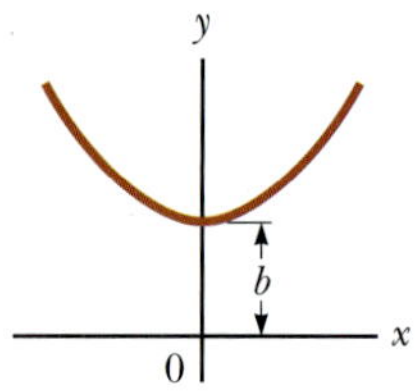

그림 B.8 꼭짓점이 $y = b$인 포물선

꼭짓점이 $y = b$에 있는 **포물선**(parabola) (그림 B.8)의 식은

$$y = ax^2 + b \tag{B.22}$$

이다. **쌍곡선**(rectangular hyperbola) (그림 B.9)의 방정식은

$$xy = \text{상수} \tag{B.23}$$

이다.

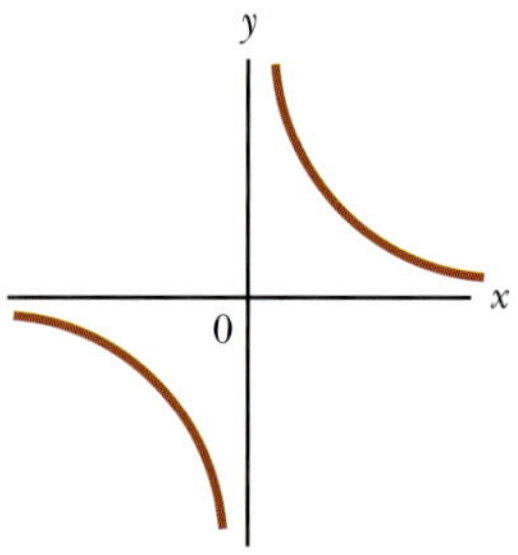

그림 B.9 쌍곡선

B.4 삼각 함수

직각 삼각형의 특수한 성질에 기초한 수학을 삼각 함수라고 한다. 그림 B.10에서의 직각 삼각형을 고려하자. 정의에 따라 삼각형의 한 각의 크기가 직각, 즉 90°이다. 그림 B.10의 직각 삼각형을 살펴보자. 여기서 변 a는 각도 θ의 반대쪽에 있고, 변 b는 각도 θ에 인접해 있고, 변 c는 빗변이다.

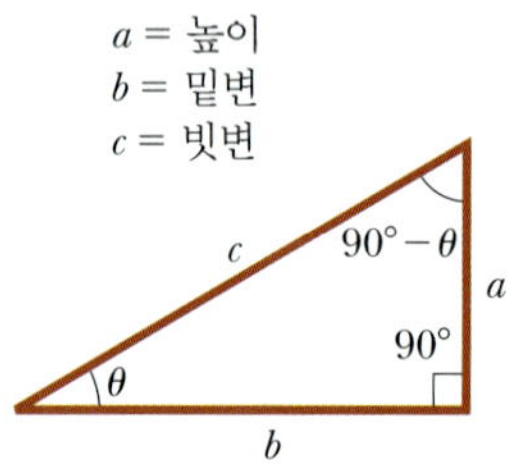

그림 B.10 삼각 함수의 기본 함수를 정의하는 데 사용한 직각 삼각형

이런 삼각형에서 정의된 세 가지 기본적인 삼각 함수는 사인(sin), 코사인(cos), 탄젠트(tan)이다. 이들 함수를 각도 θ로 다음과 같이 정의한다.

$$\sin\theta = \frac{\text{높이}}{\text{빗변}} = \frac{a}{c} \tag{B.24}$$

$$\cos\theta = \frac{\text{밑변}}{\text{빗변}} = \frac{b}{c} \tag{B.25}$$

$$\tan\theta = \frac{\text{높이}}{\text{밑변}} = \frac{a}{b} \tag{B.26}$$

피타고라스 정리에 따르면 직각 삼각형의 경우

$$c^2 = a^2 + b^2 \tag{B.27}$$

이다. 삼각 함수의 정의와 피타고라스 정리로부터 다음이 성립한다.

$$\sin^2\theta + \cos^2\theta = 1$$

$$\tan\theta = \frac{\sin\theta}{\cos\theta}$$

코시컨트, 시컨트, 코탄젠트는 다음과 같이 정의한다.

$$\csc\theta = \frac{1}{\sin\theta} \qquad \sec\theta = \frac{1}{\cos\theta} \qquad \cot\theta = \frac{1}{\tan\theta}$$

다음의 관계식은 그림 B.10에 있는 직각 삼각형으로부터 직접 유도된다.

$$\sin\theta = \cos(90° - \theta)$$
$$\cos\theta = \sin(90° - \theta)$$
$$\cot\theta = \tan(90° - \theta)$$

표 B.3 삼각 함수의 여러 관계식

$\sin^2\theta + \cos^2\theta = 1$	$\csc^2\theta = 1 + \cot^2\theta$
$\sec^2\theta = 1 + \tan^2\theta$	$\sin^2\frac{\theta}{2} = \frac{1}{2}(1 - \cos\theta)$
$\sin 2\theta = 2\sin\theta\cos\theta$	$\cos^2\frac{\theta}{2} = \frac{1}{2}(1 + \cos\theta)$
$\cos 2\theta = \cos^2\theta - \sin^2\theta$	$1 - \cos\theta = 2\sin^2\frac{\theta}{2}$
$\tan 2\theta = \frac{2\tan\theta}{1 - \tan^2\theta}$	$\tan\frac{\theta}{2} = \sqrt{\frac{1 - \cos\theta}{1 + \cos\theta}}$

$\sin(A \pm B) = \sin A\cos B \pm \cos A\sin B$

$\cos(A \pm B) = \cos A\cos B \mp \sin A\sin B$

$\sin A \pm \sin B = 2\sin\left[\frac{1}{2}(A \pm B)\right]\cos\left[\frac{1}{2}(A \mp B)\right]$

$\cos A + \cos B = 2\cos\left[\frac{1}{2}(A + B)\right]\cos\left[\frac{1}{2}(A - B)\right]$

$\cos A - \cos B = 2\sin\left[\frac{1}{2}(A + B)\right]\sin\left[\frac{1}{2}(B - A)\right]$

삼각 함수의 몇 가지 성질:

$$\sin(-\theta) = -\sin\theta$$
$$\cos(-\theta) = \cos\theta$$
$$\tan(-\theta) = -\tan\theta$$

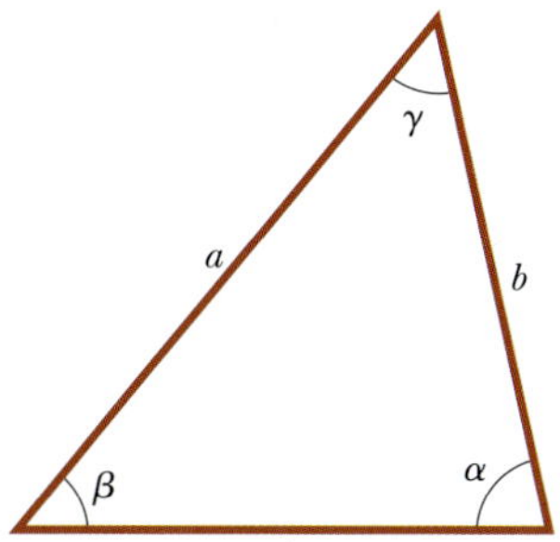

그림 B.11 임의의 삼각형

다음의 관계식은 그림 B.11에 있는 어떤 삼각형에도 적용된다.

$$\alpha + \beta + \gamma = 180°$$

코사인 법칙
$$\begin{cases} a^2 = b^2 + c^2 - 2bc\cos\alpha \\ b^2 = a^2 + c^2 - 2ac\cos\beta \\ c^2 = a^2 + b^2 - 2ab\cos\gamma \end{cases}$$

사인 법칙
$$\frac{a}{\sin\alpha} = \frac{b}{\sin\beta} = \frac{c}{\sin\gamma}$$

표 B.3에 삼각 함수의 여러 관계식을 실어 놓았다.

예제 B.3

그림 B.12에 있는 직각 삼각형을 고려하자. 여기서 $a = 2.00$, $b = 5.00$이고 c는 미지수이다. 피타고라스 정리로부터

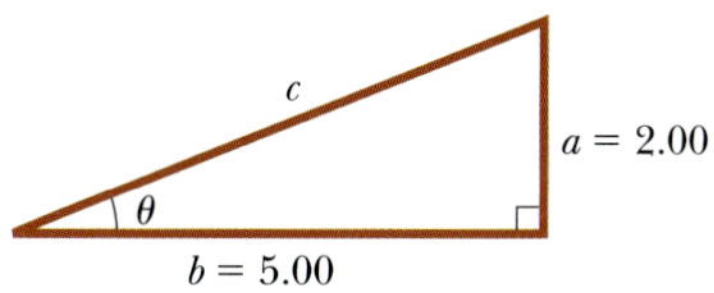

그림 B.12 (예제 B.3)

$$c^2 = a^2 + b^2 = 2.00^2 + 5.00^2 = 4.00 + 25.0 = 29.0$$

$$c = \sqrt{29.0} = 5.39$$

각도 θ를 구하기 위하여 다음에 주목하라.

$$\tan\theta = \frac{a}{b} = \frac{2.00}{5.00} = 0.400$$

계산기를 사용하여 다음을 구한다.

$$\theta = \tan^{-1}(0.400) = 21.8°$$

여기서 $\tan^{-1}(0.400)$는 탄젠트 값이 0.400일 때의 각도를 나타내는 기호이며, 때때로 arctan(0.400)으로 표기하기도 한다.

연습문제

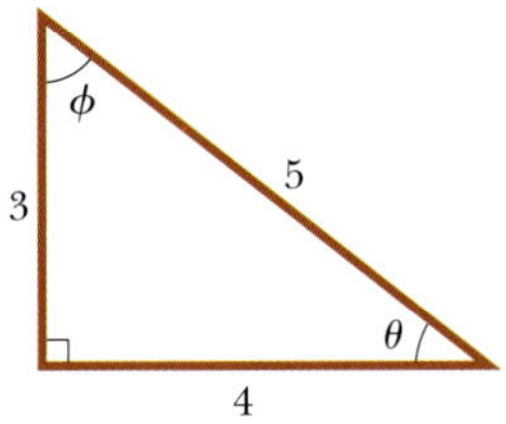

그림 B.13 (문제 1)

1. 그림 B.13에서 (a) 높이, (b) 밑변, (c) $\cos\theta$, (d) $\sin\phi$, (e) $\tan\phi$를 구하라.
   답 (a) 3 (b) 3 (c) $\frac{4}{5}$ (d) $\frac{4}{5}$ (e) $\frac{4}{3}$

2. 어떤 직각 삼각형에서 서로 수직인 두 변의 길이가 각각 5.00 m와 7.00 m일 때, 빗변의 길이는 얼마인가?
   답 8.60 m

3. 어떤 직각 삼각형에서 빗변의 길이가 3.0 m이고 한 각도는 30°이다. (a) 높이는 얼마인가? (b) 밑변은 얼마인가?
   답 (a) 1.5 m (b) 2.6 m

B.5 급수 전개

$$(a+b)^n = a^n + \frac{n}{1!}a^{n-1}b + \frac{n(n-1)}{2!}a^{n-2}b^2 + \cdots$$

$$(1+x)^n = 1 + nx + \frac{n(n-1)}{2!}x^2 + \cdots$$

$$e^x = 1 + x + \frac{x^2}{2!} + \frac{x^3}{3!} + \cdots$$

$$\ln(1 \pm x) = \pm x - \tfrac{1}{2}x^2 \pm \tfrac{1}{3}x^3 - \cdots$$

$$\left.\begin{aligned} \sin x &= x - \frac{x^3}{3!} + \frac{x^5}{5!} - \cdots \\ \cos x &= 1 - \frac{x^2}{2!} + \frac{x^4}{4!} - \cdots \\ \tan x &= x + \frac{x^3}{3} + \frac{2x^5}{15} + \cdots \quad |x| < \frac{\pi}{2} \end{aligned}\right\} \text{ x는 라디안 단위}$$

$x \ll 1$인 경우 다음의 근사식을 사용할 수 있다.[1]

$$(1+x)^n \approx 1 + nx \qquad \sin x \approx x$$
$$e^x \approx 1 + x \qquad \cos x \approx 1$$
$$\ln(1 \pm x) \approx \pm x \qquad \tan x \approx x$$

[1] 함수 $\sin x$, $\cos x$, $\tan x$에 대한 근사는 $x \leq 0.1$ rad인 경우에 해당한다.

B.6 미 분

뉴턴이 만들어 낸 수학의 기본적인 도구는 때때로 과학의 여러 분야에서 물리적인 현상을 설명하기 위하여 사용된다. 미적분은 뉴턴 역학, 전기와 자기에서 다양한 문제들을 푸는 데 기본이다. 여기서는 간단하고 중요한 성질들을 설명하겠다.

함수(function)는 한 변수와 또 다른 변수 사이의 관계로 정의된다(예, 시간에 따른 좌표). 한 변수를 y라 하고(종속 변수) 또 다른 변수를 x라 하자(독립 변수). 그리고 다음과 같은 함수를 생각해 보자.

$$y(x) = ax^3 + bx^2 + cx + d$$

a, b, c, d가 상수이면, 임의의 값 x에 대하여 y를 계산할 수 있다. 일반적으로 y가 x에 대해 부드럽게 변하는 함수를 다룬다.

y의 x에 대한 **도함수**(derivative)는 Δx가 0으로 접근할 때 x-y 곡선 위의 두 점 사이에 그린 직선의 기울기의 극한값으로 정의한다. 수학적으로는 이 정의를 다음과 같이 쓴다.

$$\frac{dy}{dx} = \lim_{\Delta x \to 0} \frac{\Delta y}{\Delta x} = \lim_{\Delta x \to 0} \frac{y(x + \Delta x) - y(x)}{\Delta x} \qquad \textbf{(B.28)}$$

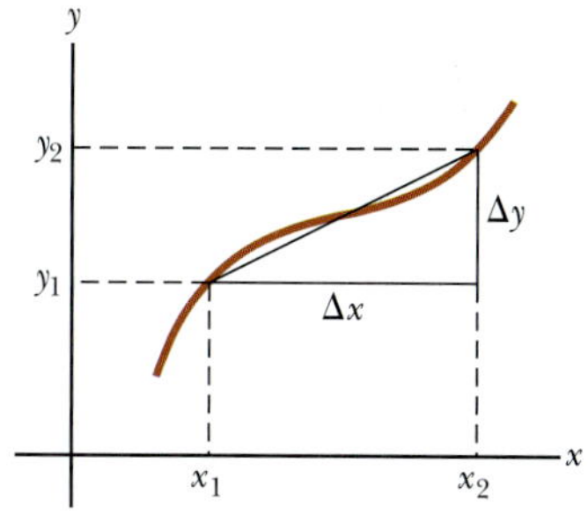

그림 B.14 길이 Δx와 Δy는 주어진 점에서 이 함수의 미분을 정의하는 데 사용된다.

여기서 Δy와 Δx는 $\Delta x = x_2 - x_1$이고 $\Delta y = y_2 - y_1$로 정의한 양이다(그림 B.14). dy/dx는 dy를 dx로 나눈다는 의미가 아니라 식 B.28의 정의에 의한 도함수를 구하는 극한 과정을 나타내는 기호이다.

a가 상수이고 n이 양 또는 음의 정수 또는 분수일 때 함수 $y(x) = ax^n$의 도함수는 다음과 같다.

$$\frac{dy}{dx} = nax^{n-1} \qquad \textbf{(B.29)}$$

$y(x)$가 x의 급수이거나 대수 함수이면 급수의 각 항에 식 B.29를 적용하고 d(상수)$/dx = 0$으로 한다. 예제 B.4부터 B.7에서 여러 함수의 미분을 계산한다.

도함수의 성질

A. 두 함수의 곱 도함수 함수 $f(x)$가 두 함수 $g(x)$와 $h(x)$의 곱으로 주어질 때 $f(x)$의 도함수는 다음과 같이 구한다.

$$\frac{d}{dx}f(x) = \frac{d}{dx}[g(x)h(x)] = g\frac{dh}{dx} + h\frac{dg}{dx} \qquad \textbf{(B.30)}$$

B. 두 함수의 합의 도함수 함수 $f(x)$가 두 함수의 합이면 도함수는 각 함수의 도함수를 더한 것과 같다.

$$\frac{d}{dx}f(x) = \frac{d}{dx}[g(x) + h(x)] = \frac{dg}{dx} + \frac{dh}{dx} \qquad \textbf{(B.31)}$$

C. 도함수의 연쇄 법칙 $y = f(x)$, $x = g(z)$라 할 때 dy/dz는 두 도함수의 곱으로 구한다.

$$\frac{dy}{dz} = \frac{dy}{dx}\frac{dx}{dz} \qquad \textbf{(B.32)}$$

표 B.4 여러 함수의 미분

$$\frac{d}{dx}(a) = 0$$
$$\frac{d}{dx}(ax^n) = nax^{n-1}$$
$$\frac{d}{dx}(e^{ax}) = ae^{ax}$$
$$\frac{d}{dx}(\sin ax) = a\cos ax$$
$$\frac{d}{dx}(\cos ax) = -a\sin ax$$
$$\frac{d}{dx}(\tan ax) = a\sec^2 ax$$
$$\frac{d}{dx}(\cot ax) = -a\csc^2 ax$$
$$\frac{d}{dx}(\sec x) = \tan x \sec x$$
$$\frac{d}{dx}(\csc x) = -\cot x \csc x$$
$$\frac{d}{dx}(\ln ax) = \frac{1}{x}$$
$$\frac{d}{dx}(\sin^{-1} ax) = \frac{a}{\sqrt{1 - a^2x^2}}$$
$$\frac{d}{dx}(\cos^{-1} ax) = \frac{-a}{\sqrt{1 - a^2x^2}}$$
$$\frac{d}{dx}(\tan^{-1} ax) = \frac{a}{1 + a^2x^2}$$

Note: a와 n은 상수이다.

D. 이차 도함수 y의 x에 대한 이차 도함수는 도함수 dy/dx의 도함수로 정의한다(즉 도함수의 도함수). 그리고 다음과 같이 표기한다.

$$\frac{d^2y}{dx^2} = \frac{d}{dx}\left(\frac{dy}{dx}\right) \tag{B.33}$$

많이 사용되는 함수의 미분을 표 B.4에 나열하였다.

예제 B.4

$y(x)$가 다음과 같이 주어진다.

$$y(x) = ax^3 + bx + c$$

여기서 a와 b는 상수일 때, 다음과 같이 된다.

$$\begin{aligned} y(x + \Delta x) &= a(x + \Delta x)^3 + b(x + \Delta x) + c \\ &= a(x^3 + 3x^2\,\Delta x + 3x\,\Delta x^2 + \Delta x^3) + b(x + \Delta x) + c \end{aligned}$$

그러므로

$$\Delta y = y(x + \Delta x) - y(x) = a(3x^2\,\Delta x + 3x\,\Delta x^2 + \Delta x^3) + b\Delta x$$

이고, 이를 식 B.28에 대입하면

$$\frac{dy}{dx} = \lim_{\Delta x \to 0} \frac{\Delta y}{\Delta x} = \lim_{\Delta x \to 0} [3ax^2 + 3ax\,\Delta x + a\,\Delta x^2\,] + b$$

$$\frac{dy}{dx} = 3ax^2 + b$$

이다.

예제 B.5

다음 식의 도함수를 구하라.

$$y(x) = 8x^5 + 4x^3 + 2x + 7$$

풀이 식 B.29를 각 항에 적용하고 d/dx(상수) = 0임을 상기하면 다음을 얻는다.

$$\frac{dy}{dx} = 8(5)x^4 + 4(3)x^2 + 2(1)x^0 + 0$$

$$\frac{dy}{dx} = 40x^4 + 12x^2 + 2$$

이다.

예제 B.6

$y(x) = x^3/(x+1)^2$의 x에 대한 도함수를 구하라.

풀이 이 함수를 $y(x) = x^3(x+1)^{-2}$와 같이 쓰고 식 B.30을 적용한다.

$$\frac{dy}{dx} = (x+1)^{-2}\frac{d}{dx}(x^3) + x^3\frac{d}{dx}(x+1)^{-2}$$

$$= (x+1)^{-2}\,3x^2 + x^3(-2)(x+1)^{-3}$$

$$\frac{dy}{dx} = \frac{3x^2}{(x+1)^2} - \frac{2x^3}{(x+1)^3} = \frac{x^2(x+3)}{(x+1)^3}$$

예제 B.7

두 함수를 나눈 함수에 대한 도함수 공식을 식 B.30으로부터 얻을 수 있다. 다음을 보이라.

$$\frac{d}{dx}\left[\frac{g(x)}{h(x)}\right] = \frac{h\dfrac{dg}{dx} - g\dfrac{dh}{dx}}{h^2}$$

풀이 나누기를 gh^{-1}와 같이 나타낼 수 있으므로 식 B.29와 B.30을 적용한다.

$$\frac{d}{dx}\left(\frac{g}{h}\right) = \frac{d}{dx}(gh^{-1}) = g\frac{d}{dx}(h^{-1}) + h^{-1}\frac{d}{dx}(g)$$

$$= -gh^{-2}\frac{dh}{dx} + h^{-1}\frac{dg}{dx}$$

$$= \frac{h\dfrac{dg}{dx} - g\dfrac{dh}{dx}}{h^2}$$

B.7 적 분

적분을 미분의 역과정으로 생각한다. 예를 들어 다음의 식을 고려하자.

$$f(x) = \frac{dy}{dx} = 3ax^2 + b \tag{B.34}$$

이는 예제 B.4에서 다음 함수를 미분한 것이다.

$$y(x) = ax^3 + bx + c$$

식 B.34를 $dy = f(x)\,dx = (3ax^2 + b)\,dx$로 쓸 수 있고, 모든 x에 대하여 더해서 $y(x)$를 구할 수 있다. 수학적으로, 이 역과정을

$$y(x) = \int f(x)\,dx$$

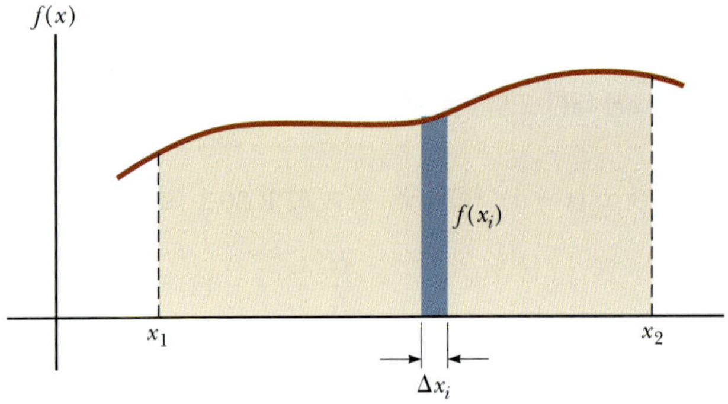

그림 B.15 함수의 정적분은 x_1과 x_2 사이에서 곡선 아랫부분의 넓이이다.

로 쓴다. 식 B.34로 주어진 함수 $f(x)$에 대하여

$$y(x) = \int (3ax^2 + b)\ dx = ax^3 + bx + c$$

이며, 여기서 c는 적분 상수이다. 적분값이 c의 선택에 의존하기 때문에, 이런 적분 형태를 **부정 적분**(indefinite integral)이라고 한다.

일반적으로 **부정 적분**(indefinite integral) $I(x)$는 다음과 같이 정의한다.

$$I(x) = \int f(x)\ dx \tag{B.35}$$

여기서 $f(x)$를 **피적분 함수**라 하고, $f(x) = dI(x)/dx$이다.

연속 함수 $f(x)$에 대하여 적분은 곡선 $f(x)$와 그림 B.15와 같이 x축의 두 점 x_1, x_2로 둘러싸인 넓이로 나타낼 수도 있다.

그림 B.15의 파란색 영역의 넓이는 대략 $f(x_i)\ \Delta x_i$이며 x_1과 x_2 사이의 이런 모든 넓이를 더하고 이 합을 $\Delta x_i \to 0$의 극한을 취하면 $f(x)$와 x_1과 x_2 사이의 x축에 둘러싸인 실제 넓이를 얻게 된다.

$$\text{넓이} = \lim_{\Delta x_i \to 0} \sum_i f(x_i)\Delta x_i = \int_{x_1}^{x_2} f(x)\ dx \tag{B.36}$$

식 B.36으로 정의된 적분 형태를 **정적분**(definite integral)이라고 한다.

다음은 일반적 적분 공식이다.

$$\int x^n\ dx = \frac{x^{n+1}}{n+1} + c \quad (n \neq -1) \tag{B.37}$$

이 결과는 당연하다. 왜냐하면 우변을 x에 대하여 미분하면 바로 $f(x) = x^n$이 되기 때문이다. 적분 구간이 정해지면 상하한을 알면, 이 적분은 **정적분**이 되고 다음과 같이 쓴다.

$$\int_{x_1}^{x_2} x^n\ dx = \frac{x^{n+1}}{n+1}\Bigg|_{x_1}^{x_2} = \frac{{x_2}^{n+1} - {x_1}^{n+1}}{n+1} \quad (n \neq -1) \tag{B.38}$$

예제

1. $\displaystyle\int_0^a x^2\,dx = \frac{x^3}{3}\bigg]_0^a = \frac{a^3}{3}$
2. $\displaystyle\int_0^b x^{3/2}\,dx = \frac{x^{5/2}}{5/2}\bigg]_0^b = \tfrac{2}{5}b^{5/2}$
3. $\displaystyle\int_3^5 x\,dx = \frac{x^2}{2}\bigg]_3^5 = \frac{5^2-3^2}{2} = 8$

부분 적분

때때로 적분값을 구하기 위하여 **부분 적분**을 적용하는 것이 유용하다. 이 방법은 다음의 성질을 이용한다.

$$\int u\,dv = uv - \int v\,du \tag{B.39}$$

여기서 u의 v는 복잡한 적분을 단순하게 하기 위하여 **적절하게** 선택한다. 다음의 함수를 고려하자.

$$I(x) = \int x^2\,e^x\,dx$$

이는 두 번 부분 적분을 해서 계산할 수 있다. 먼저 $u = x^2$, $v = e^x$로 놓으면

$$\int x^2\,e^x\,dx = \int x^2\,d(e^x) = x^2\,e^x - 2\int e^x\,x\,dx + c_1$$

을 얻게 된다. 이제 $u = x$, $v = e^x$로 놓으면

$$\int x^2\,e^x\,dx = x^2\,e^x - 2x\,e^x + 2\int e^x\,dx + c_1$$

또는

$$\int x^2\,e^x\,dx = x^2\,e^x - 2xe^x + 2e^x + c_2$$

가 된다.

전미분

기억해야 할 또 다른 방법으로 **전미분**이 있다. 전미분은 적분 함수의 독립 변수로 나타낸 미분이 함수의 미분이 되도록 변수 변화를 찾는 것이다. 예를 들어 다음 적분을 고려해 보자.

$$I(x) = \int \cos^2 x \sin x\,dx$$

이 적분은 $d(\cos x) = -\sin x\,dx$로 쓰면 쉽게 계산할 수 있다. 그러면 적분은

$$\int \cos^2 x \sin x\,dx = -\int \cos^2 x\,d(\cos x)$$

와 같이 된다. 변수를 $y = \cos x$로 바꾸면 다음을 구할 수 있다.

표 B.5 부정 적분 (각 적분에 임의의 상수가 더해져야 한다.)

$$\int x^n\,dx = \frac{x^{n+1}}{n+1} \quad (n \neq 1\text{인 경우})$$

$$\int \frac{dx}{x} = \int x^{-1}\,dx = \ln x$$

$$\int \frac{dx}{a+bx} = \frac{1}{b}\ln(a+bx)$$

$$\int \frac{x\,dx}{a+bx} = \frac{x}{b} - \frac{a}{b^2}\ln(a+bx)$$

$$\int \frac{dx}{x(x+a)} = -\frac{1}{a}\ln\frac{x+a}{x}$$

$$\int \frac{dx}{(a+bx)^2} = -\frac{1}{b(a+bx)}$$

$$\int \frac{dx}{a^2+x^2} = \frac{1}{a}\tan^{-1}\frac{x}{a}$$

$$\int \frac{dx}{a^2-x^2} = \frac{1}{2a}\ln\frac{a+x}{a-x} \quad (a^2-x^2>0)$$

$$\int \frac{dx}{x^2-a^2} = \frac{1}{2a}\ln\frac{x-a}{x+a} \quad (x^2-a^2>0)$$

$$\int \frac{x\,dx}{a^2 \pm x^2} = \pm\tfrac{1}{2}\ln(a^2 \pm x^2)$$

$$\int \frac{dx}{\sqrt{a^2-x^2}} = \sin^{-1}\frac{x}{a} = -\cos^{-1}\frac{x}{a} \quad (a^2-x^2>0)$$

$$\int \frac{dx}{\sqrt{x^2 \pm a^2}} = \ln(x+\sqrt{x^2 \pm a^2})$$

$$\int \frac{x\,dx}{\sqrt{a^2-x^2}} = -\sqrt{a^2-x^2}$$

$$\int \frac{x\,dx}{\sqrt{x^2 \pm a^2}} = \sqrt{x^2 \pm a^2}$$

$$\int \sqrt{a^2-x^2}\,dx = \tfrac{1}{2}\left(x\sqrt{a^2-x^2} + a^2\sin^{-1}\frac{x}{|a|}\right)$$

$$\int x\sqrt{a^2-x^2}\,dx = -\tfrac{1}{3}(a^2-x^2)^{3/2}$$

$$\int \sqrt{x^2 \pm a^2}\,dx = \tfrac{1}{2}x\sqrt{x^2 \pm a^2} \pm a^2\ln(x+\sqrt{x^2 \pm a^2})$$

$$\int x(\sqrt{x^2 \pm a^2})\,dx = \tfrac{1}{3}(x^2 \pm a^2)^{3/2}$$

$$\int e^{ax}\,dx = \frac{1}{a}e^{ax}$$

$$\int \ln ax\,dx = (x\ln ax) - x$$

$$\int xe^{ax}\,dx = \frac{e^{ax}}{a^2}(ax-1)$$

$$\int \frac{dx}{a+be^{cx}} = \frac{x}{a} - \frac{1}{ac}\ln(a+be^{cx})$$

$$\int \sin ax\,dx = -\frac{1}{a}\cos ax$$

$$\int \cos ax\,dx = \frac{1}{a}\sin ax$$

$$\int \tan ax\,dx = -\frac{1}{a}\ln(\cos ax) = \frac{1}{a}\ln(\sec ax)$$

$$\int \cot ax\,dx = \frac{1}{a}\ln(\sin ax)$$

$$\int \sec ax\,dx = \frac{1}{a}\ln(\sec ax + \tan ax) = \frac{1}{a}\ln\left[\tan\left(\frac{ax}{2}+\frac{\pi}{4}\right)\right]$$

$$\int \csc ax\,dx = \frac{1}{a}\ln(\csc ax - \cot ax) = \frac{1}{a}\ln\left(\tan\frac{ax}{2}\right)$$

$$\int \sin^2 ax\,dx = \frac{x}{2} - \frac{\sin 2ax}{4a}$$

$$\int \cos^2 ax\,dx = \frac{x}{2} + \frac{\sin 2ax}{4a}$$

$$\int \frac{dx}{\sin^2 ax} = -\frac{1}{a}\cot ax$$

$$\int \frac{dx}{\cos^2 ax} = \frac{1}{a}\tan ax$$

$$\int \tan^2 ax\,dx = \frac{1}{a}(\tan ax) - x$$

$$\int \cot^2 ax\,dx = -\frac{1}{a}(\cot ax) - x$$

$$\int \sin^{-1} ax\,dx = x(\sin^{-1} ax) + \frac{\sqrt{1-a^2x^2}}{a}$$

$$\int \cos^{-1} ax\,dx = x(\cos^{-1} ax) - \frac{\sqrt{1-a^2x^2}}{a}$$

$$\int \frac{dx}{(x^2+a^2)^{3/2}} = \frac{x}{a^2\sqrt{x^2+a^2}}$$

$$\int \frac{x\,dx}{(x^2+a^2)^{3/2}} = -\frac{1}{\sqrt{x^2+a^2}}$$

표 B.6 가우스의 확률 적분과 여러 정적분

$$\int_0^\infty x^n\, e^{-ax}\, dx = \frac{n!}{a^{n+1}}$$

$$I_0 = \int_0^\infty e^{-ax^2}\, dx = \frac{1}{2}\sqrt{\frac{\pi}{a}} \quad \text{(가우스의 확률 적분)}$$

$$I_1 = \int_0^\infty x e^{-ax^2}\, dx = \frac{1}{2a}$$

$$I_2 = \int_0^\infty x^2\, e^{-ax^2}\, dx = -\frac{dI_0}{da} = \frac{1}{4}\sqrt{\frac{\pi}{a^3}}$$

$$I_3 = \int_0^\infty x^3\, e^{-ax^2}\, dx = -\frac{dI_1}{da} = \frac{1}{2a^2}$$

$$I_4 = \int_0^\infty x^4\, e^{-ax^2}\, dx = \frac{d^2 I_0}{da^2} = \frac{3}{8}\sqrt{\frac{\pi}{a^5}}$$

$$I_5 = \int_0^\infty x^5\, e^{-ax^2}\, dx = \frac{d^2 I_1}{da^2} = \frac{1}{a^3}$$

$$\vdots$$

$$I_{2n} = (-1)^n \frac{d^n}{da^n} I_0$$

$$I_{2n+1} = (-1)^n \frac{d^n}{da^n} I_1$$

$$\int \cos^2 x \sin x\, dx = -\int y^2\, dy = -\frac{y^3}{3} + c = -\frac{\cos^3 x}{3} + c$$

표 B.5에 유용한 부정 적분을 나열하였다. 표 B.6은 가우스의 확률 적분과 여러 정적분을 나열하였다.

B.8 불확정도의 전파

실험실 실험에서 이루어지는 공통적인 활동은 자료를 얻기 위하여 측정을 하는 것이다. 이들 측정은 다양한 장치를 이용하여 얻은 길이, 시간, 간격, 온도, 전압 등 여러 형태이다. 측정과 장비의 질에 무관하게, **물리적인 측정에는 항상 이와 연관된 불확정도가 있다**. 이런 불확정도는 측정과 관련된 불확정도와 측정하는 계의 불확정도와 모두 연관되어 있다. 전자의 예는 미터자 위의 선 사이에서 길이 측정의 위치를 정확히 결정하는 것이 불가능하다는 것이다. 측정하는 계와 관련된 불확정도의 한 예는 물 안의 온도 변화인데, 그래서 물에 대한 하나의 온도를 결정하는 것이 어렵다.

불확정도는 두 가지 방법으로 표현할 수 있다. **절대 불확정도**(absolute uncertainty)는 측정과 같은 단위로 표현한 불확정도를 의미한다. 따라서 컴퓨터 디스크 라벨의 길이는 (5.5 ± 0.1) cm로 표현할 수 있다. 측정값이 1.0 cm라면, ±0.1 cm의 불확정도는 크지만, 측정 값이 100 m라면 이 불확정도는 작은 것이다. 불확정도를 더 의미 있게 하기 위하여 **소수 불확정도**(fractional uncertainty) 또는 **퍼센트 불확정도**(percent uncertainty)를 사용한다. 이 경우 불확정도는 실제 측정값으로 나눈 것이다. 따라서 컴퓨터 디스크 라벨의 길이는 다음과 같이 표현할 수 있다.

$$\ell = 5.5\text{ cm} \pm \frac{0.1\text{ cm}}{5.5\text{ cm}} = 5.5\text{ cm} \pm 0.018 \quad \text{(소수 불확정도)}$$

또는

$$\ell = 5.5\text{ cm} \pm 1.8\% \quad \text{(퍼센트 불확정도)}$$

계산에서 측정들을 조합하면, 최종 결과에서 퍼센트 불확정도는 일반적으로 각각의 측정에서의 불확정도보다 크다. 이를 **불확정도의 전파**(propagation of uncertainty)라고 하며, 실험 물리에서 중요한 것 중의 하나이다.

계산한 결과에서 불확정도를 합리적으로 추정해볼 수 있는 몇 가지 간단한 규칙이 있다.

곱셈과 나눗셈: 불확정도를 가진 측정들을 서로 곱하거나 나눌 때, 각각의 **퍼센트 불확정도**를 더하여 최종 퍼센트 불확정도를 얻는다.

예: 직사각형 판의 넓이

$$A = \ell w = (5.5\text{ cm} \pm 1.8\%) \times (6.4\text{ cm} \pm 1.6\%) = 35\text{ cm}^2 \pm 3.4\%$$
$$= (35 \pm 1)\text{ cm}^2$$

덧셈과 뺄셈: 불확정도를 가진 측정들을 서로 더하거나 뺄 때, 각각의 **불확정도 절댓값**을 더하여 최종 불확정도를 얻는다.

예: 온도의 변화

$$\Delta T = T_2 - T_1 = (99.2 \pm 1.5)^\circ\text{C} - (27.6 \pm 1.5)^\circ\text{C} = (71.6 \pm 3.0)^\circ\text{C}$$
$$= 71.6^\circ\text{C} \pm 4.2\%$$

거듭제곱수: 측정값을 거듭제곱할 때, 퍼센트 불확정도는 측정값의 퍼센트 불확정도에 거듭제곱 수만큼 곱하면 된다.

예: 구의 부피

$$V = \tfrac{4}{3}\pi r^3 = \tfrac{4}{3}\pi(6.20\text{ cm} \pm 2.0\%)^3 = 998\text{ cm}^3 \pm 6.0\%$$
$$= (998 \pm 60)\text{ cm}^3$$

복잡한 계산의 경우, 많은 불확정도를 서로 더하면 최종 결과의 불확정도가 매우 커질 수 있다. 실험은 가능한 한 계산이 단순하도록 설계해야 한다.

불확정도는 계산에서 항상 누적되므로 특히 측정값이 거의 비슷한 경우에는 측정값을 뺄셈하는 실험은 가능하면 피해야 한다. 그런 경우 측정값을 뺀 값이 불확정도보다 훨씬 작아질 수가 있다.

APPENDIX C

SI 단위
SI Units

표 C.1 기본 단위

	기본 단위	
기본량	명칭	단위
길이	미터	m
질량	킬로그램	kg
시간	초	s
전류	암페어	A
온도	켈빈	K
물질의 양	몰	mol
광도	칸델라	cd

표 C.2 유도 단위

양	명칭	단위	기본 단위 표현	유도 단위 표현
평면각	라디안	rad	m/m	
진동수	헤르츠	Hz	s^{-1}	
힘	뉴턴	N	$kg \cdot m/s^2$	J/m
압력	파스칼	Pa	$kg/m \cdot s^2$	N/m^2
에너지	줄	J	$kg \cdot m^2/s^2$	$N \cdot m$
일률	와트	W	$kg \cdot m^2/s^3$	J/s
전하	쿨롬	C	$A \cdot s$	
전위	볼트	V	$kg \cdot m^2/A \cdot s^3$	W/A
전기용량	패럿	F	$A^2 \cdot s^4/kg \cdot m^2$	C/V
전기 저항	옴	Ω	$kg \cdot m^2/A^2 \cdot s^3$	V/A
자기선속	웨버	Wb	$kg \cdot m^2/A \cdot s^2$	$V \cdot s$
자기장	테슬라	T	$kg/A \cdot s^2$	
유도 계수	헨리	H	$kg \cdot m^2/A^2 \cdot s^2$	$T \cdot m^2/A$

APPENDIX

D 원소의 주기율표

Periodic Table of the Elements

기호 — **Ca** 20 — 원자 번호

원자 질량† — 40.078

$4s^2$ — 전자 배치

I족	II족	전이원소						
H 1 1.007 9 $1s$								
Li 3 6.941 $2s^1$	**Be** 4 9.0122 $2s^2$							
Na 11 22.990 $3s^1$	**Mg** 12 24.305 $3s^2$							
K 19 39.098 $4s^1$	**Ca** 20 40.078 $4s^2$	**Sc** 21 44.956 $3d^1 4s^2$	**Ti** 22 47.867 $3d^2 4s^2$	**V** 23 50.942 $3d^3 4s^2$	**Cr** 24 51.996 $3d^5 4s^1$	**Mn** 25 54.938 $3d^5 4s^2$	**Fe** 26 55.845 $3d^6 4s^2$	**Co** 27 58.933 $3d^7 4s^2$
Rb 37 85.468 $5s^1$	**Sr** 38 87.62 $5s^2$	**Y** 39 88.906 $4d^1 5s^2$	**Zr** 40 91.224 $4d^2 5s^2$	**Nb** 41 92.906 $4d^4 5s^1$	**Mo** 42 95.94 $4d^5 5s^1$	**Tc** 43 (98) $4d^5 5s^2$	**Ru** 44 101.07 $4d^7 5s^1$	**Rh** 45 102.91 $4d^8 5s^1$
Cs 55 132.91 $6s^1$	**Ba** 56 137.33 $6s^2$	57–71*	**Hf** 72 178.49 $5d^2 6s^2$	**Ta** 73 180.95 $5d^3 6s^2$	**W** 74 183.84 $5d^4 6s^2$	**Re** 75 186.21 $5d^5 6s^2$	**Os** 76 190.23 $5d^6 6s^2$	**Ir** 77 192.2 $5d^7 6s^2$
Fr 87 (223) $7s^1$	**Ra** 88 (226) $7s^2$	89–103**	**Rf** 104 (261) $6d^2 7s^2$	**Db** 105 (262) $6d^3 7s^2$	**Sg** 106 (266)	**Bh** 107 (264)	**Hs** 108 (277)	**Mt** 109 (268)

*Lanthanide series 계열	**La** 57 138.91 $5d^1 6s^2$	**Ce** 58 140.12 $5d^1 4f^1 6s^2$	**Pr** 59 140.91 $4f^3 6s^2$	**Nd** 60 144.24 $4f^4 6s^2$	**Pm** 61 (145) $4f^5 6s^2$	**Sm** 62 150.36 $4f^6 6s^2$
**Actinide series 계열	**Ac** 89 (227) $6d^1 7s^2$	**Th** 90 232.04 $6d^2 7s^2$	**Pa** 91 231.04 $5f^2 6d^1 7s^2$	**U** 92 238.03 $5f^3 6d^1 7s^2$	**Np** 93 (237) $5f^4 6d^1 7s^2$	**Pu** 94 (244) $5f^6 7s^2$

Note: 원자 질량값은 자연에 존재하는 동위 원소를 평균한 것이다.

† 불안정한 원소의 경우, 가장 안정적인 동위 원소의 질량이 괄호 안에 주어져 있다.

			III족	IV족	V족	VI족	VII족	0족
							H 1 1.007 9 $1s^1$	**He** 2 4.002 6 $1s^2$
			B 5 10.811 $2p^1$	**C** 6 12.011 $2p^2$	**N** 7 14.007 $2p^3$	**O** 8 15.999 $2p^4$	**F** 9 18.998 $2p^5$	**Ne** 10 20.180 $2p^6$
			Al 13 26.982 $3p^1$	**Si** 14 28.086 $3p^2$	**P** 15 30.974 $3p^3$	**S** 16 32.066 $3p^4$	**Cl** 17 35.453 $3p^5$	**Ar** 18 39.948 $3p^6$
Ni 28 58.693 $3d^84s^2$	**Cu** 29 63.546 $3d^{10}4s^1$	**Zn** 30 65.41 $3d^{10}4s^2$	**Ga** 31 69.723 $4p^1$	**Ge** 32 72.64 $4p^2$	**As** 33 74.922 $4p^3$	**Se** 34 78.96 $4p^4$	**Br** 35 79.904 $4p^5$	**Kr** 36 83.80 $4p^6$
Pd 46 106.42 $4d^{10}$	**Ag** 47 107.87 $4d^{10}5s^1$	**Cd** 48 112.41 $4d^{10}5s^2$	**In** 49 114.82 $5p^1$	**Sn** 50 118.71 $5p^2$	**Sb** 51 121.76 $5p^3$	**Te** 52 127.60 $5p^4$	**I** 53 126.90 $5p^5$	**Xe** 54 131.29 $5p^6$
Pt 78 195.08 $5d^96s^1$	**Au** 79 196.97 $5d^{10}6s^1$	**Hg** 80 200.59 $5d^{10}6s^2$	**Tl** 81 204.38 $6p^1$	**Pb** 82 207.2 $6p^2$	**Bi** 83 208.98 $6p^3$	**Po** 84 (209) $6p^4$	**At** 85 (210) $6p^5$	**Rn** 86 (222) $6p^6$
Ds 110 (271)	**Rg** 111 (272)	**Cn** 112 (285)	113†† (284)	**Fl** 114 (289)	115†† (288)	**Lv** 116 (293)	117†† (294)	118†† (294)

Eu 63 151.96 $4f^76s^2$	**Gd** 64 157.25 $4f^75d^16s^2$	**Tb** 65 158.93 $4f^85d^16s^2$	**Dy** 66 162.50 $4f^{10}6s^2$	**Ho** 67 164.93 $4f^{11}6s^2$	**Er** 68 167.26 $4f^{12}6s^2$	**Tm** 69 168.93 $4f^{13}6s^2$	**Yb** 70 173.04 $4f^{14}6s^2$	**Lu** 71 174.97 $4f^{14}5d^16s^2$
Am 95 (243) $5f^77s^2$	**Cm** 96 (247) $5f^76d^17s^2$	**Bk** 97 (247) $5f^86d^17s^2$	**Cf** 98 (251) $5f^{10}7s^2$	**Es** 99 (252) $5f^{11}7s^2$	**Fm** 100 (257) $5f^{12}7s^2$	**Md** 101 (258) $5f^{13}7s^2$	**No** 102 (259) $5f^{14}7s^2$	**Lr** 103 (262) $5f^{14}6d^17s^2$

†† 113, 115, 117, 118번 원소는 아직 정해지지 않았다. 이런 원소는 극히 소량만이 관찰되었다.

Note: 원자에 대한 더 많은 설명은 *physics.nist.gov/PhysRef Data/Elements/per_text.html*에 있다.

APPENDIX

E 물리량 그림 표현과 주요 물리 상수

역학과 열역학

- 변위와 위치 벡터
- 변위와 위치 성분 벡터
- 선속도 벡터($\vec{\mathbf{v}}$)와 각속도 벡터($\vec{\boldsymbol{\omega}}$)
- 속도 성분 벡터
- 힘 벡터($\vec{\mathbf{F}}$)
- 힘 성분 벡터
- 가속도 벡터($\vec{\mathbf{a}}$)
- 가속도 성분 벡터
- 에너지 전달 화살 (W_{eng}, Q_c, Q_h)
- 과정 화살
- 선운동량 벡터($\vec{\mathbf{p}}$)와 각운동량 벡터($\vec{\mathbf{L}}$)
- 선운동량과 각운동량 성분 벡터
- 돌림힘 벡터($\vec{\boldsymbol{\tau}}$)
- 돌림힘 성분 벡터
- 선운동 또는 회전 운동 방향
- 회전 화살
- 확대 화살
- 용수철
- 도르래

전기와 자기

- 전기장
- 전기장 벡터
- 전기장 성분 벡터
- 자기장
- 자기장 벡터
- 자기장 성분 벡터
- 양전하
- 음전하
- 저항기
- 전지와 DC 전원
- 스위치
- 축전기
- 인덕터(코일)
- 전압계
- 전류계
- AC 전원
- 전구
- 접지
- 전류

빛과 광학

- 광선
- 초점 광선
- 중앙 광선
- 수렴 렌즈
- 발산 렌즈
- 거울
- 곡면 거울
- 물체
- 상

표 E.1 주요 물리 상수

양	기호	값[a]
원자 질량 단위	u	$1.660\ 538\ 782\ (83) \times 10^{-27}$ kg $931.494\ 028\ (23)$ MeV/c^2
아보가드로수	N_A	$6.022\ 141\ 79\ (30) \times 10^{23}$ particles/mol
보어 마그네톤	$\mu_B = \dfrac{e\hbar}{2m_e}$	$9.274\ 009\ 15\ (23) \times 10^{-24}$ J/T
보어 반지름	$a_0 = \dfrac{\hbar^2}{m_e e^2 k_e}$	$5.291\ 772\ 085\ 9\ (36) \times 10^{-11}$ m
볼츠만 상수	$k_B = \dfrac{R}{N_A}$	$1.380\ 650\ 4\ (24) \times 10^{-23}$ J/K
콤프턴 파장	$\lambda_C = \dfrac{h}{m_e c}$	$2.426\ 310\ 217\ 5\ (33) \times 10^{-12}$ m
쿨롱 상수	$k_e = \dfrac{1}{4\pi\epsilon_0}$	$8.987\ 551\ 788 \ldots \times 10^9$ N·m^2/C^2 (exact)
중양자 질량	m_d	$3.343\ 583\ 20\ (17) \times 10^{-27}$ kg $2.013\ 553\ 212\ 724\ (78)$ u
전자 질량	m_e	$9.109\ 382\ 15\ (45) \times 10^{-31}$ kg $5.485\ 799\ 094\ 3\ (23) \times 10^{-4}$ u $0.510\ 998\ 910\ (13)$ MeV/c^2
전자볼트	eV	$1.602\ 176\ 487\ (40) \times 10^{-19}$ J
기본 전하	e	$1.602\ 176\ 487\ (40) \times 10^{-19}$ C
기체 상수	R	$8.314\ 472\ (15)$ J/mol·K
중력 상수	G	$6.674\ 28\ (67) \times 10^{-11}$ N·m^2/kg^2
중성자 질량	m_n	$1.674\ 927\ 211\ (84) \times 10^{-27}$ kg $1.008\ 664\ 915\ 97\ (43)$ u $939.565\ 346\ (23)$ MeV/c^2
핵 마그네톤	$\mu_n = \dfrac{e\hbar}{2m_p}$	$5.050\ 783\ 24\ (13) \times 10^{-27}$ J/T
자유 공간의 투자율	μ_0	$4\pi \times 10^{-7}$ T·m/A (exact)
자유 공간의 유전율	$\epsilon_0 = \dfrac{1}{\mu_0 c^2}$	$8.854\ 187\ 817 \ldots \times 10^{-12}$ C^2/N·m^2 (exact)
플랑크 상수	h	$6.626\ 068\ 96\ (33) \times 10^{-34}$ J·s
	$\hbar = \dfrac{h}{2\pi}$	$1.054\ 571\ 628\ (53) \times 10^{-34}$ J·s
양성자 질량	m_p	$1.672\ 621\ 637\ (83) \times 10^{-27}$ kg $1.007\ 276\ 466\ 77\ (10)$ u $938.272\ 013\ (23)$ MeV/c^2
뤼드베리 상수	R_H	$1.097\ 373\ 156\ 852\ 7\ (73) \times 10^7$ m^{-1}
진공에서 빛의 속력	c	$2.997\ 924\ 58 \times 10^8$ m/s (exact)

Note: 이들 상수는 2006년에 CODATA가 추천한 값들이다. 이 값들은 여러 측정값들을 최소 제곱으로 얻은 것에 기초하고 있다. 더 자세한 목록은 다음을 참고하라. P. J. Mohr, B. N. Taylor, and D. B. Newell, "CODATA Recommended Values of the Fundamental Physical Constants: 2006." *Rev. Mod. Phys.* **80:**2, 633–730, 2008.

[a] 괄호 안의 수는 마지막 두 자리의 불확정도를 나타낸다.

표 E.2 태양계 자료

물체	질량 (kg)	평균 반지름 (m)	주기 (s)	태양으로부터의 평균 거리 (m)
수성	3.30×10^{23}	2.44×10^{6}	7.60×10^{6}	5.79×10^{10}
금성	4.87×10^{24}	6.05×10^{6}	1.94×10^{7}	1.08×10^{11}
지구	5.97×10^{24}	6.37×10^{6}	3.156×10^{7}	1.496×10^{11}
화성	6.42×10^{23}	3.39×10^{6}	5.94×10^{7}	2.28×10^{11}
목성	1.90×10^{27}	6.99×10^{7}	3.74×10^{8}	7.78×10^{11}
토성	5.68×10^{26}	5.82×10^{7}	9.29×10^{8}	1.43×10^{12}
천왕성	8.68×10^{25}	2.54×10^{7}	2.65×10^{9}	2.87×10^{12}
해왕성	1.02×10^{26}	2.46×10^{7}	5.18×10^{9}	4.50×10^{12}
명왕성[a]	1.25×10^{22}	1.20×10^{6}	7.82×10^{9}	5.91×10^{12}
달	7.35×10^{22}	1.74×10^{6}	—	—
해	1.989×10^{30}	6.96×10^{8}	—	—

[a] 2006년 8월, 국제 천문 연맹은 명왕성을 다른 여덟 개의 행성과 분리해서 행성의 정의를 다시 하였다. 명왕성은 이제 '왜소행성'으로 정의하고 있다.

표 E.3 자주 사용되는 물리 자료

지구–달 평균 거리	3.84×10^{8} m
지구–태양 평균 거리	1.496×10^{11} m
지구 평균 반지름	6.37×10^{6} m
공기 밀도 (20°C, 1 atm)	1.20 kg/m^3
공기 밀도 (0°C, 1 atm)	1.29 kg/m^3
물의 밀도 (20°C, 1 atm)	1.00×10^{3} kg/m^3
자유 낙하 가속도	9.80 m/s^2
지구 질량	5.97×10^{24} kg
달 질량	7.35×10^{22} kg
태양 질량	1.99×10^{30} kg
표준 대기압	1.013×10^{5} Pa

Note: 이 값들은 이 교재에서 사용하는 값이다.

표 E.4 10의 지수를 나타내는 접두사

지수	접두사	약자	지수	접두사	약자
10^{-24}	yocto	y	10^{1}	deka	da
10^{-21}	zepto	z	10^{2}	hecto	h
10^{-18}	atto	a	10^{3}	kilo	k
10^{-15}	femto	f	10^{6}	mega	M
10^{-12}	pico	p	10^{9}	giga	G
10^{-9}	nano	n	10^{12}	tera	T
10^{-6}	micro	μ	10^{15}	peta	P
10^{-3}	milli	m	10^{18}	exa	E
10^{-2}	centi	c	10^{21}	zetta	Z
10^{-1}	deci	d	10^{24}	yotta	Y

표 E.5 표준 약어와 단위

기호	단위	기호	단위
A	암페어	K	켈빈
u	원자 질량 단위	kg	킬로그램
atm	대기압	kmol	킬로몰
Btu	영국 열 단위	L	리터
C	쿨롬	lb	파운드
°C	섭씨 온도	ly	광년
cal	칼로리	m	미터
d	일	min	분
eV	전자볼트	mol	몰
°F	화씨 온도	N	뉴턴
F	패럿	Pa	파스칼
ft	피트	rad	라디안
G	가우스	rev	회전
g	그램	s	초
H	헨리	T	테슬라
h	시	V	볼트
hp	마력	W	와트
Hz	헤르츠	Wb	웨버
in.	인치	yr	연
J	줄	Ω	옴

표 E.6 수학 기호와 의미

기호	의미
$=$	같음
$\equiv$	정의함
$\neq$	같지 않음
$\propto$	비례함
$\sim$	근사적으로 같다
$>$	~보다 크다
$<$	~보다 작다
$\gg(\ll)$	매우 크거나(작은)
$\approx$	대략적으로 같음
Δx	x의 변화
$\sum_{i=1}^{N} x_i$	$i=1$부터 $i=N$까지의 합
$\lvert x \rvert$	x의 절댓값
$\Delta x \to 0$	Δx가 영에 접근
$\frac{dx}{dt}$	x의 t에 대한 미분
$\frac{\partial x}{\partial t}$	x의 t에 대한 편미분
$\int$	적분

표 E.7 바꿈 인수

길이

1 in. = 2.54 cm (exact)
1 m = 39.37 in. = 3.281 ft
1 ft = 0.304 8 m
12 in. = 1 ft
3 ft = 1 yd
1 yd = 0.914 4 m
1 km = 0.621 mi
1 mi = 1.609 km
1 mi = 5 280 ft
1 μm = 10^{-6} m = 10^3 nm
1 light-year = 9.461×10^{15} m

넓이

1 m^2 = 10^4 cm^2 = 10.76 ft^2
1 ft^2 = 0.092 9 m^2 = 144 $in.^2$
1 $in.^2$ = 6.452 cm^2

부피

1 m^3 = 10^6 cm^3 = 6.102×10^4 $in.^3$
1 ft^3 = 1 728 $in.^3$ = 2.83×10^{-2} m^3
1 L = 1 000 cm^3 = 1.057 6 qt = 0.035 3 ft^3
1 ft^3 = 7.481 gal = 28.32 L = 2.832×10^{-2} m^3
1 gal = 3.786 L = 231 $in.^3$

질량

1 000 kg = 1 t (metric ton)
1 slug = 14.59 kg
1 u = 1.66×10^{-27} kg = 931.5 MeV/c^2

힘

1 N = 0.224 8 lb
1 lb = 4.448 N

속도

1 mi/h = 1.47 ft/s = 0.447 m/s = 1.61 km/h
1 m/s = 100 cm/s = 3.281 ft/s
1 mi/min = 60 mi/h = 88 ft/s

가속도

1 m/s^2 = 3.28 ft/s^2 = 100 cm/s^2
1 ft/s^2 = 0.304 8 m/s^2 = 30.48 cm/s^2

압력

1 bar = 10^5 N/m^2 = 14.50 lb/$in.^2$
1 atm = 760 mm Hg = 76.0 cm Hg
1 atm = 14.7 lb/$in.^2$ = 1.013×10^5 N/m^2
1 Pa = 1 N/m^2 = 1.45×10^{-4} lb/$in.^2$

시간

1 yr = 365 days = 3.16×10^7 s
1 day = 24 h = 1.44×10^3 min = 8.64×10^4 s

에너지

1 J = 0.738 ft · lb
1 cal = 4.186 J
1 Btu = 252 cal = 1.054×10^3 J
1 eV = 1.602×10^{-19} J
1 kWh = 3.60×10^6 J

일률

1 hp = 550 ft · lb/s = 0.746 kW
1 W = 1 J/s = 0.738 ft · lb/s
1 Btu/h = 0.293 W

유용한 어림값

1 m ≈ 1 yd
1 kg ≈ 2 lb
1 N ≈ $\frac{1}{4}$ lb
1 L ≈ $\frac{1}{4}$ gal
1 m/s ≈ 2 mi/h
1 yr ≈ $\pi \times 10^7$ s
60 mi/h ≈ 100 ft/s
1 km ≈ $\frac{1}{2}$ mi

Note: 더 많은 정보는 부록 A의 표 A.1을 참조하라.

표 E.8 그리스 알파벳

Alpha	A	α	Iota	I	ι	Rho	P	ρ
Beta	B	β	Kappa	K	κ	Sigma	Σ	σ
Gamma	Γ	γ	Lambda	Λ	λ	Tau	T	τ
Delta	Δ	δ	Mu	M	μ	Upsilon	Υ	υ
Epsilon	E	ϵ	Nu	N	ν	Phi	Φ	ϕ
Zeta	Z	ζ	Xi	Ξ	ξ	Chi	X	χ
Eta	H	η	Omicron	O	o	Psi	Ψ	ψ
Theta	Θ	θ	Pi	Π	π	Omega	Ω	ω

퀴즈 및 주관식 연습문제 해답

Answers to Quick Quizzes and Odd-Numbered Problems

Chapter 23

[퀴즈]

1. (a), (c), (e)
2. (e)
3. (b)
4. (a)
5. A, B, C

[주관식]

1. (a) $+1.60 \times 10^{-19}$ C, 1.67×10^{-27} kg
(b) $+1.60 \times 10^{-19}$ C, 3.82×10^{-26} kg
(c) -1.60×10^{-19} C, 5.89×10^{-26} kg
(d) $+3.20 \times 10^{-19}$ C, 6.65×10^{-26} kg
(e) -4.80×10^{-19} C, 2.33×10^{-26} kg
(f) $+6.40 \times 10^{-19}$ C, 2.33×10^{-26} kg
(g) $+1.12 \times 10^{-18}$ C, 2.33×10^{-26} kg
(h) -1.60×10^{-19} C, 2.99×10^{-26} kg
2. (a) 2.62×10^{24}
(b) 2.38 electrons for every 10^9 already present
3. 57.5 N
4. 1.57 μN to the left
5. 3.60×10^6 N downward
6. (a) 9.21×10^{-10} N (b) No. The electric force depends only on the magnitudes of the two charges and the distance between them.
7. 2.25×10^{-9} N/m
8. (a) 8.74×10^{-8} N (b) repulsive
9. (a) 46.7 N to the left (b) 157 N to the right
(c) 111 N to the left
10. 0.872 N at 330°
11. 0.229 m
12. $k_e \dfrac{Q^2}{d^2}\left[\dfrac{1}{2\sqrt{2}}\hat{\mathbf{i}} + \left(2 - \dfrac{1}{2\sqrt{2}}\right)\hat{\mathbf{j}}\right]$
13. (a) 2.16×10^{-5} N toward the other
(b) 8.99×10^{-7} N away from the other
14. 5.81 nC
15. (a) $-(5.58 \times 10^{-11}\text{ N/C})\hat{\mathbf{j}}$ (b) $(1.02 \times 10^{-7}\text{ N/C})\hat{\mathbf{j}}$
16. 2.07×10^3 N/C, down
17. (a) $\dfrac{k_e q}{a^2}(3.06\hat{\mathbf{i}} + 5.06\hat{\mathbf{j}})$ (b) $\dfrac{k_e q^2}{a^2}(3.06\hat{\mathbf{i}} + 5.06\hat{\mathbf{j}})$
18. (a) $k_e \dfrac{Q}{d^2}[(1 - \sqrt{2})\,\hat{\mathbf{i}} + \sqrt{2}\,\hat{\mathbf{j}}]$
(b) $-k_e \dfrac{Q}{4d^2}[(1 + 4\sqrt{2})\,\hat{\mathbf{i}} + 4\sqrt{2}\,\hat{\mathbf{j}}]$
19. 1.82 m to the left of the -2.50-μC charge
20. (a) $(18.0\hat{\mathbf{i}} - 218\hat{\mathbf{j}})$ kN/C
(b) $(0.036\,0\hat{\mathbf{i}} - 0.436\hat{\mathbf{j}})$N
21. (a) 1.80×10^4 N/C to the right
(b) 8.98×10^{-5} N to the left
22. 5.25 μC
23. $-\dfrac{\pi^2 k_e q}{6a^2}\hat{\mathbf{i}}$
24. (a) 0.115 N (b) 1.25 cm
25. 2.51×10^{-9}
26. (a) 1.09×10^{-8} C (b) 5.44×10^{-3} N
27. 1.98 μC
28. (a) $\left(\dfrac{mgd^3}{k_e\sqrt{4R^2 - d^2}}\right)^{1/2}$ (b) $q \to \infty$
29. (a) $\vec{\mathbf{E}} = \dfrac{935x}{(0.062\,5 + x^2)^{3/2}}\hat{\mathbf{i}}$ where $\vec{\mathbf{E}}$ is in newtons per coulomb and x is in meters (b) $4.00\hat{\mathbf{i}}$ kN/C
(c) $x = 0.016\,8$ m and $x = 0.916$ m
(d) nowhere is the field as large as 16 000 N/C
30. (a) 1.59×10^6 N/C (b) toward the rod
31. (a) 383 MN/C (b) 324 MN/C
(c) 80.7 MN/C (d) 6.68 MN/C
32. (a) 6.64×10^6 N/C away from the center of the ring
(b) 2.41×10^7 N/C away from the center of the ring
(c) 6.39×10^6 N/C away from the center of the ring
(d) 6.64×10^5 N/C away from the center of the ring
33. (a) $-k_e \dfrac{Q}{L}\left[\dfrac{1}{d} - \dfrac{1}{(d^2 + L^2)^{1/2}}\right]$ and $k_e \dfrac{Q}{d}\dfrac{1}{(d^2 + L^2)^{1/2}}$
(b) $E_x \approx 0$ and $E_y \approx k_e \dfrac{Q}{d^2}$ which is the field of a point charge Q at a distance d along the y axis above the charge.
35.

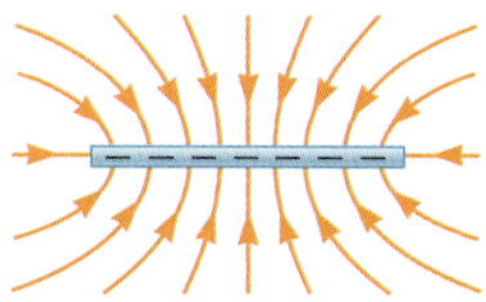

36. (a) $-\frac{1}{3}$ (b) q_1 is negative, and q_2 is positive.
37. (a) 6.13×10^{10} m/s^2 (b) 1.96×10^{-5} s (c) 11.7 m
(d) 1.20×10^{-15} J
38. (a) $-5.76 \times 10^{13}\hat{\mathbf{i}}$ m/s^2 (b) $\vec{v}_i = 2.84 \times 10^6\,\hat{\mathbf{i}}$ m/s
(c) 4.93×10^{-8} s
39. (a) $\dfrac{K}{ed}$ (b) in the direction of the velocity of the electron
40. (a) 111 ns (b) 5.68 mm (c) $(450\hat{\mathbf{i}} + 102\hat{\mathbf{j}})$ km/s

Chapter 24

[퀴즈]

1. (e)
2. (b) and (d)
3. (a)

[주관식]

1. (a) 1.98×10^6 N · m^2/C (b) 0
2. 355 kN · m^2/C
3. 4.14 MN/C
4. (a) -2.34 kN · m^2/C (b) $+2.34$ kN · m^2/C (c) 0
5. (a) 858 N · m^2/C (b) 0 (c) 657 N · m^2/C
6. $chw^2/2$
7. 28.2 N · m^2/C
8. (a) -6.89 MN · m^2/C (b) less than
9. $-Q/\epsilon_0$ for S_1; 0 for S_2; $-2Q/\epsilon_0$ for S_3; 0 for S_4
10. (a) 3.20×10^6 N · m^2/C (b) 1.92×10^7 N · m^2/C
(c) The answer to part (a) would change because the charge could now be at different distances from each face of the cube. The answer to part (b) would be unchanged because the flux through the entire closed surface depends only on the total charge inside the surface.
11. 1.77×10^{-12} C/m^3; positive
12. (a) 339 N · m^2/C (b) No. The electric field is not uniform on this surface. Gauss's law is only practical to use when all portions of the surface satisfy one or more of the conditions listed in Section 24.3.
13. (a) $\dfrac{q}{2\epsilon_0}$ (b) $\dfrac{q}{2\epsilon_0}$ (c) The plane and the square look the same to the charge.
14. (a) The net flux is zero through the sphere because the number of field lines entering the sphere equals the number of lines leaving the sphere
(b) The net flux is $2\pi R^2 E$ through the cylinder
(c) The net charge inside the cylinder is positive and is distributed on a plane parallel to the ends of the cylinder.
15. (a) $\dfrac{Q}{2\epsilon_0}$ (b) $-\dfrac{Q}{2\epsilon_0}$
16. (a) $EA\cos\theta$ (b) $-EA\sin\theta$ (c) $-EA\cos\theta$ (d) $EA\sin\theta$
(e) 0 (f) 0 (g) 0
17. 780 N/C
18. (a) 0.269 N · m^2/C (b) 2.38×10^{-12} C
19. 3.50 kN
20. -2.48 μC/m^2
21. 2.33×10^{21} N/C
22. 508 kN/C up
23. (a) 4.86×10^9 N/C away from the wall
(b) So long as the distance from the wall is small compared to the width and height of the wall, the distance does not affect the field.
24. (a) 51.4 kN/C outward (b) 645 N · m^2/C
25. $\vec{\mathbf{E}} = \rho r/2\epsilon_0 = 2\pi k_e \rho r$ away from the axis
26. 5.94×10^5 m/s
27. (a) $\dfrac{\sigma}{2\epsilon}\hat{\mathbf{k}}$ (b) $\dfrac{3\sigma}{2\epsilon_0}\hat{\mathbf{k}}$ (c) $-\dfrac{\sigma}{2\epsilon_0}\hat{\mathbf{k}}$
28. (a) -4.01 nC (b) $+9.57$ nC (c) $+4.01$ nC (d) $+5.56$ nC
29. (a) $E = \dfrac{Cd^3}{24\epsilon_0}$ to the right for $x > d/2$ and to the left for $x < -d/2$ (b) $\vec{\mathbf{E}} = \dfrac{Cx^3}{3\epsilon_0}\hat{\mathbf{i}}$
32. (a) 0 (b) 5.39×10^3 N/C outward (c) 539 N/C outward
33. The electric field just outside the surface occurs at 16.0 kN/C. The peak in the figure occurs at about 6.5 kN/C. Therefore, it is not possible that this figure represents the electric field for the given situation.
34. $\dfrac{\sigma}{\epsilon_0}$
36. $E_{\text{glass}} = E_{\text{Al}}$
37. (a) 31.9 nC/m^3
(b) No, then the field would have to be zero.
38. (a) $-\lambda$ (b) $+3\lambda$ (c) $6k_e\dfrac{\lambda}{r}$ radially outward
39. (a) 80.0 nC/m^2 (b) (9.04 kN/C)$\hat{\mathbf{k}}$ (c) (-9.04 kN/C)$\hat{\mathbf{k}}$
40. (a) 0 (b) 7.99×10^7 N/C (outward)
(c) 0 (d) 7.34×10^6 N/C (outward)

Chapter 25

[퀴즈]

1. **(i)** (b) **(ii)** (a)
2. Ⓑ to Ⓒ, Ⓒ to Ⓓ, Ⓐ to Ⓑ, Ⓓ to Ⓔ
3. **(i)** (c) **(ii)** (a)
4. **(i)** (a) **(ii)** (a)

[주관식]

1. (a) 1.13×10^5 N/C (b) 1.80×10^{-14} N (c) 4.37×10^{-17} J
2. (a) 1.52×10^5 m/s (b) 6.49×10^6 m/s
3. +260 V
4. (a) -38.9 V (b) the origin
5. (a) -2.31 kV (b) Because a proton is more massive than an electron, a proton traveling at the same speed as an electron has more initial kinetic energy and requires a greater magnitude stopping potential
(c) $\Delta V_p/\Delta V_e = -m_p/m_e$
6. 0.300 m/s
7. (a) 0.400 m/s (b) It is the same. Each bit of the rod feelsa force of the same size as before.
8. (a) 4.07 kV/m (b) 488 V (c) 7.82×10^{-17} J (d) 306 km/s
(e) 3.89×10^{11} m/s^2 toward the negative plate
(f) 6.51×10^{-16} N toward the negative plate
(g) 4.07 kV/m (h) They are the same.
9. (a) -5.76×10^{-7} V (b) 3.84×10^{-7} V
(c) Because the charge of the proton has the same magnitude as that of the electron, only the sign of the answer to part (a) would change.
10. (a) 5.39 kV (b) 10.8 kV
11. (a) 103 V (b) -3.85×10^{-7} J, positive work must be done
12. (a) 0 (b) 0 (c) 44.9 kV
13. $4\sqrt{2}k_e\dfrac{Q}{a}$ (b) $4\sqrt{2}k_e\dfrac{qQ}{a}$
14. (a) -4.83 m (b) 0.667 m and -2.00 m
15. (a) 32.2 kV (b) $-0.096\,5$ J

16. 8.94 J

17. $-5k_e\dfrac{q}{R}$

18. (a) 10.8 m/s and 1.55 m/s (b) They would be greater. The conducting spheres will polarize each other, with most of the positive charge of one and the negative charge of the other on their inside faces. Immediately before the spheres collide, their centers of charge will be closer than their geometric centers, so they will have less electric potential energy and more kinetic energy.

19. $22.8k_e\dfrac{q^2}{s}$

20. $v=\sqrt{\left(1+\dfrac{1}{\sqrt{8}}\right)\dfrac{k_eq^2}{mL}}$

21. (a) $6.00\hat{\mathbf{i}}$ m/s (b) 3.64 m (c) $-9.00\hat{\mathbf{i}}$ m/s (d) $12.0\hat{\mathbf{i}}$ m/s

22. 253 MeV

23. 702 J

24. (a) 10.0 V, −11.0 V, −32.0 V
(b) 7.00 N/C in the positive x direction

26. (a) $\vec{\mathbf{E}} = (-5 + 6xy)\hat{\mathbf{i}} + (3x^2 - 2z^2)\hat{\mathbf{j}} - 4yz\hat{\mathbf{k}}$
(b) 7.07 N/C

27. (a) 0 (b) $k_e\dfrac{Q}{r^2}$

28. $-0.553k_e\dfrac{Q}{R}$

29. (a) $\dfrac{\text{C}}{\text{m}^2}$ (b) $k_e\alpha\left[L - d\ln\left(1+\dfrac{L}{d}\right)\right]$

30. $k_e\lambda(\pi + 2\ln 3)$

31. Even if the charge were to accelerate to infinity, it would only achieve a maximum speed of 30.0 m/s, so it cannot strike the wall of your laboratory at 40.0 m/s.

33. (a) $\dfrac{k_eQ}{h}\ln\left[\dfrac{d+h+\sqrt{(d+h)^2+R^2}}{d+\sqrt{d^2+R^2}}\right]$

34. 1.56×10^{12}

35. (a) 0, 1.67 MV (b) 5.84 MN/C away, 1.17 MV
(c) 11.9 MN/C away, 1.67 MV

36. (a) 1.35×10^5 V (b) larger sphere: 2.25×10^6 V/m (away from the center), smaller sphere: 6.74×10^6 V/m (away from the center)

37. (a) 30.0 cm (b) 6.67 nC (c) 29.1 cm or 3.44 cm
(d) 6.79 nC or 804 pC
(e) No, two answers exist for each part.

38. (a) 7.19 V (b) 7.67 V (c) 7.84 V
(d) The exact result, represented as 7.90 V, is approximated to within 0.8% by the four-particle version.

39. $\pi k_eC\left[R\sqrt{R^2+x^2}+x^2\ln\left(\dfrac{x}{R+\sqrt{R^2+x^2}}\right)\right]$

40. (a) 450 kV, 7.51 μC

Chapter 26

[퀴즈]

1. (d)
2. (a)
3. (a)
4. (b)
5. (a)

[주관식]

1. (a) 9.00 V (b) 12.0 V

2. (a) 48.0 μC (b) 6.00 μC

3. (a) 15.6 pF (b) 257 kV

4. (a) 2.69 nF (b) 3.02 kV

5. 4.43 μm

6. (a) 11.1 kV/m toward the negative plate
(b) 98.4 nC/m^2 (c) 3.74 pF (d) 74.8 pC

7. (a) 1.33 μC/m^2 (b) 13.4 pF

8. (a) 17.0 μF (b) 9.00 V
(c) 45.0 μC on 5 μF, 108 μC on 12 μF

9. (a) 2.81 μF (b) 12.7 μF

10. None of the possible combinations of the extra capacitors is $\frac{4}{3}C$, so the desired capacitance cannot be achieved.

11. (a) 3.33 μF (b) 180 μC on the 3.00-μF and 6.00-μF capacitors, 120 μC on the 2.00-μF and 4.00-μF capacitors
(c) 60.0 V across the 3.00-μF and 2.00-μF capacitors, 30.0 V across the 6.00-μF and 4.00-μF capacitors

12. ten

13. (a) 5.96 μF (b) 89.5 μC on 20 μF, 63.2 μC on 6 μF, and 26.3 μC on 15 μF and 3 μF

14. 12.9 μF

15. 6.00 pF and 3.00 pF

16. 19.8 μC

17. 6.25 μF

18. 23.3 V across the 5.00-μF capacitor, 26.7 V across the 10.0-μF capacitor

19. 4.29 μF

20. 750 μC on C_1, 250 μC on C_2

21. $\frac{4}{3}C$

22. 3.24×10^{-4} J

23. (a) 1.50 μC (b) 1.83 kV

24. (a) 12.0 μF (b) 8.64×10^{-4} J
(c) $U_1 = 5.76 \times 10^{-4}$ J and $U_2 = 2.88 \times 10^{-4}$ J
(d) $U_1 + U_2 = 5.76 \times 10^{-4}\text{ J} + 2.88 \times 10^{-4}\text{ J} = 8.64 \times 10^{-4}\text{ J} = U_{\text{eq}}$, which is one reason why the 12.0 μF capacitor is considered to be equivalent to the two capacitors
(e) The total energy of the equivalent capacitance will always equal the sum of the energies stored in the individual capacitors (f) 5.66 V (g) The larger capacitor C_2 stores more energy.

25. (a) $C(\Delta V)^2$ (b) $\Delta V' = \dfrac{4\Delta V}{3}$ (c) $4C\dfrac{(\Delta V)^2}{3}$
(d) Positive work is done by the agent pulling the plates apart.

27. (a) 400 μC (b) 2.5 kN/m

28. 2.51×10^{-3} m^3 = 2.51 L

29. (a) 13.3 nC (b) 272 nC

30. 1.04 m

31. (a) 369 pC (b) 1.2×10^{-10} F, 3.1 V (c) −45.5 nJ

32. (a) 40.0 μJ (b) 500 V

33. (a) 11.2 pF (b) 134 pC (c) 16.7 pF (d) 67.0 pC

34. 0.188 m^2

35. (a) volume 9.09×10^{-16} m^3, area 4.54×10^{-10} m^2
(b) 2.01×10^{-13} F
(c) 2.01×10^{-14} C, 1.26×10^5 electronic charges

36. (a) $\dfrac{Q_0^2 d(\ell - x)}{2\epsilon_0 \ell^3}$ (b) $\dfrac{Q_0^2 d}{2\epsilon_0 \ell^3}$ to the right (c) $\dfrac{Q_0^2}{2\epsilon_0 \ell^4}$
(d) $\dfrac{Q_0^2}{2\epsilon_0 \ell^4}$ (e) They are precisely the same.
37. $-9.43 \times 10^{-2}\,\hat{\mathbf{i}}$ N
40. 3.00 μF

Chapter 27

[퀴즈]

1. (a) > (b) = (c) > (d)
2. (b)
3. (b)
4. (a)
5. $I_a = I_b > I_c = I_d > I_e = I_f$

[주관식]

1. 27.0 yr
2. 0.129 mm/s
3. 1.05 mA
4. (a) 5.57×10^{-5} m/s (b) The drift speed is smaller because more electrons are being conducted.
5. (a) 99.5 kA/m^2 (b) The current is the same
(c) The current density is smaller
(d) 0.800 cm (e) I = 5.00 A (f) 2.49×10^4 A/m^2
6. (a) 2.55 A/m^2 (b) 5.30×10^{10} m^{-3} (c) 1.21×10^{10} s
7. 3.64 h
8. silver ($\rho = 1.59 \times 10^{-8}\ \Omega \cdot$ m)
9. (a) 1.82 m (b) 280 μm
10. (a) 13.0 Ω (b) 255 m
11. (a) $\dfrac{\rho}{2\pi L}\ln\left(\dfrac{r_b}{r_a}\right)$ (b) $\dfrac{2\pi L\,\Delta V}{I\ln(r_b/r_a)}$
15. $6.00 \times 10^{-15}(\Omega \cdot \text{m})^{-1}$
16. 0.18 V/m
17. (a) 116 V (b) 12.8 kW (c) 436 W
18. $T = 1.44 \times 10^3$ °C
19. 6.32 Ω
20. (a) The design goal can be met
(b) ℓ_1 = 0.898 m and ℓ_2 = 26.2 m
21. (a) 31.5 n$\Omega \cdot$ m (b) 6.35 MA/m^2 (c) 49.9 mA
(d) 658 μm/s (e) 0.400 V
22. 227 °C
23. 2.71 MΩ
25. 448 A
26. 7.50 W
27. 2.1 W
28. 6.53 Ω
29. (a) 0.660 kWh (b) 121원
30. (a) 2.1 W (b) 3.42 W (c) It would not be as safe. If surrounded by thermal insulation, it would get much hotter than a copper wire.
31. (a) 4.75 m (b) 340 W
32. (a) 17.3 A (b) 22.4 MJ (c) $0.684
33. 1.1 km
34. 15.0 h
35. 50.0 MW
36. (a) $\dfrac{Q}{4C}$ (b) $\dfrac{Q}{4}$ on C, $\dfrac{3Q}{4}$ on $3C$
(c) $\dfrac{Q^2}{32C}$ in C, $\dfrac{3Q^2}{32C}$ in $3C$ (d) $\dfrac{3Q^2}{8C}$
37. (a) Any diameter d and length ℓ related by $d^2 = (4.77 \times 10^{-8})\ell$, where d and ℓ are in meters
(b) Yes, for V = 0.500 cm^3 of Nichrome, ℓ = 3.65 m and d = 0.418 mm.
38. 0.478 kg/s
39. (a) 667 A (b) 50.0 km
40. (a) $\dfrac{\epsilon_0 \ell}{2d}(\ell + 2x + \kappa\ell - 2\kappa x)$
(b) $\dfrac{\epsilon_0 \ell v\,\Delta V(\kappa - 1)}{d}$ clockwise

Chapter 28

[퀴즈]

1. (a)
2. (b)
3. (a)
4. **(i)** (b) **(ii)** (a) **(iii)** (a) **(iv)** (b)
5. **(i)** (c) **(ii)** (d)

[주관식]

1. (a) 6.73 Ω (b) 1.97 Ω
2. (a) 12.4 V (b) 9.65 V
4. $\frac{7}{3}R$
5. (a) $I_A = \boldsymbol{\mathcal{E}}/R$, $I_B = I_C = \boldsymbol{\mathcal{E}}/2R$
(b) B and C have the same brightness because they carry the same current (c) A is brighter than B or C because it carries twice as much current.
6. (a) 1.00 kΩ (b) 2.00 kΩ (c) 3.00 kΩ
7. (a) 17.1 Ω (b) 1.99 A for 4.00 Ω and 9.00 Ω, 1.17 A for 7.00 Ω, 0.818 A for 10.0 Ω
8. (a) decreases (b) 14 Ω
9. (a) $\Delta V_1 = \dfrac{\boldsymbol{\mathcal{E}}}{3}$, $\Delta V_2 = \dfrac{2\boldsymbol{\mathcal{E}}}{9}$, $\Delta V_3 = \dfrac{4\boldsymbol{\mathcal{E}}}{9}$, $\Delta V_4 = \dfrac{2\boldsymbol{\mathcal{E}}}{3}$
(b) $I_1 = I$, $I_2 = I_3 = \dfrac{1}{3}$, $I_4 = \dfrac{2I}{3}$,
(c) I_4 increases and I_1, I_2, and I_3 decrease
(d) $I_1 = \dfrac{3I}{4}$, $I_2 = I_3 = 0$, $I_4 = \dfrac{3I}{4}$
10. (b) The current never exceeds 50 μA.
11. 14.2 W to 2.00 Ω, 28.4 W to 4.00 Ω, 1.33 W to 3.00 Ω, 4.00 W to 1.00 Ω
12. (a) 4.12 V (b) 1.38 A
13. 7.49 Ω
14. 55.0 Ω
16. (a) I_3 = 909 mA (b) −1.82 V
17. 50.0 mA from a to e
18. (a) 172 A downward (b) 1.70 A downward
(c) No, the current in the dead battery is upward in Figure P28.18, so it is not being charged. The dead battery is providing a small amount of power to operate the starter, so it is not really "dead."
19. (a) 0.714 A (b) 1.29 A (c) 12.6 V

20. (a) 0.385 mA, 3.08 mA, 2.69 mA
(b) 69.2 V, with c at the higher potential
21. (a) $13.0I_1 + 18.0I_2 = 30.0$ (b) $18.0I_2 - 5.00I_3 = -24.0$
(c) $I_1 - I_2 - I_3 = 0$ (d) $I_3 = I_1 - I_2$
(e) $5.00I_1 - 23.0I_2 = 24.0$ (f) $I_2 = -0.416$ A and $I_1 = 2.88$ A
(g) $I_3 = 3.30$ A (h) The negative sign in the answer for I_2 means that this current flows in the opposite direction to that shown in the circuit diagram and assumed during the solution. That is, the actual current in the middle branch of the circuit flows from right to left and has a magnitude of 0.416 A.
22. $\Delta V_2 = 3.05$ V, $\Delta V_3 = 4.57$ V, $\Delta V_4 = 7.38$ V, $\Delta V_5 = 1.62$ V
23. (a) 2.00 kΩ (b) 15.0 V (c) 9.00 V
24. (a) 15.0 Ω (b) $\Delta V_{ac} = \Delta V_{db} = 6.00$ V, $\Delta V_{ce} = 1.20$ V, $\Delta V_{fd} = \Delta V_{ed} = 1.80$ V, $\Delta V_{cd} = 3.00$ V
(c) $I_1 = 1.00$ A, $I_2 = 0.500$ A, $I_3 = 0.500$ A, $I_4 = 0.300$ A, $I_5 = 0.200$ A (d) $P_{ac} = 6.00$ W, $P_{ce} = 0.600$ W, $P_{ed} = 0.540$ W, $P_{fd} = 0.360$ W, $P_{cd} = 1.50$ W, $P_{db} = 6.00$ W
25. (a) 470 W (b) 1.60 mm or more (c) 2.93 mm or more
26. (a) 5.00 Ω (b) 2.40 A
28. 20.0 Ω or 98.1 Ω
29. (a) 5.00 s (b) 150 μC (c) 4.06 μA
30. 587 kΩ
31. (a) 1.50 s (b) 1.00 s (c) $i = 200 + 100e^{-t}$, where i is in microamperes and t is in seconds
32. (a) 6.00 V (b) 8.29 μs
33. (a) 1.02 A down (b) 0.364 A down (c) 1.38 A up
(d) 0 (e) 66.0 μC
34. (a) 24.1 μC (b) 16.1 μC (c) 16.1 mA
35. (a) $q = 240(1 - e^{-t/6})$
(b) $q = 360(1 - e^{-t/6})$, where in both answers, q is in microcoulombs and t is in milliseconds
36. (a) $q = \dfrac{30.0}{2.00 + R} - 0.542$, where q is in microcoulombs and R is in ohms (b) 1.96 μC (c) Yes, 53.3 Ω
(d) 14.5 μC (e) Yes. Taking $R = \infty$ corresponds to disconnecting the wire, 0.542 μC
37. (a) 222 μC (b) 444 μC
38. (a) 0 in 3 kΩ, 333 μA in 12 kΩ and 15 kΩ (b) 50.0 μC
(c) $i(t) = 278\ e^{-t/0.180}$, where i is in microamperes and t is in seconds (d) 290 ms
39. $(R_1 + 2R_2)C \ln 2$
40. (a) 6.25 A (b) 750 W

Chapter 29

[퀴즈]

1. (e)
2. **(i)** (b) **(ii)** (a)
3. (c)
4. **(i)** (c), (b), (a) **(ii)** (a) = (b) = (c)

[주관식]

1. Gravitational force: 8.93×10^{-30} N down, electric force: 1.60×10^{-17} N up, and magnetic force: 4.80×10^{-17} N down.
2. (a) up (b) out of the page, since the charge is negative
(c) no deflection (d) into the page
3. (a) into the page (b) toward the right
(c) toward the bottom of the page
4. 48.9° or 131°
5. 13.2×10^{-19} N
6. $-20.9\hat{\mathbf{j}}$ mT
7. 200 μC
8. (a) $\sqrt{2}r_p$ (b) $\sqrt{2}r_p$
9. (a) $v = \dfrac{2K}{qBR}$ (b) $\dfrac{q^2B^2R^2}{2K}$
10. $\dfrac{e^2B^2}{2m_e}(r_1^2 + r_2^2)$
11. 7.88×10^{-12} T
12. 1.79×10^{-8} s (b) 35.1 eV
13. (a) $(3.52\hat{\mathbf{i}} - 1.60\hat{\mathbf{j}}) \times 10^{-18}$ N (b) 24.4°
14. (a) 12.5 km (b) It will not arrive at the center but will perform a hairpin turn and go back parallel to its original direction.
15. (a) B_x could have any value, $B_y = 0$, $B_z = -\dfrac{F_i}{ev_i}$
(b) $-F_i\hat{\mathbf{j}}$ (c) $+F_i\hat{\mathbf{j}}$
16. (a) 1.04×10^{-4} m (b) 1.89×10^{-4} m
17. (a) $\alpha = 8.90°$ (b) -8.00×10^{-21} kg · m/s
18. 4.31×10^7 rad/s (b) 5.17×10^7 m/s
19. (a) 7.66×10^7 s^{-1} (b) 2.68×10^7 m/s (c) 3.75 MeV
(d) 3.13×10^3 revolutions (e) 2.57×10^{-4} s
20. 244 kV/m
21. 70.0 mT
22. 2.75 Mrad/s
23. (a) the positive z direction (b) 0.696 m
(c) 1.09 m (d) 54.7 ns
24. The particle will not exit the field at the top but rather will complete a semicircle in the magnetic field region and will exit at the bottom, traveling in the opposite direction with the same speed.
25. (a) 1.33 m/s (b) Positive ions carried by the blood flow experience an upward force resulting in the upper wall of the blood vessel at electrode A becoming positively charged and the lower wall of the blood vessel at electrode B becoming negatively charged (b) No. Negative ions moving in the direction of v would be deflected toward point B, giving A a higher potential than B. Positive ions moving in the direction of v would be deflected toward A, again giving A a higher potential than B. Therefore, the sign of the potential difference does not depend on whether the ions in the blood are positively or negatively charged.
26. (a) 4.73 N (b) 5.46 N (c) 4.73 N
27. 1.07 m/s
28. (a) east (b) 0.245 T
29. The magnetic force and the gravitational force both act on the wire (b) When the magnetic force is upward and balances the downward gravitational force, the net force on the wire is zero, and the wire can move can move upward at constant velocity (c) 0.196 T, out of the page (d) If the field exceeds 0.20 T, the upward magnetic force exceeds the downward gravitational force, so the wire accelerates upward.
30. (a) $2\pi rIB \sin\theta$ (b) up, away from magnet
31. (a) 0 (b) $-40.0\hat{\mathbf{i}}$ mN (c) $-40.0\hat{\mathbf{k}}$ mN (d) $(40.0\hat{\mathbf{i}} + 40.0\hat{\mathbf{k}})$ mN
(e) The forces on the four segments must add to zero, so

the force on the fourth segment must be the negative of the resultant of the forces on the other three.

32. 0.588 T

33. $\dfrac{\mu_k mg}{Id}$

34. (a) 0.713 A counterclockwise as seen from above

35. $\dfrac{\lambda g}{I}\tan\theta$

36. (a) 0.128 T (b) 78.7° below the horizontal

37. 4.91×10^{-3} N · m

38. 9.05×10^{-4} N · m, tending to make the left-hand side of the loop move toward you and the right-hand side move away.

39. (a) 9.98 N · m (b) clockwise as seen looking down from a position on the positive y axis

40. (a) 37.7 mT (b) 4.29×10^{25} m^{-3}

Chapter 30

[퀴즈]

1. $B > C > A$

2. (a)

3. $c > a > d > b$

4. $a = c = d > b = 0$

5. (c)

[주관식]

1. (a) 21.5 mA (b) 4.51 V (c) 96.7 mW

2. (a) toward the left (b) out of the page
(c) lower left to upper right

3. 675 A, downward

4. (a) 28.3 μT into the page (b) 24.7 μT into the page

5. 5.52 μT into the page

6. (a) $2I_1$ out of the page (b) $6I_1$ into the page

7. $\dfrac{\mu_0 I}{4\pi x}$ into the paper

8. $\dfrac{\mu_0 I}{2r}\left(\dfrac{1}{\pi}+\dfrac{1}{4}\right)$

9. (b) 3.84×10^{-21} N up (c) 2.14×10^{-5} m
(d) This distance is negligible compared to 50 m, so the electron does move in a uniform field (e) 134 revolutions

10. $\dfrac{\mu_0 I}{2\pi ad}(\sqrt{d^2+a^2}-d)$ into the page

11. (a) 40.0 μT into the page (b) 5.00 μT out of the page
(c) 1.67 μT out of the page

12. (a) 4.00 μT toward the bottom of the page
(b) 6.67 μT at 167.0° from the positive x axis

13. 0.167 μT out of the page

14. $\dfrac{\mu_0 q\omega}{2.5\sqrt{5}\,\pi R}$

15. $\dfrac{\mu_0 I}{2\pi w}\ln\left(1+\dfrac{w}{b}\right)\hat{\mathbf{k}}$

16. (a) 12.6 μT (b) 56.0 μT

17. 3.89 μT parallel to the xy plane and at 59.0° clockwise from the positive x direction

18. (a) 8.00 A (b) opposite directions
(c) force of interaction would be attractive and the magnitude of the force would double

19. $-27.0\hat{\mathbf{i}}$ μN

20. This is the required center-to-center separation distance of the wires, but the wires cannot be this close together. Their minimum possible center-to-center separation distance occurs if the wires are touching, but this value is $2r = 2(25.0\ \mu\text{m}) = 50.0\ \mu$m, which is much larger than the required value above. We could try to obtain this force between wires of smaller diameter, but these wires would have higher resistance and less surface area for radiating energy. It is likely that the wires would melt very shortly after the current begins.

21. (a) opposite directions (b) 67.8 A
(c) It would be smaller. A smaller gravitational force would be pulling down on the wires, requiring less magnetic force to raise the wires to the same angle and therefore less current.

22. (a) 200 μT toward the top of the page
(b) 133 μT toward the bottom of the page

23. 5.40 cm

25. (a) 6.34×10^{-3} N/m (b) inward toward the center of the bundle (c) greatest at the outer surface

26. (a) $\dfrac{\mu_0 b r_1^2}{3}$ (for $r_1 < R$ or inside the cylinder)
(b) $\dfrac{\mu_0 b R^3}{3r_2}$ (for $r_2 > R$ or outside the cylinder)

27. $\dfrac{\mu_0 I_1 I_2 L}{\pi R}$ to the right

28. $-0.012\,0\,\hat{\mathbf{k}}$ N

29. (b) zero (c) zero (d) $\vec{\mathbf{B}} = \dfrac{32\times10^{-7}z}{9\times10^{-4}+z^2}\hat{\mathbf{j}}$, where $\vec{\mathbf{B}}$ is in teslas and z is in meters (e) $d = a = 3.00$ cm (f) $53.3\hat{\mathbf{j}}$ μT

30. (a) $\dfrac{\mu_0 I(2r^2-a^2)}{\pi r(4r^2-a^2)}$ to the left (b) $\dfrac{\mu_0 I(2r^2+a^2)}{\pi r(4r^2+a^2)}$ toward

31. 4.77×10^4 turns

32. (a) 920 turns (b) 12 cm

34. $B = 4.36 \times 10^{-4}\,I$, where B is in teslas and I is in amperes

36. (b) 5.92×10^{-8} N

37. (a) $-B\pi R^2\cos\theta$ (b) $B\pi R^2\cos\theta$

38. (a) 3.13 mWb (b) 0

39. (a) 8.63×10^{45} electrons (b) 4.01×10^{20} kg

40. (a) $\dfrac{\mu_0\rho\omega R^2}{3}$ (b) $\dfrac{4\pi\omega\rho R^5}{15}$

Chapter 31

[퀴즈]

1. (c)

2. (c)

3. (b)

4. (a)

5. (b)

[주관식]

1. 0.800 mA

2. (a) Each coil has a pulse of voltage tending to produce counterclockwise current as the projectile approaches, and then a pulse of clockwise voltage as the projectile recedes (b) 625 m/s

3. +9.82 mV
4. 33.9 mV
5. 10.2 μV
6. 61.8 mV
7. (a) 1.60 A counterclockwise (b) 20.1 μT (c) left
8. (a) $\dfrac{\mu_0 IL}{2\pi}\ln\left(1+\dfrac{w}{h}\right)$ (b) 4.80 μV (c) counterclockwise
9. (a) 1.88×10^{-7} T · m^2 (b) 6.28×10^{-8} V
10. 272 m
11. $\mathcal{E} = 0.422 \cos 120\pi t$, where $\mathcal{E}$ is in volts and t is in seconds
12. 283 μA upward
13. 2.29 μC
14. 6.00 A
15. 2.83 mV
16. 13.1 mV
17. 1.00 m/s
18. (a) 0.500 A (b) 2.00 W (c) 2.00 W
19. 2.80 m/s
20. 24.1 V with the outer contact negative
21. (a) $\dfrac{N^2B^2w^2v}{R}$ to the left (b) 0
(c) $\dfrac{N^2B^2w^2v}{R}$ to the left again
22. (a) 43.8 A (b) 38.3 W
23. (b) 0.250 T
24. (a) 0.125 V clockwise (b) 0.020 0 A clockwise
26. (a) We would need to know if the field is increasing or decreasing (b) 248 $\mu\Omega$ (c) Higher resistance would reduce the power delivered.
27. (a) $C\pi a^2K$ (b) upper plate (c) The changing magnetic field through the enclosed area of the loop induces a clockwise electric field within the loop, and this causes electric force to push on charges in the wire
28. $\dfrac{\mu_0 I\ell v}{2\pi Rr}\dfrac{w}{(r+w)}$
29. (a) $\dfrac{(1.18\times10^{-4})t}{0.800-4.90t^2}$ (b) zero (c) infinity (d) 98.3 μV
30. $\dfrac{MgR}{B^2\ell^2}[1-e^{-B^2\ell^2t/R(M+m)}]$
31. (a) 8.01×10^{-21} N (b) clockwise (c) $t = 0$ or $t = 1.33$ s
32. (a) $E = 9.87 \cos 100\pi t$, where E is in millivolts per meter and t is in seconds (b) clockwise
33. 0.062 3 A in 6.00 Ω, 0.860 A in 5.00 Ω, and 0.923 A in 3.00 Ω
34. 13.3 V
35. (a) 1.60 V (b) zero (c) no change in either answer
36. (a) 110 V (b) 8.53 W (c) 1.22 kW
37. (a) $\Phi_B = 8.00 \times 10^{-3} \cos 120\pi t$, where Φ_B is in T · m^2 and t is in seconds (b) $\mathcal{E} = 3.02 \sin 120\pi t$, where $\mathcal{E}$ is in volts and t is in seconds (c) $I = 3.02 \sin 120\pi t$, where I is in amperes and t is in seconds (d) $P = 9.10 \sin^2 120\pi t$, where P is in watts and t is in seconds (e) $\tau = 0.024\,1 \sin^2 120\pi t$, where τ is in newton meters and t is in seconds
38. 8.80 A
40. (a) $\dfrac{\pi B_{\max}^2 R^4 b\omega^2}{16\rho}$ (b) 4 (c) 4 (d) 16

Chapter 32

[퀴즈]

1. (c), (f)
2. **(i)** (b) **(ii)** (a)
3. (a), (d)
4. (a)
5. **(i)** (b) **(ii)** (c)

[주관식]

1. 19.5 mV
2. 100 V
3. 19.2 μT · m^2
4. 4.00 mH
5. 9.77 mm
6. See P32.6 for full explanation.
8. Δv_{ab} (mV)

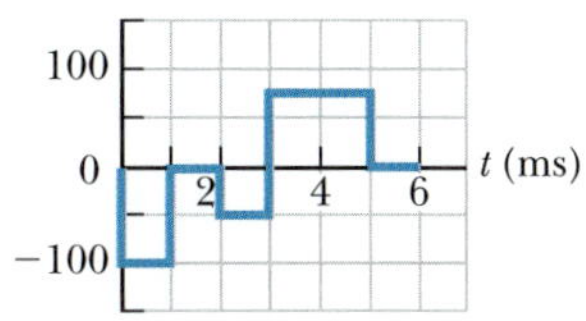

9. $\dfrac{\mu_0 N^2 h}{2\pi}\ln\left(\dfrac{b}{a}\right)$
10. (a) 0.469 mH (b) 0.188 ms
12. 7.67 mH
13. 92.8 V
14. (a) $i_L = 0.500(1 - e^{-10.0t})$, where i_L is in amperes and t is in seconds (b) $i_S = 1.50 - 0.250e^{-10.0t}$, where i_S is in amperes and t is in seconds
15. (a) 0.800 (b) 0
16. $\dfrac{Q}{2N}\sqrt{\dfrac{3L}{C}}$
17. (a) 4.00 H (b) 3.50 Ω
18. (a) Just after the circuit is connected, the potential difference across the register is 0, and the emf across the coil is 24.0 V (b) After several seconds, the potential difference across the resistor is 24.0 V and that across the coil is 0 (c) The two voltages are equal to each other, both being 12.0 V, just once, at 0.578 ms after the circuit is connected (d) As the current decays, the potential difference across the resistor is always equal to the emf across the coil.
19. 300 Ω
20. 64.8 mJ
21. (a) 20.0 W (b) 20.0 W (c) 0 (d) 20.0 J
23. (a) 18.0 J (b) 7.20 J
24. (a) 8.06 MJ/m^3 (b) 6.32 kJ
25. (a) −20.0 mV (b) $\Delta v_C = -10.0t^2$, where Δv_C is in megavolts and t is in seconds (c) 63.2 μs
27. (a) $\dfrac{2\pi B_0{}^2R^3}{\mu_0}$ (b) 2.70×10^{18} J
28. 80.0 mH
29. 1.73 mH

30. (a) $M_{12} = \mu_0 \pi R_2^2 N_1 N_2/\ell$
(b) $M_{12} = \mu_0 \pi R_2^2 N_1 N_2/\ell$
(c) They are the same.
31. 781 pH
32. (a) See P32.32(a) for full explanation (b) 3.95 nH
33. 281 mH
34. 608 pF
35. 400 mA
36. 20.0 V
37. (a) 503 Hz (b) 12.0 μC (c) 37.9 mA (d) 72.0 μJ
38. (a) 6.03 J (b) 0.529 J (c) 6.56 J
39. (a) 2.51 kHz (b) 69.9 Ω
40. (a) 4.47 krad/s (b) 4.36 krad/s (c) −2.53%

Chapter 33

[퀴즈]

1. **(i)** (c) **(ii)** (b)
2. (b)
3. (a)
4. (b)
5. (a) $X_L < X_C$ (b) $X_L = X_C$ (c) $X_L > X_C$
6. (c)
7. (c)

[주관식]

1. (a) 96.0 V (b) 136 V (c) 11.3 A (d) 768 W
2. (a) 2.95 A (b) 70.7 V
3. 14.6 Hz
4. (a) 25.3 rad/s (b) 0.114 s
5. 3.38 W
7. 3.14 A
8. (a) 0.042 4 H (b) 942 rad/s
9. (a) 12.6 Ω (b) 6.21 A (c) 8.78 A
10. 3.80 J
11. 32.0 A
12. (a) 221 Ω (b) 0.163 A (c) 0.230 A (d) no
13. (a) $f > 41.3$ Hz (b) $X_C < 87.5\ \Omega$
14. 100 mA
15. $\sqrt{2}\,C(\Delta V_{rms})$
16. (a) 141 mA (b) 235 mA
17. (a) 146 V (b) 212 V (c) 179 V (d) 33.4 V
18. (a) 47.1 Ω (b) 637 Ω (c) 2.40 kΩ
(d) 2.33 kΩ (e) −14.2°
19. (a) 17.4° (b) the voltage
21. (a) 88.4 Ω (b) 107 Ω (c) 1.12 A (d) the voltage lags behind the current by 55.8° (e) Adding an inductor will change the impedence, and hence the current in the circuit. The current could be larger or smaller, depending on the inductance added. The largest current would result when the inductive reactance equals the capacitive reactance, the impedance has its minimum value, equal to 60.0 Ω, and the current in the circuit is

$$I_{max} = \frac{\Delta V_{max}}{Z} = \frac{\Delta V_{max}}{R} = \frac{1.20\times10^2\text{ V}}{60.0\,\Omega} = 2.00\text{ A}$$

22. $3R$
23. (a) See Table P33.23

f (Hz)	X_L (Ω)	X_C (Ω)	Z(Ω)
300	283	12 600	12 300
600	565	6 280	5 720
800	754	4 710	3 960
1 000	942	3 770	2 830
1 500	1 410	2 510	1 100
2 000	1 880	1 880	40
3 000	2 830	1 260	1 570
4 000	3 770	942	2 830
6 000	5 650	628	5 020
10 000	9 420	377	9 040

24. (a) 1.25 A (b) lag, 46.7°
25. 58.7 Hz or 35.9 Hz. The circuit can be either above or below resonance.
26. 353 W
27. 88.0 W
28. (a) 66.8 Ω (b) 0.953 A (c) 45.4 W
29. (a) 16.0 Ω (b) −12.0 Ω
30. $\dfrac{11(\Delta V_{rms})^2}{14R}$
31. 1.82 pF
32. (a) 156 pH (b) 8.84 Ω
33. 242 mJ
35. 687 V
36. 87.5 Ω
37. 2.6 cm
38. (b) 31.6
39. 0.756
40. (b) 1 (c) 0 (d) $\dfrac{\sqrt{3}}{2\pi RC}$

Chapter 34

[퀴즈]

1. **(i)** (b) **(ii)** (c)
2. (c)
3. (c)
4. (b)
5. (a)
6. (c)
7. (a)

[주관식]

1. (a) out of the page (b) 1.85×10^{-18} T
2. (a) 7.19×10^{11} V/m · s (b) 2.00×10^{-7} T
3. (a) 11.3 GV · m/s (b) 0.100 A
4. $(-4.39\hat{\mathbf{i}} - 1.76\hat{\mathbf{j}}) \times 10^{11}$ m/s²
5. $(-2.87\hat{\mathbf{j}} + 5.75\hat{\mathbf{k}}) \times 10^{9}$ m/s²
6. (a) $3.15 \times 10^{3}\,\hat{\mathbf{j}}$ N/C (b) $5.25\hat{\mathbf{k}} \times 10^{-7}$ T
(c) $4.83(-\hat{\mathbf{j}}) \times 10^{-16}$ N
7. (a) 0.690 wavelengths (b) 58.9 wavelengths
8. (a) 681 yr (b) 8.32 min (c) 2.56 s
9. 2.25×10^{8} m/s

10. 60.0 km
11. (a) 6.00 MHz (b) $-73.4\hat{\mathbf{k}}$ nT
(c) $\vec{\mathbf{B}} = -73.4\cos(0.126x - 3.77\times10^7 t)\hat{\mathbf{k}}$, where B is in nT, x is in meters, and t is in seconds
12. 2.9×10^8 m/s ±5%
13. (a) 0.333 μT (b) 0.628 μm (c) 4.77×10^{14} Hz
14. 3.34 μJ/m^3
15. 3.33×10^3 m^2
16. (a) 1.19×10^{10} W/m^2 (b) 2.35×10^5 W
17. (a) 2.33 mT (b) 650 MW/m^2 (c) 511 W
18. 307 μW/m^2
19. 49.5 mV
20. 5.16 m
21. (a) 540 V/m (b) 2.58 μJ/m^3 (c) 773 W/m^2
22. (a) 3.85×10^{26} W (b) 1.02 kV/m and 3.39 μT
23. (a) 1.50 cm (b) 25.0 μJ (c) 7.37 mJ/m^3
(d) $E_{max} = 40.8$ kV/m, $B_{max} = 136\ \mu$T (e) 83.3 μN
24. (a) 625 kW/m^2 (b) 21.7 kV/m (c) 72.4 μT (d) 17.8 min
25. (a) 388 K (b) 363 K
26. (a) 3.92×10^8 W/m^2 (b) 308 W
27. (b) 1.76×10^{13} m/s^2 (c) 1.75×10^{-27} W
(d) 1.80×10^{-24} W
28. 5.31×10^{-5} N/m^2
29. (a) 1.90 kN/C (b) 50.0 pJ (c) 1.67×10^{-19} kg · m/s
30. (a) 5.82×10^8 N (b) 6.10×10^{13} times stronger
31. (a) 5.48 N (b) 913 μm/s^2 away from the Sun (c) 10.6 days
32. 378 nm
33. (a) 6.67×10^{-16} T (b) 5.31×10^{-17} W/m^2
(c) 1.67×10^{-14} W (d) 5.56×10^{-23} N
34. (a) 22.6 h (b) 30.6 s
35. (a) 134 m (b) 46.8 m
36. 56.2 m
37. (a) away along the perpendicular bisector of the line segment joining the antennas
(b) along the extensions of the line segment joining the antennas
38. (a) 6.00 pm (b) 7.49 cm
39. Listeners 100 km away will receive the news before the people in the newsroom.
40. 5.50×10^{-7} m

Chapter 35

[퀴즈]

1. (d)
2. Beams ② and ④ are reflected; beams ③ and ⑤ are refracted.
3. (c)
4. (c)
5. **(i)** (b) **(ii)** (b)

[주관식]

1. (a) 2.07×10^3 eV (b) 4.14 eV
2. (a) 3.00×10^8 m/s
(b) The sizes of the objects need to be taken into account. Otherwise the answer would be too large by 2%.
3. 114 rad/s
4. (a) 4.74×10^{14} Hz (b) 422 nm (c) 2.00×10^8 m/s
5. 19.5° above the horizon
6. 22.5°
7. (a) $\theta = 30.4°$ (b) $\theta' = 22.3°$
8. (a) 1.81×10^8 m/s (b) 2.25×10^8 m/s
(c) 1.36×10^8 m/s
9. (a) 29.0° (b) 25.8° (c) 32.0°
10. $\theta_2 = 19.5°$, $\theta_3 = 19.5°$, $\theta_4 = 30.0°$
11. 86.8°
12. (a) 1.52 (b) 417 nm (c) 4.74×10^{14} Hz (d) 198 Mm/s
13. (a) $\theta_{1i} = 30°$, $\theta_{1r} = 19°$, $\theta_{2i} = 41°$, $\theta_{2r} = 77°$ (b) First surface: $\theta_{reflection} = 30°$; second surface: $\theta_{reflection} = 41°$
14. $\sim 10^{-11}$ s, $\sim 10^3$ wavelengths
15. (a) 1.94 m (b) 50.0° above the horizontal
16. (a) 0.387 cm (b) 106 ps
17. 27.1 ns
18. (a) Yes, if the angle of incidence is 58.9°
(b) No. Both the reduction in speed and the bending toward the normal reduce the component of velocity parallel to the interface. This component cannot remain constant for a nonzero angle of incidence.
19. (a) 2.0×10^8 m/s (b) 4.74×10^{14} Hz (c) 4.2×10^{-7} m
20. 3.39 m
21. (b) 37.2° (c) 37.3° (d) 37.3°
22. (a) 41.5° (b) 18.5° (c) 27.5° (d) 42.5°
23. The index of refraction of the atmosphere decreases with increasing altitude because of the decrease in density of the atmosphere with increasing altitude. As indicated in the ray diagram, the Sun located at S below the horizon appears to be located at S′.
24. (b) 4.73 cm (c) For $n = 1$, $h = 0$. For $n = 2$, $h = \infty$. For $n > 2$, h has no real solution.
25. Five times from the right-hand mirror and six times from the left.
26. $\tan^{-1}(n_g)$
27. (a) 48.2° (b) 47.8°
28. 0.314°
29. (b) As the waves move to shallower water, the wave fronts slow down, and those closer to shore slow down more. The rays tend to bend toward the normal of the contour lines; or equivalently, the wave fronts bend to become more nearly parallel to the contour lines
(d) We suppose that the headlands are steep underwater, as they are above water. The rays are everywhere perpendicular to the wave fronts of the incoming refracting waves. As shown, because the rays tend to bend toward the normal of the contour lines, the rays bend toward the headlands and deliver more energy per length at the headlands.
30. 4.61°
31. $\sin^{-1}\left\{n_V \sin\left[\Phi - \sin^{-1}\left(\frac{\sin\theta}{n_V}\right)\right]\right\} - \sin^{-1}\left\{n_R \sin\left[\Phi - \sin^{-1}\left(\frac{\sin\theta}{n_R}\right)\right]\right\}$
32. 62.5°
33. (a) 27.0° (b) 37.1° (c) 49.8°
34. 27.9°
35. $\theta_1 > \sin^{-1}\left(n\sin\left[\Phi - \sin^{-1}\left(\frac{1.00}{n}\right)\right]\right)$,
$\theta_1 > \sin^{-1}\left(\sqrt{n^2-1}\sin\Phi - \cos\Phi\right)$
36. 67.1°

37. 1.000 07
38. (a) 10.7° (b) air (c) Sound in air falling on the wall from directions is 100% reflected.
39. (a) $\frac{nd}{n-1}$ (b) $R_{\min} \to 0$. Yes, for very small d, the light strikes the interface at very large angles of incidence. (c) $R_{\min}$ decreases. Yes, as n increases, the critical angle becomes smaller. (d) $R_{\min} \to \infty$. Yes, as $n \to 1$, the critical angle becomes close to 90° and any bend will allow the light to escape. (e) 350 μm
40. 2.27 m

Chapter 36

[퀴즈]

1. false
2. (b)
3. (b)
4. (d)
5. (a)
6. (b)
7. (a)
8. (c)

[주관식]

1. 89.0 cm
2. (a) younger (b) ~ 10^{-9} s younger
3. (1) 4.00 m (2) 12.00 m (3) 16.00 m
4. (a) $p_1 + h$, behind the lower mirror (b) virtual (c) upright (d) 1.00 (e) no
6. **(i)** (a) 13.3 cm (b) real (c) inverted (d) −0.333
(ii) (a) 20.0 cm (b) real (c) inverted (d) −1.00
(iii) (a) ∞ (b) no image formed (c) no image formed (d) no image formed
7. (b) $q = -40.0$ cm, so the image is behind the mirror (c) $M = +2.00$, so the image is enlarged and upright
8. (a) −12.0 cm, 0.400 (b) −15.0 cm, 0.250 (c) both upright
9. (a) −26.7 cm (b) upright (c) 0.026 7
10. (a) −7.50 cm (b) upright (c) 0.500 cm
11. 3.33 m from the deepest point in the niche
12. 0.790 cm
13. (a) 0.160 m (b) −0.400 m
14. (a) convex (b) at the 30.0-cm mark (c) −20.0 cm
15. (a) 15.0 cm (b) 60.0 cm
16. (a) 16.0 cm from the mirror (b) +0.333 (c) upright
17. (a) concave (b) 2.08 m (c) 1.25 m from the object
18. (a) 25.6 m (b) 0.058 7 rad (c) 2.51 m (d) 0.023 9 rad (e) 62.8 m
19. 8.05 cm
20. (a) 45.1 cm (b) −89.6 cm (c) −6.00 cm
21. 38.2 cm below the top surface
22. (a) 1.50 m (b) 1.75 m
23. 4.82 cm
25. 8.57 cm
26. 1.50 cm/s
27. (a) 650 cm, real, inverted, enlarged (b) −600 cm, virtual, upright, enlarged
28. (a) 6.40 cm (b) −0.250 (c) converging
29. (a) 1.16 mm/s (b) toward the lens
30. (a) −34.7 cm (b) −36.1 cm
31. 21.3 cm
32. f/1.4
33. 2.18 mm away from the CCD
34. (a) −4.00 diopters (b) diverging lens
35. (a) 42.9 cm (b) +2.33 diopters
36. 23.2 cm
37. (a) 4.17 cm (b) 6.00
38. −575
39. (a) −800 (b) inverted
40. 3.38 min

Chapter 37

[퀴즈]

1. (c)
2. The graph is shown here. The width of the primary maxima is slightly narrower than the $N = 5$ primary width but wider than the $N = 10$ primary width. Because $N = 6$, the secondary maxima are $\frac{1}{36}$ as intense as the primary maxima.

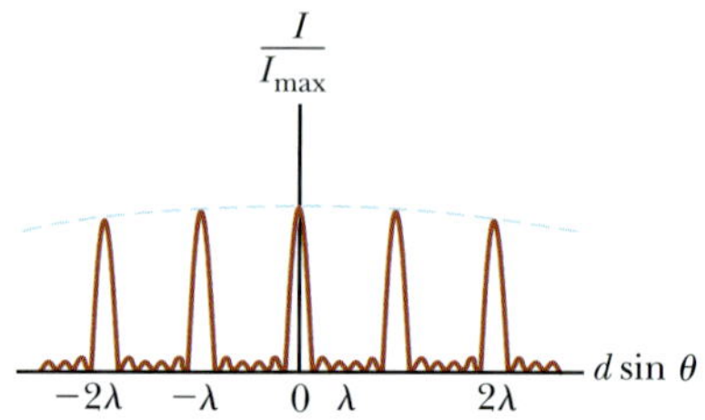

3. (a)

[주관식]

1. 641
2. 3.53 mm
3. 632 nm
4. 515 nm
5. 1.54 mm
6. The sine of the angle for $m = 1$ fringe is greater than 1, which is impossible.
7. 2.40 μm
8. (a) 1.77 μm (b) 1.47 μm
9. (a) 2.62 mm (b) 2.62 mm
10. 36.2 cm
11. (a) 34.9° (b) 5.25 cm (c) 5.24×10^{14} Hz
12. (a) 55.7 m (b) 124 m
13. 11.3 m
14. 0.318 m/s
15. 148 m
16. (a) 13.2 rad (b) 6.28 rad (c) 1.27×10^{-2} deg (d) 5.97×10^{-2} deg
18. (a) 1.93 μm (b) 3.00λ (c) It corresponds to a maximum. The path difference is an integer multiple of the wavelength.
19. 1.25 m
20. 0.968
21. $E_R = 10.0$ and $\phi = 53.1°$
22. 48.0 μm
23. (c) 9:1

24. (a) 1.29 rad (b) 99.6 nm
26. (a) 7.95 rad (b) 0.453
27. (a) 638 nm (b) A thicker film would require a higher order of reflection, so use a larger value of m
(c) 360 nm, 600 nm
28. 512 nm
29. 96.2 nm
30. 0.500 cm
31. (a) 276 nm, 138 nm, 92.0 nm
(b) No visible wavelengths are intensified.
32. 290 nm
33. (a) green (b) violet
34. 8.70 μm
35. 1.31
36. (a) 97.8 nm (b) Yes. Destructive interference occurs when $2nt = \left(m + \frac{1}{2}\right)\lambda$ (Eq. 37.17), where m is an integer. (There is a phase change at both faces of the film in Figure P37.36.) Hence, for m = 1, 2,... we obtain thicknesses of 293 nm, 489 nm, . . .
37. 1.20 mm
38. 39.6 μm
39. 1.001
40. $1 + \frac{N\lambda}{2L}$

Chapter 38

[퀴즈]

1. (a)
2. (i)
3. (b)
4. (a)
5. (c)
6. (b)
7. (c)

[주관식]

1. (a) 1.1 m (b) 1.7 mm
2. 4.22 mm
3. (a) four (b) $\theta = \pm 28.7°, \pm 73.6°$
4. (a) 51.8 μm (b) 949 μm (c) horizontal (d) vertical (e) A smaller distance between aperture edges causes a wider diffraction angle. The longer dimension of each rectangle is 18.3 times larger than the smaller dimension.
5. 91.2 cm
6. (a) 1.50 m; (b) 4.05 mm
7. 2.30×10^{-4} m
8. $a = \frac{\lambda L|m_2 - m_1|}{\Delta y}$
9.

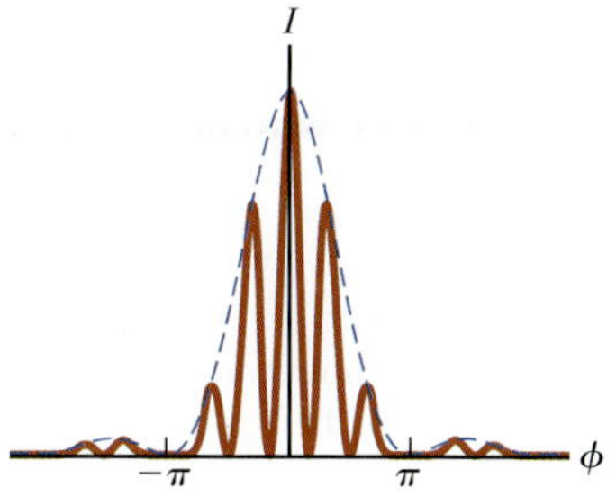

11. 1.62×10^{-2}
12. 462 nm
13. 1.00×10^{-3} rad
14. 2.10 m
15. 25.0 m
16. 0.284 m
17. (a) 79.8 μrad (b) violet, 54.2 μrad (c) The resolving power is improved, with the minimum resolvable angle becoming 60.0 μrad.
18. 30.5 m
19. 3.09 m
20. 16.4 m
21. 105 m
22. 1.81 μm
23. 7.35°
24. (a) three (b) 0°, +45.2°, −45.2°
25. (a) 479 nm, 647 nm, 698 nm (b) 20.5°, 28.3°, 30.7°
26. 74.2 grooves/mm
27. (a) 5 orders is the maximum (b) 10 orders in the short-wavelength region
28. 2
29. 5.91°, 13.2°, 26.5°
30. 514 nm
32. (a) 3.53×10^3 rulings/cm (b) 11
33. θ = 14.4°
34. 0.093 4 nm
35. θ = 31.9°
36. (a) 0.109 nm (b) four
38. (a) 54.7° (b) 63.4° (c) 71.6°
39. 1.11
40. 0.375

Chapter 39

[퀴즈]

1. (c)
2. (d)
3. (d)
4. (a)
5. (a)
6. (c)
7. (d)
8. **(i)** (c) **(ii)** (a)
9. (a) $m_3 > m_2 = m_1$ (b) $K_3 = K_2 > K_1$ (c) $u_2 > u_3 = u_1$

[주관식]

1. 10.0 m/s toward the left in Figure P39.1
3. 5.70×10^{-3} degrees or 9.94×10^{-5} rad
5. 0.917c
6. (a) 0.436 m (b) less than 0.436 m
7. 0.866c
8. (a) 2.18 μs (b) 649 m
9. 0.866c
10. 65.0 beats/min (b) 10.5 beats/min
11. 0.220c
12. 5.00 s
13. 0.140c
14. The trackside observer measures the length to be 31.2 m, so the supertrain is measured to fit in the tunnel, with 18.8 m to spare.

15. (a) 1.3×10^{-7} s (b) 38 m (c) 7.6 m
16. 42.1 g/cm^3
17. $0.800c$
18. $v = \dfrac{cL_p}{\sqrt{c^2\Delta t^2 + L_p^2}}$
19. (b) $0.050\,4c$
20. (a) 39.2 μs (b) accurate to one digit
21. (a) 2.50×10^8 m/s (b) 4.98 m (c) -1.33×10^{-8} s
22. (a) $v = 0.943c$ (b) 2.55×10^3 m
23. (a) 17.4 m (b) 3.30°
24. $0.960c$
25. $0.357c$
26. $0.893c$, 16.8° above the x' axis
27. (a) 2.73×10^{-24} kg · m/s (b) 1.58×10^{-22} kg · m/s ; (c) 5.64×10^{-22} kg · m/s
28. (a) $\dfrac{2\sqrt{2}}{3}c = 0.943c = 2.83 \times 10^8$ m/s
(b) The result would be the same.
30. (a) \$800 (b) \$$2.12 \times 10^9$
31. 4.51×10^{-14}
32. (a) $0.141c$ (b) $0.436c$
33. $0.285c$
34. (a) 0.582 MeV (b) 2.45 MeV
35. (a) 3.07 MeV (b) $0.986c$
36. (a) 5.37×10^{-11} J = 335 MeV
(b) 1.33×10^{-9} J = 8.31 GeV
37. 1.63×10^3 MeV/c
38. (a) 3.91×10^4 (b) $0.999\,999\,999\,7c$ (c) 7.67 cm
39. (a) smaller (b) 3.18×10^{-12} kg
(c) It is too small a fraction of 9.00 g to be measured.
40. (a) 2.66×10^7 m (b) 3.87 km/s (c) -8.35×10^{-11}
(d) 5.29×10^{-10} (e) $+4.46 \times 10^{-10}$

Chapter 40

[퀴즈]

1. (b)
2. Sodium light, microwaves, FM radio, AM radio.
3. (c)
4. The classical expectation (which did not match the experiment) yields a graph like the following drawing:

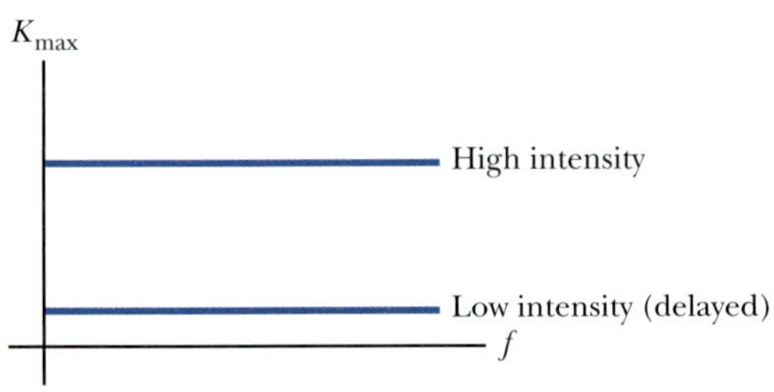

5. (d)
6. (c)
7. (b)
8. (a)

[주관식]

1. 6.85 μm, which is in the infrared region of the spectrum
2. (a) 999 nm (b) The wavelength emitted at the greatest intensity is in the infrared (greater than 700 nm), and according to the graph in Active Figure 40.3, much more energy is radiated at wavelengths longer than λ_{max} than at shorter wavelengths.
3. (a) lightning: ~ 10^{-7} m; explosion: ~ 10^{-10} m (b) lightning: ultraviolet; explosion: x-ray and gamma ray
4. (a) 5 200 K (b) This is not blackbody radiation.
5. 5.71×10^3 photons/s
6. i: (a) 2.57 eV, (b) 1.28×10^{-5} eV, (c) 1.91×10^{-7} eV
ii: (a) 484 nm, (b) 9.68 cm, (c) 6.52 m
iii: (a) visible light (blue), (b) radio wave, (c) radio wave
7. 2.27×10^{30} photon/s
8. 5.18×10^3 K
9. (a) 5.78×10^3 K (b) 501 nm
11. (a) 295 nm, 1.02 PHz (b) 2.69 V
12. (a) 288 nm (b) 1.04×10^{15} Hz (c) 1.19 eV
13. (a) 1.89 eV (b) 0.216 V
14. (a) The energy of a photon with wavelength 400 nm is calculated to be 3.11 eV. Now compare this energy with the given work functions. Of these metals, only lithium shows the photoelectric effect because its work function is less than the energy of the photon (b) 0.808 eV
15. (a) 1.38 eV (b) 3.34×10^{14} Hz
16. (a) 148 days (b) The result for part (a) does not agree at all with the experimental observations.
17. 8.34×10^{-12} C
18. 1.04×10^{-3} nm
19. $p_e = 22.1$ keV/c, $K_e = 478$ eV
20. 70.0°
21. (a) 2.89 pm (b) $\theta = 101°$
22. (a) 43.0° (b) $E = 0.601$ MeV; $p = 0.601$ MeV/c = 3.21×10^{-22} kg · m/s (c) $E = 0.279$ MeV; $p = 0.279$ MeV/c = 3.21×10^{-22} kg · m/s
23. (a) $\theta = \cos^{-1}\left(\dfrac{m_ec^2 + E_0}{2m_ec^2 + E_0}\right)$
(b) $E' = \dfrac{E_0(2m_ec^2 + E_0)}{2(m_ec^2 + E_0)}$, $p' = \dfrac{E_0(2m_ec^2 + E_0)}{2c(m_ec^2 + E_0)}$
(c) $K_e = \dfrac{E_0^2}{2(m_ec^2 + E_0)}$, $p_e = \dfrac{E_0(2m_ec^2 + E_0)}{2c(m_ec^2 + E_0)}$
24. (a) 4.89×10^{-4} nm (b) 268 keV (c) 31.8 keV
25. To have photon energy 10 eV or greater, according to this definition, ionizing radiation is the ultraviolet light, x-rays, and γ rays with wavelength shorter than 124 nm; that is, with frequency higher than 2.42×10^{15} Hz.
26. (a) 14.0 kV/m (b) 46.8 μT (c) 4.19 nN (d) 10.2 g
27. (a) 1.66×10^{-27} kg · m/s (b) 1.82 km/s
28. (a) 14.8 keV or, ignoring relativistic correction, 15.1 keV (b) 124 keV
29. 3.97×10^{-13} m
30. 0.218 nm
31. (b) They will always have a different frequency from photons of the same wavelength.
32. (a) $v_{phase} = \dfrac{u}{2}$
(b) This is different from the speed u at which the particle transports mass, energy, and momentum.
34. (a) 989 nm (b) 4.94 mm (c) No; there is no way to identify

the slit through which the neutron passed. Even if one neutron at a time is incident on the pair of slits, an interference pattern still develops on the detector array. Therefore, each neutron in effect passes through both slits.

35. 2.27×10^{-12} A

36. 105 V

37. (a) 0.250 m/s (b) 2.25 m

38. within 1.16 mm for the electron, 5.28×10^{-32} m for the bullet

39. 7.03×10^{-32} m/s

40. 3×10^{-29} J $\approx 2 \times 10^{-10}$ eV

Chapter 41

[퀴즈]

1. (d)

2. **(i)** (a) **(ii)** (d)

3. (c)

4. (a), (c), (f)

[주관식]

1. (a) 126 pm (b) 5.27×10^{-24} kg · m/s (c) 95.3 eV

2. (b) $\dfrac{1}{\sqrt{a}}$ (c) 0.865

3. (a) $A = \sqrt{3}$ (b) 0.037 0 (c) 0.750

4. $\dfrac{1}{2}$

5. (a) 0.511 MeV, 2.05 MeV, 4.60 MeV
(b) They do; the MeV is the natural unit for energy radiated by an atomic nucleus.

6. (a) $n \approx 4$ (b) 6.03 eV

7. (a)

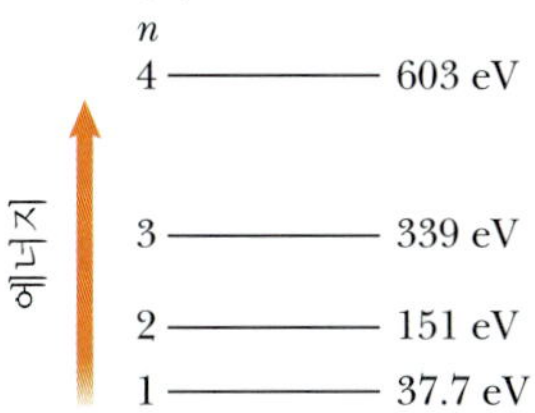

(b) 2.20 nm, 2.75 nm, 4.12 nm, 4.71 nm, 6.59 nm, 11.0 nm

8. The photon does not have the smallest possible energy to cause the transition between states $n = 1$ to $n = 2$.

9. 0.795 nm

10. $\sqrt{\dfrac{3h\lambda}{8m_e c}}$

11. (a) 6.14 MeV (b) 202 fm (c) gamma ray

12. (a) 5.13×10^{-3} eV (b) 9.41 eV (c) The electron has a much higher energy because it is much less massive.

13. (a) 0.434 nm (b) 6.00 eV

14. (a) 2.00×10^{-9} J (b) 1.66×10^{-28} m (c) No. The length of the box would have to be much smaller than the size of a nucleus (~10^{-14} m) to confine the particle.

15. (a) $(15\,h\lambda/8m_e c)^{1/2}$ (b) 1.25λ

16. (a) $\dfrac{\hbar}{2L}$ (b) $\hbar^2/8mL^2$ (c) This estimate is too low by $4\pi^2 \approx 40$ times, but it correctly displays the pattern of dependence of the energy on the mass and on the length of the well.

17. (a) $A = \dfrac{2}{\sqrt{L}}$ (b) 0.409

19. (a) $\dfrac{L}{2}$ (b) 5.26×10^{-5} (c) 3.99×10^{-2}
(d) In the $n = 2$ graph in the text's Figure 41.4b, it is more probable to find the particle either near $x = L/4$ or $x = 3L/4$ than at the center, where the probability density is zero. Nevertheless, the symmetry of the distribution means that the average position is $x = L/2$.

20. (a) $x = L/4$, $L/2$, and $3\,L/4$ (b) We look for $\sin(3\pi x/L)$ taking on its extreme values 1 and -1 so that the squared wave function is as large as it can be. The result can also be found by studying Figure 41.4b.

21. (a) 0.196 (b) The classical probability is 0.333, which is significantly larger.
(c) 0.333 for both classical and quantum models

22. (a) 0.196 (b) 0.609

24. (b) $\dfrac{\hbar^2 k^2}{2m}$

25. (a) $n = 1$: $\psi_1(x) = \sqrt{\dfrac{2}{L}}\cos\left(\dfrac{\pi x}{L}\right)$,

$P_1(x) = |\psi_1(x)|^2 = \dfrac{2}{L}\cos^2\left(\dfrac{\pi x}{L}\right)$,

$n = 2$: $\psi_2(x) = \sqrt{\dfrac{2}{L}}\sin\left(\dfrac{2\pi x}{L}\right)$,

$P_2(x) = |\psi_2(x)|^2 = \dfrac{2}{L}\sin^2\left(\dfrac{2\pi x}{L}\right)$

$n = 3$: $\psi_3(x) = \sqrt{\dfrac{2}{L}}\cos\left(\dfrac{3\pi x}{L}\right)$,

$P_3(x) = |\psi_3(x)|^2 = \dfrac{2}{L}\cos^2\left(\dfrac{3\pi x}{L}\right)$

26. (a) $U = \dfrac{\hbar^2}{mL^2}\left(\dfrac{2x^2}{L^2} - 3\right)$

(b)

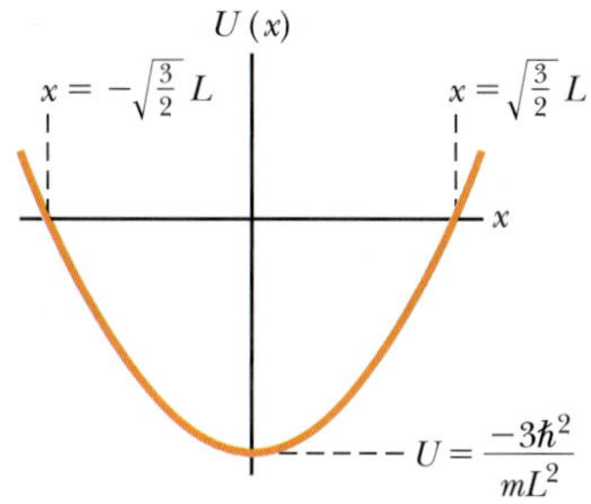

27. (a) $\dfrac{\hbar^2}{L^2 m}$ (b) $\sqrt{\dfrac{15}{16L}}$ (c) 0.580

28. (a)

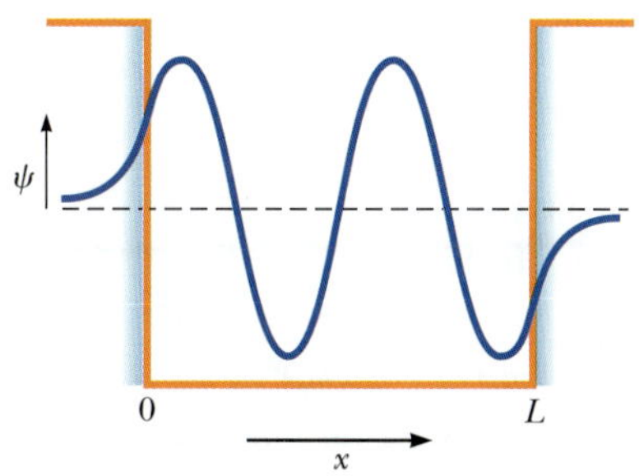

(b)

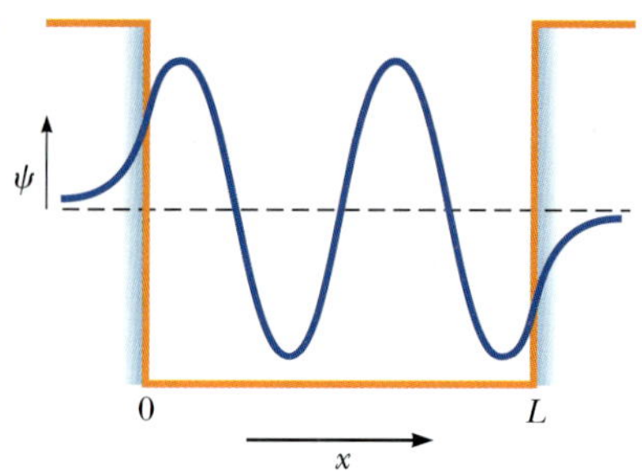

29. (b) $2L$

30. (a) 0.010 3 (b) 0.990

31. (a) 1.03×10^{-3} (b) 1.91 nm

32. 85.9

33. 1.35

34. (b) $b = \dfrac{m\omega}{2\hbar}$ and $\dfrac{3}{2}\hbar\omega$ (c) first excited state

35. 600 nm

36. $2\pi c\sqrt{\dfrac{m}{k}}$

37. (a) $B = \left(\dfrac{m\omega}{\pi\hbar}\right)^{1/4}$ (b) $\delta\left(\dfrac{m\omega}{\pi\hbar}\right)^{1/2}$

38. (c) $f = \dfrac{1}{2\pi}\sqrt{\dfrac{k}{\mu}}$

Chapter 42

[퀴즈]

1. (c)
2. (a)
3. (b)
4. (a) five (b) nine
5. (c)
6. true

[주관식]

1. (a) 121.5 nm, 102.5 nm, 97.20 nm (b) ultraviolet

2. (a) 1 875 nm, 1 282 nm, 1 094 nm (b) infrared

3. 1.94 μm

4. (a) 5 (b) no (c) no

5. (b) 0.846 ns

6. (a) 5.69×10^{-14} m (b) 11.3 N

8. (a) 13.6 eV (b) 1.51 eV

9. (a) 2.86 eV (b) 0.472 eV

10. (a) 2.19×10^{6} m/s (b) 13.6 eV (c) -27.2 eV

11. 4.42×10^{4} m/s

12. (a) 0.212 nm (b) 9.97×10^{-25} kg · m/s
(c) 2.11×10^{-34} kg · m²/s (d) 3.40 eV (e) –6.80 eV
(f) –3.40 eV

13. (a) 3 (b) 520 km/s

14. (a) 1.31 μm (b) 164 nm

15. (a) $\dfrac{\hbar}{2r}$ (b) $\dfrac{\hbar^2}{2m_e r^2}$ (c) $\dfrac{\hbar^2}{2m_e r^2} - \dfrac{k_e e^2}{r}$ (d) $\dfrac{\hbar^2}{m_e k_e e^2} = a_0$
(e) –13.6 eV (f) We find our results are in agreement with the Bohr theory.

16.

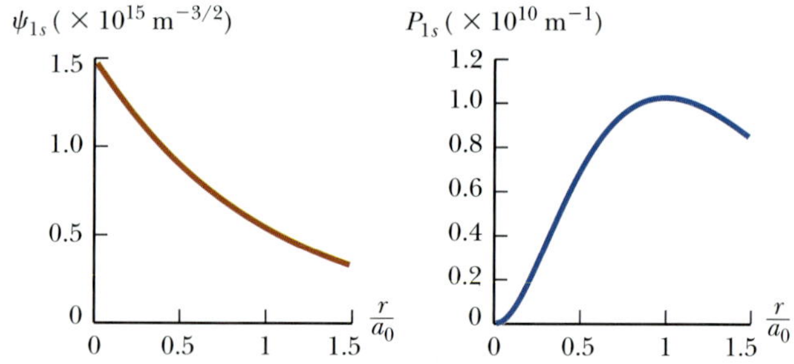

17. (b) $E = -\dfrac{k_e e^2}{2a_0}$

18. $4a_0$

19. (b) 0.497

20. (a) $\sqrt{6}\,\hbar$ (b) L_z can have the values $-2\hbar$, $-\hbar$, 0, $\hbar$ and $2\hbar$
(c) 145°, 114°, 90.0°, 65.9°, and 35.3°

21. (a) $\sqrt{6}\,\hbar = 2.58 \times 10^{-34}$ J · s
(b) $2\sqrt{3}\,\hbar = 3.65 \times 10^{-34}$ J · s

22. (a) 2 (b) 8 (c) 18 (d) 32 (e) 50

23. $3\hbar$

24. $\sqrt{6}\,\hbar = 2.58 \times 10^{-34}$ J · s

25. $n = 3$; $\ell = 2$; $m_\ell = -2, -1, 0, 1$, or 2; $s = 1$; $m_s = -1, 0$, or 1, for a total of 15 states

26. (a) the 4s subshell (b) We would expect [Ar]$3d^4 4s^2$ to have lower energy, but [Ar]$3d^5 4s^1$ has more unpaired spins and lower energy according to Hund's rule
(c) chromium

28. aluminum

29. $1s, 2s, 2p, 3s, 3p, 4s, 3d, 4p, 5s, 4d, 5p, 6s, 4f, 5d, 6p, 7s$

30. 18.4 T

31. 17.7 kV

32. 0.310 nm

33. (a) For the $3p$ state, 1.4 and for the $3d$ state, 1.0
(b) See P42.52(b) for full explanation.

34. (a) If $\ell = 2$, then $m_\ell = 2, 1, 0, -1, -2$; if $\ell = 1$, then $m_\ell = 1, 0, -1$; if $\ell = 0$, then $m_\ell = 0$. (b) -6.05 eV

35. L shell = 11.8 keV, M shell = 10.2 keV, N shell = 2.47 keV

36. gallium

38. (a) 28.3 THz (b) 10.6 μm (c) infrared

39. 3.49×10^{16} photons

40. (a) 4.24×10^{15} W/m² (b) 1.20×10^{-12} J

Chapter 43

[퀴즈]

1. **(i)** (b) **(ii)** (a) **(iii)** (c)
2. (e)
3. (b)
4. (c)

[주관식]

1. (a) 1.5 fm (b) 4.7 fm (c) 7.0 fm (d) 7.4 fm

2. (a) 68 (b) $^{68}_{30}$Zn (c) Isotopes of other elements to the left and right of zinc in the periodic table (from manganese to bromine) may have the same mass number.

3. (a) 455 fm (b) 6.05×10^{6} m/s

4. 16 km

5. (a) 27.6 N (b) 4.16×10^{27} m/s² (c) 1.73 MeV

6. (a) 5.18 fm (b) λ is much less than the distance of closest approach
7. (a) 1.11 MeV (b) 7.07 MeV (c) 8.79 MeV (d) 7.57 MeV
8. 0.210 MeV
9. greater for $^{15}_{7}$N by 3.54 MeV
11. ~200 MeV
12. (a) 491 MeV (b) term 1: 179%; term 2: −53.0%; term 3: −24.6%; term 4: −1.37%
13. (a) Nucleons on the surface have fewer neighbors with which to interact. The surface term is negative to reduce the estimate from the volume term, which assumes that all nucleons have the same number of neighbors, (b) sphere, $\frac{1}{3}r$, cube, $\frac{1}{6}L$. The sphere has a larger ratio to its characteristic length, so it would represent a larger binding energy and be more plausible for a nuclear shape.
14. 86.4 h
15. (a) 1.55×10^{-5} s^{-1} (b) 12.4 h (c) 2.39×10^{13} atoms (d) 1.88 mCi
16. 1.16×10^{3} s
17. 9.47×10^{9} nuclei
18. 1.41
19. (a) cannot occur (b) cannot occur (c) can occur
20. 18.6 keV
21. (a) $^{65}_{28}$Ni* (b) $^{211}_{82}$Pb (c) $^{55}_{27}$Co
22. (a) $e^- + p \rightarrow n + \nu$ (b) 2.75 MeV
23. (a) 1.05×10^{21} (b) 1.37×10^{9} (c) 3.83×10^{-12} s^{-1} (d) 3.17×10^{3} decays/week (e) 951 decays/week (f) 9.95×10^{3} yr
24. (a) 148 Bq/m^3 (b) 7.05×10^{7} atoms/m^3 (c) 2.17×10^{-17}
25. (a) 0.281 (b) 1.65×10^{-29} (c) Radon is continuously created.
26.

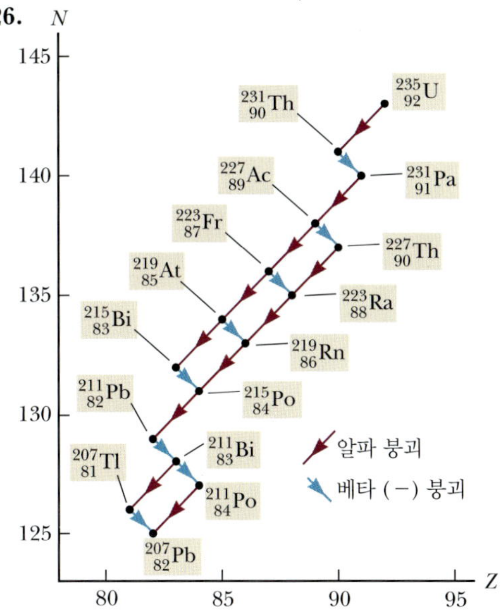

27. (a) 4.00×10^{9} yr (b) $\dfrac{N}{N'} = 0.019\,9$ ^{235}U to ^{207}Pb chain and $\dfrac{N}{N'} = 4.60$ for the ^{232}Th to ^{208}Pb chain
28. 1.02 MeV
29. (a) $^{21}_{10}$Ne (b) $^{144}_{54}$Xe (c) $e^+ + \nu$
30. (a) $^{197}_{79}\text{Au} + ^{1}_{0}\text{n} \rightarrow ^{198}_{79}\text{Au}^* \rightarrow ^{198}_{80}\text{Hg} + ^{0}_{-1}\text{e} + \bar{\nu}$ (b) 7.89 MeV
31. 8.005 3 u; 10.013 5 u
33. (a) 29.2 MHz (b) 42.6 MHz (c) 2.13 kHz
34. (a) 2.5 mrem/x-ray (b) The technician's occupational exposure is high compared to background radiation; it is 38 times 0.13 rem/yr.
35. 18.8 J
36. 2.39×10^{-3} °C, which is negligible
37. 1.66×10^{3} yr
38. 1.14 rad
39. (a) 0.963 mm (b) It increases by 7.47%.
40. (b) $\dfrac{R}{\lambda}$

찾아보기
Index

ㅈ

ㅊ

ㅋ

ㅌ

ㅍ

ㅎ

기타

대학 물리학 번역 및 교정에 참여하신 분

강동열 · 강신규 · 곽우섭 · 국형태 · 권성덕 · 권순홍 · 김건호 · 김경식 · 김광철 · 김기홍
김남중 · 김덕현 · 김동영 · 김동희 · 김무준 · 김문집 · 김병배 · 김봉수 · 김상수 · 김상열
김석원 · 김석환 · 김선명 · 김선일 · 김성환 · 김순철 · 김시연 · 김영국 · 김영태 · 김용수
김원정 · 김일곤 · 김재형 · 김정대 · 김정배 · 김정용 · 김 철 · 김태완 · 김태헌 · 김태홍
김형배 · 김형상 · 김호경 · 남궁욱 · 남승일 · 노진서 · 류혁현 · 문병기 · 민항기 · 민현수
박성흠 · 박소희 · 박순용 · 박용환 · 박종윤 · 박지용 · 박찬웅 · 박창영 · 박환배 · 배준호
백문구 · 백승기 · 서효진 · 성맹제 · 송광용 · 송대엽 · 신기량 · 신내호 · 신영한 · 안동완
안성혁 · 안영환 · 양우철 · 양해석 · 엄영호 · 염동일 · 우상욱 · 원기탁 · 유동선 · 유병길
유상하 · 유일현 · 유평렬 · 윤병국 · 윤석수 · 윤석왕 · 윤석현 · 윤영귀 · 윤재선 · 이광세
이병학 · 이봉주 · 이상권 · 이상욱 · 이상운 · 이순일 · 이원철 · 이용철 · 이은철 · 이장원
이종규 · 이지은 · 이춘식 · 이충일 · 이행기 · 이현민 · 이형락 · 이형철 · 이호섭 · 이호찬
임성민 · 임재영 · 장기완 · 장서형 · 장재원 · 전윤한 · 정 관 · 정경복 · 정경택 · 정권범
정명훈 · 정문성 · 정양준 · 정옥희 · 정윤근 · 정중현 · 정 진 · 정현종 · 정호용 · 조광희
조두진 · 조상완 · 조성래 · 조수행 · 조신욱 · 조연정 · 조월렴 · 조인용 · 조현지 · 조훈영
주형규 · 채희백 · 최광용 · 최규상 · 최낙렬 · 최병춘 · 최성진 · 최은서 · 최인환 · 최진철
최춘태 · 최충현 · 최치훈 · 하강열 · 하나영 · 하미순 · 한두희 · 한상준 · 한용진 · 한원근
한찬수 · 한창우 · 한창희 · 홍광준 · 홍순철 · 홍지상 · 홍진수 · 황운학

대학물리학 9판

2018년 3월 1일 인쇄
2018년 3월 5일 발행

원 저 자 ◎ Jewett/Serway
역 자 ◎ **대학물리학 교재 편찬위원회**
발 행 인 ◎ **조 승 식**
발 행 처 ◎ (주) 도서출판 **북스힐**
서울시 강북구 한천로 153길 17
등 록 ◎ 제 22-457 호
TEL (02) 994-0071
FAX (02) 994-0073
E-MAIL www.bookshill.com
bookshill@bookshill.com

잘못된 책은 교환해 드립니다.

값 45,000원

ISBN 979-11-5971-057-5